ENZYKLOPÄDIE PHILOSOPHIE UND WISSENSCHAFTS- THEORIE

Band 5: Log–N

2., neubearbeitete
und wesentlich ergänzte
Auflage

Unter ständiger Mitwirkung von Gottfried Gabriel,
Matthias Gatzemeier, Carl F. Gethmann,
Peter Janich, Friedrich Kambartel, Kuno Lorenz,
Klaus Mainzer, Peter Schroeder-Heister, Christian Thiel,
Reiner Wimmer, Gereon Wolters

in Verbindung mit Martin Carrier
herausgegeben von
Jürgen Mittelstraß

Kartonierte Sonderausgabe

 J.B. METZLER

Bibliografische Information der Deutschen Nationalbibliothek
Die Deutsche Nationalbibliothek verzeichnet diese Publikation
in der Deutschen Nationalbibliografie; detaillierte bibliografische Daten sind im Internet über http://dnb.d-nb.de abrufbar.

Gedruckt auf chlorfrei gebleichtem, säurefreiem und
alterungsbeständigem Papier.

Band 5:
978-3-662-67767-4
978-3-662-67768-1 (eBook)

Gesamtwerk:
978-3-662-67786-5

J.B. Metzler ist ein Imprint der eingetragenen Gesellschaft
Springer-Verlag GmbH, DE und ist ein
Teil von Springer Nature. Die Anschrift der Gesellschaft ist:
Heidelberger Platz 3, 14197 Berlin,
Germany.

Springer-Verlag GmbH Deutschland, ein Teil von Springer
Nature 2024

www.metzlerverlag.de

Satz: Dörr + Schiller GmbH, Stuttgart

Vorwort zur 2. Auflage

Auch die von Band V erfaßte Artikelgruppe Log – N war in der 1. (vierbändigen) Auflage noch Teil des zweiten Bandes. Dieser folgte wie der vorausgegangene erste Band mit meist kurzen Artikeln und knappen Bibliographien noch eher einer lexikalischen als einer enzyklopädischen Ordnung. Wie bereits in den Bänden I–IV der neuen Auflage geschehen, wurde dies auch im vorliegenden Band V geändert. Dabei wurden alle Artikel gründlich überarbeitet und durch 80 neue Stichworte ergänzt. Mit den Überarbeitungen und Ergänzungen wird dem gegenwärtigen Stand des philosophischen und wissenschaftlichen Wissens (in seinen Grundlagen) Rechnung getragen. Dies gilt insbesondere für den hier den Anfang bildenden Logikteil, dem bei der Überarbeitung in systematischer Absicht besondere Aufmerksamkeit gewidmet und der dabei um zahlreiche zusätzliche Artikel ergänzt wurde. Maßgebend ist hier der Umstand, daß die Logik, wie schon bei Aristoteles, wichtigstes Instrument eines strengen oder genauen Denkens und zugleich selbst besonderer Ausdruck dieses Denkens ist.

Generell wurden die konzeptionellen Gewichte nicht verändert. Die »Enzyklopädie Philosophie und Wissenschaftstheorie« dokumentiert das philosophische und wissenschaftliche Wissen in allen seinen Grundlagenaspekten – systematisch dargestellt und zugleich historisch reflektiert. Dabei schützt der leitende konstruktive Gedanke sowohl vor gewissen konzeptionellen Sterilitäten, die sich einstellen, wenn das philosophische Denken seine Nähe zu substantiellen, Wissenschaft und Lebenswelt eigenen Problemen verliert, als auch vor gewissen synkretistischen Beliebigkeiten, in die der Zeitgeist das philosophische Denken immer einmal wieder zu locken versucht. Über diesen konstruktiven Gedanken und eine entsprechende Konzeption informiert noch einmal im Detail das Vorwort zu Band I dieser überarbeiteten und wesentlich ergänzten 2. Auflage.

Der Dank des Herausgebers gilt wiederum allen Autoren, die an dieser Neubearbeitung mitwirkten, und auch hier wieder allen voran denjenigen unter ihnen, die den größten Teil der wissenschaftlichen Arbeit, nicht nur rein quantitativ, nach Zahl ihrer Artikel, geleistet haben. Sie sind auf der Titelseite genannt. Da ist insbesondere Martin Carrier (Bielefeld, früher Konstanz), der nicht nur einer der Hauptautoren ist, sondern auch, wie schon in den Bänden I–IV der neuen Auflage, einen wesentlichen Teil der redaktionellen Last mit dem Herausgeber teilte. Da ist aber auch Birgit Fischer M.A., bei der, wie schon in den vorausgegangenen Bänden, alle redaktionellen Fäden zusammenliefen, in besonderen biographischen und bibliographischen Fällen unterstützt von Dr. Brigitte Parakenings, Leiterin des Philosophischen Archivs der Universität Konstanz, und Dr. Karsten Wilkens, dem ehemaligen Fachreferenten Philosophie der Universitätsbibliothek Konstanz. Die Hauptlast im bibliographischen Alltag trugen diesmal, unter der kundigen Leitung von Dr. Perdita Rösch und Silke Rothe M.A., Thomas Diemar M.A., Lena Dreher M.A., Johannes Frank, Jonas Kimmig, Patrik Knothe, Hülya Prada-Ziegler, Michael Schlachter M.A. und Marcel Schwarz M.A.. Ihnen gebührt das Verdienst, daß die Bibliographien auch dieses Bandes ein Maß an Verläßlichkeit gewonnen haben, das im lexikalischen und enzyklopädischen Geschäft eher selten ist.

Zu den Arbeiten von Birgit Fischer M.A. gehörten erneut in allen Detailfragen die umfangreiche Autorenkorrespondenz und, neben allen Dingen, die mit Nomenklatur und Verweissystem zusammenhängen, gemeinsam mit dem Herausgeber, die redaktionelle Bearbeitung und Fertigstellung der Manuskripte. Sie und der Herausgeber wurden dabei auch diesmal wieder wirkungsvoll unterstützt von Dipl.-Math. Christopher v. Bülow, der sich mit großem Sachverstand neben seiner Tätigkeit als Autor vor allem um die formalen Teile bei der redaktionellen Bearbeitung der Artikel kümmerte. In Christine Schneiders Händen lagen die Formatierung des Gesamtmanuskriptes und die Kontrolle aller damit zusammenhängenden Arbeiten.

Dank schulden Herausgeber und Mitarbeiter der Universität Konstanz, die über das Konstanzer Wissenschaftsforum, deren wissenschaftstheoretischer Teil die »Enzyklopädie Philosophie und Wissenschaftstheorie« ist, die institutionellen Voraussetzungen für die enzyklopädischen Arbeiten schuf, dem Verlag J. B. Metzler, der diese Arbeiten mit andauerndem Engagement begleitete, ferner der Hamburger Stiftung zur Förderung von Wissenschaft und Kultur, der Fritz Thyssen Stiftung und der Klaus Tschira Stiftung, die die Arbeiten an diesem Band auf großzügige Weise finanziell unterstützt haben.

Konstanz, im Frühjahr 2013 Jürgen Mittelstraß

Abkürzungs- und Symbolverzeichnisse

1. Autoren

A. G.-S.	Annemarie Gethmann-Siefert, Hagen
A. H.	Andreas Hüttemann, Köln
A. V.	Albert Veraart, Konstanz
B. G.	Bernd Gräfrath, Duisburg-Essen
B. P.	Bernd Philippi, Völklingen
C. B.	Christopher v. Bülow, Konstanz
C. F. G.	Carl F. Gethmann, Siegen
C. T.	Christian Thiel, Erlangen
D. G.	Dietfried Gerhardus, Saarbrücken
F. K.	Friedrich Kambartel, Frankfurt
F. Ko.	Franz Koppe, Berlin †
F. T.	Felix Thiele, Bad Neuenahr-Ahrweiler
G. G.	Gottfried Gabriel, Jena
G. H.	Gerrit Haas, Aachen †
G. K.	Georg Kamp, Bad Neuenahr-Ahrweiler
G. W.	Gereon Wolters, Konstanz
H. J. S.	Hans Julius Schneider, Potsdam
H.-L. N.	Heinz-Ludwig Nastansky, Bonn
H. R.	Hans Rott, Regensburg
H. R. G.	Herbert R. Ganslandt, Erlangen †
H. S.	Hubert Schleichert, Konstanz
H. T.	Holm Tetens, Berlin
J. M.	Jürgen Mittelstraß, Konstanz
J. W.	Johannes Wienand, Heidelberg
K. H. H.	Karlheinz H. Hülser, Konstanz
K. L.	Kuno Lorenz, Saarbrücken
K. M.	Klaus Mainzer, München
M. C.	Martin Carrier, Bielefeld
M. G.	Matthias Gatzemeier, Aachen
M. Wi.	Matthias Wille, Duisburg-Essen
O. S.	Oswald Schwemmer, Berlin
P. B.	Peter Borchardt, Berlin
P. J.	Peter Janich, Marburg
P. S.	Peter Schroeder-Heister, Tübingen
P. S.-W.	Pirmin Stekeler-Weithofer, Leipzig
R. B.	Rainer Bäuerle, Stuttgart
R. W.	Rüdiger Welter, Tübingen
R. Wi.	Reiner Wimmer, Tübingen
S. B.	Siegfried Blasche, Bad Homburg
S. H.	Stephan Hartmann, München
T. G.	Thorsten Gubatz, Nürnberg
T. R.	Thomas Rentsch, Dresden
V. L.	Volker Leppin, Tübingen

2. Nachschlagewerke

ADB	Allgemeine Deutsche Biographie, I–LVI, ed. Historische Commission bei der Königlichen Akademie der Wissenschaften (München), Leipzig 1875–1912, Nachdr. 1967–1971.
ÄGB	Ästhetische Grundbegriffe. Historisches Wörterbuch in sieben Bänden, I–VII, ed. K. Barck u. a., Stuttgart/Weimar 2000–2005, Nachdr. 2010 (VII = Suppl.bd./Reg.bd.).
BBKL	Biographisch-Bibliographisches Kirchenlexikon, ed. F. W. Bautz, mit Bd. III fortgeführt v. T. Bautz, Hamm 1975/1990, Herzberg 1992–2001, Nordhausen 2002ff. (erschienen Bde I–XXXIII).
Bibl. Prae-socratica	B. Šijaković, Bibliographia Praesocratica. A Bibliographical Guide to the Studies of Early Greek Philosophy in Its Religious and Scientific Contexts with an Introductory Bibliography on the Historiography of Philosophy (over 8,500 Authors, 17,664 Entries from 1450 to 2000), Paris 2001.
DHI	Dictionary of the History of Ideas. Studies of Selected Pivotal Ideas, I–IV u. 1 Indexbd., ed. P. P. Wiener, New York 1973–1974.
DL	Dictionary of Logic as Applied in the Study of Language. Concepts/Methods/Theories, ed. W. Marciszewski, The Hague/Boston Mass./London 1981.
DNP	Der neue Pauly. Enzyklopädie der Antike, I–XVI, ed. H. Cancik/H. Schneider, ab Bd. XIII mit M. Landfester, Stuttgart/Wei-

mar 1996–2003, Suppl.bde I–VII, 2004–2012 (engl. Brill's New Pauly. Encyclopaedia of the Ancient World, [Antiquity] I–XV, [Classical Tradition] I–V, ed. H. Cancik/H. Schneider/M. Landfester, Leiden/Boston Mass. 2002–2010, Suppl.bde 2007ff. [erschienen Bde I–V]).

DP Dictionnaire des philosophes, ed. D. Huisman, I–II, Paris 1984, ²1993.

DSB Dictionary of Scientific Biography, I–XVIII, ed. C. C. Gillispie, mit Bd. XVII fortgeführt v. F. L. Holmes, New York 1970–1990 (XV = Suppl.bd. I, XVI = Indexbd., XVII–XVIII = Suppl.bd. II).

EI The Encyclopaedia of Islam. New Edition, I–XII und 1 Indexbd., Leiden 1960–2009 (XII = Suppl.bd.).

EJud Encyclopaedia Judaica, I–XVI, Jerusalem 1971–1972, I–XXII, ed. F. Skolnik/M. Berenbaum, Detroit Mich. etc. ²2007 (XXII = Übersicht u. Index).

Enc. Chinese Philos. Encyclopedia of Chinese Philosophy, ed. A. S. Cua, New York/London 2003, 2012.

Enc. filos. Enciclopedia filosofica, I–VI, ed. Centro di studi filosofici di Gallarate, Florenz ²1968–1969, erw. I–VIII, Florenz, Rom 1982, erw. I–XII, Mailand 2006.

Enc. Jud. Encyclopaedia Judaica. Das Judentum in Geschichte und Gegenwart, I–X, Berlin 1928–1934 (bis einschließlich ›L‹).

Enc. Ph. The Encyclopedia of Philosophy, I–VIII, ed. P. Edwards, New York/London 1967 (repr. in 4 Bdn. 1996), Suppl.bd., ed. D. M. Borchert, New York, London etc. 1996.

Enc. philos. universelle Encyclopédie philosophique universelle, I–IV, ed. A. Jacob, Paris 1989–1998 (I L'univers philosophique, II Les notions philosophiques, III Les œuvres philosophiques, IV Le discours philosophique).

Enz. Islam Enzyklopaedie des Islām. Geographisches, ethnographisches und biographisches Wörterbuch der muhammedanischen Völker, I–IV u. 1 Erg.bd., ed. M. T. Houtsma u. a., Leiden, Leipzig 1913–1938.

EP Enzyklopädie Philosophie, I–II, ed. H. J. Sandkühler, Hamburg 1999, erw. I–III, ²2010.

ER The Encyclopedia of Religion, I–XVI, ed. M. Eliade, New York/London 1987 (XVI =

Indexbd.), Nachdr. in 8 Bdn. 1993, I–XV, ed. L. Jones, Detroit Mich. etc. ²2005 (XV = Anhang, Index).

ERE Encyclopaedia of Religion and Ethics, I–XIII, ed. J. Hastings, Edinburgh/New York 1908–1926, Edinburgh 1926–1976 (repr. 2003) (XIII = Indexbd.).

Flew A Dictionary of Philosophy, ed. A. Flew, London/Basingstoke 1979, ²1984, ed. mit S. Priest, London 2002.

FM J. Ferrater Mora, Diccionario de filosofia, I–IV, Madrid ⁶1979, erw. I–IV, Barcelona 1994, 2004.

Hb. ph. Grundbegriffe Handbuch philosophischer Grundbegriffe, I–III, ed. H. Krings/C. Wild/H. M. Baumgartner, München 1973–1974.

Hb. wiss. theoret. Begr. Handbuch wissenschaftstheoretischer Begriffe, I–III, ed. J. Speck, Göttingen 1980.

Hist. Wb. Ph. Historisches Wörterbuch der Philosophie, I–XIII, ed. J. Ritter, mit Bd. IV fortgeführt v. K. Gründer, ab Bd. XI mit G. Gabriel, Basel/Stuttgart, Darmstadt 1971–2007 (XIII = Registerbd.).

Hist. Wb. Rhetorik Historisches Wörterbuch der Rhetorik, ed. G. Ueding, Tübingen, Darmstadt 1992–2009, Berlin/New York, Darmstadt 2012ff. (erschienen Bde I–X).

HSK Handbücher zur Sprach- und Kommunikationswissenschaft/Handbooks of Linguistics and Communication Science/Manuels de linguistique et des sciences de communication, ed. G. Ungeheuer/H. E. Wiegand, ab 1985 fortgeführt v. H. Steger/H. E. Wiegand, ab 2002 fortgeführt v. H. E. Wiegand, Berlin/New York 1982ff. (erschienen Bde I–XXXVII [in 78 Teilbdn.]).

IESBS International Encyclopedia of the Social & Behavioral Sciences, I–XXVI, ed. N. J. Smelser/P. B. Baltes, Amsterdam etc. 2001 (XXV–XXVI = Indexbde).

IESS International Encyclopedia of the Social Sciences, I–XVII, ed. D. L. Sills, New York 1968, Nachdr. 1972, XVIII (Biographical Suppl.), 1979, IX (Social Science Quotations), 1991, I–IX, ed. W. A. Darity Jr., Detroit Mich. etc. ²2008.

KP Der Kleine Pauly. Lexikon der Antike, I–V, ed. K. Ziegler/W. Sontheimer, Stuttgart 1964–1975, Nachdr. München 1979, 2007.

LAW	Lexikon der Alten Welt, ed. C. Andresen u. a., Zürich/Stuttgart 1965, Nachdr. in 3 Bdn., Düsseldorf 2001.
LMA	Lexikon des Mittelalters, I–IX, München/ Zürich 1977–1998, Reg.bd. Stuttgart/Weimar 1999, Nachdr. in 9 Bdn., Darmstadt 2009.
LThK	Lexikon für Theologie und Kirche, I–X u. 1 Reg.bd., ed. J. Höfer/K. Rahner, Freiburg ²1957–1967, Suppl. I–III, ed. H. S. Brechter u. a., Freiburg/Basel/Wien 1966–1968 (I–III Das Zweite Vatikanische Konzil), I–XI, ed. W. Kasper u. a., ³1993–2001, 2009 (XI = Nachträge, Register, Abkürzungsverzeichnis).
NDB	Neue Deutsche Biographie, ed. Historische Kommission bei der Bayerischen Akademie der Wissenschaften, Berlin 1953ff. (erschienen Bde I–XXIV).
NDHI	New Dictionary of the History of Ideas, I–VI, ed. M. C. Horowitz, Detroit Mich. etc. 2005.
ODCC	The Oxford Dictionary of the Christian Church, ed. F. L. Cross/E. A. Livingstone, Oxford ²1974, Oxford/New York ³1997, rev. 2005.
Ph. Wb.	Philosophisches Wörterbuch, ed. G. Klaus/ M. Buhr, Berlin, Leipzig 1964, in 2 Bdn. ⁶1969, Berlin ¹²1976 (repr. Berlin 1985, 1987).
RAC	Reallexikon für Antike und Christentum. Sachwörterbuch zur Auseinandersetzung des Christentums mit der antiken Welt, ed. T. Klauser, mit Bd. XIV fortgeführt v. E. Dassmann u. a., mit Bd. XX fortgeführt v. G. Schöllgen u. a., Stuttgart 1950ff. (erschienen Bde I–XXIV, 1 Reg.bd. u. 2 Suppl.bde).
RE	Paulys Realencyclopädie der classischen Altertumswissenschaft. Neue Bearbeitung, ed. G. Wissowa, fortgeführt v. W. Kroll, K. Witte, K. Mittelhaus, K. Ziegler u. W. John, Stuttgart, 1. Reihe (A–Q), I/1–XXIV (1893–1963); 2. Reihe (R–Z), IA/1–XA (1914–1972); 15 Suppl.bde (1903–1978); Register der Nachträge und Supplemente, ed. H. Gärtner/A. Wünsch, München 1980, Gesamtregister, I–II, Stuttgart 1997/2000.
REP	Routledge Encyclopedia of Philosophy, I–X, ed. E. Craig, London/New York 1998 (X = Indexbd.).
RGG	Die Religion in Geschichte und Gegenwart. Handwörterbuch für Theologie und Religionswissenschaft, I–VII, ed. K. Galling, Tübingen ³1957–1962 (VII = Reg.bd.), unter dem Titel: Religion in Geschichte und Gegenwart. Handwörterbuch für Theologie und Religionswissenschaft, ed. H. D. Betz u. a., I–VIII u. 1 Reg.bd., ⁴1998–2007, 2008.
SEP	Stanford Encyclopedia of Philosophy (http://plato.stanford.edu/).
Totok	W. Totok, Handbuch der Geschichte der Philosophie, I–VI, Frankfurt 1964–1990, Nachdr. 2005, ²1997ff. (erschienen Bd. I).
TRE	Theologische Realenzyklopädie, I–XXXVI, 2 Reg.bde u. 1 Abkürzungsverzeichnis, ed. G. Krause/G. Müller, mit Bd. XIII fortgeführt v. G. Müller, Berlin 1977–2007.
WbL	N. I. Kondakow, Wörterbuch der Logik [russ. Moskau 1971, 1975], ed. E. Albrecht/ G. Asser, Leipzig, Berlin 1978, Leipzig ²1983.
Wb. ph. Begr.	Wörterbuch der philosophischen Begriffe. Historisch-Quellenmäßig bearbeitet von Dr. Rudolf Eisler, I–III, ed. K. Roretz, Berlin ⁴1927–1930.
WL	Wissenschaftstheoretisches Lexikon, ed. E. Braun/H. Radermacher, Graz/Wien/Köln 1978.

3. Zeitschriften

Abh. Gesch. math. Wiss.	Abhandlungen zur Geschichte der mathematischen Wissenschaften (Leipzig)
Acta Erud.	Acta Eruditorum (Leipzig)
Acta Math.	Acta Mathematica (Uppsala)
Allg. Z. Philos.	Allgemeine Zeitschrift für Philosophie (Stuttgart)
Amer. J. Math.	American Journal of Mathematics (Baltimore Md.)
Amer. J. Philol.	The American Journal of Philology (Baltimore Md.)
Amer. J. Phys.	American Journal of Physics (College Park Md.)
Amer. J. Sci.	The American Journal of Science (New Haven Conn.)
Amer. Philos. Quart.	American Philosophical Quarterly (Champaign Ill.)
Amer. Scient.	American Scientist (Research Triangle Park N.C.)

Anal. Husserl.	Analecta Husserliana (Dordrecht/Boston Mass./London)
Analysis	Analysis (Oxford)
Ancient Philos.	Ancient Philosophy (Pittsburgh Pa.)
Ann. int. Ges. dialekt. Philos. Soc. Heg.	Annalen der internationalen Gesellschaft für dialektische Philosophie Societas Hegeliana (Frankfurt etc.)
Ann. Math.	Annals of Mathematics (Princeton N.J.)
Ann. Math. Log.	Annals of Mathematical Logic (Amsterdam); seit 1983: Annals of Pure and Applied Logic (Amsterdam etc.)
Ann. math. pures et appliqu.	Annales de mathématiques pures et appliquées (Paris); seit 1836: Journal de mathématiques pures et appliquées (Paris)
Ann. Naturphilos.	Annalen der Naturphilosophie (Leipzig)
Ann. Philos. philos. Kritik	Annalen der Philosophie und philosophischen Kritik (Leipzig)
Ann. Phys.	Annalen der Physik (Leipzig), 1799–1823, 1900ff. (1824–1899 unter dem Titel: Annalen der Physik und Chemie [Leipzig])
Ann. Phys. Chem.	Annalen der Physik und Chemie (Leipzig)
Ann. Sci.	Annals of Science. A Quarterly Review of the History of Science and Technology since the Renaissance, seit 1999 mit Untertitel: The History of Science and Technology (Abingdon)
Appl. Opt.	Applied Optics (Washington D.C.)
Aquinas	Aquinas. Rivista internazionale di filosofia (Rom)
Arch. Begriffsgesch.	Archiv für Begriffsgeschichte (Hamburg)
Arch. Gesch. Philos.	Archiv für Geschichte der Philosophie (Berlin)
Arch. hist. doctr. litt. moyen-âge	Archives d'histoire doctrinale et littéraire du moyen-âge (Paris)
Arch. Hist. Ex. Sci.	Archive for History of Exact Sciences (Berlin/Heidelberg)
Arch. int. hist. sci.	Archives internationales d'histoire des sciences (Paris)
Arch. Kulturgesch.	Archiv für Kulturgeschichte (Köln/Weimar/Wien)
Arch. Math.	Archiv der Mathematik (Basel)
Arch. math. Log. Grundlagenf.	Archiv für mathematische Logik und Grundlagenforschung (Stuttgart)
Arch. Philos.	Archiv für Philosophie (Stuttgart)
Arch. philos.	Archives de philosophie (Paris)
Arch. Rechts- u. Sozialphilos.	Archiv für Rechts- und Sozialphilosophie (Stuttgart)
Arch. Sozialwiss. u. Sozialpolitik	Archiv für Sozialwissenschaft und Sozialpolitik (Tübingen)
Astrophys.	Astrophysics (New York)
Australas. J. Philos.	Australasian Journal of Philosophy (Abingdon)
Austral. Econom. Papers	Australian Economic Papers (Adelaide)
Beitr. Gesch. Philos. MA	Beiträge zur Geschichte der Philosophie (später: und Theologie) des Mittelalters (Münster)
Beitr. Philos. Dt. Ideal.	Beiträge zur Philosophie des deutschen Idealismus. Veröffentlichungen der Deutschen Philosophischen Gesellschaft (Erfurt)
Ber. Wiss.gesch.	Berichte zur Wissenschaftsgeschichte (Weinheim)
Bibl. Math.	Bibliotheca Mathematica. Zeitschrift für Geschichte der mathematischen Wissenschaften (Stockholm/Leipzig)
Bl. dt. Philos.	Blätter für deutsche Philosophie (Berlin)
Brit. J. Hist. Sci.	The British Journal for the History of Science (Cambridge)
Brit. J. Philos. Sci.	The British Journal for the Philosophy of Science (Oxford)
Bull. Amer. Math. Soc.	Bulletin of the American Mathematical Society (Providence R.I.)
Bull. Hist. Med.	Bulletin of the History of Medicine (Baltimore Md.)
Can. J. Philos.	Canadian Journal of Philosophy (Calgary)
Class. J.	The Classical Journal (Chicago Ill.)
Class. Philol.	Classical Philology (Chicago Ill.)
Class. Quart.	Classical Quarterly (Oxford)
Class. Rev.	Classical Review (Cambridge)
Communic. and Cogn.	Communication and Cognition (Ghent)
Conceptus	Conceptus. Zeitschrift für Philosophie (Heusenstamm)

Dialectica — Dialectica. Internationale Zeitschrift für Philosophie der Erkenntnis (Oxford/Malden Mass.)

Dt. Z. Philos. — Deutsche Zeitschrift für Philosophie (Berlin)

Elemente Math. — Elemente der Mathematik (Basel)

Eranos-Jb. — Eranos-Jahrbuch (Zürich)

Erkenntnis — Erkenntnis (Dordrecht)

Ét. philos. — Les études philosophiques (Paris)

Ethics — Ethics. An International Journal of Social, Political and Legal Philosophy (Chicago Ill.)

Found. Phys. — Foundations of Physics (New York)

Franciscan Stud. — Franciscan Studies (St. Bonaventure N.Y.)

Franziskan. Stud. — Franziskanische Studien (Münster)

Frei. Z. Philos. Theol. — Freiburger Zeitschrift für Philosophie und Theologie (Freiburg, Schweiz)

Fund. Math. — Fundamenta Mathematicae (Warschau)

Fund. Sci. — Fundamenta Scientiae (São Paulo)

Giornale crit. filos. italiana — Giornale critico della filosofia italiana (Florenz)

Götting. Gelehrte Anz. — Göttingische Gelehrte Anzeigen (Göttingen)

Grazer philos. Stud. — Grazer philosophische Studien (Amsterdam/New York)

Harv. Stud. Class. Philol. — Harvard Studies in Classical Philology (Cambridge Mass.)

Hegel-Jb. — Hegel-Jahrbuch (Berlin)

Hegel-Stud. — Hegel-Studien (Hamburg)

Hermes — Hermes. Zeitschrift für klassische Philologie (Stuttgart)

Hist. and Philos. Log. — History and Philosophy of Logic (Abingdon)

Hist. Math. — Historia Mathematica (Amsterdam etc.)

Hist. Philos. Life Sci. — History and Philosophy of the Life Sciences (London/New York/Philadelphia Pa.)

Hist. Sci. — History of Science (Cambridge)

Hist. Stud. Phys. Sci. — Historical Studies in the Physical Sciences (Berkeley Calif./Los Angeles/London); seit 1986: Historical Studies in the Physical and Biological Sciences (Berkeley Calif./Los Angeles/London); seit 2008: Historical Studies in the Natural Sciences (Berkeley Calif./Los Angeles/London)

Hist. Theory — History and Theory (Malden Mass.)

Hobbes Stud. — Hobbes Studies (Leiden)

Human Stud. — Human Studies (Dordrecht)

Idealistic Stud. — Idealistic Studies (Worcester Mass.)

Indo-Iran. J. — Indo-Iranian Journal (Dordrecht/Boston Mass.)

Int. J. Ethics — International Journal of Ethics. Devoted to the Advancement of Ethical Knowledge and Practice (Chicago Ill.); seit 1938: Ethics. An International Journal of Social, Political, and Legal Philosophy (Chicago Ill.)

Int. Log. Rev. — International Logic Review (Bologna)

Int. Philos. Quart. — International Philosophical Quarterly (New York)

Int. Stud. Philos. — International Studies in Philosophy (Canton Mass.)

Int. Stud. Philos. Sci. — International Studies in the Philosophy of Science (Abingdon)

Isis — Isis. An International Review Devoted to the History of Science and Its Cultural Influences (Chicago Ill.)

Jahresber. Dt. Math.ver. — Jahresbericht der Deutschen Mathematikervereinigung (Wiesbaden)

Jb. Antike u. Christentum — Jahrbuch für Antike und Christentum (Münster)

Jb. Philos. phänomen. Forsch. — Jahrbuch für Philosophie und phänomenologische Forschung (Halle)

J. Aesthetics Art Criticism — The Journal of Aesthetics and Art Criticism (Hoboken N.J.)

J. Brit. Soc. Phenomenol. — The Journal of the British Society for Phenomenology (Stockport)

J. Chinese Philos. — Journal of Chinese Philosophy (Honolulu Hawaii)

J. Engl. Germ. Philol. — Journal of English and Germanic Philology (Urbana Ill.)

J. Hist. Ideas — Journal of the History of Ideas (Philadelphia Pa.)

J. Hist. Philos.	Journal of the History of Philosophy (Baltimore Md.)	Methodos	Methodos. Language and Cybernetics (Padua)
J. math. pures et appliqu.	Journal de mathématiques pures et appliquées (Paris)	Mh. Math. Phys.	Monatshefte für Mathematik und Physik (Leipzig/Wien); seit 1948: Monatshefte für Mathematik (Wien/New York)
J. Mind and Behavior	The Journal of Mind and Behavior (New York)		
J. Philos.	The Journal of Philosophy (New York)	Mh. Math.	Monatshefte für Mathematik (Wien/New York)
J. Philos. Ling.	The Journal of Philosophical Linguistics (Evanston Ill.)	Midwest Stud. Philos.	Midwest Studies in Philosophy (Boston Mass./Oxford)
J. Philos. Log.	Journal of Philosophical Logic (Dordrecht/Norwell Mass.)	Mind	Mind. A Quarterly Review for Psychology and Philosophy (Oxford)
J. reine u. angew. Math.	Journal für die reine und angewandte Mathematik (Berlin/New York)	Monist	The Monist (Peru Ill.)
		Mus. Helv.	Museum Helveticum. Schweizerische Zeitschrift für klassische Altertumswissenschaft (Basel)
J. Symb. Log.	The Journal of Symbolic Logic (Poughkeepsie N.Y.)		
J. Value Inqu.	The Journal of Value Inquiry (Dordrecht/Boston Mass./London)	Naturwiss.	Die Naturwissenschaften. Organ der Max-Planck-Gesellschaft zur Förderung der Wissenschaften (Berlin/Heidelberg)
Kant-St.	Kant-Studien (Berlin/New York)		
Kant-St. Erg.hefte	Kant-Studien. Ergänzungshefte (Berlin/New York)	Neue H. Philos.	Neue Hefte für Philosophie (Göttingen)
Linguist. Ber.	Linguistische Berichte (Hamburg)	Nietzsche-Stud.	Nietzsche-Studien (Berlin/New York)
Log. anal.	Logique et analyse (Brüssel)	Notre Dame J. Formal Logic	Notre Dame Journal of Formal Logic (Notre Dame Ind.)
Logos	Logos. Internationale Zeitschrift für Philosophie der Kultur (Tübingen)	Noûs	Noûs (Boston Mass./Oxford)
		Organon	Organon (Warschau)
Math. Ann.	Mathematische Annalen (Berlin/Heidelberg)	Osiris	Osiris. Commentationes de scientiarum et eruditionis historia rationeque (Brügge); Second Series mit Untertitel: A Research Journal Devoted to the History of Science and Its Cultural Influences (Chicago Ill.)
Math.-phys. Semesterber.	Mathematisch-physikalische Semesterberichte (Göttingen); seit 1981: Mathematische Semesterberichte (Berlin/Heidelberg)		
Math. Semesterber.	Mathematische Semesterberichte (Berlin/Heidelberg)	Pers. Philos. Neues Jb.	Perspektiven der Philosophie. Neues Jahrbuch (Amsterdam/New York)
Math. Teacher	The Mathematics Teacher (Reston Va.)	Phänom. Forsch.	Phänomenologische Forschungen (Hamburg)
Math. Z.	Mathematische Zeitschrift (Berlin/Heidelberg)	Philol.	Philologus (Wiesbaden)
Med. Aev.	Medium Aevum (Oxford)	Philol. Quart.	Philological Quarterly (Iowa City)
Medic. Hist.	Medical History (London)	Philos.	Philosophy (Cambridge etc.)
Med. Ren. Stud.	Medieval and Renaissance Studies (Chapel Hill N.C./London)	Philos. and Literature	Philosophy and Literature (Baltimore Md.)
Med. Stud.	Mediaeval Studies (Toronto)	Philos. Anz.	Philosophischer Anzeiger. Zeitschrift für die Zusammenarbeit von Philosophie und Einzelwissenschaft (Bonn)
Merkur	Merkur. Deutsche Zeitschrift für Europäisches Denken (Stuttgart)		
Metaphilos.	Metaphilosophy (Malden Mass.)	Philos. East and West	Philosophy East and West (Honolulu Hawaii)

Philos. Hefte	Philosophische Hefte (Prag)	Proc. Brit. Acad.	Proceedings of the British Academy (Oxford etc.)
Philos. Hist.	Philosophy and History (Tübingen)		
Philos. J.	The Philosophical Journal. Transactions of the Royal Society of Glasgow (Glasgow)	Proc. London Math. Soc.	Proceedings of the London Mathematical Society (Oxford etc.)
		Proc. Royal Soc.	Proceedings of the Royal Society of London (London)
Philos. Jb.	Philosophisches Jahrbuch (Freiburg/München)		
Philos. Mag.	The London, Edinburgh and Dublin Magazine and Journal of Science (London); seit 1949: The Philosophical Magazine (London)	Quart. Rev. Biol.	The Quarterly Review of Biology (Chicago Ill.)
		Ratio	Ratio. An International Journal of Analytic Philosophy (Oxford)
Philos. Math.	Philosophia Mathematica (Oxford)	Rech. théol. anc. et médiévale	Recherches de théologie ancienne et médiévale (Louvain)
Philos. Nat.	Philosophia Naturalis (Frankfurt)	Rel. Stud.	Religious Studies. An International Journal for the Philosophy of Religion (Cambridge)
Philos. Pap.	Philosophical Papers (Grahamstown)		
Philos. Phenom. Res.	Philosophy and Phenomenological Research (Malden Mass.)		
		Res. Phenomenol.	Research in Phenomenology (Leiden)
Philos. Quart.	The Philosophical Quarterly (Oxford/Malden Mass.)	Rev. ét. anc.	Revue des études anciennes (Bordeaux)
Philos. Rdsch.	Philosophische Rundschau (Tübingen)	Rev. ét. grec.	Revue des études grecques (Paris)
		Rev. hist. ecclés.	Revue d'histoire ecclésiastique (Louvain)
Philos. Rev.	The Philosophical Review (Durham N.C.)	Rev. hist. sci.	Revue d'histoire des sciences (Paris)
Philos. Rhet.	Philosophy and Rhetoric (University Park Pa.)	Rev. hist. sci. applic.	Revue d'histoire des sciences et de leurs applications (Paris); seit 1971: Revue d'histoire des sciences (Paris)
Philos. Sci.	Philosophy of Science (Chicago Ill.)		
Philos. Soc. Sci.	Philosophy of the Social Sciences (Toronto/Aberdeen)	Rev. int. philos.	Revue internationale de philosophie (Brüssel)
Philos. Stud.	Philosophical Studies (Dordrecht)	Rev. Met.	Review of Metaphysics (Washington D.C.)
Philos. Studien	Philosophische Studien (Berlin)		
Philos. Top.	Philosophical Topics (Fayetteville Ark.)	Rev. mét. mor.	Revue de métaphysique et de morale (Paris)
Philos. Transact. Royal Soc.	Philosophical Transactions of the Royal Society (London)	Rev. Mod. Phys.	Reviews of Modern Physics (College Park Md.)
Phys. Bl.	Physikalische Blätter (Weinheim)	Rev. néoscol. philos.	Revue néoscolastique de philosophie (Louvain)
Phys. Rev.	The Physical Review (College Park Md.)	Rev. philos. France étrang.	Revue philosophique de la France et de l'étranger (Paris)
Phys. Z.	Physikalische Zeitschrift (Leipzig)		
Praxis Math.	Praxis der Mathematik. Monatsschrift der reinen und angewandten Mathematik im Unterricht (Köln)	Rev. philos. Louvain	Revue philosophique de Louvain (Louvain)
		Rev. quest. sci.	Revue des questions scientifiques (Namur)
Proc. Amer. Philos. Ass.	Proceedings and Addresses of the American Philosophical Association (Newark Del.)	Rev. sci. philos. théol.	Revue des sciences philosophiques et théologiques (Paris)
		Rev. synt.	Revue de synthèse (Paris)
Proc. Amer. Philos. Soc.	Proceedings of the American Philosophical Society (Philadelphia Pa.)	Rev. théol. philos.	Revue de théologie et de philosophie (Lausanne)
Proc. Arist. Soc.	Proceedings of the Aristotelian Society (Oxford)	Rev. thom.	Revue thomiste (Toulouse)

Rhein. Mus. Philol.	Rheinisches Museum für Philologie (Frankfurt)	Stud. Voltaire 18th Cent.	Studies on Voltaire and the Eighteenth Century (Oxford)
Riv. crit. stor. filos.	Rivista critica di storia della filosofia (Florenz)	Sudh. Arch.	Sudhoffs Archiv für Geschichte der Medizin und der Naturwissenschaften (Stuttgart)
Riv. filos.	Rivista di filosofia (Bologna)		
Riv. filos. neo-scolastica	Rivista di filosofia neo-scolastica (Mailand)	Synthese	Synthese. Journal for Epistemology, Methodology and Philosophy of Science (Dordrecht)
Riv. mat.	Rivista di matematica (Turin)		
		Technikgesch.	Technikgeschichte (Düsseldorf)
Riv. stor. sci. mediche e nat.	Rivista di storia delle scienze mediche e naturali (Florenz)	Technology Rev.	Technology Review (Cambridge Mass.)
Russell	Russell. The Journal of the Bertrand Russell Archives (Hamilton Ont.)	Theol. Philos.	Theologie und Philosophie (Freiburg/Basel/Wien)
Sci. Amer.	Scientific American (New York)	Theoria	Theoria. A Swedish Journal of Philosophy and Psychology (Oxford/ Malden Mass.)
Sci. Stud.	Science Studies. Research in the Social and Historical Dimensions of Science and Technology (London)		
		Thomist	The Thomist (Washington D.C.)
Scr. Math.	Scripta Mathematica. A Quarterly Journal Devoted to the Expository and Research Aspects of Mathematics (New York)	Tijdschr. Filos.	Tijdschrift voor Filosofie (Leuven)
		Transact. Amer. Math. Soc.	Transactions of the American Mathematical Society (Providence R.I.)
Sociolog. Rev.	The Sociological Review (Oxford)	Transact. Amer. Philol. Ass.	Transactions and Proceedings of the American Philological Association (Baltimore Md.)
South. J. Philos.	The Southern Journal of Philosophy (Memphis Tenn.)		
Southwest. J. Philos.	Southwestern Journal of Philosophy (Norman Okla.)	Transact. Amer. Philos. Soc.	Transactions of the American Philosophical Society (Philadelphia Pa.)
Sov. Stud. Philos.	Soviet Studies in Philosophy (Armonk N.Y.); seit 1992/1993: Russian Studies in Philosophy (Armonk N.Y.)	Universitas	Universitas. Zeitschrift für Wissenschaft, Kunst und Literatur, seit 2001 mit Untertitel: Orientierung in der Wissenswelt (Stuttgart)
Spektrum Wiss.	Spektrum der Wissenschaft (Heidelberg)	Vierteljahrsschr. wiss. Philos.	Vierteljahrsschrift für wissenschaftliche Philosophie (Leipzig); seit 1902: Vierteljahrsschrift für wissenschaftliche Philosophie und Soziologie (Leipzig)
Stud. Gen.	Studium Generale. Zeitschrift für interdisziplinäre Studien (Berlin etc.)		
Stud. Hist. Philos. Sci.	Studies in History and Philosophy of Science (Amsterdam etc.)	Vierteljahrsschr. wiss. Philos. u. Soz.	Vierteljahrsschrift für wissenschaftliche Philosophie und Soziologie (Leipzig)
Studi int. filos.	Studi internazionali di filosofia (Turin); seit 1974: International Studies in Philosophy (Canton Mass.)	Wien. Jb. Philos.	Wiener Jahrbuch für Philosophie (Wien/Stuttgart)
Studi ital. filol. class.	Studi italiani di filologia classica (Florenz)	Wiss. u. Weisheit	Wissenschaft und Weisheit. Franziskanische Studien zu Theologie, Philosophie und Geschichte (Kevelaer)
Stud. Leibn.	Studia Leibnitiana (Stuttgart)		
Stud. Log.	Studia Logica (Dordrecht)	Z. allg. Wiss. theorie	Zeitschrift für allgemeine Wissenschaftstheorie/Journal for General Philosophy of Science (Dordrecht/ Boston Mass./London)
Stud. Philos.	Studia Philosophica (Basel)		
Stud. Philos. (Krakau)	Studia Philosophica. Commentarii Societatis Philosophicae Polonorum (Krakau)		
		Z. angew. Math. u. Mechanik	Zeitschrift für angewandte Mathematik und Mechanik/Journal of Applied Mathematics and Mechanics (Berlin)
Stud. Philos. Hist. Philos.	Studies in Philosophy and the History of Philosophy (Washington D.C.)		

Z. math. Logik u. Grundlagen d. Math.	Zeitschrift für mathematische Logik und Grundlagen der Mathematik (Leipzig/Berlin/Heidelberg)
Z. Math. Phys.	Zeitschrift für Mathematik und Physik (Leipzig)
Z. philos. Forsch.	Zeitschrift für philosophische Forschung (Frankfurt)
Z. Philos. phil. Kritik	Zeitschrift für Philosophie und philosophische Kritik (Halle)
Z. Phys.	Zeitschrift für Physik (Berlin/Heidelberg)
Z. Semiotik	Zeitschrift für Semiotik (Tübingen)
Z. Soz.	Zeitschrift für Soziologie (Stuttgart)

4. Werkausgaben

(Die hier aufgeführten Abkürzungen für Werkausgaben haben Beispielcharakter; Werkausgaben, deren Abkürzung nicht aufgeführt wird, stehen bei den betreffenden Autoren.)

Descartes

Œuvres	R. Descartes, Œuvres, I–XII u. 1 Suppl.bd. Index général, ed. C. Adam/P. Tannery, Paris 1897–1913, Nouvelle présentation, I–XI, 1964–1974, 1996.

Diogenes Laertios

Diog. Laert.	Diogenis Laertii Vitae Philosophorum, I–II, ed. H. S. Long, Oxford 1964, I–III, ed. M. Marcovich, I–II, Stuttgart/Leipzig 1999, III München/Leipzig 2002 (III = Indexbd.).

Feuerbach

Ges. Werke	L. Feuerbach, Gesammelte Werke, I–XXII, ed. W. Schuffenhauer, Berlin (Ost) 1969 ff., ab XIII, ed. Berlin-Brandenburgische Akademie der Wissenschaften durch W. Schuffenhauer, Berlin 1999ff. (erschienen Bde I–XIV, XVII–XXI).

Fichte

Ausgew. Werke	J. G. Fichte, Ausgewählte Werke in sechs Bänden, ed. F. Medicus, Leipzig 1910–1912 (repr. Darmstadt 1962).

Gesamtausg.	J. G. Fichte-Gesamtausgabe der Bayerischen Akademie der Wissenschaften, I/1–IV/6, ed. R. Lauth u.a., Stuttgart-Bad Cannstatt 1962–2012 ([Werke]: I/1–I/10; [Nachgelassene Schriften]: II/1–II/17 u. 1 Suppl.bd.; [Briefe]: III/1–III/8; [Kollegnachschriften]: IV/1–IV/6).

Goethe

Hamburger Ausg.	J. W. v. Goethe, Werke. Hamburger Ausgabe, I–XIV u. 1 Reg.bd., ed. E. Trunz, Hamburg 1948–1960, mit neuem Kommentarteil, München 1981, 1998.

Hegel

Ges. Werke	G. W. F. Hegel, Gesammelte Werke, in Verbindung mit der Deutschen Forschungsgemeinschaft ed. Rheinisch-Westfälische Akademie der Wissenschaften (heute: Nordrhein-Westfälische Akademie der Wissenschaften), Hamburg 1968ff. (erschienen Bde I, III–XXI, XXIV/1, XXV/1–2).
Sämtl. Werke	G. W. F. Hegel, Sämtliche Werke (Jubiläumsausgabe), I–XXVI, ed. H. Glockner, Stuttgart 1927–1940, XXIII–XXVI in 2 Bdn. ^{2}1957, I–XXII ^{4}1961–1968.

Kant

Akad.-Ausg.	I. Kant, Gesammelte Schriften, ed. Königlich Preußische Akademie der Wissenschaften (heute: Berlin-Brandenburgische Akademie der Wissenschaften [Berlin]), Berlin (heute: Berlin/New York) 1902ff. (erschienen Abt. 1 [Werke]: I–IX; Abt. 2 [Briefwechsel]: X–XIII; Abt. 3 [Handschriftlicher Nachlaß]: XIV–XXIII; Abt. 4 [Vorlesungen]: XXIV/1–2, XXV/1–2, XXVI/1, XXVII/1, XXVII/2.1–2.2, XXVIII/1, XXVIII/2.1–2.2, XXIX/1–2), Allgemeiner Kantindex zu Kants gesammelten Schriften, ed. G. Martin, Berlin 1967 ff. (erschienen Bde XVI–XVII [= Wortindex zu den Bdn. I–IX], XX [= Personenindex]).

Leibniz

Akad.-Ausg. G. W. Leibniz, Sämtliche Schriften und Briefe, ed. Königlich Preußische Akademie der Wissenschaften (heute: Berlin-Brandenburgische Akademie der Wissenschaften [Berlin]), ab 1996 mit Akademie der Wissenschaften zu Göttingen, Darmstadt (später: Leipzig, heute: Berlin) 1923ff. (erschienen Reihe 1 [Allgemeiner politischer und historischer Briefwechsel]: 1.1–1.21, 1 Suppl.bd.; Reihe 2 [Philosophischer Briefwechsel]: 2.1–2.2; Reihe 3 [Mathematischer, naturwissenschaftlicher und technischer Briefwechsel]: 3.1–3.7; Reihe 4 [Politische Schriften]: 4.1–4.7; Reihe 6 [Philosophische Schriften]: 6.1–6.4 [6.4 in 4 Teilen], 6.6 [Nouveaux essais] u. 1 Verzeichnisbd.; Reihe 7 [Mathematische Schriften]: 7.1–7.6; Reihe 8 [Naturwissenschaftliche, medizinische und technische Schriften]: 8.1).

C. G. W. Leibniz, Opuscules et fragments inédits. Extraits des manuscrits de la Bibliothèque royale de Hanovre, ed. L. Couturat, Paris 1903 (repr. Hildesheim 1961, 1966, Hildesheim/New York/Zürich 1988).

Math. Schr. G. W. Leibniz, Mathematische Schriften, I–VII, ed. C. I. Gerhardt, Berlin/Halle 1849–1863 (repr. Hildesheim 1962, Hildesheim/New York 1971, 1 Reg.bd., ed. J. E. Hofmann, 1977).

Philos. Schr. Die philosophischen Schriften von G. W. Leibniz, I–VII, ed. C. I. Gerhardt, Berlin/Leipzig 1875–1890 (repr. Hildesheim 1960–1961, Hildesheim/New York/Zürich 1996, 2008).

Marx/Engels

MEGA Marx/Engels, Historisch-kritische Gesamtausgabe. Werke, Schriften, Briefe, ed. D. Rjazanov, fortgeführt v. V. Adoratskij, Frankfurt/Berlin/Moskau 1927–1935, Neudr. Glashütten i. Taunus 1970, 1979 (erschienen: Abt. 1 [Werke u. Schriften]: I.1–I.2, II–VII; Abt. 3 [Briefwechsel]: I–IV), unter dem Titel: Gesamtausgabe (MEGA), ed. Institut für Marxismus-Leninismus (später: Internationale Marx-Engels-Stiftung), Berlin 1975ff. (erschienen Abt. I [Werke, Artikel, Entwürfe]: I/1–I/3, I/10–I/14, I/18, I/20–I/22, I/24–I/27, I/29–I/32; Abt. II [Das Kapital und Vorarbeiten]: II/1.1–II/1.2, II/2, II/3.1–II/3.6, II/4.1–II/4.3, II/5–II/15; Abt. III [Briefwechsel]: III/1–III/11, III/13; Abt. IV [Exzerpte, Notizen, Marginalien]: IV/1–IV/4, IV/6–IV/9, IV/12, IV/26, IV/31–IV/32).

MEW Marx/Engels, Werke, ed. Institut für Marxismus-Leninismus beim ZK der SED (später: Rosa-Luxemburg-Stiftung [Berlin]), Berlin (Ost) (später: Berlin) 1956ff. (erschienen Bde I–XXXIX, Erg.bde I–II, Verzeichnis I–II u. Sachreg.) (Einzelbände in verschiedenen Aufl.).

Nietzsche

Werke. Krit. Gesamtausg. Nietzsche Werke. Kritische Gesamtausgabe, ed. G. Colli/M. Montinari, weitergeführt v. W. Müller-Lauter/K. Pestalozzi, Berlin (heute: Berlin/New York) 1967ff. (erschienen [Abt. I]: I/1–I/5; [Abt. II]: II/1–II/5; [Abt. III]: III/1–III/4, III/5.1–III/5.2; [Abt. IV]: IV/1–IV/4; [Abt. V]: V/1–V/3; [Abt. VI]: VI/1–VI/4; [Abt. VII]: VII/1–VII/3, VII/4.1–VII/4.2; [Abt. VIII]: VIII/1–VIII/3; [Abt. IX]: IX/1–IX/9).

Briefwechsel. Krit. Gesamtausg. Nietzsche Briefwechsel. Kritische Gesamtausgabe, 25 Bde in 3 Abt. u. 1 Reg.bd. (Abt. I [Briefe 1850–1869]: I/1–I/4; Abt. II [Briefe 1869–1879]: II/1–II/5, II/6.1–II/6.2, II/7.1–II/7.2, II/7.3.1–II/7.3.2; Abt. III [Briefe 1880–1889]: III/1–III/6, III/7.1–III/7.2, III/7.3.1–III/7.3.2), ed. G. Colli/M. Montinari, weitergeführt v. N. Miller/A. Pieper, Berlin/New York 1975–2004.

Schelling

Hist.-krit. Ausg. F. W. J. Schelling, Historisch-kritische Ausgabe, ed. H. M. Baumgartner/W. G. Jacobs/H. Krings/H. Zeltner, Stuttgart 1976ff. (erschienen

	Reihe 1 [Werke]: I–IX/1–2, X u. 1 Erg.bd.; Reihe 3 [Briefe]: I, II/1–II/2).
Sämtl. Werke	F. W. J. Schelling, Sämtliche Werke, 14 Bde in 2 Abt. ([Abt. 1] 1/I–X, [Abt. 2] 2/I–IV), ed. K. F. A. Schelling, Stuttgart 1856–1861, repr. in neuer Anordnung: Schellings Werke, I–VI, 1 Nachlaßbd., Erg.bde I–VI, ed. M. Schröter, München 1927–1959 (repr. 1958–1962).

Sammlungen

CAG	Commentaria in Aristotelem Graeca, ed. Academia Litterarum Regiae Borussicae, I–XXIII, Berlin 1882–1909, Supplementum Aristotelicum, Berlin 1885–1893 (seither unveränderte Nachdrucke).
CCG	Corpus Christianorum. Series Graeca, Turnhout 1977ff..
CCL	Corpus Christianorum. Series Latina, Turnhout 1954ff..
CCM	Corpus Christianorum. Continuatio mediaevalis, Turnhout 1966ff..
FDS	K. Hülser, Die Fragmente zur Dialektik der Stoiker. Neue Sammlung der Texte mit deutscher Übersetzung und Kommentaren, I–IV, Stuttgart-Bad Cannstatt 1987–1988.
MGH	Monumenta Germaniae historica inde ab anno christi quingentesimo usque ad annum millesimum et quingentesimum, Hannover 1826ff..
MPG	Patrologiae cursus completus, Series Graeca, 1–161 (mit lat. Übers.) u. 1 Indexbd., ed. J.-P. Migne, Paris 1857–1912.
MPL	Patrologiae cursus completus, Series Latina, 1–221 (218–221 = Indices), ed. J.-P. Migne, Paris 1844–1864.
SVF	Stoicorum veterum fragmenta, I–IV (IV = Indices v. M. Adler), ed. J. v. Arnim, Leipzig 1903–1924 (repr. Stuttgart 1964, München/Leipzig 2004).
VS	H. Diels, Die Fragmente der Vorsokratiker. Griechisch und Deutsch (Berlin 1903), I–III, ed. W. Kranz, Berlin ^{6}1951–1952 (seither unveränderte Nachdrucke).

5. Einzelwerke

(Die hier aufgeführten Abkürzungen für Einzelwerke haben Beispielcharakter; Einzelwerke, deren Abkürzung nicht aufgeführt wird, stehen bei den betreffenden Autoren. In anderen Fällen ist die Abkürzung eindeutig und entspricht den üblichen Zitationsnormen, z. B. bei den Werken von Aristoteles und Platon.)

Aristoteles

an. post.	Analytica posteriora
an. pr.	Analytica priora
de an.	De anima
de gen. an.	De generatione animalium
Eth. Nic.	Ethica Nicomachea
Met.	Metaphysica
Phys.	Physica

Descartes

Disc. méthode	Discours de la méthode (1637)
Meditat.	Meditationes de prima philosophia (1641)
Princ. philos.	Principia philosophiae (1644)

Hegel

Ästhetik	Vorlesungen über die Ästhetik (1842–1843)
Enc. phil. Wiss.	Encyklopädie der philosophischen Wissenschaften im Grundrisse/System der Philosophie (^{3}1830)
Logik	Wissenschaft der Logik (1812/1816)
Phänom. des Geistes	Die Phänomenologie des Geistes (1807)
Rechtsphilos.	Grundlinien der Philosophie des Rechts oder Naturrecht und Staatswissenschaft im Grundrisse (1821)
Vorles. Gesch. Philos.	Vorlesungen über die Geschichte der Philosophie (1833–1836)
Vorles. Philos. Gesch.	Vorlesungen über die Philosophie der Geschichte (1837)

Kant

Grundl. Met. Sitten	Grundlegung zur Metaphysik der Sitten (1785)
KpV	Kritik der praktischen Vernunft (1788)
KrV	Kritik der reinen Vernunft (^{1}1781 = A, ^{2}1787 = B)

KU	Kritik der Urteilskraft (1790)	Ausg.	Ausgabe
Proleg.	Prolegomena zu einer jeden Metaphysik, die als Wissenschaft wird auftreten können (1783)	ausgew.	ausgewählt(e)

Leibniz

		Bd., Bde, Bdn.	Band, Bände, Bänden
		Bearb., bearb.	Bearbeiter, Bearbeitung, bearbeitet
		Beih.	Beiheft
Disc. mét.	Discours de métaphysique (1686)	Beitr.	Beitrag, Beiträge
Monadologie	Principes de la philosophie ou Monadologie (1714)	Ber.	Bericht(e)
		bes.	besondere, besonders
		Bl., Bll.	Blatt, Blätter
Nouv. essais	Nouveaux essais sur l'entendement humain (1704)	bzw.	beziehungsweise
Princ. nat. grâce	Principes de la nature et de la grâce fondés en raison (1714)	c	caput, corpus, contra
		ca.	circa
		Chap.	Chapter
		chines.	chinesisch

Platon

Nom.	Nomoi	ders.	derselbe
Pol.	Politeia	d. h.	das heißt
Polit.	Politikos	d. i.	das ist
Soph.	Sophistes	dies.	dieselbe(n)
Theait.	Theaitetos	Diss.	Dissertation
Tim.	Timaios	dist.	distinctio
		d. s.	das sind
		dt.	deutsch

Thomas von Aquin

		durchges.	durchgesehen
De verit.	Quaestiones disputatae de veritate	ebd.	ebenda
		Ed.	Editio, Edition
S. c. g.	Summa de veritate catholicae fidei contra gentiles	ed.	edidit, ediderunt, edited, ediert
		Einf.	Einführung
		eingel.	eingeleitet
S. th.	Summa theologiae	Einl.	Einleitung
		engl.	englisch

Wittgenstein

		Erg.bd.	Ergänzungsband
Philos. Unters.	Philosophische Untersuchungen (1953)	Erg.heft(e)	Ergänzungsheft(e)
		erl.	erläutert
Tract.	Tractatus logico-philosophicus (1921)	erw.	erweitert
		ev.	evangelisch
		F.	Folge
		Fasc.	Fasciculus, Fascicle, Fascicule, Fasciculo

6. Sonstige Abkürzungen

		fol.	Folio
		fl.	floruit, 3. Pers. Sing. Perfekt von lat. florere, blühen
a. a. O.	am angeführten Ort		
Abb.	Abbildung		
Abh.	Abhandlung(en)	franz.	französisch
Abt.	Abteilung		
ahd.	althochdeutsch	gedr.	gedruckt
amerik.	amerikanisch	Ges.	Gesellschaft
Anh.	Anhang	ges.	gesammelt(e)
Anm.	Anmerkung	griech.	griechisch
art.	articulus		
Aufl.	Auflage	H.	Heft(e)
		Hb.	Handbuch

hebr.	hebräisch	span.	spanisch
Hl., hl.	Heilig-, Heilige(r), heilig	spätlat.	spätlateinisch
holländ.	holländisch	s. u.	siehe unten
		Suppl.	Supplement
i. e.	id est		
ind.	indisch	Tab.	Tabelle(n)
insbes.	insbesondere	Taf.	Tafel(n)
int.	international	teilw.	teilweise
ital.	italienisch	trans., Trans.	translated, Translation
Jh., Jhs.	Jahrhundert(e), Jahrhunderts	u.	und
jüd.	jüdisch	u. a.	und andere
		Übers., übers.	Übersetzung, Übersetzer, übersetzt
Kap.	Kapitel	übertr.	übertragen
kath.	katholisch	ung.	ungarisch
		u. ö.	und öfter
lat.	lateinisch	usw.	und so weiter
lib.	liber		
		v.	von
mhd.	mittelhochdeutsch	v. Chr.	vor Christus
mlat.	mittellateinisch	verb.	verbessert
Ms(s).	Manuskript(e)	vgl.	vergleiche
		vollst.	vollständig
Nachdr.	Nachdruck	Vorw.	Vorwort
Nachr.	Nachrichten		
n. Chr.	nach Christus	z. B.	zum Beispiel
Neudr.	Neudruck		
NF	Neue Folge		
nhd.	neuhochdeutsch		
niederl.	niederländisch		
NS	Neue Serie		
o. J.	ohne Jahr		
o. O.	ohne Ort		
österr.	österreichisch		
poln.	polnisch		
Praef.	Praefatio		
Préf., Pref.	Préface, Preface		
Prof.	Professor		
Prooem.	Prooemium		
qu.	quaestio		
red.	redigiert		
Reg.	Register		
repr.	reprinted		
rev.	revidiert, revised		
russ.	russisch		
s.	siehe		
schott.	schottisch		
schweiz.	schweizerisch		
s. o.	siehe oben		
sog.	sogenannt		
Sp.	Spalte(n)		

7. Logische und mathematische Symbole

Zeichen	Name	in Worten
ε	affirmative Kopula	ist
ε'	negative Kopula	ist nicht
⇋	Definitionszeichen	nach Definition gleichbedeutend mit
$\imath_x$	Kennzeichnungsoperator	dasjenige x, für welches gilt
¬	Negator	nicht
∧	Konjunktor	und
∨	Adjunktor	oder (nicht ausschließend)
⋈	Disjunktor	entweder ... oder ...
→	Subjunktor	wenn ..., dann ...
↔	Bisubjunktor	genau dann, wenn
⥽	strikter Implikator	es ist notwendig: wenn ..., dann ...
Δ	Notwendigkeitsoperator	es ist notwendig, daß
∇	Möglichkeitsoperator	es ist möglich, daß
X	Wirklichkeitsoperator	es ist wirklich, daß
X̶	Kontingenzoperator	es ist kontingent, daß

Zeichen	Name	in Worten
O	Gebotsoperator	es ist geboten, daß
V	Verbotsoperator	es ist verboten, daß
E	Erlaubnisoperator	es ist erlaubt, daß
I	Indifferenzoperator	es ist freigestellt, daß
$\bigwedge_x$	Allquantor	für alle x gilt
$\bigvee_x$	Einsquantor, Manchquantor, Existenzquantor	für manche [einige] x gilt
$\overset{1}{\bigvee}_x$	kennzeichnender Eins-(Manch-, Existenz-)quantor	für genau ein x gilt
$\mathbb{A}_x$	indefiniter Allquantor	für alle x gilt (bei indefinitem Variabilitätsbereich von x)
$\mathbb{V}_x$	indefiniter Eins-(Manch-, Existenz-)quantor	für manche [einige] x gilt (bei indefinitem Variabilitätsbereich von x)
$\curlyvee$	Wahrheitssymbol	das Wahre (verum)
$\curlywedge$	Falschheitssymbol	das Falsche (falsum)
$\prec$	[logisches] Implikationszeichen	impliziert (aus ... folgt ...)
$\asymp$	[logisches] Äquivalenzzeichen	gleichwertig mit
$\models$	semantisches Folgerungszeichen	aus ... folgt ...
$\Rightarrow$	Regelpfeil	man darf von ... übergehen zu ...
$\Leftrightarrow$	doppelter Regelpfeil	man darf von ... übergehen zu ... und umgekehrt
$\vdash\vdash_K$	Ableitbarkeitszeichen (insbes. zwischen Aussagen und Aussageformen: syntaktisches Folgerungszeichen)	ist ableitbar (in einem Kalkül K), aus ... ist ... ableitbar (in einem Kalkül K)
$\sim$	Äquivalenzzeichen	äquivalent
$=$	Gleichheitszeichen	gleich
$\neq$	Ungleichheitszeichen	ungleich
$\equiv$	Identitätszeichen	identisch
$\not\equiv$	Nicht-Identitätszeichen	nicht identisch
$<$	Kleiner-Zeichen	kleiner als
$\leq$	Kleiner-gleich-Zeichen	kleiner als oder gleich
$>$	Größer-Zeichen	größer als
$\geq$	Größer-gleich-Zeichen	größer als oder gleich
$\in$	(mengentheoretisches) Elementzeichen	ist Element von

Zeichen	Name	in Worten
$\notin$	Nicht-Elementzeichen	ist nicht Element von
{ }	Mengenklammer	die Menge mit den Elementen ...
$\in_x$ $\{x\vert\ \}$	Mengenabstraktor	die Menge derjenigen x, für die gilt
$\subseteq$	Teilmengenrelator	ist Teilmenge von
$\subset$	echter Teilmengenrelator	ist echte Teilmenge von
$\emptyset$	Zeichen der leeren Menge	leere Menge
$\cup$	Vereinigungszeichen	vereinigt mit
$\bigcup$	Vereinigungszeichen (für beliebig viele Mengen)	Vereinigung von
$\cap$	Durchschnittszeichen	geschnitten mit
$\bigcap$	Durchschnittszeichen (für beliebig viele Mengen)	Durchschnitt von
C C_M	Komplementzeichen	Komplement von ... (in M)
$\mathfrak{P}$	Potenzmengenzeichen	Potenzmenge von
$\upharpoonright$	Funktionsapplikator	(die Funktion ...,) angewandt auf ...
$\upharpoonright_x$	Funktionsabstraktor	die Funktion von x, abstrahiert aus ...
$\rightarrow$	Abbildungszeichen	(der Definitionsbereich) ... wird abgebildet in (den Zielbereich) ...
$\mapsto$	Zuordnungszeichen	(dem Argument) ... wird (der Wert) ... zugeordnet

Klammerung: Es werden die üblichen Klammerungsregeln angewendet. Zur Klammerersparnis bei logischen Formeln gilt, daß $\neg$ stärker bindet als alle anderen Junktoren, ferner $\wedge$, $\vee$, $\bowtie$ stärker als $\rightarrow$, $\leftrightarrow$.

logica antiqua (lat., alte Logik), neben ›logica (ars) vetus‹, ›logica (ars) nova‹ und ›logica moderna (modernorum)‹ Bezeichnung zur historischen und thematischen Gliederung der mittelalterlichen Logik (↑Logik, mittelalterliche). – In einer ersten Periode waren von den logischen Schriften des Aristoteles lediglich die »Κατηγορίαι« (»Categoriae«) und »Περὶ ἑρμηνείας« (»De interpretatione«) bekannt. Die logischen Studien dieser Zeit bestanden im wesentlichen im kommentierenden Studium dieser beiden Schriften sowie der »Isagoge« des Porphyrios. Daneben traten manchmal noch Werke des A. M. T. S. Boethius und der (wohl fälschlich) Gilbert de la Porrée zugeschriebene Traktat »De sex principiis«. Diese Periode der Logikgeschichte wie auch der angeführte Kanon logischer Schriften wurde als ›logica (bzw. ars) vetus‹ (›alte Logik [bzw. Kunst]‹) bezeichnet, seit um etwa 1120 die Entdeckung der restlichen Werke des Aristotelischen »Organon« (Analytiken, Topik, Sophistische Widerlegungen) eine zweite Periode der mittelalterlichen Logik einleitete, deren neue Fragestellungen von den bisherigen als ›logica (bzw. ars) nova‹ (›neue Logik [bzw. Kunst]‹) unterschieden wurden. Dabei fanden insbes. die »Sophistischen Widerlegungen« das besondere Interesse der Logiker und führten zum Aufbau des von der schlichten Textauslegung unterschiedenen, selbständigen Lehrstücks der ↑Sophismata. Beide, in der Hauptsache kommentierende, Epochen wurden zusammen als ›l. a.‹ bezeichnet. Um etwa 1250 setzte dann mit den Werken von Wilhelm von Shyreswood, Petrus Hispanus und Lambert von Auxerre eine dritte Periode der Logik ein, die sich, problemorientiert, auch von Aristoteles nicht behandelten Themen zuwandte. Die Traktate dieser Logiker, die die l. a. keineswegs verwarfen, wurden gelegentlich als ↑›parva logicalia‹ (kleine Abhandlungen zur Logik), ›logica moderna (modernorum)‹ (moderne Logik, Logik der ›moderni‹) und ihre Vertreter als ›terministae‹ (↑Terminismus) bezeichnet. Die Identifikation von ›moderni‹ mit Nominalisten und ›antiqui‹ mit Realisten (↑Universalienstreit), im Anschluß an C. Prantl weit verbreitet, dürfte erst im ›Wegestreit‹ (↑via antiqua/via moderna) des 15. Jhs. allgemeine Verwendung gefunden haben; sie ist sachlich unzutreffend: In den vorausgehenden Jh.en (wohl ab dem 10. Jh.) haben ›antiquus‹ und ›modernus‹ im allgemeinen keine systematische, sondern eine im wesentlichen historisch-thematische (die Alten bzw. die Zeitgenossen) Bedeutung.

Literatur: D. M. Gabbay/J. Woods (eds.), Handbook of the History of Logic II (Mediaeval and Renaissance Logic), Amsterdam/Heidelberg 2008; N. W. Gilbert, Ockham, Wyclif, and the »via moderna«, in: A. Zimmermann (ed.), Antiqui und Moderni. Traditionsbewußtsein und Fortschrittsbewußtsein im späten Mittelalter, Berlin/New York 1974, 85–125; W. Kneale/M. Kneale, The Development of Logic, Oxford 1962, 1991; N.

Kretzmann/A. Kenny/J. Pinborg (eds.), The Cambridge History of Later Medieval Philosophy. From the Rediscovery of Aristotle to the Disintegration of Scholasticism 1100–1600, Cambridge 1982, 2003, 99–157 (Chap. III The Old Logic); J. Marenbon, Aristotelian Logic, Platonism, and the Context of Early Medieval Philosophy in the West, Aldershot etc. 2000; C. Prantl, Geschichte der Logik im Abendlande IV, Leipzig 1870 (repr. Graz 1955), 195 ff.; L. M. de Rijk, Logica Modernorum. A Contribution to the History of Early Terminist Logic I, Assen 1962, 13–23; H. Schepers, Logica vetus/Logica nova, L. a./Logica modernorum, Hist. Wb. Ph. V (1980), 355–357.   G. W.

logica moderna, ↑logica antiqua, ↑Terminismus.

logica nova, ↑logica antiqua.

logica vetus, ↑logica antiqua.

Logik (von griech. *λογικὴ τέχνη*, Kunst des Denkens, Vernunftwissenschaft), im weiteren Sinne Bezeichnung für die Lehre vom schlüssigen, folgerichtigen (dann als ›logisch‹ bezeichneten) Denken und Argumentieren über Gegenstände und Sachverhalte eines Sachgebietes; in Verbindungen wie ›L. des Geldes‹, ›L. des Kapitals‹, ›L. des Wettrüstens‹ usw. das (wirkliche oder vermutete) System von Regeln oder Gesetzlichkeiten, denen das Sachgebiet (bei den genannten Beispielen das Geldwesen, die kapitalistische Wirtschaftsform, das Wetteifern um militärische Überlegenheit) oder das Handeln innerhalb seines Rahmens unterliegt. In Anlehnung an diesen Gebrauch bedeutet ›L.‹ gelegentlich auch die Methodik eines bestimmten, insbes. wissenschaftlichen, Handlungszusammenhangs (z. B. ↑›Logik der Forschung‹). Im engeren, heute in der ↑Wissenschaftstheorie allein üblichen Sinne bezeichnet ›L.‹ die *formale* L. (↑Logik, formale) im Sinne einer Lehre vom korrekten Schließen, d. h. von der ↑Folgerung wahrer ↑Konklusionen aus wahren ↑Prämissen, häufig gegründet auf eine vorausgeschickte Lehre von der materialen und formalen (insbes. formal-logischen [↑logisch wahr]) Wahrheit von Aussagen.

Während die Untersuchung einzelner Schlüsse auf Korrektheit (↑korrekt/Korrektheit) und einzelner Schlußformen (Schlußschemata) auf Gültigkeit (↑gültig/Gültigkeit) *Anwendungen* der L. im engeren Sinne darstellen, befaßt sich diese selbst vorrangig mit der Frage, wie die Gültigkeit oder die Art der Gültigkeit von Argumentationsschritten und Argumentationsformen (↑Argumentation, ↑Argumentationstheorie) von ihrer sprachlichen bzw. logischen Form abhängt. Dabei ergeben sich enge Verbindungen zur ↑Grammatik, ohne daß man die L. als eine Art ›allgemeinster Grammatik‹ auffassen könnte, die von allen Besonderheiten der natürlichen Sprachen absieht. Die Idee einer logischen Grammatik (↑Grammatik, logische) im Unterschied zur linguistischen Grammatik schließt jedoch die Untersuchung der Struktur formaler Sprachen (↑Sprache, formale; insbes. der zum Aufbau der L. verwendeten) ein und liegt zum Teil auch der logischen ↑Propädeutik zugrunde. Eine ›Denklehre‹ ist L. im genannten engeren Sinne insofern (aber auch *nur* insofern), als das ↑Denken die ›Gesetze‹ der L. zu beachten hat, wenn es dem Zwecke erfolgreichen Argumentierens dienen soll. Wenngleich also das Verhältnis von ↑Psychologie und L. keines von begründender zu begründeter Disziplin ist (wie der ↑Psychologismus annimmt), so empfiehlt sich doch bei der Wahl der Darstellungsform der L. (s. u.) die Berücksichtigung von Resultaten der Denkpsychologie.

Die L. (im engeren wie im weiteren Sinne) ist im Laufe ihrer Geschichte (s. u.) mehrfach mit anderen Termini bezeichnet oder auch als Teil anderer (und anders benannter) Disziplinen aufgefaßt worden. Z.B. ist sie Teil der ↑Dialektik bei Platon und bei Aristoteles, der in der »Topik« den Ausdruck ›Dialektik‹ zum einen (im Unterschied zur ›Analytik‹) als Bezeichnung der Lehre vom Schließen auf bloß Wahrscheinliches verwendet, zum anderen aber auch zur Bezeichnung einer allgemeinen Methodenlehre (↑Methodologie). Im Mittelalter wird die L. zeitweise zusammen mit Sprachtheorie und Sprachphilosophie unter dem Titel ›Dialektik‹ abgehandelt, während ›L.‹ den Titel einer Zusammenstellung von Kommentaren zu Aristotelischen Schriften bildet. Der mittelalterliche Streit, ob die L. Kunstlehre, Technik oder Wissenschaft (↑ars oder *scientia*), angewandte oder theoretische Disziplin sei, findet eine Nachwirkung in der von B. Pascal beeinflußten, von A. Arnauld und P. Nicole anonym 1662 veröffentlichten L. von Port-Royal (↑Port-Royal, Schule von), deren Titel »La logique ou l'art de penser« eine längere Tradition von (oft psychologistischen) L.büchern unter den Titeln ›Denklehre‹ oder ›Denkkunst‹ begründet. In der deutschen Aufklärung bezeichnen C. Thomasius, C. Wolff, C. A. Crusius, H. S. Reimarus u.a. die L. als ↑›Vernunftlehre‹ oder ›Vernunftwissenschaft‹. I. Kant versucht in einer transzendentalen L. (↑Logik, transzendentale) die Gültigkeit von Erkenntnissen durch Aufweis und Analyse von Erkenntnisprinzipien zu erklären, die aller sinnlichen ↑Erfahrung vorausgehen müssen, weil sie Voraussetzungen solcher Erfahrung sind und sie in diesem Sinne überhaupt erst ermöglichen. Während Kant selbst die Erkenntnisfunktionen des ↑Verstandes noch mit den Begriffsarten und Urteilsformen der traditionellen formalen L. verknüpft (und in der Tat die Urteilsformen als Manifestationen jener Funktionen zum Ausgangspunkt nimmt), heben spätere Transzendentalphilosophen (z. B. E. Husserl) eher auf unabhängige und gleichberechtigte Fragestellungen beider ab. Diesem erkenntnistheoretischen Ansatz folgt G. W. F. Hegels dialektische L. als eine Lehre von Form und Entwicklung des ↑Geistes

in der Natur, im Menschen und in der Geschichte und damit als methodologische Basis des Systems der Philosophie einerseits, einer allgemeinen ↑Ontologie andererseits (↑Hegelsche Logik). Neuere Ansätze sehen das Dialektische einer dialektischen L. in Verbindungen zur ↑Kybernetik oder zur Dynamik der Entwicklung wissenschaftlicher Theorien (↑Theoriendynamik) bzw. des Erkenntnisfortschritts überhaupt (↑Logik, spekulative, ↑Logik, dialektische). Während im breiteren Rahmen einer hermeneutischen L. (↑Logik, hermeneutische) auch eine lebensphilosophische (↑Lebensphilosophie) Begründung der L. zumindest ins Auge gefaßt wird, bezeichnen Ausdrücke wie ›historische L.‹ (↑Logik, historische) entweder Reflexionen über Fachmethodologien oder verzichten, auch wenn sie wie die juristische L. (↑Logik, juristische) die formale L. integrieren, auf Begründungsversuche für diesen Teil.

Ausdrückliche Begründungsabsichten verfolgen in der 2. Hälfte des 19. Jhs., neben dem Psychologismus, die Ansätze zum Aufbau der formalen L. zum einen als eine ↑Algebra der Logik (G. Boole, A. De Morgan u.a.), zum anderen als deduktive, ontologisch-semantisch begründete und axiomatisch als ↑Logikkalkül dargestellte Disziplin (bei G. Frege und in den ↑Principia Mathematica zugleich als Basis der gesamten Mathematik gemäß dem Programm des ↑Logizismus). Auf die Entdeckung der Möglichkeit, die L. mathematisch darzustellen, geht auch das Interesse an – analog zu mechanischen Rechenmaschinen konzipierten – L.maschinen (↑Maschinentheorie) bei den Vertretern der Algebra der L. zurück.

Das kalkülmäßige Element in den zuletzt genannten Ansätzen einer zeitweilig als ↑›Logistik‹ bezeichneten ›mathematischen‹ oder ›symbolischen‹ L. (↑Logik, mathematische) findet im 20. Jh. seinen Ausdruck in verschiedenen Arten kalkülmäßigen Umgangs mit logisch zusammengesetzten Aussagen und ihren Teilen (↑Logikkalkül), wodurch sowohl die heute vorfindlichen verschiedenen *Darstellungsformen* als auch, damit verbunden, die verschiedenen *Begründungsweisen* der formalen L. entstehen. Neben der seit Frege von den mathematischen Logikern bevorzugten *axiomatischen* Darstellung (↑System, axiomatisches) stehen die ›regellogische‹ Darstellung als *Konsequenzenkalkül* (↑Konsequenzenlogik, ↑Implikationenkalkül) oder als ↑*Sequenzenkalkül*, die eine *operative* Begründung erlauben (↑Logik, operative), und die Darstellung als ↑*Kalkül des natürlichen Schließens* (*natural deduction*, auch ›Schlußweisenkalkül‹). Das kalkulatorische Element tritt zurück zugunsten des inhaltlichen, ›semantischen‹ Elements bei Darstellungen der L. mit tafel- oder tabellenartigen Hilfsmitteln wie E. W. Beths ›semantischen Tableaux‹ und R. M. Smullyans *analytic tableaux* oder den von P. Lorenzen und K. Lorenz entwickelten *Dialogschemata* (↑Tableau, logisches, ↑Logik, dialogische), die argumentationstheore-

tisch gedeutet und gelegentlich von einer ›spieltheoretischen Semantik‹ begleitet werden. Die jeweils gewählte Darstellungsform präjudiziert jedoch nichts über den dargestellten Inhalt, so daß z. B. eine dialogische Darstellung nicht an eine intuitionistische L. (↑Logik, intuitionistische), eine axiomatische Darstellung nicht an eine klassische L. (↑Logik, klassische) gebunden ist.
Der Thematik nach besteht die heutige L. aus einer Fülle von Teilbereichen, die häufig selbst wieder unter verschiedenem Aspekt untersucht werden. Dabei lassen sich Fragestellungen, die sich unmittelbar auf L.kalküle beziehen oder solchen kalkülbezogenen Fragen in genauer Entsprechung zugeordnet werden können (z. B. Gültigkeit bzw. ↑Ableitbarkeit einer logischen Formel, ↑Widerspruchsfreiheit [↑widerspruchsfrei/Widerspruchsfreiheit] und Vollständigkeit [↑vollständig/Vollständigkeit] eines Kalküls, Äquivalenz zweier Kalküle), von solchen unterscheiden, die von ›höherem‹ Standpunkt aus L.kalküle untersuchen (↑Metalogik, ↑Logik, mathematische; auch Kalkülisierbarkeit und insbes. Axiomatisierbarkeit von Theorien) oder mit den Hilfsmitteln mathematischer Disziplinen oder mit theorieunabhängigen, kombinatorischen oder metamathematischen, Mitteln analysieren (↑Logik, algebraische, ↑Logik, kombinatorische). Andere Unterscheidungen betreffen die Art (bzw. ›Stärke‹) der Gültigkeit logischer Gesetze. Man unterscheidet z. B. ›klassische‹, ›effektive‹ (= ›konstruktive‹, ›intuitionistische‹), ›minimale‹ und ›strenge‹ formale Wahrheit (↑Logik, klassische, ↑Logik, intuitionistische, ↑Logik, konstruktive, ↑Minimalkalkül, ↑Logik, strenge), eng zusammenhängend damit die für die klassische L. (bei der das Wort ›klassisch‹ keine Epochenoder Stilbezeichnung ist) im Unterschied zu den ›nichtklassischen‹ L.en charakteristische Zweiwertigkeit (↑Logik, zweiwertige, ↑Logik, mehrwertige, ↑Zweiwertigkeitsprinzip), die Anzahl der verschiedenen Sorten von ↑Variablen, über die quantifiziert (↑Quantifizierung) wird (in der üblichen Quantorenlogik 1. Stufe eine einzige Sorte, im Gegensatz dazu mehrere in den ›mehrsortigen L.en‹), die Einschränkungen und Erweiterungen der Ausdrucksmittel bei den logisch zusammengesetzten ↑Aussagen (bzw. ↑Aussageschemata), z. B. die *Beschränkung* der aus ↑Junktorenlogik und ↑Quantorenlogik (1. Stufe) bestehenden so genannten ›elementaren L.‹ auf bestimmte Variablenarten (z. B. ↑Logik, nominalistische) oder auf einen Teil der üblichen logischen Verknüpfungen (↑Logik, positive) und die *Erweiterungen* der elementaren L. zur Quantorenlogik mit Identität, zu einer Quantorenlogik 2. oder höherer Stufe, zu einer Stufen- oder Typenlogik (↑Typentheorien), oder mittels neu hinzugenommener Ausdrucksmittel wie der ↑Modalitäten (↑Modallogik, ↑Modalkalkül), zeitlicher Indikatoren (↑Logik, temporale) oder Imperativ- oder Sollensoperatoren (↑Imperativlogik, ↑Logik,

normative, ↑Logik, deontische). Die Untersuchung *intensionaler* statt der üblichen *extensionalen* L.en (↑Logik, extensionale, ↑Logik, intensionale) gehört ebenso wie *epistemische* Kontexte (mit Aussagen über ›wissen‹, ›glauben‹ usw., ↑Logik, epistemische) und die Frage induktiver Schlüsse (↑Schluß, induktiver) sowie die des Bewährungsgrades von Hypothesen (↑Logik, induktive), wie *relevanzlogische* Probleme (↑Relevanzlogik, ↑Logik des ›Entailment‹) oder ›positionslogische‹ Fragen (↑Logik, topologische) in den außerordentlich breiten und bei verschiedenen Autoren keineswegs einheitlich bestimmten Themenkreis der ›*philosophischen* L.‹ (↑Logik, philosophische), die selbst wiederum von der ↑›*Philosophie der Logik*‹ zu unterscheiden ist.
Die einzelnen Themenkreise treten in der *Geschichte* der L. zu sehr unterschiedlichen Zeiten auf und werden oft mit längeren Unterbrechungen und nicht immer kumulativ weiterentwickelt; in einzelnen Fällen werden Fragestellungen oder Behandlungsweisen in der formalen L. mehrfach ›wiederentdeckt‹. In der chinesischen Philosophie gibt es seit dem 3. Jh. v. Chr., in der indischen Philosophie seit dem 4. Jh. v. Chr. Betrachtungen von Problemen, die man heute zur L. rechnen würde (↑Logik, chinesische, ↑Logik, indische); sie treten in enger Verflechtung mit sprachphilosophischen, grammatikalischen und erkenntnistheoretischen Problemen auf, sind im allgemeinen schwer datierbar und haben selten die Gestalt formal-logischer Analysen, wie sie im Abendland den Kern logischer Untersuchungen bilden.
Die Ursprünge der abendländischen L. liegen in der antiken L. (↑Logik, antike), genauer in der Frühzeit der griechischen Antike, wobei sowohl die Analyse mathematischer Probleme (mathematisches Argumentieren, ›Beweistechnik‹) als auch Argumentationstechniken in forensischem und politischem Kontext sowie im philosophischen Disput eine (bislang nicht vollständig geklärte) Rolle spielen. Obgleich den Eleaten (↑Eleatismus) die Verwendung des indirekten Beweises (↑Beweis, indirekter) zugeschrieben wird und Platon neben definitionstheoretischen Fragen auch Grundbegriffe der L. wie Wahrheit und Falschheit, zwingende Folgerung und Widerspruch (Antinomie) untersucht, findet sich die erste systematische Entwicklung formal-logischer Fragen bei Aristoteles, der auch als erster schematische Buchstaben zum Ausdruck logischer Schlußweisen in der assertorischen und modalen ↑Syllogistik (↑Syllogismus, assertorischer, ↑Syllogismus, modaler) verwendet. Junktorenlogische Schlüsse, die Aristoteles zwar ebenfalls gelegentlich verwendet, aber nicht in einer eigenen Schlußlehre erfaßt, werden in der durch die ↑Megariker angeregten stoischen L. (↑Logik, stoische) mit dem Gewicht vor allem auf dem Folgerungsbegriff und den konditionalen Verknüpfungen betrachtet. Nur ein Teil der Resultate findet jedoch, meist Aristoteles-Kommen-

taren eingegliedert, seinen Weg in die *mittelalterliche* L. (↑Logik, mittelalterliche), welcher sich die antike L. in der von A. M. T. S. Boethius in Kommentaren, kommentierten Übersetzungen und kleineren logischen Schriften versuchten Zusammenfassung darstellt. Die mittelalterliche L. erstreckt sich zeitlich etwa vom 11. Jh. bis in die Mitte des 16. Jhs., in gewisser Weise sogar bis zu G. W. Leibniz; eine Grobgliederung ist die in *logica vetus* und *logica nova* sowie *logica moderna* (↑logica antiqua). Trotz der engen Verflechtung mit Fragen der (rationalen) Grammatik besteht für die mittelalterlichen Logiker kein Zweifel am formalen Charakter der L.. Deren weitestanalysierte Zweige sind eine ↑Argumentationstheorie als Lehre von den *modi opponendi et respondendi* (entwickelt als Teil der Lehre von den ↑consequentiae), eine Lehre von den ↑Insolubilia, eine eigenständige Prädikationstheorie (mit ↑Begriffslogik und einer Lehre von der ↑Quantifikation) sowie die komplexe und differenzierte ↑Suppositionslehre, die jedoch von gegenwärtigen Auffassungen über L. und Sprachanalyse so stark abweichen, daß eine Beschreibung der mittelalterlichen L. als Vorläuferin der modernen L. fragwürdig erscheint.

Im Rahmen zeitgenössischer Bestrebungen zur Aufstellung einer ↑lingua universalis oder ›characteristica universalis‹ erweitert Leibniz dieses Projekt um das eines calculus ratiocinator (↑calculus universalis, ↑Leibnizprogramm, ↑Leibnizsche Charakteristik) und führt zu diesem Zweck kombinatorische Überlegungen in die formale L. ein. Leibniz konzipiert ferner als erster einen Kalkülbegriff im modernen Sinne (↑Kalkül). Für die von ihm stückweise entwickelten L.kalküle sieht er neben der extensionalen auch intensionale Deutungen vor, Versuche, die in der Folgezeit intensiv, aber wenig erfolgreich fortgesetzt werden (z. B. J. H. Lambert, G. Ploucquet). Unter den Zeitgenossen nimmt G. Saccheri (Logica demonstrativa [...], Turin 1697) nicht nur durch eine originelle beweistechnische Anwendung der ↑consequentia mirabilis, sondern auch durch eine anspruchsvolle Definitionstheorie eine Sonderstellung ein.

Danach bedeutet erst wieder die ursprünglich mathematisch motivierte ↑›Algebra der L.‹ (von Boole und De Morgan zu Beginn bis zu C. S. Peirce, E. Schröder und A. N. Whitehead gegen Ende des 19. Jhs.) einen weiteren Fortschritt der formalen L.. Als wichtigster Wendepunkt in der Geschichte der formalen L. überhaupt gilt jedoch heute fast allgemein die Begründung der modernen Prädikationstheorie (↑Prädikation) und der auf ihrer Basis entwickelten klassischen Quantorenlogik durch Frege, auf den auch die Fortführung der von Leibniz angedeuteten Beziehungen zwischen Kalkülen und ihren Interpretationen in Form des Zusammenspiels syntaktischer und semantischer Betrachtungen zurückgeht. Den Höhepunkt dieses axiomatischen, die elementare

↑Mengenlehre einschließenden und in der Fregeschen Version an der ↑Zermelo-Russellschen Antinomie scheiternden Ansatzes bilden die ↑»Principia Mathematica« von Whitehead und B. Russell (I–III, Cambridge 1910–1913). Ab 1906 vertritt L. E. J. Brouwer seine (erst 1930 von A. Heyting in axiomatischer Form präzisierte) intuitionistische Alternative zur klassischen L. (↑Logik, intuitionistische), die in D. Hilberts ↑Metamathematik (auch ↑Beweistheorie) als methodologisch unbedenkliches Werkzeug akzeptiert wird. Erst die negativen Resultate K. Gödels (↑Unentscheidbarkeitssatz, ↑Unvollständigkeitssatz) von 1930 und A. Churchs (↑Entscheidungsproblem) von 1936, denen eigentlich der erst mit großer Verspätung rezipierte ↑Löwenheimsche Satz hinzuzufügen wäre, lassen im Rahmen des ↑Hilbertprogramms den axiomatischen Aufbau der Quantorenlogik als unzureichend erscheinen und führen zu neuen Entwicklungen wie den Gentzenschen Sequenzenkalkülen, zur Zulassung von Schlußregeln mit unendlich vielen Prämissen (↑Induktion, unendliche, ↑Halbformalismus), zu Axiomensystemen mit unendlich vielen Axiomen (so schon T. A. Skolem 1920) und allgemein zur verstärkten Befassung mit infinitären oder infinitistischen Systemen (↑Logik, infinitäre), die der gleichzeitigen Fortentwicklung finitistischer oder jedenfalls konstruktiver L.systeme (A. Heyting, G. Gentzen, später E. W. Beth, K. Lorenz, P. Lorenzen) konträr entgegengesetzt ist. Beide Tendenzen bestimmen – neben der Weiterentwicklung innermathematischer Untersuchungen über L.kalküle, neuen Verbindungen zu mathematischen Disziplinen wie algebraischer Geometrie, Kategorientheorie, Rekursionstheorie (↑rekursiv/Rekursivität) und Anwendungen der formalen L. in Linguistik, Kybernetik, Sprachwissenschaften und vor allem in den Computerwissenschaften – auch die gegenwärtige Forschungspraxis auf dem Gebiete der formalen L., die somit heute lediglich als Lehre vom ↑Schluß aufgefaßt wird, während die (gemäß dem Aristotelischen ↑Organon zur traditionellen formalen L. gehörige) Lehre vom ↑Begriff und die Lehre vom ↑Urteil zum Teil einer ›logischen Propädeutik‹ geworden sind.

Lehrbuchartige Darstellungen der Geschichte der L.. Textsammlungen und Bibliographien: E. Agazzi (ed.), Modern Logic – A Survey. Historical, Philosophical, and Mathematical Aspects of Modern Logic and Its Applications, Dordrecht/Boston Mass./London 1981; I. Angelelli/M. Cerezo (eds.), Studies on the History of Logic. Proceedings of the III. Symposium on the History of Logic, Berlin/New York 1996; K. Berka/L. Kreiser (eds.), L.-Texte. Kommentierte Auswahl zur Geschichte der modernen L., Berlin (Ost) 1971, erw. [4]1986; E. W. Beth, Symbolische L. und Grundlegung der exakten Wissenschaften, Bern 1948; R. Blanché, La logique et son histoire, d'Aristote à Russell, Paris 1970, 1984; J. M. Bocheński, Formale L., Freiburg/München 1956, [5]1996, 2002; A. Dumitriu, Istoria logicii, Bukarest 1969, [3]1993 (engl. History of Logic, I–IV, Tunbridge Wells

[Kent] 1977); F. Enriques, Per la storia della logica. I principii e l'origine della scienza nel concetto dei pensatori matematici, Bologna o.J. [1922], 1991 (dt. Zur Geschichte der L.. Grundlagen und Aufbau der Wissenschaft im Urteil der mathematischen Denker, Leipzig/Berlin 1927; engl. The Historic Development of Logic. The Principles and Structure of Science in the Conception of Mathematical Thinkers, New York 1929, 1968); L. Haaparanta (ed.), The Development of Modern Logic, Oxford/New York 2009; F.-P. Hansen, Geschichte der L. des 19. Jahrhunderts. Eine kritische Einführung in die Anfänge der Erkenntnis- und Wissenschaftstheorie, Würzburg 2000; J. van Heijenoort (ed.), From Frege to Gödel. A Source Book in Mathematical Logic, 1879–1931, Cambridge Mass. 1967, 2002; J. Kennedy/G. Sandu (eds.), History of Logic, Dordrecht 2003; W. Kneale/M. Kneale, The Development of Logic, Oxford 1962, 1991; T. Kotarbiński, Wykłady z dziejów logiki, Breslau/Lodz 1957, Warschau ²1985, ferner als: Dzieła wszystkie [Ges. Werke], ed. W. Gasparski, Breslau/Warschau/Krakau 1990 ff. (franz. Leçons sur l'histoire de la logique, Paris, Warschau 1964 [repr. Warschau 1965, Paris 1971]); C. I. Lewis, A Survey of Symbolic Logic, Berkeley Calif. 1918, korr. Nachdr. ohne Kap. 5 und 6, New York 1960, Bristol 2001; A. Mostowski, Thirty Years of Foundational Studies. Lectures on the Development of Mathematical Logic and the Study of the Foundations of Mathematics in 1930–1964, Helsinki, New York 1965, Oxford, Helsinki 1966, 1967; G. Nuchelmans, Studies on the History of Logic and Semantics. 12th–17th Centuries, Aldershot/Brookfield Vt. 1996; J. H. Piet/A. Prasad (eds.), The History of Logic, New Delhi 2000; C. Prantl, Geschichte der L. im Abendlande, I–IV, Leipzig 1855–1870 (repr., I–IV in 2 Bdn., Leipzig 1927, I–IV in 3 Bdn., Graz, Darmstadt 1955, Hildesheim 1997, Bristol 2001); N. Rescher, Studies in the History of Logic, Frankfurt etc. 2006; W. Risse, Die L. der Neuzeit, I–II, Stuttgart-Bad Cannstatt 1964/1970; ders., Bibliographia Logica, I–IV, Hildesheim 1965–1979 (I–II Verzeichnis der Druckschriften zur L. mit Angabe ihrer Fundorte, III Verzeichnis der Zeitschriftenartikel zur L., IV Verzeichnis der Handschriften zur L.); H. Scholz, Geschichte der L., Berlin 1931, unter dem Titel: Abriß der Geschichte der L., Freiburg/München ²1959, ³1967, London 1980; P. Simons, Philosophy and Logic in Central Europe from Bolzano to Tarski, Dordrecht etc. 1992; H. Slater, Logic Reformed, Bern etc. 2002; P. Stekeler-Weithofer, Grundprobleme der L.. Elemente einer Kritik der formalen Vernunft, Berlin etc. 1986; N. I. Stjažkin, Stanovlenie idej matematičeskoj logiki, Moskau 1964, rev. unter dem Titel: Formirovanie matematičeskoj logiki, 1967 (engl. N. I. Styazhkin, History of Mathematical Logic from Leibniz to Peano, Cambridge Mass. etc. 1969); R. Vilkko, A Hundred Years of Logical Investigations. Reform Efforts of Logic in Germany 1781–1879, Paderborn 2002; J. Woleński, Essays in the History of Logic and Logical Philosophy, Krakau 1999.

Zeitschriften: Annals of Mathematical Logic 1 (1970) ff., ab 24 (1983) unter dem Titel: Annals of Pure and Applied Logic; Archiv für mathematische L. und Grundlagenforschung 1 (1950) – 26 (1987) (Bde 1 und 2 als Beilagen zur Zeitschrift »Archiv für Philosophie«); History and Philosophy of Logic 1 (1980) ff.; The Bulletin of Symbolic Logic 1 (1995) ff.; The Journal of Symbolic Logic 1 (1936) ff.; Journal of Philosophical Logic 1 (1972) ff.; Logique et analyse NS 1 (1958) ff.; Notre Dame Journal of Formal Logic 1 (1960) ff.; Rassegna internazionale di logica/International Logic Review 1 (1970) – 35 (1987); The Review of Symbolic Logic 1 (2008) ff.; Studia Logica 1 (1953) ff.; Zeitschrift für mathematische L. und Grundlagen der Mathematik 1 (1955) – 38 (1992).

Schriftenreihen: Studies in Logic and the Foundations of Mathematics (Amsterdam etc. 1950 ff.), vgl. M. D. Frank, Twenty-Five Years of »Studies in Logic«, in: R. Gandy, J. M. E. Hyland (eds.), Logic Colloquium '76. Proceedings of a Conference Held in Oxford in July 1976, Amsterdam/New York/Oxford 1977, 3–4; Forschungen zur Logistik und zur Grundlegung der exakten Wissenschaften, ed. H. Scholz, 1 (1934), 3 (1935), Fortsetzung unter dem Titel: Forschungen zur L. und zur Grundlegung der exakten Wissenschaften NF, 8 Hefte, Leipzig 1937–1943 (repr., in 1 Bd., Hildesheim 1970).

Lexika etc.: J. Barwise (ed.), Handbook of Mathematical Logic, Amsterdam/New York/Oxford 1977, 2006; J. van Benthem/A. ter Meulen (eds.), Handbook of Logic and Language, Amsterdam etc. 1997; R. Feys/F. B. Fitch (eds.), Dictionary of Symbols of Mathematical Logic, Amsterdam 1969, 1973; D. M. Gabbay/F. Guenthner (eds.), Handbook of Philosophical Logic, I–IV, Dordrecht/Boston Mass./London 1983–1989, I–, ²2001 ff. (erschienen Bde I–XIV); D. M. Gabbay/J. Woods (eds.), Handbook of the History of Logic, I–VIII, Amsterdam etc. 2004–2007; N. I. Kondakov, Logičeskij slovar', Moskau 1971, unter dem Titel: Logičeskij slovar'-spravočnik, ²1975 (dt., ed. E. Albrecht/G. Asser, Wörterbuch der L., Leipzig, Berlin 1978, Leipzig ²1983); W. Marciszewski (ed.), Dictionary of Logic as Applied in the Study of Language. Concepts/Methods/Theories, The Hague/Boston Mass./London 1981.

Weitere Literatur in den Artikeln, auf die im Text verwiesen wird, insbes. in den folgenden *Logik*-Artikeln.   C. T.

Logik, algebraische

(engl. algebraic logic, franz. logique algébrique), Sammelbezeichnung für Untersuchungen der zentralen Begriffe und Operationen der formalen Logik (↑Logik, formale) und ihrer ↑Kalküle (z. B. ›Tautologie‹, ›[logische] Konstante‹, ›Quantifikation‹, ›Substitution‹, ›Widerspruchsfreiheit‹, ›Vollständigkeit‹) mit Mitteln der abstrakten ↑Algebra. Obgleich man G. Boole den ›Vater der a.n L.‹ genannt hat und die Bezeichnung ›a. L.‹ eine Zeitlang für die ↑Algebra der Logik des 19. Jhs. gebraucht wurde, sind doch die Fragestellungen und Methoden der heutigen a.n L., von wenigen Vorläufern abgesehen, erst in der zweiten Hälfte des 20. Jhs. entstanden.

Die algebraische Untersuchung der klassischen ↑Junktorenlogik wurde in der erwähnten älteren Algebra der Logik begonnen. Im Mittelpunkt steht der Begriff der ↑Booleschen Algebra; eine solche kann einerseits als distributiver (↑distributiv/Distributivität) komplementärer Verband $\mathfrak{B}(A) \leftrightharpoons \langle A, \sqcap, \sqcup, -, 1, 0 \rangle$ mit Grundmenge A, maximalem Element 1 und minimalem Element 0 betrachtet werden (↑Boolescher Verband), andererseits als ›Boolescher Ring‹ $\mathfrak{R}(A) \leftrightharpoons \langle A, +, \cdot, 0, 1 \rangle$ mit Einselement und ausschließlich idempotenten (↑idempotent/Idempotenz) Elementen, wobei die Definitionen $x + y \leftrightharpoons (x \sqcap -y) \sqcup (-x \sqcap y)$ und $x \cdot y \leftrightharpoons x \sqcap y$ bzw. $x \sqcup y \leftrightharpoons x + y + x \cdot y$, $x \sqcap y \leftrightharpoons x \cdot y$ und $-x \leftrightharpoons x + 1$ eine eineindeutige (↑eindeutig/Eindeutigkeit) Be-

ziehung zwischen $\mathfrak{B}(A)$ und $\mathfrak{R}(A)$ herstellen. Dementsprechend finden in der a.n L. sowohl verbandstheoretische als auch ringtheoretische Methoden Verwendung.
Eine nicht-leere Teilmenge I einer Booleschen Algebra A heißt ein *Ideal* von A, wenn für alle $x, y \in I$ und $z \in A$ gilt: $x \sqcup y \in I$ und $x \sqcap z \in I$; erfüllt eine nicht-leere Menge $F \subseteq A$ die dazu dualen (↑dual/Dualität) Bedingungen $x \sqcap y \in F$ und $x \sqcup z \in F$ für alle $x, y \in F$ und $z \in A$, so heißt sie ein ↑*Filter* von A. Ein ↑*Homomorphismus* h von einer Booleschen Algebra A in eine Boolesche Algebra B ist eine Abbildung von A in B, bei der $h(x \sqcup y) = h(xy) = h(x) \sqcup h(y)$ und $h(-x) = -h(x)$ für alle $x, y \in A$ gilt. Die Menge aller $x \in A$ mit $h(x) = 0$ bildet ein Ideal und wird der *Kern* von h genannt; die Beziehung $Rxy \leftrightharpoons h(x) = h(y)$ ist eine ↑Äquivalenzrelation. Ebenfalls eine Äquivalenzrelation ist die bezüglich eines Ideals I von A erklärte Relation $Rxy \leftrightharpoons (x \sqcap -y) \in I \wedge (y \sqcap -x) \in I$, die A in Äquivalenzklassen $[x] \leftrightharpoons \{ y \mid Rxy \}$ zerlegt (↑Zerlegung), die vermittels der Definitionen $-[x] \leftrightharpoons [-x]$, $[x] \sqcup [y] \leftrightharpoons [x \sqcup y]$, $[x] \sqcap [y] \leftrightharpoons [x \sqcap y]$ selbst eine Boolesche Algebra bilden, die durch ›A/I‹ bezeichnete *Quotientenalgebra* von A nach I. Eine Boolesche Algebra A heißt *nicht-degeneriert*, wenn es in ihr mindestens die beiden ›trivialen‹ Ideale $\{0\}$ und A gibt; sie heißt *einfach*, wenn sie keine weiteren Ideale enthält, und *halbeinfach*, wenn der Durchschnitt aller maximalen (d.h. von keinem weiteren Ideal von A außer A selbst umfaßten) Ideale von A gleich $\{0\}$ ist.
Ist K die Menge der korrekt gebildeten Ausdrücke der klassischen Junktorenlogik und L eine Teilmenge von K, und bezeichnet ›$M \vdash \gamma$‹ die Ableitbarkeit (↑ableitbar/Ableitbarkeit) des Ausdrucks γ aus der Ausdrucksmenge M sowie ›$\leftrightarrow$‹ die klassische Bisubjunktion, so ist $R_L ab \leftrightharpoons L \vdash a \leftrightarrow b$ eine Äquivalenzrelation. Die durch R_L erzeugten Äquivalenzklassen $[a]_L \leftrightharpoons \{ b \mid L \vdash a \leftrightarrow b \}$ bilden mit den Operationen $-[a]_L \leftrightharpoons [\neg a]_L$, $[a]_L \sqcap [b]_L \leftrightharpoons [a \wedge b]_L$, $[a]_L \sqcup [b]_L \leftrightharpoons [a \vee b]_L$ und den Festsetzungen $1 \leftrightharpoons \{ a \mid L \vdash a \}$, $0 \leftrightharpoons \{ b \mid L \vdash \neg b \}$ eine Boolesche Algebra, die ↑*Lindenbaum-Algebra* von L. Die Lindenbaum-Algebra der klassischen Junktorenlogik ergibt sich demnach, wenn man als L ganz K nimmt (wobei üblicherweise statt $K \vdash x$ und $[x]_K$ einfach $\vdash x$ bzw. $[x]$ geschrieben wird). Ein Homomorphismus $h_L(a) \leftrightharpoons [a]_L$ bildet die Lindenbaum-Algebra der klassischen Junktorenlogik in die Lindenbaum-Algebra $h_L(A)$ von L ab; der Kern von h_L ist ein Ideal I in A, und $h_L(A)$ ist isomorph zu A/I. Da die Menge der ableitbaren Ausdrücke der klassischen Junktorenlogik mit der Äquivalenzklasse 1 (oder, gleichwertig, mit $-[a \wedge \neg a]$) zusammenfällt, läßt sich die *syntaktische Widerspruchsfreiheit* (↑widerspruchsfrei/Widerspruchsfreiheit) eines Logikkalküls, metamathematisch meist als Nichtableitbarkeit mindestens eines korrekt gebildeten Ausdrucks des Kalküls

formuliert, algebraisch so wiedergeben, daß der zur Lindenbaum-Algebra gehörige Filter $F \leftrightharpoons \{ [a] \mid h([a]) = 1 \}$ bzw. der ein Ideal bildende Kern von h, d.h. $I = \{ [b] \mid h([b]) = 0 \}$, nicht die ganze Algebra ausmachen darf. Beschränkt man sich auf die zweite Formulierung, so gilt, daß eine (aus der Booleschen Algebra A und dem Ideal I der in A widerlegbaren Ausdrücke bestehende) ›logische Algebra‹ $\langle A, I \rangle$ genau dann syntaktisch widerspruchsfrei ist, wenn I ein ›eigentliches‹, d.h. von $\{0\}$ und A selbst verschiedenes, Ideal ist, wenn also die Quotientenalgebra A/I nicht-degeneriert ist, mit anderen Worten: aus mindestens zwei Elementen besteht. Der *syntaktischen Vollständigkeit* (↑vollständig/Vollständigkeit) eines Logikkalküls, metamathematisch als Zugehörigkeit von a oder aber von $\neg a$ (für jeden korrekt gebildeten Ausdruck a des Kalküls) zur Menge der ableitbaren Ausdrücke formuliert, entspricht algebraisch die Bedingung, daß das Ideal I entweder uneigentlich oder aber maximal ist, daß also die Quotientenalgebra A/I entweder degeneriert oder aber einfach ist. Eine nicht-degenerierte Boolesche Algebra ist also syntaktisch vollständig genau dann, wenn sie einfach ist. Der *semantischen Vollständigkeit* einer logischen Algebra $\langle A, I \rangle$ entspricht algebraisch die Halbeinfachheit der Quotientenalgebra A/I.
Um die algebraische Betrachtungsweise auch auf die ↑Quantorenlogik zu erweitern, müssen zusätzlich die Operationen mit freien und gebundenen ↑Variablen erfaßt, also algebraische Charakterisierungen von ↑Substitution und ↑Quantifikation gefunden werden. Für die in der a.n L. bislang überwiegend untersuchte klassische Quantorenlogik genügt dann wegen der Definierbarkeit des Allquantors durch $\bigwedge_x A(x) \leftrightharpoons \neg \bigvee_x \neg A(x)$ die Analyse der Existenzquantifikation. Diese ist bei der (klassischen) *monadischen* Quantorenlogik einfach, da hier neben ↑Aussagen nur einstellige ↑Aussageformen auftreten, die schon durch einmalige Quantifikation in Aussagen übergehen. Dadurch spielt die Substitution algebraisch keine Rolle, weil wegen der Äquivalenz von $\bigvee_x A(x)$, $\bigvee_y A(y)$ usw. die Betrachtung eines einzigen Operators $\bigvee$ mit $\bigvee[a] \leftrightharpoons [\bigvee_x a] = [\bigvee_y a] = \ldots$ genügt. Da die logischen Eigenschaften der Quantifikation bereits durch

$$\bigvee[a \wedge \neg a] = [a \wedge \neg a],$$

$$[a] \subseteq \bigvee[a]$$

und

$$\bigvee([a] \cap \bigvee[b]) = \bigvee[a] \cap \bigvee[b]$$

(für alle $a, b \in A$) vollständig beschrieben werden, erklärt man algebraisch einen in einer Booleschen Algebra A wirkenden Operator ›∇‹ (der manchmal als ›Boolescher Quantor‹ bezeichnet und als ›$\exists$‹ oder ›C‹ geschrieben wird) durch

(1) $\nabla 0 = 0$,

(2) $a \leq \nabla a$,

(3) $\nabla(a \sqcap \nabla b) = \nabla a \sqcap \nabla b$

(wobei $a, b \in A$ sind und ›≤‹ die durch $a \leq b \leftrightharpoons a \sqcap b = a$ definierte natürliche Ordnung von A ist). Da die Gültigkeit der Bedingung (3) gleichwertig ist mit der gemeinsamen Gültigkeit der drei Bedingungen

(3a) $\nabla(a \sqcup b) = \nabla a \sqcup \nabla b$,

(3b) $\nabla \nabla a = \nabla a$,

(3c) $\nabla(-\nabla a) = -\nabla a$

($a, b \in A$) und (1), (2), (3a) und (3b) die Kuratowskischen Hüllenaxiome sind, charakterisiert die zusätzliche Gültigkeit von (3c) einen Booleschen Quantor als einen Hüllenoperator, in dessen Wirkungsbereich jede Menge zugleich offen und abgeschlossen ist. Charakterisiert man außerdem noch Individuen durch geeignete algebraische Beschreibung des Verhaltens von Konstanten, so verfügt man über eine vollständige algebraische Charakterisierung der traditionellen ↑Syllogistik.
Erweitert man den Begriff des oben definierten Booleschen Homomorphismus zu dem des *monadischen* Homomorphismus, für den zusätzlich noch $h(\nabla a) = \nabla h(a)$ gilt, und den oben definierten Begriff des Booleschen Ideals zu dem des *monadischen* Ideals, in dem mit $a \in I$ stets auch $\nabla a \in I$ gilt, so kann man die metalogischen Eigenschaften (↑Metalogik) der klassischen monadischen Quantorenlogik algebraisch formulieren: Eine monadische logische Algebra $\langle A, I \rangle$ ist syntaktisch widerspruchsfrei, wenn I ein eigentliches Ideal ist, und syntaktisch vollständig, wenn I entweder uneigentlich oder aber maximal ist; außer im trivialen Fall $I = A$ bedeutet die syntaktische Vollständigkeit, daß die Zugehörigkeit entweder von a oder aber von $-a$ zu I zwar nicht für jedes $a \in A$ gilt, aber doch für jedes a mit der Eigenschaft $a = \nabla a$. Schließlich gilt, daß $\langle A, I \rangle$ semantisch vollständig ist, wenn die Quotientenalgebra A/I halbeinfach ist.
Wenn Aussageformen mit mehr als einer Leerstelle einbezogen werden, insbes. also bei der Betrachtung der vollen klassischen Quantorenlogik, muß sowohl die Operation der Substitution von Variablen durch andere Variablen als auch die der (Existenz-)Quantifikation über eine angegebene Variable erklärt werden. Dazu seien die Individuenvariablen der betrachteten Logik bzw. Algebra A in einer Folge $v_1, v_2, v_3, \ldots$ gegeben; $S_\lambda^\kappa([a])$ sei definiert als die Äquivalenzklasse derjenigen Formel, die aus a durch die korrekte Ersetzung der Variablen v_κ an jeder Stelle ihres freien Vorkommens durch die Variable v_λ hervorgeht. $\nabla_\kappa[a]$ sei als die Klasse der Formel $\bigvee_{v_\kappa} a$ definiert. Für diese Operationen und

ihr Zusammenspiel mögen die folgenden Gesetze gelten (für alle $x, y \in A$):

(Q1) $S_\lambda^\kappa(-x) = -S_\lambda^\kappa x$;

(Q2) $S_\lambda^\kappa(x + y) = S_\lambda^\kappa x + S_\lambda^\kappa y$;

(Q3) $S_\kappa^\kappa = $ Identität;

(Q4) $S_\lambda^\kappa S_\kappa^\mu = S_\lambda^\kappa S_\lambda^\mu$;

(Q5) $\nabla_\kappa(x + y) = \nabla_\kappa x + \nabla_\kappa y$;

(Q6) $x \leq \nabla_\kappa x$;

(Q7) $S_\lambda^\kappa \nabla_\kappa = \nabla_\kappa$;

(Q8) $\nabla_\kappa S_\lambda^\kappa = S_\lambda^\kappa$,   falls $\kappa \neq \lambda$;

(Q9) $S_\lambda^\kappa \nabla_\mu = \nabla_\mu S_\lambda^\kappa$,   falls $\mu \neq \kappa, \lambda$.

(Q1) bis (Q4) beschreiben Eigenschaften der Substitution einer Variablen durch eine andere, (Q5) und (Q6) sind oben erwähnte Eigenschaften der Quantifikation, und (Q7) bis (Q9) verbinden die beiden Operationen miteinander. Auf Grund der oben gegebenen Erklärung der beiden Operatoren S_λ^κ und ∇_κ ist die inhaltliche Deutung von (Q1) bis (Q9) klar, und man definiert nach C. C. Pinter 1973 die zu einer Booleschen Algebra $\langle A, +, \cdot, -, 0, 1 \rangle$ gehörige *Quantorenalgebra* als ein System $\langle A, +, \cdot, -, 0, 1, S_\lambda^\kappa, \nabla_\kappa \rangle$, für das die Bedingungen (Q1) bis (Q9) erfüllt sind. Um die simultane Substitution mehrerer Variablen durch mehrere andere sowie die gleichzeitige Quantifikation über mehrere Variable algebraisch zu erfassen, führt man die *Dimensionsmenge* einer Formel a als die Menge derjenigen Variablenindizes κ ein, für die $\nabla_\kappa a = a$ ist, und nennt eine Quantorenalgebra *lokalfinit*, wenn für jedes ihrer Elemente die zugehörige Dimensionsmenge endlich ist (die Bedingung der Lokalfinitheit erfaßt die Eigenschaft, daß jeweils nur endlich viele Variable in einer Formel quantifiziert werden können, da jede Formel nur endlich viele Variablen enthält). Die Erweiterung des bisher verwendeten Begriffs der Substitution und eine entsprechende Erweiterung des Begriffs der Quantifikation (die sich beide Male auf mehrere Variable zugleich erstrecken) führen zu den von P. Halmos eingeführten und untersuchten *polyadischen* Algebren und, sofern man noch die Identitätsrelation einbezieht, zu den auf A. Tarski zurückgehenden *zylindrischen* Algebren (oder ›Zylinderalgebren‹). Letztere Terminologie (und die oben erwähnte Schreibung von ›C‹ für Quantoren) hat ihren Grund darin, daß die geometrische Veranschaulichung der Quantifikationsoperation im dreidimensionalen euklidischen Raum zur Translation einer Punktmenge parallel zu einer Achse des Koordinatensystems führt, wodurch diese Menge einen Zylinder im Sinne der Geometrie beschreibt.
Die a. L. ist als metamathematische Untersuchung von Logikkalkülen entstanden und hat sich zu einer durch logische Strukturen nurmehr angeregten Teildisziplin

der abstrakten Algebra entwickelt, die keine Grundlegungsansprüche hinsichtlich der formalen Logik stellt. Sie klärt jedoch Zusammenhänge zwischen logischen Begriffsbildungen, die anhand der Verbindungen zwischen ihren algebraischen Entsprechungen leichter erkennbar sind, und hat auch neue Begriffsbildungen mit Rückwirkungen auf die Logik motiviert, z. B. die der ›verallgemeinerten Quantoren‹ (*generalized quantifiers*), bei denen auf die oben genannte Bedingung (2) bzw. (Q6) verzichtet wird. Für Grundlegungsfragen wichtig sind Klärungsversuche geworden, die die a. L. mit der kombinatorischen Logik in Verbindung setzen (↑Logik, kombinatorische), so die von P. Bernays vorgenommene Erweiterung der Relationenlogik und die *predicate functor logic* W. V. O. Quines, der die Pointe der a.n L. darin sieht, daß sie den Gebrauch gebundener Variablen zugunsten freier (schematischer) Variablen eliminiert, sich damit den Verhältnissen der natürlichen Sprachen (↑Sprache, natürliche) wieder annähert und zugleich den Begriff der Variablen erhellt.

Literatur: H. Andréka/J. D. Monk/I. Németi (eds.), Algebraic Logic, Amsterdam/Oxford/New York 1991; dies./I. Németi/I. Sain, Algebraic Logic, in: D. M. Gabbay/F. Guenthner (eds.), Handbook of Philosophical Logic II, Dordrecht/Boston Mass./ London ²2001, 133–247; A. R. Bednarek/S. M. Ulam, Projective Algebra and the Calculus of Relations, J. Symb. Log. 43 (1978), 56–64; P. Bernays, Über eine natürliche Erweiterung des Relationenkalküls, in: A. Heyting (ed.), Constructivity in Mathematics. Proceedings of the Colloquium Held at Amsterdam 1957, Amsterdam 1959, 1–14; W. J. Blok, The Lattice of Modal Logics. An Algebraic Investigation, J. Symb. Log. 45 (1980), 221–236; ders./D. Pigozzi, Protoalgebraic Logics, Stud. Log. 45 (1986), 337–369; ders./D. Pigozzi, Algebraizable Logics, Providence R. I. 1989 (Memoirs Amer. Math. Soc. 396); ders./D. Pigozzi, Algebraic Semantics for Universal Horn Logic without Equality, in: A. B. Romanowska/J. D. H. Smith (eds.), Universal Algebra and Quasigroup Theory, Berlin 1992, 1–56; ders./E. Hoogland, The Beth Property in Algebraic Logic, Stud. Log. 83 (2006), 49–90; R. A. Bull, The Algebraic Foundations of Logic, Reports Math. Log. 6 (1976), 7–27; A. H. Copeland, Note on Cylindric Algebras and Polyadic Algebras, Michigan Math. J. 3 (1955/1956), 155–157; W. Craig, Two Complete Algebraic Theories of Logic, in: B. van Rootselaar/J. F. Staal (eds.), Logic, Methodology and Philosophy of Science III. Proceedings of the Third International Congress for Logic, Methodology and Philosophy of Science, Amsterdam 1967, Amsterdam 1968, 23–29; ders., Logic in Algebraic Form. Three Languages and Theories, Amsterdam/London, New York 1974; ders., Unification and Abstraction in Algebraic Logic, in: A. Daigneault (ed.), Studies in Algebraic Logic [s. u.], 6–57, New York 1989; H. B. Curry, Leçons de logique algébrique, Paris, Löwen 1952; ders., Foundations of Mathematical Logic, New York etc. 1963, rev. 1977, 125–164 (Chap. IV Relational Logical Algebra); J. Czelakowski, Protoalgebraic Logics, Dordrecht/Norwell Mass. 2001; ders./R. Jansana, Weakly Algebraizable Logics, J. Symb. Log. 65 (2000), 641–668; ders./D. Pigozzi, Fregean Logics with the Multiterm Deduction Theorem and Their Algebraization, Stud. Log. 78 (2004), 171–212; A. Daigneault (ed.), Studies in Algebraic Logic, Washington D. C., Englewood Cliffs N. J. 1974, New York 1989;

D. B. Demaree, On the Copeland Formulation of Algebraic Logic, Notices Amer. Math. Soc. 16 (1969), 843; J. M. Dunn/ G. M. Hardegree, Algebraic Methods in Philosophical Logic, Oxford etc. 2001; C. J. Everett/S. Ulam, Projective Algebra I, Amer. J. Math. 68 (1946), 77–88; J. E. Fenstad, Algebraic Logic, Seminar Reports. Institute of Mathematics. University of Oslo (1963), H. 5, 1–12; ders., Algebraic Logic and the Foundations of Probability, Seminar Reports. Institute of Mathematics. University of Oslo (1964), H. 6, 1–29; ders., On Representation of Polyadic Algebras, Det Kongelige Norske Videnskabers Selskabs Forhandlinger 37 (1964), 36–41; J. M. Font/R. Jansana, A General Algebraic Semantics for Sentential Logics, Berlin/New York 1996, Ithaca N. Y. ²2009; dies./D. Pigozzi, A Survey of Abstract Algebraic Logic, Stud. Log. 74 (2003), 13–97; J. M. Font/G. Rodríguez, Note on Algebraic Models for Relevance Logic, Z. math. Logik u. Grundlagen d. Math. 36 (1990), 535–540; dies., Algebraic Study of Two Deductive Systems of Relevance Logic, Notre Dame J. Formal Logic 35 (1994), 369–397; J. M. Font/V. Verdú, Algebraic Logic for Classical Conjunction and Disjunction, Stud. Log. 50 (1991), 391–419 [Special Issue on Abstract Algebraic Logic]; B. A. Galler, Some Results in Algebraic Logic, Diss. Chicago Ill. 1955; ders., Cylindric and Polyadic Algebras, Proc. Amer. Math. Soc. 8 (1957), 176–183; L. Geymonat, Logica matematica e algebra moderna, Bari, Bologna 1958; R. E. Grandy, Advanced Logic for Applications, Dordrecht/Boston Mass. 1977, 1979, 131–150 (Chap. XIII Algebraic Logic); P. R. Halmos, Algebraic Logic, New York 1962, Oxford 1999, New York/Providence R. I. 2006; ders., Lectures on Boolean Algebras, Princeton N. J./Toronto/London 1963 (repr. New York/Heidelberg/Berlin 1974); L. Henkin, An Algebraic Characterization of Quantifiers, Fund. Math. 37 (1950), 63–74; ders., La structure algébrique des théories mathématiques, Paris, Louvain 1956; ders., Internal Semantics and Algebraic Logic, in: H. Leblanc (ed.), Truth, Syntax and Modality. Proceedings of the Temple University Conference on Alternative Semantics, Amsterdam/London 1973, 111–127; ders./J. D. Monk/A. Tarski, Cylindric Algebras, I–II, Amsterdam etc. 1971/1985; B. Herrmann, Equivalential and Algebraizable Logics, Stud. Log. 57 (1996), 419–436; ders., Characterizing Equivalential and Algebraizable Logics by the Leibniz Operator, Stud. Log. 58 (1997), 305–323; E. Hoogland, Algebraic Characterizations of Various Beth Definability Properties, Stud. Log. 65 (2000), 91–112; C. M. Howard, An Approach to Algebraic Logic, Diss. Berkeley Calif. 1965; R. Jansana, Propositional Consequence Relations and Algebraic Logic, SEP 2006; B. Jónsson, Algebras Whose Congruence Lattices Are Distributive, Math. Scandinavica 21 (1967), 110–121; M. L'Abbé, Structures algébriques suggérées par la logique mathématique, Bull. Soc. Math. France 86 (1958), 299–314; L. M. Laita, Un estudio de la lógica algebraica desde el punto de vista de la teoría de categorías, Notre Dame J. Formal Logic 17 (1976), 89–118; L. Leblanc, Introduction à la logique algébrique, Montreal 1962, 1967; E. J. Lemmon, Algebraic Semantics for Modal Logics I, J. Symb. Log. 31 (1966), 46–65; J. Łoś, The Algebraic Treatment of the Methodology of Elementary Deductive Systems, Stud. Log. 2 (1955), 151–211; T. Lucas, Sur l'équivalence des algèbres cylindriques et polyadiques, Bull. Soc. Math. Belgique 20 (1968), 236–263; J. D. Monk, Connections between Combinatorial Theory and Algebraic Logic, in: A. Daigneault (ed.), Studies in Algebraic Logic [s. o.], 58–91; C. C. Pinter, A Simple Algebra of First Order Logic, Notre Dame J. Formal Logic 14 (1973), 361–366; ders., Algebraic Logic with Generalized Quantifiers, Notre Dame J. Formal Logic 16 (1975), 511–516; W. V. O.

Quine, Algebraic Logic and Predicate Functors, o. O. [New York/Indianapolis Ind.] 1971; H. Rasiowa, Algebraic Treatment of the Functional Calculi of Heyting and Lewis, Fund. Math. 38 (1951), 99–126; dies., An Algebraic Approach to Non-Classical Logics, Amsterdam, Warschau 1974; dies./R. Sikorski, The Mathematics of Metamathematics, Warschau 1963, ²1968, ³1970; L. Rieger, Zu den Strukturen der klassischen Prädikatenlogik, Z. math. Logik u. Grundlagen d. Math. 10 (1964), 121–138; ders., Algebraic Methods of Mathematical Logic, Prag, New York/London 1967; R. Sikorski, Boolean Algebras, Berlin/Heidelberg/New York 1960, ²1964, ³1969; M. H. Stone, Some Algebraic Aspects of Logic, Chicago Ill. 1956; A. Tarski, Some Notions and Methods on the Borderline of Algebra and Metamathematics, in: Proceedings of the International Congress of Mathematicians. Cambridge, Massachusetts, U. S. A., August 30–September 6, 1950 I, Providence R. I. 1952 (repr. Nendeln 1967), 705–720.   C. T.

Logik, antike, zusammenfassende Bezeichnung für die traditionelle Logik (↑Logik, traditionelle) in der griechischen und lateinischen Antike. Dazu gehören nach ersten logischen Reflexionen bei den Vorsokratikern, vor allem bei den Pythagoreern, bei Parmenides und bei Heraklit, insbes. die als ↑Syllogistik tradierte ↑*Begriffslogik* von Aristoteles und die erst im 20. Jh. als eine von der Syllogistik verschiedene Theoriebildung erkannte *Aussagenlogik* (↑Junktorenlogik) bei den Stoikern (↑Logik, stoische), einschließlich deren Vorbereitung bei den ↑Megarikern. Dabei konkurriert der von Platon für die Lehre vom Argumentieren, sogar für die Philosophie im Ganzen nach ihrer Methode, verwendete Terminus ↑›Dialektik‹ mit dem erst in der Spätantike seit dem ersten vorchristlichen Jh. für das Schlußfolgern gebräuchlichen Terminus ↑›Logik‹, ist doch ›Logik‹ zunächst Oberterminus, bei Aristoteles für ›Dialektik‹ – eben die der ↑Rhetorik gegenübergestellte Begriffslogik in den »Ersten Analytiken« – und ↑›Apodeiktik‹, d. i. die Verwendung der Begriffslogik in den »Zweiten Analytiken« für das Beweisen in den Wissenschaften (↑Beweis), in der ↑Stoa hingegen für ›Dialektik‹ und die ihr hier ebenfalls gegenüberstehende ›Rhetorik‹.

Bloß dialektische Syllogismen (↑Syllogismus, dialektischer), bei denen über die Wahrheit der obersten ↑Prämissen noch nichts entschieden ist, dienen als systematische Einführung in die von Platon als Vorbereitung künftiger Philosophen geforderte ›geistige Gymnastik‹ im Sinne eines einwandfreien Argumentierenkönnens. Da auch die aussagenlogischen Schlußfiguren der Stoiker in der Regel Syllogismen genannt werden (↑Syllogismus, hypothetischer, ↑Syllogismus, disjunktiver) und von Theophrast, dem Nachfolger von Aristoteles im ↑Peripatos (↑Peripatetiker), sowohl die assertorische als auch die modale Syllogistik (↑Syllogismus, assertorischer, ↑Syllogismus, modaler) um aussagenlogische Schlüsse erweitert wurden, ging bereits in der Spätantike das Verständnis von der Verschiedenheit peripatetischer Begriffslogik und stoischer Aussagenlogik weitgehend verloren, unbeschadet der Tatsache, daß in der Stoa die Logik als ein Teilgebiet – neben Ethik und Physik – von Philosophie und Wissenschaft, im Peripatos hingegen als deren Organon, d. i. das methodische Werkzeug, angesehen wurde. Seit dieser Zeit wurde der Streit darüber, ob die Logik als eine Wissenschaft (*ἐπιστήμη*/ scientia) oder als eine Kunst(fertigkeit) (*τέχνη*/↑ars) zu gelten habe, zugunsten eines diplomatischen ›sowohl-als auch‹ beigelegt, was grundsätzlich in der ganzen mittelalterlichen Logik (↑Logik, mittelalterliche) die herrschende Auffassung wurde. So stellt etwa der erste Satz der einflußreichen »Summulae logicales« von Petrus Hispanus fest: *dialectica* [= *logica*] *est ars artium et scientia scientiarum ad omnium methodorum principia viam habens* [die Logik ist die Kunst der Künste und die Wissenschaft der Wissenschaften und besitzt den Zugang zu den Grundsätzen aller Methoden].

Von Aristoteles wird weder das Verfahren der Reduktion (*ἀναγωγή*, ↑Anagoge) der schlüssigen Syllogismen auf die vier (vollkommenen) Syllogismen der ersten Figur (↑Barbara, ↑Celarent, ↑Darii, ↑Ferio), liest man sie umgekehrt, als ein beweisendes Verfahren im Sinne der »Zweiten Analytiken« angesehen, noch gelten die vier Syllogismen der ersten Figur bei ihm als ↑Prinzipien (*ἀρχαί*), also als die ↑Axiome eines deduktiven Systems. Die schlüssigen Syllogismen werden in den Wissenschaften und in den Künsten verwendet, gehören aber keiner von beiden als ein Gegenstand an, weil sie je nach Gesichtspunkt des Betrachters *Regeln des Schließens* (von zwei Prämissen auf eine ↑Konklusion) oder aber *Sätze über das Schließen*, nämlich logische ↑Implikationen zwischen den Prämissen und der Konklusion, sind. Im ersten Falle wäre etwa der Syllogismus *Barbara* zu notieren als ›MaP ; SaM ⇒ SaP‹, im zweiten Falle als ›MaP, SaM ≺ SaP‹. Die Wiederaufdeckung der ursprünglichen Rolle der Syllogistik, zu einer gegebenen These solche ↑Hypothesen zu finden, die als Prämissen eines (schlüssigen) Syllogismus mit der These als Konklusion taugen, also insbes. ›einleuchtender‹ und ›fundamentaler‹ als die These sind, verdankt man den Forschungen von E. Kapp (1931, 1942).

Zur a. n L. gehören neben dem Lehrstück über den ↑Schluß auch die seit der Logik von Port-Royal (1662, ↑Port-Royal, Schule von), unter Bezug auf die beiden zentralen sprachlichen Elemente eines Syllogismus, *terminus* und *propositio*, als weitere kanonische Bestandteile der traditionellen Logik aufgeführten Lehrstücke vom ↑Begriff und vom ↑Urteil. Bereits Platon hatte in seinen ›logischen‹ Dialogen »Theaitetos« und »Sophistes« (so die Kennzeichnung von Diogenes Laërtios) sowie im »Kratylos« den Aufbau und die Bedingungen für die Geltung, d. s. ↑Syntax und ↑Semantik, von aus Subjekt und Prädikat (*ὄνομα* und *ῥῆμα*) zusammenge-

setzten ↑Minimalaussagen behandelt, und zwar eingebettet in die Erfordernisse der zur ↑Pragmatik zählenden
›Kunst der Auseinandersetzung‹ (διαλεκτικὴ τέχνη).
Das wiederum hat bei Aristoteles in »De interpretatione«
ganz unabhängig von der Syllogistik zu den Anfängen
des Aufbaus einer rationalen ↑Grammatik geführt. Auch
die insbes. im Anschluß an die ↑Pythagoreer, an Empedokles und an Heraklit von Platon und Aristoteles
entwickelte Lehre von den ↑Gegensätzen (↑Opposition),
ebenso wie das Platonische Verfahren der Begriffsbestimmung durch ↑Dihairesis, muß zum Bestand der
a.n L. gezählt werden, insofern beide Lehrstücke ausdrücklich dem Versuch einer Begründung allgemeiner
Aussagen der Form ›alle P sind Q‹ dienen, ist doch nach
Aristoteles ›der Ursprung aller Schlußregeln (...) die
›Was-ist‹[= Wesens]-Frage [»ἀρχὴ δὲ τῶν συλλογισμῶν
τὸ τί ἐστιν«]‹ (Met. M4.1078b24–25).

Literatur: J. P. Anton, Aristotle's Theory of Contrariety, London
1957 (repr. Lanham Md. 1987), 2000; C. Atherton, The Stoics on
Ambiguity, Cambridge 1993; J. Barnes, Truth, etc.. Six Lectures
on Ancient Logic, Oxford 2007, 2009; A. Becker, Die Aristotelische Theorie der Möglichkeitsschlüsse. Eine logisch-philologische Untersuchung der Kapitel 13–22 von Aristoteles' »Analytica
priora I«, Berlin 1933, Darmstadt ²1968; O. Becker, Zwei Untersuchungen zur a.n L., Wiesbaden 1957; S. Bobzien, Ancient
Logic, SEP 2006; J. M. Bocheński, La Logique de Théophrast,
Freiburg/Schweiz 1947; ders., Ancient Formal Logic, Amsterdam
1951, 1968; ders., Formale Logik, Freiburg/München 1956,
²1962, 2002 (engl. A History of Formal Logic, ed. I. Thomas,
Notre Dame Ind. 1961, New York ²1970); J. Corcoran (ed.),
Ancient Logic and Its Modern Interpretations. Proceedings of
the Buffalo Symposium on Modernist Interpretations of Ancient
Logic, 21. and 22. April 1972, Dordrecht/Boston Mass. 1974; K.
Döring/T. Ebert (eds.), Dialektiker und Stoiker. Zur Logik der
Stoa und ihrer Vorläufer, Stuttgart 1993; A. Dumitriu, History
of Logic, I–IV, Tunbridge Wells 1977; T. Ebert, Dialektiker und
frühe Stoiker bei Sextus Empiricus. Untersuchungen zur Entstehung der Aussagenlogik, Göttingen 1991; J. D. G. Evans, Aristotle's Concept of Dialectic, Cambridge 1977, 2010; K. L. Flan-
nery, Ways into the Logic of Alexander of Aphrodisias, Leiden
1995; M. Frede, Die stoische Logik, Göttingen 1974; K. v. Fritz,
Schriften zur griechischen Logik, I–II, Stuttgart-Bad Cannstatt
1978; D. M. Gabbay/J. Woods (eds.), Handbook of the History
of Logic I (Greek, Indian and Arabic Logic), Amsterdam etc.
2004; E. Hoffmann, Die Sprache und die archaische Logik,
Tübingen 1925; W. Kamlah, Platons Selbstkritik im »Sophistes«,
München 1963; E. Kapp, Greek Foundations of Traditional
Logic, New York 1942, 1968 (dt. Der Ursprung der Logik bei
den Griechen, Göttingen 1965); ders., Syllogistik (1931), in:
ders., Ausgewählte Schriften, ed. H. Diller/I. Diller, Berlin
1968, 254–277; W. Kneale/M. Kneale, The Development of
Logic, Oxford 1962, 1991, bes. 1–176; T. Kotarbiński, Leçons
sur l'histoire de la logique, Paris 1964, 1971; J. Lear, Aristotle and
Logical Theory, Cambridge 1980, 1985; T.-S. Lee, Die griechische Tradition der aristotelischen Syllogistik in der Spätantike.
Eine Untersuchung über die Kommentare zu den analytica
priora von Alexander Aphrodisiensis, Ammonius und Philoponus, Göttingen 1984; K. Lorenz, Logik II (Die Logik der
Antike), Hist. Wb. Ph. V (1980), 362–367; ders., On the Concept

of Symmetry (2005), in: ders., Logic, Language and Method. On
Polarities in Human Experience, Berlin/New York 2010, 198–
206; J. Łukasiewicz, Zur Geschichte der Aussagenlogik, Erkennt-
nis 5 (1935), 111–131; ders., Aristotle's Syllogistic from the
Standpoint of Modern Formal Logic, Oxford 1951, ²1957,
1998; W. Lutosławski, The Origin and Growth of Plato's Logic.
With an Account of Plato's Style and the Chronology of His
Writings, London 1897 (repr. Hildesheim 1983), 1905; B. Mates,
Stoic Logic, Berkeley Calif./Los Angeles 1953, 1973; S. McCall,
Aristotle's Modal Syllogisms, Amsterdam 1963; P. Milne, On the
Completeness of Non-Philonean Stoic Logic, Hist. and Philos.
Log. 16 (1995), 39–64; R. Netz, The Shaping of Deduction in
Greek Mathematics. A Study in Cognitive History, Cambridge
1999; N. Öffenberger, Zur Vorgeschichte der mehrwertigen
Logik in der Antike, Hildesheim/Zürich 1990 (engl. On the
Prehistory of Many Valued Logic in Antiquity, Szeged/Budapest
1995); R. Patterson, Aristotle's Modal Logic. Essence and Entailment in the Organon, Cambridge 1995; G. Patzig, Die aristotelische Syllogistik. Logisch-philologische Untersuchungen
über das Buch A der »Ersten Analytiken«, Göttingen 1959,
³1969 (engl. Aristotle's Theory of the Syllogism. A Logico-Philo-
logical Study of Book A of the »Prior Analytics«, Dordrecht
1968); Petrus Hispanus, Logische Abhandlungen. Tractatus/
Summulae Logicales, ed. u. übers.W. Degen/B. Pabst, München
2006; R. A. Prier, Archaic Logic. Symbol and Structure in Her-
aclitus, Parmenides, and Empedocles, Paris 1976; R. Robinson,
Plato's Earlier Dialectic, Ithaca N. Y. 1941, Oxford ²1953, 1984;
W. C. Salmon (ed.), Zeno's Paradoxes, Indianapolis Ind. 1970,
2001; H. Scholz, Abriß der Geschichte der Logik, Berlin 1931,
Freiburg/München ²1959, ³1967 (engl. Concise History of Logic,
New York 1961; franz. Esquisse d'une histoire de la logique,
Paris 1968); W. Senz, Über die Platonische Dialektik und die
Aristotelische Logik. Ein Vergleich. Zur Notwendigkeit der Kon-
zentration auf das Platonische Denken, Frankfurt/Berlin/Bern
2000; F. Solmsen, Die Entwicklung der aristotelischen Logik und
Rhetorik, Berlin 1929 (repr. Hildesheim 2001), 1975; P. Stekeler-
Weithofer, Grundprobleme der Logik. Elemente einer Kritik der
formalen Vernunft, Berlin/New York 1986, bes. 25–133 (Teil I
Begriffslogik bei Platon und Aristoteles); P. Thom, Logic, Ancient, REP V (1998), 687–693; L. Vuillemin, Nécessité ou contingence. L'aporie de Diodore et les systèmes philosophiques,
Paris 1984, 1997 (engl. Necessity or Contingency. The Master
Argument, Stanford Calif. 1996); T. Ziehen, Lehrbuch der
Logik auf positivistischer Grundlage mit Berücksichtigung
der Geschichte der Logik, Bonn 1920 (repr. Berlin/New York
1974). K. L.

Logik, arabische, häufig auch (allerdings nicht ganz
zutreffend, da es – insbes. in den Anfängen – auch
christliche arabische Gelehrte gab) ›islamische Logik‹,
Bezeichnung für die von (zumindest auch) arabisch
schreibenden Gelehrten in der Tradition des Aristoteles
(»Organon« sowie »Rhetorik« und »Poetik«), des griechischen ↑Aristotelismus (insbes. Porphyrios' »Isagoge«) sowie Galens geleistete Logikarbeit in der Zeit
vom frühen 9. Jh. bis zum Zusammenbruch weltlicher
islamischer Gelehrsamkeit Ende des 15. Jhs.. Von dieser,
an griechischer Philosophie (↑Philosophie, griechische)
und Wissenschaft orientierten, Logik (manṭiq) sind insbes. die logischen Methoden (ādāb al-kalām, ādāb al-

jādal, Miyār al-'uqul etc.) muslimischer Theologie (kalām) zu unterscheiden. Ähnliches gilt für logische Methoden des islamischen Rechts (Sharī'a). Entsprechend seinem apologetischen Charakter, der auf Widerlegung von Ungläubigen und Häretikern abzielt, ist die Logik des kalām vorwiegend eine von Elementen der ↑Topik durchsetzte Logik von Angriff und Verteidigung. Sie setzt auf den Sieg in der theologischen Auseinandersetzung auch mit situativen *argumenta ad hominem* (↑argumentum), im Unterschied zur griechischen Beweistradition der ↑Deduktion aus unbezweifelten ↑Prämissen. Die manṭiq war seitens der islamischen Orthodoxie fast immer Angriffen und Verdächtigungen wegen Nutzlosigkeit, Verführung zur Häresie etc. ausgesetzt. Dieser Opposition von Vernunft und Offenbarung entspricht der systematische Ort religiöser Diskurse in der a.n L.: die Philosophie ist durch beweisende (›demonstrative‹) und dialektische Syllogismen (↑Syllogistik, ↑Syllogismus, apodeiktischer, ↑Syllogismus, dialektischer) charakterisiert, wogegen religiöse oder theologische Diskurse mit den auf Überredung zielenden rhetorischen und poetischen Syllogismen arbeiten.

Eine weitere Abgrenzung betrifft die Unterscheidung von ↑Logik und ↑Grammatik. Hier geht es vor allem darum, den Vorwurf abzuwehren, daß die Logik an die griechische Sprache gebunden sei und deswegen im arabischen Kontext der Sprache des Korans nichts nütze. Demgegenüber hebt unter anderen al-Farabi hervor, daß der Gegenstand der Logik allen Sprachen gemeinsame mentale ›intelligibilia‹ (Bedeutungen) seien, während es die Grammatik mit Wörtern und den Regeln bestimmter einzelner Sprachen zu tun habe. Gegen diese einen eigenen Gegenstandsbereich für die Logik postulierende Auffassung wandten sich vor allem muslimische Theologen. Ibn Taymiyya machte z. B. geltend, daß durch die Wahl von *intelligibilia* als Gegenstand der Logik falsche Voraussetzungen aus der Aristotelischen Philosophie in das islamische Denken transportiert würden, insbes. die Existenz von ↑Universalien als *intelligibilia*. Dies führte zur Zurückweisung der Aristotelischen Definitionstheorie sowie des Syllogismus (der letztlich aus Kombinationen von *intelligibilia* bestehe), was insgesamt einer Zurückweisung der Logik gleichkommt. Andere Theologen, wie al-Ghazali, bestritten zwar einen eigenen Gegenstandsbereich der Logik, sprachen ihr jedoch einen wichtigen instrumentellen Charakter bei der Prüfung von Argumenten zu.

Die a. L. beginnt mit der arabischen Übersetzung (aus dem Syrischen [= Aramäischen]) der Aristoteles-Tradition vorwiegend christlicher (nestorianischer, weniger: monophysitischer) Syrer. Diese unterschieden gewöhnlich, orientiert an neun als kanonisch betrachteten Schriften (Porphyrios' »Isagoge« sowie die Aristotelischen »Kategorien«, »Peri hermeneias«, die beiden

»Analytiken«, die »Topik«, die »Sophistischen Widerlegungen«, die »Rhetorik«, die »Poetik«), ebensoviele Abteilungen der Logik. Diese Einteilung, wobei zunächst vorwiegend die ersten vier Bücher bzw. Abteilungen der Logik untersucht wurden, ebenso wie die auf Galenos zurückgehende enge propädeutische Verbindung von Logik und Medizin (ferner Astronomie), wurde von der a.n L. übernommen. Als deren erster (noch wenig origineller) Vertreter gilt al-Kindi (ca. 805–873). Im späten 9. sowie im 10. Jh. wurde die arabische Logikarbeit so gut wie ausschließlich in Bagdad und, mit Ausnahme al-Farabis (ca. 870–950), des neben Averroës und Avicenna vielleicht bedeutendsten Vertreters der a.n L., von nestorianischen Christen geleistet. Die weitere Entwicklung der a.n L., insbes. ihre Aristoteles-Interpretation, wurde entscheidend von al-Farabi geprägt, der, in nur bruchstückhaft erhaltenen Schriften, das gesamte Aristotelische ↑»Organon« kommentierte. Neben Übersetzungen griechischer Logikschriften und Aristoteles-Kommentaren finden sich in der Schule von Bagdad auch erste Arbeiten zu nicht-Aristotelischen Themen wie hypothetischen und disjunktiven Syllogismen (↑Syllogismus, hypothetischer, ↑Syllogismus, disjunktiver) und die syllogistische Behandlung induktiver Schlußweisen.

Der Perser Avicenna (980–1037) ersetzte, wegweisend für den östlichen Islam, die überwiegend kommentierende Logik der Schule von Bagdad durch problemorientierte Studien, unter denen die temporale Behandlung modaler Syllogismen (↑Syllogismus, modaler) und die offenbar an der stoischen Logik (↑Logik, stoische) orientierte früheste bekannte volle Theorie hypothetischer und disjunktiver Aussagen herausragen. Die kommentierende Logik der Schule von Bagdad wurde nach deren Niedergang (ca. 1000–1050), vermittelt durch Ibn 'Abdun (ca. 930–995), in Südspanien (insbes. Cordoba) weitergeführt. Neben Avempace (ca. 1090–1139) ist vor allem Averroës (1126–1198) mit seinen, al-Farabi weiterführenden, Kommentaren des »Organon« von Bedeutung. Systematisches Interesse verdient dabei die Darstellung der modalen Syllogismen. – Während im frühen 13. Jh. zum Teil im islamischen Westen Avicennas Abkehr von Aristoteles von Gelehrten wie al-Dīn al Rāzi (1148–1209) kritisiert und der Aristotelische Lehrbestand in Lehrbüchern kodifiziert wurde, brachten in Persien Gelehrte wie al-Dīn ibn Yūnus (1156–1242) und al-Tūsī (1201–1274) Avicennas Ablösung von der Autorität des Aristoteles in ihren Logiklehrbüchern zum Abschluß. Diese Lehrbücher des 13. Jhs. werden dann in der Niedergangsphase der a.n L. (ca. 1300–1500) zur immer wieder kommentierten Grundlage des Logikunterrichts. – Die (von ihren Vertretern auch nicht beanspruchte) Originalität der a.n L. ist aus Mangel an Kenntnissen über die spätgriechische Logik schwer einzuschätzen. Zu den vom lateinischen Mittelalter (↑Logik, mittelalterliche) übernommenen Gegenständen gehören der Begriff der ↑Supposition sowie die Unterscheidung der ↑Modalitäten ›de dicto‹ und ›de re‹ (↑Modus).

Literatur: H. Abdel-Rahman, L'argument ›a maiori‹ et l'argument par analogie dans la logique juridique musulmane, Riv. int. filos. diritto 48 (1971), 127–148; S. B. Abed, Aristotelian Logic and the Arabic Language in Al-Farabi, Albany N. Y. 1991; D. L. Black, Logic and Aristotle's »Rhetoric« and »Poetics« in Medieval Arabic Philosophy, Leiden 1990; dies., Logic in Islamic Philosophy, REP V (1998), 706–713; A. Fakhouri, Reconstruction systématique de quelques théories d'al-Mantiq, Diss. Erlangen 1969; H. Gaebe/G. Schoeler, Averroes' Schriften zur Logik. Der arabische Text der ›Zweiten Analytiken‹ im ›Großen Kommentar‹ des Averroes, Z. Dt. Morgenl. Ges. 130 (1980), 557–585; I. Garro, Al-Kindi and Mathematical Logic, Int. Log. Rev. 9 (1978), 145–149; G. E. v. Grunebaum (ed.), Logic in Classical Islamic Culture, Wiesbaden 1970; K. Gyekye, The Terms ›prima intentio‹ and ›secunda intentio‹ in Arabic Logic, Speculum 46 (1971), 32–38; ders., The Term ›Isthithnā'‹ in Arabic Logic, J. Amer. Orient. Soc. 92 (1972), 88–92; ders., Al-Farabi on the Problem of Future Contingency, Second Order. An African J. Philos. 6 (1977), 31–54; ders., Islamic Logic. Ibn al-Ṭayyib's Commentary on Porphyry's Eisagoge, Albany N. Y. 1979; G. Hana, Zur Logik al-Ġhazālīs, Z. Dt. Morgenl. Ges. Suppl. II, Wiesbaden 1974, 178–185; C. H. Lohr (ed.), Logica Algazelis. Introduction and Critical Text, Traditio 21 (1965), 223–290; I. Madkour, L'organon d'Aristote dans le monde arabe, Paris 1934, ²1969; ders., La logique d'Aristote chez les Mutakallimūn, in: P. Morewedge (ed.), Islamic Philosophical Theology, Albany N. Y. 1979, 58–68; N. Rescher, Some Arabic Technical Terms of Syllogistic Logic and Their Greek Originals, J. Amer. Orient. Soc. 82 (1962), 203–204; ders., Al-Fārābī. An Annotated Bibliography, Pittsburgh Pa. 1962; ders., Studies in the History of Arabic Logic, Pittsburgh Pa. 1963; ders., Avicenna on the Logic of »Conditional« Propositions, Notre Dame J. Formal Logic 4 (1963), 48–58; ders., The Development of Arabic Logic, Pittsburgh Pa. 1964 (mit Bibliographie der arabischen Logiker, 256–258); ders., Al-Kindī. An Annotated Bibliography, Pittsburgh Pa. 1964; ders., Temporal Modalities in Arabic Logic, Dordrecht 1967; ders., Arabic Logic, Enc. Ph. IV (1967), 525–527; ders., Studies in Arabic Philosophy, Pittsburgh Pa. 1968; A. I. Sabra, Avicenna on the Subject Matter of Logic, J. Philos. 77 (1980), 746–764; N. Shehaby (ed.), The Propositional Logic of Avicenna. A Translation from al-Shifā': al Qiyās, Dordrecht/Boston Mass. 1973.   G. W.

Logik, Aristotelische, ↑Aristotelische Logik.

Logik, axiologische (von griech. ἄξιος [wertvoll]; engl. axiological logic), Bezeichnung für ein Programm zur formalen ↑Rekonstruktion der Verwendung von Wertausdrücken wie ›wertvoll‹/›wertlos‹, ›gut‹/›schlecht‹, ›nützlich‹/›unnütz‹, zugleich Bezeichnung für die aus den Rekonstruktionen hervorgehenden ↑Kalküle. Im Vordergrund der Betrachtung stehen dabei vor allem ästhetische (↑ästhetisch/Ästhetik) und moralische bzw. ethische ↑Werturteile (↑Wert (moralisch)). Wesentliche Impulse für dieses Programm gehen – wie bei der deon-

tischen Logik (↑Logik, deontische) – auf systematische Bemühungen G. H. v. Wrights (1952) zurück, die kontradiktorischen (↑kontradiktorisch/Kontradiktion) Beziehungen zwischen klassifikatorischen Ausdrücken (z. B. ›p ist wertvoll‹ vs. ›non-p ist wertlos‹) sowie deren assoziatives und distributives Verhalten (z. B. ›wenn p wertvoll ist, dann: p oder q ist wertvoll‹; ›wenn p und q wertvoll sind, dann ist p wertvoll‹) mithilfe formallogischer ↑Operatoren (↑Junktor) nach Art der bereits etablierten alethischen ↑Modallogik zu reformulieren. Dabei deutet er die Operanden (›p‹, ›q‹) auch hier als ↑Mitteilungszeichen für ↑Handlungen oder ↑Ereignisse, für welche komplementäre Verhältnisse nach Art der ↑Negation bestimmt werden können (›p‹, ›non-p‹). Auch systematisch steht die a. L. aufgrund ihres Gegenstandes in großer Nähe zur deontischen Logik sowie zur später entwickelten ↑Präferenzlogik. Zwar kann die a. L. als eigenständiges Programm neben diesen formuliert werden, gerade weil die Wertausdrücke als logische ↑Konstanten nach Art der Modaloperatoren gedeutet werden, so daß eine eigenständige Variante der Modallogik entsteht. Hinsichtlich der ihr zuteilgewordenen fachlichen Aufmerksamkeit steht sie aber weit hinter diesen breit diskutierten Ansätzen zurück und wird, von wenigen Ausnahmen abgesehen, vor allem in ihrer Relation zur deontischen Logik thematisiert.

Die a. L. wird hier teils als rechtfertigende Basis herangezogen, teils sollen gerade umgekehrt die durch die a. L. geregelten semantischen (↑Semantik) Beziehungen zwischen positiven und negativen Wertausdrücken aus einer deontischen Logik resultieren. Die jeweils behaupteten Zusammenhänge erscheinen dabei nicht unabhängig davon, ob z. B. rechtliche oder ethische Inhalte den Rekonstruktionsmaßstab bilden, sowie davon, welches Normverständnis (↑Norm (handlungstheoretisch, moralphilosophisch)) etwa in letzterem Falle unterstellt wird. Wer ›das Gebotene‹ als eine Funktion der Nützlichkeit oder subjektiver ↑Werturteile (↑Konsequentialismus, ↑Utilitarismus, ↑Naturalismus (ethisch)) auffaßt, wird die Basis in der a.n L. sehen, derjenige, der ›das Wertvolle‹ im Rückgriff auf ›das Gebotene‹ bestimmt (↑Ethik, deontologische, ↑Metaethik), wird hingegen die deontische Logik als grundlegend erachten. Innerhalb der ethischen und juristischen Debatten selbst findet die a. L. kaum praktische Anwendung, wobei das aufgrund solcher Abhängigkeiten eingeschränkte Potential zur Klärung der dort anstehenden Fragen als einer der wesentlichen Gründe vermutet werden darf.

Literatur: L. Åqvist, Deontic Logic Based on a Logic of ›Better‹, in: Proceedings of a Colloquium on Modal and Many-Valued Logics. Helsinki, 23–26 August, 1962, Helsinki 1963 (Acta Philos. Fennica XVI), 285–290; H.-N. Castañeda, [Rezension von S. Halldén, The Logic of ›Better‹ (s. u.)], Philos. Phenom. Res. 19 (1958/1959), 266; R. M. Chisholm/E. Sosa, On the Logic of

›Intrinsically Better‹, Amer. Philos. Quart. 3 (1966), 244–249; M. J. Cresswell, A Semantics for a Logic of ›Better‹, Log. anal. NS 14 (1971), 775–782; L. Goble, A Logic of Better, Log. anal. NS 32 (1989), 297–318; ders., A Logic of Good, Should, and Would, J. Philos. Log. 19 (1990), 169–199, 253–276; ders., The Logic of Obligation, ›Better‹, and ›Worse‹, Philos. Stud. 70 (1993), 133–163; S. Halldén, On the Logic of ›Better‹, Lund/Kopenhagen 1957; S. O. Hansson, Preference-Based Deontic Logic (PDL), J. Philos. Log. 19 (1990), 75–93; ders., The Structure of Values and Norms, Cambridge etc. 2001, 2007; F. v. Kutschera, Einführung in die Logik der Normen, Werte und Entscheidungen, Freiburg/ München 1973; N. Rescher, Introduction to Value Theory, Englewood Cliffs N. J. 1969, Lanham Md./New York/Washington D. C. 1982; B. H. Smith, Contingencies of Value. Alternative Perspectives for Critical Theory, Cambridge Mass./London 1988, 1991, 54–84 (Chap. 4 Axiologic Logic); G. H. v. Wright, On the Logic of Some Axiological and Epistemological Concepts, Ajatus 17 (1952), 213–234; ders., The Logic of Preference Reconsidered, Theory and Decision 3 (1972), 140–169 (dt. Neue Überlegungen zur Präferenzlogik, in: ders., Normen, Werte und Handlungen, Frankfurt 1994, 87–122); weitere Literatur: ↑Präferenzlogik.   G. K.

Logik, chinesische, Bezeichnung für der Logik nahestehende Argumentationsformen im alten China. Eine der traditionellen europäischen ↑Logik (↑Logik, traditionelle) entsprechende Theorie des korrekten Folgerns ist in China nicht ausgearbeitet worden; daß in China überhaupt gewisse Ansätze zu einer Art Logik existierten, ist erst in der Auseinandersetzung mit dem Westen erkannt worden. In der klassischen Periode (bis 221 v. Chr.) gab es einige Denker, die seinerzeit als ›Dialektiker‹ oder ›Sophisten‹ bezeichnet wurden, mitunter auch als ›Schule der Namen‹. Diese Denker befaßten sich – nach moderner Auffassung – mit logischen Problemen. Jedoch taten sie es meist nicht in konstruktiv-theoretischer Art, sondern – soweit die spärlichen Quellen das erkennen lassen – mit Hilfe widersinniger (empirisch- oder logisch-falscher) Sätze. So sind von Hui Shih (4. Jh. v. Chr.) nur 10 solche Sätze überliefert (zusammen mit ähnlichen Sätzen, die von ›den Dialektikern‹ stammen sollen). Diese 10 (im 33. Buch des Zhuang-Tse überlieferten) Sätze sind: ›der Himmel ist so niedrig wie die Erde‹, ›ein Berg ist mit einem Fluß gleich hoch‹; ›Wagenräder drücken den Boden nicht‹; ›ich gehe heute nach Yüe und komme gestern dort an‹; ›ein verwaistes Füllen hatte niemals eine Mutter‹; ›ein Hund kann als Schaf angesehen werden‹; ›das Auge sieht nicht‹; ›ein gelbes Pferd und eine schwarze Kuh sind drei‹; ›wenn du von einem 1 Fuß langen Stock täglich die Hälfte abschneidest, wirst du auch nach zehntausend Generationen nicht fertig sein‹; ›es gibt eine Zeit, wo ein schnell fliegender Pfeil sich weder bewegt noch ruht‹. Es ist offenkundig, daß derartige Sätze jeweils das Ergebnis einer ausführlichen Argumentation bilden, doch sind die Argumentationen selbst verloren. Bei manchen ›Paradoxien‹ (so werden die angeführten Sätze genannt,

obwohl sie nichts mit logischen Antinomien oder Paradoxien [↑Antinomien, logische] gemein haben) scheint die Idee zu sein, gewisse (nicht explizit gemachte, empirisch vorgefundene) Regeln der Sprache konsequent anzuwenden. Von bewußt widersinniger Art ist die These des Kung-sun Lung (ca. 230 v. Chr.) ›ein weißes Pferd ist kein Pferd‹, die als Paraphrase über den Gebrauch der Negationspartikel (↑Negation) ›ist nicht‹ (fei) aufgefaßt werden kann. In der Argumentation des Kung-sun Lung werden deutlich klassenlogische Probleme (↑Klassenlogik) behandelt, jedoch stets an Hand konkreter Fälle. Auch wird über den Unterschied zwischen Gegenständen und dem Bezeichnen von Gegenständen gesprochen und das Problem des richtigen Zusammenzählens (empirischer Objekte und Eigenschaften) erörtert.

Das Buch ↑Mo-Ti enthält einige Kapitel, die als ›Kanon‹ bezeichnet und den späteren Mohisten zugeschrieben werden. Sie enthalten in unzusammenhängender Weise kürzere Feststellungen über Erkenntnisprobleme und Dialektik sowie Erörterungen von Thesen des Kung-sun Lung. Alle Namen werden eingeteilt in (1) allgemeine (z. B. Ding), (2) klassifizierende (z. B. Pferd) und (3) Eigennamen. Auch eine Art induktive Methode (↑Methode, induktive) der Erkenntnis wird angedeutet; selbst eine Analogie zur ↑Lügner-Paradoxie kommt vor. Insgesamt jedoch ist der Text des Kanon knapp, unsystematisch und nicht immer verständlich.

Literatur: K. Butzenberger, Some General Remarks on Negation and Paradox in Chinese Logic, J. Chinese Philos. 20 (1993), 313–347; J. M. Geaney, A Critique of A. C. Graham's Reconstruction of the ›Neo-Mohist Canons‹, J. Amer. Oriental Soc. 119 (1999), 1–11; A. C. Graham, Later Mohist Logic, Ethics and Science, Hongkong/London 1978 (mit Bibliographie, 531–545), 2003 (mit Bibliographie, 531–562); C. Hansen, Language and Logic in Ancient China, Ann Arbor Mich. 1983; ders., A Daoist Theory of Chinese Thought, New York 1992; ders., Logic in China, REP V (1998), 693–706; C. Harbsmeier, Science and Civilisation in China VII/1 (Language and Logic), ed. J. Needham, Cambridge 1998; Hu Shih, The Development of Logical Method in Ancient China, Shanghai 1922, 1928, New York ²1963; K. O. Thomson, When a ›White Horse‹ Is Not a ›Horse‹, Philos. East and West 45 (1995), 481–499.   H. S.

Logik, deduktive, Bezeichnung für die formale Logik (↑Logik, formale), wenn deren Anwendung in Gestalt logischer Schlußregeln (↑Schluß) auf ↑Annahmen oder bereits bewiesene ↑Aussagen als ein Befolgen der deduktiven Methode (↑Methode, deduktive) kontrastiert wird mit der induktiven Methode (↑Methode, induktive) bei Anwendung induktiver Schlußregeln (↑Schluß, induktiver) – wie sie von der induktiven Logik (↑Logik, induktive) bereitgestellt werden –, die nicht ↑Wahrheit, sondern nur hohe ↑Wahrscheinlichkeit für Wahrheit vererben. Die durch Wahrheitserblichkeit ausgezeichneten logischen Schlußregeln heißen, vor allem in axiomati-

schen Theorien (↑System, axiomatisches), dann auch
›deduktive‹ Schlußregeln (↑Deduktion).　K. L.

Logik, deontische (von griech. τό δεόν, das Gesollte, im
Unterschied zu τό ὄν, das Seiende; engl. deontic logic,
normative logic, auch: Deontik, normative Logik (↑Lo-
gik, normative), Logik der Normen, Bezeichnung für eine
logische Disziplin, die sich mit der syntaktischen Struktur
↑normativer Sätze, der Semantik normativer Ausdrücke,
wie vor allem ›geboten‹, ›erlaubt‹, ›verboten‹ und ›indifferent‹, sowie mit Systemen deduktiven Schließens mit
Normsätzen befaßt. Für die Verwendung des Begriffs der
Norm im Rahmen der d.n L. (↑Norm (handlungstheoretisch, moralphilosophisch)) ist zu beachten, daß die
meisten Theoretiker (mit Ausnahme z.B. der Konstruk-
tivisten) aus semantischen Gründen darunter deskriptive
linguistische Entitäten (z.B. Beschreibungen von präskriptiven Äußerungen) verstehen (↑deskriptiv/präskrip-
tiv). Viele halten daher auch nicht die Ethik, sondern die
Sprache des Rechts oder der Jurisprudenz für das eigentliche Anwendungsfeld der d.n L. (↑Logik, juristische).
Die logische Analyse präskriptiver Äußerungen wird
demgemäß häufig der ↑Imperativlogik zugeordnet.
In historischen Untersuchungen (G. Kalinowski, La logique des normes, Paris 1972, 31–78 [dt. Einführung in
die Normenlogik, Frankfurt 1973, 15–49]; B. Mates,
Stoic Logic, Berkeley Calif. 1953; S. Knuutila, The Emergence of Deontic Logic in the Fourteenth Century, in: R.
Hilpinen [ed.], New Studies in Deontic Logic [s. u., Lit.],
225–248) werden erste Spuren einer d.n L. bei Aristoteles, der stoischen Logik (↑Logik, stoische) und der
↑Scholastik aufgewiesen. Erste *systematische* Überlegungen zu logischen Beziehungen zwischen Normbe-
hauptungen finden sich bei G. W. Leibniz, der strukturelle Ähnlichkeiten zwischen den ontischen (↑Modal-
logik) und den deontischen Modalbegriffen entdeckt
(Elementa juris naturalis [1671], Akad.-Ausg. 6.1,
465–485). Wählt man z.B. ›Notwendigkeit‹ bzw. ›Gebotensein‹ als Grundtermini, dann sind ›Möglichkeit‹ und
›Erlaubnis‹, ›Unmöglichkeit‹ und ›Verbot‹ sowie ›Kontingenz‹ und ›Indifferenz‹ parallel definierbar. Diese
Vorstellung ist auch für die meisten modernen deontischen Logikkalküle leitend, obwohl sie andererseits für
einige ↑Paradoxien verantwortlich ist. – J. Bentham
nahm die Einsicht, daß das Gebotensein logisch das
Verbotensein ausschließt, zum Anlaß, eine Logik des
Willens oder der Aufforderungen neben der traditionellen Logik des Wissens oder Behauptens zu konzipieren
(An Introduction to the Principles of Morals and Legislation, ed. J. H. Burns/H. L. A. Hart, London 1970,
299–300; On Law in General, ed. H. L. A. Hart, London
1970, 15). Ähnlich bemerkt auch I. Kant, daß das Gebotensein das Erlaubtsein einschließt (Metaphysik der
Sitten, Akad.-Ausg. VI, 222–223). B. Bolzano schließt

sich indirekt Kant an (Wissenschaftslehre § 144). Überlegungen in dieser Richtung blieben jedoch episodisch
und sind kaum rezipiert worden. Zu einer konsequenten
Untersuchung der logischen Beziehungen von Normsätzen und anderen präskriptiven sprachlichen Formen
kommt es erst in den 20er und 30er Jahren des 20. Jhs..
Der Meinong-Schüler E. Mally entwickelt 1926 als erster
ein Axiomsystem für den Begriff des Sollens, wobei er
davon ausgeht, daß Urteilen und Wollen zwei verschiedene, aber prinzipiell gleichrangige Einstellungen zu
↑Sachverhalten sind. Erst diese im Rahmen der Philosophie F. Brentanos, A. Meinongs und der ↑Phänom-
enologie entwickelte Konzeption der ↑Intentionalität
führt zur d.n L., während die moderne Logiktradition
in der Nachfolge von G. Frege, B. Russell, des ↑Wiener
Kreises und der ↑Warschauer Schule (in allen Fällen mit
Ausnahmen) die Wahrheitsfähigkeit normativer und
präskriptiver (mentaler oder lingualer) Einstellungen
bestreitet. Von Mally stammt der Ausdruck ›Deontik‹,
von G. H. v. Wright (später) der Ausdruck ›d. L.‹.
Mally gab folgendes Axiomensystem an:

(A1)　$((p \rightarrow Oq) \wedge (q \rightarrow r)) \rightarrow (p \rightarrow Or)$,

(A2)　$((p \rightarrow Oq) \wedge (p \rightarrow Or)) \rightarrow (p \rightarrow O(q \wedge r))$,

(A3)　$(p \rightarrow Oq) \leftrightarrow O(p \rightarrow q)$,

(A4)　Ou,

(A5)　$\neg(u \rightarrow O\neg u)$

(u ist dabei eine Satzkonstante für einen Sachverhalt, der
›unbedingt‹ gesollt ist). Der Gebotsoperator ›O‹ wird von
Mally so verstanden, daß p genau dann geboten ist, wenn
für jeden Sachverhalt q gilt, daß er das Gebotensein von p
subjungiert, also: $\bigwedge_q (q \rightarrow Op) \succ\!\!\prec Op$. Mit dieser Annahme lassen sich aus (A1)–(A5) zahlreiche intuitiv
plausible, aber auch zahlreiche gegenintuitive Theoreme
ableiten. Inakzeptabel ist vor allem, daß sowohl ›$Oq \rightarrow q$‹
als auch ›$q \rightarrow Oq$‹ Theoreme und damit der naturalistische und der präskriptivistische Fehlschluß (↑Naturalis-
mus (ethisch)) gültige Schlußschemata sind; Mally versucht jedoch für deren Plausibilität zu argumentieren.
Mallys System ist von K. Menger kritisiert worden, der
die Ursache der Probleme vor allem in der Verwendung
der zweiwertigen ↑Junktorenlogik (↑Logik, zweiwertige)
sah. Demgegenüber schlägt Menger vor, die Logik des
Befehlens und Wünschens auf einem dreiwertigen System aufzubauen. Zur gleichen Zeit legen A. Hofstadter
und J. C. C. McKinsey sowie R. Rand Arbeiten zur Imperativlogik vor, die allerdings wie Mallys System Aussa-
genrelationen abzuleiten erlauben, die in der Diskussion
gemeinhin als ↑Fehlschlüsse gelten. Auch der Vorschlag
von K. Grelling zur Logik der Sollsätze teilt wesentliche
Schwächen mit Mallys System. Die Fehlschläge dieser
Ansätze haben prominente Logiker und Philosophen
veranlaßt, die Wahrheitsfähigkeit normativer Sätze zu

bestreiten und das Programm einer d.n L. prinzipiell in Frage zu stellen (z. B. A. Ross) oder zumindest den Ansatz, die deontisch-logischen Beziehungen im Rahmen der seit Frege und Russell üblichen logischen Grammatik (↑Grammatik, logische) formal rekonstruieren zu wollen, als aussichtslos zurückzuweisen (z. B. J. Jørgensen, ↑Jørgensens Dilemma). Zum Verständnis dieser Kritik ist zu berücksichtigen, daß die erwähnten frühen Ansätze Normsätze entweder als präskriptive Entitäten betrachten oder jedenfalls die Deskriptiv-präskriptiv-Unterscheidung (↑deskriptiv/präskriptiv) nicht klar auf die untersuchten sprachlichen Äußerungen bzw. Bewußtseinszustände beziehen; die spätere Unterscheidung zwischen d.r L. und Imperativlogik ist somit noch nicht vollzogen. Die Einwände der Kritiker der frühen Entwürfe haben insoweit erhebliche Konsequenzen, als die meisten Logiker aus ihnen den Schluß gezogen haben, daß die üblichen semantischen Termini für eine d. L. nur verwendbar seien, wenn man die normativen Sätze deskriptiv und nicht präskriptiv versteht.

Pionierarbeit der modernen d.n L. ist v. Wrights Aufsatz von 1951, auf den in kurzem Abstand die klassischen Arbeiten von O. Becker und G. Kalinowski folgen. V. Wright geht von der bereits bei Leibniz formulierten Einsicht in die Parallelität der Modaloperatoren aus und legt seinem System insbes. die Ähnlichkeit zwischen Möglichkeit und Erlaubnis zugrunde. Danach besteht die ↑Modallogik aus zwei analogen Zweigen, die v. Wright ›alethische‹ und ›deontische‹ Modallogik nennt. Grundbegriff ist für v. Wright der Erlaubnisbegriff, durch den sich (analog der Definition der Notwendigkeit) die Verpflichtung wie folgt definieren läßt:

$$O p \leftrightharpoons \neg E \neg p.$$

Für das Verbot setzt man entsprechend:

$$V p \leftrightharpoons \neg E p.$$

Der intuitiven Einsicht, daß für jeden Sachverhalt er selbst, d. h. die Handlung, ihn zu realisieren, oder seine Negation, d. h. die Unterlassung seiner Realisierung, erlaubt sind, entspricht das ›Prinzip der Erlaubnis‹:

$$E p \lor E \neg p.$$

Es kann auch in der folgenden Variante gelesen werden: wenn p oder q nicht verboten (also erlaubt) sind, dann und nur dann ist $p \lor q$ erlaubt, so daß folgendes Prinzip als ↑Axiom gilt:

(B1) $E(p \lor q) \leftrightarrow E p \lor E q$

(Prinzip der deontischen Distribution).

Damit ergibt sich das ›Prinzip der Erlaubnis‹ als zweites Axiom in der Fassung

(B2) $E(p \lor \neg p).$

V. Wright entnimmt der Intuition ferner die Prinzipien, daß es nicht für jedes p eine Verpflichtung gibt, es zu vollziehen, und auch nicht für jedes p ein Verbot gibt, es zu unterlassen. Die Axiome (B1) und (B2) gewährleisten die Entscheidbarkeit (↑entscheidbar/Entscheidbarkeit) in v. Wrights System. Alle ↑Formeln des Systems können nämlich als ↑Wahrheitsfunktionen von uniform gebauten ›Konstituenten‹ dargestellt werden, deren tautologischer (↑Tautologie) Charakter nach dem bewertungssemantischen Verfahren entscheidbar ist (↑Distribution, deontische). Ferner läßt sich beweisen, daß die Klasse der im ↑Kalkül beweisbaren Formeln mit der Klasse der deontischen Tautologien identisch ist. Der Kalkül der d.n L. stellt somit ein vollständiges (↑vollständig/Vollständigkeit) System der deontischen Wahrheiten dar. – V. Wrights System hat auf Grund seiner durchsichtigen Struktur auch dadurch den Rang einer klassischen Konzeption, daß die meisten und die wichtigsten der in der Folgezeit diskutierten Probleme durch dieses System vorgezeichnet und strukturiert sind: die Frage der semantischen Charakterisierung der propositionalen Teile von deontischen Aussagen und (damit zusammenhängend) das Problem iterierter ↑Operatoren, die Deutung der ↑Quantoren, die Formulierung einer allgemeinen semantischen Theorie, die Rekonstruktion bedingter Normen sowie die Auflösung einer Reihe von ↑Antinomien und Paradoxien.

Nach v. Wrights Darstellung sind die *propositionalen Teile* (↑Proposition) von Normaussagen nicht als Variablen für Sachverhalte (wie z. B. in der Standard-Aussagenlogik), sondern als Namen für Handlungen zu deuten, eine Position, die schon Grelling eingenommen hatte und der auch Becker und Kalinowski zuneigen. Die Handlungsprädikatoren sind jedoch zweideutig: sie können sowohl für Handlungstypen (generische Handlungen) als auch für Handlungsvorkommnisse (individuelle Handlungsinstanzen, ↑type and token) stehen. Nach v. Wrights Konzeption ist nur die erste Deutung zulässig (z. B. verbietet man den Handlungstyp des Stehlens, nicht seine individuelle Aktualisierung). Diese Deutung führt zu dem Problem einer Charakterisierung der logischen Operatoren in der d.n L., die gewöhnlich für Sachverhalte gedeutet sind. Z. B. wird in ›O¬p‹ die ↑Negation vor den Namen einer generischen Handlung geschrieben. Die von v. Wright und Becker gegebene Erläuterung (›Unterlassung der Handlung p‹) weicht jedenfalls von der üblichen Semantik des ↑Negators ab. Weiter können deontische Systeme (im Unterschied zu alethischen) keine *gestuften Operatoren* enthalten; z. B.

wäre in ›OOp‹ der Ausdruck ›Op‹ kein Handlungsname. Umgangssprachlich gibt es demgegenüber keine Schwierigkeiten, solche Sätze zu bilden, z. B. zum Zwecke der Formulierung einer Anordnungsbefugnis (es ist erlaubt, daß X gebietet, daß p). Schließlich ist syntaktisch für die Formulierung von bedingten Normen nur die Form ›O$(p \rightarrow q)$‹ zulässig, weil ›$p \rightarrow$ Oq‹ auf Grund der Deutung von ›p‹ als Handlungsname nicht sinnvoll ist. Es ist jedoch ein Unterschied, ob geboten wird, eine bedingte Handlung auszuführen, oder, eine Handlung auszuführen, wenn eine Bedingung erfüllt ist. In Würdigung dieser Probleme hat sich die Überzeugung durchgesetzt, die deontischen Operatoren dürften (trotz der naheliegenden Deutung der Umgangssprache) nicht auf das *Handeln*, sondern müßten auf das *Sein* bezogen werden. ›Op‹ besagt dann nicht, daß ›p *getan* werden soll, sondern daß das, was ›p‹ beschreibt, ein Sachverhalt ist, den zu realisieren eine Norm besteht. Mit diesen Beschreibungen können dann sowohl solche von Handlungen als auch sonstige gemeint sein; sowohl iterierte Operatoren als auch ›gemischte‹ Formeln sind möglich. Auf Grund dieser zuerst von A. N. Prior und A. R. Anderson vorgeschlagenen Interpretation läßt sich ein *Standardsystem* der d.n L. angeben, das in der Darstellung von F. v. Kutschera folgende Gestalt hat:

Das ↑Alphabet der *Sprache* der Standard-↑Quantorenlogik wird um den Gebotsoperator ›O‹ erweitert. Zu den Sätzen der Sprache gehört entsprechend ›O(A)‹, wenn ›O‹ in ›A‹ nicht vorkommt (v. Kutschera schlägt vor, iterierte Operatoren auszuschließen und Anordnungsbefugnisse etc. mit Hilfe eines zweistelligen Normsetzungsprädikats auszudrücken). Zu den üblichen (klassischen) Definitionen von ↑Konjunktor (↑Konjunktion), ↑Adjunktor (↑Adjunktion), Bisubjunktor (↑Bisubjunktion) und Partikularisator (↑Einsquantor) treten die Definitionen von Erlaubnis-, Verbots- und Indifferenzoperator:

$$V(A) \leftrightharpoons O(\neg A),$$
$$E(A) \leftrightharpoons \neg O(\neg A),$$
$$I(A) \leftrightharpoons \neg O(A) \land \neg O(\neg A).$$

Für diese Sprache läßt sich folgendes *Axiomensystem* der d.n L. angeben:

(C1) O(T) (mit ›T‹ für aussagenlogische oder prädikatenlogische Tautologien),

(C2) O$(A \rightarrow B) \rightarrow (O(A) \rightarrow O(B))$,

(C3) O$(A) \rightarrow \neg O(\neg A)$,

(C4) $\bigwedge_x O(A(x)) \leftrightarrow O(\bigwedge_x A(x))$,

(C5) $\bigvee_x O(A(x)) \rightarrow O(\bigvee_x A(x))$.

In diesem System wird von *Quantoren* Gebrauch gemacht, was ebenfalls von v. Wrights erstem System

abweicht. Gegen deren Verwendung in v. Wrights System spricht die Deutung der Propositionen als Namen für generische Handlungen: Über diese zu quantifizieren, ergibt keinen vernünftigen Sinn. Deshalb verlangt J. Hintikka, daß ↑Propositionen als Namen für individuelle Handlungen (Handlungsindividuen oder Akte) aufgefaßt werden. Der Ausdruck ›$\bigwedge_x VF(x)$‹ könnte dann die Formalisierung von ›alle individuellen Diebstahlhandlungen sind verboten‹ sein. Allerdings besteht gegen die Verwendung von Quantoren in modalen Kontexten, die nicht-extensionale Sätze (↑extensional/Extension) beinhalten, ein prinzipieller Einwand von W. V. O. Quine: Auch für deontische Sätze gilt nicht, daß sie gleichbedeutend bleiben, wenn ein ↑Eigenname für einen Gegenstand durch einen anderen Eigennamen desselben Gegenstandes ersetzt wird (↑intensional/Intension). Die Verwendung von Quantoren in deontischen Kontexten setzt daher die Gültigkeit eines ↑Extensionalitätsprinzips voraus, das v. Kutschera so formuliert: ›wenn zwei Eigennamen a und b denselben Gegenstand bezeichnen, so gilt unter der Voraussetzung $A(a) \leftrightarrow A(b)$ auch O$(A(a)) \leftrightarrow$ O$(A(b))$‹. Diese Annahme wird allerdings häufig als gegenintuitiv betrachtet.

Das Quantorenproblem hat in der Diskussion um die d. L. einen wichtigen Anstoß zu der Einsicht gegeben, daß man die Ausarbeitung der d.n L. nicht auf syntaktische und axiomatische Betrachtungen bei Unterstellung bloß intuitiver semantischer Vorstellungen beschränken kann. S. A. Kripke, R. Montague, W. H. Hanson, Hintikka u. a. haben Untersuchungen zur *Semantik* der d.n L. auf der Basis der modelltheoretischen Semantikkonzeption (↑Modelltheorie, ↑Semantik, logische) durchgeführt. Hintikka geht dabei von dem Gedanken aus, daß eine Erlaubnis Ep so gedeutet werden kann, daß es eine ›deontisch alternative Welt‹ W^* (↑Welt, mögliche) gibt, in der p der Fall ist und gleichwohl alle Verpflichtungen erfüllt sind. Also gilt für die Menge W der Sätze, die die normative Verfaßtheit ›unserer‹ Welt beschreiben, die Bedingung

(E*) Wenn E$p \in W$, dann gibt es wenigstens eine deontisch alternative Welt W^*, in der gilt: $p \in W^*$.

W und W^* sind dabei Mengen bzw. Klassen, die durch wechselseitig aufeinander bezogene Bedingungen bestimmt sind und als ↑Modelle zweier alternativer möglicher Welten (›Modellklassen‹) gelten. W^* wird gerade so bestimmt, daß dort alle Gebote erfüllt sind, die in W gelten:

(O$^+$) Wenn O$p \in W$ gilt und W^* eine deontisch alternative Welt zu W ist, dann gilt: $p \in W^*$.

Allerdings können Erlaubnisse an Verpflichtungen gebunden sein, die erst eintreten, wenn die erlaubte Handlung ausgeführt wird, die also zur deontisch alternativen Welt gehören. Für diese gibt Hintikka die Bedingung an:

(O)$_{rest}$ Wenn $Op \in W^*$ ist und W^* eine deontische Alternative zu einer Modellklasse W ist, dann gilt: $p \in W^*$.

Ferner wird es von Hintikka für ein Erfordernis intuitiver Adäquatheit gehalten, daß alle Normen ›unserer‹ Welt auch zur deontisch alternativen Welt gehören (allerdings ist dabei nicht berücksichtigt, daß durch das Ausführen einer erlaubten Handlung nicht nur neue Normen entstehen, sondern auch alte gegenstandslos werden können):

(OO$^+$) Wenn $Op \in W$ gilt und W^* eine deontische Alternative zu W ist, dann gilt: $Op \in W^*$.

(O)$_{rest}$ und (OO$^+$) implizieren (O$^+$). Schließlich gilt das Prinzip, daß Gebotenes auch erlaubt sein muß:

(O*) Wenn $Op \in W$, dann gibt es wenigstens eine deontisch alternative Welt W^* zu W mit $p \in W^*$.

Bei Verwendung von Quantoren sind (O$^+$) und (OO$^+$) wie folgt umzuformulieren:

(O*) Wenn $Op \in W$ und W^* eine deontische Alternative zu W ist, ferner alle freien Individuenvariablen von p auch in den Elementen von W^* erscheinen, dann gilt $p \in W^*$.

(OO*) Wenn $Op \in W$ ist und W^* eine deontische Alternative zu W ist, ferner alle freien Individuenvariablen von p in den Elementen von W^* erscheinen, dann gilt $Op \in W^*$.

Für die Definition des Modellbegriffs ist zu beachten, daß W^* wiederum Normsätze enthalten kann, so daß eine weitere Modellklasse W^{**} zu bestimmen wäre, in der gebotene und erlaubte Handlungen Sachverhalte sind, usw.. Daher muß nach Hintikka streng genommen die Erfülltheitsrelation auf der Basis eines ganzen Modellsystems definiert werden, dessen Elemente $W, W^*, W^{**}, \ldots$ sind. Für Formelmengen λ wird der Begriff der Erfüllbarkeit (↑erfüllbar/Erfüllbarkeit) aus der modelltheoretischen Semantik für die Quantorenlogik wie folgt erweitert: Eine Klasse Ω ist ein Modellsystem, wenn sie folgenden Bedingungen genügt:

(i)   alle Elemente von Ω erfüllen die Erfüllungsbedingungen für die prädikatenlogischen Operatoren;
(ii) zwischen den Elementen von Ω besteht eine zweistellige Relation der deontischen Alternative $A(W, W^*)$ derart, daß
  – jedes Element W von Ω die Bedingungen (E*) und (O*) bezüglich eines Elements W^* von Ω erfüllt;
  – jedes Paar von Elementen W, W^* von Ω (O$^+$) und (OO$^+$) bzw. (O*) und (OO*) erfüllt;
  – jedes Element W^* von Ω (O)$_{rest}$ erfüllt, wenn W Element von Ω ist.

Gegen v. Wrights erstes System und die meisten Standardsysteme ist geltend gemacht worden, daß sie *Paradoxien* hervorbringen, die mit der Semantik des Adjunktors in deontischen Kontexten (↑Rosssche Paradoxie), der Formalisierung bedingter Imperative (↑Priorsche Paradoxie) und der Formalisierung von Gebotssätzen (contrary-to-duty imperatives, ↑Chisholmsche Paradoxie) zusammenhängen. Die Probleme bei der Formalisierung bedingter Imperative, die weder durch $O(p \rightarrow q)$ noch durch $p \rightarrow O(q)$ adäquat formalisiert sind (wobei der Grund in der formal-semantischen Deutung des ↑Subjunktors und nicht in der des Gebotsoperators zu sehen ist), hat v. Wright zur Formulierung eines Systems *dyadischer deontischer Operatoren* veranlaßt. Deontischer Grundbegriff dieses Systems ist ein zweistelliger Erlaubnisoperator $E(p|q)$, der umgangssprachlich durch ›p zu tun ist erlaubt unter den Umständen (*circumstances*) q‹ charakterisiert ist. In diesem System gelten die Axiome

(D1) $E(p|q) \vee E(\neg p|q)$,
(D2) $E(p \wedge q|r) \leftrightarrow E(p|r) \wedge E(q|r \wedge p)$

mit den üblichen ↑Deduktionsregeln. Im Zuge der Diskussion um die Paradoxien hat v. Wright mehrfach Varianten und Einschränkungen der dyadischen d.n L. vorgebracht. Andere Systeme der dyadischen d.n L. sind von B. Hansson und A. A. Ivin vorgeschlagen worden. Alle Systeme lassen jedoch die Formulierung von analogen Paradoxien zu, so daß die Diskussion über die Notwendigkeit dyadischer Operatoren unabgeschlossen ist. Angesichts der zahlreichen syntaktischen und semantischen Probleme der d.n L. hat Anderson den Vorschlag gemacht, die d. L. auf die alethische ↑Modallogik zu *reduzieren*. Für das Gebotensein gibt Anderson folgende Definition an:

$$OA \leftrightharpoons \Delta(\neg A \rightarrow S).$$

›S‹ ist eine Satzkonstante, die eine Sanktion bei Normübertretung ausdrückt (›das böse Ding‹) und für die gilt:

$\nabla \neg S$. Gemäß der modallogischen Definition der Notwendigkeit durch die Möglichkeit setzt man für das Erlaubtsein:

$$EA \leftrightharpoons \nabla(A \wedge \neg S).$$

Mit diesen Definitionen lassen sich die Theoreme der d.n L. in Theoreme entsprechender alethischer ↑Modalkalküle übersetzen. Gegen eine solche Reduktionskonzeption ist eingewendet worden, daß die Bedeutung einer Verpflichtung nicht in der Vermeidung einer faktischen Sanktionsandrohung liege; der Definition des Sollens durch Anderson sei somit ein naturalistischer Fehlschluß (↑Naturalismus (ethisch)) immanent. Allerdings ist bei diesem Einwand ein präskriptivistisches Verständnis der deontischen Operatoren unterstellt. Versteht man nämlich unter dem deontischen Gebotensein lediglich eine Aussage über das Bestehen einer Norm, so kann die Bedeutung eines deskriptiven Normbegriffs durchaus durch das Bestehen faktischer Sanktionsandrohungen konstituiert sein (eine Frage, die nicht kulturinvariant beantwortet werden kann). Weitere Versuche, dem Auftreten von Paradoxien zu begegnen, machen von intuitionistischen (z. B. J. Kalinowski 1970; ↑Logik, intuitionistische), relevanzlogischen (z. B. A. R. Anderson 1967; ↑Relevanzlogik) oder parakonsistenten (z. B. N. C. A. da Costa/W. Carnielli 1986; ↑Logik, parakonsistente) Abschwächungen Gebrauch, entwickeln die d. L. als modale Erweiterung einer so genannten *defeasible logic* (D. Nute [ed.], Defeasible Deontic Logic, 1997) oder erweitern die deontische Kernlogik um zeitlogische Parameter (z. B. R. H. Thomason 1981). V. Wright selbst reagiert auf die Debatte ab Anfang der 1980er Jahre mit zunehmender Skepsis und bezieht schließlich eine »›nihilistische Position‹, gemäß der logische Beziehungen nicht zwischen Normen bestehen können« (Bedingungsnormen – ein Prüfstein für die Normenlogik, in: Normen, Werte und Handlungen [s. u., Lit.], 49); die in seinen früheren Arbeiten untersuchten Verhältnisse seien nichts weiter als ›semantischer Zufall‹ (Gibt es eine Logik der Normen?, ebd., 67, 69 und passim).

Die deskriptivistische Deutung der d.n L. ist in der Entwicklung der d.n L. fast durchweg eine Folge der Tatsache, daß man der durch Frege, A. Tarski und Carnap begründeten realistischen Semantik folgt. Aus diesem Grunde ist es das Anliegen der mit einer operativen Semantik verbundenen *konstruktiven Logik* (↑Logik, konstruktive), eine präskriptivistisch verstandene d. L. zu konzipieren, die dann auch als analytisches Instrument für das moralische Räsonieren betrachtet werden kann. Für die Einführung der deontischen Operatoren gibt P. Lorenzen folgenden Aufbau: Für elementare unbedingte ↑Imperative gelte die Formalisierung $!(A)$. Mit

einem System bedingter Imperative $C_1 \rightarrow !(A_1)$ usw. und der Darstellung einer Handlungssituation S_O lassen sich weitere Imperative gewinnen, wenn man weiß, welche Bedingungssätze C_i logisch aus der Beschreibung von S_O folgen. Ist die Situation S_O erfüllt, gelten entsprechende A_i unbedingt. In jeder Situation gilt also ein System $!Z$ von unbedingten Imperativen gegenüber einem Adressaten x. Ist $!A_{i1} \ldots !A_{im}$ dieses System $!Z$, dann sei Z das System der indikativen Zukunftssätze $A_{i1} \ldots A_{im}$. Einen Imperativ $!(A)$, für den A logisch aus Z folgt, beschreibt Lorenzen mit ›A ist geboten relativ zu $!Z$‹ und notiert:

$$O_{!Z}!A \leftrightharpoons Z \prec A.$$

Aufgabe der d.n L. ist nun die Entwicklung eines Kalküls für die Ableitung dessen, was relativ zu beliebigem (jedem) $!Z$ geboten ist. Es entsteht dabei ein Kalkül, der mit dem alethischen Modalkalkül S4 gleichwertig ist, wobei die logischen Operatoren gemäß der konstruktiven Semantik interpretiert werden. Bezüglich der ↑Subjunktion entstehen daher auch keine Paradoxien; vielmehr ist $C \rightarrow O(A)$ mit v. Wrights $O(A|C)$ verwandt, weil nicht mit $\neg C \vee OA$ äquivalent.

Literatur: C. E. Alchourrón, Detachment and Defeasibility in Deontic Logic, Stud. Log. 57 (1996), 5–18; ders./E. Bulygin, Normative Systems, Wien/New York 1971 (dt. Normative Systeme, Freiburg/München 1994); A. R. Anderson, The Formal Analysis of Normative Systems, New Haven Conn. 1956, Neudr. in: N. Rescher (ed.), The Logic of Decision and Action, Pittsburgh Pa. 1967, 147–213; ders., A Reduction of Deontic Logic to Alethic Modal Logic, Mind 67 (1958), 100–103; ders., Some Nasty Problems in the Formal Logic of Ethics, Noûs 1 (1967), 345–360; ders., Comments on von Wright's ›Logic and Ontology of Norms‹, in: J. W. Davis/D. J. Hockney/W. K. Wilson (eds.), Philosophical Logic, Dordrecht 1969, 108–113; L. Åqvist, Interpretations of Deontic Logic, Mind 73 (1964), 246–253; ders., On Dawson-Models for Deontic Logic, Log. anal. 7 (1964), 14–21; ders., Choice-Offering and Alternative-Presenting Disjunctive Commands, Analysis 25 (1964/1965), 182–184; ders., Some Results on Dyadic Deontic Logic and the Logic of Preference, Synthese 66 (1986), 95–110; ders., Introduction to Deontic Logic and the Theory of Normative Systems, Neapel 1987, 1988; ders., Deontic Logic, in: D. M. Gabbay/F. Guenthner (eds.), Handbook of Philosophical Logic VIII, Dordrecht 2002, 147–264; N. Asher/D. Bonevac, Prima Facie Obligation, Stud. Log. 57 (1996), 19–45; P. Bailhache, Les normes dans le temps et sur l'action. Essai de logique déontique, Nantes 1986; ders., Essai de logique déontique, Paris 1991; ders., How to Mix Alethic, Deontic, Temporal, Individual Modalities, Logica Trianguli 2 (1998), 3–16; O. Becker, Untersuchungen über den Modalkalkül, Meisenheim am Glan 1952; J. Berkemann, Zum Prinzip der Widerspruchsfreiheit in der d.n L., in: H. Lenk (ed.), Normenlogik [s. u.], 166–197; ders./P. Strasser, Bibliographie zur Normenlogik, in: H. Lenk (ed.), Normenlogik [s. u.], 207–251; U. Blau, Zur Situation der d.n L., Papiere z. Linguist. 6 (1974), 90–100; C. D. Broad, Imperatives, Categorical and Hypothetical, The Philosopher 2 (1950), 62–75; J. Broersen, Action Negation and Alternative Reductions for Dynamic Deontic Logics, J. Appl. Log. 2 (2004), 153–168; M. A. Brown, A Logic of Comparative Obligation, Stud. Log. 57 (1996), 117–137; ders., Rich Deontic Logic. A Preliminary Study, J. Appl. Log. 2 (2004), 19–37; ders./J. Carmo (eds.), Deontic Logic, Agency and Normative Systems, Berlin etc. 1996; J. Carmo/A. J. I. Jones, Deontic Database Constraints, Violation and Recovery, Stud. Log. 57 (1996), 139–165; ders., Deontic Logic and Contrary-to-Duties, in: D. M. Gabbay/F. Guenthner (eds.), Handbook of Philosophical Logic VIII, Dordrecht 2002, 265–343; H.-N. Castañeda, The Logic of Obligation, Philos. Stud. 10 (1959), 17–23; ders., Moral Obligation, Circumstances, and Deontic Foci (A Rejoinder to Fred Feldman), Philos. Stud. 57 (1989), 157–174; R. M. Chisholm, Contrary-to-Duty Imperatives and Deontic Logic, Analysis 24 (1963/1964), 33–36; A. G. Conte/R. Hilpinen/G. H. v. Wright (eds.), D. L. und Semantik, Wiesbaden 1977; T. Cornides, Ordinale Deontik. Zusammenhänge zwischen Präferenztheorie, Normlogik und Rechtstheorie, Wien/New York 1974; N. C. A. da Costa/W. Carnielli, On Paraconsistent Deontic Logic, Philosophia 16 (1986), 293–305; E. E. Dawson, A Model for Deontic Logic, Analysis 19 (1958/1959), 73–78; F. Feldman, Doing the Best We Can. An Essay in Informal Deontic Logic, Dordrecht etc. 1986; ders., A Simpler Solution to the Paradoxes of Deontic Logic, Philos. Perspectives 4 (1990), 309–341; R. Feys, Modal Logics, ed. J. Dopp, Louvain, Paris 1965; M. Fisher, A Logical Theory of Commanding, Log. anal. 4 (1961), 154–169; D. Føllesdal/R. Hilpinen, Deontic Logic. An Introduction, in: R. Hilpinen (ed.), Deontic Logic [s. u.], 1–35; J. W. Forrester, Gentle Murder, or the Adverbial Samaritan, J. Philos. 81 (1984), 193–197; ders., Conflicts of Obligation, Amer. Philos. Quart. 32 (1995), 31–44; J. L. A. García, The Tunsollen, the Seinsollen, and the Soseinsollen, Amer. Philos. Quart. 23 (1986), 267–276; E. Garzón (ed.), Normative Systems in Legal and Moral Theory, Berlin 1997; C. F. Gethmann, Die Ausdifferenzierung der Logik aus der vorwissenschaftlichen Begründungs- und Rechtfertigungspraxis, Z. kath. Theol. 102 (1980), 24–32; ders., Proto-Ethik. Zur formalen Pragmatik von Rechtfertigungsdiskursen, in: H. Stachowiak u. a. (eds.), Bedürfnisse, Werte und Normen im Wandel I (Grundlagen, Modelle und Prospektiven), München etc. 1982, 113–143; ders./R. Hegselmann, D. L. und Verallgemeinerbarkeit, in: G. Patzig/E. Scheibe/W. Wieland (eds.), Logik, Ethik, Theorie der Geisteswissenschaften (11. Deutscher Kongreß für Philosophie, Göttingen 5.–9. Oktober 1975), Hamburg 1977, 357–363; L. Goble, A Logic of Good, Should, and Would. Part I–II, J. Philos. Log. 19 (1990), 169–199, 253–276; ders., Murder Most Gentle. The Paradox Deepens, Philos. Stud. 64 (1991), 217–227; ders., The Logic of Obligation, ›Better‹ and ›Worse‹, Philos. Stud. 70 (1993), 133–163; ders., Utilitarian Deontic Logic, Philos. Stud. 82 (1996), 317–357; ders., Preference Semantics for Deontic Logic Part I – Simple Models, Log. anal. 46 (2003), 383–418; ders., A Logic for Deontic Dilemmas, J. of Appl. Log. 3 (2005), 461–483; ders., Normative Conflicts and the Logic of ›Ought‹, Noûs 43 (2009), 450–489; K. Grelling, Zur Logik der Sollsätze, The Unity of Science Forum 4 (1939), 44–47; L. Gumański, Ausgewählte Probleme der d.n L., in: ders., To Be or Not to Be? Is That the Question? And Other Studies in Ontology, Epistemology and Logic, Amsterdam/Atlanta Ga. 1999, 231–279; W. H. Hanson, Semantics for Deontic Logic, Log. anal. 8 (1965), 177–190; B. Hansson, An Analysis of Some Deontic Logics, Noûs 3 (1969), 373–398, Neudr. in: R. Hilpinen (ed.), Deontic Logic [s. u.], 121–147; S. O. Hansson, A Note on the Deontic System DL of Jones and Pörn, Synthese 80 (1989), 427–428; ders., Preference-Based Deontic Logic (PDL), J. Philos. Log. 19 (1990), 75–93; ders., The Structure of Values and Norms, Cambridge/New York 2001, 2007; ders., A New Representation Theorem for Contranegative Deontic Logic, Stud. Log. 77 (2004), 1–7; ders., Semantics for More Plausible Deontic Logics, J. Appl. Log. 2 (2004), 3–18; ders., Ideal Worlds. Wishful Thinking in Deontic Logic, Stud. Log. 82 (2006), 329–336; A. al-Hibri, Deontic Logic. A Comprehensive Appraisal and a New Proposal, Washington D. C. 1978; R. Hilpinen (ed.), Deontic Logic. Introductory and Systematic Readings, Dordrecht 1971, Dordrecht/Boston Mass. 1981; ders. (ed.), New Studies in Deontic Logic. Norms, Actions, and the Foundations of Ethics, Dordrecht/Boston Mass./London 1981; ders., Deontic Logic, in: L. Goble (ed.), The Blackwell Guide to Philosophical Logic, Malden Mass./Oxford 2001, 159–182; ders., Stig Kanger on Deontic Logic, in: G. Holmstrom-Hintikka/S. Lindstrom/R. Sliwinski, Collected Papers of Stig Kanger with Essays on His Life and Work II, Dordrecht 2001, 131–149; J. Hintikka, Quantifiers in Deontic Logic, Helsingfors 1957; ders., Models for Modalities. Selected Essays, Dordrecht 1969, 184–214 (Deontic Logic and Its Philosophical Morals); ders., Some Main Problems of Deontic Logic, in: R. Hilpinen (ed.), Deontic Logic. Introductory and Systematic Readings, Dordrecht 1971, Dordrecht/Boston Mass. 1981, 59–104; A. Hofstadter/J. C. C. McKinsey, On the Logic of Imperatives, Philos. Sci. 6 (1939), 446–457; J. Holbo, Moral Dilemmas and the Logic of Obligation, Amer. Philos. Quart. 39 (2002), 259–274; P. Holländer, Rechtsnorm, Logik und Wahrheitswerte. Versuch einer kritischen Lösung des Jörgensenschen Dilemmas, Baden-Baden 1993; J. Horty, Agency and Deontic Logic, Oxford/New York 2001; J. Hughes/L. M. M. Royakkers, Don't Ever Do That! Long-Term Duties in PDeL, Stud. Log. 89 (2008), 59–79; P. Hugly/C. Sayward, Moral Relativism and Deontic Logic, Synthese 85 (1990), 139–152; R. Inhetveen, Die konstruktive Interpretation der modallogischen Semantik, in: A. G. Conte/R. Hilpinen/G. H. v. Wright (eds.), D. L. und Semantik [s. o.], 89–100; A. A. Iwin [A. A. Iwin], Osnovanija logiki ocenok, Moskau 1970 (dt. [erw.] Grundlagen der Logik von Wertungen, Berlin [Ost] 1975); ders., Grundprobleme der d.n L., in: H. Wessel (ed.), Quantoren – Modalitäten – Paradoxien. Beiträge zur Logik, Berlin (Ost) 1972, 402–522; F. Jackson, On the Semantics and Logic of Obligation, Mind 94 (1985), 177–195; ders./J. E. J. Altham, Understanding the Logic of Obligation, Proc. Arist. Soc. 62 (1988), 255–283; ders./R. Pargetter, Oughts, Options, and Actualism, Philos. Rev. 95 (1986), 233–255; D. Jacquette, Moral Dilemmas, Disjunctive Obligations, and Kant's Principle that ›Ought‹ Implies ›Can‹, Synthese 88 (1991), 43–55; R. E. Jennings, Can There Be a Natural Deontic Logic?, Synthese 65 (1985), 257–273; A. Jones, ›Ought‹ and ›Must‹, Synthese 66 (1986), 89–93; ders., Deontic Logic and Legal Knowledge Representation, Ratio Juris 3 (1990), 237–244; ders./I. Pörn, Ideality, Sub-Ideality and Deontic Logic, Synthese 65 (1995), 275–290; J. Jörgensen, Imperatives and Logic, Erkenntnis 7 (1937/1938), 288–296; J. Kalinowski, Teoria zdań normatywnych, Stud. Log. 1 (1953), 113–146 (franz. Theorie des propositions normatives, Stud. Log. 1 [1953], 147–182); ders., La logique des normes, Paris 1972 (dt. Einführung in die Normenlogik, Frankfurt 1973); ders./F. Selvaggi (eds.), Les fondements logiques de la pensée normative. Actes du Colloque de Logique Déontique de Rome (les 29 et 30 avril 1983), Rom 1985; R. Kamitz, Rechtsbegriff und normenlogischer Handlungskalkül im Logiksystem nach Stig Kanger, Wien etc. 2009; G. Kamp, Logik und Deontik. Über die sprachlichen Instrumente praktischer Vernunft, Paderborn 2001; S. Kanger, New Foundations for Ethical Theory, Stockholm 1957, Neudr. in: R. Hilpinen (ed.), Deontic Logic [s. o.], 36–58; H. Keuth, D. L. und Logik der Normen, in: H. Lenk (ed.), Normenlogik [s. u.], 64–88; U. Klug, Juristische Logik, Berlin/Heidelberg/New York 1951, [4]1982; F. v. Kutschera, Einführung in die Logik der Normen, Werte und Entscheidungen, Freiburg 1973; ders., Normative Präferenzen und bedingte Gebote, in: H. Lenk (ed.), Normenlogik [s. u.], 137–165; H. Lenk (ed.), Normenlogik. Grundprobleme der d.n L., Pullach 1974; ders., Zur logischen Symbolisierung bedingter Normsätze, in: ders. (ed.), Normenlogik [s. o.], 112–136; L. Lindahl/J. Odelstad, Normative Positions within an Algebraic Approach to Normative Systems, J. Appl. Logic 2 (2004), 63–91; B. Loewer/M. Belzer, Help for the Good Samaritan Paradox, Philos. Stud. 50 (1986), 117–127; dies., Absolute Obligations and Ordered Worlds, Philos. Stud. 72 (1993), 47–70; G.-J. Lokhorst, Reasoning about Actions and Obligations in First-Order Logic, Stud. Log. 57 (1996), 221–237; A. Lomuscio/M. Sergot, Deontic Interpreted Systems, Stud. Log. 75 (2003), 63–92; P. Lorenzen, Normative Logic and Ethics, Mannheim 1969; ders./O. Schwemmer, Konstruktive Logik, Ethik und Wissenschaftstheorie, Mannheim/Wien/Zürich 1973, [2]1975; E. Mally, Grundgesetze des Sollens. Elemente der Logik des Willens, Graz 1926; E. Mares, Andersonian Deontic Logic, Theoria 58 (1992), 3–20; P. McNamara, Doing Well Enough. Toward a Logic for Common-Sense Morality, Stud. Log. 57 (1996), 167–192; ders., Making Room for Going Beyond the Call, Mind 105 (1996), 415–450; ders./E. Mares, Supererogation in Deontic Logic. Metatheory for DWE and Some Close Neighbours, Stud. Log. 57 (1997), 397–415; ders., Agential Obligation as Non-Agential Personal Obligation Plus Agency, J. Appl. Log. 2 (2004), 117–152; ders., Deontic Logic, SEP 2004; ders., Deontic Logic, in: D. M. Gabbay/J. Woods, Handbook of the History of Logic VII (Logic and the Modalities in the Twentieth Century), Amsterdam/Oxford 2006, 197–288; ders./H. Prakken, Norms, Logics and Information Systems. New Studies in Deontic Logic and Computer Science, Amsterdam 1999; G. Meggle, Actions, Norms, Values. Discussions with Georg Henrik von Wright, Berlin/New York 1999; K. Menger, Moral, Wille und Weltgestaltung. Grundlegung zur Logik der Sitten, Wien 1934, Frankfurt 1997 (engl. Morality, Decision and Social Organization. Toward a Logic of Ethics, Dordrecht/Boston Mass. 1974); ders., A Logic of the Doubtful. On Optative and Imperative Logic, Reports of a Mathematical Colloquium Ser. 2, 1 (1939), 53–64; J. J. C. Meyer, A Different Approach to Deontic Logic. Deontic Logic Viewed as a Variant of Dynamic Logic, Notre Dame J. Formal Logic 29 (1988), 109–136; R. Montague, Logical Necessity, Physical Necessity, Ethics, and Quantifiers, Inquiry 3 (1960), 259–269; E. Morscher, The Definition of Moral Dilemmas. A Logical Confusion and a Clarification, Ethical Theory and Moral Practice 5 (2002), 485–491; ders., D. L., in: M. Düwell/C. Hübenthal/M. H. Werner, Handbuch Ethik, Stuttgart/Weimar 2002, 319–325, [2]2006, 325–331, G. Nakhnikian, The Principle of Reciprocal Obligations, Philos. Stud. 55 (1989), 195–204; I. Niiniluoto, Hypothetical Imperatives and Conditional Obligations, Synthese 66 (1986), 111–133; U. Nortmann, D. L.. Die Variante der Lokalen Äquivalenz, Erkenntnis 25 (1986), 275–318; ders., D. L. ohne Paradoxien. Semantik und Logik des Normativen, München etc. 1989; D. Nute (ed.), Defeasible Deontic Logic, Dordrecht 1997; H. Prakken, Two Approaches to the Formalisation of Defeasible Deontic Reasoning, Stud. Log. 57 (1996), 73–90; ders./M. Sergot, Contrary-to-Duty Obligations, Stud. Log. 57 (1996), 91–115; A. N. Prior, The Paradoxes of Derived Obligation, Mind 63 (1954), 64–65; ders.,

Escapism. The Logical Basis of Ethics, in: A. I. Melden (ed.), Essays in Moral Philosophy, Seattle/London 1958, 135–146; K. Reach, Some Comments on Grelling's Paper »Zur Logik der Sollsätze«, The Unity of Science Forum 4 (1939), 72; N. Rescher, An Axiom System for Deontic Logic, Philos. Stud. 9 (1958), 24–30; ders., Conditional Permission in Deontic Logic, Philos. Stud. 13 (1962), 1–6; ders./J. Robinson, Can One Infer Commands from Commands?, Analysis 24 (1963/1964), 176–179; ders., Topics in Philosophical Logic, Dordrecht 1968, 321–331; D. Rönnedal, An Introduction to Deontic Logic, o. O. 2009; G. Rosen, Who Makes the Rules Around Here?, Philos. Phenom. Res. 57 (1997), 163–171; A. Ross, Imperatives and Logic, Theoria 7 (1941), 53–71; L. Royakkers, Extending Deontic Logic for the Formalisation of Legal Rules, Dordrecht etc. 1998; G. Sayre-McCord, Deontic Logic and the Priority of Moral Theory, Noûs 20 (1986), 179–197; G. Schlesinger, The Central Principle of Deontic Logic, Philos. Phenom. Res. 45 (1985), 515–535; ders., Confirmation and Obligation, Philos. Phenom. Res. 47 (1986), 145–147; G. Schurz, The Is-Ought Problem. An Investigation in Philosophical Logic, Dordrecht 1997; I. Schwerzel, Historische und systematische Untersuchungen zur d.n L., Diss. München 1968; K. Segerberg, Some Logics of Commitment and Obligation, in: R. Hilpinen (ed.), Deontic Logic [s. o.], 148–158; W. Stegmüller, Hauptströmungen der Gegenwartsphilosophie II, Stuttgart 1975, 156–175; E. Stenius, The Principles of a Logic of Normative Systems, Proceedings of a Colloquium on Modal and Many-Valued Logics. Helsinki, 23–26 August, 1962, Helsinki 1963 (Acta Philos. Fennica 16), 247–260; R. Stuhlmann-Laeisz, Das Sein-Sollen-Problem. Eine modallogische Studie, Stuttgart-Bad Cannstatt 1983; J. Tomberlin, Deontic Paradox and Conditional Obligation, Philos. Phenom. Res. 50 (1989), 107–114; ders., Obligation, Conditionals, and the Logic of Conditional Obligation, Philos. Stud. 55 (1989), 81–92; L. van der Torre, Reasoning about Obligations. Defeasibility in Preference-Based Deontic Logic, Amsterdam 1997; ders., Two-Phase Deontic Logic, Log. anal. 171–172 (2000), 411–456; F. Voorbraak, The Logic of Actual Obligation. An Alternative Approach to Deontic Logic, Philos. Stud. 55 (1989), 173–194; M. Vorobej, On the Central Principle of Deontic Logic, Philos. Phenom. Res. 47 (1986), 137–143; H. Wansing, Nested Deontic Modalities. Another View of Parking on Highways, Erkenntnis 49 (1998), 185–199; O. Weinberger, Moral und Vernunft. Beiträge zu Ethik, Gerechtigkeitstheorie und Normenlogik, Wien etc. 1992; ders., Alternative Handlungstheorie. Gleichzeitig eine Auseinandersetzung mit Georg Henrik von Wrights praktischer Philosophie, Wien etc. 1996; ders., Aus intellektuellem Gewissen. Aufsätze von Ota Weinberger, ed. M. Fischer/P. Koller/W. Kravietz, Berlin 2000, 39–184; A. Wiśniewski/J. Zygmunt (ed.), Erotetic Logic, Deontic Logic, and Other Logical Matters. Essays in Memory of Tadeusz Kubiński, Breslau 1997; J. Woleński, Deontic Logic and Possible Worlds Semantics. A Historical Sketch, Stud. Log. 49 (1990), 273–282; G. H. v. Wright, Deontic Logic, Mind 60 (1951), 1–15, Neudr. in: ders., Logical Studies, London 1957, 2000, 58–74 (dt. D. L., in: ders., Handlung, Norm und Intention. Untersuchungen zur d.n L., ed. H. Poser, Berlin/New York 1977, 1–17); ders., An Essay in Modal Logic, Amsterdam 1951; ders., A Note on Deontic Logic and Derived Obligation, Mind 65 (1956), 507–509; ders., Norm and Action. A Logical Inquiry, London/New York 1963 (dt. Norm und Handlung, Königstein 1979); ders., Practical Inference, Philos. Rev. 72 (1963), 159–179 (dt. Praktisches Schließen, in: ders., Handlung, Norm und Intention [s. o.], 41–60); ders., A New System of Deontic Logic, Danish Yearbook of Philos. 1 (1964),

173–182, Neudr. in: R. Hilpinen (ed.), Deontic Logic [s. o.], 105–115; ders., A Correction to »A New System of Deontic Logic«, Danish Yearbook of Philos. 2 (1965), 103–107, Neudr. in: R. Hilpinen (ed.), Deontic Logic [s. o.], 115–120; ders., The Logic of Action – A Sketch, in: N. Rescher (ed.), The Logic of Decision and Action, Pittsburgh Pa. 1967, 121–136 (dt. Handlungslogik. Ein Entwurf, in: ders., Handlung, Norm und Intention [s. o.], 83–103); ders., An Essay in Deontic Logic and the General Theory of Action, Amsterdam 1968, 1972 (Acta Philos. Fennica 21); ders., The Logic of Practical Discourse, in: R. Klibansky (ed.), Contemporary Philosophy. A Survey I (Logic and Foundations of Mathematics), Florenz 1968, 141–167; ders., On the Logic and Ontology of Norms, in: J. W. Davis/D. J. Hockney/W. K. Wilson (eds.), Philosophical Logic, Dordrecht 1969, 89–107; ders., On So-Called Practical Inference, Acta Sociolog. 15 (1972), 39–53 (dt. Über sogenanntes praktisches Schließen, in: ders., Handlung, Norm und Intention [s. o.], 61–81); ders., D. L. und die Theorie der Bedingungen, in: ders., Handlung, Norm und Intention [s. o.], 19–39; ders., Normenlogik, in: ders., Handlung, Norm und Intention [s. o.], 119–130; ders., D. L., Hist. Wb. Ph. V (1980), 384–389; ders., A Pilgrim's Problem, Philosophes critiques d'eux-mêmes 12 (1985), 261–272; ders., The Tree of Knowledge and Other Essays, Leiden etc. 1993 (dt. Erkenntnis als Lebensform. Zeitgenössische Wanderungen eines philosophischen Logikers, Wien etc. 1995); ders., On Norms and Norm-Propositions, in: W. Krawietz (ed.), The Reasonable as Rational? On Legal Argumentation and Justification, Berlin 1997; Z. Ziemba, Deontic Logic, DL (1981), 97–104. C. F. G.

Logik, dialektische (engl. dialectical logic), historisch Bezeichnung für die spekulative Logik G. W. F. Hegels (↑Hegelsche Logik, ↑Dialektik), systematisch Bezeichnung für philosophisch-logische Ansätze, die sich als Rekonstruktionen der Hegelschen Logik bzw. bestimmter Aspekte derselben verstehen. Eine wichtige Rolle spielt dabei das in der Hegelschen Logik abgelehnte Widerspruchsprinzip (↑Widerspruch, Satz vom), wonach zwei kontradiktorische (↑kontradiktorisch/Kontradiktion) Urteile nicht beide wahr sein können, speziell einem Gegenstand nicht zwei gegensätzliche Bestimmungen in derselben Hinsicht zukommen können (↑Opposition). Wichtige Versuche einer d. n L. im Rahmen der *modernen philosophischen Logik* – sofern sie nicht nur vorliegende logische Theorien als ›dialektisch‹ bezeichnen – sind unter anderem:

(1) Der Ansatz G. Günthers, die d. L. als nicht-aristotelische Logik zu verstehen, in der das ↑Zweiwertigkeitsprinzip aufgegeben ist. Günther plädiert dabei für eine Logik mit mehr als zwei Wahrheitswerten (↑Logik, mehrwertige), die er mit kybernetischen (↑Kybernetik) Ansätzen verknüpft. Er sucht auf diese (umstrittene) Weise den philosophisch-spekulativen Intentionen Hegels, z. B. dem dialektischen Verständnis des ↑Subjekt-Objekt-Problems, einen mit den Resultaten der modernen Logik und Naturwissenschaft verträglichen Sinn zu geben. – (2) Ansätze zu *parakonsistenten* Logiken (↑Logik, parakonsistente). Hierbei handelt es sich um erst-

mals von S. Jaśkowski (1948) genauer untersuchte Logiken, in denen das ↑ex falso quodlibet nicht uneingeschränkt gilt, wonach in der klassischen (und der intuitionistischen) Logik (↑Logik, klassische, ↑Logik, intuitionistische) aus *irgendeinem* Widerspruch $A \wedge \neg A$ *jede beliebige* Aussage gefolgert werden kann (so daß also ein beliebiger Widerspruch das ganze System trivialisiert). In parakonsistenten Logiken sind Widersprüche ›lokale‹ Phänomene, die keine ›globalen‹ Konsequenzen haben (die Systeme können ›nicht-trivial inkonsistent‹ sein); die Deduktion von Widersprüchen ist in diesem Sinne keine ›Katastrophe‹. Für parakonsistente Logiken sind zahlreiche Formalismen und dazugehörige Semantiken vorgeschlagen worden, teilweise verwandt mit modal- und relevanzlogischen Ansätzen (↑Modallogik, ↑Relevanzlogik); die philosophische Bedeutsamkeit solcher Versuche ist umstritten. Problematisch ist vor allem, ob parakonsistente Logiken als Rekonstruktionen der Hegelschen Logik verstanden werden können: Die Ablehnung des Widerspruchsprinzips ist bei Hegel Teil einer metaphysischen Theorie, die durch die Möglichkeit, dieses Prinzip in formalen Systemen einzuschränken, nicht verständlicher wird. Allerdings zeigen parakonsistente Logiken, daß eine sich *nur* auf das Widerspruchsprinzip im logischen Sinne stützende Kritik der Hegelschen Logik und Dialektik keine definitive Widerlegung dieser darstellt. – (3) Ansätze, den wissenschaftlichen ↑Fortschritt als Dialektik und dessen rationale Interpretation, etwa im Sinne des Falsifikationismus (↑Falsifikation, ↑Rationalismus, kritischer), als d. L. zu verstehen. Auch diese Idee greift aus der Hegelschen Theorie nur einen Aspekt heraus: den, der sich auf die Entwicklung des *Wissens* bezieht. Die d. L., wie sie in Hegels »Wissenschaft der Logik« (1812/1816) dargestellt wird, ist jedoch wesentlich auch eine Logik der Entwicklung von ↑*Begriffen*, nicht nur eine der Entwicklung des Wissens (relativ zu einer vorgegebenen Begrifflichkeit). Es ist daher naheliegend, die d. L. (wie z. B. bei G. Klaus) als eine Logik der Entwicklung von *Begriffsintensionen* (↑intensional/Intension) zu verstehen. Dabei ist allerdings unklar, was dies heißen kann, da ja ›Entwicklung‹ bei Hegel nicht (oder nicht nur) im zeitlichen Sinne verstanden wird.

Die d. L. ist in jedem Falle keine ↑Logik in dem strengen Sinne, daß ihre Sätze unabhängig vom betrachteten Gegenstandsbereich sind. Vielmehr müßte sie, wenn eine ↑Rekonstruktion der vagen Hegelschen Begriffsbildungen überhaupt gelänge, eher als eine auf bestimmte Anwendungsgebiete bezogene Methodenlehre oder als Kanon von Methodenlehren (↑Methode) aufgefaßt werden.

Literatur: A. I. Arruda, A Survey of Paraconsistent Logic, in: ders./R. Chuaqui/N. C. A. da Costa (eds.), Mathematical Logic in Latin America. Proceedings of the IV. Latin American Symposium on Mathematical Logic (Santiago, 1978), Amsterdam/ New York/Oxford 1980, 1–41 (mit Bibliographie, 27–41); ders./ N. C. A. da Costa/R. Chuaqui (eds.), Non-Classical Logics, Model Theory, and Computability. Proceedings of the Third Latin-American Symposium on Mathematical Logic (Campinas, 1976), Amsterdam/New York/Oxford 1977, bes. 1–113 (Chap. I Non Classical Logics); E. M. Barth/E. C. W. Krabbe, From Axiom to Dialogue. A Philosophical Study of Logics and Argumentation, Berlin/New York 1982; E. Bencivenga, Hegel's Dialectical Logic, Oxford/New York 2000; J. F. A. K. van Benthem, What Is Dialectical Logic?, Erkenntnis 14 (1979), 333–347; R. B. Brandom, Making It Explicit. Reasoning, Representing, and Discursive Commitment, Cambridge Mass./London 1994, 2001 (dt. Expressive Vernunft. Begründung, Repräsentation und diskursive Festlegung, Darmstadt, Frankfurt 2000, Frankfurt 2002; franz. Rendre explicite. Raisonnement, représentation et engagement discursif, Paris 2010, 2011); W. K. Essler, Analytische Philosophie I (Methodenlehre, Sprachphilosophie, Ontologie, Erkenntnistheorie), Stuttgart 1972, 84–95 (Kap. I.9 Die sogenannte d. L.); ders./W. Becker (eds.), Konzepte der Dialektik, Frankfurt 1981; M. Gottschlich/M. Wladika (eds.), D. L. Hegels Wissenschaft der Logik und ihre realphilosophischen Wirklichkeitsweisen, Würzburg 2005; W. J. Greenberg, Aspects of a Theory of Singular Reference. Prolegomena to a Dialectical Logic of Singular Terms, New York 1985; G. Günther, Die aristotelische Logik des Seins und die nicht-aristotelische Logik der Reflexion, Z. philos. Forsch. 12 (1958), 360–407, Neudr. in: ders., Beiträge zur Grundlegung einer operationsfähigen Dialektik I, Hamburg 1976, 141–188; ders., Das Problem einer Formalisierung der transzendental-dialektischen Logik. Unter besonderer Berücksichtigung der Logik Hegels, Hegel-Stud. Beih. 1 (1964), 65–123, Neudr. unter dem Titel: Das metaphysische Problem [...], in: ders., Beiträge zur Grundlegung einer operationsfähigen Dialektik I [s. o.], 189–247; W. Jaeschke/ W. Goerdt, Logik, (spekulativ-)dialektische, Hist. Wb. Ph. V (1980), 389–402; S. Jaśkowski, Rachunek zdań dla systemów dedukcyjnych sprzecznych, Stud. Societatis Scientiarum Torunensis, Sectio A, Mathematica-Physica 1 (1948), H. 5, 55–77 (engl. Propositional Calculus for Contradictory Deductive Systems, Stud. Log. 24 [1969], 143–157); G. Klaus, Einführung in die formale Logik, Berlin 1958, erw. unter dem Titel: Moderne Logik. Abriss der formalen Logik, 1964, ⁷1973; W. Krohn, Die formale Logik in Hegels ›Wissenschaft der Logik‹. Untersuchungen zur Schlußlehre, München 1972; H. Lenk, Kritik der logischen Konstanten. Philosophische Begründungen der Urteilsformen vom Idealismus bis zur Gegenwart, Berlin 1968, bes. 257–377 (Kap. XIII Die Deduktion der logischen Urteilsformen bei Hegel); D. Marconi (ed.), La formalizzazione della dialettica. Hegel, Marx e la logica contemporanea, Turin 1979; U. Petersen, Die logische Grundlegung der Dialektik. Ein Beitrag zur exakten Begründung der spekulativen Philosophie, München 1980; ders., Diagonal Method and Dialectical Logic. Tools, Materials, and Groundworks for a Logical Foundation of Dialectic and Speculative Philosophy II (Historical-Philosophical Background Materials), Osnabrück 2002, bes. 830–893 (Chap. XVI Hegel's Speculative Philosophy); K. R. Popper, What Is Dialectic?, Mind NS 49 (1940), 403–426, stark rev. in: ders., Conjectures and Refutations. The Growth of Scientific Knowledge, London 1963, London/New York ⁵1989, 2002, 312–335, ⁶1994, 2002, 419–451 (dt. Was ist Dialektik?, in: E. Topitsch [ed.], Logik der Sozialwissenschaften, Köln/Berlin 1965, Köln ⁹1976, 262–290, ferner in: K. R. Popper, Vermutungen und Widerlegungen. Das Wachsen der wissenschaftlichen

Erkenntnis II, Tübingen 1997, in einem Bd. Tübingen 2000, 451–486, ²2009, 478–514); N. Rescher, Belief-Contravening Suppositions, Philos. Rev. 70 (1961), 176–196; ders., Hypothetical Reasoning, Amsterdam 1964; ders./R. Brandom, The Logic of Inconsistency. A Study in Non-Standard Possible-World Semantics and Ontology, Totowa N. J. 1979, Oxford 1980; R. Routley, Dialectical Logic, Semantics and Metamathematics, Erkenntnis 14 (1979), 301–331; ders., Ultralogic as Universal?, in: ders., Exploring Meinong's Jungle and Beyond. An Investigation of Noneism and the Theory of Items, Canberra 1980, 893–962; P. Stekeler-Weithofer, Hegels Analytische Philosophie. Die Wissenschaft der Logik als kritische Theorie der Bedeutung, Paderborn etc. 1992; weitere Literatur: ↑Dialektik, ↑Hegelsche Logik.   P. S.

Logik, dialogische (engl. dialogical logic), Bezeichnung für ein von P. Lorenzen und K. Lorenz im Anschluß an die operative Logik (↑Logik, operative) entwickeltes Verfahren zur Begründung der Logik (↑Logik, formale). An die Stelle der dem semantischen Aufbau der Logik zugrundeliegenden klassischen Charakterisierung der ↑Aussagen durch die Eigenschaft, ›wahr‹ oder ›falsch‹ zu sein (*wertdefinite* Aussage, ↑wertdefinit/Wertdefinitheit), und dabei ohne Rückgriff auf den seit G. Frege üblichen, durch ↑Formalisierung der Logik gewonnenen syntaktischen Aufbau mit Hilfe von ↑Logikkalkülen, tritt die für einen pragmatischen Aufbau der Logik vorgenommene Charakterisierung der Aussagen durch ein endliches, in entscheidbaren Schritten verlaufendes Argumentationsverfahren, einen *Dialog* (*dialogdefinite* Aussage, ↑dialogdefinit/Dialogdefinitheit). Dieser ist, in der Sprache der ↑Spieltheorie, ein partieunendliches offenes Zweipersonen-Nullsummenspiel (engl. finitary open two-person zero-sum game). Die Dialogregel besteht aus zwei Teilen, einer allgemeinen *Strukturregel* (↑Rahmenregel) und einer besonderen *Argumenteregel*. Die Strukturregel lautet:

(1)   Dialoge um eine Aussage (d. s. Partien des Dialogspiels) bestehen aus abwechselnd vom ↑*Opponenten O* und dem ↑*Proponenten P* vorgebrachten Argumenten, die einer zur Dialogführung gehörigen Argumenteregel folgen, und enden mit Gewinn für einen und Verlust für den anderen Partner.

(2)   Die Argumente – das uneigentliche, von *P* vorgebrachte Anfangsargument ausgenommen – greifen vorhergegangene des Gegners an (↑Angriff) oder verteidigen (↑Verteidigung) eigene auf solche Angriffe, nicht aber beides zugleich: Die eigentlichen Argumente zerfallen in Angriffe und Verteidigungen.

(3)   Jedes Argument darf jederzeit während eines Dialogs nach der Argumenteregel angegriffen werden (Rechte).

(4)   Jedes Argument braucht auf einen Angriff nach der Argumenteregel erst verteidigt zu werden,

wenn der Verteidiger nicht mehr selbst angreifen kann; dabei muß man das letzte der angegriffenen, aber noch nicht verteidigten Argumente stets zuerst verteidigen (Pflichten).

(5)   Wer in einem Dialog kein Argument mehr vorbringen kann oder aufgibt, hat diesen Dialog verloren; der andere hat ihn gewonnen.

Eine Aussage A heißt *logisch zusammengesetzt* aus Aussagen einer Klasse K dialogdefiniter Aussagen, wenn im Schema der möglichen Angriffe gegen A und der möglichen Verteidigungen von A auf solche Angriffe (das Schema ist eine ↑Notation für den auf A bezogenen Teil der Argumenteregel) nur Aussagen der Klasse K auftreten. Jeder Dialog um A ist dann auf Dialoge um (direkte) Teilaussagen von A vollständig zurückgeführt, und A selbst ist ebenfalls dialogdefinit. Derjenige Teil der Argumenteregel, der Angriff und Verteidigung von logisch zusammengesetzten Aussagen regelt, heißt dann die *Partikelregel*. Sie kann aufgrund einfacher kombinatorischer Überlegungen vollständig durch das folgende Angriffs- und Verteidigungsschema für endlich und unendlich logisch zusammengesetzte Aussagen wiedergegeben werden:

*A	Angriffe	Verteidigungen
Negation (nicht)	$\neg A$ A	./.

$A * B$	Angriffe	Verteidigungen
Konjunktion (und)	$A \wedge B$	1?	A
		2?	B
Adjunktion (oder)	$A \vee B$	?	A
			B
Subjunktion (wenn-dann)	$A \rightarrow B$	A	B

*$_x A(x)$	Angriffe	Verteidigungen
Großkonjunktion (alle, jeder)	$\bigwedge_x A(x)$	?n	$A(n)$
Großadjunktion (einige, manche)	$\bigvee_x A(x)$	?	$A(n)$

Unter den so definierten (einfachen) *logischen Partikeln* (↑Partikel, logische) spielt der ↑Junktor ↑›wenn – dann‹ eine ausgezeichnete Rolle: Allein ein Dialog um eine

↑Subjunktion $A \rightarrow B$ führt zu zwei Teildialogen, deren Anfangsaussagen nicht vom selben Spieler behauptet werden. Überzeugt man sich anhand dieses Falles von der Adäquatheit der *Dialogbedingung* ›kein Spieler muß sich auf einen Angriff verteidigen, solange dieser Angriff nicht auf einen Gegenangriff verteidigt worden ist‹, so liefert die Dialogbedingung insbes. eine Begründung für die von der Strukturregel festgelegte Anordnung der Angriffsrechte und Verteidigungspflichten. Um sicherzustellen, daß jeder Dialog nach endlich vielen Schritten beendet, das Dialogspiel also im Sinne der Spieltheorie *partienendlich* und eine Aussage daher wirklich dialogdefinit ist, fehlt noch eine Festlegung über die Anzahl der zugelassenen Angriffe gegen ein und dieselbe Aussage. Dabei soll das Recht zum Verteidigungsaufschub im Sinne der Dialogbedingung die Anzahl der zugelassenen Gegenangriffe entsprechend berücksichtigen. Im äußersten Falle heißt das: ›kein Spieler muß sich auf einen Angriff verteidigen, solange dieser Angriff nicht auf n viele Gegenangriffe verteidigt worden ist‹ (wobei die Anzahl n der zulässigen Gegenangriffe vom Verteidiger selbst gewählt ist). Da dann die Wahl der Angriffsschranken im allgemeinen jeweils von den vorangegangenen Angriffsschrankenwahlen des anderen Spielers abhängen wird, verlangt dies die Charakterisierung eines Dialogspiels durch zwei (konstruktive) ↑Ordinalzahlen, die *Angriffsschranken α und β für O und P*, und zwar aufgrund des folgenden letzten Teils der Strukturregel:

($6_{\alpha,\beta}$)   Während eines Dialogs ist der Folge der Angriffe $\zeta_1, \zeta_2, \zeta_3, \ldots$ gegen ein und dasselbe Argument eine echt absteigende Folge von Ordinalzahlen $\kappa_1, \kappa_2, \kappa_3, \ldots < \alpha$ für O als Angreifer und $< \beta$ für P als Angreifer zugeordnet, die auf folgende Weise zustandekommt: Ist ζ_n der n-te Angriff gegen ein Argument derart, daß die Ordinalzahl κ_{n-1} ($< \alpha$ bzw. $< \beta$) des $(n{-}1)$-ten Angriffs ζ_{n-1} gegen dasselbe Argument der Nachfolger γ^* einer Ordinalzahl γ ist, so muß ζ_n die Ordinalzahl γ zugeordnet werden; ist hingegen die Ordinalzahl κ_{n-1} ($< \alpha$ bzw. $< \beta$) des $(n{-}1)$-ten Angriffs ζ_{n-1} gegen dasselbe Argument eine Limeszahl λ, so muß der Angreifer eine Ordinalzahl $\kappa_n < \lambda$ wählen und ζ_n zuordnen.

Die so vervollständigte Strukturregel garantiert jeder Aussage ihre Dialogdefinitheit: Durch die Dialogmöglichkeiten, die von diesem Argumentationsverfahren bereitgestellt sind, ist der *Sinn* der Aussage festgelegt. Auf der Grundlage dieser Argumentationsmöglichkeiten kann jetzt die *Wahrheit* einer Aussage A, also die *Geltung* der Aussage, durch die Existenz einer ↑*Gewinnstrategie* für A definiert werden. Entsprechend heißt A *falsch*, wenn es eine Gewinnstrategie *gegen A* gibt. Die Geltung der ↑Metaaussage ›entweder A ε wahr oder A ε falsch‹ ist hingegen nur unter Voraussetzung der Schlußregeln der klassischen Logik (↑Logik, klassische) in der ↑Metasprache, nämlich als Satz von der Existenz eines Sattelpunktes für offene partienendliche Zweipersonenmattspiele, zu gewinnen. Nach dem *1. Hauptsatz der dialogischen Logik* ist eine Aussage genau dann intuitionistisch wahr (↑Logik, intuitionistische), wenn es für irgendeine Wahl von konstruktiven Ordinalzahlen α, β im Dialog mit den Angriffsschranken α, β eine Gewinnstrategie für A gibt. *Streng wahre* Aussagen – für sie gibt es eine Gewinnstrategie im Dialog mit den Angriffsschranken $\alpha = \beta = 1$ – sind stets intuitionistisch wahr, aber natürlich nicht umgekehrt. Die damit vorgenommene Zurückführung des (semantischen) ↑Wahrheitsbegriffs auf den (pragmatischen) Begriff der Gewinnbarkeit in einem geregelten Dialog, wobei die strategiebezogenen Überlegungen zur Begründung einer Aussage von den partiebezogenen Möglichkeiten der Argumentation um eine Aussage Gebrauch machen, erlaubt es jetzt, einen Begriff der formalen *Gewinnstrategie für A* und damit die *formale Wahrheit* von Aussagen A als Hilfsmittel zur Bestimmung inhaltlicher (= materialer) Wahrheit einzuführen. Zu diesem Zweck verlangt man von der statt für Aussagen nur noch für ↑Aussageschemata erklärten formalen Wahrheit bzw. von der der formalen Wahrheit in der üblichen Weise – $\mathbf{A}_1, \ldots, \mathbf{A}_n \prec \mathbf{A}$ (in Worten: die Hypothesen $\mathbf{A}_1, \ldots, \mathbf{A}_n$ implizieren logisch die These $\mathbf{A}$) $\leftrightharpoons$ ($\mathbf{A}_1 \wedge \ldots \wedge \mathbf{A}_n \to \mathbf{A}$) ε formal wahr, so daß insbes. ›$\mathbf{A}$ ε formal wahr‹ mit der logischen Implikation ›$\Upsilon \prec \mathbf{A}$‹ (›$\Upsilon$‹ vertritt eine beliebige inhaltlich wahre Aussage, ↑verum) gleichwertig ist – zugeordneten logischen ↑Implikation zwischen Aussageschemata die Geltung zweier Prinzipien: des Prinzips der *Invarianz* formaler Wahrheit gegenüber Substitution, d. h., wenn $\mathbf{A}(\mathbf{a}_1, \ldots, \mathbf{a}_n)$ ε formal wahr, dann $\mathbf{A}(\mathbf{A}_1, \ldots, \mathbf{A}_n)$ ε formal wahr, und des Prinzips der *Transferenz* inhaltlicher Wahrheit von den Hypothesen einer logischen Implikation auf ihre These, d. h., wenn $\mathbf{A}_1, \ldots, \mathbf{A}_n \prec \mathbf{A}$ und $\mathbf{A}_\nu$ ε wahr ($\nu = 1, \ldots, n$), dann $\mathbf{A}$ ε wahr für jede Interpretation (↑Interpretationssemantik) $A_1, \ldots, A_n, A$ der Schemata $\mathbf{A}_1, \ldots, \mathbf{A}_n, \mathbf{A}$. Damit jedes formal wahre Aussageschema durch Interpretation in eine wahre Aussage übergeht (Spezialfall der Transferenz bei einer These ohne Hypothesen), genügt es, für Schemata von (nicht mit logischen Partikeln zusammengesetzten) ↑›Primaussagen‹ (d. s. Primaussagesymbole oder Ausdrücke der Form $\mathbf{p}(\mathbf{n}_1, \ldots, \mathbf{n}_l)$, wo p ein Prädikatsymbol und die $\mathbf{n}_\lambda$ Objektsymbole sind) die folgende *Primregel* in Kraft zu setzen:

(7a) Primaussageschemata sind formal nicht mehr angreifbar. Sie dürfen von O bedingungslos als Argument gesetzt werden, von P hingegen nur,

wenn dasselbe Primaussageschema zuvor von O gesetzt worden ist.
Es ist dann beweisbar (↑beweisbar/Beweisbarkeit), daß eine formale Gewinnstrategie für $\mathbf{A}$ im Dialog mit den Angriffsschranken $1, \alpha$ in eine formale Gewinnstrategie für $\mathbf{A}$ im Dialog mit den Angriffsschranken $1, n$ übergeführt werden kann, so daß wegen der Gleichwertigkeit eines α, β-Dialogs mit einem passenden $1, \gamma$-Dialog in bezug auf die Existenz von Gewinnstrategien *für* eine Aussage das Invarianzprinzip durch den folgenden Zusatz zur Primregel erfüllbar ist:

(7b) Sind $1, m$ jeweils die Angriffsschranken für O und P, so darf P jedes Primaussageschema von O höchstens m-mal übernehmen.

Das volle Transferenzprinzip wiederum – es artikuliert die Zulässigkeit der ↑Schnittregel für die d. L. – ist durch die O, P-Symmetrie des (materialen) Dialogspiels gesichert.

Der *2. Hauptsatz der dialogischen Logik* besagt, daß die Klasse der formal-wahren Aussageschemata (also bei beliebiger Wahl der Angriffsschranke für P, sofern 1 als Angriffsschranke für O festgelegt ist) durch einen Logikkalkül der intuitionistischen Logik aufzählbar (↑aufzählbar/Aufzählbarkeit) ist. Bei geeigneter Darstellung der formalen Dialogstrategien – ihre Notation hat dann die Gestalt der erstmals von E. W. Beth sowohl für die klassische als auch für die intuitionistische Logik eingeführten semantischen Tableaux (↑Tableau, logisches) – läßt sich nämlich der sukzessive Aufbau solcher Strategien zunächst als ein Tableaukalkül, danach auch als ein ↑Implikationenkalkül vom Gentzentyp (↑Gentzentypkalkül), hinschreiben.

Der so im wesentlichen durch die Primregel charakterisierte Begriff der formalen Wahrheit darf nicht mit dem klassischen Begriff formaler (= logischer) Wahrheit verwechselt werden, der durch generelle materiale Wahrheit definiert ist (d. h., ein Schema ist klassisch allgemeingültig [↑allgemeingültig/Allgemeingültigkeit], wenn es bei *jeder* Interpretation in eine wahre Aussage übergeht). Erst durch Abänderung der Strukturregel derart, daß neben Angriffswiederholungen auch *Verteidigungswiederholungen* erlaubt sind, läßt sich erreichen, daß – zumindest auf dem Bereich der wertdefiniten Aussagen – ›formal wahr‹ mit ›generell material wahr‹, und das heißt mit ›klassisch logisch wahr‹ bzw. ›tautologisch‹, übereinstimmt. Durch eine andere Abänderung der Spielregel, mit der die *Verfügbarkeit* einer Primaussage (zur Übernahme von O seitens P gemäß der Primregel) eingeschränkt wird, läßt sich eine Darstellung der in der Physik benutzten ↑Quantenlogik als Dialogspiel geben. Von J. Hintikka stammt eine spieltheoretische Behandlung der klassischen Logik als *semantisches Spiel* (das entspricht einer Dialogführung bereits auf der Strategieebene, nämlich für Tableaux, und nicht mehr auf der Partieebene) zwischen Ich (*Myself*) und Welt (*Nature*), die jeweils Wahrheit bzw. Falschheit einer Aussage in bezug auf eine Interpretation des fraglichen Schemas zu sichern suchen (↑Semantik, spieltheoretische). In das ursprüngliche Spiel der d.n L. läßt sich die klassische Logik aufgrund des folgenden Satzes einbetten.

Einbettungssatz: Die Klasse der klassisch allgemeingültigen Aussageschemata **A** wird von genau den Thesen gebildet, die von geeigneten tertium-non-datur-Hypothesen, also Aussageschemata der Form $C \vee \neg C$ oder $\bigwedge_x(C(x) \vee \neg C(x))$ (wobei C bzw. $C(x)$ Teilformelschemata von **A** sind), (intuitionistisch) impliziert werden. Es lassen sich hier allerdings an Stelle der tertium-non-datur-Hypothesen auch die schwächeren duplex-negatio-affirmat-Hypothesen (↑Stabilitätsprinzip), also Aussageschemata der Form $\neg\neg C \rightarrow C$ oder $\bigwedge_x(\neg\neg C(x) \rightarrow C(x))$, wählen. Unter Berücksichtigung der gegebenen Erklärungen erscheint damit die klassische Logik als die Logik der wertdefiniten Aussagen, die intuitionistische oder effektive Logik (↑Logik, intuitionistische, ↑Logik, konstruktive) hingegen als die Logik allgemein aller dialogdefiniten Aussagen. Mittlerweile ist das Dialogverfahren als Mittel der Darstellung der (formalen) Geltung von Aussagen zahlreicher nicht-klassischer Logiksysteme vor allem durch S. Rahman u. a. fortentwickelt worden (z.B. für die lineare Logik [↑Logik, lineare], die konnexe Logik [↑Logik, konnexe], für ↑Modallogiken etc.).

Literatur: E. M. Barth/J. L. Martens (eds.), Argumentation. Approaches to Theory Formation. Containing the Contributions to the Groningen Conference on the Theory of Argumentation, October 1978, Amsterdam 1982; E. M. Barth/E. C. W. Krabbe, From Axiom to Dialogue. A Philosophical Study of Logics and Argumentation, Berlin/New York 1982; W. Becker/W. K. Essler (eds.), Konzepte der Dialektik, Frankfurt 1981; R. Drieschner, Untersuchungen zur dialogischen Deutung der Logik, Diss. Hamburg 1966; W. Felscher, Dialogues as a Foundation for Intuitionistic Logic, in: D. Gabbay/F. Guenthner (eds.), Handbook of Philosophical Logic III, Dordrecht etc. 1986, 341–372; M. Fontaine/J. Redmond, Logique dialogique. Une introduction I, London 2008; J. Hintikka, Logic, Language-Games and Information. Kantian Themes in the Philosophy of Logic, Oxford 1973; L. Keiff, Dialogical Logic, SEP 2009; W. Kindt, Eine abstrakte Theorie von Dialogspielen, Diss. Freiburg 1973; E. C. W. Krabbe, The Adequacy of Material Dialogue-Games, Notre Dame J. Formal Logic 19 (1978), 321–330; ders., Studies in Dialogical Logic, Diss. Groningen 1982; K. Lorenz, Dialogspiele als semantische Grundlage von Logikkalkülen, Arch. math. Log. Grundlagenf. 11 (1968), 32–55, 73–100, Nachdr. in: P. Lorenzen/K. Lorenz, D. L. [s. u.], 96–162; ders., Rules Versus Theorems. A New Approach for Mediation between Intuitionistic and Two-Valued Logic, J. Philos. Log. 2 (1973), 352–369; ders., L., d., Hist. Wb. Ph. V (1980), 402–411; P. Lorenzen, Einführung in die operative Logik und Mathematik, Berlin/Göttingen/Heidelberg 1955, Berlin/Heidelberg/New York ²1969; ders., Formale Logik, Berlin 1958, ⁴1970; ders., Dialogkalküle, Arch. math. Log. Grundlagenf. 15 (1972), 99–102; ders./K. Lorenz, D. L., Darmstadt 1978; G. Mayer, Die Logik im Deutschen Konstruktivismus. Die Rolle formaler Systeme im Wissenschaftsaufbau der Erlanger und Konstanzer Schule, Diss. München 1981; G. Restall, An Introduction to Substructural Logics, London/New York 2000; H. Rückert/S. Rahman (eds.), New Perspectives in Dialogical Logic, Synthese 127 (2001), 1–264; E. Saarinen, Dialogue Semantics Versus Game-Theoretical Semantics, in: P. D. Asquith/I. Hacking (eds.), Proceedings of the 1978 Biennial Meeting of the Philosophy of Science Association II, East Lansing Mich. 1978, 41–59; W. Stegmüller, Remarks on the Completeness of Logical Systems Relative to the Validity-Concepts of P. Lorenzen and K. Lorenz, Notre Dame J. Formal Logic 5 (1964), 81–112; P. Stekeler-Weithofer, Ist die d. L. eine pragmatische Begründung der Logik?, Conceptus 19 (1985), 37–50. K. L.

Logik, doxastische, ↑Logik, epistemische.

Logik, dynamische (engl. dynamic logic), Bezeichnung für ein von V. R. Pratt 1976 konzipiertes, in der ↑Informatik verwendetes Logiksystem zur Beschreibung und Modellierung (↑Modell) von Programmabläufen (↑Programmiersprachen). Neben der junktoren- und gegebenenfalls quantorenlogischen Bildung von ↑Formeln (↑Junktorenlogik, ↑Quantorenlogik) können Formeln der d.n L. die Gestalt $[p]\phi$ haben, wobei p ein Programm beschreibt und ϕ eine Formel ist. Die intendierte Bedeutung von $[p]\phi$ läßt sich so ausdrücken: In jedem Zustand des Rechners, der durch Ausführung des Programms p erreicht wird, gilt die ↑Aussage ϕ. Da nicht nur deterministische Programme betrachtet werden, kann es im Prinzip mehrere Zustände geben, die durch p erreichbar sind; darüber hinaus besteht die Möglichkeit, daß bei einer Ausführung von p gar kein Zustand erreicht wird, falls nämlich diese Ausführung nicht terminiert. Der Ausdrucksreichtum der verwendeten junktoren- bzw. quantorenlogischen Sprache hängt davon ab, welche Programmoperationen in p zugelassen werden und welche Aussagen ϕ betrachtet werden. In der Regel betrachtet man zumindest die Komposition (d. i. die Hintereinanderausführung) und die Iteration (Wiederholung) von Programmen, die nicht-deterministische Wahl zwischen zwei Programmen bzw. Programmfortsetzungen sowie (im quantorenlogischen Fall) die Zuweisung von Werten zu ↑Variablen. Die intendierte Bedeutung von Formeln der d.n L. läßt sich in einer denotationellen Semantik (↑Semantik, denotationelle) fassen, die Aussagen ↑Wahrheitswerte zuordnet und für die dementsprechend ein Begriff von Allgemeingültigkeit (↑allgemeingültig/Allgemeingültigkeit) und logischer ↑Folgerung definiert ist. Relativ zu solchen Semantiken lassen sich dann Korrektheits- und Vollständigkeitssätze beweisen (↑korrekt/Korrektheit, ↑vollständig/Vollständigkeit). Die d. L. gehört in den Kontext einer Reihe von Logiken zur Beschreibung von Programmen und ↑Prozessen. Man kann sie als eine Art erweiterter ↑Modallogik auffassen, da sich der ↑Operator $[p]$ wie ein

Notwendigkeitsoperator (↑notwendig/Notwendigkeit) verhält. Allerdings besteht hier der Unterschied, daß das Programm p bestimmt, welche Zustände erreicht werden, dies also nicht wie bei der Modallogik und deren ↑Mögliche-Welten-Semantik von vornherein durch den externen semantischen Rahmen festgelegt wird.

In einem allgemeineren philosophischen Rahmen ist in neuerer Zeit die so genannte dynamische epistemische Logik (engl. dynamic epistemic logic) entwickelt worden. Hier geht es nicht um Abläufe, die durch Computerprogramme hervorgebracht werden, sondern um die Veränderung von epistemischen Zuständen aufgrund von neuer Information, d. h. um die Theorie der Glaubensrevision (engl. belief revision; ↑Wissensrevision). Die Hintergrundtheorie ist die epistemische Logik (↑Logik, epistemische). Gegenüber der d. n L. treten an die Stelle von Programmabläufen p Beschreibungen der Veränderungen von epistemischen Zuständen, z. B. Propositionen, welche die neu hinzugekommene Information beschreiben. Ferner können die Formeln ϕ der betrachteten Sprache epistemische Operatoren enthalten, die das Wissen eines oder mehrerer Agenten repräsentieren. Anders als die d. L. ist die dynamische epistemische Logik kein relativ fixes System, sondern umfaßt eine Familie von Logiksystemen, die in der erwähnten Weise das Lernen in die Syntax logischer Formeln einbezieht und entsprechende Semantiken entwickelt.

Literatur: A. K. van Benthem, Language in Action. Categories, Lambdas and Dynamic Logic, Amsterdam/New York 1991, Amsterdam, Cambridge Mass. 1995; H. van Ditmarsch/W. van der Hoek/B. Kooi, Dynamic Epistemic Logic, Dordrecht 2007; U. Friedrichsdorf, Dynamic Logics, REP III (1998), 189–191; D. Harel/D. Kozen/J. Tiuryn, Dynamic Logic, Cambridge Mass. 2000; V. R. Pratt, Semantical Considerations on Floyd-Hoare Logic, in: 17th Annual Symposium on Foundations of Computer Science (Formerly Called the Annual Symposium on Switching and Automata Theory), October 25–27, 1976, Houston, Texas, Long Beach Calif., Piscataway N. J. 1976, 109–121. P. S.

Logik, effektive, ↑Logik, intuitionistische, ↑Logik, konstruktive.

Logik, epistemische (von griech. ἐπιστήμη, Wissen; engl. epistemic logic, franz. logique épistémique), Bezeichnung für die logische Analyse der Begriffe des Wissens und des Glaubens sowie für die Untersuchung deduktiver Systeme mit diesen Begriffen als ›epistemischen Modalitäten‹ (in Abgrenzung zu den alethischen und deontischen ↑Modalitäten; ↑Modallogik, ↑Logik, deontische). In der jüngeren Analytischen Philosophie (↑Philosophie, analytische) wird die e. L. als Grundlage und Rekonstruktionsinstrument der ↑Erkenntnistheorie (›Epistemologie‹) betrachtet. Die Grenzen zwischen der

so verstandenen Epistemologie und der e.n L. sind dabei fließend, vor allem seitdem (W. Lenzen) die ↑Wahrscheinlichkeitslogik (und damit z. B. das Induktionsproblem, ↑Induktion) in die e. L. einbezogen wurde. Gelegentlich wird zwischen der *Logik der Wissensaussagen* (e. L. im engeren Sinne) und der *Logik der Glaubensaussagen* (›doxastische Logik‹) unterschieden. Allerdings versuchen viele epistemische Logiker, den einen Begriff definitorisch auf den anderen zu reduzieren (z. B. durch $W_a A \leftrightharpoons G_a A \wedge A$ [›a weiß A‹ ist definitorisch äquivalent mit ›a glaubt A und A ist der Fall‹]) und damit die Unterscheidung zwischen einer Logik des Wissens und einer Logik des Glaubens überflüssig zu machen.

Eine Analyse der Begriffe des ↑Wissens und des Glaubens (↑Glaube (philosophisch)) gehört seit Platon zu den Standardaufgaben erkenntnistheoretischer Erörterung, wobei immer schon (so in den »Analytica Priora« des Aristoteles und bei den mittelalterlichen Aristoteles-Kommentatoren) formale Beziehungen diskutiert wurden, die heute der e.n L. zugerechnet werden. Mit der Begründung der modernen Logik durch G. Frege erschien eine e. L. jedoch zunächst unmöglich, wobei einige Kritiker der e.n L. Freges Überlegungen auch heute noch für durchschlagend halten. Frege weist darauf hin (Über Sinn und Bedeutung, Z. Philos. phil. Kritik 100 [1892], 25–50), daß Nebensätze, die von satzbildenden Verben wie ›glauben‹ und ›wissen‹ abhängig sind, in der Regel nicht *salva veritate* durch Nebensätze gleichen ↑Wahrheitswertes ersetzt werden können. R. Carnaps semantische Analyse für nicht-extensionale (↑extensional/Extension) Modi am Beispiel der alethischen Modaloperatoren (Meaning and Necessity, 1947) führte auf den Gedanken, neben den Modaloperatoren auch solche satzbildenden Modi, die Einstellungen zu Sachverhalten (*propositional attitudes*, ↑Proposition) ausdrücken, als logische ↑Operatoren zu betrachten und entsprechende syntaktische und semantische Systeme zu schaffen (↑intensional/Intension).

Als Pionierarbeit der modernen e.n L. gilt J. Hintikkas Werk »Knowledge and Belief« (1962). Hintikka legt fest, daß die Objekte der e.n L. nicht Sätze, sondern Behauptungen sind; die epistemischen Modaloperatoren sind entsprechend als Abkürzungen für Behauptungsschemata zu verstehen. Hintikka verwendet z. B. für ›a weiß, daß p‹ die Abkürzung ›$W_a p$‹ sowie ›$G_a p$‹ für ›a glaubt, daß p‹. Weitere wichtige Abkürzungen sind ›$M_a p$‹ für ›nach allem, was a weiß, könnte p der Fall sein‹ und ›$K_a p$‹ für ›daß a weiß, daß p, ist mit allem kompatibel‹. Formale Grundlage der Untersuchungen bildet Hintikkas (von einer Reihe von Logikern bestrittenes) *Konsistenzprinzip*:

(KWW*) Wenn eine Satzklasse λ konsistent ist
und $W_a p_1 \in \lambda$, $W_a p_2 \in \lambda$, $\ldots$, $W_a p_k \in \lambda$,

$M_a q \in \lambda$, dann ist auch die Menge $\{W_a p_1, W_a p_2, \ldots, W_a p_k, q\}$ konsistent.

Das Prinzip unterstellt, daß Möglichkeit (↑möglich/ Möglichkeit) durch Konsistenz (↑widerspruchsfrei/Widerspruchsfreiheit) bezüglich jeden Wissens charakterisiert ist, so daß für einen als möglich gewußten ↑Sachverhalt gilt, daß er zu dem aktuellen Wissen eines Äußerers *a* nicht in Widerspruch treten kann. Auf der Basis dieses Prinzips und der semantischen Regeln der (klassisch aufgefaßten) ↑Junktoren gibt Hintikka für die Bedeutung des Wissensoperators folgende Regel an:

(W)   Wenn eine Satzklasse λ konsistent ist und $W_a p \in \lambda$, dann ist $\lambda \cup \{p\}$ konsistent.

Diese Regel appelliert an die Intuition, daß man nichts wissen kann, was den (vermeintlichen) ↑Tatsachen widerspricht (wobei unterstellt wird, daß der Urheber der Wissensbehauptung keine logischen Fehler macht). Ein analoges Konsistenzprinzip für den Glaubensbegriff ergibt sich, wenn man in (KWW*) W und M durch G und K ersetzt (KGG*). Eine analoge Ersetzungsinstanz von (W) ist allerdings nicht gültig (jemand kann etwas glauben, was zu den [vermeintlichen] Tatsachen in Widerspruch steht). Im Rahmen der Semantik möglicher Welten (↑Mögliche-Welten-Semantik, ↑Welt, mögliche) gibt Hintikka für die Bedeutung der Begriffe des Wissens folgende Bedingungen an:

(C.WW*) Wenn $W_a q \in w$ (›*w*‹ sei eine konsistente Menge von Zustandsbeschreibungen, eine ›Welt‹) und w^* eine (bezüglich der Wissensbestände von *a*) zu *w* alternative Welt ist, dann ist $W_a q \in w^*$.

Eine entsprechende Bedingung gilt für den Glaubensbegriff. Ferner gilt nach der (strengen) Charakterisierung des Wissens:

(C.W)   Wenn $W_a p \in w$, dann ist auch $p \in w$.

Durch die Unterscheidung epistemisch und doxastisch alternativer Welten ist ferner eine Kombination von Glaubens- und Wissensbegriff in einer Sprache semantisch möglich.
In Hintikkas Untersuchung sind fast alle in der Folgezeit kontrovers diskutierten Fragen angesprochen worden. Zunächst ist unklar, ob man sich mit Begriffen wie Glaube oder Wissen auf introspektiv (↑Introspektion) erfaßbare Bewußtseinsprozesse oder auf soziale Verhaltensweisen bezieht; je nach Antwort auf diese Frage ergibt sich ein Unterschied bezüglich der Einschätzung weiterer Probleme. Für die auf soziale Verhaltensweisen

bezogene Auffassung scheint zu sprechen, daß die Verwendung der Verben ›wissen‹, ›glauben‹ etc. der Verwendung von performativen Verben (↑Sprechakt) ähnlich ist, obwohl jene im Unterschied zu diesen eine mehr beschreibende (und nicht vollziehende) Funktion haben. Für den Glaubensbegriff wird vor allem die Frage nach den Rationalitätsbedingungen gestellt. Während man intuitiv geneigt ist, beliebige Glaubenspropositionen zuzulassen, verlangt schon Hintikka einen rationalen Glauben, so daß nicht möglich ist, daß $G_a(p \wedge \neg p)$. Die Erfüllung dieser Bedingung ist allerdings nur für solche Subjekte des Glaubensaktes gesichert, die alle logischen Konsequenzen der von ihnen geglaubten Propositionen überblicken (also für niemanden). Ferner wird versucht, *Grade* des Glaubens im Rahmen der e.n L. zu betrachten. Schließlich steht zur Diskussion, ob iterierte epistemische Sätze zulässig sind (wie durch den umgangssprachlichen Gebrauch nahegelegt). – Wie bei allen intensionalen Kontexten gibt es auch für die e. L. Probleme der ›referentiellen Opakheit‹ (W. V. O. Quine) bei der Verwendung der ↑Quantoren. Mit den übrigen Modallogiken hat die e. L. ferner das Problem der Bewältigung scheinbarer ↑Paradoxien gemeinsam, d. h. Ungereimtheiten zwischen Theoremen der epistemischen (und doxastischen) Kalküle und dem intuitiven Sprachverständnis.
Die umfassendste Analyse der e.n L. findet sich bei W. Lenzen (Glauben, Wissen und Wahrscheinlichkeit [...], 1980) auf der Basis einer Bestandsaufnahme der Probleme der e.n L. (Recent Work in Epistemic Logic, 1978). Lenzen diskutiert zunächst die epistemischen Einstellungen des Glaubens, Wissens, Überzeugtseins, Vermutens etc. mittels der Einstellung des Für-möglich-Haltens im Rückgriff auf die alethische Modallogik, so daß die Diskussion intuitiver Grundprinzipien der epistemischen Aussagenlogik durch die Mittel der alethischen ↑Modalkalküle gestützt werden kann (und nicht ausschließlich auf die sprachlichen Intuitionen bezüglich der Verwendung von Wörtern wie ›wissen‹ etc. rekurrieren muß). Das Problem der ›Grade‹ des Glaubens versucht Lenzen ebenfalls durch Heranziehung einer bewährten logischen Theorie, nämlich der Logik der subjektiven Wahrscheinlichkeit (↑Wahrscheinlichkeitslogik), zu bewältigen. Der Übergang zur e.n L. wird dabei durch die epistemischen Einstellungen ›*a* hält es für höchstens so wahrscheinlich, daß *p*, wie daß *q*‹ (Abkürzung in Anlehnung an die Notation Hintikkas: $HW_a(p,q)$), ›*a* hält es für weniger wahrscheinlich, daß *p*, als daß *q*‹ ($WW_a(p,q)$) und ›*a* hält es für ebenso wahrscheinlich, daß *p*, wie daß *q*‹ ($EW_a(p,q)$) hergestellt. Mit diesen Mitteln läßt sich der Glaubensbegriff definieren:

$$G_a p \leftrightharpoons WW_a(\neg p, p).$$

Die Definition für den Begriff des Überzeugtseins lautet:

$$Ü_a p \leftrightharpoons EW_a(\top, p)$$

(›⊤‹ für junktorenlogische ↑Tautologie).

Während die syntaktisch-deduktiven Möglichkeiten der e.n L. bei Hintikka unklar bleiben, formuliert Lenzen eine Reihe von Kalkülen, deren ausdrucksstärkster, der Kalkül E, folgende Axiome hat (Glauben, Wissen und Wahrscheinlichkeit, 143 f.):

(1) $\quad W_a A \rightarrow A$,
(2) $\quad W_a A \rightarrow Ü_a A$,
(3) $\quad Ü_a A \rightarrow G_a A$,
(4) $\quad G_a A \rightarrow \neg G_a \neg A$,
(5) $\quad (W_a A \rightarrow B) \rightarrow (W_a A \rightarrow W_a B)$,
(6) $\quad (Ü_a A \rightarrow B) \rightarrow (Ü_a A \rightarrow Ü_a B)$,
(7) $\quad (Ü_a A \rightarrow B) \rightarrow (G_a A \rightarrow G_a B)$,
(8) $\quad W_a A \rightarrow W_a W_a A$,
(9) $\quad Ü_a A \rightarrow W_a Ü_a A$,
(10) $\quad G_a A \rightarrow Ü_a G_a A$,
(11) $\quad M_a G_a A \rightarrow G_a A$,
(12) $\quad M_a A \rightarrow Ü_a M_a A$,
(13) $\quad Ü_a A \rightarrow G_a W_a A$,
(14) $\quad (G_a A \rightarrow B) \vee (G_a A \rightarrow \neg B) \vee +_a A$,
(15) $\quad A \prec W_a A$.

Dazu kommen eine Regel der Logik subjektiver Wahrscheinlichkeit für die Angabe der Metrisierungsbedingungen sowie die Regeln und Axiome der klassischen ↑Junktorenlogik mit den üblichen Junktorendefinitionen. Lenzen diskutiert die Probleme der epistemischen Prädikatenlogik und erweitert die erwähnten Kalküle zu Kalkülen mit Quantoren. Die Semantik der epistemischen Kalküle wird in Weiterführung der Semantik möglicher Welten entwickelt.

Während die technischen Probleme der e.n L. (auf Basis der Untersuchungen Lenzens) als lösbar angesehen werden können, werfen ihre intuitiven Grundannahmen bezüglich ›vollständig rationaler Personen‹ (z.B. daß logische Wahrheiten geglaubt werden müssen bzw. logische Falschheiten nicht geglaubt werden dürfen; daß man daher die logischen Konsequenzen eigenen Glaubens glaubt; daß man weiß, was notwendig der Fall ist, etc.) Probleme der ↑Philosophie der Logik auf. Offensichtlich lassen sich nämlich faktisch abweichende Sprachverwendungen finden, angesichts derer die Position problematisch wäre, eine ›rationale‹ Verwendung vorschreiben zu wollen. Die meisten Logiker folgen daher dem Vorschlag Hintikkas (Epistemic Logic and the Methods of Philosophical Analysis, 1968), die e. L. in bezug auf den Sprachgebrauch weder als deskriptiv noch als präskriptiv (↑deskriptiv/präskriptiv), sondern als Erklärungsmodell für bestimmte Aspekte des Funktionie-

rens der Umgangssprache anzusehen. Allerdings ist diese Aufgabenbestimmung zirkulär (↑zirkulär/Zirkularität), wenn man sich z. b. nach der Rechtfertigung bestimmter Bedeutungsfestlegungen für epistemische Operatoren fragt, weil die Angabe des einschlägigen Sprachausschnitts bereits mit Hilfe dieser Festlegungen erfolgt. Eine konstruktive Fundierung der e.n L., die eine zirkelfreie und lückenlose Einführung der epistemischen Operatoren bieten würde, liegt bisher nicht vor.

Literatur: C. E. Alchourrón/P. Gärdenfors/D. Makinson, On the Logic of Theory Change, J. Symb. Log. 50 (1985), 510–530; L. Åqvist, Modal Logic with Subjunctive Conditionals and Dispositional Predicates, J. Philos. Log. 2 (1973), 1–76; H. Arló Costa, Rationality and Value. The Epistemological Role of Indeterminate and Agent-Dependent Values, Philos. Stud. 128 (2006), 7–48; D. M. Armstrong, Does Knowledge Entail Belief?, Proc. Arist. Soc. NS 70 (1969/1970), 21–36; ders., Belief, Truth and Knowledge, Cambridge 1973, 2008; U. Blau, Glauben und Wissen. Eine Untersuchung zur e.n L., Diss. München 1969; A. Blum, On Epistemic Opacity, Log. anal. NS 16 (1973), 379–380; ders., A Logic of Belief, Notre Dame J. Formal Logic 17 (1976), 344–348; I. Boh, Epistemic Logic in the Middle Ages, London/New York 1993; T. Burge, Belief De re, J. Philos. 74 (1977), 338–362; ders., Buridan and Epistemic Paradox, Philos. Stud. 34 (1978), 21–35; R. Carnap, Meaning and Necessity. A Study in Semantics and Modal Logic, Chicago Ill./Toronto/London 1947, erw. 1956, 1988; H.-N. Castañeda, On Knowing (or Believing) that One Knows (or Believes), Synthese 21 (1970), 187–203; R. M. Chisholm, The Logic of Knowing, J. Philos. 60 (1963), 773–795; ders., Notes on the Logic of Believing, Philos. Phenom. Res. 24 (1963/1964), 195–201; ders., Leibniz's Law in Belief Contexts, in: A.-T. Tymieniecka (ed.), Contributions to Logic and Methodology in Honour of J. M. Bocheński, Amsterdam 1965, 243–250; ders., The Principles of Epistemic Appraisal, in: F. C. Dommeyer (ed.), Current Philosophical Issues. Essays in Honor of C. J. Ducasse, Springfield Ill. 1966, 87–104; ders., Theory of Knowledge, Englewood Cliffs N. J. 1966, ³1989 (dt. Erkenntnistheorie, München 1979, Bamberg 2004); ders., On a Principle of Epistemic Preferability, Philos. Phenom. Res. 30 (1969/1970), 294–301; ders., Knowledge and Belief: ›De dicto‹ and ›De re‹, Philos. Stud. 29 (1976), 1–20; ders./R. G. Keim, A System of Epistemic Logic, Ratio 14 (1972), 99–115 (dt. Ein System der e.n L., Ratio 14 [dt. Ausg., 1972], 95–110); A. Church, Intensional Isomorphism and Identity of Belief, Philos. Stud. 5 (1954), 65–73; L. J. Cohen, More about Knowing and Feeling Sure, Analysis 27 (1966/1967), 11–16; H. van Ditmarsch/W. van der Hoek/B. Kooi, Dynamic Epistemic Logic, Dordrecht 2007, 2008; R. A. Eberle, A Logic of Believing, Knowing, and Inferring, Synthese 26 (1973/1974), 356–382; E. S. Edgington, On the Possibility of Rational ›Inconsistent‹ Beliefs, Mind 77 (1968), 582–583; G. Engelbretsen, Epistemic Logic and Mere Belief, Log. anal. NS 16 (1973), 375–378; R. Fagin u. a., Reasoning about Knowledge, Cambridge Mass. 1995, 2004; M. Fisher, Remarks on a Logical Theory of Belief Statements, Philos. Quart. 14 (1964), 165–169; D. Føllesdal, Knowledge, Identity, and Existence, Theoria 33 (1967), 1–27; P. Gärdenfors, Knowledge in Flux. Modelling the Dynamics of Epistemic States, Cambridge Mass./London 1988, 1990, London 2008; F. H. George, Belief Statements and Their Logic, Analysis 31 (1970/1971), 104–105; E. L. Gettier, Is Justified True Belief Knowledge?, Analysis 23 (1962/1963), 121–123; C. Ginet, Knowledge, Perception, and

Memory, Dordrecht/Boston Mass. 1975; R. A. Girle, Epistemic Logic, Language and Concepts, Log. anal. NS 16 (1973), 359–373; ders., Quantification into Epistemic Contexts, Log. anal. NS 17 (1974), 127–142; A. I. Goldman, A Causal Theory of Knowing, J. Philos. 64 (1967), 357–372; B. Hall Partee, The Semantics of Belief-Sentences, in: K. J. J. Hintikka/J. M. E. Moravcsik/P. Suppes (eds.), Approaches to Natural Language. Proceedings of the 1970 Stanford Workshop on Grammar and Semantics, Dordrecht/Boston Mass. 1973, Norwell Mass., Berlin 1978, 309–336; J. Y. Halpern, Should Knowledge Entail Belief?, J. Philos. Log. 25 (1996), 483–494; ders., Reasoning about Uncertainty, Cambridge Mass. 2003, 2005; S. O. Hansson, A Textbook on Belief Dynamics. Theory Change and Database Updating, Dordrecht 1999; G. H. Harman, How Belief Is Based on Inference, J. Philos. 61 (1964), 353–359; ders., Knowledge, Inference, and Explanation, Amer. Philos. Quart. 5 (1968), 164–173; ders., Knowledge, Reasons, and Causes, J. Philos. 67 (1970), 841–855; J. Harrison, Does Knowing Imply Believing?, Philos. Quart. 13 (1963), 322–332; H. Heidelberger, Knowledge, Certainty and Probability, Inquiry 6 (1963), 242–250; V. F. Hendricks, The Convergence of Scientific Knowledge. A View from the Limit, Dordrecht/Boston Mass. 2001; ders., Mainstream and Formal Epistemology, Cambridge etc. 2006, 2007; ders./K. F. Jørgensen/ S. A. Pedersen (eds.), Knowledge Contributors, Dordrecht etc. 2003; ders./D. Pritchard (eds.), New Waves in Epistemology, Aldershot, New York 2007, Basingstoke 2008; ders./J. Symons, Epistemic Logic, SEP 2006; R. Hilpinen, Knowing That One Knows and the Classical Definition of Knowledge, Synthese 21 (1970), 109–132; ders., Knowledge and Justification, Ajatus 33 (1971), 7–39; J. Hintikka, Knowledge and Belief. An Introduction to the Logic of the Two Notions, Ithaca N. Y. 1962, 1977, London 2005; ders., »Knowing Oneself« and Other Problems in Epistemic Logic, Theoria 32 (1966), 1–13; ders., Individuals, Possible Worlds, and Epistemic Logic, Noûs 1 (1967), 33–62; ders., Existence and Identity in Epistemic Contexts. A Comment of Føllesdal's Paper, Theoria 33 (1967), 138–147; ders., Epistemic Logic and the Methods of Philosophical Analysis, Australas. J. Philos. 46 (1968), 37–51, Neudr. in: ders., Models for Modalities [s. u.], 3–19; ders., Semantics for Propositional Attitudes, in: J. W. Davis/D. J. Hockney/W. K. Wilson (eds.), Philosophical Logic, Dordrecht 1969, 21–45, Neudr. in: ders., Models for Modalities [s. u.], 87–111; ders., Models for Modalities. Selected Essays, Dordrecht 1969; ders., The Semantics of Modal Notions and the Indeterminacy of Ontology, Synthese 21 (1970), 408–424, Neudr. in: ders., The Intentions of Intentionality [s. u.], 26–42; ders., Objects of Knowledge and Belief. Acquaintances and Public Figures, J. Philos. 67 (1970), 869–883, Neudr. in: ders., The Intentions of Intentionality [s. u.], 43–58; ders., ›Knowing That One Knows‹ Reviewed, Synthese 21 (1970), 141–162; ders., Knowledge, Belief, and Logical Consequence, Ajatus 32 (1970), 32–47; ders., Some Problems in Epistemic Logic. Two Comments, Ajatus 34 (1972), 144–148; ders., Transparent Knowledge Once Again, Philos. Stud. 24 (1973), 125–127; ders., The Intentions of Intentionality and Other New Models for Modalities, Dordrecht/Boston Mass. 1975; ders./I. Halonen, Epistemic Logic, REP III (1998), 354–359; ders./R. Hilpinen, Knowledge, Acceptance, and Inductive Logic, in: J. Hintikka/P. Suppes (eds.), Aspects of Inductive Logic, Amsterdam 1966, 1–20; M. O. Hocutt, Is Epistemic Logic Possible?, Notre Dame J. Formal Logic 13 (1972), 433–453; W. van der Hoek/J.-J. C. Meyer, Graded Modalities in Epistemic Logic, Log. anal. NS 34 (1991), 251–270; B. C. Johnsen, Knowledge, Philos. Stud. 25 (1974), 273–282; K. G. Johnson Wu, Hintikka and

Defensibility. Some Further Remarks, Ajatus 32 (1970), 25–31; dies., On Hintikka's Defense of (C.KK*) and (C.BB*), Ajatus 34 (1972), 139–143; dies., A New Approach to Formalization of a Logic of Knowledge and Belief, Log. anal. NS 16 (1973), 513–525; R. G. Keim, Epistemic Values and Epistemic Viewpoints, in: K. Lehrer (ed.), Analysis and Metaphysics. Essays in Honor of R. M. Chisholm, Dordrecht/Boston Mass. 1975, 75–91; K. T. Kelly, The Logic of Reliable Inquiry, Oxford 1996 etc.; S. Körner, On the Coherence of Factual Beliefs and Practical Attitudes, Amer. Philos. Quart. 9 (1972), 1–17; M. Kroy, Applications of Epistemic Logic to the Philosophy of Science, Log. anal. NS 13 (1970), 413–437; F. v. Kutschera, Einführung in die intensionale Semantik, Berlin/New York 1976, 79–115 (Kap. IV Glaubenssätze); ders., Epistemic Interpretation of Conditionals, in: A. Kasher (ed.), Language in Focus. Foundations, Methods and Systems. Essays in Memory of Yehoshua Bar-Hillel, Dordrecht/Boston Mass. 1976, 487–501 (Boston Stud. Philos. Sci. XLIII); A. Laux/H. Wansing (eds.), Knowledge and Belief in Philosophy and Artificial Intelligence, Berlin 1995; S. K. Lehmann, A First-Order Logic of Knowledge and Belief with Identity, I–II, Notre Dame J. Formal Logic 17 (1976), 59–77, 207–221; K. Lehrer, Knowledge and Probability, J. Philos. 61 (1964), 368–372; ders., Knowledge, Truth and Evidence, Analysis 25 (1964/1965), 168–175; ders., Belief and Knowledge, Philos. Rev. 77 (1968), 491–499; ders., The Fourth Condition of Knowledge. A Defense, Rev. Met. 24 (1970), 122–128; ders., Believing That One Knows, Synthese 21 (1970), 133–140; ders., Knowledge, Oxford 1974, 1978; E. J. Lemmon, If I Know, Do I Know That I Know?, in: A. Stroll (ed.), Epistemology. New Essays in the Theory of Knowledge, New York/Evanston Ill./London 1967, Westport Conn. 1979, Aldershot 1994, 54–82; W. Lenzen, Knowledge, Belief, Existence, and Quantifiers. A Note on Hintikka, Grazer Philos. Stud. 2 (1976), 55–65; ders., Recent Work in Epistemic Logic, Amsterdam 1978 (Acta Philos. Fennica XXX); ders., Epistemologische Betrachtungen zu [S4, S5], Erkenntnis 14 (1979), 33–56; ders., Glauben, Wissen und Wahrscheinlichkeit. Systeme der e.n L., Wien/New York 1980; L. Linsky, On Interpreting Doxastic Logic, J. Philos. 65 (1968), 500–502; D. R. Luce, On the Logic of Belief, Philos. Phenom. Res. 25 (1964/1965), 259–260; K. G. Lucey, Scales of Epistemic Appraisal, Philos. Stud. 29 (1976), 169–179; N. Malcolm, Knowledge and Certainty. Essays and Lectures, Englewood Cliffs N. J. 1963, [2]1975; J. Margolis, Wissen, Glauben und Denken, Ratio 14 (1972), 68–76; ders., The Problem of Justified Belief, Philos. Stud. 23 (1972), 405–409; ders., Knowledge and Belief. Facts and Propositions, Grazer Philos. Stud. 2 (1976), 51–54; R. M. Martin, Intension and Decision. A Philosophical Study, Englewood Cliffs N. J. 1963; J. McLelland, Epistemic Logic with Identifiers, Notre Dame J. Formal Logic 17 (1976), 321–343; J.-J. C. Meyer, Epistemic Logic, in: L. Goble (ed.), The Blackwell Guide to Philosophical Logic, Oxford 2001, 183–202; ders., Modal Epistemic and Doxastic Logic, in: D. M. Gabbay/ F. Guenthner (eds.), Handbook of Philosophical Logic X, Dordrecht/Boston Mass./London 2003, 1–38; ders./W. van der Hoek, Epistemic Logic for AI and Computer Science, Cambridge 1995, 2004; R. G. Meyers/K. Stern, Knowledge without Paradox, J. Philos. 70 (1973), 147–160; W. E. Morris, Knowledge as Justified Presumption, J. Philos. 70 (1973), 161–165; J. Nelson, Knowledge and Truth, Philos. Stud. 27 (1975), 65–72; C. Pailthorp, Knowledge as Justified, True Belief, Rev. Met. 23 (1969), 25–47; G. S. Pappas, Knowledge and Reasons, Philos. Stud. 25 (1974), 423–428; P. L. Peterson, How to Infer Belief from Knowledge, Philos. Stud. 32 (1977), 203–209; J. L. Pollock,

The Structure of Epistemic Justification, in: Studies in the Theory of Knowledge, Oxford 1970, 62–78 (Amer. Philos. Quart. Monogr. Ser. IV, ed. N. Rescher); W. V. O. Quine, Quantifiers and Propositional Attitudes, J. Philos. 53 (1956), 177–187, Neudr. in: ders., The Ways of Paradox and Other Essays, New York 1966, 183–194, erw. Cambridge Mass./London 1997, 185–196; C. Radford, Knowledge – by Examples, Analysis 27 (1966/1967), 1–11; ders., Knowing but Not Believing, Analysis 27 (1966/1967), 139–140; ders., Does Unwitting Knowledge Entail Unconscious Belief?, Analysis 30 (1969/1970), 103–107; ders., »Analyzing« ›Know(s) That‹, Philos. Quart. 20 (1970), 222–229; N. Rescher, Epistemic Modality. The Problem of a Logical Theory of Belief Statements, in: ders., Topics in Philosophical Logic, Dordrecht 1968, 40–53; ders., Epistemic Logic. Survey of the Logic of Knowledge, Pittsburgh Pa. 2005; ders./A. van der Nat, On Alternatives in Epistemic Logic, J. Philos. Log. 2 (1973), 119–135; R. J. Richman, Justified True Belief as Knowledge, Can. J. Philos. 4 (1974/1975), 435–439; R. Robinson, The Concept of Knowledge, Mind 80 (1971), 17–28; J. T. Saunders, Does Knowledge Require Grounds?, Philos. Stud. 17 (1966), 7–13; F. Schick, Three Logics of Belief, in: M. Swain (ed.), Induction, Acceptance, and Rational Belief, Dordrecht 1970, 6–26; D. Scott, Advice on Modal Logic, in: K. Lambert (ed.), Philosophical Problems in Logic. Some Recent Developments, Dordrecht, New York 1970, Dordrecht 1980, 143–173; W. Sellars, Some Problems about Belief, Synthese 19 (1968/1969), 158–177, ferner in: I. W. Davis/D. J. Hockney/W. K. Wilson (eds.), Philosophical Logic [s. o.], 46–65; R. A. Sharpe, Über die kausale Theorie der Erkenntnis, Ratio 17 (1975), 196–206; B. Skyrms, The Explication of ›X Knows that p‹, J. Philos. 64 (1967), 373–389; R. L. Slaght, Is Justified True Belief Knowledge? A Selective Critical Survey of Recent Work, Philos. Res. Arch. 3 (1977), 367–503; R. C. Sleigh Jr., A Note on Some Epistemic Principles of Chisholm and Martin, J. Philos. 61 (1964), 216–218; E. Sosa, The Analysis of ›Knowledge that p‹, Analysis 25 (1964/1965), 1–8; ders., Propositional Knowledge, Philos. Stud. 20 (1969), 33–43; ders., How Do You Know?, Amer. Philos. Quart. 11 (1974), 113–122; ders., On Our Knowledge of Matters of Fact, Mind 83 (1974), 388–405; J. F. Sowa, Knowledge Representation. Logical, Philosophical, and Computational Foundations, Pacific Grove Calif. 2000, 2002; W. Stegmüller, Hauptströmungen der Gegenwartsphilosophie II, Zürich, Wien 1952, ⁸1987, 175–182; W. Stelzner, Grundbegriffe einer Theorie der Diskussion und e. L., in: H. Wessel (ed.), Logik und empirische Wissenschaften. Beiträge deutscher und sowjetischer Philosophen und Logiker, Berlin (Ost) 1977, 187–206; ders., L., e., EP I (1999), 788–790; G. C. Stine, Quantified Logic for Knowledge Statements, J. Philos. 71 (1974), 127–140; P. Suppes, The Measurement of Belief, J. Royal Statist. Soc. Ser. B, 36 (1974), 160–191; M. Swain, The Consistency of Rational Belief, in: ders. (ed.), Induction, Acceptance, and Rational Belief [s. o.], 27–54; ders., An Alternative Analysis of Knowledge, Synthese 23 (1971/1972), 423–442; ders., Epistemic Defeasibility, Amer. Philos. Quart. 11 (1974), 15–25; A. Sweet, A Pragmatic Model of the Epistemic Logic of Chisholm and Keim, Ratio 17 (1975), 247–250 (dt. Ein pragmatisches Modell der e.n L. von Chisholm und Keim, Ratio 17 [dt. Ausg., 1975], 236–239]; J. Tienson, On Analysing Knowledge, Philos. Stud. 25 (1974), 289–293; F. Voorbraak, As Far as I Know. Epistemic Logic and Uncertainty, Diss. Utrecht 1993; G. J. Warnock/L. J. Cohen, Symposium: Claims to Knowledge, Proc. Arist. Soc. Suppl. 36 (1962), 33–50; H. Wessel/K. Wuttich, Ein System der e.n L., in: H. Wessel (ed.), Logik und empirische Wissenschaften [s. o.], 150–163; K. Wuttich, Proble-

me der e.n L., Diss. Berlin (Ost) 1977; ders., Logische Explikationen von Informiertheits- oder Wissensaussagen, in: H. Wessel (ed.), Logik und empirische Wissenschaften [s. o.], 164–186; ders., Glaube – Zweifel – Wissen. Modale und nichtmodale e. L. – eine logisch-philosophische Studie, Berlin 1991; E. M. Zemach, The Pragmatic Paradox of Knowledge, Log. anal. NS 12 (1969), 283–287; ders., Epistemic Opacity, Log. anal. 14 (1971), 803–810; ders., In Defense of Epistemic Transparency, Log. anal. NS 20 (1977), 156–158; R. Zuber, Knowledge and Analyticity, Log. anal. NS 19 (1976), 219–222. C. F. G.

Logik, erotetische, ↑Interrogativlogik.

Logik, extensionale (engl. extensional logic, franz. logique extensionnelle), Bezeichnung für die Theorie der logischen Systeme, deren Aussagen sämtlich extensional sind, die also *extensionale Sprachen* (↑extensional/Extension) darstellen: die Extensionen von Ausdrücken der Sprache sind durch die Extensionen ihrer Teilausdrücke eindeutig (↑eindeutig/Eindeutigkeit) bestimmt. Für die ↑Junktorenlogik heißt dies, daß die ↑Wahrheitswerte der Argumente eines ↑Junktors eindeutig den Wahrheitswert des betreffenden Jungats bestimmen. In der klassischen Logik (↑Logik, klassische) ist das dadurch erfüllt, daß Junktoren als ↑Wahrheitsfunktionen interpretiert werden. Aber auch die intuitionistische Logik (↑Logik, intuitionistische) kann zur e.n L. gerechnet werden: Sie geht zwar nicht davon aus, daß jeder beliebigen Aussage ein Wahrheitswert als Extension effektiv zugeordnet werden kann; doch bleiben für Aussagen, bei denen dies möglich ist (gelegentlich wertdefinite [↑wertdefinit/Wertdefinitheit] Aussagen genannt), die klassischen ↑Wahrheitstafeln in Kraft, so daß jede aus wertdefiniten Aussagen zusammengesetzte Aussage einen durch die Wahrheitswerte der unmittelbaren Teilaussagen eindeutig bestimmten Wahrheitswert hat. Systemen der axiomatischen Mengenlehre (↑Mengenlehre, axiomatische), die ein ↑Extensionalitätsaxiom enthalten, muß nicht notwendigerweise eine e. L. zugrundeliegen, da man z. B. auch ↑Relevanzlogiken mengentheoretisch erweitern kann. Entsprechendes gilt für Logiken auf Basis des ↑Extensionalitätsprinzips. In historischer Perspektive bezeichnet man solche Systeme traditioneller Logik (↑Logik, traditionelle) als ›extensional‹ (oder auch als ›Umfangslogiken‹), in denen Beziehungen zwischen Begriffen als Beziehungen zwischen deren Umfängen verstanden werden. Die kategorischen Urteile (↑Urteil, kategorisches), deren Deduktionsbeziehungen in der ↑Syllogistik untersucht werden, kann man dann als Behauptungen über Beziehungen von Klassen (↑Klasse (logisch)) verstehen. Im Gegensatz zu e.n L.en stehen intensionale Logiken (↑Logik, intensionale). P. S.

Logik, formale (engl. formal logic, franz. logique formelle), Bezeichnung für die Theorie des logischen Zu-

sammenhanges von ↑Aussagen, meist aufgebaut als Theorie der logischen Wahrheit (↑logisch wahr) von Aussagen oder als Theorie der logischen ↑Implikation zwischen Hypothesen und einer These, um angeben zu können, wann sich eine These aus Hypothesen *logisch folgern* läßt (↑Folgerung, ↑Schluß). Die f. L. als Teilgebiet der ↑Logik im allgemeinen, ist möglich, weil unter den sprachlichen Bestandteilen der Aussagen Wörter vorkommen, die als logische Partikeln (↑Partikel, logische), die ↑Junktoren oder ↑Quantoren, allein die Aufgabe erfüllen, aus vorgegebenen Aussagen solche neuen Aussagen herzustellen, deren Geltung sich auf die Geltung ersterer zurückführen läßt. Man nennt Aussagen daher *logisch zusammengesetzt* mit Hilfe der logischen Partikeln aus den logisch einfachen ↑Primaussagen.
In der auf Aristoteles zurückgehenden und bis ins 19. Jh. herrschenden traditionellen Logik (↑Logik, traditionelle) sind andere als die von der ↑Syllogistik behandelten speziellen Aussageverknüpfungen ›alle P sind Q‹, ›einige P sind Q‹, ›kein P ist Q‹, ›einige P sind nicht Q‹ (P und Q vertreten hier ↑Prädikatoren; ↑a, ↑i, ↑e, ↑o) nur unzureichend und ohne Zusammenhang mit der Syllogistik erörtert worden. Erst der Versuch, die inhaltlich verstandenen Schlußregeln der Logik konsequent nach Art der Rechenregeln der Arithmetik zu formalisieren – für die Syllogistik erstmals erfolgreich von G. W. Leibniz unternommen –, führt dazu, mathematische Begriffsbildungen und Methoden auch in der f.n L. zu verwenden und insbes. die f. L. als Theorie von ↑Logikkalkülen aufzufassen. Vorstufen von Logikkalkülen für die Aussagen- oder ↑Junktorenlogik finden sich allerdings schon in der ↑Stoa und im Mittelalter (↑Logik, stoische, ↑Logik, mittelalterliche). Die moderne Entwicklung setzt mit G. Boole und A. De Morgan ein, denen es erstmals gelingt, die entscheidenden algebraischen Strukturen der ↑Klassenlogik und der ↑Relationenlogik freizulegen (↑Algebra der Logik), die seither mit zum Gegenstand der abstrakten Algebra gehören. Von nun an nennt man die f. L. auch *mathematische Logik* (↑Logik, mathematische), *symbolische Logik* oder ↑*Logistik* und betrachtet sie hauptsächlich als Werkzeug der beginnenden mathematischen ↑Grundlagenforschung. G. Frege hat im Zusammenhang eines strengen Aufbaus der klassischen Arithmetik und Analysis die erste vollständige ↑Kalkülisierung der klassischen ↑Quantorenlogik geschaffen, deren Anwendung in grundlagentheoretischen Arbeiten, den »Arithmetices Principia« (1889) von G. Peano und den ↑»Principia Mathematica« (1910–1913) von A. N. Whitehead und B. Russell, zur allgemeinen Anerkennung der modernen Gestalt der f.n L. geführt hat. Die weitere Entwicklung ist vor allem durch die Rückwirkung des mathematischen ↑Grundlagenstreites zwischen dem ↑Logizismus Freges und Russells, dem ↑Formalismus D. Hilberts und dem

↑Intuitionismus L. E. J. Brouwers auf die f. L. gekennzeichnet. Darunter nimmt die Kritik Brouwers an der Allgemeingültigkeit des ↑tertium non datur den entscheidenden Platz ein. Sie führt durch den Aufbau der intuitionistischen Logik (↑Logik, intuitionistische) zur Relativierung der bis dahin allein herrschenden klassischen Logik (↑Logik, klassische) und hat gegenwärtig eine dialogisch-spieltheoretische Begründung durch P. Lorenzen und K. Lorenz erfahren (↑Logik, dialogische). Zum Aufbau der f.n L. als einer Theorie müssen die Aussagen als erstes *normiert* (auch: ›standardisiert‹, ↑Normierung) und anschließend *symbolisiert* (↑Symbolisierung) werden. Mit der Normierung der ↑affirmativen ↑Elementaraussagen zu $s_1, \ldots, s_n \, \varepsilon \, P$ (wobei die ›s_v‹ ↑Eigennamen sind, ›ε‹ die ↑Kopula und ›P‹ ein n-stelliger Prädikator) wird von sprachlich-stilistischen Besonderheiten natürlicher Sprachen (↑Sprache, natürliche) abgesehen; die dabei verwendeten Zeichen anstelle der Wörter (Symbolisierung) machen außerdem von bestimmten natürlichen Sprachen unabhängig. Aus Aussagen werden ↑Aussage*schemata*, die bloß noch ihren schematischen Aufbau wiedergeben, ohne Bezug auf die Bedeutung der ursprünglich auftretenden Wörter. Allein Aussageschemata werden auch für die Untersuchung des logischen Zusammenhanges der Aussagen benötigt, also insbes. zur Einführung der logischen Zusammensetzung von Aussagen mit den logischen Partikeln. Für wertdefinite (d.h. entscheidbar wahre oder falsche; ↑wertdefinit/ Wertdefinitheit) Aussagen erfolgen die *endlichen*, also die junktorenlogischen, Zusammensetzungen mit Hilfe der ↑Wahrheitstafeln, so daß auch die junktorenlogisch zusammengesetzten Aussagen wieder wertdefinit sind.
Die Theorie des logischen Zusammenhanges innerhalb dieses Aussagenbereichs heißt *klassische Junktorenlogik* (auch: zweiwertige Aussagenlogik). Z.B. stellt das Aussageschema $A \to B$ (›wenn A, dann B‹) aufgrund der Definition des ↑Subjunktors ›→‹ genau dann eine falsche Aussage dar, wenn A wahr, B aber falsch ist; in den drei übrigen Fällen einer ↑Belegung der beiden in diesem Zusammenhang als logisch einfach betrachteten Teilaussageschemata A und B von $A \to B$ mit den ↑*Wahrheitswerten* $\curlyvee$ (wahr, ↑verum, d.i. eine beliebige wahre Aussage) und $\curlywedge$ (falsch, ↑falsum, d.i. eine beliebige falsche Aussage) erhält $A \to B$ den Wert $\curlyvee$. Berücksichtigt man ferner, daß $\neg A$ (nicht-A) genau dann wahr (bzw. falsch) ist, wenn A falsch (bzw. wahr) ist, und daß $A \vee B$ (A oder B) genau dann falsch ist, wenn A und B beide falsch sind, wahr aber in den drei übrigen Fällen einer Belegung von A und B, so ergibt sich, daß das Aussageschema $\neg A \vee B$ in genau den Fällen den Wert $\curlyvee$ (bzw. $\curlywedge$) bekommt, in denen auch $A \to B$ den Wert $\curlyvee$ (bzw. $\curlywedge$) erhält: $A \to B$ und $\neg A \vee B$ sind *klassisch logisch äquivalent*; man schreibt: $\neg A \vee B \bowtie A \to B$. Andere wichtige, schon in der Scholastik bekannte logische ↑Äquivalenzen

sind $\neg\neg A \succ\!\!\!\prec A$ (↑duplex negatio affirmat), $A \to B \succ\!\!\!\prec$ $\neg B \to \neg A$ (starke ↑Kontraposition) und die heute nach De Morgan benannten zueinander *dualen* (↑dual/ Dualität) Äquivalenzen $\neg(A \wedge B) \succ\!\!\!\prec \neg A \vee \neg B$ und $\neg(A \vee B) \succ\!\!\!\prec \neg A \wedge \neg B$ (↑De Morgansche Gesetze). Jede logische Äquivalenz $A \succ\!\!\!\prec B$ kann als Konjunktion zweier *logischer Implikationen* $A \prec B$ und $B \prec A$ aufgefaßt werden. Die (klassische) Geltung von $A \prec B$ (gelesen: ›A impliziert logisch B‹ oder ›B folgt logisch aus A‹) besagt, daß immer dann, wenn aufgrund einer $\curlyvee, \curlywedge$-Belegung der in A und B vorkommenden Primaussageschemata das Schema A den Wert $\curlyvee$ erhält, auch B den Wert $\curlyvee$ erhält. Damit ist gleichwertig, daß das logisch zusammengesetzte Aussageschema $A \to B$ *stets* den Wert $\curlyvee$ erhält, d.h. klassisch *allgemeingültig* (↑allgemeingültig/Allgemeingültigkeit) ist. Es gilt also folgende ↑Metaaussage (d.h. Aussage der f.n L. als einer Theorie): $A \prec B$ genau dann, wenn $(A \to B) \varepsilon$ allgemeingültig. Allgemeingültige junktorenlogische Aussageschemata heißen seit L. Wittgenstein auch ↑*Tautologien*; elementare Beispiele sind die drei logischen Gesetze der traditionellen Logik: $A \to A$ (Satz der ↑Identität), $\neg(A \wedge \neg A)$ (Satz vom Widerspruch; ↑Widerspruch, Satz vom), $A \vee \neg A$ (Satz vom ausgeschlossenen Dritten, ↑principium exclusi tertii).

Die Kalkülisierung der klassischen Junktorenlogik in Logikkalkülen führt zu einer Übersicht über alle logischen Implikationen und Tautologien, die von den $\curlyvee, \curlywedge$-Belegungen der Aussageschemata keinen Gebrauch mehr macht: Ausgehend von geeigneten einfachen logischen Implikationen, den Grundimplikationen, oder einfachen Tautologien, den Grundtautologien – auch ›logische Axiome‹ genannt –, werden alle übrigen logischen Implikationen und Tautologien durch rein schematisch verfahrende Kalkülregeln – auch ›logische Schlußregeln‹ genannt – abgeleitet. Durch Kalkülisierung wird der *semantische* (auf die Wahrheitswerte ›wahr‹ und ›falsch‹ und in diesem Sinne auf die ›Bedeutung‹ der Ausdrücke in den Aussagen Bezug nehmende) Aufbau der (klassischen) Junktorenlogik in einen *syntaktischen* (nur die Umformung der Aussagen als Zeichenreihen berührenden) Aufbau überführt. Z.B. erlaubt die wichtige Regel von der Transitivität (↑transitiv/ Transitivität) der klassischen (und auch der intuitionistischen) Implikation $A \prec B, B \prec C \Rightarrow A \prec C$, von zwei gültigen logischen Implikationen $A \prec B$ und $B \prec C$ zu der dann ebenfalls gültigen logischen Implikation $A \prec C$ überzugehen; durch Spezialisierung erhält man $\curlyvee \prec B$, $B \prec C \Rightarrow \curlyvee \prec C$, was mit der ↑Abtrennungsregel (↑modus ponens) für Tautologien, $B, B \to C \Rightarrow C$ (›es ist erlaubt, aus den Tautologien B und $B \to C$ die Tautologie C herzustellen‹), gleichwertig ist.

Führt man in dem bisher betrachteten Bereich wertdefiniter Aussagen auch die mit Hilfe der ↑Quantoren

in bezug auf ↑Aussageformen gebildeten unendlichen logischen Zusammensetzungen ein, z.B. die ↑›Allaussagen‹ oder ›Generalisationen‹ $\bigwedge_x A(x)$ (↑Generalisierung) und die ›Manchaussagen‹, ↑›Existenzaussagen‹ oder ›Partikularisationen‹ $\bigvee_x A(x)$ (↑Partikularisierung), so lassen sich die Wahrheit und die Falschheit dieser quantorenlogisch zusammengesetzten Aussagen nur unter Verwendung der Quantoren in der ↑Metasprache durch Wahrheit bzw. Falschheit ihrer Instanzen $A(n)$ ausdrücken, also nicht mehr endlich-kombinatorisch wie in der Junktorenlogik mit der Wahrheitstafelmethode. Auch wenn alle aus den Aussageformen $A(x)$ hervorgehenden Instanzen $A(n)$ wertdefinit sind, brauchen $\bigwedge_x A(x)$ oder $\bigvee_x A(x)$ nicht mehr wertdefinit zu sein. Z.B. ist es trotz der für jede natürliche Zahl n gesicherten Wertdefinitheit der Aussage ›n ist gerade‹, gleichgültig, ob n vollkommen ist oder nicht, bis heute unbekannt, ob die zugehörige generelle Aussage ›alle vollkommenen Zahlen sind gerade‹ wahr oder falsch ist. Man kann sich gleichwohl entschließen, die Wertdefinitheit aller Aussagen wenigstens zu fingieren. Das ist gleichwertig mit der Anerkennung des tertium non datur $A \vee \neg A$ als allgemeingültig auch für beliebige quantorenlogische Aussageschemata A (↑Semantik). Diese Anerkennung stützt sich auf die Verallgemeinerung einer Belegung von Aussageschemata mit $\curlyvee, \curlywedge$ zu einer Belegung von Aussageformschemata mit logischen Funktionen, d.s. Funktionen mit den Gegenständen des ↑Variabilitätsbereichs als Argumenten und $\curlyvee, \curlywedge$ als Werten. Fingiert man so die Wertdefinitheit aller Aussagen, dann treibt man klassische Quantorenlogik (auch: engere Prädikatenlogik, Prädikatenlogik 1. Stufe, engl. first-order logic). Diese Bezeichnung dient der Abgrenzung von ›weiteren‹ oder ›höher(stufig)en‹ Logiken, in denen auch über Prädikatoren bzw. ↑Metaprädikatoren usw. quantifiziert wird, was mit der Einbeziehung mengentheoretischer Lehrsätze äquivalent ist. Man kann z.B. die (engere) Quantorenlogik 1. Stufe zur Quantorenlogik 1. Stufe mit ↑Identität erweitern, indem man die Identität als einen auf jedem Gegenstandsbereich einführbaren zweistelligen Prädikator mit in Betracht zieht und zu den logischen Axiomen die beiden Identitätsaxiome $\bigwedge_x x = x$ und $\bigwedge_{x,y}(x = y \wedge A(x) \to A(y))$ hinzufügt. In der Quantorenlogik 2. Stufe ist dann die Identität explizit definierbar (↑definierbar/Definierbarkeit, ↑Definition), nämlich als – durch Ununterscheidbarkeit charakterisierte – logische Gleichheit (↑Gleichheit (logisch)):

$$n = m \leftrightharpoons \bigwedge_A (A(n) \leftrightarrow A(m)).$$

Von den adäquaten Kalkülisierungen der klassischen Quantorenlogik gelten die beiden grundlegenden Sätze über ihre Vollständigkeit (↑vollständig/Vollständigkeit,

↑Vollständigkeitssatz) und über ihre Unentscheidbarkeit (↑unentscheidbar/Unentscheidbarkeit, ↑Unentscheidbarkeitssatz): alle allgemeingültigen Aussageschemata sind ableitbar (K. Gödel, Die Vollständigkeit der Axiome des logischen Funktionenkalküls, Mh. Math. Phys. 37 [1930], 349–360), und: die Klasse der nicht ableitbaren Aussageschemata ist nicht rekursiv aufzählbar (A. Church, A Note on the Entscheidungsproblem, J. Symb. Log. 1 [1936], 40–41, 101–102). Die Unentscheidbarkeit gilt dabei auch für Kalküle der intuitionistischen Quantorenlogik. Man erhält die intuitionistische Quantorenlogik, und zwar in der Darstellung mit den Mitteln der dialogischen Logik, wenn man auf die Fiktion der Wertdefinitheit verzichtet und stattdessen allgemein den logischen Zusammenhang *dialogdefiniter* (↑dialogdefinit/Dialogdefinitheit) Aussagen untersucht. Die *Wahrheit* (bzw. Falschheit) von Aussagen A, die deshalb dialogdefinit heißen, weil für sie ein ihren Sinn ausmachendes Argumentationsverfahren zwischen einem ↑Proponenten P und einem ↑Opponenten O eingeführt ist, kann durch die Existenz einer ↑Gewinnstrategie des P *für* (bzw. gegen) A definiert werden, wobei die *logische Wahrheit* auf die Existenz formaler Gewinnstrategien hinausläuft, die unabhängig von Gewinnstrategien für oder gegen die primen Teilaussagen sind. Anders als im Falle der klassischen Logik wird daher ›logisch wahr‹ nicht durch ›generell [sachlich] wahr‹ (= wahr bei jeder Interpretation, ↑Interpretationssemantik), sondern durch ›formal wahr‹ (= wahr unabhängig von der Wahrheit oder Falschheit ihrer primen Teilaussagen) erklärt. Gleichwohl gilt auch hier die folgende Metaäquivalenz: $A \prec_{int} B$ (d.h., A impliziert intuitionistisch logisch B) genau dann, wenn $(A \rightarrow B)$ ε intuitionistisch logisch wahr. Ein (klassischer oder intuitionistischer) logischer Schluß von Aussagen $A_1, \ldots, A_n$ auf eine Aussage A, bei dem aufgrund der Wahrheit der ↑Hypothesen $A_1, \ldots, A_n$ auch die Wahrheit der ↑These A allein mit Mitteln der f.n L. verbürgt ist, läßt sich jetzt durch Rückgriff auf das Bestehen einer (klassischen oder intuitionistischen) logischen Implikation $A_1, \ldots, A_n \prec A$ vollständig aufklären. Von besonderer theoretischer Bedeutung ist dabei der sowohl für die intuitionistische als auch für die klassische Logik geltende *Interpolationssatz* (↑Craig's Lemma): gilt $A \prec B$ und kommt mindestens ein Prädikat- oder Aussagesymbol sowohl in A als auch in B vor, so gibt es ein Aussageschema C, dessen Primsymbole sämtlich in A und in B vorkommen, für das $A \prec C$ und $C \prec B$ gilt; gilt $A \prec B$ und sind A und B fremd zueinander, so ist entweder B logisch ↑wahr und als C kann Υ gewählt werden, oder A ist ↑logisch falsch und als C kann ⋏ gewählt werden. Für die Theorie der (klassischen und intuitionistischen) Logikkalküle ist der *Eliminationssatz* grundlegend: ist die Subjunktion $A_1 \wedge \ldots \wedge A_n \rightarrow A$ im ↑Kalkül K ableit-

bar, so ist die Regel $A_1, \ldots, A_n \Rightarrow A$ in K zulässig (↑zulässig/Zulässigkeit). In Kalkülen mit ↑Abtrennungsregel $A, A \rightarrow B \Rightarrow B$ ist dieser Satz trivial und kann zum *Ableitbarkeitstheorem* verschärft werden: ist $A \rightarrow B$ hypothetisch ableitbar in K aus $A_1, \ldots, A_n$, so ist B hypothetisch ableitbar aus $A_1, \ldots, A_n, A$; in ↑Gentzentypkalkülen ist er nach geeigneter Umformulierung hingegen gleichwertig mit dem ↑Gentzenschen Hauptsatz, also der Eliminierbarkeit einer geeigneten Fassung der ↑Schnittregel, etwa $A \rightarrow C \vee B, B \wedge A \rightarrow C \Rightarrow A \rightarrow C$. Die unter Verschärfung der Zulässigkeitsbehauptung in der Konklusion zu einer Ableitbarkeitsbehauptung vorgenommene Umkehrung des Eliminationssatzes ist der ebenso grundlegende *Deduktionssatz*: ist A hypothetisch ableitbar in K aus $A_1, \ldots, A_n$, d.h., ist die Regel $A_1, \ldots, A_n \Rightarrow A$ in K ableitbar, so ist die Subjunktion $A_1 \wedge \ldots \wedge A_n \rightarrow A$ in K ableitbar. Dieser Satz ist in einem ↑*Kalkül des natürlichen Schließens* trivial, in Satzkalkülen vom Hilberttyp (↑Hilberttypkalkül) hingegen das zentrale, meist als Umkehrung zum Ableitbarkeitstheorem formulierte ↑*Deduktionstheorem*: Ist A hypothetisch ableitbar in K aus $A_1, \ldots, A_n$, so ist die Subjunktion $A_n \rightarrow A$ hypothetisch ableitbar in K aus $A_1, \ldots, A_{n-1}$.

Neben der Junktoren- und Quantorenlogik werden auf klassischer Grundlage auch ↑*Klassenlogik* und ↑*Relationenlogik* zur Behandlung von Klassen (↑Klasse (logisch)) bzw. ↑Relationen von Gegenständen mit Hilfe von ↑Klassenkalkül und ↑Relationenkalkül kalkültheoretisch erörtert. Die verschiedenen Logikkalküle werden außer auf der Basis der Wahrheitswerte ›wahr‹ und ›falsch‹ auch auf nicht-klassischer Basis aufgebaut oder gleich als nicht-klassische Logikkalküle konzipiert (↑Logik, nicht-klassische). Die Deutung der Werte bei *mehr-* (-als-zwei-)*wertigen* Logiken (↑Logik, mehrwertige) ist umstritten; eine Logik mit unendlich vielen Werten kann im kontinuierlichen Falle als ↑Wahrscheinlichkeitslogik und im diskreten Falle als intuitionistische Logik gedeutet werden. Von mehrwertigen Logiken sind die mit den Systemen der strikten Implikation (↑Implikation, strikte) verwandten Systeme der ↑*Modallogik* zu unterscheiden. Auch die mittlerweile zahlreichen, in ↑Sprachphilosophie und ↑Wissenschaftstheorie wichtigen erweiterten Logikkalküle, die durch zusätzliche, axiomatisch festgelegte Grundprädikate auf dem Bereich der Aussagen ausgezeichnet sind und zu Systemen der *intensionalen* Logik (↑Logik, intensionale) deshalb gezählt werden, weil man diese Grundprädikate (z.B. ›glauben, daß‹ in der epistemischen Logik; ↑Logik, epistemische) als objektsprachliche Aussageverknüpfungen und nicht als metasprachliche Aussageprädikate behandelt, sollten von der f.n L. im anfangs eingeführten engeren Sinne in derselben Weise deutlich abgehoben bleiben, wie die Prädikatenlogiken höherer Stufen als

Mengenlehren von der Prädikatenlogik 1. Stufe grundsätzlich getrennt untersucht werden. Eine elegante und für die allgemeine Kalkültheorie besonders geeignete variablenfreie Kalkülisierung der f.n L. ist die *kombinatorische* Logik (↑Logik, kombinatorische).

Literatur: E. Agazzi (ed.), Modern Logic – A Survey. Historical, Philosophical and Mathematical Aspects of Modern Logic and Its Applications, Dordrecht/Boston Mass./London 1981; G. Asser, Einführung in die mathematische Logik, I–III, Leipzig 1959–1981, Frankfurt/Zürich/Thun 1965–1981, 1983; K. Berka/L. Kreiser, Logik-Texte. Kommentierte Auswahl zur Geschichte der modernen Logik, Berlin 1971, ⁴1986; E. W. Beth, Moderne Logica, Assen 1967, 1969 (engl. Aspects of Modern Logic, Dordrecht 1970, 1971); J. M. Bocheński, F. L., Freiburg/München 1956, ⁵2002; L. Borkowski, Logika formalna. Systemy logiczne. Wstęp do metalogiki, Warschau 1968, ²1977 (dt. F. L., Logische Systeme. Einführung in die Metalogik, Berlin [Ost] 1976, München 1977); M. Buth, Einführung in die f. L.. Unter der besonderen Fragestellung: was ist Wahrheit allein aufgrund der Form?, Frankfurt 1996; R. Carnap, Einführung in die symbolische Logik. Mit besonderer Berücksichtigung ihrer Anwendungen, Wien/New York 1954, ³1968, 1982; A. Church, Introduction to Mathematical Logic I, Princeton N. J. 1956, 1996; H. B. Curry, Foundations of Mathematical Logic, New York etc. 1963, 1977; D. van Dalen, Logic and Structure, Berlin/Heidelberg/New York 1980, ⁴2004, 2008; W. K. Essler, Einführung in die Logik, Stuttgart 1966, ²1969; R. Fraïssé, Cours de logique mathématique, I–II, Paris, Louvain 1967 (I Relation, formule logique, compacité, complétude, II Recursivité, insaturation, decidabilité, constructibilité), I–III, Paris ²1971–1975 (I Relation et formule logique, II Théorie des modèles, III Recursivité et constructibilité) (engl. Course of Mathematical Logic, I–II, Dordrecht/Boston Mass. 1973–1974 [I Relation and Logical Formula, II Model Theory]); G. Haas, Konstruktive Einführung in die f. L., Mannheim/Wien/Zürich 1984; H. Hermes, Einführung in die mathematische Logik. Klassische Prädikatenlogik, Stuttgart 1963, ⁵1991 (engl. Introduction to Mathematical Logic, Berlin 1973); D. Hilbert/W. Ackermann, Grundzüge der theoretischen Logik, Berlin 1928, Berlin/Heidelberg/New York ⁶1972; D. Hilbert/P. Bernays, Grundlagen der Mathematik, I–II, Berlin 1934/1939, Berlin/Heidelberg/New York ²1968/1970; P. Hoyningen-Huene, F. L.. Eine philosophische Einführung, Stuttgart 1998, 2006 (engl. Formal Logic. A Philosophical Approach, Pittsburgh Pa. 2004); J. Jørgensen, A Treatise of Formal Logic. Its Evolution and Main Branches with Its Relations to Mathematics and Philosophy, I–III, Kopenhagen, London, Oxford 1931, New York 1962; G. Klaus, Einführung in die f. L., Berlin (Ost) 1958, erw. unter dem Titel: Moderne Logik. Abriß der f.n L., Berlin (Ost) 1964, ⁷1973; S. C. Kleene, Mathematical Logic, New York/London/Sydney 1967, 2002; W. C. Kneale/M. Kneale, The Development of Logic, Oxford 1962, 1984; N. I. Kondakow, L., f., WbL (1978), 288; G. Kreisel/J. L. Krivine, Élements de logique mathématique. Théorie des modèles, Paris 1967 (engl. Elements of Mathematical Logic. Model Theory, Amsterdam 1967, rev. 1971; dt. [erw.] Modelltheorie. Eine Einführung in die mathematische Logik und Grundlagentheorie, Berlin/Heidelberg/New York 1972); F. v. Kutschera, Elementare Logik, Wien/New York 1967; ders./A. Breitkopf, Einführung in die moderne Logik, Freiburg/München 1971, ⁸2007; P. Lorenzen, F. L., Berlin 1958, ⁴1970 (engl. Formal Logic, Dordrecht 1965, 1975); B. Mates, Elementary Logic, London/New York 1965, ²1972, 1980

(dt. Elementare Logik. Prädikatenlogik der ersten Stufe, Göttingen 1969, ²1978, 1997); E. Mendelson, Introduction to Mathematical Logic, Princeton N. J. 1964, New York ²1979, Pacific Grove Calif., New York ³1987, 1996, London ⁵2009, 2010; W. A. Pogorzelski, Notions and Theorems of Elementary Formal Logic, Bialystok 1994; W. V. O. Quine, Mathematical Logic, New York 1940, Cambridge Mass. 1996; ders., Methods of Logic, New York 1950, Cambridge Mass. ⁴1982; H. Reichenbach, Elements of Symbolic Logic, New York 1947, 1980; J. B. Rosser, Logic for Mathematicians, New York/Toronto/London 1953, ²1978, Mineola N. Y. 2008; H. Scholz, Geschichte der Logik, Berlin 1931 (repr. Ann Arbor Mich./London 1980), unter dem Titel: Abriß der Geschichte der Logik, Freiburg/München ²1959, ³1967; ders./G. Hasenjaeger, Grundzüge der mathematischen Logik, Berlin/Göttingen/Heidelberg 1961; D. Scott u. a. (eds.), Notes on the Formalization of Logic, I–II, Oxford 1981; J. R. Shoenfield, Mathematical Logic, Reading Mass. etc. 1967, 1973, Natick Mass. 2001, 2005; B. H. Slater, Prolegomena to Formal Logic, Aldershot etc. 1988; P. Smith, An Introduction to Formal Logic, Cambridge 2003; R. M. Smullyan, First-Order Logic, Berlin/New York 1968, 1978, New York 1995; F. Sommers/G. Englebretsen, An Invitation to Formal Reasoning. The Logic of Terms, Aldershot etc. 2000; N. I. Stjažkin, Stanovlenie idej matematičeskoj logiki, Moskau 1964 (engl. History of Mathematical Logic from Leibniz to Peano, Cambridge Mass./London 1969); P. Teller, A Modern Formal Logic Primer, I–II, Englewood Cliffs N. J. 1989; G. Walton, Formal and Informal Logic, REP III (1998), 701–703; R. Winter, Grundlagen der f.n L., Frankfurt 1996, ²2001; A. A. Zinov'ev (Sinowjew), Osnovy logičeskoj teorii naučnych znanij, Moskau 1967 (dt. Komplexe Logik. Grundlagen einer logischen Theorie des Wissens, Berlin, Braunschweig, Basel 1970; engl. Foundations of the Logical Theory of Scientific Knowledge [Complex Logic], Dordrecht 1973 [Boston Stud. Philos. Sci. IX]); T. Zoglauer, Einführung in die f. L. für Philosophen, Göttingen 1997, ⁴2008.   K. L.

Logik, freie (engl. free logic), von K. Lambert (1960) vorgeschlagene Bezeichnung für Logiken, die von der Voraussetzung frei sind, daß singulare ↑Terme denotieren (↑Denotation). F. L.en wurden als Alternative zur üblichen modernen ↑Quantorenlogik erstmals von H. Leonard (1956) vorgeschlagen. In einer f.n L. können z. B. Sätze wie ›Zerberus ist vierbeinig‹ formuliert werden, obgleich der ↑Nominator ›Zerberus‹ keinen Gegenstand bezeichnet. Das führt dazu, daß Gesetze, die in der konventionellen Quantorenlogik allgemeingültig sind (↑allgemeingültig/Allgemeingültigkeit), ihre Wahrheit verlieren können. Z. B. ist in einer quantorenlogischen Sprache mit c als ↑Individuenkonstante das ↑Schema

$$\phi(c) \to \bigvee_x \phi(x) \tag{1}$$

allgemeingültig, während es in einer Sprache der f.n L. nicht immer wahr ist, falls c keinen Gegenstand bezeichnet (man setze etwa für $\phi(c)$ die Formel $\neg \bigvee_y y = c$ ein). Die Preisgabe des Prinzips, daß singulare Terme denotieren, sieht Lambert als eine Weiterführung des Schrittes an, den die auf G. Frege zurückgehende moderne Logik (↑Logik, klassische) dadurch gemacht hat, daß sie

sich von der Voraussetzung der traditionellen ↑Aristo-
telischen Logik freigemacht hat, daß die ↑Umfänge von
↑Prädikaten nicht leer sind. Eine weitere Voraussetzung
der modernen Logik, daß nämlich logische Formeln nur
über Universen (↑Individuenbereich, ↑universe of discourse) interpretiert werden, die nicht leer sind (was
z. B. die Formel

$$\bigvee_x x = x$$

allgemeingültig macht), wird meist als unabhängig
(↑unabhängig/Unabhängigkeit (logisch)) von der f.n L.
angesehen. F. L.en, die auch auf diese Voraussetzung
verzichten, werden als ›inklusive‹ Logiken bezeichnet.
Um in der Syntax der f.n L. ausdrücken zu können, daß
ein Term t denotiert, kann man ein entsprechendes
Prädikat ›E!‹ einführen, das eben dies besagt: E!t ist
genau dann wahr, wenn der Term t (in der betrachteten
↑Struktur [↑gültig/Gültigkeit]) denotiert (eine andere,
eher in beweistheoretischen Kontexten [↑Beweistheorie]
gebräuchliche Notation ist ›$t\downarrow$‹). Alternativ kann man
zum Ausdruck von E!t die Formel $\bigvee_x x = t$ verwenden.
Durch Einführung einer zusätzlichen Existenzvorausset-
zung erhält man aus dem Schema (1) das auch in der f.n
L. allgemeingültige Schema

$$\phi(c) \wedge E!c \rightarrow \bigvee_x \phi(x).$$

Die Semantiken f.r L.en unterscheiden sich je nach der
Interpretation von atomaren Formeln, die nicht-deno-
tierende Terme enthalten. In ›negativen‹ f.n L.en werden
alle atomaren Formeln, die mindestens einen nicht-
denotierenden Term enthalten, als falsch angesehen, in
›positiven‹ f.n L.en werden manche solche Formeln als
wahr angesehen, und in ›neutralen‹ f.n L.en erhalten
derartige Formeln gar keinen ↑Wahrheitswert. In einer
positiven f.n Logik könnte man z. B. für einen nicht-
denotierenden Term t und einen denotierenden Term t'
die Aussagen $t = t$ und $t' = t'$ als wahr, aber $t = t'$ (und
$t' = t$) als falsch auswerten. In einer negativen f.n L.
würden $t' = t'$ als wahr, $t = t$ und $t = t'$ aber beide als
falsch ausgewertet, während in einer neutralen f.n L. $t = t$
und $t = t'$ beide keinen Wahrheitswert erhalten würden.
Die zweiwertige Bewertung (↑Bewertung (logisch)) zusammengesetzter Aussagen ergibt sich im positiven und
im negativen Falle auf konventionelle Weise. Im neutralen Falle wird häufig die Supervaluationsmethode B.
van Fraassens angewendet. Danach erhält eine komplexe
Formel einen Wahrheitswert genau dann, wenn sich
dieser Wahrheitswert für alle Bewertungen ergibt, die
allen atomaren Formeln einen Wahrheitswert zuordnen
(sozusagen unter der ↑kontrafaktischen Annahme, daß
alle Terme denotieren, aber unabhängig davon, welche
Gegenstände sie denotieren). Wichtig ist, daß in der

f.n L. ↑Quantoren in der Regel objektbezogen gedeutet
werden, d. h. im Sinne einer ↑Interpretationssemantik
mit ↑Objektvariablen (engl. referential variable) für in
der Regel nur einen wohlbestimmten ↑Objektbereich,
den ↑Variabilitätsbereich der Objektvariablen, und nicht
etwa einsetzungsbezogen, also im Sinne einer ↑Bewer-
tungssemantik mit Substitutionsvariablen (engl. substi-
tutional variable) für einen als deren Variabilitätsbereich
auftretenden Bereich von bloßen Symbolen für (logische) ↑Eigennamen von Objekten eines Bereichs. Nur
unter einer solchen Voraussetzung kann $\bigvee_x \phi(x)$ bedeuten, daß es tatsächlich einen Gegenstand gibt, auf den
ϕ zutrifft, und $\phi(x)$ nicht etwa lediglich für eine Ein-
setzungsinstanz (etwa mit einem nicht-denotierenden
Term) gültig ist.

Anwendungen der f.n L. zur Lösung philosophischer
Probleme sind in verschiedenen Gebieten vorgeschlagen
worden, so etwa in der Theorie der ↑Kennzeichnungen
und der Theorie fiktionaler Texte (↑Fiktion, ↑Fiktion,
literarische), aber auch z. B. als Strategie, semantische
und mengentheoretische ↑Paradoxien (↑Antinomien der
Mengenlehre, ↑Antinomien, semantische) zu vermeiden.

Literatur: E. Bencivenga, Free Logics, in: D. Gabbay/F. Guenth-
ner (eds.), Handbook of Philosophical Logic III (Alternatives to
Classical Logic), Dordrecht etc. 1986, 373–426, V (^{2}2002),
147–196; ders., Free Logics, REP III (1998), 738–739; B. C. van
Fraassen, Singular Terms, Truth-Value Gaps, and Free Logic, J.
Philos. 63 (1966), 481–495, Nachdr. unter dem Titel: Singular
Terms, Truthvalue Gaps, and Free Logic, in: K. Lambert (ed.),
Philosophical Applications of Free Logic [s. u.], 82–97; L. Kreiser
(ed.), Nichtklassische Logik. Eine Einführung, Berlin 1988,
^{2}1990, bes. 353–369 [Kap. IX F. L.]; K. Lambert (ed.), Philo-
sophical Applications of Free Logic, New York/Oxford 1991;
ders., Philosophical Issues in Free Logics, REP III (1998),
739–743; H. S. Leonard, The Logic of Existence, Philos. Stud. 7
(1956), 49–64; E. Morscher/A. Hieke (eds.), New Essays in Free
Logic. In Honour of Karel Lambert, Dordrecht/Boston Mass./
London 2001; E. Morscher/P. Simons, Free Logic. A Fifty-Year
Past and an Open Future, in: E. Morscher/A. Hieke (eds.), New
Essays in Free Logic [s. o.], 1–34; J. Nolt, Free Logic, SEP 2010;
C. J. Posy, Free Logics, in: D. M. Gabbay/J. Woods (eds.), Hand-
book of the History of Logic VIII (The Many Valued and
Nonmonotonic Turn in Logic), Amsterdam etc. 2007, 633–680
(mit Bibliographie, 677–680); G. Priest, An Introduction to
Non-Classical Logic. From If to Is, Cambridge ^{2}2008, bes.
290–307 (Chap. XIII Free Logics); R. Schock, Logics without
Existence Assumptions, Stockholm 1968.   P. S.

Logik, Hegelsche, ↑Hegelsche Logik.

Logik, hermeneutische, zuerst von G. Misch im Rückgriff auf die ↑Hermeneutik W. Diltheys verwendeter
Terminus. Die Intention einer lebensphilosophischen
(↑Lebensphilosophie) bzw. anthropologischen (↑An-
thropologie) Begründung der ↑Logik wurde selbständig
und in veränderter Weise auch von J. König (›philo-

sophische Logik‹) sowie von H. Lipps verfolgt. Als h. L. im weitesten Sinne können ferner Überlegungen der ›philosophischen Hermeneutik‹ H.-G. Gadamers angesehen werden.

H. L. (auch ›Lebenslogik‹) besteht nach Misch in der Reflexion auf die von Dilthey skizzenhaft ausgeführte Lehre von den ›Kategorien des Lebens‹ (z. B. ↑Erleben, ↑Ausdruck, ↑Verstehen, Zusammenhang, Bedeutung). Reflexionen dieser Art sollen dazu dienen, die Bedingungen des Verstehens konkreter historischer Individualitäten im Sinne der Diltheyschen ›Kritik der historischen Vernunft‹ zu klären. Neben der diskursiven (↑diskursiv/Diskursivität) Rede gewinnt vor allem die evozierende Rede an Bedeutung, die z. B. durch Mimik oder Gestik wirkt. – König, der ebenfalls von der Lebensphilosophie Diltheys ausgeht, unterscheidet ›determinierende‹ ↑Prädikate (z. B. ›blau‹) und ›modifizierende‹ Prädikate (z. B. ›vernünftig‹). Determinierende Prädikate dienen der erschöpfenden ›Feststellung‹ von Eigenschaften, modifizierende Prädikate der ›Beurteilung‹. In diesem Zusammenhang wird die Unterscheidung von sprachlichem ›Ausdruck‹ und ›Eindruck‹ als ›Wirkung einer Sache‹ unter anderem in dem Sinne wesentlich, daß modifizierende Prädikate die Ausdrücke für die jeweiligen Eindrücke darstellen. König und Misch ist gemeinsam, daß diskursive Rede noch nicht negativ akzentuiert ist wie bei Lipps. Dessen h. L., die im Rückgriff auf M. Heidegger als die eigentlich ›philosophische‹ von der übrigen Logik scharf unterschieden wird (die ↑formale Betrachtungsweise etwa gilt als prinzipiell unangemessen), zielt auf die ›aktiven Lebensverhältnisse‹, die nur im aktuellen Vollzug der Rede beobachtet werden können. Demgemäß fordert Lipps statt einer ›Morphologie des Urteils‹ eine ›Typik der Rede‹, in der Rede als existentieller Vollzug verstanden wird. Besonderen Nachdruck legt Lipps auf die Unterscheidung der Intention (›Sinn‹) und des bloßen Wortlauts von Rede. Von daher ist die ›Situation‹, in der ein Sprecher sich befindet, für das Verständnis dessen, was er sagt, von entscheidender Bedeutung. – Alle Vertreter der h.n L. verbindet die Einsicht, daß Redeverstehen oft von dem Verstehen der Redesituation abhängig ist. In diesem Sinne verweist h. L. auf Bemühungen, die heute auch unter dem Titel ›linguistische ↑Pragmatik‹ erfolgen.

Literatur: O. F. Bollnow, Zum Begriff der h.n L., in: H. Delius/G. Patzig (eds.), Argumentationen. Festschrift für Josef König, Göttingen 1964, 20–42; J. Conill, Zu einer anthropologischen Hermeneutik der erfahrenden Vernunft, Z. philos. Forsch. 47 (1993), 422–433; H.-G. Gadamer, Wahrheit und Methode. Grundzüge einer philosophischen Hermeneutik, Tübingen 1960, ³1972, ⁴1975 (unveränderter Nachdr. der 3 Aufl.), ferner in: H.-G. Gadamer, Gesammelte Werke I, Tübingen ⁶1990, 1999 (engl. Truth and Method, New York, London 1975, London/New York ²1989, 2006); G. Heffernan, Am Anfang war die Logik. Hermeneutische Abhandlungen zum Ansatz der Formalen und transzendentalen Logik von Edmund Husserl, Amsterdam 1988; A. Hübner, Existenz und Sprache. Überlegungen zur hermeneutischen Sprachauffassung von Martin Heidegger und Hans Lipps, Berlin 2001; J. König, Sein und Denken. Studien im Grenzgebiet von Logik, Ontologie und Sprachphilosophie, Halle 1937, Tübingen ²1969; G. Kühne-Bertram, Logik als Philosophie des Logos, Arch. Begriffsgesch. 36 (1993), 260–293; ders., L., h., in: P. Prechtl/F.-P. Burkard (eds.), Metzler Lexikon Philosophie, Stuttgart/Weimar ³2008, 237–238; H. Lipps, Untersuchungen zu einer h.n L., Frankfurt 1938, ²1959, ferner als Werke II, Frankfurt ⁴1976 (franz. Recherches pour une logique herméneutique, Paris 2004); G. Misch, Lebensphilosophie und Phänomenologie. Eine Auseinandersetzung der Dilthey'schen Richtung mit Heidegger und Husserl, Bonn 1930, Leipzig/Berlin ²1931 (repr. Darmstadt 1967, 1975); ders., Logik und Einführung in die Grundlagen des Wissens. Die Macht der antiken Tradition in der Logik und die gegenwärtige Lage, ed. G. Kühne-Bertram, Sofia 1999; F. Rodi, H. L. im Umfeld der Phänomenologie. Georg Misch, Hans Lipps, Gustav Spet, in: ders., Erkenntnis des Erkannten. Zur Hermeneutik des 19. und 20. Jahrhunderts, Frankfurt 1990, 147–167; G. Rogler, Die h. L. von Hans Lipps und die Begründbarkeit wissenschaftlicher Erkenntnis, Würzburg 1998; V. Schürmann, Zur Struktur hermeneutischen Sprechens. Eine Bestimmung im Anschluß an Josef König, Freiburg/München 1999; H. Schweizer, Logik der Praxis. Die geschichtlichen Implikationen und die hermeneutische Reichweite der praktischen Philosophie des Aristoteles, Freiburg/München 1971; W. v. der Weppen, Die existentielle Situation und die Rede. Untersuchung zu Logik und Sprache in der existentiellen Hermeneutik von Hans Lipps, Würzburg/Amsterdam 1984; R. Wiehl, L., h., Hist. Wb. Ph. V (1980), 413–414. A. V.

Logik, historische (auch: Logik der Geschichte, Logik der Geschichtswissenschaft), als Terminus seit dem letzten Viertel des 19. Jhs. gebräuchlich. Dazu synonym verwendete Bezeichnungen: ↑›Historik‹, ›Theorie der Geschichtswissenschaft‹, ›Grundlagen der ↑Geschichte‹ bzw. ›Geschichtswissenschaft‹, ›Philosophie der [...]‹, ›Methodenlehre der [...]‹, ›Wissenschaftstheorie der [...]‹ usw.. Der Terminus ›h. L.‹ wurde vermutlich in Anlehnung an den Titel des 6. Buches (Logic of Moral Sciences) von J. S. Mills »System of Logic« (1843) gebildet, den J. Schiel in seiner Übersetzung von 1849 mit ›Logik der Geisteswissenschaften‹ wiedergibt. Hier finden sich auch Überlegungen zur ›historischen Methode‹ (↑Methode, historische). Dieses weite Logikverständnis, das auch die Methodenlehre der Einzelwissenschaften einschließt, wurde in den großen Logiken des 19. Jhs. (C. Sigwart, W. Wundt u. a.) sowie durch den südwestdeutschen ↑Neukantianismus (H. Rickert, W. Windelband) fortgeführt. Klassische Themen der h.n L. sind z. B. Möglichkeit und Verständnis historischer Gesetze (↑Gesetz (historisch und sozialwissenschaftlich)) sowie Probleme der historischen Begriffsbildung. Der Sache nach gehören Überlegungen zu den Gegenständen, Zwecken und Methoden der Geschichtswissenschaft zur h.n L.. Eine einheitliche Bezeichnung hat sich in der durch Terminologievielfalt gekennzeichneten Diskussionssituation bisher nicht durchsetzen können, obwohl F. Meinecke bereits 1930 einen sprachlich wie sachlich geeigneten Vorschlag unterbreitet hat: ›Historiologie‹ als Theorie (Logos) von der Rede (Historie) über Geschichte (*res gestae*). Dieser terminologische Vorschlag steht im Einklang mit der neueren methodologischen Auffassung, wonach wissenschaftstheoretische Reflexionen in einem ersten Schritt sprachtheoretische Reflexionen darstellen.

Literatur: E. Cassirer, Zur Logik der Kulturwissenschaften. Fünf Studien, Göteborg 1942, Darmstadt 1961, 1994; A. Child, Thoughts on the Historiology of Neo-Positivism, J. Philos. 57 (1960), 665–674; A. Dyroff, Zur Geschichtslogik, Hist. Jb. 36 (1915), 725–747, 38 (1917), 41–71; M. Kemper, Geltung und Problem. Theorie und Geschichte im Kontext des Bildungsgedankens bei Wilhelm Windelband, Würzburg 2006; A. Kiel, Von der Geschichte der Logik und der Logik der Geschichte. Historische, soziale und philosophische Logik, Würzburg 1998; I. Kohlstrunk, Logik und Historie in Droysens Geschichtstheorie, Wiesbaden 1980; E. Krippendorff, Staat und Krieg. Die h. L. politischer Unvernunft, Frankfurt 1985; F. Meinecke, Johann Gustav Droysen. Sein Briefwechsel und seine Geschichtsschreibung, Hist. Z. 141 (1930), 249–287; H. Rickert, Über die Aufgaben einer Logik der Geschichte, Arch. syst. Philos. 8 (1902), 137–163; ders., Die Grenzen der naturwissenschaftlichen Begriffsbildung. Eine logische Einleitung in die historischen Wissenschaften, Tübingen/Leipzig 1902, Tübingen ⁵1929, I–II, Hildesheim etc. 2007; C. Sigwart, Logik, I–II, Tübingen 1873/1878, ⁵1924 (engl. Logic, London, New York ²1895, New York 1980); O. Spann, Zur Logik der sozialwissenschaftlichen Begriffsbildung, in: Festgaben für Friedrich Julius Neumann zur 70. Wiederkehr seines Geburtstages, Tübingen 1905, 161–178; K. Sternberg, Zur Logik der Geschichtswissenschaft, Berlin 1914, Charlottenburg ²1925; E. Topitsch (ed.), Logik der Sozialwissenschaften, Köln/Berlin 1965, Meisenheim am Glan ¹⁰1980; W. Windelband, Geschichte und Naturwissenschaft (Straßburger Rektoratsrede 1894), in: ders., Präludien. Aufsätze und Reden zur Philosophie und ihrer Geschichte II, Tübingen ⁸1921, 136–160; W. Wundt, Logik. Eine Untersuchung der Principien der Erkenntnis und der Methoden wissenschaftlicher Forschung, I–II (in 3 Bdn.), Stuttgart 1880, ⁵1924. – Bibliographie in: H. Heimpel/H. Geuss (eds.), Dahlmann-Waitz. Quellenkunde der deutschen Geschichte I, Stuttgart ¹⁰1969, 1/159–166. A. V.

Logik, indische, Bezeichnung für die indische Gestalt der ↑Logik. Die Behandlung logischer, also mit Begründungsproblemen für beanspruchte Erkenntnis befaßter, Fragestellungen nimmt in der indischen Philosophie (↑Philosophie, indische) einen ähnlich wichtigen Platz ein wie in der philosophischen Tradition des Abendlandes, auch wenn die mythosbezogenen (↑Mythos) Bestandteile der indischen Philosophie seit Beginn ihrer Rezeption in Europa um die Wende des 18. zum 19. Jh. mehr Aufmerksamkeit auf sich gezogen haben als die logosbezogenen. Zu den Gründen hierfür gehört – ähnlich wie im Falle der stoischen und der mittelalterlichen Logik (↑Logik, stoische, ↑Logik, mittelalterliche) – die äußerst schwierige Quellenlage sowie die Schwierigkeit,

die jeweiligen Sachprobleme relativ zu modernen Logikstandards verständlich zu bestimmen. Diese Probleme sind in der i.n L. in einer eigenständigen, hochdifferenzierten und auf eine ununterbrochene Tradition mündlicher und schriftlicher Kommentierung angewiesenen Fachsprache dargestellt.

Der älteste überlieferte Terminus sowohl für das Verfahren der Schlußfolgerung als auch für die Theorie des Folgerns tritt im Arthaśāstra des Kauṭilya um 300 v. Chr. auf: ›ānvīkṣikī‹, d. i. die Wissenschaft, die mit anvīkṣā (= Nachsehen, von der Wurzel ›īkṣ‹ [= Sehen], zum Terminus ↑›anumāna‹ [für ›Folgerung‹] grundsätzlich synonym) arbeitet. Schon zu dieser Zeit erster sich systematisch konsolidierender Auseinandersetzung mit der Autorität des ↑Veda müssen mindestens zwei Traditionen begründungsorientierter Bemühungen bestanden haben, auf die mit dem Terminus ›ānvīkṣikī‹ angespielt ist: auf der einen Seite die mehr personorientierte ↑vāda-Tradition, die sich mit *Argumentationsregeln* für Debatten (kathā) befaßt, und auf der anderen Seite die eher sachorientierte ↑pramāṇa-Tradition, die sich um die Bestimmung von Werkzeugen (= karaṇa, so die Erklärung bei Vātsyāyana im 5. Jh.) bzw. Ursachen (= ↑kāraṇa, so die Erklärung bei Uddyotakara, ca. 550–610) der Erkenntnis (= ↑jñāna) über einen Gegenstand, also um *Begründungsregeln*, kümmert. In der vāda-Tradition bezieht man sich vor allem darauf, daß Debatten grundsätzlich auf dreierlei Weise geführt wurden: als *Disputation* (vāda) zur Ermittlung der Wahrheit (der Unterlegene übernimmt die These des Gegners), als *Streit* (jalpa) mit dem Ziel, durch Rechtbehalten Ruhm zu gewinnen (ein Schiedsrichter entscheidet den Ausgang), oder als *destruktive Argumentation* (vitaṇḍā) mit dem Ziel, ohne eigene These den als Ketzer angesehenen Gegner mit jedem nur denkbaren Mittel, z. B. ↑Fangschlüssen, ↑Trugschlüssen, Abschweifungen, außer Gefecht zu setzen. (Oft wird auch eine grundsätzlich einwandfreie, aber ausschließlich auf Widerlegung des Gegners gerichtete Argumentation, wie sie später im Advaita-↑Vedānta und im Mādhyamika-Zweig [↑Mādhyamika] des Mahāyāna-Buddhismus vorkommt, ›vitaṇḍā‹ genannt.) Die Parallele zur antiken ↑Dialektik im ersten Falle und zur ↑Eristik in den beiden anderen Fällen ist unverkennbar. Die *Debattenlehre* (›vādavidyā‹ oder ›tarka-śāstra‹) wird ihrerseits Ausgangspunkt und bleibender Kern für das um die Jahrtausendwende sich ausbildende orthodoxe, also die Autorität des Veda anerkennende, philosophische System des ↑Nyāya. In einer von der Fassung in den ältesten Nyāya-sūtras nur wenig verschiedenen Gestalt nimmt sie auch einen breiten Raum in der Caraka zugeschriebenen, etwa gleichzeitigen Sammlung medizinischer Schriften Carakasaṃhitā ein. Ferner wird sie ein nicht minder wichtiger Bestandteil in den philosophischen Schulen des als ›heterodoxes

System‹ bezeichneten Buddhismus (↑Philosophie, buddhistische), wie bereits an der Disputation und den Reflexionen darüber im Milindapañhā (↑Hīnayāna) ablesbar, und Ausgangspunkt für die Entwicklung der buddhistischen Logik.

Der die pramāṇa-Tradition wiederum hauptsächlich bestimmende Gedanke ist der, daß Erkenntnisse zu gewinnen soviel besagt, wie sagen bzw. schreiben und begründen zu können, was für Gegenstände es gibt, d. h., was alles wirklich ist. Deshalb sind Urteile in dieser Tradition grundsätzlich referenzbezogen (↑Referenz) aufgefaßt worden, also Wahrheit auf Wirklichkeit zurückführend. Diesem Zweck dienten Regeln zur Abfassung wissenschaftlicher Werke (↑tantra), die – unter Auszeichnung von Begründungsverfahren – den Ausgangspunkt der *Erkenntnistheorie* (›jñāna-vāda‹ oder ›pramāṇa-śāstra‹) in der indischen Philosophie markieren. Bereits im Mahābhāṣya des Patañjali, einem um 150 v. Chr. entstandenen Kommentar zu Pāṇinis Sanskrit-Grammatik, finden sich Reflexionen auf Begründungsverfahren, die über den grammatischen Anwendungsbereich weit hinausweisen, z. B. wenn die Rolle der Schlußfolgerung – ähnlich wie in der ↑Stoa – durch dasjenige Begründungsverfahren bestimmt wird, durch das, aufgrund eines (wahrnehmbaren) Zeichens, die Erkenntnis von etwas Wahrnehmbaren die Erkenntnis von etwas nicht Wahrnehmbaren sichert. Der Zusammenhang dieser Überlegungen mit der Lehre von der Schlußfolgerung in den Frühstadien des (sich in der ersten Hälfte des ersten nachchristlichen Jahrtausends zu einem orthodoxen philosophischen System entwickelnden) ↑Sāṃkhya darf als gesichert gelten, zumal aus späteren Polemiken, vor allem Dignāgas, eine Umbildung dieser ersten Lehrstücke durch den Sāṃkhya-Lehrer Vṛṣagaṇa (um 300) rekonstruiert werden kann. Diese Umbildung fand unabhängig von der Entwicklung des Nyāya und der buddhistischen Logik statt und verschmolz erst später (ab 5. Jh.) – teilweise auf dem Umweg über eine Rezeption im System des ↑Vaiśeṣika – mit der vāda-Tradition der ausgebildeten i.n L. im Nyāya und im Yogācāra-Zweig (↑Yogācāra) des Mahāyāna-Buddhismus; von daher dann auch die Bezeichnung ›pramāṇa-śāstra‹ für den Nyāya.

Die genaue Bedeutung dieser ältesten Lehre von der Schlußfolgerung, bei der drei Arten von ↑Schlüssen unterschieden wurden (›mit Früherem‹ [pūrvavat], ›mit Restlichem‹ [śeṣavat] und ›Sehen dem Gemeinsamen nach‹ [sāmānyato dṛṣṭam]), ist schon in den ersten überlieferten indischen Kommentaren sehr unterschiedlich bestimmt, also offensichtlich nicht mehr verstanden worden. Unter den modernen Rekonstruktionsversuchen, die auf die wörtliche Bedeutung der Ausdrücke ›pūrva‹ und ›śeṣa‹ im grammatischen Kontext zurückgreifen, ist sachlich am überzeugendsten die Identifikation des pūrvavat-Schlußtyps mit dem ↑modus ponens

(wenn ›das Frühere‹ gilt[, so gilt ›das Spätere‹]), des śeṣavat-Schlußtyps mit dem modus tollendo ponens ([wenn ein Glied einer geltenden Alternative nicht gilt,] so gilt ›das Restliche‹; in der voll ausgebildeten i.n L. kommen Schlüsse, die eine Disjunktion als Prämisse haben, nicht vor) und des sāmānyato-dṛṣṭam-Schlußtyps mit einem ↑Analogieschluß, wobei ›das Gemeinsame‹ das ↑tertium comparationis ist. Die von Vṛṣagaṇa vorgenommene Umbildung macht aus dieser Dreiteilung eine Zweiteilung: ›Sehen dem Gemeinsamen nach‹ und ›Sehen dem Besonderen nach‹ (viśeṣato dṛṣṭam). Diese Zweiteilung kehrt in den zweierlei modus-ponens-Schlüssen der buddhistischen Logik – solchen aufgrund eines begrifflich-logischen und solchen aufgrund eines kausal-empirischen Wenn-dann-Zusammenhanges – wieder: bei Dharmakīrti (ca. 600–660) als svābhāvānumāna (= Folgerung gemäß dem Wesen, z. B.: wenn etwas eine śiṃśapā [d. i. eine Baumart] ist, dann ist es ein Baum) und kāryānumāna (= Folgerung gemäß der Wirkung, z. B.: wenn etwas Feuer hat, dann hat es Rauch). Ganz ähnlich wurden sie auch vom Vaiśeṣika und Nyāya und von der ↑Mīmāṃsā übernommen. Nur im vorklassischen Sāṃkhya rückt das Erkenntnismittel Schlußfolgerung (anumāna) an die (in allen anderen philosophischen Systemen vom Erkenntnismittel Wahrnehmung [↑pratyakṣa] eingenommene) erste Stelle bei der Aufzählung der pramāṇas – vermutlich deshalb, weil gerade im Sāṃkhya die meisten Lehrstücke von Gegenständen handeln, die nicht der Wahrnehmung zugänglich sind. Die ursprünglich eigenständige Sāṃkhya-Logik aber wird nicht fortgeführt: der Nyāya und die logische Schule des Yogācāra werden das Sammelbecken für alle mit Logik befaßten Überlegungen. Dabei werden Debattenlehre und Erkenntnistheorie grundsätzlich zusammenhängend behandelt. Das Kernstück, die Lehre von der Schlußfolgerung, wird von den übrigen Systemen mehr oder weniger unverändert übernommen bzw. als propädeutisches Mittel verstanden.

Zur Logik gehörige Überlegungen finden sich nicht nur im Nyāya und bei den buddhistischen Logikern, sondern auch in der (eine der sechs vedischen Hilfswissenschaften [vedāṅga] bildenden) Grammatik (vyākaraṇa), daneben im philosophischen System der Mīmāṃsā. In der an Pāṇinis Sanskrit-Grammatik (um 400 v. Chr.) anschließenden Grammatikschule, die gelegentlich sogar als eigenes philosophisches System (Pāṇinīya-darśana) bezeichnet wurde, sind, ebenso wie in der ungefähr gleichzeitig mit ihr in enger Wechselwirkung sich ausbildenden Mīmāṃsā, Schlußfolgerungen in Zusammenhang mit Problemen sprachlicher Darstellung gebracht. Mit ausdrücklich formulierten und explizit metasprachlich (↑Metasprache) verstandenen Interpretationsregeln (paribhāṣā) sollen in der Grammatik Wort- und Satzbildung(sregeln) syntaktisch und semantisch eindeutig

beschrieben, in der Mīmāṃsā speziell Handlungsvorschriften (vidhi) eindeutig semantisch analysiert werden. Dabei werden unter anderem Mittel zur Anführung
– die ans Ende eines anzuführenden Textes gesetzte
Partikel ›iti‹ übernimmt die Funktion der Anführungs-
zeichen – eingesetzt, Relationen wie Synonymie (↑syn-
onym/Synonymität) und Homonymie (↑homonym/Ho-
monymität) eingeführt, die ↑Konjunktion von Aussagen
semantisch korrekt erklärt, das Verfahren von ↑Beispiel
und Gegenbeispiel als Beleg für eine grammatische Regel
benutzt, die Position der ↑Negation erörtert und im
Zusammenhang damit bereits die Regel der ↑Kontrapo-
sition einwandfrei verwendet. Bei Aufforderungen ist
der Unterschied in der Stellung des ↑Negators vor oder
hinter dem Modaloperator klar erkannt (z. B. ›es ist
geboten, [nur] fünf fünfkrallige Tiere zu essen‹ impliziert ›es ist verboten, die übrigen zu essen‹; symbolisiert:

$$O(n \; \varepsilon \; E \rightarrow n \; \varepsilon \; FFT) \prec \neg E(n \; \varepsilon' \; FFT \wedge n \; \varepsilon \; E)).$$

Die Verbindung einerseits von Logik und Sprachphilosophie bei den Grammatikern und in der Mīmāṃsā,
andererseits von Logik und Erkenntnistheorie im Nyāya
und bei den buddhistischen Logikern, hat im 1. nachchristlichen Jahrtausend zu einem erbitterten Streit zwischen der die Erkenntnistheorie sprachphilosophisch
fundierenden Mīmāṃsā und dem die Sprachphilosophie erkenntnistheoretisch rechtfertigenden Nyāya
über die Frage nach der Beziehung zwischen Wort
(↑śabda) und Gegenstand (↑artha) geführt. Die Mīmāṃsakas vertreten eine Art φύσει-Theorie: Weil śabda –
primär ist die Überlieferung des Veda gemeint – ewig
(nitya) ist, bedeuten Wörter ihre Gegenstände von Natur aus, vermöge der ihnen innewohnenden ›Kraft‹
(śakti). Jede (sprachlich dargestellte) Erkenntnis ist daher grundsätzlich wahr; daß sie falsch, also gar keine
Erkenntnis ist, muß jeweils eigens begründet werden.
Hinzu kommt, daß jede Wort- und Satzbedeutung, der
Orientierung an den vedischen Handlungsvorschriften
wegen, ganz ähnlich der Pragmatischen Maxime im
↑Pragmatismus grundsätzlich auf Handlungen bezogen
ist (z. B. wird ein Satz ›dies ist ein Seil‹ semantisch auf
›mit diesem Seil läßt sich eine Kuh anseilen‹ zurückgeführt). Die Naiyāyikas hingegen vertreten eine θέσει-
Theorie: Weil śabda, die sprachliche Formulierung einer
Erkenntnis, Resultat verschiedener (Sprach-)Handlun-
gen (kārya) sein kann, bedeuten Wörter ihre Gegenstände nach Vereinbarung. Jede grundsätzlich sprach-
frei, aufgrund von Wahrnehmung (pratyakṣa) oder
durch Schlußfolgerung (anumāna) daraus, gewonnene
Erkenntnis kann sprachlich verschieden dargestellt sein
und muß daher ausdrücklich auf ›wahr‹ oder ›falsch‹
untersucht werden. Beide Positionen sind realistisch,
ganz unabhängig von den vorgetragenen Differenzierun-

gen und Lösungsvorschlägen für die Bedeutung von
Wort und Satz: Der Nyāya erklärt die Zusammensetzung
von Wortbedeutungen zu stets neuen Satzbedeutungen
durch einen Kausalprozeß. Dabei wird jede Bedeutung
aus ↑ākṛti (= Intension [↑intensional/Intension] eines
↑Individuativums, also die allen Individuen eines Bereichs gleiche ›Form‹), ↑jāti (= Extension [↑extensional/
Extension] eines Individuativums, also die Klasse von
Individuen eines Bereichs) und vyakti (= Einzelfall eines
Individuativums, also ein Individuum) zusammengenommen bestimmt. Folglich besitzt jeder Gegenstand,
außer dem Seienden schlechthin (parasāmānya, d. i. das
oberste Universale, = sattā) und den Atomen (antyāviśe-
ṣāḥ, d. s. die untersten Singularia; einem ↑viśeṣa [= das
Unterschiedene] entspricht in unserer Tradition ein
Quale [↑Qualia]), sowohl Allgemeinheit (↑sāmānya) als
auch Individualität (vyakti). In der Mīmāṃsā hingegen,
die grundsätzlich nur (Aufforderungs-)Satzbedeutungen
kennt und diese aggregierend zu komplexen Satzbedeutungen zusammentreten läßt, ist ākṛti, also eine allgemeine Form (sie wird zuweilen mit jāti identifiziert), das,
was ein Ausdruck bezeichnet: die Gegenstände sind daher
Universalia. Der Realismus (↑Realismus (erkenntnistheoretisch), ↑Realismus (ontologisch)) ist im Falle der
Mīmāṃsā vom Aspekt der Sprache als ↑Schema her gedacht (als *Sprachmöglichkeit* ist Sprache eine immer bestehende ›Bewußtseinstatsache‹), im Falle des Nyāya vom
Aspekt der ↑Aktualisierung her (als *Sprachwirklichkeit* ist
Sprache das immer wieder geforderte Resultat eines Lehr-
und Lernprozesses). Die Mīmāṃsā betont (normativ) die
Tradierbarkeit der Sprachkonventionen, der Nyāya ihre
(faktische) Variabilität.
Von den Erkenntnismitteln werden neben Wahrnehmung und Schlußfolgerung (den einzigen vom Vaiśeṣika
und von den buddhistischen Schulen unterschiedenen
pramāṇas) noch Vergleich (↑upamāna) und Überlieferung (śabda) von beiden Seiten als eigenständig anerkannt. Die Mīmāṃsā allein, jedenfalls bei den Bhāṭṭas,
fügt in Übereinstimmung mit dem Vedānta zwei weitere
für selbständig gehaltene pramāṇas hinzu: *Festsetzung*
[von Selbstverständlichem] (arthāpatti; z. B. ›der fette
Devadatta ißt tagsüber nicht‹ impliziert faktisch, nämlich unter Verwendung einer ›selbstverständlichen‹ Prämisse: ›er ißt des Nachts‹, vom Nyāya als Fall von anumāna behandelt) und *Nichterfassen* (anupalabdhi; die
Erkenntnis der Abwesenheit eines Gegenstandes wird im
Mīmāṃsā-Zweig der Prābhākaras bestritten, weil Negatives nicht wirklich sein könne, von den Naiyāyikas
hingegen als Fall einer Erkenntnis durch pratyakṣa, nämlich [eines Teils] des Komplements des fraglichen Gegenstandes angesehen). In der Mīmāṃsā gelten die Erkenntnismittel ↑a priori, weil die unbedingte Gültigkeit
der vedischen Offenbarung (↑śruti) vorausgesetzt ist
(d. h., es gilt, die *Gestalt* des Textes zu tradieren), im

Nyāya hingegen nur a posteriori, weil erst die vedische Tradition (↑smṛti) unbedingte Gültigkeit beanspruchen kann (d. h., es gilt, den *Inhalt* des Textes zu erfahren). In beiden Fällen muß dabei vom Sichtbaren auf Unsichtbares geschlossen werden. Das geschieht übereinstimmend – die Mīmāṃsā hat die Schlußlehre des Nyāya übernommen – mit Hilfe des *fünfgliedrigen Syllogismus* (pañcāvayava vākya, wörtlich: fünfgliedriger Satz[-Zusammenhang]; an Stelle von ›vākya‹ steht auch der Terminus ›nyāya‹ [= Argument, Argumentation], nach dem das ganze philosophische System sich benannt hat), der erst später, aufgrund der Kritik durch die buddhistischen Logiker Dignāga und Dharmakīrti, auf den Fall eines der Kommunikation dienenden ›Schlusses für den anderen‹ (parārthānumāna) beschränkt wird. Ein der Repräsentation dienender ›Schluß für sich selbst‹ (svārthānumāna) besteht dagegen nur aus (den ersten oder den letzten) drei Gliedern (der fünfgliedrigen Argumentation). Die drei Glieder sind als (vorgestellte) Termkomplexe auf (geäußerte) Sätze und damit auf eine sprachliche Darstellung wie im Falle eines ›Schlusses für den anderen‹ nicht angewiesen. Das Standardbeispiel lautet:

Behauptung (pratijñā)	1. [der] Berg hat Feuer
Begründung (hetu)	2. wegen des Rauchs
Beispiel [und Gegenbeispiel] (udāharaṇa)	3. wie in der Küche, nicht wie im Teich
Anwendung (upanaya)	4. und dies [ist] so [d. h. der Berg hat Rauch]
Folgerung[-ssatz] (nigamana)	5. also [ist es] so [d. h. der Berg hat Feuer]

Hier ist der Berg der (wahrgenommene) Gegenstand der Erkenntnis (pakṣa), der Rauch das (wahrgenommene) Zeichen (liṅga), das innerhalb einer Begründung ›Grund‹ (↑hetu) genannt wird, und das Feuer die (nicht wahrgenommene) Folge (sādhya). Die Schlüssigkeit der Argumentation hängt natürlich vom Zusammenhang von Grund und Folge ab, der zunächst nur durch Beispiel und Gegenbeispiel, also paradigmatisch, ›wahrgenommen‹ ist, aber allmählich, wiederum vor allem aufgrund der Kritik Dignāgas und deren Präzisierung durch Dharmakīrti, zu einer begrifflichen Artikulation des allgemeinen Wenn-dann-Zusammenhangs als ↑vyāpti (= Durchdringung, d. i. [Begriffs-]Implikation) geführt hat. Diese wird seit Udayana (ca. 975–1050) – vorweggenommen vom Mīmāṃsā-Lehrer Kumārila (ca. 620–680) – zu einem der zentralen Lehrstücke im Navya-Nyāya (= Neuer Nyāya, d. i. ein durch Verschmelzung von Nyāya-Logik und Vaiśeṣika-Ontologie entstandenes Nyāya-Vaiśeṣika-System) ausgebaut, vor allem bei Gaṅgeśa (ca. 1300–1360).

Dignāga gelingt es erstmals, eine vollständige Übersicht über die schlüssigen Argumentationen in einer neungliedrigen Tabelle (↑›Rad der Gründe‹ [hetucakra]) anzugeben. Er stützt sich dabei auf die auch beim Vaiśeṣika-Lehrer Praśastapāda (1. Hälfte des 6. Jhs.), allerdings noch undeutlich, formulierte Regel von den ›drei Kennzeichen‹ [des Grundes] (trairūpya) und auf eine kritische Weiterführung des Vādavidhi (= Vorschrift für Disputationen) des jüngeren Vasubandhu (400–480), in dem erstmals in der buddhistischen Logik der fünfgliedrige Syllogismus auf die ersten drei Glieder reduziert und als ›Beweis‹ (sādhana) bezeichnet erscheint. Der ebenfalls zu jeder Disputation gehörende Versuch einer Widerlegung (dūṣaṇa) besteht darin, Fehler in der Beweisführung des Gegners aufzudecken, wobei tarka-Argumente, nämlich ↑kontrafaktische Argumente der Form ›wenn *A* wäre, dann würde *B* sein; es ist aber nicht *B*, *also* nicht *A*‹, in der vāda-Tradition eine wichtige Rolle spielen. Das Rad der Gründe, das als erste gelungene formale Behandlung logischen Schließens in der i.n L. angesehen werden kann, bestimmt die ›drei Kennzeichen‹ wie folgt: Eine Argumentation ist genau dann schlüssig, wenn (1) das Zeichen (*h*) im Gegenstand festgestellt ist, (2) das Zeichen nur (die Hinzufügung von ›nur‹ [eva] ist eine Präzisierung von Dharmakīrti) dort, wo die Folge anwesend ist – im (mit dem Gegenstand) ›Gleichartigen‹ (sapakṣa) also –, vorkommen darf, und (3) das Zeichen dort, wo die Folge abwesend ist – im (zum Gegenstand) ›Ungleichartigen‹ (vipakṣa) also –, fehlen muß; sapakṣa (*s*) bedeutet ein ›übereinstimmendes Beispiel‹ (sādharmya dṛṣṭānta; ›dṛṣṭānta‹ steht bei den buddhistischen Logikern anstelle von ›udāharaṇa‹), vipakṣa (*v*) ein ›widersprechendes Beispiel‹ (vaidharmya dṛṣṭānta). Mit (2) wird die Implikation ›[etwas hat] Rauch ≺ [etwas hat] Feuer‹, mit (3) ihre Kontraposition ›[etwas hat] nicht Feuer ≺ [etwas hat] nicht Rauch‹ ausgedrückt. Aber erst der buddhistische Logiker Dharmottara (ca. 730–780) vermerkt ausdrücklich, daß beide Fassungen (von den Buddhisten ›anvaya‹ und ›vyatireka‹ genannt) äquivalent sind und den allgemeinen Grund-Folge-Zusammenhang, die vyāpti, darstellen.

Das Rad der Gründe benutzt die aus der ↑Syllogistik bekannten Begriffsrelationen ↑*a* (›alle *P* sind *Q*‹), ↑*i* (›einige *P* sind *Q*‹; dabei wird hier allerdings ausgeschlossen, daß sogar alle *P* *Q* sind) und ↑*e* (›kein *P* ist *Q*‹) zwischen den Beispielen *s*, den Gegenspielen *v* und den Gründen *h*:

	s a h	*s i h*	*s e h*
v a h	$h = \curlyvee$		
v i h			
v e h	x_1	x_2	$h = \curlywedge$

An den Stellen x_1 und x_2 stehen die Begriffsrelationen $(v\,e\,h \wedge s\,a\,h)$ und $(v\,e\,h \wedge s\,i\,h)$, die als einzige (nämlich zu $h\,a\,s$ gleichwertigen) den Schluß von Rauch (h) auf Feuer (s) schlüssig machen.

Ein solcher Schluß (in diesem Falle ein kāryānumāna im Sinne Dharmakīrtis, weil ihm ein kausal-empirischer Wenn-dann-Zusammenhang – Feuer ist Ursache von Rauch – zugrunde liegt) wird selbst analog dem Übergang von Wort zu Gegenstand verstanden. Deshalb nennt man die Erkenntnis des Rauchs (H: daß ein Berg Rauch hat) eine Ursache (karaṇa, also *causa efficiens*, d. i. nimitta kāraṇa, ↑kāraṇa) für die Erkenntnis des Feuers (S: daß ein Berg Feuer hat). Im Navya-Nyāya heißt die zugehörige Erkenntnisrelation (H verursacht [generell] S) ›vyāpti-jñāna‹ (= Erkenntnis der Implikation $h \prec s$, symbolisiert: $\bigwedge_x (x\ \varepsilon\ h \rightarrow x\ \varepsilon\ s)$), im Beispiel das vahni-vyāpyo dhūmaḥ (= Rauch durchdrungen von Feuer), wobei Erkenntnisse stets als dem erkennenden Selbst (↑ātman) inhärierend (↑Inhärenz, sanskr. ↑samavāya) aufgefaßt sind. Wenn die Wirkursache H tätig wird, also die Wirkung S hervorbringt, so ist das eine Operation (vyāpāra), im Falle des vyāpti-Wissens ›H verursacht S‹ der parāmarśa (= die Überlegung, das Ergreifen); im Beispiel handelt es sich um vyāpti-viśiṣṭa-pakṣa-dharmatā-jñāna (= Erkenntnis vom Vorkommen dessen, das durch vyāpti qualifiziert ist, d. h. des Rauches, am Gegenstand, d. h. an diesem Berg). Wirkursache H und parāmarśa, d. i. die Anwendung von ›H verursacht S‹ auf die Instanz, den ›Ort‹ ιp, also *diesen Berg* (= H verursacht S in Bezug auf ιp), erlauben es, aus der Nominalisierung von $\iota p\ \varepsilon\ h$ (= das Rauch-Haben-dieses-Berges) die Folgerung mit dem Ergebnis S bezüglich ιp, also die Nominalisierung von $\iota p\ \varepsilon\ s$ (= das Feuer-Haben-dieses-Berges) zu ziehen, so daß beide zusammen die Erkenntnis der Folge S liefern in Bezug auf ιp (anumiti; ›anumāna‹ heißen alle Ursachen einer anumiti, insbes. die ›letzte‹, der parāmarśa; in der buddhistischen Logik gibt es allerdings keine Unterscheidung von Erkenntnismittel [pramāṇa, speziell: anumāna] und Erkenntnisresultat [pramā, speziell: anumiti]).

Im alten Nyāya galt die Erkenntnis des Grundes allein schon als hinreichende Ursache für die Erkenntnis der Folge. Deshalb wurde später, als das dritte Glied der fünfgliedrigen Argumentation schon um die vyāpti ›wo Rauch [ist], da [ist] Feuer‹ ausdrücklich ergänzt war, das zweite Glied der ursprünglichen Fassung, ›wegen des Rauchs‹, als Abkürzung für ›wegen des Rauchs, der von Feuer durchdrungen ist‹ verstanden. Im Navya-Nyāya, dessen Entwicklung – in zwei Zentren, zunächst, von Gaṅgeśas Tod bis ins 16. Jh., in Mithilā/Bihar, dann, begründet durch Raghunātha (ca. 1475–1550), in Navadvīpa/Bengalen – im 18. Jh. mit der Einführung des englischen Erziehungssystems zum Stillstand kommt

und das von da an nahezu ausschließlich in den Sanskrit-Schulen als eine Art ›logische ↑Propädeutik‹ tradiert wird – das Logik-Lehrbuch Tarkasaṃgraha von Annaṃbhaṭṭa (um 1575) ist bis heute in Gebrauch –, sind zur noch präziseren begrifflichen Beherrschung der vyāpti mit Hilfe eines praktisch wie eine ↑Kunstsprache entwickelten Sanskrit hochdifferenzierte Definitionsverfahren unter Verwendung einer mehrstufigen ↑Relationenlogik ausgebildet worden, die auch logische Zusammensetzungen einschließlich der ↑Quantoren zu behandeln erlauben. Z. B. wird eine ↑Adjunktion von ›der Ort, der Feuer hat, ist ein Ort, der Wasser hat‹ und ›der Ort, der Feuer hat, ist ein Ort, der einen Berg hat‹ prädikativ als Eigenschaft von Feuer ausgedrückt: Feuer ist [wo] Wasser [ist] *oder* ist auf einem Berg. Die Rekonstruktion dieser logischen Verfahren mit den Mitteln der modernen formalen Logik (↑Logik, formale) steht trotz der Pionierarbeiten von Indologen (z. B. D. H. H. Ingalls) noch in den Anfängen.

Die Person Dignāgas (ca. 460–540) war der entscheidende Einschnitt in der Entwicklung des Nyāya. Die vyāpti mußte nun im Zusammenhang der Schlußfolgerung explizit behandelt werden. Ferner hatte sich der erkenntnistheoretische Realismus des Nyāya gegen den radikalen ↑Nominalismus einer Trennung der Gegenstände in die allein wirklichen, aber nicht sprachlich repräsentierbaren sva-↑lakṣaṇa (= [nur seinen] eigenen Zug [Tragendes]) – also eine singulare Aktualisierung eines Universale – und die als Resultat bloß begrifflicher Konstruktionen (kalpanā) auftretenden und daher auch sprachlich repräsentierbaren sāmānya-lakṣaṇa (= [einen] allgemeinen Zug [Tragendes]) – also eine partikulare, mit weiteren Eigenschaften ausgestattete Instanz eines Schemas – in der von Dignāga ausgehenden logischen Schule des Yogācāra zu verteidigen. Einen ähnlich folgenschweren Einschnitt gab es auch in der Mīmāṃsā, ausgelöst von einem älteren Zeitgenossen Dignāgas, dem zur Schule der Grammatiker gehörenden Sprachphilosophen Bhartṛhari (ca. 450–510). Beide internen Auseinandersetzungen überlagerten den Streit zwischen der Mīmāṃsā und dem Nyāya, mit dem Ergebnis, daß sich der Prābhākara-Zweig der Mīmāṃsā gegen Ende des 1. nachchristlichen Jahrtausends in seinen Auffassungen den Buddhisten nähert: Ein Satz wie ›dies ist ein Krug‹ wird sowohl von den Prābhākaras als auch von Dignāga in ›dies‹ und ›Krug‹ analysiert, mit der zusätzlichen Erklärung, daß der Unterschied zwischen beiden ↑Termen nicht verstanden ist, d. h. dies als Krug *mißverstanden* wird. D. h., das ›es gibt prima facie keinen Irrtum‹ der Mīmāṃsakas wird, weil im Beispiel erst gar keine Erkenntnis entstanden ist, vom ›jede prädikative Bestimmung eines Einzelnen ist nicht wirklich‹ der Buddhisten ununterscheidbar (Lehre von der akhyāti [= Nicht-offenbar-Sein]). Der Bhāṭṭa-Zweig der Mīmāṃsā hingegen nähert sich den Naiyāyikas: Auch wenn prima facie jede Erkenntnis gültig ist, so kann doch zuweilen ein Gegenstand als etwas erkannt sein, das er nicht ist, also irrig (Lehre von der anyathākhyāti [= Auf-andere-Weise-(d. h. fälschlich)-offenbar-Sein]). Bhartṛhari radikalisiert die Bedeutungstheorie der Mīmāṃsakas: Wenn die Bedeutungen der Elementarsätze, versteht man sie als Erfülltsein von Termen, stets – in der Wahrnehmung instantiierte – ↑Universalien sind, so müssen auch die zusammengesetzten Sätze wie einfache behandelt werden. Andernfalls würde auf dem Umweg über die Syntax ein konventionalistisches Element in die Bedeutungszuordnung hineingetragen und damit unterschlagen, daß mit einer Satzäußerung keine Repräsentation eines äußeren Gegenstandes vorgenommen, vielmehr ein ohne das Hilfsmittel Sprache unzugängliches Allgemeines in der Sprachhandlung paradigmatisch ›sichtbar‹ wird. Die Welt ist eine ausschließlich sprachlich erschlossene – mit dem von Bhartṛhari eigens eingeführten Erkenntnismittel ›Intuition‹ (pratibhā), durch das der mit der Sprache verbundene ↑sphoṭa, die plötzlich begriffene Wirklichkeit (das śabdabrahman), zugänglich wird. Bloße Wahrnehmung und bloße konkrete Rede, nämlich als bloß Singulare, bedürfen der Schlußfolgerung, die aber, weil wiederum nur zu Singularem führend, das ›Sehen des Allgemeinen‹ nicht erzeugen kann, dieses vielmehr bereits braucht und daher selbst der ›Intuition‹ einer Erkenntnis kraft reiner Anschauung unterworfen ist (im Vedānta ist letztere als reine Bewußtheit [›cit‹ oder ›jñāna‹] das Charakteristikum von ātman, dem Ich als bloßem Subjekt von Erkenntnissen und Handlungen).

Dignāga und Bhartṛhari stimmen de facto darin überein, daß Sprache (nāma) und begriffliche Konstruktion (kalpanā) nur zwei Aspekte desselben sind, des brahman bei Bhartṛhari, des Fingierten, also des Leeren (↑śūnyatā) wie im Mādhyamika, bei Dignāga: Die scharfe begriffliche Trennung von Einzelnem und Allgemeinem, mit gegensätzlicher Zuordnung von ›wirklich‹ und ›scheinbar‹, führt zu logisch äquivalenten Resultaten. – Die vermittelnde Position des Jainismus (↑Philosophie, jainistische) hat unter dem Titel ›syādvāda‹ (der Lehre des ›es kann so, aber auch so, gesehen werden, je nach Gesichtspunkt‹) eigene logische Lehrstücke ausgearbeitet, die nur im Zusammenhang der übrigen Lehrmeinungen des Jainismus verständlich sind. Der Einfluß der jainistischen Logik auf Gestalt und Entwicklung der i.n L. ist nach dem gegenwärtigen Stand der Kenntnis gering.

Literatur (Texte unter Autorenstichwörtern): S. Bagchi, Inductive Reasoning. A Study of Tarka and Its Role in Indian Logic, Kalkutta 1953; S. S. Barlingay, A Modern Introduction to Indian Logic, Neu Delhi 1965, ²1976; D. C. Bhattacharya, History of Navya-Nyāya in Mithilā, Darbhanga 1958; M. Biardeau, Théorie de la connaissance et philosophie de la parole dans le brahmanisme classique, Paris/La Haye 1964; J. M. Bocheński, Die indi-

sche Gestalt der Logik, in: ders., Formale Logik, Freiburg/München 1956, ²1962, 2002, 479–517 (engl. The Indian Variety of Logic, in: ders., A History of Formal Logic, ed. I. Thomas, Notre Dame Ind. 1961, New York ²1970, 415–447); J. Brough, Some Indian Theories of Meaning, Transact. Philol. Soc. 1952, 161–176; K. K. Chakrabarti, Some Comparisons between Frege's Logic and Navya-Nyāya Logic, Philos. Phenom. Res. 36 (1975/ 1976), 554–563; S. C. Chatterjee, The Nyāya Theory of Knowledge. A Critical Study of Some Problems of Logic and Metaphysics, Kalkutta 1939, ²1950, 1978; R. S. Y. Chi, Buddhist Formal Logic I (A Study of Dignāga's Hetucakra and K'uei-chi's Great Commentary on the Nyāyapraveśa), London 1969, Delhi 1984; L. Cousins/A. Kunst/K. R. Norman (eds.), Buddhist Studies in Honour of I. B. Horner, Dordrecht/Boston Mass. 1974; E. Frauwallner, Vasubandhu's Vādavidhiḥ, Wiener Z. Kunde Süd-u. Ostasiens u. Arch. ind. Philos. 1 (1957), 104–146; ders., Die Erkenntnislehre des klassischen Sāṃkhya-Systems, Wiener Z. Kunde Süd- u. Ostasiens u. Arch. ind. Philos. 2 (1958), 84–139; ders., Landmarks in the History of Indian Logic, Wiener Z. Kunde Süd- u. Ostasiens u. Arch. ind. Philos. 5 (1961), 125–148; J. Ganeri, Indian Logic. A Reader, Richmond Va./ Surrey 2001; ders., Indian Logic, in: D. M. Gabbay/J. Woods (eds.), Handbook of the History of Logic I (Greek, Indian and Arabic Logic), Amsterdam etc. 2004, 309–395; B. S. Gillon (ed.), Proceedings of the Panel on Logic in Classical India, J. Indian Philos. 29 (2001) [Sonderbd.]; ders./M. L. Love, Indian Logic Revisited. ›Nyāyapraveśa‹ Reviewed, J. Ind. Philos. 8 (1980), 349–384; J. Grimes, A Concise Dictionary of Indian Philosophy. Sanskrit Terms Defined in English, Madras 1988, Albany N. Y. 1989, ²1996; D. C. Guha, Navya Nyāya System of Logic. Some Basic Theories and Techniques, Varanasi 1968, Delhi ²1979; P. Hacker, Ānvīkṣikī, Wiener Z. Kunde Süd- u. Ostasiens u. Arch. ind. Philos. 2 (1958), 54–83; D. H. H. Ingalls, Materials for the Study of Navya-Nyāya Logic, Cambridge Mass. 1951; H. Jacobi, Die i. L., Nachr. Göttinger Ges. Wiss., philol.-hist. Kl., 1901, 460–484; A. Kunst, Probleme der buddhistischen Logik in der Darstellung des Tattvasangraha, Krakau 1939; ders., The Concept of the Principle of Excluded Middle in Buddhism, Rocznik Orientalistyczny 21 (1957), 141–147; S. K. Maitra, Fundamental Questions of Indian Metaphysics and Logic, Kalkutta 1956, ²1974; B. K. Matilal, The Navva-nyāya Doctrine of Negation. The Semantics and Ontology of Negative Statements in Navya-nyāya Philosophy, Cambridge Mass. 1968; ders., Reference and Existence in Nyāya and Buddhist Logic, J. Ind. Philos. 1 (1970/ 1972), 83–110; ders., Epistemology, Logic, and Grammar in Indian Philosophical Analysis, The Hague/Paris 1971, Oxford/ Delhi 2005; ders., Logic, Language and Reality. An Introduction to Indian Philosophical Studies, Delhi 1985, mit Untertitel: Indian Philosophy and Contemporary Issues, ²1990; ders., Perception. An Essay on Classical Indian Theories of Knowledge, Oxford 1986, 1991; ders., The Character of Logic in India, ed. J. Ganeri/H. Tiwari, New York 1998; ders./R. D. Evans, Buddhist Logic and Epistemology. Studies in the Buddhist Analysis of Inference and Language, Dordrecht/Boston Mass. 1986; A.-C. S. McDermott (ed.), An Eleventh-Century Buddhist Logic of ›Exists‹, Ratnakīrti's Kṣaṇabhaṅgasiddiḥ Vyatirekātmikā, Dordrecht 1969, 1970; S. Mookerjee, The Buddhist Philosophy of Universal Flux. An Exposition of the Philosophy of Critical Realism as Expounded by the School of Dignâga, Kalkutta 1936, Delhi 1980, 1997; ders., The Absolutist's Standpoint in Logic, in: ders. (ed.), The Nava-Nalanda-Mahavihara Research Publication 1, Patna 1957, 1–175; H. Nakamura, Buddhist Logic Expounded by Means of Symbolic Logic, J. Indian and Buddhist

Stud. 7 (1958/1959), 375–395; G. Oberhammer, Ein Beitrag zu den Vāda-Traditionen Indiens, Wiener Z. Kunde Süd- u. Ostasiens u. Arch. ind. Philos. 7 (1963), 63–103; C. Oetke, Vier Studien zum altindischen Syllogismus, Reinbek b. Hamburg 1994; S. H. Phillips, Classical Indian Metaphysics. Refutations of Realism and the Emergence of ›New Logic‹, Chicago Ill./La Salle Ill. 1995, Delhi 1997; H. N. Randle, Indian Logic in the Early Schools. A Study of the Nyāyadarśana in Its Relation to the Early Logic of Other Schools, London 1930, Neu Delhi 1976; P. S. Sanghvi, Fundamental Problems of Indian Philosophy (A Comparative Study with Special Reference to the Jaina System), Indian Stud. Past & Present 2 (1960/1961), 189–201, 387–494 (repr. separat Neu Delhi 1974), separat unter dem Titel: Advanced Studies in Indian Logic and Metaphysics, Kalkutta 1961; D. N. Sastri [Shastri], Critique of Indian Realism. A Study of the Conflict between the Nyāya-Vaiśeṣika and the Buddhist Dignāga School, Agra 1964, unter dem Titel: The Philosophy of Nyāya-Vaiśeṣika and Its Conflict with the Buddhist Dignāga School. Critique of Indian Realism, Delhi 1976, 1997; H. Scharfe, Die Logik im Mahābhāṣya, Berlin 1961; S. Schayer, Studien zur i.n L., Bull. int. Acad. Pol. sci. et lettr., Cl. hist. et philol. 1932, 98–102, 1933, 90–96; N. Schuster, Inference in the Vaiśeṣikasūtras, J. Ind. Philos. 1 (1970/1972), 341–395; D. Sharma, The Differentiation Theory of Meaning in Indian Logic, The Hague 1969; J. F. Staal, Correlations between Language and Logic in Indian Thought, Bull. School Orient. African Stud. 23 (1960), 109–122; ders., Formal Structures in Indian Logic, Synthese 12 (1960), 279–286; ders., The Theory of Definition in Indian Logic, J. Amer. Orient. Soc. 81 (1961), 122–126; ders., Contraposition in Indian Logic, in: E. Nagel/P. Suppes/A. Tarski (eds.), Logic, Methodology and Philosophy of Science. Proceedings of the 1960 International Congress, Stanford Calif. 1962, 634–649; ders., Negation and the Law of Contradiction in Indian Thought. A Comparative Study, Bull. School Orient. African Stud. 25 (1962), 52–71; ders., Sanskrit Philosophy of Language, in: T. A. Sebeok (ed.), Current Trends in Linguistics V, The Hague/Paris 1969, 499–531; ders., Universals. Studies in Indian Logic and Linguistics, Chicago Ill. 1988; T. Stcherbatsky [F. I. Ščerbatskoj], Teorija poznanija i logika po učeniju pozdnejšich budistov, I–II, St. Petersburg 1903/1909 (dt. Erkenntnistheorie und Logik nach der Lehre der späteren Buddhisten, München 1924); ders., Buddhist Logic, I–II, Leningrad 1930/1932 (repr. Osnabrück 1970, Neu Delhi 1984); E. Steinkellner (ed.), Studies in the Buddhist Epistemological Tradition. Proceedings of the Second International Dharmakīrti Conference, Wien 1991; S. Sugiura, Hindu Logic as Preserved in China and Japan, ed. E. A. Singer, Philadelphia Pa., Boston Mass. 1900; G. Tucci, Buddhist Logic before Dinnāga (Asaṅga, Vasubandhu, Tarka-śāstras), J. Royal Asiat. Soc. 1929, 451–488, 870–871; ders. (ed. and trans.), Pre-Dinnāga Buddhist Texts on Logic from Chinese Sources, Baroda 1929, Madras ²1981; J. Vattanky, A System of Indian Logic. The Nyāya Theory of Inference, London 2003; S. C. Vidyabhuṣaṇa, A History of Indian Logic. Ancient, Mediaeval, and Modern Schools, Kalkutta 1921, Delhi 1978.   K. L.

Logik, induktive, im allgemeinen Sinne zusammenfassende Bezeichnung für logisch-philosophische Untersuchungen zum Problem der ↑Induktion und zum induktiven Schließen (↑Schluß, induktiver), ferner zum Begriff der ↑Wahrscheinlichkeit, sofern dieser zur Beurteilung von (insbes. wissenschaftlichen) ↑Hypothesen

verwendet wird, gelegentlich auch zur ↑Wahrscheinlichkeitslogik. Im speziellen Sinn bezeichnete ›i. L.‹ die von R. Carnap entwickelte Theorie der *induktiven Methoden* (↑Methode, induktive). Eine induktive Methode ist nach Carnap eine zweistellige Funktion c mit Aussagen als Argumenten und reellen Zahlen zwischen 0 und 1 als Werten. Die inhaltliche Deutung einer Behauptung $c(H, E) = r$ (in der ›c‹ für *confirmation* [Bestätigung] steht, ›H‹ für *hypothesis* [Hypothese] und ›E‹ für *evidence* [Erfahrungsdatum]) kann angegeben werden als ›die Hypothese H ist auf Grund des Erfahrungsdatums E im Grade r bestätigt‹. Der Grenzfall $c(H, E) = 1$ ist dabei gleichwertig mit ›H folgt logisch aus E‹, der Grenzfall $c(H, E) = 0$ mit ›H ist logisch unverträglich mit E‹. Die dazwischenliegenden Fälle werden nach Carnap als *partielle logische* ↑*Implikationen* gedeutet. Während der Sachverhalt, daß H von E logisch impliziert wird, bedeutet, daß alle Interpretationen, unter denen E wahr ist, auch H wahr machen – in Carnaps an die Terminologie L. Wittgensteins anknüpfender Sprechweise: der L-Spielraum (›logischer ↑Spielraum‹) S_E von E ist im logischen Spielraum S_H von H enthalten –, soll $0 < c(H, E) < 1$ bedeuten, daß nur ein (echter) *Teil* des logischen Spielraums von E (nämlich der L-Spielraum $S_{H \wedge E}$ von $H \wedge E$) in dem von H enthalten ist. Für die von Carnap entwickelten endlichen Modellsprachen wird ausgehend von gewissen Adäquatheitsbedingungen ein Kontinuum induktiver Methoden entwickelt, die sich in den Annahmen zur Uniformität der Welt unterscheiden.

Wichtige Probleme der i.n L. sind unter anderem: (1) In der auf einen unendlichen ↑Individuenbereich erweiterten Carnapschen Theorie erhalten ↑Allaussagen grundsätzlich den Bestätigungsgrad 0 relativ zu einem nur auf endlich vielen Beobachtungen basierenden Erfahrungsdatum. Die Idee, mit Hilfe der c-Funktionen den Grad der Bestätigung wissenschaftlicher Gesetzeshypothesen zu messen, ist für Carnap also gescheitert. Mehr oder weniger stark bestätigen lassen sich nur *Einzelfälle* von Gesetzen. J. Hintikka hat versucht, durch Modifikation von Carnaps Theorie ein System der i.n L. zu entwickeln, das auch Allaussagen positive Bestätigungsgrade zuordnen kann. (2) Die ↑Goodmansche Paradoxie zeigt, daß man ›zerrüttete‹ (*gruesome*) Prädikate konstruieren kann, die es nicht mehr erlauben, aus dem Zutreffen auf alle (hinreichend vielen) in der Vergangenheit beobachteten Gegenstände darauf zu schließen, daß es für einen künftig beobachteten Gegenstand wahrscheinlicher ist, daß das Prädikat zutrifft, als daß es nicht zutrifft. Insbes. sind induktive Methoden bezüglich zerrütteter Prädikate nicht mehr adäquat. Vor allem K. R. Popper und seine Schüler haben (1) als Argument gegen eine induktivistische Bestätigungstheorie im Sinne Carnaps (↑Bestätigung) und für eine deduktivistische Bestätigungstheorie im Sinne Poppers (↑Bewährung) benutzt. Denn in einer Bestätigungstheorie gehe es um die Bestätigung *wissenschaftlicher* Hypothesen, und diese hätten in der Regel die Form von Allaussagen. W. Stegmüller (1971, 1973) hat Carnaps spätere Theorie als rationale Entscheidungstheorie umgedeutet, in der es nicht um die theoretische Bewertung von generellen Hypothesen, sondern um praktische Entscheidungen gehe, die nur für Einzelereignisse, auf die man wetten kann, möglich sind. In Poppers und Carnaps Theorien gehe es also um verschiedene Probleme; Problem (1) sei kein Manko von Carnaps Theorie. Damit ist Carnaps eigene Deutung seiner Theorie als einer i.n *L.* aufgegeben; Carnaps Theorie wäre unter dem Stichwort ↑›Entscheidungstheorie‹ oder ›normatives Argumentieren‹ zu behandeln. Problem (2) trifft Deduktivisten und Induktivisten in gleicher Weise (auch wenn es z. B. von Popper in Anhang XVIII der »Logik der Forschung« [⁷1982], wo eine auf Raumparameter bezogene Version der Goodmanschen Paradoxie formuliert wird, als Argument gegen eine induktive Wahrscheinlichkeitslogik verstanden wird). Es läßt sich auf Grund seiner schwachen Annahmen auf beliebige Bestätigungstheorien übertragen.

Literatur: D. Baird, Inductive Logic. Probability and Statistics, Englewood Cliffs N. J. 1992; R. Carnap, On Inductive Logic, Philos. Sci. 12 (1945), 72–97, ferner in: S. A. Luckenbach (ed.), Probabilities, Problems, and Paradoxes [s. u.], 51–79, ferner in: M. H. Foster/M. L. Martin (eds.), Probability, Confirmation, and Simplicity [s. u.], 35–61; ders., Logical Foundations of Probability, Chicago Ill. 1950, Chicago Ill., London ²1962, 1971 (mit Bibliographie, 583–604); ders., The Continuum of Inductive Methods, Chicago Ill. 1952; ders., I. L. und Wahrscheinlichkeit, ed. W. Stegmüller, Wien 1959; ders., The Aim of Inductive Logic, in: E. Nagel/P. Suppes/A. Tarski (eds.), Logic, Methodology and Philosophy of Science. Proceedings of the 1960 International Congress, Stanford Calif. 1962, 303–318, ferner in: S. A. Luckenbach (ed.), Probabilities, Problems, and Paradoxes [s. u.], 104–120; ders., A Basic System of Inductive Logic, Part I, in: ders./R. C. Jeffrey (eds.), Studies in Inductive Logic and Probability [s. u.] I, 33–165, Part II, in: ders./R. C. Jeffrey (eds.), Studies in Inductive Logic and Probability [s. u.] II, 7–155; ders., Inductive Logic and Rational Decisions, in: ders./ R. C. Jeffrey (eds.), Studies in Inductive Logic and Probability [s. u.] I, 5–31; ders./R. C. Jeffrey (eds.), Studies in Inductive Logic and Probability I, (ohne R. Carnap) II, Berkeley Calif./ Los Angeles/London 1971/1980; L. J. Cohen/M. Hesse (eds.), Applications of Inductive Logic. Proceedings of a Conference at the Queen's College, Oxford (1978), Oxford 1980; W. K. Essler, I. L.. Grundlagen und Voraussetzungen, Freiburg/München 1970; ders., Wissenschaftstheorie III (Wahrscheinlichkeit und Induktion), Freiburg/München 1973; ders., L., i., Hist. Wb. Ph. V (1980), 417–423; B. Fitelson, Inductive Logic, in: S. Sarkas/ J. Pfeifer (eds.), The Philosophy of Science. An Encyclopedia I, New York/London 2006, 384–394; M. H. Foster/M. L. Martin (eds.), Probability, Confirmation, and Simplicity. Readings in the Philosophy of Inductive Logic, New York 1966; D. Gillies, Philosophical Theories of Probability, London/New York 2000; I. Hacking, An Introduction to Probability and Inductive Logic,

Cambridge Mass./New York 2001; J. Hawthorne, Inductive Logic, SEP 2004, erw. 2008; J. Hintikka/P. Suppes (eds.), Aspects of Inductive Logic. International Symposium on Confirmation and Information, Held in Helsinki from September 30 to October 2, 1965, Amsterdam 1966; T. A. F. Kuipers, Studies in Inductive Probability and Rational Expectation, Dordrecht/Boston Mass. 1978; F. v. Kutschera, Wissenschaftstheorie. Grundzüge der allgemeinen Methodologie der empirischen Wissenschaften I, München 1972, 122–162 (Kap. III/2 Der logische Wahrscheinlichkeitsbegriff); H. E. Kyburg Jr., Recent Work in Inductive Logic, Amer. Philos. Quart. 1 (1964), 249–287 (mit Bibliographie, 278–287); ders., Probability and Inductive Logic, London 1970 (mit Bibliographie, 278–287); I. Lakatos (ed.), The Problem of Inductive Logic. Proceedings of the International Colloquium in the Philosophy of Science (London 1965), Amsterdam 1968; S. A. Luckenbach (ed.), Probabilities, Problems, and Paradoxes. Readings in Inductive Logic, Encino Calif./Belmont Calif. 1972; P. Roeper/H. Leblanc, Probability Theory and Probability Logic, Toronto 1999; P. A. Schilpp (ed.), The Philosophy of Rudolf Carnap, La Salle Ill./London 1963, 1991; D. Schum, The Evidential Foundations of Probabilistic Reasoning, New York 1994; B. Skyrms, Choice and Chance. An Introduction to Inductive Logic, Belmont Calif. 1966, ⁴2000 (dt. Einführung in die i. L., ed. I. J. W. Dorn, Frankfurt 1989); W. Stegmüller, Das Problem der Induktion. Humes Herausforderung und moderne Antworten, in: H. Lenk (ed.), Neue Aspekte der Wissenschaftstheorie, Braunschweig 1971, 13–74, Nachdr. in: W. Stegmüller, Das Problem der Induktion – Der sogenannte Zirkel des Verstehens, Darmstadt 1975, 1–62 (engl. The Problem of Induction. Hume's Challenge and the Contemporary Answers, in: ders., Collected Papers on Epistemology, Philosophy of Science and History of Philosophy II, Dordrecht/Boston Mass. 1977, 68–136); ders., Probleme und Resultate der Wissenschaftstheorie und Analytischen Philosophie IV/1 (Personelle Wahrscheinlichkeit und Rationale Entscheidung), Berlin/Heidelberg/New York 1973, bes. 387–548 (Teil II Die probabilistische Grundlegung der rationalen Entscheidungstheorie. Normative Theorie des induktiven Räsonierens [Rekonstruktion von Carnap II]); H. Vetter, Wahrscheinlichkeit und logischer Spielraum. Eine Untersuchung zur i.n L., Tübingen 1967. – R. L. Slaght, Induction, Acceptance, and Rational Belief. A Selected Bibliography, in: M. Swain (ed.), Induction, Acceptance, and Rational Belief, Dordrecht 1970, 186–227.   P. S.

Logik, infinitäre (engl. infinitary logic), Bezeichnung für Logiken 1. Stufe (↑Logik, formale), deren Sprache unendliche ↑Konjunktionen und ↑Disjunktionen, gegebenenfalls auch unendliche Folgen (↑Folge (mathematisch)) von ↑Quantoren, zuläßt. Mathematisch wird die unendliche Konjunktion bzw. Disjunktion als ↑Operator aufgefaßt, der eine möglicherweise unendliche Menge als Argument hat, also z. B. $\bigwedge_{i \in I} A_i$ für $\bigwedge \{A_i : i \in I\}$. Infinitäre Formeln lassen sich zwar kodieren, aber nicht ›niederschreiben‹; dennoch hat sich die Definition solcher Sprachen in der mathematischen Logik (↑Logik, mathematische), insbes. in der ↑Modelltheorie, als fruchtbar erwiesen. Da i. L.en stärkere Ausdrucksmittel als normale (›endliche‹) Logiken haben, lassen sich in ihnen Begriffe bilden bzw. Sachverhalte beweisen, die in endlichen Logiken nicht bildbar bzw. beweisbar sind. So ist z. B. die Charakterisierung des Standardmodells der Arithmetik der natürlichen Zahlen möglich, wozu in der ›finitären‹ Logik ein höherstufiges, mengentheoretische (↑Mengenlehre) Hilfsmittel in Anspruch nehmendes System der formalen ↑Arithmetik erforderlich wäre. Andererseits gelten zentrale Theoreme, die für die finitäre Logik 1. Stufe charakteristisch sind, wie z. B. der Kompaktheitssatz (↑Endlichkeitssätze), nicht mehr oder nur mit bestimmten Modifikationen. I. L.en wurden 1958 von D. Scott und A. Tarski eingeführt. In der ↑Beweistheorie besteht eine gewisse Verwandtschaft zu Systemen mit unendlicher Induktion (↑Induktion, unendliche), in denen allerdings nicht der Formelbegriff (↑Formel), sondern nur der Ableitungsbegriff erweitert wird, indem ↑Regeln mit unendlich vielen ↑Prämissen vorkommen dürfen.

Literatur: J. Barwise, Admissible Sets and Structures. An Approach to Definability Theory, Berlin/Heidelberg/New York 1975; J. L. Bell, Infinitary Logic, SEP 2000, erw. 2006; W. Hodges, Model Theory, Cambridge etc. 1993, 2008; D. Scott/A. Tarski, The Sentential Calculus with Infinitely Long Expressions, Colloquium Mathematicum 6 (1958), 165–170. P. S.

Logik, informelle (engl. informal logic, franz. logique informelle), Sammelbezeichnung für Programme zur kritischen Analyse und Rekonstruktion von Argumentationszusammenhängen (↑Argumentation) und sprachlichen Folgerungszusammenhängen (↑Folgerung), die auf die Verwendung der in der formalen Logik (↑Logik, formale) entwickelten Analyseinstrumente (↑Analyse, logische) weitgehend zu verzichten suchen. Kriterien für korrektes Argumentieren werden entsprechend nicht im (ausschließlichen) Rückgriff auf formalsprachliche Mittel (↑Sprache, formale) und durch ↑Kalkülisierung der Folgerungsbeziehung entwickelt. Die i. L. gewinnt ihre Maßstäbe für die Auszeichnung folgerichtiger Argumentationsketten vielmehr durch explizierende Beschreibung und Typisierung von Beispielen aus in der (Alltags- und Wissenschafts-)Praxis bereits bewährten argumentativen Sequenzen. Eine wichtige heuristische (↑Heuristik) Funktion kommt dabei der systematischen Variation von (Sequenzen von) Beispielsätzen zu. Die Ermittlung und Darstellung der Korrektheitsmaßstäbe bedient sich in geringem Umfang auch formaler Hilfsmittel wie z. B. ↑Variablen und metasprachlicher ↑Mitteilungszeichen. Sowohl hinsichtlich ihrer Theorieentwicklung als auch hinsichtlich der Wahl ihrer Gegenstände knüpft sie an die Resultate der klassischen Disziplinen ↑Rhetorik, ↑Topik und ↑Dialektik an und ist entsprechend eng mit Konzeptionen verwandt, die sich wie die ↑Argumentationstheorie (nach S. Toulmin), die ›Neue Rhetorik‹ (nach C. Perelman) oder die ›Formale Dialektik‹ (nach E. M. Barth/E. C. W. Krabbe) ebenfalls explizit oder implizit in diese Tradition stellen.

In Bezug auf ihr Verhältnis zur formalen Logik lassen sich die Beiträge zur i.n L. in zwei Hauptgruppen gliedern: (1) diejenigen Beiträge, die die informelle Darstellungsweise lediglich als anwendungsbezogenen ›Transfer‹ der Resultate einer vor allem formale Mittel einsetzenden Logik verstehen, deren Geltungsanspruch aber nicht in Frage stellen, (2) solche Beiträge, die der formalen Logik ihren Anspruch auf generelle Zuständigkeit bestreiten und sie für ergänzungsbedürftig halten. Die zweite Position wird vielfach vertreten, ohne daß die Autoren zugleich die (bereichsbezogene) Geltung der formalen Logik grundsätzlich in Frage stellen (2a). So gelten z. B. vielen Autoren informelle ↑Rekonstruktionen der juristischen Argumentationspraxis (↑Logik, juristische) als eine lebenspraktisch bedeutsame Ergänzung der formalen Logik, da die Logik nur für wahrheitsfähige Aussagen definiert sei. Die auf regulative (und nicht auf konstative) Redehandlungen (↑Sprechakt) zielende juristische Praxis sei also durch die Logik nicht abgedeckt. Gleichwohl käme aber der Folgerichtigkeit der juristischen Rede eine hohe lebenspraktische Bedeutung zu. Geeignete Maßstäbe wären also außerhalb der formalen Logik zu entwickeln (↑Jørgensens Dilemma). Ähnliches gilt für den Umgang mit schwächeren konstativen Modi (Vermutungen, Schätzungen), vagen ↑Quantoren und Bereichsbestimmungen (›die meisten‹, ›fast alle‹ etc.), für die keine allgemeingültigen Folgerungsbeziehungen (↑Implikation) angegeben werden können, obwohl die alltagssprachliche, ebenso wie die wissenschaftliche und die juristische, Argumentationspraxis Inferenzregeln und Korrektheitsstandards kennt. Beiträge zur i.n L. bemühen sich entsprechend um informelle Standards außerhalb der formalen Logik. Häufig werden auch (2b) Ansätze zu einer i.n L. aus einer generellen Kritik an der formalen Logik und deren Ausrichtung auf das Methodenideal der Mathematik heraus entwickelt. Während die Beiträge der Typen (1) und (2a) naturgemäß stärker auf die praktische Entwicklung konkreter ↑Schemata ausgerichtet sind, verstehen sich Ansätze vom Typ (2b) vor allem als Beiträge zur Philosophie der Logik und allgemeinen ↑Sprachphilosophie, insbes. zu bedeutungs-, begründungs- und argumentationstheoretischen Fragestellungen (↑Semantik). So tritt der Ausdruck ›i. L.‹ auch zum ersten Mal (bei G. Ryle) im Rahmen der Kritik des linguistischen Phänomenalismus (↑Phänomenalismus, linguistischer) der ↑Oxford Philosophy an einer Verabsolutierung idealsprachlicher Korrektheitsstandards auf (↑Sprache, ideale). Ryles »informal logic of our ordinary and technical concepts« (1954, 129) zielt wie etwa auch P. F. Strawsons Untersuchung der »logical features of ordinary speech« (1952, 231) auf die beschreibende Rekonstruktion des faktischen Sprachgebrauchs und der Funktion der Ausdrucksverwendung in der kommunikativen Praxis. I. L.

im Sinne Ryles entspricht damit im wesentlichen dem Verständnis von ›Grammatik‹ im Spätwerk L. Wittgensteins und wird oft – ob zu Recht oder nicht, bleibt umstritten – lediglich dem Namen, nicht aber der Sache nach der i.n L. zugerechnet. Eine wichtige Rolle für die Herausbildung der i.n L. wird hingegen der von S. Toulmin (1958) vorgebrachten Kritik an der formalen Logik zugeschrieben, die dieser als das Ergebnis einer Fehlentwicklung beschreibt. Die formal definierten Kriterien für korrektes Argumentieren sind danach wesentlich durch die Zwänge, die für die Errichtung formaler Systeme (↑System, formales) bestehen, mitbestimmt und können den komplexen Erfordernissen der Praxis nicht genügen. Er schlägt daher ein umfassenderes Konzept rationalen Begründens und Rechtfertigens vor, das auch den kommunikativen Funktionen lebensweltlichen Argumentierens gerecht zu werden versucht (↑Argumentationstheorie).

Beiträge vom Typ (1), die die i. L. lediglich als eine anwendungsbezogene Ergänzung der wissenschaftlich betriebenen Logik sehen, verstehen hingegen das lebensweltliche Argumentieren nicht so sehr als weithin gelingende Praxis, sondern stellen gerade die Mängel dieser Praxis heraus. Im Hintergrund steht nicht selten ein auf Bürgeraktivierung und Bürgerbeteiligung abhebendes Verständnis juristischer und politischer Entscheidungsfindung. Der dem Programm des ›Critical Thinking‹ verwandte gesellschaftlich-aufklärerische Anspruch dokumentiert sich auch in mitunter didaktisch aufbereiteter Offenlegung von Schein- und ↑Trugschlüssen (›fallacies‹; z. B. ↑quaternio terminorum, ↑ignoratio elenchi) und der Entlarvung persuasiver Strategien (↑Eristik). C. L. Hamblin, dessen Untersuchung »Fallacies« (1970) wie Toulmins »The Uses of Argument« ein wesentlicher Impulsgeber für die Entwicklung der i.n L. gewesen ist, nimmt in diesem Zusammenhang explizit auf die »Sophistischen Widerlegungen« des Aristoteles Bezug. Die durch opake Kontexte und strukturelle Komplexität bedingten argumentativen Fehler und Irrtümer werden anhand formaler oder halbformaler Analysen exemplarischer Redesequenzen erhoben, typisiert und erläutert. Im Vordergrund der Betrachtung stehen meist topische Argumentationen (↑Topik), die nur auf bestimmte Voraussetzungen beschränkt als korrekt gelten dürfen, etwa unter der Voraussetzung des Erfülltseins bestimmter Äußerungsbedingungen (↑Äußerung, ↑Kontext). Vielfach ist dabei eine Analyse möglich, die solche spezifischen Bedingungen als ↑Prämissen expliziert und das nicht-formal formulierte Argumentationsschema in ein formal-logisch darstellbares überführt. Die formal-logische Gültigkeit kann dann – zumindest im Prinzip – als Kriterium der Korrektheit der Argumentation gelten (↑Enthymem). Die Rückführbarkeit hat jedoch ihre Grenzen, z. B. bei der Rekonstruktion mancher argumentativer Muster, denen (wie z. B. dem ↑Dammbruchargument) zwar in öffentlichen, politischen wie ethischen, Debatten (↑Ethik, angewandte) eine besondere Relevanz für praktische Entscheidungslagen beigemessen wird, die aber hinsichtlich ihrer Triftigkeit umstritten sind. Die Übergänge zwischen der informell-topischen und der formal-logischen Analyse sind in solchen Fällen fließend. Da weiter manche argumentativen Muster (z. B. ↑Retorsion, tu-quoque-Argument) nur unter Einbeziehung ihrer konkreten Äußerungsumgebung und unter Heranziehung redehandlungstheoretischer Überlegungen aussichtsreich zu klären sind, weist die i. L. auch fließende Übergänge zur Theorie der ↑Sprechakte und zur ↑Kommunikationstheorie auf.

Literatur: J. A. Blair (ed.), Informal Logic. The First International Symposium, Inverness Calif. 1980; F. H. van Eemeren (ed.), Advances in Pragma-Dialectics, Amsterdam, Newport News Va. 2002; ders./R. Grootendorst, Argumentation, Communication, and Fallacies. A Pragma-Dialectical Perspective, Hillsdale N. J./London/Hove 1992, London/New York 2009; dies. u. a. (eds.), Fundamentals of Argumentation Theory. A Handbook of Historical Backgrounds and Contemporary Developments, Mahwah N. J. 1996, New York/London 2009; F. Feldman, Doing the Best We Can. An Essay in Informal Deontic Logic, Dordrecht/Boston Mass. 1986 (Philosophical Studies Series in Philosophy XXV); ders., Reason and Argument, Englewood Cliffs N. J./London 1993, Upper Saddle River N. J. ²1999; M. A. Finocchiaro, Arguments about Arguments. Systematic, Critical and Historical Essays in Logical Theory, Cambridge etc. 2005; A. Fisher (ed.), Critical Thinking. Proceedings of the First British Conference on Informal Logic and Critical Thinking, Norwich 1988; ders., Critical Thinking. An Introduction, Cambridge etc. 2001, 2010; R. J. Fogelin, Understanding Arguments. An Introduction to Informal Logic, San Diego Calif. etc. 1978, mit W. Sinnott-Armstrong, ⁴1991, Belmont Calif. ⁸2010; J. B. Freeman, Acceptable Premises. An Epistemic Approach to an Informal Logic Problem, Cambridge etc. 2005; M. A. Gilbert, How to Win an Argument, New York 1979, mit Untertitel: Surefire Strategies for Getting Your Point Across, New York etc. ²1996, Lanham Md. ³2008; T. Govier, A Practical Study of Argument, Belmont Calif. 1985, ⁷2010; dies., The Philosophy of Argument, ed. J. Hoaglund, Newport News Va. 1999; W. Grennan, Informal Logic. Issues and Techniques, Montreal/Buffalo N. Y. 1997; L. A. Groarke, Informal Logic, SEP 1996, erw. 2007; C. L. Hamblin, Fallacies, London 1970, Newport News Va. 2004; H. V. Hansen/R. C. Pinto (eds.), Fallacies. Classical and Contemporary Readings, University Park Pa. 1995; dies. (eds.), Reason Reclaimed. Essays in Honor of J. Anthony Blair and Ralph H. Johnson, Newport News Va. 2007; R. H. Johnson, The Rise of Informal Logic. Essays on Argumentation, Critical Thinking, Reasoning, and Politics, ed. J. Hoaglund, Newport News Va. 1996; ders., Manifest Rationality. A Pragmatic Theory of Argument, Mahwah N. J./London 2000; ders., Making Sense of ›Informal Logic‹, Informal Logic 26 (2006), 231–258; ders./J. A. Blair, Logical Self-Defense, Toronto/New York 1977, ²1983, New York/London 1994; dies. (eds.), New Essays in Informal Logic, Windsor Ont. 1994; H. Kahane, Logic and Contemporary Rhetoric. The Use of Reason in Everyday Life, Belmont Calif. 1971, mit N. Cavender, ⁸1998, ¹¹2010; J. F. Little/L. A. Groarke/C. W. Tindale, Good Reasoning Matters! A Constructive Approach to Critical

Thinking, Toronto 1987, fortgeführt v. L. A. Groarke/C. W. Tindale/L. Fisher, Toronto etc. [2]1997, ohne L. Fisher, Don Mills Ont. etc. [3]2004, [4]2008; A. Lunsford/J. J. Ruszkiewicz, Everything's an Argument, Boston Mass. 1999, mit Untertitel: With Readings, mit K. Walters, [2]2001, [5]2009, 2010; R. Munson, The Way of Words. An Informal Logic, Boston Mass. etc. 1976; H. Prakken/G. Vreeswijk, Logical Systems for Defeasible Argumentation, in: D. M. Gabbay/F. Guenthner (eds.), Handbook of Philosophical Logic IV, Dordrecht/Boston Mass./London [2]2001, 219–318; G. Ryle, Dilemmas. The Tarner Lectures 1953, Cambridge 1954, 2002; P. F. Strawson, Introduction to Logical Theory, London, New York 1952, Abingdon/London 2011; C. W. Tindale, Acts of Arguing. A Rhetorical Model of Argument, Albany N. Y. 1999; ders., Rhetorical Argumentation. Principles of Theory and Practice, Thousand Oaks Calif./London/Neu-Delhi 2004; ders., Fallacies and Argument Appraisal, Cambridge etc. 2007; S. Toulmin, The Uses of Argument, Cambridge 1958, Cambridge etc. 2003 (dt. Der Gebrauch von Argumenten, Kronberg 1975, Weinheim [2]1996; franz. Les usages de l'argumentation, Paris 1993); D. N. Walton, Informal Logic. A Handbook for Critical Argumentation, Cambridge/New York/Melbourne 1989, mit Untertitel: A Pragmatic Approach, Cambridge etc. [2]2008; ders./A. Brinton (eds.), Historical Foundations of Informal Logic, Aldershot etc. 1997; J. Woods/D. N. Walton, Argument. The Logic of the Fallacies, Toronto etc. 1982, mit A. D. Irvine, mit Untertitel: Critical Thinking, Logic and the Fallacies, erw. Toronto 2000, [2]2004 (franz. Critique de l'argumentation. Logiques des sophismes ordinaires, Paris 1992). – Informal Logic 1 (1978) ff.; Argumentation 1 (1987) ff..   G. K.

Logik, inklusive, ↑Logik, freie.

Logik, intensionale (engl. intensional logic, franz. logique intensionelle), Bezeichnung für einen Logiktyp, der nicht die Extension (↑extensional/Extension) von Ausdrücken betrachtet, sondern von ihrer Intension (↑intensional/Intension) ausgeht. Diese Unterscheidung tritt als Basis unterschiedlicher Deduktionsweisen wohl erstmals bei G. W. Leibniz (z. B. Nouv. essais IV 17 § 8, Akad.-Ausg. 6.6, 486) auf. In ihrer Reformulierung, etwa durch R. Carnap (Einführung in die symbolische Logik mit besonderer Berücksichtigung ihrer Anwendungen, Wien 1954, Wien/New York [3]1968), wird als Intension eines ↑Prädikators ›P‹ die *Eigenschaft P* (Extension: die Klasse [↑Klasse (logisch)] der Individuen, denen ›P‹ zugesprochen werden kann) betrachtet, als Intension eines *n*-stelligen ↑Relators ›R‹ die *Beziehung* (Relation) *R* (Extension: die Klasse der *n*-tupel, denen ›R‹ zugesprochen werden kann), als Intension einer *Aussage* ›S‹ die ↑*Proposition* von ›S‹ (Extension: der ↑*Wahrheitswert* von ›S‹). Hintergrund der Carnapschen Begriffsbildung ist dabei G. Freges Unterscheidung von ↑Sinn und Bedeutung. Allerdings ist das Begriffspaar Sinn/Bedeutung nicht mit dem Begriffspaar Intension/Extension völlig synonym. Dieses Problemfeld wird in der Frege-Forschung intensiv diskutiert.

In verallgemeinernder Verwendung dieser Bezeichnungsregeln wird unter ›i.r L.‹ die Theorie derjenigen logischen Systeme verstanden, in denen es Ausdrücke gibt, deren Extension nicht schon durch die Extensionen ihrer Teilausdrücke, sondern erst durch deren Intensionen eindeutig bestimmt ist. Bei mit Aussagenoperatoren zusammengesetzten Ausdrücken heißt das für die i. L., daß Wahrheitswerte unmittelbarer Teilaussagen im allgemeinen keinen Wahrheitswert für die zusammengesetzte Aussage festlegen. Die Aussage ›es ist notwendig, daß *A*‹ kann z. B. einen von ›es ist notwendig, daß *B*‹ verschiedenen Wahrheitswert haben, obwohl *A* und *B* beide wahr sind (nämlich wenn *A* eine kontingente (↑kontingent/Kontingenz) Wahrheit ist, *B* jedoch nicht; Beispiel: $A \leftrightharpoons$ (7 = Anzahl der Weltwunder), $B \leftrightharpoons$ (7 = 7)). Es gibt eine große Anzahl von weiteren, ähnlich wirkenden intensionalen Aussageoperatoren wie z. B. ›glaubt, daß‹, ›wäre wünschenswert, daß‹ und andere propositionale Einstellungen. Wie das Beispiel von ›notwendig, daß‹ bereits belegt, ist die ↑Modallogik eine i. L.. Andere i. L.en sind z. B. deontische, epistemische und temporale Logik (↑Logik, deontische, ↑Logik, epistemische, ↑Logik, temporale), Logiken der strikten Implikation (↑Implikation, strikte), ↑Relevanzlogik, konnexe Logik (↑Logik, konnexe) und ↑Logik des ›Entailment‹. Das bedeutet jedoch nicht, daß die *Interpretation* mancher dieser Systeme nicht in einem extensionalen Bezugsrahmen vollzogen werden könnte, was in der modernen intensionalen Semantik (↑Semantik, intensionale) tatsächlich durchgeführt wird: Die Interpretation etwa der Modallogik in der ↑Kripke-Semantik erfolgt in einer extensionalen mengentheoretischen (↑Mengenlehre) Sprache, in der z. B. die Intensionen objektsprachlicher (↑Objektsprache) ↑Aussageformen als extensional aufgefaßte Funktionen aus einer Menge von ›möglichen Welten‹ (↑Welt, mögliche) in die Potenzmenge des Grundbereichs verstanden werden. Entsprechendes gilt für die ganz allgemeinen ausdrucksreichen Systeme i.r L., die in der linguistischen Semantik für die Zwecke der Interpretation umgangssprachlicher Ausdrücke entwikkelt wurden (↑Montague-Grammatik). Auch andere Verfahren, i.n L.en mathematische Modelle zuzuordnen, z. B. Modelle des als Präzisierung eines intensionalen Funktionsbegriffs konzipierten ↑Lambda-Kalküls, beruhen auf einer in der ↑Metasprache verwendeten extensionalen Logik (↑Logik, extensionale). Dies zeigt, daß der Extensionsbegriff meist als der semantisch primäre Begriff angesehen wird, mittels dessen man sich auch den Intensionsbegriff verständlich macht. Daß es keine eigenständigen i.n L.en gibt, behauptet eine Lesart der ↑Extensionalitätsthese, die jedoch heute auf Grund der Entwicklung i.r L.en als überholt angesehen wird.

Literatur: C. A. Anderson, General Intensional Logic, in: D. Gabbay/F. Guenthner (eds.), Handbook of Philosophical Logic II (Extensions of Classical Logic), Dordrecht 1984, 355–385; ders., Alonzo Church's Contributions to Philosophy and Intensional Logic, Bull. Symb. Log. 4 (1998), 129–171; J. Barwise/J. Perry, Situations and Attitudes, Cambridge Mass./London 1983, Stanford Calif. 1999, 2000 (dt. Situationen und Einstellungen. Grundlagen der Situationssemantik, Berlin/New York 1987); J. van Benthem, A Manual of Intensional Logic, Stanford Calif. 1985, ²1988; J. W. Carson, Intensional Logics, REP IV (1998), 807–810; A. Church, A Formulation of the Logic of Sense and Denotation, in: P. Henle/H. M. Kallen/S. K. Langer (eds.), Structure, Method, and Meaning. Essays in Honour of Henry M. Sheffer, New York 1951, 3–24; J. Cresswell, Structured Meanings. The Semantics of Propositional Attitudes, Cambridge Mass./London 1985; M. Fitting, Intensional Logic, SEP 2006, rev. 2007; D. Gallin, Intensional and Higher-Order Modal Logic. With Applications to Montague Semantics, Amsterdam/Oxford, New York 1975; Y. N. Moschovakis, A Logical Calculus of Meaning and Synonymy, Linguistics and Philosophy 29 (2006), 27–89; E. Zalta, Intensional Logic and the Metaphysics of Intentionality, Cambridge Mass./London 1988. G. W./P. S.

Logik, intermediäre (engl. intermediate logic[s]), Bezeichnung für logische ↑Formalismen, die ›zwischen‹ intuitionistischer und klassischer Logik liegen (↑Logik, intuitionistische, ↑Logik, klassische). Beispiele für solche Systeme sind z. B. die intuitionistische Logik, erweitert um $\neg p \lor \neg\neg p$ oder um $(p \to q) \lor (q \to p)$ (Gödel-Dummett-Logik) als Axiom. K. Gödel bewies für die ↑Junktorenlogik erstmals 1932, daß es unendlich viele Systeme in aufsteigender Stärke gibt, die alle stärker als die intuitionistische, aber schwächer als die klassische Logik sind. Genauer kann man sogar zeigen, daß die Menge der i.n L.en, ihrer deduktiven Stärke entsprechend geordnet, eine ↑Heytingalgebra bilden, die überdies nicht abzählbar (↑abzählbar/Abzählbarkeit) ist. Geht man von der Minimallogik (↑Minimalkalkül) aus, so erhält man den ↑Verband der Erweiterungen der Minimallogik, von dem der Verband der i.n L.en eine Subalgebra bildet. Die Vielfalt der so auf mathematische Weise beschriebenen möglichen logischen Systeme zeigt, daß technische oder ästhetische Kriterien (z. B. solche der Einfachheit) nicht hinreichen, bestimmte Systeme vor anderen auszuzeichnen. Hier ist vielmehr eine genuin philosophische Argumentation erforderlich.

Literatur: A. Chagrov/M. Zakharyashchev [Zakharyaschev], Modal Companions of Intermediate Propositional Logics, Stud. Log. 51 (1992), 49–82; dies., Modal Logic, Oxford 1997, 2001; M. Ferrari/C. Fiorentini, A Proof-Theoretical Analysis of Semiconstructive Intermediate Theories, Stud. Log. 59 (2003), 21–49; K. Gödel, Zum intuitionistischen Aussagenkalkül, Ergebnisse eines mathematischen Kolloquiums, H. 4 (1931/1932), Leipzig/Berlin 1933, 40, Neudr. in: S. Feferman (ed.), Kurt Gödel. Collected Works V/1 (Publications 1929–1936), Oxford/New York, 222–224 (engl. On the Intuitionistic Propositional Calculus, in: S. Feferman [ed.], Kurt Gödel [s. o.], 223–225); W. Rautenberg, Klassische und nichtklassische Aussagenlogik, Braunschweig/Wiesbaden 1979 (bes. 288–304 [Kap. V § 4 Der Verband der i.n L.en]); T. Umezawa, Über die Zwischensysteme

der Aussagenlogik, Nagoya Math. J. 9 (1955), 181–189; ders., On Logics Intermediate between Intuitionistic and Classical Predicate Logic, J. Symb. Log. 24 (1959), 141–153; M. Zakharyaschev, The Greatest Extension of S4 into which Intuitionistic Logic Is Embeddable, Stud. Log. 59 (2003), 345–358. P. S.

Logik, intuitionistische (engl. intuitionistic logic, franz. logique intuitioniste), Bezeichnung für eine Konzeption der Logik, die auf die von L. E. J. Brouwer vorgebrachte Kritik am Aktualunendlichen (↑unendlich/Unendlichkeit) zurückgeht, welche seinem mathematischen ↑Intuitionismus zugrunde liegt. Danach läßt sich das klassische ↑Zweiwertigkeitsprinzip, nach dem jede Aussage entweder wahr oder falsch ist, und insbes. die Allgemeingültigkeit des ↑tertium non datur $A \lor \neg A$ nicht mehr aufrechterhalten. Speziell für Aussagen über unendliche Bereiche muß damit gerechnet werden, daß über ihre Geltung nicht entschieden ist, also weder ein Beweis noch eine Widerlegung zur Verfügung steht, und daher ihr Sinn unabhängig von ihren Wahrheitsbedingungen zu erklären ist. In einem intuitionistischen Aufbau der formalen Logik (↑Logik, formale) können die ↑Junktoren also nicht, wie im Falle der klassischen Logik (↑Logik, klassische), mit Hilfe von ↑Wahrheitsfunktionen definiert werden; ebensowenig steht für die Deutung quantorenlogisch zusammengesetzter Aussagen die übliche mengentheoretische ↑Interpretationssemantik zur Verfügung.

Ursprünglich sind die logischen Partikeln (↑Partikel, logische) vom Intuitionismus als bloße – unter Umständen unvollkommene – sprachliche Darstellungsmittel für mathematische, d. h. gedankliche, Konstruktionen aufgefaßt worden. Sie wurden gleichwohl schon bald auch in bezug auf diese Funktion selbständig untersucht, erstmals in A. Heytings Deutung der intuitionistisch-logischen Partikeln als Verknüpfungen von *Beweisen:* ein Beweis von $(A \land B)$ ist ein Paar von Beweisen je für A und B; ein Beweis von $(A \lor B)$ ist eine Konstruktion, die zur Wahl einer der beiden Teilaussagen und zu deren Beweis führt; ein Beweis von $(A \to B)$ ist eine Konstruktion, die jeden Beweis von A in einen Beweis von B überführt und diese Überführbarkeit beweist; ein Beweis von $(\neg A)$ ist ein Beweis von $(A \to \curlywedge)$ mit $\curlywedge$ (↑falsum) als Zeichen für irgendeine falsche Aussage; ein Beweis von $\bigwedge_x A(x)$ ist eine Konstruktion, die zu jedem Objekt n des Variabilitätsbereichs von x einen Beweis von $A(n)$ herstellt und diese Herstellbarkeit beweist; ein Beweis von $\bigvee_x A(x)$ ist eine Konstruktion, die zur Wahl eines Objekts n aus dem ↑Variabilitätsbereich von x führt und einen Beweis von $A(n)$ liefert. Weitere Ansätze sind A. N. Kolmogorovs Deutung der i.n L. als *Aufgabenrechnung* (eine Lösung der Aufgabe $(A \land B)$ ist ein Paar von Lösungen jeweils der Aufgaben A und B, usw.) und P. Lorenzens Rekonstruktion der intuitionistischen

Allgemeingültigkeit (↑allgemeingültig/ Allgemeingültigkeit) als Allgemeinzulässigkeit (↑allgemeinzulässig/Allgemeinzulässigkeit) von Kalkülregeln in seiner Operativen Logik (↑Logik, operative), ferner die von G. Kreisel entwickelte Theorie der Konstruktionen (↑Konstruktion (logisch)).

In der Fortentwicklung der Operativen Logik zur dialogischen Logik (↑Logik, dialogische) ist eine spieltheoretische (↑Spieltheorie) Deutung der intuitionistischen Allgemeingültigkeit eines ↑Aussageschemas A durch Existenz einer formalen ↑Gewinnstrategie für A in einem geeigneten, Argumentationsverläufe präzisierenden Dialogspiel möglich geworden, mit der eine *pragmatische* Semantik an die Stelle der sonst meist verwendeten (formalen) modelltheoretischen Semantik tritt. Einen genauen Vergleich dieser verschiedenen Deutungen sowohl der logischen Partikeln als auch des damit verbundenen Begriffs der intuitionistischen Wahrheit (einer Aussage) bzw. Allgemeingültigkeit (eines Aussageschemas) erlaubt die von Heyting 1930 vorgenommene ↑Kalkülisierung der i.n L. in einem ↑Logikkalkül, der Ausgangspunkt aller Untersuchungen zur i.n L. geworden ist. Fügt man dem Heytingkalkül der ↑Junktorenlogik oder auch dem Heytingkalkül der vollen ↑Quantorenlogik das tertium non datur für Primaussageschemata a, d.h. $a \lor \neg a$, bzw. seine ↑Generalisierung $\bigwedge_x (a(x) \lor \neg a(x))$ als weiteren Anfang hinzu, so erhält man einen Kalkül der klassischen Junktorenlogik bzw. der vollen klassischen Logik. Auch für andere Kalkülisierungen in Gestalt eines *Satzkalküls* kann die Differenz zwischen der klassischen und der i.n L. durch Vorhandensein oder Fehlen genau des tertium non datur als eines Kalkülanfangs ausgedrückt werden. In allen diesen Fällen darf an die Stelle des tertium non datur auch das relativ zu ihm schwächere ↑Stabilitätsprinzip $\neg\neg A \to A$ (↑duplex negatio affirmat) oder die noch schwächere ↑Peircesche Formel $((A \to B) \to A) \to A$ (es genügt sogar $\neg A$ an Stelle von B) treten: in der i.n L. gelten nämlich die ↑Implikationen

$$A \lor \neg A \prec \neg\neg A \to A \prec ((A \to B) \to A) \to A,$$

aber keine der (nur klassisch logisch gültigen) Umkehrungen. Insbes. sind sowohl die Junktoren $\neg, \land, \lor, \to$ als auch die ↑Quantoren $\bigwedge, \bigvee$ in der i.n L. 1. Stufe voneinander unabhängig, also anders als in der klassischen Logik nicht mehr durch passende Definitionen aufeinander reduzierbar. Unter Verwendung geeigneter intuitionistischer und klassischer ↑*Implikationenkalküle* vom Gentzentyp (↑Gentzentypkalkül; ein Beispielpaar: ↑Quantorenlogik) läßt sich beweisen, daß eine Implikation $A_1, \dots, A_n \prec A$ klassisch logisch genau dann gilt, wenn sie intuitionistisch logisch unter Hinzufügung endlich vieler tertium-non-datur-Prämissen der Form

$B \lor \neg B$ bzw. $\bigwedge_x (B(x) \lor \neg B(x))$ gilt, wobei die Formeln B bzw. $B(x)$ Teilformeln von A sind; auch hier genügt es, stattdessen ausschließlich duplex-negatio-affirmat-Prämissen der Form $\neg\neg B \to B$ bzw. $\bigwedge_x (\neg\neg B(x) \to B(x))$ hinzuzufügen (z. B. gilt intuitionistisch logisch:

$$\neg\neg(A \lor \neg A) \to (A \lor \neg A) \prec A \lor \neg A).$$

In der Junktorenlogik gilt der Satz (M. V. Glivenko, 1929), daß ein Aussageschema A klassisch allgemeingültig (= tautologisch, ↑Tautologie) genau dann ist, wenn sich seine doppelte ↑Negation $\neg\neg A$ in einem Satzkalkül der intuitionistischen Junktorenlogik ableiten läßt. Dabei brauchen Negationen nicht mehr doppelt negiert zu werden, weil $\neg\neg\neg A \asymp \neg A$ ohnehin intuitionistisch logisch gilt. Dieser Satz kann auf die Quantorenlogik allerdings erst dann ausgedehnt werden, wenn A, statt durch $\neg\neg A$, etwa durch das wie folgt induktiv definierte Schema A^* ersetzt wird: ↑Primformeln ersetze man durch ihre doppelten Negationen, ebenso schrittweise sämtliche logischen Zusammensetzungen, also etwa

$$(A \land B)^* = \neg\neg(A^* \land B^*),$$
$$[\bigvee_x A(x)]^* = \neg\neg\bigvee_x [A(x)]^*$$

usw., wiederum mit Ausnahme der unverändert bleibenden Negationen, also $(\neg A)^* = \neg A^*$. Eine andere Einbettung der klassischen Logik in die i. L. ersetzt lediglich ↑Subjunktion $A \to B$, ↑Adjunktion $A \lor B$ und Großadjunktion $\bigvee_x A(x)$ durch ihre klassisch-logischen Äquivalente $\neg(A \land \neg B)$, $\neg(\neg A \land \neg B)$ und $\neg\bigwedge_x \neg A(x)$ sowie alle Primformeln durch ihre doppelten Negationen, um aus einer klassisch logisch wahren Aussage eine intuitionistisch logisch wahre Aussage zu machen. Erst wenn man einen Satzkalkül der i.n L. durch Hinzunahme von $\bigwedge_x \neg\neg A(x) \to \neg\neg\bigwedge_x A(x)$ als Anfang echt erweitert, wird die klassische Allgemeingültigkeit eines Schemas A mit der Ableitbarkeit von $\neg\neg A$ in dieser (wie jede konsistente Erweiterung der i.n L. in der klassischen Logik enthaltenen) Erweiterung generell gleichwertig.

Für die metalogischen (↑Metalogik) Untersuchungen zur i.n L. haben sich zunehmend zwei Eigenschaften als besonders wichtig erwiesen: (a) $A \lor B$ ist genau dann intuitionistisch ↑logisch wahr, wenn A intuitionistisch logisch wahr ist oder B intuitionistisch logisch wahr ist (engl. disjunction property); (b) $\bigvee_x A(x)$ ist genau dann intuitionistisch logisch wahr, wenn für mindestens ein n $A(n)$ intuitionistisch logisch wahr ist (engl. existence property). Beide Eigenschaften sind Spezialfälle einer besonderen Eigenschaft intuitionistischer Logikkalküle, die auch von den übrigen noch nicht die klassische Logik formalisierenden (↑Formalisierung) Erweiterungen intuitionistischer Logikkalküle geteilt wird

(↑Logik, intermediäre): Es gibt, anders als im klassischen Falle, zulässige Regeln (↑zulässig/Zulässigkeit), die nicht ableitbar (↑ableitbar/Ableitbarkeit) sind, z. B. $\neg A \dashrightarrow B \vee C \Rightarrow \neg A \to B \;\dot\vee\; \neg A \to C$ oder, sogar negationsfrei, die nach G. E. Mint benannte Regel $B \to A \dashrightarrow B \vee C \Rightarrow B \to A \dashrightarrow B \;\check\vee\; B \to A \dashrightarrow C$; es sind nämlich $\neg A \dashrightarrow \check{B} \vee C \dashrightarrow \neg A \to B \;\dot\vee\; \neg A \to C$ und $B \to A \dashrightarrow B \vee C \dashrightarrow B \to A \dashrightarrow B \;\check\vee\; B \to A \dashrightarrow C$ nicht intuitionistisch logisch wahr. Es gibt sogar eine aufzählbare Folge solcher zulässiger und nicht ableitbarer Regeln derart, daß jede zulässige Regel ableitbar ist aus der *disjunction property* zusammen mit einer Regel aus dieser Folge (R. Iemhoff, 2005). Wie für die klassische Quantorenlogik gilt auch für die intuitionistische Quantorenlogik der ↑Unentscheidbarkeitssatz, und zwar, anders als im klassischen Falle, auch bei Beschränkung der Ausdrucksmittel auf nur einstellige Aussageformen, in der so genannten ›monadischen‹ Quantorenlogik. Die eigenständige Rolle der Subjunktion in der i.n L., durch die intuitionistisch logisch nicht umkehrbaren Implikationen $\neg A \vee B \prec A \to B \prec \neg(A \wedge \neg B)$ augenfällig gemacht, hat frühzeitig zur Herstellung von Beziehungen mit der ↑Modallogik, insbes. in Gestalt von Kalkülen der strikten Implikation (↑Implikation, strikte), geführt. Es gibt eine treue Darstellung der i.n L. im quantorenlogisch erweiterten ↑Modalkalkül S4 – und zwar gleichgültig, ob dabei als der nicht-modallogische Teil von S4 die intuitionistische oder die klassische Quantorenlogik gewählt wird –, bei der die Subjunktion unmittelbar durch die strikte Implikation, also das ›notwendigerweise wenn-dann‹, dargestellt ist und die übrigen logischen Verknüpfungen bis auf die (durch sich selbst dargestellten) Konjunktion, Adjunktion und Großadjunktion ebenfalls ›vernotwendigt‹ werden müssen. Ein Formelschema A ist intuitionistisch allgemeingültig genau dann, wenn das wie folgt definierte Schema A^0 in S4 (intuitionistisch bzw. klassisch) ableitbar ist: $A^0 = \Delta A$ für Primformelschemata A $(A \wedge B)^0$, $(A \vee B)^0$ und $[\bigvee_x A(x)]^0$ ist jeweils durch $A^0 \wedge B^0$, $A^0 \vee B^0$ und $\bigvee_x [A(x)]^0$ definiert, hingegen $(A \to B)^0$, $(\neg A)^0$ und $[\bigwedge_x A(x)]^0$ jeweils durch $\Delta(A^0 \to B^0)$, $\Delta(\neg A^0)$ und $\Delta \bigwedge_x [A(x)]^0$.

Geht man dabei von klassisch allgemeingültigen Aussageschemata aus, so führt die Abbildung von A auf A^0 zu einer treuen Darstellung im quantorenlogisch erweiterten Modalkalkül S5. Will man die klassische Logik hingegen auch in S4 darstellen, so muß eine ↑Abbildung von A auf A^{00} verwendet werden, die sich von der Abbildung von A auf A^0 im wesentlichen nur dadurch unterscheidet, daß der Notwendigkeitsoperator ›Δ‹ durch den Möglichkeitsoperator ›∇‹ ersetzt wird (er ist auch bei Konjunktion, Adjunktion und Großadjunktion hinzuzufügen, also $(A \wedge B)^{00} = \nabla(A^{00} \wedge B^{00})$ usw., wobei nur Existenzformeln mit einem zusätzlich eingeschobenen ›Δ‹ zu versehen sind, also $[\bigvee_x A(x)]^{00} = \nabla \bigvee_x \Delta[A(x)]^{00}$). Damit entspricht der Deutung der intuitionistischen Allgemeingültigkeit durch Geltung der Notwendigkeit in S4 (die Beweisbarkeitsdeutung intuitionistischer Allgemeingültigkeit) die Deutung der klassischen Allgemeingültigkeit durch Geltung der Möglichkeit in S4 (die Nichtwiderlegbarkeitsdeutung klassischer Allgemeingültigkeit).

Die algebraische Struktur der intuitionistischen Junktorenlogik ist die einer ↑*Heytingalgebra*, d. h. eines relativ pseudokomplementären ↑Verbandes mit Null- und Einselement. Da alle relativ pseudokomplementären Verbände sich bis auf Isomorphie (↑isomorph/Isomorphie) als Unteralgebren der Algebra der abgeschlossenen bzw. der offenen Mengen eines topologischen Raumes (↑Topologie) darstellen lassen, ergibt sich auf diesem Wege auch eine topologische Interpretation der intuitionistischen Allgemeingültigkeit, die sich zudem auf den quantorenlogischen Teil der i.n L. ausdehnen läßt (A. Mostowski, 1948). – E. W. Beth hat 1947 spezielle topologische Räume, die sich über baumartig geordneten Mengen (d. s. Mengen mit einer reflexiven, transitiven und antisymmetrischen [↑reflexiv/Reflexivität, ↑transitiv/Transitivität, ↑antisymmetrisch/Antisymmetrie] Relation $\leq$, für die zusätzlich $\bigwedge_{x,y,z}(x \leq z \wedge y \leq z \to x \leq y \vee y \leq x)$ gilt [↑Ordnung]) mit Hilfe der Hüllenoperation $\varphi M = \in_x \bigvee_{y \in M} x \leq y$ definieren lassen, als intuitionistische Modelle in der Weise eingeführt, daß jeder Ableitungsschritt in einem speziellen intuitionistischen Logikkalkül vom Gentzentyp, dem *Tableauxkalkül* (↑Tableau, logisches), einen Schritt in der Überführung eines (beliebigen) Modells der Konjunktion der Antezedensschemata eines Tableaus in ein Modell der Adjunktion seiner Sukzedensschemata bedeutet. Als ein solcher *Beth-Baum* – Beth-Bäume dienen insgesamt als Bereich der (modelltheoretischen) ↑*Beth-Semantik* für die i. L. – kann eine Menge M endlicher Zahlfolgen $n_1, \ldots, n_k$ (mit $\alpha, \beta, \ldots$ als ↑Mitteilungszeichen für solche Folgen) gewählt werden, zu der stets die leere Zahlfolge o gehört und für die die Bedingungen $\alpha, n+1 \in M \prec \alpha, n \in M$ und $\alpha, 1 \in M \prec \alpha \in M$ mit der Ordnungsrelation $\alpha \leq \beta$ erfüllt sind, die genau dann besteht, wenn α ein Anfangsstück der Folge β ist. Wird zu jedem Beth-Baum M noch ein (nicht-leerer) Gegenstandsbereich N als Individuenbereich hinzugefügt, so können Aussageschemata auf einem Beth-Baum interpretiert werden, indem man jedes Objektsymbol (bzw. jede ↑Konstante oder jede freie ↑Objektvariable) durch ein Element aus N ersetzt und für jedes α eine Klasse von, gegebenenfalls in N interpretierten, Primaussageschemata als Klasse der α-*wahren Primaussagen* mit folgender Bedingung auszeichnet: ist p α-falsch, d. h., gehört p nicht zur Klasse der α-wahren Primaussagen, so gibt es eine durch α gehende Kette $K \subseteq M$, d. h. eine maximale totalgeordnete (d.h., es gilt $\alpha \leq \beta \vee \beta \leq \alpha$) Teilmenge von M mit $\alpha \in K$, so daß p β-falsch für alle $\beta \in K$ ist.

Ein Aussageschema A ist bei dieser Interpretation eine α-wahre Aussage A gemäß den folgenden induktiven Definitionen:

$(A \wedge B)$ ε α-falsch $\rightleftharpoons$ A ε α-falsch oder B ε α-falsch;

$(A \vee B)$ ε α-falsch $\rightleftharpoons$ es gibt eine durch α gehende Kette K, so daß für alle $\beta \in K$ gilt: A ε β-falsch und B ε β-falsch;

$(A \rightarrow B)$ ε α-falsch $\rightleftharpoons$ es gibt $\beta \geq \alpha$, so daß gilt: A ε β-wahr und B ε β-falsch;

$\neg A$ ε α-falsch $\rightleftharpoons$ es gibt $\beta \geq \alpha$, so daß A ε β-wahr;

$\bigwedge_x A(x)$ ε α-falsch $\rightleftharpoons$ es gibt $n \in N$, so daß $A(n)$ ε α-falsch;

$\bigvee_x A(x)$ ε α-falsch $\rightleftharpoons$ es gibt eine durch α gehende Kette K, so daß für alle $n \in N$ und $\beta \in K$ gilt: $A(n)$ ε β-falsch.

Es gilt dann, daß α-wahre Aussagen auch β-wahr für alle $\beta \geq \alpha$ sind. Man kann die Elemente $\alpha, \beta, \ldots$ eines Beth-Baumes ferner als Situationen auffassen, zwischen denen durch die Relation ›≤‹ ein möglicher Situationsübergang definiert ist. Dann bedeutet die α-Wahrheit einer Aussage ihre Geltung in Situation α und in allen Situationen, in die α übergehen kann, hingegen ihre α-Falschheit, daß sie nicht α-wahr ist, es aber darüber hinaus einen Verlauf von Situationsübergängen gibt, bei dem sie nie wahr wird. Ein Aussageschema ist im Modell M *intuitionistisch wahr*, wenn seine Interpretation in allen Situationen $\alpha \in M$ α-wahr ist, also wenn es o-wahr ist; es ist *intuitionistisch allgemeingültig*, wenn es in allen Modellen intuitionistisch wahr ist. Daß jedes im Tableaukalkül ableitbare Tableau, geeignet als subjunktiv zusammengesetztes Aussageschema gedeutet, auch in diesem Sinne intuitionistisch allgemeingültig ist, ergibt sich unmittelbar durch ↑Prämisseninduktion im Tableaukalkül auf Grund der den Kalkülschritten des Tableaukalküls entsprechenden Folge der die Modellkonstruktion regierenden induktiven Definitionen. Der Beweis der Vollständigkeit (↑vollständig/Vollständigkeit) des Tableaukalküls in bezug auf die intuitionistische Allgemeingültigkeit im Sinne der Beth-Semantik benutzt allerdings wesentlich die nicht intuitionistisch logisch gültigen, in der russischen Schule der konstruk-

tiven Mathematik hingegen anerkannte *Markov-Implikation*

$$\bigwedge_x(A(x) \vee \neg A(x)) \prec \neg\neg\bigvee_x A(x) \rightarrow \bigvee_x A(x).$$

Neben der Beth-Semantik ist für viele metalogische Zwecke eine gleichwertige Semantik gebräuchlich, für die man von der von S. A. Kripke eingeführten Semantik der möglichen Welten (↑Mögliche-Welten-Semantik) für Modalkalküle ausgeht und zu der von der S4-Semantik gegenüber einem intuitionistischen Logikkalkül induzierten Semantik übergeht, die sich durch Einbettung der i.n L. in die Modallogik S4 ergibt. Die ↑*Kripke-Semantik* der i.n L. kann von denselben Bäumen wie die Beth-Semantik ausgehen – die Elemente eines *Kripke-Baums* M heißen ›mögliche Welten‹ und β von α aus ›erreichbar‹ (oder ›zugänglich‹), wenn $\alpha \leq \beta$ –; hingegen muß zu jeder Situation (= möglichen Welt) α ein eigener (nicht-leerer) Gegenstandsbereich N_α als α-Individuenbereich hinzugefügt werden, mit der Bedingung $\alpha \leq \beta \prec N_\alpha \subseteq N_\beta$. In diesem Falle werden Aussageschemata auf M interpretiert, indem man jedes Objektsymbol (bzw. jede Konstante oder jede freie Objektvariable) durch ein Element aus der Vereinigung der α-Individuenbereiche $N = \bigcup_\alpha N_\alpha$ ersetzt und für jedes α eine Klasse von gegebenenfalls in N interpretierten Primaussageschemata als Klasse der α-*wahren Primaussagen* auszeichnet, mit der Bedingung: ist p α-wahr und $\alpha \leq \beta$, so ist p auch β-wahr (in einem Kripke-Modell ist es also nicht ausgeschlossen, daß eine α-falsche Primaussage bei jeder Kette, die α enthält, in einer von α aus erreichbaren Situation β schließlich β-wahr wird).

Die induktiven Definitionen für α-Wahrheit lauten in Kripke-Modellen, abweichend von denjenigen in Beth-Modellen:

$(A \wedge B)$ ε α-wahr $\rightleftharpoons$ A ε α-wahr und B ε α-wahr;

$(A \vee B)$ ε α-wahr $\rightleftharpoons$ A ε α-wahr oder B ε α-wahr;

$(A \rightarrow B)$ ε α-wahr $\rightleftharpoons$ für alle $\beta \geq \alpha$ gilt: A ε β-falsch oder B ε β-wahr;

$\neg A$ ε α-wahr $\rightleftharpoons$ für alle $\beta \geq \alpha$ gilt: A ε β-falsch;

$\bigwedge_x A(x)$ ε α-wahr $\rightleftharpoons$ für alle $\beta \geq \alpha$ und alle $n \in N_\beta$ gilt: $A(n)$ ε β-wahr;

$\bigvee_x A(x)$ ε α-wahr $\rightleftharpoons$ es gibt $n \in N_\alpha$, so daß $A(n)$ ε α-wahr.

Gleichwohl sind auch hier α-wahre Aussagen für $\beta \geq \alpha$ stets β-wahr; ebenso stimmen die Definitionen für intuitionistische Wahrheit und intuitionistische Allgemeingültigkeit eines Aussageschemas in der Beth-Semantik und in der Kripke-Semantik überein. Der Unterschied besteht darin, daß in der Beth-Semantik mit einem einheitlichen ↑Individuenbereich, aber einer komplizierten induktiven Definition für α-Wahrheit gearbeitet wird, in der Kripke-Semantik hingegen eine einfache induktive Definition von α-Wahrheit nur um den Preis aufgespaltener Individuenbereiche zu haben ist. Die Tragfähigkeit der verschiedenen modelltheoretischen Verfahren für eine intuitionistische Semantik ist des ungeklärten Status der metalogisch zulässigen Schlußverfahren wegen weiterhin kontrovers.

Literatur: E. W. Beth, The Foundations of Mathematics. A Study in the Philosophy of Science, Amsterdam 1959, ²1965, 1968, 409–463 (Chap. XV Intuitionism); ders., Remarks on Intuitionistic Logic, in: A. Heyting/L. E. J. Brouwer/E. W. Beth (eds.), Constructivity in Mathematics. Proceedings of the Colloquium Held at Amsterdam, 1957, Amsterdam 1959, 15–25; L. E. J. Brouwer, Über die Bedeutung des Satzes vom ausgeschlossenen Dritten in der Mathematik. Insbesondere in der Funktionentheorie, J. reine u. angew. Math. 154 (1925), 1–7; H. B. Curry, Leçons de logique algébrique, Paris, Louvain 1952; M. Dummett, The Philosophical Basis of Intuitionistic Logic, in: H. E. Rose/J. C. Shepherdson (eds.), Logic Colloquium '73. Proceedings of a Conference on Mathematical Logic Held in Bristol, England, July 1973, Amsterdam 1975, 5–40; ders., Elements of Intuitionism, Oxford 1977, ²2000, 2005; M. C. Fitting, Intuitionistic Logic. Model Theory and Forcing, Amsterdam/London 1969; ders., Proof Methods for Modal and Intuitionistic Logics, Dordrecht/Boston Mass./Lancaster Pa. 1983; D. M. Gabbay, Semantical Investigations in Heyting's Intuitionistic Logic, Dordrecht 1981; S. Ghilardi, Unification in Intuitionistic Logic, J. Symb. Log. 64 (1999), 859–880; M. V. Glivenko, Sur la logique de M. Brouwer, Bull. Acad. Royale Belgique, Cl. sci., 5ᵉ sér. 14 (1928), 225–228; ders., Sur quelques points de la Logique de M. Brouwer, ebd. 15 (1929), 183–188; K. Gödel, Zum intuitionistischen Aussagenkalkül, Ergebnisse eines mathematischen Kolloquiums 4 (1933), 40; ders., Über eine bisher noch nicht benützte Erweiterung des finiten Standpunktes, Dialectica 12 (1958), 280–287; R. Harrop, On Disjunctions and Existential Statements in Intuitionistic Systems of Logic, Math. Ann. 132 (1956), 347–361; A. Heyting, Die formalen Regeln der i.n L., Sitz.ber. Preuß. Akad. Wiss., phys.-math. Kl. 1930, Berlin 1930, 42–56; ders., Die formalen Regeln der intuitionistischen Mathematik, ebd. 57–71, 158–169; R. Iemhoff, Intermediate Logics and Visser's Rules, Notre Dame J. Formal Logic 46 (2005), 65–81; S. Jaśkowski, Recherches sur le système de la logique intuitioniste, Actes du Congrès International de Philosophie Scientifique, Sorbonne Paris 1935 VI (Philosophie des mathématiques), Paris 1936, 58–61; A. N. Kolmogorov, Zur Deutung der i.n L., Math. Z. 35 (1932), 58–65; G. Kreisel, Foundations of Intuitionistic Logic, in: E. Nagel/P. Suppes/A. Tarski (eds.), Logic, Methodology and Philosophy of Science. Proceedings of the 1960 International Congress, Stanford Calif., Amsterdam 1962 (repr. 1969), 198–210; S. A. Kripke, Semantical Analysis of Intuitionistic Logic I, in: J. N. Crossley/M. A. E. Dummett (eds.), Formal Systems and Recursive Functions. Proceedings of the Eighth Logic Colloquium Oxford, July 1963, Amsterdam 1965, 92–130; S. Kuroda, Intuitionistische Untersuchungen der formalistischen Logik, Nagoya Math. J. 2 (1951), 35–47; P. Loren-zen, Einführung in die operative Logik und Mathematik, Berlin/Göttingen/Heidelberg 1955, Berlin/Heidelberg/New York ²1969; J. C. C. McKinsey/A. Tarski, On Closed Elements in Closure Algebras, Ann. Math. 47 (1946), 122–162; dies., Some Theorems about the Sentential Calculi of Lewis and Heyting, J. Symb. Log. 13 (1948), 1–15; A. Mostowski, Proofs of Non-Deducibility in Intuitionistic Functional Calculus, J. Symb. Log. 13 (1948), 204–207; H. Rasiowa, An Algebraic Approach to Non-Classical Logics, Amsterdam/London, New York 1974; dies./R. Sikorski, The Mathematics of Metamathematics, Warschau 1963, ³1970; W. Rautenberg, Klassische und nicht-klassische Aussagenlogik, Braunschweig 1979; V. V. Rybakov, Admissibility of Logical Inference Rules, Amsterdam etc. 1997; K. Schütte, Vollständige Systeme modaler und i.r L., Berlin/Heidelberg/New York 1968; K. Segerberg, Propositional Logics Related to Heyting's and Johansson's, Theoria 34 (1968), 26–61; W. Veldman, An Intuitionistic Completeness Theorem for Intuitionistic Predicate Logic, J. Symb. Log. 41 (1976), 159–166.   K. L.

Logik, juristische, Begriff der Rechtswissenschaften zur Bezeichnung der methodisch-systematischen Bemühungen bei der formalen und materialen Behandlung von Rechtsproblemen, im Zusammenhang mit der Auslegung und Anwendung von Rechtsnormen (↑Norm (juristisch/sozialwissenschaftlich)) auf Rechtsfälle (↑Recht). Der Begriff umfaßt neben der Verwendung des Instruments der ↑Logik die methodisch angeleitete Rechtserkenntnis; er bezeichnet häufig die Gesamtheit der in Rechtstheorie und Rechtsdogmatik entwickelten spezifisch juristischen Denkweisen und hat insofern ein größeres Bedeutungsfeld als die Begriffe der Rechtslogik, Normenlogik oder deontischen Logik (↑Logik, deontische), die im weitesten Sinne die Anwendung verschiedener Logikbereiche für das Recht und im Recht bezeichnen.

Die Notwendigkeit, in den mitteleuropäischen Ländern ein leistungsfähiges Verkehrsrecht zu schaffen, führte zu einer unterschiedlich starken Rezeption des römischen Rechts, das durch die um 1100 von Irnerius in Bologna begründete Glossatorenschule, später durch die nach scholastischer Methode (↑Scholastik) kommentierenden Postglossatoren des 14. Jhs., wissenschaftlich durchgebildet war. Die Verbindung des römischen Rechts mit den einheimischen Rechten erforderte eine Widerspruchsfreiheit und terminologische Konkordanz herstellende Bearbeitung durch die Rechtswissenschaft und die Aufbereitung des Rechts für die forensische Praxis. Es entstanden alphabetisch-enzyklopädische Vokabularien, die sich methodisch auf die von Aristoteles begründete, in der römischen Gerichtsrede weiterentwickelte ↑Dialektik und ↑Rhetorik stützten und in Form von Topoikatalogen (↑Topos) zulässiger Argumentationsformen mit Belegstellen in das neue Recht einführten. Die exegetisch-analytische Literatur erhielt im ↑Humanismus und unter dem Einfluß P. Melanchthons eine systematisch-synthetische Ausrichtung mit stärkerer Betonung der Logik. Die bis in das 17. Jh. gebräuchlichen Argumentationssammlungen mit Titeln wie »Methodus iuris«, »Dialectica iuridica«, »Topica iuridica« oder »Logica iuridica« gingen allmählich in eine abstrakte, systematische und rationale Methodenlehre der Rechtswissenschaften über, deren Begriff die formale und materiale Aspekte verbindende ›j. L.‹ auch dann noch blieb, als die anti-aristotelische Wissenschaftsauffassung der ↑Aufklärung deren rhetorisch-dialektische Fundierung zerstört hatte. Das Vernunftrecht des 17. Jhs. unternahm die Aufgabe, das in den Pandekten oder Digesten zusammengetragene, häufig auf Billigkeitserwägungen beruhende Rechtsmaterial zu systematisieren und die Rechtsfiguren auf einfache begriffliche Formeln zu bringen. Mit den Mitteln der Logik versuchte die ›j. L.‹ ein lückenloses, von ↑Unterbegriff zu ↑Oberbegriff aufsteigendes Normensystem zu erstellen, das dem gleichfalls logisch konstruierten System der Ethik (B. Spinoza, Ethica ordine geometrica demonstrata, 1677) entsprechen und dessen Anwendung auf den Rechtsfall dann mit den Mitteln des juristischen Syllogismus (↑Syllogistik) erfolgen sollte. – Die pseudo-mathematisierende und logizistische Behandlung des Rechts, wie sie in Deutschland für C. Wolffs »Jus naturae methodo scientifica pertractatum« (I–VIII, Frankfurt/Leipzig 1740–1748) typisch war, wurde durch die historische Rechtsschule abgelöst. Deren dogmatisch-systematische Neukonstruktion des römischen Rechts im *usus modernus pandectarum* überlebte in dem Versuch, das Recht induktiv zu konstruieren und deduktiv anzuwenden; die Herrschaft des römischen Rechts ging in die Begriffsjurisprudenz des Rechtspositivismus über. Die ständige und prinzipiell nicht abgeschlossene Auseinandersetzung um die richtige juristische Methode, die im 20. Jh. vor allem die Freirechtsbewegung und die vorherrschende Interessen- und Wertejurisprudenz umfaßt, gehört ebenfalls zur ›j.n L.‹ in ihrer traditionellen Bedeutung.

Wegen der historischen Erfahrung mit einer logizistisch vorgehenden Begriffsjurisprudenz ist der Vorschlag moderner Rechtslogiker, den Ausdruck ›j. L.‹ künftig nur noch in der präzisen und eingeschränkten Bedeutung der Anwendung der modernen Logik in der Jurisprudenz zu verwenden (U. Klug, J. L., Berlin 1951; I. Tammelo, Rechtslogik und materiale Gerechtigkeit. Beiträge zur Rechtsphilosophie und zur Theorie des Völkerrechts, Frankfurt 1971), bei den meisten Rechtstheoretikern auf Ablehnung gestoßen. Der aus der Bezeichnungsfrage hervorgehende, polemisch geführte Streit zwischen der Rechtslogik und der Rechtshermeneutik beruhte häufig auf wechselseitiger Unkenntnis der nicht hinreichend bestimmten Arbeitsfelder und einer beiderseitigen Verkennung der Leistungsfähigkeit und der Grenzen des eigenen Instrumentariums. Inzwischen

wird von den Rechtslogikern in der Regel betont, daß die Rechtslogik, insbes. die Normenlogik, die Rechtshermeneutik nicht ersetzen, sondern in Bereichen ergänzen will, in denen die klassische Logik versagte. In diesem Sinne entstanden zahlreiche rechtslogische Studien, in denen typisch rechtliche Argumente in die symbolische Sprache der Logik übersetzt und auf ihre logische Gültigkeit hin untersucht wurden. Ein besonderes Problem stellen dabei die elliptischen Argumente dar, in denen ↑Prämissen unterdrückt werden, die gleichwohl im rechtlichen Vorverständnis vorhanden sind und daher zu inhaltlich richtigen Ergebnissen, aber logisch ungültigen Formen führen. Die Rechtslogik untersucht die formalen Strukturen von Rechtsnormen und Rechtssystemen zur Erfassung von normtechnischen Widersprüchen, Normen- und Wertungswidersprüchen in und zwischen verschiedenen Rechtsmaterien sowie zur Darstellung ihrer Folgen in der Normanwendung.

Nachdem in den 1950er Jahren grundlegende Studien von G. H. v. Wright (Deontic Logic, Mind 60 [1951], 1–15) und G. Kalinowski (Théorie des propositions normatives, Stud. Log. 1 [1953], 147–182) eine lebhafte wissenschaftliche Diskussion in Gang setzten, ist die lange Zeit vernachlässigte Normenlogik zu einem eigenständigen Teil der formalen Logik (↑Logik, formale) und zu einem wichtigen Bereich der Rechtslogik geworden. Dem Bezeichnungsvorschlag v. Wrights folgend hat sich in der Literatur der Ausdruck ›deontische Logik‹ für die Untersuchung von Normen oder Befehlen durchgesetzt (↑Logik, deontische, ↑Logik, normative). Dabei wird der Ausdruck bisher uneinheitlich sowohl für eine Logik der Normen als auch für eine Logik der Aussagen über Normen verwendet (G. Kalinowski, Die präskriptive und die deskriptive Sprache in der deontischen Logik. Zwei Fragen zum Thema der abgeleiteten Verpflichtung, Rechtstheorie 9 [1978], 411–420). Viele mit juristischen Problemen befaßte Logiker haben sich der Normenlogik zugewandt, mit deren Hilfe das Fehlen von Normen innerhalb eines Rechtssystems, das Lückenproblem, ebenso untersucht wird wie das juristisch wichtige Problem des rechtsfreien Raumes in nicht-geschlossenen Rechtssystemen. Durch die Konstruktion deontischer Systeme konnte auch die Mehrdeutigkeit des Wortes ›erlaubt‹ exakter als bisher untersucht werden (I. Tammelo, On the Logical Openness of Legal Orders. A Modal Analysis of Law with Special Reference to the Logical Status of *Non Liquet* in International Law, Amer. J. Comparat. Law 8 [1959], 187–203). – Gleichzeitig mit der Wiederentdeckung der Normenlogik, die in der von G. W. Leibniz aufgestellten Analogie zwischen deontischer und alethischer Modallogik einen vergessenen Vorläufer hat (G. W. Leibniz, Elementa iuris naturalis [1671], Akad.-Ausg. 6.1, 465 ff.), wurde der noch ältere Traditionsstrang der topisch-rhetorischen Behandlung rechtlicher Probleme insbes. durch C. Perelman (C. Perelman/L. Olbrechts-Tyteca, La nouvelle rhétorique. Traité de l'argumentation, I–II, Paris 1958) wiederaufgenommen. In umfassenden Studien zur ›j.n L.‹ hat Perelman die Antinomien im Recht (Les antinomies en droit. Essai de synthèse, in: ders. [ed.], Les antinomies en droit, Brüssel 1965, 392–404) und das Lückenproblem (Le problème des lacunes en droit, essai de synthèse, in: ders. [ed.], Le problème des lacunes en droit, Brüssel 1968, 537–552) argumentationstheoretisch behandelt und, im Sinne der tradierten ›j.n L.‹, im Ausgang von logischen Studien zur normativen Sprache eine die formale und die inhaltliche Ebene verbindende juristische Argumentationslehre mit starkem Praxisbezug zu entwickeln versucht.

Literatur: A.-J. Arnaud/R. Hilpinen/J. Wróblewski (eds.), J. L., Rationalität und Irrationalität im Recht/Juristic Logic, Rationality and Irrationality in Law, Berlin 1985; J. Berkemann, Zur logischen Struktur von Grundrechtsnormen, Rechtstheorie 20 (1989), 451–491; J. Brkić, Legal Reasoning. Semantic and Logical Analysis, New York etc. 1985; C. D. Broad, Imperatives, Categorical and Hypothetical, Philosopher 2 (1950), 62–75; E. Bulygin, Das Problem der Normlogik, Rechtstheorie Beih. 14 (1994), 35–50; H. N. Castañeda, A Theory of Morality, Philos. Phenom. Res. 17 (1956/1957), 339–352; ders., On the Logic of Norms, Methodos 9 (1957), 209–216; K. Engisch, Logische Studien zur Gesetzesanwendung, Heidelberg 1943, ³1963; ders., Einführung in das juristische Denken, Stuttgart 1956, ⁴1968, ¹⁰2005; C. F. Gethmann, Die Ausdifferenzierung der Logik aus der vorwissenschaftlichen Begründungs- und Rechtfertigungspraxis, Z. kath. Theol. 102 (1980), 24–32; J. Hage, Studies in Legal Logic, Dordrecht, 2005; R. M. Hare, The Language of Morals, Oxford/New York 1952, 2003 (dt. Die Sprache der Moral, Frankfurt 1972, ²1997); R. Hernandez, Practical Logic and the Analysis of Legal Language, Ratio Iuris 4 (1991), 322–333; P. Holländer, Rechtsnorm, Logik und Wahrheitswerte. Versuch einer kritischen Lösung des Jörgensenschen Dilemmas, Baden-Baden 1993; J. Joerden, Logik im Recht. Grundlagen und Anwendungsbeispiele, Heidelberg etc. 2005, ²2009; J. G. Kalinowski, Introduction à la logique juridique. Éléments de sémiotique juridique, logique des normes, et logique juridique, Paris 1965 (dt. Einführung in die Normenlogik, Frankfurt 1972, 1973); ders., Études de la logique déontique, Paris 1972; ders., La logique des normes, Paris 1972; ders./F. Selvaggi (eds.), Les fondements logiques de la pensée normative. Actes du Colloque de Logique Déontique de Rome, Rom 1985; R. Kamitz, Rechtsbegriff und normenlogischer Handlungskalkül im Logiksystem nach Stig Kanger, Wien etc. 2009; A. Kaufmann, Freedom, Range for Action, and the Ontology of Norms, Synthese 65 (1985), 307–324; ders., Vorüberlegungen zu einer j.n L. und Ontologie der Relationen, Rechtstheorie 17 (1986), 257–276; ders., Logical Analysis in the Realm of the Law, in: G. Meggle/A. Wojcik (eds.), Actions, Norms, Values. Discussions with G. H. v. Wright, Berlin/New York 1999, 291–304; ders./W. Hassemer (eds.), Einführung in die Rechtsphilosophie und Rechtstheorie der Gegenwart, Heidelberg/Karlsruhe 1977, ⁷2004; M. Klinowski, Theory of Action on a Tree, in: J. Aguiló-Regla (ed.), Logic, Argumentation and Interpretation. Logica, argumentacion e interpretacion, Proceedings of the 22ⁿᵈ IVR World Congress Granada 2005. V.5, Stuttgart 2007, 193–198; R. Kowalski/M. Sergot, The Use of Logical Models in Legal Problem Solving, Ratio Iuris 3 (1990), 201–218; W. Krawietz, L., j., Hist. Wb. Ph. V (1980), 423–434; ders. u. a. (eds.), Theorie der Normen. Festgabe für Ota Weinberger zum 65. Geburtstag, Berlin 1984; ders./T. Mayer-Maly/O. Weinberger (eds.), Objektivierung des Rechtsdenkens, Gedächtnisschrift für Ilmar Tammelo, Berlin 1984; J. Lege, Pragmatismus und Jurisprudenz. Über die Philosophie des Charles Sanders Peirce und über das Verhältnis von Logik, Wertung und Kreativität im Recht, Tübingen 1999; T. Mazzarese, Deontic Logic as Logic of Legal Norms. Two Main Sources of Problems, Ratio Iuris 4 (1991), 374–392; C. Meier, Der Denkweg der Juristen, Münster etc. 2000; J. Moreso, On Relevance and Justification of Legal Decisions, Erkenntnis 44 (1996), 73–100; E. Morscher, Kann denn Logik Sünde sein? Die Bedeutung der modernen Logik für Theorie und Praxis des Rechts, Wien etc. 2009; U. Neumann, Die Kritik der j.n L., in: A. Kaufmann/W. Hassemer (eds.), Einführung in die Rechtsphilosophie und Rechtstheorie der Gegenwart [s. o.], 139–150; ders., J. L., in: A. Kaufmann/W. Hassemer (eds.), Einführung in die Rechtsphilosophie und Rechtstheorie der Gegenwart [s. o.], 298–319; A. Peczenik, Jumps and Logic in the Law, 3–4 (Dordrecht 1996), 297–329, Nachdr. in: H. Prakken/G. Sartor, Logical Models of Legal Argumentation, Dordrecht 1997, 141–172; C. Perelman (ed.), Études de logique juridique, I–VII, Brüssel 1966–1978; L. Philipps, Rechtliche Regelung und formale Logik, Arch. Rechts- u. Sozialphilos. 50 (1964), 317–329; ders., Sinn und Struktur der Normlogik, Arch. Rechts- u. Sozialphilos. 52 (1966), 195–219; E. Ratschow, Rechtswissenschaft und Formale Logik, Baden-Baden 1998; R. Rodes/H. Pospesel, Premises and Conclusions. Symbolic Logic for Legal Analysis, Upper Saddle River N. J. 1997; L. Royakkers, Extending Deontic Logic for the Formalisation of Legal Rules, Dordrecht 1998; E. v. Savigny, Zur Rolle der deduktiv-axiomatischen Methode in der Rechtswissenschaft, in: G. Jahr/W. Maihofer (eds.), Rechtstheorie. Beiträge zur Grundlagendiskussion, Frankfurt 1971, 315–351; E. Schneider, Logik für Juristen. Die Grundlagen der Denklehre und der Rechtsanwendung, Berlin 1965, (mit F. Schnapp) München ⁶2006; R. Schreiber, Logik des Rechts, Berlin/Göttingen/Heidelberg 1962; M. Sigg, Indeterministische Rechtslogik, Bern 1988; A. Soeteman, Logic in Law. Remarks on Logic and Rationality in Normative Reasoning, Dordrecht etc. 1989; I. Tammelo, Law, Logic and Human Communication, Arch. Rechts- u. Sozialphilos. 50 (1964), 331–366; ders., Outlines of Modern Legal Logic, Wiesbaden 1969; ders., Rechtslogik, in: A. Kaufmann/W. Hassemer (eds.), Einführung in die Rechtsphilosophie und Rechtstheorie der Gegenwart [s. o.], 120–138; ders., Modern Logic in the Service of Law, Wien/New York 1978; ders./G. Moens, Logische Verfahren der juristischen Begründung. Eine Einführung, Wien/New York 1976; ders./H. Schreiner, Grundzüge und Grundverfahren der Rechtslogik, I–II, Pullach 1974 (I), München 1977 (II); T. Viehweg, Topik und Jurisprudenz. Ein Beitrag zur rechtswissenschaftlichen Grundlagenforschung, München 1953, ⁵1974; H. Wagner/K. Haag, Die moderne Logik in der Rechtswissenschaft, Bad Homburg etc. 1970; O. Weinberger, Rechtslogik. Versuch einer Anwendung moderner Logik auf das juristische Denken, Wien/New York 1970, Berlin 1989; ders., Versuch einer neuen Grundlegung der normenlogischen Folgerungstheorie, Rechtstheorie Beih. 1 (1979), 301–324; ders./C. Weinberger, Grundzüge der Normen-Logik und ihre semantische Basis, Rechtstheorie 10 (1979), 1–47; ders., Logische Analyse in der Jurisprudenz, Berlin 1979; ders., Freedom, Range for Action, and the Ontology of Norms, Synthese 65 (1985), 307–324, Nachdr. in: ders. u. a. (eds.), Aus intellektuellem Gewissen. Aufsätze von Ota Weinberger über Grundlagenprobleme der Rechtswissenschaft und Demokratietheorie, Berlin 2000, 121–136; ders., The Logic of Norms Founded on Descriptive Language, Ratio Iuris 4 (1991), 284–307, Nachdr. in: ders. u. a. (eds.), Aus intellektuellem Gewissen [s. o.], 39–62; ders., Logical Analysis in the Realm of the Law, in: G. Meggle/A. Wojcik (eds.), Actions, Norms, Values. Discussions with G. H. von Wright, Berlin/New York 1999, 291–304, Nachdr. in: ders. u. a. (eds.), Aus intellektuellem Gewissen [s. o.], 187–198; G. H. v. Wright, Is There a Logic of Norms?, Ratio Iuris 4 (1991), 265–283.   H. R. G.

Logik, klassische (engl. classical logic), Bezeichnung für die Logik der *wertdefiniten* (↑wertdefinit/Wertdefinitheit) Aussagen, also des Bereichs derjenigen Aussagen, für die das ↑Zweiwertigkeitsprinzip ›jede Aussage ist *entweder* wahr *oder* falsch‹ zulässig ist. Bis zur modernen Entwicklung nicht-klassischer Logiksysteme (↑Logik, nicht-klassische), hervorgerufen durch die Kritik an der Gültigkeit gewisser logischer Schlußregeln, besonders an der Allgemeingültigkeit des ↑tertium non datur $A \lor \neg A$, war die k. L. die einzige in der formalen Logik (↑Logik, formale) behandelte Logik. Gegenwärtig kann sie als Spezialfall der Logik beliebiger, also dialogdefiniter (↑dialogdefinit/Dialogdefinitheit), Aussagen gelten (↑Logik, dialogische), wenn nämlich der Bereich der Aussagen auf die wertdefiniten Aussagen beschränkt wird. Dieser Sachverhalt spiegelt sich darin, daß jede klassisch ↑logisch wahre Aussage von geeigneten tertium-non-datur-Hypothesen, d. s. Aussagen der Form $A \lor \neg A$ bzw. $\bigwedge_x (A(x) \lor \neg A(x))$ (gelesen: für alle Objekte n gilt: $A(n)$ oder nicht-$A(n)$, wobei $A(x)$ eine Aussageform ist), intuitionistisch logisch impliziert wird (↑Implikation, ↑Logik, intuitionistische).

Auf Grund des Zweiwertigkeitsprinzips kann die klassische ↑Junktorenlogik so aufgebaut werden, daß die ↑Junktoren mit Hilfe von ↑Wahrheitstafeln definiert sind und ein junktorenlogisch zusammengesetztes ↑Aussageschema A genau dann als klassisch allgemeingültig (= tautologisch; ↑allgemeingültig/Allgemeingültigkeit) bezeichnet wird, wenn bei jeder Ersetzung der Primaussagesymbole in A durch die Wahrheitswerte $\curlyvee$ (= ↑verum) und $\curlywedge$ (= ↑falsum) A den Wert $\curlyvee$ erhält. Die Erweiterung dieses Verfahrens für die klassische ↑Quantorenlogik führt an Stelle der nicht mehr verwendbaren Methode der Wahrheitstafeln zur mengentheoretischen ↑Semantik, bei der im Falle der ↑Interpretationssemantik die Primaussageformschemata $a(x)$, $b(x,y)$, ... durch (ein- bzw. mehrstellige) *logische Funktionen* (D. Hilbert/P. Bernays, Grundlagen der Mathematik, I–II, Berlin 1934/1939, Berlin/Heidelberg/New York ²1968/1970) ersetzt werden, die einen den ↑Variablen $x, y, ...$ zugeordneten (nicht-leeren) ↑Individuenbereich M als Argumentbereich und die beiden Wahrheitswerte als ihren Wertebereich haben. Die junktorenlogische Ver-

knüpfung von logischen Funktionen erfolgt dann argumentweise mit Hilfe der Wahrheitstafeln, ihre quantorenlogische Verknüpfung hingegen mit Hilfe der folgenden, die ↑Quantoren in der Metasprache bereits verwendenden Definitionen: (1) $\bigwedge_x B(x)$ erhält über M den Wert $\curlyvee$, wenn die $B(x)$ zugeordnete logische Funktion für alle Individuen aus M den Wert $\curlyvee$ hat – in jedem anderen Falle den Wert $\curlywedge$. (2) $\bigvee_x B(x)$ erhält über M den Wert $\curlyvee$, wenn die $B(x)$ zugeordnete logische Funktion für mindestens ein Individuum aus M den Wert $\curlyvee$ hat – in jedem anderen Falle den Wert $\curlywedge$.

Ein quantorenlogisch zusammengesetztes Aussageschema A heißt ›klassisch allgemeingültig über M‹, wenn bei jeder Ersetzung der Primaussageschemata in A durch logische Funktionen über M (einschließlich jeder Ersetzung der Primaussagesymbole in A durch die Wahrheitswerte – es sind dies die beiden konstanten logischen Funktionen) das Schema A den Wert $\curlyvee$ annimmt, d. h., wenn jede Interpretation (↑Interpretationssemantik) über M ein Modell von A, d. h. ein M-Modell (↑Modell), ist; A ist *klassisch allgemeingültig* (simpliciter, nämlich unabhängig von einem bestimmten Individuenbereich), wenn es klassisch allgemeingültig über jedem (nicht-leeren) Individuenbereich ist. Z. B. ist

$$\bigwedge_x \bigvee_y a(x,y) \leftrightarrow \bigvee_y \bigwedge_x a(x,y)$$

klassisch allgemeingültig lediglich über einelementigen Individuenbereichen; nur

$$\bigvee_y \bigwedge_x a(x,y) \rightarrow \bigwedge_x \bigvee_y a(x,y)$$

ist schlechthin klassisch (sogar intuitionistisch) allgemeingültig. In vielen Fällen ist es beweistechnisch vorteilhafter, an Stelle der (klassischen) Allgemeingültigkeit mit der (klassischen) Erfüllbarkeit (↑erfüllbar/Erfüllbarkeit) zu arbeiten: Ein quantorenlogisch zusammengesetztes Aussageschema A heißt ›klassisch erfüllbar über M‹, wenn A ein M-Modell besitzt, und ›klassisch erfüllbar‹ schlechthin, wenn für mindestens einen (nicht-leeren) Individuenbereich M das Schema A ein M-Modell besitzt. Da weiter ›A ε allgemeinungültig‹ gleichwertig mit ›$\neg A$ ε allgemeingültig‹ und ›verwerfbar‹ synonym zu ›nicht allgemeingültig‹ ist, gelten die beiden Äquivalenzen: Ein Aussageschema A ist klassisch allgemeingültig genau dann, wenn seine Negation $\neg A$ nicht klassisch erfüllbar ist, und A ist klassisch erfüllbar genau dann, wenn seine Negation $\neg A$ klassisch verwerfbar ist.

Eine syntaktische Fassung der klassischen Allgemeingültigkeit durch Angabe eines ↑Logikkalküls der k. n L., in dem genau die klassisch allgemeingültigen Aussageschemata ableitbar sind, ist erstmals G. Frege (Begriffsschrift, eine der arithmetischen nachgebildete Formelsprache des reinen Denkens, Halle 1879) gelungen; bewiesen wurde die Vollständigkeit (↑vollständig/Vollständigkeit) eines klassischen Logikkalküls, nämlich daß alle klassisch allgemeingültigen Aussageschemata in ihm auch ableitbar sind, allerdings erst 1930 von K. Gödel (Die Vollständigkeit der Axiome des logischen Funktionenkalküls, Mh. Math. Phys. 37 [1930], 349–360; ↑Vollständigkeitssatz). Eine ohne Bezug auf eine ↑Kalkülisierung formulierbare Folgerung aus der Vollständigkeit sind gewisse ↑Endlichkeitssätze (= Kompaktheitssätze), z.B. in bezug auf die Erfüllbarkeit: Genau dann sind alle Aussageschemata einer Klasse K von Aussageschemata gemeinsam erfüllbar, wenn je endlich viel Aussageschemata der Klasse K gemeinsam erfüllbar sind. Auch die von R. M. Smullyan (First-Order Logic, Berlin/Heidelberg/New York 1968, ²1971) als *Fundamentalsatz* der k.n L. bezeichnete und bewiesene Formulierung des ↑Herbrandschen Satzes (1930) über die eindeutige (↑eindeutig/Eindeutigkeit) Charakterisierbarkeit der quantorenlogischen (klassischen) Allgemeingültigkeit eines Schemas A durch die junktorenlogische (klassische) Allgemeingültigkeit eines geeignet zugeordneten quantorenfreien Schemas A^*, und zwar gleich von dessen Verallgemeinerung durch Berücksichtigung des ›verschärften Hauptsatzes‹ G. Gentzens (1934) – jede Ableitung eines Schemas im zugrundegelegten Logikkalkül kann so zerlegt werden, daß zunächst ausschließlich junktorenlogische, anschließend dann ausschließlich quantorenlogische Regelschritte (einschließlich reiner Strukturregelanwendungen, d.h. ↑Verdünnung, Verschmelzung [↑Verschmelzungsregeln] und ↑Vertauschung) ausgeführt werden (↑Gentzenscher Hauptsatz) –, ist trotz der grundsätzlichen Gleichwertigkeit dieses Fundamentalsatzes mit dem Vollständigkeitssatz ebenfalls unabhängig von einer bestimmten Kalkülisierung der k.n L.. Diese Unabhängigkeit gilt auch für die Unentscheidbarkeit (↑Unentscheidbarkeitssatz) der k.n L..

Literatur: ↑Logik, formale, ↑Logikkalkül, ↑Junktorenlogik, ↑Quantorenlogik. K. L.

Logik, kombinatorische (engl. combinatory logic), Bezeichnung für eine auf Ideen M. Schönfinkels zurückgehende und maßgeblich von H. B. Curry entwickelte Theorie, deren allgemeines Ziel eine formalistische (↑Formalismus) Grundlegung der Logik und Mathematik einschließlich der Vermeidung der ↑Antinomien (↑Antinomien, logische) ist. Diese formalistische Auffassung, deren Basis das Operieren mit Symbolen (oder Objekten noch allgemeinerer Art) ist, wird von Curry allerdings nicht im Sinne D. Hilberts als nur durch ↑Widerspruchsfreiheitsbeweise zu rechtfertigendes Umformen bedeutungsfreier Zeichen, sondern als Analyse und Zergliederung inhaltlichen Denkens verstanden. Im speziellen Sinne behandelt die k. L. (1) den ↑Lambda-Kalkül, ersetzt den ↑Lambda-Operator durch be-

stimmte Grundzeichen, die Kombinatoren, und eliminiert dadurch den Begriff der gebundenen ↑Variablen (*pure combinatory logic*); (2) als Theorie mit logischen Grundzeichen wie Subjunktion oder Allquantor untersucht sie logische Formalismen (*illative combinatory logic*).

(1) Als kombinatorische ↑Terme werden festgelegt: Variablen, ›Grundkombinatoren‹ K, S sowie Ausdrücke der Gestalt (MN) für kombinatorische Terme M, N. Im Unterschied zur Definition von λ-Termen (↑Lambda-Kalkül) gibt es keine variablenbindende Operatoren. Diese werden ersetzt durch die Grundkombinatoren. Damit ist die k. L. im Sinne einer (von Curry ›synthetisch‹ genannten) Theorie der Kombinatoren eine Theorie ohne gebundene Variablen. An die Stelle der β-Konversion im λ-Kalkül:

$$(\beta)\ (\lambda x.M)N = [N/x]M$$

treten als Axiome für die beiden Grundkombinatoren: $((\mathbf{K}M)N) = M$ und $(((\mathbf{S}M)N)L) = ((ML)(NL))$. Setzt man Linksklammerung (↑Klammern) voraus, d.h., daß ›$\alpha\beta\gamma$ jeweils für ›$(\alpha\beta)\gamma$ steht, und läßt man äußere Klammern fort, so können die beiden Axiome kürzer geschrieben werden als $\mathbf{K}MN = M$ und $\mathbf{S}MNL = ML(NL)$. Mit Hilfe der Kombinatoren läßt sich eine Operation $[x]M$ für Terme M und Variable x definieren, deren Eigenschaften im wesentlichen der λ-Abstraktion $(\lambda x.M)$ im λ-Kalkül entsprechen; insbes. gilt analog zu (β) die Gleichung $([x]M)N = [N/x]M$. Die Gleichheitsrelation dieser quantorenfreien Theorie läßt sich wie im λ-Kalkül als durch eine Reduktionsrelation erzeugt auffassen, so daß man wie dort Sätze über ↑Normalformen etc. gewinnt. Umgekehrt lassen sich K und S im λ-Kalkül durch $\mathbf{K} \leftrightharpoons (\lambda x(\lambda yx))$ und $\mathbf{S} \leftrightharpoons (\lambda x.(\lambda y.(\lambda z.(xz)(yz))))$ definieren und damit die Theorie der Kombinatoren im λ-Kalkül nachvollziehen. Entsprechendes gilt für kombinatorische ↑Typentheorien. Wegen dieser wesentlichen Gleichwertigkeit der reinen k.n L. mit dem reinen λ-Kalkül (weshalb man den λ-Kalkül oft auch als *Teil* der k.n L. in ihrer allgemeinen Bedeutung ansieht) sind ihre Anwendungen (wie z.B. auf die [dann ›kombinatorisch‹ genannte] Arithmetik) dieselben (↑Lambda-Kalkül). Auf Grund ihrer Freiheit von gebundenen Variablen hat die Theorie der Kombinatoren den Vorteil, daß das Problem der ↑Variablenkonfusion gar nicht erst auftritt. – Das Programm, ohne die (z.B. in der natürlichen Sprache [↑Sprache, natürliche] nicht auftretenden) gebundenen Variablen auszukommen, wird auch in Konzeptionen der algebraischen Logik (↑Logik, algebraische) verfolgt, so in W. V. O. Quines *predicate-functor logic*, die die Anwendung gewisser ↑Funktoren auf Prädikatbuchstaben und Aussagen zuläßt (nicht wie in der k.n L. von

Kombinatoren auf beliebige Terme) und ein auf die Bedürfnisse der ↑Quantorenlogik mit Identität zugeschnittenes System darstellt.

(2) In dem im engeren Sinne logischen Teil der k.n L. führt man Grundzeichen für logische Partikeln (↑Partikel, logische) ein, etwa P für die ↑Subjunktion und Π für die unbeschränkte Allquantifikation (↑Allquantor), mit den Grundregeln PXY, $X \Rightarrow Y$ und Π$X \Rightarrow XY$ (entsprechend dem ↑modus ponens und der All-Spezialisierung). Jedoch zeigt sich, daß in einem solchen System kombinatorische Vollständigkeit (↑vollständig/Vollständigkeit) (d.i. die Eigenschaft, daß für jeden Term M auch $(\lambda x. M)$ bzw. $[x]M$ ein Term ist) nicht mit deduktiver Vollständigkeit (d.h. der Gültigkeit des ↑Deduktionstheorems: wenn $X \vdash Y$, dann $\vdash$ PXY) verträglich ist: Hält man beide Forderungen aufrecht, läßt sich ein Widerspruch konstruieren (genauer: läßt sich jeder beliebige Term ableiten), bekannt als ↑›Currysche Antinomie‹, die man als negationsfreie auf die k. L. angewandte Form der Russellschen Antinomie (↑Zermelo-Russellsche Antinomie) ansehen kann. Currys Weg zur Vermeidung der Antinomie besteht in einer Abschwächung der deduktiven Vollständigkeit, indem er die Gültigkeit des Deduktionstheorems auf eine bestimmte Kategorie von Termen, die ↑›Propositionen‹, einschränkt. Damit wird eine formale Theorie der Funktionalität, die die Zuordnung von (Zeichen-)Objekten zu Kategorien behandelt, zu einem zentralen Teil der illativen k.n L..

Zu beiden Teilen der k.n L. hat Schönfinkel 1924 Grundansätze geliefert, indem er sowohl Kombinatoren einführte (unter der Bezeichnung ›individuelle Funktionen von sehr allgemeiner Natur‹) als auch die übliche Quantorenlogik behandelte (durch Betrachtung einer ›Unverträglichkeitsfunktion‹ U, die dem ↑Schefferschen Strich in der ↑Junktorenlogik entspricht). Curry führte in seiner Dissertation (1930) den Terminus ›k. L.‹ ein und widmete dem Ausbau dieser Theorie einen großen Teil seines Werkes. Die Hauptergebnisse sind in dem mit R. Feys, J. R. Hindley und J. P. Seldin verfaßten grundlegenden Werk »K. L.« (I–II, 1958/1972) zusammengefaßt. Die k. L. hat für die neuere ↑Beweistheorie äußerst fruchtbare Ansätze geliefert. Sie spielt auch in der ↑Informatik in der Theorie und Implementation funktionaler ↑Programmiersprachen eine zentrale Rolle.

Literatur: K. Bimbó, Combinatory Logic, SEP 2004; ders., The Church-Rosser Property in Symmetric Combinatory Logic, J. Symb. Log. 70 (2005), 536–556; M. W. Bunder, Some Consistency Proofs and a Characterization of Inconsistency Proofs in Illative Combinatory Logic, J. Symb. Log. 52 (1987), 89–110; ders., Arithmetic Based on the Church Numerals in Illative Combinatory Logic, Stud. Log. 47 (1988), 129–143; F. Cardone/J. R. Hindley, History of Lambda-Calculus and Combinatory Logic, in: D. M. Gabbay/J. Woods (eds.), Logic from Russell to Church. Handbook of the History of Logic V, Amsterdam etc.

2006, 723–810; H. B. Curry, Grundlagen der k.n L., Amer. J. Math. 52 (1930), 509–536, 789–834 (= Diss. Göttingen 1930); ders., Logic, Combinatory, Enc. Ph. IV (1967), 500–509; ders., Some Philosophical Aspects of Combinatory Logic, in: J. Barwise/H. J. Keisler/K. Kunen (eds.), The Kleene Symposium. Proceedings of the Symposium Held June 18–24, 1978 at Madison, Wisconsin, U. S. A., Amsterdam/New York/Oxford 1980, 85–101; ders./R. Feys (with two Sections by W. Craig), Combinatory Logic I, Amsterdam 1958, 1968; ders./J. R. Hindley/J. P. Seldin, Combinatory Logic II, Amsterdam/London 1972 (weitere Arbeiten Currys zur k.n L. s. Bibliography of H. B. Curry, in: J. P. Seldin/J. R. Hindley [eds.], To H. B. Curry [s. u.], XIII–XX); F. B. Fitch, Elements of Combinatory Logic, New Haven Conn./ London 1974; J. P. Ginisti, La logique combinatoire, Paris 1997; J. R. Hindley/B. Lercher/J. P. Seldin, Introduction to Combinatory Logic, Cambridge 1972; H.-R. Nielson/H. Nielson, Functional Completeness of the Mixed Lambda-Calculus and Combinatory Logic, Aalborg 1988; W. V. O. Quine, Algebraic Logic and Predicate Functors, in: R. Rudner/I. Scheffler (eds.), Logic & Art. Essays in Honor of Nelson Goodman, New York 1972, 214–238; M. Schönfinkel, Über die Bausteine der mathematischen Logik, Math. Ann. 92 (1924), 305–316, Neudr. in: K. Berka/L. Kreiser (eds.), Logik-Texte. Kommentierte Auswahl zur Geschichte der modernen Logik, Berlin (Ost) 1971, ^{2}1973, 262–273; J. P. Seldin, Curry's Program, in: ders./J. R. Hindley (eds.), To H. B. Curry [s. u.], 3–33; ders./J. R. Hindley (eds.), To H. B. Curry. Essays on Combinatory Logic, Lambda Calculus and Formalism, London etc. 1980; S. Stenlund, Combinators, λ-Terms and Proof Theory, Dordrecht 1972; R. M. Smullyan, To Mock a Mockingbird. And Other Logic Puzzles Including an Amazing Adventure in Combinatory Logic, New York 1985, Oxford etc. 2000 (dt. Spottdrosseln und Metavögel. Computer-Rätsel, mathematische Abenteuer und ein Ausflug in die vogelfreie Logik, Frankfurt 1986); ders., Diagonalization and Self-Reference, Oxford etc. 1994, Oxford 2003.   P. S.

Logik, konnexe (engl. connexive logic), Bezeichnung für Logiken, bei denen eine Beziehung zwischen Prämisse A und Konklusion B einer Wenn-dann-Aussage $A \rightarrow B$ angenommen wird, die es ausschließt, daß zugleich eine solche Beziehung der ›↑konnexen ↑Implikation‹ zwischen A und $\neg B$ besteht. D.h., es werden insbes. die (häufig nach A. M. T. S. Boethius benannten) klassisch ungültigen (↑gültig/Gültigkeit) Wenn-dann-Aussagen

$$(A \rightarrow B) \rightarrow \neg(A \rightarrow \neg B) \text{ und } (A \rightarrow \neg B) \rightarrow \neg(A \rightarrow B)$$

bzw. ihre Spezialisierungen $\neg(A \rightarrow \neg A)$ und $\neg(\neg A \rightarrow A)$ – diese Aussagen sind jeweils klassisch logisch äquivalent mit A bzw. $\neg A$ und nicht etwa selbst schon (klassisch allgemein-)gültig – als *konnex gültig* (↑konnex) angesehen. Auf Grund des Beharrens auf dem Vorliegen einer derartigen Beziehung zwischen A und B kann man k. L.en als Varianten von ↑Relevanzlogiken ansehen, mit denen sie insbes. die Ablehnung der ›vereinfachenden‹ Konjunktionsbeseitigung (engl. conjunctive simplification, conjunction elimination)

$$A \wedge B \rightarrow A, \quad A \wedge B \rightarrow B$$

teilen, obwohl sie insgesamt eine von ›konventionellen‹ Relevanzlogiken abweichende Struktur haben. K. L.en werden teilweise mit antiken Überlegungen zur Bedeutung der Implikation bei Aristoteles, Chrysipp und Boethius in Verbindung gebracht.

Literatur: W. Kneale/M. Kneale, The Development of Logic, Oxford 1962, rev. 1984, 2008; S. McCall, Connexive Implication, J. Symb. Log. 31 (1966), 415–433; S. Rahman/H. Rückert, Dialogical Connexive Logic, Synthese 127 (2001), 105–139; W. Stelzner/M. Stöckler (eds.), Zwischen traditioneller und moderner Logik. Nichtklassische Ansätze, Paderborn 2001; H. Wansing, Connexive Logic, SEP 2006, rev. 2010. P. S.

Logik, konstruktive (engl. constructive logic, franz. logique constructive), Bezeichnung für die konstruktiv (↑konstruktiv/Konstruktivität) begründete Theorie des korrekten Schließens (↑Schluß) und Beweisens (↑Beweis). Ausgehend von einer Kritik an den Prinzipien der zweiwertigen ›klassischen‹ Logik (↑Logik, klassische), insbes. am Prinzip des ↑tertium non datur $(A \lor \neg A)$ und am ↑Stabilitätsprinzip $(\neg\neg A \rightarrow A)$, konzipierte L. E. J. Brouwer eine von solchen Voraussetzungen freie ›intuitionistische‹ Logik (↑Logik, intuitionistische), ohne sie selbst näher zu explizieren. Seinen Grundgedanken, Beweise sollten grundsätzlich durch (gedankliche) Konstruktion erbracht werden (den Anwendungsbereich der Logik sah Brouwer primär in der Mathematik), präzisierte A. N. Kolmogorov in einer ›Aufgabenlogik‹: (logisch zusammengesetzte) Aussagen stellen (komplexe) Begründungsaufgaben dar. Diesem ersten semantischen Präzisierungsversuch folgte 1930 die erste Axiomatisierung der intuitionistischen Logik durch A. Heyting. 1935 gelang G. Gentzen die Formulierung eines zum Heyting-System äquivalenten ↑Sequenzenkalküls, eines ↑Kalküls des natürlichen Schließens. In diesem Kalkül sind die ›Eigenschaften‹ der einzelnen ↑Operatoren (im Kontext von Folgerungsbehauptungen) durch jeweils zwei bzw. drei Regeln charakterisiert. Aus diesen Vorgaben und auf der Basis semantischer Techniken von E. W. Beth (↑Tableau, logisches) entwickelten P. Lorenzen und K. Lorenz ein gleichermaßen technisch handhabbares wie systematisch befriedigendes semantisches Verfahren für die (damit zu Recht so genannte) k. L., das Dialogverfahren (↑Logik, dialogische). Die ausgezeichnete Stellung der k.n L. sowohl gegenüber der ›stärkeren‹ klassischen Logik als auch gegenüber ›schwächeren‹ Logiksystemen (z. B. solchen der ›strengen‹ Logik, ↑Logik, strenge) beruht im wesentlichen auf zwei Gründen: (1) Der Begriff der logischen ↑Folgerung und die logischen Partikeln (↑Partikel, logische) werden gleichzeitig eingeführt; die argumentative Verwendung dieser Operatoren wird festgelegt im Rahmen eines Überprüfungsverfahrens für ↑Metaaussagen der Form ›aus Begründungen für Aussagen $A_1, \ldots, A_n$ läßt sich

(wie auch immer diese Begründungen aussehen mögen) eine Begründung für A herstellen‹. An das ›Ausgangsmaterial‹, die logisch nicht zusammengesetzten ›elementaren‹ Aussagen, werden hierbei keinerlei Bedingungen geknüpft, so daß die Theorie auf beliebige Aussagenbereiche anwendbar ist. (2) Bei nachweisbarer Vollständigkeit der bereitgestellten Liste von Operatoren (in dem Sinne, daß jede weitere Verknüpfung zwischen Aussagen bzw. zugehörigen Argumentationen mit Hilfe der vorliegenden definiert werden kann) und gleichzeitiger Unabhängigkeit der ›Standardoperatoren‹ $\land, \lor, \rightarrow, \neg, \bigwedge, \bigvee$ untereinander (J. C. C. McKinsey [1939] für die Junktorenlogik) kann man sagen: Jede Logik, die *mehr* behauptet als die k. L., beruht auf Zusatzvoraussetzungen, läßt sich jedoch *innerhalb* der letzteren darstellen (↑konstruktiv/Konstruktivität). Für die bekannten sinnvollen ›Verschärfungen‹ der k.n L. (insbes. die klassische zweiwertige Logik) läßt sich eine adäquate Darstellung dadurch gewinnen, daß man zunächst Standardoperatoren streicht und per Definition ›Ersatzoperatoren‹ einführt. In gleicher Weise sind diejenigen Logiken darstellbar, die (vom Vorrat beweisbarer Formeln her) schwächer sind (strenge Logik, ↑Minimalkalkül).

Diese konstruktive Deutung von Verschärfungen, bei der Operatoren gerade so ›umdefiniert‹, d. h. durch Ersatzoperatoren ersetzt, werden, daß die gemachten Zusatzvoraussetzungen in konstruktiv gültige Sätze übergehen, ist nicht nur überflüssig, sondern auch inadäquat bei Anwendungen der Logik auf Bereiche, in denen die Zusatzvoraussetzungen auf Grund spezifischer Begründungseigenschaften der vorliegenden elementaren Aussagen erfüllt sind. Da sich die Gültigkeit solcher Begründungsprinzipien im allgemeinen bei logischer Verknüpfung nicht vererbt, läßt sich auf den ersten Blick selbst in solchen Anwendungsfällen eine Streichung von Operatoren zugunsten von Ersatzoperatoren nicht vermeiden, wenn man auf eine homogene logische Theorie Wert legt. Um hier einerseits die volle Ausdruckskraft der k.n L. zu bewahren, andererseits spezifische Begründungseigenschaften adäquat ausnutzen zu können, haben sowjetische Logiker integrierte Systeme geschaffen, die zwar das Gewünschte leisten, aber einen hohen Komplexitätsgrad aufweisen. Das nach wie vor differenzierteste und zugleich einfachste Instrument für den genannten Zweck bleibt die konstruktive Überprüfung von Folgerungsbehauptungen, in denen für jede einzelne Aussage(nvariable) spezifische Begründungseigenschaften als Bedingungen angegeben werden können. – Angesichts dieser Ergebnisse ist der ›Glaubenskrieg‹ um die eine ›richtige Logik‹ überflüssig. Die anderen ›Logiken‹ sind *innerhalb* der k.n L. als Teiltheorien interpretierbar, aber nicht umgekehrt; Verschärfungen der k.n L. können nur über konstruktiv nicht begründbare Voraussetzungen als sachlich weitergehend ausgewiesen werden. Bei Ein-

haltung der für die universelle Anwendbarkeit unerläßlichen Forderung der Voraussetzungsfreiheit ergibt sich
daher unvermeidlich die Priorität der k.n L..

Literatur: M. Barzin/A. Errera, Sur la logique de M. Brouwer,
Bull. Acad. Royale Belgique, Cl. Sci. 13 (1927), 56–71; dies., Sur
le principe du tiers exclu, Brüssel 1929; E. W. Beth, Semantic
Entailment and Formal Derivability, Mededelingen der Kon.
Nederl. Akad. Wetensch., Afd. Letterkunde, Nieuwe Reeks 18
No. 13 (Amsterdam 1955, ²1961), 309–342; ders., Semantic
Construction of Intuitionistic Logic, ebd. 19 No. 11 (Amsterdam
1956), 357–388; L. E. J. Brouwer, De Onbetrouwbaarheid der
logische Principes, Tijdschr. voor Wijsbegeerte 2 (1908),
152–158, Nachdr. in: ders., Wiskunde, Waarheid, Werkelijkheid,
Groningen 1919 (Originalpaginierung) (engl. The Unreliability
of the Logical Principles, in: ders., Collected Works I (Philosophy and Foundations of Mathematics), ed. A. Heyting, Amster-
dam/Oxford/New York 1975, 107–111); G. Gentzen, Untersuchungen über das logische Schließen, Math. Z. 39 (1935),
176–210, 405–431 (repr. separat Darmstadt 1969), Neudr. in:
K. Berka/L. Kreiser (eds.), Logik-Texte. Kommentierte Auswahl
zur Geschichte der modernen Logik, Berlin (Ost) 1971, 192–253,
⁴1986, 206–262; P. C. Gilmore, The Effect of Griss' Criticism of
the Intuitionistic Logic on Deductive Theories Formalized within the Intuitionistic Logic, Indagationes Mathematicae 15
(1953), 162–174, 175–186; K. Gödel, Zum intuitionistischen
Aussagenkalkül, Anzeiger Akad. Wiss. Wien, math.-naturwiss.
Kl. 69 (1932), 65–66, Nachdr. in: Ergebnisse eines mathematischen Kolloquiums H. 4 [s. u.], 40–41; ders., Eine Interpretation
des intuitionistischen Aussagenkalküls, Ergebnisse eines mathematischen Kolloquiums 4 (1933), 39–40; G. Haas, Konstruktive
Einführung in die formale Logik, Mannheim/Wien/Zürich 1984;
D. Hartmann, Konstruktive Fragelogik. Vom Elementarsatz zur
Logik von Frage und Antwort, Mannheim/Wien/Zürich 1990; A.
Heyting, Die formalen Regeln der intuitionistischen Logik, Sitz.-
ber. Preuß. Akad. Wiss., phys.-math. Kl. 1930, Berlin 1930,
42–56; R. Inhetveen, Logik. Eine dialog-orientierte Einführung,
Leipzig 2003; A. N. Kolmogoroff, O principe tertium non datur,
Matematičeskij Sbornik 32 (1924/1925), 646–667 (engl. On the
Principle of Excluded Middle, in: J. van Heijenoort [ed.], From
Frege to Gödel. A Source Book in Mathematical Logic,
1879–1931, Cambridge Mass. 1967, 414–437); ders., Zur Deu-
tung der intuitionistischen Logik, Math. Z. 35 (1932), 58–65; K.
Lorenz, Arithmetik und Logik als Spiele, Diss. Kiel 1961; ders.,
Dialogspiele als semantische Grundlage von Logikkalkülen,
Arch. math. Log. Grundlagenf. 11 (1968), 32–55, 73–100;
ders., L., k., Hist. Wb. Ph. V (1980), 437–440; P. Lorenzen,
Die ontologische und die operative Auffassung der Logik, in:
Proceedings of the XIth International Congress of Philosophy,
Brussels, August 20–26, 1953 V, Amsterdam/Louvain 1953,
12–18; ders., Protologik. Ein Beitrag zum Begründungsproblem
der Logik, Kant-St. 47 (1955/1956), 350–358, Nachdr. in: ders.,
Methodisches Denken, Frankfurt 1968, 1974, 81–93); ders.,
Logik und Agon, in: Atti del XII Congresso Internazionale di
Filosofia (Venezia, 12–18 Settembre 1958) IV, Florenz 1960,
187–194; ders., Ein dialogisches Konstruktivitätskriterium, in:
Infinitistic Methods. Proceedings of the Symposium on Founda-
tions of Mathematics, Warsaw, 2–9 September 1959, Warschau,
Oxford etc. 1961, 193–200; ders./O. Schwemmer, K. L., Ethik
und Wissenschaftstheorie, Mannheim/Wien/Zürich 1973, bes.
21–106, ²1975, bes. 29–147 (Kap. I Logik); J. C. C. McKinsey,
Proof of the Independence of the Primitive Symbols of Heyting's
Calculus of Propositions, J. Symb. Log. 4 (1939), 155–158; V. P.

Orevkov (ed.), The Calculi of Symbolic Logic I [russ. 1968],
Providence R. I. 1971; G. Sundholm, Implicit Epistemic Aspects
of Constructive Logic, J. Log., Language and Information 6
(1997), 191–212; H. Wang, A Survey of Mathematical Logic,
Peking 1962, Peking/Amsterdam ²1964, unter dem Titel: Logic,
Computers and Sets, New York 1970.   G. H.

Logik, lineare (engl. linear logic), Bezeichnung für eine
auf J.-Y. Girard zurückgehende substrukturelle Logik
(↑Logik, substrukturelle), bei der sowohl die ↑Struktur-
regel der ↑Verdünnung als auch die der Kontraktion
(↑Verschmelzungsregeln) eingeschränkt wird. Die l. L.
läßt sich als ↑Sequenzenkalkül beschreiben, dessen ↑Se-
quenzen $\Delta \Rightarrow \Gamma$ als ↑Antezedens Δ und ↑Sukzedens Γ
jeweils Multimengen haben, d. h. Folgen von ↑Formeln,
bei denen man von der Reihenfolge der Anordnung
abstrahiert, nicht jedoch davon, wie oft eine Formel
vorkommt (eine Multimenge kann also mehrere Vorkommen derselben Formel enthalten). Der ↑Kalkül ist in
Bezug auf Antezedens und Sukzedens symmetrisch
(↑symmetrisch/Symmetrie (logisch)) und in diesem
Sinne dem Sequenzenkalkül für die klassische Logik
(↑Logik, klassische) verwandt. Aufgrund des Fehlens
der Regeln von Kontraktion und Verdünnung ist er
jedoch schwächer als die klassische Logik. Wegen des
Fehlens dieser Gesetze lassen sich logische Zeichen
(↑Partikel, logische) unterscheiden, die in der klassischen (und auch in der intuitionistischen) Logik zusammenfallen (↑Logik, intuitionistische). Die Regeln für
diese Zeichen unterscheiden sich darin, wie die strukturellen Kontexte von logisch zusammengesetzten Formeln behandelt werden. So läßt sich z. B. eine ›additive‹
Konjunktion & mit den Regeln

$$\frac{\Gamma \Rightarrow A, \Delta \quad \Gamma \Rightarrow B, \Delta}{\Gamma \Rightarrow A \& B, \Delta}$$

$$\frac{\Gamma, A \Rightarrow \Delta}{\Gamma, A \& B \Rightarrow \Delta} \quad \frac{\Gamma, B \Rightarrow \Delta}{\Gamma, A \& B \Rightarrow \Delta}$$

von einer ›multiplikativen‹ Konjunktion $\otimes$ (auch ›Ten-
sor‹ genannt) mit den Regeln

$$\frac{\Gamma_1 \Rightarrow A, \Delta_1 \quad \Gamma_2 \Rightarrow B, \Delta_2}{\Gamma_1, \Gamma_2 \Rightarrow A \otimes B, \Delta_1, \Delta_2} \quad \frac{\Gamma, A, B \Rightarrow \Delta}{\Gamma, A \otimes B \Rightarrow \Delta}$$

unterscheiden. Eine entsprechende Unterscheidung liefert jeweils zwei Formen anderer logischer Konstanten
(↑Konstante, logische), insbes. zwei Formen von ↑Dis-
junktion. Weitere Konstanten sind die so genannten
›Exponentiale‹ ! und ?, die mit den modallogischen
Operatoren (↑Modallogik) ›notwendig‹ und ›möglich‹
verwandt sind.
Die Unterscheidung der Zusammensetzung von Formeln unter Berücksichtigung der strukturellen Kontexte

macht die l. L. zu einer ›ressourcensensitiven‹ Logik. Aufgrund dieser Eigenschaft hat sie sich vor allem in der ↑Informatik für viele Modellierungszwecke, insbes. für die Parallelisierung von Rechnen und Ableiten, als besonders geeignet erwiesen. Sie wird von Girard aber auch als begrifflich grundlegende Logik angesehen, die die Symmetrieeigenschaften der klassischen Logik mit konstruktiven Aspekten der intuitionistischen Logik (↑Logik, konstruktive) verbindet. Als Analogon zum ↑Kalkül des natürlichen Schließens führt sie zu Beweisnetzen (*proof nets*), bei denen die konventionelle Baumstruktur von Beweisen zugunsten einer Graphenstruktur (↑Graph) erweitert wird.

Literatur: G. M. Bierman, Linear Logic, REP V (1998), 638–641; R. DiCosmo/D. Miller, Linear Logic, SEP 2006; T. Ehrhard u. a. (eds.), Linear Logic in Computer Science, Cambridge 2004; J.-Y. Girard, Linear Logic, Theoretical Computer Sci. 50 (1987), 1–101; ders., Light Linear Logic, Information and Computation 143 (1998), 175–204; ders./Y. Lafont/L. Regnier (eds.), Advances in Linear Logic, Cambridge/New York/Melbourne 1995; P. Lincoln u. a., Decision Problems for Propositional Linear Logic, Stanford Calif./Menlo Park Calif./Palo Alto Calif. 1991; A. S. Troelstra, Lectures on Linear Logic, Stanford Calif./Menlo Park Calif. 1992. – Theoretical Computer Sci. 227 (1999) [Sonderheft Linear Logic]. P. S.

Logik, mathematische (engl. mathematical logic, franz. logique mathématique), in mindestens fünf Bedeutungen verwendeter Terminus. (1) M. L. als die *moderne Gestalt der formalen Logik* (↑Logik, formale), die mit mathematischer Strenge und Exaktheit betrieben wird. Diese mathematische Strenge der Logik zeigt sich vor allem darin, daß sie in verstärktem Ausmaß Symbole verwendet; insofern spricht man auch von ›symbolischer Logik‹ (↑Logik, formale). (2) M. L. als *mit mathematischen Methoden betriebene Logik.* Hier wird in Verschärfung von (1) darauf abgehoben, daß man nicht nur mit Symbolen (↑Notation, logische) operiert, sondern daß dieses Operieren selbst mathematischer Natur ist. Das läßt sich einmal so verstehen, daß man (analog zur mathematischen Physik oder mathematischen Psychologie) die Mathematik als Hilfswissenschaft benutzt, um genuin logische Sachverhalte zu formulieren oder zu beweisen – etwa Verwendung mathematischer Induktionsprinzipien zum Beweis logischer Gesetze –, aber auch so, daß man den Gegenstand der m.n L. als mathematischen Gegenstand ansieht. Logische Strukturen (z. B. Modelle) haben dann denselben Status wie mathematische Strukturen (z. B. Gruppen). (3) M. L. als *mit logischen Methoden betriebene Mathematik.* Hier werden, umgekehrt wie im Falle von (2), Methoden, die man als genuin logische ansieht (z. B. modelltheoretische; ↑Modelltheorie), zur Lösung mathematischer Probleme benutzt (z. B. für Entscheidbarkeitsfragen hinsichtlich algebraischer Theorien). (4) M. L. als *Logik der Mathe-*

matik im Sinne einer Methodenlehre (d. h. Wissenschaftstheorie) der Mathematik. Hier ist Logik eine philosophische Disziplin, mit deren Hilfe mathematisches Argumentieren rekonstruiert wird. Im ↑Logizismus führt dies so weit, die Mathematik selbst als Teil der Logik anzusehen. (5) M. L. als *Oberbegriff für eine Reihe von Disziplinen,* die von anderen mathematischen Gebieten abgegrenzt, jedoch in der Regel an mathematischen Instituten beheimatet sind. Das »Handbook of Mathematical Logic« (ed. J. Barwise, 1977) führt als solche Disziplinen ↑Beweistheorie, ↑Mengenlehre, Modelltheorie und Rekursionstheorie (↑rekursiv/Rekursivität) auf, eine Einteilung, die sich (auch institutionell) durchgesetzt hat. Gelegentlich wird m. L. auch mit ↑Metamathematik identifiziert.

Allen Auffassungen von m.r L. ist gemeinsam: (a) Sie umfassen einen wesentlichen Teil der logischen Bemühungen der letzten 150 Jahre; (b) sie setzen die Logik mit der Mathematik in Beziehung, zumindest im Hinblick auf die Präzision ihres Vorgehens. M. L. im Sinne von (1) und (2) geht bereits auf Ansätze von G. W. Leibniz zurück, dann im 19. Jh. auf die ↑Algebra der Logik. (3) ist eine relativ neue Deutung, die sich ergab, als man auf die enge Verknüpfung von mathematischen und logischen Disziplinen aufmerksam wurde. (4) geht im wesentlichen auf G. Frege und B. Russell zurück. Die Verwendungsweise (5) scheint heute am weitesten verbreitet zu sein.

Von der m.n L. im Sinne von (3)–(5) hebt sich die *philosophische Logik* (↑Logik, philosophische) ab, die zwar oft auch im Sinne von (1) und (2) mit mathematischer Strenge und mathematischen Methoden operiert, jedoch Gegenstände bzw. Methoden behandelt, die traditionell eher von philosophischem Interesse sind. Beispiele für philosophische Logiken sind: ↑Modallogik, induktive Logik (↑Logik, induktive), dialogische und spieltheoretische Logik (↑Logik, dialogische).

Literatur: G. Asser, Einführung in die m. L., I–III, Leipzig, Frankfurt/Zürich/Thun 1959–1981, I Leipzig ⁶1983, II Leipzig ²1976 (I Aussagenkalkül, II Prädikatenkalkül der ersten Stufe, III Prädikatenlogik höherer Stufe); J. Barwise (ed.), Handbook of Mathematical Logic, Amsterdam/New York/Oxford 1977, 2006; A. Church, Introduction to Mathematical Logic I, Princeton N. J. 1956, 1996; H. B. Curry, Foundations of Mathematical Logic, New York etc. 1963, ²1977; H.-D. Ebbinghaus/J. Flum/W. Thomas, Einführung in die m. L., Darmstadt 1978, erw. Mannheim etc. ³1992, Berlin/Heidelberg ⁵2007; R. L. Epstein, Classical Mathematical Logic. The Semantic Foundations of Logic, Princeton N. J./Oxford 2006; R. L. Goodstein, Development of Mathematical Logic, London, New York 1971; J. v. Heijenoort (ed.), From Frege to Gödel. A Source Book in Mathematical Logic, 1879–1931, Cambridge Mass. 1967, 2002; H. Hermes, Einführung in die m. L.. Klassische Prädikatenlogik, Stuttgart 1963, ⁵1991 (engl. Introduction to Mathematical Logic, Berlin/New York 1973); D. Hilbert/W. Ackermann, Grundzüge der theoretischen Logik, Berlin 1928, Berlin/Heidelberg/New

York [6]1972 (engl. Principles of Mathematical Logic, New York 1950, Providence R. I. 1999); J. Hintikka, Language, Truth and Logic in Mathematics (Selected Papers III), Dordrecht/Boston Mass./London 1998; S. C. Kleene, Introduction to Metamathematics, Amsterdam, Groningen, Princeton N. J. 1952, New York/Tokyo 2009; ders., Mathematical Logic, New York/London/Sydney 1967, Mineola N. Y. 2002; G. T. Kneebone, Mathematical Logic and the Foundations of Mathematics. An Introductory Survey, London etc. 1963, Mineola N. Y. 2001; G. Kreisel/J. L. Krivine, Éléments de logique mathématique. Théorie des modèles, Paris 1967 (engl. Elements of Mathematical Logic, Amsterdam 1967; dt. [erw.] Modelltheorie. Eine Einführung in die m. L. und Grundlagentheorie, Berlin/Heidelberg/New York 1972); J. Łukasiewicz, Elementy logiki matematycznej, Warschau 1929, [2]1958 (engl. Elements of Mathematical Logic, Oxford etc. 1963, 1966); E. Mendelson, Introduction to Mathematical Logic, Princeton N. J. 1964, Boca Raton Fla./London 2010; A. Prestel, Einführung in die M. L. und Modelltheorie, Braunschweig/Wiesbaden 1986, 1992; W. V. O. Quine, Mathematical Logic, New York 1940, Cambridge Mass. [2]1951, Cambridge Mass./London 1996; W. Rautenberg, Einführung in die m. L.. Ein Lehrbuch, Braunschweig/Wiesbaden 1995, erw. [2]2002; G. E. Sacks, Mathematical Logic in the 20th Century, Singapur, River Edge N. J. etc. 2003; R. Schindler, Logische Grundlagen der Mathematik, Berlin/Heidelberg 2009; H. A. Schmidt, Mathematische Gesetze der Logik I (Vorlesungen über Aussagenlogik), Berlin/Göttingen/Heidelberg 1960; H. Scholz/G. Hasenjaeger, Grundzüge der m.n L., Berlin/Göttingen/Heidelberg 1961; J. R. Shoenfield, Mathematical Logic, Reading Mass. etc. 1967, Natick Mass. 2005; S. W. P. Steen, Mathematical Logic with Special Reference to the Natural Numbers, Cambridge 1972; N. I. Stjažkin, Stanovlenie idej matematičeskoj logiki, Moskau 1964 (engl. History of Mathematical Logic from Leibniz to Peano, Cambridge Mass./London 1969); W. Strombach/H. Emde/W. Reyersbach, M. L.. Ihre Grundprobleme in Theorie und Anwendung, München 1972; A. Tarski, O logice matematycznej i metodzie dedukcyjnej, Lemberg 1936 (dt. Einführung in die m. L. und in die Methodologie der Mathematik, Wien 1937, unter dem Titel: Einführung in die m. L., Göttingen [2]1966, erw. [5]1977); C. Thiel, From Leibniz to Frege. Mathematical Logic between 1679 and 1879, in: L. J. Cohen u. a. (eds.), Logic, Methodology and Philosophy of Science VI. Proceedings of the 6th International Congress, Hannover 1979, Amsterdam/New York/Oxford, Warschau 1982, 755–770; H.-P. Tuschik/H. Wolter, M. L., kurzgefaßt, Mannheim/Wien/Zürich 1994, Heidelberg/Berlin [2]2002; R. Wagner-Döbler/J. Berg, M. L. von 1847 bis zur Gegenwart. Eine bibliometrische Untersuchung, Berlin/New York 1993; M. Ziegler, M. L., Basel 2010.   P. S.

Logik, mehrwertige (engl. many-valued logic), Bezeichnung für logische Ansätze, die davon ausgehen, daß ↑Aussagen einen von mehr als zwei ↑Wahrheitswerten annehmen können, im Gegensatz zur zweiwertigen Logik (↑Logik, zweiwertige), nach der jede Aussage entweder wahr oder falsch ist (↑Zweiwertigkeitsprinzip). Ideen zu einer solchen Konzeption, insbes. zur dreiwertigen Logik, gehen bis in die Antike zurück. Die neuere Entwicklung der m.n L. beginnt mit den Arbeiten von J. Łukasiewicz (1920) und (unabhängig davon) E. L. Post (1921; zur Geschichte der m.n L. vgl. N. Rescher, 1969). Als Begründungen für die Aufgabe des Zweiwertigkeitsprinzips wurden und werden unter anderem genannt:
(1) Das schon von Aristoteles diskutierte Problem der Aussagen über *zukünftige Ereignisse* (↑Futurabilien). Da man nicht wisse, ob ein in einer Aussage A beschriebenes zukünftiges Ereignis eintrete oder nicht, könne man A nicht den Wert ›wahr‹ (↑verum, ↑wahr/das Wahre) oder den Wert ↑›falsch‹ (↑falsum) zusprechen, man müsse für A also einen dritten Wahrheitswert (etwa ›unbestimmt‹) einführen. Gegen diese Argumentation ist eingewendet worden, Aussagen seien wahr oder falsch unabhängig vom Wissen darüber, ob der behauptete Sachverhalt besteht oder nicht besteht, ferner, daß sie nicht zur dreiwertigen, sondern zur intuitionistischen Logik (↑Logik, intuitionistische) führe, die sich nicht als eine m. L. deuten läßt, es sei denn, es werden unendlich viele Wahrheitswerte zugelassen. Aussagen, in die das Wissen von Personen oder Zeitpunkte eingehen, werden zudem auf zweiwertiger Grundlage in epistemischer und temporaler Logik behandelt (↑Logik, epistemische, ↑Logik, temporale). – (2) Das Problem bislang *unentschiedener Aussagen* der Mathematik (z. B. die ↑Goldbachsche Vermutung) oder von Aussagen, für die kein ↑Entscheidungsverfahren existiert. Für derartige Aussagen müsse man einen dritten Wahrheitswert einführen. Solche Konzeptionen sind z. B. 1938 von S. C. Kleene erwogen worden. Kleene geht es dabei um Aussagen, die partiell rekursive Funktionen (↑Funktion, rekursive) oder Prädikate enthalten, die zwar auf dem Bereich, auf dem sie definiert sind, berechenbar (↑berechenbar/Berechenbarkeit) bzw. entscheidbar (↑entscheidbar/Entscheidbarkeit) sind, bei denen aber nicht entscheidbar ist, für welche Objekte sie definiert sind. – (3) Die Unmöglichkeit, *Modaloperatoren* als ↑Wahrheitsfunktionen der zweiwertigen Logik zu behandeln. Dieser von Łukasiewicz 1920 im Hinblick auf den Möglichkeitsbegriff angeführte (und später wieder verworfene) Grund für eine dreiwertige Logik gilt heute als überholt, da man Modaloperatoren als intensionale Operatoren deutet (↑Modallogik, ↑Semantik, intensionale). – (4) Das Problem der *vagen Begriffe* (↑Vagheit). Da in der ↑Alltagssprache (und sogar in ↑Wissenschaftssprachen) viele Begriffe keinen scharf abgegrenzten Umfang haben (es z. B. neben Gegenständen, von denen man mit Bestimmtheit sagen kann, daß sie ein Stuhl bzw. daß sie kein Stuhl sind, auch solche gibt, von denen man weder das eine noch das andere sagen kann), müsse man gewissen Aussagen einen dritten Wahrheitswert zusprechen. – (5) Das Problem der *leeren Kennzeichnungen*. Um Aussagen wie ›der gegenwärtige König von Frankreich ist kahlköpfig‹, deren ↑Nominator keinen existierenden Gegenstand benennt, als sinnvolle Aussage logisch analysieren zu können, sei es angebracht, ihnen einen dritten Wahrheitswert zuzuweisen. Andere Vorschläge, dieses Problem zu

lösen, werden in der Theorie der ↑Kennzeichnungen und ↑Präsuppositionen gemacht. Die in (4) und (5) genannten Argumente werden in erster Linie von Logikern, die an einer semantischen Analyse der Umgangssprache interessiert sind, vorgebracht (z. B. U. Blau, 1978). – (6) Das Problem der ↑*Antinomien*, das sich dadurch lösen lasse, daß man den antinomischen Aussagen einen dritten Wahrheitswert zuspricht. Dieser Lösungsvorschlag wird, neben anderen Ansätzen, vor allem in der Diskussion um die semantischen Antinomien (↑Antinomien, semantische) untersucht (vgl. z. B. ↑Lügner-Paradoxie), während er in der mathematischen Grundlagendiskussion um die ↑Zermelo-Russellsche Antinomie und verwandte Antinomien keine größere Bedeutung erlangte. – (7) Das Problem unbestimmter Aussagen der ↑*Quantentheorie*. Die Interpretation der Heisenbergschen ↑Unschärferelation hat z. B. H. Reichenbach (1944) und B. van Fraassen (1974) dazu geführt, bestimmten Aussagen einen dritten Wahrheitswert zuzuordnen. Diese und andere Lösungsvorschläge der sich aus der Quantentheorie ergebenden logischen Probleme werden in der ↑Quantenlogik diskutiert. – (8) Das Problem des Verhältnisses von *Wahrheit und Wahrscheinlichkeit*. Da man sich vor allem in den empirischen Wissenschaften nur bis zu einem gewissen Grade der Gültigkeit von Aussagen gewiß sei, müsse man die Werte ›wahr‹ und ›falsch‹ durch die Skala der Wahrscheinlichkeiten zwischen 0 und 1 ersetzen. Diese Annahme liegt teilweise ↑Wahrscheinlichkeitslogiken und der induktiven Logik (↑Logik, induktive) zugrunde. – (9) Das Problem nur *partiell* definierter Begriffe. In vielen Anwendungsbereichen haben Begriffe eine Extension (↑extensional/Extension) sowie eine Anti-Extension, d. h. einen Bereich, auf den sie definitiv zutreffen, und einen Bereich, auf den sie definitiv nicht zutreffen, wobei diese Bereiche zusammengenommen jedoch nicht erschöpfend sind. Daher hat man sowohl modelltheoretische (↑Modelltheorie) als auch beweistheoretische (↑Beweistheorie) Systeme entwickelt, die diesem Phänomen der Partialität der Bedeutung gerecht zu werden versuchen, manche davon mehrwertiger Natur.

Mit der Einführung von zusätzlichen Wahrheitswerten über die herkömmlichen zwei hinaus stellt sich das Problem, wie die Semantik der logischen Zeichen im Detail festgelegt wird. Für die ↑Junktoren einer dreiwertigen Logik z. B. müssen sich ↑Wahrheitstafeln angeben lassen, deren Ausgangsspalten alle Kombinationen der drei Wahrheitswerte für die Argumente des jeweiligen Junktors umfassen. Bezeichnet man die Wahrheitswerte mit w, f und u (wobei w, f die beiden klassischen Wahrheitswerte sind), so sind Beispiele für Wahrheitstafeln von zweistelligen Junktoren →$_*$ einer dreiwertigen Logik (Tabelle 1):

p	q	$p\to_L q$	$p\to_H q$	$p\to_K q$	$p\to_B q$	$p\to q$
w	w	w	w	w	w	w
w	u	u	u	u	u	
w	f	f	f	f	f	f
u	w	w	w	w	w	
u	u	w	w	u	w	
u	f	u	f	u	w	
f	w	w	w	w	w	w
f	u	w	w	w	w	
f	f	w	w	w	w	w

Tabelle 1

Dabei ist →$_L$ die 1930 von Łukasiewicz, →$_H$ die 1930 von Heyting (zum Beweis der Unableitbarkeit [↑unableitbar/Unableitbarkeit] des ↑tertium non datur in der intuitionistischen Logik), →$_K$ die 1938 von Kleene und →$_B$ die 1978 von Blau angegebene Subjunktion sowie → die klassische Subjunktion, die nur für w und f als Argumente definiert ist. Alle vier verschiedenen angegebenen dreiwertigen Subjunktionen stimmen in den Fällen, wo die klassische Subjunktion definiert ist, mit dieser überein; sie unterscheiden sich in den beiden Fällen, wo p den Wahrheitswert u und q den Wert u oder f hat, und führen damit zu verschiedenen Klassen von gültigen (↑gültig/Gültigkeit) Formeln. Geht man zu mehr als drei Wahrheitswerten über, wird das Verhältnis der vorgeschlagenen, miteinander unverträglichen mehrwertigen Systeme recht unübersichtlich. Darin zeigt sich nicht nur die Verschiedenheit der philosophischen Begründungen m.r L.en, sondern auch die Schwierigkeit, aus den teilweise sehr vagen philosophischen Motivierungen präzise Kriterien herzuleiten, die in allen Einzelfällen die Zuordnung von Wahrheitswertverteilungen zu bestimmten Aussagenverknüpfungen festlegen. Der Versuch, bestimmte Systeme anhand ihrer Beziehungen zur klassischen Logik (↑Logik, klassische) vor anderen auszuzeichnen, würde z. B. im oben angegebenen Fall →$_B$ gegenüber →$_L$, →$_H$ und →$_K$ bevorzugen, wenn man verlangt, daß sich nach Ersetzung von u durch f bis auf mehrfach vorkommende Zeilen die Tafel für → ergibt. Diese Forderung selbst hängt aber von der philosophischen Begründung des mehrwertigen Systems ab. Sie setzt voraus, daß u und f in der dreiwertigen Logik eine Spezifizierung des klassischen Wertes f sind, was z. B. Heyting oder Kleene gar nicht intendieren. So zeichnet etwa Kleene seine Wahrheitstafeln durch ein andersartiges Verhältnis zur klassischen Logik aus als Blau.

Während die *philosophische* Begründung und Auszeichnung eines bestimmten mehrwertigen Systems lange Zeit keine größeren Fortschritte machte und erst neuerdings wieder stärker diskutiert wird (vor allem im Zusammenhang mit der vermehrten Anwendung formallogischer Methoden in der ↑Linguistik sowie mit der Diskussion nur partiell definierter Bedeutung), hat sich die *mathematisch-logische* Theorie der m.n L.en seit 1920 weit entwickelt. Der Begriff der logischen Matrix (↑Matrix, logische) erlaubte es dabei, mehrwertige junktorenlogische Systeme in größtmöglicher Allgemeinheit zu behandeln. Insbes. konnten ganz in Analogie zur Definition der klassischen semantischen Begriffe auch für die m.n L.en Begriffe der ↑Tautologie, Kontradiktion (↑kontradiktorisch/Kontradiktion), Erfüllbarkeit (↑erfüllbar/ Erfüllbarkeit), ↑Folgerung etc. definiert werden. Die Rolle des klassischen Wertes w übernehmen dabei gewisse ›ausgezeichnete‹ Wahrheitswerte (die z. B. in den obigen Systemen mit w zusammenfallen). Inzwischen liegen eine Reihe bedeutender technischer Resultate über Axiomatisierbarkeit m.r L.en, semantische Vollständigkeit (↑vollständig/Vollständigkeit) von Formalismen, funktionale Vollständigkeit von Operatoren, relative deduktive Stärke von Systemen usw. vor. Ferner gibt es eine Reihe technischer und metalogischer Anwendungen mehrwertiger Systeme, in denen man nicht davon ausgeht, daß die Wahrheitswerte eine philosophische Bedeutung haben.

An der m.n L. hat sich immer wieder die Frage nach der *Absolutheit* der Logik entzündet. Vertreter des Absolutheitsstandpunktes, für die die auf dem Zweiwertigkeitsprinzip beruhende klassische Logik die ›richtige‹ Logik ist, können der m.n L. nur einen technischen und keinen philosophischen Sinn zuschreiben. Verteidiger der m.n L. dagegen meinen, die Logik müsse sich gewissen Realitäten anpassen (z. B. der Vagheit vieler Begriffe oder der Unbestimmtheit gewisser Meßaussagen der Quantenphysik). Hinter diesem Streit steht die bis heute nicht zufriedenstellend gelöste Frage, ob ›logische Gesetze‹ ↑normativ oder deskriptiv (↑deskriptiv/präskriptiv; z. B. apriorische Gesetze des Denkens oder aufgefundene sprachliche Regelmäßigkeiten) sind bzw. was es bedeutet, mehr als einen Begriff logischer ↑Geltung zu bilden. Bisweilen wird die Entwicklung m.r L.en mit der wissenschaftshistorisch folgenreichen Entdeckung ↑nichteuklidischer Geometrien verglichen und der Streit um die ›richtige‹ Logik mit dem um die ›richtige‹ Geometrie. Auch von Theoretikern der m.n L. wird dabei allerdings oft darauf hingewiesen, daß die ↑Metasprache, in der man seine Untersuchungen durchführt, klassisch ist, selbst wenn man für bestimmte ↑Objektsprachen die Annahme mehrerer Wahrheitswerte macht. Einen Grenzfall der m.n L. stellt die ↑Fuzzy Logic dar, die man als m. L. mit reellen Zahlen als Wahrheitswerte auffassen kann.

Literatur: S. Blamey, Partial Logic, in: D. M. Gabbay/F. Guenthner (eds.), Handbook of Philosophical Logic V, Dordrecht/ Boston Mass./London ²2002, 261–353; U. Blau, Die dreiwertige Logik der Sprache. Ihre Syntax, Semantik und Anwendung in der Sprachanalyse, Berlin/New York 1978; ders., Die Logik der Unbestimmtheiten und Paradoxien, Heidelberg 2008; L. Bolc/P. Borowik, Many-Valued Logics, I–II (I Theoretical Foundations, II Automated Reasoning and Practical Applications), Berlin/ Heidelberg/New York 1992/2003; B. van Fraassen, The Labyrinth of Quantum Logics, in: R. S. Cohen/M. W. Wartofsky (eds.), Logical and Epistemological Studies in Contemporary Physics, Dordrecht/Boston Mass. 1974, 224–254 (Boston Stud. Philos. Sci. XIII); S. Gottwald, Many-Valued Logic, SEP 2000, rev. 2009; ders., A Treatise on Many-Valued Logics, Baldock 2001; R. Hähnle, Advanced Many-Valued Logics, in: D. Gabbay/ F. Guenthner (eds.), Handbook of Philosophical Logic II, Dordrecht/Boston Mass./London ²2001, 297–395; A. Heyting, Die formalen Regeln der intuitionistischen Logik, Sitz.ber. preuß. Akad. Wiss., phys.-math. Kl. 1930, Berlin 1930, 42–56, Nachdr. in: ders., Collected Papers, Amsterdam 1980, 191–205; L. Humberstone, Many-Valued Logics, Philosophical Issues in, REP VI (1998), 84–91; S. C. Kleene, On Notation for Ordinal Numbers, J. Symb. Log. 3 (1938), 150–155; ders., Introduction to Metamathematics, Amsterdam, Groningen, Princeton N. J. 1952, 2000, bes. 332–340 (§ 64 The 3-Valued Logic); J. Łukasiewicz, O logice trójwartościowej, Ruch Filozoficzny 5 (1920), 169–171 (engl. On Three-Valued Logic, in: S. McCall [ed.], Polish Logic 1920–1939, Oxford 1967, 16–18, ferner in: J. Łukasiewicz, Selected Works, ed. L. Borkowski, Amsterdam/London, Warschau 1970, 87–88); ders., Philosophische Bemerkungen zu mehrwertigen Systemen des Aussagenkalküls, Comptes rendus des séances de la Société des Sciences et des Lettres de Varsovie, cl. III, 23 (1930), 51–77, Nachdr. in: D. Pearce/J. Woleński (eds.), Logischer Rationalismus. Philosophische Schriften der Lemberg-Warschauer Schule, Frankfurt 1988, 100–119 (engl. Philosophical Remarks on Many-Valued Systems of Propositional Logic, in: S. McCall [ed.], Polish Logic 1920–1939 [s. o.], 40–65, ferner in: J. Łukasiewicz, Selected Works [s. o.], 153–178); G. Malinowski, Many-Valued Logics, Oxford/New York 1993; ders., Many-Valued Logics, in: L. Goble (ed.), The Blackwell Guide to Philosophical Logic, Malden Mass./Oxford 2001, 309–335; E. L. Post, Introduction to a General Theory of Elementary Propositions, Amer. J. Math. 43 (1921), 163–185; A. N. Prior, Many-Valued Logic, Enc. Ph. V (1967), 1–5; W. Rautenberg, Klassische und nichtklassische Aussagenlogik, Braunschweig/ Wiesbaden 1979; ders., Einführung in die m. L.. Ein Lehrbuch mit Berücksichtigung der Logikprogrammierung, Braunschweig/Wiesbaden 1996; H. Reichenbach, Philosophic Foundations of Quantum Mechanics, Berkeley Calif./Los Angeles 1944, Mineola N. Y. 1998 (dt. Philosophische Grundlagen der Quantenmechanik, Basel 1949, Nachdr. in: ders., Philosophische Grundlagen der Quantenmechanik und Wahrscheinlichkeit, ed. A. Kamlah/M. Reichenbach, Braunschweig/Wiesbaden 1989 [= Ges. Werke V], 3–196); N. Rescher, Many-Valued Logic, New York 1969, Aldershot/Brookfield Vt. 1993 (mit Bibliographie, 236–331); E. Richter, L., m., Hist. Wb. Ph. V (1980), 440–444; J. B. Rosser/A. R. Turquette, Many-Valued Logics, Amsterdam 1952, Westport Conn. 1977; P. Rutz, Zweiwertige und m. L.. Ein Beitrag zur Geschichte und Einheit der Logik, München 1973 (mit Bibliographie, 81–101); A. Urquhart, Many-Valued Logic, in: D. M. Gabbay/F. Guenthner (eds.), Handbook of Philosophical Logic III (Alternatives to Classical Logic), Dordrecht etc. 1986, 71–116; ders., Basic Many-Valued Logic, in: D. M. Gabbay/F. Guenthner (eds.), Handbook of Philosophical Logic II, Dordrecht/Boston Mass./London ²2001, 249–295; R. G. Wolf, A Survey of Many-Valued Logic (1966–1974), in: J. M. Dunn/G. Epstein (eds.), Modern Uses of Multiple-Valued Logic, Dordrecht/Boston Mass. 1977, 167–323 (Bibliographie, soweit von Rescher [1969] nicht mehr erfaßt); A. A. Zinov'ev, Filosofskie problemy mnogoznačnoj logiki, Moskau 1960 (engl. [rev.] Philosophical Problems of Many-Valued Logic, Dordrecht 1963), Neufassung unter dem Titel: Očerk mnogoznačnoj logiki, Moskau 1968 (dt. Über mehrwertige Logik. Ein Abriß, Berlin [Ost], Braunschweig, Basel 1968, Braunschweig ²1970). – J. Multiple-Valued Log. and Soft Computing, 1995 ff.. P. S.

Logik, metrische (engl. metric logic), (1) Bezeichnung für einen Logiktyp, der sich wie die topologische Logik (↑Logik, topologische (2)) aus der zweisortigen Positionslogik von N. Rescher/J. W. Garson (↑Logik, topologische (1)) mit ↑Formeln und ↑Parametern entwickelt hat. Die Parameter werden in einer algebraischen Struktur gedeutet, hier einem metrischen (↑Abstand) oder topologischen Raum. Man findet modale m. L.en (mit ↑Operatoren der Art ›der Menge α näher als der Menge β‹, interpretiert in metrischen Räumen), vor allem aber temporale m. L.en (MTL), die qualitative zu quantitativen Temporaloperatoren machen und die lineare temporale Logik LTL (↑Logik, temporale) erweitern: Temporale Operatoren werden beschränkt auf offene oder geschlossene Intervalle von reellen Zahlen ($\Diamond_{[6,7]}\phi$ ist zu lesen als ›ϕ wird innerhalb von 6 bis 7 Einheiten ab jetzt wahr sein‹). Metrische temporale Logiken finden Anwendung im so genannten ›run-time monitoring‹, d. h. bei der algorithmischen Überprüfung der Erfüllung bestimmter temporaler Eigenschaften in einer Systemausführung. (2) In der Theorie der Begriffsformen unterscheidet man zwischen klassifikatorischen oder qualitativen, topologischen oder komparativen und quantitativen oder metrischen Begriffen. C. G. Hempel nannte daher seine Logik der zweistellig-relationalen ↑Wahrheitswerte, auch als ›Rangreihen-Logik‹ bezeichnet, eine topologische Logik (↑Logik, topologische (3)). Im Unterschied dazu bezeichnet man Systeme mit (endlich oder unendlich vielen) numerischen Wahrheitswerten als ›m. L.en‹.

Literatur: R. Alur/T. A. Henzinger, Real-Time Logics. Complexity and Expressiveness, Information and Computation 104 (1993), 35–77; D. Drusinsky, On-line Monitoring of Metric Temporal Logic with Time-Series Constraints Using Alternating Finite Automata, J. Universal Computer Sci. 12 (2006), 482–498; J. Euzenat/A. Montanari, Time Granularity, in: M. Fisher/D. Gabbay/L. Vila (eds.), Handbook of Temporal Reasoning in Artificial Intelligence, Amsterdam etc. 2005, 59–118; Y. Hirshfeld/A. Rabinovich, Timer Formulas and Decidable Metric Temporal Logic, Information and Computation 198 (2005), 148–178; A. Montanari, Metric and Layered Temporal Logic for Time Granularity, Diss. Amsterdam 1996; ders./M. de Rijke, Two-Sorted Metric Temporal Logics, Theoretical Computer Sci. 183 (1997), 187–214; S. Müller, Theory and Applications of Runtime Monitoring. Metric First-Order Temporal Logic, Diss. Zürich 2009; J. Ouaknine/J. Worrell, On the Decidability of Metric Temporal Logic, in: Proceedings of the 20th Annual

IEEE Symposium on Logic in Computer Science, Los Alamitos Calif. 2005, 188–197; M. Sheremet u. a., From Topology to Metric. Modal Logic and Quantification in Metric Spaces, in: G. Governatori/I. Hodkinson/Y. Venema (eds.), Advances in Modal Logic IV, London 2006, 429–440; F. Wolter/M. Zakharyaschev, A Logic for Metric and Topology, J. Symb. Log. 70 (2005), 795–828. R. B.

Logik, mittelalterliche, Bezeichnung für die logischen Arbeiten abendländischer mittelalterlicher Gelehrter. Sieht man von den wenig originellen, noch stark an der antiken Logik und A. M. T. S. Boethius sowie an ↑Enzyklopädie und ↑Grammatik orientierten Arbeiten des 8.–10. Jhs. ab, so läßt sich der Beginn der eigentlichen m.n L. auf die Frühscholastik des 11. Jhs. datieren. Entscheidend für diesen Neuanfang war, daß die Logik, die in einigen Klöstern im Rahmen einer ›meditativen Philosophie der Selbstvervollkommnung‹ überdauert hatte, sich nun der ›Vervollkommnung der Argumente‹ (F. Schupp) widmete. Dieser Wechsel der Zweckbestimmung steht im Kontext des Entstehens der Lehrtätigkeit als Beruf und einer institutionellen Verlagerung dieser Tätigkeit in die Kathedralschulen der Städte. Bereits im 12. Jh. hatte die Logik z. B. in Paris eine von manchen (z. B. Johannes von Salisbury) beklagte Dominanz über andere Fächer erreicht, die sich in einem fachlichen Autonomieanspruch ausdrückte, der wohl zuerst von Abaelard (1079–1142) vertreten wurde. Dies hing vor allem damit zusammen, daß die m. L. die entscheidenden formalen Theorien der Sprache und der Argumentation lieferte, welche für ein angemessenes Verständnis sowohl der Bibel (und der Kirchenväter) als auch überlieferter Rechtsquellen erforderlich war. Dieser enge Textbezug erklärt einerseits die – trotz ihres formalen Charakters – enge Bindung der m.n L. an die natürliche Sprache (↑Sprache, natürliche) und andererseits ihre, systematischen Vorrang beanspruchende, Gegenüberstellung zur Grammatik. – Erst im 13. und insbes. im 14. Jh. wird die Logik für die Naturwissenschaften bedeutsam.

Unter den frühen Vertretern der m.n L. ragen hervor Petrus Damiani (1007–1072), Roscelin von Compiègne (ca. 1050 – ca. 1120), Anselm von Canterbury (1033/1034–1109) und insbes. P. Abaelard (1079–1142). Die m. L. schließt in etwa mit dem Werk Alberts von Sachsen (ca. 1316–1390) und Paulus Venetus' (†1429). Ihre Epochen werden eingeteilt in die im wesentlichen kommentierenden *logica vetus* und (ab etwa 1120) *logica nova* (beide zusammen: ↑logica antiqua) sowie in die eigenständigere hoch- und spätscholastische *logica moderna* (↑Terminismus; ab etwa 1250), in deren Kontext ein so bedeutender Gelehrter wie Wilhelm von Ockham (1285/90–1348) wirkte. Bindeglied zur antiken Logik ist insbes. das Werk des Boethius, der neben eigenen Schriften der m.n L. Aristoteles-Übersetzungen und Aristoteles-Kommentare sowie die wichtige Übersetzung der »Isagoge« des Porphyrios überlieferte.

Eine angemessene wissenschaftliche Erforschung der m.n L. beginnt erst um 1935 mit den Arbeiten von J. Łukasiewicz, J. Salamucha und E. A. Moody. Die vorangehende Einschätzung der m.n L. ist am besten durch I. Kants Diktum gekennzeichnet, wonach die Logik »seit dem Aristoteles [...] keinen Schritt vorwärts hat thun können und also allem Ansehen nach geschlossen und vollendet zu sein scheint« (KrV B VIII). Für dieses Urteil ist neben einer allgemeinen Geringschätzung der mittelalterlichen Philosophie eine Unkenntnis ihres Textbestandes sowie ein mangelndes Verständnis des der m.n L. weithin geläufigen formalen Charakters der Logik sowie ihres eigenständigen Problembestandes verantwortlich. Diesem Mangel ist auch die erste auf tatsächlicher Lektüre von Texten beruhende Darstellung der m.n L. (C. Prantl, Geschichte der Logik im Abendlande, I–IV, 1855–1870) unterworfen, die sich im übrigen zum Ziel gesetzt hatte, die Richtigkeit von Kants Diktum nachzuweisen. – Es ist jedoch zu beachten, daß die m. L. nicht einfach eine Vorform der modernen Logik darstellt, sondern eine an eigenen Aufgabenstellungen ihrer Zeit orientierte, wenn auch weitgehend formale Theorie.

Die Entwicklung der m.n L., obschon grundsätzlich zunächst – im Sinne des Aristoteles – instrumental eingebunden in den Kontext der Diskussion rechtlicher und theologischer und später auch wissenschaftlicher Fragen, zeigt im Stadium der *logica antiqua* bereits die Tendenz zur Ausbildung einer eigenständigen formalen Disziplin im Rahmen der *artes liberales* (↑ars), was sie eher an die Konzeption der stoischen Logik (↑Logik, stoische) annähert. Diese Bemühungen münden in die beiden bedeutendsten Lehrstücke der m.n L., die Lehre von den logischen Folgerungen (↑consequentiae) und die ↑Suppositionslehre, die beide von der *logica moderna* voll entfaltet und nun wiederum auf sprachlogische und wissenschaftstheoretische Probleme, die sich im Rahmen der Aristotelischen Lehren (erstmals kommen auch die »Analytica posteriora« stärker zur Geltung) stellen, angewandt werden. Beide Lehrstücke verdanken sich der Einsicht der m.n L. in das Ungenügen der Aristotelischen ↑Syllogistik, die – da ↑Junktorenlogik systematisch vorausgesetzt ist – weder ihre eigene Schlüssigkeit zureichend begründen kann noch geeignet ist, die Struktur wissenschaftlicher Beweise adäquat wiederzugeben. In ihren Untersuchungen stellt sich die m. L. im Unterschied zur modernen formalen Logik (↑Logik, formale) nicht in Gestalt von ↑Logikkalkülen, sondern als Analyse der ›natürlichen Sprache‹ (tatsächlich einer Art formalisierten Mittellateins) dar. Entsprechend werden die logischen Folgerungen nicht extensional (↑extensional/Extension) wie in der modernen Junkto-

renlogik verstanden, sondern intensional (↑intensional/Intension) etwa im Sinne einer strikten Implikation (↑Implikation, strikte). Im Unterschied zu Aristoteles erfolgen diese Analysen, vermutlich wegen der zentralen Funktion der Logik bei der Analyse von Texten, in gewissem Sinne ›metasprachlich‹; d. h., es werden Regeln für sprachliche Ausdrücke, nicht aber Formeln mit Variablen für objektsprachliche Ausdrücke angegeben. Des weiteren sind die Analysen sowohl syntaktisch als auch semantisch.

Die Lehre von den *consequentiae* führt zu einer Wiederentdeckung der stoischen Junktorenlogik (↑Logik, stoische), bei der (neben eher beiläufigen Analysen von ›nicht‹, ›und‹ und ›oder‹) die Folgerungsbeziehung im Mittelpunkt steht. In diesem Zusammenhang wird auch eine Klärung modallogischer Fragen (↑Modallogik) und solcher der epistemischen (↑Logik, epistemische) sowie der Temporallogik (↑Logik, temporale) herbeigeführt. Modalaussagen werden als ›de dicto‹ (z. B. ›es ist möglich, daß S P ist‹) bzw. ›de re‹ (›S ist möglicherweise P‹) bestimmt (↑Modus). Ihre Analyse führt auf die Erörterung quantifizierter Aussagen, die sowohl den Geltungsbereich der quantifizierenden Ausdrücke wie ›alle‹, ›einige‹ etc. als auch das Problem der Substitution von Ausdrücken betrifft. Wissenschaftstheoretisch wichtig ist die Diskussion des Begriffs der Notwendigkeit (↑notwendig/Notwendigkeit) insbes. für die Aristotelischen Prinzipien der Wissenschaften. Sie führt zur Unterscheidung der absoluten Notwendigkeit der logischen Gesetze von der hypothetischen Notwendigkeit der ↑Naturgesetze. Die epistemisch-logischen Überlegungen betreffen die Analyse von Sätzen mit ↑Operatoren wie ›glauben, daß‹, ›zweifeln, daß‹ etc.. Die Behandlung der Temporallogik erfolgt im Rahmen der ↑Suppositionslehre. Diese trifft vor allem die Unterscheidung zwischen Verwendung und Erwähnung (↑use and mention), die auf die Unterscheidung von Wort, Bedeutung und bezeichnetem Gegenstand führt. Letzteres, die ›suppositio personalis‹ eines sprachlichen Ausdrucks, gibt Anlaß zur Formulierung der Quantifikationstheorie der m.n L., in deren Zusammenhang auch die temporallogische Auffassung des Tempus eines Verbs als einer Art temporalen Quantors entwickelt wird. – Der mit dem Beginn der *logica moderna* (auch: ›Terminismus‹) einsetzende starke Einfluß des Aristotelischen Wissenschaftsideals der »Analytica posteriora« führte zur Trennung der als Fertigkeiten (›ars‹) verstandenen praktischen Grammatiken konkreter Sprachen von einer auf Sprache überhaupt bezogenen allgemeinen Sprachwissenschaft, die später als ›grammatica speculativa‹ oder ›modistische Grammatik‹ (↑modistae) bezeichnet wurde. Diese wissenschaftliche Konzeption der Grammatik dürfte auch von der schon länger an Aristotelischen Idealen orientierten arabischen Logik (↑Logik, arabische) sowie in ihrer ontologisierenden Tendenz vom ↑Platonismus beeinflußt sein. Der platonistische Einfluß wird jedoch im ↑Nominalismus wieder zurückgedrängt. Trotz vieler Ähnlichkeiten dürfte es verfehlt sein, die m. L. als eine frühe und noch unvollkommene Formulierung der modernen formalen Logik aufzufassen. Zwar gelangt die m. L. insbes. in der Lehre von den *consequentiae* in die Nähe der heutigen (Junktoren-)Logik; auch trägt ihre Quantifikationsanalyse Züge der ↑Quantorenlogik. Erhebliche Unterschiede beruhen hingegen auf dem metalogischen Status der *consequentiae*-Theorie sowie der Tatsache, daß die ›quantorenlogischen‹ Erörterungen der Suppositionslehre nicht auf eine eigenständige Quantorenlogik zielen, sondern, unter Beibehaltung der Auffassung, daß Aussagen grammatisch einer Subjekt-Objekt-Struktur unterworfen sind (↑Minimalaussage), die von Aristoteles nicht beachteten semantischen Voraussetzungen seiner ↑Begriffslogik analysieren. Dabei wird freilich deutlich, daß diese das Aristotelische System sprengen. – Die m. L., eine Logik sui generis, hat historisch zur Ausbildung der modernen formalen Logik nichts beigetragen. Gleichwohl sind ihre semantischen und sprachphilosophischen Ausführungen im Rahmen der Suppositionslehre (↑significatio), des ↑Universalienstreits, des Problems der ↑Insolubilia, der ↑*proprietates terminorum* und der ↑Sophismata, etwa der ↑Lügner-Paradoxie, von großem systematischen Interesse. Die für die m. L. selbst sehr wichtigen ↑obligationes, die Argumentationsregeln der mittelalterlichen Disputation, finden hingegen erst in modernen Argumentationstheorien, z.B. bei Perelman/Olbrechts-Tyteca 1958, neues Interesse.

Literatur: R. G. Arthur, Medieval Sign Theory and »Sir Gawain and the Green Knight«, Toronto/Buffalo N. Y./London 1987; A. Bäck, On Reduplication. Logical Theories of Qualification, Leiden/New York/Köln 1996, 85–352; J. P. Beckmann u.a. (eds.), Sprache und Erkenntnis im Mittelalter. Akten des VI. Internationalen Kongresses für Mittelalterliche Philosophie der Société Internationale pour l'Étude de la Philosophie Médiévale. 29. August–3. September 1977 in Bonn, I–II, Berlin/New York 1981; J. Biard, Logique et théorie du signe au XIVᵉ siècle, Paris 1989, 2006; J. M. Bocheński, Formale Logik, Freiburg/München 1956, ⁵2002, 167–293 (engl. A History of Formal Logic, Notre Dame Ind. 1961, New York 1970, 147–251); P. Boehner, Medieval Logic. An Outline of Its Development from 1250–c. 1400, Manchester, Chicago Ill. 1952, Westport Conn. 1988; I. Boh, Epistemic Logic in the Later Middle Ages, London/New York 1993; E. P. Bos (ed.), Logica Modernorum in Prague about 1400. The ›Sophistria Disputation‹ »Quoniam Quatuor« (MS Cracow, Jagiellonian Library 686, ff. 1ra–79rb), with a Partial Reconstruction of Thomas of Cleve's ›Logica‹, Leiden/Boston Mass. 2004; H. A. G. Braakhuis/C. H. Kneepkens (eds.), Aristotle's Peri Hermeneias in the Latin Middle Ages. Essays on the Commentary Tradition, Haren 2003; dies./L. M. de Rijk (eds.), English Logic and Semantics. From the End of the Twelfth Century to the Time of Ockham and Burleigh. Acts of the 4ᵗʰ European Symposium on Mediaeval Logic and Semantics, Leiden-Nijmegen,

23–27 April 1979, Nijmegen 1981; A. Broadie, Introduction to Medieval Logic, Oxford 1987, ²1993; M. Dal Pra, Logica e realtà. Momenti del pensiero medievale, Rom/Bari 1974; C. A. Dufour, Die Lehre der Proprietates Terminorum. Sinn und Referenz in mittelalterlicher Logik, München/Hamden Conn./Wien 1989; A. Dumitriu, History of Logic II, Tunbridge Wells 1977; K. Dürr, Aussagenlogik im Mittelalter, Erkenntnis 7 (1937/1938), 160–168; C. Dutilh Novaes, Formalizing Medieval Logical Theories. Suppositio, Consequentiae and Obligationes, Dordrecht 2007; H. W. Enders, Sprachlogische Traktate des Mittelalters und der Semantikbegriff. Ein historisch-systematischer Beitrag zur Frage der semantischen Grundlegung formaler Systeme, München/Paderborn/Wien 1975; R. L. Friedman/L. O. Nielsen (eds.), The Medieval Heritage in Early Modern Metaphysics and Modal Theory, 1400–1700, Dordrecht/Norwell Mass. 2003; D. M. Gabbay/J. Woods (eds.), Handbook of the History of Logic II (Mediaeval and Renaissance Logic), Amsterdam etc. 2008; P. T. Geach, Reference and Generality. An Examination of Some Medieval and Modern Theories, Ithaca N. Y. 1962, Ithaca N. Y./London ³1980; M. Grabmann, Bearbeitungen und Auslegungen der aristotelischen Logik aus der Zeit von Peter Abaelard bis Petrus Hispanus, Berlin 1937; R. Grass, Schlußfolgerungslehre in Erfurter Schulen des 14. Jahrhunderts. Eine Untersuchung der Konsequentientraktate von Thomas Maulfelt und Albert von Sachsen in Gegenüberstellung mit einer zeitgenössischen Position, Amsterdam/Philadelphia Pa. 2003; D. P. Henry, Medieval Logic and Metaphysics. A Modern Introduction, London 1972; ders., Medieval Mereology, Amsterdam/Philadelphia Pa. 1991; K. Jacobi, Die Modalbegriffe in den logischen Schriften des Wilhelm von Shyreswood und in anderen Kompendien des 12. und 13. Jahrhunderts. Funktionsbestimmung und Gebrauch in der logischen Analyse, Leiden/Köln 1980; ders., Logic (ii): The Later Twelfth Century, in: P. Dronke (ed.), A History of Twelfth-Century Western Philosophy, Cambridge etc. 1988, 227–251; ders. (ed.), Argumentationstheorie. Scholastische Forschungen zu den logischen und semantischen Regeln korrekten Folgerns, Leiden/New York/Köln 1993; J. Jolivet/A. de Libera (eds.), Gilbert de Poitiers et ses contemporains. Aux origines de la »Logica modernorum«. Actes du septième Symposium européen d'histoire de la logique et de la sémantique médiévales. Centre d'études supérieures de civilisation médiévale de Poitiers, Poitiers 17–22 juin 1985, Neapel 1987; H. Keffer, De Obligationibus. Rekonstruktion einer spätmittelalterlichen Disputationstheorie, Leiden/Boston Mass./Köln 2001; R. Kirchhoff, Die Syncategoremata des Wilhelm von Sherwood. Kommentierung und historische Einordnung, Leiden/Boston Mass. 2008; W. Kneale/M. Kneale, The Development of Logic, Oxford 1962, 1991, bes. 177–297; S. Knuuttila, Modalities in Medieval Philosophy, London/New York 1993; N. Kretzmann (ed.), Meaning and Inference in Medieval Philosophy. Studies in Memory of Jan Pinborg, Dordrecht/Boston Mass./London 1988; ders./A. Kenny/J. Pinborg (eds.), The Cambridge History of Later Medieval Philosophy. From the Rediscovery of Aristotle to the Disintegration of Scholasticism 1100–1600, Cambridge etc. 1982, 2003, bes. 101–381; H. Lagerlund, Modal Syllogistics in the Middle Ages, Leiden/Boston Mass./Köln 2000; J. Łukasiewicz, Zur Geschichte der Aussagenlogik, Erkenntnis 5 (1935), 111–131; A. Maierù, Terminologia logica della tarda scolastica, Rom 1972; ders., University Training in Medieval Europe, Leiden/New York/Köln 1994; J. Marenbon (ed.), The Many Roots of Medieval Logic. The Aristotelian and the Non-Aristotelian Traditions. Special Offprint of Vivarium 45, 2–3 (2007), Leiden/Boston Mass. 2007; E. A. Moody, The Logic of William of

Ockham, New York/London 1935, New York 1965; ders., Truth and Consequence in Mediaeval Logic, Amsterdam 1953, Westport Conn. 1976; ders., The Medieval Contribution to Logic, Stud. Gen. 19 (1966), 443–452; G. Nuchelmans, Studies on the History of Logic and Semantics, 12th–17th Centuries, ed. E. P. Bos, Aldershot/Brookfield Vt. 1996; C. Perelman/L. Olbrechts-Tyteca, La nouvelle rhétorique. Traité de l'argumentation, I–II, Paris 1958, in einem Bd. unter dem Titel: Traité de l'argumentation. La nouvelle rhétorique, Brüssel 1970, 2008 (engl. The New Rhetoric. A Treatise on Argumentation, Notre Dame Ind./London 1969, 2010; dt. Die neue Rhetorik. Eine Abhandlung über das Argumentieren, I–II, ed. J. Kopperschmidt, Stuttgart-Bad Cannstatt 2004); D. Perler, Der propositionale Wahrheitsbegriff im 14. Jahrhundert, Berlin/New York 1992; J. Pinborg, Die Entwicklung der Sprachtheorie im Mittelalter, Münster 1967, ²1985; ders., Logik und Semantik im Mittelalter. Ein Überblick, Stuttgart-Bad Cannstatt 1972; ders., The English Contribution to Logic before Ockham, Synthese 40 (1979), 19–42; ders., Medieval Semantics. Selected Studies on Medieval Logic and Grammar [teilw. dt./engl.], ed. S. Ebbesen, London 1984; G. Pini, Categories and Logic in Duns Scotus. An Interpretation of Aristotle's ›Categories‹ in the Late Thirteenth Century, Leiden/Boston Mass./Köln 2002; L. Pozzi, Studi di logica antica e medioevale, Padua 1974; C. Prantl, Geschichte der Logik im Abendlande, I–IV, Leipzig 1855–1870 (repr. Leipzig 1927, in 3 Bdn., Graz, Berlin, Darmstadt 1955, Hildesheim/Zürich/New York, Darmstadt 1997, Bristol 2001); J. Salamucha, Logika zdań u Wilhelma Ockhama, Przegląd Filozoficzny 38 (1935), 208–239 (dt. Die Aussagenlogik bei Wilhelm Ockham, Franziskan. Stud. 32 [1950], 97–134); G. Schenk, Zur Geschichte der logischen Form I (Einige Entwicklungstendenzen von der Antike bis zum Ausgang des Mittelalters), Berlin 1973, bes. 285–356 (Kap. 3 Die Bestimmung logischer Formen im Mittelalter und ihre Anwendung); F. Schupp, Geschichte der Philosophie im Überblick II (Christliche Antike, Mittelalter), Hamburg 2003; P. V. Spade, Recent Research on Medieval Logic, Synthese 40 (1979), 3–18; P. Thom, Medieval Modal Systems. Problems and Concepts, Aldershot/Burlington Vt. 2003; R. Trundle, Medieval Modal Logic & Science. Augustine on Necessary Truth & Thomas on Its Impossibility without a First Cause, Lanham Md./New York/Oxford 1999; L. Valente, Logique et théologie. Les écoles parisiennes entre 1150 et 1220, Paris 2008; E. Vance, From Topic to Tale. Logic and Narrativity in the Middle Ages, Minneapolis Minn., Markham 1987; J. R. Weinberg, Abstraction, Relation, and Induction. Three Essays in the History of Thought, Madison Wis./Milwaukee Wis. 1965; M. Yrjönsuuri, Aristotle's »Topics« and Medieval Obligational Disputations, Synthese 96 (1993), 59–82; ders., Medieval Formal Logic. Obligations, Insolubles and Consequences, Dordrecht/Norwell Mass. 2001. – E. J. Ashworth, The Tradition of Medieval Logic and Speculative Grammar from Anselm to the End of the Seventeenth Century. A Bibliography from 1836 Onwards, Toronto 1978; F. Pironet, The Tradition of Medieval Logic and Speculative Grammar. A Bibliography (1977–1994), Turnhout 1997.   G. W.

Logik, modale, ↑Modallogik.

Logik, nicht-klassische (engl. nonclassical logic, franz. logique non-classique), Sammelbezeichnung für Logikkonzeptionen, die von anderen Voraussetzungen ausgehen als die klassische Logik (↑Logik, klassische) und deswegen nicht dieselben Sätze wie diese für logisch gültig erachten. Dazu gehören in erster Linie Logiken, die das ↑Zweiwertigkeitsprinzip verwerfen, z. B. mehrwertige und intuitionistische Logik (↑Logik, mehrwertige, ↑Logik, intuitionistische) oder ↑Quantenlogik. In der nicht-formalen philosophischen Betrachtung der Logik rechnet man zu diesen Logiken auch die dialektische Logik (↑Hegelsche Logik), für die auch gewisse formale Rekonstruktionsversuche vorliegen (↑Logik, dialektische).

Faßt man logische Systeme als *Formalismen* auf (↑System, formales), die nicht mit Hilfe des ↑Wahrheitsbegriffes interpretiert werden (sondern etwa logische Regeln als Argumentationsregeln verstehen), dann sind n.-k. L.en solche Systeme, deren herleitbare Formeln nicht genau die in der klassischen Logik herleitbaren Formeln sind. Oft handelt es sich dabei (z. B. in formalen Systemen der intuitionistischen Logik) um das (bei bestimmter Interpretation dem Zweiwertigkeitsprinzip entsprechende) ↑tertium non datur $a \vee \neg a$ oder das ↑duplex negatio affirmat $\neg\neg a \rightarrow a$ (↑Stabilitätsprinzip); es lassen sich jedoch beliebig viele andere von der klassischen Logik abweichende Formalismen finden (↑Logik, intermediäre). Solche Formalismen kann man hinsichtlich ihrer deduktiven Stärke ordnen; die Beziehungen zwischen ihnen sind verbandstheoretisch (↑Verband) charakterisierbar. Daneben stehen *semantische* Interpretationen logischer Formalismen, die von der üblichen klassischen ↑Interpretationssemantik abweichen. Sofern solche alternativen Semantiken (↑Semantik, alternative) zu keinen anderen logisch gültigen Sätzen führen als die Formalismen der klassischen Logik, wird man sie nicht zur n.-k.n L. rechnen, sondern als alternative Begründungen der klassischen Logik ansehen. Ferner sind Logiken, die als Grundkonstanten außer ↑Junktoren und ↑Quantoren noch weitere (in der Regel intensionale; ↑intensional/Intension) Operatoren, z. B. für zeitliche oder modale Aussagen (↑Logik, temporale, ↑Modallogik), enthalten, nicht in jedem Falle nicht-klassisch. Es ist sinnvoll, sie so lange als ›klassisch‹ zu bezeichnen, wie sie konservative ↑Erweiterungen der klassischen Junktoren- bzw. Quantorenlogik sind, ihr junktoren- bzw. quantorenlogischer Teil also der klassischen Junktoren- bzw. Quantorenlogik entspricht. Damit ist auch das ↑Extensionalitätsprinzip in dem Sinne, daß der Wahrheitswert eines Satzes nur von den Wahrheitswerten seiner Teilsätze (und nicht auch von deren Intensionen) abhängt, kein Kriterium zur Unterscheidung klassischer und n.-k.r L.en.   P. S.

Logik, nichtmonotone (engl. nonmonotonic logic), Bezeichnung für Logikkonzeptionen, die dem Prinzip der Monotonie nicht gehorchen. Nach A. Tarski muß der einer (logischen) Folgerungsrelation ⊢ (↑Folgerung) in einer formalen Theorie durch $X \vdash A \leftrightharpoons A \in Cn(X)$ eindeutig (↑eindeutig/Eindeutigkeit) zugeordnete Folgerungsoperator Cn auf Mengen X von Aussagen der Theorie die folgenden Axiome der Reflexivität, Transitivität und Kompaktheit erfüllen:

$$X \subseteq Cn(X),$$
$$Cn(Cn(X)) \subseteq Cn(X),$$
$$Cn(X) = \cup\{Cn(X_0): X_0 \text{ ist endliche Teilmenge von } X\}.$$

Aus der Kompaktheit folgt die Monotonie des ↑Operators Cn:

Wenn $X \subseteq Y$, dann $Cn(X) \subseteq Cn(Y)$,

denn bei Gültigkeit des ↑Antezedens ist jede endliche ↑Teilmenge von X auch eine endliche Teilmenge von Y. Der Operator Cn ist ein so genannter Hüllenoperator, wie er z. B. in der ↑Topologie bei der Überführung einer offenen Menge, etwa des offenen Intervalls $(0,1)$ reeller Zahlen, in eine abgeschlossene Menge, im Beispiel $[0,1]$, auftritt, und die Monotoniebedingung kann als eine grundlegende Eigenschaft jedes Folgerungsoperators bezeichnet werden. Dem steht die Beobachtung gegenüber, daß das menschliche Schlußfolgern in vielen Situationen nicht monoton vorzugehen scheint. Aus verschiedenen induktiven (↑Logik, induktive) und abduktiven (↑Abduktion) Kontexten ist seit langem das Phänomen vertraut, daß Schlußfolgerungen auf der Grundlage bestimmter Informationen durch das Hinzutreten neuer Informationen ungültig werden können: Nach der Beobachtung von 1000 weißen Schwänen schließt man (mit hoher Wahrscheinlichkeit, mit hoher Sicherheit, mit einem hohen Glaubensgrad), daß alle Schwäne weiß sind, doch wird man diese Schlußfolgerung bei Beobachtung eines einzigen schwarzen Schwans zurückziehen. Trotz einzelner philosophischer Arbeiten (E. Ullmann-Margalit 1983; K. Bach 1984) wurde die Allgemeinheit und Bedeutung des Phänomens der Nichtmonotonie erst erkannt, als man versuchte, zur Lösung konkreter Probleme der Wissensrepräsentation und der Künstlichen Intelligenz (↑Intelligenz, künstliche) das intuitive Schlußfolgern in Computern zu implementieren. Als Geburtsjahr der n.n L. gilt allgemein 1980, als in der Zeitschrift »Artificial Intelligence« zeitgleich drei bahnbrechende Arbeiten erschienen (J. McCarthy 1980; D. McDermott/J. Doyle 1980; R. Reiter 1980). Das alltägliche Schlußfolgern ist ›kühner‹ oder ›riskanter‹ als das deduktiv-logische Schließen, insofern es auch solche ↑Schlüsse zuläßt, denen keine strenge Notwendigkeit (der Wahrheitsübertragung von den ↑Prämissen auf die ↑Konklusion) eignet. Im folgenden werden aus Gründen der Einfachheit nur Schlüsse mit endlichen Prämissenmengen betrachtet. Da diese durch Konjunktionsbildung zu einem einzigen Satz zusammengefaßt werden können, genügt es, sich auf Schlüsse mit nur einer Prämisse zu konzentrieren. Eine n. L. wird durch eine Operation C dargestellt, die zu einer Prämisse A jeweils die Menge $C(A)$ aller nichtmonotonen Konsequenzen liefert. Dabei kann anstelle der Operation C (zusammen mit $\in$) unter Verwendung der Definition $A \mathrel{|\!\sim} B \leftrightharpoons B \in C(A)$ auch mit der Relation $\mathrel{|\!\sim}$ gearbeitet werden. Eine solche Operation C ist in der Regel vor dem Hintergrund einer monotonen, Tarskischen (häufig im wesentlichen klassischen) Folgerungsoperation Cn erklärt.

Nach der Etablierung der Erkenntnis, daß das alltägliche Schlußfolgern die Monotonieeigenschaft verletzt, mag es angesichts der Fundamentalität dieser Eigenschaft überraschend erscheinen, daß überhaupt noch irgendwelche von der deduktiven Logik bekannten Eigenschaften erhalten bleiben können. Doch ist genau dies der Fall. Viele Vertreter n.r L.en argumentieren, daß zentrale Bedingungen der klassischen Logik (↑Logik, klassische) ihre Gültigkeit behalten, wie z. B. die folgenden:

Wenn $A \mathrel{|\!\sim} C$ und $Cn(A) = Cn(B)$, dann $B \mathrel{|\!\sim} C$.
(Äquivalenz links)
Wenn $A \mathrel{|\!\sim} B$ und $C \in Cn(B)$, dann $A \mathrel{|\!\sim} C$.
(Abschwächung rechts)
Wenn $A \mathrel{|\!\sim} B$ und $A \mathrel{|\!\sim} C$, dann $A \mathrel{|\!\sim} B \wedge C$. (›und‹)
Wenn $A \mathrel{|\!\sim} B$ und $A \mathrel{|\!\sim} C$, dann $A \wedge C \mathrel{|\!\sim} B$.
(kumulative oder vorsichtige Monotonie)
Wenn $A \wedge C \mathrel{|\!\sim} B$ und $A \mathrel{|\!\sim} C$, dann $A \mathrel{|\!\sim} B$. (Schnitt)
Wenn $A \mathrel{|\!\sim} C$ und $B \mathrel{|\!\sim} C$, dann $A \vee B \mathrel{|\!\sim} C$. (›oder‹)

Ein syntaktischer (beweistheoretischer, ↑Beweistheorie) Zugang zur n.n L. betrachtet Schlußfolgern immer als Schlußfolgern unter Normalitätsannahmen (*defaults*), die durch mögliche Ausnahmen außer Kraft gesetzt werden können. ↑Beweise in der üblichen monotonen Logik verwenden zwar Schlußregeln, die Übergänge von Axiomen oder abgeleiteten Sätzen zu einer Konklusion erlauben, nicht aber solche, in denen entsprechende Übergänge unterminiert werden können. Hingegen weisen die Regeln der n.n L. als ›Rechtfertigung‹ zusätzliche Bedingungen der Nichtableitbarkeit bestimmter Sätze auf (*justifications*, ↑unableitbar/Unableitbarkeit), deren Nichterfüllung die Ableitung einer Konklusion unterbinden kann. Eine Schlußregel in Reiters *Default logic*, eine *Default-Regel*, hat die Form

$$\frac{A : B_1, \ldots, B_n}{C}$$

oder, kürzer notiert,

$$A : B_1, \ldots, B_n / C.$$

Zu lesen ist dies so: Wenn A abgeleitet werden kann und weder $\neg B_1$ noch ... noch $\neg B_n$ abgeleitet werden können (d. h. wenn $B_1, \ldots, B_n$ konsistent mit dem Ableitbaren sind), dann darf man C ableiten. In der Praxis besteht die Rechtfertigung häufig nur aus einem einzigen Satz B, und in vielen Fällen ist B dann mit der Konklusion C identisch (durch solche Konstellationen sind >normale< Default-Regeln definiert). Ein bekanntes Beispiel ist: Wenn abgeleitet werden kann, daß Tweety ein Vogel ist, und nicht abgeleitet werden kann, daß er nicht fliegen kann, dann kann Tweety fliegen. Daß Vögel normalerweise oder typischerweise fliegen können, kann durch offene Default-Regeln der Form $(Vx : Fx)/Fx$ ausgedrückt werden.

Eine *Default-Theorie* ist ein Paar $\Delta = \langle D, W \rangle$, wobei D eine Menge von Default-Regeln und W eine Menge von Prämissen ist, welche die >Fakten< beschreiben. Eine Default-Theorie erlaubt es, den folgenden Operator Γ_Δ zu definieren. Für eine Satzmenge X sei $\Gamma_\Delta(X)$ die kleinste Satzmenge, für die gilt:

(i)   sie enthält alle Fakten, d. h., $W \subseteq \Gamma_\Delta(X)$;
(ii) sie ist logisch abgeschlossen, d. h.
      $\Gamma_\Delta(X) = Cn(\Gamma_\Delta(X))$;
(iii) für jede Default-Regel $A : B_1, \ldots, B_n/C$ aus der
      Menge D gilt: wenn A in $\Gamma_\Delta(X)$ ist, aber
      $\neg B_1, \ldots, \neg B_n$ nicht in X sind, dann ist C in
      $\Gamma_\Delta(X)$.

Eine Satzmenge E ist eine *Erweiterung* einer Default-Theorie $\Delta = \langle D, W \rangle$ genau dann, wenn sie ein ↑Fixpunkt bezüglich des Operators Γ_Δ ist, d. h., wenn gilt: $E = \Gamma_\Delta(E)$. Eine Erweiterung von Δ ist intuitiv eine die Fakten W umfassende Theorie, die sich bezüglich der monotonen Hintergrundlogik Cn und der nichtmonotonen Default-Regeln D im Überlegungsgleichgewicht befindet.

Wenn Δ genau eine Erweiterung M besitzt, ist M intuitiv ausgedrückt die Menge der (nichtmonotonen) Konsequenzen von Δ. Default-Theorien, die keine Erweiterung besitzen, können als inkohärent (↑kohärent/Kohärenz) betrachtet werden. Default-Theorien, die mehrere Erweiterungen besitzen, sind dies nicht, doch ist es problematisch, die Menge der sich aus ihnen ergebenden Konsequenzen auszuzeichnen. Man kann eine beliebige Erweiterung wählen (die >kühne< Option), jedoch ist dieses Vorgehen arbiträr. Sinnvoller ist es, den Durchschnitt aller Erweiterungen als die Menge der Konsequenzen von Δ zu betrachten (die >vorsichtige< Option), doch befindet sich diese Menge nicht in einem Überlegungsgleichgewicht im angegebenen Sinne. In der vorsichtigen Lesart verletzt die Default-Logik auch die Bedingung der kumulativen Monotonie, wie ein einfaches Beispiel von D. Makinson zeigt. Man betrachte die Menge D, die aus den beiden normalen Default-Regeln $TAUT; A/A$ und $A \lor B; \neg A/\neg A$ besteht, und vergleiche $W = \{TAUT\}$

mit $W' = \{A \lor B\}$. Die Default-Theorie $\Delta = \langle D, W \rangle$ hat genau eine Erweiterung $E = Cn(A)$, also gilt $TAUT \mathrel{|\!\sim} A$ und $TAUT \mathrel{|\!\sim} A \lor B$. Gemäß kumulativer Monotonie würde man nun auch $TAUT \land (A \lor B) \mathrel{|\!\sim} A$ oder einfacher $A \lor B \mathrel{|\!\sim} A$ erwarten. Die Default-Theorie $\Delta' = \langle D, W' \rangle$ hat jedoch zwei Erweiterungen, neben E nämlich auch noch $E' = Cn(\{\neg A, B\})$. Da A in dieser letzten Erweiterung nicht erhalten ist, gilt nach der vorsichtigen Interpretation nicht $A \lor B \mathrel{|\!\sim} A$. Also wird die Bedingung der kumulativen Monotonie verletzt.

Systeme, die Ähnlichkeit mit Reiters *Default Logic* haben, sind Varianten der autoepistemischen Logik von MacDermott und Doyle, R. C. Moore, K. Konolige und anderen. Anstelle von Default-Schlußregeln werden hier modallogische Sätze der Form

$$\Box A \land \Diamond B_1 \land \ldots \land \Diamond B_n \to C$$

verwendet, wobei $\Box A$ als >ich glaube, daß A< und $\Diamond B_i$ als >es ist für mich konsistent anzunehmen, daß B_i< gelesen werden können. Auch hier werden Erweiterungen durch Fixpunktgleichungen gewonnen.

Die Default-Logik hat einen prozeduralen Charakter, und ihre Schlüsse hängen davon ab, daß gewisse Sätze nicht ableitbar sind, daß also gleichsam nichts explizit gegen die Konklusion spricht. Andere Ansätze der n. n L. zielen nicht auf den Prozeß des Beweisens ab, sondern gehen semantisch oder modelltheoretisch vor. In der gewöhnlichen, monotonen Logik quantifiziert der Begriff der logischen Folgerung über alle möglichen Welten (↑Welt, mögliche). Der Schluß von A auf B ist dann logisch gültig, wenn in allen Welten, in denen die Prämisse A wahr ist, auch die Konklusion B wahr ist. Dagegen bezieht sich der Folgerungsbegriff der n.n L. nur auf ganz bestimmte, nämlich besonders >typische< oder >normale<, mögliche Welten, in denen die Prämisse wahr ist. Eine einflußreiche, aber spezielle Version dieser Idee lag in McCarthys (1980) Methode der *Circumscription* vor, welche diejenigen Welten als die normalsten definiert, in denen bei einer gegebenen Prämissenmenge die Mengen der (in gewissen Hinsichten) >abnormalen< Individuen minimal sind. Verallgemeinerte Versionen (V. Shoham 1988; S. Kraus/D. Lehmann/M. Magidor 1990) lassen die inhaltliche Motivation der Normaler-als-Relation $<$ offen und definieren einen Schluß von A auf B als (nichtmonoton) gültig, wenn in den bezüglich $<$ normalsten Welten, in denen A wahr ist, auch B wahr ist. Diese Definition erzeugt Nichtmonotonie infolge der Tatsache, daß die bezüglich $<$ normalsten $A \land C$-Welten nicht immer eine Teilmenge der bezüglich $<$ normalsten A-Welten sind, nämlich dann, wenn in allen letzteren C falsch ist.

Eine andere Auffassung nichtmonotonen Schließens besteht im Verzicht auf eine neuartige n. L.. Stattdessen wird vorgeschlagen, die klassische Logik (↑Logik, klassische) beizubehalten und auf raffiniertere Weise einzusetzen (D. Israel 1980; D. Poole 1988; P. Gärdenfors/D. Makinson 1994; H. Rott 2001). In dieser Interpretation besteht nichtmonotones Schließen in der Anwendung klassischer Logik vor dem Hintergrund einer oft implizit bleibenden Menge von Erwartungen über den normalen oder typischen Zustand und Verlauf der Welt. Die Prämissen eines nichtmonotonen Schlusses revidieren die Menge von Erwartungen nach Methoden, wie sie aus der Theorie der ↑Wissensrevision bekannt sind.

Die Problematik n.r L.en weist zahlreiche strukturelle (doch nicht unbedingt inhaltliche) Parallelen mit der Problematik ↑kontrafaktischer ↑Konditionalsätze auf (↑Konditionalsatz, irrealer). Diese sind ebenfalls *nichtmonoton*, insofern die ›Verstärkung des Antezedens‹ eines wahren Konditionalsatzes zu einem falschen Konditionalsatz führen kann. Ein Beispiel (nach D. Lewis): ›wenn Känguruhs keine Schwänze hätten, würden sie umfallen‹ ist wahr, jedoch ist ›wenn Känguruhs keine Schwänze hätten und auf Krücken liefen, dann würden sie umfallen‹ falsch. Eine weitere Parallele besteht zu Problemen, die in der deontischen Logik (↑Logik, deontische) auftreten, wenn konditionale und häufig miteinander konfligierende Normen in Kraft sind (J. Horty 1993, 1994).

Die rein negative Charakterisierung von n.n L.en ist aus philosophischer Sicht unbefriedigend; andere Namen, wie ›default logic‹, ›defeasible logic‹, ›autoepistemic logic‹ und ›reasoning based on expectations‹, bezeichnen immer nur Teile der intendierten Phänomenbereiche. Es geht jedenfalls um eine Modellierung der menschlichen Fähigkeit, auf rationalem Wege riskante Schlüsse zu ziehen und diese später, wenn widerstreitende Information auftauchen sollte, auf ebenso rationale Weise wieder aufzugeben. Trotz neuerer Arbeiten (z.B. von D. Nute und J. Pollock) ist festzustellen, daß die technische Erkundung und Ausarbeitung n.r L.en inzwischen vor allem in grundlagentheoretischen Abteilungen der Informatik geschieht (Künstliche-Intelligenz-Forschung, Wissensrepräsentation). Sie hat dort zu einer komplexen Ausdifferenzierung konkreter Systeme und einem tiefen Verständnis von deren Eigenschaften geführt. Hingegen steht eine umfassende inhaltliche und philosophische Würdigung n.r L.en noch aus.

Literatur: E. W. Adams, The Logic of Conditionals. An Application of Probability to Deductive Logic, Dordrecht 1975; C. E. Alchourrón, Philosophical Foundations of Deontic Logic and the Logic of Defeasible Conditionals, in: J.-J. C. Meyer/R. J. Wieringa (eds.), Deontic Logic in Computer Science. Normative System Specification, Chichester etc. 1993, 43–84; G. A. Antonelli, Non-Monotonic Logic, SEP 2006; G. Antoniou, Nonmonotonic Reasoning, Cambridge Mass. 1997; ders./K. Wang, Default Logic, in: D. M. Gabbay/J. Woods (eds.), Handbook of the History of Logic VIII (The Many Valued and Nonmonotonic Turn in Logic), Amsterdam etc. 2007, 517–555; K. Bach, Default Reasoning. Jumping to Conclusions and Knowing When to Think Twice, Pacific Philos. Quart. 65 (1984), 37–58; P. Besnard, An Introduction to Default Logic, Berlin etc. 1989; A. Bochman, A Logical Theory of Nonmonotonic Inference and Belief Change, Berlin etc. 2001; ders., Explanatory Nonmonotonic Reasoning, Hackensack N. J. 2005; ders., Nonmonotonic Reasoning, in: D. M. Gabbay/J. Woods (eds.), Handbook of the History of Logic [s.o.] VIII, 557–632; G. Brewka, Nonmonotonic Reasoning. Logical Foundations of Commonsense, Cambridge/New York/Melbourne 1991; ders./J. Dix/K. Konolige, Nonmonotonic Reasoning. An Overview, Stanford Calif. 1997; ders./I. Niemelä/M. Truszczyński, Nonmonotonic Reasoning, in: F. van Harmelen/V. Lifschitz/B. Porter (eds.), Handbook of Knowledge Representation, Amsterdam etc. 2008, 239–284; K. L. Clark, Negation as Failure, in: H. Gallaire/J. Minker (eds.), Logic and Data Bases, New York/London 1978, 1984, 293–322; J. P. Delgrade, An Approach to Default Reasoning Based on a First-Order Conditional Logic. Revised Report, Artificial Intelligence 36 (1988), 63–90; D. Dubois/J. Lang/H. Prade, Possibilistic Logic, in: D. M. Gabbay/C. J. Hogger/J. A. Robinson (eds.), Handbook of Logic in Artificial Intelligence and Logic Programming [s. u.] III, 439–513; D. W. Etherington, Reasoning with Incomplete Information, London, Los Altos Calif. 1988; N. Friedman/J. Y. Halpern, Plausibility Measures and Default Reasoning, J. of the ACM 48 (2001), 648–685; A. Fuhrmann, Non-Monotonic Logic, REP VII (1998), 30–34; D. M. Gabbay, Theoretical Foundations for Non-Monotonic Reasoning in Expert Systems, in: K. R. Apt (ed.), Logics and Models of Concurrent Systems, Berlin etc. 1985, 439–457; ders./C. J. Hogger/J. A. Robinson (eds.), Handbook of Logic in Artificial Intelligence and Logic Programming III (Nonmonotonic Reasoning and Uncertain Reasoning), Oxford 1994; P. Gärdenfors/D. Makinson, Nonmonotonic Inference Based on Expectations, Artificial Intelligence 65 (1994), 197–245; M. Gelfond/V. Lifschitz, The Stable Model Semantics for Logic Programming, in: R. A. Kowalski/K. A. Bowen (eds.), Logic Programming. Proceedings of the Fifth International Conference and Symposium II, Cambridge Mass./London 1988, 1070–1080; M. L. Ginsberg (ed.), Readings in Nonmonotonic Reasoning, Los Altos Calif. 1987; J. Y. Halpern, Reasoning about Uncertainty, Cambridge Mass./London 2003, 2005; J. F. Horty, Deontic Logic as Founded on Nonmonotonic Logic, Ann. Math. and Artificial Intelligence 9 (1993), 69–91; ders., Moral Dilemmas and Nonmonotonic Logic, J. Philos. Log. 23 (1994), 35–65; ders., Nonmonotonic Logic, in: L. Goble (ed.), The Blackwell Guide to Philosophical Logic, Malden Mass./Oxford 2001, 2002, 336–361; ders., Skepticism and Floating Conclusions, Artificial Intelligence 135 (2002), 55–72; D. J. Israel, What's Wrong with Non-Monotonic Logic?, in: Proceedings of the First Annual National Conference on Artificial Intelligence. At Stanford University August 18 to 21, 1980, o. O. 1980, 99–101; H. Kautz/B. Selman, Hard Problems for Simple Default Logic, Artificial Intelligence 49 (1991), 243–279; G. Kern-Isberner, Conditionals in Nonmonotonic Reasoning and Belief Revision. Considering Conditionals as Agents, Berlin etc. 2001; K. Konolige, On the Relation Between Default and Autoepistemic Logic, Artificial Intelligence 35 (1988), 343–382; ders., Autoepistemic Logic, in: D. M. Gabbay/C. J. Hogger/J. A. Robinson (eds.), Handbook of Logic in Artificial Intelligence and Logic Programming [s.o.] III, 217–295; S. Kraus/D. Lehmann/M. Magidor, Nonmonotonic Reasoning, Preferential Models and Cumulative Logics, Artificial Intelligence 44 (1990), 167–207; H. E. Kyburg, Jr., Probability and the Logic of Rational Belief, Middletown Conn. 1961 (repr. Ann Arbor Mich. 1985); ders./C. M. Teng, Uncertain Inference, Cambridge 2001; D. Lehmann, Nonmonotonic Logics and Semantics, J. Log. and Computation 11 (2001), 229–256; ders./M. Magidor, What Does a Conditional Knowledge Base Entail?, Artificial Intelligence 55 (1992), 1–60; I. Levi, For the Sake of the Argument. Ramsey Test Conditionals, Inductive Inference and Nonmonotonic Reasoning, Cambridge/New York/Melbourne 1996; D. K. Lewis, Counterfactuals, Oxford, Cambridge 1973, Malden Mass./Oxford 2001, 2008; V. Lifschitz, Circumscription, in: D. M. Gabbay/C. J. Hogger/J. A. Robinson (eds.), Handbook of Logic in Artificial Intelligence and Logic Programming [s. o.] III, 297–352; S. Lindström, A Semantic Approach to Nonmonotonic Reasoning. Inference Operations and Choice, Uppsala 1991 [elektronische Ressource]; W. Łukaszewicz, Non-Monotonic Reasoning. Formalization of Commonsense Reasoning, New York etc. 1990; D. Makinson, General Theory of Cumulative Inference, in: M. Reinfrank u. a. (eds.), Non-Monotonic Reasoning. 2nd International Workshop Grassau, FRG, June 13–15, 1988 Proceedings, Berlin etc. 1989, 1–18; ders., Five Faces of Minimality, Stud. Log. 52 (1993), 339–379; ders., General Patterns in Nonmonotonic Reasoning, in: D. M. Gabbay/C. J. Hogger/J. A. Robinson (eds.), Handbook of Logic in Artificial Intelligence and Logic Programming [s. o.] III, 35–110; ders., Bridges from Classical to Nonmonotonic Logic, London 2005 (Texts in Computing V); V. W. Marek/M. Truszczyński, Autoepistemic Logic, J. of the ACM 38 (1991), 588–619; dies., Nonmonotonic Logic. Context-Dependent Reasoning, Berlin etc. 1993; J. McCarthy, Circumscription. A Form of Non-Monotonic Reasoning, Artificial Intelligence 13 (1980), 27–39; ders., Formalizing Common Sense. Papers by John McCarthy, ed. V. Lifschitz, Norwood N. J. 1990, Exeter 1998; D. McDermott, Nonmonotonic Logic II. Nonmonotonic Modal Theories, J. of the ACM 29 (1982), 33–57; ders./J. Doyle, Non-Monotonic Logic I, Artificial Intelligence 13 (1980), 41–72; J. Minker, An Overview of Nonmonotonic Reasoning and Logic Programming, J. Logic Programming 17 (1993), 95–126; R. C. Moore, Possible-World Semantics for Autoepistemic Logic, in: American Association for Artificial Intelligence (ed.), Non-Monotonic Reasoning Workshop. October 17–19, 1984, Mohonk Mountain House, New Paltz, NY 12561, New Paltz N. Y. 1985, 344–354; ders., Semantical Considerations on Nonmonotonic Logic, Artificial Intelligence 25 (1985), 75–94; D. Nute, Defeasible Logic, in: D. M. Gabbay/C. J. Hogger/J. A. Robinson (eds.), Handbook of Logic in Artificial Intelligence and Logic Programming [s. o.] III, 353–395; J. Pearl, Probabilistic Reasoning in Intelligent Systems. Networks of Plausible Inference, San Mateo Calif. 1988, rev. 1991, 2008; J. L. Pollock, Defeasible Reasoning, Cognitive Science 11 (1987), 481–518; ders., Defeasible Reasoning, in: J. E. Adler/L. J. Rips (eds.), Reasoning. Studies of Human Inference and Its Foundations, Cambridge etc. 2008, 451–470; D. Poole, A Logical Framework for Default Reasoning, Artificial Intelligence 36 (1988), 27–47; ders., Default Logic, in: D. M. Gabbay/C. J. Hogger/J. A. Robinson (eds.), Handbook of Logic in Artificial Intelligence and Logic Programming [s. o.] III, 189–215; R. Reiter, On Closed World Data Bases, in: H. Gallaire/J. Minker (eds.), Logic and Data Bases [s. o.], 55–76; ders., A Logic for Default Reasoning, Artificial Intelligence 13 (1980), 81–132; ders., Nonmonotonic Reasoning, Ann. Rev. Computer Sci. 2 (1987), 147–186; H. Rott, Change, Choice and Inference. A Study of Belief Revision and Nonmonotonic Reasoning, Oxford/New York 2001, 2006; K. Schlechta, Nonmonotonic Logics. Basic Concepts, Results and Techniques, Berlin etc. 1997; ders., Coherent Systems, Amsterdam etc. 2004 (Stud. Log. Practical Reasoning II); ders., Nonmonotonic Logics. A Preferential Approach, in: D. M. Gabbay/J. Woods (eds.), Handbook of the History of Logic [s. o.] VIII, 451–516; Y. Shoham, A Semantical Approach to Nonmonotonic Logics, in: M. L. Ginsberg (ed.), Readings in Nonmonotonic Reasoning [s. o.], 227–250; ders., Reasoning about Change. Time and Causation from the Standpoint of Artificial Intelligence, Cambridge/London 1988, 1989; A. Tarski, Über einige fundamentalen [sic!] Begriffe der Metamathematik, Sprawozdania z Posiedzeń Towarzystwa Naukowego Warszawskiego, Wydział 3, Nauk Matematyczo-fizycznych/Comptes rendus des séances de la Société des Sciences et des Lettres de Varsovie, Classe 3, 23 (1930), 22–29; D. S. Touretzky, The Mathematics of Inheritance Systems, Los Altos Calif., London, 1986, 1988; E. Ullmann-Margalit, On Presumption, J. Philos. 80 (1983), 143–163. – Sonderheft: Synthese 146 (2005), H. 1–2 [Non-Monotonic and Uncertain Reasoning in Cognition].   H. R.

Logik, nominalistische (engl. nominalistic logic), Bezeichnung für ↑Logikkalküle, die auf der Basis der ontologisch-sprachphilosophischen Prinzipien des modernen ↑Nominalismus als reine Individuenkalküle konzipiert werden, in deren ↑Objektsprachen somit keine Klassenvariablen vorkommen. Systeme der n.n L. sind mit der Absicht entwickelt worden, die Leistungsfähigkeit der n.n L. durch Formulierung einer alternativen Sprache zu demonstrieren, durch die ↑Klassenlogik und ↑Prädikatenlogik höherer Ordnung entbehrlich werden. In den Systemen der n.n L. bildet meist die Teil-Ganzes-Relation (↑Teil und Ganzes) den (einzigen) undefinierten Grundbegriff. S. Leśniewskis Konzeption eines nominalistischen Systems, von ihm selbst als ↑›Mereologie‹ bezeichnet, hat die weitere Entwicklung entscheidend beeinflußt. – Ein historisches Motiv für die Entwicklung der n.n L.en ist in der Kritik am Platonismus der klassischen ↑Mengenlehre zu sehen (↑Platonismus (wissenschaftstheoretisch)), deren Unterstellungen bezüglich der Existenz von Klassen (↑Klasse (logisch)) und des Aktual-Unendlichen (↑unendlich/Unendlichkeit) zu den ↑Antinomien vom Russell-Typ (↑Zermelo-Russellsche Antinomie) geführt haben. Diese Schwierigkeiten lassen sich allerdings auch durch die sprachphilosophisch weniger radikalen Konzeptionen des ↑Konzeptualismus und des ↑Konstruktivismus vermeiden. Daher wird die philosophische Bedeutung der n.n L.en vielfach in der Explikation der sprachphilosophischen Konsequenzen des Nominalismus gesehen, z. B. zur Formulierung einer ↑reductio ad absurdum gegen den starken sprachphilosophischen ↑Reduktionismus des Nominalismus.

Literatur: ↑Mereologie, ferner: J. P. Burgess/G. Rosen, A Subject with No Object. Strategies for Nominalistic Interpretation of Mathematics, Oxford 1997, 2005; R. A. Eberle, Nominalistic Systems, Dordrecht 1970; P. Gochet, Esquisse d'une théorie nominaliste de la proposition. Essai sur la philosophie de la logique, Paris 1972 (engl. Outline of a Nominalist Theory of Propositions. An Essay in the Theory of Meaning and in the Philosophy of Logic, Dordrecht/London 1980); N. Goodman/ W. V. Quine, Steps toward a Constructive Nominalism, J. Symb. Log. 12 (1947), 105–122; G. Küng, N. L. heute, Allg. Z. Philos. 2 (1977), 29–52; C. Lejewski, Zu Leśniewskis Ontologie, Ratio 1 (1957/1958), 50–78; W. Stegmüller, Hauptströmungen der Gegenwartsphilosophie. Eine kritische Einführung II, Stuttgart ⁵1975, ⁸1987, bes. 195–203; A. Tarski, An Alternative System for ›P‹ and ›T‹, in: J. H. Woodger, The Axiomatic Method in Biology, Cambridge 1937, 161–172 (Appendix E). C. F. G.

Logik, normative (engl. normative logic, franz. logique normative), die Bezeichnung n. L. ist zweideutig: sie kann einerseits den ↑normativen Status logischer Regeln (im Unterschied zum deskriptiven) hervorheben (n. L. bedeutet dann: Logik, verstanden als normativ), andererseits eine Logik von Normen bezeichnen (n. L. bedeutet dann: Logik der Normen). Die Diskussion um den normativen Status logischer Regeln ist im 19. und beginnenden 20. Jh. vor allem im Zusammenhang mit dem Psychologismusstreit (↑Psychologismus) geführt worden (↑Logik). Dabei wird den Psychologisten die Position einer normativen Deutung der logischen Gesetze zugeschrieben, d. h., das schlußfolgernde Denken ist danach durch Regeln oder Normen des Denkens geleitet, die einen empirischen Status haben. Demgegenüber wird durch die Anti-Psychologisten (vor allem G. Frege, E. Husserl und W. Windelband) die Position vertreten, das Denken werde durch ideale Denk-Gesetze geleitet. Hinter der Kontroverse steht somit die geteilte Unterstellung, daß Normen reale und Gesetze ideale Sachverhalte repräsentieren.

In der zweiten Lesart, die seit der Mitte des 20. Jhs. vorherrschend ist, wird n. L. im Sinne von Normenlogik meist synonym für ›deontische Logik‹ (↑Logik, deontische) verwendet. Gelegentlich tritt ›n. L.‹ auch als zusammenfassende Bezeichnung für deontische Logik und die Logik der Präferenzen bzw. Evaluationen (↑Präferenzlogik) oder zusätzlich die Logik der Entscheidungen (↑Entscheidungstheorie) auf (z. B. F. v. Kutschera). Die von manchen Logikern vorgeschlagene Unterscheidung, entsprechend der Unterscheidung zwischen Normen (präskriptiven Sätzen) und deontischen Sätzen (deskriptiven Sätzen über präskriptive Sätze) zwischen n.r L. und deontischer Logik zu unterscheiden, wird selten aufgegriffen. Mit der logischen (syntaktischen bzw. grammatischen) und semantischen Analyse von Normsätzen (↑Norm (handlungstheoretisch, moralphilosophisch)) befaßt sich auch die ↑Imperativlogik.

Literatur: ↑Logik, deontische, ↑Psychologismus. C. F. G.

Logik, operative (engl. operationist logic), Bezeichnung für eine von P. Lorenzen entwickelte Theorie der logischen Partikeln (↑Partikel, logische) mit dem Ziel, die Mathematik zu fundieren (↑Mathematik, operative). Für die ↑Logikkalküle der intuitionistischen Logik (↑Logik, intuitionistische) ergibt sich auf diesem Wege eine konstruktive ↑Semantik, die als Präzisierung der von A. N. Kolmogorov stammenden Deutung der intuitionistischen Logik als (Konstruktions-)Aufgabenrechnung aufgefaßt werden kann. Unter Berufung auf die These H. B. Currys, »mathematics is the science of formal systems« (Mathematik ist die Theorie der Kalküle), erklärt Lorenzen die Theorie *beliebiger* ↑Kalküle – nicht nur die Theorie der kalkülisierten inhaltlichen Mathematik, d. i. die ↑Metamathematik D. Hilberts – als zur Mathematik gehörig und stellt im Anschluß an H. Dingler fest, daß Beweise einfacher Aussagen der Kalkültheorie, z. B. Ableitbarkeitsaussagen, unmittelbar durch Handlungen (›operativ‹) und damit *logikfrei* vollzogen werden können. Logik im engeren Sinne, insbes. formale Logik (↑Logik, formale), läßt sich erst dann treiben, wenn die logischen Partikeln innerhalb der Kalkültheorie geeignet interpretiert sind. Diesem Zweck dienen diejenigen unter dem Titel ↑*Protologik* zusammengefaßten Begriffsbildungen und Beweisverfahren, die unabhängig von der speziellen Gestalt bestimmter Kalküle sind. Neben der Ableitbarkeit (↑ableitbar/Ableitbarkeit) von Figuren und Regeln spielt dabei die Zulässigkeit (↑zulässig/Zulässigkeit), speziell die Allgemeinzulässigkeit (↑allgemeinzulässig/Allgemeinzulässigkeit) von ↑Regeln und deren Beweisbarkeit (↑beweisbar/Beweisbarkeit), eine entscheidende Rolle. Um etwa die Behauptung der Zulässigkeit einer Regel R in einem Kalkül K zu beweisen, ist es erforderlich, jede Ableitung einer Figur (↑Figur (logisch)), in der Anwendungen von R auftreten, durch eine Ableitung derselben Figur allein nach den Grundregeln von K zu ersetzen: Regel R zulässig, wenn die ↑Elimination jedes entsprechenden Regelschrittes durch Anwendungen von Grundregeln gelingt. In der o.n L. wird bisher nach drei protologischen Methoden die Eliminierbarkeit einer Regel nachgewiesen:

(1) *Deduktionsprinzip:* Gilt in K die hypothetische Ableitbarkeit $\alpha_1, \ldots, \alpha_n \vdash_K \alpha$ – wobei ›α‹ usw. ↑Mitteilungszeichen sind für Ketten aus ↑Atomfiguren von K einschließlich ↑Variablen für bestimmte Klassen von Figuren –, d. h., ist α ableitbar im Kalkül K', der aus K durch Hinzufügen der α_ν ($\nu = 1, \ldots, n$) als weiterer Grundfiguren hervorgeht, so ist $\alpha_1, \ldots, \alpha_n \Rightarrow \alpha$ als ableitbare Regel auch zulässig in K. – (2) *Induktionsprinzip:* Die Zulässigkeit (Ableitbarkeit) aller Belegungen einer Regel (Figur) $\gamma(\xi)$ – wobei ξ eine Variable für die in einem (Hilfs-)Kalkül K' ableitbaren Figuren und ›γ‹ als Mitteilungszeichen auch für Regeln, ↑Metaregeln usw. verwendet ist – läßt sich in bezug auf K dadurch beweisen, daß (a) $\gamma(\xi)$ für die Belegungen mit den Grundfiguren von K' zulässig in K ist und daß sich

(b) die Zulässigkeit von $\gamma(\xi)$ in K für die Belegungen mit den Prämissen der Grundregeln von K' auf die Zulässigkeit von $\gamma(\xi)$ für die Belegungen mit den zugehörigen Konklusionen der Grundregeln von K' vererbt. Man nennt dieses Induktionsverfahren auch genauer ↑›Prämissenindukion‹ bezüglich K'. – (3) ↑*Inversionsprinzip:* In den einfachsten Fällen formuliert dieses Prinzip die Umkehrbarkeit einer Regel R: es ist zulässig, von der ↑Konklusion von R zu den ↑Prämissen von R überzugehen, wenn die möglichen Belegungen der Konklusion durch keine andere Regel als durch R erreichbar sind. – Bei dem verbleibenden protologischen Beweisprinzip, dem *Unableitbarkeitsprinzip* (↑unableitbar/Unableitbarkeit), wird nicht die Eliminierbarkeit einer Regel nachgewiesen, sondern die Annahme widerlegt, daß die als zulässig behauptete Regel in einer Ableitung überhaupt verwendet werden konnte: Ist eine Figur α in einem Kalkül K unableitbar (dazu müssen sich elementare Unableitbarkeitsbehauptungen durch Handlungen des Zeichenvergleichs innerhalb von Figuren – gehören sie zum selben Zeichenschema oder nicht? – als beweisbar einsehen lassen), so ist jede Regel $\alpha \Rightarrow \beta$ zulässig in K. Der entscheidende Schritt von der Protologik zur Logik im engeren Sinne wird in der o.n. L. mit der Deutung des ↑Subjunktors ›→‹ durch das praktische ↑›wenn – dann‹ im Sinne des Regelpfeils ›⇒‹ vollzogen. Ist $\alpha \Rightarrow \beta$ eine in K zulässige Regel, mitgeteilt durch ›⊢$_K(\alpha \Rightarrow \beta)$‹, so sind auch die Instanzen dieser Regel, bei der einige oder alle eventuell in α und β vorkommenden Variablen durch Figuren aus den zugehörigen ↑Variabilitätsbereichen ersetzt sind, zulässige Regeln. Die Subjunktion der Ableitbarkeitsaussagen bzw. Ableitbarkeitsaussageformen $A \leftrightharpoons \vdash_K\alpha$ und $B \leftrightharpoons \vdash_K\beta$ wird dann definiert durch $A \to B \leftrightharpoons \vdash_K(\alpha \Rightarrow \beta)$. Da sich Zulässigkeiten protologisch beweisen und widerlegen lassen, gibt es auch Möglichkeiten, Subjunktionen zwischen Ableitbarkeitsaussagen zu beweisen und zu widerlegen; allerdings ist für Zulässigkeitsbehauptungen in der Regel weder der Beweis- noch der Widerlegungsbegriff entscheidbar, im Unterschied zu Ableitbarkeitsbehauptungen, die zumindest einen entscheidbaren Beweisbegriff haben, also *beweisdefinit* (↑beweisdefinit/Beweisdefinitheit) sind. Die Behauptung der o.n. L., daß Zulässigkeitsaussagen gleichwohl definit (↑definit/Definitheit) sind, ›zulässig‹ also einen präzise angebbaren *Sinn* hat, konnte erst durch die Fortentwicklung der o.n. L. zur dialogischen Logik (↑Logik, dialogische) eingelöst werden: Subjunktionen sind dialogdefinit (↑dialogdefinit/Dialogdefinitheit). – Der ↑*Negator* ›¬‹ und der ↑*Allquantor* (›Großkonjunktion‹) ›∧‹ können mit Hilfe spezieller Zulässigkeitsaussagen eingeführt werden: $\neg A \leftrightharpoons \vdash_K(\alpha \Rightarrow \lambda)$ mit λ (↑falsum) als Zeichen für eine beliebige unableitbare Figur und $\bigwedge_\xi A \leftrightharpoons \vdash_K(Y \Rightarrow \alpha)$ mit Y (↑verum) als Zeichen für eine beliebige ableitbare Figur. Dabei ist in

beiden Fällen erneut $A \leftrightharpoons \vdash_K\alpha$ vereinbart, was A zu einer Aussage oder zu einer Aussageform macht, je nachdem, ob in α noch Variablen für die ableitbaren Figuren eines (Hilfs-)Kalküls K', wie ξ, vorkommen oder nicht. Wie auch sonst in der ↑Quantorenlogik heißt der Bereich der ableitbaren Figuren von K' der ›Objektbereich‹.

Um die Iteration der Subjunktion und ihrer beiden Spezialisierungen Negation und Großkonjunktion zu ermöglichen, wird in der o.n. L. zu Zulässigkeitsaussagen in *Metakalkülen* beliebiger Stufe übergegangen. Über dem Grundkalkül $K (= K^0)$ ist der Metakalkül $(n+1)$-ter Stufe K^{n+1} dadurch definiert, daß in ihm genau die in K^n zulässigen Regeln ›ableitbar‹ heißen sollen. Strenggenommen ist keiner dieser ›Metakalküle‹ ein Kalkül, weil der zugehörige Ableitbarkeitsbegriff nur semantisch festgelegt ist und nicht syntaktisch, durch Grundfiguren und Grundregeln. Gleichwohl lassen sich Zulässigkeitsaussagen für Metaregeln beliebiger Stufe über dem Grundkalkül nach denselben protologischen Prinzipien beweisen und widerlegen, also auch Subjunktionen und ihre beiden Spezialisierungen. Werden die Definitionen dieser drei logischen Verknüpfungen entsprechend für jede Stufe vorgenommen, so sind damit beliebige logische Zusammensetzungen mit ›→‹, ›¬‹ und ›∧‹ aus ↑Primaussagen, nämlich den Aussagen über Ableitbarkeiten in K^0, operativ interpretiert, sofern man beachtet, daß jede Regel im Kalkül K^n natürlich als ↑Anfangsregel in jedem Kalkül K^m ($m > n$) auftreten darf. Z.B. gilt die Subjunktion $a \to (b \to a)$ mit den Primaussagen $a \leftrightharpoons \vdash_{K^0}\alpha$ und $b \leftrightharpoons \vdash_{K^0}\beta$, weil die Metaregel $(\Rightarrow \alpha) \Rightarrow (\beta \Rightarrow \alpha)$, d.i. eine Regel für K^1, in K^0 zulässig ist. Ist nämlich die Anfangsregel $\Rightarrow \alpha$ in K^0 zulässig, d.h. α in K^0 ableitbar, so ist die Regel $\beta \Rightarrow \alpha$ erst recht in K^0 zulässig, weil eliminierbar.

Die noch fehlenden logischen Verknüpfungen mit dem ↑*Konjunktor* ›∧‹, dem ↑*Adjunktor* ›∨‹ und dem *Manchquantor* (↑*Einsquantor*) ›⋁‹ werden ermöglicht, indem eine Erweiterung des Grundkalküls K^0 und sämtlicher Metakalküle K^n mit den ›∧‹, ›∨‹ und ›⋁‹ einschließlich der beiden Klammern ›(‹, ›)‹ als zusätzlichen, d.h. nicht schon in K^0 vorkommenden, Grundzeichen durch die folgenden Einführungsregeln vorgenommen wird:

$$\alpha, \beta \Rightarrow (\alpha \wedge \beta),$$
$$\alpha \Rightarrow (\alpha \vee \beta),$$
$$\beta \Rightarrow (\alpha \vee \beta),$$
$$\alpha \Rightarrow \bigvee_\xi \alpha.$$

Hier sind ›α‹, ›β‹, ... Mitteilungszeichen nicht nur für Figuren $n, m, \ldots$ von K^ν ($\nu = 0, 1, \ldots$), sondern auch für Figuren $(n \wedge m)$, $(n \vee m)$, $\bigvee_\xi n$ mit einer Variablen ζ, wie oben, die in den Metakalkülen überdies auch ›Regeln‹ heißen sollen. Damit besteht der erweiterte Grundkalkül $\bar{K}^0$ aus den alten Grundfiguren, den alten Grundregeln und den neuen Einführungsregeln, während die erweiterten Metakalküle $\bar{K}^{n+1}$ durch die Bedingung zu charakterisieren sind, genau die *relativ zulässigen* Regeln von $\bar{K}^n$ ableitbar zu machen. Dabei heißt eine Regel R in einem Kalkül K ›relativ zulässig‹, wenn R auch dann, wenn sie in K nicht auftretende Grundzeichen enthält, keine Figur, die *nur* aus Grundzeichen von K besteht, ableitbar macht, die nicht auch schon ohne Anwendung von R ableitbar wäre. Die Einführungsregeln sind relativ zulässig in jedem Kalkül K^n, sogar unabhängig von der Wahl des Grundkalküls K^0, sofern K^0 die neu eingeführten Zeichen nicht als Grundzeichen enthält. Mit ihrer Hilfe läßt sich (*a*) eine Regel mit mehreren Prämissen durch eine Regel mit nur einer Prämisse ersetzen – proto-logisch sind beide hypothetischen (relativen) Zulässigkeiten $\alpha_1, \ldots, \alpha_n \Rightarrow \alpha \vdash (\alpha_1 \wedge \ldots \wedge \alpha_n \Rightarrow \alpha)$ und $\alpha_1 \wedge \ldots \wedge \alpha_n \Rightarrow \alpha \vdash (\alpha_1, \ldots, \alpha_n \Rightarrow \alpha)$ beweis-bar – und lassen sich (*b*) mehrere Regeln mit dersel-ben Konklusion durch eine einzelne Regel mit eben dieser Konklusion ersetzen – protologisch sind wie-derum beide hypothetischen (relativen) Zulässigkei-ten, $\alpha_1 \Rightarrow \alpha, \ldots, \alpha_n \Rightarrow \alpha \vdash (\alpha_1 \vee \ldots \vee \alpha_n \Rightarrow \alpha)$ und $\alpha_1 \vee \ldots \vee \alpha_n \Rightarrow \alpha \vdash (\alpha_\nu \Rightarrow \alpha)$ $(\nu = 1, \ldots, n)$, beweisbar.

Konjunktion, Adjunktion und Großadjunktion werden jetzt in jedem der erweiterten Kalküle $\bar{K}^n$ definiert durch:

$$A \wedge B \;\leftrightharpoons\; \vdash_{\bar{K}^n} (\alpha \wedge \beta),$$

$$A \vee B \;\leftrightharpoons\; \vdash_{\bar{K}^n} (\alpha \vee \beta),$$

$$\bigvee_\xi A \;\leftrightharpoons\; \vdash_{\bar{K}^n} \bigvee_\xi \alpha, \text{ wobei } A \text{ und } B \text{ definiert sind}$$

wie oben durch $\vdash_{\bar{K}^n} \alpha$ und $\vdash_{\bar{K}^n} \beta$.

Damit sind beliebige logische Zusammensetzungen aus den Ableitbarkeitsaussagen irgendeines Grundkalküls K^0 als den Primaussagen durch (relative) Zulässigkeits-aussagen in einem passenden Kalkül $\bar{K}^n$ operativ inter-pretiert, sofern die Definitionen für Subjunktion, Nega-tion und Großkonjunktion von K^n entsprechend auf $\bar{K}^n$ ausgedehnt werden. Der Nachweis der *operativen Wahr-heit* von Aussagen über einen Kalkül muß durch den Beweis der Zulässigkeit einer Regel passender Stufe über diesem Kalkül geführt werden. Es liegt daher nahe, eine solche Aussage ›operativ logisch wahr‹ zu nennen, wenn die entsprechende Regel nicht nur zulässig bzw. relativ zulässig, sondern sogar allgemeinzulässig bzw. relativ allgemeinzulässig ist, es also beim Zulässigkeitsbeweis auf die Wahl des Grundkalküls K bis auf die Bedingung, die besonderen Zeichen ›∧‹, ›∨‹ und ›$\bigvee$‹ nicht als Grundzeichen zu enthalten, nicht ankommt.

Versucht man auf dieser Grundlage, eine Übersicht über die (operative) logische Wahrheit zunächst nur der sub-

junktiv zusammengesetzten Aussagen zu bekommen, so liefert ein mit den bekannten Kalkülen der positiven ↑Implikationslogik gleichwertiger *Konsequenzenkalkül* (↑Konsequenzenlogik) ausschließlich operativ logisch wahre Aussagen:

$$\Rightarrow \quad A_1, \ldots, A_n \to A_\nu \; (\nu = 1, \ldots, n)$$
$$\text{(verallgemeinerte Reflexivität)}$$

$$A_1, \ldots, A_n \to B_1; \ldots; A_1, \ldots, A_n \to B_m;$$
$$B_1, \ldots, B_m \to B \Rightarrow A_1, \ldots, A_n \to B$$
$$\text{(verallgemeinerte Transitivität)}$$

$$A_1, \ldots, A_m \to (A_{m+1}, \ldots, A_n \to A) \Rightarrow$$
$$A_1, \ldots, A_{m-1} \to (A_m, \ldots, A_n \to A)$$
$$\text{(Importation)}$$

$$A_1, \ldots, A_{m-1} \to (A_m, \ldots, A_n \to A) \Rightarrow$$
$$A_1, \ldots, A_m \to (A_{m+1}, \ldots, A_n \to A)$$
$$\text{(Exportation)}$$

Es gehört allerdings zu den bisher ungelösten Proble-men der o.n L., auch die Vollständigkeit (↑vollständig/ Vollständigkeit) dieser Kalkülisierung nachzuweisen. Dazu müßte es eine vollständige Übersicht über die Beweis- und Widerlegbarkeit von (Allgemein-)Zu-lässigkeitsbehauptungen geben, die jedoch derzeit nicht zur Verfügung steht. Z. B. müßte man zum Nach-weis der Allgemeinzulässigkeit der Metametaregel $((\alpha \Rightarrow \beta) \Rightarrow \alpha) \Rightarrow \alpha$ – dies würde die operativ logische Wahrheit der im Konsequenzenkalkül unableitbaren ↑Peirceschen Formel $((a \to b) \to a) \to a$ nach sich zie-hen – jede ›angenommene‹ Anwendung dieser Regel eliminieren können. Das gelingt nicht ›direkt‹, wohl aber ›indirekt‹, durch ↑reductio ad absurdum, also durch einen logischen Schluß in der ↑Metasprache, der methodisch an dieser Stelle nicht in Anspruch genom-men werden kann. – Läßt man die Beschränkung auf bloß subjunktiv zusammengesetzte Aussagen fallen, so führen entsprechende Erweiterungen des Konsequen-zenkalküls zu Kalkülisierungen der operativen logischen Wahrheit logisch beliebig zusammengesetzter Aussagen, die mit Kalkülen der intuitionistischen Logik gleichwer-tig sind. Damit erfährt die intuitionistische Logik eine Deutung innerhalb der o.n L.. Diese konnte bisher nicht zu einer operativen Deutung auch der klassischen Logik (↑Logik, klassische) erweitert werden, außer auf dem Umweg über die Einbettung der klassischen Logik in die intuitionistische Logik.

Literatur: A. Breitkopf, Untersuchungen über den Begriff des finiten Schließens, Diss. München 1968; H. B. Curry, Outlines of a Formalist Philosophy of Mathematics, Amsterdam 1951, ³1970; H. Dingler, Philosophie der Logik und Arithmetik, Mün-chen 1931; H. Lenk, Kritik der logischen Konstanten. Philo-sophische Begründungen der Urteilsformen vom Idealismus bis zur Gegenwart, Berlin 1968; K. Lorenz, L., o., Hist. Wb. Ph. V

(1980), 444–452; P. Lorenzen, Einführung in die o. L. und Mathematik, Berlin/Göttingen/Heidelberg 1955, Berlin/Heidelberg/New York ²1969; ders., Formale Logik, Berlin 1958, ⁴1970; V. Richter, Untersuchungen zur o.n L. der Gegenwart, Freiburg/München 1965. K. L.

Logik, parakonsistente (engl. paraconsistent logic, franz. logique paraconsistante), Bezeichnung für Logikkonzeptionen, die das Prinzip *ex contradictione quodlibet* [*sequitur*] (ECQ, ↑*ex falso quodlibet* [EFQ]) zurückweisen. In Systemen der p.n L. erlaubt – anders als etwa in der klassischen und der intuitionistischen Logik (↑Logik, klassische, ↑Logik, intuitionistische) – ein einzelner Widerspruch (↑Widerspruch (logisch)) nicht die ↑Ableitung beliebiger Sätze. Das heißt, ein inkonsistenter (↑inkonsistent/Inkonsistenz) Satz $A \wedge \neg A$ impliziert nicht jeden beliebigen Satz B. Oder in einer alternativen Fassung: Eine inkonsistente Satzmenge, die (unter anderem) A und $\neg A$ enthält, impliziert nicht jeden beliebigen Satz B. Die Konsequenzen eines Widerspruchs bleiben also lokal und ›explodieren‹ nicht zur Menge aller Sätze der betreffenden formalen Sprache (↑Sprache, formale). Nach Aristoteles ist der Satz vom (ausgeschlossenen) Widerspruch (↑Widerspruch, Satz vom) das letzte und oberste Axiom aller Wissenschaft (Met. Γ3.1005b8–1009a5). Die Aristotelischen Argumente wurden jedoch von J. Łukasiewicz als unzureichend kritisiert. Erste Ansätze zur p.n L. stammen von N. A. Vasil'ev (ca. 1912) und I. E. Orlov (1929), bevor gegen Mitte des 20. Jhs. systematischere Studien von S. Jaśkowski (1948), F. G. Asenjo (1954), N. C. A. da Costa (ca. 1958) und T. J. Smiley (1959) vorgelegt wurden. R. Meyer und R. Routley/Sylvan bearbeiteten p. L.en ab den späten 1960er Jahren innerhalb des Paradigmas der ↑Relevanzlogik. Der Terminus ›p. L.‹ wurde erst 1976 von dem peruanischen Philosophen F. Miró Quesada geprägt. Er wird auch im Plural verwendet zur Bezeichnung verschiedener Systeme der p.n L.. Das Feld der p.n L. ist zu einem gewissen Grad aufgeteilt in regional dominierende Schulen, die Systeme mit jeweils charakteristischen Besonderheiten hervorgebracht haben. Besonders einflußreiche Schulen der p.n L. existieren in Belgien (D. Batens), Brasilien (da Costa) und Australien (R. Routley/G. Priest). Um einer regionalen Aufsplitterung entgegenzuwirken, werden inzwischen regelmäßig Weltkongresse über Parakonsistenz abgehalten (Ghent 1997, São Sebastião 2000, Toulouse 2003, Melbourne 2007). Der seit den Stoikern bekannte disjunktive Syllogismus (↑Syllogismus, disjunktiver), auch ›modus tollendo ponens‹ genannt, besteht im Schluß von den ↑Prämissen $A \vee B$ und $\neg B$ auf die ↑Konklusion A. Wenn man die üblichen Einführungs- und Beseitigungsregeln (↑Kalkül des natürlichen Schließens) für die ↑Junktoren $\wedge$ (›und‹) und $\vee$ (›oder‹) akzeptiert, dann ergibt sich aus dem disjunktiven Syllogismus unmittelbar die Gültigkeit des ECQ:

1 $A \wedge \neg A$ Annahme
2 A 1, $\wedge$-Beseitigung
3 $A \vee B$ 2, $\vee$-Einführung
4 $\neg A$ 1, $\wedge$-Beseitigung
5 B 3, 4, disjunktiver Syllogismus

Dieses Argument wurde (ohne Anspruch auf Originalität) in C. I. Lewis/C. H. Langford 1932 als unabhängiger Beweis für die Gültigkeit des ECQ vorgebracht und seither häufig Lewis zugeschrieben. Es findet sich jedoch in derselben Form bereits im 12. Jh. bei den *Parvipotani* in Paris (Wilhelm von Soissons, Alexander Neckham 1157–1217) und im 14. Jh. bei Pseudo-Duns Scotus und Albert von Sachsen. Aus Sicht der p.n L. liegt es nahe, die Gültigkeit des disjunktiven Syllogismus zu bestreiten.
In einer Reihe von Systemen der p.n L. besteht ein Verbot der Regel der *Adjungierung*, d. h. des Übergangs von einzelnen Prämissen A und $\neg A$ zu ihrer ↑Konjunktion $A \wedge \neg A$. (Der in der englischsprachigen Literatur in diesem Zusammenhang verwendete Ausdruck ›adjunction‹ für eine konjunktive Hinzufügung sollte im Deutschen vermieden werden, um einer Kollision mit der Verwendung von ↑›Adjunktion‹ für die Verknüpfung mit dem Junktor ›oder‹ aus dem Wege zu gehen.) Während die Konjunktion demgemäß tatsächlich Beliebiges impliziert, gilt dies nicht für das widersprüchliche Satzpaar $\{A, \neg A\}$. Dieser nicht-adjungierende Ansatz geht auf die *diskursive Logik* der Polnischen Schule (Jaśkowski) zurück. Sie fand Anhänger in der Kanadischen (nach R. Jennings und P. Schotch) und der Amerikanischen Schule der p.n L. (N. Rescher/R. Manor, Rescher/R. Brandom), nach denen das parakonsistente Schließen aus inkonsistenten Prämissenmengen X als gewöhnliches Schließen aus einer bestimmten Familie von konsistenten (↑widerspruchsfrei/Widerspruchsfreiheit) Teilmengen von X zu verstehen ist. Im einfachsten Modell besteht die Menge der parakonsistenten Konsequenzen von X in der Menge derjenigen Sätze, die klassisch aus jeder maximal-konsistenten Teilmenge X' von X folgen.
Die *Adaptive Logik* der Belgischen Schule konstruiert Schlußfolgerungsprozesse als dynamisch. In ihnen werden adaptive Strategien entwickelt, wie nach dem Auftreten von spezifizierten ›Abnormalitäten‹ (z. B. Widersprüchen) die Anwendung gewisser Schlußregeln im Prozeß des Schließens rückgängig gemacht werden kann. Die *Logik der formalen Inkonsistenz* wird von der Brasilianischen Schule vertreten. Sie verwendet einen ↑Operator in der logischen ↑Objektsprache, der das metasprachliche (↑Metasprache) Prädikat der Konsi-

stenz widerspiegelt. Der Satz $°A$ drückt aus, daß A in dem Sinne konsistent ist, daß nicht gleichzeitig A und $\neg A$ gilt; häufig kann $°A$ als $\neg(A \land \neg A)$ definiert werden. Im Kontext von so als konsistent erklärten Sätzen gilt EFQ, z. B. kann von $\{°A, A, \neg A\}$ auf Beliebiges geschlossen werden; außerhalb solcher Kontexte ist EFQ hingegen nicht anwendbar. Auf der Grundlage des positiven Fragments der klassischen Logik (↑Logik, klassische), einiger Axiome für das Verhalten von $°$ und zunehmend tiefer geschachtelter Iterationen des Operators $°$ entsteht da Costas Hierarchie von Systemen der Logik der formalen Inkonsistenz.

In *mehrwertigen Ansätzen* der p.n L. gibt es neben den ↑Wahrheitswerten ›wahr‹ (↑wahr/das Wahre) und ↑›falsch‹ noch einen Wert ›beides‹ (›wahr-und-falsch‹). Eine Logik, die zusätzlich auch Wahrheitswertlücken zuläßt, ist das *First-Degree Entailment* (FDE, A. R. Anderson/N. D. Belnap 1975; R. Routley/V. Routley 1972; J. M. Dunn 1976). In dessen Semantik ordnet eine Bewertung v jedem Satz A einen der Werte $\{1\}$, $\{0\}$, $\{1,0\}$ oder $\emptyset$ zu. Ist 1 in $v(A)$ enthalten, heißt A ›(zumindest) wahr‹, ist 0 in $v(A)$ enthalten, heißt A ›(zumindest) falsch‹. Ist $v(A) = \emptyset$, dann ist A weder wahr noch falsch; ist $v(A) = \{1,0\}$, dann ist A sowohl wahr als auch falsch. Dabei müssen Bewertungen für FDE in Bezug auf die ↑Junktoren folgende Bedingungen erfüllen:

$$1 \in v(\neg A) \quad \text{gdw.} \quad 0 \in v(A);$$
$$0 \in v(\neg A) \quad \text{gdw.} \quad 1 \in v(A);$$
$$1 \in v(A \land B) \quad \text{gdw.} \quad 1 \in v(A) \text{ und } 1 \in v(B);$$
$$0 \in v(A \land B) \quad \text{gdw.} \quad 0 \in v(A) \text{ oder } 0 \in v(B);$$
$$1 \in v(A \lor B) \quad \text{gdw.} \quad 1 \in v(A) \text{ oder } 1 \in v(B);$$
$$0 \in v(A \lor B) \quad \text{gdw.} \quad 0 \in v(A) \text{ und } 0 \in v(B).$$

Die *ausgezeichneten* Wahrheitswerte, d. h. die Werte, die in gültigen Schlüssen beim Übergang von den Prämissen auf die Konklusion stets erhalten bleiben, sind $\{1\}$ und $\{1,0\}$, also diejenigen, die ›(zumindest) wahr‹ bedeuten. Ein Schluß mit den Prämissen $B_1, \ldots, B_n$ und der Konklusion A heißt *logisch gültig gemäß FDE* genau dann, wenn für alle Bewertungen (↑Bewertung (logisch)) v gilt: die Konklusion A ist zumindest wahr bei v, sofern alle Prämissen $B_1, \ldots, B_n$ zumindest wahr bei v sind. Ein Satz heißt ↑*logisch wahr gemäß FDE* (oder eine *FDE-Tautologie*) genau dann, wenn er bei allen Bewertungen v zumindest wahr ist. Wenn man die oben aufgeführten Wahrheitswerte auf die dreielementige Menge $\{\{1\}, \{0\}, \emptyset\}$ einschränkt, erhält man Kleenes starke dreiwertige Logik K_3, die Wahrheitswertlücken zuläßt, aber nicht parakonsistent ist (↑Logik, mehrwertige). Wenn man hingegen eine Einschränkung auf die dreielementige Wahrheitswertmenge $\{\{1\}, \{0\}, \{1,0\}\}$ vornimmt, erhält man Priests parakonsistente *Logic of Paradox* LP, die keine Wahrheitswertlücken kennt und

deren ↑Tautologien mit denen der klassischen Logik übereinstimmen. LP ist parakonsistent, denn wenn A den Wert $\{1,0\}$ zugewiesen erhält, dann ist sowohl A als auch $\neg A$ zumindest wahr; doch kann B gleichzeitig falsch sein. Der Schluß von $\{A, \neg A\}$ auf B ist damit ungültig. ECQ wird also vermieden, indem nicht nur ›wahr‹, sondern auch ›sowohl wahr als auch falsch‹ als ausgezeichneter Wahrheitswert definiert wird. Belnap interpretierte die Ziffern 1 und 0 epistemisch als *told-true* bzw. *told-false* und argumentierte, daß FDE, so interpretiert, ein ↑Modell dafür darstelle, wie ein Computer denken soll.

Gegenüber der p.n L. sind verschiedene philosophische Haltungen möglich. Gemäß einer ›epistemologischen‹ oder ›pragmatischen‹ Position betrifft das Ziel der p.n L. Probleme der Informationsverarbeitung, genauer: des schlußfolgernden Arbeitens auf der Grundlage von Datenbasen und Theorien, die einen oder mehrere Widersprüche beinhalten. Widersprüchliche Informationen sind im Alltag allgegenwärtig; in der ↑Wissenschaftstheorie betonte etwa I. Lakatos das Vorhandensein von Widersprüchen in wissenschaftlichen Theorien.

Eine philosophisch weitergehende und kontroversere Haltung wird durch semantische (↑Semantik) und mengentheoretische (↑Mengenlehre) ↑Paradoxien angeregt. Bezüglich der ↑Lügner-Paradoxie und der Russellschen Antinomie (↑Zermelo-Russellsche Antinomie) kann man die Auffassung vertreten, daß die in Frage stehenden Sätze zugleich wahr und falsch seien. Dennoch möchte man die Konsequenz vermeiden, daß aus der Formulierung solcherart paradoxer Sätze Beliebiges folgt. Eine bedeutende Quelle der Motivation p.r L.en besteht demgemäß in der metaphysischen Position des *Dialethismus* (engl. *dialethism* oder *dialetheism*), nach der es Sätze A geben kann, die sowohl wahr als auch falsch sind oder, anders gesagt, die zugleich mit ihrer eigenen Negation $\neg A$ wahr sind. Neben den semantischen und den mengentheoretischen Paradoxien (die zumeist Phänomene der Selbstreferenz [↑Selbstbezüglichkeit] involvieren) werden hierfür als Kandidaten aufgeführt: Paradoxien der Bewegung (↑Paradoxien, zenonische), Sätze mit vagen (↑Vagheit) oder multikriterialen Prädikaten, moralische ↑Dilemmata und widersprüchliche Normensysteme im Recht (↑Norm (juristisch, sozialwissenschaftlich)). Vertreter des Dialethismus sind auf eine p. L. verpflichtet, wenn sie eine Trivialisierung vermeiden wollen, die dann eintritt, wenn widersprüchliche Satzmengen beliebige Konsequenzen haben.

Die metaphysische Position des Dialethismus wird besonders nachhaltig von dem australischen Philosophen und Logiker G. Priest propagiert. Sie konnte nur wenige Anhänger gewinnen, da es zur Bedeutung einer negierten Aussage zu gehören scheint, daß ihre Wahrheit die

Wahrheit der unnegierten Aussage ausschließt. Andererseits ist zu betonen, daß Vertreter der p.n L. nicht auf den Dialethismus festgelegt sind. Die in vielen Kontexten sich stellende Aufgabe, auf der Grundlage einer inkonsistenten Menge von Prämissen nicht-triviale Schlußfolgerungen zu ziehen, rechtfertigt das Interesse an Systemen der p.n L..

Literatur: A. R. Anderson/N. D. Belnap, Jr., Entailment. The Logic of Relevance and Necessity I, Princeton N. J. 1975, ²1990; dies./J. M. Dunn, Entailment. The Logic of Relevance and Necessity II, Princeton N. J. 1992; A. I. Arruda, Aspects of the Historical Development of Paraconsistent Logic, in: G. Priest/R. Routley/J. Norman (eds.), Paraconsistent Logic. Essays on the Inconsistent [s. u.], 99–130; F. G. Asenjo, A Calculus of Antinomies, Notre Dame J. Formal Logic 7 (1966), 103–105; D. Batens, A General Characterization of Adaptive Logics, Log. anal. NS 44 (2001), 45–68; ders., A Universal Logic Approach to Adaptive Logics, Logica Universalis 1 (2007), 221–242; N. D. Belnap, A Useful Four-Valued Logic, in: J. M. Dunn/G. Epstein (eds.), Modern Uses of Multiple-Valued Logic, Dordrecht/Boston Mass. 1977, 8–37; ders., How a Computer Should Think, in: G. Ryle (ed.), Contemporary Aspects of Philosophy, Stocksfield etc. 1976 [1977], 30–56; ders., A Useful Four-Valued Logic. How a Computer Should Think, in: A. R. Anderson/N. D. Belnap, Jr./J. M. Dunn, Entailment [s. o.] II, 506–541 [§ 81]; F. Berto, How to Sell a Contradiction. The Logic and Metaphysics of Inconsistency, London 2007; L. Bertossi/A. Hunter/T. Schaub (eds.), Inconsistency Tolerance, Berlin etc. 2004, 2005; P. Besnard/A. Hunter (eds.), Handbook of Defeasible Reasoning and Uncertainty Management Systems II (Reasoning with Actual and Potential Contradictions), Dordrecht 1998; J.-Y. Béziau, What Is Paraconsistent Logic?, in: D. Batens u. a. (eds.), Frontiers of Paraconsistent Logic, Baldock 2000, 95–111; ders./W. Carnielli/D. Gabbay (eds.), Handbook of Paraconsistency, London 2007; M. Bremer, Wahre Widersprüche. Eine Einführung in die p. L., Sankt Augustin 1998; ders., An Introduction to Paraconsistent Logics, Frankfurt etc. 2005; B. Brown, On Paraconsistency, in: D. Jacquette (ed.), A Companion to Philosophical Logic, Oxford 2002, 628–650; W. Carnielli/M. E. Coniglio/J. Marcos, Logics of Formal Inconsistency, in: D. M. Gabbay/F. Guenthner (eds.), Handbook of Philosophical Logic XIV, Dordrecht ²2007, 1–93; N. C. A. da Costa, Sistemas formais inconsistentes, Rio de Janeiro 1963, Curtiba 1993; ders., On the Theory of Inconsistent Formal Systems, Notre Dame J. Formal Logic 15 (1974), 497–510; ders., Logiques classiques et non classiques. Essai sur les fondements de la logique, Paris/Mailand/Barcelona 1997; ders./S. French, Science and Partial Truth. A Unitary Approach to Models and Scientific Reasoning, Oxford/New York 2003; J. M. Dunn, Intuitive Semantics for First-Degree Entailments and ›Coupled Trees‹, Philos. Stud. 29 (1976), 149–168; ders./G. Restall, Relevance Logic, in: D. M. Gabbay/F. Guenthner (eds.), Handbook of Philosophical Logic VI, Dordrecht/Boston Mass./London ²2002, 1–128; Y. Iwakuma, Parvipontani's Thesis »Ex impossibili quidlibet sequitur«. Comments on the Sources of the Thesis from the Twelfth Century, in: K. Jacobi (ed.), Argumentationstheorie. Scholastische Forschungen zu den logischen und semantischen Regeln korrekten Folgerns, Leiden/New York/Köln 1993, 123–151; S. Jaśkowski, Rachunek zdań dla systemów dedukcyjnych sprzecznych/Un calcul des propositions pour les systèmes déductifs contradictoires [Text poln., Résumé franz.], Stud. Societatis Scientiarum Torunensis, Sectio A, 1 (1948), H. 5, 57–77 (engl. Propositional Calculus for Contradictory Deductive Systems, Stud. Log. 24 [1969], 143–157); C. I. Lewis/C. H. Langford, Symbolic Logic, New York/London 1932, New York ²1959; D. Lewis, Logic for Equivocators, Noûs 16 (1982), 431–441, ferner in: ders., Papers in Philosophical Logic, Cambridge/New York/Melbourne 1998, 2003, 97–110; J. Łukasiewicz, O zasadzie sprzeczności u Arystotelesa. Studyum krytyczne, Krakau 1910, Warschau 1987 (dt. Über den Satz des Widerspruchs bei Aristoteles, Hildesheim/Zürich/New York 1993); C. J. Martin, William's Machine, J. Philos. 83 (1986), 564–572; C. Mortensen, Inconsistent Mathematics, Dordrecht/Boston Mass./London 1995; K. R. Popper, What Is Dialectic?, Mind NS 49 (1940), 403–426; G. Priest, The Logic of Paradox, J. Philos. Log. 8 (1979), 219–241; ders., In Contradiction. A Study of the Transconsistent, Dordrecht/Boston Mass./Lancaster 1987, Oxford ²2006; ders., Paraconsistent Logic, REP VII (1998), 208–210; ders., Paraconsistent Belief Revision, Theoria 67 (2001), 214–228; ders., Paraconsistent Logic, in: D. M. Gabbay/F. Guenthner (eds.), Handbook of Philosophical Logic [s. o.] VI, 287–393; ders., Paraconsistency and Dialetheism, in: D. Gabbay/J. Woods (eds.), Handbook of the History of Logic VIII, Amsterdam 2007, 129–204; ders./J. C. Beall/B. P. Armour-Garb (eds.), The Law of Non-Contradiction. New Philosophical Essays, Oxford 2004, 2006; ders./R. Routley, Introduction: Paraconsistent Logics, Stud. Log. 43 (1984), 3–16; dies./J. Norman (eds.), Paraconsistent Logic. Essays on the Inconsistent, München/Hamden/Wien 1989; G. Priest/K. Tanaka, Paraconsistent Logic, SEP 1996, rev. 2009; N. Rescher/R. Brandom, The Logic of Inconsistency. A Study in Non-Standard Possible-World Semantics and Ontology, Totowa N. J. 1979, Oxford 1980; N. Rescher/R. Manor, On Inference from Inconsistent Premises, Theory and Decision 1 (1970), 179–217; R. Routley/V. Routley, The Semantics of First Degree Entailment, Noûs 6 (1972), 335–359; P. K. Schotch/R. E. Jennings, Inference and Necessity, J. Philos. Log. 9 (1980), 327–340; P. Schotch/B. Brown/R. Jennings (eds.), On Preserving. Essays on Preservationism and Paraconsistent Logic, Toronto/Buffalo N. Y./London 2009; Y. Shramko/H. Wansing, Some Useful 16-Valued Logics. How a Computer Network Should Think. Dedicated to Nuel D. Belnap on the Occasion of his 75th Birthday, J. Philos. Log. 34 (2005), 121–153; dies., Hyper-Contradictions, Generalized Truth Values and Logics of Truth and Falsehood, J. Log., Language and Information 15 (2006), 403–424; B. H. Slater, Paraconsistent Logics?, J. Philos. Log. 24 (1995), 451–454; R. Sylvan, A Preliminary Western History of Sociative Logics, in: ders., Sociative Logics and Their Applications. Essays by the Late Richard Sylvan, ed. D. Hyde/G. Priest, Aldershot etc. 2000, 53–138; K. Tanaka, Three Schools of Paraconsistency, Australas. J. Log. 1 (2003), 28–42; I. Urbas, Paraconsistency, Stud. Soviet Thought 39 (1990), 343–354; ders., Dual-Intuitionistic Logic, Notre Dame J. Formal Logic 37 (1996), 440–451; M. Urchs, Discursive Logic. Towards a Logic of Rational Discourse, Stud. Log. 54 (1995), 231–249; J. Woods, Paradox and Paraconsistency. Conflict Resolution in the Abstract Sciences, Cambridge/New York 2003. H. R.

Logik, philosophische (engl. philosophical logic, franz. logique philosophique), zusammenfassende Bezeichnung für in der Mehrzahl nicht-klassische formale Systeme (↑System, formales), insbes. nicht-klassische ↑Logikkalküle (↑Logik, nicht-klassische), die sich primär philosophischen und nicht primär mathematischen Problemstellungen verdanken. Zu den philosophischen Problemstellungen gehören insbes. solche, die nach der Bedeutung logischer Bausteine wie der logischen Partikeln (↑Partikel, logische), der ↑Identität, der Modaloperatoren (↑Modallogik) und anderer Erweiterungen bzw. Abänderungen der formalen Logik (↑Logik, formale) wie der epistemischen Logik (↑Logik, epistemische), der ↑Interrogativlogik, der deontischen Logik (↑Logik, deontische, ↑Logik, normative), der temporalen Logik (↑Logik, temporale), der ↑Logik des ›Entailment‹, der konnexen Logik (↑Logik, konnexe), der ↑Relevanzlogik, der dialektischen Logik (↑Logik, dialektische), der parakonsistenten Logik (↑Logik, parakonsistente) etc. fragen, während zu den mathematischen Problemstellungen solche gehören, die ihrerseits insbes. nach strukturellen Eigenschaften von Formalismen, wie der Entscheidbarkeit (↑entscheidbar/Entscheidbarkeit), der Definierbarkeit (↑definierbar/Definierbarkeit), der Darstellbarkeit in anderen formalen Systemen etc., fragen. Dabei gehören Begründungsfragen, die besonderer Reflexion auf die Eigentümlichkeit schlüssigen Argumentierens (↑Argumentation) und logischen Schließens (↑Schluß) bedürfen und damit die Konstitution des Gebietes der ↑Logik selbst betreffen, als ↑Philosophie der Logik zu einer mittlerweile eigens herausgestellten philosophischen Disziplin.

Literatur: A. Bottani/R. Davies (eds.), Modes of Existence. Papers in Ontology and Philosophical Logic, Frankfurt 2006; J. P. Burgess, Philosophical Logic, Princeton N. J./Oxford 2009; P. I. Bystrov/V. N. Sadovsky (eds.), Philosophical Logic and Logical Philosophy. Essays in Honor of Vladimir A. Smirnov, Dordrecht/Boston Mass./London 1996; D. Devidi/T. Kenyon (eds.), A Logical Approach to Philosophy. Essays in Honour of Graham Solomon, Dordrecht 2006; J. M. Dunn/G. M. Hardegree, Algebraic Methods in Philosophical Logic, Oxford 2001, 2005; G. Forbes, Languages of Possibility. An Essay in Philosophical Logic, Oxford 1989; A. Fuhrmann/H. Rott (eds.), Logic, Action and Information. Essays on Logic in Philosophy and Artificial Intelligence, Berlin/New York 1996; D. M. Gabbay/F. Guenthner (eds.), Handbook of Philosophical Logic, I–IV, Dordrecht/Boston Mass./London 1983–1989, ²2001 ff. (erschienen Bde I–XIV); L. Goble (ed.), The Blackwell Guide to Philosophical Logic, Malden Mass./Oxford 2001; D. Jacquette, A Companion to Philosophical Logic, Oxford 2002, 2006; J. v. Kempski, L., p., in der Neuzeit, Hist. Wb. Ph. V (1980), 452–461; D. Lewis, Papers in Philosophical Logic, Cambridge 1997, 1998, 2003; A. Pfänder/D. Ferrari, Logic, Frankfurt 2009; M. Sainsbury, Logical Forms. An Introduction to Philosophical Logic, Oxford 1991, ²2001, 2005; G. Schurz, The Is-Ought Problem. An Investigation in Philosophical Logic, Dordrecht/Boston Mass./London 1997; P. Simons, Philosophy and Logic in Central Europe from Bolzano to Tarski. Selected Essays, Dordrecht/Boston Mass./London 1992; T. Smiley (ed.), Philosophical Logic, Oxford etc. 1998; W. Spohn/P. Schroeder-Heister/E. J. Olsson (eds.), Logik in der Philosophie, Heidelberg 2005; R. Stuhlmann-Laeisz, P. L.. Eine Einführung mit Anwendungen, Paderborn 2002; R. H. Thomason (ed.), Philosophical Logic and Artificial Intelligence, Dordrecht/Boston Mass./London 1989; S. Wolfram, Philosophical

Logic. An Introduction, London/New York 1989, 2005; G. H. v. Wright, Six Essays in Philosophical Logic, Helsinki 1996. – J. Philos. Log. 1 (1972)ff.. K. L.

Logik, positive (engl. positive logic, franz. logique positive), von D. Hilbert und P. Bernays 1934 eingeführter Terminus für die Theorie der logischen Beziehungen zwischen Aussagen, bei denen zur logischen Zusammensetzung nur die ›positiven‹ ↑Junktoren ›→‹ (↑Subjunktor), ›∧‹ (↑Konjunktor) und ›∨‹ (↑Adjunktor) (einschließlich der mit ihrer Hilfe definierbaren Junktoren, z. B. ›↔‹) verwendet werden und auch auf die Annahme der Wertdefinitheit (↑wertdefinit/Wertdefinitheit) der Aussagen verzichtet wird. Handelt es sich dabei um die positive ↑*Implikationslogik*, wird also nur der Subjunktor benutzt, so ist die positive Allgemeingültigkeit (↑allgemeingültig/Allgemeingültigkeit) eines ↑Aussageschemas A dadurch charakterisiert, daß A aus Schemata der Form $A_1 \rightarrow (A_2 \rightarrow (\ldots \rightarrow (A_n \rightarrow C) \ldots))$ durch Anwendung der Schlußregel $A, A \rightarrow B \Rightarrow B$ (↑modus ponens) abgeleitet werden kann; dabei stimmt C entweder mit einem der A_ν ($\nu = 1, \ldots, n$) überein oder ist aus den A_ν bloß durch Anwendung des modus ponens ableitbar (↑ableitbar/Ableitbarkeit). Etwas komplizierter ist die Definition der positiven Allgemeingültigkeit, wenn auch ↑Konjunktion und ↑Adjunktion berücksichtigt werden. In jedem Falle ist die Definition der positiven Allgemeingültigkeit so beschaffen, daß in der p.n L. gerade die Eigenschaften des Subjunktors (objektsprachlich, ↑Objektsprache) zur Geltung kommen, die für das Bestehen der (metasprachlichen, ↑Metasprache) Folgerungsbeziehung, von der die Regel des modus ponens Gebrauch macht, erforderlich sind. Deshalb verwendet H. A. Schmidt auch die Bezeichnung ›derivative Aussagenlogik‹ anstelle von ›p. L.‹.

Einen in Bezug auf positive Allgemeingültigkeit widerspruchsfreien (↑widerspruchsfrei/Widerspruchsfreiheit) und vollständigen (↑vollständig/Vollständigkeit) ↑Logikkalkül haben Hilbert und Bernays gewonnen, indem sie neben dem modus ponens als einziger Regel die folgenden Aussageschemata als Anfänge auszeichneten:

$$A \rightarrow (B \rightarrow A);$$
$$(A \rightarrow (B \rightarrow C)) \rightarrow ((A \rightarrow B) \rightarrow (A \rightarrow C));$$
$$A \wedge B \rightarrow A; \; A \wedge B \rightarrow B;$$
$$(A \rightarrow B) \rightarrow ((A \rightarrow C) \rightarrow (A \rightarrow B \wedge C));$$
$$A \rightarrow A \vee B; \; B \rightarrow A \vee B;$$
$$(B \rightarrow A) \rightarrow ((C \rightarrow A) \rightarrow (B \vee C \rightarrow A)).$$

Damit erweist sich, daß die positiv allgemeingültigen Aussageschemata mit genau denjenigen negationsfreien junktorenlogischen Aussageschemata übereinstimmen, die intuitionistisch allgemeingültig sind (↑Logik, intuitionistische). Erst wenn noch der ↑Negator ›¬‹ oder die ↑Konstante (↑Konstante (logische)) ↑falsum (›⋏‹) in die logische Zusammensetzung von Aussagen einbezogen werden, unterscheiden sich p. L. und intuitionistische Logik: so ist das ↑ex falso quodlibet nicht positiv allgemeingültig, wohl aber intuitionistisch allgemeingültig. Die p. L. unter Einschluß des falsum und damit einer Negation durch die Definition ¬A ⇋ A → ⅄ ist dabei mit der *Minimallogik* (↑Minimalkalkül) gleichwertig und heißt deshalb nach Schmidt auch ›volle derivative Aussagenlogik‹. Eine Kalkülisierung der p.n L. durch einen ↑Implikationenkalkül ist der ↑Brouwerkalkül.

Literatur: D. Hilbert/P. Bernays, Grundlagen der Mathematik, I–II, Berlin/Heidelberg/New York ²1968/1970, bes. I, 63–71, II, 438–466 (Suppl. III); H. A. Schmidt, Mathematische Gesetze der Logik I (Vorlesungen über Aussagenlogik), Berlin/Göttingen/Heidelberg 1960, bes. 271–342 (Teil II/6).   K. L.

Logik, probabilistische, ↑Logik, induktive, ↑Wahrscheinlichkeitslogik.

Logik, spekulative, Bezeichnung für die von G. W. F. Hegel entwickelte und im nachhegelschen Idealismus (↑Idealismus, deutscher) vertretene ›Logik‹ (↑Hegelsche Logik), in welcher Form und Inhalt des Denkens nicht getrennt sein sollen. Ihre dialektisch-materialistische Version wird meist als ›dialektische Logik‹ (↑Logik, dialektische) bezeichnet.   G. W.

Logik, stoische, im weiteren Sinne neben ›Ethik‹ und ›Physik‹ der dritte Teil der Philosophie der ↑Stoa, der sich nach Chrysippos mit allen Aspekten des λόγος (der Vernunft, Rede, Argumentation) befassen sollte. Gegliedert wurde er in ›Rhetorik‹ und ›Dialektik‹. Letztere – auf verschiedene Weisen definiert, nach Ausgliederung der Erkenntnistheorie eingeteilt in die Lehre vom Bezeichnenden (περὶ σημαινόντων) und die vom Bezeichneten (περὶ σημαινομένων) – enthält die s. L. im engeren Sinne, jedoch nicht als klassisches Teilgebiet: Wenn man aus den in der Dialektik behandelten Gegenständen alles aussondert, was heute zur ↑Grammatik zählt, bleibt in etwa der Themenkatalog der klassischen Logik (↑Logik, klassische) übrig, aus dem dann mittels einer präziseren Logikdefinition die s. L. im engeren Sinne herausgefiltert wird. Deren herausragendes Thema ist die stoische ↑Junktorenlogik; ob auch die stoische Bedeutungstheorie (↑Lekton) dazugehört, hängt von der Filterdefinition ab (die folgende Darstellung beschränkt sich auf die wichtigsten Stücke der Aussagentheorie, Argumentlehre und ↑Syllogistik). Eine solche s. L. ist aber auch wegen der dürftigen Quellenlage ein Konstrukt: Obwohl die Logik der Stoiker ursprünglich bekannter war als die des Aristoteles, waren die Originaltexte schon gegen Ende der Antike verloren; Rekonstruktionen beruhen nur auf Fragmenten. Die wiederum erschließen einerseits viele Bereiche der s.n L. sehr unzulänglich. Anderer-

seits läßt sich daraus keine wirklich einheitliche Logik rekonstruieren; zu manchen Themen ergeben sich vielmehr mehrere untereinander unvereinbare Lehrstücke, die mit der Entwicklung und Meinungsvielfalt innerhalb der Stoa in Beziehung zu setzen sind. Dabei zeigt sich, daß die bedeutendsten Leistungen auf Chrysippos zurückgehen. Sie (wie J. M. Bocheński es tat) unter der Bezeichnung ›stoisch-megarisch‹ wesentlich weiter zurückzudatieren, ist nicht angebracht (M. Frede 1974, 19–23; ↑Megariker). Im Kreise des Diodoros Kronos und bei den frühen Stoikern scheint es allerdings wichtige Ansätze gegeben zu haben, die Chrysippos erheblich weiter entwickelte (näheres in T. Ebert 1991). Was spätere Stoiker beigetragen haben, ist nur selten deutlich erkennbar.

Die ↑*Aussage* definierten die Stoiker (1) dihäretisch (↑Dihairesis) a) als ein ↑Lekton, das b) vollständig ist, c) behauptet bzw. ausgesagt werden kann, und zwar d) soweit dies an ihm liegt (ὅσον ἐφ' ἑαυτῷ) (z. B. Diog. Laert. VII, 65). Die ersten drei Definitionsglieder müssen so interpretiert werden, daß auch noch Spielraum für das vierte und letzte Definitionsglied bleibt, das aber notorisch schwer angemessen zu deuten und zu übersetzen ist. M. Frede (1974, 33–40) ersetzte seinerzeit sämtliche neuzeitlichen Deutungen durch einen neuen Vorschlag. Diesen wiederum kritisierend führte S. Bobzien (1986, 12–14) aus, der Ausdruck sei etwa mit ›aussagbar nur für sich selbst‹ wiederzugeben und spezifiziere die behauptbaren vollständigen Lekta demgemäß dahin, daß sie aussagbar sind mit dem alleinigen Zweck, sie auszusagen; sobald andere, praktische Zwecke hinzukommen, handelt es sich nicht mehr um das vollständige Lekton der Aussage. Später erläuterte Bobzien das, was mit dem dritten Schritt erreicht ist, anhand von ›wenn Dion spazieren geht, bewegt Dion sich‹, wo zwei Elementaraussagen zu einer Konditionalaussage verbunden, also drei Aussagen beteiligt sind und nur eine davon tatsächlich behauptet wird, und bemerkte zum letzten Teil der Definition, er solle die zuvor definierte Klasse von Lekta bzw. Aussagen nicht weiter einschränken, sondern vor einem Mißverständnis schützen, nämlich von der (eventuell aus dem Begriff des Lekton hergeleiteten) Forderung befreien, es müsse jemanden geben, der die Aussage behaupten könnte (Bobzien 2003, 85–87; vgl. auch 1999, 93–94). Eher umschreibend oder zur Explikation der Behauptbarkeit sagten die Stoiker (2), Aussagen seien das und nur das, was entweder wahr oder aber falsch ist. Das dabei geltend gemachte uneingeschränkte ↑Zweiwertigkeitsprinzip wurde von Chrysippos nachdrücklich verteidigt. Die beiden Bestimmungen erlauben es, aus der Klasse der Aussagen alle Lekta auszusondern, die zwar mittels assertorischer Sätze zum Ausdruck gebracht werden, die aber nicht mit Sicherheit genau einen Wahrheitswert haben, die auf der

Bühne formuliert werden oder die als so genannte Quasiaussagen zu etwas anderem als einer Behauptung dienen, z. B. eine Bewunderung ausdrücken, ein Geheimnis verraten, etwas versprechen und vieles anderes mehr (vgl. ↑Sorites). Andererseits fordern die beiden Bestimmungen eine Untersuchung der temporalen Eigenschaften von Aussagen, stellen den Zusammenhang mit den Formationsregeln für vollständige Lekta her (Syntaxtheorie) und fassen die Identität der Aussagen so, daß sich mit ihren Verwendungsbedingungen unter Umständen ihr ↑Wahrheitswert ändert und daß sie *vergehen*, wenn ihre Verwendungsbedingungen prinzipiell hinfällig werden. Neben solchen Randfällen studierten die Stoiker verschiedene Arten von Aussagen und nahmen entsprechende Einteilungen vor. So betrachteten sie sie etwa in Bezug auf ihre Gewißheit (z. B. ›wahrscheinliche‹ und ›plausible‹ Aussagen), ferner im Hinblick auf ihre *Modalitäten*. Hierbei entwickelten sie in Auseinandersetzung mit dem ↑Meisterargument des Diodoros Kronos eigene Verwendungsregeln für die Modaloperatoren und bauten darauf eine ↑Modallogik auf (Bobzien 1986, 40–49, 1998, 97–122, auch Frede 1974, 107–117). Des weiteren wurden die Aussagen in *elementare* und *molekulare* eingeteilt.

Die *elementaren* Aussagen wurden ihrerseits ursprünglich nach der Art des Subjekts in definite (↑definit/Definitheit), mittlere und indefinite (↑indefinit/Indefinitheit) Aussagen unterschieden. Die indefiniten Aussagen werden mit ›jemand‹, ›etwas‹ oder dergleichen gebildet, die definiten mit einem Demonstrativpronomen; alle elementaren Aussagen mit einem anderen grammatischen Subjekt gelten als mittlere Aussagen, so insbes. Allaussagen und Aussagen mit Eigennamen. Hinsichtlich des Wahrheitswertes sind die definiten Aussagen für die beiden anderen Arten grundlegend (↑Allaussagen gelten anscheinend als ↑Subjunktionen mit einer indefiniten Aussage als Vordersatz). Diese ältere Unterscheidung wurde dann (wohl von Chrysippos) mit der Unterscheidung positiver und negativer Aussagen überlagert. Damit die ↑Negation einen kontradiktorischen (↑kontradiktorisch/Kontradiktion) Gegensatz erzeugt, wird für negative Aussagen – ein prominentes Beispiel stoischer Sprachnormierung – die *äußere* Negation verlangt; sie allein betrifft die Aussage als ganze und ist natürlich auch bei molekularen Aussagen möglich. Doppelt negierte, so genannte ›übernegative‹ Aussagen sind den jeweiligen Grundaussagen äquivalent. Elementare Aussagen, die bloß eine innere Negation (d. h. eine des Prädikats oder des Subjekts) aufweisen, d. s. Privationen und Bestreitungen, gelten als Unterarten positiver Aussagen. – Die *molekularen* Aussagen unterschied man nach den verwendeten ↑Junktoren. Am wichtigsten für die Argumentlehre sind die ↑Konjunktion, die (ausschließende) ↑Disjunktion (Zeichen heute:

⋊) und die Subjunktion, deren Formulierungen Chrysippos so standardisierte, daß der Typ einer Aussage immer schon aus dem ersten Wort zu erkennen ist (wie bei der polnischen Notation). Bei der Subjunktion versuchte Chrysippos offenbar, den Paradoxien der materialen ↑Implikation zu entkommen; er präzisierte den Folgezusammenhang von Vorder- und Nachsatz und kam zu deutlich strengeren ↑Wahrheitsbedingungen als vor ihm Philon und Diodoros Kronos: $p \rightarrow q$ ist nach ihm wahr genau dann, wenn $\neg q$ mit p unverträglich ist; für die genauere Interpretation dieses Konzepts bildet ›unverträglich‹ das Hauptproblem. Die nicht-ausschließende Disjunktion befriedigend zu definieren gelang offenbar erst spät (1. Jh. n. Chr.?) und scheint mit einer Entdeckung der ↑De Morganschen Gesetze verbunden gewesen zu sein.

Während Antipatros von Tarsos auch Schlüsse (›Argumente‹, λόγοι) mit nur einer ↑Prämisse zuließ, definierte man das *Argument* als ein Gefüge aus mindestens zwei Prämissen und einer Folgerung; im zugehörigen *Argumentschema* werden die Aussagen durch ↑Variable (bei den Stoikern Zahlen) vertreten. Gültig ist ein Argument dann, wenn die Subjunktion, die als Vordersatz die Konjunktion der Prämissen und als Nachsatz die Folgerung des Arguments hat, nach den Kriterien des Chrysippos wahr ist; andernfalls ist das Argument ungültig. Die gültigen Argumente werden (1) nach der Erkenntnisleistung weiter unterschieden: Sie sind wahr, wenn die Prämissen wahr sind, und überdies beweisend, wenn aus Offenkundigem auf Nichtoffenkundiges oder weniger Offenkundiges geschlossen wird. Eine andere Unterscheidung (2) führt zur *stoischen Junktorenlogik*: Die gültigen Argumente sind entweder syllogistisch gültig oder nur gültig in einem engeren Sinne. Argumente des letzteren Typs gibt es in mindestens zwei Arten, indem manche durch sprachliche Umformungen aus syllogistischen Argumenten hervorgehen (z. B. wenn im ↑*modus ponens* ›$p \rightarrow q$‹ ersetzt wird durch ›aus p folgt q‹), wohingegen viele andere sich auf stillschweigende inhaltliche Annahmen stützen und durch deren Explikation gegebenenfalls in syllogistische Argumente überführt werden können. Die im engeren Sinne gültigen Argumente fallen aber nicht mit den nicht-syllogistischen Argumenten zusammen, die auch ungültig sein können:

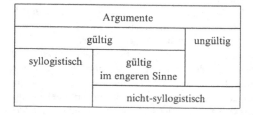

Argumente		
gültig		ungültig
syllogistisch	gültig im engeren Sinne	
	nicht-syllogistisch	

Demgemäß sind die syllogistischen Argumente entweder über spezielle Anforderungen an gültige Argumente zu definieren oder durch Aussonderung der nicht-syllogistischen Argumente aus der Gesamtheit der Argumente.

Wie die Stoiker auf dem ersten Wege argumentierten, läßt sich nur vermuten. Anscheinend gab es vorbereitende Schritte kombinatorischer Art (Hülser 1993), bevor man sich daranmachte, die logische Form von Argumenten (nicht von Aussagen!) zu spezifizieren. Überliefert ist dann nur das Resultat, eine Definition, die bereits die Junktorenlogik voraussetzt: *Syllogistisch* sind diejenigen Argumente, die entweder unbeweisbare Grundsyllogismen sind oder sich mittels einer oder mehrerer ↑Metaregeln auf solche zurückführen lassen. Als elementare Syllogismen (↑Syllogistik) zeichnete Chrysippos die Argumente mit den folgenden fünf Schemata aus:

$$\frac{\begin{array}{l} p \to q \\ p \end{array}}{q} \quad \frac{\begin{array}{l} p \to q \\ \neg q \end{array}}{\neg p} \quad \frac{\begin{array}{l} \neg (p \land q) \\ p \end{array}}{\neg q} \quad \frac{\begin{array}{l} p \rightarrowtail q \\ p \end{array}}{\neg q} \quad \frac{\begin{array}{l} p \rightarrowtail q \\ \neg q \end{array}}{p}$$

Spätere Listen mit sieben Grundsyllogismen stammen vermutlich von anderen Stoikern. Diese Listen werfen manche Fragen auf, etwa die Frage, inwiefern die aufgeführten Schlußtypen alle elementar sind. Auch ist zu bedenken, daß in die Schemata positive ebenso wie negative Aussagen eingesetzt werden dürfen, daß die eingesetzten Aussagen nicht elementar sein müssen, sondern auch molekular sein dürfen, und daß sich unter solchen Gesichtspunkten zu den elementaren Syllogismen zahlreiche Unterklassen angeben lassen.

Um ↑Kettenschlüsse auf elementare Syllogismen zurückzuführen, hatte man (Chrysippos) vier Metaregeln, ›Themata‹ (θέματα). Wohl erst seit Antipatros gab es außerdem das so genannte ›dialektische Theorem‹, eine Metaregel, die die Analyse von Kettenschlüssen offenbar vereinfachen sollte. Ferner leistete das Regelsystem insgesamt ziemlich viel; man bewies damit auch logische Theoreme, z.B. ›P → Q, P → ¬Q, also ¬P‹. Was die Rekonstruktion des Systems im einzelnen angeht, besagt Thema 1, daß, wenn ›P; Q, also R‹ ein Syllogismus ist, auch ›P; ¬R, also ¬Q‹ und ›Q, ¬R; also ¬P‹ Syllogismen sind. Die Themata 2, 3 und 4 glaubte Frede (1974, 172–196) ebenfalls annähernd rekonstruieren zu können. M. Mignucci (1993) dagegen hielt das wegen der dürftigen Quellenlage nicht mehr für zuverlässig möglich. Dazu gab es die Rekonstruktionsversuche von I. Mueller (1979) und K. Ierodiakonou (1990). Auf der Grundlage dieser Untersuchungen erarbeitete Bobzien neue Vorschläge (1996, 142–180, bes. 152–163; 2003, 110–121) und konnte im Zusammenhang damit die stoische Syllogistik übersichtlich charakterisieren.

Auf dem zweiten Wege zur Definition des Syllogismus war bisher soviel zu ermitteln, daß ein Argument genau dann *nicht-syllogistisch* zu sein scheint, wenn sein Schema inkorrekt ist, d.h., wenn man für die in seinem Schema vorkommenden Variablen elementare Aussagen in der Weise einsetzen kann, daß zu einem bestimmten Zeitpunkt die Prämissen wahr werden, die Folgerung aber falsch (U. Egli 1967, 1977; ähnlich Bobzien 2003, 110–111). Wenn es gelingt, diese Charakterisierung zu einer handhabbaren Definition weiterzuentwickeln, liefert die Negation dieser Definition eine zweite Bestimmung der syllogistischen Argumente, die von der ersten unabhängig ist und deshalb die alte Frage nach der Vollständigkeit der stoischen Junktorenlogik neu zu stellen erlaubt. – Die s. L. entwickelte sich auffallend unabhängig von der des ↑Peripatos, war in der Antike angesehen, blieb durch die Vermittlung M. T. Ciceros auch weiterhin bekannt und wurde in der frühen Neuzeit nicht zuletzt durch Petrus Ramus aufgegriffen. Um 1800 war sie vergessen, und C. Prantl beurteilte sie äußerst abschätzig. G. Frege ließ sich zwar von ihr anregen (Gabriel/Hülser/Schlotter 2009); aber für unsere Zeit wiederentdeckt wurde sie erst von J. Łukasiewicz (1934).

Texte: SVF (nach Inhaltsverzeichnis); FDS, bes. §§ 1.1–1.2, 4.3–4.6; L. Marrone, Le »Questioni Logiche« di Crisippo (PHerc. 307), Cronache Ercolanesi 27 (1997), 83–100.

Literatur: J. Barnes, Terms and Sentences. Theophrastus on Hypothetical Syllogisms, Proc. Brit. Acad. 69 (1983), 279–326; ders., Theophrastus and Hypothetical Syllogistic, in: J. Wiesner (ed.), Aristoteles. Werk und Wirkung. Paul Moraux gewidmet I (Aristoteles und seine Schule), Berlin/New York 1985, 557–576; ders., Logical Form and Logical Matter, in: A. Alberti (ed.), Logica, mente e persona. Studi sulla filosofia antica, Florenz 1990, 7–119; ders., Logic and the Imperial Stoa, Leiden/New York/Köln 1997; ders., Aristotle and Stoic Logic, in: K. Ierodiakonou (ed.), Topics in Stoic Philosophy, Oxford/New York 1999, 2007, 23–53; O. Becker, Formallogisches und Mathematisches in griechischen philosophischen Texten, Philologus 100 (1956), 108–112; ders., Zwei Untersuchungen zur antiken Logik, Wiesbaden 1957; S. Bobzien, Die stoische Modallogik, Würzburg 1986; dies., Chrysippus' Modal Logic and Its Relation to Philo and Diodorus, in: K. Döring/T. Ebert (eds.), Dialektiker und Stoiker [s.u.], 63–84; dies., Stoic Syllogistic, Oxford Stud. Ancient Philos. 14 (1996), 133–192; dies., The Stoics on Hypotheses and Hypothetical Arguments, Phronesis 42 (1997), 299–312; dies., Determinism and Freedom in Stoic Philosophy, Oxford/New York 1998; dies., Logic III. The Stoics, in: K. Algra u.a. (eds.), The Cambridge History of Hellenistic Philosophy, Cambridge 1999, 2007, 92–157; dies., Wholly Hypothetical Syllogisms, Phronesis 45 (2000), 87–137; dies., Logic, in: B. Inwood (ed.), The Cambridge Companion to The Stoics, Cambridge etc. 2003, 2008, 85–123; J. M. Bocheński, Formale Logik, Freiburg/München 1956, ²1962, 2002 (engl. A History of Formal Logic, Notre Dame Ind. 1961, ²1970); J. Brunschwig (ed.), Les Stoïciens et leur logique. Actes du colloque de Chantilly, 18–22 septembre 1976, Paris 1978, ²2006; W. Cavini, Chrysippus on Speaking Truly and the Liar, in: K. Döring/T. Ebert (eds.), Dialektiker und Stoiker [s.u.], 85–109; J. Christensen, An Essay on the Unity of

Stoic Philosophy, Kopenhagen 1962; P. Crivelli, Indefinite Propositions and Anaphora in Stoic Logic, Phronesis 39 (1994), 187–206; K. Döring/T. Ebert (eds.), Dialektiker und Stoiker. Zur Logik der Stoa und ihrer Vorläufer, Stuttgart 1993, 2005; T. Ebert, Dialektiker und frühe Stoiker bei Sextus Empiricus. Untersuchungen zur Entstehung der Aussagenlogik, Göttingen 1991; U. Egli, Zur stoischen Dialektik, Basel 1967; ders., Rez. von M. Frede, Die s. L., Gnomon 49 (1977), 784–790; ders., The Stoic Theory of Arguments, in: R. Bäuerle/C. Schwarze/A. v. Stechow (eds.), Meaning, Use, and Interpretation of Language, Berlin/ New York 1983, 79–96; M. Frede, Die s. L., Göttingen 1974; ders., Stoic vs. Aristotelian Syllogistic, Arch. Gesch. Philos. 56 (1974), 1–32; G. Gabriel/K. Hülser/S. Schlotter, Zur Miete bei Frege – Rudolf Hirzel und die Rezeption der stoischen Logik und Semantik in Jena, Hist. and Philos. Log. 30 (2009), 369–388; J. B. Gould, The Philosophy of Chrysippus, Leiden 1970; R. Hirzel, De logica Stoicorum, in: Satura philologa Hermanno Sauppio obtulit amicorum Conlegarum Decas, Berlin 1879, 61–78; K. Hülser, Expression and Content in Stoic Linguistic Theory, in: R. Bäuerle/U. Egli/A. v. Stechow (eds.), Semantics from Different Points of View, Berlin/Heidelberg/New York 1979, 284–303; ders., Zur dialektischen und stoischen Einteilung der Fehlschlüsse, in: K. Döring/T. Ebert (eds.), Dialektiker und Stoiker [s.o.], 167–185; ders., The Topical Syllogism and Stoic Logic, in: J. Biard/F. Mariani Zini (eds.), Les lieux de l'argumentation. Histoire du syllogisme topique d'Aristote à Leibniz, Turnhout 2009, 93–118; K. Ierodiakonou, Analysis in Stoic Logic, Diss. London 1990; C. Jedan/N. Strobach, Modalities by Perspective. Aristotle, the Stoics and a Modern Reconstruction, Sankt Augustin 2002; C. H. Kahn, Stoic Logic and Stoic Logos, Arch. Gesch. Philos. 51 (1969), 158–172; W. Kneale/M. Kneale, The Development of Logic, Oxford 1962, 1991; S. Labarge, Stoic Conditionals, Necessity and Explanation, Hist. and Philos. Log. 23 (2002), 241–252; A. A. Long (ed.), Problems in Stoicism, London 1966, 1996; A. Luhtala, On the Origin of Syntactical Description in Stoic Logic, Münster 2000; J. Łukasiewicz, Z historii logiki zdań, Przegl. filoz. 37 (1934), 417–437 (dt. Zur Geschichte der Aussagenlogik, Erkenntnis 5 [1935], 111–131); B. Mates, Stoic Logic, Berkeley Calif./Los Angeles 1953, 1996; J. Mau, S. L.. Ihre Stellung gegenüber der Aristotelischen Syllogistik und dem modernen Aussagenkalkül, Hermes 85 (1957), 147–158; M. Mignucci, Il significato della logica stoica, Bologna 1965, ^{2}1967; ders., The Stoic ›Themata‹, in: K. Döring/T. Ebert (eds.), Dialektiker und Stoiker [s.o.], 217–238; ders., The Liar Paradox and the Stoics, in: K. Ierodiakonou (ed.), Topics in Stoic Philosophy, Oxford/New York 1999, 2007, 54–70; I. Mueller, The Completeness of Stoic Propositional Logic, Notre Dame J. Formal Logic 20 (1979), 201–215; M. Nasti De Vincentis, Logiche della connessività. Fra logica moderna e storia della logica antica, Bern/Stuttgart/Wien 2002; R. O'Toole/R. E. Jennings, The Megarians and the Stoics, in: D. M. Gabbay/J. Woods (eds.), Handbook of the History of Logic I, Amsterdam etc. 2004, 397–522; P. Pachet, La deixis selon Zénon et Chrysippe, Phronesis 20 (1975), 241–246; C. Prantl, Geschichte der Logik im Abendlande, I–IV, Leipzig 1855–1870 (repr. Leipzig 1927, in drei Bdn. Graz, Darmstadt, Berlin 1955 [zusammen mit repr. Bd. II 2. Aufl. (s.u.)], Hildesheim/Zürich/New York 1997), II ^{2}1885 (repr. Leipzig 1927); J. M. Rist (ed.), The Stoics, Berkeley Calif./Los Angeles/London 1978; R. T. Schmidt, Die Grammatik der Stoiker. Einf., Übers. u. Bearb. v. K. Hülser. Mit einer kommentierten Bibliographie zur stoischen Sprachwissenschaft (Dialektik) v. U. Egli, Braunschweig/Wiesbaden 1979; H. Scholz, Geschichte der Logik, Berlin 1931, unter dem Titel: Abriß der

Geschichte der Logik, Freiburg/München 1959, 1967; D. Sedley, Diodorus Cronus and Hellenistic Philosophy, Proc. Cambridge Philol. Soc. 203, NS 23 (1977), 74–120; A. Speca, Hypothetical Syllogistic and Stoic Logic, Leiden/Boston Mass./Köln 2001; T. L. Tieleman, Galen & Chrysippus on the Soul. Argument & Refutation in the »De Placitis«, Books II–III, Leiden 1996; G. Watson, The Stoic Theory of Knowledge, Belfast 1966; E. Żarnecka-Biały, Stoic Logic as Investigated by Jan Łukasiewicz, Reports on Philos. 3 (1979), 27–40.   K. H. H.

Logik, strenge (engl. strict logic), in der dialogischen Logik (↑Logik, dialogische) Bezeichnung für die Logik der streng wahren Aussagen. Eine Aussage ist *streng wahr*, wenn es für sie eine ↑Gewinnstrategie in einem Dialogspiel gibt, in dem sowohl der ↑Opponent als auch der ↑Proponent die Argumente des Gegners jeweils höchstens einmal angreifen darf. Die s. L. ist schwächer als die intuitionistische Logik (↑Logik, intuitionistische), sogar entscheidbar (↑entscheidbar/Entscheidbarkeit), jedoch verschieden vom ↑Minimalkalkül. – Von der s.n L. ist die von W. Ackermann diskutierte Logik der strengen Implikation zu unterscheiden, die heute unter dem Stichwort ›entailment‹ behandelt wird (↑Logik des ›Entailment‹).   P. S.

Logik, substrukturelle (engl. substructural logic), auf K. Došen zurückgehende Bezeichnung für Logiken mit eingeschränkten ↑Strukturregeln (↑Sequenzenkalkül). Die wichtigsten s.n L.en sind die ↑Relevanzlogiken, bei denen die Regel der ↑Verdünnung eingeschränkt wird, die (aufgrund ihrer Herkunft aus der kombinatorischen Logik [↑Logik, kombinatorische] so genannten) BCK-Logiken, bei denen die Regel der Kontraktion (↑Verschmelzungsregeln) eingeschränkt wird, die lineare Logik (↑Logik, lineare), bei der sowohl Verdünnung als auch Kontraktion eingeschränkt werden, sowie der von J. Lambek entwickelte und nach ihm benannte Lambek-Kalkül, in dem sogar die Regel der Vertauschung eingeschränkt wird und der in der linguistischen Grammatik eine wichtige Rolle spielt.

Literatur: M. Moortgat, Categorial Investigations. Logical and Linguistic Aspects of the Lambek Calculus, Dordrecht/Providence R. I. 1988; F. Paoli, Substructural Logic. A Primer, Dordrecht 2002; G. Restall, An Introduction to Substructural Logics, London/New York 2000; ders., Substructural Logics, SEP 2000, rev. 2008; P. Schroeder-Heister/K. Došen (eds.), Substructural Logics, Oxford 1993.   P. S.

Logik, symbolische, ↑Logik, formale.

Logik, temporale (engl. temporal logic, franz. logique temporelle), Bezeichnung für einen Zweig der formalen Logik (↑Logik, formale), der ↑Wahrheitswerte von ↑Propositionen in ihrer Abhängigkeit von Zeiten behandelt; hauptsächlich von A. N. Prior begründet. Als Spezialfall einer topologischen Logik (↑Logik, topologische) verwendet die t. L. Konzepte und Methoden, die zuerst für die ↑Modallogik entwickelt wurden. Erste Ansätze einer t.n L. finden sich in der Antike in der Diskussion der temporalisierten ↑Modalitäten (z. B. der mellontischen Modalität) bei den Megarikern, den Stoikern und bei Aristoteles, später bei Avicenna. Temporale Gesichtspunkte berücksichtigen auch die Spätscholastiker (z. B. J. Buridan, Wilhelm von Ockham) in der Ampliationslehre (Ausdehnung der ↑Supposition auf Vergangenheit und Zukunft sowie auf Möglichkeiten) und der Unterscheidung zwischen *consequentia simplex* und *consequentia ut nunc* (Auskünfte zur Vorgeschichte der t.n L. bei Prior [1957] und N. Rescher/A. Urquhart [1971]; einen Gesamtüberblick bieten P. Øhrstrøm/P. Hasle [1995]).

Die t. L., bei der manchmal zwischen einer Zeitlogik (*temporal/chronological logic*) und einer Tempuslogik (*tense logic*) unterschieden wird, behandelt temporalisierte Aussagen als propositionale Funktionen von Zeiten in Wahrheitswerte. Bei temporal definiten Aussagen sind dies konstante Funktionen; solche Aussagen sind nicht abhängig von ihrer zeitlichen Position. Zu den temporal definiten Aussagen gehören

atemporale:	7 ist eine Primzahl.
omnitemporale:	In Wellington regnet es immer.
datierte:	Am 29. 9. 1981 scheint in Whangarei die Sonne.

Deswegen entwickelte sich die t. L. hauptsächlich als Tempuslogik, die sich mit temporal indefiniten Aussagen der Art

Konstanz *war* eine freie Reichsstadt,
Gereon *wird* nach Pittsburgh fliegen,

befaßt, ferner mit Hybriden, die trotz expliziter Datierung positionsabhängig sind:

Am 25. 9. 1981 war ich in Konstanz.

Die aus der ↑Modallogik entwickelte klassische t. L. geht davon aus, daß diese propositionalen Funktionen einstelliger und nicht-partieller Natur sind. Eine Modellstruktur (↑Struktur) für die t. L. ist eine Menge T von Zeitpunkten, zusammen mit einer Ordnungsrelation (↑Ordnung) $R \subseteq T \times T$ (›früher–später‹); das Paar $\langle T, R \rangle$ wird auch *Rahmen (frame)* genannt. Sei nun $//$ eine Auswertungsfunktion, die Ausdrücken A für jedes $t \in T$ einen Wahrheitswert $/A/_t$ zuweist (Rahmen und Auswertungsfunktion bilden zusammen ein ↑*Modell*). Dann lassen sich die Satzoperatoren (↑Operator) **P** (›es war der Fall, daß‹; **P** steht für ›past‹) und **F** (›es wird der Fall sein, daß‹; ›F‹ steht für ›future‹) der t.n L. deuten durch

$$/PA/_t = \curlyvee \ \Leftrightarrow \ \text{es gibt ein } s \in T, \text{ so daß } /A/_s = \curlyvee \text{ und } R(s,t);$$

$$/FA/_t = \curlyvee \ \Leftrightarrow \ \text{es gibt ein } s \in T, \text{ so daß } /A/_s = \curlyvee \text{ und } R(t,s).$$

Weitere häufig benutzte Operatoren lassen sich daraus definieren als $GA \Leftrightarrow \neg F\neg A$ (›es wird immer der Fall sein, daß A‹); $HA \Leftrightarrow \neg P\neg A$ (›es war immer der Fall, daß A‹). Omnitemporale Aussagen A erfüllen das Schema $HA \wedge A \wedge GA$. Bezüglich der ↑Negation ist der Unterschied zwischen non-FA (›A wird *niemals* der Fall sein‹) und Fnon-A (›A wird irgendwann *nicht* der Fall sein‹) zu beachten. Eine Iteration der Operatoren ist möglich. Die ↑Formalisierung mit nicht wahrheitsfunktionalen (↑Wahrheitsfunktion) Satzoperatoren geht davon aus, daß der innerste Ausdruck A nach Abbau aller Operatoren präsentisch, ein Präsensoperator also überflüssig ist. Temporal indefinite Sätze gelten als *erfüllbar* (↑erfüllbar/Erfüllbarkeit), wenn es ein t gibt, das sie wahr macht, als *allgemeingültig* (↑allgemeingültig/Allgemeingültigkeit), wenn sie für *alle* t wahr sind; die strikte Implikation (↑Implikation, strikte) $A \,\square\!\!\rightarrow\, B$ wird definiert durch die Unerfüllbarkeit (↑unerfüllbar/Unerfüllbarkeit) der Satzmenge aus dem ↑Antezedens A und der Negation non-B des ↑Konsequens.

Bei Quantelung der Zeit in Intervalle können die temporalen Satzoperatoren mit einem metrischen Index versehen werden. $\mathbf{F}^3A$ steht für ›es wird in 3 Intervallen der Fall sein, daß A‹; und der nicht-metrische Operator **F** ist definierbar: $FA \Leftrightarrow \bigvee_n F^n A$. Kann die Indexvariable auch den Wert 0 annehmen, ist $\bigvee_n F^n A$ als ›es ist der Fall oder wird irgendwann der Fall sein, daß A‹ zu lesen, da $F^0A = A$. Sind auch negative Indizes zulässig, wird $F^{-n}A$ äquivalent zu P^nA (ein Operator kann also durch den anderen definiert werden), und $\bigvee_n F^n A$ ist nun zu übersetzen als ›es wird irgendwann der Fall sein, daß A‹. Solche Distanzoperatoren können bei einer zusätzlichen Datierung der Intervalle auch als Positionsoperatoren ($\mathbf{F}^3A$ steht hier für ›es wird an Intervall 3 der Fall sein, daß A‹) verwendet werden (↑Logik, topologische). – Für den Aufbau der verschiedenen Systeme der temporalen Junktorenlogik sind alle ↑Tautologien und alle Einsetzungsschemata der ↑Junktorenlogik (↑Schema, ↑Schema, junktorenlogisches) gültig. Die verschiedenen Systeme der t.n L. reflektieren unterschiedliche Annahmen über die Eigenschaften der Ordnungsrelation R. Der Systemaufbau kann also sowohl syntaktisch über Axiome als auch semantisch über Annahmen für R erfolgen.

Auf E. J. Lemmon geht die axiomatische Basis einer minimalen propositionalen t.n L. K_t zurück. Axiomenschemata für K_t sind

A1 A, wenn A eine Tautologie ist;
A2 $G(A \rightarrow B) \rightarrow (GA \rightarrow GB)$;

A3 $H(A \rightarrow B) \rightarrow (HA \rightarrow HB)$;
A4 $A \rightarrow HFA$;
A5 $A \rightarrow GPA$;
A6 GA, wenn A ein Axiom ist;
A7 HA, wenn A ein Axiom ist.

Einzige Schlußregel ist der ↑modus ponens. Durch Hinzunahme eines ›Transitivitätsaxioms‹ entsteht das System CR von N. B. Cocchiarella:

A8 $FFA \rightarrow FA$.

Die entsprechende Ordnungsrelation erlaubt Verzweigungen des Zeitablaufs. Allen Verzweigungssystemen fehlt A9 und/oder A10. Die Axiome A9 und A10 enthalten das Verbot der Rechts- bzw. der Linksverzweigung:

A9 $(FA \wedge FB) \rightarrow$
  $(F(A \wedge FB) \vee (F(A \wedge FB) \vee F(FA \wedge B)))$,
A10 $(PA \wedge PB) \rightarrow$
  $(P(A \wedge B) \vee (P(A \wedge PB) \vee P(PA \wedge B)))$.

Das System K_b von Rescher und Urquhart z. B. verzichtet auf A9, erlaubt also Verzweigung in die Zukunft. Eine minimale lineare Logik CL (›Cocchiarella linear‹) hat A1–A10. Die weitere Bedingung einer nicht-endenden (bzw. nicht-beginnenden) Zeit, nämlich

A11 $GA \rightarrow FA$ bzw.
A12 $HA \rightarrow PA$,

führt zu weiteren Systemen. Beide Axiome sind enthalten im System SL von D. Scott (The Logic of Tenses, Stanford University 1965 [vervielfältigt]). Die zusätzliche Annahme der Dichtheit der Zeit (d. h., für Zeitpunkte t_1 und t_2 mit $R(t_1,t_2)$ gibt es stets ›dazwischenliegende‹ Zeitpunkte t, also solche mit $R(t_1,t)$ und $R(t,t_2)$) führt zu dem Prior zugeschriebenen System PL:

A13 $FA \rightarrow FFA$.

Der Verzicht auf A9–A13 und die Hinzunahme von

A14 $GA \rightarrow A$,
A15 $GA \rightarrow HA$

führen zu PCr, Priors System für zirkuläre Zeit. A9–A13 lassen sich in PCr als Theoreme beweisen. PCr enthält also alle anderen Systeme als Subsysteme.
Die den verschiedenen junktorenlogischen Systemen der t.n L. entsprechenden Quantorenlogiken ergeben sich aus der Auseinandersetzung mit den beiden temporalen Spielarten der aus der Modallogik bekannten Barcanschen Formel:

$\bigwedge_x GA \rightarrow G\bigwedge_x A$,
$\bigwedge_x HA \rightarrow H\bigwedge_x A$.

Bei ›klassischer‹ ↑Quantifikation über einen konstanten ↑Individuenbereich erweisen sie sich als allgemeingültig, nicht aber, wenn Modelle angenommen werden, bei denen zu jeder Zeit t über eine Teilmenge D_t des Individuenbereichs D quantifiziert wird.
In der Diskussion der temporalen Modalitäten wurde zunächst versucht, Möglichkeit (∇) und Notwendigkeit ($\triangle$) als definierte Zeichen in die t. L. aufzunehmen, ausgehend von aus der Antike bekannten Definitionen:

Diodoros:
$\nabla A \leftrightharpoons A \vee FA$; $\triangle A \leftrightharpoons A \wedge GA$;
Aristoteles:
$\nabla A \leftrightharpoons PA \vee (A \vee FA)$; $\triangle A \leftrightharpoons HA \wedge (A \wedge GA)$.

Das modale Fragment des jeweiligen Systems der t.n L. ist dann eines der bekannten modallogischen Systeme:

System der t.n L.:						
K_t	CR	K_b	CL	SL	PL	PCr;
Diodoros-Fragment:						
T	S4	S4	S4.3	S4.3	S4.3	S5;
Aristoteles-Fragment:						
B	B	B	S5	S5	S5	S5

(hierbei bedeuten ›B‹ das Brouwersche und ›T‹ das System von R. Feys; ›S‹ mit verschiedenen Ergänzungen bezeichnet die auf C. I. Lewis und C. H. Langford zurückgehenden Systeme).
Nun lassen sich in jedem System, das die Transitivität (↑transitiv/Transitivität) von R fordert, folgende kontraintuitive Sätze beweisen:

bei Diodoros-∇: $F\nabla A \rightarrow FA$;
bei Aristoteles-$\triangle$: $F\triangle A \rightarrow A$.

Erfolgversprechender ist die Hinzufügung von ∇ und $\triangle$ als zusätzlicher primitiver Operatoren. Geht man von der Ansicht aus, daß temporale Möglichkeit nur die Zukunft betrifft, daß also was der Fall war oder ist notwendigerweise der Fall war oder ist, so ergibt sich folgendes Bild: Die temporalen Modalitäten drücken sich genau als F und G in K_b aus (denn in einem sich verzweigenden System liest sich FA eher als ›es wird möglicherweise der Fall sein, daß A‹ denn als kategorisches ›es wird der Fall sein, daß A‹), während die kategorischen Operatoren F und G durch die linearen Systeme ausgedrückt werden.
Moderne Arbeiten zur Formalisierung dieser Beobachtung halten die Zeit linear. Verzweigung wird dadurch erreicht, daß nicht in Wahrheitswerte, sondern in Men-

gen von möglichen Welten (↑Welt, mögliche, ↑Mögliche-Welten-Semantik) abgebildet wird, die jeweils eine historische Struktur haben. Für ›kategorisches‹ lineares **F** und **G** gilt nun:

$$/\mathrm{F}A/_t = \{w : \text{für irgendein } s \text{ mit } R(t,s) \text{ ist } w \in /A/_s\};$$
$$/\mathrm{G}A/_t = \{w : \text{für alle } s \text{ mit } R(t,s) \text{ ist } w \in /A/_s\}.$$

Zur Interpretation der Modalitäten macht man von einer Relation R_t Gebrauch, die zwischen Welten w und w' genau dann besteht, wenn w und w' bis hin zu und einschließlich t dieselbe Geschichte haben. Dann gilt:

$$/\nabla A/_t =$$
$$\{w : \text{für irgendein } w' \text{ mit } R_t(w,w') \text{ ist } w' \in /\mathrm{F}A/_t\};$$
$$/\Delta A/_t = \{w : \text{für alle } w' \text{ mit } R_t(w,w') \text{ ist } w' \in /\mathrm{F}A/_t\}.$$

Die Formalisierung verschiedener Modalitäten bzw. kontrafaktischer Sätze entwickelt sich derzeit in der t.n L. vorwiegend durch das Studium verschiedener Relationen zwischen möglichen Welten.

Anstelle der monadischen Funktionen der klassischen t.n L. wurde für eine Anwendung der t.n L. in der *formalen Semantik* natürlicher Sprachen (↑Sprache, natürliche) zunächst eine mehrdimensionale bzw. mehrfachindizierte t. L. angenommen. Grund dafür war die Kontextabhängigkeit der Referenz vieler Zeitbestimmungen. Die Frage war jetzt, ob zur Zeit t wahr ist, was der Satz A bei seiner Interpretation an einer vom Kontext festgelegten Zeit t^* ausdrückt:

$$/A/_t^{t^*} = \Upsilon \text{ genau dann, wenn die von } A \text{ zu } t^* \text{ ausgedrückte temporale Proposition } /A/_t \text{ zu } t \text{ wahr ist.}$$

So muß z. B. für den von H. Kamp eingeführten Operator ›Jetzt‹, der sich unabhängig von der Einbettungstiefe konstant auf die Äußerungszeit u bezieht, diese als Referenzpunkt mitgeführt werden:

$$/\text{Jetzt } A/_t^u = \Upsilon \leftrightharpoons /A/_u^u = \Upsilon.$$

F. Vlach schlug vor, auch den jeweils letzten erreichten Zeitpunkt als wechselnden Referenzpunkt mitzuführen, um die Referenz etwa von ›zu dieser Zeit‹ zu bestimmen. Ein optionaler Indexoperator K schiebt den ›Zähler‹ weiter:

$$/\mathrm{K}A/_t^{u,t^*} = \Upsilon \leftrightharpoons /A/_t^{u,t} = \Upsilon;$$

und es gilt

$$/\text{zu der Zeit } A/_t^{u,t'} = \Upsilon \text{ genau dann, wenn } /A/_{t'}^{u,t'} = \Upsilon.$$

Für $t' = u$ verhält sich dieser Operator also wie oben ›Jetzt‹. D. M. Gabbay verweist darauf, daß kompliziertere Strukturen die Indizierung der kompletten Zeitsequenz $u, t_1, t_2, \ldots$ erfordern können.

Eine weitere Abweichung von der klassischen t.n L. war die Hinwendung zur Intervall-Logik, um analog zu /Jetzt A/ auch

$$/\text{Gestern } A/_t^u = \Upsilon \leftrightharpoons /A/_{g(u)}^u = \Upsilon$$

sauber zu definieren: An einem Intervall wahr sein heißt zu einer Zeit während des Intervalls wahr sein.

In der *formalen Semantik* natürlicher Sprachen rückt man heute vom Operatoransatz der t.n L. ab und bevorzugt für die Tempora eine pronominale Interpretation (Partee 1984) bzw. faßt sie als Prädikate über Zeiten auf. Dazu kommt eine Hinwendung zur *dynamischen Semantik*, in der Satzbedeutungen vor allem als Programme zur Veränderung von Informationsständen (dazu unten die informationstechnologischen Anwendungen der t.n L.) gesehen werden.

Auf die mangelnde Ausdrucksvollständigkeit der Priorschen Operatoren **P** und **F** weist Kamp (1968) hin. Dieser definiert die zweistelligen Operatoren $\mathrm{S}\varphi\psi$ (z. B. ›seit er den Unfall hatte, hinkt er‹) und $\mathrm{U}\varphi\psi$ (z. B. ›bis die Regenzeit beginnt, gedeiht hier nichts‹):

$$M, t \models \mathrm{S}\varphi\psi \leftrightharpoons M, s \models \varphi \text{ für irgendein } s \text{ mit } s < t \text{ und}$$
$$M, r \models \psi \text{ für alle } r \text{ mit } s < r < t;$$
$$M, t \models \mathrm{U}\varphi\psi \leftrightharpoons M, s \models \varphi \text{ für irgendein } s \text{ mit } t < s \text{ und}$$
$$M, r \models \psi \text{ für alle } r \text{ mit } t < r < s.$$

In einer auf diesen Operatoren aufgebauten Sprache sind die Priorschen Operatoren definierbar:

$$\mathbf{P}p \leftrightharpoons \mathrm{S}p(p \vee \neg p), \quad \mathbf{F}p \leftrightharpoons \mathrm{U}p(p \vee \neg p).$$

Mit den Kampschen Operatoren wird die t.e L. für die Modellprüfung nutzbar, bei der nicht realzeitliche Verhältnisse, sondern Abfolgen von Programmzuständen auf das Vorhandensein wichtiger Eigenschaften untersucht werden: Für eine (meist temporallogische) Formel φ, die Aussagen über das Verhalten des Systems macht, und eine Systembeschreibung (Programm, endlicher Automat, Transitionssystem) M ist die Frage nach $M \models \varphi$ oder $M \not\models \varphi$ zu beantworten. Man unterscheidet zwischen ›Sicherheitseigenschaften‹, die Aussagen machen über die Unmöglichkeit gefährlicher bzw. unerwünschter Eigenschaften, und ›Lebendigkeitseigenschaften‹ (diese stellen fest, daß Eigenschaften irgendwann gelten). Verwendung finden hier Kalküle wie LTL (*linear temporal logic*), CTL* bzw. als Teilmenge davon CTL (*computation tree logic*) und der modale μ-Kalkül (und verwandte Systeme, z. B. Hennessy-Milner Logic, Inter-

val Temporal Logic). LTL und CTL* verwenden einstellige und zweistellige lineare Operatoren:

$\mathbf{X}p$: der nächste Folgezustand erfüllt p (›$\mathbf{X}$‹ kommt von
›neXt‹);

$\mathbf{F}p$: irgendein Folgezustand erfüllt p;

$\mathbf{G}p$: dieser und alle Folgezustände erfüllen p;

$\mathbf{U}pq$: p gilt mindestens bis zu dem Folgezustand, der q
erfüllt; q gilt jetzt oder tritt in Zukunft ein (›$\mathbf{U}$‹ steht für
›until‹);

$\mathbf{R}pq$: q gilt bis zu und an dem Punkt, an dem p erstmals
erfüllt ist; sollte p nicht eintreten, gilt q für immer (›$\mathbf{R}$‹
steht für ›release‹).

CTL erlaubt auch Verzweigungen; hier wird zusätzlich
mit Pfadquantoren über die temporalen Operatoren
quantifiziert, also z. B.

$\mathbf{EX}p$: in mindestens einem unmittelbaren Folgezustand
gilt p,

$\mathbf{AX}p$: in jedem unmittelbaren Folgezustand gilt p.

CTL entsteht aus CTL* durch Restriktion auf das ver-
zweigende Fragment. Die wohl größte Ausdrucksstärke
hat der modale μ-Kalkül. Er basiert auf der Tatsache,
daß temporale Operatoren immer als ↑Fixpunkte mo-
notoner Funktionen über die Potenzmenge der Zustände im CTL-Modell dargestellt werden können. Möglich
ist also eine Logik zur expliziten Berechnung des Fix-
punkts.

Die t. L. der modallogischen Tradition entspricht der
von J. M. E. McTaggart so genannten ›A series‹, die die
Zeit in Vergangenheit, Gegenwart und Zukunft ein-
teilt. Seine ›B series‹ dagegen kennt keine Gegenwart,
sondern nur die zeitlos gültigen Relationen ›früher als‹
und ›später als‹. Dieser ›B series‹ verwandt sind Versuche, zur Erfassung temporaler Verhältnisse die Relation
< (›früher als‹) einzuführen und die Stelligkeit der Prä-
dikate um ein Zeitargument zu erweitern: lieben (x, y)
wird zu lieben (x, y, t). Darauf bauen die Constraint-
basierten Kalküle des temporalen Schließens auf, die in
der Künstlichen Intelligenz (↑Intelligenz, künstliche) zur
Modellierung der impliziten Annahmen beim menschlichen Argumentieren über zeitliche Abläufe Verwendung
finden. Es gibt eine Vielzahl solcher Systeme (z.B. La-
TeR, TimEx, TMM), aber letztlich gehen sie alle auf die
Intervall-Algebra von J. F. Allen (1983) bzw. auf die
punktbasierte Alternative von McDermott zurück. Allen
unterscheidet 13 mögliche Beziehungen zwischen zwei
Intervallen X und Y: X ist früher als Y, X grenzt an Y an,
X überlappt Y, X ist ein Anfangsintervall von Y, X enthält
Y, X ist ein Endintervall von Y, sowie jeweils die Umkehrungen dieser Beziehungen, und schließlich: X und Y
sind gleich.

Mittels Intervallen können auch die von Z. Vendler
(1967) eingeführten Aspektklassen (*state, activity, ac-
complishment, achievement*) charakterisiert werden: Ist
eine Proposition an jedem Teilintervall ihres Wahrheitsintervalls wahr, spricht man von einem (homogenen)
Zustand (›Fritz schläft‹); ist eine Proposition jedoch
an keinem der Teilintervalle ihres Wahrheitsintervalls
wahr, liegt ein (inhomogenes) *Ereignis* vor (*accomplish-
ment,* ›Fritz baut ein Haus‹). Zustände und Ereignisse
werden dann gern reifiziert, sei es als *token* (↑type and
token) bei D. Davidson (der das Zeitargument des Prädikats durch ein Ereignisargument ersetzt, um durch die
logische Form

$$\bigvee_e [\text{treffen}(\text{Fritz, Maria, } e) \wedge \text{Ort}(e, \text{Konstanz}) \wedge \text{Zeit}(e, \text{Sonntag})]$$

den Schluß von ›Fritz trifft Maria am Sonntag in Konstanz‹ auf ›Fritz trifft Maria am Sonntag‹ zu einer Instanz
von $\wedge$-Reduktion zu machen), sei es als *type* bei Allen
(der die Prädikate *holds* und *occurs* einführt, um das
Bestehen eines Zustandes an einem Intervall vom Stattfinden eines Ereignisses an einem Intervall zu unterscheiden).

Der erststufige Ansatz kann durch eine ausgezeichnete
Konstante n (›jetzt‹) erweitert werden, um damit auch
die Operatoren der Priorschen Temporallogik zu definieren:

$$\mathbf{P}p \coloneqq \bigvee_t (t < \text{n} \wedge p(t)),$$
$$\mathbf{F}p \coloneqq \bigvee_t (\text{n} < t \wedge p(t)),$$
$$\mathbf{H}p \coloneqq \bigwedge_t (t < \text{n} \rightarrow p(t)),$$
$$\mathbf{G}p \coloneqq \bigwedge_t (\text{n} < t \rightarrow p(t)).$$

Aus der Priorschen Konstruktion von Zeitpunkten als
Konjunktionen der an ihnen wahren Propositionen ergibt sich die Möglichkeit einer so genannten *hybriden
Logik* mit ›Punktpropositionen‹ (d. h. Propositionen,
mit denen auf bestimmte Punkte im Modell referiert
werden kann), *nominals* genannt, als Erweiterung der
Modallogik. Während die klassische t. L. nur indefinite
Operatoren kennt (z. B. $\mathbf{F}A$ ist wahr genau dann, wenn A
zu *irgendeiner* zukünftigen Zeit wahr ist), lassen sich in
der hybriden t.n L. auch definite Operatoren definieren:
$@_i \varphi$ ist an beliebigen Punkten eines Modells genau dann
wahr, wenn φ an dem von i benannten Punkt wahr ist.
Der Operator $@_i$ wird auch ›Erfüllungsoperator‹ genannt, da er die Erfüllungsrelation in die Objektsprache
verlegt. Auch quantorenlogische Systeme sind möglich,
wenn man *nominals* nicht als Konstante, sondern als
Variable für bestimmte Zustände versteht (wobei allerdings für viele Anwendungen der Quantor $\wedge$ zu stark ist
und durch einen lokal wirkenden Binder ↓ ersetzt wird,
der an den aktuellen Punkt bindet).

Literatur: J. F. Allen, Maintaining Knowledge about Temporal Intervals, Communications of the ACM (1983), 832–843; C. Areces/B. ten Cate, Hybrid Logics, in: P. Blackburn/F. Wolter/ J. van Benthem (eds.), Handbook of Modal Logics, Amsterdam/ Oxford 2007, 861–868; R. Bäuerle, Tempus, Zeitreferenz und t. L.. Eine Bibliographie 1940–1976, Linguist. Ber. 49 (1977), 85–105; J. van Benthem, The Logic of Time. A Model-Theoretic Investigation into the Varieties of Temporal Ontology and Temporal Discourse, Dordrecht 1983, ²1991; ders., Temporal Logic, in: D. M. Gabbay/C. J. Hogger/J. A. Robinson (eds.), Handbook of Logic in Artificial Intelligence and Logic Programming IV, Oxford 1995, 241–350; J. E. Clifford, Tense and Tense Logic, The Hague/Paris 1975, 1980; N. B. Cocchiarella, Tense Logic. A Study of Temporal Reference, Diss. Univ. of Calif. Los Angeles 1966; M. Fisher/D. Gabbay/L. Vila, Handbook of Temporal Reasoning in Artificial Intelligence, Amsterdam etc. 2005; D. M. Gabbay, Investigations in Modal and Tense Logics with Applications to Problems in Philosophy and Linguistics, Dordrecht/Boston Mass. 1976; ders. u. a. (eds.), Temporal Logic. Mathematical Foundations and Computational Aspects, I–II, I Oxford 1994, II Oxford/New York 2000, 2003; A. Galton (ed.), Temporal Logic, SEP 2004; R. Goldblatt, Logics of Time and Computation, Menlo Park Calif. etc. 1987, ²1992; H. Kamp, Formal Properties of ›Now‹, Theoria 37 (1971), 227–273; J. A. W. Kamp, Tense Logic and the Theory of Linear Order, Diss. Univ. of Calif. Los Angeles 1968; Z. Manna/A. Pnueli, The Temporal Logic of Reactive and Concurrent Systems, Berlin etc. 1992; R. P. McArthur, Tense Logic, Dordrecht/Boston Mass. 1976; J. M. E. McTaggart, The Unreality of Time, Mind 17 (1908), 456–474; P. Øhrstrøm/P. Hasle, Temporal Logic. From Ancient Ideas to Artificial Intelligence, Dordrecht etc. 1995; B. Partee, Nominal and Temporal Anaphora, Linguistics and Philos. 7 (1984), 243–286; A. N. Prior, Time and Modality. Being the John Locke Lectures for 1955–56 Delivered in the University of Oxford, Oxford 1957, 1968; ders., Past, Present and Future, Oxford 1967, 2002; ders., Papers on Time and Tense, Oxford 1968, ed. P. Hasle, ²2003; N. Rescher/A. Urquhart, Temporal Logic, Wien/New York 1971; Z. Vendler, Linguistics in Philosophy, Ithaca N. Y. 1967, 1979; F. Vlach, ›Now‹ and ›Then‹. A Formal Study in the Logic of Tense Anaphora, Diss. Univ. of Calif. Los Angeles 1973. R. B.

Logik, topologische (engl. topological logic, franz. logique topologique), (1) in der von J. W. Garson und N. Rescher begründeten Begriffstradition Bezeichnung für einen Zweig der formalen Logik (↑Logik, formale), der als ›Positionslogik‹ ↑Wahrheitswerte von Sätzen in Abhängigkeit von Gebrauchskontexten (↑Kontext) behandelt. Grundlegend dafür ist die Unterscheidung zwischen definiten (↑definit/Definitheit) und indefiniten (↑indefinit/Indefinitheit) Sätzen: ›es schneit in Konstanz‹ ist ein örtlich definiter Satz, dessen Wahrheitswert nicht vom Äußerungsort abhängig ist, der aber den örtlich indefiniten Satz ›es schneit‹ enthält. Beide Sätze wiederum sind temporal indefinit, d. h. in ihrem Wahrheitswert vom Äußerungszeitpunkt abhängig. Die t. L. ist in diesem Sinne eine Logik der indefiniten Sätze, die als Funktionen von Kontexten in Wahrheitswerte aufgefaßt werden. Zur ↑Junktorenlogik werden ein indizierter ↑Operator **T** und eine Menge X von Indexvariablen

(eventuell auch ↑Konstanten) hinzugefügt. ›$\mathbf{T}_x A$‹ ist zu lesen als ›es ist an Position x der Fall, daß A‹. Ohne das Vorkommen indefiniter Sätze wäre der Operator **T** überflüssig, da für definites, nicht kontextabhängiges A (z. B. $2 + 2 = 4$) gilt, daß $\mathbf{T}_x A \leftrightarrow A$. Die Indexvariablen können für Zeiten, Individuen, Raumpunkte, mögliche Welten etc. stehen. Die t. L. reflektiert also die allgemeinen Charakteristika spezieller Positionslogiken wie z. B. der temporalen Logik (↑Logik, temporale) oder der Mögliche-Welten-Interpretation der Modallogik (↑Semantik, intensionale, ↑Kripke-Semantik, ↑gültig/Gültigkeit). Sei P die Menge der ↑Aussagenvariablen, dann ist die Menge F der ↑Formeln der t.n L. die kleinste Menge derart, daß (*a*) $P \subseteq F$ und (*b*) wenn $A \in F$ und $B \in F$, dann sind auch $\neg A, (A \to B), (A \wedge B), (A \vee B), (A \leftrightarrow B)$ und $\mathbf{T}_x A$ sowie (wenn ↑Quantifikation über Indexvariablen zugelassen wird) $\bigwedge_x A, \bigvee_x A$ Elemente in F. – Bei der Bewertung (↑Bewertung (logisch)) der Indexvariablen ist analog zwischen definiter und indefiniter Indizierung zu unterscheiden. Eine Indizierung ist definit, wenn (wie bei Datumsangaben) jeder Variablen ein bestimmtes Element der Kontextmenge K zugeordnet wird. Kommen auch indefinite Indizierungen vor (z. B. durch Adverbien wie ›gestern‹), ist der semantische Wert des Index eine ↑Funktion von Kontexten in Kontexte. Definite Indizes werden hier als konstante Funktionen wiedergegeben.

Ein ↑*Modell M* für die t. L. ist ein geordnetes Paar $\langle K, V \rangle$, wo K eine nicht-leere Menge von Kontexten ist und V eine Interpretationsfunktion, die geordneten Paaren (↑Paar, geordnetes) aus Elementen von K und P Wahrheitswerte zuweist: $K \times P \to \{ \curlywedge, \curlyvee \}$. Die Variablenbewertung m sei eine Funktion $K \times X \to K$. Die ↑Wahrheitsbedingungen einer Formel A im Modell M unter der Variablenbewertung m am Kontext k sind dann definiert durch

(1) $\models_k^{M,m} p_i \leftrightharpoons V(k, p_i) = \curlyvee$, wenn A eine Aussagenvariable $p_i \in P$ ist;

(2) $\models_k^{M,m} \neg A$ genau dann, wenn nicht $\models_k^{M,m} A$;

(3) $\models_k^{M,m} (A \wedge B)$ genau dann, wenn $\models_k^{M,m} A$ und $\models_k^{M,m} B$;

usw. für die anderen Junktoren;

(4) $\models_k^{M,m} \mathbf{T}_x A$ genau dann, wenn $\models_{m(k,x)}^{M,m} A$;

(5) $\models_k^{M,m} \bigwedge_x A$ genau dann, wenn $\models_k^{M,n} A$ für alle Variablenbewertungen n, die sich von m höchstens an der Stelle $\langle k, x \rangle$ unterscheiden;

analog für den Existenzquantor.

Die *Axiomatisierungen* (↑System, axiomatisches) verschiedener Systeme der t.n L. basieren auf der Regel

$$\vdash A \Rightarrow \vdash \mathbf{T}_x A$$

und den Distributivitätsaxiomen

(A1) $\neg T_x A \leftrightarrow T_x \neg A$,
(A2) $T_x(A \rightarrow B) \leftrightarrow (T_x A \rightarrow T_x B)$,
(A3) $\bigwedge_x T_y A \leftrightarrow T_y \bigvee_x A$, wenn $x \neq y$,

sowie weiteren Annahmen, etwa über die Iteration von Operatoren, z. B.

(A4) $T_x A \leftrightarrow T_y T_x A$,

oder über die Relation von T-qualifizierten zu nicht T-qualifizierten Formeln, z. B.

(A5) $\bigvee_x (T_x A \leftrightarrow A)$.

(2) Die klassische ↑Kripke-Semantik der ↑Modallogik beruht auf einer Menge W von ›möglichen Welten‹ (↑Welt, mögliche) und einer ›Zugänglichkeitsrelation‹ R, die für jede Welt w die von w aus ›zugänglichen‹ Welten festlegt. Diese diskrete Festlegung kann in einer ↑Topologie über W durch den Begriff der relativen Nähe verfeinert werden. Ein erster Schritt ist die Erweiterung der der ↑Junktorenlogik korrespondierenden ↑Booleschen Algebra um einen monadischen Operator, von dessen Eigenschaften es abhängt, welchem System der Modallogik die Algebra entspricht. In ihrer Untersuchung des Systems S4 deuten J. C. C. McKinsey und A. Tarski dazu in einem zweiten Schritt die modalen Operatoren $\triangle$ (›notwendig[erweise]‹, auch □) und $\triangledown$ (›möglich[erweise]‹, auch ◇) als topologischen Kern- bzw. Hüllenoperator und erhalten damit eine topologische Boolesche Algebra. Als *dynamische* t. L.en bezeichnet man die Verbindung von topologischer und temporaler Modallogik zu einer Logik dynamischer Systeme.
(3) C. G. Hempel führt den Begriff ›t. L.‹ für eine Logik ein, der ein vergleichender oder topologischer ↑Wahrheitsbegriff zugrundeliegt. Während Systeme der metrischen Logik (s. (4); ↑Logik, metrische) von der Annahme einer bestimmten (endlichen oder unendlichen) Anzahl verschiedener numerischer Wahrheitswerte ausgehen (↑Logik, mehrwertige), beruht die t. L. auf der schwächeren Annahme, daß gewisse Satzmengen eine ›rein topologische Reihenordnung‹ (Hempel) oder eine ›geordnete Quasireihe‹ (H. Wessel), die ›Wahrheitsreihe‹, bilden. Diese wird determiniert durch eine zweistellige ↑Äquivalenzrelation G (›gleichwahr‹) und die transitive (↑transitiv/Transitivität) und irreflexive (↑reflexiv/Reflexivität) Relation W (›weniger wahr‹). Für beliebige Sätze p und q aus der jeweiligen Satzmenge gilt das Prinzip der ↑Trichotomie: entweder pGq oder pWq oder pMq (wobei pMq, in Worten: ›p ist mehr wahr als q‹, definiert ist als qWp). Mit anderen Worten: Der topologische Wahrheitswert des geordneten Paares $\langle p, q \rangle$ ist

entweder G oder W oder M. Im Unterschied zur metrischen Logik kann die t. L. also nicht den absoluten Wahrheitswert eines Satzes angeben, sondern nur die relative Position zweier Sätze in der Wahrheitsreihe. Je ›höher‹ die Position eines Satzes in der Wahrheitsreihe ist, desto ›niedriger‹ ist die seiner Negation. Die topologische ↑Wahrheitstafel für die Negation ist also

$\langle p, q \rangle$	$\langle \neg p, \neg q \rangle$
W	M
G	G
M	W

Ist die relative Position zweier Satzpaare $\langle p, q \rangle$ und $\langle r, s \rangle$ gegeben, so kann die relative Position von $(p \wedge q)$ bezüglich $(r \wedge s)$ ermittelt werden (ebenso für die anderen ↑Junktoren), also der topologische Wahrheitswert von $\langle (p \wedge q), (r \wedge s) \rangle$. Die Anzahl der verschiedenen möglichen Positionen von $\langle p, q \rangle$ bezüglich $\langle r, s \rangle$ ist gleich der Zahl der möglichen Anordnungen von p, q, r und s auf der Wahrheitsreihe. Jede dieser Anordnungen ist determiniert durch die topologischen Wahrheitswerte der Satzpaare $\langle p, q \rangle$, $\langle r, s \rangle$, $\langle p, r \rangle$, $\langle q, s \rangle$, $\langle p, s \rangle$ und $\langle r, q \rangle$. Nur 75 von den $3^6 = 729$ formal möglichen verschiedenen ↑Belegungen dieser Satzpaare mit den Werten M, W und G erfüllen die Eigenschaften der Relationen W und G. Die Wahrheitstabelle für einen zweistelligen Junktor hat also 75 Zeilen. Nehmen z. B. alle sechs Satzpaare den Wert W an, was einer Anordnung

$$\dots p \dots r \dots q \dots s \dots$$

entspricht, und nimmt man (wie Hempel) die semantischen Definitionen der unendlichwertigen Logik von J. Łukasiewicz als Grundlage, so ergibt sich:

$\langle (p \wedge q), (r \wedge s) \rangle$	$\langle (p \vee q), (r \vee s) \rangle$	$\langle (p \rightarrow q), (r \rightarrow s) \rangle$
W	W	G

Łukasiewicz definiert den Wahrheitswert von $(p \wedge q)$ (in Zeichen: $\mathrm{Tr}(p \wedge q)$) durch

$$\mathrm{Tr}(p \wedge q) =: \begin{cases} \mathrm{Tr}(p), & \text{wenn } \mathrm{Tr}(p) \leq \mathrm{Tr}(q) \\ \mathrm{Tr}(q), & \text{in den übrigen Fällen} \end{cases}$$

in den übrigen Fällen. Im Beispiel ist also $\mathrm{Tr}(p \wedge q)$ wegen pWq gleich $\mathrm{Tr}(p)$; ebenso ist $\mathrm{Tr}(r \wedge s)$ wegen rWs gleich $\mathrm{Tr}(r)$. Nun gilt aber auch pWr, woraus schließlich $(p \wedge q)W(r \wedge s)$ resultiert. Allerdings läßt sich auf diese Weise in sechs Fällen bei der ↑Implikation und in 24 Fällen bei der ↑Äquivalenz kein Ergebnis ermitteln. – Da das System keinen ausgezeichneten Wahrheitswert (↑Matrix, logische) aufweist, läßt sich aus den Wahrheitstafeln nicht ablesen, welche Formeln

↑Tautologien der t.n L. sind. Dazu verwendet Hempel einen ↑Kalkül, der als ↑Metasprache zu den Wahrheitstafeln die logischen Eigenschaften der topologischen Wahrheitswerte beschreibt.

(4) *Dreiwertige Topologische Logik* oder *Möglichkeitslogik* nennt H. Reichenbach ein System, dessen Wahrheitswerte (›möglich‹, ›notwendig‹, ›unmöglich‹) nicht alle als ↑Wahrscheinlichkeiten im Sinne der Häufigkeitsdeutung aufgefaßt werden können. Systeme, die eine solche Auffassung zulassen, werden als ›metrische Systeme‹ bezeichnet.

Literatur: (zu (1)) W. Garson, The Logics of Space and Time, Diss. Pittsburgh Pa. 1969; ders., Two New Interpretations of Modality, Log. anal. NS 15 (1972), 443–459; ders., Indefinite Topological Logic, J. Philos. Log. 2 (1973), 102–118; ders., The Completeness of an Intensional Logic. Definite Topological Logic, Notre Dame J. Formal Logic 14 (1973), 175–184; ders., The Substitution Interpretation in Topological Logic, J. Philos. Log. 3 (1974), 109–132; ders., Free Topological Logic, Log. anal. NS 22 (1979), 453–475; ders., The Unaxiomatizability of a Quantified Intensional Logic, J. Philos. Log. 9 (1980), 59–72; B. Heinemann, Topological Modal Logics Satisfying Finite Chain Conditions, Notre Dame J. Formal Logic 39 (1998), 406–421; B. Konev u.a., On Dynamic Topological and Metric Logics, Stud. Log. 84 (2006), 129–160; A. Kudinov, Topological Modal Logic of ℝ with Inequality, Russian Math. Surveys 63 (2008), 163–165; M. Nogin/A. Nogin, On Dynamic Topological Logic of the Real Line, J. Log. and Computation 18 (2008), 1029–1045; N. Rescher/W. Garson, Topological Logic, J. Symb. Log. 33 (1968), 537–548, ferner in: N. Rescher, Topics in Philosophical Logic, Dordrecht 1968, 229–244. – (zu (2)) S. Awodey/S. Kishida, Topology and Modality. The Topological Interpretation of First-Order Modal Logic, Rev. Symb. Log. 1 (2008), 146–166; J. C. C. McKinsey, A Solution of the Decision Problem for the Lewis Systems S2 and S4, with an Application to Topology, J. Symb. Log. 6 (1941), 117–134; ders./A. Tarski, The Algebra of Topology, Ann. Math. 45 (1944), 141–191; D. Kozen, On the Duality of Dynamic Algebras and Kripke Models, in: E. Engeler (ed.), Logic of Programs, Berlin/Heidelberg/New York 1981, 1–11; P. Kremer/G. Mints, Dynamic Topological Logic, Bull. Symb. Log. 3 (1997), 371–372; dies., Dynamic Topological Logic, Ann. Pure and Appl. Log. 131 (2005), 133–158. – (zu (3)) C. G. Hempel, A Purely Topological Form of Non-Aristotelian Logic, J. Symb. Log. 2 (1937), 97–112; H. Wessel, Sravnitel'noe ponjatie istiny i topologičeskaja logika Gempelja [= Hempel], Materialy k simpoziumu po logike nauki, Kiew 1966; ders., Logičeskij aspekt teorii absoljutnoj i otnositel'noj istiny, Voprosy filosofii 21/8 (1967), 56–64; ders., O topologičeskoj logike, Neklassičeskaja logika, Moskau 1970; ders., Topologičeskie logiki i ich interpretacii, Voprosy filosofii 25/1 (1971), 67–74; ders., Probleme t.r L.en, in: ders. (ed.), Quantoren – Modalitäten – Paradoxien. Beiträge zur Logik, Berlin (Ost) 1972, 279–298. – (zu (4)) H. Reichenbach, Wahrscheinlichkeitslehre. Eine Untersuchung über die logischen und mathematischen Grundlagen der Wahrscheinlichkeitsrechnung, Leiden 1935, 383–387 (§ 74 Die Werttafeln anderer mehrwertiger Logiken). R. B.

Logik, traditionelle, Terminus der Logikgeschichte. (1) Im weiteren Sinne Bezeichnung für alle von den modernen formalen (›mathematischen‹) Logik (↑Logik, for-

male) verschiedenen Gestalten der abendländischen Logik. Hierzu gehören: 1. die vor allem von Aristoteles, der Stoa (↑Logik, stoische) und auch den ↑Megarikern repräsentierte *antike Logik* (↑Logik, antike); 2. die *Logik des Mittelalters* (↑Logik, mittelalterliche) einschließlich der auf Aristoteles aufbauenden *arabischen Logik* (↑Logik, arabische); 3. die verschiedenen (teilweise mit dem 15. Jh. beginnenden) *logischen Schulen des 16. und frühen 17. Jhs.*, nach W. Risse (1964/1970) eingeteilt in: (a) die rhetorische, am Denk- und Sprachstil M. T. Ciceros orientierte Logik der Humanisten (z. B. R. Agricola, J. C. Sturm, L. Valla, J. L. Vives), (b) die Logik P. Melanchthons und des ihm folgenden Protestantismus, die theologisch-orthodoxe Lehrinhalte mit einem die ciceronisch-rhetorische Darstellungsweise dominierenden aristotelischen begrifflichen Aufbau verbindet (bis etwa 1600), (c) der ↑Ramismus, (d) die besonders im Italien des 16. Jhs. auftretenden Logiker, die eine theologie- und metaphysikfreie Wiederherstellung der Logik durch Rückgang auf das Aristotelische ↑Organon forderten, teils unter Einbeziehung griechischer Kommentatoren, insbes. Alexanders von Aphrodisias (›Altaristoteliker‹, z. B. A. Nifo, J. Zabarella), teils unter Rückgriff auf Averroës (A. Zimara, J. Acontius) und den ↑Averroismus (›Averroisten‹), (e) die vor allem in Spanien und Portugal fortwirkenden Schulen der scholastischen Logik (P. da Fonseca, Juan de Santo Tomás, D. de Soto, F. Suárez), (f) die mit B. Keckermann einsetzende eklektische (↑Eklektizismus), systematisch orientierte Schullogik des 17. Jhs., die sich vor allem am Aristotelischen Organon orientiert und bei J. Jungius ihren Abschluß findet (ihr werden ferner z. B. R. Goclenius, C. Timpler, J. H. Alsted zugerechnet, in Oxford übernimmt sie Teile des Ramismus, der Logik Zabarellas und der scholastischen Logik und verdrängt die humanistische Logik), (g) die an R. Lullus anknüpfende Tradition (›Lullismus‹), die auf spekulativ-mystischem, kombinatorischem (↑Kombinatorik) Hintergrund mittels zum Teil alchemistischer (↑Alchemie) und kabbalistischer (↑Kabbala) Wort- und Zahlenspielereien eine ↑Mathematisierung der Wissenschaft anstrebt (z. B. Agrippa von Nettesheim, G. Bruno, A. Kircher) – in diesen Zusammenhang gehören auch Projekte einer ↑lingua universalis. – 4. Die *Logik des 17. und 18. Jhs.*, in ihrer Entstehung gekennzeichnet durch das aufklärerische Bestreben nach vernunftgeleiteter Unabhängigkeit von Schulen und Autoritäten, wendet sich von Aristoteles ab. Hier lassen sich unterscheiden: (a) Der ↑Rationalismus R. Descartes' und des ↑Cartesianismus, die die Logik primär als Erkenntnismethode auffassen; dieser Ansatz findet in der Logik von A. Geulincx und in der Logik von Port-Royal (↑Port-Royal, Schule von) seinen Höhepunkt. (b) Die durch die von M. Mersenne proklamierte Beweismethode ↑more geometrico geförderte Verbindung von Logik und mathematischer Methode (z. B. H. Fabri, J. H. Lambert, B. Pascal, G. Saccheri, E. W. v. Tschirnhaus [↑medicina mentis]), die in der Logik von G. W. Leibniz kulminiert. Ferner: (c) die logischen Überlegungen des englischen ↑Empirismus; (d) Ausläufer der scholastischen Logik sowie (e) die (unbedeutend eklektische) aristotelische Schullogik; (f) die Logik der deutschen und französischen ↑Aufklärung (z. B. P. Bayle, É. B. de Condillac, J. C. Lange, C. Wolff). – 5. Die sich in verschiedene Richtungen (z. B. ↑Psychologismus) entwikkelnde *Logik des 19. Jhs.*. Dabei ist die ↑Algebra der Logik jedoch bereits als eine Gestalt der mathematischen Logik (↑Logik, mathematische) auszugrenzen, auch wenn sie in ihrer Verknüpfung von Algebra und Logik den Rahmen der t.n L. in Richtung auf eine Quantifikationstheorie noch nicht überschreitet. Hervorragende Lehrbücher sind: B. Erdmann, Logik, Halle 1892, ³1923; J. N. Keynes, Studies and Exercises in Formal Logic, London 1884, ⁴1906, 2007; T. Ziehen, Lehrbuch der Logik auf positivistischer Grundlage mit Berücksichtigung der Geschichte der Logik, Bonn 1920 (repr. Berlin/New York 1974).

(2) Im *engeren Sinne* bezeichnet ›t. L.‹ die Gestalten der ↑Logik, gegen die sich die mit G. Freges »Begriffsschrift« (1879) beginnende moderne formale Logik abhebt. Dies ist im wesentlichen die Logik des 19. Jhs.. Deren Grundzüge sind unter anderem: (a) Festhalten an der grammatischen Subjekt-Objekt-Struktur von ↑Aussagen (›Urteilen‹) und, damit verbunden, (b) deren syllogistischer Form (↑Syllogistik) und (c) ihr Selbstverständnis als Begriffs-, Urteils- und Schlußtheorie. – Die gelegentlich mit dem *historischen* Terminus ›t. L.‹ synonym verwendete Bezeichnung ›klassische Logik‹ sollte als *systematischer* Terminus auf die so benannte Teiltheorie der modernen formalen Logik beschränkt bleiben (↑Logik, klassische).

Literatur: I. Angelelli, Studies on Gottlob Frege and Traditional Philosophy, Dordrecht 1967 (franz. Études sur Frege et la philosophie traditionelle, Paris 2007); ders./M. Cerezo (eds.), Studies on the History of Logic. Proceedings of the III. Symposium on the History of Logic, Berlin/New York 1996; E. J. Ashworth, Language and Logic in the Post-Medieval Period, Dordrecht/Boston Mass. 1974; J. M. Bocheński, Formale Logik, Freiburg/München 1956, ²1962, 2002; A. Dumitriu, History of Logic, I–IV, Tunbridge Wells 1977; L. A. Hickman, Modern Theories of Higher Level Predicates. Second Intentions in the Neuzeit, München 1980; W. S. Howell, Logic and Rhetoric in England 1500–1700, Princeton N. J. 1956 (repr. unter dem Titel: The History of Logic and Rhetoric in Britain 1500–1800 I [Logic and Rhetoric in England, 1500–1700], Bristol/Sterling Va. 1999); ders., Eighteenth-Century British Logic and Rhetoric, Princeton N. J. 1971 (repr. unter dem Titel: The History of Logic and Rhetoric in Britain 1500–1800 II [Eighteenth Century British Logic and Rhetoric], Bristol/Sterling Va. 1999); J. v. Kempski, Logik, philosophische, in der Neuzeit, Hist. Wb. Ph. V (1980), 452–461; W. Kneale/M. Kneale, The Development of Logic,

Oxford 1962, 1991; N. I. Kondakow, L., t., WbL (1983), 291–306; J. Lounela, Die Logik im XVII. Jahrhundert in Finnland, Helsinki 1978; I. Max (ed.), T. und moderne L., Leipzig 2003; K. Petrus, Genese und Analyse. Logik, Rhetorik und Hermeneutik im 17. und 18. Jahrhundert, Berlin/New York 1997; A. N. Prior, Logic, traditional, Enc. Ph. V (1967), 34–45; W. Risse, Die Logik der Neuzeit, I–II, Stuttgart-Bad Cannstatt 1964/1970 (mit ausführlichen Textbeispielen); ders./K. Lorenz/ A. Angelelli, Logik I–IV, Hist. Wb. Ph. V (1980), 357–378; H. Scholz, Geschichte der Logik, Berlin 1931, unter dem Titel: Abriß der Geschichte der Logik, Freiburg/München ²1959, 1967 (engl. Concise History of Logic, New York 1961; franz. Esquisse d'une histoire e la logique, Paris 1968); W. Stelzner/L. Kreiser, T. und nichtklassische L., Paderborn 2004. – E. J. Ashworth, Some Additions to Risse's Bibliographia Logica, J. Hist. Philos. 12 (1974), 361–365; dies., The Tradition of Medieval Logic and Speculative Grammar from Anselm to the End of the Seventeenth Century. A Bibliography from 1836 Onwards, Toronto 1978; F. Pironet, The Tradition of Medieval Logic and Speculative Grammar. A Bibliography (1977–1994), Turnhout 1997; W. Risse, Bibliographia Logica, I–IV, Hildesheim/New York 1965–1979; H. Schueling, Bibliographie der im 17. Jahrhundert in Deutschland erschienenen logischen Schriften, Gießen 1963. G. W.

Logik, transzendentale (engl. transcendental logic, franz. logique transcendantale), von I. Kant eingeführter Terminus für eine »Wissenschaft des reinen Verstandes und Vernunfterkenntnisses, dadurch wir Gegenstände völlig a priori denken« (KrV B 81). Die t. L. bildet damit das Hauptstück der »Kritik der reinen Vernunft«, die zeigen soll, daß und wie einige grundlegende Leistungen des Erkenntnisvermögens die Möglichkeit wahrer bzw. verläßlicher Erkenntnis von ›gegebenen‹ bzw. sinnlich wahrnehmbaren Gegenständen sicherstellen. Im Rahmen der Kantischen Unterscheidung von ↑Sinnlichkeit und ↑Verstand als den beiden Teilen des Erkenntnisvermögens kommt der t.n L. dabei die Teilaufgabe zu, diejenigen Verstandesleistungen (die Bestimmung und Verwendung von Grundbegriffen, ↑›Kategorien‹, und die Aufstellung und Anwendung von Grundsätzen der Erfahrungsbildung) darzustellen, durch die eine empirische Gegenstandserkenntnis überhaupt ermöglicht wird. Da die t. L. so nicht die Möglichkeit bestimmter Erkenntnisse, sondern von (empirischer) Erkenntnis überhaupt erweisen soll, ist sie selbst eine Aufgabe und Leistung der (von aller empirischen Erkenntnis) ›reinen‹ ↑Vernunft und damit von allen Logiken zu unterscheiden, in denen es, wie in den besonderen Logiken, um die Erörterung z. B. besonderer Wissenschaften (Begriffe, Probleme, Ergebnisse, Methoden) oder, wie in der angewandten Logik, um die z. B. psychologischen Bedingungen für die Anwendung der ›reinen‹ Logik geht. Aber auch von der allgemeinen und reinen Logik ist die t. L. dadurch unterschieden, daß diese nicht wie jene ohne Ansehung der Gegenstände, auf die sich (richtiges) Denken richtet, die ›Gesetze‹ oder ›Regeln‹ dieses Denkens darstellt, sondern dieses Denken nur insofern betrachtet, als es sich auf die Gegenstände der Erkenntnis richtet und deren verläßliche Erkenntnis ermöglicht. Damit wird die t. L. im deutlichen Unterschied zur formalen Logik (↑Logik, formale) als (Haupt-)Teil der kritischen Erkenntnistheorie Kants bestimmt, durch die der »Umfang und die Grenzen des reinen Verstandes« geklärt werden sollen (KrV B 193, B 81–82).

Der andere Teil dieser kritischen Erkenntnistheorie wird der transzendentalen Ästhetik (↑Ästhetik, transzendentale) zugeordnet, die die Aufgabe hat, die Leistungen der Sinnlichkeit (des Anschauungsvermögens) zu untersuchen, die (empirische) Erkenntnis ermöglichen. Transzendentale Ästhetik und t. L. bilden zusammen die (transzendentale) ›Elementarlehre‹, die der ›transzendentalen Methodenlehre‹ als dem zweiten und deutlich nachgeordneten Teil der »Kritik der reinen Vernunft« gegenübersteht und in der die ›Elemente‹ der Vernunfterkenntnis zu erarbeiten und kritisch auf die Grenzen ihrer Anwendung hin zu prüfen sind: eben die (anschaulichen und begrifflichen) Möglichkeiten ›reiner‹ Vernunft zur Erkenntnis von (›gegebenen‹) Gegenständen überhaupt. Die t. L. selbst gliedert sich in die transzendentale Analytik (↑Analytik, transzendentale), in der die Grundbegriffe und Grundsätze, über deren Bildung der Verstand Erfahrungserkenntnis ermöglicht, untersucht werden, und in die transzendentale Dialektik (↑Dialektik, transzendentale), in der die Verwicklungen erklärt werden, in die die Vernunft bei ihrem Versuch gerät, auch dort – entsprechend den in der Analytik untersuchten Grundbegriffen – Erkenntnisse zu gewinnen, wo sie sich nicht mehr auf eine mögliche Erfahrung berufen kann.

Mit der Veränderung der grundlegenden Annahmen für eine ↑Erkenntnistheorie ändert sich in der Folgezeit auch die Rolle der t.n L.. J. G. Fichte ist dabei der einzige unter den unmittelbar an Kant anschließenden Nachfolgern, der eine t. L. im affirmativen Sinne entwickelt. Denken und Anschauung sind für Fichte zwar auch Teile des Wissens, aber auf andere Weise als bei Kant. Für Fichte besteht das Denken in der begrifflichen Explikation einer ursprünglichen ↑Anschauung, in der die Vernunft – nicht nur Sinnlichkeit – sich selbst, d. h. ihre eigenen Erkenntnisleistungen und Erkenntnismöglichkeiten, ursprünglich und vor diesem Denken vergegenwärtigen kann. Dem begrifflich explizierenden Denken kommt damit nicht mehr die Aufgabe zu, Erkenntnisse in ihrem ›Umfang‹ und in ihren ›Grenzen‹ abzustecken, d. h. kritisch zu legitimieren, sondern lediglich die Rolle einer erläuternden Klärung eines selbstgewissen Wissens, das auch ohne diese Klärung Gewißheit, wenn auch nicht allgemeine Verständlichkeit, beanspruchen könnte. Die t. L., die I. H. Fichte unter die ›Einleitungsvorlesungen‹ seines Vaters einordnet und unter dem

Titel »Über das Verhältnis der Logik zur Philosophie der t.n L.« herausgegeben hat, soll demnach die Erfordernisse und Möglichkeiten der begrifflichen Explikation der ursprünglichen Anschauung darstellen.

Wenn auch – vor allem im Umkreis des ↑Neukantianismus – in lockerem Anschluß an Kant immer wieder von einer t.n L. geredet wird, so hat sich doch keine einheitliche Tradition entwickelt, die der t.n L. einen eindeutigen, begrifflich durchgearbeiteten Sinn geben würde. Im Rahmen seiner transzendentalen ↑Phänomenologie versucht E. Husserl (Formale und t. L.. Versuch einer Kritik der logischen Vernunft, Halle 1929, ed. P. Janssen, Den Haag 1974, 1977 [Husserliana XVII]), die t. L. – zumindest programmatisch – wieder als Kernstück philosophischer Besinnung auszuarbeiten. Nach Husserl hat die t. L. die Aufgabe, als ›allgemeine Wissenschaftstheorie‹ (a.a.O., 182), als ›letzte Wissenschaftslehre‹, d.h. als »letzte, tiefste und universalste Prinzipien- und Normenlehre aller Wissenschaften« (a.a.O., 20), nicht nur die formale Logik, sondern auch die wissenschaftliche Gegenstands-, Begriffs-, Urteils- und Wissensbildung überhaupt in deren ›Zwecksinn‹ verständlich zu machen. Husserl wird dabei von dem Verständnis geleitet, daß sich in der – ›auf Vernunft angelegten‹ – theoretischen Tätigkeit, also der Wissensbildung, der »ins Unendliche fortarbeitenden Forschergemeinschaft« (a.a.O., 36) bestimmte ›theoretische Gebilde‹ – Husserl denkt dabei zunächst an Urteils- und Schlußformen – immer wieder ergeben, der wiederholenden Betrachtung ›standhalten‹ und als solche ›standhaltenden Gegenstände‹ die Beispiele für logische Begriffe oder, wie Husserl formuliert, »exemplarisch Substrate für ›Ideationen‹« werden (a.a.O., 44 f.). Die t. L. soll diese Herausbildung sich identisch durchhaltender ›Gegenstände‹, nämlich bestimmter Bewußtseins- und Sprachformen, kritisch wiederholen: als erforderlich für die Wissensbildung überhaupt und damit in ihrem theoretischen ›Zwecksinn‹ rechtfertigen und in ihrem vernünftigen, insbes. ihrem widerspruchsfreien, Zusammenhang überschaubar machen. Diese ›kritische Wiederholung‹, von Husserl als ›schöpferische Konstitution‹ (a.a.O., 188) verstanden, soll im begrifflichen und argumentativen Rahmen der transzendentalen Phänomenologie vollzogen werden und damit insbes. – im Unterschied zur formalen Logik – weniger Sprachformen als Bewußtseinsformen analysieren.

Literatur: R. Bittner, transzendental, Hb. ph. Grundbegriffe III (1974), 1524–1539; W. Bröcker, Formale, transzendentale und spekulative Logik, Frankfurt 1962; K. Hammacher u. a. (eds.), T. L., Amsterdam/Atlanta Ga. 1999 (Fichte-Stud. 15); G. Heffernan, Am Anfang war die Logik. Hermeneutische Abhandlungen zum Ansatz der formalen und t. L. von Edmund Husserl, Amsterdam 1988; ders., Isagoge in die phänomenologische Apophantik. Eine Einführung in die phänomenologische Urteilslogik durch die Auslegung des Textes der »Formalen und t.

L.«, Dordrecht/Norwell Mass. 1989; H. Krings, T. L., München 1964; ders., L., t., Hist. Wb. Ph. V (1980), 462–482; D. Lohmar, Edmund Husserls »Formale und t. L.«, Darmstadt 2000; W. Marx, T. L. als Wissenschaftstheorie. Systematisch-kritische Untersuchung zur philosophischen Grundlegungsproblematik in Cohens »Logik der reinen Erkenntnis«, Frankfurt 1977; B. Prien, Kants Logik der Begriffe. Die Begriffslehre der formalen und t.n L. Kants, Berlin 2006; H. Rickert, Zwei Wege der Erkenntnistheorie, Transscendentalpsychologie und Transscendentallogik, Würzburg 2002; P. Rohs, T. L., Meisenheim am Glan 1976; M. J. Vásquez, Die Logik und ihr Spiegelbild. Das Verhältnis von formaler und t.r L. in Kants philosophischer Entwicklung, Frankfurt etc. 1998; K. G. Zeidler, Grundriß der t.n L., Cuxhaven 1992, ²1997; weitere Literatur: ↑transzendental, ↑Transzendentalphilosophie. O. S.

Logik, 2. Stufe, ↑Prädikatenlogik.

Logik, zweiwertige (engl. two-valued logic), Bezeichnung solcher Logiken, die vom ↑Zweiwertigkeitsprinzip ausgehen, d. h. davon, daß jede Aussage entweder wahr (↑wahr/das Wahre) oder ↑falsch ist. Dies wird meist als das zentrale Kennzeichen der klassischen Logik (↑Logik, klassische) angesehen. Oft versteht man die z. L. im Unterschied zur mehrwertigen Logik (↑Logik, mehrwertige), nach der eine Aussage einen von mehr als zwei Wahrheitswerten annehmen kann, oder zu anderen nicht-klassischen Logiken (↑Logik, nicht-klassische). Das Zweiwertigkeitsprinzip war in der traditionellen Logik (↑Logik, traditionelle) in der Regel unbestritten, gelegentlich aber auch Diskussionsgegenstand, vor allem im Zusammenhang mit dem Problem der ↑Futurabilien. P. S.

Logikbegründung, Bezeichnung für das philosophische Programm, das Feld der ↑Logik auszuzeichnen und einen Bereich logischer Regeln hinsichtlich ihrer Geltung zu rechtfertigen. Zum Problem der *Auszeichnung* gehört vor allem, Kriterien dafür anzugeben, daß ein bestimmtes Zeichen (in der Regel ein Verknüpfungszeichen [↑Junktor] oder ein ↑Quantor) ein logisches Zeichen (↑Konstante, logische, ↑Partikel, logische) und nicht etwa ein bloß grammatisches Zeichen (↑Zeichen (semiotisch)) ist. Hier hat sich in der modernen Logik ein gewisser Standard herausgebildet, nach dem z. B. die Zeichen für ↑Negation (¬), ↑Konjunktion (∧), ↑Disjunktion (oder ↑Adjunktion; ∨) und ↑Implikation (oder ↑Subjunktion; →) sowie der ↑Allquantor (∀, ∧) und der Existenzquantor (oder ↑Einsquantor: ∃, ∨) als logische Zeichen anzusehen sind. Eine solche Aufzählung ist jedoch bei weitem nicht vollständig. Schon bei All- und Existenzquantor wird diskutiert, ob sie noch logische Zeichen sind, wenn sie nicht nur über Gegenstände, sondern auch über Eigenschaften quantifizieren, also Grundzeichen der Logik 2. Stufe (↑Stufenlogik) sind. Teilweise verwandt damit ist die Debatte, ob das

Zeichen für die ↑Identität (=) als logisches Zeichen aufzufassen ist. Daß andererseits die Konjunktion zum Kernbestand der logischen Zeichen gehört – aus heutiger Sicht eine Trivialität –, ist selbst eine Einsicht der modernen Logik seit G. Boole und G. Frege; in der traditionellen Logik (↑Logik, traditionelle), z. B. noch bei I. Kant, wurde sie im Gegensatz zur ↑Disjunktion (↑Urteil, disjunktives) in der Regel nicht als logischer ↑Operator gewertet.

Das Problem der ↑*Rechtfertigung* logischer Regeln besteht darin, ein bestimmtes logisches System als das ›richtige‹ oder ›kanonische‹ System des logischen Schließens (↑Schluß) zu legitimieren. Der Streit zwischen klassischer und konstruktiver L. (↑Logik, klassische, ↑Logik, konstruktive) kann darauf zurückgeführt werden, daß ungeachtet der Tatsache, daß dieselben Zeichen als logische Zeichen zählen, verschiedene logische Regeln für Aussagen, die diese Zeichen enthalten, als gültig angesehen werden. Z. B. gelten in der klassischen Logik uneingeschränkt die Prinzipien vom ausgeschlossenen Dritten (↑tertium non datur) $A \vee \neg A$ und der Beseitigung der doppelten Negation (↑duplex negatio affirmat) $\neg\neg A \rightarrow A$, während in der konstruktiven (oder intuitionistischen) Logik (↑Logik, konstruktive, ↑Intuitionismus, ↑Logik, intuitionistische) diese Gesetze nicht allgemeingültig sind (↑allgemeingültig/Allgemeingültigkeit). Ein Problem der L. wird diese Sachlage, sobald man davon ausgeht, daß es nur eine einzige richtige Logik geben kann, für die man dann argumentieren muß, und nicht etwa verschiedene Logiken etwa als formale Systeme (↑System, axiomatisches) für verschiedenartige Anwendungen. Neben der konstruktiven Logik, deren Konkurrenz mit der klassischen Logik die L. dominiert hat, sind auch die ↑Relevanzlogik, die ↑Logik des ›Entailment‹ und andere Varianten substruktureller Logiken (↑Logik, substrukturelle) als Alternativen zur klassischen Logik in Betracht gezogen worden.

Die Idee der L. geht mindestens auf Aristoteles zurück, der versuchte, ein System korrekter syllogistischer Schlußweisen aufzustellen (↑Syllogistik, ↑Aristotelische Logik). Der Aristotelische Rechtfertigungsversuch besteht im wesentlichen darin, die korrekten Syllogismen nach gewissen Prinzipien aus besonders elementaren Schlußfiguren, den vollkommenen Syllogismen (↑Syllogismus, vollkommener), herzuleiten, d. h., einen gewissen Kanon von Schlußweisen als elementar auszuzeichnen und alle weiteren zugelassenen Schlußweisen daraus zu gewinnen. Hier zeigt sich bereits das fundamentale Problem jeder L.: Da die Logik die Grundlage jeglichen Argumentierens um logisch zusammengesetzte Aussagen ist, müssen, um einen Bereich logischer Regeln hinsichtlich ihrer Geltung zu rechtfertigen, die für eine Rechtfertigung verwendeten Regeln, wenn dabei logische Zeichen auftreten, schon als gültig ausgezeichnet sein. Insofern kann es keine ↑Letztbegründung der Logik geben. Stattdessen versucht man, entweder das Rechtfertigungsproblem selbst noch einmal zu problematisieren (↑Philosophie der Logik) oder aber die Geltung logischer Regeln auf die Geltung besonders elementarer Prinzipien zu reduzieren, die sich unmittelbar einsehen lassen. Solche Prinzipien sind z. B. in der modernen Diskussion Annahmen über ↑Wahrheitsbedingungen (in der klassischen Logik) oder über konstruktive Verfahren (in der konstruktiven Logik; ↑Algorithmus, ↑Funktion).

Der Terminus ›L.‹ und seine programmatische Ausgestaltung geht auf P. Lorenzen zurück, der selbst zwei maßgebliche Ansätze zur L. vorgelegt hat. In der Operativen Logik (↑Logik, operative) sucht Lorenzen die Gesetze der Implikation als Zulässigkeitsbehauptungen (↑zulässig/Zulässigkeit) für beliebige ↑Kalküle zu begründen. Dem liegt die Idee zugrunde, daß das schematische Operieren mit Symbolen und die Generierung von Zeichenketten in Kalkülen aus sich heraus verständliche Fähigkeiten sind, in Bezug auf die Einsichten über die Zulässigkeit von Regeln in elementarer Weise gewonnen werden können. In der dialogischen Logik (↑Logik, dialogische) werden argumentative Diskurse besonders einfacher Form als Grundlage gewählt, für die die Verteidigbarkeit bestimmter komplexer ↑Aussagen unmittelbar einsichtig ist. Die Einbettung der L., insbes. der dialogischen Variante, in das Begründungsprogramm (↑Begründung) der ↑Erlanger Schule erweckte den Eindruck eines gewissen ↑Fundamentalismus (↑Fundamentalismus, begründungstheoretischer), der eine voraussetzungslose Rechtfertigung logischer Regeln im Auge habe. Auch wenn Lorenzen diesem Eindruck nicht explizit entgegengetreten ist, sollten seine Ansätze zur L. keinesfalls so verstanden werden. Vielmehr stellen sie eine Reduktion gewisser logischer Begriffe (z. B. des Begriffs der Allgemeingültigkeit) auf ›elementarere‹ Begriffe wie den der Zulässigkeit oder der Gewinnbarkeit in Spielen dar, wobei der elementare Charakter dieser Begriffe auch darin liegt, daß sie in einen pragmatischen Kontext, etwa den des Umgehens mit Regeln, eingebettet sind. Selbst K. R. Popper als profiliertester Gegner des Rechtfertigungsmodells der Erkenntnis, dessen Idee einer Widerlegungsrationalität (↑Rationalismus, kritischer) ein Gegenentwurf zu Begründungsprogrammen wie dem der Erlanger Schule ist, hat 1947–1949 versucht, eine Rechtfertigung logischer Regeln anzugeben, die als L. intendiert war.

Systematisch ist das Lorenzensche Begründungsprogramm für logische Regeln verwandt mit verschiedenartigen Ansätzen zur L. im Rahmen der auf L. E. J. Brouwer, A. Heyting und A. N. Kolmogorov zurückgehenden Interpretation (›BHK-Interpretation‹) der logischen Zeichen, in denen ausgehend von ›Begründungen‹, ›Konstruktionen‹ oder ›Beweisen‹ von atomaren ↑Formeln oder Aussagen insbes. die Implikation als ein (konstruktives) Verfahren aufgefaßt wird, Begründungen von Annahmen in Begründungen von Konklusionen zu überführen – eine Auffassung, die sich grundsätzlich von der seit Frege dominierenden wahrheitsfunktionalen Auffassung der Implikation unterscheidet. Eng verwandt mit konstruktiven ↑Semantiken sind (historisch nach Lorenzen entwickelte) beweistheoretische (↑Beweistheorie) Ansätze, in denen versucht wird, zur klassischen Logik alternative konstruktive Logiken durch die Form der jeweils gültigen Argumente auszuzeichnen (↑Semantik, beweistheoretische). Hier sind vor allem M. Dummetts verifikationistische Begründung der L., P. Martin-Löfs konstruktive Typentheorie (↑Typentheorie, konstruktive) basierend auf beweistheoretischen Erklärungen der Bedeutungen der logischen Zeichen sowie D. Prawitz' Rechtfertigung der konstruktiven Logik durch einen formalen beweistheoretischen Gültigkeitsbegriff zu nennen. Diese Autoren sind neben Lorenzen die Hauptexponenten einer konstruktiven L.. In der sprachphilosophischen Diskussion hat hier besonders Dummett einflußreich gewirkt, indem er die Idee der L. in ein allgemeines Programm einer konstruktiven philosophischen Bedeutungstheorie einbettete.

Für die Auszeichnung der Logik hat sich als besonders fruchtbar die Behandlung logischer Systeme in strukturellen ↑Bezugssystemen erwiesen, wonach logische Zeichen solche sind, die sich durch bestimmte strukturelle ↑Definitionen beschreiben lassen. In solchen Ansätzen wird die Verschiedenheit möglicher Strukturregeln für die Verschiedenheit logischer Systeme verantwortlich gemacht. Z. B. führt die Entscheidung, im ↑Sukzedens einer ↑Sequenz (↑Sequenzenkalkül) mehr als nur eine Formel zuzulassen, zur klassischen Logik, während die Einschränkung auf höchstens eine Formel zur konstruktiven Logik führt – bei ansonsten identischen strukturellen Definitionen. Diese Einsicht erlaubt die Einordnung einer Vielzahl alternativer Logiken je nach den für sie geltenden strukturellen Rahmenbedingungen. Sie hat bei vielen Autoren zu einer Aufgabe des Programms der L. zugunsten eines eher relativistischen (↑Relativismus) Programms der Logikbeschreibung und Logikklassifikation geführt. Diese Auffassung liegt auch dem in jüngster Zeit immer häufiger vertretenen logischen Pluralismus zugrunde, bei dem man die Koexistenz unterschiedlicher Logiksysteme für unterschiedliche Anwendungsbereiche als ein positives Merkmal des Umgangs mit logischen Regeln ansieht.

Literatur: J. C. Beall/G. Restall, Logical Pluralism, Oxford 2006; M. Dummett, The Justification of Deduction, in: ders., Truth and Other Enigmas, London/Cambridge Mass. 1978, London 1992, 290–318; ders., The Logical Basis of Metaphysics, London, Cambridge Mass. 1991, London 1995; C. F. Gethmann, Protologik. Untersuchungen zur formalen Pragmatik von Begründungsdiskursen, Frankfurt 1979; ders. (ed.), Logik und Pragmatik. Zum Rechtfertigungsproblem logischer Sprachregeln, Frankfurt 1982; I. Hacking, What Is Logic?, J. Philos. 76 (1979), 285–319; R. Kahle/P. Schroeder-Heister, Proof-Theoretic Semantics, Synthese 148 (2006), 505–506; W. Kneale, The Province of Logic, in: Contemporary British Philosophy, ed. H. D. Lewis, London 1956, 237–261; H. Lenk, Kritik der logischen Konstanten. Philosophische Begründungen der Urteilsformen vom Idealismus bis zur Gegenwart, Berlin 1968; P. Lorenzen, Einführung in die operative Logik und Mathematik, Berlin/Göttingen/Heidelberg 1955, Berlin/Heidelberg/New York ²1969; ders., Protologik. Ein Beitrag zum Begründungsproblem der Logik, Kant-St. 47 (1955/1956), 350–358, Nachdr. in: ders., Methodisches Denken, Frankfurt 1968, ³1988, 81–93; ders., Collegium Logicum, Erlangen 1963 (Erlanger Universitätsreden NF 8), Nachdr. in: ders., Methodisches Denken [s.o.], 7–23; ders./K. Lorenz, Dialogische Logik, Darmstadt 1978; P. Martin-Löf, Verificationism Then and Now, in: The Foundational Debate. Complexity and Constructivity in Mathematics and Physics, ed. W. DePauli-Schimanovich/E. Köhler/F. Stadler, Dordrecht/Boston Mass./London 1995, 187–196; K. R. Popper, New Foundations for Logic, Mind NS 56 (1947), 193–235; ders., Corrections and Additions to »New Foundations for Logic«, Mind NS 57 (1948), 69–70; D. Prawitz, Meaning Approached via Proofs, Synthese 148 (2006), 507–524; P. Schroeder-Heister, Popper's Structuralist Theory of Logic, in: Karl Popper. A Centenary Assessment III, ed. I. Jarvie/K. Milford/ D. Miller, Aldershot/Hants/Burlington 2006, 17–36; ders., Proof-Theoretic Semantics, SEP 2012.   P. S.

Logik der Forschung (engl. logic of [scientific] discovery, franz. logique de la découverte [scientifique]), Bezeichnung für die von K. R. Popper 1934 begründete Methodologie empirischer Wissenschaften. In dieser falsifikationistischen Methodologie (↑Falsifikation, ↑Fallibilismus), die an das ältere Verfahren des ↑trial and error anschließt, tritt wegen der von Popper gegen den Logischen Empirismus (↑Empirismus, logischer) geltend gemachten Asymmetrie von Verifikation und Falsifikation – allgemeine Sätze, in der Regel wissenschaftliche Gesetze (↑Gesetz (exakte Wissenschaften)), lassen sich relativ zu einer Erfahrungsbasis nur widerlegen (falsifizieren), nicht endgültig bestätigen (verifizieren) – der Begriff der ↑Bewährung an die Stelle des Begriffs der ↑Begründung, speziell der induktiven Begründung (↑Induktion, ↑Induktivismus). ↑Basissätze, die dieser Konzeption nach als Prämissen einer empirischen Falsifikation auftreten, werden im Sinne einer sich bewährenden falsifizierenden Hypothese gedeutet. Der Grad der Bewährung einer Theorie (↑Bestätigung, ↑Bestätigungsfunktion) hängt dabei wieder vom Grad ihrer eigenen Prüfbarkeit ab, ausgedrückt durch den Begriff der Falsifizierbarkeit, ferner von den erfolgreich bestandenen ›strengen Prüfungen‹. Das so eine L. d. F. charakterisierende *Prinzip der kritischen Prüfung* (↑Prüfung, kritische), dessen Anwendungsbereich Theorien in ihrem Begründungszusammenhang, nicht in ihrem Entdeckungszusammenhang, sind (↑Entdeckungszu

sammenhang/Begründungszusammenhang), erfordert der Popperschen Konzeption entsprechend zur Selektion ›erfolgreicher‹ Theorien einen ↑Theorienpluralismus (↑Proliferationsprinzip), der (gegen Popper) später um einen Methodenpluralismus (↑Anarchismus, erkenntnistheoretischer, ↑Wissenschaftsgeschichte) erweitert wurde. Theorienfortschritt (↑Theoriendynamik) verdankt sich dem fortschreitenden Prozeß einer kritischen Revision existierender Theorien unter der Idee der wissenschaftlichen Wahrheit bzw. Wahrheitsnähe (↑Wahrheitsähnlichkeit).

Obgleich Popper seine Konzeption einer L. d. F. (gegen die Wissenschaftstheorie H. Dinglers) als antikonventionalistisch versteht, weist diese (a) mit ihrem Anfang bei kompletten Theorien, (b) mit der Wahl der Basissätze durch Festsetzung und (c) mit der Deutung wissenschaftlicher Rationalitätsnormen als Regeln im ›Spiel Wissenschaft‹ konventionelle Elemente auf (↑Konventionalismus). Das Falsifikationsprinzip, ursprünglich im wissenschaftstheoretischen Sinne nicht nur gegen die empiristische (↑Empirismus) Konzeption induktiver Begründungen, sondern auch gegen die ↑Immunisierung von Theorien gegenüber der (experimentellen) Erfahrung gerichtet, tritt als ↑Abgrenzungskriterium an die Stelle des als ↑Verifikationsprinzip dienenden empiristischen Sinnkriteriums (↑Sinnkriterium, empiristisches) im Logischen Empirismus. In seinen späteren Arbeiten sucht Popper die Theoriebildung als einen evolutionären Prozeß der Wissenserweiterung in Problemlösungszusammenhängen zu beschreiben, dessen Elemente schöpferische Vermutung und rationale Irrtumseliminierung sind:

$$P_1 \rightarrow TT \rightarrow IE \rightarrow P_2$$

(P_1 Ausgangsproblem, TT tentative Theorie, IE Irrtumseliminierung, P_2 neue Problemstellung). Dieser Prozeß soll nach Popper auf der Voraussetzung einer ›Welt 3‹ der objektiven Gedankeninhalte (↑Dritte Welt), neben der ›Welt 1‹ physischer Objekte und der ›Welt 2‹ geistigseelischer Zustände, beruhen. – Der Titel ›L. d. F.‹ (›The Logic of Scientific Discovery‹) hat in der ↑Wissenschaftstheorie Schule gemacht und steht hier auch für andere wissenschaftstheoretische Konzepte (J. Hintikka u.a.) als dasjenige Poppers. Allerdings geht mit der anglophonen Terminologie das anhaltende Mißverständnis einher, die L. d. F. beziehe sich auf den Entdekkungs- statt auf den Begründungszusammenhang.

Literatur: K. R. Popper, Logik der Forschung. Zur Erkenntnistheorie der modernen Naturwissenschaft, Wien 1935 [1934], ohne Untertitel, Tübingen ²1966, ¹¹2005 (= Ges. Werke in dt. Sprache III) (engl. The Logic of Scientific Discovery, London, New York 1959, rev. 1968, London/New York 2002); ders., Conjectures and Refutations. The Growth of Scientific Knowledge, London 1963, London/New York 2006 (franz. Conjectures et réfutations. La croissance du savoir scientifique, Paris 1985, 2006; dt. Vermutungen und Widerlegungen. Das Wachstum der wissenschaftlichen Erkenntnis, I–II, ed. H. Keuth, Tübingen 1994/1997, in einem Bd. 2009 [= Ges. Werke in dt. Sprache X]); ders., Objective Knowledge. An Evolutionary Approach, Oxford 1972, rev. 1979 [um einen Anhang »Supplementary Remarks (1978)« ergänzt], 1994 (franz. La connaissance objective, Brüssel 1972, Paris 1991, 2009; dt. Objektive Erkenntnis. Ein evolutionärer Entwurf, Hamburg 1973, ⁴1984 [um einen Anhang »Über Wahrheitsnähe« (1980) ergänzt], 1998); Postscript to the Logic of Scientific Discovery, I–III, ed. W. W. Bartley, Totowa N. J., London 1982–1983, London/New York 1992, I, 1996, II–III, 2000 (I Realism and the Aim of Science, II The Open Universe. An Argument for Indeterminism, III Quantum Theory and the Schism in Physics) (franz. Post-scriptum à la logique de la découverte scientifique, I–III, Paris 1984–1996, II, 1986 [I Le réalisme et la science, II L'univers irrésolu. Plaidoyer pour l'indéterminisme, III La théorie quantique et le schisme en physique]; dt. Aus dem »Postscript zur Logik der Forschung«, I–III, Tübingen 2001–2002 [I Realismus und das Ziel der Wissenschaft, II Das offene Universum. Ein Argument für den Indeterminismus, III Die Quantentheorie und das Schisma der Physik (= Ges. Werke in dt. Sprache VII–IX)]). – H. Albert, Traktat über kritische Vernunft, Tübingen 1968, ³1975 [um ein Nachwort »Der Kritizismus und seine Kritiker« erweitert], ⁵1991 [um zwei Anhänge »Georg Simmel und das Begründungsproblem. Ein Versuch der Überwindung des Münchhausen-Trilemmas« und »Ein Nachtrag zur Begründungsproblematik« erweitert]; M. Bunge, The Critical Approach to Science and Philosophy. In Honor of Karl R. Popper, London/New York 1964; W. Diederich, L. d. F., Hb. wiss.theoret. Begr. II (1980), 388–389; S. Gattei, Karl Popper's Philosophy of Science. Rationality Without Foundations, London/New York 2009; M. H. Hacohen, Karl Popper. The Formative Years 1902–1945. Politics and Philosophy in Interwar Vienna, Cambridge etc. 2000, 2002, 214–289 (Chap. 6 The Logic of Scientific Discovery and the Philosophical Revolution, 1932–1935); C. G. Hempel, Karl Popper. L. d. F.. Zur Erkenntnistheorie der modernen Naturwissenschaft, Dt. Literaturzeitung 58 (1937), H. 8, 309–314; J. Hintikka, Inquiry as Inquiry. A Logic of Scientific Discovery, Dordrecht/Boston Mass./London 1999 (= Selected Papers V); I. C. Jarvie, Popper, Karl Raimund (1902–1994), REP VII (1998), 533–540, bes. 534–536; ders./K. Milford/D. Miller (eds.), Karl Popper. A Centenary Assessment, I–III, Aldershot/Burlington Vt. 2006; S. Jung, The Logic of Scientific Discovery. An Interrogative Approach to Scientific Inquiry, New York etc. 1996; H. Keuth, Realität und Wahrheit. Zur Kritik des Kritischen Rationalismus, Tübingen 1978; ders., Erkenntnis oder Entscheidung. Zur Kritik der kritischen Theorie, Tübingen 1993; ders. (ed.), Karl Popper. L. d. F., Berlin 1998, ³2007 (Klassiker auslegen XII); ders., Die Philosophie Karl Poppers, Tübingen 2000, 1–229 (Teil I Wissenschaftstheorie) (engl. The Philosophy of Karl Popper, Cambridge etc. 2005, 7–190 [Part I The Philosophy of Science]); S. A. Kleiner, The Logic of Discovery. A Theory of the Rationality of Scientific Research, Dordrecht/Norwell Mass. 1993; I. Lakatos/A. Musgrave (eds.), Criticism and the Growth of Knowledge. Proceedings of the International Colloquium in the Philosophy of Science, London 1965, vol. 4, Cambridge 1970, Cambridge etc., Amsterdam 1999 (dt. Kritik und Erkenntnisfortschritt. Abhandlungen des Internationalen Kolloquiums über die Philosophie der Wissenschaft, London 1965, Band 4, Braunschweig 1974); M.-I. de

Launay, La logique de la découverte scientifique (The Logic of Scientific Discovery) 1959, Enc. philos. universelle III/2 (1992), 3643; U. Majer, L. d. F., in: E. Braun/H. Radermacher (eds.), Wissenschaftstheoretisches Lexikon, Graz/Wien/Köln 1978, 358–360; D. Miller, Critical Rationalism. A Restatement and Defence, Chicago Ill. 1994; ders., Out of Error. Further Essays on Critical Rationalism, Aldershot/Burlington Vt. 2006; O. Neurath, Pseudorationalismus der Falsifikation, Erkenntnis 8 (1935), 353–365 [Rezension von Poppers »L. d. F.«]; T. Nickles (ed.), Scientific Discovery, Logic, and Rationality. Selected Papers, Dordrecht/Boston Mass. 1980 (Boston Stud. Philos. Sci. I); H. Oetjens, Sprache, Logik, Wirklichkeit. Der Zusammenhang von Theorie und Erfahrung in K. R. Poppers »L. d. F.«, Stuttgart-Bad Cannstatt 1975; Z. Parusniková/R. S. Cohen (eds.), Rethinking Popper, Berlin 2009 (Boston Stud. Philos. Sci. 272); H. Reichenbach, Über Induktion und Wahrscheinlichkeit. Bemerkungen zu Karl Poppers »L. d. F.«, Erkenntnis 5 (1935), 267–284; H. G. Russ, L. d. F., in: F. Volpi (ed.), Großes Werklexikon der Philosophie, Stuttgart, Darmstadt 1999, Stuttgart 2004, 1213; L. Schäfer, Erfahrung und Konvention. Zum Theoriebegriff der empirischen Wissenschaften, Stuttgart-Bad Cannstatt 1974, 57–105; ders., Karl R. Popper, München 1988, ²1992, ³1996, bes. 48–64; P. Schilpp (ed.), The Philosophy of Karl Popper, I–II, La Salle Ill. 1974; H. A. Simon, Does Scientific Discovery Have a Logic?, Philos. Sci. 40 (1973), 471–480, ferner in: H. Keuth (ed.), Karl Popper [s. o.], 235–248 [1998], 237–250 [³2007]; H. F. Spinner, Pluralismus als Erkenntnismodell, Frankfurt 1974; A. Wellmer, Methodologie als Erkenntnistheorie. Zur Wissenschaftslehre Karl R. Poppers, Frankfurt 1967, 1972; weitere Literatur: ↑Falsifikation, ↑Popper, K. R..   J. M.

Logik der Frage, ↑Interrogativlogik.

Logik der Imperative, ↑Imperativlogik.

Logik des ›Entailment‹, Bezeichnung für eine Theorie der Systeme intensionaler Logik (↑Logik, intensionale), in denen es darum geht, den ›natürlichen‹ Sinn des ›wenn …, dann …‹ (↑wenn – dann) bzw. des ›… impliziert …‹ zu explizieren, und zwar in zwei Hinsichten: Es soll (1) der in der Behauptung einer ↑Subjunktion in der Umgangssprache (↑Alltagssprache) oder einer (z. B. der mathematischen) ↑Wissenschaftssprache mitbehaupteten inhaltlichen Verknüpfung von Vorder- und Nachsatz Rechnung getragen werden: $A \rightarrow B$ soll nur behauptet werden dürfen, wenn A Information enthält, die für die Behauptung von B *relevant* ist. Das Entsprechende gilt für ↑Implikationen. Dieser erste Aspekt wird in der ↑Relevanzlogik untersucht. Es soll (2) der Subjunktion bzw. der Implikation ein Notwendigkeitsaspekt zukommen; eine Aussage $A \rightarrow B$ soll nur wahr sein, wenn B sich *notwendigerweise* (›zwingend‹) aus A ergibt. So soll insbes. $A \rightarrow B$ nicht wahr sein, wenn A eine notwendige (↑notwendig/Notwendigkeit), B jedoch nur eine kontingente (↑kontingent/Kontingenz) Wahrheit ist. Dieser zweite Aspekt wird in Theorien der strikten Implikation (↑Implikation, strikte) bzw. in Teilsystemen der ↑Modallogik untersucht. In beiden

Fällen soll den ↑Paradoxien der Implikation, wie sie in der üblichen extensionalen Logik (↑Logik, extensionale) auftreten, aus dem Wege gegangen werden, in der z. B. $(A \wedge \neg A) \rightarrow B$ für beliebige A und B wahr ist, obwohl B mit $A \wedge \neg A$ ›nichts zu tun hat‹, d. h., die logisch falsche Aussage $A \wedge \neg A$ für B nicht relevant ist, und in der auch $A \rightarrow (B \rightarrow A)$ (seit G. Frege ein Axiom für die Subjunktion in den meisten logischen Systemen vom Hilberttyp) für beliebige A, B wahr ist, obwohl bei kontingent wahrem A und notwendigerweise wahrem B zwar A wahr, $B \rightarrow A$ jedoch im Sinne der strikten Deutung von $\rightarrow$ nicht wahr ist.

Der Begriff *entails* als logischer Terminus wurde 1919 von G. E. Moore als Bezeichnung für die zu ›folgt aus‹ konverse Relation (↑konvers/Konversion) eingeführt. Ausgangspunkt der neueren Forschung sind W. Ackermanns Untersuchungen zur »Begründung einer strengen Implikation« (1956). Inzwischen sind verschiedene Systeme beschrieben worden, um den intuitiven Begriff des *entailment* zu präzisieren, der sich zu Recht auf einen großen Teil der traditionellen Diskussion vor Frege um ›hypothetische Urteile‹ und den Folgerungsbegriff beruft. Das Werk von A. R. Anderson und N. D. Belnap über »Entailment« (1975) faßt die bis dahin erreichten Vorschläge und Resultate in systematischer Weise zusammen und entwickelt einen eigenen junktorenlogischen (↑Junktorenlogik) ↑Kalkül E, in dem das Zeichen $\rightarrow$ als *entailment*-Operator aufgefaßt wird. Der nur $\rightarrow$ betreffende Teil von E kann z. B. mit den Anfängen

$$A \rightarrow A,$$
$$(A \rightarrow B) \rightarrow ((B \rightarrow C) \rightarrow (A \rightarrow C)),$$
$$(A \rightarrow B) \rightarrow (((A \rightarrow B) \rightarrow C) \rightarrow C),$$
$$(A \rightarrow (B \rightarrow C)) \rightarrow ((A \rightarrow B) \rightarrow (A \rightarrow C))$$

und dem ↑modus ponens $(A, A \rightarrow B \Rightarrow B)$ als Grundregel axiomatisiert werden. Dieser Teil von E stimmt mit dem positiv-implikationslogischen Teil des Systems der strengen Implikation (↑Implikation, strikte) von Ackermann überein. Neben Formeln der intuitionistischen Logik (↑Logik, intuitionistische) wie $A \rightarrow (B \rightarrow A)$ sind auch bestimmte Formeln, die die klassische Logik (↑Logik, klassische) auszeichnen, nicht ableitbar (↑ableitbar/Ableitbarkeit), z. B. die ↑Peircesche Formel $((A \rightarrow B) \rightarrow A) \rightarrow A$.

Trotz des maßgeblichen Werkes von Anderson/Belnap ist über grundlegende Punkte bis heute keine Einigkeit erzielt, unter anderem hinsichtlich folgender Fragen: (1) Ist *entailment* primär eine metasprachlich (↑Metasprache) formulierte *Beziehung* zwischen Aussagen (›$A_1, \ldots, A_n$ entail A‹) oder ein objektsprachlicher (↑Objektsprache) ↑*Junktor* (der damit iterierbar wäre)? (2) Wenn man *entailment* im ersteren Sinne versteht, wie verhält sich die zu definierende Gültigkeit einer

entailment-Beziehung zur klassisch-logischen oder zur intuitionistisch-logischen Implikationsbeziehung? Anderson/Belnap benutzen in ihrer Definition der Gültigkeit eines *entailment*, als metasprachliche Relation aufgefaßt (sie sprechen von *first-degree entailment*), nur klassisch-logisch gültige Umformungsprinzipien. Andere Autoren (z. B. N. Tennant 1979) fassen *entailment* als Einschränkung der Deduzierbarkeitsrelation auf, die sowohl auf die klassische als auch auf die intuitionistische Logik angewendet werden kann. (3) Ist *entailment* transitiv (↑transitiv/Transitivität)? Für Anderson/Belnap ist das eindeutig zu bejahen (»Any criterion according to which entailment is not transitive, is *ipso facto* wrong«, a. a. O., 154). Diese uneingeschränkte Transitivitätsforderung kann jedoch nur unter Aufgabe der Gültigkeit des disjunktiven Syllogismus $(A, \neg A \vee B \Rightarrow B)$ (↑Syllogismus, disjunktiver, in der Tradition auch ↑›Hunde-Syllogismus‹) aufrechterhalten werden (der in E nicht mehr ableitbar, wenn auch zulässig [↑zulässig/Zulässigkeit] ist) – ein Preis, den manche Logiker für nicht angemessen halten. – Die Diskussionssituation spiegelt sich in einer Vielfalt von für das *entailment* vorgeschlagenen formallogischen Explikationen wider.

Literatur: W. Ackermann, Begründung einer strengen Implikation, J. Symb. Log. 21 (1956), 113–128; A. R. Anderson/N. D. Belnap Jr., Tautological Entailments, Philos. Stud. 13 (1962), 9–24; dies., The Pure Calculus of Entailment, J. Symb. Log. 27 (1962), 19–52; dies., Entailment, in: G. Iseminger (ed.), Logic and Philosophy. Selected Readings, New York 1968, 1980, 76–110 [bearb. u. gekürzte Fassung der beiden Abhandlungen von 1962]; dies., Entailment. The Logic of Relevance and Necessity, I–II, I, Princeton N. J./London 1975, II (mit J. M. Dunn), Princeton N. J./Oxford 1992; J. Bennett, Entailment, Philos. Rev. 78 (1969), 197–236; M. R. Diaz, Topics in the Logic of Relevance, München 1981; J. M. Dunn, Relevance Logic and Entailment, in: D. Gabbay/F. Guenthner (eds.), Handbook of Philosophical Logic III (Alternatives in Classical Logic), Dordrecht 1986, 117–224; ders./G. Restall, Relevance Logic, in: D. M. Gabbay/F. Guenthner (eds.), Handbook of Philosophical Logic VI, Dordrecht/Boston Mass./London ²2002, 1–128; D. Hilbert/W. Ackermann, Grundzüge der theoretischen Logik, Berlin/Göttingen/Heidelberg ⁴1959, Berlin/Heidelberg/New York ⁶1972, 36–40 (§ 11 Der Begriff einer strengen Implikation); N. Lapara, Semantics for a Natural Notion of Entailment, Philos. Stud. 29 (1976), 91–113; C. Lewy/J. Watling/P. T. Geach, Symposium. Entailment, Proc. Arist. Soc. Suppl. 32 (1958), 123–172; E. D. Mares, Relevant Logic. A Philosophical Interpretation, Cambridge etc. 2004, bes. 96–122; R. K. Meyer, Entailment, J. Philos. 68 (1971), 808–818; ders., Intuitionism, Entailment, Negation, in: H. Leblanc (ed.), Truth, Syntax and Modality. Proceedings of the Temple University Conference on Alternative Semantics, Amsterdam/London 1973, 168–198; G. E. Moore, External and Internal Relations, Proc. Arist. Soc. NS 20 (1919/1920) (repr. New York/London 1964), 40–62, Nachdr. in: ders., Philosophical Studies, London 1922 (repr. Totowa N. J. 1965), 2000, 276–309 (dt. Externe und interne Beziehungen, in: ders., Philosophische Studien, Frankfurt 2007, 227–253 [= Ausgew. Schr. II]); G. Priest, Sense, Entailment and Modus Ponens, J. Philos.

Log. 9 (1980), 415–435; R. Routley/R. K. Meyer, The Semantics of Entailment, I–III, I, in: H. Leblanc (ed.), Truth, Syntax and Modality [s. o.], 199–243, II–III, J. Philos. Log. 1 (1972), 53–73 (II), 192–208 (III); T. J. Smiley, Entailment and Deducibility, Proc. Arist. Soc. NS 59 (1958/1959), 233–254; N. Tennant, Entailment and Proofs, Proc. Arist. Soc. NS 79 (1978/1979), 167–189; ders., A Proof-Theoretic Approach to Entailment, J. Philos. Log. 9 (1980), 185–209; G. H. v. Wright, The Concept of Entailment, in: ders., Logical Studies, London 1957, 2001, 166–191. P. S.

Logik des Scheins, nach I. Kant Bezeichnung für denjenigen Gebrauch der »allgemeine[n] Logik, die bloß ein *Kanon* zur Beurteilung ist, gleichsam wie ein *Organon* zur wirklichen Hervorbringung wenigstens zum Blendwerk von objektiven Behauptungen« (KrV B 85). Solchen Gebrauch nennt Kant auch ›dialektisch‹ (KrV B 349). Die systematische Kritik des ›dialektischen Scheins‹, sofern sie zur *transzendentalen* Logik (↑Logik, transzendentale) gehört, findet sich in der ›transzendentalen Dialektik‹ der »Kritik der reinen Vernunft« (↑Dialektik, transzendentale). Hier werden die ↑Widersprüche untersucht, in die sich die ↑Vernunft verwickelt, wenn sie meint, nicht auf (zumindest mögliche) ↑Anschauung bezogene Erkenntnisse gewinnen zu können. Die Analyse der Ursachen dieser Widersprüche zeigt dabei nach Kant die subjektive Unvermeidlichkeit dieses ›Scheins‹ auf, auch wenn er objektiv auf fehlerhaften Annahmen beruht (↑Schein). P. S.

Logikkalkül (engl. logical calculus), Bezeichnung für Verfahren, die logischen ↑Folgerungen, wie sie von der formalen Logik (↑Logik, formale) untersucht werden, auf rein ↑formale Weise, ohne Rückgriff auf die Bedeutung der auftretenden sprachlichen Ausdrücke, also syntaktisch und nicht semantisch, durch schematische ↑Regeln aus besonders einfachen logischen Folgerungen der Reihe nach herzustellen. Derartige L.e sind erstmals im Zuge der Entwicklung der Logik der Antike (↑Logik, antike) von der ↑Stoa aufgestellt worden (↑Logik, stoische). Vermutlich gelang zu diesem Zeitpunkt bereits eine vollständige (↑vollständig/Vollständigkeit) ↑Kalkülisierung der klassischen ↑Junktorenlogik (↑Logik, klassische) durch Herstellung der unter den gültigen (↑gültig/Gültigkeit) ↑Implikationen (*λόγοι συνακτικοί* bzw. *περαντικοί*) als ›unbewiesen‹ ausgezeichneten logischen Implikationen (*λόγοι ἀναπόδεικτοι*) aus fünf Grundimplikationen mit Hilfe von vier Grundregeln (*θέματα*). Weitgehend unabhängig von dieser Tradition, jedoch die axiomatische Methode (↑Methode, axiomatische) in der Geometrie Euklids (↑Euklidische Geometrie) vor Augen, ist in der beginnenden Neuzeit, teilweise unter Rückgriff auf mittelalterliche kabbalistische Traditionen (↑Kabbala), insbes. auf die ↑ars magna von R. Lullus, der Versuch unternommen worden, die Regeln

des *Denkens* – nicht beschränkt auf das formale Schließen – durch die Regeln eines ↑Kalküls sprachlicher Ausdrücke darzustellen, um die Sicherheit des bloß formalen Rechnens der ↑Arithmetik auf das Argumentieren auszudehnen. Als Programm findet sich diese Überlegung in einem Brief von R. Descartes an M. Mersenne (20. 10. 1629), den G. W. Leibniz unter anderem mit der berühmten Erklärung »Car alors raisonner et calculer sera la même chose« (C. 28) kommentiert hat, im Einklang mit seiner Idee »Calculus vel operatio consistit in relationum productione facta per transmutationes formularum, secundum leges quasdam praescriptas factas« (›ein Kalkül oder eine Operation besteht in der Herstellung von Beziehungen durch Umwandlung von Formeln entsprechend gewissen vorgeschriebenen Gesetzen‹, Philos. Schr. VII, 206). Ähnlich die Erklärungen von T. Hobbes, unter anderem in dem mit ›Computatio sive Logica‹ überschriebenen ersten Teil von »De corpore« (»Per ratiocinationem [...] intelligo computationem«, De corpore I 1 § 2, Opera philosophica I, 3). Aber erst Leibniz gelingt, an einen Begriffskalkül von J. Jungius anschließend, die explizite Aufstellung eines L.s durch Kalkülisierung der zu seiner Zeit allein überlieferten Logik, der ↑Syllogistik. Ein solcher L. (↑calculus universalis) ist dabei als Teil einer umfassenden ›lingua philosophica‹ oder ›characteristica universalis‹ konzipiert (↑Leibnizprogramm, ↑Leibnizsche Charakteristik). Unter den verschiedenen Ansätzen Leibnizens, die von L. Couturat in drei Etappen, zeitlich um die Jahre 1679, 1686 und 1690 konzentriert, gegliedert worden sind, findet sich bereits während der ersten Etappe ein *algebraischer Kalkül* (↑Algebra) für Gleichheit (↑Gleichheit (logisch)) und Enthaltensein (↑enthalten/Enthaltensein) zwischen ↑Begriffen, wobei für diese die Operationen der Komplementbildung (↑Komplement) und der ↑Konjunktion verwendet werden. Zu den Grundzeichen gehören Prädikatsymbole $a, b, c, \ldots$ (*termini*), ein Operationszeichen ‾ (*non*) und vier Relationszeichen $\subset, \not\subset, =, \neq$ (*est, non est, sunt idem* bzw. *eadem sunt, diversa sunt*) sowie, hier noch ohne Symbolisierung, die logischen Partikeln (↑Partikel, logische; z. B. *si . . . tunc . . ., et, neque . . . neque . . ., omne*). ↑Terme werden dann nach den folgenden Termbildungsregeln erzeugt, beginnend mit Prädikatsymbolen:

$$t \Rightarrow \bar{t},$$
$$s\,;t \Rightarrow st.$$

↑*Primformeln* erhält man aus Termen s und t mithilfe der Relationszeichen: $s \subset t$, $s \not\subset t$, $s = t$, $s \neq t$. Komplexe ↑*Formeln* werden aus Primformeln durch logische Zusammensetzung mit Hilfe der logischen Partikeln aufgebaut. Gewisse Formeln – das wird von Leibniz nicht ein für allemal entschieden, vielmehr in den verschiedenen Entwürfen auch verschieden vorgenommen – dürfen als ↑Axiome (*propositiones per se verae*) oder als ↑Hypothesen (*propositiones positae*) die Anfänge für ↑Ableitungen im Kalkül nach den Kalkülregeln (*principia calculi*) bilden. Die ableitbaren (↑ableitbar/Ableitbarkeit) Figuren (↑Figur (logisch)), d. s. stets Formeln, heißen die ›Thesen‹ (*propositiones verae*). Bemerkenswerterweise zählt Leibniz zu den Kalkülregeln neben dem – syntaktisch allerdings nicht mehr ausformulierten – *Prinzip der logischen Implikation* (»propositio vera est, quae ex positis et per se veris per consequentias oritur« [›ein Satz ist wahr, der durch Folgerungen aus gesetzten und an sich wahren Sätzen entsteht‹], Philos. Schr. VII, 219) noch das bekannte *Prinzip der logischen Gleichheit* (↑Identität) und das *Substitutionsprinzip*, nämlich die Regel der gleichmäßigen Ersetzung (↑Substitution) von Prädikatsymbolen durch beliebige Terme (Philos. Schr. VII, 224). Damit liegt bis auf Feinheiten der Formulierung erstmals ein formales System (↑System, formales) im modernen Sinne vollständig beschrieben vor. In ihm lassen sich die inhaltlichen Wahrheiten der Begriffslogik – Leibniz läßt ausdrücklich offen, ob sie intensional (↑intensional/Intension) oder extensional (↑extensional/Extension) zu interpretieren ist –, soweit sie mit den gewählten Grundzeichen ausdrückbar sind, wie gewünscht als ableitbare Figuren eines Kalküls oder ›Formalismus‹ gewinnen. Das Verfahren enthält zwei Stufen: Zuerst liefert ein *Kalkül der Ausdrucksbestimmungen* (↑Ausdruckskalkül) die Formeln, dann sondert ein *Kalkül der Satzbestimmungen* daraus die wahren Formeln oder Sätze (engl. theorems) aus. Ein Formalismus heißt nun ein ›L.‹ genau dann, wenn die Anfänge des Kalküls der Satzbestimmungen ausschließlich logisch wahre statt nur inhaltlich wahre Formeln sind, also bei *Satzkalkülen* logisch wahre Aussagen, bei ↑*Implikationenkalkülen* hingegen gültige logische Implikationen. Wird dabei das Substitutionsprinzip – in einem L. genügt die Formulierung als Regel der gleichmäßigen Ersetzbarkeit von Primformeln durch beliebige Formeln – in die Formulierung der Kalkülregeln gleich mit hineingenommen, so genügt es für L.e, nur Formelschemata (↑Aussageform, ↑Aussageschema) zu benutzen.

Unter dem Einfluß der Ideen von Leibniz haben in der folgenden Zeit insbes. J. H. Lambert, G. Ploucquet und F. v. Castillon am Aufbau eines Kalküls der Begriffslogik gearbeitet. Aber erst mit A. De Morgan und G. Boole, die von der intensionalen ↑Begriffslogik konsequent zur extensionalen ↑Klassenlogik übergehen, gelang eine – allerdings formal noch immer nicht völlig befriedigende – Kalkülisierung der letzteren. Bis zu C. S. Peirce und E. Schröder blieb es dabei der leitende Gesichtspunkt für die Darstellung der Logik, ihre algebraische Struktur herauszuarbeiten. Die Logik mit ihren Verknüpfungen und Schlüssen wird zu einer speziellen Interpretation

einer durch ein Axiomensystem gegebenen, rein symbolisch verfahrenden abstrakten Algebra, im Falle der Klassenlogik also zu einer Interpretation der ↑Booleschen Algebra bzw. des ↑Booleschen Verbandes (↑Algebra der Logik): »So charakterisirt es [...] den Logikkalkul, dass darin die Begriffe oder auch die Urtheile allgemein durch *Buchstaben* dargestellt und die Schlussfolgerungen in Gestalt von *Rechnungen* bewerkstelligt werden, die man nach bestimmten einfachen Gesetzen an diesen Buchstaben ausführt« (E. Schröder, Der Operationskreis des L.s, Leipzig 1877 [repr. Darmstadt 1966], 1). Erst G. Frege gelang es, sich von der Orientierung an algebraischen Strukturen zu lösen und einen vollständigen L. mit jener Unabhängigkeit und Strenge zu entwerfen, die Leibniz beabsichtigt hatte.

Ein L. der klassischen Logik (↑Logik, klassische) läßt sich in Anlehnung an Freges »Begriffsschrift« (1879) auf folgende Weise angeben. (1) Grundzeichen des L.s sind Aussagesymbole, mitgeteilt durch $a^0, b^0, \ldots$, und Prädikatsymbole jeder Stellenzahl, mitgeteilt durch $a^1, b^1, \ldots; a^2, b^2, \ldots; \ldots$, sowie Objektvariable, mitgeteilt durch $x, y, \ldots$, und zwei Klammern als Hilfszeichen. Außerdem gehören die logischen Partikeln ¬ (›nicht‹), → (›wenn ..., dann ...‹) und ∧ (›alle‹) zu den Grundzeichen. (2) Zu den Primformeln (eigentlich Primformelschemata) des L.s gehören die Aussagesymbole und alle Ausdrücke, die entstehen, wenn einem n-stelligen Prädikatsymbol ein in Klammern gesetztes System von n Objektvariablen angefügt wird, z. B. $b^3(x, y, z)$ (bei der Mitteilung ganzer Primformeln kann der die Stellenzahl angebende Index weggelassen werden). (3) Die Formeln (eigentlich Formelschemata) des L.s, mitgeteilt durch $A, B, \ldots$, bestehen aus den Primformeln und den aus ihnen durch logische Zusammensetzung nach den folgenden drei Regeln entstehenden Ausdrücken: Ist A eine Formel und x eine ↑Objektvariable, so sind sowohl $\neg A$ als auch $\bigwedge_x A$ Formeln; sind A und B Formeln, so ist auch $(A \rightarrow B)$ eine Formel. (4) Gewisse Formeln bilden die Anfänge (im Blick auf die Deutung des L.s auch ›logische Axiome‹ genannt) des klassischen L.s, nämlich sämtliche Formeln – das äußere Klammerpaar ist weggelassen – der Formen

(4.1) $A \rightarrow (B \rightarrow A)$,
also z. B.
$a \rightarrow (\neg b \rightarrow a)$ oder $(a \rightarrow b) \rightarrow (\neg a \rightarrow (a \rightarrow b))$,
usw.,
(4.2) $(A \rightarrow (B \rightarrow C)) \rightarrow ((A \rightarrow B) \rightarrow (A \rightarrow C))$,
(4.3) $(\neg A \rightarrow B) \rightarrow (\neg B \rightarrow A)$,
(4.4) $(A \rightarrow \neg B) \rightarrow (B \rightarrow \neg A)$,
(4.5) $\bigwedge_x A \rightarrow \sigma_y^x A$, sofern x frei für y in A ist.

Dabei nennt man eine Objektvariable x ›frei für y‹ in einer Formel A, wenn keine Stelle, an der x frei in A

vorkommt (↑Vorkommen), im Wirkungsbereich eines y-Quantors $\bigwedge_y$ liegt; und es heißt B der ›Wirkungsbereich‹ des x-Quantors $\bigwedge_x$ in $\bigwedge_x B$ (↑Variable). Der Ausdruck $\sigma_y^x A$ schließlich teilt diejenige Formel mit, die aus A hervorgeht, wenn man x an allen Stellen, an denen es frei in A vorkommt, durch y ersetzt. Die Anfänge sind als erste logisch wahre Aussagen zu deuten, aus denen durch die Regeln des L.s weitere logisch wahre Aussagen hergestellt werden können. Die Regeln (im Vorgriff auf die Deutung auch ›logische Schlußregeln‹ genannt) lauten: (4.6) ↑*Abtrennungsregel* (↑modus ponens): Sind A und $(A \rightarrow B)$ bereits im L. hergestellte Formeln, so darf auch B hergestellt werden; (4.7) *hintere* ↑*Generalisierung*: Ist $(A \rightarrow B)$ bereits im L. hergestellt und kommt x nicht frei in A vor (also entweder gar nicht oder nur gebunden [↑Vorkommen]), so darf auch $(A \rightarrow \bigwedge_x B)$ hergestellt werden.

Die erstmals Frege gelungene vollständige Kalkülisierung bzw. ↑Formalisierung der klassischen Logik liefert einen L. in Gestalt eines *Satzkalküls*, weil logisch wahre Aussageschemata aus gewissen einfachen logisch wahren Aussageschemata erzeugt werden. In L.en von der Gestalt eines *Implikationenkalküls* hingegen stellt man gültige logische Implikationen $A_1, \ldots, A_n \prec A$, die ihrerseits bereits eine Notation der für gültige logische Schlüsse von Hypothesen auf Thesen erforderlichen Beziehung zwischen Hypothesen und These darstellen, aus einfachen Implikationen her. Der Zusammenhang zwischen den beiden Arten von L.en wird unter Zuhilfenahme des ↑Wahrheitswertes $\curlyvee$ (d.i. ↑verum, das für eine beliebige wahre Aussage steht) durch die folgenden stets geltenden grundlegenden Beziehungen gestiftet: ›$A \prec B$ genau dann, wenn $A \rightarrow B$ logisch wahr ist‹ bzw. ›A ist logisch wahr genau dann, wenn $\curlyvee \prec A$‹. Kalkültheoretisch läßt sich dieser Zusammenhang derart ausnutzen, daß zu hypothetischen Ableitbarkeitsaussagen $A_1, \ldots, A_n \vdash_K A$ in einem Satzkalkül K – diese sind nach dem ↑Deduktionstheorem (unter Beachtung der innerhalb der ↑Quantorenlogik erforderlichen Variablenbedingungen) mit Ableitbarkeitsaussagen $\vdash_K (A_1 \wedge \ldots \wedge A_n) \rightarrow A$ gleichwertig – nicht-hypothetische Ableitbarkeitsaussagen $\vdash_I A_1, \ldots, A_n \prec A$ in einem Implikationenkalkül I konstruiert werden und umgekehrt. Wird K speziell als ein ↑*Kalkül des natürlichen Schließens* aufgebaut, in dem jeder Regelschritt selbst bereits von hypothetischen Ableitbarkeitsaussagen zu einer neuen hypothetischen Ableitbarkeitsaussage führt (wobei natürlich die Hypothesen auch fehlen dürfen), so ist I der zu K gehörige ↑*Annahmenkalkül* und damit ein spezieller ↑*Sequenzenkalkül*. Weitere Verallgemeinerungen von Sequenzenkalkülen werden gegenwärtig in der *multiple-conclusion logic* untersucht.

Anstelle der ursprünglichen Gentzenschen Unterscheidung zwischen ›natürlichen‹ und ›logistischen‹ L.en – je nachdem ob im Verlauf der Ableitungsschritte auch Hypothesen eingeführt werden dürfen oder aber stets nur mit gültigen Formeln, seien es logisch wahre Aussageschemata oder gültige logische Implikationen bzw. gültige ↑Sequenzen, zu beginnen ist – trifft man heute die Unterscheidung zwischen ↑*Hilberttypkalkülen* und ↑*Gentzentypkalkülen* nach dem Kriterium der Geltung des ↑Gentzenschen Hauptsatzes. Nur in L.en vom Gentzentyp gibt es wegen der Zulässigkeit der ↑Schnittregel zu jeder ableitbaren Figur ›umweglose‹ Ableitungen, d.h. solche Ableitungen, in denen keine Formeln auftreten, die nicht auch als Teilformeln in der Endfigur auftreten; für L.e vom Hilberttyp ist das nicht der Fall. Nach diesem Kriterium gibt es sowohl Satzkalküle als auch Implikationenkalküle beider Typen, ganz abgesehen davon, daß neben den Sequenzenkalkülen mittlerweile auch noch andere L.e vom Gentzentyp untersucht werden, z.B. die von E. W. Beth entwickelten Tableauxkalküle (↑Tableau, logisches), die auch bei der Kalkülisierung der ↑Gewinnstrategien für die Dialoge der dialogischen Logik (↑Logik, dialogische) eine Rolle spielen. Ein besonders einfacher L. für die intuitionistische Logik (↑Logik, intuitionistische) ist ein Implikationenkalkül vom Hilberttyp. Er benutzt als Anfänge die drei logischen Implikationen (a) $A \prec \curlyvee$ (↑ex quolibet verum), (b) $A \prec A$ (*principium identitatis* oder Reflexivität [↑reflexiv/Reflexivität] der Implikation), (c) $\curlywedge \prec A$ (↑ex falso quodlibet, unter Benutzung des Wahrheitswertes $\curlywedge$, d.i. ↑falsum, das für eine beliebige falsche Aussage steht) als Anfänge, und die Transitivität (↑transitiv/Transitivität) der logischen Implikation, die Konjunktionseinführung und Konjunktionsbeseitigung, die Adjunktionseinführung und Adjunktionsbeseitigung sowie die Importation und Exportation für die ↑Subjunktion als Regeln (↑Importationsregeln, ↑Exportationsregeln), insgesamt also:

$$\Rightarrow A \prec \curlyvee; \; A \prec A; \; \curlywedge \prec A,$$
$$A \prec B; \; B \prec C \Rightarrow A \prec C,$$
$$C \prec A; \; C \prec B \Leftrightarrow C \prec A \wedge B,$$
$$A \prec C; \; B \prec C \Leftrightarrow A \vee B \prec C,$$
$$A \prec B \rightarrow C \; \Leftrightarrow A \wedge B \prec C.$$

Die Erweiterung dieses L.s der Junktorenlogik zu einem L. der ↑Quantorenlogik geschieht durch die vier Regeln

$$C \prec A \Leftrightarrow C \prec \bigwedge_x \sigma_x^n A \quad \text{und}$$
$$A \prec C \Leftrightarrow \bigvee_x \sigma_x^n A \prec C,$$

sofern im Falle einer Instantiierung der beiden Regeln mit der Pfeilrichtung ›$\Rightarrow$‹ die ↑Konstante n in C nicht vorkommt und stets n frei für x in A ist, was sich durch ↑Umbenennung der gebunden vorkommenden Variablen in A stets erreichen läßt. Aus diesem L. für die intuitionistische Logik erhält man einen (mit dem im Anschluß an Frege formulierten L. gleichwertigen) L. der *klassischen* Logik, indem anstelle der Importation und Exportation für die Subjunktion die ↑Transportationsregeln für die ↑Negation gewählt werden:

$$A \wedge B \prec C \Rightarrow A \prec \neg B \vee C,$$
$$C \prec A \vee B \Rightarrow C \wedge \neg A \prec B .$$

Dabei sind die Negation im intuitionistischen L. und die Subjunktion im klassischen L. je durch die definitorisch geltenden logischen ↑Äquivalenzen $\neg A \asymp A \rightarrow \lambda$ bzw. $A \rightarrow B \asymp \neg A \vee B$ adäquat eingeführt. Entsprechend lassen sich quantorenlogische Kalküle der intuitionistischen und klassischen Logik vom Gentzentyp angeben (↑Quantorenlogik).

Durch weitere Abänderung der Anfänge und der Regeln eines solchen L.s werden andere L.e hergestellt, mit deren Hilfe sich die strukturellen Zusammenhänge geeigneter Teilbereiche von Aussageschemata, z.B. nur mittels der Subjunktion zusammengesetzter (↑Implikationslogik) oder ausschließlich negationsfreier (↑Logik, positive), aufklären lassen. Wird auch das von den logischen Partikeln verschiedene Vokabular abgeändert, werden z.B. die ↑Identität und damit der Bereich von Elementaraussagen der Form $s = t$ mit Termen s und t und die daraus herstellbaren logischen Zusammensetzungen zum Bereich der Aussageschemata hinzugefügt oder die ↑Modalitäten ›möglich‹ (symbolisch: ∇) und ›notwendig‹ (symbolisch: Δ) als einstellige Operatoren auf dem Bereich der Aussageschemata eingeführt, so entstehen bei gleichzeitiger Wahl geeigneter Anfänge und Regeln z.B. L.e mit Identität bzw. Kalküle der ↑Modallogik. Fügt man L.e in passender Weise den Axiomatisierungen inhaltlich vorliegender Theorien anderer Wissensgebiete hinzu, z.B. der rekursiven Arithmetik (↑Arithmetik, rekursive) oder der Peano-Arithmetik (↑Peano-Formalismus), so erhält man eine – z.B. für metamathematische (↑Metamathematik) Untersuchungen benötigte – *Formalisierung* dieser Theorien, also die anfangs genannten formalen Systeme, die auch als ›angewandte‹ L.e bezeichnet werden. In diesen Fällen werden dem Bereich der ↑Objektvariablen zweckmäßigerweise noch weitere Terme hinzugefügt mit Hilfe von *Funktionssymbolen* t_μ^ν beliebiger Stellenzahl ν ($\nu = 0, 1, 2, \ldots; \mu = 1, 2, \ldots$) (die Objektvariablen sind die 0-stelligen Terme t_μ^0), so daß der Bereich der Terme $t_\mu^0, t_\mu^1(x), t_\mu^2(x, y), \ldots$ bei der Bildung der Primformelschemata an die Stelle des Bereichs der Objektvariablen tritt; z.B. tritt in einer Formalisierung der Arithmetik mit Identität an die Stelle der dreistelligen Additionsformel $+(x, y, z)$ (für ›$x + y = z$‹) die dreistellige Aussageform $z = t(x, y)$ mit dem zweistelligen Additionsterm $t(x, y)$ (für ›$x + y$‹).

Literatur: O. Becker, Über die vier Themata der stoischen Logik, in: ders., Zwei Untersuchungen zur antiken Logik, Wiesbaden 1957, 27–49; F. A. Bök (ed.), Sammlung der Schriften welche den logischen Calcul Herrn Prof. Ploucquets betreffen, mit neuen Zusätzen, Frankfurt/Leipzig 1766 (repr. Stuttgart-Bad Cannstatt 1970); H. Burkhardt, Logik und Semiotik in der Philosophie von Leibniz, München 1980; F. A. M. v. Castillon, Mémoire sur un nouvel algorithme logique, Mém. Acad. Royale Sci. Belles-lettres, Cl. de philos. speculat. 1803, Berlin 1805, 3–24; L. Couturat, La logique de Leibniz, d'après des documents inédits, Paris 1901 (repr. Hildesheim 1961, 1985); M. Frede, Die stoische Logik, Göttingen 1974; G. Frege, Begriffsschrift, eine der arithmetischen nachgebildete Formelsprache des reinen Denkens, Halle 1879 (repr. in: ders., Begriffsschrift und andere Aufsätze, ed. I. Angelelli, Darmstadt, Hildesheim etc. 1964, 2007), Neudr. in: K. Berka/L. Kreiser (eds.), Logik-Texte. Kommentierte Auswahl zur Geschichte der modernen Logik, Berlin (Ost) 1971, ⁴1986, 82–107; G. Gentzen, Untersuchungen über das logische Schließen, Math. Z. 39 (1934–1935), 176–210, 405–431 (repr. Darmstadt 1969), Neudr. in: K. Berka/L. Kreiser (eds.), Logik-Texte [s.o.], 206–262; H. Hermes, Einführung in die mathematische Logik. Klassische Prädikatenlogik, Stuttgart ⁴1976, 1991 (engl. Introduction to Mathematical Logic, Berlin/ New York 1973); D. Hilbert/P. Bernays, Grundlagen der Mathematik, I–II, Berlin 1934/1939, Berlin etc. ²1968/1970 (franz. Fondements des mathématiques, Paris etc. 2001); S. Jaśkowski, On the Rules of Suppositions in Formal Logic, Stud. Log. 1 (1934), 5–32, Nachdr. in: S. McCall (ed.), Polish Logic 1920–1939, Oxford 1967, 232–258; J. Jørgensen, Some Remarks Concerning Languages, Synthese 12 (1960), 338–349, Nachdr., Danish Yearbook of Philos. 6 (1969), 61–71; K. Klement, The Need for a Logical Calculus for the Theory of Sinn and Bedeutung, in: ders., Frege and the Logic of Sense and Reference, London/New York 2002, 3–24; J. H. Lambert, De universaliori calculi idea disquisitio, una cum adnexo specimine, Nova Acta Erud. 33 (1765), 441–473; W. Lenzen, Das System der Leibnizschen Logik, Berlin/New York 1990; ders., Leibniz's Logic, in: D. Ganny/J. Woods (eds.), Handbook of the History of Logic III (The Rise of Modern Logic. From Leibniz to Frege), Amsterdam etc. 2004, 1–83; P. Lorenzen, Formale Logik, Berlin ⁴1970; J. Łukasiewicz, Zur Geschichte der Aussagenlogik, Erkenntnis 5 (1935), 111–131; D. Macbeth, Logical Generality, in: ders., Frege's Logic, Cambridge Mass./London 2005, 37–73; B. Mates, Stoic Logic, Berkeley Calif. etc. 1953, 1973; V. Peckhaus, Mathesis universalis und allgemeine Wissenschaft. Leibniz und die Wiederentdeckung der formalen Logik im 19. Jahrhundert, Berlin 1997; ders., Leibniz's Influence on 19ᵗʰ Century Logic, SEP 2004; C. S. Peirce, Collected Papers, I–VI, ed. C. Hartshorne/ P. Weiss, Cambridge Mass. 1931–1935, Bristol 1998; W. V. O. Quine, Methods of Logic, New York 1950, Cambridge Mass. ³1982 (dt. Grundzüge der Logik, Frankfurt 1969, 2005); N. Rescher, Leibniz's Interpretation of His Logical Calculi, J. Symb. Log. 19 (1954), 1–13; ders., Leibniz' Interpretation seiner logischen Kalküle, in: A. Heinekamp/F. Schupp (eds.), Leibniz' Logik und Metaphysik, Darmstadt 1988, 175–192; M. M. Richter, L.e, Stuttgart 1978; H. Scholz, Was ist ein Kalkül und was hat Frege für eine pünktliche Beantwortung dieser Frage geleistet?, Semesterberichte zur Pflege des Zusammenhangs von Universität und Schule aus den mathematischen Seminaren 7 (1935), 16–47; E. Schröder, Vorlesungen über die Algebra der Logik (Exakte Logik), I–III, Leipzig 1890–1905 (repr. New York 1966, Bristol 2001); F. Schupp, Einleitung [zu »Die Grundlagen des logischen Kalküls«], in: G. Leibniz, Die Grundlagen des logischen Kalküls, ed. F. Schupp, Hamburg 2000, VII–LXXXVI; D. J. Shoesmith/T. J. Smiley, Multiple-Conclusion Logic, Cambridge etc. 1978; R. Vilko, Gottlob Frege's Begriffsschrift, in: ders., A Hundred Years of Logical Investigations. Reform Efforts of Logic in Germany 1781–1879, Paderborn 2002, 119–150; R. Wójcicki, Theory of Logical Calculi. Basic Theory of Consequence Operations, Dordrecht etc. 1988.   K. L.

Logikmaschinen, ↑Maschinentheorie.

Logik von Port-Royal, ↑Port-Royal, Schule von.

Logische Propädeutik, ↑Propädeutik.

Logischer Atomismus, ↑Atomismus, logischer.

Logischer Empirismus, ↑Empirismus, logischer.

Logischer Positivismus, ↑Empirismus, logischer, ↑Neopositivismus.

logisch falsch, Terminus der Logik. Eine Aussage heißt ›l. f.‹, oder auch ›kontradiktorisch‹ (↑kontradiktorisch/ Kontradiktion), wenn sie falsch allein auf Grund ihrer Zusammensetzung mit den logischen Partikeln (↑Partikel, logische) ist, z. B. ›A und nicht-A‹ (symbolisiert: $A \wedge \neg A$). Daher ist die Negation einer l. f.en Aussage ↑logisch wahr.   K. L.

logisch wahr, Terminus der Logik. Eine Aussage heißt ›l. w.‹, wenn sie wahr allein auf Grund ihrer Zusammensetzung mit den logischen Partikeln (↑Partikel, logische) ist, z. B. ›wenn A und B, dann A‹ (symbolisiert: $A \wedge B \rightarrow A$). In der formalen Logik (↑Logik, formale) wird eine vollständige Übersicht über die l. w.en Aussagen gegeben, indem alle allgemeingültigen (↑allgemeingültig/Allgemeingültigkeit) Aussageschemata aufgesucht werden, d. h. solche ↑Aussageschemata, die ausschließlich von wahren Aussagen erfüllt werden. Z. B. ist das Aussageschema $A \wedge B \rightarrow A$ allgemeingültig, weil jede es erfüllende Aussage $A \wedge B \rightarrow A$ wahr ist, und deshalb l. w.. Beschränkt man sich bei den Einsetzungen in das Schema auf wertdefinite (↑wertdefinit/Wertdefinitheit), also entweder wahre oder falsche Aussagen, treibt also klassische Logik (↑Logik, klassische), so sagt man statt ›l. w.‹ auch ›tautologisch‹ (↑Tautologie).   K. L.

Logistik (von griech. λογίζεσθαι, rechnen; lat. logistica, engl. logistics), ursprünglich Bezeichnung für die praktische Rechenkunst im Unterschied zur ↑Arithmetik als der Theorie darüber. Zu Beginn der Neuzeit, als diese Unterscheidung keine Rolle mehr spielt, wird ›L.‹ oft an Stelle von ›Algebra‹ (›Buchstabenrechnen‹, bei F. Vieta 1591 ›logistica speciosa‹) im Unterschied zu ›Arithmetik‹ (›Zahlenrechnen‹, bei Vieta ›logistica numerosa‹)

verwendet, wobei allerdings häufig ›logistica‹ einfach auch als Latinisierung von ›Algebra‹ auftritt. Unter Berufung auf das ↑Leibnizprogramm einer »Mathesis universalis sive Logistica et Logica Mathematicorum« (G. W. Leibniz, Math. Schr. VII, 54) ist ›L.‹ nach Mitteilung von L. Couturat auf dem 2. Kongreß für Philosophie in Genf (1904) von ihm selbst, A. Lalande und G. Itelson als Bezeichnung für die moderne, kalkülisiert auftretende formale Logik (↑Logik, formale, ↑Logikkalkül) zum Zwecke der terminologischen Abgrenzung von der traditionellen Logik (↑Logik, traditionelle) vorgeschlagen worden (vgl. IIme; Congrès de Philosophie – Genève. Comptes rendus critiques, Rev. mét. mor. 12 [1904], 1042). Gegenwärtig wird ›L.‹ fast nur noch in pejorativem Sinne von Gegnern der modernen formalen Logik verwendet.

Literatur: G. Gabriel, L., Hist. Wb. Ph. V (1980), 482–483; G. Jacoby, Die Ansprüche der Logistiker auf die Logik und ihre Geschichtsschreibung. Ein Diskussionsbeitrag, Stuttgart 1962; V. Metschl, L., in P. Prechtl/F.-P. Burkard (eds.), Metzler Lexikon Philosophie, Stuttgart/Weimar 2008, 348; H. Scholz, Geschichte der Logik, Berlin 1931, Freiburg/München ²1959, unter den Titel: Abriß der Geschichte der Logik, Freiburg/München ³1967 (engl. Concise History of Logic, New York 1961; franz. Esquisse d'une histoire de la logique, Paris 1968).   K. L.

Logizismus (engl. logicism, franz. logicisme), in der ↑Erkenntnistheorie die Betonung des Vorrangs des Logischen gegenüber dem Psychologischen, dem Irrationalen und ähnlichem, in der mathematischen ↑Grundlagenforschung eine Richtung, die in der Mathematik lediglich eine höher entwickelte Logik sieht. Diese Behauptung umfaßt (1) die These von der Definierbarkeit aller mathematischen Begriffe – z. B. des Anzahlbegriffs, der Teilbarkeitsbeziehung – durch rein logische Begriffe und (2) die These von der Begründbarkeit aller mathematischen Sätze durch rein logische Schlußweisen, so daß z. B. das Beweisverfahren der vollständigen Induktion (↑Induktion, vollständige) als rein logisch begründbar erwiesen werden muß. Die Durchführung dieses im allgemeinen unter Ausklammerung der Geometrie vertretenen Programms für den gegenwärtigen Bestand der Mathematik erfordert die Verwendung imprädikativer (↑imprädikativ/Imprädikativität) Verfahren, wodurch der L. zu einer der Positionen im ↑Grundlagenstreit der Mathematik wird, da die Gültigkeit imprädikativer Verfahren von seiten der konstruktiven Mathematik (↑Mathematik, konstruktive) bestritten wird. Als Vertreter des L. gelten G. W. Leibniz, G. Frege, B. Russell, R. Carnap und (mit Einschränkungen) W. V. O. Quine.

Als erster versuchte Frege, die Durchführbarkeit des logizistischen Programms durch einen lückenlosen Aufbau der Arithmetik auf einer das Abstraktionsprinzip (↑Menge) einschließenden Logik nachzuweisen. Nach der Entdeckung der Inkonsistenz (↑inkonsistent/Inkonsistenz) seines Systems der »Grundgesetze der Arithmetik« (I–II, 1893/1903) durch Russell unternahm dieser zusammen mit A. N. Whitehead in den ↑»Principia Mathematica« (I–III, 1910–1913) erneut einen solchen Konstitutionsversuch für Arithmetik und Analysis, der die logischen Antinomien (↑Antinomien, logische) durch Typenunterscheidungen zu umgehen suchte (↑Typentheorien). Von einer Zurückführung auf die Logik versprach man sich eine zuverlässigere Grundlegung der Mathematik, weil sich die logischen Schlußweisen als einfacher und vor allem überschaubarer darstellten als die mathematischen. Ob die logischen Begriffe und Schlußweisen selbst wiederum auf noch einfachere zurückgeführt werden könnten (etwa auf elementare kombinatorische Prozesse), wurde nicht thematisiert und die Unmöglichkeit einer solchen weiteren Reduktion wohl (stillschweigend) unterstellt. Im gegenwärtigen Neo-L. werden mit Hilfe einer Logik 2. Stufe die Sätze der Arithmetik aus *Hume's Principle* hergeleitet (einer Formalisierung der Aussage, daß für je zwei Begriffe F und G die Anzahl der F's genau dann gleich der Anzahl der G's sei, wenn sich die unter F fallenden Gegenstände den unter G fallenden Gegenständen umkehrbar eindeutig zuordnen lassen [↑eindeutig/Eindeutigkeit]), ohne Freges inkonsistente Ableitung desselben aus dem Abstraktionsprinzip zu übernehmen. In der Diskussion dieses Ansatzes ist jedoch umstritten, ob *Hume's Principle* überhaupt analytisch ist, wie es für den rein logischen Charakter der Herleitung erforderlich wäre.

Dabei ist unter der Herleitbarkeit der »Arithmetik« bereits bei Frege nicht die Herleitbarkeit der Axiome etwa des Peano-Dedekindschen Axiomensystems der Arithmetik (↑Peano-Axiome) oder aus ihm folgender Sätze gemeint, sondern die Konstruktion eines Modells dieses Axiomensystems (zu dem es auch Nichtmodelle gibt, so daß seine Sätze nicht allgemeingültig [↑allgemeingültig/Allgemeingültigkeit] und somit nicht rein logisch sein können). Auch daß aus einem reinen ↑Logikkalkül keine Aussagen über die Existenz von Gegenständen ableitbar sein können, wurde nicht erörtert, vielleicht weil die Existenz ›logischer Gegenstände‹ (Frege) wie der ↑Zahlen doch ↑a priori nachweisbar und jedenfalls von anderem Status als die Existenz ›konkreter‹ Gegenstände zu sein schien. Schließlich waren Grenzen der ↑Kalkülisierung von Logik und Arithmetik zur Zeit Freges und noch der »Principia Mathematica« nicht einmal im Bereich der Vermutungen (↑Unvollständigkeitssatz).

D. Bostock hat einen logizistischen Aufbau der Arithmetik (im Sinne der Konstruktion eines logischen Modells der Peano-Axiome) vorgelegt, der eine zumindest der Intention nach nicht-platonistische, typenfreie klassische Logik zugrunde legt. Die Arithmetik, in der imprädikative Begriffsbildungen zugelassen werden, ist dabei

keine Wissenschaft von irgendwelchen Objekten (also auch nicht wie üblich von den Zahlen), sondern eine Theorie der Anzahlquantoren ›es gibt mindestens n-viele A's‹ bzw. ›es gibt höchstens n-viele A's‹, wobei die Begriffsvariable ›A‹ keine ontologischen Implikationen haben soll. Die Widerspruchsfreiheit (↑widerspruchsfrei/Widerspruchsfreiheit) dieses (komplizierten) Systems ist bisher ebensowenig bewiesen wie die früherer logizistischer und auch gegenwärtiger zum Aufbau der Analysis ausreichender mengentheoretischer Systeme.

Literatur: F. Bachmann, Untersuchungen zur Grundlegung der Arithmetik mit besonderer Beziehung auf Dedekind, Frege und Russell, Münster 1934; P. Benacerraf, Frege. The Last Logicist, Midwest Stud. Philos. 6 (1981), 17–35, ferner in: W. Demopoulos (ed.), Frege's Philosophy of Mathematics, Cambridge Mass./London 1995, 41–67; E. W. Beth, The Foundations of Mathematics. A Study in the Philosophy of Science, Amsterdam 1959, ²1965, 1968; G. Boolos, Reading the »Begriffsschrift«, Mind NS 94 (1985), 331–344, ferner in: W. Demopoulos (ed.), Frege's Philosophy of Mathematics [s. o.], 163–181; D. Bostock, Logic and Arithmetic, I–II (I Natural Numbers, II Rational and Irrational Numbers), Oxford 1974/1979; J. Burgess, Protocol Sentences for Lite Logicism, in: S. Lindström u. a. (eds.), Logicism, Intuitionism, and Formalism. What Has Become of Them?, Dordrecht/London 2009, 29–46; R. Carnap, Die Mathematik als Zweig der Logik, Bl. dt. Philos. 4 (1930/1931), 298–310; A. Church, Mathematics and Logic, in: E. Nagel/P. Suppes/A. Tarski (eds.), Logic, Methodology and Philosophy of Science, Proceedings of the 1960 International Congress, Stanford Calif. 1962, 181–186 [Rezension von E. J. Lemmon in: J. Symb. Log. 28 (1963), 106–107]; A. Coffa, Kant, Bolzano and the Emergence of Logicism, J. Philos. 79 (1982), 679–689, ferner in: W. Demopoulos (ed.), Frege's Philosophy of Mathematics [s. o.], 29–40; J. Couture/J. Lambek, Philosophical Reflections on the Foundations of Mathematics, Erkenntnis 34 (1991), 187–209; W. Demopoulos, The Contemporary Interest of an Old Doctrine, in: D. Hull/M. Forbes/R. M. Burian (eds.), PSA. Proceedings of the Biennial Meeting of the Philosophy of Science Association II, East Lansing Mich. 1994, 209–216; ders., Frege and the Rigorization of Analysis, J. Philos. Log. 23 (1994), 225–245, ferner in: ders. (ed.), Frege's Philosophy of Mathematics [s. o.], 68–88; ders./P. Clark, The Logicism of Frege, Dedekind, and Russell, in: S. Shapiro (ed.), The Oxford Handbook of Philosophy of Mathematics and Logic, Oxford etc. 2005, 2007, 129–165; M. Detlefsen, Poincaré Against the Logicians, Synthese 90 (1992), 349–378; R. Egidi, Aspetti della crisi interna del logicismo, Archivio di filos. 66 (1966), No. 1 (Logica e Analisi), 109–119; G. Frege, Die Grundlagen der Arithmetik. Eine logisch mathematische Untersuchung über den Begriff der Zahl, Breslau 1884, 1934 (repr. Hildesheim/New York, Darmstadt 1961, 1990), ed. C. Thiel, Hamburg 1986, ed. J. Schulte, Stuttgart 2009 (engl. The Foundations of Arithmetic. A Logico-Mathematical Enquiry into the Concept of Number, Oxford/New York 1950, Oxford ²1953, Evanston Ill. 1999); ders., Grundgesetze der Arithmetik. Begriffsschriftlich abgeleitet, I–II, Jena 1893/1903 (repr. Hildesheim, Darmstadt 1962), Paderborn 2009 [Begriffsschriftformeln durch moderne logische Notation ersetzt] (engl. [Teilübers.] The Basic Laws of Arithmetic, Berkeley Calif. etc. 1964, 1982); M. C. Galavotti, Harold Jeffreys' Probabilistic Epistemology. Between Logicism and Subjectivism, Brit. J. Philos. Sci. 54 (2003), 43–57; I. Grattan-Guinness, On Russell's Logicism and

Its Influence, 1910–1930, in: H. Berghel/A. Hübner/E. Köhler (eds.), Wittgenstein, der Wiener Kreis und der Kritische Rationalismus. Akten des Dritten Internationalen Wittgenstein Symposiums, 13. bis 19. August 1978, Kirchberg am Wechsel (Österreich), Wien 1979, 275–280; B. Hale/C. Wright, Logicism in the Twenty-First Century, in: S. Shapiro (ed.), The Oxford Handbook of Philosophy of Mathematics and Logic [s. o.], 166–202; W. Hanson, Second-Order Logic and Logicism, Mind NS 99 (1990), 91–99; J. Higginbotham, McGinn's Logicisms, Philos. Issues 4 (1993), 119–127; J. Hintikka, Logicism, in: A. D. Irvine (ed.), Philosophy of Mathematics, Amsterdam etc. 2009 (Handbook of the Philosophy of Science IV), 271–290; H. Hochberg, Logicism and Its Contemporary Legacy, in: D. Jacquette (ed.), Philosophy of Logic, Amsterdam etc. 2007 (Handbook of the Philosophy of Science V), 449–495; H. T. Hodes, Logicism and the Ontological Commitments of Arithmetic, J. Philos. 81 (1984), 123–149; L. Horsten, Philosophy of Mathematics, SEP 2007; A. D. Irvine, Epistemic Logicism and Russell's Regressive Method, Philos. Stud. 55 (1989), 303–327; ders., Principia Mathematica, SEP 1996, rev. 2010; F. Jeffrey, Logicism Lite, Philos. Sci. 69 (2002), 447–451; R. Jeshion, Frege's Notions of Self-Evidence, Mind NS 110 (2001), 937–976; P. Joray (ed.), Contemporary Perspectives on Logicism and the Foundation of Mathematics, Neuchâtel 2007; V. Kolman, Lässt sich der Logizismus retten?, Allg. Z. Philos. 30 (2005), 159–174; S. Körner, The Philosophy of Mathematics. An Introductory Essay, London 1960, New York 1986 (dt. Philosophie der Mathematik. Eine Einführung, München 1960, 1968); Ø. Linnebo, Frege's Context Principle and Reference to Natural Numbers, in: S. Lindström u. a. (eds.), Logicism, Intuitionism, and Formalism [s. o.], 47–68; B. Linsky/E. N. Zalta, What Is Neologicism?, Bull. Symb. Log. 12 (2006), 60–99; A. S. Luchins/E. H. Luchins, Logicism, Scr. Math. 27 (1964/1966), 223–243, rev. Neudr. in: dies., Logical Foundations of Mathematics for Behavioral Scientists, New York 1965, 108–130 (Chap. 6, 7); dies., Logicism and Psychology, in: dies., Logical Foundations of Mathematics for Behavioral Scientists [s. o.], 131–140; F. MacBride, Speaking with Shadows. A Study of Neo-Logicism, Brit. J. Philos. Sci. 54 (2003), 103–163; J. MacFarlane, Frege, Kant, and the Logic in Logicism, Philos. Rev. 111 (2002), 25–65; V. Mayer, L., in: P. Prechtl/F.-P. Burkard (eds.), Metzler Lexikon Philosophie, Stuttgart/Weimar ³2008, 348; C. McGinn, Logic, Mind and Mathematics, Philos. Issues 4 (1993), 101–118; P. Milne, Frege, Informative Identities and Logicism, Brit. J. Philos. Sci. 40 (1989), 155–166; A. Musgrave, Logicism Revisited, Brit. J. Philos. Sci. 28 (1977), 99–127; H. Putnam, The Thesis that Mathematics Is Logic, in: R. Schoenman (ed.), Bertrand Russell, Philosopher of the Century. Essays in His Honour, London, Boston Mass./Toronto 1967, 273–303, Neudr. in: ders., Mathematics, Matter and Method. Philosophical Papers I, Cambridge etc. 1975, ²1979, 12–42; W. V. O. Quine, Ontological Reduction and the World of Numbers, J. Philos. 61 (1964), 209–216, stark veränderte Fassung in: ders., The Ways of Paradox and Other Essays, Cambridge Mass./London ²1976, 1997, 212–220; M. Radner, Philosophical Foundations of Russell's Logicism, Dialogue 14 (1975), 241–253; A. Rayo, Logicism Reconsidered, in: S. Shapiro (ed.), The Oxford Handbook of Philosophy of Mathematics and Logic [s. o.], 203–235; I. Rumfitt/T. Williamson, Logic and Existence, Proc. Arist. Soc. 73 (1999), 151–203; M. Schirn, Hume's Principle and Axiom V Reconsidered. Critical Reflections on Frege and His Interpreters, Synthese 148 (2006), 171–227; M. Schmitz, Erkenntnistheorie der Zahldefinition und philosophische Grundlegung der Arithmetik unter Bezugnahme auf einen Vergleich von Gottlob Freges L. und platonischer Philosophie (Syrian, Theon von Smyrna u. a.), Z. allg. Wiss.-theorie 32 (2001), 271–305; S. Shapiro, Thinking about Mathematics. The Philosophy of Mathematics, Oxford/New York 2000, bes. 107–139 (Chap. 5 Logicism. Is Mathematics (just) Logic?); ders., The Measure of Scottish Neo-Logicism, in: S. Lindström u. a. (eds.), Logicism, Intuitionism, and Formalism [s. o.], 69–90; J. B. Shaw, Logistic and the Reduction of Mathematics to Logic, Monist 26 (1916), 397–414; H. Stein, Logos, Logic and Logistiké. Some Philosophical Remarks on the Nineteenth-Century Transformation of Mathematics, in: W. Aspray/P. Kitcher (eds.), History and Philosophy of Modern Mathematics, Minneapolis Minn. 1988, 238–259; ders., Logicism, REP V (1998), 811–817; M. Steiner, Mathematical Knowledge, Ithaca N. Y./London 1975, bes. 71–92 (Chap. 2 Logicism Reconsidered); R. Sternfeld, The Logistic Thesis, in: M. Schirn (ed.), Studien zu Frege I (Logik und Philosophie der Mathematik), Stuttgart-Bad Cannstatt 1976, 139–160; N. Tennant, Natural Logicism via The Logic of Orderly Pairing, in: S. Lindström u. a. (eds.), Logicism, Intuitionism, and Formalism [s. o.], 91–125; C. Thiel, Grundlagenkrise und Grundlagenstreit. Studie über das normative Fundament der Wissenschaften am Beispiel von Mathematik und Sozialwissenschaft, Meisenheim am Glan 1972; G. Volk, Die Krise der Mathematik und der logizistische Versuch der Neubegründung, Wiss. Z. Ernst-Moritz-Arndt-Universität Greifswald 21 (1972), gesellschafts- u. sprachwiss. Reihe, 193–197; P. Weingartner, Wissenschaftstheorie II/1 (Grundlagenprobleme der Logik und Mathematik), Stuttgart-Bad Cannstatt 1976; H. Weyl, Mathematics and Logic. A Brief Survey Serving as Preface to a Review of »The Philosophy of Bertrand Russell«, Amer. Math. Monthly 53 (1946), 2–13, Neudr. in: ders., Gesammelte Abhandlungen IV, ed. K. Chandrasekharan, Berlin/Heidelberg/New York 1968, 268–279. C. T.

Logos (griech. λόγος, lat. ratio, Verhältnis, Rede, Denken, Erklärung, Begründung, Rechenschaft, Rechtfertigung; von griech. λέγειν, sammeln, lesen, zählen, erzählen, [seit Homer] reden), Terminus der antiken Philosophie und Mathematik. Im Unterschied zum möglicherweise sinn- und bedeutungslosen Einzelwort (ἔπος) bezeichnet L. die sinnvolle gesprochene, geschriebene oder nur gedachte (= Gedanke) Rede. Als zentraler Terminus der griechischen Philosophie bedeutet ›L.‹ vorwiegend die mit dem Anspruch auf Wahrheit, Nachprüfbarkeit, Vernünftigkeit und Richtigkeit verbundene Rede. – Die Scholien zur »Ars grammatica« des Dionysios von Alexandreia (2. Jh. v. Chr.) geben folgende Bedeutungen für L. an: Rechenschaft; mathematische und geometrische Proportion; Sorge um etwas; logischer Schluß, Folgerung (λογισμός); vernünftiges Denken; Fähigkeit (Dynamis); Stimme, Laut (φωνή); Satz, Aussage; Rede von bestimmter Länge und Kunstform; Buch (βιβλίον); Grundgedanke (einer längeren Ausführung); Definition ὅρος); Regel; Rechtfertigungsgrund; Inschrift; Spruch; Ursache (αἰτία); Gott (θεός). Unterminologisch und weithin undifferenziert wird ›L.‹ zunächst als Kennzeichnung eines theoretischen Habitus in Opposition zur pragmatischen Herangehensweise (λόγῳ –

ἔργῳ) verwendet, wobei die Wertschätzung ambivalent ist: Demokrit (VS 68 B 145) versteht den L. als bloßen ›Schatten der Tat‹, während Parmenides (VS 28 B 7) ihn als höchste Entscheidungsinstanz ansieht. Die systematische Differenzierung und Präzisierung des L.verständnisses markiert zugleich verschiedene Phasen und Entwicklungsstufen der Philosophie- und Wissenschaftsgeschichte, des Rationalitätsbegriffs sowie des Selbstverständnisses des Menschen als Vernunftwesen (*animal rationale*). Selten begegnet ›L.‹ bei Homer und Hesiod; hier finden sich für ›Rede‹ die Ausdrücke ›epos‹ (ἔπος) und ›mythos‹ (μῦθος), die, nachdem L. sich als bestimmte Art der Rede etabliert hatte, in der speziellen Bedeutung von Epos bzw. ↑Mythos (im heutigen Sinne) ausdifferenziert und vom L. unterschieden wurden. In Abgrenzung vor allem zur ›bloßen‹ ↑Meinung (δόξα) und zur ↑Wahrnehmung (αἴσθησις, ↑Aisthesis) entwickelt und behauptet sich L. als spezifische Form rationalen Denkens, als dessen Kernelemente die Reflexion auf die Bedingungen und Möglichkeiten der ↑Sprache, der Methodologie des Redens, der ↑Argumentation, der ↑Begründung und des ↑Beweisens hervortreten. L. und ↑Wahrheit hängen somit unmittelbar zusammen. Dadurch gerät der philosophische L.begriff in direkte Konkurrenz zu religiösen und mythischen Wahrheitsansprüchen. Programmatisch und zugleich polemisch nennt der Platoniker Kelsos (2. Jh. n. Chr.) sein Hauptwerk, das dezidiert gegen das Christentum gerichtet ist, »Wahrer L.« (ἀληθὴς λόγος).

Folgt man den Diskurslinien der verschiedenen philosophischen Disziplinen, in denen dem L.begriff eine zentrale Bedeutung zukommt, so lassen sich folgende systematisch wichtige Bedeutungen und Bedeutungsfelder rekonstruieren: Die Terminologiegeschichte von L. beginnt mit den Vorsokratikern Heraklit und Diogenes von Apollonia, die unter L. eine Rede bestimmter Art, näherhin die *argumentierende* und die *beweisende Rede* verstehen; Parmenides (ca. 515–445), der noch keine strikte Trennung von L. und Mythos vornimmt, bezieht sich auf den L. als allgemeine rationale Prüfungsinstanz der von ihm vorgetragenen Philosophie (VS 28 B 7/8). Heraklit (550/30–480) stellt seinen Theorieentwurf pointiert als L. vor, und zwar im Sinne einer diskursiven Erörterung, in der er »alles im Einzelnen nach seiner Natur zergliedert und erklärt, wie es sich verhält« (VS 22 B 1). Im Detail impliziert der wissenschaftliche L. Heraklits (nach M. Marcovich [s.u., Lit.], 269) die folgenden Schritte: (a) Formulierung einer ↑Behauptung mit kurzer Begründung, (b) Schlußfolgerung daraus, (c) praktische Anwendung, (d) Nachweis der Unmöglichkeit des Gegenteils; die Methode des indirekten Beweises (↑Beweis, indirekter, ↑reductio ad absurdum) scheint auf dieses L.verständnis Heraklits zurückzugehen. Auch die später (z.B. bei Platon, »Kratylos«) intensiv

diskutierte Frage der Richtigkeit sprachlicher Benennungen ist erstmals von ihm thematisiert worden. Ebenfalls in die beweistheoretische Richtung weist das von Diogenes von Apollonia (460–390) formulierte Grundpostulat aller argumentierenden Rede: »Zu Beginn einer jeden ›wissenschaftlichen‹ Rede (›L.‹) muß man einen (…) unbestreitbaren Ausgangspunkt angeben, und die Ausdrucksweise muß einfach und ernst sein« (VS 64 B 1).

Parallel zu diesen allgemeinen theoretischen Überlegungen entwickelt sich schon früh eine formale Betrachtungsweise des L., die zur Ausbildung einer *Grammatiktheorie* und einer *Logik* im technischen Sinne führt. Die Reflexionen der ↑Vorsokratiker über die Möglichkeiten von Sprache, insbes. über Probleme des korrekten Gebrauchs von Sprache (vor allem in philosophischen und wissenschaftlich argumentierenden Kontexten) können als Beiträge zur L.philosophie verstanden werden, auch wenn in den erhaltenen Fragmenten der Terminus ›L.‹ explizit nicht auftritt. So sind etwa die zahlreichen kritischen Stellungnahmen zum Sprachgebrauch und die Etymologien Heraklits (VS 22 B 48) und des pythagoreisierenden Musiktheoretikers Damon (VS 55) ebenso wie die Ausführungen Demokrits zum Sprachursprung und zu sprachtheoretischen Termini wie Synonymität, Homonymität und Metonymie (VS 68 A 1 und B 26) zum L.diskurs zu zählen. Zentrale Probleme der philosophisch-wissenschaftlichen Rede, des sinnerfüllten, korrekten, verläßlichen L. (λόγος ὀρθός) spricht Demokrit an, wenn er die semantische Neufassung zahlreicher Termini verlangt (VS 68 A 37), womit er (nach Aristoteles) als erster die ↑*Definition* als Kern des rationalen L. postuliert (VS 68 A 36); Prodikos (2. Hälfte des 5. Jhs.) führt diesen Aspekt der L.theorie fort und plädiert (wie später explizit Platon) für die ›Zergliederung‹ (↑Dihairesis) als Methode der Begriffsbestimmung (VS 84 A 19). In der Frage, ob die semantischen Teilelemente des L. (die Wörter, ὀνόματα) ihre Bedeutung ›von Natur aus‹ (φύσει) besitzen oder ob sie auf ›Übereinkunft‹, ›bloßer Konvention‹ (νόμῳ, θέσει) basieren (vgl. Platon, Kratylos 383a–384d), scheint Demokrit eine Zwischenposition derart vertreten zu haben, daß er den faktisch herrschenden Sprachgebrauch als lediglich konventionell und daher als bloße Meinung ansieht, die philosophisch gereinigte Semantik hingegen als der ›wahren Natur der Dinge‹ angemessen (VS 68 A 49).

Speziell als terminus technicus der Grammatiktheorie hat sich Platons Definition des L. (als sinnerfüllte Rede) durchgesetzt; er besteht (Platon, Krat. 424e–425a) aus Substantiven und Verben, diese wiederum aus Silben und diese schließlich aus Buchstaben als letzten Grundelementen des L.. Dieses (vermutlich auf Demokrit zurückgehende) Dreierschema gelangt über Aristoteles und den Peripatetiker Adrastos zu Theon von Smyrna, der es weiterentwickelt und für die Grammatiker kanonisiert. Die Stoiker betonen (in der Tradition Heraklits) vor allem den Unterschied von L. als sinnvoller Rede zu dem in Buchstabenfolgen artikulierten Klang (λέξις) und zum bloßen Laut oder Schall (φωνή). Platon präzisiert sein L.verständnis in Richtung auf die wissenschaftliche, die wahrheitsfähige Rede, indem er das Kriterium der Bejahung und Verneinung hinzufügt. Wahrheit, d. h. den wahren L. (λόγος ἀληθής), bestimmt er als Aussage, in der Rede und außersprachliche Gegebenheit übereinstimmen, den falschen L. (λόγος ψευδής) als eine Rede der Nicht-Übereinstimmung (Soph. 261c–264d). In seiner Theorie der fünf Erkenntnisstufen führt er (Epist. VII 342a–343a) an erster Stelle die bloße Bezeichnung, an zweiter den L. ein, der mit Hilfe von Substantiven und Verben den Begriffsinhalt expliziert; die weiteren Stufen münden in die ↑Ideenlehre, die Platon hier der Kompetenz des (auf Rede angewiesenen) wahrheitsuchenden L. entzieht und in den Bereich besonderer Seelenfähigkeit verweist. Aristoteles (de int. 1.16a1–18a12) greift die Definitionselemente Platons auf und bestimmt Substantiv (ὄνομα) und Verb (ῥῆμα) im einzelnen genauer; für den Bereich des wissenschaftlichen Argumentierens führt er den apophantischen L. (↑Apophansis), die ↑Behauptung, als Bedingung ein, worunter er eine semantisch gehaltvolle und zugleich wahrheitsfähige (Bejahung und Verneinung zulassende) Rede versteht. Der L. (generell betrachtet) konstituiert sich aufgrund von Affektionen durch die Gegenstände der Außenwelt in der Seele; die gesprochene Sprache ist direkter Ausdruck dieser Seeleneindrücke, die geschriebene ist lediglich ›Symbol‹ der mündlichen. Die Stoiker unterscheiden später einen L. prophorikos (λόγος προφορικός), d. h. ein lediglich von außen auf das Gehör einwirkendes Phonem, von einem L. endiathetos (λόγος ἐνδιάθετος), einem inneren, sinntragenden L., die allerdings beide als materiell angenommen werden (SVF II 43,18 und I 34,24).

Der Gebrauch des Wortes ›L.‹ in der *Logik* schließt sich an den in der Grammatik unmittelbar an, wie die L.elemente bei Platon und Aristoteles erkennen lassen: L. als wahrheitsfähige Verbindung von Nomina und Verben kann unmittelbar auch als ›logisches Urteil‹ verstanden werden. Ferner bedeutet L. bei Aristoteles *Definition* (die das Wesen und die Existenz einer Sache aussagt), *logischer* ↑*Schluß* (und zwar in der Form des Syllogismus, ↑Syllogistik) und ↑*Beweis* (ἀπόδειξις). – Die stoische Logik (↑Logik, stoische) umfaßt nicht nur die wahrheitsfähige Behauptung, sondern jede Art von L. (auch Buchstaben, Silben, Einzelworte sowie alle möglichen Satzarten und logischen Schlüsse, selbst ↑Fehlschlüsse).

Im *Rechtsdenken* und in der *Ethik* hat sich schon früh L. in der Bedeutung ›Rechenschaft geben‹, ›rechtfertigen‹ (λόγον διδόναι) etabliert. L. in der besonderen Form des

›richtigen L.‹ (λόγος ὀρθός), der vernünftigen, der rechten Richtschnur des Handelns ist umgangssprachliches Allgemeingut. Bei Herodot (VI 68) bedeutet der ›richtige‹ L. ›verläßliche Auskunft‹, ›verantwortungsvolle Rede‹. Darüber hinaus kann diese Redeweise als ›Weltgesetz‹ oder auch als göttliches Recht angesehen werden. Aristoteles gibt der Rede vom rechten L. einen spezifischen Sinn, indem er ihn als Basis für alle ethischen Tugenden bestimmt, der jeweils sagt, worin im konkreten Fall die ›rechte Mitte‹ besteht (Aristoteles, Eth. Nic. Z1.1138b18 ff.).

In der ↑*Rhetorik* wird der L. nach Stilformen und Redeintentionen gegliedert und von anderen Ausdrucksformen abgegrenzt. Gorgias unterscheidet den poetischen L. als Rede in metrisch gebundener Form von der Prosarede, die er in einen wissenschaftlichen, einen rhetorischen und einen philosophischen (dialogischen und agonalen) L. gliedert. Platon stellt dem agonalen und eristischen (↑Eristik) L. der Sophisten und dem kunstvollen des Rhetors den mäeutischen (↑Mäeutik, ↑Elenktik) des Sokratischen Dialogs (↑Dialektik) gegenüber. Aristoteles ordnet den Dialog (mit Dialektik und Logik) der Philosophie, den L. der Rhetorik, nicht der Poetik zu (bei der er nur den Inhalt, die Fabel, den Mythos gelegentlich ›L.‹ nennt). Die Aristotelische Bestimmung des L. als kunstvolle Rede des geschulten Rhetors hat sich in der Rhetorik als terminus technicus durchgesetzt. Aristoteles gliedert den rhetorischen L. in drei Hauptarten (die Gerichts-, die Staats- und die Festrede), die von der späteren Rhetorik übernommen und vielfach unterteilt wurden.

In *Kosmologie* und *Metaphysik* bedeutet L. bei Heraklit die Weltvernunft, das ordnende Prinzip des ↑Kosmos, das kosmische ›Urfeuer‹, an dem der Mensch durch seine Vernunft teilhat. Ähnlich verstehen die Stoiker unter L. ein dynamisches, schöpferisches, ordnendes Prinzip, das sich als vernünftig und mächtig zugleich (Feuer, Weltvernunft, Gott) der Welt mitteilt, indem es in jedes Lebewesen den Keim, Samen des L. (λόγος σπερματικός) legt. Der L. spermatikos bewirkt, daß alles Geschehen in der Welt sich nach einem göttlichen Plan (πρόνοια, Vorsehung) vollzieht. Wie der göttliche L. den ↑Makrokosmos bestimmt, so leitet die menschliche Vernunft das Denken und Handeln des Mikrokosmos Mensch nach göttlichem Plan; menschliche Weisheit bedeutet, in Übereinstimmung mit der Weltvernunft (L.) leben. Philon von Alexandreia verbindet christliche und stoische Gedanken, wenn er den L. als Mittler zwischen Gott und Welt ansieht und ihn als Repräsentation oder Ort göttlicher Ideen versteht. Im hierarchischen System Plotins ist der L. dem ↑Nus (Vernunft) untergeordnet, hat aber teil an der göttlichen Vernunft, die er der Natur und dem Menschen mitteilt. In der ↑Gnosis wird der L. personifiziert als unverän-

derliches, vernunftbegabtes, ewiges, göttliches Wesen, das als leibliche Verkörperung in die Welt tritt.
In *Religion* und *Theologie* bedeutet L. im Kontext des Mysterien- und Offenbarungsglaubens ›heilige Geschichte‹ (ἱερὸς λόγος) bzw. ↑›Offenbarung‹; oft wird L. mit bestimmten Gottheiten gleichgesetzt, womit jedoch keine Personwerdung des L. gemeint ist. Philon von Alexandreia verwendet ›L.‹ im Sinne von ›Wort Gottes‹ oder ›göttliche Vernunft‹. – Im NT wird ›L.‹ einerseits synonym mit ›christliche Botschaft‹ und ›Evangelium‹ verwendet (in bezug sowohl auf die gesamte Lehre als auch auf Einzelsprüche), andererseits wird ›L.‹ personalisiert als Bezeichnung für die Person Jesu (als Inhalt der Verkündigung und als Mittler der Heilsbotschaft). A. Augustinus (De genesi ad litteram 6, 18, 29) bedient sich in seiner Erklärung des ›Schöpfungsberichtes‹ der stoischen Konzeption des L. spermatikos, wenn er darlegt, Gott habe den Keim und die Anfänge der Entstehung der Welt und aller weiterer Geschehnisse in ihr durch ›rationes seminales‹ grundgelegt; diese versteht er teils als feuchte Kleinstmaterie, teils (eher pythagoreisch-platonistisch) im Sinne von Zahlenfunktionen. – In der *Mathematik* wird ›L.‹ zunächst nur als Bezeichnung für das Verhältnis ganzer Zahlen – andere Zahlenverhältnisse galten als alogisch (↑irrational (mathematisch)) –, dann auch für jede Art von mathematischem Verhältnis verwendet, ein Wortgebrauch, der in seiner latinisierten Form (↑ratio) auch in die zeitgenössische Terminologie einiger Sprachen übergegangen ist.

Literatur: A. Aall, Der L.. Geschichte seiner Entwickelung in der griechischen Philosophie und der christlichen Litteratur, I–II, Leipzig 1896/1899 (repr. in 1 Bd., Frankfurt 1968); K. Albert, Vom Kult zum L.. Studien zur Philosophie der Religion, Hamburg 1982; C. Andresen, L. und Nomos. Die Polemik des Kelsos wider das Christentum, Berlin 1955; R. Arnou/A. M. Moschetti, L., Enc. filos. V (²1982), 202–207; H. Boeder, Der frühgriechische Wortgebrauch von L. und Aletheia, Arch. Begriffsgesch. 4 (1959), 82–112; K. Bormann, Die Ideen- und L.lehre Philons von Alexandrien. Eine Auseinandersetzung mit H. A. Wolfson, Diss. Köln 1955; E. Cassirer, L., Dike, Kosmos in der Entwicklung der griechischen Philosophie, Göteborg 1941; A. Darmet, Les notions de raison séminale et de puissance obédientielle chez St. Augustin et St. Thomas d'Aquin, Belley 1934; A. Debrunner/H. Kleinknecht, L., in: G. Kittel (ed.), Theologisches Wörterbuch zum Neuen Testament IV, Stuttgart [1943], 73–74, 76–89; H. Dörrie/K. Wegenast, L., KP III (1969), 710–715; W. Eckle, Geist und L. bei Cicero und im Johannesevangelium. Eine vergleichende Betrachtung des ›Somnium Scipionis‹ und der johanneischen Anschauung vom Abstieg und Aufstieg des Erlösers, Hildesheim/New York 1978, 1979; M. Enders/M. Theobald/P. Hünermann, L., LThK VI (³1997), 1025–1031; G. Faggin, Rationes seminales, Enc. filos. VI (²1982), 1089–1090; G. D. Farandos, Kosmos und L. nach Philon von Alexandrien, Amsterdam 1976; E. Fascher, Vom L. des Heraklit und dem L. des Johannes, in: ders., Frage und Antwort. Studien zur Theologie und Religionsgeschichte, Berlin 1968, 117–133; FM III (1994), 2202–2205; E. Früchtel, Der L.begriff bei Plotin. Eine Interpretation, Diss.

München 1955; ders., Weltentwurf und L.. Zur Metaphysik Plotins, Frankfurt 1970; E. Fuchs, L., RGG IV (³1960), 434–440; M. Gatzemeier, Sprachphilosophische Anfänge, HSK VII/1 (1992), 1–17; M. Heinze, Die Lehre vom L. in der griechischen Philosophie, Oldenburg 1872 (repr. Aalen 1961, 1984); R. Holte, L. Spermatikos. Christianity and Ancient Philosophy According to St. Justin's Apologies, Stud. Theologica 12 (Abingdon 1958), 109–168; T. Horovitz, Vom L. zur Analogie. Die Geschichte eines mathematischen Terminus, Zürich 1978; K. Hülser, Stoische Sprachphilosophie, HSK VII/1 (1992), 17–34; K. Ierodiakonou/R. L. Gordon, L., DNP VII (1999), 401–408; B. Jendorff, Der L.begriff. Seine philosophische Grundlegung bei Heraklit von Ephesos und seine theologische Indienstnahme durch Johannes den Evangelisten, Frankfurt/Bern 1976; A. Joja, Ethos et l. dans la philosophie stoicienne, Rev. roumaine des sci. sociales. Série de philosophie et logique 10 (1966), 197–232; W. Kelber, Die L.lehre. Von Heraklit bis Origenes, Stuttgart 1958, Frankfurt 1986; G. B. Kerferd, L., Enc. Ph. V (1967), 83–84; M. Kraus, L., Hist. Wb. Rhetorik V (2001), 624–653; H. Kuhn/R. Schnackenburg/C. Huber, L., LThK VI (²1961), 1119–1128; E. Kurtz, Interpretationen zu den L.-Fragmenten Heraklits, Hildesheim/New York 1971; H. Leisegang, L., RE XIII/1 (1926), 1035–1081; A. Lieske, Die Theologie der L.mystik bei Origenes, Münster 1938; W. Löhr, L., RAC XXIII (2010), 327–435; H. E. Lona, Die ›Wahre Lehre‹ des Kelsos, Freiburg/Basel/Wien 2005; S. Mansion/K. v. Fritz, L., LAW (1965), 1764–1765; M. Marcovich, Herakleitos, RE Suppl. X (1965), 246–320; H. F. Müller, Die Lehre vom L. bei Plotinos, Arch. Gesch. Philos. 30 (1917), 38–65; M. Narcy, L., Enc. philos. universelle II/1 (1990), 1501–1502; M. Peppel/N. Slenczka/G. Figal, L., RGG V (⁴2002), 494–500; V. Schubert, Pronoia und L.. Die Rechtfertigung der Weltordnung bei Plotin, München/Salzburg 1968; A. Schütze, Die Kategorien des Aristoteles und der L., Stuttgart 1972; B. Šijaković, L., Bibl. Praesocratica, 644; G. C. Stead, L., TRE XXI (1991), 432–444; ders., L., REP V (1998), 817–819; V. Steenblock, Arbeit am L.. Aufstieg und Krise der wissenschaftlichen Vernunft, Münster/Hamburg/London 2000; G. Verbeke, Logoi Spermatikoi, Hist. Wb. Ph. V (1980), 484–489; ders./J.-A. Bühner, L., Hist. Wb. Ph. V (1980), 491–502; W. J. Verdenius, Der L.begriff bei Heraklit und Parmenides, I–II, Phronesis 11 (1966), 81–98, 12 (1967), 99–117; H. Verweyen, Philosophie und Theologie. Vom Mythos zum L. zum Mythos, Darmstadt 2005; J. H. Waszink, Bemerkungen zu Justins Lehre vom L. Spermatikos, in: A. Stuiber/A. Hermann (eds.), Mullus. Festschrift Theodor Klauser, Münster 1964, 380–390; R. E. Witt, The Plotinian L. and Its Stoic Basis, Class. Quart. 25 (1931), 103–111.　　M. G.

Lokāyata (sanskr., [die] unter den Leuten vorherrschend[en] [Auffassungen], oder: [Lehre von dieser] Welt [loka] als Basis), Bezeichnung für den indischen Materialismus. Neben Jainismus (↑Philosophie, jainistische) und Buddhismus (↑Philosophie, buddhistische) bildet das L. das zum Hinduismus (↑Brahmanismus) gehörende dritte heterodoxe, also die Autorität des ↑Veda leugnende System innerhalb der indischen Philosophie (↑Philosophie, indische). Anhänger heterodoxer Systeme heißen seit der Zeit der Großen Epen ›nāstika‹ (= Anhänger der ›es ist nicht‹-These). Da praktisch alles, was gegenwärtig über das L. bekannt ist, aus polemischen Darstellungen in Texten seiner Gegner, dazu meistens aus späterer Zeit, stammt (systematisch zusammenhängend allein in der im 14. Jh. vom Vedāntin Mādhava verfaßten Übersicht über die philosophischen Standpunkte: Sarva-Darśana-Saṃgraha), bleibt der historische Hintergrund des L. dunkel. Vieles spricht dafür, daß im Zusammenhang der Entwicklung oppositioneller Strömungen gegen die Brahmanenkaste und deren Auffassungen die Vorläufer des L. mit den Vorläufern des später als orthodoxes System entwickelten klassischen ↑Sāṃkhya (und ↑Yoga) in enger Wechselwirkung auftraten. Diese Strömungen gingen teils von asketisch lebenden abtrünnigen Brahmanen, teils von Angehörigen anderer Kasten, insbes. der Kriegerkaste, aus. Sie sind ferner von nicht-arischen Lebensweisen, insbes. von dem in seiner Naturmystik (verbunden mit alchemistischen und orgiastischen Praktiken) mit dem ↑Taoismus verwandten Tantrismus (↑tantra), beeinflußt. Spuren davon sind bereits im Veda und in den Großen Epen, insbes. in den dort niedergelegten Streitgesprächen, sichtbar (Höhepunkt der in die 2. Hälfte des 7. Jhs. v. Chr. zu plazierende Disput zwischen dem ›Naturalisten‹ Uddālaka – die Seele, ↑ātman, ist ein feiner Stoff – und dem ›Idealisten‹ Yājñavalkya – die Seele ist das Vermögen zur Reflexion – in der Bṛhadāraṇyaka-↑upaniṣad). Im Arthaśāstra, dem Lehrbuch der Politik des Kauṭilya (ca. 350–280 v. Chr.), werden Sāṃkhya, Yoga und L. als diejenigen ›Theorien‹ aufgeführt, die sich durch argumentierendes Verfahren (ānvīkṣikī) auszeichnen, also die Bestimmung von Recht und Unrecht (↑dharma) auf dem Gebiet vedischen Wissens (d. s. die Regeln des religiös-sozialen Lebens), von (materiellem) Vorteil und Nachteil (↑artha) in der Ökonomie, von richtigem und falschem Handeln in der Politik, nicht einfach der Tradition entnehmen, sondern begründen (in dieser Hinsicht wie Kauṭilya noch um 100 n. Chr. der dem Sāṃkhya nahestehende Mediziner Caraka). Bestätigt wird der argumentierende, also auf Wissenschaft zielende Charakter insbes. des L. durch die Behauptung Mādhavas, daß es unter dem Titel ›L.‹ auch ein (nicht erhaltenes) Lehrbuch destruktiver und konstruktiver Argumentation (vitaṇḍā und vāda, ↑Logik, indische) gegeben habe. Buddhistische Quellen, und zwar sowohl des ↑Hīnayāna (z. B. bei Buddhaghosa) als auch des ↑Mahāyāna (z. B. im Laṅkāvatārasūtra; dort sogar Hīnayāna-Auffassungen zum L. zählend), polemisieren gegen den L. wegen seiner die Welt der (materiellen) Dinge als einzige Wirklichkeit verteidigenden Argumentationen. Materialisten (deha-vādins), Skeptiker (ajñāna-vādins) und Fatalisten (niyati-vādins) waren zusammen mit den ersten Jainisten und Buddhisten um 500 v. Chr., trotz aller Gegnerschaft untereinander, die Träger einer der ↑Sophistik in der Antike vergleichbaren aufklärerischen Bewegung gegen die Autorität des vedischen Mythos.

Man setzt den historischen Ursprung des L. als eigener Schule daher ins 6. Jh. v. Chr., auch wenn offenbleiben muß, ob nur Materialisten oder ob und gegebenenfalls wann auch andere Aufklärer (nāstikas) dazu gezählt wurden. In späteren Darstellungen wird das L. wie eines der sechs orthodoxen Systeme behandelt und auf (allerdings nur in Anführungen innerhalb gegnerischer Schriften erhaltene) Merkverse, das ↑sūtra seines sagenhaften Begründers Bṛhaspati sowie die Lehren eines ebensowenig historisch greifbaren, zuweilen auch als Schüler des Bṛhaspati bezeichneten Cārvāka zurückgeführt. Daher heißen Anhänger des L., die Lokāyatikas, oft auch ›Bārhaspatyas‹ oder ›Cārvākas‹, speziell wenn dabei auf die im engeren Sinne materialistischen Überzeugungen angespielt ist: (1) Die Überlieferung des Veda ist unbegründet. (2) Es gibt keine das irdische Leben überdauernde Seele; folglich gilt weder die Lehre von der Seelenwanderung (↑saṃsāra) noch die Lehre von der Tatvergeltung (↑karma). (3) Alle, auch die psychischen und geistigen Phänomene sind auf die vier Elemente Erde, Wasser, Wind und Feuer zurückführbar und verändern sich aus sich selbst heraus ohne Hinzutreten einer (immateriellen) Ursache. (4) Das einzige Erkenntnismittel ist sinnliche Wahrnehmung (↑pratyakṣa), da auch die so genannte ›innere‹, nämlich mit Hilfe des Verstandes (↑manas) vollzogene Wahrnehmung auf die Wahrnehmung mit Hilfe der fünf äußeren Sinne zurückführbar ist. (5) Zu den Zielen des Lebens gehört nicht mehr Erlösung (↑mokṣa) – daher sind auch alle rituellen Opferhandlungen (↑dharma) überflüssig –, sondern, neben Wohlstand (↑artha), nur noch (Maximierung von) Lust (kāma).

Aus der Zeit Mahāvīras und Buddhas ist als Materialist ein Despot Pāyāsi bezeugt, der die Nichtexistenz der Seele mit Hilfe grausamer Experimente, z. B. Wägen eines Menschen vor und nach seiner ihn körperlich unversehrt lassenden Tötung, nachzuweisen suchte. Als Skeptiker wird von einem abtrünnigen Brahmanen Sañjaya Belaṭṭhiputta berichtet, der sich einer im ↑Mādhyamika zum buddhistischen Tetralemma (catuṣkoṭi) weiterentwickelten Argumentationsform bedient: ›etwas ist weder (1) so, noch (2) nicht so, noch (3) zugleich so und nicht so, noch (4) weder so noch nicht so‹. Als Fatalist tritt ein vermutlich abtrünniger Jainist Makkhali Gosāla auf, dessen Anhänger, die Ājīvikas, einen strengen ↑Determinismus lehren, der zwar die Wiedergeburtslehre nicht antastet, diese aber, weil das Fatum (niyati) handelnd nicht beeinflußt werden kann, moralphilosophisch irrelevant werden läßt. Alle drei Standpunkte sind an der Entstehung und Weiterbildung des L. in wechselndem Umfang beteiligt. Die derzeit einzige bekannte, nicht aus gegnerischer Position geschriebene L.-Quelle, der Tattvopaplavasiṃha (= der Löwe, der alle Realitäten verschlingt) des Jayarāśi Bhaṭṭa aus dem

8. Jh., argumentiert aus der Position des Skeptizismus für die das L. charakterisierende These (4): Auch Erkenntnis durch Schlußfolgerung ist unmöglich, weil dazu ein allgemeiner Wenn-dann-Zusammenhang zur Verfügung stehen muß, was sinnliche Wahrnehmung nicht leisten kann.

Literatur: ↑Philosophie, indische.   K. L.

Lomonossow (Lomonosov), Michail Wassiljewitsch (Vasil'evič), *Mišaninskaja (Nordrußland) 8. (19.) Nov. 1711, †St. Petersburg 4. (15.) April 1765, russ. Universalgelehrter, einer der Träger der russischen ↑Aufklärung. Ab 1736 Studium der Mathematik, Mechanik, Physik, Logik und Metaphysik, insbes. bei C. Wolff, in Marburg, 1739 Studium des Bergbaues und des Hüttenwesens in Freiberg. Nach Rückkehr nach St. Petersburg 1742 Adjunkt der physikalischen Klasse der Akademie der Wissenschaften, 1745–1756 ebendort (der erste russische) Prof. der Chemie; ab 1758 Leitung der Geographischen Abteilung der Petersburger Akademie. Die Universität Moskau, an deren Gründung er 1754 beteiligt war, ist heute nach ihm benannt.

In ↑Physik und ↑Chemie vertrat L. einen korpuskular-mechanischen Ansatz und folgte insbes. R. Boyle in der Hervorhebung von Gestalt und Bewegung von Teilchen für die Materietheorie. Wärme galt L. im Einklang mit der atomistischen Tradition seit der Antike als innere Bewegung der Körper, wobei L. im besonderen Teilchenrotation als physikalische Grundlage der Wärme annahm (Meditationes de caloris et frigoris causa, Novi commentarii Academiae Scientiarum Imperialis Petropolitanae 1 [1747/1748], 206–229). Newtonsche Kräfte und imponderable Fluida wies L. zurück und entwarf eine materialistische ↑Monadentheorie, in der im Gegensatz zur Leibnizschen Monadologie die ↑Monaden Gestalt und Gewicht besitzen.

L. zielte darauf, physikalische Gesichtspunkte in die Chemie einzuführen und auf dieser Basis eine systematische Ordnung ihres Lehrgebäudes zu erzeugen. Dabei griff er insbes. auf die Waage als Mittel des chemischen Experimentierens zurück. Diese Verknüpfung zeigt sich insbes. in einem Experiment von 1751 zur empirischen Überprüfung von Boyles Verbrennungstheorie, das gewöhnlich erst A. L. de Lavoisier 1774 zugeschrieben wird. Boyle hatte die Verbindung des betreffenden Stoffes mit Feuerpartikeln für den chemischen Mechanismus der Verbrennung gehalten. L. untersuchte daraufhin das Rösten von Metallen in hermetisch verschlossenen Gefäßen über einem Feuer. Nach Boyles Theorie sollten die Feuerteilchen die Gefäße durchdringen, so daß deren Gewicht beständig zunehmen sollte. Tatsächlich bleibt das Gewicht unverändert und wächst erst beim Öffnen an. L. führte die Gewichtszunahme (wie Lavoisier) auf das Einströmen äußerer Luft zurück. L. erfand das

Nachtfernglas und entwickelte etwa zur gleichen Zeit wie B. Franklin den Blitzableiter.

Auf philologischem Gebiet verfaßte L. ein Lehrbuch der ↑Rhetorik (Kratkoe rukovodstvo k krasnorečiju, St. Petersburg 1748 [Kurzer Leitfaden der Beredsamkeit]) und eine russische Grammatik (Rossijskaja grammatika, St. Petersburg 1755 [dt. Russische Grammatick, St. Petersburg 1764, repr. München 1980]), lieferte wichtige Beiträge zur Entwicklung der russischen Sprache, insbes. der physikalischen und chemischen Fachsprache, und schrieb im Auftrag der Zarin Katharina eine Geschichte Rußlands (Drevnjaja rossijskaja istorija ot načala Rossijskogo naroda do končiny Velikogo Knjazja Jaroslava Pervogo, ili do 1054 goda, St. Petersburg 1766 [dt. Alte russische Geschichte von dem Ursprung der russischen Nation bis auf den Tod des Großfürsten Jaroslaws des Ersten, oder bis auf das Jahr 1054, Riga (Leipzig 1768]). L. arbeitete ferner an der Fertigstellung einer Übersichtskarte des russischen Reiches, gründete eine Fabrik zur Herstellung buntfarbiger Glasflüsse, war Mosaikkünstler (1763 Aufnahme in die Kaiserlich-Russische Akademie der Künste) und bedeutender Lyriker.

L. befaßte sich mit einer überwältigenden Zahl von Wissens- und Forschungsgebieten und betätigte sich auf vielfältigen künstlerischen Feldern. Auf keinem von ihnen vermochte er aber einen wirkungsmächtigen Einfluß zu entfalten oder tiefere Spuren zu hinterlassen.

Weitere Werke: Polnoe sobranie sočinenij [Gesammelte Werke], I–XI, Moskau/St. Petersburg 1950–1983. – Physikalisch-chemische Abhandlungen M. W. L.s, 1741–1752, ed. B. N. Menschutkin/M. Speter, Leipzig 1910 (Ostwald's Klassiker d. exakten Wissenschaften 178); Izbrannye filosofskie proizvedenija [Ausgewählte philosophische Werke], ed. G. S. Vaseckij, Moskau 1950; Ausgewählte Schriften [dt.], I–II, ed. W. Hoepp, Berlin (Ost) 1961; Izbrannye proizvedenija [Ausgewählte Werke], I–II, Moskau 1986. – G. Z. Kuncevič, Bibliografija izdanij sočinenij M. V. L.a na russkom jazykě [Bibliographie der russischsprachigen Werke von M. V. L.], St. Petersburg 1918 (repr. Vaduz 1963).

Literatur: E. V. Bronnikova (ed.), M. V. L., Moskau 2004; M. Colin, L., DP II (1993), 1778–1781; V. V. Fomin, L.. Genij russkoj istorii [L.. Genie der russischen Geschichte], Moskau 2006; L. Gančikov, L., Enc. filos. IV (1969), 89–90; A. T. Grigorian, M. V. L. and His Physical Theories, Arch. int. hist. sci. 16 (1963), 53–60; W. Hoepp, L.s Platz in der Geschichte der Naturwissenschaften, Urania 21 (1958), 437–443; R. Johnston, »An Original Champion of Enlightenment«. M. V. L. and Russian Education in the 18th Century, in: P. Hughes/D. Williams (eds.), The Varied Pattern. Studies in the 18th Century, Toronto 1971, 373–394; B. S. Jørgensen, L., His Theory of Gravity, and the Law of Conservation of Matter, Physis 17 (1975), 21–40; E. P. Karpeev, Russkaja kul'tura i L. [Russische Kultur und L.], St. Petersburg 2005; B. M. Kedrov, L., DSB VIII (1973), 467–472; P. S. Kudravtsev, Physical Ideas of Lomonosov and Euler, in: Actes du VIIIe congrès international d'histoire des sciences. Florence – Milan 3–9 Septembre 1956 I, Florenz, Paris 1958, 282–285; H. Kusse, Metadiskursive Argumentation. Linguistische Untersuchungen zum russischen philosophischen Diskurs von L. bis Losev, München 2004; L. Langevin, L.. 1711–1765. Sa vie, son œuvre. Introduction, choix et traduction des textes, notes et commentaires, Paris 1967; H. M. Leicester, M. V. L., in: E. Farber (ed.), Great Chemists, New York/London 1961, 1964, 201–210; ders., The Geochemical Ideas of M. L., Ann. Sci. 33 (1976), 341–350; A. A. Morozov, M. V. L.. 1711–1765, Moskau 1950, St. Petersburg 1952, Moskau 1961, ⁵1965 (dt. M. W. L. 1711–1765, Berlin [Ost] 1954); V. I. Osipov, Filosofskoe mirovozzrenie M. V. L. i russkich estestvoispytatelej XIX veka, Archangelsk 2001; P. Pomper, L. and the Discovery of the Law of the Conservation of Matter in Chemical Transformations, Ambix 10 (1962), 119–127; W. Schütz, M. W. L., Leipzig 1970, ²1976; G. S. Vaseckij, Mirovozzrenie M. V. Lomonosova, Moskau 1961 (engl. L.'s Philosophy, Moskau 1968); E. Winter (ed.), L., Schlözer, Pallas. Deutsch-russische Wissenschaftsbeziehungen im 18. Jahrhundert, Berlin (Ost) 1962.   M. C./P. B.

Longinos (Cassius), *um 212, †Emesa (Syrien) 272, neuplatonischer Philosoph und Literarhistoriker. In Alexandreia zwischen 220 und 230 Schüler des Ammonios Sakkas (des Begründers des ↑Neuplatonismus) und des Origenes, Lehrer des Porphyrios in Athen, der ihn 262 verläßt und sich in Rom Plotin anschließt; erbt um 230 von einem Onkel mütterlicherseits eine florierende Rednerschule in Athen; dort übernimmt er um 250 die Leitung der platonischen ↑Akademie. Ab 267/268 wirkt L. zunächst als Lehrer, dann als politischer Berater der syrischen Herrscherin Zenobia in Palmyra (Syrien), die er darin bestärkt, ein von Rom unabhängiges Großreich im Orient zu gründen. Kaiser Aurelian besiegt Zenobia, führt sie 272 im Triumphzug nach Rom und läßt L. als Protagonisten ihrer Expansionspolitik in einem spektakulären Prozeß zum Tode verurteilen und wegen Hochverrats öffentlich in Emesa hinrichten. – Der neuplatonische L. ist nicht identisch mit dem gleichnamigen mutmaßlichen Verfasser der Ästhetik-Schrift »Über das Erhabene« (»Über den erhabenen Stil«: περὶ ὕψους). – Von den zahlreichen Schriften des L. sind nur Fragmente erhalten. Der größte Teil ist philologischen, rhetorischen und ästhetischen Problemen gewidmet. Als Standardwerk der literarischen Interpretation galt über Jahrhunderte seine mehr als 21 Bände umfassende Sammlung »Philologische Untersuchungen« bzw. »Vorträge« (φιλόλογοι ὁμιλίαι); erhalten sind textkritische Passagen und lexikalische Worterläuterungen. Auch seine Platonkommentare (vor allem seine Erklärungen zur ›Einleitung‹ des Platonischen »Timaios«) konzentrieren sich überwiegend auf stilistische, textkritische und lexikalische Fragen, erwähnen aber auch Platons kunstvollen Sprachstil. Zum philosophischen Sachgehalt der Dialoge Platons äußert L. sich nur am Rande, und dann nicht selten kritisch.

In der ↑Sprachphilosophie vertritt L. ein Repräsentationsmodell, nach dem sprachliche Äußerungen nichtsprachliche geistige Gehalte zum Ausdruck bringen. Er nimmt eine strikte Korrespondenz zwischen sprachlich-literarischen Kategorien und der Ideen- bzw. Hypostasenwelt an: Silben bilden die unterste (zugleich materielle) ontologische Stufe, das Metrum entspricht der Idee, der (diesem übergeordnete) Rhythmus dem Demiurgen (als höchster Instanz; Erschaffer, Gott). Das nur potentielle Sein der Dinge nimmt dadurch die Existenzweise des aktual Realen an, daß der Demiurg das Metrum (mit seinen Silben) im Akt des Sprechens als Repräsentant des (geistigen) Rhythmus aktualisiert. – Als Philosoph des Übergangs vom Mittel- zum ↑Neuplatonismus orientiert L. sich weitgehend traditionell platonisch (φιλαρχαῖος, ›konservativ‹, wie ihm anerkennend nachgesagt wird). So verficht er weiterhin die Lehre von der ↑Unsterblichkeit der Seele und ihrer Ausdifferenzierung in die drei Aktionsformen des Vegetativen, des Sensitiven und des Denkerischen, nicht die Plotinische von der Seele als dritter ↑Hypostase. Desgleichen lehnt er Plotins Lehre von der Existenz der Ideen im ↑Nus (νοῦς) ab und behauptet, sie befänden sich außerhalb des Nus und seien zudem identisch mit dem Demiurgen, der höchsten ontologischen Instanz.

Texte: L. Brisson/M. Patillon, Longinus platonicus philosophus et philologus, I–II (I Longinus philosophus, II Longinus philologus), in: W. Haase (ed.), Aufstieg und Niedergang der römischen Welt. Geschichte und Kultur Roms im Spiegel der neueren Forschung Teil II, XXXVI/7, Berlin/New York 1994, 5214–5299 (I), Teil II, XXXIV/4, Berlin/New York 1998, 3023–3108 (II); F. Jacoby, Die Fragmente der griechischen Historiker, Continued IV/A Fasc. 7 (Imperial and Undated Authors), ed. J. Radicke, Leiden/Boston Mass./Köln 1999, 326–339; I. Männlein-Robert, Longin. Philologe und Philosoph [s. u., Lit.], Longin. Fragments, Art Rhétorique [franz./lat.], in: M. Patillon/L. Brisson (eds.), Longin. Fragments, Art Rhétorique. Rufus. Art rhétorique, Paris 2001, 2002, 142–234.

Literatur: K. Aulitzky, L., RE XIII/2 (1927), 1401–1415; M. Baltes/F. Montanari, L., DNP VII (1999), 434–436; L. Brisson, Longin C., Enc. philos. universelle III/1 (1992), 199–200; ders., Longinus (C. –), in: R. Goulet (ed.), Dictionnaire des philosophes antiques IV, Paris 2005, 116–125; H. Dörrie, L., KP III (1979), 731–732; M. Edwards, Culture and Philosophy in the Age of Plotinus, London 2006, bes. 27–29; FM III (²1994), 2208 (Longino, Cayo Casio); L. Jerphagnon, Longin, DP II (²1993), 1781–1782; I. Männlein-Robert, Longin. Philologe und Philosoph. Eine Interpretation der erhaltenen Zeugnisse, München/Leipzig 2001 (mit Bibliographie, 653–658); dies., L. I (Platoniker), RAC XXIII (2010), 436–446.   M. G.

Lorentz, Hendrik Antoon, *Arnhem 18. Juli 1853, †Haarlem 4. Febr. 1928, niederl. Physiker. Ab 1870 Studium der Mathematik und Physik an der Universität Leiden, 1875 Promotion mit einer Arbeit zur Optik. L. erhielt 1877 in Leiden den ersten niederländischen Lehrstuhl für theoretische Physik, 1902 (zusammen mit P. Zeeman) den Nobelpreis für Physik. 1912 Aufgabe des Ordinariats und Kurator der Teyler-Stiftung in Haarlem, Fortsetzung seiner Forschungen; ab 1919 mit verschiedenen staatlichen Aufgaben betraut (z. B. Beteiligung an der Planung des Zuidersee-Projekts). – In seiner Dissertation lieferte L. auf der Grundlage von J. C. Maxwells ↑Elektrodynamik eine Erklärung der Brechung und Reflexion des Lichts. 1878 fand er die *Lorentz-Lorenzsche Beziehung* zwischen der Dichte und dem Brechungsindex eines Körpers. Seit 1880 mit der auf L. Boltzmann zurückgehenden molekularkinetischen Theorie der Wärme beschäftigt, entwickelte L. seit 1890 seine *Elektronentheorie*, in der wesentliche Begriffe und Probleme, die später in der Einsteinschen Relativitätstheorie (↑Relativitätstheorie, spezielle) auftraten, formuliert sind. 1892 legte er eine teilweise mechanische Erklärung der Maxwellschen Theorie vor, in der unter der Annahme eines stationären (also unbeweglichen, von den Körpern nicht mitgeführten) ↑Äthers (der als materielle Realisierung von I. Newtons absolutem Raum [↑Raum, absoluter] galt) und der Existenz von freien ↑Ladungen in der Materie (den so genannten ›Elektronen‹) deren ↑Bewegungsgleichungen im elektromagnetischen Feld mit dem ↑d'Alembertschen Prinzip abgeleitet werden. L. gelang die Ableitung der gemessenen Lichtgeschwindigkeiten in bewegten Medien (etwa in fließendem Wasser) (M. v. ↑Laue), die in der klassischen Elektrodynamik als Ausdruck einer partiellen Mitführung des Äthers galten, ohne dafür eine Bewegung des Äthers annehmen zu müssen.

1895 postulierte L. die elektromagnetischen Feldgleichungen und die nach ihm benannte *Lorentz-Kraft* der Elektrodynamik. Nachdem um 1900 der Kathodenstrahl als Strom negativ geladener Teilchen erkannt war, identifizierte sie L. mit seinen ›Elektronen‹. Die 1896 beobachtete Verbreiterung der Spektrallinien einer Natriumflamme zwischen zwei Magnetpolen (normaler Zeeman-Effekt) konnte L. mit seiner Theorie erklären (und erhielt dafür den Nobelpreis). Weitere Konsequenzen waren die Kontraktion schneller Elektronen in der Richtung ihrer Bewegung (L.-Kontraktion), wodurch L.' ›deformierbares Elektron‹ gegen M. Abrahams ›starres Elektron‹ stand, ihre Massenänderung und die Lichtgeschwindigkeit als theoretische Grenze für Geschwindigkeiten relativ zum Äther, wobei ihre Trägheit im Grenzfall unendlich wird. Diese Massenänderung wurde im Rahmen des elektromagnetischen Weltbildes (↑Weltbild, elektromagnetisches) als elektromagnetischer Beitrag zur ↑Masse aufgefaßt. Ladungen im elektromagnetischen Feld erhalten durch Selbstinduktion einen erhöhten Widerstand gegen Beschleunigungen und entsprechend eine vergrößerte ↑Trägheit. Nachdem W. Kaufmanns Messungen des Ladung-Masse-Verhältnisses bei unterschiedlichen Geschwindigkeiten zunächst gegen L.' (und ebenso A. Einsteins) Vorhersagen gesprochen hatten, bestätigten die Daten diese ab 1908 zunehmend. In L.' Theorie bleiben alle elektrodynamischen

Phänomene bei einem Wechsel des ↑Inertialsystems unverändert, so daß ein ↑Relativitätsprinzip der Elektrodynamik gilt.

In seiner Speziellen Relativitätstheorie (1905, ↑Relativitätstheorie, spezielle) trug A. Einstein eine Alternative zur L.schen Elektronentheorie vor, in der er aus dem speziellen ↑Relativitätsprinzip (also der Gleichberechtigung aller Inertialsysteme in Mechanik und Elektrodynamik) und der Konstanz der Lichtgeschwindigkeit die Lorentz-Transformation (↑Lorentz-Invarianz) ableitete. Einsteins Spezielle Relativitätstheorie stellte dabei das Relativitätsprinzip als universellen Grundsatz an die Spitze, während L. es als Meßbeschränkung aus der Elektrodynamik ableitete. Trotz der mathematischen Äquivalenz der Resultate unterscheiden sich beide Theorien in ihrer physikalischen Aussage. Z. B. bezieht sich der Ausdruck für die Geschwindigkeit in L.' Fassung der Lorentz-Transformationen auf die Geschwindigkeiten von Beobachtern gegen den ruhenden Äther, während er in der Einsteinschen Interpretation die Relativgeschwindigkeiten zwischen Beobachter und Beobachtungsobjekt bezeichnet. Die Spezielle Relativitätstheorie verwirft ein ausgezeichnetes Ruhesystem und entsprechend auch L.' stationären Äther.

L.' Elektrodynamik und Elektronentheorie und Einsteins Spezielle Relativitätstheorie waren weitgehend empirisch äquivalent. Erst das Kennedy-Thorndike-Experiment (1932) zeigte die empirische Überlegenheit der Speziellen Relativitätstheorie. Allerdings sind die Interpretationsunterschiede erheblich. Während die Längenkontraktion für L. ein realer Effekt auf Grund mikrophysikalischer Kräfte war, interpretierte sie Einstein als Meßphänomen (↑Euklidizität, ↑Länge). Auf quantentheoretischer (↑Quantentheorie) Grundlage wurde die Elektronenkonzeption in den Schrödingerschen und Diracschen Gleichungen neu begründet und fand so Eingang in die modernen Elementarteilchentheorien (↑Teilchenphysik).

Werke: Collected Papers, I–IX, ed. P. Zeeman/A. D. Fokker, The Hague 1934–1939. – Leerboek der differentiaalen integraalrekening en van de eerste beginselen der analytische meetkunde met het oog op de toepassingen in de natuurwetenschap, Leiden 1882 (dt. Lehrbuch der Differential- und Integralrechnung und der Anfangsgründe der analytischen Geometrie, mit besonderer Berücksichtigung der Bedürfnisse der Studierenden der Naturwissenschaften, Leipzig 1900, ⁴1922, unter dem Titel: Höhere Mathematik für den Praktiker, ed. G. Joos/T. Kaluza, Leipzig 1938, ²1940); Beginselen der natuurkunde. Leiddraad bij de Lessen aan de Universiteit te Leiden, I–II, Leiden 1888/1890, 1921/1922 (dt. Lehrbuch der Physik zum Gebrauch bei akademischen Vorlesungen, I–II, Leipzig 1906/1907); Sichtbare und unsichtbare Bewegungen. Vorträge auf Einladung des Vorstandes des Departments Leiden der Maatschappij tot Nut van't Algemeen im Februar und März 1901 gehalten von H. A. L., Braunschweig 1902, ²1910 (repr. Saarbrücken 2006); Weiterbildung der Maxwellschen Theorie. Elektronentheorie, in: Encyklopädie der mathematischen Wissenschaften V/2, Leipzig 1904, 145–280; Ergebnisse und Probleme der Elektronentheorie. Vortrag, gehalten am 20. November 1904 im Elektrotechnischen Verein zu Berlin, Berlin 1905, [2]1906; The Theory of Electrons and Its Applications to the Phenomena of Light and Radiant Heat. A Course of Lectures Delivered in Columbia University, New York, in March and April 1906, Leipzig, New York 1909, [2]1916, Mineola N. Y. 2003; Het relativiteitsbeginsel. Drie voordrachten, gehonden in Teyler's stichting, Haarlem 1913 (dt. Das Relativitätsprinzip. Drei Vorlesungen, gehalten in Teylers Stiftung zu Haarlem, Leipzig 1914, 1920); (mit A. Einstein/H. Minkowski) Das Relativitätsprinzip. Eine Sammlung von Abhandlungen, Leipzig/Berlin 1913, Darmstadt [7]1974, Nachdr. der 5. Aufl. 1923, Stuttgart, Darmstadt 1990 (engl. The Principle of Relativity. A Collection of Original Memoirs on the Special and General Theory of Relativity, New York 1923, 1952); Les théories statistiques en thermodynamique. Conférences faites au Collège de France en Novembre 1912, Leipzig/Berlin 1916; Lessen over de theoretische natuurkunde aan de Rijksuniversiteit te Leiden, I–VIII, ed. A. B. Fokker u. a., Leiden 1919–1925 (dt. Vorlesungen über theoretische Physik an der Universität Leiden, I–V [in 4 Bdn.], Leipzig 1927–1931; engl. Lectures on Theoretical Physics Delivered at the University of Leiden, I–III, London 1927–1931); The Einstein Theory of Relativity. A Concise Statement, New York 1920; Problems of Modern Physics. A Course of Lectures Delivered in the California Institute of Technology, ed. H. Bateman, Boston Mass./New York 1927, New York 1967.

Literatur: M. Born, A. L., Nachr. Ges. Wiss. Göttingen. Geschäftl. Mitteilungen (1927–1928), 69–73; M. Carrier, Semantic Incommensurability and Empirical Comparability. The Case of L. and Einstein, Philosophia Scientiae 8 (2004), 73–94; ders., Raum-Zeit, Berlin 2009, bes. 17–39; O. Darrigol/D. Hoffmann, L., in: D. Hoffmann/H. Laitko/S. Müller-Wille (eds.), Lexikon der bedeutenden Naturwissenschaftler II, München 2004, 432–433; P. Ehrenfest, Professor H. A. L. as Researcher 1853 – July 18 – 1923, in: ders., Collected Scientific Papers, ed. M. J. Klein, Amsterdam, New York 1959, 471–478; S. Goldberg, The L. Theory of Electrons and Einstein's Theory of Relativity, Amer. J. Phys. 37 (1969), 982–994; G. L. de Haas-Lorentz (ed.), H. A. L.. Impressions of His Life and Work, Amsterdam 1957; A. Herrmann, H. A. L.. Praeceptor physicae. Sein Briefwechsel mit dem deutschen Nobelpreisträger Johannes Stark, Janus 53 (1966), 99–114; T. Hirosige, Origins of L.' Theory of Electrons and the Concept of the Electromagnetic Field, Hist. Stud. Phys. Sci. 1 (1969), 151–209; M. Janssen/A. J. Kox, L., NDSB IV (2008), 333–336; A. J. Kox, L., in: J. S. Rigden u. a. (eds.), Macmillan Encyclopedia of Physics II, New York etc. 1996, 885; J. Larmor, H. A. L., Nature 111 (1923), 1–6; R. McCormmach, L., DSB VIII (1973), 487–500; D. E. Newton, L., in: B. Narins (ed.), Notable Scientists from 1900 to the Present III, Farmington Hills Mich. 2001, 1421–1422; M. Planck, H. A. L., Naturwiss. 16 (1928), 549–555; K. Przibram (ed.), Schrödinger, Planck, Einstein, L.. Briefe zur Wellenmechanik, Wien 1963; O. W. Richardson, H. A. L.. 1853–1928, Proc. Royal Soc. A121 (1928), Obituary Notices, xx–xxviii; K. F. Schaffner, The L. Electron Theory of Relativity, Amer. J. Phys. 37 (1969), 498–513. – Lexikon der Physik in 6 Bänden III, Heidelberg/Berlin 1999, 405–406; Lexikon der Mathematik in 6 Bänden III, Heidelberg/Berlin 2001, 328.   K. M./M. C.

Lorentz-Invarianz, Bezeichnung für die Invarianz (↑invariant/Invarianz) einer physikalischen Größe bzw. die

↑Kovarianz eines physikalischen Gesetzes gegenüber den Lorentz-Transformationen. Da sich die Maxwell-Lorentzschen elektromagnetischen Feldgleichungen nicht als galileiinvariant (↑Galilei-Invarianz) erwiesen, leitete A. Einstein 1905 aus dem speziellen ↑Relativitätsprinzip (d. h. der Annahme der Nichtunterscheidbarkeit gleichförmig bewegter Bezugssysteme [↑Inertialsysteme]) und der Konstanz der Lichtgeschwindigkeit (↑Relativitätstheorie, spezielle) die *Lorentz-Transformationen*

$$x' = \frac{x - vt}{\sqrt{1 - \frac{v^2}{c^2}}},$$

$$y' = y,$$

$$z' = z,$$

$$t' = \frac{t - \frac{v}{c^2}x}{\sqrt{1 - \frac{v^2}{c^2}}}$$

ab, die die Minkowskische Bewegungsgleichung der relativistischen Mechanik invariant (↑invariant/Invarianz) lassen. Die aus den Lorentz-Transformationen für nahe der Lichtgeschwindigkeit sich bewegende Körper mathematisch folgende Längenkontraktion dieser Körper und die Zeitdilation wurden unter anderem durch die Elementarteilchenphysik (↑Teilchenphysik) empirisch bestätigt.

Wissenschaftstheoretisch stellt sich die Frage, ob Längenkontraktion und Zeitdilation im Sinne Einsteins als relativistische Meßphänomene oder im Sinne von H. A. Lorentz als reale Effekte schnell bewegter Massen ohne Revision von ↑Euklidischer Geometrie und ↑Kinematik zu interpretieren sind. Mathematisch gehören die Lorentz-Transformationen zur eigentlichen Lorentz-Gruppe, die von H. Poincaré 1905 untersucht wurde. Sie umfaßt alle homogenen Transformationen mit Determinante $(\Lambda_{\mu\nu}) = +1$ und $\Lambda_{00} \geq 1$ aus der zehnparametrigen Lie-Gruppe (volle Lorentz-Gruppe) der Transformationen $x'_\mu = \Sigma_{\nu=1}^4 \Lambda_{\mu\nu} x_\nu + a_\mu$ ($\mu = 1, 2, 3, 4$), wobei $\Lambda_{\mu\nu}$ Elemente einer 4×4 Matrix und a_μ Translationen im Minkowski-Raum (↑Determinismus) sind.

Literatur: W. Benz, Geometrische Transformationen unter besonderer Berücksichtigung der Lorentztransformationen, Mannheim etc. 1992, bes. 217–304 (Kap. VI Lorentztransformationen); R. W. Brehme, Lorentz Transformations, in: J. S. Rigden u. a. (eds.), Macmillan Encyclopedia of Physics II, New York etc. 1996, 887–889; P. E. Ehrlich/S. B. Kim, Lorentzian Geometry, in: J.-P. Francoise/G. L. Naber/T. S. Tsun (eds.), Encyclopedia of Mathematical Physics III, Amsterdam etc. 2006, 343–349; A. Einstein, The Meaning of Relativity. Four Lectures Delivered at Princeton University, Princeton N. J. 1921, [4]1953 (dt. Vier Vorlesungen über Relativitätstheorie, gehalten im Mai 1921 an der Universität Princeton, Braunschweig 1922, unter dem Titel: Grundzüge der Relativitätstheorie, erw. [3]1956, [7]1969); A. E. Everett, Lorentz Transformations, in: R. G. Lerner/G. L. Trigg (eds.), Encyclopedia of Physics I, Weinheim [3]2005, 1344–1345; H. A. Lorentz/A. Einstein/H. Minkowski, Das Relativitätsprinzip. Eine Sammlung von Abhandlungen, Leipzig/Berlin 1913, ⁵1923 (repr. Darmstadt 1958); P. Lorenzen, Relativistische Mechanik mit klassischer Geometrie und Kinematik, Math. Z. 155 (1977), 1–9; K. Mainzer, Geschichte der Geometrie, Mannheim/Wien/Zürich 1980; P. Mittelstaedt, Der Zeitbegriff in der Physik. Physikalische und philosophische Untersuchungen zum Zeitbegriff in der klassischen und in der relativistischen Physik, Mannheim/Wien/Zürich 1976, erw. ²1980, Heidelberg 1996; D. D. Sokolov, Lorentz Transformations, in: I. M. Vinogradov u. a. (eds.), Encyclopedia of Mathematics VI, Dordrecht/Boston Mass./London 1990, 46–47; H. Weyl, Raum, Zeit, Materie. Vorlesungen über allgemeine Relativitätstheorie, Berlin 1918, ⁵1923 (repr. Darmstadt 1961), Berlin/Heidelberg/New York ⁸1993. – Lexikon der Physik in 6 Bänden III, Heidelberg/Berlin 1999, 406;   K. M.

Lorenzen, Paul, *Kiel 24. März 1915, †Göttingen 1. Okt. 1994, dt. Mathematiker und Philosoph, Mitbegründer der so genannten ↑›Erlanger Schule‹ und Hauptvertreter der Konstruktiven Wissenschaftstheorie (↑Wissenschaftstheorie, konstruktive). 1933–1938 Studium der Mathematik, Physik, Chemie und Philosophie in Kiel, Berlin und Göttingen, 1938 Promotion in Mathematik in Göttingen (bei H. Hasse), 1946 Habilitation für Mathematik in Bonn, 1948/1949 Gastdozent in Cambridge/England, 1949 Diätendozentur für Mathematik und Geschichte der Mathematik in Bonn, 1952 apl. Prof. in Bonn, 1956 o. Prof. der Philosophie in Kiel, von 1962 bis zur Emeritierung 1980 in Erlangen. Zahlreiche Gastprofessuren (unter anderem in Austin/Texas [1965–1971] und Boston [Boston University, 1972–1975]; 1967/1968 John Locke Lecturer, Oxford/England).

Nach Arbeiten zur abstrakten Algebra, unter denen ein ↑Widerspruchsfreiheitsbeweis für die verzweigte Typenlogik (↑Typentheorien) mit ↑Unendlichkeitsaxiom (aber ohne ↑Reduzibilitätsaxiom) zu den bedeutenden Ergebnissen der neueren ↑Metamathematik gehört, wandte sich L. dem Begründungsproblem von Logik und Mathematik zu. Als charakteristisch für die Tätigkeit des Mathematikers sieht L., wie schon D. Hilbert, das schematische, durch Regeln eines ↑Kalküls faßbare Operieren mit Figuren an. Heißt eine Regel ›zulässig‹ (↑zulässig/Zulässigkeit) bezüglich eines Kalküls K, wenn nach ihrer Hinzunahme zu K nicht mehr Figuren ableitbar sind (↑ableitbar/Ableitbarkeit) als schon in K allein, so sind die *logischen* Regeln als allgemein (d. h. für jeden Kalkül) zulässig erkennbar, ohne daß man dazu selbst schon logische Schlüsse benötigte. Somit läßt sich die Logik auf eine ihr vorgeordnete ↑Protologik zurückführen (↑Logik, operative). Eine noch einfachere Begründung erlaubt L.s Einführung eines ›dialogischen Konstruktivitätskriteriums‹, das einen ›dialogischen‹ (heute auch ›argumentationstheoretisch‹ genannten) Aufbau der Logik (↑Logik, dialogische) einschließlich der ↑Modallogik ermöglicht. Dieser konstruktive Ansatz hat zu einer genaueren Klärung der Verhältnisse zwischen klas-

sischer Logik (↑Logik, klassische) und effektiver (›konstruktiver‹, ›intuitionistischer‹) Logik (↑Logik, intuitionistische, ↑Logik, konstruktive), des Sinnes der klassischen Vollständigkeitsbeweise (↑vollständig/Vollständigkeit) und der ↑Kripke-Semantiken beigetragen. – In der Mathematik kommt das ↑operative oder konstruktive (↑konstruktiv/Konstruktivität) Moment in der Forderung nach Definitheit (↑definit/Definitheit) zum Ausdruck. Nach den bisherigen Befunden lassen sich manche Teile der gegenwärtigen Mathematik (z. B. die transfinite Mengenlehre, ↑Mengenlehre, transfinite) nicht operativ begründen und gelten deshalb vom konstruktiven Standpunkt aus als (bislang) sinnlos. Zahlreiche Sätze der klassischen ↑Analysis bedürfen einer von L., teilweise in Fortführung von Ansätzen H. Weyls, erarbeiteten Einschränkung oder Neuformulierung, ohne daß dadurch irgendwelche Anwendungsmöglichkeiten verlorengingen (↑Mathematik, konstruktive). Durch diese Kritik an tradierten Grundlegungsvorstellungen wird der ↑*Konstruktivismus* zu einem (hinsichtlich Logik und Arithmetik dem ↑Intuitionismus nahestehenden) Standpunkt im ↑Grundlagenstreit der Mathematik.

Hinsichtlich der Begründung der Geometrie nahm L. zunächst einen Ansatz H. Dinglers auf, indem er die geometrischen Sätze auf als ↑Homogenitätsprinzipien formulierte ideative Forderungen (↑Ideation) zurückführte. Da es hierbei nicht mehr um das Operieren mit Figuren, sondern um die Bearbeitung von Naturgegenständen nach Regeln geht, würde die Geometrie bei diesem Ansatz nicht mehr zur Mathematik gehören, freilich auch nicht zur empirischen Physik (die ihrer zur Begründung der Längenmessung vielmehr schon bedarf), sondern zu einer ↑*Protophysik*, die neben Geometrie ↑Chronometrie und ↑Hylometrie umfaßt. Gegenüber diesem Ansatz entwickelte L. seit etwa 1980 gemeinsam mit R. Inhetveen (Konstruktive Geometrie. Eine formentheoretische Begründung der euklidischen Geometrie, Mannheim/Wien/Zürich 1983) eine andere Grundlegung der Geometrie, in der die Geometrie einen neuen Theorietypus repräsentiert. Zunächst wird in einer ↑*Protogeometrie*, ausgehend von der Praxis des technischen Umgangs mit Körpern, definiert, was die ›Form‹ einer Figur ist. Innerhalb der Formentheorie gelingt der Beweis gewisser Eindeutigkeitssätze (z. B. für die Verbindungsgerade zweier Punkte, für die Orthogonale zu einer Geraden in einem auf ihr gelegenen Punkt, die Winkelhalbierende zweier sich schneidender Geraden). Die Sätze der konstruktiven *Geometrie* sind die formentheoretischen Sätze über die Eigenschaften der aus den Grundformen nach den Konstruktionsregeln herstellbaren Figuren und damit der durch diese dargestellten Formen. ›Formgleich‹ heißen Figuren, wenn sie durch geometrische Eigenschaften (bzw. ↑Prädikatoren) ununterscheidbar sind und nach Anwendung jeweils gleicher Konstruktionsvorschriften ununterscheidbar bleiben. Dieser Ansatz macht insbes. deutlich, daß die Protogeometrie nur zu den Sätzen der absoluten Geometrie (↑Geometrie, absolute) führt und sich die ↑Euklidische Geometrie erst durch die Hinzunahme des ›Formprinzips‹ ergibt, nach dem auch beliebige Punktpaare formgleich sind (während die früheren Ansätze zu einem protophysikalischen Aufbau der Geometrie davon ausgingen, daß die Euklidische Geometrie unmittelbar aus geeigneten Homogenitätsprinzipien zu gewinnen sei). L. versteht die für die eigentliche Geometrie charakteristische, von den konkret ausgeführten Konstruktionen abstrahierende Rede über Konstruktionspläne als eine Wiederaufnahme des Platonischen Gedankens von Ideen als Formen (↑Idee (historisch), ↑Ideenlehre). Die hylometrische Definition der ↑Masse wird jetzt so formuliert, daß der klassische Impulssatz in ↑Inertialsystemen nur für niedrige Geschwindigkeiten logisch folgt. Dadurch ist die Protophysik mit der Speziellen und der Allgemeinen Relativitätstheorie (↑Relativitätstheorie, spezielle, ↑Relativitätstheorie, allgemeine) verträglich (Geometrie als meßtheoretisches Apriori der Physik, 1981). – In allen genannten Fällen – Logik, Mathematik, Geometrie, Kinematik – werden *operative Modelle* der üblicherweise heute an den Anfang dieser Disziplinen gestellten Axiomensysteme konstruiert. Die axiomatische Methode (↑Methode, axiomatische) wird jedoch nicht verworfen, sondern erhält nur einen anderen Ort und Stellenwert. Prinzipiell ließe sich die ganze so genannte ›Strukturmathematik‹ (↑Mathematik, ↑Struktur) im Rahmen einer von L. 1962 entworfenen allgemeinen Abstraktionstheorie (↑abstrakt, ↑Abstraktion, ↑Abstraktionsschema) begründen, die auch zu einer konstruktiven Mengenlehre (↑Mengenlehre, konstruktive), einer konstruktiven ↑Wahrscheinlichkeitstheorie und einer allgemeinen ↑Semantik führt.

Später hat L. die Reflexion über die Rolle der sprachlichen Mittel in Spezialdisziplinen auf den Aufbau von Wissenschaften überhaupt und schließlich auf die Rolle der Sprache für Ausbildung und Gelingen menschlicher Praxis schlechthin erweitert. Das Ergebnis ist ein allgemeines Programm der *konstruktiven Methode*, unter anderem mit der Forderung, die Wissenschaften als Hochstilisierungen alltäglicher Praxis auf eine ↑Lebenswelt zurückzuführen, bei deren Konzeption L. traditionelle Ansätze (W. Dilthey, E. Husserl, G. Misch, J. König, H. Dingler) teils fortführt, teils stark modifiziert. Im Unterschied zur Hermeneutik H.-G. Gadamers wird die These von der Unausweichlichkeit eines ›hermeneutischen Zirkels‹ (↑Zirkel, hermeneutischer) praktisch, nämlich durch Vorführung eines zirkelfreien schrittweisen Aufbaus der jeweils zur Debatte stehenden Praxis, zu widerlegen versucht. Die Fixierung dieser methodologischen und sprachphilosophischen Überlegungen (Methodisches Denken, 1965; [mit W. Kamlah] Logische Propädeutik, 1967) wurde zum Ausgangspunkt der ›Erlanger Schule‹ mit ihren kritisch-aufklärerischen Zielsetzungen im Rahmen der modernen ↑Wissenschaftstheorie und Praktischen Philosophie (↑Philosophie, praktische).

Für L. ist die logische ↑Propädeutik in erster Linie Vorschule einer Praxis, deren Rechtfertigung die konstruktive Begründung einer Praktischen Philosophie unter Einschluß der Ethik erfordert. Diese hat nach L. als Lehre vom Argumentieren um die Normen moralisch relevanten Handelns (↑Norm (handlungstheoretisch, moralphilosophisch)) insbes. ↑Prinzipien aufzuzeigen, die den an einer solchen Argumentation Beteiligten eine Veränderung nur subjektiver Bedürfnisse im Sinne ihrer ›Transzendierung‹ in Richtung auf die Annahme transsubjektiv gerechtfertigter Normen ermöglichen sollen (↑transsubjektiv/Transsubjektivität). In späteren Arbeiten hat L. die Transsubjektivität nicht mehr individualethisch, sondern politisch begründet: die Transsubjektivität ist das einzige Argumentationsprinzip für die Beratung politischer Normen (also für die Gesetzgebung), das in ›posttraditionalen‹ Kulturen eine Alternative zur bloßen Machtpolitik eröffnet (Politische Anthropologie, 1981). Rückblickend erscheint dabei die Beschäftigung mit der Mathematik – so interpretiert L. auch deren Rolle bei Platon – als eine Einübung in das transsubjektive Argumentieren zum Zwecke der Verbesserung der ethisch-politischen Praxis. In den Aufbau der so konzipierten ↑Ethik gehen die in einer deontischen Modallogik (↑Logik, deontische) zur Verfügung gestellten Mittel ebenso ein wie die Gesichtspunkte einer allgemeinen Kulturtheorie (↑Kultur).

Werke: Abstrakte Begründung der multiplikativen Idealtheorie, Math. Z. 45 (1939), 533–553; Die Definition durch vollständige Induktion, Mh. Math. Phys. 47 (1939), 356–358; Ein Beitrag zur Gruppenaxiomatik, Math. Z. 49 (1944), 313–327; Die Widerspruchsfreiheit der klassischen Analysis, Math. Z. 54 (1951), 1–24; Algebraische und logistische Untersuchungen über freie Verbände, J. Symb. Log. 16 (1951), 81–106; Maß und Integral in der konstruktiven Analysis, Math. Z. 54 (1951), 275–290; Zur Begründung der Modallogik, Arch. math. Log. Grundlagenf. 2 (1954–1956), 15–28, ferner in: Arch. Philos. 5 (1954–1956), 95–108; Einführung in die operative Logik und Mathematik, Berlin/Göttingen/Heidelberg 1955, Berlin/Heidelberg/New York ²1969; Ist Mathematik eine Sprache?, Synthese 10 (1956–1958), 181–186; Formale Logik, Berlin 1958, ⁴1970 (engl. Formal Logic, Dordrecht 1965); Logical Reflection and Formalism, J. Symb. Log. 23 (1958), 241–249; Über die Begriffe ›Beweis‹ und ›Definition‹, in: A. Heyting (ed.), Constructivity in Mathematics. Proceedings of the Colloquium Held at Amsterdam, 1957, Amsterdam 1959, 169–177; Die Entstehung der exakten Wissenschaften, Berlin/Göttingen/Heidelberg 1960; Das Begründungsproblem der Geometrie als Wissenschaft der räumlichen Ordnung, Philos. Nat. 6 (1960), 415–431, Neudr. in: ders., Methodisches Denken [s. u.], 120–141; Logik und Agon, in:

Atti del XII Congresso Internazionale di Filosofia (Venezia, 12–18 Settembre 1958) IV (Logica, linguaggio e comunicazione), Florenz 1960, 187–194, Neudr. in: ders./K. Lorenz, Dialogische Logik [s. u.], 1–8; Ein dialogisches Konstruktivitätskriterium, in: Infinitistic Methods. Proceedings of the Symposium on Foundations of Mathematics. Warsaw, 2–9 September 1959, Warschau, Oxford etc. 1961, 193–200, Neudr. in: ders./K. Lorenz, Dialogische Logik [s. u.], 9–16, ferner in: K. Berka/ L. Kreiser (eds.), Logik-Texte. Kommentierte Auswahl zur Geschichte der modernen Logik, erw. Berlin ³1983, ⁴1986, 266–272; Metamathematik, Mannheim 1962, Mannheim/ Wien/Zürich ²1980 (franz. Métamathématique, Paris 1967); Gleichheit und Abstraktion, Ratio 4 (1962), 77–81, Neudr. in: ders., Konstruktive Wissenschaftstheorie [s. u.], 190–198, ferner in: K. Lorenz (ed.), Identität und Individuation II (Systematische Probleme in ontologischer Hinsicht), Stuttgart-Bad Cannstatt 1982, 97–103 (engl. Equality and Abstraction, Ratio 4 [engl. Ausg., 1962], 85–90, unter dem Titel: Identity and Abstraction, in: ders., Constructive Philosophy [s. u.], 71–77); Collegium Logicum. Festrede, gehalten bei der Jahresfeier der Friedrich-Alexander-Universität Erlangen-Nürnberg am 3. November 1962, Erlangen 1963 (Erlanger Universitätsreden NF 8), Neudr. in: ders., Methodisches Denken [s. u.], 7–23; Wie ist die Objektivität der Physik möglich?, in: H. Delius/G. Patzig (eds.), Argumentationen. Festschrift für Josef König, Göttingen 1964, 143–150, Neudr. in: ders., Methodisches Denken [s. u.], 142–151 (engl. How Is Objectivity in Physics Possible?, in: ders., Constructive Philosophy [s. u.], 231–237); Differential und Integral. Eine konstruktive Einführung in die klassische Analysis, Frankfurt 1965 (engl. Differential and Integral. A Constructive Introduction to Classical Analysis, Austin Tex./London 1971); Logik und Grammatik, Mannheim 1965, Nachdr. in: ders., Methodisches Denken [s. u.], 70–80 (engl. Logic and Grammar, in: ders., Constructive Philosophy [s. u.], 113–120); Über eine Definition des Begründungsbegriffes in der Philosophie der exakten Wissenschaften, in: K. Ajdukiewicz (ed.), The Foundation of Statements and Decisions. Proceedings of the International Colloquium on Methodology of Sciences Held in Warsaw, 18–23 September 1961, Warschau 1965, 157–170; (mit W. Kamlah) Logische Propädeutik oder Vorschule des vernünftigen Redens, Mannheim 1967, rev. 1967, unter dem Titel: Logische Propädeutik. Vorschule des vernünftigen Redens, Mannheim/Wien/ Zürich ²1973, 1992, Stuttgart/Weimar 1996 (engl. Logical Propaedeutic. Pre-School of Reasonable Discourse, Lanham Md./ New York/London 1984); Methodisches Denken, Frankfurt 1968, 1988; Constructive Mathematics as a Philosophical Problem. Dedicated to A. Heyting on the Occasion of His 70th Birthday, in: Logic and Foundations of Mathematics. Dedicated to Prof. A. Heyting on His 70th Birthday, Groningen 1968, 133–142, ferner in: Compositio Math. 20 (1968), 133–142; Normative Logic and Ethics, Mannheim/Zürich 1969, Mannheim/Wien/Zürich ²1984; Theophrastische Modallogik, Arch. math. Log. Grundlagenf. 12 (1969), 72–75; Logic and Grammar, Monist 53 (1969), 195–203; Szientismus versus Dialektik, in: R. Bubner/K. Cramer/R. Wiehl (eds.), Hermeneutik und Dialektik. Aufsätze I (Methode und Wissenschaft, Lebenswelt und Geschichte). Hans-Georg Gadamer zum 70. Geburtstag, Tübingen 1970, 57–72, Neudr. in: Man and World 4 (1971), 151–168, unter dem Titel: Das Problem des Szientismus, in: L. Landgrebe (ed.), 9. Deutscher Kongreß für Philosophie, Düsseldorf 1969. Philosophie und Wissenschaft, Meisenheim am Glan 1972, 19–34, unter ursprünglichem Titel in: M. Riedel (ed.), Rehabilitierung der praktischen Philosophie II (Rezeption, Argumenta-

tion, Diskussion), Freiburg 1974, 335–351, ferner in: F. Kambartel (ed.), Praktische Philosophie und konstruktive Wissenschaftstheorie, Frankfurt 1974, 1979, 34–53; Zur konstruktiven Deutung der semantischen Vollständigkeit klassischer Quantoren- und Modalkalküle, Arch. math. Log. Grundlagenf. 15 (1972), 103–117; (mit O. Schwemmer) Konstruktive Logik, Ethik und Wissenschaftstheorie, Mannheim/Wien/Zürich 1973, ²1975; Konstruktive Wissenschaftstheorie, Frankfurt 1974; Zur Definition der vier fundamentalen Meßgrößen, Philos. Nat. 16 (1976), 1–9, Neudr. in: J. Pfarr (ed.), Protophysik und Relativitätstheorie. Beiträge zur Diskussion über eine konstruktive Wissenschaftstheorie der Physik, Mannheim/Wien/ Zürich 1981, 25–33; Wissenschaftstheorie und Wissenschaftssysteme, in: D. Henrich (ed.), Ist systematische Philosophie möglich? (Stuttgarter Hegel-Kongreß 1975), Bonn 1977 (Hegel-Stud. Beiheft XVII), 367–381; Theorie der technischen und politischen Vernunft, Stuttgart 1978; (mit K. Lorenz) Dialogische Logik, Darmstadt 1978; Eine konstruktive Deutung des Dualismus in der Wahrscheinlichkeitstheorie, Z. allg. Wiss.theorie 9 (1978), 256–275, Nachdr. in: ders., Grundbegriffe technischer und politischer Kultur [s. u.], 59–84; Eine konstruktive Theorie der Formen räumlicher Figuren, Zentralbl. f. Didaktik d. Math. 9 (1977), 95–99, Nachdr. in: M. Svilar/A. Mercier (eds.), L'Espace. Institut International de Philosophie. Entretiens de Berne, 12–16 Septembre 1976/Space. International Institute of Philosophy. Entretiens in Berne, 12–16 September 1976, Bern/Frankfurt/ Las Vegas 1978, 109–129; Konstruktive Analysis und das geometrische Kontinuum, Dialectica 32 (1978), 221–227, Nachdr. in: ders., Grundbegriffe technischer und politischer Kultur [s. u.], 106–113; Praktische und theoretische Modalitäten, Philos. Nat. 17 (1979), 261–279, Nachdr. in: ders., Grundbegriffe technischer und politischer Kultur [s. u.], 35–55; Wissenschaftstheorie und Nelsons Erkenntnistheorie am Beispiel der Geometrie und Ethik, in: P. Schröder (ed.), Vernunft Erkenntnis Sittlichkeit. Internationales philosophisches Symposion Göttingen, vom 27.–29. Oktober 1977 aus Anlaß des 50. Todestages von Leonard Nelson, Hamburg 1979, 19–36, Nachdr. Ratio 21 (1979), 109–123 (engl. The Philosophy of Science and Nelson's Theory of Knowledge as Illustrated on the Example of Geometry and Ethics, Ratio 21 [engl. Ausg., 1979], 109–124); Rationale Grammatik, in: J. Ballweg/H. Glinz (eds.), Grammatik und Logik. Jahrbuch 1979 des Instituts für deutsche Sprache, Düsseldorf 1980, 114–133, Neudr. in: C. F. Gethmann (ed.), Theorie des wissenschaftlichen Argumentierens, Frankfurt 1980, 73–94, ferner in: ders., Grundbegriffe technischer und politischer Kultur [s. u.], 13–34; Die dialogische Begründung von Logikkalkülen, in: C. F. Gethmann (ed.), Theorie des wissenschaftlichen Argumentierens [s. o.], 43–69, Neudr. in: E. M. Barth/J. L. Martens (eds.), Argumentation. Approaches to Theory Formation. Containing the Contributions to the Groningen Conference on the Theory of Argumentation, October 1978, Amsterdam 1982, 23–54; Versuch einer wissenschaftlichen Grundlegung des Demokratischen Sozialismus, in: T. Meyer (ed.), Demokratischer Sozialismus – Geistige Grundlagen und Wege in die Zukunft, München/Wien 1980, 29–41, Nachdr. in: ders., Grundbegriffe technischer und politischer Kultur [s. u.], 168–184; Constructivity in Mathematics, Epistemologia 4 (1981), 205–221; Politische Anthropologie, in: O. Schwemmer (ed.), Vernunft, Handlung und Erfahrung. Über die Grundlagen und Ziele der Wissenschaften, München 1981, 104–116, Nachdr. in: ders., Grundbegriffe technischer und politischer Kultur [s. u.], 185–193 (engl. Political Anthropology, in: ders., Constructive Philosophy [s. u.], 42–55); Geometrie als meßtheoretisches Apriori der Physik, in: J. Pfarr (ed.), Protophysik und Relativitätstheorie [s.o.], 35–53, ferner in: O. Schwemmer (ed.), Vernunft, Handlung und Erfahrung [s.o.], 49–63 (engl. Geometry as the Measure-Theoretic A Priori of Physics, in: ders., Constructive Philosophy [s.u.], 274–291, ferner in: R. E. Butts/J. R. Brown (eds.), Constructivism and Science. Essays in Recent German Philosophy, Dordrecht/Boston Mass./London 1989 [Western Ont. Ser. Philos. Sci. XLIV], 127–144); Ethics and the Philosophy of Science, Contemporary German Philos. 1 (1982), 1–14; Elementargeometrie. Das Fundament der Analytischen Geometrie, Mannheim/Wien/Zürich 1984; Grundbegriffe technischer und politischer Kultur. Zwölf Beiträge, Frankfurt 1985; Lehrbuch der konstruktiven Wissenschaftstheorie, Mannheim/Wien/Zürich 1987, Stuttgart/Weimar 2000; Constructive Philosophy, Amherst Mass. 1987; Critique of Political and Technical Reason. The Evert Willem Beth Lectures of 1980, Synthese 71 (1987), 127–218. – Briefwechsel zwischen P. L. und P. Finsler, Dialectica 10 (1956), 271–277; H.-H. v. Borzeszkowski/R. Wahsner (eds.), Messung als Begründung oder Vermittlung? Ein Briefwechsel mit P. L. über Protophysik und ein paar andere Dinge, Sankt Augustin 1995. – O. Schwemmer/K. Lorenz, Verzeichnis der Veröffentlichungen von P. L., in: K. Lorenz (ed.), Konstruktionen versus Positionen [s.u., Lit.] II, 394–400; C. Thiel, Bibliographie der Schriften von P. L., Z. allg. Wiss.theorie 27 (1996), 187–202 [S. 188 im Anhang].

Literatur: S. Brown, L., in: ders./D. Collinson/R. Wilkinson (eds.), Biographical Dictionary of Twentieth-Century Philosophers, London/New York 1996, 472–473; FM III (1994), 2208–2209; C. F. Gethmann, Die Aktualität des Methodischen Denkens, in: ders./J. Mittelstraß, P. L. zu Ehren, Konstanz 2010 (Konstanzer Universitätsreden 241), 15–37; L. Guidetti, La costruzione della materia. P. L. e la ›Scuola di Erlangen‹, Macerata 2008; G. Heinzmann/M. Marion/P. Caussat, L., Enc. philos. universelle II/2 (1992), 2492–2493; R. Kötter/R. Inhetveen, P. L., Philos. Nat. 32 (1995), 319–330; K. Lorenz (ed.), Konstruktionen versus Positionen. Beiträge zur Diskussion um die Konstruktive Wissenschaftstheorie (P. L. zum 60. Geburtstag), I–II, Berlin/New York 1979; J. Mittelstraß (ed.), Der Konstruktivismus in der Philosophie im Ausgang von Wilhelm Kamlah und P. L., Paderborn 2008; J. Roberts, L., REP V (1998), 825–828; P. T. Sagal, P. L.'s Constructivism and the Recovery of Philosophy, Synthesis Philosophica 2 (1987), 173–178; B. Schäfer, L., in: J. Nida-Rümelin (ed.), Philosophie der Gegenwart in Einzeldarstellungen. Von Adorno bis Wright, Stuttgart 1991, 351–354, erw. ²1999, 437–440, [Philosophie der Gegenwart in Einzeldarstellungen] unter dem Titel: Philosophie der Gegenwart, ed. J. Nida-Rümelin/E. Özmen, ³2007, 392–394; C. Thiel, P. L. (1915–1994), Z. allg. Wiss.theorie 27 (1996), 1–13; ders. (ed.), Akademische Gedenkfeier für P. L.. am 10. November 1995, Nürnberg 1998; ders., Beth and L. on the History of Science, Philosophia Scientiae 3 (1998/1999), H. 3, 33–48; H. Wohlrapp, P. L., in: B. Lutz (ed.), Metzler Philosophen Lexikon, Stuttgart ³2003, 420–424. – L., in: B. Jahn, Biographische Enzyklopädie deutschsprachiger Philosophen, München 2001, 257; weitere Literatur: ↑Erlanger Schule, ↑Konstruktivismus, ↑Wissenschaftstheorie, konstruktive.   C. T.

Losskij, Nikolaj Onufrijevič, *Kreslawka (Gouv. Witebsk) 6. Dez. 1870, †Ste. Geneviève-des-Bois 24. Jan. 1965, russ. Philosoph polnischer Herkunft. Nach politisch motiviertem Verweis vom Gymnasium 1887 Emigration nach Zürich und Fortsetzung des privaten Studiums der Werke G. V. Plechanows und A. Herzens, kurzzeitig Universitätsstudium der Naturwissenschaften in Bern und Algier; nach vorzeitigem Abbruch einer fünfjährigen Verpflichtung zum Dienst in der Fremdenlegion Rückkehr nach Rußland; ab 1891 Studium der Naturwissenschaften (Physikalisch-Mathematische Fakultät, Abschluß 1895) und der Geisteswissenschaften (Historisch-Philologische Fakultät, Abschluß 1898) in St. Petersburg; Promotion 1903 (Magister-Dissertation über »Die Grundlagen der Psychologie vom Standpunkt des Voluntarismus«), Habilitation 1907 (Doktor-Dissertation über »Die Grundlegung des Intuitivismus. Eine propädeutische Erkenntnistheorie«), 1900–1916 Lehrtätigkeit als Privatdozent an der Universität und als Lehrer (seit 1896) an verschiedenen Schulen, dabei 1901–1903 Auslandsaufenthalte, unter anderem bei W. Windelband in Straßburg und bei W. Wundt in Leipzig, 1916–1921 Prof. der Philosophie in St. Petersburg/Petrograd. 1921 wurde L. wegen seiner ›spiritualistischen Lehren‹ seines Postens enthoben und 1922 wegen seiner nach der Februarrevolution 1917 intensivierten politischen Tätigkeit als Mitglied (seit 1905) der Konstitutionell-demokratischen Partei ausgewiesen. Auf Einladung von T. Masaryk ging L. im Rahmen der so genannten ›Russischen Aktion‹ mit seiner Familie (via Stettin und Berlin) nach Prag an die Russische Universität, wo er bis 1942 einen Lehrstuhl innehatte, unterbrochen von einer Gastprofessur an der Stanford University 1933. Gleichzeitig lehrte er an der Karlsuniversität sowie 1942–1945 an der Universität in Bratislava (Preßburg), nach seiner Emigration via Frankreich 1947–1950 am St. Vladimir Russian Orthodox Seminary in New York; ab 1951 lebte L. bis zu seinem Tode in einem russischen Altersheim in Frankreich (Dept. Seine-et-Oise). – In L.s realistische Erkenntnistheorie, von ihm selbst als ›Intuitivismus‹ bezeichnet, gehen unter anderem Elemente der neuplatonischen Ideenlehre (↑Idee (historisch)), der Leibnizschen ↑Monadentheorie und des Bergsonschen Intuitionsbegriffs ein. Auf dieser Basis entwickelt L. eine als ›Idealrealismus‹ bezeichnete und von der Möglichkeit einer Synthese aller philosophischen Systeme (= Weltanschauungen) getragene Metaphysik, deren hochspekulative Lehren sich wesentlich ›mystischer Intuition‹ verdanken, in der ›Welt-Anschauung‹ zugleich eine ›Schau Gottes‹ ist.

Werke: Osnovnye učenija psichologii s točki zrenija voljuntarizma, St. Petersburg 1903 (dt. Die Grundlehren der Psychologie vom Standpunkte des Voluntarismus, Leipzig 1904); Obosnovanie intuitivizma. Propedevtičeskaja teorija znanija, St. Petersburg 1906, ²1908, Berlin ³1924 (dt. Die Grundlegung des Intuitivismus. Eine propädeutische Erkenntnistheorie, Halle 1908); Mir kak organičeskoe celoe, Moskau 1917 (engl. The World as an Organic Whole, London 1918, 1928); The Intuitive Basis of Knowledge. An Epistemological Inquiry, London 1919; Logika, I–II, St. Petersburg 1922, Berlin ²1923 (dt. Handbuch der Logik, Leipzig/Berlin 1927); Svoboda woli, Paris 1927, 1970 (engl. Freedom of Will, London 1932, 1991); Creative Activity. Evolution and Ideal Being, Prag 1937; An Epistemological Introduction into Logic, Prag 1939; Psychologie des menschlichen Ich und Psychologie des menschlichen Körpers, Prag 1940; Des conditions de la morale absolue. Fondements de l'éthique, Neuenburg 1948; L., in: W. Ziegenfuss/G. Jung (eds.), Philosophenlexikon. Handwörterbuch der Philosophie nach Personen II, Berlin 1950, 73–80; History of Russian Philosophy, New York 1951, London 1952, New York 1972 (franz. Histoire de la philosophie russe, Paris 1954), russ. Original: Istorija russkoj filosofii, Moskau 1990, 2007; Analytic and Synthetic Propositions and Mathematical Logic, New York 1953; Obščedostupnoe vvedenie v filosofiju [Allgemein zugängliche Einführung in die Philosophie], Frankfurt 1956; Vospominanija. Žizn' i filosofskij put'/ Erinnerungen. Lebensweg eines Philosophen [russ.], ed. B. N. Losskij, München 1968, St. Petersburg 1994, Moskau 2008. – B. Losskij, Bibliographie des œuvres de Nicolas Lossky, Paris 1978.

Literatur: S. A. Askol'dov, Novaja gnoseologičeskaja teorija N. O. Losskogo [Neue Erkenntnistheorie von N. O. L.], Žurnal Ministerstva Narodnogo Prosveščenija NS 5 (1906), 413–441; ders., Mysl' i dejstvitel'nost', Moskau 1914; C. Chant, L., in: S. Brown/ D. Collinson/R. Wilkinson (eds.), Biographical Dictionary of Twentieth-Century Philosophers, London/New York 1996, 474–475; A. Chatalov, L., DP II (1993), 1784–1785; H. Dahm, N. O. L.. Begründer des Intuitivismus und des personalistischen Ideal-Realismus, in: ders., Grundzüge russischen Denkens. Persönlichkeiten und Zeugnisse des 19. und 20. Jahrhunderts, München 1979, 253–282; J. H. Dubbink, In memoriam N. O. Lossky (1870–1965), Tijdschr. Filos. 27 (1965), 188–189; N. Duddington, The Philosophy of N. Lossky, Dublin Rev. 192 (1933), 233–244; FM III (1994), 2209–2211; L. Gančikov, L., Enc. Filos. IV (1969), 103–105; W. Goerdt, Russische Philosophie. Zugänge und Durchblicke, Freiburg/München 1984, bes. 603–622; A. S. Kohanski, Lossky's Theory of Knowledge, Diss. Nashville Tenn. 1936; S. Levickij, Mesto N. O. Losskogo v russkoj filosofii [Die Bedeutung von N. O. L. in russischer Philosophie], Novyj Žurnal 79 (1965), 253–269; J. L. Navickas, N. Lossky's Moral Philosophy and M. Scheler's Phenomenology, Stud. Sov. Thought 18 (1978), 121–130; F. Nethercott, Une rencontre philosophique. Bergson en Russie. (1907–1917), Paris 1995, 117–137 (Kap. IV L'intuitivisme russe), 153–183 (Kap. V Aspects de la philosophie bergsonienne. [I] Les lectures savantes – Nikolaï Losski et Segueï Askoladov); J. Pawlak, Intuicja i Rzeczywistość. Poglądy gnoseologiczne Mikołaja Łosskiego, Toruń 1996; F. Polanowska, L.'s erkenntnistheoretischer Intuitionismus. Darstellung und Kritik, Diss. Berlin 1931; P. Ranson, L., Enc. philos. universelle III/2 (1992), 2622; J. P. Scanlan, L., REP V (1998), 833–838; M. Sergeev, Sophiology in Russian Orthodoxy. Solov'ev, Bulgakov, Losskii and Berdiaev, Lewiston N. Y. 2006; L. J. Shein, Análisis de la epistemologia de N. O. Lossky/An Analysis of N. O. Lossky's Epistemology [span.], Folia Humanistica 14 (1976), 491–504; S. Tomkeieff, The Philosophy of N. O. Lossky, Proc. University Durham Philos. Soc. 6 (1923), 375–393; J. Wasmuth, L., BBKL XXI (2003), 850–854. – Festschrift N. O. L. zum 60. Geburtstage, Bonn 1932. G. H.

Lotman, Jurij Michailovič, *Petrograd 28. Febr. 1922 (heute: St. Petersburg), †Tartu (Estland) 28. Okt. 1993; russ. Literaturwissenschaftler und Kultursemiotiker, spiritus rector der 1962 von ihm mit Kollegen, unter ihnen B. Uspenskij, V. Toporov, A. Piatigorskij, V. Ivanov und

M. Gasparov, gegründeten Tartu-Moskau-Schule der ↑Semiotik. 1939–1950, vom Militärdienst 1940–1946 unterbrochen, Studium der russischen Literatur an der staatlichen Universität Leningrad (heute: St. Petersburg), unter anderem bei den bedeutenden Vertretern des russischen Formalismus der 1920er Jahre B. Ėjchenbaum, B. Tomaševskij und V. Žirmunskij, mit Diplomabschluß. Wegen antisemitisch motivierter Beeinträchtigungen, einer beabsichtigten Folge der von der sowjetischen Presse Ende der 1940er Jahre geführten Kampagne gegen Kosmopolitismus, 1950 Umzug nach Tartu, bis 1954 Lehre am Lehrerseminar ebendort, 1954–1993 Dozent an der Universität Tartu, ab 1963 als Inhaber des Lehrstuhls für Russische Literatur. An der Universität Leningrad 1952 Promotion über den russischen Aufklärer A. Radiščev, 1961 Habilitation an der Universität Tartu. 1964 Gründung der Reihe »Trudy po znakovym sistemam« [Arbeiten zu Zeichensystemen; nach Bd. 25 (1992) engl. weitergeführt unter dem Titel »Sign Systems Studies«], deren erster Band L.s 1958–1962 gehaltene »Vorlesungen zu einer strukturalen Poetik« enthält und den Beginn des Einflusses der Tartu-Moskau-Schule markiert. Dabei ist die unter dem J. Locke entlehnten Titel Σημειωτική (Semeiotike) geführte Reihe zunächst das Organ von Arbeiten der Teilnehmer aus aller Welt an den von 1964 bis 1970 in Kääriku nahe Tartu abgehaltenen Sommerschulen (R. Jakobson, z. B., nahm 1966 teil). Sie waren der wichtigste Treffpunkt von Mitgliedern und Interessenten der Tartu-Moskau-Schule und standen oft unter dem Damoklesschwert einer Anklage wegen eines die offizielle Doktrin des ›sozialistischen Realismus‹ angeblich verleugnenden ›Formalismus‹. Von westlichen Institutionen ausgesprochenen Einladungen konnte L. erst seit 1987, damals einer Einladung nach Helsinki, folgen.

L. wird mit seinem Versuch einer Verknüpfung von strukturalistischer Methode (↑Strukturalismus (philosophisch, wissenschaftstheoretisch)), insbes. im Sinne F. de Saussures, und Informationswissenschaft (↑Information) zu einem Pionier einer mit der Erzeugung und Erfassung von komplexen Zeichenzusammenhängen (↑Semiotik) befaßten, von ihm zunächst am Paradigma Literatur vor allem in der Slavistik entwickelten, Kulturwissenschaft (↑Kultur). Die Überführung selbsterzeugter oder von selbst entstandener Gegenstände in Zeichen (↑Zeichen (semiotisch)), geschehe es auf logisch erster Stufe ikonisch (↑Ikon) oder logisch höherstufig symbolisch (↑Symbol), führt nach L. durch die Generierung von ↑Bedeutung, nämlich der Erzeugung eines ›Textes‹ bzw. einer grundsätzlich heterogenen Hierarchie von Texten, zu einem ›Modell‹ bzw. einem System von Modellen der Wirklichkeit. Diese Modellbildungen sind im Falle der Kultursemiotik sekundär, weil es um die Wirklichkeit von bereits Zeichengegenständen und damit kultureller Bereiche geht, z. B. Film, Malerei, Kartenspiel, Dichtung. Das dabei auftretende Nebeneinander verschiedener und sogar verschiedenartiger (z. B. visueller oder gestischer neben verbalen) ↑Sprachen, das schon für die Differenz zwischen Sprecher/Schreiber und Hörer/Leser charakteristisch ist, aber natürlich erst recht für die Differenz zwischen untersuchter Sprache und Untersuchungssprache, im allgemeinen also einer ↑Wissenschaftssprache, bezeichnet L. als ›Polyglottismus‹ der Kultur. Für die jeweilige Übersetzbarkeit zu sorgen, wobei keine Auszeichnung einer eindeutig bestimmten ›richtigen‹ Übersetzung möglich ist, und so eine weitere Komplexitätsstufe in die Modellbildung einzubauen, gehöre zu den wichtigsten Aufgaben der Kultursemiotik. Kultur selbst als ein Prozeß der Umwandlung von Nicht-Zeichen in Zeichen und damit auch von Information samt seinem Ergebnis, das die Organisation und Bewahrung von Information einschließt, bildet zusammen mit den individuellen und kollektiven Trägern dieses Prozesses die ›Semiosphäre‹, ein in Anlehnung an die naturwissenschaftlichen Begriffsbildungen wie ›Atmosphäre‹, ›Stratosphäre‹, ›Biosphäre‹ von L. in »Universe of the Mind. A Semiotic Theory of Culture« (1990) eingeführter Terminus. Jenseits der Semiosphäre gibt es keine Zeichen und damit auch keine Sprache, weder in ihrer signifikativen noch in ihrer kommunikativen Rolle. Zusammenfassend dargestellt hat L. seine in diesem Rahmen schließlich entwickelten Überlegungen zur Kulturentwicklung mit ihrer Dialektik der Erzeugung von Ordnung (Stabilisierung) und Unordnung (Destabilisierung) – L. bezieht sich an dieser Stelle auf die Forschungen von I. Prigogine über dissipative Strukturen –, die der dialogischen und polyglotten Natur der Kultur geschuldet ist, in seinem letzten Buch »Kul'tura i vzryv« ([Kultur und Explosion] 1992).

Werke: Lektsii po struktual'noi poetike. Vvedenie, teoriia stikha, Tartu 1964 (Trudy po znakovym sistemam I), Providence R. I. 1968 (dt. Vorlesungen zu einer strukturalen Poetik. Einführung, Theorie des Verses, ed. K. Eimermacher, München 1972); Struktura chudožestvennogo teksta, Moskau 1970, Providence R. I. 1971 (dt. Die Struktur literarischer Texte, München 1972, unter dem Titel: Die Struktur des künstlerischen Textes, ed. R. Grübel, Frankfurt 1973, unter ursprünglichem Titel, München 1993; franz. La structure du texte artistique, Paris 1973, 1980; engl. The Structure of the Artistic Text, Ann Arbor Mich. 1977); Analiz poetičeskogo teksta. Struktura stiha, Sankt Peterburg 1972 (dt. Die Analyse des poetischen Textes, Kronberg im Taunus 1975; engl. Analysis of the Poetic Text, Ann Arbor Mich. 1976, 1988); Semiotika kino i problemy kinoestetiki, Tallinn 1973, Nachdr. in: ders., Ob iskusstve [Über Kunst], Sankt Peterburg 1998, 288–372 (engl. Semiotics of Cinema, Ann Arbor Mich. 1976, 1981; franz. Sémiotique et esthétique du cinéma, Paris 1977; dt. Probleme der Kinoästhetik. Einführung in die Semiotik des Films, Frankfurt 1977); Aufsätze zur Theorie und Methodologie der Literatur und Kultur, ed. K. Eimermacher, Kronberg im Taunus 1974; Kunst als Sprache. Untersuchungen

zum Zeichencharakter von Literatur und Kunst, ed. K. Städtke, Leipzig 1981; Aleksandr Sergeevič Puškin. Biografija pisatelja, posobie dlja učaščichsja, Leningrad 1981, ²1983 (dt. Alexander Puschkin. Leben als Kunstwerk, Leipzig 1989, ²1993); (mit B. A. Uspenskij) The Semiotics of Russian Culture, Ann Arbor Mich. 1984; Universe of the Mind. A Semiotic Theory of Culture, Bloomington Ind., London 1990, 2000, London 2001 (russ. Original: Vnutri mysljaščich mirov. Čelovek. Tekst. Semiosfera. Istorija, Moskau 1996, 1999, Nachdr. in: ders., Semiosfera, Sankt Peterburg 2000, 2004, 150–390 [dt. Die Innenwelt des Denkens. Eine semiotische Theorie der Kultur, Berlin 2009, 2010]); Kul'tura i vzryv, Moskau 1992, Nachdr. in: ders., Semiosfera [s. o.], 12–148 (franz. L'explosion et la culture, Limoges 2004; engl. Culture and Explosion, Berlin/New York 2009; dt. Kultur und Explosion, Berlin 2010); Izbrannye stat'i [Ausgewählte Artikel], I–III, Tallinn 1992–1993; Besedy o russkoj kul'ture. Byt i tradicii russkogo dvorjanstva (XVIII – nacalo XIX veka), Sankt Peterburg 1994, ²2006 (dt. Russlands Adel. Eine Kulturgeschichte von Peter I. bis Nikolaus I., Köln/Weimar/Wien 1997). – Pis'ma. 1940–1993 [Briefe], Moskau 2006; (mit B. A. Uspenskij) Perepiska. 1964–1993 [Briefwechsel], Moskau 2008. – Bibliographie der Arbeiten von J. M. L. (1949–1992), Znakolog 5 (1993), 201–275.

Literatur: E. Andrews, Conversations with L.. Cultural Semiotics in Language, Literature and Cognition, Toronto 2003; N. Avtonomova, Otkrytaja struktura. Jakobson. Bachtin. L.. Gasparov [Offene Struktur. Jakobson. Bachtin. L.. Gasparov], Moskau 2009; B. F. Egorov, Ot Chomjakova do L.a [Von Chomjakov bis L.], Moskau 2003; ders., Zizn' i tvorčestvo J. M. L.a [Leben und Werk von J. M. L.], Moskau 1999; W. Eismann/P. Grzybek, In memoriam J. M. L. (1922–1993), Z. f. Semiotik 16 (1994), 105–116; V. K. Kantor (ed.), J. M. L., Moskau 2009; P. Lepik, Universals in the Context of J. L.'s Semiotics, Tartu 2008; L. Lotman, Vospominanija [Erinnerungen], Sankt Peterburg 2007; A. Reid, Literature as Communication and Cognition in Bakhtin and L., New York/London 1990; C. Ruhe, La cité des poètes. Interkulturalität und urbaner Raum, Würzburg 2004; A. Schönle (ed.), L. and Cultural Studies. Encounters and Extensions, Madison Wis. 2006; T. A. Sebeok, The Estonian Connection, Sign Systems Stud. 26 (1998), 20–41; A. Shukman, Literature and Semiotics. A Study of the Writings of Yu. M. L., Amsterdam/New York/Oxford 1977.   K. L.

Lotze, (Rudolf) Hermann, *Bautzen 21. Mai 1817, †Berlin 1. Juli 1881, dt. Philosoph. Studium (ab 1834) der Philosophie und der Naturwissenschaften in Leipzig (unter anderem bei dem theistischen Späthegelianer C. H. Weiße und den beiden Mitbegründern der ↑Psychophysik E. H. Weber und G. T. Fechner), 1838 Promotion in Philosophie, nach kurzer Tätigkeit als Arzt in Zittau (1838–1839) 1839 Habilitation für Medizin (Physiologie), 1840 für Philosophie in Leipzig. Lehrtätigkeit in beiden Fächern bis zur Berufung 1844 nach Göttingen als Nachfolger J. F. Herbarts. 1881 folgte L. einem Ruf nach Berlin, wo er noch im selben Jahr starb. – In der Tradition von G. W. Leibniz und I. Kant stehend, suchte L. in seiner Metaphysik die mechanistische Naturauffassung (↑Weltbild, mechanistisches), die er selbst ausdrücklich gegen Vorstellungen von ›Lebenskraft‹ (↑Vitalismus) vertrat, mit der Religion in Einklang zu bringen. Sein erklärtes Ziel war, wie es in der vielzitierten Eingangspassage zum »Mikrokosmus« (1856–1864) heißt, den Zwist zwischen den »Bedürfnissen des Gemütes und den Ergebnissen menschlicher Wissenschaft« zu schlichten. Wie Kant ist er der Ansicht, daß nicht Kosmologie, sondern Ethik den Zugang zur Gotteserkenntnis eröffne. Die Ethik, als ↑Wertethik verstanden, steht nach L. außerhalb der Naturerkenntnis; das nach dem Guten strebende menschliche Bewußtsein gibt den Naturgeschehen allererst seinen Sinn. Umgekehrt ermögliche es die mechanistische Naturerkenntnis, die Natur den selbstgesetzten Zwecken des Menschen gefügig zu machen. Obwohl L. selbst Systemdenker war, bestritt er die Möglichkeit eines abgeschlossenen philosophischen Systems. Philosophie sei abhängig von den jeweiligen Ergebnissen der Einzelwissenschaften; da diese der Veränderung unterworfen seien, müsse es auch notwendig die auf ihnen aufbauende Philosophie sein. Diese wird gleichwohl spekulativ (↑spekulativ/Spekulation) verstanden. Gegen eine Reduzierung der Philosophie auf Erkenntnis- und Wissenschaftstheorie als Methodologie der Wissenschaften wehrte sich L. mit den Worten, daß das beständige »Wetzen der Messer« langweilig sei, »wenn man Nichts zu schneiden vorhat« (Metaphysik, 1879, Einl., § IX). L.s eigene Philosophie ist der Leibnizschen ↑Monadentheorie und deren ›Spiritualismus‹ verwandt. Nicht ›Stoff‹ oder ›Idee‹, sondern der »persönliche Geist Gottes und die Welt der persönlichen Geister«, die Menschen, sind das »wahrhaft Wirkliche« (Mikrokosmos III, ⁶1923, 615). Im Unterschied zu Leibniz vertritt L. nicht die rationalistische Konzeption einer ↑Theodizee, vielmehr ist für ihn allein der Glaube an die Wirksamkeit der Liebe letzte Instanz einer sinnvollen Lebensführung. – Gewirkt hat L. nicht nur auf spekulative Philosophen wie E. v. Hartmann und G. A. N. Santayana, sondern auch auf wissenschaftliche Denker.

L. ist eine zentrale Figur der nachhegelschen Philosophie, deren bestimmender Einfluß dadurch verdeckt geblieben ist, daß viele seiner Ideen zu selbstverständlichen Bestandstücken der Werke anderer Denker geworden sind, die letztlich bedeutender werden sollten, wie z. B. G. Frege und E. Husserl. Alle philosophischen Richtungen zu Beginn des 20. Jhs. (↑Neukantianismus, ↑Pragmatismus, ↑Phänomenologie, ↑Lebensphilosophie) sind bei L. in die Schule gegangen. Innerhalb der deutschen Diskussion hat vor allem die »Logik« (1874) fortgewirkt, insbes. deren drittes Buch mit der geltungslogischen Deutung der Platonischen ↑Ideenlehre, die es ermöglichte, ↑Platonismus und ↑Kantianismus zu einem ›transzendentalen Platonismus‹ zu verbinden. In Kreisen der englischen Neuhegelianer (T. H. Green, F. H. Bradley, B. Bosanquet), die L. durch ihre Übersetzungen der »Logik« und »Metaphysik« im englischsprachigen Raum

bekannt gemacht haben, hat dagegen auch die »Metaphysik« mit ihrer holistischen (↑Holismus) These vom Sein der Dinge als einem »in Beziehung Stehen« große Zustimmung erfahren. – Besonders wirkmächtig wurde L.s Philosophie der Werte in der charakteristischen geltungstheoretischen Zuspitzung, wie sie (von W. Windelband und H. Rickert entwickelt) schließlich Eingang in die moderne Philosophie und (über Frege und M. Weber) auch in die moderne Logik und Wissenschaftstheorie gefunden hat. L.s Begriff der ↑Geltung, wonach ›Wahrheiten‹ (wahre Sätze) unabhängig von ihrem Gedachtwerden gültig sind (Logik [1874], § 318), ist von Frege und Husserl in deren Psychologismuskritik (↑Psychologismus) in Anspruch genommen worden. Die Unterscheidung zwischen ›Genese‹ (›context of discovery‹) und ›Geltung‹ (›context of justification‹) gehört zum festen Bestand des Logischen Empirismus (↑Empirismus, logischer), des Kritischen Rationalismus (↑Rationalismus, kritischer) und des ↑Konstruktivismus (↑Wissenschaftstheorie, konstruktive). L.s Auffassung wissenschaftlicher ↑Erklärung hat überdies ihre moderne Fortsetzung in der Explikation und Anwendung der ↑hypothetisch-deduktiven Methode gefunden.

Für die Entwicklung der modernen Logik ist bestimmend gewesen, daß Frege L.s kritische Analyse der Kantischen Urteilsformen übernommen und weitergeführt hat (vgl. G. Gabriel, Einleitung zu L., Logik. Erstes Buch. Vom Denken, Hamburg 1989). In diesem Zusammenhang sind insbes. folgende Auffassungen in der Logik L.s relevant: (1) die positiven partikularen (↑Urteil, partikulares, ↑Urteil, assertorisches) Urteile sind ›gleichbedeutend mit den assertorischen, eine Möglichkeit behauptenden‹; (2) aus den partikularen Urteilen geht die ›entwickeltere Form der hypothetischen‹ (↑Urteil, hypothetisches) hervor; (3) die generellen Urteile sind ihrer logischen Form nach hypothetische Urteile.

Werke: Metaphysik, Leipzig 1841, wesentlich überarbeitet u. erw. unter dem Titel: System der Philosophie II (Drei Bücher der Metaphysik), Leipzig 1879 (repr. Hildesheim/Zürich/New York 2004), ²1884 (engl. L.'s System of Philosophy II [Metaphysic. In Three Books. Ontology, Cosmology, and Psychology], ed. B. Bosanquet, Oxford 1884, 1887), ed. G. Misch, Leipzig 1912 [mit Anhang: Die Prinzipien der Ethik (1882), 605–626]; Allgemeine Pathologie und Therapie als mechanische Naturwissenschaften, Leipzig 1842, ²1848; Logik, Leipzig 1843, wesentlich überarbeitet u. erw. unter dem Titel: System der Philosophie I (Drei Bücher der Logik), Leipzig 1874 (repr. Hildesheim/Zürich/New York 2004), ²1880 (engl. L.'s System of Philosophy I [Logic. In Three Books. Of Thought, of Investigation, and of Knowledge], ed. B. Bosanquet, Oxford 1884, ²1888 [repr. in 2 Bdn. New York 1980]; dt./ital. Logica, ed. F. De Vincenzis, Mailand 2010), ed. G. Misch, Leipzig 1912, ²1928 (repr. [Teilausg.] als: Logik. Erstes Buch. Vom Denken, ed. G. Gabriel, Hamburg 1989 [mit Einl.: L. und die Entstehung der modernen Logik bei Frege, XI–XXXV], [Teilausg.] als: Logik. Drittes Buch. Vom Erkennen, ed. G. Gabriel, Hamburg 1989 [mit Einl.: Objektivität. Logik und Erkenntnistheorie bei L. und Frege, IX–XXVII]); Über Bedingungen der Kunstschönheit, Göttingen 1847, Leipzig 1924; Allgemeine Physiologie des körperlichen Lebens, Leipzig 1851; Medicinische Psychologie oder Physiologie der Seele, Leipzig 1852 (repr. Göttingen 1896, Amsterdam 1966, Saarbrücken 2006) (franz. Principes généraux de psychologie physiologique, Paris 1876, ²1881 [repr. unter dem Titel: Psychologie médicale. Principes généraux de psychologie physiologique (1852), Paris 2006]); Mikrokosmus. Ideen zur Naturgeschichte und Geschichte der Menschheit. Versuch einer Anthropologie, I–III, Leipzig 1856–1864, ⁵1896–1909, unter dem Titel: Mikrokosmus. [...], ed. R. Schmidt Leipzig ⁶1923 (engl. Microcosmus. An Essay Concerning Man and His Relation to the World [1856–1864], I–II, Edinburgh 1885 [repr. Freeport N. Y. 1971], New York 1886, ⁴1890, Edinburgh ⁴1894); Geschichte der Ästhetik in Deutschland, München 1868 (repr. Leipzig 1913 [mit Register], New York/London 1965 [ohne Register]); Grundzüge der Psychologie. Dictate aus den Vorlesungen, Leipzig 1881, ⁷1912 (engl. Outlines of Psychology. Dictated Portions of the Lectures of H. L., ed. C. L. Herrick, Minneapolis Minn. 1885 [repr. New York 1973], ed. G. T. Ladd, Boston Mass. 1886 [repr. Bristol, Tokyo 1998]); Geschichte der deutschen Philosophie seit Kant. Dictate aus den Vorlesungen, Leipzig 1882, ²1894; Grundzüge der praktischen Philosophie. Dictate aus den Vorlesungen, Leipzig 1882 (repr. Amsterdam 1969), ³1899 (engl. Outlines of Practical Philosophy. Dictated Portions of the Lectures of H. L., ed. G. T. Ladd, Boston Mass. 1885); Grundzüge der Naturphilosophie. Dictate aus den Vorlesungen, Leipzig 1882, ²1889; Grundzüge der Religionsphilosophie. Dictate aus den Vorlesungen, Leipzig 1882, ³1894 (engl. Outlines of the Philosophy of Religion. Dictated Portions of the Lectures of H. L., ed. G. T. Ladd, Boston Mass. 1885 [repr. New York 1970], 1887, unter dem Titel: Outlines of a Philosophy of Religion [...], ed. F. C. Conybeare, London 1892, ³1903, 1916); Grundzüge der Metaphysik. Dictate aus den Vorlesungen, Leipzig 1883, ³1901 (engl. Outlines of Metaphysic. Dictated Portions of the Lectures of H. L., ed. G. T. Ladd, Boston Mass. 1884, 1886); Grundzüge der Logik und Enzyklopädie der Philosophie. Dictate aus den Vorlesungen, Leipzig 1883, ⁶1922 (engl. Outlines of Logic and of Encyclopaedia of Philosophy. Dictated Portions of the Lectures of H. L., ed. G. T. Ladd, Boston Mass. 1887, 1892); Grundzüge der Ästhetik. Dictate aus den V^orlesungen, Leipzig 1884, Berlin ³1906, 1990 (engl. Outlines of Aesthetics. Dictated Portions of the Lectures of H. L., ed. G. T. Ladd, Boston Mass. 1885, 1886); Kleine Schriften, I–III (III in 2 Bdn.), ed. D. Peipers, Leipzig 1885–1891; Kleine Schriften zur Psychologie, ed. R. Pester, Berlin etc. 1989. – Briefe und Dokumente, ed. R. Pester/E. W. Orth, Würzburg 1989. – Works by R. H. L., in: G. Santayana, L.'s System of Philosophy [s. u., Lit.], 233–240.

Literatur: H. An, H. L.s Bedeutung für das Problem der Beziehung, Jena 1929, Bonn 1967; T. Borgard, Immanentismus und konjunktives Denken. Die Entstehung eines modernen Weltverständnisses aus dem strategischen Einsatz einer »Psychologia prima« (1830–1880), Tübingen 1999, 62–144; M. Dummett, Objectivity and Reality in L. and Frege, Inquiry 25 (1982), 95–114; R. Falckenberg, H. L. I (Das Leben und die Entstehung der Schriften nach den Briefen), Stuttgart 1901; G. Gabriel, Einheit in der Vielheit. Der Monismus als philosophisches Programm, in: P. Ziche (ed.), Monismus um 1900. Wissenschaftskultur und Weltanschauung, Berlin 2000, 23–39; ders., Frege, L., and the Continental Roots of Early Analytic Philosophy, in: E. H. Reck (ed.), From Frege to Wittgenstein. Perspectives on

Early Analytic Philosophy, Oxford etc. 2002, 39–51; R. Gotesky, L., Enc. Ph. V (1967), 87–89; E. v. Hartmann, L.s Philosophie, Leipzig 1888; G. Hatfield, The Natural and the Normative. Theories of Spatial Perception from Kant to Helmholtz, Cambridge Mass./London 1990, 158–164; K. Hauser, L. and Husserl, Arch. Gesch. Philos. 85 (2003), 152–178; J. Häußler, L., NDB XV (1987), 255–256; H. Kronheim, L.s Lehre von der Einheit der Dinge, Leipzig 1910; P. G. Kuntz, L. as a Process Philosopher, Idealistic Stud. 9 (1979), 229–242; N. Milkov, L. and the Early Cambridge Analytic Philosophy, Prima Philosophia 13 (2000), 133–153; M. Neugebauer, L. und Ritschl. Reich-Gottes-Theologie zwischen nachidealistischer Philosophie und neuzeitlichem Positivismus, Frankfurt etc. 2002; E. W. Orth, Dilthey und L.. Zur Wandlung des Philosophiebegriffs im 19. Jahrhundert, Dilthey-Jb. Philos. Gesch. Geisteswiss. 2 (1984), 140–158; ders., R. H. L.. Das Ganze unseres Welt- und Selbstverständnisses, in: J. Speck (ed.), Grundprobleme der großen Philosophen. Philosophie der Neuzeit IV, Göttingen 1986, 9–51; R. Pester, H. L.. Wege seines Denkens und Forschens. Ein Kapitel deutscher Philosophie- und Wissenschaftsgeschichte im 19. Jahrhundert, Würzburg 1997; G. Pierson, L.'s Concept of Value, J. Value Inquiry 22 (1988), 115–125; R. D. Rollinger, L. on the Sensory Representation of Space, in: L. Albertazzi (ed.), The Dawn of Cognitive Science. Early European Contributors, Dordrecht etc. 2001, 103–122; K. E. Rothschuh, L., DSB VIII (1973), 513–516; K. Sachs-Hombach, Philosophische Psychologie im 19. Jahrhundert. Entstehung und Problemgeschichte, Freiburg/München 1993, 298–304; G. Santayana, L.'s System of Philosophy, ed. P. G. Kuntz, Bloomington Ind./London 1971 (mit Bibliographie, 240–269); H. Schnädelbach, Philosophie in Deutschland 1831–1933, Frankfurt 1983, 1999, 206–218 (engl. Philosophy in Germany, 1831–1933, Cambridge etc. 1984, 169–180); H. D. Sluga, Gottlob Frege, London/Boston Mass./Henley 1980, 2001, 117–121 (Frege's Lotzean Notion of Objectivity); D. Sullivan, L., REP V (1998), 839–840; ders., L., SEP 2004; G. Wagner, Geltung und normativer Zwang. Eine Untersuchung zu den neukantianischen Grundlagen der Wissenschaftslehre Max Webers, Freiburg/München 1987, 47–73; M. Wentscher, H. L. I (L.s Leben und Werke), Heidelberg 1913; ders., Fechner und L., München 1925; C. Westphal, Von der Philosophie zur Physik der Raumzeit, Frankfurt etc. 2002, 95–152; D. Willard, Logic and the Objectivity of Knowledge. A Study in Husserl's Early Philosophy, Athens Ohio 1984; T. E. Willey, Back to Kant. The Revival of Kantianism in German Social and Historical Thought, 1860–1914, Detroit Mich. 1978, Ann Arbor Mich. 1998, 40–57 (Chap. 2 Back to Criticism: R. H. L.).   G. G.

Lovejoy, Arthur Oncken, *Berlin 10. Okt. 1873, †Baltimore (Maryland) 30. Dez. 1962, amerik. Philosoph und Historiker. Nach Studium an den Universitäten von Berkeley und Harvard (bei W. James und J. Royce) 1899–1901 Prof. an der Stanford University, 1901–1908 an der Washington University in St. Louis, 1908–1910 an der University of Missouri, 1910–1938 an der Johns Hopkins University in Baltimore. 1923 Gründer des »History of Ideas Club«, 1940 (mit P. P. Wiener) des »Journal of the History of Ideas«. – Gegen den erkenntnistheoretischen ›Neorealismus‹ und ↑Monismus seiner Zeit vertritt L. (1930) einen aus der reflektierten Alltagserfahrung abgeleiteten ›kritischen Realismus‹ (↑Realismus, kritischer). Der nach L. unüberwindbare ↑Dualismus von Erkennendem und Erkanntem, zwischen einem Objekt und seiner ›symbolischen Repräsentation‹ (im aktuellen Sinnesdatum oder in der ↑Erinnerung), führt zur Betonung der Relativität und ↑Zeitlichkeit von Erkenntnis. Seine durch den amerikanischen ↑Pragmatismus beeinflußte Akzentuierung der Bedingtheit und ↑Geschichtlichkeit menschlicher Erfahrung findet dabei ihren Niederschlag in der Konzeption einer ↑*Ideengeschichte* als Komplement zur Naturgeschichte des Menschen. Die Ideengeschichte erweitert die von L. als ›philosophische Semantik‹ bezeichnete ↑Begriffsgeschichte um den problemgeschichtlichen Aspekt der Konstanz bestimmter Denkmuster in veränderlicher terminologischer Gestalt. Die ›Metamorphosen‹ wissenschaftlicher ›Ideen‹ (Konzepte, Kategorien, Methoden, Grundbegriffe, Formeln, Motive, Hypothesen, Theoreme, vor allem ›implizite und explizite Präsuppositionen‹) können, mitsamt ihren außerwissenschaftlichen Voraussetzungen und Begleitumständen, nur Gegenstand interdisziplinärer (↑Interdisziplinarität) Forschung sein, weshalb die Ideengeschichte ›spezieller und allgemeiner‹ als die ↑Philosophiegeschichte sei. In dieser Weise erzählt L. (1933) die ›Lebensgeschichte‹ der Idee der Notwendigkeit einer kontinuierlichen Realisierung aller in der Schöpfung angelegten Möglichkeiten als »one of the half-dozen most potent and persistent presuppositions in Western thought« (VII). Das semantische Spektrum eines der ›Schlüsselworte‹ menschlicher Selbst- und Weltauslegung, nämlich ›Natur‹, hat L. in zahlreichen Veröffentlichungen dargestellt. – Entgegen der Vorstellung einer linearen ↑Evolution des menschlichen Geistes legt die Ideengeschichte, angesichts der Unmöglichkeit endgültiger Erkenntnis, die wiederkehrenden Grundmuster in den sich ablösenden Paradigmen menschlicher Orientierungssuche frei. Insofern kann ihre Methode der ›genetischen Aufklärung‹ als diachronisch verfahrende Ergänzung zu kulturanthropologischen Ansätzen des Strukturalismus (↑Strukturalismus (philosophisch/wissenschaftstheoretisch)) gelten.

Werke: The Revolt Against Dualism. An Inquiry Concerning the Existence of Ideas, Chicago Ill., New York, London 1930 (repr. Whitefish Mont. 2010), La Salle Ill. 1955, ²1960, 1977, New Brunswick N. J. 1996; (mit G. Boas) Primitivism and Related Ideas in Antiquity. A Documentary History of Primitivism and Related Ideas I, Baltimore Md. 1935, New York 1965, Baltimore Md./London 1997; The Great Chain of Being. A Study of the History of an Idea. The William James Lectures Delivered at Harvard University, 1933, Cambridge Mass. 1936, 1957, New York 1960, 1965, Cambridge Mass. 1966, ²1970, 1982, New Brunswick N. J. 2009 (dt. Die große Kette der Wesen. Geschichte eines Gedankens, Frankfurt 1985, 2005); The Historiography of Ideas, Proc. Amer. Philos. Soc. 78 (1938), 529–543; Essays in the History of Ideas, Baltimore Md. 1948 (repr. Westport Conn. 1978), New York 1960, Baltimore Md./London 1970 (mit Bibliographie bis 1950, 339–353); Reflections on Human Nature,

Baltimore Md. 1961, ²1968; The Reason, the Understanding, and Time, Baltimore Md. 1961; The Thirteen Pragmatisms and Other Essays, Baltimore Md. 1963 (repr. Westport Conn. 1983). – L. S. Feuer, Bibliography A. O. L., Amer. Scholar 46 (1971), 358–366; D. J. Wilson, A. O. L.. An Annotated Bibliography, New York 1982.

Literatur: L. W. Beck, L. as a Critic of Kant, J. Hist. Ideas 33 (1972), 471–484; G. Boas, A. O. L. as Historian of Philosophy, J. Hist. Ideas 9 (1948), 404–411; ders., L., Enc. Ph. V (1967), 95–96; ders., L., DSB VIII (1973), 517–518; T. Bredsdorff, L.'s Idea of ›Idea‹, New Literary Hist. 8 (1977), 195–211; J. Campbell, A. O. L. and the Progress of Philosophy, Transact. C. S. Peirce Soc. 39 (2003), 617–643; K. E. Duffin, A. O. L. and the Emergence of Novelty, J. Hist. Ideas 41 (1980), 267–281; L. S. Feuer, The Philosophical Method of A. O. L.. Critical Realism and Psychoanalytical Realism, Philos. Phenom. Res. 23 (1963), 493–510; R. A. Oakos, Some Perspectives on L.'s Epistemological Dualism, Transact. C. S. Peirce Soc. 9 (1973), 116–123; J. H. Randall Jr. u.a., A Symposium in Honor of A. O. L., Philos. Phenom. Res. 23 (1962/1963), 475–537; A. J. Reck, The Philosophy of A. O. L. (1873–1962), Rev. Met. 17 (1963), 257–285; H. A. Taylor, Further Reflections on the History of Ideas, J. Philos. 40 (1943), 281–299; P. P. Wiener, L.'s Role in American Philosophy, in: G. Boas u.a., Studies in Intellectual History, Baltimore Md. 1953, New York 1968, 161–173; ders., Toward Commemorating the Centenary of A. O. L.'s Birthday (October 10, 1873), J. Hist. Ideas 34 (1973), 591–598; D. J. Wilson, A. O. L. and the Quest for Intelligibility, Chapel Hill. N. C. 1980; ders. u.a., L., »The Great Chain«, and the History of Ideas, J. Hist. Ideas 48 (1987), 187–263. – Sonderheft: J. Hist. Ideas 9 (1948), H. 4 [A. O. L. at Seventy-Five. ›Reason at Work‹]. R. W.

Löwenheim, Leopold, *Krefeld 26. Juni 1878, †Berlin-Wilmersdorf 5. Mai 1957, dt. Logiker und Mathematiker. 1896–1900 Studium der Mathematik und Naturwissenschaften an der Universität und der TH Berlin, 1901 Lehramtsprüfung und Gymnasiallehrer, ab 1903 fest in Berlin. 1924 Eintritt in die Anthroposophische Gesellschaft, 1933 als ›Vierteljude‹ aus dem Schuldienst entlassen, überlebte in Berlin; 1946–1949 wieder im Schuldienst. – L. bewies 1915, daß jede überhaupt erfüllbare Formel der ↑Quantorenlogik 1. Stufe mit Identität ohne freie Eigennamenvariable schon in einem höchstens abzählbar unendlichen Individuenbereich erfüllbar ist (↑Löwenheimscher Satz). Dieses häufig als paradox empfundene Ergebnis wurde 1920 von T. A. Skolem auf die gemeinsame Erfüllbarkeit abzählbar (↑abzählbar/Abzählbarkeit) unendlich vieler Formeln der genannten Art verallgemeinert (›Satz von Löwenheim-Skolem‹, ›Löwenheim-Skolem paradox‹). Das Resultat ist für die Grundlagen der Mathematik insofern wichtig, als es zeigt, daß die in der Mathematik gebräuchlichen Axiomensysteme für nicht-abzählbare Bereiche diese niemals im Sinne einer ›impliziten Definition‹ (↑Definition, implizite) charakterisieren können, da in allen Fällen, in denen die Existenz des intendierten nicht-abzählbaren Modells gezeigt werden kann, auch ein abzählbares (und damit zum intendierten nicht isomorphes) Modell des gleichen Axiomensystems existiert. Die meisten publizierten Arbeiten L.s betreffen Erweiterungen und Anwendungen des Schröderschen ↑Logikkalküls, dessen Notation und Umformungsmöglichkeiten L. als dem Peano-Russellschen überlegen ansah.

Werke: Über das Auflösungsproblem im logischen Klassenkalkül, Sitz.ber. Berliner Math. Ges. 7 (1908), 89–94; Über die Auflösung von Gleichungen im logischen Gebietekalkul, Math. Ann. 68 (1910), 169–207; Über Transformationen im Gebietekalkül, Math. Ann. 73 (1913), 245–272; Potenzen im Relativkalkul und Potenzen allgemeiner endlicher Transformationen, Sitz.ber. Berliner Math. Ges. 12 (1913), 65–71; Über Möglichkeiten im Relativkalkül, Math. Ann. 76 (1915), 447–470 (engl. On Possibilities in the Calculus of Relatives, in: J. van Heijenoort [ed.], From Frege to Gödel. A Source Book in Mathematical Logic, 1879–1931, Cambridge Mass. 1967, 2000, 228–251); Über eine Erweiterung des Gebietekalkuls, welche auch die gewöhnliche Algebra umfaßt, Arch. syst. Philos. 21 (1915), 137–148; Gebietsdeterminanten, Math. Ann. 79 (1919), 223–236; Einkleidung der Mathematik in Schröderschen Relativkalkul, J. Symb. Log. 5 (1940), 1–15; On Making Indirect Proofs Direct, Scr. Math. 12 (1946), 125–139; Funktionalgleichungen im Gebietekalkül und Umformungsmöglichkeiten im Relativkalkül, Hist. and Philos. Log. 28 (2007), 305–336. – Zum verlorengegangenen Briefwechsel mit G. Frege: G. Frege, Wissenschaftlicher Briefwechsel, ed. G. Gabriel/H. Hermes/F. Kambartel/C. Thiel/A. Veraart, Hamburg 1976, 157–161.

Literatur: C. Thiel, Leben und Werk L. L.s (1878–1957), Teil I: Biographisches und Bibliographisches, Jahresber. Dt. Math.ver. 77 (1975), 1–9; ders., L. L. Work, and Early Influence, in: R. Gandy/M. Hyland (eds.), Logic Colloquium 76, Amsterdam/New York/Oxford 1977, 235–252; ders., Gedanken zum hundertsten Geburtstag L. L.s, Teorema 8 (1978), 263–267; ders., L., DSB XVIII Suppl. II (1990), 571–572; ders., A Short Introduction to L.'s Life and Work and to a Hitherto Unknown Paper, Hist. and Philos. Log. 28 (2007), 287–303 (mit Bibliographie, 299–302, und Porträts L.s, 287, 293, 303); R. Ziegler, L. L., in: ders., Biographien und Bibliographien. Mitarbeiter und Mitwirkende der Mathematisch-Astronomischen Sektion am Goetheanum, Dornach 2001, 131–136. C. T.

Löwenheimscher Satz, Bezeichnung für einen von L. Löwenheim gefundenen Satz der mathematischen Logik (↑Logik, mathematische), ↑Metamathematik und ↑Modelltheorie, nach dem in der klassischen ↑Quantorenlogik 1. Stufe (mit oder ohne Identität) jede überhaupt erfüllbare Formel ohne freie Eigennamenvariable schon in einem endlichen oder abzählbar (↑abzählbar/Abzählbarkeit) unendlichen Bereich erfüllbar ist. Der Satz, dessen Beweis bei Löwenheim nicht ganz lückenlos ist und auch von einigen nicht-trivialen Voraussetzungen über den Umgang mit unendlich langen Zeichenreihen Gebrauch macht, wurde von T. Skolem 1920 dahin verallgemeinert, daß jede widerspruchsfreie (↑widerspruchsfrei/Widerspruchsfreiheit) endliche oder unendliche Menge von Formeln des genannten Typs schon in einem abzählbaren Individuenbereich erfüllbar ist, bei geeigneter Wahl der Prädikate also ein ↑Modell in der

elementaren ↑Zahlentheorie besitzt. Diese Fassung trägt heute üblicherweise den Namen ›Satz von Löwenheim und Skolem‹. Von A. Tarski und R. L. Vaught stammt die weitere Verallgemeinerung zu dem ›absteigenden Satz von Löwenheim und Skolem‹ (engl. *downward Löwenheim-Skolem theorem*): Ist X eine Menge von ↑Individuenkonstanten und ↑Prädikatkonstanten, M eine Struktur im modelltheoretischen Sinne, k eine unendliche Mächtigkeit (↑Kardinalzahl), die zwischen der Mächtigkeit von X und der Mächtigkeit von M liegt, so hat jede in M erfüllbare Formelmenge mit Individuen- und Prädikatenkonstanten aus X ein Teilmodell N von M mit der Mächtigkeit k. Ein weder von Löwenheim noch von Skolem, sondern in einer ersten Fassung von Tarski stammender und inhaltlich andersartiger Satz ist der ›aufsteigende Satz von Löwenheim und Skolem‹ (engl. *upward Löwenheim-Skolem theorem*), nach dem jede in einem unendlichen Bereich erfüllbare Formelmenge der Mächtigkeit k ein Modell beliebiger Mächtigkeit $m > k$ besitzt.

Die Erweiterung des ursprünglichen L.n S.es auf Axiomensysteme mit unendlich vielen Axiomen macht den Satz auf Axiomensysteme der abstrakten ↑Mengenlehre anwendbar und führt dort zu einer als paradox empfundenen Situation. Da man nämlich von einer ›Charakterisierung‹ eines Bereichs B durch ein Axiomensystem erst dann sprechen kann, wenn die Objekte des Bereichs B das Axiomensystem erfüllen und alle Bereiche von Objekten, die dieses Axiomensystem ebenfalls erfüllen, zu B strukturgleich im Sinne der Isomorphie (↑isomorph/Isomorphie) sind, folgt aus dem L.n S., daß durch Axiomensysteme, die aus Formeln des im Satz genannten Typs zusammengesetzt sind, so genannte überabzählbare (↑überabzählbar/Überabzählbarkeit) Bereiche nicht charakterisiert werden können, da kein solcher Bereich isomorph zu einem höchstens abzählbaren Modell sein kann, wie es nach der Aussage des Satzes existiert. Obwohl also z. B. ein Axiomensystem für die reellen Zahlen (womit ein Axiomensystem für die Charakterisierung der reellen Zahlen gemeint ist) die Ableitung des Satzes von der *Überabzählbarkeit* der reellen Zahlen, also des intendierten Individuenbereichs der reellen Analysis gestattet, hat dieses Axiomensystem nach dem L.n S. ein *abzählbares* Modell. Skolem hat (1922) zwei Fassungen des Satzes unterschieden. Nach der ersten (schwächeren) hat jede überhaupt erfüllbare, höchstens abzählbare Formelmenge der klassischen Quantorenlogik 1. Stufe ein Modell in der Arithmetik, nach der zweiten hat jedes Modell einer solchen Formelmenge ein Teilmodell höchstens abzählbarer Mächtigkeit, wobei die Interpretation der Prädikatorenvariablen unverändert bleibt, aber z. B. bei einem mengentheoretischen Axiomensystem die ∈-Beziehung des konstruierten Teilmodells nicht mehr die Standardinterpretation als Elementbeziehung erlaubt. Dieses Ergebnis ist das historisch erste wesentlich ›negative‹ Resultat der Metamathematik und Modelltheorie. Es geht wesentlich in P. J. Cohens ↑forcing-Konstruktion zum Beweis der Unabhängigkeit der ↑Kontinuumhypothese von den üblichen mengentheoretischen Axiomen ein. Eine erst in jüngerer Zeit erkannte weitere Bedeutung des L.n S.es liegt in der Möglichkeit, mit seiner Hilfe die klassische Quantorenlogik 1. Stufe insofern auszuzeichnen, als in keinem Logiksystem mit aufzählbarer Menge der in ihm allgemeingültigen Sätze und mit mindestens der gleichen Ausdrucksstärke wie die klassische Quantorenlogik 1. Stufe der Satz von Löwenheim und Skolem gilt (›Zweiter Satz von Lindström‹). Für die ›höheren‹ Logiken gilt der L. S. mit L. Henkins allgemeiner Modelldefinition jedoch nicht mehr dann, wenn man sich auf Standardmodelle beschränkt.

Literatur: C. Badesa, The Birth of Model Theory. L.'s Theorem in the Frame of the Theory of Relatives, Princeton N. J./Oxford 2004; T. Bays, Skolem's Paradox, SEP 2004; ders., The Mathematics of Skolem's Paradox, in: D. M. Gabbay/P. Thagard/J. Woods, Philosophy of Logic, Amsterdam/Oxford 2007, 615–648; L. Belloti, Skolem, the Skolem »Paradox« and Informal Mathematics, Theoria 72 (2006), 177–212; G. D. W. Berry/J. R. Myhill, On the Ontological Significance of the Löwenheim-Skolem Theorem, in: M. White (ed.), Academic Freedom, Logic, and Religion, Philadelphia 1953, 39–55 (Berry), 57–70 (Myhill, Neudr. in: I. M. Copi/J. A. Gould [eds.], Contemporary Readings in Logical Theory, New York/London 1967, 40–51); E. W. Beth, Some Consequences of the Theorem of Löwenheim-Skolem-Gödel-Malcev, Koninkl. Nederl. Akad. van Wetenschappen, Proc., Ser. A, 56 (Amsterdam 1953), no. 1, 66–71, ferner in: Indagationes Mathematicae 15 (1953), 66–71; H.-D. Ebbinghaus, Löwenheim-Skolem Theorem, in: D. Jacquette (ed.), Philosophy of Logic, Amsterdam etc. 2007, 587–614; A. George, Skolem and the Löwenheim-Skolem Theorems, Hist. and Philos. Log. 6 (1985), 75–89; M. Hallett, Putnam and the Skolem Paradox, in: P. Clark/B. Hale (eds.), Reading Putnam, Cambridge Mass./Oxford 1994, 66–97; W. D. Hart, Skolem's Promises and Paradoxes, J. Philos. 67 (1970), 98–109; ders., Löwenheim-Skolem Theorems and Non-Standard Models, REP V (1998), 846–851; G. Hasenjaeger, On Löwenheim-Skolem-Type Insufficiencies of Second Order Logic, in: J. N. Crossley (ed.), Sets, Models and Recursion Theory. Proceedings of the Summer School in Mathematical Logic and Tenth Logic Colloquium Leicester, August-September 1965, Amsterdam 1967, 173–182; J. van Heijenoort, Einführungen zu den englischen Übersetzungen von Löwenheim 1915, Skolem 1920 und Skolem 1922, in: ders. (ed.), From Frege to Gödel. A Source Book in Mathematical Logic, 1879–1931, Cambridge Mass. 1967, 2002, 228–232, 252–254, 290–291; I. Jané, Reflections on Skolem's Relativity of Set-Theoretical Concepts, Philos. Math. 3 (2001), 129–153; P. Lindström, On Extensions of Elementary Logic, Theoria 35 (1969), 1–11; L. Löwenheim, Über Möglichkeiten im Relativkalkül, Math. Ann. 76 (1915), 447–470 (engl. On Possibilities in the Calculus of Relatives, in: J. van Heijenoort [ed.], From Frege to Gödel [s. o.], 228–251); M. Machover, Set Theory, Logic and Their Limitations, Cambridge/New York 1996, 1998, 275–282; A. Malcev, Untersuchungen aus dem Ge-

biete der mathematischen Logik, Mat. Sbornik N. N. 1 (1936), 323–336 (engl. Investigations in the Realm of Mathematical Logic, in: ders., The Metamathematics of Algebraic Systems. Collected Papers: 1936–1967, ed. B. F. Wells, Amsterdam/London 1971, 1–14); F. Muller, Deflating Skolem, Synthese 143 (2005), 223–253; M. Potter, Set Theory and Its Philosophy. A Critical Introduction, Oxford/New York 2004, 114–115; W. V. O. Quine, Interpretations of Sets of Conditions, J. Symb. Log. 19 (1954), 97–102, Neudr. in: ders., Selected Logic Papers, New York 1966, Cambridge Mass./London ²1995, 205–211; ders., Ontological Reduction and the World of Numbers, J. Philos. 61 (1964), 209–216, stark veränderte Neufassung in: ders., The Ways of Paradox and Other Essays, New York 1966, 199–207, Cambridge Mass./London ²1976, 1997, 212–220; M. D. Resnik, On Skolem's Paradox, J. Philos. 63 (1966), 425–438; ders., More on Skolem's Paradox, Noûs 3 (1969), 185–196; S. Shapiro (ed.), The Limits of Logic. Higher-Order Logic and the Löwenheim-Skolem Theorem, Aldershot/Brookfield Conn. 1996; T. Skolem, Logisch-kombinatorische Untersuchungen über die Erfüllbarkeit und Beweisbarkeit mathematischer Sätze nebst einem Theoreme über dichte Mengen, Videnskapsselskapets skrifter, I. matematisk-naturvidenskabelig kl., no. 4 (Oslo 1920), 1–36, Neudr. in: ders., Selected Works in Logic, ed. J. E. Fenstad, Oslo/Bergen/Tromsö 1970, 103–136 (engl. Logico-Combinatorial Investigations in the Satisfiability or Provability of Mathematical Propositions [...], in: J. van Heijenoort [ed.], From Frege to Gödel [s. o.], 254–263); ders., Einige Bemerkungen zur axiomatischen Begründung der Mengenlehre, in: Matematikerkongressen i Helsingfors den 4–7 Juli 1922. Den femte skandinaviska matematikerkongressen. Redogörelse/Wissenschaftliche Vorträge gehalten auf dem fünften Kongress der skandinavischen Mathematiker in Helsingfors vom 4. bis 7. Juli 1922 [dt. Parallelausg.], Helsingfors 1923, 217–232, Neudr. in: ders., Selected Works in Logic [s. o.], 137–152 (engl. Some Remarks on Axiomatized Set Theory, in: J. van Heijenoort [ed.], From Frege to Gödel [s. o.], 290–301); ders., Sur la portée du théorème de Löwenheim-Skolem, in: F. Gonseth (ed.), Les entretiens de Zurich sur les fondements et la méthode des sciences mathématiques, 6–9 décembre 1938. Exposés et discussions, Zürich 1941, 25–47 (Discussion, 47–52), Neudr. in: ders., Selected Works in Logic [s. o.], 455–482); G. Takeuti, On Skolem's Theorem, J. Math. Soc. Japan 9 (1957), 71–76; ders., Remark on My Paper: On Skolem's Theorem, J. Math. Soc. Japan 9 (1957), 192–194; A. Tarski/R. L. Vaught, Arithmetical Extensions of Relational Systems, Compositio Math. 13 (1956/1958), 81–102; N. Tennant/C. McCarty, Skolem's Paradox and Constructivism, J. Philos. Logic 16 (1987), 165–202; W. J. Thomas, Platonism and the Skolem Paradox, Analysis 28 (1967/1968), 193–196; ders., On Behalf of the Skolemite, Analysis 31 (1970/1971), 177–186. C. T.

Löwith, Karl, *München 9. Jan. 1897, †Heidelberg 24. Mai 1973, dt. Philosoph. 1918–1923 Studium zunächst der Biologie, dann der Philosophie in München (bei M. Geiger, A. Pfänder und M. Weber), Freiburg (bei E. Husserl) und Marburg (bei M. Heidegger). 1923 Promotion (bei Geiger), 1928 Habilitation (bei Heidegger), bis 1934 Privatdozent in Marburg (Freundschaft mit H.-G. Gadamer und L. Strauss), 1934–1936 Rockefeller Fellow in Rom, 1936–1941 o. Prof. der Philosophie in Sendai (Japan), 1941–1949 (durch Vermittlung von R. Niebuhr und P. Tillich) am theologischen Seminar von Hartford Conn. (USA), 1949–1952 an der New School for Social Research in New York, 1952–1964 (durch Vermittlung Gadamers) in Heidelberg. L. sieht seine Hauptaufgabe in der Bewahrung einer dem ↑Marxismus, dem ↑Historismus und der ↑Existenzphilosophie (einschließlich derjenigen Heideggers) gegenüber eigenständigen Philosophie.

Zunächst (1928) von einer kritisch an Heidegger und seiner Analyse des ›Mitseins‹ orientierten, wesentlich auch von L. Feuerbachs Menschenbild beeinflußten ↑Anthropologie ausgehend, vertritt L. die Notwendigkeit einer Destruktion der neuzeitlichen, der christlichen Theologie verhafteten ↑Metaphysik aus dem Geiste der ↑Skepsis. Für ihn sind sowohl die Profanierung der Natur in Naturwissenschaft und Technik als auch die ›Veräußerlichung‹ (seit K. Marx) bzw. ›Verinnerlichung‹ (in der Existenzphilosophie seit S. Kierkegaard, ↑Innerlichkeit) der ›Sinnfrage‹ menschlichen Daseins Spätfolgen des Christentums und seiner Trennung von ›Welt‹ und ›Seele‹. »Von Hegel zu Nietzsche« (1941) untersucht, wie in der Depotenzierung der Philosophie des absoluten Geistes (↑Geist, absoluter) in der Zeit nach G. W. F. Hegel ein ›Umschlag der Philosophie der geschichtlichen Zeit in das Verlangen nach Ewigkeit‹ angelegt ist, der sich als ›revolutionärer Bruch‹ für das gesamte abendländische Denken in F. Nietzsches ›Philosophie der ewigen Wiederkehr‹ (↑Wiederkehr des Gleichen) ereignet. »Meaning in History« (1949, dt. Weltgeschichte und Heilsgeschehen, 1953) enthüllt (anschließend an J. Burckhardt) die theologischen Implikationen aller ↑Geschichtsphilosophie. L. wendet sich hier nicht nur gegen ein lineares Fortschrittsdenken (↑Fortschritt), sondern gegen jede Form einer universalgeschichtlichen (↑Universalgeschichte) ↑Eschatologie. Er proklamiert das ›Ende des historischen Denkens‹; dies freilich selbst in einer Art Geschichtsphilosophie, insofern er die Entstehung des universalhistorischen Denkens darlegt, um die Notwendigkeit seines Verschwindens zu begründen. Dabei besteht L.s hermeneutische Methode (↑Methode, hermeneutische) darin, sein Material durch geeignete Anordnung zum Sprechen zu bringen, ohne es von einer vorgegebenen Position her zu ›interpretieren‹. Diese Art der Untersuchung wird auch in L.s Spätphilosophie beibehalten, in der es um den Rückgang vom ›anthropotheologischen‹ zum ›natürlichen‹ Weltbegriff geht, d. h. um eine Restitution der antiken Erfahrung des ↑Kosmos und seiner ›Ordnung‹. In der Einheit und Ganzheit der anfang- und endlosen Natur zeigt sich der eine ↑›Logos‹, dessen Anerkennung und Verehrung nach L. ›Erlösung‹ zur ›Ewigkeit‹ bedeutet. Der starke Einfluß Nietzsches auf den späten L. ist unverkennbar: Einzig Heraklit, J. W. v. Goethe und Nietzsche begegnen sich nach L. ›im ursprünglichen Anblick der Welt‹.

Werke: Sämtliche Schriften, I–IX, ed. K. Stichweh/M. B. de Launay/B. Lutz/H. Ritter, Stuttgart 1981–1988. – Das Individuum in der Rolle des Mitmenschen. Ein Beitrag zur anthropologischen Grundlegung der ethischen Probleme, München 1928, ²1969; Kierkegaard und Nietzsche oder philosophische und theologische Überwindung des Nihilismus, Frankfurt 1933; Nietzsches Philosophie der ewigen Wiederkunft des Gleichen, Berlin 1935, unter dem Titel: Nietzsches Philosophie der ewigen Wiederkehr des Gleichen, Stuttgart ²1956, Hamburg ³1978; Jacob Burckhardt. Der Mensch inmitten der Geschichte, Luzern 1936, Stuttgart ²1966; Von Hegel bis Nietzsche, Zürich/New York 1941, rev. unter dem Titel: Von Hegel zu Nietzsche. Der revolutionäre Bruch im Denken des neunzehnten Jahrhunderts. Marx und Kierkegaard, Zürich/Wien ²1950, Hamburg ⁷1978 (mit Bibliographie, 465–495) (engl. From Hegel to Nietzsche. The Revolution in Nineteenth-Century Thought, New York 1964, ³1967); Meaning in History. The Theological Implications of the Philosophy of History, Chicago/London 1949, ¹⁰1970 (dt. Weltgeschichte und Heilsgeschehen. Die theologischen Voraussetzungen der Geschichtsphilosophie, Stuttgart 1953, ⁷1979); Heidegger, Denker in dürftiger Zeit, Frankfurt 1953, Göttingen ³1965; Wissen, Glaube und Skepsis, Göttingen 1956, ³1962; Gesammelte Abhandlungen. Zur Kritik der geschichtlichen Existenz, Stuttgart 1960, ²1969; Dio, uomo e mondo da Cartesio a Nietzsche, Neapel 1966 (dt. Gott, Mensch und Welt in der Metaphysik von Descartes bis zu Nietzsche, Göttingen 1967); Vorträge und Abhandlungen. Zur Kritik der christlichen Überlieferung, Stuttgart 1966; Paul Valéry. Grundzüge seines philosophischen Denkens, Göttingen 1971; Aufsätze und Vorträge 1930–1970, Stuttgart 1971; Der Mensch inmitten der Geschichte. Philosophische Bilanz des 20. Jahrhunderts, ed. B. Lutz, Stuttgart 1990.– K. Stichweh, Ergänzte Gesamtbibliographie K. L. [1923–1984], in: K. L., Von Hegel zu Nietzsche, ⁹1986, 465–499.

Literatur: V. Altomare, Una profezia meta-cristiana sulla ›fine della storia‹. Rilettura di K. L., Studi storici e religiosi 8 (1999), 111–124; R. de Amorim Almeida, Natur und Geschichte. Zur Frage nach der ursprünglichen Dimension abendländischen Denkens vor dem Hintergrund der Auseinandersetzung zwischen Martin Heidegger und K. L., Meisenheim 1976; W. Anz, Rationalität und Humanität. Zur Philosophie von K. L., Theol. Rdsch. 36 (1971), 62–84; R. Boehm, K. L. und das Problem der Geschichtsphilosophie, Z. philos. Forsch. 10 (1956), 94–109; H. Braun/M. Riedel (eds.), Natur und Geschichte. K. L. zum 70. Geburtstag, Stuttgart 1967 (mit Bibliographie, 465–473); M. L. Calvene, Natura e storia nel pensiero di K. L., Diss. Mailand 1990; A. Caracciolo, K. L., Neapel 1974, Brescia ²1997; S.-S. Choi, Der Mensch als Mitmensch. Eine Untersuchung über die Strukturanalyse des Miteinanderseins von K. L. im Vergleich mit dem dialogischen Denken von Martin Buber, Diss. Köln 1993; J. Chutry, Zur Wiedergewinnung des Kosmos. K. L. contra Martin Heidegger, in: D. Papenfuß/O. Pöggeler (eds.), Zur philosophischen Aktualität Heideggers II: Im Gespräch der Zeit, Frankfurt 1990, 87–99; A. Čović, Die Aporien von L.s Rückkehr zur ›natürlichen Welt‹, Philos. Jb. 104 (1997), 182–192; P. Crosilla, Pensiero e storia nel confronto fra K. L. e Martin Heidegger, Diss. Triest 1997/1998; M. Dabag, L.s Kritik der Geschichtsphilosophie und sein Entwurf einer Anthropologie, Bochum 1989; M. J. DeNys, Sense, Certainty and Universality. Hegel's Entrance into Phenomenology, Int. Philos. Quart. 18 (1978), 445–465; G.-H. Dietrich, Das Verständnis von Natur und Welt bei Rudolf Bultmann und K. L.. Eine vergleichende

Studie, Diss. Hamburg 1986; E. Donaggio, K. L. dal 1917 al 1941. Una biografia intellettuale, Diss. Turin 1995/1996; ders., La misura dell'ambiguita. L'io e l'altro in uno scritto di K. L., La società degli individui. Quadrimestrale di teoria sociale e storia delle idee 4/1 (2000), 43–53; ders., L'individuo e il tribunale del mondo. Antropologia e filosofia della storia in K. L., La società degli individui. Quadrimestrale di teoria sociale e storia delle idee 8/2 (2000), 29–37; ders., Zwischen Nietzsche und Heidegger. K. L.s anthropologische Philosophie des faktischen Lebens, Dt. Z. Philos. 48 (2000), 37–48; ders., Una sobria inquietudine. K. L. e la filosofia, Mailand 2004; L. Franceschelli, K. L.. Le sfide della modernità tra Dio e nulla, Rom 1997, ²2008; D. Fusaro, Filosofia e speranza. Ernst Bloch e K. L. interpreti di Marx, Padua 2005; H.-G. Gadamer, K. L., in: ders., Philosophische Lehrjahre. Eine Rückschau, Frankfurt 1977, 231–239; C. Gallo, Natura e storia nel pensiero di K. L., Diss. Triest 1995/ 1996; C. Gentile/W. Stegmaier/A. Venturelli (eds.), Metafisica e nihilismo. L. e Heidegger interpreti di Nietzsche, Bologna 2006; G. Gloege, K. L.s Kritik der geschichtlichen Existenz, Theol. Literaturzeitung 87 (1962), 81–90; G. Guida, Filosofia e storia della filosofia in K. L., Mailand 1996; J. Habermas, K. L.s stoischer Rückzug vom historischen Bewußtsein, Merkur 17 (1963), 576–590, Nachdr. in: ders., Philosophisch-politische Profile. Frankfurt 1971, 116–140; B. Heiderich, Zum Agnostizismus bei K. L., in: H. R. Schlette (ed.), Der moderne Agnostizismus, Düsseldorf 1979, 92–109; H. Hofmeister, K. L.s Skepsis gegenüber aller Heilsgeschichte, Evang. Theol. 59 (1999), 435–443; W. Kamlah, Utopie, Eschatologie, Geschichtsteleologie. Kritische Untersuchungen zum Ursprung und zum futurischen Denken der Neuzeit, Mannheim/Wien/Zürich 1969, 97–106; W. Klaghofer-Treitler, Skepsis – Resignation – Frage. Zum 100. Geburtstag K. L.s, Freib. Z. Philos. Theol. 44 (1997), 355–367; I. Klemm, L., in: J. Nida-Rümelin (ed.), Philosophie der Gegenwart in Einzeldarstellungen. Von Adorno bis v. Wright, Stuttgart 1991, 346–351; J.-L. Leuba, La philosophie hegelienne de l'histoire selon K. L., in: L. Rumpf u. a. (eds.), Hegel et la théologie contemporaine. L'absolu dans l'histoire?, Neuchâtel/Paris 1977, 148–161; B. Liebsch, Verzeitlichte Welt. Variationen über die Philosophie K. L.s, Würzburg 1995; ders., Geschichte im Zeichen des Abschieds, München 1996; R. Mehring, K. L., Carl Schmitt, Jacob Taubes und das ›Ende der Geschichte‹, Z. Religions- u. Geistesgesch. 48 (1996), 231–248; A. H. Meyer, Die Frage des Menschen nach Gott und Welt inmitten seiner Geschichte im Werke K. L.s, Würzburg 1977; G. Moretto, Intersoggettività e natura in K. L., Archivio di filosofia 54 (1986), 707–723; M. C. Pievatolo, Senza scienza nè fede. La scepsi storiografica di K. L., Neapel 1991; W. Raupp, L., BBKL XIX (2001), 941–955; M. Riedel, K. L.s philosophischer Weg, Heidelberger Jb. 14 (1970), 120–133; W. Ries, K. L., Stuttgart 1992; B. P. Riesterer, K. L.s View of History. A Critical Appraisal of Historicism, The Hague 1969; M. Rossini, K. L., i teologi e l'escatologia heideggeriana, Filosofia e Teologia 20 (2006), 51–63; U. Ruh, ›Weltgeschichte und Heilsgeschehen‹. K. L.s Säkularisierungsthese und ihre Vorgeschichte, in: ders., Säkularisierung als Interpretationskategorie. Zur Bedeutung des christlichen Erbes in der modernen Geistesgeschichte, Freiburg 1980, 199–277; H. M. Sass, Urbanität und Skepsis. K. L.s kritische Theorie, Philos. Rdsch. 21 (1975), 1–23; W. Schmidt-Biggemann, Säkularisierung und Theodizee. Anmerkungen zu geschichtstheologischen Interpretationen der Neuzeit in den Fünfziger und Sechziger Jahren, Stud. philos. 45 (1986), 51–67; A. M. Tripodi, L. e l'Occidente, Venedig 1997; M. Vegetti, Heidegger e i confini dell'Occidente. La fenomenologia nelle interpretazioni di Hei-

degger, Marcuse, L., Kojève, Schmitt, Neapel 2005; T. Volante, La storiografia filosofica di K. L., Diss. Mailand 1993; R. Wolin, Heidegger's Children. Hannah Arendt, K. L., Hans Jonas and Herbert Marcuse, New York 2001.   A. V./R. W.

L-Semantik, in der Semantik R. Carnaps (Introduction to Semantics, 1942) die Theorie der *L-Begriffe*. Ein L-Begriff liegt dann vor, wenn seine Anwendung nur von logischen, nicht von faktischen Gründen abhängt. So kann man zu jedem semantischen Grundbegriff (z. B. ›ist wahr‹, ›impliziert‹) den korrespondierenden L-Begriff bilden (›ist logisch wahr (L-wahr)‹, ›impliziert logisch (L-impliziert)‹). Um diese intuitive Charakterisierung von L-Begriffen zu präzisieren, gibt Carnap eine Reihe von Postulaten für die L-Begriffe ›L-wahr‹, ›L-falsch‹, ›L-impliziert‹, ›L-äquivalent‹, ›L-disjunkt‹ an, deren Geltung eine notwendige (aber nicht hinreichende) Adäquatheitsbedingung für jede Definition dieser L-Begriffe sein soll. Dazu gehört z. B., daß jeder dieser L-Begriffe stärker als der zugehörige Ausgangsbegriff ist (daß also jede L-wahre Aussage auch wahr ist, je zwei L-disjunkte Aussagen auch disjunkt sind usw.) oder daß die L-Implikation reflexiv (↑reflexiv/Reflexivität) sowie transitiv (↑transitiv/Transitivität) ist und L-wahre in L-wahre Aussagen überführt. Aus dieser Axiomatisierung der L-Begriffe lassen sich weitere Eigenschaften dieser und zusätzlicher, daraus definierbarer L-Begriffe ableiten.

Auch für die L-S. gilt Carnaps Unterscheidung von *allgemeiner* und *spezieller Semantik*. Während die allgemeine L-S. die zugrundeliegende Sprache S, für die ein ›materialer‹ ↑Wahrheitsbegriff, Äquivalenzbegriff (↑Äquivalenz) etc. als definiert vorausgesetzt wird, unspezifiziert läßt, geht eine spezielle L-S. von einer solchen Sprache S aus und versucht, in bezug auf diese spezielle Sprache L-Begriffe zu definieren. Definiert man z. B. für eine aussagenlogische (↑Junktorenlogik) Sprache die Begriffe der L-Wahrheit, L-Falschheit, … mit der üblichen Methode der ↑Wahrheitstafeln, dann läßt sich zeigen, daß diese Begriffe die in der allgemeinen L-S. aufgestellten Postulate erfüllen. Ein anderer Weg Carnaps zu einer allgemeinen L-S. benutzt die Grundbegriffe ›L-Zustand‹, ›L-Spielraum‹ (im Anschluß an L. Wittgensteins Begriff des ›logischen ↑Spielraums‹) und ›wirklicher Zustand‹. Ein für die Wissenschaftstheorie wichtiger L-Begriff ist ›L-Gehalt‹ (›logischer Gehalt‹, ↑Gehalt, empirischer). Der Begriff ›L-determiniert‹ (d. h. ›entweder L-wahr oder L-falsch‹) hat eine zentrale Rolle in Carnaps späterem Versuch (Meaning and Necessity, 1947), Extensionen (↑extensional/Extension) als spezielle Intensionen (↑intensional/Intension) aufzufassen.

Carnaps Entwicklung einer L-S. erfolgt auf dem Boden seiner grundlegenden Einteilung der ↑Semiotik in

↑Pragmatik, ↑Semantik und ↑Syntax (Introduction to Semantics § 4). Der neue Aspekt, den Carnap in die Behandlung logischer Begriffe einbringt, beruht auf der im Anschluß an A. Tarski vertretenen Ansicht, daß die syntaktische Behandlung der Logik (wie sie auch der frühe Carnap vertreten hatte) durch eine semantische Analyse ergänzt werden muß, »that logic is a special branch of semantics, that logical deducibility and logical truth are semantical concepts« (§ 13). Unter Semantik versteht Carnap dabei ein System von Regeln, das die ↑Wahrheitsbedingungen von Aussagen im Sinne der ↑Tarski-Semantik festlegt (§ 7).

Literatur: R. Carnap, Introduction to Semantics. Studies in Semantics I, Cambridge Mass. 1942, 1948, ferner in: ders., Introduction to Semantics and Formalization of Logic, Cambridge Mass. 1943, 1975; ders., Meaning and Necessity. A Study in Semantics and Modal Logic, Chicago Ill./Toronto/London 1947, Chicago Ill./London ²1956, 1988 (dt. Bedeutung und Notwendigkeit. Eine Studie zur Semantik und modalen Logik, Wien/New York 1972); W. Stegmüller, Das Wahrheitsproblem und die Idee der Semantik. Eine Einführung in die Theorien von A. Tarski und R. Carnap, Wien 1957, ²1968, 1977; L. Tondl, Problems of Semantics. A Contribution to the Analysis of Science, Dordrecht/Boston Mass./London 1981, bes. 61–91. P. S.

Lu Chiu-yüan (Lu Jiu-yuan, = Lu Hsiang-shan), 1139–1193, Neukonfuzianer (↑Konfuzianismus) der subjektiv-idealistischen Richtung. Geist und Natur (Welt) sind für ihn dasselbe. Der Mensch braucht deshalb nur die in ihm von Anfang an enthaltenen ›edleren Teile‹ zu entwickeln; er hat z. B. lediglich den ursprünglichen, spontanen moralischen Regungen ohne zusätzliche Überlegungen zu folgen. Diese Geisteshaltung wird ausführlicher bei Wang Yang-ming entwickelt.

Übersetzung: L. V. L. Cady, The Philosophy of Lu Hsiang-shan, a Neo-Confucianist Monistic Idealist, Union Theological Seminary Thesis, (New York) 1939.

Literatur: S.-C. Huang, Lu Hsiang-shan, a Twelfth Century Chinese Idealist Philosopher, New Haven Conn./Philadelphia Pa., Westport Conn. 1944, Westport Conn. 1977, Milwood N. Y. 1978; H. C. Tillman, Confucian Discourse and Chu Hsi's Ascendancy, Honolulu 1992, 187–230 (Chap. 8 L. C. u. Chap. 9 Chu Si und L. C.); F. Yu-lan, A History of Chinese Philosophy II (The Period of Classical Learning. From the Second Century B. C. to the Twentieth Century A. D.), Princeton N. J. 1953, 1983, 572–629 (Chap. 14 L. C., Wang Shou-Jen, and Ming Idealism). H. S.

Lüge, Bezeichnung für (1) eine Behauptung, daß *p*, wobei (2) der Sprecher bzw. Autor *p* für ↑falsch hält und (3) die Absicht hat, den Hörer bzw. Leser durch die Behauptung *p* glauben zu machen. Die Bedingung (1) impliziert, daß L.n ↑Äußerungen in einer Sprache oder einem ähnlich ausgearbeiteten Zeichensystem sind und daß *p* eine wahrheitswertfähige (↑Wahrheitswert) Aussage ist, die mit Wahrheitsanspruch (↑Wahrheit) vorge-

bracht wird. Die Konjunktion von (1) und (2) charakterisiert Unwahrhaftigkeit (↑Wahrhaftigkeit). Die Konjunktion von (2) und (3) beschreibt eine spezifische Täuschungsabsicht, wobei unerheblich ist, ob die Täuschung gelingt. Umstritten ist, ob zur Begriffsbestimmung hinzukommen muß, daß (4) *p* tatsächlich falsch ist. Die Konjunktion von (1) und (4) wurde traditionell als *falsiloquium* bezeichnet. Die ›prototypische L.‹ (L. Coleman/P. Kay, 1981) umfaßt (1)–(4). Nach überwiegender Ansicht gehören die Fragen, ob (5) durch die L. dem Hörer (oder auch dem Sprecher) ein Schaden entsteht oder ob (6) der Hörer ein Anrecht auf die Wahrheit bezüglich *p* hat, nicht zum Begriff der L., sie sind aber von moralphilosophischer Relevanz. ›L.‹ impliziert nicht allein schon aus begrifflichen Gründen eine (negative) moralische Beurteilung. An die L. schließen sich neben begrifflichen vor allem moralphilosophische Fragen.

Die klassische Grundlegung der Theorie der L. stammt von A. Augustinus (De mendacio, 395, Contra mendacium, 420, »Über die L.« bzw. »Gegen die L.«), doch seine Definitionen sind nicht äquivalent. Die Formulierungen »Demgemäß ist offensichtlich eine unwahre mit dem Willen zur Täuschung vorgebrachte Aussage eine L.« (Die Lüge und Gegen die Lüge, 7) und »Unter L. versteht man ja doch eine unwahre Bezeichnung mit der Absicht zu täuschen« (Die Lüge, a. a. O., 102) enthalten die Bedingungen (1)–(4), doch lehnt Augustinus an mehreren Stellen (4) explizit als definitorische Bedingung für L. ab (z. B. Die Lüge, a. a. O., 3, Gegen die Lüge, a. a. O., 74). Die vielzitierte Formulierung *mendacium est enuntiatio cum voluntate falsum enuntiandi* (»L. ist eine Aussage mit der Absicht, die Unwahrheit zu sagen«, Die Lüge, a. a. O., 6) findet sich bei Augustinus allerdings nur im Vordersatz einer Wenn-dann-Konstruktion.

Die Fähigkeit zu lügen beginnt bei Kindern mit 4–5 Jahren und gilt als paradigmatischer Ausdruck der ›Machiavellischen Intelligenz‹ des Menschen. Voraussetzung dafür ist das Vermögen zu erkennen, daß die Welt aus verschiedenen Blickwinkeln betrachtet werden kann. Nach F. de Waal (1982) und V. Sommer (1992) kann man auch Schimpansen und Bonobos die Fähigkeit zu täuschen und zu lügen zusprechen, doch ist dies im Hinblick auf Bedingung (1), die einen sprachlichen Akt der Behauptung erfordert, problematisch.

F. Nietzsche verwendet in »Über Wahrheit und L. im außermoralischen Sinne« (1873) zunächst einen üblichen L.nbegriff: »der Lügner gebraucht die gültigen Bezeichnungen, die Worte, um das Unwirkliche als wirklich erscheinen zu machen« (Werke. Krit. Gesamtausg. III/2, 371), doch erweitert er diese Bedeutung erheblich, indem er aus der Tatsache, daß einzelne Wörter möglicherweise die Wirklichkeit nur mangelhaft in Ausschnitte einteilen, schließt, Wahrhaftigkeit bestünde in der moralischen »Verpflichtung, nach einer festen Convention zu lügen, schaarenweise in einem für alle verbindlichen Stile zu lügen« (a.a.O., 375). In späteren Schriften betont er, daß »das Leben auf Anschein, [...] auf Irrthum, Betrug, Verstellung, Blendung, Selbstverblendung angelegt« und ein »Wille zur Wahrheit« evolutionär nicht bevorzugt sei (Fröhliche Wissenschaft, Werke. Krit. Gesamtausg. V/2, 258). – Zu den L.n gehören auch die von Aristoteles (Eth. Nic. Δ12.1127a13–b32) betrachtete Prahlerei und die Sokratische ↑Ironie. Diese können als Sonderfälle von Über- und Untertreibungen aufgefaßt werden und müssen deshalb nicht immer als kategorisch falsch betrachtet werden. Zu den Phänomenen, in denen die Wahrheit gedehnt oder überdehnt wird, können auch grenzwertiger Gebrauch von Wörtern, Zweideutigkeit, ↑Vagheit und andere mißverständliche Ausdrucksweisen gezählt werden. Die Linie zwischen grenzwertigem, aber noch korrektem Gebrauch von Wörtern und ihrer Verwendung in L.n ist hierbei unscharf.

Nicht jede bewußte Äußerung einer Unwahrheit geschieht in Täuschungsabsicht. Es gibt Phänomene, bei denen zweifelhaft ist, ob sie als L.n bezeichnet werden können. So gibt es Kontexte, die kennzeichnen, daß mit der Äußerung trotz der Form des Aussagesatzes kein Wahrheitsanspruch intendiert ist. Hierzu gehören der Scherz (Augustinus' *mendacium jocosum*) und die Ironie ebenso wie das Geschichtenerzählen, das von erfundenen Geschichten (Märchen, Fabeln, Novellen, Romane) bis zu Textsorten reicht, die möglicherweise einen ›wahren Kern‹ haben (Heldensagen, Legenden, Mythen). In fiktionalen Texten (↑Fiktion, literarische) werden keine echten Behauptungen aufgestellt. Je expliziter die fiktionale Intention solcher Äußerungen markiert ist, desto deutlicher ist, daß es sich hier nicht um L.n handelt. Die aus der Antike stammende Redeweise, wonach die Dichter lügen (Hesiod, Theogonie 27–28; Solon, Fragm. 26, Anthologia lyrica sive Lyricorum graecorum veterum prater pindarum reliquiae potiores, ed. E. Hiller, Leipzig 1901, 42; Platon, Pol. 377 d; Hume, A Treatise of Human Nature I, Part 3, Sect. x; Oscar Wilde, 1889, ²1891), ist demnach ungenau. Ferner gibt es Kontexte, in denen zwar eine echte Behauptung aufgestellt wird, von der die Angesprochenen aber wissen oder erschließen können, daß sie unwahrhaftig ist. Offensichtliche (›ungeschminkte‹ oder ›schamlose‹) L.n (engl. *bald-faced* oder *bare-faced lies*) kommen z.B. in ritualisierten oder formalisierten Kontexten vor, in denen es allein darauf ankommt, daß eine gewisse Aussage gemacht wird, aber normalerweise nicht erwartet wird, daß sie der Wahrheit entspricht. Indem es in diesen Kontexten gemeinsames Wissen ist, daß regelmäßig die Unwahrheit gesagt wird, ist keine Täuschung möglich. Beispiele sind

Antworten auf die Frage, wie es gehe, Verkaufsgespräche und Werbetexte, Dementis vor Trainerentlassungen und Verhöre durch ein autoritäres Regime. Wieweit solche Mechanismen in der Politik und vor Gericht verbreitet sind, kann dahingestellt bleiben. Häufig scheint es gerechtfertigt, in solchen Fällen von L.n ohne Täuschungsabsicht zu sprechen.

Spezialfälle sind Kontexte, in denen der spezifische Sprecher allen Gesprächspartnern als Lügner bekannt ist; dieser Fall wurde bereits von Augustinus (Die Lüge, [s.o.], 4) besprochen und wird in dem von Freud (Der Witz und seine Beziehung zum Unbewußten [1905], Ges. Werke. Chronologisch geordnet VI, London 1940, 127) wiedergegebenen Krakau-Lemberg-Witz (von M. Black 1983 als ›der klassischer Minsk-Pinsk-Witz‹ bezeichnet) treffend illustriert. Insoweit allerdings eine Täuschungsabsicht zu unterstellen ist, sind die Falschheiten, die von krankhaften Lügnern (*Pseudologia phantastica*) oder bekannten Konfabulierern geäußert werden, durchaus als L.n zu bezeichnen – auch dann, wenn sie bei den Adressaten keinen Glauben finden. – Während die Täuschungsabsicht plausibel als notwendige Bedingung einer L. aufgefaßt werden kann, ist sie doch keine hinreichende Bedingung. Nicht jede Täuschung ist eine L.. Sich verstellen oder so tun als ob, jemandem etwas vormachen oder vorspiegeln, jemanden in die Irre führen oder betrügen, sind allgemeinere Handlungen als L.n; sie sind Fälle von Täuschung ohne L.. – Daß man hier nicht von einer L. spricht, kann daran liegen, daß die betreffende Handlung bzw. das betreffende Verhalten keinen Gebrauch von Sprache macht. Es ist nicht nur Menschen, sondern (in weiterem Sinne) auch Tieren möglich, etwas nonverbal auszudrücken oder verstehen zu geben. Nicht nur Menschenaffen, sondern auch z.B. Wölfe oder Vögel wenden Listen und Tricks an, um ihre Ziele zu erreichen. Ein spezifisch menschliches Täuschungsverhalten manifestiert sich in Fälschungen und Plagiaten, die, sofern nicht durch eine explizite Echtheitserklärung begleitet, an sich keine Behauptung formulieren und deshalb nur implizit einen Authentizitätsanspruch erheben. Ferner gehören in diese Klasse sprachliche Handlungen und Unterlassungen, die keine Behauptungen sind. Fragen oder Aufforderungen mit einer falschen ↑Präsupposition sind geeignet, ↑Irrtum im Hörer zu erzeugen (›betrügt er sie immer noch?‹, ›sieh doch, daß sie dich liebt!‹). Verschweigen sowie das unkorrigierte Stehenlassen irrtümlicher Meinungen und Überzeugungen anderer haben ein hohes Täuschungspotential, sofern die Kommunikationspartner eine entsprechende Information erwarten oder erwarten können. Schließlich sind wahre und wahrhaftige Behauptungen zu nennen, die in ihrer Gesamtheit ein falsches Bild vom Gegenstand zu geben geeignet sind. In Werbespots oder Verkaufsgesprächen wird (wenn nicht falsch, so doch) häufig selektiv, tendenziös und unvollständig informiert. Relevante Negativaspekte werden weggelassen. Eine komplementäre Täuschungsstrategie besteht im Überhäufen des Adressaten mit wahren, aber (überwiegend) irrelevanten Informationen, die von den wichtigen, allerdings korrekt vorgetragenen Informationen ablenken. In der Regel werden wahre Aussagen, die in Quantität oder Relevanz unangemessen sind, zu falschen Schlußfolgerungen auf Seiten des Hörers führen und bei diesem falsche Überzeugungen implizieren bzw. ›implikieren‹ (H. P. Grice). Hierdurch sind Manipulationen des Hörers möglich, die in ihren Auswirkungen L.n gleichen. So genannte Halbwahrheiten können entweder im grenzwertigen Gebrauch von Wörtern oder in der unangemessenen Portionierung von Information bestehen.

H. Frankfurt (1986) unterstreicht die philosophische Relevanz des ›Geschwätzes‹ (engl. bullshit). Im Gegensatz zum Lügner, der glaubt, die Wahrheit zu kennen, muß der Schwätzer keinerlei einschlägige Überzeugung haben. Anders als der aufrichtige Mensch und der Lügner, die beide (in allerdings ganz unterschiedlicher Absicht) an der Wahrheit orientiert sind, stellt der Schwätzer Behauptungen nur deshalb auf, um seiner Funktion, etwas zu sagen, gerecht zu werden und sein Ziel zu erreichen – vollkommen unabhängig davon, ob er sie für wahr hält oder nicht. Nach Frankfurt ist das Geschwätz ein größerer ›Feind der Wahrheit‹ als die L..

Eine Art ↑transzendentales Argument gegen das Lügen auf der Grundlage des Funktionierens von Kommunikation und Sprache entwickelt D. Lewis (1975). Einsichten der Idealsprachen- sowie der Normalsprachenphilosophie (↑Sprache, ideale, ↑Sprache, natürliche) aufnehmend, definiert Lewis (Philosophical Papers I, New York/Oxford 1983, 169): Eine Sprache L wird von einer Population P dann und nur dann gebraucht, wenn in P eine Konvention der Wahrhaftigkeit und des Vertrauens in L besteht, die durch ein Interesse an Kommunikation aufrechterhalten wird. Konventionen sind hierbei Regularitäten, die sich vor dem Hintergrund wechselseitiger Erwartungen und gemeinsamer Präferenzen in der Sprechergemeinschaft stabilisiert haben. Demnach ist das Benutzen einer Sprache unmittelbar definiert durch die Wahrhaftigkeit und das Vertrauen, mit der Sprecher und Hörer die Sätze einer solchen Sprache produzieren bzw. rezipieren. Ohne gegenseitige Wahrhaftigkeit und Vertrauen gibt es keine Sprechergemeinschaft und letztlich keine Sprache. In einer Population von eingefleischten Lügnern (*inveterate liars*), die öfter lügen als die Wahrheit (in der Sprache L) sagen, hätte keine der erforderlichen Regularitäten und Konventionen Bestand, und es könnte von einem Gebrauch der Sprache L eigentlich nicht mehr die Rede sein. Ohne Sprache aber gibt es keine L., weshalb sich massives Lügen

nach dieser Konzeption selbst aufhebt. – Zur moralischen Beurteilung der L. ist festzuhalten, daß eine negative Wertung nicht Bestandteil des Begriffs der L. ist. Faktisch ist die L. allerdings in allen Kulturen als grundsätzlich verwerflich angesehen worden. Dies leitet sich in der Regel aus potentiellen negativen Folgen (Schäden) her, die beim Belogenen, beim Lügner selbst oder in der Sprachgemeinschaft auftreten. Neben solchen konsequentialistisch ausgerichteten Begründungsformen sind in der deontologischen Ethik (↑Ethik, deontologische) ↑kategorische L.nverbote verbreitet.

Für Augustinus ist die L. prinzipiell verwerflich und schlecht (De mend. XXI,42 [Die Lüge (s. o.), 58–60]; Contra mend. I,1 [Gegen die Lüge (s. o.), 62–63]; III,4 [a. a. O., 66–68]; XV,31 [a. a. O., 107–108]). Sie unterminiert Vertrauen und wirkt entgegen der Natur des Menschen. Sie verletzt den Belogenen, schädigt die Person des Lügenden und macht diesen anfällig für weitere Untugenden. Schließlich läuft sie der eigentlichen Zweckbestimmung der ↑Sprache, die in der Mitteilung von Wahrheiten liege, zuwider. Die negativen Konsequenzen werden also auf individueller wie auf sozialer Ebene lokalisiert. Augustinus' kategorische Verurteilung der L. wird von Thomas von Aquin unter gleichzeitiger Berufung auf Aristoteles (Eth. Nic. Δ1127a28–30) bekräftigt: »Die L. aber ist der Art nach schlecht« (S. th. II–2, qu. 110, art. 3, »Mendacium autem est malum ex genere«). Allein im Grade der Schuld kann es Unterschiede geben (S. th. II–2, qu. 110, art. 2).

In der Neuzeit und insbes. der ↑Aufklärung erlauben viele Philosophen in teilweise explizitem Gegensatz zur augustinischen Tradition L.n unter besonderen, genau spezifizierten Bedingungen. M. Luther (Praeceptum octavum, in: Decem praecepta Wittenbergensi praedicata populo, 1518, Werke. Krit. Gesamtausg. I, Weimar 1883, 505–514, hier: 510–511) hielt die ›Scherzlüge‹ (*mendacium iocosum*) und die ›Nutzlüge‹ (*mendacium officiosum*), die niemandes berechtigtem Interesse schadet, im Gegensatz zur ›Schadenslüge‹ (*mendacium perniciosum*) für entschuldbar. N. Machiavelli (Il principe, 1532, Kap. 18) empfahl politischen Führern L. und Verstellung als wesentlichen Teil erfolgreichen Regierens. Bei den Jesuiten war die *Reservatio mentalis*, die in Gedanken erfolgende Uminterpretation oder Einschränkung des öffentlich – in Eiden oder Versprechen – Geäußerten, zulässig, wenn ein guter Zweck dies rechtfertigte (T. Sanchez, Opus morale, Antwerpen 1614, III, 6 § 15; H. Busenbaum, Medulla theologiae moralis, Münster [ca. 1645], III, Tract. 2). H. Grotius (De iure belli ac pacis, Paris 1625, III, Kap. 1) gab im Rahmen eines Naturrechts des Krieges Bedingungen an, unter denen eine falsche Aussage nicht als schuldhafte L. zählen soll und deshalb zulässig ist. Für S. Pufendorf (De iure naturae et gentium. Libri octo, Lund 1672, IV, Kap. 1; De officio hominis et civis juxta legem naturalem, Lund 1673, I, Kap. 10.) sind L.n, die sonst entstehenden Schaden verhindern helfen, insbes. in der Politik, akzeptabel. I. Kant wendet sich gegen die neuzeitliche Aufweichung des absoluten L.nverbots und besonders gegen die zu seiner Zeit von B. Constant vertretene Auffassung, wonach Wahrhaftigkeit eine Pflicht ›nur gegen denjenigen, welcher ein Recht auf die Wahrheit hat‹, sei. Demgegenüber argumentiert Kant, daß Wahrhaftigkeit unabhängig vom Adressaten eine Pflicht des Menschen sei. »[Die L.] schadet jederzeit einem Anderen, wenn gleich nicht einem andern Menschen, doch der Menschheit überhaupt, indem sie die Rechtsquelle unbrauchbar macht« (Über ein vermeintes Recht aus Menschenliebe zu lügen [1797], Akad.-Ausg. VIII, 426). Dabei sei jederzeit die Tendenz zur L. zu bekämpfen, denn die L. »ist der eigentliche faule Fleck in der menschlichen Natur« (a. a. O., 422). Die Pflicht zur Wahrheit ergibt sich in Anwendung des Kategorischen Imperativs (↑Imperativ, kategorischer) als Pflicht des Menschen gegenüber sich selbst als moralisches Wesen betrachtet und damit gegenüber der Menschheit. Die Pflicht zur Wahrhaftigkeit besteht auch dann, wenn einem selbst oder anderen daraus ein Nachteil erwächst. Im Effekt kehrte Kant damit zum rigorosen, ausnahmslosen L.nverbot von Augustinus und Thomas zurück. – Während die Strenge dieser Lehre in der Fichteschen Formulierung »Du darfst nicht lügen, und wenn die Welt darüber in Trümmer zerfallen sollte« (Ueber den Grund unseres Glaubens an eine göttliche WeltRegierung, Gesamtausg. I/5, 347–357, 354) noch gesteigert wird, so erlebt das L.nverbot später eine weitgehende Relativierung. Die moralische Bewertung der L. wird im allgemeinen keinem universellen Prinzip mehr unterstellt, sondern kontextuell variabel vorgenommen. Akte der L. werden nach ihren intendierten und tatsächlichen Folgen bemessen, wobei die Abwägung eher kurzfristiger Vorteile einer L. gegenüber den langfristiger Schäden an personaler Integrität, sozialem Vertrauen und ungestörter Kommunikation eine ausgebildete ↑Urteilskraft erfordert. Es ist nicht zwingend, daß eine solche Abwägung immer gegen die L. spricht, was sich am Beispiel der Frage der Schergen eines Unrechtsregimes, wo sich eine gesuchte Person aufhält, demonstrieren läßt. Eine starke Intuition besagt, daß auf diese Frage, wenn die wahre Antwort Folter und Mord zur Folge hätte, eine L. moralisch nicht nur erlaubt, sondern sogar geboten ist. Aber auch in weniger gravierenden Fällen finden Not- und Schutzlügen, Bagatellügen zwischen Höflichkeit und Schwindelei, kleine Ausflüchte sowie ›soziale L.n‹, die dem Vorteil des Belogenen (der Beruhigung, Schonung, Ermutigung, Friedensstiftung etc.) dienen sollen, gesellschaftliche Akzeptanz – sofern man der Ansicht ist, daß sie das Gesamtwohl fördern.

Der Vorstellung von einem Recht auf Wahrheit steht in der Alltagspraxis gelegentlich sogar die Vorstellung eines *Rechts auf L.* gegenüber. Dies spiegelt die juristische Bewertung wider, wonach die L. an und für sich nicht strafrechtlich relevant ist. Ausnahmen sind Aussagedelikte (Falschaussage, Meineid), Verleumdung und Betrug (Vermögensschädigung), Formen der L., die je eigene Konsequenzen haben. Zivilrechtlich durch Urteile abgesichert ist die Erlaubnis, bei irrelevanten, unsachgemäßen Fragen in Vorstellungsgesprächen (etwa nach Partei- oder Religionsmitgliedschaft, Schwangerschaft, bisherigem Gehalt und Vorstrafen) zu lügen. Dieses situativ gebundene Recht auf L. kann allerdings bei ›arglistiger Täuschung‹ angefochten werden.

Literatur: J. E. Adler, Lying, Deceiving, or Falsely Implicating, J. Philos. 94 (1997), 435–452; M. Annen, Das Problem der Wahrhaftigkeit in der Philosophie der deutschen Aufklärung. Ein Beitrag zur Ethik und zum Naturrecht des 18. Jahrhunderts, Würzburg 1997; H. Arendt, Wahrheit und L. in der Politik. Zwei Essays, München 1972, [2]1987; A. Augustinus, Die L. und Gegen die L., übers. P. Keseling. Würzburg 1953, 2007; A. Baruzzi, Philosophie der L., Darmstadt 1996, 2005; M. Black, The Prevalence of Humbug, in: ders., »The Prevalence of Humbug« and Other Essays, Ithaca N. Y./London 1983, 115–143; S. Bok, Lying. Moral Choice in Public and Private Life, New York, Hassocks 1978, New York 1999 (dt. Lügen. Vom täglichen Zwang zur Unaufrichtigkeit, Reinbek b. Hamburg 1980); A. L. Brown, Subjects of Deceit. A Phenomenology of Lying, Albany N. Y. 1998; T. L. Carson, The Definition of Lying, Noûs 40 (2006), 284–306; ders., Lying and Deception. Theory and Practice, Oxford/New York 2010; L. Coleman/P. Kay, Prototype Semantics: The English Word ›Lie‹, Language 57 (1981), 26–44; S. Dietz, Der Wert der L.. Über das Verhältnis von Sprache und Moral, Paderborn 2002; dies., Die Kunst des Lügens. Eine sprachliche Fähigkeit und ihr moralischer Wert, Reinbek b. Hamburg 2003; G. Falkenberg, Lügen. Grundzüge einer Theorie sprachlicher Täuschung, Tübingen 1982; D. Fallis, What Is Lying?, J. Philos. 106 (2009), 29–56; H. G. Frankfurt, On Bullshit, Raritan 6 (1986), H. 2, 81–100, ferner in: ders., The Importance of What We Care About. Philosophical Essays, Cambridge/New York/Melbourne 1988, 2009, 117–133, separat unter dem Titel: On Bullshit, Princeton N. J./Oxford 2005 (dt. Bullshit, Frankfurt 2006; franz. De l'art de dire des conneries, Paris 2006); S. Freud, Der Witz und seine Beziehung zum Unbewußten, Wien/Leipzig 1905, ferner in: ders., Der Witz und seine Beziehung zum Unbewußten/Der Humor, Frankfurt 1992, [9]2009, 23–249; B. Giese, Untersuchungen zur sprachlichen Täuschung, Tübingen 1992; S. P. Green, Lying, Cheating, and Stealing. A Moral Theory of White-Collar Crime, Oxford/New York 2006, 2007; M. Hose, Fiktionalität und L.. Über einen Unterschied zwischen römischer und griechischer Terminologie, Poetica 28 (1996), 257–274; G. Kalinowski, Le problème de la vérité en moral et en droit, Lyon 1967; C. M. Korsgaard, The Right to Lie. Kant on Dealing with Evil, in: dies., Creating the Kingdom of Ends, Cambridge/New York/Melbourne 1996, 2004, 133–158; dies., Two Arguments against Lying, in: dies., Creating the Kingdom of Ends [s. o.], 335–362; J. Kupfer, The Moral Presumption against Lying, Rev. Met. 36 (1982), 103–126; T. Kuran, Private Truths, Public Lies. The Social Consequences of Preference Falsification, Cambridge Mass.

1995, 1997 (dt. Leben in L.. Präferenzverfälschungen und ihre gesellschaftlichen Folgen, Tübingen 1997); R. Leonhardt/M. Roesel (eds.), Dürfen wir lügen? Beiträge zu einem aktuellen Thema, Neukirchen-Vluyn 2002; D. Lewis, Languages and Language, in: K. Gunderson (ed.), Language, Mind, and Knowledge, Minneapolis Minn. 1975 (Minn. Stud. Philos. Sci. VII), 3–35, ferner in: D. Lewis, Philosophical Papers I, New York/Oxford 1983, Milton Keynes 2010, 163–188; O. Lipmann/P. Plaut (eds.), Die L. in psychologischer, philosophischer, juristischer, pädagogischer, historischer, soziologischer, sprach- und literaturwissenschaftlicher und entwicklungsgeschichtlicher Betrachtung, Leipzig 1927; A. MacIntyre, Truthfulness, Lies, and Moral Philosophers. What Can We Learn from Mill and Kant?, The Tanner Lectures on Human Values 16 (1995), 307–361; J. E. Mahon, Two Definitions of Lying, Int. J. Applied Philos. 22 (2008), 211–230; G. Martin, Recht auf L., L. als Pflicht. Zu Begriff, Ideengeschichte und Praxis der politischen ›edlen‹ L., München 2009; M. Mayer (ed.), Kulturen der L., Köln/Weimar/Wien 2003; J. Mecke (ed.), Cultures of Lying. Theories and Practice of Lying in Society, Literature, and Film, Glienicke (Berlin)/Madison Wis. 2007; J. Meibauer, Lying and Falsely Implicating, J. Pragmatics 37 (2005), 1373–1399, ferner in: J. Mecke (ed.), Cultures of Lying [s. o.], 79–114; G. Müller, Die Wahrhaftigkeitspflicht und die Problematik der L.. Ein Längsschnitt durch die moderne Moraltheologie und Ethik unter besonderer Berücksichtigung der Tugendlehre des Thomas von Aquin und der modernen Lösungsversuche, Freiburg/Basel/Wien 1962; J. Müller, Lügen als Sprachhandlung. Zum Verhältnis von Sprache und Moral, Freiburger Z. Philos. Theol. 57 (2010), 111–135; V. Raskin, Semantics of Lying, in: R. Crespo/B. D. Smith/H. Schultink (eds.), Aspects of Language II (Theoretical and Applied Semantics), Amsterdam 1987, 443–469; J. M. Saul, Lying, Misleading, and The Role of What Is Said: An Exploration in Philosophy of Language and in Ethics, Oxford 2012; E. Schockenhoff, Zur L. verdammt? Politik, Medien, Medizin, Justiz, Wissenschaft und die Ethik der Wahrheit, Freiburg/Basel/Wien 2000, erw. mit Untertitel: Politik, Justiz, Kunst, Medien, Medizin, Wissenschaft und die Ethik der Wahrheit, ²2005; D. Simpson, Lying, Liars and Language, Philos. Phenom. Res. 52 (1992), 623–639; L. M. Solan/P. Meijes Tiersma, Speaking of Crime. The Language of Criminal Justice, Chicago Ill./London 2005, 212–235 (Chap. 11 Perjury); V. Sommer, Lob der L.. Täuschung und Selbstbetrug bei Tier und Mensch, München 1992, ²1993, 1994; R. Sorensen, Bald-Faced Lies! Lying without the Intent to Deceive, Pacific Philos. Quart. 88 (2007), 251–264; ders., Knowledge-Lies, Analysis 70 (2010), 608–615; M. W. F. Stone, Truth, Deception, and Lies. Lessons from the Casuistical Tradition, Tijdschr. Filos. 68 (2006), 101–131; E. E. Sweetser, The Definition of ›Lie‹. An Examination of the Folk Models Underlying a Semantic Prototype, in: D. Holland/N. Quinn (eds.), Cultural Models in Language and Thought, Cambridge etc. 1987, 2000, 43–66; F. de Waal, Chimpanzee Politics. Power and Sex Among Apes, New York etc. 1982, rev. Baltimore Md./London 1998, 2007; H. Weinrich, Linguistik der L., Heidelberg 1966, München ⁷2006; O. Wilde, The Decay of Lying. A Dialogue, The Nineteenth Century 25 (1889), 35–56, rev. mit Untertitel: An Observation, in: ders., Intentions, Leipzig/London 1891, 1–45, ferner in: The Complete Works of Oscar Wilde IV, ed. I. Small, Oxford etc. 2007, 72–103; B. Williams, Truth and Truthfulness. An Essay in Genealogy. Princeton N. J./Oxford 2002 (dt. Wahrheit und Wahrhaftigkeit, Frankfurt 2003; franz. Vérité et véracité. Essai de généalogie, Paris 2006). H. R.

Lügner-Paradoxie (engl. liar paradox), Bezeichnung für einen auf Eubulides von Milet zurückgehenden, im Mittelalter unter dem Stichwort ↑Insolubilia diskutierten Typ semantischer Antinomien (↑Antinomien, semantische); formulierbar als Aussage, die ihre eigene Unwahrheit behauptet, etwa in der Form ›diese Aussage ist falsch‹ oder

(1) (1) ist falsch.

Wenn (1) wahr ist, besteht der durch (1) ausgedrückte Sachverhalt, also ist (1) falsch. Wenn (1) falsch ist, besteht der durch (1) ausgedrückte Sachverhalt nicht, es ist also nicht der Fall, daß (1) falsch ist, also ist (1) wahr. Es lassen sich auch kompliziertere Fassungen der L.-P. angeben, bei denen die paradoxe Konsequenz erst auf Umwegen erreicht wird; im einfachsten Falle etwa

(2) (3) ist wahr,
(3) (2) ist falsch.

Eine verschärfte Fassung der L.-P. (engl. ›strengthened liar‹) liegt etwa vor bei

(4) (4) ist falsch oder sinnlos,

wobei ›sinnlos‹ für ›weder wahr noch falsch‹ steht. Hier ergibt sich, daß, (a) wenn (4) wahr ist, (4) falsch oder sinnlos ist, (b) wenn (4) falsch ist, (4) wahr ist, und (c) wenn (4) sinnlos ist, (4) wahr ist. Während man aus der einfachen L.-P. aus der Tatsache, daß (1) genau dann wahr ist, wenn (1) falsch ist, schließen könnte: (1) ist sinnlos, und insbes.: es ist *falsch*, daß (1) wahr ist, folgt bei der verschärften L.-P. aus der Falschheit von ›(4) ist wahr‹, daß (4) falsch oder sinnlos ist, was beides einen Widerspruch ergibt. Aus der verschärften L.-P. könnte man also erschließen: ›(4) ist wahr‹ ist sinnlos. Entsprechend lassen sich weitere Verschärfungen konstruieren, die zu Sinnlosigkeiten höherer Stufen führen. Die von einem Kreter Epimenides ausgesprochene Aussage

(5) alle Kreter lügen immer

(die Zuschreibung dieser Aussage und ihrer Diskussion zum historischen ↑Epimenides von Kreta ist fragwürdig) ist dagegen schwächer: Wenn (5) wahr ist, lügen alle Kreter immer, also auch Epimenides mit seiner Aussage (5), also ist (5) falsch; wenn (5) falsch ist, lügen nicht alle Kreter immer, also sagen einige Kreter manchmal die Wahrheit. Zu diesen von Kretern manchmal gemachten wahren Aussagen muß jedoch nicht Epimenides' Aussage (5) gehören, es sei denn, Epimenides' Aussage (5) sei die einzige jemals von einem Kreter gemachte Aussage. (5) ist also unter der Voraussetzung, daß es Kreter gibt, die manchmal die Wahrheit sagen, schlicht eine falsche Aussage.

Die L.-P. erlaubt die Konstruktion eines Widerspruchs unter der Voraussetzung scheinbar elementarer semantischer Prinzipien, wie etwa der Wahrheitskonvention (↑Wahrheit), wonach für eine Aussage A gilt: ›A‹ ist wahr genau dann, wenn A. Deshalb stellen Einsichten, die man bei der Auflösung der L.-P. gewinnt, Einsichten in die semantische Struktur von Sprachen, insbes. den Gebrauch des Wahrheitsbegriffs, dar. Diese Eigenschaften teilt die L.-P. mit anderen semantischen Antinomien; sie sind jedoch bei der L.-P. besonders fundamental, da diese die einfachste dieser Antinomien ist. Wege, die in der modernen Logik zu ihrer Auflösung beschritten worden sind, sind unter anderem folgende:

1. Man gibt die ›semantische Geschlossenheit‹ einer Sprache auf, d. h. die Tatsache, daß eine Sprache semantische Ausdrücke enthält, die sich auf sie selbst beziehen. Dazu trennt man im Rahmen einer Hierarchie von Sprachschichten streng zwischen ↑Objektsprache und ↑Metasprache. Zu semantischen Prädikaten wie ›wahr‹ und ›falsch‹, die zu einer Metasprache gehören, gibt es kein Synonym in der zugehörigen Objektsprache. Aussagen wie (1) sind semantisch nicht zulässig, da sie zu keiner festen Sprachschicht gehören. Dieser auf A. Tarski zurückgehende Vorschlag wurde von Tarski selbst als Argument gegen die Möglichkeit einer semantischen Analyse der natürlichen Sprache (↑Sprache, natürliche) angeführt, da letztere eine Unterscheidung von Sprachstufen nicht vornehme.

2. Man gibt Grundprinzipien der klassischen Logik (↑Logik, klassische) auf. Vorgeschlagen werden stattdessen einmal mehrwertige, speziell dreiwertige Logiken (↑Logik, mehrwertige); in diesen erhalten die selbstbezüglichen Satzkonstruktionen der L.-P. einen von ›wahr‹ und ›falsch‹ verschiedenen ↑Wahrheitswert, etwa ›unbestimmt‹. Andere Vorschläge geben das Bivalenzprinzip (↑Zweiwertigkeitsprinzip) auf, ohne damit schon weitere Wahrheitswerte im Sinne einer mehrwertigen Logik einzuführen; manche Aussagen (speziell die Paradoxien) sind danach ohne Wahrheitswert. Dieser Zugang eröffnet die Möglichkeit, die Klasse der klassisch-logischen ↑Tautologien auch ohne Bivalenzprinzip unverändert zu übernehmen (vgl. B. C. v. Fraassen, 1968). Wieder andere Ansätze modifizieren die klassische Logik so, daß das Prinzip des ›ex contradictione quodlibet‹ (ein Widerspruch impliziert logisch jede beliebige Aussage und macht damit ein System wertlos) nicht mehr uneingeschränkt gültig bleibt (vgl. N. Rescher/R. Brandom, 1980). Solche Ansätze wollen Widersprüche, die sich etwa aus ↑Paradoxien ergeben, nicht unbedingt beheben, sondern nur deren Konsequenzen vermeiden, sie also zu einem ›lokalen‹ Phänomen ohne ›globale‹ Konsequenzen für eine Theorie als ganze machen. Logiken, in denen Widersprüche nicht jede beliebige Aussage implizieren, heißen auch parakonsistent (↑Logik, parakonsistente).

3. In der ↑Beweistheorie betrachtet man Logiken, in denen das Kontraktionsprinzip nicht gilt, d. h. die Tatsache, daß man mehrere Vorkommen derselben Annahme als eine einzige Annahme behandeln kann. In solchen unter anderen von H. B. Curry, F. B. Fitch und W. Ackermann untersuchten Systemen lassen sich Antinomien wie die L.-P. vermeiden. Andere beweistheoretische Ansätze (z. B. D. Prawitz, N. Tennant) charakterisieren Antinomien durch die Struktur ihrer Beweise, z. B. durch die Tatsache, daß Ableitungen von Widersprüchen sich nicht in ↑Normalformen bestimmter Art transformieren lassen.

4. Ansätze, die auf S. A. ↑Kripke (1975) zurückgehen (insbes. A. Gupta, 1982; H. G. Herzberger, 1982), gehen davon aus, daß sich die Zuordnung von Wahrheitswerten zu Aussagen nicht in einem Schritt vollziehen muß, sondern stufenweise geschehen kann. Die Extension (↑extensional/Extension) des Wahrheitsprädikats kann von Stufe zu Stufe verschieden sein (wobei es sich im Gegensatz zu Tarskis Stufentheorie um *ein* Wahrheitsprädikat handelt). Gupta und Herzberger lassen dabei z. B. nicht nur wie Kripke eine schrittweise Erweiterung der Extension des Wahrheitsprädikats zu, sondern sogar die Veränderung des Wahrheitswertes einer Aussage von Stufe zu Stufe. Die Art der Veränderung der Wahrheitswertzuordnung zu einer Aussage, etwa zu einer Form der L.-P. (z. B. im Falle (1) das ständige Oszillieren von ›wahr‹ und ›falsch‹), charakterisiert diese Aussage semantisch. Es ist allerdings umstritten, ob derartige Theorien, die intensiv diskutiert werden, wirklich eine *Auflösung* der semantischen Antinomien (speziell der L.-P.) darstellen oder eher eine genaue Beschreibung der Antinomien. Ein Problem besteht auch darin, daß nicht ganz klar ist, was man als ›Auflösung‹ etwa der L.-P. ansehen könnte. Häufig wird auch eine systematische Modellierung des Phänomenbereichs der L.-P. als das erreichbare Optimum und in diesem Sinne als Auflösung angesehen.

Literatur: B. Armour-Garb/J. C. Beall/G. Priest (eds.), The Liar's Paradox, Stanford Calif. 2004; S. J. C. Beall, Curry's Paradox, SEP 2001, rev. 2008; ders., True, False and Paranormal, Analysis 66 (2006), 102–114; ders., Truth and Paradox. A Philosophical Sketch, in: D. Jacquette (ed.), Philosophy of Logic, Amsterdam/Oxford 2007, 325–410; ders. (ed.), Revenge of the Liar. New Essays on the Paradox, Oxford/New York 2007; V. Bhave, The Liar Paradox and Many-Valued Logic, Philos. Quart. 42 (1992), 465–479; E. Brendel, Die Wahrheit über den Lügner. Eine philosophisch-logische Analyse der Antinomie des Lügners, Berlin/New York 1992; D. Buckner/P. Smith, Quotation and the Liar Paradox, Analysis 46 (1986), 65–68; A. Cantini, Paradoxes and Contemporary Logic, SEP 2007; M. Clark, Recalcitrant Variants of the Liar Paradox, Analysis 59 (1999), 117–126; R. T. Cook,

Diagonalization, the Liar Paradox, and the Inconsistency of the Formal System Presented in the Appendix to Frege's »Grundgesetze: Volume II«, in: A. Hieke/H. Leitgeb (eds.), Reduction, Abstraction, Analysis. Proceedings of the 31th International Wittgenstein-Symposium in Kirchberg, 2008, Frankfurt etc. 2009, 273–288; B. C. van Fraassen, Presupposition, Implication, and Self-Reference, J. Philos. 65 (1968), 136–152; M. Glanzberg, The Liar in Context, Philos. Stud. 103 (2001), 217–251; ders., A Contextual-Hierarchical Approach to Truth and the Liar Paradox, J. Philos. Log. 33 (2004), 27–88; L. Goldstein, The Paradox of the Liar. A Case of Mistaken Identity, Analysis 45 (1985), 9–13; P. Greenough, Free Assumptions and the Liar Paradox, Amer. Philos. Quart. 38 (2001), 115–135; A. Gupta, Truth and Paradox, J. Philos. Log. 11 (1982), 1–60; P. Hájek/J. Paris/J. Shepherdson, The Liar Paradox and Fuzzy Logic, J. Symb. Log. 65 (2000), 339–346; H. G. Herzberger, Naive Semantics and the Liar Paradox, J. Philos. 79 (1982), 479–497; ders., Notes on Naive Semantics, J. Philos. Log. 11 (1982), 61–102, J. T. Kearns, An Illocutionary Logical Explanation of the Liar Paradox, Hist. and Philos. Log. 28 (2007), 31–66; A. Koyré, The Liar, Philos. Phenom. Res. 6 (1945/1946), 344–362; P. Kremer, The Revision Theory of Truth, SEP 1995, rev. 2006; S. A. Kripke, Outline of a Theory of Truth, J. Philos. 72 (1975), 690–716; R. L. Martin (ed.), The Paradox of the Liar, New Haven Conn./London 1970, Atascadero Calif. ²1978; ders. (ed.), Recent Essays on Truth and the Liar Paradox, Oxford, New York 1984; T. Maudlin, Truth and Paradox. Solving the Riddles, Oxford/New York 2004, 1–25; V. McGee, Truth, Vagueness & Paradox. An Essay on the Logic of Truth, Indianapolis Ind. 1991; C. D. Novaes, A Comparative Taxonomy of Medieval and Modern Approaches to Liar Sentences, Hist. and Philos. Log. 29 (2008), 227–261; C. Parsons, The Liar Paradox, J. Philos. Log. 3 (1974), 381–412; T. Parsons, Assertion, Denial, and the Liar Paradox, J. Philos. Log. 13 (1984), 137–152; D. Prawitz, Natural Deduction. A Proof-Theoretical Study, Stockholm/Göteborg/Uppsala 1965 (repr. Mineola N. Y. 2006), 94–97 (Appendix B On a Set Theory by Fitch); G. Priest/K. Tanaka, Paraconsistent Logic, SEP 1996, rev. 2009; S. Rahman/T. Tulenheimo/E. Genot (eds.), Unity, Truth and the Liar. The Modern Relevance of Medieval Solutions to the Liar Paradox, o.O. [Dordrecht] 2008; S. Read, Freeing Assumptions from the Liar Paradox, Analysis 63 (2003), 162–166; ders., Plural Signification and the Liar Paradox, Philos. Stud. 145 (2009), 363–375; N. Rescher/R. Brandom, The Logic of Inconsistency. A Study in Non-Standard Possible-World Semantics and Ontology, Totowa N. J. 1979, Oxford 1980; A. Rüstow, Der Lügner. Theorie, Geschichte und Auflösung, Diss. Erlangen 1908, Leipzig 1910 (repr. New York 1987, Köln 1994); D. Schmidtz, Charles Parsons on the Liar Paradox, Erkenntnis 32 (1990), 419–422; P. Schroeder-Heister, Proof-Theoretic Semantics, Self-Contradiction, and the Format of Deductive Reasoning, Topoi 31 (2012), 77–85; ders., Proof-Theoretic Semantics, SEP 2012; K. Simmons, Universality and the Liar. An Essay on Truth and the Diagonal Argument, Cambridge/New York 1993, 2008; P. V. Spade, Lies, Language and Logic in the Late Middle Ages, London 1988; A. Tarski, Der Wahrheitsbegriff in den formalisierten Sprachen, Stud. Philos. (Lemberg) 1 (1935), 261–405 (bzw. 1–145), Neudr. in: K. Berka/L. Kreiser, Logik-Texte. Kommentierte Auswahl zur Geschichte der modernen Logik, Berlin (Ost) ²1973, 447–559 (engl. The Concept of Truth in Formalized Languages, in: ders., Logic, Semantics, Metamathematics, Oxford 1956, Indianapolis Ind. ²1983, 1990, 152–278); N. Tennant, Proof and Paradox, Dialectica 36 (1982), 265–296; S. Yablo, New Grounds for Naive Truth

Theory, in: J. C. Beall (ed.), Liars and Heaps. New Essays on Paradox, Oxford 2003, 312–330. – Bibliographie in: R. Martin (ed.), The Paradox of the Liar [s. o.], 135–149; weitere Literatur: ↑Antinomien, semantische, ↑Insolubilia. P. S.

Luhmann, Niklas, *Lüneburg 8. Dez. 1927, †Oerlinghausen b. Bielefeld 6. Nov. 1998, Evolutionssoziologe und Systemtheoretiker. 1946–1949 Studium der Rechtswissenschaften in Freiburg, nach Tätigkeit in der öffentlichen Verwaltung des Landes Niedersachsen (1954–1962), am Forschungsinstitut der Hochschule für Verwaltungswissenschaften in Speyer (1962–1965) und an der Sozialforschungsstelle Dortmund (1965) 1966 Promotion zum Dr. s.c. pol. in Münster und Habilitation im gleichen Jahr ebendort (mit bereits zuvor publizierten Arbeiten). – L.s umfassendes Werk speist sich (a) aus der Kritik an intentionalistischen (↑Intentionalität), handlungstheoretischen (↑Handlungstheorie), institutionentheoretischen und moralistischen (↑Moralität) Ansätzen in der ↑Gesellschaftstheorie, wie sie M. Weber, T. Parsons, A. Gehlen und J. Habermas zugeschrieben werden, (b) aus der Übertragung von biologischen Erklärungsformen der ↑Evolution einer ↑Spezies und von Definitionen des Lebensprozesses eines ↑Organismus auf soziale Systeme, unter Rückgriff auf die Konzeptionen einer ↑Autopoiesis und Selbststeuerung (↑Selbstorganisation) bei L. v. Bertalanffy, H. Maturana, F. Varela oder im so genannten Radikalen Konstruktivismus (↑Konstruktivismus, radikaler) H. v. Foersters und E. Glasersfelds, (c) aus einem Rückgriff auf die ›Logik‹ eines ›Re-Entry‹ oder der inneren Spiegelung der Unterscheidung eines eingegrenzten Innen und eines virtuell indefiniten Außen (nach Art des griechischen ↑Apeiron) in einem systemartigen Inneren selbst, wie sie G. S. Brown oder auch G. Günther (in seiner sich auf G. W. F. Hegels Dialektik und K. Gödels Modelltheorie bloß scheinbar, wirklich aber auf kybernetische (↑Kybernetik) Spekulationen der Zeit stützenden ›polykontexturalen Logik‹ mit ihren ›transjunktionalen Operatoren‹) behaupten.

In gewisser Nachfolge H. Schelskys stellt L.s Werk insgesamt eine Antwort auf ein zeitgeistbedingtes Bedürfnis nach allgemeiner Theorie in der ↑Soziologie der 1970er Jahre dar, und zwar in besonderer Absetzung von einem philosophisch fundierten Normativismus der ↑Frankfurter Schule (↑Theorie, kritische) nach T. W. Adorno und M. Horkheimer. Grundbegrifflich bedeutsam ist dabei die Anerkennung eigenständiger institutioneller Sphären der ↑Gesellschaft, z. B. Politik, Recht und Wirtschaft, Wissenschaft, Erziehung, Kunst und Religion, wie sie L. unter dem Titel ›Soziale Systeme‹ vorstellt, in Einzelbänden abhandelt und neben eine in sich gespiegelte ›Gesellschaft der Gesellschaft‹ setzt. Unklar bleibt, ob über die darstellungstechnischen, reflexionslogischen und dann auch auf die Pragmatik des Handelns der Akteure rückwirkenden Gegenüberstellungen von (sich vermeintlich selbst erhaltendem) System und äußerer Systemumwelt hinaus auch die Seinsweise und Entwicklung dieser Systeme in Analogie zur Existenzweise und Evolution von Organismen bzw. Arten ›erklärbar‹ ist, wie L. zumindest unterstellt. Es ist zwar immer richtig zu fragen, wer ›wir‹ sind, wenn *wir*, mit dem Ziel der ↑Reduktion von Komplexität (↑komplex/ Komplex) in unseren Kooperationen, in einer zunehmend ›funktionalen‹ Ausdifferenzierung von schematisierten Arbeits- und Rollenverteilungen soziale (Sub-)-Systeme entwickeln (wie derzeit etwa die der Evaluation von Leistungen in Bildung und Wissenschaft). Es hängt auch jede Übernahme personaler ↑Rollen und damit das Personsein (↑Person) qua Status von vorgegebenen sozialen ›(Teil-)Systemen‹ ab. Diese Systeme entwickeln sich aber nicht von selbst, jedenfalls nicht so, wie sich die handlungsfreie ↑Natur, also biologische Lebensformen und Gattungen, mehr oder minder zufällig ergeben und evolutiv erhalten. L.s Urteile über Denktraditionen in der Philosophie und die impliziten Ontisierungen seiner Analysen z. B. von ↑Macht, ↑Bewußtsein oder ↑Kommunikation führen zu einer Mißachtung der sprachlichen Wende (↑Wende, sprachliche; *linguistic turn*) philosophischer Institutionen- oder Praxisformanalyse, in der auch die unter anderem über das so genannte ↑Gefangenendilemma in ihrer Grundstruktur behandelten Probleme sanktionsfreier Kooperationen, bei L. thematisiert unter dem Titel einer ›doppelten Kontingenz‹, am Ende doch wieder durch ↑normative oder moralische Haltungen wie Vertrauen (trotz persönlichem Risiko) und ↑Liebe als dem (gefühlsbetonten) Oberbegriff jeder Art von Solidarität zu lösen sind.

Werke: (mit F. Becker) Verwaltungsfehler und Vertrauensschutz. Möglichkeiten gesetzlicher Regelung der Rücknehmbarkeit von Verwaltungsakten, Berlin 1963; Funktionen und Folgen formaler Organisation, Berlin 1964, mit Untertitel: Mit einem Epilog 1994, [4]1995, [5]1999; Öffentlich-rechtliche Entschädigung rechtspolitisch betrachtet, Berlin 1965; Grundrechte als Institution. Ein Beitrag zur politischen Soziologie, Berlin 1965, [5]2009; Recht und Automation in der öffentlichen Verwaltung. Eine verwaltungswissenschaftliche Untersuchung, Berlin 1966, [2]1997; Theorie der Verwaltungswissenschaft. Bestandsaufnahme und Entwurf, Köln/Berlin 1966; Vertrauen. Ein Mechanismus der Reduktion sozialer Komplexität, Stuttgart 1968, [4]2000, 2009 (engl. Trust, in: Trust and Power. Two Works, Chichester etc. 1979, Ann Arbor Mich. 2007, 1–103; franz. La confiance. Un mécanisme de réduction de la complexité sociale, Paris 2006); Zweckbegriff und Systemrationalität. Über die Funktion von Zwecken in sozialen Systemen, Tübingen 1968, Frankfurt 1973, [6]1999; Legitimation durch Verfahren, Neuwied 1969, Darmstadt [2]1975, Frankfurt 1983, 2001 (franz. La légitimation par la procédure, Paris 2001); Soziologische Aufklärung, I–VI, Opladen 1970–1995 (I Aufsätze zur Theorie sozialer Systeme, Opladen 1970, Wiesbaden [7]2005, II Aufsätze zur Theorie der Gesellschaft, Opladen 1975, Wiesbaden [5]2005, III Soziales System, Gesell-

schaft, Organisation, Opladen 1981, Wiesbaden [4]2005, IV Beiträge zur funktionalen Differenzierung der Gesellschaft, Opladen 1987, Wiesbaden [4]2009 [franz. Politique et complexité. Les contributions de la théorie générale des systèmes, Paris 1999], V Konstruktivistische Perspektiven, Opladen 1990, Wiesbaden [3]2005, VI Die Soziologie und der Mensch, Opladen 1995, Wiesbaden [2]2005); Politische Planung. Aufsätze zur Soziologie von Politik und Verwaltung, Opladen 1971, Wiesbaden [5]2007; (mit J. Habermas) Theorie der Gesellschaft oder Sozialtechnologie. Was leistet die Systemforschung?, Frankfurt 1971, 1985; Rechtssoziologie, I–II, Reinbek b. Hamburg 1972, in einem Bd. Opladen [2]1983, Wiesbaden [4]2008 (engl. A Sociological Theory of Law, London 1985); (mit R. Mayntz) Personal im öffentlichen Dienst. Eintritt und Karrieren, Baden-Baden 1973; Rechtssystem und Rechtsdogmatik, Stuttgart 1974; Macht, Stuttgart 1975, [3]2003 (engl. Power, in: Trust and Power. Two Works, Chichester etc. 1979, Ann Arbor Mich. 2007, 105–208); Funktion der Religion, Frankfurt 1977, [5]1999, 2004 (engl. Religious Dogmatics and the Evolution of Societies, New York/Toronto 1984); Organisation und Entscheidung, Opladen 1978, wesentlich erw. Opladen/Wiesbaden 2000, Wiesbaden [2]2006; (ed., mit S. H. Pfürtner) Theorietechnik und Moral, Frankfurt 1978; (mit K. E. Schorr) Reflexionsprobleme im Erziehungssystem, Stuttgart 1979, Frankfurt 1988, [2]1999 (engl. Problems of Reflection in the System of Education, Münster/New York 2000); Gesellschaftsstruktur und Semantik. Studien zur Wissenssoziologie der modernen Gesellschaft, I–IV, Frankfurt 1980–1995, I–III, 1993, IV, 1999; Politische Theorie im Wohlfahrtsstaat, München 1981 (engl. Political Theory in the Welfare State, in: ders., Political Theory in the Welfare State, Berlin 1990, 21–115); Ausdifferenzierung des Rechts. Beiträge zur Rechtssoziologie und Rechtstheorie, Frankfurt 1981, 1999; Liebe als Passion. Zur Codierung von Intimität, Frankfurt 1982, 2003 (engl. Love as Passion. The Codification of Intimacy, Cambridge 1986, 1998; franz. Amour comme passion. De la codification de l'intimité, Paris 1990); The Differentiation of Society, trans. S. Holmes/C. Larmore, New York 1982; (ed., mit K. E. Schorr) Zwischen Technologie und Selbstreferenz. Fragen an die Pädagogik, Frankfurt 1982; Soziale Systeme. Grundriß einer allgemeinen Theorie, Frankfurt 1984, 2008 (engl. Social Systems, Stanford Calif. 1995, 2003); Kann die moderne Gesellschaft sich auf ökologische Gefährdungen einstellen?, Opladen 1985, wesentlich erw. unter dem Titel: Ökologische Kommunikation. Kann die moderne Gesellschaft sich auf ökologische Gefährdungen einstellen?, Opladen 1986, Wiesbaden [5]2008 (engl. Ecological Communication, Cambridge 1989); (ed.) Soziale Differenzierung. Zur Geschichte einer Idee, Opladen 1985; Die soziologische Beobachtung des Rechts, Frankfurt 1986; (ed., mit K. E. Schorr) Zwischen Intransparenz und Verstehen. Fragen an die Pädagogik, Frankfurt 1986; Die Wirtschaft der Gesellschaft, Frankfurt 1988, 2008; Erkenntnis als Konstruktion, Bern 1988; Wissenschaft als soziales System. 4-fache Kurseinheit, Hagen 1988, [4]1993; (mit P. Fuchs) Reden und Schweigen, Frankfurt 1989, 2007; Paradigm Lost. Über die ethische Reflexion der Moral, Frankfurt 1990, 2007; Risiko und Gefahr, St. Gallen 1990; (mit F. D. Bunsen/D. Baecker) Unbeobachtbare Welt. Über Kunst und Architektur, Bielefeld 1990; Essays on Self-Reference, New York 1990; Die Wissenschaft der Gesellschaft, Frankfurt 1990, 2002; (ed., mit K. E. Schorr) Zwischen Anfang und Ende. Fragen an die Pädagogik, Frankfurt 1990; Soziologie des Risikos, Berlin/New York 1991, 2003 (engl. Risk. A Sociological Theory, Berlin/New York 1993, New Brunswick N. J./London 2008); (mit R. De Giorgi) Teoria della società, Mailand

1992, [9]1999; Beobachtungen der Moderne, Opladen 1992, Wiesbaden [2]2006 (engl. Observations on Modernity, Stanford Calif. 1998); Universität als Milieu, ed. A. Kieserling, Bielefeld 1992; (ed., mit K. E. Schorr) Zwischen Absicht und Person. Fragen an die Pädagogik, Frankfurt 1992; Das Recht der Gesellschaft, Frankfurt 1993, 2002 (engl. Law as a Social System, ed. F. Kastner, Oxford 2004, 2008); Die Ausdifferenzierung des Kunstsystems, Bern 1994; Die Realität der Massenmedien, Opladen 1995, wesentlich erw. [2]1996, Wiesbaden [4]2009 (engl. The Reality of Mass Media, Stanford Calif. 2000); Die Kunst der Gesellschaft, Frankfurt 1995, 2007 (engl. Art as a Social System, Stanford Calif. 2000); Die neuzeitlichen Wissenschaften und die Phänomenologie, Wien 1996, [2]1997; Protest. Systemtheorie und soziale Bewegungen, ed. K.-U. Hellmann, Frankfurt 1996, 2004; (ed., mit K. E. Schorr) Zwischen System und Umwelt. Fragen an die Pädagogik, Frankfurt 1996; Die Gesellschaft der Gesellschaft, Frankfurt 1997, 2002; Die Politik der Gesellschaft, ed. A. Kieserling, Frankfurt 2000, 2002; Die Religion der Gesellschaft, Frankfurt 2000, 2007; Short Cuts, Frankfurt 2000, 2002; Aufsätze und Reden, ed. O. Jahraus, Stuttgart 2001; Das Erziehungssystem der Gesellschaft, ed. D. Lenzen, Frankfurt 2002, 2008; Einführung in die Systemtheorie, ed. D. Baecker, Heidelberg 2002, [5]2009; Theories of Distinction. Redescribing the Descriptions of Modernity, ed. W. Rasch, Stanford Calif. 2002; Schriften zur Pädagogik, ed. D. Lenzen, Frankfurt 2004; Einführung in die Theorie der Gesellschaft, ed. D. Baecker, Darmstadt, Heidelberg 2005; Die Moral der Gesellschaft, ed. D. Horster, Frankfurt 2008; Ideenevolution. Beiträge zur Wissenssoziologie, ed. A. Kieserling, Frankfurt 2008; Liebe. Eine Übung, ed. A. Kieserling, Frankfurt 2008; Schriften zu Kunst und Literatur, ed. N. Werber, Frankfurt 2008; (mit D. Baecker u. a.) Warum haben Sie keinen Fernseher, Herr L.? Letzte Gespräche mit N. L., ed. W. Hagen, Berlin 2004; (mit D. Baecker) Was tun, Herr L.? Vorletzte Gespräche mit N. L., ed. W. Hagen, Berlin 2009. – Gesamtverzeichnis der Veröffentlichungen N. L.s 1958–1992, in: K. Dammann/D. Grunow/K. P. Japp (eds.), Die Verwaltung des politischen Systems [s. u., Lit.], 283–382; H. de Berg, L. in Literary Studies. A Bibliography, Siegen 1995.

Literatur: A. Albert (ed.), Observing International Relations. N. L. and World Politics, London/New York 2004; D. Baecker, Wozu Systeme?, Berlin 2002, 2008; ders. (ed.), Schlüsselwerke der Systemtheorie, Wiesbaden 2005; ders. u. a. (eds.), Theorie als Passion. N. L. zum 60. Geburtstag. Frankfurt 1987; C. Baraldi/G. Corsi/E. Esposito, GLU. Glossario dei termini della teoria dei sistemi di N. L., Urbino 1990 (dt. GLU. Glossar zu N. L.s Theorie sozialer Systeme, Frankfurt 1997, 2008); D. Barben, Theorietechnik und Politik bei N. L.. Grenzen einer universalen Theorie der modernen Gesellschaft, Opladen 1996; F. Becker/E. Reinhardt-Becker, Systemtheorie. Eine Einführung für die Geschichts- und Kulturwissenschaften, Frankfurt 2001; K. Bendel, Selbstreferenz, Koordination und gesellschaftliche Steuerung. Zur Theorie der Autopoiesis sozialer Systeme bei N. L., Pfaffenweiler 1993; H. de Berg/J. Schmidt (eds.), Rezeption und Reflexion. Zur Resonanz der Systemtheorie außerhalb der Soziologie, Frankfurt 2000; M. Berghaus, L. leicht gemacht. Eine Einführung in die Systemtheorie, Köln etc. 2003, [2]2004; K. Bruckmeier, Kritik der Organisationsgesellschaft. Wege der systemtheoretischen Auflösung der Gesellschaft von M. Weber, Parsons, L. und Habermas, Münster 1988; G. Burkart/G. Runkel (eds.), L. und die Kulturtheorie, Frankfurt 2004; H.-U. Dallmann, Die Systemtheorie N. L.s und ihre theologische Rezeption, Stuttgart/Berlin/Köln 1994; J. Dieckmann, L.-Lehrbuch,

München 2004; W. Friedrichs, Passagen der Pädagogik. Zur Fassung des pädagogischen Moments im Anschluss an N. L. und Gilles Deleuze, Bielefeld 2008; P. Fuchs, N. L. – beobachtet. Eine Einführung in die Systemtheorie, Wiesbaden 1992, [2]1993, ohne Untertitel [3]2004; J. A. Fuhse, Theorien des politischen Systems. David Easton und N. L.. Eine Einführung, Wiesbaden 2006; J. Gerhards, Wahrheit und Ideologie. Eine kritische Einführung in die Systemtheorie von N. L., Köln 1984; H.-J. Giegel/U. Schimank, Beobachter der Moderne. Beiträge zu N. L.s »Die Gesellschaft der Gesellschaft«, Frankfurt 2003; R. Greshoff (ed.), Integrative Sozialtheorie? Esser – L. – Weber, Wiesbaden 2006; H. Gripp-Hagelstange, N. L.. Eine erkenntnistheoretische Einführung, München 1995, [2]1997; dies. (ed.), N. L.s Denken. Interdisziplinäre Einflüsse und Wirkungen, Konstanz 2000; H. Haferkamp/M. Schmid (eds.), Sinn, Kommunikation und soziale Differenzierung. Beiträge zu L.s Theorie sozialer Systeme, Frankfurt 1987; K.-U. Hellmann/K. Fischer/H. Bluhm (eds.), Das System der Politik. N. L.s politische Theorie, Wiesbaden 2003; H.-J. Höhn, Kirche und kommunikatives Handeln. Studien zur Theologie und Praxis der Kirche in der Auseinandersetzung mit den Sozialtheorien N. L.s und Jürgen Habermas', Frankfurt 1985; D. Horster, N. L., München 1997, [2]2005; G. Kiss, Grundzüge und Entwicklung der L.schen Systemtheorie, Stuttgart 1986, [2]1990; A. Klimpel/G. de Carneé, Systemtheoretische Weltbilder zur Gesellschaftstheorie bei Parsons und L., Berlin 1983; G. Kneer/A. Nassehi, N. L.s Theorie sozialer Systeme. Eine Einführung, München 1993, [4]2000; M. Konopka, Das psychische System in der Systemtheorie N. L.s, Frankfurt etc. 1996; A. Koschorke (ed.), Widerstände der Systemtheorie. Kulturtheoretische Analysen zum Werk von N. L., Berlin 1999; D. Krause, L.-Lexikon. Eine Einführung in das Gesamtwerk von N. L., Stuttgart 1996, [4]2005; W. Krawietz/M. Welker (eds.), Kritik der Theorie sozialer Systeme. Auseinandersetzungen mit L.s Hauptwerk, Frankfurt 1992, 1993; J. Künzler, Medien und Gesellschaft. Die Medienkonzepte von Talcott Parsons, Jürgen Habermas und N. L., Stuttgart 1989; S. Lange, N. L.s Theorie der Politik. Eine Abklärung der Staatsgesellschaft, Wiesbaden 2003; H. Lehmann, Die flüchtige Wahrheit der Kunst. Ästhetik nach L., Paderborn 2006; D. Lenzen, Irritationen des Erziehungssystems. Pädagogische Resonanz auf N. L., Frankfurt 2004; A. Metzner, Probleme sozio-ökologischer Systemtheorie. Natur und Gesellschaft in der Soziologie L.s, Opladen 1993; A. Nassehi/G. Nollmann (eds.), Bourdieu und L.. Ein Theorienvergleich, Frankfurt 2004, 2007; A. Noll, Die Begründung der Menschenrechte bei L.. Vom Mangel an Würde zur Würde des Mangels, Basel/Genf/München 2006; H. Pahl, Das Geld in der modernen Wirtschaft. Marx und L. im Vergleich, Frankfurt 2008; A. Philippopoulos-Mihalopoulos, N. L.. Law, Justice, Society, London/New York 2010; W. Rasch (ed.), ›Tragic Choices‹. L. on Law and States of Exception, Stuttgart 2008; W. Reese-Schäfer, L. zur Einführung, Hamburg 1992, unter dem Titel: N. L. zur Einführung, [3]1999, [5]2005; J. D. Reinhardt, N. L.s Systemtheorie interkulturell gelesen, Nordhausen 2005; I. Rill, Symbolische Identität. Dynamik und Stabilität bei Ernst Cassirer und N. L., Würzburg 1995; G. Runkel, Funktionssysteme der Gesellschaft. Beiträge zur Systemtheorie von N. L., Wiesbaden 2005; G. Schulte. Der blinde Fleck in L.s Systemtheorie, Frankfurt/New York 1993; R. Schützeichel, Sinn als Grundbegriff bei N. L., Frankfurt 2003; C. Stark, Autopoiesis und Integration. Eine kritische Einführung in die L.sche Systemtheorie, Hamburg 1994; R. Stichweh (ed.), N. L. – Wirkungen eines Theoretikers. Gedenkcolloquium der Universität Bielefeld am 8. Dezember 1998, Bielefeld 1999; G. Teubner (ed.), Die Rückgabe des zwölften Kamels. N. L. in der Diskussion über Gerechtigkeit, Stuttgart 2000; ders. (ed.), Nach Jacques Derrida und N. L.. Zur (Un-) Möglichkeit einer Gesellschaftstheorie der Gerechtigkeit, Stuttgart 2008; A. Weber, Subjektlos. Zur Kritik der Systemtheorie, Konstanz 2005. – Theorie der Gesellschaft oder Sozialtechnologie. Theorie-Diskussion Suppl. Bde, I–III (I–II, Beiträge zur Habermas-L.-Diskussion, ed. F. Maciejewski, Frankfurt 1973–1974, III, H.-J. Giegel, System und Krise. Kritik der L.schen Gesellschaftstheorie. Beitrag zur Habermas-L.-Diskussion, Frankfurt 1975). P. S.-W.

Lukács, Georg (György [von]), *Budapest 13. April 1885, †ebd. 4. Juni 1971, ungar. Philosoph, Literaturtheoretiker und Literaturkritiker. 1902–1906 Jurastudium in Budapest, 1909 Promotion zum Dr. phil. ebendort; 1909–1910 Teilnahme an Vorlesungen und Seminaren G. Simmels in Berlin; zwischen 1910 und 1917 Aufenthalte in Deutschland, Frankreich und Italien, Hörer von H. Rickert und W. Windelband, Bekanntschaft mit E. Bloch, M. Weber und E. Lask; während des 1. Weltkriegs Hinwendung zum Marxismus; 2. Dez. 1918 Eintritt in die Kommunistische Partei Ungarns (KPU), die sich am 21. 11. 1918 unter Béla Kun konstituiert hatte; März–August 1919 Volkskommissar für Erziehung in Kuns Räteregierung und politischer Kommissar der 5. Roten Division; nach dem Sturz der Regierung Arbeit im Untergrund, dann Flucht nach Wien (1919–1929). Wegen der von L. unter dem Pseudonym ›Blum‹ verfaßten Thesen zur Arbeit der KPU der ›Rechtsabweichung‹ beschuldigt, übt L. 1929 Selbstkritik und zieht sich aus der Parteiarbeit zurück; 1929–1931 Arbeit am Marx-Engels-Lenin-Institut in Moskau, 1931–1933 Berlin, 1933–1944 wissenschaftlicher Mitarbeiter am Philosophischen Institut der Akademie der Wissenschaften der UdSSR; 1944 Rückkehr nach Ungarn; Mitglied des Präsidiums der Ungarischen Akademie der Wissenschaften, o. Prof. der Ästhetik und Kulturphilosophie an der Universität Budapest; 1949–1952 scharfe Angriffe gegen L. wegen Revisionismus, die so genannte ›L.-Debatte‹; während des Ungarischen Aufstandes im Herbst 1956 Mitglied des ZK der KPU und Kulturminister in der Regierung I. Nagy; 1957 Verlust des Lehrstuhls.

Schon als Gymnasiast hatte sich L. mit K. Marx' Schriften befaßt, nach eigenem Zeugnis zunächst jedoch ausschließlich durch eine von Simmel und Weber bestimmte ›methodologische Brille‹. In der Übernahme ästhetischer Konzeptionen A. Schopenhauers, S. Kierkegaards und F. Nietzsches faßt L. (z. B. in: Die Seele und die Formen, 1911) den Künstler als problematisches Individuum auf, das die Welt als feindliche Außenwelt erlebt. Seine Hinwendung zum politischen ↑Marxismus erfolgt über die Auseinandersetzung mit G. W. F. Hegel (Die Theorie des Romans, 1920) und über die Erfahrung der russischen Revolution von 1917. Während seine

politische Praxis zu Beginn der 20er Jahre linksradikalanarchistische Züge trägt, entwickelt er in seiner politischen Theorie (Blum-Thesen von 1928) das R. Luxemburg nahestehende Konzept einer ›demokratischen Diktatur‹ in Abhebung von W. I. Lenins Begriff der Diktatur des Proletariats. Damit plädiert L. sowohl für eine sozialistisch-demokratische Revolution als auch für eine das Bewußtsein der Massen hebende intellektuelle und moralische Elite, die aber nicht im Leninschen Sinne als Kaderpartei aufgefaßt wird, sondern als ›handelnde Trägerin des Klassenbewußtseins‹, wobei der einzelne Revolutionär als ›Partisan‹ auftritt. In seinem einflußreichsten Werk »Geschichte und Klassenbewußtsein« (1923) versucht L. mit der Begrifflichkeit von Hegel und Marx, die Entgegensetzung von Welt und Bewußtsein durch die Kategorie der Klasse (↑Klasse (sozialwissenschaftlich)) und die von Theorie und Praxis durch die Kategorie der (geschichtlich sich realisierenden) ↑Totalität zu überwinden. Seine literaturtheoretischen und literaturkritischen Arbeiten seit der Mitte der 30er Jahre erheben die realistische Erzähl- und Romankunst des 19. Jhs. bis hin zu T. Mann zum Maßstab für sozialistische Literatur und kritisieren die Werke G. Flauberts, F. Kafkas und J. Joyces, ferner moderne Montage- und Reportagetechniken als diesem Ideal nicht genügend. Vor allem B. Brecht ist dieser Position entgegengetreten. L.' Literaturauffassung war jedoch für die Ausarbeitung der Doktrin des ›sozialistischen Realismus‹ in der DDR der 50er Jahre von großer Bedeutung.

Werke: Werke, Neuwied/Berlin (später: Bielefeld) 1962 ff. (erschienen Bde II, IV–XVIII, ab Bd. XIII, ed. F. Beuseler, ab Bd. XVI, ed. G. Márkus/F. Beuseler, XVIII, ed. F. Beuseler/W. Jung). – A lélek és a formák. Kísérletek, Budapest 1910, 1997 (dt. Die Seele und die Formen. Essays, Berlin 1911, Neuwied/Berlin 1971 [franz. L'âme et les formes, Paris 1974]; engl. Soul and Form, London, Cambridge Mass. 1974, New York/Chichester 2010); Die Theorie des Romans. Ein geschichtsphilosophischer Versuch über die Formen der großen Epik, Berlin 1920, Neuwied/Berlin ²1963, 1987, Frankfurt 1989, München 1994, 2000, Bielefeld 2009 (= Werkausw. in Einzelbdn. II) (franz. La théorie du roman, Paris 1963, 1997; engl. The Theory of the Novel. A Historico-Philosophical Essay on the Forms of Great Epic Literature, Cambridge Mass., London 1971, London 2006); Geschichte und Klassenbewußtsein. Studien über marxistische Dialektik, Berlin 1923 (repr. Amsterdam 1967, London 2000), ferner in: Werke [s. o.] II, 161–517, Neuwied/Berlin 1970, Darmstadt ¹⁰1988 (franz. Histoire et conscience de classe. Essais de dialectique marxiste, Paris 1960, ²1974, 1984; engl. History and Class Consciousness. Studies in Marxist Dialectics, Cambridge Mass., London 1971, Cambridge Mass. 1988); Lenin. Studie über den Zusammenhang seiner Gedanken, Wien 1924, Neuwied/Berlin 1967, ferner in: Werke [s. o.] II, 519–588 (engl. Lenin. A Study on the Unity of His Thought, London, Cambridge Mass. 1970, London/New York 1997; franz. La Pensée de Lénine, Paris 1972); Wissenschaftliche Intelligenz, Schulung, Organisationsfrage. Frühe Aufsätze 1919–1921, o. O. [Hannover] 1933, o. J. [1971]; Der historische Roman (russ. Original 1937/1938), Berlin (Ost) 1955, ferner in: Werke [s.o.] VI, 15–429 (engl. The Historical Novel, London 1962, Boston Mass. 1963 [repr. Lincoln Neb./London 1983], London 1989; franz. Le roman historique, Paris 1965, 2000); Goethe és kora, Budapest 1946 (dt. Goethe und seine Zeit, Bern 1947, Berlin [Ost] ⁴1955, [ohne Faust-Studien] in: Werke [s.o.] VII, 41–184 [engl. Goethe and His Age, London 1968, New York 1978, London 1979]); Schicksalswende. Beiträge zu einer neuen deutschen Ideologie, Berlin 1948, ²1952; Karl Marx und Friedrich Engels als Literaturhistoriker, Berlin 1948, ²1952, ferner in: Werke [s.o.] X, 461–535 (franz. Marx et Engels historiens de la littérature, Paris 1975); Essays über Realismus, Berlin 1948 (engl. Essays on Realism, London 1980, Cambridge Mass. 1981), unter dem Titel: Probleme des Realismus, Berlin (Ost) ²1955, erw. unter dem Titel: Probleme des Realismus I, als: Werke [s.o.] IV (franz. Problemes du realisme, Paris 1975); Existentialisme ou marxisme?, Paris 1948, 1961; Der junge Hegel. Über die Beziehungen von Dialektik und Ökonomie, Zürich/Wien 1948, unter dem Titel: Der junge Hegel und die Probleme der kapitalistischen Gesellschaft, Berlin (Ost)/Weimar ²1954, unter ursprünglichem Titel als: Werke [s.o.] VIII, in zwei Bdn., Frankfurt 1973, in einem Bd. unter dem Titel: Der junge Hegel und die Probleme der kapitalistischen Gesellschaft, Berlin (Ost)/Weimar 1986 (engl. The Young Hegel. Studies in the Relations between Dialectics and Economics, London 1975, Cambridge Mass. 1976; franz. Le jeune Hegel. Sur les rapports de la dialectique et de l'économie, I–II, Paris 1981); Der russische Realismus in der Weltliteratur, Berlin (Ost) 1949, ³1953, unter dem Titel: Probleme des Realismus II als: Werke [s.o.] V; Thomas Mann, Berlin (Ost) 1949, ⁵1957, ferner in: Werke [s.o.] VII, 501–617 (engl. Essays on Thomas Mann, London, New York 1964 [repr. 1978], London 1979); Brève histoire de la littérature allemande (du XVIII. siècle á nos jours), Paris 1949 (dt. Original: Skizze einer Geschichte der neueren deutschen Literatur, Berlin [Ost] 1953, Neuwied/Berlin 1963, ed. F. Benseler, Darmstadt/Neuwied 1975); Studies in European Realism. A Sociological Survey of the Writings of Balzac, Stendhal, Zola, Tolstoy, Gorki and Others, London 1950, 1972, mit Untertitel: Balzac, Stendhal, Zola, Tolstoy, Gorki, New York 2002; Deutsche Realisten des 19. Jahrhunderts, Berlin (Ost) 1951, 1956, ferner in: Werke [s.o.] VII, 187–498 (engl. German Realists in the Nineteenth Century, Cambridge Mass., London 1993); Balzac und der französische Realismus, Berlin (Ost) 1952, ³1953, ferner in: Werke [s.o.] VI, 431–521 (franz. Balzac et le réalisme français, Paris 1967, 1999); Beiträge zur Geschichte der Ästhetik, Berlin (Ost) 1954, 1956, ferner in: Werke [s.o.] X, 11–432; Az ész trónfosztása, Az irracionalista filozófia kritikája, Budapest 1954, 1978 (dt. Die Zerstörung der Vernunft. Der Weg des Irrationalismus von Schelling zu Hitler, Berlin [Ost] 1954, ferner als: Werke [s.o.] IX, ferner als: Die Zerstörung der Vernunft, I–III, Darmstadt/Neuwied 1973–1974, in einem Bd., Berlin [Ost]/Weimar 1988 [franz. La destruction de la raison, I–II, Paris 1958/1959, (Teilübers.) unter dem Titel: La destruction de la raison. Nietzsche, Paris 2006]; engl. The Destruction of Reason, London 1980, Atlantic Highlands N.J. 1981); A különösség mint esztétikai kategória, Budapest 1957, 1985 (dt. Über die Besonderheit als Kategorie der Ästhetik, Neuwied/Berlin 1967, ferner in: Werke [s.o.] X, 539–786, Neudr. Berlin [Ost]/Weimar 1985); (mit F. Mehring) Friedrich Nietzsche, Berlin (Ost) 1957; Il significato attuale del realismo critico, Turin 1957 (dt. Original: Die Gegenwartsbedeutung des kritischen Realismus, unter dem Titel: Wider den mißverstandenen Realismus, Hamburg 1958, ferner in: Werke [s.o.] IV, 457–603 [franz. La signification présente du réalisme critique,

Paris 1960; engl. The Meaning of Contemporary Realism, London 1963, unter dem Titel: Realism in Our Time. Literature and Class Struggle, New York 1964, 1971, unter ursprünglichem Titel, London 1979]); Werkauswahl, I–II, ed. P. Ludz, Neuwied/Berlin 1961/1967, II, ²1973, I ⁶1977 (I Schriften zur Literatursoziologie, II Schriften zur Ideologie und Politik); Die Eigenart des Ästhetischen, I–II, Neuwied/Berlin 1963 (= Werke XI–XII), Berlin (Ost)/Weimar 1981, ²1987; Ausgewählte Schriften, I–IV, Reinbek b. Hamburg 1967–1970; Zur Ontologie des gesellschaftlichen Seins. Hegels falsche und echte Ontologie, Neuwied/Berlin 1971, ferner in: Werke [s.o.] XIII, 468–558 (engl. The Ontology of Social Being I [Hegel's False and His Genuine Ontology], London 1978); Zur Ontologie des gesellschaftlichen Seins. Die ontologischen Grundprinzipien von Marx, Darmstadt/Neuwied 1972, ferner in: Werke [s.o.] XIII, 559–690 (engl. The Ontology of Social Being II [Marx's Basic Ontological Principles], London 1978, 1982); Zur Ontologie des gesellschaftlichen Seins. Die Arbeit, Darmstadt/Neuwied 1973, ferner in: Werke [s.o.] XIV, 7–116 (engl. The Ontology of Social Being III [Labour], London 1980); Marxism and Human Liberation. Essays on History, Culture and Revolution, ed. E. San Juan, New York 1973, 1978; Politische Aufsätze, I–V, ed. G.J. Kammler/F. Benseler, Darmstadt/Neuwied 1975–1979; Kunst und objektive Wahrheit. Essays zur Literaturtheorie und -geschichte, ed. W. Mittenzwei, Leipzig 1977; (mit A. Hauser) Im Gespräch mit G.L., München 1978; Moskauer Schriften. Zur Literaturtheorie und Literaturpolitik 1934–1940, ed. F. Benseler, Frankfurt 1981; Napló. Tagebuch (1910–1911). Das Gericht (1913), ed. L.F. Lendvai, Budapest 1981 (dt. Tagebuch 1910–11, Berlin 1991; franz. Journal 1910–1911, Paris 2006); Wie ist Deutschland zum Zentrum der reaktionären Ideologie geworden?, ed. L. Sziklai, Budapest 1982; Über die Vernunft in der Kultur. Ausgewählte Schriften 1909–1969, ed. S. Kleinschmidt, Leipzig 1985; Dostojewski, Notizen und Entwürfe, ed. J.C. Nyíri, Budapest 1985; Demokratisierung Heute und Morgen, ed. L. Sziklai, Budapest 1985 (franz. Socialisme et democratisation, Paris 1989; engl. The Process of Democratization, Albany N.Y. 1991); Chvostismus und Dialektik, ed. L. Illés, Budapest 1986 (engl. A Defence of History and Class Consciousness. Tailism and the Dialectic, London/New York 2000, 2002; franz. Dialectique et spontanéité. En défense de Histoire et conscience de classe, Paris 2001); Beiträge zur Kritik der bürgerlichen Ideologie, ed. J. Schreiter/L. Szíklai, Berlin (Ost) 1986; Sozialismus und Demokratisirung, Frankfurt 1987; Zur Kritik der faschistischen Ideologie, Berlin (Ost)/Weimar 1989; Blick zurück auf Lenin. G.L., die Oktoberrevolution und Perestroika, ed. D. Claussen, Frankfurt 1990; (mit J.R. Becher u.a.) Die Säuberung. Moskau 1936: Stenogramm einer geschlossenen Parteiversammlung, ed. R. Müller, Reinbek b. Hamburg 1991; G.L.'s Marxism IV (G.L.'s Revolution and Counter Revolution [1918–1921]), ed. V. Zitta, Querétaro 1991; Versuche zu einer Ethik, ed. G.I. Mezei, Budapest 1994; The L. Reader, ed. A. Kadarkay, Oxford/New York 1995; Heidelberger Notizen (1910–1913). Eine Textauswahl, ed. B. Bascó, Budapest 1997; Autobiographische Texte und Gespräche, ed. F. Benseler/W. Jung, Bielefeld etc. 2005, 2009 (= Werke XVIII); Werkauswahl in Einzelbänden, ed. F. Benseler/R. Dannemann, Bielefeld 2009ff. (erschienen Bd. II). – Briefwechsel 1902–1917, ed. É. Karádi/É. Fekete, Budapest, Stuttgart 1982; Selected Correspondence 1902–1920. Dialogues with Weber, Simmel, Buber, Mannheim, and Others, ed. J. Marcus/Z. Tar, Budapest, New York 1986; Ist der Sozialismus zu retten? Briefwechsel zwischen G.L. und Werner Hofmann, ed. G. Mezei, Budapest 1991. – J. Hartmann, Chronologische Bibliographie der Werke von G. L., in: F. Benseler (ed.), Festschrift zum achtzigsten Geburtstag von G. L. [s. u., Lit.], 625–696.

Literatur: A. Abusch u. a., G. L. zum siebzigsten Geburtstag, Berlin (Ost) 1955; K. Albert, Lebensphilosophie. Von den Anfängen bei Nietzsche bis zu ihrer Kritik bei L., Freiburg/München 1995; U. Apitzsch, Gesellschaftstheorie und Ästhetik bei G. L. bis 1933, Stuttgart-Bad Cannstatt 1977; A. Arato/P. Breines, The Young L. and the Origins of Western Marxism, New York, London 1979; H. Arvon, G. L. ou le Front populaire en littérature, Paris 1968; E. Bahr, G. L., Berlin 1970 (franz. La pensée de G. L., Toulouse 1972; engl. [erw., mit R. Goldschmidt Kunzer] G. L., New York 1972); J. Baldacchino, Post-Marxist Marxism. Questioning the Answer. Difference and Realism after L. and Adorno, Aldershot/Brookfield Vt. 1996; C. J. Bauer, »Bei mir ist jede Sache Fortsetzung von etwas«. G. L. – Werk und Wirkung, Duisburg 2008; ders. (ed.), G. L.. Kritiker der unreinen Vernunft, Duisburg 2010; K. Beiersdörfer, Max Weber und G. L.. Über die Beziehung von verstehender Soziologie und westlichem Marxismus, Frankfurt/New York 1986; S. Benke, Formen im ›Teppich des Lebens‹ um 1900. Lebensphilosophie, der junge L. und die Literatur, Duisburg 2008; F. Benseler (ed.), Festschrift zum achtzigsten Geburtstag von G. L., Neuwied/Berlin 1965; U. Bermbach/G. Trautmann (eds.), G. L.. Kultur – Politik – Ontologie, Opladen 1987; K. Brenner, Theorie der Literaturgeschichte und Ästhetik bei G. L., Frankfurt etc. 1990; M. Buhr (ed.), Geschichtlichkeit und Aktualität. Beiträge zum Werk und Wirken von G. L., Berlin (Ost) 1987; A. Callinicos, L., REP V (1998), 856–859; V. Caysa/U. Tietz, Das Ethos der Ästhetik. Vom romantischen Antikapitalismus zum Marxismus; der junge L., Leipzig 1997; E. L. Corredor, G. L. and the Literary Pretext, New York etc. 1987; ders., L. after Communism. Interviews with Contemporary Intellectuals, Durham N. C. 1997; R. Dannemann (ed.), G. L. – Jenseits der Polemiken. Beiträge zur Rekonstruktion seiner Philosophie, Frankfurt 1986; ders., Das Prinzip Verdinglichung. Studie zur Philosophie G. L.', Frankfurt 1987; ders., G. L. zur Einführung, Hamburg 1997, unter dem Titel: G. L.. Eine Einführung, Wiesbaden o. J. [2005]; T. Dembski, Paradigmen der Romantheorie zu Beginn des 20. Jahrhunderts. L., Bachtin und Rilke, Würzburg 2000; E. Fekete/E. Karádi, L. G. élete képekben és dokumentumokban, Budapest 1980 (dt. G. L.. Sein Leben in Bildern, Selbstzeugnissen und Dokumenten, Budapest, Stuttgart 1981; engl. G. L.. His Life in Pictures and Documents, Budapest 1981; franz. G. L.. Sa vie en imagese et en documents, Budapest 1981); C. Gallée, G. L.. Seine Stellung und Bedeutung im literarischen Le Hungarian Studies on G. L., I–II, Budapest 1993; A. Jodl, Der schöne Schein als Wahrheit und Parteilichkeit. Zur Kritik der marxistischen Ästhetik und ihres Realismusbegriffs, Frankfurt etc. 1989; E. Joós (ed.), G. L. and His World. A Reassessment, New York etc. 1987; W. Jung, Wandlungen einer ästhetischen Theorie – G. L.' Werke 1907 bis 1923. Beiträge zur deutschen Ideologiegeschichte, Köln 1981; ders., G. L., Stuttgart 1989; ders. (ed.), Diskursüberschneidungen – G. L. und andere. Akten des Internationalen G. L.-Symposiums »Perspektiven der Forschung«, Essen 1989, Bern etc. 1993; ders. (ed.), Von der Utopie zur Ontologie. Zehn Studien zu G. L., Bielefeld 2001; A. Kadarkay, G. L.. Life, Thought, and Politics, Cambridge Mass./Oxford 1991; E. Karádi/E. Vezér (eds.), A Vasárnapi Kör, Budapest 1980 (dt. G. L., Karl Mannheim und der Sonntagskreis, Frankfurt 1985); E. Keller, Der junge L.. Antibürger und wesentliches Leben. Literatur- und Kulturkritik, 1902–1915, Frankfurt 1984; B. Királyfalvi, The Aesthetics of G. L., Princeton N. J./London 1975; A. Klein,

G. L. in Berlin. Literaturtheorie und Literaturpolitik der Jahre 1930/32, Berlin/Weimar 1990; H. Koch (ed.), G. L. und der Revisionismus. Eine Sammlung von Aufsätzen, Berlin (Ost) 1960, 1977; K. Kókai, Im Nebel. Der junge G. L. und Wien, Wien/Köln/Weimar 2002; E. Kouvélakis/V. Charbonnier (eds.), Sartre, L., Althusser: des marxistes en philosophie, Paris 2005; H. Lefèbvre, L. 1955, Paris 1986; G. Lichtheim, L., London, New York 1970 (dt. G. L., München 1971; franz. G. L., Paris 1971); M. Löwy, Pour une sociologie des intellectuels révolutionnaires. L'évolution politique de L. 1908–1929, Paris 1976 (engl. G. L. – from Romanticism to Bolshevism, London 1979); J. Marcus-Tar [J. Marcus], Thomas Mann und G. L.. Beziehung, Einfluß und ›repräsentative Gegensätzlichkeit‹, Köln 1982 (engl. G. L. and Thomas Mann. A Study in the Sociology of Literature, Amherst Mass. 1987, Atlantic Highlands N. J. 1994); dies./Z. Tarr (eds.), G. L.. Theory, Culture, and Politics, New Brunswick N. J. 1989; I. Mészáros, L.' Concept of Dialectic, London 1972; W. Michel, Marxistische Ästhetik – Ästhetischer Marxismus. G. L.' Realismus: Das Frühwerk, I–II, Frankfurt 1971/1972; G. H. R. Parkinson (ed.), G. L.. The Man, His Work and His Ideas, London, New York 1970; ders., G. L., London/Boston Mass. 1977; G. Pasternack, G. L.. Späte Ästhetik und Literaturtheorie, Königstein 1985, Frankfurt ²1986; S. Perkins, Marxism and the Proletariat. A L.ian Perspective, London/Boulder Colo. 1993; D. Pike, L. and Brecht, Chapel Hill N.C/London 1985 (dt. L. und Brecht, Tübingen 1986); T. Pinkus (ed.), Gespräche mit G. L., Hans Heinz Holz, Leo Kofler, Wolfgang Abendroth, Reinbek b. Hamburg 1967 (engl. Conversations with L., Hans Heinz Holz, Leo Kofler, Wolfgang Abendroth, Cambridge Mass., London 1974, Cambridge Mass. 1975); F. J. Raddatz, G. L. in Selbstzeugnissen und Bilddokumenten, Reinbek b. Hamburg 1972; T. Reis, Das Bild des klassischen Schriftstellers bei G. L. Eine Untersuchung zur Wirkungsgeschichte literarischer Topoi in seiner Literaturtheorie und Ästhetik, Frankfurt 1984; T. Rockmore, L. Today. Essays in Marxist Philosophy, Dordrecht/Boston Mass./Norwell Mass. 1988; ders., Irrationalism. L. and the Marxist View of Reason, Philadelphia Pa. 1992; A. Sánchez Vazquez, Estética y marxismo, I–II, Mexiko 1970; D. Schiller, Der abwesende Lehrer. G. L. und die Anfänge marxistischer Literaturkritik und Germanistik in der SBZ und frühen DDR, Berlin 1998; H.-J. Schmitt (ed.), Der Streit mit G. L., Frankfurt 1978; K. Schobert, Anreger einer phänomenologischen Literatursoziologie? G. L. und Paul Ernst im Dialog, Neue deutsche Hefte 35 (1988), 464–481, separat Würzburg 1988; F. Shafai, The Ontology of G. L.. Studies in Materialist Dialectics, Aldershot etc. 1996; S. Sim, G. L., New York etc. 1994; L. Sziklai, L. és a fasizmus kora, Budapest 1981, ²1985 (dt. G. L. und seine Zeit 1930–1945, Wien/Köln/Graz 1986, Berlin (Ost)/Weimar 1990); ders. (ed.), L. Aktuell, Budapest 1989; G. Tihanov, The Master and the Slave. L., Bakhtin, and the Ideas of Their Time, Oxford 2000, 2002; A. Tosel, L'esprit de scission. Études sur Marx, Gramsci, L., Besançon/Paris 1991; C. Varga, A jog helye L. G. világképében, Budapest 1981 (engl. [erw.] The Place of Law in L.' World Concept, Budapest 1985, 1998); N. Vazsonyi, L. Reads Goethe. From Aestheticism to Stalinism, Columbia S. C. 1997; K. J. Verding, Fiction und Nonfiction – Probleme ihrer Motivation. G. L. und Ernst Ottwalt, Frankfurt/Bern/New York 1986; E. Weisser, G. L.' Heidelberger Kunstphilosophie, Bonn/Berlin 1992; G. Witschel, Ethische Probleme der Philosophie von G. L.. Elemente einer nichtgeschriebenen Ethik, Bonn 1981; V. Zitta, G. L.' Marxism: Alienation, Dialectics, Revolution. A Study in Utopia and Ideology, The Hague 1964; ders. G. L.'s Art-Fullness and Its Politics. A Review-Essay with Annotations and

Bibliography, Washington D.C 1987. – Goethepreis '70/G. L. zum 13. April 1970, Neuwied/Berlin 1970; Jb. Int. G.-L.-Ges., 1 (1996) – 11 (2007).   R. Wi.

Łukasiewicz, Jan, *Lemberg (Lwów, damals österr. Galizien, 1919–1939 polnisch, heute Ukraine) 21. Dez. 1878, †Dublin 13. Febr. 1956, poln. Logiker und Philosoph, Mitbegründer der ↑Warschauer Schule der mathematischen Logik (↑Logik, mathematische). Studium der Philosophie in Lemberg bis zur Promotion 1902 (bei dem Brentano-Schüler K. Twardowski, mit der seltenen Auszeichnung ›sub auspiciis Imperatoris‹), 1902–1906 philosophische Studien im Ausland, insbes. in Berlin und Löwen (bei Kardinal Mercier), 1906 Habilitation in Lemberg, 1909 als Stipendiat der Akademie der Wissenschaften Aufenthalt in Graz (Vortrag einer durch das Studium der ↑Booleschen Algebra angeregten Studie über die logischen Grundlagen der Wahrscheinlichkeitsrechnung im Seminar von A. Meinong), 1911 Ernennung zum a.o. Prof. an der Universität Lemberg, 1915 Ruf an die wiedereröffnete Universität in Warschau. 1918/1919 im Kabinett I. Paderewskis zuerst Ministerialdirektor, dann 1919 Minister für Religions- und Bildungswesen. 1920–1923 o. Prof. der Philosophie an der Universität Warschau (Begründung der ›Warschauer Schule‹ mit S. Leśniewski), 1922–1923 Rektor der Universität, 1923 Rücktritt, um sich Forschungen widmen zu können, 1924 Honorarprofessor, 1926 Rückkehr ins Lehramt an der Warschauer Universität, dort 1931/1932 abermals Rektor. Unmittelbar vor dem Warschauer Aufstand mit Genehmigung der Besatzungsmacht Übersiedlung nach Münster; nach Kriegsende, nach kurzen Aufenthalten in Deutschland, in der Schweiz und in Brüssel, 1946 Prof. der mathematischen Logik an der Royal Irish Academy in Dublin.

Die frühen Schriften Ł.s sind methodologischen und begriffsanalytischen Fragen gewidmet und dokumentieren die in der Schule Twardowskis unabhängig von verwandten Bemühungen in England und den USA entwickelte Richtung der Analytischen Philosophie (↑Philosophie, analytische). Zu den Beiträgen Ł.s aus dieser Zeit gehört die Unterscheidung von drei Aspekten des Widerspruchsprinzips (↑Widerspruch, Satz vom), die sich schon bei Aristoteles finden. Dieses besagt (1) *ontologisch*, daß ein und demselben Gegenstand eine Eigenschaft in der gleichen Hinsicht nicht zukommen und fehlen kann, (2) *logisch*, daß zwei einander kontradiktorisch entgegengesetzte Aussagen nicht beide wahr sein können, (3) *psychologisch*, daß niemand zur gleichen Zeit zwei zueinander kontradiktorische (↑kontradiktorisch/Kontradiktion) Aussagen für wahr halten könne. Während die Grundhaltung dieser Untersuchungen – Streben nach Präzision und Klarheit in der Philosophie und Anwendung logischer Verfahren – auch

später vorherrschend bleibt und durch Ł. bestimmenden Einfluß auf die polnische Analytische Philosophie erhielt, verwarf Ł. seinen auf G. Freges Einfluß zurückgehenden frühen Platonismus (↑Platonismus (wissenschaftstheoretisch)) auf lange Zeit als Mythos, nahm ihn jedoch in seiner Spätphilosophie wieder auf. Die logischen Arbeiten Ł.s beziehen sich überwiegend auf mehrere miteinander zusammenhängende Gebiete. Um 1917 entdeckte er unabhängig von E. L. Post, im Anschluß an Überlegungen des Aristoteles, die Möglichkeit mehrwertiger Systeme der Aussagenlogik (↑Logik, mehrwertige). Z.B. ergab sich das nach Ł. benannte dreiwertige System Ł$_3$ aus der Überlegung, daß ↑Indeterminismus (futurischer Aussagen) und Zweiwertigkeit der Logik unvereinbar seien. Intensive Untersuchungen über die Einbeziehbarkeit von ↑Modalitäten führten zu weiteren mehrwertigen Logiksystemen, doch kam Ł. zu dem Schluß, daß sich keine widerspruchsfreie (↑widerspruchsfrei/Widerspruchsfreiheit) modallogische Interpretation mit minimalen Plausibilitätsanforderungen innerhalb von Ł$_3$ durchführen lasse. In den letzten Jahren seiner Arbeit entwickelte Ł. eine ›basic modal logic‹ (in der z.B. Mp verworfen wird), die seiner Auffassung nach in jedem brauchbaren modallogischen System enthalten sein muß und z.B. in eine vierwertige Logik eingebettet werden kann. Auch Systeme der Aussagenlogik mit unendlich vielen Quasi-Wahrheitswerten gehen, als ›nicht-Aristotelische Logiken‹, auf Ł. zurück.
Wie andere Mitglieder der Warschauer Schule widmete sich Ł. auch ausführlich metalogischen (↑Metalogik) Untersuchungen über die klassische zweiwertige ↑Junktorenlogik. Diese Untersuchungen bedienen sich der von Ł. auf Grund einer Anregung von L. Chwistek entwickelten polnischen Notation (↑Notation, logische) und methodologisch der so genannten Matrizenmethode (↑Matrix, logische), die Ł. unabhängig von Post und P. Bernays fand und auf Fragen der Widerspruchsfreiheit, der Vollständigkeit (↑vollständig/Vollständigkeit) und der Unabhängigkeit (↑unabhängig/Unabhängigkeit (logisch)) aussagenlogischer Axiomensysteme anwandte. Eines der Ergebnisse dieser Arbeit ist das später als ›Ł.-System‹ bezeichnete Axiomensystem

1. *CCpqCCqrCpr*,
2. *CCNppp*,
3. *CpCNpq*

für den klassischen zweiwertigen Aussagenkalkül, ein anderes die Abhängigkeit eines der Fregeschen Axiome der klassischen Aussagenlogik (Begriffsschrift […], Halle 1879) von den übrigen (Ł. 1934 [dt. 1935]). Ł. zeigte ferner, daß sich die klassische Aussagenlogik in die intuitionistische (↑Logik, intuitionistische) einbetten läßt (dazu H. Scholz: »Von einer eindeutigen Bestimmung der Beziehungen zwischen dem klassischen und dem intuitionistischen AK [= Aussagenkalkül] kann fortan nicht mehr gesprochen werden. Es kommt wesentlich an auf die Voraussetzungen, die einer solchen Charakterisierung zugrunde gelegt werden, und ob man bereit ist, für diese Voraussetzungen eine Rangordnung anzuerkennen oder nicht« [1957, 12]).

Von weitreichendem Einfluß und bleibender Bedeutung sind Ł.s Beiträge zur Geschichte der Logik. Die wichtigsten betreffen die Hervorhebung der stoischen Logik (↑Logik, stoische) als eines gegenüber dem Aristotelischen begriffs- bzw. klassenlogischen Denken andersartigen regellogischen Ansatzes sowie den Aufweis von Anfängen semiotischer und modallogischer Überlegungen bei den Stoikern, ferner die Aristotelische ↑kategorische ↑Syllogistik, die Ł. nicht regel-, sondern satzlogisch rekonstruiert und axiomatisch aufbaut, unter Ersetzung der von Ł. für außerlogisch gehaltenen Aristotelischen Gegenbeispielmethode (zum Ungültigkeitsnachweis von Schlußschemata) durch zwei ›Axiome der Verwerfung‹. Von Ł.s Schülern, unter ihnen M. Wajsberg, S. Jaśkowski, J. Słupecki, B. Sobociński, J. Salamucha und J. M. Bocheński, haben vor allem die beiden letztgenannten seine logikgeschichtlichen Forschungen weitergeführt.

Werke: O indukcji jako inwersji dedukcji [Über Induktion als Inversion der Deduktion], Przegląd Filozoficzny 6 (1903), 9–24, 138–152; Analiza i konstrukcja pojęcia przyczyny [Eine Analyse und Konstruktion des Konzepts der Ursache], Przegląd Filozoficzny 9 (1906), 105–179; O zasadzie wyłączonego środka [Über den Satz vom ausgeschlossenen Dritten], Przegląd Filozoficzny 13 (1910), 372–373; O zasadzie sprzeczności u Arystotelesa. Studium krytyczne [Über das Prinzip des Widerspruchs bei Aristoteles. Eine kritische Studie], Krakau 1910; Über den Satz des Widerspruchs bei Aristoteles, Bull. Int. Acad. Sci. de Cracovie, Cl. philol.. Cl. d'hist. et de philos. 1910, 15–38; O twórczości w nauce [Über die Kreativität in der Wissenschaft], in: Księga pamiątkowa ku uczczeniu 250 rocznicy założenia Uniwersytetu Lwowskiego 1911, Lemberg 1912, 1–15; W sprawie odwracalności stosunku racji i następstwa [Zur Frage der Umkehrbarkeit des Verhältnisses von Grund und Folge], Przegląd Filozoficzny 16 (1913), 298–314; O logice trójwartościowej [Über dreiwertige Logik], Ruch Filozoficzny 5 (1920), 170–171 (engl. On Three-Valued Logic, in: S. McCall [ed.], Polish Logic 1920–1939, Oxford 1967, 16–18, ferner in: ders., Selected Works [s. u.], 87–88); Logika dwuwartościowa [Zweiwertige Logik], Przegląd Filozoficzny 23 (1921), 189–205; O logice stoików [Über die Logik der Stoiker], Przegląd Filozoficzny 30 (1927), 278–279; Elementy logiki matematycznej, Warschau 1929, ed. J. Słupecki, ²1958 (engl. Elements of Mathematical Logic, Oxford, Warschau 1963, 1966); O znaczeniu i potrzebach logiki matematycznej [Über Bedeutung und Erfordernisse der mathematischen Logik], Nauka Polska 10 (1929), 604–620; (mit A. Tarski) Untersuchungen über den Aussagenkalkül, Comptes rendus soc. sci. lettres de Varsovie, cl. III, 23 (1930), 1–21; Philosophische Bemerkungen zu mehrwertigen Systemen des Aussagenkalküls, Comptes rendus soc. sci. lettres de Varsovie, cl. III, 23 (1930), 51–77; Ein Vollständigkeitsbeweis des zweiwertigen Aussagen-

kalküls, Comptes rendus soc. sci. lettres de Varsovie, cl. III, 24 (1931), 153–183; Z historii logiki zdań, Przegląd Filozoficzny 37 (1934), 417–437 (dt. Zur Geschichte der Aussagenlogik, Erkenntnis 5 [1935/1936], 111–131); Bedeutung der logischen Analyse für die Erkenntnis, in: Actes du VIII Congrès International de Philosophie, Prag 1936, 75–84; Die Logik und das Grundlagenproblem, in: F. Gonseth (ed.), Les entretines de Zurich sur les fondements et la méthode des sciences mathématiques, 6–9 décembre 1938, Zürich 1941, 82–100; Aristotle's Syllogistic from the Standpoint of Modern Formal Logic, Oxford 1951, ²1957; On the Intuitionistic Theory of Deduction, Verh. Koninkl. Nederl. Akad. Wetensch. Amsterdam, ser. A, 55 (1952), Nr. 3, 202–212 (= Indagationes Mathematicae 14 [1952]); A System of Modal Logic, in: Actes du XIᵉ Congrès International de Philosophie, Bruxelles 1953, XIV, Brüssel 1953, 82–87; A System of Modal Logic, J. Computing Systems 1 (1952–1954), 111–149, ferner in: Selected Works, ed. L. Borkowski [s. u.], 352–390; Arithmetic and Modal Logic, J. Computing Systems 1 (1952–1954), 213–219, ferner in: Selected Works ed. L. Borkowski [s. u.], 391–400; On a Controversial Problem of Aristotle's Modal Syllogistic, Dominican Stud. 7 (1954), 114–128; Selected Works, ed. L. Borkowski, Amsterdam/London, Warschau 1970 (mit Bibliographie, 401–405); Aristotle on the Law of Contradiction, in: J. Barnes/M. Schofield/R. Sorabji (eds.), Articles on Aristotle 3 (Metaphysics), London 1979, 50–62.

Literatur: L. Borkowski/J. Słupecki, The Logical Works of J. Ł., Stud. Log. 8 (1958), 7–56; G. Goe, Ł., DSB VIII (1973), 540–547; J. J. Jadacki, Polish Analytical Philosophy. Studies on Its Heritage, Warschau 2009; Z. A. Jordan, The Development of Mathematical Logic and of Logical Positivism in Poland between the Two Wars, London/Oxford/New York 1945 (Polish Science and Learning 6); ders., Philosophy and Ideology. The Development of Philosophy and Marxism-Leninism in Poland since the Second World War, Dordrecht 1963; T. Kotarbiński, J. Ł.'s Works on the History of Logic, Stud. Log. 8 (1958), 57–62; ders., La logique en Pologne. Son originalité et ses influences étrangères, Rom 1959; C. Lejewski, Ł., Enc. Ph. V (1967), 104–107; A. N. Prior, Ł.'s Symbolic Logic, Australas. J. Philos. 30 (1952), 33–46; ders., Ł.'s Contributions to Logic, in: R. Klibansky (ed.), Philosophy in the Mid-Century. A Survey I (Logic and Philosophy of Science), Florenz 1958, 53–55; V. Raspa, Ł. on the Principle of Contradiction, J. Philos. Res. 24 (1999), 57–112; H.-C. Schmidt am Busch/K. F. Wehmeier, Heinrich Scholz und J. Ł., in: dies. (eds.), Heinrich Scholz. Logiker, Philosoph, Theologe, Paderborn 2005, 119–131, erw. Forum für osteuropäische Ideen- u. Zeitgesch. 11 (2007), H. 2, 107–125 (engl. On the Relations between Heinrich Scholz and J. Ł., Hist. and Philos. Log. 28 [2007], 67–81); H. Scholz, In Memoriam J. Ł., Arch. math. Log. Grundlagenf. 3 (1957), 3–18; F. Seddon, Aristotle and J. Ł. on the Principle of Contradiction, Ames Iowa 1996; H. Skolimowski, Polish Analytical Philosophy. A Survey and a Comparison with British Analytical Philosophy, London, New York 1967; J. Słupecki, Ł., in: Filozofia w Polsce. Słownik Pisarzy, ed. Instytut Filozofii i Socjologii Polskiej Akademii Nauk, Breslau etc. 1971, 236–241; ders., Ł., in: Polski Słownik Biograficzny XVIII, Breslau etc. 1973, 523–526; B. Sobociński, In Memoriam J. Ł. (1878–1956), Philos. Stud. (Maynooth) 6 (1956), 3–49 (mit autobiographischem »Curriculum Vitae of J. Ł.«, 43–46, Bibliographie, 46–49); ders., La génesis de la Escuela Polaca de Lógica, Oriente Europeo 7 (1957), 83–95; M. Tałasiewicz, J. Ł. – The Quest for the Form of Science, in: W. Krajewski (ed.), Polish

Philosophers of Science and Nature in the 20th Century, Amsterdam/New York 2001, 27–35. C. T.

Lukrez (Titus Lucretius Carus), *zwischen 99 und 94, †55/53, röm. Dichter, Verfasser eines der bedeutendsten philosophischen Lehrgedichte des Altertums: »De rerum natura« (Über die Natur der Dinge). Das Werk, das im Anschluß an die Philosophie Epikurs den ↑Atomismus Demokrits erneuert, behandelt im 1./2. Buch die Atomlehre, im 3./4. Buch den Menschen (Seelen- und Wahrnehmungslehre) und im 5./6. Buch den Aufbau der Welt (Kosmologie, Meteorologie). Die alle Teile verbindende Tendenz des Werkes besteht darin, die durchgängige Erklärbarkeit der Naturerscheinungen zu erweisen und den Menschen dadurch von Todes-, Götter- und Priesterfurcht zu befreien.

L. stellt sich hier in die griechische Tradition der *philosophischen Lehrgedichte* von Xenophanes, Parmenides und Empedokles. Ohne Titelangabe in die Hände von M. T. Cicero und dessen Bruder Quintus gelangt, wurde das Manuskript von diesen mit dem bewußt an Epikurs Hauptwerk »Über die Natur« ($\pi\epsilon\rho\grave{\iota}\ \varphi\acute{\upsilon}\sigma\epsilon\omega\varsigma$) anschließenden Titel versehen und ediert. Die sechs paarweise konzipierten Bücher umfassen mehr als 7400 Verse (Hexameter). Das Werk läßt eine profunde Kenntnis der griechischen Philosophie und Literatur erkennen. Im Zentrum des 1. Buches stehen die Thesen: *nichts entsteht aus nichts; nichts vergeht in nichts; alles besteht aus Atomen.* Der erste Satz (↑ex nihilo nihil fit) impliziert einerseits die Annahme der ↑Ewigkeit der Welt, andererseits die Kritik einer Entstehung aus dem Nichts (↑creatio ex nihilo). L. geht von einer unendlich großen Zahl von (qualitätslosen) Atomen und einer unendlichen Größe des leeren Raumes (↑Leere, das) aus. Das 2. Buch charakterisiert die Atome durch die Eigenschaften Gestalt, Schwere und Größe. Aus ihnen entstehen die Vielfalt der Dinge und unendlich viele unterschiedliche Welten. Das Fehlen jeglicher ↑Teleologie sei der Garant für die Nicht-Determiniertheit im Bereich der Lebewesen und damit auch für den freien Willen (II 216–293). Seele und Geist (3. Buch) bestehen aus feinsten sehr schnell bewegten Atomen. Diese zerfallen mit dem Tod, woraus folgt, daß die Seele nicht unsterblich sein kann und man folglich auch nicht den Tod zu fürchten braucht. Weil die Seele in ihrer Existenz an den Körper gebunden ist, kann es auch keine Präexistenz und keine Seelenwanderung geben. Wahrnehmungsempfindungen (4. Buch) entstehen dadurch, daß die Gegenstände der Wahrnehmung Atombilder entweder separat oder zu hauchdünnen Membranen verknüpft aussenden, die dann auf das Wahrnehmungsorgan treffen (↑Bildchentheorie). Die Entstehung der Welt und aller Vorgänge in ihr (5. Buch) sind nach L. Übergangs- und Zwischenstufen in der Zusammensetzung von Atomen. Im Einzelnen wird geschildert, wie aus dem ungeordneten Strom von Atomen zunächst die Welt als ganze, dann die vier Elemente, weiter Himmel, Meer und Erde, die Gestirne, die vier Jahreszeiten, die Pflanzen und Tiere und schließlich die Menschen entstanden. Die sich anschließende Kulturgeschichte der Menschheit behandelt den Ursprung der Freundschaft, der ersten Rechtssatzungen und Ordnungen des menschlichen Zusammenlebens (V 1011–1027). Das 6. Buch ist natürlichen Einzelphänomenen gewidmet.

Der oberste Zweck (↑Telos) des Lebens ist das Glück, die Eudaimonie (↑Eudämonismus). Diesem Zweck hat auch jede Theorie zu dienen. Die Seelenruhe (↑Ataraxie) ist konstitutiver Bestandteil der anzustrebenden Lebensform. Da diese immer wieder durch unbegründete Angst aufgrund falscher Vorstellungen über die Welt, über die Naturvorgänge und die Seele des Menschen gestört ist, setzt es sich L. zum Ziel, die Ursachen dieser Angst durch konsequente natürliche Erklärungen zu beheben. In der Neuzeit haben unter anderem G. Bruno, P. Gassendi, D. Diderot, G. Vico, F. Nietzsche und die Materialisten des 18. und 19. Jhs. positiv auf L. Bezug genommen.

Werk: De rerum natura libri sex, ed. K. Lachmann, Berlin 1850, [4]1871, Cambridge etc. 2010; De rerum natura libri sex [engl./lat.], I–II, ed. H. A. J. Munro, Cambridge/London 1864, in drei Bdn. Cambridge/London [4]1886 (repr. London 1928), in zwei Bdn. 1908 (repr. in drei Bdn. New York/London 1978), in drei Bdn. 1920–1928; De rerum natura libri sex, I–IV, ed. C. Giussani, Turin 1896–1898 (repr. in zwei Bdn. New York/London 1980), 1921–1923 (mit Kommentar), in zwei Bdn. 1923/1924; De rerum natura libri sex [lat./engl.], ed. C. Bailey, Oxford [1898], 1938, in drei Bdn. 1947, 1986; De la nature. Livre quatrième [lat./franz.], ed. A. Ernout, Paris 1916, erw. ohne Untertitel, I–II, Paris 1920, 1964/1966, 2002; De rerum natura, libri sex [lat./dt.], I–II, ed. H. Diels, Berlin 1923/1924; De rerum natura [lat./engl.], Trans. W. H. D. Rouse, New York 1924, [3]1937 (repr. 1966), ed. M. F. Smith, Cambridge Mass./London 1975, 2006; A. Ernout/L. Robin, De rerum natura. Commentaire exégétique et critique, précédé d'une introduction sur l'art de Lucrèce et d'une traduction des lettres et pensées d'Épicure, I–III, Paris 1925–1928, 1962; De rerum natura libri sex, ed. J. Martin, Leipzig 1934, [5]1963, 1969, Stuttgart/Leipzig 1992; De rerum natura libri sex, ed. W. E. Leonard/S. B. Smith, Madison Wis. 1942, Madison Wis./Milwaukee Wis./London 1968 (mit Kommentar); De rerum natura/Welt aus Atomen [lat./dt.], ed. K. Büchner, Zürich 1956, Stuttgart 1973, 2008; De rerum natura, ed. K. Büchner, Wiesbaden 1966; F. Jürss/R. Müller/E. G. Schmidt (eds.), Griechische Atomisten. Texte und Kommentare zum materialistischen Denken der Antike, Leipzig 1973, 427–480, [4]1991, 381–426; De rerum natura libri sex, ed. K. Müller, Zürich 1975, München 2003; R. D. Brown, Lucretius on Love and Sex. A Commentary on »De rerum natura« IV, 1030–1287, with Prolegomena, Text and Translation, Leiden etc. 1987; De rerum natura VI [lat./engl.], ed. J. Godwin, Warminster 1991; De rerum natura IV [lat./engl.], ed. J. Godwin, Warminster 1986, 1992; D. Fowler, Lucretius on Atomic Motion. A Commentary on »De Rerum Natura«. Book Two. Lines

1–332, Oxford 2002, 2007; G. Campbell, Lucretius on Creation and Evolution. A Commentary on »De Rerum Natura«. Book Five. Lines 772–1104, Oxford 2003, 2008. – C. A. Gordon, A Bibliography of Lucretius, London 1962, Winchester 1985; Totok I (1964), 286–291. – J. Paulson, Index Lucretianus. Continens copian verborum quam exhibent editiones Lachmanni, Bernaysi, Munronis, Briegeri et Giussani, Göteborg [1911], mit Untertitel: Nach den Ausgaben von Lachmann, Bernays, Munro, Brieger und Giussani zusammengestellt, [2]1926 (repr. Darmstadt 1961, 1970).

Literatur: V. E. Alfieri, Atomos Idea. L'origine del concetto dell'atomo nel pensiero greco, Florenz 1953, Galatina 1979; L. Alfonsi, Lucrezio, Enc. filos. IV (1967), 131–133; K. A. Algra/ M. H. Koenen/P. H. Schrijvers (eds.), Lucretius and His Intellectual Background, Amsterdam etc. 1997; A. Amory, ›Obscura de re lucida carmina‹: Science and Poetry in »De rerum natura«, Yale Class. Stud. 21 (1969), 143–168; G. Berns, Time and Nature in Lucretius' »De rerum natura«, Hermes 104 (1976), 477–492; M. Bollack, La raison de Lucrèce. Constitution d'une poétique philosophique avec un essai d'interprétation de la critique lucrétienne, Paris 1978; P. Boyancé, Lucrèce et l'épicurisme, Paris 1963, [2]1978, 1986; J. Brunschwig, Lucrèce, DP II (1984), 1641–1648; K. Büchner, Studien zur römischen Literatur I (L. und Vorklassik), Wiesbaden 1964; L. Canfora, Vita di Lucrezio, Palermo 1993; C. J. Classen (ed.), Probleme der Lukrezforschung, Hildesheim/Zürich/New York 1986; M. Conche, Lucrèce et l'expérience. Présentation, choix de textes, bibliographie, Paris 1967, Villers-sur-Mer 1981, Treffort 1990, 1996, Québec 2003; D. R. Dudley (ed.), Lucretius, London, New York 1965, London 1967; B. Effe, Dichtung und Lehre. Untersuchungen zur Typologie des antiken Lehrgedichts, München 1977, 66–79; M. Erler, Lucretius, REP V (1998), 854–856; W. B. Fleischmann, Lucretius and English Literature 1680–1740, Paris 1964; D. J. Furley, Lucretius and the Stoics, Bull. Inst. Class. Stud. 13 (1966), 13–33; ders., Lucretius, DSB VIII (1973), 536–539; M. Gale, Myth and Poetry in Lucretius, Cambridge 1994, 2007; dies., Lucretius and the Didactic Epic, London 2001, 2003; dies. (ed.), Oxford Readings in Classical Studies. Lucretius, Oxford 2007; S. Gambino Longo, Savoir de la nature et poésie des choses. Lucrèce et Épicure à la Renaissance italienne, Paris 2004; F. Gandon, De dangereux édifices. Saussure lecteur de Lucrèce. Les cahiers d'anagrammes consacrés au »De rerum natura«, Löwen 2002; M. Garani, Empedocles redivivus. Poetry and Analogy in Lucretius, New York 2007, 2008; A. Gerlo, L. Gipfel der antiken Atomistik, Berlin 1961; A. Gigandet, Fama deum, Lucrèce et les raisons du mythe, Paris 1998; ders., Lucrèce. Atomes, mouvement. Physique et éthique, Paris 2001; S. Gillespie/P. Hardie (eds.), The Cambridge Companion to Lucretius, Cambridge 2007, 2010; J. Godwin, Lucretius, London 2004; G. D. Hadzsits, Lucretius and His Influence, London, New York 1935, New York 1963; F. E. Hoevels, L.. Ein kritischer oder dogmatischer Denker? Zur Interpretation von De rerum natura I 1052–1082 und I 753–759, Hermes 103 (1975), 333–349; W. R. Johnson, Lucretius and the Modern World, London 2000; D. F. Kennedy, Rethinking Reality. Lucretius and the Textualization of Nature, Ann Arbor Mich. 2002; W. Kullmann, Zu den historischen Voraussetzungen der Beweismethoden des L., Rhein. Mus. Philol. 123 (1980), 97–125; A. Lagache, Lucrèce. Fantasmes et limites de la pensée mécaniste, Paris 1997; R. E. Latham, Lucretius, Enc. Ph. V (1967), 99–101; F. Lestringant (ed.), La renaissance de Lucrèce, Paris 2010; S. Luciani, L'éclair immobile dans la plaine, philosophie et poétique du temps chez Lucrèce,

Löwen/Paris 2000; H. Ludwig, Materialismus und Metaphysik. Studien zur epikureischen Philosophie bei Titus Lucretius Carus, Köln 1976; P. de May, Lucretius. Poet and Epicurean, Cambridge 2009; J. Mewaldt, Lucretius, RE XIII/2 (1927), 1659–1683; P.-F. Moreau, Lucrèce. L'âme, Paris 2002; P.-M. Morel, Atome et nécessité. Démocrite, Épicure, Lucrèce, Paris 2000; G. Müller, Die Darstellung der Kinetik bei L., Berlin 1959, 1969; J. H. Nichols, Epicurean Political Philosophy. The »De rerum natura« of Lucretius, Ithaca N. Y./London 1976; L. Perelli, Lucrezio. Letture critiche, Mailand 1977; J.-M. Pigeaud, La physiologie de Lucrèce, Rev. ét. lat. 58 (1980), 176–200; W. Rösler, L. und die Vorsokratiker. Doxographische Probleme im I. Buch von »De rerum natura«, Hermes 101 (1973), 48–64; L. Rumpf, Naturerkenntnis und Naturerfahrung. Zur Reflexion epikureischer Theorie bei L., München 2003; K. Sallmann, Studien zum philosophischen Naturbegriff der Römer mit besonderer Berücksichtigung des L., Arch. Begriffsgesch. 7 (1962), 140–284; ders., Lucretius, DNP VII (1999), 472–476; A. Schiesaro, Simulacrum et Imago. Gli argomenti analogici nel »De rerum natura«, Pisa 1990; W. Schmid, L., LAW (1965), 1779–1783; E. A. Schmidt, Clinamen. Eine Studie zum dynamischen Atomismus der Antike, Heidelberg 2007; G. Schmidt, Lucretius, KP III (1969), 759–764; J. Schmidt, L. und die Stoiker. Quellenuntersuchungen zu »De rerum natura«, Diss. Marburg/ Lahn 1975, bearb. unter dem Titel: L., der Kepos und die Stoiker. Untersuchungen zur Schule Epikurs und zu den Quellen von »De rerum natura«, Frankfurt etc. 1990; P. H. Schrijvers, Lucrèce et les sciences de la vie, Leiden/Boston Mass./Köln 1999; D. Sedley, Lucretius and the Transformation of Greek Wisdom, Cambridge 1998, 2003; ders., Lucretius, SEP (2004), (2008); C. Segal, Lucretius on Death and Anxiety. Poetry and Philosophy in »De Rerum Natura«, Princeton N. J. 1990; M. Serres, La naissance de la physique dans le texte de Lucrèce. Fleuves et turbulences, Paris 1977, 1998 (engl. The Birth of Physics, Manchester 2000); R. N. Skinner, Lucretius. Prophet of the Atom, Manningtree 2003; K. Volk, The Poetics of Latin Didactic. Lucretius, Vergil, Ovid, Manilius, Oxford 2002, 2008, 2010; A. D. Winspear, Lucretius and Scientific Thought, Montreal 1963. M. G.

Lullus, Raimundus (kastil. Ramon Lull, katal. Llull), *Palma de Mallorca ca. 1235, †Bougie (Algerien) oder Tunis 1315 (der Legende nach als christlicher Märtyrer durch Steinigung), katalanischer Dichter, Theologe und Philosoph. L. lehrte mit Unterbrechungen zwischen 1283 und 1313 in Paris und Montpellier. Nach unstetem weltlichen Leben wandte er sich auf Grund eines Bekehrungserlebnisses der Aufgabe zu, die alleinige Wahrheit der christlichen Lehre zu erweisen und durch Missionierung insbes. der islamischen Welt durchzusetzen. Die äußeren Voraussetzungen dafür suchte L. durch Aufrufe zu Kreuzzügen, vor allem aber durch intensive arabische Sprachstudien zu schaffen, die ihn zu einem der frühen Förderer der Orientalistik machten und durch praktische Überlegungen sprachdidaktischer Art ergänzt wurden. Nach Meinung von L. muß der Glaube, soll man sich zu ihm bekehren können, durch den Verstand unterstützt werden, der die Glaubenswahrheiten aus den Prinzipien einer christlichen Universalwissenschaft, der ↑ars magna, streng deduziert. Als Hilfsmittel dient die

Aristotelische ↑Syllogistik, wobei man die Wahrheiten jedes speziellen Wissensgebietes erhält, wenn man alle in ihm möglichen Urteile durch Erfassung aller möglichen Kombinationen der Grundprädikatoren des Gebietes aufzählen kann. Der Erleichterung dieser ↑Kombinatorik dienen von L. erdachte mechanische Vorrichtungen, die als Vorstufe ›logischer Maschinen‹ (↑Maschinentheorie) angesehen worden sind und zu der wohl irrigen Einstufung von L. als ›Vorläufer‹ der mathematischen Logik (↑Logik, mathematische) geführt haben. In der Philosophie wendet sich L. gegen die vom ↑Averroismus und hier vor allem durch Siger von Brabant vertretene Lehre von der doppelten Wahrheit (↑Wahrheit, doppelte). Positiv entwickelt er mystische (↑Mystik) Auffassungen unter starker Betonung der ↑Kontemplation, die er zum Gegenstand einer Aristotelische und Augustinische Elemente verbindenden Seelenlehre macht.

L.' umfassende enzyklopädische (↑Enzyklopädie) Werke und sein universaler Anspruch trugen ihm den Titel eines ›doctor illuminatus‹ ein; der an ihn anknüpfende ›Lullismus‹ gilt als eine der großen Strömungen der spanischen Philosophie und hat lange Zeit ganz Europa (in Deutschland unter anderem A. Kircher und G. W. Leibniz) beeinflußt. Der katalanischen Sprache verhalf L. durch seinen philosophischen Roman »Blanquerna«, durch meisterhafte Erzählungen und Gedichte (insbes. die einer Sammlung »Die hundert Namen Gottes«) zum Rang einer Literatursprache.

Werke: Opera [...], quae ab inventam ab ipso artem universalem, scientiarum artiumque omnium brevi compendio [...], Straßburg 1598, 1617, 1651 (repr. in zwei Bdn., ed. A. Bonner, Stuttgart-Bad Cannstatt 1996); Beati Raymundi Opera omnia, I–VI, IX–X (VII–VIII nicht erschienen), ed. I. Salzinger, Mainz 1721–1742 (repr., ed. F. Stegmüller, Frankfurt 1965, repr. Bd. I unter dem Titel: Quattuor libri principiorum, Einl. R. D. F. Pring-Mill, Paris, Den Haag 1969); Opera parva, I, IV, V (mehr nicht erschienen), Palma 1744–1746 (repr. unter dem Titel: Opuscula, I–III, ed. E.-W. Platzeck, Hildesheim 1971–1973); Opera medica. Continens quattuor libros. Ars compendiosa medicinae. De regionibus sanitatis & infirmatu. De ponderositate & levitate element. Liber de lumine, Mallorca 1752; Obres, I–XXI, ed. M. Obrador u.a., Palma 1906–1950 [II–VII repr. 1987–2000]; Obres essencials, I–II, ed. M. Batllori u.a., Barcelona 1957/1960 (mit Bibliographie, II, 1359–1375); Opera latina, I–LV u. zwei Suppl.bde, I–V, ed. F. Stegmüller, Palma de Mallorca 1959–1967, VI–XX wechselnde Bandeditoren, ab XXI ed. Raimundus-Lullus-Institut, Turnhout 1978 ff. (erschienen Bde I–XXXIII, ab Bd. VI in der Reihe CCM); Selected Works of Ramón Llull 1232–1316, I–II, ed. A. Bonner, Princeton N. J. 1985 (katalan. Obres selectes de Ramon Llull, I–II, ed. A. Bonner, Mallorca 1989); Nova edició de les obres de Ramon Llull, ed. Patronat Ramon Llull, Palma 1990 ff. (erschienen Bde I–VIII, I ²2008, II ²2001); Traducció de l'obra llatina de Ramon Llull, Turnhout 2006 ff. (erschienen Bde I–II). – Contemplationum Remundi duos libros [...] [ca. 1273–1274], Paris 1505 [Teilausg.], unter dem Titel: Liber magnus contemplationis in deum [...], I–XVII, Mallorca 1746–1749 (katalan. Orig. unter dem Titel: Llibre de contemplació en Déu, in 7 Bdn.,

Palma 1906–1914 [repr. 1987–2000] [= Obres, ed. M. Obrador u.a. (s.o), II–VIII], ferner in: Obres essencials [s.o.] II, 97–1296; dt.[teilw.] Die Kunst, sich in Gott zu verlieben, übers. E. Lorenz, Freiburg/Basel/Wien 1985; engl Romancing God. Contemplating the Beloved, Brewster Mass. 1999); Ars compendiosa inveniendi veritatem [ca. 1274], in: Beati Raymundi Opera omnia [s.o.] I, 432–473; Romanç d'Evast e Blaquerna [ca. 1276–1283], unter dem Titel: Blaquerna. [...], Valencia 1521 (repr. 1975), unter dem Titel: Llibre d'Evast e Blanquerna, Barcelona 1982, unter dem Titel: Romanç d'Evast e Blanquerna, in: Nova edició e les obres de Ramón Llull [s.o.] VIII, 123–307 (engl. Blanquerna, a Thirteenth-Century Romance, ed. E. A. Peers, London 1926; dt. Das Ave-Maria des Abtes Blanquerna, übers. J. Solzbacher, Paderborn 1954); Ars demonstrativa [ca. 1283], in: Beati Raymundi Opera omnia [s.o.] III, 93–204, separat: ed. J. E. Rubio Albarracin, Turnhout 2007 [= Opera latina (s. o.) XXXII] (katalan. Art demostrativa, Palma 1932 [= Obres, ed. M. Obrador u.a. (s.o.) XVI]; engl. Ars demonstrativa, in: Selected Works [s.o.] I, 305–568); Ars inventiva veritatis [1290], Valencia 1515, ferner in: Beati Raymundi Opera omnia [s.o.] V, 1–211; Tabula generalis [1293–1294], Valencia 1515, ed. V. Tengl-Wolf, Turnhout 2002 [= Opera latina (s. o.) XXVII] (katalan. Taula general, in: Obres, ed. M. Obrador [s.o.] XVI, 295–522); Arbor scientiae [1295–1296], Barcelona 1482, in 3 Bdn, ed. P. Villalba, Turnhout 2000 [= Opera latina (s. o.) XXIV–XXVI] (katalan. Arbre de sciencia, I–III, Palma 1917–1926 [= Obres, ed. M. Obrador u.a. (s.o.) XI–XIII], ferner in: Obres essencials [s.o.] I, 547–1046); Arbor philosophiae amoris [1298], Paris 1516, ferner in: Beati Raymundi Opera omnia [s.o.] VI, 159–224 (katalan. Orig. unter dem Titel: Arbre de filosofia d'amor, Palma 1935 [= Obres, ed. M. Obrador u.a. (s.o.) XVIII]); Logica nova [ca. 1303], in: Opera latina [s.o.] XXIII, 15–179 (katalan. Logica nova, in: Nova edició de les obres de Ramon Llull [s.o.] IV, 4–163; lat./dt. Logica nova/Die neue Logik, ed. C. Lohr, übers. V. Hösle/W. Büchel, Hamburg 1985); Ars generalis ultima [1305–1308], Palma 1645 (repr. Frankfurt 1970), ed. A. Madre, Turnhout 1986 [= Opera latina (s.o.) XIV]; Ars brevis [1308], Paris 1575, Palma 1669 (repr. Frankfurt 1970), ferner in: Opera latina [s.o.] XII, 191–255 (engl. Ars Brevis, in: Selected Works [s.o] I, 569–646; katalan. Art breu, in: Obres selectes [s.o.] I, 533–599; lat./dt. Ars brevis, ed. u. übers. A. Fidora, Hamburg 1999); J. H. Probst, La mystique de Ramon Lull et l'Art de contemplació. Étude philosophique suivie de la publication du texte catalan [...], Münster 1914; C. Ottaviano, L'Ars compendiosa de R. Lulle. Avec une étude sur la bibliographie et le fond ambrosien de Lulle, Paris 1930; J. E. Hofmann, Die Quellen der Cusanischen Mathematik I (Ramon Lulls Kreisquadratur), Sitzber. Heidelberger Akad. Wiss., philos.-hist. Kl. 1941/1942, Nr. 4, Heidelberg 1942 (Cusanus Stud. VII); El libro de la »Nova Geometria«, ed. J. M. Millas Vallicrosa, Barcelona 1953; E.-W. Platzeck, Das Leben des seligen Raimund Lull. Die »Vita coetanea« und ausgewählte Texte zum Leben Lulls aus seinen Werken und Zeitdokumenten, Düsseldorf 1964 (span. Vida coetânea, trad. M. Santiago de Carvalho, Madrid 2004); Antologia filosòfica, ed. M. Batllori, Barcelona 1984; Doctor illuminatus – A Ramon Llull Reader, ed. and trans. A. Bonner, Princeton N. J. 1993; Anthologie poétique, ed. et trad. A. Llinarès, Paris 1998. – E. Rogent/E. Durãen, Bibliografía de les impressions lullianes, Barcelona 1927 (repr. I–III, Palma 1989–1991); P. Glorieux, Répertoire des maîtres en théologie de Paris au XIIIe siècle, I–II, Paris 1933/1934, bes. II, 146–191; J. Avinyó, Les obres autèntiques del beat Ramon Llull, Barcelona 1935; Orientacions bibliogràfiques sobre Ramon Llull I el lullisme, ed. Miguel

Batllori, Barcelona, 1960; Bibliografia Lulliana. Ramon Llull-Schrifttum 1870–1973, Hildesheim 1976 (span. Bibliografia Lul·liana. 1870–1973, ed. R. Brummer, trad. J. Gayà Estelrich, Palma 1991); Bibliografia Lul-liana. 1974–1984, ed. M. Salleras i Carolà, Randa 19 (1986), 153–198, separat: Barcelona 1986; Els fons manuscrits lul·lians de Mallorca. Fons lul·lians a bibliotheques espanyoles, ed. L. Pérez Martínez/A. Soler, Barcelona 2004. – Ramon Llull Database. Centre de Documentació Ramon Llull (Universidad de Barcelona) siehe www.orbita.bib.ub.edu/ramon/.

Literatur: W. W. Artus, Ramon Lull, the Metaphysician, Antonianum 56 (1981), 715–749; L. Badia, El »Libre de definicions«. Opuscle didactic lullià del segle XV, Barcelona 1983; dies., Teoria i pràctica de la literatura en Ramón Llull, Barcelona 1991; dies./A. Bonner, Ramón Llull. Vida, pensamiento y obra literaria, Barcelona 1988, 1993; L. Báez-Rubí, Die Rezeption der Lehre des Ramon Llull in der »Rhetorica Christiana« (Perugia, 1579) des Franziskaners Fray Diego de Valadés, Frankfurt etc. 2004; M. Batllori, Ramon Llull en el món del seu temps, Barcelona 1960, [2]1994; ders. (ed.), Antología de Ramón Llull, I–II, Madrid 1961; ders., Ramon Llull i el lullisme, ed. E. Duran, València 1993 (= Obra completa II); A. Bonner, Ramon Llull, Barcelona 1991; ders., The Art and Logic of Ramon Llull. A User's Guide, Leiden 2007; ders./M. I. Ripoll Perelló (ed.), Diccionari de definicions lul-lianes/Dictionary of Lullian Definitions, Barcelona, Palma 2002; L. Costas Gomes, Vida de Ramon, Barcelona 1992; H. Didier, Raymond Lulle. Un pont sur la Méditerranée, Paris 2001; A. Galmés de Fuentes, Ramón Llull y la tradición árabe. Amor divino y amor cortés en el »Llibre d'amic e amat«, Barcelona 1999; S. Garcías Palou, La formación científica de Ramón Llull, Inca (Mallorca) 1989; J. N. Hillgarth, Lull, Ramón, Enc. Philos. V (1967), 107–108; ders., Ramon Lull and Lullism in Fourteenth-Century France, Oxford 1971 (span. Ramon Llull i el naixement del Lul-lisme, Barcelona 1998); ders., Ramon Lull's Early Life. New Documents, Medieval Stud. 53 (1991), 337–347; ders., Llull, Ramon (1232–1316), REP V (1998), 662–664; W. Künzel/H. Cornelius, Die ars generalis ultima des R. L.. Studien zu einem geheimen Ursprung der Computertheorie, Berlin 1986, [5]1991; A. Llinarès, Raymond Lulle. Philosophe de l'action, Paris, Grenoble 1963 (katalan. Ramon Llull, Barcelona 1968, Palma 1990); ders., Raymond Lulle. Le majorquin universel, Palma 1983; C. H. Lohr, R. L.' Compendium Logicae Algazelis. Quellen, Lehre und Stellung in der Geschichte der Logik [kritische Texted., 93–130], Diss. Freiburg 1967; ders., Ramón Lull und Nikolaus von Kues. Zu einem Strukturvergleich ihres Denkens, Theol. Philos. 56 (1981), 218–231; ders., Ramon Lull's Theory of Scientific Demonstration, in: K. Jacobi (ed.), Argumentationstheorie. Scholastische Forschungen zu den logischen und semantischen Regeln korrekten Folgerns, Leiden/New York/Köln 1993, 729–745; ders., Ramon Lull. »Logica nova«, in: K. Flasch (ed.), Hauptwerke der Philosophie. Mittelalter, Stuttgart 1998, 333–351; S. Mata, El hombre que demostró el cristianismo. Ramon Llull, Madrid 2006; A. C. Mayer, Drei Religionen – ein Gott? Ramon Lulls interreligiöse Diskussion der Eigenschaften Gottes, Freiburg/Basel/Wien 2008; M. Pereira, Ricerche intorno al »Tractatus novus de astronomia« di Raimondo Lullo, Medioevo 2 (1976), 169–226; dies., The Alchemical Corpus Attributed to Raymond Lull, London 1989; E.-W. Platzeck, Die Lullsche Kombinatorik. Ein erneuter Darstellungsversuch mit Bezug auf die gesamteuropäische Philosophie, Franziskan. Stud. 34 (1952), 32–60, 377–407; ders., Raimund Lull. Sein Leben, seine Werke, die Grundlagen seines Denkens (Prinzipienlehre), I–II, Düsseldorf 1962/1964 (mit Bibliographie, II, 231–266); ders., Lull, DSB VIII (1973), 547–551; ders., Estudios sobre Ramon Llull (1956–1978), ed. L. Badia/A. Soler, Barcelona 1991; P. Ramis, Lectura del »Liber de civitate mundi« de Ramón Llull, Barcelona 1992; H. Riedlinger, R. L., TRE XXI (1991), 500–506; J. E. Rubio Albaracín, Literatura i doctrina al »Llibre de contemplació« de Ramón Llull, Estudi formal i de continguts del primer volum, València 1995; ders., Les bases del pensament de Ramon Llull. Els orígens de l'art lul·liana, València, Barcelona 1997; J. Rubió i Balaguer, Ramon Llull i el lul-lisme (= Obres II), Montserrat 1985; J. M. Ruiz Simon, L'art de Ramon Llull i la teoria escolàstica de la ciència, Barcelona 1999; J. I. Sáenz-Díez, Ramón Llull, un medieval de frontera, Madrid 1995; ders., Lulle, Raymond, DP II ([2]1993), 1811–1819; A. Vega, Ramon Llull y el secreto de la vida, Madrid 2002 (engl. Ramon Llull and the Secret of Life, New York 2003); F. A. Yates, Assaigs sobre Ramon Llull, Barcelona 1985. – Ramon Llull i l'islam. L'inici del diàleg, Barcelona 2008. – Sonderhefte: Lògica, ciència, mística I literature en l'obra de Ramon Llull, Randa 19 (1986); Homage to Ramon Llull, Catalan Review 4 (1990), H. 1–2; Revista española de filosofia medieval 5 (1998) (Themenheft Ramón Llull). – Estudios Lulianos, Palma de Mallorca 1957 ff., ab 1991: Studia Lulliana. C. T.

lumen naturale (lat., das natürliche Licht), in der Tradition der antiken ↑Lichtmetaphysik metaphorische Bezeichnung für die ↑Vernunft bzw. den ↑Verstand (Gegensatz: *lumen supranaturale*, das übernatürliche Licht der ↑Offenbarung, und *lumen fidei* bzw. *lumen gratiae*, das Licht des Glaubens bzw. der Gnade). Das Erkennen wird hier, in der Terminologie des ↑Platonismus und des ↑Neuplatonismus, als ein Erleuchtetwerden von der Idee (Plotin, Enn. VI 7,24; ↑Idee (historisch)) bzw., in der christlichen Umbildung dieser Terminologie, vom Wort Gottes (A. Augustinus, Conf. VII, 13) gedeutet. Bereits bei Aristoteles tritt der Vergleich der Erkenntnisweise des (tätigen) ↑Nus (νοῦς ποιητικός) mit dem Licht auf (de an. *Γ*5.430a15–17) – der Geist macht erkennbar, wie das Licht sichtbar macht. Als *lumen intellectus agentis* (auch: *lux intellectualis*) wird daher das l. n. bei Thomas von Aquin mit dem *lumen rationis*, dem Licht der Vernunft bzw. des Verstandes, gleichgesetzt (S. th. I qu. 12 art. 11 ad 3; S. c. g. II 77,79). In dieser Bedeutung, die allerdings auch bei Thomas von Aquin noch die Augustinische Konzeption einer ›Teilhabe‹ am ›göttlichen Licht‹ einschließt (l. n. rationis participatio quaedam est divini luminis, S. th. I qu. 12 art. 11 ad 3), wird die Metapher zu Beginn der neuzeitlichen Philosophie bei R. Descartes zum Symbol der nunmehr gegen die scholastische Hierarchisierung von Glaube und Vernunft (↑Glaube (philosophisch)) gerichteten Autonomieerklärung der Vernunft (des Verstandes), die (bzw. der) damit die alleinige Instanz der Wahrheit, bei jedermann ausgebildet und jedermann zugänglich, darstellt (Regulae I, IV, 1–2, Œuvres X, 359–361, 371–373; Meditat. III 15, Œuvres VII, 38). In der Auszeichnung intuitiver Einsichten (↑Intuition) und Zuständigkeiten insbes.

für die Erfassung ›erster‹ Wahrheiten (Grundsätze und Axiome, ↑Evidenz) bleiben dabei, z. B. auch in der erkenntnistheoretischen Konzeption J. Lockes (Essay IV 19 § 13) und G. W. Leibnizens (Meditationes de cognitione, veritate et ideis [1684], Philos. Schr. IV, 422–426), wesentliche Elemente der ursprünglichen Bedeutung von ›l. n.‹, allerdings ohne ihre traditionellen theologischen Implikationen (vgl. Locke, Essay IV 19 § 11), bewahrt. In der (bei Descartes) als Wahrheitskriterium aufgefaßten Formel ↑›klar und deutlich‹ erhält die metaphorische Verwendung des Ausdrucks ›l. n.‹ einen methodischen, in der stellvertretenden Bezeichnung für ↑Aufklärung (*le siècle des lumières, le siècle eclairé, les lumières, enlightenment, il secolo illuminismo*) einen epochalen Sinn. Andererseits wird die Lichtmetaphorik in Wendungen wie ›Licht der Vernunft‹ oder ›Licht der Natur‹ im aufgeklärten Sinne als nur noch bildungssprachliches Element, nämlich als ›verblümte Redensart‹ (J. G. Walch, Philosophisches Lexicon [...], I–II, Leipzig ⁴1775 [repr. Hildesheim 1968], I, 2269), bezeichnet.

Literatur: W. Beierwaltes/Red., L. n., Hist. Wb. Ph. V (1980), 547–552; S. H. Daniel, Descartes' Treatment of ›l. n.‹, Stud. Leibn. 10 (1978), 92–100; T. Gontier, Lumière (– naturelle), Enc. philos. universelle II/1 (1990), 1514; M. Heuel, Die Lehre vom l. n. bei Thomas v. Aquin, Bonaventura und Duns Scotus, Koblenz 1928; D. Jacquette, Descartes' L. N. and the Cartesian Circle, Philos. and Theol. (Marquette University Quarterly) 9 (1996), 273–320; H. Jorissen/H. Anzulewicz, L. n., LThK VI (³1997), 1120–1121; L. Oeing-Hanhoff, L. n., LThK VI (²1961), 1213–1214; A. Preußner, L. n., in: W. D. Rehfus (ed.), Handwörterbuch Philosophie, Göttingen 2003, 453–454; Y. Raizman-Kedar, Plotinus' Conception of Unity and Multiplicity as the Root to the Medieval Distinction Between ›Lux‹ and ›Lumen‹, Stud. Hist. Philos. Sci. 37 (2006), 379–397; A. Robinet, Descartes. La lumière naturelle. Intuition, disposition, complexion, Paris 1999; F. Sardemann, Ursprung und Entwicklung der Lehre vom lumen rationis aeternae, lumen divinum, l. n., rationes seminales, veritates aeternae bis Descartes, Kassel 1902; F. M. Schroeder, Light and the Active Intellect in Alexander and Plotinus, Hermes 112 (1984), 239–248; H. Seidl, Der Begriff des Intellekts (*νοῦς*) bei Aristoteles im philosophischen Zusammenhang seiner Hauptschriften, Meisenheim am Glan 1971; J. Strasser, L. n. – sens commun – Common Sense. Zur Prinzipienlehre Descartes', Buffiers und Reids, Z. philos. Forsch. 23 (1969), 177–198; C. Strube, Die existential-ontologische Bestimmung des ›L. n.‹, Heidegger Studies 12 (1996), 109–119. – L. n., in: A. Regenbogen/U. Meyer (eds.), Wörterbuch der philosophischen Begriffe, Hamburg, Darmstadt 1998, Hamburg 2005, 391–392; weitere Literatur: ↑Lichtmetaphysik.   J. M.

Lun-yü, ↑Konfuzius.

Lü Pu-wei, †235 v. Chr., reicher Staatsmann und Mäzen im damaligen Staate Qin in China. Unter seiner Gönnerschaft, vielleicht auch Redaktion, entstand unter Mitarbeit zahlreicher Literaten das Werk »Lü-Shi-Chun-Qiu« (Frühling und Herbst des Lü Pu-wei). Es handelt sich um ein sorgfältig aufgebautes eklektisches (↑Eklek-

tizismus) Werk, in dem Gedanken aus allen philosophischen Schulen Chinas zu finden sind, doch überwiegt der ↑Taoismus. Die ersten 12 Kapitel enthalten die ›monatlichen Anweisungen‹ (Yue-ling) für den Herrscher und sind ein idealtypisches Beispiel der ›soziokosmischen‹ Weltauffassung.

Übersetzung: I. P. Kamenarović, Printemps et automnes de Lü Buwei, Paris 1998; J. Knoblock/J. Riegel, The Annals of Lü Buwei. A Complete Translation and Study [chin./engl.], Stanford Calif. 2000; R. Wilhelm, Frühling und Herbst des Lü Bu We, Jena 1928 (repr. Düsseldorf/Köln 1971, 1979), unter dem Titel: Das Weisheitsbuch der alten Chinesen. Frühling und Herbst des Lü Bu We, Köln 2006.

Literatur: J. D. Sellmann, The Spring and Autumn Annals of Master Lu, in: I. P. MacGreal (ed.), Great Thinkers of the Eastern World. The Major Thinkers and the Philosophical and Religious Classics of China, India, Japan, Korea, and the World of Islam, New York 1995, 1996, 39–43; ders., Timing and Rulership in Master Lü's Spring and Autumn Annals (Lüshi chunqiu), Albany N. Y. 2002.   H. S.

Lust (griech. *ἡδονή*, engl. pleasure), im engeren Sinne Bezeichnung für eine sinnliche ↑Empfindung, die sowohl bei der Befriedigung eines ↑Bedürfnisses als auch bei der Erwartung seiner Befriedigung auftreten kann; im weiteren Sinne auch die Empfindung von ↑Gefühlen (z. B. Liebe, Freude, Trauer, Angst) und ↑Stimmungen (z. B. Heiterkeit, ↑Melancholie), sofern sie als angenehm (›lustvoll‹) empfunden und deshalb ›genossen‹ werden. Schließlich dient ›L.‹ irreführend manchmal auch zur Bezeichnung von Gefühlen selbst, etwa für jene Klasse von Gefühlen, die eine ›positive‹ Qualität besitzen (z. B. Freude und Geborgenheit im Gegensatz zu Trauer, Angst, Neid, Eifersucht usw.). L. (entsprechend Unlust, Schmerz) kann von jedem Lebewesen empfunden werden, das ein Begehrungs- und Empfindungsvermögen besitzt, also auch von Tieren. Die Behauptung, daß das Verlangen nach L. und das Vermeiden von Unlust das gesamte Verhalten auch des Menschen determiniert (1), und die Forderung, daß der Mensch in seinem Tun stets L.maximierung und Unlustminimierung anstreben solle, weil L. das höchste Gut sei (2), wird vom psychologischen (1) bzw. ethischen (2) ↑Hedonismus vertreten, wobei letzterer als individualistischer oder als universalistischer Hedonismus auftritt.

In der Antike wird das durchweg als problematisch angesehene Phänomen der L. von fast allen Philosophenschulen erörtert. Zeitweise (etwa vom 2. Jh. vor bis zum 1. Jh. n. Chr.) war L. das beherrschende Thema. M. T. Cicero stellt wiederholt die antiken L.lehren (z. B. De fin. 1,29–39; 1,55; 2,9–10; 2,69; Tuscul. 3,41 f.; 5,96) dar. Als Grundtenor läßt sich in der Regel das Für und Wider gegenüber dem Hedonismus ausmachen; den philosophischen Kontext bietet die Ethik und hier vor allem die Lehre vom Glück (↑Glück (Glückseligkeit),

↑Eudämonismus), von der besten ↑Lebensform, vom höchsten Ziel des Menschen (↑Telos) sowie von der Wertigkeit und Klassifikation der ›Güter‹ (↑Güterethik). Den philosophischen Problemhintergrund bildet das Verhältnis der L. zur Vernunft (↑Logos) und zur ↑Tugend (↑Arete). L. wie auch ihr Gegenteil, die Unlust bzw. der Schmerz, gelten als anthropologische Grundkonstanten, wobei neben der Definition auch ihre Bewertung unterschiedlich ausfällt. Demokrit stellt L. in den pragmatischen Kontext des Lebensvollzugs und empfiehlt das rechte Maß und die Ausgewogenheit unterschiedlicher Präferenzmöglichkeiten (VS 68 B 191). Der Sokratesschüler Aristippos von Kyrene sieht (mit anderen Kyrenaikern) in L. etwas prinzipiell Gutes, sogar das oberste Telos des Menschen, dessen Lebensziel es sei, ein Höchstmaß an L. und Freude zu verwirklichen. Eudoxos von Knidos identifiziert die L. mit dem Guten: alle Lebewesen, vernunftbegabte wie vernunftlose, streben nach ihr, und was am meisten und am häufigsten begehrt werde, sei das höchste Gute (nach Aristoteles, Eth. Nic. *K*2.1172b9–14).

Eine differenziertere und zugleich kritischere Theorie der L. findet sich bei Platon und Aristoteles. Für diese ist L. nicht ein Gut, das man um seiner selbst willen anstrebt, sondern etwas, das in je bestimmter Weise zu Handlungen und Überlegungen hinzutritt. Platon unterscheidet eine körperliche und eine seelische L., trennt das Gute strikt von der L. und billigt dieser lediglich die Funktion einer Begleiterscheinung des Guten zu (Gorg. 497e–499b). Im »Staat« (Pol. 580d–587a) charakterisiert er gemäß der Dreiteilung der Seele in einen wahrheitsliebenden, einen kampf- und ehrsüchtigen und einen gewinn- und machtorientierten Aspekt (bzw. Teil) drei Arten von L. und Begierden; diesen sind drei verschiedene Lebensformen zugeordnet, von denen die ›lustvollste‹ die nach Wissen strebende ist. Die körperliche L. bestimmt er negativ als Befreiung von Schmerz. Wahre L. könne nicht im Körperlichen liegen, sondern nur in ›richtiger Vorstellung‹, ›Wissen‹ und ›Vernunft‹, letztendlich in der Schau der Ideen (↑Idee (historisch), ↑Ideenlehre); alles andere seien bloße ›Schattenbilder‹. Der Platonische »Philebos« ist gänzlich der Bestimmung der L. in ihrem Verhältnis zu anderen als erstrebenswert angesehenen Gütern gewidmet. Als beste Lebensform bestimmt Platon diejenige, die sich nicht ausschließlich am Guten oder der L. orientiert, sondern die aus einer ausgewogenen Mischung beider besteht. Ontologisch betrachtet weist er der L. in der Rangfolge des seinsmäßig Wertvollen hinter dem Maß (μέτρον), dem Ebenmäßigen und Schönen (σύμμετρον, καλόν), der Vernunft und der Einsicht (νοῦς, φρόνησις), der Wissenschaft und der richtigen Meinung (ἐπιστήμη, δόξα ἀληθής) den fünften Platz zu (Phileb. 59c–64a). Diese ›Herabstufung‹ des L.empfindens gegenüber konkurrie-

renden Theorien begründet Platon damit, daß es der L. einerseits an Autarkie mangele und daß man sie andererseits dem von ihm als minderwertig eingestuften Bereich des Werdens zuordnen müsse. – Aristoteles zählt in seiner kritischen Analyse traditioneller Gütervorstellungen das L.leben mit dem politischen und dem theoretischen Leben zu den am meisten angestrebten allgemeinen Lebensentwürfen. Als oberstes Ziel des Menschen, d. h. für Aristoteles: als Konkretisierung der Eudaimonie, kommt die L. für ihn nicht in Frage, (1) weil ihre inhaltliche Bestimmung nicht nur zu unpräzise, sondern darüber hinaus auch noch bei ein und demselben Individuum weitgehend inkonsistent sei, (2) weil in der L. nicht das höchste Gut des Menschen qua Mensch bestehen könne – ein L.leben sei zugleich das Leben des Herdenviehs –, (3) weil es der L. an Selbstgenügsamkeit fehle, d. h. für Aristoteles an dieser Stelle, daß sie nicht zu den Gütern zähle, die man um ihrer selbst willen zu erreichen versucht und um deretwillen alles andere angestrebt wird (Eth. Nic. *A*1.1094a18–*A*3.1095b22). Gleichwohl schließt Aristoteles die L. nicht völlig aus dem Kontext der Ethik aus: Auf der (gegenüber dem höchsten Gut) niederen Ebene des konkreten Tugendvollzugs hat die L. durchaus ihre Berechtigung, allerdings nicht als Selbstwert, sondern als etwas ›Beigemischtes‹; dies gelte auch für das höchste sittliche Gut: »Wir glauben, daß die Lust der Eudaimonie beigemischt sein muß« (Eth. Nic. *K*7.1177a23–24). Insgesamt bemißt sich der Wert der jeweiligen L. nach dem Stellenwert der Tugend bzw. Tätigkeit, der sie zugeordnet bzw. ›beigemischt‹ wird. In diesem Zusammenhang entwirft Aristoteles Grundlinien einer Phänomenologie der (hier nicht streng von der Freude begrifflich unterschiedenen) L., wenn er z. B. von der L. am Lernen und Forschen, am Musizieren, an der Wahrnehmung, der Erinnerung, der Hoffnung und der Befriedigung der körperlichen Bedürfnisse (Sättigung) spricht (Eth. Nic., *K*1–5). Bei der Erörterung der Gerichtsrede widmet Aristoteles der L. ein eigenes Kapitel unter dem Aspekt der Frage, ob und inwiefern L. als Handlungsmotiv für Straftaten vom Redner (Ankläger oder Verteidiger) berücksichtigt werden muß (Rhet. *A*11). Hier begegnet L. als wichtiger Teil einer empirisch-psychologischen Affektenlehre (↑Affekt).

Die ↑Stoa sieht in der L. einen dem ethischen Handeln entgegenwirkenden Affekt, eine schädliche Leidenschaft, vor allem deshalb, weil sie die Irrationalität freien Lauf lasse und Verwirrung in der Seele stifte. Sie behindere den für einen Weisen erforderlichen Zustand der ↑Gelassenheit (↑Ataraxie) und widerspreche der ↑Autarkie des Menschen als Vernunftwesen. – Im ↑Kynismus scheint die L. als positiv bewertetes Gut angesehen zu werden, weil sie als Ziel allen menschlichen Strebens gilt. Allerdings steht die Befriedigung von L.bedürfnissen unter dem generellen Vorbehalt, daß sie die nur durch körperliche und geistige Askese erreichbare Autarkie des Handelns nicht gefährden dürfe. – Die L.lehre Epikurs gilt seit der Antike als Paradigma eines hemmungslosen Auslebens körperlicher Genüsse. Wenn Horaz sich selbst als »prall vollgefressenes, in wohlgepflegter Haut glänzendes Schwein aus der Herde Epikurs« bezeichnet und sich seinem Freund A. Tibullus in dieser Gestalt als ›Besichtigungsobjekt‹ anpreist (Briefe I, 4, 15 f.), so trifft er damit in zynischer Selbstironie die landläufige Vorstellung vom Genußleben der Epikureer. Der ↑Epikureismus sieht zwar die konsequente Orientierung am Prinzip der subjektiv-persönlichen L. als Endziel allen menschlichen Strebens an und bestimmt L. als höchstes Gut und Schmerz als größtes Übel, differenziert aber zwischen seelischen und körperlichen sowie zwischen längeren und kürzeren L.zuständen und gibt dabei den länger andauernden seelischen den Vorzug gegenüber den nur kurze Zeit währenden körperlichen. Aber oberster Maßstab muß stets das Ideal der auf vernünftiger Einsicht beruhenden Gelassenheit (Ataraxie) und somit die Freiheit von seelischer Unruhe und körperlichem Schmerz sein. Kritische Instanz zur Beurteilung und Einordnung der unterschiedlichen Arten und Intensitäten der L. ist die Klugheit, die Epikur noch über die Philosophie stellt; diese Tugend »lehrt, daß es kein lustvolles Leben gibt, ohne klug, gut und gerecht zu leben« (A. A. Long/D. N. Sedley, Die hellenistischen Philosophen [s. u., Lit.], 133 [Epikur, Brief an Menoikus, 131–132]). Eine Konsequenz der L.lehre Epikurs ist der Verzicht auf jegliche Beteiligung am politischen Leben, der Rückzug ins private Leben mit Freunden (λάθε βιώσας). Thomas von Aquin führt die aristotelische und die christliche Lehre von der L. zusammen und systematisiert sie (S. th. II, 1 qu. 31–34), ohne jedoch die lustfeindlichen Anschauungen der augustinischen Tradition zu übernehmen.

Überlegungen zur Skalierung der L.- und Unlustempfindungen nach den Dimensionen Intensität, Dauer und Auftretenswahrscheinlichkeit und zu ihrer Gewichtung in einem ›hedonistischen Kalkül‹ hat zuerst J. Bentham angestellt (1970, 38–41). Die psychoanalytische Theorie S. Freuds (↑Psychoanalyse) setzt einem so genannten ›L.prinzip‹, dem gemäß die Triebregungen nach Befriedigung und die Triebspannungen nach Ausgleich streben, ein ›Realitätsprinzip‹ entgegen, das die Triebansprüche und ihre Befriedigung nach Maßgabe der in einer Gesellschaft herrschenden Normen einzuschränken auferlegt. Nach H. Marcuse ist jedoch der Verzicht auf L. in den entwickelten Industriegesellschaften anachronistisch geworden, da die hohe Arbeitsproduktivität bei einer vernünftigen Organisation menschlichen Zusammenlebens, die den Abbau von Konkurrenzverhalten und Konsumismus einschließt, unbeschränkte Triebbefriedigung gestattet.

Literatur: W. Alston, Pleasure, Enc. Ph. VI (1967), 341–349; G. E. M. Anscombe, On the Grammar of Enjoy, J. Philos. 64 (1967), 607–614, ferner in: dies., The Collected Philosophical Papers II (Metaphysics and the Philosophy of Mind), Oxford 1981, 94–100; J. Austin, Pleasure and Happiness, in: J. B. Schneewind (ed.), Mill. A Collection of Critical Essays, Garden City N. Y., New York 1968, London/Melbourne, Notre Dame Ind. 1969, 234–250; M. Aydede, An Analysis of Pleasure Vis-à-Vis Pain, Philos. Phenom. Res. 61 (2000), 537–570; M. Balint, Problems of Human Pleasure and Behaviour, London 1957, 1987; E. Bedford, Pleasure and Belief, Proc. Arist. Soc., Suppl. 33 (1959), 73–92; J. Bentham, An Introduction to the Principles of Morals and Legislation, London 1789, xxvi–xxix (Chap. IV Value of a Lot of Pleasure or Pain, How to Be Measured), ferner als: The Collected Works of Jeremy Bentham II/1, ed. J. H. Burns/H. L. A. Hart, London 1970, Oxford etc. 2005, 38–41; P. Bloom, How Pleasure Works. The New Science of Why We Like What We Like, New York, London 2010; F. Brentano, Vom Lieben und Hassen, in: ders., Vom Ursprung sittlicher Erkenntnis, ed. O. Kraus, Leipzig ³1934, Hamburg ⁴1955, 1988, 142–168 (engl. App. IX Loving and Hating, in: ders., The Origin of Our Knowledge of Right and Wrong, ed. R. M. Chisholm, London 1969, 137–160, London/Henley, New York 2009, 93–107; franz. De l'amour et de la haine, in: ders., »L' origine de la connaissance morale« suivi de »La doctrine du jugement correct«, Paris 2003, 130–151); ders., Psychologie vom empirischen Standpunkt III (Vom sinnlichen und noetischen Bewußtsein), ed. O. Kraus, Leipzig 1928, Hamburg ²1968, 1974 (franz. Psychologie du point de vue empirique, I–III in einem Bd., Paris 1944, III [De la conscience sensible et noétique], 358–444, 2008; engl. Psychology from an Empirical Standpoint III [Sensory and Noetic Consciousness], ed. L. L. McAlister, London/Henley, New York 1981); R. M. Chisholm, Brentano's Theory of Pleasure and Pain, Topoi 6 (1987), 59–64; J. L. Cowan, Pleasure and Pain. A Study in Philosophical Psychology, London/Melbourne/Toronto, New York 1968; S. A. Drakopoulos, Values and Economic Theory. The Case of Hedonism, Aldershot etc. 1991; K. Duncker, On Pleasure, Emotion, and Striving, Philos. Phenom. Res. 1 (1940/1941), 391–430 (dt. Über L., Emotion und Streben, Gestalt Theory 24 [2002], 75–116); R. B. Edwards, Pleasures and Pains. A Theory of Qualitative Hedonism, Ithaca N. Y., London 1979; D. Frede, Pleasure and Pain in Aristotle's Ethics, in: R. Kraut (ed.), The Blackwell Guide to Aristotle's Nicomachean Ethics, Malden Mass./Oxford/Victoria 2006, 2007, 255–275; N. Frijda, The Nature of Pleasure, in: J. A. Bargh/D. K. Apsley (eds.), Unraveling the Complexities of Social Life. A Festschrift in Honor of Robert B. Zajonc, Washington D. C. 2001, 71–94; A. E. Fuchs, The Production of Pleasure by Stimulation of the Brain. An Alleged Conflict between Science and Philosophy, Philos. Phenom. Res. 36 (1976), 494–505; D. Gallop, True and False Pleasures, Philos. Quart. 10 (1960), 331–342; H. N. Gardiner/R. C. Metcalf/J. G. Beebe-Center, Feeling and Emotion. A History of Theories, New York 1937, Westport Conn. 1970; B. Gibbs, Higher and Lower Pleasures, Philos. 61 (1986), 31–59; I. Goldstein, Cognitive Pleasure and Distress, Philos. Stud. 39 (1981), 15–23; ders., Pleasure and Pain. Unconditional Intrinsic Values, Philos. Phenom. Res. 50 (1989), 255–276; ders., Intersubjective Properties, by Which We Specify Pain, Pleasure and Other Kinds of Mental States, Philos. 75 (2000), 89–104; J. C. B. Gosling, Pleasure and Enjoyment, in: J. J. MacIntosh/S. C. Coval (eds.), The Business of Reason, London, New York 1969, 95–113; ders., More Aristotelian Pleasures, Proc. Arist. Soc. NS 74 (1973/1974), 15–34; ders./C. C. W. Taylor, The Greeks on Pleasure, Oxford etc. 1982, 2002; P. Hadreas, Intentionality and the Neurobiology of Pleasure, Stud. Hist. Philos. Sci. Part C 30 (1999), 219–236; D. Haybron, Happiness and Pleasure, Philos. Phenom. Res. 62 (2001), 501–528; K. Held, Hēdonē und Ataraxia bei Epikur, Paderborn 2007; B. W. Helm, Felt Evaluations. A Theory of Pleasure and Pain, Amer. Philos. Quart. 39 (2002), 13–30; L. Huestegge, L. und Arete bei Platon, Hildesheim/Zürich/New York 2004 (Studien und Materialien zur Geschichte der Philosophie LXV); I. Johannson, Species and Dimensions of Pleasure, Metaphysica 2 (2001), 39–71; D. Kahneman/E. Diener/N. Schwarz (eds.), Well-Being. The Foundations of Hedonic Psychology, New York 1999, 2003; G. Katkov, The Pleasant and the Beautiful, Proc. Arist. Soc. NS 40 (1939/1940), 177–206; L. D. Katz, Pleasure, SEP 2005, rev. 2006; A. J. P. Kenny, Action, Emotion and Will, London, New York 1963, London/New York 2003; J. Klocksiem, The Problem of Interpersonal Comparisons of Pleasure and Pain, J. Value Inqu. 42 (2008), 23–40; M. L. Kringelbach, The Pleasure Center. Trust Your Animal Instincts, Oxford etc. 2009; ders./K. C. Berridge (eds.), Pleasures of the Brain, Oxford etc. 2009, 2010; G. Lieberg, Die Lehre von der L. in den Ethiken des Aristoteles, München 1958; ders. u. a., L., Freude, Hist. Wb. Ph. V (1980), 552–564; A. A. Long/D. N. Sedley, The Hellenistic Philosophers I, Cambridge etc. 1987, 2010, 112–125 (21 Pleasure) (dt. Die hellenistischen Philosophen. Texte u. Kommentare, übers. v. K. Hülser, Stuttgart/Weimar 2000, 2006, 131–146 [21 L.]); A. MacIntyre, Pleasure as a Reason for Action, Monist 49 (1965), 215–233, ferner in: ders., Against the Self-Images of the Age. Essays on Ideology and Philosophy, London 1971, 173–190; A. R. Manser, Pleasure, Proc. Arist. Soc. NS 61 (1960/1961), 223–238; H. Marcuse, Eros and Civilisation. A Philosophical Inquiry into Freud, Boston Mass./New York 1955, London 2006 (dt. Eros und Kultur. Ein philosophischer Beitrag zu Sigmund Freud, Stuttgart 1957, unter dem Titel: Triebstruktur und Gesellschaft. Ein philosophischer Beitrag […], Frankfurt 1965, Springe 2004); G. Marshall, Pleasure, REP VII (1998), 448–451; M. A. McCloskey, Pleasure, Mind NS 80 (1971), 542–551; B. Merker, L./Unlust, EP I (1999), 790–794; R. W. Momeyer, Is Pleasure a Sensation?, Philos. Phenom. Res. 36 (1975), 113–121; M. C. Nussbaum, The Therapy of Desire. Theory and Practice in Hellenistic Ethics, Princeton N. J./Chichester 1994, Neuaufl. Princeton N. J./Woodstock 2009; dies., Upheavals of Thought. The Intelligence of the Emotions, Cambridge etc. 2001, 2008; R. J. O'Shaughnessy, Enjoying and Suffering, Analysis 26 (1966), 153–160; M. Ossowska, Remarks on the Ancient Distinction between Bodily and Mental Pleasures, Inquiry 4 (Abingdon 1961), 123–127; G. E. L. Owen, Aristotelian Pleasures, Proc. Arist. Soc. NS 72 (1971/1972), 135–152; T. Penelhum, The Logic of Pleasure, Philos. Phenom. Res. 17 (1957), 488–503; ders./W. E. Kennick/A. Isenberg, Symposium: Pleasure and Falsity, Amer. Philos. Quart. 1 (1964), 81–100; D. L. Perry, The Concept of Pleasure, The Hague/Paris, New York 1967; ders., Pleasure and Justification, Personalist 51 (1970), 174–189; W. S. Quinn, Pleasure – Disposition or Episode?, Philos. Phenom. Res. 28 (1968), 578–586; S. Rachels, Six Theses about Pleasure, Philosophical Perspectives 18 (2004), 247–267; F. Ricken, Der L.begriff in der Nikomachischen Ethik des Aristoteles, Göttingen 1976; ders., Wert und Wesen der L. (VII, 12–15 und X, 1–5), in: O. Höffe (ed.), Aristoteles. Die Nikomachische Ethik, Berlin 1995, 2006, 207–228; G. van Riel, Pleasure and the Good Life. Plato, Aristotle, and the Neoplatonists, Leiden/Boston Mass./Köln 2000 (Philosophia antiqua LXXXV); W. S. Robinson, What Is It Like to Like?, Philosophical Psychology 19 (2006),

743–765; A. O. Rorty, The Place of Pleasure in Aristotle's Ethics, Mind NS 83 (1974), 481–497; G. Rudebusch, Socrates, Pleasure, and Value, Oxford etc. 1999, 2002; D. C. Russell, Plato on Pleasure and the Good Life, Oxford etc. 2005, 2007; G. Ryle, Dilemmas, Cambridge 1954, Cambridge/New York/Melbourne 2002, 54–67 (Chap. IV Pleasure) (dt. Begriffskonflikte, Göttingen 1970, 70–86 [Kap. IV An etwas Freude haben); ders./W. B. Gallie, Pleasure, Proc. Arist. Soc., Suppl. 28 (1954), 135–164; T. Schroeder, Pleasure, Displeasure and Representation, Can. J. Philos. 31 (2001), 507–530; D. Sobel, Pleasure as a Mental State, Utilitas 11 (1999), 230–234; C. C. W. Taylor, Pleasure, Analysis, Suppl. 23 (1962/1963), 2–19; ders., Pleasure, Mind, and Soul. Selected Papers in Ancient Philosophy, Oxford etc. 2008; I. Thalberg, False Pleasures, J. Philos. 59 (1962), 65–74; R. Trigg, Pain and Emotion, Oxford 1970, München 1984, 102–124 (Ch. VI Is Pleasure a Sensation?); M. Weinman, Pleasure in Aristotle's Ethics, London/New York 2007; B. A. O. Williams, Pleasure and Belief, Proc. Arist. Soc., Suppl. 33 (1959), 57–72, ferner in: S. Hampshire (ed.), Philosophy of Mind, New York/London 1966, 225–242; weitere Literatur: ↑Hedonismus.   M. G./R. Wi.

Luther, Martin, *Eisleben 10. Nov. 1483, †ebendort 18. Febr. 1546, Reformator. L. besuchte die Schule in Mansfeld, ab 1497 in Magdeburg und ab 1498 in Eisenach. 1501 begann er mit dem Studium der *artes* (↑ars) in Erfurt. Neben der *via moderna* (↑via antiqua/via moderna) seiner akademischen Lehrer war vor allem die Prägung durch humanistische (↑Humanismus) Kreise wirkungsvoll. Nach einem am 2.7.1505 in Gewittersnot bei Stotternheim gesprochenen Gelübde zum Klostereintritt brach er das im selben Jahr erst begonnene Jurastudium wieder ab und wechselte zur Theologie. Nach Profess im Augustinereremitenorden 1506 und Priesterweihe 1507 lehrte L. 1508/1509 im Auftrag seines Ordens *artes* in Wittenberg und erlangte hier 1509 den Grad eines *baccalaureus Biblicus*. 1510/1511 noch in einem gegen den Generalvikar seines Ordens, Johann von Staupitz (ca. 1468–1524) gerichteten Auftrag seines Konvents nach Rom unterwegs, wechselte er bald auf dessen Seite und damit ab 1511 endgültig nach Wittenberg. Hier übernahm er 1512 die theologische Professur von Staupitz und konzentrierte sich in seiner Vorlesungstätigkeit auf die biblischen Schriften des Psalters, des Römer- und des Galaterbriefes. Seine Thesen gegen den Ablaß vom 31. Oktober 1517 machten ihn zur öffentlichen Person und im Zuge einer über Jahre anhaltenden theologischen Entwicklung zur Kristallisationsgestalt der beginnenden reformatorischen Bewegung, der er vor allem durch seine reformatorischen Hauptschriften im Jahre 1520 ein Programm für Theologie, Kirche und Welthandeln gab. 1521 in kirchlichen Bann und Reichsacht gesetzt, erstellte er in seiner Schutzhaft auf der Wartburg 1521/1522 eine Übersetzung des »Neuen Testaments« ins Deutsche. Nach Konflikten mit den aufständischen Bauern einerseits und Erasmus von Rotterdam andererseits (1525) waren seine beiden letzten Lebensjahrzehnte neben der akademischen Tätigkeit vor allem vom Aufbau der reformatorischen Neuordnung in Sachsen und anderen Ländern bestimmt.

L.s Anfänge vollzogen sich als Reform des Theologiestudiums an der Wittenberger Universität. Auf den Bahnen seines Lehrers Staupitz, der ihn auf die Konzentration allen Heils in Christus verwies, und unter dem Eindruck der mystischen (↑Mystik) Literatur des späten Mittelalters (Johannes Tauler [†1360]) bringt er die akademische Tätigkeit in Vorlesung und Disputation in einen engen Zusammenhang mit der Aufgabe der Predigt. Schlüssel hierfür ist die Konzentration der mittelalterlichen Lehre vom vierfachen Schriftsinn auf den Literalsinn einerseits und einen den mittelalterlichen *sensus moralis* weiterführenden Bezug der Schrift auf den Glaubenden (»*pro nobis*«). Zur entscheidenden Autorität wird ihm dabei anstelle des in seiner vor allem gegen G. Biel (ca. 1410–1495) gerichteten »Disputatio contra scholasticam theologiam« vom 4.9.1517 scharf kritisierten Einflusses des Aristoteles auf die Theologie A. Augustinus als Lehrer der ausschließlichen Notwendigkeit der Gnade für den Gewinn des Heils. In der Heidelberger Disputation vom 26.4.1518 formuliert er programmatisch, daß niemand gut Philosophie treiben könne, wenn er nicht zuvor zur Einfachheit in Christus gelangt sei (These 30). Er deutet ferner eine Bevorzugung Platons gegenüber Aristoteles an, die er in der Folgezeit aber nicht systematisch ausbaut. Etwa in dieser Zeit reift auch seine Rechtfertigungslehre zu einer die spätere lutherische Lehre prägenden Gestalt, in der die Alleinigkeit des Glaubens als Zueignungsmittel der Gnade an den Menschen im Gegensatz zu allen Werken im Zentrum steht. Die mit dem Bezug auf Platon angedeutete mögliche Allianz mit dem Humanismus zerbricht 1525 weitgehend durch den Streit mit Erasmus, der nicht nur um L.s mit philosophischem ↑Determinismus nicht identische theologische Bestreitung einer ↑Willensfreiheit in Fragen des Heils geht, sondern auch um die Möglichkeit, allein aufgrund der Schrift und ihrer nach L. innewohnenden Klarheit theologische und anthropologische Fragen zu entscheiden. Diese Position entfaltet L. im Zuge des in Wittenberg nach einer zwischenzeitlichen Unterbrechung wieder einsetzenden Disputationswesens, vor allem in der »Disputatio de homine« vom 14.1.1536, in der er philosophische Anthropologie als vorläufige und unzureichende Beschreibung des Menschen von einer ›aus der Fülle ihrer Weisheit den ganzen und vollkommenen Menschen‹ erfassenden Theologie unterscheidet. Dieser Superioritätsanspruch der ↑Theologie gibt ihr auch eine wissenschaftstheoretische Zentralstellung, die sich in einer Neufüllung Aristotelischer Grundkategorien – ↑Form und Materie – nach theologischen Maßstäben äußert. Aufgrund der mit P. Melanchthon verbundenen Rückbesinnung auf Aristoteles auch im Luthertum hatte dies aber keine nachhaltige Wirkung.

Werke: D. M. L.s Werke. Kritische Gesamtausgabe, 132 Bde in 4 Abt.: Abt. 1 [Schriften]: I–LXXIII in 93 Bdn., 12 Reg.bde, 4 Erg.bde; Abt 2 [Tischreden]: I–VI; Abt. 3 [Die deutsche Bibel]: I–XII in 15 Bdn.; Abt. 4 [Briefwechsel]: I–XVIII, 1 Reg.bd., 1 Erg.bd., Weimar 1883–2009, [ohne Reg.bde d. Abt. 1] in 112 Bdn., Stuttgart/Weimar 2000–2007. – L. deutsch, I–X u. 1 Reg.bd., ed. K. Aland, Stuttgart/Göttingen 1948–1974, Göttingen 1991; Studienausgabe, I–VI, ed. H.-U. Delius u. a., Leipzig/Berlin 1979–1999; Lateinisch-Deutsche Studienausgabe, I–III, ed. W. Härle, Leipzig 2006–2009.

Literatur: K. Aland, Hilfsbuch zum L.studium, Gütersloh 1956, erw. Witten ³1970, Bielefeld ⁴1996; O. Bayer, M. L.s Theologie. Eine Vergegenwärtigung, Tübingen 2003, ³2007; W. Besch, L., LThK VI (³1997), 1129–1140; A. Beutel, M. L., München 1991, unter dem Titel: M. L.. Eine Einführung in Leben, Werk und Wirkung, Leipzig ²2006; ders. (ed.), L.-Handbuch, Tübingen 2005, ²2010; M. Brecht, M. L., I–III, Stuttgart 1981–1987 (I Sein Weg zur Reformation 1483–1521, II Ordnung und Abgrenzung der Reformation 1521–1532, III Die Erhaltung der Kirche 1532–1546); ders./K.-H. zur Mühlen/W. Mostert, L., TRE XXI (1991), 513–594; T. Dieter, Der junge L. und Aristoteles. Eine historisch-systematische Untersuchung zum Verhältnis von Theologie und Philosophie, Berlin/New York 2001; G. Ebeling, Evangelische Evangelienauslegung. Eine Untersuchung zu L.s Hermeneutik, München 1942 (repr. Darmstadt 1969); ders., Disputatio de homine, I–III, Tübingen 1977–1989 (I Text und Traditionshintergrund, II Die philosophische Definition des Menschen. Kommentar zu These 1–19, III Die theologische Definition des Menschen. Kommentar zu These 20–40) (L.studien II); G. O. Forde, On Being a Theologian of the Cross. Reflections on L.'s Heidelberg Disputation, 1518, Grand Rapids Mich./Cambridge 1997; A. S. Francisco, M. L. and Islam. A Study in Sixteenth-Century Polemics and Apologetics, Leiden/Boston Mass. 2007; H. J. Genthe, M. L.. Sein Leben und Denken, Göttingen 1996; B. A. Gerrish, L., Enc. Ph. V (1967), 109–113; L. Grane, Contra Gabrielem. L.s Auseinandersetzung mit Gabriel Biel in der Disputatio contra scholasticam theologiam, Kopenhagen 1962; ders., Modus loquendi theologicus. L.s Kampf um die Erneuerung der Theologie (1515–1518), Leiden 1975; K. Hagen, L.'s Approach to Scripture as Seen in His »Commentaries« on Galatians 1519–1538, Tübingen 1993; M. A. Higston, L., REP VI (1998), 1–5; T. Hösl, Das Verhältnis von Freiheit und Rationalität bei M. L. und Gottfried Wilhelm Leibniz, Frankfurt etc. 2003, bes. 15–109; H. Junghans, Leben und Werk M. L.s von 1526 bis 1546. Festgabe zu seinem 500. Geburtstag, I–II, Göttingen 1983; ders., Der junge L. und die Humanisten, Weimar 1984, Göttingen 1985; U. Köpf, M. L.s theologischer Lehrstuhl, in: I. Dingel/G. Wartenberg (eds.), Die Theologische Fakultät Wittenberg 1502 bis 1602, Leipzig 2002, 71–86; D. Korsch, M. L.. Eine Einführung, Tübingen 2007; ders./V. Leppin (eds.), M. L. – Biographie und Theologie, Tübingen 2010; J.-M. Kruse, Universitätstheologie und Kirchenreform. Die Anfänge der Reformation in Wittenberg 1516–1522, Mainz 2002; V. Leppin, M. L., Darmstadt 2006, ²2010; A. Lexutt, L., Köln/Weimar/Wien 2008; B. Lohse, M. L.. Eine Einführung in sein Leben und sein Werk, München 1981, ³1997 (engl. M. L.. An Introduction to His Life and Work, Philadelphia Pa. 1986, Edinburgh 1987); ders., L.s Theologie in ihrer historischen Entwicklung und in ihrem systematischen Zusammenhang, Göttingen 1995 (engl. M. L.'s Theology. Its Historical and Systematic Development, Minneapolis Minn. 1999); A. Malet, L., DP II (²1993), 1821–1829; R. Marius, M. L.. The Christian Between God and Death, Cambridge Mass. 1999, 2000; E. Maurer, Der Mensch im Geist. Untersuchungen zur Anthropologie bei Hegel und L., Gütersloh 1996; A. E. McGrath, L.'s Theology of the Cross. M. L.'s Theological Breakthrough, Oxford, New York 1985, Oxford/Malden Mass. 2004; D. K. McKim (ed.), The Cambridge Companion to M. L., Cambridge 2003, 2004; B. Moeller, L., in: Biographische Enzyklopädie deutschsprachiger Philosophen, München 2001, 261–263; K.-H. zur Mühlen, Nos Extra Nos. L.s Theologie zwischen Mystik und Scholastik, Tübingen 1972; ders., Reformatorisches Profil. Studien zum Weg M. L.s und der Reformation, ed. J. Brosseder u.a., Göttingen 1995; H. A. Oberman, Werden und Wertung der Reformation. Vom Wegestreit zum Glaubenskampf, Tübingen 1977, ³1989 (engl. Masters of the Reformation. The Emergence of a New Intellectual Climate in Europe, Cambridge 1981); O. H. Pesch, Hinführung zu L., Mainz 1982, ³2004; M. Plathow, Freiheit und Verantwortung. Aufsätze zu M. L. im heutigen Kontext, Erlangen 1996; R. Pozzo, L., in: F. Volpi (ed.), Großes Werklexikon der Philosophie II, Stuttgart 1999, 960–962; K. Schäferdiek (ed.), M. L. im Spiegel heutiger Wissenschaft, Bonn 1985; H. Scheible, Gründung und Ausbau der Universität Wittenberg, in: P. Baumgart/N. Hammerstein (eds.), Beiträge zu Problemen deutscher Universitätsgründungen der frühen Neuzeit, Nendeln 1978, 131–147, Nachdr. in: H. Scheible, Melanchthon und die Reformation. Forschungsbeiträge, ed. R. May/R. Decot, Mainz 1996, 353–369; M. Schulze, L., BBKL V (1993), 447–482; H. Schwarz, M. L. Einführung in Leben und Werk, Stuttgart 1995; R. Schwarz, L., Göttingen 1986, ²1998; ders./K.-H. zur Mühlen, L., RGG V (⁴2002), 558–600; H. Zahrnt, M. L. in seiner Zeit, für unsere Zeit, München 1983, überarb. unter dem Titel: M. L. Reformator wider Willen, München 1986, Leipzig 2000.   V. L.

Luxemburg, Rosa (ursprünglich: Rosalia Luxenburg), *Zamost (Zamość, südlich Lublin) wahrscheinlich 5. März 1871, †Berlin 15. Jan. 1919, dt. Politikerin polnischer Abstammung. 1880–1887 Gymnasium in Warschau, 1889 Emigration in die Schweiz, 1890–1896 Studium der Philosophie, Geschichte, Nationalökonomie und des Rechts an der Universität Zürich, 1897 Promotion bei J. Wolf zum Dr. jur. mit einer Arbeit über die industrielle Entwicklung Polens, 1898 Eheschließung mit G. Lübeck in Basel zur Erlangung der preußischen Staatsbürgerschaft, Übersiedlung nach Berlin; zeitweise Chefredakteurin der »Sächsischen Arbeiter-Zeitung« und (mit F. Mehring) der »Leipziger Volkszeitung«, Redakteurin beim »Vorwärts«; 1905/1906 Teilnahme an den revolutionären Unruhen in Polen und Rußland, fünfmonatige Haft in Warschau, 1907–1914 Dozentin für Nationalökonomie und Wirtschaftsgeschichte an der Parteischule der SPD in Berlin; Delegierte verschiedener sozialistischer Parteien Polens und Deutschlands auf internationalen sozialistischen Kongressen (1896 London, 1900 Paris, 1904 Amsterdam, 1907 Stuttgart, 1910 Kopenhagen, 1912 Basel, 1914 Brüssel); nach einem Jahr Gefängnis (Februar 1915–Februar 1916) ›Sicherheitshaft‹ (10. 7. 1916–8. 11. 1918) in Berlin, in der Festung Wronke (bei Posen) und in Breslau; 29.–31. 12. 1918 Gründungsparteitag der aus dem Spartakusbund (Leitung R. L., K. Liebknecht, L. Jogiches) hervorgehenden Kommunistischen Partei Deutschlands (KPD); 15. 1. 1919 Verhaftung und Ermordung von L. (und Liebknecht) in Berlin durch Soldaten.

L. vertrat einen internationalistischen, demokratischen Sozialismus, der sie in Gegnerschaft zu ausschließlich national orientierten Freiheitsbewegungen (z. B. der Polen), zu den Befürwortern des Eintritts in den Krieg 1914 und zur zentralistischen Parteitheorie W. I. Lenins brachte. Ihr theoretisches Hauptwerk (Die Akkumulation des Kapitals. Ein Beitrag zur ökonomischen Erklärung des Imperialismus, 1913) führt die Kapitalismuskritik des 2. Bandes von K. Marx' »Kapital« fort und behauptet unter anderem, daß der ↑Kapitalismus sich nur durch ständige Eroberung neuer Märkte und Entwicklung neuer Produkte am Leben erhalten kann. Unter dem Pseudonym ›Junius‹ (in Anspielung auf die Londoner Junius-Briefe des 18. Jhs.) bekämpft sie in »Die Krise der Sozialdemokratie« (1916) die nationalistische Orientierung der Mehrzahl der sozialistischen Parteien Europas, insbes. der SPD, in der Kriegsfrage, weil sie die Grundlage des Sozialismus, die übernationale Einheit der Arbeiterklasse, aufhebe, und prophezeit den Sieg Englands und Frankreichs über Deutschland. In ihrer posthum von P. Levi herausgegebenen Schrift »Die Russische Revolution. Eine kritische Würdigung« (1922) bezeichnet L. die Überführung des Großgrundbesitzes in bäuerlichen Besitz durch Lenin in Rußland als Wiedereinführung des Privateigentums an Stelle seiner Aufhebung in gesellschaftliches Eigentum und kritisiert die Diktatur der Bolschewisten: »Freiheit nur für die Anhänger der Regierung, nur für Mitglieder einer Partei – mögen sie noch so zahlreich sein – ist keine Freiheit. Freiheit ist immer nur Freiheit des anders Denkenden« (1963, 73).

Werke: Gesammelte Werke, ed. C. Zetkin/A. Warski, Berlin 1923–1928 (erschienen Bde III Gegen den Reformismus, IV Gewerkschaftskampf und Massenstreik, VI Die Akkumulation des Kapitals); Œuvres, I–IV, Paris 1969, 1972–1978; Gesammelte Werke, I–V, ed. Institut für Marxismus-Leninismus, Berlin (Ost) 1970–1975, ed. R.-L.-Stiftung Gesellschaftsanalyse und Politische Bildung e. V., Berlin, I/1, ⁸2007, I/2, ⁷2000, II, ⁶2004, III, ⁶2003, IV, ⁶2000, ed. Institut für Marxismus-Leninismus, V, Berlin (Ost) ³1985 (repr. als ⁴1990). – Die Akkumulation des Kapitals. Ein Beitrag zur ökonomischen Erklärung des Imperialismus, Berlin 1913, unter dem Titel: Die Akkumulation des Kapitals oder Was die Epigonen aus der Marxschen Theorie gemacht haben. Eine Antikritik, gekürzt Leipzig 1921, beide Ausgaben in einem Bd., ed. C. Zetkin/A. Warski, Berlin 1923 [= Ges. Werke VI], Frankfurt ⁴1970, beide Ausgaben in: Ges. Werke [s. o.] VI, ed. Institut für Marxismus-Leninismus, 5–523 (franz. L'accumulation du capital d'après R. L., gekürzt Paris 1930, unter dem Titel: L'accumulation du capital. Contribution à l'explication économique de l'impérialisme, I–II, Paris 1935–1967, 1969 [= Œuvres III–IV], 1976; engl. The Accumulation of Capital, New Haven Conn., London 1951, London/New

York 2003); Die Krise der Sozialdemokratie, Zürich, Bern, Berlin 1916, Berlin, Leipzig [2]1919, München 1919, ferner in: Ges. Werke [s. o.] IV, ed. Institut für Marxismus-Leninismus, Berlin 1974, ed. R.-L.-Stiftung Gesellschaftsanalyse und Politische Bildung e. V., Berlin, Berlin [6]2000, 49–164 (engl. [K. P. A. F. Liebknecht/F. Mehring] [beide Personen in erster engl. Ausgabe vom Verlag fälschlicherweise als Koautoren angeführt] The Crisis in the German Social-Democracy, New York 1918, mit Untertitel: The Junius Pamphlet [1919], Whitefish Mont. 2008; franz. La crise de la démocratie socialiste, Paris 1934, unter dem Titel: La crise de la social-démocratie, Paris 2009); Die Russische Revolution. Eine kritische Würdigung, ed. P. Levi, Berlin 1922, ed. O. K. Flechtheim, Frankfurt [2]1963, unter dem Titel: Zur russischen Revolution, in: Ges. Werke [s. o.] IV, ed. Institut für Marxismus-Leninismus, Berlin 1974, ed. R.-L.-Stiftung Gesellschaftsanalyse und Politische Bildung e. V., Berlin, Berlin [6]2000, 332–365 (franz. La révolution russe. Examen critique, Paris 1922, ohne Untertitel, La Tour-d'Aigues 2007; engl. The Russian Revolution, New York [1940], ferner in: »The Russian Revolution« and »Leninism or Marxism«, Ann Arbor Mich. 1961, 2005, 25–80); Ausgewählte Reden und Schriften, I–II, Berlin (Ost) 1951, [2]1955; Politische Schriften, I–III, ed. O. K. Flechtheim, Frankfurt 1966–1968, I–III in einem Bd., Frankfurt 1987; Scritti politici, ed. L. Basso, Rom 1967, [2]1970, 1976 [mit ausführlicher Einleitung von L. Basso, s. u., Lit.]; Schriften zur Theorie der Spontaneität, ed. S. Hillmann, Reinbek b. Hamburg 1970, 1977; Ausgewählte politische Schriften, I–III, Frankfurt 1971; Internationalismus und Klassenkampf. Die polnischen Schriften, ed. J. Hentze, Neuwied/Berlin 1971; Reden, ed. G. Radczun, Leipzig 1976. – Briefe an Karl und Luise Kautsky (1896–1918), ed. L. Kautsky, Berlin 1923, 1982 (engl. Letters to Karl and Luise Kautsky from 1896 to 1918, ed. L. Kautsky, New York 1925, 1975; franz. Lettres à Karl et Luise Kautsky, Paris 1925, 2007); Briefe an Freunde, ed. B. Kautsky, Hamburg, Zürich 1950, Frankfurt [2]1986; Listy do Leona Jogichesa-Tyszki, I–III, Warschau 1968–1971 (dt. Briefe an Leon Jogiches, Frankfurt 1971; franz. Lettres à Léon Jogichès. 1894–1914, Paris 1971, 2001); Ich umarme Sie in grosser Sehnsucht. Briefe aus dem Gefängnis 1915–1918, Berlin/Bonn 1980, [4]1996; Gesammelte Briefe, I–V, ed. Institut für Marxismus-Leninismus beim ZK der SED, Berlin (Ost) 1982–1984, I, [3]1989, II, ed. Bundesstiftung R. L.. Gesellschaftsanalyse und Politische Bildung e. V., Berlin [3]1999, III, ed. Institut für Marxismus-Leninismus [. . .], Berlin (Ost) [2]1984, IV, ed. R.-L.-Stiftung Gesellschaftsanalyse und Politische Bildung e. V., Berlin [3]2001, V, ed. Institut für Marxismus-Leninismus [. . .], Berlin (Ost) [2]1987, VI, ed. A. Laschitza, Berlin 1993. – H. Kögler, Karl Liebknecht – R. L.. Veröffentlichungen von und über Karl Liebknecht und R. L. in der DDR. Bibliographie, Berlin (Ost) 1988; J. Nordquist, R. L. and Emma Goldman. A Bibliography, Santa Cruz Calif. 1996 (Social Theory. A Bibliographic Series XLIII).

Literatur: R. Abraham, R. L.. A Life for the International, Oxford/New York, New York 1989; G. Badia, R. L.. Journaliste, polémiste, révolutionnaire, Paris 1975; ders., L. R., Enc. philos. universelle III,2 (1992), 2633–2634; ders., R. L.. Épistolière, Paris 1995; L. Basso, Einleitung zu Scritti Politici [s. o., Werke] (dt. R. L.s Dialektik der Revolution, Frankfurt 1969 [engl. R. L.. A Reappraisal, London, New York 1975]); R. Bellofiore (ed.), R. L. and the Critique of Political Economy, London/New York 2007, 2009; T. Bergmann/J. Rojahn/F. Weber (eds.), Die Freiheit der Andersdenkenden. R. L. und das Problem der Demokratie, Hamburg 1995; T. Bergmann/W. Haible (eds.), Reform – Demokratie – Revolution. Zur Aktualität von R. L., Hamburg 1997; S. E. Bronner, R. L.. A Revolutionary of Our Times, London 1981, University Park Pa. 1997; T. Cliff, R. L.. A Study, London 1959 (Int. Socialism. Quarterly for Marxist Theory 2/3), London [2]1968, ferner in: ders., Selected Writings I. International Struggle and the Marxist Tradition, London/Sydney 2001, 59–116 (dt. Studie über R. L., Frankfurt, Hannover 1969, Frankfurt [4]2000); D. Dath, R. L., Frankfurt 2010; E. Ettinger, R. L.. A Life, Boston Mass. 1986, London/San Francisco Calif. 1995 (dt. R. L.. Ein Leben, Bonn 1990; franz. R. L.. Une vie, Paris 1990); I. Fetscher, L., R., NDB XV (1987), 578–582; O. K. Flechtheim, R. L. zur Einführung, Hamburg 1985, [2]1986; P. Frölich, R. L.: Gedanke und Tat, Paris 1939 (engl. R. L.. Her Life and Work, London 1940, New York 1969), Hamburg [2]1949, Berlin 1990, Frankfurt [3]1967 (engl. R. L.. Her Life and Work, New York 1972, 1994, mit Untertitel: Ideas in Action, London 1972, 1994), [4]1973; G. Fülberth, L., in: B. Lutz (ed.), Metzler Philosophen Lexikon, Stuttgart/Weimar 2003, 444–445; M. Gallo, Une femme rebelle. Vie et mort de R. L., Paris 1992, 2000 (dt. R. L.. Eine Biographie, Zürich 1993, mit Untertitel: Ich fürchte mich vor gar nichts mehr, München/Düsseldorf 1998, Berlin [2]2001); N. Geras, R. L.. Kämpferin für einen emanzipatorischen Sozialismus, Berlin 1974, mit Untertitel: Vorkämpferin für einen emanzipatorischen Sozialismus, Köln 1996, engl Original unter dem Titel: The Legacy of R. L., London, Atlantic Highlands N. J. 1976, London 1985; H. Grebing, R. L. (1871–1919), in: W. Euchner (ed.), Klassiker des Sozialismus II, München 1991, 58–71; dies., L., R., in: B. Jahn (ed.), Biographische Enzyklopädie deutschsprachiger Philosophen, München 2001, 263; H. J. P. Harmer, R. L., London 2008; J. Hentze, Nationalismus und Internationalismus bei R. L., Bern, Frankfurt 1975; F. Hetmann, R. L.. Die Geschichte der R. L. und ihrer Zeit, Weinheim/Basel 1976, Frankfurt 1990; ders., Eine Kerze, die an beiden Enden brennt. Das Leben der R. L., Freiburg/Basel/Wien 1998; H. Hirsch, R. L. in Selbstzeugnissen und Bilddokumenten, Reinbek b. Hamburg 1969, [21]2004; R. Hossfeld, R. L. oder die Kühnheit des eigenen Urteils, Aachen 1993; N. Ito/A. Laschitza/O. Luban (eds.), R. L. im internationalen Diskurs. Internationale R.-L.-Gesellschaft in Chicago, Tampere, Berlin, und Zürich (1998–2000), Berlin 2002; F. Keller/S. Kraft (eds.), R. L. Denken und Leben einer internationalen Revolutionärin, Wien 2005; K. Kinner/H. Seidel (eds.), R. L. Historische und aktuelle Dimensionen ihres theoretischen Werkes, Berlin 2002; A. Laschitza, Im Lebensrausch, trotz alledem. Eine Biographie, Berlin 1996, [2]2002; dies., Die Welt ist so schön bei allem Graus. R. L. im internationalen Diskurs, Leipzig 1998, [2]2007; dies./K. Gietinger (eds.), R. L.s Tod. Dokumente und Kommentare, Leipzig 2010; G. Lee, R. L. and the Impact of Imperialism, Economic J. 81 (1971), 847–862; O. Luban, R. L.s Demokratiekonzept. Ihre Kritik an Lenin und ihr politisches Wirken 1913–1919, Leipzig 2008; E. Mandel/K. Radek, R. L.. Leben – Kampf – Tod, Frankfurt 1986; V. Manninen, Sozialismus oder Barbarei? Der revolutionäre Sozialismus von R. L. 1899–1919, Helsinki 1996; J. P. Nettl, R. L., I–II, London/New York/Toronto 1966, gekürzt London/New York 1969, New York 1989 (dt. R. L., Köln/Berlin 1967, gekürzt 1969, Frankfurt/Wien/Zürich 1970; franz. La vie et l'œuvre de R. L., I–II, Paris 1972); U. Plener, R. L. und Lenin. Gemeinsamkeiten und Kontroversen. Gegen ihre dogmatische Entgegenstellung, Berlin 2009; C. Pozzoli (ed.), R. L. oder Die Bestimmung des Sozialismus, Frankfurt 1974; C. Roche, L., R., DP II ([2]1993), 1829–1830; S. Rousseas, R. L. and the Origins of Capitalist Catastrophe Theory, J. Post Keynesian Economics 1 (1979), 3–23; J. Schütrumpf (ed.), R. L. oder: Der Preis der Freiheit,

Berlin 2006 (engl. R. L. or: The Price of Freedom, Berlin 2008); D. E. Shepardson, R. L. and the Noble Dream, New York etc. 1996; K. v. Soden (ed.), R. L., Berlin 1988, 1995; H. Tudor, L., R., REP VI (1998), 5–7; R. Wimmer, Vier jüdische Philosophinnen: R. L., Simone Weil, Edith Stein, Hannah Arendt, Tübingen 1990, ³1995, Leipzig 1996, ²1999; N. A. Yannacopoulos, R. L.'s Theory of Capitalist Catastrophe, J. Post Keynesian Economics 3 (1981), 452–456.   R. Wi.

Lykon von Troas, *ca. 302/298 v. Chr., †ca. 228/224 v. Chr., peripatetischer Philosoph, Schüler von Strato und dessen Nachfolger als Scholarch. L. hatte etwa 44 Jahre lang bis zu seinem Tod im Alter von 72 Jahren die Leitung des Peripatos inne (272/268–228/224 v. Chr.; Diog. Laert. V,68). Sein Wirken wird im allgemeinen mit einem Bedeutungsverlust der Schule in Verbindung gebracht. Nachfolger des L. wurde Ariston von Keos. Die heute bekannten Informationen zu L.' Leben gehen im wesentlichen auf eine zeitgenössische Biographie des Antigonos von Karystos zurück, von der sich ein größeres Fragment bei Athenaeus (Gastmahl der Gelehrten XII 547D–548B) erhalten hat und von der auch die Biographie bei Diogenes Laertios (V,65–68) abhängig ist. Durch Ariston von Keos wurde L.' Testament tradiert, das sich bei Diog. Laert. V,69–74 findet und Rückschlüsse auf die Privatverhältnisse des Philosophen zulässt.

Diog. Laert. V,62 deutet an, daß die Wahl L.' zum Scholarchen eine Verlegenheitslösung war, da die alternativen Kandidaten zu alt oder verhindert waren. L. pflegte einen glanzvollen Lebensstil (sein euergetischer Einsatz für Athen und Delphi ist auch inschriftlich bezeugt: Inscriptiones Graecae, II/III.1.1, ed. J. Kirchner, Berlin ²1913, 322–324 [Decreta senatus 791]; F. Lefèvre, Corpus des inscriptions de Delphes IV, Paris 2002, 177–179 [No. 63]) und ging (für Philosophen untypisch) gymnastischen Betätigungen nach. Er war mit den pergamenischen Königen Eumenes I. und Attalos I. befreundet, die ihn und die Schule finanziell unterstützten. Mit dem Peripatetiker Hieronymus von Rhodos war L. verfeindet. Für seine Eloquenz und sein Engagement in der Nachwuchsförderung wurde er gelobt, seine schriftstellerische Betätigung jedoch blieb ohne Erfolg. Cicero sprach von einer Fülle des Ausdrucks bei dürftigem Inhalt der Ausführungen (De finibus V.13: »*L. oratione locuples, rebus ipsis ieiunior*«). Die Wahl des Nachfolgers hat L. namentlich im Testament erwähnten Schülern überlassen, die Herausgabe seiner unveröffentlichten Werke seinem Schüler Kallinos übertragen. – Von L.' Werk sind einige Fragmente erhalten (zusammengestellt bei Fortenbaugh/White [2004]); eine Liste seiner Werke oder einzelne Titel sind nicht überliefert. Die wenigen bekannten Äußerungen philosophischen Gehalts befassen sich auf popularphilosophische Weise mit ethischen Themen. Als höchstes Lebensziel

definierte L. das »wahre Glück der Seele« (Clemens von Alexandria, Stromata II.21, § 129.9: »τὴν ἀληθινὴν χαρὰν τῆς ψυχῆς τέλος ἔλεγεν εἶναι«), ökonomische Umstände und physische Gesundheit dagegen seien weniger bedeutend.

Quellen: P. Stork u. a., Lyco of Troas. The Sources, Text and Translation, in: W. W. Fortenbaugh/S. A. White (eds.), Lyco of Troas and Hieronymus of Rhodes [s. u., Lit.], 2–78.

Literatur: W. Capelle, L., RE XIII/2 (1962), 2303–2308; H. Dörrie, L., KP III (1979), 813–814; W. W. Fortenbaugh/S. A. White (eds.), Lyco of Troas and Hieronymus of Rhodes. Text, Translation, and Discussion, New Brunswick N. J. 2004; J. Mejer, The Life of Lyco and the Life of the Lyceum, in: W. W. Fortenbaugh/S. A. White (eds.), Lyco of Troas and Hieronymus of Rhodes [s. o.], 277–287; P. Moraux, L. v. T., LAW (1965), 1792; R. Sharples, L. aus der T., DNP VII (1999), 566–567; F. Wehrli (ed.), Schule des Aristoteles VI (Lykon und Ariston von Keos), Basel 1952, ²1968, 5–26; ders., L. aus T., in: H. Flashar (ed.), Die Philosophie der Antike III (Ältere Akademie – Aristoteles – Peripatos), Basel/Stuttgart 1983, 576–578; U. v. Wilamowitz-Moellendorf, Antigonos von Karystos, Berlin/Zürich 1881, ²1965, 78–85.   J. W.

Lyotard, Jean-François, *Versailles 10. Aug. 1924, †Paris 21. April 1998, franz. Philosoph. 1942–1948 Studium der Philosophie an der Sorbonne, 1950 ›agrégation‹ (Staatsexamen). 1950–1952 Lehrer am Lycée in Constantine (Algerien), 1952–1959 in La Flèche. 1954–1963 Mitglied der unorthodox marxistisch (↑Marxismus) ausgerichteten Gruppe ›Socialisme ou Barbarie‹, 1963–1966 der davon abgespaltenen Gruppe ›Pouvoir Ouvrier‹. 1959–1966 ›assistant‹ an der Sorbonne, dann ›maître-assistant‹ an der Universität Paris-X (Nanterre). 1971 ›docteur ès lettres‹, bis 1987 Prof. an der Universität Paris-VIII (Vincennes, seit 1980 Saint-Denis). 1984–1986 Direktor des Collège International de Philosophie. – L.s Werk ist geprägt durch ein besonderes Interesse für das Vordiskursive, d. h. Vorprädikative oder Präreflexive. Von seinen frühen, noch marxistisch orientierten Untersuchungen zur ↑Phänomenologie führt dieses Interesse L. zunächst zu einer radikalen Kritik auch des Marxismus und des Strukturalismus (↑Strukturalismus (philosophisch, wissenschaftstheoretisch)) als ↑Ideologien, die ein Geschehen diskursiv zu vereinheitlichen suchen, das schon aufgrund der libidinösen Kräfte, die es vordiskursiv bestimmen und in figuralen Elementen ihren Ausdruck finden, sich jedem diskursiven Totalisierungsversuch entziehe (Discours, figure, 1971; Économie libidinale, 1974). L. diagnostiziert den Verlust des Glaubens an universale Sinnstiftungs- und Gemeinschaftsmodelle aller Art, d. h. der ›großen‹ oder ›Metaerzählungen‹, und die dementsprechende Bedrohung durch den ↑Nihilismus in Gestalt der kapitalistisch-technokratischen Uniformierung sämtlicher Diskursarten als Epochensignatur seines Zeitalters, der ↑›Postmoderne‹. Dies betreffe auch die traditionellen

Legitimationsmodelle für das ↑Wissen in der Nachfolge der ↑Aufklärung, I. Kants (im Sinne der vernunftgemäßen [↑Vernunft] ↑Emanzipation der Menschheit) und G. W. F. Hegels (im Sinne der Emanzipation des ↑Geistes). Das diskurstheoretische (↑Diskurstheorie) Konsensideal (↑Konsens) ist L. zufolge noch dem aufklärerischen Emanzipationsideal verpflichtet, die systemtheoretische (↑Systemtheorie) Konzeption von Performanz hingegen ›terroristisch‹, insofern Systeme um ihrer Leistung willen den Konsens erzwingen können (La condition postmoderne, 1979). Infolgedessen bemüht sich L. um die Konzeption einer vom Konsensideal unabhängigen Legitimationsgrundlage für das Wissen. Er erblickt sie in einer kritischen, jeweils durch eine Vielfalt von Instanzen auszuübenden ↑Gerechtigkeit, die die Unterdrückung von Diskursen durch andere Diskurse problematisiert, der zugrundeliegt, daß letztere die Heterogenität (oder ›Inkommensurabilität‹) der ersteren mißachten. Die philosophische ↑Sprachkritik vermag nach L. hier aufzudecken, daß als Rechtsstreit (*litige*) nach expliziten Regeln behandelt wird, was eigentlich ein radikalerer Widerstreit (*différend*) ist, denn die expliziten Regeln sind allein vom dominierenden Diskurs bestimmt unter Mißachtung der spezifischen Finalität und Satzkombinationsregeln jener Diskursart, der der unterdrückte angehört. Das Vordiskursive bleibt demnach auch hier im Zentrum des L.schen Denkens, da die philosophische Sprachkritik zum Thema hat, was in den jeweiligen Widerstreiten unthematisierbar bleibt (Le différend, 1983).

In Kants Analytik des ↑Erhabenen sieht L. einen seinen eigenen Bemühungen verwandten Versuch, von Undarstellbarem zu sprechen, und eben deshalb einen Schlüssel zum Verständnis der modernen als der ›nicht mehr schönen‹ Künste (Hegel), wobei er nicht nur Kants naturästhetische Einschränkung der Rede vom Erhabenen aufhebt, sondern überdies – entsprechend seiner Opposition gegen jedwede Vereinheitlichung auch des Vernunftbegriffs – den Verweis des erhabenen Gefühls auf die Vernunftnatur des Menschen durch jenen auf die Undarstellbarkeit des Vordiskursiven ersetzt. Bezögen die modernen Künste sich nostalgisch noch in relativ geschlossenen Formen auf das Undarstellbare als deren abwesenden Inhalt, radikalisierten die postmodernen Künste das Paradox der Darstellung des Undarstellbaren mittels Destruktion bis hin zur ›Immaterialisierung‹ ihrer Darstellungsformen (ein Gegensatz, den L. zugleich von der Epochenunterscheidung ablöst). Wie die Philosophie vermöchten sie dem Nihilismus zwar keine umfassenden Sinnstiftungs- und Gemeinschaftsmodelle mehr entgegenzusetzen, doch bezeugten sie durch experimentelle Hinterfragung oder Destruktion von Darstellungsformen noch die Unerschöpflichkeit des Vordiskursiven (Le postmoderne ex-

pliqué aux enfants, 1986; Leçons sur l'analytique du sublime, 1991). – L. hat seine Rede von den heterogenen Diskursarten in mannigfacher Weise auf konkrete Beispiele angewandt und ist hier nicht zuletzt mit Überlegungen zur ↑Wissenschaftstheorie der modernen Mathematik und Physik auf Widerspruch gestoßen. Allgemeiner werden ihm die übertriebene Konstruktion sprachlicher Heterogenitäten und die Unterschätzung rationaler Verständigungsmöglichkeiten vorgeworfen. So mißdeute L. aufgrund seiner Voreingenommenheit gegen jedwede ↑Universalisierung das Verhältnis der Vernunft zur Subjektivität (↑Subjektivismus) bzw. ↑Intersubjektivität und entziehe durch die Ablehnung des Emanzipationsgedankens auch dem eigenen kritischen Engagement den Grund.

Werke: La phénoménologie, Paris 1954, [14]2004 (engl. Phenomenology, Albany N. Y. 1991; dt. Die Phänomenologie, Hamburg 1993); Discours, figure, Paris 1971, 2002; Dérive à partir de Marx et Freud, Paris 1973, 1994; Des dispositifs pulsionnels, Paris 1973, 1994 (dt. [teilw.] Intensitäten, Berlin 1979; Essays zu einer affirmativen Ästhetik, Berlin 1982); Économie libidinale, Paris 1974, 2005 (dt. Ökonomie des Wunsches, Bremen 1984, unter dem Titel: Libidinöse Ökonomie, Zürich/Berlin 2007; engl. Libidinal Economy, London, Bloomington Ind./Indianapolis Ind. 1993, London 2004); Apathie in der Theorie, Berlin 1977, 1979; Instructions païennes, Paris 1977; Das Patchwork der Minderheiten. Für eine herrenlose Politik, Berlin 1977; Rudiments païens. Genre dissertatif, Paris 1977; Les transformateurs Duchamp, Paris 1977 (dt. Die Transformatoren Duchamp, Stuttgart 1986, [2]1987; engl. Duchamp's TRANS/formers, Venice Calif. 1990); (mit J.-L. Thébaud) Au juste. Conversations, Paris 1979, Neuausg. 2006 (engl. Just Gaming, Minneapolis Minn., Manchester 1985, Minneapolis Minn. 2008); La condition postmoderne. Rapport sur le savoir, Paris 1979, 2005 (engl. The Postmodern Condition. A Report on Knowledge, Manchester, Minneapolis Minn. 1984, Manchester 2005, Minneapolis Minn. 2006; dt. Das postmoderne Wissen. Ein Bericht, Graz/Wien 1986, Wien [6]2009); Discussions, ou Phraser ›après Auschwitz‹, in: P. Lacoue-Labarthe/J.-L. Nancy (eds.), Les fins de l'homme. À partir du travail de Jacques Derrida (Colloque de Cerisy 1980), Paris 1981, 283–310 (dt. separat: Streitgespräche, oder Sprechen ›nach Auschwitz‹, Bremen o. J. [1982], Grafenau 1995, 1998); Le différend, Paris 1983, 2001 (dt. Der Widerstreit, München 1987, [2]1989 [mit Bibliographie, 309–323]; engl. The Differend. Phrases in Dispute, Minneapolis Minn., Manchester 1988); »Tombeau de l'intellectuel« et autres papiers, Paris 1984 (dt. Grabmal des Intellektuellen, Graz/Wien 1985, Wien [2]2007); (mit J. Derrida u. a.) Immaterialität und Postmoderne, Berlin 1985; L'enthousiasme. La critique kantienne de l'histoire, Paris 1986, 1995 (dt. Der Enthusiasmus. Kants Kritik der Geschichte, Wien 1988, [2]2009; engl. Enthusiasm. The Kantian Critique of History, Stanford Calif. 2009); Philosophie und Malerei im Zeitalter ihres Experimentierens, Berlin 1986; Le postmoderne expliqué aux enfants. Correspondance 1982–1985, Paris 1986, 2005 (dt. Postmoderne für Kinder. Briefe aus den Jahren 1982–1985, Wien 1987, [3]2009; engl. The Postmodern Explained to Children. Correspondence 1982–1985, London, Sydney 1992, unter dem Titel: The Postmodern Explained. Correspondence, 1982–1985, Minneapolis Minn. 1993, 1997); Que peindre? Adami, Arakawa, Buren, I–II, Paris 1987, in einem Bd., 2008 (dt. Über Daniel

Buren, Stuttgart 1987); (mit J.-F. Courtine u.a.) Du sublime, Paris 1988, 2009 (engl. Of the Sublime. Presence in Question, Albany N.Y. 1993); Heidegger et ›les juifs‹, Paris 1988 (dt. Heidegger und ›die Juden‹, Wien 1988, ²2005; engl. Heidegger and ›the Jews‹, Minneapolis Minn. 1990); L'inhumain. Causeries sur le temps, Paris 1988, 1993 (dt. Das Inhumane. Plaudereien über die Zeit, Wien 1989, ³2006; engl. The Inhuman. Reflections on Time, Cambridge/Oxford, Stanford Calif. 1991); Peregrinations. Law, Form, Event, New York 1988 (dt. Streifzüge. Gesetz, Form, Ereignis, Wien 1989; franz. Pérégrinations. Loi, forme, événement, Paris 1990); La guerre des Algériens. Écrits 1956–1963, Paris 1989; Lectures d'enfance, Paris 1991 (dt. Kindheitslektüren, Wien 1995); Leçons sur l'analytique du sublime (Kant, »Critique de la faculté de juger«, §§ 23–29), Paris 1991 (dt. Die Analytik des Erhabenen [Kant-Lektionen, »Kritik der Urteilskraft«, §§ 23–29], München 1994; engl. Lessons on the Analytic of the Sublime [Kant's »Critique of Judgement«, §§ 23–29], Stanford Calif. 1994); Moralités postmodernes, Paris 1993 (engl. Postmodern Fables, Minneapolis Minn. 1997, 1999; dt. Postmoderne Moralitäten, Wien 1998); (mit E. Gruber) Un trait d'union. Suivi de »Un trait, ce n'est pas tout«, Sainte-Foy (Québec)/Grenoble 1993, 1994 (dt. Ein Bindestrich. Zwischen ›Jüdischem‹ und ›Christlichem‹, Düsseldorf/Bonn 1995; engl. The Hyphen. Between Judaism and Christianity, Amherst N.Y. 1999); La confession d'Augustin, Paris 1998 (engl. The Confession of Augustine, Stanford Calif. 2000); Misère de la philosophie, Paris 2000 (dt. Das Elend der Philosophie, Wien 2004); Die Logik, die wir brauchen. Nietzsche und die Sophisten, ed. P. Baum/G. Seubold, Bonn 2004. – J. Nordquist, J.-F. L.. A Bibliography, Santa Cruz Calif. 1991.

Literatur: A. Badiou, »Custos, quid noctis?«, Critique 40 (1984), 851–863; S. Benhabib, Epistemologies of Postmodernism. A Rejoinder to J.-F. L. (1984), in: D. Robbins (ed.), J.-F. L. [s.u.] I, 225–246, ferner in: V. E. Taylor/G. Lambert (eds.), J.-F. L. [s.u.] II, 34–54 (dt. Kritik des ›postmodernen Wissens‹. Eine Auseinandersetzung mit J.-F. L., in: A. Huyssen/K. R. Scherpe [eds.], Postmoderne. Zeichen eines kulturellen Wandels, Reinbek b. Hamburg 1986, ³1997, 103–127); A. Benjamin (ed.), Judging L., London/New York 1992; G. Bennington, L.. Writing the Event, Manchester, New York 1988; J. Bouveresse, Rationalité et cynisme, Paris 1984, 1990, bes. 107–184 (Chap. III La légitimité d'une époque ›postmoderne‹); N. Brügger/F. Frandsen (eds.), Filosofiske forskydninger. En bog om J.-F. L., Kopenhagen 1989 (franz. [mit D. Pirotte] L., les déplacements philosophiques. Avec un avertissement de J.-F. L. [7–9], Brüssel 1993); D. Burger, Die Genese des »Widerstreits«. Entwicklungen im Werk J.-F. L.s, Wien 1996; D. Carroll, L., REP VI (1998), 8–12; J. Derrida u.a., La faculté de juger (Colloque de Cerisy 1982), Paris 1985; ders., L. et ›nous‹, in: D. Lyotard/J.-C. Milner/ G. Sfez (eds.), J.-F. L. [s.u.], 169–196, ferner in: ders., Chaque fois unique, la fin du monde, ed. P.-A. Brault/M. Naas, Paris 2003, 259–289 (ital. L. et ›noi‹, in: F. Sossi [ed.], Pensiero al presente [s.u.], 83–113; engl. L. and ›Us‹, in: ders., The Work of Mourning, Chicago Ill./London 2001, 2003, 216–241, ferner in: V. E. Taylor/G. Lambert [eds.], J.-F. L. [s.u.] I, 100–122; dt. separat: L. und ›wir‹, Berlin 2002, ferner in: ders., Jedes Mal einzigartig, das Ende der Welt, Wien 2007, 263–293); C. Enaudeau u.a. (eds.), Les transformateurs L., Paris 2008; M. Frank, Die Grenzen der Verständigung. Ein Geistergespräch zwischen L. und Habermas, Frankfurt 1988, 1989; ders., Das Sagbare und das Unsagbare. Studien zur deutsch-französischen Hermeneutik und Texttheorie, Frankfurt 1989, 2000, bes. 574–607; S. Giehle,

Die ästhetische Gesellschaft. Legitimation und Gerechtigkeit in der Postmoderne. Eine Auseinandersetzung mit J.-F. L., Saarbrücken 1994; A. Gualandi, L., Paris 1999, 2009; A. Herberg-Rothe, L. und Hegel. Dialektik von Philosophie und Politik, Wien 2005; A. Honneth, Der Affekt gegen das Allgemeine. Zu L.s Konzept der Postmoderne, Merkur 38 (1984), 893–902; ders., Das Andere der Gerechtigkeit. Habermas und die ethische Herausforderung der Postmoderne, in: ders., Das Andere der Gerechtigkeit. Aufsätze zur praktischen Philosophie, Frankfurt 2000, 133–170; T. Kammasch, Politik der Ausnahme. Die ›politique philosophique‹ von J.-F. L. und ihr Widerstreit mit Kant, Mandelbachtal/Cambridge 2004; D. Köveker (ed.), Im Widerstreit der Diskurse. J.-F. L. und die Idee der Verständigung im Zeitalter globaler Kommunikation, Berlin 2004; D. Lyotard/J.-C. Milner/G. Sfez (eds.), J.-F. L.. L'exercice du différend, Paris 2001; S. Malpas, J.-F. L., London/New York 2003, 2006; C. Pagès (ed.), L. à Nanterre, Paris 2010; B. Readings, Introducing L.. Art and Politics, London/New York 1991; W. Reese-Schäfer, L. zur Einführung, Hamburg 1988, ³1995; ders./B. H. F. Taureck (eds.), J.-F. L., Cuxhaven 1989, mit Untertitel: Essays zur Grammatik des 21. Jahrhunderts, Cuxhaven/Dartford ³2002; D. Robbins (ed.), J.-F. L., I–III, London/Thousand Oaks Calif./New Delhi 2004; R. Rorty, Habermas and L. on Postmodernity, in: Praxis Int. 4 (1984/1985), 32–44, ferner in: ders., Philosophical Papers II (Essays on Heidegger and Others), Cambridge/New York/Oakleigh 1991, 2008, 164–176, ferner in: D. Robbins (ed.), J.-F. L. [s.o.] I, 195–209, und in: V. E. Taylor/G. Lambert (eds.), J.-F. L. [s.u.] II, 352–365; ders., Le cosmopolitisme sans émancipation. En réponse à J.-F. L. (1985), in: D. Robbins (ed.), J.-F. L. [s.o.] I, 181–194; G. Schwarz/T. Trautner, L., in: H. L. Arnold (ed.), Kindlers Literatur-Lexikon X, Stuttgart/Weimar ³2009, 403–406; H. J. Silverman (ed.), J.-F. L.. Philosophy, Politics, and the Sublime, New York/London 2002; S. Sim, J.-F. L., London etc. 1996; A. Sokal/J. Bricmont, Impostures intellectuelles, Paris 1997, bes. 123–126 (engl. Intellectual Impostures. Postmodern Philosophers' Abuse of Science, London 1998, 2003, bes. 125–128; dt. Eleganter Unsinn. Wie die Denker der Postmoderne die Wissenschaften mißbrauchen, München 1999, 2001, bes. 155–159); F. Sossi (ed.), Pensiero al presente. Omaggio a J.-F. L., Neapel 1999; V. E. Taylor/G. Lambert (eds.), J.-F. L.. Critical Evaluations in Cultural Theory, I–III, London/New York 2006; G. C. Tholen, J.-F. L., in: S. Majetschak (ed.), Klassiker der Kunstphilosophie. Von Platon bis L., München 2005, 307–327; G. Vattimo, The End of (Hi)story, in: I. Hoesterey (ed.), Zeitgeist in Babel. The Postmodernist Controversy, Bloomington Ind./Indianapolis Ind. 1991, 1993, 132–141 (dt. Das Ende der Geschichte, in: H. Kunneman/H. de Vries [eds.], Die Aktualität der »Dialektik der Aufklärung«. Zwischen Moderne und Postmoderne, Frankfurt/New York 1989, 168–182); A. Vega, Le premier L.. Philosophie critique et politique, Paris 2010; B. Waldenfels, J.-F. L.. Ethik im Widerstreit der Diskurse, in: ders., Deutsch-französische Gedankengänge, Frankfurt 1995, Darmstadt 1996, 265–283; G. Warmer/K. Gloy, L.. Darstellung und Kritik seines Sprachbegriffs, Aachen 1995; A. Wellmer, Zur Dialektik von Moderne und Postmoderne. Vernunftkritik nach Adorno, Frankfurt 1985, 2000, bes. 48–114; W. Welsch, Unsere postmoderne Moderne, Weinheim 1987, Berlin ⁷2008; ders./C. Pries (eds.), Ästhetik im Widerstreit. Interventionen zum Werk von J.-F. L., Weinheim 1991; S. Wendel, J.-F. L.. Aisthetisches Ethos, München 1997; J. Williams, L.. Towards a Postmodern Philosophy, Cambridge/Oxford/Malden Mass. 1998; ders., L. and the Political, London/New York 2000; P. V. Zima, Ästhetische Negation. Das Subjekt, das Schöne und das Erhabene von

Mallarmé und Valéry zu Adorno und L., Würzburg 2005, bes. 145–184 (Kap. V Extreme Negation. L.s Ästhetik des Erhabenen). – Sondernummern: L'arc 64 (1976), erw. Neuausg. separat unter dem Titel: J.-F. L., Paris 2010; Diacritics 14/3 (1984); Les cahiers de philosophie 5 (1988); L'esprit créateur 31 (1991), H. 1; Philosophy Today 36 (1992), 299–427; Revue d'esthétique 21 (1992), 1–87; Parallax 17 (2000); Yale French Stud. 99 (2001); Europe 86 (2008), Nr. 949, 254–296.   T. G.

M

MacColl, Hugh, ↑McColl, Hugh.

Mach, Ernst (Waldfried Joseph Wenzel), *Chrlice (Chirlitz) (Mähren, heute Stadtteil von Brünn, Tschechien) 18. Febr. 1838, †Haar bei München 19. Febr. 1916, österr. Physiker, Physiologe, Erkenntnistheoretiker und Wissenschaftsphilosoph. 1855 Studium der Mathematik und Physik an der Universität Wien, 1860 Promotion, 1861 Habilitation und Privatdozent ebendort. 1864 Lehrstuhl für Mathematik, später auch für Physik an der Universität Graz, 1867 Lehrstuhl für Physik an der (deutschen) Karls-Universität in Prag, 1895 neugeschaffener Lehrstuhl für ›Philosophie, insbes. Geschichte und Theorie der induktiven Wissenschaften‹ an der Wiener Universität. 1898 Schlaganfall, der 1901 zur vorzeitigen Emeritierung führt. Im gleichen Jahr Ernennung zum Mitglied des Herrenhauses im Reichsrat, nachdem M. als Demokrat die Nobilitierung abgelehnt hatte.

Schwerpunkte der naturwissenschaftlichen Arbeit M.s sind Experimentalphysik und Sinnesphysiologie. In der Experimentalphysik wies M. mit der Erzeugung des 1841 von C. Doppler entdeckten und nach diesem benannten Effekts im Laboratorium die Abhängigkeit der Frequenz der Schallwellen von der Bewegung der Schallquelle nach. Die von ihm entwickelte stroboskopische Darstellung von Luftschwingungen (Optisch-akustische Versuche, 1873) erlaubte die Messung der Fortpflanzungsgeschwindigkeit von Schall- und Explosionswellen. Dieser Erfolg führte zur Bezeichnung der Maßeinheit der Schallgeschwindigkeit als ›M.‹. Im Zusammenhang damit technisch bedeutsame Entdeckungen aerodynamischer Phänomene im Überschallbereich, insbes. bei Projektilen ([mit P. Salcher] Photographische Fixirung der durch Projectile in der Luft eingeleiteten Vorgänge, 1887). Ebenso waren die Untersuchungen über die Gangunterschiede der Lichtkomponenten in tönenden und durch Gewichte gedehnten Glasstäben für die technische Praxis von Bedeutung. In der Sinnesphysiologie beschrieb M. unter anderem später in der ↑Gestalttheorie behandelte Phänomene sowie die heute so genannten M.-Bänder, die aus einer Verstärkung von Kontrasten bei Grauabstufungen durch deren sinnesphysiologische Verarbeitung entstehen. Einflußreich waren ferner seine Untersuchungen über Bewegungsempfindungen.

M.s naturwissenschaftliches Interesse ist von einer stetigen Reflexion auf die erkenntnistheoretischen Grundlagen des Wissens begleitet, vor allem konzentriert auf erkenntnisphysiologische und erkenntnispsychologische Aspekte. Obgleich M. sich als Physiker betrachtet, ist der Anteil erkenntnistheoretischer Arbeiten an seinem Gesamtwerk, das stets auch unter der Frage nach dem Geltungsgrund wissenschaftlicher Aussagen steht, beträchtlich. Sein auch als ↑Empiriokritizismus bezeichneter erkenntnis- und wissenschaftstheoretischer Standort sowie seine persönliche Haltung als Wissenschaftler haben den Logischen Empirismus des zeitweilig als »Verein E. M.« eingetragenen ↑Wiener Kreises (↑Empirismus, logischer) stark beeinflußt. So steht etwa das ↑Konstitutionssystem R. Carnaps in der Tradition des M.schen ↑Phänomenalismus. Gleichwohl ist M.s Grundhaltung eher als undogmatischer ↑Skeptizismus zu charakterisieren (und steht insofern in der Tradition D. Humes). Der ↑Operationalismus H. Dinglers versteht sich in partieller Nachfolge M.s.

M.s phänomenalistischer Positivismus (↑Positivismus (historisch), ↑Positivismus (systematisch)) versteht sich als ↑Monismus. Die naive Erfahrung der natürlichen ↑Lebenswelt liefert die Erfahrung räumlich und zeitlich verknüpfter Komplexe. Die Körper der Außenwelt, aber auch der Komplex ›Leib‹ als Teil davon, der sich zusammen mit Mentalphänomenen wie Wille, Erinnerungsbilder etc. als ›Ich‹ bezeichnen läßt, stellen sich dem menschlichen Sinnesapparat als solche Komplexe dar. Doch herrscht sowohl in der ›Körperwelt‹ als auch beim ›Ich‹ nur relative Beständigkeit. Die Analyse von Veränderungen der Komplexe führt auf vorläufig irreduzible, in allen Bereichen gleichartige ›Elemente‹. Soweit man die Elemente der Körperwelt in ihrer funktionalen Abhängigkeit von den Elementen des ›Ich‹ betrachtet, lassen sie sich als ›Empfindungen‹ bezeichnen. Aus dem Gesamtkomplex der Elemente ist eine endgültige Abgrenzung der Körper und des Ich voneinander nicht möglich (›das Ich ist unrettbar‹; Beiträge zur Analyse der Empfindungen, 1886); die Naturwissenschaft hat sich auf die Untersuchung der Abhängigkeiten zwischen Elementen zu beschränken. Für M. ist daher der ins Wasser getauchte Stab geknickt und zugleich haptisch und metrisch gerade. Ähnlich wie G. Berkeley lehnt M. es ab, den ›Außenwelt‹ genannten Empfindungskomplex als selbständig zu betrachten. Für ihn bilden die Empfindungen, die er bezogen auf die so genannte Außenwelt als $ABC...$, bezogen auf Körperregungen als $KLM...$ und bezogen auf Wahrnehmungen als $\alpha\beta\gamma...$ bezeichnet, eine Einheit. Funktionelle Beziehungen zwischen Elementen $ABC...$ sind Untersuchungsgegenstand der Physik, funktionelle Beziehungen zwischen AK, CM usw. machen die Sinnesphysiologie und solche zwischen $A\alpha$, $B\beta$ und $C\gamma$ die Psychologie aus. Jede dieser Disziplinen untersucht den gleichen Stoff in unterschiedlicher Untersuchungsrichtung. M. nimmt dabei einen Gedanken G. T. Fechners auf, der mathematische Beziehungen zwischen physikalischen und psychologischen Größen ins Zentrum der Betrachtung gerückt hatte. Im gleichen Sinne legt auch M. besonderen Wert auf die Beziehungen zwischen Erfahrungs- oder Sinneselementen. Sinneswahrnehmung beinhaltet Reizverarbeitung, die Kontraste verstärkt und geringfügige Variationen ausgleicht (wie es sich für M. bei der Erforschung der M.-Bänder gezeigt hatte). Die Erfahrung der Körperwelt wird daher wesentlich durch physiologische und psychologische Mechanismen geprägt.

M. sucht entsprechend einen einheitlichen Standpunkt zu gewinnen, der Physik und Psychologie einschließt und insbes. die Zusammenhänge zwischen physikalischen Erfahrungen und physiologischen oder psychologischen Gegebenheiten berücksichtigt. Generell besteht daher die Aufgabe der Physik darin, die Abhängigkeit der Erscheinungen voneinander zu untersuchen. Leitendes Prinzip einer solchen wissenschaftlichen Untersuchung ist die ↑Denkökonomie, wonach eine möglichst einfache Beschreibung der Empfindungen anzustreben ist. Das Ökonomieprinzip und das Prinzip der Anpassung der Gedanken aneinander und an die Tatsachen (Die Mechanik in ihrer Entwickelung. Historisch-kritisch dargestellt, 1883, ⁹1933) sind nach dieser Auffassung Beschreibungen von Verfahren, durch der der Mensch seine Umwelt bewältigt (↑Instrumentalismus). Die auf instinktive Erkenntnis zurückgeführte Empfindung von Kausalitätsbeziehungen (↑Kausalität) ist für M. eine denkökonomisch richtige, naive Problemlösung, die in der wissenschaftlichen Tätigkeit durch den mathematischen Funktionsbegriff ausgedrückt wird. Durch seine These des anhaltenden begrifflichen Bezugs der Wissenschaft auf menschliche Erfahrungen setzt sich M. in Gegensatz zu einer Position, die auch unbeobachtbare physikalische Größen als existent annimmt (↑Realismus, wissenschaftlicher). Dieser Gegensatz brach in

der Wärmelehre auf, in der sich M. als Anwalt der phänomenologischen oder klassischen ↑Thermodynamik versteht, die mit beobachtungsnahen Größen wie Wärmemenge, Druck und Temperatur operiert. Umgekehrt sieht sich M. als Gegner der von L. Boltzmann vorangetriebenen kinetischen Wärmetheorie, die einen molekular-mechanischen Denkansatz verfocht, Thermodynamik also als statistische Mechanik konzipierte. Um die gleiche Frage der Objektivität oder des Wirklichkeitsanspruchs physikalischer Theorien kreist die Kontroverse zwischen M. und M. Planck (1909). Nach Planck beginnt die Physik mit Sinneswahrnehmungen, entfernt sich jedoch mit zunehmender Vertiefung von diesen. Die am Ende erreichte objektive, also vom Menschen unabhängige Physik drückt sich etwa in der Erkenntnis universeller Konstanten aus. M. sucht hingegen den legitimen Geltungsanspruch der Wissenschaft auf die Intersubjektivität von Urteilen zu begrenzen und keinen Schluß auf die Beschaffenheit der Wirklichkeit zuzulassen. Die kinetische Wärmetheorie gilt ihm entsprechend als bloße ↑Hypothese. Da ↑Atome nicht wahrnehmbar seien, führt M. dieser Standpunkt zur – in seinen letzten Lebensjahren allerdings wohl korrigierten – Ablehnung der Atomtheorie und der kinetischen Wärmetheorie, soweit diese Theorien als Wiedergabe der ›Tatsachen‹ aufgefaßt werden. Überhaupt zeigt M. ein gewisses Mißtrauen gegenüber der theoretischen Physik.

Wissenschaft ist nach M., ausgeführt am Beispiel der Physik, ein die Entwicklung der Menschheit begleitender historisch-biologischer Prozeß, mit der Folge, daß die gegenwärtige, entwickelte Physik nur über ihre Entstehungsgeschichte erklärbar ist. Dieser historische Zugang liegt bereits dem Werk »Die Geschichte und die Wurzel des Satzes von der Erhaltung der Arbeit« (1872) zugrunde, in der M. die auf seiner phänomenalistischen Erkenntnistheorie beruhende Auffassung von der Physik formuliert. Entsprechend sucht M. in seinem ›historisch-kritischen‹ Ansatz die Nachzeichnung einer wissenschaftshistorischen Entwicklung mit einer erkenntnistheoretischen Rekonstruktion und begrifflichen Klärung zu verknüpfen. M.s Werk »Die Mechanik in ihrer Entwickelung« (1883) ist sein wissenschaftsphilosophisches Hauptwerk. Wie in seinen anderen historisch-kritischen Schriften vermittelt M. hier eine normative Botschaft, die aus den beiden zusammenhängenden Komponenten ›strikte Erfahrungsbindung‹ und ›Aufklärung‹ besteht. Strikte Erfahrungsbindung ist die Basis des gewaltigen historischen Fortschritts der Physik und sichert gleichzeitig deren Objektivität, die ihrerseits vor Exzessen ›metaphysischer‹, ›mystischer‹ und ›theologischer‹ Subjektivität schützen soll. In diesem Sinne argumentiert M. z.B., daß die gerechtfertigten Ansprüche aller ↑Extremalprinzipien in der Mechanik übereinstimmen (1883, 340–360, 1988, 359–378), so daß ihre unterschiedlichen Erscheinungsformen auf historische Kontingenzen zurückgehen. Ein anderes Beispiel betrifft M.s Analyse des Newtonschen Begriffs des ›absoluten Raumes‹ (↑Raum, absoluter), der von allem materiellen Geschehen losgelöst sein soll und dessen Existenz auf den Newtonschen ↑Eimerversuch gestützt wird. M. betont demgegenüber, daß den von Newton angeführten Erfahrungszusammenhängen auch durch Einführung eines Bezugssystems Rechnung getragen werden kann, das mit den Fixsternen verknüpft und entsprechend materiell realisiert ist. M. geht es jeweils darum, Unklarheiten und Mehrdeutigkeiten durch Begriffsanalyse und Bezug auf die zugehörigen Erfahrungen aufzulösen.

Die als ↑Fortschritt verstandene Entwicklung der Wissenschaft sieht M. in einer evolutionären Perspektive als (1) eher erkenntnistheoretische ›Anpassung der Gedanken an die Tatsachen‹ und (2) eher wissenschaftstheoretische ›Anpassung der Gedanken aneinander‹. Die Untersuchung der Methoden der Großen der Physik zeigen immer wieder vier von ihnen verfolgte Verfahren: (1) die ↑*Analogie* zwischen unterschiedlichen Phänomenbereichen, wie z.B. das Verständnis von Lichtwellen nach dem Vorbild von Schallwellen; (2) das *Ökonomieprinzip* (↑Denkökonomie, ↑Ockham's razor), wonach die Tatsachen möglichst vollständig mit dem geringsten Gedankenaufwand darzustellen sind, (3) das *Kontinuitätsprinzip* als die heuristische (↑Heuristik) Regel, ein in einem speziellen Fall gewonnenes Ergebnis durch Modifikation der Umstände zu verallgemeinern, sowie (4) *Abstraktion* (↑abstrakt, ↑Abstraktion) als Absehen von Eigenschaften, die für den vorliegenden Fall irrelevant sind. M.s »Mechanik« übte großen Einfluß auf A. Einstein aus. Einstein übernahm von M. (1) dessen empiristisch-aufklärerische Kritik am mechanistischen Weltbild (↑Weltbild, mechanistisches), wonach alle Bereiche der Physik auf ↑Mechanik zu reduzieren seien; (2) dessen Kritik an den Newtonschen Begriffen des absoluten Raumes und der absoluten Zeit (↑Zeit, absolute); (3) M.s Trägheitsprinzip, wonach die ↑Trägheit der Körper nicht wie bei I. Newton als eine essentielle Eigenschaft, sondern als ihre Beziehung zu den großen Massen des Weltraums verstanden wird. Diesen Gedanken hat Einstein zum ↑Machschen Prinzip weiterentwickelt. (4) Man kann sagen, daß sich in M.s »Mechanik« eine Art Forschungsprogramm ›Allgemeine Relativität‹ (↑Relativitätsprinzip) mit folgenden vier Komponenten findet: (a) Relativität der Trägheit, (b) allgemeine ↑Kovarianz, (c) Äquivalenz von träger und schwerer ↑Masse, (d) Nahwirkungscharakter (↑Nahwirkung) physikalischer Wirkungen. M.s scheinbare Ablehnung der Relativitätstheorie in der postum (1921) erschienen »Optik« ist eine Fälschung.

Die Rezeption M.scher Ideen im Austromarxismus und durch A. Bogdanow riefen die heftige Kritik W. I. Lenins

hervor. M. wirkte ferner auf Schriftsteller wie H. v. Hofmannsthal und R. Musil, der mit einer Arbeit über M. promoviert wurde. Überhaupt fanden die M.schen Grundüberzeugungen von Demokratie, Sozialismus, antimetaphysischer Einstellung, Antiklerikalismus und skeptischer Selbständigkeit im intellektuellen Wien des fin de siècle eine starke Resonanz.

Werke: E.-M.-Studienausgabe [Eingeleitete u. annotierte Ausg. d. Aufl. letzter Hand], ed. F. Stadler, Berlin 2008 ff. (erschienen Bde I–III). – Compendium der Physik für Mediciner, Wien 1863; Die Geschichte und die Wurzel des Satzes von der Erhaltung der Arbeit. Vortrag [...], Prag 1872 (repr., ed. J. Thiele, Amsterdam 1969), Leipzig 1909 (engl. History and Root of the Principle of the Conservation of Energy, Chicago Ill., London 1911); Optisch-akustische Versuche. Die spectrale und stroboskopische Untersuchung tönender Körper, Prag 1873, Vaduz 1988; Grundlinien der Lehre von den Bewegungsempfindungen, Leipzig 1875, mit engl. Übersetzung, New York etc. 2001, 2002; Die Mechanik in ihrer Entwickelung. Historisch-kritisch dargestellt, Leipzig 1883, erw. [7]1912 (repr. Frankfurt 1982), [9]1933 (repr. Darmstadt 1988, 1991), [Neudr. d. Ausg. [7]1912] ed. G. Wolters/G. Hon, Berlin 2012 (= E.-M.-Studienausg. III) (engl. The Science of Mechanics. A Critical and Historical Exposition of Its Principles, Chicago Ill., London 1893, La Salle Ill. [3]1974 [Preface K. Menger]; franz. La mécanique. Exposé historique et critique de son développement, Paris 1904 [repr. Sceaux 1987], 1925); Beiträge zur Analyse der Empfindungen, Jena 1886, unter dem Titel: Die Analyse der Empfindungen und das Verhältnis des Physischen zum Psychischen, [2]1900, [6]1911, [9]1922, Darmstadt 2005 [Neudr. d. Ausg. [6]1911], ed. G. Wolters, Berlin 2008 (= E.-M.-Studienausg. I) (engl. Contributions to the Analysis of the Sensations, Chicago Ill./London 1897 [repr. Bristol 1998], unter dem Titel: The Analysis of Sensations and the Relation of the Physical to the Psychical, Chicago Ill./London 1914, London 1996; franz. L'analyse des sensations. Le rapport du physique au psychique, Paris/Nîmes 1996); (mit P. Salcher) Photographische Fixirung der durch Projectile in der Luft eingeleiteten Vorgänge, Sitz.ber. kaiserl. Akad. Wiss., math.-naturwiss. Classe 95 (1887), 764–781 (repr. in: C. Hoffmann/P. Berz [eds.], E. M.s und Peter Salchers Geschossfotografien, Göttingen 2001, 149–167) (franz. Fixation photographique des phénomènes auxquels donne lieu le projectile pendant son trajet dans l'air, Paris 1888); (mit G. Jaumann) Leitfaden der Physik für Studierende, Prag/Wien, Leipzig [2]1891; Die Principien der Wärmelehre. Historisch-kritisch entwickelt, Leipzig 1896 (repr. Hamburg 2010), [3]1919 (repr. Frankfurt 1981), [4]1923 (engl. Principles of the Theory of Heat. Historically and Critically Elucidated, ed. B. McGuinness, Dordrecht etc., Norwell Mass. 1986); Populär-wissenschaftliche Vorlesungen, Leipzig 1896, erw. [4]1910 (repr. Saarbrücken 2006), erw. [5]1923, Wien/Köln/Graz 1987 (engl. Popular Scientific Lectures, Chicago Ill. 1895, La Salle Ill. [5]1943, 1986); Erkenntnis und Irrtum. Skizzen zur Psychologie der Forschung, Leipzig 1905, [2]1906, [5]1926 (repr. Darmstadt 1968, 1991) [Neudr. d. Ausg. [2]1906], ed. E. Nemeth/F. Stadler, Berlin 2011 (= E.-M.-Studienausg. II) (franz. La connaissance et l'erreur, Paris 1908, 1930; engl. Knowledge and Error. Sketches on the Psychology of Enquiry, Dordrecht/Boston Mass. 1976 [Introd. E. Hiebert]); Kultur und Mechanik, Stuttgart 1915 (repr. Saarbrücken 2006); Die Prinzipien der physikalischen Optik. Historisch und erkenntnispsychologisch entwickelt, Leipzig 1921 (repr. Frankfurt 1982) (engl. The Principles of Physical Optics. An Historical and

Philosophical Treatment, London, New York 1926 [repr. New York 1953, Mineola N. Y. 2003]); E. M. – A Deeper Look. Documents and New Perspectives, ed. J. T. Blackmore, Dordrecht/Boston Mass./London 1992 (Boston Stud. Philos. Sci. 143). – Wissenschaftliche Kommunikation. Die Korrespondenz E. M.s, ed. J. Thiele, Kastellaun 1978; E. M. als Aussenseiter. M.s Briefwechsel über Philosophie und Relativitätstheorie mit Persönlichkeiten seiner Zeit. Auszug aus dem letzten Notizbuch (Faksimile) von E. M., ed. J. Blackmore/K. Hentschel, Wien 1985. – J. Thiele, E. M.-Bibliographie [primär und sekundär], Centaurus 8 (1963), 189–237. – Der wissenschaftliche Nachlass von E. M. (1838 – 1916), ed. W. Füßl/M. Prussat, München 2001.

Literatur: F. Adler, E. M.s Überwindung des mechanischen Materialismus, Wien 1918; K. Arens, M.'s Psychology of Investigation, J. Hist. Behavioral Sci. 21 (1985), 151–168; A. J. Ayer (ed.), Logical Positivism, Glencoe Ill. 1959, Westport Conn. 1978; E. C. Banks, E. M.'s ›New Theory of Matter‹ and His Definition of Mass, Stud. Hist. Philos. of Modern Physics 33 (2002), 605–635; ders., E. M.'s World Elements. A Study in Natural Philosophy, Dordrecht/Boston Mass. 2003 (Western Ont. Ser. Philos. Sci. LXVIII); ders., The Philosophical Roots of E. M.'s Economy of Thought, Synthese 139 (2004), 23–53; J. B. Barbour/H. Pfister (eds.), M.'s Principle. From Newton's Bucket to Quantum Gravity, Boston Mass./Basel/Berlin 1995 (Einstein Studies VI); J. T. Blackmore, E. M.. His Work, Life, and Influence, Berkeley Calif./Los Angeles/London 1972; ders., Three Autobiographical Manuscripts by E. M., Ann. Sci. 35 (1978), 401–418; ders., An Historical Note on E. M., Brit. J. Philos. Sci. 36 (1985), 299–305; ders., E. M. Leaves the ›Church of Physics‹, Brit. J. Philos. Sci. 40 (1989), 519–540; ders./R. Itagaki/S. Tanaka (eds.), E. M.'s Vienna. 1895–1930. Or Phenomenalism as Philosophy of Science, Dordrecht/Boston Mass./London 2001 (Boston Stud. Philos. Sci. 218); dies. (eds.), E. M.'s Science. Its Character and Influence on Einstein and Others, Minamiyana/Hadano-shi/Kanagawa 2006; dies. (eds.), E. M.'s Influence Spreads, Bethesda Md. 2009; dies. (eds.), E. M.'s Philosophy. Pro and Con. With Contributions by Brentano, Carnap, Einstein, Husserl, Lenin, M., Planck, Popper, and Others, Bethesda Md. 2009; J. Bradley, M.'s Philosophy of Science, London 1971 (dt. M.s Philosophie der Naturwissenschaft, Stuttgart 1974); M. Bunge, M.'s Critique of Newtonian Mechanics, Amer. J. Phys. 34 (1966), 585–596; M. Čapek, E. M.'s Biological Theory of Knowledge, Synthese 18 (1968), 171–191, ferner in: R. S. Cohen/M. W. Wartofsky (eds.), Proceedings of the Boston Colloquium for the Philosophy of Science 1966/1968 II, Dordrecht 1969 (Boston Stud. Philos. Sci. V), 400–420; M. Carrier, Raum-Zeit, Berlin/New York 2009, 182–189 (M.s Kritik an Newtons Argument und sein relationaler Gegenentwurf); J. A. Coffa, Machian Logic, Communic. and Cogn. 8 (1975), 103–129; R. S. Cohen/R. J. Seeger (eds.), E. M.. Physicist and Philosopher, Dordrecht 1970 (Boston Stud. Philos. Sci. VI) (mit Bibliographie, 274–290); C. Debru, E. M. et la psychophysiologie du temps, Philosophia Scientiae 7 (2003), 59–91; H. Dingler, Die Grundgedanken der M.schen Philosophie. Mit Erstveröffentlichungen aus seinen wissenschaftlichen Tagebüchern, Leipzig 1924; R. Disalle, Reconsidering E. M. on Space, Time, and Motion, in: D. B. Malament (ed.), Reading Natural Philosophy. Essays in the History and Philosophy of Science and Mathematics, Chicago Ill./La Salle Ill. 2002, 167–191; P. K. Feyerabend, Zahar on M., Einstein and Modern Science, Brit. J. Philos. Sci. 31 (1990), 273 283; ders., M.'s Theory of Research and Its Relation to Einstein, Stud. Hist. Philos. Sci. 15 (1984), 1–22;

R. Goeres, Sensualistischer Phänomenalismus und Denkökonomie. Zur Wissenschaftskonzeption E. M.s, J. General Philos. Sci. 35 (2004), 41–70; R. Haller/F. Stadler (eds.), E. M.. Werk und Wirkung, Wien 1988; A. Hamilton, E. M. and the Elimination of Subjectivity, Ratio NS 3 (1990), 117–135; ders., M., REP VI (1998), 13–16; K. Hentschel, M., NDB XV (1987), 605–609; E. N. Hiebert, The Conception of Thermodynamics in the Scientific Thought of M. and Planck, Freiburg 1968 (E. M.-Institut, Wiss. Ber. 5); ders., M.'s Philosophical Use of the History of Science, in: R. H. Stuewer (ed.), Historical and Philosophical Perspectives of Science, Minneapolis Minn. 1970 (Minn. Stud. Philos. Sci. V), New York etc. 1989 (Classsics in the History and Philosophy of Science I), 184–203; ders., M., DSB VIII (1973), 595–607; ders., An Appraisal of the Work of E. M.: Scientist – Historian – Philosopher, in: P. K. Machamer/R. G. Turnbull (eds.), Motion and Time, Space and Matter. Interrelations in the History of Philosophy and Science, Columbus Ohio 1976, 360–389; ders., The Influence of M.'s Thought on Science, Philos. Nat. 21 (1984), 598–615; J. Hintikka, E. M. at the Crossroads of Twentieth-Century Philosophy, in: J. Floyd/S. Shieh (eds.), Future Pasts. The Analytic Tradition in Twentieth-Century Philosophy, Oxford etc. 2001, 81–100; D. Hoffmann/H. Laitko (eds.), E. M.. Studien und Dokumente zu Leben und Werk, Berlin 1991 [mit Briefen und Dokumenten E. M.s aus Archiven der DDR, 331–441] (mit Bibliographie, 445–457); G. Holton, E. M. and the Fortunes of Positivism in America, Isis 83 (1992), 27–60; V. Kraft, Der Wiener Kreis. Der Ursprung des Neopositivismus. Ein Kapitel der jüngsten Philosophiegeschichte, Wien 1950, erw. Wien/New York ²1968, Nachdr. als ³1997 (engl. The Vienna Circle. The Origin of Neo-Positivism. A Chapter in the History of Recent Philosophy, New York 1953, 1969); L. Laudan, The Methodological Foundations of M.'s Anti-Atomism and Their Historical Roots, in: P. K. Machamer/R. G. Turnbull (eds.), Motion and Time, Space and Matter [s. o.], 390–417, Nachdr. unter dem Titel: E. M.'s Opposition to Atomism, in: ders., Science and Hypothesis. Historical Essays on Scientific Methodology, Dordrecht/Boston Mass./London 1981, 202–225; K. Mulligan/B. Smith, M. and Ehrenfels. The Foundations of Gestalt Theory, in: B. Smith (ed.), The Foundations of Gestalt Theory, München 1988, 124–157; R. Musil, Beitrag zur Beurteilung der Lehren M.s, Diss. Berlin 1908, mit erw. Titel: [...] und Studien zur Technik und Psychotechnik, Reinbek b. Hamburg 1980, 1990 (engl. On M.'s Theories, Introd. G. H. v. Wright, München/Wien, Washington D. C. 1982; franz. Pour une évaluation des doctrines de M., Paris 1985); P. Pojman, M., SEP 2008; V. Prosser/J. Folta (eds.), E. M. and the Development of Physics. Conference Papers. Prague, 14.–16. 9. 1988, Prag 1991; H. Reichenbach, Contributions of E. M. to Fluid Mechanics, Ann. Rev. Fluid Mechanics 15 (1983), 1–28; H. Schnädelbach, Erfahrung, Begründung und Reflexion. Versuch über den Positivismus, Frankfurt 1971, 32–62 (Kap. I.2 E. M. und der Ausgang des älteren Positivismus); F. Stadler, Vom Positivismus zur ›wissenschaftlichen Weltauffassung‹. Am Beispiel der Wirkungsgeschichte von E. M. in Österreich von 1895 bis 1934, Wien/München 1982; W. W. Swoboda, Physics, Physiology and Psychophysics. The Origins of E. M.'s Empiriocriticism, Riv. filos. 73 (1982), 234–274; J. Thiele, Zur Wirkungsgeschichte der Schriften E. M.s, Z. philos. Forsch. 20 (1966), 118–130; X. Verley, M., un physicien philosophe, Paris 1998; C. B. Weinberg, M.'s Empirio-Pragmatism in Physical Science, New York 1937; A. S. Winston, Cause into Function. E. M. and the Reconstruction of Explanation in Psychology, in: C. D. Green/M. G. Shore/T. Teo (eds.), The Transformation of

Psychology. Influences of 19th Century Philosophy, Technology, and Natural Science, Washington D. C. 2001, 107–131; G. Wolters, E. M. and the Theory of Relativity, Philos. Nat. 21 (1984), 630–641; ders., Topik der Forschung. Zur wissenschaftstheoretischen Funktion der Heuristik bei E. M., in: C. Burrichter/ R. Inhetveen/R. Kötter (eds.), Technische Rationalität und Rationale Heuristik, Paderborn etc. 1986, 123–154); ders., M. I, M. II, Einstein und die Relativitätstheorie. Eine Fälschung und ihre Folgen, Berlin/New York 1987; ders., Phenomenalism, Relativity and Atoms. Rehabilitating E. M.'s Philosophy of Science, in: J. E. Fenstad/I. T. Frolov/R. Hilpinen (eds.), Logic, Methodology and Philosophy of Science VIII. Proceedings of the Eighth International Congress of Logic, Methodology and Philosophy of Science, Moscow, 1987, Amsterdam etc. 1989 (Studies in Logic and the Foundations of Mathematics 126), 641–660; ders., M. and Einstein in the Development of the Vienna Circle, in: I. Niiniluoto/M. Sintonen/G. H. v. Wright (eds.), Eino Kaila and Logical Empiricism, Helsinki 1992 (Acta Philosophica Fennica LII), 14–32; ders., M. and Einstein, or, Clearing Troubled Waters in the History of Science, in: C. Lehner/J. Renn/M. Schemmel (eds.), Einstein and the Changing Worldviews of Physics, New York etc. 2012 (Einstein Stud. XII), 39–57; E. Zahar, M., Einstein and the Rise of Modern Science, Brit. J. Philos. Sci. 28 (1977), 195–213. – A Symposium on E. M., Synthese 18 (1968), 132–301; Symposium aus Anlaß des 50. Todestages von E. M.. Veranstaltet am 11./12. März 1966 vom E.-M.-Institut Freiburg i. Br., [Freiburg 1966]. H. R. G./M. C.

Machiavelli, Niccolò, *Florenz 3. Mai 1469, †ebd. 22. Juni 1527, ital. Historiker, Staatstheoretiker und Schriftsteller. Ab 1494 Koadjutor, ab 1497 Sekretär der mit auswärtigen Angelegenheiten und Militärfragen befaßten zweiten Staatskanzlei der Republik Florenz. 1512, nach Sturz der Republik und Rückkehr der Medici, Entlassung; 1520 Auftrag, die Geschichte der Stadt Florenz zu schreiben (Historie fiorentine, Rom 1532). – Insbes. M.s »Il principe« (Rom 1532), mit päpstlichem Imprimatur gedruckt, aber 1564 verurteilt und auf den Index gesetzt, hat in der gespannten Atmosphäre der Gegenreformation bald zu einer meist durch Unkenntnis des Werkes gekennzeichneten Legendenbildung und zu einer bis in die Gegenwart anhaltenden, breiten wissenschaftlichen Auseinandersetzung geführt. Alle Parteien und Fraktionen bedienten sich der früh entstehenden Metapher des ↑›Machiavellismus‹ in polemischer Absicht. 1576 eröffnete I. Gentillet mit dem ersten Anti-Machiavelli (Discours sur les Moyens de bien gouverner et maintenir en bonne paix un royaume ou autre principauté. Contre Nicolas Machiavel, Genf 1576) die Reihe kritischer Schriften, in der auch Friedrichs des Großen »Anti-Machiavel, ou Essai de critique sur le Prince de Machiavel« (ed. Voltaire, La Haye, Kopenhagen 1740) steht. Eine objektive Beurteilung erfährt M. durch P. Bayle (Dictionnaire historique et critique, I–II, Rotterdam 1697, I–III, ²1702). Im 19. Jh. herrschen die »Il principe« vom letzten, die politische Einigung Italiens beschwörenden Kapitel her nationalstaatlich interpretierenden Standpunkt vor. Vor allem G. W. F. Hegel weist

darauf hin, daß M. aus seiner Zeit heraus gelesen werden muß und nicht »als ein gleichgiltiges für alle Zustände d. h. also für keinen Zustand passendes Kompendium von moralisch-politischen Grundsätzen zu behandeln« sei (Fragmente einer Kritik der Verfassung Deutschlands [1799–1803], Ges. Werke V, 132 [= 34a]). J. G. Fichte hebt den schon von J.-J. Rousseau betonten Gedanken hervor, daß die Staatsbildung der individuellen Freiheit logisch und historisch vorausgeht (Über M., als Schriftsteller und Stellen aus seinen Schriften, in: Gesamtausg. I/9, 213–275).

Den politischen und historischen Schriften M.s liegt ein praktisches Erkenntnisinteresse zugrunde. Die Analyse von Einzelfällen in den »Discorsi [...] sopra la prima deca di Tito Livio« (Rom 1531 u.ö.) und in »Historie fiorentine« dient dem Aufsuchen von Ursache-Wirkungszusammenhängen und von Regelmäßigkeiten, deren zweckrationale Benutzung in der Praxis den Erfolg politischen Handelns kalkulierbar machen soll. Als Begründer einer neuzeitlichen, nicht mehr der Heilserwartung verpflichteten, antiteleologischen Geschichtsschreibung knüpft M. im Geiste des ↑Humanismus bewußt an die erklärende Historiographie der Antike an, deren Methoden er für die Analyse der Zeitgeschichte nutzbar macht. Ausgangs- und Endpunkt des Denkens M.s ist der Staat. Als Grundübel seiner Zeit betrachtet M. das Fehlen einer dauerhaften, ordnungs- und identitätsstiftenden Verfassung nach dem Zerfall des *corpus mysticum* von Papsttum und Kaisertum und der Auflösung der lehnsrechtlichen Treueverhältnisse. Im Zeitalter der ↑Renaissance ist Herrschaft auch in den legitimen Erbmonarchien nur noch über bloße Gewalt vermittelt. Italien ist Kampfplatz der großen europäischen Reiche, unter wechselnder Botmäßigkeit in wechselnden Koalitionen zersplittert und uneins. M. sieht den allgemeinen Sittenverfall, auch in der Kirche, deren Untergang er voraussagt, als Folge des Fehlens eines starken, das Kollektiv bindenden, Frieden garantierenden Staates, dem er in scheinbarem Gegensatz zu seinem erfahrungsbegründeten anthropologischen ↑Pessimismus pädagogische Aufgaben zuweist. Das sittliche Bewußtsein eines Volkes verdankt sich dem Staat, der kein Organismus, sondern Organisation ist. Dem Staat liegt kein ↑Gesellschaftsvertrag freier, gleicher und ethisch verantwortlicher Menschen zugrunde, vielmehr der Machtwille eines mit Durchsetzungsvermögen (virtù) begabten politischen Führers, dessen Aufgabe es ist, unter Ausnutzung günstiger Umstände (fortunà) und im Rahmen der den gegebenen Verhältnissen entsprechenden Mittel (necessità) ↑Herrschaft zu begründen und zu erhalten. Dabei ist die den Lebenskampf bestimmende ›necessità‹ zugleich seinsbeschränkend und seinserhaltend; sie ist objektiver Wirkungszusammenhang und subjektive Zwecklogik. Auf das Individuum bezogen meint sie die

Verbindung von Triebnatur und Erfahrungsklugheit. Der originäre Herrschaftserwerb beruht auf bloßer Gewalt, Herrschaft legitimiert sich durch ihre gemeinwohlbezogene Ausübung, wobei M. scharf zwischen der privaten und der öffentlichen Moral des Herrschers unterscheidet.

Werke: Tutte le opere di N. M. Cittadino et Secretario Fiorentino […], I–V, o. O. 1550; Opere, I–VI, ed. R. Tanzini/B. Follini, Florenz 1782, erw., I–VIII, o. O. 1796–1799; Opere, I–VI, ed. G. D. Poggiali, Filadelfia [i.e. Livorno] 1796–1797, I–X, Mailand 1804–1805; Opere […]. Nuova edizione, I–X, Genf 1798; Opere, I–VIII, Italia [i.e. Florenz] 1813 [erstmals Abdruck von privaten Briefen M.s innerhalb einer Werkausgabe], erw., I–XI, Italia [i.e. Florenz] 1819; Opere, I–X, ed. N. Conti, Florenz 1818–1821 [I–III mit Titel: Istorie di N. M., ab IV: Opere]; Opere complete […] con molte correzioni e giunte rivenute sui manoscritti originali, Florenz 1843, [erw. um: Scritti inediti risguardanti la storia e la milizia] Palermo 1868; Opere, I–VI, ed. P. Fanfani/L. Passerini/G. Milanesi, Florenz 1873–1877 [unvollständig]; Tutte le opere, ed. F. Flora/C. Cordiè, I–II, Mailand/Verona 1949/1950, I, 1968, II, 1960, 1967; Opere, I–VIII, ed. S. Bertelli/F. Gaeta, Mailand 1960–1965; Opere, I–XI, ed. S. Bertelli, Mailand, Verona 1968–1982; Tutte le Opere, ed. M. Martelli, Florenz 1971, 1992; Opere, I–III, ed. C. Vivanti, Turin 1997–2005; Edizione nazionale delle opere di N. M., ed. J. J. Marchant/M. Martelli u. a., Rom 2001 (erschienen Abt. I [Opere politiche]: I/1, I/2,1–2,2, I/3, Abt. V [Legazioni, commissarie, scritti di governo]: V/1–V/7) (franz. Les œuvres, I–II, Rouen 1664, unter dem Titel: Oeuvres, I–V, übers. F. Tétard (i.e. Testard), La Haye 1730, I–VI, 1743, I–VIII, übers. F. Testard/A. de La Houssaye, Paris 1793, I–IX, übers. T. Guiraudet, Paris 1798, unter dem Titel: Oeuvres complètes, I–XII, übers. J. V. Périès, Paris 1823–1826, I–II, ed. J. A. C. Buchon, Paris 1837, 1867, in einem Bd. ed. E. Barincou, Paris 1952, 2005; engl. The Works of the Famous Nicolas Machiavel, Citizen and Secretary of Florence, London 1675, ³1720, unter dem Titel: The Works of Nicolas Machiavel […] Newly Translated from the Originals, I–II, London 1762, I–IV, ²1775, unter dem Titel: The Chief Works and Others, I–III, trans. A. Gilbert, Durham N. C. 1965; dt. Sämmtliche Werke, I–VIII, übers. J. Ziegler, Karlsruhe 1832–1841, unter dem Titel: Gesammelte Schriften, I–V, ed. H. Floerke, München 1925 (repr. Bd. I, Darmstadt 1967), unter dem Titel: Gesammelte Werke in einem Band, ed. A. Ulfig, Frankfurt 2006, 2011). – Comedia di Callimaco et di Lucretia, o. O., o. J. [1520?] [Titelblatt zeigt einen Kentaur = editio princeps], o. O., o. J. [Titelblatt zeigt einen Lautespieler], unter dem Titel: Comedia Facetissima intitulata Mandragola, Rom o. J. [1524?], Cesena o. J. [1526], unter dem Titel: Mandragola, Venedig 1531, ed. S. Debenedetti, Straßburg o. J. [1910], mit Untertitel: Per la prima volta restituta alla sua integrità, ed. R. Ridolfi, Florenz 1965, ed. G. Sasso/G. Inglese, Mailand 1980, ed. G. Inglese, Bologna 1997, ed. P. Stoppelli, Mailand 2006 (dt. Mandragola, übers. A. Stern, Leipzig 1882, ferner in: Drei Italienische Lustspiele aus der Zeit der Renaissance, übers. P. Heyse, Jena 1914, 169–228, separat Rom, Wuppenau 1994, [ital./dt.], übers. J. Ziegler, Leipzig 1962, übers. H. Endrulat, ed. G. A. Schwalb/H.-P. Klaus, Langenhagen 1996, unter dem Titel: Die Mandragora, in: Ges. Werke in einem Band, ed. A. Ulfig [s. o.], 949–994; franz. La Mandragore, übers. A. Bonneau, Paris 1887, Mandragola/Le Mandragore [ital./franz.], ed. P. Stoppelli/P. Larivaille, Paris 2008; engl. Mandragola, trans. M. J. Flaumenhaft, Prospect Heights Ill. 1981, unter

dem Titel: Madragola/The Mandrake, in: The Comedies of M. [ital./engl.], ed. u. trans. D. Sices/J. B. Atkinson, Hanover N. H. 1985, Indianapolis Ind./London 1985, 2007, 153–275); Libro della arte della guerra, Florenz 1521, unter dem Titel: Libro dell'arte della guera, Venedig 1540, mit Untertitel: Riveduto sull'autografo della biblioteca nazionale di Firenze, ed. D. Carbone, Florenz 1868, ⁴1881, unter dem Titel: L'arte della guerra, ed. J.-J. Marchand/D. Fachard/G. Masi, Rom 2001 (= Edizione nazionale delle opere I/3) (franz. L'art de la guerre, Paris 1546, ed. A. Pélissier, Paris 1980, ed. H. Mansfield, Paris 1991, 1997; engl. The Arte of Warre, trans. P. Withorne, o. O. [London] 1560/1562 (repr. Amsterdam, New York 1969), unter dem Titel: Art of War, trans. C. Lynch, Chicago Ill./London 2003; dt. Kriegs Kunst […], Mümpelgardt 1619, 1623, unter dem Titel: Die Kunst des Krieges, in: Ges. Werke in einem Band, ed. A. Ulfig [s. o.], 709–856); Discorsi sopra la prima deca di Tito Livio [Einheitssachtitel], Rom 1531, Venedig 1531, ed. C. Vivanti/F. Guicciardini, Turin 1983, ed. G. Inglese, Mailand 1984, ²1996, I–II, ed. F. Bausi, Rom 2001 (= Edizione nazionale delle opera I/2) (franz. Le […] livre des discours de l'estat de paix et de guerre […] sur la première decade de Tite Live, I–III, Paris 1548, unter dem Titel: [Les] Discours de l'estat de paix et de guerre […] sur la premiere decade de Tite Live, Paris 1559, unter dem Titel: Discours sur la première décade de Tite-Live, ed. A. Pélissier, Paris 1980, übers. A. Fontana/X. Tabet, Paris 2004; engl. Discourses upon the First Decade of T. Livius, London 1636, unter dem Titel: The Discourses, I–II, trans. L. J. Walker London 1950, London/Boston Mass. 1975, unter dem Titel: Discourses on Livy, ed. J. C. Bondanella/P. Bondanella, Oxford/New York 1997, 2008; dt. Unterhaltungen über die erste Dekade der römischen Geschichte des T. Livius, I–III, übers. J. G. Scheffner/F. G. Findeisen, Danzig 1776, unter dem Titel: Discorsi. Gedanken über Politik und Staatsführung. Deutsche Gesamtausgabe, übers. u. ed. R. Zorn, Stuttgart 1966, ³2007); Historie fiorentine, Rom 1532, Florenz 1532, unter dem Titel: Le istorie fiorentine. Diligentemente risconstrate sulle migliori edizioni, ed. G.-B. Nicollini, Florenz 1843, ³1857 (repr. 1990), 1917, I–II, ed. crit. P. Carli, Florenz 1927, ed. F. Gaeta, Mailand 1962 (= Opere, ed. S. Bertelli/F. Gaeta VII), ed. S. Bertelli, Mailand 1968 (= Opere, ed. S. Bertelli, III), 37–497, ed. C. Vivanti, Turin 2005 (= Opere, ed. C. Vivanti, III), 303–732 (franz. Histoire de Florence, Paris 1577, unter dem Titel: Historie Florentine, Paris 1577, übers. J. V. Peries, Paris 1842; engl. The Florentine Historie, London 1595, unter dem Titel: Florentine Histories, trans. L. F. Banfield/H. C. Mansfield Jr., Princeton N. J./Guildford 1988; dt. Die Historie von Florenz. In acht Büchern, übers. D. W. Otto, Leipzig 1788, Florentinische Geschichten, I–II, übers. A. Reumont, Leipzig 1846, in einem Bd. unter dem Titel: Geschichte von Florenz, übers. A. Reumont ed. L. Goldscheider, Wien 1934, Zürich 1986, ³1993, [ital./dt.], ed. B. Birmbacher, München 1980); Il principe, Rom 1532 (repr. ed. F. Chabod/L. Firpo, Turin 1961, repr. in: Le Prince. Traduction: 1571, Jean Gohory. Il Principe. Fac-similé de l'édition originale: Blado, Rome, 1532. Le Prince. Traduction: 1682/1692, Amelot de la Houssaie, Paris 2001, 139–208), Florenz 1532, mit Untertitel: Rivisto e coretto sul codice mediceo-laurenziano e sopra altri ottimi manoscritti, o. O. 1813, mit Untertitel: Testo critico, ed. G. Lisio, Florenz 1899, mit Untertitel: Con commento storico, filologico e stilistico, 1900, ed. F. Chabod/L. Firpo, Turin 1961, ed. crit. G. Inglese, Rom 1995, ed. M. Martelli, Rom/Salerno 2006 (= Edizione nazionale delle opere I/1) (franz. Le Prince, Poitiers 1553, Paris 1553, ed. E. Zyssman, Paris 2008, [ital./franz.], ed. M. Martelli, übers. P. Larivaille, Paris 2008; engl.

Nicholas Machiavels Prince [...], London 1640 [repr. Amsterdam, New York 1968, Menston 1969], unter dem Titel: The Prince, ed. P. Bondanella, Oxford/New York 1984, ed. Q. Skinner/R. Price, Cambridge etc. 1988, trans. T. Parks, New York etc. 2009; dt. Lebens- und Regierungs-Maximen eines Fürsten [...], Köln [i.e. Jena] 1714, Nachdruck, krit. ed. R. De Pol, Berlin 2006, unter dem Titel: Regierungskunst eines Fürsten, Frankfurt 1745 [repr. Dortmund 1978, ²1982], unter dem Titel: Der Fürst, übers. R. Zorn, Stuttgart 1955, ⁶1978, [ital./dt.], ed. P. Rippel, Stuttgart 1986, nach der Übers. v. A. W. Rehberg neu ed., Frankfurt 2005, ²2010); L'asino d'oro, Florenz 1549, o.O. 1550 (= Tutte le opere V), Rom [London] 1588, Turin 2005 (= Opere III, ed. C. Vivanti), 762–783 (dt. L'Asino/Der Esel 1517. Eine satirische Parabel aus der italienischen Renaissance oder Die menschliche Seite der Renaissance, übers. v. M. Mittermaier/M. Mair, Würzburg 2001); Tutte le opere storiche e letterarie, ed. G. Mazzoni/M. Casella, Florenz 1929; Legazioni, commissarie, scritti di governo, I–IV, ed. Fredi Chiappelli/J. J. Marchand, Bari 1971–1985; I primi scritti politici (1499–1512). Nascita di un pensiero e di uno stilo, ed. J.-J. Marchand, Padua 1975; Politische Schriften, ed. H. Münkler, Frankfurt 1990, 1996; Le grandi opere politiche, I–II, ed. G. M. Anselmi/C. Varotti, Turin 1992/1993. – Lettere, Florenz 1767; Carteggio diplomatico e familiare, I–III, Italia [Florenz] 1813; Lettere famigliari, Italia [Florenz] 1813 (= Opere VIII) (dt. Die Briefe des Florentinischen Kanzlers und Geschichtsschreibers N. di Bernardo dei M. an seine Freunde, übers. H. Leo, Berlin 1826); Lettere familiari, ed. E. Alvisi, Florenz 1883; Lettere, I–II, ed. G. Papini, Lanciano 1915; Lettere, ed. G. Lesca, Florenz 1929; Toutes les lettres officielles et familières [...], I–II, ed. E. Barincou, Paris 1955; Epistolario, ed. S. Bertelli, Mailand 1969 (= Opere V); The Letters of M.. A Selection of His Letters, ed. A. Gilbert, New York 1961, mit Untertitel: A Selection, Chicago Ill. 1988; Lettere a Francesco Vettori e a Francesco Guicciardini, ed. G. Inglese, Mailand 1989, ²1996; Dieci lettere private, ed. G. Bardazzi, Rom 1992; M. and His Friends. Their Personal Correspondence, trans. u. ed. J. B. Atkinson/D. Sices, DeKalb Ill. 1996. – A. Norsa, Il principio della forza nel pensiero politico di N. M.. Seguito da un contributo bibliografico, Mailand 1936; S. Bertelli/P. Innocenti, Bibliografia machiavelliana, Verona 1979; Totok III (1980), 122–148.

Literatur: S. Audier, Machiavel, Conflit et liberté, Paris 2005; E. Barincou, Machiavel par lui-même, Paris 1957, unter dem Titel: M., 1978 (dt. N. M. in Selbstzeugnissen und Bilddokumenten, Hamburg 1958, Reinbek b. Hamburg 2001; engl. M., New York 1961, Westport Conn. 1975); H. Baron, M., the Republican Citizen and the Author of »The Prince«, Engl. Hist. Rev. 76 (1961), 217–253, rev. in: ders., In Search of Florentine Civic Humanism. Essays on the Transition from Medieval to Modern Thought II, Princeton N. J./Guildford 1988, 1989, 101–151; R. A. Belliotti, N. M.. The Laughing Lion and the Strutting Fox, Lanham Md. etc. 2009; E. Benner, M.'s Ethics, Princeton N. J./Woodstock 2009; I. Berlin, The Originality of M., in: M. P. Gilmore (ed.), Studies on M., Florenz 1972, 147–206, ferner in: I. Berlin, Against the Current. Essays in the History of Ideas, London, New York 1979, Princeton N. J./Oxford 2001, 25–79 (dt. Die Originalität M.s, in: Wider das Geläufige. Aufsätze zur Ideengeschichte, Frankfurt 1982, 1994, 93–157); G. Bock/Q. Skinner/M. Viroli (eds.), M. and Republicanism, Cambridge etc. 1990, 1999; M. Brion, Machiavel. Génie et destinée, Paris 1947, Brüssel, Paris 1983 (dt. M. und seine Zeit, Düsseldorf/Köln 1957); A. Buck, M., Darmstadt 1985; N. Campagna, N. M.. Eine

Einführung, Berlin 2003; E. Cassirer, Individuum und Kosmos in der Philosophie der Renaissance, Leipzig/Berlin 1927 (repr. Darmstadt 1963, 1994), ed. F. Plaga/C. Rosenkranz, Hamburg 2002 (= Ges. Werke XIV); C. H. Clough, M. Researches, Neapel 1967; B. Dejardin, Terreur et corruption. Essai sur l'incivilité chez Machiavel, Paris/Budapest/Turin 2004; F. Del Lucchese, Tumulti e ›indignatio‹. Conflitto, diritto e moltitudine in M. e Spinoza, Mailand 2004 (engl. Conflict, Power and Multitude in M. and Spinoza. Tumult and Indignation, London/New York 2009, 2010; franz. Tumultes et indignation. Confit, droit et multitude chez Machiavel et Spinoza, Paris 2009); ders./L. Sartorello/S. Visentin (eds.), M.. Immaginazione e contingenza, Pisa 2006; R. De Pol, The First Translations of M.'s »Prince«. From the Sixteenth to the First Half of the Nineteenth Century, Amsterdam/New York 2010; H.-J. Diesner, N. M.. Mensch, Macht, Politik und Staat im 16. Jahrhundert, Bochum 1988; M. G. Dietz, M., REP VI (1998), 17–22; L. Donskis (ed.), N. M.. History Power, and Virtue, Amsterdam/New York 2011; U. Dotti, N. M.. La fenomenologia del potere, Mailand 1979, 1980; ders., M. rivoluzionario. Vita e opere, Rom 2003 (franz. La révolution Machiavel, Grenoble 2006); F. Dreier, Die Architektur politischen Handelns. M.'s »Il Principe« im Kontext der modernen Wissenschaftstheorie, Freiburg/München 2005; F. Ercole, La politica di M., Rom 1926; H. Fink, M.. Eine Biographie, München 1988, 1990; M. Fischer, Well-Ordered License. On the Unity of M.'s Thought, Lanham Md./Oxford 2000; M. Fleisher (ed.), M. and the Nature of Political Thought, New York 1972, London 1973; H. Freyer, M., Leipzig 1938, Weinheim ²1986; A. Fuhr, M. und Savonarola. Politische Rationalität und politische Prophetie, Frankfurt etc. 1985; M. Gaille-Nikodimov, Machiavel, Paris 2005, 2009; dies., M. et la tradition philosophique, Paris 2007; E. Garin, M. fra politica e storia, Turin 1993 (franz. Machiavel entre politique et histoire, Paris 2006); E. Garver, M. and the History of Prudence, Madison Wis./London 1987; C. Gil, Machiavel, fonctionnaire florentin, Paris 1993 (dt. M.. Eine Biographie, Solothurn/Düsseldorf 1994, unter dem Titel: M.. Die Biographie, Düsseldorf 2000); R. W. Grant, Hypocrisy and Integrity. M., Rousseau, and the Ethics of Politics, Chicago Ill./London 1997; S. de Grazia, M. in Hell, Princeton N. J., New York/London 1989, London 1996; J. Heers, Machiavel, Paris 1985; H. Hein, Subjektivität und Souveränität. Studien zum Beginn der modernen Politik bei N. M. und Thomas Hobbes, Frankfurt/Bern/New York 1986; D. Hoeges, N. M. Die Macht und der Schein, München 2000; M. Hörnqvist, M. and Empire, Cambridge etc. 2004, 2008; M. Hulliung, Citizen M., Princeton N. J. 1983; R. Jeremias, Vernunft und Charisma. Die Begründung der politischen Theorie bei Dante und M. – im Blick Max Webers, Konstanz 2005; W. Kersting, N. M., München 1988, ³2006; R. King, M.. Philosopher of Power, New York 2007, ohne Untertitel, London 2007, mit Untertitel, New York 2009 (dt. M.. Philosoph der Macht, München 2009); K. Kluxen, Politik und menschliche Existenz bei M.. Dargestellt am Begriff der Necessità, Stuttgart etc. 1967; C. Knauer, Das ›magische Viereck‹ bei M. – fortuna, virtù, occasione, necessità, Würzburg 1990; M. Knoll/S. Saracino (eds.), N. M.. Die Geburt des Staates, Stuttgart 2010; R. A. Kocis, M. Redeemed. Retrieving His Humanist Perspectives on Equality, Power, and Glory, Cranbury N. J./London/Mississauga Ont. 1998; R. König, N. M.. Zur Krisenanalyse einer Zeitenwende, Erlenbach-Zürich 1941, München/Wien 1979, Frankfurt 1984; M. Lamy, Machiavel, DP II (²1993), 1840–1848; H. C. Mansfield Jr., M.s New Modes and Orders. A Study of the »Discourses on Livy«, Ithaca N. Y./London 1979, Chicago Ill./London 2001; ders., M.'s Virtue,

Chicago Ill./London 1996, 1998; M. Martelli, Saggio sul »Principe«, Rom 1999; R. Masters, M., Leonardo, and the Science of Power, Notre Dame Ind./London 1996; J. P. McCormick, Machiavellian Democracy, Cambridge etc. 2011; T. Ménissier, Machiavel, la politique et l'histoire. Enjeu philosophiques, Paris 2001; K. Mittermaier, M.. Moral und Politik zu Beginn der Neuzeit, Gernsbach 1990, 2005; H. Münkler, M.. Die Begründung des politischen Denkens der Neuzeit aus der Krise der Republik Florenz, Frankfurt 1982, 2007; ders., M., IESBS XIII (2001), 9107–9111; ders./R. Voigt/R. Walkenhaus (eds.), Demaskierung der Macht. N. M.s Staats- und Politikverständnis, Baden-Baden 2004; J. M. Najemy, (ed.), The Cambridge Companion to M., Cambridge etc. 2010; C. Nederman, N. M., SEP 2005, rev. 2009; P. Oppenheimer, M.. A Life Beyond Ideology, London 2010, 2011; H. F. Pitkin, Fortune Is a Woman. Gender and Politics in the Thought of N. M., Berkeley Calif./London 1984, Chicago Ill./London 1999; A. Polcar, M.-Rezeption in Deutschland von 1792 bis 1858. 16 Studien, Aachen 2002; H. Prolongeau, Machiavel, Paris 2010; A. Rahe (ed.), M.'s Liberal Republican Legacy, Cambridge etc. 2006; ders., Against Throne and Altar, M. and Political Theory under the English Republic, Cambridge etc. 2008; V. Reinhardt, M. oder die Kunst der Macht. Eine Biographie, München 2012; R. Ridolfi, Vita di N. M., Rom 1954, ⁷1978 (franz. Machiavel, Paris 1960; engl. The Life of N. M., London 1963, London/New York 2010); A. Riklin, Die Führungslehre von N. M., Bern, Wien 1996; R. Rinaldi, Scrivere contro. Per M., Mailand 2009; G. Sasso, N. M., storia del suo pensiero politico, Neapel 1958, Bologna 1980 (dt. N. M.. Geschichte seines politischen Denkens, Stuttgart etc. 1965); M. Schewe, M., BBKL V (1993), 524–529; T. Schölderle, Das Prinzip der Macht. Neuzeitliches Politik- und Staatsdenken bei Thomas Hobbes und N. M., Berlin/Cambridge Mass. 2002; P. Schröder, N. M., Frankfurt/New York 2004; G. Sfez, Machiavel, la politique du moindre mal, Paris 1999; ders./M. Senellart (eds.), L'enjeu Machiavel, Paris 2001; Q. Skinner, M., Oxford, New York 1981, mit Untertitel: A Very Short Introduction, Oxford/New York 2000, ohne Untertitel: New York 2010 (dt. M. zur Einführung, Hamburg 1988, ⁵2008; franz. Machiavel, Paris 1989, 2001); J. Soll, Publishing »The Prince«. History, Reading, & the Birth of Political Criticism, Ann Arbor Mich. 2005, 2008; D. Sternberger, M.s »Principe« und der Begriff des Politischen, Wiesbaden 1974, ²1975; L. Strauss, Thoughts on M., Glencoe Ill. 1958, Chicago Ill./London 1996 (franz. Pensées sur Machiavel, Paris 1982, 2007); A. A. Strnad, N. M.. Politik als Leidenschaft, Göttingen/Zürich 1984; ders., M., TRE XXI (1991), 642–645; B. H. F. Taureck, M.-ABC, Leipzig 2002; M. J. Unger, M.. A Biography, New York etc. 2011; P. Valadier, Machiavel et la fragilité du politique, Paris 1996; M. E. Vatter, Between Form and Event. M.'s Theory of Political Freedom, Dordrecht/Norwell Mass. 2000; M. Viroli, M., Oxford/New York 1998; ders., Il sorriso di N.. Storia di M., Rom 1998, 2000 (dt. Das Lächeln des N.. M. und seine Zeit, Zürich/München, Darmstadt 2000, Reinbek b. Hamburg 2001; engl. N.'s Smile. A Biography of M., New York 2000, 2002); ders., Il Dio di M. e il problema morale dell'Italia, Rom 2005 (engl. M.'s God, Princeton N. J./Woodstock 2010); L. Vissing, Machiavel et la politique de l'apparence, Paris 1986; E. Weibel, Machiavel. Biographie politique, Freiburg 1988; F. G. Whelan, Hume and M.. Political Realism and Liberal Thought, Lanham Md./Oxford 2004; R. Zagrean, Der Begriff der virtù bei M., Neuried 2003; Y. C. Zarka/T. Ménissier (eds.), Machiavel, Le Prince ou le novel art politique, Paris 2001. – S. Ruffo Fiore, N. M.. An Annotated Bibliography of Modern Criticism and Scholarship, New York/London 1990. – Rev. philos. France etrang. 189 (1999), H. 1 [Themenheft Machiavel]. – M. Studies, New Orleans 1987.   H. R. G.

Machiavellismus, (1) Bezeichnung der von N. Machiavelli in »Il principe« (bes. Kap. 15–18) entwickelten politischen Klugheitslehre, die auf der Grundlage eines pessimistischen Menschenbildes und der Annahme einer zyklischen Theorie des Verfassungsverfalls (Anaklosis) die kalkulierte Ausnutzung von Verhaltensregelmäßigkeiten mittels technisch-instrumenteller Regeln politischen Führernaturen zum Zwecke staatlicher Machtgewinnung und Machterhaltung vorschreibt. Dabei wird die Amoralität der zweckrational (↑Zweckrationalität) eingesetzten Mittel als direkte und daher notwendige Entsprechung des empirisch festgestellten amoralischen Normalverhaltens von Menschen betrachtet, auf das sie sich beziehen. (2) Aus der theoretischen Position Machiavellis abgeleitete, schon im 16. Jh. entstehende und bis in die Gegenwart verwendete Kennzeichnung von Formen staatlicher oder privater Interessenverfolgung, die in kalkulierter Ausnutzung der physischen, psychischen und situativen Schwächen instrumentalisierter Gegenspieler in moralisch bedenkenloser Weise jene Mittel einsetzt, die zur Verwirklichung des angestrebten Zieles geeignet erscheinen. Insbes. nach der von einer Mediceerfürstin veranlaßten Bartholomäusnacht (1572) wurde ›M.‹ zu einer in Wissenschaft, Literatur, Drama und Umgangssprache üblichen Bezeichnung für das politische Ränkespiel der Höfe und für menschenverachtende Interessendurchsetzung. Eine inhaltliche Diskussion der Schriften Machiavellis fand im 17. und 18. Jh. auch deswegen nicht statt, weil sein Zentralproblem, die Bedeutung der ordnungstiftenden Funktion des Staates für eine friedliche Entwicklung der gesellschaftlichen Kräfte in einer Periode nicht in den Blick trat, in der die Souveränität des Staates innenpolitisch durchgesetzt war und die theoretische Auseinandersetzung um die Frage ihrer Verortung und Verteilung (↑Gesellschaft, bürgerliche, ↑Gesellschaftsvertrag) geführt wurde.

Nach dem politischen Scheitern der vernunftoptimistischen Staatstheorien der frühen Aufklärungsphilosophie und der revolutionären ↑Utopien der Spätaufklärung wandte sich die Gesellschaftswissenschaft im 19. Jh. von der Suche nach der besten Staatsverfassung ab und der von Machiavelli thematisierten machtpolitischen Herrschaftsproblematik zu. Im Bereich der sich ausbildenden empirischen ↑Soziologie eröffneten ideologiekritische (↑Ideologie) und elitentheoretische Untersuchungen einen neuen Zugang zu den Problemfeldern und den methodischen Ansätzen Machiavellis und zu seiner wissenschaftlichen Rehabilitierung. Die Freiheits- und Einigungsbestrebungen der nachnapoleonischen

Zeit führten insbes. im italienischen Risorgimento, aber auch in Deutschland zu einer Machiavelli von den gesellschaftlich-politischen Bedingungen der Renaissance her interpretierenden neuen Lesart. Das jetzt auftretende Phänomen der Massendemokratie erforderte eine Auseinandersetzung mit den von Machiavelli ebenfalls behandelten Problemen politischer Führung und Verführung. In der neueren staatstheoretischen Diskussion werden die Vertreter elitärer Demokratietheorien vom Standpunkt normativer Partizipationstheorien aus häufig als ›Neue Machiavellisten‹ bezeichnet.

Literatur: H. Baron, The Crisis of the Early Italian Renaissance. Civic Humanism and Republican Liberty in an Age of Classicism and Tyranny, I–II, Princeton N. J. 1955, in einem Bd. ²1966, 1967, Princeton N. J./Chichester 1993; R. Belliotti, Machiavelli and Machiavellianism, J. of Thought 13 (1978), 293–300; R. N. Berki, Machiavellism. A Philosophical Defense, Ethics 81 (1971), 107–127; P. E. Bondanella, Machiavelli and the Art of Renaissance History, Detroit Mich. 1973; J. G. Burckhardt, Die Cultur der Renaissance in Italien. Ein Versuch, Basel 1860, ²1869, I–II, ³1877/1878, unter dem Titel: Die Kultur der Renaissance in Italien. Ein Versuch, Leipzig ⁹1904, in einem Bd., Basel, Darmstadt 1955, Basel/Stuttgart 1978 (= Ges. Werke III), Stuttgart 2009 [Nachdr. ²1869] (franz. [nach Ausg. ²1869] La civilisation en Italie au temps de la renaissance, I–II, Paris 1885 [repr. Plan-de-la-Tour 1983], 1926; engl. The Civilization of the Renaissance in Italy, I–II, London 1878, in einem Bd., London etc. 1990, 2004); E. Cassirer, The Myth of the State, New Haven Conn./London/Oxford 1946, ed. B. Recki, Hamburg, Darmstadt 2007 (= Ges. Werke XXV) (dt. Vom Mythus des Staates, Zürich 1949, Hamburg 2002; franz. Le Mythe de l'Etat, Paris 1993); F. Chabod, M. and the Renaissance (Essays), London 1958, New York/London 1965; R. Christie u. a., Studies in Machiavellianism, New York/London 1970; F. Deppe, Niccolò Machiavelli. Zur Kritik der reinen Politik, Köln 1987, 367–453 (Kap. VI Der M. des 20. Jahrhunderts); A. Dierkens (ed.), L'antimachiavelisme, de la Renaissance aux Lumières, Brüssel 1997; E. Faul, Der moderne M., Köln/Berlin 1961 (mit Bibliographie, 357–384); A. L. Fell, Origins of Legislative Sovereignty and the Legislative State V/1–V/3 (Modern Origins, Developments, and Perspectives against the Background of ›Machiavellism‹. V/1, Pre-modern ›Machiavellism‹, V/2, Modern Major ›isms‹ [17ᵗʰ–18ᵗʰ Centuries], V/3, Modern Major ›isms‹ [19ᵗʰ–20ᵗʰ Centuries]), Westport Conn./London 1993–1999; C. Frémont/H. Méchoulan (eds.), L'anti-machiavélisme de la Renaissance aux Lumières, Paris 1997 (Corpus XXXI); M. Gehler, M., TRE XXI (1991), 645–648; K.-H. Gerschmann, M., Hist. Wb. Ph. V (1980), 579–583; F. Gilbert, Machiavellism, DHI III (1973), 116–126; J. M. Headley, On the Rearming of Heaven. The Machiavellism of Tommaso Campanella, J. Hist. Ideas 49 (1988), 387–404; V. Kahn, Revising the History of Machiavellism. English Machiavellism and the Doctrine of Things Indifferent, Renaissance Quart. 46 (1993), 526–561; dies., Machiavellian Rhetoric. From the Counter-Reformation to Milton, Princeton N. J. 1994; K. Kluxen, Machiavelli und der M., in: ders., England in Europa. Studien zur britischen Geschichte und zur politischen Ideengeschichte der Neuzeit, ed. F.-L. Kroll, Berlin 2003, 23–37; L. Lefroid, Machiavel et le machiavélisme, Toulon 2007; F. Meinecke, Die Idee der Staatsräson in der neueren Geschichte, München/Berlin 1924, ³1929, Neudr. in: ders., Werke I, ed. W.

Hofer, München, Stuttgart, Darmstadt 1957, ⁴1976 (engl. Machiavellism. The Doctrine of Raison d'État and Its Place in Modern History, London, New Haven Conn. 1957, New Brunswick N. J./London 1998; franz. L'idée de la raison d'État dans l'histoire des temps modernes, Genf 1973); T. Ménissier, Machiavel ou la politique du centaure, Paris 2010; H. Münkler, Im Namen des Staates. Die Begründung der Staatsraison in der frühen Neuzeit, Frankfurt 1982, 2007; G. Namer, Machiavélisme et mondialisation en crise, Paris 2009; J. G. A. Pocock, The Machiavellian Moment. Florentine Political Thought and the Atlantic Republican Tradition, Princeton N. J./London 1975, Princeton N. J./Woodstock 2003 (franz. Le moment machiavélien. La pensée politique florentine et la tradition républicaine atlantique, Paris 1997); F. Raab, The English Face of Machiavelli – A Changing Interpretation 1500–1700, London 1964 (repr. London/New York 2010), Toronto 1964, London 1965; P. A. Rahe (ed.), Machiavelli's Liberal Republican Legacy, Cambridge etc. 2006; E. A. Rees, Political Thought from Machiavelli to Stalin. Revolutionary Machiavellism, Basingstoke/New York 2004; G. Ritter, Machtstaat und Utopie. Vom Streit um die Dämonie der Macht seit Machiavelli und Morus, München/Berlin 1940, ⁴1943, unter dem Titel: Die Dämonie der Macht. Betrachtungen über Geschichte und Wesen des Machtproblems im politischen Denken der Neuzeit, Stuttgart ⁵1947, München ⁶1948 (engl. The Corrupting Influence of Power, Hadleigh 1952, Westport Conn. 1979); B.-A. Scharfstein, Amoral Politics. The Persistent Truth of Machiavellism, Albany N. Y. 1995; ders., Machiavellism, NDHI IV (2005), 1325–1328; M. Senellart, Machiavélisme et raison d'État. XIIe–XVIIIe siècle. Suivi d'un choix de textes, Paris 1989; A. Sydney, Machiavelli. The First Century Studies in Enthusiasm, Hostility, and Irrelevance, Oxford/New York 2005; D. A. von Vacano, The Art of Power, Machiavelli, Nietzsche, and the Making of Aesthetic Political Theory, Lanham Md./Plymouth 2007; R. Voigt, Den Staat denken. Der Leviathan im Zeichen der Krise, Baden-Baden 2007, ²2009; C. Zwierlein, M. – Antimachiavellismus, in: H. Jaumann (ed.), Diskurse der Gelehrtenkultur in der frühen Neuzeit. Ein Handbuch, Berlin/New York 2011, 903–951; ders./A. Meyer (eds.), M. in Deutschland. Chiffre von Kontingenz, Herrschaft und Empirismus in der Neuzeit, München 2010 (Hist. Z. Beiheft NF 51). H. R. G.

Machsches Prinzip (engl. Mach's Principle), von A. Einstein (1918) nach E. Mach benanntes Prinzip, wonach Trägheitskräfte (↑Trägheit) auf eine ↑Wechselwirkung zwischen ↑Massen zurückgehen. Mach formulierte dieses Prinzip im Rahmen seiner Kritik an I. Newtons ↑Eimerversuch, indem er das Auftreten von Zentrifugalkräften bei Rotationsbewegungen nicht wie Newton auf die Bewegung gegen den absoluten Raum (↑Raum, absoluter) zurückführte, ein ausgezeichnetes, ruhendes Bezugssystem, sondern gegen die Massen des Fixsternhimmels. Philosophisch hängt diese Kritik mit Machs allgemeinem Programm zusammen, wonach Größen und Begriffe wie der unbewegliche Raum, die nicht der Erfahrung oder der Wahrnehmung zugänglich sind, ›metaphysische‹ Relikte darstellen (↑Metaphysikkritik). Aus erkenntnistheoretischen Gründen sind alle Bewegungen als Relativbewegungen von Körpern zu beschreiben. Die Newtonsche ↑Mechanik erfüllt diesen Anspruch nicht und ist entsprechend umzuformulieren (Mach 1883, 211–236).

Bei der Entwicklung der Allgemeinen Relativitätstheorie (↑Relativitätstheorie, allgemeine) griff Einstein auf Machs Gedanken zurück und präzisierte diesen in der genannten Weise. Das von Einstein geprägte M. P. besagt, daß Trägheitskräfte (↑Trägheit) als physikalische Wechselwirkungen aufzufassen sind (Prinzipielles zur allgemeinen Relativitätstheorie, Ann. Phys. 55 [1918], 241–244; vgl. ders., Die Grundlage der allgemeinen Relativitätstheorie [1916], in: H. A. Lorentz/A. Einstein/H. Minkowski, Das Relativitätsprinzip. Eine Sammlung von Abhandlungen, Darmstadt 1923, [8]1982, 81–124, hier 82–83). Ein Leitgedanke für die Formulierung der Allgemeinen Relativitätstheorie war, daß die erkenntnistheoretisch begründete Relativität der Bewegung angesichts der scheinbaren Unabhängigkeit der Trägheitskräfte von Relativbewegungen nur aufrechterhalten werden kann, wenn Trägheitskräfte eine Wirkung ferner Massen sind, wenn also das M. P. gilt.

Nach dem Äquivalenzprinzip (↑Relativitätstheorie, allgemeine) stellen schwere und träge Masse lediglich unterschiedliche Manifestationen einer einzigen Grundgröße dar, so daß Trägheit und Schwere von gleicher Art sind. Das Äquivalenzprinzip ermöglicht daher, Trägheitskräfte nach Art der ↑Gravitation als Wirkung anderer Körper zu begreifen. Einstein betrachtete entsprechend das Äquivalenzprinzip als ein Mittel zur Umsetzung des M.n P.s. Das M. P. in Einsteins Verständnis verlangt, daß das Auftreten von Trägheitskräften zur Gänze durch Relativbewegungen festgelegt ist, nicht aber durch Bewegungen der Körper gegen den Raum (oder die Raum-Zeit).

Obgleich das M. P. Einsteins Weg zur Allgemeinen Relativitätstheorie bahnte, ist es in der voll entwickelten Theorie nicht generell erfüllt. Bis in die 1960er Jahre hinein war es die beinahe einhellige Überzeugung der Fachgemeinschaft, daß die Allgemeine Relativitätstheorie dem M.n P. genügt. Danach bestand Einsteins begriffliche Neuerung in der Einsicht, daß die von Mach postulierte neue Wechselwirkung tatsächlich die bekannte Gravitation ist. Zwar geht die Allgemeine Relativitätstheorie Schritte in Richtung einer physikalischen Umsetzung des M.n P.s, da sie eine Beeinflussung der Trägheitskräfte auf einen Körper durch Änderung der Verteilung und Bewegung der Massen in seiner Umgebung annimmt. Aber die Theorie sieht für eine Vielzahl von möglichen Sachverhalten vor, daß Trägheitskräfte zum Teil durch die Beschaffenheit der Raum-Zeit bestimmt sind. Zu diesen Umständen zählt etwa das materiefreie Universum, in dem die Allgemeine Relativitätstheorie das Auftreten von Trägheitskräften annimmt, die dann offenbar nicht auf den Einfluß anderer Massen zurückgehen können.

Einstein entwickelte 1917 das Modell eines ›sphärisch geschlossenen Universums‹ nach Art einer statischen vierdimensionalen Kugel. In diesem endlichen und doch unbegrenzten Universum wäre das M. P. erfüllt. Allerdings stellte dieses Modell keine Lösung der Einsteinschen Feldgleichungen der Gravitation dar. Tatsächlich modifizierte Einstein 1917 seine ursprünglichen Feldgleichungen durch Einführung des so genannten ›kosmologischen Terms‹. Das sphärisch geschlossene Universum ist eine Lösung der solcherart erweiterten Feldgleichungen (Kosmologische Betrachtungen zur allgemeinen Relativitätstheorie, in: H. A. Lorentz/A. Einstein/H. Minkowski, Das Relativitätsprinzip [s. o.], 130–139). Einsteins Vorgehensweise erscheint zunächst methodologisch unbefriedigend: Die Feldgleichungen erfüllen das M. P. nicht und werden deshalb ad-hoc (↑ad-hoc-Hypothese) so verändert, daß sie ihm am Ende doch genügen. Dieser Eindruck trifft aber nicht zur Gänze zu. Die Einführung des kosmologischen Terms sollte nämlich das Problem der kosmischen Instabilität lösen und erwies sich anschließend als hilfreich für die Erfüllung des M. P.s.

Das Problem der kosmischen Instabilität besagte, daß die ursprünglichen Feldgleichungen ein expandierendes oder kontrahierendes Universum zur Folge haben, was Einstein jedoch im Lichte der seinerzeit verfügbaren Daten für unzutreffend hielt. Der kosmologische Term führte eine erst über kosmische Distanzen merkliche Abstoßung ein, die der Gravitation entgegenwirken und ein Gleichgewicht erzeugen sollte. Die Erfüllung des M. P.s war entsprechend eine willkommene Nebenwirkung der Einführung des kosmologischen Terms. Jedoch verschwand das Problem der Bewahrung der kosmischen Stabilität durch die Entdeckung der kosmischen Expansion durch E. Hubble 1929. Neuerdings findet Einsteins kosmologischer Term als Darstellung der so genannten ›Dunklen Energie‹ wieder Beachtung. – Allerdings ist das ↑Universum weder materiefrei noch sphärisch geschlossen. Die großräumigen Strukturen des faktisch vorliegenden Universums werden durch eine von A. Friedmann 1922 gefundene Lösung der Feldgleichungen wiedergegeben (↑Raum-Zeit-Kontinuum), und diese Lösung genügt dem M.n P..

Die jahrzehntelange Kontroverse um die Geltung des M.n P.s im Rahmen der Allgemeinen Relativitätstheorie ist mit dem Gegensatz zwischen der absoluten und der relationalen Interpretation der Raum-Zeit verbunden (↑Raum, absoluter). Die Absage an das M. P. beinhaltet die Annahme materieunabhängiger und in diesem Sinne eigenständiger raumzeitlicher Strukturen (in dieser Hinsicht analog zu Newtons absolutem Raum), während die Annahme des M.n P.s alle raumzeitlichen Strukturen an Materie bindet. Die absolute Position verfährt nach Art des wissenschaftlichen Realismus (↑Realismus, wissenschaftlicher): die besten verfügbaren naturwissenschaftlichen Theorien geben Aufschluß über das Naturgefüge. Entsprechend erschließt sich die Beschaffenheit der Raum-Zeit durch Interpretation der Allgemeinen Relativitätstheorie. Diese enthält Modelle, bei denen die Trägheitskräfte nicht auf die Materieverteilung zurückgeführt werden können. Diese Strukturen sind folglich absolut und repräsentieren die moderne Fassung der absoluten Raum-Zeit. Das M. P. ist daher nicht erfüllt. – Dieser Schluß stützt sich auf die Betrachtung möglicher Lösungen der Feldgleichungen. Die relationale Sicht sucht demgegenüber die philosophische Interpretation nicht an der Gesamtheit möglicher Modelle zu orientieren, sondern an dem im Universum realisierten Modell. Der Relationalismus gesteht daher zu, daß die Allgemeine Relativitätstheorie das M. P. nicht automatisch erfüllt, hält aber die nicht-Machschen Lösungen der Feldgleichungen für philosophisch belanglos. Nur solche Lösungen sind philosophisch in Betracht zu ziehen, bei denen die unterstellten Situationsumstände mit den Erfahrungsbedingungen der Welt übereinstimmen. Die vom Relationalismus praktizierte philosophische Aussonderung physikalisch bedeutsamer Modelle läuft darauf hinaus, das M. P. als erkenntnistheoretisch begründetes Auswahlkriterium für die Signifikanz von Lösungen der Feldgleichungen heranzuziehen. Dies stimmt mit Machs eigener Vorgehensweise bei der Interpretation der Newtonschen Mechanik überein. Auch Mach hielt die von der Theorie zugelassenen Trägheitskräfte im leeren Raum für erkenntnistheoretisch disqualifiziert. Darüber hinaus und unabhängig davon stützt sich der Relationalismus darauf, daß das beste verfügbare kosmologische Modell des Universums das M. P. erfüllt.

Literatur: J. B. Barbour, Mach's Principles. Especially the Second, in: J. Nitsch/J. Pfarr/E.-W. Stachow (eds.), Grundlagenprobleme der modernen Physik. Festschrift für Peter Mittelstaedt zum 50. Geburtstag, Mannheim/Wien/Zürich 1981, 41–63; ders./B. Bertotti, Mach's Principle and the Structure of Dynamical Theories, Proc. Royal Soc. Ser. A 382 (1982), 295–306; ders., Relational Concepts of Space and Time, Brit. J. Philos. Sci. 33 (1982), 251–274; ders., The Part Played by Mach's Principle in the Genesis of Relativistic Cosmology, in: B. Bertotti u. a. (eds.), Modern Cosmology in Retrospect, Cambridge etc. 1990, 47–66; ders., Einstein and Mach's Principle, in: J. Eisenstaedt/A. J. Kox (eds.), Studies in the History of General Relativity, Boston Mass./Basel/Berlin 1992 (Einstein Studies III), 125–153, völlig neubearb. in: J. Renn/M. Schemmel (eds.), The Genesis of General Relativity III. Gravitation in the Twilight of Classical Physics. Between Mechanics, Field Theory, and Astronomy, Dordrecht 2007 (Boston Stud. Philos. Sci. 250,3), 569–604; ders./H. Pfister (eds.), M.'s Principle. From Newton's Bucket to Quantum Gravity, Boston Mass./Basel/Berlin 1995 (Einstein Studies VI); ders., The Development of Machian Themes in the Twentieth Century, in: J. Butterfield (ed.), The Arguments of Time, Oxford etc. 1999, 83–109; ders., The Definiton of Mach's Principle, Found. Phys. 40 (2010), 1263–1284;

P. W. Bridgman, Significance of the Mach Principle, Amer. J. Phys. 29 (1961), 32–36; J. Callaway, Mach's Principle and Unified Field Theory, Phys. Rev. 96 (1954), 778–780; M. Carrier, Raum-Zeit, Berlin 2009; ders., Die Struktur der Raumzeit in der klassischen Physik und der allgemeinen Relativitätstheorie, in: M. Esfeld (ed.), Philosophie der Physik, Berlin 2012, 13–31; P. Caws, Mach's Principle and the Laws of Logic, in: G. Maxwell/ R. M. Anderson Jr. (eds.), Induction, Probability and Confirmation, Minneapolis Minn. 1975 (Minnesota Stud. Philos. Sci. 6), 487–495; J. Earman, World Enough and Space-Time, Cambridge Mass. 1989; A. Einstein, Prinzipielles zur allgemeinen Relativitätstheorie, Ann. Phys. Vierte Folge 55 (1918), 241–244 (repr. in: J. Renn [ed.], Einstein's Annalen Papers. The Complete Collection 1901–1922, Weinheim 2005, 577–581); ders., Grundzüge der Relativitätstheorie, Braunschweig 1956, Berlin/Heidelberg [7]2009; M. Friedman, Foundations of Space-Time Theories. Relativistic Physics and Philosophy of Science, Princeton N. J. 1983; A. Friedmann, Über die Krümmung des Raumes, Z. Phys. 10 (1922), 377–386; H. F. Goenner, M. P. und Theorien der Gravitation, in: J. Nitsch/J. Pfarr/E.-W. Stachow (eds.), Grundlagenprobleme der modernen Physik [s. o.], 85–101; A. Grünbaum, Philosophical Problems of Space and Time, New York 1963, erw. Dordrecht/Boston Mass. [2]1973, 1974 (Boston Stud. Philos. Sci. XII); M. Heller, The Influence of Mach's Thought on Contemporary Relativistic Physics, Organon 11 (1975), 271–283; H. Hönl, Ein Brief Albert Einsteins an Ernst Mach, Phys. Bl. 16 (1960), 571–580; ders., Zur Geschichte des M.n P.s, Wiss. Z. Friedrich-Schiller-Univ. Jena, Math.-naturwiss. Reihe 15 (1966), 25–36; ders., Albert Einstein und Ernst Mach. Das M. P. und die Krise des logischen Positivismus, Phys. Bl. 35 (1979), 485–494; N. Hugget/C. Hoefer, Absolute and Relational Theories of Space and Motion, SEP 2006; M. Jammer, Concepts of Space, Cambridge Mass. 1954, erw. Mineola N. Y. [3]1993 (dt. Das Problem des Raumes, Darmstadt 1960, erw. [2]1980); B. Kuznetsov, Einstein et le principe de Mach, Organon 6 (1969), 265–277; H. Lichtenegger/B. Mashhoon, Mach's Principle, in: L. Iorio (ed.), The Measurement of Gravitomagnetism. A Challenging Enterprise, New York 2007, 13–25; E. Mach, Die Mechanik in ihrer Entwickelung. Historisch-kritisch dargestellt, Leipzig 1883, [9]1933 (repr. Saarbrücken 2006), 210 ff. (engl. The Science of Mechanics. A Critical and Historical Exposition of Its Principles, Chicago Ill., London 1893, La Salle Ill. [3]1974 [Pref. K. Menger], 264 ff.); W. H. McCrea, Doubts about Mach's Principle, Nature 230 (1971), 95–97; A. Meessen, Spacetime Quantization, Generalized Relativistic Mechanics, and Mach's Principle, Found. Phys. 8 (1978), 399–415; C. Ray, The Evolution of Relativity, Bristol 1987; ders., Time, Space and Philosophy, London 1991; H. Reichenbach, Philosophie der Raum-Zeit-Lehre, Berlin/Leipzig 1928, Braunschweig 1977 (= Ges. Werke II, ed. A. Kamlah/M. Reichenbach) (engl. The Philosophy of Space and Time, New York 1957, 1958); W. de Sitter, On the Relativity of Inertia, Proc. Koninklijke Akad. Wetenschappen Amsterdam 19 (1917), 1217–1225; H. Thirring, Über die Wirkung rotierender ferner Massen in der Einsteinschen Gravitationstheorie, Phys. Z. 19 (1918), 33–39, [Korrektur] 22 (1921), 29–30; H.-J. Treder (ed.), Gravitationstheorie und Äquivalenzprinzip. Lorentz-Gruppe, Einstein-Gruppe und Raumstruktur, Berlin (Ost) 1971; J. A. Wheeler, Geometrodynamics, New York/ London 1962. M. C.

Macht, (engl. power, franz. pouvoir, puissance), Bezeichnung (a) für das *Vermögen* von Personen und Institutionen, von gesellschaftlichen Strukturen sowie kulturellen Überzeugungen und Einstellungen, menschliches Handeln und Verhalten individuell oder kollektiv unmittelbar (durch Aktualisierung einer bestimmten Handlungs- oder Verhaltensweise) oder mittelbar (durch Habitualisierung von Handlungs- und Verhaltensweisen, durch Imprägnierung mit unreflektierten oder unbewußten Überzeugungen und Werthaltungen) zu bestimmen oder zumindest zu beeinflussen, sowie (b) für die *Inhaber* oder *Träger* dieses Vermögens (›Mächte‹, ›M.haber‹, ›M.träger‹). Im Unterschied zu den Ausdrükken ↑›Herrschaft‹ und ↑›Gewalt‹, die in philosophischer Verwendung primär im Raum der Politik (↑Philosophie, politische) angesiedelt sind und hier vor allem bestimmte Formen der *Ausübung* von *politischer* M. bezeichnen (sowie deren personale oder institutionelle Inhaber oder Träger), hat der Ausdruck ›M.‹ eine sehr viel weitere philosophische Verwendung: Er bezeichnet nicht nur eine Reihe von kategorial sehr unterschiedlichen M.*phänomenen* (sowie deren Träger und Repräsentanten), sondern auch deren *Bedingungen* (sowie die Bedingungen von Herrschaft und Gewalt, und spielt deshalb auch für deren Analyse eine zentrale Rolle).

M. kann physischer, psychischer, institutioneller, ökonomischer, pädagogischer, politischer, kultureller, ideeller, normativer Art sein. Für das Bestehen von M. kommt es nicht darauf an, ob ein M.*anspruch* tatsächlich und explizit erhoben wird oder ob eine M.*zuschreibung* explizit erfolgt oder ob eine explizite M.zuschreibung zutrifft, solange im gegebenen Falle die Frage der Faktizität oder der Fiktivität des Anspruchs bzw. der Zuschreibung nicht aufgeworfen wird (*Paradox der M. irrealer M.*). Diese Problematik ist in eine grundlegendere *methodische* Problematik der ↑Analyse von M. eingebettet, nämlich in die Probleme der internen, begrifflich, strukturell und systemisch bedingten, partiellen oder totalen Unsichtbarkeit und Unbewußtheit faktischer M.verhältnisse (z. B. der Unterordnung und Unterwerfung von Frauen unter Männer und deren Entwertung in patriarchalen Gesellschaften; ↑Struktur, ↑System, ↑Systemtheorie) und der durch diese begrifflichen, strukturellen und systemischen Voraussetzungen tief in das seelische und leibliche Empfinden der Individuen sowie in die individuellen und kollektiven Überzeugungen über die Konstitution der Welt und die Beziehungen der Menschen untereinander eingegrabenen Orientierungen. Diese erscheinen als natur- oder als gottgegeben, als Sein und Wesen der individuellen und sozialen Lebensverhältnisse, und die in sie eingegangenen gesellschaftlichen Wertungen erscheinen als unabänderliche Gesetze. Die Unbewußtheit und Unkenntnis dieser Orientierungen arbeitet der (ihrer selbst bewußten oder ihrer selbst unbewußten) Vortäuschung realer M. und der Bestätigung, Befestigung und Ausweitung realer, fiktiver und illegitimer M. in die Hände: Die (unangefochtene) Attribuierung von M. erzeugt M., mehrt und vertieft M., und je weniger M.zuwachs und M.ausübung wahrgenommen oder bewußt gemacht werden, um so verborgener, aber auch um so gesicherter und wirkmächtiger sind sie. Deshalb zielt M. (gleichsam ›naturwüchsig‹) darauf ab, sich selbst nicht zu thematisieren und sich dadurch unsichtbar zu machen, daß sie eine Oberfläche von Selbstverständlichkeit und Unhinterfragbarkeit herzustellen sucht (wo die M.losen mit ihrer eigenen Unterworfenheit und Ohnmacht im Einverständnis leben). Andererseits lockt M.: Sie schreckt und fasziniert, zieht in Bann und hält in Bann (›Magie‹ der M.) und weckt Lust, sich ihr zu unterwerfen (›Erotik‹ der M.) oder an ihr teilzuhaben (durch Unterwerfung an ihr teilzuhaben, aber auch, um sich den Mächtigen durch Unterwerfung zu verpflichten: die Dialektik von ↑Herr und Knecht).

Wenn Bestrebungen nach Partizipation M.konkurrenzen auslösen, geraten M.konstellationen in Bewegung. Bewußtmachung, Infragestellung und Kritik von M.ansprüchen, M.zuschreibungen oder M.ausübungen sowohl auf der Ebene ihrer faktischen als auch auf der Ebene ihrer normativen ↑Geltung führen tendenziell zur Minderung von M., sodaß sich auf der faktischen Ebene ein erhöhter Bedarf an Einsatz von M.mitteln (Strategien, Taktiken; Manipulationen, Suggestionen; ›M.mißbrauch‹) und auf der ↑normativen Ebene ein erhöhter Rechtfertigungsbedarf ergeben (können). Erschwert werden Analyse und Kritik von M.strukturen zudem dadurch, daß methodisch nicht ausgeschlossen werden kann, daß die Instrumente der Analyse, die Begriffe der Kritik und die Gesichtspunkte der Beurteilung selbst von noch unerkannten, tieferliegenden M.strukturen geprägt sind. Hinzu kommt eine Spezifität der Moderne, nämlich die zunehmende Diffusion der M. und damit der ↑Verantwortung für sie: Die wachsende bürokratische, systemische und technische Vermittlung menschlichen Handelns führt nicht nur zu wachsender Uneindeutigkeit der M.akteure und M.profiteure, sondern auch zu wachsender Indirektheit, Komplexität und Intransparenz der Beziehungen der Akteure untereinander und ihrer Beziehungen zu den ↑Wirkungen ihres Handelns. Schließlich hat die Beschleunigung der inzwischen globalen wissenschaftlichen und technologischen Innovationsprozesse deren fortschreitende Entkoppelung von Prozessen ihrer Analyse und Kritik, speziell der Analyse und Kritik der in ihnen sich akkumulierenden M., zur Folge; denn solche Analyse und Kritik kommt nicht nur stets zu spät, sondern ist, vor allem wegen ihrer normativen und evaluativen Gesichtspunkte, in einem Ausmaß prekär und strittig, das empirischem Fakten- und technischem Verfügungswissen nicht eignet. Darüber hinaus besteht eine Konkurrenz zwischen der ›Logik der Zwischenmenschlichkeit‹ und der ›Logik der M.‹, z. B. des ↑Marktes. So ruft die zunehmende ökonomische Inbeschlagnahme des einzelnen und der Gesellschaft im ganzen die Gefahr herauf, daß die Marktlogik immer weitere Bereiche des persönlichen und des gesellschaftlichen Lebens beherrscht (J. Habermas: ›Kolonialisierung der Lebenswelt‹) und die normativen Ressourcen schwächt, die sich etwa im Rechtssystem (↑Recht) einer Gesellschaft materialisiert haben und die für die Kritik von M.verhältnissen benötigt werden.

Die Definition von M. als Vermögen läßt in Fällen der Sichtbarkeit und der Bewußtheit faktischer M. auf Seiten einer machthabenden Person oder Institution Raum für die Freiheit, ihre M. den gegebenen Umständen entsprechend auszuüben (Unterscheidung zwischen M. als Vermögen und M.ausübung, etwa durch Anweisung, Verordnung oder Zwangsmaßnahmen), und auf Seiten der betroffenen Person oder Institution Raum für die Freiheit, die sie betreffende M. im Hinblick auf ihre Faktizität (besteht die in Anspruch genommene M. überhaupt?), ihre ↑Legalität (ist der fragliche M.anspruch intern, z. B. in Bezug auf das Regelwerk einer bestimmten Institution oder in Bezug auf eine gegebene Ämterhierarchie, gerechtfertigt?) oder ihre ↑Legitimität (ist der fragliche M.anspruch extern, z. B. hinsichtlich moralischer Gesichtspunkte, etwa sozialer ↑Gerechtigkeit oder gesellschaftlicher Gleichheit [↑Gleichheit (sozial)] gerechtfertigt?) zu überprüfen. Des weiteren gilt: Während menschliche M. und M.ausübung sowohl von sie ermöglichenden und ihr förderlichen als auch von sie einschränkenden physischen, mentalen und normativen Bedingungen abhängig ist, gibt es für Gott derartige Abhängigkeiten nicht (↑Allmacht). Eine solche Abhängigkeit ist häufig selbst machtförmig, z. B. in Ämterhierarchien: Hier sind Extensität und Intensität der M., die Art ihrer Ausstattung und die Mittel ihrer Ausübung abhängig von der Position des Amtes innerhalb der Hierarchie. Demgegenüber folgen M. und M.gebrauch in Gruppen, in denen die M.positionen nicht fixiert sind, eigenen Dynamiken (›charismatische Persönlichkeiten‹, ›Führernaturen‹).

M. und ihre Ausübung lassen sich um ihrer selbst willen, als ↑Eigenwert (↑Wert, moralisch) oder Selbstzweck (↑Zweck), anstreben. Doch aufgrund der prinzipiellen menschlichen Möglichkeit, M.ansprüche (mit oder ohne Grund) in Frage zu stellen oder zurückzuweisen, ist eine vollkommene Sicherung von M. und M.ansprüchen unmöglich. Das Eigeninteresse (↑Interesse) des Inhabers von M. an ihrem Erhalt ist deshalb häufig darauf gerichtet, M. zu verschleiern und zu anonymisieren, z. B. durch Delegation von ↑Verantwortung, durch Vortäuschung von M.partizipation oder durch Verlagerung in Strukturen, die sie als naturnotwendig oder als metaphysisch begründet erscheinen lassen. Der Tendenz zur Naturalisierung, Selbstbestätigung und Selbststeigerung von M. muß deshalb ihre Historisierung begegnen und dieser die normative ↑Kritik von M. in ihren konkreten Ausprägungen folgen. – M.-, Herrschafts- und Gewaltkritik – sei sie nun gerechtfertigt oder nicht – läßt sich ihrerseits als Anspruch und als Äußerung von M., und zwar als solche einer Gegenmacht, auffassen. Insofern kann auch die zwanglose Kraft des besseren Arguments (↑Argumentation) als Ausübung von (ideeller, normativer) M. angesehen werden. Ein ›Paradox‹ der ›M. der Ohnmächtigen‹ ergibt sich daraus jedoch nicht, sofern man die kategoriale Differenziertheit von M. (und damit die Analogizität des Ausdrucks ›M.‹ [↑Analogie, ↑Kategorie]) sowie die hierarchische Struktur von M. (›M.ebenen‹) beachtet. Deshalb hat auch die Ubiquität des M.phänomens nicht die Inhaltsleere des M.begriffs zur Folge. – Zu den traditionellen philosophischen Begründungen politischer M. und Herrschaft: ↑Naturrecht, ↑Gesellschaftsvertrag.

Literatur: H. Arendt, On Violence, New York, London 1970 (dt. M. und Gewalt, München 1970, München/Zürich ¹⁸2008); H. Asmussen, Über die M., Stuttgart 1960; M.-C. Bartholy/J.-P. Despin, Le pouvoir. Science et philosophie politiques, Paris 1977, 1978; J. Benjamin, The Bonds of Love. Psychoanalysis, Feminism, and the Problem of Domination, New York 1988, London 1990 (dt. Die Fesseln der Liebe. Psychoanalyse, Feminismus und das Problem der M., Basel/Frankfurt 1990, Frankfurt/Basel 2009; franz. Les liens de l'amour, Paris 1992); S. I. Benn, Power, Enc. Ph. VI (1967), 424–427; W. Berger, M., Wien 2009; A. A. Berle, Power, New York 1969 (dt. M.. Die treibende Kraft der Geschichte, Hamburg 1973); P. Bourdieu, Sur le pouvoir symbolique, Annales. Histoire, sciences sociales 32 (1977), 405–411; ders., La domination masculine, Paris 1998, 2002 (engl. Masculine Domination, Stanford Calif., Cambridge, Oxford 2001, Stanford Calif. 2009; dt. Die männliche Herrschaft, Frankfurt 2005, 2010); J. Chatillon u. a., Le pouvoir, Paris 1978; S. R. Clegg, Power in Society, IESBS XVII (2001), 11932–11936; ders./M. Haugaard (eds.), The SAGE Handbook of Power, London etc. 2009; R. Dolberg, Theorie der M.. Die M. als soziale Grundtatsache und als Elementarbegriff der Wirtschaftswissenschaften, Wien 1934; L. Foisneau/F. Chazel/S. Goyard-Fabre, Pouvoir, Enc. philos. universelle II/2 (1990), 2011–2013; A. Gehlen, M.. (I) Soziologie der M., in: E. v. Beckerath u. a. (eds.), Handwörterbuch der Sozialwissenschaften VII, Stuttgart, Tübingen, Göttingen 1961, 77–81; V. Gerhardt, Vom Willen zur M.. Anthropologie und Metaphysik der M. am exemplarischen Fall Friedrich Nietzsches, Berlin/New York 1996; ders./H.-H. Schrey, M., TRE XXI (1991), 648–657; L. Green, Power, REP VII (1998), 610–613; R. Guardini, M.. Versuch einer Wegweisung, Würzburg 1951, 1965, ferner in: ders., Das Ende der Neuzeit. Ein Versuch zur Orientierung/Die M.. Versuch einer Wegweisung, ed. F. Henrich, Mainz, Paderborn 1986, 2006, 95–186; G. Gutierrez, La fuerza histórica de los pobres. Selección de trabajos, Lima 1979, Salamanca 1982 (engl. The Power of the Poor in History. Selected Writings, London, Maryknoll N. Y. 1983, Maryknoll N. Y. 1992; dt. Die historische M. der Armen, München, Mainz 1984; franz. La force historique des pauvres, Paris 1986, 1990); F. Hammer, M.. Wesen, Formen, Grenzen, Königstein 1979; B.-C. Han,

Was ist M.?, Stuttgart 2005, 2010; ders., Topologie der Gewalt, Berlin 2011; M. Haugaard, The Constitution of Power. A Theoretical Analysis of Power, Knowledge and Structure, Manchester/New York 1997; O. Höffe (ed.), Vernunft oder M.? Zum Verhältnis von Philosophie und Politik, Tübingen 2006; A. Honneth, Kritik der M.. Reflexionsstufen einer kritischen Gesellschaftstheorie, Frankfurt 1985, ²1986, 2000 (engl. Critique of Power. Reflective Stages in a Critical Social Theory, Cambridge Mass. 1991, 1997); B. de Jouvenel, Du pouvoir. Histoire naturelle de sa croissance, Genf 1945, erw. 1947, Paris 2006 (engl. Power. The Natural History of Its Growth, London/New York 1948, unter dem Titel: On Power [...], Indianapolis Ind. 1993; dt. Über die Staatsgewalt. Die Naturgeschichte ihres Wachstums, Freiburg 1972); L. D. Kaplan/L. F. Bove (eds.), Philosophical Perspectives on Power and Domination. Theories and Practices, Amsterdam/Atlanta Ga. 1997; T. Kobusch u. a., M., Hist. Wb. Ph. V (1980), 585–631; K.-M. Kodalle, Politik als M. und Mythos. Carl Schmitts »Politische Theologie«, Stuttgart etc. 1973; P. Kondylis (ed.), Der Philosoph und die M.. Eine Anthologie, Hamburg 1992; R. Krause/M. Rölli (eds.), M.. Begriff und Wirkung in der politischen Philosophie der Gegenwart, Bielefeld 2008; H. D. Lasswell, Power and Personality, New York 1948 (repr. Westport Conn. 1976), New Brunswick N. J. 2009; ders./ A. Kaplan, Power and Society. A Framework for Political Inquiry, New Haven Conn./London 1950, London 1998; R. M. Lemos, Hobbes and Locke. Power and Consent, Athens Ga. 1978; N. Luhmann, M., Stuttgart 1975, ³2003; ders., M. im System, ed. A. Kieserling, Berlin 2012; S. Lukes, Power. A Radical View, London/New York 1974, Basingstoke/New York ²2005; ders., Power, in: L. C. Becker/C. B. Becker (eds.), Encyclopedia of Ethics II, New York/London 1992, 995–996; G. Mairet, Les doctrines du pouvoir. La formation de la pensée politique, Paris 1978; J. G. March, An Introduction to the Theory and Measurement of Influence, Amer. Polit. Sci. Rev. 49 (1955), 431–451; ders., The Power of Power, in: D. Easton (ed.), Varieties of Political Theory, Englewood Cliffs N. J. 1966, 39–70; A. v. Martin, M. als Problem. Hegel und seine politische Wirkung, Mainz, Wiesbaden 1976; P. Mayer, M., Gerechtigkeit und internationale Kooperation. Eine regimeanalytische Untersuchung zur internationalen Rohstoffpolitik, Baden-Baden 2006; A. S. McFarland, Power and Leadership in Pluralist Systems, Stanford Calif. 1969; ders., Power: Political, IESBS XVII (2001), 11936–11939; P. Morriss, Power. A Philosophical Analysis, Manchester, New York 1987; J. H. Nagel, The Descriptive Analysis of Power, New Haven Conn./London 1975; W. Nef, Die M. und ihre Schranken, St. Gallen 1941; S. Newman, Power, IESS VI (²2008), 412–414; J. Nida-Rümelin, Die Optimierungsfalle. Philosophie einer humanen Ökonomie, München 2011; J. S. Nye, The Future of Power, New York 2011 (dt. M. im 21. Jahrhundert. Politische Strategien für ein neues Zeitalter, München 2011); T, Parsons, On the Concept of Political Power, Proc. Amer. Philos. Soc. 107 (1963), 232–262; H. Plessner, M. und menschliche Natur, Berlin 1931, Frankfurt 2003 (= Ges. Schriften V); H. Popitz, Phänomene der M.. Autorität, Herrschaft, Gewalt, Technik, Tübingen 1986, erw. ²1992, 2009; A. Pose, Philosophie du pouvoir, Paris 1948; K. Rahner, Theologie der M., Catholica 14 (Münster 1960), 178–197, ferner in: ders., Schriften zur Theologie IV, Einsiedeln/Zürich/Köln 1960, 1967, 485–508, ferner in: Sämtl. Werke XII, Freiburg/Basel/ Wien 2005, 451–468; G. Ritter, M.staat und Utopie. Vom Streit um die Dämonie der M. seit Machiavelli und Morus, München/ Berlin 1940, unter dem Titel: Die Dämonie der M.. Betrachtungen über Geschichte und Wesen des M.problems im politischen

Denken der Neuzeit, Stuttgart ⁵1947, München ⁶1948; ders., Vom sittlichen Problem der M.. Fünf Essays, Bern 1948, Bern/ München ²1961; K. Röttgers, Spuren der M.. Begriffsgeschichte und Systematik, Freiburg/München 1990; ders., M., in: P. Kolmer/A. G. Wildfeuer (eds.), Neues Handbuch philosophischer Grundbegriffe II, Freiburg/München 2011, 1480–1493; B. Russell, Power. A New Social Analysis, London, New York 1938, London/New York 2004 (dt. M.. Eine sozialkritische Studie, Zürich 1947, ohne Untertitel: Hamburg/Wien 2001, Zürich 2008, unter dem Titel: Formen der M., Köln 2009); R. Schmitt, Power, NDHI V (2005), 1876–1880; P. Schneider, Recht und M.. Gedanken zum modernen Verfassungsstaat, Mainz 1970; R. Schneider, Wesen und Verwaltung der M., Wiesbaden 1954; D. Sternberger, Grund und Abgrund der M.. Kritik der Rechtmäßigkeit heutiger Regierungen, Frankfurt 1962, rev. u. erw. mit Untertitel: Über Legitimität von Regierungen, 1986 (= Schr. VII); P. Tillich, Die Philosophie der M.. Zwei Vorträge, Berlin 1956, ferner in: Ges. Werke IX, ed. R. Albrecht, Stuttgart 1967, ²1975, 205–232; J. L. Walker Jr., Mobilizing Interest Groups in America. Patrons, Professions, and Social Movements, Ann Arbor Mich. 1991, 2000; C.-F. v. Weizsäcker, Theorie der M.. Eine Rede, München 1978; B. Welte, Über das Wesen und den rechten Gebrauch der M., Freiburg 1960, ²1965; D. H. Wrong, Power. Its Forms, Bases and Uses, New York, Oxford 1979, New Brunswick N. J. ³2002.   R. Wi.

Mächtigkeit, ↑Kardinalzahl, ↑Menge.

Maclaurin, Colin, *Kilmodan (Argyllshire) Febr. 1698, †Edinburgh 14. Juni 1746, schott. Mathematiker und Naturwissenschaftler. Ab 1709 Studium zunächst der Theologie, dann der Mathematik (bei R. Simson) an der Universität von Glasgow, 1715 M. A., 1717 Prof. der Mathematik am Marischal College in Aberdeen, 1719 Mitglied der Royal Society, 1725 auf Empfehlung I. Newtons Prof. der Mathematik an der Universität von Edinburgh (als Nachfolger J. Gregorys). – M. zählt zu den führenden Mathematikern seiner Zeit. Maßgebend für die Durchsetzung methodologischer Orientierungen Newtons in Mathematik und Physik sind seine Beweise Newtonscher Theoreme in Untersuchungen über allgemeine Eigenschaften von Kegelschnitten und ebenen Kurven höherer Ordnung und über deren Erzeugung (Geometria organica, 1720) sowie seine Verteidigung der Newtonschen Fluxionsrechnung (↑Fluxion) gegen G. Berkeleys Einwände und dessen konstruktivistische Überlegungen zum Begriff der infinitesimalen Größen (The Analyst; or, a Discourse Addressed to an Infidel Mathematician [d. i. E. Halley], 1734) in »The Treatise of Fluxions« (1742). Seine Systematisierung der Fluxionsrechnung, mit der M. die Entwicklung der Mathematik in England gegen die sich auf dem Kontinent durchsetzende analytische Methode (↑Methode, analytische) und die Leibnizsche Form der Differential- und Integralrechnung (↑Infinitesimalrechnung) bestimmt, enthält unter anderem das A.-L. Cauchy zugeschriebene Integralkriterium für die Konvergenz (↑konvergent/

Konvergenz) unendlicher Reihen und die Definition der so genannten *Maclaurinschen Reihe* (einer Spezialform der Taylorschen Reihe):

$$f(x) = \sum_{\nu=0}^{\infty} \frac{f^{(\nu)}(0)}{\nu!} x^{\nu} \text{ (wobei } f^{(0)}(x) \leftrightharpoons f(x))$$

für unendlich oft differenzierbare Funktionen $f(x)$. M.s »Treatise« schließt Lösungsansätze für eine Vielzahl wichtiger mathematischer Probleme ein und wird dadurch zu einem der bedeutenden wissenschaftlichen Werke der Epoche.

In der Physik (An Account of Sir Isaac Newton's Philosophical Discoveries, 1748) vertritt M. konsequent die ›empiristischen‹ Prinzipien der Newtonschen Methodologie (↑Methode, analytische, ↑regulae philosophandi). Mit Arbeiten über die ↑Stoßgesetze (Démonstration des loix du choc des corps, 1724) und Ebbe und Flut (De causa physica fluxus et refluxus maris, 1740) gewann M. Preise der Académie des Sciences (1740 gemeinsam mit D. Bernoulli und L. Euler). M. war ferner ein erfahrener Experimentator, arbeitete über Astronomie und Kartographie (verbesserte Karten der Orkneys und Shetlands) sowie für Versicherungsgesellschaften und organisierte 1745 die Verteidigung Edinburghs gegen die Jakobiten.

Werke: Geometria Organica. Sive Descriptio linearum curvarum universalis, London 1720; Démonstration des loix du choc des corps. Piece qui a remporté le prix de l'Académie Royale des Sciences, Proposé pour l'année mil sept cens vingt-quatre [...], Paris 1724 (engl. Demonstration of the Laws of the Collision of Bodies, in: M.'s Physical Dissertations, ed. I. Tweddle [s.u.], 55–68); De causa physica fluxus et refluxus maris [1740], in: Pièces qui ont remporté le prix de l'Académie Royale des Sciences en 1740 sur le flux et reflux de la mer, Paris 1741, 193–234, Nachdr. in: I. Newton, Philosophiae naturalis principia mathematica III, ed. T. Leseur/F. Jacquir, Genf 1742, 1760, 247–282 (engl. Concerning the Physical Cause of the Flow and Ebb of the Sea, in: M.'s Physical Dissertations, ed. I. Tweddle [s.u.], 97–136); A Treatise of Fluxions, I–II, Edinburgh 1742, London ²1801 (franz. Traité de fluxions, I–II, Paris 1749); A Treatise of Algebra, in Three Parts, London 1748, ²1756, ³1771, ⁴1779, ⁵1788, ⁶1796 (franz. Traité d'algebre, et de la maniere de l'appliquer, Paris 1753); De linearum geometricarum proprietatibus generalibus tractatus, als Anhang zu: A Treatise of Algebra [s.o.], London 1748, ²1756, ³1771, ⁴1779, ⁵1788, ⁶1796; An Account of Sir Isaac Newton's Philosophical Discoveries, in Four Books, ed. P. Murdoch, London 1748 (repr., ed. L.L. Laudan, New York 1968, Hildesheim/New York 1971, Bristol 2004), ²1750, ³1775 (franz. Exposition des découvertes philosophiques de M. le chevalier Newton, Paris 1749; lat. Expositio philosophiae Newtonianae, Wien 1761); M.'s Physical Dissertations, ed. I. Tweddle, London 2007 [enthält De Gravitate, aliisque viribus naturalibus (1713), Démonstration des loix du choc des corps (1724), De causa physica fluxus et refluxus maris (1740) in engl. Übers.].

Literatur: C.B. Boyer, C.M. and Cramer's Rule, Scr. Math. 27 (1966), 377–379; O. Bruneau, Pour une biographie intellectuelle de C.M. (1698–1746). Ou l'obstination mathématicienne d'un newtonien, I–II, Diss. Nantes 2005; F. Cajori, A History of Mathematics, New York/London 1894, ²1919, New York ⁵1991, 2000; ders., Discussions of Fluxions. From Berkeley to Woodhouse, Amer. Math. Monthly 24 (1917), 145–154; W.B. Ewald, From Kant to Hilbert. A Source Book in the Foundations of Mathematics, I–II, Oxford/New York 1996, 1999, I, 93–122 [mit Auszügen aus M.s Treatise of Fluxions]; G. Giorello, The ›Fine Structure‹ of Mathematical Revolutions. Metaphysics, Legitimacy, and Rigour. The Case of the Calculus from Newton to Berkeley and M., in: D. Gillies (ed.), Revolutions in Mathematics, Oxford 1992, 134–168; J.V. Grabiner, A Mathematician among Molasses Barrels. M.'s Unpublished Memoir on Volumes. Introduction. M.'s Memoir and Its Place in Eighteenth-Century Scotland, Proc. Edinburgh Math. Soc. 39 (1996), 193–240; dies., The Calculus as Algebra, the Calculus as Geometry. Lagrange, M., and Their Legacy, in: R. Calinger (ed.), Vita Mathematica. Historical Research and Integration with Teaching, Washington D.C. 1996 (Math. Assoc. Amer. Notes No. 40), 131–143; dies., Was Newton's Calculus a Dead End? The Continental Influence of M.'s Treatise of Fluxions, Amer. Math. Monthly 104 (1997), 393–410; dies., »Some Disputes of Consequence«. M. among the Molasses Barrels, Social Stud. of Sci. 28 (1998), 139–168; dies., M. and Newton. The Newtonian Style and the Authority of Mathematics, in: C.W.J. Withers/P. Wood (eds.), Science and Medicine in the Scottish Enlightenment, East Linton 2002, 143–171; dies., Newton, M., and the Authority of Mathematics, Amer. Math. Monthly 111 (2004), 841–852; N. Guicciardini, Una riposta a Berkeley. C.M. e i fondamenti del calcolo flussionale, Epistemologia 7 (1984), 201–224; ders., The Development of the Newtonian Calculus in Britain 1700–1800, Cambridge etc. 1989, 2003; P. Harman, Dynamics and Intelligibility. Bernoulli and M., in: R.S. Woolhouse (ed.), Metaphysics and Philosophy in the 17ᵗʰ and 18ᵗʰ Centuries. Essays in Honour of Gerd Buchdahl, Dordrecht/Norwell Mass. 1988, 213–225; B. Hedman, C.M.'s Quaint Word Problems, College Mathematics J. 31 (2000), 286–289; F. König, M., in: S. Gottwald/H.-J. Ilgauds/K.-H. Schlote (eds.), Lexikon bedeutender Mathematiker, Thun/Frankfurt 1990, 301; L.L. Laudan, Introduction, in: C.M.. An Account of Sir Isaac Newton's Philosophical Discoveries [1748], ed. L.L. Laudan, New York/London 1968 [s.o., Werke], ix–xxv; M. Malherbe, M., Enc. philos. universelle III/1 (1992), 1312–1313; G.K. Michailov, C.M. und Newtons Bewegungsgesetz in der modernen cartesischen Koordinatenform, Act. Hist. Leopoldina 54 (2008), 523–532; S. Mills, The Controversy between C.M. and George Campbell over Complex Roots, 1728–1729, Arch. Hist. Ex. Sci. 28 (1983), 149–164; dies., The Independent Derivations by Leonhard Euler and C.M. of the Euler–M. Summation Formula, Arch. Hist. Ex. Sci. 33 (1985), 1–13; R. Olson, Scottish Philosophy and Mathematics 1750–1830, J. Hist. Ideas 32 (1971), 29–44; M.v. Renteln, M., in: D. Hoffmann/H. Laitko/S. Müller-Wille (eds.), Lexikon der bedeutenden Naturwissenschaftler II, München 2004, 455; E.F. Robertson/R.A.A. Devéria, C.M. (1698–1746). Argyllshire's Mathematician, Dunoon 2000; E.L. Sageng, C.M. and the Foundations of the Method of Fluxions, Diss. Princeton N.J. 1989; ders., M., in: H.C.G. Matthew/B. Harrison (eds.), Oxford Dictionary of National Biography XXXV, Oxford/New York 2004, 737–740; ders., 1742 C.M., »A Treatise on Fluxions«, in: I. Grattan-Guinness (ed.), Landmark Writings in Western Mathematics 1640–1940, Amsterdam etc. 2005, 143–158; R. Schlapp, C.M.. A Biographical Note, Edinburgh Math. Notes 37 (1946), 1–6; J.F. Scott, M., DSB VIII (1973), 609–612; J. Stephens, M., in: J.W. Yolton/J.V. Price/J.

Stephens (eds.), The Dictionary of Eighteenth-Century British Philosophers II, Bristol/Sterling Va. 1999, 581–584; H. W. Turnbull, C. M., Amer. Math. Monthly 54 (1947), 318–322; ders., Bi-Centenary of the Death of C. M. (1698–1746). Mathematician and Philosopher, Professor of Mathematics in Marischal College, Aberdeen (1717–1725), Aberdeen 1951; I. Tweddle, Some Results on Conic Sections in the Correspondence between C. M. and Robert Simson, Arch. Hist. Ex. Sci. 41 (1991), 285–309; ders., The Prickly Genius. C. M. (1698–1746), Mathematical Gazette 82 (1998), 373–378; C. Tweedie, A Study of the Life and Writings of C. M., Mathematical Gazette 8 (1915), 133–151; ders., The »Geometria organica« of C. M.. A Historical and Critical Survey, Proc. Royal Soc. Edinburgh 36 (1916), 87–150; ders., Notes on the Life and Works of C. M., Mathematical Gazette 9 (1919), 303–305. J. M.

Macrobius, Ambrosius Theodosius, Anfang des 5. Jhs. n. Chr., lat. Schriftsteller und Philosoph, bedeutender Vertreter des ↑Neuplatonismus im lateinischen Westen. Über das Leben des M. ist wenig bekannt. Er ist nicht (wie früher angenommen) identisch mit dem für Afrika (410) bestellten Prokonsul Theodosius, sondern vermutlich mit jenem Theodosius, der 430 Präfekt Italiens war. M. soll im Alter zum Christentum übergetreten sein. Von seinen Werken sind die »Saturnalia« und der Kommentar zu M. T. Ciceros »Somnium Scipionis« (Cicero, de re publica 6,9–29) fast vollständig erhalten; größtenteils verlorengegangen ist die grammatische Schrift zur Formenlehre »Über Unterschiede und Gemeinsamkeiten griechischer und lateinischer Wörter« (De differentiis et societatibus graeci latinique verbi). In den »Saturnalia«, einem fiktiven Gespräch römischer Senatoren am Saturnalienfest, gibt M. eine idealisierte Darstellung der Aristokratie; inhaltlich werden (im Rückgriff auf zahlreiche antike Quellen) Themen der Astronomie, Wahrsagekunst, Rhetorik, Götterlehre und Mythengenese behandelt. Im Kommentar zum »Somnium Scipionis«, einem im Mittelalter vielgelesenen Werk, geht es M. in einer aus pythagoreischen Zahlenspekulationen (↑Pythagoreismus) abgeleiteten neuplatonischen Seelenlehre vor allem um eine Harmonisierung der Theoreme Platons und Ciceros; seine Darstellung der Astronomie, Musiktheorie und Geographie ist eine wichtige Quelle für die antike Wissenschaftsgeschichte. Philosophisch schließt M. sich weitgehend dem Neuplatonismus plotinisch-porphyrischer Prägung an; in der Hypostasenlehre (↑Hypostase) identifiziert er das Plotinische ›Eine‹ mit dem Guten; die komplizierte mystisch-religiöse Hypostasenmetaphysik des Iamblichos lehnt M. ab.

Werke: Opera quae supersunt [...], I–II, ed. L. de Jan, Leipzig 1848/1852; M., ed. F. Eyssenhardt, Leipzig 1868, ²1893; Opera, I–II (I Saturnalia, II Commentarii in somnium scipionis), ed. J. Willis, Leipzig 1963, ²1970, 1994. – W. H. Stahl, M.' Commentary on the Dream of Scipio [engl.], New York 1952, New York/London 1966 (mit Bibliographie, 255–264); I Saturnali [ital.],

ed. N. Marinone, Turin 1967; The Saturnalia [engl.], ed. P. V. Davies, New York/London 1969; Commento al Somnium Scipionis [ital.], I–II, Übers. u. Kommentar M. Regali, Pisa 1983/1990; De verborum graeci et latini differentiis vel societatibus excerpta, ed. P. De Paolis, Urbino 1990; Les Saturnales livres I–III [lat./franz.], ed., Übers. u. Kommentar C. Guittard, Paris 1997, 2004; Commentaire au songe de scipion [lat./franz.], I–II, ed., Übers. u. Kommentar M. Armisen-Marchetti, Paris 2003; Les Saturnals [span.], I–IV, Übers. J. Raventos, Barcelona 2003–2006; Tischgespräche am Saturnalienfest, Übers. O. Schönberger/A. Schönberger, Würzburg 2008.

Literatur: C. Baeumker, Der Platonismus im Mittelalter, München 1916; M. Bevilacqua, Introduzione a Macrobio, Lecce 1973; A. Cameron, The Date and Identity of M., J. Roman Stud. 56 (1966), 25–38; P. Courcelle, Les lettres grecques en Occident de Macrobe à Cassiodore, Paris 1943, ²1948 (engl. Late Latin Writers and Their Greek Sources, Cambridge Mass. 1969); M. Di Pasquale Barbanti, Macrobio. Etica e psicologia nei »Commentarii in Somnium Scipionis«, Catania 1988; S. Döpp, Zur Datierung von M.' »Saturnalia«, Hermes 106 (1978), 619–632; M. A. Elferink, La descendence de l'âme d'après Macrobe, Leiden 1968; J. Flamant, Macrobe et le néoplatonisme latin à la fin du IVe siècle, Leiden 1977; ders., M., DNP VII (1999), 627–630; P. P. Fuentes Gonzáles, M., in: R. Goulet (ed.), Dictionnaire des philosophes antiques IV, Paris 2005, 227–242; M. Fuhrmann, M. und Ambrosius, Philol. 107 (1963), 301–308; H. Görgemanns, Die Bedeutung der Traumeinkleidung im Somnium Scipionis, Wiener Stud. 81, NF 2 (1968), 46–69; R. Herzog, M. 1, KP III (1969), 857–858; A. Hüttig, M. im Mittelalter. Ein Beitrag zur Rezeptionsgeschichte der »Commentarii in Somnium Scipionis«, Frankfurt etc. 1990; G. Krapinger, M., RGG V (⁴2002), 647; H. de Ley, M. and Numenius. A Study of M., In Somn. 1, C. 12, Brüssel 1972; R. M. Marina Sáez/J. F. Mesa Sanz, Concordantia Macrobiana. A Concordance to the »Saturnalia« of A. T. M., I–III, Hildesheim/Zürich/New York 1997; N. Marinone, Replica Macrobiana, Riv. di filologia e di istruzione classica 99, Ser. 3 (1971), 367–371; K. Mras, M.' Kommentar zu Ciceros Somnium. Ein Beitrag zur Geistesgeschichte des 5. Jahrhunderts n. Chr., Berlin 1933; J.-P. Néraudau, Macrobe, Enc. philos. universelle III/1 (1992), 206; M. Schedler, Die Philosophie des M. und ihr Einfluss auf die Wissenschaft des christlichen Mittelalters, Münster 1916 (Beitr. Gesch. Philos. MA XIII/1); W. H. Stahl, M., DSB IX (1974), 1–2; E. Syska, Studien zur Theologie im ersten Buch der Saturnalien des A. T. M., Stuttgart 1993; E. Tuerk, M. und die Quellen seiner Saturnalien. Eine Untersuchung über die Bildungsbestrebungen im Symmachus-Kreis, Diss. Freiburg 1962; ders., Macrobe et les »Nuits Attiques«, Latomus 24 (1965), 381–406; P. Wessner, M. 7, RE XIV/1 (1928), 170–198; T. Whittaker, M. or Philosophy, Science, and Letters in the Year 400, Cambridge 1923; J. Willis, M., Das Altertum 12 (1966), 155–161; ders., M., TRE XXI (1991), 657–659; C. Zintzen, Römisches und Neuplatonisches bei M., in: P. Steinmetz (ed.), Politeia und Res Publica. Beiträge zum Verständnis von Politik, Recht und Staat in der Antike, Wiesbaden 1969 (Palingenesia IV), 357–376. M. G.

Madhva, 1238–1317 (tradiert ist 1199–1278), südind. Brahmane mit dem ursprünglichen Namen Vāsudeva, auch genannt ›Ānandatīrtha‹ aus der Gegend von Uḍipi an der Südwestküste (jetzt zum Staat Karnataka gehörig), wo sich noch heute ein von ihm begründetes Zentrum des M.ismus befindet, Begründer einer dualistischen Richtung innerhalb des klassischen philosophischen Systems des ↑Vedānta, des *Dvaita*, in Auseinandersetzung mit den bereits existierenden Richtungen des auf Śaṃkara (ca. 700–750) zurückgehenden monistischen *Advaita* und des von Rāmānuja (ca. 1055–1137) eingeführten *Viśiṣṭādvaita*. Erzogen im Advaita-Vedānta in einer ↑Bhāgavata-Gemeinde, bricht M. mit dem māyā-vāda (= Lehre von [der Welt als] der bloßen Vortäuschung [realer Unterschiede]) der śivaitischen Advaitins, wird selbst ein Vaiṣṇava (= Viṣṇu-Anhänger) und setzt die materielle Welt (↑prakṛti) einschließlich der Einzelseelen wieder in ihr Recht ein, jeweils unterschiedenes Wirkliches, wenn auch abhängig (paratantra) vom einzig aus sich selbst heraus (svatantra) Wirklichen, d.i. von Gott, zu sein. Der damit unter Einfluß des Jainismus (↑Philosophie, jainistische) von M. begründete und wegen der Ersetzung des ↑brahman im advaita durch den Gott Viṣṇu grundsätzlich theistische *Dvaita-Vedānta* heißt deshalb auch ›tattva-vāda‹ (= Lehre von der Wirklichkeit [der Unterschiede]) und stützt sich weniger auf die vier Sammlungen des ↑Veda, zusammen mit ihren ↑Brāhmaṇas und Upaniṣaden (↑upaniṣad), sondern auf spätere religiöse Werke, in denen die Lehren des ↑Yoga und des ↑Sāṃkhya schon verarbeitet sind, insbes. die Epen, Purāṇas (Mythen rund um eine Gottheit) und Āgamas (theologische Literatur) viṣṇuitischer Tradition, die von M. auch *der 5. Veda* genannt werden. Seine von den Nachfolgern zusammengestellten ›Gesammelten Werke‹ bestehen aus vier Gruppen: (1) 14 Kommentaren zu den Basistexten des Vedānta, darunter M.s Lieblings-Upaniṣad, der Aitareya, (2) 10 selbständigen Abhandlungen (prakaraṇa), die teils das Dvaita vorstellen, teils andere Systeme, darunter vor allem das ›atheistische‹ Advaita, zu widerlegen beabsichtigen, (3) fünf freieren Kommentaren und (4) acht kleineren, eher betrachtenden oder den Ritus betreffenden Arbeiten.

M.s Lehre, wie sie vor allem in seinem zur 3. Gruppe der ›Gesammelten Werke‹ gehörenden Hauptwerk Anu-Vākhyāna (= der Rezitation dienender Kommentar [zum Brahmasūtra]) und dem durch dessen systematische Rekonstruktion ausgezeichneten Kommentar Nyāya-sūdha (= Nektar der Logik) des Dvaitin Jayatīrtha (1345–1388) entwickelt wird, ist zu Beginn des 18. Jhs. von Vidyābhūṣaṇa, der als Anhänger von Caitanya den Mādhvas sehr nahe stand, in einem Neunpunktevers zusammengefaßt worden: »Nach der Lehre des ehrwürdigen M. ist Viṣṇu der höchste Gott, die Welt real, die Verschiedenheit von Gott und Seele (↑jīva) tatsächlich vorhanden; alle lebenden Wesen sind Viṣṇu untertan und zerfallen in höhere und niedrigere Klassen; die Erlösung (↑mokṣa) besteht darin, daß die Seele die ihr von Natur eigene Wonne empfindet; das Mittel zur Heilsgewinnung ist reine Gottesliebe (↑bhakti); Erkenntnismittel (↑pramāṇa) sind heilige Überlieferung (āgama), sinnliche Wahrnehmung (↑pratyakṣa) und Schlußfolgerung (↑anumāna); Viṣṇu ist durch alle heiligen Schriften in seinem Wesen zu erkennen, und nur durch diese.«

Werke und Übersetzungen: Sarvamūlagranthāḥ [Gesammelte Werke], I–V, ed. B. Govindācārya, Bangalore 1969–1980 [Sanskrit]. – S. Subba Rau, The Vedānta-Sūtras, with the Commentary by Sri Madhwāchārya. A Complete Translation, Madras 1904, Tirupati ²1936; The Brahmasūtra Bhashya of Sri Madhwacharya with Glosses of Sri Jayatirtha, Sri Vyasatirtha and Raghavendratirtha, ed. R. Raghavendracharya, I–IV, Mysore 1911–1922; H. v. Glasenapp, Lehrsätze des dualistischen Vedānta (Madhvas Tattvasamkhyāna), in: Aufsätze zur Kultur- und Sprachgeschichte vornehmlich des Orients. Ernst Kuhn zum 70. Geburtstage gewidmet, Breslau 1916, 326–331, Neudr. in: ders., Von Buddha zu Gandhi. Aufsätze zur Geschichte der Religionen Indiens, Wiesbaden 1962, 187–192; B. Heimann (ed.), M.'s (Ānandatīrtha's) Kommentar zur Kāthaka-Upaniṣad. Sanskrit-Text in Transskription nebst Übersetzung und Noten [zu Gruppe 1], Leipzig 1922; The Aitareya Upaniṣad [engl./sanskrit], ed. B.D. Basu, Allahabad 1925 (repr. New York 1974) (The Sacred Books of the Hindus XXX/1); S. Siauve, La voie vers la connaissance de Dieu (Brahma-Jijñāsā) selon L'Anuvyākhyāna de M., Pondichéry 1957; Śrīmad-Viṣṇu-Tattva-Vinirṇaya of Sri Madhvacarya [zu Gruppe 2], trans. S.S. Raghavachar, Mangalore 1959, 1971; Daśaprakaraṇāni [10 Abhandlungen, d.i. Gruppe 2], ed. P.P. Lakshminarayana Upadhyaya, I–IV, Madras 1969–1972 [Sanskrit].

Literatur: Baladeva Vidyābhūṣaṇa, Prameya-ratnāvalī, [als Appendix II] in: The Sacred Books of the Hindus V, Allahabad 1912 (repr. New York 1974) (Übers. der Verse über M. bei Glasenapp); H. v. Glasenapp, M.'s Philosophie des Vishnu-Glaubens mit einer Einleitung über M. und seine Schule. Ein Beitrag zur Sektengeschichte des Hinduismus, Bonn/Leipzig 1923 (engl. M.'s Philosophy of the Viṣṇu Faith, Bangalore 1992); C.R. Krishna Rao, Sri Madhwa. His Life and Doctrine, Udipi 1929; K. Lorenz, Indische Denker, München 1998, 223–233 (Kap. VII/4 Das Dvaita von M. als Opposition gegen das Advaita), 233–240 (Kap. VII/5 Die Heilsgewißheit in M.s Leben und Werk); K. Narain, An Outline of M.'s Philosophy, Allahabad 1962, New Delhi ²1986; B.N.K. Sharma, Philosophy of Śrī Madhvāchārya, Bombay 1962, New Delhi 1991; ders., Śrī M.'s Teachings in His Own Words, Bombay 1961, ³1979; ders., The History of the Dvaita School of Vedānta and Its Literature, I–II, Bombay 1960/1961, in 1 Bd., mit Untertiel: From the Earliest Beginnings to Our Own Times, Delhi ²1981, rev. Bangalore etc. ³2000; S. Siauve, La doctrine de M.. Dvaita-Vedānta, Pondichéry 1968; N. Smart, M., Enc. Ph. V (1967), 125–127; V. Stoker, M., REP VI (1998), 31–33. K.L.

Mādhyamika (sanskr.), auch: Śūnyatāvāda (= Lehre von der Leerheit), Bezeichnung für die eine der beiden großen philosophischen Schulen des ↑Mahāyāna-Buddhismus (eigentlich Bezeichnung für einen Anhänger dieser Schule der ›mittleren Lehre‹ [= Madhyamaka]), begründet im 2. Jh. n. Chr. durch Nāgārjuna (ca. 120–200 n. Chr.) und seinen Schüler Āryadeva (ca. 150–230 n. Chr.). Dabei ging es Nāgārjuna nur um eine Wiederherstellung der ursprünglichen, allen theoretischen wie praktischen Extremen abholden und deshalb ›mittleren‹

Lehre des Buddha (↑Philosophie, buddhistische) gegen die untereinander streitigen Dogmatisierungen in den Schulen des ↑Hīnayāna, deren Vielfalt das gemeinsame Band unsichtbar zu machen drohte. Erst bei Āryadeva und der auf ihn und Nāgārjuna sich stützenden Tradition (zu der möglicherweise noch ein weiterer Schüler Nāgārjunas gleichen oder ähnlichen Namens gehört) findet sich die darüber hinausgehende Berufung auf eigenständige, dem Mahāyāna angehörende ›Leitfäden‹ (↑sūtra), die vom Mahāyāna als kanonisch, zur Lehre (↑dharma) des Buddha gehörig, anerkannt wurden. Als Grundlage des M. gelten dabei insbes. das Prajñāpāramitā(= Vollkommenheit der Weisheit)-Sūtra und das Saddharmapuṇḍarīka(= Lotusblüte der wahren Lehre)-Sūtra.

Nāgārjuna macht den schon früher auftretenden – unter anderem auch für die Prajñāpāramitā-Sūtras wichtigen – Ausdruck ↑›śūnyatā‹ (= Leerheit) zum zentralen Terminus des M., indem er ›śūnya‹ (= leer) mit dem von ihm als Terminus behandelten ›asvabhāva‹ (= wesenlos, d.h. abhängig [von anderem] seiend) gleichsetzt und damit das zunächst nur auf Personen bezogene buddhistische Lehrstück von der Nicht-Selbstheit (es gibt keine allen wechselnden Bestimmungen eines Menschen zugrundeliegende beharrende Substanz) auf alle prädikativen Bestimmungen und damit auf die ›Daseinsfaktoren‹ (dharma) verallgemeinert: die generell im Buddhismus als Eigenschaften und nicht als Substanzen zu deutenden Daseinsfaktoren gibt es nur im Sinne sprachlich getroffener Unterscheidungen (an der Welt im ganzen), deshalb ihr Status im M. als ein Mittleres, weder seiend noch nicht seiend. Die reine Möglichkeit (prädikativer Bestimmungen), nämlich ↑nirvāṇa, ist das einzig Wirkliche (↑tattva); die Einsicht (↑prajñā) in die Identität von śūnyatā und nirvāṇa macht das Ergreifen der höchsten Wahrheit (paramārtha [= vollkommene] satya) aus. Dieser ontologischen Charakterisierung der Leerheit oder Soheit (tathatā) entspricht die epistemologische Charakterisierung, daß alle Prädikate über Wirkliches, positive wie negative, zu verneinen sind: es gibt keine (wahren) Aussagen über Wirkliches. Damit ist der Bereich der gewöhnlichen, mit Hilfe allgemeiner Unterscheidungen ausgedrückten konventionellen Wahrheit (saṃvṛti [= verhüllte] satya) real nur als Erscheinung (↑māyā). Auch die ›vier edlen Wahrheiten‹ (vom Leid, vom Zustandekommen des Leides, von der Aufhebung des Leides, vom Weg, der zur Aufhebung des Leides führt) gehören diesem Bereich an. Durch sie soll der Kreislauf des Entstehens und Vergehens (↑saṃsāra), in-ganggehalten vom Gesetz der Tatvergeltung (↑karma), begriffen und – nach der Lehre des Hīnayāna – überwunden werden. Dieses Begreifen selbst ist aber nach der Auffassung der M., die grundsätzlich von allen Mahāyāna-Schulen übernommen worden ist, bereits die Ver-

nichtung des karma und macht mit der Einsicht in die Ununterschiedenheit, bei den M. anders als bei den Yogācāra zugleich auch in die Unüberbrückbarkeit beider Wahrheitsbereiche die Erlösung (↑mokṣa) aus. Gerade weil alle Daseinsfaktoren dem Kausalnexus des ›abhängigen Entstehens‹ (pratītyasamutpāda) unterworfen, also voneinander abhängig (asvabhāva) sind, sind sie allesamt leer: »Es gibt keinen Unterschied zwischen Saṃsāra und Nirvāṇa; es gibt keinen Unterschied zwischen Nirvāṇa und Saṃsāra. Der Bereich des Nirvāṇa ist auch der Bereich des Saṃsāra. Zwischen beiden gibt es auch nicht die geringste Verschiedenheit« (Candrakīrti im Kommentar Prasannapāda [= klare Worte] zu Nāgārjunas Madhyamakakārikā, in: H. W. Schumann, Buddhismus. Ein Leitfaden durch seine Lehren und Schulen, Darmstadt 1971, 1973, 110).

Als – ausschließlich dem Bereich der konventionellen Wahrheit angehörende – Hilfsmittel, diese Einsicht zu erzeugen, dienen rechte Argumentation (↑nyāya) und rechte Meditation (↑dhyāna), wobei im M. der Akzent gewöhnlich auf der Argumentation, im Yogācāra gewöhnlich auf der Meditation liegt. Das Argumentationsverfahren ist im M. eine reine reductio-ad-absurdum-Argumentation (prasaṅga vākya), durch die jeder Standpunkt (dṛṣṭi) als in sich widersprüchlich zurückgewiesen werden soll – artikuliert mit Hilfe des auch im Jainismus (↑Philosophie, jainistische) entsprechend auftretenden Tetralemmas: ›es ist widerlegbar, daß ein Daseinsfaktor (1) existiert, oder (2) nicht existiert, oder (3) sowohl existiert als auch nicht existiert, oder (4) weder existiert noch nicht existiert‹. Allerdings bedurfte es erst einer eigenständigen Entwicklung der Logik (↑Logik, indische), im Buddhismus von dem durch Dignāga (ca. 460–540) begründeten logischen Zweig der Yogācāra-Schule ausgearbeitet, um dieses Verfahren so zu präzisieren, wie es schließlich in der definitiven orthodoxen Fassung des M. durch Candrakīrti (ca. 600–650) und Śāntideva (ca. 690–750) vorliegt. Die jahrhundertelange Auseinandersetzung der M. mit den Yogācāra hat dabei zu einer Spaltung der M. in zwei Zweige geführt: die allein die reductio-ad-absurdum-Argumentation für zulässig erklärenden orthodoxen *Prāsaṅgikas* und die auch selbständige (svatantra) Schlußfolgerungen verwendenden *Svātantrikas*. Beide Bezeichnungen finden sich nicht in Sanskrit-Texten; sie gehen nach K. Yuichi (M., ER IX [1987], 71–77) vermutlich auf tibetische Doxographen zurück. Buddhapālita (ca. 470–540) ist der erste Prāsaṅgika, der sich die Neuerungen auf dem Gebiet des logischen Schlusses zunutze macht und (in seinem Kommentar Mūlamadhyamakavṛtti) Nāgārjunas Argumentationen eine logisch einwandfreie Fassung gibt; ihm folgen Candrakīrti und Śāntideva. Der führende Svātantrika ist Bhāvaviveka (ca. 500–570), der (ebenfalls in einem Kommentar zu Nāgārjunas Madhyamakakārikā, dem Prajñāpradīpa [= Leuchte der Einsicht]) den Argumentationen Nāgārjunas die Gestalt logischer Schlüsse, des Beweises einer These (pratijñā), gibt. Er bereitet damit die spätere Verschmelzung des M. mit dem Yogācāra bei Śāntarakṣita (ca. 725–788) und dessen Schüler Kamalaśīla (ca. 740–795) vor, auf die die Einführung des Buddhismus in Tibet zurückgeht. Gleichwohl bleibt bei ihm die entscheidende Differenz zur Position der Yogācāra noch erhalten: Erkennen selbst gehört auch für Bhāvaviveka, wie generell im M., als eine allgemeine Unterscheidung (bzw. ein Daseinsfaktor) nicht zum Bereich der höchsten Wahrheit, ist nur als Erscheinung real, während im Yogācāra auch ein abhängiger (paratantra) Daseinsfaktor Bestandteil der Wirklichkeit ist. Im paradigmatisch zwischen Bhāvaviveka und Dharmapāla (530–561) ausgetragenen Streit (überliefert ist ein fiktiver Dialog, verfaßt vom koreanischen Yogācārin Wŏnch'uk [613–696], vgl. J. Hirabayashi/S. Iida, Another Look at the Mādhyamika vs. Yogācāra Controversy Concerning Existence and Non-Existence, in: L. Lancaster [ed.], Prajñāpāramitā and Related Systems. Studies in Honor of Edward Conze, Berkeley Calif. 1977, 341–360) lassen sich beide Positionen verstehen, wenn man das Folgende berücksichtigt: Dharmapāla spricht von der Ebene der Repräsentation der dharmas her, d. h., er versteht sie als Zeichen (im Bewußtsein), die keinerlei Substrat besitzen, sondern nur Namen sind, als Namen aber existieren; Bhāvaviveka hingegen spricht vom Standpunkt der dharmas als Gegenständen her, die keinerlei selbständige Existenz haben, vielmehr nur durch Darübersprechen fingiert sind. Im M. ist die Sprachebene selbst nicht Bestandteil einer Erörterung, wohl aber im Yogācāra, das deshalb zwischen verschiedenen Sprachebenen, ohne dabei den śūnyatāvāda der M. aufzugeben, grundsätzlich zu vermitteln vermag.

Bereits um 400 n. Chr. wurde Nāgārjunas Madhyamakakārikā von dem die letzten Lebensjahre in Ch'ang-an (heute: Sian in der Provinz Shensi) als einflußreicher Lehrer und Übersetzer von Mahāyāna-Texten lebenden Kumārajīva (ca. 350–410) ins Chinesische übersetzt. Damit war eine der Grundlagen des chinesischen M., der San-lun(= Drei Abhandlungen)-Schule, geschaffen (↑Philosophie, chinesische); im 7. Jh. auch in Japan eingeführt (jap. Sanron). Die beiden anderen von der San-lun-Schule bis zu ihrem Niedergang mit Beginn der Buddhistenverfolgung in China im 9. Jh. als Grundlage verwendeten Texte sind die ebenfalls von Kumārajīva übersetzten Dvādaśadvāra (= Zwölf Tore, traditionell Nāgārjuna zugeschrieben) und Śataśāstra (= Werk in hundert Strophen, vermutlich eine Neufassung der letzten acht Kapitel des Catuḥśataka [= Vierhundert Strophen] von Āryadeva). Bereits die beiden Schüler Kumārajīvas, Seng-chao (384–414) und Tao-sheng (†434),

gelten als führende Philosophen des chinesischen M., die es verstehen, die Lehren des M. dadurch in die chinesische Tradition einzubetten, daß unter anderem ›leer‹ (śūnya) mit ›nicht-seiend‹ (wu) im ↑Taoismus identifiziert wird (insbes. entspricht der Soheit [tathatā] das taoistische ›reine Nicht-sein‹ [pen-wu] und dem Weg der [reductio-ad-absurdum-]Argumentation bzw. der Meditation dorthin das taoistische Verfahren des ›Nicht-Denkens‹ [wu-hsin] bzw. des ↑›Nicht-Handelns‹ [wu-wei]; aus diesem Grunde gelten sie als Wegbereiter auch der späteren Ch'an-Schule [jap. ↑Zen]. Den systematischen Höhepunkt erreicht die San-lun-Schule in dem sich streng an den drei Abhandlungen und nicht mehr an Entsprechungen zum Taoismus orientierenden Werk von Chi-tsang (549–623).

Grundsätzlich ebenfalls den Texten der M. folgend, aber mit Akzent auf dem auch von Kumārajīva ins Chinesische übersetzten Saddharmapuṇḍarīka-Sūtra, verfährt die im 6. Jh. durch Hui-wen (550–577), seinen Schüler Hui-ssu (514–577) und dessen als eigentlichem Urheber angesehenen Schüler Chih-kai (auch: Chih-i, 531–597) gegründete T'ien-t'ai-Schule (nach dem Namen eines Berges in Südchina, wo Hui-wen lebte), die zu Beginn des 9. Jhs. durch Saichō (später genannt: Dengyō Daishi) nach Japan gebracht wurde (jap. Tendai). Auch der von Nichiren (1222–1282) in Japan begründete buddhistische Pietismus stützt sich auf das Lotos-Sūtra; daher gelten beide, die Tendai- und die Nichiren-Schule, als ›Lotos‹-Buddhismus. In der T'ien-t'ai-Schule wird die im M. grundsätzlich negativ ausgedrückte Ununterschiedenheit zwischen zum Bereich konventioneller Wahrheit gehörenden saṃsāra und zum Bereich höchster Wahrheit gehörenden nirvāṇa positiv ausgedrückt: es bestehen sowohl die konventionelle als auch die höchste Wahrheit als auch beide zusammen (Lehre von der ›dreifachen Wahrheit‹). In dieser Gestalt, die der Meditation Vorrang vor der Argumentation einräumt, ist die M.schule noch heute in Japan lebendig.

Literatur: ↑Philosophie, buddhistische.   K. L.

Mäeutik (von griech. μαιευτική [τέχνη], Hebammenkunst; von μαῖα = Hebamme), von Sokrates (nach Platon, Theait. 148d–151d, 184b, 210b–d; vgl. Men. 82b–85b, Phaidr. 249b–c) eingeführte Bezeichnung für ein pädagogisch-didaktisches Vermittlungsverfahren, das darin besteht, nicht durch Belehrung, sondern durch geschicktes Fragen zur philosophischen Erkenntnis zu führen. Der Lernende übernimmt dabei nicht bloß rezeptiv fremdes Wissen, sondern erzeugt in sich und aus sich selbst heraus Schritt für Schritt eigenständig wahre Einsichten. Der ›Lehrer‹, besser: der Fragende, übt hierbei die Funktion einer ›Hebamme‹ aus, indem er bereits in gewissem Sinne vorhandene, aber noch nicht explizit realisierte Erkenntnisse zutagefördert. Sokrates bezieht sich bei der Erläuterung dieses von ihm in die Philosophie eingebrachten Begriffes ausdrücklich auf den Hebammenberuf seiner Mutter Phainarete, den er durch die Kompetenz charakterisiert, Echtes von Unechtem zu unterscheiden und die Geburt bei anderen helfend zu begleiten, nicht aber selbst gebären zu können (Theait. 149a–150a). Im Verfahren der M. wird die Selbsteinschätzung des Sokrates deutlich, selbst nichts zu wissen (und daher auch nicht lehren zu können), sondern nur ›vergessenes‹ Wissen bei anderen durch Förderung der ›Wiedererinnerung‹ (↑Anamnesis) ins Bewußtsein zu heben. Den ›theoretischen‹ Rahmen dieser Konzeption bildet bei Platon die ↑Ideenlehre, d. h. das Theorem, daß der Mensch ein ›vorgeburtliches‹, in der Verbindung der Seele mit dem Körper verschüttetes Wissen über das ›Wesen der Dinge‹ (insbes. über mathematische, moralische und philosophisch-theoretische Zusammenhänge) besitzt.

Ausgangspunkt jeder mäeutischen Tätigkeit muß jeweils die begründete Vermutung des ›Lehrers‹ über die intellektuelle und charakterliche Eignung eines potentiellen ›Schülers‹ sein (Platon, VII. Brief, 340b–341e). Der eigentliche Prozeß der M. beginnt mit der Aufdeckung und Beseitigung von falschen Annahmen und Vorurteilen; hierbei gibt sich der ›Lehrer‹ den Anschein des Nichtwissenden, der jedoch – ausgestattet mit der Metakompetenz methodischer Einsichten – in einem planmäßig und kunstgerecht geführten Dialog, also im Selbstverständnis der sokratischen ↑Ironie des wissenden Nichtwissens, seinen Adressaten zur Einsicht in dessen Widersprüchlichkeiten führt, worunter auf der theoretischen Ebene Fehler im Argumentieren und in der Semantik des Wortgebrauchs, auf der pragmatischen Ebene Inkonsistenzen zwischen Reden und Handeln zu verstehen sind. Erst danach kann der Aufbau wahren Wissens erfolgen, und zwar der Art, daß im Ausgang von Einzelbeispielen aus der erfahrbaren Alltagswelt Allgemeinbegriffe gebildet werden und von diesen wiederum der Weg zurück zur konkreten Einzelproblematik eingeschlagen wird; in diesem stets auch abduktiven Verfahren (↑Abduktion) zeigt sich das Wesen der M. als Kunst der Unterscheidung und Beurteilung des Wahren und Falschen (Platon, Theait. 150b–150c). In ihrem Zweck der vorurteilslosen Wahrheitsfindung unterscheidet sich die M. von vorteilsorientierter ↑Eristik und ↑Sophistik bzw. bloßer Rhetorik; in der steten methodischen Lenkung durch einen scheinbar Nichtwissenden wird der Unterschied zur freien Assoziation und zur spontanen Intuition deutlich.

In der Pädagogik des 18. Jhs. wird die M. (auch ›sokratische‹ bzw. ›katechetische Methode‹ genannt) zum Ideal der Didaktik, vor allem der kirchlichen Katechetik, insbes. im Protestantismus. Der Schüler soll die Inhalte der religiösen Unterweisung nicht bloß auswendiglernen, sondern anhand einer geschickten Führung des Unterrichtsgesprächs durch den Lehrer die ›Offenbarungswahrheiten‹ selbst finden. Vorausgesetzt wird hierbei – in theologischer Umdeutung der Platonischen Anamnesis- und Ideenlehre –, daß dem Schüler die ›religiösen Wahrheiten‹ angeboren, aber noch nicht bewußt sind. Die theoretische Grundlage hierfür bietet die in der ↑Aufklärung verbreitete Vorstellung einer ›Naturreligion‹ (↑Religion, natürliche), nach der der Mensch mit bestimmten Basisannahmen der Religion (z. B. über die Existenz und die Eigenschaften Gottes sowie über Grundsätze der Moral) ausgestattet ist. Hauptvertreter dieser religiösen M. sind G. F. Dinter (1810), J. C. Dolz (1795), B. Galura (1798), J. F. C. Gräffe (1789) und F. M. Vierthaler (1793). Kritisiert wurde diese sokratische Katechetik vor allem von J. G. Hamann (1759) und J. H. Pestalozzi (1932), der sie als ›Holzhackerei‹ verurteilte.

Sieht man von den sokrates- bzw. platonspezifischen Implikationen der M.konzeption (der Ideenlehre und dem Theorem der Wiedererinnerung) ab, so läßt sich das mäeutische Verfahren über die pädagogisch-didaktischen und die mitunter auch eingebrachten psychologischen Aspekte hinaus als systematischer Beitrag zu Grundproblemen der ↑Erkenntnistheorie, insbes. zum Problem der ↑Letztbegründung, verstehen. In seinem methodischen Kern bietet es sich nämlich als ein dialogisch-pragmatisches Verfahren zur Gewinnung erster gesicherter Erkenntnisse an, das die Einschränkung des Begründungsdenkens auf einerseits nur theoretische, andererseits bloß pragmatische Orientierungen umgeht, indem es einen intrinsisch notwendigen Zusammenhang von Üben und Wissen durch stete Rückbindung des theoretischen Dialogs an die lebensweltliche Alltagspraxis (↑Lebenswelt) zugrundelegt; hierin weist es starke Affinitäten zum Grundlagendenken des Zen-Buddhismus (↑Zen) auf, der ebenfalls eine enge Verbindung der Zeichen- mit der Handlungsebene postuliert. Das Miteinander der Ebenen des Denkens, des Redens und des Handelns, das die Quintessenz der M. ausmacht, kann als Möglichkeit angesehen werden, den rein theoretisch-semantischen Begründungsregress (↑regressus ad infinitum) und den damit verbundenen Begründungszirkel (↑zirkulär/Zirkularität, ↑circulus vitiosus) zu vermeiden. Allerdings ist ein derartiger Begründungsbegriff an das Medium der Mündlichkeit gebunden und nur auf der Basis eines Verzichtes auf absolute Wahrheitsansprüche denkbar.

Literatur: B. Böhm, Sokrates im Achtzehnten Jahrhundert. Studien zum Werdegange des modernen Persönlichkeitsbewusstseins, Leipzig 1929, Neumünster ²1966; G. F. Dinter, Die vorzüglichsten Regeln der Katechetik, als Leitfaden beym [ab 5. Aufl. beim, ab 9. Aufl. bei'm] Unterrichte künftiger Lehrer in Bürger- und Landschulen, Neustadt an der Orla ²1805, Plauen ¹³1862; M. Dixsaut, Maieutiké, Enc. philos. universelle II (1990),

1526; J. C. Dolz, Katechetische Unterredungen über religiöse Gegenstände, I–IV [Bde 3 u. 4 unter dem Titel: Katechetische Unterredungen über religiöse Gegenstände in den sonntäglichen Versammlungen in der Freyschule zu Leipzig gehalten], Leipzig 1795–1798, unter dem Titel: Katechetische Unterredungen über religiöse Gegenstände, in den sonntäglichen Versammlungen in der Freyschule zu Leipzig gehalten, I–III, ³1801–1818; K. Döring, Maieutik, DNP VII (1999), 712; K. O. Frenzel, Zur katechetischen Unterweisung im 17. und 18. Jahrhundert, Leipzig 1920; B. Galura, Grundsätze der wahren (d. i. sokratischen) Katechisirmethode. Eine Einleitung zu den Gesprächen eines Vaters mit seinem Sohne über die christkatholische Religion, Augsburg 1798; O. Gigon, M., LAW II (2001), 1805; J. F. C. Gräffe, Neuestes Catechetisches [ab 2. Aufl. Katechetisches] Magazin zur Beförderung des catechetischen [ab 2. Aufl. katechetischen] Studiums II. Die Sokratik nach ihrer ursprünglichen Beschaffenheit in katechetischer Rücksicht betrachtet, Göttingen 1791, erw. ³1798; G. Hamann, Sokratische Denkwürdigkeiten, für die lange Weile des Publicums zusammengetragen von einem Liebhaber der langen Weile [...], Amsterdam 1759, ferner in: Sokratische Denkwürdigkeiten/Aesthetica in nuce, ed. S.-A. Jørgensen, Stuttgart 1968, rev. 1998, 2004, 5–73; W. Kamlah, Sokrates und die Paideia, Arch. Philos. 3 (1949), 277–315; N. I. Kondakow, M., WbL, 328; M. Landmann, Elenktik und Maieutik. Drei Abhandlungen zur antiken Psychologie, Bonn 1950; J. H. Pestalozzi, ›Wie Gertrud ihre Kinder lehrt‹. Ein Versuch, den Müttern Anleitung zu geben, ihre Kinder selbst zu unterrichten. In Briefen, Bern/Zürich 1801, Berlin/Leipzig 1932 (= Sämtliche Werke XIII), Bad Heilbrunn 1982, Zürich ²1996 (= Sämtliche Werke XVII/B); P. Rabbow, Paidagogia. Die Grundlegung der abendländischen Erziehungskunst in der Sokratik, Göttingen 1960; F. Renaud/T. Hagemann, Maieutik, Hist. Wb. Rhetorik V (2001), 727–736; M. Schian, Die Sokratik im Zeitalter der Aufklärung. Ein Beitrag zur Geschichte des Religionsunterrichts, Breslau 1900; F. M. Vierthaler, Geist der Sokratik. Ein Versuch, den Freunden des Sokrates und der Sokratik geweiht, Salzburg 1793, ²1798, unter dem Titel: Franz Michael Vierthalers pädagogische Hauptschriften, ed. W. von der Fuhr, Paderborn 1904; B. Waldenfels/H. Meinhardt, Maieutik, Hist. Wb. Ph. V (1980), 637–638; O. Willmann, Sokratische Methode, in: W. Rein (ed.), Encyclopädisches Hb. Pädagogik VIII, Langensalza ²1908, 644–652.   M. G.

Magie, von griech. μαγεία und lat. magia; engl. magic, franz. magie. (1) *Wertungsfreie* Bezeichnung der Ethnologie und der Religionswissenschaft (a) für die den Mitgliedern menschlicher Gesellschaften kollektiv zur Verfügung stehenden Handlungsweisen, durch die sie die ihnen lebenswichtig erscheinenden Abläufe und Ereignisse sowie die nach ihrer Überzeugung in ihrer ↑Lebenswelt waltenden Kräfte und Mächte zum Ausdruck und zur Darstellung bringen (z. B. durch auf lebensgeschichtlich einschneidende Ereignisse wie Geburt, Mannbarkeit, Tod oder auf den Ablauf der Jahreszeiten bezogene Riten), (b) für solche Handlungsweisen, durch die diese Mitglieder ihre (wirklichen oder angeblichen) Kenntnisse der lebensweltlichen Abläufe oder der Aktivitäten der in ihrer Lebenswelt wirkenden Gewalten dazu einsetzen, jene Abläufe bzw. das Wirken dieser Gewalten zielgerichtet zu beeinflussen (z. B. durch Be-

schwörungen und Opfer). (2) *Wertende* Bezeichnung für die genannten, als ›magisch‹ bezeichneten Handlungsweisen. Die Wertung kann (a) *erkenntniskritisch* motiviert sein. Danach ist das in magischen Praktiken unterstellte Kausalwissen nicht wirklich begründet und kann – zumindest teilweise – als falsch erwiesen werden (diese Kritik trifft nur magisches Handeln im Sinne von (1 b), weil nur hier die Unterstellung von kausalem Wissen relevant ist; Ausdrucks-, Darstellungs- und Vergegenwärtigungshandlungen im Sinne von (1 a) unterliegen dieser Kritik im wesentlichen nicht). Die Wertung kann (b) *weltanschaulich* (z. B. *theologisch*) motiviert sein. Eine durchgehend positive Wertung kann auf der Hochschätzung der rituell inszenierten Kongruenz menschlichen Lebens mit kosmischen und lebensgeschichtlichen Abläufen (sowie deren Nutzung in magischen Praktiken) beruhen, eine durchgehend negative Wertung auf der Ablehnung einer mit der göttlichen Einrichtung der Welt und des Lebens konkurrierenden Auffassung von der Autarkie der Natur und ihrer Kräfte (z. B. in der theologischen Bewertung von so genannten ›Naturreligionen‹ als Aberglaube und Götzendienst). Die Wertung kann (c) *ethisch* motiviert sein, und zwar in zweifachem Sinne: (i) Moralisch zulässige magische Handlungen (so genannte ›weiße‹ M.; z. B. Fruchtbarkeitszauber) werden von moralisch unzulässigen geschieden (so genannte ›schwarze‹ M.; z. B. Schadenszauber). (ii) Magische Praktiken sind verwerflich, weil die magischen Akteure ihre Kundschaft bewußt über die Unwirksamkeit ihrer Praktiken täuschen (so die vor allem in der Aufklärungszeit verbreitete Betrugshypothese).

Nicht nur in archaischen, sondern auch in modernen Gesellschaften ist magisches Denken und Handeln verbreitet, vor allem in Bereichen, in denen naturwissenschaftlich begründete Technik an ihre Grenzen stößt wie in der Medizin oder irrelevant ist wie in Fragen der persönlichen Lebensführung. In der griechischen und römischen Antike herrscht ein weiter, positiv konnotierter M.begriff vor, insofern (das Streben nach) Erkenntnis (Weisheit) in Anlehnung an ägyptische, mesopotamische, persische und indische Überlieferungen der ↑Astrologie sowie medizinisch und religiös fundierter Lebensführungs- und Lebensbewältigungstechniken (z. B. ↑Meditation) häufig als ›M.‹ und der Gnostiker bzw. Weisheitslehrer als ›Magier‹ bezeichnet und mit astrologisch-astronomischem und medizinischem Geheimwissen und den esoterischen Praktiken der Mysterienkulte in Verbindung gebracht wird. Demgegenüber herrscht im europäischen Mittelalter ein auf magisch-technisches Handeln eingeschränkter und negativ konnotierter Begriff der M. vor, insofern sie – bei generellem Glauben an ihre Wirksamkeit – theologischer Kritik unterzogen wird: Sie sei Irreführung durch den Satan, fördere Aberglauben und Dämonenverehrung und schädige durch Zauberei und Hexerei. In der ↑Renaissance wird die antike, vor allem neuplatonische (↑Neuplatonismus) Wertschätzung einer ›natürlichen M.‹ (*magia naturalis*) als Kunde von den geheimen Wirkkräften der Natur und der Übernatur und als Kunst, dieses Wissen zu nutzen, erneuert. Diese Nutzung kann zum Guten wie zum Bösen geschehen (Unterscheidung zwischen ›weißer‹ und ›schwarzer‹ M.). Diese Einschätzung herrscht auch noch in der Zeit der ↑Aufklärung vor, bis dann mit der Etablierung naturwissenschaftlicher Methoden im 18. Jh. die Kritik an magischen Überzeugungen und Praktiken eine empirisch solide Basis gewinnt, ohne die so delegitimierten magischen Auffassungen dauerhaft zu beseitigen, wie die Esoterik der Gegenwart, aber – ironischerweise – auch ein Glaube an Wissenschaft und Technik beweist, der »selbst magische Züge trägt« (H. Hemminger, 13).

Literatur: B. Ankarloo/S. Clark (eds.), Witchcraft and Magic in Europe, I–VI, London, Philadelphia Pa. 1999–2002; A. Bertholet, Das Wesen der M., Nachr. Ges. Wiss. zu Göttingen, geschäftl. Mitteilungen 1926/27, 63–85, separat Göttingen 1927, ferner in: L. Petzoldt (ed.), M. und Religion [s. u.], 109–134; K. Beth, Religion und M. bei den Naturvölkern. Ein religionsgeschichtlicher Beitrag zur Frage nach den Anfängen der Religion, Leipzig/Berlin 1914, unter dem Titel: Religion und M.. Ein religionsgeschichtlicher Beitrag zur psychologischen Grundlegung der religiösen Prinzipienlehre, ²1927; H. Biedermann, Handlexikon der magischen Künste von der Spätantike bis zum 19. Jh., Graz 1968, erw. in 2 Bdn. ³1986; H. Birkhan, M. im Mittelalter, München 2010; W. Bitter (ed.), M. und Wunder in der Heilkunde. Ein Tagungsbericht, Stuttgart 1959, München 1966; E. Cameron, Enchanted Europe. Superstition, Reason, and Religion, 1250–1750, Oxford etc. 2010, 2011; G. Cunningham, Religion and Magic. Approaches and Theories, Edinburgh, New York 1999; C. Daxelmüller, Zauberpraktiken. Eine Ideengeschichte der M., Zürich 1993, mit Untertitel: Die Ideengeschichte der M., Düsseldorf 2005; N. Drury, Stealing Fire from Heaven. The Rise of Modern Western Magic, Oxford etc. 2011; W. Dupré, Religion in Primitive Cultures, The Hague/Paris 1975, Berlin 2011; M. Eliade, Le chamanisme et les techniques archaïques de l'extase, Paris 1950, erw. ²1968, 2004 (dt. Schamanismus und archaische Ekstasetechnik, Zürich/Stuttgart 1954, Frankfurt 2009; engl. Shamanism. Archaic Techniques of Ecstasy, London, New York 1964, Princeton N. J. 2004); E. E. Evans-Pritchard, Witchcraft, Oracles, and Magic among the Azande, Oxford 1937, 2006, gekürzt 2009 (franz. Sorcellerie, oracles et magie chez les Azandé, Paris 1972, 2008; dt. [gekürzt] Hexerei, Orakel und M. bei den Azande, Frankfurt 1978, 1988); V. I. J. Flint, The Rise of Magic in Early Medieval Europe, Oxford, Princeton N. J. 1991, Oxford 2001; J. G. Frazer, The Golden Bough. A Study in Comparative Religion, I–II, London 1890, erw. mit Untertitel: A Study in Magic and Religion, I–III, ²1900, I–XII, ³1911–1915 (repr. New York 1990), in einem Bd. mit Untertitel: Abridged Edition, London/New York 1922, London etc., New York 1996, mit Untertitel: A New Abridgment from the Second and Third Editions, Oxford/New York 1994, 2009 (dt. [gekürzt] Der goldene Zweig. Das Geheimnis von Glauben und Sitten der Völker, Leipzig 1928, mit Untertitel: Eine Studie über M. und Religion, Köln 1968, unter ursprüng-

lichem Titel, Reinbek b. Hamburg ⁵2004); G. Frederici Vescovini, Medioevo magico. La magia tra religion e scienza nei secoli XIII e XIV, Turin 2008 (franz. Le moyen âge magique. La magie entre religion et science du XIIIᵉ au XIVᵉ siècle, Paris 2011); M. Frenschkowski, M., RAC XXIII (2008), 857–957; S. Freud, Totem und Tabu. Einige Übereinstimmungen im Seelenleben der Wilden und der Neurotiker, Leipzig/Wien 1913, Frankfurt 2007; K. Goldammer, M., Hist. Wb. Ph. V (1980), 631–636; K.-H. Göttert, M.. Zur Geschichte des Streits um die magischen Künste unter Philosophen, Theologen, Medizinern, Juristen und Naturwissenschaftlern von der Antike bis zur Aufklärung, München 2001, Zürich 2002; F. Graf, Gottesnähe und Schadenzauber. Die M. in der griechisch-römischen Antike, München 1996; K. E. Grözinger/J. Dan (eds.), Mysticism, Magic and Kabbalah in Ashkenazi Judaism. International Symposium, Held in Frankfurt a. M. 1991, Berlin/New York 1995 (Stud. Judaica XIII); F.-W. Haack, Scientology – M. des 20. Jahrhunderts, München 1982, erw. ³1995; D. Harmening, Superstitio. Überlieferungs- und theoriegeschichtliche Untersuchungen zur kirchlich-theologischen Aberglaubensliteratur des Mittelalters, Berlin 1979; ders. (ed.), Hexen heute. Magische Traditionen und neue Zutaten, Würzburg 1991; H. Hemminger, Der Markt des Übersinnlichen. Hoffnung auf Lebenshilfe im New Age, Stuttgart 1990; M. Hirschle, Sprachphilosophie und Namenmagie im Neuplatonismus. Mit einem Exkurs zu »Demokrit« B 142, Meisenheim am Glan 1979; H. Hubert/M. Mauss, Esquisse d'une théorie générale de la magie, L'année sociologique 7 (1902/1903), 1–146, separat Paris 1903, ferner in: M. Mauss, Sociologie et anthropologie, Paris 1950, ¹²2010, 1–141 (engl. A General Theory of Magic, London/Boston Mass. 1972, London/New York 2008; dt. Entwurf einer allgemeinen Theorie der M., in: M. Mauss, Soziologie und Anthropologie I, Frankfurt, München 1974, 1999, Wiesbaden 2010, 43–179); dies., Mélanges d'histoire des religions Paris 1909, ²1929; A. Jeffers, Magic and Divination in Ancient Palestine and Syria, Leiden/New York/Köln 1996; A. E. Jensen, Gibt es Zauberhandlungen?, Z. f. Ethnologie 75 (1950), 3–12, ferner in: L. Petzoldt (ed.), M. und Religion [s. u.], 279–295; H. C. Kee, Medicine, Miracle, and Magic in New Testament Times, Cambridge etc. 1986, 2005; H. G. Kippenberg/B. Luchesi (eds.), M.. Die sozialwissenschaftliche Kontroverse über das Verstehen fremden Denkens, Frankfurt 1978, ²1995; A. Lang, Magic and Religion, London/New York/Bombay 1901 (repr. New York 1969, 1971), New York 2005; C. Levi-Strauss, La pensée sauvage, Paris 1962, 2010 (dt. Das wilde Denken, Frankfurt 1968, 2010); L. Lévy-Bruhl, Les fonctions mentales dans les societes inférieures, Paris 1910, ⁹1951 (dt. Das Denken der Naturvölker, Wien/Leipzig 1921, ²1926); G. Luck, M. und andere Geheimlehren in der Antike. Mit 112 neu übersetzten und einzeln kommentierten Quellentexten, Stuttgart 1990; B. Malinowski, Magic, Science, and Religion and other Essays, Boston Mass./Glenncoe Ill., Garden City N. Y. 1948, Prospect Heights Ill. 1992 (dt. M., Wissenschaft und Religion und andere Schriften, Frankfurt 1973, 1983); A. Moreau/J.-C. Turpin (eds.), La magie. Actes du colloque international de Montpellier 25–27 mars 1999, I–IV (IV = Bibliographie), Paris 2000; J. von Negelein, Weltgeschichte des Aberglaubens, I–II, Berlin 1931/1935; L. Petzoldt (ed.), M. und Religion. Beiträge zu einer Theorie der M., Darmstadt 1978; W.-E. Peuckert, Pansophie. Ein Versuch zur Geschichte der weißen und schwarzen M., Stuttgart 1936, erw. in 3 Bdn., Berlin ²1956–1973, I, ³1976; C. H. Ratschow, M. und Religion, Gütersloh 1947 (repr. 1955); ders. u. a., M., TRE XXI (1991), 686–703; E. Runggaldier, Philosophie der Esoterik, Stuttgart/Berlin/Köln

1996; H.-J. Ruppert, Umgang mit dem Okkulten, I–IV, Stuttgart 1989–1990; P. Schäfer/H. G. Kippenberg (eds.), Envisioning Magic. A Princeton Seminar & Symposium, Leiden/New York/Köln 1997; R. Schmitz, Schwärmer, Schwindler, Scharlatane. M. und geheime Wissenschaften, Wien/Köln/Weimar 2011; K. Seligmann, The Mirror of Magic. A History of Magic in the Western World, New York 1948, unter dem Titel: The History of Magic, New York 1948, unter dem Titel: Magic, Supernaturalism and Religion, London 1971, unter dem Titel: The History of Magic and the Occult, New York 1997 (dt. Das Weltreich der M.. 5000 Jahre geheime Kunst, Wiesbaden 1948, Eltville am Rhein 1988); M. Smith, Jesus the Magician, London, New York/San Francisco Calif. 1978, mit Untertitel: Charlatan or Son of God?, Berkeley Calif. 1998 (dt. Jesus der Magier, München 1981); E. Spranger, M. der Seele, Tübingen 1947, erw. ²1949; L. Staudenmaier, Die M. als experimentelle Naturwissenschaft, Leipzig 1912, erw. ²1922 (repr. Darmstadt 1968), Wiesbaden, Langen ⁴1982; S. J. Tambiah, Magic, Science, Religion, and the Scope of Rationality, Cambridge etc. 1990, 2007; M.-L. Thomsen, Zauberdiagnose und Schwarze M. in Mesopotamien, Kopenhagen 1987; L. Thorndike, A History of Magic and Experimental Science, I–VIII, New York 1923–1958, 1979; D. P. Walker, Spiritual and Demonic Magic from Ficino to Campanella, London 1958 (repr. Nendeln 1969, 1976), unter dem Titel: Spiritual & Demonic Magic in History. From Ficino to Campanella, Stroud, University Park Pa. 2000; F. A. M. Wiggermann u. a., M., RGG V (2002), 661–679; P. Zambelli, White Magic, Black Magic in the European Renaissance. From Ficino, Pico, Della Porta to Trithemius, Agrippa, Bruno, Leiden/Boston Mass. 2007; dies., Astrology and Magic from the Medieval Latin and Islamic World to Renaissance Europe. Theories and Approaches, Farnham 2012. – Stud. Leibn. Sonderheft 7 (1978) (Magia naturalis und die Entstehung der modernen Naturwissenschaften. Symposion der Leibniz-Gesellschaft Hannover, 14. und 15. November 1975). R. Wi.

Mahāyāna (sanskr., das große Fahrzeug), die jüngere seit dem 1. vorchristlichen Jh. aus Ansätzen in den Schulen des älteren ↑Hīnayāna-Buddhismus (↑Philosophie, buddhistische) ausgebildete Form des Buddhismus, dessen philosophische Positionen im wesentlichen innerhalb zweier Schulen, der ↑Mādhyamika und der ↑Yogācāra, entfaltet werden; daneben spielt philosophisch noch die kleine M.-Schule von Sāramati eine wichtige Rolle, vor allem wegen ihres erheblichen Einflusses auf die Yogācāra. Die kanonischen, weil zur Lehre (↑dharma) Buddhas gezählten, Texte des M. sind fast ausschließlich in Sanskrit geschrieben (wenngleich oft nur in tibetischer oder chinesischer Übersetzung erhalten) und entstanden als ›Sūtras‹ (in der Regel umfangreiche Leitfäden im Unterschied zu den oft kurzen Lehrreden – Pāli: Sutta – der verschiedenen Hīnayāna-Kanons) bis ins 6. nachchristliche Jh. hinein. Sie werden in eigenen Lehrbüchern (↑śāstra) der verschiedenen Meister (ācārya) kommentierend abgehandelt und können grob in die beiden Gruppen der erbaulichen und der philosophischen Sūtras eingeteilt werden.
Zu den bedeutendsten unter den ca. 600 überlieferten Sūtras, in vielen Fällen in Sūtra-Sammlungen zusam-

mengefaßt, mit unterschiedlichem Gewicht bei den verschiedenen philosophischen Richtungen des M. gehören: das Prajñāpāramitā(= Vollkommenheit der Weisheit)-Sūtra – Bestandteil dieser Sammlung ist das noch heute richtungübergreifend besonderes Ansehen genießende ›Herz-Sūtra‹ (P.hr̥daya-sūtra), in dem die Lehre von der Leerheit (↑śūnyatā) im Mittelpunkt steht, und das denselben Bereich ausführlicher behandelnde ›[das wie ein] Diamant [= Lehre Buddhas] [das Nichtwissen] spaltende-Sūtra‹ (P.vajracchedikā-sūtra) –, das Saddharmapuṇḍarīka(= Lotosblüte der wahren Lehre)-Sūtra, das Laṅkāvatāra(= Herabstieg [des Buddha] nach Laṅka[= Ceylon])-Sūtra, das Saṃdhinirmocana(= Verbindung [= Absicht Buddhas] lösen [= offenbar machen])-Sūtra, weiter das insbes. für die nach ihm sogar benannte Hua-yen(jap. Kegon, = Blumenkranz)-Schule grundlegende Avataṃsaka(= Blumenkranz)-Sūtra – zu ihm gehören das auch literarisch als herausragend geltende Gaṇḍavyūha(= Beschreibung der einen Wange [= der einen Seite der Wirklichkeit])-Sūtra und das Daśabhūmika(= Zehn Stufen [der Versenkung behandelnde])-Sūtra –, das Ratnakūṭa(= [aus einem] Juwelenhaufen [bestehende])-Sūtra, dessen Teil ›Kāśyapa-Abschnitt‹ (Kāśyapaparivarta) die für die Mādhyamika zentrale Lehre vom ›mittleren Weg‹ zum ersten Mal darlegt, und dessen Teil ›Beschreibung des glückseligen Lebens‹ (sukhāvatīvyūha) im japanischen Amidismus – ›Amida‹ ist der japanische Name des transzendenten Buddhas Amitābha (↑dharmakāya) – vor allem im 1175 gegründeten Jōdo-shū (↑Philosophie, japanische), der Schule des ›reinen Landes‹, nämlich des Buddha-Landes Sukhāvatī, einem Vorbereitungsort für das ↑nirvāṇa, eine zentrale Rolle spielt, sowie das inhaltlich den Prajñāpāramitā-Sūtras nahestehende Vimalakīrtinirdeśa(= Darlegung des V.)-Sūtra – ein Sanskritmanuskript wurde erst 1999 im Potala-Palast in Lhasa/Tibet entdeckt –, das im ↑Zen-Buddhismus besonders geschätzt wird.
Unter den philosophischen Sūtras ist die Prajñāpāramitā eine umfangreiche Sammlung von etwa 40 Texten verschiedenen Alters und verschiedener Länge, von denen 12 im originalen Sanskrit erhalten sind: der wahrscheinlich älteste, aus dem die späteren durch Erweiterungen und Verdichtungen hervorgegangen sind, ist die im 1. Jh. v. Chr. entstandene Aṣṭasāhasrikā (= [die aus] 8000 [Verszeilen bestehende Version]) in Form eines Gesprächs Buddhas mit einigen Jüngern über die Lehre von der Leere (↑śūnyatā), der kürzeste die ›Prajñāpāramitā in einem Buchstaben‹, nämlich अ (= a; als Negationspartikel im Pāli und Sanskrit Symbol für die Leerheit als das einzig Wirkliche). Sie stellt die wichtigste Grundlage der von Nāgārjuna (ca. 120–200 n. Chr.) begründeten philosophischen Schule der ↑Mādhyamika dar – von ihm im Anschluß an Buddhas Selbstcharakterisierung seiner Lehre als des ›mittleren Wegs‹ (zwi-

schen den Gegensätzen Askese und Erfüllung aller Begehrungen) ausdrücklich als ›Madhyamakadarśana‹ (= mittlere Lehre) bezeichnet. In ihr tritt an die Stelle des philosophischen Pluralismus des Hīnayāna (alles Wirkliche besteht aus nach dem Gesetz der Tatvergeltung [↑karma] ständig wechselnden Kombinationen ihrerseits vergänglicher ›Daseinsfaktoren‹ [↑dharma]) ein philosophischer Monismus, nämlich die Leerheit aller Daseinsfaktoren als das einzig wahrhaft Wirkliche: Weder gibt es die Daseinsfaktoren, noch gibt es sie nicht; sie sind ein mittleres, d. h., *alles ist leer.*

Zu den besonderen Grundlagen der zweiten, von Asaṅga (ca. 315–390 n. Chr.) begründeten philosophischen Schule der ↑Yogācāra gehört das philosophische Sūtra Laṅkāvatāra. Es vertritt in 10 Kapiteln im mythologischen Rahmen einer Antwort Buddhas auf Fragen des Dämonenkönigs Rāvaṇa – einer Gestalt aus dem Epos Rāmāyaṇa (↑Brahmanismus) – die Nur-Bewußtseins-Lehre vor allem gegen die orthodoxen hinduistischen Systeme des ↑Sāṃkhya, ↑Vaiśeṣika und ↑Vedānta. Auch hier handelt es sich um einen philosophischen Monismus, jedoch nicht unter Verweis auf die Leerheit als das einzig Wirkliche, sondern als Lehre vom Geist (↑citta) oder Bewußtsein (↑vijñāna, hier synonym zu vijñapti, Erkenntnis). Geist oder Bewußtsein werden als reine Tätigkeit verstanden, als das allein Wirkliche, in dem sich der Entfaltungsprozeß abspielt, der die vertraute, aber gleichwohl nur Traumbildern (↑māyā) gleichende Welt liefert. Dieser Entfaltungsprozeß führt insbes. zu der einen Dualismus (dvayam, Zweiheit) nur vortäuschenden Unterscheidung in Subjekt (grāhaka, der Ergreifende) und Objekt (grāhya, das Ergriffene) bzw. (Gegenstände anzeigende) Zeichen (↑nimitta) und (Gegenstände gliedernde) Züge (↑lakṣaṇa): Es gibt die Daseinsfaktoren, und es gibt sie nicht, d. h., alles ist Bewußtsein.

Die logischen Konstruktionen der Mādhyamika werden bei den Yogācāra weitgehend assimiliert, aber psychologisch umgebildet, um auch noch das im Mādhyamika als Urheber aller Verneinungen und damit als Instanz für die Unterscheidung von ›wahr‹ und ›falsch‹ übriggebliebene erkennende Subjekt in den täuschenden Entfaltungsprozeß einbeziehen zu können; nur so nämlich könne die in der Lehre von der Leerheit angelegte Untrennbarkeit ontologischer und epistemologischer Fragestellungen durchgesetzt werden. Dabei gibt es einen Unterschied zwischen der Lehre vom Nur-Geist (citta-mātra) im Laṅkāvatāra-Sūtra, der auch Aśvaghoṣa (um 100 n. Chr.) in seinem Mahāyānaśraddhotpāda (= Unterredung über die Erweckung des Glaubens im Mahāyāna) und Sāramati in seinem Ratnagotravibhāga [= Erläuterung des Keimes der Juwelen] nahestehen, und der Lehre vom Nur-Bewußtsein (vijñaptimātra) im Yogācāra: Im ersten Falle sind alle Unterscheidungen einen

Dualismus vortäuschende Objektivationen des Geistes – als Bild werden unter anderem Wellen auf dem Wasser verwendet –, im zweiten Falle sind alle Unterscheidungen bloße Leistungen des Bewußtseins, irreal wie im Traum. Das Erwachen aus diesem Traum oder die Erlösung (↑mokṣa) geschieht ebenso wie das Begreifen der Leerheit im Mādhyamika durch Umkehr, eine in rechter Meditation (↑dhyāna) und in rechter Argumentation (↑Nyāya) vollzogene, mit dem Erwerb von Weisheit (↑prajñā) gleichwertige Wiederherstellung der reinen Möglichkeit (↑nirvāṇa, wörtlich: Verlöschen). Diese wird als von der Welt, dem Kreislauf des Entstehens und Vergehens (↑saṃsāra), wesentlich ununterschieden erkannt, im Unterschied zum Hīnayāna, wo mit dem Verlöschen die Überwindung dieses Kreislaufs gelingt.

Wurden im Hīnayāna zwei Wahrheiten so unterschieden, daß im gewöhnlichen Sprechen Menschen und Dinge als wirkliche Einheiten (= Substanzen) vorkommen und erst im eigentlichen Sprechen deren Zusammengesetztsein aus selbst dem Entstehen und Vergehen unterworfenen Daseinsfaktoren ausgedrückt wird, Namen also nur Namen sind, so gelten im M. diese beiden Wahrheiten als konventionell, weil auch die Daseinsfaktoren selbst noch als wesenlos (asvabhāva) und deshalb leer (śūnya) begriffen werden müssen: Erst wer diese höchste Wahrheit (paramārtha satya), die von Buddha aus Mitleid mit den Unverständigen nicht gleich preisgegeben wurde und daher in den Hīnayāna-Suttas noch nicht niedergelegt ist, im Unterschied zur konventionellen Wahrheit (saṃvṛti satya) ergriffen hat – d. h. erfährt oder vollzieht und nicht etwa nur weiß oder glaubt –, ist ›einer, der das Wissen von der Leerheit hat‹ (śūnyajña). Danach ist die Wirklichkeit (dharmatā) der Daseinsfaktoren Leerheit, d. h., über das Wirkliche (↑tattva) gibt es keinerlei wahre Aussage, es ist prädikativ nicht bestimmbar. Wer dieses Wissen erlangt hat, ist ein Bodhisattva (= [um] Erleuchtung [bemühtes] Wesen) oder Buddha-Anwärter.

Der Weg eines Bodhisattva durchläuft 10 Stufen (bhūmi) mit der für jede Stufe charakteristischen Vollkommenheit (pāramitā): Freigebigkeit (dāna), Selbstzucht (śīla), Geduld (kṣānti), Willensstärke (vīrya) und Meditation (dhyāna). Die Vollkommenheit der 6. Stufe ist Weisheit (prajñā); ihr folgen die vier Stufen mit den Vollkommenheiten Methode (upāya) (jedem Wesen auf die ihm gemäße Weise zu helfen), Vorsatz (praṇidhana) (noch Unerlösten karmischen Verdienst abzugeben), Kraft (bala) (seinen Vorsatz auszuführen) und Wissen (jñāna). Ein Bodhisattva hat auf das nach der 6. Stufe bereits mögliche völlige Verlöschen (parinirvāṇa, nachtodliches Verlöschen), das einen Heiligen (arhant) im Hīnayāna auszeichnet, verzichtet, bis *alle* anderen Wesen, denen er aus Mitleid (karuṇā) und im Wissen um die Identität aller Wesen auf dem Weg zur Erlösung durch Hergabe karmischen Verdienstes hilft, erlöst sind. Demgegenüber heißt ein Heiliger im Hīnayāna ein ›Buddha‹, sofern er die Heiligkeit nicht durch Belehrung, sondern allein durch eigene Einsicht gewonnen hat – eine im M. meist nicht mehr vollzogene Unterscheidung, weil ein Erlöster nach der Auffassung des M. ohnehin nicht mehr zwischen Buddha, Lehre (dharma) und Orden (saṃgha) unterscheidet. Da neben den Buddhas als erleuchteten Menschen in einigen Schulen des Hīnayāna auch nicht-menschliche Wesen als Erleuchtete anerkannt wurden, ist vom M. eine Lehre von den drei Leibern (kāya) der Buddhas als geistige Klammer aller Lehrstücke entwickelt worden: Im ›wesentlichen‹ Leib (↑dharmakāya, Leib des Gesetzes) stimmen alle Buddhas überein; der Leib des Gesetzes steht allegorisch für die höchste Wahrheit oder Soheit (tathatā), d. i. die als gleichwertig mit den untereinander identischen Bestimmungen nirvāṇa und saṃsāra erkannte Leerheit (śūnyatā). Diese Wahrheit wird den Bodhisattvas gelehrt von göttlichen, nur geistig erfahrbaren Personen, den so genannten ›transzendenten Buddhas‹, die als ›Leib der Seligkeit‹ (sambhogakāya) bezeichnet werden und die ihrerseits aus Mitleid in einem ›Leib der Wandlung‹ (nirmāṇakāya) kraft Meditation eine sinnlich erfahrbare Gestalt annehmen können.

Die auf der Grundlage der kanonischen Sūtras von den Philosophen des M. verfaßten Lehrbücher (śāstra) und Kommentare zu diesen und zu den Sūtras haben zur Systematisierung der verschiedenen Schulen des M. geführt, vor allem des Mādhyamika und des Yogācāra, und gehören im wesentlichen in die Zeit zwischen dem 2. und dem 10. Jh. n. Chr.. Nach dem Niedergang des Buddhismus auf dem indischen Subkontinent – eine Folge sowohl der im 9. Jh. einsetzenden hinduistischen Gegenreformation als auch der verbreiteten gewaltsamen Durchsetzung des Islam zwischen dem 8. und dem 13. Jh. – leben das M. und die aus ihm hervorgegangenen Schulen des ↑Tantrayāna im tibetischen und chinesischen Sprachraum weiter und beeinflussen von dort die religiösen und philosophischen Entwicklungen Ostasiens bis heute (↑Philosophie, buddhistische, ↑Philosophie, chinesische, ↑Philosophie, japanische).

Literatur: ↑Philosophie, buddhistische.   K. L.

Maier, Heinrich, *Heidenheim a. d. Brenz 5. Febr. 1867, †Berlin 28. Nov. 1933, dt. Philosoph. Nach Studium 1885–1890 in Tübingen (bei seinem späteren Schwiegervater C. Sigwart) 1892 Promotion, 1896 Habilitation, 1900 Professur in Zürich, 1902 in Tübingen, 1911 in Göttingen, 1918 in Heidelberg, 1922 in Berlin. M.s bekannteste Arbeit ist seine Darstellung der Aristotelischen Syllogistik (↑Aristotelische Logik). Von systematischem Interesse ist die »Psychologie des emotionalen Denkens« (1908). Hier vertritt M. die Auffassung, daß die Logik zu

einseitig das Urteil als *die* ›Grundfunktion des logischen Denkens‹ betrachte. Neben das urteilende (kognitive) Denken stellt er das emotionale, das sich auf ›Zwecke, Normen, Werte und Güter‹ beziehe. Die Verschiedenheit des kognitiven und des emotionalen Denkens wird dabei durch einen Vergleich der entsprechenden verschiedenen Satzarten herausgearbeitet, nämlich der Aussagesätze mit den Begehrungssätzen (Wunsch-, Willens- und Gebotssätzen). Diese Untersuchungen dürfen dem Vorfeld der deontischen Logik (↑Logik, deontische) zugerechnet werden.

In seinem Hauptwerk »Philosophie der Wirklichkeit« (1926–1935) sucht M. die Voraussetzungen für eine ›wissenschaftliche ↑Weltanschauung‹ (I, 567) zu schaffen, worunter er eine ›Synthese der positiven Wissenschaft mit der ↑Metaphysik‹ versteht (I, 568). Sein eigenes Werk ist einer Metaphysik gewidmet, die die Ergebnisse der auf Wirklichkeitserfassung ausgehenden Einzelwissenschaften berücksichtigt und deren Abschluß bildet. Methodisch wird diese Metaphysik als Kategorienlehre betrieben, wobei die Auffassung der ↑Kategorien als bloßer Denkformen abgelehnt wird. Kategorien sind nach M. die Formen der Gegenstände selbst, eben ›Wirklichkeitsformen‹. In diesem Sinne habe die Metaphysik die ›Formstruktur des Universums‹ (I, 564) herauszuarbeiten. – M. gab nach dem Tode von Sigwart dessen »Logik« heraus und versah die 5. Auflage (1924) mit Anmerkungen.

Werke: Die Syllogistik des Aristoteles, I–II (in 3 Bdn.), Tübingen 1896–1900, Leipzig ²1936 (mit Anhang: Die Echtheit der aristotelischen Hermeneutik) (repr. Hildesheim/New York 1969/ 1970); Logik und Erkenntnistheorie, in: B. Erdmann u. a., Philosophische Abhandlungen. Christoph Sigwart zu seinem siebzigsten Geburtstage 28. März 1900, Tübingen/Freiburg/Leipzig 1900, 217–248; Psychologie des emotionalen Denkens, Tübingen 1908, Aalen 1967; An der Grenze der Philosophie. Melanchthon – Lavater – David Friedrich Strauss, Tübingen 1909; (ed.) Briefe von David Friedrich Strauss an L. Georgii, Tübingen 1912; Sokrates. Sein Werk und seine geschichtliche Stellung, Tübingen 1913, Aalen 1964, 1985; Das geschichtliche Erkennen. Rede zur Feier des Geburtstages Seiner Majestät des Kaisers und Königs am 27. Januar 1914, Göttingen 1914; Immanuel Kant. Festrede zur Feier seines 200. Geburtstages, Berlin 1924; Philosophie der Wirklichkeit, I–III (in 4 Bdn.), Tübingen 1926–1935 (II/1 – III aus dem Nachlaß ed. von [seiner Tochter] A. Maier); Die mechanische Naturbetrachtung und die »vitalistische« Kausalität, Berlin 1928; Die Anfänge der Philosophie des deutschen Idealismus, Berlin 1930; Sittlicher Sozialismus oder Individualismus. Rede bei der Feier der Erinnerung an den Stifter der Berliner Universität König Friedrich Wilhelm III. in der Neuen Aula am 22. Juni 1932, Berlin 1932; Grundrichtungen kosmologischmetaphysischer Weltbetrachtung, Berlin 1935.

Literatur: W. Hanemann, Die Wirklichkeitsphilosophie H. M.s als kritisch-produktive Fortbildung von Kants Transzendentalphilosophie, Diss. Mainz 1970; H. Hartmann, H. M. zum Gedächtnis. Kant-St. 39 (1934), 237–244; N. Hartmann, H. M.s Beitrag zum Problem der Kategorien, Berlin 1938, Neudr. in:

ders., Kleinere Schriften II, Berlin 1957, 346–364; O. v. Schwei-
nichen, Über den Beitrag von H. M.s Philosophie der psychisch-
geistigen Wirklichkeit zur Sozial- und Rechtsphilosophie der
Gegenwart, Arch. Rechts- u. Sozialphilos. 31 (1937/1938),
210–223; E. Spranger, Gedächtnisrede auf H. M., Berlin 1934;
E. H. Vetter, H. M.s Wirklichkeitsbegriff, Diss. Münster 1948;
W. Ziegenfuß/G. Jung, M., in: dies., Philosophen-Lexikon.
Handwörterbuch nach Personen II, Berlin 1950, 98–107.   G. G.

Maimon, Salomon (eigentlich Shlomo ben-Josua), *Su-
kowiburg (damals Polnisch-Litauen, heute: Weißruss-
land) um 1753, †Nieder-Siegersdorf (Schlesien)
22. Nov. 1800, jüdischer Aufklärungsphilosoph, der
vor allem mit seiner Kantkritik auf die Entwicklung
des ↑Kantianismus und des Deutschen Idealismus
(↑Idealismus, deutscher), insbes. J. G. Fichte, gewirkt
hat. Mit 11 Jahren arrangierte Ehe und mit 14 Jahren
Vater, wurde M., dessen »Lebensgeschichte« (1792/
1793) große persönliche Anteilnahme und literarisches
Aufsehen erregte, in jüdischer Gelehrsamkeit (Tora, Talmud, ↑Kabbala) zunächst durch seinen Vater (Rabbiner)
ausgebildet; danach Besuch einer Talmudschule und
Selbststudium. Aus Verehrung für Moses Maimonides,
dem er seine ›geistliche Wiedergeburt‹ verdanke, nahm
er den Namen ›M.‹ an. Ein Häresievorwurf in Verbindung mit seiner Suche nach Aufklärung veranlaßte ihn
zur Flucht nach Deutschland. In Berlin angekommen
(1786) und als mittelloser Jude in einem Armenhaus der
jüdischen Gemeinde am Rosenthaler Tor interniert,
dann wegen Häresieverdachts aufgrund eines von ihm
verfaßten Kommentars zu Maimonides an der Nieder-
lassung in Berlin gehindert, zog M. zunächst für ein
halbes Jahr mit einem ›Betteljuden ex professo‹ herum.
Im jüdischen Armenhaus zu Posen angelangt, fand er für
zwei Jahre eine geachtete Stellung als Hauslehrer. 1780
Rückkehr nach Berlin, wo er in Armut und ohne feste
Anstellung überwiegend lebte, und, zeitweise von M.
Mendelssohn, zu dem er eine ambivalente Einstellung
hatte, und M. Herz gefördert, die Wolffsche Philosophie
kennenlernte und Anschluß an die jüdische Aufklärung
(Haskala) fand. Sein unstetes, mit vielfältigen Konflikten
verbundenes Leben in Berlin in Verbindung mit seinem
radikalen ↑Spinozismus veranlaßten 1883 Mendelssohn,
ihn zur Abreise zu drängen. M. erhielt ein zweijähriges
Gymnasialstipendium in Altona, das (ohne Erfolg) seine
Bekehrung zum Christentum bewirken sollte. Seine Al-
tonaer Gymnasialzeit ist die einzige Periode formaler,
säkularer Ausbildung des Autodidakten M.. Weitere
Stationen sind Berlin, Dessau, Breslau und wieder Berlin
(1787), wo M. I. Kants »Kritik der reinen Vernunft«
kennenlernte. 1795 nahm er ein Angebot des schlesischen Grafen H. W. A. v. Kalkreuth an und siedelte auf
dessen Schloss in Nieder-Siegersdorf um. M.s Denken ist
vor allem von der jüdischen Tradition (insbes. Maimonides) beeinflußt, dann von Kant, der ihn als Kritiker

und Fortbilder seiner Philosophie schätzte; daneben
Einflüsse von B. Spinoza, C. Wolff, G. W. Leibniz, J.
Locke und D. Hume. In der Forschung ist umstritten,
ob M.s. ›Coalitionssystem‹ aus ↑Rationalismus, ↑Skep-
tizismus und ↑Transzendentalphilosophie als ein eigen-
ständiges philosophisches System betrachtet werden
kann.
M.s zentraler Kritikpunkt bei Kant ist dessen Lehre vom
↑Ding an sich und ihre Interpretation bei Kantianern.
Das Ding an sich als ›Grund der ↑Erscheinungen‹ ist
nach M. ein ›Unding‹, da der in dieser quasirealistischen
Konzeption einer vom erkennenden Subjekt unbeein-
flußten Ursache gegenständlicher Erkenntnis implizierte
Kausalbegriff im Widerspruch zur transzendentalen
Kausalitätskonzeption steht (↑Kausalität). Danach beruht Kausalerkenntnis auf einer Leistung des Subjekts;
ihre Anwendung auf das Ding an sich würde dieses zu
einem Gegenstand möglicher ↑Erfahrung machen. M.s
später aufgegebene Konzeption des Dings an sich als
eines ↑Grenzbegriffs der Erfahrung (›Differential‹) hatte
großen Einfluß auf die neukantianische Konzeption H.
Cohens. Dabei steht ›Ding an sich‹ für nicht aufgeklärte
und nie vollständig aufklärbare Aspekte gegenständlicher Erfahrung und ist der Approximation irrationaler
Zahlen (z. B. $\sqrt{2}$) durch rationale Zahlenfolgen vergleichbar. Dabei betont M. die kritische Fundierung
der Erkenntnis im Subjekt und sieht zwischen ↑Sinn-
lichkeit und ↑Verstand nur graduelle Unterschiede, insofern auch der Verstand aus der Sinnlichkeit entstehe.
Das Ding an sich als Grund der Objektivität von Erkenntnis wird von M. durch einen überindividuellen
›unendlichen Verstand‹ ersetzt, der sich vom endlichen
Verstand dadurch unterscheidet, daß er alle Begriffe und
ihre Relationen erzeugt und deswegen ›mit Notwendigkeit‹ (↑analytisch) erkennt. Dies ist dem endlichen Verstand in Anwendung des gleichen Verfahrens nur ange-
nähert und durch Erfahrung (↑synthetisch) zugänglich.
Deshalb kommt den entsprechenden Urteilen nur relative Gewißheit zu. Ein ›Gesetz der Bestimmbarkeit‹ reguliert dieses Verfahren des unendlichen Verstandes. Ein
weiterer Kritikpunkt an Kants Philosophie betrifft deren
unterstellten erkenntnistheoretischen Dualismus von
Verstand und Sinnlichkeit, der deren Einheit in der
transzendentalen Deduktion (↑Deduktion, transzendentale) unverständlich mache. Demgegenüber schließt sich
M. der Leibniz-Wolffschen Konzeption (↑Leibniz-
Wolffsche Philosophie) einer einheitlichen Erkenntnisquelle an, von der Verstand und Sinnlichkeit nur unterschiedliche Vollständigkeitsgrade des endlichen menschlichen Erkenntnisvermögens ausdrückten. In der Erkenntnis Gottes jedoch sind alle Gegenstände bewusste
Schöpfungen seines unendlichen Verstandes. In dieser
radikal-rationalistischen Perspektive gibt es nach dem
Prinzip des zureichenden Grundes (↑Grund, Satz vom)

nichts Unerklärbares. Anders beim Menschen: was der menschlichen Erkenntnis als Sinnlichkeit erscheint, sind für M. unbewußte Produktionen des menschlichen Verstandes, die erst durch ihre raum-zeitliche Repräsentation bewußt werden und deren raum-zeitliche Verfassung ein Indikator für unvollkommene begriffliche Erfassung ist. Raum-zeitliche Unterschiede sind zugleich Indikatoren für begriffliche Unterschiede. Diese Begrenztheit der menschlichen Erkenntnis läßt für M. Raum für einen an Hume orientierten Skeptizismus.

Die formale Natur von Raum und Zeit als Repräsentationsformen begrifflicher Differenz machen die Sätze der Mathematik zu notwendigen Wahrheiten. M. bestreitet den Kantischen Primat des Praktischen vor der Theoretischen Vernunft und vertritt eine Position des ethischen Realismus (↑Realismus, moralischer), wonach das moralisch Gute wegen seiner Wahrheit moralisch gut ist. Von M.s hebräischen Schriften wurde nur der Kommentar zum ersten Teil des »Moreh Nebukim« des Maimonides gedruckt, der 1786 zum Aufenthaltsverbot in Berlin beigetragen hatte (Berlin 1791, ed. S. H. Bergmann/N. Rotenstreich, Jerusalem 1965). Im Unterschied zu Mendelssohn entwickelte M. keine Philosophie des Judentums, obwohl er die jüdische Tradition überblickte und von ihr beeinflußt war wie kaum ein anderer. Er galt vielmehr weithin als Häretiker.

Werke: Gesammelte Werke, I–VII, ed. V. Verra, Hildesheim 1965–1976, Hildesheim/Zürich/New York 2003 (repr. von Einzelschriften). – Versuch über die Transcendentalphilosophie. Mit einem Anhang über die symbolische Erkenntniß und Anmerkungen, Berlin 1790 (repr. Darmstadt 1963, ferner in: Ges. Werke [s. o.] II, VII–442, separat Brüssel 1969, Darmstadt 1972), unter dem Titel: Versuch über die Transcendentalphilosophie, ed. F. Ehrensberger, Hamburg 2004 (franz. Essai sur la philosophie transcendantale, Paris 1989; engl. Essay on Transcendental Philosophy, London/New York 2010); More Nebuchim. Sive liber doctor perplexorum auctore R. Mose Majemonide arabico idiomate conscriptus, a R. Samuele Abben Thibbone in linguam hebraeam translatus, novis commentaris uno R. Mosis Narbonnensis, ex antiquissimis manuscriptis depromto; altero anonymi cujusdam, sub nomine Gibeath Hamore adauctus [hebr.], ed. I. Euchel, Berlin 1791, Neuausg. unter dem Titel: Giv'at Hamore. New Edition with Notes and Indexes, ed. S. H. Bergmann/N. Rotenstreich, Jerusalem 1965 (franz. »Giv'at ha-moré« ou Le commentaire hébraïque du »Guide des égarés« de Maïmonide, in: Commentaires des Maïmonide [s. u.], 143–332); Philosophisches Wörterbuch. Oder Beleuchtung der wichtigsten Gegenstände der Philosophie in alphabetischer Ordnung I, Berlin 1791 [mehr nicht erschienen] (repr. Brüssel 1970, ferner in: Ges. Werke [s. o.] III, 1–246); Ankündigung und Aufforderung zu einer allgemeinen Revision der Wissenschaften. Einer Königl. Akademie der Wissenschaften zu Berlin vorgelegt, Berlin 1792 (repr. in: Ges. Werke [s. o.] III, 340–350); S. M.s Lebensgeschichte. Von ihm selbst geschrieben, I–II, ed. K. P. Moritz, Berlin 1792/1793 (repr. in: Ges. Werke [s. o.] I, 1–588), ed. J. Fromer, München 1911, ed. Z. Batscha, Frankfurt 1984, 1995 (engl. An Autobiography, transl. J. C. Murray, London/Boston Mass., Montreal 1888, Urbana Ill./Chicago Ill. 2001 [mit Einl. v.

M. Shapiro, ix–xxx]; franz. Histoire de ma vie, ed. M.-R. Hayoun, Paris 1984); Streifereien im Gebiete der Philosophie I, Berlin 1793 [mehr nicht erschienen] (repr. Brüssel 1970, ferner in: Ges. Werke [s. o.] IV, 1–294); Über die Progressen der Philosophie. Veranlaßt durch die Preisfrage der Königlichen Akademie zu Berlin für das Jahr 1792. Was hat die Methaphisik seit Leibniz und Wolf für Progressen gemacht?, Berlin 1793 (repr. Brüssel 1969); Die Kathegorien des Aristoteles. Mit Anmerkungen erläutert und als Propädeutik zu einer neuen Theorie des Denkens dargestellt, Berlin 1794 (repr. Brüssel 1968, ferner in: Ges. Werke [s. o.] VI, 1–271); Versuch einer neuen Logik, oder Theorie des Denkens. Nebst angehängten Briefen des Philalethes an Aenesidemus, Berlin 1794 (repr. als: Ges. Werke [s. o.] V), 1798, ed. B. C. Engel, 1912; Kritische Untersuchungen über den menschlichen Geist oder das höhere Erkenntniß- und Willensvermögen, Leipzig 1797 (repr. Brüssel 1969, ferner in: Ges. Werke [s. o.] VII, 1–373); Commentaires de Maïmonide, ed. M.-R. Hayoun, Paris 1999 [mit Einl., 7–55]. – F. Kuntze, M.s Schriften, in: ders., Die Philosophie S. M.s [s. u., Lit.], 1–18; F. Ehrensperger, The Published Works of M., in: G. Freudenthal, S. M. [s. u., Lit.], 263–272.

Literatur: S. Atlas, From Critical to Speculative Idealism. The Philosophy of S. M., The Hague 1964; ders., S. M.'s Doctrine of Fiction and Imagination, Hebrew Union College Annual 40–41 (1969/1970), 363–389; D. Baumgardt, The Ethics of S. M. (1753–1800), J. Hist. Philos. 1 (1963), 199–210; F. C. Beiser, The Fate of Reason. German Philosophy from Kant to Fichte, Cambridge Mass./London 1987, 1993, 285–323 (Chap. X M.'s Critical Philosophy); S. H. Bergman, Ha-Filosofyah shel Shelomoh M., Jerusalem 1932, ²1967 (engl. The Philosophy of S. M., Jerusalem 1967); ders., M., EJud XIII (²2007), 369–371; J. A. M. Bransen, The Antinomy of Thought. Maimonian Skepticism and the Relation between Thoughts and Objects, Dordrecht/Boston Mass. 1991; M. Buzaglo, Solomon M.. Monism, Skepticism and Mathematics, Pittsburgh Pa. 2002; A. Ehrlich, Das Problem des Besonderen in der theoretischen Philosophie S. M.s, Köln 1986; A. Engstler, Untersuchungen zum Idealismus S. M.s, Stuttgart-Bad Cannstatt 1990; K. Fischer, Geschichte der neueren Philosophie VI (Fichtes Leben, Werke und Lehre), Heidelberg ³1900, ⁴1914 (repr. Heidelberg, Nendeln 1973), bes. 59–84; P. Franks, M., REP VI (1998), 35–38; G. Freudental, Radikale und Kompromißler in der Philosophie – S. M. über Mendelssohn, den »philosophischen Heuchler«, in: M. Zuckermann (ed.), Ethnizität, Moderne und Enttraditionalisierung, Göttingen 2002 (Tel Aviver Jb. f. dt. Gesch. XXX), 369–385; ders, (ed.), S. M.. Rational Dogmatist, Empirical Skeptic. Critical Assessments, Dordrecht/Boston Mass./London 2003; ders., S. M.. The Maimonides of Enlightenment?, in: G. K. Hasselhoff/O. Fraisse (eds.), Moses Maimonides (1138–1204). His Religious, Scientific, and Philosophical ›Wirkungsgeschichte‹ in Different Cultural Contexts, Würzburg 2004, 347–362; ders., »Die philosophischen Systeme der Theologie« nach S. M., in: J. Schwartz/V. Krech (eds.), Religious Apologetics – Philosophical Argumentation, Tübingen 2004, 87–106; ders., Definition and Construction. S. M.'s Philosophy of Geometry, Berlin 2006; M. Gueroult, La philosophie transcendantale de S. Maïmon, Paris 1929; A. Harel, Das Problem der Wahrheit bei S. M., Diss. München 1969; L. E. Hoyos, Der Skeptizismus und die Transzendentalphilosophie. Deutsche Philosophie am Ende des 18. Jahrhunderts, Freiburg/München 2008, 225–311 (Kap. III S. M.. Die Transzendentalphilosophie zwischen Spekulation und Skeptizismus); N. J. Jacobs, M.'s Theory of the Imagination, in: S. H. Bergman (ed.), Studies in Philosophy, Jerusalem 1960, 249–267; C. Katzoff, S. M.'s Interpretation of Kant's Copernican Revolution, Kant-St. 66 (1975), 342–356; E. Klapp, Die Kausalität bei S. M., Meisenheim am Glan 1968; R. Kroner, Von Kant bis Hegel I (Von der Vernunftkritik zur Naturphilosophie), Tübingen 1921, ⁴2007, 326–361; F. Kuntze, Die Philosophie S. M.s, Heidelberg 1912 (mit Bibliographie, 505–515); H. Lauener, Das Problem der Kausalität bei S. M., Kant-St. 59 (1968), 199–211; A. Lewkowitz, Das Judentum und die geistigen Strömungen des 19. Jahrhunderts, Breslau 1935 (repr. Hildesheim/ New York 1974), 71–87; F. Moiso, La filosofia di Salomone M., Mailand 1972; S. Nacht-Eladi, Aristotle's Doctrin of the Differentia Specifica and M.'s Law of Determinability, in: S. H. Bergman (ed.), Studies in Philosophy [s. o.], 222–248; K. Pfaff, S. M.. Hiob der Aufklärung. Mosaiksteine zu seinem Bildnis, Hildesheim/Zürich/New York 1995; H. H. Potok, The Rationalism and Skepticism of S. M., Diss. Philadelphia Pa. 1965; A. Pupi, Le obiezioni all'›Aenesidemus‹ III. Gli sviluppi di S. M., Riv. filos. neo-scolastica 59 (1967), 425–456, unter dem Titel: Gli sviluppi di Salomone M. in: ders., Le Obiezioni all'›Aenesidemus‹, Mailand 1970, 38–69; N. Rotenstreich, The Problem of the »Critique of Judgement« and S. M.'s Scepticism, in: Harry Austryn Wolfson. Jubilee Section on the Occasion of His Seventy-Fifth Birthday. English Section II, Jerusalem 1965, 677–702; ders., On the Position of M.'s Philosophy, Rev. Met. 21 (1967/1968), 534–545; A. P. Socher, The Radical Enlightenment of Solomon M.. Judaism, Heresy, and Philosophy, Stanford Calif. 2006; P. Thielke/Y. Melamed, M., SEP 2002, rev. 2007; V. Verra, M., Enc. filos. IV (1969), 209–211; S. J. Wolff, Maimoniana oder Rhapsodien zur Charakteristik S. M.s. Aus seinem Privatleben gesammelt, Berlin 1813, ohne Untertitel, ed. M. L. Davies/C. Schulte, Berlin 2003; S. Zac, S. Maïmon. Critique de Kant, Paris 1988; A. Zubersky, S. M. und der kritische Idealismus, Leipzig 1925.   G. W.

Maimonides, Moses (latinisierte Form von Moses ben Maimon, auch das Akronym RaMBaM [Rabbi Moses Ben Maimon] ist gebräuchlich), *Córdoba (Andalusien) 30. März 1135, †Fustat (Alt-Kairo) 13. Dez. 1204 (Grab in Tiberias am See Genezareth), Arzt und Gelehrter, gilt als bedeutendster Denker der jüdischen Tradition. Nach der Eroberung des bereits seit 711 von verschiedenen Dynastien muslimisch beherrschten Córdoba durch die streng islamischen Almohaden (1148) verläßt die Familie, deren Rabbiner- und Gelehrtentradition M. fortsetzt, die Stadt, um der Zwangsbekehrung zu entgehen. Gründliche Ausbildung in jüdischer Gelehrsamkeit, aber auch in (durch arabische Gelehrte in Spanien überlieferter) Philosophie, Mathematik, Astronomie und Medizin, Um 1158 zieht die Familie nach Fez (Marokko), wo M. unter anderem seine medizinischen Studien fortsetzt. Erneute Verfolgung der Juden (Martertod seines Lehrers) führen 1165 zur Flucht (über Palästina) nach Fustat (Alt-Kairo). Dort 1168 Fertigstellung des 1158 begonnenen, auf arabisch (wie alle größeren Werke mit Ausnahme der »Mišnē Tōrā«) mit hebräischen Buchstaben geschriebenen Kommentars zur »Mischna« (im 2. Jh. n. Chr. in Palästina kodifizierte Fassung des mündlich überlieferten jüdischen Gesetzes), dessen Ein-

leitung (»Acht Kapitel«) eine Abhandlung zur Ethik und Gotteserkenntnis darstellt. Ab 1169 praktiziert M. als Arzt (1185 Leibarzt des Wesirs); 1174 offizieller Vorsteher der jüdischen Gemeinde in Ägypten. Briefliche Beratung vieler Einzelpersonen und Gemeinden im Ausland in Religions- und Gesetzesfragen zeugen von M.' Ansehen und Autorität. Um 1180 ist die für alle späteren Kodifikationen bedeutsame Kompilation des jüdischen Gesetzes (Halacha) » Mišnē Tōrā « (Wiederholung des Gesetzes), auch »Yad Hazaqua« (Eine starke Hand) abgeschlossen. Zwischen 1190 und 1200 vollendet M. sein zumeist mit dem hebräischen Titel zitiertes philosophisch-theologisches Hauptwerk »Morêh Nebûkîm« (Führer der Unschlüssigen [arab. Dalâhat al-ḥā'irīn]), das er seinem Schüler Josef Ibn Schamun widmet und kapitelweise zusendet (wenig später von Jehuda Alharizi ins Hebräische übersetzt). Die darauf basierende erste lateinische Übertragung (Dux neutrorum) ist für das christliche Mittelalter maßgebend; besser jedoch ist die im Einvernehmen mit M. erstellte und sich später allgemein durchsetzende hebräische Übersetzung von Samuel Ibn Tibbon. Außer von Bibel und jüdischer Tradition ist M. besonders von Aristoteles und seinen Kommentatoren Alexander von Aphrodisias und Themistios beeinflußt, ferner von Avicenna, al-Farabi (an dem sich M.' Logikabhandlung orientiert) und Avempace (Averroës, den M. schätzt, hat den »Führer der Unschlüssigen« wohl nicht mehr beeinflußt). M.' politische Philosophie orientiert sich an Platon.

M. unterscheidet zwei Typen von Schriften: demonstrative für eine intellektuelle Elite und persuasiv-populäre für die Masse. Der »Führer der Unschlüssigen« gehört zum ersten Typ und wendet sich an gläubige Leser, denen es schwerfällt, die Glaubenswahrheiten mit den Theoremen der Philosophie in Einklang zu bringen. Dem abzuhelfen, dienen etwa die den buchstäblichen Sinn vieler Schriftstellen aufhebenden allegorischen (↑Allegorie) Erläuterungen. Um ungeeignete Leser abzuschrecken, baut M. absichtlich widersprüchliche Konzeptionen ein, die nur dem philosophisch Geschulten zumutbar sind. So werden z. B. drei sich teilweise widersprechende Konzeptionen des im Zentrum seines Denkens stehenden Gottesbegriffs unterschieden: (1) Der für M. besonders wichtige Gottesbegriff der *negativen Theologie*. Hier vertritt M. die Auffassung, daß die zum Wesen Gottes gehörenden Attribute (zu denen er auch seine Existenz rechnet) nur mit Hilfe doppelt verneinter Ausdrücke (›Gott ist nicht nicht-existierend‹) beschrieben werden dürfen, um Anthropomorphismen zu vermeiden und eine dem Wesen Gottes gemäße Erkenntnis zu begründen. Im Unterschied zu den Wesensattributen sind nach M. die akzidentellen Attribute Gottes als eine façon de parler für Gottes Handeln zu verstehen, das aus Gottes Wirken in Natur und Geschichte erschlossen werden kann (›Gott *ist* barmherzig‹ bedeutet ›Gott handelt barmherzig‹) und die menschliche Einschätzung von Gottes sichtbarem Handeln ausdrückt, ohne etwas über sein Wesen auszusagen. (2) In Aristotelischer Weise wird Gott als *intellectus purus* verstanden, in dem Subjekt, Objekt und der Akt des Erkennens eine Einheit bilden. Der menschliche Intellekt steht hier in einer Ähnlichkeitsbeziehung zum göttlichen – im Widerspruch zur negativen Theologie, die eine solche Analogie ausschließt. M. bedient sich zudem der in der Philosophie seiner Zeit üblichen ↑Gottesbeweise. (3) M. vertritt ferner die vor allem von Algazel entwickelte Konzeption der *Existenz eines göttlichen Willens.* Im Zusammenhang damit diskutiert er die Frage, ob die ↑Ewigkeit der Welt oder ihre ↑Schöpfung anzunehmen sei. – M. hält die Aristotelische Physik für eine wahre (in seiner Interpretation hauptsächlich auf Wirkursachen gerichtete) Wissenschaft, die aber (gegen die Tradition) auf den sublunaren Bereich beschränkt ist. Die Frage ›Schöpfung oder nicht?‹ gilt als philosophisch-wissenschaftlich nicht entscheidbar, wobei sich M. aus Glaubensgründen für den schöpferischen Eingriff des göttlichen Willens entscheidet (↑creatio ex nihilo). Durch diese *praktische* Entscheidung des *Glaubens* sieht M. jedoch keine durch Prophetie und Offenbarung vermittelte *theoretische Erkenntnis* übernatürlicher Gegenstände begründet.

Der Sinn des menschlichen Lebens besteht nach M. in der Gottesliebe. Dieses Ziel wird eigentlich nur in theoretisch-kontemplativer Erkenntnis des göttlichen Wirkens erreicht. Mit ihr läßt sich jedoch auch seine tätig-handelnde Nachahmung in der vita activa (↑vita contemplativa) verbinden. – Die medizinischen Werke des M., fast vollständig erhalten und bald ins Hebräische und Lateinische übersetzt, begründen seine medizinische Autorität im Mittelalter. Sie stehen (trotz Galenkritik) in der griechisch-galenischen und arabischen Medizintradition. In Ablehnung nicht-rationaler Praktiken (wie Zaubersprüchen, Amuletten, ↑Astrologie) fordert M. eine auf umfassender (auch sozialer) Beobachtung beruhende Heilkunst, die Prävention und Nachsorge (auch Invaliden- und Altenbetreuung) einschließt.

Das Werk des M. hat nicht nur die jüdische Philosophie (S. Maimon, M. Mendelssohn, ↑Philosophie, jüdische), sondern auch die mittelalterliche ↑Scholastik und ↑Mystik (z. B. Thomas von Aquin, Meister Eckart) und die neuzeitliche Philosophie (B. B. de Spinoza) bis in die Gegenwart (H. Cohen) beeinflußt und zur Auseinandersetzung veranlaßt. Als ›Maimonidische Kontroverse‹ bezeichnet die Forschung einen Komplex von mit dem Namen des M. verbundenen, teilweise aber auch schon früher aufgetretenen Auseinandersetzungen zu verschiedenen Problemen (z. B. die hierarchische politische Struktur der Gemeinden betreffenden), deren philoso-

phischer Aspekt das Verhältnis von diskursiv-philosophischer Rationalität zu traditionell-religiöser und auch mystischer Gläubigkeit betrifft.

Werke: [Logikabhandlung] Makala fi sana'at al-mantik/Milot ha-higayon/Terminologie logique [hebr./franz.], ed. M. Ventura, Paris 1935, 1982 [mit mehrsprachiger Konkordanz]; Milot ha-higayon/M.' Treatise on Logic (Maḳālah fi-ṣinā'at al-mantiḳ). The Original Arabic and Three Hebrew Translations [arab., hebr., engl.], ed. u. engl. Trans. I. Efros, New York 1938 (Proc. Amer. Acad. Jewish Res. VIII), rev. Proc. Amer. Acad. Jewish Res. 34 (1966), 155–160 [Einl.], 1–42 [hebr. Sektion]; Traité de logique [franz./arab. in hebr. Buchstaben], übers. R. Brague, Paris 1996. – [Kommentar zur Mischna] Mischna. Sive totius hebraerorum juris, rituum, antiquitatum, ac legum oralium systema [hebr./lat.], I–VI, ed. W. Surenhuys, Amsterdam 1698–1703; [Teilausg.] Tamāniya fuṣūl. M. ben Maimûn's (M.) Acht Capitel [arab. in hebr. Buchstaben/dt.], übers. M. M. Wolff, Leipzig 1863, mit Untertitel: Mûsâ Maimûni's (M.') Acht Capitel, Leiden ²1903 (repr. unter dem Titel: Acht Kapitel. Eine Abhandlung zur jüdischen Ethik und Gotteserkenntnis, ed. F. Niewöhner, Hamburg 1981, 1992, ferner in: Mûsā ibn Maymūn (M.) (d. 601/1204, 1–152); The Eight Chapters of M. on Ethics (Shemonah peraḳim). A Psychological and Ethical Treatise, ed. [hebr. Übers. des S. Ibn Tibbon] u. engl. Übers. J. I. Gorfinkle, New York/London 1912 (repr. New York 1966); Living Judaism. The Mishna of Avoth with the Commentary and Selected other Chapters of M. Translated into English and Supplemented with Annotations and a Systematic Outline for a Modern Jewish Philosophy, trans. P. Forchheimer, Jerusalem/New York 1974, unter dem Titel: M.'s Commentary on Pirkey Avoth. The Mishna of Avoth with the Commentary and Selected other Chapters of M. [. . .], ²1983; M.'s Introduction to the Talmud. A Translation of the Rambam's Introduction to His Commentary on the Mishna [hebr./engl.], trans. Z. Lampel, New York 1975, rev. 1987, Brooklyn N. Y. 1998; M. M.' Commentary on the Mishnah. Introduction to Seder Zeraim and Commentary on Tractate Berachoth, trans. F. Rosner, New York 1975; M.'s Commentary on the Mishnah, Tractate Sanhedrin, trans. F. Rosner, New York 1981; Commentaires du traité des pères. Pirqé Avot [hebr./franz.], übers. E. Smiévitch, Lagrasse 1990, 2001. – [Mišnē Tōrā] Book of Mishnah Torah. Yod hahazakah. With Rabd's Criticism and References I [hebr./engl.], trans. S. Glazer, New York 1927 [mehr nicht erschienen]; The Code of M. [engl.], New Haven Conn. 1949 ff. [erschienen: Book II–III, III.8, IV–XIV) (Yale Judaica Series II–V, VIII–IX, XI–XII, XIV–XVI, XIX, XXI, XXXII); Le livre de la connaissance [franz.], übers. V. Nikiprowetzky/A. Zaoui, Paris 1961, ³2004; The Book of Knowledge from the Mishnah Torah of M. [engl.], übers. H. M. Russell/J. Weinberg, Edinburgh 1981 (repr. New York 1983); Codex Maimuni/ M. M.' Code of Law. The Illuminated Pages of the Kaufmann Mishneh Torah, ed. A. Scheiber, o. O. [Budapest] 1984; Das Buch der Erkenntnis/Sefer ha-mada' [hebr./dt.], ed. E. Goodman-Thau/C. Schulte, Berlin 1994; Sefer Mishneh Torah [. . .]/Mishne Torah. The Code of M., the Complete Restatement of the Oral Law [hebr.], ed. Y. Makbili, Haifa 2009. – [Führer der Unschlüssigen] Dux seu director dubitatium aut perplexorum [. . .], Übers. A. Justinianus, Paris 1520 (repr. Frankfurt 1964); Liber More nevochim/Doctor perplexorum [. . .] [lat.], Übers. J. Buxtorf, Basel 1629 (repr. Farnborough 1969 [mit Anhang: Leibnitii observationes ad Rabbi Mosis Maimonidis librum qui inscribitur »Doctor perplexorum«]); Le guide des égarés. Traité de théologie et de philosophie [arab.

in hebr. Buchstaben/franz.], I–III, Übers. S. Munk, Paris 1856–1866 (repr. Paris 1960, Osnabrück 1964, Paris 1970); Sēfer Moreh han-nevukhim, I–II (in vier Teilbdn.) [Übers. d. S. Ibn Tibbon], ed. J. Kaufman, Jerusalem 1959–1987; Führer der Unschlüssigen, I–III, Übers. A. Weiß, Leipzig 1923–1924 (repr. in 2 Bdn., Einl. u. Bibliographie J. Maier, Hamburg 1972, in einem Bd. 1995); The Guide of the Perplexed, I–II [auch in einem Bd. erschienen], trans. S. Pines, Introd. L. Strauss, Chicago Ill./London 1963, 1999; Môre Nevûîm/The Guide of the Perplexed [hebr.], I–II, trans. M. Schwarz, Tel Aviv 2002; Wegweiser für die Verwirrten. Eine Textauswahl zur Schöpfungsfrage [arab. in herbr. Buchstaben/dt.], übers. W. v. Abel/I. Levkovich/F. Musall, Freiburg/Basel/Wien 2009. – [Medizinische Schriften] Šarḥ asmaʼ al-ʻuqqār (L'explication des noms de drogues). Un glossaire de matière médicale [franz./arab.], ed., übers. u. kommentiert v. M. Meyerhof, Kairo 1940 (repr. Frankfurt 1996) (engl. Glossary of Drug Names, trans. F. Rosner, Philadelphia Pa. 1979 [Mem. Amer. Philos. Soc. 135], rev. Haifa 1995 [= M.' Medical Writings VII]); Regimen sanitatis. Oder Diätetik für die Seele und den Körper. Mit Anhang der Medizinischen Responsen und Ethik des M. [dt.], Übers. S. Muntner, Basel/New York, Frankfurt 1966, ²1968; The Medical Aphorisms, I–II, ed. F. Rosner/S. Muntner, Jerusalem, New York 1970/1971, in 1 Bd. 1973, rev. u. mit neuer Einl. als: M.' Medical Writings [s. u.] III (mit Bibliographie v. J. I. Dienstag, 455–471); On the Causes of Symptoms/Maqālah fī bayān baʻḍ al-aʻrāḍ wa-al-jawāb ʻanhā/Maʼamar ha-haḳraʻah/De causis accidentium [arab. Text; hebr., lat. u. engl. Übers.], ed. J.O. Leibowitz/S. Marcus, Berkeley Calif./Los Angeles/London 1974; Sex Ethics in the Writings of M., trans. and ed. F. Rosner, New York 1974, Northvale N. J. 1994; M.' Medical Writings, I–VII, trans. F. Rosner, Haifa 1984–1995; On Asthma/Maqālah fī al-rabw [arab./engl.], trans. G. Bos, Provo Utha 2002; Medical Aphorisms. Treatises 1–5/Kitāb al-fuṣūl fī al-ṭibb [arab./engl.], trans. G. Bos, Provo Utha 2004; Medical Aphorisms. Treatises 6–9/Kitāb al-fuṣūl fī al-ṭibb [arab./engl.], trans. G. Bos, Provo Utha 2007; On Asthma II [Text lat./hebr., Kommentar engl.], ed. G. Bos/M. R. McVaugh, Provo Utha 2008; Medical Aphorisms. Treatises 10–15/Kitāb al-fuṣūl fī al-ṭibb [arab./engl.], trans. G. Bos, Provo Utha 2010. – [Ausgewählte Werke] A. Cohen, The Teachings of M., London 1927 (repr. New York 1968 [mit Prolegomenon v. M. Fox, XV–XLIV]); Rabbi Mosche Ben Maimon. Ein systematischer Querschnitt durch sein Werk, Übers. N. N. Glatzer, Berlin 1935, Nachdr. unter dem Titel: M. M.. Ein Querschnitt durch das Werk des Rabbi Mosche Ben Maimon, Köln 1966; Mūsā ibn Maymūn (M.) (d. 601/1204). Two Philosophical Writings on Ethics and Metaphysics Being »Thamāniyat fuṣūl« and »al-Muqaddimāt al-khams wa-l-ʼishrūn fī ithbāt wujūd Allāh«, ed. F. Sezgin, Frankfurt 2000 [Islamic Philos. 120]); A M. Reader, ed. I. Twersky, Springfield N. J. 1972, 2007; Rambam. Readings in the Philosophy of M. M., Trans. L. E. Goodman, New York 1975, 1977; Ethical Writings of M., ed. R. L. Weiss/C. E. Butterworth, New York 1975, 1983; M. – Essential Teachings on Jewish Faith and Ethics. »The Book of Knowledge« and the »Thirteen Principles of Faith«. Selections Annotated and Explained, trans. M. D. Angel, Woodstock Vt. 2012. – [Briefe/Traktate] De astrologia. Epistola elegans, & cum christiana religione congruens [hebr./lat.], ed. J. Isaac Levita, Köln 1555; Lettre au collège rabbinique de Marseille (27 Sept. 1194), übers. J. Weyl, Avignon 1877; The Correspondence between the Rabbis of Southern France and M. about Astrology [hebr.], ed. A. Marx, Hebrew Union College Ann. 3 (1926), 311–358, separat New York 1926; Maʼamar tehijjat ham-

mētīm/M.' Tratise on Resurrection (Maqala fi teḥiyyat ha-metim). The Original Arabic and Samuel ibn Tibbon's Hebrew Translation and Glossary, ed. J. Finkel, Amer. Acad. Jewish Res. 9 (1938/1939), 57–105, 1/1a–42; M. M.' Epistle to Yemen. The Arabic Original and the Three Hebrew Versions, ed. A. S. Halkin, trans. B. Cohen, New York 1952; Letters of M., ed. L. D. Stitskin, New York 1977, 1982; M. M.' Treatise on Resurrection, trans. F. Rosner, New York 1982, Northvale N. J. 1997; Épîtres, übers. J. de Hulster, Lagrasse 1983, Paris 1993; Crisis and Leadership. The Epistles of M. [engl.], übers. v. A. Halkin, Philadelphia Pa. 1985, unter dem Titel: Epistles of M.. Crisis and Leadership, Philadelphia Pa./Jerusalem 1993; Iggerot ha-Rambam [...]/Letters and Essays of M.. A Critical Edition of the Hebrew and Arabic Letters of M. (Including Responsa on Beliefs and Opinions) Based on all Extant Manuscripts, Translated and Annotated, with Introductions and Cross-References, I–II, ed. u. trans. I. Shailat, Jerusalem 1987/1989, 1995; Cinco epístolas de M., übers. M. J. Cano/D. Ferre, Barcelona 1988; Lettre de Maïmonide sur le calendrier hébraïque, ed. R. Weil/S. Gerstenkorn, Sarcelles 1988; Addresses to the People, in: R. Lerner, M.' Empire of Light [s. u., Lit.], 97–208, 211–213; Lettre sur l'astrologie, übers. R. Lévy, Paris 2001; Der Brief in den Jemen. Texte zum Messias, ed. u. übers. S. Powels-Niami/H. Thein, Berlin 2002, ²2005. – J. I. Dienstag, A Selected Bibliography of Books by and about M. in English, in: D. Yelling/I. Abrahams, M. [s. u., Lit.], xvii–xxix; ders., [Bibliographie d. Ausg. der Mišnē Tōrā] [hebr.], in: C. Berlin (ed.), Studies in Jewish Bibliography, History and Literature in Honor of I. E. Kiev, New York 1971, 21–108; ders., M.' »Guide for the Perplexed«. A Bibliography of Editions and Translations, in: R. Dán (ed.), Occident and Orient. A Tribute to the Memory of Alexander Scheiber, Budapest, Leiden 1988, 95–128; Totok II (1973), 301–306.

Literatur: F. Y. Albertini, Die Konzeption des Messias bei M. und die frühmittelalterliche islamische Philosophie, Berlin/New York 2009; A. Altmann, Das Verhältnis Maimunis zur jüdischen Mystik, Monatsschr. Gesch. Wiss. Jud. 80 (1936), 305–330; ders., M. on the Intellect and the Scope of Metaphysics, in: ders., Von der mittelalterlichen zur modernen Aufklärung. Studien zur jüdischen Geistesgeschichte, Tübingen 1987, 60–129; W. Bacher/M. Brann/D. Simonsen (eds.), Moses ben Maimon. Sein Leben, seine Werke und sein Einfluß. Zur Erinnerung an den siebenhundertsten Todestag des M., I–II, Leipzig 1908/1914 (repr. in einem Bd. Hildesheim/New York 1971); F. Bamberger, Das System des M.. Eine Analyse des More Newuchim vom Gottesbegriff aus, Berlin 1935; S. W. Baron (ed.), Essays on M.. An Octocentennial Volume, New York 1941, 1966; ders., M. M. (1135–1204), in: S. Noveck (ed.), Great Jewish Personalities in Ancient and Medieval Times, New York 1959, Washington D. C., Clinton Mass. 1969, 203–231 (dt. M. M. (1135–1204), in: S. Noveck [ed.], Große Gestalten des Judentums I, Zürich 1972, I–II in einem Bd., 1988, 103–130); ders., Ancient and Medieval Jewish History. Essays, ed. L. A. Feldman, New Brunswick N. J. 1972; S. Ben-Chorin, Jüdischer Glaube. Strukturen einer Theologie des Judentums anhand des Maimonidischen Credo. Tübinger Vorlesungen, Tübingen 1975, ²1979, 2001; E. Benor, Worship of the Heart. A Study of M.' Philosophy of Religion, Albany N. Y. 1995; H. H. Ben-Sasson, Maimonidean Controversy, EJud XI (1971), 745–754, rev. u. erw. v. R. Jospe/D. Schwartz, EJud XIII (²2007), 371–381; L. V. Berman, M., the Disciple of Alfārābi, Israel Orient. Stud. 4 (1974), 154–178; D. R. Blumenthal, Philosophic Mysticism. Studies in Rational Religion, Ramat Gan 2006, bes. 49–151 (The Case of M.); A.

Botwinick, Skepticism, Belief, and the Modern. M. to Nietzsche, Ithaca N. Y./London 1997; F. G. Bratton, M.. Medieval Modernist, Boston Mass. 1967; A. Broadie, M. and Aquinas, in: D. H. Frank/O. Leaman (eds.), History of Jewish Philosophy, London/New York 1997, 2003, 281–293; J. A. Buijs (ed.), M.. A Collection of Critical Essays, Notre Dame Ind. 1988 (mit Bibliographie, 307–317); D. B. Burrell, Knowing the Unknowable God. Ibn-Sina, M., Aquinas, Notre Dame Ind. 1986, 2001; R. S. Cohen/H. Levine (eds.), M. and the Sciences, Dordrecht/Boston Mass./London 2000, 2001 (Boston Stud. Philos. Sci. 211); H. Davidson, M.' Secret Position on Creation, in: I. Twersky (ed.), Studies in Medieval Jewish History and Literature, Cambridge Mass./London 1979, 16–40; ders., M. on Metaphysical Knowledge, Maimonidean Stud. 3 (1992/1993), 49–103; ders., M. M.. The Man and His Works, Oxford etc. 2005, 2010; ders., M. the Rationalist, Oxford/Portland Or. 2011; D. Davies, Method and Metaphysics in M.' »Guide for the Perplexed«, Oxford/New York 2011; J. I. Dienstag (ed.), Studies in M. and St. Thomas Aquinas, New York 1975 [mit komment. Bibliographie zum Thema, 334–345, und alphabet. Überblick über die Beziehung des M. zu nicht-jüdischen Vorgängern, XIII–LIX]; I. Dobbs-Weinstein, M., in: J. Hackett (ed.), Dictionary of Literary Biography C (Medieval Philosophers), Detroit Mich./London 1992, 263–280; dies., M. and St. Thomas on the Limits of Reason, Albany N. Y. 1995; dies./L. E. Goodman/J. A. Grady (eds.), M. and His Heritage, Albany N. Y. 2009; I. Efros, Nature and Spirit in M.' Philosophy, in: ders., Studies in Medieval Jewish Philosophy, New York/London 1974, 159–167; I. Epstein (ed.), M. M. 1135–1204. Anglo-Jewish Papers in Connection with the Eighth Centenary of His Birth, London 1935 (mit Bibliographie, 231–248); M. Fox, Interpreting M.. Studies in Methodology, Metaphysics, and Moral Philosophy, Chicago Ill./London 1990, 1994; S. S. Gehlhaar, Prophetie und Gesetz bei Jehudah Hallevi, M. und Spinoza, Cuxhaven/Dartford, Frankfurt etc. 1987, Cuxhaven/Dartford 1995; L. E. Goodman, M., REP VI (1998), 40–49; Jac. Guttmann, Der Einfluß der maimonidischen Philosophie auf das christliche Abendland, in: W. Bacher/M. Brann/D. Simonsen (eds.), Moses ben Maimon [s. o.] I, 135–230, separat Leipzig 1908; Jul. Guttmann, Die Philosophie des Judentums, München 1933 (repr. Nendeln 1973), 174–205, 388–391 (engl. [Übers. d. erw. hebr. Ausg., Jerusalem 1951] Philosophies of Judaism. The History of Jewish Philosophy from Biblical Times to Franz Rosenzweig, New York, London 1964, unter dem Titel: The Philosophy of Judaism. The History of Jewish Philosophy from Biblical Times to Franz Rosenzweig, Northvale N. J./London 1988, 152–182, 431–434); J. Haberman, M. and Aquinas. A Contemporary Appraisal, New York 1979; J. M. Harris (ed.), M. after 800 Years. Essays on M. and His Influence, Cambridge Mass./London 2007; D. Hartman, M.. Torah and Philosophic Quest, Philadelphia Pa. 1976, erw. 2009; W. Z. Harvey, The Return of Maimonideanism, Jew. Soc. Stud. 42 (1980), 249–268; M.-R. Hayoun, Maïmonide et la pensée juive, Paris 1994; ders., Maïmonide ou l'autre Moïse, Paris 1994, erw. 2004, unter dem Titel: Maïmonide, 2009 (dt. M.. Arzt und Philosoph im Mittelalter. Eine Biographie, München 1999); ders./M. Gugenheim, Maïmonide, Enc. philos. universelle III/1 (1992), 690–693; M. Heinzmann, M., RGG V (⁴2002), 689–690; A. J. Heschel, M.. Eine Biographie, Berlin 1935 (repr. Neukirchen-Vluyn 1992) (engl. M.. A Biography, New York 1982, 1991); D. Hoffmann, Die Erkenntnis auf dem Weg zur Vollkommenheit. Wunderwissen und Gotteserkenntnis in M. »More Nebuchaim«, München 1991; A. Hyman (ed.), Essays in Medieval Jewish and Islamic Philosophy. Studies

from the Publications of the American Academy for Jewish Research, New York 1977, 93–215 (M. [Beitr. v. H. Blumberg, H. Davidson, A. J. Heschel, L. Strauss u. H. A. Wolfson]); S. T. Katz (ed.), M.. Selected Essays, New York 1980; M. Kellner, Dogma in Medieval Jewish Thought. From M. to Abravanel, Oxford etc. 1986, 2004, bes. 10–65; ders., M. on Human Perfection, Atlanta Ga. 1990; ders., M. on Judaism and the Jewish People, Albany N. Y. 1991; ders., Science in the Bet Midrash. Studies in M., Brighton Mass. 2009; J. L. Kraemer, On M.' Messianic Posture, in: I. Twersky (ed.) Studies in Medieval Jewish History and Literature II, Cambridge Mass./London 1984, 109–142; ders. (ed.), Perspectives on M.. Philosophical and Historical Studies, Oxford etc. 1991, 2008; ders., M.. The Life and World of One of Civilization's Greatest Minds, New York etc. 2008; ders., M. M., in: N. A. Stillman (ed.), Encyclopedia of Jews in the Islamic World III, Leiden/Boston Mass. 2010, 312–318; H. Kreisel, M. M., in: D. H. Frank/O. Leaman (eds.), History of Jewish Philosophy [s. o.], 245–280; ders., M.' Political Thought. Studies in Ethics, Law, and the Human Ideal, Albany N. Y. 1999; O. Leaman, M. M., London/New York 1990, rev. Richmond 1997; Y. Leibowitz, The Faith of M., New York 1987, Tel Aviv 1989; R. Lerner, M.' Empire of Light. Popular Enlightenment in an Age of Belief, Chicago Ill./London 2000; R. Lévy, La divine insouciance. Étude des doctrines de la providence d'après Maïmonide, Lagrasse 2008; Y. Levy/S. Carmy (eds.), The Legacy of M.. Religion, Reason and Community, Brooklyn N. Y. 2006; E. Lieber, Galen: Physician as Philosopher, M.: Philosopher as Physician, Bull. Hist. Med. 53 (1979), 268–285; J. Maier, Zu Person und Werk des Mose ben Maimon, in: Führer der Unschlüssigen [s. o., Werke] I, Hamburg 1972, XI–CIV (mit Bibliographie, LXX–CIV), 1995, XI–CXXXII (mit Bibliographie, LXXXII– CXXXII); ders., Mose ben Maimon, TRE XXIII (1994), 357–362; E. L. Ormsby (ed.), M. M. and His Time, Washington D. C. 1989; J. Peláez del Rosal (ed.), Sobre la vida y obra de M.. I congreso internacional (Córdoba, 1985), Córdoba 1991; S. Pessin, The Influence of Islamic Thought on M., SEP 2005; S. Pines, M., Enc. Ph. V (1967), 129–134; ders., M., DSB IX (1974), 27–32; ders., The Limitations of Human Knowledge According to Al-Farabi, ibn Bajja, and M., in: I. Twersky (ed.), Studies in Medieval Jewish History and Literature, Cambridge Mass./London 1979, 82–109; ders./Y. Yovel (eds.), M. and Philosophy. Papers Presented at the Sixth Jerusalem Philosophical Encounter, May 1985, Dordrecht/Boston Mass./Lancaster 1986; L. I. Rabinowitz u. a., M., EJud XI (1971), 754–781, EJud XIII (²2007), 381–397; I. Robinson/L. Kaplan/J. Bauer (eds.), The Thought of M. M.. Philosophical and Legal Studies/La Pensee de Maimonide. Etudes philosophiques et halakhiques, Lewiston N. Y./Queenston Ont./Lampeter 1990; F. Rosner, M. the Physician. A Bibliography, Bull. Hist. Med. 43 (1969), 221–235; ders./S. S. Kottek (eds.), M. M.. Physician, Scientist, and Philosopher, Northvale N. J./London 1993; T. M. Rudavsky, M., Malden Mass./Oxford/Chichester 2010 (mit Bibliographie, 198–218); D. J. Salfield, M. M.. Philosoph, Theologe, Arzt, Rheinfelden 1990, ²1992; N. M. Samuelson, Jewish Philosophy. An Historical Introduction, London/New York 2003, bes. 175–222 (Chap. 16–20 The Philosophy of M.); J. Sarachek, Faith and Reason. The Conflict Over the Rationalism of M., Williamsport Pa. 1935, New York 1970; H. Schipperges, Krankheit und Gesundheit bei M. (1138–1204), Berlin etc. 1996; K. Schubert, Die Bedeutung des M. für die Hochscholastik, Kairos 10 (Salzburg 1968), 2–18; K. Seeskin, M.. A Guide for Today's Perplexed, West Orange N. J. 1991; ders. (ed.), Searching for a Distant God. The Legacy of M., New

York/Oxford 2000; ders., M. on the Origin of the World, Cambridge etc. 2005, 2007; ders. (ed.), The Cambridge Companion to M., Cambridge etc. 2005 (mit Bibliographie, 361–389); H. Sérouya, Maïmonide. Sa vie, son œuvre avec un exposé de sa philosophie, Paris 1951, [2]1964; D. J. Silver, Maimonidean Criticism and the Maimonidean Controversy 1180–1240, Leiden 1965; J. Stern, Problems and Parables of Law. M. and Nahmanides on Reasons for the Commandments (Ta'amei Ha-Mitzvot), Albany N. Y. 1998; B. W. Strassburger, The Rambam. His Life and His Work [hebr./engl.], Tel Aviv 1983, dt. Original: M.. Sein Leben und sein Werk, Frankfurt etc. 1991; L. Strauss, Philosophie und Gesetz. Beiträge zum Verständnis Maimunis und seiner Vorläufer, Berlin 1935, ferner in: ders., Ges. Schr. II, ed. H. Meier, Stuttgart/Weimar 1997, 3–123 [engl. Philosophy and Law. Essays toward the Understanding of M. and His Predecessors, Philadelphia Pa. 1987, mit Untertitel: Contributions to the Understanding of M. and His Predecessors, Albany N. Y. 1995); ders., Persecution and the Art of Writing, Glencoe Ill. 1952, Chicago Ill./London 2007 (franz. La persécution et l'art d'écrire, Paris 1989, 2009); S. Stroumsa, M. in His World. Portrait of a Mediterranean Thinker, Princeton N. J./Oxford 2009, 2012; G. Tamer (ed.), The Trias of M.. Jewish, Arabic, and Ancient Culture of Knowledge/Die Trias des M.. Jüdische, arabische und antike Wissenskultur [teilw. dt./engl.], Berlin/New York 2005; I. Twersky, Introduction to the Code of M. (Mishneh Torah), New Haven Conn./London 1980 (Yale Judaica Series XXII); ders. (ed.), Studies in M., Cambridge Mass./London 1990, 1991; N. Ulmann, Leibniz, lecteur de Maïmonide, Les nouveaux cahiers 6 (1971), 13–17; R. L. Weiss, M.' Ethics. The Encounter of Philosophic and Religious Morality, Chicago Ill./London 1991; H. Weyl (ed.), M., Buenos Aires 1956; A. Wohlman, Thomas d'Aquin et Maïmonide. Un dialogue exemplaire, Paris 1988, 2007; ders., Maïmonide et Thomas d'Aquin. Un dialogue impossible, Fribourg 1995; H. A. Wolfson, Studies in the History of Philosophy and Religion I, ed. I. Twerski/G. H. Williams, Cambridge Mass. 1973, 1979; D. Yellin/I. Abrahams, M.. His Life and Works, Philadelphia Pa. 1903, ed., Bibliography and Suppl. Notes by J. I. Dienstag, New York [3]1972; S. Zac, Spinoza, critique de Maïmonide, Ét. philos., NS 27 (1972), 411–428; S. Zeitlin, M.. A Biography, New York 1935, [2]1955; M. Zonta, Maimonide, Rom 2011. – Jewish History 18 (2004), H. 2/3 (mit Bibliographie, 243–289). – Maimonidean Stud. 1 (1990) ff..   G. W.

Maine de Biran (eigentlich Marie François Pierre Gonthier de Biran), *Bergerac (Dordogne) 29. Nov. 1766, †Paris 16. Juli 1824, franz. Erkenntnispsychologe und Staatsmann. Nach Besuch des »Collège des doctrinaires« in Périgueux 1785 Eintritt in die königliche Leibgarde; ab 1792 auf seinem Familiengut ausgedehnte mathematische, naturwissenschaftliche und philosophische Studien. 1797 Wahl in den »Rat der 500«, 1806 Unterpräfekt von Bergerac, 1810 Mitglied der gesetzgebenden Kammer in Paris, 1814/1815 auch der Restaurationskammer. Erste, preisgekrönte wissenschaftliche Arbeiten im Zusammenhang mit einer Preisfrage des »Institut de France« (L'influence de l'habitude sur la faculté de penser, 1803; Mémoire sur la décomposition de la pensée, 1805) bringen die korrespondierende Mitgliedschaft des Instituts und engen Kontakt mit den führenden Vertretern des ↑Empirismus in der Schule der ›Ideologen‹

(↑Ideologie), von deren materialistischer Grundposition (↑Materialismus (historisch)) sich M. de B. jedoch zunehmend entfernt. 1807 Mitglied der Berliner Akademie, 1811 Preis der königlichen Gesellschaft der Wissenschaften von Kopenhagen. Obwohl M. de B. seine Hauptwerke »Essai sur les fondements de la psychologie et sur les rapports avec l'étude de la nature« (ab 1812) und »Nouveaux essais d'anthropologie« (1823/1824) nicht vollendet und viele Vorarbeiten erst später veröffentlicht werden, hat er durch seine theoretischen Arbeiten und praktischen wissenschaftlichen Tätigkeiten einen erheblichen Einfluß auf die Weiterentwicklung der empiristischen Wissenschaftstheorie und der physiologischen Psychologie ausgeübt.

Der philosophische Ausgangspunkt von M. de B. ist der physiologisch-materialistisch orientierte ↑Sensualismus in Frankreich (↑Materialismus, französischer). Gegen J. Locke betont M. de B. die konstitutive Rolle der Sprache für das ↑Denken, bezeichnet den Begriff der Idee in der empiristischen Theorie (↑Idee (historisch)) als unzureichend bestimmt und lehnt die Annahme einer vorsprachlich unterscheidenden ↑Erfahrung ab. Das Verhältnis von passiv gegebenen Sinneseindrücken und ihrer aktiven Wahrnehmung durch den Geist bildet dabei den Ausgangspunkt differenzierender Unterscheidungen. Im Anschluß an die von A. L. C. Destutt de Tracy zeitweilig vertretene Auffassung, daß die als ›motilité‹ bezeichnete Aktionsbereitschaft des Körpers eine entscheidende Rolle im Lernprozeß der Wahrnehmung von Objekten spiele, führt M. de B. erstmals gründliche Analysen über den unterschiedlichen Einfluß von Gewöhnung und Wiederholung auf äußere Sinneseindrücke und ihre innere Wahrnehmung durch, die seine Annahme bestätigen, daß die zunehmende Unterscheidungsleistung in der ontogenetischen Entwicklung des Menschen in stärkerem Maße als bisher angenommen mit den willentlich gesteuerten Körperaktivitäten und ihrer inneren Wahrnehmung in Zusammenhang stehe. Der sich hierin andeutende Bruch mit Grundpositionen des Empirismus vertieft sich mit der Ersetzung des passiv gegebenen Sinnesdatums (↑Sinnesdaten) durch die aktiv erlebte Willensanstrengung (*effort voulu*) als Bewußtseinstatsache (*fait de sens intime*). Untersuchungen zum Kausalitätsproblem (↑Kausalität) führen zur Kritik an D. Hume; M. de B. schlägt vor, die Tatsache der Kausalitätswahrnehmung durch die Unterscheidung von Sinneseindrücken, deren Wahrnehmung und der erlebten Willensanstrengung zu lösen. Daraus ergibt sich für M. de B. die Notwendigkeit einer Materie und Geist als Einheit betrachtenden, den ganzen Menschen in die Untersuchung einbeziehenden psychologischen Theorie, die die Einseitigkeiten des Cartesischen ↑Rationalismus ebenso vermeidet wie die des materialistischen ↑Determinismus.

Werke: Œuvres, I–XIV, ed. D. Tisserand/H. Gouhier, Paris 1920–1942; Œuvres complètes. Accompagnées de notes et d'appendices par P. Tisserand, I–XIV (in 11 Bdn.), Genf/Paris 1982; Œuvres, I–XIII (in 20 Bdn.), ed. F.C.T. Moore u.a., Paris 1984–2001. – Influence de l'habitude sur la faculté de penser, Paris 1802 (repr. Paris etc. 2006), ed. P. Tisserand, Paris 1954 (engl. The Influence of Habit on the Faculty of Thinking, Westport Conn. 1970); Exposition de la doctrine philosophique de Leibniz, composée pour la Biographie universelle, Paris 1819; Nouvelles considérations sur les rapports du physique et du moral de l'homme, ed. V. Cousin, Paris 1834, Brüssel 1841, ed. B. Baertschi, Paris 1990 (= Œuvres IX); Oeuvres philosophiques, I–III, ed. V. Cousin, Paris/Leipzig 1841, in einem Bd., Frankfurt 1981; Oeuvres inédites, I–III, ed. E. Naville, Paris 1859; Mémoire sur la décomposition de la pensée [1804], ed. D. Tisserand/H. Gouhier, I–II, Paris 1924 (= Œuvres III–IV), in einem Bd., ed. F. Azouvi, Paris [2]2000 (= Œuvres III); Journal intime de M. de B., I–II, ed. A. de la Valette-Monbrun, Paris 1927/1931; De l'aperception immédiate [1807], ed. J. Echeverria, Paris 1949, ed. I. Radrizzani, Paris 1995 (= Œuvres IV) (dt. Von der unmittelbaren Apperzeption. Berliner Preisschrift 1807, Freiburg 2008); Précédé de la Note sur les rapports de l'idéologie et des mathématiques [1803], I–II, ed. P. Tisserand, Paris 1952; Journal, I–III, ed. H. Gouhier, Neuenburg 1954–1957 (dt. [Auswahl] Tagebuch, ed. O. Weith, Hamburg 1977). – E. Naville (ed.), Notice historique et bibliographique sur les travaux de M. d. B., Genf 1851.

Literatur: A. Antoine, M. de B.. Sujet et politique, Paris 1999; F. Azouvi, M. de B., Enc. philos. universelle III/1 (1992), 1948–1951; ders., M. de B.. La science de l'homme, Paris 1995; B. Baertschi, L'ontologie de M. de B., Fribourg 1982; ders., Les rapports de l'âme et du corps. Descartes, Diderot et M. de B., Paris 1992; J. Beaufret, Notes sur la philosophie en France au XIXe siecle. De M. de B. à Bergson, Paris 1984; G. Boas, French Philosophies of the Romantic Period, Baltimore Md. 1925, New York 1964; A. Cresson, M. de B.. Sa vie, son œuvre, avec un exposé de sa philosophie, Paris 1950; V. Delbos, M. de B. et son œuvre philosophique, Pans 1931; A. Devarieux, M. de B.. L'individualité persévérante, Grenoble 2004; A. Drevet, M. de B., Paris 1968; G. Funke, M. de B.. Philosophisches und politisches Denken zwischen Ancien Régime und Bürgerkönigtum in Frankreich, Bonn 1947; M. Ghio, La filosofia della coscienza di M. de B. e la tradizione biraniana in Francia, Turin 1947, unter dem Titel: M. de B. e la tradizione biraniana in Francia, [2]1962; H. Gouhier, Les conversions de M. de B., Paris 1947, 1948; B. Halda, La pensée de M. de B., Paris 1970; P.P. Hallie, M. de B.. Reformer of Empiricism, 1766–1824, Cambridge Mass. 1959; M. Henry, Philosophie et phénoménologie du corps. Essai sur l'ontologie biranienne, Paris 1965 (engl. Philosophy and Phenomenology of the Body, The Hague 1975); R. Kühn, Berührung und Haut. Die Aktualität P. M. de B.s für die phänomenologische Rezeption, Phänom. Forsch. (2005), 243–267; ders., Pierre M. de B.. Ichgefühl und Selbstapperzeption. Ein Vordenker konkreter Transzendentalität in der Phänomenologie, Hildesheim 2006; R. Lacroze, M. de B., Paris 1970; G. Madinier, Conscience et mouvement. Essai sur les rapports de la conscience et de l'effort moteur dans la philosophie francaise de Condillac à Bergson, Paris 1938; F.C.T. Moore, The Psychology of M. de B., Oxford 1970; ders., M. de B., REP VI (1998), 49–53; G. le Roy, L'expérience de l'effort et de la grâce chez M. de B., Paris 1937; G. Tarde, M. de B. et l'évolutionnisme en psychologie, ed. É. Alliez, Paris 2000; C. Terzi, M. de B. nel pensiero moderno e contemporaneo, Padua 1974; N. E. Truman, M. de B.'s Philosophy of Will, New York/London 1904; D. Voutsinas, La psychologie de M. de B., Paris 1964, 1975.   H. R. G.

Makrokosmos (von griech. μακρὸς κόσμος, die große Welt), das ↑All oder ↑Universum, wie es in der Antike und in der hermetischen (↑hermetisch/Hermetik) Tradition als großer Organismus (vgl. Platon, Tim. 30b) konzipiert wird, im Gegensatz zu einem ihn in getreuer Entsprechung (›Korrespondenz‹) spiegelnden Teil desselben, einem *Mikrokosmos* (μικρὸς κόσμος, die kleine Welt). Im allgemeinen wird *der Mensch* als ein solcher Mikrokosmos gesehen. Den Ausdruck ›μακρὸς κόσμος‹ verwendet, gegen die gemeinte Sache gerichtet, wohl erstmals Aristoteles (Phys. Θ2.252b26–27, vgl. Demokrit VS 68 B 34: ἐν τῶι ἀνθρώπωι μικρῶι κόσμωι ὄντι κατὰ τὸν Δημόκριτον ταῦτα θεωροῦνται). Die M.-Mikrokosmos-Vorstellung selbst findet sich jedoch schon im Avesta, in den ↑upaniṣads – wo das Ich (↑ātman) das All (↑brahman, das kosmische Ich) spiegelt und versteht – und in klassischen chinesischen Texten, die sogar eine genaue Entsprechung von Teilen des menschlichen Körpers mit Teilen des ↑Kosmos (z.B. mit bestimmten Himmelskörpern) lehren. Die Übereinstimmung zwischen M. und Mikrokosmos kann freilich auch in allgemeineren Strukturen (wie noch heute bei dem popularisierenden Bild vom Atom als einem ›kleinen Sonnensystem‹) oder auch nur in der Grundstruktur der ›Bausteine‹ gesehen werden, aus denen M. und Mikrokosmos zusammengesetzt sind (so schon die Platons »Timaios« zugrundeliegende Vorstellung, Tim. 41d–58c). Daß sich Vorstellungen dieser Art durch die gesamte Geschichte der Weltbilder und Weltanschauungen hindurch vorfinden, erklärt sich aus der besonderen Suggestivität des Einheitsgedankens für die theoretische Erkenntnis und aus den erhofften Konsequenzen für das technische und soziale Handeln. In der Tat würde das Bestehen einer M.-Mikrokosmos-Entsprechung (über eine bloße Metapher hinaus) erlauben, nicht nur Erkenntnisse über den M. auf den Mikrokosmos und – wichtiger – solche über den Mikrokosmos auf den M. zu übertragen (wovon verschiedene Richtungen der so genannten ›praktischen Mystik‹ in Form von Introspektions- und Meditationsübungen Gebrauch machen), sondern auch durch geeignete Beeinflussung des Mikrokosmos Wirkungen im M. hervorzubringen (einer der Grundgedanken des magischen Denkens und Verhaltens). In jedem Falle bereitet die M.-Mikrokosmos-Vorstellung die Grundüberzeugung der neuzeitlichen Wissenschaft von der prinzipiellen Erkennbarkeit der Natur durch Vernunft, also durch rationale Erklärung vor.

Die Vorstellung von M. und Mikrokosmos wird in der griechischen Philosophie vor allem von der ↑Stoa (be-

sonders Poseidonios) sowie im ↑Neuplatonismus tradiert und durch dessen Wiederbelebung in der Philosophie der Frührenaissance (Paracelsus, G. Bruno, G. Cardano, G. Pico della Mirandola u. a.) zu einem zentralen Thema sowohl der ↑Anthropologie (einschließlich der Medizin) als auch der kosmologischen Spekulation, die der sich abzeichnenden Revolution des astronomischen Weltbildes vorher- und parallelgeht. Gestützt wird die M.-Mikrokosmos-Vorstellung dabei durch Textstellen des einflußreichen *Corpus Hermeticum*, insbes. die so genannte »Tabula Smaragdina«, ein dem Hermes Trismegistos in den Mund gelegter pseudosakraler Text, in dessen erstem Satz es heißt: »Was unten ist, ist so wie das, was oben ist; was oben ist, ist so wie das, was unten ist, zur Vollbringung der Wunder des Einen [...]«. Der spekulativen Verwertung einer solchen Wendung sind kaum Grenzen gesetzt. Z. B. findet sich in einigen Versuchen zur philosophisch-theoretischen Fundierung der ↑Alchemie im 16. Jh. der ›Lapis‹ (d. h. der ›Stein der Weisen‹) in vom christlichen Standpunkt aus häretischer Weise als ›filius macrocosmi‹, d. h. (so die Interpretation von C. G. Jung, Die Visionen des Zosimos, in: ders., Ges. Werke XIII, Olten/Freiburg 1978, 65–121) als ›Gott des M.‹ (a. a. O., 106), Christus dem ›Menschensohn‹ als dem ›filius microcosmi‹ (a. a. O., 107) gegenübergestellt (vgl. Hortulanus, Super tabulam smaragdinam hermetis commentarius, in: [anonyme Textsammlung] De Alchemia, Nürnberg 1541, 364–373). Aber auch außerhalb solcher singulärer Deutungen wird die Lehre vom M. und Mikrokosmos zur philosophischen Grundlage der ↑Astrologie und der zeitgenössischen Heilkunde, wobei man sich hier weit stärker um empirische Bezugnahme bemüht als in der spekulativen ↑Mystik J. Böhmes, R. Fludds (vgl. Abb.) oder (später) E. Swedenborgs, die alle in oft phantastische Details ausgeweitete Analogien zwischen Weltbau und anatomischem Bau des menschlichen Leibes aufstellen. In der ↑Metaphysik führt G. W. Leibniz, unter anderem unter Rückgriff auf eine entsprechende Terminologie und die ihr zugrundeliegende Weltseelenvorstellung (↑Weltseele) bei Bruno, ↑›Monaden‹ ein. Eine Monade ist ›eine kleine Welt‹, und zwar »ein lebendiger immerwährender Spiegel des Universums« (Monadologie §§ 56, 63, Philos. Schr. VI, 616, 618; Princ. nat. grâce § 12, Philos. Schr. VI, 603).
Eine gewisse Umdeutung erfährt der M.-Mikrokosmos-Gedanke, als im 19. Jh. die romantische Naturphilosophie (↑Naturphilosophie, romantische) durch ihn die Korrespondenz zwischen M. und Mikrokosmos im Sinne einer ›sympathetischen‹ Beziehung aller Teile des Universums aufeinander ausgedrückt sehen will (J. W. v. Goethe, Novalis, F. Schlegel u. a.). Spekulative Philosophen der Zeit beschreiben den Menschen als Mikrokosmos, »in welchem das Universum sich anschaut« (J.

Darstellung des Menschen als Mikrokosmos, im Tierkreis stehend, der die Beziehungen zwischen Mikrokosmos und M. vermittelt und dessen Häuser durch gestrichelte Linien mit den von ihnen beeinflußten Körperteilen verbunden sind. Die genaue Entsprechung von Mikrokosmos und M. zeigt sich am Auftreten von Sonne, Mond und Planetensphären sowohl im äußeren (makrokosmischen) als auch im inneren (mikrokosmischen) Kreissystem; dieses schließt seinerseits die Sphären der Körpersäfte ein, deren über Gesundheit und Krankheit des Menschen entscheidendes Gleichgewicht vom M. abhängig ist (Titelblatt von: R. Fludd, Utriusque cosmi maioris scilicet et minoris metaphysica, physica atque technica historia I, Oppenheim 1617).

J. Wagner, System der Idealphilosophie, Leipzig 1804 [repr. Brüssel 1968], LIII), während A. Schopenhauer seine Sicht in die Worte faßt: »Jeder findet sich selbst als diesen Willen, in welchem das innere Wesen der Welt besteht [...]. Jeder ist [...] die ganze Welt selbst, der Mikrokosmos«, und was er so »als sein eigenes Wesen erkennt, dasselbe erschöpft auch das Wesen der ganzen Welt, des M.« (Die Welt als Wille und Vorstellung I, § 29, Sämtl. Werke II, ed. J. Frauenstädt, Leipzig ²1891, 193). Als eine ›kleine Welt‹ versteht L. Oken jeden ↑Organismus, relativ zu dem die einzelnen Zellen wiederum neue, noch kleinere Welten darstellen, ein Bild von einem relativen M.-Mikrokosmos-Verhältnis, das sich nicht nur in der ↑Evolutionstheorie wiederfindet, sondern auch in organizistischen (↑Organizismus) Staats- und Gesellschaftstheorien auf ein Verhältnis zwischen ↑Institutionen extrapoliert wird. In der Philosophie verwendet R. H. Lotze ›Mikrokosmus‹ im Titel eines seiner Hauptwerke, das sich gegen zeitgenössische mechanistische (↑Mechanismus) Vorstellungen wendet und im Untertitel zugleich seine Fortführung Herderscher Gedanken anzeigt (Mikrokosmus. Ideen zur Naturgeschichte und Geschichte der Menschheit. Versuch einer Anthropologie, I–III, Leipzig 1856–1864, unter dem Titel: Mikrokosmos. [...], ed. R. Schmidt, [6]1923). Wenn im 20. Jh. M. Scheler in der Ethik den individuellen ›Mikrokosmen von Werten‹ einen ›M. der sittlichen Werte‹ entgegensetzt (Zum Phänomen des Tragischen, in: ders., Vom Umsturz der Werte. Abhandlungen und Aufsätze, Bern, Bonn [4]1955 [= Ges. Werke III], 149–169, 165) oder in den Mikrokosmen ›individuelle ›Personalwelten‹ als Teile einer ›unendlichen und vollkommenen Geistesperson‹ (Gottes) sieht (Der Formalismus in der Ethik und die materiale Wertethik. Neuer Versuch der Grundlegung eines ethischen Personalismus, Bonn, Bern [4]1954 [= Ges. Werke II], 395), oder wenn L. Wittgenstein die Einsicht, »daß die Grenzen *der* Sprache [...] die Grenzen *meiner* Welt bedeuten« (Tract. 5.62), durch einen Seitenblick, »Ich bin meine Welt. (Der Mikrokosmos.)« (Tract. 5.63) erläutert, so macht dies nur den (seit Anfang des 19. Jhs.) zunehmend metaphorischen Gebrauch der Rede vom M. und Mikrokosmos deutlich, dem gegenüber Auffassungen wie diejenige C. G. Jungs vom Mikrokosmos als dem auf die ›Archetypen‹ zurückgehenden ›kollektiven Unbewußten‹ (C. G. Jung/W. Pauli, Naturerklärung und Psyche, 79) bislang isoliert geblieben sind.

Literatur: M. Adriana, Microcosmo, Enc. filos. IV (1967), 631; R. Allers, Microcosmus. From Anaximandros to Paracelsus, Traditio 2 (1944), 319–407; G. Boas, Macrocosm and Microcosm, DHI III (1973), 126–131; S. Bodnár, Mikrokosmos, I–II, Berlin 1898; E. Cassirer, Individuum und Kosmos in der Philosophie der Renaissance, Leipzig/Berlin 1927, Darmstadt, Hamburg 2002 (= Ges. Werke XIV); G. P. Conger, Theories of Macrocosms and Microcosms in the History of Philosophy, New York 1922, 1967; F. M. Cornford, Plato's Cosmology. The Timaeus of Plato, London, New York 1937, London 2003; H. Friedmann, Wissenschaft und Symbol. Aufriß einer symbolnahen Wissenschaft, München o. J. [1949]; M. Gatzemeier/H. Holzhey, M./ Mikrokosmos, Hist. Wb. Ph. V (1980), 640–650; A. Götze, Persische Weisheit in griechischem Gewande. Ein Beitrag zur Geschichte der Mikrokosmos-Idee, Z. Indol. u. Iranistik 2 (1923), 60–98, 167–177; G. M. A. Grube, Plato's Thought, London 1935, London, Indianapolis Ind. 1980; W. K. C. Guthrie, A History of Greek Philosophy I (The Earlier Presocratics and the Pythagoreans), Cambridge etc. 1962, 2000; ders., Man's Role in the Cosmos. Man the Microcosm. The Idea in Greek Thought

and Its Legacy to Europe, in: European Cultural Foundation/ Fondation Européenne de la culture (ed.), The Living Heritage of Greek Antiquity/L'héritage vivant de l'antiquité grecque, The Hague/Paris 1967, 56–73; H. Hommel, Mikrokosmos, Rhein. Mus. Philol. NF 92 (1943), 56–89; H. Jonas, The Gnostic Religion. The Message of the Alien God and the Beginnings of Christianity, Boston Mass. 1958, [3]2001; C. G. Jung, Einige Bermerkungen zu den Visionen des Zosimos, Eranos-Jb. 5 (1937), 15–54, unter dem Titel: Die Visionen des Zosimos, in: ders., Ges. Werke XIII, ed. L. Jung-Merker/E. Rüf, Olten/Freiburg 1978, Solothurn/Düsseldorf [4]1993, Sonderausg. 1995, Düsseldorf [2]2006, 65–121 (engl. The Visions of Zosimos, in: ders., The Collected Works of C. G. Jung XIII, ed. H. Read/M. Fordham, G. Adler, Princeton N. J. 1967, 1983, 57–108); ders., Psychologie und Alchemie, Zürich 1944, Solothurn/Düsseldorf, Zürich/ Stuttgart [7]1994 (= Ges. Werke XII), Neuausg. Solothurn/Düsseldorf 1995, Düsseldorf [2]2006 (engl. Psychology and Alchemy, ed. H. E. Read/M. Fordham/G. Adler, Princeton N. J., New York, London 1953 [= The Collected Works of C. G. Jung XII], [2]1968, Princeton N. J. 1993; franz. Psychologie et alchimie, ed. R. Cahen, Paris 1970, 2004); ders., Synchronizität als ein Prinzip akausaler Zusammenhänge, in: ders./W. Pauli, Naturerklärung und Psyche, Zürich 1952, 1–107, ferner in: ders., Synchronizität, Akausalität und Okkultismus, ed. L. Jung, München 1990 (= C.-G.-Jung-Taschenbuchausg. V), [6]2003, 9–97 (engl. Synchronicity. An Acausal Connecting Principle, in: ders./W. Pauli, The Interpretation of Nature and Psyche, New York 1955, 1–146, ferner in: ders., The Collected Works of C. G. Jung VIII, ed. H. E. Read/ M. Fordham/G. Adler, New York, London 1960, Princeton N. J. [2]1969, London 1991, 417–519, separat Princeton N. J. 2010); C. v. Korvin-Krasinski, Mikrokosmos und M. in religionsgeschichtlicher Sicht, Düsseldorf 1960; W. Kranz, Kosmos, Arch. Begriffsgesch. 2,1–2,2 (1955/1957), bes. 2,2, 167–174 (Kap. V.D Der ›microcosmus‹); M. Kurdziałek, Der Mensch als Abbild des Kosmos, in: A. Zimmermann (ed.), Der Begriff der Representatio im Mittelalter. Stellvertretung, Symbol, Zeichen, Bild, Berlin/New York 1971, 35–75; F. Laemmli, Vom Chaos zum Kosmos. Zur Geschichte einer Idee, I–II, Basel 1962; G. Lanczkowski, M. und Mikrokosmos, RGG IV ([3]1960), 624–625; D. Levy, Macrocosm and Microcosm, Enc. Ph. V (1967), 121–125; D. Mahnke, Eine neue Monadologie, Berlin 1917, Würzburg 1971 (Kant-St. Erg.hefte XXXIX); ders., Unendliche Sphäre und Allmittelpunkt. Beiträge zur Genealogie der mathematischen Mystik, Halle 1937 (repr. Stuttgart-Bad Cannstatt 1966); A. Meyer, Wesen und Geschichte der Theorie vom Mikro- und M., Diss. Bern 1900 (Berner Stud. zur Philos. u. ihrer Gesch. XXV); D. P. Norford, Microcosm and Macrocosm in Seventeenth-Century Literature, J. Hist. Ideas 38 (1977), 409–428; A. Olerud, L'idée de macrosocmos et de microcosmos dans le Timée de Platon. Etude de mythologie comparée, Uppsala 1951; W. Pauli, Der Einfluß archetypischer Vorstellungen auf die Bildung naturwissenschaftlicher Theorien bei Kepler, in: C. G. Jung/ders., Naturerklärung und Psyche [s. o.], 108–194 (engl. The Influence of Archetypal Ideas on the Scientific Theories of Kepler, in: C. G. Jung/ders., The Interpretation of Nature and Psyche, New York 1955, 147–240, ferner in: ders., Writings on Physics and Philosophy, ed. C. P. Enz/K. v. Meyenn, Berlin/Heidelberg/New York 1994, 219–279); K. Reinhardt, Kosmos und Sympathie. Neue Untersuchungen über Poseidonios, München 1926, Hildesheim 1976; J. F. Ruska, Tabula Smaragdina. Ein Beitrag zur Geschichte der hermetischen Literatur, Heidelberg 1926; F. Saxl, Macrocosm and Microcosm in Mediaeval Pictures, Lectures [Warburg Institute] I, London 1957 (repr. Nendeln 1978), 58–72; G. E.

Sollbach, Die mittelalterliche Lehre vom Mikrokosmos und M., Hamburg 1995; K. Ziegler, Menschen- und Weltenwerden. Ein Beitrag zur Geschichte der Mikrokosmosidee, Leipzig/Berlin 1913; O. Ziemssen, M.. Grundideen zur Schöpfungsgeschichte und zu einer harmonischen Weltanschauung. Versuch einer Systematik des Kopernikanismus, Gotha 1893; R. Ziomkowski, Microcosm and Macrocosm, NDHI IV (2005), 1439–1443. C. T.

Makrosoziologie/Mikrosoziologie, innerhalb der ↑Soziologie Bezeichnung für eine naheliegende, jedoch unzureichende Bestimmung des Gegenstandsbereichs von Makrosoziologie (Ma.) und Mikrosoziologie (Mi.), die die relative Größe der zu untersuchenden Einheiten zum Bezugspunkt nimmt. Danach ist die Ma. Großgruppenforschung, die die Struktur, die Funktions- und die Wirkungszusammenhänge sowie die Dynamik der Vorgänge innerhalb von Großgruppen, Gesellschaftsschichten, Gesamtgesellschaften und großräumigen Organisationen und zwischen ihnen untersucht, während die Mi. Kleingruppenforschung ist, die die Struktur, die Funktions- und die Wirkungszusammenhänge sowie die Dynamik von Vorgängen innerhalb von Kleingruppen wie Partnerschaften, Familien, Betrieben und Gemeinden sowie zwischen ihnen untersucht. Diese Bestimmung berücksichtigt nicht das Interesse an der Erforschung eines möglichen interaktiven Zusammenhanges zwischen Groß- und Kleingruppen sowie zwischen Gruppenverhalten und individuellem Verhalten. Sofern hinsichtlich der anzuwendenden soziologischen Methoden unterstellt wird, daß die Größe einer Untersuchungseinheit für die soziologische Analyse keine methodischen Probleme aufwirft, ist die Unterscheidung zwischen Ma. und Mi. auch methodisch ohne Relevanz. Das ist z. B. dann der Fall, wenn sich die soziologische Analyse und Erklärung durchgehend sozialpsychologischer Konzepte bedient, so daß systemische Gesichtspunkte nicht in den Blick geraten können. Hier von der einen auf die andere Ebene zu schließen – z. B. das individuelle durch das kollektive oder das kollektive durch das individuelle Verhalten zu erklären –, würde gegebenenfalls eine ↑Pseudoerklärung (›contextual fallacy‹) darstellen. Demgegenüber ist von einer für das betreffende Untersuchungsziel geeigneten, differenziellen Kategorialanalyse und Methodik auszugehen, die z. B. subjektiv bewußte von subjektiv unbewußten und kollektive von systemischen Einflußfaktoren zu unterscheiden erlauben, und zwar prinzipiell ohne methodischen Bezug auf die Größe der zu untersuchenden Einheit (allerdings machen sowohl die Größe einer Einheit und ihre räumliche Ausgedehntheit als auch die Vielfalt und Komplexität der zu untersuchenden Beziehungen zwischen Einheiten, die Untersuchungsdauer und die zeitliche Ausgedehntheit des zu erforschenden sozialen Phänomens einen Unterschied im Forschungsaufwand). Als ›makrosoziologisch‹ können dann solche Hypothesen, Theorien und Erklärungen bezeichnet werden, die systemische Erklärungsansätze enthalten, als ›mikrosoziologisch‹ solche, die nur handlungstheoretische bzw. individual- oder sozialpsychologische Begriffe und Methoden verwenden.

Literatur: J. C. Alexander u. a. (eds.), The Micro-Macro Link, Berkeley Calif./Los Angeles/London 1987; T. Bottomore, Competing Paradigms in Macrosociology, Annual Rev. Sociology 1 (1975), 191–202; M. Cherkaoui, Le réel et ses niveaux. Peut-on toujours fonder la macrologie sur la micrologie?, Rev. française de sociologie 28 (1997), 497–524; ders., Macrosociology – Microsociology, IESBS XIII (2001), 9117–9122; J. S. Coleman, Foundations of Social Theory, Cambridge Mass./London 1990, 2000 (dt. Grundlagen der Sozialtheorie, I–III, München 1991–1994, 1995); R. Collins, On the Microfoundations of Macrosociology, Amer. J. Sociology 86 (1981), 984–1014; S. N. Eisenstadt/H.-J. Helle (eds.), Perspectives on Sociological Theory I (Macro-Sociological Theory), London/Beverly Hills Calif. 1985, 1986; F. E. Elwell, Macrosociology. The Study of Sociocultural Systems, Lewiston N. Y./Queenston Ont./Lampeter 2009; A. Etzioni (ed.), Complex Organizations. A Sociological Reader, New York etc. 1961, unter dem Titel: A Sociological Reader on Complex Organizations, New York etc. ²1969, ed. mit E. W. Lehman, ³1980; T. J. Fararo, The Meaning of General Theoretical Sociology. Tradition and Formalization, Cambridge etc. 1989, 1992; E. Francis, Ma., in: W. Bernsdorf (ed.), Wörterbuch der Soziologie, Stuttgart ²1969, 656–660; B. Giesen, Ma.. Eine evolutionstheoretische Einführung, Hamburg 1980; G. Gurvitch, Mi., in: W. Bernsdorf (ed.), Wörterbuch der Soziologie [s. o.], 692–695; J. Halfmann, Ma. der modernen Gesellschaft. Eine Einführung in die soziologische Beschreibung makrosozialer Phänomene, Weinheim/München 1996; A. H. Hawley, The Logic of Macrosociology, Annual Rev. Sociology 18 (1992), 1–14; M. Hechter, The Microfoundations of Macrosociology, Philadelphia Pa. 1983; P. Hedström/R. Swedberg (eds.), Social Mechanisms. An Analytical Approach to Social Theory, Cambridge/New York/Oakleigh 1998, 2007; G. C. Homans, Social Behavior. Its Elementary Forms, New York etc., London 1961, rev. 1974 (dt. Elementarformen sozialen Verhaltens, Köln/Opladen 1968, ²1972); G. E. Lenski, Power and Privilege. A Theory of Social Stratification, New York/St. Louis Mo. 1966, Chapel Hill N. C./London 1984 (dt. Macht und Privileg. Eine Theorie der sozialen Schichtung, Frankfurt 1973, 1977); ders., Human Societies. A Macrolevel Introduction to Sociology, New York 1970, mit P. Nolan, mit Untertitel: An Introduction to Macrosociology, Boulder Colo./London ¹¹2009; M. Olson, The Logic of Collective Action. Public Goods and the Theory of Groups, Cambridge Mass./London, New York 1965, Cambridge Mass./London 2003 (dt. Die Logik des kollektiven Handelns. Kollektivgüter und die Theorie der Gruppen, Tübingen 1968, ⁵2004; franz. Logique de l'action collective, Paris 1978, ²1987); S. K. Sanderson, Macrosociology. An Introduction to Human Society, New York 1988, ⁴1999; T. C. Schelling, Micromotives and Macrobehavior, New York 1978, New York/London 2006 (franz. Les macroeffets de nos microdécisions, Paris 2007); J. H. Turner, Societal Stratification. A Theoretical Analysis, New York 1984. – Ma., in: W. J. Koschnik (ed.), Standardwörterbuch für die Sozialwissenschaften II/Standard Dictionary for the Social Sciences II, München etc. 1993, 800–801; Mi., in: W. J. Koschnik (ed.), Standardwörterbuch für die Sozialwissenschaften II/Standard Dictionary for the Social Sciences II [s.o.], 887–888. R. Wi.

Malebranche, Nicole, *Paris 6. Aug. 1638, †ebd. 13. Okt. 1715, franz. Philosoph, Hauptvertreter eines christlichen ↑Cartesianismus in Frankreich (der ›christliche Plato‹). Nach Studium der Philosophie am Collège de la Marche und der Theologie an der Sorbonne 1660 Eintritt in die von dem Augustinertheologen Pierre de Bérulle gegründete Kongregation der Oratorianer, 1664 Priesterweihe, 1699 Mitglied der Académie des Sciences. – In unmittelbarer Anknüpfung an die Metaphysik R. Descartes', mit der er sich seit 1664 beschäftigte und die er, in scharfer Ablehnung aristotelischer Traditionen, mit Elementen der Philosophie A. Augustinus' zu verbinden suchte, entwickelte M. ein philosophisches System, dessen zentrale Bestandteile (a) die Lehre von der ›vision en Dieu‹ und (b) eine ›okkasionalistische‹ Lösung (↑Okkasionalismus) des durch die Cartesische Zwei-Substanzen-Lehre (↑Dualismus, ↑res cogitans/res extensa) entstandenen ↑Leib-Seele-Problems sind. Beide Konzeptionen sind Gegenstand von M.s Hauptwerk »Recherche de la vérité« (vgl. III 2,6, VI 2,3), an dem er 1668 bis 1674 arbeitete und dessen philosophische Orientierungen er auch später, unter anderem in Kontroversen mit A. Arnauld und G. W. Leibniz, unverändert beibehielt.

Nach M. sind alle wahren Verbindungen zwischen verschiedenen ↑Ereignissen notwendig. Alle Kausalbeziehungen (↑Kausalität) zwischen physischen Ereignissen ebenso wie zwischen physischen und psychischen Ereignissen können aber ohne Widerspruch bestritten werden. Die erforderliche Notwendigkeit kann nur durch Rückgriff auf den ↑Willen und die ↑Allmacht Gottes zustandekommen. Entsprechend gehen alle Kausalbeziehungen, darunter die ↑Wechselwirkung zwischen Leib und Seele, auf den unmittelbaren Eingriff Gottes zurück. Deshalb ist auch Erkenntnis nur ›in Gott‹ bzw. ›durch Gott‹, d.h. durch Teilhabe an den göttlichen Ideen, die der andauernden Schöpfung (*creatio continua*) der Welt zugrundeliegen, möglich (↑concursus Dei), und ›theologische‹ und ›philosophische‹ Wahrheit sind identisch. M.s Theorie der Wahrheitsfindung und des Irrtums, im wesentlichen in der »Recherche de la vérité« ausgearbeitet, sucht so zwischen den Konsequenzen der Cartesischen ↑Metaphysik und christlichen Glaubensbeständen systematisch zu vermitteln (Unerkennbarkeit der in ihrer Existenz unbezweifelbaren Welt und unmittelbare Erkennbarkeit bzw. Gewißheit Gottes). In der Frage der ↑Theodizee vertritt M. die Ansicht, daß Gott besondere ↑Übel zuläßt, weil der Preis ihrer Vermeidung in der Preisgabe der Einfachheit und Einheitlichkeit der ↑Naturgesetze und damit der Gleichförmigkeit der göttlichen Eingriffe bestünde. Bei einer solcherart geordneten Welt drückt sich die göttliche Weisheit im Welt-

lauf aus. Theologisch wendet sich M. gegen die Vorstellungen von Gnade und ↑Prädestination im ↑Jansenismus (Traité de la nature et de la grâce, 1680).

Im Unterschied zur Cartesischen ↑Metaphysik unterscheidet M. unter dem Begriff der Gestalt zwischen spezifischer Gestalt (›Konfiguration‹) der Teile (Korpuskeln) eines Körpers und allgemeiner Gestalt (›Figur‹), in der ein Körper der sinnlichen Wahrnehmung erscheint, ferner unter dem Begriff des Denkens zwischen dem Erfassen von Ideen (↑Idee (historisch)) ohne Mitwirkung der Sinnlichkeit und sinnlichen Zuständen der Seele (›Empfindungen‹). Entscheidend ist dabei wiederum der Gesichtspunkt der grundsätzlichen Passivität der Erkenntnis- und Empfindungsvorgänge (ebenfalls im Unterschied zu Grundzügen der Cartesischen Metaphysik). In Mathematik und Naturphilosophie spielt M. die Rolle eines einflußreichen Vermittlers und Anregers (zu seinem Kreis gehörten z.B. der Marquis de l'Hospital und P. Variguan). Er ist mit der Cartesischen Mathematik und Leibnizens Infinitesimalkalkül (den er in Frankreich bekannt machte) vertraut (↑Infinitesimalrechnung), desgleichen mit dessen Physik. Eigene naturwissenschaftliche Arbeiten betreffen insbes. die ↑Stoßgesetze (mit Descartes, dessen Vorstellungen der Identität von Ausdehnung und Materie [↑res cogitans/res extensa] und der Unmöglichkeit einer ↑actio in distans er teilt, identifiziert M. Bewegungsgesetze mit Stoßgesetzen). Dabei kommt, weil auch die ↑Naturgesetze nach M. allein vom Willen Gottes abhängen, der (beobachtenden und experimentellen) ↑Erfahrung eine wesentliche Rolle zu (diese gibt nachprüfbare Auskunft über den in der Natur realisierten Willen Gottes). Mit dieser von Descartes abweichenden Auffassung nähert sich M. den methodologischen Prinzipien der Newtonschen Physik (↑regulae philosophandi). – Mit seinen erkenntnistheoretischen Konzeptionen beeinflußte M. insbes. G. Berkeley und D. Hume sowie mittelbar Leibniz, insofern dieser wesentliche Teile seiner Philosophie, darunter das Theorem von der prästabilierten Harmonie (↑Harmonie, prästabilierte), in Auseinandersetzung mit entsprechenden (›okkasionalistischen‹) Vorstellungen M.s entwickelte.

Werke: Œuvres complètes, I–II, ed. A.-E. de Genoude/H. de Lourdoueix, Paris 1837; Œuvres, I–II, ed. J. Simon, Paris 1842, I–IV, 1871; Œuvres complètes, I– , ed. crit. D. Roustan/P. Schrecker, Paris 1938 [mehr nicht erschienen]; Œuvres complètes, I–XX und zwei Indexbde, ed. A. Robinet u.a., Paris 1958–1984, 1990 Nachtrag Index microfiché de l'ensemble des concordances [Kritische Gesamtausg.]; Œuvres, I–II, ed. G. Rodis-Lewis, Paris 1979–1992. – De la recherche de la vérité, ou l'on traitte de la nature de l'esprit de l'homme, & de l'usage qu'il en doit faire pour éviter l'erreur dans les sciences, I–II, Paris 1674/1675, ²1675/1676, I–III ³1677/1678, Lyon 1684, in einem Bd., Paris ⁴1678, I–III, ⁴1678/1679, nur Bd. III, Paris ⁴1683, I–II, Amsterdam ⁴1688, I–III, Paris ⁵1700, I–IV, ⁶1712, I–II, ⁶1712,

⁷1721, I–IV, ⁷1721, 1735/1736, 1740, ⁸1749, 1762, 1772, Lyon 1829, I–II, ed. F. Bouillier, Paris 1880, I–III, ed. G. Lewis, 1945, 1962, 1972–1976, I–III, ed. J.-C. Bardout, 2006 (lat. De inquirenda veritate libri sex [...], Genf 1685, London 1687, Genf 1689, 1690, 1691; engl. Father M.'s Treatise Concerning the Search after Truth. The Whole Work Complete to Which Is Added the Author's Treatise of Nature and Grace [...], I–II in einem Bd., Oxford 1694, unter dem Titel: Father M. His Treatise Concerning the Search of Truth [...], London ²1700, unter dem Titel: M.'s Search after Truth [...], I–II, London 1694/1695, unter dem Titel: The Search after Truth. Elucidations of the Search after Truth, ed. and trans. T. M. Lennon/P. J. Olscamp, Columbus Ohio 1980, Cambridge etc. 1997; dt. Von der Wahrheit, oder von der Natur des Geistes [...], I–IV, Halle 1776–1780, unter dem Titel: Erforschung der Wahrheit, I–III (I, Buch 1–3 [mehr nicht erschienen]), ed. A. Buchenau, München 1914, 1920, unter dem Titel: Von der Erforschung der Wahrheit, Buch 3, ed. A. Klemmt, Hamburg 1968); Conversations chrétiennes, dans lesquelles on justifie la vérité de la religion et de la morale de Jésus-Christ, Mons 1677, mit Untertitel: Nouvelle édition corrigée & augmentée, Brüssel 1677 [erw. um Méditations sur l'humilité et la penitence, 353–395], Mons 1678, Rotterdam 1685 [Meditations (...), 275–311], Köln 1693, Rouen 1695, Paris 1702, 1733, ed. crit. L. Bridet, Paris 1929, ed. G. Rodis-Lewis, Paris 1994, ed. J.-C. Bardout, Paris 2010 (engl. Christian Conferences. Demonstrating the Truth of Christian Religion and Morality [...], London 1695); Traité de la nature et de la grâce, Amsterdam 1680, o. O. 1682, Köln 1683, Rotterdam 1684, 1701, 1703, 1712, ed. G. Dreyfus, Paris 1958, ²1976 [= Oeuvres completes V] (engl. A Treatise of Nature and Grace [...], London 1695 [zuvor zusammen mit Treatise Concerning the Search after Truth (s. o., Werke), 1694, ²1700], unter dem Titel: Treatise on Nature and Grace, ed. P. Riley, Oxford 1992; dt. Abhandlung von der Natur und von der Gnade, ed. S. Ehrenberg, Hamburg 1993); Meditations chrestiennes [sic!], Köln [i.e. Amsterdam] 1683, Amsterdam 1690, unter dem Titel: Méditations chrétiennes et métaphysiques, I–II, Lyon 1699, 1707, unter dem Titel: Méditations chrétiennes, ed. H. Gouhier, Paris 1928 (dt. Christlich-metaphysische Betrachtungen, Münster 1842 (übers. nach der Ausg. Lyon 1707); Traité de morale, I–II [teilweise in einem Bd.], Rotterdam 1684, in einem Bd., Köln 1683 [tatsächlich: Rouen 1684], unter dem Titel: Traitté [sic!] de morale, I–II, Lyon 1697, unter dem Originaltitel: Lyon 1707, ed. H. Joly, Paris 1882, 1939, 1953, ed. J.-P. Osier, Paris 1995 (engl. A Treatise of Morality, in Two Parts [in einem Band], trans. J. Shipton, London 1699, unter dem Titel: Treatise on Ethics [1684], trans. C. Walton, Dordrecht/Boston Mass. 1993); Entretiens sur la métaphysique et sur la religion, Rotterdam 1688, ²1690, I–II, [ergänzt um Entretiens sur la mort], Paris 1696, unter dem Titel: Entretiens sur la métaphysique, sur la religion et sur la mort, I–II, Paris 1703, 1711, 1732, mit Originaltitel, ed. P. Fontana, Paris 1922, ed. crit. A. Cuvillier, Paris 1945/1947 [i.e. 1948], 1948, 1961/1964, mit Titel: Entretiens sur la métaphysique, sur la religion et sur la mort, ed. G. Rodis-Lewis, Paris 1994 (engl. Dialogues on Metaphysics and on Religion, trans. M. Ginsberg, London 1923, London/New York 2002, unter dem Titel: Entretiens sur la métaphysique/Dialogues on Metaphysic [franz./engl.], trans. W. Doney, New York 1980, unter dem Titel: Dialogues on Metaphysics and on Religion, ed. N. Jolley, trans. D. Scott, Cambridge etc. 1997); Traité de l'amour de Dieu, en quel sens il doit être désintéressé [zuerst zusammen mit Traitté de morale [s. o., Werke], 1697], Lyon, Paris 1707, ed. D. Roustan, Paris 1922; Entretien d'un philo-

sophe chrétien et d'un philosophe chinois sur l'existence et la nature de Dieu, Paris 1708, unter dem Titel: Entretien d'un philosophe chrétien et d'un philosophe chinois, ed. A. Le Moine, 1936 [enthält auch Avis (s. u., Werke)]; Avis touchant l'entretien d'un philosophe Chrétien et d'un philosophe chinois, Paris 1708 [häufig zusammengebunden mit Entretien d'un philosophe chrétien (...) (s. o., Werke)]; Recueil de toutes les responses du Pere M. [...] à Monsieur Arnauld [...], I–IV, Paris 1709; Reflexions sur la prémotion physique [Réflexion sur la prémotion physique], Paris 1715. – A. Robinet, La bibliographie des œuvres de M., in: ders. u. a. (eds.), Œuvres de M. XX, Paris 1967, ²1978, 291–441; Totok IV (1981), 165–176; P. Easton/T. M. Lennon/G. Sebba, Bibliographia Malebranchiana. A Critical Guide to the M. Literature into 1989, Carbondale Ill./Edwardsville Ill. 1992.

Literatur: F. Ablondi, Causality and Human Freedom in M., Philos. & Theol. 9 (1996), 321–331; M. Adam, M. et le problème moral, Bordeaux 1995; E. Allard, Die Angriffe gegen Descartes und M. im Journal de Trévoux 1701–1715, Halle 1914 (repr. Hildesheim/New York/Zürich 1985); F. Alquié, Science et métaphysique chez M. et chez Kant, Rev. philos. Louvain 70 (1972), 5–42; ders., Le cartésianisme de M., Paris 1974; ders., M. et le rationalisme chrétien. Présentation, choix de textes, bibliographie, Paris 1977; H. U. Asemissen, M., RGG IV (³1960), 629–630; A. Baker, M.'s Occasionalism. A Strategic Reinterpretation, Amer. Catholic Philos. Quart. 79 (2005), 251–272; J.-C. Bardout, M. et la métaphysique, Paris 1999; ders., La vertu de la philosophie. Essais sur la morale de M., Hildesheim/New York/Zürich 2000; J. Beaude, Bérulle, M. et l'amour de Dieu, Rev. philos. France étrang. 179 (1989), 163–176; A. G. Black, M.'s Theodicy, J. Hist. Philos. 35 (1997), 27–44; P. Blanchard, L'attention à Dieu selon M. Méthode et doctrine, Paris 1956; C. W. Bodemer, Developmental Phenomena in 17th-Century Mechanistic Psycho-Physiology, with Special Reference to the Psychological Theory of N. M., Physis 6 (1972), 233–246; P. Bonet, De la raison à l'ordre. Genèse de la philosophie de M., Paris 2004; S. Brown, M.'s Occasionalism and Leibniz's Pre-Established Harmony. An ›Easy Crossing‹ or an Unbridgeable Gap?, in: I. Marchlewitz/A. Heinekamp (eds.), Leibniz' Auseinandersetzung mit Vorgängern und Zeitgenossen, Stuttgart 1990 (Stud. Leibn. Suppl. XXVII), 116–123; ders. (ed.), N. M.. His Philosophical Critics and Successors, Assen/Maastricht 1991; P. Brunet, Un grand débat sur la physique de M. au XVIIIe siècle, Isis 20 (1934), 367–395; V. C. Chappell (ed.), N. M., New York/London 1992 (Essays on Early Modern Philosophers XI); J.-L. Chrétien, L'obliquité humaine et l'obliquité divine dans les »Conversations chrétiennes« de M., Et. philos. 4 (1980), 399–413; R. W. Church, A Study in the Philosophy of M., London 1931, Port Washington N. Y./London 1970; D. Connell, The Vision in God. M.'s Scholastic Sources, Paris/Louvain, New York 1967; M. Cook, M. versus Arnauld, J. Hist. Philos. 29 (1991), 183–199; ders., The Ontological Status of M.an Ideas, J. Hist. Philos. 36 (1998), 525–544; ders., M.'s Criticism of Descartes's Proof that there Are Bodies, Brit. J. Hist. Philos. 15 (2007), 641–657; P. Costabel, M., DSB IV (1974), 47–53; D. A. Cress, The Immediate Object of Consciousness in M., Modern Schoolman 48 (1971), 359–379; M. B. Curran, M. on Disinterestedness. »Treatise on the Love of God«, Philos. and Theol. 21 (2009), 27–41; V. Delbos, Étude sur la philosophie de M., Paris 1924; P. Desoche, M. et l'inconceivable existence, XVIIe siècle 51 (1999), 317–333; K. Detlefsen, Supernaturalism, Occasionalism, and Preformation in M., Perspectives on Sci.11 (2003), 443–483; W. Doney,

M., Enc. Ph. V (1967), 140–144; L. Downing, Occasionalism and Strict Mechanism. M., Berkeley, Fontenelle, in: C. Mercer/E. O'Neill (eds.), Early Modern Philosophy. Mind, Matter, and Metaphysics, Oxford/New York 2005, 206–230; G. Dreyfus, La volonté selon M., Paris 1958; dies., Philosophie et religion chez M., Rev. philos. France étrang. 166 (1976), 3–25; R. Dugas, La mécanique au XVII⁰ siècle (Des antécédents scolastiques à la pensée classique), Neuchâtel 1954, 264–274 (engl. Mechanics in the Seventeenth Century [From the Scholastic Antecendents to Classical Thought], Neuchâtel 1958, 261–271); P. Duhem, L'optique de M., Rev. mét. mor. 23 (1916), 37–91; P. E. Elungu, Étendu et connaissance dans la philosophie de M., Paris 1973; E. Faye, Arnauld et l'existence des corps. La controverse avec M. et l'argument du langage, Riv. stor. filos. 55 (2000), 417–433; J. Ganault, Les contraintes métaphysiques de la polémique d'Arnauld et M. sur les idées, Rev. sci. philos. théol. 76 (1992), 101–116; R. Glauser, Arnauld critique de M.. Le status des idées, Rev. theol. et philos. 120 (1988), 389–410; G. Gori, M. ›avocat‹?, Riv. crit. stor. filos. 35 (1980), 127–152; H. Gouhier, La philosophie de M. et son expérience religieuse, Paris 1926, ²1948; ders., La vocation de M., Paris 1926; M. Gueroult, Étendue et psychologie chez M., Strasburg 1939 (repr. Paris 1987); ders., M., I–III, Paris 1955–1959; ders., Etudes sur Descartes, Spinoza, M. et Leibniz, Hildesheim 1970, Hildesheim/New York/Zürich 1997; T. L. Hankins, The Influence of M. on the Science of Mechanics During the Eighteenth Century, J. Hist. Ideas 28 (1967), 193–210; M. E. Hobart, Science and Religion in the Thought of N. M., Chapel Hill N. C. 1982; ders., M., Mathematics, and Natural Theology, Int. Stud. Philos. 20 (1988), 11–25; N. Jolley, Leibniz and M. on Innate Ideas, Philos. Rev. 97 (1988), 71–91, Nachdr. in V. Chappell (ed.), N. M. [s. o., Lit.], 145–165; ders., The Light of the Soul. Theories of Ideas in Leibniz, M., and Descartes, Oxford 1990, 1998; ders., Berkeley and M. on Causality and Volition, in: J. A. Cover/M. Kulstad (eds.), Central Themes in Early Modern Philosophy. Essays Presented to Jonathan Bennett, Indianapolis Ind. 1990, 227–244; ders., Intellect and Illumination in M., J. Hist. Philos. 32 (1994), 209–224; ders., Berkeley, M., and Vision in God, J. Hist. Philos. 34 (1996), 535–548; ders., Occasionalism and Efficacious Laws in M., Midwest Stud. Philos. 26 (2002), 245–257; P. J. E. Kail, Hume, M. and ›Rationalism‹, Philos. 83 (2008), 311–332; ders., On Hume's Appropriation of M.. Causation and Self, European J. Philos. 16 (2007), 55–80; D. Kambouchner, La lumière sur la balance. M. et la ›physique‹ de la volonté, Rev. philos. Louvain 107 (2009), 583–605; C. Kann, M., BBKL V (1993), 619–624; A. Klemmt, Die naturphilosophischen Hauptthesen in M.s »Recherche de la vérité«, Z. philos. Forsch. 18 (1964), 553–584; D. Kolesnik-Antoine, L'homme cartésien. La »force qu'a l'âme de mouvoir le corps«. Descartes, M., Rennes 2009; U. Kronauer, M., RGG V (⁴2002), 713–714; S. Lee, Passive Natures and No Representations. M.'s Two ›Local‹ Arguments for Occasionalism, Harvard Rev. Philos. 15 (2007), 72–91; ders., Necessary Connections and Continuous Creation. M.'s Two Arguments for Occasionalism, J. Hist. Philos. 46 (2008), 539–565; A. Le Moine, Des vérités éternelles selon M., Marseille, Paris 1936; J. Lewin, Die Lehre von den Ideen bei M., Halle 1912 (repr. Hildesheim/New York/Zürich 1981); A. Lolordo, Descartes and M. on Thought, Sensation and the Nature of Mind, J. Hist. Philos. 43 (2005), 387–402; A. A. Luce, Berkeley and M.. A Study in the Origins of Berkeley's Thought, London 1934 (repr. New York/London 1988), mit neuem Vorwort, Oxford 1967; G. Malbreil, Système et existence dans l'oeuvre de M., Arch. philos. 32 (1969), 297–313; ders., M. et le libertin, Rev. philos. France étrang. 179 (1989), 177–191;

ders., M., Enc. philos. universelle III,1 (1992), 1318–1322; P. Masset, Jacques Paliard et M., Rev. philos. France étrang. 170 (1980), 207–227; C. J. McCracken, M. and British Philosophy, Oxford 1983; D. Moreau, Deux cartésiens. La polemique entre Antoine Arnauld et N. M., Paris 1999; ders., M.. Une philosophie de l'expérience, Paris 2004; P. Mouy, Les lois du choc des corps d'après M., Paris 1927; S. Nadler, Ideas and Perception in M., in: S. Tweyman/W. E. Creery (eds.), Early Modern Philosophy II, Delmar N. Y. 1988, 41–60; ders., M. and Ideas, Oxford/New York 1992; ders., M., REP VI (1998), 56–66; ders., Knowledge, Volitional Agency and Causation in M. and Geulincx, Brit. J. Hist. Philos. 7 (1999), 263–274; ders. (ed.), The Cambridge Companion to M., Cambridge etc. 2000; ders., N. M. (1638–1715), in: S. M. Emmanuel (ed.), The Blackwell Guide to the Modern Philosophers from Descartes to Nietzsche, Oxford/Malden Mass. 2001, 61–77; L. Nolan, M.'s Theory of Ideas and Vision in God, SEP 2003, rev. 2008; ders./J. Whipple, Self-Knowledge in Descartes and M., J. Hist. Philos. 43 (2005), 55–81; K. Oedingen, Vernunft und Erfahrung in der Philosophie des N. M., Diss. Köln 1951; M.-F. Pellegrin, Le système del la loi de N. M., Paris 2006; S. Peppers-Bates, Does M. Need Efficacious Ideas? The Cognitive Faculties, the Ontological Status of Ideas, and Human Attention, J. Hist. Philos. 43 (2005), 83–105; dies., N. M.. Freedom in an Occasionalist World, London/New York 2009; D. Perler, Ideen als abstrakte Gegenstände. Zum Ideenbegriff bei M., Arch. Begriffsgesch. 39 (1996), 207–232; ders., Ordnung und Unordnung in der Natur. Zum Problem der Kausalität bei M., in: A. Hüttemann (ed.), Kausalität und Naturgesetz in der frühen Neuzeit, Stuttgart 2001 (Stud. Leibn. Sonderheft XXXI), 115–137; A. Pessin, Does Continuus Creation Entail Occasionalism? M. (and Descartes), Canadian J. Philos. 30 (2000), 413–440; ders., M.'s Doctrine of Freedom/Consent and the Incompleteness of God's Volitions, Brit. J. Hist. Philos. 8 (2000), 21–53; ders., M.'s Natural Theodicy and the Incompleteness of God's Volitions, Religious Stud. 36 (2000), 47–63; ders., M.'s Distinction between General and Particular Volitions, J. Hist. Philos. 39 (2001), 77–99; ders., M. on Ideas, Canadian J. Philos. 34 (2004), 241–286; B. Pinchard, (ed.), La légèreté de l'être. Études sur M., Paris 1998; Pyle, M., London/New York 2003, 2006; ders., M. über Wahrnehmung. Augustinische Lösungen für cartesische Probleme, in: D. Perler/M. Wild (eds.), Sehen und Begreifen. Wahrnehmungstheorien in der frühen Neuzeit, Berlin/New York 2008, 145–175; ders., N. M.. Insider or Outsider?, in: G. A. J. Rogers/T. Sorell/J. Kraye (eds.), Insiders and Outsiders in Seventeenth-Century Philosophy, London/New York 2010, 122–150; D. Radner, M.. A Study of a Cartesian System, Assen 1978; dies., M. and the Individuation of Perceptual Objects, in: K. F. Barber/J. E. Gracia (eds.), Individuation and Identity in Early Modern Philosophy. Descartes to Kant, Albany N.Y 1994, 59–72; J. Reid, M. on Intelligible Extension, Brit. J. Hist. Philos. 11 (2003), 581–608; J. Reiter, System und Praxis. Zur kritischen Analyse der Denkformen neuzeitlicher Metaphysik im Werk von M., Freiburg/München 1972; A. Robinet (ed.), M. et Leibniz. Relations personelles présentées avec les textes complets des auteurs et de leurs correspondants, Paris 1955; ders., La vocation académicienne de M., Rev. hist. sci. applic. 12 (1959), 1–18; ders., La philosophie malebranchiste des mathématiques, Rev. hist. sci. applic. 14 (1961), 205–254; ders., Système et existence dans l'œuvre de M., Paris 1965; ders., M. de l'Académie des Sciences. L'œuvre scientifique, 1674–1715, Paris 1970; ders., ›Idée‹ dans les Œuvres completes de M., in: M. Fattori/M. L. Bianchi (eds.), Idea. VI Colloquio Internazionale, Roma, 5–7 gennaio 1989, Rom 1990, 207–221; ders., ›Raison, ratio, logos, ly‹ dans l'œuvre de M., in: M. Fattori/M. L. Bianchi (eds.), Ratio. VII Colloquio Internazionale, Roma, 9–11 gennaio 1992, Florenz 1994, 439–454; G. Rodis-Lewis, N. M., Paris 1963; dies., M., DP II (²1993), 1881–1888; dies., N. M., in: J.-P. Schobinger (ed.), Die Philosophie des 17. Jahrhunderts II (Frankreich und Niederlande), Basel 1993, 711–763; B. K. Rome, The Philosophy of M.. A Study of His Integration of Faith, Reason, and Experimental Observation, Chicago Ill. 1963; T. M. Schmaltz, Descartes and M. on Mind and Mind-Body Union, Philos. Rev. 101 (1992), 281–325; ders., M. on Descartes on Mind-Body Distinctness, J. Hist. Philos. 32 (1994), 573–603; ders., Human Freedom and Divine Creation in M., Descartes and the Cartesians, Brit. J. Hist. Philos. 2 (1994), 3–50; ders., M.'s Cartesianism and Lockean Colors, Hist. Philos. Quart. 12 (1995), 387–403; ders., M.'s Theory of the Soul. A Cartesian Interpretation, Oxford/New York 1996; ders., M., SEP 2002, rev. 2009; ders., M. and Leibniz on the Best of all Possible Worlds, Southern J. Philos. 48 (2010), 28–48; A. Schmidt, Göttliche Gedanken. Zur Metaphysik der Erkenntnis bei Descartes, M., Spinoza und Leibniz, Frankfurt 2009, 126–196 (II ›Lumen illuminatum‹ [M.]); D. Scott, M. on the Soul's Powers, Stud. Leibn. 28 (1996), 37–57; ders., M. and Descartes on Method. Psychologism, Free Will, and Doubt, Southern J. Philos. 46 (2008), 581–604; ders., M.'s Method. Knowldege and Evidence, Brit. J. Hist. Philos. 17 (2009), 169–183; R. C. Sleigh Jr., Leibniz on M. on Causality, in: J. A. Cover/M. Kulstad (eds.), Central Themes in Early Modern Philosophy. Essays Presented to Jonathan Bennett, Indianapolis Ind. 1990, 161–193; R. Specht, N. M.. Empfindung und Ideenschau. Umwandlung des Cartesianismus in eine Philosophie der Alleintätigkeit Gottes, in: L. Kreimendahl (ed.), Philosophen des 17. Jahrhunderts. Eine Einführung, Darmstadt 1999, 157–175; P. Steinfeld, Realität des Irrtums. Die Konzeption von Wahrheit und Irrtum in N. M.s ›Recherche de la vérité«, Frankfurt etc. 1997; G. Stieler, N. M., Stuttgart 1925; ders., Leibniz und M. und das Theodiceeproblem, Darmstadt 1930; R. Wahl, The Arnauld-M. Controversy and Descartes' Ideas, Monist 71 (1988), 560–572; C. Walton, M.'s Ontology, J. Hist Philos. 7 (1969), 143–161; ders., De la recherche du bien. A Study of M.'s Science of Ethics, The Hague 1972; R. A. Watson, Arnauld, M. and the Ontology of Ideas, Methodology and Science 24 (1991), 163–173; ders., M., Models, and Causation, in: S. Nadler (ed.), Causation in Early Modern Philosophy. Cartesianism. Occasionalism. and Preestablished Harmony, University Park Pa. 1993, 75–91; ders., M. and Arnauld on Ideas, Modern Schoolman 71 (1994), 259–270; ders./M. Grene, M.'s First and Last Critics. Simon Foucher and Dortous de Mairan, Carbondale Ill. 1995 [enthält Übersetzungen der ersten Kritik Fouchers an M.s Recherche de la verité und des Briefwechsels M. – de Mairan sowie Einführungen der Herausgeber]; V. Wiel, Écriture et philosophie chez M., Paris 2004. – M. – l'homme et l'œuvre, 1638–1715. Journées M. organisées au Centre Int. de Synthèse, Paris 1967.   J. M.

Mally, Ernst, *Krainburg (heute Kranj, Slowenien) 11. Okt. 1879, †Schwanberg (Weststeiermark) 8. März 1944, österr. Philosoph und Logiker. 1898–1906 (mit Unterbrechung durch Militärdienst) Studium der Philosophie, Mathematik und Physik in Graz, danach Gymnasiallehrer. 1903 Promotion, 1913 Habilitation, 1918 Lehrstuhlvertreter in Graz. 1920 Übernahme der Leitung des psychologischen Laboratoriums nach dem Tode von

A. Meinong, 1921 a.o. Prof., 1925–1942 o. Prof. der Philosophie in Graz (Nachfolger Meinongs). – Als Schüler Meinongs führte M. dessen ↑Gegenstandstheorie weiter, wobei er problematische Grundannahmen dieser Theorie nicht übernahm; so wandte er sich gegen die Hypostasierung beliebiger, auch inkonsistenter, Sinngehalte (z. B. ›rundes Viereck‹) zu Gegenständen. Eine wichtige Leistung M.s ist die Verwendung gegenstandstheoretischer Ideen bei der Deutung der modernen mathematischen Logik (↑Logik, mathematische). In seinen späten Logik-Fragmenten (seit ca. 1940, ediert 1971) entwickelte er eine von Existenzvoraussetzungen (im angelsächsischen Bereich *existential import*) freie Logik – ein Programm, das unabhängig von M. auch S. Leśniewski verfolgte und das in der neueren Logik unter dem Stichwort ›freie Logik‹ (*free logic*; ↑Logik, freie) diskutiert wird. M. prägte ferner den Terminus ›Deontik‹ (Grundgesetze des Sollens, 1926) für die Lehre von »Wesensgesetzen eines Verhaltens zu Gegenständen, das kein Denken ist« (Logische Schriften, 232); indem er erstmals logische Gesetze für einen ↑Operator ! (!$A \leftrightarrows A$ soll sein) formulierte, wurde er zum Begründer der deontischen Logik (↑Logik, deontische). – M. lehnte die Idee streng isolierter Dinge als Elemente der wahrnehmbaren Wirklichkeit zugunsten einer mehr dynamischen Weltauffassung ab; diese Ansicht sah er durch die immer stärkere Verwendung von Wahrscheinlichkeitsaussagen in der modernen Physik gestützt.

Werke: Untersuchungen zur Gegenstandstheorie des Messens, in: A. v. Meinong (ed.), Untersuchungen zur Gegenstandstheorie und Psychologie, Leipzig 1904, 121–262; Grundgesetze der Determination, in: T. Elsenhans (ed.), Bericht über den III. Internationalen Kongreß für Philosophie zu Heidelberg, 1. bis 5. September 1908, Heidelberg 1909, 862–867 (engl. Basic Laws of Determination, in: D. Jacquette, Object Theory Logic and Mathematics. Two Essays by E. M.. Translation and Critical Commentary, Hist. and Philos. Log. 29 [2008], 167–182, 177–182); Gegenstandstheorie und Mathematik, in: T. Elsenhans (ed.), Bericht über den III. Internationalen Kongreß für Philosophie zu Heidelberg, 1. bis 5. September 1908 [s. o.], 881–886 (engl. Object Theory and Mathematics, in: D. Jacquette, Object Theory Logic and Mathematics [s. o.], 174–177); Gegenstandstheoretische Grundlagen der Logik und Logistik, Leipzig 1912 (Erg.heft Z. Philos. phil. Kritik 148); Über die Unabhängigkeit der Gegenstände vom Denken, Z. Philos. phil. Kritik 155 (1914), 37–52 (engl. On the Objects' Independence from Thought, Man and World 22 [1989], 215–231); Studien zur Theorie der Möglichkeit und Ähnlichkeit. Allgemeine Theorie der Verwandtschaft gegenständlicher Bestimmungen, Wien/Leipzig 1922 (Sitz.ber. Akad. Wiss. Wien, philos.-hist. Kl. 194, Abh. 1); Grundgesetze des Sollens. Elemente der Logik des Willens, Graz 1926, Neudr. in: ders., Logische Schriften [s. u.], 227–324; Erlebnis und Wirklichkeit. Einleitung zur Philosophie der natürlichen Weltauffassung, Leipzig 1935; Wahrscheinlichkeit und Gesetz. Ein Beitrag zur wahrscheinlichkeitstheoretischen Begründung der Naturwissenschaft, Berlin 1938; Anfangsgründe der Philosophie. Leitfaden für den philosophischen Einführungsunterricht an höheren Schulen, Wien/

Leipzig 1938; Logische Schriften. Großes Logikfragment/Grundgesetze des Sollens, ed. K. Wolf/P. Weingärtner, Dordrecht 1971. – Briefe, in: ders., Logische Schriften [s.o.], 219–226. – Bibliographie, in: Logische Schriften [s.o.], 325–331.

Literatur: A. Christofidou, M., in: S. Brown/D. Collinson/R. Wilkinson (eds.), Biographical Dictionary of Twentieth-Century Philosophers, London/New York 1996, 499–500; FM III (1994), 2266; W. L. Gombocz, Leśniewski und M., Notre Dame J. Formal Logic 20 (1979), 934–946; A. Hieke (ed.), E. M.. Versuch einer Neubewertung, Sankt Augustin 1998; ders./G. Zecha, M., SEP 2005; D. Jacquette, Meinongian Logic. The Semantics of Existence and Nonexistence, Berlin/New York 1996; G.-J. C. Lokhorst, E. M.'s ›Deontik‹ (1926), Notre Dame J. Formal Logic 40 (1999), 273–282; ders., M.'s Deontic Logic, SEP 2002, rev. 2008; ders./L. Goble, M.'s Deontic Logic, Grazer philos. Stud. 67 (2004), 37–57; J. Mokre, Gegenstandstheorie, Logik, Deontik, in: E. M., Logische Schriften [s.o., Werke], 16–20; N. J. Moutafakis, Imperatives and Their Logics, New Delhi/Jullundur City 1975, bes. 1–15 (Chap. I, Section 1 E. M.'s Logic of Imperatives); R. Poli, E. M.'s Theory of Properties, Grazer philos. Stud. 38 (1990), 115–138; O. Weinberger, E. M.s Deontik. Ein kritischer Rückblick und ein konstruktiver Ausblick nach einem dreiviertel Jahrhundert, in: T. Binder u. a. (eds.), Bausteine zu einer Geschichte der Philosophie an der Universität Graz, Amsterdam/New York 2001, 289–303; P. Weingartner, Bemerkungen zu M.s später Logik, in: E. M., Logische Schriften [s.o., Werke], 21–25; K. Wolf, E. M.s Lebensgang und philosophische Entwicklung, in: E. M., Logische Schriften [s.o., Werke], 3–15; E. N. Zalta, Lambert, M. and the Principle of Independence, Grazer philos. Stud. 25/26 (1985/1986), 447–459; G. Zecha, E. M. (1879–1944), in: L. Albertazzi/D. Jacquette/R. Poli (eds.), The School of Alexius Meinong, Aldershot etc. 2001, 191–203. – M., in: B. Jahn, Biographische Enzyklopädie deutschsprachiger Philosophen, München 2001, 266.   P. S.

Malthus, Thomas Robert, *Wooton (Surrey) 13. Febr. 1766, †Bath 29. Dez. 1834, engl. Bevölkerungstheoretiker, Ökonom und Staatswissenschaftler. Nach Studium insbes. der Theologie und Mathematik am Jesus College, Cambridge, 1793 Fellow ebendort, gleichzeitig Hilfsgeistlicher in Okewood (Surrey). 1805 Prof. für Geschichte und Politische Ökonomie (der ersten in England eingerichteten Professur für Politische Ökonomie, ↑Ökonomie, politische) am neu gegründeten East India College (zunächst in Hertford Castle, dann in Haileybury). – Von M. stammt die erste detaillierte Analyse des Bevölkerungswachstums (An Essay on the Principle of Population, 1798). M. geht von der Tatsache aus, daß die Bevölkerung eines Gebietes in geometrischer Progression wächst, wenn keine entgegenstehenden Bedingungen (wie Hunger, Krankheit, Krieg, Geburtenkontrolle) wirksam werden; bei den Nahrungsmittelressourcen hält er hingegen allenfalls ein arithmetisches Wachstum für möglich. M. schließt daraus, daß jede Verbesserung der Lebensbedingungen mit dem Bevölkerungswachstum, das sie ermöglicht, wieder zunichtewird. Er ist daher, was eine allgemeine Überwindung des Elends angeht, pessimistisch. Da M. eine Geburten-

kontrolle als sittlich verwerflich ansieht, hält er (in der 2. Aufl. des Essays von 1803) die Normen und Erwägungen, die das Heiratsalter bestimmen, für die wesentliche Variable, von der allenfalls eine moralisch zulässige und institutionell zugängliche Verringerung des Bevölkerungswachstums erhofft werden kann. – In seiner Politischen Ökonomie opponiert M. gegen wesentliche Annahmen der klassischen Arbeitswertlehre. So macht er gegen D. Ricardo geltend, daß die Preise nicht nur von den Produktionskosten, sondern auch von der (effektiven) Nachfrage abhängig sind; und diese wiederum müsse sich, wie M. gegen das Saysche Theorem behauptet, nicht angebotsabhängig, nämlich nicht im tendenziellen Gleichgewicht zum Angebot, bewegen.

Werke: The Works of T. R. M., I–VIII, ed. E. A. Wrigley/D. Souden, London 1986. – (anonym) An Essay on the Principle of Population, as It Affects the Future Improvement of Society. With Remarks on the Speculations of Mr. Godwin, M. Condorcet, and Other Writers, London 1798 (repr. unter dem Titel: First Essay on Population, ed. J. Bonar, London 1926, New York 1965, London/New York 1966, mit ursprünglichem Titel, Düsseldorf/Darmstadt 1986) (franz. Essais sur le principe de population. Ou, Exposé des effets passés et présens de l'action de cette cause sur le bonheur du genre humain, I–III, Paris, Genf 1809; dt. Das Bevölkerungsgesetz, ed. C. M. Barth, München 1977), unter dem Titel: An Essay on the Principle of Population. Or a View of Its Past and Present Effects on Human Happiness. With an Inquiry into Our Prospects Respecting the Future Removal or Mitigation of the Evils Which It Occasions, London ²1803, in drei Bdn. ⁵1817 (franz. Essai sur le principe de population. Ou Exposé des effets passés et présens de l'action de cette cause sur le bonheur du genre humain; suivi de quelques recherches relatives à l'espérance de guérir ou d'adoucir les maux qu'elle entraine, I–IV, Genf, Paris ²1835, Neudr. ohne Untertitel, in einem Bd., Paris 1845 [repr. Osnabrück 1966], ²1852, ed. J.-P. Maréchal, in zwei Bdn. 1992), in zwei Bdn. ⁶1826 (dt. Eine Abhandlung über das Bevölkerungsgesetz. Oder eine Untersuchung seiner Bedeutung für die menschliche Wohlfahrt in Vergangenheit und Zukunft […], I–II, Jena 1905, ²1924/1925), ⁷1872 (repr. New York 1967, 1971, Fairfield N. J. 1986) (dt. Versuch über das Bevölkerungs-Gesetz. Oder eine Betrachtung über seine Folgen für das menschliche Glück in der Vergangenheit und Gegenwart […], Berlin 1879, ²1900), ⁹1888, ferner in: An Essay on the Principle of Population and A Summary View of the Principle of Population, ed. A. Flew, London etc. 1970, 1985, 59–217 [First Edition 1798], ed. T. H. Hollingsworth, London 1973, ferner als: The Works of T. R. M. [s.o.] I–III (I The First Edition [1798] with Introduction and Bibliography, II–III The Sixth Edition [1826] with Variant Readings from the Second Edition [1803]), in zwei Bdn., ed. P. James, Cambridge etc. 1989 [The Version Published in 1803, with the Variora of 1806, 1807, 1817 and 1826], in einem Bd., ed. D. Winch, Cambridge/New York/Oakleigh 1992, ed. G. Gilbert, Oxford etc. 1993, rev. 2004 [Text of the 1798 First Edition]; (anonym) An Investigation of the Cause of the Present High Price of Provisions. By the Author of the Essay on the Priciples of the Essay on the Principle of Population, London 1800, mit Untertitel: Containing an Illustration of the Nature and Limits of Fair Price in Time of Scarcity; and Its Application to the Particular Circumstances of this Country, ³1800, Neudr. in: ders., The Pamphlets of T. R. M. [s.u.], 3–26; Observations on the Effects of the Corn Laws, and of a Rise or Fall in the Price of Corn on the Agriculture and General Wealth of the Country, London 1814 (repr. Baltimore Md. 1932), [3]1815, Neudr. in: ders., The Pamphlets of T. R. M. [s. u.], 93–131 (dt. Bemerkungen über die Wirkungen der Getreidegesetze und eines Steigens oder Fallens der Getreidepreise auf die Landwirtschaft und den allgemeinen Wohlstand des Landes, in: ders., Kleine Schriften I, ed. E. Leser, Leipzig 1896 [repr. o. O. (Boston Mass.) 2006], 1–33); The Grounds of an Opinion on the Policy of Restricting the Importation of Foreign Corn. Intended as an Appendix to »Observations on the Corn Laws«, London 1815 (repr. Düsseldorf 1996), Neudr. in: ders., The Pamphlets of T. R. M. [s. u.], 135–173 (dt. Die Gründe einer Meinung über die Zweckmäßigkeit, die Einfuhr ausländischen Getreides zu beschränken. Ein Anhang zu der Schrift »Bemerkungen über die Getreidegesetze«, in: ders., Kleine Schriften [s. o.], 77–109); An Inquiry into the Nature and Progress of Rent, and the Principles by which It Is Regulated, London 1815 (repr. New York 1969, Düsseldorf 1996), Baltimore Md. 1903, Neudr. in: ders., The Pamphlets of T. R. M. [s. u.], 175–225 (dt. Eine Untersuchung des Wesens und der Entwickelung der Bodenrente und der Gesetze, wovon sie bestimmt wird, in: ders., Kleine Schriften [s. o.] I, 35–76); Principles of Political Economy. Considered with a View to Their Practical Application, London 1820 (repr. Düsseldorf 1989, in zwei Bdn., ed. J. Pullen, Cambridge etc. 1989 [I Reprint of the First Edition, II Alterations to the First Edition]), Boston Mass. 1821, London [2]1836 (repr. New York 1951, 1964, Clifton N. J. 1974), mit Untertitel: The Second Edition (1836) with Variant Readings from the First Edition (1820), als: The Works of T. R. M. [s. o.] V–VI (franz. Principes d'économie politique. Considérés sous le rapport de leur application pratique, I–II, Paris 1820, in einem Bd. [2]1846 [repr. Osnabrück 1966]; dt. Grundsätze der politischen Ökonomie mit Rücksicht auf ihre praktische Anwendung, Berlin 1910); The Measure of Value Stated and Illustrated, with an Application of It to the Alterations in the Value of the English Currency since 1790, London 1823 (repr. New York 1957, Fairfield N. J. 1989); Population, in: Supplement to the Fourth, Fifth, and Sixth Editions of the Encyclopaedia Britannica VI, Edinburgh, London 1824, 307–333, separat unter dem Titel: A Summary View of the Principle of Population, rev. London 1830, Neudr. in: D. V. Glass (ed.), Introduction to M. [s. u., Lit.], 115–181, ferner in: An Essay on the Principle of Population and A Summary View of the Principle of Population, ed. A. Flew [s. o.], 219–272, ferner in: The Works of T. R. M. [s. o.] IV, 177–243; Definitions in Political Economy, Preceeded by an Inquiry into the Rules Which Ought to Guide Political Economists in the Definition and Use of Their Terms. With Remarks on the Deviation from These Rules in Their Writings, London 1827 (repr. New York 1954, 1971, Fairfield N. J. 1986), ed. J. Cazenove, London 1853, Neudr. als: The Works of T. R. M. [s. o.] VIII; On the Measure of the Conditions Necessary to the Supply of Commodities, Transact. Royal Soc. Lit. U. K. 1, Part 1 (1827), 171–180; On the Meaning Which Is Most Usually and Most Correctly Attached to the Term »Value of a Commodity«, Transact. Royal Soc. Lit. U. K. 1, Part 2 (1829), 74–81; Occasional Papers of T. R. M. on Ireland, Population and Political Economy from Contemporary Journals, Written Anonymously and hitherto Uncollected, ed. B. Semmel, New York 1963; Travel Diaries of T. R. M., ed. P. James, Cambridge 1966; The Pamphlets of T. R. M., New York 1970; The Unpublished Papers in the Collection of Kanto Gakuen University, I–II, ed. J. Pullen/T. H. Parry, Cambridge etc. 1997/2004. – A Letter to Samuel Whitbread, Esq. M. P. on His

Proposed Bill for the Amendment of the Poor Laws, London 1807, ferner in: D. V. Glass (ed.), Introduction to M. [s. u., Lit.], 183–205, ferner in: The Pamphlets of T. R. M. [s. o.], 29–53; Briefe an David Ricardo, in: D. Ricardo, The Works and Correspondence, ed. P. Sraffa, VI–IX, Cambridge 1952, Indianapolis Ind. 2004; [Briefwechsel] als: The Unpublished Papers in the Collection of Kanto Gakuen University [s. o.] I. – Verzeichnis der Werke von M., in: H. Würgler, M. als Kritiker der Klassik [s. u., Lit.], IX–X; The Publications of T. R. M., in: The Works of T. R. M. [s. o.] I, 41–44.

Literatur: P. Appleman (ed.), T. R. M.. An Essay on the Principle of Population. Text, Sources and Background, Criticism, New York 1976, mit Untertitel: Influences on M., Selections from M.'s Work, Nineteenth-Century Comment, M. in the Twenty-First Century, New York/London [2]2004; M. Blaug, M., IESS IX (1968), 549–552; T. Blaug (ed.), T. R. M. (1766–1834) and John Stuart Mill (1806–1873), Aldershot/Brookfield Vt. 1991; J. Bonar, M. and His Work, London 1885, [2]1924, Neudr. London, New York 1966; J. Dupâquier, M., IESBS XIII (2001), 9151–9156; ders./A. Fauve-Chamoux/E. Grebenik (eds.), M. Past and Present, London etc. 1983; A. Fauve-Chamoux (ed.), M. hier et aujourd'hui. Congrès international de démographie historique CNRS, mai 1980, Paris 1984; A. G. N. Flew, The Structure of M.' Population Theory, Australas. J. Philos. 35 (1957), 1–20, rev. in: B. Baumrin (ed.), Philosophy of Science. The Delaware Seminar I (1961–1962), New York/London 1963, 283–307, [Nachdr. v. 1957] in: J. C. Wood (ed.), T. R. M.. Critical Assessments [s. u.] II, 91–106; ders., M., Enc. Ph. V (1967), 145–147; G. Gilbert (ed.), M.. Critical Responses, I–IV, London/ New York 1998; D. V. Glass (ed.), Introduction to M., London 1953, 1959; S. Hollander, The Economics of T. R. M., Toronto/ Buffalo N. Y./London 1997; P. James, Population M.. His Life and Times, London/Boston Mass./Henley 1979, 2006; J. M. Keynes, T. R. M., in: ders., The Collected Writings X (Essays in Biography), London/Basingstoke, New York 1972, 1989, 71–108 (dt. [gekürzt] R. M.. 1766–1835. Der erste der Cambridger Nationalökonomen, in: ders., Politik und Wirtschaft. Männer und Probleme. Ausgewählte Abhandlungen, Tübingen, Zürich 1956, 127–156); P. Lantz, M., Enc philos. universelle III/1 (1992), 1959–1962; S. M. Levin, M. and the Idea of Progress, J. Hist. Ideas 27 (1966), 92–108; ders., M. and the Conduct of Life, New York 1967; W. Petersen, M., Cambridge Mass. 1979, mit Untertitel: Founder of Modern Demography, New Brunswick N. J. 1999 (mit Bibliographie, 259–289) (franz. M., le premier anti-malthusien, Paris 1980 [mit Bibliographie, 240–270]); J. M. Pullen, Some New Information on the Rev. T. R. M., History of Political Economy 19 (1987), 127–140; ders., M., in: S. N. Durlauf/L. E. Blume (eds.), The New Palgrave Dictionary of Economics, Basingstoke [2]2008, 250–258; D. Ricardo, Notes on M.'s Principles of Political Economy, ed. J. H. Hollander/T. E. Gregory, Baltimore Md./London 1928, ed. P. Sraffa, Cambridge 1951, Indianapolis Ind. 2004 (= The Works and Correspondence II), ed. P. L. Porta, Cambridge etc. 2009; D. M. Simpkins, M., DSB IX (1974), 67–71; J. J. Spengler, M.'s Total Population Theory. A Restatement and Reappraisal, Can. J. Econ. Pol. Sci. 11 (1945), 83–110, 234–264, ferner in: J. C. Wood (ed.), T. R. M.. Critical Assessments [s. u.] II, 30–90; ders., Was M. Right?, Southern Econ. J. 33 (1966/1967), 17–34, ferner in: J. C. Wood (ed.), T. R. M.. Critical Assessments [s. u.] III, 142–163; L. Tepperman, M. and the Social Limits to Growth, Soc. Indicators Res. 9 (1981), 347–368; G. N. v. Tunzelmann, M.'s ›Total Population System‹. A Dynamic Reinterpretation, in: D. Coleman/

R. Schofield (eds.), The State of Population Theory. Forward from M., Oxford/New York 1986, 65–95; M. E. Turner (ed.), M. and His Time, New York 1986, Basingstoke/London 1993; A. M. C. Waterman, Revolution, Economics & Religion. Christian Political Economy 1798–1833, Cambridge etc. 1991, 2006; ders., Reappraisal of ›M. the Economist‹, 1933–1997, Hist. Political Economy 30 (1998), 293–334 (mit Bibliographie, 325–334); ders., M., in: N. Koertge (ed.), New Dictionary of Scientific Biography, Detroit Mich. etc. 2008, 13–15; D. Winch, M., Oxford/New York 1987, ferner in: D. D. Raphael/D. Winch/R. Skidelsky, Three Great Economists. Smith, M., Keynes, Oxford/New York 1997, 105–218; ders., R. M. as Political Moralist, in: ders., Riches and Poverty. An Intellectual History of Political Economy in Britain, 1750–1834, Cambridge/New York/Melbourne 1996, 221–405; H. Winkler, M.. Krisenökonom und Moralist, Innsbruck/Wien 1996; J. C. Wood (ed.), T. R. M.. Critical Assessments, I–IV, London etc. 1986; H. Würgler, M. als Kritiker der Klassik. Ein Beitrag zur Geschichte der klassischen Wirtschaftstheorie, Winterthur 1957 (mit Bibliographie, XI–XXIV). – Publications about M. and His Work, in: The Works of T. R. M. [s. o., Werke] I, 45–52. – Sonderheft: Hist. European Ideas 4 (1983), H. 2. F. K.

Man, in M. Heideggers ↑Fundamentalontologie Begriff zur Charakterisierung der indifferenten und nicht-okkasionellen Existenzweise der Subjektivität, wie sie ↑Transzendentalphilosophie und ↑Phänomenologie unterstellen. Methodisch ist mit ›M.‹ die erste Antwort auf die Frage nach dem ›Wer des Daseins‹ gegeben, die allen Beschreibungen und Wertungen besonderer Existenz- und Interaktionsweisen zugrundeliegt. Durch diese Konzeption will Heidegger demonstrieren, daß die Subjektivität, welche Transzendentalphilosophie und Phänomenologie als Grundlage alles Wissens und Könnens unterstellen, kein ›eigenschaftsloser‹ Punkt ist, sondern selbst eine ›Weise zu sein‹. Heidegger sieht hier den Ansatz, um der von ihm kritisierten Substantialisierung des klassisch-neuzeitlichen Subjektverständnisses zuvorzukommen (↑Dasein, ↑Subjekt). Zugleich soll ausgedrückt sein, daß die ↑transzendentale Subjektivität (↑Subjektivismus) nicht auf ein isoliertes, privates Ich bezogen ist, sondern auf eine indifferente ↑Intersubjektivität; E. Husserls Idee einer transzendentalphänomenologisch zu konstituierenden Intersubjektivität ist demzufolge ebenso überflüssig wie undurchführbar. Demgegenüber darf Heideggers Konzeption des M. nicht als psychologisch-asketische Kritik an ›durchschnittlichen‹ Lebensformen oder mangelndem sozialen Engagement mißverstanden werden. Die Aufforderung, die Existenzweise des M. zu verlassen, wäre aus fundamentalontologischer Sicht gerade sinnlos, weil damit der philosophischen Subjekttheorie jeder methodische Boden entzogen wäre.

Literatur: M. Heidegger, Sein und Zeit. Erste Hälfte, Jb. Philos. phänomen. Forsch. 8 (1927), 1–438, separat Halle 1927, ²1929, Tübingen ¹⁵1979, 2006, bes. 119–130 (§§ 25–27); P. Probst, M., Hist. Wb. Ph. V (1980), 706–707. C. F. G.

manas (sanskr., der innere Sinn; Verstand, Gesinnung), in der indischen Philosophie (↑Philosophie, indische) Bezeichnung für das Denkorgan, grundsätzlich, z. B. in der Philosophie des ↑Veda, den üblichen fünf Sinnesorganen gleichgestellt. Im System des ↑Vaiśeṣika ist das m. eine der neun Substanzen (↑dravya), nämlich das Zentralorgan, das die von den Sinnesorganen ausgehenden Eindrücke an die Einzelseele (↑jīva) weiterleitet. Davon unterschieden im System des ↑Sāṃkhya die dem Unterscheiden im allgemeinen (↑buddhi) und dem Innen-von-Außen-Trennenkönnen (↑ahaṃkāra) nachfolgende geistige Tätigkeit (nicht deren dinglicher Träger), die zusammen mit den beiden vorangegangenen Leistungen Wahrnehmen und Tun möglich macht. K. L.

Manchquantor, ↑Einsquantor.

Maṇḍana Miśra (auch: Maṇḍanamiśra), ca. 660–720, ind. Philosoph, im Schatten seines jüngeren Zeitgenossen Śaṃkara, als Schüler und zugleich Schwager Kumārilas (ca. 620–680) ursprünglich Anhänger des Systems der ↑Mīmāṃsā, dessen primär ritualistisches Interesse er jedoch später unter Bezug auf gegen jeden Subjekt-Objekt-Dualismus sich richtende Gesichtspunkte des älteren ↑Vedānta und mit den sprachphilosophischen Mitteln des Vākyapadīya Bhartṛharis (ca. 450–510) in seinem Hauptwerk, der Brahmasiddhi, kritisiert: Das Wissen (jñāna) der Upaniṣaden (↑upaniṣad) um ↑ātman und ↑brahman ist auf dem Wege genauer Befolgung praktisch-religiöser Pflichten (↑dharma) allein nicht zu gewinnen. Aber auch umgekehrt – und damit wendet sich M. M. auch gegen Śaṃkara (ca. 700–750) – reicht bloßes Wissen ohne Vollzug der gebotenen Handlungen (↑karma) als Weg zur Erlösung (↑mokṣa) nicht aus. Er wird so zum Begründer eines eigenen Zweiges des Advaita-Vedānta. Die Identifizierung von M. M. mit dem Śaṃkara-Schüler Sureśvara (ca. 720–770) auf Grund der im ↑Advaita-Vedānta tradierten These, daß der Mīmāṃsaka (Anhänger der Mīmāṃsā) M. M. im Disput mit Śaṃkara unterlegen und daraufhin als Vedāntin den Namen Sureśvara angenommen habe, gilt als widerlegt.

Werke: L. Schmithausen, M.'s Vibhramavivekaḥ. Mit einer Studie zur Entwicklung der indischen Irrtumslehre, Text (in Devanāgarī-Umschrift), Übers. u. Kommentar, Wien 1965 (Sitz.ber. Österr. Akad. Wiss., philos.-hist. Kl. 247, Abh. 1). – La démonstration du sphoṭa par M. M., introduction, traduction et commentaire par M. Biardeau, Pondichéry 1958; Sphoṭasiddhi of M. M. (English Translation), trans. by K. A. Subramania Iyer, Poona 1966. – Brahmasiddhi by Ācārya M.. With Commentary by Saṅkhapāṇi, ed. S. Kuppuswami Sastri, Madras 1937, Delhi ²1984; M.'s Brahmasiddhiḥ, Brahmakāṇḍaḥ [nur Kap. 2], Übers., Einl. u. Anm. v. T. Vetter, Wien 1969 (Sitz.ber. Österr. Akad. Wiss., philos.-hist. Kl. 262, Abh. 2).

Literatur: M. Biardeau, La philosophie de M. M. vue à partir de la Brahmasiddhi, Paris 1969; E. Frauwallner, Bhāvanā und Vidhiḥ bei M., Wiener Z. Kunde d. Morgenl. 45 (1938), 212–252 (repr. in: ders., Kleine Schriften, ed. G. Oberhammer, Wiesbaden 1982, 161–201); S. S. Hasurkar, M. M.'s View on Error, Adyar Library Bull. 23 (1959), H. 3/4, 19–38; M. Hulin, M. M., Enc. philos. universelle III/2 (1992), 3937–3938; O. Lacombe, L'absolu selon le Védânta. Les notions de Brahman et d'Atman dans les systèmes de Çankara et Râmânoudja, Paris 1937, erw. ²1966; U. Rathore, Sphoṭasiddhi of M.. A Critical Study, Delhi 2000; C. Sharma, A Critical Survey of Indian Philosophy, London 1960, unter dem Titel: Indian Philosophy. A Critical Survey, New York 1962, unter ursprünglichem Titel, London 2003; A. W. Thrasher, M. M. on the Indescribability of avidyā, Wiener Z. f. d. Kunde Süd- u. Ostasiens 21 (1977), 219–238; ders. The Advaita Vedānta of Brahma-siddhi, Delhi 1993. K. L.

Mandeville, Bernard (de), *Dordrecht oder Rotterdam 1670 (?), †Hackney (bei London) 21. Jan. 1733, engl. Arzt, Satiriker und Publizist niederl. Herkunft. Besuch der Erasmus-Schule in Rotterdam, Studium der Philosophie (Promotion 1689) und Medizin (Promotion 1691) in Leiden, ab 1691 Nervenarzt in England. 1705 veröffentlichte M. anonym das Gedicht »The Grumbling Hive. Or, Knaves Turn'd Honest«, das im Rahmen der so genannten ›Bienenfabel-Kontroverse‹, an der sich die bedeutendsten Moralphilosophen der ↑Aufklärung beteiligten, durch Kommentare, Essays und Dialoge erweitert, 1714 unter dem Titel »The Fable of the Bees« erschien.

Als Anhänger naturwissenschaftlich orientierter Aufklärungsphilosophie sucht M. zu zeigen, wie die Menschen sind, nicht, wie sie sein sollen. Mit T. Hobbes sieht M. in der natürlichen Eigenliebe den triebhaften Ursprung des Verhaltens von Menschen, deren gesellschaftlich erworbene Eigenschaften sich letztlich als kulturspezifische Derivate des Selbsterhaltungstriebs erweisen. Obwohl er der ↑Vernunft einen entsprechend geringen Stellenwert für das Handeln einräumt, werden materialistische Aussagen über physiologische Zusammenhänge zwischen Denken und Handeln vermieden. Zwar führt ein auf Dauer gestellter ↑Egoismus zu Ausbildung und Anerkennung des Vertragsprinzips, Verträge werden jedoch nur solange gehalten, wie sie den Interessen der Vertragschließenden entsprechen oder durch Normensysteme einer mit Zwangsgewalt ausgestatteten Herrschaft gesichert werden. Ursprung und Grundlage der Gesellschaft ist nicht ein freiwilliger ↑Gesellschaftsvertrag, sondern ↑Herrschaft, die auf höheren Entwicklungsstufen komplexere Formen annehmen und Legitimationszwängen (↑Legitimität) unterworfen werden kann, ohne deswegen ihren Gewaltcharakter (↑Gewalt) zu verlieren. Der grundsätzliche ↑Antagonismus zwischen Individuen und Klassen (↑Klasse (sozialwissenschaftlich)) bleibt erhalten, verliert aber in einer zunehmend arbeitsteiligen Gesellschaft mit entwickeltem Bedürfnissystem insofern seine gesellschaftszerstörende

Schärfe, als, in Analogie zur Lebensweise der Bienen, der Arme seinen Vorteil aus der Verschwendung des Reichen zieht, die ihm Arbeit und Brot sichert. Die Entstehung immer neuer ↑Bedürfnisse erzeugt gleichzeitig immer neue Subsistenzmöglichkeiten. Gerade die Tatsache, daß sich die Menschen nicht tugendhaft verhalten, sondern versuchen, ihren Lebensbereich auf Kosten der anderen zu erweitern, wirkt im Rahmen der wechselseitigen Abhängigkeitsverhältnisse gesellschaftsstabilisierend.

Im Gegensatz zu vielen moralphilosophischen Theorien seiner Zeit vermeidet M. gesellschaftstheoretische Harmonisierungsversuche und zeichnet ein in seiner Kraßheit erschreckendes Bild gesellschaftlicher Ungleichheit. So kommt er zu einer die ›unsichtbare Hand‹ des Marktmechanismus (↑Markt) in der ökonomischen Theorie von A. Smith vorwegnehmenden gesamtgesellschaftlichen Betrachtungsweise, die im Bereich der ↑Ethik zu einer Umwertung der aristotelisch-scholastischen Tradition einer sich im tugendhaften Zusammenleben vollendenden bürgerlichen Gesellschaft (↑Gesellschaft, bürgerliche) und damit zum Paradoxon der Bienenfabel führt. Im Rahmen des Nationalstaats, dessen innere und äußere Durchsetzungsfähigkeit von seinem Reichtum abhängt, verwandeln sich die privaten Laster in öffentliche Vorteile. Die These, daß sittliche und religiöse Tugenden ihren Ursprung in Herren- bzw. Priestertrug haben, gibt M. zugunsten einer die Entstehung moralischer Prinzipien aus dem Beziehungsgeflecht gesellschaftlicher Praxis erklärenden Theorie auf. Das für viele Theoretiker der Aufklärung charakteristische Nebeneinander relativistischer und objektivistischer Positionen der Ethik tritt in der literarisch übersteigerten Form der Bienenfabel besonders deutlich hervor.

Werke: Collected Works of B. M., ed. B. Fabian/I. Primer, Hildesheim/New York 1981 ff. (erschienen Bde II, IV–VIII). – The Grumbling Hive. Or, Knaves Turn'd Honest, London 1705, erw. unter dem Titel: The Fable of the Bees. Or, Private Vices, Publick Benefits. Containing Several Discourses, to Demonstrate, that Human Frailties, During the Degeneracy of Mankind, May Be Turn'd to the Advantage of the Civil Society, and Made to Supply the Place of Moral Virtues, London 1714 (repr. Düsseldorf 1990) (franz. La fable des abeilles ou les vices prives font le bien public [1714], Paris 1974, 1990), mit Untertitel: As also an Essay on Charity and Charity-Schools. And a Search into the Nature of Society, London ²1723 (franz. La fable des abeilles suivie de Essai sur la charité et les écoles de charité et de défens du livre, Paris 1998), ⁶1729, erw. um Bd. II, 1729 (repr. als: Collected Works of B. M. [s. o.] IV), II ²1733, I–II, Edinburgh, London 1734, ed. F. R. Kaye, Oxford 1924 (repr. London 1952, Indianapolis Ind. 1988, Oxford 2001), in einem Bd., ed. P. Harth, London etc. 1989 (franz. La fable des abeilles. Ou les fripons devenus honnetes gens. Avec le commentaire, où l'on prouve que les vices des particuliers tendent à l'avantage du public, I–IV, London 1740, ohne Untertitel, Paris 1991, 2007; dt. M.'s Fabel von den Bienen, übers. v. S. Ascher, Leipzig 1818, unter dem Titel: M.s Bienenfabel, ed. O. Bobertag, München

1914, ed. F. Bassenge, Berlin 1957, mit Untertitel: Oder private Laster, öffentliche Vorteile, ed. W. Euchner, Frankfurt 1968, Neudr. 1980, ²2006 [mit Einl., 7–55]); The Virgin Unmask'd. Or Female Dialogues, Betwixt an Elderly Maiden Lady, and Her Niece, or Several Diverting Discourses on Love, Marriage, Memoirs, and Morals, etc. of the Times, London 1709 (repr. Delmar N.Y. 1975), ⁴1942; A Treatise of the Hypochondriack and Hysterick Passions […], London 1711 (repr. New York 1976), ²1715, erw. unter dem Titel: A Treatise of the Hypochondriack and Hysterick Diseases. In Three Dialogues, 1730 (repr. Delmar N.Y. 1976, ferner als: Collected Works of B.M. [s.o.] II); Free Thoughts on Religion, the Church, and National Happiness, London 1720 (repr. Delmar N.Y. 1981, ferner als: Collected Works of B.M. [s.o.] V), ²1729 (repr. Stuttgart-Bad Cannstatt 1969), ed. I. Primier, New Brunswick N.J./London 2001 (franz. Pensées libres sur la religion, l'église, et le bonheur de la nation, I–II, La Haye 1722, ed. L. Carrive/P. Carrive, Paris 2000; dt. Freymüthig-unpartheyische Gedancken von der Religion, Kirche und Glückseligkeit der Engeländischen Nation, Leipzig 1726, unter dem Titel: Freye Gedanken über die Religion, die Kirche und den Wohlstand des Volkes, I–II, Nürnberg 1765); A Modest Defence of Publick Stews. Or, an Essay upon Whoring, as It Is Now Practis'd in These Kingdoms, London 1724 (repr. Los Angeles 1973), ed. I. Primer, New York/Basingstoke 2006 (dt. Eine bescheidene Streitschrift für öffentliche Freudenhäuser oder ein Versuch über die Hurerei, wie sie jetzt im Vereinigten Königreich praktiziert wird, München/Wien, Frankfurt/Wien/Zürich 2001); An Enquiry into the Causes of the Frequent Executions at Tyburn. And a Proposal for some Regulations Concerning Felons in Prison, and the Good Effects to Be Expected from Them […], London 1725 (repr. Los Angeles 1964, Millwood N.Y. 1975); A Letter to Dion, Occasion'd by His Book Call'd Alciphron, or the Minute Philosopher, London 1732 (repr. Los Angeles 1953, Liverpool 1954); An Enquiry into the Origin of Honour, and the Usefulness of Christianity in War, London 1732 (repr. London 1971, ferner als: Collected Works of B.M. [s.o.] VI); By a Society of Ladies. Essays in the Female Tatler, ed. M.M. Goldsmith, Bristol/Sterling Va. 1999 [mit Einl., 11–72]. – F.B. Kaye, The Writings of B.M.. A Bibliographical Survey, J. Engl. and Germanic Philol. 20 (1921), 419–467.

Literatur: M. Blaug (ed.), Pioneers in Economics VIII/3 (John Law [1671–1729] and B.M. [1660–1733]), Aldershot/Brookfield Vt. 1991; H. Blom, Decay and the Political Gestalt of Decline in B.M. and His Dutch Contemporaries, Hist. European Ideas 36 (2010), 153–166; P. Carrive, B.M.. Passions, vices, vertus, Paris 1980; dies., M., Enc. philos. universelle III/1 (1992), 1324–1326; dies., M., DP II (²1993), 1898–1899; H.J. Cook, B.M. and the Therapy of ›The Clever Politician‹, J. Hist. Ideas 60 (1999), 101–124; ders., B.M., in: S. Nadler (ed.), A Companion to Early Modern Philosophy, Malden Mass. etc. 2002, 2008, 469–482; R.I. Cook, B.M., New York 1974; W. Deckelmann, Untersuchungen zur Bienenfabel M.s und zu ihrer Entstehungsgeschichte im Hinblick auf die Bienenfabelthese, Hamburg 1933; R. Dekker, »Private Vices, Public Virtues« Revisited. The Dutch Background of B.M., Hist. European Ideas 14 (1992), 481–498; C. Gautier, L'invention de la société civile. Lectures anglo-écossaises. M., Smith, Ferguson, Paris 1993; M.M. Goldsmith, M., IESS IX (1968), 554–555; ders., Private Vices, Public Benefits. B.M.'s Social and Political Thought, Cambridge etc. 1985, rev. Christchurch 2001; ders., Regulating Anew the Moral and Political Sentiments of Mankind. B.M. and the Scottish Enlightenment, J. Hist. Ideas 49 (1988), 587–606; ders., M., REP VI

(1998), 71–74; D. Grugel-Pannier, Luxus. Eine begriffs- und ideengeschichtliche Untersuchung unter besonderer Berücksichtigung von B.M., Frankfurt etc. 1996; F.A. v. Hayek, Dr. B.M., Proc. Brit. Acad. 52 (1966), 125–141, Neudr. in: ders., New Studies in Philosophy, Politics, Economics and the History of Ideas, London, Chicago Ill. 1978, London/New York 1990, 249–266 (dt. Dr. B.M., in: ders./M. Perlman/F.B. Kaye, Vademecum zu einem klassischen Literaten der Ökonomie und Ethik [s.u.], 31–63); ders./M. Perlman/F.B. Kaye, Vademecum zu einem klassischen Literaten der Ökonomie und Ethik, Düsseldorf 1990; P. Hilton, Bitter Honey. Recuperating the Medical and Scientific Context of B.M., Bern etc. 2010; W. Hübner, M.s Bienenfabel und die Begründung der praktischen Zweckethik in der englischen Aufklärung. Ein Beitrag zur Genealogie des englischen Geistes, in: P. Meissner (ed.), Grundformen der englischen Geistesgeschichte, Stuttgart/Berlin 1941, 275–331; E.J. Hundert, The Enlightenment's Fable. B.M. and the Discovery of Society, Cambridge/New York/Oakleigh 1994, 2005; M. Jack, The Social and Political Thought of B.M., New York/London 1987; ders., Corruption & Progress. The Eighteenth-Century Debate, New York 1989, 18–62 (Kap. II B.M.. The Progress of Public Benefits); R. Lahme, M., BBKL V (1993), 655–658; C. Larroche, M., Paris 1994; F. Linares, B.M.. Denker in der Fremde, Hildesheim/Zürich/New York 1998; T. Lynch/A. Walsh, The M.an Conceit and the Profit-Motive, Philos. 78 (2003), 43–62; J. Malcolm, The Social and Political Thought of B.M., New York/London 1987; R. Nieli, Commercial Society and Christian Virtue. The M.-Law Dispute, Rev. Politics 51 (1989), 581–610; V.L. Nuovo, M., in: A. Pyle (ed.), The Dictionary of Seventeenth-Century British Philosophers, Bristol/Sterling Va. 2000, 548–555; M. Peltonen, The Duel in Early Modern England. Civility, Politeness and Honour, Cambridge etc. 2003, 263–302 (Chap. 5 Politeness, Duelling and Honour in B.M.); I. Primer (ed.), M. Studies. New Explorations in the Art and Thought of Dr. B.M. (1670–1733), The Hague 1975; C.W.A. Prior (ed.), M. and Augustan Ideas. New Essays, Victoria B.C. 2000; T. Rommel, Das Selbstinteresse von M. bis Smith. Ökonomisches Denken in ausgewählten Schriften des 18. Jahrhunderts, Heidelberg 2006, 63–88 (Kap. 3.1 B.M. and the aggressive Selbsterhaltung); H.-G. Schmitz, Das M.-Dilemma. Untersuchungen zum Verhältnis von Politik und Moral, Köln 1997; L. Schneider (ed.), Paradox and Society. The Work of B.M., New Brunswick N.J./Oxford 1987; E. Sprague, M., Enc. Ph. V (1967), 147–149; J.M. Stafford (ed.), Private Vices, Public Benefits? The Contemporary Reception of B.M., Solihull 1997.   H.R.G.

Manegold von Lautenbach (Manegoldus [de Lutenbach]), *Lautenbach (Elsaß) um 1030, †Stift Marbach (Elsaß) nach 1103, Theologe. Studium im Augustinerchorherrenstift Lautenbach und in Paris, dann Wanderprediger; um 1084 Eintritt in das Stift von Lautenbach, 1094 Propst am Augustinerchorherrenstift in Marbach, 1098 von Heinrich IV. gefangengesetzt, 1103 wieder in Marbach als Propst; stand im Investiturstreit auf seiten Papst Gregors VII. gegen Heinrich IV., dessen Absetzung durch den Papst er in seiner gegen Wenrich von Trier gerichteten Schrift an Erzbischof Gebhard von Salzburg verteidigte. – Gewöhnlich wird M. den ›Antidialektikern‹ zugerechnet, die die Gefahren einer an der ↑Offenbarung und den Lehren der Kirche sich betätigenden logisch-philosophischen Spekulation bekämpften und sich gegen den Einfluß der antiken Philosophie, speziell Platonischer und platonistischer Positionen (die Werke des Aristoteles waren noch weitgehend unbekannt), wandten. In seiner Polemik gegen den humanistisch gebildeten Abt Wolfhelm von Brauweiler (bei Köln) sieht M. (differenzierter) viele Lehren antiker Autoren, vor allem in der Ethik, von den Kirchenvätern anerkannt und autorisiert, kämpft aber für eine Vormachtstellung der Offenbarung gegenüber der Vernunft in Wahrheitsfragen. Er scheint sich nicht generell gegen den Gebrauch der ›Dialektik‹ (Logik) zu richten, sondern greift vor allem eine bestimmte Form von ›Physik‹ an, sofern sie, gestützt auf Platons »Timaios« und den Kommentar des A. T. Macrobius zu M. T. Ciceros »Somnium Scipionis«, eine rein rationale Erklärung des Ursprungs von Welt und Mensch enthält. Auch gegen die einander teilweise widersprechenden Versuche antiker Philosophen, Ursprung und Natur der ↑Seele zu erklären, polemisiert M. und führt ihre ›Irrtümer‹ auf den Grundfehler zurück, Vernunft und Natur für autonom zu halten und die absolute Macht Gottes zu unterschlagen, die Wunder wirken und alles in jedem Augenblick auch anders einrichten kann, so daß es ↑Naturgesetze (und ihre Erkenntnis) nicht gibt.

Werke: Magistri Manegaldi contra Wolfelmum Coloniensem opusculum, in: L. A. Muratori (ed.), Anecdota quae ex Ambrosianae Bibliothecae codicibus/Anecdota Latina IV, Padua 1713, 167–206, Nachdr. in: Opere del proposto Lodovico Antonio Muratori [...] XI/2, Arezzo 1770, 102–136, unter dem Titel: Opusculum contra Wolfelmum Coloniensem, MPL 155, 149–176, gekürzt in: MGH. Libelli de lite imperatorum et pontificum saeculis XI. et XII. conscripti I (= Scriptores IX/1), 303–308 [Einl., Inhaltsangabe, Kap. XII–XIV], Neudr. als: Liber contra Wolfelmum, ed. W. Hartmann, Weimar 1972, München 1991 (MGH. Quellen zur Geistesgesch. d. Mittelalters VIII) (engl. Liber contra Wolfelmum, übers. u. eingel. v. R. Ziomkowski, Paris/Leuven/Dudley Mass. 2002); Ad Gebehardum liber, MGH. Libelli de lite imperatorum et pontificum saeculis XI. et XII. conscripti I (= Scriptores IX/1), 308–430.

Literatur: C. Baeumker, Der Platonismus im Mittelalter. Festrede, gehalten in der öffentlichen Sitzung der K. Akademie der Wissenschaften am 18. März 1916, München 1916, Neudr. in: W. Beierwaltes (ed.), Platonismus in der Philosophie des Mittelalters, Darmstadt 1969, 1–55; J. A. Endres, Geschichte der mittelalterlichen Philosophie im christlichen Abendlande, Kempten/München 1908, ²1911, o. J. [1924]; ders., Forschungen zur Geschichte der frühmittelalterlichen Philosophie, Münster 1915 (Beitr. zur Gesch. der Philos. des Mittelalters XVII, H. 2–3), bes. 87–113 (Kap. IV/4 M. v. L.); K. Flasch, Einführung in die Philosophie des Mittelalters, Darmstadt 1987, 1994, bes. 62–78 (Kap. VI Freiheit oder Knechtschaft für Politik und Kultur. M. v. L. gegen Wolfhelm von Köln); H. Fuhrmann, ›Volkssouveränität‹ und ›Herrschaftsvertrag‹ bei M. v. L., in: S. Gagnér/H. Schlosser/W. Wiegand (eds.), Festschrift für Hermann Krause, Köln/Wien 1975, 21–42; E. Garin, Studi sul platonismo medievale, Florenz 1958, 23–33 (Kap. I/2 La Polemica di M. di L.); T. Gregory, L'opusculum contra Wolfelmum e la polemica anti-

platonica di Manegoldo di L., in: ders., Platonismo medievale. Studi e ricerche, Rom 1958, 17–30 (dt. Das Opusculum contra Wolfelmum und die antiplatonische Polemik des M. v. L., in: W. Beierwaltes [ed.], Platonismus in der Philosophie des Mittelalters [s. o.], 366–380); W. Hartmann, M. v. L. und die Anfänge der Frühscholastik, Dt. Arch. f. Erforsch. d. Mittelalters 26 (1970), 47–149; ders., M. v. L., LThK VI (³1997), 1264; G. Knittel, M. v. L., LThK VI (²1961), 1348; G. Koch, M. v. L. und die Lehre von der Volkssouveränität unter Heinrich IV., Berlin 1902 (repr. Vaduz 1965); R. Kühn, Manégold de L., Enc. philos. universelle III/1 (1992), 694; J. Laschinger, M. v. L., NDB XVI (1990), 21–22; I. S. Robinson, Authority and Resistance in the Investiture Contest. The Polemical Literature of the Late Eleventh Century, New York, Manchester 1978, bes. 124–131; U. Schmidt, M. v. L., BBKL V (1993), 659–661; D. Schwab, M. v. L., in: A. Erler/E. Kaufmann (eds.), Handwörterbuch zur deutschen Rechtsgeschichte III (1984), 240–242; M. T. Stead, M. of L., Engl. Hist. Rev. 29 (1914), 1–15; T. Struve, M. v. L., LMA VI (2003), 190; L. Sturlese, Storia della filosofia tedesca nel medioevo I (Dagli inizi alla fine del XII secolo), Florenz 1990, bes. 62–69 (Kap. V/2 L'antifilosofia di M. di L.) (dt. [zusammen mit Bd. II] Die deutsche Philosophie im Mittelalter. Von Bonifatius bis zu Albert dem Großen (748–1280), München 1993, bes. 77–86 [Kap. IV/2 Die Antiphilosophie M.s v. L.]); R. Ziomkowski, Bibliographical Essay, in: ders., Liber contra Wolfelmum [s. o., Werke], 93–103. – M. v. L., in: B. Jahn, Biographische Enzyklopädie deutschsprachiger Philosophen, München 2001, 267.   R. Wi.

Mängelwesen (engl. deficient being/creature; franz. créature déficiente), Bezeichnung für ein von A. Gehlen in die ↑Anthropologie eingeführtes Konzept, nach dem der Mensch als ein Wesen bestimmt ist, das die Mängel seiner natürlichen Ausstattung durch die Herausbildung besonderer Fähigkeiten kompensieren muß. Hinter dieser strukturellen Bestimmung, für deren Entwicklung er explizit auf vorausgehende Überlegungen in J. G. Herders »Abhandlung über den Ursprung der Sprache« (1772) sowie auf A. Seidel (1927) und M. Scheler (1928) verweist, läßt sich bei Gehlen ein an C. Darwin angelehntes Evolutionsverständnis ausmachen. Dabei gilt grundsätzlich auch für den Menschen die im Vergleich zu anderen Spezies relativ bessere Angepaßtheit an spezifische Umweltbedingungen als Voraussetzung und Maß der Überlebensfähigkeit. Betrachte man den Menschen hinsichtlich seiner biologischen Eigenschaften und vergleichend mit anderen (tierischen) natürlichen Wesen, dann sei er diesen hinsichtlich seiner morphologischen Voraussetzungen und seiner organischen Ausstattung unterlegen. Weder verfüge er über taugliche Angriffs- und Fluchtorgane noch über die sicheren ↑Instinkte, die ihn zu einem den jeweils vorfindlichen spezifischen Umweltbedingungen angemessenen Verhalten zwingen. Er müsse sich daher entlasten, d. h. »die Mängelbedingungen seiner Existenz eigentätig in Chancen seiner Lebensfristung umarbeiten« (Der Mensch, Gesamtausg. III/1, ed. K.-S. Rehberg, Frankfurt 1993, 35) und handelnd die Welt seinen Erfordernissen anpassen.

Der Mensch sei daher von »Natur ein Kulturwesen« (a. a. O., 88) und schaffe sich eine Kultur als »zweite Natur« (a. a. O., 87), indem er kompensatorisch koordiniert handelnde Gruppen und technische Hilfsmittel für die Daseinsbewältigung gestalte.

Literatur: W. Brede, M., Hist. Wb. Ph. V (1980), 712–713; A. Gehlen, Der Mensch. Seine Natur und seine Stellung in der Welt, Berlin 1940, Wiebelsheim [15]2009 (engl. Man, His Nature and Place in the World, New York 1988); ders., Urmensch und Spätkultur. Philosophische Ergebnisse und Aussagen, Bonn 1956, erw. [6]2004 (= Gesamtausg. V); ders., Anthropologische Forschung. Zur Selbstbegegnung und Selbstentdeckung des Menschen, Reinbek b. Hamburg 1961, 1981; M. Scheler, Die Stellung des Menschen im Kosmos, Darmstadt 1928, Bonn [18]2010; H. Schmidinger/C. Sedmak (eds.), Der Mensch – ein M.? Endlichkeit, Kompensation, Entwicklung, Darmstadt 2009; A. Seidel, Bewußtsein als Verhängnis, ed. H. Prinzhorn, Frankfurt 1927, Bremen 1979.　G. K.

Manichäismus, von dem Perser Mani (*Seleukia-Ktesiphon am Tigris 216, †Bedapat [Gundeschapur] 276) gegründete Offenbarungsreligion; die persische Ausprägung der ↑Gnosis. Mani systematisiert auf dem Hintergrund altbabylonischer Kulte, späthellenistischer, jüdischer, christlicher, judenchristlicher und marcionitischer Einflüsse sowie durch die Aufnahme des persischen Zervanismus diese Traditionen durch Grundunterscheidungen der Gnosis und ihres ↑Dualismus von Lichtgott und Finsterniswelt. Nach dem Märtyrertod Manis ging der M. in Persien zurück, gewann aber in Syrien, Armenien, Kleinasien, Palästina, Nordarabien, Ägypten und Nordafrika an Einfluß. So war z. B. A. Augustinus 373–382 Anhänger des M., der sich schließlich über Dalmatien und Rom bis nach Gallien und Spanien ausbreitete und im 6. Jh. nach Zentralasien (Turkestan, Tarim-Becken) gelangte, wo er 762 Staatsreligion des Uigurenreiches wurde; im 7. Jh. drang er nach China vor. In der Philosophie wurde ›M.‹ polemische Kennzeichnung dualistischer Systeme, z. B. J. Böhmes. B. Pascal bezichtigte die Lutheraner des M., G. W. Leibniz einzelne Lehren P. Bayles. Noch J. G. Fichte und G. W. F. Hegel wandten sich gegen den M.

Im System Manis stehen die ›Prinzipien‹ des Lichts (Gott) und der Finsternis (Materie) in dauerndem Kampf miteinander bis zur Endzeit. Der Mensch hat durch seine ↑Seele ursprünglich Anteil an der göttlichen Lichtsphäre, ist aber mit seinem Körper in der Finsternis des materiellen Kosmos gefangen und kann nur durch Offenbarung eines Lichtboten zum Heilswissen, zur rettenden ›Erkenntnis‹ (Gnosis) seiner wahren Heimat gelangen. Diese gnostische Erlösungslehre ist mit einer ↑Eschatologie verbunden, die den endzeitlichen Weltbrand und den Sturz aller Unheilsmächte beschreibt. Der M. lehrt eine Ethik der sexuellen Askese und des Vegetarismus. Die hierarchische Ekklesiologie unterscheidet die bereits erlöste, wissende Priesterkaste der Erwählten von den Laien, die noch Wiedergeburten erleiden müssen. Die Astrologie, Dämonologie und Christologie des M. gehören zu dessen ›Stilelementen‹ (G. Widengren), wie der M. überhaupt durch eine die Struktur des Systems überwuchernde Mythologie geprägt ist.

Literatur: F. C. Baur, Das Manichäische Religionssystem nach den Quellen neu untersucht und entwikelt, Tübingen 1831 (repr. Göttingen 1928, Hildesheim 1973, 2010); W. Bousset, Hauptprobleme der Gnosis, Göttingen 1907, 1973; S. Clackson u. a. (eds.), Dictionary of Manichaean Texts, I–III, Turnhout 1998–2006; C. Colpe, M., RGG IV ([3]1960), 714–722; J. K. Coyle, Manichaeism and Its Legacy, Leiden/Boston Mass. 2009; A. Dartigues, Manichéisme, Enc. philos. universelle II/2 (1990), 1535–1536; I. Gardner/S. N. C. Lieu (eds.), Manichaean Texts from the Roman Empire, Cambridge etc. 2004; A. Henrichs/L. Koenen, Der Kölner Mani-Kodex (P. Colon. inv. nr. 4780), Z. Papyrologie u. Epigraphik 19 (1975), 1–85 (Edition der Seiten 1–72), 32 (1978), 87–199 (Edition der Seiten 72,8–99,9), 44 (1981), 201–318 (Edition der Seiten 99,10–120), 48 (1982), 1–59 (Edition der Seiten 121–192); C. Kirwan, Manicheism, REP VI (1998), 74–77; H.-J. Klimkeit, Mani, M., LThK VI ([3]1997), 1265–1269; L. Koenen/C. Römer (eds.), Der Kölner Mani-Kodex. Das Werden seines Leibes. Kritische Edition, Opladen 1988; dies. (eds.), Mani. Auf der Spur einer verschollenen Religion, Freiburg/Basel/Wien 1993; S. Lorenz/W. Schröder, M., Hist. Wb. Ph. V (1980), 714–716; R. Merkelbach, Mani und sein Religionssystem, Opladen 1986; P. Mirecki/J. Beduhn (eds.), The Light and the Darkness. Studies in Manichaeism and Its World, Leiden/Boston Mass. 2001; J. v. Oort, M., RGG V ([4]2002), 732–741; H. J. Polotsky, M., RE Suppl. VI (1935), 240–271; R. Reitzenstein, Das iranische Erlösungsmysterium. Religionsgeschichtliche Untersuchungen, Bonn 1921; J. Ries, Mani, le manichéisme, DP II ([2]1993), 1899–1902; K. Rudolph, Die Gnosis. Wesen und Geschichte einer spätantiken Religion, Leipzig, Göttingen 1977, bes. 349–366, Leipzig [2]1980, Göttingen [4]2005, bes. 352–379; ders., Gnosis und spätantike Religionsgeschichte. Gesammelte Aufsätze, Leiden/New York/Köln 1996, bes. 627–781 (Kap. III Manichaica); S. Runciman, The Medieval Manichee. A Study of the Christian Dualist Heresy, Cambridge 1947, Cambridge/New York 1982 (dt. Häresie und Christentum. Der mittelalterliche M., München 1988); H. H. Schaeder, Der M. und sein Weg nach Osten, in: H. Runte (ed.), Glaube und Geschichte. Festschrift für Friedrich Gogarten zum 13. Januar 1947, Gießen 1948, 236–254; G. Widengren, Mani und der M., Stuttgart 1961 (engl. Mani and Manichaeism, London 1965); ders., Die Religionen Irans, Stuttgart 1965 (franz. Les religions de l'Iran, Paris 1968); ders., Der M., in: H. Franke u. a. (eds.), Saeculum Weltgeschichte III (Die Hochkulturen im Zeichen der Weltreligionen I), Freiburg/Basel/Wien 1967, 262–284; ders. (ed.), Der M., Darmstadt 1977; R. M. Wilson, Mani and Manichaeism, Enc. Ph. V (1967), 149–150.　T. R.

Mannheim, Karl (ursprünglich Károly M.), *Budapest 27. März 1893, †London 9. Jan. 1947, ungar.-dt.-brit. Philosoph und Soziologe, Sohn ungarisch-deutscher Eltern jüdischen Bekenntnisses. Studium von Philosophie, Pädagogik, Französischer Sprachwissenschaft und Deutscher Literaturgeschichte an den Universitäten Budapest (1911/1912 und 1915–1918), Berlin (1912/1913 und

1915) sowie Paris (1914); 1917/1918 Vorträge über Erkenntnistheorie an der privaten »Freien Schule für Geisteswissenschaften« in Budapest (Lélek és kultura, 1918 [dt. Seele und Kultur]). 1918 Promotion an der Universität Budapest zum Dr. phil. (Die Strukturanalyse der Erkenntnistheorie, ungar. 1918, dt. 1922); während der Räterepublik unter Béla Kun 1919 Prof. für Kulturphilosophie am Pädagogischen Seminar der Universität Budapest; nach dem Sturz der kommunistischen Regierung Flucht nach Deutschland und Studium an den Universitäten Freiburg (1920/1921), Berlin (1921) und Heidelberg (ab 1921). In Heidelberg wendet sich M. unter dem Einfluß von A. und M. Weber sozialwissenschaftlichen Untersuchungen zu und habilitiert sich 1926 im Fach Soziologie mit einer Schrift über die Ursprünge konservativen Denkens in Deutschland (Altkonservatismus. Ein Beitrag zur Soziologie des Wissens, teilweise publiziert als: Das konservative Denken [1927], vollständig publiziert unter dem Titel: Konservatismus. Ein Beitrag zur Soziologie des Wissens, ed. D. Kettler/V. Meja/N. Stehr, Frankfurt 1984). 1930 Prof. für Soziologie und Nationalökonomie und Direktor des Seminars für Soziologie an der Universität Frankfurt a. M.; 1933 aus rassistischen Gründen Zwangspensionierung; Emigration über Amsterdam und Paris nach England; ab Oktober 1933 Lecturer für Soziologie an der London School of Economics and Political Science, an der M. bis 1944 lehrt; seit 1941 zusätzlich Lecturer am Institute of Education der University of London; seit Oktober 1945 Berufung auf den neugeschaffenen Lehrstuhl für Sociology of Education ebd..

M.s philosophische und soziologische Orientierungen wechseln mit den wissenschaftlichen Milieus, in die er durch die beiden erzwungenen Emigrationen gerät. Während er in Übereinstimmung mit den künstlerischen und akademischen Kreisen Budapests (G. Lukács, Z. Kodály u. a.) und in Anlehnung an W. Dilthey und G. Simmel die Autonomie und den Methodenpluralismus der Geisteswissenschaften gegenüber den Naturwissenschaften verteidigt, indem er die einzelnen Kultursphären als selbstständige Entitäten mit ihren eigenen Regeln und Maßstäben sieht, nimmt er in Freiburg und Heidelberg den ↑Neukantianismus vor allem H. Rickerts und die ↑Phänomenologie E. Husserls auf und entwickelt in Fortführung und Radikalisierung seiner Budapester Ansätze sowie in Auseinandersetzung mit K. Marx und M. Scheler eine Form der ↑Wissenssoziologie bzw. der ↑Wissenschaftssoziologie, wonach es wegen der ›Seinsgebundenheit‹ von Denken und Erkennen unmöglich sei, einen (philosophischen oder wissenschaftlichen) Standpunkt einzunehmen, der frei von ↑Ideologie wäre (Ideologie und Utopie, 1929). Den relativistischen Konsequenzen (↑Relativismus, ↑Skeptizismus) seiner Auffassung sucht M. durch das Postulat der Einheit von Geist und Leben (↑Lebensphilosophie) und die Konstruktion einer Sinntotalität der Geschichte zu entgehen, was ihm – hier in Übereinstimmung mit Scheler – erlaubt, Kritik am zeitgenössischen Weltanschauungspluralismus und Weltanschauungsrelativismus sowie am ↑Historismus zu üben. In London wendet sich M. stärker konkreten gesellschaftlichen und politischen Fragestellungen zu und eignet sich dafür das begriffliche und methodische Instrumentarium der empirischen Sozialforschung (↑Sozialforschung, empirische) sowie der Sozialpsychologie (↑Psychologie) und der ↑Psychoanalyse an. Angesichts der inneren und äußeren Bedrohung der westlichen Demokratien durch soziale ↑Konflikte und Vermassung einerseits, durch Nationalsozialismus und Bolschewismus andererseits plädiert M. für einen Mittelweg zwischen Autoritarismus und ↑Liberalismus: Er tritt nicht nur für demokratisch legitimierte Planung ein, sondern auch für die Planung von Demokratie selbst, wobei behavioristische Sozialtechniken (↑Behaviorismus), aber auch pädagogische Maßnahmen für eine demokratische Kultur zum Zuge kommen sollen (Man and Society in an Age of Reconstruction, 1940; Freedom, Power and Democratic Planning, 1950). Um die Verbreitung seiner Ideen zur politischen Planung von Demokratie und zur öffentlichen Erziehung zu ihr bemüht sich M. in seinen letzten Lebensjahren.

Werke: Collected Works, I–XI, London/New York 1997 [Faksimile-Reprints der Originalausgaben]. – Az ismeretelmélet szerkezeti elemzése, Athenaeum 4 (1918), 233–247, 315–330 [M.s Dissertation]; Georg Simmel mint filozófus, Huszadik Század 19 (1918), H. 2, 194–196, Nachdr. in: É. Karádi/E. Vezér (eds.), A vasárnapi kör. Dokumentumok, Budapest 1980, 168–171 (dt. Georg Simmel als Philosoph, in: É. Karádi/E. Vezér [eds.], Georg Lukács, K. M. und der Sonntagskreis, Frankfurt 1985, 150–153); Lélek és kultura, Budapest 1918, Nachdr. in: É. Karádi/E. Vezér (eds.), A vasárnapi kör [s. o.], 186–202 (dt. Seele und Kultur, in: ders., Wissenssoziologie. Auswahl aus dem Werk [s. u.], 66–84); Ernst Bloch: Geist der Utopie, Athenaeum 5 (1919), 207–212 [ungarisch], Nachdr. in: É. Karádi/E. Vezér (eds.), A vasárnapi kör [s. o.], 298–302 (dt. in: É. Karádi/E. Vezér [eds.], Georg Lukács, K. M. und der Sonntagskreis [s. o.], 254–259); Beiträge zur Theorie der Weltanschauungs-Interpretation, Jb. Kunstgesch. 1 (1921–1922), 236–274, Wien 1923, Neudr. in: ders., Wissenssoziologie. Auswahl aus dem Werk [s. u.], 91–154, ferner in: ders., Schriften zur Wirtschafts- und Kultursoziologie [s. u.], 31–80; Zum Problem einer Klassifikation der Wissenschaften, Arch. Sozialwiss. u. Sozialpolitik 50 (1922), 230–237, Neudr. in: ders., Wissenssoziologie. Auswahl aus dem Werk [s. u.], 155–165; Die Strukturanalyse der Erkenntnistheorie, Berlin 1922, Vaduz 1978, 1991 (Kant-St. Erg.hefte LVII) [erw. dt. Fassung der Dissertation (Az ismeretelmélet szerkezeti elemzése, [s. o.]) von 1918], Neudr. in: ders., Wissenssoziologie. Auswahl aus dem Werk [s. u.], 166–245; Historismus, Arch. Sozialwiss. u. Sozialpolitik 52 (1924), 1–60, Neudr. in: ders., Wissenssoziologie. Auswahl aus dem Werk [s. u.], 246–307; Levelek az imigrációból I–II, Diogenes (Wien) 1924, H. 1, 13–15, H. 2, 20–23 (dt. Briefe aus der Emigration, in: R. Laube, K. M. und die Krise des Historismus [s. u., Lit.], 582–593); Das Problem einer Soziologie des Wissens, Arch. Sozialwiss. u. Sozialpolitik 53 (1925), 577–652, Neudr. in: ders., Wissenssoziologie. Auswahl aus dem Werk [s. u.], 308–387; Ideologische und soziologische Interpretation der geistigen Gebilde, Jb. Soz. 2 (1926), 424–440, Neudr. in: ders., Wissenssoziologie. Auswahl aus dem Werk [s. u.], 388–407; Das konservative Denken, Arch. Sozialwiss. u. Sozialpolitik 57 (1927), 68–142, 470–495, Neudr. in: ders., Wissenssoziologie. Auswahl aus dem Werk [s. u.], 408–508; Das Problem der Generationen, Kölner Vierteljahreshefte Soz. 7 (1928), 157–185, 309–330, Neudr. in: ders., Wissenssoziologie. Auswahl aus dem Werk [s. u.], 509–565, ferner in: ders., Schriften zur Wirtschafts- und Kultursoziologie [s. u.], 121–166 (franz. Le problème des générations, Paris 1990, 2005); Ideologie und Utopie, Bonn 1929, [erw. um ein Verzeichnis der Schriften K. M.s und eine Bibliographie der Jahre 1952–1965] Frankfurt ⁴1965, ⁸1995 (engl. Ideology and Utopia. An Introduction to the Sociology of Knowledge, New York, London 1936 [repr. London/New York 1997, 2003 (= Collected Works I)] [franz. Idéologie et utopie, Paris 1956, ²2006]); Zur Problematik der Soziologie in Deutschland, Neue Schweizer Rundschau 22 (1929), 820–829, Neudr. in: ders., Wissenssoziologie. Auswahl aus dem Werk [s. u.], 614–624; Über das Wesen und die Bedeutung des wirtschaftlichen Erfolgstrebens. Ein Beitrag zur Wirtschaftssoziologie, Archiv Sozialwiss. u. Sozialpolitik 63 (1930), 449–512, Neudr. in: ders., Wissenssoziologie. Auswahl aus dem Werk [s. u.], 625–687, ferner in: ders., Schriften zur Wirtschafts- und Kultursoziologie [s. u.], 167–220; Wissenssoziologie, in: A. Vierkandt (ed.), Handwörterbuch der Soziologie, Stuttgart 1931, 1959, 659–680, Stuttgart 1982, 216–235; Die Gegenwartsaufgaben der Soziologie. Ihre Lehrgestalt, Tübingen 1932; Rational and Irrational Elements in Contemporary Society, London 1934; Mensch und Gesellschaft im Zeitalter des Umbaus, Leiden 1935 (engl. [stark erw.] Man and Society in an Age of Reconstruction. Studies in Modern Social Structure, New York, London 1940 [repr. London/New York 1997, 1999 (= Collected Works II)] [dt. Bad Homburg/Berlin/Zürich 1967]); Diagnosis of Our Time. Wartime Essays of a Sociologist, London 1943 (repr. London/New York 1997, 1999 [= Collected Works III]) (dt. Diagnose unserer Zeit. Gedanken eines Soziologen, Zürich etc. 1951); Freedom, Power and Democratic Planning, London, New York 1950, ed. H. Gerth/E. K. Bramstedt, London 1951 (repr. London/New York 1997, 1999 [= Collected Works IV]) (dt. Freiheit und geplante Demokratie, Köln/Opladen 1970); Essays on the Sociology of Knowledge, ed. P. Kecskemeti, London, New York 1952 (repr. London/New York 1997, 2000 [= Collected Works V]); Essays on Sociology and Social Psychology, ed. P. Kecskemeti, London, New York 1953 (repr. London/New York 1997, 2001 [= Collected Works VI]); Essays on the Sociology of Culture, ed. E. Mannheim/P. Kecskemeti, London 1956 (repr. London/New York 1997, 2001 [= Collected Works VII]); Systematic Sociology. An Introduction to the Study of Society, ed. J. S. Erös/W. A. C. Stewart, London, New York, Westport Conn 1957 (repr. London/New York 1997, 1999 [= Collected Works VIII]); (mit W. A. C. Stewart) Introduction to the Sociology of Education, London, New York 1962 (repr. London/New York 1997, 1999 [= Collected Works IX]) (dt. Einführung in die Soziologie der Erziehung, Düsseldorf 1973); Wissenssoziologie. Auswahl aus dem Werk, ed. K. H. Wolff, Berlin/Neuwied 1964, ²1970; From K. M., ed. K. H. Wolff, New York 1971, New Brunswick N. J./London ²1993; Strukturen des Denkens, ed. D. Kettler/V. Meja/N. Stehr, Frankfurt 1980, 2003 (engl. Structures of Thinking, London 1982 [repr. London/New York 1997, 1999 (= Collected Works X)]); Die Grundprobleme der Kulturphilo-

sophie, in: E. É. Karádi/E. Vezér (eds.), Georg Lukács, K. M. und. der Sonntagskreis [s. o.], 206–231 [nur in der dt. Ausgabe]; Konservatismus. Ein Beitrag zur Soziologie des Wissens, ed. D. Kettler/V. Meja/N. Stehr, Frankfurt 1984, 2003 (engl. Conservatism. A Contribution to the Sociology of Knowledge, London/New York 1986 [repr. 1997, 2003 (= Collected Works XI)]; franz. La pensée conservatrice, Paris 2009); Die Dame aus Biarritz. Ein Spiel in vier Szenen, in: P. Ludes (ed.), Sozialwissenschaften als Kunst, Konstanz 1997, 49–76; K. M.s Analyse der Moderne. M.s erste Frankfurter Vorlesung von 1930. Edition und Studien, ed. M. Endreß/I. Srubar, Opladen 2000; Sociology as Political Education, ed. D. Kettler/C. Loader, New Brunswick N. J. 2001; Schriften zur Wirtschafts- und Kultursoziologie, ed. A. Barboza/K. Lichtblau, Wiesbaden 2009. – M. Károly levelezése 1911–1946 [Briefsammlung 1911–1946], ed. E. Gábor, Budapest 1996 (engl. Selected Correspondence [1911–1946] of K. M., Scientist, Philosopher, and Sociologist, ed. E. Gábor, Lewiston N. Y./Queenston/Lampeter 2003).

Literatur: L. Bailey, Critical Theory and the Sociology of Knowledge. A Comparative Study in the Theory of Ideology, New York etc. 1994; B. Balla/V. Sparschuh/A. Sterbling (ed.), K. M.. Leben, Werk, Wirkung und Bedeutung für die Osteuropaforschung, Hamburg 2007; A. Barboza, Kunst und Wissen. Die Stilanalyse in der Soziologie K. M.s, Konstanz 2005; dies., K. M., Konstanz 2009; H. Blokland, De Modernisering en haar politieke Gevolgen. Weber, M. en Schumpeter, Amsterdam 2001 (engl. Modernization and Its Political Consequences. Weber, M. and Schumpeter, New Haven Conn./London 2006); R. Blomert, Intellektuelle im Aufbruch. K. M., Alfred Weber, Norbert Elias und die Heidelberger Sozialwissenschaften der Zwischenkriegszeit, München/Wien 1999; M. Corsten, K. M.s Kultursoziologie. Eine Einführung, Frankfurt/New York 2010; D. Frisby, The Alienated Mind. The Sociology of Knowledge in Germany 1918–1933, Atlantic Highlands N. J./London 1983, London/New York ²1992, 107–173; J. Gabel, M. et le marxisme hongrois, Paris 1987 (engl. M. and Hungarian Marxism, New Brunswick N. J./London 1991); W. Gebhardt, M., BBKL V (1993), 703–708; S. Hekman, Antifoundational Thought and the Sociology of Knowledge. The Case of K. M., Human Stud. 10 (1987), 333–356; R. Hess, M., DP II (1993), 1903–1904; W. Hofmann, K. M. zu Einführung, Hamburg 1996; E. Huke-Didier, Die Wissenssoziologie K. M.s in der Interpretation durch die Kritische Theorie – Kritik einer Kritik, Frankfurt etc. 1985; T. Jung, Die Seinsgebundenheit des Denkens. K. M. und die Grundlegung einer Denksoziologie, Bielefeld 2007; D. Kettler, K. M. and the Crisis of Liberalism. The Secret of these New Times, New Brunswick N. J./London 1995; ders./V. Meja/N. Stehr, K. M., Chichester etc. 1984 (franz. K. M., Paris 1987; dt. Politisches Wissen. Studien zu K. M., Frankfurt 1989); ders./V. Meja, K. M. and the Reconstitution of Political Life, Siegen 1985; ders./C. Loader/V. Meja (eds.), K. M. and the Legacy of Max Weber. Retrieving a Research Programme, Aldershot/Burlington Vt. 2008; A. Kupiec, K. M.. Idéologie, utopie et connaissance, Paris 2006; R. Laube, K. M. und die Krise des Historismus. Historismus als wissenssoziologischer Perspektivismus, Göttingen 2004; C. Loader, The Intellectual Development of K. M.. Culture, Politics, and Planning, Cambridge etc. 1985; ders./D. Kettler, K. M.'s Sociology as Political Education, New Brunswick N. J. 2002; B. Longhurst, K. M. and the Contemporary Sociology of Knowledge, Basingstoke/London, New York 1989; V. Meja, M., IESBS XIII (2001), 9187–9191; G. Namer, K. M., sociologue de la connaissance. La synthèse humaniste ou le chaos de l'absolu,

Paris/Budapest/Kinshasa 2006; ders., M. Sociologue de la mondialisation en crise, Paris 2008; G. W. Remmling, The Sociology of K. M.. With a Bibliographical Guide to the Sociology of Knowledge, Ideological Analysis, and Social Planning, London 1975; A. P. Simonds, K. M.'s Sociology of Knowledge, Oxford 1978; V. Sparschuh, Von K. M. zur DDR-Soziologie. Generationendynamik in der Wissenschaft, Hamburg 2005; G. Whitty, Social Theory and Education Policy. The Legacy of K. M., London 1997; H. E. S. Woldring, K. M.. The Development of His Thought. Philosophy, Sociology and Social Ethics, with a Detailed Biography, New York, Assen 1986, New York 1987 (mit Bibliographie, 410–444); K. H. Wolff, M., in: D. Käsler, Klassiker des soziologischen Denkens II, München 1978, 286–387, 489–496 [Bibliographie], 545–565; P. Zimmermann, Soziologie als Erkenntniskritik. Die Wissenssoziologie K. M.s, Bern etc. 1998.   R. Wi.

Mannigfaltigkeit (lat. varietas, engl. manifold, variety, multiplicity, franz. multiplicité), auch ›Mannigfaltiges‹, (1) in *philosophischer* Terminologie (vor allem in der Erkenntnistheorie) Verschiedenheit innerhalb eines anschaulich oder begrifflich gegebenen Ganzen, insbes. im Anschluß an den ↑Empirismus des 17./18. Jhs. als ungeordnete, unstrukturierte M. von Sinneseindrücken oder Empfindungsdaten, die einer Zusammenfügung (Synthesis) bedürfen, um Gegenstand einer wahren Aussage (einer Erkenntnis), bei I. Kant sogar schon, um überhaupt Gegenstand der Auffassung (↑Apprehension) werden zu können (ähnlich im 20. Jh. bei E. Husserl). Anklänge an den alltagssprachlichen Sinn von ›M.‹ als ›Vielfalt‹, ›bunte Verschiedenartigkeit‹ haben sich in der Verwendungsweise des Wortes in der philosophischen Ästhetik erhalten (›Einheit in der M.‹).
(2) In der älteren *logischen* und *mengentheoretischen* Literatur (G. Cantor, E. Schröder, zum Teil G. Frege) so viel wie ↑›Menge‹. Seit der Entwicklung ›mehrdimensionaler Geometrien‹ durch B. Riemann bezeichnet man als ›M.‹ spezieller eine Menge X, zwischen deren Elementen Gleichheit und Verschiedenheit mittels ihrer eineindeutigen Zuordnung zu n-Tupeln von Zahlen erklärt sind (↑›Koordinaten‹); X heißt dann eine ›n-dimensionale M.‹. Bilden die an einer Stelle eines solchen n-Tupels zugelassenen Zahlen eine stetige Menge, so liegt eine ›stetige‹ oder ›Punktmannigfaltigkeit‹ (heute: ›Punktmenge‹) vor, andernfalls eine ›diskrete M.‹. Stetig zusammenhängende begrenzte Teilmengen einer M. in diesem spezielleren Sinne heißen ›Größen‹ (Riemann: ›Quanta‹); sie werden im Falle der Diskretheit (↑diskret) durch Zählung, im Falle der ↑Stetigkeit durch Messung, die freilich den Transport einer Größe durch einen ›Maßstab‹ erfordert, verglichen. Beispiele von M.en in diesem Sinne sind Kurven, Flächen, der Farbenraum, die möglichen Lagen eines starren Körpers (↑Körper, starrer). – In der Mathematik kennt man neben den erwähnten geometrischen M.en weitere Arten, etwa algebraische (heute meist ›Varietäten‹ genannt), topologi-

sche, differenzierbare etc., wobei sich als Terminologie derzeit durchgesetzt hat, unter einer (n-dimensionalen) M. schlechthin einen topologischen Raum (↑Topologie) der Dimension n zu verstehen, dessen Punkte jeweils eine ↑Umgebung besitzen, die eineindeutig und stetig auf das Innere der n-dimensionalen Einheitskugel abgebildet werden kann.

Literatur: G. Cantor, Grundlagen einer allgemeinen Mannichfaltigkeitslehre. Ein mathematisch-philosophischer Versuch in der Lehre des Unendlichen, Leipzig 1883, Neudr. in: ders., Gesammelte Abhandlungen mathematischen und philosophischen Inhalts [...], ed. E. Zermelo, Berlin 1932 (repr. Hildesheim 1962, Berlin/Heidelberg/New York 1980), 165–209) (franz. Fondements d'une théorie générale des ensembles. Une percée mathematico-philosophique dans la doctrine de l'infini, ed. D. Mascré [franz./dt.], Reims 2008); K. Konhardt, Mannigfaltige (das), M., Hist. Wb. Ph. V (1980), 731–735; B. Riemann, Über die Hypothesen, welche der Geometrie zu Grunde liegen, Abh. Königl. Ges. Wiss. Göttingen 13 (1866/1867), 133–152 (repr. Darmstadt 1959), Neudr. in: ders., Gesammelte mathematische Werke und wissenschaftlicher Nachlaß, ed. H. Weber, Leipzig 1876, 252–269, [2]1892 (repr. New York 1953, ferner als: Gesammelte mathematische Werke und wissenschaftlicher Nachlaß und Nachträge/Collected Papers, ed. R. Narasimhan, Berlin etc., Leipzig 1990), 272–287; E. Scholz, Geschichte des M.sbegriffs von Riemann bis Poincaré, Boston Mass./Basel/Stuttgart 1980; W. Strube, M., ästhetische, Hist. Wb. Ph. V (1980), 435–740; W. Wundt, System der Philosophie, Leipzig 1889, 247–252, [2]1897, 236–240, I [3]1907, I [4]1919, 233–238.   C. T.

Mannoury, Gerrit, *Wormerveer 17. Mai 1867, †Amsterdam 30. Jan. 1956, niederl. Mathematiker und Philosoph. Autodidakt, zunächst Volksschullehrer, daneben 1903 venia legendi für die logischen Grundlagen der Mathematik an der Universität Amsterdam; einflußreiche, insbes. den ↑Intuitionismus vorbereitende Vorlesung »Über die Bedeutung der mathematischen Logik für die Philosophie« (Methodologisches und Philosophisches zur Elementar-Mathematik, 1909); 1917–1937, nach Tätigkeit als Gymnasiallehrer in Vlissingen, Prof. für Mathematik an der Universität Amsterdam. Politisches Engagement als Sozialist, später als Kommunist; aus der Kommunistischen Partei aber schon 1929 seiner intellektuellen Unabhängigkeit wegen ausgeschlossen. – Seit 1917 ist M. Mitglied des auf die Initiative von Viktoria Lady Welby zurückgehenden ersten ›signifischen‹ Forschungszentrums »Internationaal Instituut voor Wijsbegeerte te Amsterdam«, aus dem der 1922 von ihm zusammen mit L. E. J. Brouwer, F. van Eeden und J. van Ginneken SJ gegründete ›Signifische Kreis‹ hervorging. Das macht M. zum Mitbegründer der holländischen signifischen Schule (↑Signifik), die sich einer psycholinguistisch vorgehenden empirischen Untersuchung kommunikativer (Zeichen-)Handlungen verschrieben hat (↑Semiotik). Sprache wird verstanden als ein in Sprachschichten gegliedertes Geflecht von ↑Sprachhandlungen (taaldaden), und zwar nicht be-

schränkt auf verbale Sprachhandlungen (woordentaal-daden), deren Aufgabe es sei, Lebewesen den gegenseitigen Einfluß aufeinander zu ermöglichen.
Bereits seit 1924 unterschied M. Sprecherbedeutung (spreekbetekenis) und Hörerbedeutung (hoorbetekenis) im Zusammenhang mit der Absicht, behavioristische (↑Behaviorismus), in ›heteropsychologischer‹ Terminologie verfaßte, und mentalistische (↑Mentalismus), in ›autopsychologischer‹ Terminologie verfaßte, Ergebnisse psychologischer Forschung als ineinander übersetzbare Darstellungen desselben Phänomenbereichs nachzuweisen. Ein solcher Nachweis der Gleichwertigkeit der am Finalitätsprinzip orientierten Ich-Sprache und der am Kausalitätsprinzip orientierten Es-Sprache diene zugleich der Einsicht, daß es einer Gesellschaft ebenso wie jedem Einzelnen darum gehen müsse, für das Gleichgewicht zwischen Individuum und Gesellschaft zu sorgen: Individualität und Sozialität seien untrennbar, weil jedes Ich zugleich auch ein Wir verkörpere. Aus diesem Grund differenziert M. in seinen Schriften ab 1947 die Sprachhandlungen und unterscheidet die Äußerungshandlungen (↑Äußerung), die verbalsprachlich ungefähr den ↑Sprechakten entsprechen, als Sprachhandlungen im engeren Sinne von den sie und ihren Kontext, also die gesamte relevante Umgebung einschließlich der Adressaten und der Wirkungen, einschließenden Sprachhandlungen im weiteren Sinne, den ›kommunikativen Sozialhandlungen‹, mit der Folge, insbes. den (aktiven) Sprechprozeß und den (passiven) Verstehensprozeß als zusammengehöriges psychisches Phänomen begreifen zu können.
In der Mathematik arbeitete M. vor allem auf dem Gebiet der ↑Topologie (insbes. Dualitätssätze, ↑dual/Dualität). In bezug auf die Grundlagen der Mathematik wies er bereits 20 Jahre vor den Arbeiten des ↑Wiener Kreises – er stand in regem wissenschaftlichem Kontakt insbes. mit P. Frank, F. Waismann und vor allem mit O. Neurath – den Kantischen Ansatz zurück und führte eine Relativitätsthese ein: nur relativ zu den gewählten Grundbegriffen über aus der unübersehbaren Phänomenkomplexität ausgewählten Elementargegenständen sind exakte Aussagen und ein präziser Geltungsbegriff (↑Geltung) möglich. M. verallgemeinerte die Relativitätsthese zu einem Prinzip von bloß graduellen Unterschieden: je zwei kontradiktorische (↑kontradiktorisch/Kontradiktion) Termini, z. B. wahr – falsch, belebt – leblos, materiell – geistig, werden in bloß ↑polar-konträre Gegensätze zwischen den Enden einer Vergleichsskala, entsprechend weiß – schwarz auf der Grauskala, analysiert. Selbst der Unterschied zwischen endlich und unendlich (↑unendlich/Unendlichkeit) wird anders als in L. E. J. Brouwers ↑Intuitionismus von M. als graduell behandelt; er kann in verschiedenen ↑Formalisierungen daher verschieden vorgenommen werden. Die mathe-

matischen Wahrheiten bleiben abhängig von Sprache, Absichten und gesellschaftlichem Zusammenhang der Menschen. Von den ›ewigen Wahrheiten‹ der Mathematik zu reden, sei schierer Aberglaube. – M. wandte seine Überlegungen in Arbeiten zur Massenpsychologie und politischen Theorie an: Menschen bewegen sich zwischen den Polen Konzentrierung, z. B. Mathematik, und Exzentrierung, z. B. Mystik. Im sozialen Zusammenhang sind die Extreme Führerprinzip bzw. Nationalismus und bedingungslose Einordnung in die Gruppe bzw. uniformer Internationalismus Psychosen, die Gegenstand einer postulierten Disziplin Massenpsychiatrie sein sollten.

Hauptwerke: Over de betekenis der wiskundige logica voor de philosophie. Openbare les [...], Rotterdam 1903; Methodologisches und Philosophisches zur Elementar-Mathematik, Assen, Haarlem 1909; Methodologiese aantekeningen over het dubbelboekhouden, Haarlem 1910; Over de sociale betekenis van de wiskundige denkvorm, Groningen 1917; Wiskunst, filosofie en socialisme, Groningen 1919, erw. ²1924; Signifika en wijsbegeerte, Tijdschr. voor Wijsbeg. 17 (1923), 32–45; Mathesis en Mystiek. Een signifische studie van kommunisties standpunt, Amsterdam 1924 (repr., Einl. J. C. Boland, Utrecht 1978) (franz. Les deux poles de l'esprit. Etude de psychologie linguistique du point de vue communiste, Paris 1933); Weten en willen, Amsterdam 1927; Woord en Gedachte. Een inleiding tot de signifika, inzonderheid met het oog op het onderwijs in de wiskunde, Groningen 1931; Die signifischen Grundlagen der Mathematik, Erkenntnis 4 (1934), 288–309, 317–345 (franz. Les fondements psycho-linguistiques des mathématiques, Bussum, Neuchâtel 1947); De ›Wiener Kreis‹ en de signifische begrippenanalyse, Algemeen nederlands tijdschr. voor wijsgeerte en psychologie 29 (1935), 81–91; Psychologische analyse van de wiskundige denkvorm, Synthese 2 (1937), 407–418; Signifische Analyse der Willenssprache als Grundlage einer physikalistischen Sprachsynthese, Erkenntnis 7 (1937/1938), 180–188, 366–368; Nu en Morgen. Signifische Varia, Synthese 4 (1939), 388–394, 434–449, 563–570; (mit L. E. J. Brouwer/F. van Eeden/J. van Ginneken) Signifische Dialogen, Utrecht 1939; Relativisme en Dialektiek. Schema ener filosofisch-sociologische grondslagenleer, Bussum 1946; Handboek der Analytische Significa, I–II, Bussum 1947/1948; Signifika. Een inleiding, Den Haag 1949; Het begrip ›wiskunde‹. Synthetische taalgradatie, Nieuw Archief voor Wiskunde Ser. 2, 23 (1951), 219–226; Polairpsychologische begripssynthese, Bussum 1953. – J. H. Stegeman, G. M.. A Bibliography, Tilburg 1992.

Literatur: L. J. M. Bergmans, G. M. and the Intellectual Life in the Netherlands at the Beginning of the Twentieth Century, Methodology and Science 20 (1987), 4–23; D. van Dantzig, G. M.'s Significance for Mathematics and Its Foundations, Nieuw archief voor wiskunde Ser. 3, 5 (1957), 1–18; P. H. Esser, G. M. (1867–1956), Methodology and Science 14 (1981), 213–259; H. W. Schmitz, Searle ist in Mode, Mannoury nicht. Sprech- und Hörakt im niederländischen Signifik-Kreis, Z. f. Semiotik 6 (1984), 445–463; B. Willink, De taalfilosofie van M.'s hoofdwerk, Wijsgerig perspectief op maatschappij en wetenschap 20 (1979), 39–47. – Synthese 10 (1956–1958), 409–479 (mit Bibliographie, 418–422) [Sonderbd. mit Beiträgen von D. van Dantzig, E. W. Beth, A. Heyting, J.-L Destouches, A. J. J. de Witte, P. J. Meertens, A. D. de Groot, A. Naess]. K. L.

Mantik (griech. μαντική [τέχνη], Zukunftsschau, Wahrsagekunst), Kunst, zukünftige Ereignisse aus bestimmten Erlebnissen (›intuitive‹ M.) oder durch Ausdeutung gewisser Phänomene (›induktive‹ M.) vorherzuwissen. Dabei geht die M. weit über die Möglichkeiten rationaler Kombinationen oder Kausalbetrachtungen hinaus und beruft sich auf eine dem Menschen verliehene ›mantische Fähigkeit‹. Zu den genannten beiden Hauptarten der M. gibt es viele Unterarten; die Antike kannte über 100 verschiedene Formen einer derartigen Fähigkeit. Wissenschaftsgeschichtliche Aufmerksamkeit verdient die M. deshalb, weil sie in der Antike neben der Medizin und der Biologie die einzige Disziplin war, die man mit einer empirischen Wissenschaft im heutigen Sinne vergleichen kann: Die mantischen Vorhersagen werteten Symptome, nicht Ursachen, aus und trafen nur in der Regel zu. Um ihre Sicherheit zu erhöhen, bediente man sich einer erfolgskontrollierten Verbesserung der bei der mantischen Deutung zu beachtenden Regeln. So wurden die einzelnen Formen der M. je nach ihrer Eigenart oft auch kunstmäßig gepflegt (viele Handbücher) und zum Teil sogar ausdrücklich als ›Kunst‹ bzw. ›Wissenschaft‹ bezeichnet (so insbes. die ↑Astrologie).

Obwohl von vielen Schriften antiker Philosophen über die M. nur zwei vollständig erhalten sind (M. T. Cicero, De divinatione; Iamblichos, De mysteriis), lehnten nur wenige Philosophen die M. ab oder bezweifelten sie. Im wesentlichen ging es darum, bis zu welchem Grad der Mensch Einsicht in die Zukunft gewinnen könne und welche Arten der M. anzuerkennen oder zu verwerfen seien. Auch hier galt (wissenschaftstheoretisch bemerkenswert) der empirische Charakter der M. als gegeben. Darüber hinaus läßt sich zumindest für die Stoiker (↑Stoa) zeigen, daß diese die M. mit theoretischen Mitteln als empirische Disziplin zu rechtfertigen suchten. Argumentiert wurde für bestimmte mantische Regeln und dafür, welche Phänomene überhaupt als Zeichen der Götter mantisch ausgewertet werden können. Schließlich wurde ein logischer Status mantischer Aussagen analysiert: Chrysippos ›verbot‹ es den Astrologen und Wahrsagern, bei der Formulierung ihrer Theoreme die ↑Subjunktion zu verwenden, und empfahl stattdessen die negierte ↑Konjunktion; der Grund für dieses (selbstverständlich erfolglose) Verbot bestand wohl darin, daß astrologische Theoreme keine strengen Folgebeziehungen ausdrückten, wie das die gültige Subjunktion nach damaligem Verständnis tat.

Texte: Iamblichus, De mysteriis liber, ed. G. Parthey, Berlin 1857 (repr. Amsterdam 1965) (dt. Über die Geheimlehren von Jamblichus, ed. u. übers. T. Hopfner, Leipzig 1922 [repr. Hildesheim 1987]); A. S. Pease (ed.), M. Tulli Ciceronis De divinatione libri duo, Univ. of Illinois Stud. Language and Literature 6 (1920), 161–500, 8 (1923), 153–474 (repr. Darmstadt 1963, 1977); Posidonius, I–III, I, ed. L. Edelstein/I. G. Kidd, Cambridge 1972, ²1989, 2004, II/1-III, ed. I. G. Kidd, 1988–1999, 2004 (I The Fragments, II/1 The Commentary I. Testimonia and Fragments, 1–149, II/2 The Commentary II. Fragments, 150–293, III The Translation of the Fragments); Poseidonios, I–II, ed. W. Theiler, Berlin/New York 1982, I (Texte), bes. 295–306 (F 371a–380b), II (Erläuterungen), bes. 289–307; SVF II, 264–277 (n. 912–955), 342–348 (n. 1187–1216).

Literatur: W. Burkert, Weisheit und Wissenschaft. Studien zu Pythagoras, Philolaos und Platon, Nürnberg 1962 (engl. Lore and Science in Ancient Pythagoreanism, Cambridge Mass. 1972); ders., Griechische Religion der archaischen und klassischen Epoche, Stuttgart 1977, ²2011 (engl. Greek Religion. Archaic and Classical, Cambridge Mass., Oxford 1985, Cambridge Mass. 2004); ders., Structure and History in Greek Mythology and Ritual, Berkeley Calif./Los Angeles/London 1979, 1982; E. R. Dodds, The Greeks and the Irrational, Berkeley Calif./Los Angeles 1951, 2004 (dt. Die Griechen und das Irrationale, Darmstadt 1970, ²1991; franz. Les grecs et l'irrationel, Paris 1995); E. Eidinow, Oracles, Curses, and Risk among the Ancient Greeks, Oxford/New York 2007; W. Hogrebe, Metaphysik und M.. Die Deutungsnatur des Menschen (Système orphique de Iéna), Frankfurt 1992; ders., Ahnung und Erkenntnis. Brouillon zu einer Theorie des natürlichen Erkennens, Frankfurt 1996; ders. (ed.), M.. Profile prognostischen Wissens in Wissenschaft und Kultur, Würzburg 2005; ders., Echo des Nichtwissens, Berlin 2006, bes. 36–55 (Kap. I/2 M. und Recht); T. Hopfner, Μαντική (divinatio, Zukunftsschau), RE XIV/1 (1928), 1258–1288; S. I. Johnston/P. T. Struck (eds.), Mantikê. Studies in Ancient Divination, Leiden/Boston Mass. 2005; K. Latte, Römische Religionsgeschichte, München 1960, ²1967, 1990 (Handbuch der Altertumswissenschaft Abt. 5, Teil 4); N. Lewis, The Interpretation of Dreams and Portents, Toronto/Sarasota Fla. 1976, unter dem Titel: The Interpretation of Dreams and Portents in Antiquity, Wauconda Ill. 1996; A. Müller, M., Hist. Wb. Ph. V (1980), 749–751; B. Näf, Traum und Traumdeutung im Altertum, Darmstadt 2004; F. Pfeffer, Studien zur M. in der Philosophie der Antike, Meisenheim am Glan 1976; M. Riess, Astrologie, RE II/2 (1896), 1802–1828; K. Schmeh, Planeten und Propheten. Ein kritischer Blick auf Astrologie und Wahrsagerei, Aschaffenburg 2006; K. Trampedach, Zur ›Theologie‹ der griechischen M., Konstanz 2004. K. H. H.

mantra (sanskr., Spruch, Rat), ursprünglich ein Opferspruch im ↑Veda, später mit magischer Kraft ausgestattete Wörter, Silben und Sprüche, deren Rezitation insbes. im Zusammenhang ritueller Handlungen durch Eingeweihte sowohl nach den Lehren des zur Spätphase des ↑Brahmanismus gehörenden hinduistischen Tantrismus als auch des die dritte Stufe des Buddhismus (↑Philosophie, buddhistische) bildenden ↑Tantrayāna das wichtigste Hilfsmittel ist, Erlösung (↑mokṣa) zu erlangen.

Literatur: H. P. Alper (ed.), Understanding M.s, Albany N. Y. 1989, Delhi 1991; S. Gupta, M., ER IX (1987), 176–177; F. Staal, Rules without Meaning. Ritual, M.s and the Human Sciences, New York etc. 1989, unter dem Titel: Ritual and M.s. Rules without Meaning, Delhi 1996; J.-M. Verpoorten/A. Padoux, M., Enc. philos. universelle II/2 (1990), 2859. K. L.

Mantrayana, ↑Tantrayāna.

Marburger Schule, ↑Neukantianismus.

Marcel, Gabriel, *Paris 7. Dez. 1889, †ebd. 8. Okt. 1973, franz. Philosoph, Dramatiker und Theaterkritiker, Hauptvertreter der christlichen Variante des französischen Existentialismus (↑Existenzphilosophie). Nach Studium der Philosophie an der Sorbonne 1909 Agrégation bei L. Lévy-Bruhl, 1912–1923 und 1939–1941 Gymnasiallehrer in Vendôme, Paris, Sens und Montpellier, 1923–1939 Verlagstätigkeit, 1929 Konversion zum Katholizismus, ab 1949 Lehrtätigkeit an zahlreichen Universitäten (z. B. Aberdeen, Harvard). – M.s denkerisches Werk trägt subjektiv-biographische Züge, zieht die tagebuchartige Darstellung dem Traktat vor und erlaubt keine strenge Grenzziehung zwischen philosophischer und literarisch-künstlerischer Darstellung. M.s Tagebücher enthalten viel Tentatives und sind von abbrechenden Reflexionslinien durchzogen, die gelegentlich wieder aufgenommen werden. Die literarische Präsentation seines Werkes ist für M. Ausdruck seiner Auffassung von Philosophie. In der Linie der Kritik S. A. Kierkegaards an G. W. F. Hegel hält M. eine systematische Philosophie für inadäquat, weil sie die konkrete Erfahrung des Menschen nicht erfasse, sondern diese der Eigengesetzlichkeit des Systems preisgebe. Zur Fundierung dieses Philosophieverständnisses unterscheidet M. zwischen primärer und sekundärer Reflexion, eine Unterscheidung, die deutliche Parallelen in der Idealismuskritik F. W. J. Schellings, aber auch in M. Heideggers ↑Metaphysikkritik hat. Die primäre Reflexion ist das abstrakte, analytische und objektivierende Denken, wie es die Wissenschaften praktizieren. Es gehört dem Bereich des ›Problems‹ zu. Subjekt der primären Reflexion ist nicht das konkrete Individuum, sondern der denkende Mensch als solcher, das ↑Bewußtsein überhaupt. Die primäre Reflexion ist durch Neugier motiviert, die erlischt, wenn das allgemeine Problem gelöst ist. Die große Gefahr der Gegenwart besteht nach M. darin, die beschränkte Berechtigung der primären Reflexion zugunsten eines kulturellen Universalitätsanspruchs auszudehnen. Die sekundäre Reflexion bezieht sich auf die ›Existenz‹, das singulare, konkrete Seiende, das einer allgemeinen Problemstellung nicht zugänglich ist. Diese Reflexion hat es nicht mit dem ›Objektiven‹, sondern dem ›Gegenwärtigen‹ zu tun, ferner nicht mit Problemen, sondern mit ›Geheimnissen‹. Sie beginnt nicht mit der Neugier, sondern mit dem Staunen. Erkenntnisformen im Sinne der sekundären Reflexion sieht M. primär im Bereich der ↑Intersubjektivität realisiert: Glaube, Liebe, Hoffnung. Ähnlich wie M. Buber sieht M. in der personalen intersubjektiven Beziehung das eigentliche Subjekt der Existenz (›Wir‹). Gegen R. Descartes und J.-P. Sartre fordert

M. daher, die Philosophie des Ich-denke zugunsten der Philosophie des Wir-sind aufzugeben. Die metaphysischen Grundprobleme, insbes. das Gottesproblem (Gott ist das ›absolute Du‹), sind für M. immer aus der Sicht der Intersubjektivität zu formulieren, die den primären exemplarischen Erfahrungsraum für die ›Geheimnisse‹ des Seienden bildet.

Werke: Journal métaphysique, Paris 1927, [17]1958, 1968 (engl. Metaphysical Journal, London 1952; dt. Metaphysisches Tagebuch, Wien/München 1955, 1992 [als: Werkauswahl II]); Etre et avoir, I–II, Paris 1935, 1968 (engl., Being and Having, Westminster 1949, London 1965; dt. Sein und Haben, Paderborn 1954, [3]1980); Du refus a l'invocation, Paris 1940, unter dem Titel: Essai de philosophie concrète, Paris 1967 (dt. Schöpferische Treue, München/Zürich 1961, 1963; engl. Creative Fidelity, New York 1964, 2002); Homo Viator. Prolégomènes a une mètaphysique de l'esperance, Paris 1945, erw. 1963, 1998 (dt. Homo Viator. Philosophie der Hoffnung, Düsseldorf 1949, mit Untertitel: Die Überwindung des Nihilismus, München 1964); La métaphysique de Royce, Paris 1945, 2005; Position et approches concrètes du mystère ontologique, Löwen/Paris 1949, [2]1967, ferner in: ders., L'homme problématique. Position et approches concrètes du mystère ontologique, Paris 1998 (dt. Das ontologische Geheimnis. Fragestellung und konkrete Zugänge in: ders., Das ontologische Geheimnis. Drei Essays, Stuttgart 1961, 7–59); Le mystère de l'être, I–II, Paris 1951, in einem Bd. 1997 (engl. The Mystery of Being, I–II, London 1950/1951; dt. Geheimnis des Seins, Wien 1952); Les hommes contre l'humain, Paris 1951, [2]1968 (engl. Men Against Humanity, Chicago Ill. 1952, unter dem Titel: Man Against Mass Society, London 1952; dt. Die Erniedrigung des Menschen, Frankfurt 1957, [2]1964); Le declin de la sagesse, Paris 1954 (dt. Der Untergang der Weisheit. Die Verfinsterung des Verstandes, Heidelberg 1960); L'homme problématique, Paris 1955 (dt. Der Mensch als Problem, Frankfurt 1956, [3]1964, engl. Problematic Man, New York 1967); La dimension Florestan. Comédie en trois actes avec une postface de l'auteur suivi d'un essai: Le crépuscule du sens commun, Paris 1958 [dramatische Kritik an Heidegger] (dt. Die Wacht am Sein, in: J. Schondorff [ed.], Französisches Theater des XX. Jahrhunderts, I–II, München 1960, II, 73–124); Présence et immortalité, Journal métaphysique (1938–1943), Paris 1959, 2001 (dt. Gegenwart und Unsterblichkeit, Frankfurt 1961; engl. Presence and Immortality, Pittsburgh Pa. 1967); Fragments philosophiques, 1909–1914, Löwen/Paris 1962 (engl. Philosophical Fragments 1909–1914 in: ders., Philosophical Fragments 1909–1914 and the Philosopher and Peace, Notre Dame Ind. 1965, 21–127); The Existential Background of Human Dignity (Harvard University. The William James Lectures, 1961–1962), Cambridge Mass. 1963 (franz. La dignité humaine et ses assises existentielles, Paris 1964; dt. Die Menschenwürde und ihr existentieller Grund, Frankfurt 1965); Der Philosoph und der Friede. Die Verletzung des privaten Bereichs und der Verfall der Werte in der heutigen Welt, Frankfurt 1964 (engl. The Philosopher and Peace, in: ders., Philosophical Fragments 1909–1914 and the Philosopher and Peace, Notre Dame Ind. 1965, 7–19); Auf der Suche nach Wahrheit und Gerechtigkeit, Vorträge in Deutschland, ed. W. Ruf, Frankfurt 1964 (engl. Searchings, New York 1967); Die französische Literatur im 20. Jahrhundert. Acht Vorträge, Freiburg/Basel/Wien 1966; (mit P. Ricoeur) Entretiens, Paris 1968, 1999 (dt. Gespräche, Frankfurt 1970; engl. Conversations between Paul Ricoeur and

G. M., in: ders., Tragic Wisdom and Beyond. Including, Conversations between Paul Ricoeur and G. M., Evanston Ill. 1973); Pour une sagesse tragique et son au-delà, Paris 1968; Tragic Wisdom and Beyond. Including, Conversations between Paul Ricoeur and G. M., Evanston Ill. 1973; Dialog und Erfahrung, Vorträge in Deutsch, ed. W. Ruf, Frankfurt 1969; Coleridge et Schelling, Paris 1971; En chemin, vers quel éveil?, Paris 1971; F. Blàsquez, G. M.. Essayo bibliografico (1914–1972), Crisis 22 (1975), 26–75 (engl. An Autobiographical Essay, in: P. A. Schilpp/L. E. Hahn [eds.], The Philosophy of G. M. [s. u., Lit.], 1–68). – F. H. Lapointe/C. C. Lapointe, G. M. and His Critics. An International Bibliography (1928–1976), New York/London 1977.

Literatur: T. C. Anderson, A Commentary on G. M.'s The Mystery of Being, Milwaukee Wis. 2006; J. P. Bagot, Connaissance et amour. Essai sur la philosophie de G. M., Paris 1958; G. Bélanger, L'amour, chemin de la liberté. Essai sur la personnalisation, Paris 1965 (dt. Über das Unbehagen des Menschen. Liebe als Selbstverwirklichung nach G. M., Limburg 1969); M. Bernard, La philosophie religieuse de G. M.. Etude critique, Le Puy 1952; V. Berning, Das Wagnis der Treue. G. M.s Weg zu einer konkreten Philosophie des Schöpferischen, Freiburg 1973; T. Busch, The Participant Perspective. A G. M. Reader, Lanham Md. 1987; S. Cain, G. M.'s Theory of Religious Experience, New York 1995; J. Chenu, Le théâtre de G. M. et sa signification métaphysique, Paris 1948; M. de Corte, La philosophie de G. M., Paris 1937, 1948, erw. 1973; M.-M. Davy, Un philosophe itinérant. G. M., Paris 1959 (dt. G. M.. Ein wandernder Philosoph, Frankfurt 1964); S. Foelz, Gewißheit im Suchen. G. M.s konkretes Philosophieren auf der Schwelle zwischen Philosophie und Theologie, Leipzig 1979, Bonn 1980; K. T. Gallagher, The Philosophy of G. M., New York 1962; N. Gillmann, G. M. on Religious Knowledge, Washington D. C. 1980; H. Gouhier (ed.), G. M. et la pensée allemande. Nietzsche, Heidegger, Ernst Bloch, Paris 1979; D. v. Grunelius, G. M.s erkenntniskritische und methodologische Grundlegung einer Metaphysik der Person in der Auseinandersetzung mit Rationalismus und Idealismus, Diss. Bonn 1968; K. R. Hanley, Dramatic Approaches to Creative Fidelity. A Study in the Theatre and Philosophy of G. M. (1889–1973), Lanham Md. 1987; F. Hoefeld, Der christliche Existentialismus G. M.s. Eine Analyse der geistigen Situation der Gegenwart, Zürich 1956; P. Kampits, G. M.s Philosophie der zweiten Person, Wien/München 1975; V. P. Miceli, Ascent to Being. G. M.'s Philosophy of Communion, New York, Paris 1965; Y. H. Nota, G. M., Baarn 1965; J. Parain-Vial, G. M. et les niveaux de l'expérience. Présentation, choix de textes, et textes inédits, Paris 1966; ders., G. M., un veilleur et un éveilleur, Lausanne 1989; P. Prini, G. M. et la méthodologie de l'invérifiable, Paris 1953; P. Ricoeur, G. M. et Karl Jaspers, deux maîtres de l'existentialisme, Paris 1948; P. A. Schilpp/L. E. Hahn (eds.), The Philosophy of G. M., La Salle Ill. 1984, 1991; A. Scivoletto, L'esistenzialismo di M., Bologna 1950; H. Spiegelberg, G. M. as a Phenomenologist, in: ders., The Phenomenological Movement. A Historical Introduction II, The Hague 1960,1971, 421–444, mit Bd. 1 in einem Bd., Dordrecht/Boston Mass./London ³1994, 448–469; B. Sweetman, The Vision of G. M.. Epistemology, Human Person, the Transcendent, New York 2008; D. F. Traub, Toward a Fraternal Society. A Study of G. M.'s Approach to Being, Technology and Intersubjectivity, New York 1988; B. Treanor, G. (-Honoré) M., SEP 2004, erw. 2010; ders., Aspects of Alterity. Levinas, M., and the Contemporary Debate, New York 2006; R. Troisfontaines, A la recontre de G. M., Paris 1947;

ders., De l'existence à l'être. La philosophie de G. M., I–II, Löwen/Paris 1953, ²1968; J. Wahl, Vers le concret. Études d'histoire de la philosophie contemporaine, Paris 1932, mit weiterem Untertitel: William James, Whitehead, G. M., Paris ²1994; B. E. Wall, Love and Death in the Philosophy of G. M., Washington D. C. 1977; C. Widmer, G. M. et le théisme existentiel, Paris 1971; M. A. Zoccoletti, La filosofia dell'esistenza secondo G. M., Padua 1942. – Entretiens autour de G. M.. Centre culturel international de Cérisy-la-Salle, 24–31 aout 1973, Neuenburg 1976.   C. F. G.

Marci, Johannes Marcus von Kronland, *Landskron (Lanskroun) 13. Juni 1595, †Prag 10. April 1667, böhmischer Physiker und Mediziner. Nach Besuch des Jesuitenkollegs in Neuhaus (Jindřichův Hradec) und Studium der Philosophie und Theologie in Olmütz (Olomouc) ab 1618 Studium der Medizin in Prag, 1625 Promotion (De temperamento in genere, 1625), 1626 a.o., ab 1630 o. Prof. der Medizin, 1662 Rektor der Prager Universität. Für seine Mitwirkung an der Verteidigung Prags gegen die Schweden (1648) wurde er 1654 von Ferdinand III., dessen Leibarzt er war, geadelt (›von Kronland‹). Wissenschaftliche Kontakte mit W. Harvey (anläßlich dessen Besuchs in Prag 1636), P. Guldin (1639 in Graz) und A. Kircher (1639 in Rom). – Im Mittelpunkt der Arbeiten M.s zur Mechanik, die im wesentlichen der scholastischen Physik des 14. Jhs. (↑Impetustheorie, ↑Merton School) verhaftet bleiben, stehen Untersuchungen über Stoßphänomene (↑Stoßgesetze), insbes. den elastischen Stoß (De proportione motus, 1639). Die dabei formulierten Sätze, die sich unter anderem auf Körper mit unterschiedlichen Materialeigenschaften beziehen, sind experimentell gewonnen. Sie geben plausible Verallgemeinerungen einfacher Beobachtungen wieder; Formulierungen quantitativer Gesetze fehlen. Wohl unabhängig von G. Galilei (dessen »Discorsi« [1638] er kannte) und G. B. Baliani erkannte M. den Isochronismus der Pendelbewegung (De proportione motus, Prop. XXIV) und formulierte die Proportionalität der Schwingungszeit eines Pendels zur Quadratwurzel der Pendellänge (a. a. O., Prop. XXVIII). M. verwendete ferner, wie Galilei, das Prinzip des Pendels zur Pulsmessung (a. a. O., Prop. XLI) und befaßte sich mit Problemen der Fallbewegung (z. B. Feststellung, daß diese unabhängig von Größe, Form und Gewicht des fallenden Körpers ist, a. a. O., P 1 r).
In der ↑Optik (Thaumantias, liber de arcu coelesti, 1648) beschäftigte sich M. (in Kenntnis der optischen Werke Alhazens, R. Bacons, Witelos und J. Keplers), orientiert an einer Erklärung des Regenbogens (ohne Kenntnis der entsprechenden Arbeiten Dietrichs von Freiberg und R. Descartes'), vor allem mit Brechungsphänomenen (Zerlegung des weißen Lichts mittels Prismen, Beschreibung der Spektralfarben, erste Formulierung der Sätze, die I. Newtons ↑experimentum crucis

zugrunde liegen [Theor. XVIII, XX]), in der Medizin insbes. mit neurologischen Fragen und der Erklärung epileptischer Phänomene. Seine naturphilosophischen Vorstellungen (Einheit von ↑Makrokosmos und Mikrokosmos in einer ↑Weltseele, Annahme einer immateriellen Kraft, ›virtus plastica sive seminalis‹, in den physischen Körpern) haben möglicherweise die Naturphilosophie der Cambridger Platonisten (R. Cudworth, H. More, ↑Cambridge, Schule von) beeinflußt.

Werke: Disputatio medica de Temperamento in genere et gravissimorum morborum Tetrade, Epilepsia, Vertigine, Apoplexia et Paralysi [...], Prag 1625; Idearum operatricium idea, sive, Hypotyposis et detectio illius occultae virtutis, quae semina faecundat, & ex iisdem corpora organica producit, Prag 1635; De proportione motus seu Regula sphygmica ad celeritatem et tarditatem pulsuum ex illius motu ponderibus geometricis librato absque errore metiendam, Prag 1639 (repr. Acta historiae rerum naturalium necnon technicarum 3 [Prag 1967], o. Seiten [131–258]); Disputatio medica de pulsu ejusque usu, Prag 1642; De caussis [sic!] naturalibus pluviae purpureae Bruxellensis [...], Prag 1647; Theses physico-medicae de petrificatione in genere et de Duelech seu petra humana [...], o.O. 1648; De proportione motus figurarum rectilinearum et circuli quadratura ex motu, Prag 1648; Thaumantias, liber de arcu coelesti deque colorum apparentium natura, ortu et causis [...], Prag 1648 (repr. 1968); Dissertatio in propositiones physico-mathematicas de natura iridos R. P. Balthassaris Conradi [...], Prag 1650; De longitudine seu differentia inter duos meridianos una cum motu vero lunae inveniendo ad tempus datae observationis, Prag 1650; Anatomia demonstrationibus habitae in promotione academica die 30. Maji per rev. P. Conradum etc. de angulo, quo iris continetur, Prag 1650; Circulo archetypo immense absque mole cuius centrum ubique peripheria nusquam. Triangulo ineffabili cuius anguli aequali infinitate ubique et idem cum centro absq[ue] confusione [...], [auf Titelkupfer: Labyrintus, in quo via ad circuli quadraturam pluribus modis exhibetur], Prag o.J. [1654]; Index horarius in tres libros distributus, quo construendorum horologiorum praecepta, non traduntur modo, sed etiam demonstrantur, London 1662; Πᾶν ἐν πᾶντων, seu Philosophia vetus restituta, Prag 1662, Frankfurt/Leipzig 1676; Liturgia mentis seu Disceptatio medica, philosophica & optica De natura epilepsiae, illius ortu & causis [...], Regensburg 1678; Otho-Sophia seu Philosophia impulsus universalis, ed. J.J.W. Dobrzensky, Prag 1680, 1682, 1683. – D. Ledrerová, Bibliographie de Joannes M.M., Acta historiae rerum naturalium necnon technicarum 3 (Prag 1967), 39–50.

Literatur: E. J. Aiton, Ioannes M.M. (1595–1667), Ann. Sci. 26 (1970), 153–164; B. Buršíková, Konsiliární literatura a Jan Marek M. z Kronlandu [Konsilienliteratur und J.M.M. v. K.], in: Acta Hist. Universitatis Carolinae Pragensis 39 (1999), fasc. 1–2, 51–63; J. Fletcher, Johann M.M. Writes to Athanasius Kircher, Janus 59 (1972), 95–118; M. D. Garber, Alchemical Diplomacy. Optics and Alchemy in the Philosophical Writings of M. M. in Post-Rudolfine Prague, 1612–1670, Diss. San Diego Calif. 2002; dies., Chymical Wonders of Light. J. M. M.'s Seventeenth-Century Bohemian Optics, Early Sci. and Medicine 10 (2005), 478–509; G. E. Guhrauer, M. M. und seine philosophischen Schriften, Z. Philos. phil. Kritik NF 21 (1852), 241–259; E. Hoppe, M. M. de Kronland. Ein vergessener Physiker des 17. Jahrhunderts, Arch. Gesch. Math. Naturwiss. Tech. 10 (1927), 282–290; R. Kühn, M., Enc. philos. universelle III/1 (1992), 1328; J. Marek, Ioannes M.M. als erster Beobachter von Farben dünner Schichten, Arch. int. hist. sci. 13 (1960), 79–85; ders., Pozorovani ohybu světla a barev teknych vrstev u Jana Marka M., Sborník pro dějiny přírodních věd a techniky 7 (1962), 62–85; ders., Prvé zprávy o pozorování ohybu světla na štěrbině v českých zemích, Sborník pro dějiny přírodních věd a techniky 8 (1963), 5–42; ders., Vztah Jana Marka M. k Huygensovu principu, Sborník pro dějiny přírodních věd a techniky 9 (1964), 71–80; ders., Jan M.M. a Londýnská Royal Society, Sborník pro dějiny přírodních věd a techniky 9 (1964), 81–82; ders., The Influence of Ancient Science on Joannes M.M.'s Conceptions of the Properties of Light, Organon 4 (Warschau 1967), 133–134; ders., Un physicien tchèque du XVIIe siècle. Ioannes M. M. de Kronland (1595–1667), Rev. hist. sci. applic. 21 (1968), 109–130; ders., Joannes M. M. de Cronland, a Scientist of the 17th Century, Organon 8 (Warschau 1971), 181–198; ders., Die Praxis als ›entscheidende Antriebskraft‹ der Entwicklung der Physik im 17. Jahrhundert?, Studies in Soviet Thought 41 (1991), 51–62, bes. 54–55; G. Mocchi, Idea, mente, specie. Platonismo e scienza in J.M.M., Soveria Mannelli 1990; L. Novy, M. of Kronland, DSB VIII (1973), 96–98; W. Pagel, William Harvey's Biological Ideas. Selected Aspects and Historical Background, Basel/New York 1967, 285–323 (M. M.'s »Idea of Operative Ideas« and Harvey's Embryological Speculation); ders./P. Rattansi, Harvey Meets the ›Hippocrates of Prague‹ (J. M. M. of K.), Med. Hist. 8 (1964), 78–84; Z. Pokorny, Dopis Jana Marka M. Galileimu, Sborník pro dějiny přírodních věd a techniky 9 (1964), 7–19; V. Ronchi/J. Marek, Les travaux de M. M. en optique, Atti della Fondazione Giorgio Ronchi 22 (1967), 494–507; L. Rosenfeld, M. M.s Untersuchungen über das Prisma und ihr Verhältnis zu Newtons Farbentheorie, Isis 17 (1932), 325–330; Z. Servít, Jan Marek M. z Kronlandu. Zapomenutý zakladatel novověké fyziologie a medicíny [Vergessener Begründer der neuzeitlichen Physiologie und Medizin], Bratislava, Prag 1989; J. Smolka, Joannes M. M.. His Times, Life and Work, Acta historiae rerum naturalium necnon technicarum 3 (Prag 1967), 5–25; ders./M. Šolc, Ioannes M. M. und »Thaumantias«, sein optisches Hauptwerk, in: F. Pichler (ed.), Von Newton zu Gauss. Astronomie, Mathematik, Physik. Peuerbach-Symposium 2006 [...], Linz 2006, 127–142; K. E. Sørensen, A Study of the De proportione motus by M. M. de Kronland. Part 1, Centaurus 20 (1976), 50–76, Part 2, 21 (1977), 246–277; F. J. Studnička, Joannes M. M. a Cronland, sein Leben und gelehrtes Wirken. Festvortrag gehalten bei der am 31. Jänner 1891 stattgehabten Jahresversammlung der Königlich-Böhmischen Gesellschaft der Wissenschaften, Prag 1891; P. Svobodný (ed.), J.M.M.. A Seventeenth-Century Bohemian Polymath, Prag 1998; I. Szabó, Geschichte der mechanischen Prinzipien und ihrer wichtigsten Anwendungen, Basel/Stuttgart 1976, ed. P. Zimmermann/E. A. Fellmann, Basel/Boston Mass./Stuttgart ³1987, Basel/Boston Mass./Berlin 1996, 429–436, 457–459; J. Vinař, Jan M. M. z Kronlandu. Historická monografie, Prag 1934 [mit dt. Zusammenfassung]; W. R. Weitenweber, Beiträge zur Literärgeschichte Böhmens, Sitz.ber. philos.-hist. Kl. kaiserl. Akad. Wiss. Wien 19 (1856), 120–156, 122–144 (I. Johann M. M. v. Cronland). – Acta historiae rerum naturalium necnon technicarum. Special Issue 3 [published at the Occasion of the 300th Anniversary of the Death of Joannes M. M. a Cronland. Contains also the Papers Read at the International Symposium »La revolution scientifique du 17 e siècle et les sciences mathématiques et physiques« Held in Prague, September 25–29, 1967], ed. L. Novy/J. Folta, Prag 1967; Jan Marek M.. 1595–1667. Život, dílo, doba [sborník přednášek k 400. výročí narozeni], Landskron 1995.   J. M.

Marcus Aurelius (Mark Aurel), *Rom 26. April 121, †Vindobona (bei Wien) 17. März 180, röm. Kaiser (161–180) und Philosoph, Vertreter der späteren ↑Stoa. M. A. hieß erst ›M. Annius Catilius Severus‹, dann ›M. Annius Verus‹, nach Adoption (138) durch Aurelius Antoninus (= Antoninus Pius) ›M. Aelius Aurelius Verus‹ und nahm nach dessen Tod (161) den Namen ›M. A. Antoninus‹ an. Er starb während eines Feldzuges an der Pest. Wegen seiner Verdienste um den Erhalt des durch zahlreiche Aufstände in Bedrängnis geratenen Römischen Imperiums wurde er mit einer goldenen Statue im Senat und (im Jahre 193) mit der (nach dem Vorbild der Trajans-Säule gefertigten) M.-A.-Säule geehrt.

M. A.' Lehrer waren Marcus Cornelius Fronto für die lateinische und Herodes Atticus für die griechische Rhetorik. In die stoische Lehre wurde er durch Diognetos und Quintus Iunius Rusticus eingeführt. Philosophisch orientiert er sich vor allem an der stoischen Lebenskunstlehre Epiktets, war aber auch anderen philosophischen Richtungen gegenüber aufgeschlossen, was unter anderem die Tatsache belegt, daß er (im Jahre 176) in Athen vier staatlich dotierte Professuren einrichtete: für die Stoiker, die Akademiker (↑Akademie), die Peripatetiker (↑Peripatos) und die Epikureer (↑Epikureismus). In seinen letzten Lebensjahren (etwa ab 167) schrieb M. A. (vermutlich in den Kriegspausen seiner zahlreichen Feldzüge) ein 12 Bücher umfassendes Werk in griechischer Sprache mit dem Titel »An sich selbst« (Εἰς ἑαυτόν), ein Novum in der griechischen Literatur, in der Folgezeit zitiert als »Ad se ipsum«, »Gespräche mit sich selbst«, »Selbstbetrachtungen« oder »Meditations«. In dieser sehr persönlich gehaltenen Schrift geht es M. A. weniger um philosophische Theorie, sondern um ein Bekenntnis zur (stoischen) Philosophie und zur vernunftorientierten Lebensweise überhaupt, besonders um Philosophie als Lebenshilfe im Sinne der stoischen Denkweise Epiktets. M. A. entfernt sich vom Materialismus der Stoa, wenn er den über der (materiellen) ↑Seele stehenden ↑Nus immateriell (↑Immaterialismus) konzipiert, und verbindet die Ethik mit der Religion, indem er den Nus als Ausfluß oder Teil der obersten Gottheit deutet, wodurch Unvernünftigkeit mit Ungehorsam gegen Gott gleichgesetzt wird. Die Annahme der Verwandtschaft alles Menschlichen (über den allen gemeinsamen Nus) führt zum kosmopolitischen Ideal der Staats- und Völkergrenzen überschreitenden Einheit aller Menschen, das zugleich als ideologische Legitimation für den Herrschaftsanspruch Roms dient. Aus dem Herakliteischen Theorem vom steten Fluß aller Dinge leitet M. A. die stoische Lehre von der Wertlosigkeit alles Äußeren ab (↑Adiaphora).

Werk: De seipso seu vita sua liber XII [lat./griech.], ed. W. Xylander, Zürich 1559, ²1568; Ad se ipsum [griech.], ed. J. H. Leopold, Oxford 1908; Μάρκου Ἀντωνίνου αὐτοκράτορος τῶν εἰς ἑαυτὸν βιβλία ĪB̄/Marci Antonini Imperatoris in semet ipsum libri XII [griech.], ed. H. Schenkl, Leipzig 1913; Ad se ipsum libri XII [griech.], ed. J. Dalfen, Leipzig 1979, ²1987; Mark Aurel's Meditationen, ed. F. C. Schneider, Breslau 1857, ⁴1887; Selbstbetrachtungen, ed. W. Capelle, Stuttgart/Leipzig 1933, ¹³2008; Selbstbetrachtungen, ed. A. Mauersberger, Leipzig 1949, Augsburg 1997; Wege zu sich selbst [griech./dt.], ed. W. Theiler, Zürich/München 1951, Darmstadt, Zürich/München ³1984; Wege zu sich selbst [dt.], ed. W. Theiler, Reinbek b. Hamburg 1965, Zürich/München 1986; Wege zu sich selbst [dt.], ed. R. Nickel, München/Zürich 1990, Düsseldorf/Zürich 2003; Wege zu sich selbst [griech./dt.], ed. R. Nickel, München/ Zürich, Darmstadt 1990, Düsseldorf/Zürich 2004, unter dem Titel: Selbstbetrachtungen, Mannheim ²2010; The Communings with Himself of M. A. Antoninus, Emperor of Rome. Together with His Speeches and Sayings [griech./engl.], ed. C. R. Haines, London, New York 1916, Cambridge Mass., London 1987; The Stoic and Epicurean Philosophers. The Complete Extant Writings of Epicurus, Epictetus, Lucretius, M. A. [engl.], ed. W. J. Oates, New York 1940, 1957; The Meditations of the Emperor Marcus Antoninus [griech./engl.], I/II, ed. A. S. L. Farquharson, Oxford 1944, 2008. – M. A. in Love. The Letters of Marcus and Fronto, ed. A. Richlin, Chicago Ill./London 2006 [Briefwechsel mit Marcus Cornelius Fronto]. – Totok I (1964), 319–321, (²1997), 561–563.

Literatur: A. Birley, M. A., Boston Mass., London 1966, erw. mit Untertitel: A Biography, New Haven Conn./London 1987, London/New York 2000 (dt. Mark Aurel. Kaiser und Philosoph, München 1968, ²1977); W. Blum, Mark Aurel, BBKL V (1993), 842–844; A. Cresson, Marc-Aurèle. Sa vie, son œuvre. Avec un exposé de sa philosophie, Paris 1939, ⁴1962; C. C. Dove, M. A. Antoninus, His Life and Times, London 1930; A. S. L. Farquharson, M. A.. His Life and His World, Oxford 1951, Westport Conn. 1980; J. Fündling, Marc Aurel. Kaiser und Philosoph, Darmstadt 2008, unter dem Titel: Marc Aurel, Darmstadt 2008; W. Görlitz, Marc Aurel. Kaiser und Philosoph, Leipzig 1936, Stuttgart ²1954; P. Grimal, Marc Aurèle, Paris 1991, 1994; P. Hadot, Une clé des pensées de Marc Aurèle. Les trois topoi philosophiques selon Épictète, Ét. philos. (1978), 65–83; ders., La citadelle intérieure. Introduction aux pensées de Marc Aurèle, Paris 1992, 2006 (dt. Die innere Burg. Anleitung zu einer Lektüre Marc Aurels, Frankfurt 1996, 1997; engl. The Inner Citadel. The »Meditations« of M. A., Cambridge Mass./London 1998, 2001); R. Hanslik, M.. 2., KP III (1969), 1009–1013; G. Jossa, Marco Aurelio e i cristiani, in: ders., Giudei, pagani e cristiani. Quattro saggi sulla spiritualità del mondo antico, Neapel 1977, 109–152; C. T. Kasulke, Fronto, Marc Aurel und kein Konflikt zwischen Rhetorik und Philosophie im 2. Jh. n. Chr., München/ Leipzig 2005; R. Klein, Marc Aurel, Darmstadt 1979; F. McLynn, M. A.. Warrior, Philosopher, Emperor, London 2009, 2010; C. Motschmann, Die Religionspolitik Marc Aurels, Stuttgart 2002; H. R. Neuenschwander, Mark Aurels Beziehungen zu Seneca und Poseidonios [dt./griech.], Bern/Stuttgart 1951; C. Parain, Marc-Aurele, Paris 1957, Brüssel 1982; M. Pohlenz, Die Stoa. Geschichte einer geistigen Bewegung I, Göttingen 1948, ⁷1992, bes. 288–290, 341–353; K. Rosen, Marc Aurel, Reinbek b. Hamburg 1997, 2007; R. B. Rutherford, The Meditations of M. A.. A

Study, Oxford 1989, 2000; U. Schall, M. A.. Der Philosoph auf dem Cäsarenthron, Esslingen/München, Essen 1991, Frankfurt/Berlin 1995; H. D. Sedgwick, M. A.. A Biography Told as much as May Be by Letters, together with Some Account of the Stoic Religion and an Exposition of the Roman Government's Attempt to Suppress Christianity during Marcus's Reign, New Haven Conn./London 1921, New York 1971; G. Soleri, Marc' Aurelio, Brescia 1947; M. Staniforth, M. A. Antonius, Enc. Ph. V (1967), 156–157. M. G.

Marcuse, Herbert, *Berlin 19. Juli 1898, †Starnberg 29. Juli 1979, dt.-amerik. Philosoph und Gesellschaftstheoretiker, Mitbegründer der so genannten ›Kritischen Theorie‹ der ↑Frankfurter Schule (↑Theorie, kritische). 1917–1918 Mitglied der USPD, 1918–1919 Mitglied eines Arbeiter- und Soldatenrates in Berlin, 1919–1923 Studium der Literaturwissenschaft und Philosophie in Berlin und Freiburg, 1923 Promotion in Freiburg (»Der deutsche Künstlerroman«), 1923–1929 Tätigkeit im Buchhandel, 1929–1932 erneutes Philosophiestudium bei E. Husserl und M. Heidegger in Freiburg. M.s Versuch, sich mit »Hegels Ontologie und die Grundlegung einer Theorie der Geschichtlichkeit« (1932) bei Heidegger zu habilitieren, scheiterte an politischen und philosophischen Differenzen; 1932 auf Empfehlung Husserls von T. W. Adorno und M. Horkheimer als Mitarbeiter des Genfer Büros des Frankfurter Instituts für Sozialforschung und der »Zeitschrift für Sozialforschung« eingestellt; März 1933 Schließung des Instituts durch die Nationalsozialisten, Verlegung nach Genf (Société Internationale de Recherches Sociales), Juli 1934 Verlegung nach New York an die Columbia University (Institute of Social Research) und Auswanderung M.s zusammen mit der Mehrzahl der Institutsangehörigen in die USA, bis 1942 Mitglied des Instituts. 1942–1950 Angestellter und später Abteilungsleiter im Office of Strategic Services und Department of State und Lektor an der American University, Washington D. C., 1950–1952 Lektor in Soziologie und Senior Fellow am Russian Institute der Columbia University, 1952–1954 Senior Fellow am Russian Research Center der Harvard University, Cambridge Mass., 1954–1965 Prof. für Politikwissenschaft an der Brandeis University, Waltham Mass., 1959 sowie 1961–1962 Studienleiter an der École Pratique des Hautes Études in Paris, ab 1964 Prof. für Sozialphilosophie an der University of California in San Diego (La Jolla), 1965 Honorarprof. der Freien Universität Berlin. – Der Weggang aus Freiburg 1932 und seine wissenschaftliche Tätigkeit im Rahmen der von Horkheimer und Adorno betriebenen kritischen Sozialforschung führen M. in der Beschäftigung mit K. Marx und G. W. F. Hegel von der ↑Phänomenologie Husserls und der ↑Fundamentalontologie Heideggers zu einem durch die Hegelsche ↑Dialektik dynamisierten marxistischen (↑Marxismus) Gesellschafts- und Geschichtsver-

ständnis. M. kritisiert in seiner ersten Hegelstudie (1932) die Heidegger wie Hegel gemeinsame idealistisch-ontologische Kategorie der ↑Geschichtlichkeit, die das, was ist (das Sein), und das, was sein soll (das Wesen, die Vernunft), miteinander identifiziert. In seiner zweiten Hegelstudie (Reason and Revolution. Hegel and the Rise of Social Theory, 1941) weitet M. diese Kritik aus und bezieht sie mit Marx unter anderem auf die Problematik des Privateigentums.

Vor allem in Arbeiten der 1950er Jahre zieht M. einzelne Theoreme der ↑Psychoanalyse S. Freuds zum Aufweis der dialektischen Wechselbeziehung zwischen repressiver Gesellschaft und sich selbst entfremdetem Individuum heran, das die gesellschaftliche Unterdrückung in sich hineinnehme, reproduziere und so wiederum verstärke. Dabei historisiert M. Freuds Realitätsprinzip, indem er es als das Prinzip der Unterdrückung des ↑Eros, des individuellen Lustprinzips (↑Lust), zum Zwecke der Aufrechterhaltung des kapitalistischen Leistungs- und Ausbeutungssystems betrachtet. Während Freud aber die freie Triebbefriedigung (↑Trieb) als mit dem Bestand von ↑Kultur für unvereinbar erklärt, sieht M. die gleichzeitige Verwirklichung von gesellschaftlicher Freiheit und individuellem Glück unter den Bedingungen der fortgeschrittenen technischen Naturbeherrschung der Gegenwart erstmals in der Menschheitsgeschichte als möglich an. Die Aufhebung des anarchischen Charakters der Produktionsverhältnisse, vor allem der Rohstoff- und Arbeitskraftverschwendung, und die Abschaffung der Armut durch kontrollierten Einsatz der Produktivkräfte sind für M. Gebote materialistisch-dialektischer Vernunft (↑Materialismus, dialektischer). Künstlerische Kreativität und sinnliche Rezeptivität, Glücks- und Genußfähigkeit sollen an die Stelle von Leistungs- und Herrschaftsstreben treten. M. setzt der destruktiven Instrumentalisierung der Vernunft, des neuzeitlichen Umschlags kritisch-aufklärerischen Denkens in die Eindimensionalität technokratischer ↑Zweckrationalität die Idee einer Versöhnung von Vernunft und Sinnlichkeit, von Freiheit und Glück entgegen und gelangt so zu einer radikalen Ablehnung der Industriegesellschaften westlicher wie östlicher Prägung. Beide Systeme bringen das Verlangen des Menschen nach Selbstbestimmung (↑Autonomie) zum Schweigen, indem sie ihn zum Konsumismus verführen und ihn über die Nichtbefriedigung seiner wirklichen ↑Bedürfnisse hinwegtäuschen. Angesichts solcher Ausschaltung kritischen und revolutionären Potentials ist die Toleranz der demokratisch verfaßten Gesellschaften Vortäuschung von Freiheit und Autonomie, tatsächlich aber repressiv (›repressive ↑Toleranz‹).

Da durch die Integration der Arbeiterklasse (↑Klasse (sozialwissenschaftlich)) in die Überflußgesellschaft die marxistische Auffassung vom Klassenkampf unbrauchbar geworden ist, sieht M. in den 1960er Jahren die studentische Protestbewegung als Initiatorin einer ›Großen Weigerung‹ und als Katalysator revolutionärer Umwandlung des spätkapitalistischen Systems. Obwohl sich die Studentenbewegung seine programmatischen Vorstellungen teilweise zueigen machte, hat sich M. selbst nie als ihr Haupt verstanden. Umstritten ist nicht nur M.s Hegel-, Marx- und Freudverständnis, sondern auch seine uneinheitliche Stellungnahme zum Problem revolutionärer Gewaltanwendung sowie die Auflösung des ↑Antagonismus in seiner Theorie zwischen totaler, aber abstrakt erscheinender Negation der bestehenden gesellschaftlichen Zustände und der bestimmten Negation konkreter Mißstände als dem Ausgangspunkt konstruktiven Handelns, also des von ihm unaufgelösten Gegensatzes von Revolution und Reform (↑Revolution (sozial)).

Werke: Schriften, I–IX, Frankfurt 1978–1989, Springe 2004; Nachgelassene Schriften, I–VI, ed. P.-E. Jansen, I–IV Lüneburg 1999–2004, V–VI Springe 2007/2009. – Beiträge zu einer Phänomenologie des Historischen Materialismus, Philos. Hefte 1 (1928), 45–68, ferner in: Schriften [s. o.] I, 347–384; Zum Problem der Dialektik, I–II, Die Gesellschaft 7/1 (1930), 15–30, 8/2 (1931), 541–557, ferner in: Schriften [s. o.] I, 407–422, 423–444; Transzendentaler Marxismus?, Die Gesellschaft 7/2 (1930), 304–326, ferner in: Schriften [s. o.] I, 445–468; Neue Quellen zur Grundlegung des Historischen Materialismus. Interpretation der neuveröffentlichten Manuskripte von Marx, Die Gesellschaft 9/2 (1932), 136–174, ferner in: Schriften [s. o.] I, 509–555; Hegels Ontologie und die Grundlegung einer Theorie der Geschichtlichkeit, Frankfurt 1932, ²1975, ferner als: Schriften [s. o.] II (franz. L'ontologie de Hegel et la théorie de l'historicité, Paris 1972, 1991; engl. Hegel's Ontology and the Theory of Historicity, Cambridge Mass. 1987); Über die philosophischen Grundlagen des wirtschaftswissenschaftlichen Arbeitsbegriffs, Arch. Sozialwiss. u. Sozialpolitik 69 (1933), 257–292, ferner in: Schriften [s. o.] I, 556–594; Der Kampf gegen den Liberalismus in der totalitären Staatsauffassung, Z. Sozialforsch. 3 (1934), 161–195, ferner in: Kultur und Gesellschaft [s. u.] I, 17–55, ferner in: Schriften [s. o.] III, 7–44; Theoretische Entwürfe über Autorität und Familie. Ideengeschichtlicher Teil, in: M. Horkheimer (ed.), Studien über Autorität und Familie, Paris 1936, Lüneburg ²1987, 136–228, unter dem Titel: Studie über Autorität und Familie, in: Schriften [s. o.] III, 85–185; Autorität und Familie in der deutschen Soziologie bis 1933, in: M. Horkheimer (ed.), Studien über Autorität und Familie [s. o.], 737–752; Zum Begriff des Wesens, Z. Sozialforsch. 5 (1936), 1–39, ferner in: Schriften [s. o.] III, 45–84; Über den affirmativen Charakter der Kultur, Z . Sozialforsch. 6 (1937), 54–94, ferner in: Kultur und Gesellschaft [s. u.] I, 56–101, ferner in: Schriften [s. o.] III, 186–226; Philosophie und kritische Theorie II, Z. Sozialforsch. 6 (1937), 631–647 [Teil I von M. Horkheimer, ebd., 625–631], ferner in: Kultur und Gesellschaft [s. u.] I, 102–127, ferner in: Schriften [s. o.] III, 227–249; Zur Kritik des Hedonismus, Z. Sozialforsch. 7 (1938), 55–89, ferner in: Kultur und Gesellschaft [s. u.] I, 128–168, ferner in: Schriften [s. o.] III, 250–285; Reason and Revolution. Hegel and the Rise of Social Theory, London/New York 1941, New York ²1954, London 2000 (dt. Vernunft und Revolution. Hegel und die Entstehung der Gesellschaftstheorie, Berlin/Neuwied 1962, Frankfurt ⁸1990, ferner als: Schriften [s. o.] IV; franz. Raison et révolution. Hegel et la naissance de la théorie sociale, Paris 1968); Eros and Civilization. A Philosophical Inquiry into Freud, Boston Mass. 1955, London 1998 (dt. Eros und Kultur. Ein philosophischer Beitrag zu Sigmund Freud, Stuttgart 1957, unter dem Titel: Triebstruktur und Gesellschaft. Ein philosophischer Beitrag zu Sigmund Freud, Frankfurt 1965, ¹⁷1995, ferner als: Schriften [s. o.] V; franz. Eros et civilisation. Contribution à Freud, Paris 1963, 1991); Trieblehre und Freiheit, in: T. W. Adorno/W. Dirks (eds.), Freud in der Gegenwart. Ein Vortragszyklus der Universitäten Frankfurt und Heidelberg zum hundertsten Geburtstag, Frankfurt 1957, 401–424 (Frankfurter Beitr. z. Soziologie VI), ferner in: Psychoanalyse und Politik [s. u.], 7–34 (engl. Freedom and Freud's Theory of Instincts, in: Five Lectures. Psychoanalysis, Politics, and Utopia [s. u.], 1–27); Die Idee des Fortschritts im Lichte der Psychoanalyse, in: T. W. Adorno/W. Dirks (eds.), Freud in der Gegenwart [s. o.], 425–441, ferner in: Psychoanalyse und Politik [s. u.], 35–52 (engl. Progress and Freud's Theory of Instincts, in: Five Lectures. Psychoanalysis, Politics, and Utopia [s. u.], 28–43); Soviet Marxism. A Critical Analysis, London, New York 1958, Harmondsworth 1971 (franz. Le marxisme sovietique. Essai d'analyse critique, Paris 1963; dt. Die Gesellschaftslehre des sowjetischen Marxismus, Neuwied/Berlin 1964, ²1969, ferner als: Schriften [s. o.] VI); One-Dimensional Man. Studies in the Ideology of Advanced Industrial Society, London, Boston Mass. 1964, London 2002 (dt. Der eindimensionale Mensch. Studien zur Ideologie der fortgeschrittenen Industriegesellschaft, Neuwied/Berlin 1967, München ⁶2008, ferner als: Schriften [s. o.] VII); Repressive Tolerance, in: R. P. Wolff/B. Moore/H. M., A Critique of Pure Tolerance, Boston Mass. 1965, 1969, 81–117 [Postscript, 117–123] (dt. Repressive Toleranz, in: dies., Kritik der reinen Toleranz, Frankfurt 1966, ¹¹1988, 91–128, ferner in: Schriften [s. o.] VIII, 136–166); Kultur und Gesellschaft, I–II, Frankfurt 1965, I ¹⁴1980, II ²1970 (engl. [Teilübers.] Negations. Essays in Critical Theory [s. u.]; franz. Culture et société, Paris 1970); Das Ende der Utopie. Vorträge und Diskussionen in Berlin 1967, Berlin 1967, Frankfurt 1980 (franz. La fin de l'utopie, Neuchâtel/Paris, Paris 1968); Negations. Essays in Critical Theory, Boston Mass./London 1968, London 2009; Psychoanalyse und Politik, Frankfurt 1968, ⁶1980; An Essay on Liberation, London, Boston Mass. 1969, Harmondsworth 1972 (dt. Versuch über die Befreiung, Frankfurt 1969, ⁵1980, 2008, ferner in: Schriften [s. o.] VIII, 237–317; franz. Vers la libération. Au-delà de l'homme unidimensionnel, Paris 1969); Über Revolte, Anarchismus und Einsamkeit. Ein Gespräch, Zürich 1969; Ideen zu einer kritischen Theorie der Gesellschaft, Frankfurt 1969, ⁹1991; Five Lectures. Psychoanalysis, Politics, and Utopia, Boston Mass., London 1970; (mit K. R. Popper) Revolution oder Reform? Eine Konfrontation, München 1971, ⁵1982 (engl. Revolution or Reform? A Confrontation, Chicago Ill. 1976, 1985); Counterrevolution and Revolt, Boston Mass., London 1972 (dt. Konterrevolution und Revolte, Frankfurt 1973, ferner in: Schriften [s. o.] IX, 7–128; franz. Contre-revolution et revolte, Paris 1973); Studies in Critical Philosophy, London, Boston Mass. 1972, Boston Mass. 1973; (mit A. Schmidt) Existenzialistische Marx-Interpretation, Frankfurt 1973; Zeit-Messungen. Drei Vorträge und ein Interview, Frankfurt 1975, ferner in: Schriften [s. o.] IX, 129–189 (franz. Actuels, Paris 1976); Die Permanenz der Kunst. Wider eine bestimmte marxistische Ästhetik. Ein Essay, München/Wien 1977, ferner in: Schriften [s. o.] IX, 191–241 (engl. The Aesthetic Dimension. Toward a Critique of Marxist Aesthetics, Boston Mass. 1978, London 1979; franz.

La dimension esthétique. Une critique de l'esthétique marxiste, Paris 1979).

Literatur: J. Abromeit/W. M. Cobb (eds.), H. M.. A Critical Reader, New York/London 2004; M. Ambacher, M. et la critique de la civilisation américaine, Paris 1969; J. P. Árnason, Von M. zu Marx. Prolegomena zu einer dialektischen Anthropologie, Neuwied/Berlin 1971; R. Aron, La revolution introuvable. Réflexions sur les événements de mai, Paris 1968 (engl. The Elusive Revolution. Anatomy of a Student Revolt, New York, London 1969); H. Bleich, The Philosophy of H. M., Washington D. C. 1977; J. Bokina/T. J. Lukes (eds.), M.. From the New Left to the Next Left, Lawrence Kan. 1994; P. Breines (ed.), Critical Interruptions. New Left Perspectives on H. M., New York 1970, 1972; S. Breuer, Die Krise der Revolutionstheorie. Negative Vergesellschaftung und Arbeitsmetaphysik bei H. M., Frankfurt 1977; H. Brunkhorst, M., NDB XVI (1990), 138–140; ders./G. Koch, H. M. zur Einführung, Hamburg 1987, ²1990, Wiesbaden 2005; A. Callinicos, M., REP VI (1998), 95–99; A. J. Cohen, M.. Le scénario freudo-marxien, Paris 1974; H. Dahmer, Libido und Gesellschaft. Studien über Freud und die Freudsche Linke, Frankfurt 1973, erw. ²1982; P. Demo, Herrschaft und Geschichte. Zur politischen Gesellschaftstheorie Freyers und M.s, Meisenheim am Glan 1973; A. Feenberg, Heidegger and M.. The Catastrophe and Redemption of History, New York/London 2005; G. Flego (ed.), H. M.. Eros und Emanzipation. M.-Symposion 1988 in Dubrovnik, Giessen 1989; J. Fry, M.. Dilemma and Liberation. A Critical Analysis, Stockholm 1974, Atlantic Highlands N. J. 1978; C. Fuchs, Emanzipation! Technik und Politik bei H. M., Aachen 2005; U. Gmünder, M., in: B. Lutz (ed.), Metzler Philosophen Lexikon, Stuttgart/Weimar ³2003, 462–465; B. Görlich, Die Wette mit Freud. Drei Studien zu H. M., Frankfurt 1991; M. Haar, L'homme unidimensionnel. M.. Analyse critique, Paris 1975; J. Habermas (ed.), Antworten auf H. M., Frankfurt 1968, ⁵1987; ders. u. a., Gespräche mit H. M., Frankfurt 1978, 1996; H. H. Holz, Utopie und Anarchismus. Zur Kritik der kritischen Theorie H. M.s, Köln 1968; Institut für Sozialforschung (ed.), Kritik und Utopie im Werk von H. M., Frankfurt 1992; F. Jameson, Marxism and Form. Twentieth-Century Dialectical Theories of Literature, Princeton N. J. 1971, 1974, bes. 83–116 (Chap. II/2 M. and Schiller); P.-E. Jansen (ed.), Befreiung denken – ein politischer Imperativ. Ein Materialienband zu einer politischen Arbeitstagung über H. M. am 13. u. 14. Oktober 1989 in Frankfurt, Offenbach 1989, erw. ²1990; ders./Redaktion »Perspektiven« (eds.), Zwischen Hoffnung und Notwendigkeit. Texte zu H. M., Frankfurt 1999; H. Jansohn, H. M.. Philosophische Grundlagen seiner Gesellschaftskritik, Bonn 1971, ²1974; B. Katz, H. M. and the Art of Liberation. An Intellectual Biography, London/New York 1982; D. Kellner, H. M. and the Crisis of Marxism, London/Basingstoke, Berkeley Calif. 1984; E. Koch, Eros und Gewalt. Untersuchungen zum Freiheitsbegriff bei H. M., Würzburg 1985; P. Lind, M. and Freedom, London, New York 1985; S. Lipshires, H. M.. From Marx to Freud and Beyond, Cambridge Mass. 1974; A. MacIntyre, H. M.. An Exposition and a Polemic, New York 1970 (dt. H. M., München 1971); R. W. Marks, The Meaning of M., New York 1970; P. Masset, La pensée de H. M., Toulouse 1969; T. B. Müller, Krieger und Gelehrte. H. M. und die Denksysteme im Kalten Krieg, Hamburg 2010; H. Paetzold, Neomarxistische Ästhetik II (Adorno, M.), Düsseldorf 1974; J.-M. Palmier, Sur M., Paris 1969; R. Pippin/A. Feenberg/C. P. Webel (eds.), M.. Critical Theory and the Promise of Utopia, South Hadley Mass., Basingstoke 1988; G. Raulet, M., Enc. philos.

universelle III/2 (1992), 2651–2657; L. Reinisch (ed.), Permanente Revolution von Marx bis M., München 1969; K.-H. Sahmel, Vernunft und Sinnlichkeit. Eine kritische Einführung in das philosophische und politische Denken H. M.s, Königstein 1979; M. Schoolman, The Imaginary Witness. The Critical Theory of H. M., New York, London 1980, New York 1984; L. M. Spiro, The Freudo-Marxism of H. M., Ann Arbor Mich. 1977; R. Steigerwald, H. M.s ›dritter Weg‹, Köln, Berlin (Ost) 1969; G. A. Steuernagel, Political Philosophy as Therapy. M. Reconsidered, Westport Conn. 1979; J.-P. Thomas, Libération instinctuelle, libération politique. Contribution fouriériste à M., Paris 1980; A. Vergez, M., Paris 1970; E. Vivas, Contra M., New Rochelle N. Y. 1971, New York 1972; B. Willms, Revolution und Protest, oder Glanz und Elend des bürgerlichen Subjekts. Hobbes, Fichte, Hegel, Marx, M., Stuttgart etc. 1969, bes. 74–89 (Kap. VI M. oder der Protest des privaten bürgerlichen Subjekts); K. H. Wolff/B. Moore (eds.), The Critical Spirit. Essays in Honor of H. M., Boston Mass. 1967, 1968; B. Wolin, Heidegger's Children. Hannah Arendt, Karl Löwith, Hans Jonas, H. M., Princeton N. J. 2001, 2003, bes. 134–172 (Chap. VI H. M.. From Existential Marxism to Left Heideggerianism); L. Zahn, H. M.. Die Utopie der glücklichen Vernunft, in: J. Speck (ed.), Grundprobleme der großen Philosophen. Philosophie der Gegenwart IV, Göttingen 1981, 186–222.– Zeitschrift für kritische Theorie (1995 ff.); weitere Literatur: ↑Frankfurter Schule, ↑Theorie, kritische. R. Wi.

Maréchal, Joseph, *Charleroi 1. Juli 1878, †Löwen 11. Dez. 1944, belg. Philosoph und Theologe. 1895 Eintritt in den Jesuitenorden, 1895–1905 Studium der Philosophie, Biologie und Psychologie an Ordenshochschulen in Löwen; 1905 biologische Promotion, 1908 Priesterweihe, 1910 Prof. der Philosophie an der Ordenshochschule in Löwen, 1914 Flucht nach England, 1919 erneut Prof. in Löwen, 1935 vorzeitige Emeritierung aus gesundheitlichen Gründen. – M. versuchte als einer der ersten neuscholastischen Philosophen (↑Neuscholastik), die philosophischen Leistungen der ↑Transzendentalphilosophie, vor allem I. Kants, für die inhaltlichen Themenstellungen der aristotelisch-thomistischen Metaphysiktradition nutzbar zu machen und damit die vorwiegend apologetische Einstellung der scholastischen Philosophie (↑Scholastik) gegenüber der Philosophie des Deutschen Idealismus (↑Idealismus, deutscher) produktiv-kritisch zu überwinden. M.s Ansatz hat im Bereich der neuscholastischen Philosophie zu einer umfassenden Neukonzeption der traditionellen ↑Metaphysik geführt (↑Maréchal-Schule). Nach M. besteht die von Kant ausgearbeitete transzendentale Methode (↑Methode, transzendentale) im reduktiven und deduktiven Aufweis derjenigen Möglichkeitsbedingungen, ohne die menschliches Erkennen und Wollen nicht verstanden werden kann. Kant habe jedoch, wie M., einem phänomenalistischen (↑Phänomenologie) Kantverständnis folgend, interpretiert, lediglich die *logischen* Bedingungen des Erkennens beachtet. Die reflexive Erfassung des Urteils und der immanenten Urteilsinhalte sei dagegen ihrerseits ermöglicht durch einen fundamentalen ontologischen Vorgriff des menschlichen Geistes auf das Seiende als solches und schließlich auf das absolut Seiende. Diese Konzeption des ↑Dynamismus des Geistes (die mehr Verwandtschaft mit J. G. Fichtes Begriff des Wissens als mit Kants Vernunftkonzeption hat) sieht M. bereits in der Intellektlehre des Thomas von Aquin (↑intellectus) weitgehend ausgearbeitet.

Werke: Le point de départ de la métaphysique. Leçons sur le développement historique et théorique du problème de la connaissance, I–III, Brügge, Paris 1922/1923, Brüssel, Paris ³1944, IV Brüssel/Paris 1947, V Louvain 1926, Brüssel, Paris ²1949; Études sur la psychologie des mystiques, I–II, Brüssel/Paris 1924/1937, ²1938; Au seuil de la métaphysique: abstraction ou intuition?, Rev. néoscol. philos. 31 (1929), 27–52, 121–147, 309–342; Précis d'histoire de la philosophie moderne I (De la renaissance à Kant), Louvain 1933, Brüssel/Paris ²1951; L'aspect dynamique de la méthode transcendantale chez Kant, Rev. néoscol. philos. 42 (1939), 341–384 (dt. Der dynamische Gesichtspunkt in der Entwicklung des kantischen transzendentalen Idealismus, in: E. Wingendorf, Das Dynamische in der menschlichen Erkenntnis II, Bonn 1940, 83–125). – Bibliographie du Père J. M., in: Mélanges J. M., I–II, Paris 1950, I 47–71.

Literatur: M. Casula, M. e Kant, Rom 1955; ders., La deduzione dell'affermazione ontologica del M., Aquinas 2 (1959), 354–389; J. I. Conway, M., Enc. Ph. V (1967), 157–159; E. Dirven, De la forme à l'acte. Essai sur le thomisme de J. M., Brüssel/Paris 1965; E. Gilson, Réalisme thomiste et critique de la connaissance, Paris 1939, bes. 130–155; A. Hayen, Un interprète thomiste du kantisme: le Père J. M. (1878–1945), Rev. int. philos. 8 (1954), 449–469; H. Holz, Transzendentalphilosophie und Metaphysik. Studie über Tendenzen in der heutigen philosophischen Grundlagenproblematik, Mainz 1966; M. Kowalewski, Przedmiotowość poznania w ujęciu J. Maréchala, Collectanea theol. 28 (1957), 259–302; J. Lebacqz, Le rôle objectivant du dynamisme intellectuel. Le problème et la solution du P. M., Rev. philos. Louvain 63 (1965), 235–256; F. Liverziani, Dinamismo intellettuale ed esperienza mistica nel pensiero di J. M., Rom 1974; O. Muck, Die transzendentale Methode in der scholastischen Philosophie der Gegenwart, Innsbruck 1964; G. Muschalek, Verinnerlichung der Gotteserkenntnis nach der Erkenntnislehre J. M.s, Z. kath. Theol. 83 (1961), 129–189; E. Wingendorf, Das Dynamische in der menschlichen Erkenntnis. M.. Ein neuer Lösungsversuch des erkenntnistheoretischen Grundproblems (der Objektivität unserer Erkenntnis), I–II, Bonn 1939/1940; Mélanges J. M., I–II, Paris 1950; weitere Literatur: ↑Maréchal-Schule. C. F. G.

Maréchal-Schule, auf J. Maréchal zurückgehende Schule neuscholastischer Philosophen des 20. Jhs. (↑Neuscholastik, ↑Neuthomismus), sucht die kritische Methodologie der ↑Transzendentalphilosophie I. Kants und J. G. Fichtes weiterzuführen und auf die traditionellen Themen der ↑Metaphysik (diese reformulierend und weiterentwickelnd) anzuwenden. Grundgedanke ist, eine allen Erkenntnis- und Willensakten als Möglichkeitsbedingung vorausliegende Dynamik des menschlichen Geistes in Richtung auf ein Absolutes (↑Absolute, das) zu rekonstruieren (↑Dynamismus). Der maßgebenden

Orientierung an der klassischen deutschen Philosophie z. B. bei A. Grégoire, J. Defever und G. Isaye steht bei den deutschsprachigen Philosophen, z. B. W. Brugger, J. B. Lotz, K. Rahner, eine ebenso deutliche Bezugnahme auf M. Heideggers ↑Fundamentalontologie gegenüber. Die Diskussion hat zu umfassenden Neuformulierungen der aristotelisch-scholastischen Metaphysik bei A. Marc, B. J. F. Lonergan und E. Coreth geführt. Die M.-S. hat weitreichenden Einfluß bezüglich der Neubewertung von neuzeitlichem ↑Humanismus und neuzeitlicher ↑Aufklärung im Rahmen der Katholischen Theologie erlangt, der bis in zentrale Aussagen des 2. Vatikanischen Konzils reicht.

Literatur: Wichtige Zusammenstellungen in den Sammelbänden: Mélanges J. M., I–II, Paris 1950; J. B. Lotz (ed.), Kant und die Scholastik heute, Pullach 1955. – W. Brugger, Kant und das Sein, Scholastik 15 (1940), 363–385; ders., Das Grundproblem metaphysischer Begriffsbildung, Z. philos. Forsch. 4 (1949/1950), 225–234; ders., Philosophisch-ontologische Grundlagen der Logistik, Scholastik 27 (1952), 368–381; M. Casula, Maréchal e Kant, Rom 1955; E. Coreth, Grundfragen des menschlichen Daseins, Innsbruck/Wien/München 1956; ders., Metaphysik. Eine methodisch-systematische Grundlegung, Innsbruck 1961, ³1980; J. Defever, La preuve réelle de Dieu. Etude critique, Brüssel 1953; ders., Idée de Dieu et existence de Dieu. Réponse à une question, Rev. philos. Louvain 55 (1957), 5–57; A. Grégoire, Immanence et transcendance. Questions de théodicée, Brüssel 1939; G. Isaye, Le privilège de la métaphysique, Dialectica 6 (1952), 30–52; ders., La finalité de l'intelligence et l'objection kantienne, Rev. philos. Louvain 51 (1953), 42–100; ders., La justification critique par rétorsion, Rev. philos. Löwen 52 (1954), 205–233; B. Jansen, Transzendentale Methode und thomistische Erkenntnismetaphysik, Scholastik 3 (1928), 341–368; B. Lakebrink, Hegels dialektische Ontologie und die thomistische Analektik, Köln 1955, Ratingen b. Düsseldorf 1968; B. J. F. Lonergan, Insight. A Study of Human Understanding, London/New York 1957, New York ²1958 (repr. London/New York 1961), ed. F. E. Crowe/R. M. Doran, Toronto ⁵1992 (= Collected Works of Bernard Lonergan III) (dt. Die Einsicht. Eine Untersuchung über den menschlichen Verstand, I–II, ed. P. H. Fluri/G. B. Sala, Cuxhaven/Dartford 1995); J. B. Lotz, Metaphysik und apriorische Synthese, Scholastik 12 (1937), 392–399; ders., Sein und Wert. Eine metaphysische Auslegung des Axioms: Ens et bonum convertuntur im Raume der scholastischen Transzendentalienlehre, Paderborn 1938, unter dem Titel: Das Urteil und das Sein. Eine Grundlegung der Metaphysik, Pullach ²1957; ders., Philosophie als ontologisches Geschehen, Analecta Gregoriana 67 (1954), 59–80, ferner in: ders., Sein und Existenz. Kritische Studien in systematischer Absicht, Freiburg 1965, 316–339; ders., Die Raum-Zeit-Problematik in Auseinandersetzung mit Kants transzendentaler Ästhetik, Z. philos. Forsch. 8 (1954), 30–43; ders., Metaphysica operationis humanae methodo transcendentali explicata, Rom 1958, 1972; A. Marc, Dialectique de l'agir, Paris 1949, 1954; ders., Dialectique de l'affirmation. Essai de métaphysique réflexive, Paris 1952; ders., L'être et l'esprit, Paris 1958; O. Muck, Die transzendentale Methode in der scholastischen Philosophie der Gegenwart, Innsbruck 1964; A. Pechhacker, Das transzendentale Verfahren als Methode der Metaphysik, Wiss. u. Weisheit 26 (1963), 180–197, 27 (1964), 30–47; E. Przywara, Kantischer und thomistischer Apriorismus,

Philos. Jb. 42 (1929), 1–24; ders., Kant heute. Eine Sichtung, München/Berlin 1930; K. Rahner, Geist in Welt. Zur Metaphysik der endlichen Erkenntnis bei Thomas von Aquin, Innsbruck 1939, München ³1964; J. de Vries, Erkenntniskritik und Metaphysik, Scholastik 13 (1938), 321–341; ders., Urteilsanalyse und Seinserkenntnis, Scholastik 28 (1953), 382–399; ders., Der Zugang zur Metaphysik. Objektive oder transzendentale Methode?, Scholastik 36 (1961), 481–496.   C. F. G.

Maritain, Jacques, *Paris 18. Nov. 1882, †Kloster der »Petits frères de Jésus« bei Toulouse 28. April 1973, franz. Philosoph. Ab 1900 Studium der Philosophie, der Romanistik und der Naturwissenschaften an der Sorbonne, ab 1903 Studium der Philosophie am Collège de France (bei H. Bergson), 1905 Agrégation in Philosophie, 1906 Konversion zum Katholizismus, 1906–1908 Studium der Biologie in Heidelberg (bei H. Driesch), 1914 Prof. für Moderne Philosophie am »Institut catholique« in Paris; nebenamtliche Lehrtätigkeit an zahlreichen Instituten, vor allem katholischen Bildungseinrichtungen. 1939–1945 Aufenthalt in den Vereinigten Staaten wegen der deutschen Besetzung Frankreichs (Lehrtätigkeit an der Columbia University, New York, und in Princeton), 1945–1948 französischer Botschafter im Vatikan, 1948–1956 Prof. für Philosophie in Princeton. M. hat sich nach anfänglichem Interesse für die Philosophie Bergsons und die vitalistische Naturphilosophie (↑Vitalismus) insbes. mit der Interpretation, Reformulierung und Aktualisierung des Denkens des Thomas von Aquin befaßt; sein philosophisches Werk war maßgeblich an der Erneuerung des neuthomistischen Denkens in der ersten Hälfte des 20. Jhs. beteiligt (↑Neuthomismus).

In der *Erkenntnistheorie* versucht M. den aristotelisch-thomistischen Realismus (↑Realismus, kritischer) mit den Entwicklungen in den modernen Wissenschaften zu vermitteln. Ausgangspunkt ist dabei die Lehre von den verschiedenen Formalobjekten der Erkenntnis, die zur Folge hat, daß die realen Gegenstände sowohl empirisch als auch metaphysisch analysiert werden können. Grundlage der ↑Metaphysik ist für M. eine primäre metaphysische Intuition, die dem Menschen das Seiende als Seiendes vergegenwärtigt und jeder partiellen und abstrakten Sicht (z. B. den Sichtweisen der Wissenschaften) vorausliegt. Ausgehend von der metaphysischen Intuition versucht M., die metaphysischen Lehrstücke der thomistischen Philosophie (die ersten Prinzipien des Seienden, seine transzendentalen Eigenschaften [↑Transzendentalien], die erste Ursache des Seienden) aktualisierend zu interpretieren. In folgenreicher Abweichung von der thomistischen *Moralphilosophie* hält M. die mit natürlicher Vernunft erreichbare Ethik für inadäquat und unzulänglich; die Moralphilosophie sei daher gezwungen, zentrale Aussagen der ↑Offenbarung über die Situation des Menschen in ihre Überlegungen einzubeziehen. Für diese Konzeption war offensichtlich die Ein-

sicht maßgebend, daß eine Reihe zentraler lehramtlicher Aussagen der katholischen Kirche zur Moral, die unter Berufung auf das ↑Naturrecht formuliert worden sind, ohne theologische Prämissen nicht gerechtfertigt werden können. So sieht M. auch einen direkten Übergang von moralphilosophischer Naturrechtslehre zu den Prinzipien christlicher Politik, die er zu einem philosophisch-theologischen ↑Personalismus fortentwickelt. In diesem Zusammenhang setzt M. sich nachdrücklich für die demokratische Staatsform ein und verteidigt diese gegen traditionelle katholische Vorstellungen, die eher ständegesellschaftlich und organologisch orientiert waren. – Einen erheblichen Teil seines Werkes hat M. Fragen der ↑Kunst und der Ästhetik (↑ästhetisch/Ästhetik) gewidmet. Kunst ist für M. die genuine menschliche Fortsetzung der göttlichen ↑Schöpfung. M. unterstellt eine eigenständige poetische Erkenntnis, die auf vorbegriffliche und vorrationale Weise auf Grund von ›Konnaturalität‹ mit der Realität in Kontakt steht.

Werke: J. et Raïssa M.. Œuvres complètes, I–XVII (I–XIII, XVI = Œuvres de J. M., XIV = Œuvres de J. et Raïssa M., XV = Œuvres de Raïssa M., XVII = Bibliographie et Index), Fribourg, Paris 1982–2008 ; The Collected Works of J. M., ed. R. M. McInerny u. a., Notre Dame Ind. 1996 ff. (bisher 4 Bde erschienen). – La philosophie bergsonienne. Études critiques, Paris 1914, ³1948, ferner in: Œuvres complètes [s. o.] I, 5–612 (engl. Bergsonian Philosophy and Thomism, New York 1955, 2007 [= Collected Works (s. o.) I]); Art et scolastique, Paris 1920, ⁴1948, ferner in: Œuvres complètes [s. o.] I, 615–788 (engl. Art and Scholasticism, with Other Essays, New York 1930, 1937); Éléments de philosophie, I–II, Paris 1920/1923, 1963/1966(I Introduction générale à la philosophie, II L'ordre des concepts [Logique]), ferner in: Œuvres complètes [s. o.] II, 9–272 (I), 275–763 (II) (engl. I An Introduction to Philosophy, London 1930, London, Lanham Md. 2005, II An Introduction to Logic, London/New York 1937, 1946); Théonas, ou les entretiens d'un sage et de deux philosophes sur diverses matières inégalement actuelles, Paris 1921, ²1925, ferner in: Œuvres complètes [s. o.] II, 766–921 (engl. Theonas. Conversations of a Sage, London/New York 1933, Freeport N. Y. 1969); Antimoderne, Paris 1922, ²1927, ferner in: Œuvres complètes [s. o.] II, 923–1136 (dt. Antimodern. Die Vernunft in der modernen Philosophie und Wissenschaft und in der aristotelisch-thomistischen Erkenntnisordnung, Augsburg 1930); Réflexions sur l'intelligence et sur sa vie propre, Paris 1924, ⁴1938, ferner in: Œuvres complètes [s. o.] III, 9–426; Trois réformateurs. Luther, Descartes, Rousseau, Paris 1925, ²1931, 1947, ferner in: Œuvres complètes [s. o.] III, 429–655 (engl. Three Reformers. Luther, Descartes, Rousseau, London 1928, Port Washington N. Y./London, Westport Conn. 1970); Primauté du spirituel, Paris 1927, 1947, ferner in: Œuvres complètes [s. o.] III, 783–988 (engl. The Things that Are Not Caesar's, London, New York 1930, 1939); Le docteur angélique, Paris 1930, ferner in: Œuvres complètes [s. o.] IV, 9–191 (engl. The Angelic Doctor. The Life and Thought of Saint Thomas Aquinas, New York, Toronto 1931, unter dem Titel: St. Thomas Aquinas. Angel of the Schools, London 1931, 1948); Religion et culture, Paris 1930, ²1946, 1991, ferner in: Œuvres complètes [s. o.] IV, 193–255 (engl. Religion and Culture, London 1931; dt. Religion und Kultur, Freiburg 1936); Distinguer pour unir, ou, les degrés du savoir, Paris 1932, [8]1963, ferner in: Œuvres complètes [s. o.] IV, 257–1110 (engl. The Degrees of Knowledge, London 1937, unter dem Titel: Distinguish to Unite. Or the Degrees of Knowledge, New York 1959, Notre Dame Ind. 1995; dt. Die Stufen des Wissens oder Durch Unterscheiden zur Einung, Mainz 1954); Le songe de Descartes, suivi de quelques essais, Paris 1932, 1965, ferner in: Œuvres complètes [s. o.] V, 9–222 (engl. The Dream of Descartes, together with Some Other Essays, New York 1944, Port Washington N. Y. 1969); De la philosophie chrétienne, Paris 1933, ferner in: Œuvres complètes [s. o.] V, 225–316 (dt. Von der christlichen Philosophie, Salzburg 1935; engl. An Essay on Christian Philosophy, New York 1955); Du régime temporel et de la liberté, Paris 1933, ferner in: Œuvres complètes [s. o.] V, 319–515 (engl. Freedom in the Modern World, London 1936, New York 1971, unter dem Titel: Redeeming the Time, London 1943, 1946; dt. Gesellschaftsordnung und Freiheit, Luzern 1936); Sept leçons sur l'être et les premiers principes de la raison spéculative, Paris 1934, ferner in: Œuvres complètes [s. o.] V, 517–683 (engl. A Preface to Metaphysics. Seven Lectures on Being, New York/London 1939, New York 1962); Science et sagesse, suivi d'éclaircissements sur la philosophie morale, Paris 1935, ferner in: Œuvres complètes [s. o.] VI, 9–250 (engl. Science and Wisdom, London 1940, 1944); Humanisme intégral. Problèmes temporels et spirituels d'une nouvelle chrétienté, Paris 1936, 1968, ferner in: Œuvres complètes [s. o.] VI, 291–634 (engl. True Humanism, London, New York 1938, unter dem Titel: Integral Humanism. Temporal and Spiritual Problems of a New Christendom, New York 1968, Notre Dame Ind. 1973; dt. Die Zukunft der Christenheit, Einsiedeln/Köln 1938, unter dem Titel: Christlicher Humanismus. Politische und geistige Fragen einer neuen Christenheit, Heidelberg 1950); Les juifs parmi les nations, Paris 1938 (engl. A Christian Looks at the Jewish Question, New York/Toronto 1939, New York 1973, unter dem Titel: Antisemitism, London 1939); Le crépuscule de la civilisation, Paris 1939, Montreal [3]1944, ferner in: Œuvres complètes [s. o.] VII, 9–49 (engl. The Twilight of Civilization, New York 1943, London 1946); Scholasticism and Politics, ed. M. J. Adler, New York 1940, Freeport N. Y. 1972; Les droits de l'homme et la loi naturelle, New York 1942, Paris 1989, ferner in: Œuvres complètes [s. o.] VII, 617–695 (engl. The Rights of Man and Natural Law, New York 1943, 1971; dt. Die Menschenrechte und das natürliche Gesetz, Bonn 1951); Christianisme et démocratie, New York 1943, Paris 1945, ferner in: Œuvres complètes [s. o.] VII, 697–762 (engl. Christianity and Democracy, New York 1944, Freeport N. Y. 1980; dt. Christentum und Demokratie, Augsburg 1949); De Bergson à Thomas d'Aquin. Essais de métaphysique et de morale, New York 1944, Paris 1947, ferner in: Œuvres complètes [s. o.] VIII, 9–174 (dt. Von Bergson zu Thomas von Aquin. Acht Abhandlungen über Metaphysik und Moral, Cambridge Mass. 1945); Principes d'une politique humaniste, New York, Paris 1944, Paris 1945, ferner in: Œuvres complètes [s. o.] VIII, 177–355; Court traité de l'existence et de l'existant, Paris 1947, ferner in: Œuvres complètes [s. o.] IX, 9–140 (engl. Existence and the Existent, New York 1948, Lanham Md./London 1987); La personne et le bien commun, Paris 1947, ferner in: Œuvres complètes [s. o.] IX, 167–237 (engl. The Person and the Common Good, New York 1947, Notre Dame Ind. 1972); Raison et raisons. Essais détachés, Paris 1947, 1948, ferner in: Œuvres complètes [s. o.] IX, 239–438 (engl. The Range of Reason, New York 1952, London 1953); Man and the State, Chicago Ill. 1951, Washington D. C. 1998 (franz. L'homme et l'état, Paris 1953, 2009, ferner in: Œuvres complètes [s. o.] IX, 471–736);

Neuf leçons sur les notions premieres de la philosophie morale, Paris 1951, ferner in: Œuvres complètes [s. o.] IX, 739–939 (engl. An Introduction to the Basic Problems of Moral Philosophy, Albany N. Y. 1990); Approches de Dieu, Paris 1953, ferner in: Œuvres complètes [s. o.] X, 9–99 (engl. Approaches to God, New York 1954, Westport Conn. 1978; dt. Wege zur Gotteserkenntnis, Colmar 1955); On the Philosophy of History, ed. J. Evans, New York 1957, Clifton N. J. 1973 (franz. Pour une philosophie de l'histoire, Paris 1959, ferner in: Œuvres complètes [s. o.] X, 603–761); Truth and Human Fellowship, Princeton N. J. 1957 (dt. Wahrheit und Toleranz, Heidelberg 1960); Le philosophe dans la cité, Paris 1960, ferner in: Œuvres complètes [s. o.] XI, 9–130; La philosophie morale. Examen historique et critique des grands systèmes, Paris 1960, 2009, ferner in: Œuvres complètes [s. o.] XI, 233–1040 (engl. Moral Philosophy. An Historical and Critical Survey of the Great Systems, London, New York 1964); Carnet de notes, Paris 1965, 1994, ferner in: Œuvres complètes [s. o.] XII, 125–427 (engl. Notebooks, Albany N. Y. 1984); Le paysan de la Garonne. Un vieux laïc s'interroge à propos du temps présent, Paris 1966, 1967, ferner in: Œuvres complètes [s. o.] XII, 663–1035 (engl. The Peasant of the Garonne. An Old Layman Questions Himself about the Present Time, New York, London 1968; dt. Der Bauer von Garonne. Ein alter Laie macht sich Gedanken, München 1969); De l'Eglise du Christ. La personne de l'église et son personnel, Paris 1970, ferner in: Œuvres complètes [s. o.] XIII, 9–411 (engl. On the Church of Christ. The Person of the Church and Her Personnel, Notre Dame Ind. 1973); Approches sans entraves, Paris 1973, ferner in: Œuvres complètes [s. o.] XIII, 413–1223 (engl. Untrammeled Approaches, Notre Dame Ind. 1996 [= Collected Works (s. o.) XX]). – D. Gallagher/I. Gallagher, The Achievement of J. and Raissa M.. A Bibliography, 1900–1961, Garden City N. Y. 1962; D. Gallagher, Bibliographie sur J. et Raissa M., Rom 1997.

Literatur: J.-L. Allard, L'éducation à la liberté ou la philosophie de l'éducation de J. M., Grenoble, Ottawa Ont. 1978 (engl. Education for Freedom. The Philosophy of Education of J. M., Notre Dame Ind., Ottawa Ont. 1982); ders. (ed.), J. M.. Philosophe dans la cité. A Philosopher in the World. Proceedings of the Int. Congress of Ottawa (October 6–9, 1982) on J. M., Ottawa Ont. 1985; J. Amato, Mounier and M.. A French Catholic Understanding of the Modern World, Tuscaloosa Alab. 1975; H. Bars, M. en notre temps, Paris 1959; ders., La politique selon J. M., Paris 1961; H. L. Bauer, Schöpferische Erkenntnis. Die Ästhetik J. M.s, München/Salzburg 1969; J. Chevalier, M., Enc. philos. universelle III/2 (1992), 3521–3522; J. Croteau, Les fondements thomistes du personnalisme de M., Ottawa Ont. 1955; E. R. Curtius, J. M. und die Scholastik, in: ders., Französischer Geist im zwanzigsten Jahrhundert, Bern 1952, Tübingen/Basel [4]1994, 424–436; J. Daujat, M., un maître pour notre temps, Paris 1978; J. DiJoseph, J. M. and the Moral Foundation of Democracy, Lanham Md./London 1996; J. P. Dougherty, J. M.. An Intellectual Profile, Washington D. C. 2003; J. M. Dunaway, J. M., Boston Mass. 1978; J. W. Evans, J. M.. The Man and His Achievement, New York 1963; ders., M., Enc. Ph. V (1967), 160–164; C. A. Fecher, The Philosophy of J. M., Westminster Md. 1953, New York 1969; J. W. Hanke, M.'s Ontology of the Work of Art, The Hague 1973; B. Hubert/Y. Floucat (eds.), J. M. et ses contemporains, Paris 1991; D. W. Hudson/M. J. Mancini (eds.), Understanding M.. Philosopher and Friend, Macon Ga. 1987; M. Ivaldo, L'intelligenza e le cose. Sul realismo conoscitivo in J. M., Sapienza 33 (1980), 413–435; H. Y. Jung, The Foundations of J. M.'s Political Philosophy, Gainesville Fla. 1960; R.

McInerny, Art and Prudence. Studies in the Thought of J. M., Notre Dame Ind. 1988; ders., M., REP VI (1998), 101–105; ders., The Very Rich Hours of J. M.. A Spiritual Life, Notre Dame Ind. 2003; P. Nickl, J. M.. Eine Einführung in Leben und Werk, Paderborn etc. 1992; D. A. Ollivant (ed.), J. M. and the Many Ways of Knowing, Washington D. C. 2002; R. Papini (ed.), J. M. e la società contemporanea. Atti del couvegno internazionale [...] Venezia, 18–20 ottobre 1976, Mailand 1978; G. B. Phelan, J. M., New York 1937; V. Possenti (ed.), Stona e cristianesimo in J. M., Mailand 1979; G. Prouvost, Catholicité de l'intelligence métaphysique. La philosophie dans la foi selon J. M., Paris 1991; P. A. Redpath (ed.), From Twilight to Dawn. The Cultural Vision of J. M., Mishawaka Ind., Notre Dame Ind. 1990; B. W. Smith, J. M., Antimodern or Ultramodern? An Historical Analysis of His Critics, His Thought, and His Life, New York/Oxford 1976; W. Sweet, M., SEP 2008; A. Tamosaitis, Church and State in M.'s Thought, Chicago Ill. 1959; E. Waldschütz, M., in: F. Volpi (ed.), Großes Werklexikon der Philosophie II, Stuttgart 1999, 997–999. – Etudes maritainiennes – Maritain Studies (1984 ff.).   C. F. G.

Marius Victorinus (Afer), *im römischen Afrika um 285, †Rom nach 363, römischer Neuplatoniker, Rhetor und Theologe, Übersetzer griechischer Werke (unter anderem der Aristotelischen »Kategorien« und der »Isagoge« des Porphyrios) ins Lateinische (Ehrentitel: vir clarissimus). Ab etwa 340 Rhetoriklehrer in Rom, um 355 Konversion zum Christentum. In seinen philosophischen Schriften vertritt M. V. vor einem insgesamt synkretistischen (↑Synkretismus) Hintergrund sich an Porphyrios orientierende neuplatonische (↑Neuplatonismus) Auffassungen (ein Handbuch der Grammatik, zum Teil verlorengegangene Kommentare zu Platon, Aristoteles und M. T. Cicero), in der Theologie (Traktate zur Trinität, Kommentare zu den Paulinischen Briefen) antiarianische Positionen. 354 wurde ihm eine Statue auf dem Trajansforum errichtet.

Werke: Opera quae extant universa Constantini Magni, Victorini [...], ed. J. P. Migne, Paris 1844 (repr. 1990) (MPL VIII), 999–1310; Opera, I–II, ed. P. Henry/P. Hadot/F. Gori, Wien 1971–1986 (Corpus Scriptorum Ecclesiasticorum Latinorum LXXXIII, 1 u. 2). – Explanationum in rhetoricam M. Tullii Ciceronis libri duo, ed. C. Halm, in: ders. (ed.), Rhetores latini minores. Ex codicibus maximam partem primum adhibitis, Leipzig 1863 (repr. Frankfurt 1964), 153–304, unter dem Titel: Explanationes in Ciceronis Rhetoricam, ed. A. Ippolito, Turnhout 2006, 2007 (CCL 132); Ars grammatica, in: H. Keil (ed.), Grammatici latini VI (Scriptores artis metricae [...]), Leipzig 1874 (repr. Hildesheim 1961, Hildesheim/New York/Zürich 2007), 1–184, mit Untertitel: Introduzione, testo critico e commento, ed. I. Mariotti, Florenz 1967; C. Marii Victorini liber de definitionibus, ed. T. Stangl, in: ders., Tulliana et Mario-Victoriana, München 1888 [Programm des K. Luitpold-Gymnasiums in München für das Studienjahr 1887/88], 17–48, Nachdr. in: P. Hadot, M. V.. Recherches [...] [s. u., Lit.], 329–362 (dt. in: C. M. V., Liber de definitionibus. Eine spätantike Theorie der Definition und des Definierens. Mit Einleitung, Übersetzung und Kommentar, ed. A. Pronay, Frankfurt etc. 1997, 95–134); Traités théologiques sur la Trinité, I–II, ed. P. Henry/P. Hadot, Paris 1960 (engl. Theological Treatises on the Trinity, trans.

M. T. Clark, Washington D. C. 1981); Christlicher Platonismus. Die theologischen Schriften des M. V., übers. P. Hadot/U. Brenke, Einl. P. Hadot, Zürich/Stuttgart 1967 [Übers. nach dem rev. lat. Text aus Traités théologiques sur la Trinité, ed. P. Henry (s. o.), der 1971 als Opera I (s. o.) erschien]; Marii Victorini Afri commentarii in Epistulas Pauli ad Galatas, ad Philippenses, ad Ephesios, ed. A. Locher, Leipzig 1972; Opera theologica, ed. A. Locher, Leipzig 1976; Mario Vittorino Commentari alle Epistole di Paolo agli Efesini, ai Galati, ai Filippesi [lat./ital.], ed. u. übers. F. Gori, Turin 1981; On the Epistle of Paul to the Ephesians, trans. S. A. Cooper, in: ders., Metaphysics and Morals in M. V.' Commentary on the Letter to the Ephesians [s. u., Lit.], 43–114; Commentary on Galatians, trans. S. A. Cooper, Oxford/New York 2005. – Clavis Patrum Latinorum. [...], ed. E. Dekkers/A. Gaar, Steenbrugge 1951, ²1961, ³1995, 94–99, 680–681, 1543–1544.

Literatur: L. Abramowski, M. V., Porphyrius und die römischen Gnostiker, Z. neutestamentliche Wiss. u. d. Kunde d. Älteren Kirche 74 (1983), 108–128; dies., ›Audi, ut dico‹. Literarische Beobachtungen und chronologische Erwägungen zu M. V. und den ›platonisierenden‹ Nag Hammadi Traktaten, Z. Kirchengesch. 117 (2006), 145–168; M. Baltes, M. V.. Zur Philosophie seiner theologischen Schriften, München/Leipzig 2002; W. Beierwaltes, Platonismus im Christentum, Frankfurt 1998, ²2001, 25–43 (Trinitarisches Denken. Substantia und Subsistentia bei M. V.); E. Benz, M. V. und die Entwicklung der abendländischen Willensmetaphysik, Stuttgart 1932; K. Bergner, Der Sapientia-Begriff im Kommentar des M. V. zu Ciceros Jugendwerk »De Inventione«, Frankfurt etc. 1994; M. T. Clark, The Psychology of M. V., Augustinian Stud. 5 (1974), 149–166; dies., M. V. A., Porphyry, and the History of Philosophy, in: R. B. Harris (ed.), The Significance of Neoplatonism, Norfolk Va. 1976, 265–273; dies., V. and Augustine. Some Differences, Augustinian Stud. 17 (1986), 147–159; dies., M. V., TRE XXII (1992), 165–169; S. A. Cooper, Metaphysics and Morals in M. V.' Commentary on the Letter to the Ephesians. A Contribution to the History of Neoplatonism and Christianity, New York etc. 1995; ders., Narratio and Exhortatio in Galatians According to M. V. Rhetor, Z. neutestamentl. Wiss. u. Kunde d. älteren Kirche 91 (2000), 107–135; H. Dahlmann, Zur Ars grammatica des M. V., Mainz 1970 (Akad. Wiss. Lit. Mainz, Abh. geistes- u. sozialwiss. Kl. 1970, 2); V. H. Drecoll, M. V., RGG V (⁴2002), 832–833; W. Erdt, M. V. A., der erste Pauluskommentator. Studien zu seinen Pauluskommentaren im Zusammenhang der Wiederentdeckung des Paulus in der abendländischen Theologie des 4. Jahrhunderts, Frankfurt etc. 1980; L. Fladerer, Deus aut Veritas. Beobachtungen zum Wahrheitsbegriff in den Opera Theologica des M. V., Wiener Stud. 117 (2004), 173–199; P. Hadot, Porphyre et V., I–II, Paris 1968; ders., M. V.. Recherches sur sa vie et ses œuvres, Paris 1971; A. Haig, Neoplatonism as a Framework for Christian Theology. Reconsidering the Trinitarian Ontology of M. V., Pacifica. Australas. Theol. Stud. 21 (2008), 125–145; J. P. Kenney, M. V., REP VI (1998), 105–107; A. Locher, M. V. A., BBKL V (1993), 839–842; G. Madec, C. M. V., in: R. Herzog/P. L. Schmidt (eds.), Handbuch der lateinischen Literatur der Antike V (Restauration und Erneuerung. Die lateinische Literatur von 284 bis 374 n. Chr.), München 1989, 342–354 [= § 564]; ders., M. V., DP II (1993), 1935–1936; P. Manchester, The Noetic Triad in Plotinus, M. V., and Augustine, in: R. T. Wallis/J. Bregman (eds.), Neoplatonism and Gnosticism, Albany N. Y. 1992, 207–222; C. Markschieß, C. M. V., DNP VII (1999), 910–912; R. A. Markus, M. V. and Augustine, in: H. A. Armstrong (ed.), The Cambridge History of Later Greek and Early Medieval Philosophy, Cambridge etc. 1967, 1995, 328–419, bes. 331–340; A. Pronay, Einleitung, in: ders. (ed.), M. V.. Liber de definitionibus [s. o., Werke], 14–50; A. Solignac, M. V., in: M. Viller u. a. (eds.), Dictionnaire de spiritualité ascetique et mystique X, Paris 1980, 616–623; A. Souter, The Earliest Latin Commentaries on the Epistles of St. Paul. A Study, Oxford 1927 (repr. Oxford/New York 1999); W. Steinmann, Die Seelenmetaphysik des M. V., Hamburg 1990; M. Tardieu, Recherches sur la formation de l'Apocalypse de Zostrien et les sources de M. V./P. Hadot, »Porphyre et V.«. Questions et hypotheses, Bures-sur-Yvette 1996; A. Travis, M. V.. A Biographical Note, Harvard Theol. Rev. 36 (1943), 83–90; P. Wessner, C. M. V., RE XIV/2 (1930), 1840–1848.   J. M.

Marke (engl. mark, franz. marque), Bezeichnung für einen Gegenstand, der einer momentanen ↑Zeigehandlung Dauer verleiht. Somit wird diese, die aktuell stattfindet, durch einen geeigneten Träger stabilisiert. M.n sind keine Zeichen-, sondern Zeigegegenstände, mit deren Hilfe etwas gezeigt und im Zeigen zu verstehen gegeben wird. Basierend auf dem Können sind sie handwerkliche und technische Vervielfältigungen (↑Technik), insbes. Wiederholungen von nach Entwürfen hergestellten Prototypen (Serienproduktion). Um Rezipierbarkeit von M.n sicherzustellen, sind bei deren Herstellung Eindeutigkeit, Einfachheit und Selbigkeit zu beachten. Alltagssprachlich werden M.n als Zeichen (↑Zeichen (semiotisch)) behandelt (z.B. Verkehrszeichen). M.n im Straßenverkehr verbinden verschiedene semiotische (↑Semiotik) Bereiche (Zeige- und Zeichengegenstände) miteinander, die sich gegenseitig semantisch verstärken. Verkehrszeichen, Eisenbahnsignale, Seezeichen markieren von Menschen (z.B. Verkehrsteilnehmern) geforderte Verhaltensweisen, die unter den markierten Bedingungen auszuführen oder zu unterlassen sind (F. Schmidt, 1966: ›Sollenszeichen‹). Ebenso gliedern sie Tätigkeiten, indem sie bestimmte Verkehrsteilnehmer ansprechen (z.B. Fußgänger, Radfahrer, Motorradfahrer) oder Orte eingrenzen (Parkplatz, Einbahnstraße, Fußweg). M.n in Textilien, die die Zusammensetzung des Materials (z.B. Wolle) anzeigen, gehören wie M.n, die den Hersteller kenntlich machen (Mercedesstern, stilisierte Wortmarke NIVEA) zu normierten Markensystemen. Im Zeitalter der Reproduzierbarkeit von Kunst (Gemälde in anderen Medien [↑Medium (semiotisch)] reproduzieren) stehen technische und handwerkliche Verfahren im Vordergrund. Reproduktionen (Kopien, Fälschungen) eines Unikats sind Beispiele für Bildmarken. Während das originale Bild die einzige Aktualisierung des zugehörigen Dingschemas ist und ein Beispiel für ›autographische‹ Kunst (↑N. Goodman) darstellt, sind Kopien (Fälschungen) nichts anderes als Nachahmungen (Wiederholungen) eines aktualisierten malerischen Schemas, dem kein neuer Aspekt hinzugefügt wird. In der Analytischen Philosophie (↑Philoso-

phie, analytische) werden M.n eher unhinterfragt als etwas quasi Gegebenes in Anspruch genommen und Herstellungs- bzw. Entstehungsprozesse selten terminologisch eingeführt bzw. explizit ausgearbeitet.

Literatur: C. Bezzel (ed.), Sagen und Zeigen. Wittgensteins »Tractatus«, Sprache und Kunst, Berlin 2005; G. Boehm/S. Egenhofer/C. Spies (eds.), Zeigen. Die Rhetorik des Sichtbaren, München/Paderborn 2010; K. Bühler-Oppenheim, Zeichen, M.n, Zinken. Signs, Brands, Marks [dt./engl.], Teufen, Stuttgart, New York 1971; D. Gerhardus/S. M. Kledzik/G. H. Reitzig, Schlüssiges Argumentieren. Logisch-propädeutisches Lehr- und Arbeitsbuch, Göttingen 1975; W. Kamlah, Sprachliche Handlungsschemata, in: H.-G. Gadamer (ed.), Das Problem der Sprache (VIII. Deutscher Kongreß für Philosophie. Heidelberg 1966), München 1967, 427–434; ders./P. Lorenzen, Logische Propädeutik. Vorschule des vernünftigen Redens, Mannheim 1967, Mannheim/Wien/Zürich ²1973, bes. 59–60; E. v. Savigny, Die Signalsprache der Autofahrer, München 1980; F. Schmidt, Zeichen und Wirklichkeit. Linguistisch-semantische Untersuchungen, Stuttgart etc. 1966; R. Schmidt/W.-M. Stock/ J.Volbers (eds.), Zeigen. Dimensionen einer Grundtätigkeit, Weilerswist 2011; J. Trabant, Elemente der Semiotik, München 1976, unter dem Titel: Zeichen des Menschen. Elemente der Semiotik, Frankfurt 1989, unter ursprünglichem Titel, Tübingen/Basel 1996; L. Wiesing, Die Uhr. Eine semiotische Betrachtung, Saarbrücken 1998 (Kunst, Gestaltung, Design V); L. Wittgenstein, Tractatus logico-philosophicus, London 1922, Frankfurt 2009; ders., Philosophische Untersuchungen, Oxford, New York 1953, ed. J. Schulte, Berlin 2011; weitere Literatur: ↑Medium (semiotisch).   B. P./D. G.

Markov, Andrej Andreevič, *Rjasan 14. Juni 1856, †St. Petersburg 20. Juli 1922, russ. Mathematiker, Vater von A. A. Markov Jr. (1903–1979). Nach Studium in St. Petersburg ab 1880 Lehrtätigkeit ebendort, 1884 Promotion, 1886 a.o. Prof., 1893 o. Prof. der Mathematik, 1896 Mitglied der St. Petersburger Akademie der Wissenschaften. – M., der zur wissenschaftlichen Schule von P. L. Čebyšev (1821–1894) gehörte, arbeitete auf verschiedensten Gebieten der Mathematik, vor allem auf den Gebieten der ↑Zahlentheorie, der ↑Analysis und der ↑Wahrscheinlichkeitstheorie, und konnte zahlreiche neue Sätze beweisen bzw. neue Beweise für klassische Sätze geben (z.B. ↑Gesetz der großen Zahlen und Zentraler Grenzwertsatz [↑Normalverteilung]). M.s Bekanntheit als Wahrscheinlichkeitstheoretiker auch außerhalb von mathematischen Fachkreisen rührt von seiner Behandlung von Folgen $\{X_i\}$ von Zufallsvariablen her, in denen für alle $n < m$ die Verteilung von X_n ohne Rücksicht auf die vorangehenden Zufallsvariablen die Verteilung von X_m eindeutig bestimmt. Die Theorie dieser als ›M.-Ketten‹ bezeichneten Strukturen wurde später, vor allem von A. N. Kolmogorov, ausgebaut zur Theorie der ›M.-Prozesse‹, d.h. der Familien von Zufallsvariablen, die von einem kontinuierlichen Zeitparameter abhängen. Diese Theorien, von M. selbst aus theorieinternen Gründen entwickelt, haben sich als äußerst fruchtbar für die Beschreibung von nicht-deterministisch ablaufenden Vorgängen (↑Determinismus) erwiesen, z. B. in der statistischen Physik, der Biologie, der Psychologie und den Sozialwissenschaften.

Werke: Isčislenie konečnych" raznostej, I–II, St. Petersburg 1889/1891, Odessa 1910 (Mikrofilm) (dt. Differenzenrechnung, Leipzig 1896); Isčislenie věrojatnostej, St. Petersburg 1900, Moskau ⁴1924 (dt. [A. A. Markoff] Wahrscheinlichkeitsrechnung [Übers. nach 2. Aufl.], Leipzig/Berlin 1912); Osnovy algebraičeskoj teorii kos, Leningrad/Moskau 1945 (repr. Vaduz 1963); Izbrannye trudy po teorii nepreryvnych drobej i teorii funkcij naimenee uklonjajuščichsja ot nulja, ed. N. I. Achiezera, Moskau 1948; Izbrannye trudy. Teorija čisel. Teorija verojatnostej [Ausgewählte Werke. Zahlentheorie. Wahrscheinlichkeitstheorie], ed. J[u]. V. Linnika, Moskau/Leningrad 1951 [mit Bibliographie, 679–714]. – O teorii verojatnostej i matematičeskoj statistike (perepiska A. A. M. i A. A. Čuprova), ed. C[h]. O. Ondar, Moskau 1977 (engl. The Correspondence between A. A. Markov and A. A. Chuprov on the Theory of Probability and Mathematical Statistics, ed. K[h]. O. Ondar, New York/Heidelberg/Berlin 1981); Berechenbare Künste. Mathematik, Poesie, Moderne, ed. P. v. Hilgers/W. Velminski, Zürich/Berlin 2007.

Literatur: W.-K. Ching/M. K. Ng, M. Chains. Models, Algorithms and Applications, New York 2006; D. E. Newton, M., in: B. Narins (ed.), Notable Scientists from 1900 to the Present III, Farmington Hills Mich. 2001, 1477–1478; E. Pardoux, M. Processes and Applications. Algorithms, Networks, Genome and Finance, Chichester/Paris 2008; V. A. Steklov, A. A. M. (Nekrologičeskij očerk), Izvestija Rossijskoj Akademii Nauk 16 (1922), 169–184; A. Vogt, Markow, in: D. Hoffmann/H. Laitko/S. Müller-Wille (eds.), Lexikon der bedeutenden Naturwissenschaftler II, Heidelberg 2004, 465–466; A. A. Youschkevitch, M., DSB IX (1974), 124–130. P. S.

Markov, Andrej Andreevič, *St. Petersburg (zwischenzeitlich Petrograd bzw. Leningrad) 22. Sept. 1903, †Moskau 11. Nov. 1979, russ. Mathematiker und Logiker, Sohn von A. A. Markov (1856–1922). Nach Studium der Mathematik, Physik und Astronomie in Leningrad 1928 Promotion, 1935 Doktorat (entspricht Habilitation). 1936–1955 Prof. der Mathematik in Leningrad, 1939–1972 außerdem Tätigkeit am Mathematischen Institut der Russischen Akademie der Wissenschaften (Institut V. Steklov), 1953 korrespondierendes Mitglied der Akademie; ab 1959 Prof. für Mathematische Logik in Moskau. – M. arbeitete unter anderem auf den Gebieten der Theoretischen Physik, der Himmelsmechanik, der Maßtheorie, der Topologie, der Algebra, der Algorithmentheorie, der konstruktiven Mathematik und der mathematischen Logik. Philosophisch interessant sind vor allem seine Beiträge zur ↑Algorithmentheorie und zur konstruktiven Begründung von Mathematik und Logik. Von seinen Arbeiten zur Algorithmentheorie und zur Theorie der rekursiven Funktionen ist besonders ein neuentwickelter Algorithmenbegriff bekannt geworden, der mit anderen Präzisierungen gleichwertig ist (↑Markov-Algorithmus). Im Zusam-

menhang damit entwickelte M. sein Konzept einer auf dem Algorithmenbegriff basierenden konstruktiven Begründung der Mathematik (↑Mathematik, konstruktive) einschließlich der Analysis. Trotz der Ablehnung des Aktual-Unendlichen und der darauf beruhenden mengentheoretischen Begriffsbildungen (↑unendlich/Unendlichkeit) sowie des ↑tertium non datur ist M. kein Finitist im engeren Sinne, da auch der von ihm favorisierte Begriff der potentiellen Realisierbarkeit von den empirischen Grenzen von Konstruktionsmöglichkeiten abstrahiert. Wichtig im Aufbau einer konstruktiven Mathematik ist unter anderem ein von ihm vorgeschlagenes Prinzip, das sich quantorenlogisch in allgemeiner Form als

$$\bigwedge_x (A \lor \neg A) \to (\neg\neg\bigvee_x A \to \bigvee_x A)$$

formulieren läßt. Diese Formel (›M.-Prinzip‹) ist in den üblichen Versionen der intuitionistischen Arithmetik nicht beweisbar (↑beweisbar/Beweisbarkeit), stellt also eine Erweiterung des Begriffs der Konstruktivität dar (↑konstruktiv/Konstruktivität). Daneben bewies M. ↑Unentscheidbarkeitssätze für algebraische Theorien und erzielte bedeutende Ergebnisse zur Komplexität von Algorithmen. In Arbeiten zur Semantik der konstruktiven Logik (↑Logik, konstruktive) entwickelte M. eine Hierarchie von Sprachen, die verwandt ist mit P. Lorenzens Operativer Logik (↑Logik, operative); insbes. gehört ein Subjungat $A \to B$ immer zu einer höheren Sprachstufe als seine unmittelbaren Teilformeln A und B.

Werke: Teorija algorifmov, Moskau/Leningrad 1954 (repr. Vaduz 1963) (engl. Theory of Algorithms, Jerusalem 1961, 1971, unter dem Titel: The Theory of Algorithms, Dordrecht/Boston Mass. 1988); O konstruktivnych funkcijach, Trudy Mat. Inst. Steklov 52 (1958), 315–348 (engl. On Constructive Functions, Amer. Math. Soc. Translations, Ser. 2, 29 [1963], 163–195); An Approach to Constructive Mathematical Logic, in: B. van Rootselaar/J. F. Staal (eds.), Logic, Methodology and Philosophy of Science III (Proceedings of the Third International Congress for Logic, Methodology and Philosophy of Science, Amsterdam 1967), Amsterdam 1968, 283–294; Essai de construction d'une logique de la mathématique constructive, Rev. int. philos. 25 (1971), 477–507; O logike konstruktivnoj matematiki, Moskau 1972; On a Semantical Language Hierarchy in a Constructive Mathematical Logic, in: R. E. Butts/J. Hintikka (eds.), Logic, Foundations of Mathematics, and Computability Theory. Part One of the Proceedings of the Fifth International Congress of Logic, Methodology and Philosophy of Science, London, Ontario, Canada – 1975, Dordrecht/Boston Mass. 1977, 299–306. – [Bibliographie] Uspechi matematičeskich nauk 19 (1964), H. 3, 220–223 [bis 1963], 29 (1974), H. 6, 190–191 [1962–1974] (engl. Russian Math. Surveys 19 [1964], H. 3, 193–196, 29 [1974], H. 6, 174–175).

Literatur: A. Chauvin, M., Enc. philos. universelle III (1992), 3523; A. G. Dragalin u. a., Matematičeskaja žizn' v SSSR. A. A. M. (K semidesjatiletiju so dnja roždenija), Uspechi matematičeskich nauk 29 (1974), H. 6, 187–191 (engl. A. A. M. (On His Seventieth Birthday), Russian Math. Surveys 29 [1974], H. 6, 171–175); B. A. Kushner, The Constructive Mathematics of A. A. M., Amer. Math. Monthly 113 (2006), 559–566; J[u]. V. Linnik/N. A. Šanin, A. A. M. (K pjatidesjatiletiju so dnja roždenija), Uspechi matematičeskich nauk 9 (1954), H. 1, 145–149; G. E. Minc [Mints], Stupenčataja semantika A. A. Markova, in: Dž. Barvajsa [J. Barwise] (ed.), Spravočnaja kniga po matematičeskoj logike IV (Teorija dokazatel'stv i konstruktivnaja matematika), Moskau 1983, 348–357; ders., Proof Theory in the USSR 1925–1969, J. Symb. Log. 56 (1991), 385–424; N. M. Nagorny, Andrei M. and Mathematical Constructivism, in: D. Prawitz/B. Skyrms/D. Westerståhl (eds.), Logic, Methodology and Philosophy of Science IX (Proceedings of the Ninth International Congress of Logic, Methodology and Philosophy of Science, Uppsala, Sweden, August 7–14, 1991), Amsterdam etc. 1994, 467–479; ders./N. A. Šanin, A. A. M. (K šestidesjatiletiju so dnja roždenija), Uspechi matematičeskich nauk 19 (1964), H. 3, 207–223 (engl. A. A. M. (On the Occasion of His 60th Birthday), Russian Math. Surveys 19 [1964], H. 3, 181–193); D. Skordev/P. Petkov, A. A. M. po slučaj 70-godišninata mu, Fiziko-matematičesko spisanie 16 (1973), 312–315.   P. S.

Markov-Algorithmus, Bezeichnung für eine von A. A. Markov Jr. (1903–1979) eingeführte Präzisierung des Algorithmenbegriffs (↑Algorithmentheorie, ↑Algorithmus), von Markov selbst ›normaler Algorithmus‹ genannt. Ein M.-A. über einem Alphabet $A = \{a_0, \ldots, a_N\}$, das die Zeichen → und • nicht enthält, ist gegeben durch eine Liste von so genannten Substitutionsformeln,

$$P_1 \rightarrow (\bullet)Q_1,$$
$$\vdots$$
$$P_n \rightarrow (\bullet)Q_n,$$

wobei jede Substitutionsformel $P_i \rightarrow (\bullet)Q_i$ $(1 \leq i \leq n)$ entweder von der Gestalt $P_i \rightarrow Q_i$ oder von der Gestalt $P_i \rightarrow \bullet\, Q_i$ ist, mit Wörtern P_i und Q_i über A. Die Anwendung eines M.-A. auf ein Wort P – entweder ein Ausgangswort oder ein schon mit Hilfe des Algorithmus produziertes – kann wie folgt beschrieben werden: Falls es kein Wort in der Folge $P_1, \ldots, P_n$ gibt, das in P als Teilwort vorkommt, bricht der Algorithmus mit P ab. Falls es ein Wort in der Folge $P_1, \ldots, P_n$ gibt, das in P als Teilwort vorkommt, sei P_i das erste Wort der Folge mit dieser Eigenschaft; man ersetze in P das (von links) erste Vorkommen von P_i als Teilwort von P durch Q_i. Hat die i-te Substitutionsformel die Gestalt $P_i \rightarrow \bullet\, Q_i$, dann bricht der Algorithmus mit dem erhaltenen Wort ab. Hat sie die Gestalt $P_i \rightarrow Q_i$, dann wird der Algorithmus mit dem erhaltenen Wort als Argument fortgesetzt. Ein aus P mit Hilfe eines M.-A. M in endlich vielen Schritten produziertes Wort Q, bei dem M abbricht, kann man als Wert einer partiellen Funktion für das Argument P auffassen (da Q durch P eindeutig bestimmt

ist); man schreibt auch $M(P) = Q$ (diese Funktion ist für diejenigen Argumente nicht definiert, auf die angewendet M nicht nach endlich vielen Schritten abbricht). Es läßt sich zeigen, daß die durch M.-A.en repräsentierten partiellen Funktionen partiell rekursiv (↑rekursiv/Rekursivität) sind und umgekehrt. Die M.-A.en stellen also eine mit ↑Turing-Maschinen, partiell rekursiven Funktionen, Postschen Systemen usw. äquivalente Fassung des Berechenbarkeitsbegriffs (↑berechenbar/Berechenbarkeit) bzw. des Algorithmenbegriffs dar. Die Annahme, daß alle berechenbaren Funktionen durch M.-A.en repräsentiert werden können, ist somit eine Form der ↑Churchschen These. Ein Beispiel für einen M.-A. ist etwa

$$\rightarrow \bullet|$$

über dem Alphabet $\{\,|\,\}$. Er repräsentiert die Wortfunktion $f(P) = |P (= P|)$ und damit auch die Nachfolgerfunktion (↑Nachfolger).

Literatur: O. Häggström, Finite Markov Chains and Algorithmic Applications, Cambridge 2002, 2008; M. Machtey/P. Young, An Introduction to the General Theory of Algorithms, New York/Oxford/Shannon 1978, 1982, bes. 38–46; W. Marciszewski (ed.), Dictionary of Logic. As Applied in the Study of Language. Concepts. Methods. Theories, The Hague/Boston Mass./London 1981, 14–18; A. A. Markov, Teorija algorifmov, Moskau/Leningrad 1954 (repr. Vaduz 1963) (Akad. Nauk SSSR, Trudy Mat. Inst. 42) (engl. Theory of Algorithms, Jerusalem 1961, 1971); ders./N. M. Nagornyj, Teorija algorifmov, Moskau 1984, ²1996 (engl. The Theory of Algorithms, Dordrecht/Boston Mass./London 1988).   P. S.

Markov-Kette, ↑Markov, A. A..

Markov-Prozess, ↑Markov, A. A..

Markt, zunächst als *agora* oder *forum* Bezeichnung für den zentralen öffentlichen Platz einer Stadt, an dem die Volksversammlung stattfindet, der dann als *mercatus* (ital. *mercato*) zum Ort des freien Tauschhandels (*commercium*) wird, später mit einem Stadt- bzw. fürstlichem Marktrecht versehen. Wie in solchen Fällen immer entwickeln sich Formen kollektiven Handelns vor ihrer philosophischen oder wirtschaftstheoretischen Explikation. So gibt es schon in der mediterranen Antike eine transregionale Arbeitsteilung aufgrund eines florierenden Warenhandels etwa mit Gefäßen und Schmuck aus Manufakturen, mit Öl und Getreide aus einer schon spezialisierten Agrarindustrie und mit Metallen aus frühen Formen des Bergbaus. Wohl erstmals im phönizischen Bereich treten Vorfinanzierungen und Versicherungen im (See-)Handel auf, etwas, das nach dem Untergang Roms erst wieder in den Kreuzzügen aus dem Osten übernommen und von Italien aus auch im Westen weiterentwickelt wird. Einen entsprechend überregionalen M. und die durch ihn mitgesteuerte lokale Güter (über)produktion gibt es also lange, bevor R. Cantillon das Wort ›marché‹ in seinem generischen Gebrauch auf eine solche Systemstruktur von M.en anwendet (Cantillon, 1931), A. Smith entsprechend über Teilmärkte ›für jedes Gewerbe‹ schreibt wie etwa den Markt für Nägel und Eisenwaren (Smith 1978, 20.) oder dann auch für Baumwolle oder Getreide und im 19. Jh. A. A. Cournot einen schon etablierten Gebrauch von ›M.(wirtschaft)‹ bei den Ökonomen im Blick auf Angebot, Nachfrage und Geldpreis von Gütern (Cournot, 1838) theoretisch-mathematisch modelliert (vgl. K. Röttges 1980).

Für die Verortung des M.es in ↑Staat und ↑Gesellschaft nachhaltig bedeutsam ist jedoch eine viel ältere epochale Auseinandersetzung von Landaristokratie, Bauern- und Handwerkertum auf der einen Seite mit einem ›Geldreichtum‹ auf der anderen, wie sie schon in der ›Wirtschaftsanalyse‹ bei Platon und Aristoteles explizit wird (Aristoteles, Pol. I, 9). Die grundsätzliche Anerkennung der Notwendigkeit einer ausdifferenzierten, zunächst aber bloß binnenstaatlichen, Arbeitsteilung (a. a. O. II, 1, 2) für ein gutes Leben (↑Leben, gutes) und die Idee der Aufhebung des familialen Nepotismus zugunsten freier ↑Personen im Staat der Politeia verschwinden nämlich am Ende wieder hinter einer tradierten Normidee der Wirtschaftsform des *oikos* (Pol. I, 8), der Großfamilie mit ›Mägden‹ und ›Knechten‹ – wobei diese Ausdrücke bezeichnenderweise zunächst für die Kinder standen, denen auch Haussklaven gegebenenfalls auf Zeit in gewissem Sinne gleichgestellt wurden. Als oikonomisch autarke Einheit wird das *Haus* vom *pater familias* im Inneren autokratisch beherrscht und nach Außen politisch vertreten (Pol. I, 10–13 u. III, 1 und 9). Der Stadt- oder besser Regionalstaat erscheint so als Vereinigung von Familien mit gemeinschaftsbezogen-religiös vermittelter Individualmoral und steht bis heute kritisch gegen den Einfluß der global(er)en ›Welt‹ des M.es mit seinem unbegrenzten Wachstum (Pol. VI, 6). In der Vorverurteilung besonders eines zinsnehmenden Kapital- und Geldhandels und eines scheinbar überflüssigen ›Luxus‹ zeigt sich eine genealogisch tief reichende geistige Verwandtschaft von christlicher Volks›moral‹, marxistischer Kapitalismuskritik (↑Marxismus) und kleinbäuerlichen bzw. kleinbürgerlichen Nationalismen und Antisemitismen etwa im italienischen oder deutschen Faschismus, Sowjetkommunismus und den postkommunistischen Staaten (↑Kapitalismus). Man beruft sich auf einen ›aristotelischen Gerechtigkeitsdiskurs‹, dem zufolge der Handel kein ›produktives Gewerbe‹ sei (Pol. I, 9) – ohne weiteres Verständnis dafür, daß gute Arbeitsteilung vom M. und seiner Vorfinanzierung der Güterproduktion und des Handelsverkehrs abhängt, insbes. im Blick auf das konstante Kapital der zu inve-

stierenden Produktionsmittel. Der erwartete ↑Mehrwert der Kapitalverzinsung ist am Ende ein Maß des M.erfolgs der wirtschaftlichen Unternehmung, am Anfang aber ein risikobehafteter Anreiz für den Unternehmer. Der freie M. liefert dabei einigermaßen verläßliche Informationen bzw. rückgekoppelte Schätzungen im Bezug auf einen nachhaltigen Bedarf, die Leistung der Teilnehmer an der Arbeitsteilung und die Möglichkeiten von Effizienzsteigerungen. Dennoch steht bis heute der impliziten Tolerierung eines sich aus der Arbeits- und Besitzteilung des M.es ergebenden extremen Reichtums etwa von Bankiers und Unternehmern eine verbal-ethisch explizite Nichtanerkennung derartiger Profite gegenüber.

Schon G. W. F. Hegel erkennt entsprechend, daß in einer *funktionalen Begründung* des M.es jede naturrechtliche (↑Naturrecht) Apologetik ebenso wie jede ideologisch-›moralische‹ Kritik aufzuheben ist und daß eine freie M.wirtschaft dem Staat selbst neue Funktionen zuordnet, auch wenn manche Kritiker in Verteidigung einer vermeintlich unmittelbaren ›offenen Gesellschaft‹ wie K. R. Popper oder M. Weber die staatliche Rahmenverfassung einer bürgerlichen Gesellschaft (↑Gesellschaft, bürgerliche) unterschätzen (Hegel, Rechtsphilos., bes. §§ 230, 232, 236, 253, 256). Dem Staat als *Rechtsstaat* geht es dabei um den Schutz der (Vertrags-)Freiheit von Person und M. (der für England nach Hegel schon die ganze Welt war [Vorlesungen über Rechtsphilosophie, ed. K. H. Ilting, 1974, 711 (§ 254), vgl. 625 (§ 203)]), beginnend mit dem Privateigentum, der Handlungs-, Handels- und Vertragsfreiheit, als *Sozialstaat* aber um die ebenfalls notwendigen sozialen Absicherungen und die Aufhebung der Gefahr eines Verteilungskampfes. Als Steuerungsmedium der ›Polizey‹ zur Förderung von Güterproduktion bzw. Güterallokation dienen Erlasse, Besteuerungen etc.. Gesetzliche Einschränkungen der reinen Willkür der Personen durch den Staat sind dabei nicht etwa bloß erlaubt, sondern ethisch sogar geboten, wenn über eine entsprechende Verschiebung der Auszahlungsmatrizen aus den privaten Egoismen der einzelnen Akteure öffentliche Tugenden (B. Mandeville, 1705) entstehen und offenkundige Probleme einer rein freiwilligen ↑Kooperation zwischen Menschen in bloße Koordinationsprobleme verwandelt werden, so daß eine relativ freie Verfolgung der Eigeninteressen der Akteure in der Marktwirtschaft als dem Kernbereich der bürgerlichen Gesellschaft erlaubt werden kann. Hegel erkennt damit, daß der Staat die ›unsichtbare Hand‹ ist, die den Rahmen für den ↑*homo oeconomicus* so zu setzen hat, daß am Ende so etwas wie eine ›soziale M.wirtschaft‹ entsteht. Die Person der bürgerlichen Gesellschaft ist also nicht etwa von Natur oder Gott her ›frei‹, sondern kann und darf sich ›von Staats wegen‹ als Bourgeois ihrer je eigennützigen strategischen ↑Zweckrationalität in der Konkurrenz zu den Anderen bedienen. Die Verantwortung für die Richtungsrichtigkeit der Rahmenbedingungen des M.es aber liegt beim Staat als dem System der Durchsetzung eines ›gemeinsamen‹ politischen Willens. Demnach besteht die ethische Pflicht der einzelnen Person erstens in der aktiven Übernahme von Mitverantwortung für Staat und Gesellschaft, in einem vernünftig begriffenen politischen Handeln des Citoyen, zweitens in der Teilnahme an der allgemeinen Sittlichkeit eines anständigen Lebens und erst an dritter Stelle in einer weitgehend supererogatorischen Individualmoral besonders lobwürdiger Nächstenliebe und Menschenfreundlichkeit – so daß die üblichen Vorstellungen von Moral bis zu I. Kant schon vor F. Nietzsche als gewissermaßen provinziell erkennbar werden.

Sofern sich von rein verbalen ↑Utopien wie einer staatsfreien Genossenschaft im ↑Kommunismus bei K. Marx oder einem ›marktwirtschaftlichen Sozialismus‹ absehen läßt, ist eine zentralstaatliche Wirtschaftssteuerung die einzige reale Alternative zu einer liberalkapitalistischen M.wirtschaft mit privatem Produktionsmittelbesitz. Indem aber ein solcher patriarchalischer (Handels-)Staat (J. G. Fichte, 1800) das Staatsvolk als *oikos*- oder familienanaloge ↑Gemeinschaft im Sinne von F. Tönnies behandelt (Tönnies, 1887), beraubt er trotz möglicher mehrheitsdemokratischer Legitimation (↑Legitimität) die Bürgerschaft ihrer gesellschaftlich-ökonomischen Freiheiten und macht eben damit auch politische ↑Freiheit unmöglich. Andererseits haben sich marktanaloge Reorganisationen etwa von Wissenschaft und Bildung allererst als funktional effizient auszuweisen. Im Vergleich zu einer auf ein freies Ethos der Forscher und Lehrer setzenden Entwicklung könnte hier nämlich eine Handlungssteuerung über allzu unmittelbare Populärnachfragen innovationsfeindliche und insgesamt leistungsverringernde Folgen haben, zumal es nicht bloß im besonderen *public domain* des Wissens, sondern schon auf jedem M. trotz aller Konkurrenz immer auch einer basalen ↑Moralität des Vertrauens und damit am Ende doch wieder einer freiwilligen Kooperativität bedarf.

Literatur: H. B. Acton, The Morals of Markets and Related Essays, Indianapolis Ind. 1993; A. Buchanan, Ethics, Efficiency and the Market, Oxford, Totowa N. J. 1985; R. Cantillon, Essai sur la nature du commerce en général, Paris 1755, 1997 (dt. Abhandlung über die Natur des Handels im Allgemeinen, ed. A. v. Hayek, Jena 1931; franz./engl. Essay on the Nature of Commerce in General, New York/London 1931, New Brunswick N. J. 1999); A. A. Cournot, Récherches sur les principes mathématiques de la théorie des richesses, Paris 1838 (repr. Düsseldorf 1991), 1980 (= Œuvres complètes VIII); J. G. Fichte, Der geschloßne Handelsstaat. Ein philosophischer Entwurf als Anhang zur Rechtslehre, und Probe einer künftig zu liefernden Politik, Tübingen 1800, Neudr. in: ders., Gesamtausgabe der Bayerischen Akademie der Wissenschaften I/7, ed. R. Lauth/H. Gli-witzky, Stuttgart-Bad Cannstatt 1988, 41–141); B. Mandeville, The Grumbling Hive, Or, Knaves Turn'd Honest, London 1705, erw. unter dem Titel: The Fable of the Bees. Or, Private Demonstrate, that Human Frailties, During the Degeneracy of Mankind, May Be Turn'd to the Advantage of the Civil Society, and Made to Supply the Place of Moral Virtues, London 1714 (repr. Düsseldorf 1990), erw. um Bd. II, 1729, II ²1733, I–II, Edinburgh, London 1734, ed. F. R. Kaye, Oxford 1924 (repr. London 1952, Indianapolis Ind. 1988, Oxford 2001), in 1 Bd., ed. P. Harth, London etc. 1989; D. Miller, Market, Ethics of the, REP VI (1998), 107–110; M. Rosier, Marché, Enc. philos. universelle II/2 (1990), 1539–1540; K. Röttges, M., Hist. Wb. Ph. V (1980), 753–758; A. Smith, An Inquiry into the Nature and Causes of the Wealth of Nations, I–II, London, Dublin 1776, in einem Bd., Oxford/New York 1993, 2008 (dt. Der Wohlstand der Nationen, München 1978, ¹²2009); F. Tönnies, Gemeinschaft und Gesellschaft, Leipzig 1887, Berlin ²1912, Darmstadt ⁸2010. P. S.-W.

Marliani, Giovanni, *Mailand Anfang des 15. Jhs., †ebd. Ende 1483, ital. Physiker und Mediziner, von Zeitgenossen als neuer Aristoteles und neuer Hippokrates bezeichnet. Nach Studium der Medizin und medizinischer Promotion (vor 1442) 1441–1447 Lehrtätigkeit in Naturphilosophie (unter anderem über die Physik T. Bradwardines und Alberts von Sachsen) in Pavia, 1447–1450 in Medizin in Mailand, ab 1450 erneut in Pavia, 1469 Prof. der Medizin ebendort. In Arbeiten zur Theorie der Wärme (unter Verwendung einer numerischen Skala zur Darstellung der Intensität der Wärme, Tractatus de reactione, 1448) und zur Mechanik vertritt M. die aristotelisch-scholastischen Positionen seiner Zeit. Von wissenschaftshistorischer Bedeutung sind dabei (gegenüber J. Dumbleton und R. Swineshead) verbesserte Beweise der so genannten Merton-Regel (Rückführung beschleunigter Bewegungen auf gleichförmige Bewegungen, ↑Merton School) (Probatio cuiusdam sententiae calculatoris de motu locali, 1460) und eine von Bradwardines Vorschlag abweichende Reformulierung des Aristotelischen Bewegungsgesetzes (Questio de proportione motuum in velocitate, 1464). Neben seinen physikalischen Arbeiten, die ohne Einfluß auf die weitere Entwicklung blieben, schrieb M. auch über die Theorie der Brüche (Algorismus de minutiis, vor 1464).

Werke: Questio de caliditate corporum humanorum tempore hyemis & estatis & de antiperistasi [...], Mailand 1474, Venedig 1501; Tractatus de reactione [1448], in: Disputatio cum Johanne Arculano [s. u.], Pavia 1482; Probatio cuiusdam sententiae calculatoris de motu locali [1460], in: Disputatio cum Johanne Arculano [s. u.], Pavia 1482; Disputatio cum Johanne Arculano de diversis materiis ad philosophiam et medicinam pertinentibus [...], Pavia 1482; Questio de proportione motuum in velocitate, Pavia 1482.

Literatur: M. Clagett, G. M. and Late Medieval Physics, New York 1941, 1967; ders., Note on the »Tractatus physici« Falsely Attributed to G. M., Isis 34 (1942), 168; A. Maier, Die Vorläufer Galileis im 14. Jahrhundert. Studien zur Naturphilosophie der Spätscholastik, Rom 1949, ²1966 (repr. 1977), 107–110; P. L.

Rose, M., DSB IX (1974), 132–134; L. Thorndyke, Some Little Known Astronomical and Mathematical Manuscripts, Osiris 8 (1948), 41–72, 49–50; F. I. M. Vaglienti, M., in: M. Caravale (ed.), Dizionario biografico degli italiani 70, Rom 2008, 607–610. J. M.

Marsilius von Inghen, *bei Nimwegen (Nijmegen) um 1330, †Heidelberg 20. Aug. 1396, scholast. Philosoph und Theologe. 1362–1378 einer der bedeutendsten Magister der Pariser Artistenfakultät, 1367 und 1371 Rektor der Universität. 1369 Ruf (nicht angenommen) an die Universität Montpellier (Artes-Lehrstuhl) durch Papst Urban V., 1383, bedingt durch die Folgen des großen (abendländischen) Schismas, Emigration nach Heidelberg, ab 1386 erster Rektor der Universität Heidelberg. 1368 und 1376 vertrat M. die Pariser Universität am päpstlichen Hof in Avignon; 1377/1378 begleitete er Papst Gregor XI. nach Rom (erneute Reise nach Rom 1389). 1396, nach Wiederaufnahme seines Theologiestudiums, theologische Promotion in Heidelberg. – M., wie Albert von Sachsen Schüler J. Buridans, schrieb einen ↑Sentenzenkommentar und über die naturwissenschaftlichen und logischen Schriften des Aristoteles (darunter über die »Physik«, die »Parva naturalia«, »De generatione et corruptione«, die »Analytiken« und die »Topik«). In der Physik gehört M. neben Buridan, Albert von Sachsen und N. v. Oresme zu den bedeutendsten Vertretern der ↑Impetustheorie. Dabei hält M. wie Buridan hinsichtlich einer Erklärung der planetarischen Bewegungen an der (peripatetischen) Annahme eines auch kreisförmig wirkenden Impetus (Geltung der Impetustheorie auch für Rotationsbewegungen) sowie an dessen Charakterisierung als einer mit dem bewegten Körper verbundenen ↑Kraft fest (nach M. verursacht durch unkörperliche Intelligenzen, letztlich durch Gott als den ersten Beweger [↑Beweger, unbewegter]). Im Rahmen der Konzeption der ↑minima naturalia vertritt M. (neben Albert von Sachsen) die Auffassung, daß nicht nur die Art eines Stoffes, sondern auch die Anordnung seiner Teile die Größe seines Minimums bestimmen.

Im Sinne des ↑Ockhamismus, in dessen Rahmen er erkenntnistheoretisch nominalistische (↑Nominalismus) Positionen vertritt, lehrt M., daß Gott und seine ↑Allmacht, ferner die Schöpfung der Welt aus dem Nichts (↑creatio ex nihilo) und ein Leben nach dem Tode Gegenstände allein des Glaubens, nicht des Wissens sind. Gleichwohl akzeptiert er – auf dem Hintergrund einer eher eklektischen (↑Eklektizismus) Verbindung von ockhamistischen und skotistischen (↑Skotismus) Vorstellungen – die von J. Duns Scotus formulierte Aufgabe der ↑Metaphysik, Gottes Existenz (↑existentia) als Bedingung für die Möglichkeit der kontingent (↑kontingent/Kontingenz) existierenden Dinge nachzuweisen

(das Wesen Gottes [↑essentia] als unerkennbar vorausgesetzt).

Werke: Quaestiones super libris de generatione et corruptione Aristotelis, Padua 1475, ferner in: Expositio in libros de generatione et corruptione Aristotelis cum textu, Padua 1480, ferner in: In Aristotelis de generatione et corruptione commentum, ed. N. Vernia, Venedig 1493, ferner in: Marsilius de generatione et corruptione cum expositione egidii, ed. N. Vernia, Venedig 1500, ferner in: Commentaria fidelissimi expositoris D. Egidii Romani in libros De generatione et corruptione Aristotelis cum textu intercluso singulis locis. [. . .] Questiones quoque clarissimi doctoris Marsilii Inguem in prefatos libros de generatione [. . .], ed. P. de Genezano [Genazzano], Venedig 1504, 1505 (repr. unter dem Titel: Quaestiones in libros de generatione et corruptione, Frankfurt 1970, 2004), ferner in: Egidius cum Marsilio et Alberto De generatione. Commentaria [. . .] Egidii Romani in libros de generatione et corruptione Aristotelis cum textu intercluso singulis locis [. . .]. Questiones [. . .] Marsilii Inguem in prefatos libros de generatione [. . .]. Item questiones [. . .] Alberti de Saxonia in eosdem libros [. . .], Venedig 1518, 65–129, ferner in: D. Egidii Romani fidelissimi expositoris in Arist. libros de gener. commentaria & subtilissimae quaest. super primo clarissimique doctoris Marsilii Inguen, et magistri Alberti de Saxonia in eosdem accuratissimae quaestiones, Venedig 1567 [i.e. 1568]; Abbreviationes libri physicorum Aristotelis, Pavia o. J. [nicht vor 1484], unter dem Titel: Subtiles doctrinaque plenae abbreviationes libri physicorum, o. O. [Venedig oder Padua], o. J. [ca. 1490], unter dem Titel: Abbreviationes super octo libros physicorum Aristotelis, Venedig 1521; [Kommentar zu den Parva logicalia] in: Johannes XXI, papa, Commentum novum in primum et quartum tractatus Petri hispani cum commento parvorum logicalium Marsilii, Basel 1487, unter dem Titel: Commentum emendatum et correctum in primum et quartum tractatus Petri Hyspani Et super tractatibus Marsilii de Suppositionibus, ampliationibus, appellationibus et consequentiis [. . .], Hagenau 1495 (repr. unter dem Titel: Commentum in primum et quartum tractatum Petri Hispani, Frankfurt 1967), unter dem Titel: Commentarium secundum Modernorum doctrinam in tractatus logices Petri Hispani primum et quartum. Item Commentarius et Tractatus parvorum logicalium Marsilii [. . .], 1503, unter dem Titel: Compendiarius parvorum logicalium liber continens perutiles Petri Hispani tractatus priores sex [et] Clarissimi philosophi Marsilii dialectices documenta [. . .], Wien 1512, unter dem Titel: Parvorum logicalium liber succincto epitomatis compendio continens perutiles argutissimi dialectici Petri Hispani tractatus priores sex [et] clarissimi philosophi Marsilii logices documenta [. . .], 1516, separat unter dem Titel: Textus dialetices [sic!] marsilii de suppositionibus, ampliationibus, appellationibus, restrictionibus, alienationibus [. . .] noviter abbreviatus, Krakau o. J. [zwischen 1513 und 1515], unter dem Titel: Treatises on the Properties of Terms. A First Critical Edition of the »Suppositiones«, »ampliationes«, »appellationes«, »restrictiones« and »alienationes«, ed. E. P. Bos, Dordrecht/Boston Mass./Lancaster 1983; Oratio continens dictiones, clausulas et elegantias oratorias in: Ad illustrissimum Bavarie ducem Philippum Comitem Rheni Palatinum, et ad nobilissimos filios epistola. Oratio continens dictiones, clausulas et elegantias oratorias cum signis distinctis [. . .], Mainz o. J. [nach 10. Juli 1499], o. S.; Questiones [. . .] super quattuor libros sententiarum, I–II, Straßburg 1501 (repr. in einem Bd. Frankfurt 1966), I–II, ed. G. Wieland/M. Santos Noya, Leiden/Boston Mass./Köln 2000; Questiones [. . .] super libris priorum analeticorum Aristotelis, in: Reverendi magistri Egidii Romani in libros priorum analeticorum [sic!] Aristotelis expositio & interpretatio [...] Questiones item Marsilii in eosdem [...], Venedig 1504, 1516 (repr. unter dem Titel: Quaestiones super libros priorum analyticorum, Frankfurt 1968); Expositio Prisciani et Marsilii in Theophrastum de sensu phantasia et intellectu, in: Iamblichus Chalcidensis, De mysteriis Aegyptiorum, Chaldaeorum, Assyriorum [...], Venedig 1516; Questiones [...] super octo libros phisycorum [secundum] nominalium viam, Lyon 1518 (repr. unter dem Titel: Kommentar zur Aristotelischen Physik, Frankfurt 1964), Venedig 1617 [möglicherweise kein Werk von M. v. I.]; E. P. Bos (ed.), An Unedited Sophism by M. of I.: ›Homo est bos‹, Vivarium 15 (1977), 46–56; Marsyliusza z I. »Quaestiones super librum Praedicamentorum Aristotelis«, krit. ed. H. Wojtczak, Lublin 2008. – M. Markowski, Katalog dzieł Marsyliusza z I. z ewidencją rękopisów, Studia Mediewistyczne 25 (1988), H. 2, 39–132 [verzeichnet die bekannten Handschriften und gedruckten Schriften des M. v. I.]; M. J. F. M. Hoenen, M. v. I.. Bibliographie. Appendix zu der geplanten Edition der wichtigsten Werke des M. v. I., Bull. philos. médiévale 31 (1989), 150–167; ders., M. v. I.. Bibliographie. Ergänzungen, 32 (1990), 191–195.

Literatur: P. J. J. M. Bakker, Aristotelian Metaphysics and Eucharistic Theology. John Buridan and M. of I. on the Ontological Status of Accidental Being, in: H. Thijssen/J. Zupko (eds.), From the Metaphysics and Natural Philosophy of John Buridan, Leiden/Boston Mass./Köln 2000, 247–264; E. P. Bos, John Buridan and M. of I. on Consequences, in: J. Pinborg, The Logic of John Buridan. Acts of the 3. European Symposium on Medieval Logic and Semantics, Copenhagen 16.–21. Nov. 1975, Kopenhagen 1976, 61–69; ders., Mental Verbs in Terminist Logic (John Buridan, Albert of Saxony, M. of I.), Vivarium 16 (1978), 56–69; ders., M. van I. en ›mogelijke Werelden‹, Algemeen Nederlands Tijdschr. voor Wijsbegeerte 75 (1983), 412–418; ders., M., REP VI (1998), 110–112; H. A. G. Braakhuis/M. J. F. M. Hoenen (eds.), M. of I.. Acts of the International M. of I. Symposium, Organized by the Nijmegen Centre for Medieval Studies (CMS) Nijmegen, 18–20 December 1986, Nijmegen 1992; S. Caroti, Ein Kapitel der mittelalterlichen Diskussion über ›reactio‹. Das ›novum fundamentum‹ Nicole Oresmes und dessen Widerlegung durch M. v. I., in: B. Mojsisch/O. Pluta (eds.), Historia philosophiae medii aevi. Studien zur Geschichte der Philosophie des Mittelalters I, Amsterdam/Philadelphia Pa. 1991, 145–161; M. Clagett, The Science of Mechanics in the Middle Ages, Madison Wis. 1959, 1979, 636–637, 615–625 (Übersetzung und Erläuterung eines Teils eines M. v. I. zugeschriebenen Physik-Kommentars) u. ö.; B. Decker, M. v. I., RGG IV (³1960), 776; P. Duhem, Études sur Léonard de Vinci, I–III, Paris 1906–1913, 1984, III, 401–405; ders., Le système du monde. Histoire des doctrines cosmologiques de Platon à Copernic, I–X, Paris 1913–1959, 1984–1988, IV, 164–168; J. Hanselmeier, M. v. I., LThK VII (1960), 108; M. J. F. M. Hoenen, M. van I. († 1396) over het goddelijke weten. Zijn plaats in de ontwikkeling van de opvattingen over het goddelijke weten ca. 1255–1396, I–II, Diss. Nijmegen 1989; ders., Einige Notizen über die Handschriften und Drucke des Sentenzenkommentars des M. v. I., Rech. théol. anc. médiévale 56 (1989), 118–163; ders., M. of I.. Divine Knowledge in Late Medieval Thought, Leiden/New York 1993; ders., Virtus Sermonis and the Trinity. M. of I. and the Semantics of Late Fourteenth-Century Theology, Medieval Philos. Theol. 10 (2001), 157–171; ders., M. of I., SEP 2001, rev. 2007; ders., Nominalismus als universitäre Spekulationskontrolle,

Rech. théol. philos. médiévales 73 (2006), 349–374; ders./P. J. J. M. Bakker (eds.), Philosophie und Theologie des ausgehenden Mittelalters. M. v. I. und das Denken seiner Zeit, Leiden/Boston Mass./Köln 2000; F. J. Kok, What Can We Know About God? John Buridan and M. of I. on the Intellect's Natural Capacity for Knowing God's Essence, Rech. théol. philos. médiévales 77 (2010), 137–171; W. Kölmel, Von Ockham zu Gabriel Biel. Zur Naturrechtslehre des 14. und 15. Jahrhunderts, Franziskan. Stud. 37 (1955), 218–259; R. Kühn, Marsile d'I., Enc. philos. universelle III/1 (1992), 698–699; G. Leff, M. of I., Enc. Ph. V (1967), 166; U. G. Leinsle, Einführung in die scholastische Theologie, Paderborn etc. 1995, 220–224 (Kap. 4.2.7 Göttliches Wissen und menschliche Freiheit. M. v. I.); A. de Libera, Marsile d'I., DP II (1993), 1939–1940; A. Maier, An der Grenze von Scholastik und Naturwissenschaft. Studien zur Naturphilosophie des 14. Jahrhunderts, Essen 1943, mit Untertitel: Die Struktur der materiellen Substanz. Das Problem der Gravitation. Die Mathematik der Formlatituden, Rom ²1952 (repr. 1977), 118–125, 135–140 (ab 2. Auflage Teil III der Reihe: Studien zur Naturphilosophie der Spätscholastik); dies., Die Vorläufer Galileis im 14. Jahrhundert. Studien zur Naturphilosophie der Spätscholastik, Rom 1949, ²1966 (repr. 1977); dies., Zwei Grundprobleme der scholastischen Naturphilosophie. Das Problem der intensiven Größe. Die Impetustheorie, Rom ²1951, ³1968, 275–290 (ab 3. Auflage Teil II der Reihe: Studien zur Naturphilosophie der Spätscholastik); dies., Metaphysische Hintergründe der spätscholastischen Naturphilosophie, Rom 1955 (repr. 1977) (Studien zur Naturphilosophie der Spätscholastik IV); M. Markowski, M. v. I., in: K. Ruh u. a. (eds.), Die deutsche Literatur des Mittelalters. Verfasserlexikon VI, Berlin/New York ²1987, 2010, 136–141; W. Möhler, Die Trinitätslehre des M. v. I.. Ein Beitrag zur Geschichte der Theologie des Spätmittelalters, Limburg 1949; M. E. Reina, ›Comprehensio veritatis‹. Una questione di Marsilio di I. sulla ›Metafisica‹, in: L. Bianchi (ed.), Filosofia e teologia nel trecento. Studi in ricordo di Eugenio Randi, Louvain-la-Neuve 1994, 283–335; dies., Hoc hic et nunc. Buridano, M. di I. e la conoscenza del singolare, Florenz 2002; G. Ritter, M. v. I. und die okkamistische Schule in Deutschland, Heidelberg 1921 (Sitz.ber. Heidelberger Akad. Wiss., philos.-hist. Kl. 1921, 4) (repr. Frankfurt 1985); G. Roncaglia, Utrum impossibile sit significabile. Buridano, Marsilio di I. e la chimera, in: L. Bianchi (ed.), Filosofia e teologia nel trecento [s. o.], 259–282; R. Schönberger, M. v. I., NDB XVI, Berlin 1990, 260–261; M. Schulze, M. v. I., BBKL XVI (1999), 988–1001; ders., M., RGG V (⁴2002), 854–855; J. M. Thijssen, The Short Redaction of John Buridan's »Question on the Physics« and Their Relation to the »Questions on the Physics« Attributed to M. of I., Arch. hist. doctr. litt. moyen-âge 52 (1985), 237–266; G. F. Vescovini, M. of I., DSB IX (1974), 136–138; D. Walz, Neuentdeckte Glossen des M. v. I. zu Texten Bernhards von Clairvaux und Arnauds von Bonneval, Arch. hist. doctr. litt. moyen-âge 60 (1993), 333–361, separat Paris 1993; dies./R. Düchting (eds.), M. v. I.. Gedenkschrift 1499 zum einhundertsten Todestag des Gründungsrektors der Universität Heidelberg, Heidelberg 2008; S. Wielgus (ed.), M. v. I.. Werk und Wirkung. Akten des Zweiten Internationalen M.-v.-I.-Kongresses, Lublin 1993. J. M.

Marsilius von Padua (eigentlich Marsilio dei Mainardini), *Padua um 1275, †München 1342 oder 1343, ital. Staatstheoretiker. Nach Studium der Medizin in Padua 1312 als Magister artium, 1313 als Rektor der Universität

Paris bezeugt. Politisch wirkte M. für die Ghibellinen (so für Cangrande della Scala und Matteo Visconti). Sein Hauptwerk »Defensor pacis« entstand (unter averroistischem Einfluß, ↑Averroismus) 1324 in Paris. Als seine Verfasserschaft bekannt wurde, floh M. mit seinem Freund Johannes von Jandun, den man (wohl zu Unrecht) für einen Mitverfasser hielt, 1326 zu Ludwig IV. von Bayern (der 1328 auch Wilhelm von Ockham aufnahm; 1324 gebannt) nach Nürnberg und wurde dessen Berater. 1327 wurden fünf Thesen des »Defensor pacis« von Papst Johannes XXII. für häretisch erklärt und M. und Johannes von Jandun als Ketzer verurteilt. 1328 begleitete M. Ludwig IV. nach Italien und beriet ihn bei seiner Kaiserkrönung (durch die Römer, ohne Mitwirkung des Papstes) und bei der Erhebung von Nikolaus V. zum Gegenpapst. In München, wo er bis zu seinem Tode lebte, schrieb M. noch eine Kurzfassung des »Defensor pacis«, einen Traktat über die »Translatio imperii« sowie einen über das kaiserliche Recht der Ehescheidung (Tractatus de iurisdictione imperatoris, 1342).

Mit dem »Defensor pacis« vertritt M., Strukturen des italienischen Stadtstaates, ghibellinische politische Vorstellungen und Elemente der Aristotelischen politischen Philosophie und Ethik (↑Leben, gutes) miteinander verbindend, eine säkulare Idee des ↑Staates. Zentrale Momente, begründet in einer Lehre von der Volkssouveränität, sind die Unabhängigkeit der staatlichen Gewalt von der kirchlichen und die Einrichtung eines allgemeinen Konzils unter Mitwirkung von Laien mit Entscheidungsbefugnissen über Fragen der kirchlichen Lehre. Das kirchliche Regiment wird, obgleich seine Zwecke höherer Art sind als die Zwecke des staatlichen Regiments, ohne weltliche Jurisdiktion im wesentlichen auf den seelsorgerischen Bereich eingeschränkt; die Bibel, nicht die kirchliche Tradition, bildet das Fundament theologischer Dogmatik. Der Staat wiederum hat seine wesentliche Aufgabe in der Institutionalisierung und Durchsetzung von Recht und Ordnung, ohne die sich die Gesellschaft selbst zerstören würde. Mit seinen Vorstellungen, die unter anderem im 15. Jh. die Reformkonzile stark beeinflußten, gilt M. als Begründer moderner Staatstheorien.

Werke: Opus insigne cui titulum fecit autor Defensorem pacis, quod questionem illam iam olim controversam, De potestate papae et imperatoris excussissime tractet [...], o.O. [Basel] 1522 (repr. Leipzig 1972), unter dem Titel: Defensor pacis sive adversus usurpatam Rom. pontificis iurisdictionem [...], Frankfurt 1592, [zusammen mit Tractatus de translatione Imperii] unter dem Titel: Defensor pacis, sive Apologia pro Ludovico IIII Imp. Bavaro [...], Heidelberg 1599, 1–479, unter dem Titel: Adversus ursupatam Romani pontificis iurisdictione [...] de re imperatoria & pontificia liber, qui Defensor pacis inscribitur [...], in: M. Goldast (ed.), Monarchia S. Romani Imperii [...] II, Frankfurt 1614, 154–312, unter dem Titel: The »Defensor pacis«

of M. of P., ed. C.W. Previté-Orton, Cambridge 1928, unter dem Titel: Defensor pacis, I–II, ed. R. Scholz, Hannover 1932/1933 (engl. The Defence of Peace, London 1535, unter dem Titel: M. of P.. The Defender of Peace II [The Defensor pacis], trans. A. Gewirth, New York 1956, Neuausg. unter dem Titel: Defensor pacis, New York/Chichester 2001 [mit Nachwort v. C. J. Nederman], unter dem Titel: The Defender of the Peace, trans. A. Brett, Cambridge etc. 2005; [lat./dt.] Der Verteidiger des Friedens [Defensor pacis], I–II, ed. W. Kunzmann/H. Kusch, Berlin [Ost], Darmstadt 1958; ital. Il difensore della pace, trans. C. Vasoli, Turin 1960, unter dem Titel: Il Difenditore della pace. Nella traduzione volgare fiorentino del 1363, ed. C. Pincin, Turin 1966, unter dem Titel: Il Difensore della pace [lat./ital.], I–II, Einf. M. Fumagalli Beonio-Brocchieri, ed. M. Conetti u. a., Mailand 2001; franz. Le Défenseur de la paix, ed. J. Quillet, Paris 1968); De translatione imperii, in: [F. Illyricus/W. Weissemburg (eds.)] Antilogia papae hoc est de corrupto ecclesiae statu et totius cleri papistici perversitate [...], Basel 1555, 210–252, in: S. Schardius, De iurisdictione, autoritate et praeeminentia imperiali [...], Basel 1566, 224–237, unter dem Titel: Tractatus de translatione imperii in: Defensor pacis, sive Apologia [s.o.], Heidelberg 1599, ferner in: M. Goldast (ed.), Monarchia S. Romani Imperii [...] I, Frankfurt 1614, 147–153, ferner in: Œuvres mineures [s. u.], 372–433 (engl. De translatione imperii [On the Transfer of the Empire], in: Writings on the Empire [s. u.], 65–82); Tractatus de iurisdictione imperatoris in causis matrimonialibus, in: M. Goldast (ed.), Monarchia S. Romani Imperii II, Frankfurt 1614, 1383–1391, ferner [neu ediert] in: C. Pincin, Marsilio [s. u., Lit.], 268–283; Irenicum politicum, ubi agitur de pace publica conservanda in imperiis, citra metum seditionis & discordiae, Frankfurt 1623; The Defensor minor [Text lat., Anm. engl.], ed. C. K. Brampton, Birmingham 1922, in: Œuvres mineures [s. u.], 172–311 (ital. Il Difensore minore, ed. C. Vasoli, Neapel 1975; engl. Defensor minor, in: Writings on the Empire [s. u.], 1–64); Œuvres mineures. Defensor minor. De translatione imperii [lat./franz.], ed. C. Jeudy/J. Quillet, Paris 1979; Writings on the Empire. Defensor minor and De translatione imperii, ed. C. J. Nederman, Cambridge etc. 1993.

Literatur: P. R. Baernstein, Corporatism and Organicism in Discourse 1 of M. of P.'s »Defensor pacis«, J. Medieval and Early Modern Stud. 26 (1996), 113–138; F. Battaglia, Marsilio da Padova e la filosofia politica del medio evo, Florenz 1928, Bologna 1987; ders., Modernità di Marsilio da Padova, in: A. Checchini/N. Bobbio (eds.), Marsilio da Padova [s. u.], 97–141; R. Battocchio, Ecclesiologia e politica in Marsilio da Padova, Padua 2005; F. Bertelloni, M. of P., in: J. J. E. Gracia/T. B. Noone (eds.), A Companion to Philosophy in the Middle Ages, Malden Mass. 2003, 413–420; E.-W. Böckenförde, Geschichte der Rechts- und Staatsphilosophie. Antike und Mittelalter, Tübingen ²2006, 320–338 (§ 13 M. v. P.); D. Carr, M. of P. and the Role of Law, Italian Quart. 28 (1987), 5–25; G. Casini, La translatio imperii. Landolfo Colonna e Marsilio da Padova, Rom 2005; G. Cavallaro, La pace nella filosofia politica di Marsilio da Padova, Ferrara 1973; A. Checchini, Interpretazione storica di Marsilio, Padua 1942; ders./N. Bobbio (eds.), Marsilio da Padova. Studi raccolti nel VI centenario della morte, Padua 1942; C. Condren, M. and Machiavelli, in: R. Fitzgerald, Comparing Political Thinkers, Sydney etc. 1980, 94–115; F. Coppens, Loi humaine ou loi divine? La doctrine du consentement populaire chez Marsile de Padoue, Rev. philos. Louvain 103 (2005), 531–563; C. Dolcini, Introduzione a Marsilio da Padova, Rom/Bari 1995, 1999; R. W. Dyson, Normative Theories of Society and Government in Five Medieval Thinkers. St. Augustine, John of Salisbury, Giles of Rome, St. Thomas Aquinas, and M. of P., Lewiston N. Y./Queenston/Lampeter 2003, 227–264 (Chap. 6 M. of P.. »Defensor pacis« and the Undermining of Papal Monarchy); E. Emerton, The »Defensor pacis« of Marsiglio of P.. A Critical Study, Cambridge 1920, New York 1951; G. R. Evans, The Use of Mathematical Method in Medieval Political Science. Dante's »Monarchia« and the »Defensor pacis« of M. of P., Arch. int. hist. sci. 32 (1982), 78–94; G. Garnett, M. of P. and ›the Truth of History‹, Oxford/New York 2006; A. Gewirth, M. of P., the Defender of Peace I (M. of P. and Medieval Political Philosophy), New York 1951, 1964; ders., M. of P., Enc. Ph. V (1967), 166–168; M. Grignaschi, Le rôle de l'aristotélisme dans le »Defensor pacis«, Rev. hist. philos. relig. 35 (1955), 301–340; H. Grundmann, M., RGG IV (³1960), 776–777; J. Heckel, M. v. P. und Luther. Ein Vergleich ihrer Rechts- und Sozialllehre, Z. Savigny-Stiftung Rechtsgesch. 75, Kanonist. Abt. 44 (1958), 268–336; N. Heutger, M. v. P., BBKL V (1993), 889; B. Koch, Zur Dis-/Kontinuität mittelalterlichen politischen Denkens in der neuzeitlichen politischen Theorie. M. v. P., Johannes Althusius und Thomas Hobbes im Vergleich, Berlin 2005; W. Kühn, Zur Kritik des politischen Platonismus im Mittelalter. M. v. P. gegen Aegidius Romanus, Freib. Z. Philos. Theol. 55 (2008), 98–128; G. de Lagarde, La naissance de l'ésprit laïque au déclin du moyen âge II (Marsile de Padoue ou le premier théoricien de l'État laïque), Saint-Paul-Trois-Châteaux 1934, Paris ²1948; ders., Marsile de Padoue et Guillaume d'Ockham, Rev. sci. relig. 17 (1937), 168–185, 428–454; ders., La naissance de l'esprit laïque au déclin du moyen âge III (Le Defensor pacis), Louvain/Paris 1970; R. Lambertini, The ›Sophismata‹ Attributed to M. of P., in: S. Read (ed.), Sophisms in Medieval Logic and Grammar. Acts of the Ninth European Symposium for Medieval Logic and Semantics, Held at St. Andrews, June 1990, Dordrecht/Boston Mass./London 1993, 86–102; A. Lee, Roman Law and Human Liberty. M. of P. on Property Rights, J. Hist. Ideas 70 (2009), 23–44; H.-Y. Lee, Political Representation in the Later Middle Ages. M. in Context, New York etc. 2008; E. Lewis, The »Positivism« of Marsiglio of P., Speculum 38 (1963), 541–582; S. Lockwood, M. of P. and the Case for the Royal Ecclesiastical Supremacy (The Alexander Prize Essay), Trans. Royal Hist. Soc. Ser. 6, 1 (1991), 89–119; M. Löffelberger, M. v. P.. Das Verhältnis zwischen Kirche und Staat im »Defensor pacis«, Berlin 1992; J. Lutz, Zur Struktur der Staatslehre des M. v. P. im ersten Teil des »Defensor pacis«, Z. hist. Forsch. 22 (1995), 371–386; F. Maiolo, Medieval Sovereignty. M. of P. and Bartolus of Saxoferrato, Delft 2007; A. S. McGrade, M. of P., REP VI (1998), 112–114; M. Merlo, Marsilio da Padova. Il pensiero della politica come grammatica del mutamento, Mailand 2005; J. Miethke, M. v. P.. Die politische Philosophie eines lateinischen Aristotelikers des 14. Jahrhunderts, in: H. Boockmann/B. Moeller/K. Stackmann (eds.), Lebenslehren und Weltentwürfe im Übergang vom Mittelalter zur Neuzeit. Politik – Bildung – Naturkunde – Theologie [...], Göttingen 1989, 52–76; ders., M. v. P., TRE XXII (1992), 183–190; ders., Literatur über M. v. P. (1958–1992), Bull. philos. médiévale 35 (1993), 150–165; ders., M. v. P., LThK VI (³1997), 1416–1419; ders., M. v. P., RGG V (⁴2002), 855–856; ders., Politiktheorie im Mittelalter. Von Thomas von Aquin bis Wilhelm von Ockham, Tübingen 2008, 204–247 (VIII M. v. P.. »Defensor pacis«); G. Moreno-Riaño (ed.), The World of M. of P., Turnhout 2006; ders., M. of P.'s Forgotten Discourse, Hist. Pol. Thought 29 (2008), 441–460; C. J. Nederman, Nature, Justice, and Duty in the »Defensor pacis«. Marsiglio of P.'s

Ciceronian Impulse, Pol. Theory 18 (1990), 615–637; ders., Knowledge, Consent and the Critique of Political Representation in Marsiglio of P.'s »Defensor pacis«, Pol. Stud. 39 (1991), 19–35; ders., Community and Consent. The Secular Political Theory of Marsiglio of P.'s »Defensor pacis«, Lanham Md. 1995; V. Omaggio, Marsilio da Padova. Diritto e politica nel »Defensor pacis«, Neapel 1995; A. Passerin D'Entreves, The Medieval Contribution of Political Thought. Thomas Aquinas, M. of P., and Richard Hooker, Oxford/New York 1939, New York 1959; G. Piaia, ›Antiqui‹, ›moderni‹ e ›via moderna‹ in Marsilio da Padova, in: A. Zimmermann (ed.), Antiqui und Moderni. Traditionsbewußtsein und Fortschrittsbewußtsein im späten Mittelalter, Berlin/New York 1974 (Miscel. Mediaev. IX), 328–344; ders., Marsilio da Padova nella Riforma e nella Controriforma. Fortuna ed interpretazione, Padua 1977; ders., Marsilio e dintorni. Contributi alla storia delle Idee, Padua 1999; C. Pincin, Marsilio, Turin 1967; J. Quillet, La philosophie politique de Marsile de Padoue, Paris 1970; dies., L'aristotélisme de Marsile de Padoue et ses rapports avec l'avveroïsme, Medioevo 5 (1979), 81–142; dies., Marsile de Padoue, DP II (1993), 1940–1941; R. Scholz, M. v. P. und die Idee der Demokratie, Z. Politik 1 (1908), 61–94; ders., M. v. P. und die Genesis des modernen Staatsbewußtseins, Hist. Z. 156 (1937), 88–103; H. Segall, Der »Defensor pacis« des M. v. P.. Grundfragen der Interpretation, Wiesbaden 1959; P. E. Sigmund, The Influence of M. of P. on XVth-Century Conciliarism, J. Hist. Ideas 23 (1962), 392–402; G. de Simone, Le dottrine politiche di Marsilio da Padova, Rom 1942; S. Simonetta, Marsilio in Inghilterra. Stato e chiesa nel pensiero politico inglese fra XIV e XVII secolo, Mailand 2000 (mit Bibliographie, 173–190); ders., Dal difensore della pace al Leviatano. Marsilio da Padova nel seicento inglese, Mailand 2000; D. Sternberger, Die Stadt und das Reich in der Verfassungslehre des M. v. P., Wiesbaden 1981; L. Stieglitz, Die Staatstheorie des M. v. P.. Ein Beitrag zur Kenntnis der Staatslehre im Mittelalter, Leipzig/Berlin 1914 (repr. Hildesheim 1971); V. Syros, Die Rezeption der aristotelischen politischen Philosophie bei M. v. P.. Eine Untersuchung zur ersten Diktion des »Defensor pacis«, Leiden/Boston Mass. 2007; B. Tierney, Obligation and Permission. On a ›Deontic Hexagon‹ in M. of P., Hist. Pol. Thought 28 (2007), 419–432; S. F. Torraco, Priests as Physicians of Souls in M. of P.'s »Defensor pacis«, San Francisco Calif. 1992; P. di Vona, I principi del »Defensor pacis«, Neapel 1974; M. Weitlauff, M. v. P. (Marsiglio dei Mainardini), NDB XVI (1990), 261–266; M. de Wilde, M. v. P., in: S. Gosepath/W. Hinsch/B. Rössler (eds.), Handbuch der Politischen Philosophie und Sozialphilosophie I, Berlin/New York 2008, 776–777; M. J. Wilks, Corporation and Representation in the Defensor pacis, Stud. Gratiana 15 (1972), 251–292. – Medioevo 5–6 (1979/1980) (Marsilio da Padova. Convegno internazionale [Padova, 18–20 settembre 1980], I–II) [tatsächlich erschienen 1982].   J. M.

Martianus (Minneus Felix) Capella, 5. Jh. n. Chr., lat. Enzyklopädist aus Karthago, Verfasser von »De nuptiis Philologiae et Mercurii« (um 430), eines Handbuchs der artes liberales (↑ars) in neun Büchern. In (von Apuleius angeregter) allegorischer Form werden anläßlich der Hochzeit Merkurs mit der Philologie die sieben ›freien Künste‹ (Grammatik, Rhetorik, Dialektik, Arithmetik, Geometrie, Astronomie, Harmonienlehre) als Brautgeschenke Merkurs, personifiziert durch Brautjungfern, vorgestellt. Der allegorische Rahmen ist neuplatonisch

(↑Neuplatonismus), die Darstellung greift unter anderem auf M.T. Varro und Plinius d. Ä. zurück (die varronischen Disziplinen der Medizin und Architektur fehlen). Wissenschaftshistorisch bedeutsam sind vor allem die Bücher über Arithmetik (VII) und Astronomie (VIII) als wichtige historische Quellen neben A. M. T. S. Boethius' »De institutione arithmetica« und Geminos' »Elementa astronomiae«. M. C. übte neben F. M. A. Cassiodor und Isidor von Sevilla in der Vermittlung der Wissensbestände antiker Wissenschaft einen wesentlichen Einfluß auf die Entwicklung der mittelalterlichen Bildung und die Geschichte der wissenschaftlichen ↑Enzyklopädie aus (Kommentierungen von J. S. Eriugena und Remigius von Auxerre, Übersetzung durch Notker den Deutschen).

Werke: De nuptiis Philologiae et Mercurii [Einheitssachtitel], Vicenza 1499, Modena 1500, Wien 1516, Basel 1532, Lyon 1539, beigefügt zu: Isidori Hispalensis episcopi Originum libri viginti ex antiquitate eruti, Basel 1577, Lyon 1592, ed. H. Grotius, Leiden 1599, ed. J. A. Goez, Nürnberg 1794, ed. U. F. Kopp, Frankfurt 1836, ed. F. Eyssenhardt, Leipzig 1866, ed. A. Dick, Leipzig 1925 (repr., ed. J. Préaux, Stuttgart 1969, 1978), ed. J. Willis, Leipzig 1983 (dt. Althochdeutsche, dem Anfang des 11ten Jahrhunderts angehörige, Übersetzung und Erläuterung der von M. C. verfaßten 2 Bücher De nuptiis Mercurii et Philologiae, ed. E. G. Graff, Berlin 1837, unter dem Titel: Die Hochzeit der Philologie und des Merkur. Diplomatischer Textabdruck, Konkordanzen und Wortlisten nach dem Codex Sangallensis 872, I–II, ed. E. Scherabon Firchow/R. Hotchkiss/R. Treece, Hildesheim/New York/Zürich 1999 [Übers. der ersten beiden Bücher durch Notker den Deutschen], unter dem Titel: Die Hochzeit der Philologia mit Merkur, übers. H. G. Zekl, Würzburg 2005 [erste dt. Gesamtübers.]; engl. The Marriage of Philology and Mercury, trans. W. H. Stahl/R. Johnson/E. L. Burge, New York 1977 [= W. H. Stahl (ed.), M. C. and the Seven Liberal Arts II]; franz./lat. Les noces de Philologie et de Mercure, IV, VI–VII, ed. M. Ferré/B. Ferré/J.-Y. Guillaumin, Paris 2003–2007).

Literatur: M.-A. Aris/G. Schrimpf, Aus fuldischen Handschriften. Glossen zu M. C. (Marburg, Hessisches Staatsarchiv, Hr 4, 24a–c), Arch. mittelrhein. Kirchengesch. 55 (2003), 439–464; C. M. Atkinson, M. C. 935 and Its Carolingian Commentaries, J. Musicology 17 (1999), 498–519; H. Backes, Die Hochzeit Merkurs und der Philologie. Studien zu Notkers Martian-Übersetzung, Sigmaringen 1982; B. Bakhouche, L'allégorie des arts libéraux dans les »Noces de philologie et mercure« de M. C. (II), Latomus 62 (2003), 387–396; S. I. B. Barnish, M. C. and Rome in the Late Fifth Century, Hermes 114 (1986), 98–111; ders., Encyclopedists, Medieval, REP II (1998), 304–309, 306 (4 M. C.); M. Bovey, Disciplinae cyclicae. L'organisation du savoir dans l'œuvre de M. C., Triest 2003; A. Cameron, M. and His First Editor, Class. Philol. 81 (1986), 320–328; H.-L. Chang, The Rise of Semiotic and the Liberal Arts. Reading M. C.'s »The Marriage of Philology and Mercury«, Mnemosyne 51 (1998), 538–553; A. Cizek, Les allegories de M. C. à l'aube du Moyen Age latin, Rev. ét. latines 70 (1992), 193–214; M. De Nonno, Un nuovo testo di Marziano C.. La metrica, Riv. filol. class. 118 (1990), 129–144; B. S. Eastwood, Astronomical Images and Planetary Theory in Carolingian Studies of M. C., J. Hist. Astronomy 31 (2000), 1–28, Nachdr. in: ders., The Revival of Planetary Astronomy in Carolingian and Post-Carolingian Europe, Aldershot/Burlington Vt. 2002, 1–28; ders., Ordering the Heavens. Roman Astronomy and Cosmology in the Carolingian Renaissance, Leiden 2007, 177–312 (Chap. 4 M. C.'s Synopsis of Astronomy in »The Marriage of Philology and Mercury« and Its Major Carolingian Commentaries); B. Ferré, Une paraphrase medieval du livre VI des »Noces de Philologie et de Mercure« de M. C., Latomus 66 (2007), 414–427; M. Ferré, Les modes des syllogismes hypothétiques dans la dialectique de M. C., Antiquité classique 72 (2003), 167–185; ders., Le chapitre sur la dialectique du »De nuptiis Philologiae et Mercurii« de M. C. dans la dialectique latine, Rev. ét. anc. 106 (2004), 147–173; S. Gersh, Aristides Quintillianus and M. C., in: G. J. Reydams-Schils (ed.), Plato's »Timaeus« as Cultural Icon, Notre Dame Ind. 2003, 163–182; S. Glauch, Die M.-C.-Bearbeitung Notkers des Deutschen, I–II (I Untersuchungen, II Übersetzung von Buch I und Kommentar), Tübingen 2000; S. Grebe, M. C. »De nuptiis Philologiae et Mercurii«. Darstellung der Sieben Freien Künste und ihrer Beziehungen zueinander, Stuttgart/Leipzig 1999; dies., Gedanken zur Datierung von »De nuptiis philologiae et mercurii« des M. C., Hermes 128 (2000), 353–368; dies., M. Min(n)e(i)us Felix C. (wahrscheinlich Ende 5. Jahrhundert n. Chr.). Ein Gelehrter an der Schwelle zwischen Spätantike und Mittelalter, in: W. Ax (ed.), Lateinische Lehrer Europas. Fünfzehn Portraits von Varro bis Erasmus von Rotterdam, Köln/Weimar/Wien 2005, 133–163; J.-B. Guillaumin, Lire et relire M. C. du Vᵉ au IXᵉ siècle, in: M. Goullet (ed.), Parva pro magnis munera. Études de littérature tardo-antique et médiévale offertes à François Dolbeau par ses élèves, Turnhout 2009, 271–303; I. Hadot, M. C., RGG V (⁴2002), 856–857; dies., M. C., Mittler zwischen griechisch-römischer Antike und lateinischem Mittelalter, in: A. Schmitt/G. Radke-Uhlmann (eds.), Philosophie im Umbruch. Der Bruch mit dem Aristotelismus im Hellenismus und im späten Mittelalter – seine Bedeutung für die Entstehung eines epochalen Gegensatzbewußtseins von Antike und Moderne, Stuttgart 2009, 15–33; M. Heckenkamp, Die Rhetorik in »De nuptiis Philologiae et Mercurii« des M. C., I–II, Diss. Jena 2010; R. Herzog, M. 1, KP III (1969), 1054–1056; G. Krapinger, M. C., DNP VII (1999), 961–963; R. Kühn, M. C., Enc. philos. universelle III/1 (1992), 211; F. Le Moine, M. C.. A Literary Re-Evaluation, München 1972; C. Leonardi, I codici di Marziano C., Aevum 33 (1959), 443–489, 34 (1960), 1–99, 411–524; H. Liebeschütz, Zur Geschichte der Erklärung des M. C. bei Eriugena, Philol. 104 (1960), 127–137; C. E. Lutz, The Commentary of Remigius of Auxerre on M. C., Med. Stud. 19 (1957), 137–156; dies. (ed.), Remigii Autissiodorensis Commentum in Martianum Capellam, I–II, Leiden 1962/1965; dies., M. C., in: P. O. Kristeller/F. E. Cranz (eds.), Catalogus Translationum et Commentariorum. Medieval and Renaissance Latin Translations and Commentaries. Annotated Lists and Guides, II–III, Washington D. C. 1971/1976, II, 367–381, III, 449–452; J. Préaux, Jean Scot et Martin de Laon en face du »De nuptiis« de M. C., in: Centre national de la recherche scientifique (ed.), Jean Scot Érigène et l'histoire de la philosophie. Laon, 7–12 Juillet 1975, Paris 1977, 161–170; ders., Les manuscripts principaux du »De nuptiis Philologiae et Mercurii« de M. C., in: G. Cambier/C. Deroux/J. Préaux (eds.), Lettres latines du moyen âge et de la Renaissance, Brüssel 1978, 76–128; I. Ramelli (ed.), Tutti i commenti a Marziano C. [lat./ital.], Mailand 2006; R. Schievenin, Nugis ignosce lectitans. Studi su Marziano C., Triest 2009; D. Shanzer, A Philosophical and Literary Commentary on M. C.'s »De nuptiis Philologiae et Mercurii« Book I, Berkeley Calif./Los Angeles/London 1986; W. H. Stahl, Roman Science. Origins, Development, and Influence to the Later Middle Ages, Madison Wis. 1962 (repr. Westport Conn. 1987), 170–190; ders., To a Better Understanding of M. C., Speculum 40 (1965), 102–115; ders. (ed.), M. C. and the Seven Liberal Arts I (The Quadrivium of M. C.. Latin Traditions in the Mathematical Sciences, 50 B. C. – A. D. 1250), New York 1971, ²1991; ders., M. C., DSB IX (1974), 140–141; M. Teeuwen, Harmony and the Music of the Spheres. The ›ars musica‹ in Ninth-Century Commentaries on M. C., Leiden/Boston Mass./Köln 2002; dies. (ed.), Carolingian Scholarship and M. C.. Ninth-Century Commentary Traditions on De nuptiis in Context, Louvain 2011; P. Wessner, M. C., RE XXVIII (1930), 2003–2016; H. J. Westra, The Commentary on M. C.'s »De nuptiis Philologiae et Mercurii« Attributed to Bernardus Silvestris, Toronto 1986; ders., M. Prae/Postmodernus?, Dionysius 16 (1998), 115–122; ders./T. Kupke (eds.), The Berlin Commentary on M. C.'s »De nuptiis Philologiae et Mercurii«, I–II, Leiden/New York/Köln 1994.   J. M.

Martin, Gottfried, *Gera 19. Juni 1901, †Bonn 20. Okt. 1972, dt. Philosoph. Nach Studium der Philosophie (1921–1926, bei P. Natorp, N. Hartmann, H. Heimsoeth, M. Heidegger), Mathematik, Physik und Chemie an den Universitäten Marburg und Freiburg i. Br., 1926–1939 Tätigkeit im Verlagswesen, 1934 Promotion bei Heidegger in Freiburg, 1940 Habilitation in Köln, 1941 Dozent ebendort, 1943 in Jena, 1946 in Köln, 1949 apl. Prof. der Philosophie in Köln, 1953 a.o. Prof., 1954 o. Prof. der Philosophie in Mainz, 1958 o. Prof. der Philosophie in Bonn (Nachfolger E. Rothackers), 1969 Emeritierung. 1953–1965 Herausgeber der »Kant-Studien«, ab 1960 des Allgemeinen Kant-Index. – Auf der Grundlage umfassender historischer Untersuchungen, insbes. zu Platon, W. von Ockham, G. W. Leibniz und I. Kant, befaßt sich M. vor allem mit dem Problem der Möglichkeit der ↑Metaphysik. Für die zentrale Frage der Metaphysik hält M. die Frage nach der Existenzweise des ↑Allgemeinen und dem Verhältnis des Allgemeinen zum Einzelding (Problem der ↑Universalien). Die metaphysische Frage in diesem Sinne ist nach M. durch die ↑Metaphysikkritik des 20. Jhs. – M. setzt sich insbes. mit dem ↑Empirismus, der Konzeption der ↑Seinsgeschichte und L. Wittgensteins ↑Sprachkritik auseinander – keineswegs als sinnlos erwiesen, weil auch die Metaphysikkritik von der fundamentalen Seinsunterscheidung von Allgemeinem und Einzelding Gebrauch macht. Die zahlreichen ontologischen Standpunkte lassen sich nach M. auf drei große Entwürfe reduzieren: das Allgemeine als Idee vor den Einzeldingen (Platon), als Naturgesetz (Aristoteles) und als Handlung des Denkens (Kant). Die Geschichte der großen Seinsentwürfe läßt nach M. dabei eine eindeutige Tendenz erkennen: Als das eigentlich Seiende wird das Einzelding verstanden, das wiederum mit zunehmender Deutlichkeit vom Prototyp des ↑Ich her interpretiert wird. Durch eine Untersuchung der logischen (wissenschaftstheoretischen) Probleme des Allgemeinen, vor allem in Logik, Arithme-

tik, Geometrie und Physik, und der ontologischen Folgen dieser Probleme kommt M. zu dem Ergebnis, daß keine ontologische Position ihren Ansatz konsistent mit dem Stand der Wissenschaften und kohärent mit sich selbst durchführen kann. Die Pluralität ontologischer Standpunkte ist daher für M. nicht auflösbar. Als adäquate Methode der Metaphysik bestimmt M. die ›aporetische Dialektik‹, dergemäß sich der Philosoph mit der Feststellung und dem Verstehen des metaphysischen Widerspruchs begnügen muß, ohne die Hoffnung auf seine Auflösung haben zu können.

Werke: Arithmetik und Kombinatorik bei Kant, Itzehoe 1938, Berlin/New York ²1972 (engl. Arithmetic and Combinatorics. Kant and His Contemporaries, ed. J. Wubnig, Carbondale Ill./ Edwardsville Ill. 1985); Wilhelm von Ockham. Untersuchungen zur Ontologie der Ordnungen, Berlin 1949; Immanuel Kant. Ontologie und Wissenschaftstheorie, Köln 1951, erw. Berlin ⁴1969 (engl. Kant's Metaphysics and Theory of Science, Manchester 1955, ²1961 [repr. Westport Conn. 1974], 1961; franz. Science moderne et ontologie traditionelle chez Kant, Paris 1963); Neuzeit und Gegenwart in der Entwicklung des mathematischen Denkens, Kant-St. 45 (1953/1954), 155–165, separat Köln 1954, ferner in: Ges. Abhandlungen [s. u.] I, 138–150; Klassische Ontologie der Zahl, Köln 1956 (Kant-St. Erg.hefte 70); Einleitung in die allgemeine Metaphysik, Köln 1957, Stuttgart 1965, 1984 (engl. An Introduction to General Metaphysics, London 1961); Leibniz. Logik und Metaphysik, Köln 1960, Berlin ²1967 (engl. Leibniz. Logic and Metaphysics, Manchester 1964, New York/London 1985; franz. Leibniz. Logique et métaphysique, Paris 1966); Gesammelte Abhandlungen I, Köln 1961 (Kant-St. Erg.hefte 81); Allgemeine Metaphysik. Ihre Probleme und ihre Methode, Berlin 1965 (engl. General Metaphysics. Its Problems and Its Method, London 1968); Idee und Wirklichkeit der deutschen Universität, Bonn 1967; Sokrates in Selbstzeugnissen und Bilddokumenten, Reinbek b. Hamburg 1967, 2009; Platon in Selbstzeugnissen und Bilddokumenten, Reinbek b. Hamburg 1969, 1997; Platons Ideenlehre, Berlin/New York 1973. – E. Gerresheim, Bibliographie der Veröffentlichungen [G. M.s], Kant-St. 57 (1966), 400–415; ders./G. Buhl, Bibliographie der Veröffentlichungen von G. M.. Fortführung und Ergänzung [. . .], Kant-St. 73 (1982), 499–502.

Literatur: S. Camerón, La apercepción transcendental kantiana en la interpretación de G. M., Rev. de Humanidades 8 (Córdoba 1970), 25–43; I. Heidemann, Die Theorie der Theorien im Werk G. M.s. Zur Stellung Kants in der aporetisch-dialektischen Metaphysik, Kant-St. 64 (1973), 1–29; dies./E. K. Specht (eds.), Einheit und Sein. G. M. zum 65. Geburtstag, Köln 1966 (= Kant-St. 57 [1966], H. 1–3); I. Leclerc, Die Frage nach der Metaphysik. Zu: G. M., Allgemeine Metaphysik, Kant-St. 58 (1967), 247–262; W. Ritzel, Die Vernunftkritik als Ontologie. Zu: G. M., Immanuel Kant. Ontologie und Wissenschaftstheorie, Kant-St. 61 (1970), 381–392; P. Roubinet, Métaphysique et pluuralisme. La métaphysique générale de G. M., Arch. philos. 32 (1969), 314–335; A. Schlittmaier, Zur Methodik und Systematik von Aporien. Untersuchungen zur Aporetik bei Nicolai Hartmann und G. M., Würzburg 1999; G. Schmidt/I. Heidemann, In memoriam G. M.. Reden, gehalten am 30. Januar 1973 anläßlich der Trauerfeier, Köln/Bonn 1973; C. Tilitzik, Die deutsche Universitätsphilosophie in der Weimarer Republik und im Dritten Reich I, Berlin 2002, bes. 877–878; J.-M.

Zemb, G. M. et la métaphysique générale, Rev. mét. mor. 74 (1969), 137–145. – M., in: B. Jahn, Biographische Enzyklopädie deutschsprachiger Philosophen, München 2001, 270. C. F. G.

Marty, (Martin) Anton (Maurus), *Schwyz (Schweiz) 18. Okt. 1847, †Prag 1. Okt. 1914, dt.-schweiz. Philosoph. 1864–1867 Ausbildung zum Priester in Mainz, 1869 Empfang der niederen Weihen, 1868–1870 Studium der Philosophie in Würzburg bei F. Brentano, 1869 Prof. der Philosophie am Schwyzer Lyzeum, 1870 Empfang der höheren Weihen. Als sein Lehrer Brentano den Priesterstand verläßt (den Anstoß gab das päpstliche Unfehlbarkeitsdogma), folgt ihm M. hierin. 1874 Fortsetzung des philosophischen Studiums in Göttingen, 1875 Promotion bei R. H. Lotze, im gleichen Jahre Professor (zunächst Extraordinarius, später Ordinarius) der Philosophie an der Universität Czernowitz, 1880–1913 Professor in Prag. – In engem Anschluß an die Auffassungen seines Lehrers und Freundes Brentano vertritt M. eine wissenschaftliche Philosophie auf psychologischer Grundlage. Im Mittelpunkt seiner Arbeiten steht die ↑Sprachphilosophie, die M. als Teil der Sprachwissenschaft versteht. Besondere Aufmerksamkeit widmet er dabei der theoretischen Sprachphilosophie im Sinne einer ›allgemeinen deskriptiven Bedeutungslehre‹ oder ↑›Semasiologie‹. Hervorzuheben ist seine eingehende Untersuchung der Unterscheidung von auto- und synsemantischen Zeichen (↑kategorematisch).

Nach M. dient Sprache, worunter er im engeren Sinne die konventionelle Lautsprache versteht, der Mitteilung der Gedanken, des ›psychischen Lebens‹. Die Entstehung dieser Sprache versucht M. empirisch aus den Gesetzen der Assoziation und Gewöhnung zu erklären. Damit wendet er sich sowohl gegen die Auffassung, daß Sprache göttlichen Ursprungs ist, als auch dagegen, daß sie dem Urmenschen bereits (in primitiver Form) angeboren ist. Die Sprache sei vielmehr aus dem Bedürfnis nach Verständigung erwachsen, in den einzelnen Schritten absichtlich, nicht aber auf Grund einer planmäßigen Verabredung. Die Beziehung zwischen Zeichen (↑Zeichen (semiotisch)) und ↑Bedeutung wird nach M. durch das Band der ›inneren Sprachform‹ hervorgebracht und gesichert. Darunter versteht M. Begleitvorstellungen, die mit der äußeren Sprachform (den sinnlich wahrnehmbaren, hör- oder sichtbaren Sprachzeichen) assoziativ verbunden sind und auf das Verständnis der Bedeutung hinführen, selbst aber nicht zur Bedeutung gehören. M. erwähnt als Beispiel die verschiedenen Bezeichnungen ›der Zweizahnige‹, ›der Zweimaltrinkende‹, ›der mit einer Hand Versehene‹ als verschiedene innere Sprachformen ein und derselben Bedeutung, nämlich ›Elefant‹. Zur inneren Sprachform werden dabei auch die Phänomene der Sprachästhetik, z.B. Anspielungen und Metaphernbildungen, gerechnet. M. wendet sich ausdrück-

lich gegen die Auffassung W. v. Humboldts, von dem der Terminus ›innere Sprachform‹ und das genannte Beispiel stammen, daß die innere Sprachform einer Volkssprache die Weltanschauung des betreffenden Volkes ausmachen würde. Für M. ist diese Weltanschauung erst in der Bedeutung manifest, einer Bedeutung, die er unabhängig von der inneren Sprachform in einer allgemeinen Bedeutungslehre (die insofern die Gemeinsamkeit des Denkens repräsentiert) zu beschreiben sucht. Auf diese Weise verteidigt M. das Anliegen der älteren logischen Grammatik (↑Grammatik, logische) gegen die Kritik der historisch-empirischen Sprachwissenschaft des 19. Jhs.. Wenn man dabei auch seinen psychologischen Grundlagen, z. B. dem Versuch, Bedeutungen als (intendierte) sprachunabhängige psychische Gegebenheiten aufzufassen, nicht zustimmen kann, so verdienen doch seine Einzeluntersuchungen weiterhin Beachtung.

Werke: Kritik der Theorien über den Sprachursprung, Würzburg 1875; Ueber den Ursprung der Sprache, Würzburg 1875 (repr. Frankfurt 1976, Saarbrücken 2007); Die Frage nach der geschichtlichen Entwickelung des Farbensinnes, Wien 1879; Ueber subjectlose Sätze und das Verhältniss der Grammatik zu Logik und Psychologie, Vierteljahrsschr. wiss. Philos. 8 (1884), 56–94, 161–192, 292–340, 18 (1894), 320–356, 421–471, 19 (1895), 19–87, 263–334, ferner in: Ges. Schr. [s.u.] II/1, 1–307; Ueber Sprachreflex, Nativismus und absichtliche Sprachbildung, Vierteljahrsschr. wiss. Philos. 8 (1884), 456–478, 10 (1886), 69–105, 346–364, 13 (1889), 195–220, 304–344, 14 (1890), 55–84, 443–484, 15 (1891), 445–467, 16 (1892), 104–122, ferner in: Ges. Schr. [s.u.] I/2, 1–304; Was ist Philosophie?, Prag 1897, ferner in: Ges. Schr. [s.u.] I/1, 69–93; Untersuchungen zur Grundlegung der allgemeinen Grammatik und Sprachphilosophie I, Halle 1908 (repr. Hildesheim/New York 1976); Zur Sprachphilosophie. Die ›logische‹, ›lokalistische‹ und andere Kasustheorien, Halle 1910; Raum und Zeit. Aus dem Nachlasse des Verfassers, ed. J. Eisenmeier/A. Kastil/O. Kraus, Halle 1916; Gesammelte Schriften, I–II [in 4 Teilbdn.], ed. J. Eisenmeier/A. Kastil/O. Kraus, Halle 1916–1920; Nachgelassene Schriften. Aus »Untersuchungen zur Grundlegung der allgemeinen Grammatik und Sprachphilosophie«, I–III, ed. O. Funke, Bern, Reichenberg 1925–1940, Bern ²1950–1965 (I Psyche und Sprachstruktur, II Satz und Wort. Eine kritische Auseinandersetzung mit der üblichen grammatischen Lehre und ihren Begriffsbestimmungen, III Über Wert und Methode einer allgemeinen beschreibenden Bedeutungslehre). – Auswahl aus der Korrespondenz Brentanos mit A. M. und O. Kraus über seine neue Lehre, daß es sich beim sog. Nichtrealen immer um sprachliche Fiktion handle, in: F. Brentano, Die Abkehr vom Nichtrealen, ed. F. Mayer-Hillebrand, Bern/München 1966, Hamburg 1977, 101–312. – T. Bârjoianu u.a., Korrespondenz A. M. – Franz Brentano vom 16./23.03.1901: Quaestiones Disputatae, Brentano Stud. 12 (2009), 13–75. – Verzeichnis der veröffentlichten Schriften M.s in ihrer Zeitfolge, in: Ges. Schr. [s.o.] I/1, VII–IX; N. W. Bokhove/S. Raynaud, A Bibliography of Works by and on A. M., in: K. Mulligan (ed.), Mind, Meaning and Metaphysics [s.u., Lit.], 237–284.

Literatur: L. Albertazzi, A. M. (1847–1914), in: dies./M. Libardi/R. Poli (eds.), The School of Franz Brentano, Dordrecht/Boston Mass./London 1996, 83–108; W. Baumgartner (ed.), Die Philosophie A. M.s, Würzburg 2009 (Brentano Stud. 12); O. Broens, Darstellung und Würdigung des sprachphilosophischen Gegensatzes zwischen Paul, Wundt und M., Betzdorf 1913; L. Cesalli, Faire sens. La sémantique pragmatique d'A. M., Rev. théol. philos. 140 (2008), 13–29; A. Chrudzimski, Intentionalität, Zeitbewusstsein und Intersubjektivität. Studien zur Phänomenologie von Brentano bis Ingarden, Frankfurt etc. 2005, bes. 53–88 (Kap. 3 A. M.); ders., Die Intentionalitätstheorie A. M.s, Grazer philos. Stud. 62 (2001), 175–214; F. Daviet/P. Caussat, M., Enc. philos. universelle III/2 (1992), 2660–2662; R. Fabian, M., NDB XVI (1990), 314–315; O. Funke, Innere Sprachform. Eine Einführung in A. M.s Sprachphilosophie, Reichenberg 1924 (repr. Hildesheim 1974); ders., A. M.s sprachphilosophisches Lebenswerk, in: ders., Wege und Ziele. Ausgewählte Aufsätze und Vorträge, Bern 1945, 209–228; O. Kraus, M.s Leben und Werke. Eine Skizzze, in: A. M., Ges. Schr. [s. o., Werke] I/1, 1–68, unter dem Titel: A. M.. Sein Leben und seine Werke. Eine Skizze. Mit einem Bildnis, Halle 1916; S.-Y. Kuroda, A. M. and the Transformational Theory of Grammar, Found. Language 9 (1972/1973), 1–37 (franz. A. M. et la théorie transformationnelle de la grammaire, in: ders., Aux quatre coins de la linguistique, Paris 1979, 119–166); L. Landgrebe, Nennfunktion und Wortbedeutung. Eine Studie über M.s Sprachphilosophie, Halle 1934; F. Mayer-Hillebrand, Einleitung, in: F. Brentano, Die Abkehr vom Nichtrealen [s. o., Werke], 1–99; K. Mulligan (ed.), Mind, Meaning and Metaphysics. The Philosophy and Theory of Language of A. M., Dordrecht/Boston Mass./London 1990; E. Otto, A. M.s Sprachphilosophie, Arch. Stud. neueren Sprachen 96 (1941), 89–101; H. Parret, Le débat de la psychologie et de la logique concernant le langage. M. et Husserl, in: ders., History of Linguistic Thought and Contemporary Linguistics, Berlin/New York 1976, 732–771; S. Raynaud, A. M., filosofo del linguaggio. Uno strutturalismo presaussuriano, Rom 1982; dies., M., HSK VII/1 (1992), 445–467; R. D. Rollinger, Husserl's Position in the School of Brentano, Dordrecht/Boston Mass./London 1999, bes. 209–244 (Chap. 7 Husserl and M.); ders., M., SEP 2008; P. Spinicci, Il significato e la forma linguistica. Pensiero, esperienza e linguaggio nella filosofia di A. M., Mailand 1991. – M., in: B. Jahn, Biographische Enzyklopädie deutschsprachiger Philosophen, München 2001, 272.   G. G.

Marx, Karl (Heinrich), *Trier 5. Mai 1818, †London 14. März 1883, dt. Philosoph und Politiker. Ab 1835 Studium der Rechtswissenschaften in Bonn, ab 1836 in Berlin; Mitglied im linkshegelianischen (↑Hegelianismus) »Doktorclub« und Wechsel zum Studium der Geschichte und Philosophie, 1841 Promotion (Die Differenz der demokritischen und epikureischen Naturphilosophie, Jena 1841). Nach dem Scheitern von Habilitationsplänen (aus Gründen der sich verschärfenden preußischen Kulturpolitik) 1842 Chefredakteur (»Rheinische Zeitung«) in Köln; 1843 aus politischen Gründen Austritt aus der Redaktion der wenig später verbotenen Zeitung und Übersiedlung nach Paris. Herausgabe der »Deutsch-Französischen Jahrbücher« (mit A. Ruge); Veröffentlichung der »Kritik der Hegelschen Rechtsphilosophie« (I–II, Paris 1844) und in der Schweiz »Zur Judenfrage« (1843). Beginn der Freundschaft mit F. Engels, der M.ens Interesse für angelsächsische Natio-

nalökonomie und die Arbeitswelt Englands weckt. 1845 Vertreibung aus Paris auf Grund einer Intervention der preußischen Regierung, Übersiedlung nach Brüssel. Mit Engels Abfassung der 1848 (in London) erscheinenden Kampfschrift »Das kommunistische Manifest« für den Londoner Bund der Kommunisten. Ausweisung aus Belgien, Rückkehr nach Köln, wo M. die »Neue Rheinische Zeitung« bis zu ihrem Verbot (1849) herausgibt. Endgültige Emigration nach London, wo 1851 »Der achtzehnte Brumaire des Louis Bonaparte« entsteht, eine scharfsinnige Analyse des Scheiterns der II. Französischen Republik, in der M. auf den notwendigen Zusammenhang von sozialer und politischer Revolution verweist. 1859 (in Berlin) erste Veröffentlichung einer ökonomischen Schrift »Zur Kritik der politischen Ökonomie«. 1867 (in Hamburg) Veröffentlichung des ersten Bandes seines unvollendeten Hauptwerks »Das Kapital«; die umfangreichen Vorarbeiten dazu, die so genannten »Grundrisse der Kritik der politischen Ökonomie«, wurden erst 1939–1941 (2 Bde) in Moskau publiziert. 1865 Beteiligung an der Gründung der Internationalen Arbeiterassoziation in London. Langjährige, theoretisch fruchtbare Auseinandersetzung mit konkurrierenden Strömungen der sozialistischen und kommunistischen Bewegung, vor allem in der 1845/1846 mit Engels verfaßten, erst 1932 (MEGA I) veröffentlichten Schrift »Die Deutsche Ideologie« und in »Das Elend der Philosophie« (zuerst franz. »Misère de la philosophie«, Paris 1847, dt. Stuttgart 1885). 1871 (in Leipzig) Veröffentlichung der Schrift »Der Bürgerkrieg in Frankreich« als Gedenkschrift über die Pariser Kommune, deren Verfassung als erste Erscheinungsform der Diktatur des Proletariats betrachtet wird. In den folgenden Jahren sucht M. die Kontakte zur deutschen Arbeiterbewegung zu verstärken. Die letzten, von Krankheiten und familiären Schicksalsschlägen überschatteten Jahre bringen die Anerkennung als führender Theoretiker des europäischen Sozialismus.

Philosophischer Ausgangspunkt ist die Auseinandersetzung mit der Philosophie G. W. F. Hegels im Ausgang von L. Feuerbachs (Das Wesen des Christentums, Leipzig 1841) Kritik an Hegels (vermeintlich) idealistischer Auffassung von der Einheit Gottes mit dem Menschen durch die ↑Entäußerung Gottes in der Geschichte des Menschen. Für Feuerbach bedeutete der Entwurf des christlichen Gottes die Selbstentfremdung des Menschen mit der Folge, daß dieser sich von dem Bild befreien muß, nachdem er in derart entfremdeter Gestalt seine eigenen Möglichkeiten entdeckt hat. In der Einleitung der »Kritik der Hegelschen Rechtsphilosophie« übernimmt M. von Hegel die Auffassung, daß sich die Erlösung des Menschen innerhalb der menschlichen Geschichte vollzieht, von Feuerbach den kritisch gewendeten Begriff der ↑Entfremdung, mit dessen Hilfe die dem historischen Erlösungswerk entgegenstehenden Formen der Entfremdung als falsches Bewußtsein (↑Ideologie) zerstört werden können. Für M. stellt Hegels Staatsauffassung selbst eine solche Form der Entfremdung dar, die aber nicht theoretisch, durch ideologiekritische Analyse, sondern praktisch, durch politikkritisches Handeln, aufgehoben werden muß. Nach M. ist Denken eine Sonderform menschlicher Tätigkeit und dadurch gekennzeichnet, daß es seine Objekte wie Arbeitsprodukte hervorbringt. Insofern findet es selbst noch im Rahmen der durch einander ablösende Formen der gesellschaftlichen Organisation von Arbeit gesetzten Bedingungen statt. Nur aus der im Zuge sich differenzierender Arbeitsteilung entstehenden Trennung von Hand- und Kopfarbeit entwickelt sich die von M. als Entfremdung betrachtete Fiktion einer dem erkennenden Subjekt gegenüberstehenden objektiven ↑Außenwelt. Hierin sieht M. die erkenntnistheoretischen Grundlagen des Materialismus (↑Materialismus, historischer).

Neben dem *erkenntnistheoretischen* Entfremdungsbegriff entwickelt M. bereits in den Frühschriften wesentliche Elemente des *ökonomischen* Entfremdungsbegriffs, dessen volle Entfaltung in den »Grundrissen der Kritik der politischen Ökonomie« und im »Kapital« erfolgt. In der Analyse der kapitalistischen Produktionsverhältnisse (↑Kapitalismus) werden die materiellen Ursachen der Entfremdung auch der Bewußtseinsformen aufzudecken versucht. Im Gegensatz zur ↑Vergegenständlichung als einer Eigenschaft der sich die Umwelt aneignenden ↑Arbeit des Menschen sieht M. die ökonomische Entfremdung als Folge der Lohnarbeit auf der Basis kapitalistischen Privateigentums der Produktionsmittel mit der Wirkung, daß dem Arbeiter sowohl die Produktionsmittel als auch das Produkt seiner Arbeit als fremde, unabhängige Macht gegenüberstehen. Dieser sich in der Verdinglichung der Produktionsverhältnisse äußernde Entfremdungsprozeß ist die Begleiterscheinung kapitalistischer Warenproduktion, die nicht als Beziehung zwischen Menschen, sondern als Verhältnis zwischen Sachen gesehen wird (↑Warenfetischismus).

In engem Zusammenhang mit dem Entfremdungsbegriff steht der Begriff der ↑*Ideologie*, dessen Fassung durch M. eine bis in die Gegenwart anhaltende Auseinandersetzung ausgelöst und zur Entstehung der ↑Wissenssoziologie als Sonderdisziplin der ↑Soziologie beigetragen hat. Ausgangspunkt der Kritik an den Linkshegelianern in der »Deutschen Ideologie« ist ihr Glaube an die Autonomie der Vernunft, von deren richtigem Gebrauch sie – der Tradition der ↑Aufklärung gemäß – eine Veränderung der gesellschaftlichen Umstände erwarten. Ihnen werfen M. und Engels vor, nicht erkannt zu haben, daß die im ›religiösen Gemüt‹ sich äußernde Entfremdung Spiegelung der Entfremdung in der Realität und damit das notwendig verkehrte Bewußtsein der

arbeitenden Klasse (↑Klasse (sozialwissenschaftlich)) sei. Die Bestimmung des ↑Bewußtseins durch das gesellschaftliche Sein erfordert daher eine Ausweitung der Kritik auf die Politik. Ideologisch ist nicht nur das falsche gesellschaftliche Bewußtsein der Menschen, sondern auch die mit Mitteln der idealistischen Philosophie (↑Idealismus) vorgetragene Kritik der Linkshegelianer selbst, weil diese zwar den historischen Prozeßverlauf der Entstehung und Ablösung von Ideologien durchschauen, nicht aber die aus dem ökonomischen Bereich erwachsenden Entstehungsbedingungen von Ideologien, denen auch die vorgeblich kritische Position noch unterliegt (Basis-Überbau-Verhältnis, ↑Basis, ökonomische, ↑Überbau). Das falsche Bewußtsein ist nicht nur eine Spiegelung der historischen Produktionsverhältnisse, sondern darin zugleich auch deren Legitimierung und Stabilisierung, indem die Gedanken der herrschenden Klasse zugleich die herrschenden Gedanken der betreffenden Epoche sind.

Aus dieser Bestimmung des Entfremdungs- und Ideologiebegriffs ergibt sich die materialistisch-geschichtsphilosophische Auffassung, daß gesellschaftliche Veränderung nicht wesentlich aus theoretischer Bemühung hervorgeht. Diese begleitet vielmehr lediglich den historisch gesetzmäßigen Prozeß der Veränderung der ökonomischen Grundlagen. Nach M. und Engels geraten gegen Ende einer jeden Epoche die materiellen Produktivkräfte in Widerspruch zu den Produktionsverhältnissen (Eigentumsverhältnissen), in denen sie bis dahin organisiert waren. Mit der Veränderung der ökonomischen Produktionsbedingungen verändern sich auch die von M. als ideologisch bezeichneten juristischen, politischen, religiösen, künstlerischen oder philosophischen Formen des Überbaus. Diesen gesetzmäßigen Prozeß nennt M. ›soziale Revolution‹ (↑Revolution (sozial)). In diesem Sinne werden die asiatische, die antike, die feudale und die moderne bürgerliche Produktionsweise als jeweils in ihrer Abfolge notwendige, bis zu ihrer Ablösung auch progressive Epochen der ökonomischen Gesellschaftsformationen beschrieben. In der Epochenfolge stellen für M. und Engels die bürgerlichen Produktionsverhältnisse die letzte antagonistische Form (↑Antagonismus) des gesellschaftlichen Produktionsprozesses dar, die durch den Sieg des Proletariats im Klassenkampf (↑Klasse (sozialwissenschaftlich)) zerstört und nach einer Übergangsperiode der Diktatur des Proletariats durch Beseitigung des Privateigentums (↑Eigentum) an den Produktionsmitteln in eine klassenlose, weil vom Grundwiderspruch zwischen Kapital und Lohnarbeit befreite, herrschaftslose kommunistische Gesellschaft überführt wird (↑Kommunismus).

Die historisch-materialistische Geschichtstheorie verbindet sich mit den in der ›Politischen Ökonomie‹ (↑Ökonomie, politische), vor allem im »Kapital«, entwickelten dialektisch-materialistischen Theorien des wissenschaftlichen Sozialismus (↑Sozialismus, wissenschaftlicher), die eine aus der Sache selbst abgeleitete, innere Notwendigkeit für die Aufhebung des Warencharakters und damit des kapitalistischen Warentauschs aufzuzeigen suchen. Nach der von M. vertretenen objektiven Wertlehre (↑Tauschwert, ↑Wert (ökonomisch), ↑Wertgesetz) haben ↑Waren dann gleiche Werte, wenn für ihre Produktion gleiche Zeiteinheiten abstrakter Arbeit notwendig sind. Die Bewertungsgrundlage des inneren oder Arbeitswerts von Waren, den M. in Übernahme der Terminologie und der dialektischen Methode (↑Dialektik) Hegels als deren ›Wesen‹ bezeichnet, kommt in der Gleichsetzung verschiedener Quanta unterschiedlicher Gebrauchswerte des kapitalistischen Warentauschs, der deshalb als die ›Erscheinung des Wesens‹ bezeichnet wird, nicht zum Ausdruck: Der Gebrauchswert wird zur Erscheinungsform seines Gegenteils, des Werts (↑Warenfetischismus). Die Tendenz zur Aufhebung des Gegensatzes von Gebrauchswert und Wert liegt jetzt, wie bei Hegel, im Gegensatz selbst. Da der kapitalistische Warentausch die Privatheit der Produktionsmittel voraussetzt, führt die dialektische Aufhebung des gegensätzlichen Warencharakters auch zur Aufhebung der kapitalistischen Eigentumsverhältnisse. Die Bedingungen der ökonomischen Entfremdung entfallen, womit für M. die Vorgeschichte der Menschheit abgeschlossen ist.

Werke: K. M./F. Engels, Historisch-kritische Gesamtausgabe. Werke, Schriften, Briefe [MEGA], ed. D. Rjazanov, fortgeführt v. V. Adoratskij, Frankfurt/Berlin/Moskau 1927–1935, Neudr. Glashütten i. Taunus 1970, 1979 (erschienen: Abt. 1 [Werke u. Schriften]: I.1–I.2, II–VII; Abt. 3 [Briefwechsel]: I–IV), unter dem Titel: Gesamtausgabe (MEGA), ed. Institut für Marxismus-Leninismus (später: Internationale Marx-Engels-Stiftung), Berlin 1975 ff. (erschienen: Abt. I [Werke, Artikel, Entwürfe]: I/1–I/3, I/10–I/14, I/18, I/20–I/22, I/24–I/27, I/29–I32; Abt. II [Das Kapital und Vorarbeiten]: II/1.1–II/1.2, II/2, II/3.1–II/3.6, II/4.1–II/4.3, II/5–II/15; Abt. III [Briefwechsel]: III/1–III/11, III/13; Abt. IV [Exzerpte, Notizen, Marginalien]: IV/1–IV/4, IV/6–IV/9, IV/12, IV/26, IV/31–IV/32]; K. M./F. Engels, Werke [MEW], ed. Institut für Marxismus-Leninismus beim ZK der SED (später: Rosa-Luxemburg-Stiftung [Berlin]), Berlin (Ost) (später: Berlin) 1956 ff. (erschienen Bde I–XXXIX, Erg.bde I–II, Verzeichnis I–II u. Sachreg.) (Einzelbände in verschiedenen Aufl.); K. M./F. Engels, Collected Works, I–L, Moskau, London, New York 1975–2004. – Die Frühschriften, ed. S. Landshut, Stuttgart 1953, ⁷2004; (mit F. Engels) Manifest der Kommunistischen Partei, London 1848, Stuttgart, Paderborn 2009; Zur Judenfrage. Antisemitische Schriften, Berlin 1919, ed. H. Brandt, 1982; (mit F. Engels) Texte zur Kritik der Philosophie, ed. W. Bernd, Frankfurt 1981; Die technologisch-historischen Exzerpte. Historisch-kritische Ausgabe, ed. H.-P. Müller, Frankfurt/Berlin/Wien 1981, 1982; K. M. – F. Engels Studienausgabe, I–IV, ed. I. Fetscher, Frankfurt 1966, I–III 1982, IV 1980. – M. Rubel, Bibliographie des œuvres de K. M., Paris 1956; F. Neubauer, M.-Engels-Bibliographie, Boppard 1979.

Literatur: L. Althusser, Pour M., Paris 1965, 1996 (dt. Für M., Frankfurt 1968, ²1984; engl. For M., New York, Harmondsworth, London 1969, London 1996); ders. u.a., Lire »le Capital«, I–II, Paris 1965, rev. 1996 (engl. Reading »Capital«, London 1970, 1996; dt. »Das Kapital« lesen, I–II, Reinbek b. Hamburg 1972); S. Avineri, The Social and Political Thought of K. M., Cambridge 1968, Cambridge/New York 1999; M. Berger, K. M.. »Das Kapital«. Eine Einführung, München 2003, ²2004; I. Berlin, K. M.. His Life and Environment, London 1939, Oxford/New York ⁴1978, Oxford/New York, London 1995; E. Bloch, Über K. M., Frankfurt 1968, ⁵1980 (engl. On K. M., New York 1971); R. W. Bologh, Dialectical Phenomenology. M.'s Method, Boston Mass. 1979; T. Bottomore (ed.), K. M., Oxford 1979; ders. (ed.), Modern Interpretations of M., Oxford 1981; J. Y. Calvez, La pensée de K. M., Paris 1957, rev. 1970 (dt. K. M.. Darstellung und Kritik seines Denkens, Olten/Freiburg 1964); D. Coccopalmerio, La teoria politica di M.. Analisi critica dello stato borghese negli scritti giovanili, Mailand 1970; M. Cohen/T. Nagel/T. Scanlon (eds.), M., Justice, and History. A Philosophy and Public Affairs Reader, Princeton N. J. 1980; H. Dahmer/H. Fleischer, M., in: D. Käsler (ed.), Klassiker des soziologischen Denkens I, München 1976, 62–158; R. Dahrendorf, M. (1818–1883), in: D. Käsler (ed.), Klassiker der Soziologie I, München 1999, ⁵2006, 58–73; W. Euchner, K. M., München 1982, 1983; P. N. Fedoseev, K. Marks. Biografija, Moskau 1968, 1989 (engl. K. M.. A Biography, Moskau 1973; dt. K. M.. Biographie, Berlin 1973, ⁷1984); I. Fetscher, M., NDB XVI (1990), 328–344; H. Fleischer, M., Marxismus, I–II, TRE XXII (1992), 220–245; R. Friedenthal, K. M.. Sein Leben und seine Zeit, München 1981, ²1990; A. Fürle, Kritik der M.schen Anthropologie. Eine Untersuchung der zentralen Theoreme, München 1979; R. Garaudy, K. M., Paris 1964, 1972 (dt. Die Aktualität des M.schen Denkens, Frankfurt 1964, 1969; engl. K. M.. The Evolution of His Thought, London, New York 1967, Westport Conn. 1976); G. Göhler, Die Reduktion der Dialektik durch M.. Strukturveränderungen der dialektischen Entwicklung in der Kritik der politischen Ökonomie, Stuttgart 1980; C. C. Gould, M.'s Social Ontology. Individuality and Community in M.'s Theory of Social Reality, Cambridge Mass./London 1978, 1980; G. Haarscher, L'ontologie de M.. Le problème de l'action, des textes de jeunesse à l'œuvre de maturité, Brüssel 1980; K. Hartmann, Die M.sche Theorie. Eine philosophische Untersuchung zu den Hauptschriften, Berlin 1970; D. Harvey, A Companion to M.'s »Capital«, London/New York 2010 (dt. M.' »Kapital« lesen. Ein Begleiter für Fortgeschrittene und Einsteiger, Hamburg 2010); H.-J. Helmich, »Verkehrte Welt« als Grundgedanke des M.schen Werkes. Ein Beitrag zum Problem des Zusammenhanges des M.schen Denkens, Frankfurt/Bern/Cirencester 1980; E. J. Hobsbawm, How to Change the World. M. and Marxism 1840–2011, London 2011; J. van der Hoeven, K. M.. The Roots of His Thought, Assen/Amsterdam 1976; S. Hollander, The Economics of K. M.. Analysis and Application, New York 2008; A. Homann, M., in: F. Volpi (ed.), Großes Werklexikon der Philosophie II, Stuttgart 1999, 1003–1012; R. Hosfeld, K. M.. Eine Biographie, München/Zürich 2010; H. Hülsmann, K. M. – Antagonismus und Eigentum, Frankfurt 1980; K. Korsch, Marxismus und Philosophie, Leipzig 1923, erw. ²1930, ⁵1976, ferner in: ders., Marxismus und Philosophie. Schriften zur Theorie der Arbeiterbewegung 1920–1923, Amsterdam 1993 (= Gesamtausg. III), 299–367; E. M. Lange, M., in: O. Höffe (ed.), Klassiker der Philosophie II, München 1981, 168–186, 476–479 (Bibliographie), 520–521 (Anmerkungen), überarb. ³1995, 168–186, 481–484, 530–531; H. Lefèbvre, Pour connaître la pensée de K. M., Paris 1947, 1977; ders., M., sa vie, son œuvre, avec un exposé de sa philosophie, Paris 1964; ders., Sociologie de M., Paris 1966, ³1974 (engl. The Sociology of M., New York, London/Harmondsworth 1968, New York 1982; dt. Soziologie nach M., Frankfurt 1972); H. Lethen/B. Löschenkohl/F. Schmieder (eds.), Der sich selbst entfremdete und wiedergefundene M., München/Paderborn 2010; J. I. Loewenstein, Vision und Wirklichkeit. M. contra Marxismus, Basel, Tübingen 1970, unter dem Titel: M. contra Marxismus, Tübingen ²1976 (engl. M. against Marxism, London/Henley/Boston Mass. 1980); K. Lotter/R. Meiners/E. Treptow (eds.), M.-Engels Begriffslexikon, München 1984; D. Maeder, Fortschritt bei M., Berlin 2010; J. Mantz, M.. Impact on Anthropology, IESS IV (²2008), 631–633; H. Marcuse, Reason and Revolution. Hegel and the Rise of Social Theory, London/New York 1941, New York ²1954, London 2000 (dt. Vernunft und Revolution. Hegel und die Entstehung der Gesellschaftstheorie, Berlin/Neuwied 1962, Springe 2004 (= Schriften IV); T. McCarthy, M. and the Proletariat. A Study in Social Theory, Westport Conn. 1978; N. McInnes, M., Enc. Ph. V (1967), 171–173; D. S. McLellan, The Thought of K. M.. An Introduction, London/Basingstoke 1971, ³1995; ders., K. M.. His Life and Thought, New York etc. 1973 (dt. K. M.. Leben und Werk, München 1974); ders., K. M., New York 1975, unter dem Titel: M., London 1975; F. Mehring, K. M.. Geschichte seines Lebens, Leipzig 1918, Essen 2001 (engl. K. M.. The Story of His Life, New York 1935, Brighton 1981); R. Meiners, Methodenprobleme bei M. und ihr Bezug zur Hegelschen Philosophie, München 1980; L. Nowak, The Structure of Idealization. Towards a Systematic Interpretation of the M.ian Idea of Science, Dordrecht/Boston Mass./London 1980, 2010; A. E. Ott, M., in: J. Starbatty (ed.), Klassiker des ökonomischen Denkens II, München 1989, in 1 Bd., Hamburg 2008, 7–35; P. Paolucci, M.. Impact on Sociology, IESS IV (²2008), 635–638; G. Pilling, M.s »Capital«. Philosophy and Political Economy, London/Henley/Boston Mass. 1980; W. Post, Kritik der Religion bei K. M., München 1969; F. J. Raddatz, K. M.. Eine politische Biographie, Hamburg 1975 (franz. K. M.. Une biographie politique, Paris 1978; engl. K. M.. A Political Biography, London 1979); M. Rader, M.'s Interpretation of History, New York 1979; W. Reese-Schäfer, Klassiker der politischen Ideengeschichte. Von Platon bis M., München/Wien 2007, München ²2011, bes. 173–192 (Kap. 13 M. und Engels. Aufhebung der Politik durch Ökonomie); M. Rosen, M., REP VI (1998), 118–133; R. Rozdolski, Zur Entstehungsgeschichte des M.schen »Kapital«. Der Rohentwurf des »Kapital« 1857–1858, I–III, Frankfurt/Wien 1968–1974, I–II, ⁴1974 (franz. La genèse du »Capital« chez K. M., Paris 1976; engl. The Making of M.'s »Capital«, London 1977); M. Rubel, K. M.. Essai de biographie intellectuelle, Paris 1957, ²1971; ders., K. M.. Œuvres, Economie 1, Chronologie, Paris 1963, ²1965 (dt. M.-Chronik. Daten zu Leben und Werk, München 1968, ⁴1983); ders., M., Enc. philos. universelle III/1 (1992), 1966–1975; ders./M. Manale, M. without Myth. A Chronological Study of His Life and Work, Oxford 1975, New York 1976; D. M. Rubinstein, M. and Wittgenstein. Social Praxis and Social Explanation, London/Henley/Boston Mass. 1981, London 2006; O. Rühle, K. M.. Leben und Werk, Hellerau b. Dresden 1928, Haarlem 1974 (engl. K. M.. His Life and Work, New York, London 1929, New York 1943); D. Sayer, M.'s Method. Ideology, Science and Critique in »Capital«, Atlantic Highlands N. J./Hassocks 1979; W. Schmied-Kowarzik, Die Dialektik der gesellschaftlichen Praxis. Zur Genesis und Kernstruktur der M.schen Theorie, Freiburg/München 1981; W. H. Shaw, M.'s Theory of History, London, Stanford Calif.

1978; R. P. Sieferle, K. M. zur Einführung, Hamburg 2007; P. Singer, M., Oxford/Toronto/Melbourne 1980, 1996; P. Stadler, K. M.. Ideologie und Politik, Göttingen/Frankfurt/Zürich 1966, ²1971; T. Teo, M., IESS IV (²2008), 629–631; B. Ternes, K. M.. Eine Einführung, Konstanz 2008; O. Todisco, K. M.. Analisi critica della metodologia sociale, Rom 1979; F. Tönnies, M.. Leben und Lehre, Jena, Berlin 1921 (engl. K. M.. His Life and Teachings, East Lansing Mich. 1974); L. Tsoulfidis, M.. Impact on Economics, IESS IV (²2008), 634–635; R. C. Tucker, Philosophy and Myth in K. M., Cambridge 1961, ²1972 (dt. K. M.. Die Entwicklung seines Denkens von der Philosophie zum Mythos, München 1963, ²1974); I. Urbančič, M.' Kritik der Moral als ein Weg zum Problem seiner Philosophie im Ganzen, in: B. Waldenfels/J. M. Broekman/A. Pažanin (eds.), Phänomenologie und Marxismus II (Praktische Philosophie), Frankfurt 1977, 94–133 (engl. M.'s Critique of Morality as an Introduction to the Problem of His Philosophy as a Whole, in: B. Waldenfels/J. M. Broekman/A. Pažanin [eds.], Phenomenology and Marxism, London etc. 1984, 205–236); M. Vadée, Science et dialectique chez Hegel et M., Paris 1980; K. Vorländer, K. M.. Sein Leben und sein Werk, Leipzig 1929; I. Wallimann, Estrangement. M.'s Conception of Human Nature and the Division of Labour, Westport Conn. 1981; L. P. Wessell Jr., K. M., Romantic Irony, and the Proletariat. The Mythopoetic Origins of Marxism, Baton Rouge La./London 1979; J. Wolff, M., SEP 2003, rev. 2010; A. W. Wood, K. M., London/Boston Mass./Henley 1981, New York/London ²2004, 2006; J. Zelený, O logické struktuře Marxova Kapitálu, Prag 1962 (dt. Die Wissenschaftslogik bei M. und »Das Kapital«, Berlin [Ost], Frankfurt/Wien 1968, 1973; engl. The Logic of M., Oxford 1980).   H. R. G.

Marxismus, in den 80er Jahren des 19. Jhs. zunächst in der innersozialistischen Diskussion entstandene Bezeichnung für die Gesamtheit wissenschaftlicher und politischer Positionen, die in der Nachfolge von K. Marx und unter Berufung auf sein Werk um dessen theoretische Interpretation, Weiterentwicklung sowie Ergänzung und/oder dessen Umsetzung in die Praxis bemüht sind. Insofern ist ›M.‹ nicht nur die Bezeichnung für die Theorien und Lehren von Marx. Diese haben sich in der wissenschaftlichen Diskussion allen, insbes. den im Sowjetmarxismus (↑Marxismus-Leninismus) unternommenen Versuchen, sie zu einem geschlossenen System kommunistischer Weltanschauung zusammenzufassen, auf Grund ihrer Vielschichtigkeit widersetzt, deswegen aber auch Gewichtungen und Verengungen in emanzipatorisch-philosophischer, geschichts- und revolutionstheoretischer, ökonomistischer und evolutionistischer Richtung Vorschub geleistet. Bereits die von F. Engels 1876–1878 in »Herrn Eugen Dührings Umwälzung der Wissenschaft. Anti-Dühring« (MEW XX, 1–303) vorgelegte Darstellung der philosophischen, ökonomischen und sozialen Positionen stellt in der Betonung der universellen Gültigkeit der ↑Dialektik in Natur und Geschichte eine solche – allerdings von Marx gebilligte – Verengung dar (↑Materialismus, dialektischer). Sie führt in der die evolutionistische Richtung noch verschärfenden und vergröbernden Interpretation durch K. Kautsky (Karl Marx' ökonomische Lehren. Gemeinverständlich dargestellt und erläutert, Stuttgart 1887, Berlin [26]1980) zur Ausbildung eines orthodoxen M. in der deutschen Sozialistischen Arbeiterbewegung und der II. Sozialistischen Internationale, der in Gegensatz zu den differenzierten Aussagen bei Marx den Zusammenbruch der kapitalistischen Wirtschafts- und Gesellschaftsordnung als geschichtsnotwendiges Ereignis eines naturgesetzlichen Entwicklungsprozesses betrachtet.

Als Reaktion auf die deterministische Zusammenbruchstheorie und auf Grund der erfahrenen Anpassungsfähigkeit des ↑Kapitalismus entsteht um 1900 eine von der orthodoxen Position des bis in die Zeit nach dem 1. Weltkrieg vorherrschenden Kautskyanismus als ›Revisionismus‹ bekämpfte Gegenströmung, die dem politischen Attentismus die Forderung nach Wiederbelebung des revolutionären Aktivismus entgegensetzt. Vom ↑Neukantianismus beeinflußte Sozialisten, auch E. Bernstein in seiner den dialektischen Materialismus kritisierenden Abhandlung »Wie ist wissenschaftlicher Sozialismus möglich?« (Berlin 1901), suchen unter Verzicht auf die Behauptung der historischen Gesetzmäßigkeit des dialektisch entfalteten Grundwiderspruchs von Lohnarbeit und Kapital dem Sozialismus als politische Bewegung ein von der gesellschaftstheoretischen Analyse unabhängiges, auf ethisch begründetes Wollen gestütztes praktisch-philosophisches Fundament zu geben. Die Erfahrung der ersten russischen Revolution (1905) und die Unfähigkeit des orthodoxen M. im politischen Tageskampf führt in der Auseinandersetzung um die Organisation von Massenstreiks zur Erstarkung des in der II. Sozialistischen Internationale unterlegenen radikalen linken Flügels in der deutschen Sozialdemokratie, dem vor allem R. Luxemburg, A. Pannekoek und K. Liebknecht angehören. In diesem, um den linken Flügel des Austromarxismus um R. Hilferding und O. Bauer erweiterten Kreis entstehen nach dem 1. Weltkrieg die theoretischen Analysen zum Kapitalismus im Zeitalter des Imperialismus, in denen sowohl der dialektische Materialismus als Methode des M. als auch die bisher unbefragt übernommenen Grundtheoreme der Marx-Engelsschen Theorie hinsichtlich ihrer Angemessenheit gegenüber den veränderten Formen des modernen Kapitalismus untersucht werden (↑Neomarxismus). Der Sieg der Bolschewiki über den revisionistischen Flügel der Menschewiki in der Oktoberrevolution von 1917 führt durch die Praxis sowjetischer Herrschaftsausübung schon zu Lebzeiten W. I. Lenins zur Ausbildung des Sowjetmarxismus, auch wenn Lenins Abweichungen von der orthodoxen Position des M. eher strategisch-taktischer als theoretischer Natur sind. Erst sein Nachfolger J. Stalin unternimmt 1924 die systematische Zusammenfassung und die autoritative Durchsetzung der Marxschen und Leninschen Positionen in einem geschlossenen, umfassenden System der proletarischen Weltanschauung, das als wissenschaftlicher Sozialismus (↑Sozialismus, wissenschaftlicher) universelle Gültigkeit behauptet.

Literatur: D. Bakhurst, Marxist Philosophy, Russian and Soviet, REP VI (1998), 150–160; J. Bischoff (ed.), M. und Staat. Einführung in die marxistische Staatstheorie, Hamburg/Berlin 1977; ders. (ed.), Grundbegriffe der marxistischen Theorie. Handbuch zur Theorie der bürgerlichen Gesellschaft, Hamburg 1978, 1981; U. Dierse u. a., M., Hist. Wb. Ph. V (1980), 758–790; I. Fetscher, Der M.. Seine Geschichte in Dokumenten, I–III (I Philosophie, Ideologie, II Ökonomie, Soziologie, III Politik), München 1962–1965, 1976–1977, in 1 Bd., München/Zürich 1983, 1989; ders., Karl Marx und der M.. Von der Philosophie des Proletariats zur proletarischen Weltanschauung, München 1967, erw. [4]1985; ders. (ed.), Grundbegriffe des M.. Eine lexikalische Einführung, Hamburg 1976, [2]1979; H. Fleischer, Marx, M., I–II, TRE XXII (1992), 220–245; R. Garaudy, Marxisme du XXe siècle, Paris 1966 (dt. Marxismus im 20. Jahrhundert, Reinbek b. Hamburg 1969, 1974); P. T. Grier, Marxist Ethical Theory in the Soviet Union, Dordrecht/Boston Mass./London 1978 (mit Bibliographie, 259–271); J. Habermas, Zur philosophischen Diskussion um Marx und den M., in: ders., Theorie und Praxis. Sozialphilosophische Studien, Neuwied/Berlin 1963, [2]1967, 261–335, unter dem Titel: Literaturbericht zur philosophischen Diskussion um Marx und den M. (1957), Frankfurt [4]1971, 1978, 387–463; ders., Zur Rekonstruktion des historischen Materialismus, Frankfurt 1976, [6]1995, Nachdr. d. 1. Aufl. 2001; W. F. Haug (ed.), Historisch-kritisches Wörterbuch des M., Hamburg/Berlin 1994 ff. (erschienen Bde I–V, VI/1–2, VII/1–2); ders., M. und Philosophie, EP I (1999), 794–805; S. Hook, Marxism, DHI III (1973), 146–161; M. Horkheimer/T. W. Adorno, Dialektik der Aufklärung. Philosophische Fragmente, Amsterdam 1947, Frankfurt [15]2004 (engl. Dialectic of Enlightenment. Philosophical Fragments, London 1973, Stanford Calif. 2002); L. Kołakowski, Die Hauptströmungen des M.. Entstehung, Entwicklung, Zerfall, I–III, München/Zürich 1977–1979, [3]1988–1989; H. Lefèbvre, Le marxisme, Paris 1948, [23]2003 (dt. Der M., München 1975); W. Leonhard, Die Dreispaltung des M.. Ursprung und Entwicklung des Sowjetmarxismus, Maoismus und Reformkommunismus, Düsseldorf/Wien 1970, [2]1975 (engl. Three Faces of Marxism. The Political Concepts of Soviet Ideology, Maoism, and Humanist Marxism, New York 1974); G. Lichtheim, Marxism. An Historical and Critical Study, London, New York 1961, New York 1982; D. Lindenberg, Le marxisme introuvable, Paris 1975, erw. 1979; D. Little, Marxism, IESS IV ([2]2008), 638–641; G. Lukács, Geschichte und Klassenbewußtsein. Studien über marxistische Dialektik, Berlin 1923, Darmstadt [10]1988, ferner in: ders., Werke II (Frühschriften II), Neuwied 1968, 161–517; ders., M. und Stalinismus. Politische Aufsätze, Reinbek b. Hamburg 1970 (= Ausgewählte Schriften IV); E. Mandel, Traité d'economie marxiste, I–II, Paris 1962, in 1 Bd., 1986 (dt. Marxistische Wirtschaftstheorie, Frankfurt 1968, [in 2 Bdn.] [2]1972); ders./J. Agnoli, Offener M.. Ein Gespräch über Dogmen, Orthodoxie und Häresie der Realität, Frankfurt/New York 1980; T. G. Masaryk, Die philosophische und sociologische Grundlage des M.. Studien zur socialen Frage, Wien 1899, Osnabrück 1964; N. McInnes, Marxist Philosophy, Enc. Ph. V (1967), 173–176; D. McLellan, Marx Before Marxism, London/Basingstoke 1970, [2]1980; ders., Marxism After Marx, London/Basingstoke, New

York 1979, London/Basingstoke [4]2007; A. Megill, Marxism, NDHI IV (2005), 1357–1364; J. Mepham/D.-H. Ruben (eds.), Issues in Marxist Philosophy, I–IV (I Dialectics and Method, II Materialism, III Epistemology, Science, Ideology, IV Social and Political Philosophy), Brighton 1979–1981; R. W. Miller, Marxist Philosophy of Science, REP VI (1998), 147–150; D. J. Munro, Marxism, Chinese, REP VI (1998), 133–141; A. Neusüss, M.. Ein Grundriß der Großen Methode, München 1981; T. I. Ojzerman (Oiserman), Formirovanie filosofii marksizma, Moskau 1965, [2]1974 (dt. Die Entstehung der marxistischen Philosophie, Berlin [Ost] 1965, [2]1980); G. Petrović, Filozofija i marksizam, Zagreb 1965, 1976; A. Piettre, Marx et marxisme, Paris 1957, [5]1973; R. Rozdolski, Zur Entstehungsgeschichte des M.schen »Kapital«. Der Rohentwurf des »Kapital« 1857–1858, I–III, Frankfurt/Wien 1968–1974, I–II [4]1974 (franz. La genèse du »Capital« chez K. M., Paris 1976; engl. The Making of M.'s »Capital«, London 1977); D.-H. Ruben, Marxism and Materialism. A Study in Marxist Theory of Knowledge, Hassocks/Atlantic Highlands N. J. 1977, [2]1979; A. Schmidt (ed.), Beiträge zur marxistischen Erkenntnistheorie, Frankfurt 1969, [4]1972; ders., Geschichte und Struktur. Fragen einer marxistischen Historik, München 1971, Frankfurt/Berlin/Wien 1978 (engl. History and Structure. An Essay on Hegelian-Marxist and Structuralist Theories of History, Cambridge Mass./London 1981); L. Sève, Marxisme et théorie de la personnalité, Paris 1969, [5]1981 (dt. M. und Theorie der Persönlichkeit, Berlin 1972, Frankfurt [4]1983; engl. Man in Marxist Theory and the Psychology of Personality, Hassocks/Atlantic Highlands N. J. 1978); G. S. Sher (ed.), Marxist Humanism and Praxis, Buffalo N. Y. 1978; W. Sombart, Sozialismus und soziale Bewegung, Jena 1896, [9]1920, erw. unter dem Titel: Der proletarische Sozialismus (›M.‹), I–II, [10]1924; B. Thiry, Marxisme, Enc. philos. universelle II/2 (1990), 1542–1547; J. Torrance, Marxism, Western, REP VI (1998), 141–147; P. Vranicki, Historija marksizma, I–III, Zagreb 1961–1978 (dt. I–II, Geschichte des M., Frankfurt 1972/1974, 1983); R. Walther, M., in: O. Brunner/W. Conze/R. Koselleck (eds.), Geschichtliche Grundbegriffe. Historisches Lexikon zur politisch-sozialen Sprache in Deutschland III, Stuttgart 1982, 937–976. H. R. G.

Marxismus-Leninismus, Bezeichnung für die Gesamtheit der Theorien und Lehren, die als orthodoxe Interpretation der Lehren von K. Marx und F. Engels und deren Weiterführung durch W. I. Lenin von der Kommunistischen Partei der Sowjetunion für verbindlich erklärt wurden und als wissenschaftliche Weltanschauung des Proletariats und ihrer Parteien gemäß dem Prinzip der Parteilichkeit die theoretische Grundlage für die praktische Arbeit am sozialistischen und kommunistischen Aufbau im staatlichen und gesellschaftlichen Bereich bilden. Die in den 20er Jahren des 20. Jhs. entstandene Bezeichnung suggeriert eine systematische Geschlossenheit und Kontinuität innerhalb des *Marxismus* als der von Marx und Engels in der vorrevolutionären Epoche entwickelten Lehre und des *Leninismus* als dessen Weiterführung im Zeitalter der proletarischen Revolution und des Imperialismus, wie sie historisch nicht besteht (↑Marxismus). Der M.-L. umfaßt die drei als geschlossene Einheiten betrachteten Bestandteile: (1)

den *historischen und dialektischen Materialismus* (↑Materialismus, historischer, ↑Materialismus, dialektischer) als wissenschaftliche Philosophie des Proletariats zur theoretischen und praktischen Aneignung der Welt, (2) die *Politische Ökonomie* (↑Ökonomie, politische), die Analysen zum Stand der nach Richtung und Ende auf Grund objektiver Gesetzmäßigkeiten notwendigen Entwicklung (Zusammenbruchstheorie) der ökonomischen Gesellschaftsform des ↑Kapitalismus erstellt, (3) den *wissenschaftlichen* ↑*Kommunismus*, der Strategie und Taktik der kommunistischen Bewegung festlegt. Der dogmatische Anspruch des M.-L., historisch durch die Art der Leninschen Herrschaftsausübung entstanden, wurde ausdrücklich erst durch J. W. Stalin erhoben. Als wissenschaftliche Weltanschauung des Proletariats beansprucht der M.-L. Wissenschaftlichkeit und zielt in seinen Exegesen darauf ab, Phänomene und theoretische Erkenntnisse in den bisher als verbindlich betrachteten Bestand des Systems zu integrieren.

Literatur: D. Bakhurst, Marxist Philosophy, Russian and Soviet, REP VI (1998), 150–160; H. v. Berg, M.-L.. Das Elend der halb deutschen, halb russischen Ideologie, Köln 1986, [2]1987; J. M. Bocheński, Toward a Systematic Logic of Communist Ideology, Stud. Sov. Thought 4 (1964), 185–205; ders. (ed.), Discussion: Thomism and Marxism-Leninism, Stud. Sov. Thought 7 (1967), 154–168; Z. K. Brzezinski, Ideology and Power in Soviet Politics, New York 1962, [2]1967, Westport Conn. 1976; N. I. Bucharin/E. Preobraženskij, Azbuka kommunizma. Popularnoe ob"jasnenie programmy Rossijskoj kommunističeskoj partii bol'ševikov, Moskau 1919 (dt. Das ABC des Kommunismus. Populäre Erläuterung des Programms der kommunistischen Partei Rußlands (Bolschewiki), Wien 1920, Zürich 1985; engl. The ABC of Communism. A Popular Explanation of the Program of the Communist Party of Russia, Ann Arbor Mich. 1966, Harmondsworth 1969); M. Eastman, Marxism, Is It Science?, New York 1940, London 1941; ders., Stalin's Russia and the Crisis in Socialism, London, New York, London 1940; H. Hogan, The Basic Perspective of Marxism-Leninism, Stud. Sov. Thought 7 (1967), 297–317; R. N. C. Hunt, Marxism, Past and Present, London 1954, New York 1955; R. Kirchhoff/M. Klein, M.-L., Ph. Wb. II ([12]1987), 738–743; M. G. Lange, Marxismus, Leninismus, Stalinismus. Zur Kritik des dialektischen Materialismus, Stuttgart 1955; H. Lefèbvre, Le matérialisme dialectique, Paris 1939, [6]1971 (dt. Der dialektische Materialismus, Frankfurt 1966, [5]1971); ders., Le marxisme, Paris 1948, [23]2003 (dt. Der Marxismus, München 1975); W. Leonhard, Sowjetideologie heute II (Die politischen Lehren), Frankfurt/Hamburg 1962, 1977; G. Lichtheim, Marxism. An Historical and Critical Study, London, New York 1961, New York 1982; N. Lobkowicz, Die Philosophie in der Sowjetforschung, Moderne Welt 7 (1966), 138–153; D. G. MacRae, The Bolshevik Ideology, Cambridge J. 5 (1951/1952), 164–177; C. W. Mills, The Marxists, New York, Harmondsworth 1962, 1977; A. Montgomery, Stalinismen, Stockholm 1953; F. Oelssner, Der Marxismus der Gegenwart und seine Kritiker, Berlin (Ost) 1948, erw. Berlin (Ost), Stuttgart [3]1952; G. H. Sabine, Marxism. The Telluriade Lectures 1957–1958 at Cornell University, Ithaca N. Y. 1958; R. Schlesinger, The Spirit of Post-War Russia. Soviet Ideology, 1917–1946, London 1947; J. Somerville, Soviet Philosophy. A Study of Theory and Practice, New

York 1946, 1968; L. Trotsky, Our Revolution. Essays on Work-ing-Class and International Revolution, 1904–1917, ed. M. J. Olgin, New York 1918; U. Werner, Der sowjetische Marxismus, Darmstadt 1962, ²1964; weitere Literatur: ↑Marxismus, ↑Mate-rialismus, dialektischer.   H. R. G.

Maschine, logische, ↑Maschinentheorie.

Maschinentheorie, Bezeichnung für die Theorie ideali-sierter Maschinenkonzepte zur mathematischen Präzi-sierung des Algorithmus- und des Entscheidbarkeitsbe-griffs (↑Algorithmentheorie, ↑entscheidbar/Entscheid-barkeit), die technisch zum Bau programmgesteuerter Computer führten. Die historisch auf G. W. Leibniz zu-rückgehende Forderung einer maschinellen Entschei-dung über wissenschaftliche Behauptungen fand für die Arithmetik eine erste technische Realisation in seiner *4-Spezies-Handrechenmaschine*. Sie besteht schematisch (Abb. 1) aus drei Zahlenspeichern EW, UW, RW von

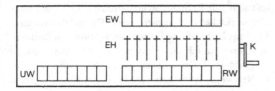

Abb. 1

begrenzter Stellenzahl, wobei sich mit Einstellhebeln EH im Einstellwerk EW natürliche Zahlen einstellen lassen. Jede Rechtsdrehung der Kurbel K addiert den Inhalt von EW zum Inhalt des Resultatwerks RW und erhöht den Inhalt des Umdrehungswerks UW um 1, während eine Linksdrehung von K den Inhalt von EW vom Inhalt des RW subtrahiert und den Inhalt des UW um 1 vermindert. Für das Produkt zweier Zahlen $b \cdot a$ iteriert man die Addition des gleichen Summanden a so lange, bis die Zahl b im Umdrehungswerk erscheint (›UW-Test‹). Durch Idealisierung entsteht aus diesem technischen Konzept eine *Registermaschine* (nach ihrem Beschreiber M. Minsky auch ›Minsky-Maschine‹ ge-nannt) mit Registern $R_1, R_2, \ldots, R_n$ und beliebigen natürlichen Zahlen m als Registerinhalten (Schreibweise: $\langle R_i \rangle = m$). Eine Registermaschine wird durch ein *Ma-schinenprogramm* definiert: Elementarprogramme sind die Erhöhung des Inhalts von Register R_i um 1 (Bezeich-nung: $\langle R_i \rangle := \langle R_i \rangle + 1$) und seine Verminderung um 1 (Bezeichnung: $\langle R_i \rangle := \langle R_i \rangle \dot- 1$, mit der modifizierten Subtraktion $a \dot- b = 0$ für $a < b$ und $a \dot- b = a - b$ sonst). Komplexe Programme entstehen induktiv aus Elemen-tarprogrammen durch (1) Programmverkettung PQ zur Hintereinanderausführung der Programme P und Q, (2) Iteration eines Programmes P, bis der Registerinhalt

$\langle R_i \rangle = 0$ ist (vgl. ›UW-Test‹ der Leibniz-Maschine). So ist das Additionsprogramm für $x + y$ als *Flußdiagramm* (Abb. 2) und als *Programm-Matrix* mit der schrittweisen Entwicklung der Registerinhalte (Abb. 3) darstellbar:

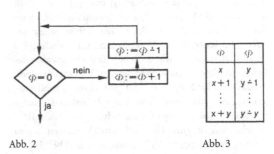

Abb. 2   Abb. 3

Die lineare Darstellung einer Registermaschine geht von *Programmworten* aus: Elementarprogrammworte a_i und s_i bezeichnen die Elementarprogramme und ihre An-wendung auf das Register R_i. Komplexe Programmworte entstehen induktiv aus Elementarprogrammworten (1) durch Verkettung (PQ) der Programmworte P und Q, (2) durch die Klammerung $(P)_i$ zur Bezeichnung der Iteration von P, bis das Register R_i leer ist. So bezeichnet $(s_i)_i$ das Löschprogramm $\langle R_i \rangle := 0$ für das Register R_i und $(a_i s_i)_i$ das Additionsprogramm. Durch ↑Kodierung kann ein Programmwort und damit eine Registerma-schine durch eine natürliche Zahl (›Kode-‹ bzw. ›Gödel-nummer‹) eindeutig dargestellt werden. Eine Registermaschine berechnet normiert eine m-stel-lige ($m < n$) zahlentheoretische Funktion f, wenn für beliebige Argumente $x_1, \ldots, x_m$ in den Registern $R_1, \ldots, R_m$ und 0 in den übrigen Registern die Registermaschine nach ihrem Programm zu rechnen beginnt und nach endlich vielen Schritten stoppt, wobei im $(m + 1)$-ten Register der Funktionswert $f(x_1, \ldots, x_m)$ steht. Eine Funktion f heißt ›RM-berechenbar‹, wenn es eine Regi-stermaschine gibt, die f berechnet. Für die *konstruktive* Berechenbarkeitstheorie muß eine Registermaschine je-weils effektiv angegeben werden. Die Klasse der RM-berechenbaren Funktionen stimmt mit der Klasse der μ-rekursiven Funktionen (↑Algorithmentheorie, ↑rekur-siv/Rekursivität) überein. Die primitiv-rekursiven Funk-tionen werden genau durch die Registermaschinen mit beschränkter Iteration berechnet. S. C. Kleenes *Normal-formtheorem*, wonach es eine primitiv-rekursive Funk-tion U und ein primitiv-rekursives Prädikat T gibt, so daß jede μ-rekursive Funktion f darstellbar ist in der Form

$$f(x) = U(p, x, \mu t\, T(p, x, t)) \quad \text{für alle } x,$$

wo p die Kodenummer einer geeigneten Registermaschi-ne und der μ-Operator im Normalfall ist. Dabei besagt

$T(p, x, t)$, daß diese Maschine, angesetzt auf den Registerinhalt x, nach t Schritten den Wert $f(x)$ berechnet hat und stoppt. Ein zahlentheoretisches Prädikat P heißt ›RM-entscheidbar‹, wenn seine charakteristische Funktion χ_P mit $\chi_P(x) = 0$ (falls $P(x)$) und $\chi_P(x) = 1$ (falls nicht $P(x)$) RM-berechenbar ist (↑Funktion, charakteristische). Diejenigen Prädikate, die durch aussagenlogische (↑Junktorenlogik) Verknüpfung und beschränkte Quantifizierung aus RM-entscheidbaren Prädikaten definiert werden können, sind wieder RM-entscheidbar. Da das Prädikat $S(p, x) :\leftrightarrow \bigvee_t T(p, x, t)$ mit dem Kleeneschen T-Prädikat und dem unbeschränkten Existenzquantor (↑Einsquantor) für die Schrittzahl t nicht RM-entscheidbar ist, gibt es kein effektives Verfahren, das zu beliebig vorgegebener Registermaschine und beliebigem x entscheidet, ob die zu p gehörige Registermaschine, angesetzt auf x, nach endlich vielen Schritten stoppt oder nicht. Diese Unentscheidbarkeit (↑unentscheidbar/Unentscheidbarkeit) des Halteproblems für Registermaschinen gibt eine prinzipielle Grenze für Leibnizens Forderung nach einem universellen maschinellen Entscheidbarkeitsverfahren an. Voraussetzung ist allerdings die Anerkennung der ↑Churchschen These, wonach alle berechenbaren (↑berechenbar/Berechenbarkeit) Funktionen durch die μ-rekursiven bzw. RM-berechenbaren Funktionen erfaßt sind. Eine Registermaschine heißt *universell*, wenn jede andere Registermaschine durch sie simuliert werden kann.

Während eine Registermaschine aus endlich vielen Registern zur Speicherung beliebiger natürlicher Zahlen besteht, geht der Begriff der ↑*Turing-Maschine* von beliebig vielen Speicherzellen mit beschränkten Informationen aus. Es handelt sich dabei um eine Maschine, die in einem Arbeitsfeld ein in Felder aufgeteiltes beliebig langes Rechenband bearbeitet, wobei jedes Feld ein Symbol aus einem endlichen Alphabet $\{a_1, \ldots, a_n\}$ (z.B. $\{/, *\}$ für die Arithmetik) tragen kann. Programme von Turing-Maschinen werden durch *Programm-Matrizen* (↑Algorithmentheorie) oder induktiv durch *Programmworte* definiert: Elementarprogrammworte r, l, s, a_i stehen für die Programmbefehle ›rücke ein Feld nach rechts‹, ›rücke ein Feld nach links‹, ›stop‹, ›drucke den Buchstaben a_i‹. Komplexe Programmworte entstehen durch (1) Verkettung PQ zur Hintereinanderausführung der Programme P und Q, (2) Iteration $(P)_{a_i}$ eines Programms P, bis das Arbeitsfeld den Buchstaben a_i trägt. Die Klasse der *TM-berechenbaren* Funktionen stimmt mit derjenigen der RM-berechenbaren Funktionen überein. Betrachtet man zahlentheoretische Funktionen, die nur logische Zusammenhänge beschreiben, unter dem Aspekt ihrer Berechenbarkeit durch idealisierte Maschinen, so spricht man auch von ›logischen Maschinen‹ oder ›Logikmaschinen‹ (engl. logic machines, Terminus bei M. Gardner, 1958).

Auch *Automaten* (↑Automatentheorie) lassen sich als Maschinen auffassen, die über endlich viele Eingänge Signale (Impulse) aufnehmen und diese gemäß ihrem ›Programm‹, d.h. dem augenblicklichen Zustand, insofern verarbeiten, als sie in einen (neuen) Zustand übergehen und gleichzeitig über höchstens einen ihrer endlich vielen Ausgangskanäle einen Impuls nach außen abgeben. Automaten lassen sich durch *Flußdiagramme* für die Verschaltung ihrer Ein- und Ausgänge und bei endlichen Automaten mit endlichen Zustandsmengen durch *Matrizen* ihrer Überführungs- und Ergebnisfunktionen darstellen. Aus elementaren Automaten (z.B. Flip-Flop) können durch Parallelschaltung und Rückkopplung *normierte Netzwerkklassen* konstruiert werden, die zur Simulation komplizierter Automaten geeignet sind (↑Kybernetik). Zur *Simulation* von Registermaschinen werden die Register durch Zählerautomaten mit der unendlichen Menge $\mathbb{N}$ der natürlichen Zahlen als Zustandsmenge und die Maschinenprogramme durch normierte Automatennetze dargestellt. In diesem Sinne läßt sich jede Rechenmaschine prinzipiell als normierte Netzwerkschaltung konstruieren. Dieses theoretische Ergebnis ist für die technische Realisation von Rechenmaschinen durch *elektronische Computer* von Bedeutung, da sie Informationen durch elektrische Impulse in Netzwerkschaltungen verarbeiten. Historisch gehen die elektronischen Computer auf J. v. Neumann (›ENIAC‹ 1945) zurück, der auch auf die Analogie zwischen Automaten und neuronalen Netzen aufmerksam machte (↑Intelligenz, künstliche). Die Analogie von Automaten und zellulären Organismen wird in *zellulären Automaten* genutzt, mit denen komplexe Muster- und Strukturbildungen in der Natur modelliert werden können (↑Artificial Life). Analog zu universellen Register- und Turing-Maschinen gibt es *universelle zelluläre Automaten*, mit denen alle zellulären Automaten (und damit auch alle Maschinen) simuliert werden können.

In der Philosophie wird die Gleichsetzung von Lebewesen mit Maschinen ebenfalls als ›M.‹ bezeichnet. Nach J. O. de La Mettrie ist der Mensch (im Unterschied zu den als ›Gliedermaschinen‹ aufgefaßten Tieren) eine sich selbst steuernde ›lebende Maschine‹.

Literatur: J[a]. M. Barzdin', Ob odnom klasse mašin T'juringa (mašiny Minskogo), Algebra i logika 1 (1963), H. 6, 42–51; E. C. Berkeley, Symbolic Logic and Intelligent Machines, New York, London 1959, 1961; M. Bunge, Do Computers Think?, Brit. J. Philos. Sci. 7 (1956/1957), 139–148, 212–219; E. Cohors-Fresenborg, Mathematik mit Kalkülen und Maschinen, Braunschweig 1977; M. Gardner, Logic Machines and Diagrams, New York/Toronto/London 1958, unter dem Titel: Logic Machines, Diagrams and Boolean Algebra, New York 1968, unter dem Titel: Logic Machines and Diagrams, Chicago Ill. ²1982, 1983 (franz. L'étonnante histoire des machines logiques, Paris 1964); ders., Logic Machines, Enc. Ph. V (1967), 81–83; H. Hermes, Aufzählbarkeit, Entscheidbarkeit, Berechenbarkeit. Einführung in die

Theorie der rekursiven Funktionen, Berlin/Göttingen/Heidelberg 1961, Berlin/Heidelberg/New York ³1978 (engl. Enumerability, Decidability, Computability. An Introduction to the Theory of Recursive Functions, Berlin/Heidelberg/New York 1965, ²1969); K. Mainzer, Der Konstruktionsbegriff in der Mathematik, Philos. Nat. 12 (1970), 367–412; ders., Leben als Maschine? Von der Systembiologie zu Robotik und Künstlicher Intelligenz, Paderborn 2010; ders./L. O. Chua, The Universe as Automaton. From Simplicity and Symmetry to Complexity, Heidelberg etc. 2011; A. J. Mal'cev, Algoritmy i rekursivnye funkcii, Moskau 1965, Neuausg. 1986 (engl. Algorithms and Recursive Functions, Groningen 1970; dt. Algorithmen und rekursive Funktionen, Braunschweig 1974); M. L. Minsky (ed.), Semantic Information Processing, Cambridge Mass./London 1968, 1988; J. v. Neumann, The Computer and the Brain, New Haven Conn./London 1958, ²2000 (dt. Die Rechenmaschine und das Gehirn, München 1960, 1991); D. Rödding, Klassen rekursiver Funktionen, in: M. H. Löb (ed.), Proceedings of the Summer School in Logic. Leeds, 1967, Berlin/Heidelberg/New York 1968, 159–222; B. A. Trachtenbrot, Algoritmy i mašinnoe rešenie zadač, Moskau 1957, ²1960 (dt. Wieso können Automaten rechnen? Eine Einführung in die logisch-mathematischen Grundlagen programmgesteuerter Rechenautomaten, Berlin [Ost] 1959, ⁶1971; franz. Algorithmes et machines à calculer, Paris 1963; engl. Algorithms and Automatic Computing Machines, Boston Mass./Lexington Mass. 1963, 1966); A. M. Turing, On Computable Numbers, with an Application to the Entscheidungsproblem, Proc. London Math. Soc., ser. 2, 42 (1937), 230–265, Korrektur dazu: 43 (1937), 544–546, ferner in: ders., The Essential Turing. Seminal Writings in Computing, Logic, Philosophy, Artificial Intelligence, and Artificial Life Plus the Secrets of Enigma, ed. B. J. Copeland, Oxford etc. 2004, 2010, 58–90, Korrektur: 94–96 (dt. Über berechenbare Zahlen mit einer Anwendung auf das Entscheidungsproblem, in: ders., Intelligence Service. Schriften, ed. B. Dotzler/F. Kittler, Berlin 1987, 17–60); S. Wolfram, A New Kind of Science, Champaign Ill. 2002. K. M.

Masham, Damaris, *Cambridge 18. Jan. 1658, †Oats (Essex) 20. April 1708, Tochter von R. Cudworth (↑Cambridge, Schule von), engl. Philosophin. Zunächst vom ↑Platonismus ihres Vaters und H. Mores beeinflußt, wendet sie sich später dem ↑Empirismus J. Lockes zu, mit dem sie seit 1682 eine langjährige Freundschaft (Locke wohnte von 1691 bis zu seinem Tode 1704 in ihrem Hause in Essex) verband. Durch Locke lernt sie auch I. Newton, F. M. van Helmont und die Philosophin A. Conway kennen, mit der van Helmont in Ragley Hall (Warwickshire) ein alchemistisches Laboratorium eingerichtet hatte. Zwischen 1704 und 1706 korrespondiert Lady M. mit G. W. Leibniz, dem sie ihres Vaters »True Intellectual System of the Universe« (1678) geschickt hatte und der sich über sie Kontakt mit Locke versprach, über Theorien wie die prästabilierte Harmonie (↑Harmonie, prästabilierte), das Leibnizsche Substanzkonzept (↑Substanz, ↑Monade) und den freien ↑Willen. Nach M. hat die Moral ihr Fundament in der Vernunft und im freien Willen. Sie verteidigt Lockes erkenntnistheoretische Position (A Discourse Concerning the Love of God,

1696) gegen J. Norris, der dem Cambridger Platonismus nahesteht, und das christliche Denken gegen den philosophischen ↑Deismus (Occasional Thoughts in Reference to a Vertuous or Christian Life, 1705).

Werke: [anonym] A Discourse Concerning the Love of God, London 1696 (repr. in: The Philosophical Works [s. u.]) (franz. Discours sur l'amour Divin, où l'on explique ce que c'est et où l'on fait voir les mauvaises conséquences des explications trop subtiles que l'on en donne, trad. P. Coste, Amsterdam 1705, 1715); Occasional Thoughts in Reference to a Vertuous or Christian Life, London 1705 (repr. in: The Philosophical Works [s. u.]), unter dem Titel: Thoughts on a Christian Life, ²1747 [fälschlicherweise Locke zugeschrieben]; The Philosophical Works of D., Lady M., ed. J. G. Buickerood, Bristol 2004; Briefwechsel mit Leibniz, in: G. W. Leibniz, Die Philosophischen Schriften III, ed. C. I. Gerhardt, Berlin 1887 (repr. Hildesheim 1968, 1978), 331–375; Briefwechsel mit Locke, in: J. Locke, The Correspondence I–VIII, ed. E. S. de Beer, Oxford 1976–1989, II, III, VI [vgl. Register].

Literatur: M. Atherton, Women Philosophers of the Early Modern Period, Indianapolis Ind. 1994, 77–95 (Chap. 4 D. Cudworth, Lady M.) [enthält Ausschnitte der Korrespondenz mit Leibniz in Englisch]; J. Broad, Women Philosophers of the Seventeenth Century, Cambridge etc. 2002, 2004, 114–140 (Chap. 5 D. M.); dies., Adversaries or Allies? Occasional Thoughts on the M.-Astell Exchange, Eighteenth-Century Thought 1 (2003), 123–149; dies., A Woman's Influence? John Locke and D. M. on Moral Accountability, J. Hist. Ideas 67 (2006), 489–510; J. G. Buickerood, What Is It with D., Lady Masham? The Historiography of One Early Modern Woman Philosopher, Locke Stud. 5 (2005), 179–214; K. Fletcher, D. Cudworth, Lady M. (18 January 1659 – 20 April 1708), in: P. B. Dematteis/P. S. Fosl (eds.), Dictionary of Literary Biography 252. British Philosophers, 1500–1799, Detroit Mich. etc. 2002, 259–263; L. Frankel, D. Cudworth M.. A Seventeenth-Century Feminist Philosopher, Hypatia 4 (1989), 80–90, Nachdr. in: L. Lopez McAlister (ed.), Hypatia's Daughters. Fifteen Hundred Years of Women Philosophers, Bloomington Ind./Indianapolis Ind. 1996, 128–138; dies., D. Cudworth M., in: M. E. Waithe (ed.), A History of Women Philosophers III (Modern Women Philosophers, 1600–1900), Dordrecht/Norwell Mass. 1991, 73–85; S. Hutton, D. Cudworth, Lady M.. Between Platonism and Enlightenment, Brit. J. Hist. Philos. 1 (1993), 29–54; dies., M., REP VI (1998), 166–168; dies., Lady D. M., SEP 2007; P. Laslett, M. of Oates. The Rise and Fall of an English Family, Hist. Today 3 (1953), 535–543; G. Mocchi, Individuo bene fundatum. Controversie religiose moderne e idee per Leibniz, Rom 2003, 165–196 (Chap. 3 D. Cudworth M.. Morale e metafisica tra Locke e Leibniz); S. O'Donnell, »My Idea in Your Mind«. John Locke and D. Cudworth M., in: R. Perry/M. Watson Brownley (eds.), Mothering the Mind. Twelve Studies of Writers and Their Silent Partners, New York/London 1984, 26–46; R. Penaluna, The Social and Political Thought of D. Cudworth M., in: J. Broad/K. Green (eds.), Virtue, Liberty, and Toleration. Political Ideas of European Women, 1400–1800, Dordrecht 2007, 111–122; P. Phemister, »All the Time and Everywhere, Everything's the Same as Here«. The Principle of Uniformity in the Correspondence Between Leibniz and Lady M., in: P. Lodge (ed.), Leibniz and His Correspondents, Cambridge etc. 2004, 193–213; K. J. Ready, D. Cudworth M., Catherine Trotter Cockburn, and the Feminist Legacy of

Locke's Theory of Personal Identity, Eighteenth-Century Stud. 35 (2002), 563–576; L. Simonutti, D. Cudworth M.. Una Lady della republicca delle lettere, in: Scritti in Onore di Eugenio Garin, Pisa 1987, 141–165; dies., Dalla poesia metafisica alla filosofia Lockiana. D. Cudworth, Lady M., in: P. Totaro (ed.), Donne filosofia e cultura nel Seicento, Rom 1999, 179–209; R. C. Sleigh, Reflections on the M.-Leibniz Correspondence, in: C. Mercer/E. O'Neill (eds.), Early Modern Philosophy. Mind, Matter, and Metaphysics, Oxford/New York 2005, 119–126; J. Smith/P. Phemister, Leibniz and the Cambridge Platonists.The Debate over Plastic Natures, in: P. Phemister/S. Brown (eds.), Leibniz and the English-Speaking World, Dordrecht 2007, 95–110; P. Springborg, Astell, M., and Locke. Religion and Politics, in: H. L. Smith (ed.), Women Writers and the Early Modern British Political Tradition, Cambridge etc. 1998, 105–125; S. Vazzano, Le ragioni dell'amore. Poetica, filosofia e morale in D. Cudworth M., Rom 2010; A. Wallas, Before the Bluestockings, London 1929, 75–107 (Chap. III Locke's Friend, Lady M.); S. Weinberg, D. Cudworth M.. A Learned Lady of the Seventeenth Century, in: J. G. Haber/M. S. Halfon (eds.), Norms and Values. Essays on the Work of Virginia Held, Lanham Md. etc. 1998, 233–250; R. Widmaier, Korrespondenten von G. W. Leibniz. 8. D. M. geb. Cudworth, geb. 18. Januar 1658 in Cambridge – gest. 20. April 1708 in Oates, Stud. Leibn. 18 (1986), 211–227; C. Wilson, Love of God and Love of Creatures. The M.-Astell Debate, Hist. Philos. Quart. 21 (2004), 281–298, mit Untertitel: The M.-Astell Exchange, in: G. Boros/H. De Dijn/M. Moors (eds.), The Concept of Love in 17th and 18th Century Philosophy, Leuven 2007, 125–139; R. Woolhouse, Lady M.'s Account of Locke, Locke Stud. 3 (2003), 167–193; ders./R. Francks (eds.), Leibniz's »New System« and Associated Contemporary Texts, Oxford 1997, 2004, 202–225 (Chap. 8 Leibniz and D. M.) [enthält in Auszügen die Briefe Leibnizens und M.s in Englisch]. J. M.

Maß (engl. measure, franz. mesure), philosophischer, mathematischer und wissenschaftstheoretischer Begriff. (1) In der *philosophischen* und *literarischen* Tradition wird ›M.‹ vornehmlich als ethischer oder ästhetischer Ordnungsbegriff, gelegentlich auch als erkenntnistheoretischer Begriff (↑Homo-mensura-Satz), verwendet: in ethischen Theorien der Antike und der christlichen Philosophie in der Bedeutung von ›Tugend‹ (bei Platon etwa orientiert an einer kosmischen Ordnung [↑Kosmos] und, unter pythagoreischem Einfluß, an spekulativ-mathematischen Ideen [↑Ideenzahlenlehre], bei Aristoteles abgelöst durch die ↑Mesotes-Lehre), in ästhetischen Theorien in der Bedeutung von ›Ausgewogenheit‹ oder ›Harmonie‹ (als Komplementärbegriff zu den Begriffen des ↑Schönen und des ↑Erhabenen, etwa bei I. Kant, KU §§ 25–28, Akad.-Ausg. V, 248–264). ›M.‹ tritt dabei häufig auch als Übersetzung der Kardinaltugend (↑Tugend) ›temperantia‹ (↑Sophrosyne) auf. (2) In der *Mathematik* ist ›M.‹ Grundbegriff der *Maßtheorie* und soll ↑Mengen eine reelle Zahl als Charakterisierung der Größe ihres Inhalts zuordnen. Ein M. μ ist eine Funktion, die einer σ-Algebra (synonym: σ-Körper, Borelscher Mengenkörper) $\mathfrak{A}$ über einer Menge Ω (d.h. einer Menge von Teilmengen von Ω, die Ω

enthält, ferner zu einer Menge A aus $\mathfrak{A}$ auch deren Komplement $\complement A$ sowie zu einer Folge $A_1, A_2, \ldots$ von Mengen aus $\mathfrak{A}$ auch deren Vereinigung $\bigcup_{i=1}^{\infty} A_i$ enthält) nicht-negative reelle Zahlen zuordnet, so daß gilt:

(1) $\mu(\emptyset) = 0$,
(2) $\mu(\bigcup_{i=1}^{\infty} A_i) = \Sigma_{i=1}^{\infty}\mu(A_i)$ für alle Folgen $A_1, A_2, \ldots$ von paarweise disjunkten Mengen aus $\mathfrak{A}$.

Fordert man (2) nur von je endlich vielen paarweise disjunkten Mengen $A_1, \ldots, A_n$, so spricht man statt von einem ›M.‹ auch von einem ›Inhalt‹. Dabei kann der Definitionsbereich von μ auf Ringe $\mathfrak{R}$ über Ω erweitert werden (d. h. auf Mengen von Teilmengen von Ω, die die leere Menge [↑Menge, leere] und mit je zwei Mengen A, B auch deren Differenz $A \backslash B$ und Vereinigung [↑Vereinigung (mengentheoretisch)] $A \cup B$ enthalten). Bedingung (2) nennt man auch ›Volladditivität‹ oder ›σ-Additivität‹. Mengen A aus $\mathfrak{A}$ mit $\mu(A) = 0$ heißen μ-Nullmengen. Ein wichtiger Spezialfall eines M.es ist das Lebesgue-M. für gewisse Teilmengen (die so genannten Lebesgue-meßbaren Mengen) des n-dimensionalen cartesischen Raumes $\mathbb{R}^n$. Dieser M.begriff ermöglichte es H. Lebesgue im Anschluß an Überlegungen von É. Borel, die Cauchy-Riemannsche Integrationstheorie (↑Integral) entscheidend zu verbessern und zu verallgemeinern. Allerdings umfassen die Lebesgue-meßbaren Mengen nicht alle Teilmengen des $\mathbb{R}^n$; das Lebesgue-M. leistet also nicht, ein M. der Größe des Inhalts (im intuitiven Sinne) *aller* Mengen des $\mathbb{R}^n$ zu liefern. Ist μ auf 1 normiert, also $\mu(\Omega) = 1$, so liegt ein *Wahrscheinlichkeitsmaß* vor (↑Wahrscheinlichkeit). Dieser allgemeine, maßtheoretische Wahrscheinlichkeitsbegriff liegt der modernen axiomatischen ↑Wahrscheinlichkeitstheorie zugrunde. (3) In der *Wissenschaftstheorie* bedeutet ›M.‹ soviel wie ›metrischer Begriff‹ (d.h. eine Funktion, die Objekten Zahlen als Meßwerte zuordnet). So geht es z. B. in der historischen Diskussion, welches M. man für die Kraft eines bewegten Körpers wählen solle (oder in Diskussionen der ↑Psychophysik, ein M. für die Intensität von Empfindungen zu finden), darum, den intuitiven Begriff durch einen geeigneten metrischen Begriff zu explizieren. Das allgemeine Problem der Bildung metrischer Begriffe wird in der ↑Meßtheorie behandelt. Daneben versteht man unter ›M.‹ soviel wie ›M.einheit‹, z. B. Meter als M. der Länge, das Kilogramm als M. des Gewichts (vgl. die Kategorientafel in Kants Prolegomena [. . .], 1783, § 21, in der die Kategorie der Einheit durch den Zusatz ›das M.‹ erläutert wird, Akad.-Ausg. IV, 303). Gelegentlich wird unter ›M.‹ auch die M.einheit eines speziellen Begriffs verstanden (so in Bayern ›die M.‹ als Einheit des Volumenbegriffs, allerdings nur noch auf Bier bezogen). Umgangssprachlich kann ›M.‹ auch

›Meßwerkzeug‹ bedeuten (z. B. ›Metermaß‹), was auf den technisch-praktischen Ursprung metrischer Begriffe hindeutet.

Literatur: H. Bauer, Wahrscheinlichkeitstheorie und Grundzüge der M.theorie, Berlin 1968, erw. unter dem Titel: Wahrscheinlichkeitstheorie, Berlin/New York [4]1991, [5]2002 (engl. Probability Theory and Elements of Measure Theory, New York/London 1972, [2]1981 [basiert auf dt. [3]1978], unter dem Titel: Probability Theory, Berlin/New York 1996; V. I. Bogachev, Measure Theory, I–II, Berlin/Heidelberg/New York 2007; P. R. Halmos, Measure Theory, New York 1950, New York/Heidelberg/Berlin 1988; H. Ottmann/H. Rücker/K. Mainzer, M., Hist. Wb. Ph. V (1980), 807–825; J. Rosmorduc u. a., Mesure, Enc. philos. universelle II (1990), 1605–1609; M. Steinmann, M./Mäßigung, RGG V ([4]2002), 893–894; T. Tao, An Introduction to Measure Theory, Providence R. I. 2011.   P. S.

Masse (von griech. *μάζα* [*μᾶζα*], Teig; engl. mass, franz. masse, ital. massa), Bezeichnung für eine Grundeigenschaft der ↑Materie und daher Grundgröße der Physik. Bereits in der aristotelischen Physik des Mittelalters wird die ›quantitas materiae‹ als Trägerin der räumlichen Ausdehnung vom Rauminhalt und Gewicht eines Körpers unterschieden. J. Buridan stellt die Eigenschaft heraus, daß ein Körper desto mehr an *impetus* (oder ›Schwung‹) in sich aufnehmen kann, je mehr Materie er besitzt. Im Rahmen dieser ↑Impetustheorie wird die Quantität der Materie oder M. durch den Bewegungswiderstand ausgedrückt. Allerdings ist in diesem Rahmen, etwa bei J. Kepler, der Widerstand gegen die Bewegung selbst, nicht gegen Bewegungsänderung, das zentrale Merkmal der *inertia* oder ›trägen M.‹. Im Unterschied zur Aristotelischen Lehre wird in der Neuzeit die *schwere* M. nicht als ein dem Körper innewohnendes Prinzip aufgefaßt, sondern als eine auf diesen Körper von außen wirkende ↑Kraft.

Nachdem der M.begriff bei R. Descartes und C. Huygens in den ↑Stoßgesetzen verwendet worden war, versucht I. Newton erstmals den M.begriff der klassischen ↑Mechanik zu definieren, und zwar als Produkt von Dichte und Rauminhalt. Dabei ist Newtons Dichtebegriff nicht eindeutig. Häufig wird er (im Unterschied zur M.) als primärer Grundbegriff in Newtons System aufgefaßt, der auf Grund von Newtons atomistischer (↑Atomismus) Vorstellung als die Anzahl der Körperkorpuskeln pro Volumeneinheit zu definieren sei. Autoren wie E. Mach werfen Newton eine Zirkeldefinition (↑zirkulär/Zirkularität) der M. vor, da Dichte nur als M. pro Volumen definiert werden könne. Nach L. Euler ist die M. eines Körpers durch die Kraft zu messen, die nötig ist, um ihm eine bestimmte Bewegung (Beschleunigung) zu verleihen. J. C. Maxwell u. a. schlagen vor, den M.begriff im Sinne der Eulerschen Interpretation von Newtons 2. Mechanikaxiom durch das Verhältnis von Kraft zu Beschleunigung zu definieren. Eine solche Definition

besitzt allerdings den Nachteil, eine vom M.begriff unabhängige Kraftdefinition vorauszusetzen. Die M.definition von Mach beruht daher auf dem Prinzip, daß das M.verhältnis $m_1 : m_2$ zweier Körper durch das negative reziproke Verhältnis ihrer Beschleunigungen $- b_2 : b_1$ unter der Wirkung derselben Kraft definiert werden kann, wobei ein Standardkörper wie z. B. der Kilogrammprototyp als Einheit der M. gilt. Dieser M.begriff mißt also den Trägheitswiderstand gegenüber beschleunigenden Kräften. Gegenüber der *trägen* M. m_i, die in Newtons 2. Mechanikaxiom Verwendung findet, ist die *schwere* M. m_s ein Maß für die Eigenschaft eines Körpers, durch Gravitationswirkung einen anderen Körper anzuziehen oder von ihm angezogen zu werden. Das *Gewicht* eines Körpers $G = m_s \cdot g$ ist dann die durch das Newtonsche Gravitationsgesetz (↑Gravitation) gegebene Stärke dieser durch die Fallbeschleunigung g charakterisierten Anziehung. Nachdem Newton und F. W. Bessel mit Pendelversuchen vorausgegangen waren, suchen R. v. Eötvös u. a. mit einer Drehwaage einen Unterschied beider M.narten festzustellen. A. Einstein interpretiert die Ergebnisse dieser Versuche als experimentelle Ununterscheidbarkeit von Trägheit und Schwere durch sein allgemeines ↑Relativitätsprinzip (↑Relativitätstheorie, allgemeine). Autoren wie H. Dingler und B. Thüring sprechen demgegenüber vom ungestörten Ablauf der Drehwaageversuche, der durch das Fehlen störender Kräfte und nicht durch die Gleichheit von träger und schwerer M. zu erklären sei.

Bei hohen Geschwindigkeiten nahe der Lichtgeschwindigkeit c ergibt sich für träge M.n in der Einsteinschen Interpretation der Speziellen Relativitätstheorie (↑Relativitätstheorie, spezielle) eine Abhängigkeit von der Geschwindigkeit v relativ zu einem ruhenden Beobachter

$$\text{mit } m = \frac{m_0}{\sqrt{1 - \frac{v^2}{c^2}}}, \text{ wobei } m_0 \text{ die so genannte Ruhemasse}$$

des Körpers ist, die in einem ↑Bezugssystem gemessen wird, in dem der Körper ruht. Experimentell wurde diese M.nveränderung für Elementarteilchen nachgewiesen, deren Geschwindigkeit nahe c ist. Aus der Relativitätstheorie folgt auch die Äquivalenz von M. und ↑Energie nach der Einsteinschen Formel $E = mc^2$. Sie erklärt in der Kernphysik, wie durch den M.ndefekt, wonach die Ruhemasse zusammengesetzter Atomkerne kleiner ist als die M.nsumme der sie zusammensetzenden Nukleonen (also Protonen und Neutronen), Energie z. B. in der Form von Strahlung gewonnen werden kann. Ferner gilt der ↑Erhaltungssatz für M. und Energie, wonach die Summe aller Energiebeträge und aller mit c^2 multiplizierten M.n in einem abgeschlossenen physikalischen System konstant bleibt.

In der *Wissenschaftstheorie* stehen Probleme einer Definition des M.begriffs im Vordergrund. Analog zu D.

Hilberts formaler axiomatischer Theorie der ↑Euklidischen Geometrie wird in der Analytischen Wissenschaftstheorie (↑Wissenschaftstheorie, analytische) vorgeschlagen, M. als Grundterm einer *axiomatischen Theorie* (↑System, axiomatisches) der (klassischen) Partikelmechanik einzuführen. Mit modelltheoretischen (↑Modelltheorie) Methoden läßt sich dann prüfen, ob M. als nicht-logische Konstante der betreffenden Axiomatisierung durch die Axiome der Theorie und die in ihnen enthaltenen nicht-logischen Konstanten wie ›Kraft‹ und ›Ort‹ definierbar (↑definierbar/Definierbarkeit) ist oder nicht. Um den praktischen Schwierigkeiten eines Formalisierungsprogramms der Wissenschaften zu entgehen, wird im Anschluß an P. Suppes vorgeschlagen, physikalische Theorien nicht durch formale Sprachen (↑Sprache, formale), sondern durch ein mengentheoretisches Prädikat analog den mathematischen Strukturen im Bourbaki-Programm (N. ↑Bourbaki) einzuführen und ↑Modelle etwa der Partikelmechanik zu betrachten, in denen theoretische Begriffe (↑Begriffe, theoretische) auftreten. Dies führt zum ↑›non-statement-view‹ empirischer Theorien, z.B. bei J. D. Sneed (↑Theorieauffassung, semantische, ↑Theoriesprache).

Demgegenüber geht die *protophysikalische* Begründung des M.begriffs (↑Protophysik) in der Konstruktiven Wissenschaftstheorie (↑Wissenschaftstheorie, konstruktive) davon aus, daß zunächst Euklidische Geometrie und Galileische ↑Kinematik als apriorisches Fundament der Längen- und Zeitmessung einzuführen sind. Unter Voraussetzung der Erde als des klassischen Bezugssystems kann der M.begriff der klassischen Mechanik z.B. dadurch definiert werden, daß die vom inelastischen Stoß bekannte approximative Realisierung einer Konstanz der Geschwindigkeitsverhältnisse zur Definitionsgrundlage genommen wird. Das Auftreten hoher Geschwindigkeiten nahe *c* in der ↑Elektrodynamik führt zu einer M.nvergrößerung, deren Messung in der Interpretation von P. Lorenzen die Auszeichnung eines klassischen ↑Inertialsystems voraussetzt und daher nicht (im Sinne Einsteins) als Revision der klassischen Kinematik, sondern nur als Revision der klassischen Messung für M.n aufgefaßt wird.

Eine protophysikalische Massendefinition (bei H. Dingler und B. Thüring), in der das Gravitationsgesetz als definierender und damit nicht-empirischer Satz verwendet wird, benötigt ebenfalls die Auszeichnung eines einzigen Bezugssystems, um schon für die Unterscheidung bewegt/unbewegt *kinematisch* Eindeutigkeit für alle Körperbewegungen zu erreichen. Im Rahmen der von P. Janich vertretenen Physikkonzeption reicht es allerdings aus, die Relativbewegung eines Körpers bezüglich eines anderen, beliebigen und dynamisch (etwa als inertial) nicht ausgezeichneten Körpers feststellen zu können. Dementsprechend läßt sich ›M.‹ an Relativbewegungen

durch Vergleich von Körpern an einer ›Seilwaage‹ definieren. Eine Balkenwaage heiße eine Seilwaage, wenn gilt: (1) sie ist geometrisch symmetrisch; (2) sie darf in beliebiger Richtung und Beschleunigung relativ zur Erde verwendet werden; und (3) die Ununterscheidbarkeit zweier Körper auf der Waage ist eine ↑Äquivalenzrelation (›Zuggleichheit‹). Ein (Maß-)Körper heiße dann ›homogen dicht‹, wenn beliebige, aber volumengleiche Teile aus ihm zuggleich sind. Das M.nverhältnis zweier (nicht notwendig gleicher) Teile eines homogen dichten Körpers ist durch ihr Volumenverhältnis definiert (diese Definition entspricht der technischen Praxis, Gewichtssätze – etwa aus Metall – herzustellen. Sie bedeutet jedoch nicht, daß damit nur die ›schwere‹ M., im Unterschied zur ›trägen‹, definiert würde. Vielmehr unterscheidet das der Definition zugrundeliegende Verfahren, Zuggleichheit festzustellen, nicht zwischen den Wirkungen von Schwere und Beschleunigung). M.ngleichheit liegt dann vor, wenn das M.nverhältnis 1 beträgt. – Das M.nverhältnis beliebiger, also insbes. weder homogen dichter noch materialgleicher Körper wird durch Zuggleichheit mit Gewichten festgestellt, also letztlich auf Volumenmessung an Teilen eines homogen dichten Vergleichskörpers zurückgeführt. Diese M.ndefinition ohne Auszeichnung irgendwelcher Bezugssysteme erlaubt über den Impulssatz für den ideal unelastischen Stoß eine zirkelfreie Definition von ↑›Inertialsystem‹ und eine lückenlose und zirkelfreie Interpretation der Bewegungsgesetze Newtons. Sie erfüllt das protophysikalische Programm der normativen Sicherung von ↑Reproduzierbarkeit durch eine Vorschrift zur Herstellung der homogenen Dichte von Körpern.

Literatur: J. Buridan, Quaestiones super octo phisicorum libros Aristotelis, Paris 1509 (repr. Frankfurt 1964), VIII 9, 12; I. B. Cohen, Newton's Concepts of Force and Mass, with Notes on the Laws of Motion, in: ders./G. E. Smith (eds.), The Cambridge Companion to Newton, Cambridge etc. 2002, 57–84; E. J. Dijksterhuis, De Mechanisering van het Wereldbeeld, Amsterdam 1950, 2006 (dt. Die Mechanisierung des Weltbildes, Berlin/Göttingen/Heidelberg 1956 [repr. Berlin/Heidelberg/New York 1983, 2002]; engl. The Mechanization of the World Picture, Oxford 1961, Princeton N. J. 1986); H. Dingler, Die Methode der Physik, München 1938; R. Dugas, Histoire de la mécanique, Neuchâtel, Paris 1950, Paris 1996 (engl. A History of Mechanics, Neuchâtel, New York 1955, New York 1988); P. Duhem, L'évolution de la mécanique, Paris 1903 (repr. 1992) (dt. Die Wandlungen der Mechanik und der mechanischen Naturerklärung, Leipzig 1912; engl. The Evolution of Mechanics, Alphen aan den Rijn 1980); A. Einstein, The Meaning of Relativity. Four Lectures Delivered at Princeton University, Princeton N. J. 1922, 6. 2003 (dt. Vier Vorlesungen über Relativitätstheorie, gehalten im Mai 1921 an der Universität Princeton, Braunschweig 1922, erw. unter dem Titel: Grundzüge der Relativitätstheorie, Braunschweig 3. 1956, Berlin/Heidelberg 7. 2009; M. Heller, Adventures of the Concept of Mass and Matter, Philos. in Sci. 3 (Tucson Ariz. 1988), 15–35; H. Hermes, Eine Axiomatisierung der allgemeinen Mechanik, Leipzig 1938 (repr. Hildesheim 1970); M.

Jammer, Concepts of Mass in Classical and Modern Physics, Cambridge Mass. 1961, Mineola N. Y. 1997 (dt. [erw.] Der Begriff der M. in der Physik, Darmstadt 1964, ³1981); ders., M., Enc. Ph. V (1967), 177–179; ders., M., Hist. Wb. Ph. V (1980), 825–828; ders., Concepts of Mass in Contemporary Physics and Philosophy, Princeton N. J. 2000; P. Janich, Ist M. ein ›theoretischer Begriff‹?, Z. allg. Wiss.theorie 8 (1977), 302–314; ders., Newton ab omni naevo vindicatus, Philos. Nat. 18 (1980), 243–255; ders., Die Eindeutigkeit der M.nmessung und die Definition der Trägheit, Philos. Nat. 22 (1985), 87–103; G. Kane, Das Geheimnis der M., Spektrum Wiss. (2006), H. 3, 36–43; J. Kepler, Epitome astronomiae Copernicanae [...] IV, Linz 1620, 569–622 (Pars III De motus planetarum reali et vera inaequalitate, et causis ejus), ed. M. Caspar, München 1953 (= Ges. Werke VII), ²1991, 327–355 (engl. Epitome of Copernican Astronomy [Books IV and V]. The Organization of the World and the Doctrine on the Theoria, Annapolis Md. 1939 [repr. New York 1969], 146–201 [Book Four, Part Three On the Real and True Irregularity of the Planets and Its Causes], unter dem Titel: The Almagest, by Ptolemy/On the Revolutions of the Heavenly Spheres, by Nicolaus Copernicus/Epitome of Copernican Astronomy: IV and V/The Harmonies of the World: V, by Johannes Kepler, ed. M. J. Adler/W. Brockway, Chicago Ill. etc. 1952 [Great Books of the Western World XVI], 928–960, unter dem Titel: Ptolemy: The Almagest/Nicolaus Copernicus: On the Revolution of the Heavenly Spheres/Johannes Kepler: Epitome of Copernican Astronomy: IV–V/The Harmonies of the World: V, ed. C. Fadiman/P. W. Goetz, ²1990, 2003 [Great Books of the Western World XV], 928–960; franz. Abrégé d'astronomie copernicienne, Paris 1988, 422–457 [Livre IV, Partie III Des mouvements réels des planètes et de la vraie inégalité et de ses causes]; dt. Kurze Darstellung der Copernicanischen Astronomie, Würzburg 2010, 403–438 [Viertes Buch, Dritter Teil Von der wirklichen und wahren Ungleichheit der Planetenbewegung und deren Ursachen]); A. Koslow, Mach's Concept of Mass. Program and Definition, Synthese 18 (1968), 216–233; R. Kurth, M. als Menge der Materie, Philos. Nat. 7 (1961), 356–364; M. Lange, An Introduction to the Philosophy of Physics. Locality, Fields, Energy, and Mass, Malden Mass./Oxford/Carlton 2002, 2006; P. Lorenzen, Zur Definition der vier fundamentalen Meßgrößen, Philos. Nat. 16 (1976), 1–9, ferner in: J. Pfarr (ed.), Protophysik und Relativitätstheorie [s. u.], 25–33; ders., Relativistische Mechanik mit klassischer Geometrie und Kinematik, Math. Z. 155 (1977), 1–9, ferner in: J. Pfarr (ed.), Protophysik und Relativitätstheorie [s. u.], 97–105; E. Mach, Ueber die Definition der M., Repertorium für Experimental-Physik 4 (1868), 354–359, ferner in: ders., Die Geschichte und die Wurzel des Satzes von der Erhaltung der Arbeit, Leipzig 1909, 50–54; J. C. C. McKinsey/A. C. Sugar/P. Suppes, Axiomatic Foundations of Classical Particle Mechanics, J. Rat. Mech. Anal. 2 (1953), 253–272; P. Mittelstaedt, Zur Protophysik der Klassischen Mechanik, in: G. Böhme (ed.), Protophysik. Für und wider eine konstruktive Wissenschaftstheorie der Physik, Frankfurt 1976, 131–168; J. F. O'Brien, Some Medieval Anticipations of Inertia, New Scholasticism 44 (1970), 345–371; J. Pfarr (ed.), Protophysik und Relativitätstheorie. Beiträge zur Diskussion um eine konstruktive Wissenschaftstheorie der Physik, Mannheim/Wien/Zürich 1981 (Grundlagen der exakten Naturwissenschaften IV); J. D. Sneed, The Logical Structure of Mathematical Physics, Dordrecht 1971, Dordrecht/Boston Mass./London 1979; W. Stegmüller, Probleme und Resultate der Wissenschaftstheorie und analytischen Philosophie II/2 (Theorienstrukturen und Theoriendynamik), Berlin/Heidelberg/New York 1973, Berlin etc. ²1985; F. Steinle, Was ist M.? Newtons Begriff der Materiemenge, Philos. Nat. 29 (1992), 94–117; I. Szabó, Geschichte der mechanischen Prinzipien und ihrer wichtigsten Anwendungen, Basel/Stuttgart 1977, Basel/Boston Mass./Berlin 1996; B. Thüring, Die Gravitation und die philosophischen Grundlagen der Physik, Berlin 1967; C. A. Truesdell, Essays in the History of Mechanics, Berlin/Heidelberg/New York 1968.   K. M./P. J.

Maßtheorie (engl. measure theory), ↑Maß.

Material, ↑Medium (semiotisch).

material, im Unterschied zu ↑›formal‹, auf den inhaltlichen Aspekt von Sachverhalten bezogener Begriff.

material-analytisch, Terminus der Konstruktiven Wissenschaftstheorie (↑Wissenschaftstheorie, konstruktive), dient zusammen mit ›material-synthetisch‹ der Unterscheidung ↑a priori wahrer Sätze. In Verfeinerung einer Unterscheidung I. Kants werden Sätze als ›m.-a. wahr‹ bezeichnet, die auf Grund von terminologischen Normierungen gelten, die ihrerseits in ↑Prädikatorenregeln ausgedrückt werden. Z. B. ist der Satz ›Insekten sind Tiere‹ m.-a. wahr, da seine Bestreitung gegen sprachliche Normen verstößt. Dagegen ist ein Satz wie ›Säugetiere sind Lungenatmer‹ nicht m.-a., sondern ›empirisch wahr‹, da er auf Grund zoologischer Sachverhalte, nicht aber sprachlicher Normierungen gilt. ›*Material-synthetisch* wahr‹ heißen solche Sätze, deren Wahrheit sich neben der Berufung auf ↑Logik, ↑Arithmetik, ↑Analysis und ↑Definitionen nur durch Rekurs auf ideale Herstellungsnormen (z. B. für die euklidische Ebene) als Grundlage des Messens verteidigen läßt. Hierzu gehören insbes. die Sätze der ↑Protophysik, soweit sie von solchen idealen Normen abhängen (↑Norm (protophysikalisch)).

Literatur: W. Kamlah/P. Lorenzen, Logische Propädeutik. Vorschule des vernünftigen Redens, Mannheim/Wien/Zürich 1967, 189–234, ³1996, 188–231; P. Lorenzen/O. Schwemmer, Konstruktive Logik, Ethik und Wissenschaftstheorie, Mannheim/Wien/Zürich ²1975.   G. W.

Materialismus (historisch), auf dem ↑Dualismus von Materie und Geist beruhende Begriffsbildung (↑Materialismus (systematisch)), die in ihrer Anwendung bereits auf die vorsokratische (↑Vorsokratiker) ↑Naturphilosophie, den ↑Pythagoreismus und die epikureische Philosophie (↑Epikureismus) Fragestellungen und Unterscheidungen unterstellt, die erst im Rahmen erkenntnis- und wissenschaftstheoretischer Begründungsversuche der neuzeitlichen Physik entstehen. Dagegen macht schon D. Diderot in einem Enzyklopädieartikel darauf aufmerksam, daß der ↑Hylozoismus der Antike Materie und Geist als ›Modifikationen ein und derselben Substanz‹ verstanden habe (Immatérialisme, in: Encyclopédie ou dictionnaire raisonné des sciences des arts et des métiers VIII, Neuchâtel 1765, 570–574). Der moderne Dualismus wird in der Auseinandersetzung zwischen ↑Rationalismus, ↑Spiritualismus und ↑Empirismus begrifflich präzisiert und führt mit Beginn des 18. Jhs. zur Ausbildung gegensätzlicher philosophischer Richtungen, zwischen denen streitig ist, ob die ↑Materie oder der ↑Geist das Primäre, Grundlegende und Bestimmende sei. Von hier aus dienen die Begriffe des M. und des ↑Idealismus der retrospektiven Interpretation der Philosophiegeschichte in Bezichtigungsabsicht.

Die milesische Naturphilosophie (↑Philosophie, ionische) entsteht im Anschluß an vorderorientalische Mythen und einen Bestand noch theorielosen, situationsbezogenen Erfahrungswissens als Bemühung um eine die Natur entmythologisierende, rationale Erklärung des ↑Kosmos. Die naturphilosophische Suche nach einem einheitlichen Ordnungsprinzip des Kosmos und nach einem den bereits erklärungsbedürftigen Wechsel sowohl hervorbringenden als auch überdauernden Urstoff (↑Hyle), den Thales der Überlieferung nach im Wasser, Anaximander im Unbegrenzten (↑Apeiron) und Anaximenes in der Luft sieht, materialistisch im Sinne des Dualismus von Geist/Seele und Materie zu interpretieren, ist unzulässig. Diese ↑Kosmogonien und ↑Kosmologien sind gegenüber dem modernen Gegensatz, den sie nicht kennen, indifferent, der in ihnen verwendete Ausdruck ›ὕλη‹ hat nicht nur gegenüber dem neuzeitlichen Begriff der Materie, sondern auch gegenüber dem Aristotelischen Gebrauch desselben Wortes ein unterschiedliches Bedeutungsfeld. Noch weniger darf Parmenides von Elea wegen seiner Theorie des unveränderlichen, unbewegten und einigen Alls für eine materialistische Position in Anspruch genommen werden. Seine abstrakte, sprachlogische Elemente einführende Philosophie läßt die Erkenntnis der wirklichen Welt nur durch die Vernunft zu und sucht die auf Täuschung beruhende Sinneswahrnehmung als Erkenntnisquelle auszuschließen. Zwar bemühen sich seine Nachfolger in dem Versuch einer ↑›Rettung der Phänomene‹ um die Auflösung des durch Parmenides entstandenen Widerspruchs zwischen wahrem Sein und bloßem Schein, doch geschieht dies nicht auf der Grundlage materialistischer Fragestellungen. Auch der im Anschluß an die Behauptung des Pythagoreers Empedokles und des Ioniers Anaxagoras, daß es eine von der bewegten Materie unabhängige Ursache der Bewegung geben müsse, von Leukippos von Milet und Demokrit vertretene ↑Atomismus beruht nicht auf einer materialistischen Fragestellung. Wohl aber hat die atomistische Hypothese die Entwicklung des M. im ausgehenden 17. Jh. erheblich beeinflußt. Sie bildet, insbes. in ihrer Ausarbeitung durch Epikur und Lukrez, eine der

Grundlagen der neuzeitlichen Naturphilosophie, die sich zunächst in Italien ausbildet. Unter dem Einfluß des ↑Neuplatonismus, des ↑Neupythagoreismus, des ↑Epikureismus und der ↑Kabbala durchdringen sich in den von G. Cardano, B. Telesio und G. Bruno entwikkelten Theorien des Weltorganismus Naturerkenntnis und ↑Theosophie.

In England nimmt F. Bacon, in Frankreich P. Gassendi die atomistische Theorie Demokrits auf, die verbunden mit der Forderung nach Erneuerung der Wissenschaften durch systematische Beobachtung zum Paradigma physikalischer, physiologischer, psychophysischer und chemischer Theoriebildung wird. T. Hobbes legt die atomistische Bewegungstheorie nicht nur seinen physikalischen, sondern auch seinen anthropologischen und staatsphilosophischen Abhandlungen zugrunde. Er verkürzt die schon in der Antike aus der Hypothese über die Erhaltung der Materie abgeleitete Affektenlehre (↑Affekt) auf der Basis des Selbsterhaltungstriebs des Menschen um ihre traditionelle Ergänzung durch die Lehre von den Kardinaltugenden (↑Tugend) und gelangt so zu einem die ↑Willensfreiheit und die ↑Unsterblichkeit der Seele ausschließenden ↑Determinismus. Die Erfolge der neuzeitlichen Physik (G. Galilei, I. Newton) werden als Bestätigung für die Richtigkeit des mechanistischen Weltbildes (↑Weltbild, mechanistisches, ↑Mechanismus) gewertet. Bei zunehmender Glaubensunsicherheit treten gleichzeitig die schon in der antiken Naturphilosophie vorhandenen religionskritischen Elemente schärfer hervor und führen zu Polarisierungen im Verhältnis zur Theologie und zur traditionellen Moralphilosophie. In diesem Kontext entsteht zu Beginn des 18. Jhs. in England die Bezeichnung ›materialist‹ als Kampfbegriff gegen Vertreter einer Auffassung, nach der die Welt, einschließlich der als Maschinen aufgefaßten Lebewesen, als ein System zusammengesetzter Körper betrachtet wird, das sich in Raum und Zeit nach den Gesetzen der ↑Mechanik bewegt und wegen seiner Perfektion des weiteren Eingriffs seines Urhebers nicht bedarf. Die ersten kritischen Stellungnahmen, in denen die Bezeichnung ›Materialist‹ auftritt, setzen sich nicht mit der Theorie selbst und ihrer erkenntnistheoretischen Fundierung, sondern mit den Wirkungen der mechanistischen Auffassung auf die moralischen und religiösen Einstellungen auseinander.

W. Harveys Entdeckung des Blutkreislaufs führt zur Aufgabe der aristotelisch-galenschen Physiologie und zu neuen Ansätzen im Rahmen des sensualistisch-atomistischen Paradigmas. Zwar hält R. Descartes noch an der Vorstellung der Lebensgeister fest, läßt deren Bewegungen und Bewegungswirkungen jedoch mathematisch-physikalischen Gesetzen folgen. Ein durchgehender Mechanismus von Druck und Stoß befördert die Außenweltwirkung durch die Sinne auf das Gehirn und vom Gehirn durch Nerven und Muskeln wieder zurück. Von hier aus war es nur noch ein kleiner Schritt, die Theorie der Tiermaschine auf den Menschen zu übertragen und den Dualismus von Geist und Materie in der Bewußtseinstheorie Descartes' (↑res cogitans/res extensa) aufzugeben. Dies geschieht durch den holländischen Arzt H. DuRoy (Henricus Regius) (Brevis explicatio mentis humanae, sive animae rationalis [...], Utrecht 1657), der damit die bis zum Ausgang des 18. Jhs. wirksame Schule des französischen Materialismus (↑Materialismus, französischer) begründet. Dessen physiologische Tradition wird in Deutschland nach Auflösung der idealistischen Systeme (↑Idealismus, deutscher) I. Kants und G. W. F. Hegels insbes. durch J. Moleschott (Der Kreislauf des Lebens [...], Mainz 1852), C. Vogt (Köhlerglaube und Wissenschaft, Gießen 1855) und L. Büchner (Kraft und Stoff [...], Frankfurt 1855) weitergeführt und sowohl von der idealistischen als auch von der Marxschen Position aus scharf kritisiert. Der so genannte ›M.streit‹ zwischen Vogt und R. Wagner, der noch einmal den theologisch-kirchlichen Standpunkt physiologisch zu verteidigen sucht (Menschenschöpfung und Seelensubstanz [...], Göttingen 1854), ist trotz seiner Publizität ein Weltanschauungsstreit ohne weiterführende naturwissenschaftliche oder philosophische Bedeutung geblieben. Die in der Schule der ›Ideologen‹ vor allem von A. L. Destutt de Tracy (Projet d'éléments d'idéologie [...], Paris 1801) fortgeführte Religionskritik wird in der nachidealistischen Philosophie insbes. von L. Feuerbach (Das Wesen des Christentums, Leipzig 1841; Das Wesen der Religion [1845], in: Die Epigonen I [1846], 117–178) aufgenommen. Dessen ↑Religionskritik, in der die Überwindung der religiösen Selbstentfremdung zur Sache des richtigen Verstandesgebrauchs wird, regen K. Marx und F. Engels an, sich mit den materiellen Ursachen der Entstehung und Beharrung von ↑Ideologien kritisch auseinanderzusetzen (Die deutsche Ideologie [...] 1845/1846, Wien/Berlin 1932). Diese Analyse führt zur Ausbildung der später als ›historischer M.‹ (↑Materialismus, historischer) bezeichneten materialistischen Geschichtsauffassung von Marx und Engels. Deren im Gegensatz zur idealistischen Dialektik Hegels auf Grund der materialistischen Geschichtsauffassung entwickelte und ›materialistische Dialektik‹ genannte Methode wird ebenfalls erst im Rahmen der Marxistischen Theorie als ›dialektischer M.‹ (↑Materialismus, dialektischer) bezeichnet.

Literatur: A. Arndt/W. Jaeschke (eds.), M. und Spiritualismus. Philosophie und Wissenschaft nach 1848, Hamburg 2000; K. Bayertz/M. Gerhard/W. Jaeschke (eds.), Weltanschauung, Philosophie und Naturwissenschaft im 19. Jahrhundert I (Der M.-Streit), Hamburg 2007; E. Bloch, Das M.problem, seine Geschichte und Substanz, Frankfurt 1972, 1985; H. Braun, M. – Idealismus, in: O. Brunner/W. Conze/R. Koselleck (eds.), Geschichtliche Grundbegriffe. Historisches Lexikon zur politischsozialen Sprache in Deutschland III, Stuttgart 1982, 2004, 977–1020; A. L. C. Destutt de Tracy, Projet d'éléments d'idéologie. A l'usage des ecoles centrales de la republique francaise, Paris 1801 [repr. Stuttgart-Bad Cannstatt 1977, Paris 2004, 2005]; H. Elliot, Modern Science and Materialism, London etc. 1919, 1927; F. Gregory, Scientific Materialism in Nineteenth Century Germany, Dordrecht/Boston Mass. 1977; F. A. Lange, Geschichte des M. und Kritik seiner Bedeutung in der Gegenwart, Iserlohn 1866, erw. I–II, ²1873/1875, Frankfurt 1974; K. Moser/J. D. Trout (eds.), Contemporary Materialism. A Reader, London/New York 1995; P. Nizan, Les matérialistes de l'antiquité. Démocrite, Epicure, Lucrèce, Paris 1936, 1978, unter dem Titel: Les matérialistes de l'antiquité, 1968, 1971, unter dem Titel: Démocrite, Épicure, Lucrèce. Les matérialistes de l'antiquité. Textes choisis, Paris 1991, 1999; T. I. Ojzerman, Osnovny ětapy razvitija domarksistskoj filosofii, Moskau 1957 (dt.[T. I. Oiserman], Zur Geschichte der vormarxschen Philosophie, Berlin [Ost] 1960); J. Passmore, A Hundred Years of Philosophy, London, New York 1957, 33–45, London, New York, Harmondsworth etc. ²1966, 1994, 35–47 (Chap. II Materialism, Naturalism and Agnosticism); M. L. Rybarczyk, Die materialistischen Entwicklungstheorien im 19. und 20. Jahrhundert. Darstellung und Kritik, Königstein 1979; G. Stiehler (ed.), Beiträge zur Geschichte des vormarxistischen M., Berlin (Ost) 1961; ders. (ed.), Materialisten der Leibniz-Zeit. Ausgewählte Texte, Berlin (Ost) 1966; A. Wittkau-Horgby, M.. Entstehung und Wirkung in den Wissenschaften des 19. Jahrhunderts, Göttingen 1998; weitere Literatur: ↑Materialismus (systematisch), ↑Materialismus, dialektischer, ↑Materialismus, historischer.   H. R. G.

Materialismus (systematisch) (engl. materialism, franz. matérialisme; Gegenbegriff: ↑Idealismus), seit der ersten Hälfte des 18. Jhs. verwendeter Terminus für eine philosophische Position, die (nach einer, allerdings schon für seine Zeit nicht verbindlichen, Definition J. G. Walchs) »geistliche [heute: geistige] Substanzen leugnet und keine andere, als körperliche zulassen will«, unterschieden vom ↑Mechanismus, nach dem »man alle Begebenheiten und Wirkungen der natürlichen Körper bloß aus der Beschaffenheit der Materie, als deren Grösse, Figur, Schwere, Gegeneinanderhaltung und Mischung herleiten, und also ausser der Seele kein ander geistliches Principium erkennen will« (Philosophisches Lexicon II, Leipzig ⁴1775 [repr. Hildesheim 1968], 62). Mit seinem Auftauchen als programmatischer Terminus versteht sich der M. andererseits als eine in der philosophischen Tradition insgesamt, besonders im ↑Atomismus der Antike, wirksame philosophische Einstellung der kritischen Überwindung von Tradition und ↑Autorität, nicht als Position neben anderen: »Der M. ist so alt als die Philosophie, aber nicht älter« (F. A. Lange, Geschichte des M. und Kritik seiner Bedeutung in der Gegenwart I [Geschichte des M. bis auf Kant], ed. A. Schmidt, Frankfurt 1974, 7). Allerdings ist die von Walch angeführte Grundthese, daß nur Materielles existiere bzw. daß der Glaube an die Existenz nicht- oder übermaterieller Gegenstände falsch sei – auf Grund der

Interpretationsbedürftigkeit der Rede vom Materiellen und dessen Existenz bzw. von der Nicht-Existenz des Nicht-Materiellen –, für viele Auslegungen offen. Bei Berücksichtigung des philosophischen Kontexts lassen sich gleichwohl Konturen einer Argumentationstendenz und Denkhaltung rekonstruieren, die die verschiedenen M.konzeptionen miteinander verbinden und damit die Rede von einem philosophischen M. trotz dieser Verschiedenheiten rechtfertigen.

Der M. im Sinne einer *Argumentationstendenz* kann durch drei Postulate charakterisiert werden, die sich als die Prämissen der verschiedenen M.konzeptionen verstehen lassen und die auch für die Selbstdarstellungen der Materialisten, zumeist in Form selbstverständlicher Unterstellungen, eine große Rolle spielen. (1) Das *Postulat der theoretischen Rationalität*: Alle Erklärungsmittel – sowohl die unterstellte Existenz der grundlegenden Kräfte, Elemente oder Strukturen als auch die Erklärungsmethoden – müssen ebenso überblickt werden können wie die Erklärungsgegenstände. D. h., es dürfen weder verborgene Mächte noch geheimnisvolle Zusammenhänge, weder unerkennbare Faktoren noch ›jenseitige‹ bzw. ›transzendente‹ (↑transzendent/Transzendenz) Verursacher in einer Erklärung vorkommen. F. Engels versteht dies als Beharren darauf, »die Welt aus sich selbst zu erklären« (Dialektik der Natur. Einleitung, MEW XX, 315). Als praktischer Kontext zeigt sich damit vor allem eine atheistische (↑Atheismus) Argumentationstendenz, gemäß der einer Berufung auf göttliches Wirken jede Erklärungskraft abgesprochen wird. Theoretisch ist die postulierte ↑Rationalität, weil sie sich durch einen unbeteiligten Überblick (›theoria‹) ergeben soll und so die Einseitigkeiten eines Beteiligten vermeiden zu können glaubt. Rational wird diese Theorie dadurch, daß in ihr dem Denken einsichtige Ordnungen im Ablauf der Geschehnisse und ein Zusammenhang der Dinge entdeckt werden, in denen alltäglich vertraute und überschaute Abläufe und Zusammenhänge wiedererkennbar sind. (2) Das *Postulat der subjektlosen bzw. übersubjektiven Objektivität*: Im Anschluß an (1) erfordert theoretische Rationalität den Ausschluß der Einseitigkeiten subjektiver Einschätzungen. Nur das, worin alle Menschen in ihren Empfindungen gleich sind und fast wie (Meß-)Apparate funktionieren (und am besten durch diese ersetzt werden), kann eine verläßliche, ›objektive‹ Grundlage des Wissens über die Welt (einschließlich der Menschen über sich selbst) liefern. Nicht Übereinstimmung von Gründen oder Argumentationen – mit denen auch subjektive Überzeugungen vergegenwärtigt werden –, sondern die Ausblendung alles individuell Verschiedenen und in diesem Sinne Subjektiven (nicht Gemeinsamkeit, sondern Gleichheit) gewährleistet allein die Objektivität des Wissens. (3) Das *Postulat der reduktionistischen Uniformität*: Gemeint ist die For-

derung, alle ↑Erklärungen gleichförmig zu geben, und zwar durch den schrittweisen Aufbau komplexer und verschiedenartiger anschaulicher Abläufe und Zusammenhänge aus gleichartigen elementaren Geschehnissen und Dingen (↑Reduktion, ↑Reduktionismus).

Die Postulate (1) – (3) werden meist nicht im einzelnen diskutiert, sondern als Kriterien der Rationalität, Objektivität und Uniformität bzw. der Einheit der Welt und der Vernunft oder auch der Wissenschaftlichkeit unterstellt. Die materialistischen Positionen ergeben sich aus der Verbindung dieser Postulate mit bestimmten Interpretationen, die im M. nicht als eigene Begründungsschritte oder Entscheidungen auftreten, sondern zumeist als mit diesen Postulaten identisch oder aus ihnen folgend verstanden werden: Z. B. die *mechanistische* Interpretation theoretischer Rationalität, wonach nur deutungsfrei darstellbare, unabhängig vom menschlichen Handeln bestehende Abläufe und Zusammenhänge, nur ›Mechanismen‹, überblickbare Ordnungen sind. Besonders auf die französischen Materialisten (↑Materialismus, französischer) des 18. Jhs. hat diese mechanistische Interpretation der theoretischen Rationalität eine große Faszination ausgeübt. Auch die deutschen Materialisten des 19. Jhs. (↑Materialismus (historisch)) behaupten die Analogie menschlichen Denkens, Wollens, Empfindens und Handelns zum Funktionieren einer Maschine und berufen sich dabei zugleich auf die Wissenschaftlichkeit oder (theoretische) Rationalität dieser Erklärungsanalogie. Auch der dialektische M. (↑Materialismus, dialektischer) bindet das Verständnis der theoretischen Rationalität an überindividuelle ›Mechanismen‹, ›Bewegungsgesetze‹ und Strukturen, begreift diese aber sehr viel komplexer als die deutschen Materialisten, vor allem durch die Beachtung von Rückwirkungen und nicht nur physikalisch darstellbaren Wirkungsmöglichkeiten.

Die subjektlose Objektivität wird im M. zumeist zugleich *empiristisch* (↑Empirismus) und *realistisch* (↑Realismus (erkenntnistheoretisch), ↑Realismus (ontologisch)) interpretiert: Nur die elementaren und im Prinzip auch über ↑Meßgeräte gewinnbaren sinnlichen ↑Wahrnehmungen gewährleisten verläßliche, weil deutungsfreie und so von subjektiver Willkür unabhängige Darstellungen der Wirklichkeit. Damit eng verbunden oder vermischt ist eine ↑Abbildtheorie der Erkenntnis, wonach die Wirklichkeit nicht erst durch die Erkenntnisleistung (so I. Kant) zu einer strukturierten ↑Realität wird. Auch diese Interpretation wird, sofern sie überhaupt thematisiert wird, als unmittelbare Folgerung aus dem von den Naturwissenschaften angeblich bestätigten Postulat objektiver Wissenschaftlichkeit angesehen. So sieht W. I. Lenin den ›Eckpfeiler‹ des wissenschaftlichen Bewußtseins, an dem die ›Professorenphilosophie‹ zerschellt, in einem ›naturwissenschaftlichen M.‹, nämlich in der »Überzeugung der ›naiven Realisten‹ (d. h. der Menschheit allgemein), daß Empfindungen Abbilder der objektiv realen ↑Außenwelt sind« (Materialismus und Empiriokritizismus, Werke XIV, 355): »Die ›naive‹ Überzeugung der Menschheit wird vom M. *bewußt* zur Grundlage seiner Erkenntnistheorie gemacht« (a. a. O., 62).

Das Postulat der reduktionistischen Uniformität, das Streben nach einer Einheit von Vernunft und Welt und nach einer Einheitlichkeit aller Erklärungen und Erklärungsgegenstände, wird in einem engeren Sinne mit Blick auf den antiken Atomismus *materialistisch* wie folgt interpretiert: Nicht gestaltete Zusammenhänge von differenzierten Eigenschaften oder geleitete und gerichtete Abläufe sinnvoller Ereignisse und Handlungen, sondern ein – bis auf raum-zeitlich darstellbare Unterschiede – qualitätsloses ↑Substrat liefert den einheitlichen ›Stoff‹, aus dem die Mannigfaltigkeit der erscheinenden Wirklichkeit zu erklären ist. Dagegen treten im neueren M. unterschiedliche Begriffe von ↑Materie und in ihr enthaltenen ›höheren‹, sonst dem ›Geist‹ oder der ›Seele‹ zugeschriebenen Eigenschaften auf. Während die deutschen Materialisten des 19. Jhs. sehr grobe Beschränkungen auf damals bekannte physikalische und physiologische Zusammenhänge und Abläufe wählten, versucht der dialektische M. auch die Ausbildung von Qualitäten als ein Vermögen der Materie zu sehen und diese damit evolutionstheoretisch (↑Evolutionstheorie) und teilweise sogar historisch differenziert zu begreifen. Ein differenzierter evolutionistischer Materiebegriff ist auch der Kennzeichnung monistischer (↑Monismus) Positionen wie derjenigen E. Haeckels als ›M.‹ zugrundezulegen. Materialistische Reduktionen im Rahmen des ↑Leib-Seele-Problems stellen der ↑Behaviorismus und die ↑Identitätstheorie, ferner, mit Einschränkungen, der ↑Epiphänomenalismus dar. In der jüngeren philosophischen Diskussion, insbes. in der Philosophie des Geistes (↑philosophy of mind), treten materialistische Positionen dagegen typischerweise unter dem Begriff des ↑Physikalismus auf.

In ihrem praktisch-politischen Kontext hat die aus Postulaten und deren Interpretationen sich ergebende Argumentationstendenz des (theoretischen) M. ebenfalls keine volle begriffliche Schärfe erreichen können. Das Bemühen um ↑Aufklärung im französischen M. des 18. Jhs. wird gerade auch von der materialismuskritischen Philosophie des Deutschen Idealismus (↑Idealismus, deutscher) geteilt und formuliert ohnehin eher traditions- und autoritätskritische Prinzipien für das Denken als eine einheitliche Theorie politischer Organisationsformen oder praktischer Orientierungen. Der historische M. (↑Materialismus, historischer), der eine solche einheitliche Theorie zu formulieren sucht, verdankt sich wiederum einer (wenn auch transformierenden) Verar-

beitung auch idealistischer Argumente und Argumentationsformen. Seine Konzeption läßt sich allenfalls als ein M. hochkomplexer Art bezeichnen. – Bei den deutschen Materialisten des 19. Jhs. herrscht zwar eine atheistische Argumentation als praktischer Kontext vor, ohne jedoch eine praktisch-politische Kritik zu begründen. Lediglich mit einer groben Unterscheidung zwischen praktischen Begründungen ›von oben‹, d. i. durch (einsichtige oder geltende) Werte (↑Wert (moralisch), ↑Wert (ökonomisch)) oder (vernünftige und verbindliche) ↑Pflichten, und praktischen Begründungen ›von unten‹, nämlich durch (bestehende) ↑Bedürfnisse und (sich ergebende) ↑Interessen und daran anschließende Überlegungen der Nützlichkeit des Handelns, scheint die Auszeichnung auch eines ›ethischen M.‹ (F. A. Lange) nahezuliegen. Tatsächlich lassen sich solche Begründungen ›von oben‹ oder ›von unten‹ zumeist nicht deutlich voneinander trennen, da auch die Werte und Pflichten durch ihren Bezug auf Bedürfnisse und Interessen zu konkretisieren sind, und auch die Bedürfnisse und Interessen nach bestimmten (und umstrittenen) Wertungsgesichtspunkten zu gewichten bleiben.

Literatur: A. Arndt/W. Jaeschke (eds.), M. und Spiritualismus. Philosophie und Wissenschaften nach 1848, Hamburg 2000; B. Ballan (ed.), Enjeux du matérialisme, Rouen 1997; H.-J. Barraud, La science et le matérialisme. Essai de philosophie réaliste, Paris 1973; E. Bloch, Das M.problem, seine Geschichte und Substanz, Frankfurt 1972 (= Gesamtausg. XI), 1985 (= Werkausg. VII); C. Brunner, M. und Idealismus, Potsdam 1928, Den Haag 1976; M. Bunge, Scientific Materialism, Dordrecht 1981 (franz. Le matérialisme scientifique, Paris 2008); ders./M. Mahner, Über die Natur der Dinge. M. und Wissenschaft, Stuttgart/ Leipzig 2004; K. Campbell, Materialism, Enc. Ph. V (1967), 179–188; M. Carrier/J. Mittelstraß, Geist, Gehirn, Verhalten. Das Leib-Seele-Problem und die Philosophie der Psychologie, Berlin/New York 1989, 70–82 (II.5 Funktionaler M. und Humanpsychologie [70–79], II.6 Leib-Seele-Identität und eliminativer M. [79–82]) (engl. [erw.] Mind, Brain, Behavior. The Mind-Body Problem and the Philosophy of Psychology, Berlin/New York 1991, 66–78 [II.5 Functional Materialism and Human Psychology (66–74), II.6 Mind-Body Identity and Eliminative Materialism (74–78)]); D. Collin, La matière et l'esprit. Sciences, philosophie et matérialisme, Paris 2004; J. W. Corman, Materialism and Sensations, New Haven Conn./London 1971; S. Crook/C. Gillett, Why Physics alone Cannot Define the ›Physical‹. Materialism, Metaphysics, and the Formulation of Physicalism, Can. J. Philos. 31 (2001), 333–360; J. K. Feibleman, The New Materialism, The Hague 1970; O. Finger, Der M. der ›kritischen Theorie‹, Berlin, Frankfurt 1976; ders., Von der Materialität der Seele. Beitrag zur Geschichte des M. und Atheismus im Deutschland der zweiten Hälfte des 18. Jahrhunderts, Berlin 1961; J. B. Foster/B. Clark/R. York, Critique of Intelligent Design. Materialism versus Creationism from Antiquity to the Present, New York 2008; R. Garaudy, La théorie matérialiste de la connaissance, Paris 1953 (dt. Die materialistische Erkenntnistheorie, Berlin 1960); G. Gurst (ed.), Grosse Materialisten. Zur Geschichte des vormarxistischen M., Leipzig 1965; G. M. Hartmann, Der M. in der Philosophie der griechisch-römischen Antike, Berlin 1959; J. P. Hawthorne, Blocking Definitions of

Materialism, Philos. Stud. 110 (2002), 103–113; R. T. Herbert, Dualism/Materialism, Philos. Quart. 48 (1998), 145–158; T. Horgan, Materialism: Matters of Definition, Defense, and Deconstruction, Philos. Stud. 131 (2006), 157–183; R. C. Koons/G. Bealer (eds.), The Waning of Materialism, Oxford/New York 2010; F. v. Kutschera, Die falsche Objektivität, Berlin/New York 1993; ders., Jenseits des M., Paderborn 2003; F. A. Lange, Geschichte des M. und Kritik seiner Bedeutung in der Gegenwart, Iserlohn 1866, erw. I–II, ²1873/1875, Frankfurt 1974; D. Lewis, What Experience Teaches, Proc. Russellian Soc. 13 (1988), 29–57, Nachdr. in: ders., Papers in Metaphysics and Epistemology, Cambridge/New York 1999, 262–290 (dt. Was die Erfahrung lehrt, in: ders., M. und Bewusstsein, ed. W. Spohn, Frankfurt 2007, 53–87); H. Ley, Studie zur Geschichte des M. im Mittelalter, Berlin 1957; ders., Geschichte der Aufklärung und des Atheismus, I–V/2, Berlin 1966–1989; D. H. Lund, Perception, Mind and Personal Identity. A Critique of Materialism, Lanham Md./London 1994; J.-N. Missa (ed.), Matière pensante. Études historiques sur les conceptions matérialistes en philosophie de l'esprit, Paris 1999; P. K. Moser/J. D. Trout (eds.), Contemporary Materialism. A Reader, London/New York 1995; J. O'Connor (ed.), Modern Materialism. Readings on Mind-Body Identity, New York etc. 1969; W. Post/A. Schmidt, Was ist M.? Zur Einleitung in Philosophie, München 1975; P. Raymond, Le passage au matérialisme. Idéalisme et matérialisme dans l'histoire de la philosophie. Mathématiques et matérialisme, Paris 1973; ders., Matérialisme, dialectique et logique, Paris 1977; H. Reichelt (ed.), Texte zur materialistischen Geschichtsauffassung. Von Ludwig Feuerbach, Karl Marx, Friedrich Engels, Frankfurt/Berlin/Wien 1975; H. Robinson, Matter and Sense. A Critique of Contemporary Materialism, Cambridge/New York/Melbourne 1982; A. Ros, Materie und Geist. Eine philosophische Untersuchung, Paderborn 2005; M. Rowlands, Supervenience and Materialism, Aldershot etc. 1995; C. S. Seely, The Essentials of Modern Materialism, New York 1969; G. J. Stack, Materialism, REP VI (1998), 170–173; G. Stiehler (ed.), Materialisten der Leibniz-Zeit. Ausgewählte Texte, Berlin 1966; R. C. Vitzthum, Materialism. An Affirmative History and Definition, Amherst N. Y. 1995; A. Wenzl, Der Begriff der Materie und das Problem des M., München 1958; A. Wittkau-Horgby, M.. Entstehung und Wirkung in den Wissenschaften des 19. Jahrhunderts, Göttingen 1998; weitere Literatur: ↑Materialismus (historisch), ↑Materialismus, dialektischer, ↑Materialismus, französischer, ↑Materialismus, historischer, ↑Materie. O. S.

Materialismus, dialektischer, Bezeichnung für die in seiner systematischen Fixierung – nämlich als verallgemeinernde Übertragung des historischen Materialismus (↑Materialismus, historischer), der Marxschen Gesellschafts- und Geschichtstheorie, auf die Entwicklung »aller materiellen, natürlichen und geistigen Dinge, d. h. [...] des gesamten konkreten Inhalts der Welt und ihrer Erkenntnis« (W. I. Lenin, Zur Kritik der Hegelschen »Wissenschaft der Logik«, in: ders., Aus dem philosophischen Nachlaß [s. u., Lit.], 1932, 9) – zunächst von F. Engels (Anti-Dühring [1878], MEW XX, 1–303) formulierte Grundlehre des ↑Marxismus, die zugleich als verbindliches Begründungsinstrument des politischen ↑Marxismus-Leninismus dient. Als *materialisti-*

sche (↑Materialismus (systematisch)) Grundthesen lassen sich identifizieren: (1) Die vom Menschen unabhängige Wirklichkeit ›spiegelt‹ sich im Bewußtsein des Menschen ›wider‹ (↑Widerspiegelungstheorie). (2) Die Wirklichkeit insgesamt, auch das menschliche Bewußtsein, ist materiell. (3) Die Wirklichkeit insgesamt ist erkennbar (mit Hilfe der Lehren des d.n M.). Zu diesen erkenntnistheoretischen Thesen kommen die *dialektischen* (↑Dialektik) Grundthesen, die teils als methodische ↑Postulate, teils als allgemeine Behauptungen zu lesen sind: (4) Die Wirklichkeit kann nur in ihrem Gesamtzusammenhang, in ihrer ↑›Totalität‹ erkannt werden. (5) Die Wirklichkeit ist (als) ständige Bewegung (zu verstehen), und zwar (6) (als) Übergang von quantitativen zu qualitativen Veränderungen, die sich (7) im Kampf der ↑Gegensätze und ihrer Vereinigung bilden, und zwar so, daß (8) in der ↑›Negation der Negation‹ das Vergangene bzw. Überwundene im Neuentstandenen – ›auf höherer Ebene‹ – erhalten bleibt.

Ging es K. Marx darum, in kritischer Anknüpfung an die Hegelsche Dialektik und die Feuerbachsche ↑Religionskritik die gesellschaftlichen Verhältnisse und die in ihnen herrschenden Verständnisse dieser Verhältnisse im Ausgang von der ›Wirklichkeit des Menschen‹, d. h. dessen ↑Bedürfnissen und der gesellschaftlichen Organisation der Bedürfnisbefriedigung, auf Grund der (von den Handelnden nicht durchschauten) Wechselwirkung zwischen dieser ›Wirklichkeit‹ und des Verständnisses von ihr dialektisch zu begreifen, so versucht Engels, nun auch die ↑Naturgeschichte und Naturvorgänge nach dialektischen Bewegungsgesetzen zu ordnen. Lenin formuliert zwar dialektische Entwicklungen weitgehend nur für die gesellschaftlichen Verhältnisse, propagiert aber – gegen neukantianische (↑Neukantianismus) und an E. Mach anknüpfende ›Abweichungen‹ – ebenfalls die Engelssche Naturdialektik. Nach einigen Richtungskämpfen im sowjetischen d.n M. (N. I. Bucharin, A. M. Deborin) wird schließlich durch I. W. Stalin ein orthodoxer d. M. festgelegt, der vor allem durch inkompetente Restriktionen gegenüber den Einzelwissenschaften (Lyssenkosche Genetik, Marxsche Linguistik) belastet ist. Insbes. seit 1953 (Stalins Tod) ist in der historischen Entwicklung des d.n M. eine Auflockerung der Orthodoxie eingetreten, die sich zunächst im polnischen, tschechoslowakischen und jugoslawischen Marxismus artikulierte.

Literatur: H. B. Acton, The Illusion of the Epoch. Marxism-Leninism as a Philosophical Creed, London 1955, London/New York 2010; W. Blum, Der Marxismus. Lehre und politische Wirklichkeit, München 1979, ³1984; J. M. Bocheński, Der sowjetrussische d. M., Bern 1950, ⁵1967 (engl. Soviet Russian Dialectical Materialism, Dordrecht 1963); ders. u. a., M., d. und historischer, Ph. Wb. II (¹²1987), 752–765; M. Cornforth, Dialectical Materialism. An Introduction, I–III (I Materialism and the Dialectical Method, II Historical Materialism, III The

Theory of Knowledge), London 1952–1954, [3]1961–1963, 1987; H. Dahm, Über d.n und historischen M., I–II, Köln 1967; W. Eichhorn, D. und historischer M.. Ein Bestandteil des Marxismus-Leninismus, Berlin (Ost) 1976; I. Fetscher, Karl Marx und der M.. Von der Philosophie des Proletariats zur proletarischen Weltanschauung, München 1967, erw. [4]1985; E. G. H. Flenner, Marxismus und biologischer Finalismus. Zum Problem von Evolution und Vererbung im d.n M. unter besonderer Berücksichtigung der Naturphilosophie in der DDR, Frankfurt 1979; I. Frolov (ed.), Dialectical Materialism and Modern Science. Proceedings of an International Symposium, Prag 1978; H. Giller, Zum d.n M.. Kritik und konstruktive Alternative, Wien 1976; W. Goerdt (ed.), Die Sowjetphilosophie. Wendigkeit und Bestimmtheit. Dokumente, Basel/Stuttgart 1967; S. Hook, Reason, Social Myths and Democracy, New York 1940, 1966; D. Howard, The Development of the Marxian Dialectic, Carbondale Ill., London 1972; E. Huber, Um eine dialektische Logik. Diskussion in der neueren Sowjetphilosophie, München/Salzburg 1966; P. Jaeglé/P. Roubaud, Réflexions sur la place des sciences de la nature dans la théorie matérialiste dialectique, Paris 1978; D. Joravsky, Soviet Marxism and Natural Science, London, New York 1961; H. Kimmerle (ed.), Modelle der materialistischen Dialektik. Beiträge der Bochumer Dialektik-Arbeitsgemeinschaft, Den Haag 1978; W. Knispel/W. Goerdt/H. Dahm, d., Hist. Wb. Ph. V (1980), 851–859; A. Kosing u. a. (Autorenkollektiv), Marxistische Philosophie. Lehrbuch, Berlin (Ost) 1967, [2]1967; W. I. Lenin, Materializm i ėmpiriokniticizm. Kritičeskie zametki ob odnoj reakcionnoj filosofii, Moskau 1909 (dt. Materialismus und Empiriokritizismus. Kritische Bemerkungen über eine reaktionäre Philosophie, Wien 1927, Berlin [Ost] 1989); ders., Aus dem philosophischen Nachlaß. Exzerpte und Randglossen, ed. V. Adoratski, Berlin 1932, [4]1961; M. A. Leonov (Leonow), Kritika i samokritika. Dialektičeskaja zakonomernost' razvitija sovetskogo obščestva, Moskau 1948 (dt. Kritik und Selbstkritik. Eine dialektische Gesetzmäßigkeit in der Entwicklung der Sowjetgesellschaft, Berlin [Ost] 1949, [4]1950, 1955); H.-J. Lieber, Die Philosophie des Bolschewismus in den Grundzügen ihrer Entwicklung, Frankfurt/Berlin/Bonn 1957, [3]1961; P. Lindfors, Der d. M. und der logische Empirismus. Eine kritische und vergleichende Untersuchung, Jyväskylä 1978; C. Löser, d. M., in: W. F. Haug (ed.), Historisch-kritisches Wörterbuch des Marxismus II, Hamburg/Berlin 1995, 693–704; K. Marx/F. Engels, Werke [MEW], ed. Institut für Marxismus-Leninismus beim ZK der SED (später: Rosa-Luxemburg-Stiftung [Berlin]), Berlin (Ost) (später: Berlin) 1956 ff. (erschienen Bde I–XLIII [XL–XLI = Erg.bde], Verzeichnis I–II u. Sachreg.) (Einzelbände in verschiedenen Aufl.), bes. XX–XXI; H. Ogiermann, Materialistische Dialektik. Ein Diskussionsbeitrag, München/Salzburg/Köln 1958; N. F. Ovčinnikov (Owtschinnikow), Matenal'nost' mira i zakonomernosti razvitija dvižuščejsja materii, Moskau 1953 (dt. Die Materialität der Welt und die Gesetzmäßigkeit der Entwicklung der sich bewegenden Materie, Berlin [Ost] 1954, [2]1955); G. Planty-Bonjour, Les catégories du matérialisme dialectique. L'ontologie soviétique contemporaine, Paris, Dordrecht 1965 (engl. The Categories of Dialectical Materialism, Dordrecht 1967); P. Plath/H. J. Sandkühler (eds.), Dialektik als Programm der Naturwissenschaft, Köln 1978; G. Redlow u. a. (Autorenkollektiv), Einführung in den d.n und historischen M., Berlin (Ost), Frankfurt 1971, Berlin (Ost) [13]1982; M. M. Rozental' (Rosental), Marksistskij dialektičeskij metod, Moskau 1939, 1951 (dt. Die marxistische dialektische Methode, Berlin [Ost] 1953, [3]1955); ders., Der d. M., Berlin (Ost) 1953, [3]1956; A. Schaefer, Kritik des

d.n M. durch den historischen Materialismus, Berlin 1988; L. Sève, Une introduction à la philosophie marxiste, suivie d'un vocabulaire philosophique, Paris 1980, [3]1986; I. W. Stalin, Über d.n und historischen M., Frankfurt 1956, Offenbach 1997; P. Thomas, Materialism, Dialectical, IESS V ([2]2008), 21–23; G. A. Wetter, Der d. M.. Seine Geschichte und sein System in der Sowjetunion, Freiburg, Wien 1952, [5]1960 (engl. Dialectical Materialism. A Historical and Systematic Survey of Philosophy in the Soviet Union, London 1958); E. Wolf, Gibt es eine marxistische Wissenschaft? Kritik der Grundlagen des d.n M., München 1980; A. W. Wood, Dialectical Materialism, REP III (1998), 53–58.   O. S.

Materialismus, eliminativer, Bezeichnung einer Position in der Philosophie des Geistes (↑philosophy of mind), derzufolge die Alltagspsychologie (↑Simulationstheorie/Theorientheorie des Mentalen) eine grundlegend verfehlte Theorie darstellt und durch neurowissenschaftliche Verhaltenserklärungen ersetzt werden wird. Mit der Alltagspsychologie verschwinden auch die traditionell unterstellten mentalen Zustände wie Überzeugungen und Wünsche. Der e. M. ist nach Vorarbeiten von P. K. Feyerabend (1963) und R. Rorty (1965) vor allem durch P. M. Churchland (1981, 1985, 1989, 1998) und P. S. Churchland (1986) ausgearbeitet worden. Sein Ausgangspunkt war die Reaktion auf begriffliche Einwände gegen die ↑Identitätstheorie, nach denen hirnphysiologische und mentale Zustände kategorial verschieden und daher aus begrifflichen Gründen nicht miteinander zu identifizieren seien. Im e.n M. wurde dieser Unvereinbarkeitseinwand gegen die herkömmliche Beschreibung mentaler Zustände gewendet. Diese Beschreibung wurde als grundlegend verfehlt eingestuft und sollte durch eine neurowissenschaftlich (↑Neurowissenschaften) angeleitete Redeweise ersetzt werden. Insgesamt vertritt der e. M. die These, daß die Alltagspsychologie eine empirische Theorie ist, die eine in ihrer begrifflichen Beschaffenheit falsche Beschreibung mentaler Zustände gibt und nicht auf die künftige Neurophysiologie reduziert (↑Reduktion), sondern durch diese ersetzt wird.

Die Alltagspsychologie ist begrifflich durch den Rückgriff auf intentionale (↑Intentionalität) Zustände und auf ↑Qualia gekennzeichnet. Zum einen werden inhaltlich bestimmte Zustände wie Überzeugungen und Wünsche herangezogen, zum anderen Empfindungszustände wie Angst oder Freude. Im Zentrum der ersten Gruppe stehen propositionale Einstellungen (↑Einstellung, propositionale) der Form ›X glaubt, daß p‹ oder ›Y wünscht, daß q‹. Hinzu treten Verallgemeinerungen wie der praktische Syllogismus (↑Syllogismus, praktischer): ›wenn X den Sachverhalt q wünscht und glaubt, daß $p \rightarrow q$, dann schickt sich X an, p hervorzubringen‹. Die Alltagspsychologie gibt kausale (↑Kausalität) ↑Erklärungen menschlichen Verhaltens (↑Verhalten (sich verhalten)) durch Zuschreibung von intentionalen mentalen Zuständen unter Rückgriff auf Verallgemeinerungen dieses Typs. Auch der introspektive (↑Introspektion) Zugang zu den eigenen mentalen Zuständen und Prozessen gilt als durch diese Begrifflichkeit vermittelt. In der eigenpsychischen Anwendung alltagspsychologischer Begriffe wird Zuständen mit bestimmten Erlebnisgehalten zugleich eine bestimmte kausale Rolle zugeordnet. Z.B. werden Wünsche als Zustände eines bestimmten Typs wahrgenommen und zugleich als Ursachen von Handlungen eingestuft. Da die Alltagspsychologie Verknüpfungen dieser Art enthält, ist sie eine deskriptive, empirische Theorie. Für den e.n M. sind alle sprachlichen Beschreibungen mentaler Ereignisse von ihrem theoretischen Rahmen geprägt (↑Theoriebeladenheit). – Der e. M. hält die Alltagspsychologie für lückenhaft, unfruchtbar und für isoliert vom Rest des Wissenschaftssystems. Sie gibt über psychische Phänomene wie Lernen, Träumen oder schöpferisches Denken keinen Aufschluß; ihre Verhaltenserklärungen haben sich seit 2500 Jahren nicht fortentwickelt, und ihre intentionale Begrifflichkeit treibt einen Keil zwischen die menschliche ↑Psychologie und den Rest der Naturerklärung.

Wesentlich verfehlte wissenschaftliche Theorien werden nicht in ihrem Geltungsbereich eingeschränkt, sondern insgesamt aufgegeben. Der begriffliche Rahmen einer Theorie legt die angenommene Beschaffenheit der Entitäten fest, die in dem betreffenden Phänomenbereich auftreten (↑Realismus, wissenschaftlicher). Wird dieser Rahmen aufgegeben, so wird zugleich die Annahme fallengelassen, die zugehörigen Entitäten existierten. Als die ↑Phlogistontheorie als grundsätzlich falsch zurückgewiesen wurde, wurde zugleich behauptet, daß der Begriff ›Phlogiston‹ keinen Gegenstandsbezug (↑Referenz) besitze, also tatsächlich nichts bezeichne. Mit Bezug auf Verhaltenserklärungen wurden vormals Geisteskrankheiten auf Besessenheit mit Dämonen zurückgeführt. Die Aufgabe des betreffenden Erklärungsrahmens führte dann zu dem Urteil, daß es Dämonen in Wirklichkeit nicht gibt. Ähnlich ist auch aus den Fehlleistungen der Alltagspsychologie zu schließen, daß die in ihrem Rahmen angenommenen mentalen Zustände und Prozesse tatsächlich nicht existieren. Es geht dem e.n M. entsprechend nicht darum, im Rahmen intentionaler Begrifflichkeit eine angemessenere Psychodynamik zu formulieren. Dies entspräche Projekten wie der ↑Psychoanalyse, in deren Denkansatz die Zuschreibung alternativer, nämlich unbewußter Überzeugungen und Wünsche eine verbesserte Verhaltenserklärung liefern soll. Im e.n M. wird hingegen die gesamte Begrifflichkeit von inhaltlich interpretierten Überzeugungen und Wünschen als inadäquat zurückgewiesen. Verhaltenserklärungen auf dieser Grundlage werden durch die Wissenschaft überholt; sie sind vergleichbar der Erklärung eines Gewitters durch den Zorn Jupiters. Aus diesem Grund besteht keineswegs Identität zwischen den (scheinbar) introspektiv erfahrenen mentalen Zuständen und Gehirnprozessen. Jene sind vielmehr fehlerhaft gebildet und entsprechend kein Bestandteil der psychischen Wirklichkeit. Anders als in der Identitätstheorie vorgesehen, wird also die herkömmliche Auffassung mentaler Phänomene auf nichts reduziert, sondern aufgegeben. Hingegen wird erwartet, daß die künftige wissenschaftliche Psychologie auf die Neurophysiologie reduzierbar ist. Auf dieser Ebene besteht also Körper-Geist-Identität.

Für die Churchlands sind Aktivierungsvektoren und Anregungsmuster plausible Nachfolgekandidaten für den intentionalen Apparat der Alltagspsychologie. Ein Aktivierungsvektor gibt den jeweiligen Anregungszustand verschiedener Neuronentypen wieder. Kognitive Aktivität kann als Transformation solcher Vektoren verstanden werden. Zustände dieser Art sind unmittelbar neurophysiologisch implementiert und zum Teil repräsentational, zum Teil behavioral angebunden. Ihnen fehlt aber die satzartige Struktur, die im Funktionalismus (↑Funktionalismus, kognitionswissenschaftlich) und für die Symbolverarbeitungstheorie den Angelpunkt mentaler Zustände und Prozesse bildet (Churchland/Churchland 1998). Auch der ↑Konnektionismus wird als ein Denkansatz betrachtet, der einen Hinweis auf die Beschaffenheit der künftigen Neuropsychologie liefert. Die verteilte Speicherung und Verarbeitung von Information stützen sich nicht auf Einheiten, die zugleich semantisch (↑Semantik) interpretiert und kausal abgegrenzt sind, wie es die Alltagspsychologie vorsieht (W. Ramsey/S. Stich/J. Garon 1990). Ebenso wird eine konsequent syntaktische Psychologie (↑Funktionalismus, kognitionswissenschaftlich) als eliminativ-materialistische Alternative zur alltagspsychologischen Begrifflichkeit vertreten. Symbolverarbeitung ohne inhaltliche Deutung liefert danach eine empirisch angemessenere Erklärung von Denken und Tun (Stich 1983).

Ein verbreiteter Einwand gegen den e.n M. unterstreicht die empirische Leistungskraft der Alltagspsychologie. Generell ist der Bezug auf alltagspsychologische Zustände wie Überzeugungen und Wünsche die beste und oft die einzig verfügbare Grundlage für die Erklärung und Vorhersage von Verhalten (P. Kitcher 1984; J. A. Fodor 1987; R. Lahav 1992, 1993, 1997; A. Beckermann 1999). Darüber hinaus arbeitet die gegenwärtige ↑kognitive Psychologie mit dem intentionalen Begriffsapparat, formuliert aber in diesem Rahmen Verallgemeinerungen, die von den traditionellen Mustern deutlich abweichen. Die wissenschaftliche Psychologie erklärt entsprechend Verhalten zwar durch Zuschreibung intentionaler Zustände, etwa von Motiven, aber diese Zustände, etwa kognitive Dissonanzen (↑Dissonanz, kognitive), unterscheiden sich inhaltlich deutlich von denjenigen, die in alltäglichen Verhaltenserklärungen angenommen werden (M. Carrier/J. Mittelstraß 1989).

Ein weiterer Komplex von Einwänden stammt aus der Perspektive der Simulationstheorie des Mentalen (A. I. Goldman 1992). Der e. M. steht in der Tradition der so genannten Theorientheorie (↑Simulationstheorie/ Theorientheorie des Mentalen) und sieht im Verfügen über bestimmte Begriffe und Verallgemeinerungen die Grundlage der Erklärung und Vorhersage von Verhalten. Die Simulationstheorie (↑Simulationstheorie/Theorientheorie des Mentalen) führt diese Leistungen dagegen auf den vom Verhalten abgekoppelten, also ›offline‹ durchlaufenen eigenen Mechanismus der Verhaltenserzeugung zurück. Beim Erklären und Vorhersagen von Verhaltensweisen anderer bildet man die für diese einschlägigen Randbedingungen, Sachumstände und mentalen Vorgaben für den eigenen kognitiven Apparat nach und orientiert seine Erwartungen an den Ergebnissen eines solchen simulierten Durchlaufs. Eine Theorie mentaler Prozesse findet dabei keinen Eingang und kann entsprechend auch nicht revidiert oder aufgegeben werden.

Ein weiterer Einwand sieht ein Paradox der Selbstanwendung, das den e.n M. inkohärent werden läßt. So drückt der Eliminativist seine Überzeugung aus, daß es keine Überzeugungen gebe, und setzt demnach voraus, was er bestreitet. Er hebt sich damit selbst auf. Die Erwiderung lautet, daß es zwar gegenwärtig unausweichlich sei, sich bei der Erklärung und Vorhersage von Verhalten propositionaler Einstellungen zu bedienen, daß man aber im Rahmen einer Nachfolgebegrifflichkeit satzartige Strukturen insgesamt vermeiden können wird. Die künftige wissenschaftliche Psychologie wird zeigen, daß die Fähigkeiten, die wir jetzt mit intentionalen Zuständen erklären, tatsächlich nicht auf diesen beruhen (Churchland 1981, Churchland/Churchland 1998).

Literatur: A. Beckermann, Analytische Einführung in die Philosophie des Geistes, Berlin/New York 1999, erw. ³2008; R. J. Bogdan, Mind and Common Sense. Philosophical Essays on Common Sense Psychology, Cambridge/New York 1991; C. D. Broad, The Mind and Its Place in Nature, London 1925, 2000; M. Carrier/J. Mittelstraß, Geist, Gehirn, Verhalten. Das Leib-Seele-Problem und die Philosophie der Psychologie, Berlin/New York 1989 (engl. [erw.] Mind, Brain, Behavior. The Mind-Body Problem and the Philosophy of Psychology, Berlin/New York 1991, 1995); S. M. Christensen/D. R. Turner, Folk Psychology and the Philosophy of Mind, Hillsdale N. J. 1993; P. M. Churchland, Eliminative Materialism and the Propositional Attitudes, J. Philos. 78 (1981), 67–90, Neudr. in: ders., A Neurocomputational Perspective [s. u.], 1–22; ders., Matter and Consciousness. A Contemporary Introduction to the Philosophy of Mind, Cambridge Mass./London 1984, rev. 1988, 1999; ders., Reduction, Qualia, and the Direct Introspection of Brain States, J. Philos. 82 (1985), 8–28; ders., A Neurocomputational Perspective. The Nature of Mind and the Structure of Science, Cambridge

Mass./London 1989, 2000; ders./P. S. Churchland, On the Contrary. Critical Essays, 1987–1997, Cambridge Mass./London 1998; P. S. Churchland, Neurophilosophy. Toward a Unified Science of the Mind-Brain, Cambridge Mass./London 1986, 2006 (franz. Neurophilosophie. L'esprit-cerveau, Paris 1999); D. Dennett, The Intentional Stance, Cambridge Mass./London 1987, 1998; P. K. Feyerabend, Materialism and the Mind-Body Problem, Rev. Met. 17 (1963), 49–66 (dt. Der Materialismus und das Leib-Seele-Problem, in: ders., Probleme des Empirismus. Schriften zur Theorie der Erklärung, der Quantentheorie und der Wissenschaftsgeschichte, Braunschweig/Wiesbaden 1981 [= Ausgew. Schr. II], 194–207); J. A. Fodor, Psychosemantics. The Problem of Meaning in the Philosophy of Mind, Cambridge Mass./London 1987, 1993; A. I. Goldman, In Defense of the Simulation Theory, Mind & Language 7 (1992), 104–119; J. D. Greenwood (ed.), The Future of Folk Psychology. Intentionality and Cognitive Science, Cambridge/New York 1991; T. Horgan/J. Woodward, Folk Psychology Is Here to Stay, Philos. Rev. 94 (1985), 197–226; P. Kitcher, In Defense of Intentional Psychology, J. Philos. 81 (1984), 89–106; R. Lahav, The Amazing Predictive Power of Folk Psychology, Australas. J. Philos. 70 (1992), 99–105; ders., What Neuropsychology Tells Us about Consciousness, Philos. Sci. 60 (1993), 67–85; ders., The Conscious and the Non-Conscious. Philosophical Implications of Neuropsychology, in: M. Carrier/P. K. Machamer (eds.), Mindscapes. Philosophy, Science, and the Mind, Konstanz, Pittsburgh Pa. 1997, 177–194; W. G. Lycan, A Particularly Compelling Refutation of Eliminative Materialism, in: C. E. Erneling/ D. M. Johnson (eds.), The Mind as a Scientific Object. Between Brain and Culture, Oxford/New York 2005, 197–205; ders./G. S. Pappas, What Is Eliminative Materialism?, Australas. J. Philos. 50 (1972), 149–159; W. Ramsey, Where Does the Self-Refutation Objection Take Us?, Inquiry 33 (1990), 453–465; ders, Eliminative Materialism, SEP 2003, rev. 2007; ders./S. Stich/J. Garon, Connectionism, Eliminativism and the Future of Folk Psychology, Philos. Perspectives 4 (1990), 499–533; V. Reppert, Eliminative Materialism, Cognitive Suicide, and Begging the Question, Metaphilos. 23 (1992), 378–392, G. Rey, Eliminativism, REP III (1998), 263–266; R. Rorty, Mind-Body Identity, Privacy, and Categories, Rev. Met. 19 (1965), 24–54 (dt. Leib-Seele Identität, Privatheit und Kategorien, in: P. Bieri [ed.], Analytische Philosophie des Geistes, Königstein 1981, Weinheim/Basel ³1997, ⁴2007, 93–120); S. P. Stich, From Folk Psychology to Cognitive Science. The Case against Belief, Cambridge Mass./ London 1983, 1996; ders., Deconstructing the Mind, New York/ Oxford 1996, 1998.   M. C.

Materialismus, französischer, Bezeichnung für die im Frankreich des 18. Jhs. vertretenen materialistischen Auffassungen (↑Materialismus (systematisch)). Bekanntester Vertreter ist J. O. de La Mettrie, dessen anthropologischer, Aspekte der vergleichenden Biologie (L'homme-plante, Potsdam 1748) einbeziehender Materialismus bereits über die Unzulänglichkeiten einer Gliedermaschine hinausgeht (*les animaux plus que machines*) und die Einheit des lebenden Organismus als selbststeuerndes System interdependenter Teilsysteme betrachtet. In »Histoire naturelle de l'âme« (La Haye 1745) werden die verschiedenen Artikulationsformen des menschlichen Bewußtseins mit Hilfe der Hypothese von der natürlichen, über den sensorischen Apparat des Zentralnervensystems und das Gehirn hergestellten Kontinuität zwischen Außen- und Innenwelt in Begriffen ihrer organischen Verursachung diskutiert, um den Schluß zuzulassen, daß das, was empfindet, auch materiell sein müsse. In »L'homme machine« (Leiden 1748) reduziert La Mettrie den Unterschied zwischen bewußten Aktionen und instinktiven Reaktionen bei Mensch und Tier auf den der relativen Komplexität sie erzeugender organischer Strukturen. Unter dem Einfluß La Mettries nähert sich auch D. Diderot (Le rêve de d'Alembert, Paris 1830 [verfaßt 1769]) dem ↑Naturalismus. An die Stelle der Leibnizschen ↑Monaden (↑Monadentheorie) treten Atome, an die ↑Empfindungen gebunden werden, die durch ein Kontinuum empfindender Teilchen im animalischen Organismus zur Einheit des Bewußtseins gelangen. Diderot entwickelt Ansätze einer epigenetischen Theorie, die im energetischen Materialismus des 19. Jhs. weitergeführt werden. Er weist darauf hin, daß der Bienenschwarm, obwohl aus einzelnen Individuen bestehend, als Ganzes die Eigenschaft zweckgerichteten, abgestimmten Verhaltens besitzt, das mit dem individuellen Organismus in Zusammenhang steht. Damit überschreitet Diderot die Grenzen des ↑Atomismus.

Große Verbreitung erfährt der Materialismus durch den ↑Enzyklopädisten P. H. d'Holbach, dessen Hauptwerk »Système de la nature. Ou des loix du monde physique et du monde moral« (I–II, London [Amsterdam] 1770) in systematischer Weise die den f.n M. charakterisierenden Positionen des ↑Sensualismus, Materialismus, Naturalismus, ↑Determinismus und ↑Atheismus zusammenfaßt. In der Praktischen Philosophie (↑Philosophie, praktische) suchen Holbach (La politique naturelle. Ou discours sur les vrais principes du gouvernement, par un ancient magistrat, I–II, London [Amsterdam] 1773) und C. A. Helvétius (De l'homme, de ses facultés intellectuelles et de son éducation, I–II, London [Den Haag] 1773) auf der Grundlage eines auf Dauer gestellten ↑Egoismus eine materialistische Ethik mit utilitaristischen Zügen (↑Utilitarismus) zu entwickeln. Ihr mit deterministischen Positionen schwer vereinbares Ziel, nämlich die ↑Autonomie einer sich zum Subjekt der Geschichte erhebenden Menschheit, setzt die Zerstörung religiösen Bewußtseins durch eine Erziehung zum Atheismus voraus. Dessen wissenschaftliche Begründung in den Erziehungsschriften (Le christianisme dévoilé. Ou Examen des principes et des effets de la religion chrétienne, par feu M. Boulanger [d. i. vermutlich Holbach], London 1756 [tatsächlich Nancy 1761]) bildet einen weiteren Schwerpunkt des f.n M.. Die naturalistischen und religionskritischen Ansätze des f.n M. wirkten vor allem im ↑Vulgärmaterialismus des 19. Jhs. und in der Herausbildung der Marxschen und Marxistischen Theorie weiter.

Literatur: A. Baruzzi (ed.), Aufklärung und Materialismus im Frankreich des 18. Jahrhunderts. La Mettrie – Helvétius – Diderot – Sade, München 1968; K. Campbell, Materialism, Enc. Ph. V (1967), 179–188, bes. 182–183 [Eighteenth Century]; R. Desné (ed.), Les matérialistes français de 1750 à 1800, Paris 1965; K. Lübbe, Natur und Polis. Die Idee einer ›natürlichen Gesellschaft‹ bei den französischen Materialisten im Vorfeld der Revolution, Stuttgart 1989; P. Machamer/F. di Poppa, Materialism in Eighteenth-Century European Thought, NDHI IV (2005), 1374–1378, bes. 1375–1376 [French Materialism]; G. Mensching, Totalität und Autonomie. Untersuchungen zur philosophischen Gesellschaftstheorie des f.n M., Frankfurt 1971; M. Overmann, Der Ursprung des f.n M.. Die Kontinuität materialistischen Denkens von der Antike bis zur Aufklärung, Frankfurt etc. 1993; J. Rohbeck/H. Holzhey (eds.), Die Philosophie des 18. Jahrhunderts II/2 (Frankreich II), Basel 2008, bes. 469–614 (mit Bibliographie, 600–614); H. J. Sandkühler, M., EP II (2010), 1504–1514; U. Zauner, Das Menschenbild und die Erziehungstheorien der französischen Materialisten im 18. Jahrhundert, Frankfurt etc. 1998; weitere Literatur: ↑La Mettrie, Julien Offray de, ↑Diderot, Denis, ↑Helvétius, Claude Adrien, ↑Holbach, Paul Henri Thiry d', ↑Materialismus (historisch). H. R. G.

Materialismus, historischer, Bezeichnung für das historisch erste und sachlich entscheidende Lehrstück der marxistischen (↑Marxismus) Gesellschafts- und Geschichtstheorie, in den Grundpositionen von K. Marx bereits in seinen Frühschriften formuliert. Als *historisches* Prinzip (im Sinne eines methodischen Postulates) läßt sich die von Marx gegen die materialistischen Linkshegelianer (↑Hegelianismus), insbes. L. Feuerbach, (und teilweise im Sinne der ›Idealisten‹, nämlich G. W. F. Hegels selbst) erhobene Forderung lesen, die (materialistisch dargestellten) Sachverhalte nicht nur auf ihr Bestehen oder Nicht-Bestehen hin zu beurteilen, sondern insbes. auch daraufhin, wie und zu welchen und wessen Zwecken sie herbeigeführt worden sind (Thesen über Feuerbach). Als *materialistisches* Prinzip ist demgemäß die gegen die ›Idealisten‹, insbes. Hegel, gewendete Forderung zu lesen, in der Geschichte nicht die Entwicklung eines (›idealisierten‹) ›Geistes‹ oder von ›Begriffen‹ zu sehen, sondern die Handlungen ›wirklicher‹ Menschen, die zur Befriedigung ihrer ↑Bedürfnisse arbeiten und durch ihre ↑Arbeit und deren gesellschaftliche Organisation ihre eigenen Lebensbedingungen, insbes. die sozialen Verhältnisse, schaffen, die sich ihrerseits in den herrschenden Meinungen über diese Verhältnisse (im ›gesellschaftlichen Bewußtsein‹) erklärbar widerspiegeln: »Nicht das Bewußtsein bestimmt das Leben, sondern das Leben bestimmt das Bewußtsein« (Die deutsche Ideologie [1845/1846], MEW III, 27) – »Das Bewußtsein kann nie etwas Anderes sein als das bewußte Sein, und das Sein der Menschen ist ihr wirklicher Lebensprozeß« (a. a. O., 26).

Als Prinzip der ›materialistischen Auffassung der Geschichte‹ formuliert Marx selbst (in der Einleitung von

»Zur Kritik der Hegelschen Rechtsphilosophie« [1844])
den »kategorischen Imperativ, alle Verhältnisse umzu-
werfen, in denen der Mensch ein erniedrigtes, ein ge-
knechtetes, ein verlassenes, ein verächtliches Wesen ist«
(MEW I, 385). Die Marxsche Gesellschafts- und Geschichtstheorie soll zu diesem Zweck die Menschen
über die undurchschauten Zwänge aufklären, die sich
aus den von ihnen selbst geschaffenen gesellschaftlichen
Verhältnissen ergeben. Werden diese Zwänge in den
Frühschriften noch mit Hilfe allgemeiner anthropologischer Termini – vor allem unter dem Titel der ↑Ent-
fremdung (Ökonomisch-philosophische Manuskripte
aus dem Jahre 1844, MEW Erg.Bd. I) – beschrieben, so
versucht Marx in seinen Schriften zur Kritik der politischen Ökonomie (↑Ökonomie, politische) entsprechend
seiner materialistischen Grundforderung die Produktionsverhältnisse einer Gesellschaft genauer in ihren Wirkungen auf die allgemeinen gesellschaftlichen Verhältnisse zu analysieren. Diese Analysen zur Kritik der politischen Ökonomie (Grundrisse der Kritik der politischen Ökonomie [1857/1858], Das Kapital. Kritik der
politischen Ökonomie [1867–1894]) können als eine
Anwendung der Prinzipien des h.n M. verstanden werden. Für die Geschichtsauffassung sind dabei vor allem
die ›Bewegungsgesetze‹ (Das Kapital I, MEW XXIII, 15)
der kapitalistischen Gesellschaft (↑Kapitalismus) relevant, die Marx selbst als ›Naturgesetze‹ bezeichnet, als
»mit eherner Notwendigkeit wirkende und sich durchsetzende Tendenzen« (a. a. O., 12): Vorangetrieben wird
die gesellschaftliche Entwicklung durch den ›Widerspruch‹ zwischen den Produktivkräften, die eine immer
bessere Gütererzeugung ermöglichen und deren Einsatz
ihre immer stärkere Vergesellschaftung erfordert, und
den Produktionsverhältnissen, die durch das ↑Eigentum
an den Produktionsmitteln bestimmt werden und – in
der bisherigen und insbes. der kapitalistischen Entwicklung der Gesellschaft – eine nur private Aneignung der
gesellschaftlich produzierten Güter bedingen. Für die
kapitalistische Gesellschaft konkretisiert sich dieser allgemeine ›Widerspruch‹ (1) zur fortgesetzten Kapitalak-
kumulation, d. h. zur stets gesteigerten Wiederinvestie-
rung des Kapitals und des größeren Teiles des Gewinns
um der Erzielung eines möglichst hohen Gewinnes willen, (2) zum tendenziellen Fall der Profitrate, der unter
den Bedingungen der freien Konkurrenz und der Kapi-
talakkumulation unausbleiblich sei, (3) zu regelmäßig
auftretenden Wirtschaftskrisen, die durch das Sinken der
Profitrate verursacht sind, (4) zur Polarisierung der Gesellschaft in dem Sinne, daß einerseits das Kapital in
wenigen Händen konzentriert wird und andererseits die
sozio-ökonomischen Zwischenschichten zwischen Kapi-
talisten und Proletariern zum Proletariat absinken, und
schließlich (5) zur Verelendung des Proletariats, das – auf
Grund des Einsatzes arbeitssparender Maschinen – un-

terbeschäftigt und dessen Lohn – auf Grund der Konkurrenz der Unterbeschäftigten – gedrückt wird. Diese
naturwüchsige Entwicklung schlägt dann um, wenn sich
das Proletariat, seiner (Klassen-)Lage (↑Klasse (sozialwissenschaftlich)) bewußt geworden, zum politischen
Kampf organisiert und das Privateigentum an den Produktionsmitteln vergesellschaftet – wodurch nach einer
Übergangsphase des Sozialismus die kommunistische
(↑Kommunismus) klassenlose Gesellschaft geschaffen
werden soll. – F. Engels versuchte die Bewegungsgesetze
des h.n M. auch auf Naturabläufe zu übertragen und
wurde damit zum Begründer des dialektischen Materialismus (↑Materialismus, dialektischer). Dieser enthält als
offizielle Doktrin sozialistischer Staaten in seiner dok-
trinär fixierten Phase den h.n M. nur noch als Teilstück.
Kritik an den Prinzipien und Thesen des h.n M. ist vor
allem hinsichtlich der Behauptung historischer Bewegungsgesetze – die für ↑Prognosen über gesellschaftliche
Entwicklungen genutzt werden können – geübt worden,
und zwar sowohl in dem Sinne, daß die Voraussagen des
h.n M. nicht eingetroffen seien, als auch in dem Sinne,
daß die langfristigen und eine ganze Gesellschaft betreffenden Prognosen des h.n M. prinzipiell unbegründbare
›Prophetien‹ (K. R. Popper) seien. Außerdem wurde
(auch innermarxistisch) die offizielle Auslegung des
h.n M. durch die sozialistischen Staatsparteien zu einem
zentralen Kritikpunkt. In Verbindung mit einem dogmatisch fixierten dialektischen Materialismus wurden in
dieser Auslegung die bestehenden sozialen und ökonomischen Zustände für die durch den h.n M. geforderten
ausgegeben; eine Kritik an ihnen wurde als Abweichung
vom h.n M. gewertet. Sowohl gegenüber einer erstarrten
Orthodoxie als auch gegenüber dem Verständnis des h.n
M. als einer Prophetie hat die Kritik vor allem bei
marxistischen Autoren – durch die (an die Marxschen
Frühschriften anknüpfende) Hervorkehrung der erforderlichen Aufklärung und Bildung zu einer vernünftigen
Selbständigkeit einerseits, durch die Relativierung der
›Bewegungsgesetze‹ auf bestimmte soziale, ökonomische
und politische Bedingungen andererseits – zur Refor-
mulierung der Prinzipien des h.n M. geführt, die als eine
Weiterführung der ↑Aufklärung von I. Kant bis Hegel
verstanden werden kann (G. Lukács, H. Marcuse, H.
Lefebvre, L. Kołakowski u. a.).

Literatur: M. Adler, Lehrbuch der materialistischen Geschichtsauffassung, I–II, Berlin 1930/1932, Nachdr., erw. um Bd. III,
unter dem Titel: Soziologie des Marxismus, I–III (I Grundlegung der materialistischen Geschichtswissenschaft, II Natur und
Gesellschaft, III Die solidarische Gesellschaft), Wien etc. 1964;
H. Aptheker, History and Reality, New York 1955; M. M. Bober,
Karl Marx's Interpretation of History, Cambridge Mass. 1927,
²1950, 1968; M. Bouvard, Au-delà du marxisme. Essai d'interpretation des transformations technologiques, économiques,
sociales et politiques de notre époque à la lumière du matérialisme historique, Paris 1977; M. Buhr u. a., M., dialektischer und

h., Ph. Wb. II (^{12}1987), 752–765; D. I. Česnokov (Chesnokov), Istoričeskij materializm kak sociologija marksizma-leninizma, Moskau 1973 (dt. Der h. M. als Soziologie des Materialismus-Leninismus, Berlin [Ost] 1975); G. A. Cohen, Karl Marx's Theory of History. A Defence, Princeton N. J., Oxford 1978, erw. 2000, 2001; M. Cornforth, Dialectical Materialism. An Introduction II (Historical Materialism), London 1954, ^{3}1962, 1987; A. Cornu, Karl Marx. L'homme et l'œuvre. De l'hegelianisme au matérialisme historique (1818–1845), Paris 1934; B. Croce, Materialismo storico ed economia marxistica. Saggi critici, Palermo 1900, Bari ^{10}1961, 1978 (engl. Historical Materialism and the Economics of Karl Marx, London 1914, New Brunswick N. J. 1981); A. Deborin/N. Bucharin, Kontroversen über dialektischen und mechanistischen Materialismus (Einleitung O. Negt), Frankfurt 1969, 1974; N. Drjachlov u. a. (eds.), Kategorien des h.n M.. Studien zur Widerspiegelung gesellschaftlicher Entwicklungsprozesse in philosophischen Begriffen, Berlin (Ost) 1978; G. E. Famulla, Geschichtsbegriff und Politische Ökonomie. Untersuchungen zu einem problematisch gewordenen Selbstverständnis, Frankfurt 1978; K. Federn, The Materialist Conception of History. A Critical Analysis, London 1939 (repr. Westport Conn. 1971); O. Finger, Über h.n M. und zeitgenössische Tendenzen seiner Verfälschung, Berlin (Ost) 1977; H. Fleischer, Marxismus und Geschichte, Frankfurt 1969, ^{6}1977 (engl. Marxism and History, New York, London 1973); H. Givsan, Materialismus und Geschichte. Studie zu einer radikalen Historisierung der Kategorien, Frankfurt 1980, 1981; W. Goerdt/H. Dahm, M., h., materialistische Geschichtsauffassung, Hist. Wb. Ph. V (1980), 859–868; L. Goldmann, Recherches dialectiques, Paris 1959, 1980 (dt. Dialektische Untersuchungen, Neuwied 1966); L. Gruppi, Storicità e marxismo, Rom 1976; J. Habermas, Zur Rekonstruktion des H.n M., Frankfurt 1976, ^{6}1995 (engl. Communication and the Evolution of Society, Boston Mass. 1979, Cambridge 1991; franz. Après Marx, Paris 1985, 1997); E. Hoffmeister, Die »Logik« in der Geschichte. Zum Problem von materialistischer und idealistischer Dialektik, Köln 1980; H. Hülsmann, H. M. und Dialektik, Meisenheim am Glan 1977; U. Jaeggi/A. Honneth (eds.), Theorien des h.n M., I–II, Frankfurt 1977/1980; K. Kautsky, Ethik und materialistische Geschichtsauffassung. Ein Versuch, Stuttgart 1906, Berlin (Ost) 1980; K. Korsch, Marxismus und Philosophie, Leipzig 1923, erw. ^{2}1930, ^{5}1976, ferner in: ders., Marxismus und Philosophie. Schriften zur Theorie der Arbeiterbewegung 1920–1923, Amsterdam 1993 (= Gesamtausg. III), 299–367; ders., Karl Marx, ed. G. Langkau, Frankfurt/Wien 1967, ^{4}1972; ders., Die materialistische Geschichtsauffassung und andere Schriften, Frankfurt 1971, ^{2}1974; W. Kunkel, Geschichte als Prozess? H. M. oder marxistische Geschichtstheorie, Hamburg 1987; W. Küttler/A. Petrioli/F. O. Wolf, h. M., in: W. F. Haug (ed.), Historisch-kritisches Wörterbuch des Marxismus VI/1, Hamburg/Berlin 2004, 316–334; J. Larrain, A Reconstruction of Historical Materialism, London 1986, Aldershot 1992; W. Lefèvre, Naturtheorie und Produktionsweise. Probleme einer materialistischen Wissenschaftsgeschichtsschreibung. Eine Studie zur Genese der neuzeitlichen Naturwissenschaft, Darmstadt/Neuwied 1978; G. Lukács, Geschichte und Klassenbewußtsein. Studien über marxistische Dialektik, Berlin 1923, Darmstadt ^{10}1988, ferner in: ders., Werke II (Frühschriften II), Neuwied 1968, 161–517; K. Marx, Grundrisse der Kritik der politischen Ökonomie (Rohentwurf) 1857–1858. Anhang, 1850–1859, I–II, Moskau 1939/1941 (repr. Frankfurt, Berlin [Ost] 1953, ^{2}1974), ferner als: MEGA, Abt. 2, I.1–I.2, ferner in: MEW XLII, 19–875; ders., Texte zur Methode und Praxis (Teilsammlung), ed. G. Hill-

mann, I–III, Hamburg 1966–1967, ^{2}1969–1970; ders., Das Kapital. Kritik der politischen Ökonomie (mit einem Geleitwort von K. Korsch), I–III, Frankfurt/Berlin/Wien 1969–1971, ferner als: MEW XXIII–XV, ferner als: MEGA, Abt. 2, VIII, XIII, XV, Stuttgart 2011; ders./F. Engels, Über h.n M.. Ein Quellenbuch, I–II, ed. H. Duncker, Berlin 1930 (repr. Frankfurt 1972); T. G. Masaryk, Die philosophischen und sociologische Grundlagen des Marxismus. Studien zur socialen Frage, Wien 1899, Osnabrück 1964; W. Oelmüller (ed.), Weiterentwicklung des Marxismus, Darmstadt 1977; J. Roemer (ed.), Analytical Marxism, Cambridge etc., Paris 1986, bes. 9–77 (Chap. I Historical Materialism); G. Rückriem (ed.), H. M. und menschliche Natur, Köln 1978; K. R. Popper, The Poverty of Historicism, Economica 11 (1944), 86–103, 119–137, 12 (1945), 69–89, separat London 1957, 2002 (dt. Das Elend des Historizismus, Tübingen 1965, ^{7}2003 [= Ges. Werke IV]); A. Schaefer, Kritik des dialektischen Materialismus durch den h.n M., Berlin 1988; A. Schaff, Historia i prawda, Warschau 1970 (dt. Geschichte und Wahrheit, Wien/Frankfurt/Zürich 1970; engl. History and Truth, Oxford etc. 1976); A. Schmidt, Geschichte und Struktur. Fragen einer marxistischen Historik, München 1971, Frankfurt/Berlin/Wien 1978 (engl. History and Structure. An Essay on Hegelian-Marxist and Structuralist Theories of History, Cambridge Mass./London 1981); W. H. Shaw, Marx's Theory of History, Stanford Calif., London 1978; P. Tepe, Illusionskritischer Versuch über den h.n M., Essen 1989; F. Tomberg, Habermas und der Marxismus. Zur Aktualität einer Rekonstuktion des h.n M., Würzburg 2003; A. v. Weiss, Die Diskussion über den h.n M. in der deutschen Sozialdemokratie, 1891–1918, Wiesbaden 1965; ders., Neomarxismus. Die Problemdiskussion im Nachfolgemarxismus der Jahre 1945–1970, Freiburg/München 1970; E. M. Wood, Democracy against Capitalism. Renewing Historical Materialism, Cambridge etc. 1995, 1996 (dt. Demokratie contra Kapitalismus. Beiträge zur Erneuerung des h.n M., Köln 2010). O. S.

material-synthetisch, ↑material-analytisch.

materia prima (lat., griech. πρώτη ὕλη, erste[r] Materie [Stoff]), in der Aristotelischen Physik und Metaphysik im Rahmen der Unterscheidung zwischen ↑Stoff (↑Materie) und ↑Form (↑Form und Materie) das ›erste‹ stoffliche ↑Substrat und als solches Träger der Form (↑Morphē) physischer Dinge (vgl. Met. Δ4.1015a7–10; Met. Θ7.1049a24–29). Wegen der Iterierbarkeit der Stoff-Form-Unterscheidung (was unter einem Gesichtspunkt als Stoff einer Form bezeichnet wird, ist unter einem anderen Gesichtspunkt Form eines [anderen] Stoffes) stellt der Begriff der m. p. einen ↑Grenzbegriff dar: m. p. existiert nicht selbständig (Phys. Δ2.209b23), d. h., sie ist, wie in der Aristotelischen Konzeption von Form und Stoff überhaupt, weder ein ›Etwas‹ noch ein ›Quantum‹ noch eine andere Bestimmung des Seienden (Met. Z3.1029a20–21); ihr Begriff – und damit die Annahme einer unterscheidungslosen materiellen Vorstufe der physischen Dinge (›formlose Materie‹) – ist vielmehr im Sinne eines sich im ↑Werden und Vergehen erhaltenden stofflichen Substrats (Met. Δ4.1014b31–32) eine *metaphysische Konstruktion*. Mit ihr ist ein ›erstes‹ Prinzip der Bestimmbarkeit physischer Dinge und deren

Veränderung ausgedrückt. Entsprechend bestehen physische Dinge hinsichtlich ihrer Stofflichkeit auch nicht aus m. p., sondern aus Materie bzw. Stoff, die bzw. der (bereits) eine Form besitzt (›materia secunda‹).

Die Unterscheidung zwischen m. p. und materia secunda (›geformte Materie‹) bzw. materia signata (›individuelle [geformte] Materie‹) wird im Rahmen der Lehre von ↑Form und Materie in der scholastischen Philosophie (↑Scholastik) insbes. unter Gesichtspunkten eines Prinzips der ↑Individuation ausgearbeitet (schon nach Aristoteles individuiert die Materie die spezifische Form [möglicher Gegenstände]). Während Thomas von Aquin dabei m. p. im ursprünglichen Aristotelischen Sinne im Rahmen metaphysischer Begriffsbildungen als reine Potentialität (↑Akt und Potenz) auffaßt (S.th. I qu. 3 art. 8c; I qu. 7 art. 2 ad 3), betonen z.B. R. Grosseteste, R. Bacon und Albertus Magnus m. p. als kosmologisches Prinzip (m. p. und lux als primäre, von Gott geschaffene ›Substanzen‹ bei Grosseteste, ↑Lichtmetaphysik). Nach alchimistischer Ansicht (↑Alchemie) gehen aus der Formung der m. p. (hier als Urmaterie aufgefaßt) die Urstoffe bzw. Elemente (nach Aristotelischer Elementenlehre bestimmt durch die jeweils paarweise angeordneten Eigenschaften kalt und feucht, warm und trocken) hervor, wobei (gegen die Aristotelische Begriffsbildung) auch die Möglichkeit einer Rückführung der Urstoffe in die m. p. und die Bildung neuer Eigenschaften ins Auge gefaßt werden. Auch in der neuzeitlichen Philosophie bleibt die Aristotelische Begriffsbildung zum Teil präsent: Bei G. W. Leibniz z.B. ist der Begriff der m. p. durch ↑Ausdehnung, ↑Undurchdringbarkeit (›Antitypie‹) und (eine im Anschluß an J. Kepler intuitiv als Bewegungswiderstand aufgefaßte) ↑Trägheit charakterisiert, wogegen der Begriff der ↑Kraft (zur Erklärung der realen Bewegungen der Körper) das Wesen der materia secunda ausmacht (vgl. Specimen dynamicum [...] I [1695], Math. Schr. VI, 236–237; Brief vom 17.3.1706 an B. Des Bosses, Philos. Schr. II, 306; Brief vom 4.6.1710 an R. C. Wagner, Philos. Schr. VII, 529; Brief vom 12.8.1711 an F. W. Bierling, Philos. Schr. VII, 501).

Literatur: R. H. G. Bemelmans, M. p. in Aristoteles. Een hardnekkig Misverstand, Diss. Leiden 1995; D. Bostock, Aristotle's Theory of Matter, in: D. Sfendoni-Mentzou/J. Hattiangadi/D. M. Johnson (eds.), Aristotle and Contemporary Science II, New York etc. 2001, 3–22, Nachdr. in: ders., Space, Time, Matter, and Form. Essays on Aristotle's »Physics«, Oxford 2006, 2009, 30–47; C. Byrne, Prime Matter and Actuality, J. Hist. Philos. 33 (1995), 197–224; D. Charles, Simple Genesis and Prime Matter, in: F. de Haas/J. Mansfeld (eds.), Aristotle: »On Generation and Corruption« Book I. Symposium Aristotelicum, Oxford 2004, 151–169; W. Charlton, Prime Matter. A Rejoinder, Phronesis 28 (1983), 197–211; A. C. Crombie, Robert Grosseteste and the Origins of Experimental Science (1100–1700), Oxford 1953, 1971 (repr. 2003); W. Detel/M.

Schramm u.a., Materie, Hist. Wb. Ph. V (1980), 870–924; I. Düring, Aristoteles. Darstellung und Interpretation seines Denkens, Heidelberg 1966, 2005; E. Fieremans, Aristotle's Prime Matter, Modern Schoolman 85 (2007), 21–49; D. W. Graham, The Paradox of Prime Matter, J. Hist. Philos. 25 (1987), 475–490; W. K. C. Guthrie, A History of Greek Philosophy VI (Aristotle. An Encounter), Cambridge 1981, 1993, 226–233; F. A. J. de Haas, John Philoponus' New Definition of Prime Matter. Aspects of Its Background in Neoplatonism and the Ancient Commentary Tradition, Leiden/Boston Mass./Köln 1997; H. Happ, Hyle. Studien zum aristotelischen Materiebegriff, Berlin/New York 1971; C. Huenemann, Spinoza and Prime Matter, J. Hist. Philos. 42 (2004), 21–32; M. J. Kelly, St. Thomas and the Meaning and Use of ›Substance‹ and ›Prime Matter‹, New Scholasticism 40 (1966), 177–189; H. R. King, Aristotle without ›prima materia‹, J. Hist. Ideas 17 (1956), 370–389; J. D. Kronen/S. Menssen/T. D. Sullivan, The Problem of the Continuant. Aquinas and Suárez on Prime Matter and Substantial Generation, Rev. Metaphysics 53 (2000), 863–885; D. P. Lang, The Thomistic Doctrine of Prime Matter, Laval théologique et philosophique 54 (1998), 367–385; F. A. Lewis, What's the Matter with Prime Matter?, Oxford Stud. Ancient Philos. 34 (2008), 123–146; G. McAleer, Augustinian Interpretations of Averroes with Respect to the Status of Prime Matter, Modern Schoolman 73 (1996), 159–172; M. McGovern, Prime Matter in Aquinas, Proc. Amer. Catholic Philos. Assoc. 61 (1987), 221–234; E. McMullin (ed.), The Concept of Matter in Greek and Medieval Philosophy, Notre Dame Ind. 1963, 1965, rev. 1978; J. A. McWilliams, The Finality of Prime Matter, Proc. Amer. Catholic Philos. Assoc. 28 (1954), 162–170; A. Perez-Estevez, Substantiality of Prime Matter in Averroes, Modern Schoolman 78 (2000), 53–70; D. F. Polis, A New Reading of Aristotle's Hyle, Modern Schoolman 68 (1991), 225–244; C. Rapp/K. Corcilius (eds.), Aristoteles-Handbuch, Stuttgart/Weimar 2010; R. Rhenius, Die Einheit der Substanzen bei Aristoteles, Berlin 2005, bes. 77–82 (Kap. I. F. Fundamentale Materie: Prima Materia); H. M. Robinson, Prime Matter in Aristotle, Phronesis 19 (1974), 168–188; W. D. Ross, Aristotle, London 1923, ⁵1949, 167–173, London/New York ⁶1995, 2004, 173–179; M. Scharle, A Synchronic Justification for Aristotle's Commitment to Prime Matter, Phronesis 54 (2009), 326–345; F. Solmsen, Aristotle and Prime Matter. A Reply to Hugh R. King, J. Hist. Ideas 19 (1958), 243–252; P. Studtmann, Prime Matter and Extension in Aristotle, J. Philos. Res. 31 (2005), 171–184; ders., The Foundations of Aristotle's Categorial Scheme, Milwaukee Wis. 2008, 79–99 (Chap. 4 Prime Matter); W. Wieland, Die aristotelische Physik. Untersuchungen über die Grundlegung der Naturwissenschaft und die sprachlichen Bedingungen der Prinzipienforschung bei Aristoteles, Göttingen 1962, ²1970, ³1992, 209–211.   J. M.

Materie (griech. ὕλη, lat. materia, engl. matter, franz. matière), Grundbegriff der Naturphilosophie und der Naturwissenschaften. In der vorsokratischen ↑Naturphilosophie wird M. als der Urstoff aufgefaßt, aus dem alles entstanden ist. Für Thales ist dieser Urstoff das Wasser, für Anaximander ein unbegrenzter Stoff (↑Apeiron), der den Zyklus des Werdens und Vergehens ermöglicht, für Anaximenes die lebensspendende Luft, für Heraklit das lebendige Feuer. Demgegenüber ist für Parmenides die M. der veränderlichen, sinnlich erfahrbaren Welt ein bloßer Schein, dem das bewegungslose und unvergänglich Seiende zugrundeliegt. Empedokles gliedert den Urstoff in die vier Elemente Erde, Wasser, Luft und Feuer, die sich nach Anaxagoras durch Anziehungs- und Abstoßungskräfte (Empedokles: ›Liebe‹ und ›Streit‹) mischen. Demokrit reduziert die M. auf unvergängliche und unteilbare ↑Atome, die sich im leeren Raum bewegen (↑Atomismus). Platon bildet die eleatische Lehre weiter aus, indem er zwischen den ›unveränderlichen‹ und im eigentlichen Sinne ›seienden‹ Ideen und den wahrgenommenen Phänomenen unterscheidet (↑Idee (historisch), ↑Ideenlehre). Die vier elementaren Stoffe des Empedokles werden auf vollkommene geometrische Körper (↑Platonische Körper) zurückgeführt, die aus einfachen regulären Drei- und Vierecken aufgebaut sind und durch Kombination die Mannigfaltigkeit der Erscheinungsformen der M. ermöglichen sollen. Aristoteles nimmt Ansätze des vorsokratischen M.begriffs in seiner »Physik« wieder auf und diskutiert ihn im Zusammenhang mit einer Analyse des Begriffs der ↑Bewegung im Hinblick auf den komplementären Begriff der Form (↑Form und Materie, ↑Stoff): der form- und eigenschaftslose Urstoff (↑materia prima) wird als reine Potenz von den aktual existierenden Formen der M. (materia secunda) unterschieden, die sich in gestuften Gegenstandsbereichen aus dem Urstoff durch immer komplexer werdende Struktur- und Formmerkmale ergeben. Dabei wird die jeweils vorausgehende Stufe als M. für das komplexere Formmerkmal der folgenden Stufe bezeichnet, so daß ›M.‹ als Prädikator nach Aristoteles zweistellig ist: ›x ist M. für y‹. So ist der formlose Urstoff M. für die vier Qualitäten ›warm‹, ›kalt‹, ›feucht‹, ›trocken‹, aus deren Verbindung sich die vier Elemente Erde (kalt und trocken), Wasser (kalt und feucht), Luft (warm und feucht), Feuer (warm und trocken) ergeben. Die Elemente sind M. für die gleichteiligen Stoffe, die wiederum M. für die ungleichteiligen Stoffe, z.B. einzelne Körperteile von Lebewesen, sind, die unterschiedliche Funktionen erfüllen. Die gleichteiligen und ungleichteiligen Stoffe sind M. für beseelte Lebewesen, wobei die ↑Seele als neues Formmerkmal hinzutritt. Die Wirkungsweise der M. ist daher nach Aristoteles durch Strukturmerkmale notwendig bestimmt und im Sinne einer zunehmenden Realisierung von Formen zweckgerichtet. Für den supralunaren Bereich der Gestirne wird ein fünftes Element, der ↑Äther, vorgesehen, der durch die periodisch gleichförmigen Kreisbewegungen der Sphären bestimmt ist. Epikur und die ↑Stoa entwickeln den M.begriff demgegenüber im Sinne des vorsokratischen Atomismus. – Die scholastische (↑Scholastik) Naturphilosophie versucht einerseits, den aus arabisch-aristotelischen Quellen vermittelten M.begriff mit der christlichen Tradition, insbes. der Schöpfungslehre (↑Schöpfung), zu verbinden. Andererseits wird die

Aristotelische Lehre von der gestuften M. in der ↑Alchemie verwendet, um Mutationen und Destillationen von Elixieren als zunehmende Veredelung der Stoffe aus der als ›schwarze‹ M. bezeichneten materia prima zu deuten. Die nominalistische (↑Nominalismus) Kritik des Aristotelischen M.begriffs findet in Wilhelm von Ockham ihren ersten Höhepunkt, für den die M. aktual gegeben und irgendeine von der M. ausgehende Tendenz zur Form fiktiv ist. M. ist daher in jedem Lebewesen nur numerisch unterscheidbar und überall von derselben Natur.

Mit einer Neubelebung der Atomistik wird der M.begriff der neuzeitlichen ↑Mechanik vorbereitet. G. Galilei stellt als primäre Qualitäten der M. arithmetische (Zählbarkeit), geometrische (Gestalt, Größe, Lage, Berührung) und kinematische Eigenschaften (Beweglichkeit) heraus. Lokal (z. B. an der schiefen Ebene) wird auch die ↑Trägheit der M. erfaßt, obwohl sie als universelle Eigenschaft der M. erst bei I. Newton herausgestellt wird. J. Kepler deutet die Planeten, die Erde und die Sonne bereits als schwere M., die durch (magnetische) Kräfte bewegt wird. Demgegenüber reduziert R. Descartes die M. auf die geometrische Eigenschaft der Ausdehnung (›res extensa‹, ↑res cogitans/res extensa), wobei Härte, Gewicht, Farbe etc. nur akzidentell sind. Als ↑Ausdehnung ist die M. nach Descartes zwar homogen, tritt jedoch in unterschiedlichen Konzentrationen von Korpuskeln auf, deren Auseinanderstreben und Kontakt durch die ↑Stoßgesetze reguliert wird. G. W. Leibniz bezeichnet die ↑Undurchdringbarkeit (›Antitypie‹) und Trägheit als passive (›tote‹) Eigenschaft der M.; von ihr werden die Energieformen der M. als ihre aktive Fähigkeit unterschieden, mechanische Arbeit als potentielle ↑Energie in Bewegungsenergie umzuwandeln. Sein Erhaltungssatz (↑Erhaltungssätze) der mechanischen Energie ist daher zugleich ein Erhaltungssatz der M., deren Bewegungsabläufe nach ↑Extremalprinzipien im Sinne einer prästabilierten Harmonie (↑Harmonie, prästabilierte) optimal organisiert sind. In der ↑Monadentheorie sucht Leibniz eine Verbindung von Aristotelischem und neuzeitlich-mechanischem M.begriff, indem er materielle Körper als Erscheinungsformen von Aggregaten ausdehnungsloser ↑Monaden deutet, die in einem Kontinuum wachsender Komplexität geordnet sind. Nach Newton ist die M. durch Trägheit und Schwere bestimmt. Die bewegenden Kräfte wirken nicht nur durch unmittelbaren Kontakt der materiellen Körper wie bei den Stoßgesetzen, sondern auch als ↑actio in distans wie beim Gravitationsgesetz (↑Gravitation). Von der M. ist der leere absolute Raum (↑Raum, absoluter) zu unterscheiden, der trotz seiner Immaterialität nach Newton durch Trägheitswirkungen z.B. bei Rotationsbewegungen nachgewiesen werden kann (↑Eimerversuch). Nach E. Mach handelt es sich dabei jedoch um eine Fiktion, da physikalisch meßbare und beobachtbare Wirkungen nur durch M. als ↑Masse möglich seien (↑Machsches Prinzip).

In der neuzeitlichen ↑Erkenntnistheorie wird M. als ↑Erscheinung bestimmt, über die nur als Gegenstand der Erkenntnis gesprochen werden kann. Während nach J. Locke M. als Gegenstand sinnlicher Wahrnehmung Vorstellungen über primäre und sekundäre ↑Qualitäten wie Gestalt, Ausdehnung und Farbe auslöst, reduziert G. Berkeley alles auf eingebildete Vorstellungen, so daß M. als Träger von Eigenschaften und Ursache von Vorstellungen ausgeschlossen ist. I. Kant spricht von der M. in der Erscheinung bzw. substantia phaenomenon (KrV B 333) als dem, was den äußeren Sinnen (↑Sinn, äußerer) korrespondiert und dessen Formen kategoriell bestimmt werden. Den Übergang von den kategorialen Rahmenbedingungen der M. zum M.begriff der (Newtonschen) Physik leistet Kant in den »Metaphysischen Anfangsgründen der Naturwissenschaft« (1786), wo die Bewegung als Grundbestimmung der M., die die äußeren Sinne affiziert, herausgestellt wird. Den vier Kategoriengruppen entsprechen vier apriorische Bestimmungen der M. als das Bewegliche im Raum (Quantität), das, was den Raum erfüllt (Qualität), eine bewegende Kraft besitzt (Relation) und möglicher, wirklicher oder notwendiger Gegenstand der Erfahrung ist (Modalität). Zur Raumerfüllung postuliert Kant analog zur dynamischen M.theorie (↑Dynamismus (physikalisch)) von R. G. Boscovich repulsive und expansive Kräfte, die Ausdehnung, Undurchdringbarkeit und Anziehung der M. erklären sollen. Während F. W. J. Schelling (↑Naturphilosophie, romantische) und G. W. F. Hegel die Lehre Kants von ↑Attraktion/Repulsion der M. dialektisch weiterentwikkeln, grenzt sich der dialektische Materialismus F. Engels und seiner Nachfolger (↑Materialismus, dialektischer) von der idealistischen Konstruktion des M.begriffs ab und bestimmt M. als objektive Realität, die sich unabhängig vom Bewußtsein nach dialektischen Gesetzmäßigkeiten entwickelt.

Charakteristisch für die Physik des 19. Jhs. ist die Abgrenzung der M. als ↑Masse von der ↑Energie, die sich auch in populärwissenschaftlichen Titeln wie ›Kraft und Stoff‹ (L. Büchner) niederschlägt. Neue Aspekte der M. werden durch neue physikalische und chemische Theorien erfaßt. Analog zu den makrophysikalischen Bewegungsgesetzen fester und flüssiger Körper werden Druck- und Wärmeerscheinungen z.B. von Gasen auf mikrophysikalische Bewegungen atomarer Teilchen zurückgeführt. Magnetische und elektrische Eigenschaften der M. werden zum elektromagnetischen Feld verbunden und zur Erklärung der Lichtwellen herangezogen. Als materieller Träger elektromagnetischer Eigenschaften wird zunächst noch ein ↑Äther postuliert, dessen Existenz nach der Relativitätstheorie (↑Relativitätstheorie, spezielle) überflüssig ist.

In der modernen Physik erweisen sich die klassischen Abgrenzungen des M.begriffs als fraglich. So zeigt die Einsteinsche *Masse-Energie-Äquivalenz* ($E = m \cdot c^2$) der Relativitätstheorie bei Energie-Masse-Umsetzungen hochenergetischer Kern- und Elementarteilchenprozesse, daß Masse und Energie als verschiedene Formen der M. aufzufassen sind. ›Antimaterie‹ ist in diesem Sinne als andere Form der M. zu interpretieren und nicht als von M. Verschiedenes. Auch Korpuskel- und Welleneigenschaften (↑Korpuskel-Welle-Dualismus) können nicht zur Abgrenzung der M. herangezogen werden. Die beim Durchgang von Teilchenstrahlen (z.B. Elektronenstrahlung) durch Kristallgitter beobachtbaren Interferenz- und Beugungserscheinungen zeigen nämlich, daß die elementaren Bausteine der M. nicht nur rein korpuskularer Natur sind, sondern auch einen Wellenaspekt besitzen. Diese Beobachtung bestätigt L. V. de Broglies Theorie der *Materiewellen*. Allgemein wird dabei einem atomaren Teilchen mit nicht verschwindender Ruhemasse m ein räumlich und zeitlich periodischer Wellenvorgang zugeordnet, d.h. einem Teilchen mit Impuls p und Energie $E = \dfrac{p^2}{2m}$ eine M.welle mit der Frequenz ν, der Wellenlänge λ und dem Wellenvektor k, die durch die de-Broglie-Beziehungen $\nu = \dfrac{E}{h}$, $\lambda = \dfrac{h}{p} = \dfrac{h}{\sqrt{2mE}}$, $k = \dfrac{p}{\hbar}$ bestimmt ist (mit $h = 2\pi\hbar$ Plancksches Wirkungsquantum). Durch Verallgemeinerung des Begriffs der M.welle erhält man den Begriff des *Materiefeldes*, mit dem das dynamische Verhalten von sehr vielen gleichartigen, untereinander in ↑Wechselwirkung stehenden Elementarteilchen beschrieben wird. Umgekehrt erfaßt man die *Teilcheneigenschaft* der M. durch Quantisierung, wobei sich die Teilchen als Feldquanten ergeben. – In den modernen Entwicklungstheorien des Weltalls (↑Kosmogonie) ist es häufig üblich, Strahlung als einen sehr frühen Zustand des Weltalls von der späteren Materialisation zu Atomkernen, Atomen und Molekülen auf Grund von Abkühlungsprozessen zu unterscheiden. Dazu wird M. im Sinne der Relativitätstheorie als die Gesamtheit der in einem Raumbereich enthaltenen physikalischen Objekte mit einer Ruhemasse (wie z.B. die atomaren Bausteine) definiert, im Gegensatz zu Objekten ohne Ruhemasse (wie z.B. die Photonen elektromagnetischer Strahlung). Aber auch hier ist es zweckmäßiger, von unterschiedlichen Formen der M. zu sprechen, um der terminologisch merkwürdigen Konsequenz zu entgehen, Licht als ›immaterielle‹ Entität bezeichnen zu müssen.

Nach heutigen naturwissenschaftlichen Theorien lassen sich die Formen der M. von den Elementarteilchen im Mikrokosmos über die Atome und Moleküle und ihr Zusammenfinden in verschiedenen Aggregatzuständen der Stoffe bis hin zu den Sternen und anderen astronomischen Objekten im ↑Makrokosmos ordnen. Charakteristisch sind die jeweiligen Wechselwirkungen zwischen Bestandteilen, die in verschiedenen Stufen zu immer stärker organisierten Formen der M. führen. Die Protonen und Neutronen bilden bei Annäherungen von 10^{-13} cm auf Grund der Kernkräfte die Atomkerne, aus denen sich mit den Elektronen auf Grund der zwischen ihnen bestehenden elektromagnetischen Wechselwirkungen die Atome mit Abmessungen von ca. 10^{-8} cm bilden. Die Atome vereinigen sich zu Molekülen in den verschiedenen Formen chemischer Bindungen, die als elektromagnetische Wechselwirkung durch die Elementarladungen der M.teilchen hervorgerufen werden. Die ›organischen‹ Moleküle können sich zu Makromolekülen verbinden, die für die Entstehung des Lebens eine große Rolle spielen. In der Biologie wird daher heute erneut die Frage diskutiert, ob und wieweit Leben als hochorganisierte Form der M. verstanden werden kann und ob auch Bewußtsein und Seele auf M. zu reduzieren sind (↑Leib-Seele-Problem). Die Aggregatzustände der M. hängen von chemischen Bindungen ab. Solange die Atome und Moleküle außer kurz dauernden Zusammenstößen keine Wechselwirkungen ausüben, bilden sie ein Gas oder Plasma. Wird die Wechselwirkung auf Grund zunehmender Dichte der M. größer, so kondensieren sie zu Flüssigkeiten oder festen Körpern, deren makrophysikalische Eigenschaften sich durch Material- und Stoffkonstanten (z. B. Dichte, spezifische Wärme, elektrische Leitfähigkeit, Brechungsindex) beschreiben lassen. Im makrophysikalischen Bereich der M. spielen die Wechselwirkungen auf Grund von ↑Gravitation mit zunehmendem Größenbereich eine Rolle, bis sie schließlich im astronomischen Bereich die Struktur des Weltalls bestimmen.

Die wissenschaftstheoretische (↑Wissenschaftstheorie) Bestimmung des M.begriffs schließt teilweise an ältere naturphilosophische Auffassungen an. So vertreten z. B. W. Heisenberg, H. Weyl und A. N. Whitehead eine platonische Deutung des M.begriffs, wonach M. nur als unterschiedliche Erscheinungsform einer immateriellen mathematischen Struktur auftritt, die in den Symmetriegruppen und ↑Erhaltungssätzen physikalischer Größen zum Ausdruck kommt. Für die phänomenologisch-positivistische Position Machs ist die Rede von M., weil ihr keine meßbare Größe entspricht, ›metaphysisch‹ und daher überflüssig; der M.begriff ist durch eine physikalische Meß- und Beobachtungsgröße wie die Masse zu präzisieren. Für den modernen ↑Instrumentalismus ist M. ein pragmatischer Oberbegriff, um unterschiedliche Meß- und Experimentalbedingungen, wie sie z. B. beim Korpuskel-Welle-Dualismus oder in der Masse-Energie-Äquivalenz zum Ausdruck kommen, terminologisch zu erfassen. Demgegenüber hält der Realismus (↑Realismus (ontologisch)) an einer ontologischen Bedeutung des M.begriffs fest, die unabhängig von Meß- und Beobachtungsverfahren ist und diese erst ermöglicht.

Literatur: M. Ambacher, La matière dans les sciences et en philosophie, Paris 1972; C. Anastopoulos, Particle or Wave. The Evolution of the Concept of Matter in Modern Physics, Princeton N. J. 2008; C. Baeumker, Das Problem der M. in der griechischen Philosophie. Eine historisch-kritische Untersuchung, Münster 1890 (repr. Frankfurt 1963); C. Bailey, The Greek Atomists and Epicurus, Oxford 1928, New York 1964; A. Bartels, Grundprobleme der modernen Naturphilosophie, Paderborn etc. 1996, 72–99 (Kap. 4 M.); H. Blumenberg, Selbsterhaltung und Beharrung. Zur Konstitution der neuzeitlichen Rationalität, Mainz/Wiesbaden 1970 (Abh. Akad. Wiss. Lit. zu Mainz, geistes- u. sozialwiss. Kl. 1969, Nr. 11); L. Bot, Philosophie des sciences de la matière, Paris 2007; L. Büchner, Kraft und Stoff. Empirisch-naturphilosophische Studien in allgemeinverständlicher Darstellung, Frankfurt 1855, Leipzig 1932, unter dem Titel: Kraft und Stoff oder Grundzüge der natürlichen Weltordnung. Nebst einer darauf gebauten Moral oder Sittenlehre. In allgemein verständlicher Darstellung, Leipzig ^{21}1904; L. Cencillo, Hyle. Origen, concepto y funciones de la materia en el Corpus Aristotelicum, Madrid 1958; Chung-Hwan Chen, Aristotle's Concept of Primary Substance in Books *Z* and *H* of the Metaphysics, Phronesis 2 (1957), 46–59; M. P. Crosland (ed.), The Science of Matter. A Historical Survey. Selected Readings, Harmondsworth 1971, Montreux etc. 1995; W. Detel u. a., M., Hist. Wb. Ph. V (1980), 870–924; M. Duquesne, Matière et antimatière, Paris 1958, ^{6}1982 (engl. Matter and Antimatter, London, New York 1960; dt. M. und Antimaterie, Stuttgart 1974); H. Happ, Hyle. Studien zum aristotelischen M.begriff, Berlin 1971; W. Heisenberg, Wandlungen in den Grundlagen der Naturwissenschaft. Zwei Vorträge, Leipzig 1935, mit Untertitel: Zehn Vorträge, Stuttgart ^{9}1959, ^{12}2005; M. Heller, Adventures of the Concept of Mass and Matter, Philos. in Sci. 3 (Tucson Ariz. 1988), 15–35; T. Holden, The Architecture of Matter. Galileo to Kant, Oxford etc. 2004, 2006; F. Hund, M. als Feld. Eine Einführung, Berlin/Göttingen/Heidelberg 1954; ders., Theorie des Aufbaues der M., Stuttgart 1961; M. Jammer, Concepts of Mass in Classical and Modern Physics, Cambridge Mass. 1961, Mineola N. Y. 1997 (dt. [erw.] Der Begriff der M. in der Physik, Darmstadt 1964, ^{3}1981); P. Janich, Die Eindeutigkeit der Massenmessung und die Definition der Trägheit, Philos. Nat. 22 (1985), 87–103; ders., Das Maß der Dinge. Protophysik von Raum, Zeit und M., Frankfurt 1997; A. Jaulin (ed.), Matière et devenir dans les philosophies anciennes, Paris 2003; H. J. Johnson, Changing Concepts of Matter from Antiquity to Newton, DHI III (1973), 185–196; E. Kappler, Die Wandlung des M.begriffs in der Geschichte der Physik, Jahresschr. 1967 d. Ges. zur Förderung d. Westf. Wilhelms-Universität zu Münster (1967), 61–92; J. Klowski, Das Entstehen der Begriffe Substanz und M., Arch. Gesch. Philos. 48 (1966), 2–42; F. A. Lange, Geschichte des Materialismus und Kritik seiner Bedeutung in der Gegenwart, Iserlohn 1866, I–II, ^{2}1873/1875, ed. R. Nölle, Norderstedt 2008 (engl. The History of Materialism and Criticism of Its Present Importance, I–III, Boston Mass., London 1877–1881, in einem Bd., London, New York ^{3}1925 [repr. New York 1950, London 2001]); R. E. Lapp, Matter, New York 1963, 1974 (dt. Die M., Frankfurt, Amsterdam 1965, Reinbek b. Hamburg 1980; franz. La matière, [o. O.] 1965, Paris 1969); M. v. Laue, M.wellen und ihre Interferenzen, Leipzig 1944, Ann Arbor

Mich. 1948, Leipzig ²1948; F. Lieben, Vorstellungen vom Aufbau der M. im Wandel der Zeiten. Eine historische Übersicht, Wien 1953; P. Lorenzen, Zur Definition der vier fundamentalen Meßgrößen, Philos. Nat. 16 (1976), 1–9, ferner in: J. Pfarr (ed.), Protophysik und Relativitätstheorie. Beiträge zur Diskussion über eine konstruktive Wissenschaftstheorie der Physik, Mannheim/Wien/Zürich 1981 (Grundlagen der exakten Naturwissenschaften IV), 25–33; A. A. Luce, Berkeley's Immaterialism. A Commentary on His »A Treatise Concerning the Principles of Human Knowledge«, London/New York 1945, New York 1968; A. Macé (ed.), La Matière, Paris 1998; K. Mainzer, Der Raum im Anschluß an Kant, Persp. Philos. Neues Jb. 4 (1978), 161–175; ders., M.. Von der Urmaterie zum Leben, München 1996; E. McMullin (ed.), The Concept of Matter in Greek and Medieval Philosophy, Notre Dame Ind. 1963, 1965; ders. (ed.), The Concept of Matter in Modern Philosophy, Notre Dame Ind./London 1978; J. Mittelstraß, Neuzeit und Aufklärung. Studien zur Entstehung der neuzeitlichen Wissenschaft und Philosophie, Berlin/New York 1970; S. Moser, Grundbegriffe der Naturphilosophie bei Wilhelm von Ockham. Kritischer Vergleich der Summulae in libros physicorum mit der Philosophie des Aristoteles, Innsbruck 1932; J. Owens, The Aristotelian Argument for the Material Principle of Bodies, in: I. Dühring (ed.), Naturphilosophie bei Aristoteles und Theophrast. Verhandlungen der 4. Symposium Aristotelicum veranstaltet in Göteborg, August 1966, Heidelberg 1969, 193–209, ferner in: J. R. Catan (ed.), Aristotle. The Collected Papers of Joseph Owens, Albany N. Y. 1981, 122–135; A. Pontier (ed.), Matière et philosophie, Paris 1988; N. Psarros, M., EP I (1999), 808–810; J. T. Reagan, The Material Substrate in the Platonic Dialogues, Diss. St. Louis Mo. 1960; B. Russell, The Analysis of Matter, London, New York 1927, ²1954, Nottingham 2007 (dt. Philosophie der M., Leipzig/Berlin 1929); S. Sambursky, The Physical World of the Greeks [hebr. Original Jerusalem 1954], London 1956, London, Princeton N. J. 1987 (dt. [erw.] Das physikalische Weltbild der Antike, ed. O. Gigon, Zürich/Stuttgart 1965); ders., Physics of the Stoics, London, New York 1959 (repr. Princeton N. J. 1987) (dt. [erw.] Das physikalische Weltbild der Antike [s. o.]); E. Schrödinger, Mind and Matter, Cambridge 1958, ferner in: ders., »What Is Life?«. The Physical Aspects of the Living Cell. And »Mind and Matter«, Cambridge 1967, 95–178, Cambridge etc. 2010, 91–164 (dt. Geist und M., Braunschweig 1959, Zürich 1994; franz. L'esprit et la matière, Paris 1990); D. J. Schulz, Das Problem der M. in Platons »Timaios«, Bonn 1966; D. Shapere, Matter, REP VI (1998), 192–196; T. G. Sinnige, Matter and Infinity in the Presocratic Schools and Plato, Assen 1968, ²1971; K. Smith, Matter Matters. Metaphysics and Methodology in the Early Modern Period, Oxford etc. 2010; J. Solomon, The Structure of Matter. The Growth of Man's Ideas on the Nature of Matter, Newton Abbot 1973, New York 1974; R. Sorabji, Matter, Space and Motion. Theories in Antiquity and Their Sequel, Ithaca N. Y. 1988; T. Tisini, Die M.auffassung in der islamisch-arabischen Philosophie des Mittelalters, Berlin 1972; S. E. Toulmin, Matter, Enc. Ph. V (1967), 213–218; ders./J. Goodfield, The Architecture of Matter, London, New York 1962, Chicago Ill./London 1982 (dt. M. und Leben, München 1970); J. Trusted, The Mystery of Matter, New York, Basingstoke 1999, 2001; A. Wenzl, Der Begriff der M. und das Problem des Materialismus, München 1958; H. Weyl, Raum, Zeit, M.. Vorlesungen über allgemeine Relativitätstheorie, Berlin 1918, Berlin/Heidelberg/New York ⁸1993 (engl. Space – Time – Matter, New York, London 1922, New York 1990; franz. Temps, espace, matière. Leçons sur la théorie de la relativité générale, Paris 1922, 1979); A. N. Whitehead,

Process and Reality. An Essay in Cosmology, Cambridge, New York 1929, ed. D. R. Griffin/D. W. Sherburne, New York 1978, 1985 (dt. Prozeß und Realität. Entwurf einer Kosmologie, Frankfurt 1979, ⁵2008; franz. Procès et réalité. Essai de cosmologie, Paris 1995); W. Wieland, Die aristotelische Physik. Untersuchungen über die Grundlegung der Naturwissenschaft und die sprachlichen Bedingungen der Prinzipienforschung bei Aristoteles, Göttingen 1962, ²1970; M. M. Woolfson, Materials, Matter, and Particles. A Brief History, London 2010; R. E. Zimmermann/K. J. Grün (eds.), Hauptsätze des Seins. Die Grundlegung des modernen M.begriffs. Zum 800. Todestag von Averroes, Cuxhaven/Dartford 1998. K. M.

Mathema (griech. μάθημα, [der Gegenstand der] Kenntnis, Lehre, Wissenschaft), Terminus der antiken ↑Erkenntnistheorie. Während die Bezeichnung ›M.‹ in der griechischen Medizin für Wissensbestände verwendet wird, die das auf den Einzelfall anwendbare Erfahrungswissen des Arztes ausmachen, dient sie bei Platon zur Kennzeichnung insbes. des nicht-empirischen ↑Wissens ›mathematischer‹ Wissenschaften (Arithmetik, Geometrie, Astronomie, Harmonielehre). Diese später institutionell im Quadrivium (↑ars) zusammengefaßten Wissenschaften gelten im Rahmen der Platonischen Pädagogik (↑Ideenlehre, ↑Liniengleichnis) als ›oberste Lehrgegenstände‹ (μέγιστα μαθήματα, Pol. 503e4), insofern als Prototypen begründeter (›reiner‹) Wissensbildung, unter ↑praktischen Gesichtspunkten nur noch übertroffen durch die (Einsicht in die) Idee des Guten (Pol. 505a2, ↑Idee (historisch)). – I. Kant gliedert die apodiktischen Urteile (↑Urteil, apodiktisches) in ›Dogmata‹ und ›M.ta‹. Während ein Dogma ein ›direkt synthetischer Satz aus Begriffen‹ ist (↑Dogmatismus, ↑synthetisch), ist ein M. ein synthetischer Satz ›durch Konstruktion der Begriffe‹ (KrV B 764), d. h. ein solcher, der Konstruktionen in der reinen ↑Anschauung zum Gegenstand hat (↑a priori). Kants begriffliche Bestimmung von M. (die terminologisch ohne Einfluß bleibt) kann als wissenschaftstheoretische Rekonstruktion der Platonischen Auszeichnung ›mathematischer‹ Wissenschaften, die bei Platon allein auf einer strengen Trennung empirischer und nicht-empirischer Wissensbildung beruht, verstanden werden.

Literatur: J. Halfwassen, Der Aufstieg zum Einen. Untersuchungen zu Platon und Plotin, Stuttgart 1992, München/Leipzig ²2006, 226–236 (Kap. II, § 2 Platons gnoseologischer Ansatz. Das Megiston M.); F. Kudlien, M., Hist. Wb. Ph. V (1980), 926; D. Snell, Die Ausdrücke für den Begriff des Wissens in der vorplatonischen Philosophie (σοφία, γνώμη, σύνεσις, ἱστορία, μάθημα, ἐπιστήμη), Berlin 1924, Hildesheim/Zürich 1992 (Philol. Unters. 29), 72–81; W. Wieland, Platon und die Formen des Wissens, Göttingen 1982, ²1999. J. M.

Mathematik (von griech. μαθηματικὴ τέχνη, [insbes. formale bzw. ›mathematische‹] Wissensbestände, ↑Mathema), ursprünglich aus den praktischen Aufgaben des

Rechnens und Messens hervorgegangene Disziplin, die unter griechischem Einfluß zu einer beweisenden Wissenschaft ausgebaut, seit Beginn der Neuzeit zunehmend auf die technisch-physikalischen Wissenschaften angewandt und seit dem 19. Jh. zu einer abstrakten Strukturwissenschaft verallgemeinert wurde. Unter Einsatz der Computertechnologie trägt die M. heute zur Bewältigung technisch-wissenschaftlicher Probleme aller Art bei (↑Mathematisierung). Ihre Grundlagenprobleme (↑Grundlagenkrise) werden seit der griechischen M. auch in der Philosophie diskutiert.

In der babylonischen, ägyptischen und chinesischen M. werden Rechen- und Meßverfahren nur rezeptartig überliefert. Es handelt sich um arithmetische Lösungsverfahren für (lineare und quadratische) Gleichungen, Verteilungsaufgaben und Volumenbestimmungen aus der Praxis der Verwaltungsbeamten, Feldmesser und Bautechniker. Zwischen exakten Berechnungen und Approximationen

$$\left(\text{z.B. die ägyptische Annäherung } \frac{\pi}{4} = \left(\frac{8}{9} \right)^2 \right)$$

wird noch nicht unterschieden. Demgegenüber wird seit Thales die griechische M. zu einer (bei Thales wohl noch logikfreien) beweisenden Wissenschaft ausgebaut, in der später logische Beweisschlüsse zur Gewinnung neuer Sätze und zur Begründung bekannter Ergebnisse vor allem der Elementargeometrie verwendet werden. Nach Auffassung der ↑Pythagoreer ist die ↑Arithmetik als Theorie der positiven ganzen Zahlen das Fundament der M., insofern alle Größenverhältnisse der Geometrie, Astronomie und Musik durch ganzzahlige Zahlenverhältnisse darstellbar sein sollen. Auf den Pythagoreer Hippasos von Metapont geht wahrscheinlich die Entdeckung inkommensurabler (↑inkommensurabel/Inkommensurabilität) Streckenverhältnisse (z.B. bei Diagonale und Seite eines Pentagons) zurück, die das pythagoreische M.programm erschüttert und Eudoxos von Knidos zur Begründung einer geometrischen ↑Proportionenlehre führt. Da jedes (ganzzahlige) Zahlenverhältnis einem geometrischen Streckenverhältnis entspricht, aber nicht die Umkehrung gilt, geben die griechischen Mathematiker nun der ↑Geometrie den Vorrang vor der Arithmetik und ersetzen die arithmetischen Gleichungslösungen der Babylonier durch geometrische Konstruktionen. Die noch von Platon geforderte Beschränkung der Konstruktionsmittel auf Zirkel und Lineal führt zu den drei zentralen Konstruktionsproblemen der griechischen M.: das ↑Delische Problem, die Winkeldreiteilung (↑Hippias von Elis) und die ↑Quadratur des Kreises. Diese Konstruktionsprobleme werden erst mit kinematisch erzeugten Kurven wie Spirale, Konchoide, Quadratix etc. lösbar.

Euklids »Elemente« enthalten das mathematische Wissen zur Zeit Platons in systematisierter Form. Mit Definitionen der geometrischen Grundbegriffe, Postulaten und Axiomenschemata werden mathematische Lehrsätze bewiesen und neben der ↑Euklidischen Geometrie unter anderem Probleme der elementaren Zahlentheorie (z. B. Euklidischer Algorithmus), die auf Theaitetos zurückgehende Theorie (quadratischer) Irrationalitäten und einfache Volumenbestimmungen durch ↑Exhaustion behandelt. Einen Höhepunkt der M. als angewandter und theoretischer Wissenschaft stellt das Werk des Archimedes dar. Dieser löst statische und mechanische Probleme auf geometrischem Wege und führt auf der Grundlage der Eudoxischen Proportionenlehre exakte Exhaustionsbeweise für komplizierte Flächen- und Körperbestimmungen (z. B. Quadraturen von Kegelschnitten). Eine Theorie der Kegelschnitte legt Apollonios von Perge vor und schafft damit die Voraussetzung für die Kurvengeometrie und die Mathematisierung der neuzeitlichen ↑Astronomie und ↑Mechanik. Die Trigonometrie des Aristarchos, Hipparchos und K. Ptolemaios dient mit ihren Sehnentafeln als Hilfswissenschaft der Astronomie. Am Ausgang der antiken Periode der M. finden sich Ansätze zur projektiven Geometrie (z. B. die Lehre vom Doppelverhältnis bei Pappos) und zu einer selbständigen Algebra mit eigener Symbolschrift (bei Diophantos).

Im Mittelalter wird die M. vor allem von indischen und arabischen Mathematikern weiterentwickelt, erst im Zeitalter des ↑Humanismus mit den Übersetzungen antiker Texte der Entwicklungsstand der griechischen M. im Abendland (wieder) erreicht. Das praktische Rechnen mit indischen Ziffern, das z.B. in Rechenbüchern von A. Riese und dem »Coß« von M. Stifel verbreitet wird, fördert eine selbständige Entwicklung von ↑Algebra und Arithmetik. Nur diese algorithmische Übung macht verständlich, warum die Auflösung kubischer Gleichungen, die den antiken Mathematikern wegen ihrer geometrisch-verbalen Behandlung große Schwierigkeiten machte, den italienischen Renaissance-Mathematikern auf Anhieb gelingt. Das *kalkulatorische* Interesse der neuzeitlichen M. zeigt sich auch in der Einführung von Dezimalbrüchen (S. Stevin), der Erfindung der Logarithmen zur Vereinfachung trigonometrischer Aufgaben (J. Neper, J. Bürgi) und dem Bau erster Rechenmaschinen durch W. Schickard, B. Pascal und G. W. Leibniz (↑Maschinentheorie). Die Fortschritte der Algebra seit F. Viète bereiten den Boden für die Entwicklung der analytischen Geometrie (↑Geometrie, analytische) seit R. Descartes und P. de Fermat. Descartes (La géométrie, 1637) versucht eine algebraische Klassifizierung kinematisch erzeugter Kurven und erweitert den Bereich der ↑Zahlen um die algebraischen Zahlen als Wurzeln von algebraischen Gleichungen. Dabei unterscheidet er die auf rein algebraischem Wege gelösten Probleme der ›Präzisionsmathematik‹ von den übrigen ›mechanischen‹ Problemen der ›Approximationsmathematik‹ und bereitet die spätere Unterscheidung von algebraischen und transzendenten Kurven vor.

Die analytische Geometrie und die Bewegungsprobleme der neuzeitlichen Mechanik schaffen die Voraussetzung zur Erfindung der ↑Infinitesimalrechnung bei Leibniz und I. Newton. Infinitesimale Methoden wurden zur Volumenbestimmung zwar schon von Archimedes, J. Kepler, G. Galilei und B. Cavalieri (↑Indivisibilien) angewandt, bedurften aber nach antiker Auffassung der Rechtfertigung durch Exhaustionsbeweise. Neben solchen Integrationsaufgaben tritt im Zusammenhang mit Geschwindigkeitsbestimmungen das Problem der Tangentenbestimmung an einer Kurve auf, von dem bereits I. Barrow vermutete, daß es eine Umkehrung der Integration einer Kurvenfunktion sei. Newtons Fluxionsrechnung (↑Fluxion) gibt zwar (im Unterschied zu antiken Exhaustionen) ein allgemeines Verfahren zur Bestimmung der momentanen Geschwindigkeit an, wird aber wegen der nur physikalisch-anschaulichen und unpräzisen Grundbegriffe (worauf besonders G. Berkeley aufmerksam machte) von Newton selbst nur als heuristisches (↑Heuristik) Verfahren anerkannt, dessen Symbolik allerdings noch heute in der Physik verwendet wird. Demgegenüber erweist sich Leibnizens, unabhängig von Newton erfundener, Differentialkalkül für die Entwicklung der ↑Analysis im 17. und 18. Jh. als äußerst fruchtbar. Neben der Theorie der Reihen untersucht Jak. Bernoulli zahlreiche Kurven und gibt mit seinem Problem der Brachistochrone den Anstoß zur Entwicklung der ↑Variationsrechnung (↑Variation), die von L. Euler zu einem grundlegenden Instrumentarium für die Lösung physikalischer ↑Differentialgleichungen ausgebaut wird. Euler, ein Schüler Joh. Bernoullis, ist von überragender Bedeutung für die M. des 18. Jhs.; er liefert nicht nur entscheidende Beiträge zur Theorie der Differentialgleichungen, der Variationsrechnung und der mathematischen Physik, sondern trägt durch seine Lehrbücher auch zur Verbreitung der analytischen Methode (↑Methode, analytische) bei. Nachdem bereits J. le Rond d'Alembert (1765) die Rede von ›unendlich kleinen‹ Größen wie den Leibnizschen ↑Differentialen kritisiert hatte, schlägt A.-L. Cauchy eine Präzisierung der Begriffe ↑Stetigkeit, Konvergenz (↑konvergent/Konvergenz) und Ableitung (↑Infinitesimalrechnung) durch den *Grenzwertbegriff* (↑Grenzwert) vor. Die heutige Arithmetisierung dieser Begriffe in der ε-δ-Sprache gehen auf die Schule von K. Weierstraß zurück. Nach Entdeckung der Fourier-Reihen (1807) wird der Eulersche Funktionsbegriff, der auf die Darstellung durch algebraische Rechenterme beschränkt war, von J. P. G. L. Dirichlet erweitert. Für die ↑Funktionentheorie werden besonders

die von Weierstraß untersuchten analytischen Funktionen wichtig, die durch Potenzreihen darstellbar sind. Von Weierstraß und seiner Schule wird ferner der Ausbau einer komplexen Funktionentheorie betrieben, nachdem C. F. Gauß eine geometrische Deutung und W. R. Hamilton eine arithmetische Konstruktion der komplexen Zahlen vorgelegt hatte.

Während die ↑Algebra vom 16. bis zum 18. Jh. durch Lösungen für einzelne Gleichungstypen bestimmt war, taucht bei J. L. Lagrange zum ersten Mal der Gedanke auf, allgemein Lösungen von Gleichungen durch die Gruppe ihrer Permutationen zu charakterisieren. Damit kündigen sich bereits der *Gruppen*- und der *Körperbegriff* (↑Gruppe (mathematisch), ↑Körper (mathematisch)) an, mit denen es N. H. Abel und É. Galois Anfang des 19. Jhs. gelingt, die Unmöglichkeit der Auflösung einer Gleichung vom Grade $n > 4$ durch Radikale nachzuweisen. Unter Voraussetzung der Galoisschen Theorie läßt sich auch die Unlösbarkeit des ↑Delischen Problems mit Zirkel und Lineal nachweisen. Nachdem J. Liouville (1844) die Existenz transzendenter Zahlen und F. Lindemann (1888) die Transzendenz von π nachgewiesen hatte, konnte auch unter das antike Problem der Quadratur des Kreises ein Schlußstrich gezogen werden. Unabhängig von der Gleichungstheorie erwiesen sich der Gruppen- und der Körperbegriff auch in der Zahlentheorie und in der Geometrie als fruchtbar. Daher verlagerte sich das algebraische Interesse der Mathematiker zunehmend von der Gleichungs- und Invariantentheorie auf das Studium abstrakter algebraischer ↑Strukturen, die G. Cantors allgemeinen Mengenbegriff (↑Menge) voraussetzten und in diesem Sinne von E. Steinitz, D. Hilbert, E. Noether u.a. weiterentwickelt wurden.

Anfang des 19. Jhs. erlebt die synthetische Geometrieauffassung zunächst durch die Darstellende Geometrie von G. Monge und durch die projektive Geometrie von J. V. Poncelet, J. Steiner und K. G. C. Staudt neuen Auftrieb. Aber auch in der projektiven Geometrie führt die Anwendung der analytischen Methode (z. B. durch J. Plückers Einführung homogener Koordinaten) zu größeren begrifflichen Vereinfachungen. H.-G. Graßmann und A. Cayley arbeiten seit 1844 an der Affinen Geometrie (↑Ausdehnungslehre), deren Entwicklung in die Lineare Algebra mündet und unter anderem zu dem für die Physik zentralen Begriff des Vektorraums (↑Vektor) führt. Vor dem Hintergrund der Diskussion des ↑Parallelenaxioms der Euklidischen Geometrie von Proklos bis J. H. Lambert, der Entdeckung der ↑nicht-euklidischen Geometrie und Eulers Untersuchungen über das Krümmungsverhalten ebener Kurven setzt mit Gauß die Entwicklung der ↑Differentialgeometrie ein, bei Gauß zunächst auf die ↑Metrik und Krümmung 2-dimensionaler Flächen beschränkt, bei H. v. Helmholtz 3-dimensional, bei B. Riemann für n-dimensionale stetig-differenzierbare Mannigfaltigkeiten verallgemeinert. Algebraisch knüpft daran die von S. Lie begründete und im 20. Jh. von H. Weyl, E. Cartan u. a. ausgebaute Theorie stetiger (unendlicher) Bewegungsgruppen an. Auch die Entwicklung der ↑Topologie, die unabhängig von Metrik und Koordinaten (↑Dimension) nur die bei stetigen umkehrbar-eindeutigen (↑eindeutig/Eindeutigkeit) Transformationen invariant (↑invariant/Invarianz) bleibenden Eigenschaften geometrischer Gebilde (d. h. anschaulich etwa die Verzerrungen und Deformierungen von Gummihäuten und Gummikörpern) berücksichtigt, beginnt im 19. Jh. mit Untersuchungen von Riemann, A. F. Möbius u. a., nachdem bereits Ansätze z. B. in der Diskussion der Polyederformel bei Descartes und Euler vorlagen. Im Bündnis mit Cantors Mengenlehre wird schließlich im 20. Jh. von M. Fréchet, F. Hausdorff u. a. der Begriff des topologischen ↑Raumes geprägt und damit der Blick von einzelnen topologischen Gebilden (Torus, Möbiusband etc.) auf die allgemeine Analyse topologischer Strukturen gelenkt. Die verschiedenen Forschungsrichtungen der Geometrie können nach F. Kleins ↑›Erlanger Programm‹ (1872) mit dem Begriff der geometrischen Invarianten, die z. B. bei metrischen, affinen, projektiven, topologischen Transformationsgruppen invariant bleiben, klassifiziert werden.

Nach Cantors Mengenlehre verstärkt sich in der M. des 20. Jhs. die Tendenz, die M. als *Strukturwissenschaft* (↑Struktur) aufzubauen. Damit wird zwar einerseits eine Vereinheitlichung der M. erreicht, indem verschiedene Theorien auf die Kombination weniger fundamentaler Grundstrukturen reduziert und neue Theorieentwicklungen z. B. der algebraischen Geometrie, der Zahlentheorie und der Topologie ermöglicht werden. Auch weitet der Strukturgesichtspunkt den Anwendungsbereich der M. aus, wie z. B. die Verwendung von Funktionenräumen der Funktionalanalysis (↑Funktional) in der Quantenmechanik (↑Quantentheorie) und die Anwendung der Gruppentheorie in der Kristallographie und der physikalischen Chemie zeigen. Andererseits werden aus der Cantorschen Mengenlehre Widersprüche abgeleitet, die zu einer tiefgreifenden ↑*Grundlagenkrise* führen. Hilbert (Grundlagen der Geometrie, 1899) stellt eine formale axiomatische Theorie vor, die durch die Widerspruchsfreiheit (↑widerspruchsfrei/Widerspruchsfreiheit), Vollständigkeit (↑vollständig/Vollständigkeit) und Zulässigkeit (↑zulässig/Zulässigkeit) ihrer ↑Modelle zu rechtfertigen ist (↑Metamathematik). Damit verlagert sich die Frage der Widerspruchsfreiheit der formalen (›synthetischen‹) Geometrie auf ihr Modell in der analytischen Geometrie, also auf die Analysis. Geometrische Punkte werden dabei durch reelle Zahlen interpretiert, die z. B. als ↑Dedekindsche Schnitte auf dem Körper der rationalen Zahlen erzeugt werden können.

Die rationalen Zahlen können als Äquivalenzklassen (↑Äquivalenzrelation) von Paaren ganzer Zahlen, diese wiederum durch Äquivalenzklassen von Paaren natürlicher Zahlen, also letztlich nach mengentheoretischer Auffassung unter Voraussetzung eines Modells der ↑Peano-Axiome, eingeführt werden.

Wird axiomatisch die Vollständigkeit des (überabzählbar-großen) reellen Zahlkörpers verlangt (z. B. in dem Sinne, daß jede reelle Cauchy-Folge [↑Folge (mathematisch)] einen reellen Grenzwert besitzt), so wird von der ↑Mengenlehre wesentlich Gebrauch gemacht. Für die axiomatischen Fassungen der Mengenlehre nach E. Zermelo, P. Bernays u. a. (↑Mengenlehre, axiomatische) ist allerdings bisher nur garantiert, daß die bekannten Widersprüche (z. B. ↑Zermelo-Russellsche Antinomie) ausgeschlossen sind. L. E. J. Brouwer schlug daher den Ausbau einer ›intuitionistischen‹ M. (↑Intuitionismus) vor, in der nur solche Begriffsbildungen zugelassen sind, die nach dem Vorbild des Zählprozesses der natürlichen Zahlen schrittweise und effektiv konstruierbar sind. Die ausschließliche Verwendung der effektiven Logik (↑Logik, intuitionistische) führt jedoch zu einer Einschränkung des Satzbestandes der klassischen M. (so ist z. B. der Satz von Bolzano-Weierstraß nicht mehr in voller Allgemeinheit beweisbar). Nachdem ein konstruktiver ↑Widerspruchsfreiheitsbeweis für die klassische Arithmetik vorlag, ist im Anschluß an Weyl und P. Lorenzen ein konstruktiver Aufbau (↑konstruktiv/Konstruktivität) der klassischen Analysis möglich, der bei definiten (↑definit/Definitheit) Mengen und Funktionen in begründeter Weise von der klassischen Logik (↑Logik, klassische) Gebrauch macht, jedoch für indefinite (↑indefinit/Indefinitheit) Mengen und Funktionen weiterhin die intuitionistische Logik vorsieht (↑Mathematik, operative). Für die mathematische ↑Beweistheorie, die sich ursprünglich nach Hilbert auf finite Beweise beschränkte, ist heute die Theorie rekursiver Funktionen (↑Algorithmentheorie, ↑Funktion, rekursive, ↑Funktionalinterpretation, ↑Rekursionstheorie) von grundlegender Bedeutung, mit der eine Präzisierung und Klassifizierung effektiver Verfahren unterschiedlicher Kompliziertheit gelingt. Die auf A. Tarski zurückgehende ↑Modelltheorie erweist sich nicht nur für die Grundlagenprobleme der M. (z. B. Untersuchungen zur Unabhängigkeit [↑unabhängig/Unabhängigkeit (logisch)] mengentheoretischer Axiome, ↑Kontinuumhypothese) als zentral, sondern wird auch in der Algebra und Analysis (↑Non-Standard-Analysis) angewendet.

Die konstruktiven und effektiven Verfahren spielen in der Angewandten M. als Methoden der Numerik, Algorithmentheorie, Maschinentheorie und ↑Informationstheorie eine große Rolle. Für die moderne angewandte M. sind ferner die statistischen (↑Statistik) Anwendungen der ↑Wahrscheinlichkeitstheorie und der Maßtheo rie (↑Maß) charakteristisch, mit denen stochastische Zufallsprozesse der Physik, Chemie, Biologie und Technik, aber auch der Ökonomie, Soziologie und Psychologie untersucht werden können. Die Grundbegriffe der Wahrscheinlichkeitstheorie gehen historisch auf Untersuchungen über Glücksspiele und Bevölkerungsstatistiken im 18. Jh. zurück (Jak. und D. Bernoulli) und wurden z.B. von P. S. de Laplace zunächst rein kombinatorisch für diskrete gleichwahrscheinliche Zufallsexperimente präzisiert, bevor man, wie heute, abstrakte Wahrscheinlichkeitsfelder als Modelle der von A. N. Kolmogorov aufgestellten Wahrscheinlichkeitsaxiome mit Methoden der Maßtheorie untersuchte. – Die Bewältigung statistischer Datenmassen in Forschung, Wirtschaft und Verwaltung ist erst durch die Leistungsfähigkeit moderner Computertechnologie möglich. Der Einsatz schneller Rechenanlagen mit hoher Kapazität charakterisiert dabei mittlerweile nicht nur Anwendungsprobleme der M.. Selbst Probleme der reinen M., deren Beweisaufwand wie im Falle des ↑Vierfarbenproblems der Topologie nicht bewältigbar schien, können durch Maschinenprogramme getestet werden. Mit diesem durchaus experimentellen Vorgehen unterhalb der Grenze prinzipiell nicht entscheidbarer (↑entscheidbar/ Entscheidbarkeit) Probleme zeichnet sich auf Grund der technischen Möglichkeiten der maschinellen M. ein neuer Entwicklungsstand der M. ab (↑Intelligenz, künstliche).

Literatur: M. E. Baron, The Origins of the Infinitesimal Calculus, Oxford etc. 1969, Mineola N. Y. 2003; O. Becker, Grundlagen der M. in geschichtlicher Entwicklung, Freiburg/München 1954, erw. ²1964, Neuaufl. Frankfurt 1975, ⁴1990; ders./J. E. Hofmann, Geschichte der M., Bonn 1951 (franz. Histoire des mathématiques, Paris 1956); H. Behnke/F. Bachmann/K. Fladt (eds.), Grundzüge der M.. Für Lehrer an Gymnasien sowie für Mathematiker in Industrie und Wirtschaft, I–V, Göttingen 1958–1968, I, ³1966, III, ²1968, II, ²1971 (engl. The Fundamentals of Mathematics, I–III, Cambridge Mass./London 1974, 1983); N. Bourbaki, Éléments d'histoire des mathématiques, Paris 1960, ²1969, Berlin/Heidelberg/New York 2007 (dt. Elemente der Mathematikgeschichte, Göttingen 1971; engl. Elements of the History of Mathematics, Berlin/Heidelberg/New York 1994, 1999); C. B. Boyer, A History of Mathematics, New York/London/Sydney 1968, mit U. C. Merzbach, Hoboken N. J. ³2010; A. v. Braunmühl, Vorlesungen über Geschichte der Trigonometrie, I–II, Leipzig, Stuttgart 1900/1903 (repr. in einem Bd. Vaduz 1995); D. M. Burton, The History of Mathematics. An Introduction, Boston Mass. etc. 1984, New York ⁷2011; M. Cantor, Vorlesungen über Geschichte der M., I–IV, Leipzig 1880–1908, II, ²1900, III, ²1901, I, ³1907, I–IV, New York, Stuttgart 1965; A. Courant/ H. Robbins, What Is Mathematics? An Elementary Approach to Ideas and Methods, London/New York/Toronto 1941, Oxford etc. ²1996 (dt. Was ist M.?, Berlin/Göttingen/Heidelberg 1962, Berlin etc. ⁵2000, 2010); J. W. Dauben/C. J. Scriba (eds.), Writing the History of Mathematics. Its Historical Development, Basel/Boston Mass./Berlin 2002; P. J. Davis/R. Hersh, The Mathematical Experience, Boston Mass./Basel/Stuttgart 1980, mit E. A. Marchisotto, Boston Mass./Basel/Berlin 1995, 2003 (dt.

Erfahrung M., Basel/Boston Mass./Stuttgart 1985, 1996; franz. L'univers mathématique, Paris 1985, unter dem Titel: L'empire mathématique, Paris 1988); J. Dieudonné (ed.), Abrégé d'histoire des mathématiques 1700–1900, I–II, Paris 1978, 1996 (dt. Geschichte der M. 1700–1900. Ein Abriß, Braunschweig/Wiesbaden, Berlin [Ost] 1985); H.-D. Ebbinghaus u. a., Zahlen, Berlin etc. 1983, ³1992 (engl. Numbers, New York etc. 1990, 1995; franz. Les nombres. Leur histoire, leur place et leur rôle de l'Antiquité aux recherches actuelles, Paris 1998, 1999); C. H. Edwards Jr., The Historical Development of the Calculus, New York/Heidelberg/Berlin 1979, New York etc. 1994; H. Eves, An Introduction to the History of Mathematics, New York 1953, Fort Worth Tex. etc. ⁶1990, 1992; ders., An Introduction to the Foundations and Fundamental Concepts of Mathematics, New York 1958, unter dem Titel: Foundations and Fundamental Concepts of Mathematics, Boston Mass. ³1990, Mineola N. Y., London 1997; W. B. Ewald (ed.), From Kant to Hilbert. A Source Book in the Foundations of Mathematics, I–II, Oxford, New York 1996; G. Feigl, Geschichtliche Entwicklung der Topologie, Jahresber. Dt. Math.-Ver. 37 (1928), 273–286; H. Gericke, M. in Antike und Orient, Berlin etc. 1984, Wiesbaden ⁹2005; H. H. Goldstine, A History of Numerical Analysis from the 16ᵗʰ Through the 19ᵗʰ Century, New York/Heidelberg/Berlin 1977 (Stud. Hist. Math. and Physical Sci. II); ders., A History of the Calculus of Variations from the 17ᵗʰ Through the 19ᵗʰ Century, New York/Heidelberg/Berlin 1980; I. Grattan-Guinness, Mathematics, NDHI IV (2005), 1378–1384; H. Grosse, Historische Rechenbücher des 16. und 17. Jahrhunderts und die Entwicklung ihrer Grundgedanken bis zur Neuzeit. Ein Beitrag zur Geschichte der Methodik des Rechenunterrichts, Leipzig 1901 (repr. Wiesbaden 1965); T. Heath, Diophantus of Alexandria. A Study in the History of Greek Algebra, Cambridge 1885, ²1910, New York 1964; ders., A History of Greek Mathematics, I–II, Oxford 1921, Bristol 1993; J. Hintikka (ed.), The Philosophy of Mathematics, London/Oxford 1969; J. E. Hofmann, Geschichte der M., I–III, Berlin 1953–1957, I, ²1963 (I–II engl. The History of Mathematics, I–II [I History of Mathematics, II Classical Mathematics. A Concise History of the Classical Era in Mathematics], New York 1957/1959, in einem Bd., unter dem Titel: The History of Mathematics to 1800, Totowa N. J. 1967); A. P. Juschkevitsch, Istorija matematiki v srednie veka, Moskau 1961 (dt. Geschichte der M. im Mittelalter, Leipzig, Basel 1964, Basel 1966); V. J. Katz, A History of Mathematics. An Introduction, New York 1993, Boston Mass. etc. ³2009; F. Klein, Vorlesungen über die Entwicklung der M. im 19. Jahrhundert, I–II, Berlin 1926/1927 (repr. in einem Bd., Berlin/Heidelberg/New York 1979) (I engl. Development of Mathematics in the 19ᵗʰ Century, Brookline Mass. 1979); M. Kline, Mathematical Thought from Ancient to Modern Times, New York/Oxford 1972, in 3 Bdn., Oxford etc. 1990; A. N. Kolmogorov, Grundbegriffe der Wahrscheinlichkeitsrechnung, Berlin 1933 (repr. Berlin/Heidelberg/ New York 1973, 1977), New York 1946 (engl. Foundations of the Theory of Probability, New York 1950, ²1956, Providence R. I. 2000); S. Körner, The Philosophy of Mathematics. An Introductory Essay, London 1960, Mineola N. Y. 2009 (dt. Philosophie der M.. Eine Einführung, München 1968); E. E. Kramer, The Main Stream of Mathematics, New York, Greenwich Conn. 1951, Princeton Junction N. J. 1988, erw. unter dem Titel: The Nature and Growth of Modern Mathematics, New York 1970, Princeton N. J. 1982; G. Kropp, Geschichte der M.. Probleme und Gestalten, Heidelberg 1969, Wiesbaden 1994; F. Le Lionnais (ed.), Les grands courants de la pensée mathématique, Paris/ Marseille 1948, Paris ²1962, 1998 (engl. Great Currents of Mathematical Thought, New York 1971); P. Lorenzen, Einführung in die operative Logik und M., Berlin/Göttingen/Heidelberg 1955, Berlin/Heidelberg/New York ²1969; ders., Die Entstehung der exakten Wissenschaften, Berlin/Göttingen/Heidelberg 1960; ders., Differential und Integral. Eine konstruktive Einführung in die klassische Analysis, Frankfurt 1965 (engl. Differential and Integral. A Constructive Introduction to Classical Analysis, Austin Tex./London 1971); K. Mainzer, Geschichte der Geometrie, Mannheim/Wien/Zürich 1980; ders., M., Hist. Wb. Ph. V (1980), 926–935; ders., Grundlagenprobleme in der Geschichte der exakten Wissenschaften, Konstanz 1981; J. H. Manheim, The Genesis of Point Set Topology, Oxford etc., New York 1964; H. Meschkowski, Richtigkeit und Wahrheit in der M., Mannheim/Wien/Zürich 1976, ²1978; ders., Problemgeschichte der neueren M. (1800–1950), Mannheim/Wien/Zürich 1978, Neuaufl. unter dem Titel: Problemgeschichte der M. III [s. u.]; ders., Problemgeschichte der M., I–III, Mannheim/Wien/Zürich 1978–1981, I, ²1984; O. Neugebauer, Vorlesungen über Geschichte der antiken mathematischen Wissenschaften I (Vorgriechische M.), Berlin 1934, New York/Heidelberg/Berlin ²1969; L. Nový, Origins of Modern Algebra, Leiden, Prag 1973; F. J. Obenrauch, Geschichte der darstellenden und projectiven Geometrie, mit besonderer Berücksichtigung ihrer Begründung in Frankreich und Deutschland und ihrer wissenschaftlichen Pflege in Österreich, Brünn 1897; M. Otte (ed.), Mathematiker über die M., Berlin/Heidelberg/New York 1974; W. V. O. Quine, Set Theory and Its Logic, Cambridge Mass. 1963, Cambridge Mass./London 1980 (dt. Mengenlehre und ihre Logik, Braunschweig 1973, Frankfurt/Berlin/Wien 1978); E. Robson/J. A. Stedall (eds.), The Oxford Handbook of the History of Mathematics, Oxford etc. 2009, 2010; T. L. Saaty (ed.), Lectures on Modern Mathematics, I–III, New York/London/Sydney 1963–1965, I, 1967, III, 1967; A. Schoenflies, Die Entwickelung der Lehre von den Punktmannigfaltigkeiten. Bericht, erstattet der Deutschen Mathematiker-Vereinigung, Jahresber. Dt. Math.ver. 8 (1900), unter dem Titel: Entwickelung der Mengenlehre und ihrer Anwendungen I (Allgemeine Theorie der unendlichen Mengen und Theorie der Punktmengen), Leipzig/Berlin ²1913; J. F. Scott, A History of Mathematics. From Antiquity to the Beginning of the Nineteenth Century, London 1958, ²1960, 1975; C. Thiel, Grundlagenkrise und Grundlagenstreit. Studien über das normative Fundament der Wissenschaften am Beispiel von M. und Sozialwissenschaft, Meisenheim am Glan 1972; ders. (ed.), Erkenntnistheoretische Grundlagen der M., Hildesheim 1982; A. S. Troelstra (ed.), Metamathematical Investigation of Intuitionistic Arithmetic and Analysis, Berlin/Heidelberg/New York 1973, Amsterdam ²1993; J. Tropfke, Geschichte der Elementarmathematik I (Arithmetik und Algebra), Leipzig 1902, vollst. neu bearb. v. H. Gericke/K. Reich/K. Vogel, Berlin/New York ⁴1980; K. Vogel, Vorgriechische M. II (Die M. der Babylonier), Hannover 1959; B. L. van der Waerden, Ontwakende Wetenschap. Egyptische, Babylonische en Griekse Wiskunde, Groningen 1950 (engl. Science Awakening I, Groningen 1954, Leiden ⁴1975, Dordrecht, Princeton Junction N. J. 1988; dt. Erwachende Wissenschaft I [Ägyptische, babylonische und griechische M.], Basel/Stuttgart 1956, ²1966); H. Weyl, Philosophie der M. und Naturwissenschaft, in: A. Baeumler/M. Schröter (eds.), Handbuch der Philosophie II (Natur/Geist/Gott), München/Berlin 1927, 1–162, separat München/Berlin 1927 (engl. [erw.] Philosophy of Mathematics and Natural Science, Princeton N. J. 1949 [dt. München ³1966, ⁸2009], Princeton N. J./Woodstock 2009); H. Wieleitner, Geschichte der M., I–II/2, Leipzig 1908–1921, ab II/2 Berlin/Leipzig, überarb. als I–II, 1922/1923, Berlin 1939; H.

Wussing, Die Genesis des abstrakten Gruppenbegriffs. Ein Beitrag zur Entstehungsgeschichte der abstrakten Gruppentheorie, Leipzig 1966, Berlin (Ost) 1969 (engl. The Genesis of the Abstract Group Concept. A Contribution to the History of the Origin of Abstract Group Theory, Cambridge Mass. 1984, Mineola N. Y. 2007); ders., 6000 Jahre M.. Eine kulturgeschichtliche Zeitreise, I–II, Berlin/Heidelberg 2008/2009, I, 2009. – F. Hirzebruch u. a. (eds.), Grundwissen M., Berlin etc. 1983 ff. (bisher 10 Bde erschienen). K. M.

Mathematik, konstruktive, Bezeichnung für die konstruktiv begründete(n Teile der) Mathematik (↑konstruktiv/Konstruktivität). Mit der Präzisierung und extensiven Ausdeutung des ›klassischen‹ (formalistischen bzw. platonistischen) Mathematikverständnisses (↑Formalismus, ↑Platonismus (wissenschaftstheoretisch)) entstanden in der zweiten Hälfte des 19. Jhs. auch Ansätze zu dessen Revision und Vorschläge für einen kritischen Neubeginn. Anhand meist traditionell philosophisch-weltanschaulicher Argumente wurden Mängel und Voraussetzungen der sich durchsetzenden formalistischen Mathematik aufgedeckt und deren einziges Sinnkriterium, die Widerspruchsfreiheit (↑widerspruchsfrei/Widerspruchsfreiheit), als nicht hinreichend für eine begründete Theorie ausgewiesen (P. Du Bois-Reymond, L. Kronecker). Mit der Entdeckung der ↑Zermelo-Russellschen Antinomie im Fregeschen System, das in adäquater Weise den klassischen Standpunkt repräsentierte, verschärfte sich die Diskussion zu einem Streit über die Zulässigkeit sprachlicher und methodischer Mittel. L. E. J. Brouwers Kritik an klassischen Schlußformen (etwa dem Prinzip des ↑tertium non datur) und das Insistieren des ↑Halbintuitionismus (insbes. É. Borel und H. L. Lebesgue) auf ›vernünftigen‹ (›realisierbaren‹) Definitionen unter Verzicht auf nicht begründbare Annahmen (wie z. B. das ↑Auswahlaxiom) waren zwar (nachträglich betrachtet) korrekt, jedoch nicht aus den Gründen, die die Autoren für ihre Auffassung geltend machten. Selbst K. Gödels Nachweise dafür, daß eine formalistisch-axiomatische Grundlegung der Mathematik nicht möglich ist (↑Unvollständigkeitssatz) und daß sich die klassische Arithmetik in die konstruktive einbetten läßt, bewirkten zunächst (auch bei Gödel selbst) keine Änderung der Auffassungen über den *Status* mathematischer Grundlagendiskussion, und zwar bei keiner der drei Hauptparteien (Formalismus, ↑Intuitionismus, ↑Logizismus). In den 50er Jahren des 20. Jhs. entstand dann unter der Bezeichnung ›operative‹ bzw. ›k. M.‹ eine Konzeption der Mathematik, die eine umfassende Alternative zur klassischen Auffassung aufzeigte, ohne deren Voraussetzungen durch die zum Teil weltanschaulichen Voraussetzungen der Intuitionisten (z. B. Brouwer) ersetzen zu müssen.

Das Verdienst, Rationalität in eine über weite Strecken irrational geführte Diskussion gebracht zu haben, kommt in erster Linie P. Lorenzen zu, der 1955 nicht nur eine (auch für Intuitionisten akzeptable) kritische Aufarbeitung der klassischen ↑Analysis und einiger Erweiterungen leistete, sondern zugleich zeigte, daß zentrale Streitpunkte der bisherigen Grundlagendiskussion auf Mißverständnissen beruhten. Während sich Lorenzen so um eine Verständigung zwischen klassischer und k.r M. bemühte (1965, Ausarbeitung eines prädikativen [↑imprädikativ/Imprädikativität] Ansatzes H. Weyls aus dem Jahre 1918 [den dieser selbst später zugunsten des Intuitionismus verwarf]), wurden von anderen Autoren strikt rekursionstheoretisch (↑rekursiv/Rekursivität) bzw. algorithmentheoretisch (↑Algorithmentheorie) fundierte Ansätze vorgestellt. R. L. Goodstein entwikkelte eine ›konstruktiv-formalistische‹ Konzeption bis hin zu einer ›rekursiven Analysis‹; ein Mathematikerkreis um A. A. Markov und N. A. Šanin rekonstruierte algorithmentheoretisch weite Gebiete der klassischen Analysis und ihrer Erweiterungen. S. C. Kleene und R. Vesley gelang schließlich eine rekursionstheoretische Interpretation der intuitionistischen Mathematik, die es ermöglichte, die bisherige Arbeit der (vorwiegend niederländischen) intuitionistischen Mathematiker abgelöst von ihnen ursprünglich zugrundeliegenden irrationalistischen Vorstellungen (↑irrational/Irrationalismus) als sinnvoll und begründbar zu würdigen. Ebenfalls unter Berufung auf Brouwer vertritt E. Bishop eine noch immer auf Intuition sich berufende, wenn auch nicht metaphysische Variante des Intuitionismus. Diese Ansätze zur Begründung einer k.n M. haben sowohl in ihrer technischen Ausführung als auch in ihrer Begründungsleistung (in der Benutzung bzw. Vermeidung unbegründeter Voraussetzungen) einen unterschiedlichen Status.

Läßt man die (zum Teil erheblichen) Begründungslükken einzelner Ansätze beiseite, weil sie unter Rückgriff auf eine voraussetzungsfreie Logik und Abstraktionstheorie ›gefüllt‹ werden können, so zeigt sich (besonders deutlich am Beispiel der Analysis), daß einer klassischen Theorie jeweils eine Fülle konstruktiver Theorien entspricht, die nur bei Hinzunahme nicht-konstruktiver Annahmen als ›zueinander gleichwertig‹ bezeichnet werden können. Dennoch läßt sich in jeder von ihnen die zugehörige klassische Theorie spiegeln. Aus klassischer Sicht ist der damit aufgewiesene Differenzierungsgrad der Verfahren konstruktiver Theorienbildung eher ein Manko, insofern als mit den klassischen Theorien auch die ihnen zugrundeliegenden ›intuitiven‹ Vorstellungen (z. B. die des ↑Kontinuums) in sachlich verschiedene, wenn auch mit der jeweiligen intuitiven Vorstellung verträgliche Präzisierungen aufgelöst werden (in der klassischen Analysis ist es z. B. auf Grund der gewählten Vorannahmen gleichgültig, ob man die reellen Zahlen als konvergente Folgen, als nach oben beschränkte Fol-

gen von rationalen Zahlen oder als Schnitte im Bereich der rationalen Zahlen definiert; die entsprechenden konstruktiven Theorien weisen dagegen erhebliche systematische Differenzen auf und sind keineswegs zueinander äquivalent). Ebensowenig stichhaltig ist der Einwand, den Vertreter einer ›prädikativen‹ Mathematik gegen die k. M. erheben: Im Vergleich mit *axiomatischen* Systemen, die vernünftige Konstruktivitätsbedingungen (z. B. Zirkelfreiheit von Definitionen) erfüllen, erweisen sich *konstruktive*, aber *nicht* axiomatisch formulierte (eventuell gar nicht adäquat axiomatisch formulierbare) Theorien als weitreichender, was auf Grund der Beschränktheit der Anwendbarkeit der axiomatischen Methode nicht weiter verwunderlich ist.

Literatur: M. J. Beeson, Foundations of Constructive Mathematics. Metamathematical Studies, Berlin etc. 1985; E. Bishop, Foundations of Constructive Analysis, New York etc. 1967; ders./H. Cheng, Constructive Measure Theory, Providence R. I. 1972; ders./D. Bridges, Constructive Analysis, Berlin etc. 1985 (Grundlehren der mathematischen Wissenschaften 279); É. Borel, Leçons sur la théorie des fonctions, Paris 1898, mit Untertitel: Éléments et principes de la théorie des ensembles, applications à la théorie des fonctions, erw. ²1914, mit Untertitel: Principes de la théorie des ensembles en vue des applications à la théorie des fonctions, ⁴1950 (repr. Paris 2006); ders. u. a., Cinq lettres sur la théorie des ensembles, Bull. Soc. Math. France 33 (1905), 261–273, Neudr. in: M. Borel, Œuvres de Émile Borel III, Paris 1972, 1253–1265; D. Bridges, Constructive Mathematics, SEP 1997, rev. 2009; ders./R. Richman, Varieties of Constructive Mathematics, Cambridge etc. 1987, 1988 (Lond. Math. Soc. Lect. Notes Ser. XCVII); G. S. Cejtin, Mean Value Theorems in Constructive Analysis [russ. Original 1962], Amer. Math. Soc. Transl. Ser. 2, 98 (1971), 11–40; ders., Three Theorems on Constructive Functions [russ. Original 1964], Amer. Math. Soc. Transl. Ser. 2, 100 (1972), 201–209; A. Chauvin, Constructivisme (– mathématique), Enc. philos. universelle II/1 (1990), 451–453; L. Chwistek, Über die Antinomien der Prinzipien der Mathematik, Math. Z. 14 (1922), 236–243; ders., The Theory of Constructive Types. Principles of Logic and Mathematics, Ann. Soc. Polon. Math. 2 (1923), 9–48, 3 (1924), 92–141, separat Krakau 1925; ders., Neue Grundlagen der Logik und Mathematik, Math. Z. 30 (1929), 704–724; J. N. Crossley, Constructive Order Types, Amsterdam/London 1969; D. van Dalen, Lectures on Intuitionism, in: A. R. D. Mathias/H. Rogers (eds.), Cambridge Summer School in Mathematical Logic. Held in Cambridge/England, August 1–21, 1971, Berlin/Heidelberg/New York 1973 (Lecture Notes in Mathematics 337), 1–94; H. Dingler, Philosophie der Logik und Arithmetik, München 1931; P. Du Bois-Reymond, Die allgemeine Functionentheorie I (Metaphysik und Theorie der mathematischen Grundbegriffe: Größe, Grenze, Argument und Funktion), Tübingen 1882 (repr. Darmstadt 1968) (franz. Théorie générale des fonctions I [Métaphysique et théorie des concepts mathématiques fondamentaux: grandeur, limite, argument et fonction], Nice 1887 [repr. Sceaux 1995]); S. Feferman, Systems of Predicative Analysis, J. Symb. Log. 29 (1964), 1–30, Neudr. in: J. Hintikka (ed.), The Philosophy of Mathematics, London 1969, 95–127; ders., Systems of Predicative Analysis II. Representations of Ordinals, J. Symb. Log. 33 (1968), 193–220; G. Frege, Grundgesetze der Arithmetik. Begriffsschriftlich abgeleitet, I–II, Jena 1893/1903 (repr. in einem Bd., Hildesheim, Darmstadt 1962, Hildesheim/ Zürich/New York 2009), in einem Bd., Paderborn 2009 (engl. [teilweise] The Basic Laws of Arithmetic. Exposition of the System, ed. M. Furth, Berkeley Calif./Los Angeles/London 1964, 1982); R. O. Gandy, Towards a Far-Reaching Constructivism (Abstract), J. Symb. Log. 32 (1967), 560; K. Gödel, Über formal unentscheidbare Sätze der ›Principia Mathematica‹ und verwandter Systeme I, Mh. Math. Phys. 38 (1931), 173–198, Neudr. in: ders., Collected Works I (Publications 1929–1936), ed. S. Feferman u. a., Oxford etc. 1986, 2001, 144–194 (engl. On Formally Undecidable Propositions of ›Principia Mathematica‹ and Related Systems I, Introd. R. B. Braithwaite, New York 1962, 1992, ferner in: M. Davis [ed.], The Undecidable. Basic Papers on Undecidable Propositions, Unsolvable Problems and Computable Functions, Hewlett N. Y. 1965, Mineola N. Y. 2004, 4–38, ferner in: ders., Collected Works [s. o.] I, 145–195); ders., Zur intuitionistischen Arithmetik und Zahlentheorie, Ergebnisse eines math. Kolloquiums 4 (1933), 34–38, Neudr. in: ders., Collected Works [s. o.] I, 286–294 (engl. On Intuitionistic Arithmetic and Number Theory, in: M. Davis [ed.], The Undecidable [s. o.], 75–81, ferner in: Collected Works [s. o.] I, 287–295); N. D. Goodman, A Theory of Constructions Equivalent to Arithmetic, in: A. Kino/J. Myhill/R. E. Vesley (eds.), Intuitionism and Proof Theory. Proceedings of the Summer Conference at Buffalo N. Y. 1968, Amsterdam/London 1970, 101–120; R. L. Goodstein, Constructive Formalism. Essays on the Foundations of Mathematics, Leicester 1951, [2]1965; ders., Recursive Number Theory. A Development of Recursive Arithmetic in a Logic-Free Equation Calculus, Amsterdam 1957, 1964; ders., Recursive Analysis, Amsterdam 1961, Mineola N. Y. 2010; A. Grzegorczyk, Elementarily Definable Analysis, Fund. Math. 41 (1955), 311–338; ders., Some Approaches to Constructive Analysis, in: A. Heyting (ed.), Constructivity in Mathematics [s. u.], 43–61; A. Heyting, Die formalen Regeln der intuitionistischen Mathematik, Sitz.ber. Preuß. Akad. Wiss., phys.-math. Kl. 1930, Berlin 1930, 57–71, 158–169 (repr. in: ders., Collected Papers, Amsterdam 1980, 206–220, 221–232); ders., Die intuitionistische Grundlegung der Mathematik, Erkenntnis 2 (1931), 106–115 (repr. in: ders., Collected Papers [s. o.], 240–249) (engl. The Intuitionist Foundations of Mathematics, in: P. Benacerraf/H. Putnam [eds.], Philosophy of Mathematics. Selected Readings, Englewood Cliffs N. J., Oxford 1964, 42–49, Cambridge etc. [2]1983, 1998, 52–61); ders., Intuitionism. An Introduction, Amsterdam 1956, Amsterdam/London [3]1971, Amsterdam/New York/Oxford 1980; ders. (ed.), Constructivity in Mathematics. Proceedings of the Colloquium Held at Amsterdam 1957, Amsterdam 1959; D. Hilbert, Neubegründung der Mathematik. Erste Mitteilung, Abh. Math. Sem. Hamburgischen Univ. 1 (1922), 157–177, Neudr. in: ders., Gesammelte Abhandlungen III, Berlin 1935, Berlin/Heidelberg/New York [2]1970, 157–177; S. C. Kleene, Realizability. A Retrospective Survey, in: A. R. D. Mathias/H. Rogers (eds.), Cambridge Summer School in Mathematical Logic. Held in Cambridge/England, August 1–21, 1971, Berlin/Heidelberg/New York 1973, 95–112; G. Kreisel, La prédicativité, Bull. Soc. Math. France 88 (1960), 371–391; B. A. Kushner, Lectures on Constructive Mathematical Analysis [russ. Original 1973], Providence R. I. 1984 (Transl. Math. Monographs LX); ders./R. E. Vesley, The Foundations of Intuitionistic Mathematics. Especially in Relation to Recursive Functions, Amsterdam 1965; H. L. Lebesgue, Sur les fonctions représentable analytiquement, J. math. pures et appliquées sér. 6, 1 (1905), 139–216; P. Lorenzen, Konstruktive Begründung der Mathematik, Math. Z. 53 (1950), 162–202; ders., Einführung in

die operative Logik und Mathematik, Berlin/Göttingen/Heidelberg 1955, Berlin/Heidelberg/New York [2]1969; ders., Gleichheit und Abstraktion, Ratio 4 (1962), 77–81, Neudr. in: ders., Konstruktive Wissenschaftstheorie, Frankfurt 1974, 190–198; ders., Differential und Integral. Eine konstruktive Einführung in die klassische Analysis, Frankfurt 1965 (engl. Differential and Integral. A Constructive Introduction to Classical Analysis, Austin Tex. 1971); ders., Die klassische Analysis als eine konstruktive Theorie, Acta Philos. Fennica 18 (1965), 81–94, Neudr. in: ders., Methodisches Denken, Frankfurt 1968, [3]1988, 104–119; ders., Konstruktive Wissenschaftstheorie, Frankfurt 1974; A. A. Markov, The Theory of Algorithms [russ. Original 1951], Amer. Math. Soc. Ser. 2, 15 (1960), 1–14; ders., The Theory of Algorithms [russ. Original 1954], Moskau/Leningrad 1954, Dordrecht/Boston Mass./London 1988; ders., On Constructive Functions [russ. Original 1958], Amer. Math. Soc. Transl. Ser. 2, 29 (1963), 163–195; ders., On Constructive Mathematics [russ. Original 1962], Amer. Math. Soc. Transl. Ser. 2, 98 (1971), 1–9; R. Mines/F. Richman/W. Ruitenburg, A Course in Constructive Algebra, New York etc. 1988; A. Mostowski, On Various Degrees of Constructivism, in: A. Heyting (ed.), Constructivity in Mathematics [s. o.], 178–194, ferner in: ders., Foundational Studies. Selected Works II, Amsterdam/New York/Oxford, Warschau 1979, 359–375; D. Nelson, Recursive Functions and Intuitionistic Number Theory, Transact. Amer. Math. Soc. 61 (1947), 307–368; V. P. Orevkov/N. A. Šanin (eds.), Problems in the Constructive Trend in Mathematics, IV–VI [russ. Original 1967–1973], Providence R. I. 1970–1975, VI, 1976; P. Päppinghaus, Was ist k. M.?, in: E. Börger/D. Barnocchi/F. Kaulbach (eds.), Zur Philosophie der mathematischen Erkenntnis, Würzburg 1981, 27–48; R. Richman (ed.), Constructive Mathematics. Proceedings of the New Mexico State University Conference Held at Las Cruces, New Mexico, August 11–15, 1980, Berlin/Heidelberg/New York 1981; P. C. Rosenbloom, Konstruktive Äquivalente für Sätze aus der klassischen Analysis, Proceedings of the Second International Congress of the International Union for the Philosophy of Science, Zürich 1954 II, Neuchâtel 1955, 135–137; N. A. Šanin, Constructive Real Numbers and Constructive Function Spaces [russ. Original 1962], Providence R. I. 1968 (Amer. Math. Soc., Trans. Math. Monographs XXI); K. Schütte, Beweistheorie, Berlin/Göttingen/Heidelberg 1960 (engl. [Neubearbeitung] Proof Theory, Berlin/Heidelberg/New York 1977); ders., Ein konstruktives System von Ordinalzahlen, Arch. math. Log. Grundlagenf. 11 (1968), 126–137, 12 (1969), 3–11; T. Skolem, Begründung der elementaren Arithmetik durch die rekurrierende Denkweise ohne Anwendung scheinbarer Veränderlichen mit unendlichem Ausdehnungsbereich, Skrifter utgit av Videnskapsselskapet i Kristiania I, Matematisk-Naturvidenskabelig Kl. (1923), H. 6, Neudr. in: ders., Selected Works in Logic, ed. J. E. Fenstad, Oslo/Bergen/Tromsö 1970, 153–188 (engl. The Foundations of Elementary Arithmetic Established by Means of the Recursive Mode of Thought, Without the Use of Apparent Variables Ranging over Infinite Domains, in: J. van Heijenoort [ed.], From Frege to Gödel. A Source Book in Mathematical Logic, 1879–1931, Cambridge Mass. 1967, Cambridge Mass./ London 2002, 302–333); A. S. Troelstra (ed.), Metamathematical Investigation of Intuitionistic Arithmetic and Analysis, Berlin/ Heidelberg/New York 1973; dies./D. van Dalen, Constructivism in Mathematics. An Introduction, I–II, Amsterdam etc. 1988; V. A. Uspenskï, Leçons sur les fonctions calculables [russ. Original 1960], Paris 1966; H. Weyl, Das Kontinuum. Kritische Untersuchungen über die Grundlagen der Analysis, Leipzig

1918, Berlin/Leipzig 1932, ferner in: ders./E. Landau/B. Riemann, Das Kontinuum und andere Monographien, New York 1960, Providence R. I. 2006 (engl. The Continuum. A Critical Examination of the Foundation of Analysis, Kirksville Mo. 1987, New York 1994; franz. Le continu, in: ders., Le continu et autres écrits, Paris 1994, 33–124); A. S. Yessenin-Volpin, The Ultra-Intuitionistic Criticism and the Antitraditional Program for Foundations of Mathematics, in: A. Kino/J. Myhill/R. Vesley (eds.), Intuitionism and Proof Theory [s. o.], 3–45.   G. H.

Mathematik, operative, Bezeichnung für den von P. Lorenzen (Einführung in die operative Logik und Mathematik, 1955) vertretenen Begründungsansatz der Mathematik. In der o. n M. sollen klassische mathematische Disziplinen wie Arithmetik, Analysis, Algebra und Topologie durch das in der ↑Protologik behandelte schematische Operieren mit Kalkülfiguren begründet werden. Die Regeln der effektiven Logik werden vorher protologisch als allgemein zulässige (↑zulässig/Zulässigkeit) Kalkülregeln eingeführt (↑Logik, operative, ↑Logik, konstruktive), die der klassischen (›fiktiven‹) Logik (↑Logik, klassische) mit der auf K. Gödel zurückgehenden Abschwächung affirmativer Aussagen durch doppelte ↑Negation auf die effektive Logik zurückgeführt. Nach Erweiterung der Logik um die Gleichheit (↑Gleichheit (logisch)) können ↑Terme durch ↑Kennzeichnung aus ↑Formeln, Klassen (↑Klasse (logisch)) und ↑Relationen durch Abstraktion (↑abstrakt, ↑Abstraktion) aus Formeln eingeführt werden.

Die fünf ↑Peano-Axiome der Arithmetik werden protologisch (↑Protologik) durch die Regeln

(1) $\rightarrow |,$
(2) $k \rightarrow k|,$
(3) $k| = l| \rightarrow k = l,$
(4) $\neg\, k| = |,$
(5) $A(|) \wedge \bigwedge_k (A(k) \rightarrow A(k|)) \rightarrow A(l)$

begründet: Dabei besagt (1), daß die aus einem einzelnen Strich bestehende Zeichenfolge ›|‹ für eine Grundzahl (Lorenzens Ausdruck für natürliche Zahlen) steht, und (2), daß die Verlängerung einer Zeichenfolge k um einen Strich, $k|$, stets für eine Grundzahl steht, wenn k selbst bereits für eine Grundzahl steht. Die Regeln (1) und (2) bilden zusammen den ↑Termkalkül der Grundzahlen; sie entsprechen den arithmetischen Aussagen, daß 0 eine natürliche Zahl ist und daß der Nachfolger $k + 1$ einer natürlichen Zahl k wiederum eine natürliche Zahl ist. Regel (3) drückt aus, daß Zeichenfolgen k und l für dieselbe Grundzahl stehen, wann immer $k|$ und $l|$ für dieselbe Grundzahl stehen; sie entspricht der Injektivität der Nachfolgerfunktion (↑Nachfolger). Regel (4) besagt, daß es kein k gibt, so daß $k|$ für dieselbe Grundzahl stünde wie $|$ (d. h., die 0 ist nicht Nachfolger irgendeiner Zahl k), und (5) schließlich entspricht dem Prinzip

der vollständigen Induktion (↑Induktion, vollständige). (5) kann durch Anwendung des protologischen Induktionsprinzips auf den Kalkül der Grundzahlen begründet werden.

Die Auswahl der fünf Peano-Axiome ist vom operativen Standpunkt aus zunächst willkürlich und nur dadurch gerechtfertigt, daß diese Sätze eine ↑kategorische Struktur beschreiben, d. h. das durch sie gegebene Gebilde der Grundzahlen bezüglich der Nachfolgerfunktion bis auf Isomorphie (↑isomorph/Isomorphie) eindeutig ist. Die üblichen rekursiven Definitionen (↑Definition, rekursive) der Addition + (↑Addition (mathematisch)), Multiplikation × (↑Multiplikation (mathematisch)) und anderer arithmetischer Operationen werden durch den operativen Definitionssatz für Grundzahlen gerechtfertigt. Danach gibt es für beliebige Terme $f(a)$ und $g(a, k, c)$ zu den Gleichungen

$$h(a, |) \quad = f(a),$$
$$h(a, k|) = g(a, k, h(a, k))$$

in einem geeigneten Kalkül stets einen bis auf ableitbare Gleichheit eindeutig bestimmten Term $h(a, k)$, der diese Gleichungen erfüllt. Im Falle der Addition ist $f(a)$ als a und $g(a, k, c)$ als $c|$ zu wählen, was den Gleichungen $a + | = a$ und $a + k| = (a + k)|$ entspricht; für die Multiplikation ist $f(a)$ als $|$ und $g(a, k, c)$ als $c + a$ zu wählen, d. h., $a \times | = |$ und $a \times k| = (a \times k) + a$.

Die positiven rationalen Zahlen ergeben sich durch Abstraktion aus Paaren von Grundzahlen bezüglich einer ↑Äquivalenzrelation

$$k_1, k_2 \sim l_1, l_2 \leftrightharpoons k_1 \times l_2 = k_2 \times l_1.$$

Die rationalen Zahlen erhält man durch Abstraktion aus Paaren von positiven rationalen Zahlen bezüglich einer Äquivalenzrelation

$$\delta_1, \delta_2 \sim \varepsilon_1, \varepsilon_2 \leftrightharpoons \delta_1 + \varepsilon_2 = \delta_2 + \varepsilon_1.$$

In der klassischen Mathematik führt man die reellen Zahlen z. B. durch ↑Dedekindsche Schnitte auf den rationalen Zahlen ein und verwendet dabei die Cantorsche bzw. axiomatische Mengenlehre, aus der Widersprüche (↑Zermelo-Russellsche Antinomie) ableitbar sind bzw. deren Widerspruchsfreiheit nicht gezeigt werden konnte. In der o. n M. werden daher nur solche Mengen zugelassen, die durch Abstraktion aus definiten (↑definit/Definitheit) Formeln der o. n M. entstehen und in einer *Theorie der Sprachschichten* geordnet werden können. Eine elementare Sprache über Objekten (d. h. vorher erzeugten Kalkülfiguren) enthält neben gewissen primitiven Formeln und ihren logischen Zusammensetzungen ↑Induktionsschemata, d. h. fundierte (↑fundiert/Fundiertheit) und separierte (↑separiert/Separiertheit) Relationskalküle zur Einführung von Relationen. Operative Induktionsschemata vermeiden imprädikative (↑imprädikativ/Imprädikativität) bzw. zirkuläre (↑zirkulär/Zirkularität) Begriffsbildungen und (wegen der Fundiertheit) einen ↑regressus ad infinitum. Zudem lassen sie echte Erweiterungen von rekursiven Relationen zu, z. B.

$$\rho(m, 1) \quad \leftrightarrow A(m),$$
$$\rho(m, n+1) \leftrightarrow B(m, n),$$

wobei die Formel $B(m, n)$ (unbeschränkte) ↑Quantifizierungen wie $\bigwedge_m \rho(m, n)$ und $\bigvee_n \rho(m, n)$ enthalten darf. In der Hierarchie der Sprachschichten heißt der Bereich der vorausgesetzten Objekte ›die 0. Schicht S_0‹. Die elementare Sprache über der 0. Schicht erlaubt die Bildung von Formeln, aus denen durch Kennzeichnung aus Formeln Terme und durch Abstraktion aus Formeln bzw. Termen ↑Mengen bzw. ↑Funktionen entstehen. Diese Objekte bilden zusammen mit den Objekten der 0. Schicht die Objekte der 1. Schicht S_1. Durch iterierte Anwendung der elementaren Sprachkonstruktion auf die Objekte der jeweils vorher konstruierten Sprachschicht S_n lassen sich die Schichten S_{n+1} endlicher Höhe konstruieren. Unter S_ω (Schicht der Höhe ω) wird die Vereinigung aller Schichten endlicher Höhe verstanden. Der Konstruktionsprozeß für Sprachschichten kann ordinal für größere ↑Ordinalzahlen $\omega + 1$, $\omega + 2, \ldots, 2\omega, \ldots, \omega^2, \ldots$ fortgesetzt werden, wobei die operativ erzeugten Figuren von S_ϑ die Objekte von $S_{\vartheta+1}$ sind und bei einer ordinalen Limeszahl Θ (d. i. eine Ordinalzahl wie $\omega, 2\omega, \ldots$, die nicht als Nachfolger $\vartheta + 1$ geschrieben werden kann) die Sprachschicht S_Θ, die Objekte aller Schichten S_ϑ mit $\vartheta < \Theta$ umfaßt. Danach lassen sich z. B. die endlichen Mengen $\{a_1, \ldots, a_n\}$ durch die Formel $x = a_1 \vee \ldots \vee x = a_n$ als Objekte der 1. Schicht darstellen, die Mengen endlicher Mengen in der 2. Schicht und z. B. die Menge mit den Elementen $a, \{a\}, \{\{a\}\}, \ldots$ in der Schicht $S_{\omega+1}$. Die Sprachschichten sind kumulativ, d. h., jede Schicht enthält alle vorhergehenden Schichten – eine Eigenschaft, die z. B. auch das System von H. Wang (1954) hat. Es läßt sich zeigen, daß jede Schicht S_ϑ in $S_{\vartheta+1}$ abzählbar (↑abzählbar/Abzählbarkeit) ist und daher der Begriff einer (im absoluten Sinne) überabzählbaren ↑Potenzmenge aller Grundzahlen in der o.n M. keinen Sinn hat.

Im Rahmen dieser Sprachschichtenkonstruktion wird zunächst die ↑Analysis operativ eingeführt. Ausgehend von den Grundzahlen als Objekten der 0. Schicht werden die Sprachschichten S_ϑ bis zu einer Schicht S_Θ mit Limeszahlenindex Θ gebildet, damit jede Menge auch Element einer Menge ist. Da rationale Zahlen durch Abstraktion aus Systemen von Grundzahlen entstehen, werden sie zur 0. Schicht gerechnet und mit Variablen

$r, s, \ldots$ berücksichtigt. Für jede ↑Aussageform $B(s)$, für die die Menge $\kappa_s B(s)$ nicht leer und nach unten beschränkt ist, wird der Term $\underset{s}{\underline{\text{fin}}}\, B(s)$ (›größte untere Schranke von $\kappa_s B(s)$‹) definiert durch

$$r < \underset{s}{\underline{\text{fin}}}\, B(s) \leftrightharpoons \bigvee_{r \mapsto s} \bigwedge_t B(t) \to s \le t,$$

$$\underset{r}{\underline{\text{fin}}}\, A(r) = \underset{s}{\underline{\text{fin}}}\, B(s) \leftrightharpoons \bigwedge_t (t < \underset{r}{\underline{\text{fin}}}\, A(r) \leftrightarrow t < \underset{s}{\underline{\text{fin}}}\, B(s)).$$

Die reelle Zahl $\underset{r}{\underline{\text{fin}}}\, A(r)$ entsteht durch Abstraktion aus der darstellenden definiten Aussageform $A(r)$. Addition, Multiplikation und Ordnungsrelation (↑Ordnung) lassen sich nun definit in S_Θ definieren. Neben den axiomatischen Eigenschaften der reellen Zahlen als eines archimedisch geordneten Körpers (↑Archimedisches Axiom, ↑Körper (mathematisch)) kann für S_Θ auch eine definite Version des Vollständigkeitsaxioms bewiesen werden: Zu jeder nicht leeren und nach unten beschränkten Menge von definiten reellen Zahlen aus S_Θ gibt es eine reelle Zahl aus S_Θ als untere Grenze. Ebenso ist die definite Einführung weiterer Grundbegriffe der Analysis wie Konvergenz (↑konvergent/Konvergenz), ↑Stetigkeit, Differenzieren und Integrieren (↑Infinitesimalrechnung) an die Konstruktion von Sprachschichten gebunden. Daher überträgt sich die Widerspruchsfreiheit (↑widerspruchsfrei/Widerspruchsfreiheit) der klassischen Arithmetik auf den operativen Teil der klassischen Analysis.

Mit algebraischen und topologischen Begriffen der Strukturmathematik (↑Mathematik) können ↑Modelle der o.n M. untersucht werden. Ein Gebilde $\langle M; R_1, \ldots, R_m \rangle$ mit Menge M und Relationen $R_1, \ldots, R_m$ einer bestimmten Sprachschicht heißt Modell einer Aussagefunktion $\lambda_{\rho_1, \ldots, \rho_m} A(\rho_1, \ldots, \rho_m)$, wenn die Aussage $A(\rho_1, \ldots, \rho_m)$ bei Ersetzung der Relationssymbole $\rho_1, \ldots, \rho_m$ durch $R_1, \ldots, R_m$ und Interpretation (↑Interpretationssemantik) der Variablen in M gültig wird. Zwei Aussagefunktionen $\lambda_{\rho_1, \ldots, \rho_m} A(\rho_1, \ldots, \rho_m)$ und $\lambda_{\rho_1, \ldots, \rho_m} B(\rho_1, \ldots, \rho_m)$ heißen ›äquivalent‹, wenn die Aussagen $A(\rho_1, \ldots, \rho_m)$ und $B(\rho_1, \ldots, \rho_m)$ logisch äquivalent sind. Eine Struktur γ entsteht durch Abstraktion aus der sie darstellenden Aussagefunktion. Man sagt dann auch: das Gebilde $\langle M; R_1, \ldots, R_m \rangle$ bestimmt die Struktur γ bzw. $\langle M; R_1, \ldots, R_m \rangle$ ist ein Modell eines Axiomensystems, das γ beschreibt.

Eine Vereinfachung der o.n M. gibt Lorenzen in »Differential und Integral« (1965), wo analog dem Ansatz von H. Weyl (1918) eine Konstruktion von Sprachschichten nicht mehr herangezogen wird. In dieser konstruktiven Einführung in die klassische Analysis werden definite Mengen bzw. Funktionen durch definite Formeln bzw. Terme dargestellt, die durch Induktionsschemata aus rationalen Formeln bzw. Termen sukzessive eingeführt werden. Für indefinite (↑indefinit/Indefinitheit) Objekte der Analysis liegt keine begründete Verwendung der klassischen Logik vor und muß daher nach Lorenzen die intuitionistische Logik (↑Logik, intuitionistische) verwendet werden. Trotz dieser Vereinfachung für die Analysis behält die ordinale Sprachschichtenkonstruktion der o.n M. für die mathematische ↑Beweistheorie nach wie vor ihre Bedeutung.

Literatur: H. Dingler, Philosophie der Logik und Arithmetik, München 1931; S. Feferman, Systems of Predicative Analysis, J. Symb. Log. 29 (1964), 1–30; P. Lorenzen, Die Widerspruchsfreiheit der klassischen Analysis, Math. Z. 54 (1951), 1–24; ders., Maß und Integral in der konstruktiven Analysis, Math. Z. 54 (1951), 275–290; ders., Einführung in die operative Logik und Mathematik, Berlin/Göttingen/Heidelberg 1955, Berlin/Heidelberg/New York ²1969; ders., Differential und Integral. Eine konstruktive Einführung in die klassische Analysis, Frankfurt 1965 (engl. Differential and Integral. A Constructive Introduction to Classical Analysis, Austin Tex./London 1971); K. Mainzer, Der Konstruktionsbegriff in der Mathematik, Philos. Nat. 12 (1970), 367–412; ders., Kants philosophische Begründung des mathematischen Konstruktivismus und seine Wirkung in der Grundlagenforschung, Diss. Münster 1973; K. Schütte, Beweistheorie, Berlin/Göttingen/Heidelberg 1960 (engl. [Neubearbeitung] Proof Theory, Berlin/Heidelberg/New York 1977); W. Stegmüller, Rezension von: P. Lorenzen. Einführung in die operative Logik und Mathematik, Philos. Rdsch. 6 (1958), 161–182; H. Wang, The Formalization of Mathematics, J. Symb. Log. 19 (1954), 241–266, Neudr. in: ders., A Survey of Mathematical Logic, Peking 1962, unter dem Titel: Logic, Computers, and Sets, New York 1970, 559–584; H. Weyl, Das Kontinuum. Kritische Untersuchungen über die Grundlagen der Analysis, Leipzig 1918, Berlin/Leipzig 1932, Neudr. in: ders./E. Landau/B. Riemann, Das Kontinuum und andere Monographien, New York 1960, Providence R. I. 2006 (engl. The Continuum. A Critical Examination of the Foundation of Analysis, Kirksville Mo. 1987, New York 1994; franz. Le continu, in: ders., Le continu et autres écrits, Paris 1994, 33–124). K. M.

Mathematisierung, allgemein Bezeichnung für die Anwendung mathematischer (↑Mathematik) Verfahren und Theorien auf die Einzelwissenschaften. Daher sind Erfolg und Grenzen der M. jeweils abhängig von den historischen Entwicklungsstandards mathematischer Methoden und Theorien. Zähl- und Meßverfahren für Raum- und Zeitdistanzen, Flächen, Volumina und Gewichte waren erste Ansätze der M., bei denen die natürlichen Zahlen und elementare geometrische (↑Geometrie) Kenntnisse vorausgesetzt wurden. Erste Quantifizierungen von Beobachtungstabellen sind aus der babylonischen Astronomie bekannt, die bereits zur Bildung mathematischer Verlaufsgesetze (z. B. für Mondphasen) und zum Zwecke der Prognostik Meßwerte interpolierte und extrapolierte. Geometrisch-kinematische Modelle wendete die griechische Astronomie an, um periodische Bewegungsabläufe (z. B. Planetenbahnen) unter vereinfachten Bedingungen zu erklären. In pythagoreischer

(↑Pythagoreer) Tradition wurde unter M. die Darstellung von Größenverhältnissen der Geometrie, Arithmetik, Musik und ↑Astronomie in Proportionsgleichungen verstanden. In diesem Sinne ist auch die ↑Statik des Archimedes und die mittelalterliche ↑Mechanik, z. B. bei T. Bradwardine, mathematisiert (↑Merton School). Noch I. Newton mathematisierte seine Mechanik ↑more geometrico im Sinne der axiomatisch-synthetischen Geometrie Euklids. Nachdem die Infinitesimalmethode bereits bei Archimedes, J. Kepler, G. Galilei u. a. als Forschungsheuristik verwendet worden war, wurde seit dem 18. Jh. auch in der Physik die axiomatisch-synthetische Methode durch analytische Methoden (↑Methode, analytische) der ↑Infinitesimalrechnung ersetzt, die der Lösung physikalischer ↑Bewegungsgleichungen dienten. Die analytische ↑Mechanik von J. L. Lagrange ist bis ins 19. Jh. das Paradigma der M. physikalischer Theorien. Nach der Anwendung *statistischer* Verfahren in Gas- und Wärmelehre sowie ↑Thermodynamik wurde mit der ↑Schrödinger-Gleichung der Quantenmechanik (↑Quantentheorie) eine ↑Differentialgleichung formuliert, deren Lösungen keine determinierten Orts- und Zeitangaben sind, sondern Wahrscheinlichkeitsverteilungen.

Solange Mathematik als Wissenschaft der Zahlen und der geometrischen Formen definiert war, konnte M. auf Quantifizierung und Metrisierung eingeschränkt und (wie noch bei I. Kant) eine prinzipielle Grenze der M. angenommen werden. Diese Vorstellung gilt heute nicht mehr; auch können, da sich die Mathematik heute vorwiegend als *Strukturwissenschaft* versteht, mathematische Modelle auch außerhalb der Naturwissenschaften erfolgreich angewendet werden. Dazu ist an die spieltheoretischen und stochastischen Modelle in der Ökonomie und Psychologie (z. B. Lerntheorie), Matrizen- und Graphentheorie in der Soziometrie, graphen- und verbandstheoretische Modelle für die Analyse von Wertsystemen, Strukturanalysen natürlicher Sprachen (↑Sprache, natürliche) etc. zu erinnern. Unter dem Gesichtspunkt der Strukturmathematik setzt M. die Annahme invarianter Muster des Anwendungsbereichs voraus, die durch mathematische Strukturen (z. B. Transformationsgruppen physikalischer Bewegungsgleichungen und Erhaltungssätze) charakterisiert sind. Das Auffinden solcher *Invarianzen* (↑invariant/Invarianz), die gesetzgestützte ↑Prognosen und ↑Erklärungen für den Anwendungsbereich erlauben, kann daher als ein zentrales Ziel der M. herausgestellt werden. Ein neuer Aspekt der M. ergibt sich aus den *Simulationsmodellen* (↑Simulation) der Computertechnologie, in denen Gesetze nicht als allgemeine mathematische Aussagen, sondern als Operationsbefehle eines Computerprogramms auftreten, damit ihre Konsequenzen unabhängig von Experiment und empirischer Bewährung im Modell durchgespielt werden können. Unter dem Gesichtspunkt der ↑Statistik geht es bei der M. großer Datenmassen (z. B. Datenbanken für Bankwesen, Versicherungen etc.) weniger um invariante Gesetzesaussagen als um die präzise Analyse singularer, aber hochkomplexer Zustände. Im Unterschied zu Top-down-Anwendungen von mathematischen Theorien und Modellen müssen häufig Gesetzeshypothesen und Modelle bottom-up aus vorliegenden Daten in einer Zeitreihenanalyse gefunden werden. Wegen der Komplexität der Daten und ihrer großen Menge spielen dabei ↑Algorithmen und Computerprogramme eine zunehmende Rolle. Manchmal ist die Datenlage zu lückenhaft (z. B. in der Ökonomie), um zu robusten Modellen gelangen zu können.

Wissenschaftstheoretisch ist seit G. Frege, D. Hilbert u. a. die ↑*Formalisierung* einer (nicht notwendig mathematischen) Theorie, d. h. ihre Darstellung in einer formalen Sprache (↑Sprache, formale), von der M. zu unterscheiden. R. Carnap hatte die Formalisierung einer Theorie als Voraussetzung ihrer wissenschaftstheoretischen Analyse herausgestellt. Dieser Auffassung stehen jedoch neben prinzipiellen Grenzen (Gödelscher ↑Unvollständigkeitssatz) vor allem praktische Grenzen der Durchführbarkeit entgegen. Im Anschluß an P. Suppes wird daher in der Analytischen Wissenschaftstheorie (↑Wissenschaftstheorie, analytische) versucht, M. als axiomatische Darstellung inhaltlicher Theorien *modelltheoretisch* (↑Modelltheorie) zu präzisieren (↑Theorieauffassung, semantische). Dabei werden im ↑non-statement-view nach J. D. Sneed axiomatische physikalische Theorien als Paare von Strukturkernen und intendierten Anwendungsmodellen eingeführt, wobei die Unterscheidungen von potentiellen und partiell potentiellen Modellen sowie von theoretischen und nicht-theoretischen Funktionen auf inhaltliche Voraussetzungen zurückgreifen, das ›Verfügen über Theorien‹ pragmatische Aspekte der M. berücksichtigen soll (↑Theoriesprache). H. Poincaré hatte im Rahmen einer *konventionalistischen* Auffassung der M. betont, daß mathematisch-naturwissenschaftliche Theorien erst auf Grund einer nur durch Konvention begründbaren ↑Zuordnungsdefinition von Größen und Meßverfahren zur Anwendung kommen (↑Konventionalismus). Dagegen verstand A. Einstein in der Tradition einer auf E. Mach zurückgehenden *empiristischen* Auffassung unter M. das ›Passen‹ und ›Gelten‹ der Mathematik in der Natur. Die Vielfalt heutiger Möglichkeiten der M. mit (wie angeführt) durchaus unterschiedlichen Zielen kann jedoch in traditionellen philosophischen Kategorien, die vor allem an bestimmten physikalischen Theorien orientiert waren, kaum erfaßt werden. In der Konstruktiven Wissenschaftstheorie (↑Wissenschaftstheorie, konstruktive) wird M. daher pragmatisch als operatives Instrumentarium verstanden, das zur Lösung technischer Lebens- und Erkenntnisprobleme eingesetzt wird.

Literatur: O. Becker, Größe und Grenze der mathematischen Denkweise, Freiburg/München 1959; P. Bernays, Abhandlungen zur Philosophie der Mathematik, Darmstadt 1976 (franz. Philosophie des mathématiques, Paris 2003); M. Blay, La mathématisation de la nature, in: ders./E. Nicolaïdis (eds.), L'Europe des sciences. Constitution d'un espace scientifique, Paris 2001, 115–134; J. M. Bocheński, Die zeitgenössischen Denkmethoden, München, Bern 1954, Tübingen/Basel ¹⁰1993; R. Boudon, Modèles et méthodes mathématiques, in: Unesco (ed.), Tendances principales de la recherche dans les sciences sociales et humaines I, Paris/La Haye 1970, 1971, 629–685 (dt. Mathematische Modelle und Methoden. Hauptströmungen der sozialwissenschaftlichen Forschung, ed. Unesco, Frankfurt/Berlin/Wien 1972, 1973); ders., Les mathématiques en sociologie, Paris 1971 (engl. The Logic of Sociological Explanation, Harmondsworth 1974); H.-J. Bungartz u. a., Modellbildung und Simulation. Eine anwendungsorientierte Einführung, Berlin/Heidelberg 2009; G. Canguilhem (ed.), La mathématisation des doctrines informes. Colloque tenu à l'Institut d'Histoire des Sciences de l'Université de Paris, Paris 1972; M. Colyvan, Mathematics and the World, in: A. D. Irvine (ed.), Philosophy of Mathematics, Amsterdam etc. 2009, 651–702; P. Crépel, Mathématisation, Enc. philos. universelle II/2 (1990), 1563–1564; G. Frey, Die M. unserer Welt, Stuttgart etc. 1967; H. Hermes/E. Mittenecker, Enzyklopädie der geisteswissenschaftlichen Arbeitsmethoden III (Methoden der Logik und Mathematik. Statistische Methoden), München/Wien 1968; P. Hoyningen-Huene (ed.), Die M. der Naturwissenschaften, Zürich/München 1983; G. Israel, La mathématisation du réel. Essai sur la modélisation mathématique, Paris 1996; J. G. Kemeny/J. L. Snell, Mathematical Models in the Social Sciences, Boston Mass. etc. 1962, Cambridge Mass./London 1978; S. Körner, The Philosophy of Mathematics. An Introductory Essay, London 1960, Mineola N. Y. 2009 (dt. Philosophie der Mathematik. Eine Einführung, München 1968); P. F. Lazarsfeld/N. W. Henry (eds.), Readings in Mathematical Social Science, Chicago Ill., Cambridge Mass./London 1966, Cambridge Mass./London 1968; J. Lenhard/M. Otte, Grenzen der M.. Von der grundlegenden Bedeutung der Anwendungen, Philos. Nat. 42 (2005), 15–47; H. Lenk, Erfolg und Grenzen der M., in: ders., Pragmatische Vernunft. Philosophie zwischen Wissenschaft und Praxis, Stuttgart 1979, 110–134; ders. (ed.), Handlungstheorien interdisziplinär I (Handlungslogik, formale und sprachwissenschaftliche Handlungstheorien), München 1980; P. Lorenzen, Methodisches Denken, Frankfurt 1968, ³1988; ders., Theorie der technischen und politischen Vernunft, Stuttgart 1978; H. Margenau, Is the Mathematical Explanation of Physical Data Unique?, in: E. Nagel/P. Suppes/A. Tarski (eds.), Logic, Methodology and Philosophy of Science. Proceedings of the 1960 International Congress, Stanford Calif. 1962, 348–355, ferner in: ders., Physics and Philosophy. Selected Essays, Dordrecht/Boston Mass. 1978, 114–122; R. Mayntz (ed.), Formalisierte Modelle in der Soziologie, Neuwied/Berlin 1967; J. v. Neumann/O. Morgenstern, Theory of Games and Economic Behavior, Princeton N. J. 1944, ³1953, Princeton N. J./Woodstock [Sixtieth-Anniversary Ed.] 2004, 2007 (dt. Spieltheorie und wirtschaftliches Verhalten, Würzburg 1961, ³1973); K. R. Popper, Conjectures and Refutations. The Growth of Scientific Knowledge, New York/London 1962, London 1963, ⁵1974, London/New York 2009 (franz. Conjectures et réfutations. La croissance du savoir scientifique, Paris 1985, 2008; dt. Vermutungen und Widerlegungen. Das Wachstum der wissenschaftlichen Erkenntnis, I–II, Tübingen 1994/1997, in einem Bd., ed. H. Keuth, ²2009); Präsident der Berlin-Brandenburgischen Akademie der

Wissenschaften (ed.), M. der Natur. Streitgespräche in den wissenschaftlichen Sitzungen der Berlin-Brandenburgischen Akademie der Wissenschaften am 10. Dezember 2004 und 27. Mai 2005, Berlin 2006; W. V. O. Quine, Set Theory and Its Logic, Cambridge Mass. 1963, 1969, Cambridge Mass./London o. J. [1990] (dt. Mengenlehre und ihre Logik, Braunschweig 1973, Frankfurt/Berlin/Wien 1978); ders., Success and Limits of Mathematization, in: ders., Theories and Things, Cambridge Mass./London 1981, 1999, 148–155 (dt. Erfolg und Grenzen der M., Frankfurt 1985, 2001, 183–190); N. Rescher, Discrete State Systems, Markov Chains, and Problems in the Theory of Scientific Explanation and Prediction, Philos. Sci. 30 (1963), 325–345, ferner in: ders., Essays in Philosophical Analysis, Pittsburgh Pa. 1969, Washington D. C. 1982, 381–417; J. Schwartz, The Pernicious Influence of Mathematics on Science, in: E. Nagel/P. Suppes/A. Tarski (eds.), Logic, Methodology and Philosophy of Science [s. o.], 356–360, ferner in: R. Hersh (ed.), 18 Unconventional Essays on the Nature of Mathematics, New York 2006, 231–235; H. Wang, The Formalization of Mathematics, J. Symb. Log. 19 (1954), 241–266; E. Zilsel, Das Anwendungsproblem. Ein philosophischer Versuch über das Gesetz der großen Zahlen und die Induktion, Leipzig 1916. K. M.

Mathesis (griech. μάθησις [synonym: μάθη]), ursprünglich das Erkennen als Gewinnen von Erkenntnis oder Information (auch vorterminologisch, z. B.: μάθησιν ποιεῖσθαι περί τινος, Notiz nehmen von etwas), das Erfahren, der Erwerb (sowie der diesem Erwerb dienende Unterricht, z. B. bei Platon) von Wissen (↑Mathema), in der philosophischen Terminologie spätestens des 17. Jhs. in einem allgemeinen Sinne Bezeichnung für jede wissenschaftliche Disziplin, speziell für die ↑Mathematik. G. W. Leibniz bezeichnet jede mathematische Spezialdisziplin als eine ›m. specialis‹ (z. B. Zahlentheorie oder Geometrie, vgl. C. 348), um demgegenüber seine Konzeption einer ↑mathesis universalis zu verdeutlichen. Er verwendet ›m.‹ jedoch auch für die als ↑Größenlehre verstandene Mathematik und erläutert deren erkenntnistheoretischen Status gelegentlich durch Definitionen wie ›M. est scientia rerum imaginabilium‹ (im Unterschied zur Metaphysik als der ›scientia rerum intellectualium‹, vgl. C. 556). ›M.‹ wurde schon zu Leibnizens Zeit durch den auch von ihm (insbes. als franz. ›mathématiques‹) verwendeten Terminus ›Mathematik‹ verdrängt.

Literatur: J. Micraelius, Lexicon philosophicum [...], Jena 1653, Stettin ²1662 (repr. Düsseldorf 1966), 722–723. C. T.

mathesis universalis (lat., allgemeine Wissenschaft), im Anschluß an R. Descartes und G. W. Leibniz Bezeichnung für eine ›Universalwissenschaft‹ im Sinne einer alle formalen (und dem Programm nach wohl überhaupt alle ↑a priori begründbaren) Wissenschaften übergreifenden ↑Einheitswissenschaft. Der Gedanke einer m. u. geht auf Aristoteles zurück; den Terminus verwendet erstmals wohl Adrianus Romanus (Apologia pro Archimede, in: ders., In Archimedis Circuli dimensionem expositio et analysis [...], Würzburg 1597, 23), freilich

für eine allgemeine Theorie der Eigenschaften beliebiger Größen (Quantitäten). Bei Descartes bereitet sich die Trennung einer von ihm noch als ›scientia universalis‹ bezeichneten allgemeinen Einheitswissenschaft von einer speziellen m. u. im Sinne einer ins Philosophische erweiterten Mathematik vor, die dann von Leibniz programmatisch in Angriff genommen wird. Dabei soll die m. u. kalkülmäßig kontrollierbare Ableitungen und damit Begründungen prinzipiell aller wissenschaftlichen Sätze auf der Basis einer characteristica universalis (↑Leibnizsche Charakteristik) liefern, um so durch die erreichte Präzision eine bessere Durchleuchtung der Struktur der einzelnen Wissenschaften und ihrer Beziehungen untereinander zu ermöglichen. Der Leitgedanke einer m. u. hat in der gesamten neuzeitlichen Philosophie eine zentrale Rolle gespielt und eine Faszination ausgeübt, der noch zu Beginn des 20. Jhs. sowohl philosophischen Traditionen verpflichtete Denker wie E. Husserl als auch die zeitgenössischen Verfechter der neuen mathematischen Logik erlegen sind.

Literatur: H. W. Arndt, Methodo scientifica pertractatum. Mos geometricus und Kalkülbegriff in der philosophischen Theorienbildung des 17. und 18. Jahrhunderts, Berlin/New York 1971 (Quellen und Studien zur Philosophie IV); F. de Buzon, M. u., in: M. Blay/R. Halleux (eds.), La science classique. XVIe–XVIIIe siècle. Dictionnaire critique, Paris 1998, 610–621; G. Crapulli, M. u.. Genesi di un'idea nel XVI secolo, Rom 1969; J.-C. Dumoncel, La tradition de la m. u.. Platon, Leibniz, Russell, Paris 2002; B.-H. Ha, Das Verhältnis der M. u. zur Logik als Wissenschaftstheorie bei E. Husserl, Frankfurt etc. 1997; E. Husserl, Formale und transzendentale Logik. Versuch einer Kritik der logischen Vernunft, Jb. Philos. phänomen. Forsch. 10 (1929), 1–298, separat Halle 1929, mit ergänzenden Texten, ed. P. Janssen, Den Haag 1974, 1977 (= Husserliana XVII), Tübingen 1981, ferner als: Gesammelte Schriften VII, ed. E. Ströker, Hamburg 1992; R. Kauppi, M. u., Hist. Wb. Ph. V (1980), 937–938; J. Mittelstraß, Neuzeit und Aufklärung. Studien zur Entstehung der neuzeitlichen Wissenschaft und Philosophie, Berlin/New York 1970, 425–452; ders., Die Idee einer M. u. bei Descartes, Persp. Philos. Neues Jb. 4 (1978), 177–192; ders., The Philosopher's Conception of M. U. from Descartes to Leibniz, Ann. Sci. 36 (1979), 593–610; V. Peckhaus, Logik, M. u. und allgemeine Wissenschaft. Leibniz und die Wiederentdeckung der formalen Logik im 19. Jahrhundert, Berlin 1997; H. Poser, M. U. and Scientia Singularis. Connections and Disconnections between Scientific Disciplines, Philos. Nat. 35 (1998), 3–21; D. Rabouin, M. U.. L'idée de ›mathématique universelle‹ d'Aristote à Descartes, Paris 2009; M. Schneider, Funktion und Grundlegung der M. U. im Leibnizschen Wissenschaftssystem, in: A. Heinekamp (ed.), Leibniz. Questions de logique. Symposion organisé par la Gottfried-Wilhelm-Leibniz-Gesellschaft e. V. Hannover. Bruxelles/Louvain-la-Neuve, 26 au 28 Août 1985, Stuttgart 1988 (Stud. Leibn. Sonderheft XV), 162–182. C. T.

Matrix (lat., Muttertier, Mutterstamm [von Bäumen]), (1) in der *Mathematik* Bezeichnung für eine Funktion, die Paaren von Objekten (i, j) (wobei i, j aus endlichen

Indexmengen I bzw. J stammen) Elemente a_{ij} eines Körpers K (↑Körper (mathematisch)) zuordnet. Sind $I = \{1, \ldots, m\}$, $J = \{1, \ldots, n\}$, für natürliche Zahlen m, n und ist K ein Zahlkörper (z.B. der der reellen Zahlen), so kann man eine M. durch eine rechteckige Anordnung von Zahlzeichen repräsentieren: m heißt dabei ›Zeilenzahl‹, n ›Spaltenzahl‹ der M.. Eine M. A aus m Zeilen und n Spalten (eine ›$m \times n$-M.‹) wird üblicherweise dargestellt als

$$A = (a_{ij}) = \begin{pmatrix} a_{11} \, a_{12} \cdots a_{1n} \\ a_{21} \, a_{22} \cdots a_{2n} \\ \vdots \quad \vdots \qquad \vdots \\ a_{m1} \, a_{m2} \cdots a_{mn} \end{pmatrix}.$$

Ist $m = n$, dann heißt A ›quadratisch‹.
In der Linearen ↑Algebra dienen Matrizen zur Darstellung (↑Darstellung (logisch-mengentheoretisch)) von ↑Homomorphismen (linearen Abbildungen) zwischen endlichdimensionalen Vektorräumen (↑Dimension, ↑Vektor). Sind V und W Vektorräume über dem Körper K mit der Dimension n bzw. m, so bilden die K-Vektorraum-Homomorphismen von V in W (mit geeignet definierter Skalarmultiplikation und Addition; ↑Vektor) einen $m \cdot n$-dimensionalen K-Vektorraum. Die Menge der $m \times n$-Matrizen über K mit komponentenweiser Skalarmultiplikation (d.h., $\alpha \cdot (a_{ij}) \leftrightharpoons (\alpha a_{ij})$) und Addition (d.h., $(a_{ij}) + (b_{ij}) \leftrightharpoons (a_{ij} + b_{ij})$) ist ebenfalls ein K-Vektorraum und isomorph zum ersteren (↑isomorph/Isomorphie). Wie man unter Rückgriff auf die Koordinatendarstellungen (↑Koordinaten) der Vektoren bezüglich einer Basis (↑Vektor) von V (bzw. W) einen Isomorphismus zwischen V (bzw. W) und dem kartesischen Produkt K^n (bzw. K^m; ↑Produkt (mengentheoretisch)) erhält, so auch einen zwischen den Homomorphismen von V nach W und den $m \times n$-Matrizen über K. Der Nullvektor dieses Matrizen-Raumes ist die ›Nullmatrix‹, deren Komponenten alle gleich dem Nullelement von K sind; ihr entspricht der ›Nullhomomorphismus‹, der alle Elemente von V auf den Nullvektor von W abbildet. Die *Anwendung* von Homomorphismen $F: V \to W$ auf Vektoren $v \in V$ kann nun auf der Ebene der Matrizen durch die wie folgt definierte ›Multiplikation‹ der F darstellenden M. (a_{ij}) mit dem Koordinatenvektor $(x_j)_{j=1,\ldots,n}$ von v nachvollzogen werden (wobei $(y_i)_{i=1,\ldots,m}$ der Koordinatenvektor von $F(v)$ sein soll):

$$(y_i) = (a_{ij}) \cdot (x_j) \leftrightharpoons (\sum_{j=1}^{n} a_{ij} x_j)$$

(die Komponente y_i ist jeweils das ›Skalarprodukt‹ der i-ten Zeile von (a_{ij}) mit (x_j)). – Ist U ein weiterer K-Vektorraum, so kann die Komposition (Hintereinanderausführung) von Homomorphismen $F: V \to W$

und $G: W \to U$, definiert durch $(G \circ F)(v) \leftrightharpoons G(F(v))$ für alle $v \in V$, ebenfalls auf der Ebene der Matrizen widergespiegelt werden: Hat U etwa die Dimension l und wird F durch die $m \times n$-M. (a_{ij}) und G durch die $l \times m$-M. (b_{ki}) repräsentiert, so entspricht dem Homomorphismus $G \circ F: V \to U$ die $l \times n$-M. $(c_{kj}) = (b_{ki}) \cdot (a_{ij})$ mit

$$(c_{kj}) = \sum_{i=1}^{m} b_{ki}\, a_{ij} \quad \text{für } k = 1, \ldots, l \text{ und } j = 1, \ldots, n$$

(die Komponente c_{kj} ergibt sich also jeweils als Skalarprodukt der k-ten Zeile von (b_{ki}) mit der j-ten Spalte von (a_{ij})). Die Komposition von Homomorphismen von V in V selbst definiert eine Multiplikation, bezüglich derer diese eine (im allgemeinen nicht-kommutative) ↑Algebra über K bilden. Die $n \times n$-Matrizen über K mit der wie oben definierten Matrizenmultiplikation (für den Spezialfall $l = m = n$) sind eine dazu isomorphe K-Algebra. Ihr Einselement (entsprechend der ›identischen Abbildung‹ $\mathrm{id}_V: V \to V$ mit $\mathrm{id}_V(v) = v$ für alle v) ist die $n \times n$-›Einheitsmatrix‹ (e_{ij}), bei der e_{ij} für $i = j$ das Einselement von K ist und sonst das Nullelement.
Bereits in der alten chinesischen Mathematik zur Lösung linearer Gleichungssysteme verwendet, treten Matrizen seit der Mitte des 17. Jhs. in der Determinantentheorie auf. Der Terminus ›M.‹ wurde wohl um 1850 von J.J. Sylvester eingeführt. Heute sind Matrizen vor allem wegen ihrer Bedeutung bei der Lösung linearer Gleichungs- und Differentialgleichungssysteme ein wichtiges Hilfsmittel in vielen Bereichen der reinen und der angewandten Mathematik sowie in mathematisierten Fachwissenschaften (z.B. Matrizenmechanik).
(2) In der ↑*Quantorenlogik* bezeichnet man als die ›M.‹ einer mit einem ↑Quantor beginnenden Formel A diejenige Teilformel von A, deren Hauptzeichen kein Quantor ist und aus der A durch (gegebenenfalls mehrfache) ↑Quantifizierung hervorgeht (d.h., grob gesprochen, den Teil von A, der aus A durch sukzessives Streichen aller links stehenden Quantoren entsteht, bis eine Formel erreicht ist, deren Hauptzeichen kein Quantor mehr ist). Z.B. ist $A(x, y) \wedge \bigvee_z B(z)$ die M. von $\bigwedge_x \bigvee_y (A(x, y) \wedge \bigvee_z B(z))$. Ist die M. einer Formel quantorenfrei, so befindet sich die Formel selbst in pränexer ↑Normalform.
(3) In der *mehrwertigen* ↑*Junktorenlogik* (↑Logik, mehrwertige) spricht man von einer ›logischen M.‹, wenn eine Menge von ↑Wahrheitswerten, eine Teilmenge davon als Menge der ausgezeichneten Wahrheitswerte und eine Menge von Grundfunktionen auf den Wahrheitswerten gegeben ist. Im Falle endlich vieler Wahrheitswerte können die Grundfunktionen durch ↑Wahrheitstafeln angegeben werden, die Matrizen im anschaulichen Sinne einer rechteckigen Anordnung sind (↑Matrix, logische).

(4) In der *Philosophie-* bzw. *Wissenschaftsgeschichte* tritt der Terminus ›M.‹ in der spekulativen ↑Naturphilosophie der Renaissance (J. Böhme, Paracelsus, R. Fludd) in unterschiedlicher Bedeutung auf, zumeist zur Bezeichnung von Ähnlichkeits-, Abbildungs- oder Abstammungsverhältnissen, in denen die jeweilige M. bestimmenden Einfluß ausübt. Wohl vermittelt durch C. v. Linné findet der M.begriff auch in der romantischen Naturphilosophie (↑Naturphilosophie, romantische) Verwendung. – In T. S. Kuhns Konzeption wissenschaftlicher Entwicklungen (↑Wissenschaftsgeschichte) bezeichnet der Begriff der disziplinären M. in der Phase der normalen Wissenschaft (↑Wissenschaft, normale) die (häufig nicht expliziten) Leitvorstellungen (bestehend aus den allgemein verwendeten Symbolisierungen und den leitenden Modellvorstellungen, die als Musterbeispiele für analoge Problemlösungen dienen, sowie sonstigen methodologischen und anderen Wertvorstellungen). Der Begriff der disziplinären M. soll den zunächst verwendeten, unscharfen Begriff des ↑Paradigmas ablösen.

Literatur: K. Chemla, Matrice, Enc. philos. universelle II/2 (1990), 1574–1575; G. Fischer, Lineare Algebra, Braunschweig/Wiesbaden ⁸1984, 60–104 (Kap. 2 Lineare Abbildungen); W. Gröbner, Matrizenrechnung, München 1956, Mannheim 1966, 1978; T. S. Kuhn, The Structure of Scientific Revolutions, Chicago Ill./London ²1970, ³1996, 2008, 174–210 (Postscript – 1969) (dt. Die Struktur wissenschaftlicher Revolutionen, Frankfurt ²1976, 2011, 186–221 [Postskriptum – 1969]); ders., Second Thoughts on Paradigms, in: F. Suppe (ed.), The Structure of Scientific Theories, Urbana Ill./Chicago Ill./London 1974, ²1977, 1981, 459–482 (dt. Neue Überlegungen zum Begriff des Paradigma, in: ders., Die Entstehung des Neuen. Studien zur Struktur der Wissenschaftsgeschichte, ed. L. Krüger, Frankfurt 1977, 2010, 389–420); T. Rentsch/H. M. Nobis, M., Hist. Wb. Ph. V (1980), 939–941; G. Strang, Introduction to Linear Algebra, Wellesley Mass. 1993, rev. ⁴2009 (dt. Lineare Algebra, Berlin etc. 2003). C. B./G. W.

Matrix, logische (engl. logical matrix), auf A. Tarski zurückgehender zentraler Begriff der mehrwertigen Logik (↑Logik, mehrwertige). Eine l. M. 𝔐 bezüglich einer junktorenlogischen Sprache mit bestimmten Verknüpfungen ist gegeben durch eine Menge M, deren Elemente als ↑*Wahrheitswerte* bezeichnet werden, eine nicht-leere Teilmenge $M^+ \subseteq M$ als Menge der (von P. Bernays so genannten) *ausgezeichneten Wahrheitswerte* und ein System von den Verknüpfungen der betrachteten Sprache korrespondierenden Funktionen über M, den so genannten *Grundfunktionen* der Matrix. M, M^+ und das System der Grundfunktionen können dabei unendlich sein. Im Grenzfall der klassischen zweiwertigen ↑Junktorenlogik (↑Logik, zweiwertige) ist $M = \{\curlyvee, \curlywedge\}$, $M^+ = \{\curlyvee\}$; die Grundfunktionen sind durch die üblichen ↑Wahrheitstafeln gegeben. Durch eine l. M. mit $M = \{0, 1, 2\}$, $M^+ = \{1, 2\}$ und den durch die folgenden

Tafeln definierten einstelligen bzw. zweistelligen Grundfunktionen f bzw. g

	f		g	2	1	0
2	1		2	2	0	0
1	2		1	2	2	2
0	2		0	2	2	2

ist z. B. ein dreiwertiges logisches System mit zwei ausgezeichneten Werten gegeben. Für die Definition junktorenlogischer Grundbegriffe wie ↑Tautologie und ↑Folgerung innerhalb der mehrwertigen Logik spielen die ausgezeichneten Wahrheitswerte die Rolle, die der Wahrheitswert ›wahr‹ in der zweiwertigen Logik spielt. Z. B. ist eine Formel A eine 𝔐-Tautologie, falls der Wert von A bei jeder Belegung in M (d. h. einer ↑Zuordnung von Elementen aus M zu ↑Aussagenvariablen) ein ausgezeichneter Wahrheitswert ist (im zweiwertigen Fall: falls A bei jeder ↑Belegung den Wert ›wahr‹ erhält). A ist eine 𝔐-Folgerung aus einer Formelmenge X, wenn für jede Belegung in M, bei der alle Formeln aus X einen ausgezeichneten Wert erhalten, auch A einen ausgezeichneten Wert erhält (im zweiwertigen Fall: wenn für jede Belegung, bei der alle Formeln aus X den Wert ›wahr‹ erhalten, auch A den Wert ›wahr‹ erhält).

Die abstrakte Fassung des Begriffs der l. n M. erlaubt es, Systeme der mehrwertigen Logik in großer Allgemeinheit auf mathematisch-algebraische Weise zu behandeln. Als eines der ersten wichtigen Ergebnisse sei der auf A. Lindenbaum zurückgehende *Matrizenexistenzsatz* genannt, nach dem zu jeder Konsequenzrelation ⊢ (↑Konsequenzenlogik) zwischen junktorenlogischen Formeln, für die mit $X \vdash F$ auch $X^s \vdash F^s$ für die Resultate X^s, F^s beliebiger Substitutionen s von Formeln für Aussagenvariablen in X, F gilt, eine Matrix (mit den betrachteten Junktoren korrespondierenden Grundfunktionen) existiert, so daß ⊢ A genau dann gilt, wenn A eine Tautologie ist, also eine gewisse Art von Vollständigkeit (↑vollständig/Vollständigkeit) besteht. Dieses Resultat zeigt, daß es grundsätzlich möglich ist, jede Unableitbarkeitsbehauptung in einem junktorenlogischen System durch den Nachweis zu begründen, daß die betreffende Formel keine Tautologie bezüglich der dem System entsprechenden Matrix ist. Für spezielle Unableitbarkeitsbehauptungen (↑unableitbar/Unableitbarkeit) ist diese Idee (unabhängig vom Existenzsatz) häufig genutzt worden, z. B. von A. Heyting zum Beweis der Unabhängigkeit (↑unabhängig/Unabhängigkeit (logisch)) der Axiome und der Unableitbarkeit des ↑tertium non datur für sein System der intuitionistischen Junktorenlogik (↑Logik, intuitionistische).

Literatur: P. Bernays, Axiomatische Untersuchung des Aussagen-Kalkuls der »Principia Mathematica«, Math. Z. 25 (1926),

305–320; S. Gottwald, Many-Valued Logic, SEP 2000, rev. 2009; A. Heyting, Die formalen Regeln der intuitionistischen Logik [Teil I], Sitz.ber. Preuß. Akad. Wiss., phys.-math. Kl. 1930, Berlin 1930, 42–56 (repr. in: ders., Collected Papers, Amsterdam 1980, 191–205) (engl. The Formal Rules of Intuitionistic Logic, in: P. Mancosu [ed.], From Brouwer To Hilbert. The Debate on the Foundations of Mathematics in the 1920s, New York/Oxford 1998, 311–327); J. Łukasiewicz/A. Tarski, Untersuchungen über den Aussagenkalkül, Compt. rendus séances Soc. Sci. lettr. Varsovie 23 (1930), Classe III, 30–50, ferner in: A. Tarski, Collected Papers I (1921–1934), ed. S. R. Givant/R. N. McKenzie, Basel/Boston Mass./Stuttgart 1986, 323–343 (engl. Investigations into the Sentential Calculus, in: A. Tarski, Logic, Semantics, Metamathematics. Papers from 1923 to 1938, Oxford 1956, ed. J. Corcoran, Indianapolis Ind. [2]1983, 1990, 38–59; franz. Recherches sur le calcul des propositions, in: A. Tarski, Logique, sémantique, métamathématique. 1923–1944 I, ed. G. G. Granger, Paris 1972, 45–65); W. Rautenberg, Klassische und nichtklassische Aussagenlogik, Braunschweig/Wiesbaden 1979; A. Tarski, Der Aussagenkalkül und die Topologie, Fund. Math. 31 (1938), 103–134, ferner in: ders., Collected Papers II (1935–1944), ed. S. R. Givant/R. N. McKenzie, Basel/Boston Mass./Stuttgart 1986, 475–506 (engl. Sentential Calculus and Topology, in: ders., Logic, Semantics, Metamathematics [s. o.], 421–454; franz. Calcul propositionnel et topologie, in: ders., Logique, sémantique, métamathématique. 1923–1944 II, ed. G. G. Granger, Paris 1974, 153–189).   P. S.

Maturana (Romesin), Humberto, *Santiago de Chile 14. Sep. 1928, chilen. Biologe und Philosoph. 1948–1956 Studium der Medizin und Biologie in Santiago und London, 1958 Promotion in Biologie an der Harvard University; nach Post-Doc-Aufenthalt am MIT seit 1960 Prof. für Biologie an der Universität Santiago de Chile. – M.s Beitrag zur Philosophie besteht in der Konzeption der ↑Autopoiesis, die er 1972 entwickelte und in den nachfolgenden Jahrzehnten gemeinsam mit F. J. Varela ausarbeitete. Autopoiesis stellt sich für M. als das charakteristische Merkmal von Leben und Kognition dar; sie verknüpft einen ontologischen (↑Ontologie) mit einem epistemologischen Aspekt. Ontologisch kennzeichnend für ein autopoietisches System ist die Selbstreferenz seiner Organisation: das System stellt seine Bestandteile her, die wiederum diese Organisation aufrechterhalten. So erneuern sich Zellen ständig unter Erhaltung ihrer Struktur; Zellen produzieren sich also selbst, im Gegensatz zu einer Maschine, die ein anderes Gut herstellt. – Auch Nervensysteme oder kognitive Systeme generell sind durch eine solche ›zirkuläre Struktur‹ charakterisiert. Insbes. können kognitive Systeme mit ihren Teilen in Wechselwirkung treten, etwa beim ↑Selbstbewußtsein. Leben und Kognition sind daher übereinstimmend durch diese Selbstreferenz gekennzeichnet und stellen sich entsprechend als das gleiche Phänomen dar: »Living systems are cognitive systems, and living as a process is a process of cognition« (1970, 15, M./F. J. Varela 1980, 13). In epistemologischer Hinsicht (↑Erkenntnistheorie) bezieht sich Autopoiesis auf die Wechselbeziehung zwischen zwei Systemen. Grundlegend für M.s diesbezügliche Auffassungen sind seine eigenen Untersuchungen zur Farbwahrnehmung, denen zufolge Farben nicht als Repräsentation von Zuständen der Außenwelt verstanden werden können, sondern lediglich als Auslösereize für innere Systemzustände. Diese Zustände sind wesentlich durch die interne Struktur des Wahrnehmungssystems bestimmt und können nicht als Wiedergabe von ↑Sachverhalten gelten. Der Grund ist, daß intern und extern induzierte Systemzustände nicht unterscheidbar sind und sich entsprechend Wahrnehmungen, Halluzinationen und Illusionen als die gleichen inneren Zustände darstellen. Generell gesprochen geht es bei der Interaktion zwischen Systemen nicht um Repräsentation, sondern um die Modifikation von internen Systemzuständen durch die Präsenz eines anderen Systems.

In der Sache liegt hier das von J. P. Müller 1826 formulierte »Gesetz der spezifischen Sinnesenergien« zugrunde, demzufolge die Qualität der Wahrnehmung nicht durch die Beschaffenheit des Reizes, sondern durch die Natur des betreffenden Sinnesorgans festgelegt wird. Das Auge reagiert etwa auf optische, mechanische oder elektrische Reize übereinstimmend mit Lichtempfindungen. Hieraus hatte Müller den Schluß gezogen, dass die Sinnesorgane die objektive Wirklichkeit nicht wahrheitsgemäß wiederzugeben vermögen. – Seine Auffassung von Wahrnehmung als einem nicht-repräsentationalen Vorgang wendet M. analog auf Kommunikation und Kognition (↑Kognitionswissenschaft) generell an. Für M. geht es dabei nicht um die Mitteilung oder Darstellung von Sachverhalten, sondern um die Koordination von Verhalten. Damit wird M. für den auf E. v. Glasersfeld zurückgehenden ›radikalen Konstruktivismus‹ (↑Konstruktivismus, radikaler) in Anspruch genommen. Für diese Position werden sämtliche Vorstellungen aus Sinnesreizen und Gedächtnisinhalten erzeugt und sind damit wesentlich subjektiv.

Werke: Biology of Cognition, Urbana Ill. 1970 (BCL Report 9.0), Nachdr. in: ders./F. J. Varela, Autopoiesis and Cognition [s. u.], 1–58 (dt. Biologie der Kognition, Paderborn 1975, 1977); (mit F. J. Varela) Mechanism and Biological Explanation, Philos. Sci. 39 (1972), 378–382; (mit F. J. Varela) De máquinas y seres vivos. Una teoría sobre la organización biológica, Santiago de Chile 1972, mit Untertitel: Autopoiesis: la organización de lo vivo, [2]1994, [6]2006 (engl. Autopoiesis. The Organization of the Living, in: dies., Autopoiesis and Cognition [s. u.], 59–138); (mit F. J. Varela) Autopoiesis and Cognition. The Realization of the Living, Dordrecht/Boston Mass./London 1980 (Boston Stud. Philos. Sci. XLII); Erkennen. Die Organisation und Verkörperung von Wirklichkeit. Ausgewählte Arbeiten zur biologischen Epistemologie, Braunschweig/Wiesbaden 1982, [2]1985; (mit F. J. Varela) El árbol del conocimiento. Las bases biológicas del entendimiento humano, Santiago de Chile 1984, 2006 (dt. Der Baum der Erkenntnis. Die biologischen Wurzeln des menschlichen Erkennens, Bern/München 1987, Frankfurt [3]2010; engl. The Tree of Knowledge. The Biological Roots of Human Understanding, Boston Mass./London 1987, rev. 1992, 1998); (mit N. Luhmann u. a.) Beobachter. Konvergenz der Erkenntnistheorien?, München 1990, ³2003; (mit G. Verden-Zöller) Liebe und Spiel. Die vergessenen Grundlagen des Menschseins. Matristische und patriarchale Lebensweisen, Heidelberg 1993, ⁴2005; Was ist erkennen?, ed. R. zur Lippe, München/Zürich 1994, mit Untertitel: Die Welt entsteht im Auge des Betrachters, München 2001; Biologie der Realität, Frankfurt 1998, 2000; (mit B. Pörksen) Vom Sein zum Tun. Die Ursprünge der Biologie des Erkennens, Heidelberg 2002, ²2008 (engl. From Being to Doing. The Origins of the Biology of Cognition, Heidelberg 2004); (mit G. Verden-Zöller) The Origin of Humanness in the Biology of Love, ed. P. Bunnell, Exeter/Charlottesville Va. 2008.

Literatur: S. Ackermann, Organisches Denken. H. M. und Franz von Baader, Würzburg 1998; O. M. Elmer, Schizophrenie und Autopoiese. Zum Problem der Selbst-Demarkation und Selbst-Differenzierung in der Perspektive der Philosophie H. M.s, Diss. Heidelberg 1996; G. Fröhlich, Ein neuer Psychologismus? Edmund Husserls Kritik am Relativismus und die Erkenntnistheorie des radikalen Konstruktivismus von H. R. M. und Gerhard Roth, Würzburg 2000; E. Hammel, H. R. M., in: F. Volpi (ed.), Großes Werklexikon der Philosophie II, Stuttgart 1999, 1013–1014; V. Riegas, Die biologische Kognitionstheorie H. G. M.s, Darstellung und kritische Diskussion seiner empirischen Befunde und philosophischen Überlegungen, Diss. Osnabrück 1991; ders./C. Vetter (eds.), Zur Biologie der Kognition. Ein Gespräch mit H. R. M. und Beiträge zur Diskussion seines Werkes, Frankfurt 1990, ³1993; S. J. Schmidt, Der Diskurs des radikalen Konstruktivismus, Frankfurt 1987, ⁹2003; R. F. Weidhas, Konstruktion – Wirklichkeit – Schöpfung. Das Wirklichkeitsverständnis des christlichen Glaubens im Dialog mit dem Radikalen Konstruktivismus unter besonderer Berücksichtigung der Kognitionstheorie H. M.s, Frankfurt etc. 1994.   M. C.

Maupertuis, Pierre Louis Moreau de, *St. Malo 28. Sept. 1698, †Basel, 27. Juli 1759, franz. Naturforscher und Philosoph. Nach privater Ausbildung, insbes. in Philosophie, Musik und Mathematik, 1718 Offizier. Bereits 1723 Mitglied der »Académie des sciences« (Paris); 1728 Reise nach London, Anhänger der Newtonschen Physik und Mitglied der »Royal Society«. 1729 Studium bei Joh. Bernoulli in Basel und Freundschaft mit dessen Sohn Joh. II Bernoulli, Bekanntschaft mit J. S. König. 1740 mit Voltaire, den er, ebenso wie die Marquise du Châtelet, mit den Lehren I. Newtons bekannt gemacht hatte, bei Friedrich II. Beratungen über die durch den 1. Schlesischen Krieg unterbrochene Reorganisation der Berliner Akademie, mit der M. beauftragt wird. M. nimmt am Krieg teil, wird 1741 gefangengenommen und nach einer Audienz bei Maria Theresia freigelassen; Rückkehr nach Paris, 1743 Aufnahme in die »Académie Française«. 1746 durch Friedrich II. Ernennung zum Präsidenten der reorganisierten Berliner Akademie der Wissenschaften. – M. ist ein Wegbereiter des englischen ↑Empirismus (J. Locke, D. Hume) in Deutschland und der Newtonschen Physik in Frankreich. Er vertritt in philosophischen Fragen einen experimentalphilosophischen (↑Experimentalphilosophie), empiristischen Standpunkt,

während seine physikalischen und biologischen Auffassungen sich oft an rationalistischen (↑Rationalismus) Konzeptionen (besonders G. W. Leibniz) orientieren. Auch die Mathematik ist, weil seiner Meinung nach letztlich auf Sinneseindrücken beruhend, eine empirische Wissenschaft. Da mathematisches Wissen im Prinzip den gleichen empirischen Charakter hat wie anderes Wissen, entfällt die einen Vorrang mathematischen Wissens implizierende Unterscheidung von primären (z. B. ↑Ausdehnung) und sekundären (z. B. Farbe) ↑Qualitäten der Körper. Was die Dinge ›wirklich‹ sind, bleibt unbekannt; bekannt sind lediglich die durch Sinneseindrücke ermittelten Phänomene. In sprachphilosophischen Schriften untersucht M. unter anderem den Ursprung der Sprachen und gibt eine erste detaillierte (empiristische) Analyse von Existenzbehauptungen.

Im Bereich der exakten Wissenschaften befaßt sich M., von kleineren mathematischen Schriften abgesehen, vor allem mit Physik und Biologie. 1736/1737 gelingt ihm auf einer Lapplandexpedition durch Messung der Bogenlänge eines Meridians an verschiedenen Breiten der empirische Nachweis der von Newton aus theoretischen Gründen (Gravitation) geforderten Abplattung der Erde in der Nähe der Pole. Das von ihm aufgestellte, von König als Leibnizplagiat bezeichnete ›Prinzip der kleinsten Aktion‹ (principe de la moindre action, ↑Prinzip der kleinsten Wirkung) führte zu einer Spaltung unter den deutschen Naturforschern. Der Streit ging trotz baldiger offizieller Rehabilitation M.' weiter und war der Anlaß der Trennung Friedrichs II. von Voltaire, der M. in satirischen Schriften attackiert hatte. Das Prinzip der kleinsten Aktion behauptet für alle (auch organischen) Veränderungen im Universum, daß die ›Aktion‹ (d. h. Masse mal Geschwindigkeit mal zurückgelegter Weg) der beteiligten Körper stets ein mathematisches Minimum ist. Das nicht zuletzt aus teleologisch-theologischen Motiven (eine neue Version des kosmologischen ↑Gottesbeweises) aufgestellte Prinzip ist in dieser Formulierung nicht zu halten, jedoch für die naturwissenschaftliche Entwicklung (z. B. W. R. Hamiltons Optik, biologische Homeostase) von großem heuristischen Wert. – In seinen bedeutenden biologischen Arbeiten über Vererbung (Nachweis dominanter Erbfaktoren) und Embryonalentwicklung (Kritik der Präformationstheorie [↑Evolution] und Argumente für die epigenetische Auffassung) nimmt M. Erkenntnisse des 19. Jhs. voraus. An Leibniz erinnert M.' Konzeption des Aufbaus der Organismen aus Elementarpartikeln, die Eigenschaften der Zu- und Abneigung sowie ›Gedächtnis‹ besitzen. Aus dieser Konzeption entwickelte M. eine Theorie der Umwandlung der Arten, die als eine Vorläuferin der ↑Evolutionstheorie angesehen werden kann.

Werke: Les Œuvres, Dresden 1752; Les Œuvres, I–II, Berlin, Lyon 1753; Œuvres. Nouvelle édition, I–IV, Lyon 1756, ²1768 (repr., ed. G. Tonelli, Hildesheim/New York 1974); Scritti, ed. G. Salvino, Lecce 1985. – Discours sur les différentes figures des astres. D'ou l'on tire des conjectures sur les étoiles qui paroissent changer de grandeur, & sur l'anneau de Saturne. Avec une exposition abbrégée des systèmes de M. Descartes & de M. Newton, Paris 1732, mit Untertitel: Ou l'on donne l'explication des taches lumineuses qu'on a observées dans le ciel, des étoiles qui paroissent s'allumer & s'éteindre, de celles qui paroissent changer de grandeur, de l'anneau de Saturne. Et des effets que peuvent produire les Cométes, [2]1742, ferner in: Œuvres. Nouvelle édition [s. o.] I, 79–170 (engl. A Dissertation on the Different Figures of the Caelestial Bodies [...], in: J. Keill, An Examination of Dr. Burnet's »Theory of the Earth« [...], Oxford, London [2]1734); La figure de la terre [...], Paris, Amsterdam 1738, Paris 1739, unter dem Titel: Relation du voyage fait par ordre du roi au cercle polaire, pour déterminer la figure de la terre, in: Œuvres. Nouvelle édition [s. o.] III, 69–175 (engl. The Figure of the Earth [...], London 1938; dt. [erw. um: Celsius Untersuchungen der Cassinischen Messungen] Figur der Erden [...], Übers. J. S. König, Zürich 1741, [2]1761); (anonym) Examen desinteressé des differes ouvrages qui ont été faits pour déterminer la figure de la terre, Oldenburg 1738, Amsterdam [2]1741; Examen des trois dissertations que Monsieur Desaguliers a publiées sur la figure de la terre [...], Oldenbourg 1738; (anonym) Élémens de géographie, Paris 1740, unter dem Titel: Éléments de géographie, [2]1742, ferner in: Œuvres. Nouvelle édition [s. o.] III, 1–67 (dt. Anfänge der Geographie, Zürich 1742; engl. The Rudiments of Geography, London 1743); (mit J. Picard u. a.) Degré du Méridien entre Paris et Amiens [...], Paris 1740 (dt. Der Meridian-Grad zwischen Paris und Amiens [...], Zürich 1742); Discours sur la parallaxe de la lune, pour perfectionner la théorie de la lune et celle de la terre, Paris 1741, Lyon 1756, ferner in: Œuvres. Nouvelle édition [s. o.] IV, 187–284: Lettre sur la comète qui paroissoit en M. DCC. XLII., Paris 1742, ferner in: Œuvres. Nouvelle édition [s. o.] III, 207–256 (dt. Eines Parisischen Astronomi Sendschreiben von den Cometen, Berlin/Leipzig 1743, unter dem Titel: Sendschreiben an ein Frauenzimmer über den Cometen, so im Jahr 1742. gesehen worden, Zürich 1749; engl. A Letter upon Comets, in: C. Burney, An Essay towards a History of the Principal Comets that Have Appeared since the Year 1742 [...], London 1769, 8–35, Glasgow 1770, 10–43); Loi du repos des corps, Hist. l'acad. royale sci. 1740, Paris 1742, 170–176, ferner in: Œuvres. Nouvelle édition [s. o.] IV, 43–64, ferner in: L. Euler, Opera omnia Ser. II/5, ed. J. O. Fleckenstein, Lausanne 1957, 268–273; Astronomie nautique. Ou élémens d'astronomie [...], Paris 1743, [2]1751, Lyon 1756, ferner in: Œuvres. Nouvelle édition [s. o.] IV, 65–186; (anonym) Dissertation physique à l'occasion du nègre blanc, Leiden 1744, rev. u. erw. unter dem Titel: Venus physique, Leiden 1745, o. O. [6]1751 (repr. in: R. Bernasconi (ed.), Concepts of Race in the Eighteenth Century I [Bernier, Linnaeus and M.], Bristol/Sterling Va. 2001), ferner in: Œuvres. Nouvelle édition [s. o.] II, 1–133, Genf [7]1780, in: Vénus physique. Suivi de la »Lettre sur le progrès des sciences«, ed. P. Tort, Paris 1980, 73–146 (dt. Die Naturlehre der Venus, Kopenhagen 1747, [nur 1. Teil] Die physische Venus, o. O. [Hamburg] 1788; engl. The Earthly Venus, Introd. G. Boas, New York/London 1966); Sur l'accord de différentes loix de la nature, qui ont paru jusqu'ici incompatibles, Hist. Acad. Sci. Paris 1744, Paris 1748, 53–55, ferner in: Œuvres. Nouvelle édition [s. o.] IV, 1–28, ferner in: L. Euler, Opera omnia Ser. II/5, ed. J. O. Fleckenstein, Lausanne 1957, 274–281; Les loix du mouvement et du repos déduites d'un principe metaphysique, Hist. l'acad. royale sci. belles lettres 1746, Berlin 1748, 267–294, unter dem Titel: Recherche des lois du mouvement, in: Œuvres. Nouvelle édition [s. o.] IV, 29–42, ferner in: L. Euler, Opera omnia Ser. II/5, ed. J. O. Flekkenstein, Lausanne 1957, 282–302; Réflexions philosophiques sur l'origine des langues et sur la signification des mots, Paris 1748, ferner in: Œuvres. Nouvelle édition [s. o.] I, 253–309, ferner in: R. Grimsley (ed.), M., Turgot et Maine de Biran. Sur l'origine du langage, suivie de trois textes, Genf/Paris 1971, 31–57 (dt. Philosophische Betrachtungen über den Ursprung der Sprachen und die Bedeutung der Wörter, in: Sprachphilos. Schr. [s. u.], 3–31); Essai de philosophie morale, Berlin 1749, London 1950, Leiden 1751, ferner in: Œuvres. Nouvelle édition [s. o.] I, 171–252, ed. J.-M. Liandier, Paris 2010 (dt. Versuch in der moralischen Weltweisheit, Halle 1750; ital. Saggio di filosofia morale, Berlin 1751, Turin 1998); Essay de cosmologie, Berlin 1750, unter dem Titel: Essai de cosmologie, o. O. [Leiden] [2]1751, ferner in: Œuvres. Nouvelle édition [s. o.] I, ix–78 (repr. in: Essai de cosmologie/Systeme de la nature/Reponse aux objections de M. Diderot, ed. F. Azouvi, Paris 1984) (dt. Versuch einer Cosmologie, Berlin 1751); (Pseudonym Baumann) Dissertatio inauguralis metaphysica de universali naturae systemate, Erlangen 1751 (franz. unter dem Titel: Essai sur la formation des corps organisés, Berlin [Paris] 1754, unter dem Titel: Système de la nature. Essai sur la formation des corps organisés, in: Œuvres. Nouvelle édition [s. o.] II, 135–184 [repr. in: Essai de cosmologie/Systeme de la nature/Reponse aux objections de M. Diderot, ed. F. Azouvi, Paris 1984]; dt. Versuch, von der Bildung der Körper, Berlin 1761); Dissertation sur les différents moyens dont les hommes se sont servis pour exprimer leurs idées, Hist. l'acad. royale sci. belles lettres 1754, Berlin 1756, 349–364, ferner in: Œuvres. Nouvelle édition [s. o.] III, 435–468 (dt. Abhandlung über die verschiedenen Mittel, deren sich die Menschen bedient haben, um ihre Vorstellungen auszudrücken, in: Sprachphilosophische Schr. [s. u.], 33–52); Examen philosophique de la preuve de l'existence de Dieu employée dans l'Essai de cosmologie, Hist. l'acad. royale sci. belles lettres 1756, Berlin 1758, 389–424 (repr. in: Œuvres. Nouvelle édition [s. o.] I, 389–424); Sprachphilosophische Schriften. Philosophische Betrachtungen über den Ursprung der Sprachen und die Bedeutung der Wörter. Abhandlung über die verschiedenen Mittel, deren sich die Menschen bedient haben, um ihre Vorstellungen auszudrücken. Mit zusätzlichen Texten von A. R. J. Turgot und E. b. de Condillac, ed. W. Franzen, Hamburg 1988 (mit Einl., VII–LV). – Lettres de Monsieur de M., Dresden 1752, Berlin [2]1753, ferner in: Œuvres. Nouvelle édition [s. o.] II, 217–372 (dt. Briefe des Herrn v. M., Hamburg 1753); M. et ses correspondants [...], Montreuil-surmer 1896, Genf 1971; Briefwechsel des Kronprinzen und Königs Friedrich mit P. L. M. de M., in: R. Koser (ed.), Briefwechsel Friedrichs des Großen mit Grubkow und M. (1731–1795), Leipzig 1898, Osnabrück 1966, 183–326; Nachträge zu dem Briefwechsel Friedrichs des Grossen mit M. und Voltaire. Nebst verwandten Stücken, ed. H. Droysen/F. Caussy/G. B. Volz, Leipzig 1917, Osnabrück 1965, 1–44; Correspondance d'Euler avec P.-L. M. de M. (20 mai 1738–21 août 1759), in: L. Euler, Opera omnia Ser. IV A/6, ed. P. Costabel u. a., Basel 1986, 1–273. – G. Tonelli, Bibliographie, in: Œuvres, Hildesheim/New York 1974 [s. o.], XXIV–LVIII; D. Beeson, Bibliography, in: ders., M. [s. u., Lit.], 277–298, bes. 278–284 [Werke und Briefwechsel].

Literatur: D. Beeson, M.. An Intellectual Biography, Oxford 1992, 2006 (mit Bibliographie, 285–298); D. Bourel, P. L. M. de M., in: W. Treue/K. Gründer (eds.), Berlinische Lebensbilder III, Berlin 1987, 17–31; H. Brown, Science and the Human Comedy.

Natural Philosophy in French Literature from Rabelais to M., Toronto/Buffalo N. Y. 1976, bes. 167–212; P. Brunet, M., I–II, Paris 1929 (I Étude biographique, II L'œuvre et sa place dans la pensée scientifique et philosophique du XVIIIᵉ siècle); E. Callot, M.. Le savant et le philosophe, Paris 1964; A. C. Crombie, P.-L. M. de M., F. R. S. (1698–1759). Précurseur du transformisme, Rev. synth. 78 (1957), 35–56; M. G. Di Domenico, L'inquietudine della ragione. Scienza e metafisica in M., Neapel 1990; E. Du Bois-Reymond, M., Leipzig 1893; R. Dugas, Le principe de la moindre action dans l'œuvre de M., La Rev. scientif. 80 (1942), 51–59; B. Glass, M., Pioneer of Genetics and Evolution, in: ders./ O. Temkin/W. L. Straus Jr. (eds.), Forerunners of Darwin. 1745–1859, Baltimore Md. 1959, 1968, 51–83; ders., M., DSB IX (1974), 186–189; L. Gossman, Berkeley, Hume and M., French Stud. 14 (1960), 304–324; J. L. Greenberg, The Problem of the Earth's Shape from Newton to Clairaut. The Rise of Mathematical Science in Eighteenth-Century Paris and the Fall of ›Normal‹ Science, Cambridge/New York/Melbourne 1995, 107–131 (Chap. 5 M.. On the Theory of the Earth's Shape [1734]); R. Grimsley, M., Turgot and Maine de Biran on the Origin of Language, Stud. Voltaire 18ᵗʰ Cent. 62 (1968), 285–307; M. Guéroult, Dynamique et métaphysique leibniziennes suivi d'une note sur le principe de la moindre action chez M., Paris 1934 (repr. unter dem Titel: Leibniz I [Dynamique et métaphysique. Suivi d'une note sur le principe de la moindre action chez M.], Paris 1967), 214–235; T. S. Hall, Ideas of Life and Matter. Studies in the History of General Physiology 600 B. C. - 1900 A. D. II, Chicago Ill./London 1969, unter dem Titel: History of General Physiology 600 B. C. to A. D. 1900 II, 1975, 18–28 (Particles with Psychic Properties [P.-L. M. de M. (1698–1795)]); H. Hecht (ed.), P. L. M. de M.. Eine Bilanz nach 300 Jahren, Berlin 1999 (mit Bibliographie, 527–533); A. Heyer, M., BBKL XXXI (2010), 851–862; P. L. Maillet, P.-L. M. de M.. 1698–1759. Pour le bicentenaire de sa mort, Paris 1960; P. Mazliak, La biologie au siècle des lumières, Paris 2006, bes. 77–106 (Kap. 3 Dans le grand débat sur la génération, M. prend parti pour l'épigenèse); V. Mudroch, P. L. M. de M., in: J. Rohbeck/H. Holzhey (eds.), Grundriss der Geschichte der Philosophie. Die Philosophie des 18. Jahrhunderts II/1, Basel 2008, 318–331; C. J. Nordmann, L'expédition de M. et Celsius en Laponie, Cah. hist. mondiale 10 (1966), 74–97; M. Panza, De la nature épargnante aux forces généreuses. Le principe de moindre action entre mathématiques et métaphysique. M. et Euler, 1740–1751, Rev. Hist. Sci. 48 (1995), 435–520; H. Pulte, Das Prinzip der kleinsten Wirkung und die Kraftkonzeptionen der rationalen Mechanik. Eine Untersuchung zur Grundlagenproblematik bei Leonhard Euler, P. L. M. de M. und Joseph Louis Lagrange, Stuttgart 1989 (Stud. Leibn. Sonderheft 19) (mit Bibliographie, 271–297); J. Roger, Les sciences de la vie dans la pensée française du XVIIIᵉ siècle. La génération des animaux de Descartes à l'Encyclopédie, Paris 1963, ³1993, 468–487 (engl. The Life Sciences in Eighteenth-Century French Thought, ed. K. R. Benson, Stanford Calif. 1997, 379–394, 651–657); I. L. Sandler, P. L. M. d. M. – A Precursor of Mendelian Genetics? [...], Diss. Washington 1979 (repr. Ann Arbor Mich. 1987); M. Terrall, The Man Who Flattened the Earth. M. and the Sciences in the Enlightenment, Chicago Ill./London 2002, 2006; dies., M., in: N. Koertge (ed.), New Dictionary of Scientific Biography V, Detroit etc. 2008, 56–59; G. Tonelli, La pensée philosophique de M.. Son milieu et ses sources, ed. C. Cesa, Hildesheim/Zürich/New York 1987; P. Tort, M., DP II (²1993), 1956–1958; M. Valentin, M.. Un savant oublié, Rennes 1998; L. Velluz, M., Paris 1969. – Actes de la journée M. (Créteil, 1ᵉʳ décembre 1973), Paris 1975.   G. W.

Mauthner, Fritz, *Horzitz (Horschitz, heute: Hořice) bei Königgrätz (Böhmen) 22. Nov. 1849, †Meersburg 28. Juni 1923, österr. Schriftsteller und Philosoph. 1869–1873 Studium der Rechtswissenschaften (ohne Abschluß) in Prag, daneben Besuch philosophischer Lehrveranstaltungen, Hörer öffentlicher Vorträge von E. Mach; Tätigkeit als Journalist und Schriftsteller zunächst in Prag, 1876 in Berlin, 1905 in Freiburg, 1909 in Meersburg. M.s Veröffentlichungen umfassen Gedichte, Novellen, Romane, Parodien und Kritiken. Von besonderer Bedeutung sind seine (relativ späten) philosophischen Arbeiten. Deren Einfluß erstreckt sich vor allem auf Dichter und nicht-akademische Philosophen wie G. Landauer, P. Mongré (Schriftsteller-Pseudonym des Mathematikers F. Hausdorff) und L. Wittgenstein sowie auf die sprachskeptische Dichtung von H. v. Hofmannsthal bis S. Beckett. Freundschaft verband ihn mit M. Buber und G. Hauptmann.

Grundlage dieses Einflusses ist M.s Kritik daran, daß die Sprache vorgebe, ein objektives Bild der Welt zu liefern (Beiträge zu einer Kritik der Sprache, 1901–1902). Tatsächlich sei dieses Bild ein Produkt unserer ›Zufallssinne‹, angepaßt unseren praktischen Bedürfnissen und gewachsen durch Metaphernbildung (↑Metapher). Für M. ergibt sich daraus die Relativität der in verschiedenen Sprachen zum Ausdruck kommenden ↑Weltanschauungen. Ziel seiner nominalistischen (↑Nominalismus) Sprachkritik ist die Befreiung von der ›Tyrannei der Sprache‹, dem ›Wortaberglauben‹ als Glauben daran, daß den Wörtern objektive Gegebenheiten der Wirklichkeit entsprechen. Später (Wörterbuch der Philosophie, 1910; Der Atheismus und seine Geschichte im Abendlande, 1920–1923) hat M. diesen Gedanken durch Einzelanalysen weiter verfolgt, an deren Ende eine ›gottlose Mystik‹ steht. M. versteht seine Sprachkritik ausdrücklich als Fortsetzung der Kantischen Vernunftkritik. Dabei geht es aber nicht positiv um eine Bestimmung der Grenzen menschlicher Erkenntnis durch eine Bestimmung der Grenzen menschlicher Sprache; behauptet wird vielmehr, im Unterschied zu Kant, die Unmöglichkeit menschlicher Erkenntnis überhaupt. Die Kritik der Sprache habe diese resignative Einsicht zu lehren. M.s Leugnung von Erkenntnis erstreckt sich nicht nur auf Metaphysik und Philosophie, sondern auch auf die Naturwissenschaft. Die Gründe hierfür sind in M.s vorkantischem Erkenntnisbegriff mit Anspruch auf eine objektive Erkenntnis der Welt an sich zu suchen. Gemessen an diesem uneinlösbaren Anspruch vertritt M. enttäuscht einen totalen ↑Skeptizismus, der existentielle Züge der Verzweiflung trägt.

Methodisch geht M. von einer Gleichsetzung von Denken und Sprechen aus, untersucht die Möglichkeit von Erkenntnis anhand der Sprache und verneint diese Möglichkeit durch radikale Sprachskepsis. Die Sprache betrachtet er dabei in dreierlei Hinsicht: als Werkzeug der Erkenntnis, als Ausdrucksmittel der Dichter und als Verständigungsmittel im täglichen Leben. Während M. den Wert der Sprache als Werkzeug der Erkenntnis unter anderem wegen ihres durchgehend metaphorischen Charakters leugnet, erkennt er ihren Wert als Mittel der Kunst aus eben demselben Grunde an. Indem M. Erkenntnis und Kunst einander entgegensetzt und die Funktion der Dichtung auf den Ausdruck und die Erzeugung von Stimmungen einschränkt, wird er zum Vorläufer des ↑Emotivismus in der Dichtungstheorie. Bemerkenswert ist, daß M. auch den Nutzen der Sprache zur Verständigung im täglichen Leben nicht bestreitet. Daraus wird aber kein besonderer Wert abgleitet, sondern der Sprache der Vorwurf gemacht, daß sie sich auf diese Weise ›gemein‹ mache.

Von daher sind auch M.s Bemerkungen zu beurteilen, die ihn bis in die Wortwahl hinein in die Nähe Wittgensteins zu rücken scheinen. Auffällige Parallelen zum frühen Wittgenstein sind die Auffassung der Philosophie als ↑Sprachkritik und die Anerkennung des Mystischen mit dem Ergebnis des Schweigens. Auch die in diesem Zusammenhang von Wittgenstein verwendete Leitermetapher findet sich bei M. zur Beschreibung der eigenen Methode (Beiträge zu einer Kritik der Sprache I, 1901, 1–2). Wittgenstein setzt sich allerdings bereits im »Tractatus« (4.0031) ausdrücklich von M. ab. Relevant für einen Vergleich mit dem späten Wittgenstein sind die Verwendung der Stadtmetapher zur Beschreibung der Entstehung der Sprache (Beiträge zu einer Kritik der Sprache I, 1901, 26), die Auffassung des Charakters der Sprache als Handlung (a.a.O., 11), als ›soziale Wirklichkeit‹ (a.a.O., 17), als ›Gebrauch‹ (a.a.O., 24) und als ›Spiel‹ (a.a.O., 25–26). Abgesehen von diesen Anklängen steht Wittgenstein mit seiner positiven Bewertung des funktionierenden Sprachgebrauchs in alltäglichen ↑Sprachspielen im Gegensatz zu M.. In Wittgensteins therapeutischer Philosophieauffassung ließe sich M.s ›Krankheit‹ des radikalen Skeptizismus geradezu als Folge eines verfehlten Strebens nach absoluter ↑Gewißheit jenseits der Anerkennung der Regeln des Sprachgebrauchs diagnostizieren. M.s durch F. Nietzsche geprägte Sprachkritik nimmt wesentliche Elemente der Dekonstruktion (↑Dekonstruktion (Dekonstruktivismus)) vorweg.

Werke: Kleiner Krieg. Kritische Aufsätze, Leipzig 1879, mit Untertitel: Plaudereien und Skizzen, I–II, Leipzig o.J. [²1881]; Credo. Gesammelte Aufsätze, Berlin 1886; Von Keller zu Zola. Kritische Aufsätze, Berlin 1887; Tote Symbole, Kiel/Leipzig 1892; Zum Streit um die Bühne. Ein Berliner Tagebuch, Kiel/Leipzig 1893; Nach berühmten Mustern. Parodistische Studien. Gesamtausgabe, Stuttgart/Berlin/Leipzig o.J. [1897], ed. A. Vierhufe, Hannover 2009; Beiträge zu einer Kritik der Sprache, I–III, Stuttgart 1901–1902, ²1906–1913, Leipzig ³1923 (repr. Hildesheim 1967–1969, Frankfurt/Berlin/Wien 1982, ferner als: Das philosophische Werk [s.u.] II/1–3); Aristoteles. Ein unhistori-

scher Essay, Berlin 1904 (engl. Aristotle, London, New York 1907); Spinoza, Berlin/Leipzig 1906, mit Untertitel: Ein Umriß seines Lebens und Wirkens, erw. Dresden 1921, 1922; Die Sprache, Frankfurt 1906 (repr., ed. H. Diefenbacher, Marburg 2012), 1974 (franz. Le langage, Paris 2012); Totengespräche, Berlin 1906, ferner in: Ausgew. Schr. [s.u.] I, 37–167; Wörterbuch der Philosophie. Neue Beiträge zu einer Kritik der Sprache, I–II, München/Leipzig 1910 (repr. Zürich 1980), I–III, Leipzig ²1923/1924 (repr. als: Das philosophische Werk [s.u.] I/1–3); Schopenhauer, München/Leipzig 1911 [1912]; Der letzte Tod des Gautama Buddha, München/Leipzig 1913, ferner in: Ausgew. Schr. [s.u.] V, 1–119, ed. L. Lütkehaus, Konstanz 2010; Gespräche im Himmel und andere Ketzereien, München/Leipzig 1914; Erinnerungen I (Prager Jugendjahre), München 1918 (mehr nicht erschienen), Neudr. unter dem Titel: Prager Jugendjahre. Erinnerungen, Frankfurt 1969; Ausgewählte Schriften, I–VI, Stuttgart/Berlin 1919; Muttersprache und Vaterland, Leipzig 1920; Der Atheismus und seine Geschichte im Abendlande, I–IV, Stuttgart/Berlin 1920–1923 (repr. Hildesheim 1963, 1985), Frankfurt 1989, ed. L. Lütkehaus, Aschaffenburg 2011; [Selbstdarstellung] in: R. Schmidt (ed.), Die Philosophie der Gegenwart in Selbstdarstellungen III, Leipzig 1922, 121–143, ²1924, 123–145; Gottlose Mystik, Dresden o.J. [ca. 1924]; Die Drei Bilder der Welt. Ein sprachkritischer Versuch, ed. M. Jacobs, Erlangen 1925 (repr. Hamburg 2011); F. M.s Berliner Jahre 1876–1905. Erinnerungen des Buddha vom Bodensee, ed. F. Betz/J. Thunecke, Jb. brandenburgische Landesgesch. 35 (1984), 137–161; Sprache und Leben. Ausgewählte Texte aus dem philosophischen Werk, ed. G. Weiler, Salzburg/Wien 1986; Das philosophische Werk, ed. L. Lütkehaus, Wien/Köln/Weimar 1997 ff. (erschienen Bde I/1–3, II/1–3); Recht. Texte zum Recht, seiner Geschichte und Sprache, ed. W. Ernst, Frankfurt 2007. – Briefe an Auguste Hauschner, ed. M. Beradt/L. Bloch-Zavřel, Berlin 1929 [Briefe v. F. M. u.a.]; Der Briefwechsel Hofmannsthal – F. M., ed. M. Stern, Hofmannsthal-Blätter 19/20 (1978), 21–38; Briefwechsel mit F. M., in: R. Haller/F. Stadler (eds.), Ernst Mach. Werk und Wirkung, Wien 1988, 229–243; Gustav Landauer – F. M.. Briefwechsel 1890–1919, ed. H. Delf/J. H. Schoeps, München 1994. – J. Kühn, F.-M.-Bibliographie, in: ders., Gescheiterte Sprachkritik [s.u., Lit.], 299–338.

Literatur: L. Albertazzi, F. M.. La critica della lingua, Lanciano 1986; K. Arens, Functionalism and fin de siècle. F. M.'s Critique of Language, New York/Bern/Frankfurt 1984; dies., Empire in Decline. F. M.'s Critique of Wilhelminian Germany, New York etc. 2001; A. Berlage, Empfindung, Ich und Sprache um 1900. Ernst Mach, Hermann Bahr und F. M. im Zusammenhang, Frankfurt etc. 1994; E. Bredeck, The Retreat of ›Origin‹ as the Emergence of ›Language‹. F. M. on the Language of Beginnings, in: J. Gessinger/W. v. Rahden (eds.), Theorien vom Ursprung der Sprache I, Berlin/New York 1989, 607–626; dies., F. M., in: D. G. Daviau (ed.), Major Figures of Turn-of-the-Century Austrian Literature, Riverside Calif. 1991, 233–258; dies., Metaphors of Knowledge. Language and Thought in M.'s Critique, Detroit Mich. 1992; dies., M., REP VI (1998), 203–206; H. J. Cloeren, Language and Thought. German Approaches to Analytic Philosophy in the 18th and 19th Centuries, Berlin/New York 1988, 215–238 (Chap. 17 All Philosophy Is Critique of Language – in the Sense of F. M. (1849–1923)); W. Eisen, F. M.s Kritik der Sprache. Eine Darstellung und Beurteilung vom Standpunkt eines kritischen Positivismus, Wien/Leipzig 1929; W. Eschenbacher, F. M. und die deutsche Literatur um 1900. Eine Untersuchung zur Sprachkrise der Jahrhundertwende, Frankfurt/Bern

1977; G. Gabriel, Philosophie und Poesie. Kritische Bemerkungen zu F. M.s ›Dekonstruktion‹ des Erkenntnisbegriffs, in: E. Leinfellner/H. Schleichert (eds.), F. M. [s. u.], 27–41; L. Gustafsson, Språk och lögn. En Essä om språkfilosofisk extremism i nittonde århundradet, Stockholm 1978 (dt. Sprache und Lüge. Drei sprachphilosophische Extremisten. Friedrich Nietzsche, Alexander Bryan Johnson, F. M., München/Wien 1980, Frankfurt 1982); R. Haller, M., NDB XVI (1990), 450–452; G. Hartung, Die Sprache, in: F. M.. Die Sprache, ed. H. Diefenbacher, Marburg 2012, 141–224; ders. (ed.), An den Grenzen der Sprachkritik. F. M.s Beiträge zur Sprach- und Kulturtheorie, Würzburg 2013; H. Henne/C. Kaiser (eds.), F. M. – Sprache, Literatur, Kritik. Festakt und Symposion zu seinem 150. Geburtstag, Tübingen 2000; T. Kappstein, F. M.. Der Mann und sein Werk, Berlin/Leipzig 1926; M. Krieg, F. M.s Kritik der Sprache. Eine Revolution der Philosophie, München 1914; J. Kühn, Gescheiterte Sprachkritik. F. M.s Leben und Werk, Berlin/New York 1975 (mit Bibliographie, 338–348, und Übersicht über das handschriftliche Material, 363–366); A. Kühtmann, Zur Geschichte des Terminismus. Wilhelm v. Occam, Étienne Bonnot de Condillac, Hermann v. Helmholtz, F. M., Leipzig 1911; M. Kurzreiter, Sprachkritik als Ideologiekritik bei F. M., Frankfurt etc. 1993; G. Landauer, Skepsis und Mystik. Versuche im Anschluß an M.s Sprachkritik, Berlin 1903, Köln ²1923 (repr. Münster/Wetzlar 1978), ed. S. Wolf, Lich 2011 (= Ausgew. Schr. VII); E. Leinfellner, Zur nominalistischen Begründung von Linguistik und Sprachphilosophie: F. M. und Ludwig Wittgenstein, Stud. Gen. 22 (1969), 209–251; dies. [E. Leinfellner-Rupertsberger], F. M. (1849–1923), HSK VII/1 (1992), 495–509; dies./H. Schleichert (eds.), F. M.. Das Werk eines kritischen Denkers, Wien/Köln/Weimar 1995; dies./J. Thunecke (eds.), Brückenschlag zwischen den Disziplinen. F. M. als Schriftsteller, Literatur und Kulturtheoretiker, Wuppertal 2004; J. Le Rider, F. M.. Scepticisme linguistique et modernité. Une biographie intellectuelle, Paris 2012; J. Pulkkinen, The Threat of Logical Mathematism. A Study of Mathematical Logic in Germany at the Turn of the 20th Century, Frankfurt etc. 1994, 121–138 (Chap. 6 M.'s Critique); M. Thalken, Ein bewegliches Heer von Metaphern. Sprachkritisches Sprechen bei Friedrich Nietzsche, Gustav Gerber, F. M. und Karl Kraus, Frankfurt etc. 1999; A. Vierhufe, Parodie und Sprachkritik. Untersuchungen zu F. M.s »Nach berühmten Mustern«, Tübingen 1999; G. Weiler, M., Enc. Ph. V (1967), 221–224; ders., M.'s Critique of Language, Cambridge 1970.   G. G.

Maxime (von lat. maxima [propositio oder regula], oberster Grundsatz oder Regel), (1) zunächst, von A. M. T. S. Boethius ausgehend, im Sinne von ↑›Axiom‹ Terminus der Logik zur Bezeichnung jener Grundsätze oder Regeln, die weder beweispflichtig noch beweiszugänglich sind und aus denen andere Sätze hergeleitet werden können; (2) schon im lateinischen Mittelalter – wie in den »Dicta Catonis« – verwendet für Lebensregeln. Als literarische Kunstform sind M.n erst von den französischen Moralisten (↑Moralisten, französische) entwickelt worden (F. de La Rochefoucauld, Réflexions, ou sentences et maximes morales, Paris 1665; L. de Clapiers, Marquis Vauvenargues, Réflexions et maximes, im Anhang zu: Introduction à la connaissance de l'esprit humain, Paris 1746; S. R. N. Chamfort, Maximes et pensées, posthum in: ders., Œuvres IV, Paris 1795, 5–210; J.

Joubert, Pensées […], I–II [Pensées, Maximes et essais], ed. P. de Raynal, Paris 1842), wobei die M.n nun durch überspitzt verallgemeinernde Formulierung und gleichzeitige Sprachkürzung eine meist ironische Kritik an üblichen Meinungen, Sitten und Gebräuchen formulieren. In ironischer Weise ist auch der Zusammenhang zu den M.n im Sinne der Axiome gewahrt: »Une maxime qui a besoin de preuves, n'est pas bien rendue« (Vauvenargues, Réflexions et maximes, in: ders., Œuvres II, ed. P. Varillon, Paris 1929, 235). Bei J. W. v. Goethe und A. Schopenhauer findet die Tradition der französischen Moralisten eine gewisse Fortsetzung (M. im Sinne von Aphorismus). (3) I. Kant verwendet in seinen ethischen Überlegungen ›M.‹ im Gegensatz zu ↑›Imperativ‹ (= ›objektiver Grundsatz‹ oder ›praktisches Gesetz‹) für die subjektiven praktischen Grundsätze, d. h. die Handlungs- oder Willensregeln, die sich jemand selbst gegeben hat. Die Imperative sind dagegen die objektiven praktischen Grundsätze, die sich ein jeder geben sollte.

Literatur: R. Bubner/U. Dierse, M., Hist. Wb. Ph. V (1980), 941–944.   O. S.

Maxwell, James Clerk, *Edinburgh 13. Juni 1831, †Cambridge 5. Nov. 1879, schott. Physiker. Ab 1847 Studium in Edinburgh, ab 1850 in Cambridge. Dort 1854 zweites Bakkalaureat (›wrangler‹) und 1855 Fellow of Trinity College. 1856–1860 Prof. der Naturphilosophie am Marischal College in Aberdeen, 1860–1865 Prof. der Naturphilosophie und Astronomie am King's College, London. 1865–1871 zog sich M. zu wissenschaftlicher Arbeit nach Schottland zurück; 1871 erhielt er die erste Professur für Experimentalphysik in Cambridge (bis zu seinem Tode Ausbau des Cavendish Laboratoriums). – M.s erste Arbeiten beschäftigen sich unter anderem mit wichtigen, erst durch Spektroskopie und Raumsonden bestätigte Hypothesen über den Aufbau der Saturnringe. Zwischen 1855 und 1879 epochemachende Arbeiten über Elektrizität, Magnetismus und die elektromagnetische Natur des Lichts, die zur Formulierung der ↑Maxwellschen Gleichungen führen. In diesem Zusammenhang erkannte M. auch, daß sich die von zeitlich veränderlichen Strömen ausgehenden elektromagnetischen Wirkungen als transversale Wellen mit Lichtgeschwindigkeit ausbreiten und vermutete daher bereits richtig, daß Licht und Elektrizität von der gleichen Natur sind. M. entwickelte seine Gleichungen mit Hilfe von mechanischen Äthermodellen, konnte aber am Ende keine kohärente Interpretation seiner Gleichungen in mechanischen Begriffen angeben. Er formulierte schließlich eine Theorie des elektromagnetischen Feldes (A Dynamical Theory of the Electromagnetic Field, Philos. Transact. Royal Soc. 155 [1865], 459–512), die auf mechanische Analogien verzichtet und aus der die Ausbreitung elektromagnetischer Wellen folgt. In einem

Lehrbuch (A Treatise on Electricity and Magnetism, 1873) faßt M. in W. R. Hamiltons Schreibweise der Vektoranalysis die Eigenschaften eines elektromagnetischen Feldes in Gleichungen zusammen, die sich in der modernen Schreibweise der Vektoranalysis auf die heutigen vier Maxwellschen Gleichungen verkürzen. Wissenschaftstheoretisch wurde damit ein neuer Typ analytischer Theorie in die Physik eingeführt, der nicht durch mechanische Modelle auf J. L. Lagranges analytische Theorie reduzierbar war. Die Bedeutung des von M. entdeckten Verschiebungsstromes für das Auftreten von Wellen wurde 1887 von H. Hertz herausgestellt, der experimentell nachwies, daß mit elektromagnetischen Mitteln hergestellte Wellen sich wie Licht verhalten. Obwohl M. auf eine mechanische Interpretation seiner Gleichungen verzichtet hatte, machte er experimentelle Vorschläge zum Nachweis eines mechanischen ↑Äthers, den er als Träger der elektromagnetischen Erscheinungen vermutete.

Eine weitere bedeutende Leistung M.s stellt der Aufbau der kinetischen Gastheorie dar. Hier leitete er unter anderem die makroskopischen Gasgesetze aus den statistischen Gesetzen der Molekularbewegung ab. Ein wichtiger Beitrag ist die Angabe der M.schen Geschwindigkeitsverteilung (auch: M.-Boltzmann-Verteilung), die die relativen Anteile von Molekülen mit bestimmten Geschwindigkeiten bei bestimmten Temperaturen für ein ideales Gas nahe am thermischen Gleichgewicht ausdrückt. Gemeinsam mit L. Boltzmann und J. Gibbs wurde M. damit zu einem der Begründer der statistischen ↑Mechanik. Aus Meßabweichungen von Molekülen unterschiedlicher atomarer Zusammensetzung vom Gleichverteilungssatz schloß M. bereits richtig, daß die statistische Physik nicht auf die inneren Verhältnisse von Molekülen angewendet werden kann. Hierfür gilt – wie heute erkannt – die ↑Quantentheorie. In »Theory of Heat« (1871) stellte M. thermodynamische Gleichungen für Druck, Volumen, Entropie und Temperatur auf. Zur Erläuterung seiner statistischen Betrachtung benutzte er die Fiktion des nach ihm benannten ↑Maxwellschen Dämons, dessen Möglichkeit häufig als Widerspruch zum 2. Hauptsatz der ↑Thermodynamik interpretiert wurde. Weitere Untersuchungen M.s betreffen die Statik und Elastizität von Verstrebungen, die im Brückenbau und in der Physiologie der Knochen Anwendung finden. Mit der Beschreibung von Mechanismen zur Geschwindigkeitsregulierung von Maschinen ist M. auch einer der Begründer der Kontrolltheorie und Regelungstechnik, auf deren Ideen N. Wieners ↑Kybernetik zurückgreift.

Werke: On Faraday's Lines of Force, Transact. Cambridge Philos. Soc. 10/1 (1858), 27–83, ferner in: ders., The Scientific Papers of J. C. M. [s. u.] I, 155–229 (dt. Ueber Faraday's Kraftlinien, ed. L. Boltzmann, Leipzig 1895 [Ostwald's Klassiker der exakten Wissenschaften LXIX] [repr. in: ders., Ueber Faraday's Kraftlinien/Ueber physikalische Kraftlinien, ed. L. Boltzmann, Frankfurt 2009]); On Physical Lines of Force, Philos. Mag. Ser. 4, 21 (1861), 161–175, ferner in: ders., The Scientific Papers of J. C. M. [s. u.] I, 451–513 (dt. Über physikalische Kraftlinien, ed. L. Boltzmann, Leipzig 1898 [Ostwald's Klassiker der exakten Wissenschaften 102] [repr. in: ders., Ueber Faraday's Kraftlinien/Ueber physikalische Kraftlinien, ed. L. Boltzmann, Frankfurt 2009]); A Dynamical Theory of the Electromagnetic Field, Philos. Transact. Royal Soc. 155 (1865), 459–512, ferner in: ders., The Scientific Papers of J. C. M. [s. u.] I, 526–597; Theory of Heat, London 1871, London/New York ⁹1888 (repr., ed. P. Pesic, Mineola N. Y. 2001), ¹⁰1891 (rev. mit Anm. v. Lord Rayleigh), 1916 (dt. Theorie der Wärme, übers. v. F. Auerbach, Breslau 1877, übers. v. F. Neesen, Braunschweig 1878; franz. La chaleur. Leçons élémentaires sur la thermométrie, la calorimétrie, la thermodynamique, et la dissipation de l'énergie, Paris 1891, 1997); A Treatise on Electricity and Magnetism, I–II, Oxford 1873, ed. J. J. Thomson, ³1891, Oxford etc. 2002 (dt. Lehrbuch der Elektrizität und des Magnetismus, I–II, Berlin 1883, gekürzt unter dem Titel: Auszüge aus J. C. M.s »Elektrizität und Magnetismus«, ed. F. Emde, Braunschweig 1915; franz. Traité d'électricité et de magnétisme, I–II, Paris 1885/1887 [repr. Sceaux 1989]); Matter and Motion, London 1876, 1920 (mit Anm. u. Anh. v. J. Larmor), Cambridge etc. 2010 (dt. Substanz und Bewegung, Braunschweig 1879); (ed.) The Electrical Researches of the Honourable Henry Cavendish, F. R. S.. Written between 1771 and 1781. Edited from the Original Manuscripts [...], Cambridge 1879 (repr. London 1967), unter dem Titel: The Scientific Papers of the Honourable Henry Cavendish [...] I (The Electrical Researches), 1921 (rev. u. mit Anm. v. J. Larmor); An Elementary Treatise on Electricity, ed. W. Garnett, Oxford 1881, ²1888 (dt. Die Elektrizität in elementarer Behandlung, Braunschweig 1883); The Scientific Papers of J. C. M., I–II, ed. W. D. Niven, Cambridge 1890, in einem Bd., New York 1965, I–II, Mineola N. Y. 2003; M. on Saturn's Rings, ed. S. G. Brush/C. W. F. Everitt/E. Garber, Cambridge Mass./London 1983; M. on Molecules and Gases, ed. E. Garber/S. G. Brush/C. W. F. Everitt, Cambridge Mass./London 1986; The Scientific Letters and Papers of J. C. M., I–III, ed. P. M. Harman, Cambridge etc. 1990–2002; M. on Heat and Statistical Mechanics. On ›Avoiding All Personal Enquiries‹ of Molecules, ed. E. Garber/S. G. Brush/C. W. F. Everitt, Bethlehem Pa., Cranbury N. J./London/Mississauga Ont. 1995. – E. Fenwick, A Bibliography of J. C. M. I (Books by M.), Edinburgh 2009.

Literatur: P. Achinstein, Particles and Waves. Historical Essays in the Philosophy of Science, New York/Oxford 1991, 151–278 (Part II M. and the Kinetic Theory of Gases); M. S. Berger (ed.), J. C. M.. The Sesquicentennial Symposium. New Vistas in Mathematics, Science, and Technology, Amsterdam/New York/Oxford 1984; S. Bhanja, M.'s Contributions to Thermal Physics, Resonance 8 (2003), 57–72; J. Z. Buchwald, From M. to Microphysics. Aspects of Electromagnetic Theory in the Last Quarter of the 19th Century, Chicago Ill./London 1985, 1988; L. Campbell/W. Garnett, The Life of J. C. M.. With a Selection from His Correspondence and Occasional Writings, London 1882 (repr. New York/London 1969), gekürzt London ²1884; A. F. Chalmers, The Heuristic Role of M.'s Mechanical Model of Electromagnetic Phenomena, Stud. Hist. Philos. Sci. 17 (1986), 415–427; J. G. Crowther, British Scientists of the Nineteenth Century, London 1935, 2008, 259–326; M. A. B. Deakin, Nineteenth Century Anticipations of Modern Theory of Dynamical Systems, Arch. Hist. Ex. Sci. 39 (1988), 183–194; C. Domb (ed.),

C. M. and Modern Science. Six Commemorative Lectures […],
London 1963; B. N. Dwivedi, J. C. M. and His Equations, Reso-
nance 8 (2003), 4–16; W. J. Ellison, The Birth of M.'s Electro-
Magnetic Field Equations, in: S. Chikara/S. Mitsuo/J. W. Dau-
ben (eds.), The Intersection of History and Mathematics, Basel/
Boston Mass./Berlin 1994, 25–38; C. W. F. Everitt, M., DSB IX
(1974), 198–230; ders., J. C. M.. Physicist and Natural Philosopher, New York 1975; ders., M.'s Scientific Creativity, in: R. Aris/
H. T. Davis/R. H. Stuewer (eds.), Springs of Scientific Creativity.
Essays on Founders of Modern Science, Minneapolis Minn.
1983, 1984, 71–141; ders., M., REP VI (1998), 206–210; R. T.
Glazebrook, J. C. M. and Modern Physics, London/Paris/Mel-
bourne, New York 1896 (repr. Ann Arbor Mich. 1969), London
etc. 1901; M. Goldman, The Demon in the Aether. The Story of
J. C. M., Edinburgh, Bristol 1983; P. M. Harman, Mathematics
and Reality in M.'s Dynamical Physics, in: R. Kargon/P. Achinstein (eds.), Kelvin's Baltimore Lectures and Modern Theoretical Physics. Historical and Philosophical Perspectives, Cambridge Mass./London 1987, 267–297; ders., The Natural Philosophy of J. C. M., Cambridge etc. 1998, 2001; J. Hendry, J. C. M.
and the Theory of the Electromagnetic Field, Bristol/Boston
Mass. 1986; M. B. Hesse, Forces and Fields. The Concept of
Action at a Distance in the History of Physics, London/New
York 1961, Mineola N. Y. 2005; R. V. Jones, J. C. M. at Aberdeen
1856–1860, Notes and Records Royal Soc. London 28 (1973),
57–81; J. Larmor (ed.), Origins of C. M.'s Electric Ideas as
Described in Familiar Letters to W. Thomson, Proc. Cambridge
Philos. Soc. 32 (1936), 695–748, separat Cambridge 1937; B.
Mahon, The Man Who Changed Everything. The Life of J. C. M.,
Chichester 2003, 2004; J. C. M. Foundation (ed.), J. C. M. Com-
memorative Booklet, Edinburgh 1999; O. Mayr, M. and the
Origins of Cybernetics, Isis 62 (1971), 425–444; M. Morrison,
A Study in Theory Unification. The Case of M.'s Electromag-
netic Theory, Stud. Hist. Philos. Sci. 23 (1992), 103–145; M.
Norton Wise, The M. Literature and British Dynamical Theory,
Hist. Stud. Phys. Sci. 13 (1982), 175–205; P. V. Panat, Contribu-
tions of M. to Electromagnetism, Resonance 8 (2003), 17–29;
G. Peruzzi, M.. Dai campi elettromagnetici ai costituenti ultimi
della materia, Mailand 1998 (dt. M.. Der Begründer der Elektro-
dynamik, Heidelberg 2000); H. W. de Regt, Philosophy and the
Kinetic Theory of Gases, Brit. J. Philos. Sci. 47 (1996), 31–62;
J. S. Reid/C. H. T. Wang/J. M. T. Thompson (eds.), J. C. M. 150
Years On. Papers of a Theme Issue, London 2008; H.-G. Schöpf,
M.s Äthertheorien, Astronomische Nachr. 103 (1982), 29–37;
W. T. Scott, Resource Letter FC-1 on the Evolution of the
Electromagnetic Field Concept, Amer. J. Phys. 31 (1963),
819–826; F. Seitz, J. C. M. (1831–1879). Member APS 1875,
Proc. Amer. Philos. Soc. 145 (2001), 1–44; D. M. Siegel, Innova-
tion in M.'s Electromagnetic Theory. Molecular Vortices, Dis-
placement Current, and Light, Cambridge etc. 1991, 2002; ders.,
Text and Context in M.'s Electromagnetic Theory, in: A. J. Kox/
ders. (eds.), No Truth Except in the Details. Essays in Honor of
Martin J. Klein, Dordrecht/Boston Mass. 1995 (Boston Stud.
Philos. Sci. 167), 281–297, ferner in: Physis 33 (1996), 125–140;
T. K. Simpson, M. on the Electromagnetic Field. A Guided
Study, New Brunswick N. J. 1997, 2003; R. L. Smith-Rose,
J. C. M.. F. R. S.. 1831–1879, London 1948; P. Theerman,
J. C. M. and Religion, Amer. J. Phys. 54 (1986), 312–317; I.
Tolstoy, J. C. M.. A Biography, Edinburgh, Chicago Ill. 1981,
Chicago Ill. 1982; R. A. R. Tricker, The Contributions of Faraday
and M. to Electrical Science, Oxford/New York 1966 (dt. Die
Beiträge von Faraday und M. zur Elektrodynamik, Berlin,
Braunschweig 1974); E. T. Whittaker, A History of the Theories
of Aether and Electricity. From the Age of Descartes to the Close
of the Nineteenth Century, London etc. 1910, ohne Untertitel,
erw. I–II, London etc. ²1951/1953 (I The Classical Theories [=
Originalauflage 1910], II The Modern Theories. 1900–1926), Los
Angeles/New York 1987, in einem Bd., New York 1989; A. E.
Woodruff, M., Enc. Ph. V (1967), 224–225. – J. C. M.. A Com-
memoration Volume. 1831–1931, Cambridge 1931.   K. M.

Maxwellsche Gleichungen, Bezeichnung für die auf J. C.
Maxwell zurückgehenden Grundgleichungen der ↑Elek-
trodynamik, die (unter Hinzunahme bestimmter Mate-
rialgleichungen) die ↑Wechselwirkung zwischen elektromagnetischen Feldern und elektrischen Ladungen und
Strömen liefern. Die M.n G. werden modern in der
mathematischen Sprache der Vektoranalysis formuliert,
um die Invarianz gegen Drehungen und Verrückungen
zum Ausdruck zu bringen:

(1) $\operatorname{div} \boldsymbol{B} = 0$,   (3) $-\dot{\boldsymbol{D}} + \operatorname{rot} \boldsymbol{H} = i$,
(2) $\dot{\boldsymbol{B}} + \operatorname{rot} \boldsymbol{E} = 0$,   (4) $\operatorname{div} \boldsymbol{D} = \rho$.

Die Gleichungen (1) und (2) beschreiben Eigenschaften
eines Feldes mit der elektrischen Feldstärke $\boldsymbol{E}$ und der
magnetischen Induktion $\boldsymbol{B}$ und entsprechen anschaulich
mit gestrichelten magnetischen Feldlinien und durch-
gezogenen elektrischen Feldlinien Abb. 1 und Abb. 2
(N ist der ›Nordpol‹ eines durch einen elektrischen
Leiterkreis mit der Feldstärke $\boldsymbol{E}$ bewegten Magneten).
Die Gleichungen (3) und (4) verknüpfen Feld und Elektrizität mit der magnetischen Feldstärke $\boldsymbol{H}$, der aus einer Influenzwirkung bestimmten Verschiebungsdichte
$\boldsymbol{D}$, der elektrischen Stromdichte i und der elektrischen
Ladungsdichte ρ (Abb. 3 und 4).

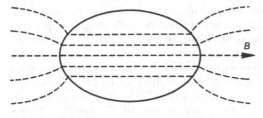

Abb. 1

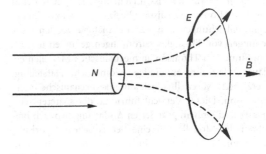

Abb. 2

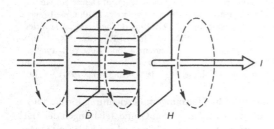

Abb. 3

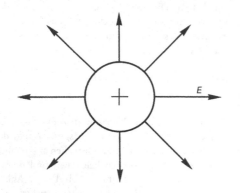

Abb. 4

Aus den Gleichungen (3) und (4) folgt die Kontinuitätsgleichung $\dot{\rho} + \operatorname{div} i = 0$, die die Erhaltung der elektrischen Ladung zum Ausdruck bringt. H. Hertz konnte 1887 experimentell nachweisen, daß sich Lichtausbreitung als elektromagnetischer Vorgang nach den M.n G. beschreiben läßt. Dieser Nachweis war Voraussetzung für A. Einsteins Elektrodynamik bewegter Körper in der Speziellen Relativitätstheorie (↑Relativitätstheorie, spezielle).

Wissenschaftstheoretisch sind die M.n G. insofern von Bedeutung, als ihre Diskussion bei Maxwell, Hertz, W. Thomson (später Lord Kelvin), H. Poincaré, P. Duhem u. a. die Auffassung formaler physikalischer Theorien und (mechanischer) Modelle in der *Analytischen Wissenschaftstheorie* (↑Wissenschaftstheorie, analytische) und im ↑Konventionalismus beeinflußte. Maxwell hatte seine Gleichungen zunächst in Analogie zu den Gleichungen von Flüssigkeitsströmungen gefunden und sie im Sinne von Thomson an mechanischen Modellen erläutert. Für ihre endgültige axiomatische Darstellung verzichtete Maxwell jedoch auf eine mechanische Interpretation. Dieser Verzicht führte zu der späteren, von Hertz und Duhem geäußerten Auffassung, wonach mechanische Modelle nur eine heuristische (↑Heuristik) Funktion bei der Entwicklung neuer Theorien besitzen, nicht aber als Begründung bzw. Reduktion der formalen

Theorie auf das Paradigma des ↑Mechanismus mißverstanden werden dürfen. In der *Konstruktiven Wissenschaftstheorie* (↑Wissenschaftstheorie, konstruktive) wird hervorgehoben, daß die M.n G. in der Relativitätstheorie zwar zu einer Revision der Meßtheorie von ↑Masse und ↑Impuls führen (↑Mechanik, ↑Ladung), dies jedoch auf der Grundlage klassischer Längen- und Zeitmessung (↑Länge). Die M.n G. werden daher von P. Lorenzen (1977) als (empirische) Hypothesen interpretiert, im Unterschied zur protophysikalisch begründeten (↑Protophysik) ↑Euklidischen Geometrie und Galileischen ↑Kinematik.

Literatur: O. Darrigol, Les équations de Maxwell. De MacCullagh à Lorentz, Paris 2005; P. Duhem, Les théories electriques de J. Clerk Maxwell. Étude historique et critique, Annales de la Société Scientifique de Bruxelles 24 (1900), 239–253, 25 (1901), 1–90, 293–413, separat Paris 1902; ders., La théorie physique. Son objet et sa structure, Rev. philos. 4 (1904), 387–402, 542–556, 643–671, 5 (1904), 121–160, 241–263, 353–369, 535–562, 712–737, 6 (1905), 25–43, 267–292, 377–399, 519–559, 619–641, separat Paris 1906, unter dem Titel: La théorie physique. Son objet – sa structure, [2]1914 (repr. Paris 1981, Frankfurt 1985), Paris 2007 (dt. Ziel und Struktur der physikalischen Theorien, Leipzig 1908, ed. L. Schäfer, Hamburg 1978, 1998; engl. The Aim and Structure of Physical Theory, Princeton N. J. 1954, 1991); G. Eder, Elektrodynamik, Mannheim 1967; A. Einstein, Zur Elektrodynamik bewegter Körper, Ann. Phys. Vierte Folge 17 (1905), 891–921, Neudr. in: ders., Einstein's Annalen Papers. The Complete Collection 1901–1922, ed. J. Renn, Weinheim 2005, 194–224; F. Hund, Geschichte der physikalischen Begriffe II (Die Wege zum heutigen Naturbild), Mannheim/Wien/Zürich [2]1978, 1987, mit I in einem Bd., Heidelberg/Berlin/Oxford 1996; P. Lorenzen, Relativistische Mechanik mit klassischer Geometrie und Kinematik, Math. Z. 155 (1977), 1–9, ferner in: J. Pfarr (ed.), Protophysik und Relativitätstheorie. Beiträge zur Diskussion über eine konstruktive Wissenschaftstheorie der Physik, Mannheim/Wien/Zürich 1981 (Grundlagen der exakten Naturwissenschaften IV), 97–105; G. Piefke, Feldtheorie I, Mannheim/Wien/Zürich 1971, 1977; I. Wolff, Grundlagen und Anwendungen der Maxwellschen Theorie I, Mannheim/Zürich 1968, mit II in einem Bd., unter dem Titel: Maxwellsche Theorie. Grundlagen und Anwendungen, Berlin etc. [4]1997, als I, Aachen 2005.   K. M.

Maxwellscher Dämon, auf W. Thomson (später Lord Kelvin) zurückgehende Bezeichnung (W. Thomson [Baron Kelvin], The Sorting Demon of Maxwell (Abstract) [1879], in: ders., Mathematical and Physical Papers V, Cambridge 1911, 21–23) für die von J. C. Maxwell stammende Fiktion eines Wesens, das die ↑Entropie in einem abgeschlossenen System ohne äußeren Einfluß vermindern kann und damit den 2. Hauptsatz der ↑Thermodynamik verletzt. Dazu geht Maxwell (Theory of Heat, 1871) von einem idealen Gas aus, dessen Moleküle sich in einem Behälter mit zwei Kammern mit der Geschwindigkeitsverteilung des thermischen Gleichgewichts bewegen. Maxwell stellt sich ein Wesen vor, das eine Verbindungstür zwischen beiden Kammern genau dann öffnet, wenn sich ein schnelles Molekül aus der einen Kammer auf die Öffnung zubewegt oder wenn sich ein langsames Molekül aus der anderen Kammer der Öffnung nähert. Dadurch kann der M. D. erreichen, daß die langsameren Teilchen in der einen Kammer und die schnelleren in der anderen häufiger vertreten sind, was gleichbedeutend damit ist, daß ein Temperaturunterschied zwischen den Kammern erzeugt wird. Wesentlich ist, daß es sich beim Öffnen und Schließen der Tür um einen mechanischen Prozeß handelt, der bei reibungsfreier Umsetzung im Prinzip reversibel (↑reversibel/Reversibilität) ist, also die Entropie nicht erhöht.

Die Herausforderung entsteht hier daraus, daß die vom M.n D. erzeugte Entropieabnahme keine zufällige Fluktuation darstellt, wie sie nach der statistischen Fassung des 2. Hauptsatzes zulässig wäre, und daß diese Abnahme dem Anschein nach nicht durch einen Prozeß entsteht, dessen Entropiezunahme diese Verminderung kompensiert. Auch ein Kühlschrank erzeugt eine Temperaturdifferenz zur Umgebung, gleicht aber diese Entropieabnahme durch Freisetzung von Wärme wieder aus. Entsprechend kann der M. D. mit dem 2. Hauptsatz nur dadurch in Einklang gebracht werden, daß in seinem Wirken entropiesteigernde Prozesse identifiziert werden. Hierfür werden zwei Mechanismen vertreten, die alternativ in der ↑Beobachtung der Teilchen oder in der Löschung von ↑Information über die Teilchen bestehen.

L. Szilard postulierte 1929, daß der Prozeß der Beobachtung diesen entropiesteigernden Schritt darstelle. Der M. D. muß Geschwindigkeit und Ort einzelner Moleküle ermitteln, und Szilard vermutete, daß dieser Beobachtungsprozeß von irreversibler Beschaffenheit sei und daß die Entropie dabei mindestens um den Betrag vermehrt würde, um den sie durch die Sortierleistung des M.n D.s vermindert wird. Dieser Ansatz wurde von L. Brioullin durch quantentheoretische (↑Quantentheorie) Analyse des Beobachtungsprozesses weitergeführt. Jede Beobachtung eines Moleküls verlangt die Streuung mindestens eines Photons an diesem, und dieser Streuungsprozeß ist mit einer Entropieerhöhung verbunden. Dieser Effekt konnte 2008 durch so genannte Einzelphotonenkühlung experimentell bestätigt werden. Dabei werden Atome durch Streuung an einem Laserstrahl ohne Temperaturerhöhung in einem kleinen Volumen konzentriert, so daß die anschließende Expansion mit einer Temperaturabnahme verbunden ist. Diese praktische Realisierung des M.n D.s hat empirisch gezeigt, daß die damit verbundene Streuung von Photonen aus dem Laserstrahl an den Atomen eine Entropiezunahme zur Folge hat, die gerade der Entropieverminderung durch das Zusammendrängen der Atome in einem kleinen Raum entspricht (M. G. Raizen, Kälterekord dank Maxwells D., Spektrum Wiss. [2011], H. 6, 42–47).

Gegen diese Interpretation wird eingewendet, daß alternative Umsetzungen des M.n D.s angegeben werden können, die keine Beobachtung von Teilchen verlangen. Ebenfalls bereits auf Szilard geht eine Konstruktion zurück, bei der ein Zylinder an beiden Enden durch reibungsfrei gelagerte, bewegliche Kolben verschlossen ist. In der Mitte des Zylinders befindet sich eine bewegliche Trennwand. Denkt man sich im Zylinder ein einziges Molekül, dann kann dieses durch Einfahren der Trennwand in jeweils einer Hälfte des Zylinders eingeschlossen werden. Dadurch ist ein stärker geordneter Zustand entstanden und die Entropie entsprechend abgesenkt. Wird beobachtet, in welcher der Hälften sich das Teilchen befindet, läßt sich durch geeignete Expansion mechanische Energie gewinnen. Keiner der dafür erforderlichen Eingriffe erhöht zwangsläufig die Entropie. Der 2. Hauptsatz ist wiederum verletzt.

Gegen Szilards Ansicht, der Beobachtungsprozeß sei der entropiesteigernde Schritt, wird geltend gemacht, daß in der angegebenen Konstruktion eine buchstäbliche Beobachtung gar nicht erforderlich sei. Vielmehr kann man durch rein mechanische, also nicht zwangsläufig entropiesteigernde Prozesse den Druck in beiden Hälften des Zylinders ermitteln und auf diese Weise ohne optische Hilfsmittel feststellen, in welcher Hälfte sich das Teilchen befindet (C. H. Bennett 1987). Die alternative, auf R. Landauer (1961) zurückgehende und von Bennett (1982, 1987) ausgearbeitete Deutung sieht im Akt des Registrierens und genauer in dem damit zwangsläufig verbundenen Vorgang des Löschens den entropievermehrenden Schritt. Die Lokalisierung eines Teilchens ist ein Prozeß der Informationsgewinnung. Sie verlangt, in einem Register oder Speicher den Zustand ›unbestimmt‹ durch eine spezifischere Festlegung zu ersetzen (etwa: das Teilchen befindet sich in der linken Hälfte des Zylinders). Durch diese Spezifizierung sind Registerzustände nicht mehr miteinander vertauschbar; eine gegebene Reihe solcher festgelegter Zustände besitzt keine unterschiedlichen Realisierungsmöglichkeiten mehr. Entsprechend wächst durch die Registrierung die Ordnung im Speicher an und seine Entropie sinkt ab. Landauer verlangt für eine vollständige Analyse des M.n D.s die Betrachtung eines vollen Zyklus. Das heißt, für die anhaltende Registrierung muß der Ausgangszustand wieder hergestellt werden, und dieser Prozeß des Löschens, also der Erzeugung nicht festgelegter oder unbestimmter Registerzustände, erzeugt in der Umkehrung der skizzierten Argumentation Entropie. Das Löschen von Informationen zum Zwecke der Ermöglichung von Informationsgewinnung ist danach der entropiesteigernde Schritt beim M.n D.. Kern dieses Denkansatzes ist, thermodynamische Überlegungen auf Prozesse der Informationsverarbeitung anzuwenden. Das dabei hervorgehobene Phänomen der spezifisch mit der Löschung

verbundenen Wärmeerzeugung (und damit Entropiezunahme) konnte 2012 auf mikroskopischer Ebene experimentell bestätigt werden (A. Bérut u. a., Experimental
Verification of Landauer's Principle Linking Information
and Thermodynamics, Nature 483 [2012], 187–189).

Literatur: C. H. Bennett, The Thermodynamics of Computation
– A Review, Int. J. Theoretical Physics 21 (1982), 905–940,
Neudr. in: H. S. Leff/A. F. Rex (eds.), Maxwell's Demon [s. u.]
1990, 213–248, ^{2}2003, 283–318; ders., Demons, Engines, and the
Second Law, Sci. Amer. 257 (1987), H. 5, 108–117 (dt. Maxwells
D., Spektrum Wiss. [1988], H. 1, 48–55); L. Boltzmann, Vor-
lesungen über Gastheorie, I–II, Leipzig 1896/1898 (repr. in
einem Bd. als: Gesamtausgabe I, ed. R. U. Sexl, Braunschweig/
Wiesbaden, Graz 1981), ^{3}1923; L. Brillouin, Science and Information Theory, New York 1956, ^{2}1962, Mineola N. Y. 2004; M.
Carrier, Raum-Zeit, Berlin/New York 2009; J. Earman/J. D.
Norton, Exorcist XIV. The Wrath of Maxwell's Demon. Part I.
From Maxwell to Szilard, Stud. Hist. Phil. Sci. Part B 29 (1998),
435–471, Part II. From Szilard to Landauer and Beyond, 30
(1999), 1–40; R. Landauer, Dissipation and Heat Generation
in the Computing Process, IBM J. Research and Development 5
(1961), 183–191, Neudr. in: H. S. Leff/A. F. Rex (eds.), Maxwell's
Demon [s. u.] 1990, 188–196, ^{2}2003, 148–156; H. S. Leff/A. F.
Rex (eds.), Maxwell's Demon. Entropy, Information, Computing, Princeton N. J. 1990, unter dem Titel: Maxwell's Demon 2.
Entropy, Classical and Quantum Information, Computing, Bris-
tol/Philadelphia Pa. ^{2}2003; dies., Entropy of Measurement and
Erasure. Szilard's Membrane Model Revisited, Amer. J. Phys. 62
(1994), 994–1000; E. Mach, Die Principien der Wärmelehre.
Historisch-kritisch entwickelt, Leipzig 1896 (repr. Hamburg
2010), ^{3}1919 (repr. Frankfurt 1981), ^{4}1923; J. C. Maxwell, Theo-
ry of Heat, London 1871, London/New York ^{9}1888 (repr., ed. P.
Pesic, Mineola N. Y. 2001), ^{10}1891 (rev. mit Anm. v. Lord
Rayleigh), 1916 (dt. Theorie der Wärme, übers. v. F. Auerbach,
Breslau 1877, übers. v. F. Neesen, Braunschweig 1878); B. W.
Schumacher, Demonic Heat Engines, in: J. J. Halliwell/J. Pérez-
Mercader/W. H. Zurek (eds.), Physical Origins of Time Asym-
metry, Cambridge/New York/Melbourne 1994, 1999, 90–97; L.
Szilard, Über die Entropieverminderung in einem thermodyna-
mischen System bei Eingriffen intelligenter Wesen, Z. Phys. 53
(1929), 840–856 (engl. On the Decrease of Entropy in a Thermo-
dynamic System by the Intervention of Intelligent Beings, in:
H. S. Leff/A. F. Rex [eds.], Maxwell's Demon [s. o.] 1990,
124–133, ^{2}2003, 110–119); W. Thomson [Baron Kelvin], The
Sorting Demon of Maxwell (Abstract) [1879], Notices of the
Proc. at the Meetings of the Members of the Royal Inst. of Great
Britain […] 9 (1882), 113–114, Neudr. in: ders., Popular Lec-
tures and Addresses I, London/New York 1889, 137–141, ^{2}1891,
144–148, ferner in: ders., Mathematical and Physical Papers V,
Cambridge 1911, 21–23; I. Walker, Maxwell's Demon in Bio-
logical Systems, Acta Biotheoretica 25 (1976), 103–110; H. D.
Zeh, Die Physik der Zeitrichtung, Berlin etc. 1984 (engl. The
Physical Basis of the Direction of Time, Berlin etc. 1989, Berlin/
Heidelberg/New York ^{5}2007); W. H. Zurek, Maxwell's Demon,
Szilard's Engine and Quantum Measurements, in: G. T. Moore/
M. O. Scully (eds.), Frontiers of Nonequilibrium Statistical
Physics, New York/London 1984, 145–150, ferner in: H. S.
Leff/A. F. Rex (eds.), Maxwell's Demon [s. o.] 1990, 249–259,
^{2}2003, 179–189; ders., Thermodynamic Cost of Computation,
Algorithmic Complexity and the Information Metric, Nature
341 (1989), 119–124. M. C.

mājā (sanskr., Zauber, Trugbild, Täuschung), Grundbegriff der indischen Philosophie (↑Philosophie, indische), ursprünglich, im ↑Veda, die welterhaltende Kraft
der Götter und zugleich die Täuschungsmacht der Dämonen (asura), die bewirkt, daß die einheitliche Wirklichkeit als Vielfalt der Gegenstände der Wahrnehmung
erscheint, von der man sich nicht irritieren lassen darf.
Daraufhin, im System des advaita-↑Vedānta, generell der
Bereich der Erfahrung, in dem die Unterscheidung von
Subjekt und Objekt vorgenommen ist, also die *Welt als
Erscheinung* im (scheinbaren, als unberechtigt zu durch-
schauenden) Unterschied zur Welt an sich. M. ist daher
unbeschreibbar, weil alle begrifflichen Bestimmungen
bereits Bestandteil der m. sind, und gleichwertig mit
Unwissenheit (↑avidyā, d. i. bei Śaṃkara die für jedes
Subjekt bestehende Entsprechung zur objektiven m.),
weil die Wirklichkeit, nämlich die Einheit von Einzel-
seele (↑ātman) und Weltseele (↑brahman) und damit die
Ununterschiedenheit von Welt als Erscheinung und
Welt an sich (= brahman), verbergend. Von anderen
Systemen in entsprechender Rolle übernommen, z. B. im
↑Mahāyāna-Buddhismus für den die Welt der sinnlichen
Erfahrung ausmachenden Bereich allgemeiner Unter-
scheidungen, die sämtlich Wirklichkeit nur vortäuschen.
In der westlichen Philosophie von A. Schopenhauer
aufgegriffen und von ihm mit seinem Begriff der ›Welt
als Vorstellung‹ identifiziert.

Literatur: D. L. Berger, ›The Veil of M.‹. Schopenhauer's System
and Early Indian Thought, Binghamton N. Y. 2004; R. W.
Brooks, Some Uses and Implications of Advaita Vedānta's Doctrine of M., in: M. Sprung (ed.), The Problem of Two Truths in
Buddhism and Vedānta, Dordrecht/Boston Mass. 1973, 98–108;
P. D. Devanandan, Concept of M.. An Essay in Historical Survey
of the Hindu Theory of the World, with Special Reference to the
Vedānta, London 1950; T. Forsthoefel, M., in: K. A. Jacobsen
(ed.), Brill's Encyclopedia of Hinduism II, Leiden/Boston Mass.
2010, 818–822; J. Gonda, M., in: ders., Change and Continuity in
Indian Religion, London/The Hague/Paris 1965, New Delhi
1985, 164–197; C. Malamoud/M. Hulin/J. May, M., Enc. philos.
universelle II/2 (1990), 2860–2861; L. Renou, Les origines de la
notion de ›M.‹ dans la spéculation indienne, J. psychol. normale
et pathol. 41 (1948), 290–298, ferner in: ders., L'Inde fonda-
mentale, Paris 1978, 133–140; R. Reyna, The Concept of M..
From the Vedas to the 20th Century, London 1962; D. R. Sata-
pathy, The Doctrine of M. in Advaita Vedānta, Calcutta 1992; L.
Schmithausen, M., Hist. Wb. Ph. V (1980), 949–950; B. Singh,
The Conceptual Framework of Indian Philosophy, Delhi etc.
1976, bes. 143–166 (Chap. 7 M.. The Ground of Appearance);
E. A. Solomon, Avidyā. A Problem of Truth and Reality, Ahme-
dabad 1969; D. R. Tuck, The Concept of M. in Śaṃkara and
Radhakrishnan, Delhi 1986. K. L.

Mayer, Julius Robert, *Heilbronn 25. Nov. 1814, †ebd.
20. März 1878, dt. Mediziner, Physiologe und Physiker.
Nach Medizinstudium 1832–1838 in Tübingen 1838
medizinische Promotion, 1839–1840 Aufenthalt in Paris, 1840–1841 Ostindienreise als Schiffsarzt auf einem

holländischen Handelsschiff, ab 1841 Arzt in Heilbronn. Erst ab 1860 gewann M. internationale wissenschaftliche Reputation, gefördert insbes. durch H. v. Helmholtz, R. Clausius und J. Tyndall. – Seine Beobachtung, daß in den Tropen geringere Farbunterschiede zwischen venösem und arteriellem menschlichen Blut bestehen als in gemäßigten Zonen, deutete M. als Folge eines veränderten Wärmehaushalts, den er als reduzierte Verbrennung der Nahrung erklärte (bei wärmeren Außentemperaturen ist eine geringere Verbrennung zur Erhaltung der Eigenwärme der Organismen erforderlich). Ähnlich berichtet er, daß das Wasser bei stürmisch aufgewühltem Meer wärmer als bei ruhiger See sei. Solche verstreuten und unsystematischen Beobachtungen fügten sich für M. in eine naturphilosophische Konzeption ein, die eine einzige, universelle ›Kraft‹ (Energie) der Natur vorsieht. Diese Kraft stellt sich in verschiedenen Formen wie Wärme und Bewegung dar, ist selbst aber unzerstörbar (Über die quantitative und qualitative Bestimmung der Kräfte [1841], erstmals in: J. K. F. Zöllner, Wissenschaftliche Abhandlungen IV, Leipzig 1881, nach 680). Auf dieser Basis verfolgte M. den Gedanken einer Umwandlung von Bewegung in Wärme, was der als universell angenommenen Erhaltung der mechanischen ↑Energie zuwiderlief (also der Erhaltung der Summe aus kinetischer und potentieller Energie oder Arbeit, die von L. Euler als Konsequenz der Newtonschen ↑Mechanik aufgewiesen worden war). 1842 gelang M. eine, allerdings ungenaue, Bestimmung des mechanischen Wärmeäquivalents (Bemerkungen über die Kräfte der unbelebten Natur, Liebigs Ann. Chemie 42 [1842], 233–240), also derjenigen Wärmemenge, die bei einer vollständigen Umwandlung mechanischer Energie frei würde. Durch diese Bestimmung sah M. die Äquivalenz von physikalischer Arbeit und Wärme gestützt; sie ging J. P. Joules Messung des mechanischen Wärmeäquivalents um kurze Zeit voraus. M. kritisiert I. Newtons Grundbegriff der Kraft nach dem 2. Axiom der Mechanik, dem er seinen Kraftbegriff (heute: Energiebegriff) als den ursprünglicheren entgegenstellt. Dieser Denkansatz steht in der Tradition der Physikauffassung von R. Descartes, G. W. Leibniz und C. Huygens, die – im Gegensatz zu Newton – ↑Erhaltungssätze als Grundlage der Physik betrachteten. Diese fundamentale Stellung von Erhaltungssätzen führt M., ähnlich wie Leibniz, auf das Kausalitätsprinzip (›causa aequat effectum‹, ↑Kausalität) zurück.

1845 gelang M. eine verbesserte Bestimmung des mechanischen Wärmeäquivalents aus der Differenz der spezifischen Wärme von Gasen (Die organische Bewegung in ihrem Zusammenhange mit dem Stoffwechsel, 1845). Die Idee von der Erhaltung der Energie wird hier auf magnetische, elektrische und chemische Kräfte angewendet (z. B. Beschreibung der grundlegenden Ener-

gieumwandlungen der organischen Natur, wonach Pflanzen Sonnenwärme und Licht in chemische Energie umwandeln, Tiere diese chemische Energie als Nahrung aufnehmen, um sie dann in Körperwärme und mechanische Muskelbewegungen umzusetzen). Dabei wendet sich M. gegen J. Liebigs Annahme vitaler Kräfte, die – lokalisiert in Proteinen des Muskelgewebes – steuernd in die Umsetzungsprozesse eingreifen und lebende Organismen von der Verwesung abhalten sollen. Liebigs Schüler ließen daraufhin die vitalistischen (↑Vitalismus) Annahmen ihres Lehrers fallen und erklärten die Produktion von Muskelenergie durch die Verbrennung von Kohlehydraten zusätzlich zu Proteinen. M. versuchte ferner, sein Gesetz von der Erhaltung der Energie auch auf die Entstehung der Sonnenwärme anzuwenden, die er durch die Bewegungsenergie von in die Sonne stürzenden Meteormassen erklärte (Beiträge zur Dynamik des Himmels in populärer Darstellung, 1848). Erst Helmholtz gelang die vollständige Formulierung des Energieerhaltungssatzes (Über die Erhaltung der Kraft, Berlin 1847) oder des 1. Hauptsatzes der ↑Thermodynamik, den M. eher intuitiv und naturphilosophisch vorweggenommen hatte. – Wegen Unzulänglichkeiten der Darstellung und inhaltlicher Fehler in M.s Arbeiten wurde zunächst Joule als der Urheber des Energieerhaltungssatzes betrachtet. Dieser Umstand sowie familiäres Unglück führten zu einer vorübergehenden geistigen Zerrüttung M.s. Diese besserte sich erst im Verlauf der 1850er Jahre, als auch M.s Beitrag zur Formulierung des Energieerhaltungssatzes zunehmend Anerkennung fand.

Werke: Über das Santonin, Diss. Tübingen 1838; Die organische Bewegung in ihrem Zusammenhange mit dem Stoffwechsel. Ein Beitrag zur Naturkunde, Heilbronn 1845; Beiträge zur Dynamik des Himmels in populärer Darstellung, Heilbronn 1848; Bemerkungen über das mechanische Äquivalent der Wärme, Heilbronn 1851; Kleinere Schriften und Briefe [...], nebst Mittheilungen aus seinem Leben, ed. J. J. Weyrauch, Stuttgart 1893; Die Mechanik der Wärme in gesammelten Schriften, Stuttgart 1867, ²1874, ed. J. J. Weyrauch, ³1893; Naturwissenschaftliche Vorträge, Stuttgart 1871; Die Mechanik der Wärme. Zwei Abhandlungen, ed. A. v. Oettingen, Leipzig 1911 (Ostwalds Klassiker der exakten Wissenschaften 180) (repr. Leipzig 1982, repr. Thun/Frankfurt 1997); Beiträge zur Dynamik des Himmels und andere Aufsätze, ed. B. Hell, Leipzig 1927 (Ostwalds Klassiker der exakten Wissenschaften 223); Die Mechanik der Wärme. Sämtliche Schriften, ed. H. P. Münzemmayer, Heilbronn 1978; Dokumente zur Begriffsbildung des mechanischen Äquivalents der Wärme, ed. P. Buck, Bad Salzdetfurth 1979, 1980. – G. Eisert, R.-M.-Bibliographie, Heilbronn 1978.

Literatur: H. Binkau, J. R. M. und der Energieerhaltungssatz. Zum 165. Geburtstag von J. R. M. am 25. November 1979, Dt. Z. Philos. 27 (1979), 1267–1273; K. L. Caneva, R. M. and the Conservation of Energy, Princeton N. J./Chichester 1993 (mit Bibliographie, 395–423); E. Dühring, R. M., der Galilei des 19. Jahrhunderts. Eine Einführung in seine Leistungen und Schicksale, Chemnitz 1880, erw. I–II unter dem Titel: R. M. der Galilei des neunzehnten Jahrhunderts und die Gelehrtenuntaten gegen bahnbrechende Wissenschaftsgrößen, Chemnitz 1880/1895, Leipzig 1895/²1904 (repr. in einem Bd. Darmstadt 1972); P. M. Heimann, M.'s Concept of ›Force‹. The ›Axis‹ of a New Science of Physics, Hist. Stud. Phys. Sci. 7 (1976), 277–296; B. Hell, J. R. M. und das Gesetz von der Erhaltung der Energie, Stuttgart 1925; A. Hermann, J. R. M., in: K. Fassmann (ed.), Die Großen der Weltgeschichte VIII, München 1977, 130–143; K. Hutchison, M.'s Hypothesis. A Study of the Early Years of Thermodynamics, Centaurus 20 (1976), 279–304; P. Jordan, Begegnungen. [...], Oldenburg 1971, 141–154 (R. M. und das Energieprinzip); F. Klemm/H. Schimank, J. R. M. zum 150. Geburtstag, München, Düsseldorf 1965; F. Kohl, J. R. M. (1814–1878), Physik in unserer Zeit 25 (1994), 23–28; T. S. Kuhn, Energy Conservation as an Example of Simultaneous Discovery, in: M. Clagett (ed.), Critical Problems in the History of Science, Madison Wis. 1959, 1969, 321–356 (dt. Die Erhaltung der Energie als Beispiel gleichzeitiger Entdeckung, in: ders., Die Entstehung des Neuen. Studien zur Struktur der Wissenschaftsgeschichte, ed. L. Krüger, Frankfurt 1977, 2010, 125–168); R. B. Lindsay, Men of Physics. J. R. M., Prophet of Energy, Oxford etc. 1973; T. Lloyd, Background to the Joule-M. Controversy, Notes and Records of the Royal Soc. London 25 (1970), 211–225; E. Mach, Die Principien der Wärmelehre, historisch-kritisch entwickelt, Leipzig 1896, ²1900, ³1919 (repr. Frankfurt 1981), 238–268; A. Mittasch, J. R. M.s Kausalbegriff. Seine geschichtliche Stellung, Auswirkung und Bedeutung, Berlin 1940; P. Münzenmayer, J. R. M. (1814–1878). Der Entdecker des Satzes von der Erhaltung der Energie, in: H. Albrecht (ed.), Schwäbische Forscher und Gelehrte. Lebensbilder aus sechs Jahrhunderten, Stuttgart 1992, 92–97; M. Osietzki, Konstruktionen und Grenzen des biographischen Wissens. J. R. M. als Wissenschaftler des 19. Jahrhunderts, in: C. v. Zimmermann (ed.), (Auto)Biographik in der Wissenschafts- und Technikgeschichte, Heidelberg 2005 (Cardanus IV), 47–62; W. Ostwald, J. R. M. über Auslösung, ed. A. Mittasch, Weinheim 1953; E. Pietsch/H. Schimank (eds.), R. M. und das Energieprinzip 1842–1942. Gedenkschrift zur 100. Wiederkehr der Entdeckung des Energieprinzips, Berlin 1942; G. Sarton, The Discovery of the Law of Conservation of Energy, Isis 13 (1929/1930), 18–44 (mit Faksimile der Schrift: Bemerkungen über die Kräfte der unbelebten Natur [35–42]); S. Schlösser (ed.), Repertorium des R.-M.-Archivs im Stadtarchiv Heilbronn, Heilbronn 1999; H. Schmolz, Das Rätsel um eine Maschine aus dem Nachlass von R. M., Medizinhist. J. 3 (1968), 333–344; ders./H. Weckbach (eds.), J. R. M.. Sein Leben und Werk in Dokumenten, Weissenhorn 1964; P. Schurek, Nichts geht verloren. Das Forscherschicksal R. M.s, Hamburg 1949; W. Schütz, R. M., Leipzig 1969, ²1972; R. S. Turner, M., DSB IX (1974), 235–240; S. L. Wolff, M., NDB XVI (1990), 546–548. – R. M.. Die Idee aus Heilbronn. Umwandlung und Erhaltung der Energie. Magazin und Katalog zur Ausstellung anläßlich des 100. Todestages von R. M., Heilbronn 1978.   K. M.

McColl (MacColl), Hugh, *im schottischen Hochland 11. Jan. 1837, †Boulogne-sur-Mer (bei Calais, Frankreich) 27. Dez. 1909, schott. Logiker und Mathematiker. M. arbeitete an verschiedenen englischen Schulen, danach in Boulogne-sur-Mer, ab 1866 als Privatlehrer ebendort. Wegen mangelnder finanzieller Mittel konnte M. nicht an einer Universität studieren. Er erlangte 1876 seinen B.A.-Grad in Mathematik als Externer an der

Universität London. – M.s Beiträge zur Logik, zusammengefaßt in »Symbolic Logic and Its Applications« (1906), sind in die Tradition der mathematischen Logik (↑Logik, mathematische) zwischen G. Boole einerseits und G. Frege und B. Russell andererseits einzuordnen. M. entwickelte eine Notation für die formale Behandlung logischer Verknüpfungen (↑Notation, logische), wobei er der logischen gegenüber der mengentheoretischen (↑Klassenlogik) Deutung den Vorzug gibt und die ↑Inklusion von Klassen mit Hilfe der logischen Wenndann-Verknüpfung erklärt. M. bezieht in seine Logik nicht nur die Eigenschaften von Aussagen, wahr und falsch sein zu können, mit ein, sondern auch die Eigenschaften ›sicher‹, ›unmöglich‹, ›variabel‹. Auf diese Weise gelangt er zu Aussagenverknüpfungen und Gesetzen, die Analogie zu denen in moderneren Systemen der strikten Implikation und vor allem der konnexen Logik haben (↑Implikation, strikte, ↑Logik, konnexe); seine ›Wenn-dann-Verknüpfung‹ (in Zeichen: $a : b$) versteht er z. B. als $(ab')^\eta$, d. h. als ›es ist unmöglich, daß a und nicht b‹ (modern: $\neg\nabla(a \wedge \neg b)$), bzw. gleichwertig als $(a' + b)^\varepsilon$, d. h. als ›es ist sicher, daß nicht-a oder b‹ (modern: $\Delta(\neg a \vee b)$), nicht etwa als (ab') bzw. $a' + b$ (modern: $\neg(a \wedge \neg b)$ bzw. $\neg a \vee b$). M. geht, unter anderem im Zusammenhang mit Überlegungen zur Formalisierung der ↑Syllogistik, davon aus, daß der Gegenstandsbereich seiner Logik (*symbolic universe*) neben real existierenden Gegenständen auch solche enthält, die nicht real, sondern nur ›symbolisch‹ existieren (wie Zentauren, runde Quadrate, d. h. alle Gegenstände, die sprachlich benannt werden); insbes. gibt es keine leeren Klassen (d. h. Klassen ohne Elemente; ↑Menge, leere), sondern höchstens Klassen, die ausschließlich nicht real existierende Elemente haben (*unreal classes*). Diese Auffassung, die mit der ↑Gegenstandstheorie A. Meinongs verwandt ist, verteidigte M. in einer Diskussion mit Russell (Mind NS 14 [1905]).

Werke: [On] the Calculus of Equivalent Statements [and Integration Limits], I–VII, Proc. London Math. Soc., 1st Ser., 9 (1877/1878), 9–20, 177–186, 10 (1878/1879), 16–28, 11 (1879/1880), 113–121, 28 (1896/1897), 156–183, 555–579, 29 (1897/1898), 98–109; Symbolic[al] Reasoning, I–VII, Mind 5 (1880), 45–60, NS 6 (1897), 493–510, NS 9 (1900), 75–84, NS 11 (1902), 352–368, NS 12 (1903), 355–364, NS 14 (1905), 74–81, 390–397; La logique symbolique et ses applications, in: Ier congrès international de philosophie III (Logique et histoire des sciences), Paris 1901 (repr. Nendeln 1968), 135–183; Existential Import, Mind NS 14 (1905), 295–296; The Existential Import of Propositions, Mind NS 14 (1905), 401–402, 578–580; Symbolic Logic and Its Applications, London/New York/Bombay 1906; ›If‹ and ›Imply‹, Mind NS 17 (1908), 151–152, 453–455; Man's Origin, Destiny, and Duty, London 1909.

Literatur: M. Astroh, Der Begriff der Implikation in einigen frühen Schriften von H. M.. Von der Notation einer Algebra der Logik zur Darstellung einer nichtklassischen Aussagenlogik, in: W. Stelzner (ed.), Philosophie und Logik. Frege-Kolloquium

Jena 1989/1991, Berlin/New York 1993, 128–144; ders./I. Grattan-Guinness/S. Read, A Survey of the Life and Work of H. M. (1837–1909), Hist. and Philos. Log. 22 (2001), 81–98; T. A. A. Broadbent, M., DSB VIII (1973), 590; I. Grattan-Guinness, The Search for Mathematical Roots 1870–1940. Logics, Set Theories and the Foundations of Mathematics from Cantor through Russell to Gödel, Princeton N. J./Oxford 2000, bes. 351–354; J. S. Mackenzie, Logical Implication, Mind NS 17 (1908), 302; S. McCall, M., Enc. Ph. IV (1967), 545–546 [Teil des Artikels: Logic, History of]; G. Pareti/A. de Palma, Fallacie e paradossi. Vicende di storia della logica tra Ottocento e Novecento, Riv. filos. 70 (1979), 198–235, bes. 227–235; S. Rahman, H. M.. Eine bibliographische Erschließung seiner Hauptwerke und Notizen zu ihrer Rezeptionsgeschichte, Hist. and Philos. Log. 18 (1997), 165–183; ders., Redundanz und Wahrheitswertbestimmung bei H. M., Saarbrücken 1998 (FR 5.1 Philosophie, Memo XXIII); ders., H. M. on ›Symbolic Existence‹. A Possible Reconstruction, Saarbrücken 1999 (FR 5.1 Philosophie, Memo XXIX); ders./J. Redmond, H. M.. An Overview of His Logical Work with Anthology, London 2007 (franz. H. M. et la naissance du pluralisme logique. Suivi d'extraits majeurs de son œuvre, London 2008); dies., H. M. and the Birth of Logical Pluralism, in: D. M. Gabbay/J. Woods (eds.), Handbook of the History of Logic IV, Amsterdam etc. 2008, 533–604; B. Russell, The Existential Import of Propositions, Mind NS 14 (1905), 398–401, ferner in: ders., The Collected Papers IV, ed. A. Urquhart, London/New York 1994, 486–489; ders., [Rezension von »Symbolic Logic and Its Applications«], Mind NS 15 (1906), 255–260; ders., ›If and Imply‹. A Reply to Mr. M., Mind NS 17 (1908), 300–301; A. T. Shearman, The Development of Symbolic Logic. A Critical-Historical Study of the Logical Calculus, London 1906 (repr. Dubuque Iowa o. J. [1964], Bristol 1990), bes. 149–171; W. Stelzner, H. M.. Ein Klassiker der nichtklassischen Logik, in: ders. (ed.), Philosophie und Logik [s. o.], 145–154. – Sonderheft: Nordic J. Philos. Log. 3 (1998).   P. S.

McDowell, John (Henry), *Boksburg (bei Johannesburg, Südafrika) 7. März 1942, engl. Philosoph. 1960–1962 Studium am University College of Rhodesia and Nyasaland (heute University of Zimbabwe), 1963–1966 am New College in Oxford, 1969 M. A.. Ebd. 1967–1986 University Lecturer, seit 1986 Prof. für Philosophie an der University of Pittsburgh (1988 University Professor). – M.s philosophisches Denken formiert sich im Kontext der insbes. vom Spätwerk L. Wittgensteins sowie von W. V. O. Quine und W. Sellars beeinflußten Analytischen Philosophie (↑Philosophie, analytische), d. h. in Auseinandersetzung mit Autoren wie D. Davidson, P. F. Strawson, M. Dummett, R. Rorty, C. Wright, G. Evans, dessen Buch »The Varieties of Reference« 1982 von M. aus dem Nachlaß herausgegeben wurde, und R. B. Brandom (↑Inferentialismus). Von besonderer Bedeutung ist auch der Bezug auf die Aristotelische Ethik und auf deren Interpretation durch D. Wiggins sowie die Auseinandersetzung mit I. Kants »Kritik der reinen Vernunft« und G. W. F. Hegels »Phänomenologie des Geistes«. Als M.s Hauptwerk gilt das auf seinen John Locke Lectures in Oxford 1991 basierende Buch »Mind and World« (1994).

Im Anschluß an den späten Wittgenstein will M. seine Auseinandersetzung mit philosophischen Problemen als eine ›therapeutische‹ verstanden wissen. Fragen vom Typ ›wie ist es möglich, daß . . .‹ sollen weder beantwortet noch schlechthin zurückgewiesen werden; stattdessen sucht M. jene Sorge, durch die die Frage motiviert ist, zu beruhigen, indem er einerseits die Unmöglichkeit ihres Gegenstandes, anderseits die Einsicht aufzeigt, die in ihr enthalten ist und der sie ihren Anschein verdankt, ein echtes philosophisches Problem zu formulieren. M.s besondere Aufmerksamkeit gilt der Frage, wie es möglich ist, daß ↑Geist sich auf ↑Welt bezieht, und der dementsprechenden Bedrohung auch nur minimaler empirischer Wahrheitsansprüche durch einen ↑Skeptizismus, der aufgrund der Differenz zwischen empirischer als sinnlicher ↑Erfahrung (einem faktischen Vorgang in der Welt als Raum der Geltung von ↑Naturgesetzen) und rationaler ↑Begründung (einem normativen Vorgang im Geist) leugnet, daß sich Geist auf Welt beziehen könne. Eine Wahrheitstheorie, die wie die kohärentistische (↑kohärent/Kohärenz) deswegen auf sinnliche Erfahrung als begründende Instanz verzichten will, ist nach M. nur die eine Option in dem Dilemma, vor das jener Skeptizismus stellt; die andere ist der ›myth of the Given‹, der die sinnliche Erfahrung trotz des besagten Unterschiedes als begründende Instanz behauptet. Einer so entstehenden scheinbaren Zwangsalternative zwischen Skeptizismus und – wenn auch nur in ›therapeutischer‹ Absicht vertretenem – szientistischem (↑Szientismus) ↑Naturalismus, der den Unterschied leugnet, insofern er alle geistigen Vorgänge auf natürliche reduziert (↑Reduktionismus) oder sie zumindest als naturgesetzlich beschreibbar behauptet, sucht M. durch einen nicht-szientistischen Naturalismus zu entgehen (Two Sorts of Naturalism, 1995). Geist im Sinne theoretischer und praktischer ↑Vernunft gehöre selbst zur Welt im Sinne von ↑Natur, und zwar als jene Art, wie sich der Mensch als Tier realisiere, er das *animal rationale* sei. Diese ›zweite Natur‹ ist nach M. weder als identisch mit der ›ersten‹ noch als übernatürlich zu betrachten; vielmehr macht auch die sinnliche Erfahrung der ›ersten‹, mithin die Rezeptivität (↑Sinnlichkeit), immer schon Gebrauch von Fähigkeiten, die zur Spontaneität (↑spontan/Spontaneität), mithin zur ›zweiten‹ als der menschlichen Vernunftnatur gehören. Dementsprechend bestreitet M., daß Erfahrung einen nicht begrifflich schon artikulierten ↑Inhalt haben könne, und vertritt im Anschluß an J. M. Hinton einen ›disjunktivistischen‹ Erfahrungsbegriff: Erfahrung tritt nicht zwischen Geist und Welt, sondern ist entweder keine oder direkte Erfahrung von Welt (Criteria, Defeasibility, and Knowledge, 1982). Gegen den moralphilosophischen Non-Kognitivismus behauptet M. überdies die direkte Erfahrbarkeit nicht nur der ›ersten‹, sondern auch der

›zweiten‹ Natur des Menschen, mithin von Werten (↑Wert (moralisch)), deren Realität er mit der von sekundären ↑Qualitäten analogisiert (Values and Secondary Qualities, 1985). Ihre Erkenntnis konzipiert er nach dem Vorbild der Aristotelischen Theorie der ↑Phronesis als ermöglicht durch die jeweilige Sozialisation, zu der die Einführung in Praktiken ethischen Begründens hinsichtlich der jeweiligen konkreten ↑Situation gehört. Im Prozeß der ↑Bildung führe die Entfaltung von natürlichen und vernunftnatürlichen Anlagen zur ethischen Urteils- und Handlungsfähigkeit. Jegliche Vernunft verlange um ihrer Entfaltung und Ausübung willen einen solchen normativen Kontext, folglich auch ein jeglicher Kontakt zur Welt, da beim Menschen selbst die sinnliche Erfahrung von der Spontaneität Gebrauch mache. So wird der Bezug von Geist und Welt, sei es in passiver (als Erfahrung) oder aktiver Gestalt (als intentionale körperliche ↑Handlung), nach M. dank der in sich unterschiedenen Einheit von ›erster‹ und ›zweiter‹ menschlicher Natur erst möglich.

Werke: Criteria, Defeasibility, and Knowledge, Proc. Brit. Acad. 68 (1982), 455–479, ferner in: Meaning, Knowledge, and Reality [s. u.], 369–394; Values and Secondary Qualities, in: T. Honderich (ed.), Morality and Objectivity. A Tribute to J. L. Mackie, London etc. 1985, 110–129, ferner in: Mind, Value, and Reality [s. u.], 131–150; Mind and World, Cambridge Mass./London 1994, Neuausg. 1996 [mit neuer Einleitung, xi–xxiv], 2000 (dt. Geist und Welt, Paderborn etc. 1998, Frankfurt 2009; franz. L'esprit et le monde, Paris 2007); Two Sorts of Naturalism, in: R. Hursthouse/G. Lawrence/W. Quinn (eds.), Virtues and Reasons. Philippa Foot and Moral Theory, Oxford 1995, Oxford/New York 2002, 149–179, ferner in: Mind, Value, and Reality [s. u.], 167–197; Mind, Value, and Reality, Cambridge Mass./London 1998 (dt. [Teilübers.] Wert und Wirklichkeit. Aufsätze zur Moralphilosophie, Frankfurt 2002, 2009 [mit Einleitung von A. Honneth u. M. Seel, 7–29]); Meaning, Knowledge, and Reality, Cambridge Mass./London 1998; Having the World in View. Essays on Kant, Hegel, and Sellars, Cambridge Mass./London 2009; The Engaged Intellect. Philosophical Essays, Cambridge Mass./London 2009.

Literatur: G. W. Bertram/J. Liptow, J. M.s nicht-szientistische Naturalisierung des Geistes, Philos. Rdsch. 50 (2003), 220–241; G. W. Bertram u. a. (eds.), Die Artikulation der Welt. Über die Rolle der Sprache für das menschliche Denken, Wahrnehmen und Erkennen, Frankfurt 2006; M. Betzler, M., in: J. Nida-Rümelin/E. Özmen (eds.), Philosophie der Gegenwart in Einzeldarstellungen. Von Adorno bis v. Wright, Stuttgart ²1999, 463–470, ³2007, 437–446; A. Bowie, J. M.'s »Mind and World«, and Early Romantic Epistemology, Rev. int. philos. 50 (1996), 515–554; R. B. Brandom, Knowledge and the Social Articulation of the Space of Reasons, Philos. Phenom. Res. 55 (1995), 895–908; J. Bransen, On the Incompleteness of M.'s Moral Realism, Topoi 21 (2002), 187–198; C. B. Christensen, Self and World. From Analytic Philosophy to Phenomenology, Berlin/New York 2008; S. M. Dingli, On Thinking and the World. J. M.'s »Mind and World«, Aldershot/Burlington Vt. 2005; M. Friedman, Exorcising the Philosophical Tradition. Comments on J. M.'s »Mind and World«, Philos. Rev. 105 (1996), 427–467, ferner in: N. H. Smith (ed.), Reading M. [s. u.], 25–57; M. Gabriel, An

den Grenzen der Erkenntnistheorie. Die notwendige Endlichkeit des objektiven Wissens als Lektion des Skeptizismus, Freiburg/München 2008, bes. 297–315 (§ 11 M.s Disjunktivismus als antiskeptische Strategie?); R. Gaskin, Experience and the World's Own Language. A Critique of J. M.'s Empiricism, Oxford 2006; M. de Gaynesford, J. M., Cambridge/Malden Mass. 2004; A. Haddock/F. Macpherson (eds.), Disjunctivism. Perception, Action, Knowledge, Oxford/New York 2008; J. M. Hinton, Sense-Experiences Revisited, Philos. Investigations 19 (1996), 211–236; A. Honneth, Zwischen Hermeneutik und Hegelianismus. J. M. und die Herausforderung des moralischen Realismus, in: L. Wingert/K. Günther (eds.), Die Öffentlichkeit der Vernunft und die Vernunft der Öffentlichkeit. Festschrift für Jürgen Habermas, Frankfurt 2001, 372–402, erw. in: A. Honneth, Unsichtbarkeit. Stationen einer Theorie der Intersubjektivität, Frankfurt 2003, 2009, 106–137 (engl. Between Hermeneutics and Hegelianism. J. M. and the Challenge of Moral Realism, in: N. H. Smith [ed.], Reading M. [s. u.], 246–265); J. Lindgaard, J. M.. Experience, Norm, and Nature, Malden Mass./Oxford/Victoria 2008; D. Macarthur, M., Scepticism, and the ›Veil of Perception‹, Australas. J. Philos. 81 (2003), 175–190; C. Macdonald/G. Macdonald (eds.), M. and His Critics, Malden Mass./Oxford/Carlton 2006; D. O'Brien, A Critique of Naturalistic Philosophies of Mind. Rationality and the Open-Ended Nature of Interpretation, Lewiston N. Y./Queenston Ont./Lampeter 2007; C. Peacocke, Demonstrative Content. A Reply to J. M., Mind NS 100 (1991), 123–133; D. Pritchard, Wright ›contra‹ M. on Perceptual Knowledge and Scepticism, Synthese 171 (2009), 467–479; M. Quante, Reconciling Mind and World. Some Initial Considerations for Opening a Dialogue between Hegel and M., Southern J. Philos. 40 (2002), 75–96; R. Rorty, The Very Idea of Human Answerability to the World. J. M.'s Version of Empiricism, in: ders., Truth and Progress, Cambridge/New York/Oakleigh 1998, 1999 (= Philosophical Papers III), 138–152 (dt. Die Verantwortlichkeit des Menschen gegenüber der Welt. J. M.s Lesart des Empirismus, in: ders., Wahrheit und Fortschritt, Frankfurt 2000, 2003, 201–222); N. H. Smith (ed.), Reading M.. On »Mind and World«, London/New York 2002; T. Thornton, J. M., Chesham 2004; E. Villanueva (ed.), Perception, Atascadero Calif. 1996 (Philosophical Issues VII), bes. 231–300; M. Willaschek, Die Wiedererlangung der Welt als Gegenstand der Erfahrung. Bemerkungen zu J. M.s »Mind and World«, Allg. Z. Philos. 21 (1996), 163–174; ders. (ed.), J. M.: Reason and Nature. Lecture and Colloquium in Münster 1999, Münster 2000; M. Williams, Exorcism and Enchantment, Philos. Quart. 46 (1996), 99–109; C. Wright, Moral Values, Projection and Secondary Qualities, Proc. Arist. Soc. Suppl. 62 (1988), 1–26; ders., Human Nature?, European J. Philos. 4 (1996), 235–254, ferner in: N. H. Smith (ed.), Reading M. [s. o.], 140–159; ders., On »Mind and World«, in: ders., Rails to Infinity. Essays on Themes from Wittgenstein's »Philosophical Investigations«, Cambridge Mass./London 2001, 444–462; ders., (Anti-)Sceptics Simple and Subtle. G. E. Moore and J. M., Philos. Phenom. Res. 65 (2002), 330–348. – Sondernummern: Dt. Z. Philos. 48 (2000), 889–965; J. Brit. Soc. Phenom. 31 (2000), H. 3; Philos. Phenom. Res. 58 (1998), 365–431; Teorema 25 (2006), H. 1; Theoria 70 (2004), 119–302. T. G.

McTaggart, John McTaggart Ellis, *London 3. Sept. 1866, †ebd. 18. Jan. 1925, engl. Philosoph, Hegelianer und einer der bedeutenden systematischen Metaphysiker des 20. Jhs.. 1888 B. A. Trinity College, Cambridge,

1891 Fellow of Trinity College, 1897–1923 College Lecturer (Moral Sciences). M. vertritt, ausgehend von Hegel (Studies in the Hegelian Dialectic, 1896; Studies in Hegelian Cosmology, 1901; A Commentary on Hegel's Logic, 1910), einen ↑Idealismus eigener Art. Dessen Basis ist die Entfaltung des Hegelschen Geistbegriffes (The Nature of Existence, I–II, 1921/1927 [II posthum]). In seinem Artikel »The Unreality of Time« (1908) bezweifelt M. die Realität der Zeit. Die Konsequenzen dieser Annahme entfaltet er in der Abhandlung »The Nature of Existence« (1921/1927). So ist die Unterscheidung von Vergangenheit, Gegenwart und Zukunft bestimmter Ereignisse widerspruchsfrei nicht möglich, obwohl Urteile über die zeitliche Ordnung realer Ereignisse (früher, später als) sinnvoll (nachprüfbar wahr oder falsch) sein können. Auf dieser Basis entwickelt M. in seiner Religionskritik (Some Dogmas of Religion, 1906) den Nachweis der Widersprüchlichkeit der Schöpfungslehre und seine Konzeption des absoluten Geistes (↑Geist, absoluter). Er deutet dabei in Absetzung von F. H. Bradley Hegels Begriff des ↑Absoluten zur vollkommenen Gemeinschaft der endlichen Geister um. Diese geistigen Entitäten und ihre Beziehung (die Liebe) bilden die gesamte Wirklichkeit; Raum, Zeit und Materialität gelten als bloße ↑Erscheinung. Unter Zuhilfenahme der Hegelschen ↑Dialektik konstruiert M. auf deduktivem Wege ein System des Wissens und Seins, in dem jede endliche Entität determiniert ist.

Werke: Studies in the Hegelian Dialectic, Cambridge 1896, ²1922, New York 1964; Studies in Hegelian Cosmology, Cambridge 1901, ²1918, 2001; Some Dogmas of Religion, London 1906 (repr. New York 1968, 1969), ed. C. D. Broad, ²1930 (repr. London/Bristol 1997); The Unreality of Time, Mind NS 17 (1908), 457–474; A Commentary on Hegel's Logic, Cambridge 1910, New York 1964 (repr. Bristol 1990); Human Immortality and Pre-Existence, London 1915, 1916 (repr. New York 1970, Millwood N. Y. 1985); The Nature of Existence, I–II, ed. C. D. Broad, Cambridge 1921/1927 (repr. Cambridge 1968); An Ontological Idealism, in: J. H. Muirhead (ed.), Contemporary British Philosophy. Personal Statements. First Series, New York, London 1924, 1965, 249–269; Philosophical Studies, ed. S. V. Keeling, New York, London 1934 (repr. Freeport N. Y. 1968), South Bend Ind., Bristol 1996.

Literatur: T. Baldwin, M., REP VI (1998), 24–28; H. W. Breunig, Die Gemeinschaft in der Metaphysik M.s, Frankfurt etc. 1991 (mit Bibliographie, 319–326); C. D. Broad, J. M. E. M., 1866–1925, Proc. Brit. Acad. 13 (1927), 307–334; ders., Examination of M.'s Philosophy, I–II (Bd. II in 2 Teilbdn.), Cambridge 1933/1938 (repr. New York 1976); M. Dummett, A Defense of M.'s Proof of the Unreality of Time, Philos. Rev. 69 (1960), 497–504, ferner in: ders., Truth and Other Enigmas, Cambridge Mass., London 1978, Cambridge Mass. 1996, 351–357; P. T. Geach, Truth, Love and Immortality. An Introduction to M.'s Philosophy, Berkeley Calif., London 1979; D. Holdcroft u. a., M., Enc. philos. universelle III/2 (1992), 2670–2671; G. Lowes Dickinson, J. M. E. M., Cambridge 1931; K. McDaniel, M., SEP 2009; G. Rochelle, The Life and Philosophy of J. M. E. M.,

1866–1925, Lewiston N. Y. 1991; ders., Behind Time. The Incoherence of Time and M.'s Atemporal Replacement, Aldershot etc. 1998 (mit Bibliographie, 205–214); D. H. Mellor, Real Time, Cambridge/New York/Melbourne 1981, 1985, neu bearb. unter dem Titel: Real Time II, London/New York 1998; G. E. Moore, Proof of an External World, Proc. Brit. Acad. 25 (1939), 273–300, ferner in: ders., Selected Writings, ed. T. Baldwin, London/New York 1993, 147–170; J. B. Schneewind, M., Enc. Ph. V (1967), 229–231; R. Stern, British Hegelianism. A Non-Metaphysical View?, European J. Philos. 2 (1994), 293–321; R. Teichmann, The Concept of Time, Basingstoke/London, New York 1995, bes. 9–14 (Chap. 1 M.'s Argument).   A. G.-S.

Mead, George Herbert, *South Hadley Mass. 27. Febr. 1863, †Chicago 26. April 1931, amerik. Philosoph und Psychologe. 1879–1883 College-Besuch in Oberlin (Ohio), kurze Tätigkeit als Lehrer und bei einer Eisenbahn-Vermessungsgesellschaft, ab 1887 Studium in Harvard (unter anderem bei dem Hegelianer J. Royce), Hauslehrer bei W. James, 1888–1889 Studium in Leipzig (bei W. Wundt), anschließend in Berlin (bei W. Dilthey und H. Ebbinghaus), 1891 ›Instructor‹ für Psychologie an der University of Michigan, Freundschaft mit J. Dewey, mit dem M. 1894 an die neu gegründete University of Chicago geht. M. gilt als Vertreter des amerikanischen ↑Pragmatismus, der die Bedeutung von Zeichen (allgemein: der geistigen Tätigkeiten, ↑Zeichen (semiotisch)) in der Art sieht, wie sie zum Handeln anleiten können, näherhin als Begründer des symbolischen Interaktionismus (↑Interaktionismus, symbolischer): Hauptprojekt ist der Versuch, das Geistige und die Bildung der menschlichen Individualität nicht aus der wissenschaftlichen Betrachtung auszuschließen, sondern, von C. R. Darwin beeinflußt, in seiner Entstehung aus einfachen Formen des sozialen Handelns zu erklären. M.s Interesse ist dabei zugleich philosophisch-konstitutionsanalytisch und psychologisch-sozialisationstheoretisch. Er bezeichnet sich selbst auch als ›Sozialbehavioristen‹, ohne die Reduktionen des ↑Behaviorismus zu befürworten. Alle Hauptwerke werden nach seinem Tode publiziert, auf der Basis von Studenten-Mitschriften und unveröffentlichten Manuskripten.

Ausgangspunkt von M.s Analyse ist nicht das einzelne Individuum, sondern die Gruppenaktivität in einem sozialen Verband, in dem ein Verhalten oder Verhaltensansatz, d. h. eine Gebärde, des einen Mitglieds für andere zum Anlaß wird, sich ihrerseits auf bestimmte Weise zu verhalten. So wird z. B. das Zähnefletschen des stärkeren Wolfs, d. h. der Beginn der Handlung des Beißens, für den schwächeren zum Anlaß, sich zu entfernen, worauf der erste seine begonnene Handlung abbricht. Damit ein solcher Ablauf nicht nur Reiz-Reaktionsvorgang bleibt, sondern als Kommunikationsvorgang dem Akteur bewußt ist, muß dieser selbst seine Gebärde so wahrnehmen können, wie sie vom Gegenüber wahrgenommen wird, und er muß auf sie entsprechend reagieren und so in der Lage sein, das Verhalten des anderen zu antizipieren. Mit diesem Schritt wird aus der Geste das signifikante ↑Symbol. Paradigma dafür ist für M. die akustische Geste: So hört z. B. der Löwe sein eigenes Brüllen so, wie er das eines anderen hören würde, und sein ›Wissen‹ von dessen ›Bedeutung‹ ist seine (derjenigen des Partners entsprechende, aber nur im Ansatz vorhandene, d. h. nur ›innere‹) Reaktion auf seine eigene Handlung. Damit hat M. die Grundbegriffe für seine Identitätstheorie und Sozialphilosophie gewonnen; er hat eine Erklärung dafür entworfen, wie ein Handelnder auf sich selbst aufmerksam wird und sich zugleich die Reaktionen der anderen auf seine begonnene Handlung vergegenwärtigt. Das Denken besteht für M. in einem ›inneren Dialog‹ zwischen dem Handlungsimpuls und der antizipierten Reaktion der anderen. Die inneren Repräsentationen der Reaktionen und Erwartungen anderer in bezug auf mich nennt M. (im Gegensatz zum spontan, auch triebhaft agierenden ›Ich‹ [›I‹]) das ›me‹, das, zusammen mit der eigenen Selbstwahrnehmung, zu einem konsistenten Selbstbild (›self‹) zu integrieren ist. Indem der Akteur die Reaktionen der anderen in sich selbst repräsentiert, übernimmt er die Rolle der anderen. Wenn dies mit einer Vielzahl abgestimmter Rollen, z. B. in einem Spiel oder in sozialen Institutionen mit einem gemeinsamen Ziel, geschieht, spricht M. vom ›verallgemeinerten Anderen‹ (›generalized other‹). Aus dieser Sicht ergibt sich für M. die Perspektive auf eine Ethik, in der es darum geht, individuelle Impulse in immer umfassendere Orientierungen zu integrieren.

M. hat seine Gedanken später auch auf die Ding-Konstitution übertragen, die er analog, aber sekundär zur Konstitution sozialer Gegenstände verstand; ferner auf die Frage nach dem Verhältnis zwischen einem erlebnisorientierten und einem wissenschaftlichen Zeitbegriff, wobei es ihm insbes. darum ging, in Auseinandersetzung mit den Vorstellungen A. N. Whiteheads A. Einsteins Relativitätstheorie in seinem Sinne zu interpretieren, nämlich als Bestätigung der These, daß die Perspektive des handelnden Wissenschaftlers auch aus den abstraktesten physikalischen Begriffen nicht zu eliminieren ist. Sowohl Vergangenheit als auch Zukunft sind für M. ständig wandelbare Konstruktionen des sich im Handeln (↑Handlung) orientierenden Menschen. In diesem Zusammenhang gelangte M. zu einer metaphysischen Erweiterung seines Begriffs der Sozialität, wobei er ↑Metaphysik als die vorläufige Behandlung von Fragen ansah, die sich wissenschaftlich noch nicht formulieren lassen.

Werke: The Definition of the Psychical, in: Decennial Publications of the University of Chicago, First Ser. III, Chicago 1903, 77–112; Scientific Method and Individual Thinker, in: J. Dewey u. a. (eds.), Creative Intelligence. Essays in the Pragmatic Attitude, New York 1917 (repr. 1970), 176–227; The Philosophy of the Present, ed. A. E. Murphy, Chicago Ill./London 1932, Amherst N. Y. 2002 (dt. Philosophie der Sozialität. Aufsätze zur Erkenntnisanthropologie, ed. H. Kellner, Frankfurt 1969); Mind, Self and Society from the Standpoint of a Social Behaviorist, ed. C. W. Morris, Chicago Ill./London 1934, 2005 (franz. L'esprit, le soi et la société, Paris 1963, 2006; dt. Geist, Identität und Gesellschaft. Aus der Sicht des Sozialbehaviorismus, Frankfurt 1968, ³1978, 2008); Movements of Thought in the Nineteenth Century, ed. M. H. Moore, Chicago Ill./London 1936, 1972; The Philosophy of the Act, ed. C. W. Morris u. a., Chicago Ill/London 1938, 1972; The Social Psychology of G. H. M., ed. A. Strauss, Chicago Ill./London 1956, rev. unter dem Titel: On Social Psychology. Selected Papers, ed. A. Strauss, Chicago Ill./London 1964, 1990 (dt. Sozialpsychologie, Neuwied 1969 [repr. Darmstadt 1976]); Selected Writings, ed. A. J. Reck, Indianapolis Ind./New York 1964 (repr. Chicago Ill./London 1981); G. H. M.. Essays on His Social Philosophy, ed. J. W. Petras, New York 1968; Gesammelte Aufsätze, I–II, ed. H. Joas, Frankfurt 1980/ 1983, 1987; The Individual and the Social Self. Unpublished Work, ed. D. L. Miller, Chicago Ill./London 1982, 1984; Play, School, and Society, ed. M. J. Deegan, New York etc. 1999, 2001; Essays in Social Psychology, ed. M. J. Deegan, New Brunswick N. J. 2001 [Erstveröffentl. von M.s erstem Buch, das nie gedruckt wurde, obwohl schon Druckfahnen existierten]; The Philosophy of Education, ed. G. Biesta/D. Tröhler, Boulder Colo./London 2008 (dt. Philosophie der Erziehung, ed. D. Tröhler/G. Biesta, Bad Heilbrunn 2008).

Literatur: M. Aboulafia, The Mediating Self. M., Sartre, and Self-Determination, New Haven Conn./London 1986; ders. (ed.), Philosophy, Social Theory, and the Thought of G. H. M., Albany N. Y. 1991; ders., The Cosmopolitan Self. G. H. M. and Continental Philosophy, Urbana Ill./Chicago Ill. 2001; ders., M, SEP 2008; J. D. Baldwin, G. H. M.. An Unifying Theory for Sociology, Newbury Park Calif./Beverly Hills Calif./London 1986, 1987, Dubuque Iowa 2002; C. Becker, Selbstbewußtsein und Individualität. Studien zu einer Hermeneutik des Selbstverständnisses, Würzburg 1993, 117–166 (Teil III Individualität und Intersubjektivität – Die Sozialpsychologie M.s); H. Blumer, G. H. M. and Human Conduct, ed. T. J. Morrione, Walnut Creek Calif. etc. 2004; F. Carreira da Silva, G. H. M.. A Critical Introduction, Cambridge/Malden Mass. 2007; ders., M. and Modernity. Science, Selfhood, and Democratic Politics, Lanham Md./Plymouth 2008; G. A. Cook, G. H. M.. The Making of a Social Pragmatist, Urbana Ill. 1993; ders., G. H. M., in: J. R. Shook (ed.), A Companion to Pragmatism, Malden Mass./Oxford/ Carlton, Victoria 2006, 2009, 67–78; W. R. Corti (ed.), The Philosophy of G. H. M., Winterthur 1973; G. Cronk, The Philosophical Anthropology of G. H. M., New York etc. 1987; M. J. Deegan, Self, War, and Society. G. H. M.'s Macrosociology, New Brusnwick N. J./London 2008; W. H. Desmonde, M., Enc. Ph. V (1967), 231–233; C. De Waal, On M., Belmont Calif./London 2002; E. Düsing, Intersubjektivität und Selbstbewußtsein. Behavioristische, phänomenologische und idealistische Begründungstheorien bei M., Schütz, Fichte und Hegel, Köln 1986; P. Ginestier, M., DP II (1993), 1968–1968; T. W. Goff, Marx and M.. Contributions to a Sociology of Knowledge, London/Boston Mass. 1980; J. Habermas, Individuierung durch Vergesellschaftung. G. H. M.s Theorie der Subjektivität, in: ders., Nachmetaphysisches Denken, Frankfurt 1988, 2009, 187–241 (engl. Individuation through Socialization. On G. H. M.'s Theory of Subjectivity, in: ders., Postmetaphysical Thinking, Philosophical Essays, trans. W. M. Hohengarten, Cambridge Mass./London 1992, 1995, 149–204); P. Hamilton (ed.), G. H. M.. Critical Assessments, I–IV, London/New York 1992; K. Hanson, The Self Imaged. Philosophical Reflections on the Social Character of the Psyche, London/New York 1986; F. Heuberger, Problemlösendes Handeln. Zur Handlungs- und Erkenntnistheorie von G. H. M., Alfred Schütz und Charles Sanders Peirce, Frankfurt/New York 1991; H. Joas, G. H. M., in: D. Käsler (ed.), Klassiker des soziologischen Denkens II, München 1978, 7–39, 417–424, 509–514; ders., Praktische Intersubjektivität. Die Entwicklung des Werkes von G. H. M., Frankfurt 1980 (mit Bibliographie, 236–255), 2000 (236–263) (engl. G. H. M.. A Contemporary Reexamination of His Thought, Cambridge/Oxford/New York 1985, 1997 [with Bibliography, 240–262]; franz. G. H. M.. Une réévaluation contemporaine de sa pensée, Paris 2007); ders. (ed.), Das Problem der Intersubjektivität. Neuere Beiträge zum Werk G. H. M.s, Frankfurt 1985; ders., M., REP VI (1998), 210–212; ders., G. H. M., in: D. Käsler (ed.), Klassiker der Soziologie I, München 1999, ⁵2007, 171–189; ders., M., IESBS XIV (2001), 9424–9428; W. I. Kang, G. H. M.'s Concept of Rationality. A Study of the Use of Symbols and Other Implements, The Hague/Paris 1976; G. C. Lee, G. H. M., Philosopher of the Social Individual, New York 1945; J. D. Lewis/R. L. Smith, American Sociology and Pragmatism. M., Chicago Sociology, and Symbolic Interaction, Chicago Ill./London 1980; R. Lowy, G. H. M.. A Bibliography of the Secondary Literature with Relevant Symbolic Interactionist References, Studies in Symbolic Interaction 7 b (1986), 459–521; D. L. Miller, G. H. M.. Self, Language, and the World, Austin Tex./London 1973, Chicago Ill./London 1980; C. W. Morris, Peirce, M. and Pragmatism, Philos. Rev. 47 (1938), 109–127; ders., G. H. M.. A Pragmatist's Philosophy of Science, in: B. B. Wolman/E. Nagel (eds.), Scientific Psychology. Principles and Approaches, New York/London 1965, 402–408 (dt. G. H. M.. Die Wissenschaftstheorie eines Pragmatisten, in: ders., Pragmatische Semiotik und Handlungstheorie, Frankfurt 1977, 167–176); M. Mühl, Die Handlungsrelativität der Sinne. Zum Verhältnis von Intersubjektivität und Sinnlichkeit, Bodenheim 1997, 169–244 (Kap. IV Handlung. G. H. M.); M. Natanson, The Social Dynamics of G. H. M., Washington D. C. 1956, The Hague 1973; P. Prechtl, M., in: B. Lutz (ed.), Metzler Philosophen Lexikon. Von den Vorsokratikern bis zu den Neuen Philosophen, Stutgart/Weimar ³2003, 476–479; K. Raiser, Identität und Sozialität. G. H. M.s Theorie der Interaktion und ihre Bedeutung für die theologische Anthropologie, München 1971; S. B. Rosenthal/P. L. Bourgeois, M. and Merleau-Ponty. Toward a Common Vision, Albany N. Y. 1991; I. Scheffler, Four Pragmatists. A Critical Introduction to Peirce, James, M. and Dewey, London/New York 1974, London/New York 1986; J. A. Schellenberg, Masters of Social Psychology. Freud, M., Lewin, and Skinner, London/New York 1978; T. Shibutani, M., IESS X (1968), 83–87; C. Steuerwald, Körper und soziale Ungleichheit. Eine handlungssoziologische Untersuchung im Anschluss an Pierre Bourdieu und G. H. M., Konstanz 2010; S. Vaitkus, How Is Society Possible? Intersubjectivity and the Fiduciary Attitude as Problems of the Social Group in M., Gurwitsch, and Schutz, Dordrecht/Boston Mass./London 1991; D. Victoroff, G. H. M., sociologue et philosophe, Paris 1953; H.-J. Wagner, Strukturen des Subjekts. Eine Studie im Anschluss an G. H. M., Opladen 1993; ders., Rekonstruktive Methodologie. G. H. M. und die qualitative Sozialforschung, Opladen 1999; H. Wenzel, G. H. M. zur Einführung, Hamburg 1990; N. Zaccaï-Reyner, Le monde de la vie II (Schütz et M.), Paris 1996.   H. J. S.

Mechanik (von griech. μηχανή, Werkzeug, Mittel, Kunstgriff; μηχανικὴ τέχνη, mechanische Kunst; engl. mechanics, franz. mécanique, lat. mechanica), Bezeichnung für die physikalische Theorie der Bewegungen und Kräfte materieller Systeme. In der Antike wird M. zunächst als eine Kunst (↑ars) verstanden, durch menschliches Geschick Bewegungen gegen die Natur des Bewegten (παρὰ φύσιν) auszuführen und die dazu erforderlichen Geräte herzustellen (μηχανᾶσθαι). Im Unterschied zur Physik (im Aristotelischen Sinne) befaßt sich die M. mit künstlichen Bewegungen (und ist daher keine Naturwissenschaft). Erste Anwendungen mathematischer Methoden in der M. gehen auf Archytas von Tarent zurück. Hierzu zählen auch die geometrischen Konstruktionen und Lösungen von Problemen mit mechanischen Geräten, die über Zirkel und Lineal hinausgehen und seit Platon aus der Geometrie verbannt waren (↑Konstruktion). Nach dem Muster der Euklidischen »Elemente« leitet Archimedes aus Axiomen der ↑Statik Methoden zur Bestimmung des Schwerpunktes und der Wirkungsweise einfacher Maschinen (Hebel, Keil, Wellrad, Flaschenzug, Schraube) ab. Bei Heron von Alexandreia finden sich erste Ansätze zu einer M. des ↑Kontinuums, insofern dieser das Bewegen und Heben mit künstlich verdünnter oder verdichteter Luft untersucht. Geminos, Pappos von Alexandreia und Heron zählen ausdrücklich die Künste zur Herstellung von Maschinen (Hebewerkzeuge, Geschütze, Automaten) zur M..

Der mittelalterlichen Statik gelingt bei Jordanus von Nemore im 13. Jh. eine Begründung des Hebelsatzes und des Gleichgewichts an der schiefen Ebene durch einen Spezialfall des Prinzips der virtuellen Verrückung (↑d'Alembertsches Prinzip). T. Bradwardine (Tractatus de proportionibus velocitatum in motibus, 1328) versucht eine adäquate mathematische Formulierung der Aristotelischen Bewegungsgesetze; die so genannte Merton-Regel (↑Merton School), wonach eine ungleichförmige Bewegung einer gleichförmigen mit einer mittleren Geschwindigkeit gleich ist, läßt sich um 1330 nachweisen. In der ↑Renaissance entwickelt sich die M. zunächst als Technik der Werkstätten (zu ihren herausragenden Vertretern gehören N. Tartaglia und Leonardo da Vinci). G. Galilei verbindet dann erstmals mathematische Verfahren, experimentelle Kontrolle und technische Gerätekonstruktion zur Grundlage neuzeitlicher M.; in den »Discorsi« (1638) leitet er das ↑Fallgesetz (unter Voraussetzung einer gleichförmigen Fallbeschleunigung, also im Gegensatz zur Aristotelischen Physik und ohne Voraussetzung der ↑Impetustheorie) ab, ferner die Gesetze der schiefen Ebene und der Wurfbewegung. Nach R. Descartes' Programm sollen die physikalischen Erscheinungen als Bewegungen unter Wirkung von Druck und Stoß auf ↑Erhaltungssätze (↑Impuls) reduziert werden. In Erweiterung dieses Cartesischen M.programms und unter Berücksichtigung der durch C. ↑Huygens korrigierten ↑Stoßgesetze sind nach G. W. Leibniz der Erhaltungssatz der mechanischen Arbeit und das Stetigkeitsprinzip der Bewegungsvorgänge (↑›natura non facit saltus‹) oberste Prinzipien der M., die Leibniz auch gegen I. Newtons Annahme eines stetigen Energieverlusts bei inelastischen Stößen und das damit notwendig werdende Eingreifen Gottes in die M. der Natur ins Feld führt. Im Unterschied zum Cartesisch-Leibnizschen M.programm berücksichtigt die Newtonsche M. neben Kontaktkräften, die auf Druck und Stoß der Körper zu reduzieren sind, auch Fernkräfte (↑actio in distans, ↑Gravitation). Für die Grundbegriffe Raum, Zeit, (beschleunigende) Kraft und Masse formuliert Newton drei M.axiome: (1) das Trägheitsgesetz (›lex inertiae‹, ↑Trägheit, ↑Inertialsystem), (2) das Kraftgesetz, wonach die Änderung der Bewegung v einer Masse m nach Größe und Richtung der beschleunigenden Kraft F entspricht (d. h. $F = \Delta(m \cdot v)$), und (3) das Gesetz über die gegenseitige Einwirkung zweier Körper (↑actio = reactio). Aus diesen Axiomen leitet Newton die Sätze der M., z. B. J. Keplers Planetengesetze, nach dem Vorbild antiker synthetischer Geometrie ab.

Demgegenüber geht die moderne Fassung der klassischen M. auf die seit L. Euler, J. L. Lagrange und W. R. Hamilton übliche analytische Darstellung zurück. Bewegungen werden nicht mehr durch geometrische Konstruktionen und logische Deduktion aus den Axiomen gerechtfertigt, sondern durch Berechnen der Lösungen von gewissen ↑Differentialgleichungen unter gewissen Nebenbedingungen bestimmt. Nimmt man die ↑Masse m als Maß für die Trägheit eines Körpers gegenüber Bewegungsveränderungen in einem ↑Inertialsystem und die Kraft F als die Gesamtheit der äußeren Einflüsse, so erhält man Eulers Bewegungsgleichung $m \cdot dv = F \cdot dt$. In nicht-inertialen, gegenüber einem Inertialsystem beschleunigten Bezugssystemen werden zusätzlich Trägheitskräfte wie z. B. die Zentrifugalkraft (↑Eimerversuch, ↑Machsches Prinzip) wirksam, die formal zur Kraft F hinzukommen. Euler leitet analytisch auch den Impulssatz und den Erhaltungssatz der mechanischen Energie in der Form $\frac{1}{2} m \cdot v^2 = \int F \, dx$ her. – Neben den Erhaltungssätzen gewinnen seit der Entwicklung der Variationsrechnung die ↑Extremalprinzipien eine zentrale Bedeutung bei der Lösung mechanischer Bewegungsprobleme. J. le Rond d'Alembert (Traité de dynamique, 1743) führte die Bewegung starrer Systeme auf das statische Gleichgewichtsprinzip der virtuellen Arbeit (↑d'Alembertsches Prinzip) zurück, das äquivalent mit dem ↑Hamiltonprinzip ist und auf die Lagrangeschen Differentialgleichungen der Bewegung führt. H. Hertz versuchte, den Kraftbegriff zu eliminieren, indem er im Sinne des Gaußschen Minimalprinzips des klein-

sten Zwanges alle Kräfte auf starre Bindungen zurückführte, dabei aber unbeobachtbare Massen und Bewegungen in Kauf nehmen mußte.

In der klassischen M. gelten die auf ein Inertialsystem K bezogenen ↑Bewegungsgleichungen für jedes sich zu K in gleichförmiger Translationsbewegung befindende Inertialsystem K', d. h., die Bewegungsgleichungen besitzen ↑Galilei-Invarianz (↑Relativitätsprinzip). Diese gilt jedoch nicht für die ↑Maxwellschen Gleichungen, also die Gesetze der ↑Elektrodynamik. A. Einstein schlug in der Speziellen Relativitätstheorie (↑Relativitätstheorie, spezielle) vor, daß die Lorentz-Transformationen, von denen H. A. Lorentz gezeigt hatte, daß sie die Maxwellschen Gleichungen invariant (↑invariant/Invarianz) lassen, auch für die Gesetze der M. gelten sollten. Einsteins relativistische Bewegungsgleichungen sind entsprechend Lorentz-invariant (↑Lorentz-Invarianz).

Für die träge Masse m ergibt sich in der Einsteinschen Interpretation eine Abhängigkeit von der Geschwindigkeit v bezüglich des Inertialsystems $m =$

$$m(v) = \frac{m_0}{\sqrt{1 - \frac{v^2}{c^2}}}, \text{ wobei } m_0 \text{ die Ruhemasse bezeichnet.}$$

Die Beschreibung der Bewegungsverhältnisse erfolgt in einer vierdimensionalen, von gewöhnlichen Ortskoordinaten bzw. dem Ortsvektor r und einer imaginären Zeitkoordinate ict aufgespannten Raum-Zeit-Welt, dem Minkowski-Raum, in dem sich ein Massenpunkt entlang einer ↑Weltlinie bewegt, deren Bogenelement dem ↑Differential $d\tau = dt\sqrt{1 - v^2/c^2}$, der so genannten Eigenzeit des Massenpunktes, proportional ist. Durch Ableitung des vierdimensionalen Ortsvektors (›Weltvektors‹) $x_v = (r, ict)$ für $v = 1, 2, 3, 4$ nach seiner Eigenzeit ergibt sich die Vierergeschwindigkeit

$$u_v = \frac{dx_v}{d\tau} = \left\{ \frac{v}{\sqrt{1 - \frac{v^2}{c^2}}}, \frac{it}{\sqrt{1 - \frac{v^2}{c^2}}} \right\}$$

und bei Multiplikation mit der Ruhemasse m_0 der aus dem Impuls $p = m \cdot v$ und der Energie $E = m \cdot c^2$ gebildete Viererimpuls

$$p_v = m_0 u_v = \{p, iE/c\} = \{mv, imc\}.$$

Experimentell wurden die Abweichungen der relativistischen Bewegungsgleichungen von der klassischen M. (wie die veränderten Längen der Körper und Dauern der Vorgänge) erst für Korpuskeln mit hoher Geschwindigkeit nahe c in der Elementarteilchenphysik nachweisbar. Da in der relativistischen Gravitationstheorie (↑Gravitation) Inertialsysteme nur lokal (z. B. auf der Erde) angebbar sind, mußten für die Bewegung eines Massenpunktes unter der Einwirkung von Gravitationskräften solche Bewegungsgleichungen aufgestellt werden, die auch gegen beschleunigte Bezugssysteme invariant bleiben und die unter der Voraussetzung, daß die Geschwindigkeit eines Massenpunktes im Schwerefeld gegenüber der Lichtgeschwindigkeit klein ist und das Schwerefeld nur schwach von der Zeit abhängt, in die Gleichungen der klassischen M. übergehen.

Bereits im 19. Jh. entwickelten L. Boltzmann, J. C. Maxwell und J. W. Gibbs eine statistische M. zur Deutung der Gastheorie und ↑Thermodynamik im Rahmen der klassischen ↑Physik. In der nach 1900 durch M. Planck, N. Bohr u. a. entwickelten Atom- und Quantenphysik (↑Quantentheorie) erhielt die statistische Deutung der M. neuen Auftrieb. So folgt aus der von W. Heisenberg (1927) eingeführten ↑Unschärferelation der Quantenmechanik, daß z. B. bei einem einzelnen Elektron nicht mehr alle Zustandsgrößen gleichzeitig bestimmt werden können, weil z. B. Ort und Impuls nicht gleichzeitig in einem einzigen Versuch gemessen werden können. Daher liefern die Hamilton-Gleichungen der klassischen M. (↑Hamiltonprinzip) auch keine zutreffenden Voraussagen über zukünftige Orts- und Impulsgrößen. In E. Schrödingers ↑Wellenmechanik (ähnlich in Heisenbergs Matrizenmechanik) wurde der physikalische Zustandsbegriff geändert und durch die so genannte ψ-Funktion definiert, mit der sich z. B. für Orts- und Impulsgrößen nur noch Wahrscheinlichkeitsverteilungen angeben lassen.

Wissenschaftstheoretisch (↑Wissenschaftstheorie) wird unter anderem die Frage diskutiert, ob und wie die mechanischen Grundbegriffe definiert bzw. begründet werden können. Bereits E. Mach hatte auf Newtons zirkuläre Massendefinition hingewiesen und stattdessen zwei Körpern gleiche Masse zugeschrieben, wenn sie aufeinanderwirkend sich gleiche entgegengesetzte Beschleunigungen erteilen. Analog zu D. Hilberts formaler axiomatischer Theorie der ↑Euklidischen Geometrie wurde von G. Hamel, H. Hermes u. a. versucht, auch die klassische Partikelmechanik zu formalisieren und Begriffe wie Lage, Zeit, Partikel, Masse als Grundterme einer axiomatischen Theorie einzuführen. Mit modelltheoretischen (↑Modelltheorie) Methoden läßt sich dann prüfen, ob eine nicht-logische Konstante wie z. B. ›Masse‹ durch die Axiome der Theorie und die in ihnen enthaltenen nicht-logischen Konstanten im logischen Sinne definierbar (↑definierbar/Definierbarkeit) ist oder nicht (↑Masse). Um den praktischen Schwierigkeiten von R. Carnaps Formalisierungsprogramm zu entgehen, wurde in der Analytischen Wissenschaftstheorie (↑Wissenschaftstheorie, analytische) im Anschluß an P. Suppes vorgeschlagen, physikalische Theorien nicht in formalen Sprachen (↑Sprache, formale), sondern durch ein umgangssprachlich definiertes mengentheoretisches Prädikat analog den mathematischen Strukturen im Bourbaki-Programm einzuführen (↑Bourbaki, N., ↑Theoriesprache, ↑Theorieauffassung, semantische).

Danach heißt x ein *Modell der Partikelmechanik* (Abkürzung: $PM(x)$) genau dann, wenn $x = \langle P, T, s, m, f \rangle$ ist für eine endliche, nicht-leere Menge P (›Partikelmenge‹), T ein Intervall aus der Klasse $\mathbb{R}$ der reellen Zahlen (›Zeitintervall‹), $s : P \times T \to \mathbb{R}$ eine 2mal nach der Zeit differenzierbare Ortsfunktion, $m : P \to \mathbb{R}$ mit $m(p) > 0$ für alle $p \in P$ eine Massenfunktion und $f : P \times T \times \mathbb{N} \to \mathbb{R}^3$ mit (absoluter) Konvergenz für $\sum_{i \in \mathbb{N}} f(p, t, i)$ und alle $p \in P$ und $t \in T$ eine Kraftfunktion. Durch Einführung von Nebenbedingungen (z. B. Newtons 2. und 3. Axiom, Gravitationsgesetz) läßt sich das Prädikat *PM* verschärfen (z. B. zu ›x ist Modell der klassischen Newtonschen Partikelmechanik‹, kurz: $KNPM(x)$). Die Frage, welche der drei Meßfunktionen der M. empirisch oder nicht-empirisch ist, kann nach J. D. Sneed (1971) nicht absolut, sondern nur relativ zur jeweiligen Theorie (hier also der *KNPM*) entschieden werden. Nach dieser Auffassung wäre z. B. die Kraftfunktion ein theoretischer Begriff (↑Begriffe, theoretische) der M., da zur Kraftmessung z. B. das 2. Newtonsche Axiom vorausgesetzt werden muß.

Demgegenüber geht die Konstruktive Wissenschaftstheorie (↑Wissenschaftstheorie, konstruktive) von einer protophysikalischen Begründung (↑Protophysik) der M. aus, indem zunächst Euklidische Geometrie und Galileische ↑Kinematik als apriorisches Fundament der Längen- und Zeitmessung eingeführt werden. Dabei beruhen die formentheoretischen Definitionen gleicher ↑Länge und Dauer zwar auf der technisch erfolgreichen Reproduktion von Formen von Körpern und Bewegungen in geeignetem Material, doch werden sie als durch physikalische Meßergebnisse nicht revidierbar, vielmehr als Meßergebnisse erst ermöglichend aufgefaßt. Auf dieser Grundlage wird für die klassische M. der Begriff der Masse dadurch eingeführt, daß die vom inelastischen Stoß bekannte approximative Realisierung einer Konstanz der Geschwindigkeitsverhältnisse zur Definitionsgrundlage genommen wird. Kraft wird dann im Sinne des 2. Newtonschen Axioms aus dem Produkt von Masse und Beschleunigung definiert. Das Auftreten von hohen Geschwindigkeiten nahe c in der Elektrodynamik erzwingt jedoch eine Revision des klassischen Massen- und Impulsbegriffs. Die Lorentz-Transformationen geben daher in der Interpretation von P. Lorenzen an, wie für Systeme, die relativ zu einem ausgezeichneten klassischen Inertialsystem (z. B. dem astronomischen Fundamentalsystem) gleichförmig bewegt sind, die bei hohen Geschwindigkeiten nahe c auftretenden Veränderungen der Körperlänge und Dauer der Vorgänge zu berechnen sind. In diesem Sinne wird nach protophysikalischer Auffassung die relativistische M. durch klassische Geometrie und Kinematik begründet und nur die Meßtheorie der Masse und ↑Ladung einer Revision unterzogen.

Literatur: J. le Rond d'Alembert, Traité de dynamique [...], Paris 1743 (repr. Brüssel 1967), ²1758 (repr. Sceaux 1990), 1921 (dt. Abhandlung über Dynamik [...], Leipzig 1899 [Ostwald's Klassiker der exakten Wissenschaften 106], Frankfurt/Thun 1997); S. Berryman, The Mechanical Hypothesis in Ancient Greek Natural Philosophy, Cambridge etc. 2009; D. Bertoloni Meli, Thinking with Objects. The Transformation of Mechanics in the Seventeenth Century, Baltimore Md. 2006; L. Boltzmann, Vorlesungen über die Principe der M., I–III, Leipzig 1897–1920 (repr. I–II in einem Bd., Darmstadt 1974), I–II, Leipzig 1922; J. C. Boudri, Het mechanische van de mechanica. Het krachtbegrip tussen mechanica en metafysica van Newton tot Lagrange, Delft 1994 (engl. What Was Mechanical about Mechanics. The Concept of Force between Metaphysics and Mechanics from Newton to Lagrange, Dordrecht/Boston Mass./London 2002 [Boston Stud. Philos. Sci. 224]); M. Clagett, The Science of Mechanics in the Middle Ages, Madison Wis., London 1959; A. C. Crombie, Styles of Scientific Thinking in the European Tradition. The History of Argument and Explanation Especially in the Mathematical and Biomedical Sciences and Arts, I–III, London 1994; M. J. Crowe, Mechanics from Aristotle to Einstein, Santa Fe N. M. 2007; P. Damerow u. a., Exploring the Limits of Preclassical Mechanics. A Study of Conceptual Development in Early Modern Science. Free Fall and Compounded Motion in the Work of Descartes, Galileo, and Beeckman, New York etc. 1992, ²2004; P. Dhooghe/B. Hespel, Mécanique [phys.], Enc. philos. universelle II/2 (1990), 1577–1581; E. J. Dijksterhuis, De Mechanisering van het Wereldbeeld, Amsterdam 1950, 2006 (dt. Die Mechanisierung des Weltbildes, Berlin/Göttingen/Heidelberg 1956 [repr. Berlin/Heidelberg/New York 1983, 2002]; engl. The Mechanization of the World Picture, Oxford 1961, Princeton N. J. 1986); R. Dugas, Histoire de la mécanique, Neuchâtel, Paris 1950 (repr. 1996) (engl. A History of Mechanics, Neuchâtel, New York 1955, Mineola N. Y. 1988); ders., La mécanique au XVIIe siècle (Des antécédents scolastiques à la pensée classique), Paris 1954 (engl. Mechanics in the Seventeenth Century [From the Scholastic Antecedents to Classical Thought], Neuchâtel 1958); P. Duhem, L'évolution de la mécanique, Paris 1903 (repr. Paris 1992) (dt. Die Wandlungen der M. und der mechanischen Naturerklärung, Leipzig 1912; engl. The Evolution of Mechanics, Alphen aan den Rijn 1980); ders., Les origines de la statique, I–II, Paris 1905/1906, 2006 (engl. The Origins of Statics, Dordrecht/Boston Mass. 1991 [Boston Stud. Philos. Sci. 123]); A. Einstein, The Meaning of Relativity. Four Lectures Delivered at Princeton University, Princeton N. J. 1922, ⁶2003 (dt. Vier Vorlesungen über Relativitätstheorie, gehalten im Mai 1921 an der Universität Princeton, Braunschweig 1922, erw. unter dem Titel: Grundzüge der Relativitätstheorie, Braunschweig ³1956, Berlin/Heidelberg ⁷2009; M. Fierz, Vorlesungen zur Entwicklungsgeschichte der M., Berlin/Heidelberg/New York 1972 (Lect. Notes Physics XV); A. Franklin, Mechanics, Aristotelian, REP VI (1998), 249–251; J. W. Gibbs, Elementary Principles in Statistical Mechanics. Developed with Especial Reference to the Rational Foundation of Thermodynamics, New York, London, New Haven Conn. 1902, Woodbridge Conn. 1981 (dt. Elementare Grundlagen der statistischen M., entwickelt besonders im Hinblick auf eine rationelle Begründung der Thermodynamik, Leipzig 1905, 1960; franz. Principes élémentaires de mécanique statistique, développés plus particulièrement en vue d'obtenir une base rationnelle

de la thermodynamique, Paris 1926, 1998); H. Goldstein, Classical Mechanics, Cambridge Mass./Reading Mass./London 1950, San Francisco Calif. etc. ³2002, 2008 (dt. Klassische M., Frankfurt 1963, Weinheim ³2006; franz. Mécanique classique, Paris 1964); G. Hamel, Theoretische M.. Eine einheitliche Einführung in die gesamte M., Berlin/Göttingen/Heidelberg 1949, Berlin/Heidelberg/New York 1967, 1978; W. Heisenberg, Über den anschaulichen Inhalt der quantentheoretischen Kinematik und Mechanik, Z. Phys. 43 (1927), 172–198, ferner in: ders., Ges. Werke Ser. A, I, ed. W. Blum/H.-P. Dürr/H. Rechenberg, Berlin etc. 1985, 478–504 (engl. The Physical Content of Quantum Kinematics and Mechanics, in: J. A. Wheeler/W. H. Zurek [eds.], Quantum Theory and Measurement, Princeton N. J. 1983, 62–84); ders., Die physikalischen Prinzipien der Quantentheorie, Leipzig 1930, Stuttgart ⁵2008; H. Hermes, Eine Axiomatisierung der allgemeinen M., Leipzig 1938 (repr. Hildesheim 1970); H. Hertz, Die Prinzipien der M. in neuem Zusammenhange dargestellt, Leipzig 1894 (= Ges. Werke III) (repr. Darmstadt 1963), ²1910 (repr. Leipzig 1984 [Ostwald's Klassiker der exakten Wissenschaften 263], Frankfurt/Thun 2002); M. Jammer, Concepts of Mass in Classical and Modern Physics, Cambridge Mass. 1961, Mineola N. Y. 1997 (dt. [erw.] Der Begriff der Masse in der Physik, Darmstadt 1964, ³1981); P. Janich, Die Protophysik der Zeit, Mannheim/Wien/Zürich 1969, mit Untertitel: Konstruktive Begründung und Geschichte der Zeitmessung, Frankfurt 1980 (engl. Protophysics of Time. Constructive Foundation and History of Time Measurement, Dordrecht/Boston Mass./Lancaster 1985 [Boston Stud. Philos. Sci. XXX]); P. E. B. Jourdain (ed.), Abhandlungen über die Prinzipien der M. von Lagrange, Rodrigues, Jacobi und Gauss, Leipzig 1908 (Ostwald's Klassiker der exakten Wissenschaften 167); C. Kittel/W. D. Knight/M. A. Ruderman, Mechanics, New York 1965 (= Berkeley Physics Course I), ²1973 (franz. Mécanique, Paris 1972 [= Berkeley cours de physique I], 2001; dt. M., Braunschweig 1973 [= Berkeley-Physik-Kurs I], ⁵1994); F. Krafft, Die Anfänge einer theoretischen M. und die Wandlung ihrer Stellung zur Wissenschaft von der Natur, in: W. Baron (ed.), Beiträge zur Methodik der Wissenschaftsgeschichte, Wiesbaden 1967, 12–33; ders., Dynamische und statische Betrachtungsweise in der antiken M., Wiesbaden 1970; ders./K. Mainzer, M., Hist. Wb. Ph. V (1980), 950–959; J. L. de Lagrange, Mecanique analytique, Paris 1788 (repr. Sceaux 1989), I–II, ²1811/1815, ed. J. Bertrand, ³1853/1855, ed. G. Darboux, ⁴1888/1889 (= Œuvres XI–XII), 1965 (dt. Analytische M., Göttingen 1797, ed. H. Servus, Berlin 1887; engl. Analytical Mechanics, ed. A. Boissonnade/V. N. Vagliente, Dordrecht/Boston Mass./London 1997 [Boston Stud. Philos. Sci. 191]); W. R. Laird/S. Roux (eds.), Mechanics and Natural Philosophy Before the Scientific Revolution, Dordrecht/London 2008 (Boston Stud. Philos. Sci. 254); L. D. Landau/E. M. Lifschitz, Teoretičeskaja fizika I (Mechanika), Moskau 1958, ⁵2001 (engl. Course of Theoretical Physics I [Mechanics], Oxford/London/Paris 1960, Oxford etc. ³1976, Amsterdam etc. 2008; franz. Physique théorique I [Mecanique], Moskau 1960, Moskau, Paris ⁵1994; dt. Lehrbuch der theoretischen Physik I [M.], Berlin [Ost] 1962, Thun/Frankfurt ¹⁴1997, 2007); P. Lorenzen, Relativistische M. mit klassischer Geometrie und Kinematik, Math. Z. 155 (1977), 1–9; E. Mach, Die M. in ihrer Entwickelung. Historisch-kritisch dargestellt, Leipzig 1883, ⁹1933 (repr. Darmstadt 1988, 1991) (engl. The Science of Mechanics. A Critical and Historical Exposition of Its Principles, Chicago Ill., London 1893, La Salle Ill. ⁶1960 [Pref. K. Menger, v–xxi], 1989); J. C. C. McKinsey/A. C. Sugar/P. Suppes, Axiomatic Foundations of Classical Particle Mechanics, J. Rat. Mech.

and Anal. 2 (1953), 253–272; P. Mittelstaedt, Klassische M., Mannheim/Wien/Zürich 1970, Mannheim etc. ²1995; J. Mittelstraß, Neuzeit und Aufklärung. Studien zur Entstehung der neuzeitlichen Wissenschaft und Philosophie, Berlin/New York 1970, 207–341; J. Pfarr (ed.), Protophysik und Relativitätstheorie. Beiträge zur Diskussion über eine konstruktive Wissenschaftstheorie der Physik, Mannheim/Wien/Zürich 1981 (Grundlagen der exakten Naturwissenschaften IV); E. Scheibe, Die kontingenten Aussagen in der Physik. Axiomatische Untersuchungen zur Ontologie der klassischen Physik und der Quantentheorie, Frankfurt/Bonn 1964; H. A. Simon, The Axioms of Newtonian Mechanics, Philos. Mag. Ser. 7, 38 (1947), 888–905; J. D. Sneed, The Logical Structure of Mathematical Physics, Dordrecht 1971, Dordrecht/Boston Mass./London ²1979; A. Sommerfeld, Vorlesungen über theoretische Physik I (M.), Leipzig 1943, ⁸1968, Thun/Frankfurt 1994 (engl. Lectures on Theoretical Physics I [Mechanics], New York/London 1952, 1972); W. Stegmüller, Probleme und Resultate der Wissenschaftstheorie und analytischen Philosophie II/2 (Theorienstrukturen und Theoriendynamik), Berlin/Heidelberg/New York 1973, Berlin etc. ²1985; ders., The Structuralist View of Theories. A Possible Analogue of the Bourbaki Programme in Physical Science, Berlin/Heidelberg/New York 1979; C. Süssmann, Theoretische M., Mannheim 1966; I. Szabó, Geschichte der mechanischen Prinzipien und ihrer wichtigsten Anwendungen, Basel/Stuttgart 1977, Basel/Boston Mass./Berlin 1996; H. Tetens, Bewegungsformen und ihre Realisierungen. Wissenschaftstheoretische Untersuchungen zu einer technikorientierten Rekonstruktion der klassischen M., Diss. Erlangen-Nürnberg 1977; G. Truesdell, Essays in the History of Mechanics, Berlin/Heidelberg/New York 1968; H. Volz, Einführung in die theoretische M., I–II, Frankfurt 1971/1972; R. S. Westfall, The Construction of Modern Science. Mechanisms and Mechanics, New York 1971, Cambridge etc. 2007; M. Wilson, Mechanics, Classical, REP VI (1998), 251–259; H. Ziegler, Vorlesungen über M., Basel/Stuttgart 1970, ²1977.   K. M.

Mechanismus, zweideutige Bezeichnung für (1) Maschinen mit einer durch die Gesetze der Mechanik bzw. der Physik bzw. der experimentellen Naturwissenschaften vollständig bestimmten Funktion und (2) für programmatische Positionen in ↑Naturphilosophie und ↑Naturwissenschaft, wonach Teile der natürlichen (oder auch kulturellen) Wirklichkeit bzw. das gesamte Naturgeschehen, unter welches das Kulturgeschehen zu subsumieren sei, ›mechanisch zu erklären‹ und, davon abgeleitet, als ›kausal determinierter Zusammenhang von Abläufen‹ zu verstehen sind (gelegentlich auch ›Mechanizismus‹ zur Unterscheidung von der Wortbedeutung (1)). Diese Bezeichnungen finden sich in den Adjektiven ›mechanisch‹ und ›mechanistisch‹ wieder, letzteres gelegentlich pejorativ verschärft zu ›mechanizistisch‹, im Sinne von ›mechanische Erklärungen übertreibendes‹ oder ›falsch einsetzendes Vorgehen‹.

Zu (2): Historisch wie systematisch sind Wortbedeutung und Programm des M. schillernd und variieren mit den Auffassungen von ↑Mechanik bzw. ↑Physik und ↑Erklärung. Die Aristotelische Verwendung des Ausdrucks ›τὰ μηχανικά‹ für vom Menschen hergestellte Geräte findet sich in der mittelalterlichen Bezeichnung ›ars mechanica‹ für eine der niederen Künste, nämlich handwerkliche Hilfstätigkeit, wieder (↑ars). Mit der Wendung ›mechanicum sive corporeum‹, spätestens aber seit den korpuskularen Erklärungsversuchen chemischer Phänomene bei R. Boyle, ist dieser Bezug von ›mechanisch‹ zu ›handwerklich‹ bzw. ›artifiziell‹ zugunsten des naturphilosophischen Grundsatzprogramms aufgegeben, natürliche Erscheinungen als Körperbewegungen kausal zu erklären (↑Kausalität). Welche begrifflichen oder methodischen Mittel hierfür eingesetzt werden, hängt davon ab, ob – wie bei R. Descartes – Körper als ›res extensa‹ (↑res cogitans/res extensa), also nur in ihrer ↑Ausdehnung, betrachtet werden und damit einer Erklärung aller Naturphänomene aus Druck und Stoß kleinster Partikel dienen, oder aber als schwere bzw. träge ↑Masse. Ersteres entspricht so genannten Nahwirkungserklärungen und erhebt die ↑Stoßgesetze zu fundamentalen Naturgesetzen, was geometrische und kinematische Erklärungsmittel erfordert; letzteres führt zu dynamischen Theorien (↑Kinematik, ↑Dynamik), in denen Fernwirkungen vorkommen, wie sie im Gravitationsgesetz I. Newtons und dem ihm nachgebildeten Coulombschen Gesetz der elektrostatischen Fernwirkung angenommen werden. Dynamische Ansätze, zuerst auf die begrifflichen Mittel der klassischen Mechanik des 17. Jhs. beschränkt, differieren also danach, ob nur – etwa wie bei der Cartesischen ↑Wirbeltheorie zur Erklärung der gravitativen Fernwirkung durch ↑Nahwirkungen – Druck und Stoß als dynamische Wechselwirkung zwischen Körpern in Betracht bezogen werden oder ob – wie bei Newton – Fernwirkungskräfte (↑actio in distans) wie die ↑Gravitation als andersgeartete Kräfte angesetzt werden. Letzteres Verständnis erlaubte eine Erweiterung der Erklärungsmittel auf elektrische und magnetische Kräfte, so daß zur ›mechanischen‹ Erklärung schließlich nicht allein die klassische Mechanik, sondern die ganze Physik sowie die Chemie verwendet werden dürfen. Ihren Ausdruck finden die verschiedenen Ansätze mechanischer Erklärungsprogramme auch in den verschiedenen Auffassungen mechanischer ↑Weltbilder der Astronomie der Renaissance (↑Uhrengleichnis) je nachdem, ob das Universum einer (idealen) Uhr gleiche, deren Funktion aus ihren Teilen (›mechanisch‹) folgt (und vom Weltenschöpfer von Anfang an richtig gestellt sei), oder eines (göttlichen) Aufsehers bedürfe, der ihren Gang laufend mit anderen Geschehnissen harmonisiert.

Gelegentlich wird M. auch als das reduktionistische Programm (↑Reduktion, ↑Reduktionismus) verstanden, materialistisch bzw. atomistisch komplexe Phänomene auf Vorgänge und Eigenschaften kleinster Bausteine der Materie zurückzuführen und damit zu erklären. Hierbei wird meist übersehen, daß es methodisch selbst ein aus der klassischen (Makro-)Mechanik mit ihren handwerklich-technischen Grundlagen des Messens und Experimentierens abgeleitetes Programm ist, die Erscheinungsformen der ↑Materie auf geometrische oder mechanische Eigenschaften von ↑Atomen zurückzuführen. Die bis in Wortbedeutungen von ›M.‹ in der ↑Alltagssprache eingegangene Betonung der kausalen Determiniertheit von Abläufen ist insofern originär mechanistisch, als ungeachtet der erwähnten Aspektverschiebung von handwerklich erzeugtem Gerät zum theoretisch naturphilosophischen Erklärungsprogramm der Prototyp der Kausalerklärung selbst an der technischen Erzeugung von mechanischen Effekten im physikalischen ↑Experiment gewonnen wird.

Kontroversen um den M. mit Konsequenzen für fachwissenschaftliche Lehrmeinungen werden bis heute in der Biologie ausgetragen. Der M. wurde insbes. vom ↑Vitalismus, der seinerseits keine Alternativen zu physikalisch-chemischen Erklärungen organischer Vorgänge anzubieten hatte, wegen dessen Anspruch auf Vollständigkeit mechanistischer Erklärungen des Lebens angegriffen. Auswirkungen des im 19. Jh. kulminierenden Vitalismusstreits betreffen heute die Frage, ob ↑Evolutionstheorien einen mechanistischen Begriff des ↑Organismus erfordern. In diesem Streit kann der M. für sich reklamieren, daß methodisch mit dem Programm der Kausalerklärung physikalisch-technisch nicht reproduzierbare Faktoren (wie die Lebensgeister Descartes' oder die Entelechien H. Drieschs) als Ursachen nicht auftreten können, steht aber andererseits der Kritik offen, in der mechanistischen Reduktion von Lebewesen den Simulationscharakter von Organismusmodellen für Lebewesen zu übersehen. Eine eigene Debatte hat der Begriff ›auslösender M.‹ in der Ethologie durch K. Lorenz (1935) angestoßen. Er soll eine Kausalbeziehung zwischen Objekten der Umwelt und bestimmten Verhaltensweisen (z. B. Fluchtreaktionen) erklären. Einen Zusammenhang zwischen Umweltwahrnehmung und motorischer Reaktion eines Organismus hatte bereits J. v. Uexküll in seinen Begriffen des Schemas (1909) und des Funktionskreises angenommen. Virulent wurde die Auseinandersetzung um solche Mechanismen in Kontroversen um deren angeborenen oder erworbenen Charakter in der Psychologie Mitte des 20. Jhs.. Aktuell betreffen neurophysiologische Ansätze und kontroverse Lösungsvorschläge für Körper-Geist- und ↑Leib-Seele-Probleme die Reichweite des M. als Erklärungsstrategie. In der Methodologie der Naturwissenschaften kann eine Konfrontation des M. mit finalistischen (↑Finalismus) oder teleologischen (↑Teleologie) Erklärungsverständnissen handlungstheoretisch (↑Handlungstheorie) durch den Nachweis aufgelöst werden, daß mechanistische Kausalerklärungen ihr ↑Wahrheitskriterium der nur als zweckrationales Handeln zu verstehenden technischen Beherrschung von Effekten verdanken und ihre

Grenzen in der Erklärung kategorial verschiedener, gemeinschaftlicher Kulturleistungen von Menschen finden.

Literatur: M. O. Beckner, Mechanism in Biology, Enc. Ph. V (1967), 250–252; J. A. Bennett, The Mechanics' Philosophy and the Mechanical Philosophy, Hist. Sci. 24 (1988), 1–28; R. Boirel, Science mécaniste et science mécanique, Rev. philos. France étrang. 110 (1985), 227–230; M. Bunge, Mechanism and Explanation, Philos. Soc. Sci. 27 (1997), 410–465; E. J. Dijksterhuis, De Mechanisering van het Wereldbeeld, Amsterdam 1950, 2006 (dt. Die Mechanisierung des Weltbildes, Berlin/Göttingen/Heidelberg 1956 [repr. Berlin/Heidelberg/New York 1983, 2002]; engl. The Mechanization of the World Picture, Oxford 1961, Princeton N. J. 1986); H. Dingler, Die philosophische Begründung der Deszendenztheorie, in: G. Heberer (ed.), Die Evolution der Organismen. Ergebnisse und Probleme der Abstammungslehre, Jena 1943, 3–19, Stuttgart ²1954, 3–24; R. J. Faber, Clockwork Garden. On the Mechanistic Reduction of the Living Things, Amherst Mass. 1986; P. Frank, Das Ende der mechanistischen Physik, Wien 1935 (franz. La fin de la physique mécaniste, Paris 1936); G. Freudenthal, Atom und Individuum im Zeitalter Newtons. Zur Genese der mechanistischen Natur- und Sozialphilosophie, Frankfurt 1982, 1989 (engl. Atom and Individual in the Age of Newton. On the Genesis of the Mechanistic World View, Dordrecht/Boston Mass./Lancaster 1986 [Boston Stud. Philos. Sci. LXXXVIII]); M. Ghins, Mécanisme, Enc. philos. universelle II/2 (1990), 1582–1583; P. M. Harman, Energy, Force, and Matter. The Conceptual Development of Nineteenth-Century Physics, Cambridge/New York 1982, Cambridge/New York/Melbourne 2005; P. Janich, Physics – Natural Science or Technology?, in: W. Krohn/E. T. Layton/P. Weingart (eds.), The Dynamics of Science and Technology, Dordrecht/Boston Mass. 1978, 3–27; ders., Kein neues Menschenbild. Sprache der Hirnforschung, Frankfurt 2009; R. Kather, Ordnungen der Wirklichkeit. Die Kritik der philosophischen Kosmologie am mechanistischen Paradigma, Würzburg 1998; A. Koyré, From the Closed World to the Infinite Universe, Baltimore Md./London 1957 (franz. Du monde clos à l'univers infini, Paris 1962, 2005; dt. Von der geschlossenen Welt zum unendlichen Universum, Frankfurt 1969, ²2008); T. Leiber, Vom mechanistischen Weltbild zur Selbstorganisation des Lebens. Helmholtz' und Boltzmanns Forschungsprogramme und ihre Bedeutung für Physik, Chemie, Biologie und Philosophie, Freiburg/München 2000; K. Lorenz, Der Kumpan in der Umwelt des Vogels. Der Artgenosse als auslösendes Moment sozialer Verhaltensweisen, J. Ornithol. 83 (1935), 137–213, 289–413, separat mit Untertitel: Der Artgenosse als auslösendes Moment sozialer Verhaltensweisen, München 1973; E. Mach, Die Mechanik in ihrer Entwickelung. Historisch-kritisch dargestellt, Leipzig 1883, ⁹1933 (repr. Darmstadt 1963, 1991) (engl. The Science of Mechanics. A Critical and Historical Exposition of Its Principles, Chicago Ill., London 1893, La Salle Ill. ⁶1960 [Pref. K. Menger, v–xxi], 1989); A. Maier, Die Mechanisierung des Weltbildes im 17. Jahrhundert, Leipzig 1938; J. Mittelstraß, Das Wirken der Natur. Materialien zur Geschichte des Naturbegriffs, in: F. Rapp (ed.), Naturverständnis und Naturbeherrschung. Philosophiegeschichtliche Entwicklung und gegenwärtiger Kontext, München 1981, 36–69; E. Nagel, The Structure of Science. Problems in the Logic of Scientific Explanation, New York, London 1961, Indianapolis Ind./Cambridge, London/Henley ²1979, Indianapolis Ind. 1995; M. J. Osler, Mechanical Philosophy, NDHI IV (2005), 1389–1392; B. Remmele, Die Entstehung des Maschinenparadigmas. Technologischer Hintergrund und kategoriale Voraussetzungen, Opladen 2003; P. Rossi, I filosofi e le macchine (1400–1700), Mailand 1962, ³1980, 2002 (engl. Philosophy, Technology, and the Arts in the Early Modern Era, ed. B. Nelson, New York/London 1970; franz. Les philosophes et les machines. 1400–1700, Paris 1996); D. Shapere, Newtonian Mechanics and Mechanical Explanation, Enc. Ph. V (1967), 491–496; W. Singer, Der Beobachter im Gehirn. Essays zur Hirnforschung, Frankfurt 2002, 2009 J. v. Uexküll, Umwelt und Innenwelt der Tiere, Berlin 1909, erw. ²1921; ders., Kompositionslehre der Natur. Biologie als undogmatische Naturwissenschaft. Ausgewählte Schriften, ed. T. v. Uexküll, Frankfurt/Berlin/Wien 1980; R. S. Westfall, The Construction of Modern Science. Mechanisms and Mechanics, New York/Chichester 1971, Cambrigde etc. 2007. – Sonderheft: Stud. Hist. Philos. Sci. Part C 36 (2005), H. 2 (Mechanisms in Biology).   P. J.

medicina mentis (lat., Verstandesmedizin), in der ↑Aufklärung vielfach (z. B. J. Clauberg, Logik von Port Royal [↑Port Royal, Schule von], G. W. Leibniz) verwendete Metapher zur Bezeichnung des Zweckes der Logik. Ihre Verwendung dürfte an M. T. Cicero (Tusc. III, 3) anknüpfen. Logik als m. m. bewahrt den Verstand vor insbes. anläßlich von Sinnesempfindungen entstehenden theoretischen Irrtümern. Dieser Ansatz wird von einigen Autoren auch auf praktische (anthropologische und moralisch-religiöse) Orientierungen ausgedehnt. Als Buchtitel tritt ›m. m.‹ (oder ein Äquivalent) bei J. Lange (M. m., Berlin 1704), J. W. Feuerlein (M. intellectus [...], Nürnberg 1715), M. G. Hansch (M. m. et corporis, Amsterdam 1728) und, von historisch bedeutendster Wirkung, bei E. W. v. Tschirnhaus (M. m. [...], Amsterdam 1687) auf.

Literatur: J. W. Feuerlein, M. intellectus, sive logica e vener. Dn. Buddei logica suisque in eam praelectionibus academicis in theses breves et ordinatas repetitionis et disputationis gratia redacta, Nürnberg 1715; M. G. Hansch, M. m. et corporis, sive de heuretice et hygiene libri duo. Ad mentem sanam in corpore sano quam diutissime conservandam, Amsterdam 1728, 1750; J. Lange, M. m. [Einheitsachtitel], Berlin 1704, Halle ⁴1718; W. Risse, Die Logik der Neuzeit II (1640–1780), Stuttgart-Bad Cannstatt 1970; E. W. v. Tschirnhaus, M. m., sive tentamen genuinae logicae, in qua differitur de methodo detegendi incognitas veritates, Amsterdam 1687, unter dem Titel: M. m., sive artis inveniendi praecepta generalia. Editio nova, Leipzig 1695 (repr. Hildesheim 1964), 1733 (dt. M. m., sive artis inveniendi praecepta generalia. Editio nova, Lipsiae 1695 [...], übers. J. Haussleiter, Leipzig 1963; franz. Médecine de l'esprit ou Précepts généraux de l'art de découvrir, ed. J.-P. Wurtz, Paris 1980).   G. W.

Medienphilosophie (engl. media philosophy, franz. philosophie des médias), Sammelbezeichnung für ein sich differenzierendes Forschungsfeld, in dem als Folge der Digitalisierung Grundbegriffe und Grundprobleme auf apparativ-technischer, erkenntnistheoretischer, medien- und diskursgeschichtlicher sowie ästhetischer Ebene verhandelt werden; gleichzeitig wird der Versuch unternommen, M. als philosophische Disziplin institutionell zu verankern (z. B. Einrichtung eines Lehrstuhls M. an der Bauhaus Universität Weimar). M. wird selten in klarer Form von Medientheorie unterschieden; sie stellt sich noch nicht als begrifflich differenziertes, methodisch reflektiertes, formalen Ansprüchen genügendes Wissensgebiet dar. Vorgeschlagen wird die Bezeichnung ›Mediologie‹ (F. Hartmann 2003, 2004) als Oberbegriff für Erkenntnisfragen (M.), Gebrauchs- und Wahrnehmungsfragen (Medienästhetik) und technische wie historische Fragen im weiteren Sinne (Medienarchäologie). M. entnimmt ihre Begriffe (oft unhinterfragt) alltagssprachlichem Gebrauch bzw. anderen Wissensgebieten, etwa der Medienwissenschaft. Je nach zugrundeliegender Hintergrundphilosophie lassen sich unterschiedliche Ansätze unterscheiden: eine ontologische Medienauffassung, die Medien (nach M. McLuhan) als ›extensions of man‹ versteht, ein funktionales Konzept (nach F. Kittler), das Medien über die Operationen Speichern, Übertragen, Verarbeiten definiert, schließlich eine systemtheoretische (↑Systemtheorie) Variante (nach N. Luhmann), die über die Medium-Form-Unterscheidung tragfähige Begriffe zu gewinnen sucht. Für die meisten dieser Ansätze stellt sich neben systematischen und rekonstruktiven Aufgaben das so genannte Anschlußproblem, inwieweit sich nämlich erkenntnistheoretische Reflexionen etwa der ↑Sprachkritik oder der Zeichentheorie neu interpretieren und medienphilosophisch ordnen lassen.

M. hat bislang keine einheitliche Fassung des Medienbegriffs gewonnen. Vielmehr läßt sich auf dem Hintergrund einer ›eigentümlichen Singular-Plural-Ambiguität‹ (W. J. T. Mitchell 2005) eine Bedeutungsverschiebung von ›Medium‹ im medienphilosophischen Diskurs auf medientechnische Funktionen des Codierens, Speicherns und Übertragens feststellen. Medienphilosophischer Reflexionsbedarf stellt sich insbes. in Umbruchphasen ein (z. B. infolge zunehmender Digitalisierung), in denen Orientierungsbedarf entsteht und neue Begrifflichkeiten einzuführen und zu normieren sind. Hier ist die bereits von E. Cassirer für die Kulturwissenschaften angemahnte ›Tieferlegung der Fundamente‹ (1942) im Sinne einer Reflexion der medienphilosophischen Grundbegriffe erforderlich.

Literatur: H. Belting, Bild-Anthropologie. Entwürfe für eine Bildwissenschaft, München 2001, Paderborn ⁴2011 (franz. Pour une anthropologie des images, Paris 2004, 2009; engl. An Anthropology of Images. Picture, Medium, Body, Princeton N. J./Oxford 2011); H. Blumenberg, Die Lesbarkeit der Welt, Frankfurt 1981, 2011 (franz. La lisibilité du monde, Paris 2007); J. Brauns (ed.), Form und Medium, Weimar 2002; R. Capurro, Leben im Informationszeitalter, Berlin 1995; E. Cassirer, Zur Logik der Kulturwissenschaften. Fünf Studien, Göteborg 1942 (Göteborgs Högskolas Årsskrift XLVIII/1), ohne Untertitel, Hamburg 2011; E. Dölling (ed.), Repräsentation und Interpretation, Berlin 1998 (Arbeitspapiere zur Linguistik XXXV); L. Engell, Ausfahrt nach Babylon. Essais und Vorträge zur Kritik der Medienkultur, Weimar 2000; C. Ernst/P. Gropp/K. A. Sprengard (eds.), Perspektiven interdisziplinärer M., Bielefeld 2003; R. Fietz, M.. Musik, Sprache und Schrift bei Friedrich Nietzsche, Würzburg 1992; C. Filk/S. Grampp/K. Kirchmann, Was ist ›M.‹ und wer braucht sie womöglich dringender: die Philosophie oder die Medienwissenschaft? Ein kritisches Forschungsreferat, Allg. Z. Philos. 29 (2004), 39–65; J. Habermas, Faktizität und Geltung. Beiträge zur Diskurstheorie des Rechts und des demokratischen Rechtsstaats, Frankfurt 1992, 2009; F. Hartmann, Philosophie und die Medien, Information Philos. 19 (1991), H. 1, 17–28; ders., M., Wien 2000; ders., Mediologie. Ansätze einer Medientheorie der Kulturwissenschaften, Wien 2003; G. Helmes/W. Köster (eds.), Texte zur Medientheorie, Stuttgart 2002, 2008; C. Hubig, Medialität/Medien, EP II (²2010), 1516–1522; F. Kittler, Grammophon, Film, Typewriter, Berlin 1986 (engl. Gramophone, Film, Typewriter, Stanford Calif. 1999); D. Kloock/A. Spahr, Medientheorien. Eine Einführung, München 1997, erw. ²2000, rev. ³2007; P. Koch/S. Krämer (eds.), Schrift, Medien, Kognition. Über die Exteriorität des Geistes, Tübingen 1997, 2009; W. Konitzer, M., München/Paderborn 2006; S. Krämer, Sprache, Sprechakt, Kommunikation. Sprachtheoretische Positionen des 20. Jahrhunderts, Frankfurt 2001, 2006; dies., Medium, Bote, Übertragung. Kleine Metaphysik der Medialität, Frankfurt 2008; G. Kruck/V. Schlör (eds.), M., Medienethik. Zwei Tagungen – eine Dokumentation, Frankfurt etc. 2003; A. Lagaay/D. Lauer (eds.), Medientheorien. Eine philosophische Einführung, Frankfurt/New York 2004; G. Lovink/F. Hartmann, Discipline Design. Konjunktur der M., Medien Journal 28 (2004), H. 1, 5–16; N. Luhmann, Das Medium der Kunst, Delfin 4 (1986), H. 1, 6–15, ferner in: ders., Schriften zu Kunst und Literatur, ed. N. Werber, Frankfurt 2008, 123–138; ders. Die Kunst der Gesellschaft, Frankfurt 1995, 2007; R. Margreiter, M.. Eine Einführung, Berlin 2007; S. Mattern/J. H. Kang, Media, IESS V (²2008), 59–61; M. McLuhan, The Gutenberg Galaxy. The Making of Typographic Man, London, Toronto 1962, Toronto/Buffalo N. Y./London 2011 (franz. La Galaxie Gutenberg. La genèse de l'homme typographique, Montréal 1967, I–II, Paris 1977; dt. Die Gutenberg-Galaxis. Das Ende des Buchzeitalters, Düsseldorf/Wien 1968, mit Untertitel: Die Entstehung des typographischen Menschen, Hamburg/Berkeley Calif. 2011); ders., Understanding Media. The Extensions of Man, New York/Toronto/London 1964, London etc. 2010 (dt. Die magischen Kanäle. Understanding Media, Düsseldorf/Wien 1968, erw. Dresden/Basel ²1995); D. Mersch, Technikapriori und Begründungsdefizit. M. zwischen uneingelöstem Anspruch und theoretischer Neufundierung, Philos. Rdsch. 50 (2003), 193–219; ders., Medientheorien zur Einführung, Hamburg 2006, ²2009; W. J. T. Mitchell, What Do Pictures Want? The Lives and Loves of Images, Chicago Ill./London 2005, 2009 (dt. Das Leben der Bilder. Eine Theorie der visuellen Kultur, München 2008); S. Münker, Philosophie nach dem ›Medial Turn‹. Beiträge zur Theorie der Mediengesellschaft, Bielefeld 2009; ders./A. Roesler/M. Sandbothe (eds.), M.. Beiträge zur Klärung eines Begriffs, Frankfurt 2008 (mit Bibliographie, 198–204); C. Pias u. a. (eds.), Kursbuch Medienkultur. Die maßgeblichen Theorien von Brecht bis Baudrillard, Stuttgart 1999, ⁶2008; U. Ramming, ›M.‹. Ein Bericht, Dialektik 1 (2001), 153–170; A. Roesler/B. Stiegler (eds.), Philosophie in der Medientheorie. Von Adorno bis Žižek, München 2008; M. Sandbothe, Pragmatismus und philosophische Medientheorie, in: E. Dölling (ed.), Repräsentation und Interpretation [s. o.],

99–124; ders., Pragmatische M.. Grundlegung einer neuen Disziplin im Zeitalter des Internet, Weilerswist 2001 (mit Bibliographie, 242–271); ders., Was ist M.?, Z. Ästhetik u. Allg. Kunstwiss. 48 (2003), 195–206; ders./L. Nagl (eds.), Systematische M., Berlin 2005; R. Schnell, Medienästhetik. Zu Geschichte und Theorie audiovisueller Wahrnehmungsformen, Stuttgart/Weimar 2000; M. Seel, Ästhetik des Erscheinens, München/Wien 2000, Frankfurt 2011 (engl. Aesthetics of Appearing, Stanford Calif. 2005); ders., Medien der Realität – Realität der Medien, in: ders., Sich bestimmen lassen. Studien zur theoretischen und praktischen Philosophie, Frankfurt 2002, 123–145; G. Stanitzek/W. Vosskamp (eds.), Schnittstelle. Medien und Kulturwissenschaften, Köln 2001; M. C. Taylor/E. Saarinen, Imagologies. Media Philosophy, London/New York 1994, 1996; G. C. Tholen, Die Zäsur der Medien. Kulturphilosophische Konturen, Frankfurt 2002; M. Vogel, Medien der Vernunft. Eine Theorie des Geistes und der Rationalität auf Grundlage einer Theorie der Medien, Frankfurt 2001; S. Weber (ed.), Theorien der Medien. Von der Kulturkritik bis zum Konstruktivismus, Konstanz 2003, überarb. ²2010; ders., Non-dualistische Medientheorie. Eine philosophische Grundlegung, Konstanz 2005; L. Wiesing, Was ist M.?, Information Philos. 36 (2008), H. 3, 30–39. – Z. Medien- und Kulturforsch. (2010), H. 2 (Schwerpunkt M.); weitere Literatur: ↑Medium (semiotisch).   B. P./D. G.

Meditation (lat. meditatio, von meditari, überdenken, nachsinnen, sich vorbereiten, einüben), Bezeichnung für die im griechisch-christlichen Raum entwickelten diskursiven und affektiven Formen des sinnenden Verweilens und Sichversenkens in Gegenstände der Natur, der Kunst, der Metaphysik und der Religion sowie für die im hinduistisch-buddhistischen Kulturkreis Süd- und Ostasiens methodisch unternommenen Bemühungen, die durch die Sinne vermittelte Welt und das Verhaftetsein an sie zu überwinden. Während die *religiöse* M. des Westens, soweit sie den ↑Pantheismus ablehnt, zunächst eher zu einer gegenständlichen Schau führt (↑Kontemplation), strebt der östliche Weg von vornherein eine ungegenständliche Versenkung an, die in der ich- und gegenstandslosen Erleuchtung (↑samādhi, japanisch satori) gipfelt. Doch führt auch der westliche Weg auf seiner höchsten Stufe – hierin stimmen Judentum, Christentum und Islam überein – zu einer Aufhebung der Schranken zwischen ↑Ich und Anderem, ohne allerdings das Selbstsein der miteinander vereinigten Momente zu vernichten (↑Mystik). Um des Ziels der Erleuchtung bzw. der mystischen Vereinigung willen bedienen sich beide Wege des gesellschaftlichen Rückzugs des religiösen Adepten in die Einsamkeit, der körperlichen Askese, der Entleerung von kognitiven und affektiven Interessen an der Welt der Gegenstände und der Unterwerfung unter einen geistlichen Führer. Vor allem in Indien (↑Yoga) sowie in China und Japan (↑Zen) wurden Methoden der M. (↑dhyāna) entwickelt, die körperlichen Haltungen und Vollzügen (z. B. des Atmens) maßgebende Bedeutung für das Erreichen der Erleuchtung beilegen.

Die mit Platon ausdrücklich einsetzende Form der *philosophischen* M. setzt sich die ↑Selbsterkenntnis zum Ziel, der die Idee des ↑Guten als Norm dient. Die Aufklärung über sich selbst führt zur Änderung des Lebens, das vor allem angesichts seiner ↑Endlichkeit zu sich selbst kommt, von Platon beispielhaft an Leben und Sterben des Sokrates aufgezeigt (↑Leben, gutes, ↑Leben, vernünftiges). Die ›meditatio mortis‹ gehört dann sowohl zum stoischen (↑Stoa) als auch später zum mittelalterlichen Bestand philosophischer (und religiöser) Selbstverständigung. Darüber hinaus meint der Terminus ›meditatio‹ bei Anselm von Canterbury im »Monologion« (1076/ 1077) wie auch später bei R. Descartes (Meditationes de prima philosophia, 1641) die von philosophischen und theologischen ↑Autoritäten unabhängige, allein sich auf Gründe der Vernunft berufende, in methodischer Strenge verfahrende Rechenschaftsablage über das Fundament des Glaubens bzw. des Erkennens. Unter anderem bei Hugo von St. Viktor (De modo dicendi et meditandi 8, MPL 176, 878–879) und Thomas von Aquin (S. th. II-II qu. 180 art. 3) nimmt die ›meditatio‹ die Mittelstellung zwischen der ›cogitatio‹ als der niedrigsten Tätigkeit des Verstandes und der ›contemplatio‹ als der höchsten Tätigkeit der gnadenhaft informierten Vernunft ein. In den »Cartesianischen M.en« (1929) fordert E. Husserl vom Philosophen die durch radikalen ↑Zweifel angeleitete Enthaltung (↑Epochē) von allen Setzungen einschließlich der des eigenen empirischen Ich, um durch methodisch vollzogene transzendental-phänomenologische Reduktion (↑Reduktion, phänomenologische) das Begründetsein von Setzungen überhaupt und insbes. das des reinen transzendentalen Ego (↑Ego, transzendentales) zu erweisen.

Literatur: R. Altobello, M. from Buddhist, Hindu, and Taoist Perspectives, New York etc. 2009; W. Bitter (ed.), M. in Religion und Psychotherapie. Ein Tagungsbericht, Stuttgart 1958, ²1973; W. Bodmershof, Geistige Versenkung. Eine Studie, Zürich 1965, Bern ²1978; J. Bronkhorst, The Two Traditions of M. in Ancient India, Stuttgart 1986, Delhi 1993, 2000; M. v. Brück u. a., M./ Kontemplation, RGG V (2002), 964–970; C. K. Chapple, M., in: K. A. Jacobsen (ed.), Brill's Encyclopedia of Hinduism II, Leiden/Boston Mass. 2010, 822–826; P. Dessauer, Die naturale M., München 1961 (engl. Natural M., New York 1965); H. Dumoulin, Östliche M. und christliche Mystik, Freiburg/München 1966; K. Engel, M.. Geschichte, Systematik, Forschung, Theorie, Frankfurt etc. 1995, ²1999 (engl. [erw.] M., I–II, Frankfurt etc. 1997); C. Fuchs, M., in: K. v. Stuckrad (ed.), The Brill Dictionary of Religion III, Leiden/Boston Mass. 2006, 1198–1201; A. Huth/ W. Huth, Handbuch der M., München 1990, ²1996; J. B. Lotz, M., der Weg nach innen. Philosophische Klärung. Anweisung zum Vollzug, Frankfurt 1954, erw. unter dem Titel: M. im Alltag, Frankfurt ²1959; B. Mojsisch/W. Halbfass/T. Grimm, M., Hist. Wb. Ph. V (1980), 961–968; G. Oberhammer, Strukturen yogischer M.. Untersuchungen zur Spiritualität des Yoga, Wien 1977; A. Rosenberg, Die christliche Bildmeditation, München-Planegg 1955, unter dem Titel: Christliche Bildmeditation, München 1975; E. v. Severus u. a., Méditation, in: M. Viller u. a. (eds.), Dictionnaire de spiritualité. Ascétique et mystique, doctrine et histoire X, Paris 1980, 906–934; B. Smith, M., NDHI IV (2005), 1413–1416; G. Stachel (ed.), Munen musō. Ungegenständliche M.. Festschrift für Pater Hugo M. Enomiya-Lassalle S. J. zum 80. Geburtstag, Mainz 1978, ³1986; K. Tilmann, Die Führung zur M.. Ein Werkbuch I, Zürich/Einsiedeln/Köln, 1971, mit Untertitel: Ein Werkbuch, Zürich ⁹1992; ders./H.-T. v. Peinen, Die Führung zur M. II (Christliche Glaubensmeditation), Zürich/Einsiedeln/Köln 1978; U. Tworuschka/M. Nicol, M., TRE XXII (1992), 328–353; B. A. Wallace, Mind in the Balance. M. in Science, Buddhism, and Christianity, New York/Chichester 2009; weitere Literatur: ↑Yoga, ↑Zen.   R. Wi.

Medium (semiotisch) (lat. medium, Mitte), Bezeichnung für einen Gegenstand, der für Zeichen (↑Zeichen (semiotisch)) nicht hinsichtlich ihres schematischen Charakters, sondern hinsichtlich ihrer ↑Aktualisierung (Realisierung) konstitutiv ist. Sofern diese als ↑Marke auftritt, geht es um die Klärung von verschiedenen Voraussetzungen, von Eignung und Leistung ihrer *materialen* Anteile, ohne die ihre Rezeption mit Hilfe der Sinne als Rezeptoren nicht gelingt. Bei der Herstellung von Marken werden Trägermaterial (Stoff) und die das Zeichensystem konstituierende Form unter Bezug auf ein M. miteinander verschränkt, so daß das M. als Mittler einerseits zwischen Trägermaterial und semiotischer Form einer Marke, andererseits zwischen semiotischer Form und den Rezeptoren auftritt (das M. als semiotisch strukturiertes Material). Deshalb hat vormediales Material noch keinen Zeichencharakter und kann somit auch keinem Zeichensystem zugeordnet werden; es ist vielmehr offen für unterschiedliche Zeichensysteme. Das M. gewährleistet nicht nur den Dingcharakter (↑Ding) einer Marke als ›Sinnending‹ (K. Bühler), von ihm ist vielmehr abhängig, mit welchem Sinn die Marke wahrgenommen werden kann, wobei zu jedem Rezeptor eine durch ihn wahrnehmbare Umgebung (↑Kontext) gehört. Die Rezeptoren sind auch Kriterium zur Unterscheidung verschiedener M.en (visuelles, akustisches M.). So ist etwa Sehen erst dann voll ausgebildet, wenn es gelingt, im visuellen M. Zeichen zu erzeugen. Die Behinderung der Blindheit z.B. macht es notwendig, anstelle von zur Darstellung von Wortsprache verwendeten visuellen Schreibmarken entsprechende Tastmarken (Brailleschrift) zu verwenden (ein Beispiel für *Medienwechsel*). Andererseits können Marken ein und demselben M. entstammen, jedoch zu verschiedenen Zeichensystemen gehören (so im visuellen M.: Schreibmarken von Wörtern, graphische [lineare] Marken in Zeichnungen). *Multimedien* sind solche, an deren Rezeption mehrere (mindestens zwei) Rezeptoren beteiligt sind (z.B. Fernsehen). So gesehen ist Synästhesie rezeptionstheoretisch multimedial.

Die traditionelle Einteilung der Künste erfolgte im wesentlichen nach M.engesichtspunkten, wobei die redenden Künste eine Ausnahme bilden, da sich Sprechen als Äußerungsform nicht ohne weiteres auf einen eigenen Sinn zurückbeziehen läßt. Sofern in Logik und Sprachphilosophie gewöhnlich unter Vernachlässigung der sinnlichen Gestalt von Zeichenvorkommnissen und damit eines Teils ihrer pragmatisch-kommunikativen Funktion die Verbalität von Sprache, also ihre *Repräsentationsfunktion* (*stellvertretender* Gebrauch von Zeichen), in ihrer reinen Konventionalität betrachtet wird, geraten M.enprobleme, die die Frage nach der geeigneten ↑Notation einer Darstellung (↑Darstellung (semiotisch)) mit einschließen, kaum in den Blick. Der Gebrauch konventioneller, insbes. begrifflicher, Zeichen innerhalb einer Darstellung ist *medieninvariant*, im Falle ihres ikonischen Gebrauchs (↑Ikon) *medienvariant* (*vertretender* Gebrauch von Zeichen). Der konventionelle Gebrauch von Zeichen innerhalb eines M.s als ↑Symbol ist in seinem Darstellungsbereich begrenzt (z. B. visuelle Symbole).

Vormediales Material (↑Form und Materie, ↑Materie) spielt in einer handlungstheoretisch (↑Handlungstheorie) orientierten Rekonstruktion von M. eine entscheidende Rolle. Denn Material, häufig mit M. gleichgesetzt, garantiert den zeitlich-räumlichen Bestand von Marken und ist je nach Bezeichnungsfunktion der verwendeten Zeichen an den Bezeichnungsleistungen von Marken beteiligt. Insofern erhält es mediale Eigenschaften, so daß es durch seine Semiotisierung für kommunikative Zwecke genutzt werden kann. Statt daß der handelnde Mensch sich einem vorhandenen Material als Stoff lediglich gegenübersieht, weist erst das Umgehen mit Material dieses als solches aus, weshalb auch seine Gliederungen (Formaspekte) aus den jeweiligen Umgehensweisen verständlich werden »und schließlich sogar gleichsam einen geschlossenen Kreis bilden mit den verschiedenen Arten der Tätigkeiten« (W. Schapp, 1953, ⁴2004, 20). Durch Behandeln von Materialien ist stets schon Form mitgesetzt. Somit wird auf der Basis des phänomenalen oder Aristotelischen Erfahrungsbegriffs (↑Erfahrung) materialorientiertes Handeln, seine semiotischen Anteile eingeschlossen, als Fertigkeit der Kennerschaft erworben. Dies erklärt gegenstandsbezogen die generelle Explorationsfähigkeit von Material, handlungsbezogen seine generelle Explorationsbedürftigkeit in entsprechenden Situationszusammenhängen, so daß vorab über keinerlei materiale wie handlungsmäßige Standards verfügt werden kann. Diese Tatsache ist Basis für alle Arten von Exploration (künstlerisches wie wissenschaftliches Forschen) (↑Kunst).

Bei verschiedenen Arten von Handlungen treten bei wiederholtem Umgehen mit Material *Materialhomogenität* (z. B. Falten, Knüllen, Reißen oder, mit Hilfe eines Werkzeugs, Schneiden von Papier) bzw. *Materialheterogenität* (z. B. mit einem Stein im Unterschied zu mit Papier Werfen) auf. Daran anschließend lassen sich materialdifferente als *materialvariante* und materialindifferente als *materialinvariante* Handlungen unterscheiden, ebenso bezüglich einer Handlungsklasse *handlungsvariantes* (z. B. formändernde Handlungen an Blei) und *handlungsinvariantes* Material (z. B. bezüglich der Bleibewegungen; Blei Stapeln, Blei Aufstellen). Mit Hilfe der ebenfalls in diesem Zusammenhang zu gewinnenden Unterscheidung eines *handlungsadäquaten* von einem *handlungsresistenten* Material läßt sich das Erfordernis des Werkzeuggebrauchs verständlich machen, wobei Werkzeug hinsichtlich des zu bearbeitenden Materials als ↑Index für seine instrumentelle Eignung angesehen werden kann. Werden Umgehensweisen mit Material als Marken gerade so realisiert, daß nur Material- und entsprechende Handlungsanteile exemplifiziert (↑Exemplifikation) werden, so kommt es insbes. bei bisher vormedialen Materialien, häufig im engen Zusammenhang mit weniger benutzten Arten der Rezeption, zur *Medienerzeugung* (z. B. Papier als künstlerisches M. in der gegenwärtigen Bildkunst). Hier bleibt der Übergang von einem zeichenfreien Material als Matrix zum M. stets ablesbar, so daß von einer Erneuerung der Sprachlichkeit gesprochen werden kann.

Historisch-genetisch betrachtet führt der Weg in Ästhetik (↑ästhetisch/Ästhetik) und Kunsttheorie wie in der künstlerischen Praxis von vorwiegend materialinvarianten zu materialvarianten Handlungen, die bis in die unmittelbare Gegenwart hinein vorherrschen (z. B. künstlerische Thematisierung neuer, synthetisch hergestellter Materialien). Es geht dabei um Übung, Entwicklung und Erweiterung, also um Rückgewinnung des sinnlich-erkennenden Handelns (etwa im Zuge des ›Taktismus‹ [E. Marinetti] bzw. des ›Haptismus‹ [R. Hausmann] Herstellen eigener Übungsgeräte im Vorkurs [Anfangsübung] im Staatlichen Bauhaus, z. B. einer drehbaren Tasttrommel [R. Marwitz, 1928]; zur Kontrolle des Erlernten suchte man Tastdiagramme anzuwenden), um zu einem ›Lebensganzen‹ (L. Moholy-Nagy) zu gelangen (in einer hochentwickelten [Industrie-]Gesellschaft droht das Defizit an Primärerfahrungen immer größer zu werden). Dieser Weg führt über drei Stationen: (1) Um die Idee (den Concetto, das Konzept) möglichst ohne Verfälschung durch das zu ihrer Realisierung benötigte Material zur Geltung bringen zu können, lehrt die Tradition der spekulativen, idealistischen Ästhetik und Kunsttheorie mit Ausläufern bis ins 20. Jh. (z. B. G. Simmel: ›stummes‹ Material; bei H. Wölfflin [Kunstgeschichtliche Grundbegriffe. Das Problem der Stil-Entwicklung in der neueren Kunst, München 1915] kommt ›stofflich‹, ›Stofflichkeit‹ nicht vor) *Materialnegierung* oft als Materialverleugnung, die von der Materialimitation bis zur Scheingestalt als dessen Kostümierung (Gipssäule erscheint durch farbigen

Anstrich als Marmor) reicht. (2) Zwischen Klassik und Romantik kommt es zu Ansätzen der Erfahrung von *Materialdignität* (J. W. v. Goethe), bei der auch die wechselseitige Abhängigkeit von Material und dessen Gebrauch in den Blick gerät (Novalis). (3) Um die Mitte des 19. Jhs. beginnt sich die Norm materialvarianten Handelns praktisch wie theoretisch zu etablieren (G. Semper, der dieses zunächst für die angewandten Künste fordert) und über die Bewegung ›Art and Crafts‹ (England) im gesamten Bereich der Künste durchzusetzen: *Materialthematisierung* wird mit kritischer Reflexion verschränkt. Im Zuge dieser Entwicklung lösen exemplifizierende Verfahren der Darstellung die traditionell üblichen der Illusionierung ab. *Materialechtheit, Materialgerechtheit* lautet jetzt die Devise, bestimmt als exemplifizierendes materialvariantes Formhandeln, das auch zum Kriterium für Schönheit werden soll. Höhepunkte dieser Auffassung finden sich im *Materialbild* (z.B. J. Dubuffet, J. Wagemaker, A. Tapies) und in der *Konkreten Poesie* (z.B. H. Gappmayr, E. Gomringer), einer schließlich alle Künste durchherrschenden *materialanalysierenden* (explorierenden) künstlerischen Praxis, vergleichbar mit der sprachanalytischen (↑Sprachanalyse) Praxis in der gleichzeitigen Philosophie (z.B. direkter Wittgenstein-Bezug). Hier wie dort widmet man sich den materialvarianten Handlungen und Verfahren, die für das künstlerische bzw. philosophische (wissenschaftliche) Resultat grundlegend sind, d.h., die seit der ↑Grundlagenkrise in Kunst und Philosophie (Wissenschaft) um 1900 sich entwickelnde Zeichen-(Sprach-) Kritik ist beiden gemeinsam. Die Vorherrschaft materialexplorierender Darstellung formulieren unter Berücksichtigung des Medienaspekts z.B. J. Dewey: »colors are the painting; tones are the music« (Art as Experience, 1934, 197), und M. Heidegger: »Das Gemälde ist in der Farbe [...] Das Musikwerk ist im Ton« (Holzwege, ⁸2003, 4). Ausgehend von Bild-, Sprach-, Ton- und Baumaterial und damit direkt einem am Umgang mit dem Material orientierten *Materialpurismus* (Formalismus) dort Vorschub leistend, wo Handlungsanteile nicht genügend zur Geltung gebracht werden, ist seit der Kunstwende um 1900 bis heute Materialgerechtheit (Konzipieren und Gestalten in ›Materialprozessen‹) Quelle der künstlerischen Inspiration. In diesem Zusammenhang tritt in der semiotischen Diskussion verstärkt die Frage nach der Relevanz des ikonischen Zeichens für Kunsttheorie und Ästhetik auf.

Literatur: G. Bandmann, Bemerkungen zu einer Ikonologie des Materials, Städel-Jb. 2 (1969), 75–100; ders., Der Wandel der Materialbewertung in der Kunsttheorie des 19. Jahrhunderts, in: H. Koopmann/J. A. Schmoll gen. Eisenwerth (eds.), Beiträge zur Theorie der Künste im 19. Jahrhundert I, Frankfurt 1971, 129–157; J. Dewey, Art as Experience, New York 1934, 2005 (dt. Kunst als Erfahrung, Frankfurt 1980, 2009); D. Gerhardus

(ed.), Papier als künstlerisches M.. Ein Beitrag zur exemplifizierenden Bildkunst, Saarbrücken 1980; M. Heidegger, Der Ursprung des Kunstwerkes [1935/1936], in: ders., Holzwege, Frankfurt 1950, 7–68, ⁸2003, 1–74; F. Heider, Ding und M., Berlin 1927, ed. D. Baecker, 2005; C. Hubig, Medialität, Medien, EP II (²2010), 1516–1522; S. Krämer, M., Bote, Übertragung. Kleine Metaphysik der Medialität, Frankfurt 2008; J. Lyons, Semantics, I–II, Cambridge etc. 1977, 1996 (dt. Semantik, I–II, München 1980/1983); M. McLuhan, The Medium Is the Message. An Invenctory of Effects, New York etc. 1967, ohne Untertitel: Corte Madera Calif. 2005 (dt. Das M. ist die Botschaft, Dresden 2001); W. Nöth (ed.), Semiotics of the Media. State of the Art, Projects, and Perspectives, Berlin/New York 1997; R. Odebrecht, Werkstoff und ästhetischer Gegenstand, Z. Ästhetik u. allg. Kunstwiss. 29 (1935), 1–26; E. Panofsky, On Movies, Bull. Department of Art and Archaeology of Princeton University (1936), 5–15, unter dem Titel: Style and M. in the Moving Pictures, Transition 26 (1937), 121–133, unter dem Titel: Style and M. in the Motion Picture, Critique. A Review of Contemporary Art 1 (1947), H. 3, 5–28, ferner in: G. Mast/M. Cohen (eds.), Film Theory and Criticism. Introductory Readings, Oxford/New York 1974, ed. L. Braudy/M. Cohen, ⁷2009, 247–261 (dt. Stil und Stoff im Film, Filmkritik 11 [1967], 343–355); K. L. Pike, Language in Relation to a Unified Theory of the Structure of Human Behavior, I–III, Glendale Calif. 1954–1960, [I–III in einem Bd.] The Hague/Paris erw. ²1967, 1971; T. Pruisken, Medialität und Zeichen. Konzeption einer pragmatisch-sinnkritischen Theorie medialer Erfahrung, Würzburg 2007; W. Schapp, In Geschichten verstrickt. Zum Sein von Mensch und Ding, Hamburg 1953, Wiesbaden ²1976 (Vorwort H. Lübbe, V–VII), Frankfurt ⁴2004 (franz. Empêtrés dans des histoires. L'être de l'homme et de la chose, Paris 1992); J. G. Schneider, Spielräume der Medialität. Linguistische Gegenstandskonstitution aus medientheoretischer und pragmatischer Perspektive, Berlin/New York 2008; M. Weitz, Philosophy of the Arts, Cambridge Mass. 1950, New York 1964; H. J. Wulff, M. und Kanal, in: Zur Terminologie der Semiotik I, Münster 1978, rev. ²1979 (Papiere des Münsteraner Arbeitskreises für Semiotik 10), 37–67. – Kunst wird Material, Nationalgalerie Berlin. Staatliche Museen Preußischer Kulturbesitz, Berlin 1982 [Ausstellungskatalog].   B. P./D. G.

Medizin (Humanmedizin, lat. ars medicina, griech. ἰατρική [τέχνη]), Lehre von der normalen und gestörten Funktion des menschlichen Organismus, insbes. der Aufklärung der Entstehung von Krankheiten (Ätiologie), deren Erkennung (Diagnostik), Behandlung (Therapie oder Palliation) und Verhütung (Prävention). Im Laufe der M.geschichte hat sich ein breit gefächerter Kanon medizinischer Subdisziplinen gebildet, dessen Gliederung teils pragmatischen, teils methodischen Gesichtspunkten folgt. Wesentliche Erkenntnisse über die Entstehung von Krankheiten und über Strategien zu ihrer Behandlung verdanken sich der Ausdifferenzierung einer medizinischen Forschung, die sich eng an der Methodologie der Naturwissenschaften orientiert. Diese oft als Schulmedizin bezeichnete Hauptströmung der M. läßt sich abgrenzen gegen die so genannte Alternativmedizin oder Komplementärmedizin – ein Sammelbegriff für ein sehr heterogenes, kaum überschau-

bares Spektrum von Bemühungen (z. B. Naturheilver-
fahren, Akupunktur, Homöopathie), Erklärungs- und
Behandlungskonzepte teils in Ergänzung, teils in Opposition zu den in der Schulmedizin anerkannten Kriterien
der Wissenschaftlichkeit zu etablieren. Bedingt durch
die Bedeutung von Krankheit für die individuelle Existenz, aber auch durch die tiefe Einbettung der M. und
ihrer Institutionen in die gesellschaftlichen Strukturen
ist die Geschichte der M. sehr viel stärker als diejenige
anderer Lehr- und Wissensgebiete immer auch durch
ideengeschichtliche (↑Ideengeschichte) Strömungen beeinflußt worden (z. B. ↑Sozialdarwinismus, Rassentheo-
rie). Entsprechend breit ist auch die Tradition der philosophischen Reflexion über die M., wobei insbes. die
↑Wissenschaftstheorie der M., die medizinische ↑An-
thropologie und die Medizinethik (↑Ethik, medizinische) einen systematischen Ausarbeitungsstand erreicht
haben.

Die *Wissenschaftstheorie* der M. umfaßt Untersuchungen
zur Begriffs- und Theoriebildung, der Methodenent-
wicklung sowie der Wissensproduktion und Wissens-
anwendung in der medizinischen Forschung und klinischen Praxis. (1) Medizin als Wissenschaft: Über viele
Jahrhunderte hinweg war die M. am ehesten als Heilkunst im Sinne einer handwerklichen Kunstfertigkeit
oder Geschicklichkeit zu verstehen (↑ars). Die im 19.
Jh. einsetzende Orientierung an naturwissenschaftlichen
Methoden geht dann mit einem stärkeren Bemühen um
die systematische Erfassung und um die Ausbildung
erklärender Theorien über die Wirkungszusammenhänge medizinischen Handelns einher. Die an den Naturwissenschaften orientierte medizinische Forschung läßt
sich entsprechend zwar als theoretische Wissenschaft,
die auf Erkenntnis hin ausgerichtet ist, interpretieren.
Letztlich sollen die Erkenntnisse der medizinischen Forschung aber der Behandlung des Kranken dienen. Die
M. insgesamt ist daher als auf den Menschen bezogene
praktische Wissenschaft zu rekonstruieren. (2) Als
↑Krankheit wird eine zumeist negativ konnotierte Abweichung von einem körperlichen und/oder geistigen
Normalzustand bezeichnet. In alltags- und auch fach-
sprachlicher Rede läßt sich eine Vielzahl an Verwendungen des Ausdrucks unterscheiden. In der medizinischen
Forschung dient der Krankheitsbegriff vorwiegend als
Oberbegriff für eine ↑Klassifikation dysfunktionaler
(biologischer) Zustände. Die gewählten Klassifikations-
kriterien sind dabei selbst Gegenstand fachlicher Kontroversen, in denen es um deren Bedeutung und relative
Gewichtung geht. Illustrativ sind etwa die Kontroversen über die Klassifikation psychischer Erkrankungen.
Fortschritte in der Standardisierung der Diagnostik
(↑Diagnose) führten seit den 1980er Jahren zu einer
symptombezogenen Klassifikation psychischer Erkrankungen. Mit dem Fortschreiten der genetischen und

neurowissenschaftlichen Erforschung psychischer Erkrankungen wird nun zunehmend diskutiert, ob eine
molekulare Reklassifikation psychischer Erkrankungen
erfolgen sollte, die statt der Krankheitssymptome die
molekularen Krankheitsursachen zur *ratio disjunctionis*
machen. Wieder andere Ziele liegen der Verwendung
des Krankheitsbegriffs in der klinischen M. und im
Gesundheitswesen zu Grunde, wo mit der Bezeichnung
›krank‹ oft evaluative Implikationen verbunden sind,
etwa ein Anspruch auf medizinische Versorgung. Dementsprechend wird mit ↑›Gesundheit‹ meist ein an anthropologischen Zielvorstellungen orientierter Idealzu-
stand menschlicher Existenz bezeichnet, der sich nicht in
der Abwesenheit von Krankheit erschöpft. Allerdings
spielt der Gesundheitsbegriff weder in der medizinischen Forschung noch in der medizinischen Praxis
eine ausgeprägte Rolle. (3) Das Arzt-Patient-Verhältnis
ist das zentrale Strukturelement der klinischen M.. In
ihm wird medizinisches Wissen als ärztliches Handeln
praktisch. Das Verhältnis von Arzt und Patient würde
aber mißverstanden, wenn man es als isolierten – oder
präskriptiv (↑deskriptiv/präskriptiv) gewendet: als zu
isolierenden – Handlungskontext verstehen würde.
Ärztliches Handeln ist vielmehr auch durch die Interaktion verschiedener medizinischer Teildisziplinen, die
Interaktion mit einer versorgenden und pflegenden In-
frastruktur oder – im modernen Gesundheitswesen –
durch die Anforderungen von Kostenträgern (Kranken-
kassen) bestimmt. Der anhaltende Strukturwandel in
der M., d. h. die zunehmende Ausdifferenzierung und
Verflechtung der Akteure und Institutionen im Gesundheitswesen, verändert auch das Arzt-Patient-Verhältnis,
etwa durch die zunehmende Anonymisierung und Juri-
difizierung des medizinischen Betriebs. Die verbreitete
Interpretation des Arzt-Patient-Verhältnisses als einer
gegenüber Einflüssen von außen strikt zu schützenden
Zweierbeziehung ist demgegenüber eine (zumeist moralisch motivierte) Idealisierung, die oft einseitig die
unerwünschten Nebeneffekte von Arbeitsteilung und
Spezialisierung in der M. thematisiert und die Vorteile
ausblendet. Auch wird dadurch tendenziell der Blick
dafür verstellt, daß medizinische Leistungen überwiegend solidarisch finanziert werden, so daß Behandlungs-
entscheidungen, die zugleich eine Verteilung von begrenzten Ressourcen sind, nicht lediglich nur zwischen
Arzt und Patient zu vereinbaren, sondern auch gegenüber der Solidargemeinschaft zu rechtfertigen sind.

Die *medizinische Anthropologie* beschäftigt sich in Aufnahme von Ansätzen der philosophischen ↑Anthropo-
logie mit der Natur des Menschen, insbes. mit Blick auf
diejenigen seiner Eigenschaften, die durch eine Erkrankung bedroht sind bzw. ihm die Bewältigung einer Erkrankung und ihrer Folgen ermöglichen. Die zentrale
Kontroverse der medizinischen Anthropologie entzün-

det sich an der Frage, ob der kranke Mensch durch eine Erkrankung derart tiefgreifenden Veränderungen unterworfen ist, daß die allgemeine Anthropologie die spezifischen Charakteristika des kranken Menschen nicht adäquat beschreiben kann. In diesem Falle müßte eine spezielle Anthropologie des Kranken entwickelt werden. Als Kehrseite des Erfolgs einer naturwissenschaftlich-technisch operierenden, zunehmend arbeitsteilig und spezialisiert voranschreitenden M. wird häufig eine zunehmende Verengung der Perspektive konstatiert, in der der umfassende, ›ganzheitliche‹ Blick auf den Menschen verlorengegangen sei. Als Versuch, dieses Defizit auszugleichen, sind verschiedene anthropologische Positionen entwickelt worden – etwa von K. Jaspers und V. v. Weizsäcker. Insbes. bei Letzterem und seinen Schülern werden psychosoziale Erklärungen für die Entstehung und den Verlauf von Krankheiten betont und etwa nach dem ›Sinnhorizont der Krankheit‹ gefragt. Krankheit als naturwissenschaftlich beschreibbarer Prozeß tritt in diesen Anthropologien in den Hintergrund.

Die *medizinische Ethik* (↑Ethik, medizinische) bezeichnet denjenigen Teilbereich der ↑Bioethik, der sich jenen Problemen der Handlungsorientierung widmet, die sich aus der medizinbezogenen Forschung, der medizinischen Praxis und der Organisation des Gesundheitswesens ergeben. Regeln für den moralisch korrekten Vollzug ärztlicher Handlungen und philosophische Reflexionen über die ärztliche Tätigkeit finden sich seit der Antike. Als akademische Disziplin etabliert sich die medizinische Ethik auf Grund historischer und gesellschaftlicher Entwicklungen etwa seit 1960. Mittlerweile ist die medizinische Ethik eine gut ausdifferenzierte Subdisziplin der philosophischen ↑Ethik, die auf vielfältige Weise auf die medizinische Praxis, die Öffentlichkeit und die Politik Einfluß nimmt.

Literatur: H. Albrecht (ed.), Heilkunde versus M.? Gesundheit und Krankheit aus der Sicht der Wissenschaften, Stuttgart 1993; F. Anschütz, Ärztliches Handeln. Grundlagen, Möglichkeiten, Grenzen, Widersprüche, Darmstadt 1987, 1988; J. P. Beckmann (ed.), Fragen und Probleme einer medizinischen Ethik, Berlin/New York 1996; K. Bergdolt, Das Gewissen der M.. Ärztliche Moral von der Antike bis heute, München 2004; S. Bloch/P. Chodoff (eds.), Psychiatric Ethics, Oxford etc. 1981, ed. mit S. A. Green, ³1999, ed. S. Bloch/S. A. Green, ⁴2009; K. D. Bock, Wissenschaftliche und alternative M.. Paradigmen – Praxis – Perspektiven, Berlin etc. 1993; B. Böck/V. Nutton, M., DNP VII (1999), 1103–1117; B. Böhm, Wissenschaft und M.. Über die Grundlagen der Wissenschaft, Wien/New York 1998; C. Borck (ed.), Anatomien medizinischen Wissens. M., Macht, Moleküle, Frankfurt 1996; W. F. Bynum u. a., The Western Medical Tradition. 1800 to 2000, Cambridge etc. 2006; G. Canguilhem, Le normal et le pathologique, Paris 1966, 2010 (dt. Das Normale und das Pathologische, München 1974, Frankfurt/Berlin/Wien 1977; engl. On the Normal and the Pathological, Dordrecht etc. 1978, unter dem Titel: The Normal and the Pathological, New York 1989, 2007); L. I. Conrad u. a., The Western Medical Tradi-

tion. 800 BC to AD 1800, Cambridge/New York/Melbourne 1995, 2005 (franz. Histoire de la lutte contre la maladie. La tradition médicale occidentale de l'Antiquité à la fin du siècle des Lumières, Le Plessis-Robinson 1999, 2003); C. M. Culver/B. Gert, Philosophy in Medicine. Conceptual and Ethical Issues in Medicine and Psychiatry, New York/Oxford 1982; C. Currer/M. Stacey (eds.), Concepts of Health, Illness and Disease. A Comparative Perspective, Leamington Spa/Hamburg/New York 1986, 1991; W. Deppert u. a. (eds.), Wissenschaftstheorien in der M.. Ein Symposium, Berlin/New York 1992; H. Diller u. a., M., Hist. Wb. Ph. V (1980), 968–1002; D. v. Engelhardt/H. Schipperges, Die inneren Verbindungen zwischen Philosophie und M. im 20. Jahrhundert, Darmstadt 1980; H. Flashar (ed.), Antike M., Darmstadt 1971; A. Frewer/J. N. Neumann (eds.), M.geschichte und M.ethik. Kontroversen und Begründungsansätze 1900–1950, Frankfurt/New York 2001; H.-G. Gadamer, Über die Verborgenheit der Gesundheit. Aufsätze und Vorträge, Frankfurt 1993, Berlin 2010; C. F. Gethmann, Heilen: Können und Wissen. Zu den philosophischen Grundlagen der wissenschaftlichen M., in: J. P. Beckmann (ed.), Fragen und Probleme einer medizinischen Ethik [s. o.], 68–93; A. Gethmann-Siefert/K. Gahl/U. Henckel (eds.), Wissen und Verantwortung. Festschrift für Jan P. Beckmann II (Studien zur medizinischen Ethik), Freiburg/München 2005; A. Gethmann-Siefert/F. Thiele (eds.), Ökonomie und M.ethik, München 2008, ²2011; F. Gifford (ed.), Handbook of Philosophy of Science XVI (Philosophy of Medicine), Amsterdam etc. 2011; R. Gross (ed.), Geistige Grundlagen der M., Berlin etc. 1985; L. Honnefelder/G. Rager (eds.), Ärztliches Urteilen und Handeln. Zur Grundlegung einer medizinischen Ethik, Frankfurt/Leipzig 1994; P. Hucklenbroich, Wissenschaftstheorie als Theorie der M.: Themen und Probleme, in: W. Deppert u. a. (eds.), Wissenschaftstheorien in der M. [s. o.], 65–95; ders., Theorie und Praxis in der M.. Ein medizintheoretischer Klärungsversuch, in: P. Kröner u. a. (eds.), Ars medica. Verlorene Einheit der M.?, Stuttgart/Jena/New York 1995, 133–155; W. Jacob, Kranksein und Krankheit. Anthropologische Grundlagen einer Theorie der M., Heidelberg 1978; J. C. Joerden u. a. (eds.), Menschenwürde und moderne M.ethik, Baden-Baden 2011; dies. (eds.), Menschenwürde in der M.. Quo vadis?, Baden-Baden 2012; J. Köbberling (ed.), Die Wissenschaft in der M.. Selbstverständnis und Stellenwert in der Gesellschaft, Stuttgart/New York 1992, ²1993; H. Kreß, Medizinische Ethik. Kulturelle Grundlagen und ethische Wertkonflikte heutiger M., Stuttgart 2003, mit Untertitel: Gesundheitsschutz, Selbstbestimmungsrechte, heutige Wertkonflikte, bearb. u. erw. ²2009; A. Labisch, Homo hygienicus. Gesundheit und M. in der Neuzeit, Frankfurt/New York 1992; ders., Der Arzt zwischen Heilkunde und Heilkunst – oder: ist eine zeitgemäße ärztliche Handlungswissenschaft möglich?, in: P. Kröner u. a. (eds.), Ars medica. Verlorene Einheit der M.? [s. o.], 191–210; ders./G. Rager, M., LThK VII (³1998), 53–59; ders./N. Paul/G. Rager, M., in: W. Korff/L. Beck/P. Mikat (eds.), Lexikon der Bioethik II, Gütersloh 1998, 630–646; D. Lanzerath, Krankheit und ärztliches Handeln. Zur Funktion des Krankheitsbegriffs in der medizinischen Ethik, Freiburg/München 2000; K. M. Meyer-Abich, Was es bedeutet, gesund zu sein. Philosophie der M., München 2010; S. Michl/T. Potthast/U. Wiesing (eds.), Pluralität in der M.. Werte, Methoden, Theorien, Freiburg/München 2008; J. N. Neumann u. a., M., RGG V (2002), 971–985; W. Pieringer/F. Ebner (eds.), Zur Philosophie der M., Wien/New York 2000; R. Porter, The Greatest Benefit to Mankind. A Medical History of Humanity from Antiquity to the Present, London 1997, [teilweise mit Untertitel: A Medical History of Humanity] New York, London 1999 (dt.

Die Kunst des Heilens. Eine medizinische Geschichte der Menschheit von der Antike bis heute, Darmstadt, Heidelberg/Berlin 2000, Heidelberg, Erftstadt 2007); G. Rager, M. als Wissenschaft und ärztliches Handeln, in: L. Honnefelder/G. Rager (eds.), Ärztliches Urteilen und Handeln [s. o.], 15–52, 341–343; D. Rössler/H. D. Waller (eds.), M. zwischen Geisteswissenschaft und Naturwissenschaft. Drittes Blaubeurer Symposion vom 30. September – 2. Oktober 1988, Tübingen 1989; K. E. Rothschuh (ed.), Was ist Krankheit? Erscheinung, Erklärung, Sinngebung, Darmstadt 1975; ders., Konzepte der M. in Vergangenheit und Gegenwart, Stuttgart 1978; K. F. Schaffner/H. T. Engelhardt, Jr., Medicine, Philosophy of, REP VI (1998), 264–269; H. Schipperges/E. Seidler/P. U. Unschuld (eds.), Krankheit, Heilkunst, Heilung, Freiburg/München 1978; E. Seidler (ed.), Medizinische Anthropologie. Beiträge für eine Theoretische Pathologie, Berlin etc. 1984; P. W. Sharkey, A Philosophical Examination of the History and Values of Western Medicine, Lewiston N. Y./Queenston Ont./Lampeter 1992, 1993; H. E. Sigerist, A History of Medicine, I–II, New York 1951/1961, 1987 (dt. Anfänge der M.. Von der primitiven und archaischen M. bis zum Goldenen Zeitalter in Griechenland, Zürich 1963); N. Sivin u. a., Medicine, in: M. C. Horowitz (ed.), New Dictionary of the History of Ideas IV, Detroit Mich. etc. 2005, 1397–1413; D. Stederoth/T. Hoyer (eds.), Der Mensch in der M.. Kulturen und Konzepte, Freiburg/München 2011; F. Thiele, Autonomie und Einwilligung in der M.. Eine moralphilosophische Rekonstruktion, Paderborn 2011; A. Thom, M., in: H. J. Sandkühler (ed.), Europäische Enzyklopädie zu Philosophie und Wissenschaften III, Hamburg 1990, 325–331; T. v. Uexküll/W. Wesiack, Theorie der Humanmedizin. Grundlagen ärztlichen Denkens und Handelns, München/Wien/Baltimore Md. 1988, überarb. ³1998; W. Wieland, Diagnose. Überlegungen zur M.theorie, Berlin/New York 1975, Warendorf 2004; ders., Strukturwandel der M. und ärztliche Ethik. Philosophische Überlegungen zu Grundfragen einer praktischen Wissenschaft, Heidelberg 1986 (Abh. Heidelberger Akad. Wiss., philos.-hist. Kl. 1985, 4); U. Wiesing, Wer heilt, hat Recht? Über Pragmatik und Pluralität in der M., Stuttgart/New York 2004 (mit Bibliographie, 103–112); J. Willi/E. Heim (eds.), Psychosoziale M.. Gesundheit und Krankheit in bio-psycho-sozialer Sicht, I–II, Berlin etc. 1986. F. T.

Medizinethik, ↑Ethik, medizinische.

Megariker, Bezeichnung für eine griechische Philosophenschule, gegründet von dem Sokrates-Schüler Eukleides von Megara († nach 369 v. Chr.), in einer zweiten Phase auch als die ›eristische‹, noch später als die ›dialektische‹ Schule bezeichnet. Unter der These, das Gute sei eines, wiewohl mit vielen Namen benannt, nahm Eukleides in sokratisch-ethischer Umformung die Tradition der Eleaten (↑Eleatismus) auf. Seine Nachfolger bauten die Lehre unter Einbeziehung des ↑Kynismus aus, verteidigten sie auch mit sophistischen Mitteln (↑Eristik) und entwickelten schließlich im Zuge einer Analyse dieser Mittel die Grundzüge der späteren stoischen Logik (↑Logik, stoische). K. v. Fritz (1931) zeigte jedoch, daß diese Einschätzung eine Konstruktion antiker Philosophiehistoriker war; statt in der Tradition der Eleaten ist Eukleides von Sokrates her zu verstehen.

Darüber hinaus gab die Fragmentsammlung von K. Döring (1972) zu neuen Untersuchungen Anlaß, indem sie die M. in Personenkreise unterteilte. Dann argumentierte D. Sedley (1977), daß die traditionelle Auffassung auf einer Konfundierung von αἵρεσις (Schule) und διαδοχή (philosophische Nachfolge) beruhe; in Wirklichkeit waren die M., die Eristiker und die Dialektiker (Dörings Kreise) drei verschiedene Schulen, die miteinander rivalisierten, keine charakteristische gemeinsame Lehrtradition besaßen und doch alle drei (in teilweise oberflächlichem Sinne) als Erben des Eukleides galten. Die megarische Schule in diesem Sinne bestand im wesentlichen nur aus Ichthyas, Stilpon (ca. 360–280) und dem Kreis der Schüler. Die Gruppe der Eristiker wurde wohl vorwiegend von ihren Gegnern identifiziert; der wichtigste Vertreter war Eubulides von Milet (Streitschrift gegen Aristoteles nach 340 v. Chr.). Die Dialektiker benannten sich so auf Vorschlag des Dionysios von Chalkedon (2. Hälfte des 4. Jhs. v. Chr.) und bestanden als Schule bis ca. 250 v. Chr.; neben Diodoros Kronos († ca. 284) und seinem Schüler Philon als den bekanntesten Vertretern sind noch mindestens zwölf andere Mitglieder der Schule namentlich bekannt.

In Ermanglung eines gemeinsamen Merkmals stellen sich auch die Lehren der M. ganz anders als früher angenommen dar: (1) *Eukleides* knüpfte, wie K. v. Fritz bereits 1931 gezeigt hat, nicht an die Tradition der Eleaten an. Vielmehr hat er die Sokratische Überzeugung, daß die verschiedenen ↑Tugenden aus einem gemeinsamen Zentrum, der Erkenntnis des Guten (↑Gute, das), hervorgehen und so eine Einheit bilden, zur ausdrücklichen Lehre gemacht und durch diese Theoretisierung späteren Autoren Anlaß gegeben, ihn mit den Eleaten in Verbindung zu bringen. (2) Stilpon (bzw. die Megarische Schule im Sinne D. Sedleys) war berühmt wegen seiner Disputationskunst; über seine Ethik ist wenig überliefert. Anscheinend nahm er kynische Gedanken auf, nachweisbar vor allem in der Prädikationstheorie: Wie Antisthenes erkannte er nur Identitätsaussagen an und bestritt die Möglichkeit der Subsumption (↑Subordination), der allgemeinen Begriffe und der Platonischen Ideen (↑Ideenlehre). (3) *Eubulides*, der bedeutendste *Eristiker*, gilt als Erfinder zahlreicher Trugschlüsse, darunter des ↑Cornutus, des Verhüllten, des ↑Sorites und vor allem der ↑Lügner-Paradoxie. Welches Interesse er an den Sophismen (↑Sophisma) hatte, ist wegen der Ergebnisse von Sedley und v. Fritz offen. (4) Diodoros Kronos und sein Kreis (bzw. die Dialektische Schule im Sinne D. Sedleys) pflegten die ↑Dialektik weiter in der Definition des Aristoteles und fuhren fort, in Form von Ja/Nein-Fragen zu diskutieren. Zumal wegen der ↑Trugschlüsse impliziert dies ein spezifisches Interesse an der (Aussagen-)Logik; andersartige Lehrinhalte sind für diese Gruppe weniger charakteristisch.

Dementsprechend scheint sie einerseits den Eukleides-Schüler Kleinomachos aus Thurioi als philosophischen Vorläufer betrachtet zu haben, weil er ›als erster über Aussagen, Prädikate usw.‹ geschrieben habe; andererseits bereitete sie die formale Logik der Stoiker vor und verlor ihre Existenzberechtigung, als diese Disziplin etabliert war. Erheblich mehr wüßte man über diese Dialektiker oder auch über die Megariker insgesamt, wenn sich erhärten sollte, daß Sextus Empiricus immer da, wo er von den ›Dialektikern‹ spricht, nicht die von Chrysippos geprägten stoischen Logiker meint, sondern frühe Stoiker und vor allem Diodoros Kronos und seinen Kreis (Ebert 1991, 1993); dann lassen sich von ihnen über das bisher Bekannte hinaus eine Theorie des Zeichens rekonstruieren, eine Klassifikation der Aussagen, eine der Fehlschlüsse, Ausführungen über Trugschlüsse und eine Theorie des Beweises.

Texte: K Döring, Die M.. Kommentierte Sammlung der Testimonien [griech./lat., Kommentar dt.], Amsterdam 1972; G. Giannantoni, Socraticorum Reliquiae, I–IV [griech./lat., Kommentar ital.], Neapel 1983–1985, bes. I, 35–143 (Kap. II, A–S), III, 17–103 (Nota 1–10), erw. unter dem Titel: Socratis et Socraticorum Reliquiae, Neapel 1990, bes. I 375–483 (Kap. II, A–S), IV 17–113 (Nota 2–10); L. Montoneri, I Megarici. Studio storico-critico e traduzione delle testimonianze antiche [ital.], Catania 1984; R. Muller, Les Mégariques. Fragments et témoignages traduits et commentés [franz.], Paris 1985; T. Ebert (ed.), Texte aus Sextus Empiricus zu den Dialektikern und Stoikern, in: ders., Dialektiker und frühe Stoiker bei Sextus Empirikus [s. u., Lit.], 311–327.

Literatur: S. Bobzien, Logic II. The ›Megarics‹, in: K. Algra u. a. (eds.), The Cambridge History of Hellenistic Philosophy, Cambridge etc. 1999, 2005, 83–92; T. Dorandi, Organization and Structure of the Philosophical Schools, in: K. Algra u. a. (eds.), The Cambridge History of Hellenistic Philosophy [s. o.], 55–62; K. Döring, Gab es eine Dialektische Schule?, Phronesis 34 (1989), 293–310; ders., Euklides aus Megara und die M., in: H. Flashar (ed.), Die Philosophie der Antike II/1 (Sophistik, Sokrates, Sokratik, Mathematik, Medizin), Basel 1998, 207–237, 348–352; ders., M., DNP VII (2000), 1143–1144; ders./T. Ebert (eds.), Dialektiker und Stoiker. Zur Logik der Stoa und ihrer Vorläufer, Stuttgart 1993; T. Ebert, Dialektiker und frühe Stoiker bei Sextus Empiricus. Untersuchungen zur Entstehung der Aussagenlogik, Göttingen 1991; ders., Dialecticians and Stoics on the Classification of Propositions, in: K. Döring/T. Ebert (eds.), Dialektiker und Stoiker [s. o.], 111–127; K. v. Fritz, M., RE Suppl. V (1931), 707–724; G. Giannantoni, Die Philosophenschule der M. und Aristoteles, in: K. Döring/T. Ebert (eds.), Dialektiker und Stoiker [s. o.], 155–165; C. Göbel, Megarisches Denken und seine ethische Relevanz, Classica et mediaevalia 53 (Kopenhagen 2002), 123–140; K. Hülser, Zur dialektischen und stoischen Einteilung der Fehlschlüsse, in: K. Döring/T. Ebert (eds.), Dialektiker und Stoiker [s. o.], 167–185; S. Makin, Megarian Possibilities, Philos. Stud. 83 (1996), 253–276; A. Müller, Megarisch, Hist. Wb. Ph. V (1980), 1002–1003; R. Muller, Introduction à la pensée des Mégariques, Paris 1988; ders., Mégariques, les, DP II (1993), 1970–1974; C. Rapp, M., RGG V (⁴2002), 989–990; D. B. Robinson, Megarians, Enc. Ph. V (1967), 258–259; D. Sedley, Diodorus Cronus and Hellenistic Philosophy, Proc. Cambridge Philol. Soc. 203 NS 23 (1977), 74–120; ders., Megarian School, REP VI (1998), 279–280; J. Stenzel/W. Theiler, Megarikoi, RE XXIX (1931), 217–220; ; H. Weidemann, Zeit und Wahrheit bei Diodor, in: K. Döring/T. Ebert (eds.), Dialektiker und Stoiker [s. o.], 319–329; E. Zeller, Die Philosophie der Griechen in ihrer geschichtlichen Entwicklung II/1 (Sokrates und die Sokratiker. Plato und die Alte Akademie), Leipzig ⁵1922 (repr. Darmstadt 1963, 2006), 244–275.   K. H. H.

mehrdeutig/Mehrdeutigkeit, ↑Ambiguität.

mehrstellig/Mehrstelligkeit (engl. many-place, polyadic), in der Logik Bezeichnung für diejenigen ↑Prädikatoren, die Systemen von mindestens zwei Gegenständen zu- oder abgesprochen (↑zusprechen/absprechen) werden, also Beziehungen (↑Relation) und nicht ↑Begriffe darstellen, z. B. die zweistelligen Prädikatoren ›Vater von‹ und ›größer‹ im Unterschied zu den einstelligen Prädikatoren ›Vater‹ und ›groß‹. Entsprechend heißen ↑Funktoren auf einem Gegenstandsbereich ›m.‹, wenn dabei Systeme von mindestens zwei Gegenständen auf einen Gegenstand abgebildet werden, z. B. die zweistelligen (engl. binary, two-place, dyadic; ↑zweistellig/Zweistelligkeit) Rechenoperationen Addition und Multiplikation auf dem Bereich der natürlichen Zahlen sowie die logischen Verknüpfungen ↑Konjunktion und ↑Subjunktion auf dem Bereich der Aussagen, im Unterschied etwa zur einstelligen (engl. unary, singulary, one-place, monadic; ↑einstellig/Einstelligkeit) Addition $+1$ (addiere eins) oder zur einstelligen Aussagenverknüpfung ↑Negation. Auch die mit einem n-stelligen (↑n-stellig/n-Stelligkeit) ($n \geq 2$) Prädikator ›P‹ gebildete ↑Aussageform ›$x_1, \ldots, x_n \, \varepsilon \, P$‹ und der entsprechend mit einem n-stelligen ($n \geq 2$) Funktor ›f‹ gebildete ↑Term ›$f(x_1, \ldots, x_n)$‹ heißen ›m.‹.   K. L.

Mehrwert (engl. surplus [value], franz. surplus), Terminus der Politischen Ökonomie zur Beschreibung des Phänomens, daß Menschen mehr produzieren als zur (unmittelbaren) Fristung ihres Lebens nach den jeweils relevanten kulturellen Maßstäben benötigt wird. Der Überschuß kann dann etwa zur Unterhaltung einer nicht-produktiven Klasse oder Praxis (z. B. Priester, Tempelbau und Tempeldienst), für den Luxuskonsum oder zur Ausdehnung des gesellschaftlichen Reichtums verwendet werden. In der klassischen Politischen Ökonomie (↑Ökonomie, politische) spielt die Diskussion um Ursprung, Maß und Verwendung des M. eine herausgehobene Rolle. So entsteht nach der merkantilistischen Lehre ein ›surplus‹ im wesentlichen über eine aktive Austausch- oder Handelsbilanz, während für die Physiokraten (↑Physiokratie) einzig die unmittelbare Produktion, insbes. die Landwirtschaft (also nicht z. B. die industrielle Verarbeitung), wertschöpfend ist.

Schon A. Smith sieht die wesentliche Quelle eines wachsenden gesellschaftlichen Reichtums darin, daß der Arbeitsaufwand für die Lebenshaltung der produktiv Tätigen geringer ist als die Menge (das Wertäquivalent) der von ihnen geleisteten Arbeit, wobei der Überschuß in die Verfügung der Unternehmer übergeht: »The value which the workmen add to the materials [...] resolves itself in this case into two parts, of which the one pays their wages, the other the profits of their employer upon the whole stock of materials and wages which he advanced« (An Inquiry into the Nature and Causes of the Wealth of Nations [1776] I, ed. R. H. Campbell/A. S. Skinner, Oxford 1976, 66). Der M., den Smith noch nicht von den verschiedenen Formen, in denen er auftritt (Profit, Grundrente, Zins), trennt, kann, wenn er nicht z. B. (über die Preise der Agrarprodukte) in den Luxuskonsum des englischen Landadels geht, als Kapital für Neuinvestitionen und damit für eine Erweiterung der Produktion dienen. Die Unklarheiten, die der Begriff des Wertes bzw. des in einer Warenmenge verkörperten Arbeitsquantums bei Smith noch aufweist (↑Tauschwert, ↑Wert (ökonomisch)), versucht D. Ricardo zu beheben, indem er Wert im ökonomischen Sinne durchgängig als für die *Produktion* eines Gutes eingesetzte Arbeitsquantität bestimmt. Auf dieser Basis entwickelt K. Marx seine genaueren Untersuchungen zum Ursprung des M.s, die von einer Besonderheit der ›Ware Arbeitskraft‹ ausgehen, nämlich daß die Reproduktion dieser Ware (d. i. die Lebensfristung oder Lebenshaltung) im allgemeinen ein geringeres Arbeitsquantum (die von Marx so genannte ›notwendige Arbeit‹) erfordert, als ihr Gebrauch in der Produktion erbringt. Der M. erweist sich für Marx so als die Differenz zwischen dem (Ricardianisch verstandenen) Wert der Ware Arbeitskraft und dem Wert der von ihr geleisteten Arbeit (vgl. Das Kapital. Kritik der politischen Ökonomie I, MEW XXIII, 200–213). Je nachdem, ob der M. aus einer schlichten Verlängerung des Arbeitstages über die notwendige Arbeit hinaus oder aus einer Produktivitätssteigerung resultiert, die die notwendige Arbeit verringert, spricht Marx etwas unglücklich vom *absoluten* bzw. vom *relativen* M. (a. a. O., 331–340).

Der klassischen Politischen Ökonomie und der marxistischen Tradition stehen nutzen- und preistheoretische Wertlehren gegenüber, nach denen alle verwendeten Ressourcen (Produktionsfaktoren) zur Wertschöpfung beitragen – neben der Arbeitskraft oder Arbeitsleistung etwa, in einer lange Zeit geläufigen Trias, auch das in Produktionsmittel verwandelte Kapital und der Boden. Demgegenüber kann die klassische Lehre darauf verweisen, daß die Produktionsmittel (mit den Worten von Marx) ›geronnene Arbeit‹ darstellen und die Bodenrente weniger bei der Produktion als bei der Verteilung des M.s eingeordnet werden muß. Eines der Hauptprobleme eines rein arbeitswerttheoretisch verstandenen Überschusses bleibt allerdings, daß dabei auf die Knappheit von Ressourcen bezogene Wertungen nicht eingebracht werden können, insbes. die für eine bestimmte Kapitalverwendung verworfenen Alternativen, oder ökologische Argumente keine Rolle spielen.

Literatur: E. v. Böhm-Bawerk, Kapital und Kapitalzins I (Geschichte und Kritik der Kapitalzins-Theorien), Innsbruck 1884 (repr. Düsseldorf 1994), Jena ⁴1921; D. v. Holt/U. Pasero/V. M. Roth, Aspekte der Marxschen Theorie II (Zur Wertformanalyse), Frankfurt 1974; R. L. Meek, Studies in the Labour Theory of Value, London 1956, ²1973, New York ²1976; A. Menger, Das Recht auf den vollen Arbeitsertrag in geschichtlicher Darstellung, Stuttgart 1886, Stuttgart/Berlin ⁴1910 (engl. The Right to the Whole Produce of Labour. The Origin and Development of the Theory of Labour's Claim to the Whole Product of Industry, London 1899 [repr. New York 1962, 1970]); H. Nahr, M. heute. Leistung und Verteilung in der Industriegesellschaft, Frankfurt etc. 1977; J. Nanninga, Tauschwert und Wert. Eine sprachkritische Rekonstruktion des Fundaments der Kritik der politischen Ökonomie, Diss. Hamburg 1975; ders., Mit Marx auf der Suche nach dem Dritten. Kritik des Abstraktionsschrittes vom Tauschwert zum Wert im »Kapital«, in: J. Mittelstraß (ed.), Methodenprobleme der Wissenschaften vom gesellschaftlichen Handeln, Frankfurt 1979, 439–454; H. Schmidtgall, M., Hist. Wb. Ph. V (1980), 1009–1012; C.-E. Vollgraf, Die Entstehung und Entwicklung der marxistischen Theorie vom relativen M. in den Jahren 1843 bis 1858, Diss. Halle 1975; E. Wolfstetter, Surplus Labour, Synchronised Labour Costs and Marx's Labour Theory of Value, Economic J. 83 (1973), 787–809, Nachdr. in: J. C. Wood (ed.), Karl Marx's Economics. Critical Assessment III, London/New York 1988, 1991, 338–360 (dt. Mehrarbeit, synchronisierte Arbeitskosten und die Marxsche Arbeitswertlehre, in: H. G. Nutzinger/ders. [eds.], Die Marxsche Theorie und ihre Kritik II [Eine Textsammlung zur Kritik der Politischen Ökonomie], Frankfurt/New York 1974, 62–93); K. G. Zinn, Arbeitswerttheorie. Zum heutigen Verständnis der positiven Wirtschaftstheorie von Karl Marx, Herne/Berlin 1972, bes. 34–41 (Kap. II/4 Verwendung des M.s und M.arten). F. K.

Meier, Georg Friedrich, *Ammendorf (b. Halle a.d. Saale) 29. März 1718, †Halle 21. Juni 1777, dt. Philosoph. Ab 1735 Studium der Theologie und Philosophie (bei S. J. und A. G. Baumgarten) an der Universität Halle, 1739 Magister, im gleichen Jahr Habilitation (Meditationes mathematicae de nonnullis abstractis mathematicis). 1740 als Dozent Nachfolger A. G. Baumgartens, 1746 a.o. Prof., 1748 o. Prof. der Philosophie. Befreundet mit J. W. L. Gleim findet M. Kontakt zum Halleschen Dichterkreis und damit zur literarischen Strömung der Anakreontik, was sich prägend auf sein Kunstverständnis auswirkt. Nach Abwendung von J. C. Gottsched propagiert er F. G. Klopstocks »Messias« (1748–1773) und fördert C. M. Wielands Erstling »Die Natur der Dinge« (1752). – Als programmatisch gerade auch auf das nicht-akademische Publikum ausgerichteter ›Lehrer der Weltweisheit‹ gehört M., denkerisch in der Tradition von G. W. Leibniz, C. Wolff und A. G.

Baumgarten stehend, beeinflußt von J. Locke, zu den Popularphilosophen (↑Popularphilosophie) der deutschen ↑Aufklärung. Seine Werke, die größtenteils deutschsprachige Bearbeitungen lateinischer Texte Wolffs und vor allem Baumgartens sind, hatten als beliebte Lehrbücher, zum Teil auch über ihre Verwendung durch I. Kant, bleibenden terminologischen Einfluß, insbes. auf dem Gebiet psychologischer Begriffsbildung. M.s eigene Schriften, mit Ausnahme seiner zu den Frühwerken der profanen ↑Hermeneutik zählenden »Auslegungskunst« (1757), sind vornehmlich moralisch-didaktischen oder theologischen Themen gewidmet. Nach anfänglicher Abneigung gegen spekulative Demonstrationen der ↑Unsterblichkeit der Seele und das ›Philosophieren auf der Kanzel‹ unternimmt M. schließlich selbst solche Beweise, um damit sowohl gegen die ↑Freidenker als auch gegen den ↑Spinozismus (z. B. J. C. Edelmanns) anzukämpfen.

M.s Bedeutung als Ästhetiktheoretiker resultiert weniger aus seinem Kampf gegen Gottsched und das Prinzip der Nachahmung des Naturschönen in der Kunst, als vielmehr aus einer erkenntnistheoretischen Behandlung kunstphilosophischer Probleme. Vor allem seine Schrift »Anfangsgründe aller schönen Wissenschaften« (I–III, Halle 1748–1750), eine Verdeutung und teilweise Umarbeitung der erst später (1750–1758) erschienenen »Aesthetica« Baumgartens, versucht die in der Ästhetik (↑ästhetisch/Ästhetik) seiner Zeit sowohl gegen den ↑Rationalismus als auch gegen den ↑Pietismus gerichtete Aufwertung von ↑Gefühl (↑Affekt) und ↑Sinnlichkeit mit der Leibniz-Wolffschen Erkenntnistheorie (↑Leibniz-Wolffsche Philosophie) und Psychologie in einer Lehre von der ›ästhetikologischen‹ Wahrheit zu vermitteln. Ebenso wie die ›oberen Erkenntnisvermögen‹ ↑Verstand und ↑Vernunft leisten nach M. auch die (14) ›unteren Erkenntnisvermögen‹ eine (der beschränkten menschlichen Erkenntnisfähigkeit adäquatere) *sinnliche* Vermittlung der ›göttlichen Ordnung des Kosmos‹. Im Unterschied zur logisch-›deutlichen‹ Erkenntnis dieses ›Allgemeinen‹ in der ↑Metaphysik handelt es sich auf dem Gebiet der ↑Kunst und der sinnlichen Wahrnehmung um eine ›*klare* Erkenntnis‹ (Baumgarten: ›cognitio sensitiva‹) seiner Repräsentation in ästhetischen Phänomenen. Die Vermögen zu ›klarer Erkenntnis‹ (↑klar und deutlich) werden in der Leibniz-Tradition zum ›*analogon rationis*‹ zusammengefaßt, mit dem sich die ›Logik der unteren Erkenntniskräfte der Seele‹ (Baumgarten: ›gnoseologia inferior‹) beschäftigt. Der ›klaren Erkenntnis‹ und ihrer ästhetischen Schulung kommt sowohl bei Baumgarten als auch bei M. eine propädeutische Funktion (↑Propädeutik) für die ›deutliche Erkenntnis‹ zu: je ausgebildeter die unteren Erkenntnisvermögen sind, die auch das Material für Verstand und Vernunft vorbereiten, desto besser gelingt die Tätigkeit der oberen Erkenntniskräfte. Ein Einfluß dieser Lehre auf Kants Auffassung der ↑Urteilskraft ist wahrscheinlich.

Werke: Beweis, daß keine Materie dencken könne, Halle 1742, ²1751; Beweis der vorherbestimmten Uebereinstimmung, Halle 1743, ²1752; Theoretische Lehre von den Gemüthsbewegungen überhaupt, Halle 1744 (repr. Frankfurt 1971), ²1759; Gedancken von Schertzen, Halle 1744 (repr., ed. K. Bohnen, Kopenhagen 1977) (engl. The Merry Philosopher. Or, Thoughts on Jesting. Containing Rules by which a Proper Judgment of Jests May be Formed. [...] London 1764, 1765), ²1754, gekürzt in: Frühe Schriften zur ästhetischen Erziehung der Deutschen [s. u.] I, 71–105; Abbildung eines wahren Weltweisen, Halle 1745 (repr. in: C. Wolff, Ges. Werke, Abt. 3, Bd. C, Hildesheim/Zürich/New York 2007), ²1762; Gründliche Anweisung wie jemand ein neumodischer Weltweiser werden könne. In einem Sendschreiben an einen jungen Menschen, Frankfurt/Leipzig 1745 (repr. in: C. Wolff, Ges. Werke, Abt. 3, Bd. C, Hildesheim/Zürich/New York 2007); Abbildung eines Kunstrichters, Halle 1745; Gedancken vom Zustande der Seele nach dem Tode, Halle 1746, ²1749; Untersuchung einiger Ursachen des verdorbenen Geschmacks der Deutschen in Absicht auf die schönen Wissenschaften, Halle 1746, ed. G. Schenk, 1993, ferner in: Frühe Schriften zur ästhetischen Erziehung der Deutschen [s. u.] II, 61–84; Gedancken von der Ehre, Halle 1746; Rettung der Ehre der Vernunft wider die Freygeister, Halle 1747; Beurtheilung des abermaligen Versuchs einer Theodicee, Halle 1747; Beurtheilung der Gottschedischen Dichtkunst, Halle 1747 (repr. Hildesheim/New York 1975), gekürzt in: Frühe Schriften zur ästhetischen Erziehung der Deutschen [s. u.] III, 75–85; Gedancken von Gespenstern, Halle 1747, ²1749; Vertheidigung der Gedancken von Gespenstern, Halle 1748; Vertheidigung der christlichen Religion, wider Herrn Johann Christian Edelmann, Halle 1748, ²1749; Anfangsgruende aller schönen Wissenschaften, I–III, Halle 1748–1750, ²1754–1759 (repr. Hildesheim/New York 1976); Versuch eines neuen Lehrgebäudes von den Seelen der Thiere, Halle 1749, ²1750; Gedancken von der Religion, Halle 1749, ²1752; Beurtheilung des Heldengedichts »der Meßias«, I–II, Halle 1749/1752, I, ²1752, I gekürzt in: Frühe Schriften zur ästhetischen Erziehung der Deutschen [s. u.] II, 92–100; Beweis daß die menschliche Seele ewig lebt, Halle 1751, ²1754; Vernunftlehre, Halle 1752, ²1762, I–III [III = Appendix], ed. G. Schenk, 1997; Auszug aus der Vernunftlehre, Halle 1752, ²1760; Vertheidigung seines Beweises des ewigen Lebens der Seele und seiner Gedancken von der Religion, Halle 1752; Gedancken vom Glück und Unglück, Halle 1753, ²1762; Abermalige Vertheidigung seines Beweises, daß die menschliche Seele ewig lebe, Halle 1753; Philosophische Sittenlehre, I–V, Halle 1753–1761, ²1762–1774 (repr. als: C. Wolff, Ges. Werke, Abt. 3, Bd. CIX.1–CIX.5, Hildesheim/Zürich/New York 2007); Vorstellung der Ursachen, warum es unmöglich zu seyn scheint, mit Herrn Profeßor Gottsched eine nuetzliche und vernuenftige Streitigkeit zu fuehren, Halle 1754, ferner in: Frühe Schriften zur ästhetischen Erziehung der Deutschen [s. u.] II, 122–156; Gedanken vom philosophischen Predigen, Halle 1754, ²1762; Zuschrift an seine Zuhörer, worin er ihnen seinen Entschluß bekannt macht, ein Collegium über Locks Versuch vom menschlichen Verstande zu halten, Halle 1754; Betrachtungen ueber die Schrancken der menschlichen Erkenntnis, Halle 1755; Betrachtung über die Fehler der menschlichen Tugenden, Halle 1755; Metaphysik, I–IV, Halle 1755–1759, ²1765 (repr. als: C. Wolff, Ges. Werke, Abt. 3, Bd. CVIII.1–CVIII.4, Hildesheim/Zürich/New York 2007); Untersuchung einiger Ursachen warum die Tugendhaften in diesem Leben ofte unglücklicher sind, als die Lasterhaften, Halle 1756; Versuch einer allgemeinen Auslegungskunst, Halle 1757 (repr., ed. L. Geldsetzer, Düsseldorf 1965), ed. A. Bühler, Hamburg 1996; Betrachtungen über den ersten Grundsatz aller schönen Künste und Wissenschaften, Halle 1757, ferner in: Frühe Schriften zur ästhetischen Erziehung der Deutschen [s.u.] III, 170–206; Versuch einer Erklärung des Nachtwandelns, Halle 1758; Auszug aus den Anfangsgründen aller schönen Künste und Wissenschaften, Halle 1758, ²1768, ed. G. Schenk, o.J. [1992]; Betrachtungen über das Verhältniß der Weltweisheit gegen die Gottesgelahrheit, Halle 1759; Philosophische Gedanken von den Würkungen des Teufels auf dem Erdboden, Halle 1760; Betrachtung über die Trostgründe in Kriegeszeiten, Halle 1760; Philosophische Betrachtungen über die christliche Religion, I–VIII, Halle 1761–1767; Gedancken von dem Einflusse der goettlichen Vorsehung in die freien Handlungen der Menschen, Halle 1763; Betrachtung über die Natur der gelehrten Sprache, Halle 1763; Alexander Gottlieb Baumgartens Leben, Halle 1763; Betrachtung über die menschliche Glückseeligkeit, Halle 1764; Allgemeine practische Weltweisheit, Halle 1764 (repr. als: C. Wolff, Ges. Werke, Abt. 3, Bd. CVII, Hildesheim/Zürich/New York 2006); Gedanken von dem unschuldigen Gebrauche der Welt, Halle 1765; Beyträge zu der Lehre von den Vorurtheilen des menschlichen Geschlechts, Halle 1766 (ital./dt. Contributi alla dottrina dei pregiudizi del genere umano/Beyträge zu der Lehre von den Vorurtheilen des menschlichen Geschlechts, ed. H.P. Delfosse/N. Hinske/P. Rumore, Pisa, Stuttgart-Bad Cannstatt 2005); Recht der Natur, Halle 1767; Untersuchung verschiedener Materien aus der Weltweisheit, I–IV, Halle 1768–1771; Auszug aus dem Rechte der Natur, Halle 1769; Lehre von den natürlichen gesellschaftlichen Rechten und Pflichten der Menschen, I–II, Halle 1770/1773; Betrachtungen ueber die würkliche Religion des menschlichen Geschlechts, Halle 1774; Betrachtungen über das Bemühen der christlichen Religion ihre erste Einfalt und Reinigkeit wieder herzustellen, Halle 1775; Betrachtung über die natürliche Anlage zur Tugend und zum Laster, Halle 1776; Frühe Schriften zur ästhetischen Erziehung der Deutschen, I–III, ed. H.-J. Kertscher/G. Schenk, Halle 1999–2002. – F. Wiebecke, Verzeichnis der Schriften G. F. M.s, in: ders., Die Poetik G. F. M.s [s.u., Lit.], 264–284.

Literatur: A. Baeumler, Das Irrationalitätsproblem in der Ästhetik und Logik des 18. Jahrhunderts bis zur Kritik der Urteilskraft, Halle 1923 (repr. als 2. Aufl., Darmstadt 1967 [erw. um Nachwort, 353–354] [repr. Darmstadt 1975, 1981]) (franz. Le problème de l'irrationalité dans l'esthétique et la logique du XVIIIe siècle, jusqu'à la »Critique de la faculté de juger«, Straßburg 1999); W. Bender, Rhetorische Tradition und Ästhetik im 18. Jahrhundert. Baumgarten, M. und Breitinger, Z. dt. Philol. 99 (1980), 481–506; E. Bergmann, G. F. M. als Mitbegründer der deutschen Ästhetik, Leipzig 1910; ders., Die Begründung der deutschen Ästhetik durch Alex. Gottlieb Baumgarten und G. F. M., Leipzig 1911; H. Böhm, Das Schönheitsproblem bei G. F. M., Arch. gesamte Psychologie 56 (1926), 177–252; E. Cassirer, Die Philosophie der Aufklärung, Tübingen 1932 (repr. Hamburg 2007), ³1973, Hamburg 2003 (= Ges. Werke XV); N. Hinske (ed.), Kant-Index I (Stellenindex und Konkordanz zu G. F. M.s »Auszug aus der Vernunftlehre«), Stuttgart-Bad Cannstatt 1986; M. Jäger, Die Ästhetik als Antwort auf das kopernikanische Weltbild. Die Beziehungen zwischen den Naturwissenschaften und der Ästhetik Alexander Gottlieb Baumgartens und G. F. M.s, Hildesheim/Zürich/New York 1984;

S. G. Lange, Leben G. F. M.s, Halle 1778; M. Longo, Alle origini dell'ermeneutica (l'›Auslegungskunst‹ di G. F. M.), Proteus 4 (Rom 1973), 141–162; U. Möller, Rhetorische Überlieferung und Dichtungstheorie im frühen 18. Jahrhundert. Studien zu Gottsched, Breitinger und G. F. M., München 1983; F. Muncker, G. F. M., ADB XXI (1885), 193–197; R. Pozzo, G. F. M.s »Vernunftlehre«. Eine historisch-systematische Untersuchung, Stuttgart-Bad Cannstatt 2000; ders., G. F. M., Immanuel Kant und die friderizianische Universitätsverwaltung, Jb. Universitätsgesch. 7 (2004), 147–167; J. Schaffrath, Die Philosophie des G. F. M.. Ein Beitrag zur Aufklärungsphilosophie, Eschweiler 1940; G. Schenk, Leben und Werk des Halleschen Aufklärers G. F. M., Halle 1994; H.-M. Schmidt, Sinnlichkeit und Verstand. Zur philosophischen und poetologischen Begründung von Erfahrung und Urteil in der deutschen Aufklärung (Leibniz, Wolff, Gottsched, Bodmer und Breitinger, Baumgarten), München 1982; K.-W. Segreff, M., NDB XVI (1990), 649–651; R. Sommer, Grundzüge einer Geschichte der deutschen Psychologie und Ästhetik, Würzburg 1892 (repr. Amsterdam 1966, Hildesheim/New York 1975); D. Spitzer, Darstellung und Kritik der Tierpsychologie G. F. M.'s, Diss. Bern 1903; T. Verweyen, Emanzipation der Sinnlichkeit im Rokoko? Zur ästhetik-theoretischen Grundlegung und funktionsgeschichtlichen Rechtfertigung der deutschen Anakreontik, Germanisch-romanische Monatsschr. NF 25 (1975), 276–306; ders., ›Halle, die Hochburg des Pietismus, die Wiege der Anakreontik‹. Über das Konfliktpotential der anakreontischen Poesie als Kunst der ›sinnlichen Erkenntnis‹, in: N. Hinske (ed.), Zentren der Aufklärung I (Halle. Aufklärung und Pietismus), Heidelberg 1989, 209–238; L. P. Wessell Jr., G. F. M. and the Genesis of Philosophical Theodicies of History in 18th-Century Germany, Lessing Yearbook 12 (1980), 63–84; F. Wiebecke, Die Poetik G. F. M.s. Ein Beitrag zur Geschichte der Dichtungstheorie im 18. Jahrhundert, Diss. Göttingen 1967; M. Wundt, Die deutsche Schulphilosophie im Zeitalter der Aufklärung, Tübingen 1945 (repr. Hildesheim 1964, Hildesheim/Zürich/New York 1992); R. Zimmermann, Aesthetik I (Geschichte der Aesthetik als philosophische Wissenschaft), Wien 1858 (repr. Hildesheim/New York 1972, 1973). R. W.

Meinong, Alexius, Ritter von Handschuchsheim, *Lemberg 17. Juli 1853, †Graz 27. Nov. 1920, österr. Philosoph und Psychologe. 1870–1874 Studium der deutschen Philologie und Geschichte, 1874 Promotion (über Arnold von Brescia), danach zwischenzeitlich Jurastudium, ab 1875 Studium der Philosophie, 1877 Habilitation (jeweils in Wien); von 1882 (als a.o. Prof. der Philosophie, ab 1889 als o. Prof.) bis zu seinem Tode lehrte M. in Graz. Dort (1894) Gründung des ersten experimentalpsychologischen Instituts in Österreich. – Ausgehend von der Auffassung seines Lehrers F. Brentano, daß alles Erkennen und Erfahren ein gerichtetes (intentionales) Erleben ist, sind M.s Arbeiten der Untersuchung der verschiedenen Erlebnisse und ihrer Gegenstände gewidmet. Während die Beschreibung der Erlebnisse in der empirischen Psychologie erfolgt, werden die von diesen Erlebnissen unabhängigen Gegenstände in einer entsprechenden ↑Ontologie, für die M. den Terminus ↑›Gegenstandstheorie‹ geprägt hat, systematisch dargestellt. Gewirkt hat M. vor allem durch diese Gegenstandstheorie; aber auch seine Theorie der ↑Annahmen sowie seine von E. Mally u. a. weiterentwickelte Werttheorie haben im Rahmen der epistemischen bzw. deontischen Logik (↑Logik, epistemische, ↑Logik, deontische) Beachtung gefunden.

Werke: Gesamtausgabe, I–VII, ed. R. Haller/R. Kindinger/R. M. Chisholm, Graz 1968–1978 (Reg. in VII, 343–484), Erg.Bd., ed. R. Fabian/R. Haller, Graz 1978. – Hume–Studien, I–II, Sitz.ber. Kaiserliche Akad. wiss. Wien, philos.-hist. Kl. 87 (1877), 185–260, 101 (1882), 573–752 (I Zur Geschichte und Kritik des modernen Nominalismus [Habil.-Schr.], II Zur Relationstheorie, separat Wien 1877/1882, ferner in: Gesamtausg. [s. o.] I, 1–72, II, 1–170; Über philosophische Wissenschaft und ihre Propädeutik, Wien 1885 (repr. in: Gesamtausg. [s. o.] V, 1–196); Zur erkenntnistheoretischen Würdigung des Gedächtnisses, Vierteljahrsschr. wiss. Philos. 10 (1886), 7–33, ferner in: Gesamtausg. [s. o.] II, 185–209; Beiträge zur Theorie der psychischen Analyse, Hamburg/Leipzig 1893, ferner in: Z. Psychol. u. Physiologie d. Sinnesorgane 6 (1894), 340–385, 417–455, ferner in: Gesamtausg. [s. o.] I, 305–388 (engl. An Essay Concerning the Theory of Psychic Analysis, in: On Objects of Higher Order and Husserl's Phenomenology [s. u.], 73–129); Psychologisch-ethische Untersuchungen zur Werth-Theorie. Festschrift der K. K. Karl-Franzens-Universität zur Jahresfeier am 15. November 1894, Graz 1894 (repr. in: Gesamtausg. [s. o.] III, 1–244, separat Saarbrücken 2006); Über die Bedeutung des Weberschen Gesetzes. Beiträge zur Psychologie des Vergleichens und Messens, Z. Psychol. u. Physiologie d. Sinnesorgane 11 (1896), 81–133, 230–285, 353–404, separat unter dem Titel: Über die Bedeutung des Weber'schen Gesetzes. Beiträge zur Psychologie des Vergleichens und Messens, Hamburg/Leipzig 1896, ferner in: Gesamtausg. [s. o.] II, 215–372; Über Gegenstände höherer Ordnung und deren Verhältnis zur inneren Wahrnehmung, Z. Psychol. u. Physiologie d. Sinnesorgane 21 (1899), 182–272, ferner in: Gesamtausg. [s. o.] II, 377–471 (engl. On Objects of Higher Order and Their Relationship to Internal Perception, in: On Objects of Higher Order and Husserl's Phenomenology [s. u.], 137–200); Ueber Annahmen, Leipzig 1902 (Z. Psychol. u. Physiologie d. Sinnesorgane Erg.bd. II) (repr. Amsterdam 1970, Ann Arbor Mich./London 1980), Leipzig ²1910 (repr. als: Gesamtausg. [s. o.] IV [mit Teilnachdr. d. 1. Aufl., 385–489]), Leipzig ³1928 (engl. On Assumptions, ed. J. Heanue, Berkeley Calif./Los Angeles/London 1983 [mit Einl., ix–xlviii]); (ed.) Untersuchungen zur Gegenstandstheorie und Psychologie, Leipzig 1904; Über Gegenstandstheorie, in: ders. (ed.), Untersuchungen zur Gegenstandstheorie und Psychologie [s. o.], 1–50, ferner in: Gesamtausg. [s. o.] II, 481–530, ferner in: ders., Über Gegenstandstheorie/Selbstdarstellung, ed. J. M. Wehrle, Hamburg 1988, 1–51, ferner in: K. R. Fischer (ed.), Das goldene Zeitalter der Österreichischen Philosophie. Ein Lesebuch, Wien 1995, unter dem Titel: Österreichische Philosophie von Brentano bis Wittgenstein. Ein Lesebuch, Wien 1999, 37–78 (engl. The Theory of Objects, in: R. M. Chisholm [ed.], Realism and the Background of Phenomenology, Glencoe Ill. 1960 [repr. Atascadero Calif. 1981], 76–117); Über die Erfahrungsgrundlagen unseres Wissens, Berlin 1906 (repr. in: Gesamtausg. [s. o.] V, 369–481, separat Saarbrücken 2006); Über die Stellung der Gegenstandstheorie im System der Wissenschaften, Z. Philos. phil. Kritik 129 (1906), 48–94, 155–207, 130 (1907), 1–46, separat Leipzig 1907 (repr. in: Gesamtausg.

[s. o.] V, 199–365); Für die Psychologie und gegen den Psychologismus in der allgemeinen Werttheorie, Logos 3 (1912), 1–14 (repr. in: Gesamtausg. [s. o.] III, 267–282); Gesammelte Abhandlungen. Herausgegeben und mit Zusätzen versehen von seinen Schülern, I–II, Leipzig 1913/1914 (I Abhandlungen zur Psychologie [1914], II Abhandlungen zur Erkenntnistheorie und Gegenstandstheorie [1913]), 1929, ferner als: Gesamtausg. [s. o.] I–II; Über Möglichkeit und Wahrscheinlichkeit. Beiträge zur Gegenstandstheorie und Erkenntnistheorie, Leipzig 1915 (repr. als: Gesamtausg. [s. o.] VI); Über emotionale Präsentation, Wien 1917 (Sitz.ber. Kaiserliche Akad. d. Wiss. Wien, philos.-hist. Kl. 183, Abh. 2) (repr. in: Gesamtausg. [s. o.] III, 285–476) (engl. On Emotional Presentation, trans. M.-L. Schubert Kalsi, Evanston Ill. 1972); Zum Erweise des allgemeinen Kausalgesetzes, Wien 1918 (Sitz.ber. Kaiserliche Akad. Wiss. Wien, philos.-hist. Kl. 189, Abh. 4) (repr. in: Gesamtausg. [s. o.] V, 485–602); A. Meinong, in: R. Schmidt (ed.), Die deutsche Philosophie der Gegenwart in Selbstdarstellungen I, Leipzig 1921, 91–150 (repr. in: Gesamtausg. [s. o.] VII, 1–62), unter dem Titel: Selbstdarstellung, in: ders., Über Gegenstandstheorie/Selbstdarstellung [s. o.], 53–121 (engl. [Teilübers.] in: R. Grossmann, M. [s. u., Lit.], 224–236); Zur Grundlegung der allgemeinen Werttheorie. Statt einer zweiten Auflage der »Psychologisch-ethischen Untersuchungen zur Werttheorie«, ed. E. Mally, Graz 1923 (repr. in: Gesamtausg. [s. o.] III, 471–656); Ethische Bausteine. Nachgelassenes Fragment, in: Gesamtausg. [s. o.] III, 657–724 (engl. Elements of Ethics, in: M.-L. Schubert Kalsi, A. M.'s Elements of Ethics [s. u., Lit.], 86–169); On Objects of Higher Order and Husserl's Phenomenology, übers. u. ed. v. M.-L. Schubert Kalsi, The Hague/Boston Mass./London 1978 [mit Einl., 1–53]. – Philosophenbriefe. Aus der wissenschaftlichen Korrespondenz von A. M. mit Franz Brentano, Christian Freiherr von Ehrenfels, Nicolai Hartmann, Edmund Husserl, Friedrich Jodl, J. v. Kries, Edith Landmann-Kalischer, Th. G. Masaryk, J. St. Mackenzie-Cardiff, A. M., Bertrand Russell, Chr. Sigwart, Hans Vaihinger u. a. m. 1876–1920, ed. R. Kindinger, Graz 1965; A. M. und Guido Adler. Eine Freundschaft in Briefen, ed. G. J. Eder, Amsterdam/Atlanta Ga. 1995. – R. Fabian, Gesamtverzeichnis der veröffentlichten Schriften und Briefe von A. M. (1873–1978), in: Gesamtausg. [s. o.] VII, 325–342; Bibliographie, in: Über Gegenstandstheorie/Selbstdarstellung, ed. J. Wehrle [s. o.], XXIII–XXX.

Literatur: L. Albertazzi/D. Jacquette/R. Poli (eds.), The School of A. M., Aldershot etc. 2001; C. Badano, La possibilità e il senso. Un itinerario intorno al tema della possibilità nelle filosofia del pensiero. M., Husserl, Wittgenstein, Rom 2008; G. Bergmann, Realism. A Critique of Brentano and M., Madison Wis./Milwaukee Wis./London 1967, ed. E. Tegtmeier, Frankfurt/Lancaster Md. 2004 (= Collected Works III); T. Binder u. a. (eds.), Bausteine zu einer Geschichte der Philosophie an der Universität Graz, Amsterdam/New York 2001; R. Brigati, Il linguaggio dell'oggettivita. Saggio su M., Turin 1992; J. J. Cappio, M. and Reference, Ann Arbor Mich./London 1982; P. Caussat, M., Enc. philos. universelle III/2 (1992), 2674–2676; R. M. Chisholm, M., Enc. Ph. V (1967), 261–263; ders., Brentano and M. Studies, Amsterdam, Atlantic Highlands N. J. 1982; A. Chrudzimski, Gegenstandstheorie und Theorie der Intentionalität bei A. M., Dordrecht 2007 (Phaenomenologica 181); E. Dölling, »Wahrheit suchen und Wahrheit bekennen«. A. M.. Skizze seines Lebens, Amsterdam/Atlanta Ga. 1999; J. N. Findlay, M.'s Theory of Objects, London 1933, unter dem Titel: M.'s Theory of Objects and Values, Oxford ²1963, Aldershot 1995; N. Griffin/J. Dale (eds.), Russell vs. M.. The Legacy of »On Denoting«, New York/Abingdon 2009; R. Grossmann, M., London/Boston Mass. 1974, London/New York 1999; R. Haller (ed.), Jenseits von Sein und Nichtsein. Beiträge zur M.-Forschung, Graz 1972; ders., Studien zur Österreichischen Philosophie. Variationen über ein Thema, Amsterdam 1979, 37–77 (Kap. III–V); ders. (ed.), Non-Existence and Predication, Amsterdam 1986 (Grazer philos. Stud. 25/26); ders. (ed.), M. und die Gegenstandstheorie/M. and the Theory of Objects, Amsterdam 1996 (Grazer philos. Stud. 50); D. Jacquette, Meinongian Logic. The Semantics of Existence and Nonexistence, Berlin/New York 1996; A. R. Lacey, M., in: S. Brown/D. Collinson/R. Wilkinson (eds.), Biographical Dictionary of Twentieth-Century Philosophers, London/New York 1996, 526–529; K. Lambert, M. and the Principle of Independence. Its Place in M.'s Theory of Objects and Its Significance in Contemporary Philosophical Logic, Cambridge/New York/Melbourne 1983; M. Lenoci, La teoria della conoscenza in A. M.. Oggetto, giudizio, assunzioni, Mailand 1972 (mit kommentierter Bibliographie bis 1970, 310–369); D. F. Lindenfeld, The Transformation of Positivism. A. M. and European Thought, 1880–1920, Berkeley Calif./Los Angeles/London 1980; M. Manotta, La fondazione dell'oggettività. Studio su A. M., Macerata 2005; J. Marek, M., SEP 2008; D. J. Marti-Huang, Die Gegenstandstheorie von A. M. als Ansatz zu einer ontologisch neutralen Logik, Bern/Stuttgart 1984; E. Martinak, M. als Mensch und als Lehrer. Worte der Erinnerung, Graz 1925; V. Mathieu, M., Enc. filos. V (1982), 625–627; F. Modenato, La conoscenza e l'oggetto in A. M., Padua 2006; R. Muller, M., DP II (²1993), 1975–1978; K. J. Perszyk, Nonexistent Objects. M. and Contemporary Philosophy, Dordrecht 1993; G. Reibenschuh, Der absolute Wert. Eine kritische Untersuchung zu A. M.s Werttheorie, Diss. Graz 1970; R. D. Rollinger, M. and Husserl on Abstraction and Universals. From Hume Studies I to Logical Investigations II, Amsterdam/Atlanta Ga. 1993; ders., Husserl's Position in the School of Brentano, Dordrecht/Boston Mass./London 1999, bes. 155–208 (Chap. VI Husserl and M.); ders., Austrian Phenomenology. Brentano, Husserl, M., and Others on Mind and Object, Frankfurt etc. 2008; R. Routley, Exploring M.'s Jungle and Beyond. An Investigation of Noneism and the Theory of Items, Canberra 1980; B. Russell, M.'s Theory of Complexes and Assumptions, Mind NS 13 (1904), 204–219, 336–354, 509–524, ferner in: The Collected Papers IV, ed. A. Urquhart, London/New York 1994, 432–474; A. Salice, Urteile und Sachverhalte. Ein Vergleich zwischen A. M. und Adolf Reinach, München 2009; M.-L. Schubert Kalsi, M.'s Theory of Knowledge, Dordrecht/Boston Mass./Lancaster Md. 1987; dies., A. M.'s Elements of Ethics. With Translation of the Fragment »Ethische Bausteine«, Dordrecht/Boston Mass./London 1996; A. Sierszulska, M. on Meaning and Truth, Frankfurt etc. 2005; P. Simons, A. M.. Gegenstände, die es nicht gibt, in: J. Speck (ed.) Grundprobleme der großen Philosophen. Philosophie der Neuzeit IV, Göttingen 1986, 91–127; ders., Über das, was es nicht gibt. Die M.-Russell-Kontroverse, Z. Semiotik 10 (1988), 399–426 (engl. On What There Isn't. The M.-Russell Dispute, in: ders., Philosophy and Logic in Central Europe from Bolzano to Tarski. Selected Essays, Dordrecht/Boston Mass./London 1992, 159–191); ders., M., REP VI (1998), 282–286; B. Smith, Austrian Philosophy. The Legacy of Franz Brentano, Chicago Ill./La Salle Ill. 1994, 1996, bes. 125–153 (Chap. 5 M. and Stephan Witasek. On Art and Its Objects). – Axiomathes 7 (1996), 1–286 (H. 1–2); M. Studies/M. Studien, 2005 ff.; Rev. int. philos. 27 (1973), 147–287 (Nr. 104/105 Sondernummer M.); weitere Literatur: ↑Gegenstandstheorie.   G. G.

Meinung (griech. δόξα, lat. opinio, engl./franz. opinion), im Gegensatz zu ↑Wissen, ebenso wie Glaube (↑Glaube (philosophisch)), Bezeichnung für eine häufig subjektive Orientierungsweise ohne methodische Begründung, die stets unter Irrtumsverdacht (↑Irrtum) steht und gleichwohl ↑Gewißheit (in Form von subjektiver Gewißheit) beanspruchen kann. M. unterliegt daher auch im Unterschied zum Wissen keinem strengen Überprüfbarkeitspostulat; von ihr wird erwartet, daß sie plausibel, wenn auch nicht vollständig begründet bzw. begründbar, ist. In der philosophischen Tradition ist mit dem Begriff der M. in der Regel eine Skalierung von Gewißheiten verbunden, die im Sinne eines ↑polar-konträren Gegensatzes zwischen M. und Wissen von den (bloßen) M.en über Formen der Überzeugung zu begründetem Wissen reicht. Maßgebend dafür sind Platons im Rahmen der ↑Ideenlehre (↑Idee (historisch)) vorgenommene Einordnung der M. (Doxa) zwischen Wissen und Nichtwissen (vgl. Pol. 477b, 478a) und der dabei gebildete (wohl schon Sokratische) Begriff der ›richtigen M.‹ (ὀρθὴ δόξα, ἀληθὴς δόξα; vgl. Pol. 430b, Symp. 202a, Krat. 387b, Theait. 208e–210b, Phileb. 36cd, Tim. 37b), der in weiter ausgearbeiteter Form als ↑Orthos logos den konzeptionellen Kern der Aristotelischen Ethik bildet. Für die Platonische Auffassung ist es charakteristisch, daß M. einerseits durch ihren ›Abstand‹ zum Wissen bestimmt wird, andererseits in gewissen pragmatischen Zusammenhängen, die etwa politischer oder juristischer ↑Urteilskraft unterliegen, durch Wissen nicht ersetzt werden kann (vgl. W. Wieland 1982, 289). Die vor allem im ↑Liniengleichnis explizierte ›erkenntnistheoretische‹ Reihung Einsicht (↑Nus) – Wissen – Wahrnehmung wird in der Entwicklung der Ideenlehre zur ↑Ideenzahlenlehre mit der ›mathematischen‹ Reihung Zahl – Linie – Fläche – Körper bei der Bildung der ↑Weltseele im »Timaios« parallelisiert (vgl. Arist. de an. A2.404b16–24). Bei Aristoteles geht im erkenntnistheoretischen Rahmen M. auf das ›was auch anders sein kann‹ (Met. Z15.1040a1); im Rahmen der ↑Syllogistik ist der so genannte ›dialektische Syllogismus‹ (↑Syllogismus, dialektischer) dadurch definiert, daß über die Geltung der ↑Prämissen nur mehr oder weniger begründete, vom Argumentationskontext und den Orientierungen der Beteiligten abhängige M.en gebildet werden können. Die ↑Stoa definiert Erkenntnis über den Begriff der ↑Katalepsis als zwischen (theoretischem) Wissen und M. im Platonischen Sinne stehend (vgl. Sextus Empiricus, Adv. Math. VII, 151–152 [= SVF II, 90]).

Die Platonisch-Aristotelischen Bestimmungen von M. und Wissen bleiben in der weiteren philosophischen Entwicklung im wesentlichen unverändert. Sie werden z. B. lexikalisch auch in der neuzeitlichen Philosophie festgehalten (vgl. J. E. Walch, Philosophisches Lexicon [1726], I–II, Leipzig ⁴1775 [repr. Hildesheim 1968], II,

87–88) und von I. Kant auf die Unterscheidungen zwischen M. als einem subjektiv und objektiv unzureichenden Fürwahrhalten, Glauben als einem zwar subjektiv zureichenden, aber objektiv unzureichenden Fürwahrhalten und Wissen als einem sowohl subjektiv als auch objektiv zureichenden Fürwahrhalten gebracht (KrV B 850–851). Entsprechend ist man nach Kant bei der M. »noch frey (problematisch), beym Glauben assertorisch (man erklärt sich). (Beym Wissen apodictisch, unwiederruflich)« (Reflexionen zur Logik, Akad.-Ausg. XVI, 372–373 [Nr. 2449]). Auch für G. W. F. Hegel steht M., als Ausdruck der ↑Unmittelbarkeit, zwischen Nichtwissen und Wissen (vgl. Phänom. des Geistes, Sämtl. Werke II, 84–85), darin zugleich (auf dem Hintergrund der Hegelschen Vorstellung von ↑Philosophiegeschichte) ungeeignet, philosophische Entwicklungen zu charakterisieren (»Eine M. ist eine subjektive Vorstellung, ein beliebiger Gedanke, eine Einbildung, die ich so oder so, und ein Anderer anders haben kann; – eine M. ist *mein*, sie ist nicht ein in sich allgemeiner, an und für sich seyender Gedanke. Die Philosophie aber enthält keine M.en, – es giebt keine philosophische M.en«, Vorles. Gesch. Philos., Sämtl. Werke XVII, 40). Probleme der ↑Intentionalität (im Sinne der Gerichtetheit aller Bewußtseinsakte auf einen Gehalt) bilden bei F. Brentano und in der ↑Phänomenologie E. Husserls einen neuen Schwerpunkt der begrifflichen Analyse von M. und Wissen, desgleichen (im Anschluß an L. Wittgenstein) sprachanalytische Rekonstruktionen im Begriffsfeld ›wissen‹, ›glauben‹ und ›meinen‹ (↑Termini, noologische). Im Rahmen der epistemischen Logik (↑Logik, epistemische) bildet der Begriff der M. (in der Regel nicht unterschieden vom Begriff des Glaubens, engl. belief) den Gegenstand der so genannten ›doxastischen Logik‹ (↑Logik, epistemische), d. h. einer Logik der Glaubensaussagen im Unterschied zu einer Logik der Wissensaussagen (epistemische Logik im engeren Sinne). Dabei wird häufig eine definitorische Reduktion der doxastischen auf die epistemische Logik (im engeren Sinne) vorgeschlagen (›a weiß A‹ ⇋ ›a glaubt A und A ist der Fall‹).

Literatur: M. van Ackeren, Die Unterscheidung von Wissen und M. in »Politeia« V und ihre praktische Bedeutung, in: ders. (ed.), Platon verstehen. Themen und Perspektiven, Darmstadt 2004, 92–110; A. Becker, Falsche M. und Wissen im »Theätet«, Arch. Gesch. Philos. 88 (2006), 296–313; A. Beckermann, Wissen und wahre M., in: W. Lenzen (ed.), Das weite Spektrum der analytischen Philosophie. Festschrift für Franz von Kutschera, Berlin/New York 1997, 2010, 24–43; B. Bensaude-Vincent, La science contre l'opinion. Histoire d'un divorce, Paris 2003; M. Birke, M./Glaube, EP I (1999), 811–814; W. Bondeson, Perception, True Opinion and Knowledge in Plato's Theaetetus, Phronesis 14 (1969), 111–122; T. J. Cooney, The Difference Between Truth and Opinion. How the Misuse of Language Can Lead to Disaster, Buffalo N. Y. 1991; D. J. DeMoss, ›Episteme‹ as ›doxa‹ in the »Theaetetus«, in: R. Baird u. a. (eds.), Contemporary Essays on Greek Ideas. The Kilgore Festschrift, Waco Tex. 1987, 33–54; A. Diemer, Meinen, M., Hist. Wb. Ph. V (1980), 1017–1023; T. Ebert, M. und Wissen in der Philosophie Platons. Untersuchungen zum »Charmides«, »Menon« und »Staat«, Berlin/New York 1974, 2010; ders., M. (Doxa), DNP VII (1999), 1161–1163; A. Finkelberg, Being, Truth and Opinion in Parmenides, Arch. Gesch. Philos. 81 (1999), 233–248; J. C. Gosling, Δόξα and Δύναμις in Plato's Republic, Phronesis 13 (1968), 119–130; A. Graeser, Platons Auffassung von Wissen und M. in Politeia V, Philos. Jb. 98 (1991), 365–388; J. Hintikka, Knowledge and Belief. An Introduction to the Logic of the Two Notions, Ithaca N. Y. 1962 (repr. ed. V. F. Hendricks/J. Symons, London 2005), 1977; C. Horn, Platons ›epistêmê-doxa‹-Unterscheidung und die Ideentheorie (Buch V 474b–480a und Buch X 595c–597e), in: O. Höffe (ed.), Klassiker auslegen. Platon. Politeia, Berlin 1997, 291–312, ³2011, 225–241; D. P. Kelly, Philodoxy. Mere Opinion and the Question of History, J. Hist. Philos. 34 (1996), 117–132; Y. Lafrance, La théorie platonicienne de la doxa, Montréal, Paris 1981; ders., Les fonctions de la doxa-épistémè dans les dialogues de Platon, Laval theologique et philos. 38 (1982), 115–135; J. Laird, Knowledge, Belief and Opinion, New York/London 1930, Hamden Conn. 1972; P. Le Morvan, Is Mere True Belief Knowledge?, Erkenntnis 56 (2002), 151–168; M. Le Ny, Opinion, connaissance et vérité, Paris 2002; C. Meinwald, Ignorance and Opinion in Stoic Epistemology, Phronesis 50 (2005), 215–231; D. Owen, Locke on Reason, Probable Reasoning, and Opinion, Locke Newsletter 24 (1993), 35–79; T. Poulakos, Isocrates' Use of ›doxa‹, Philos. & Rhetoric 34 (2001), 61–78; K. Pritzl, Ways of Truth and Ways of Opinion in Aristotle, Proc. Amer. Cath. Philos. Assoc. 67 (1993), 241–252; ders., Opinions as Appearances. ›Endoxa‹ in Aristotle, Ancient Philos. 14 (1994), 41–50, Nachdr. in: L. P. Gerson (ed.), Aristotle. Critical Assessments I (Logic and Metaphysics), London/New York 1999, 73–83; L.-M. Régis, L'opinion selon Aristote, Paris, Ottawa 1935; F. F. Schmitt, Knowledge and Belief, London/New York 1992; J. Sprute, Der Begriff der Doxa in der platonischen Philosophie, Göttingen 1962; ders., Zur Diskussion. Zur Problematik der Doxa bei Platon, Arch. Gesch. Philos. 51 (1969), 188–194; P. Stemmer, Das Kinderrätsel vom Eunuchen und der Fledermaus. Platon über Wissen und Meinen in Politeia V, Philos. Jb. 92 (1985), 79–97; L. Stevenson, Opinion, Belief or Faith, and Knowledge, Kantian Rev. 7 (2003), 72–101; R. Theis, Du savoir, de la foi et de l'opinion de Wolff à Kant, Arch. philos. 73 (2010), 211–228; E. Tielsch, Die Platonischen Versionen der griechischen Doxalehre. Ein philosophisches Lexikon mit Kommentar, Meisenheim am Glan 1970; M. Van der Schaar, Opinion, Assertion and Knowledge. Three Epistemic Modalities, in: T. Childers (ed.), The Logical Yearbook 2002, Prag 2003, 259–268; S. O. Welding, Die Differenz von M. und Wissen, J. General Philos. Sci. 35 (2004), 147–155; W. Wieland, Platon und die Formen des Wissens, Göttingen 1982, ²1999, bes. 280–309 (§ 17 Wissen und M.); weitere Literatur unter den Stichwörtern, auf die im Text verwiesen wird.   J. M.

Meinungsfreiheit (engl. freedom of opinion), ↑normativer Begriff der politischen Philosophie (↑Philosophie, politische), mit dem auf das Recht jedes Bürgers Bezug genommen wird, subjektive Überzeugungen zu besitzen bzw. zu bilden. Zu Beginn der Neuzeit diente die Forderung nach M. der Vermeidung von Religionskriegen:

Religiöse ↑Toleranz sollte dadurch erreicht werden, daß privater Glaube in das Belieben des einzelnen gestellt wurde, der Staat aber die Kontrolle über die beobachtbaren Handlungen ausübte. Eine solche Unterscheidung ist schon aus handlungstheoretischen Gründen problematisch (↑Handlungstheorie, ↑Mentalismus), kann aber auch praktisch nicht befriedigen: Eine ernstzunehmende M. ist nur dann gegeben, wenn persönliche Überzeugungen auch geäußert werden dürfen. Damit führt die M. zur *Redefreiheit* (engl. freedom of speech). Deren Rechtfertigung geht über die Vermeidung von weltanschaulichen Konflikten hinaus. Im Zeitalter der ↑Aufklärung setzte sich die Auffassung durch, daß Meinungsunterschiede (sowohl über Tatsachen als auch über politisch Wünschenswertes) diskursiv (↑diskursiv/Diskursivität, ↑Diskurs) ausgetragen werden müssen. Dafür ist M. (zumindest in einem bestimmten Ausmaß) eine unabdingbare Voraussetzung. In diesem Sinne vertritt auch I. Kant in seiner Schrift »Beantwortung der Frage: Was ist Aufklärung?« (1784) die Auffassung, daß für ein Staatsoberhaupt »selbst in Ansehung seiner *Gesetzgebung* es ohne Gefahr sei, seinen Unterthanen zu erlauben, von ihrer eigenen Vernunft *öffentlichen* Gebrauch zu machen und ihre Gedanken über eine bessere Abfassung derselben sogar mit einer freimüthigen Kritik der schon gegebenen der Welt öffentlich vorzulegen« (Akad.-Ausg. VIII, 41).

Die umfassendste Verteidigung der M. ist in J. S. Mills Schrift »On Liberty« (1859) zu finden. Dabei sind insbes. seine verschiedenen Rechtfertigungen philosophisch interessant. Zunächst konzentriert er sich auf die Bedeutung der M. für den Zweck der Beseitigung von Irrtümern und ↑Vorurteilen: Viele traditionelle Auffassungen sind zumindest teilweise verfehlt. Nur eine freie Diskussion, in der alle überhaupt denkbaren Einwände zugelassen sind, kann zur akzeptablen Begründung von Behauptungen und zur Rechtfertigung von Forderungen führen. Die M. dient aber nicht allein der Wahrheitsfindung, sondern hat auch dann noch eine wichtige Funktion, wenn alle zu einem wohlüberlegten Einverständnis gekommen sind: Solche Übereinstimmungen führen leicht zu einem erstarrten Glauben, dessen Fundament vergessen wird. Die Tolerierung auch extremster Kritik hilft dabei, eine solche Erstarrung zu vermeiden. Im Anschluß an W. v. Humboldt begrüßt Mill die Mannigfaltigkeit der ↑Meinungen (und auch der ↑Lebensformen), weil nur so ein weiterer kultureller ↑Fortschritt möglich sei. Diese Mannigfaltigkeit ist durch den Druck der öffentlichen Meinung ohnehin schon gefährdet; ohne M. wäre sie ganz unmöglich.

In aktuellen Debatten um die M. wird ihre grundsätzliche Notwendigkeit akzeptiert; Kontroversen beziehen sich eher auf die möglichen Grenzen der Redefreiheit (und, damit verbunden, der Pressefreiheit). Dabei darf diese nicht auf sprachliche Äußerungen reduziert werden: Es geht auch um die Veröffentlichung von Kunstwerken und um Protestaktionen, die sich symbolischer Gesten bedienen. Schon Mill hebt hervor, daß die M. legitime Grenzen hat, da nämlich, wo ihre Ausübung in direkter Weise eine Schadenszufügung hervorruft: »Die Meinung, dass Getreidehändler die Armen aushungern oder dass Eigentum Diebstahl ist, sollte unangefochten bleiben, wenn sie bloß in der Presse ausgedrückt wird, sollte aber gerechterweise Strafe nach sich ziehen, wenn man sie mündlich einer erregten Menge, die sich vor dem Hause eines Getreidehändlers versammelt hat, vorträgt oder sie unter gleichen Umständen in Form von Handzetteln in Umlauf setzt« (2009, 159). Außerdem führt Mill aus, daß man andere nicht belästigen darf. Liberale Rechtsphilosophen der Gegenwart (wie J. Feinberg) differenzieren genau, in welchem Ausmaße solche Belästigungen tatsächlich mit den Mitteln des Strafrechts unterbunden werden sollten. Typische Streitfälle sind die Veröffentlichung von Killer-Computerspielen und von gewaltverherrlichender Pornographie, Demonstrationen in Nazi-Uniformen und die Leugnung historischer Tatsachen (etwa des Holocaust). Auch wenn nach strikt liberaler Auffassung die Beweislast bei denjenigen liegt, die die M. einschränken wollen, so kann es doch schwerwiegende Gründe geben, die für ein Verbot sprechen: Selbst wenn gewaltverherrlichende Pornographie nicht in belästigender Form in der Öffentlichkeit präsentiert wird, könnte sie trotzdem verboten werden, wenn sich nachweisen läßt, daß sie zu realer Gewaltausübung führt.

Literatur: R. L. Abel, Speaking Respect, Respecting Speech, Chicago Ill./London 1998; L. Alexander, Is there a Right to Freedom of Expression?, Cambridge/New York 2005; C. Anstötz/R. Hegselmann/H. Kliemt (eds.), Peter Singer in Deutschland. Zur Gefährdung der Diskussionsfreiheit in der Wissenschaft. Eine kommentierte Dokumentation, Frankfurt etc. 1995, ²1997; R. Atkins/S. Mintcheva (eds.), Censoring Culture. Contemporary Threats to Free Expression, New York/London 2006; C. E. Baker, Human Liberty and Freedom of Speech, New York/Oxford 1989, 1992; H. Bosmajian, The Principles and Practice of Freedom of Speech, Boston Mass. 1971, Lanham Md./Washington D. C. ²1983; ders., The Freedom Not to Speak, New York/London 1999; R. Dworkin, Taking Rights Seriously, Cambridge Mass., London 1977, 2009 (dt. Bürgerrechte ernstgenommen, Frankfurt 1984, 1990); J. Feinberg, The Moral Limits of the Criminal Law, I–IV, New York/Oxford 1984–1988, 1987–1990 (I Harm to Others, II Offense to Others, III Harm to Self, IV Harmless Wrongdoing); S. Fish, There's No Such Thing as Free Speech, and It's a Good Thing too, New York/Oxford 1994; R. E. Flathman, The Philosophy and Politics of Freedom, Chicago Ill./London 1987; N. Funk, Mill and Censorship, Hist. Philos. Quart. 1 (1984), 453–463; B. Gräfrath, John Stuart Mill, »Über die Freiheit«. Ein einführender Kommentar, Paderborn etc. 1992; J. Gray, Mill on Liberty. A Defence, London/New York 1983, ²1996; W. v. Humboldt, Ideen zu einem Versuch, die Gränzen der Wirksamkeit des Staats zu bestimmen [1792], ed.

E. Cauer, Breslau 1851, unter dem Titel: Ideen zu einem Versuch, die Grenzen der Wirksamkeit des Staats zu bestimmen, ed. R. Haerdter, Stuttgart, Leipzig 1962, Stuttgart 2006; P. Jones, Freedom of Speech, REP III (1998), 762–765; R. Lorenz/Red., M., Hist. Wb. Ph. V (1980), 1033–1038; D. v. Mill, Freedom of Speech, SEP 2002, rev. 2008; J. S. Mill, On Liberty, London 1859, Cambridge/New York 1989, unter dem Titel: On Liberty/Über die Freiheit (1859) [engl./dt.], ed. B. Gräfrath, Stuttgart 2009; A. Momigliano, Freedom of Speech in Antiquity, DHI II (1973), 252–263; K. C. O'Rourke, John Stuart Mill and Freedom of Expression. The Genesis of a Theory, London/New York 2001; J. Raz, The Morality of Freedom, Oxford 1986; J. Riley, Mill on Liberty, London/New York 1998, 2010; G. Roellecke u. a., M., I–IV, LThK VII (³1998), 70–72; F. Schauer, Free Speech. A Philosophical Enquiry, Cambridge/New York 1982; C. R. Sunstein, Democracy and the Problem of Free Speech, New York 1993, 1995; ders., Why Societies Need Dissent, Cambridge Mass./London 2003, 2005; W. J. Waluchow (ed.), Free Expression. Essays in Law and Philosophy, Oxford 1994.   B. G.

Meisterargument (griech. κυριεύων λόγος), Bezeichnung für eine megarische (↑Megariker) Argumentationsfigur, entwickelt von Diodoros Kronos zur Begründung seiner Definition der Modalfunktoren. Dabei knüpfte dieser an lebensweltliche Modalbegriffe an, wonach z. B. Ereignisse, die in der Vergangenheit häufig auftraten, zum gegenwärtigen Zeitpunkt oder künftig ebenfalls möglich oder aber aufgrund bestimmter Umstände nicht (mehr) möglich sind. Auf dem Hintergrund der Aristotelischen Analyse von Zukunftsaussagen (↑Futurabilien) wies Diodoros mit Hilfe des M.s nach, daß die folgenden Aussagen miteinander unverträglich sind (deren Sinn allerdings nicht so eindeutig ist, wie eine Übersetzung aus dem Griechischen ihn erscheinen läßt): (1) Jede wahre Aussage über die Vergangenheit ist notwendig. (2) Unmögliches folgt nicht aus Möglichem. (3) Es gibt etwas Mögliches, das weder wahr ist noch sein wird. Von diesen Aussagen muß also mindestens eine aufgegeben werden. Diodoros selbst hält die Aussagen (1) und (2) für evident. Deshalb schloß er auf die Negation von (3), d. h. auf seine Definition des Möglichen, und bestimmte von hier aus die übrigen Modalfunktoren.

Ein Argument im strengen Sinne ist das M. nur dann, wenn die Unverträglichkeitsbehauptung in der Form eines ↑Kettenschlusses entwickelt wird. Wie dieser Schluß ursprünglich ausgesehen hat, welche weiteren ↑Prämissen er gegebenenfalls benutzte und was demnach der eigentliche Kern des M.s war, ist nicht überliefert und umstritten. Für die Rekonstruktion stehen jedoch weitere Anhaltspunkte zur Verfügung: Die innere Schlüssigkeit des M.s wurde in der Antike ebenso anerkannt wie seine zentrale Bedeutung für die Frage der ↑Willensfreiheit. Wer also über die Modalfunktoren oder über ↑Determinismus und ↑Fatalismus anders als Diodoros dachte, mußte das M. entkräften, und zwar

dadurch, daß er die Aussagen (1) oder (2) als falsch erwies oder ihnen eine andere Interpretation gab oder eine nicht überlieferte Zusatzannahme bestritt. Panthoides, Kleanthes und Antipatros von Tarsos negierten (1); Chrysippos behauptete das Gegenteil von (2). Philon deutete das ›folgt aus‹ in (2) so schwach (als ↑Subjunktion), daß offenbar der Kettenschluß hinfällig wurde. Epikur schließlich sicherte die Willensfreiheit durch Bestreitung des uneingeschränkten ↑Zweiwertigkeitsprinzips (speziell für zukünftige Ereignisse, ↑Futurabilien). Das M. wird sich daher an wenigstens einer Stelle auf dieses Prinzip gestützt haben. Die große Relevanz des Arguments erklärt auch seinen Namen: Es ›beherrscht‹ alle anderen Argumente (so die vorwiegende Auffassung); oder es ist das Argument zur ›Allgewalt‹ des Fatums.

Texte: K. Döring, Die Megariker. Kommentierte Sammlung der Testimonien, Amsterdam 1972, 39–43 (Nr. 131–139); FDS §§ 4.4.0, 4.4.4–4.4.4.3, bes. Nr. 993; G. Giannantoni, Socraticorum Reliquiae. Collegit, disposuit, apparatibus notisque instruxit [griech./lat., Kommentar ital.], I–IV, Neapel 1983–1985, bes. I, 73–94 (Kap. II/F, § 24–31), III, 76 (Nota 7 d), erw. als: Socratis et Socraticorum Reliquiae. Collegit, disposuit, apparatibus notisque instruxit, I–IV [griech./lat., Kommentar ital.], Neapel 1990, bes. I, 428–434 (Kap. II/F, § 24–31), IV, 81 (Nota 7 d).

Literatur: H. Barreau, Cléanthe et Chrysippe face au maître-argument de Diodore, in: J. Brunschwig (ed.), Les Stoïciens et leur logique. Actes du colloque de Chantilly 18–22 septembre 1976, Paris 1978, 21–40, ²2006, 283–301; O. Becker, Über den κυριεύων λόγος des Diodoros Kronos, Rhein. Mus. Philol. 99 (1956), 289–304; ders., Zur Rekonstruktion des ›Kyrieuon Logos‹ des Diodoros Kronos, in: J. Derbolav/F. Nicolin (eds.), Erkenntnis und Verantwortung, Düsseldorf 1960, 250–263; R. Blanché, Sur l'interprétation du κυριεύων λόγος, Rev. philos. France étrang. 155 (1965), 133–149; S. Bobzien, Chrysippus' Modal Logic and Its Relation to Philo and Diodorus, in: K. Döring/T. Ebert (eds.), Dialektiker und Stoiker. Zur Logik der Stoa und ihrer Vorläufer, Stuttgart 1993, 2005, 63–84; dies., Determinism and Freedom in Stoic Philosophy, Oxford/New York 1998, bes. 97–143 (Kap. 3 Modality, Determinism, and Freedom); R. A. Bull, An Algebraic Study of Diodorean Modal Systems, J. Symb. Log. 30 (1965), 58–64; S. M. Cahn, Fate, Logic and Time, New Haven Conn./London 1967, 48–66; C. Christian, Zur Interpretation der Diodoreischen Modalgesetze und der Diodoreischen Implikation, Anz. Österr. Akad. Wiss., philos.-hist. Kl. 11 (1964), 235–243, separat Graz/Wien/Köln 1964; D. Frede, Aristoteles und die ›Seeschlacht‹. Das Problem der Contingentia Futura in De interpretatione 9, Göttingen 1970, 93–112; R. Gaskin, The Sea Battle and the Master Argument. Aristotle and Diodorus Cronus on the Metaphysics of the Future, Berlin/New York 1995; G. Giannantoni, Il κυριεύων λόγος di Diodoro Crono, Elenchos 2 (1981), 239–272; N. Hartmann, Der Megarische und der Aristotelische Möglichkeitsbegriff. Ein Beitrag zur Geschichte des ontologischen Modalitätsproblems, Sitz.ber. Preuß. Akad. Wiss., philos.-hist. Kl., Berlin 1937, 44–58; J. Hintikka, Aristotle and the ›Master Argument‹ of Diodorus, Amer. Philos. Quart. 1 (1964), 101–114, Nachdr. in: ders., Time and Necessity. Studies in Aristotle's Theory of Modality, Oxford 1973, 1975, 179–213; W. Kneale/M. Kneale, The Development of

Logic, Oxford 1962 (repr. 2008), 117–158; D. C. Makinson, There Are Infinitely Many Diodorean Modal Functions, J. Symb. Log. 31 (1966), 406–408; B. Mates, Stoic Logic, Berkeley Calif./Los Angeles/London 1953 (repr. 1961, 1973), 36–41; R. McKirahan, Diodorus and Prior and the Master Argument, Synthese 42 (1979), 223–253; U. Meixner, Antike Philosophie. Mit einem Schwerpunkt zum M., Paderborn 1999; F. S. Michael, What Is the Master Argument of Diodorus Cronus?, Amer. Philos. Quart. 13 (1976), 229–235; M. Mignucci, L'argomento dominatore e la teoria dell'implicazione in Diodoro Crono, Vichiana 3 (1966), 3–28; P. Ohrstrom, A New Reconstruction of the Master Argument of Diodorus Cronus, Int. Log. Rev. 11 (1980), 60–65; A. N. Prior, Diodoran Modalities, Philos. Quart. 5 (1955), 205–213; ders., Time and Modality. Being the John Locke Lectures for 1955–6 Delivered in the University of Oxford, Oxford 1957 (repr. Westport Conn. 1979, Oxford 2003), 86–88; ders., Diodorus and Modal Logic. A Correction, Philos. Quart. 8 (1958), 226–230; R. L. Purtill, The Master Argument, Apeiron 7 (1973), H. 1, 31–36; N. Rescher, A Version of the ›Master Argument‹ of Diodorus, J. Philos. 63 (1966), 438–445; J. M. Rist, Stoic Philosophy, Cambridge etc. 1969, 1990, 112–132; P.-M. Schuhl, Le dominateur et les possibles, Paris 1960; D. Sedley, Diodorus Cronus and Hellenistic Philosophy, Proc. Cambridge Philol. Soc. NS 23 (1977), 74–120; G. Stahl, Une formalisation du ›dominateur‹, Rev. philos. France étrang. 153 (1963), 239–243; J. Sutula, Diodorus and the ›Master Argument‹, The Southern J. Philos. 14 (1976), 323–343; J. Vuillemin, Nécessité ou contingence. L'aporie de Diodore et les systèmes philosophiques, Paris 1984, 1997 (engl. Necessity or Contingency. The Master Argument, Stanford Calif. 1996); H. Weidemann, Das sogenannte M. des Diodoros Kronos und der aristotelische Möglichkeitsbegriff, Arch. Gesch. Philos. 69 (1987), 18–53; ders., Zeit und Wahrheit bei Diodor, in: K. Döring/T. Ebert (eds.), Dialektiker und Stoiker [s. o.], 319–329; G. H. v. Wright, The ›Master Argument‹ of Diodorus, in: E. Saarinen u. a. (eds.), Essays in Honour of Jaakko Hintikka on the Occasion of His Fiftieth Birthday on January 12, 1979, Dordrecht/Boston Mass./London 1979, 297–307; E. Zeller, Über den Κυριεύων des Megarikers Diodorus, Sitz.ber. Königl. Preuß. Akad. Wiss., philos.-hist. Kl., Berlin 1882, 151–159, Nachdr. in: ders., Kleine Schriften I, ed. O. Leuze, Berlin 1910, 252–262. K. H. H.

Melancholie (engl. melancholy, franz. mélancolie, ital. malinconia oder melanconia, von griech. μελαγχολία, ›Schwarzgalligkeit‹, häufigste dt. Übersetzung: Schwermut), Begriff für mannigfache qualitative und quantitative Spielarten einer leidvollen, sehnsüchtigen Gestimmtheit (↑Stimmung), die von der Empfindung geprägt ist, einem Anspruch werde nicht genügt, eine Erwartung nicht erfüllt, ein Wollen nicht befriedigt. Semantische Nähe oder Überschneidung besteht unter anderem bezüglich der Begriffe ↑Angst, Ärger, Depression, Ekel (*fastidium, nausea*), Einsamkeit, ↑Entfremdung, Frustration, ↑Genie, Hemmung, Hypochondrie, ↑Langeweile (*taedium, acedia, ennui, spleen*), Manie, Misanthropie, (Lebens-)Müdigkeit, Muße (*otium*), Nostalgie, ↑Pessimismus, Raserei (*furor*), Ressentiment, Traurigkeit (*tristitia*), Überdruß, Ungeduld, Wahnsinn, Wehmut, Weltschmerz (*mal du siècle*) und Verzweiflung.

Die ersten Nachweise des Terminus ›M.‹ finden sich im »Corpus Hippocraticum«. In dessen ältesten Schichten wird M. als seelische Krankheit ausgelegt, die auf die schwarze, d. h. krankhafte, Verfärbung der Galle zurückzuführen sei. In der jüngeren hippokratischen Schrift »Über die Natur des Menschen« (ca. 400 v. Chr.) wird die schwarze Galle (μέλαινα χολή) zu einem der vier ursprünglichen Körpersäfte neben Blut, gelber Galle und Phlegma umgedeutet und dementsprechend die M. als Folge einer Unausgewogenheit der Säfte: In einem Überschuß an schwarzer Galle gründeten gewisse seelische und körperliche krankhafte Veränderungen, einschließlich einer Neigung zu stimmungsmäßigen Extremen. Kap. 30.1 der pseudo-aristotelischen »Problemata physica« (Mitte 3. Jh. v. Chr.), die Exzerpte der verlorengegangenen Abhandlung des Theophrastos über die M. enthalten, verallgemeinert den Gedanken, daß der Melancholiker zu Extremen neige. Außer der vorübergehenden qualitativen Veränderung der schwarzen Galle, der vorübergehende M. entspricht, gebe es bei manchen Menschen von Natur aus einen Überschuß an ihr. Diese neigten zu Extremen, da die schwarze Galle in besonders hohem Maße abgekühlt wie auch erhitzt werden könne und das Kalte und Warme im Menschen die wichtigsten Determinanten für seinen Charakter seien. Von der übrigen thermischen Ausgewogenheit der Körpersäfte hänge ab, ob und wie sich diese Neigung auswirke; im günstigen Falle aber mache eine melancholische Konstitution zu außergewöhnlichen Leistungen fähig. Der hierin enthaltene Ansatz zu einer Nobilitierung der M. hat allerdings in der antiken Medizin noch keine Auswirkung: Nach Rufus von Ephesos (1./2. Jh. n. Chr.) disponiert M. nicht etwa zur ›subtilitas ingenii‹, sondern diese disponiere zur M. (Œuvres de Rufus d'Éphèse, ed. C. Daremberg/C.-É. Ruelle, Paris 1879 [repr. Amsterdam 1963], 457). Stark geprägt von Rufus sind die einflußreichen Schriften des Galenos zur M. (De locis affectis III, in: Opera omnia VIII, ed. C. G. Kühn, Leipzig 1824 [repr. Hildesheim 1965], 136–215, hier 179–193 [Kap. X]; desweiteren zahlreiche verstreute Stellen in den Kommentaren zu Hippokrates). Eine Reihe weiterer antiker und spätantiker Abhandlungen ordnet dem Menschen melancholischen Temperaments neben den Qualitäten Kalt und Trocken als das analoge Element die Erde zu, als Jahreszeit den Herbst und als Organ die Milz (worauf der Ausdruck ›spleen‹ zurückgeht), die arabische Überlieferung seit dem 9. Jh. als Planeten den Saturn; außerdem gelangt M. zu einer reichen physiognomischen und später auch ikonographischen Charakteristik.

Im christlichen Kontext tritt neben die Möglichkeit, M. als Erlösungssehnsucht positiv zu deuten, jene, sie stattdessen auf die Erbsünde zurückzuführen: Können Ungenügen oder Überdruß, wie sie der Augustinischen

Herzensunruhe entspringen, sich auf alles außer Gott beziehen, da das Herz in Gott gerade seine Ruhe finde, kennt die christliche Tradition eine *tristitia* auch bezüglich Gottes und seiner Offenbarung. Insbes. Thomas von Aquin deutet so den seit Evagrius Ponticus und Johannes Cassian als Todsünde explizierten Seelenzustand der ›acedia‹ (auch ›accidia‹, von griech. ›ἀκήδεια‹ oder ›ἀκηδία‹) im Sinne eines Mutterbodens anderer Sünden (S. th. II, II, qu. 35; De malo, qu. 11). Seit Beginn der ↑Renaissance entfalten die antike M.konzeption überhaupt und insbes. die nobilitierende Verbindung zwischen M. und Genie eine nachhaltige Wirkung. Zu den bedeutendsten Texten zählen hier F. Petrarcas »Secretum meum« (1347–1353), M. Ficinos »De vita« (1489), R. Burtons »The Anatomy of Melancholy« (1621) und C. Baudelaires »Les fleurs du mal« (1857). Bedeutet die Entdeckung des Blutkreislaufs durch W. Harvey 1628 zwar das Ende für die Humoralpathologie, beeinträchtigt selbst diese tiefe ätiologische Zäsur doch kaum die übrige, bemerkenswert konstante Charakteristik der M., zumal von alters her auch andere Ursachen für sie wie etwa übermäßige ›subtilitas ingenii‹ oder die Erbsünde in Frage kommen. Zur melancholischen Disposition werden nach antikem Vorbild insbes. die Neigung zu Vereinzelung und Muße gezählt, d. h. zur ↑vita contemplativa, unter säkularen Vorzeichen zu Wissenschaft und Kunst; als ein Musterbeispiel gilt hier W. Shakespeares Hamlet. Wie implizit bereits in den »Problemata« gilt allerdings auch eine übersteigerte Hinwendung zur vita activa als typisch für den Melancholiker, in beiden Fällen wiederum der Hang sowohl zum positiven als auch zum negativen Extrem; das Umschlagen von extremer Kontemplativität in eine ›ingeniöse‹ aktive Raserei exemplifiziert der Don Quixote des M. de Cervantes. Ebenfalls besteht schon nach Problem 30.1 die Möglichkeit, daß Melancholiker ihre Neigung zu Extremen nicht etwa in außergewöhnlichen Leistungen verwirklichen, sondern irgendwie verhindert sind, sie in positiver Weise oder überhaupt nur zu verwirklichen. Darum ist nicht nur das Genie ein Melancholiker, das religiöse, epistemische oder moralische, soziale, politische oder ökonomische Maximalansprüche stellt, denen von ihm selbst oder anderen nicht entsprochen werden kann – das folglich auch nach jeder Erfüllung seiner hohen Erwartungen wieder in die ›M. der Erfüllung‹ (E. Bloch) verfällt –, sondern allgemein der Mensch, dessen Lebensgefühl besonders stark von der Empfindung bestimmt ist, einem Anspruch werde nicht genügt, sei es ein hoher oder niedriger, ein Eigen- oder Fremdanspruch, ein Anspruch an sich selbst oder an andere. Aufgrund dieses Verhältnisses zu etwas Übermächtigem vertritt I. Kant die Auffassung, daß der Melancholiker »vorzüglich ein *Gefühl für das* ↑*Erhabene*« besitze (Beobachtungen über das Gefühl des Schönen und Erhabenen [1764], Akad.-

Ausg. II, 205–256, hier 220); insofern dem übermächtigen Anspruch gerade nicht genügt und das Erhabene verfehlt wird, läßt sich das Gefühl mit S. Kierkegaard zu einem für das Komische umdeuten (Entweder – Oder [1843], ed. H. Diem/W. Rest, München 1975, 29). Beide Auffassungen vertragen sich mit der Verallgemeinerung der M. zum »sentiment habituel de notre imperfection« (Mélancolie, in: Encyclopédie, ou Dictionnaire raisonné des sciences, des arts et des métiers [...] X, Neuchâtel [recte Paris] 1765, 307–311, hier 307). Auf den Körper projiziert, der infolgedessen als gebrechlich oder krank erscheint, verwandelt sich die M. als das habitualisierte Gefühl der Unvollkommenheit in die Hypochondrie.

In Psychiatrie und ↑Psychoanalyse wird seit dem 19. Jh. die M. hauptsächlich von Verhinderung, Entwicklungshemmung oder Fehlentwicklung her bestimmt; so bei S. Freud als ein das Ichgefühl extrem herabsetzendes Unvermögen, dank der Trauer die in ein Objekt investierte ↑Libido nach dem Verlust des Objektes wieder von ihm abzulösen (Trauer und M., 1917), oder bei H. Tellenbach als eine Doppelfigur von ›Inkludenz‹ und ›Remanenz‹ der Persönlichkeit, die sich in jenem Maße in sich selbst verschließt, in dem sie hinter sich zurückbleibt (M.. Zur Problemgeschichte, Typologie, Pathogenese und Klinik, 1961). Seit der Wende zum 20. Jh. wird der Begriff der M. vielerorts durch den der Depression ersetzt; aber selbst noch deren Spezifikation als bipolare (manisch-depressive) Störung ist durch die antike Bestimmung einer beidseitigen Neigung des Melancholikers zu stimmungsmäßigen Extremen vorgezeichnet.

Literatur: L. Babb, The Elizabethan Malady. A Study of Melancholia in English Literature from 1580 to 1642, East Lansing Mich. 1951, 1965; G. Bader, M. und Metapher. Eine Skizze, Tübingen 1990; G. Bandmann, M. und Musik. Ikonographische Studien, Köln/Opladen 1960; U. Benzenhöfer u. a., M. in Literatur und Kunst, Hürtgenwald 1990; L. Binswanger, M. und Manie. Phänomenologische Studien, Pfullingen 1960, ferner in: ders., Ausgewählte Werke IV, ed. A. Holzhey-Kunz, Heidelberg 1994, 351–428 (franz. Mélancolie et manie. Études phénoménologiques, Paris 1987, ²2002); N. L. Brann, The Debate over the Origin of Genius During the Italian Renaissance. The Theories of Supernatural Frenzy and Natural Melancholy in Accord and in Conflict on the Threshold of the Scientific Revolution, Leiden/Boston Mass./Köln 2002; L. Cantagrel, De la maladie à l'écriture. Genèse de la mélancolie romantique, Tübingen 2004; J. Clair (ed.), M.. Genie und Wahnsinn in der Kunst. Zu Ehren von Raymond Klibansky (1905–2005), dem großen Gelehrten und Erforscher der Geschichte der M., Ostfildern-Ruit 2005; A. Derville, Mélancolie, Dictionnaire de spiritualité. Ascétique et mystique. Doctrine et histoire X, Paris 1980, 950–955; H. Ferguson, Melancholy and the Critique of Modernity. Søren Kierkegaard's Religious Psychology, London/New York 1995; H. Flashar, M. und Melancholiker in den medizinischen Theorien der Antike, Berlin 1966; ders./H.-U. Lessing, M., Hist. Wb. Ph. V (1980), 1038–1043; C. Flüeler, Acedia und M. im Spätmittelalter, Freib. Z. Philos. Theol. 34 (1987), 379–398; L. F. Földényi, Melankólia, Budapest 1984, Pozsony [Bratislava] ³2003 (dt. M.,

München 1988, Berlin ²2004); V. Friedrich, M. als Haltung, Berlin 1991; J. Glatzel, M. und Wahnsinn. Beiträge zur Psychopathologie und ihren Grenzgebieten, Darmstadt 1990; E. Goebel, Schwermut/M., in: K. Barck u. a. (eds.), Ästhetische Grundbegriffe V, Stuttgart/Weimar 2003, 446–486; A. Gowland, The Worlds of Renaissance Melancholy. Robert Burton in Context, Cambridge etc. 2006; R. Guardini, Vom Sinn der Schwermut, Die Schildgenossen 8 (1928), 103–125, separat: Zürich 1949, Ostfildern ⁹2008 (franz. De la mélancolie, Paris 1952, 1992); J. Hake (ed.), Schwermut – eine andere Form des Glücks, Stuttgart/Berlin/Köln 2002; L. Heidbrink, M. und Moderne. Zur Kritik der historischen Verzweiflung, München 1994; ders. (ed.), Entzauberte Zeit. Der melancholische Geist der Moderne, München/Wien 1997; K. Heitmann, Der Weltschmerz in den europäischen Literaturen, in: ders. (ed.), Neues Handbuch der Literaturwissenschaft XV (Europäische Romantik II), Wiesbaden 1982, 57–82; J. S. Hohmann (ed.), M.. Ein deutsches Gefühl, Trier 1989; U. Horstmann, Der lange Schatten der M.. Versuch über ein angeschwärztes Gefühl, Essen 1985; ders. (ed.), Die stillen Brüter. Ein M.-Lesebuch, Hamburg 1992, unter dem Titel: Die Untröstlichen. Ein M.-Lesebuch, Darmstadt 2011; S. W. Jackson, Melancholia and Depression. From Hippocratic Times to Modern Times, New Haven Conn./London 1986; R. Jehl/W. E. J. Weber (eds.), M.. Epochenstimmung – Krankheit – Lebenskunst, Stuttgart/Berlin/Köln 2000; R. Klibansky/E. Panofsky/F. Saxl, Saturn and Melancholy. Studies in the History of Natural Philosophy, Religion and Art, London, New York 1964 (repr. Nendeln [Liechtenstein] 1979) (franz. Saturne et la mélancolie. Études historiques et philosophiques. Nature, religion, médecine et art, Paris 1989, 1994; dt. Saturn und Melancholie. Studien zur Geschichte der Naturphilosophie und Medizin, der Religion und der Kunst, Frankfurt 1990, 2006); W. Klingenberg, Mathematik und M.. Von Albrecht Dürer bis Robert Musil, Stuttgart 1997 (Akad. Wiss. Lit. Mainz, Abh. math.-naturwiss. Kl. 1997/1); T. Kobayashi, M. und Zeit, Basel/Frankfurt 1998; S. Kofman, Mélancolie de l'art, Paris 1985 (dt. M. der Kunst, Graz/Wien 1986, Wien ³2008); S. Krämer, M. – Skizze zur epistemologischen Deutung eines Topos, Z. philos. Forsch. 48 (1994), 397–419; J. Kristeva, Soleil noir. Dépression et mélancolie, Paris 1987, 2006 (engl. Black Sun. Depression and Melancholia, New York 1989, 2003; dt. Schwarze Sonne. Depression und M., Frankfurt 2007); R. Kuhn, The Demon of Noontide. Ennui in Western Literature, Princeton N. J. 1976; R. Lambrecht, M.. Vom Leiden an der Welt und den Schmerzen der Reflexion, Reinbek b. Hamburg 1994; ders., Der Geist der M.. Eine Herausforderung philosophischer Reflexion, München 1996 (mit Bibliographie, 277–493); D. Lenzen, M. als Lebensform. Über den Umgang mit kulturellen Verlusten, Berlin 1989; W. Lepenies, M. und Gesellschaft, Frankfurt 1969, ³1987, mit neuer Einleitung: Das Ende der Utopie und die Wiederkehr der M., VII–XXVIII, Frankfurt 1998, 2006 (engl. Melancholy and Society, Cambridge Mass./London 1992); U. Mohr, M. und M.kritik im England des 18. Jahrhunderts, Frankfurt etc. 1990; W. Müri, M. und schwarze Galle, Museum Helveticum 10 (1953), 21–38, ferner in: H. Flashar (ed.), Antike Medizin, Darmstadt 1971 (Wege der Forschung 221), 165–191; E. Panofsky/F. Saxl, Dürers »Melencolia I«. Eine quellen- und typengeschichtliche Untersuchung, Leipzig/Berlin 1923 (Studien der Bibliothek Warburg II); J. Pigeaud, Melancholia. Le malaise de l'individu, Paris 2008; J. Radden (ed.), The Nature of Melancholy. From Aristotle to Kristeva, Oxford/New York 2000, 2002; dies., Moody Minds Distempered. Essays on Melancholy and Depression, Oxford/New York 2009; G. Ricke, Schwarze Phantasie und trauriges

Wissen. Beobachtungen über M. und Denken im 18. Jahrhundert, Hildesheim 1981; K. Sauerland (ed.), M. und Enthusiasmus. Studien zur Literatur- und Geistesgeschichte der Jahrhundertwende, Frankfurt etc. 1988; J. Schiesari, The Gendering of Melancholia. Feminism, Psychoanalysis, and the Symbolics of Loss in Renaissance Literature, Ithaca N. Y./London 1992; H.-J. Schings, M. und Aufklärung. Melancholiker und ihre Kritiker in Erfahrungsseelenkunde und Literatur des 18. Jahrhunderts, Stuttgart 1977; H. Schipperges, Melancolia als ein mittelalterlicher Sammelbegriff für Wahnvorstellungen, Stud. Gen. 20 (1967), 723–736; W. Schleiner, Melancholy, Genius, and Utopia in the Renaissance, Wiesbaden 1991 (Wolfenbütteler Abh. Renaissanceforsch. X); S. Schneiders, Literarische Diätetik. Studien zum Verhältnis von Literatur und M. im 17. Jahrhundert, Aachen 1997; G. Scholtz, Schwermut, Hist. Wb. Ph. VIII (1992), 1495–1497; B. Schulte, M.. Von der Entstehung des Begriffs bis Dürers »Melencolia I«, Würzburg 1996; P.-K. Schuster, »Melencolia I«. Dürers Denkbild, I–II, Berlin 1991; J. F. Sena, A Bibliography of Melancholy, 1660–1800, London 1970; P. Sillem (ed.), M. oder Vom Glück, unglücklich zu sein. Ein Lesebuch, München 1997, 2006; ders., Saturns Spuren. Aspekte des Wechselspiels von M. und Volkskultur in der frühen Neuzeit, Frankfurt 2001; J. Starobinski, Histoire du traitement de la mélancolie des origines à 1900, Basel 1960 (dt. Geschiche der M.behandlung von den Anfängen bis 1900, Basel 1960); ders, La mélancolie au miroir. Trois lectures de Baudelaire, Paris 1989, 1997 (dt. M. im Spiegel. Baudelaire-Lektüren, München/Wien 1992); M. Theunissen, Melancholisches Leiden unter der Herrschaft der Zeit, in: ders., Negative Theologie der Zeit, Frankfurt 1991, 2002, 218–284; ders., Vorentwürfe der Moderne. Antike M. und die Acedia des Mittelalters, Berlin/New York 1996; P. J. van der Eijk, Aristoteles über die M., Mnemosyne 43 (1990), 33–72; L. Völker, Muse M. – Therapeutikum Poesie. Studien zum M.-Problem in der deutschen Lyrik von Hölty bis Benn, München 1978; M. Wagner-Egelhaaf, Die M. der Literatur. Diskursgeschichte und Textfiguration, Stuttgart/Weimar 1997; A. Walker, Die M. der Philosophie, Wien 2002; L. Walther (ed.), M., Leipzig 1999 (mit Bibliographie, 216–224); H. Watanabe-O'Kelly, M. und die melancholische Landschaft. Ein Beitrag zur Geistesgeschichte des 17. Jahrhunderts, Bern 1978; W. Weber, Im Kampf mit Saturn. Zur Bedeutung der M. im anthropologischen Modernisierungsprozeß des 16. und 17. Jahrhunderts, Z. hist. Forsch. 17 (1990), 155–192; S. Wenzel, The Sin of Sloth. Acedia in Medieval Thought and Literature, Chapel Hill N. C. 1967; A. Wittstock, Melancholia translata. Marsilio Ficinos M.-Begriff im deutschsprachigen Raum des 16. Jahrhunderts, Göttingen 2011. – Schriftenreihe: Facies nigra. Studien zur M. in Kunst und Literatur (Münster etc., seit 1993).   T. G.

Melanchthon (griech. Übers. von Schwarzerd), Philipp, *Bretten (Pfalz) 16. Febr. 1497, †Wittenberg 19. April 1560, dt. Humanist, Theologe, Mitarbeiter M. Luthers. M. ging 1509 an die Universität Heidelberg, 1512 an die Universität Tübingen, lehrte dort ab 1514 als Magister aristotelische Philosophie sowie griechische und lateinische Literatur; 1518 Prof. für griechische Sprache in Wittenberg, 1519 Baccalaureus der Theologie ebendort. – In seiner Wittenberger Antrittsvorlesung (De corrigendis adolescentiae studiis, 29.8.1518) entwickelte M. ein Programm für die Reform des Universitätsunterrichts (besonders der Theologie) auf der Grundlage eines Studiums der klassischen Sprachen. Sein Bemühen um eine organisatorische und inhaltliche Erneuerung der protestantischen Universitäten und Lateinschulen hatte über den Bereich des Protestantismus hinaus eine nachhaltige Wirkung auf das gesamte Schulwesen, weshalb er den Ehrentitel ›Praeceptor Germaniae‹(›Lehrer Deutschlands‹) erhielt. Sein Hauptwerk »Loci communes rerum theologicarum seu hypotyposes theologicae«, das erstmals 1521 und um 1535, 1543 und 1559 in Überarbeitungen erschien – das maßgebliche *Dogmatiklehrbuch* der Reformation –, kann zugleich als Versuch angesehen werden, Reformation und ↑Humanismus miteinander zu verbinden.

Um Widersprüche zwischen Glauben und Vernunft zu vermeiden, nimmt M. in seinen Werken zur Ethik (»Philosophiae moralis Epitome«, 1538, und »Ethicae doctrinae elementa et enarratio libri quinti ethicorum«, 1550) eine Unterscheidung zwischen Evangelium und göttlichem Gesetz derart vor, daß es im Evangelium ausschließlich um das Verhältnis der Individuen zu Gott geht, während im göttlichen Gesetz die Beziehungen der Menschen untereinander geregelt werden. So gelingt es ihm, bei Wahrung des Vorranges des Evangeliums ein relativ glaubensfreies Feld für die philosophische Ethik zu sichern. Hier orientiert er sich an Aristoteles (z. B. in der Lehre von der ›rechten Mitte‹, ↑Mesotes), während er die Position Epikurs und die der ↑Stoa dezidiert ablehnt. Der Glaube dient ihm in der Ethik unter anderem als Motivationshintergrund für die Erziehung und zur autoritativen Untermauerung moralischer Lehrsätze. – Im »Liber de anima« (1553) referiert, kommentiert und übernimmt M. weitgehend die Psychologie des Aristoteles (z. B. die Dreiteilung der ↑Seele in einen vegetativen, einen sensitiven und einen vernünftigen Seelenteil); der abschließende Traktat über den freien Willen (↑Willensfreiheit) geht darüber hinaus und mündet in theologischen Erörterungen über Glaubensannahmen. – M.s Logik (Compendiaria dialectices ratio, Leipzig 1520; weitere Ausarbeitungen: Dialectices libri quatuor, Hagenau 1528; Erotemata dialectices […], Wittenberg 1548) ist bis etwa 1600 maßgebend für den Unterricht im protestantischen Deutschland.

Als Theologe nahm M. an allen wichtigen Religionsgesprächen seit 1529 (Marburger Religionsgespräch) teil. Die Texte der »Augsburgischen Konfession« (1530) und der »Apologie der Augsburgischen Konfession« (1530) stammen weitgehend von ihm. Die Übernahme humanistischer und calvinistischer Elemente in die protestantische Theologie führte zur theologischen und persönlichen Entfremdung von Luther (besonders in der Lehre vom Abendmahl, vom freien Willen und von der Bedeutung der guten Werke wich M. von Luther ab). Der Aufgabe, nach Luthers Tod (1546) die Einheit des Glaubens zu wahren, war M. nicht gewachsen; die heftigen Streitigkeiten zwischen seinen Anhängern (Philippisten) und den strengen Lutheranern setzten ihm derart zu, daß er seinen Tod als Erlösung von der ›Wut der Theologen‹ (*rabies theologorum*) ansah.

Die vom ↑Augustinismus und der Ablehnung des ↑Thomismus geprägte philosophisch-theologische Position des frühen Luther erfährt durch M. eine Wende zum ↑Aristotelismus. Um dem in seinen Grundlagen durch Mystizismus und Schwärmertum gefährdeten Protestantismus eine solide theoretische Basis zu geben, rekurriert M. auf Aristoteles, dessen philosophische Schriften er im Original zu lesen lehrt; für deren Verständnis greift er auf Kommentatoren wie Porphyrios, Petrus Hispanus und Avicenna zurück. M.s Verhältnis zur Philosophie ist von apologetischen Erfordernissen (↑Apologetik) und humanistisch-philologischen Interessen bestimmt, daher sein ↑Eklektizismus und der an M. T. Ciceros Rhetorik geschulte Stil seiner Schriften. Auf seinen Arbeiten zur Dialektik, Physik, Psychologie und Ethik baut die ↑Schulphilosophie des Protestantismus auf. Der Naturwissenschaft seiner Zeit steht M. im ganzen positiv gegenüber; so nähert er sich nach anfänglicher Ablehnung den Kopernikanischen Vorstellungen vorsichtig an.

Werke: Opera quae supersunt omnia, I–XXVIII, ed. C. G. Bretschneider/H. E. Bindseil, I–XVIII, Halle 1834–1852, IXX–XXVI-II, Braunschweig 1853–1860 (Corpus Reformatorum I–XXVIII) (repr. New York 1963, Bad Feilnbach 1990); Epistolae, iudicia, consilia, testimonia aliorumque ad eum epistolae quae in Corpore Reformatorum desiderantur, ed. H. E. Bindseil, Halle 1874 (repr. Hildesheim/New York 1975); Supplementa Melanchthoniana. Werke P. M.s, die im Corpus Reformatorum vermißt werden, ed. M.-Kommission des Vereins für Reformationsgeschichte, Leipzig 1910 ff. (erschienen Abt. 1 [Dogmatische Schriften]: I; Abt. 2 [Philologische Schriften]: I; Abt. 5 [Schriften zur praktischen Theologie]: I–II; Abt. 6 [M.'s Briefwechsel]: I) (repr. Frankfurt 1968). – Confessio fidei exhibita invictiss. Imp. Carolo V. Caesari Aug. in comiciis Augustae, anno M. D.XXX., Wittenberg 1530, [zusammen mit: Apologia Confessionis] 1531 [Editio princeps], [zusammen mit: Apologia Confessionis] 1540 [Variata], 1542, ferner in: Opera quae supersunt omnia [s. o.] XXVI, 263–416, [Nachdr. d. Ausg. 1540] in: M.'s Werke in Auswahl [s. u.] VI, 12–79 (dt. Anzeigung und bekanntnus des glaubens unnd der Lere, so die adpelirenden Stende Kay. Maiestet auff yetzigen tag zu Augspurg überantwurt habend. M. D.XXX, Zürich, Erfurt 1530, unter dem Titel: Confessio odder Bekantnus des Glaubens etlicher Fürsten und Stedte. Uberantwort Keiserlicher Maiestat zu Augspurg. Anno M. D.XXX. [zusammen mit: Apologia der Confessio], übers. J. Jonas, Zürich, Wittenberg, Nürnberg 1531 [Editio princeps], überarb. Wittenberg 1533, ferner in: Opera quae supersunt omnia [s. o.] XXVI, 537–688, 725–768, unter dem Titel: Die Augsburgische Konfession [dt./lat.], ed. H. H. Wendt, Halle 1927, [dt./lat.] in: Die Bekenntnisschriften der evangelisch-lutherischen Kirche I, ed. Deutscher Evangelischer Kirchenausschuß, Göttingen 1930, 31–137, unter dem Titel: Augsburger Bekenntnis 1530, übers. F. v. Baußnern, Frankfurt 1959, unter dem Titel: Das Augsburger Bekenntnis, ed. H. Bornkamm,

Gütersloh 1978, 1980, mit Untertitel: In der revidierten Fassung des Jahres 1540 [Confessio Augustana Variata], übers. W. H. Neuser, Speyer 1990, ohne Untertitel in: R. Mau [ed.], Evangelische Bekenntnisse. Bekenntnisschriften der Reformation und neuere Theologische Erklärungen I, Bielefeld 1997, ²2008, 23–97); Apologia Confessionis [zusammen mit: Confessio Augustana], Wittenberg 1531 [Editio princeps], überarb. 1531 [Editio secunda], ferner in: Opera quae supersunt omnia [s. o.] XXVII, 419–646 (dt. [zusammen mit: Confessio (...)] Apologia der Confession, übers. J. Jonas, Wittenberg 1531 [Editio princeps], überarb. 1533 [Editio secunda], ferner in: Opera quae supersunt omnia [s. o.] XXVIII, 37–326, [dt./lat.] in: Die Bekenntnisschriften der evangelisch-lutherischen Kirche I, ed. Deutscher Evangelischer Kirchenausschuß, Göttingen 1930, 139–404, unter dem Titel: Apologia Confessionis Augustanae, übers. H. G. Pöhlmann, Gütersloh 1967, ferner in: R. Mau [ed.], Evangelische Bekenntnisse. Bekenntnisschriften der Reformation und neuere Theologische Erklärungen I, Bielefeld 1997, ²2008, 115–306); Compendiaria dialectices ratio, Leipzig, Wittenberg 1520, Paris 1526, ferner in: Opera quae supersunt omnia [s. o.] XX, 709–764; Loci communes rerum theologicarum, seu hypotyposes theologicae, Basel, Wittenberg 1521 (dt. Die haubt artickel und fürnemesten puncten der gantzen hayligen schrifft, übers. G. Spalatin, Strassburg, Augsburg o. J. [1521/1522], ferner als: Supplementa Melanchthoniana [s. o.] Abt. 1, I, unter dem Titel: Loci communes 1521 [lat./dt.], ed. u. übers. H. G. Pöhlmann, Gütersloh 1993, ²1997), überarb. unter dem Titel: Loci communes theologici recens, Wittenberg, Hagenau 1535 (dt. Loci communes, das ist, die furnemesten Artikel Christlicher lere, übers. J. Jonas, Wittenberg 1536, Leipzig 1540), überarb. unter dem Titel: Loci communes theologici recens recogniti, Wittenberg 1543 (dt. Die Heubtartikel Christlicher Lere. Im Latin genannt Loci Theologici, übers. J. Jonas, Wittenberg 1542, 1558, Nachdr. als: Opera quae supersunt omnia [s. o.] XXII, mit Untertitel: M.'s deutsche Fassung seiner Loci theologici, nach dem Autograph und dem Originaldruck von 1553, ed. R. Jenett/J. Schilling, Leipzig 2002, rev. ²2010, ³2012), überarb. unter dem Titel: Loci praecipui theologici [...], Wittenberg, Leipzig 1559, Nachdr. [d. Ausg. 1521, 1535 u. 1559] als: Opera quae supersunt omnia [s. o.] XXI, Nachdr. [d. Ausg. 1521 u. 1559] als: M.'s Werke in Auswahl [s. u.] II/1–II/2, 353–780; Dialectices, libri quatuor, Hagenau, Köln 1528, unter dem Titel: De dialectica libri IV [auch: quatuor], Wittenberg 1528, Straßburg, Venedig 1545; Philosophiae moralis epitome libri duo, Straßburg, Lyon 1538, ferner in: Opera quae supersunt omnia [s. o.] XVI, 21–163, unter dem Titel: Die älteste Fassung von M.s Ethik, ed. H. Heineck, Berlin 1893, ferner in: M.'s Werke in Auswahl [s. u.] III, 149–301; Commentarius de anima, Wittenberg, Straßburg 1540, überarb. unter dem Titel: Liber de anima, Wittenberg 1553, ferner in: Opera quae supersunt omnia [s. o.] XIII, 8–178, gekürzt in: M.'s Werke in Auswahl [s. u.] III, 303–372; Erotemata dialectices. Continentia fere integram artem, ita scripta, ut iuventuti utiliter proponi possint, Wittenberg 1547, 1603, ferner in: Opera quae supersunt omnia [s. o.] XIII, 513–751; Ethicae doctrinae elementa et enarratio libri quinti ethicorum, Wittenberg 1550, unter dem Titel: Ethicae doctrinae elementorum libri duo, in: Opera quae supersunt omnia [s. o.] XVI, 165–276, unter dem Titel: Ethicae doctrinae elementa [lat./dt.], ed. G. Frank, Stuttgart-Bad Cannstatt 2008; Declamationes, I–II, ed. K. Hartfelder, Berlin 1891/1894; Werke in Auswahl [Studienausgabe], I–VII (in 9 Bdn.), ed. R. Stupperich u.a., Gütersloh 1951–1975, I–V (in 6 Bdn.), ²1969–1983; Selected Writings, ed. E. E. Flack/L. J. Satre, Minneapolis Minn. 1962

(repr. Westport Conn. 1978); Glaube und Bildung. Texte zum christlichen Humanismus [lat./dt.], Stuttgart 1989, 2004; M. deutsch, Leipzig 1997 ff. (erschienen Bde I–II, ed. M. Beyer/S. Rhein/G. Wartenberg, III, ed. G. Frank/M. Schneider, IV, ed. M. Beyer/A. Kohnle/V. Leppin); Orations on Philosophy and Education, ed. S. Kusukawa, Cambridge/New York 1999. – M.s Briefwechsel. Kritische und kommentierte Gesamtausgabe, ed. H. Scheible/C. Mundhenk, Stuttgart-Bad Cannstatt 1977 ff. (erschienen: Reihe 1 [Regestenwerk]: I–XII; Reihe 2 [Kritische Edition]: T I–T XIII). – H. Koehn, P. M.s Reden. Verzeichnis der im 16. Jahrhundert erschienenen Drucke, Frankfurt 1985; W. H. Neuser, Bibliographie der Confessio Augustana und Apologie 1530–1580, Nieuwkoop 1987; R. Keen, A Checklist of M. Imprints through 1560, St. Louis Mo. 1988 (Sixteenth Century Bibliography XXVII).

Literatur: D. Bellucci, Science de la nature et Réformation. La physique au service de la Réforme dans l'enseignement de P. Mélanchthon, Rom 1998; W. Bernhardt, P. M. als Mathematiker und Physiker, Wittenberg 1865 (repr. Walluf [b. Wiesbaden] 1973); O. Berwald, P. M.s Sicht der Rhetorik, Wiesbaden 1994; E. Bizer, Theologie der Verheißung. Studien zur theologischen Entwicklung des jungen M. (1519–1524), Neukirchen-Vluyn 1964; H. Blumenberg, M.s Einspruch gegen Kopernikus. Zur Geschichte der Dissoziation von Theologie und Naturwissenschaft, Stud. Gen. 13 (1960), 174–182; A. Brüls, Die Entwicklung der Gotteslehre beim jungen M. 1518–1535, Bielefeld 1975; M. Büttner, Regiert Gott die Welt? Vorsehung Gottes und Geographie. Studien zur Providenzlehre bei Zwingli und M., Stuttgart 1975; G. R. Cragg, M., Enc. Ph. V (1967), 263–264; W. Elliger (ed.), P. M.. Forschungsbeiträge zur 400. Wiederkehr seines Todestages, Göttingen, Berlin 1961; J. M. Estes, Peace, Order and the Glory of God. Secular Authority and the Church in the Thought of Luther and M. 1518–1559, Leiden/Boston Mass. 2005; P. Fraenkel/M. Greschat, 20 Jahre M.-Studium. Sechs Literaturberichte (1945–1965), Genf 1967; G. Frank (ed.), Der Theologe M., Stuttgart 2000; ders./S. Rhein (eds.), M. und die Naturwissenschaften seiner Zeit, Sigmaringen 1998; ders./U. Köpf (eds.), M. und die Neuzeit, Stuttgart-Bad Cannstatt 2003; ders./S. Lalla (eds.), Fragmenta Melanchthoniana, Ubstadt-Weiher etc. 2003 ff. (erschienen Bde I–IV); ders./H. J. Selderhuis (eds.), M. und der Calvinismus, Stuttgart-Bad Cannstatt 2005; ders./S. Lalla (eds.), M.s Wirkung in der europäischen Bildungsgeschichte, Heidelberg 2007; ders./F. Mundt (eds.), Der Philosoph M., Berlin/Boston Mass. 2012; H.-G. Geyer, Von der Geburt des wahren Menschen. Probleme aus den Anfängen der Theologie M.s, Neukirchen-Vluyn 1965; M. Greschat, M. neben Luther. Studien zur Gestalt der Rechtfertigungslehre zwischen 1528 und 1537, Witten 1965; ders., P. M.. Theologe, Pädagoge und Humanist, Gütersloh 2010; W. Hammer, Die M.-Forschung im Wandel der Jahrhunderte. Ein beschreibendes Verzeichnis, I–IV (IV = Reg.bd.), Gütersloh 1967–1996; M. H. Jung, P. M. und seine Zeit, Göttingen 2010; F. W. Kantzenbach, P. M., München 1980; G. Kisch, M.s Rechts- und Soziallehre, Berlin 1967; N. Kuropka, P. M.. Wissenschaft und Gesellschaft. Ein Gelehrter im Dienst der Kirche (1526–1532), Tübingen 2002; dies., M., Tübingen 2010; J. Loehr, Dona Melanchthoniana. Festgabe für Heinz Scheible zum 70. Geburtstag, Stuttgart-Bad Cannstatt 2001; P. Mack, M., REP VI (1998), 288–292; W. Matz, Der befreite Mensch. Die Willenslehre in der Theologie P. M.s, Göttingen 2001; J.-P. Maupas, M., DP II (²1993), 1978–1979; W. Maurer, M., RGG IV (³1960), 834–841; ders., M. und die Naturwissenschaft seiner Zeit, Arch. Kulturgesch. 44 (1962),

199–226; ders., Der junge M. zwischen Humanismus und Reformation, I–II, Göttingen 1967/1969, in 1 Bd., Göttingen 1996; C. E. Maxcey, Bona opera. A Study in the Development of the Doctrine of P. M., Nieuwkoop 1980; W. H. Neuser, Der Ansatz der Theologie P. M.s, Neukirchen-Vluyn 1957; ders., Die Abendmahlslehre M.s in ihrer geschichtlichen Entwicklung (1519–1530), Neukirchen-Vluyn 1968; P. Petersen, Geschichte der aritstotelischen Philosophie im protestantischen Deutschland, Leipzig 1921 (repr. Stuttgart-Bad Cannstatt 1964); H. Scheible, M., TRE XXII (1992), 371–410; ders., M.. Eine Biographie, München 1997; ders., M., in: B. Jahn, Biographische Enzyklopädie deutschsprachiger Philosophen, München 2001, 279–280; ders., M., RGG V (⁴2002), 1002–1012; ders., P. M. (1497–1560), in: C. Lindberg (ed.), The Reformation Theologians. An Introduction to Theology in the Early Modern Period, Oxford/Malden Mass. 2002, 67–82; ders., Aufsätze zu M., Tübingen 2010; J. Schofield, P. M. and the English Reformation, Aldershot/Burlington Vt. 2006; H.-A. Stempel, M.s pädagogisches Wirken, Bielefeld 1979; ders., M., BBKL V (1993), 1184–1188; L. Stern, P. M.. Humanist, Reformator, Praeceptor Germaniae. Festgabe des M.-Komitees der Deutschen Demokratischen Republik, Halle 1960; R. Stupperich, M., Berlin 1960; ders., Der unbekannte M.. Wirken und Denken des Praeceptor Germaniae in neuer Sicht, Stuttgart 1961; ders., M., NDB XVI (1990), 741–745; ders., M., in: F. Volpi (ed.), Großes Werklexikon der Philosophie II, Stuttgart 1999, 1025–1027; G. Urban (ed.), P. M. 1497–1560. Zum 400. Todestag des Reformators, 19. April 1560. Sein Leben, Bretten 1960, unter dem Titel: P. M. 1497–1560. Sein Leben, Bretten ²1978, ⁵1997.   M. G.

Melissos von Samos, 5.–4. Jh. v. Chr., griech. Philosoph und Feldherr, neben Parmenides und Zenon der bedeutendste Vertreter des ↑Eleatismus. Das einzige feststehende Datum ist sein Sieg als Stratege der Insel Samos über die Flotte der Athener im Jahre 441. Von konkreten Kontakten zu Parmenides, dessen Schüler er gewesen sein soll, ist nichts bekannt. Ebenso ungewiß ist der Titel seiner Prosaschrift, die im allgemeinen als »Über die Natur« bzw. »Über das Seiende« zitiert wird. Erhalten sind daraus 10 Fragmente, die zum weitaus größten Teil aus Simplikios' Kommentar zur »Physik« des Aristoteles stammen; das pseudoaristotelische, auf einen unbekannten Verfasser zurückgehende Werk »De Melisso, Xenophane, Gorgia« (allgemein als »MXG« geführt; in: J. Barnes [ed.], The Complete Works of Aristotle II, Princeton N. J. 1984, 1539–1551 [974a1–980b21]; Melissos: a. a. O., 1539–1545 [974a1–977a11]) kommt als Quelle für M. nicht ernsthaft in Betracht. M. gilt als Urheber des kosmostheoretischen Grundsatzes ›nichts aus nichts‹, d. h., daß nichts aus nichts entstehen kann (οὐδὲν ἐκ μηδενός; nil de nilo; ↑creatio ex nihilo). M. verteidigt die eleatische Lehre vom Einen (nicht, wie Zenon, mit indirekten, sondern) mit direkten Beweisen (vor allem gegen Empedokles und den ↑Atomismus) und lehnt (im Unterschied zu Parmenides) selbst eine nur hypothetische Geltung der Sinneswahrnehmung (↑Wahrnehmung) ab. Er bietet einen vollständigeren Beweis als Parmenides für die Anfangslosigkeit des Sei-

enden, aus der er dessen Endlosigkeit ableitet. Aus der Annahme der unendlichen Ausgedehntheit, der Unbegrenztheit des Seienden (Parmenides vertrat das Theorem von der Begrenztheit des Einen) schließt M. auf die Nichtexistenz des ↑Leeren und daraus auf die Unmöglichkeit der Bewegung (weil Bewegung nur möglich sei, wenn es ein Leeres gebe). Aus der Einzigkeit des Seienden folgt nach M. (neben der Unkörperlichkeit des Seienden) ebenfalls die Unmöglichkeit der Bewegung, da Bewegung eine Differenzierung des Seienden voraussetze. – Aristoteles hat die naturphilosophischen Argumentationen des M. (z. B. zur Unbegrenztheit des Universums und zur Unmöglichkeit der Bewegung) verschiedentlich und zum Teil heftig kritisiert (z. B. Phys. A3.186a4–13; Soph. Elench. V 167b13–20; VI 168b35–40; XXVIII 181a27–30); insbes. liegt ihm an einer formalen Widerlegung der Beweisketten des M..

Werke: VS 30; P. Albertelli, Gli Eleati. Testimonianze e frammenti, Bari 1939, New York 1976, bes. 211–246; M. L. Gemelli Marciano, Die Vorsokratiker [s. u.] III, Mannheim 2010, 180–199; G. Reale (ed.), Melisso. Testimonianze e frammenti (mit Einl., Übers. u. Kommentar), Florenz 1970. – Bibl. Praesocratica, 561–562.

Literatur: J. Barnes, The Presocratic Philosophers I (Thales to Zeno), London/Boston Mass. 1979, 176–230 (Chap. X–XI); I. Bodnár, M., DNP VII (1999), 1188–1189; G. Calogero, Studi sull'eleatismo, Rom 1932, Florenz ²1977 (dt. Studien über den Eleatismus, Hildesheim/New York, Darmstadt 1970); H. F. Cherniss, Aristotle's Criticism of Presocratic Philosophy, Baltimore 1935, New York 1983; H. Dörrie, M., KP III (1969), 1177; D. J. Furley, M., Enc. Ph. V (1967), 264–265; M. L. Gemelli Marciano, Die Vorsokratiker III (Anaxagoras, M., Diogenes von Apollonia. Die antiken Atomisten: Leukipp und Demokrit) [teilw. dt./griech./lat.], Mannheim 2010, 180–220; W. K. C. Guthrie, A History of Greek Philosophy II (The Presocratic Tradition from Parmenides to Democritus), Cambridge 1965, London/New York/Melbourne 1996, 101–115; G. S. Kirk/J. E. Raven, The Presocratic Philosophers. A Critical History with a Selection of Texts, Cambridge 1957, 298–306, [mit M. Schofield] Cambridge etc. ²1983, 2010, 390–401 (dt. Die vorsokratischen Philosophen. Einführung, Texte und Kommentare, Stuttgart/Weimar 1994, 2001, 426–438); J. H. M. M. Loenen, Parmenides, Melissus, Gorgias. A Reinterpretation of Eleatic Philosophy, Assen 1959; W. Nestle, M., RE XV/1 (1931), 530–532; H.-J. Newiger, Untersuchungen zu Gorgias' Schrift über das Nichtseiende, Berlin/New York 1973; G. E. L. Owen, Eleatic Questions, Class. Quart. 10 (1960), 84–102, Nachdr. in: R. E. Allen/D. J. Furley (eds.), Studies in Presocratic Philosophy II (The Eleatics and Pluralists), London 1975, 48–81; C. Rapp, Vorsokratiker, München 1997, bes. 162–171, ²2007, bes. 145–154; J. E. Raven, Pythagoreans and Eleatics. An Account of the Interaction between the Two Opposed Schools during the Fifth and Early Fourth Centuries B. C., Cambridge 1948, Chicago Ill. 1998; W. Röd, Die Philosophie der Antike I (Von Thales bis Demokrit), München 1976, 140–145, ²1988, ³2009, 151–156; H. Schwabl, Parmenides (1. Bericht 1939–1955), Anz. Altertumswiss. 9 (1956), 129–156; ders., Die Eleaten (Xenophanes, Nachtrag zu Parmenides, M., 1939–1956 [1957]), ebd. 10 (1957), 195–226; R. Vitali, Melisso di Samo. Sul mondo o sull'essere. Una interpretazione dell'eleatismo, Urbino 1973; E. Zeller, Die Philosophie der Griechen in ihrer geschichtlichen Entwicklung I (Allgemeine Einleitung. Vorsokratische Philosophie), Leipzig [6]1919 (repr. Darmstadt 1963, 2006), 765–779. M. G.

Mem (engl. meme, franz. mème), von R. Dawkins in Analogie zum Begriff ↑Gen geprägter Begriff für ↑Einheiten, in denen ↑Kultur weitergegeben wird (bzw. ›Einheiten der Imitation‹), die einem darwinistischen (↑Darwinismus) Evolutionsprozeß unterliegen.

In »The Selfish Gene« (1976, [2]1989; dt. Das egoistische Gen, 1978, [2]1994) sucht Dawkins unter anderem eine allgemeine Charakterisierung des Phänomens der ↑Evolution durch natürliche ↑Selektion (↑Evolutionstheorie) zu geben. Diese Charakterisierung soll in dem Sinne allgemein sein, daß sie unabhängig von bestimmten ›Substraten‹ wie etwa organischen Molekülen oder (Populationen von) Lebewesen ist. – Wesentlich für die Evolution komplexer (↑komplex/Komplex) Strukturen durch natürliche Selektion ist laut Dawkins das Vorhandensein von ›Replikatoren‹, d.h. Objekten, die (in geeigneter Umgebung) Kopien von sich selbst erzeugen. Replikatoren, die besser als andere dazu geeignet sind, sich zu vervielfältigen, breiten sich entsprechend stärker aus als diese. Angesichts des resultierenden exponentiellen Wachstums (und zumal die verfügbaren Ressourcen an Platz, Energie, Material usw. im allgemeinen begrenzt sein werden) treiben bessere Replikatoren schlechtere im Laufe überschaubar vieler Kopier-›Generationen‹ zahlenmäßig in die Marginalität oder sogar zur Auslöschung. Findet eine solche Verdrängung alter Varianten durch überlegene neue über längere Zeit hinweg immer wieder statt, werden schließlich Replikatoren mit äußerst raffinierten Wirkmechanismen das Feld beherrschen. Auf diese Weise führen wiederholte ↑Variation und Selektion zur Emergenz (↑emergent/Emergenz) von unvorhersehbaren, unendlich vielgestaltigen und hochgradig komplexen Phänomenen, wie sie das Leben (und die Kultur) auf der Erde darbietet.

Damit Evolution stattfinden kann, müssen die Replikatoren so stabil sein, daß sie im Prinzip beliebig lange fortbestehen können – in Form von wechselnden Tokens des jeweiligen Typs (↑type and token) –, d.h., die Struktur eines Replikators muß im allgemeinen über viele ›Generationen‹ hinweg erhalten bleiben. Andernfalls hat die Selektion nicht genug Zeit, nachhaltig auf das Spektrum unterschiedlicher Replikatortypen einzuwirken und kumulativ auf den jeweiligen Resultaten aufzubauen. Insbes. muß der Vorgang der Replikation sehr kopiergenau sein: Feuer, das von einem Gegenstand auf andere übergreift, ist kein Replikator, weil sich die Beschaffenheit (Temperatur, Farbe usw.) des ausgelösten Feuers jeweils allein dem brennenden Gegenstand verdankt und nichts mit der der ursächlichen

Flamme gemein haben muß (alternativ könnte man genausogut sagen, Feuer *ist* ein Replikator, aber ein uninteressanter, weil die replizierte Struktur allein darin besteht, daß es sich um Feuer handelt, also immer genau dieselbe ist). Auch sich fortpflanzende ↑Organismen sind nach Dawkins keine Replikatoren, denn sie geben etwa erworbene Merkmale nicht an ihre Nachkommen weiter; diejenigen Merkmale, die getreulich weitergegeben werden, beruhen normalerweise ausschließlich auf ihren Genen.

Die Replikation darf allerdings auch nicht vollkommen zuverlässig sein: Freie Neutronen, die in einem Reaktor auf die Kerne von Uranatomen treffen, diese spalten und dabei die Freisetzung weiterer Neutronen bewirken, können zwar als Replikatoren aufgefaßt werden; sie sind jedoch keine interessanten Replikatoren, weil ausnahmslos alle ›Kopien‹ von genau demselben Typ sind. Soll eine Evolution stattfinden, müssen bei der Replikation also gelegentlich Fehler vorkommen, insbes. solche, bei denen die resultierende Kopie trotz der Abweichung vom Original zur Selbstreplikation fähig ist und sich zudem noch besser zur Vervielfältigung eignet als dieses. ›Bessere‹ Vervielfältigung bedeutet dabei, daß Replikatoren des neuen Typs sich in größerer Zahl bzw. in kürzeren Zeitabständen replizieren (›Fruchtbarkeit‹), stabiler sind (›Langlebigkeit‹) oder bei ihren Kopiervorgängen seltener Fehler machen (›Kopiergenauigkeit‹). (Diese Begriffe werden gelegentlich mißdeutet als notwendige Eigenschaften von Replikatoren bzw. als ↑Merkmale des Replikatorbegriffs. Sie sind aber die ↑abstrakten Hinsichten, in denen man Replikatortypen *vergleichen* kann, sozusagen die ↑Dimensionen von Replikator-Fitneß; ↑Fitneß.)

Die durch Kopierfehler entstehende Variation unter den Replikatortypen liefert das Neue, das dann der Selektion unterliegt: Varianten, die (in der jeweiligen Umgebung, unter den jeweils herrschenden Bedingungen) besser dazu geeignet sind, sich zu vervielfältigen (eventuell weil sie die Replikation anderer Varianten behindern), verdrängen andere aus dem Pool der Replikatoren, in dem Sinne, daß die relative Häufigkeit von Tokens des replikationsfreudigeren Typs auf Kosten der anderen Typen zunimmt. Dies ist keine inhaltsleere ↑Tautologie. Es geschieht nicht mit logisch-analytischer Notwendigkeit (↑notwendig/Notwendigkeit), sondern nur mit sehr hoher ↑Wahrscheinlichkeit; je kleiner allerdings die Zahl der Tokens eines neuen Typs ist, desto stärker werden Zufälle seine Ausbreitung beeinflussen. Der Tautologieeindruck kann aufkommen, weil beim Schreiben über Evolution der Kürze halber – oder mangels bewußter Unterscheidung – im allgemeinen Redeweisen verwendet werden wie ›X breitet sich stärker aus als Y‹ statt des präziseren ›X ist besser dazu geeignet, sich auszubreiten, als Y‹. Hat sich dieser Verdrängungsprozeß

hinreichend oft wiederholt, so enthält der Replikator-
pool fast ausnahmslos Typen, deren Beschaffenheit und
Wirkungen daraufhin optimiert sind, sich nicht von
›Konkurrenten‹ verdrängen zu lassen, sondern, soweit
möglich, umgekehrt diese zu verdrängen. Solche Replikatoren nennt Dawkins ›egoistisch‹ (↑Gen, egoistisches,
↑Egoismus). Der zentrale Punkt bei dieser ↑Metapher
ist, daß die Effekte von Replikatoren nicht notwendigerweise anderen Sorten von Entitäten dienen, mit denen
sie assoziiert sein mögen, sondern primär nur dem
jeweiligen Replikatortyp selbst. So werden Gene meist
von einem Organismus beherbergt, der wiederum Teil
einer Familie, einer Gruppe, einer Population und einer
ganzen ↑Spezies ist. Konkurrieren verschiedene Varianten – ›Allele‹ – eines Gens miteinander, so werden sich
diejenigen durchsetzen, die am besten zur Verbreitung
ihres eigenen Typs geeignet sind. Diese Spezialisierung
des Gens – allgemeiner: des Replikatorobertyps – auf
bestimmte Allele bzw. spezifischere Subtypen kann man
als die ›Wahl‹ bestimmter ›Verhaltensoptionen‹ durch
das Gen deuten, die in dem Sinne egoistisch ist, daß sie
unabhängig davon ist, ob sie z. B. der Arterhaltung oder
dem Wohl der Gruppe oder des Organismus förderlich
ist.

Die paradigmatischen Replikatoren sind die Gene; die
zwischen ihnen bestehenden Unterschiede in der Re-
plikationseignung sind es laut Dawkins, die der biologischen (↑Biologie) Evolution hauptsächlich zugrunde
liegen. Dawkins behauptet, neben den Genen gebe es
noch eine weitere Sorte von Replikatoren: Ideen (↑Idee
(systematisch)) und Verhaltensweisen, die sich im weitesten Sinne durch Imitation unter Menschen ausbreiten. Für sie führt er den Oberbegriff ›M.‹ ein, als Kurz-
form von ›Mimem‹, abgeleitet vom griechischen μίμημα
(das Nachgeahmte). Beispiele für M.e sind Melodien,
Formulierungen, Kleidungsmoden, Ernährungsregeln,
Kunstwerke, Architekturstile, Sitten, Gesetze, Technologien, wissenschaftliche Lehrsätze und religiöse Dogmen.
Dawkins schlägt vor, man könne die (Weiter-)Entwick-
lung der menschlichen Kultur als einen Prozeß der
Evolution durch natürliche Selektion unter M.en und
›koadaptierten M.komplexen‹ betrachten (dabei sind
[koadaptierte] M.komplexe Gruppen von M.en, die
sich gegenseitig bei der Verbreitung unterstützen, etwa
Symphonien und Romane, ↑Ideologien, wissenschaftliche ↑Theorien oder sogar ganze Sprachen). So würde
Kultur ganz oder zum Teil naturwissenschaftlich-me-
chanistischen (↑Naturwissenschaft, ↑Mechanismus) Er-
klärungsmustern (↑Erklärung) zugänglich.

M.e und M.komplexe werden repliziert, indem sie durch
Imitation oder allgemeiner durch soziales Lernen von
Person zu Person weitergegeben werden (auch mittelbar über Artefakte, insbes. Lehrmaterial). Eine wichtige
Richtung der M.weitergabe ist die von Eltern an ihre
Kinder, doch erwerben Menschen M.e aus vielerlei
Quellen: Eltern übernehmen manches von ihren Kindern; Menschen lernen von anderen Verwandten, von
Freunden und Fremden sowie aus Medien. Die kulturelle ›Vererbung‹ verläuft keineswegs nur parallel zur
biologischen. – Variation entsteht durch Neuschöpfung
von M.en dank individuellen Lernens, durch Fehler bei
der Weitergabe (Versprecher, Fehlinterpretationen und
ähnliches) sowie durch Abwandlung und Neukombi-
nation von M.en durch die Trägersubjekte (absichtlich
oder etwa aufgrund von Erinnerungsmängeln). – Das
Reservoir an potentiellen menschlichen Trägern und
deren Fähigkeit, M.e aufzunehmen, zu speichern und
weiterzugeben, sind begrenzt. Daher findet eine Auslese
unter M.varianten statt: M.e, die besser darin sind, sich
auf diese Weise unter Menschen zu verbreiten, werden
tendenziell andere verdrängen. Solche ›memetische Fitneß‹ kann verschiedene Formen annehmen: Ceteris paribus (↑ceteris-paribus-Klausel) werden M.e fitter sein,
(1) die mehr Aufmerksamkeit auf sich ziehen (etwa
durch Eindringlichkeit oder ein Überraschungsmo-
ment), (2) die psychologisch attraktiv sind (etwa indem
sie in geeigneter Weise starke, quasi-universelle Motive
von Menschen ansprechen, z. B. ihr Eigeninteresse, ihre
Neugier, ihre Faszination durch Sex und ↑Gewalt oder
ihren Wunsch nach Sicherheit, Geborgenheit und Reduktion kognitiver Dissonanz [↑Dissonanz, kognitive]),
(3) die gut im Gedächtnis haften (etwa durch eine einfache, aber nicht triviale Struktur) und (4) die ihre
Träger stark zum Handeln motivieren (etwa durch In-
aussichtstellung von Belohnung bzw. Strafe).

Während bei der üblichen Betrachtungsweise kulturellen Wandels das Augenmerk auf den Subjekten liegt, die
neue M.e (bzw. M.komplexe) hervorbringen, und vorausgesetzt wird, daß sich neue M.e im allgemeinen entsprechend den Interessen der Trägerkandidaten verbreiten, werden aus der ›M.perspektive‹ (*meme's-eye view*)
die Ideen selbst wie Agenten betrachtet. Es wird ver-
nachlässigt, wie sie entstehen, und angenommen, daß
sich im allgemeinen unter verschiedenen konkurrierenden M.en gerade dasjenige durchsetzt, dessen Beschaffenheit und Wirkungen (gegeben die psychologische
Natur und der bereits vorhandene M.schatz der potentiellen Träger) seiner eigenen Verbreitung am dienlich-
sten sind. Dabei können sich auch Verhaltensweisen
ausbreiten, die dem Wohl wie der genetischen Fitneß
desjenigen, der sie ausführt, abträglich sind – etwa deswegen, weil sie (für bestimmte Persönlichkeitstypen)
psychologisch attraktiv sind. Z. B. lösen Teenagerselbst-
morde oder Amokläufe wegen ihrer Tragik bzw. Drama-
tik eine intensive Berichterstattung in den Medien aus,
die wiederum das Auftreten von Nachahmern begün-
stigt, die sich unterschwellig ein ähnliches Interesse an
ihrer Person wünschen (der ›Werther-Effekt‹). Dies wä-

ren M.e, die extreme Kurzlebigkeit ihrer Tokens durch ausreichende Fruchtbarkeit wettmachen.

Ist die memetische Evolution auch nicht von der biologischen abgeleitet, so ist sie doch nicht unabhängig von ihr. Die memetische Evolution setzt die biologische insofern voraus, als sie ohne Wesen, die zur Imitation bzw. zum sozialen Lernen fähig sind, gar nicht erst beginnen kann. Weiter beeinflußt die biologische Evolution die memetische insofern, als sie ganz oder teilweise die psychologische Natur der M.träger und damit den wichtigsten Teil der ↑Umwelt der M.e festlegt. Davon hängt entscheidend ab, welche M.e fitter sind und welche weniger. Die Beeinflussung zwischen den beiden Arten von Evolution muß jedoch nicht einseitig sein. Sobald M.e existieren und weitergegeben werden können, verändern sie durch ihr Vorhandensein möglicherweise die Umwelt- und Selektionsbedingungen für die Gene, speziell für diejenigen, die die Lernfähigkeit der M.träger beeinflussen. M.e bilden nämlich eine zusätzliche Umweltressource, von der am stärksten profitieren kann, wer am besten die nützlichen unter ihnen erkennen und übernehmen kann. Es ist daher plausibel anzunehmen, daß das Vorhandensein von M.en einen Selektionsdruck hin zu besserem sozialen Lernen bewirkt hat. Wenn dabei nicht nur die allgemeine Lernfähigkeit verstärkt wird, sondern auch eine Neigung, M.e mit bestimmten Merkmalen als die mutmaßlich nützlichsten bevorzugt zu kopieren, verändert diese biologische Entwicklung wiederum die Selektionskriterien für M.e, usw.. Auf solche M.-Gen-Koevolution führt S. Blackmore (1999) etwa die Evolution der unverhältnismäßigen Größe des menschlichen Gehirns (relativ zum Körpergewicht, verglichen mit anderen Tieren, insbes. Primaten) zurück.

Fast alles an der M.hypothese ist umstritten: Was genau sind M.e? Sind sie Strukturen im Gehirn oder Denk- und Verhaltensweisen, oder Dispositionen (↑Dispositionsbegriff) zu – respektive die Produkte von – solchen? Gibt es M.e überhaupt? Sind sie tatsächlich Replikatoren, und wenn ja, auf welche Weise genau werden sie repliziert? Gibt es kleinste memetische Einheiten, sozusagen Atome der Kultur? Sind M.e hinreichend langlebig und kopiergenau, um einen darwinistischen Selektionsprozeß aufrechtzuerhalten? Was sind gegebenenfalls die memetischen Entsprechungen zu biologischen Organismen und Phänotypen (d.s. die beobachtbaren Auswirkungen der Gene: Merkmale oder Verhaltensmuster von Organismen)? Wie weit reicht die Erklärungskraft der M.hypothese? – Der gegen Dawkins' Thesen vorgebrachte Einwand, daß M.e – oder Gene – als Abstrakta (↑abstrakt) nicht kausal (↑Kausalität) wirksam werden könnten (↑Gen, egoistisches), geht fehl: Bei der Rede von den Effekten eines M.s sind natürlich die Effekte (des Vorhandenseins und der Verteilung) von Tokens dieses M.s gemeint. Andernfalls dürfte man z.B. nicht sagen,

daß Darwins »On the Origin of Species« (1859) ein einflußreiches Buch gewesen sei, da das Buch, aufgefaßt als reiner Text, ebenfalls ein Abstraktum ist. – Im Folgenden werden sechs weitere häufige Einwände gegen die M.hypothese betrachtet.

(1) Während Gene in Form von DNA-Sequenzen (↑DNA) wohlbestimmte physische Korrelate mit klaren Identitätsbedingungen haben, sind solche für M.e nicht in Sicht. Man kann daher nie sicher sein, wann man es mit demselben M. zu tun hat. ›M.‹ ist also kein wissenschaftlich brauchbarer Begriff. – Die Vorstellung, M.-identitäten (↑Identität) und M.verschiedenheiten (↑verschieden/Verschiedenheit) seien schwer festzustellen, resultiert aus der Identifikation von M.en mit den neuronalen Strukturen, durch die sie in Gehirnen repräsentiert werden. Gegen so aufgefaßte M.e sprechen Bedenken wegen der multiplen Realisierbarkeit (↑Funktionalismus (kognitionswissenschaftlich)) von M.repräsentationen. Tatsächlich sind viele M.e problemlos zu identifizieren (wenngleich mit einem gewissen Maß an ↑Vagheit): Es ist leicht zu entscheiden, ob jemand seine Baseballkappe verkehrt herum auf dem Kopf trägt oder ob eine bestimmte Passage in einer Doktorarbeit ein Plagiat ist, also die nicht als solche gekennzeichnete Kopie des M.komplexes eines anderen Urhebers. Es gibt natürlich auch M.komplexe, die schwieriger zu identifizieren sind, z.B. der persönliche Stil eines bestimmten Malers oder Komponisten. Aber selbst hier gelingt es Könnern, den betreffenden Stil zu imitieren, und Experten, solche Imitationen als mehr oder weniger gelungen einzustufen.

(2) Anders als die Replikation von Genen durch Teilung und zweifache Wiederherstellung der DNA-Doppelhelix ist die Weitergabe von M.en kein Vorgang, den man als Kopieren oder Replikation auffassen könnte. Vielmehr müssen bei der Übernahme eines M.s durch Imitation bzw. soziales Lernen die zugrundeliegenden ↑Intentionen des Produzenten und die Funktion (↑Erklärung, funktionale) des betreffenden Verhaltens oder Artefakts erschlossen werden. Die Übertragung von M.en ist also kein ›mechanisches‹ Replizieren, sondern ein kognitiv anspruchsvoller Rekonstruktionsprozeß. M.e sind daher keine Replikatoren wie Gene. – Daß die Vervielfältigung von Replikatoren auf eine irgendwie mechanische Weise vonstatten ginge, ist jedoch nicht Bestandteil der Charakterisierung von Replikatoren. ›Kopieren‹ und ›Replikation‹ sind nur technische Termini, die Dawkins als Bezeichnungen für den Vervielfältigungsprozeß einführt. Auf ihre umgangssprachliche (↑Alltagssprache) Bedeutung und ↑Konnotation kommt es nicht an, sondern nur darauf, daß der betreffende Prozeß bei den betrachteten Entitäten hinreichend regelmäßig stattfindet und üblicherweise mit Strukturerhalt verbunden ist, egal wodurch er instanziiert wird.

(3) M.e werden bei fast jeder Weitergabe abgewandelt; sie haben daher keine hinreichend hohe Kopiertreue, um einen darwinistischen Evolutionsprozeß aufrechtzuerhalten. – Hier handelt es sich um einen Irrtum, der durch die Charakterisierung von M.en als ›Einheiten‹ (*units*) der Kulturweitergabe nahegelegt wird. Dagegen kann geltend gemacht werden, daß es sich bei den meisten augenfälligen ›M.en‹ in Wahrheit um M.*komplexe* handelt (Kandidaten für ›atomare‹ M.e sind vielleicht musikalische Intervalle, linguistische ↑Morpheme und logische ↑Junktoren). Daß Teile der spezifischen Struktur eines M.komplex-Tokens bei der Weitergabe verlorengehen, ist verträglich damit, daß ein mehr oder weniger großer struktureller Kern über unzählige Weitergaben hinweg perfekt erhalten bleibt: Zwar wird eine (für den jeweiligen Hörer) sinnlose Lautfolge binnen weniger Imitationsschritte zur Unkenntlichkeit verstümmelt sein, aber ein Witz, der weitererzählt wird, hat einen gewissen Kern, den er bei (fast) allen Weitergabeschritten behält; ohne diesen wäre er nicht komisch und würde nicht weitererzählt werden. Ein Witz (genauer: derjenige Teil seines Inhalts, der ihn komisch macht) ist ein vergleichsweise fitter M.komplex: Wenngleich bei den meisten Weitergaben eine gewisse Veränderung stattfindet, spielt sich diese Variation gleichsam an der Oberfläche ab. M.komplexe, bei denen es auch auf die ›Oberflächendetails‹ ankommt, diese aber für menschliche Gehirne nur schwer abzuspeichern sind (z. B. Romane, Symphonien oder YouTube-Videos), werden seit Erfindung der Schrift über Datenträger weitergegeben: etwa mittels Büchern, Schallplatten, CDs oder elektronischen Speichermedien. Das wiederum könnte man als Indiz dafür deuten, daß M.komplexe zunehmend aus dem Gehirn ›ausgelagert‹ werden und der menschliche Anteil an ihrer Replikation dann nur noch in der Weitergabe von ›Verweisen‹ auf diese M.-komplexe besteht (man könnte sogar dafür argumentieren, daß schon die alltägliche ›linguistische Arbeitsteilung‹ ein solcher Fall ist; dabei ist die genaue Extension [↑extensional/Extension] eines ↑Prädikators wie ›Ulme‹ nur bestimmten Experten vertraut, während normale Sprecher sich bei dessen Verwendung auf deren Unterscheidungsvermögen verlassen [↑Putnam, H.]). Im Falle komplizierter Anwenderprogramme z. B. beschäftigen sich nur noch einige wenige Programmierer mit dem zugrundeliegenden Quellcode, und auch von ihnen bearbeitet keiner diesen als ganzen. Computergenerierte Beweise schließlich (↑Vierfarbenproblem) werden vollends von Maschinen erstellt und über weite Strecken ihres Umfangs hinweg gar nicht mehr von Menschen gelesen.

(4) M.e sind keine Replikatoren, denn sie bilden keine Abstammungslinien (*lineages*) wie Gene: Der Erwerb eines M.s durch soziales Lernen beruht im allgemeinen nicht auf einem einzelnen Vorbild, wie bei der Replikation von Genen, sondern auf vielen; das resultierende M. ist eine (eventuell gewichtete) Mischung aus diesen Vorbildern. Dabei werden vorteilhafte Variationen im allgemeinen wieder wegnivelliert. So trägt soziales Lernen nichts dazu bei, daß vorteilhafte Variationen erhalten bleiben; kumulative kulturelle Evolution verdankt sich anderen Prozessen. – Notwendig für kumulative Evolution durch natürliche Selektion unter Replikatoren ist jedoch nur, daß Replikatortokens sich in Zahlenverhältnissen replizieren, die exponentielles Wachstum ermöglichen (zumindest so lange, wie sich die Umweltbedingungen nicht ändern). Wenn ein Replikator sich nicht nur im Verhältnis eins–eins, sondern auch im Verhältnis viele–eins oder viele–viele replizieren kann, ist dies nicht von Nachteil für seine Verbreitung. Die angebliche Vermischung oder Verwässerung des Replikatortyps findet – bei einigermaßen fitten M.en – wiederum hauptsächlich an der ›Oberfläche‹ statt. – Wie manch anderes Argument gegen die M.hypothese rührt dieses von dem Glauben her, sie würde weitgehende Analogien zwischen biologischer und kultureller Evolution sowie insbes. zwischen Genen und M.en implizieren. Die These besagt jedoch nur, daß bestimmte strukturelle Bedingungen (das Vorhandensein von Entitäten gleich welcher Art, die sich in irgendeinem Sinne vervielfältigen, wobei sehr selten, aber doch immer wieder, Variation auftritt) für kumulative Evolution und damit für die Entstehung beliebig komplexer adaptiver Mechanismen hinreichend sind, und daß diese Bedingungen auf dem Felde der Kultur in der geschilderten Weise erfüllt sind.

(5) Im Gegensatz zu Genen gibt es bei M.en kein klar umrissenes Spektrum von Allelen, von Varianten eines Typs, die darum wetteifern, einander zu verdrängen. Wenn aber nicht klar ist, wer überhaupt am Rennen teilnimmt, sind keine Vorhersagen darüber möglich, wer es gewinnen wird. Deswegen muß die M.hypothese empirisch unfruchtbar bleiben. – Zwar gibt es viele Fälle, wo eine relativ abgegrenzte Sorte von M.varianten untereinander konkurriert, etwa darum, einen bestimmten ›Platz‹ in einem umfassenderen M.komplex einzunehmen (z. B. bei Formulierungen an einer bestimmten Stelle in einem Text, bei der zu einem bestimmten Anzug zu wählenden Fußbekleidung oder bei Ausformungen eines bestimmten Teilaspekts einer religiösen Lehre – etwa: was ist das genaue Verhältnis zwischen Jesus und Gott?), oder darum, einen bestimmten Freiraum in der Praxis eines Menschen zu füllen, einmalig oder auf Dauer (welche Kopfbedeckung? welches Grußverhalten? in welcher Sprache schreiben? mit welchem Schreibwerkzeug?). Aber wenn allgemeiner die Frage lautet, auf welche Tätigkeit jemand von Augenblick zu Augenblick überhaupt seine Zeit und Energie verwen-

den soll, dann scheinen quasi alle M.e zugleich miteinander in Konkurrenz zu stehen. Dies entspricht jedoch
nur der Situation der ersten replikationsfähigen Moleküle in der ›Ursuppe‹, die sich noch nicht zu koadaptierten Gruppen zusammengeschlossen hatten, von der
Organismenbildung ganz zu schweigen. Sofern sich hier
die aussichtsreichsten Kandidaten einigermaßen über-
schauen lassen, sind wiederum Vorhersagen denkbar.
(6) Der Mechanismus der selektiven Weitergabe von
M.en unter Personen läßt wichtige Teile der kulturellen
Evolution unerklärt: Größere kreative Leistungen von
Einzelpersonen, z.B. eine Beethoven-Symphonie oder
Einsteins Relativitätstheorie (↑Relativitätstheorie, allgemeine, ↑Relativitätstheorie, spezielle), entstanden nicht
durch die unterschiedlich erfolgreiche Verbreitung von
roheren, aber immer weiter ausgereiften Vorversionen
zwischen Menschen, sondern wurden von ihren Schöp-
fern weitgehend in ›isolierter‹ Arbeit entwickelt. Würde
das biologische Analogon hierzu auftreten, nämlich adaptive Makromutationen (↑Mutation), so wäre die biologische Evolutionstheorie in Frage gestellt. – Raffinierte
M.komplexe, die großenteils auf der Kreativität Einzelner beruhen, bilden in der Tat Gegenbeispiele zur herkömmlichen M.hypothese. Soll diese gerettet werden,
muß sie um eine Theorie erweitert werden, die auch
die Kreativität von Individuen auf darwinistische Evolu-
tionsprozesse zurückführt: etwa indem Kreativität über
einen Mechanismus im Gehirn erklärt wird, bei dem in
einem Pool bereits vorhandener M.komplexe (bzw. Repräsentationen von solchen) wiederholt die Erzeugung
ungerichteter Variation von einer Form natürlicher Auslese gefolgt wird. Ansätze hierzu existieren (z.B. G.M.
Edelmans Hypothese der *neuronal group selection*), sind
aber ebenfalls umstritten.
Viele oder sogar alle memetischen Erklärungen mögen
durch Erklärungen ersetzt werden können, die ohne das
M.vokabular auskommen. Dennoch birgt die M.hypo-
these im Prinzip das Potential, einen einheitlichen Er-
klärungsrahmen für die gesamte Mannigfaltigkeit kultureller Phänomene zu liefern. Sollte dies der Fall sein, und
sollte es zudem aus der M.perspektive gelingen, über-
raschende Verallgemeinerungen und Vorhersagen zu
treffen, so könnte die ›Memetik‹ den Status einer ↑Wis-
senschaft gewinnen.

Literatur: S. Atran, The Trouble with Memes. Inference versus
Imitation in Cultural Creation, Human Nature 12 (2001),
351–381; ders., In Gods We Trust. The Evolutionary Landscape
of Religion, Oxford/New York 2002, 2004; R. Aunger (ed.),
Darwinizing Culture. The Status of Memetics as a Science,
Oxford/New York 2000, 2003; ders., The Electric Meme. A
New Theory of How We Think, New York etc. 2002, 2010;
ders., Memes, in: A. Kuper/J. Kuper (eds.), The Social Science
Encyclopedia II, London/New York ³2004, in einem Bd. 2009,
636–637; ders., What's the Matter with Memes?, in: A. Grafen/
M. Ridley (eds.), Richard Dawkins [s.u.], 176–188; ders.,

Memes, in: R. I. M. Dunbar/L. Barrett (eds.), The Oxford Hand-
book of Evolutionary Psychology, Oxford/New York 2007,
599–604; E. Avital/E. Jablonka, Animal Traditions. Behavioural
Inheritance in Evolution, Cambridge etc. 2000; J. M. Balkin,
Cultural Software. A Theory of Ideology, New Haven Conn./
London 1998, 2003; L. Barrett/R. I. M. Dunbar/J. Lycett, Human
Evolutionary Psychology, London 2001, Basingstoke/New York
2002, 351–383 (Chap. 13 Cultural Evolution); G. Basalla, The
Evolution of Technology, Cambridge etc. 1988, 2002; G. Bate-
son, Steps to an Ecology of Mind. Collected Essays in Anthropology, Psychiatry, Evolution, and Epistemology, New York, San
Francisco Calif., London 1972, ohne Untertitel, Chicago Ill./
London 2008 (franz. Vers une écologie de l'esprit, I–II, Paris
1977/1980, rev. 1995/1997, II 2008; dt. Ökologie des Geistes.
Anthropologische, psychologische, biologische und epistemologische Perspektiven, Frankfurt 1981, 2006); A. Becker u.a.
(eds.), Gene, M.e und Gehirne. Geist und Gesellschaft als Natur. Eine Debatte, Frankfurt 2003, 2007; W. Benzon, Culture as
an Evolutionary Arena, J. Social and Evolutionary Systems 19
(1996), 321–362; S. Blackmore, The Meme Machine, Oxford/
New York 1999, 2000 (dt. Die Macht der M.e oder Die Evolution
von Kultur und Geist, Darmstadt, Heidelberg/Berlin 2000, Hei-
delberg/München 2005; franz. La théorie des mèmes. Pourquoi
nous nous imitons les uns les autres, Paris 2005, 2006); dies., The
Power of Memes, Sci. Amer. 283 (2000), H. 4, 53–61 [With
Counterpoints by L. A. Dugatkin, R. Boyd, P. J. Richerson, and
H. Plotkin]; dies., Evolution and Memes. The Human Brain as a
Selective Imitation Device, Cybernetics and Systems 32 (2001),
225–255 (dt. Evolution und M.e. Das menschliche Gehirn als
selektiver Imitationsapparat, in: A. Becker u.a., Gene, M.e und
Gehirne [s.o.], 49–89); dies., Consciousness. An Introduction,
London 2003, 160–165, ²2010, 231–237; dies., Consciousness
in Meme Machines, J. Consciousness Stud. 10 (2003), H. 4/5,
19–30; H. F. Blum, On the Origin and Evolution of Human
Culture, Amer. Scient. 51 (1963), 32–47, ferner in: W. E. Moore/
R. M. Cook (eds.), Readings on Social Change, Englewood Cliffs
N. J. 1967, 209–223; ders., Uncertainty in Interplay of Biological
and Cultural Evolution. Man's View of Himself, Quart. Rev.
Biol. 53 (1978), 29–40; M. Blute, Darwinian Sociocultural Evo-
lution. Solutions to Dilemmas in Cultural and Social Theory,
Cambridge etc. 2010; J. T. Bonner, The Evolution of Culture in
Animals, Princeton N. J. 1980, 1989 (dt. Kultur-Evolution bei
Tieren, Berlin/Hamburg 1983); R. Boyd/P. J. Richerson, Culture
and the Evolutionary Process, Chicago Ill./London 1985, 1988;
dies., Why Culture Is Common, but Cultural Evolution Is Rare,
in: W. G. Runciman/J. Maynard Smith/R. I. M. Dunbar (eds.),
Evolution of Social Behaviour Patterns in Primates and Man. A
Joint Discussion Meeting of the Royal Society and the British
Academy, Oxford/New York 1996 (Proc. Brit. Acad. LXXXVIII),
1998, 77–93; dies., The Origin and Evolution of Cultures, Ox-
ford/New York 2005; R. Brodie, Virus of the Mind. The New
Science of the Meme, Seattle 1996, London etc. 2009; B. Calcott/
K. Sterelny (eds.), The Major Transitions in Evolution Revisit-
ed, Cambridge Mass./London 2011; W. H. Calvin, How Brains
Think. Evolving Intelligence, Then and Now, New York, London
1996, London 1997, mit Untertitel: The Evolution of Intelli-
gence, London 1998, 2001 (dt. Wie das Gehirn denkt. Die
Evolution der Intelligenz, Heidelberg/Berlin 1998, München/
Heidelberg 2004); D. T. Campbell, Blind Variation and Selective
Retention in Creative Thought as in Other Knowledge Processes,
Psychological Rev. 67 (1960), 380–400; ders., Evolutionary Epistemology, in: P. A. Schilpp (ed.), The Philosophy of Karl Pop-
per I, La Salle Ill. 1974, 413–463; L. L. Cavalli-Sforza/M. W.

Feldman, Models for Cultural Inheritance I (Group Mean and Within Group Variation), Theoretical Population Biol. 4 (1973), 42–55; dies., Cultural Transmission and Evolution. A Quantitative Approach, Princeton N. J. 1981 (Monographs in Population Biology XVI); F. T. Cloak, Jr., Is a Cultural Ethology Possible?, Human Ecology 3 (1975), 161–182; R. Dawkins, The Selfish Gene, Oxford 1976, 203–215, Oxford/New York ²1989, 2009, 189–201 (Chap. 11 Memes: The New Replicators) (dt. Das egoistische Gen, Berlin/Heidelberg/New York 1978, 223–237, Heidelberg/Berlin/Oxford ²1994, Reinbek b. Hamburg 1996, 2005, 304–322, München/Heidelberg 2007, 2010, 316–334 [Kap. 11 M.e, die neuen Replikatoren]); ders., Replicators and Vehicles, in: King's College Sociobiology Group, Cambridge (eds.), Current Problems in Sociobiology, Cambridge etc. 1982, 45–64; ders., The Extended Phenotype. The Gene as the Unit of Selection, Oxford/San Francisco Calif. 1982, rev. mit Untertitel: The Long Reach of the Gene, Oxford/New York 1999, 97–117 (Chap. 6 Organisms, Groups and Memes: Replicators or Vehicles?) (dt., mit neuem Vorw., Der erweiterte Phänotyp. Der lange Arm der Gene, Heidelberg 2010, 103–124 [Kap. 6 Organismen, Gruppen und M.e: Replikatoren oder Vehikel?]); ders., Burying the Vehicle, Behavioral and Brain Sci. 17 (1994), 616–617; ders., Unweaving the Rainbow. Science, Delusion and the Appetite for Wonder, London, Boston Mass./New York 1998, Boston Mass./New York 2000, bes. 302–309 (dt. Der entzauberte Regenbogen. Wissenschaft, Aberglaube und die Kraft der Phantasie, Reinbek b. Hamburg 2000, 2010, bes. 387–397); ders., Foreword, in: S. Blackmore, The Meme Machine [s. o.], vii–xvii, gekürzt unter dem Titel: Chinese Junk and Chinese Whispers, in: R. Dawkins, A Devil's Chaplain. Selected Essays, ed. L. Menon, London 2003, mit Untertitel: Reflections on Hope, Lies, Science, and Love, Boston Mass./New York 2003, 2004, 119–127 (dt. Vorwort, in: S. Blackmore, Die Macht der M.e [s. o.], 7–21; franz. Avant-propos, in: S. Blackmore, La théorie des mèmes [s. o.], 11–25); ders., Viruses of the Mind, in: B. Dahlbom (ed.), Dennett and His Critics. Demystifying Mind, Oxford/Cambridge Mass. 1993, 1997 (Philosophers and Their Critics IV), 13–27, ferner in: R. Dawkins, A Devil's Chaplain [s. o.], 128–145; ders., The Ancestor's Tale. A Pilgrimage to the Dawn of Evolution, Boston Mass./New York 2004, 2005, 271–273, 561–563, mit Untertitel: A Pilgrimage to the Dawn of Life, London 2004, 2005, 229–230, 465–467, London 2005, 278–281, 575–577 (dt. Geschichten vom Ursprung des Lebens. Eine Zeitreise auf Darwins Spuren, Berlin 2004, 2009, 390–393, 782–784); J. D. Delius, Of Mind Memes and Brain Bugs, a Natural History of Culture, in: W. A. Koch (ed.), The Nature of Culture. Proceedings of the International and Interdisplinary [sic!] Symposium, October 7–11, 1986 in Bochum, Bochum 1989 (Bochum Publications in Evolutionary Cultural Semiotics XII), 26–79; D. C. Dennett, Consciousness Explained, Boston Mass./Toronto/London, London etc. 1991, 2007, 199–226 (Chap. 7.6 The Third Evolutionary Process. Memes and Cultural Evolution; Chap. 7.7 The Memes of Consciousness. The Virtual Machine to be Installed) (dt. Philosophie des menschlichen Bewußtseins, Hamburg 1994, 263–298 [Der dritte evolutionäre Prozeß. M.e und kulturelle Evolution, Die M.e des Bewußtseins: die virtuelle Maschine wird installiert]); ders., Darwin's Dangerous Idea. Evolution and the Meanings of Life, New York, London etc. 1995, 1996, 335–369 (Chap. 12 The Cranes of Culture) (dt. Darwins gefährliches Erbe. Die Evolution und der Sinn des Lebens, Hamburg 1997, 465–514 [Kap. 12 Die Kräne der Kultur]); ders., The Evolution of Culture, Monist 84 (2001), 305–324; ders., The New Replicators, in: M. Pagel (ed.), Ency-

clopedia of Evolution I, Oxford/New York 2002, E83–E92; ders., Freedom Evolves, London etc., New York etc. 2003, London etc. 2004, bes. 169–192 (Chap. 6 The Evolution of Open Minds); K. Distin, The Selfish Meme. A Critical Reassessment, Cambridge etc. 2005; R. Dunbar/C. Knight/C. Power (eds.), The Evolution of Culture. An Interdisciplinary View, Edinburgh, New Brunswick N. J. 1999; W. H. Durham, Advances in Evolutionary Culture Theory, Annual Rev. of Anthropology 19 (1990), 187–210; ders., Coevolution. Genes, Culture, and Human Diversity, Stanford Calif. 1991, 2000, bes. 188–189; G. M. Edelman, Neural Darwinism. The Theory of Neuronal Group Selection, New York 1987, 1995 (dt. Unser Gehirn – ein dynamisches System. Die Theorie des neuronalen Darwinismus und die biologischen Grundlagen der Wahrnehmung, München/Zürich 1993); D. Gatherer, Why the ›Thought Contagion‹ Metaphor Is Retarding the Progress of Memetics, J. Memetics – Evolutionary Models of Information Transmission 2 (1998) [elektronische Ressource]; P. Godfrey-Smith, Darwinian Populations and Natural Selection, Oxford/New York 2009, 31–36 (Chap. 2.4 The Replicator Framework), 147–164 (Chap. 8 Cultural Evolution); A. Grafen/M. Ridley (eds.), Richard Dawkins. How a Scientist Changed the Way We Think. Reflections by Scientists, Writers, and Philosophers, Oxford/New York 2006, 2007; J. R. Griesemer, Development, Culture, and the Units of Inheritance, Philos. Sci. 67 Suppl. (2000), S348–S368; ders., The Units of Evolutionary Transition, Selection 1 (Budapest 2000), 67–80; D. Haig, The Gene Meme, in: A. Grafen/M. Ridley, Richard Dawkins [s. o.], 50–65; J. Henrich/R. Boyd, On Modeling Cognition and Culture. Why Cultural Evolution Does not Require Replication of Representations, J. Cognition and Culture 2 (2002), 87–112; dies./P. J. Richerson, Five Misunderstandings about Cultural Evolution, Human Nature 19 (2008), 119–137; C. M. Heyes/H. C. Plotkin, Replicators and Interactors in Cultural Evolution, in: M. Ruse (ed.), What the Philosophy of Biology Is. Essays Dedicated to David Hull, Dordrecht/Boston Mass./London 1989 (Nijhoff International Philosophy Series XXXII), 139–162; G. M. Hodgson/T. Knudson, The Nature and Units of Social Selection, J. Evolutionary Economics 16 (2006), 477–489; D. L. Hull, Units of Evolution. A Metaphysical Essay, in: U. J. Jensen/R. Harré (eds.), The Philosophy of Evolution, New York, Brighton 1981 (Harvester Studies in Philosophy XXVI), 23–44; ders., The Naked Meme, in: H. C. Plotkin (ed.), Learning, Development, and Culture. Essays in Evolutionary Epistemology, Chichester etc. 1982, 273–327; ders., Interactors versus Vehicles, in: H. C. Plotkin (ed.), The Role of Behavior in Evolution, Cambridge Mass./London 1988, 19–50, ferner in: ders., Science and Selection [s. u.], 13–45); ders., Science and Selection. Essays on Biological Evolution and the Philosophy of Science, Cambridge etc. 2001; ders./R. E. Langman/S. S. Glenn, A General Account of Selection. Biology, Immunology, and Behavior, Behavioral and Brain Sci. 24 (2001), 511–528, ferner in: ders., Science and Selection [s. o.], 49–93; ders./J. S. Wilkins, Replication, SEP 2008; S. Hurley/N. Chater (eds.), Perspectives on Imitation. From Neuroscience to Social Science, I–II (I Mechanisms of Imitation and Imitation in Animals, II Imitation, Human Development, and Culture), Cambridge Mass./London 2005; E. Jablonka/M. J. Lamb, Evolution in Four Dimensions. Genetic, Epigenetic, Behavioral, and Symbolic Variation in the History of Life, Cambridge Mass./London 2005, 2006, 193–231 (Chap. 6 The Symbolic Inheritance System); M. Kronfeldner, Darwinian Creativity and Memetics, Durham 2011; K. S. Lashley, In Search of the Engram, Symposia of the Society for Experimental Biology 4 (1950), 454–482; S. C. Levinson/P. Jaisson (eds.), Evolution and Culture. A Fyssen Foundation Symposium, Cambridge Mass./London 2005; T. Lewens, Cultural Evolution, SEP 2007; C. J. Lumsden/E. O. Wilson, Genes, Mind, and Culture. The Coevolutionary Process, Cambridge Mass./London 1981, Hackensack N. J. etc. 2005; dies., The Relation between Biological and Cultural Evolution, J. Social and Biological Structures 8 (1985), 343–359; A. Lynch, Thought Contagion. How Belief Spreads through Society, New York 1996, 1999; J. Maynard Smith/E. Szathmáry, The Major Transitions in Evolution, Oxford/New York/Heidelberg 1995, Oxford/New York 2010 (dt. Evolution. Prozesse, Mechanismen, Modelle, Heidelberg/Berlin/Oxford 1996); P. B. Medawar/J. S. Medawar, Meme, in: dies., Aristotle to Zoos. A Philosophical Dictionary of Biology, Cambridge Mass. 1983, Oxford/New York 1985, 183–184 (dt. M.e, in: dies., Von Aristoteles bis Zufall. Ein philosophisches Lexikon der Biologie, München/Zürich 1986, 211); A. Mesoudi/A. Whiten/K. N. Laland, Perspective. Is Human Cultural Evolution Darwinian? Evidence Reviewed from the Perspective of »The Origin of Species«, Evolution 58 (2004), 1–11; dies., Towards a Unified Science of Cultural Evolution, Behavioral and Brain Sci. 29 (2006), 329–347; K. Mondschein, Meme, NDHI IV (2005), 1416–1418; G. P. Murdock, How Culture Changes, in: H. L. Shapiro (ed.), Man, Culture, and Society, New York 1956, 247–260, rev. London/Oxford/New York 1971, 1974, 319–332; S. Pinker, How the Mind Works, New York/London 1997, 2009, 208–210 (dt. Wie das Denken im Kopf entsteht, München 1998, Frankfurt/Wien/Zürich 1999, 262–265); H. C. Plotkin, The Nature of Knowledge. Concerning Adaptations, Instinct and the Evolution of Intelligence, London etc. 1994, unter dem Titel: Darwin Machines and the Nature of Knowledge. Concerning Adaptations, Instinct and the Evolution of Intelligence, Cambridge Mass. 1994, 1997; ders., The Imagined World Made Real. Towards a Natural Science of Culture, London etc. 2002, New Brunswick N. J., London 2003; R. Pocklington, Memes and Cultural Viruses, IESBS XIV (2001), 9554–9556; P. J. Richerson/R. Boyd, Not by Genes Alone. How Culture Transformed Human Evolution, Chicago Ill./London 2005, 2008; G. Schurz, Evolution in Natur und Kultur. Eine Einführung in die verallgemeinerte Evolutionstheorie, Heidelberg 2011, 2012 (Teil III Menschlich – Allzu menschlich: Evolution der Kultur); R. Semon, Die Mneme als erhaltendes Prinzip im Wechsel des organischen Geschehens, Leipzig 1904, ³1911, ⁵1920 (engl. The Mneme, London, New York 1921); E. Sober, Models of Cultural Evolution, in: P. Griffiths (ed.), Trees of Life. Essays in Philosophy of Biology, Dordrecht/Boston Mass./London 1992 (Australas. Stud. Hist. Philos. Sci. XI), 17–39, ferner in: E. Sober (ed.), Conceptual Issues in Evolutionary Biology. An Anthology, Cambridge Mass./London ²1994, 477–492, ³2006, 535–551; D. Sperber, Explaining Culture. A Naturalistic Approach, Oxford/Cambridge Mass. 1996, 2010; K. Sterelny, Memes Revisited, Brit. J. Philos. Sci. 57 (2006), 145–165; ders., The Evolution and Evolvability of Culture, Mind & Language 21 (2006), 137–165; ders./P. E. Griffiths, Sex and Death. An Introduction to Philosophy of Biology, Chicago Ill./London 1999, 332–334 (Sect. 13.6 Memes and Cultural Evolution); M. Tomasello, The Cultural Origins of Human Cognition, Cambridge Mass./London 1999, 2003 (dt. Die kulturelle Entwicklung des menschlichen Denkens. Zur Evolution der Kognition, Frankfurt 2002, 2010); M. Wheeler/J. Ziman/M. A. Boden (eds.), The Evolution of Cultural Entities, Oxford/New York 2002 (Proc. Brit. Acad. 112); E. O. Wilson, Consilience. The Unity of Knowledge, New York 1998, 136, London 1998, 2006, 149 (dt. Die Einheit des Wissens, Berlin 1998, München 2000, 183); W. C. Wimsatt, Genes, Memes and

Cultural Heredity, Biology and Philosophy 14 (1999), 279–310; J. Ziman (ed.), Technological Innovation as an Evolutionary Process, Cambridge etc. 2000, 2003. – Journal of Memetics – Evolutionary Models of Information Transmission (E-Journal), 1997 ff.; The Monist 84 (2001), H. 3 [The Epidemiology of Ideas]. C. B.

Mendelssohn, Moses, *Dessau 6. Sept. 1729, †Berlin 4. Jan. 1786, Philosoph der deutschen Aufklärung und wichtigster Vertreter ihrer jüdischen Variante, der Haskala, sowie Vorkämpfer der Emanzipation (d.h. der rechtlichen und sozialen Gleichstellung) des deutschen Judentums. M. selbst gehörte nach einem »Reglement« Friedrichs II. (1750), in der zwecks Einwanderungsbegrenzung Juden nach ihrer Nützlichkeit für den Preußischen Staat in sechs Klassen eingeteilt wurden, lediglich der untersten Klasse der ›Geduldeten‹ an. Erst 1763 wurde der inzwischen literarisch und sozial arrivierte M. nach zwei Bittbriefen in die dritte Klasse der ›außerordentlichen Schutzjuden‹ – ein nicht vererbbarer Status – aufgenommen. M. erhielt eine rabbinische Ausbildung, die insbes. das Studium der Schriften des M. Maimonides einschloß. 1743 mit seinem Lehrer, dem Oberrabbiner D. H. Fränkel nach Berlin; autodidaktisches Sprach- (unter anderem Deutsch) und Philosophiestudium (insbes. deutsche Aufklärungsphilosophie, B. Spinoza, J. Locke, A. A. C. Shaftesbury). Nach und nach Abwendung von der vorgesehenen rabbinischen Laufbahn. 1750 Hauslehrer bei einem Fabrikanten, dessen Teilhaber er später wurde; Freundschaft mit T. Abbt und vor allem G. E. Lessing (der M.s deutsche Übersetzung [1756] von J.-J. Rousseaus »Discours sur l'origine et les fondemens de l'inégalité parmi les hommes« [1755] angeregt hatte und später seinen »Nathan der Weise« [1779] nach der Persönlichkeit M.s konzipierte) und F. Nicolai, mit denen M. die einflußreichen »Briefe, die Neueste Litteratur betreffend« (1759–1766) herausgab. Die 1771 auf Vorschlag J. G. Sulzer erfolgte Wahl zum Mitglied der Berliner Akademie wurde freilich von Friedrich II., wegen M.s jüdischer Abstammung nicht bestätigt. – M. war Großvater des Komponisten F. Mendelssohn Bartholdy (1809–1847).

M.s Philosophie orientiert sich an der Leibniz-Wolffschen ↑Schulphilosophie (↑Leibniz-Wolffsche Philosophie) mit ihrer Grundkonzeption einer rationalen Einrichtung der Welt und ihrem metaphysischen ↑Optimismus, überschreitet diese jedoch in eigenständiger Weise hin zu einer erfahrungs- und praxisbezogenen Philosophie des Einzelnen und Konkreten, in der im Unterschied zum reinen ↑Rationalismus die rechte Balance der kognitiven und der emotionalen Kräfte des Menschen bei der immer wieder neu im Sinne der Selbstversicherung zu überprüfenden Erkenntnis der Welt gewahrt werden soll. Dieser Ansatz hat ihr von systematisch orientierten Philosophen die Einschätzung als ↑Popularphilosophie und ↑Eklektizismus eingebracht.

Im Zentrum des M.schen Philosophierens stehen thematisch – stets in der anthropologischer Perspektive der Selbstvervollkommnung – Fragen der Ästhetik, der Psychologie, der ↑Menschenrechte und der Religionsphilosophie; seine Beiträge zum Aufklärungsbegriff (Ueber die Frage: was heißt aufklären?, Berlinische Monatsschrift 4 [1784], 193–200 [repr. in: N. Hinske (ed.), Was ist Aufklärung? [...], Darmstadt 1973, ⁴1990, 444–451]) galten den Zeitgenossen als repräsentativer Ausdruck aufklärerischen Selbstverständnisses. Dabei sieht er »die Bestimmung des Menschen als Maaß und Ziel aller unserer Bestrebungen und Bemühungen« (a.a.O., 194–195) im Kontext der ↑Aufklärung. In der neueren Forschung wird in diesem Zusammenhang von einer ›anthropologischen Wende‹ (Goetschel) der Philosophie gesprochen. – Trotz seiner Affinität zur Leibniz-Wolffschen Philosophie steht M. der ↑Metaphysik skeptisch gegenüber. Wahrheit wird durch die Einsichten des ↑common sense bestimmt. Metaphysik bedeutet lediglich die Systematisierung der so gewonnenen Einsichten durch Gründung auf erste Prinzipien und ihre Verteidigung gegen Skeptiker.

M. versucht, aufbauend auf Ansätzen bei Ästhetikern wie G. A. Baumgarten, G. F. Meier, Sulzer, J. B. Dubos, E. Burke und Shaftesbury, die schulphilosophische Ästhetik (↑ästhetisch/Ästhetik) psychologisch und anthropologisch zu verorten: die Beschäftigung mit den schönen Künsten belehrt uns über uns selbst, und umgekehrt versteht man die schönen Künste am besten, wenn man sie aus der Perspektive der Fähigkeiten des menschlichen Geistes betrachtet. Die schulphilosophische Rückbindung der ↑Sinnlichkeit als Organs des Schönen an Verstand und Moral wird jedoch aufgehoben zugunsten ihrer Eigengesetzlichkeit und ihrer Einbettung in eine Anthropologie des Leiblichen, in welcher auch sinnliche Vergnügen wie bei Lektüre, Liebe oder Weingenuß ihren Ort haben. Dabei wird die Ästhetik theoretisch so verstanden, daß die Empfindung des Rezipienten als Quelle des Gefühls des Schönen und Erhabenen zum Beurteilungskriterium ästhetischer Sätze wird. Diese erfordern, ähnlich wie bei I. Kant, neben Vernunft und Wollen als drittes selbständiges Seelenvermögen das ›Billigungsvermögen‹. Schönheit besteht nicht notwendig in der ontologischen Vollkommenheit des Objekts, sondern in seiner Fähigkeit, eine ›sinnlich-vollkommene Vorstellung‹ hervorzurufen, die Leistung des ↑›Genies‹ darin, den ästhetischen Gegenstand entsprechend zu formen. Schönheit (↑Schöne, das) erweist sich damit sowohl auf der Produktions- als auch auf der Rezeptionsebene als eine Leistung des Subjekts. – M.s preisgekrönte Antwort (1764) auf die Frage der Berliner Akademie nach der Evidenz der Metaphysik weist – im Unterschied zu Kant

– den metaphysischen Wissenschaften die gleiche Gewißheit, wenn auch nicht die gleiche Faßlichkeit, wie den mathematischen Wissenschaften zu. Folglich behauptet M. die strenge Beweisbarkeit der ↑Unsterblichkeit der Seele (Phaedon, 1767) und die Existenz Gottes (Morgenstunden, 1785).

J. K. Lavaters taktloser Bekehrungsversuch (1769) leitete eine Reihe öffentlicher Auseinandersetzungen ein, die im so genannten ↑Pantheismusstreit (auch: Spinozismusstreit) zwischen M. und F. H. Jacobi gipfelten. Im Verlauf dieser Auseinandersetzungen kam M. zu der Überzeugung, die Religion des Judentums bestehe aus zwei Komponenten: (1) Wie andere ↑Religionen auch sei es eine Vernunftreligion im Sinne des aufklärerischen ↑Deismus. Das Spezifikum der jüdischen Religion bestehe (2) in seiner religiösen Praxis, d.h. im geoffenbarten Zeremonialgesetz, das – im Unterschied zur neutestamentlichen ↑Offenbarung – keine Glaubenslehren enthalte. Insbes. die christlichen geoffenbarten Lehren von der Trinität, der »Menschwerdung einer Gottheit, [...] das Leiden einer Person der Gottheit« sowie die »Befriedigung der ersten Person in der Gottheit durch das Leiden und den Tod der erniedrigten zweiten Person« (Ges. Schr. Jubiläumsausg. VII, 300) stünden im Widerspruch zum Deismus, dem die Glaubenslehren des Judentums deshalb näher stünden. Das Judentum sei auch weniger anfällig für ›Götzendienst‹ (Idolatrie), weil seine religiöse Praxis durch das Zeremonialgesetz charakterisiert sei. Zeremoniale Handlungen verschwänden mit dem Ende der Zeremonie, während permanente Zeichen (wie etwa Statuen, aber auch die geschriebene Sprache) wegen der Verwechslung von physischem Zeichen und dem damit Bezeichneten leicht zum Götzendienst führten. Diesen Ansatz baut M. zu einer umfassenden ↑Semiotik aus. Die natürliche Sprache (↑Sprache, natürliche) bildet sich im Kontext der alltäglichen Lebenspraxis und im Umgang mit sinnlich erfahrbaren physischen Objekten. Bei ihrem metaphysischen, d.h. auf nicht sinnlich Erfahrbares bezogenen, Gebrauch wird sie metaphorisch und unzuverlässig. Eben dies begründet den epistemologischen Vorrang des ↑common sense vor der Metaphysik.

Die Nähe des Judentums zur deutschen Gesellschaft der Aufklärung verband M. in seinem nicht nur für die Haskala einflußreichen Werk »Jerusalem, oder über religiöse Macht und Judentum« (1783) mit den Forderungen vor allem nach Gewissensfreiheit gegenüber Staat und Kirche, nach politischer und religiöser Toleranz, der Trennung von Kirche und Staat, der Ablehnung kirchlicher bzw. synagogaler Zwangsrechte (›Bannrechte‹) sowie der rechtlichen Gleichstellung der Juden mit den Christen. Die Emanzipation der Juden ist für M., der unter dem Einfluß C.-L. de Montesquieus aus seiner Sympathie für den Republikanismus keinen Hehl machte, jedoch nur ein Sonderfall des allgemeinen natur-rechtlichen (↑Naturrecht) Prinzips, wonach der Mensch das Recht hat, seine individuelle Bestimmung zu ver-wirklichen. Der Selbstbesinnung des Judentums bzw. dem Werben um Verständnis dienen M.s hebräische Schriften sowie seine Bibelübersetzungen und Arbeiten über die religiöse Tradition.

Werke: Gesammelte Schriften, I–VII (in 8 Bdn.), ed. G. B. Mendelssohn, Leipzig 1843–1845 (repr. Hildesheim 1972–1976); Gesammelte Schriften. Jubiläumsausgabe, I–XXVII in 40 Bdn., Ed. begonnen v. I. Ellbogen/J. Guttmann/E. Mittwoch, fortgeführt v. A. Altmann u. a., I–III/1, VII, XI, XVI [XIX nach neuer Zählung], Berlin 1929–1932, XIV, Breslau 1938, Stuttgart-Bad Cannstatt 1971 ff. (repr. der bis 1938 erschienenen Bde und Weiterführung) (erschienen Bde I–XX/2, XXII–XXIV). – Philosophische Schriften, I–II, Berlin 1761, ²1771, Wien 1783 (repr., in einem Bd., Brüssel 1968), Troppau 1784 (engl. Philosophical Writings, ed. D. O. Dahlstrom, Cambridge etc. 1997); Abhandlung über die Evidenz in metaphysischen Wissenschaften [...]. Nebst einer Abhandlung über dieselbe Materie [von I. Kant], welche die Academie nächst der ersten für die beste gehalten hat, Berlin 1764, 1–66, separat Berlin 1786 (repr. Brüssel 1968), ferner in: Ges. Schr. [s. o.] II, 1–64, ferner in: Ges. Schr. Jubiläumsausg. [s. o.] II, 267–330, ferner in: Metaphysische Schriften [s. u.], 23–90; Phädon oder über die Unsterblichkeit der Seele, Berlin/Stettin 1767, Berlin ⁸1868, ferner in: Ges. Schr. [s. o.] II, 65–206, separat Leipzig 1916, ferner in: Ges. Schr. Jubiläumsausg. [s. o.] III/1, 1–159 (repr. [ohne Lesarten u. Anmerkungen], ed. D. Bourel, Hamburg 1979 [mit Einl. v. N. Rotenstreich, VII–XXVII] (franz. Phédon, ou Dialogues socratiques sur l'immortailié de l'âme, übers. A. Burja, Berlin 1772, unter dem Titel: Phédon. Ou Entretiens sur la spiritualité et l'immortalité de l'âme, übers. M. Junker, Amsterdam 1772, rev. 1773, 2000; engl. Phædon. Or, The Death of Socrates, trans. C. Cullen, London 1789 [repr. New York 1973, Bristol 2004], unter dem Titel: Phädon, or On the Immortality of the Soul, trans. P. Noble, New York/Frankfurt/Berlin 2007); Jerusalem oder über religiöse Macht und Judentum, Berlin 1783 (repr. Brüssel 1968), ferner in: Ges. Schr. [s. o.] III, 255–362, ferner in: Ges. Schr. Jubiläumsausg. [s. o.], VIII, 93–204, ed. D. Martyn, Bielefeld 2001, ed. M. Albrecht, Hamburg 2005, 2010 [mit Einl., VII–XLII] (engl. Jerusalem. A Treatise on Ecclesiastical Authority and Judaism, I–II, trans. M. Samuels, London 1838 [Vorw. von M. M. in Bd. I, 77–116, Text in Bd. II] [repr. Bd. II, Bristol 2002], mit Untertitel: A Treatise on Religious Power and Judaism, trans. I. Leeser, Philadelphia Pa. 1852, mit Untertitel: Or on Religious Power and Judaism, trans. A. Arkuch, Hanover N. H./London 1983; franz. Jérusalem, ou pouvoir réligieux et Judaïsme, ed. u. übers. D. Bourel, Paris 1982, 2007); Morgenstunden oder Vorlesungen über das Daseyn Gottes I, Berlin 1785, 1786 (repr. Brüssel 1968), ferner in: Ges. Schriften [s. o.] II, 233–300, ferner in: Ges. Schr. Jubiläumsausg. [s. o.] III/2, 1–175, mit Titelergänzung: Der Briefwechsel M. – Kant, ed. D. Bourel, Stuttgart 1979 (engl. Lectures on God's Existence, trans. D. O. Dahlstrom/C. Dyck, Dordrecht etc. 2011); An die Freunde Lessings. Ein Anhang zu Herrn Jacobi Briefwechsel über die Lehre des Spinoza, Berlin 1786, ferner in: Ges. Schriften [s. o.] III, 1–36, ferner in: Ges. Schr. Jubiläumsausg. [s. o.] III/2, 177–218 [wird als zweiter Teil der »Morgenstunden« gewertet]; Schriften zur Philosophie, Aesthetik und Apologetik, I–II (I Schriften zur Metaphysik und Ethik sowie

zur Religionsphilosophie, II Schriften zur Psychologie und Aesthetik sowie zur Apologetik des Judenthums), ed. M. Brasch, Leipzig 1880 (repr. Hildesheim 1968), ²1881; Die Hauptschriften zum Pantheismusstreit zwischen Jacobi und M., ed. H. Scholz, Berlin 1916, Waltrop 2004 (engl. [Auswahl] The Spinoza Conversations between Lessing & Jacobi. Text with Excerpts from the Ensuing Controversy, ed. G. Vallée, Lanham Md./New York/London 1988); M. M.. Der Mensch und das Werk. Zeugnisse, Briefe, Gespräche, ed. B. Badt–Strauss, Berlin 1929; Jerusalem. And Other Jewish Writings, ed. and trans. A. Jospe, New York 1969; Ästhetische Schriften in Auswahl, ed. O. F. Best, Darmstadt 1974, ³1994; M. M.. Selections From His Writings, ed. and trans. E. Jospe, New York 1975 [mit Einl. v. A. Jospe, 1–46]; Selbstzeugnisse. Ein Plädoyer für Gewissensfreiheit und Toleranz, ed. M. Pfleiderer, Tübingen/Basel 1979; Schriften über Religion und Aufklärung, ed. M. Thom, Berlin, Darmstadt 1989; Ästhetische Schriften, ed. A. Pollock, Hamburg 2006 [mit Einl., VII–LI]; Metaphysische Schriften, ed. W. Vogt, Hamburg 2008; Ausgewählte Werke, I–II, ed. C. Schulte/A. Kennecke/G. Jurewicz, Darmstadt 2008, 2009; M. M.. Writings on Judaism, Christianity, & the Bible, ed. M. Gottlieb, Waltham Mass. 2011. – Briefe von und an M., in: M. Kayserling, M. M. [s. u., Lit.], Leipzig 1862 (repr. Hildesheim 1972), 485–569; Brautbriefe, ed. I. Elbogen, Berlin 1936, Königstein 1985; G. E. Lessing, M. M., F. Nicolai. Briefwechsel über das Trauerspiel, ed. J. Schulte-Sasse, München 1972; Neuerschlossene Briefe M. M.s an Friedrich Nicolai, ed. A. Altmann/W. Vogel, Stuttgart-Bad Cannstatt 1973; Briefwechsel der letzten Lebensjahre, ed. A. Altmann, Stuttgart-Bad Cannstatt 1979; Einsichten. Ausgewählte Briefe von M. M., ed. E. J. Engel, Dessau 2004. – H. M. Z. Meyer, M. M. Bibliographie. Mit einigen Ergänzungen zur Geistesgeschichte des ausgehenden 18. Jahrhunderts, Berlin 1965; C.-F. Berghahn, Kommentierte Bibliographie zu M. M., in: H. L. Arnold/C.-F. Berghahn (eds.), M. M. [s. u., Lit.], 194–201.

Literatur: M. Albrecht, M. M.. Ein Forschungsbericht 1965–1980, Dt. Vierteljahresschr. Lit.wiss. u. Geistesgesch. 57 (1983), 64–166; ders./E. J. Engel/N. Hinske (eds.), M. M. und die Kreise seiner Wirksamkeit, Tübingen 1994 (Wolfenbütteler Stud. zur Aufklärung XIX); ders./E. J. Engel (eds.), M. M. im Spannungsfeld der Aufklärung, Stuttgart-Bad Cannstatt 2000; J. Allerhand, Das Judentum in der Aufklärung, Stuttgart-Bad Cannstatt 1980; A. Altmann, M. M.s Frühschriften zur Metaphysik, Tübingen 1969; ders., M. M., A Biographical Study, University Alabama, London 1973, Philadelphia Pa., London/Portland Or. 1998; ders., Die trostvolle Aufklärung. Studien zur Metaphysik und politischen Theorie M. M.s, Stuttgart-Bad Cannstatt 1982; A. Arkush, M. M. and the Enlightenment, Albany N. Y. 1994; H. L. Arnold/C.-F. Berghahn (eds.), M. M., München 2011 (Text + Kritik Sonderbd. V/11); F. Bamberger, Die geistige Gestalt M. M.s, Frankfurt 1929; L. W. Beck, Early German Philosophy. Kant and His Predecessors, Cambridge Mass. 1969 (repr. Bristol 1996), 324–339; C.-F. Berghahn, M. M.s »Jerusalem«. Ein Beitrag zur Geschichte der Menschenrechte und der pluralistischen Gesellschaft in der deutschen Aufklärung, Tübingen 2001; K. L. Berghahn, Grenzen der Toleranz. Juden und Christen im Zeitalter der Aufklärung, Köln/Weimar/Wien 2000, ²2001; B. Berwin, M. M. im Urteil seiner Zeitgenossen, Berlin 1919 (repr. Vaduz 1978 [Kant-St. Erg.hefte XLIX]), ferner in: dies., M.. Hölderlin. Kleist. Drei Monographien zur Einführung, Berlin 2003, 15–132; D. Bourel, M. M.. La naissance du judaïsme moderne, Paris 2004 (dt. M. M.. Begründer des modernen Judentums, Zürich 2007); K. Christ, Jacobi und M.. Eine Analyse des Spinozastreits, Würzburg 1988; D. Dahlstrohm, M., SEP 2002, rev. 2011; S. Feiner, Mosheh Mendelson [hebräisch], Jerusalem 2005 (dt. M. M.. Ein jüdischer Denker in der Zeit der Aufklärung, Göttingen 2009; engl. M. M.. Sage of Modernity, New Haven Conn./London 2010); V. Forester, Lessing und M. M.. Geschichte einer Freundschaft, Hamburg 2001, rev. Darmstadt 2010; G. Freudenthal, No Religion without Idolatry. M.'s Jewish Enlightenment, Notre Dame Ind. 2012; A. Gerhard (ed.), Musik und Ästhetik im Berlin M. M.s, Tübingen 1999 (Wolfenbütteler Stud. zur Aufklärung XXV); R. Gleissner, M. M., in: ders., Die Entstehung der ästhetischen Humanitätsidee in Deutschland, Stuttgart 1988, 106–119, 276–282; W. Goetschel, Spinoza's Modernity, M., Lessing, and Heine, Madison Wis./London 2004; M. Gottlieb, Faith and Freedom. M. M.'s Theological-Political Thought, Oxford/New York 2011; M.-R. Hayoun, Moïse M., Paris 1997; C. Hilfrich, »Lebendige Schrift«. Repräsentation und Idolatrie in M. M.s Philosophie und Exegese des Judentums, München 2000; N. Hinske (ed.), »Ich handle mit Vernunft …«. M. M. und die europäische Aufklärung, Hamburg 1981; A. Hütter, M. M.. Philosophie zwischen gemeinem Menschenverstand und unnützer Spekulation, Cuxhaven 1990; A. Jospe/L. Yahil, M., EJud XI (1971), 1328–1342, rev. u. erw. v. A. Arkush/S. Feiner, EJud XIV (²2007), 33–40; M. Kayserling, M. M.. Sein Leben und seine Werke. Nebst einem Anhange ungedruckter Briefe von und an M. M., Leipzig 1862 (repr. Hildesheim 1972), mit Untertitel: Sein Leben und Wirken, ²1888; H. Knobloch, Herr Moses in Berlin. Auf den Spuren eines Menschenfreundes, Berlin (Ost) 1979, rev. mit Untertitel: Ein Menschenfreund in Preußen. Das Leben des M. M., Berlin 1981, ²1987, unter ursprünglichem Titel, ⁶1993, rev. 2006; S. Lauer/G. Luginbühl-Weber, M., TRE XXII (1992), 428–439; C. Lowenthal-Hensel (ed.), M.-Studien. Beiträge zur neueren deutschen Kultur- und Wirtschaftsgeschichte II, Berlin 1975 (Beiträge von A. Altmann, H. v. Haimberger u. a.); dies./R. Elvers (eds.), M.-Studien […] IV (Zum 250. Geburtstag von M. M.), Berlin 1979; J -P. Meier, L'esthétique de M. M. (1729–1786), I–II, Lille, Paris 1978; A. Pollok, Facetten des Menschen. Zur Anthropologie M. M.s, Hamburg 2010; G. Raulet, Us et abus des lumières. M. jugé par Kant, Ét. philos. (1978), 297–313; B. Rosenstock, Philosophy and the Jewish Question. M., Rosenzweig, and Beyond, New York 2010; J. H. Schoeps, M. M., Königstein 1979, Frankfurt ²1989, 1990; O. Schütze/M. Albrecht, »Gedanck und Empfindung«. Ausgewählte Schriften von Eva J. Engel. Festgabe zum 75. Geburtstag von Eva J. Engel am 18. August 1994, Stuttgart-Bad Cannstatt 1994; K.-W. Segreff, M. M. und die Aufkärungsästhetik im 18. Jahrhundert, Bonn 1984; D. Sorkin, M. M. and the Religious Enlightenment, London, Berkeley Calif. 1996 (franz. rev. Moïse M.. Un penseur juif à l'ère des Lumières, Paris 1996; dt. M. M. und die theologische Aufklärung, Wien 1999); G. Tonelli, M., Enc. Ph. V (1967), 276–277; S. Tree, M. M., Reinbek b. Hamburg 2007; J.-L. Vieillard-Baron, Le »Phédon« de M. M., Rev. mét. mor. 79 (1974), 99–107; W. Vogt, M. M.s Beschreibung der Wirklichkeit menschlichen Erkennens, Würzburg 2005; H. Walter, M. M.. Critic and Philosopher, New York 1930 (repr. 1973); T. Wizenmann, Die Resultate der Jacobischen und M.schen Philosophie. Kritisch untersucht, Leipzig 1786 (repr. Hildesheim 1984); S. Zac, Le prix et la mention (Les Preisschriften de M. et de Kant), Rev. mét. mor. 79 (1974), 473–498; ders., Spinoza en Allemagne. M., Lessing et Jacobi, Paris 1989; O. Zarek, M. M.. Ein jüdisches Schicksal in Deutschland, Amsterdam 1936. – M.-Studien. Beiträge zur neueren deutschen Kultur- und Wirtschaftsgeschichte, ab 14 (2005)

mit Untertitel: Beiträge zur neueren deutschen Kulturgeschichte, Hannover 1972 ff.   G. W.

Menedemos aus Eretria, *Eretria (an der Westküste von Euböa) um 350/345 v. Chr., †Pella um 265/260 v. Chr. (nach Diog. Laert. II, 144, durch Freitod), griech. Philosoph, Schüler Stilpons, des dritten Schulhauptes der ↑Megariker. M. soll keine Schriften verfaßt und auch keine bestimmte Lehre vertreten haben; zugeschrieben werden ihm die (möglicherweise nicht ernstgemeinte) Beschränkung auf reine Tautologien (weil es andernfalls in Aussagen zu unstatthaften Identifikationen komme) und die Auffassung, daß die Tugenden Aspekte ein und desselben Guten (↑Gute, das), dazu im Denken begründet, seien (Plut. de virt. mor. 440 e).

Quellen: Diog. Laert. II, 125–144; B. A. Kyrkos, Ο ΜΕΝΕΔΗΜΟΣ ΚΑΙ Η ΕΡΕΤΡΙΚΗ ΣΧΟΛΗ (Ἀνασύσιαση καὶ Μαρτυρίες), Athen 1980 [Quellensammlung mit neugriech. Erläuterungen, dt. Zusammenfassung 211–227]; D. Knoepfler, La vie de Ménédème d'Erétrie de Diogene Laërce. Contribution à l'histoire et à la critique du texte des »Vies des philosophes«, Basel 1991 (mit Text griech./franz. von Diog. Laert. über M., 170–204); G. Giannantoni, Socratis et Socraticorum Reliquiae I, Neapel 1990, 503–518 (III F. – Menedemus Eretrius), IV, Neapel 1990, 129–133 (Nota 12).

Literatur: N. Denyer, Language, Thought and Falsehood in Ancient Greek Philosophy, London/New York 1991, 1993, 37–43 (Menedemus and the Eretrians); K. Döring, Phaidon aus Elis und M. a. E., in: ders. u. a. (eds.), Die Philosophie der Antike II/1 (Sophistik, Sokrates, Sokratik, Mathematik, Medizin), Basel 1998, 238–245, bes. 241–245, 353; ders., M. a. E., DNP VII (1999), 1225–1226; K. v. Fritz, M. (9), RE XV/1 (1931), 788–794; R. Goulet, Ménédème d'Érétrie, in: ders. (ed.), Dictionnaire des philosophes antiques IV, Paris 2005, 443–454; M. Haake, Der Philosoph in der Stadt. Untersuchungen zur öffentlichen Rede über Philosophen und Philosophie in den hellenistischen Poleis, München 2007, 177–182 (V Eretria: M. – ein Leben zwischen Philosophie und Politik); ders., Der Grabstein des Asklepiades Phleiasios aus Eretria. Philosoph und Freund des M. a. E.? Zu SEG LV 979, Mus. Helv. 67 (2010), 233–237; H. Sonnabend, Die Freundschaften der Gelehrten und die zwischenstaatliche Politik im klassischen und hellenistischen Griechenland, Hildesheim/New York/Zürich 1996, 293–305 (M. von E.); P. Thrams, Hellenistische Philosophen in politischer Funktion, Hamburg 2001, 139–145.   J. M.

Menelaos von Alexandreia, ca. 100 n. Chr., griech. Mathematiker und Astronom. Von arabischen Autoren wird M. ein Katalog der Fixsterne und von Pappos von Alexandreia eine Abhandlung über den Untergang der Sternzeichen im Zodiak zugeschrieben. Wie vor ihm Hipparchos von Nikaia und nach ihm K. Ptolemaios soll M. nach einer Bemerkung des Theon von Alexandreia Sehnentafeln, also die griechischen Vorläufer der Sinustafeln, verfaßt haben. Mit den drei Büchern seiner »Sphaerica«, die nur in einer arabischen Übersetzung aus der 2. Hälfte des 9. Jhs. erhalten ist, wird M. zum Begründer der sphärischen Trigonometrie.

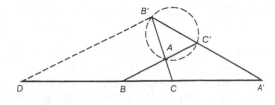

Abb. 1

In Buch I definiert M. zum ersten Mal ein sphärisches Dreieck mit Kugelgroßkreisen als Seiten. Er überträgt die Dreiecksätze aus Buch I der Euklidischen »Elemente« auf sphärische Dreiecke und beweist Sätze, die für die spätere ↑nicht-euklidische Geometrie große Bedeutung erlangen: Zwei sphärische Dreiecke sind kongruent, wenn die entsprechenden Winkel gleich sind (d. h., Ähnlichkeit und Kongruenz sind nicht unterschieden wie bei ebenen euklidischen Dreiecken). Ferner ist die Winkelsumme im sphärischen Dreieck größer als zwei Rechte. Während Buch II nur bekannte Anwendungen aus der Astronomie behandelt, beginnt Buch III mit dem berühmten, nach M. benannten *Transversalensatz* für rechtwinklige sphärische Dreiecke. In der Ebene gilt für die Seiten eines Dreiecks ABC, dessen Seiten von einer Transversalen in den Punkten A', B', C' geschnitten werden, daß $AC : B'C = (AB : C'B) \cdot (C'A' : B'A')$ ist (Abb. 1).

Den sphärischen Fall erhält M., indem er die Dreieckseiten und Transversalen als Bögen von Großkreisen auf Kugeln auffaßt (Abb. 2). Damit gilt: $\sin AC : \sin B'C = (\sin AB : \text{in } \; C'B) \cdot (\sin C'A' : \sin B'A')$. Ergänzt man bei rechtwinkligen sphärischen Dreiecken ABC die Seiten BA und CA zu Viertelkreisbögen R, so gilt: $\sin AC : \sin R = (\sin AB : \sin R) \cdot (\sin C'A' : \sin R)$, also $\sin AC = \sin AB \cdot : \sin C'A'$, d. i. der heutige Satz

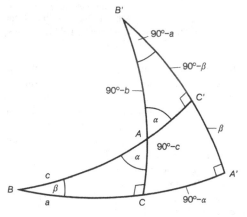

Abb. 2

$\sin \beta = \sin AC / \sin AB$. Ebenso gilt für das Dreieck $AB'C'$, daß $\sin \alpha = \cos \beta / \cos AC$ und $\cos BC = \cos BA / \cos AC$ ist.

Nach dem Werkregister (»Fihrist«) des Ibn al-Nadīm soll M. der Verfasser der »Elemente der Geometrie« und eines »Buches über das Dreieck« sein. In diesem Zusammenhang wird M. auch eine Lösung des ↑Delischen Problems zugeschrieben, die von einer der Hippopode verwandten Kurve Gebrauch macht,

Werke: Die Sphärik von M. aus Alexandrien in der Verbesserung von Abū-Naṣr Manṣūr b. ʿAlī b. ʿIrāq. Mit Untersuchungen zur Geschichte des Textes bei den islamischen Mathematikern [dt./arab.], ed. M. Krause, Berlin 1936 (Abh. Ges. Wiss. Göttingen, philol.-hist. Kl., 3. F., 17) (repr. Göttingen, Nendeln 1972, Frankfurt 1998).

Literatur: M. F. Aintabi, Arab Scientific Progress and Menelaus of Alexandria, in: XIIᵉ congrès international d'histoire des sciences, Paris 1968. Actes III A (Science et philosophie. Antiquité – Moyen Âge – Renaissance), Paris 1971, 7–12; A. A. Björnbo, Hat M. aus Alexandria einen Fixsternkatalog verfaßt?, Bibl. Math., 3. F., 2 (1901), 196–212; ders., Studien über M.' Sphärik. Beiträge zur Geschichte der Sphärik und Trigonometrie der Griechen, Abh. Gesch. Math. Wiss. 14 (1902), 1–154; I. Bulmer-Thomas, Menelaus of Alexandria, DSB IX (1974), 296–302; M. Folkerts/R. Lorch, M., DNP VII (1999), 1234–1235; P. P. Fuentes González, Ménélaos d'Alexandrine, in: R. Goulet (ed.), Dictionnaire des philosophes antiques, Paris 2005, 456–464; T. Heath, A History of Greek Mathematics II, Oxford 1921 (repr. Oxford 1960, 1965, Bristol 1993), New York 1981, 261–273 (The »Sphaerica« of Menelaus); K. Mainzer, Geschichte der Geometrie, Mannheim/Wien/Zürich 1980; J. Mau, M. (6), KP III (1969), 1210–1211; R. Nadal/A. Taha/P. Pinel, Le contenu astronomique des »Sphériques« de Ménélaos, Arch. Hist. Ex. Sci. 58 (2004), 381–436; K. Orinsky, M. (16), RE XV/1 (1931), 834–835; D. K. Raïos, Archimède, Ménélaos d'Alexandrine et le »Carmen de ponderibus et menuris«. Contributions à l'histoire des sciences, Jannina 1989; A. Rome, Premiers essais de trigonométrie rectiligne chez les Grecs, Ann. soc. sci. Bruxelles, sér. A, 52 (1932), 271–274; ders., Les explications de Théon d'Alexandrie sur le théorème de Ménélas, Ann. soc. sci. Bruxelles, sér. A, 53 (1933), 39–50. K. M.

Menge (engl. set, franz. ensemble), mathematisch-logischer Grundbegriff, Gegenstand der ↑Mengenlehre. Nach G. Cantor (1895) ist eine M. »jede Zusammenfassung M von bestimmten wohlunterschiedenen Objekten unserer Anschauung oder unseres Denkens (welche die ›Elemente‹ von M genannt werden) zu einem Ganzen« (Gesammelte Abhandlungen, 282). In ähnlicher Weise spricht R. Dedekind (1888) von ›Systemen‹. Charakteristisch für M.n ist, daß sie von der Anordnung ihrer Elemente unabhängig sind, ferner, daß sie – im Unterschied zu Aggregaten, die aus *Teilen* zusammengesetzte Ganze sind (↑Teil und Ganzes, ↑Mereologie) – von ihren Elementen ›kategorial‹ unterschieden sind. M.n können selbst Elemente weiterer M.n sein. Für die Beziehung zwischen einer M. und ihren Elementen hat G. Peano das Elementschaftszeichen ›∈‹ eingeführt. Davon unterschieden ist die Inklusions- oder Teilmengenbeziehung ›⊆‹, die sich mit Hilfe der Elementschaftsbeziehung ›∈‹ durch

$$a \subseteq b \leftrightharpoons \bigwedge_x (x \in a \to x \in b)$$

definieren läßt. Statt von ›M.n‹ spricht man in der Logik (weniger in der Mathematik) auch oft von ›Klassen‹ (↑Klasse (logisch)). Dabei ist zu beachten, daß ›M.‹ in bestimmten Axiomensystemen der M.lehre einen gegenüber ›Klasse‹ spezifischen Sinn hat (↑Neumann-Bernays-Gödelsche Axiomensysteme). Die Operationen und Gesetze des auf G. Boole zurückgehenden ↑Klassenkalküls, die sich auf die Inklusion sowie auf die Vereinigungs-, Durchschnitts-, Komplement- und Differenzbildung beziehen (↑Vereinigung (mengentheoretisch), ↑Durchschnitt, ↑Komplement, ↑Mengendifferenz), lassen sich als Operationen für M.n auffassen und innerhalb der M.lehre als M.nalgebra durchführen.

Abgesehen von der bei endlichen M.n bestehenden Möglichkeit, sie durch Aufzählung ihrer Elemente zu definieren, kann man M.n nur durch Angabe einer Eigenschaft charakterisieren, die durch eine ↑Aussageform dargestellt wird. Für eine Aussageform ›$A(x)$‹ bezeichnet man dann mit ›$\in_x A(x)$‹ oder ›$\{x|A(x)\}$‹ die M. der Objekte x, die ›$A(x)$‹ erfüllen. Der Übergang von Aussageformen ›$A(x)$‹ zu M.n $\in_x A(x)$ läßt sich als Abstraktion (↑Abstraktionsschema) beschreiben. Man geht dabei davon aus, daß Aussageformen mit einer freien Variablen, die von genau denselben Objekten erfüllt werden, dieselbe M. bestimmen (*Abstraktionsprinzip*):

$$\bigwedge_x (A(x) \leftrightarrow B(x)) \leftrightarrow \{x|A(x)\} = \{x|B(x)\}.$$

Dies führt zum allgemeinen *Extensionalitätsprinzip* für M.n (in axiomatischen Systemen als ↑Extensionalitätsaxiom):

$$\bigwedge_x (x \in a \leftrightarrow x \in b) \leftrightarrow a = b.$$

Problematisch ist das allgemeine *Komprehensionsprinzip* (↑Komprehension), das fordert, daß es zu jeder Aussageform ›$A(x)$‹ eine M. gibt, die genau diejenigen Objekte als Elemente umfaßt, die ›$A(x)$‹ erfüllen:

$$\bigvee_a \bigwedge_x (x \in a \leftrightarrow A(x)).$$

Dieses Prinzip führt in seiner uneingeschränkten Form zu den ↑Antinomien der Mengenlehre – speziell zur ↑Zermelo-Russellschen Antinomie, wenn man ›$x \notin x$‹ für ›$A(x)$‹ einsetzt und dann ›x‹ zu ›a‹ spezialisiert. Wege, diesen Antinomien zu entgehen, sind einmal typentheoretische Ansätze (↑Typentheorien), die den Bereich der im Komprehensionsprinzip zugelassenen Aus-

sageformen einschränken bzw. nach ›Typen‹ unterscheiden, zum anderen axiomatische Ansätze (↑Mengenlehre, axiomatische), die eigene M.nbildungsaxiome besitzen, die jeweils die Definition bestimmter neuer M.n erlauben. Daneben stehen konstruktive Ansätze (teils typentheoretische, teils axiomatische Züge [im Sinne einer logischen Theorie 1. Stufe] tragend), die an die im Komprehensionsprinzip zugelassenen Aussageformen den Anspruch der Konstruktivität stellen, im stärksten Fall den der Entscheidbarkeit (↑Mengenlehre, konstruktive). Eine wichtige Operation der M.nbildung ist die Bildung der ↑*Potenzmenge* $\mathfrak{P}(M)$ einer M. M, d.h. der M. aller Teilmengen von M. Cantor konnte mit Hilfe seines zweiten Diagonalverfahrens (↑Cantorsches Diagonalverfahren) zeigen, daß es keine bijektive Abbildung einer M. M auf ihre Potenzmenge $\mathfrak{P}(M)$ gibt, daß also M und $\mathfrak{P}(M)$ in diesem Sinne nicht gleichmächtig sind. Dies führte Cantor zur Theorie beliebiger unendlicher *Mächtigkeiten* und damit zur transfiniten Kardinalzahlarithmetik (↑Kardinalzahl, ↑Arithmetik, transfinite), einem zentralen Teil seiner M.nlehre. In diesem Zusammenhang ergab sich das Problem der ↑Kontinuumhypothese. Ein weiterer wichtiger Teil der M.nlehre ist die Untersuchung der *geordneten* M.n (↑Ordnung), speziell der wohlgeordneten M.n (↑Wohlordnung). Hieraus ergab sich die Theorie der transfiniten ↑Ordinalzahlen. In sachlichem Zusammenhang damit steht das ↑Auswahlaxiom, denn E. Zermelo konnte 1904 mit dessen Hilfe zeigen, daß jede M. wohlordenbar ist. Umgekehrt ergibt sich aus dem Wohlordnungssatz sofort das Auswahlaxiom, so daß es mit diesem gleichwertig ist. – Der Bereich, der sich, ausgehend von einem Bereich von *Urelementen* oder nur von der leeren M. (↑Menge, leere), durch sukzessive Potenzmengenbildung aus bereits erreichten M.n ergibt, heißt auch ›kumulative‹ oder ›von Neumannsche Hierarchie‹ (nach J. v. Neumann); er wird oft als der intuitiv von einer M.ntheorie intendierte Objektbereich angesehen. Ob der Bereich eines Modells einer axiomatischen M.nlehre tatsächlich diese kumulative Struktur hat, hängt von der Gültigkeit des Fundierungsaxioms (↑Regularitätsaxiom) ab.

Die Formulierung von mathematischen Theorien in mengentheoretischer Sprechweise hat sich als äußerst fruchtbar erwiesen. Die M.nlehre ist zu einem zentralen Zweig der Mathematik geworden und wird oft als universaler Sprachrahmen der Mathematik angesehen. Der philosophische Streit um die Grundlagen der Rede über M.n – sind M.n an sich seiende Objekte oder Konstruktionen des menschlichen Geistes, oder muß die M.nlehre als formales System betrieben werden? – ist trotz der Verbreitung mengentheoretischer Vorstellungen nicht endgültig gelöst.

Literatur: ↑Mengenlehre.   P. S.

Menge, geordnete, ↑Ordnung, ↑Ordinalzahl.

Menge, leere (engl. empty set, null set), auch leere Klasse oder ↑Nullmenge, Bezeichnung für eine ↑Menge, welche kein Element enthält. Eine l. M. kann dargestellt werden (↑Darstellung (logisch-mengentheoretisch)) durch eine unerfüllbare (↑unerfüllbar/Unerfüllbarkeit) einstellige ↑Aussageform wie z. B. $x \neq x$ (also als $\in_x x \neq x$ bzw. $\{x | x \neq x\}$). Da unerfüllbare Aussageformen logisch äquivalent sind, sind die durch sie dargestellten l.n M.n gleich; man kann also von *der* l.n M. (Symbol: $\emptyset$) sprechen. In manchen Systemen der axiomatischen Mengenlehre (↑Mengenlehre, axiomatische), so z. B. in der von E. Zermelo 1908 angegebenen Axiomatisierung (↑Zermelo-Fraenkelsches Axiomensystem), wird die Existenz einer l.n M. eigens axiomatisch gefordert (›Nullmengenaxiom‹): $\bigvee_a \bigwedge_b \neg (b \in a)$. Betrachtet man das System der Teilmengen einer bestimmten Menge als ↑Verband bezüglich der ↑Inklusion $\subseteq$, so bildet die l. M. das Nullelement. P. S.

Mengen, ähnliche, Terminus der ↑Mengenlehre. Zwei Mengen M und N, für die jeweils eine Ordnungsrelation (↑Ordnung) $<_M$ bzw. $<_N$ erklärt ist, heißen ›ähnlich‹ (symbolisch: $M \cong N$), wenn sich M und N so umkehrbar eindeutig (↑eindeutig/Eindeutigkeit) aufeinander abbilden lassen, daß für Paare einander entsprechender Elemente $a_1, a_2 \in M$ und $b_1, b_2 \in N$ die Beziehung $a_1 <_M a_2$ genau dann besteht, wenn $b_1 <_N b_2$ besteht. Die umkehrbar eindeutige Zuordnung ist dann ein Ordnungsisomorphismus (↑Homomorphismus, ↑isomorph/Isomorphie), d. h. eine ordnungserhaltende Bijektion. C. T.

Mengenbildungsaxiom, ↑Mengenlehre, axiomatische.

Mengendifferenz (auch: Differenzmenge), mathematischer Terminus. Die M. $A \backslash B$ (sprich: ›A ohne B‹, auch symbolisiert ›$A - B$‹) zweier ↑Mengen A, B ist die Menge

$$A \backslash B = \{x \in A \mid x \notin B\} = A \cap \complement B$$

derjenigen Objekte, die ↑Elemente von A, nicht aber von B sind (Abb.).

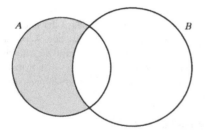

Z. B. ist $\{2,3,4\} \backslash \{3,4,5\} = \{2\}$. Die ↑Operation der ›Mengensubtraktion‹ ist offensichtlich nicht kommutativ (↑kommutativ/Kommutativität); z. B. gilt: $\{1,2\} \backslash \{1\} = \{2\} \neq \emptyset = \{1\} \backslash \{1,2\}$. Sie ist auch nicht assoziativ (↑assoziativ/Assoziativität); z. B. gilt für $A = B = C = \{1\}$ einerseits $(A \backslash B) \backslash C = \emptyset \backslash \{1\} = \emptyset$, andererseits $A \backslash (B \backslash C) = \{1\} \backslash \emptyset = \{1\} \neq \emptyset$. C. B.

Mengenlehre (engl. set theory, franz. théorie des ensembles), Bezeichnung für eine zentrale Disziplin der Mathematik und mathematischen Logik (↑Logik, mathematische). Die M. wurde seit 1874 von G. Cantor als Theorie unendlicher Gesamtheiten begründet und als Theorie des aktual Unendlichen aufgefaßt (↑unendlich/Unendlichkeit). Cantor führte zahlreiche zentrale Begriffe ein, z. B. ›Mächtigkeit‹, ↑›Kardinalzahl‹, ›wohlgeordnet‹ (↑Wohlordnung), ›Ordnungszahl‹ (↑Ordinalzahl), und entwickelte die Theorie unendlicher Kardinal- und Ordinalzahlen (↑Arithmetik, transfinite). R. Dedekind unternahm, unter Verwendung des Ausdrucks ›System‹, eine Einbettung der Arithmetik in die M. (Was sind und was sollen die Zahlen?, 1888). – Mit der Entwicklung der M. und der Kardinalzahltheorie stellten sich einige bis heute fundamentale Probleme wie die Fragen nach der Gültigkeit von ↑Kontinuumhypothese, Auswahlprinzip (↑Auswahlaxiom), Wohlordnungssatz. Die Probleme der ↑Antinomien der Mengenlehre sowie die Kritik von konstruktiver Seite etwa am Auswahlprinzip (z. B. L. Kronecker, H. Poincaré) führten seit E. Zermelo (1908) zu dem Bemühen, der M. eine axiomatische Grundlage zu geben (↑Mengenlehre, axiomatische) – aus deren Warte Cantors Mengenauffassung dann als ›naiv‹ bezeichnet wird. In einem Gegensatz zu axiomatischen Begründungen der M. stehen die auf G. Frege zurückgehenden logizistischen Versuche (↑Logizismus), das Reden über Mengen logisch als das Reden über Begriffsumfänge (↑Begriff, ↑extensional/Extension) zu erklären. In typentheoretischen Ansätzen (↑Typentheorien) schränkt man dabei zur Vermeidung der Antinomien den Bereich der Aussageformen ein, aus denen man Mengen bilden kann, indem man nur Aussageformen bestimmter Typen zuläßt. Daneben stehen konstruktive Ansätze (↑Mengenlehre, konstruktive), die den Aspekt besonders hervorheben, daß Mengen immer durch darstellende Aussageformen gegeben sein müssen. – Von der M., die Mengen im allgemeinen betrachtet, ist die deskriptive M. zu unterscheiden, die die Struktur von in bestimmter Weise definierbaren Mengen (↑definierbar/Definierbarkeit) reeller Zahlen untersucht. Weiteres: ↑Menge, ↑Mengenlehre, axiomatische.

Literatur: J. Barwise (ed.), Handbook of Mathematical Logic, Amsterdam/New York/Oxford 1977, 2006, bes. 315–522 (Part B Set Theory [mit Beiträgen von J. R. Shoenfield, T. J. Jech, K. Kunen, J. P. Burgess, K. J. Devlin, M. E. Rudin, I. Juhász]); E. W.

Beth, The Foundations of Mathematics. A Study in the Philosophy of Science, Amsterdam 1959, ²1965, 1968; N. Bourbaki, Elements of Mathematics. Theory of Sets, Paris 1968, Berlin 2004, franz. Original unter dem Titel: Éléments de mathématique. Théorie des ensembles, Paris 1970, Berlin/Heidelberg 2006; J. P. Burgess, Set Theory, REP VIII (1998), 700–709; G. Cantor, Über eine Eigenschaft des Inbegriffes aller reellen algebraischen Zahlen, J. reine u. angew. Math. 77 (1874), 258–262, Neudr. in: ders., Gesammelte Abhandlungen mathematischen und philosophischen Inhalts, ed. E. Zermelo, Berlin 1932, Berlin/Heidelberg/New York 1980, 115–118, ferner in: U. Felgner (ed.), M. [s. u.], 21–24; ders., Über unendliche, lineare Punktmannichfaltigkeiten, Math. Ann. 15 (1879), 1–7, 17 (1880), 355–358, 20 (1882), 113–121, 21 (1883), 51–58, 545–591, 23 (1884), 453–488, Neudr. in: ders., Gesammelte Abhandlungen [...] [s. o.], 139–246; ders., Beiträge zur Begründung der transfiniten M., Math. Ann. 46 (1895), 481–512, 49 (1897), 207–246, Neudr. in: ders., Gesammelte Abhandlungen [...] [s. o.], 282–356; M. Crabbé, Ensemble (théorie des −s), Enc. philos. universelle II/1 (1990), 798–800; D. van Dalen, Set Theory from Cantor to Cohen, in: ders./A. F. Monna, Sets and Integration. An Outline of the Development, Groningen 1972, 1–74; ders./H. C. Doets/ H. de Swart, Sets. Naive, Axiomatic and Applied. A Basic Compendium with Exercises for Use in Set Theory for Non-Logicians, Working and Teaching Mathematicians and Students, Oxford etc. 1978; J. W. Dauben, The Development of Cantorian Set Theory, in: I. Grattan-Guinness (ed.), From the Calculus to Set Theory, 1630–1910. An Introductory History, London 1980, 181–219; R. Dedekind, Was sind und was sollen die Zahlen?, Braunschweig 1888, Berlin, Braunschweig ¹⁰1965, Braunschweig 1969 (engl. The Nature and Meaning of Numbers, in: ders., Essays on the Theory of Numbers, La Salle Ill. 1901, New York 1963, 29–115, separat unter dem Titel: What Are Numbers and What Should They Be?, Orono Me. 1995; franz. Les nombres. Que sont-ils et à quoi servent-ils?, Paris 1978); F. R. Drake, Set Theory. An Introduction to Large Cardinals, Amsterdam/London, New York 1974; ders./D. Singh, Intermediate Set Theory, Chichester 1996; H.-D. Ebbinghaus, Einführung in die M., Darmstadt 1977, Heidelberg/Berlin ⁴2003; U. Felgner, Models of ZF-Set Theory, Berlin/Heidelberg/New York 1971; ders. (ed.), M., Darmstadt 1979, mit Untertitel: Wege mathematischer Grundlagenforschung, 1985; W. Felscher, Naive Mengen und abstrakte Zahlen, I–III, Mannheim/Wien/Zürich 1978–1979; J. Ferreirós, Labyrinth of Thought. A History of Set Theory and Its Role in Modern Mathematics, Basel/Boston Mass./Berlin 1999, ²2007; ders., The Early Development of Set Theory, SEP 2007, rev. 2011; A. A. Fraenkel, Einleitung in die M.. Eine gemeinverständliche Einführung in das Reich der unendlichen Größen, Berlin 1919, ³1928, Vaduz 1992; ders., Abstract Set Theory, Amsterdam 1953, Amsterdam/Oxford, New York ⁴1976; ders., M. und Logik, Berlin 1959, ²1968 (engl. Set Theory and Logic, Reading Mass. 1966); ders., Set Theory, Enc. Ph. VII (1967), 420–427; ders./Y. Bar-Hillel, Foundations of Set Theory, Amsterdam 1958, (mit A. Levy/D. van Dalen) Amsterdam/London ²1973, 1984; P. R. Halmos, Naive Set Theory, Princeton N. J. 1960, New York 1974 (franz. Introduction à la théorie des ensembles, Paris 1967, ²1970; dt. Naive M., Göttingen 1968, ⁵1994); F. Hausdorff, Grundzüge der M., Leipzig 1914 (repr. New York 1949, 1978), Berlin 2002 (= Ges. Werke II), überarb. u. gekürzt unter dem Titel: M., Berlin/Leipzig ²1927, ³1935, New York 1944, Nachdr. in: ders., Gesammelte Werke III (Deskriptive M. und Topologie), Berlin 2008, 41–351 (engl. Set Theory, New York 1957, ⁴1991); G. W. Hessenberg, Grundbegriffe der

M.. Zweiter Bericht über das Unendliche in der Mathematik, Abh. der Fries'schen Schule NF 1 (1906), 479–706, separat Göttingen 1906; K. Hrbacek/T. Jech, Introduction to Set Theory, New York/Basel 1978, rev. u. erw. ²1984, ³1999; T. Jech, Set Theory, New York/San Francisco Calif./London 1978, rev. u. erw. Berlin/Heidelberg/New York ³2003, 2006; ders., Set Theory, SEP 2002; R. B. Jensen, Modelle der M.. Widerspruchsfreiheit und Unabhängigkeit der Kontinuum-Hypothese und des Auswahlaxioms, Berlin/Heidelberg/New York 1967; E. Kamke, M., Berlin/Leipzig 1928, Berlin/New York ⁷1971 (engl. Theory of Sets, New York 1950); J. L. Kelley, General Topology, Princeton N. J./Toronto/London 1955, Berlin/Heidelberg/New York o. J. [1975], bes. 250–281 (Appendix: Elementary Set Theory); D. Klaua, Allgemeine M.. Ein Fundament der Mathematik, Berlin (Ost) 1964, erw., in 2 Bdn. ²1968/1969; ders., M., Berlin/New York 1979; K. Kunen, Set Theory. An Introduction to Independence Proofs, Amsterdam etc. 1980, 2006; K. Kuratowski/A. Mostowski, Set Theory, Amsterdam etc., Warschau 1968, mit Untertitel: With an Introduction to Descriptive Set Theory, Amsterdam etc., Warschau ²1976; D. Lewis, Parts of Classes, Oxford 1991; P. Maddy, Set Theory, in: R. Audi (ed.), The Cambridge Dictionary of Philosophy, Cambridge etc. ²1999, 2001, 836–838; D. Monk, Introduction to Set Theory, New York etc. 1969; A. P. Morse, A Theory of Sets, New York/London 1965, Orlando Fla./London ²1986; Y. N. Moschovakis, Descriptive Set Theory, Amsterdam/New York/Oxford 1980, Providence R. I. 2009; L. S. Moss, Non-Wellfounded Set Theory, SEP 2008; S. Pollard, Philosophical Introduction to Set Theory, Notre Dame Ind. 1990; M. Potter, Sets. An Introduction, Oxford/New York 1990; ders., Set Theory, Different Systems of, REP VIII (1998), 709–716; ders., Set Theory and Its Philosophy. A Critical Introduction, Oxford/New York 2004; W. V. O. Quine, Set Theory and Its Logic, Cambridge Mass. 1963, ²1969, 1980 (dt. M. und ihre Logik, Braunschweig 1973, Frankfurt/Berlin/Wien 1978); J. E. Rubin, Set Theory for the Mathematician, San Francisco Calif. etc. 1967; J. R. Shoenfield, Mathematical Logic, Reading Mass. 1967, Natick Mass. 2001; H. G. Steiner, M., Hist. Wb. Ph. V (1980), 1044–1059; M. Tiles, The Philosophy of Set Theory. An Historical Introduction to Cantor's Paradise, Oxford/Cambridge Mass. 1989, Mineola N. Y. 2004; E. Zermelo, Beweis, daß jede Menge wohlgeordnet werden kann, Math. Ann. 59 (1904), 514–516 (engl. Proof that Every Set Can Be Well-Ordered, in: J. v. Heijenoort [ed.], From Frege to Gödel. A Source Book in Mathematical Logic, 1879–1931, Cambridge Mass. 1967, 139–141); ders., Neuer Beweis für die Möglichkeit einer Wohlordnung, Math. Ann. 65 (1908), 107–128, Neudr. in: U. Felgner (ed.), M. [s. o.], 105–126 (engl. A New Proof of the Possibility of a Well-Ordering, in: J. v. Heijenoort [ed.], From Frege to Gödel [s. o.], 183–198); ders., Untersuchungen über die Grundlagen der M. I, Math. Ann. 65 (1908), 261–281, Neudr. in: U. Felgner (ed.), M. [s. o.], 28–48 (engl. Investigations in the Foundations of Set Theory I, in: J. v. Heijenoort [ed.], From Frege to Gödel [s. o.], 199–215).   P. S.

Mengenlehre, axiomatische, Bezeichnung für die Behandlung der ↑Mengenlehre auf axiomatischer Grundlage. In der a.n M. faßt man die Mengenlehre als formales System (↑System, axiomatisches) auf, das bestimmte Grundbegriffe enthält, insbes. die Elementschaftsrelation ›∈‹ (›a ∈ b‹ steht für ›a ist Element von b‹), daneben aber auch (je nach gewählter Axiomatisierung) ›Menge‹, ›Klasse‹ etc.. Diese Grundbegriffe kommen in den spezifischen mengentheoretischen Axiomen vor, die einem System der ↑Quantorenlogik 1. Stufe mit Identität adjungiert werden. Je nach philosophischer Auffassung der axiomatischen Methode (↑Methode, axiomatische) werden die mengentheoretischen Axiome als Beschreibung wirklicher Strukturen aufgefaßt oder als (implizite) Charakterisierung der Grundbegriffe. Ferner lassen sich mengentheoretische Axiomensysteme als Formalismen ansehen, die man metamathematisch (z. B. beweistheoretisch oder modelltheoretisch; ↑Metamathematik, ↑Modelltheorie) untersucht, ohne nach ihrer inhaltlichen Deutung zu fragen.

Die erste Axiomatisierung der Mengenlehre stammt von E. Zermelo (1908), aus der sich nach A. Fraenkels Hinzufügung des ↑Ersetzungsaxioms das heute weit verbreitete ↑Zermelo-Fraenkelsche Axiomensystem (ZF) ergab. Weitere verbreitete Systeme sind die auf Arbeiten von J. v. Neumann, P. Bernays und K. Gödel zurückgehenden Systeme (NBG-Mengenlehren), die ›Mengen‹ und ›Klassen‹ unterscheiden, sowie das System M von A. P. Morse (↑Neumann-Bernays-Gödelsche Axiomensysteme). W. V. O. Quines Axiomatisierungen der Mengenlehre in »New Foundations of Mathematical Logic« (1937, Bezeichnung NF) sowie in »Mathematical Logic« (1940, Bezeichnung ML) nehmen typentheoretische Ideen auf (↑Typentheorien), ohne den erststufigen Rahmen der a.n M. zu verlassen (↑New Foundations-Axiomensystem).

Der Wunsch, die Grundlagen des Redens über Mengen axiomatisch zu charakterisieren, resultierte daraus, daß sich für G. Cantors realistisch-ontologische Redeweise die ↑Antinomien der Mengenlehre ergaben und ferner ein für die Zwecke der Mathematik leicht zu handhabendes System benötigt wurde. In diesem Sinne enthalten die Systeme der a.n M. (abgesehen von NF und ML) *Mengenbildungsaxiome*, die die Definition von in der Mathematik benötigten Mengen erlauben, aber nicht so stark sind, daß sie die Ableitung der bekannten Antinomien gestatten. Das schließt nicht aus, daß in Zukunft Widersprüche entdeckt werden – ein ↑Widerspruchsfreiheitsbeweis für a. M.n liegt bis jetzt nicht vor; es ist auch nicht klar, wie er zu führen wäre, da die a.n M.n äußerst starke logisch-mathematische Systeme sind –, jedoch haben sich die a.n M.n bislang insofern ›bewährt‹, als keine Widersprüche aufgetreten sind. A.n M.n wurde traditionell in der Mathematik der Vorzug vor typentheoretischen Ansätzen gegeben. Allerdings haben in neuerer Zeit konstruktive Typentheorien (↑Typentheorie, konstruktive) an Raum gewonnen. – Mit der metamathematischen Behandlung a.r M.n stellten sich die Probleme der Abhängigkeit bzw. Unabhängigkeit (↑unabhängig/Unabhängigkeit (logisch)) bestimmter Axiome und der Entscheidbarkeit (↑entscheidbar/Ent-

scheidbarkeit) bestimmter mengentheoretischer Sätze im Rahmen eines axiomatischen Systems; wichtige Beispiele sind ↑Auswahlaxiom und ↑Kontinuumhypothese. Als Gegensatz zur axiomatischen Betrachtungsweise wird oft der ›naive‹ Zugang zu Mengen angesehen (›naive Mengenlehre‹). Damit ist einmal die nur durch Intuition geleitete, nicht genauer präzisierte Rede von Mengen gemeint, wie sie etwa Cantors Untersuchungen zugrundelag, aber auch eine bestimmte Auffassung und Verwendung des axiomatischen Zugangs: Man geht zwar von Axiomen aus (die meist als Beschreibung von mathematischen Tatsachen aufgefaßt werden), verzichtet jedoch auf deren Formalisierung und damit auf metamathematische Gedankengänge. Naive Mengenlehre in diesem Sinne ist heute der sprachliche Rahmen der meisten mathematischen Arbeiten. Sie liegt auch der Untersuchung von ›Modellen der Mengenlehre‹, also der modelltheoretischen Untersuchung a.r M.n, zugrunde, da ↑Modelle selbst wieder in einem mengentheoretischen Rahmen beschrieben werden.

Literatur: J. E. Baumgartner/D. A. Martin/S. Shelah (eds.), Axiomatic Set Theory. Proceedings of the AMS-IMS-SIAM Summer Research Conference in the Mathematical Sciences on Axiomatic Set Theory, Held at the University of Colorado, Boulder, June 19–25, 1983, Providence R. I. 1984; P. Bernays, Axiomatic Set Theory (with a Historical Introduction by A. A. Fraenkel), Amsterdam 1958, New York 1991; R. B. Chuaqui, Axiomatic Set Theory. Impredicative Theories of Classes, Amsterdam/New York/Oxford 1981; O. Deiser, Einführung in die Mengenlehre. Die Mengenlehre Georg Cantors und ihre Axiomatisierung durch Ernst Zermelo, Berlin etc. 2002, Berlin/Heidelberg ³2010; A. A. Fraenkel, Axiomatic Set Theory, Enc. Ph. VII (1967), 424–427; M. R. Holmes, Alternative Axiomatic Set Theories, SEP 2006, rev. 2010; J.-L. Krivine, Théorie axiomatique des ensembles, Paris 1969, ²1972 (engl. Introduction to Axiomatic Set Theory, Dordrecht 1971); W. Marek, Set Theory, Axiomatizations of, DL (1981), 355–358; W. V. O. Quine, New Foundations of Mathematical Logic, Amer. Math. Monthly 44 (1937), 70–80, ferner in: ders., From a Logical Point of View. 9 Logico-Philosophical Essays, Cambridge Mass. 1953, New York ²1963, 1999, 80–101; ders., Mathematical Logic, New York 1940, Cambridge Mass. 1951, 1994; J. Schmidt, Mengenlehre (Einführung in die a. M.) I (Grundbegriffe), Mannheim/Wien/Zürich 1966, ²1974; P. Suppes, Axiomatic Set Theory, Princeton N. J. etc. 1960, New York 1972; G. Takeuti/W. M. Zaring, Introduction to Axiomatic Set Theory, Berlin/Heidelberg/New York 1971, ²1982; dies., Axiomatic Set Theory, Berlin/Heidelberg/New York 1973; H. Wang/R. McNaughton, Les systèmes axiomatiques de la théorie des ensembles, Paris 1953.   P. S.

Mengenlehre, konstruktive, Bezeichnung für Systeme der ↑Mengenlehre, die davon ausgehen, daß ↑Mengen in irgendeiner Weise ›erzeugt‹ oder ›konstruiert‹ und nicht ›an sich‹, objektiv gegeben sind. Je nach Fassung des Konstruktivitätsbegriffs ergeben sich verschiedene Ansätze. Sehr restriktive Versionen verlangen, daß die Elemente einer Menge durch ein effektives Verfahren gegeben sein müssen (↑Algorithmentheorie). Unter Bezug auf das Komprehensionsprinzip (↑Komprehension), das für jede Aussageform ›$A(x)$‹ die Existenz einer Menge a garantiert, so daß

(*) $\bigwedge_x (x \in a \leftrightarrow A(x))$,

bedeutet das: ›$A(x)$‹ muß rekursiv aufzählbar oder sogar rekursiv (↑rekursiv/Rekursivität) sein. Andere Konzeptionen lassen keine imprädikativen Mengenbildungen (↑imprädikativ/Imprädikativität) zu; speziell darf die Aussageform ›$A(x)$‹ in (*) keine ↑Quantifikation über alle Mengen enthalten. Dies führt zu Systemen der verzweigten ↑Typentheorie und Systemen der geschichteten Analysis, wie sie H. Wang und P. Lorenzen vorgeschlagen haben (↑Mathematik, operative). Weitere Ansätze verändern den der klassischen Mengenlehre zugrundeliegenden logischen Rahmen, z.B. im Sinne der intuitionistischen Logik (↑Logik, intuitionistische) oder des ↑Lambda-Kalküls bzw. der kombinatorischen Logik (↑Logik, kombinatorische). Davon in den Grundbegriffen prinzipiell verschiedene Systeme erhält man in solchen intuitionistischen Versionen der Mengenlehre, die ↑Wahlfolgen zulassen (↑Intuitionismus).

Bei der Diskussion der mengentheoretischen Prinzipien, die in den k.n M.n nicht oder nur eingeschränkt gültig sind, spielt das ↑Auswahlaxiom eine ausgezeichnete Rolle, dessen klassische Deutung vom konstruktiven Standpunkt aus nicht akzeptabel ist. Durchgängig lehnen die konstruktiven mengentheoretischen Ansätze die Idee des Aktual-Unendlichen (↑unendlich/Unendlichkeit) ab und akzeptieren daher in der Regel auch keine überabzählbaren Mengen (↑überabzählbar/Überabzählbarkeit), insbes. nicht deren durch Potenzmengenbildung erzeugte kumulative Hierarchie (allerdings gewisse Analoga dazu in konstruktiven Systemen). Seit E. Bishops Versuch eines konstruktiven Aufbaus der Analysis in nicht-formalisierter Weise (Foundations of Constructive Analysis, New York 1967) ist das Interesse an der Entwicklung einer Axiomatik der k.n M. gewachsen, die den Axiomatisierungen der klassischen Mengenlehren (↑Mengenlehre, axiomatische) entspricht und in der sich dieser Aufbau formal nachvollziehen läßt. Als konstruktive Alternative zur klassischen Mengenlehre hat sich die konstruktive Typentheorie (↑Typentheorie, konstruktive) etabliert.

Literatur: P. Aczel, The Type Theoretic Interpretation of Constructive Set Theory, in: A. Macintyre/L. Pacholski/J. Paris (eds.), Logic Colloquium '77. Proceedings of the Colloquium Held in Wrocław, August 1977, Amsterdam/New York/Oxford 1978, 55–66; ders., The Type Theoretic Interpretation of Constructive Set Theory. Choice Principles, in: A. S. Troelstra/D. v. Dalen (eds.), The L. E. J. Brouwer Centenary Symposium. Proceedings of the Conference Held in Noordwijkerhout, 8–13 June, 1981, Amsterdam/New York/Oxford 1982, 1–40; ders., Aspects of General Topology in Constructive Set Theory, Ann.

Pure and Appl. Log. 137 (2006), 3–29; L. Crosilla, Set Theory. Constructive and Intuitionistic ZF, SEP 2009; S. Feferman, Constructive Theories of Functions and Classes, in: M. Boffa/D. van Dalen/K. McAloon (eds.), Logic Colloquium '78. Proceedings of the Colloquium Held in Mons, August 1978, Amsterdam/New York/Oxford 1979, 159–224; M. C. Fitting, Intuitionistic Logic, Model Theory and Forcing, Amsterdam/London 1969; A. A. Fraenkel/Y. Bar-Hillel, Foundations of Set Theory, Amsterdam 1958, (mit A. Levy/D. van Dalen) Amsterdam/London ²1973, 1984; H. Friedman, Set-Theoretic Foundations for Constructive Analysis, Ann. Math. 2nd Ser. 105 (1977), 1–28; N. Gambino/P. Aczel, The Generalised Type-Theoretic Interpretation of Constructive Set Theory, J. Symb. Log. 71 (2006), 67–103; L. Gordeev, Constructive Models for Set Theory with Extensionality, in: A. S. Troelstra/D. v. Dalen (eds.), The L. E. J. Brouwer Centenary Symposium [s. o.], 123–147; R. J. Grayson, Heyting Valued Models for Intuitionistic Set Theory, in: M. P. Fourman/C. J. Mulvey/D. S. Scott (eds.), Applications of Sheaves. Proceedings of the Research Symposium on Applications of Sheaf Theory to Logic, Algebra and Analysis, Durham, July 9–21, 1977, Berlin/Heidelberg/New York 1979, 402–414; P. Martin-Löf, An Intuitionistic Theory of Types. Predicative Part, in: H. E. Rose/J. C. Shepherdson (eds.), Logic Colloquium '73. Proceedings of the Logic Colloquium Bristol, July 1973, Amsterdam/Oxford, New York 1975, 73–118; J. Myhill, Constructive Set Theory, J. Symb. Log. 40 (1975), 347–382; W. C. Powell, Extending Gödel's Negative Interpretation to ZF, J. Symb. Log. 40 (1975), 221–229; G. Takeuti/S. Titani, Heyting Valued Universes of Intuitionistic Set Theory, in: G. H. Müller/G. Takeuti/T. Tugué (eds.), Logic Symposia Hakone 1979, 1980. Proceedings of Conferences Held in Hakone, Japan, March 21–24, 1979 and February 4–7, 1980, Berlin/Heidelberg/New York 1981, 189–306; A. S. Troelstra, Aspects of Constructive Mathematics, in: J. Barwise (ed.), Handbook of Mathematical Logic, Amsterdam/New York/Oxford 1977, 2006, 973–1052.   P. S.

Mengenlehre, transfinite, auf G. Cantor zurückgehende Bezeichnung für Systeme der ↑Mengenlehre, die von der Annahme überabzählbarer Mengen (↑überabzählbar/Überabzählbarkeit) ausgehen, speziell für die (von Cantor begründeten) Systeme der Kardinalzahl- und Ordinalzahlarithmetik (↑Arithmetik, transfinite, ↑Kardinalzahl, ↑Ordinalzahl). Die Existenz überabzählbarer Mengen beweist man in der t.n M. mit Hilfe des zweiten ↑Cantorschen Diagonalverfahrens; sie wird in der axiomatischen Mengenlehre (↑Mengenlehre, axiomatische) vor allem durch ↑Potenzmengenaxiom und ↑Unendlichkeitsaxiom garantiert.   P. S.

Menger, Karl, *Wien 13. Jan. 1902, †Highland Park, Ill. 5. Okt. 1985, österr.-amerik. Mathematiker und Wissenschaftstheoretiker (Sohn des Nationalökonomen Carl Menger), seit 1927 Mitglied des ↑Wiener Kreises. 1920–1924 Studium der Mathematik in Wien, 1924 Promotion bei H. Hahn mit einer Dissertation »Über die Dimensionalität von Punktmengen«; auf Betreiben L. E. J. Brouwers, der schon 1913 den ersten Schritt einer zuverlässigen Dimensionstheorie gemacht hatte, 1925–1927 Dozent an der Universität Amsterdam,

1928–1936 a.o. Prof. für Geometrie an der Universität Wien, 1937–1946 Prof. für Mathematik an der University of Notre Dame, Ind., 1946 bis zur Emeritierung 1971 am Illinois Institute of Technology in Chicago. – Die mathematischen Arbeiten M.s betreffen vor allem ↑Topologie (Dimensionssatz von M.-Nöbeling), auch intuitionistische (↑Mathematik, konstruktive) und Graphentheorie (↑Graph) sowie ↑Spieltheorie; davon ausgehend betriebswissenschaftliche Anwendungen der Graphentheorie z.B. auf Transportprobleme, was im Kontext des Wiener Kreises zu zahlreichen formalwissenschaftlichen Überlegungen, auch andere Disziplinen betreffend, führte.

M. vertritt einen formalistischen (↑Formalismus) und zugleich dezisionistischen (↑Dezisionismus) Standpunkt nicht nur in der Mathematik, sondern auch in Logik, Ethik und allen einer formalen Analyse ihrer Gegenstände und Aussagen zugänglichen Disziplinen. Er ist Urheber des anfangs auch im Wiener Kreis als anstößig empfundenen und erst später durch R. Carnap einflußreich gewordenen logischen ↑Toleranzprinzips: Sowohl die Aussagen als auch die Umformungsregeln, denen sie in einer (als Formalismus verstandenen) mathematischen Theorie unterworfen werden, sind allein das Ergebnis einer freien Wahl. Auch der ↑Prädikator ›konstruktiv‹ erlaubt zahlreiche formalsprachliche Explikationen neben derjenigen im formalisierten ↑Intuitionismus. In der Ethik lassen sich konsequenterweise nur die formalen Beziehungen zwischen ›Menschengruppen‹, die (Handlungs-)Normen billigen bzw. mißbilligen oder ihnen indifferent gegenüberstehen, untersuchen, wobei M. selbst noch eine dreifache Unterscheidung hinzufügt: Billigen etc. geschieht durch Handeln, durch Äußerungen oder durch bloße Wünsche. Wissenschaftliche, nämlich ›wertfreie‹ Rechtfertigungen für die Wahl eines Normensystems sind unmöglich; das (persönliche) Votum M.s für einen durch (logische) Analyse und (soziale) Experimente gestützten *Pluralismus* der praktischen Überzeugungen ist davon nicht betroffen: *Entschlüsse* sind unhintergehbar (↑Unhintergehbarkeit).

Werke: Dimensionstheorie, Leipzig/Berlin 1928; (ed.) Ergebnisse eines mathematischen Kolloquiums, I–VIII, Leipzig/Wien 1931–1937, Nachdr. in 1 Bd., ed. E. Dierker/K. Sigmund, Wien/New York 1998; (mit G. Nöbeling) Kurventheorie, Leipzig/Berlin 1932, New York ²1967; Moral, Wille und Weltgestaltung. Grundlegung zur Logik der Sitten, Wien 1934, Frankfurt 1997 (engl. Morality, Decision, and Social Organization. Toward a Logic of Ethics, Dordrecht/Boston Mass. 1974 [Vienna Circle Coll. 6]); Einige neuere Fortschritte in der exakten Behandlung sozialwissenschaftlicher Probleme, in: Fünf Wiener Vorträge, Zyklus 3. Neuere Fortschritte in den exakten Wissenschaften, Leipzig/Wien 1936, 103–132; Topology without Points, Rice Institute Pamphlet 27 (1940), 80–107; Algebra of Analysis, Notre Dame Ind. 1944; Calculus, a Modern Approach, Chicago Ill. 1952, ²1953, Boston Mass. 1955; The Basic Concepts of Mathematics. A Companion to Current Textbooks on Algebra and

Analytic Geometry I (Algebra), Chicago Ill. 1957; An Axiomatic Theory of Functions and Fluents, in: L. Henkin/P. Suppes/A. Tarski (eds.), The Axiomatic Method. With Special Reference to Geometry and Physics. Proceedings of an International Symposium Held at the University of California, Berkeley, December 26, 1957 – January 4, 1958, Amsterdam 1959, 454–473; (mit L. M. Blumenthal) Studies in Geometry, San Francisco Calif. 1970; Mathematical Implications of Mach's Ideas. Positivistic Geometry, the Clarification of Functional Connections, in: R. S. Cohen/R. J. Seeger (eds.), Ernst Mach. Physicist and Philosopher, Dordrecht 1970 (Boston Stud. Philos. Sci. VI), 107–125; Selected Papers in Logic and Foundations, Didactics, Economics, Dordrecht/Boston Mass. 1979 (Vienna Circle Coll. 10); On the Origin of the *n*-arc Theorem, in: J. of Graph Theory 5 (1981), 341–350.

Literatur: T. Cornides, K. M.'s Contributions to Social Thought, Mathem. Social Sci. 6 (1983), 1–11; P. Fritsch, M., NDB XVII (1994), 74–75; D. Gillies, K. M. as a Philosopher, Brit. J. Philos. Sci. 32 (1981), 183–196; H. G. Knapp, Mensch und Norm. Bemerkungen zu K. M.s Grundlegung der Logik der Sitten, Conceptus 11 (1977), 175–182 [Sonderband »Österreichische Philosophen und ihr Einfluß auf die analytische Philosophie der Gegenwart I«]; H. Perfect, Applications of M.'s Graph Theorem, J. Mathematical Analysis and Applications 22 (1968), 96–111; M. Pinl/A. Dick, Kollegen in einer dunklen Zeit III [Fortsetzung], Jahresber. Dt. Math.ver. 75 (1973/1974), 166–208; J. Sebestik, M., Enc. philos. universelle III/2 (1992), 3537–3538; J. Zelger, K. M.s Willensvereinigungen in dynamischer Sicht, Conceptus 11 (1977), 183–204 [Sonderband (s.o.)].   K. L.

Menippos von Gadara, erste Hälfte des 3. Jhs. v. Chr., kynischer Philosoph (↑Kynismus), nach Diogenes Laertios (VI, 95) dem Kreis um Metrokles (Schüler unter anderem des Krates von Theben) zugehörig. M. werden 13 Werke zugeschrieben (Diog. Laert. VI, 101), von denen nur wenige Fragmente erhalten sind. Als Titel werden unter anderem genannt: Unterweltfahrt, Himmelfahrt, Götterbriefe und Verkauf des Diogenes. Es wird sich hier im wesentlichen um Parodien auf literarische (Homer) und philosophische (Platon) Texte gehandelt haben, wobei ihm die Tradition (Strab. 16, 2, 29) eine Verbindung von ›Ernstem‹ und ›Heiterem‹ bescheinigt. Die Verbindung von Prosa- und Versform macht ihn zum Begründer des (mittelalterlichen) Begriffs des Prosimetrum, der zugleich Gattungsmerkmal der nach Varro (*saturae Menippeae*) so genannten, noch in der Renaissance geschätzten ›Menippeischen Satire‹ ist.

Quellen: Diog. Laert. VI, 29, 99–101; M. T. Varro, Saturarum Menippearum reliquiae, ed. A. Riese, Leipzig 1865 (repr. Hildesheim/New York 1971), bes. 245–246; Athenaios 1.32e, 14.629e–f, 14.664e; Anthologia Graeca 9.74, 9.367, 11.406.

Literatur: D. Bartoňková, Prosimetrum, the Mixed Style, in Ancient Literature, Eirene 14 (1976), 65–92; M. Baumbach, M. aus G., DNP VII (1999), 1243–1244; F. J. Benda, The Tradition of Menippean Satire in Varro, Lucian, Seneca and Erasmus, Diss. Austin Tex. 1979 [Microfilm: Ann Arbor Mich. 1983]; G. B. Donzelli, Una versione menippea della *ΑΙΣΩΠΟΥ ΠΡΑΣΙΣ*, Riv. filol. istruzione class. 38 (1960), 225–276; K. Döring, M. aus G., in: ders. u.a. (eds.), Die Philosophie der Antike II/1

(Sophistik, Sokrates, Sokratik, Mathematik, Medizin), Basel 1998, 310–312, 356, 362; J. Geffcken, M. *ΠΕΡΙ ΘΥΣΙΩΝ*, Hermes 66 (1931), 347–354; M.-O. Goulet-Cazé, Ménippe de Gadara, in: R. Goulet (ed.), Dictionnaire des philosophes antiques IV, Paris 2005, 467–475; M. Hadas, Gadarenes in Pagan Literature, Class. Weekly 25 (1931), 25–30, bes. 26–28; J. Hall, Lucian's Satire, New York 1981, 64–150 (Chap. II Lucian and Menippean Satire); R. Helm, Lucian und Menipp, Leipzig/Berlin 1906, Hildesheim 1967; ders., M. (10), RE XV/1 (1931), 888–893; E. P. Kirk, Menippean Satire. An Annotated Catalogue of Texts and Criticism, New York/London 1980; W. v. Koppenfels, Der andere Blick oder Das Vermächtnis des M.. Paradoxe Perspektiven in der europäischen Literatur, München 2007; J. Martin, Symposion. Die Geschichte einer literarischen Form, Paderborn 1931 (repr. New York/London 1968), 211–240 (M. und die Nachahmer seines Symposions: Meleagros, Lucillus, Varro, Horatius, Petronius, Lukianos, Julianos); B. P. McCarthy, Lucian and Menippus, Yale Class. Stud. 4 (1934), 3–55; R. Pratesi, Timone, Luciano e Menippo. Rapporti nell'ambito di un genere letterario, Prometheus 11 (1985), 40–68; J. C. Relihan, A History of Menippean Satire to A. D. 534, Diss. Madison Wis. 1985, bes. 60–102 (Chap. II Menippus); ders., Vainglorious Menippus in Lucian's »Dialogues of the Dead«, Illinois Class. Stud. 12 (1987), 185–206; ders., Menippus the Cynic in the Greek Anthology, Syllecta class. 1 (1989), 55–61; ders., Menippus, the Cur from Crete, Prometheus 16 (1990), 217–224; ders., Ancient Menippean Satire, Baltimore Md./New York/London 1993, bes. 39–48, 228–233 (Chap. II.3 Menippus); ders., Menippus in Antiquity and Renaissance, in: R. B. Branham/M.-O. Goulet-Cazé (eds.), The Cynics. The Cynic Movement in Antiquity and Its Legacy, Berkeley Calif./Los Angeles/London 1996, 2007, 265–293; H. K. Riikonen, Menippean Satire as a Literary Genre with Special Reference to Seneca's Apocolocyntosis, Helsinki 1987; E. Schmalzriedt, M. aus G., in: W. Jens (ed.), Kindlers Neues Literatur-Lexikon XI, München 1990, 545–546; H. W. Weinbrot, Menippean Satire Reconsidered. From Antiquity to the Eighteenth Century, Baltimore Md. 2005; E. Woytek, Varro, in: J. Adamietz (ed.), Die römische Satire, Darmstadt 1986, 311–355, bes. 316–320 (III Menipp von G. [Leben, Werk und Eigenart]).   J. M.

Mensch (griech. *ἄνθρωπος*, lat. homo, engl. man, franz. homme), in der philosophischen Tradition, zurückgehend auf die (vielleicht auch schon ältere) Heraushebung der Vernunftfähigkeit als besonderes Merkmal des M.en bei Alkmaion (VS 24 B 1 a), als *ζῷον λόγον ἔχον* (lat. animal rationale, vernunftbegabtes Lebewesen) definiert. Daneben findet sich bei Platon (Polit. 266e) die naturwissenschaftliche Bestimmung des M.en als eines ›ungefiederten Zweifüßlers‹, während Aristoteles (Polit. A3.1253a3) mit seiner, auch ↑normativen, Formel vom M.en als dem ›von Natur nach Gemeinschaft strebenden Wesen‹ (*φύσει πολιτικὸν ζῷον*) auf den sozialen Aspekt menschlicher Existenz abhebt. Bereits bei den ↑Vorsokratikern finden sich Versuche, einen zulänglichen Begriff vom M.en aus dem umfassenden ↑Kosmos durch Abgrenzung gegen das Tier einerseits und gegen die Götter andererseits herauszuarbeiten.

Die philosophische Tradition hat sich bis heute in vielfacher Weise darum bemüht, das ›↑Wesen des M.en‹ zu

bestimmen bzw. eine adäquate Explikation des Begriffs M. zu geben. Unter diesem Aspekt sind zahlreiche Lehrstücke der Ontologie, Metaphysik, Naturphilosophie, Rechts- und Sozialphilosophie, Ethik und Theologie zu betrachten. Aber auch speziellere Fragestellungen wie die nach der ↑Seele, der ↑Vernunft, dem ↑Leib-Seele-Problem tragen zu diesem Bemühen bei. Relativ jungen Datums ist die philosophische Behandlung des Wesens oder des Begriffs des M.en in einer selbständigen Disziplin, der *philosophischen* ↑*Anthropologie*. Die in dieser Disziplinenbildung sich ausdrückende neuzeitliche Konzentration philosophischen Fragens auf den M.en hat ihren Niederschlag in philosophischen Positionen (z. B. der ↑Existenzphilosophie und der ↑Lebensphilosophie) gefunden, die, in polemischer Absetzung gegen große Teile der philosophischen Tradition, den M.en als ersten (und einzigen) Gegenstand der Philosophie und ihren Zweck bestimmen. – Die vielfältigen Beiträge der Wissenschaften (z. B. Biologie, Ethnologie, Geschichte, Literatur[-wissenschaft], Medizin, Ökonomie, Psychologie, Rechtswissenschaft, Soziologie) tragen zur Erweiterung des Wissens vom M.en bei. Die biologische Systematik und die ↑Evolutionstheorie bestimmen den M.en (homo sapiens sapiens) als eine Unterart der Art homo sapiens und als einziges rezentes Mitglied der Gattung Homo. – Eine ›letzte‹, definitorisch ausdrückbare Bestimmung des Wesens des M.en dürfte weder möglich noch aus systematischen Gründen, die unter anderem ein nicht festgelegtes Selbstverständnis des M.en betreffen, überhaupt wünschenswert sein.

Literatur: C. Grawe u. a., M., Hist. Wb. Ph. V (1980), 1059–1105; N. H. Gregersen u. a., M., RGG V (⁴2002), 1046–1079; G. Haeffner, M. I (Philosophisch), LThK VII (³1998), 104–107; W. Jantzen, M., in: H. J. Sandkühler (ed.), Europäische Enzyklopädie zu Philosophie und Wissenschaften III, Hamburg 1990, 336–358; N. A. Luytenk/K. L. Schmitz, Man (in Philosophy), in: B. L. Marthaler (ed.), New Catholic Encyclopedia IX, Detroit Mich. etc. ²2003, 87–92; T. Rentsch, M., EP II (²2010), 1526–1530; C. Thies, M., in: P. Kolmer/A. G. Wildfeuer (eds.), Neues Handbuch philosophischer Begriffe II, Freiburg/München 2011, 1515–1526; W. Vossenkuhl, M., in: O. Höffe (ed.), Lexikon der Ethik, München ⁷2008, 200–202; weitere Literatur: ↑Anthropologie.   G. W.

Menschenrechte, (1) im *materiellen* Sinne: vor- und überstaatliche, dem Menschen angeborene, unverzichtbare Rechte, deren absolute, staatlicher Setzung oder Versagung entzogene Gültigkeit aus der überpositiven Rechtsquelle göttlichen oder natürlichen Rechts oder unter Verzicht auf metaphysische Begründungsversuche aus der Qualität des Menschseins abgeleitet wird. Ihre Aufnahme in die positive Verfassungsordnung hat daher nicht konstitutive Wirkung, sondern lediglich deklamatorischen Charakter. Als M. werden insbes. die politischen Grundfreiheiten, das Recht auf Leben, auf Unverletzlichkeit der Person, auf Meinungs- und Glaubensfreiheit sowie auf Freizügigkeit betrachtet. (2) Im *formellen* Sinne: Grundrechte, unter deren staatlich garantiertem Schutz alle sich innerhalb der Grenzen des Geltungsbereichs einer Verfassung aufhaltenden Menschen stehen. Davon zu unterscheiden sind die *Bürgerrechte* im engeren Sinne, die nach Maßgabe der Verfassung nur den Staatsangehörigen oder ihnen gleichgestellten Personen zustehen. Zur Gewährleistung und Sicherung von M.n und Grundrechten haben sich Völker durch völkerrechtliche Verträge verpflichtet. Beispiel: »Die (Europäische) Konvention zum Schutz der M. und Grundfreiheiten« (1953), die, ergänzt durch Zusatzprotokolle, in allen im Europarat vertretenen Staaten unmittelbar geltendes Recht ist, dessen Einhaltung auch gegenüber Inländern durch die vertragschließenden Staaten verlangt werden kann. Eine ähnliche Funktion ist der »Allgemeinen Erklärung der M.« der UN (1948) zugedacht, die allerdings kein völkerrechtlicher Vertrag und damit nicht erzwingbar ist, jedoch in wichtigen Teilbereichen als Völkergewohnheitsrecht betrachtet wird.

Philosophisch und rechtshistorisch muß die allmähliche Entstehung der M. als dem Menschen als solchem zukommende, dem Staat logisch und historisch vorgehende Rechte in engem Zusammenhang mit der Geschichte des Freiheitsgedankens (↑Freiheit) und des ↑Naturrechts gesehen werden. In diesem Sinne lassen sich Traditionsstränge der politischen Ethik von der Antike über die Ausbildung des Völkerrechts in der ↑Stoa, die hochmittelalterliche Staatsphilosophie bis zur neuzeitlichen Lehre vom ↑Gesellschaftsvertrag ziehen, die Grundlage des im Zeitalter der ↑Aufklärung entstehenden modernen Begriffs der bürgerlichen und weltbürgerlichen Gesellschaft (↑Gesellschaft, bürgerliche) werden. Auch der Abschluß spätmittelalterlicher Herrschaftsverträge und Wahlkapitulationen, die Landesfreiheiten, die »Magna Carta Libertatum« (1215) gehören, obwohl sie nicht individuelle Freiheitsrechte, sondern Freiheiten der Stände und Korporationen sichern, in den Zusammenhang der Ausbildung des allgemeinen Freiheitsgedankens. Wenn zwischen der Idee der politischen Freiheit und der Garantie individueller Freiheitsrechte unterschieden werden soll, sind die »Petition of Rights« (1628), die »Habeas-Corpus-Akte« (1679) und die 10 Jahre später durchgesetzte »Bill of Rights« erste Formulierungen individueller Rechte als Schranken gegenüber den Eingriffen der Exekutive, nicht aber gegenüber der Gesetzgebungsbefugnis des Parlaments. Politisch haben sich die Kolonisten der Neuengland-Staaten im Steuerstreit mit Krone und Parlament des Mutterlandes zum ersten Mal auf die allgemeinen Rechte der Menschen berufen. Die 1764 einsetzende Diskussion fand ihren Abschluß in der amerikanischen Unabhängigkeitserklärung vom 4. Juli 1776, die es als selbstverständliche Wahrheit bezeichnet, daß die Menschen mit unveräußerlichen Rechten ausgestattet sind, zu denen Leben, Freiheit und das Streben nach Glück zählen. Das bedeutete auch, daß diese Rechte als angeborene und unveräußerliche Rechte dem Zugriff der Gesetzgebung entzogen sind. Die Französische Nationalversammlung hat am 26. August 1789 die in Amerika erstmals durchgesetzten Gedanken der europäischen Aufklärung in der »Déclaration des droits de l'homme et du citoyen« übernommen und sie zum Bestandteil jeder gegen das absolutistische Regime (↑Absolutismus) gerichteten politischen Revolution erklärt. In der Revolutionsverfassung von 1793 sind die M. durch soziale Rechte ergänzt worden, deren Realisierung die gegenwärtige Diskussion bestimmt. Das 19. Jh. hat in langen Kämpfen das Prinzip der politischen M. verwirklicht und ihrer Geltung so allgemeine Anerkennung verschafft, daß die meisten Verfassungstexte auf eine explizite Aufnahme verzichteten. Insbes. die Erfahrung des ↑Rechtspositivismus unter der Herrschaft des Nationalsozialismus hat die Diskussion wieder belebt. So bekennt sich das Grundgesetz für die Bundesrepublik Deutschland von 1949 in Art. 1, Abs. 2 wieder zu unverletzlichen und unveräußerlichen M.n als Grundlage jeder menschlichen Gemeinschaft.

Literatur: S. Abou, Cultures et droits de l'homme. Leçons prononcées au Collège de France, mai 1990, Paris 1992, rev. in: ders., L'identité culturelle. Suivi de cultures et droits de l'homme, Paris 2002, 273–409 (dt. M. und Kulturen, Bochum 1994 [1995]); P. Alston (ed.), The United Nations and Human Rights. A Critical Appraisal, Oxford 1992, 1996; ders. (ed.), The EU and Human Rights, Oxford/New York 1999; ders. (ed.), Promoting Human Rights through Bills of Rights. Comparative Perspectives, Oxford/New York 1999; D. Beetham (ed.), Politics and Human Rights, Oxford/Cambridge Mass. 1995; ders. (ed.), Democracy and Human Rights, Cambridge, Oxford/Malden Mass. 1999; C. R. Beitz, The Idea of Human Rights, Oxford/ New York 2009, 2011; ders./R. E. Goodin (ed.), Global Basic Rights, Oxford/New York 2009, 2011; H. Bielefeldt, Philosophie der M.. Grundlagen eines weltweiten Freiheitsethos, Darmstadt 1998, 2005; N. Brieskorn, M.. Eine historisch-philosophische Grundlegung, Stuttgart/Berlin/Köln 1997; I. Brownlie (ed.), Basic Documents on Human Rights, Oxford 1971, mit G. S. Goodwin-Gill, Oxford/New York ⁴2002, unter dem Titel: Brownlie's Documents on Human Rights, ⁶2010; H. Brunkhorst/W. R. Kohler/M. Lutz-Bachmann (eds.), Recht auf M.. M., Demokratie und internationale Politik, Frankfurt 1999, 2003; T. Buergenthal/D. Thürer, M.. Ideale, Instrumente, Institutionen, Zürich/St. Gallen, Baden-Baden 2010; I. Cameron/M. K. Eriksson, An Introduction to the European Convention on Human Rights, Uppsala 1993, ⁶2011; T. Campbell, Rights. A Critical Introduction, Abingdon/New York 2006, 2007; R. P. Claude, Comparative Human Rights, Baltimore Md./London 1976, 1977; M. W. Cranston, Human Rights Today, London 1962, unter dem Titel: What Are Human Rights?, New York 1964, rev. u. erw. London/Sydney/Toronto, New York 1973; A. De Baets, Human Rights, History of, IESBS X (2001), 7012–7018; P. van Dijk/G. J. H. van Hoof, De europese conventie in theorie en praktijk, Utrecht 1979, Amsterdam ²1982, Nijmegen ³1990 (engl.

Theory and Practice of the European Convention on Human Rights, Deventer etc. 1984, erw. Antwerpen ⁴2006); J. Donnelly, Universal Human Rights in Theory and Practice, Ithaca N. Y./ London 1989, ²2003, New Delhi 2005; R. Dworkin, Taking Rights Seriously, London, Cambridge Mass. 1977, Delhi 2008 (dt. Bügerrechte ernstgenommen, Frankfurt 1984, 1990; franz. Prendre les droits au sérieux, Paris 1995); G. Ernst/S. Sellmaier (eds.), Universelle M. und partikulare Moral, Stuttgart 2010; ders./J.-C. Heilinger (eds.), The Philosophy of Human Rights. Contemporary Controversies, Berlin/Boston Mass. 2011; J. Galtung, Human Rights in another Key, Cambridge Mass., Oxford 1994 (dt. M. – anders gesehen, Frankfurt 1994, ²1997); H.-H. Gander (ed.), M.. Philosophische und juristische Positionen, Freiburg/München 2009; A. Gewirth, Human Rights. Essays on Justification and Applications, Chicago Ill./London 1982, 1985 (franz. Droits de l'homme. Défense et illustrations, Paris 1987); ders., The Community of Rights, Chicago Ill./London 1996; W. Goldschmidt (ed.), Kulturen des Rechts, Hamburg 1998; T. Göller (ed.), Philosophie der M.. Methodologie, Geschichte, kultureller Kontext, Göttingen 1999; S. Gosepath/G. Lohmann (eds.), Philosophie der M., Frankfurt 1998, 2010; J. Griffin, On Human Rights, Oxford/New York 2008, 2009; J. Habermas, Die Einbeziehung des Anderen. Studien zur politischen Theorie, Frankfurt 1996, ²1997, 2009; D. J. Harris u. a., Law of the European Convention on Human Rights, London/ Dublin/Edinburgh 1995, Oxford/New York ²2009; H. L. A. Hart, The Concept of Law, Oxford 1961, Oxford/New York ²1994, 1997; W. Heidelmeyer (ed.), Die M.. Erklärungen, Verfassungsartikel, internationale Abkommen, Paderborn 1972, erw. [um eine umfassende Einf.] ²1977, München etc. ⁴1997; J. Hinkmann, Philosophische Argumente für und wider die Universalität der M., Marburg 1996; O. Höffe, Human Rights in Intercultural Discourse. Cultural Concerns, IESBS X (2001), 7018–7025; J. Hoffmann (ed.), Universale M. im Widerspruch der Kulturen, Frankfurt 1994; S.-L. Hoffmann (ed.), Moralpolitik. Geschichte der M. im 20. Jahrhundert, Göttingen 2010; ders. (ed.), Human Rights in the Twentieth Century, Cambridge etc. 2011; J. I. Israel, Democratic Enlightenment. Philosophy, Revolution, and Human Rights, 1750–1790, Oxford/New York 2011; F. G. Jacobs/R. C. A. White, The European Convention on Human Rights, Oxford/New York 1975, ²1996, mit C. Ovey, ³2002, ⁵2010; M. W. Janis/R. S. Kay/A. W. Bradley, European Human Rights Law. Text and Materials, Oxford 1995, Oxford/New York ³2008; S. König, Zur Begründung der M.. Hobbes, Locke, Kant, Freiburg/München 1994; M. H. Kramer/N. E. Simmonds/H. Steiner, A Debate over Rights. Philosophical Enquiries, Oxford 1998, Oxford/New York 2002; L. Kühnhardt, Die Universalität der M.. Studie zur ideengeschichtlichen Bestimmung eines politischen Schlüsselbegriffs, München 1987, ohne Untertitel, Bonn ²1991; P. G. Lauren, The Evolution of International Human Rights. Visions Seen, Philadelphia Pa. 1998, ³2011; E. H. Lawson (ed.), Encyclopedia of Human Rights, New York etc. 1989 [1991], Washington D. C./London ²1996; C. Menke/F. Raimondi (eds.), Die Revolution der M.. Grundlegende Texte zu einem neuen Begriff des Politischen, Berlin 2011; J. Morsink, The Universal Declaration of Human Rights. Origins, Drafting, and Intent, Philadelphia Pa. 1999; ders., Inherent Human Rights. Philosophical Roots of the Universal Declaration, Philadelphia Pa. 2009; S. Moyn, The Last Utopia. Human Rights in History. Cambridge Mass./London 2010; J. W. Nickel, Human Rights, SEP 2003, rev. 2010;T. Pogge, World Poverty and Human Rights. Cosmopolitan Responsibilities and Reforms, Cambridge/Malden Mass. 2002, ²2008, 2010 (dt. Weltarmut und Menschenrechte. Kosmopolitische Verantwortung und Reformen, Berlin etc. 2011); H.-R. Reuter (ed.), Zum Streit um die Universalität einer Idee I (Ethik der M.), Tübingen 1999; H. J. Sandkühler, M., EP II (²2010), 1530–1553; R. Schnur (ed.), Zur Geschichte der Erklärung der M., Darmstadt 1964, 1974. J. Schwartländer (ed.), M. und Demokratie, Kehl/Straßburg 1981; B. Schwartz, The Bill of Rights. A Documentary History, I–II, New York, London 1971; W. Schweidler, Geistesmacht und Menschenrecht. Der Universalanspruch der M. und das Problem der Ersten Philosophie, Freiburg/München 1994; G. Seidel, Handbuch der Grund- und M. auf staatlicher, europäischer und universeller Ebene. Eine vergleichende Darstellung der Grund- und M. des deutschen Grundgesetzes, der Europäischen M.skonvention von 1950 und des Internationalen Pakts über bürgerliche und politische Rechte von 1966 sowie der Entscheidungspraxis des Bundesverfassungsgerichts und der zuständigen Vertragsorgane, Baden-Baden 1996; P. Sieghart, The International Law of Human Rights, Oxford 1983, 1995; H. J. Steiner/P. Alston (eds.), International Human Rights in Context. Law, Politics, Morals. Texts and Materials, Oxford, Oxford/New York 1996, mit R. Goodman, Oxford/New York ³2008; J. Symonides/V. Volodin (eds.), A Guide to Human Rights. Institutions, Standards, Procedures, Paris 2001, 2003; W. J. Talbott, Which Rights Should Be Universal?, Oxford/New York 2005, 2007; S. Tönnies, Die M.sidee. Ein abendländisches Exportgut, Wiesbaden 2011; U. Voigt (ed.), Die M. im interkulturellen Dialog, Frankfurt etc.1998; C. Wellman, The Moral Dimensions of Human Rights, Oxford/New York 2011; E. Wolgast, Geschichte der Menschen- und Bürgerrechte, Stuttgart 2009. – Jb. M.,1999 ff..   H. R. G.

Menschenwürde, Bezeichnung für einen den Begriff der ↑Würde im moralischen und rechtlichen Sinne differenzierenden Begriff. Er hat historisch drei Phasen durchlaufen: (1) In der römischen Antike bezeichnete M. eine im wesentlichen herausgehobene gesellschaftliche Stellung. (2) In der jüdisch-christlichen Religion kennzeichnet M. den Menschen als Gottes Geschöpf und Ebenbild und weist dem Menschen dadurch eine herausgehobene kosmologische Rolle zu. (3) Seit der ↑Renaissance und der ↑Aufklärung, vor allem seit I. Kant, steht M. für die universelle Fähigkeit des Menschen, ein rationales und vernünftiges, d. h. ein theoretisch und praktisch reflektiertes Leben in freier Selbstbestimmung (↑Autonomie) zu führen. Im kritischen Ausgang von Kant steht bei F. Schiller der Begriff der M. wie der Begriff der ↑Anmut im Zusammenhang mit einer Theorie der schönen Seele, in der ↑Sinnlichkeit und ↑Sittlichkeit prinzipiell miteinander vereinbar sind.

Die gegenwärtigen Diskussionen beziehen sich vornehmlich auf einen ›transzendent‹ und ›immanent‹ verstandenen Begriff der M.. Dabei ist umstritten, inwieweit auf die Bedeutung einer ›transzendent‹ (metaphysisch, natur- bzw. vernunftrechtlich) verstandenen M. verzichtet werden kann. Außerdem ist strittig, welche Bedeutung dem Begriff der M. überhaupt zukommt. Dabei geht es vor allem um sein Verhältnis zu den ↑Menschenrechten. Drei Positionen lassen sich unterscheiden: (1)

M. kommt dem Menschen im Sinne einer Mitgift als biologischem Gattungswesen zu. Jede wertende Unterscheidung bestimmter Entwicklungsstadien ist letztlich willkürlich. Ihr Schutz ist ↑kategorisch geboten. (2) M. ist als Kern im Sinne eines Potentials bei jedem Menschen vorhanden, muß aber von jedem Einzelnen entfaltet werden, wobei sich unterschiedliche Grade der Verwirklichung zeigen. Ihr Schutz ist ebenfalls kategorisch geboten. (3) M. entwickelt sich als Fähigkeit erst in Abhängigkeit von biologischen Entwicklungsstadien, bis bestimmte Merkmale des Personseins wie Selbstbewußtsein und Überlebensinteresse erreicht werden. Dem Menschen kommt M. nur zu, insofern er ↑Person ist. Allen drei Positionen ist (nach Menke/Pollmann, 2007) gemeinsam, daß die M. durch universalistisch verstandene Merkmale der Gattung Mensch begründet wird. Entsprechende Konzeptionen (z. B. D. Birnbacher, 1990) gehen letztlich auf Kant zurück. Nach Kant ist der Mensch als Vernunftwesen zur moralischen Selbstbestimmung fähig. Das Verhältnis von M. und Menschenrechten wird in der Regel unter zwei Gesichtspunkten diskutiert: Zum einen wird in der M. ein Prinzip gesehen, auf dem die Menschenrechte basieren, zum anderen ist die M. unbestimmt im positiven Sinne, so daß sich alle zu ihr bekennen können. Negativ ist diese Unbestimmtheit in dem Sinne, daß M. nicht eine Norm (↑Norm (handlungstheoretisch, moralphilosophisch)) ist, die aus anderen Normen abgeleitet werden kann. M. läßt sich als Grundlage der Menschenrechte im Sinne einer Achtungswürdigkeit (↑Achtung) universell fassen.

Ältere Positionen wie die stoische Philosophie (↑Stoa) mit ihrer Lehre von der Teilhabe aller Menschen am *logos spermatikos* und das antike Juden- und Christentum mit der Lehre von der Gottesebenbildlichkeit des Menschen vertreten bereits die Konzeption gleicher Achtung aller Menschen, ohne diese jedoch mit der Idee der Menschenrechte zu verbinden. Die traditionellen Konzeptionen der ›Würde des Menschen‹, wie sie in den monotheistischen Religionen (↑Monotheismus), den asiatischen Hochkulturen und den philosophischen Ethiken zu finden sind, unterscheiden sich insofern wesentlich vom Begriff der M., der mit dem Begriff gleicher Menschenrechte verbunden ist. Eine derartige Verbindung taucht erst in der Rechts- und Moralphilosophie des 17. und 18. Jhs. auf. Die traditionellen Verständnisse gleicher Achtungswürdigkeit aller Menschen bezogen diese nur auf einen bestimmten Bereich, etwa auf die Vernunftfähigkeit (↑Vernunft) oder die Gottähnlichkeit des Menschen. Demgegenüber erklärt in der modernen Entwicklung das Ideal freier Subjektivität (↑Subjektivismus) auch den Zusammenhang zwischen M. und Menschenrechten; diese schützen das Ideal freier Subjektivität. Ansätze hierzu finden sich etwa in der ↑Renaissance (bei P. della Mirandola) und in der politischen Philosophie der Neuzeit (etwa bei T. Hobbes). Der Begriff der M. im Sinne einer Selbstzweckhaftigkeit (↑Selbstzweck) des Menschen (Kant) ist unter anderem von A. Schopenhauer in seiner ↑Vagheit kritisiert worden. Nach F. Nietzsche stellt die Berufung auf M. wie auf die herkömmliche Moral einen Aspekt des Ressentiments dar. Heute kann der Begriff der M. nicht mehr metaphysisch, religiös-theologisch oder natur- bzw. vernunftrechtlich verstanden werden. Er bezeichnet vielmehr die prinzipielle Fähigkeit und damit die abstufbare Möglichkeit des Menschen zu einem selbstbestimmten Leben in Freiheit. Damit die Menschen auch selbstbestimmt leben können, müssen sie durch die Menschenrechte in der möglichen Realisierung ihrer Würde geschützt werden. Das moderne menschenrechtliche Verständnis der M. garantiert nicht den abstufbaren Würdebesitz, sondern den nicht-abstufbaren Würdeschutz.

Literatur: S. Aawani, M. als ethisches Prinzip der Kodifikation von Menschenrechten, Diss. Bonn 2003; E. Angehrn/B. Baertschi (Red.), M./La dignité de l'être humain, Basel 2004; A. Auer, G. Manetti und Pico della Mirandola. De hominis dignitate, in: Vitae et Veritati. Festgabe für Karl Adam, Düsseldorf 1956, 83–106; H. C. Baker, The Dignity of Man. Studies in the Persistence of an Idea, Cambridge Mass. 1947, unter dem Titel: The Image of Man. A Study of the Idea of Human Dignity in Classical Antiquity, the Middle Ages and the Renaissance, New York 1961, Gloucester Mass. 1975; K. Bayertz, Die Idee der M.. Probleme und Paradoxien, Arch. Rechts- u. Sozialphilos. 81 (1995), 465–481; ders., (ed.), Sanctity of Life and Human Dignity, Dordrecht/Boston Mass./London 1996; ders., M., EP I (1999), 824–826; D. Beyleveld/R. Brownsword, Human Dignity in Bioethics and Biolaw, Oxford etc. 2001, 2004; H. Bielefeldt, Philosophie der Menschenrechte. Grundlagen eines weltweiten Freiheitsethos, Darmstadt 1998, 2005; D. Birnbacher, Mehrdeutigkeiten im Begriff der M., Aufklärung und Kritik Sonderheft 1 (1995), 4–13 (engl. Ambiguities in the Concept of M., in: K. Bayertz [ed.], Sanctity of Life and Human Dignity [s. o.], 107–121); E.-W. Böckenförde/R. Spaemann (eds.), Menschenrechte und M.. Historische Voraussetzungen – säkuläre Gestalt – christliches Verständnis, Stuttgart 1987; D. Brockhage, Die Naturalisierung der M. in der deutschen bioethischen Diskussion nach 1945, Diss. Berlin/Münster 2007; T. Brose/M. Lutz-Bachmann (eds.), Umstrittene M.. Beiträge zur ethischen Debatte der Gegenwart, Berlin 1994; G. Brudermüller/K. Seelmann (eds.), M.. Begründung, Konturen, Geschichte, Würzburg 2008; F.-P. Burkard, Würde, in: P. Prechtl/F.-P. Burkard (eds.), Metzler Lexikon Philosophie. Begriffe und Definitionen, Stuttgart/Weimar ³2008, 690–693; H. Cancik/E. Herms, Würde des Menschen, RGG VIII (⁴2005), 1736–1739; M. A. Cattaneo, Naturrechtslehre als Idee der M., Stuttgart 1999; R. Debes, Dignity's Gauntlet, Philos. Persp. 23 (2009), 45–78; C. Enders, Die M. in der Verfassungsordnung. Zur Dogmatik des Art. 1 GG, Tübingen 1997; A. Fleischer, M. – Menschenrechte, Freiburg 1991; H.-G. Gadamer, Die M. auf ihrem Weg von der Antike bis heute, Humanistische Bildung 12 (1988), 95–107; R. Gröschner/S. Kirste/O. W. Lembcke (eds.), Des Menschen Würde. Entdeckt und erfunden im Humanismus der italienischen Renaissance, Tübingen 2008; R. Gröschner/O. W. Lembcke (eds.), Das Dogma der Unantastbarkeit. Eine Auseinandersetzung mit dem Absolutheitsanspruch der Würde, Tübingen 2009; A. Grossmann, Würde, Hist. Wb. Ph. XII (2004), 1088–1093; B. Haferkamp, The Concept of Human Dignity. An Annotated Bibliography, in: K. Bayertz (ed.), Sanctity of Life and Human Dignity [s.o.], 275–291; T.E. Hill, Dignity and Practical Reason in Kant's Moral Theory, Ithaca N.Y./London 1992; W. Hilligen/ F. Neumann, M., Baden-Baden 1980; K. Hilpert, M., LThK VII (³1998), 132–137; O. Höffe, Gentechnik und M.. An den Grenzen von Ethik und Recht, Köln 2002; N. Hoerster, Das Prinzip der M., in: ders., Ethik des Embryonenschutzes. Ein rechtsphilosophischer Essay, Stuttgart 2002, 11–29; R.P. Horstmann, M., Hist. Wb. Ph. V (1980), 1124–1127; W. Huber, Menschenrechte/ M., TRE XXII (1992), 577–602; A. Kapust, M. auf dem Prüfstand, Philos. Rdsch. 54 (2007), 279–307; M. Kettner (ed.), Biomedizin und M., Frankfurt 2004; N. Knoepffler, M. in der Bioethik, Berlin etc. 2004; ders./P. Kunzmann (eds.), Facetten der M., Freiburg 2010, 2011; H. Kössler (ed.), Die Würde des Menschen. Fünf Vorträge, Erlangen 1998; D. Kretzmer/E. Klein (eds.), The Concept of Human Dignity in Human Rights Discourse, The Hague/London/New York 2002; J. Malpas/N. Likkiss (eds.), Perspectives on Human Dignity. A Conversation, Dordrecht 2007; C. Menke/A. Pollmann, Philosophie der Menschenrechte zur Einführung, Hamburg 2007, ²2008; R. Merkel, Forschungsobjekt Embryo. Verfassungsrechtliche und ethische Grundlagen der Forschung an menschlichen embryonalen Stammzellen, München 2002; V. Pöschl, Der Begriff der Würde im antiken Rom und später, Heidelberg 1989; M. Quante, M. und personale Autonomie. Demokratische Werte im Kontext der Lebenswissenschaften, Hamburg 2010; G. Rager (ed.), Beginn, Personalität und Würde des Menschen, Freiburg/München 1997, ³2009; H.J. Sandkühler (ed.), M.. Philosophische, theologische und juristische Analysen, Frankfurt etc. 2007, unter dem Titel: M. als Fundament der Grund- und Menschenrechte, Bremen 2007; W. Schweidler/H.A. Neumann/E. Brysch (eds.), Menschenleben – M.. Interdisziplinäres Symposium zur Bioethik, Münster/Hamburg/London 2003; K. Seelmann (ed.), M. als Rechtsbegriff. Tagung der internationalen Vereinigung für Rechts- und Sozialphilosophie (IVR), Schweizer Sektion Basel, 25. bis 28. Juni 2003, Stuttgart 2004, 2005; O. Sensen, Kant's Conception of Human Dignity, Kant-St. 100 (2009), 309–331; A. Siegetsleitner/N. Knoepffler (eds.), M. im interkulturellen Dialog, Freiburg/München 2005; S.L. Sorgner, M. nach Nietzsche. Die Geschichte eines Begriffs, Darmstadt 2010; J. Spinner, Die Situation der M. in der westlichen Kultur. Wissenschaftstheoretische Klärungen und philosophische Zugänge, Diss. Berlin 2005; R. Stoecker (ed.), M.. Annäherung an einen Begriff, Wien 2003; T. Sukopp, Was ist und was leistet M.? Naturalistische Argumente und ihre Folgen, Philos. Nat. 41 (2004), 315–351; N. Teifke, Das Prinzip M.. Zur Abwägungsfähigkeit des Höchstrangigen, Diss. Tübingen 2011; C. Thies (ed.), Der Wert der M., Paderborn etc. 2009; P. Tiedemann, Was ist M.? Eine Einführung, Darmstadt 2006; ders., M. als Rechtsbegriff. Eine philosophische Klärung, Berlin 2007, ²2010; C.E. Trinkaus, In Our Image and Likeness. Humanity and Divinity in Italian Humanist Thought, I–II, London, Chicago Ill. 1970, Notre Dame Ind. 1995; ders., The Renaissance Idea of the Dignity of Man, DHI IV(1973), 136–147, ferner in: ders., The Scope of Renaissance Humanism, Ann Arbor Mich. 1983, 1985, 343–363; F.J. Wetz, Die Würde des Menschen ist antastbar. Eine Provokation, Stuttgart 1998, unter dem Titel: Illusion M.. Aufstieg und Fall eines Grundwerts, Stuttgart 2005; ders. (ed.), Texte zur M., Stuttgart 2011; W. Wolbert, Der Mensch als Mittel und Zweck.

Die Idee der M. in normativer Ethik und Metaethik, Münster 1987. – Stud. Philos. 63 (2004); Z. Menschenrechte 4 (2010), H. 2. – Human Dignity and Bioethics. Essays Commissioned by the President's Council on Bioethics, Washington D.C. 2008, ed. E.D. Pellegrino/A. Schulman/T.W. Merrill, Notre Dame Ind. 2009; weitere Literatur: ↑Menschenrechte, ↑Würde.   A.V.

Mentalismus (von lat. mens, Geist, Verstand, Gemüt), in der ↑Erkenntnistheorie Bezeichnung für Positionen, die die Erkenntnis- und Wissensbildung mit Bezug auf ›innere‹ (mentale) Vorgänge und Strukturen darstellen. Insbes. wird in der klassischen Erkenntnistheorie sowohl im Rahmen des ↑Rationalismus als auch im Rahmen des ↑Empirismus die Begriffsbildung nicht als eine *logische* Operation (mit ↑Prädikatoren), sondern als eine *mentale* Operation (mit Ideen) aufgefaßt, ein ↑Begriff – traditionell auch als Idee (↑Idee (historisch)) oder ↑Vorstellung bezeichnet – entsprechend als ein mentaler Gegenstand. Während dabei rationalistische Positionen die konzeptionelle Selbständigkeit einiger Ideen (Begriffe), die das Bewußtsein als elementare Bausteine hat (↑Idee, angeborene), hervorheben, betonen empiristische Positionen die empirische Genese aller Ideen (Begriffe) im Sinne der Annahme einer unterscheidungsfreien (begriffsfreien) Basis der Erkenntnis- und Wissensbildung in der ↑Erfahrung. Sprachphilosophisch führen mentalistische Annahmen zu der sowohl realistisch (↑Realismus (erkenntnistheoretisch)) als auch nominalistisch (↑Nominalismus) interpretierbaren Behauptung, daß Wörter (alle Autosemantika, also Wörter kontextunabhängiger Bedeutung) Namen für Ideen oder Vorstellungen sind, die ihrerseits als Bilder von Weltausschnitten gedeutet werden (↑Abbildtheorie). Sofern sich nach diesen Bestimmungen auch Konzeptionen, die vom Begriff des reinen ↑Bewußtseins ausgehen, als Beispiele für M. auffassen lassen, sind z.B. der ↑Konzeptualismus Wilhelm von Ockhams (Begriffe oder ↑Universalien als in der ›Seele‹ gebildete Zeichen sind im Gegensatz zu den Begriffswörtern ›universalia naturaliter‹, natürliche Zeichen) und der Versuch I. Kants, ein ↑synthetisches Apriori (↑a priori) in Grundstrukturen der Organisation des (überindividuellen) Bewußtseins (↑Bewußtsein überhaupt) zu verankern, mentalistisch.

Philosophische Theorien des Mentalen sind Gegenstand der so genannten Philosophie des Geistes (↑philosophy of mind), unter anderem in Form einer sprachanalytischen Rekonstruktion *noologischer Termini* (↑Termini, noologische), einer Kritik dualistischer und monistischer Erklärungen des so genannten ↑*Leib-Seele-Problems*, einer Erörterung des Problems des Fremdpsychischen (↑other minds), verbunden mit der Kritik eines methodischen ↑Solipsismus innerhalb der Cartesischen Tradition der Erkenntnistheorie, und den Denkansätzen der Simulationstheorie und der Theorientheorie des Mentalen (↑Simulationstheorie/Theorientheorie des

Mentalen). Im Rahmen der Diskussion über den Begriff der ↑Intentionalität sucht z. B. W. Sellars mentalistische Auffassungen durch die Behauptung zu restituieren, daß sich Ausdrücke nicht unmittelbar auf ↑Sachverhalte beziehen, sondern als sprachliche Symbole Gedanken ausdrücken, die sich auf Sachverhalte beziehen.

In der ↑Linguistik verbindet sich mit den Bemühungen A. N. Chomskys um eine historische Verankerung seiner sprachphilosophischen Ansichten (z. B. über angeborene Strukturen der menschlichen Sprachfähigkeit) im ↑Rationalismus des 17. und 18. Jhs., insbes. in der so genannten Grammatik von Port Royal (↑Port Royal, Schule von), eine Erneuerung mentalistischer Erklärungen (›innateness hypothesis‹). Chomsky wendet sich mit diesen Bemühungen unter anderem gegen eine behavioristische ↑Psychologie (↑Behaviorismus), die ihrerseits das Studium mentaler und emotionaler Prozesse in Form der Selbstbeobachtung (↑Introspektion) in der empirischen Psychologie und der psychologisch orientierten Philosophie (z. B. bei W. James und W. Wundt) kritisiert. Kritik des M. in der Psychologie übt auch der symbolische Interaktionismus (↑Interaktionismus, symbolischer) mit der Bemühung um eine Isolierung desjenigen Sprachmechanismus, durch den sich ↑Geist, Bewußtsein, ↑Selbstbewußtsein etc. gesellschaftlich konstituieren.

Literatur: E. Bense, M. in der Sprachtheorie Noam Chomskys, Kronberg 1973; R. P. Botha, Methodological Bases of a Progressive Mentalism, Synthese 44 (1980), 1–112; N. Chomsky, Aspects in the Theory of Syntax, Cambridge Mass. 1965, 1998 (dt. Aspekte der Syntax-Theorie, Frankfurt 1969, 1987; franz. Aspects de la théorie syntaxique, Paris 1971, 1986); ders., Cartesian Linguistics. A Chapter in the History of Rationalist Thought, New York/London 1966, Cambridge etc. 2009 (franz. La linguistique cartésienne. Un chapitre de l'histoire de la pensée rationaliste. Suivi de La nature formelle du langage, Paris 1969, 1981; dt. Cartesianische Linguistik. Ein Kapitel in der Geschichte des Rationalismus, Tübingen 1971); E. A. Esper, Mentalism and Objectivism in Linguistics. The Sources of Leonard Bloomfield's Psychology of Language, New York 1968; P. Geach, Mental Acts. Their Content and Their Objects, London, New York o. J. [1957] (repr. Bristol 1992), 1971, South Bend Ind. 2001; C. F. Gethmann, Reden und Planen. Zur Überwindung des M. in der Pragmatik von Redehandlungen, in: W. Löffler/E. Runggaldier (eds.), Dialog und System. Otto Muck zum 65. Geburtstag, St. Augustin 1997, 91–113; P. Gillot, Cartesian Echoes in the Philosophy of Mind. The Case of John Searle, in: J. Reynolds u. a. (eds.), Postanalytic and Metacontinental. Crossing Philosophical Divides, London/New York 2010, 107–124; D. J. Howard, The New Mentalism, Int. Philos. Quart. 26 (1986), 353–357; L. Jäger, Medialität und Mentalität. Die Sprache als Medium des Geistes, in: S. Krämer/E. König (eds.), Gibt es eine Sprache hinter dem Sprechen?, Frankfurt 2002, 2009, 45–75; M. Kroy, Mentalism and Modal Logic. A Study in the Relations between Logical and Metaphysical Systems, Wiesbaden 1976; F. v. Kutschera, Sprachphilosophie, München 1971, ²1975, 1993, 283–288 (engl. Philosophy of Language, Dordrecht/Boston Mass. 1975, 234–241); ders., Grundfragen der Erkenntnistheo-

rie, Berlin/New York 1981, 1982; R. Marres, Filosofie van de Geest. Een kritisch Overzicht, Muiderberg 1985 (engl. In Defense of Mentalism. A Critical Review of the Philosophy of Mind, Amsterdam 1989); J. Mittelstraß, Neuzeit und Aufklärung. Studien zur Entstehung der neuzeitlichen Wissenschaft und Philosophie, Berlin/New York 1970, 397–413; J. Moore, On Mentalism, Privacy, and Behaviorism, J. Mind and Behavior 11 (1990), 19–36; O. Neumaier, M. in der Cognitive Science, Z. philos. Forsch. 43 (1989), 331–346; B. Preston, Behaviorism and Mentalism. Is there a Third Alternative?, Synthese 100 (1994), 167–196; H. Putnam, The ›Innateness Hypothesis‹ and Explanatory Models in Linguistics, Synthese 17 (1967), 12–22, Neudr. in: J. R. Searle (ed.), The Philosophy of Language, London etc. 1971, 1979, 130–139, ferner in: H. Putnam, Philosophical Papers II (Mind, Language and Reality), Cambridge etc. 1975, 1997, 107–116; ders., Representation and Reality, Cambridge Mass./London 1988, 2001 (franz. Représentation et réalité, Paris 1990; dt. Repräsentation und Realität, übers. J. Schulte, Frankfurt 1991, 2005); R. Rorty, Philosophy and the Mirror of Nature, Princeton N. J. 1979, Princeton N. J./Woodstock 2009 (dt. Der Spiegel der Natur. Eine Kritik der Philosophie, Frankfurt 1981, 2003; franz. L'homme spéculaire, Paris 1990); G. Ryle, The Concept of Mind, London 1949, London/New York 2009 (dt. Der Begriff des Geistes, Stuttgart 1969, 2002; franz. La notion d'esprit. Pour une critique des concepts mentaux, Paris 1978, 2005); J. R. Searle, Intentionality. An Essay in the Philosophy of Mind, Cambridge etc. 1983, 2004 (franz. L'intentionalité. Essai de philosophie des états mentaux, Paris 1985, 2000; dt. Intentionalität. Eine Abhandlung zur Philosophie des Geistes, Frankfurt 1987, 2001); ders., Minds, Brains and Science. The 1984 Reith Lectures, Cambridge etc. 1984, London etc. 1991 (dt. Geist, Gehirn und Wissenschaft. Die Reith Lectures 1984, Frankfurt 1986, 1992; franz. Du cerveau au savoir. Conférences Reith 1984 de la BBC, Paris 1985, 2008); W. Sellars, Science, Perception and Reality, London 1963, London/New York 1971, Atascadero Calif. 1991; R. W. Sperry, Mind-Brain Interaction. Mentalism Yes, Dualism No, Neuroscience 5 (1980), 195–206; ders., Science and Moral Priority. Merging Mind, Brain, and Human Values, New York, Oxford 1983, New York 1985 (dt. Naturwissenschaft und Wertentscheidung, München/Zürich 1985); ders., In Defense of Mentalism and Emergent Interaction, J. Mind and Behavior 12 (1991), 221–245; ders., Turnabout on Consciousness. A Mentalist View, J. Mind and Behavior 13 (1992), 259–280; P. Stekeler-Weithofer, Meaning, Intention, and Understanding. Formalism and Mentalism in Theories of Communication, Acta Philosophica Fennica 69 (2001), 113–133; W. Thümmel, M., Hist. Wb. Ph. V (1980), 1137–1139; W. R. Uttal, The War Between Mentalism and Behaviorism. On the Accessibility of Mental Processes, Mahwah N. J./London 2000; S. Walter, Mentale Verursachung. Eine Einführung, Paderborn 2006; H. Wilder, Against Naive Mentalism, Metaphilosophy 22 (1991), 281–291. J. M.

mention, ↑use and mention.

Menzius (Meng-Zi), 371–289 v. Chr., nach Konfuzius der wirksamste Vertreter des ↑Konfuzianismus. Als Wanderlehrer und Fürstenratgeber lebend lehrte M., daß die Herrschaft über einen Staat nicht durch militärische Gewalt, Ausbeutung und Unterdrückung des Volkes erreichbar sei, sondern nur durch das persönliche

Beispiel eines gütigen, moralischen Herrschers. Einem solchen Herrscher würden die Menschen von selbst zuströmen. Ohne an der absoluten Monarchie zu rütteln, vertritt M. doch einen expliziten Populismus: Das Wichtigste ist das Volk, der Herrscher hat für das Volk zu sorgen und wird letztlich verjagt, wenn er versagt. – M. hält den Menschen für von Natur aus gut und mitfühlend, wie dies seiner Meinung nach auch durch die spontane Hilfeleistung bewiesen wird, die jeder Mensch z. B. einem verunglückten Kind erweisen würde (anders Hsün Tzu). Deshalb kann jeder Mensch, der dies wünscht, auch moralisch gut werden bzw. bleiben. Als höchste Tugend gilt M. die Pietät (Liebe der Kinder zu ihren Eltern), der sich im Konfliktfall jede andere Verpflichtung, selbst die des Soldaten, unterzuordnen hat.

Übersetzungen: The Life and Works of Mencius [chin./engl.], ed. J. Legge, London, Philadelphia Pa. 1875, unter dem Titel: The Works of Mencius, Oxford, London ²1895 (repr. Hongkong 1960, Hongkong, New York 1970, Hongkong 1982, Taipeh 1985, 1991); Mong Dsi (Mong Ko) [dt.], ed. R. Wilhelm, Jena 1916, 1921, unter dem Titel: Mong Dsï. Die Lehrgespräche des Meisters Meng K'o, Köln 1982; Mencius [engl.], ed. D. C. Lau, Harmondsworth etc. 1970, rev. London etc. 2004; Mencius. A Bilingual Edition [chin./engl.], I–II, ed. D. C. Lau, Hongkong 1984, rev. in 1 Bd. 2003; Mengzi. With Selections from Traditional Commentaries [engl.], ed. B. W. van Norden, Indianapolis Ind./Cambridge 2008, gekürzt unter dem Titel: The Essential Mengzi. Selected Passages with Traditional Commentary, Indianapolis Ind./Cambridge 2009. – Totok I (²1997), 98–99.

Literatur: A. K. L. Chan, Mencius. Contexts and Interpretations, Honolulu Hawaii 2002; A. C. Graham, The Background of the Mencian Theory of Human Nature, Tsing Hua J. of Chinese Stud. NS 6 (1967), 215–271, Neudr. in: ders., Studies in Chinese Philosophy & Philosophical Literature, Singapur 1986, 7–66; ders., Disputers of the Tao. Philosophical Argument in Ancient China, La Salle Ill. 1989, 2003, bes. 111–137, 244–251; C.-C. Huang/G. Paul/H. Roetz (eds.), The Book of Mencius and Its Reception in China and Beyond, Wiesbaden 2008; P. J. Ivanhoe, Ethics in the Confucian Tradition. The Thought of Mengzi and Wang Yangming, Atlanta Ga. 1990, Indianapolis Ind./Cambridge ²2002; D. C. Lau, On Mencius' Use of the Method of Analogy in Argument, Asia Major NS 10 (1963), 173–194; X. Liu, Mencius, Hume and the Foundation of Ethics, Aldershot/ Burlington Vt. 2003; I. A. Richards, Mencius on the Mind. Experiments in Multiple Definition, New York 1932, ed. J. Constable, rev. London/New York 2001 [mit Vorw. des Editors, vii–xxxvi]; H. Schleichert, Klassische chinesische Philosophie. Eine Einführung, Frankfurt 1980, 35–50, erw. ²1990, 56–84, mit H. Roetz, ³2009, 50–77; Z. Wesolowski, Mongzi, LThK VII (³1998), 100–101; L. H. Yearley, A Confucian Crisis. Mencius' Two Cosmogonies and Their Ethics, in: R. W. Lovin/ F. E. Reynolds (eds.), Cosmogony and Ethical Order. New Studies in Comparative Ethics, Chicago Ill./London 1985, 310–327; ders., Mencius and Aquinas. Theories of Virtue and Conceptions of Courage, Albany N. Y. 1990. H. S.

Mereologie (von griech. μέρος, Teil, und λόγος, Lehre), Bezeichnung für die Lehre von ↑Teil und Ganzem, be-

reits seit der Antike Gegenstand philosophischer Erörterungen. In moderner Gestalt wurde die M. erstmals 1916 mit formalsprachlichen Hilfsmitteln entwickelt von S. Leśniewski, unter Rückgriff auf Lehren bei K. Twardowski und E. Husserl – in dessen III. Logischer Untersuchung (Zur Lehre von den Ganzen und Teilen). Mit der M. sollte eine – als solche heute noch immer umstrittene – Alternative zur (verzweigten) Typenlogik (↑Typentheorien) in den ↑»Principia Mathematica« von A. N. Whitehead und B. Russell aufgebaut werden. – Die M. verfährt, indem sie die Mengenhierarchie durch eine Binnenstruktur der Elemente des niedrigsten Typs, der ↑Individuen, ersetzt, streng nominalistisch und bildet deshalb in diesem Zusammenhang den Ausgangspunkt und einen zentralen Bestandteil der nominalistischen Logik (↑Logik, nominalistische). Gleichwohl leistet sie – unter Vermeidung der ↑Antinomien der Mengenlehre – im Hinblick auf die Sicherung der Grundlagen der Mathematik dasselbe wie die ↑Mengenlehre, indem sowohl die Element[schafts]beziehung als auch die Teilmengenbeziehung als Spezialisierungen der Teil-Ganzes-Relation interpretiert werden – z. B. die Interpretation der klassenlogischen Prädikation ›Sokrates ist ein Mensch‹ durch die mereologische Prädikation ›Sokrates ist ein Teil der Menschheit‹, also von ›S, ∈ Mensch ε Element von‹ durch ›S, κ Mensch ε Teil von‹, wobei ›∈ Mensch‹ die Klasse aller Menschen und ›κ Mensch‹ das Ganze aller Menschen benennt, mithin ›∈ Mensch‹ der ↑Metasprache und ›κ Mensch‹ weiterhin, wie ›Mensch‹, der ↑Objektsprache angehört.

Neben Chronologie (Zeittheorie) und Stereometrie (Raumtheorie) ist die M. bei Leśniewski die entscheidende Erweiterung seiner stets interpretiert verstandenen formalen Systeme ↑*Protothetik* (einer durch die Verwendung von ↑Quantoren in bezug auf *n*-stellige ↑Wahrheitsfunktionen über dem Bereich der Aussagen ausgezeichneten Variante der ↑Junktorenlogik) und *Ontologie* (einer als Namenkalkül entwickelten Variante der ↑Klassenlogik, in der die ›Namen‹ die Ausdrücke links und rechts der ↑Kopula in Subjekt-Prädikat-Aussagen sind, so daß nur zwei semantische Grundkategorien auftreten: ›Name‹ und ›Aussage‹). Die Rolle der ›logischen Typen‹ einschließlich ihrer Verzweigung durch Ordnungen in den »Principia Mathematica« wird dabei von Leśniewskis *semantischen Kategorien* (↑Kategorie, semantische) übernommen. Dies hat dazu geführt, die M. erfolgreich als Interpretationsrahmen zur Rekonstruktion scholastischer Theorien der logischen Grammatik (↑Grammatik, logische) einzusetzen, z. B. zur Unterscheidung *distributiver* (auch: ›universeller‹, ›genereller‹) Gesamtheiten als Mengen ∈P von *kollektiven* (auch: ›integralen‹, ›konjunktiven‹) Gesamtheiten als Ganzheiten κP bezüglich eines ›Allgemeinnamens‹ (*common noun*, ↑Name) ›P‹.

Statt mit den Mitteln der M. die Mengenlehre zu interpretieren, wird gegenwärtig – erstmals 1930 von H. S. Leonard – die M. meist als eine axiomatische Theorie (↑System, axiomatisches) unter dem Titel ›Individuenkalkül‹ (engl. *calculus of individuals*) der Mengenlehre adjungiert. Als Axiome für die Teil-Ganzes-Relation ($x \leq y$, gelesen: x ist Teil von y) auf dem Objektbereich nur eines logischen Typs werden von Leonard und, ihm folgend, von N. Goodman gewählt:

(1) $\bigwedge_x x \leq x$ (Reflexivität [↑reflexiv/Reflexivität] von $\leq$)

(2) $\bigwedge_{x,y,z}(x \leq y \wedge y \leq z \rightarrow x \leq z)$ (Transitivität [↑transitiv/Transitivität] von $\leq$)

(3) $\bigwedge_{x,y}(x \leq y \wedge y \leq x \rightarrow x = y)$ (Antisymmetrie [↑antisymmetrisch/Antisymmetrie] von $\leq$)

(4) Die ↑Kennzeichnung $\iota_x G(x)$ unter Berücksichtigung der Definitionen $G(x) \leftrightharpoons \bigwedge_w(w \circ x \leftrightarrow \bigvee_y(P(y) \wedge w \circ y))$ und $x \circ y \leftrightharpoons \bigvee_z(z \leq x \wedge z \leq y)$ (gelesen: x überlappt y genau, wenn x und y einen gemeinsamen Teil haben) existiert für jede erfüllbare Aussageform $P(x)$.

Axiome (1), (2) und (3) besagen zusammen, daß $\leq$ eine ↑Ordnungsrelation ist, während Axiom (4) besagt: $\bigvee_z z = \iota_x G(x)$, d. h. es gibt genau ein Objekt, das mit genau denjenigen Objekten überlappt, die mit einem Objekt, das die ↑Aussageform $P(x)$ erfüllt, überlappen; dieses durch $P(x)$ eindeutig bestimmte Objekt heißt das aus den Teilen n, die $P(x)$ erfüllen, gebildete *Ganze* $\kappa_x P(x)$ oder kurz: κP (gelesen: das ganze P; engl. *whole, fusion* oder *composite* bezüglich P). Im Unterschied zu $\in_x P(x)$ oder kurz: $\in P$, d. i. die Menge der Objekte, die $P(x)$ erfüllen, ist κP, wie gewünscht, ein Objekt vom gleichen logischen Typ wie die Objekte, die $P(x)$ erfüllen. Allerdings ist zu beachten, daß der Bereich der Teile aus bereits individuellen Einheiten besteht, wobei im allgemeinen weder über deren Konstitution (↑Individuation) noch über deren Zerlegbarkeit in weitere Teile, also über die Auszeichnung eines Teilbereichs unzerlegbarer Teile oder ›Atome‹, etwas vorausgesetzt ist. Formal tragen die M. unter der angegebenen Axiomatisierung und die ↑Klassenlogik die gleiche algebraische Struktur, nämlich die eines vollständigen ↑Booleschen Verbandes ohne Nullelement.

Wird die M. in dieser Weise als eine axiomatische Theorie aufgebaut – neben der hier vorgestellten werden mittlerweile zahlreiche weitere Axiomensysteme für die Teil-Ganzes-Beziehung intensiv und auch kontrovers diskutiert (vgl. A. Varzi 2009) –, so ist, wie stets bei axiomatischen Theorien, ein in Einheiten gegliederter Gegenstandsbereich, über dem die Teil-Ganzes-Relation erklärt ist, bereits zugrundegelegt. Einen Weg, die Konstitution dieser Einheiten selbst mereologisch zu erklä-

ren, gibt es dann nicht. Erst wenn die M. als eine der Grundlagen einer inhaltlichen Theorie der Konstruktion von Gegenstandsbereichen konzipiert wird – ganz analog zum Aufbau einer Prädikationstheorie als einer der Grundlagen einer inhaltlichen Theorie des Sprechens über Gegenstandsbereiche, und damit auch der Mengenlehre –, kann der duale Charakter der beiden folgenden Aussageformen erklärt werden: ›ein Gegenstand n hat die Eigenschaft P‹ und ›ein P-Gegenstand p ist Teil des Gegenstands n‹, z. B. ›Sokrates hat die Eigenschaft Plattnasigsein‹ und ›eine platte Nase ist Teil von Sokrates‹. Im ersten Fall ist ›P‹ ein Prädikator in appradikativer Rolle (↑Apprädikator), im zweiten Fall tritt derselbe Prädikator ›P‹ als ↑Eigenprädikator auf. Die Individuen ιN, also die Einheiten eines durch einen ↑Artikulator ›N‹, etwa ›Mensch‹, artikulierten Gegenstandsbereichs, ergeben sich durch eine Gliederung des Gegenstandsschemas σN in ↑Zwischenschemata und damit eine Überführung des (universalen) Schemas in einen (abstrakten) Gegenstandstyp τN, dessen (konkrete) Instanzen gebildet werden von den Individuen, die hervorgehen durch die *Identifizierung* aller ↑Aktualisierungen eines Zwischenschemas (Formbildung $\sigma(\iota N)$), was die *Summierung* aller Aktualisierungen dieses Zwischenschemas (Stoffbildung $\kappa(\iota N)$) in eine Einheit verwandelt, die von den die Zwischenschemata zunächst artikulierenden Individuatoren ›ιN‹ dann benannt werden. Als Teile eines ιN, etwa eines Menschen, sind dann insbes. diejenigen Einheiten ιP, etwa eine platte Nase, ausgezeichnet, bei denen die Aktualisierungen δP von $\sigma(\iota P)$ mit Aktualisierungen δN des Zwischenschemas $\sigma(\iota N)$ *koinzidieren*. Dabei ist Koinzidenz – sie entspricht der ›togetherness‹ bei Goodman (1951) – sorgfältig von ↑Identität (↑Individuation) zu unterscheiden, die sich für die ↑singularen Aktualisierungen auch gar nicht einführen ließe; es besteht lediglich Identität ihrer pragmatischen Funktion, nämlich des Anzeigens der durch Summierung aller Aktualisierungen des Schemas σP gewonnenen Ganzheit κP sowohl an ιP als auch an ιN durch die Aktualisierung δP und des Anzeigens der entsprechend gewonnenen Ganzheit κN an ιN durch die Aktualisierung δN: die Teilganzheit $\kappa(\iota P)$ ist enthalten in der Teilganzheit $\kappa(\iota N)$, wiedergegeben durch das Bestehen der Relation $\iota P \leq \iota N$ (↑Teil und Ganzes). Liegt eine andere Gliederung des Schemas σN in Zwischenschemata vor, etwa von σ Mensch in Ethnien, so kann in diesem Falle natürlich auch ein einzelner Mensch als Teil einer Ethnie auftreten – entsprechend etwa ein zeitlicher Abschnitt eines Menschen als Teil dieses Menschen; in beiden Fällen ist die Koinzidenz trivial.

Literatur: A. Arlig, Medieval Mereology, SEP 2006, rev. 2011; H. Burkhardt/C. A. Dufour, Part/Whole I. History, in: H. Burkhardt/B. Smith (eds.), Handbook of Metaphysics and Ontology

II, München/Philadelphia Pa./Wien 1991, 663–673; H. Burkhardt/J. Seibt/G. Imaguire (eds.), Handbook of Mereology, München 2012; R. Casati/A. Varzi, Parts and Places. The Structures of Spatial Representation, Cambridge Mass./London 1999; R. E. Clay, Contributions to Mereology, Diss. Notre Dame Ind. 1961; P. Forrest, Mereology, REP VI (1998), 317–320; N. Goodman, The Structure of Appearance, Cambridge Mass. 1951, Dordrecht/Boston Mass. ³1977; ders./H. S. Leonard, The Calculus of Individuals and Its Uses, J. Symb. Log. 5 (1940), 45–55; A. Grzegorczyk, The Systems of Leśniewski in Relation to Contemporary Logical Research, Stud. Log. 3 (1955), 77–95; V. Harte, Plato on Parts and Wholes. The Metaphysics of Structure, Oxford, Oxford/New York 2002, Oxford 2006; D. P. Henry, Medieval Mereology, Amsterdam/Philadelphia Pa. 1991; J. Hoffman/G. Rosenkrantz, Mereology, in: R. Audi (ed.), The Cambridge Dictionary of Philosophy, Cambridge etc. 1995, 483, erw. ²1999, 2001, 557–558; E. Husserl, Logische Untersuchungen II/1 (Untersuchungen zur Phänomenologie und Theorie der Erkenntnis 1), Halle 1900, ²1913, Tübingen ⁵1968, Hamburg 2009, bes. 225–293 (Teil III Zur Lehre von den Ganzen und Teilen); K. Koslicki, The Structure of Objects, Oxford 2008, 2010; A. Le Blanc, New Axioms for Mereology, Notre Dame J. Formal Logic 26 (1985), 437–443; C. Lejewski, Consistency of Leśniewski's Mereology, J. Symb. Log. 34 (1969), 321–328; H. S. Leonard, Singular Terms, Diss. Cambridge Mass. 1930; S. Leśniewski, Podstawy ogólnej teoryi mnogości I [Die Grundlagen der allgemeinen Mengenlehre I], Moskau 1916; ders., Grundzüge eines neuen Systems der Grundlagen der Mathematik, Fund. Math. 14 (1929), 1–81; D. Lewis, Parts of Classes, Oxford/Cambridge Mass. 1991; K. Lorenz, On the Relation between the Partition of a Whole into Parts and the Attribution of Properties to an Object, Stud. Log. 36 (1977), 351–362, ferner in: ders., Logic, Language and Method – On Polarities in Human Experience. Philosophical Papers, Berlin/New York 2010, 20–32; ders., M., Hist. Wb. Ph. V (1980), 1145–1148; ders., Artikulation und Prädikation, HSK VII/2 (1996), 1098–1122, ferner in: ders., Dialogischer Konstruktivismus, Berlin/New York 2009, 24–71; E. C. Luschei, The Logical Systems of Leśniewski, Amsterdam 1962; R. M. Martin, Metaphysical Foundations. Mereology and Metalogic, München/Wien 1988; A. Meirav, Wholes, Sums and Unities, Dordrecht/Boston Mass./London 2003, 2010; D. Miéville, Un développement des systèmes logiques de Stanislaw Leśniewski. Protothétique, ontologie, méréologie, Bern/Frankfurt/New York 1984, bes. 375–443 (Teil IV Méréologie); ders., Méréologie, Enc. philos. universelle II/2 (1990), 1603–1604; F. Moltmann, Parts and Wholes in Semantics, Oxford etc. 1997, 2003; L. Ridder, M.. Ein Beitrag zur Ontologie und Erkenntnistheorie, Frankfurt 2002; P. Simons, Parts. A Study in Ontology, Oxford etc. 1987, 2003; ders., Part/Whole II. Mereology since 1900, in: H. Burkhardt/B. Smith (eds.), Handbook of Metaphysics and Ontology II [s. o.], 673–675; J. Słupecki, Towards a Generalized Mereology of Leśniewski, Stud. Log. 8 (1958), 131–154; B. Smith (ed.), Parts and Moments. Studies in Logic and Formal Ontology, München/Wien 1982; B. Sobociński, L'analyse de l'antinomie russellienne par Leśniewski, Methodos 1 (1949), 94–107, 220–228, 308–316, 2 (1950), 237–257; J. T. J. Srzednicki/V. F. Rickey (eds.), Leśniewski's Systems. Ontology and Mereology, The Hague/Boston Mass./Lancaster, Warschau 1984; K. Twardowski, Zur Lehre vom Inhalt und Gegenstand der Vorstellungen. Eine psychologische Untersuchung, Wien 1894, München/Wien 1982 (engl. On the Content and Object of Presentations. A Psychological Investigation, The Hague 1977); A. Varzi, Mereology, SEP 2003, rev. 2009; A. N. Whitehead, An Enquiry Concerning the Principles of Natural Knowledge, Cambridge 1919, ²1925 (repr. New York 1982), 2011, 165–200 (Part IV The Theory of Objects). – Parts & Wholes. An Inventory of Present Thinking about Parts and Wholes. Documents from an International Workshop Arranged by the Committee for Future Research in Collaboration with Lund University, June 1–3, 1983, I–IV, Stockholm 1983–1986. – Axiomathes 5 (1994), 1–175 [Sonderband »Mereologies«]; J. Philos. 103 (2006), 593–754 [Sonderband »Parts and Wholes«].   K. L.

Merkmal (lat. nota, engl. mark), in der traditionellen Logik (↑Logik, traditionelle) Bezeichnung für den artbildenden Unterschied (lat. ↑differentia specifica, engl. distinguishing mark), mit dem aus einer ↑Gattung (lat. ↑genus proximum) die verschiedenen untergeordneten ↑Arten (lat. species) ausgesondert werden. Z. B. unterscheide das M. ›vernünftig‹ die Art ›Mensch‹ von allen anderen Arten der Gattung ›Lebewesen‹: Der Mensch (homo) wird als vernünftiges Lebewesen (animal rationale) bestimmt. Der allgemeine Sprachgebrauch, demzufolge ein M. als eine zur Identifikation geeignete Markierung eines ↑Individuums aufgefaßt wird – das M. ist dann ein *bezeichnender Teil* des Individuums oder aber das Tragen der Markierung eine seiner *kennzeichnenden Eigenschaften* (↑Individuation) –, wird im philosophischen Sprachgebrauch auf nicht-individuelle Gegenstände erweitert: Ein M. ist auch ein Mittel zur Identifikation einer Art, z. B. ›Mensch‹, bzw. der die betreffende Artzugehörigkeit eines Gegenstandes anzeigenden Eigenschaft, im Beispiel: ›Menschsein‹, unter allen Arten einer Gattung, im Beispiel: der Gattung ›Lebewesen‹. Da Gattungen ebenso wie Arten in der Regel begrifflich, auf dem Wege über die begrifflich bestimmte Eigenschaft der Gattungs- bzw. Artzugehörigkeit, also intensional (↑intensional/Intension), und nicht durch die Klasse (↑Klasse (logisch)) der einer Gattung bzw. Art angehörenden Gegenstände charakterisiert sind (↑extensional/Extension), muß das eine Art innerhalb einer Gattung – im Beispiel: die Art ›Mensch‹ innerhalb der Gattung ›Lebewesen‹, was der begrifflichen Unterordnung des Menschseins unter das Lebendigsein, d. h. der Begriff |Menschsein| ist dem Begriff |Lebendigsein| subordiniert, entspricht – charakterisierende M. durch einen geeigneten Oberbegriff von |Menschsein|, der zur ↑Definition der Art taugt, wiedergegeben werden, im Beispiel also traditionell durch |Vernünftigsein|. Oft allerdings wird jeder als Ergebnis einer traditionellen begrifflichen Analyse eines ↑Begriffs |P| gefundene ↑Oberbegriff |P₁|, |P₂|, ... von |P|, sowohl einer, der in einer vollständigen konjunktiven Definition von |P| auftritt – und deswegen auch ein Teilbegriff von |P| genannt wird – und für sich allein im allgemeinen noch nicht |P| kennzeichnend ist, als auch einer, der nicht zur Definition von |P| herangezogen wurde – wie im Beispiel etwa |Sterblichsein| – als ein M. von |P| bezeichnet. G. W.

Leibniz gehört in der Tradition zu denjenigen, die Oberbegriffe der ersten Art als M.e (notas) einer begrifflich analysierten Eigenschaft (qualitas) deswegen, weil sie zusammengenommen die Eigenschaft wiederzuerkennen erlauben, von solchen der zweiten Art, den bloßen ›requisita‹ begrifflich ausdrücklich unterscheiden (Meditationes de cognitione, veritate et ideis, Philos. Schr. IV, 422–423). Man nennt die M.e eines Begriffs zu dessen Intension oder ↑Inhalt gehörig im Unterschied zu den Gegenständen, die unter einen Begriff fallen und daher zur Extension oder zum ↑Umfang des Begriffs gehören.

In moderner Rekonstruktion des traditionellen Lehrstücks von den M.en einer Sache (res) im Zusammenhang mit Definitionen, Begriffen und Eigenschaften ergibt sich das folgende Bild: Wenn in einer ↑Aussage ιPεQ mit einem ↑Prädikator ›Q‹ in apprädikativer Rolle (↑Apprädikator), z. B. ›dieser Gegenstand ist ›menschartig‹‹, die ↑Eigenschaft σQ, im Beispiel: das Schema ›Menschsein‹, dem Individuum ιP (= dieser ↑Gegenstand) attribuiert wird, so ist eine *begriffliche Bestimmung der Eigenschaft σQ durch M.e* unterstellt, kraft derer ›Q‹ zur Darstellung eines Begriffs |Q| wird oder, in anderer Ausdrucksweise, die Eigenschaft σQ den Begriff |Q| realisiert; im Beispiel geschieht die begriffliche Bestimmung des Menschseins durch die Merkmale σQ$_1$ (= Lebendigsein) und σQ$_2$ (= Vernünftigsein), und zwar mithilfe der zur Definition von ›Q‹ taugenden ↑Prädikatorenregeln: xεQ ⇒ xεQ$_1$; xεQ ⇒ xεQ$_2$ und xεQ$_1$, xεQ$_2$ ⇒ xεQ. Natürlich ist dabei weiter zu unterstellen, daß auch die Eigenschaften σQ$_1$ und σQ$_2$, d. s. die *wesentlichen Eigenschaften* der unter den Begriff |Q| fallenden Gegenstände ιP, also der ιQP (= Menschen), ihrerseits vermöge begrifflicher Bestimmung Begriffe |Q$_1$| und |Q$_2$| realisieren, die zusammengenommen die |Q| definierenden Oberbegriffe oder M.e von |Q| sind.

Ganz allgemein, also ohne die traditionelle Beschränkung der Definition von Begriffen auf eine Konjunktion von Oberbegriffen, besagt die Redeweise von den M.en eines Begriffes, daß alle Termini im Definiens der Definition eines ↑Terminus (des Definiendum) vermöge eines von Prädikatorenregeln gebildeten terminologischen Netzes (↑Terminologie) als M.e dieses Terminus und damit des durch ihn dargestellten Begriffs zu gelten haben. Z. B. gehören ›Recht auf Freiheit‹ und ›Recht auf Eigentum‹ zu den M.en des Begriffs |Menschenrechte|, wenn man die während der französischen Revolution getroffene Begriffsbestimmung des Terminus ›Menschenrechte‹ zugrunde legt, d. h. in diesem Falle eine Definition von |Menschenrechte| durch eine Adjunktion, nämlich Aufzählung, der Begriffe |Recht auf Freiheit| usw., also durch ↑Unterbegriffe von |Menschenrechte| und nicht durch Oberbegriffe. M.e der begrifflichen Bestimmung einer Eigenschaft eines Gegenstandes

sind daher zunächst wiederum Eigenschaften des Gegenstandes, von denen jedoch verlangt wird, daß sie ebenfalls einer begrifflichen Bestimmung und damit Invarianzbildungen (↑invariant/Invarianz) der darstellenden Apprädikatoren unterzogen werden, so daß sie im Zusammenhang traditioneller Definitionen als Realisierungen von Oberbegriffen des ursprünglichen Eigenschaftsbegriffs auftreten. Dies ist der Sinn der als Fall des ↑*dictum de omni et nullo* behandelten »erste[n] (...) Regel aller (...) Vernunftschlüsse«, wie sie I. Kant genannt hat (Akad.-Ausg. II, 49): nota notae est etiam nota rei ipsius (ein M. vom M. ist auch ein M. der Sache selbst). Im übrigen ist damit die Auffassung Kants bestätigt, daß Begriffe im Unterschied zu Anschauungen – ein Begriff als ↑Abstraktum fußt im Kontext von ›ein Gegenstand fällt unter einen Begriff‹ auf ↑Aussageformen, den in der Tradition meist als Darstellung von ↑Vorstellungen behandelten ›Denkformen‹; eine ↑Anschauung hingegen ist ein ↑Konkretum, das im Kontext von ›ein Gegenstandsanteil ist Teil eines Ganzen‹ auf Anzeigeformen zurückgeht (↑Ostension, ↑Teil und Ganzes), einer pragmatischen Fassung der traditionellen ›Anschauungsformen‹ – nur mittelbar, nämlich durch M.e, auf Gegenstände bezogen sind (KrV B 377): Die zu den *Erkenntnisverfahren* gehörenden Begriffe sind nicht Eigenschaften gleichzusetzen, die zu den *Erkenntnisgegenständen* gehören, den mittels deren begrifflicher Bestimmung gewonnenen M.en, vielmehr *realisieren* Eigenschaften Begriffe vermöge der M.e; Begriffe sind *potentielle* Eigenschaften. Diese Einsicht Kants gilt unbeschadet seiner an anderer Stelle weniger sorgfältig ausgefallenen Erklärung: »Alle unsre *Begriffe* sind demnach M.e und alles *Denken* ist nichts anders als ein Vorstellen durch M.e« (Logik, Akad.-Ausg. IX, 58).

Bis heute steht allerdings in der Regel im Vordergrund allein die auf B. Bolzano zurückgehende (vgl. Wissenschaftslehre § 112) und von G. Frege durchgesetzte (vgl. Ueber Begriff und Gegenstand, Vierteljahrsschr. wiss. Philos. 16 [1892], 192–205) strenge Unterscheidung zwischen der (für philosophische Zwecke verworfenen) Verwendung von ›M.‹ für einen bezeichnenden Teil bzw. eine kennzeichnende Eigenschaft eines individuellen Gegenstandes und dessen Verallgemeinerung auf Teilbegriffe eines Begriffs, und zwar ohne dabei zugleich den verschiedenen Status von (ontologischen) Eigenschaften und (logischen) Begriffen hinreichend zu klären. Nach Frege sind Begriffe, z. B. |Vernünftigsein|, durchaus Eigenschaften, nämlich Eigenschaften eines Gegenstandes, der unter den fraglichen Begriff fällt, z. B. eines Menschen, und zugleich M.e, aber nicht dieses Menschen, sondern eines Unterbegriffs, z. B. |Menschsein|, dessen M.e sie sind. Um die so entstehenden Mehrdeutigkeiten zu vermeiden (vgl. K. Lorenz, Artikulation und Prädikation, in: ders., Dialogischer Konstruktivismus, Berlin/

New York 2009, 24–71, bes. 61–67), wäre es besser, anstelle der üblichen Identifikation von Intension (eines Prädikators in apprädikativer Rolle/einer Aussageform) und ↑Sinn samt der entsprechenden Identifikation von Extension (eines Prädikators in eigenprädikativer Rolle [↑Eigenprädikator]/einer Aussageform) und ↑Referenz (oder ↑Bedeutung im Sinne Freges) zwischen Begriff (= intensionales Abstraktum aus einer Aussageform ›xεQ‹, ›Q‹ in apprädikativer Rolle) als *intensionalem Sinn* und Eigenschaft (= vom Prädikator ›Q‹ in apprädikativer Rolle artikuliertes Schema) als *intensionaler Referenz* zu unterscheiden, entsprechend zwischen Klasse (= extensionales Abstraktum aus der Aussageform ›xεQ‹, ›Q‹ in eigenprädikativer Rolle) als *extensionalem Sinn* und ↑Substanz (›im Sinne‹ des aus allen Gegenständen, die ›xεQ‹ erfüllen, gebildeten Ganzen [↑Teil und Ganzes] unter Aufgeben der Einheit der Gegenstände) als *extensionaler Referenz*. Im Beispiel ist |Menschsein| der aus dem Prädikator ›Mensch‹ in apprädikativer Rolle (= ›menschartig‹) vermöge Prädikatorenregeln, die insgesamt eine Terminologie bilden, durch ↑Abstraktion (↑abstrakt) gewonnene Begriff. σMensch, also das Schema ›Menschsein‹, ist die durch M.e begrifflich bestimmte und deshalb mit anderen M.-Komplexen äquivalente Eigenschaft, ein Mensch zu sein, d. h. eine besondere Realisierung des Begriffs |Menschsein|; ∈ Mensch wiederum ist die durch Abstraktion gewonnene Klasse der Menschen und κMensch das aus allen ↑Aktualisierungen des Schemas ›Menschsein‹ durch Summierung gebildete Ganze, also ohne dessen Realisierung durch eine besondere Einteilung des Ganzen, nämlich der ›Substanz Mensch‹, in Elemente einer Klasse, z. B. in einzelne Völker als Elemente der Klasse der Völker, bzw. in Teilganzheiten, z. B. einzelne Völker oder auch einzelne Menschen als Teile der Menschheit.   K. L.

Merleau-Ponty, Maurice, *Rochefort-sur-Mer (Département Charente Maritime) 14. März 1908, †Paris 3. Mai 1961, franz. Philosoph, neben J.-P. Sartre der bedeutendste Vertreter der an E. Husserl orientierten phänomenologischen Philosophie (↑Phänomenologie) in Frankreich. Nach Studium der Philosophie 1926–1930 an der Ecole Normale Supérieure 1930 Agrégé de Philosophie; Lehrtätigkeit an verschiedenen Gymnasien, ab 1935 an der Ecole Normale Supérieure. 1939 Infanterieoffizier, nach der Besetzung Frankreichs erneut Lehrtätigkeit an Gymnasien und aktive Mitarbeit in der Widerstandsbewegung. 1945 Promotion an der Sorbonne (Phénoménologie de la perception, 1945), im gleichen Jahr Professor in Lyon, 1950 an der Sorbonne (für Psychologie und Pädagogik), 1952 am Collège de France. 1945–1953 mit Sartre und S. de Beauvoir Herausgeber der Zeitschrift »Les temps modernes«; Sartres

und M.-P.s Wege trennen sich 1953 nach Auseinandersetzungen um die politische Zulässigkeit des Terrors und die Beurteilung des ›realen Sozialismus‹ in der UdSSR. – M.-P. sucht ein Verständnis der Phänomenologie Husserls zu entwickeln und in materialen Untersuchungen auszuführen, das die zentralen Eigenheiten der phänomenologischen Methode bewahrt, aber Husserls (angeblichen) Cartesianismus und die mit ihm verbundene transzendental-idealistische Fehldeutung der phänomenologischen Reduktion (↑Reduktion, phänomenologische) vermeidet. Er greift dabei Grundzüge von M. Heideggers Reformulierung des phänomenologischen Programms in »Sein und Zeit« (↑Fundamentalontologie) auf, besteht jedoch darauf, daß das ↑In-der-Welt-sein erst auf Grund einer richtig interpretierten phänomenologischen Reduktion zur Erscheinung komme; erst durch eine phänomenologische Reflexion stelle sich heraus, daß das ›Cogito‹ ›Sein zur Welt‹ sei. Mit dieser Konzeption greift M.-P.s Konzeption der Phänomenologie vor allem Husserls Darstellung in der »Krisis«-Schrift (1936) auf, interpretiert aber die dort entwickelte Idee der Phänomenologie als Rekonstruktion lebensweltlicher (↑Lebenswelt) Geltungsfundierung wissenschaftlichen Wissens in einem entscheidenden Punkt um: nicht die Aufklärung lebensweltlicher Geltungsansprüche durch Konstitutionsanalyse ist die Aufgabe, sondern Einsichtnahme in das unhintergehbare (↑Unhintergehbarkeit) Situiert-Sein des Menschen in einer faktischen Lebenswelt. Die phänomenologische Reduktion ist – wie M.-P. kritisch gegen Husserl einwendet – einem endlichen Wesen nicht vollständig möglich; der Rückgang zum ›Cogito‹ führe nicht auf ein Reich innerer Wahrheit, da der Mensch sich erst aus der Welt heraus verstehe. Mit affirmativer Bezugnahme auf Sartre erklärt M.-P. daher die phänomenologische Reduktion zur Grundlage nicht eines transzendentalen Idealismus (↑Idealismus, transzendentaler), sondern einer ↑Existenzphilosophie. Entsprechend deutet M.-P. die ↑Intentionalität des Bewußtseins im Sinne der Unhintergehbarkeit des lebensweltlichen Apriori (↑Apriori, lebensweltliches) durch Philosophie und Wissenschaft.

M.-P. setzt sich ferner (La structure du comportement, 1942) mit dem ↑Behaviorismus in den ↑Kulturwissenschaften, besonders der ↑Psychologie, auseinander und kritisiert zugleich die an der ↑Gestalttheorie orientierte psychologische Gegenposition wegen ihrer Orientierung an physischen Tatsachen (↑›Naturalismus‹). Demgegenüber fordert er eine Phänomenologie der ↑Gestalt, die auf unmittelbarer Erfahrung beruht und sich nicht auf Theorien über deren Verursachung stützt. Das Verhalten (↑Verhalten (sich verhalten)) ist nach M.-P. somit weder ein physisches noch ein psychisches Phänomen, sondern eine ›Weise der Existenz‹. Die spezifisch menschliche Form des Verhaltens ist nicht zu verstehen

ohne Berücksichtigung der Intentionen der Selbstreali-
sierung im Rahmen menschlicher Kultur. Um die Strukturen des menschlichen Verhaltens in nicht-naturalisti-
scher Weise zu interpretieren, muß der Philosoph von
der spezifischen Weise der Wechselbeziehung zwischen
Bewußtsein und Welt ausgehen, nämlich der ↑›Wahrnehmung‹. Für das Verständnis des von M.-P. verwendeten Wahrnehmungsbegriffs ist dabei wichtig, ›Wahrnehmung‹ nicht als Vermögen (wie in der Tradition der
rationalen Psychologie), sondern als fundamentale Einstellung des Menschen zu seiner Welt zu verstehen, aus
der heraus einzelne Akte und Vermögen einschließlich
der kognitiven erst rekonstruierbar werden (»Die Welt
ist das, was wir wahrnehmen«, Phänomenologie der
Wahrnehmung, 13). Eine Phänomenologie der Wahrnehmung in diesem (mit Heideggers Fundamentalonto-
logie verwandten) Sinne besteht somit in dem Versuch,
die Strukturen der Lebenswelt vor jeder wissenschaftlichen und metaphysischen Zugangsweise zu beschreiben,
und enthält entsprechend auch keine psychologische
Theorie eines bestimmten sinnlichen Vermögens, sondern eine umfassende Phänomenologie des ›Seins-in-
der-Welt‹ (l'être-au-monde). Die fundamentale Kategorie der Subjektivitätstheorie M.-P.s ist die Leiblichkeit
(↑Leibapriori), wobei der Primat des Leibes nach M.-P.
die analytische Zweitrangigkeit der in der Neuzeit entwickelten anthropologischen Kategorien, z. B. der Kategorie des ↑Geistes, zeigt. – Die praktischen Folgen von
M.-P.s phänomenologischem Ansatz sind in seinem Begriff der bedingten Freiheit zusammengefaßt. Seine sozialphilosophische Konzeption (Humanisme et terreur,
1947; Les aventures de la dialectique, 1955) hat M.-P. zu
einer detaillierten Auseinandersetzung mit der marxistischen Philosophie (↑Marxismus) im Sinne einer phänomenologischen Revision der materialistischen Subjekttheorie weiterentwickelt.

Werke: M. M.-P., Œuvres, ed. C. Lefort, Paris 2010. – La structure du comportement, Paris 1942, mit Untertitel: Précédé de
»Une philosophie de l'ambiguïté« par Alphonse de Waelhens,
²1949, ⁸1977, Neuausg. 1990, ³2006, 2009 (engl. The Structure of
Behaviour, Boston Mass. 1963, 1967; dt. Die Struktur des Verhaltens, Berlin/New York 1976); Phénoménologie de la perception, Paris 1945, Neudr. in: Œuvres [s. o.], 655–1167 (engl.
Phenomenology of Perception, New York/London 1962, 2002;
dt. Phänomenologie der Wahrnehmung, Berlin 1966, [repr.
Berlin 2008]); Humanisme et terreur. Essai sur le problème
communiste, Paris 1947, Neudr. in: Œuvres [s. o.], 165–338
(dt. Humanismus und Terror, I–II, Frankfurt 1966, ³1972,
1990; engl. Humanism and Terror. An Essay on the Communist
Problem, Boston Mass. 1969, mit Untertitel: The Communist
Problem, New Brunswick N. J. 2000); Sens et non-sens, Paris
1948, 2006 (engl. Sens and Non-sens, Evanston Ill. 1964, 1991;
dt. Sinn und Nicht-Sinn, München 2000); Les sciences de
l'homme et la phénoménologie. Introduction et 1re partie. Le
problème des sciences de l'homme selon Husserl, Paris 1953 (Les
cours de Sorbonne), Neudr. in: Œuvres [s. o.], 1203–1266, I–II

(in einer von seinen Schülern verfaßten Zusammenfassung),
Bull. psychol. 18 (1964), 141–170 (dt. Die Humanwissenschaf-
ten und die Phänomenologie, in: ders., Vorlesungen I, Berlin/
New York 1973, 129–226); Éloge de la philosophie. Leçon in-
augurale au Collège de France [...], Paris 1953, 1962 (dt. Lob der
Philosphie [...], in: ders., Vorlesungen I, Berlin/New York 1973,
15–50; engl. In Praise of Philosophy, Evanston Ill. 1963, unter
dem Titel: In Praise of Philosophy and Other Essays, 1988,
3–67); Les aventures de la dialectique, Paris 1955, Neudr. in:
Œuvres [s. o.], 409–623 (dt. Die Abenteuer der Dialektik, Frankfurt 1968, 1974; engl. Adventures of the Dialectic, Evanston Ill.
1973, London 1974); (ed.) Les philosophes célèbres, Paris 1956;
Signes, Paris 1960, 2001 (engl. Signs, Evanston Ill. 1964, 1978; dt.
Zeichen, Hamburg 2007); L'œil et l'esprit, Les temps modernes
17 (1961/1962), 193–227, separat Paris 1964, Neudr. in: Œuvres
[s. o.], 1585–1628 (dt. Das Auge und der Geist, in: Das Auge und
der Geist. Philosophische Essays, Hamburg 1967, 13–43, 2003,
275–318); Le visible et l'invisible. Suivi de notes de travail, Paris
1964, Neudr. in: Œuvres [s. o.], 1629–1807 (engl. The Visible
and the Invisible. Followed by Working Notes, Evanston Ill.
1968; dt. Das Sichtbare und das Unsichtbare. Gefolgt von Ar-
beitsnotizen, München 1986, 2004); Résumés de cours, Collège
de France, 1952–1960, Paris 1968, 1982 (engl. Themes From
the Lectures at the Collège de France, 1952–1960, Evanston Ill.
1979; dt. Vorlesungszusammenfassungen (Collège de France
1952–1960), in: Vorlesungen I, Berlin/New York 1973,
51–128); La prose du monde, Paris 1969, Neudr. in: Œuvres
[s. o.], 1423–1544 (engl. The Prose of the World, Evanston Ill.
1973, London etc. 1974; dt. Die Prosa der Welt, München 1984,
1993); M.-P. à la Sorbonne. Résumés de Cours 1949–1952,
Grenoble 1988 (dt. Keime der Vernunft. Vorlesungen an der
Sobonne 1949–1952, München 1994). – F. H. Lapointe/C. C.
Lapointe, M. M.-P. and His Critics. An International Bibliography (1942–1976). Preceded by a Bibliography of M.-P.'s Writings, New York/London 1976; Joan Nordquist, M. M.-P.. A
Bibliography, Santa Cruz Calif. 2000.

Literatur: H. Adams, M.-P. and the Advent of Meaning. From
Consummate Reciprocity to Ambiguous Reversibility, Continental Philos. Rev. 34 (2001), 203–224; T. Baldwin, M.-P.,
REP VI (1998), 320–325; ders. (ed.), Reading M.-P.. On »Phe-
nomenology of Perception«, New York/London 2007; J. F. Ban-
nan, The Philosophy of M.-P., New York etc. 1967; R. Barbaras,
De l'être phénomène. Sur l'ontologie de M.-P., Grenoble
1991, 2001 (engl. The Being of the Phenomenon. M.-P.'s Onto-
logy, Bloomington Ind./Indianapolis Ind. 2004); M.-R. Barral.
M.-P.. The Role of the Body-Subject in Interpersonal Relations,
Pittsburgh Pa., Louvain 1965, unter dem Titel: The Body in
Interpersonal Relations. M.-P., Lanham Md./London 1984; S. de
Beauvoir, Privilèges, Paris 1955, 1979, 201–272; C. Bermes,
M. M.-P. zur Einführung, Hamburg 1998, ²2004; K. M. Besmer,
M.-P.'s Phenomenology. The Problem of Ideal Objects, London/
New York 2007; K. Boer, M. M.-P.. Die Entwicklung seines
Strukturdenkens, Bonn 1978 (mit Bibliographie, 191–197); A.
Bonomi, Esistenza e struttura, Saggio su M.-P., Mailand 1967;
J. L. Borg, Le marxisme dans la philosophie socio-politique de
M.-P., Rev. Philos. Louvain 73 (1957), 481–510; S. Bucher,
Zwischen Phänomenologie und Sprachwissenschaft. Zu M.-P.s
Theorie der Sprache, Münster 1991; P. Burke/J. van der Veken
(eds.), M.-P. in Contemporary Perspectives, Dordrecht/Boston
Mass./London 1993; T. W. Busch/S. Gallagher (eds.), M.-P..
Hermeneutics, and Postmodernism, Albany N. Y. 1992; M. Car-
bone, The Thinking of the Sensible. M.-P.'s A-Philosophy,

Evanston Ill. 2004; T. Carman/M. B. N. Hansen (eds.), The Cambridge Companion to M.-P., Cambridge etc. 2005, 2006; S. L. Cataldi, Emotion, Depth, and Flesh. A Study of Sensitive Space. Reflections on M.-P.'s Philosophy of Embodiment, Albany N. Y. 1993; dies./W. S. Hamrick (eds.), M.-P. and Environmental Philosophy. Dwelling on the Landscapes of Thought, Albany N. Y. 2007; S. de Chadarevian, Zwischen den Diskursen. M. M.-P. und die Wissenschaften, Würzburg 1990 (mit Bibliographie, 175–185); D. H. Coole, M.-P. and Modern Politics after Anti-Humanism, Lanham Md. etc. 2007; B. Cooper, M.-P. and Marxism. From Terror to Reform, Toronto/Buffalo N. Y./London 1979 (mit Bibliographie, 205–215); V. Descombes, Le même et l'autre. Quarante-cinq ans de philosophie française (1933–1978), Paris 1979, 1993 (engl. Modern French Philosophy, Cambridge etc. 1980, 2001; dt. Das Selbe und das Andere. Fünfundvierzig Jahre Philosophie in Frankreich, 1933–1978, Frankfurt 1981, ²1987); M. C. Dillon, M.-P.'s Ontology, Bloomington Ind./Indianapolis Ind. 1988, Evanston Ill. ²1997; ders. (ed.), M.-P. Vivant, Albany N. Y. 1991; R. Diprose/J. Reynolds (eds.), M.-P.. Key Concepts, Stocksfield 2008, 2009; P. Dwyer, Sense and Subjectivity. A Study of Wittgenstein and M.-P., Leiden etc. 1990; J. M. Edie, M.-P.'s Philosophy of Language. Structuralism and Dialectics, Washington D. C. 1987; F. Evans/L. Lawlor (eds.), Chiasms. M.-P.'s Notion of Flesh, Albany N. Y. 2000; H. v. Fabeck, An den Grenzen der Phänomenologie. Eros und Sexualität im Werk M. M.-P.s, München 1994; D. Fairchild, Prolegomena to a Methodology. Reflections on M.-P. and Austin, Washington D. C. 1987; W. Faust, Abenteuer der Phänomenologie. Philosophie und Politik bei M. M.-P., Würzburg 2007, ²2012; B. Flynn, M. M.-P., SEP 2004; V. Foti, (ed.), M.-P.. Difference, Materiality, Painting, Atlantic Highlands N. J. 1996; T. Fritz, Eine Philosophie inkarnierter Vernunft. Studie zur Entfaltung von M. M.-P.s Denken, Würzburg 2000; W. J. Froman, M.-P.. Language and the Act of Speech, Lewisburg Pa., London/Toronto 1982; T. F. Geraets, Vers une nouvelle philosophie transcendentale. La genèse de la philosophie de M. M.-P. jusqu'à la Phénoménologie de la perception, La Haye 1971; J. H. Gill, M.-P. and Metaphor, Atlantic Highlands N. J./London 1991; G. Gillan (ed.), The Horizons of the Flesh. Critical Perspectives on the Thought of M.-P., Carbondale Ill. etc. 1973; R. Giuliani-Tagmann, Sprache und Erfahrung in den Schriften von M. M.-P., Bern/Frankfurt/New York 1983; dies. [R. Giuliani] (ed.), M.-P. und die Kulturwissenschaften, München 2000; H. Gordon/S. Tamari, M. M.-P.'s »Phenomenology of Perception«. A Basis for Sharing the Earth, Westport Conn./London 2004; R. Grathoff/W. Sprondel (eds.), M. M.-P. und das Problem der Struktur in den Sozialwissenschaften, Stuttgart 1976, J. Gregori, M.-P.s Phänomenologie der Sprache, Heidelberg 1977; S. Günzel, M. M.-P.. Werk und Wirkung. Eine Einführung, Wien 2007; P. J. Hadreas, In Place of the Flawed Diamond. An Investigation of M.-P.'s Philosophy, New York/Bern/Frankfurt 1986; W. S. Hamrick, An Existential Phenomenology of Law. M. M.-P., Dordrecht/Boston Mass./Lancester Pa. 1987; L. Hass, M.-P.'s Philosophy, Bloomington Ind./Indianapolis Ind. 2008; dies./D. Olkowski (eds.), Rereading M.-P.. Essays beyond the Continental-Analytic Divide, Amherst N. Y. 2000; J. Hatley/J. McLane/C. Diehm (eds.), Interrogating Ethics. Embodying the Good in M.-P., Pittsburgh Pa. 2006; P. Herkert, Das Chiasma. Zur Problematik von Sprache, Bewußtsein und Unbewußtem bei M. M.-P., Würzburg 1987; K. Hoeller, M.-P. and Psychology, Atlantic Highlands N. J. 1993; J. Hyppolite, Sens et existence dans la philosophie de M. M.-P., Oxford 1963; G. A. Johnson/M. B. Smith (eds.), Ontology and Alterity in M.-P., Evanston Ill.

1990; dies. (eds.), The M.-P. Aesthetics Reader. Philosophy and Painting, Evanston Ill. 1993, 1996; E. F. Kaelin, An Existentialist Aesthetics. The Theories of Sartre and M.-P., Madison Wis. 1962, 1966; A. Kapust, Berührung ohne Berührung. Ethik und Ontologie bei M.-P. und Levinas, München 1999; R. Kaushik, Art and Institution. Aesthetics in the Late Works of M.-P., London/New York 2011; S. Kruks, The Political Philosophy of M.-P., Brighton, Atlantic Highlands N. J. 1981, Aldershot 1994; dies., A Study of the Political Philosophy of M.-P., New York/London 1987; R. C. Kwant, De fenomenologie van M.-P., Utrecht/Antwerpen 1962 (engl. The Phenomenological Philosophy of M. M.-P., Pittsburgh Pa., Louvain 1963); ders., From Phenomenology to Metaphysics. An Inquiry into the Last Period of M.-P.'s Philosophical Life, Pittsburgh Pa., Louvain 1966; T. D. Langan, M.-P.'s Critique of Reason, New Haven Conn./London 1966; M. M. Langer, M.-P.'s »Phenomenology of Perception«. A Guide and Commentary, Basingstoke/London, Tallahassee Fla. 1989; R. L. Lanigan, Speaking and Semiology. M. M.-P.'s Phenomenological Theory of Existential Communication, The Hague/Paris 1972, Berlin/New York ²1991; ders., Phenomenology of Communication. M.-P.'s Thematics in Communicology and Semiology, Pittsburgh Pa. 1988; ders., The Human Science of Communicology. A Phenomenology of Discourse in Foucault and M.-P., Pittsburgh Pa. 1992; M. Lefeuvre, M.-P. au délà de la phénoménologie. Du corps, de l'être et du langage, Paris 1976; C. Lefort, Sur une colonne absente. Écrits autour de M.-P., Paris 1978; B. Liebsch, Spuren einer anderen Natur. Piaget, M.-P. und die ontogenetischen Prozesse, München 1992; D. B. Low, The Existential Dialectic of Marx and M.-P., New York etc. 1987; ders., M.-P.'s Last Vision. A Proposal for the Completion of the Visible and the Invisible, Evanston Ill. 2000; G. B. Madison, La phénoménologie de M.-P.. Une recherche des limites de la conscience, Paris 1973 (engl. The Phenomenology of M.-P.. A Search for the Limits of Consciousness, Athens Ohio 1981); S. B. Mallin, M.-P.'s Philosophy, New Haven Conn./London 1979 (mit Bibliographie, 287–292); E. Matthews, The Philosophy of M.-P., Chesham, Montreal 2002; ders., M.-P.. A Guide for the Perplexed, London/New York 2006; U. Melle, Das Wahrnehmungsproblem und seine Verwandlung in phänomenologischer Einstellung. Untersuchungen zu den phänomenologischen Wahrnehmungstheorien von Husserl, Gurwitsch und M.-P., The Hague/Boston Mass./Lancester Pa. 1983; S. Ménasé, Passivité et création. M.-P. et l'art moderne, Paris 2003; A. Métraux/B. Waldenfels (eds.), Leibhaftige Vernunft. Spuren von M.-P.s Denken, München 1986; W. Müller, Etre-au-monde. Grundlinien einer philosophischen Anthropologie bei M. M.-P., Bonn 1975; D. Olkowski/J. Morley (eds.), M.-P.. Interiority and Exteriority. Psychic Life and the World, Albany N. Y. 1999; dies./G. Weiss (eds.), Feminist Interpretations of M. M.-P., University Park Pa. 2006; J. O'Neill, Perception, Expression, and History. The Social Phenomenology of M. M.-P., Evanston Ill. 1970; ders., The Communicative Body. Studies in Communicative Philosophy, Politics, and Sociology, Evanston Ill. 1989; G. Pilz, M. M.-P.. Ontologie und Wissenschaftskritik, Bonn 1973; S. Priest, M.-P., London/New York 1998, 2003; D. T. Primozic, On M.-P., Belmont Calif. 2001; A. Rabil Jr., M.-P.. Existentialist of the Social World, New York/London 1967, 1970; M. Rainville, L'expérience et l'expression. Essai sur la pensée de M. M.-P., Montreal 1988; J. Reynolds, M.-P. and Derrida. Intertwining Embodiment and Alterity, Athens Ohio 2004; M. Richir/E. Tassin (eds.), M.-P.. Phénoménologie et expériences, Grenoble 1992; A. Robinet, M.-P.. Sa vie, son œuvre, avec un exposé de sa philosophie, Paris 1963, ohne Untertitel ²1970; S. B. Rosenthal/

P. L. Bourgeois, Mead and M.-P.. Toward a Common Vision, Albany N. Y. 1991; J. Sallis, Phenomenology and the Return to Beginnings, Pittsburgh Pa. 1973, ²2003; J. Schmidt, M. M.-P.. Between Phenomenology and Structuralism, New York, Basingstoke/London 1985; B. Sichère, M.-P. ou le corps de la philosophie, Paris 1982; J. Smith, M.-P. and the Phenomenological Reduction, Inquiry 48 (2005), 553–571; H. Spiegelberg, The Phenomenological Philosophy of M. M.-P. (1907–), in: ders., The Phenomenological Movement. A Historical Introduction II, The Hague 1960, 516–562, unter dem Titel: The Phenomenological Philosophy of M. M.-P. (1908–1961), in: ders. The Phenomenological Movement [...] [I–II in einem Bd.], The Hague/Boston Mass./London ³1982, Dordrecht/Boston Mass./London 1994, 537–584; K. Stengel, Das Subjekt als Grenze. Ein Vergleich der erkenntnistheoretischen Ansätze bei Wittgenstein und M.-P., Berlin/New York 2003; J. B. Stewart (ed.), The Debate between Sartre and M.-P., Evanston Ill. 1998; S. Stoller, Wahrnehmung bei M.-P.. Studie zur »Phänomenologie der Wahrnehmung«, Frankfurt etc. 1995; X. Tilliette, M.-P. ou la mesure de l'homme, Paris 1970; T. Toadvine (ed.), M.-P.. Critical Assessments of Leading Philosophers, I–IV, London/New York 2006; ders./L. Embree (eds.), M.-P.'s Reading of Husserl, Dordrecht/Boston Mass. London 2002; ders./L. Lawlor (eds.), The M.-P. Reader, Evanston Ill. 2007; A. de Waelhens, Une philosophie de l'ambiguité. L'existentialisme de M. M.-P., Louvain 1951, ⁴1970; K. H. Whiteside, M.-P. and the Foundation of an Existential Politics, Princeton N. J. 1988; M. Whitford, M.-P.'s Critique of Sartre's Philosophy, Lexington Ky. 1982. – Res. Phenomenol. 10 (1980), 1–173, Nachdr. als: J. Sallis (ed.), M.-P.. Perception, Structure, Language. A Collection of Essays, Atlantic Highlands N. J. 1981. C. F. G.

Mersenne, Marin, *Oizé (Maine) 8. Sept. 1588, †Paris 1. Sept. 1648, franz. Mathematiker, Physiker und Musiktheoretiker. 1604–1609 Ausbildung im Jesuitenkolleg von La Flèche, 1609–1611 Studium der Theologie in Paris, 1611 Eintritt in den Orden der Minimen, 1615–1619 Lehrtätigkeit an der Ordensschule in Nevers, ab 1619 Forschungstätigkeit im Ordenskonvent in Paris (Couvent de l'Annonciade). – M.s wissenschaftliche und wissenschaftsorganisatorische Tätigkeit bildet einen intellektuellen Mittelpunkt in der Entwicklung der neuzeitlichen Wissenschaft. Mit den bedeutendsten Gelehrten seiner Zeit, unter ihnen I. Beeckman, R. Descartes, P. de Fermat, P. Gassendi, J. B. van Helmont, T. Hobbes und B. Pascal, verbinden ihn ein umfangreicher Briefwechsel und persönliche Freundschaften, z. B. mit Descartes, zu dessen wichtigsten Gesprächspartnern er auch in Fragen der Philosophie gehört. Zum Teil polemisch, zum Teil mit großer analytischer Schärfe vertritt M. die methodologischen und theoretischen Positionen der entstehenden neuzeitlichen Naturwissenschaft gegen die ↑Naturphilosophie der ↑Renaissance (B. Telesio, G. Bruno, F. Patrizzi, R. Fludd) bzw. hermetische (↑hermetisch/Hermetik) und kabbalistische (↑Kabbala) Traditionen sowie gegen den ↑Skeptizismus (La vérité des sciences, 1625). In der wissenschaftlichen Entwicklung, die sich nach M. nicht gegen die (orthodoxe) Theologie,

sondern gegen den ↑Atheismus und ↑Deismus richtet, setzt sich seiner, auch propagandistisch vorgetragenen, Vorstellung entsprechend die Idee der Einheit der Wissenschaft allmählich durch. In ihren mechanistischen Teilen (↑Weltbild, mechanistisches), historisch von der Mechanik G. Galileis und ihrer Weiterentwicklung (vor allem in ihren dynamischen Teilen), erwartet M. die wissenschaftliche Bestätigung einer harmonischen Weltordnung. In diesem Sinne setzt er sich auch für eine vorurteilslose Prüfung der Kopernikanischen Astronomie ein und übersetzt und publiziert Galileis »Le meccaniche« (1593/1594, 1600) (Les méchaniques de Galilée, 1634), später auch eine französische Zusammenfassung und kritische Diskussion der »Discorsi« (1638) (Les nouvelles pensées de Galilée, 1639); eine 1634 geplante Apologie Galileis bleibt unausgeführt.

M.s eigene wissenschaftliche Arbeiten liegen insbes. im Bereich der Mechanik und im Grenzbereich von Musiktheorie und Akustik (z. B. Traité de l'harmonie universelle, 1627; Questions harmoniques, 1634; Harmonie universelle, 1636/1637; Cogitata physico-mathematica, 1644). Hervorzuheben sind seine Analysen und Experimente zur Theorie der Fallbewegung, darunter eine experimentelle Überprüfung des Galileischen Fallrinnenexperiments (Nachweis theoretischer und experimenteller Unklarheiten), Untersuchungen zur Bestimmung des Schwingungsmittelpunktes eines Pendels und zur Mechanik der Flüssigkeiten. Musiktheoretische und akustische Forschungen betreffen z. B. die Definition von Ton und Klang als Luftschwingung, die Erklärung des Konsonanzphänomens durch Häufigkeit des Zusammenfallens von Schwingungen zweier Töne, die Diskussion der Probleme der reinen und temperierten Stimmung und des damit zusammenhängenden Problems der Skalenbildung sowie Versuche zur Erklärung des Obertonphänomens bei schwingenden Saiten und Luftsäulen. Unabhängig von Descartes, Hobbes und Gassendi formuliert M. eine Theorie der Subjektivität der Sinnesqualitäten und entdeckt die nach ihm benannten *Mersenneschen Primzahlen*, d. s. Primzahlen der Gestalt $2^p - 1$, wobei p selbst Primzahl ist (1644).

Werke: L'usage de la raison ou tous les mouvemens sont deduits. Et les actions de l'entendement, de la volonté, et du libéral arbitre sont expliquées fort exactement, Paris 1623, unter dem Titel: L'usage de la raison, ed. C. Buccolini, Paris 2002; Observationes et emendationes ad Francisci Georgii Veneti problemata, Paris 1623, in: Quaestiones celeberrimae [s. u.]; Quaestiones celeberrimae in Genesim, cum accurata textus explicatione. [...], Paris 1623; L'impieté des deistes, athees et libertins de ce temps [...], I–II, Paris 1624 (repr. Stuttgart-Bad Cannstatt 1975), ed. D. Descotes, Paris 2005; La verite des sciences. Contre les septiques [sic!] ou Pyrrhoniens, Paris 1625 (repr. Stuttgart-Bad Cannstatt 1969), mit Untertitel: Contre les sceptiques ou pyrrhoniens, ed. D. Descotes, Paris, Genf 2003; Synopsis mathematica, Paris 1626; Traité de l'harmonie universelle. Où est contenu la Musique Theorique & Pratique des Anciens & Modernes [...], Paris 1627, unter dem Titel: Traité de l'harmonie universelle, ed. C. Buccolini, Paris 2003; Questions rares et curieuses, théologiques, naturelles, morales, politiques, et de controverse [...], Paris 1630; Questions inouyes, ou Recreation des sçavans. [...], Paris 1634 (repr. Stuttgart-Bad Cannstatt 1972), ferner in: Questions inouyes. Questions harmoniques. Questions théologiques. Les méchaniques de Galilée. Les préludes de l'harmonie universelle, ed. A. Pessel, Paris 1985, 5–103; Questions harmoniques [...], Paris 1634 (repr. Stuttgart-Bad Cannstatt 1972), ferner in: Questions inouyes [s.o.], 1985, 105–198; Les questions theologiques, physiques, morales, et mathematiques, Paris 1634, ferner in: Questions inouyes [s.o.], 1985, 199–425; Les mechaniques de Galilée [...], trad. de l'italien de M. M., Paris 1634, ed. B. Rochot, Paris 1966, ferner in: Questions inouyes [s.o.], 1985, 427–513; Les preludes de l'harmonie universelle, ou Questions curieuses utiles aux predicateurs, aux theologiens, aux astrologues, aux medecins & aux philosophes, Paris 1634, ferner in: Questions inouyes [s.o.], 1985, 515–660; Traité des mouvemens et de la cheute des corps pesans et de la proportion de leurs différentes vitesses, Paris 1634; Questions physico-mathématiques et les méchaniques du Sieur Galilée, Paris 1635; Harmonicorum libri. In quibus agitur de sonorum natura, causis, et effectibus [...], Paris 1635, 1636, zusammen mit: Harmonicorum instrumentorum libri IV [s.u.], unter dem Titel: Harmonicorum Libri XII, Paris 1648 (repr. Genf 1972); Harmonicorum instrumentorum libri IV. [...], Paris 1636, zusammen mit: Harmonicorum Libri [s.o.], unter dem Titel: Harmonicorum Libri XII, Paris 1648 (repr. Genf 1972); Harmonie universelle, contenant la theorie et la pratique de la musique [...], I–II, Paris 1636/1637 (repr., I–III, Paris 1963 [mit Randbemerkungen M.s], 1965, 1975, 1986) (engl. [Teilübers.] Harmonie universelle. The Books on Instruments, The Hague 1957); Les nouvelles pensées de Galilee [...], Paris 1639, I–II, ed. P. Costabel/M.-P. Lerner, Paris 1973 [freie Übers. von: G. Galilei, Discorsi e dimostrazioni matematiche, intorno à due nuove scienze, attenti alla mecanica & i movimenti locali (...), Leiden 1638]; Universae geometriae mixtaeque mathematicae synopsis, et bini refractionum demonstratarum tractatus, Paris 1644; Cogitata physico-mathematica. In quibus tam naturae quàm artis effectus admirandi certissimis demonstrationibus explicantur, Paris 1644 [enthält Tractatus de mensuris (...), Hydraulica pneumatica (...), Ars navigandi (...), Harmonia (...), Tractatus mechanicus (...), Ballistica (...), die teilweise auch separat erschienen]; Novarum observationum physicomathematicarum [...] tomus III, quibus acessit Aristarchus Samius De mundi systemate, Paris 1647 [Fortsetzung der Universae geometricae mixtaeque (s.o.) und Cogitata physico-mathematica (s.o.)]; L'optique et la catoptrique, Paris 1651, ferner als Anhang zu: J.-F. Nicéron, Perspective curieuse, Paris 1652, 1663. – Correspondance de P. M. M., religieux minime, I–XVII u. 1 Indexbd., ed. C. de Waard, Paris 1932 [i.e. 1933]–1988 [XVII = Supplement, Bibliographie]. – R. Lenoble, Notice bibliographique. Section I. Œuvres de M., in: ders., M. ou la naissance du mécanisme [s.u., Lit.], XI–XL.

Literatur: P. E. Ariotti, Bonaventura Cavalieri, M. M., and the Reflecting Telescope, Isis 66 (1975), 302–321; A. Beaulieu, La correspondance du P. M. M., Rev. synth. 97 (1976), 71–76; ders., Les relations de Hobbes et de M., in: Y. C. Zarka/J. Bernhardt (eds.), Thomas Hobbes. Philosophie première, Paris 1990, 81–92; ders., M., Enc. philos. universelle III/1 (1992), 1339–1341; ders., M., DP II (1993), 1996–1997; ders., M.. Le

grand minime, Brüssel, Paris 1995; D. Bertoloni Meli, The Role of Numerical Tables in Galileo and M., Pers. Sci. 12 (2004), 164–190; P. Boutroux, Le Père M. et Galilée, Scientia 31 (1922), 279–290, 347–360; J.-M. Constant/A. Fillon (eds.), Actes du colloque. 1588–1988. Quatrième centenaire de la naissance de M. M.. Colloque scientifique international et celebration nationale, Le Mans 1994; P. Costabel, M. M., in: J.-P. Schobinger (ed.), Die Philosophie des 17. Jahrhunderts II (Frankreich und Niederlande), Basel 1993, 637–647, 700–702; H. de Coste, La vie du R. P. M. M., theologien, philosophe et mathematicien, de l'Ordre des Peres Minimes, Paris 1649; E. Coumet, M.. Dénombrements, répertoires, numérotations de permutations, Mathématiques et sciences humaines 38 (1972), 5–37; D. Cozzoli, The Development of M.'s Optics, Pers. Sci. 18 (2010), 9–25; A. C. Crombie, M., DSB IX (1974), 316–322; ders., M. M. (1588–1648) and the Seventeenth-Century Problem of Scientific Acceptability, Physis 17 (1975), 186–204; P. Dear, M. M. and the Probabilistic Roots of ›Mitigated Scepticism‹, J. Hist. Philos. 22 (1984), 173–205; ders., M. and the Language of Philosophy, in: K. D. Dutz/L. Kaczmarek (eds.), Rekonstruktion und Interpretation. Problemgeschichtliche Studien zur Sprachtheorie von Ockham bis Humboldt, Tübingen 1985, 197–241; ders., M. and the Learning of the Schools, Ithaca N. Y./London 1988; ders., M.'s Suggestion. Cartesian Meditation and the Mathematical Models of Knowledge in the Seventeenth Century, in: R. Ariew/M. Grene (eds.), Descartes and His Contemporaries. Meditations, Objections, and Replies, Chicago Ill./London 1995, 44–62; ders., M., REP VI (1998), 325–331; ders., M. M. (1588–1648), in: W. Applebaum (ed.), Encyclopedia of the Scientific Revolution from Copernicus to Newton, New York/London 2000, 668–670; ders., M. M.. Mechanics, Music and Harmony, in: P. Gozza (ed.), Number to Sound. The Musical Way to the Scientific Revolution, Dordrecht/Norwell Mass. 2000, 267–288; E. J. Dijksterhuis, Val en Worp. Een Bijdrage tot de Geschiedenis der Mechanica van Aristoteles tot Newton, Groningen 1924, 373–381 u.ö.; H.-H. Dräger, M., in: F. Blume (ed.), Die Musik in Geschichte und Gegenwart IX, Kassel 1961, 131–134; S. Drake, The Rule Behind »M.'s Numbers«, Physis 13 (1971), 421–424; R. Dugas, La mécanique au XVIIᵉ siècle (Des antécédents scolastiques à la pensée classique), Neuchâtel 1954, 90–102 (Chap. V Le P. M. M.. Éclectisme et interconnexion) (engl. Mechanics in the Seventeenth Century [From the Scholastic Antecedents to Classical Thought], Neuchâtel 1958, 90–101 [Chap. V Father M. M.. Eclecticism and Interconnexion]); P. M. M. Duhem, Le P. M. M. et la pesanteur de l'air, Rev. générale des sci. 17 (1906), 769–782, 809–817, separat Paris 1906; D. A. Duncan, An International and Interdisciplinary Bibliography [...] of M. M., Bollettino di Storia della Filos. dell'Università degli Studi di Lecce 9 (1986–1989), 201–242; N. Fabbri, Cosmologia e armonia in Kepler e M.. Contrappunto a due voci sul tema dell'›harmonice mundi‹, Florenz 2003; dies., De l'utilité de l'harmonie. Filosofia, scienza e musica in M., Descartes e Galileo, Pisa 2008; D. Garber, On the Frontlines of the Scientific Revolution. How M. Learned to Love Galileo, Pers. Sci. 12 (2004), 135–163; M. A. Granada, M.'s Critique of Giordano Bruno's Conception of the Relation Between God and the Universe. A Reappraisal, Pers. Sci. 18 (2010), 26–49; A. Gruber, M. and Evolving Tonal Theory, J. Music Theory 14 (1970), 36–67; H. Hermelink, M. M. und seine Naturphilosophie, Philos. Nat. 1 (1950), 223–242; W. L. Hine, M. and Copernicanism, Isis 64 (1973), 18–32; ders., M. M.. Renaissance Naturalism and Renaissance Magic, in: B. Vickers (ed.), Occult and Scientific Mentalities in the Renaissance, Cambridge etc. 1984, 165–176; E.

Knobloch, M. M.s Beiträge zur Kombinatorik, Sudh. Arch. 58 (1974), 356–379; A. Koyré, An Experiment in Measurement, Proc. Amer. Philos. Soc. 97 (1953), 222–237, ferner in: ders., Metaphysics and Measurement. Essays in Scientific Revolution, London, Cambridge Mass. 1968, Yverdon etc. 1992, 89–117; R. Lenoble, M. ou la naissance du mécanisme, Paris 1943, ²1971 (mit Bibliographie, XI–LXII); J. Lewis, Playing Safe? Two Versions of M.'s »Questions théologiques, physiques, morales et mathématiques« (1634), The Seventeenth Century 22 (2007), 76–96; H. Lohmann, M., BBKL V (1993), 1334–1336; H. Ludwig, M. M. und seine Musiklehre, Halle/Berlin 1935 (repr. Hildesheim/New York 1971); D. T. Mace, M. M. on Language and Music, J. Music Theory 14 (1970), 2–34; J. Maclachlan, M.'s Solution for Galileo's Problem of the Rotating Earth, Hist. Math. 4 (1977), 173–182; N. Malcolm, Five Unknown Items from the Correspondence of M. M., The Seventeenth Century 21 (2006), 73–98; J.-P. Maury, A l'origine de la recherche scientifique. M., ed. S. Taussig, Paris 2003; C. R. Palmerino, Experiments, Mathematics, Physical Causes. How M. Came to Doubt the Validity of Galileo's Law of Free Fall, Pers. Sci. 18 (2010), 50–76; R. H. Popkin, M., Enc. Ph. V (1967), 282–283; R. Raphael, Galileo's »Discorsi« and M.'s »Nouvelles Pensées«. M. as a Reader of Galilean ›Experience‹, Nuncius 23 (2008), 7–36; H. S. Uhler, A Brief History of the Investigations on M.'s Numbers and the Latest Immense Primes, Scr. Math. 18 (1952), 122–131; D. P. Walker, Studies in Musical Science in the Late Renaissance, London, Leiden 1978. – Rev. hist. sci. 2 (1948), H. 1; Rev. philos. France étrang. 120 (1995), H. 2 (XVIIᵉ Siècle: M., Descartes, Pascal, Spinoza, Leibniz); Ét. philos. 1994, H. 1–2 (Études sur M. M.); Pers. Sci. 18 (2010), H. 1 (Special Issue on M. M.).　J. M.

Merton School, Bezeichnung für die von T. Bradwardine, W. Heytesbury, J. Dumbleton und R. Swineshead (Suisset) im 14. Jh. im Merton College (Oxford) entwickelten kinematischen Vorstellungen, in deren Rahmen unter anderem eine klare Unterscheidung zwischen ↑Dynamik und ↑Kinematik getroffen, dabei die Idee einer ›Mathematisierung‹ der Mechanik gefaßt und der Begriff der gleichförmigen Beschleunigung gebildet wurde. Die kinematischen Untersuchungen der M. S., deren Vertreter wegen ihrer Verwendung arithmetisch-algebraischer Methoden nach dem Beinamen Swinesheads (›Calculator‹) auch als ›Calculatores‹ bezeichnet werden, beginnen, beeinflußt von Gerard von Brüssel, mit ↑Bradwardines Reformulierung des Aristotelischen Bewegungsgesetzes (Tractatus de proportionibus velocitatum in motibus, 1328) und finden ihren Höhepunkt in der Formulierung der so genannten *Merton-Regel* (engl. Merton Theorem of Uniform Acceleration, auch: Mean-Speed Theorem). Hintergrund dieser Regel ist die Vorstellung, daß alle Qualitäten, wie Wärme, Helligkeit, aber auch Bewegung, einen veränderlichen Grad (eine *intensio*, bei der Bewegung die Geschwindigkeit) besitzen, der sich über eine Strecke oder Zeitdauer erstreckt (ihre *extensio*). Nach Nikolaus von Oresme stimmt die Quantität der Qualität einer uniform difformen Veränderung mit der Quantität der Qualität einer unverän-

derten Qualität mit dem mittleren Grad überein. Entsprechend ist der von einem aus der Ruhe gleichförmig beschleunigten (uniform difform bewegten) Körper zurückgelegte Weg gleich dem von einem Körper mit konstanter Geschwindigkeit zurückgelegten Weg, wenn diese Geschwindigkeit gleich ist der halben Endgeschwindigkeit des beschleunigten Körpers. Diese halbe Endgeschwindigkeit wird nach der halben Zeitdauer der Bewegung angenommen; sie stimmt überein mit der mittleren Geschwindigkeit des beschleunigten Körpers. Durch diese Ergebnisse erlaubt die Merton-Regel die Rückführung einer gleichförmig beschleunigten Bewegung auf eine gleichförmige Bewegung.

Für den allgemeinen Fall und in moderner Ausdrucksweise: Der von einem Körper mit der Anfangsgeschwindigkeit v_0 und der Beschleunigung a in der Zeit t zurückgelegte Weg s, für den gilt: $s = v_0 t + \frac{a}{2} t^2$, läßt sich ohne Rückgriff auf a, unter Bezug auf die zur Zeit $\frac{t}{2}$ erreichte Geschwindigkeit $v_{\frac{t}{2}}$, auch durch $s = v_{\frac{t}{2}} t$ charakterisieren oder unter Bezug auf die erreichte Endgeschwindigkeit v_t durch $\frac{v_0 + v_t}{2} t$.

Die wohl erste Formulierung dieser Regel findet sich bei ↑Heytesbury im Rahmen einer quantitativen Bewegungsanalyse (Regule solvendi sophismata, 1335). Im Zusammenhang mit einem Beweis dieser Regel tritt ebenfalls bei Heytesbury bereits eine Formulierung des so genannten Streckensatzes auf (Probationes conclusionum, in: M. Clagett, The Science of Mechanics in the Middle Ages, 1959, 1979, 200–201). Nach diesem Satz verhalten sich bei gleichförmiger Beschleunigung eines Körpers die in gleichen Zeiten zurückgelegten Strecken wie die ungeraden Zahlen 1, 3, 5, …. Die Merton-Regel wurde um 1350 von Oresme (möglicherweise unabhängig von den kinematischen Arbeiten der M. S.) in *geometrischen* Darstellungen von Intensitätsverteilungen einer Qualität in einem Körper wiedergegeben. Dabei werden die *latitudines* oder Intensitäten der Qualität, bei der Bewegung also die Geschwindigkeiten, gegen deren *longitudines*, also deren örtliche oder zeitliche Veränderung, aufgetragen. Für Bewegungen gibt Oresme damit eine Darstellung, die modern einem Geschwindigkeit-Zeit-Diagramm entspricht, und identifiziert die eingeschlossene Fläche (zu Recht) mit dem zurückgelegten Weg (↑Oresme, Nikolaus von). Daraus leitet Oresme den Satz ab, daß bei gleichförmig beschleunigten Bewegungen die Wegstrecken in ›doppelter Proportion‹ stehen, also im Verhältnis 1, 3, 5, … anwachsen (Oresme, in: Clagett, Nicole Oresme and the Medieval Geometry of Qualities and Motions [s. u., Lit.], 557–563). Auch G. Galilei gibt für Oresmes Schluß von, modern gesprochen, $v \sim t$ auf $s \sim t^2$ später einen Beweis (Discorsi III,

Le Opere di Galileo Galilei, Ed. Naz. VIII, 210–213 [Corollarium I]).

Die Kinematik der M. S. bestimmt maßgeblich die Entwicklung der ↑Mechanik bis ins 16. Jh. hinein. In Italien (Heytesburys und Swinesheads Arbeiten sind seit etwa 1350 in Padua und Bologna bekannt; zwischen 1475 und 1525 werden zahlreiche Arbeiten Bradwardines, Heytesburys und Swinesheads in Venedig, Pavia und Padua gedruckt) ist ihr bedeutendster Kommentator Cajetan von Thiene; bei G. Marliani finden sich im Anschluß an geometrische Darstellungen Dumbletons ein verbesserter Beweis der Merton-Regel (Probatio cuiusdam sententiae calculatoris de motu locali, 1460) und ein von Bradwardines Reformulierung des Aristotelischen Bewegungsgesetzes abweichender Vorschlag (Questio de proportione motuum in velocitate, 1464). – Von mathematikhistorischer Bedeutung sind im Rahmen der M. S. insbes. die Untersuchungen Bradwardines zur Theorie der zusammengesetzten Proportionen (im Zusammenhang mit mechanischen Betrachtungen im »Tractatus de proportionibus [...]« [1328]) und des Kontinuums (Tractatus de continuo [nach 1328]; Definition der Bewegung als Durchgang des räumlichen Kontinuums durch das zeitliche, Unterscheidung zwischen aktualer und potentieller Unendlichkeit, teilweise Vorwegnahme der Indivisibilienmethode B. F. Cavalieris, ↑Indivisibilien).

Literatur: J. Celeyrette, Bradwardine's Rule. A Mathematical Law?, in: W. R. Laird/S. Roux (eds.), Mechanics and Natural Philosophy Before the Scientific Revolution, Dordrecht 2008 (Boston Stud. Philos. Sci. 254), 51–66; M. Clagett, Giovanni Marliani and Late Medieval Physics, New York 1941, 1967; ders., Richard Swineshead and Late Medieval Physics, Osiris 9 (1950), 131–161; ders., The Science of Mechanics in the Middle Ages, Madison Wis. 1959, 1979, 199–329 (Chap. 4 The Emergence of Kinematics at Merton College, Chap. 5 The Merton Theorem of Uniform Acceleration) u.ö.; ders., Nicole Oresme and the Medieval Geometry of Qualities and Motions. A Treatise on the Uniformity and Difformity of Intensities Known as Tractatus de configurationibus qualitatum et motuum, Madison Wis. 1968; J. Coleman, The Oxford Calculatores. Richard and Roger Swineshead, in: G. Fløistad/R. Klibanski (eds.), Contemporary Philosophy. A New Survey VI/1 (Philosophy and Science in the Middle Ages), Dordrecht/Boston Mass./London 1990, 467–471 [Forschungsbericht]; A. C. Crombie, Augustine to Galileo. The History of Science, A. D. 400–1650, London 1952, ohne Untertitel, I–II, London, Garden City N. Y. ²1959 (repr. unter dem Titel: The History of Science from Augustine to Galileo, New York 1995), London 1961, 1964, II, 85–96, in einem Bd., London, Cambridge Mass. 1979, II, 97–108 (dt. Von Augustinus bis Galilei. Die Emanzipation der Naturwissenschaft, Köln/Berlin 1959, München 1977, 320–331; franz. Histoire des sciences de saint Augustin à Galilée (400–1650), I–II, Paris 1959, I, 288–299); ders., Robert Grosseteste and the Origins of Experimental Science 1100–1700, Oxford 1953, 2002, 178–186; P. Damerow u. a., Exploring the Limits of Preclassical Mechanics. A Study of Conceptual Development in Early Modern Science. Free Fall and Compounded Motion in the Work of Descartes,

Galileo, and Beeckman, New York etc. 1992, ²2004; R. Dugas, Histoire de la mécanique, Neuchâtel, Paris 1950 (repr. Paris 1996), 64–66 (engl. A History of Mechanics, Neuchâtel 1955, New York 1988, 66–68); E. Grant, Physical Science in the Middle Ages, New York 1971, Cambridge/New York/Melbourne, 1977, 1993, 55–59 (dt. Das physikalische Weltbild des Mittelalters, Zürich/München 1980, 98–105); A. P. Juschkewitsch [Juškevič], Istorija matematiki v srednie veka, Moskau 1961, 387–397 (dt. Geschichte der Mathematik im Mittelalter, Leipzig, Basel 1964, Basel 1966, 394–405); W. R. Laird, The School of Merton and the Middle Sciences, Bull. philos. médiévale 38 (1996), 41–51; C. Lewis, The Merton Tradition and Kinematics in Late Sixteenth and Early Seventeenth Century Italy, Padua 1980 (mit Bibliographie, 307–323); S. J. Livesey, The Oxford Calculators, Quantification of Qualities, and Aristotle's Prohibition of Metabasis, Vivarium 24 (1986), 50–69; A. Maier, An der Grenze von Scholastik und Naturwissenschaft, Rom 1943, mit Untertitel: Die Struktur der materiellen Substanz. Das Problem der Gravitation. Die Mathematik der Formlatituden, ²1952 (repr. 1977) [ab 2. Aufl. Teil III der Reihe: Studien zur Naturphilosophie der Spätscholastik]; dies., Die Vorläufer Galileis im 14. Jahrhundert. Studien zur Naturphilosophie der Spätscholastik, Rom 1949, ²1966 (repr. 1977); dies., Zwei Grundprobleme der scholastischen Naturphilosophie. Das Problem der intensiven Größe. Die Impetustheorie, Rom ²1951, ³1968 [ab 3. Aufl. Teil II der Reihe: Studien zur Naturphilosophie der Spätscholastik]; J. Mittelstraß, Neuzeit und Aufklärung. Studien zur Entstehung der neuzeitlichen Wissenschaft und Philosophie, Berlin/New York 1970, 188–193; A. G. Molland, The Geometrical Background to the »M. S.«. An Exploration into the Application of Mathematics to Natural Philosophy in the Fourteenth Century, Brit. J. Hist. Sci. 4 (1968), 108–125; J. E. Murdoch, Mathesis in philosophiam scholasticam introducta. The Rise and Development of the Application of Mathematics in Fourteenth Century Philosophy and Theology, in: Arts libéraux et philosophie au moyen âge. Actes du quatrième congrès international de philosophie médiévale [...], Montréal, Canada 27 août – 2 septembre 1967, Montreal, Paris 1969, 215–254; O. Pedersen, Early Physics and Astronomy. A Historical Introduction, London, New York 1974, Cambridge/New York/Oakleigh 1993; F. M. Powicke, The Medieval Books of Merton College, Oxford 1931; J. H. Randall Jr., The School of Padua and the Emergence of Modern Science, Padua 1961; J. Sarnowsky, The Oxford Calculatores, in: G. Fløistad/R. Klibanski (eds.), Contemporary Philosophy [s.o.], 473–480 [Forschungsbericht]; E. [D.] Sylla, Medieval Quantifications of Qualities. The ›M. S.‹, Arch. Hist. Ex. Sci. 8 (1971), 9–39; dies., Medieval Concepts of the Latitude of Forms. The Oxford Calculators, Arch. hist. doctr. litt. moyen-âge 40 (1973), 223–283; dies., The Oxford Calculators, in: N. Kretzmann/A. Kenny/J. Pinborg (eds.), The Cambridge History of Later Medieval Philosophy. From the Rediscovery of Aristotle to the Disintegration of Scholasticism 1100–1600, Cambridge 1982, 2003, 540–563; dies., The Fate of the Oxford Calculatory Tradition, in: C. Wenin (ed.), L'homme et son univers au moyen âge. Actes du septième congrès international de philosophie médiévale (30 août – 4 septembre 1982) II, Louvain-la-Neuve 1986, 692–698; dies., Galileo and the Oxford ›Calculatores‹. Analytical Languages and the Mean-Speed Theorem for Accelerated Motion, in: W. A. Wallace (ed.), Reinterpreting Galileo, Washington D. C. 1986, 53–108; dies., The Oxford Calculators in Context, Sci. in Context 1 (1987), 257–279; dies., The Oxford Calculators and the Mathematics of Motion 1320–1350. Physics and Measurement by Latitudes, New York/London 1991; dies., Imaginary Space. John Dumbleton and Isaac Newton, in: J. A. Aertsen/A. Speer (eds.), Raum und Raumvorstellungen im Mittelalter, Berlin/New York 1998, 206–225; dies., Oxford Calculators, REP VII (1998), 179–183; dies., The Origin and Fate of Thomas Bradwardine's »De proportionibus velocitatum in motibus« in Relation to the History of Mathematics, in: W. R. Laird/S. Roux (eds.), Mechanics and Natural Philosophy Before the Scientific Revolution [s. o.], 67–119; W. A. Wallace, The ›Calculatores‹ in Early Sixteenth-Century Physics, Brit. J. Hist. Sci. 4 (1969), 221–232; J. A. Weisheipl, Early Fourteenth-Century Physics and the M. S.. With Special Reference to Dumbleton and Heytesbury, Diss. Oxford 1956 [i.e. 1957]; ders., The Place of John Dumbleton in the M. S., Isis 50 (1959), 439–454; ders., Ockham and Some Mertonians, Med. Stud. 30 (1968), 163–213; ders., Repertorium Mertonense, Med. Stud. 31 (1969), 174–224; C. Wilson, William Heytesbury. Medieval Logic and the Rise of Mathematical Physics, Madison Wis. 1956; weitere Literatur: ↑Bradwardine, Thomas, ↑Dumbleton, John of, ↑Heytesbury, William, ↑Swineshead, Richard.   J. M.

Mesmer, Franz (nicht: Friedrich) Anton, *Iznang (Bodensee) 23. Mai 1734, †Meersburg (Bodensee) 5. März 1815, dt. Arzt und Naturphilosoph. Nach Gymnasiumsbesuch in Konstanz (1744–1750) Studium der Philosophie und Theologie an der Jesuitenuniversität Dillingen, ab 1754 (unklar, wie lange) Studium der Theologie und des Kirchenrechts an der Bayrischen Landesuniversität Ingolstadt, 1759 zunächst Jura-, dann Medizinstudium in Wien, 1765/1766 medizinische Promotion. Rege Teilnahme am gesellschaftlichen Leben Wiens; Bekanntschaft mit C. W. Gluck und der Familie Mozart (W. A. Mozarts Singspiel »Bastien und Bastienne« wurde 1768 in M.s Garten uraufgeführt). – Ab 1774 entwickelt M., auf Anregung des Wiener Astronomen M. Hell S. J. in Theorie und Praxis seine Lehre vom ›animalischen Magnetismus‹ (auch: ›Lebensmagnetismus‹). Gefördert durch werbeträchtige Heilungen auf Reisen in Bayern und im Bodenseegebiet erlangt M. in kürzester Zeit europäischen Ruf. 1778 zwingt ihn ein Skandal zur Übersiedlung von Wien nach Paris; dort aufsehenerregende medizinische Praxis. 1784 scheitern seine Versuche, von der L'Académie royale des sciences, die eine Kommission unter Leitung von B. Franklin eingesetzt hatte, die Anerkennung des animalischen Magnetismus als wissenschaftliche Theorie zu erhalten. Nach Reisen 1791 wieder in Wien, 1793 Ausweisung als angeblicher Jakobiner und Agent der französischen Revolution; Exil im Kanton Thurgau (Schweiz); 1799–1801 wieder in Paris bzw. Versailles; 1802–1806 in Meersburg; 1806 aus Furcht vor Nachstellungen der österreichischen Behörden Übersiedlung nach Frauenfeld (Kanton Thurgau); 1812–1814 in Konstanz, dann in Meersburg. M.s Lehre vom animalischen Magnetismus verbindet Traditionen vor allem der esoterischen und Volksmedizin (z. B. J. B. van Helmont, Paracelsus, A. Kircher) mit Fluidal- und Äthertheorien, die im 17. Jh. weithin (z. B.

von I. Newton) vertreten wurden. Sein Anspruch auf die Entdeckung des ›animalischen Magnetismus‹ läßt sich nicht aufrechterhalten, da sich Begriff und Sache etwa schon bei A. Kircher (Magnes sive de arte magnetica [...], Köln ²1643, 617) finden. In seiner Dissertation, die große Ähnlichkeiten mit Bestrebungen anderer (z. B. R. Mead, De imperio solis ac lunae in corpora humana et morbis inde oriundis, London 1704) aufweist, verknüpft M. esoterische naturphilosophische (↑Naturphilosophie) Traditionen einer universellen Sympathie und Antipathie mit dem Weltbild der neuzeitlichen Astronomie: Die Anziehungskraft der Himmelskörper wirkt auf alle Gegenstände, auch auf ↑Organismen. Den dabei auftretenden, Ebbe und Flut analogen Phänomenen entspricht in späteren Schriften bei M. eine spezielle Sensibilität, die er ›Gravitation‹ oder auch ›animalischen Magnetismus‹ nennt. Empirische Bestätigung für die Richtigkeit seiner Theorie findet M. in ›periodischen Krankheiten‹, die aus der Periodizität der Bewegung der Himmelskörper resultieren. Für die medizinische Praxis zieht M. daraus den Schluß, daß eine Reihe von Krankheiten (vornehmlich aus dem psychosomatischen Formenkreis) auf eine Störung des ›gleichförmigen Stroms‹ der als superfeine Flüssigkeit aufgefaßten ›magnetischen Materie‹ beruhe. Therapeutisch ergibt sich daraus für M. die Möglichkeit, Gesundheit als ›Harmonie der Nerven‹ durch eine mittels Stahlmagneten im Nervenfluidum herbeizuführende ›künstliche Ebbe und Flut‹ wieder herzustellen.

Immer wieder betont M. den empirischen Charakter seiner Theorie, die er in nächster Nähe zur Elektrizität (insbes. zum zunächst als spezielle ›tierische Elektrizität‹ betrachteten ›Galvanismus‹) sieht, da die magnetische Materie mit der elektrischen ›fast einerlei‹ sei (z. B. Akkumulation von Magnetismus in beliebigen Gegenständen analog zur Elektrizität in der Leidener Flasche). Diese Konzeption, bei der Elektrizität (insbes. die durch Reiben von Glas erzeugte statische Elektrizität) und Magnetismus im Zentrum stehen, bestimmt auch M.s Therapieverfahren: die Patienten werden um einen mit Glasscherben gefüllten Zuber gestellt und umfassen Eisenstangen, die im Glas des Zubers enden. Dazu ertönte oft die von M. selbst gespielte Glasharmonika, die durch Reiben unterschiedlicher Gläser einen durchdringenden, geradezu hypnotischen Ton erzeugt, den M. als therapeutisch hilfreich erachtete. Zustände, die als Schlafwandeln (Somnambulismus) und Hypnose verstanden werden können, scheinen denn auch – neben ›Konvulsionen‹ – M.s ›Sitzungen‹ (séances) mit Patienten begleitet zu haben.

M. wird vielfach in die Frühgeschichte der Psychotherapie sowie der Hypnose eingeordnet. Er sah den animalischen Magnetismus auch dann noch als Erfahrungswissenschaft an, als er 1775 entdeckte, daß er selbst und *alle* von ihm berührten Gegenstände ›magnetisiert‹ wurden und die gleiche ›magnetische‹ Wirkung wie Stahlmagneten ausübten. In seinem Hauptwerk (Mesmerismus. Oder System der Wechselwirkungen, 1814), das eine rhapsodische Zusammenstellung seiner Gedanken zu den verschiedensten Themen darstellt, legt M. den vielleicht ersten von einem deutschen Autor verfaßten und in Deutschland gedruckten Entwurf einer demokratischen Staatsverfassung vor. – M.s unscharfe und zum Teil widersprüchliche Naturphilosophie und Medizinkonzeption mit ihrem Grundgedanken einer Art Allbeseelung übte, verbunden mit dem charismatischen Eindruck der Persönlichkeit M.s, auf seine durch trockene Vernunft geprägte Zeit auf den verschiedensten Gebieten einen ungeheuren, durch die Überzeugungskraft der Theorie kaum erklärbaren Einfluß aus (↑Mesmerismus). Im medizinischen Bereich dürfte dieser Einfluß im wesentlichen wohl auf die spezifischen Mängel der weitgehend iatromechanisch orientierten zeitgenössischen Schulmedizin (Betrachtung der Lebensvorgänge in mechanischen Modellen) zurückzuführen sein, aber auch auf die bis heute andauernde und sich eher verstärkende Anziehungskraft esoterischer Konzeptionen in einer von Wissenschaft, Rationalität und Aufklärung geprägten Welt.

Werke: Dissertatio physico-medica de planetarum influxu, Wien 1766 (franz. Dissertation physico-médicale sur l'influence des planètes, in: Le magnétisme animal, ed. R. Amadou [s. u.], 29–48; engl. Physical-Medical Treatise on the Influence of the Planets, in: Mesmerism, trans. G. Bloch [s. u.], 1–22); Schreiben über die Magnetkur, Wien 1775, o. O. 1776, ferner in: Sammlung der neuesten gedruckten und geschriebenen Nachrichten von Magnet-Curen, vorzüglich der M.ischen [s. u., Lit.], 16–25, 31–37, 63–73 (engl. [gekürzt] Letter from M. M., Doctor of Medicine at Vienna, to A. M. Unzer, Doctor of Medicine, on the Medical Usage of the Magnet, in: Mesmerism, trans. G. Bloch [s. u.], 25–30); Mémoire sur la découverte du magnétisme animal, Genf/Paris 1779 (repr. Paris/Budapest/Turin 2005), Genf/Karlsruhe 1781, ferner in: Le magnétisme animal, ed. R. Amadou [s. u.], 59–88, Neudr. Paris 2006 (dt. Abhandlung über die Entdeckung des thierischen Magnetismus, Karlsruhe 1781, Neudr. Tübingen 1985; engl. Mesmerism, ›Introd. G. Frankau, London 1948, unter dem Titel: Dissertation on the Discovery of Animal Magnetism, in: Mesmerism, trans. G. Bloch [s. u.], 41–78); Précis historique des faits relatifs au magnétisme-animal jusqu'en avril 1781, London 1781 (repr. Paris/Budapest/Kinshasa 2005), ferner in: Le magnétisme animal, ed. R. Amadou [s. u.], 89–202 (dt. Kurze Geschichte des thierischen Magnetismus bis April 1781, Karlsruhe 1783); Aphorismes de M. M.. Dictés à l'assemblée de ses élèves [...], ed. Caullet de Veaumorel, Paris 1785, ⁴1786 (dt. Lehrsäzze des Herrn M.'s, so wie er sie in den geheimen Versammlungen der Harmonia mitgetheilt hat [...], Straßburg 1785); Mémoire de F. A. M., docteur en médicine, sur ses découvertes, Paris 1799, ²1826, ferner in: Le magnétisme animal, ed. R. Amadou [s. u.], 291–322 (dt. Über meine Entdeckungen, Jena 1800; engl. Memoir of F. A. M., Doctor of Medicine, on His Discoveries, Mount Vernon N. Y. 1957, unter dem Titel: Dissertation by F. A. M., Doctor of Medicine, on His

Discoveries, in: Mesmerism, trans. G. Bloch [s. u.], 87–132); Allgemeine Erläuterungen über den Magnetismus und den Somnambulismus als vorläufige Einleitung in das Natursystem, Askläpieion 2 (1812), Sept. 247–302, Okt. 3–25, separat Halle/Berlin 1812, Karlsruhe 1815; Mesmerismus. Oder System der Wechselwirkungen. Theorie und Anwendung des thierischen Magnetismus als die allgemeine Heilkunde zur Erhaltung des Menschen, ed. K. C. Wolfart, Berlin 1814 (repr. Amsterdam 1966); Le magnétisme animal, ed. R. Amadou, Paris 1971; Mesmerism. A Translation of the Original Scientific and Medical Writings of F. A. M., trans. G. Bloch, Los Altos Calif. 1980.

Literatur: H. Bankhofer, Der Wunderdoktor von Wien. Historischer Roman aus der Zeit Maria Theresias, Wien 1979; E. Benz, F. A. M. (1734–1815) und seine Ausstrahlung in Europa und Amerika, München 1976 (Abh. Marburger Gelehrten Ges. 1973, 2); ders., F. A. M. und die philosophischen Grundlagen des ›animalischen Magnetismus‹, Mainz, Wiesbaden 1977 (Abh. Akad. Wiss. Lit. Mainz, geistes- u. sozialwiss. Kl. 1977, 4); E. Bersot, M. et le magnétisme animal, Paris 1853, ⁴1879; K. Bittel, Der berühmte Hr. Doct. M. am Bodensee. Auf seinen Spuren am Bodensee, im Thurgau und in der Markgrafschaft Baden, mit einigen neuen Beiträgen zur M.-Forschung, Überlingen 1939, ohne Untertitel, Friedrichshafen ²1940; V. Buranelli, The Wizard from Vienna, New York 1975, London 1976, 1977; R. Darnton, M., DSB IX (1974), 325–328; H. F. Ellenberger, M. and Puységur. From Magnetism to Hypnotism, Psychoanal. Rev. 52 (1965), H. 2, 137–153; E. Florey, Ars magnetica. F. A. M. 1734–1815, Magier vom Bodensee, Konstanz 1995; M. Goldsmith, F. A. M.. The History of an Idea, London 1934; J. S. Haller Jr., Swedenborg, M., and the Mind/Body Connection. The Roots of Complementary Medicine, West Chester Pa. 2010; M. Hell, Unpartheyischer Bericht der allhier gemachten Entdeckungen der sonderbaren Wirkungen der künstlichen Stahlmagneten in verschiedenen Nervenkrankheiten, Wien 1775, ferner in: Sammlung der neuesten gedruckten und geschriebenen Nachrichten von Magnet-Curen, vorzüglich der M.ischen [s. u.], 9–16; A. Heresse/J. Fabry, M., Enc. philos. universelle III/1 (1992), 1341–1342; J. Josipovici, F. A. M., magnétiseur, médecin et franc-maçon, Monaco 1982; ders., L'avventura spirituale di F. A. M., Rom 1986; J. Kerner, F. A. M. aus Schwaben, Entdecker des thierischen Magnetismus. Erinnerungen an denselben nebst Nachrichten von den letzten Jahren seines Lebens zu Meersburg am Bodensee, Frankfurt 1856; C. Kiesewetter, F. A. M.'s Leben und Lehre. Nebst einer Vorgeschichte des Mesmerismus, Hypnotismus und Somnambulismus, Leipzig 1893, Neudr. 2010; M. v. Look, F. A. M., Reinhold Schneider. Mit einem bisher ungedruckten Essay von Reinhold Schneider, Freiburg 1969; B. Milt, F. A. M. und seine Beziehungen zur Schweiz, Zürich 1952, mit Untertitel: Magie und Heilkunde zu Lavaters Zeit, 1953; F. A. Pattie, M.'s Medical Dissertation and Its Debt to Mead's »De imperio solis ac lunae«, J. Hist. Med. Allied Sci. 11 (1956), 275–287; ders., M. and Animal Magnetism. A Chapter in the History of Medicine, Hamilton N. Y. 1994; J.-P. Peter, De M. à Puységur. Magnétisme animal e transe somnambulique, à l'origine des thérapies psychiques, in: N. Edelman (ed.), Savoirs occultés. Du magnétisme à l'hypnose, Paris 2009 (Rev. d'hist. du XIXe siècle XXXVIII), 19–40; F. Rausky, M. ou la révolution thérapeutique, Paris 1977 (ital. M. o la rivoluzione terapeutica, Mailand 1980); H. Schott (ed.), F. A. M. und die Geschichte des Mesmerismus. Beiträge zum Internationalen Wissenschaftlichen Symposion anlässlich des 250. Geburtstages von M., 10. bis 13. Mai 1984 in Meersburg, Stuttgart 1985; F. Schürer-Waldheim sen., A. M.. Ein Naturforscher ersten Ranges. Sein Leben und Wirken. Seine Lehre vom tierischen Magnetismus und ihr Schicksal, Wien 1930; E. Sierke, Schwärmer und Schwindler zu Ende des achtzehnten Jahrhunderts, Leipzig 1874, 70–221 (F. A. M. und der thierische Magnetismus); J. Thuillier, F. A. M. ou l'extase magnétique, Paris 1988, mit Untertitel: Biographie, 2004 (dt. Die Entdeckung des Lebensfeuers. F. A. M.. Eine Biographie, Wien/Darmstadt 1990; ital. M. o l'estasi magnetica, Mailand 1996); R. Tischner, F A. M.. Leben, Werk und Wirkungen, München 1928; D. M. Walmsley, A. M., London 1967; G. Wolters (ed.), F. A. M. und der Mesmerismus. Wissenschaft, Scharlatanerie, Poesie, Konstanz 1988; ders., M. in a Mountain Bar. Anthropological Difference, Butts, and Mesmerism, in: J. R. Brown/J. Mittelstraß (eds.), An Intimate Relation. Studies in the History and Philosophy of Science Presented to Robert E. Butts on His 60th Birthday, Dordrecht/Boston Mass./London 1989 (Boston Stud. Philos. Sci. 116), 259–282; J. Wyckoff. F. A. M.. Between God and Devil, Englewood Cliffs N. J. 1975; S. Zweig, Die Heilung durch den Geist. M., Mary Baker-Eddy, Freud, Leipzig 1931, 1932, Wien/Leipzig/Zürich 1936, Frankfurt 1952, 2007 (engl. Mental Healers. F. A. M., Mary Baker Eddy, Sigmund Freud, New York 1932, London 1933, Garden City N. Y. 1934, New York 1962). – Sammlung der neuesten gedruckten und geschriebenen Nachrichten von Magnet-Curen, vorzüglich der M.ischen, Leipzig 1778.   G. W.

Mesmerismus, im engeren Sinne Bezeichnung für die von F. A. ↑Mesmer entwickelte Theorie des ›animalischen‹ oder ›Lebensmagnetismus‹, im weiteren Sinne (auch: ›Tellurismus‹, ›Siderismus‹) Bezeichnung der naturphilosophisch-medizinischen, politisch-sozialen und literarisch-kulturellen Wirkungsgeschichte dieser Theorie. Die *naturphilosophisch-medizinische* Rezeption setzt unmittelbar mit dem Erscheinen der ersten einschlägigen Schriften Mesmers (1775) ein und führte innerhalb weniger Jahre zu einer Hunderte von Publikationen umfassenden Polemik, die um etwa 1790 plötzlich abebbte. In dieser ersten Phase stieß der M. im naturwissenschaftlich-medizinischen, akademischen Bereich durchweg auf Ablehnung, so sehr auch Mesmer selbst gerade hier um Anerkennung bemüht war (Ablehnung durch die Akademien in Berlin und Paris). Lediglich in München konnte Mesmer nach Heilung des Akademiedirektors P. v. Osterwald als Erfolg die Aufnahme in die Bayerische Akademie der Wissenschaften (1775) sowie den Auftrag zu einem (im Ergebnis negativen) Gutachten über den Vorarlberger ›Teufelsaustreiber‹ J. J. Gassner verbuchen. Der entschiedenste außerakademische Förderer des M. in Deutschland und der Schweiz war in dieser ersten Rezeptionsphase J. K. Lavater. In Frankreich, insbes. Paris, erlangte die medizinische Praxis des M. durch Heilungen bei Hofe und gefördert durch bedingungslose Anhänger wie C. d'Eslon, den Leibarzt des Grafen d'Artois, den Advokaten N. Bergasse und (zunächst) die beiden Marquis de Puységur (Straßburg) große Popularität (›mesmeromanie‹) und bedeutenden Einfluß. Dieser wurde durch die Gründung der »Société

d'Harmonie de France« (1784), die sich mit ihren zahlreichen Filialen in Frankreich und im Ausland (bis nach San Domingo) der (lukrativen) Initiation in den M. widmete, erheblich verstärkt. Die Entdeckung (bzw. Wiederentdeckung) des mit Phänomenen des ›Hellsehens‹ (clairvoyance) verbundenen ›magnetischen Schlafs‹ (›Somnambulismus‹) durch die Gebrüder Puységur (1784) kann als eine Art Wendepunkt für die rationale Einschätzung des M. als eine Form der *Hypnose* angesehen werden. In diesem Sinne dürfte die bis in die Gegenwart reichende Wirkung des M. in der Volksmedizin zu erklären sein. Von noch nachhaltigerer Wirkung war der Einfluß des M. in Amerika (im Englischen ist ›mesmerize‹ [›hypnotisieren‹, ›großen Einfluß haben‹] in die Alltagssprache eingegangen). Eine erste Vermittlung, bei der auch G. Washington freundliches Interesse zeigte, erfolgte durch den Marquis de Lafayette, der auf seiten Washingtons im Range eines Generalmajors in den amerikanischen Befreiungskriegen gekämpft hatte und 1784 von Mesmer initiiert worden war. Entscheidend wurde der M. jedoch beim Entstehen der »Mental-Health«- oder »Faith-Healing«-Bewegung, die auf den nach Amerika ausgewanderten Mesmer-Schüler C. Poyen und den von diesem initiierten P. P. Quimby zurückgeht. Das messianische Sendungsbewußtsein von Quimbys Patientin Mary Baker-Eddy, die, auf Quimbys Ideen und Papiere gestützt, die »Christian Science« entwickelte, reklamierte diese Lehre jedoch als persönlich geoffenbart und verdammte den M. als ›malicious animal magnetism‹. Ebenso wie die »Christian Science« ist die auch auf Quimby zurückgehende und vor allem von R. W. Trine geförderte »New Thought«-Bewegung noch heute von bedeutendem Einfluß in Amerika. Dies gilt auch für die von Heliona Blavatsky gegründete »Theosophical Society« (↑Theosophie), die sich über die »Spiritualist Church« und einen Puységur-Schüler unter anderem auf Mesmer zurückführt.

Eine zweite, verstärkte und höchst wirkungsvolle Rezeptionsphase des M., die in Berlin ihr Zentrum hatte, setzte ca. 1809 ein, als bekannt wurde, daß Mesmer, längst tot geglaubt, noch lebe. Wichtig hier vor allem die Berliner Medizinprofessoren K. C. Wolfart und C. W. Hufeland, der den M. zunächst abgelehnt hatte, sowie die schillernde Figur des D. F. Koreff, einer der »Serapionsbrüder«. Wilhelm und Caroline v. Humboldt, F. D. E. Schleiermacher, Staatskanzler K. A. v. Hardenberg und viele andere Personen des Berliner politischen und kulturellen ›Establishments‹ ließen sich magnetisch behandeln und gehörten zu den Anhängern des M.. Im Unterschied zu I. Kant (vgl. Anthropologie in pragmatischer Hinsicht [1789], Akad.-Ausg. VII, 150) standen die Philosophen des Deutschen Idealismus (↑Idealismus, deutscher), vor allem J. G. Fichte und F. W. J. Schelling, dem

M. wohlwollend gegenüber (vgl. G. W. F. Hegel, Enc. phil. Wiss. § 406, Sämtl. Werke X, 168–204, bes. 191–204; J. G. Fichte, Tagebuch über den animalischen Magnetismus [1813], Nachgelassene Werke III, ed. I. H. Fichte, Bonn 1835 [repr. Berlin 1962], 295–344; F. W. J. Schelling, Über den Zusammenhang der Natur mit der Geisterwelt. Ein Gespräch. Fragment, Sämtl. Werke Erg. Bd. IV, 103–212). Besonders nachdrücklich war der Einfluß des M. mit seiner Betonung der ›Nachtseite‹ des Seelenlebens (das ↑Unbewußte) auf die romantische Naturphilosophie (↑Naturphilosophie, romantische) und Medizin (z. B. C. G. Carus, K. A. Eschenmayer, C. F. Kielmeyer, L. Oken, J. W. Ritter). Noch A. Schopenhauer hält den animalischen Magnetismus »vom philosophischen Standpunkt aus betrachtet, [für] die inhaltschwerste aller jemals gemachten Entdeckungen; wenn er auch einstweilen mehr Räthsel aufgibt, als löst« (Sämtl. Werke V, ed. A. Hübscher, Wiesbaden ³1972, 285). – Die Rezeption des M. in England beschleunigte seine entmythisierende Charakterisierung als Hypnose (der Terminus wurde von J. Braid, Neurypnology. Or, the Rationale of Nervous Sleep Considered in Relation with Animal Magnetism, London, Edinburgh 1843, geprägt), die auch von J. M. Charcot, der S. Freud beeinflußte, vertreten und therapeutisch angewendet wurde. In der Gegenwart wird, ohne historischen Zusammenhang mit dem M., die therapeutische Wirksamkeit von (allerdings sehr starken) Magnetfeldern in der Schulmedizin kontrovers diskutiert.

Von nicht unbeträchtlichem *politisch-sozialen* Einfluß war der M. im vorrevolutionären Frankreich. So wurden in einer gewagten ›Atmosphärentheorie‹ die Störungen der ›Atmosphäre‹ infolge moralischer Verworfenheit und politischer Ungerechtigkeit als Krankheitsursachen betrachtet, die es zu beseitigen gelte. Nicht unbedeutend auch, daß Mesmer in seiner Praxis die verschiedenen Klassen, das revolutionäre Ideal der égalité antizipierend, gemeinsam behandelte. In Frankreich wie in anderen Ländern bildeten sich dem M. anhängende und dem Freimaurertum ähnliche Zirkel einflußreicher Persönlichkeiten, die im politisch-gesellschaftlichen Leben die mit dem M. verbundenen Ideale, insbes. gesellschaftlicher Harmonie, vertraten. – Besonderen Einfluß hatte die Naturphilosophie des M. von Anfang an auf okkultistische und spiritistische Kreise, zumal nachdem er auf Grund theoretischer Defizite jede Anerkennung als eine seriöse wissenschaftliche Theorie oder Naturphilosophie verloren hatte.

Kaum zu unterschätzen ist die *literarische* Wirkung des M., vor allem in Deutschland und Amerika. So setzten sich etwa E. T. A. Hoffmann (z. B. Der Magnetiseur, 1814) und H. v. Kleist, dessen »Käthchen von Heilbronn« (1810) der Geschichte einer Patientin des schwäbischen Arztes E. Gmelin nachgezeichnet ist (der ebenso

wie sein Landsmann, der Arzt und Dichter J. Kerner, überzeugter Mesmerist war), mit dem M. auseinander (vgl. auch den ›somnambulen‹ Zustand des Prinzen von Homburg im ersten Akt des gleichnamigen Schauspiels). Bedeutsam auch der Einfluß des M. auf F. v. Baader und J. H. Jung gen. Stilling. Unter den neueren Autoren sind unter anderen S. Zweig, Reinhold Schneider und A. Walser zu nennen. – In Frankreich widmete sich z. B. V. Hugo Themen des M.; im angelsächsischen Bereich ist vor allem E. A. Poes literarisches Werk (z. B. A Tale of the Ragged Mountains [1844]; Mesmeric Revelation [1844]; The Facts in the Case of M. Valdemar [1845] [in England unter dem Titel: Mesmerism »in actu mortis«. An Astounding & Horrifying Narrative, Shewing the Extraordinary Power of Mesmerism in Arresting the Progress of Death (1845)]) durch den M. stark beeinflußt. – ›Mesmeristische‹ Szenen finden sich in J. Offenbachs »Hoffmanns Erzählungen« (1881) und in W. A. Mozarts »Cosi fan tutte« (1790). – Zahlreiche, zum Teil sehr kurzlebige Zeitschriften waren der Verbreitung des M. gewidmet (s. Literaturverzeichnis).

Literatur: W. Artelt, Der M. in Berlin, Akad. Wiss. Lit. Mainz, geistes- u. sozialwiss. Kl. 1965, 387–474, separat Wiesbaden/ Mainz 1966; J. S. Bailly (Redaktion), Rapport des commissaires chargés par le Roi de l'examen du magnétisme animal, Paris 1784 (repr. in: J.-S. Bailly/B. Franklin/J. Servant, De l'examen du magnétisme animal [...], Genf/Paris 1980) (dt. Bericht der von dem Könige von Frankreich ernannten Bevollmächtigten zur Untersuchung des thierischen Magnetismus, Altenburg 1785; engl. Report of Dr. Benjamin Franklin, and Other Commissioners, Charged by the King of France, with the Examination of the Animal Magnetism, as now Practiced at Paris. With an Historical Introduction, London 1785, unter dem Titel: Animal Magnetism. Report of Dr. Benjamin Franklin [...], Philadelphia Pa. ²1837); J. Barkhoff, Magnetische Fiktionen. Literarisierung des M. in der Romantik, Stuttgart/Weimar 1995; N. Bergasse, Considérations sur le magnétisme animal, ou sur la théorie du monde et des êtres organisés [...] Avec des pensées sur le movement, par M. le Marquis de Chatellux [...], La Haye 1784 (dt. Betrachtungen über den thierischen Magnetismum. Oder die Theorie der Welt und der organisirten Wesen [...] nebst des Hrn. Marquis von Chatellux Gedanken über die Bewegung. Mit einer Vorrede vom Herrn H. M. Grafen v. Brühl, Dresden 1790); A. Binet/C. Féré, Le magnétisme animal, Paris 1887 (repr. Paris 2005, Paris etc. 2006), ⁵1908 (engl. Animal Magnetism, London 1887, New York 1888, 1890, London ⁵1905); J. Braid, Neurypnology. Or, the Rationale of Nervous Sleep Considered in Relation with Animal Magnetism, London, Edinburgh 1843, unter dem Titel: On Hypnotism. Neurypnology or the Rationale of Nervous Sleep Considered in Relation to Animal Magnetism or Mesmerism and Illustrated by Numerous Cases of Its Successful Application in the Relief and Cure of Disease, ed. A. E. Waite, ²1899, unter dem Titel: Braid on Hypnotism. The Beginnings of Modern Hypnosis, New York 1960 (franz. Neurypnologie. Traité du sommeil nerveux ou hypnotisme, Paris 1883 [repr. unter dem Titel: Hypnose ou Traité du sommeil nerveux, considéré dans ses relations avec le magnétisme animal, Paris/Budapest/Turin 2004]); M. Brenman/M. M. Gill, Hypnotherapy. A Survey of the Literature, o. O. [New York]

1944, erw. London, New York 1947, New York 1971; E. T. Carlson, Charles Poyen Brings Mesmerism to America, J. Hist. Med. and Allied Sci. 15 (1960), 121–132; ders./M. M. Simpson, Perkinism vs. Mesmerism, J. Hist. Behav. Sci. 6 (1970), 16–24; C. G. Carus, Ueber Lebensmagnetismus und über die magischen Wirkungen überhaupt, Leipzig 1857, ed. C. Bernoulli, Basel 1925, ed. K. Dietzfelbinger, Andechs o. J. [1986]; H. Caspari, Edgar Allan Poes Verhältnis zum Okkultismus. Eine literarhistorische Studie, Hannover 1923; A. Crabtree, From Mesmer to Freud. Magnetic Sleep and the Roots of Psychological Healing, New Haven Conn./London 1993; R. Darnton, Mesmerism and the End of the Enlightenment in France, Cambridge Mass. 1968 (repr. 2010), New York 1970, Cambridge Mass./London 1986 (dt. Der M. und das Ende der Aufklärung in Frankreich, München 1983, Frankfurt/Berlin 1986; franz. La fin des lumières. Le mesmérisme et la révolution, Paris 1984, 1995); A. G. Debus, The Paracelsians in Eighteenth Century France. A Renaissance Tradition in the Age of Enlightenment, Ambix 28 (1981), 36–54; J. P. F. Deleuze, Histoire critique du magnétisme animal, I–II, Paris 1813 (repr. 2004), ²1819; A. Ego, Animalischer Magnetismus oder Aufklärung. Eine mentalitätsgeschichtliche Studie zum Konflikt um ein Heilkonzept im 18. Jahrhundert, Würzburg 1991; J. Ennemoser, Der Magnetismus im Verhältnis zur Natur und Religion, Stuttgart/Tübingen 1842, ²1853; W. Erman, Der tierische Magnetismus in Preußen vor und nach den Freiheitskriegen, München/Berlin 1925 (Hist. Z., Beiheft 4); C. d'Eslon, Observations sur le magnétisme animal, London/Paris 1780, London/Karlsruhe 1781 (dt. Beobachtungen über den thierischen Magnetismus, Karlsruhe 1781); A. Gauld, A History of Hypnotism, Cambridge/New York/Oakleigh 1992 (mit Bibliographie, 631–667); H. Grassl, Aufbruch zur Romantik. Bayerns Beitrag zur deutschen Geistesgeschichte 1765–1785, München 1968; J. de Harsu, Recueil des effets salutaires de l'aimant dans les maladies, Genf 1782; J. A. Heinsius, Beyträge zu denen Versuchen, welche mit künstlichen Magneten in verschiednen Krankheiten angestellt worden, Leipzig 1776; N. Herold, M., Hist. Wb. Ph. V (1980), 1156–1158; P. Hoff, Der Einfluß des M. auf die Entwicklung der Suggestionstheorie in Deutschland, Diss. Mainz 1980; A.-L. de Jussieu, Rapport de l'un des commissaires chargés par le roi de l'examen du magnétisme animal, Paris 1784; F. Kaplan, ›The Mesmeric Mania‹. The Early Victorians and Animal Magnetism, J. Hist. Ideas 35 (1974), 691–702; ders., Dickens and Mesmerism. The Hidden Springs of Fiction, Princeton N. J. 1975; D. G. Kieser, System des Tellurismus oder Thierischen Magnetismus. Ein Handbuch für Naturforscher und Ärzte, I–II, Leipzig 1822, 1826; C. A. F. Kluge, Versuch einer Darstellung des animalischen Magnetismus als Heilmittel, Berlin 1811, ³1818 (holländ. Proeve eener voorstelling van het dierlijk magnetismus als geneesmiddel, Amsterdam 1812); J.-R. Laurence/C. Perry, Hypnosis, Will and Memory. A Psycho-Legal History, New York/London 1988; W. Leibbrand, Die spekulative Medizin der Romantik, Hamburg 1956, 174–200; M. v. Look, F. A. M., Reinhold Schneider. Mit einem bisher ungedruckten Essay von Reinhold Schneider, Freiburg 1969; P.-A.-O. Mahon (anonym), Examen sérieux et impartial du magnétisme animal, London/Paris 1784; J. B. de Mainauduc u. a., Veritas. Or, a Treatise Containing Observation on, and a Supplement to the Two Reports of the Commissioners, Appointed by the King of France to Examine into Animal Magnetism, London 1785; H. Monod-Cassidy, Le Mésmerisme. Opinions contemporaines, Stud. Voltaire Eighteenth Cent. 89 (1972), 1077–1087; F. W. A. Murhard, Versuch einer historisch-chronologischen Bibliographie des Magnetismus, Kassel 1797; J. J. Paulet, L'antimagné-

tisme. Ou origine, progrès, décadence, renouvellement et réfutation du magnétisme animal, London 1784 (repr. Genf/Paris 1980) (dt. [anonym] Antimagnetismus oder Ursprung, Fortgang, Verfall, Erneuerung und Widerlegung des thierischen Magnetismus, Gera 1788, ²1790); F. Podmore, Mesmerism and Christian Science. A Short History of Mental Healing, London, Philadelphia Pa. 1909; P. Provost, De l'origine des forces magnétiques, Genf 1788 (dt. Vom Ursprunge der magnetischen Kräfte, Halle 1794); A.-M.-J. de Chastenet de Puysegur, Mémoires pour servir à l'histoire et à l'établissement du magnétisme animal, I–II, Paris 1784/1785 (repr. Paris etc. 2008/2010), London [i.e. Paris] 1786 (repr. Toulouse 1986), Paris ²1809, in einem Bd. ³1820, unter dem Titel: Aux sources de l'hypnose, Paris 2003; ders., Du magnétisme animal. Considéré dans ses rapports avec diverses branches de la physique générale, Paris 1807, ²1809, 1820; ders., Les fous, les insensés, les maniaques et les frénétiques. Ne seraient-ils que des somnambules désordonnés?, Paris 1812 (repr. 1980); J.-M.-P. de Chastenet de Puységur, Rapport des cures opérées a Bayonne par le magnétisme animal […], Bayonne/Paris 1784 (repr. Plaisir 1986); J. Riskin, Science in the Age of Sensibility. The Sentimental Empiricists of the French Enlightenment, Chicago Ill./London 2002, 189–225 (Chap. 6 The Memerism Investigation and the Crisis of Sensibilist Science); E. Schneider, Der animale Magnetismus. Seine Geschichte und seine Beziehungen zur Heilkunst, Zürich 1950; H. Schott (ed.), Franz Anton Mesmer und die Geschichte des M.. Beiträge zum internationalen wissenschaftlichen Symposion anlässlich des 250. Geburtstages von Mesmer, 10. bis 13. Mai 1984 in Meersburg, Stuttgart 1985; J. Stieglitz, Ueber den thierischen Magnetismus, Hannover 1814; G. Sutton, Electric Medicine and Mesmerism, Isis 72 (1981), 375–392; M. M. Tatar, Spellbound. Studies in Mesmerism and Literature, Princeton N. J. 1978; R. Thetter, Magnetismus, das Urheilmittel. Eine Einführung in sein Wesen und praktische Anleitung zum Magnetisieren, Wien 1951, ⁹1986; R. Tischner/K. Bittel, Mesmer und sein Problem. Magnetismus, Suggestion, Hypnose, Stuttgart 1941; L. Traetta, La forza che guarisce. F. A. M. e la storia del magnetismo animale, Bari 2007; J. C. Unzer, Beschreibung eines mit dem künstlichen Magneten angestellten medicinischen Versuches, Hamburg 1775; A. Walser, Am Anfang war die Nacht Musik, München/Zürich 2010, Hamburg, München/Zürich 2011 (franz. Au commencement la nuit était musique, Arles 2011); J. Weber, Über Naturerklärung überhaupt, und über die Erklärung der thierisch-magnetischen Erscheinungen aus dynamisch-psychischen Kräften insbesondere. Ein ergänzender Beitrag zum Archiv für den thierischen Magnetismus, Landshut 1817; A. Winter, Mesmerized. Powers of Mind in Victorian Britain, Chicago Ill./London 1998 (mit Bibliographie, 409–451); B. Winters, Franz Anton Mesmer. An Inquiry into the Antecedents of Hypnosis, J. General Psych. 43 (1950), 63–75; K. C. Wolfart, Erläuterungen zum M., Berlin 1815; ders., Der Magnetismus gegen die Stieglitz-Hufelandische Schrift über den thierischen Magnetismus in seinem wahren Werth behauptet, Berlin 1816; W. Wurm, Darstellung der mesmerischen Heilmethode, nach naturwissenschaftlichen Grundsätzen. Nebst der ersten vollständigen Biographie Mesmer's und einer fasslichen Anleitung zum Magnetisiren, München 1857; W. F. A. Zimmermann (d. i. C. G. W. Vollmer), Magnetismus und M. oder Physische und geistige Kräfte der Natur […] im Zusammenhange mit der Geisterklopferei – der Tischrückerei, dem Spiritualismus, Berlin 1862; S. Zweig, Die Heilung durch den Geist. M., Mary Baker-Eddy, Freud, Leipzig 1931, 1932, Wien/Leipzig/Zürich 1936, Frankfurt 1952, 2007 (engl. Mental Healers.

F. A. M., Mary Baker Eddy, Sigmund Freud, New York 1932, London 1933, Garden City N. Y. 1934, New York 1962). – Annales de la société harmonique des amis réunis de Strasbourg. Ou cures que des membres de cette société ont opérées par le magnétisme animal (Straßburg), 1 (1786) – 3 (1789); Archiv für Magnetismus und Somnambulismus (Straßburg), 1 (1787) – 8 (1788); Magnetisches Magazin für Niederteutschland (Bremen), 1 (1787) – 8 (1789); Archiv für den thierischen Magnetismus (Jena), 1 (1804) – 2 (1808); The Magnetiser's Magazine, and Annals of Animal Magnetism 1 (London 1816) [erschienen H. 1–2]; Archiv für den thierischen Magnetismus (Leipzig), 1 (1817) – 12 (1824); Jahrbücher für den Lebens-Magnetismus oder Neues Asklaepieion (Leipzig), 1 (1818) – 5 (1823); Le Magnétiseur spiritualiste (Paris), 1 (1849) – 2 (1850); Magikon. Archiv für Betrachtungen aus dem Gebiet der Geisterkunde und des magnetischen und magischen Lebens (Stuttgart), 1 (1840) – 5 (1853); The Magnet 1 (Hanover N. H. 1835) [erschienen H. 1–4]; The Magnet (New York) 1 (1842) – 2 (1844), H. 11, unter dem Titel: The New York Magnet, 2 (1844), H. 12 – 3 (1844), H. 3; Zoist. A Journal of Cerebral Physiology & Mesmerism, and Their Applications to Human Welfare (London), 1 (1843) – 13 (1856). – A. Crabtree, Animal Magnetism, Early Hypnotism, and Psychical Research, 1766–1925. An Annotated Bibliography, White Plains N. Y. 1988; H. Schott, Bibliographie. Der M. im Schrifttum des 20. Jahrhunderts (1900–1984), in: ders. (ed.), Franz Anton Mesmer und die Geschichte des M. [s. o.], 253–271. G. W.

Mesotes (griech. μεσότης, Mitte), Terminus der antiken philosophischen Ethik, systematisch eingeführt durch Aristoteles (Eth. Nic. B2.1103b26 ff., B5.1106a24 ff.). Danach bezeichnet die M. auf dem Hintergrund der von Aristoteles insbes. in seinen biologischen Schriften entwickelten Vorstellung, daß die beste und zweckmäßigste Verfassung alles Seienden (z. B. eines Organismus) durch sein jeweiliges ↑Telos, das nicht überschritten und nicht unterschritten werden darf, bestimmt ist (Met. Δ16.1021b21–23; Phys. H3.246a13–17; de part. an. B7.652b16–20), die Stellung einer ↑Tugend (bzw. ›Tüchtigkeit‹, ↑Arete) zwischen zwei zueinander ↑polar-konträren Untugenden, dem Zuviel (ὑπερβολή) und dem Zuwenig (ἔλλειψις) der zu bestimmenden Tugend; Beispiele: Freigebigkeit als ›Mitte‹ zwischen Verschwendung und Geiz, Tapferkeit als ›Mitte‹ zwischen Tollkühnheit und Feigheit. Die jeweilige ›Mitte‹ ist nicht ein durch die beiden Untugenden eindeutig bestimmter ›mittlerer Punkt‹, sondern (in Analogie etwa zu den mathematischen Begriffen des arithmetischen, geometrischen und harmonischen Mittels) ein ›Mittleres in Hinsicht auf uns‹ (μέσον πρὸς ἡμᾶς), d. h. ein Optimum, das den Besonderheiten der Personen und Situationen Rechnung trägt (Eth. Nic. B5.1106a29–1106b7). Entsprechend wird von Aristoteles das gute Leben (↑Leben, gutes) auch als eine ›mittlere Lebensform‹ (μέσος βίος) bestimmt (Polit. Δ11. 1295a37–39). Die Aristotelische Anordnung und Bestimmung einer Tugend zwischen zwei zueinander polar-konträren Untugenden im Rahmen der M.-Lehre

führt ältere griechische Vorstellungen einer Lehre vom ↑Maß (z. B. in Kosmologie und Medizin) sowie ontologische Unterscheidungen Platons (z. B. im »Politikos«) weiter, setzt sich aber (in der Ethik) nicht durch. Sie wird schon in der Antike (z. B. von Horaz) häufig im Sinne bloßer Durchschnittlichkeit (›aurea mediocritas‹) mißverstanden und von der ↑Stoa bekämpft.

Literatur: R. Bosley, On Virtue and Vice. Metaphysical Foundations of the Doctrine of the Mean, New York etc. 1991; ders./ R. A. Shiner/J. D. Sisson (eds.), Aristotle, Virtue and the Mean, Edmonton 1995 (Apeiron 25 [i.e. 28] [1995], H. 4); L. Brown, What Is »the mean relative to us« in Aristotle's Ethics?, Phronesis 42 (1997), 77–93; P. Brüllmann/K. Fischer, meson/das Mittlere, die Mitte, in: O. Höffe, Aristoteles-Lexikon, Stuttgart 2005, 344–346; S. Byl, Note sur la place du cœur et la valorisation de la m. dans la biologie d'Aristote, Antiquité classique 37 (1968), 467–476; H. Curzer, A Defense of Aristotle's Doctrine that Virtue Is a Mean, Ancient Philos. 16 (1996), 129–138; ders., Aristotle's Mean Relative to Us, Amer. Cath. Philos. Quart. 80 (2006), 507–519; I. Düring, Aristoteles. Darstellung und Interpretation seines Denkens, Heidelberg 1966, 2005, 448–450; I. Evrigenis, The Doctrine of the Mean in Aristotle's Ethical and Political Theory, Hist. Pol. Thought 20 (1999), 393–416; F. La T. Godfrey, The Idea of the Mean, Hermathena 81 (1953), 14–28; W. Hardie, Aristotle's Doctrine that Virtue Is a ›Mean‹, Proc. Arist. Soc. NS 65 (1965), 183–204; R. Hursthouse, A False Doctrine of the Mean, Proc. Arist. Soc. NS 81 (1981), 57–72; dies., The Central Doctrine of the Mean, in: R. Kraut (ed.), The Blackwell Guide to Aristotle's »Nicomachean Ethics«, Malden Mass./Oxford/Carlton 2006, 96–115; H. Kalchreuter, Die ΜΕΣΟΤΗΣ bei und vor Aristoteles, Diss. Tübingen 1911; H. J. Krämer, Arete bei Platon und Aristoteles. Zum Wesen und zur Geschichte der platonischen Ontologie, Heidelberg 1959 (Abh. Heidelberger Akad. Wiss., philos.-hist. Kl. 1959, 6), Amsterdam 1967, 146–379; P. Losin, Aristotle's Doctrine of the Mean, Hist. Philos. Quart. 4 (1987), 329–341; M. Meier, M., DNP VIII (2000), 37–38; J. van der Meulen, Aristoteles. Die Mitte in seinem Denken, Meisenheim am Glan 1951, ²1968; A. W. Müller, Aristotle's Conception of Ethical and Natural Virtue. How the Unity Thesis Sheds Light on the Doctrine of the Mean, in: J. Szaif/M. Lutz-Bachmann (ed.), Was ist das für den Menschen Gute? Menschliche Natur und Güterlehre/What Is Good for a Human Being? Human Nature and Values, Berlin/New York 2004, 18–53; J. Nederman, The Aristotelian Concept of the Mean and John of Salisbury's Concept of Liberty, Vivarium 24 (1986), 128–142; S. Notargiacomo, Medietà e proporzione. Due concetti matematici e il loro uso da parte di Aristotele, Mailand 2009; W. J. Oates, The Doctrine of the Mean, Philos. Rev. 45 (1936), 382–398; H. Ottmann, M., Hist. Wb. Ph. V (1980), 1157–1161; W. Pagel, New Light on William Harvey, Basel etc. 1976, 28–33 (Harvey and the Aristotelian ›Mean‹ [M.]); D. Pears, Courage as a Mean, in: A. O. Rorty (ed.), Essays on Aristotle's Ethics, Berkeley Calif./Los Angeles/London 1981, 2006, 171–188; S. G. Salkever, Finding the Mean. Theory and Practice in Aristotelian Political Philosophy, Princeton N. J. 1990, 1994; H. Schilling, Das Ethos der M.. Eine Studie zur Nikomachischen Ethik des Aristoteles, Tübingen 1930; J. L. Stocks, ΛΟΓΟΣ and ΜΕΣΟΤΗΣ in the De anima of Aristotle, J. Philol. 33 (1914), 182–194; T. J. Tracy, Physiological Theory and the Doctrine of the Mean in Plato and Aristotle, The Hague/ Paris, Chicago Ill. 1969; M. Vardakis, Die M.lehre des Aristoteles, Diss. Heidelberg 1987; H. Wang, ›M.‹, ›Energeia‹, and ›Alētheia‹. Discovering an Ariadne's Thread through Aristotle's Moral and Natural Philosophy, Epoché (Villanova Pa.) 11 (2007), 409–420; F. Wehrli, Ethik und Medizin. Zur Vorgeschichte der aristotelischen Mesonlehre, Mus. Helv. 8 (1951), 36–62, Nachdr. in: C. Mueller-Goldingen (ed.), Schriften zur aristotelischen Ethik, Hildesheim/New York/Zürich 1988, 79–105; U. Wolf, Über den Sinn der aristotelischen M.lehre, Phronesis 33 (1988), 54–75, rev. Nachdr. in: O. Höffe (ed.), Klassiker auslegen. Aristoteles, Nikomachische Ethik, Berlin 1998, ³2010, 83–108; C. Young, The Doctrine of the Mean, Topoi 15 (1996), 89–99. J. M.

Meßgerät, Gerät zur praktischen Durchführung von ↑Messungen, das die Reproduzierbarkeit von Meßverfahren technisch garantiert. M.e werden ferner eingesetzt, um die Begrenztheit bzw. das Fehlen entsprechender Sinnesorgane (z. B. für elektrische und akustische Erscheinungen) auszugleichen. Historisch wurden M.e zunächst im Bauwesen, in der Landwirtschaft und im Handel (z. B. Lot, Meßlatte, Waage) eingesetzt. In der antiken Astronomie fanden bereits Uhren als M.e der Zeit (z. B. als Sand-, Wasser- oder Sonnenuhr) und Augensextanten zur Winkel- und Entfernungsbestimmung Anwendung. T. Brahe schuf mit neuen astronomischen M.en die Voraussetzung für J. Keplers Entdeckung der Planetengesetze, C. Huygens ermöglichte mit seiner Pendeluhr genauere Zeitmessungen in der Physik. Mit der neuzeitlichen Technikentwicklung wurden M.e auf mechanischer, pneumatischer, elektrischer, optischer und elektronischer Grundlage eingeführt. – M.e können eine oder mehrere (endlich viele) Meßgrößen darstellen wie das Lineal, die Schieblehre oder Mikrometerschraube. Sie können aber auch eine beliebige Anzahl von Meßgrößen produzieren wie z. B. ein kontinuierlicher Meßschreiber oder ein digitaler elektronischer Zählerautomat. Die Anzeige der Meßskalen kann mit Zeiger (z. B. Meßuhr, Amperemeter), Flüssigkeitssäule (z. B. Thermometer) oder Lichtstrahl geschehen. Unter Voraussetzung informationstechnischer und kybernetischer Entwicklungen hat sich heute mit der Meß- und Regelungstechnik eine besondere ingenieurwissenschaftliche Disziplin etabliert.

In der Konstruktiven Wissenschaftstheorie (↑Wissenschaftstheorie, konstruktive) werden M.e zur technischen Rechtfertigung von Meßnormen verwendet, die als Grundlage physikalischer Theorie- und Begriffsbildung aufgefaßt werden (↑Protophysik). Das apriorische Fundament (↑a priori) bilden Meßnormen (↑Norm (protophysikalisch)) für Längen- und Zeitmessungen in Geometrie und Kinematik, d. h. für die Konstruktion von Strecken und gleichförmig-geradlinigen Bewegungen. Um überhaupt reproduzierbare (↑Reproduzierbarkeit), technisch brauchbare M.e der Längen- und Dauermessung zu erhalten, erfordern diese Formen jeweils

einen Eindeutigkeitsbeweis (↑eindeutig/Eindeutigkeit). Für die Längenmessung (↑Länge) der Geometrie sind dann z. B. Lineale als technische Realisationen von Strecken einzuführen. Für die Zeitmessung der Kinematik sind ↑Uhren als M.e zu rechtfertigen. Eine Uhr wird dazu als ein Gerät definiert, bei dem sich ein Punkt (›Zeiger‹) längs einer Geraden (›Bahn‹) gleichförmig bewegt. Zur Definition der Gleichförmigkeit wird zunächst die Ähnlichkeit als konstantes Geschwindigkeitsverhältnis uhrenfrei definiert, anschließend kann die Eindeutigkeit der Zeitmessung dadurch bewiesen werden, daß die Ähnlichkeit aller Uhren bewiesen wird. Reproduzierbare Uhren können auch durch wiederholbare Naturvorgänge ersetzt werden, die wie M.ebewegungen verlaufen. Erst auf Grund des Eindeutigkeitssatzes lassen sich nach Auszeichnung einer empirischen Uhr (z. B. Erdrotation) Zeitdauern durch beliebige Uhren messen. Die euklidischen und galileischen M.e der Längen- und Dauermessung sind nach protophysikalischer Auffassung insofern grundlegend, als auch die bei hohen Geschwindigkeiten nahe c auftretenden Längen- und Dauerveränderungen (↑Relativitätstheorie, spezielle) erst nach Auszeichnung eines klassischen ↑Inertialsystems (Erde bzw. astronomisches Fundamentalsystem) mit den Lorentz-Transformationen (↑Lorentz-Invarianz) berechnet werden können.

Literatur: F. Henze, Atlas der M.e, Berlin (Ost) 1962; P. Janich, Die Protophysik der Zeit. Konstruktive Begründung und Geschichte der Zeitmessung, Frankfurt 1980 (engl. Protophysics of Time. Constructive Foundation and History of Time Measurement, Dordrecht/Boston Mass./Lancaster 1985 [Boston Stud. Philos. Sci. XXX]); ders., Das Maß der Dinge. Protophysik von Raum, Zeit und Materie, Frankfurt 1997; P. Lorenzen/O. Schwemmer, Konstruktive Logik, Ethik und Wissenschaftstheorie, Mannheim/Wien/Zürich 1973, ²1975; H. Michel, Instruments des sciences dans l'art et l'histoire, Rhode-Saint-Genèse 1966, 1980 (dt. Messen über Zeit und Raum. Meßinstrumente aus 5 Jahrhunderten, Stuttgart 1965; engl. Scientific Instruments in Art and History, London, New York 1967); P. Mittelstaedt, Der Zeitbegriff in der Physik. Physikalische und philosophische Untersuchungen zum Zeitbegriff in der klassischen und in der relativistischen Physik, Mannheim/Wien/Zürich 1976, ³1989, Heidelberg/Berlin/Oxford 1996; J. Pfarr (ed.), Protophysik und Relativitätstheorie. Beiträge zur Diskussion über eine konstruktive Wissenschaftstheorie der Physik, Mannheim/Wien/Zürich 1981; H. Richter, Neue Schule der Radiotechnik und Elektronik. Ein Lehr- und Hilfsbuch für Studium und Praxis IV (M.e und Meßverfahren der Radiotechnik und Elektronik), Stuttgart 1959, ³1967; D. H. Schuster, Basic Electronic Test Equipment. A Programmed Introduction, New York 1968 (dt. Die Grundlagen elektronischer M.e. Ein programmiertes Lehrbuch, München/Wien 1973). K. M.

Meßtheorie (engl. measurement theory), Bezeichnung für denjenigen Teil der ↑Wissenschaftstheorie, der die Beziehungen zwischen empirischen und numerischen Strukturen unter dem Gesichtspunkt untersucht, daß die empirischen Objekten zugeordneten Zahlenwerte als Meßwerte von diesen Objekten zukommenden Eigenschaften interpretiert werden können. Eine empirische Struktur $\mathfrak{A}$ kann man dabei ansehen als gegeben durch eine Menge A mit empirischen Relationen und Funktionen, wobei meist eine dieser Relationen die Eigenschaften einer Ordnungsrelation (↑Ordnung) hat. Eine numerische Struktur $\mathfrak{R}$ ist eine Menge N von Zahlen mit numerischen Relationen und Funktionen, wobei man meist die reellen Zahlen $\mathbb{R}$ mit der kanonischen Ordnung $\leq$ (und eventuell weiteren Relationen und Funktionen) betrachtet. Ist eine empirische Struktur $\mathfrak{A}$ gegeben, so besteht das *Repräsentationsproblem* der M. für diese Struktur darin, eine numerische Struktur $\mathfrak{R}$ von gleichem Typ wie $\mathfrak{A}$ (d.h. gleicher Anzahl und Stelligkeit der Relationen und Funktionen) sowie einen ↑Homomorphismus f von $\mathfrak{A}$ nach $\mathfrak{R}$ zu finden. Besonders wertvoll sind dabei natürlich diejenigen Lösungen des Repräsentationsproblems, in denen diese Abbildung f tatsächlich konstruiert wird. Die Einführung eines solchen Homomorphismus nennt man auch ↑*Metrisierung*. Das *Eindeutigkeitsproblem* (↑eindeutig/Eindeutigkeit) besteht darin anzugeben, bis auf welche ↑Transformationen ein solches f eindeutig bestimmt ist. Der Homomorphismus f heißt auch *Skala*; die *zulässigen* (↑zulässig/Zulässigkeit) *Transformationen*, bis auf die f eindeutig bestimmt ist, charakterisieren den *Typ* der Skala.

Ist z. B. eine endliche oder abzählbare ↑Quasireihe mit der ↑Äquivalenzrelation $\equiv$ und der Ordnungsrelation $\preceq$ gegeben (etwa Personen mit den Relationen ›gleich groß‹ und ›höchstens so groß [wie]‹), dann läßt sich ein Homomorphismus f von der durch die Quasireihe bestimmten Struktur $\mathfrak{A}$ in $\langle \mathbb{R}, \leq, = \rangle$ angeben, so daß $a \preceq b \leftrightarrow f(a) \leq f(b)$ und $a \equiv b \leftrightarrow f(a) = f(b)$ gelten (sind die Größenverhältnisse von fünf Personen $a_1, \ldots, a_5$ etwa durch $a_1 \prec a_5 \prec a_2 \prec a_3$ und $a_3 \equiv a_4$ gegeben (wo $a \prec b \Leftrightarrow a \preceq b \wedge \neg a \equiv b$), so erfüllt $f(a_1) = 1$, $f(a_2) = 4$, $f(a_3) = f(a_4) = 5$, $f(a_5) = 3$ diese Bedingung). Die so gewonnene Skala f ist vom Skalentyp *Ordinalskala*, d.h., sie ist eindeutig bestimmt bis auf monoton wachsende Transformationen. Andere wichtige Skalentypen sind *Intervallskala* und *Verhältnisskala* (engl. ratio scale). Intervallskalen sind eindeutig bestimmt bis auf positive lineare Transformationen (d.h. Transformationen der Gestalt $\varphi(x) = \alpha x + \beta$ für $\alpha > 0$), Verhältnisskalen sind eindeutig bis auf Ähnlichkeitstransformationen ($\varphi(x) = \alpha x$ für $\alpha > 0$). Eine Intervallskala liegt z. B. bei der Temperaturmessung vor, wenn man die Existenz eines absoluten Nullpunkts nicht in die betrachtete empirische Struktur einbezieht. Eine Verhältnisskala liegt z. B. bei der Längen- oder Massenmessung vor. Vom jeweiligen Skalentyp hängt die Sinnhaftigkeit von Aussagen ab, die auf die gemessene Größe, nicht jedoch auf die verwendete Skala Bezug nehmen. So ist es sinnvoll zu sagen, der Stab A sei doppelt so lang wie der Stab B, unabhängig davon, ob man sie in Millimetern oder Kilometern mißt; nicht sinnvoll ist es jedoch, unabhängig von der Maßeinheit zu sagen, der Körper A habe eine doppelt so hohe Temperatur wie der Körper B (denn dies bedeutet z. B. in Grad Celsius und Grad Fahrenheit Verschiedenes). Die Aussage, etwas sei z-mal so groß wie etwas anderes, ist nämlich gegenüber den für Verhältnisskalen charakteristischen Ähnlichkeitstransformationen invariant, nicht jedoch gegenüber den für Intervallskalen charakteristischen positiv linearen Transformationen. Dieses Problem der Sinnhaftigkeit von Aussagen über Größen unabhängig von der verwendeten Skala wird in der M. unter dem Stichwort ›meaningfulness‹ behandelt.

Zu Verhältnisskalen wird man insbes. dann geführt, wenn zu der empirischen Struktur eine ›Verkettungsoperation‹ ∘ mit gewissen Eigenschaften gehört, die der intuitiven Vorstellung korrespondieren, etwas durch Verknüpfung von Einheiten messen zu können (z. B. durch Aneinanderlegen von Stäben in der Längenmessung). Solche Strukturen heißen auch *extensiv* (man spricht ferner von ›additiven Größen‹) und die zugehörigen Skalen f, für die dann gilt: $f(a \circ b) = f(a) + f(b)$, *extensive Skalen*. Während H. v. Helmholtz und O. Hölder, deren Arbeiten den Ausgangspunkt der M. bilden, davon ausgingen, daß Messen immer durch Zählen von Einheiten vonstatten gehe, alle meßbaren Größen also extensiv seien (oder sich auf solche zurückführen ließen) – wohl unter dem Eindruck, daß die zentralen Größen der Physik, zumindest der Mechanik, extensiv sind –, hat die moderne M., an deren Aufbau von philosophischer Seite unter anderem P. Suppes maßgeblich beteiligt war, die Möglichkeit exakter Skalenbildung auch für Gegenstandsbereiche ohne Verkettungsoperation erwiesen (es läßt sich sogar zeigen, daß nicht alle Verhältnisskalen eine Verkettungsoperation voraussetzen). Wichtige Anwendungsgebiete der M. sind so auch Sozialwissenschaften, Ökonometrie und Psychologie, häufig unter Verwendung von wahrscheinlichkeitstheoretischen, statistischen und testtheoretischen Methoden. Ein zentrales psychologisches Anwendungsfeld ist die ↑Psychophysik, in der es um quantitative Beziehungen zwischen objektiv-physikalischen Reizen und subjektiven Empfindungen geht und in der daher Verfahren entwickelt werden, subjektiven Empfindungen (z. B. der Tonhöhe oder der Helligkeit) Maßzahlen zuzuordnen (einer solchen Metrisierung von Empfindungen läßt sich meßtheoretisch ein präziser Sinn zuschreiben). Während es in der neueren M. im engeren Sinne darum geht, *qualitativ* gegebene empirische Strukturen numerisch zu repräsentieren, behandelt die vor allem auf den Psychologen L. L. Thurstone (1887–1955) zurückgehende ältere Theorie der *Skalie-*

rung (die man zu einer weiter gefaßten M. hinzurechnen kann) eher die Methoden, ›Skalen‹ (in einem weiteren Sinne) aus quantitativ gegebenen Daten (z. B. Testergebnissen) zu konstruieren, ohne daß man damit in jedem Falle schon eine empirische Struktur voraussetzt.

Sind die empirischen Strukturen, um deren Metrisierung es geht, rein qualitativ gegeben, so spricht man von *fundamentaler* Metrisierung (entsprechend von ›fundamentalen‹ Skalen). Setzt die Metrisierung dagegen schon Skalen als gegeben voraus, spricht man von *abgeleiteter* Metrisierung. Dies ist dann der Fall, wenn die betrachtete empirische Struktur mit Hilfe von gegebenen Skalen beschrieben ist. So setzt z. B. die Metrisierung der Temperatur als physikalischer Eigenschaft eine Längenskala voraus, da die Ordnungsrelation der empirischen Struktur durch die Ordnung von Längen (etwa einer Quecksilbersäule) bestimmt ist. Ferner spricht man von ›abgeleiteter‹ Metrisierung auch, wenn man aus gegebenen Skalen weitere ableiten will, die bestimmten Bedingungen genügen, ohne auf eine empirische Struktur selbst Bezug zu nehmen. In diesem Falle spricht man auch von *abgeleiteten Skalen* (Beispiel ist die Definition der Dichte eines Körpers als Quotient von Masse und Volumen). – Die Annahme, daß die empirische Struktur, die numerisch repräsentiert wird, unabhängig von der zu definierenden Skala gegeben ist, wird von manchen Wissenschaftstheoretikern, denen es um die Praxis der ↑Messung geht, bestritten. So wird nach Auffassung der ↑Protophysik die empirische Struktur eines Objektbereichs durch die Herstellungs- und Verwendungspraxis von ↑Meßgeräten teilweise präformiert.

Literatur: M. J. Allen/W. M. Yen, Introduction to Measurement Theory, Monterey Calif. 1979, Long Grove Ill. 2002; K. Berka, Měření. Pojmy, teorie, problémy, Prag 1977 (engl. Measurement. Its Concepts, Theories and Problems, Dordrecht/Boston Mass./London 1983 [Boston Stud. Philos. Sci. LXXII]); J. A. Díez, History of Measurement Theory, in: C. Gallez u. a. (eds.), History and Philosophy of Science and Technology. Encyclopedia of Life Support Systems, Oxford 2009 [Elektronische Ressource]; B. Ellis, Basic Concepts of Measurement, Cambridge 1966, 1968; D. J. Hand, Measurement Theory and Practice. The World through Quantification, London, Chichester 2004; H. v. Helmholtz, Zählen und Messen erkenntnistheoretisch betrachtet, in: Philosophische Aufsätze. E. Zeller zu seinem fünfzigjährigen Doctor-Jubiläum gewidmet, Leipzig 1887 (repr. 1962), 17–52 (repr. in: ders., Die Tatsachen in der Wahrnehmung. Zählen und Messen erkenntnistheoretisch betrachtet, Darmstadt 1959, 75–112); O. Hölder, Die Axiome der Quantität und die Lehre vom Mass, Ber. über die Verh. Königl. Sächs. Ges. Wiss. Leipzig, math.-phys. Cl. 53 (1901), 1–64; D. H. Krantz u. a., Foundations of Measurement, I–III, New York/London 1971–1990, Mineola N. Y. 2007; H. E. Kyburg Jr., Theory and Measurement, Cambridge etc. 1984, 2009; J. Michell/D. Heyer/R. Niederée, Measurement Theory, IESBS XIV (2001), 9451–9458; L. Narens, Abstract Measurement Theory, Cambridge Mass./London 1985; J. Pfanzagl, Theory of Measurement, Würzburg/Wien 1968, ²1971, 1973; F. S. Roberts, Measurement

Theory with Applications to Decisionmaking, Utility, and the Social Sciences, Reading Mass. etc. 1979, Cambridge etc. 2009; C. W. Savage/P. Ehrlich (eds.), Philosophical and Foundational Issues in Measurement Theory, Hillsdale N. J. 1992; O. Schlaudt (ed.), Die Quantifizierung der Natur. Klassische Texte der M. von 1696–1999, Paderborn 2009; D. Scott/P. Suppes, Foundational Aspects of Theories of Measurement, J. Symb. Log. 23 (1958), 113–128 (repr. in: R. D. Luce/R. R. Bush/E. Galanter [eds.], Readings in Mathematical Psychology I, New York/London 1963, 212–227); W. Stegmüller, Probleme und Resultate der Wissenschaftstheorie und Analytischen Philosophie II/1 (Theorie und Erfahrung), Berlin/Heidelberg/New York 1970, 15–109; P. Suppes, Measurement, Theory of, REP VI (1998), 243–249; ders./J. L. Zinnes, Basic Measurement Theory, in: R. D. Luce/R. R. Bush/E. Galanter (eds.), Handbook of Mathematical Psychology I, New York/London 1963, 1967, 1–76; L. L. Thurstone, The Measurement of Values, Chicago Ill./London 1959 (Ann Arbor Mich. 1993), 1974; W. S. Torgerson, Theory and Methods of Scaling, New York/London/Sydney 1958, Malabar Fla. 1985; weitere Literatur: ↑Messung.   P. S.

Messung, Bezeichnung für die Zuordnung von Zahlenwerten und numerischen Verfahren zu empirischen Größen und Vorgängen. M.en ermöglichen quantitative Vergleiche von ansonsten unterschiedlichen Objekten oder Sachverhalten. Z. B. kann ↑Körpern ganz verschiedener Zusammensetzung gleichermaßen ein Meßwert ihrer ↑Masse zugeordnet werden. Meßwerte ergeben sich dabei durch den Bezug von Größenangaben auf eine Maßeinheit. – Obwohl historisch bereits in vorgriechischer Zeit Meßverfahren z. B. in Astronomie, Baukunst und Landwirtschaft Anwendung fanden, formulierten erstmals die ↑Pythagoreer eine Theorie der M., wonach alle Größenverhältnisse durch ganzzahlige Zahlenverhältnisse darstellbar seien. Die Entdeckung inkommensurabler (↑inkommensurabel/Inkommensurabilität) Größenverhältnisse führte bei Eudoxos von Knidos und Archimedes zu einer rein geometrischen M. von Größen (↑Exhaustion), deren Arithmetisierung sich erst in der neuzeitlichen Physik und analytischen Geometrie (↑Geometrie, analytische) durchsetzte. Nach der Entwicklung neuartiger ↑Meßgeräte für die Größen der neuen physikalischen Theorien begründeten H. v. Helmholtz und O. Hölder eine Theorie physikalischer M., in der, mit der einfachsten M. von Größenbereichen durch Abzählung beginnend, die Arithmetisierung additiver (›extensiver‹) Größen (z. B. Länge und Masse) und nicht-additiver (›intensiver‹) Größen (z. B. Temperatur und Druck) herausgestellt wird. Extensive Größen ändern sich mit der Größe des betrachteten Systems, intensive Größen hingegen nicht. Für Helmholtz sind adäquate M.en extensiver Größen durch drei Invarianzforderungen charakterisiert. (1) Gleichartigkeit der Summe und der Summanden: Bei der Addition von Größen ändert sich die Summe nicht, wenn eine oder mehrere dieser Größen durch gleichgroße Größen ersetzt werden. (2) Kommutation: Das Resultat einer Addition von Meßgrößen ist von der Reihenfolge der M.en unabhängig. (3) Assoziation: Die Addition von Meßgrößen kann auch durch Ersetzung der Teilgrößen durch eine ungeteilte Größe geschehen, die der Summe gleich ist (Helmholtz 1887). Seit der Entdeckung von E. H. Webers und G. Fechners so genanntem psychophysikalischem Grundgesetz (↑Weber-Fechnersches Gesetz, ↑Psychophysik) wurden auch physiologische und psychologische M.en entwickelt, denen Untersuchungen von Meßverfahren in den Sozialwissenschaften (z.B. Soziometrie, Ökonometrie) folgten.

Systematisch setzt eine M. die Charakterisierung des Größenbereichs voraus, dessen Elemente und Relationen arithmetisiert werden sollen. Je nachdem, welche Relationen arithmetisiert werden sollen, lassen sich verschiedene Meßskalen unterscheiden, z.B. Ordinalskalen, Intervallskalen, Verhältnisskalen. Ordinalskalen stellen eine Rangfolge in der Ausprägung der Meßgröße her, wobei allein die Beziehung von ›größer‹ und ›kleiner‹ von Bedeutung ist (wie bei Schulnoten). Intervallskalen ordnen darüber hinaus gleichen Unterschieden in der Ausprägung der Meßgrößen gleiche Differenzen der Meßwerte zu (wie die Celsius-Temperaturskala). Bei Verhältnisskalen entspricht überdies auch der Quotient von Meßwerten dem Verhältnis der betreffenden Meßgrößen (wie bei der Kelvin-Temperaturskala). Die Theorie der Skalenbildung wird in der ↑Meßtheorie behandelt. Allgemein lassen sich unter Voraussetzung des Axiomensystems $\mathbb{R}$ der reellen Zahlen so viele *Klassen von* Meßskalen unterscheiden, wie arithmetische Formelklassen (z.B. $\alpha + \beta = \gamma$, $\alpha \leq \beta$) in empirischen Größenbereichen interpretierbar sind. Die Skalenform bzw. Invarianz ist jeweils durch Skalentransformationen bestimmt.

Nach N. R. Campbell ist zwischen abgeleiteten und fundamentalen M.en zu unterscheiden, je nachdem, ob zusätzlich Meßverfahren vorausgesetzt werden oder nicht. Bei einer Fundamentalmessung sind für den Größenbereich eine Fundamentaloperation (z.B. das Hintereinanderlegen von Maßstäben bei der Längenmessung) und ein Anfangsstandard (z.B. das Urmeter in Paris) auszuwählen. Eine Fundamentalskala entsteht durch Zuordnung einer numerischen Meßeinheit zum Anfangsstandard (↑Zuordnungsdefinition) und einer numerischen Operation zur Fundamentaloperation (z.B. numerische Addition). Campbells Theorie gilt jedoch, insoweit sie nur M.en zuläßt, die über eine Fundamentaloperation definiert sind und damit zu extensiven Größen führen, als durch die moderne Meßtheorie widerlegt. Beispiele von abgeleiteten *M.en* sind Dichte (= Masse pro Volumeneinheit), kinetische Energie, relative Häufigkeit etc., deren ↑Dimension in einer ↑Dimensionsanalyse festzustellen ist. Häufig ist ein Größenbereich nicht direkt, sondern nur indirekt über einen anderen Größenbereich meßbar. So werden in der Astronomie und Physik interstellare und submolekulare Abstände indirekt gemessen; die Temperatur von Gasen wird auf Volumen, Dichte und Druck von Gaseinheiten zurückgeführt. Solche assoziativen Skalierungen treten besonders in Psychologie und Soziologie auf, da z.B. Intelligenz, Lernfähigkeit, Moraleinstellungen nur indirekt über ausgewählte Verhaltenskriterien meßbar sind.

Für die Beurteilung von M.en und Meßskalen ist die Kenntnis der *Meßfehler* wesentlich. Neben personellen und systematischen Fehlern, z.B. durch falsche Berechnungen von Naturkonstanten, sind instrumentelle Fehler zu beachten, deren Abweichung von Idealwerten (z.B. die gemessene Winkelsumme in empirischen Dreiecken auf der Erde von 180°) durch Verbesserung der Meßinstrumente exhauriert (↑Exhaustion) werden muß. Zu berücksichtigen sind ferner Zufallsfehler, deren Ursachen nicht bekannt sind. Neben diesen klassischen Meßfehlern sind bei der Verwendung von statistischen Verfahren die Stichprobenfehler von zentraler Bedeutung. Sie sind charakteristisch für ↑Prognosen über das statistische Verhalten z.B. von großen Populationen, das nur durch die Stichprobe eines bestimmten Prozentsatzes der Population abgesichert ist (↑Statistik).

In der Konstruktiven Wissenschaftstheorie (↑Wissenschaftstheorie, konstruktive) bilden *apriorische Meßnormen* mit Längen- und Zeitmessung in Geometrie und Kinematik das Fundament für empirische M.en der Physik (↑Protophysik). Für die ↑Euklidische Geometrie und die Galileische ↑Kinematik handelt es sich dabei um die Definition geometrischer und kinematischer Formen wie ›Strecke‹ und ›gleichförmig geradlinige Bewegung‹. Die Definition der apriorischen Formen erfordert jeweils einen Eindeutigkeitsbeweis (↑eindeutig/Eindeutigkeit), um überhaupt reproduzierbare (↑Reproduzierbarkeit), technisch brauchbare Verfahren der Längen- und Dauermessung zu erhalten (↑Meßgerät). Für die M. der ↑Masse in der klassischen Physik ist ein ↑Inertialsystem (Erde bzw. astronomisches Fundamentalsystem) zu finden, in dem gewisse Maßverhältnisse technisch hinreichend konstant sind. Nach protophysikalischer Auffassung ist für hohe Geschwindigkeiten nahe c nur die M. der Masse, nicht jedoch die M. der Länge und Zeitdauer von einer Revision betroffen (↑Mechanik).

Literatur: G. Bergmann/K. W. Spence, The Logic of Psychophysical Measurement, Psychol. Rev. 51 (1944), 1–24; N. R. Campbell, An Account of the Principles of Measurement and Calculation, London etc. 1928; C. H. Coombs, A Theory of Psychological Scaling, Ann Arbor Mich. 1951 [1952] (repr. Westport Conn. 1976); H. Dingle, A Theory of Measurement, Brit. J. Philos. Sci. 1 (1950), 5–26; B. Ellis, Basic Concepts of Measurement, Cambridge 1966, 1968; ders., Measurement, Enc. Ph. V (1967), 241–250; H. v. Helmholtz, Zählen und Messen erkenntnistheoretisch betrachtet, in: Philosophische Aufsätze. E. Zeller zu seinem fünfzigjährigen Doctor-Jubiläum gewidmet, Leipzig

1887 (repr. 1962), 17–52 (repr. in: ders., Die Tatsachen in der Wahrnehmung. Zählen und Messen erkenntnistheoretisch betrachtet, Darmstadt 1959, 75–112); O. Hölder, Die Axiome der Quantität und die Lehre vom Mass, in: Ber. über die Verh. Königl. Sächs. Ges. Wiss. Leipzig, math.-phys. Cl. 53 (1901), 1–64; D. Krantz u. a., Foundations of Measurement I, New York/London 1971, Mineola N. Y. 2007; E. Nagel, Measurement, Erkenntnis 2 (1931), 313–333, ferner in: A. Danto/S. Morgenbesser (eds.), Philosophy of Science, Cleveland Ohio/New York 1960, 1967, 121–140; B. Orth, Einführung in die Theorie des Messens, Stuttgart etc. 1974; J. Pfarr (ed.), Protophysik und Relativitätstheorie, Mannheim/Wien/Zürich 1981; O. Schlaudt (ed.), Die Quantifizierung der Natur. Klassische Texte der Messtheorie von 1696 bis 1999, Paderborn 2009; H. Schleichert, Zur Erkenntnislogik des Messens, Arch. Philos. 12 (1964), 304–327; S. S. Stevens, On the Theory of Scales of Measurement, Science 103 (1946), 677–680; R. Wahsner, Messen/M., in: J. Sandkühler (ed.), Europäische Enzyklopädie zu Philosophie und Wissenschaftstheorie, Hamburg 1990, 377–378, rev., M./messen, EP II (²2010), 1572–1575; H. Woolf (ed.), Quantification. A History of the Meaning of Measurement in the Natural and Social Sciences, Indianapolis Ind./New York 1961; weitere Literatur: ↑Meßtheorie.   K. M.

Metaaussage, Bezeichnung für eine der ↑Metasprache angehörende ↑Aussage (↑Redeweise, formale), mit der *über* sprachliche Ausdrücke etwas ausgesagt wird, z. B. ›»Europa« ist ein Eigenname‹. Anstelle der einen ↑Nominator für einen sprachlichen Ausdruck bildenden ↑Anführungszeichen können auch andere Mittel eingesetzt werden, etwa eine bestimmte ↑Kennzeichnung als Nominator für den sprachlichen Ausdruck, wie z. B. die M. ›das Wort Europa ist ein Eigenname‹ im Unterschied zur ↑Objektaussage ›der Erdteil Europa ist dicht bevölkert‹. Die Unterscheidung der Objektaussagen von den M.n ist für viele methodologische Untersuchungen in Logik und Sprachphilosophie, z. B. bei der Behandlung der semantischen Antinomien (↑Antinomien, semantische), wichtig geworden.   K. L.

Metabasis (griech. μετάβασις εἰς ἄλλο γένος, Übergehen zu einer anderen Gattung), Bezeichnung für den Beweisfehler (↑Beweis) der *Übertragung*, bei dem statt der zu beweisenden Aussage eine gleichlautende Aussage über einen anderen Gegenstandsbereich – auf einem anderen Gebiet – bewiesen wird. Erstmals von Aristoteles im Zusammenhang mit der unberechtigten Übertragung arithmetischer Beweise auf solche über geometrische Gegenstände formuliert (An. post. *A*6. 75a28–7.75b20, vgl. de cael. *A*1.268b1).   K. L.

Metaethik, ein in Analogie zu ›Metamathematik‹, ›Metalogik‹ gebildeter Terminus, der die philosophische ↑Sprachanalyse der moralischen Urteile bezeichnet. Während es sich jedoch bei der ↑Metamathematik um eine selbst mathematische Theorie formaler mathematischer Beweise handelt, wird die M. im Regelfall nicht

als (Teil der) ↑Ethik, sondern als wertneutral, insbes. gegenüber den behandelten ethischen Aussagen, betrachtet (Neutralitätsthese). In diesem Sinne soll die M. auf dem Boden auch pluralistischer Moralphilosophien wie der des Logischen Empirismus (↑Empirismus, logischer) eine wissenschaftliche (intersubjektive) Beschäftigung mit Fragen der Ethik ermöglichen. Eine geläufige Einteilung, die vor allem für die angelsächsische Diskussion entwickelt worden ist, faßt als ›kognitiv‹ (↑Kognitivismus) solche metaethischen Ansätze zusammen, bei denen moralische Urteile als Tatsachenfeststellungen oder (prinzipiell) einer Begründung fähig und in diesem Sinne als Erkenntnisse resultieren, wie dies z. B. für den ↑Good Reasons Approach der Fall ist. Weitere Ausprägungen des metaethischen Kognitivismus sind der ethische Naturalismus (↑Naturalismus (ethisch)), dem ethische Beurteilungsbegriffe wie ›gut‹ als einführbar oder definierbar auf der Basis einer empirisch zugänglichen Sprache erscheinen, sowie der ethische Intuitionismus (↑Intuitionismus (ethisch)), der moralische Urteile auf eine besondere Wertanschauung (Wertintuition) gründet. Im Gegensatz dazu gelten als nichtkognitivistisch orientiert etwa Analysen, nach denen moralische Rede dem Ausdruck subjektiver oder emotionaler Haltungen und Einstellungen dient (↑Emotivismus) oder präskriptiv (↑deskriptiv/präskriptiv), im Sinne von Aufforderungen oder Imperativen (↑Präskriptivismus, auch ›Imperativismus‹ genannt), verstanden wird. – Während zur M. im engeren Sinne nur die semantische Analyse der moralischen (ethischen) Beurteilungstermini wie ›gut‹, ›schlimm‹, ›gerechtfertigt‹ gehört, läßt es vor allem der Präskriptivismus plausibel erscheinen, zur M. auch Untersuchungen der logischen Form (↑Form, logisch) praktischer Orientierungssätze zu zählen, wie sie etwa die deontische Logik (↑Logik, deontische), bezogen auf die Modalitäten ›geboten‹, ›verboten‹, ›freigestellt‹, ›erlaubt‹, bei Regel- und Normensystemen anstellt.

Grundsätzliche Kritik richtet sich vor allem gegen die metaethische Neutralitätsthese. Für kognitivistische Verständnisvorschläge läßt sich zunächst einsichtig machen, daß semantische Analysen zu den moralischen Urteilen auch darüber entscheiden, wann ein Begründungs- oder Wahrheitsanspruch als eingelöst gelten kann. Indem so bestimmte Arten der Begründung bereits ihrer ›Form‹ nach ausscheiden, erweisen sich auch darauf gestützte ↑Werturteile als (formal) ungerechtfertigt. Insofern kann die Analyse der ethischen Sprache nicht ›wertneutral‹ erfolgen. Entsprechend sind auch die Grenzen zwischen einer kognitivistischen M. und so genannten formalen oder universalistischen Ethikverständnissen in der von I. Kant eingeleiteten Tradition (↑allgemein (ethisch), ↑Moralprinzip, ↑Universalisierung, ↑Universalität (ethisch)) fließend. Für die kognitivistische und die nicht-kognitivistische M. in gleicher Weise gilt ferner, daß ein kritischer Gebrauch metaethischer Analysen die Analyseschritte und Analyseergebnisse als Normen (↑Norm (handlungstheoretisch, moralphilosophisch)) betrachten muß, die die Zulässigkeit moralisch gemeinter Äußerungen und ihrer Verständnisse und damit das, was mit moralischer Rede ausgerichtet werden kann, einschränkt. Selbst eine rein deskriptiv-soziologische Auffassung metaethischer Analysen kann im übrigen auf eine Abgrenzung dessen, was ›moralisches‹ Reden und Handeln heißen und damit zum Untersuchungsgegenstand zählen soll, nicht verzichten.

Literatur: H. Albert, Ethik und Meta-Ethik. Das Dilemma der analytischen Moralphilosophie, Arch. Philos. 11 (1961/1962), 28–63, ferner in: ders./E. Topitsch (eds.), Werturteilsstreit, Darmstadt 1971, ²1979, 472–517, ferner in: ders., Konstruktion und Kritik. Aufsätze zur Philosophie des kritischen Rationalismus, Hamburg 1972, ²1975, 127–167; R. E. Alexander, Metaethics and Value Neutrality in Science, Philos. Stud. 25 (1974), 391–401; R. Attfield, Value, Obligation, and Meta-Ethics, Amsterdam/Atlanta Ga. 1995; W. T. Blackstone, Are Metaethical Theories Normatively Neutral?, Australas. J. Philos. 39 (1961), 65–74; ders., On Justifying a Metaethical Theory, Australas. J. Philos. 41 (1963), 57–66; D. Copp, Metaethics, in: L. C. Becker/C. B. Becker (eds.), Encyclopedia of Ethics II, New York/London 1992, 790–798; ders., Morality in a Natural World. Selected Essays in Metaethics, Cambridge etc. 2007; H. Fahrenbach, Sprachanalyse und Ethik, in: H.-G. Gadamer (ed.), Das Problem der Sprache (VIII. Dt. Kongreß für Philosophie, Heidelberg 1966), München 1967, 373–385; P. Foot (ed.), Theories of Ethics, London etc. 1967, Oxford/New York 2002; A. Gewirth, Meta-Ethics and Normative Ethics, Mind NS 69 (1960), 187–205; G. Grewendorf/G. Meggle (eds.), Seminar Sprache und Ethik. Zur Entwicklung der M., Frankfurt 1974; E. Herms, M., RGG V (⁴2002), 1163–1164; F. Kambartel, Erkennen und Handeln. Methodische Analysen zur Ethik, in: H.-G. Gadamer/P. Vogler (eds.), Neue Anthropologie VII. Philosophische Anthropologie 2, Stuttgart, München 1975, 289–304; ders., Universalität als Lebensform, in: W. Oelmüller (ed.), Normenbegründung – Normendurchsetzung (Materialien zur Normendiskussion II), Paderborn 1978, 11–21; F. Kaulbach, Ethik und M.. Darstellung und Kritik metaethischer Argumente, Darmstadt 1974; F. v. Kutschera, Grundlagen der Ethik, Berlin/New York 1982, ²1999; H. Lenk, Kann die sprachanalytische Moralphilosophie neutral sein?, Arch. Rechts- u. Sozialphilos. 53 (1967), 367–386; ders., Der ›Ordinary Language Approach‹ und die Neutralitätsthese der M., in: H.-G. Gadamer (ed.), Das Problem der Sprache [s. o.], 183–206; H. J. McCloskey, Meta-Ethics and Normative Ethics, The Hague 1969; A. Miller, An Introduction to Contemporary Metaethics, Cambridge/Oxford/Malden Mass. 2003, 2010; K. Nielsen, Ethics, Problems of, Enc. Ph. III (1967), 117–134; K. Pahel/M. Schiller (eds.), Readings in Contemporary Ethical Theory, Englewood Cliffs N. J. 1970; A. Pieper, M., Hist. Wb. Ph. V (1980), 1168–1171; P. Railton, Analytic Ethics, REP VI (1998), 220–223; G. Sayre-McCord, Metaethics, SEP 2007; M. Smith (ed.), Meta-Ethics, Aldershot etc. 1995; ders., Ethics and the a priori. Selected Essays on Moral Psychology and Meta-Ethics, Cambridge etc. 2004; L. W. Sumner, Normative Ethics and Metaethics, Ethics 77 (1966/1967), 95–106; T. Tännsjö, The

Relevance of Metaethics to Ethics, Stockholm 1976 (mit Bibliographie, 217–223); R. Wimmer, Universalisierung in der Ethik. Analyse, Kritik und Rekonstruktion ethischer Rationalitätsansprüche, Frankfurt 1980; J.-C. Wolf/P. Schaber, Analytische Moralphilosophie, Freiburg/München 1998, bes. 112–129 (Kap. V Die metaethische Krise). – Canadian J. Philos. 21 Suppl. (1996); Oxford Stud. Metaethics 2006 ff.; Philos. Issues 19 (2009). F. K.

Metakompetenz, Bezeichnung für eine die begrifflich organisierten Sprachhandlungskompetenzen (↑Sprachhandlung) zusammenfassende handlungstheoretische Verallgemeinerung des ›knowledge by description‹, wie es von B. Russell dem ›knowledge by acquaintance‹ gegenübergestellt wird und im Deutschen der Entgegensetzung von (begrifflicher, vom Denken getragener) *Erkenntnis* und (sinnlicher, vom Erleben getragener) *Kenntnis*, etwa bei M. Schlick, entspricht. So sind z. B. ↑Aussagen als Ergebnis von M. gegenstands*beschreibend*, weil die Gegenstände, über die etwas ausgesagt wird, als bereits ›bekannt‹ unterstellt sind, d. h. als durch einfache ↑Artikulationen, etwa im visuellen oder im verbalen Medium (↑Medium (semiotisch)), zugänglich. Solche Aussagen repräsentieren *propositionales Wissen*, ein von der Sprechsituation grundsätzlich unabhängiges Wissen *über* etwas, dessen Objektivierung die Gestalt eines angeeigneten *sprachlich-symbolischen Könnens* hat: Jemand kann sagen und vermag grundsätzlich jedem/jeder gegenüber in einem Argumentationsprozeß zu vertreten, was er/sie weiß. M. ist zu unterscheiden von ↑*Objektkompetenz*, bei der es sich um eine die methodisch aufgebauten Handlungskompetenzen zusammenfassende handlungstheoretische Verallgemeinerung des ›knowledge by acquaintance‹ handelt, um die es gerade auch dann geht, wenn nicht nur gewöhnliche Handlungen des Umgehens mit Gegenständen, sondern auch Sprachhandlungen in gegenstands*konstituierender* Rolle ausgeübt werden. Es wird dann *operationales Wissen* präsentiert, ein von der Handlungs- bzw. Sprechsituation grundsätzlich abhängiges Wissen *um* etwas. M. und Objektkompetenz sind jedoch nicht unabhängig voneinander verfügbar und zudem noch durch zahlreiche Zwischenstufen miteinander verbunden.

Literatur: K. Lorenz, Dialogischer Konstruktivismus, Berlin/New York 2009, bes. 11–14, 85–87; B. A. W. Russell, The Problems of Philosophy, New York, London o. J. [1912], 72–92, Oxford/New York 2001, 25–32 (Chap. 5 Knowledge by Acquaintance and Knowledge by Description); M. Schlick, Allgemeine Erkenntnislehre, Berlin 1918, ²1925, Neudr. in: ders., Gesamtausg. Abt. I/1, ed. H. J. Wendel/F. O. Engler, Wien/New York 2009, 121–831. K. L.

Metakritik, ursprünglich von J. G. Hamann (M. über den Purism der Vernunft, 1784, Erstdruck Königsberg 1800) und J. G. Herder (Verstand und Erfahrung. Eine M. zur Kritik der reinen Vernunft, Leipzig 1799) verwendete Bezeichnung für die Kritik an I. Kants Konzeption einer ↑Transzendentalphilosophie in der »Kritik der reinen Vernunft« (1781, ²1787). Während Hamann einer Berufung auf die ›Reinheit der Vernunft‹ Sprachvergessenheit vorwirft und gegen Kants Begriff der Rezeptivität der Sinnlichkeit die ›Rezeptivität der Sprache‹ betont, stellt Herder prinzipiell die Möglichkeit einer ↑transzendentalen Begründung des Wissens bzw. transzendentaler Konstitutionsleistungen in Frage. In modernem (nicht allein philosophischem) Sprachgebrauch wird unter M. allgemein eine kritische Entgegnung auf ↑Kritik verstanden.

Literatur: E. Achermann, Natur und Freiheit. Hamanns »M.« in naturrechtlicher Hinsicht, Neue Z. system. Theol. Religionsphilos. 46 (2004), 72–100; T. W. Adorno, Zur M. der Erkenntnistheorie. Studien über Husserl und die phänomenologischen Antinomien, Stuttgart 1956, Frankfurt 1972, 1990, ferner in: Zur M. der Erkenntnistheorie. Drei Studien zu Hegel, Frankfurt 1971, 2003 (= Ges. Schriften V); H. M. Baumgartner, Kontinuität und Geschichte. Zur Kritik und M. der historischen Vernunft, Frankfurt 1972, 1997; O. Bayer, M. in nuce. Hamanns Antwort auf Kants »Kritik der reinen Vernunft«, Neue Z. system. Theol. Religionsphilos. 30 (1988), 305–314; ders., Hamanns M. im ersten Entwurf, Kant-St. 81 (1990), 435–453; ders., Vernunft ist Sprache. Hamanns M. Kants, Stuttgart-Bad Cannstatt 2002; ders., M., RGG V (⁴2002), 1164–1165; J. J. Cramer, Ueber Herders M., Zürich/Leipzig 1800 (repr. Brüssel 1968); G. G. Dickson, Johann Georg Hamann's Relational Metacriticism, Berlin/New York 1995; E. Heintel, M., Hist. Wb. Ph. V (1980), 1171–1172; M. Heinz, Herders M., in: dies. (ed.), Herder und die Philosophie des deutschen Idealismus, Amsterdam/Atlanta Ga. 1997, 89–106; S. Majetschak, M. und Sprache. Zu Johann Georg Hamanns Kant-Verständnis und seinen metakritischen Implikationen, Kant-St. 80 (1989), 447–471; F. C. Roberts, Johann Georg Hamann's Historical Language and the Subjective Communication of Truth, Herder-Jb./Herder Yearbook 8 (2006), 119–132; A. Weishoff, Wider den Purismus der Vernunft. J. G. Hamanns sakral-rhetorischer Ansatz zu einer M. des Kantischen Kritizismus, Opladen/Wiesbaden 1998; G. Zöllner, From Critique to Metacritique. Fichtes Transformation of Kant's Transcendental Idealism, in: S. S. Sedgwick (ed.), The Reception of Kant's Critical Philosophy. Fichte, Schelling, and Hegel, Cambridge etc. 2000, 129–146.   J. M.

Metalogik (engl. metalogic), in der philosophischen Tradition unterschiedlich für der ↑Logik vorgelagerte oder sie fundierende Untersuchungen verwendete Bezeichnung, bei B. Erdmann (Umrisse zur Psychologie des Denkens, 1900) auch für ›unformuliertes‹ ganzheitlich-intuitives faktisches Denken im Gegensatz zu einem an logischen Normen orientierten, diskursiv verfahrenden Denken; N. Hartmann wiederum (Grundzüge einer Metaphysik der Erkenntnis, Berlin/Leipzig 1921, ⁴1949 [repr. Berlin ⁵1965]) versteht unter M. eine Disziplin, die Grundlagenprobleme der Erkenntnistheorie jenseits der traditionellen Dichotomie von deskriptiven (hier: empirisch-psychologischen) und normativen (hier: rational-logischen) Verfahrensweisen behandelt.

In der modernen ↑Grundlagenforschung ist ›M.‹ ein in Analogie zu ›Metamathematik‹ gebildeter Terminus, der für logisch-mathematische Untersuchungen *über* Logik steht, die zu diesem Zweck allerdings in die Gestalt eines formalen Systems (↑System, formales) gebracht worden sein muß. In diesem Sinne gehört zur M. die Theorie der ↑Logikkalküle, d. i. der ↑Syntax der Logikkalküle unter Einschluß ihrer ↑Semantik. M. wird so gewöhnlich wie mengentheoretische Semantik (↑Modelltheorie, ↑Semantik, logische) als die Theorie der Syntax von um eine formalisierte ↑Mengenlehre erweiterten Logikkalkülen verstanden. Wird auch noch die Theorie *angewandter* Logikkalküle zur M. hinzugezählt, so ist angesichts der Tatsache, daß angewandte Logikkalküle oder formale Sprachen in der Regel ↑Formalisierungen inhaltlicher mathematischer Theorien sind, die Abgrenzung zwischen M. und gelegentlich tatsächlich mit ihr gleichgesetzter ↑Metamathematik schwierig. Es sei denn, man erklärt eine *allgemeine* Theorie von beliebigen formalen Systemen bzw. – sind sie interpretiert – von formalen Sprachen (↑Sprache, formale) zur M. und allein die verschiedenen *speziellen* Theorien zur Metamathematik, was dann mit der eingebürgerten Praxis konkurriert, eine solche allgemeine Theorie als Theorie mathematischer ↑Strukturen ebenfalls ›Metamathematik‹ zu nennen.

Wichtige Resultate der M., also Theoreme über Logikkalküle, die natürlich ebenfalls zur formalen Logik (↑Logik, formale) als einer Theorie des logischen Zusammenhangs von Aussagen gehören, sind die Vollständigkeit (↑vollständig/Vollständigkeit) der klassischen ↑Quantorenlogik und die Unentscheidbarkeit (↑unentscheidbar/Unentscheidbarkeit) sowohl der klassischen als auch der intuitionistischen Quantorenlogik. Häufig werden auch Überlegungen der ↑*Philosophie der Logik*, also z. B. Fragen der Begründbarkeit von Geltungsansprüchen in der Logik, oder Fragen der Abgrenzung der Logik von anderen Disziplinen, etwa im Zusammenhang der Auszeichnung bestimmter Partikeln als *logischer* Partikeln (↑Partikel, logische), in einem allgemeineren Sinne als zur M. gehörig angesehen.

Literatur: L. Borkowski, Formale Logik. Logische Systeme. Einführung in die M.. Ein Lehrbuch, Berlin 1976, München 1977, bes. 28–40, 462–563 (Kap. II Systeme der formalen Logik. M., Kap. IX Einführung in die M.); B. Erdmann, Umrisse zur Psychologie des Denkens, in: ders. u. a., Philosophische Abhandlungen. Christoph Sigwart zu seinem siebzigsten Geburtstage, 28. März 1900, Tübingen/Freiburg/Leipzig 1900, 1–40, separat Tübingen rev. ²1908; G. Hunter, Metalogic. An Introduction to the Metatheory of Standard First Order Logic, Berkeley Calif./Los Angeles 1971, 1996; H. Lenk, M. und Sprachanalyse. Studien zur analytischen Philosophie, Freiburg 1973; R. M. Martin, Metaphysical Foundations. Mereology and Metalogic, München/Wien 1988; T. Rentsch, M., Hist. Wb. Ph. V (1980), 1172–1174; M. L. Roure, Logique et métalogique. Essai sur la structure et les frontières de la pensée logique, Paris/Lyon 1957; H. Wang, From Mathematics to Philosophy, London, New York 1974. K. L.

Metamathematik, (1) Bezeichnung für diejenige metasprachliche (↑Metasprache) mathematische Theorie, deren Untersuchungsgegenstand die formalen axiomatischen Theorien (↑System, axiomatisches) der Mathematik sind. In diesem engeren Sinne wird manchmal nur die sich aus dem ↑Hilbertprogramm ergebende ↑Beweistheorie als ›M.‹ bezeichnet, meistens jedoch, neben der Klärung der Widerspruchsfreiheit (↑widerspruchsfrei/ Widerspruchsfreiheit) formaler Theorien, auch die Untersuchung solcher Theorien auf Entscheidbarkeit (↑entscheidbar/Entscheidbarkeit) und Vollständigkeit (↑vollständig/Vollständigkeit) hin. (2) In einem weiteren Sinne gelten neben den syntaktisch orientierten Untersuchungen nach (1) auch die semantisch orientierte ↑Modelltheorie und konstruktive Theorien über axiomatische Theorien als M.. Eine solche Erweiterung des Wortgebrauchs scheint zweckmäßig zu sein, da sich manche Theoreme (z. B. der ↑Unvollständigkeitssatz) sowohl beweistheoretisch als auch modelltheoretisch beweisen lassen. Historisch trat der Ausdruck ›M.‹ wohl erstmals in einem pejorativen Sinne (analog zu ›Metaphysik‹) gegen Ende des 19. Jhs. anläßlich der Kritik an pseudophilosophischen Spekulationen im Anschluß an die Theorie mehr als dreidimensionaler Geometrien auf. Viele Mathematiker verwendeten ›M.‹ (neben dem synonym gebrauchten ›Metageometrie‹) zur Bezeichnung der ↑nicht-euklidischen Geometrie. Die heutige Bedeutung von ›M.‹ im Sinne von (1) geht auf D. Hilbert zurück.

Die ersten *Widerspruchsfreiheitsbeweise* der M. im Sinne des Hilbertprogramms bezogen sich auf die ↑Arithmetik. Ein Widerspruchsfreiheitsbeweis für die darauf aufbauende ↑Analysis liefert letztlich auch die Widerspruchsfreiheit der ↑Euklidischen Geometrie, da sich diese über ihr analytisches Modell, die analytische Geometrie (↑Geometrie, analytische), auf die Analysis als die Theorie der reellen Zahlen reduzieren läßt. Die Widerspruchsfreiheit der Euklidischen Geometrie führt über ›euklidische‹ Modelle der nicht-euklidischen Geometrie (z. B. ›Kleinsches Modell‹; ↑Geometrie, hyperbolische) zur Widerspruchsfreiheit der letzteren. Nach Widerspruchsfreiheitsbeweisen für Teile der Arithmetik durch L. Löwenheim, T. A. Skolem, J. Herbrand und M. Presburger gelang G. Gentzen (Die Widerspruchsfreiheit der reinen Zahlentheorie, Math. Ann. 112 [1936], 493–565) der Widerspruchsfreiheitsbeweis für die gesamte auf die ↑Peano-Axiome aufgebaute Arithmetik 1. Stufe. Allerdings mußte Gentzen für den Beweis eine transfinite Induktion (↑Induktion, transfinite) bis zur ↑Ordinalzahl ε_0 ausführen. Für dieses Verfahren gibt es zwar eine

konstruktive Präzisierung, doch ist es in dem von Gentzen untersuchten formalisierten System der Arithmetik (aus prinzipiellen Gründen) nicht enthalten. Gentzens Verfahren übersteigt damit die im Hilbertprogramm ursprünglich zugelassenen finiten Mittel. Für andere Systeme wurden ähnliche Beweise geführt, unter anderem von P. Lorenzen (Algebraische und logistische Untersuchungen über freie Verbände, J. Symb. Log. 16 [1951], 81–106) für die verzweigte und damit prädikative (↑imprädikativ/Imprädikativität) ↑Typentheorie (ohne das Russellsche ↑Reduzibilitätsaxiom). Dieser Beweis liefert die Widerspruchsfreiheit von Teilen der klassischen Analysis. Seitdem sind für verschiedenste Arten von stärkeren Systemen Widerspruchsfreiheitsbeweise aufgestellt worden.

Die Präzisierung des in mathematischen Theorien verwendeten logischen Instrumentariums erfordert unter anderem den Nachweis, daß sich alle logisch gültigen Schlüsse als in einem entsprechenden Kalkül ableitbare Regeln (↑ableitbar/Ableitbarkeit) darstellen lassen, d. h., daß der betreffende ↑Logikkalkül *vollständig* ist. Für die ↑Quantorenlogik 1. Stufe wurde diese Vollständigkeit von K. Gödel (Die Vollständigkeit der Axiome des logischen Funktionenkalküls, Mh. Math. Phys. 37 [1930], 349–360) und, mit anderen Methoden, von L. Henkin (The Completeness of the First-Order Functional Calculus, J. Symb. Log. 14 [1949], 159–166) bewiesen (↑Vollständigkeitssatz). Quantorenlogiken höherer Stufe erwiesen sich jedoch als unvollständig, wenn man den Gültigkeitsbegriff (↑gültig/Gültigkeit) auf Standardmodelle bezieht.

Für viele metamathematische Untersuchungen erwies sich das nach Gödel benannte Verfahren der ↑Gödelisierung als fruchtbar. Die Gödelisierung eines formalen Systems *S* besteht darin, den Grundzeichen, Formeln und Formelreihen (›Beweisen‹) von *S* in umkehrbar eindeutiger Weise (↑eindeutig/Eindeutigkeit) natürliche Zahlen zuzuordnen. Falls *S* einen hinreichend großen Teil der Arithmetik, z. B. die rekursive Arithmetik (↑Arithmetik, rekursive), enthält, ermöglicht die Gödelisierung die Formulierung metamathematischer Aussagen über die Struktur (›Syntax‹) von *S* in der ›Sprache‹ der Arithmetik und damit in *S* selbst. Wenn das betrachtete formale System *S* die formalisierte Arithmetik *Z* ist, dann lassen sich also syntaktische Eigenschaften von *Z* in *Z* selbst formulieren. Insbes. wird die Widerspruchsfreiheit von *Z* in *Z* ausdrückbar. Gödel bewies (Über formal unentscheidbare Sätze der Principia Mathematica und verwandter Systeme I, Mh. Math. Phys. 38 [1931], 173–198; ↑Unvollständigkeitssatz), daß sich in jedem formalen System *S*, das mindestens die rekursive Arithmetik als Teilsystem umfaßt, Formeln *A* nach den Bildungsregeln von *S* konstruieren lassen, so daß, die ω-Widerspruchsfreiheit (↑ω-vollständig/ω-Vollständigkeit) von S vorausgesetzt, weder A noch ¬A in S ableitbar ist. Daraus ergab sich als zweites Resultat, daß eine Formel von Z, die die Widerspruchsfreiheit von Z behauptet, in Z nicht ableitbar ist. Mit anderen Worten: Für ein genügend ›reiches‹, widerspruchsfreies System läßt sich ein Beweis seiner Widerspruchsfreiheit nicht mit den Mitteln des Systems selbst führen. Dieses für das ursprüngliche Hilbertprogramm niederschmetternde Ergebnis war für Gentzen der Anlaß, in seinem Widerspruchsfreiheitsbeweis für Z die in Z nicht enthaltene transfinite Induktion zu benutzen.

Neben Widerspruchsfreiheit und Vollständigkeit, und inhaltlich eng mit diesen verbunden, spielt die Frage der *Entscheidbarkeit* mathematischer Theorien in der M. eine große Rolle. Eine Menge M von Aussagen einer formalen Sprache L (↑Sprache, formale (1)) (z.B. die in einer bestimmten Theorie ableitbaren Aussagen) ist genau dann entscheidbar, wenn es ein effektives Verfahren gibt, das für beliebige Aussagen von L jeweils nach endlich vielen Schritten angibt, ob sie Element von M sind oder nicht. A. Church bewies (A Note on the Entscheidungsproblem, J. Symb. Log. 1 [1936], 40–41, Korrektur, 101–102) die Unentscheidbarkeit jeweils der Menge der allgemeingültigen Aussagen der Quantorenlogiken aller Stufen. Ist eine rekursiv aufzählbare (↑aufzählbar/Aufzählbarkeit) formale Theorie T vollständig, so ist sie auch entscheidbar: Um zu entscheiden, ob eine L-Aussage A in T ableitbar ist, geht man eine Aufzählung aller T-ableitbaren Aussagen durch; weil T vollständig ist, stößt man nach endlich vielen Schritten entweder auf A oder auf seine Negation ¬A. Im letzteren Falle ist A selbst (Konsistenz von T vorausgesetzt) nicht ableitbar; ist T inkonsistent, so sind ohnehin alle L-Aussagen ableitbar, das Entscheidungsproblem also trivial lösbar. (Die Quantorenlogik 1. Stufe ist *nicht* vollständig im hier relevanten Sinne, daß jede Aussage entweder beweisbar oder widerlegbar ist, sondern in dem, daß es Kalküle gibt, die alle in ihr gültigen Schlüsse liefern; ihre Unentscheidbarkeit widerspricht also nicht dem eben Gesagten.) Vollständigkeit allein ist nicht hinreichend für Entscheidbarkeit: Die Menge der wahren – d.h. im Standardmodell gültigen – (erststufigen) arithmetischen Aussagen ist trivialerweise vollständig (ist A falsch, so ist ¬A wahr), aber nicht entscheidbar, ja noch nicht einmal rekursiv aufzählbar. Auch rekursive Aufzählbarkeit ist für sich genommen nicht hinreichend für Entscheidbarkeit. Dies hat seinen Grund darin, daß die Existenz von Aufzählungsverfahren für die in einem Kalkül ableitbaren Sätze nicht bereits die Aufzählbarkeit der nichtableitbaren Sätze liefert. Für Entscheidbarkeit ist jedoch beides erforderlich (und zusammen hinreichend). Aus der Entscheidbarkeit einer Theorie folgt nicht ihre Vollständigkeit: Die Theorie der algebraisch abgeschlossenen Körper etwa (↑Körper (mathematisch)) ist entscheidbar,

aber unvollständig. – Der dem Entscheidbarkeitsbegriff zugrundeliegende Begriff der Rekursivität (↑rekursiv/Rekursivität) ist äquivalent dem Begriff der maschinellen Berechenbarkeit (↑Algorithmentheorie). Über die Theorie der Berechenbarkeit als Grundlage der Theorie endlicher Automaten und weiter Teile der Informatik wirkt die M. in diese Theorien hinein.

Im Unterschied zu den am Hilbertprogramm orientierten Methoden der M. im engeren Sinne haben die semantisch orientierten Untersuchungen der *Modelltheorie* nicht formale Systeme zum Gegenstand, sondern abstrakte axiomatische Strukturen der Mathematik, die die Modelltheorie im Hinblick auf mögliche Realisierungen (›Modelle‹) untersucht. Einige Begriffsbildungen und Resultate der M. im engeren Sinne, wie z.B. Entscheidbarkeit, haben ein modelltheoretisches Pendant: So wurden etwa die Theorien der abelschen Gruppen (↑Gruppe (mathematisch)), der algebraisch und der reell-abgeschlossenen Körper modelltheoretisch als entscheidbar nachgewiesen, die allgemeine Gruppen-, Ring- und Körpertheorie dagegen als unentscheidbar. A. Tarski zeigte die Entscheidbarkeit der so genannten Elementargeometrie, die den größten Teil der Euklidischen Geometrie enthält. Manche Vertreter der konstruktiven Mathematik (↑Mathematik, konstruktive) und des mathematischen ↑Intuitionismus halten Widerspruchsfreiheitsbeweise wegen der Konstruktivität (↑konstruktiv/Konstruktivität) der in Konstruktivismus und Intuitionismus verwendeten Methoden, die nur zu widerspruchsfreien Theorien führen können, von vornherein für überflüssig.

Literatur: E. Agazzi (ed.), Modern Logic, a Survey. Historical, Philosophical, and Mathematical Aspects of Modern Logic and Its Applications, Dordrecht/Boston Mass./London 1981, 153–252 (Part III The Interplay between Logic and Mathematics); E. W. Beth, The Foundations of Mathematics. A Study in the Philosophy of Science, Amsterdam 1959, ²1965, 1968; S. R. Buss (ed.), The Handbook of Proof Theory, Amsterdam etc. 1998 (Stud. Log. Found. Math. 137); D. van Dalen, Métamathématique, Enc. philos. universelle II/2 (1990), 1612; M. Detlefsen, Mathematics, Foundations of, REP VI (1998), 181–192; G. Gabriel/K. Schütte, M., Hist. Wb. Ph. V (1980), 1175–1177; A. Heyting, Mathematische Grundlagenforschung, Intuitionismus, Beweistheorie, Berlin 1934 (repr. Berlin/Heidelberg/New York 1974); D. Hilbert/P. Bernays, Grundlagen der Mathematik, I–II, Berlin 1934/1939, Berlin/Heidelberg/New York ²1968/1970; S. C. Kleene, Introduction to Metamathematics, Amsterdam, Groningen, New York/Princeton N. J. 1952, New York/Tokyo 2009; P. Lorenzen, M., Mannheim 1962, Mannheim/Wien/Zürich ²1980; C. Parsons, Mathematics, Foundations of, Enc. Ph. V (1967), 188–213; J. v. Plato, The Development of Proof Theory, SEP 2008; H. Rasiowa/R. Sikorski, The Mathematics of Metamathematics, Warschau 1963, ³1970; W. Stegmüller, Unvollständigkeit und Unentscheidbarkeit. Die metamathematischen Resultate von Gödel, Church, Kleene, Rosser und ihre erkenntnistheoretische Bedeutung, Wien 1959, Wien/New York ³1973; J. Webb, Metamathematics and the Philosophy of Mind, Philos.

Sci. 35 (1968), 156–178; weitere Literatur: ↑Beweistheorie, ↑Hilbertprogramm, ↑Modelltheorie sowie unter den übrigen Stichworten, auf die verwiesen wird.   G. W.

Metapher (von griech. μεταφορά, Übertragung), (I) seit der antiken ↑Rhetorik Bezeichnung für eine Figur uneigentlicher Rede (↑Trope), mit der man statt des eigentlichen Wortsinns etwas anderes (eine ›übertragene‹ Bedeutung) zu verstehen gibt (Beispiel: ›der Mensch ist des Menschen Wolf‹). Im Unterschied zur M. fügt die ↑Allegorie dem wörtlichen Sinn eine übertragene Bedeutungsebene hinzu. Aristoteles (Poet. 21.1457b6–8) definiert die M. als ›Übertragung eines fremden Namens‹ (nicht im Sinne von ›Eigenname‹, sondern allgemein, indem man etwas ein Zeichen zuordnet, das eigentlich etwas anderem zukommt) und illustriert als *einen* Weg der Bedeutungsübertragung den Vergleich (Rhet. Γ4. 1406b20–24). Danach läßt sich die M. im (üblichen) engeren Sinne als *vergleichsvermittelte Bedeutungsübertragung* bestimmen (im Unterschied zu anderen Tropen, denen – wie Metonymie, Synekdoche oder ↑Ironie – kein Vergleich zugrundeliegt), die genauer dadurch zustandekommt, daß ein Vergleich zweifach gekürzt wird: um die Vergleichspartikel (›wie‹) und den einschlägigen Vergleichsgesichtspunkt, der als ein Drittes (↑tertium comparationis) ausdrücklich oder durch Konvention für den Vergleich konstitutiv ist. M. T. Cicero (de orat. III, 157) und M. F. Quintilian (Inst. orat. VIII, 6,8 f.) definieren die M. entsprechend als *abgekürzten Vergleich*. Dabei ist es im wesentlichen bis zur Neuzeit geblieben; verbunden mit der Einschätzung, daß die M. als rhetorisch attraktives Element zwar mit Maßen willkommen, aber wegen ihrer elliptischen Unbestimmtheit dem seriösen Diskurs eher abträglich ist.
Dem wiedererwachten Interesse an der M. als Sprachverfahren ging seit dem 18. Jh. und besonders in der ↑Romantik ihre Aufwertung als archaische Ausdruckspotenz voraus, die in allem Sprechen (mehr oder weniger verblaßt) verwoben, schöpferisch überlegen und durch keine andere Sprachform zu ersetzen sei. Zu den Apologeten der M. gehörten insbes. G. Vico (im Zusammenhang mit seiner Repristinierung des ↑Mythos), J.-J. Rousseau und J. G. Herder, später H. L. Bergson (der in ihr die höhere Sprache der ↑Intuition sieht) und J. Ortega y Gasset. Damit erscheint die traditionelle Theorie der M. als elliptischer Form eines zugrundeliegenden Vergleichs zumindest als unzureichend; es stellt sich die Frage nach dem *metaphorischen Überschuß* als dem der M. Wesentlichen. – Unter den sprachanalytischen (↑Sprachanalyse) M.ntheorien der Gegenwart versteht sich die *Interaktionstheorie* (M. Black) als Bruch mit der traditionellen Vergleichstheorie (ähnlich gelagert, wenn auch mit anderen Modellen und Terminologien, sind M. C. Beardsleys ›Verbal-Opposition-Theory‹ und

P. Henles ›Iconic Signification Theory‹ im Anschluß an C. S. Peirce). Danach findet bei einem metaphorischen Ausdruck zwischen dessen wörtlich gebrauchtem Teil (›metaphorischer Rahmen‹) und dem metaphorisch verwendeten (›metaphorischer Brennpunkt‹) eine semantische Interaktion statt, und zwar so, daß vom ›Brennpunkt‹ (z. B. ›Wolf‹ in dem Ausdruck ›der Mensch ist ein Wolf‹) die mit ihm üblicherweise verbundenen ↑Konnotationen weitgehend, nötigenfalls unter geeigneter Bedeutungsverschiebung, auf den ›Rahmen‹ übergehen und, in Grenzen, auch umgekehrt vom ›Rahmen‹ auf den ›Brennpunkt‹ (so daß hier die metaphorische Operation gleichsam den Menschen wölfischer und den Wolf menschlicher mache). Offenbar ist aber auch diese Weise der Bedeutungsübertragung (wenn auch auf breiterer Front und in beiden Richtungen) latent vergleichsvermittelt; denn ohne Vergleich kommen auch hier weder Auswahl noch Anpassung der brauchbaren (oder brauchbar zu machenden) Konnotationselemente zustande, die sich mithin als die klassischen tertia comparationis, wenn auch erweiterter Art, erweisen. Dies im Unterschied zur traditionellen Version in konnotativer Fülle und (wenn man letztere nicht auf einen konventionellen Konnotationsbestand beschränkt) mit entsprechenden Innovationsmöglichkeiten (Henle), zumal im offenen Horizont rezeptiver Entfaltung. Wie weit man damit aber auch über den Ansatz der Tradition hinausgeht (wo im wesentlichen nur je *ein* Vergleichspunkt vorgesehen war), so handelt es sich doch nur um eine quantitative Überbietung, die den metaphorischen Überschuß als eine (überdies zweiseitige) Addition mehr oder weniger zahlreicher Übertragungsaspekte bestimmt. Einen Versuch, diesen gleichwohl einschneidenden Analysegewinn qualitativ zu ergänzen, unternimmt die *Emotionstheorie* (im Anschluß an I. A. Richards, C. L. Stevenson und M. Rieser, ↑Emotivismus). Danach gehören zur metaphorischen Interaktion auch und insbes. Begleitgefühle (›transfer of feeling‹) auf Grund von Gefühlsähnlichkeit (›similarity of feeling‹) zwischen den Vergleichspolen. Erst das Hinzutreten einer Dimension der Betroffenheit (die sich im eigentümlichen Verfremdungscharakter des Metaphorischen bestätigt) kann die qualitative Differenz des metaphorischen Überschusses begreiflich machen, wodurch sich die M. in ihrem vollen (insbes. ästhetisch relevanten) Sinn von der Katachrese, als einer bloß technischen Bedeutungsübertragung zur Schließung lexikalischer Lücken, unterscheidet (Beispiel: der wenig erregende ›Schenkel eines Winkels‹). Allerdings wird diese Differenz von der emotivistischen Theorieversion zwar angezielt, aber nicht semantisch eingeholt, weil sprachliche Bedeutungselemente (selbst wenn sie Gefühle bedeuten) etwas kategorial anderes und unabhängig sind von etwaigen Gefühlen, die sie im Gefolge haben mögen oder nicht.

Einen Lösungsweg zum Kernproblem einer begrifflichen Erfassung des metaphorischen Überschusses in seiner qualitativen Relevanz verfolgt die *endeetische Theorie* der M. (F. Koppe), indem sie den inexpliziten Betroffenheitscharakter als konnotativen Bedürfnisausdruck (im erfüllten wie unerfüllten Sinne) präzisiert, kurz: als ›endeetischen‹ Überschuß (↑ästhetisch/Ästhetik (endeetisch)). Denn wenn jemand z. B. äußert, daß die Sonne ›lacht‹, gibt er damit nicht nur zu verstehen, daß sie scheint, sondern – über den objektiv behauptbaren Sachverhalt (›apophantisches Substrat‹) hinaus – unausdrücklich auch noch ein endeetisches Mehr, auf das es hier ankommt: nämlich daß ihm das Freude macht (mag es andere auch gleichgültig lassen oder ärgern). Freilich kann keine explizite Formulierung den Ausdruckswert des metaphorischen Überschusses in seiner plötzlichen Anschaulichkeit und deren konnotativen Vielfalt und Unbestimmtheit einholen. Z. B. wenn davon Dichter, im Spannungsfeld zwischen Bedürfniserfüllung und Bedürfnisversagung, weit komplexeren und sprachschöpferischen Gebrauch machen; zumal in so genannten ›*kühnen* M.n‹, die existentielles Bewußtsein neu aufbrechen und sich in unabschließbaren Rezeptionsprozessen wandeln und bereichern können (Beispiel: »Dein Leib ist eine Hyazinthe, in die ein Mönch die wächsernen Finger taucht«, G. Trakl).

Zu den metaphorischen *Grenzfällen* gehören (auch in Wissenschaftsterminologien eingehende) so genannte ›*tote* M.n‹, deren metaphorischer Charakter nicht mehr bewußt ist (z. B. ›Grund‹ im Sinne von Argument oder Ursache). Zudem verwenden die Wissenschaften in ihren Theorie- oder Modellsprachen auch lebendigere M.n, als anschauliche *Katachresen* für unanschauliche Zusammenhänge (z. B. die Schallwellenmetaphorik in der Akustik oder die Strom- und Teilchenmetaphorik in der Elektrodynamik), die man als ›*exakte* M.n‹ bezeichnen kann. M. Hesse verspricht sich davon allerdings zuviel, wenn sie deren katachretischen Verlegenheitscharakter zur Sprachtugend der erklärenden Wissenschaften erhebt: Die als metaphorische Neubeschreibung (›metaphoric redescription‹) aufgefaßte Sprache hypothetisch-deduktiver Erklärungsmodelle (↑Erklärung) führe gerade auf Grund ihres metaphorischen Charakters, der eine beliebig komplexe Wechselbeziehung zwischen Explanandum und Explanans eröffne, zu immer weiterreichender Entdeckung verborgener Erklärungswahrheit. Es wird denn auch keine Begründung für diese wunderbare Fügung gegeben, zu deren Unterstellung man gelangt, wenn man die eigentümliche Sprachpotenz der M. apophantisch, als (versteckt) behauptende Kraft, mißversteht (wogegen schon Thomas von Aquin, auf sprachliche Tropen allgemein gemünzt, bemerkte, es sei daraus kein Argument zu ziehen [Expos. super Boeth. de Trin., prooem. qu. 2, art. 3 ad 5]).

Andererseits werden, in bestimmten Kontexten, gewisse Wörter in dem Sinne uneigentlich gebraucht, daß sie (als Ausdruck von praktischen Lebenshaltungen) auf Fragen antworten, die theoretisch weder zu stellen noch zu beantworten sind – von H. Blumenberg ›*absolute* M.n‹ genannt (z. B. ›Welt‹ als Kosmos oder ›Wahrheit‹ als erkenntnisunabhängig gemeint); sie lassen sich als (terminologisch geronnene) Ein-Wort-Mythen auffassen, die in der Philosophie (insbes. als ↑Metaphysik) eine erhebliche Rolle spielen und hier ebenso umstritten sind wie der Mythos.

(II) Ist die Rolle von M.n als Mittel der Veranschaulichung bis in die Naturwissenschaften hinein auch unbestritten, so wird gleichwohl diskutiert, ob damit eine Beschränkung auf rhetorisch-didaktische Vermittlung gegeben ist. Inzwischen hat sich (im Anschluß an so unterschiedliche Autoren wie N. Goodman und P. Ricœur) die Auffassung durchgesetzt, daß M.n ein eigenständiger Erkenntniswert zukommt, so daß die *endeetische* Funktion durch eine *kognitive* zu ergänzen ist. Tatsache ist, daß die Sprache von M.nbildungen wie ›Tischbein‹, ›Flußbett‹ usw. durchsetzt ist, die als solche meist gar nicht mehr bewußt sind. Schon J. G. Herder hat betont, daß die Sprache geradezu metaphorisch wachse. Daher wäre es für die Erkenntnis- und Wissenschaftstheorie verhängnisvoll, wollte man ein metaphernfreies Erkennen fordern, wie dies in der Tradition der Philosophie häufig der Fall war. Besonders dezidiert hat J. Locke vor den Gefahren der M.n für das Erkennen gewarnt. Für ihn sind bildliche Ausdrücke (wie die Rhetorik überhaupt) ein mächtiges Instrument des Irrtums und der Täuschung (»powerful instrument of error and deceit«, Essay III 10 § 34).

Die philosophische Ablehnung der M.n ist insbes. von der Dekonstruktion (P. de Man; ↑Dekonstruktion (Dekonstruktivismus)) zu Recht kritisiert worden. Anstatt M.n aber erkenntnistheoretisch aufzuwerten, wird deren Gebrauch zum Anlaß genommen, den Anspruch auf Wahrheit und Erkenntnis im Anschluß an F. Nietzsches Diktum, begriffliche Wahrheit sei ein »bewegliches Heer von M.n« (Über Wahrheit und Lüge im außermoralischen Sinn, Werke. Krit. Gesamtausg. III/2, 374) prinzipiell in Frage zu stellen. Beeinflußt von Nietzsche hat bereits F. Mauthner die Sprache wegen ihres durchgehend metaphorischen Charakters als Erkenntnismittel abgelehnt und (angesichts der Bindung von Erkenntnis an Sprache) Erkenntnis in pyrrhonischer Zuspitzung für unmöglich erklärt (Beiträge zu einer Kritik der Sprache, I–III, Stuttgart 1901–1902, bes. II, 1901, 465–549, ²1912, Leipzig ³1923, 449–534 [Kap. XI Die M.]). Ungeachtet solcher Übertreibungen sollte es gerade der Philosophie zu denken geben, daß sich unter ihren Grundbegriffen zahlreiche tote M.n finden. Mit Blick auf solche Beispiele wie ›Grund‹ und ›Substanz‹ hat bereits I. Kant, der in

diesem Zusammenhang von »symbolischen Hypotypo-
sen« spricht, eine systematische Untersuchung gefordert
(KU § 59). Sprachkritisch zu prüfen ist, ob uns Sprach-
bilder ›gefangen‹ halten (vgl. Wittgenstein, Philos. Unters. § 115). Dabei tut man gut daran, sich auf eine
Diskussion der Frage der Abgrenzung zwischen Begriffen und M.n gar nicht erst einzulassen. Solange man an
einer strikten Trennung zwischen (logischen) Begriffen
und (rhetorischen) M.n festhält und dabei Begriffe als
Garanten der Erkenntnis ausgibt, M.n dagegen als Mittel
bloßer Überredung ablehnt, fällt dieses Verdikt schließlich auf die Begriffe zurück. Mit ihrer Entlarvung als tote
M.n löst sich dann auch deren kognitiver Anspruch auf.
Als angemessene Reaktion auf die genannten dekon-
struktiven Erkenntniskritiken bietet es sich daher an,
auf eine strenge Unterscheidung zwischen Begriff und
M. zu verzichten, dafür aber um so entschiedener daran
festzuhalten, daß auch M.n einen Erkenntniswert haben
können. Als Beispiel läßt sich G. Freges chemische M.
der ›Ungesättigtheit‹ anführen. Sie dient zur Erläuterung
des kategorialen Begriffs der ↑Funktion. Dieser Begriff
ist nach Frege logisch einfach und daher definitorisch
nicht auf andere Begriffe zurückführbar. Zur Erläuterung müsse man in solchen Fällen auf ›bildliche Ausdrücke‹ zurückgreifen (G. Frege, Über Begriff und Gegenstand [1892, 205], in: ders, Kleine Schriften, ed. I.
Angelelli, Darmstadt 1967, 167–178, hier: 178). Der
Logiker Frege bedient sich hier einer M. nicht zur ergänzenden Veranschaulichung einer bestehenden Begrifflichkeit, die M. tritt vielmehr an die Stelle fehlender
Begrifflichkeit. Solche kategorialen M.n sind von poetischen M.n zu unterscheiden. Während poetische M.n
Väter des Überflusses sind (sie setzen Konnotationen
endeetisch frei), sind philosophische M.n eher Kinder
des Mangels: sie werden aus Ausdrucksnot geboren.

Literatur: W. Alston, Philosophy of Language, Englewood Cliffs
N. J. 1964, 1965, 96–106; F. R. Ankersmit, History and Tropol-
ogy. The Rise and Fall of Metaphor, Berkeley Calif./London
1994; ders./J. J. A. Mooij (eds.), Knowledge and Language III
(Metaphor and Knowledge), Dordrecht/Boston Mass./London
1993; U. Arnswald/J. Kertscher/M. Kross (eds.), Wittgenstein
und die M., Berlin 2004; G. Bader, Melancholie und M., Eine
Skizze, Tübingen 1990; M. C. Beardsley, Aesthetics. Problems in
the Philosophy of Criticism, New York 1958, Indianapolis Ind./
Cambridge 1991, 114–164; ders., The Metaphorical Twist, Philos. Phenom. Res. 22 (1962), 293–307 (dt. Die metaphorische
Verdrehung, in: A. Haverkamp [ed.], Theorie der M. [s. u.],
120–141); ders., Metaphor, Enc. Ph. V (1967), 284–289; S. Beckmann, Die Grammatik der M., Eine gebrauchstheoretische Untersuchung des metaphorischen Sprechens, Tübingen 2001; D.
Berggren, The Use and Abuse of Metaphor, I–II, Rev. Met. 16
(1962/1963), 237–258, 450–472; H. L. Bergson, La pensée et le
mouvant. Essais et conférences, Paris 1934, 2009 (dt. Denken
und schöpferisches Werden. Aufsätze und Vorträge, Meisenheim am Glan 1948, Hamburg 2008); D. Bickerton, Prolegomena to a Linguistic Theory of Metaphor, Found. Language 5
(1969), 34–52; M. Black, Metaphor, Proc. Arist. Soc. NS 55
(1954/1955), 273–294; ders., Models and Metaphors. Studies
in Language and Philosophy, Ithaca N. Y./New York 1962, Ithaca N. Y./London 1981; H. Blumenberg, Paradigmen zu einer
Metaphorologie, Arch. Begriffsgesch. 6 (1960), 7–142, separat
Bonn 1960, Frankfurt 1997, 2009 (franz. Paradigmes pour une
métaphorologie, Paris 2006; engl. Paradigms for a Metaphorology, Ithaca N. Y. 2010); ders., Beobachtungen an M.n, Arch.
Begriffsgesch. 15 (1971), 161–214; C. Brooke-Rose, A Grammar
of Metaphor, London 1958, 1970; T. L. Brown, Making Truth.
Metaphor in Science, Urbana Ill. 2003; S. M. Buchanan, Poetry
and Mathematics, New York 1929, Philadelphia Pa./New York
²1962, Chicago Ill./London 1975, 79–100; A. Burkhardt/B. Nerlich (eds.), Tropical Truth(s). The Epistemology of Metaphor
and Other Tropes, Berlin/New York 2010; N. Charbonnel/G.
Kleiber (eds.), La métaphore entre philosophie et rhétorique,
Paris 1999; S. Cochetti, Differenztheorie der M.. Ein konstruktivistischer Ansatz zur Metapherntheorie im Ausgang vom erlebten Raum, ed. C. Breuer, Münster 2004; T. Cohen, Thinking
of Others. On the Talent for Metaphor, Princeton N. J./Oxford
2008; D. E. Cooper, Metaphor, Oxford 1986, 1989; F. J. Czernin/
T. Eder (eds.), Zur M.. Die M. in Philosophie, Wissenschaft und
Literatur, München/Paderborn 2007; L. Danneberg/A. Graeser/
K. Petrus (eds.), M. und Innovation. Die Rolle der M. im
Wandel von Sprache und Wissenschaft, Bern/Stuttgart/Wien
1995; ders./C. Spoerhase/D. Wehrle (eds.), Begriffe, M.n und
Imaginationen in Philosophie und Wissenschaftsgeschichte,
Wiesbaden 2009 (Wolfenbütteler Forsch. 120); D. Davidson,
What Metaphors Mean, Critical Inquiry 5 (1978), 31–47,
Nachdr. in: S. Davis (ed.), Pragmatics. A Reader, Oxford/New
York 1991, 495–506; B. Debatin, Die Rationalität der M.. Eine
sprachphilosophische und kommunikationstheoretische Untersuchung, Berlin/New York 1995; ders./T. R. Jackson/D. Steuer
(eds.), Metaphor and Rational Discourse, Tübingen 1997; P. de
Man, The Epistemology of Metaphor, Critical Inquiry 5 (1978),
13–30 (dt. Epistemologie der M., in: A. Haverkamp [ed.], Theorie der M. [s. u.], 414–437); J. Derrida, La mythologie blanche
(La métaphore dans le texte philosophique), Poétique 2 (1971),
1–52, Nachdr. in: ders., Marges de la philosophie, Paris 1972,
2006, 247–324 (engl. White Mythology. Metaphor in the Text of
Philosophy, New Literary Hist. 6 [1974], 5–74, Nachdr. in: ders.,
Margins of Philosophy, Chicago Ill./London 1982, 2009,
207–271; dt. Die weiße Mythologie. Die M. im philosophischen
Text, in: ders., Randgänge der Philosophie, Wien 1988, 205–258,
344–355, ²1999, 229–290, 393–409); P. Drewer, Die kognitive M.
als Werkzeug des Denkens. Zur Rolle der Analogie bei der Gewinnung und Vermittlung wissenschaftlicher Erkenntnisse, Tübingen 2003; U. Eco, Metaphor, HSK VII/2 (1996), 1313–1323;
E. Eggs, M., Hist. Wb. Rhetorik V (2001), 1099–1183; D. M.
Emmet, The Nature of Metaphysical Thinking, London 1945,
1966; G. C. Fiumara, The Metaphoric Process. Connection Between Language and Life, London/New York 1995; R. J. Fogelin,
Figuratively Speaking, New Haven Conn./London 1988, rev.
Oxford/New York 2011; G. Gabriel, Der Logiker als Metapho-
riker. Freges philosophische Rhetorik, in: ders., Zwischen Logik
und Literatur. Erkenntnisformen von Dichtung, Philosophie
und Wissenschaft, Stuttgart 1991, 65–88; R. W. Gibbs (ed.),
The Cambridge Handbook of Metaphor and Thought, Cambridge etc. 2008; J. H. Gill, Wittgenstein and Metaphor, Washington D. C. 1981, rev. Atlantic Highlands N. J. 1996; N.
Goodman, Languages of Art. An Approach to a Theory of
Symbols, Indianapolis Ind./New York 1968, ²1976, 1997,
45–95 (Chap. II The Sound of Pictures); E. Grassi, La metafora

inaudita, Palermo 1990 (franz. La métaphore inouïe, Paris 1991; dt. Die unerhörte M., ed. E. Hidalgo-Serna, Frankfurt 1992; engl. The Primordial Metaphor, Binghampton N. Y. 1994); S. Guttenplan, Objects of Metaphor, Oxford 2005; G. L. Hagberg, Metaphor, in: B. Gaut/D. McIver Lopes (eds.), The Routledge Companion to Aesthetics, London/New York 2001, 285–295, [2]2005, 2008, 371–382; F. Hallyn, Metaphor and Analogy in the Sciences, Dordrecht/Boston Mass./London 2000; C. R. Hausman, Metaphor and Art. Interactionism and Reference in the Verbal and Nonverbal Arts, Cambridge etc. 1989, 1991; ders., Metaphor and Nonverbal Arts, in: M. Kelly (ed.), Encyclopedia of Aesthetics III, Oxford/New York 1998, 215–219; A. Haverkamp (ed.), Theorie der M., Darmstadt 1983, [2]1996; ders. (ed.), Die paradoxe M., Frankfurt 1998; ders., M.. Die Ästhetik in der Rhetorik. Bilanz eines exemplarischen Begriffs, Paderborn/München 2007; ders./D. Mende (eds.), Metaphorologie. Zur Praxis der Theorie, Frankfurt 2009; H. Henel, Metaphor and Meaning, in: P. Demetz/T. Greene/L. Nelson (eds.), The Disciplines of Criticism. Essays in Literary Theory, Interpretation and History, New Haven Conn./London 1968, 93–123; P. Henle, Metaphor, in: ders. (ed.), Language, Thought, and Culture, Ann Arbor Mich. 1958, 1972, 173–195 (dt. Sprache, Denken, Kultur, Frankfurt 1969, 1975, 235–263); M. Hesse, The Explanatory Function of Metaphor, in: Y. Bar-Hillel (ed.), Logic, Methodology and Philosophy of Science. Proceedings of the 1964 International Congress, Amsterdam 1965, 1972, 249–259; M. B. Hester, The Meaning of Poetic Metaphor. An Analysis in the Light of Wittgenstein's Claim that Meaning Is Use, The Hague/Paris 1967; J. Hintikka (ed.), Aspects of Metaphor, Dordrecht/Boston Mass./London 1994; M. Johnson (ed.), Philosophical Perspectives on Metaphor, Minneapolis Minn. 1981, 1985; ders., Metaphor. An Overview, in: M. Kelly (ed.), Encyclopedia of Aesthetics, Oxford/New York 1998, 208–212; M. Junge (ed.), M.n in Wissenskulturen, Wiesbaden 2010; H. Jürgensen, Der antike M.nbegriff, Diss. Kiel 1969; E. F. Kittay, Metaphor. Its Cognitive Force and Linguistic Structure, Oxford 1987, 1991; R. Konersmann (ed.), Wörterbuch der philosophischen M.n, Darmstadt 2007, [3]2011; F. Koppe, Sprache und Bedürfnis. Zur sprachphilosophischen Grundlage der Geisteswissenschaften, Stuttgart-Bad Cannstatt 1977, 102–123; N. Kreitman, The Roots of Metaphor. A Multidisciplinary Study in Aesthetics, Aldershot 1999; G. Lakoff/M. Johnson, Metaphors We Live By, Chicago Ill. 1980, Chicago Ill./London 2008 (franz. Les métaphores dans la vie quotidienne, Paris 1985; dt. Leben in M.n. Konstruktion und Gebrauch von Sprachbildern, Heidelberg 1998, 2008); D. Lau, Metaphertheorien der Antike und ihre philosophischen Prinzipien. Ein Beitrag zur Grundlagenforschung in der Literaturwissenschaft, Frankfurt etc. 2006; H. Lausberg, Handbuch der literarischen Rhetorik. Eine Grundlegung der Literaturwissenschaft I, München [2]1973, Stuttgart [4]2008, 285–291; S. R. Levin, The Semantics of Metaphor, Baltimore Md./London 1977, 1979; E. R. MacCormac, Metaphor and Myth in Science and Religion, Durham N. C. 1976; ders., A Cognitive Theory of Metaphor, Cambridge Mass./London 1985, 1990; J. Machá, Analytische Theorien der M.. Untersuchungen zum Konzept der metaphorischen Bedeutung, Berlin/Münster 2010; A. P. Martinich, A Theory of Metaphor, J. Literary Semantics 13 (1984), 35–56, Nachdr. in: S. Davis (ed.), Pragmatics, Oxford/New York 1991, 507–518; ders., Metaphor, REP VI (1998), 335–338; H. Meier, Die M.. Versuch einer zusammenfassenden Betrachtung ihrer linguistischen Merkmale, Winterthur 1963; D. S. Miall (ed.), Metaphor. Problems and Perspectives, Brighton, Atlantic Highlands N. J. 1982; R.

Moran, Metaphor, in: B. Hale/C. Wright (eds.), Companion to the Philosophy of Language, Malden Mass./Oxford/ Carlton 1997, 2005, 248–268; K. Müller-Richter/A. Larcati (eds.), »Kampf der M.!« Studien zum Widerstreit des eigentlichen und uneigentlichen Sprechens. Zur Reflexion des Metaphorischen im philosophischen und poetologischen Diskurs, Wien 1996; dies., Der Streit um die M.. Poetologische Texte von Nietzsche bis Handke. Mit kommentierten Studien, Darmstadt 1998; P. D. Nogales, Metaphorically Speaking, Stanford Calif. 1999; J. Ortega y Gasset, Las dos grandes metáforas, El Espectador 4 (1925), 156–189, Nachdr. in: ders., Obras completas II, Madrid 1946, 1998, 387–400; A. Ortony (ed.), Metaphor and Thought, Cambridge etc. 1980, [2]1993, 2002; D. Otto, Wendungen der M.. Zur Übertragung in poetologischer, rhetorischer und erkenntnistheoretischer Hinsicht bei Aristoteles und Nietzsche, München 1998; S. C. Pepper, Metaphor in Philosophy, DHI III (1973), 196–201; E. Puster, Erfassen und Erzeugen. Die kreative M. zwischen Idealismus und Realismus, Tübingen 1998; Z. Radman (ed.), From a Metaphorical Point of View. A Multidisciplinary Approach to the Cognitive Content of Metaphor, Berlin/New York 1995; ders., Metaphors. Figures of the Mind, Dordrecht/Norwell Mass. 1997; B. Radtke, M. und Wahrheit, Berlin 2001; I. A. Richards, The Philosophy of Rhetoric, New York/London 1936, 89–138, 2001, 59–93 (= Selected Works VII); P. Ricœur, La métaphore vive, Paris 1975, 2007 (engl. The Rule of Metaphor. Multy-Disciplinary Studies of the Creation of Meaning in Language, Toronto 1977, mit Untertitel: The Creation of Meaning in Language, London/New York 2006; dt. Die lebendige M., München 1986, 2004); ders./E. Jüngel, M.. Zur Hermeneutik religiöser Sprache, München 1974; E. Rolf, M.theorien. Typologie – Darstellung – Bibliographie, Berlin/ New York 2005; D. Ross, Metaphor, Meaning, and Cognition, New York etc. 1993; S. Sacks (ed.), On Metaphor, Chicago Ill./ London 1979, 1996; P. Sailer-Wlasits, Die Rückseite der Sprache. Philosophie der M., Wien/Klosterneuburg 2003; I. Scheffler, Beyond the Letter. A Philosophical Inquiry into Ambiguity, Vagueness and Metaphor in Language, London 1979, London/ New York 2010; H. J. Schneider (ed.), M., Kognition, künstliche Intelligenz, München 1996; W. A. Shibles, An Analysis of Metaphor in the Light of W. M. Urban's Theories, The Hague/Paris 1971; ders. (ed.), Essays on Metaphor, Whitewater Wis. 1972; J. Sinnreich, Die Aristotelische Theorie der M.. Ein Versuch ihrer Rekonstruktion, Diss. München 1969; J. M. Soskice, Metaphor and Religious Language, Oxford 1985, 1989; P. Stambovsky, The Depictive Image. Metaphor and Literary Experience, Amherst Mass. 1988; W. B. Stanford, Greek Metaphor, Oxford 1936 (repr. New York 1972); E. C. Steinhart, The Logic of Metaphor. Analogous Parts of Possible Worlds, Dordrecht/Boston Mass./ London 2001; J. Stern, Metaphor in Context, Cambridge Mass./ London 2000; P. Stoellger, M. und Lebenswelt. Hans Blumenbergs Metaphorologie als Lebenswelthermeneutik und ihr religionsphänomenologischer Horizont, Tübingen 2000; C. Strub, Kalkulierte Absurditäten. Versuch einer historisch reflektierten sprachanalytischen Metaphorologie, Freiburg/München 1991; C. F. P. Stutterheim, Het begrip metaphor. Een taalkundig en wijsgerig onderzoek, Amsterdam 1941; B. H. F. Taureck, M.n und Gleichnisse in der Philosophie. Versuch einer kritischen Ikonologie der Philosophie, Frankfurt 2004; M. Taverniers, Metaphor and Metaphorology. A Selective Genealogy of Philosophical and Linguistic Conceptions of Metaphor from Aristotle to the 1990s, Gent 2002; A. Tebartz-van Elst, Ästhetik der M.. Zum Streit zwischen Philosophie und Rhetorik bei Friedrich Nietzsche, Freiburg/München 1994; J.-P. van Noppen/S. de

Knop/R. Jongen, Metaphor, I–II, Amsterdam/Philadelphia Pa. 1985/1990 [Bibliographien zur M. 1970–1990]; E. C. Way, Knowledge Representation and Metaphor, Dordrecht/Boston Mass./London 1991, Oxford 1994; H. Weinrich, M., Hist. Wb. Ph. V (1980), 1179–1186; R. M. White, The Structure of Metaphor. The Way the Language of Metaphor Works, Oxford/ Cambridge Mass. 1996; J. Zimmer, M., Bielefeld 1999, ²2003. – Critical Inquiry 5 (1978), H. 1 (Special Issue on Metaphor, Beiträge von T. Cohen, D. Davidson, W. V. O. Quine u. a.).   F. Ko. (I)/G. G. (II)

Metaphilosophie (engl. metaphilosophy, franz. métaphilosophie), ein in Analogie zu ↑›Metamathematik‹, ↑›Metalogik‹ und ↑›Metaethik‹ gebildeter Terminus. Mit ihm werden (insbes. im englischen Sprachbereich) diejenigen Bemühungen innerhalb der ↑Philosophie bezeichnet, die sich mit deren speziellen Argumenten, Methoden und Zielen sowie der (wissenschaftssystematischen und institutionellen) Stellung der Philosophie gegenüber den Einzelwissenschaften befassen. Insofern derartige Bemühungen immer schon Teil der philosophischen Reflexion waren und ihre Resultate nicht philosophische Theorien und Methoden, sondern deren besseres Verständnis und zusätzliche Klarheit sind, stellt M. strenggenommen weder eine orientierungs- oder disziplinenmäßige Ergänzung noch eine spezielle Theoriebildung innerhalb oder außerhalb der Philosophie dar. Wissenschaftliches Organ: Metaphilosophy 1 (1970)ff..

Literatur: J. Couture/K. Nielsen (eds.), Méta-Philosophie. Reconstructing Philosophy? New Essays on Metaphilosophy, Calgary 1993 (mit Bibliographie, 389–405); L. Geldsetzer, M. als Metaphysik. Zur Hermeneutik der Bestimmung der Philosophie, Wiesbaden 1974; J. H. Gill, Metaphilosophy. An Introduction, Washington D. C. 1982; M. Lazerowitz, Studies in Metaphilosophy, London 1964; H. Lefebvre, Métaphilosophie. Prolégomènes, Paris 1965, 2000 (dt. M., Frankfurt 1975); C. McGinn, Problems in Philosophy. The Limits of Inquiry, Oxford/Cambridge Mass. 1993, 1998 (dt. Die Grenzen vernünftigen Fragens. Grundprobleme der Philosophie, Stuttgart 1996); K. Nielsen, On Transforming Philosophy. A Metaphilosophical Inquiry, Boulder Colo./Oxford 1995; R. Raatzsch, Philosophiephilosophie, Stuttgart 2000; N. Rescher, The Strife of Systems. An Essay on the Grounds and Implications of Philosophical Diversity, Pittsburgh Pa. 1985 (dt. Der Streit der Systeme. Ein Essay über Gründe und Implikationen philosophischer Vielfalt, Würzburg 1997); ders., Philosophical Reasoning. A Study in the Methodology of Philosophizing, Malden Mass./Oxford/Carlton 2001; ders., Studies in Metaphilosophy, Frankfurt etc. 2006 (= Collected Papers IX); ders., Philosophical Dialectics. An Essay on Metaphilosophy, Albany N. Y. 2006; J. W. Smith, The Progress and Rationality of Philosophy as a Cognitive Enterprise. An Essay on Metaphilosophy, Aldershot etc. 1988; T. Williamson, The Philosophy of Philosophy, Malden Mass./Oxford/Carlton 2007, 2010; weitere Literatur: ↑Philosophie.   J. M.

Metaphysik (griech. τὰ μετὰ τὰ φυσικά, lat. metaphysica, [die Bücher] nach der Physik; engl. metaphysics, franz. métaphysique), ursprünglich Bezeichnung für eine in der durch Andronikos von Rhodos (um 70 v. Chr.) besorgten Ordnung der Aristotelischen Werke den Büchern über die Natur nachgeordnete Gruppe von Schriften (systematisch hätten sich eher die Bezeichnungen περὶ πρώτης φιλοσοφίας [›über die erste Philosophie‹] oder, entsprechend einer von Theophrast verwendeten Formel, ἡ περὶ τῶν πρώτων θεωρία [›die Theorie dessen, was zuerst ist‹] angeboten). Aus dieser bibliothekarischen Bezeichnung wird bereits im ↑Neuplatonismus der systematische Titel für philosophische Untersuchungen, deren Erkenntnis- und Begründungsinteresse über die Natur hinausgeht, sofern sie nach Aristotelischer, insbes. von Thomas von Aquin übernommener, Terminologie mit dem Seienden (↑Seiende, das) als solchem, dem später auch so genannten Übersinnlichen, in einer aller materialen Wissensbildung systematisch vorgeordneten Weise befaßt sind. In den unter dem seither disziplinenmäßig verstandenen Titel ›M.‹ zusammengefaßten, zeitlich wie inhaltlich sehr uneinheitlichen Aristotelischen Schriften werden als Gegenstände einer ›ersten Philosophie‹ sowohl die ›ersten Gründe und Ursprünge‹ (Met. A2.982b9) als auch das ›Seiende als Seiendes‹ (ὂν ᾗ ὄν, Met. E1.1026a31) genannt, an anderer Stelle, in einer Verbindung beider Bezeichnungen, ›die ersten Gründe des Seienden als Seienden‹ (Met. Γ1.1003a30–31). Statt von ›erster Philosophie‹ ist bei Aristoteles auch von ›theoretischer Einsicht‹ (σοφία, ↑Weisheit) die Rede (z. B. Eth. Nic. Z7.1141a16 ff.), ein Ausdruck, der wiederum häufig synonym mit ›Philosophie‹ verwendet wird (vgl. Met. Γ3.1005b1), ferner von ›(philosophischer) Theologie‹, insofern ein besonders ausgezeichneter Gegenstand einer ›ersten Philosophie‹ eine göttliche Wesenheit (als erstes τί ἦν εἶναι, Met. Λ8.1074a35–36, ↑Wesen) ist.

Ungeachtet dieses uneinheitlichen Sprachgebrauchs sowie des Umstandes, daß sich wesentliche Teile der so genannten Aristotelischen M. zutreffender als eine Lehre von den begrifflichen Strukturen der Wissensbildung, darin auch der Bildung des Erfahrungswissens (↑Erfahrung), begreifen lassen – ein Zusammenhang, der z. B. durch die Formulierung formaler Rationalitätsbedingungen wie der Sätze vom (ausgeschlossenen) Widerspruch (Met. Γ3.1005b17 ff., ↑Widerspruch, Satz vom), vom ausgeschlossenen Dritten (Met. Γ7.1011b23 ff., ↑principium exclusi tertii, ↑tertium non datur) und von der notwendigen Ausschaltung eines Begründungsregresses (Met. A2.994a3 ff., ↑regressus ad infinitum) dokumentiert ist –, hat die Tradition M. primär als eine allgemeine Lehre vom Sein (↑Sein, das) bzw. Seienden ausgebildet (›Sein‹ dabei als generischer Begriff, d. h. als Bestimmung eines obersten Genus, aufgefaßt). Diese ist nur noch in geringem Maße durch einen in den

Aristotelischen Schriften von Anfang an angelegten Bezug zu methodischen Problemen, wie sie später in Form der ↑Erkenntnistheorie Behandlung finden, charakterisierbar. In diesem Sinne bleibt M. bis in die Neuzeit hinein die ›erste‹ Philosophie (*prima philosophia*, vgl. Thomas von Aquin, S.c.g. III, 25; In duodecim libros metaphysicorum Aristotelis expositio, Prooem., ed. R. M. Spiazzi, Turin/Rom 1971, 2), die in Aristotelischer Weise von dem Seienden überhaupt (*ens simpliciter*) bzw. dem Seienden im allgemeinen (*ens commune, ens universale*, ↑Seiende, das) und, im Zusammenhang mit theologischen Lehrstücken, vom absoluten Sein (↑Absolute, das, ↑a se) sowie den Unterschieden zwischen einem göttlichen und einem weltlichen Sein (↑analogia entis) handelt. Als weitere zentrale Themenbereiche gelten, auch hierin an Aristotelische Unterscheidungen anknüpfend, Möglichkeit und Wirklichkeit (↑Akt und Potenz), ↑Form und Materie, Wesen und Sein (↑essentia, ↑existentia), Wahrheit, Gott, Seele, Freiheit und Unsterblichkeit. Seit Beginn der Neuzeit wird dabei zwischen allgemeiner M. (*metaphysica generalis*) und so genannten Gebietsmetaphysiken, der speziellen M. (*metaphysica specialis*), unterschieden. Während im Rahmen der allgemeinen M., die auch unter der Bezeichnung ↑Ontologie auftritt, die Aristotelische Frage nach dem ›Seienden als Seienden‹ aufgenommen wird – mit Schwerpunkt auf einer Erörterung der ↑Universalien und ↑Transzendentalien (*ens, unum, verum, bonum, res, aliquid*) sowie der Unterscheidung zwischen ↑Substanz und ↑Akzidens (nach J. Duns Scotus z. B. untersucht die M. die transzendentalen Prädikationsmöglichkeiten, deren Bereich so allgemein wie der Seinsbegriff, nämlich unbegrenzt und überkategorial, ist) –, gliedert sich die spezielle M. im wesentlichen in rationale ↑Theologie (Gott als Ursache der Welt, ↑theologia rationalis), rationale Psychologie (die ↑Seele als einfache Substanz, ↑Unsterblichkeit) und rationale ↑Kosmologie (die Welt als das natürliche System physischer Substanzen) – ›rational‹ jeweils im Sinne von ›nicht-empirisch‹. Die ↑Ideenlehre Platons ist damit rückblickend gesehen ebenso M. wie die Aristotelische theoretische Philosophie selbst, ferner der ↑Platonismus, der ↑Aristotelismus, das System der neuzeitlichen Philosophie z. B. bei R. Descartes, B. de Spinoza, G. W. Leibniz (↑Monadentheorie) und C. Wolff (neuzeitliche M.kritik beschränkt sich in diesem historischen Zusammenhang, z. B. bei T. Hobbes, auf eine Kritik der aristotelisch-scholastischen M.). Dabei wird jedoch in der neuzeitlichen Philosophie, nachdem die ↑Schulphilosophie des 17. Jhs. zunächst noch, unter dem Einfluß von F. Suárez, das klassische Erbe der M. vertritt, zunehmend wieder auf methodische Gesichtspunkte abgestellt. M. enthält nach Descartes ›die Prinzipien der Erkenntnis‹ (Princ. philos. [franz. Fassung 1647], Préf. [= Schreiben an C. Picot], Œuvres

IX/2, 14, 16), bei A. G. Baumgarten ist sie als Wissenschaft derartiger Prinzipien definiert (Metaphysica [1739, ⁷1779], § 1). Dem entspricht zunächst auch noch I. Kants radikale, von der Frage, wie M. als Wissenschaft möglich sei (KrV B 22), geleitete Kritik der M., in deren Rahmen der Anspruch der speziellen M. als dialektischer ↑Schein (↑Dialektik, transzendentale) nachgewiesen, an die Stelle von Ontologie eine ↑Transzendentalphilosophie gesetzt und M. nunmehr als eine ›Wissenschaft von den *Grenzen der menschlichen Vernunft*‹ (Träume eines Geistersehers A 115, Akad.-Ausg. II, 368) definiert wird. Allerdings bedeutet diese Kritik das Ende einer M., in deren Rahmen sich auf dem Boden der neuzeitlichen Wissenschaft das philosophische Interesse nunmehr neben den sich allmählich aus dem philosophischen Gesamtverband lösenden Fachwissenschaften noch einmal in einem der Behauptung nach wieder Aristotelischen Objektbereich, nämlich dem Seienden als Seienden, einzurichten suchte. Die Beibehaltung der Bezeichnung ›M.‹ für eine ›Beschäftigung der Vernunft blos mit sich selbst‹ (Proleg. § 40, Akad.-Ausg. IV, 327) vermag bei Kant nicht darüber hinwegzutäuschen, daß diese Beschäftigung endgültig von einem spekulativen Lehrstück zu einem kritischen Lehrstück geworden ist. Das kommt auch darin zum Ausdruck, daß Kant zwar nach wie vor die Ideen Gott, Freiheit und Unsterblichkeit als ›unvermeidliche Aufgaben der reinen Vernunft‹ bezeichnet und ihre Behandlung der M. zuweist (KrV B 7), sie jedoch nicht als theoretische Gegenstände, sondern als ↑Postulate auffaßt, an denen die Vernunft ein ›praktisches Interesse‹ nimmt (Fortschritte A 18–19, Werke III, ed. W. Weischedel, 594).

Kants Bemühungen um eine radikale Reorganisation der M. im Sinne einer methodisch orientierten Erkenntnistheorie bzw. Transzendentalphilosophie lösen sich im Laufe des 19. und 20. Jhs. in verschiedene Entwicklungen auf. Diese reichen von der Umbildung des Kantischen Programms im Deutschen Idealismus (↑Idealismus, deutscher) – M. als ↑›Wissenschaftslehre‹ (bei J. G. Fichte), als ↑›Identitätsphilosophie‹ bzw. ›positive Philosophie‹ (bei F. W. J. Schelling), als ›Logik‹ bzw. ›logische Wissenschaft‹ (bei G. W. F. Hegel) – über den ↑Neukantianismus (E. Cassirer, H. Cohen, P. Natorp u. a.), die so genannte induktive M. (W. Wundt, W. Whewell), die so genannte aporetische M. (N. Hartmann), M. Heideggers ↑Metaphysikkritik, in der dieser (nach eigenem Anschluß an Traditionen der Ontologie im Sinne des Aufbaus einer ↑Fundamentalontologie in »Sein und Zeit« [1927]) der abendländischen M. ›Seinsvergessenheit‹ vorwirft (↑Seinsgeschichte), G. Martins M.konzeption, deren Methode eine ›aporetische ↑Dialektik‹ ist, bis hin zur M.kritik des Logischen Empirismus (↑Empirismus, logischer, ↑Neopositivismus; R. Carnap, H. Reichenbach u. a.). Indem der Logische Empirismus alle wahren Aussagen streng in logisch und ↑analytisch wahre Sätze (›analytisches Apriori‹) einerseits und empirisch wahre Sätze andererseits einzuteilen sucht und dabei metaphysische Sätze als solche Sätze verstehen möchte, in denen Syntaxaussagen in mißverständlicher Weise für Objektaussagen gehalten werden, verbindet sich die moderne, nunmehr auch mit sprachkritischen Mitteln geführte, Kontroverse um die Möglichkeit der M. erneut mit einer Begriffsbildung Kants, nämlich der Zulässigkeit eines synthetischen Apriori im Rahmen kritischer Sprach- und Wissenschaftskonstruktionen (↑a priori). Im übrigen hat der Ausdruck ›M.‹ keine einheitlichen Verwendungen mehr. So steht dieser z. B. ebenso für Erneuerungsbemühungen der klassischen M., etwa im ↑Neuthomismus, wie für sprachanalytische Gegenstandstheorien im Rahmen der Analytischen Philosophie (↑Philosophie, analytische), etwa bei P. F. Strawson (1959, ›deskriptive M.‹ in Form einer Rekonstruktion des transzendentalphilosophischen Ansatzes Kants). K. R. Popper verwendet im Kontext einer ↑Logik der Forschung den Ausdruck ›M.‹ zur Charakterisierung notwendiger axiomatischer (↑Axiomatik) Setzungen. Selbst in der Logik wird gelegentlich, wenn es z. B. um Begründungsaspekte der ↑Mengenlehre oder um Aspekte der ↑Mögliche-Welten-Semantik geht, von ›M.‹ gesprochen. Der Ausdruck ›M.‹ wird beliebig.

Literatur: K. Ameriks/J. Stolzenberg (eds.), M. im deutschen Idealismus/Metaphysics in German Idealism, Berlin/New York 2008 (Int. Jb. des Dt. Idealismus V); T. Ando, Metaphysics. A Critical Survey of Its Meaning, The Hague 1963, ²1974; E. Angehrn, M., in: A. Pieper (ed.), Philosophische Disziplinen. Ein Handbuch, Leipzig 1998, 213–233; ders., Der Weg zur M.. Vorsokratik, Platon, Aristoteles, Weilerswist 2000, 2005; P. Aubenque, Aristoteles und das Problem der M., Z. philos. Forsch. 15 (1961), 321–333; B. Aune, Metaphysics. The Elements, Minneapolis Minn. 1985, 2002; J. A. Benardete, Metaphysics. The Logical Approach, Oxford/New York 1989, 1990; H. Boeder, Topologie der M., Freiburg/München 1980; R. Bubner/C. Cramer/R. Wiehl (eds.), M. und Erfahrung, Göttingen 1991 (Neue H. Philos. XXX/XXXI); G. Buchdahl, Metaphysics and the Philosophy of Science. The Classical Origins – Descartes to Kant, Oxford, Cambridge Mass. 1969, Lanham Md. 1988; B. Carr, Metaphysics. An Introduction, Basingstoke/London 1987; J. W. Carroll/N. Markosian, An Introduction to Metaphysics, Cambridge etc. 2010, 2011; W. R. Carter, The Elements of Metaphysics, New York etc. 1990; D. J. Chalmers/D. Manley/R. Wasserman (eds.), Metametaphysics. New Essays on the Foundations of Ontology, Oxford 2009; E. Craig, Metaphysics, REP VI (1998), 338–341; T. Crane/K. Farkas (eds.), Metaphysics. A Guide and Anthology, Oxford/New York 2004, 2006; A. Dempf, M. des Mittelalters, München 1930, ferner als Teil E in: A. Baeumler/M. Schröter (eds.), Handbuch der Philosophie I (Die Grunddisziplinen. Logik, Erkenntnistheorie, Ästhetik [...]), München/Berlin 1934 (repr. [separat] München/Wien, Darmstadt 1971); ders., M.. Versuch einer problemgeschichtlichen Synthese, Würzburg, Amsterdam 1986; J. Disse, Kleine Geschichte der abendländischen M.. Von Platon bis Hegel, Darmstadt 2001, ³2007, 2011; J. C. Doig, Aquinas on Metaphys-

ics. A Historico-Doctrinal Study of the »Commentary on the Metaphysics«, The Hague 1972; I. Düring, Aristoteles. Darstellung und Interpretation seines Denkens, Heidelberg 1966, 2005, 591–622 (Was ist die aristotelische M.?); R. Enskat, M., RGG V (⁴2002), 1171–1176; R. M. Gale (ed.), The Blackwell Guide to Metaphysics, Oxford/Malden Mass. 2002; C. Genequand, L'objet de la métaphysique selon Alexandre d'Aphrodisias, Mus. Helv. 36 (1979), 48–57; T. Guz, Der Zerfall der M.. Von Hegel zu Adorno, Frankfurt etc. 2000; F.-P. Hager (ed.), M. und Theologie des Aristoteles, Darmstadt 1969, 1979; S. D. Hales (ed.), Metaphysics. Contemporary Readings, Belmont Calif. etc. 1999; D. W. Hamlyn, Metaphysics, Cambridge etc. 1984, 1998; R. Hancock, Metaphysics, History of, Enc. Ph. V (1967), 289–300; M. Heidegger, Was ist M.?, Bonn 1929, Frankfurt ¹⁶2007; ders., Einführung in die M., Tübingen 1953, ⁶1998; H. Heimsoeth, Die sechs großen Themen der abendländischen M. und der Ausgang des Mittelalters, Berlin 1922, ²1934, Darmstadt ³1953, ⁸1987 (engl. The Six Great Themes of Western Metaphysics and the End of the Middle Ages, Detroit Mich. 1994; franz. Les six grands thèmes de la métaphysique occidentale. Du moyen âge aux temps modernes, Paris 2003); ders., M. der Neuzeit, München 1929, ferner als Teil F in: A. Baeumler/M. Schröter (eds.), Handbuch der Philosophie I [s. o.] (repr. [separat] München, Darmstadt 1967); D. Henrich/R.-P. Horstmann (eds.), M. nach Kant? Stuttgart Hegel-Kongreß 1987, Stuttgart 1988; M. A. Hight, Idea and Ontology. An Essay in Early Modern Metaphysics of Ideas, University Park Pa. 2008; V. Hösle (ed.), M.. Herausforderungen und Möglichkeiten, Stuttgart-Bad Cannstatt 2002; W. Jaeger, Studien zur Entstehungsgeschichte der M. des Aristoteles, Berlin 1912; J. Kim/E. Sosa (eds.), A Companion to Metaphysics, Oxford/Cambridge Mass. 1995, 2005, mit G. S. Rosenkrantz, Malden Mass./Oxford ²2009; dies. (eds.), Metaphysics. An Anthology, Malden Mass./Oxford/Carlton 1999, 2008, mit D. Korman, ²2012 [2011]; G. Jánoska/F. Kauz (eds.), M., Darmstadt 1977 (mit Bibliographie, 479–481); J. Jantzen u. a., M., TRE XXII (1992), 638–665; M. Jubien, Contemporary Metaphysics. An Introduction, Malden Mass./Oxford/Carlton 1997, 2003; W. Kamlah, Aristoteles' Wissenschaft vom Seienden als Seienden und die gegenwärtige Ontologie, Arch. Gesch. Philos. 49 (1967), 269–297, Neudr. in: ders., Von der Sprache zur Vernunft. Philosophie und Wissenschaft in der neuzeitlichen Profanität, Mannheim/Wien/Zürich 1975, 86–112; F. Kaulbach, Einführung in die M., Darmstadt 1972, ⁵1991; H.-D. Klein, M.. Eine Einführung, Wien 1984, 2005; S. Körner, Metaphysics. Its Structure and Function, Cambridge etc. 1984, 1986; H. J. Krämer, Der Ursprung der Geistmetaphysik. Untersuchungen zur Geschichte des Platonismus zwischen Platon und Plotin, Amsterdam 1964, ²1967; ders., Zur geschichtlichen Stellung der aristotelischen M., Kant-St. 58 (1967), 313–354; W. Krampf, Die M. und ihre Gegner, Meisenheim am Glan 1973; K. Kremer, Der M.begriff in den Aristoteles-Kommentaren der Ammonios-Schule, Münster 1961; ders. (ed.), M. und Theologie, Leiden 1980; S. Laurence/C. Macdonald (eds.), Contemporary Readings in the Foundations of Metaphysics, Oxford/Malden Mass. 1998, 1999; R. Le Poidevin u. a. (eds.), The Routledge Companion to Metaphysics, London/New York 2009; L. E. Loeb, From Descartes to Hume. Continental Metaphysics and the Development of Modern Philosophy, Ithaca N. Y./London 1981; K. E. Løgstrup, Metafysik, I–IV, Kopenhagen 1976–1984, ²1995 (dt. M., I–IV, Tübingen 1990–1998); M. J. Loux, Metaphysics. A Contemporary Introduction, London/New York 1998, ³2006, 2010; ders. (ed.), Metaphysics. Contemporary Readings, London/New York 2001, ²2008; ders./D. W.

Zimmerman (eds.), The Oxford Handbook of Metaphysics, Oxford/New York 2003, 2005; E. J. Lowe, The Possibility of Metaphysics. Substance, Identity, and Time, Oxford 1998, 2004; ders., A Survey of Metaphysics, Oxford/New York 2002, 2009; ders., The Four-Category Ontology. A Metaphysical Foundation for Natural Science, Oxford 2006, 2007; K. Löwith, Gott, Mensch und Welt in der M. von Descartes bis zu Nietzsche, Göttingen 1967; M. Lutz-Bachmann/A. Fidora/A. Niederberger (eds.), Metaphysics in the Twelfth Century. On the Relationship among Philosophy, Science and Theology, Turnhout 2004; ders./T. M. Schmidt (eds.), M. heute – Probleme und Perspektiven der Ontologie/Metaphysics Today – Problems and Prospects of Ontology, Freiburg/München 2007; G. Martin, Einleitung in die allgemeine M., Köln 1957, Stuttgart 1984 (engl. An Introduction to General Metaphysics, London 1961); ders., Allgemeine M.. Ihre Probleme und ihre Methode, Berlin 1965 (engl. General Metaphysics. Its Problems and Its Method, London 1968); U. Meixner (ed.), Klassische M.. Freiburg/München 1999; ders. (ed.), Metaphysics in the Post-Metaphysical Age. Proceedings of the 22nd International Wittgenstein-Symposium. 15th to 21st August 1999 Kirchberg am Wechsel (Austria)/M. im post-metaphysischen Zeitalter. Akten des 22. Internationalen Wittgenstein-Symposiums. 15. bis 21. August 1999 Kirchberg am Wechsel (Österreich), Wien 2001; ders., Einführung in die Ontologie, Darmstadt 2004, 2011; ders./P. Simons (eds.), M. im postmetaphysischen Zeitalter. Beiträge des 22. Internationalen Wittgenstein Symposiums. 15.–21. August 1999 Kirchberg am Wechsel/Metaphysics in the Post-Metaphysical Age. Papers of the 22nd International Wittgenstein-Symposium. August 15–21, 1999 Kirchberg am Wechsel, I–II, Kirchberg am Wechsel 1999; A. Mercier, M., eine Wissenschaft sui generis. Theorie und Erfahrung auf dem Gebiet des Inkommensurablen, Berlin 1980; P. Merlan, From Platonism to Neoplatonism, The Hague 1953, ³1968, 1975; ders., M.. Name und Gegenstand, J. Hellenic Stud. 77 (1957), 87–92, Neudr. in: F.-P. Hager (ed.), M. und Theologie des Aristoteles [s. o.], 251–265; J. Mittelstraß, Neuzeit und Aufklärung. Studien zur Entstehung der neuzeitlichen Wissenschaft und Philosophie, Berlin/New York 1970, 309–341 (Physik und M.), 528–585 (Das Ende der M.); G. E. Moore, Lectures on Metaphysics. 1934–1935, ed. A. Ambrose, New York etc. 1992; M. Morgenstern, M. in der Moderne. Von Schopenhauer bis zur Gegenwart, Stuttgart 2008; S. Moser, M. einst und jetzt. Kritische Untersuchungen zu Begriff und Ansatz der Ontologie, Berlin 1958; H. O. Mounce, Metaphysics and the End of Philosophy, London/New York 2007; I. Murdoch, Metaphysics as a Guide to Morals, London 1992, 2003; L. Oeing-Hanhoff/T. Kobusch/T. Borsche, M., Hist. Wb. Ph. V (1980), 1186–1279; W. Oelmüller (ed.), M. heute?, Paderborn 1987; ders./R. Dölle-Oelmüller/C.-F. Geyer, Philosophische Arbeitsbücher VI (Diskurs: M.), Paderborn etc. 1983, 1995; W. Pannenberg, M. und Gottesgedanke, Göttingen 1988 (engl. Metaphysics and the Idea of God, Grand Rapids Mich. 1990; franz. Métaphysique et idée de Dieu, Paris 2003); R. Pasnau, Metaphysical Themes 1274–1671, Oxford 2011; G. Patzig, Theologie und Ontologie in der »M.« des Aristoteles, Kant-St. 52 (1961), 185–205, ferner in: ders., Gesammelte Schriften III (Aufsätz zur antiken Philosophie), Göttingen 1996, 141–174; D. F. Pears (ed.), The Nature of Metaphysics, London, New York 1957, London 1970; P. Petersen, Geschichte der aristotelischen Philosophie im protestantischen Deutschland, Leipzig 1921 (repr. Stuttgart 1964); J.-E. Pleines, Philosophie und M.. Teleologisches und spekulatives Denken in Geschichte und Gegenwart, Hildesheim/New York/Zürich 1998; H. Plessner, Elemente der M.. Eine Vorlesung aus dem Wintersemester 1931/32, ed. H.-U. Lessing, Berlin 2002; V. Politis, Aristotle and the »Metaphysics«, London/New York 2004, 2005; M. C. Rea (ed.), Metaphysics. Critical Concepts in Philosophy, I–V, London/New York 2008; ders. (ed.), Arguing about Metaphysics, London/New York 2009; T. Rentsch/H. J. Cloeren, M.kritik, Hist. Wb. Ph. V (1980), 1280–1294; W. Risse, M.. Grundthemen und Probleme, München 1973; G. S. Rosenkrantz/J. Hoffman, Historical Dictionary of Metaphysics, Lanham Md./Toronto/Plymouth 2011; L. Routila, Die aristotelische Idee der Ersten Philosophie. Untersuchungen zur onto-theologischen Verfassung der M. des Aristoteles, Amsterdam 1969 (Acta philosophica Fennica XXIII); E. Runggaldier/C. Kanzian, Grundprobleme der analytischen Ontologie, Paderborn etc. 1998; G. N. Schlesinger, Metaphysics. Methods and Problems, Oxford, Totowa N. J. 1983; H. Schmidinger, M.. Ein Grundkurs, Stuttgart/Berlin/Köln 2000, ³2010; H. Scholz, M. als strenge Wissenschaft, Köln 1941 (repr. Darmstadt 1965); W. Schulz, Der Gott der neuzeitlichen M., Pfullingen 1957, Stuttgart ⁹2004 (franz. Le Dieu de la métaphysique moderne, Paris 1978); ders., Philosophie in der veränderten Welt, Pfullingen 1972, Stuttgart ⁷2001; W. Schweidler, Die Überwindung der M.. Zu einem Ende der neuzeitlichen Philosophie, Stuttgart 1987; T. Sider/J. Hawthorne/D. W. Zimmerman (eds.), Contemporary Debates in Metaphysics, Malden Mass./Oxford 2008, 2009; Q. Smith/L. N. Oaklander, Time, Change and Freedom. An Introduction to Metaphysics, London/New York 1995, 2003; W. Stegmüller, M., Wissenschaft, Skepsis, Frankfurt/Wien 1954, unter dem Titel: M., Skepsis, Wissenschaft, Berlin/Heidelberg/New York ²1969; U. Steinvorth, Warum überhaupt etwas ist. Kleine demiurgische M., Reinbek b. Hamburg 1994 (franz. Petite métaphysique démiurgique du pourquoi, Paris 2010); P. Stekeler-Weithofer, M./M.kritik, EP II (²2010), 1584–1591; J. Stenzel, M. des Altertums, München/Berlin 1931, ferner als Teil D in: A. Baeumler/M. Schröter (eds.), Handbuch der Philosophie I [s. o.] (repr. [separat] München/Wien, Darmstadt 1971); P. F. Strawson, Individuals. An Essay in Descriptive Metaphysics, London 1959, London/New York 1964, 2006 (dt. Einzelding und logisches Subjekt (Individuals). Ein Beitrag zur deskriptiven M., Stuttgart 1972, 2003; franz. Les individus. Essai de métaphysique descriptive, Paris 1973, 1990); R. Taylor, Metaphysics, Englewood Cliffs N. J. 1963, ⁴1992; W. Theiler, Die Entstehung der M. des Aristoteles. Mit einem Anhang über Theophrasts M., Mus. Helv. 15 (1958), 85–105, Neudr. in: F.-P. Hager (ed.), M. und Theologie des Aristoteles [s. o.], 266–298; E. Topitsch, Vom Ursprung und Ende der M.. Eine Studie zur Weltanschauungskritik, Wien 1958, München 1972; P. van Inwagen, Metaphysics, Oxford/New York, Boulder Colo. 1993, Boulder Colo., London ³2009; ders., Metaphysics, SEP 2007; ders./D. W. Zimmerman (eds.), Metaphysics. The Big Questions, Malden Mass./Oxford/Melbourne 1998, ²2008; H. Wagner, Zum Problem des aristotelischen M.begriffs, Philos. Rdsch. 7 (1959), 129–148; W. H. Walsh, Metaphysics, London 1963, 1970, Aldershot 1991; ders., Metaphysics, Nature of, Enc. Ph. V (1967), 300–307; ders./B. W. Wolshire, Metaphysics, in: W. E. Preece (ed.), The New Encyclopaedia Britannica. Macropaedia XII, Chicago Ill. etc. 1974, 10–36; U. J. Wenzel (ed.), Vom Ersten und Letzten. Positionen der M. in der Gegenwartsphilosophie, Frankfurt 1998, ²1999; U. Wolf, Warum sich die metaphysischen Fragen nicht beantworten, aber auch nicht überwinden lassen, Dt. Z. Philos. 48 (2000), 499–504; M. Wundt, Die deutsche Schulmetaphysik des 17. Jahrhunderts, Tübingen 1939 (repr. Hildesheim/New York/Zürich 1992); A. Zimmermann, Ontologie oder M.? Die Diskussion über den Gegenstand der M. im

13. und 14. Jahrhundert. Texte und Untersuchungen, Leiden/ Köln 1965, Leuven ²1998; D. W. Zimmerman (ed.), Oxford Studies in Metaphysics, I–V, Oxford 2004–2010. – Quaestio. Annuario di storia della metafisica/Annuaire d'histoire de la métaphysique/Jahrbuch für die Geschichte der M./Yearbook of the History of Metaphysics 1 (2001)ff.; Metaphysica. Zeitschrift für Ontologie & M., 0 (1999), ab 1 (2000) mit Untertitel: International Journal for Ontology & Metaphysics. J. M.

Metaphysikkritik, Bezeichnung für die Prüfung, Einschränkung oder Bestreitung des Wahrheitsanspruchs der Behauptungen der ↑Metaphysik, die als Ergebnis einer Synthese griechischer Philosophie und christlicher Theologie eine Theorie über Gott (↑Gott (philosophisch)), die ↑Welt als ganze und das Wesen des Menschen und seiner ↑Seele darstellt. M. erfolgt zunächst innertheologisch im Spätmittelalter, in der Wende von der via antiqua zur via moderna (↑via antiqua/via moderna) und der Trennung von Philosophie und Theologie, Wissen und Glauben, ↑Vernunft und ↑Offenbarung in der Lehre von der doppelten Wahrheit (↑Wahrheit, doppelte). Die kritischen Orientierungen des ↑Nominalismus und ↑Ockhamismus (↑Ockham's razor, die Kausalitätskritik des Nikolaus von Autrecourt) treten mit Bewegungen antischolastischer, praktischer Frömmigkeit (*devotio moderna*, Reformation) zusammen. ↑Humanismus und ↑Renaissance leiten mit ihrer Rezeption der griechischen Wissenschaft die kritische Wende zur Neuzeit ein. Die verschiedenen Tendenzen der M. vereinigen sich in der ↑Aufklärung.

Die skeptisch-phänomenalistische M. D. Humes setzt den klassischen britischen ↑Empirismus W. von Ockhams, F. Bacons und J. Lockes fort. Sie kritisiert die Gültigkeit des Kausalgesetzes (↑Kausalität) und fordert durch ein empiristisches Sinnkriterium (↑Sinnkriterium, empiristisches) die ↑Verifikation aller Tatsachenbehauptungen durch Rekurs auf ↑Sinnesdaten; Sätze über die Verknüpfung (*association*) von Ideen (↑Idee (historisch)) müssen der Forderung nach logischer Konsistenz (↑widerspruchsfrei/Widerspruchsfreiheit) genügen. So bildet Hume die Unterscheidung von ↑Formalwissenschaften und ↑Realwissenschaften aus. Da die Metaphysik weder von beobachtbaren Sinnesdaten noch von formalen Beziehungen handelt, ist sie als Wissenschaft unmöglich. Der britische Empirismus wirkte auf die M. der französischen Aufklärung und wurde dort, insbes. im materialistischen Rahmen (C. A. Helvétius, P. H. d'Holbach, J. O. de La Mettrie, ↑Materialismus, französischer), zu einer politischen Milieutheorie radikalisiert. Metaphysik wird zum Symptom undurchschauter Bedürfnisse oder betrügerischer Absichten, M. zur Pathologie und Ideologiekritik (↑Ideologie). Gegen diese depotenzierende und reduktionistische ↑Form der M. wendet sich I. Kant mit einer ↑transzendentalen M., die er ›Metaphysik von der Meta-

physik‹ nennt. Kant präzisiert die Frage nach der Möglichkeit der Metaphysik zur Frage nach dem ↑synthetischen ↑a priori und kritisiert die Lehrstücke der dogmatischen Metaphysik als dialektischen ↑Schein (↑Dialektik, transzendentale). Er depotenziert die Perspektiven der Metaphysik jedoch nicht zu reinem Schein: ohne transzendent (↑transzendent/Transzendenz) gesichert zu sein, gründen in ihnen – aufgefaßt als transzendentale und ↑regulative Ideen – die praktischen Gewißheiten einer moralischen und religiösen ↑Lebensform. Auf ein Erstarken metaphysischer Orientierungen im Deutschen Idealismus (↑Idealismus, deutscher) folgt erneut die Phase einer (reduktionistischen) M.: A. Comtes Positivismus (↑Positivismus (historisch)) mit dem ↑Dreistadiengesetz, der ↑Marxismus, die ↑Lebensphilosophie (F. Nietzsche, W. Dilthey), die ↑Psychoanalyse und der ↑Neomarxismus erklären metaphysische Orientierungen aus systematischen Täuschungen, Herrschaftszwängen, Trieben oder infantilen Regressionen als Produkt von ↑Entfremdung.

Die Wende der Philosophie zur ↑Wissenschaftstheorie bedeutet auch eine Abkehr von den klassischen Themen der Metaphysik. Darüber hinaus verstehen sich die meisten Richtungen der Gegenwartsphilosophie auf unterschiedliche Weise als M.. Der Logische Empirismus (↑Empirismus, logischer) des ↑Wiener Kreises (R. Carnap, H. Hahn, O. Neurath, M. Schlick, H. Reichenbach, in England programmatisch A. J. Ayer) reformuliert und präzisiert Humes M. sprachkritisch (↑Sprachkritik): metaphysische Probleme sind ↑Scheinprobleme, die durch logische Analyse (↑Analyse, logische) der Sprache zu eliminieren sind. Sätze, die nicht als empirisch gehaltvoll ›konstituiert‹ oder tautologisch (↑Tautologie) erweisbar sind, sind sinnlos; Metaphysik ist ›Lyrik in der Verkleidung einer Theorie‹, ›Ausdruck eines Lebensgefühls‹, einer ↑Weltanschauung (Carnap) und nicht wahrheitsfähig. L. Wittgenstein (Tract.) greift Kants Intentionen sprachkritisch auf und stellt M. als Tätigkeit der Grenzziehung zwischen sinnvollen und ›unsinnigen‹ (metaphysischen) Sätzen (↑Unsinn) dar. Die Metaphysik erfährt hier noch in ihrer Destruktion eine kritische Würdigung, denn die allein sinnvoll sagbaren Sätze der Wissenschaft sind für die Lebensprobleme irrelevant; ferner zeigt sich im metaphysischen ›Anrennen gegen die Grenzen der Sprache‹ ein ethisch-religiöses Selbstverständnis, das die ›Welt der Tatsachen‹ transzendiert. Ähnliches gilt für die existenzialanalytische M., die M. Heidegger im Rahmen einer ↑Fundamentalontologie insbes. gegen den bewußtseinsphilosophischen ↑Dualismus in der Nachfolge des ↑Cartesianismus richtet. Die M. von »Sein und Zeit« (1927) radikalisiert Kants transzendentale M. vornehmlich mit Bezug auf deren Restriktion möglicher Erfahrung auf (zeitliche) ↑Sinnlichkeit. Die ↑Zeitlichkeit und ↑Geschichtlichkeit des ↑In-der-Welt-seins wurde von der Vorhandenseinsontologie ·(↑vorhanden/zuhanden) der Metaphysik verstellt. Die temporale Existenzialanalyse entmythisiert Metaphysik als das ›Grundgeschehen im menschlichen Dasein selbst‹, als endliche Transzendenz, die sich z. B. im ↑Existenzial der ↑Angst zeigt. Heidegger wendet sich später gegen die gesamte abendländische Metaphysik, die die ontologische Differenz (↑Differenz, ontologische) ›vergessen‹ und das Sein zum Seienden vergegenständlicht habe. Sein Denken der ↑Seinsgeschichte entwickelt nach der ›Kehre‹ M. als Technikkritik.

Heideggers M. hat sprachphilosophische (↑Sprachphilosophie) Parallelen in der M. der ↑Ordinary Language Philosophy: G. Ryle (1949) kritisiert die dualistische Metaphysik und ihre objektivistischen bzw. psychologistischen semantischen Voraussetzungen als Ergebnis bestimmter ↑Kategorienfehler, die durch Berücksichtigung von alltäglichen Sprach- und Handlungszusammenhängen vermieden werden können. Der späte Wittgenstein therapiert – in Fortsetzung von Intentionen der Common-sense-Philosophie G. E. Moores – metaphysische ›Bilder‹ durch Rekurs auf ↑Sprachspiele in bestimmten ↑Lebensformen, in denen sich die ↑Tiefengrammatik der Rede gegenüber einer irreführenden Oberflächengrammatik abhebt. Wittgensteins sprachanalytische M. führt zur Aufgabe der Vorstellung von einer einzigen korrekten, ›der Wirklichkeit‹ adäquaten, idealen Sprache, wie sie nicht nur die Systementwürfe der klassischen Metaphysik, sondern z. B. auch die Wissenschaftstheorie des Logischen Empirismus und den »Tractatus logico-philosophicus« geprägt hat.

Der Kritische Rationalismus (↑Rationalismus, kritischer) K. R. Poppers (1934; 1945) und H. Alberts (1968) weist aus wissenschaftstheoretischen wie aus praktisch-politischen Gründen alle metaphysischen Wahrheitsansprüche zurück. M. Foucaults relativierende, archäologische Genetisierung (›Genealogie‹) aller vermeintlich unhintergehbaren (↑Unhintergehbarkeit) ontologischen Ordnungen als historischer Konfigurationen zielt auf M. im Anschluß an Nietzsche. In »Les mots et les choses« (1966) werden konsequent realgeschichtliche Machtanalysen metaphysischen Ansprüchen entgegengesetzt. Die genealogische Entsubstantialisierung und M. betreffen im Gesamtwerk von Foucault alle fundamentalen Unterscheidungen von Normalität und abweichendem Verhalten (Wahnsinn, Verbrechen, Perversion, Krankheit). Eine starke Rezeption erfährt die M. von J. Derrida (1967) und seinem Denken der Differenz und der Dekonstruktion (↑Dekonstruktion (Dekonstruktivismus)), das in der Tradition Heideggers eine sprach- und sinnkritische, negative Hermeneutik aller ontologischen Grundbegriffe durchführt. So sind alle basalen Dichotomien der abendländischen Tradition – Subjekt/Objekt, Substanz/Akzidenz, Form/Materie, Ursache/Wirkung, Ganzes/Teil, Einheit/Vielheit, Identität/Differenz, Natur/Kultur, Körper/Seele – nach Derrida irreführende Konstrukte, die sich der zeitlichen Prozessualität des Sprechens wie des Schreibens vergebens zu entziehen versuchen. Ähnlich setzen G. Deleuze (1968) und J.-F. Lyotard (1983) an. – Eine umfassende M. an dem ontologischen ↑Essentialismus eines ›Wesens des Menschen‹ entwickelt auch R. Rorty in seiner Philosophiekritik. Die Vorstellung vom Menschen als einem ›Spiegel der Natur‹ (1979) ist nach Rorty grundsätzlich verfehlt; stattdessen sind ›Kontingenz, Ironie und Solidarität‹ (1989) die die Metaphysik (und die Philosophie überhaupt) überwindenden und zu empfehlenden Haltungen. – Einflußreiche Ansätze der M. vertritt ferner J. Habermas (1988). Das ›nachmetaphysische Denken‹ ist nach Habermas charakterisiert durch den nicht überschreitbaren Bezug auf die ↑Lebenswelt und die Alltagspraxis, durch ›Verfahrensrationalität‹, durch die Dimensionen der Endlichkeit, die durch die historisch-hermeneutischen Wissenschaften ins Zentrum rücken, schließlich durch den grundlegenden Paradigmenwechsel von der Ontologie und Bewusstseins- zur Sprachphilosophie.

Literatur: H. Albert, Traktat über kritische Vernunft, Tübingen 1968, erw. [3]1975, [5]1991; A. J. Ayer, Language, Truth and Logic, London/New York 1936, London [2]1946, London etc. 2001 (dt. Sprache, Wahrheit und Logik, Stuttgart 1970, 1987); A. J. Bucher, Martin Heidegger. M. als Begriffsproblematik, Bonn 1972, [2]1983; R. Carnap, Überwindung der Metaphysik durch logische Analyse der Sprache, Erkenntnis 2 (1931), 219–241 (repr. in: H. Schleichert [ed.], Logischer Empirismus – Der Wiener Kreis, München 1975, 149–171); G. Deleuze, Différence et répétition, Paris 1968, [11]2003, 2008; J. Derrida, L'écriture et la différence, Paris 1967, 2001; ders., Marges de la philosophie, Paris 1972, 2003; M. Foucault, Les mots et les choses. Une archéologie des sciences humaines, Paris 1966, 2002; J. Habermas, Nachmetaphysisches Denken, Philosophische Aufsätze, Frankfurt 1988, [3]1989, Nachdr. der 1. Aufl. 2001; M. Heidegger, Kant und das Problem der Metaphysik, Bonn 1929, Frankfurt [7]2010; ders., Was ist Metaphysik?, Bonn 1929, Frankfurt [16]2007; ders., Die onto-theo-logische Verfassung der M., in: ders., Identität und Differenz, Pfullingen 1957, 35–73, Frankfurt 2006 (= Gesamtausg. 1. Abt., XI), 51–79; I. Heidemann, Nietzsches Kritik der Metaphysik, Kant-St. 53 (1961/1962), 507–543; G. Knapp, Der antimetaphysische Mensch. Darwin – Marx – Freud, Stuttgart 1973; P. Kondylis, Die neuzeitliche Metaphysik, Stuttgart 1990 (mit Bibliographie, 564–587); W. Krampf, Die Metaphysik und ihre Gegner, Meisenheim am Glan 1973; K. Löwith, Diltheys und Heideggers Stellung zur Metaphysik, in: ders., Vorträge und Abhandlungen. Zur Kritik der christlichen Überlieferung, Stuttgart etc. 1966, 253–267; J.-F. Lyotard, Le différend, Paris 1983, 2001; G. E. Moore, A Defence of Common Sense, in: J. H. Muirhead (ed.), Contemporary British Philosophy. Personal Statements, Second Series, London/New York 1925, [3]1965, 191–223, Neudr. in: ders., Philosophical Papers, London, New York 1959, London 2002, 32–59 (dt. Eine Verteidigung des Common Sense, in: ders., Eine Verteidigung des Common Sense. Fünf Aufsätze aus den Jahren 1903–1941, Frankfurt 1969, 113–151); M. Okrent, Heidegger's Pragmatism. Understanding, Being, and the Critique of Metaphysics, Ithaca N. Y./London 1988, 1991;

K. R. Popper, Logik der Forschung, Wien 1935 [1934], Tübingen [11]2005 (= Ges. Werke in dt. Sprache III); ders., The Open Society and Its Enemies, I–II (I The Spell of Plato, II The High Tide of Prophecy. Hegel, Marx, and the Aftermath), London 1945, [5]1966, 2003; T. Rentsch/H. J. Cloeren, M., Hist. Wb. Ph. V (1980), 1280–1294; R. Rorty, Philosophy and the Mirror of Nature, Princeton N. J. 1979, 2009; ders., Contingency, Irony and Solidarity, Cambridge 1989, 2009; G. Ryle, The Concept of Mind, London, New York 1949, London/New York 2009; W. Schulz, Hegel und das Problem der Aufhebung der Metaphysik, in: G. Neske (ed.), Martin Heidegger zum siebzigsten Geburtstag. Festschrift, Pfullingen 1959, 67–92; H. Seidl, Realistische Metaphysik. Stellungnahme zu moderner Kritik an der traditionellen Metaphysik, Hildesheim/New York 2006; A. Soulez, Métaphysique (critique de la), Enc. philos. universelle II/2 (1990), 1620–1625; E. Topitsch/Vom Ursprung und Ende der Metaphysik. Eine Studie zur Weltanschauungskritik, Wien 1958, München 1972.   T. R.

Metaprädikator, Bezeichnung für einen der ↑Metasprache angehörenden ↑Prädikator, der daher ausschließlich zur Unterscheidung sprachlicher Ausdrücke, z. B. von Prädikatoren, dient. Unvorsichtiger Gebrauch von M.en, die umgangssprachlich zugleich als Prädikatoren verwendbar sind – z. B. ist die ↑Metaaussage »›kurz‹ ε kurz« (»das Wort ›kurz‹ ist kurz«) sinnvoll und nach üblichem Verständnis von ›kurz‹ auch wahr –, führt zur Gefahr von semantischen Antinomien (↑Antinomien, semantische).   K. L.

Metaregel, Bezeichnung für eine ↑Regel über Regeln, etwa eine Verfahrensregel zur Regelung der Reihenfolge von Anwendungen anderer Regeln, z. B. in der Strafprozeßordnung oder in der Grammatik. In der Operativen Logik (↑Logik, operative) sind M.n zusammen mit Regeln höherer Stufen – Metametaregeln usw. – ein Hilfsmittel zur Deutung der logischen Schlußregeln (↑Schluß).   K. L.

Metasprache (engl. metalanguage), im Unterschied zur ↑Objektsprache diejenige Sprachebene, auf der *über* sprachliche Ausdrücke der Objektsprache geredet wird, z. B. mit Hilfe des Deutschen (als M.) über das Englische (als Objektsprache). Insbes. entstehen durch *Anführung*, also Nennung mit Hilfe von ↑Anführungszeichen, aus objektsprachlichen Ausdrücken solche der M.. Natürliche Sprachen (↑Sprache, natürliche) sind durch eine Einheit von objektsprachlichen und metasprachlichen Ausdrücken beliebiger Stufe ausgezeichnet – bei R. Jakobson gehört die metasprachliche Funktion sogar zu einer der von ihm ausgezeichneten sechs Funktionen einer natürlichen Sprache –, während speziell in formalen Sprachen (↑Sprache, formale) zur Vermeidung von semantischen Antinomien (↑Antinomien, semantische) eine strenge Trennung der Sprachebenen, auch: Sprachstufen, speziell der Objekt- von der M., eingehalten

werden muß. Eine M. kann selbst wieder Objektsprache einer weiteren M., der Metametasprache (allgemein: M. *n*-ter Stufe) sein. Die Unterscheidung von Objektsprache und M. geht im Ansatz bereits auf Überlegungen in der Spätantike, speziell in der ↑Stoa, im Zusammenhang mit der Behandlung der ↑Lügner-Paradoxie zurück und findet ihre erste begriffliche Fassung in der Rede von der doppelten ↑›intentio‹ eines Wortes in der ↑Suppositionslehre der ↑Scholastik: Objektsprachliche ↑Prädikatoren, z. B. ›vetus‹ (alt), ›arbor‹ (Baum), sind Wörter der *ersten Intention* (intentio prima), ↑Metaprädikatoren, z. B. ↑›propositio‹, ›universale‹ (↑Universalien), aber auch ›genus‹ (↑Gattung), sind Wörter der *zweiten Intention* (intentio secunda). Auch ↑Metaaussagen, in denen z. B. ›propositio vera‹ explizit als Prädikat einer (Objekt-) Aussage auftritt, werden erörtert.

In die moderne Diskussion ist die Unterscheidung zwischen M. und Objektsprache nach dem Zeugnis von A. Tarski, der bereits 1931 in seinem Aufsatz »O pojęciu prawdy w odniesieniu do sformalizowanych nauk dedukcyjnych« (Ruch Filozoficzny 12, 210–211) – 1936 wesentlich erweitert unter dem Titel »Der Wahrheitsbegriff in den formalisierten Sprachen« veröffentlicht – das polnische Äquivalent von ›M.‹, ›metajęzyk‹, verwendet und zusammen mit R. Carnap diese begriffliche Unterscheidung speziell für die Zwecke einer formalsprachlichen Behandlung der ↑Semantik einer als ↑Formalismus vorliegenden Objektsprache durchgesetzt hat, von S. Leśniewski eingeführt worden. Es hat sich herausgestellt, daß derjenige Teil einer M., der die ↑Syntax einer Objektsprache darstellt, die *Syntaxsprache*, in hinreichend reichhaltige objektsprachliche Formalismen vollständig übersetzt werden kann, während für den die Semantik der Objektsprache darstellenden Teil der M., insbes. für den Metaprädikator ›wahr‹ (↑wahr/das Wahre), eine solche vollständige Übersetzbarkeit in die Objektsprache nicht generell durchsetzbar ist (sie führte nämlich in den betreffenden Fällen zu semantischen Antinomien). In der gegenwärtigen intensionalen Semantik (↑Semantik, intensionale) werden Prädikatoren wie ›glauben‹, ›befehlen‹, ›möglich‹, also Ausdrücke für so genannte *propositional attitudes*, Performatoren (↑Performativum), oder andere nicht-extensionale (↑extensional/Extension) Satzoperatoren wie die ↑Modalitäten, als Bestandteile der Objektsprache behandelt, obwohl sie bei Durchsetzung eines extensionalen Standpunktes – wie bei B. Russell oder H. Reichenbach – als Metaprädikatoren und damit als Bestandteile der M. zu gelten haben.

Es war L. Wittgenstein, der bereits in seinem »Tractatus« (vgl. 4.12 ff.) im Zusammenhang der Unterscheidung zwischen internen (= formalen) und externen Eigenschaften (↑intern/extern) darauf aufmerksam gemacht hat, daß sowohl die Gegenstände als auch die sprachlichen Ausdrücke im Kontext von deren ↑Artikulation Eigenschaften haben, die sich nicht (aus)sagen lassen, sondern nur zeigen: Die semiotische Beziehung zwischen Zeichen und Bezeichnetem (↑Semiotik), z. B. in einer Aussage *n ε P* durch die Kopula ›ε‹ notiert, ist eine interne Beziehung zwischen Welt und Sprache, die dann, wenn der Gegenstandsbereich, zu dem *n* gehört, noch nicht artikuliert ist, vielmehr erst durch ›*P*‹ artikuliert werden soll, gegenstandskonstituierenden und nicht gegenstandsbeschreibenden Charakter hat, deren Beherrschung also noch zur ↑Objektkompetenz und nicht zur ↑Metakompetenz gehört. Analoge Probleme entstehen, wenn man das in natürlichen Sprachen allgegenwärtige Phänomen der Autonymie (↑autonym) – ein sprachlicher Ausdruck wird als Name von sich selbst verwendet – untersuchen möchte. In einer M. lassen sich die *sprachlichen* Funktionen sprachlicher Ausdrücke, etwa das Benennen (↑Benennung) oder das Aussagen (↑Prädikation), nicht ausdrücken, ohne sie bereits in Anspruch zu nehmen. Die nicht generell mögliche Ausdrückbarkeit des Metaprädikators ›wahr‹ sogar in einer als formale Sprache konzipierten Objektsprache ist lediglich ein besonderer Fall. Gegen diese These Wittgensteins hatte insbes. Carnap in der »Logischen Syntax der Sprache« (1934) heftig opponiert, ohne zu beachten, daß sich mit dem Aufbau einer Syntaxsprache lediglich eine Theorie der Zeichenträger, der Sprachzeichen, und keine Theorie der Zeichenfunktionen gewinnen läßt. Insbes. ist es unmöglich, den auch für den Aufbau einer ↑Wissenschaftssprache unerläßlichen Einsatz sprachlicher *Reflexion*, wie sie auf einer besonderen Verschmelzung von Objektsprache und M. beruht, mit dem Mittel iterierter M.nbildung auszudrücken.

Literatur: K. Bach, Metalanguage, in: R. Audi (ed.), The Cambridge Dictionary of Philosophy, Cambridge etc. 1995, 486, ²1999, 2001, 560–561; R. Carnap, Logische Syntax der Sprache, Wien 1934, Wien/New York ²1968 (engl. The Logical Syntax of Language, London/New York 1937, London 2000); W. K. Essler, M./Objektsprache, Hb. wiss.theoret. Begr. II (1980), 428–429; A. Gupta/N. Belnap, The Revision Theory of Truth, Cambridge Mass./London 1993; R. Jakobson, Essais de linguistique générale, I–II, Paris 1963/1973, II 1979, I 2003; F. Kambartel/P. Stekeler-Weithofer, Sprachphilosophie. Probleme und Methoden, Stuttgart 2005; J. Ladrière, Les limitations internes de formalismes. Étude sur la signification du théorème de Gödel et des théorèmes apparentés dans la théorie des fondements des mathématiques, Louvain, Paris 1957 (repr. Sceaux 1992); L. Linsky (ed.), Semantics and the Philosophy of Language. A Collection of Readings, Urbana Ill. 1952, 1980; E. C. Luschei, The Logical Systems of Leśniewski, Amsterdam 1962; D. Marsal, Logik, Bedeutung und Mathematik. Die Konstruktion einer Fundamentalsprache der Wissenschaften, Stuttgart 1987; E. A. Moody, Truth and Consequence in Mediaeval Logic, Amsterdam 1953, Westport Conn. 1976; M. D. Popelard, Metalangage, Enc. philos. universelle II/2 (1990), 1609–1611; A. Preußner, M., in: W. D. Rehfus (ed.), Handwörterbuch Philosophie, Göttingen 2003, 466; H. Reichenbach, Elements of Symbolic Logic, New York 1947, 1980 (dt. Grundzüge der symbolischen Logik, Braunschweig 1999 [= Ges. Werke VI]); B. Russell, An Inquiry into Meaning and Truth, New York, London 1940, London 1992; P. Stekeler-Weithofer, M./Objektsprache, EP I (1999), 830–832, II (²2010), 1591–1594; A. Tarski, Der Wahrheitsbegriff in den formalisierten Sprachen, Stud. Philos. (Lemberg) 1 (1935), 261–405, Nachdr. in: K. Berka/L. Kreiser (eds.), Logik-Texte. Kommentierte Auswahl zur Geschichte der modernen Logik, Berlin (Ost) 1971, 447–559, ⁴1986, 445–546. K. L.

Metastufe, in der Hierarchie der Sprachebenen, speziell bei formalen Sprachen (↑Sprache, formale), Bezeichnung für die Stufe der ↑Metasprache und damit für die Stufe aller Ausdrücke der Metasprache. Z. B. gehören die in der Logik verwendeten ↑Mitteilungszeichen (etwa der Buchstabe ›*A*‹ für eine Aussage) für die meist selbst gar nicht auftretenden objektsprachlichen Ausdrücke zur M., ebenso wie die schematischen Buchstaben (↑Variable, schematische) bei der Darstellung einer (logischen) Form sprachlicher Ausdrücke (etwa der Buchstabe ›*A*‹, ein Aussagesymbol, im ↑Aussageschema ›*A* → *A*‹, d. i. ›wenn *A*, dann *A*‹). K. L.

Metatheorem, ein Theorem der ↑Metasprache, gelegentlich auch spezieller ein Theorem über eine Klasse von Theoremen einer Sprachstufe. K. L.

Metatheorie, Bezeichnung für eine Theorie über Theorien, in der also Eigenschaften ganzer Theorieklassen untersucht werden und nicht etwa bloß Eigenschaften einer einzelnen (Objekt-)Theorie. Im Falle einer M. sind die Objekttheorien in der Regel jeweils als ein ↑Formalismus gegeben (↑System, formales). Dies im Unterschied zur allgemeinen ↑Wissenschaftstheorie, die die Prinzipien des Aufbaus einer wissenschaftlichen Theorie im allgemeinen behandelt. Deshalb gehören zu den typischen Aufgaben einer M. die Untersuchung der sprachlichen Ausdrucksmittel von Objekttheorien (z. B. in der Definitionstheorie), strukturelle Charakterisierungen von Objekttheorien, etwa mit Rücksicht auf deren empirischen Gehalt (↑Gehalt, empirischer) oder deren logische Widerspruchsfreiheit (↑widerspruchsfrei/ Widerspruchsfreiheit), daneben auch allgemeiner die Untersuchung der Leistungsfähigkeit von Objekttheorien relativ zu geeigneten Kriterien, etwa semantischer Vollständigkeit (↑vollständig/Vollständigkeit). Prominentestes Beispiel einer M. ist die ↑Metamathematik im Sinne A. Tarskis, also als allgemeine Strukturtheorie. K. L.

Metavariable, auch: Syntaxvariable (engl. syntactical variable), Bezeichnung für eine zur ↑Metasprache gehörende ↑Variable, häufig mit einem ↑Mitteilungszeichen für Ausdrücke der ↑Objektsprache identifiziert. So werden in der formalen Logik (↑Logik, formale) Aussagen

(= Metaaussagen) über Aussagen (= Objektaussagen) gemacht – etwa daß eine Aussage eine andere logisch impliziert –, ohne daß die Objektaussagen dabei im einzelnen identifiziert sein müßten. Z. B. genügt zur Notation der ↑Metaaussage, daß jede Aussage sich selbst logisch impliziert, ein Mitteilungszeichen für ↑Objektaussagen, üblicherweise der Buchstabe ›A‹. Die Metaaussage ›A ≺ A‹ kann dann ebensogut als Metaaussageform mit ›A‹ als einer M.n verstanden werden, deren ↑Variabilitätsbereich die Objektaussagen sind.   K. L.

Methexis (griech. μέθεξις, Teilhabe, von μετέχειν, teilnehmen/anteilnehmen; lat. participatio), Terminus der Platonischen ↑Ideenlehre zur Bezeichnung des Verhältnisses der Einzeldinge zu den Ideen und der Ideen untereinander (↑Idee (historisch)). Unter der Voraussetzung, daß allein die Ideen ›wirklich‹ sind, folgt für Platon, daß die Einzeldinge nur durch ihre Teilhabe an den Ideen als ›wirklich‹ und ›seiend‹ angesehen werden können. Diese ›ontologische‹ M. findet auf der prädikationstheoretischen Ebene eine Entsprechung der Art, daß Platon auch sprachliche Äußerungen in eine Teilhaberelation einerseits zu Begriffen, andererseits zu den Ideen setzt, auf die sie sich beziehen (Phaid. 78 e, 100d/102 b; Parm. 133c/d). In diesem Zusammenhang spricht er davon, daß die Einzelprädikationen nach dem übergeordneten Allgemeinen ›benannt‹ (ἐπονομάζειν) bzw. ihm ›gleichbenannt‹ (ὁμώνυμος) sind. Ausgehend von der umgangssprachlichen Redeweise ›teilnehmen an etwas‹ (z. B. an der Politik), benutzt Platon ferner den Ausdruck ›M.‹, um über das bloße Zusprechen (↑zusprechen/absprechen) von ↑Prädikatoren hinaus eine kontextfreie, dauerhafte, begründete Prädikation zu ermöglichen: aus ›x ε besonnen‹ (als Zusprechen) wird so ›x ε der Besonnenheit teilhaftig‹ (als Zukommen des Prädikators ›besonnen‹). Diese Teilhabe wird dann weiterhin als Ursache-Wirkungsrelation bezeichnet; z. B. sind schöne Dinge deshalb schön, weil sie am Schönen ↑an sich (an der Idee des Schönen) teilhaben. – Aristoteles verurteilt die M. als ›leeres Gerede‹ (κενολογία) abtut und sie lediglich als ›poetische Metapher‹ gelten läßt (Met. A9.991a20–22; M5.1079b24–26).
Im ↑Neuplatonismus spielt die M. durchgängig eine herausragende Rolle, etwa in dem Sinne, daß die schönen einzelnen Dinge nur durch Teilhabe am ›Schönen selbst‹ schön sein und schön genannt werden können (Plotin, Enn. I 6: »Das Schöne« / Enn. V 8: »Die geistige Schönheit«). Darüber hinaus betont Plotin, daß das All als Gesamtheit aller Einzeldinge nur dadurch in seiner Existenz möglich und gesichert sei, daß alle seienden Dinge in einem Teilhabeverhältnis zum ›höchsten Einen‹ stünden (Enn. VI 9: »Das Gute oder das Eine«). – Für die christliche Platontradition (↑Platonismus), die

den Schöpfergott als höchste, im eigentlichen Sinne ›wirkliche‹ Idee versteht, ergibt sich der Grad der Dignität und der Realität der Dinge aus dem Grad ihrer Teilhabe am ›Sein Gottes‹.

Literatur: F. Fronterotta, *Μέθεξις*. La teoria platonica delle idee e la partecipazione delle cose empiriche. Dai dialoghi giovanili al »Parmenide«, Pisa 2001; H. Meinhardt, Teilhabe bei Platon. Ein Beitrag zum Verständnis platonischen Prinzipiendenkens unter besonderer Berücksichtigung des »Sophistes«, Freiburg/München 1968; R. Schönberger, Teilhabe, Hist. Wb. Ph. X (1998), 961–969; W. Wieland, Platon und die Formen des Wissens, Göttingen 1982, ²1999, 139–144.   M. G.

Methode (griech. μέθοδος, aus μετά [nach ... hin] und ὁδός [der Weg]; das [einem Gegenstand] Nachgehen, der Weg zu etwas hin; lat. methodus, via, regula etc.), ein nach Mittel und Zweck planmäßiges (= methodisches, in Schritte gegliedertes) Verfahren, das zu technischer Fertigkeit bei der Lösung theoretischer und praktischer Aufgaben führt (technische M.n, Arbeitsmethoden, Werbemethoden, Erziehungsmethoden, M.n der Wissenschaft usw.) und sich aus diesem Grunde als Ergebnis eines durch die Fähigkeit zur Weitergabe (↑Lehren und Lernen) stabilisierten methodisch aufgebauten Könnens, eines *operationalen Wissens*, begreifen läßt (↑Objektkompetenz). Dabei gehört das bei dergleichen Fertigkeiten stets, zumindest rudimentär, beteiligte sprachlich-symbolische Können (↑Metakompetenz), geschieht es gleichfalls planvoll gegliedert, zu einem operationalen Wissen höherer Stufe. Auf diesem Unterschied beruht die verbreitete Unterscheidung zwischen *M.n des Handelns* und *M.n des Denkens*, auch wenn beide sich nicht getrennt voneinander befolgen lassen. – Methodisches Vorgehen gilt insbes. als Charakteristikum wissenschaftlicher Verfahren und damit – pars pro toto – als ein Kennzeichen der Wissenschaften selbst, jedenfalls im Hinblick auf ihren Darstellungsanteil. Was den Forschungsanteil (↑Forschung) von Wissenschaft betrifft, so hat der von P. K. Feyerabend ausgelöste Disput um ›Methodenzwang‹ versus ›kreative Freiheit‹ bei der Wahl wissenschaftlichen Vorgehens bis heute zu keinem befriedigenden, beiden Seiten gerechtwerdenden, Ergebnis geführt.
Den Wissenschaften in ihrem Darstellungsanteil geht als Teil der Logik (im weiteren Sinne) eine *Methodenlehre* (↑Methodologie) voraus, die den wichtigsten Teil der ↑Wissenschaftstheorie bildet. Dabei hat die Wissenschaftstheorie das Erbe der klassischen ↑Erkenntnistheorie in der philosophischen Tradition mit dem Anspruch angetreten, die geeigneten Werkzeuge speziell für die Grundlagen der Einzelwissenschaften bereitzustellen. Das führt im Detail zu einer erheblichen Aufspaltung der M.n, z. B. je nach dem Gegenstand, dem Entwicklungsstand und dem inneren und äußeren Zusammenhang der jeweiligen Fachdisziplinen, so daß neben *allgemeinen*

M.n, die für alle oder doch für ganze Gruppen von Disziplinen, etwa die Naturwissenschaften, als einschlägig gelten (s. u.), stets auch *spezielle* M.n zu berücksichtigen sind, darunter solche, die Einzeldisziplinen sogar charakterisieren, z. B. für die ↑Psychoanalyse die M. der freien Assoziation. Jedoch ist dabei immer zu beachten, daß erst, wenn Zweifel auftreten, M.n zur Behebung des Zweifels erforderlich werden, die den (Wieder-)Erwerb einschlägiger Sicherheit, verläßliche Orientierung im Handeln und Denken, zur Folge haben sollen (daher die Rolle des *methodischen Zweifels* bei R. Descartes). Solche ↑Zweifel können sein: Zweifel am Sinn einer Handlung (welchem Ziel dient die Handlung oder soll sie als Mittel dienen?), Zweifel an der Bedeutung eines sprachlichen Ausdrucks (welchen Gegenstand bezeichnet ein Ausdruck?), Zweifel an der ↑Geltung eines Satzes (besteht der von einer Aussage dargestellte Sachverhalt wirklich?, soll die in einem Wunsch/einem Befehl erbetene/geforderte Handlung wirklich ausgeführt werden?) etc..

Mit dem Anspruch, die allen M.n gemeinsamen Züge kenntlich machen zu können, tritt seit der Antike die *philosophische* M. auf. Platon kennzeichnet sie – in Herausbildung aus der *Sokratischen* M. des beharrlichen Fragens – als διαλεκτική τέχνη (auch: διαλεκτικὴ μέθοδος, Pol. 533c7), d. i. als Kunst(-fertigkeit) des argumentierenden Gesprächs, des mit dem Willen zur Verständigung geführten (philosophischen) ↑Dialogs. Damit ist die bis heute anerkannte Charakterisierung der philosophischen M. gefunden, auch wenn sofort mit Blick auf besondere Gegenstandsbereiche oder besondere Aussageweisen, etwa auf Logik, insofern schlüssige ↑Folgerungen das Thema bilden, oder auf Geometrie oder Ethik, Spezifizierungen vorgenommen werden, die zu Auffächerungen selbst der philosophischen M. führen. So wird etwa Platons *dialektische* M. (↑Dialektik) um die von ihm ↑›Dihairesis‹ genannte M. ergänzt, Begriffsbestimmungen vorzunehmen. Aristoteles wiederum ersetzt die Platonische Charakterisierung durch das die philosophische Tradition bis G. W. Leibniz und sogar noch bis I. Kant beherrschende Wechselspiel zwischen *analytischer*, Behauptungen nach rückwärts auf ihre möglichen Gründe hin verfolgender (von Kant auch ›regressiv‹ genannter) M. (↑Methode, analytische) und *synthetischer*, aus ↑Prinzipien mögliche Konsequenzen folgernder (von Kant deshalb auch ›progressiv‹ genannter) M. (↑Methode, synthetische) sowohl im Bereich der Begriffsbildung (↑Definition, ↑Begriff) als auch im Bereich der Begründungsverfahren (↑Beweis) (»Synthesis autem est quando a principiis incipiendo componimus theoremata ac problemata [...]; Analysis vero est, quando conclusione aliqua data aut problemate proposito, quaerimus ejus principia quibus eam demonstremus aut solvamus« [Synthesis liegt vor, wenn wir, be-

ginnend bei den Prinzipien, durch Zusammensetzen Lehrsätze und Aufgaben herleiten [...]; Analysis hingegen, wenn wir, ausgehend von einer gegebenen Konklusion bzw. einer gestellten Aufgabe, nach ihren Prinzipien suchen, mit deren Hilfe sie beweisbar bzw. lösbar werden], Leibniz, Brief vom 19.3.1678 an H. Conring, Philos. Schr. I, 194–195). Prototyp synthetischer M. wird die von Euklid für die Geometrie, aber auch schon von Aristoteles für die ↑Syllogistik durchgesetzte *axiomatische* M. (↑Methode, axiomatische), deren syntaktische, nämlich kalkülisierte Fassung die gegenwärtig in der Analytischen Wissenschaftstheorie (↑Wissenschaftstheorie, analytische) bevorzugte *deduktive* M. ist. Die analytische M. wiederum endet bei ersten Gründen, möglichen ↑Axiomen nachfolgender Synthesis, deren Gründe auf andere als analytische Weise gefunden werden müssen. Bei Aristoteles geschieht die Begründung der Axiome durch ↑Epagoge, d. i. Hinführung (lat. sowohl *inductio* als auch *abstractio*), ein Verfahren direkten Aufweises, das als *induktive* M. (↑Methode, induktive) in der Bedeutung, einen generellen Satz aus seinen singularen Instanzen zu erschließen, im philosophischen ↑Empirismus in dieser Weise verkürzt das Erbe der analytischen M. antritt und damit das bis heute diskutierte Problem einer Rechtfertigung der (unvollständigen) ↑Induktion nach sich zieht.

Immerhin hat die Tasache, daß das Wechselspiel von analytischer und synthetischer M. in der traditionellen Philosophie im Blick auf die einzelwissenschaftlichen Methodologien allein der induktiven und der deduktiven M. zu anerkannten wissenschaftlichen Verfahren verholfen hat, dazu geführt, daß man die empirischen Wissenschaften (z. B. Biologie) von den rationalen Wissenschaften (z. B. Mathematik) nach dem Kriterium der herrschenden M. unterschied bzw. darüber stritt, ob eine Disziplin der einen oder der anderen M. zu folgen habe (etwa im älteren ↑Methodenstreit der Ökonomie die Auseinandersetzung zwischen der die historisch-beschreibende und in diesem Sinne eine *empirische* M. vertretenden Position G. Schmollers und der die theoretisch-erklärende und in diesem Sinne eine *rationale* M. vertretenden Position C. Mengers). Selbst die gegenwärtige Analytische Wissenschaftstheorie folgt weitgehend diesem Kriterium, wenn sie ihre Methodologie in einen empirischen und einen reinen Teil zerlegt. Im empirischen Teil werden die Bestätigungsfähigkeit (↑Bestätigung) und die Verfahren der direkten ↑Überprüfbarkeit von empirisch gehaltvollen Aussagen mit Hilfe der induktiven M. untersucht, während im reinen Teil die Zurückführbarkeit der Bestätigung oder Geltung einer Aussage auf die Geltung anderer Aussagen mit Hilfe der deduktiven M. behandelt wird. Damit gilt die *experimentelle* M. der empirischen Naturwissenschaften, ergänzt um die *logisch-mathematische* M. der mit G. Frege und B. Russell einsetzenden Grundlagenforschung, schlechthin als die *wissenschaftliche* M..

Gleichwohl sind mit der Ablösung vom überlieferten Aristotelischen Methodenmodell und von dessen die philosophische Tradition beherrschenden Folgen zahlreiche weitere M.n ausgebildet worden, und zwar sowohl in der Philosophie seit Kant als auch in den sich weiter differenzierenden Einzelwissenschaften, deren Selbstverständnis und gegenseitige Abgrenzung durch Fragen nach der für sie charakteristischen M. entscheidend geprägt ist. Z. B. gelten seit W. Dilthey die ↑Naturwissenschaften und die ↑Geisteswissenschaften jeweils durch die Herrschaft der *erklärenden* bzw. der *verstehenden* M. als unterschieden. Dabei ist die verstehende M. in Gestalt der *hermeneutischen* M. (↑Methode, hermeneutische) zu einem methodischen Charakteristikum für alle Wissenschaften, sofern sie auf ihren historischen Aspekt hin betrachtet werden (↑Methode, historische), verallgemeinert worden (H.-G. Gadamer, 1960). Eine ähnliche Verallgemeinerung der erklärenden M. auf *alle* Wissenschaften, sofern sie auf ihren systematischen Aspekt hin betrachtet werden, liegt in der *pragmatistischen* M. vor, wie sie C. S. Peirce mit seiner den ↑Pragmatismus charakterisierenden pragmatischen Maxime eingeführt hat. Mit der Unterscheidung Diltheys konkurriert eine ältere, auf W. Windelband zurückgehende Unterscheidung der Wissenschaften in die nomothetischen (= Gesetze aufstellenden) und die idiographischen (= das Eigentümliche beschreibenden) Wissenschaften (↑idiographisch/nomothetisch) mit der These, daß im ersten, systematischen Fall eine *generalisierende* M., im zweiten, historischen Fall eine *individualisierende* M. vorherrsche. Die in Auseinandersetzung mit der Analytischen Wissenschaftstheorie von der Konstruktiven Wissenschaftstheorie (↑Wissenschaftstheorie, konstruktive) ausgebildete *konstruktive* M. (↑konstruktiv/Konstruktivität) versteht sich primär als eine M.nlehre für Wissenschaft im Aspekt der Darstellung (↑Darstellung (semiotisch)) und erklärt die Methodologie der Analytischen Wissenschaftstheorie auch dort, wo die ursprünglich angenommene Trennung in einen reinen und einen empirischen Teil grundsätzlich in Frage gestellt wird (wie z. B. in der wissenschaftstheoretisch dem Pragmatismus nahestehenden Position W. V. O. Quines), zu einer M.nlehre primär für Wissenschaft im Aspekt der ↑Forschung. Beide wissenschaftstheoretischen Positionen dürfen als Erben der von Kant versuchten Vermittlung zwischen philosophischem Empirismus und philosophischem ↑Rationalismus, jeweils dominiert von der induktiven und der deduktiven M., aufgefaßt werden, auch wenn Kant selbst als Instrument dieser Vermittlung die *transzendentale* M. (↑Methode, transzendentale) (Verfahren, die die Bedingungen der Möglichkeit von Erkenntnis und damit zugleich die Grenzen von Erkenntnis zu bestim-

men) als philosophische M. eingesetzt hat. Die transzendentale M. ist gegenwärtig weitgehend von der insbes. durch L. Wittgenstein durchgesetzten *sprachanalytischen* M. (↑Sprachanalyse, ↑Philosophie, analytische) abgelöst.

Die von G. W. F. Hegel begonnene, im ↑Marxismus umgewandelte und in der Kritischen Theorie (↑Theorie, kritische) weitergeführte Auseinandersetzung mit Positionen, die den Prozeß historischer Entwicklung auch für den Erkenntnisprozeß nicht angemessen berücksichtigen, wird mit der Forderung, einer *dialektischen* M. zu folgen (↑Dialektik), begleitet. Diese Bestimmung der philosophischen M. als dialektisch ist nicht mehr das Platonische Verfahren der Argumentation, sondern ein Verfahren, Entwicklung zugleich darzustellen (Differenzierungen im historischen Prozeß) und vorzuführen (begriffliche Differenzierungen), was inhaltlich als Denken in ↑Widersprüchen geschehen soll, d. h., zu jeder Erkenntnis (These) soll die gegensätzliche Erkenntnis (Antithese) aufgesucht und ihre Einheit (Synthese) bestimmt werden. Offen ist, ob mit Mitteln der von E. Husserl begründeten *phänomenologischen* M. (↑Phänomenologie), sprachanalytisch präzisiert und dialektisch strukturiert, eine Vermittlung der beiden gegenwärtig herrschenden Gestalten der philosophischen M., der sprachanalytischen und der dialektischen, gelingen kann.

Literatur: J. Baggini/P. S. Fosl, The Philosopher's Toolkit. A Compendium of Philosophical Concepts and Methods, Malden Mass./Oxford 2003, ²2010; L. J. Beck, The Method of Descartes. A Study of the »Regulae«, Oxford 1952, New York/London 1987; W. I. B. Beveridge, The Art of Scientific Investigation, London/Melbourne, New York 1950, ³1957, London 1979; M. Black, Critical Thinking. An Introduction to Logic and Scientific Method, New York 1946, Englewood Cliffs N. J. ²1952, 1965; R. M. Blake/C. J. Ducasse/E. H. Madden, Theories of Scientific Method. The Renaissance through the Nineteenth Century, Seattle/London 1960, New York 1989; J. M. Bocheński, Die zeitgenössischen Denkmethoden, Bern 1954, Tübingen/Basel ¹⁰1993; C. D. Broad, Scientific Thought, London, New York 1923 (repr. Bristol 1993, mit Untertitel: A Philosophical Analysis of Some of Its Fundamental Concepts, London 2000, 2010), New York 1969; P. de Bruyne/J. Herman/M. de Schoutheete, Dynamique de la recherche en sciences sociales. Les pôles de la pratique méthodologique, Paris 1974; J. Buchler, The Concept of Method, New York/London 1961 (repr. Lanham Md./New York/London 1985), 1968; R. E. Butts/J. Hintikka (eds.), Historical and Philosophical Dimensions of Logic, Methodology and Philosophy of Science, Dordrecht/Boston Mass. 1977; S. Caramella, Metodo, Enc. filos. IV (1967), 596–696; R. Carnap, Logische Syntax der Sprache, Wien 1934, Wien/New York ²1968; P. Caws, Scientific Method, Enc. Ph. VII (1967), 339–343; C. W. Churchman/R. L. Ackoff, Methods of Inquiry. An Introduction to Philosophy and Scientific Method, St. Louis Mo. 1950; M. R. Cohen, Reason and Nature. The Meaning of Scientific Method, Glencoe Ill., New York 1931, New York 1978; ders./E. Nagel, An Introduction to Logic and Scientific Method, London, New York 1934, ed. J. Corcoran, Indianapolis Ind./Cambridge

²1993; R. S. Cohen/M. W. Wartofsky (eds.), Language, Logic, and Method, Dordrecht/Boston Mass./London 1983 (Boston Stud. Philos. Sci. XXXI); R. G. Collingwood, An Essay on Philosophical Method, Oxford 1933 (repr. Bristol 1995), ed. J. Connelly, 2008; S. Dangelmayr, M. und System. Wissenschaftsklassifikation bei Bacon, Hobbes und Locke, Meisenheim am Glan 1974; H. Dingler, Grundriß der methodischen Philosophie. Die Lösungen der philosophischen Hauptprobleme, Füssen 1949; P. K. Feyerabend, Against Method. Outline of an Anarchistic Theory of Knowledge, in: M. Radner/S. Winokur (eds.), Analyses of Theories and Methods of Physics and Psychology, Minneapolis Minn. 1970 (Minn. Stud. Philos. Sci. IV), 17–130, erw. London, Atlantic Highlands N. J. 1975, London/New York ⁴2010 (dt. [erw.] Wider den M.nzwang. Skizze einer anarchistischen Erkenntnistheorie, Frankfurt 1976, ohne Untertitel, ²1983, 2009); D. E. Flage/C. A. Bonnen, Descartes and Method. A Search for a Method in »Meditations«, London/New York 1999; H.-G. Gadamer, Wahrheit und M.. Grundzüge einer philosophischen Hermeneutik, Tübingen 1960, ⁷2010 (= Ges. Werke I); J. Gentzler (ed.), Method in Ancient Philosophy, Oxford 1998, 2007; F. Gil/G. Giorello, La controverse comme méthode, Rev. synt. 116 (1984), 435–450; N. W. Gilbert, Renaissance Concepts of Method, New York 1960, 1963; B. Gower, Scientific Method. An Historical and Philosophical Introduction, London/New York 1997; J. Habermas, Zur Logik der Sozialwissenschaften, Frankfurt 1970, erw. ⁵1982, 1985; C. Hartshorne, Creative Synthesis and Philosophic Method, London, La Salle Ill. 1970, Lanham Md./London 1983; H. Heimsoeth, Die M. der Erkenntnis bei Descartes und Leibniz, I–II, Gießen 1912/1914; M. Hesse, The Structure of Scientific Inference, London, Berkeley Calif./Los Angeles 1974; J. Hessen, Die M. der Metaphysik, Berlin/Bonn 1932, Bonn/Hannover/Stuttgart ²1955; O. Hölder, Die mathematische M.. Logisch erkenntnistheoretische Untersuchungen im Gebiete der Mathematik, Mechanik und Physik, Berlin 1924 (repr. Walluf/Nendeln 1978); R. Hönigswald, Die Grundlagen der allgemeinen M.nlehre I, ed. H. Oberer, Bonn 1969 (= Schriften aus dem Nachlass VII); H. G. Hubbeling, Spinoza's Methodology, Assen 1964, ²1967; F. Kaufmann, M.nlehre der Sozialwissenschaften, Wien 1936, Wien/New York 1999 (engl. Methodology of the Social Sciences, London/New York 1944 (repr. Atlantic City N. J. 1978); I. Kern, Idee und M. der Philosophie. Leitgedanken für eine Theorie der Vernunft, Berlin/NewYork 1975; T. Kisser (ed.), Metaphysik und M.. Descartes, Spinoza, Leibniz im Vergleich, Stuttgart 2010; L. Kolakowski, Zweifel an der M., Stuttgart etc. 1977; S. Körner, Über philosophische M.n und Argumente, Grazer philos. Stud. 22 (1984), 27–39; V. Kraft, Die Grundformen der wissenschaftlichen M.n, Wien/Leipzig 1925, ²1973; H. Kuhn, Traktat über die M. der Philosophie, München 1966; A. Kulenkampff (ed.), Methodologie der Philosophie, Darmstadt 1979; R. Leclercq, Traité de la méthode scientifique, Paris 1964; L. E. Loemker, Leibniz's Conception of Philosophical Method, Z. philos. Forsch. 20 (1966), 507–524; P. Lorenzen, Methodisches Denken, Frankfurt 1968, ³1988; O. Marquard, Skeptische M. im Blick auf Kant, Freiburg/München 1958, ³1982; R. McKeon, Philosophy and Method, J. Philos. 48 (1951), 653–682; A. Mehrtens, M./Methodologie, EP I (1999), 832–840, II (²2010), 1594–1602; J. Mittelstraß (ed.), M.nprobleme der Wissenschaften vom gesellschaftlichen Handeln, Frankfurt 1979; W. P. Montague, The Ways of Knowing or the Methods of Philosophy, London 1925, 1978; C. W. Morris, The Pragmatic Movement in American Philosophy, New York 1970, 48–80 (Chap. III Pragmatic Methodology) (dt. Die pragmatische Bewegung in der amerikanischen Philosophie, in: ders., Pragmatische Semiotik und Handlungstheorie, ed. A. Eschbach, Frankfurt 1977, 193–345, hier: 223–247 [Kap. III Pragmatische Methodologie]); P. Natorp, Zur Frage der logischen M.. Mit Beziehung auf Edm. Husserls »Prolegomena zur reinen Logik«, Kant-St. 6 (1901), 270–283, Neudr. in: H. Noack (ed.), Husserl, Darmstadt 1973, 1–15; W. Nikolaus, Begriff und absolute M.. Zur Methodologie in Hegels Denken, Bonn 1985; R. Nola/H. Sankey, Theories of Scientific Method. An Introduction, Stocksfield, Montreal/Kingston Ont./Ithaca N. Y. 2007; A. E. Petrosjan, L'intégration des méthodes de la connaissance théorique [russ.], Filosofskie nauki 1 (1985), 44–51; H. Poincaré, Science et méthode, Paris 1908, ed. L. Rollet, 2011 (dt. Wissenschaft und M., Leipzig/Berlin 1914 [repr. Darmstadt 1973], Berlin 2003); K. R. Popper, Logik der Forschung, Wien 1935, ed. H. Keuth, Tübingen ¹¹2005 (= Ges. Werke in deutscher Sprache III); W. V. O. Quine, Methods of Logic, New York 1950, Cambridge Mass. ⁴1982 (dt. Grundzüge der Logik, Frankfurt 1974, ¹⁵2011); G. Radke-Uhlmann (ed.), Phronesis – die Tugend der Geisteswissenschaften. Beiträge zur rationalen M. in den Geisteswissenschaften, Heidelberg 2012; J. Ritter u. a., M., Hist. Wb. Ph. V (1980), 1304–1332; R. D. Rosenkrantz, Inference, Method and Decision. Towards a Bayesian Philosophy of Science, Dordrecht/Boston Mass. 1977; E. Rothacker, Logik und Systematik der Geisteswissenschaften, München/Berlin 1926 (repr. München, Darmstadt 1965, Darmstadt 1970), Bonn 1948; H. Röttges, Der Begriff der M. in der Philosophie Hegels, Meisenheim am Glan 1976, ²1981; H. Sarkar, A Theory of Method, Berkeley Calif./London 1983; I. Scheffler, The Anatomy of Inquiry. Philosophical Studies in the Theory of Science, New York, Indianapolis Ind. 1963, Indianapolis Ind. 1981 (franz. L'anatomie de la science. Étude philosophique de l'explication et de la confirmation, Paris 1966); M. Scheler, Die transzendentale und die psychologische M.. Eine grundsätzliche Erörterung zur philosophischen Methodik, Leipzig 1900, ²1922, ferner in: ders., Gesammelte Werke I (Frühe Schriften), ed. M. Scheler/M. S. Frings, Bern/München 1971, 197–335; G. Schlesinger, Method in the Physical Sciences, London, New York 1963 (repr. London/New York 2009); H. Schnädelbach, Reflexion und Diskurs. Fragen einer Logik der Philosophie, Frankfurt 1977; M. Schneider, Analysis und Synthesis bei Leibniz, Diss. Bonn 1974; H. Schurz (ed.), Erklären und Verstehen in der Wissenschaft, München 1988, 1990; É. Simard, La nature et la portée de la méthode scientifique. Exposé et textes choisis de philosophie des sciences, Québec, Paris 1956, ²1958; W. Stegmüller, Probleme und Resultate der Wissenschaftstheorie und Analytischen Philosophie I, Berlin/Heidelberg/New York 1969, [in 5 Teilbdn.] als Studienausg. 1969, verb. 1974, erw. [in 6 Teilbdn.] ²1983; K. M. Thiel, Kant und die ›Eigentliche M. der Metaphysik‹, Hildesheim/Zürich/New York 2008; L. Tondl, Scientific Procedures. A Contribution Concerning the Methodological Problems of Scientific Concepts and Scientific Explanation, Dordrecht/Boston Mass. 1973 (Boston Stud. Philos. Sci. X); R. Tuomela, Science, Action, and Reality, Dordrecht/Boston Mass./Lancaster 1985; G. Vailati, Il metodo della filosofia. Saggi scelti, ed. F. Rossi-Landi, Bari 1957, rev. mit Untertitel: Saggi di critica del linguaggio, 1967, Neudr. 2000; F. Waismann, Logik, Sprache, Philosophie, ed. G. P. Baker/B. McGuinness, Stuttgart 1976, 1985; F. Wenisch, Die Philosophie und ihre M., Salzburg/München 1976; K. Wuchterl, M.n der Gegenwartsphilosophie, Bern/Stuttgart 1977, erw. mit Untertitel: Rationalitätskonzepte im Widerstreit, Bern/Stuttgart/Wien ³1999; ders., M., in: P. Kolmer/A. G. Wildfeuer (eds.), Neues Handbuch philosophischer Grundbegriffe II,

Freiburg/München 2011, 1526–1540; weitere Literatur: ↑Methode, analytische, ↑Methode, hermeneutische, ↑Methode, historische, ↑Phänomenologie, ↑System, axiomatisches, ↑System, formales.   K. L.

Methode, analytische (griech. ἀνάλυσις [Analysis], μέθοδος ἀναλυτική), Bezeichnung für die der synthetischen Methode (↑Methode, synthetische) entgegengesetzte Methode, mit der (1) im Rahmen mathematischer, insbes. geometrischer, Beweis- bzw. Konstruktionsverfahren ein Verfahren zur Bestimmung von ›Elementen‹ angegeben wird, aus denen mathematische Konstruktionen synthetisiert werden, oder (2) bestimmte Sätze als Grundsätze ausgezeichnet werden, aus denen wiederum synthetisch andere Sätze logisch deduzierbar sind, ferner (3) Verfahren der Bestimmung von Grundbegriffen, die als so genannte ›einfache‹ Begriffe (↑Begriff, einfacher) die Bildung ›zusammengesetzter‹ Begriffe erlauben, oder (4) Verfahren zur Bestimmung der Bedingungen für das Erreichen von Handlungszielen, die synthetisch realisiert werden sollen. In ihrer *propositionalen* Auffassung (2) entspricht die Unterscheidung zwischen einer synthetischen und einer a.n M. derjenigen zwischen ↑Deduktion, im Sinne eines Beweisanfangs mit generellen Sätzen, und ↑Induktion, im Sinne eines Beweisanfangs mit singularen Sätzen. Die *handlungstheoretische* Auffassung (4) geht, ebenso wie die propositionale Auffassung (2), auf Aristoteles zurück (Eth. Nic. Γ3.1112b20–24).

Die erste explizite methodologische Untersuchung der synthetischen und der a.n M. erfolgt im Sinne ihrer *geometrisch-konstruktiven* Auffassung (1) bei Pappos von Alexandreia (Collectionis quae supersunt, I–III, ed. F. Hultsch, Berlin 1876–1878 [repr. Amsterdam 1965], II, 634 ff.). Euklids »Elemente«, die bis in die Neuzeit hinein das wesentliche Paradigma eines logisch ausgewiesenen Aufbaus und einer begründeten Darstellung wissenschaftlicher Theorien bilden, beschränken sich auf die synthetische Methode in ihrer axiomatischen Form; die a. M. spielt hier lediglich eine, wenn auch wichtige, *heuristische* (↑Heuristik) Rolle. Nach Pappos wird im analytischen Teil einer Konstruktionsaufgabe, der strukturell weitgehend dem natürlichen Schließen (↑Kalkül des natürlichen Schließens) entspricht, der zu konstruierende Sachverhalt figürlich vorgelegt. In diese Figur werden die expliziten Voraussetzungen (δεδόμενα, data) und relevante, bereits konstruktiv ausgewiesene Linien eingezeichnet. Die eigentliche Analysis besteht im Auffinden geeigneter Hilfskonstruktionen, die ebenfalls in die Figur eingebracht werden; sie gilt dann als beendet, wenn diejenigen Hilfskonstruktionen herausgefunden sind, die es gestatten, die gesuchte Konstruktion unter Verwendung zulässiger Verfahren aus den nunmehr gegebenen expliziten Voraussetzungen auszuführen. Diese Konstruktion ist dann der ›synthetische‹ Teil des Beweises, der durch die Analysis überhaupt erst ermöglicht wird. Pappos bezeichnet dabei sowohl die erläuterte Verwendung der a.n M. allein als auch ihre Verwendung einschließlich der Synthesis als ↑›Analysis‹.

Aristoteles reflektiert, ebenso wie bereits Platon in Form eines so genannten ›hypothetischen‹ Verfahrens (vgl. Men. 86c4–87b2, ferner Diog. Laert. III, 24), die synthetische und die a. M. in der Geometrie im Rahmen eines allgemeinen propositionalen Kontextes (2). Sachlich geht es dabei um die analytische Rückführung von für wahr gehaltenen Sätzen auf ihre Voraussetzungen (Prinzipien), aus denen diese Sätze dann synthetisch-deduktiv hergeleitet und damit im eigentlichen Sinne bewiesen werden (an. post. A12.78a6–21). In diesem Sinne gliedert noch G. Frege die Beweise seiner Sätze in eine ›Zerlegung‹, die aus dem zu beweisenden Satz schrittweise die ›Grundgesetze‹ gewinnt und ›nur der Bequemlichkeit des Lesers‹ dient, und einen ›Aufbau‹, der als logische Ableitung den eigentlichen Beweis darstellt (Grundgesetze der Arithmetik. Begriffsschriftlich abgeleitet, I–II, Jena 1893 [repr. Hildesheim 1962], I, 70). Ihre methodologische Einordnung findet die a. M. (ἀνάλυσις, μέθοδος ἀναλυτική) bei den griechischen Aristoteles-Kommentatoren (vgl. Alexander von Aphrodisias, In Aristotelis Analyticorum priorum librum I commentarium, ed. M. Wallies, Berlin 1883 [CAG II/1], 340,5 ff.; Ammonius, In Porphyrii Isagogen sive V voces, ed. A. Busse, Berlin 1891 [CAG IV/3], 34,15 ff.; ders., In Aristotelis Analyticorum priorum librum I commentarium, ed. M. Wallies, Berlin 1899 [CAG IV/6], 7,26 ff.). In ihrer Aristotelischen Form und im Rahmen der Medizintheorie Galens übernimmt das lateinische Mittelalter die Unterscheidung zwischen a.r M. (*resolutio*) und synthetischer Methode (*compositio*) im Sinne zweier Wege zur Wahrheit (*via resolutionis/via compositionis*), wobei jedoch der analytische Weg vom Ganzen zu den Teilen erst im synthetischen Weg von den Teilen zum Ganzen seine Vollendung finden soll. Der Sinn dieser Unterscheidung bleibt dabei wie in der ursprünglichen Aristotelischen Konzeption ein beweistheoretischer. Das ändert sich erst im so genannten Paduaner ↑Aristotelismus (↑Padua, Schule von). Dort wird unter Rückgriff auf scholastische Traditionen sowie auf ältere Galen-Kommentare die *resolutio* (a. M.) mit einer *demonstratio quia* (Beweis, daß [etwas so ist, wie es ist]) und die *compositio* (synthetische Methode) mit einer *demonstratio propter quid* (Beweis, warum [etwas so ist, wie es ist]) identifiziert (↑demonstratio propter quid/demonstratio quia). Diese Unterscheidung – terminologisch im weiteren Verlauf unter den Bezeichnungen ›metodo risolutivo‹ und ›metodo compositivo‹ diskutiert – wird sodann zum Kernstück einer Methodologie der empirischen Wissenschaften.

G. Galilei übernimmt diese Unterscheidung für seine Physik. Der *metodo risolutivo* dient bei ihm der Gewinnung von Sätzen zur Erklärung beobachteter Phänomene, während der *metodo compositivo* mit Hilfe analytisch gewonnener Sätze zur Formulierung von Hypothesen führt, die dann in erneuter Anwendung der a.n M. exhauriert (↑Exhaustion) werden sollen (Dialogo I, Ed. Naz. VII, 75–76; Brief vom 5.6.1637 an P. Carcavy, Ed. Naz. XVII, 88–93). I. Newton wiederum verschiebt diese noch immer auch beweistheoretisch begreifbare Unterscheidung in Richtung auf eine Methodologie von Ursache und Wirkung; als Analysis tritt die Angabe von Ursachen für beobachtete Wirkungen auf, während der Synthesis der Schluß von beobachteten Ursachen auf Wirkungen zufällt (Opticks [...] III, Qu. 31, London ⁴1730, ed. I. B. Cohen/D. H. D. Roller, New York 1952, 404–405). Die Experimentalanalysis führt nach Newton letztlich auf isolierte Partikel und essentielle Eigenschaften, aus denen die Phänomene synthetisch hergeleitet werden können. Damit unterliegt aber – im Unterschied zur Galileischen Konzeption, in deren Rahmen sich die a. M. noch als eine apriorische Klärung von Grundbegriffen und Grundsätzen auffassen läßt – bei Newton jetzt auch die Analyse einer empirischen Kontrolle, d. h., die a. M. wird, ungeachtet des Umstandes, daß sich der logische Aufbau der »Principia« (Philosophiae naturalis principia mathematica, London 1687, ²1713, ³1726) am geometrisch-konstruktiven Ideal der Euklidischen »Elemente« und damit am Ideal der synthetischen Methode orientiert, Bestandteil eines insgesamt empirischen Verfahrens und begründet in ihrer Newtonschen Konzeption den ↑Empirismus in den modernen Naturwissenschaften (↑regulae philosophandi).

Einen weiteren Schritt in diese Richtung bilden die analytischen Theorien in der ↑Mechanik des 18. und 19. Jhs. (L. Euler, J. L. Lagrange, W. R. Hamilton), in deren Rahmen Bewegungen nicht mehr durch geometrische Konstruktionen und logische Deduktion aus Axiomen gerechtfertigt, sondern durch Berechnen der Lösungen von ↑Differentialgleichungen unter bestimmten Nebenbedingungen bestimmt werden. Ursachen und Wirkungen treten hier als meßbare Größen auf, deren wechselseitige Abhängigkeit in den Gleichungen, die Naturgesetze formulieren, eindeutig festgelegt ist (↑Analyse). Die Verwendung des Terminus ›analytisch‹ als Kennzeichnung für den von der synthetischen Methode verschiedenen Aufbau physikalischer Theorien aus Grundgleichungen (beginnend mit: L. Euler, Mechanica sive motus scientia analytice exposita, I–II, St. Petersburg 1736) reflektiert dabei neben der Newtonschen Methodologie die konsequente Verwendung einerseits der ebenfalls ›Analysis‹ genannten ↑Infinitesi-

malrechnung, andererseits der vor allem seit F. Vieta als ›Analysis‹ bezeichneten Gleichungslehre (Algebra).

Einflußreiche *philosophische* Varianten der Unterscheidung zwischen synthetischer und a.r M. innerhalb der Methodologie empirischer Wissenschaften finden sich vor allem bei R. Descartes und G. W. Leibniz. Für Descartes repräsentiert die a. M. in der Mathematik, ganz im Sinne ihrer geometrisch-konstruktiven Auffassung (1) bei Pappos (vgl. Regulae ad directionem ingenii IV, Œuvres X, 373, ferner Regula V, Œuvres X, 379), die eigentlich wesentliche Leistung, sofern in der Synthese nur das deduziert wird, was zuvor in der Analyse bereitgestellt wurde. Entsprechend findet in der Analytischen Geometrie Descartes' (↑Geometrie, analytische) auch die ↑Algebra Verwendung. Diese bedient sich bei der Bestimmung von Unbekanntem aus Bekanntem eines analytischen Paradigmas. In der ↑Metaphysik stellt für Descartes die a. M. das angemessene Verfahren dar, insofern die synthetische Methode, die sich am Vorbild der (Euklidischen) Geometrie orientiere, für ihre ›ersten‹ Begriffe sinnliche ↑Evidenz beanspruche. Dies aber gelte gerade nicht im Hinblick auf die ›ersten‹ Begriffe der Metaphysik (Meditationes de prima philosophia [1641], Secundae responsiones, Œuvres VII, 140 ff.). In der ›Logik von Port Royal‹ (↑Port Royal, Schule von) wird darüber hinaus – Descartes, aber auch schon entsprechenden Aristotelischen Unterscheidungen (zwischen ↑Topik und ↑Analytik) bei Thomas von Aquin und im Paduaner Aristotelismus folgend – die a. M. als ›Methode der Entdeckung‹ (*méthode d'invention*) bezeichnet, im Unterschied zur synthetischen Methode als ›Methode der Darstellung‹ (*méthode de doctrine*; A. Arnauld/P. Nicole, La logique, ou l'art de penser [...], Paris 1662, repr. unter dem Titel: L'art de penser [...] I, ed. B. Baron v. Freytag Löringhoff/H. E. Brekle, Stuttgart-Bad Cannstatt 1965, 303–308).

Leibniz wiederum übernimmt vor allem die Cartesische Idee einer Anwendung der synthetischen und der a.n M. auf Begriffe (also die *begriffstheoretische* Auffassung (3) beider Methoden). In einer ↑ars combinatoria sollen aus gewissen ›analytisch‹ gewonnenen ›einfachen‹ Grundbegriffen alle wahren Sätze nach synthetischer Methode erzeugt werden. Dieser Konzeption nach bilden ›einfache‹ Begriffe (↑Begriff, einfacher) ein ›Alphabet des Denkens‹ (C. 430, C. 220), d. h. eine ↑Universalsprache, in der die Begriffe und Sachverhalte aller Wissenschaften als Kombinationen von elementaren Begriffen, die sich zu jenen verhalten wie die Primzahlen zu den echt teilbaren natürlichen Zahlen, ausgedrückt werden können (↑Leibnizsche Charakteristik). Gleichzeitig wird die gesuchte ↑mathesis universalis, wie auch schon in entsprechenden Konzeptionen Descartes', als Verbindung von synthetischer und a.r M. bestimmt (C. 557), wobei beiden Methoden ein inventiver Charakter zugesprochen wird (ebd.). An anderen Stellen identifiziert Leibniz die synthetische Methode mit der ↑ars inveniendi, die a. M. mit der ↑ars iudicandi, und betont, im Sinne des Aufbauideals der Geometrie Euklids, den Primat der synthetischen Methode (vgl. C. 159). Die Diskussion um die methodologische und wissenschaftssystematische Rolle der synthetischen und der a.n M. setzt sich bis in die ↑Schulphilosophie des 18. Jhs. hinein fort. Bei I. Kant dient die Methodenunterscheidung der Charakterisierung des Aufbaus der »Kritik der reinen Vernunft« als synthetisch, der »Prolegomena [...]« (1783) als analytisch (Proleg. Vorw., Akad.-Ausg. IV, 263; § 4, Akad.-Ausg. IV, 274–275; vgl. Logik § 117, Akad.-Ausg. IX, 149). In neueren Entwicklungen der Philosophie und Wissenschaftstheorie tritt die Unterscheidung zwischen synthetischer und a.r M. terminologisch vor allem gegenüber den Methodenidealen von Deduktion und Induktion zurück.

Literatur: H. W. Arndt, Methodo scientifica pertractatum. Mos geometricus und Kalkülbegriff in der philosophischen Theorienbildung des 17. und 18. Jahrhunderts, Berlin/New York 1971; M. Beaney, Analysis, SEP 2003, rev. 2009; A. Crescini, Le origini del metodo analitico. Il Cinquecento, Udine 1965; A. C. Crombie, Robert Grosseteste and the Origins of Experimental Science (1100–1700), Oxford 1953, 2003, 55–74 u.ö.; H. Dingler, Die Grundlagen der Naturphilosophie, Leipzig 1913 (repr. Darmstadt, München 1967), bes. 22–26, 53–58; H.-J. Engfer, Philosophie als Analysis. Studien zur Entwicklung philosophischer Analysiskonzeptionen unter dem Einfluß mathematischer Methodenmodelle im 17. und frühen 18. Jahrhundert, Stuttgart-Bad Cannstatt 1982; G. S. Francke, Über die Eigenschaft der Analysis und der a.n M. in der Philosophie. Eine Abhandlung, welcher von der Königl. Academie der Wissenschaften zu Berlin der Preis von funfzig Dukaten zuerkannt worden ist, Berlin 1805 (repr. Brüssel 1968); G. Freudenthal, Atom und Individuum im Zeitalter Newtons. Zur Genese der mechanistischen Natur- und Sozialphilosophie, Frankfurt 1982, 1989 (engl. Atom and Individual in the Age of Newton. On the Genesis of the Mechanistic World View, Dordrecht/Boston Mass. 1986); C. F. Gethmann, M., a./synthetische, Hist. Wb. Ph. V (1980), 1332–1336; N. W. Gilbert, Renaissance Concepts of Method, New York 1960, New York/London 1963; J. Hintikka/U. Remes, The Method of Analysis. Its Geometrical Origin and Its General Significance, Dordrecht/Boston Mass. 1974; M. S. Mahoney, Another Look at Greek Geometrical Analysis, Arch. Hist. Ex. Sci. 5 (1968/1969), 318–348; S. Menn, Plato and the Method of Analysis, Phronesis 47 (2002), 193–223; J. Mittelstraß, Neuzeit und Aufklärung. Studien zur Entstehung der neuzeitlichen Wissenschaft und Philosophie, Berlin/New York 1970, bes. 185–187, 294–309; ders., Die Galileische Wende. Das historische Schicksal einer methodischen Einsicht, in: L. Landgrebe (ed.), Philosophie und Wissenschaft. 9. Deutscher Kongreß für Philosophie, Düsseldorf 1969, Meisenheim am Glan 1972, 285–318 (engl. The Galilean Revolution. The Historical Fate of a Methodological Insight, Stud. Hist. Philos. Sci. 2 [1972], 297–328); ders., The Philosopher's Conception of ›Mathesis Universalis‹ from Descartes to Leibniz, Ann. Sci. 36 (1979), 593–610; L. Oeing-Hanhoff, Analyse/Synthese, Hist. Wb. Ph. I (1971), 232–248; M. Otte/M. Panza (eds.), Analysis and Synthesis in Mathematics, History and Philosophy, Dordrecht/Norwell Mass. 1997; J. H. Randall Jr., The School of Padua and the Emergence of Modern Science, Padua 1961; K. Sayre, Plato's Analytic Method, Chicago Ill./London 1969, Aldershot 1994; M. Schmitz, Analysis – eine Heuristik wissenschaftlicher Erkenntnis. Platonisch-aristotelische Methodologie vor dem Hintergrund ihres rhetorisch-technisch beeinflussten Wandels in Mathematik und Philosophie der Neuzeit, Freiburg/München 2010; B. Timmermans, La résolution des problèmes de Descartes à Kant. L'analyse à l'âge de la révolution scientifique, Paris 1995; G. Wolters, Basis und Deduktion. Studien zur Entstehung und Bedeutung der Theorie der axiomatischen Methode bei J. H. Lambert (1728–1777), Berlin/New York 1980, bes. 29–35.   G. W./J. M.

Methode, axiomatische, wissenschaftstheoretischer Terminus. Die a. M. sichert die Geltung von Sätzen einer Theorie oder eines ›axiomatischen Systems‹ (↑System, axiomatisches) *T* durch deren ↑Deduktion aus einem ausgezeichneten Satzsystem *A* von *T*, den ↑Axiomen. Je nach dem Verständnis des logisch-methodologischen Status der Axiome und damit der betreffenden axiomatischen Theorie lassen sich vier Grundformen der Anwendung der a.n M. unterscheiden: (1) die kategorische, (2) die hypothetische, (3) die formale und (4) die konstruktive a. M..

(1) Die *kategorische* a. M. geht auf den Aufbau der »Elemente« Euklids zurück, wurde aber bereits von vor-Euklidischen Mathematikern (z.B. Hippokrates von Chios) verwendet, deren Schriften jedoch nicht erhalten sind. Der Einführung der a.n M. bei Euklid liegt die Einsicht zugrunde, daß die Sätze einer Theorie *T* (z.B. Geometrie, Arithmetik, Optik) einer Begründung bedürfen, die durch die logische Deduktion dieser Sätze aus den Axiomen hergestellt wird. Die Axiome selbst sind der philosophischen Tradition zufolge in höchstem Ausmaße begründet, da ihre Wahrheit selbstevident (›per se nota‹) sei (↑Evidenz). Die in *T* auftretenden ↑Prädikatoren und ↑Relatoren sind definitorisch auf die in den Axiomen vorliegenden terminologischen Bestimmungen zurückzuführen. Da die in den Axiomen verwendeten Termini in der philosophischen Tradition weitgehend unbegründet bleiben (Ausnahmen z.B. Archimedes, G. Galilei), ist das Vorgehen bei dieser Methode in der Regel dogmatisch.

(2) Das *hypothetisch-axiomatische* Verfahren, meist ›hypothetisch-deduktive Methode‹ genannt, zieht aus der Erkenntnis des Dogmatismus der kategorischen a.n M. die Konsequenz, in naturwissenschaftlichen Theorien nicht mehr die Wahrheit der Axiome vorauszusetzen. Als empirische Allsätze aufgefaßte ↑Hypothesen übernehmen die Funktion der Axiome als Deduktionsprinzipien. Die empirische ↑Verifikation von Folgerungen aus axiomatischen Hypothesen und so genannten empirischen ›Randbedingungen‹ bedeutet keinen Nachweis der Wahrheit der Axiome (und damit der Theorie), sondern lediglich die ↑Bewährung ihrer Wahl als Deduk

tionsprinzipien. Je umfangreicher die positiven empirischen Tests der Folgerungen aus den Axiomen sind, um so höher ist ihr Bestätigungsgrad (↑Bestätigungstheorie) oder ihre ↑Wahrscheinlichkeit (↑Bayessches Theorem, ↑Bayesianismus). Allerdings kann den Axiomen als mit dem ↑Allquantor gebildeten Sätzen nie Wahrheit zugesprochen werden, ohne metaphysische Voraussetzungen, etwa über die Konstanz der Natur, zu machen. Falls ein aus den Axiomen abgeleiteter Satz einem empirischen Sachverhalt widerspricht oder sich aus den Axiomen widersprüchliche Folgerungen ergeben, liegt eine ↑Falsifikation der axiomatischen Hypothesen vor, die, falls sie sich nicht durch Modifikation des Axiomensystems (↑ad-hoc-Hypothese) beheben läßt, zur Aufgabe der durch die Axiome bestimmten Theorie führen kann (↑experimentum crucis). Die hypothetisch-axiomatische M. wird seit ihrer Analyse durch K. R. Popper in der neueren Wissenschaftstheorie vielfach als Standardmethode der exakten empirischen Wissenschaften angesehen. Sie hat auch am empiristischen Sinnkriterium (↑Sinnkriterium, empiristisches) orientierte verifikationistische Theorien des Logischen Empirismus (↑Empirismus, logischer) mit Grundbegriffen wie ↑Bestätigung und ↑Prüfbarkeit, vor allem bei R. Carnap, stark beeinflußt (↑Induktivismus).

(3) Die auf D. Hilbert zurückgehende *formal-axiomatische* Methode hat sich heute in der Mathematik (Bourbaki-Programm, ↑Bourbaki, N.) und in Teilen der Physik durchgesetzt. Der Versuch des symbolisch exakten axiomatischen Aufbaus einzelner mathematischer Theorien führte im 19. Jh. zu der Erkenntnis, daß Symbolisierungen der Axiome *verschiedener* Theorien zu im wesentlichen *gleichen* Axiomensystemen führen können. Nachdem M. Pasch (1882) die Unabhängigkeit (↑unabhängig/Unabhängigkeit (logisch)) der geometrischen Deduktionen nicht bloß von Figuren, sondern auch ›vom Sinn der geometrischen Begriffe‹ gefordert hatte und lediglich die ↑Relationen zwischen den Begriffen als Objekte geometrischen Folgerns zuließ, legte Hilbert in den »Grundlagen der Geometrie« (1899) ein formal-axiomatisches System vor. Das Hilbertsche System ist zwar gebrauchssprachlich (d. h. mit den üblichen geometrischen Termini) formuliert, um seine Funktion als System der Geometrie deutlich zu machen. Jedoch wird auf die *Bedeutung* der Termini keinerlei Bezug genommen. Man könnte die Hilbertsche Geometrie auch als ein rein formales System (↑System, formales) mit bedeutungsfreien Zeichen formulieren. Die Axiome eines formalen Systems sind weder Sätze, denen ein ↑Wahrheitswert zukommt, noch haben sie einen mehr oder minder hohen Grad von ↑Wahrscheinlichkeit; sie sind vielmehr ↑Aussageformen oder, genauer: ↑Aussageschemata, die erst durch Interpretation (↑Interpretationssemantik) zu wahren Sätzen werden. Die interpretierten

Axiome sind gültig in einem ↑Modell des formalen Axiomensystems. Die Interpretation braucht jedoch keineswegs nur zu Modellen im ursprünglich intendierten Bereich (z. B. Geometrie) bzw. zu einem Normalmodell in diesem Bereich zu führen (z. B. Kugelgebüsch als Modell des gleichen formalen Systems, von dem die ebene ↑Euklidische Geometrie ein Modell ist). Wenn die Modelle eines Systems bis auf Isomorphie (↑isomorph/Isomorphie) eindeutig (↑eindeutig/Eindeutigkeit) bestimmt sind, spricht man von einem ↑kategorischen Axiomensystem.

(4) Die *konstruktive* Auffassung der a.n M. (↑Mathematik, konstruktive) hält die abstrakte, ohne konkrete Bedeutungen operierende formal-axiomatische M. zum Zwecke der ↑Begründung von Theorien für unzulässig. Für Modelle von Axiomensystemen einer mit konstruktiven Mitteln bereits gerechtfertigten Theorie und für Untersuchungen innerhalb der abstrakten Strukturtheorie konkreter Modelle ist die a. M. allerdings auch in konstruktiver Sicht ein unerläßliches Hilfsmittel. – Die Axiome einer formalen Theorie bilden, im Gegensatz zu Hilberts ursprünglicher Annahme, keine (›implizite‹) Definition (↑Definition, implizite) der bei ihrer gebrauchssprachlichen Formulierung verwendeten Grundbegriffe (z. B. ›Ebene‹, ›zwischen‹), sondern definieren eine ↑Struktur oder, nach Umformung, ein ›mengentheoretisches Prädikat‹ (z. B. ›ist eine Gruppe‹).

Literatur: ↑System, axiomatisches, ↑System, formales.   G. W.

Methode, deduktive, meist synonym mit ›axiomatische Methode‹ (↑Methode, axiomatische) verwendete Bezeichnung. In der Logik spricht man jedoch gelegentlich auch von ›d.r M.‹, wenn sich, wie etwa im Falle von ↑Kalkülen des natürlichen Schließens, das angewendete Schlußverfahren von der ↑Deduktion im engeren Sinne unterscheidet. In deduktiven Zusammenhängen, die von der ›absoluten‹, d. h. nicht weiter begründeten, Geltung der Axiome ausgehen, stellt sich das ↑Münchhausen-Trilemma.   G. W.

Methode, dialektische, ↑Dialektik.

Methode, hermeneutische, Bezeichnung für eine Methode zur Erfassung des Sinns von Äußerungen, Handlungen, Handlungsergebnissen, Handlungszusammenhängen, Handlungsregeln und Handlungsnormen, von individuellen und gesellschaftlichen Einstellungen, von Institutionen und Kulturen sowie von Handlungs- und institutionellen Zwecken und Zweckezusammenhängen. Die h. M. wird häufig als ›geisteswissenschaftliche‹ Methode der ↑Interpretation der Beschreibung und der ↑Erklärung von Sachverhalten im naturwissenschaftlichen Sinne gegenübergestellt, wobei jedoch ihre sozial-

wissenschaftliche Relevanz für die ↑*Deutung* gesellschaftlichen Geschehens übersehen wird. Die h.M. ist dann
eine wissenschaftliche Methode, wenn sie im Unterschied zu naiven und dogmatischen Verfahrensweisen
auf ein durch theoretische und praktische ↑Argumenta-
tionen gesichertes systematisch-kritisches ↑Verstehen
von sprachlichen und nicht-sprachlichen ↑Handlungen
und der ihnen zugrundeliegenden ↑Zwecke, ↑Regeln
und Normen (↑Norm (handlungstheoretisch, moralphilosophisch), ↑Norm (juristisch, sozialwissenschaftlich))
sowie deren Endzwecke abzielt. Für das Verständnis von
in der Vergangenheit gesetzten Handlungen und Zwek-
ken bedarf die h.M. der Ergänzung durch historische
Methoden (↑Methode, historische).
Naiv ist ein hermeneutisches Vorgehen, das das eigene
↑Vorverständnis nicht kritisch reflektiert, z.B. wenn
man der Überzeugung ist, sich in eine andere Person
oder Zeit ›einfühlen‹ und sich in eine Situation oder
Epoche ›nachempfindend hineinversetzen‹ zu können,
oder wenn man die tradierte ↑Bildungssprache unkri-
tisch auf die zu verstehenden Sachverhalte anwendet.
Dogmatisch ist ein Vorgehen, das das eigene Hand-
lungs-, Situations- und Lebensverständnis als das einzig
richtige ansieht oder es als dem anderer Personen oder
↑Kulturen überlegen einschätzt und damit grundsätzlich
nicht zur Übernahme argumentativ begründbarer theoretischer oder praktischer Orientierungen bereit ist. Den
skizzierten unwissenschaftlichen Vorgehensweisen wird
ihr Mangel an Objektivität (↑objektiv/Objektivität) und
Allgemeingültigkeit (↑allgemeingültig/Allgemeingültig-
keit) ihrer Resultate zurecht vorgeworfen. Demgegenüber geht die h.M. als wissenschaftliche Methode (1)
systematisch vor, indem sie (a) sowohl die eigenen
sprachlichen Deutungsmittel (z.B. ↑Definitionen und
↑Prädikatorenregeln) und die zur Argumentation über
vorgeschlagene Deutungen zu verwendenden Regeln
und Normen begründend und aufeinander aufbauend
bereitstellt, als auch (b) den Versuch einer terminologischen ↑Rekonstruktion unternimmt, wenn das Ziel das
Verständnis von sprachlichen Zeugnissen und der von
ihren Urhebern mit ihnen verknüpften Zwecksetzungen
ist, oder den einer genetischen Rekonstruktion im Sinn
einer faktischen ↑Genese, wenn das Ziel das Verständnis
von Handlungs- und Zweckezusammenhängen inner-
wie außerhalb institutioneller Kontexte ist. Hier stellt
das Prinzip der ↑Zweckrationalität, wonach es angemessen sein kann, Handlungen als Mittel zu Zwecken und
Zwecke als Mittel zu anderen Zwecken (Strukturierung
von Zweckezusammenhängen durch die Unterzweck-
Oberzweck-Beziehung) zu verstehen, ein wichtiges In-
terpretationsprinzip dar, dessen sich auch das praktische
Schließen bedient (↑Syllogismus, praktischer). Die h.M.
geht (2) *kritisch* vor, indem sie (a) sowohl die von ihr
selbst vorgeschlagenen Argumentations- und Interpreta-

tionsnormen und Interpretationsverfahren für Kritik,
vor allem auch von seiten des zu deutenden Sachver-
halts, offenhält, als auch (b) die Meinungen und Mei-
nungssysteme, die theoretischen Aussagen, und die
Zwecke und Zweckesysteme, die praktischen Orientierungen zugrundeliegen, einer kritischen Beurteilung un-
terzieht, wobei auch hier nicht ausgeschlossen sein darf,
daß sich die zu solcher Kritik bereitgestellten Normen in
methodisch angeleitetem Hin- und Hergehen zwischen
Beurteilungsgegenstand und Beurteilungsmaßstab selbst
als kritik- und revisionsbedürftig erweisen.

Literatur: K. Acham (ed.), Methodologische Probleme der Sozialwissenschaften, Darmstadt 1978; Z. Bauman, Hermeneutics
and Social Science. Approaches to Understanding, London
1978, Abingdon/Oxon/New York 2010; E. Betti, Zur Grundlegung einer allgemeinen Auslegungslehre, in: W. Kunkel/H. J.
Wolff (eds.), Festschrift für Ernst Rabel II (Geschichte der antiken Rechte und allgemeine Rechtslehre), Tübingen 1954,
79–168; ders., Die Hermeneutik als allgemeine Methodik der
Geisteswissenschaften, Tübingen 1962, ²1972; J. Bleicher, Contemporary Hermeneutics. Hermeneutics as Method, Philosophy
and Critique, London/Boston Mass./Henley 1980, London/New
York 1990; A. Boeckh, Enzyklopädie und Methodologie der
philologischen Wissenschaften, ed. E. Bratuschek, Leipzig
1877, ²1886 (repr. des ersten Hauptteils: Formale Theorie der
philologischen Wissenschaften, unter dem Titel: Enzyklopädie
und Methodenlehre der philologischen Wissenschaften, Stuttgart, Darmstadt 1966); R. Bubner/K. Cramer/R. Wiehl (eds.),
Hermeneutik und Dialektik, I–II (I Methode und Wissenschaft,
Lebenswelt und Geschichte, II Sprache und Logik, Theorie der
Auslegung und Probleme der Einzelwissenschaften), Tübingen
1970; P. M. Churchland, The Logical Character of Action-Ex-
planations, Philos. Rev. 79 (1970), 214–236; U. Gerber (ed.),
Hermeneutik als Kriterium für Wissenschaftlichkeit? Der Stand-
ort der Hermeneutik im gegenwärtigen Wissenschaftskanon,
Loccum 1972; A. Giddens, New Rules of Sociological Method.
A Positive Critique of Interpretative Sociologies, London, New
York 1976, Cambridge/Oxford, Stanford Calif. ²1993, Cam-
bridge/Oxford 1994; H. Göttner-Abendroth, Logik der Interpretation. Analyse einer literaturwissenschaftlichen Methode
unter kritischer Betrachtung der Hermeneutik, München 1973;
R. Harré/P. F. Secord, The Explanation of Social Behaviour,
Oxford 1972, Oxford, Totowa N. J. 1979; R. Hitzler/A. Honer
(eds.), Sozialwissenschaftliche Hermeneutik. Eine Einführung,
Opladen 1997; P. Lorenzen, Methodisches Denken, Ratio 7
(1965), 1–23, Nachdr. in: ders., Methodisches Denken, Frankfurt 1968, ³1988, 24–59; ders., Konstruktive Wissenschaftstheorie, Frankfurt 1974; K. Mannheim, Ideologische und soziologische Interpretation der geistigen Gebilde, in: ders., Wissenssoziologie. Auswahl aus dem Werk, ed. K. H. Wolff, Neuwied/
Berlin 1964, ²1970, 388–407; J. Manninen/R. Tuomela (eds.),
Essays on Explanation and Understanding. Studies in the Foundations of Humanities and Social Sciences, Dordrecht/Boston
Mass. 1976 (dt. zum Teil in: K.-O. Apel/dies. [eds.], Neue
Versuche über Erklären und Verstehen, Frankfurt 1978); J.
Mittelstraß (ed.), Methodologische Probleme einer normativ-
kritischen Gesellschaftstheorie, Frankfurt 1975; ders. (ed.), Me-
thodenprobleme der Wissenschaften vom gesellschaftlichen
Handeln, Frankfurt 1979; ders., Rationale Rekonstruktion der
Wissenschaftsgeschichte, in: P. Janich (ed.), Wissenschaftstheo-

rie und Wissenschaftsforschung, München 1981, 89–111, 137–148; B. Rehbein/G. Saalmann (eds.), Verstehen, Konstanz 2009; J. Reichertz, Probleme qualitativer Sozialforschung. Zur Entwicklungsgeschichte der objektiven Hermeneutik, Frankfurt/ New York 1986; P. Ricœur, Le conflit des interpretations. Essais d'herméneutique, Paris 1969, 1993 (dt. Der Konflikt der Interpretationen, I–II [I Hermeneutik und Strukturalismus, II Hermeneutik und Psychoanalyse], München 1973/1974, in einem Band [Auswahl], ed. D. Creutz/H.-H. Gander, Freiburg/München 2010; engl. The Conflict of Interpretations. Essays in Hermeneutics, Evanston Ill. 1974, London 2000); M. Riedel, Verstehen oder Erklären? Zur Theorie und Geschichte der hermeneutischen Wissenschaften, Stuttgart 1978; H.-J. Sandkühler, Praxis und Geschichtsbewußtsein. Studie zur materialistischen Dialektik, Erkenntnistheorie und Hermeneutik, Frankfurt 1973; J. Schönert/F. Vollhardt (eds.), Geschichte der Hermeneutik und die Methodik der textinterpretierenden Disziplinen, Berlin/New York 2005; R. Sdzuj, Historische Studien zur Interpretationsmethodologie der frühen Neuzeit, Würzburg 1997; H. Seiffert, Einführung in die Wissenschaftstheorie II (Geisteswissenschaftliche Methoden. Phänomenologie, Hermeneutik und historische Methode, Dialektik), München 1970, [11]2006; ders., Einführung in die Hermeneutik. Die Lehre von der Interpretation in den Fachwissenschaften, Tübingen 1992; H.-G. Soeffner, Interpretative Verfahren in den Sozial- und Textwissenschaften, Stuttgart 1979; M. Staudigl (ed.), Alfred Schütz und die Hermeneutik, Konstanz 2010; W. Stegmüller, Hauptströmungen der Gegenwartsphilosophie. Eine kritische Einführung II, Stuttgart [5]1975, [8]1987, 103–147 (Kap. II/2 Hermeneutik und Wissenschaftstheorie. Erklären und Verstehen nach Georg Henrik von Wright); D. Teigas, Knowledge and Hermeneutic Understanding. A Study of the Habermas-Gadamer Debate, Lewisburg, London/Toronto 1995; E. Topitsch (ed.), Logik der Sozialwissenschaften, Köln/Berlin 1965, Königstein [12]1993; R. Tuomela, Human Action and Its Explanation. A Study on the Philosophical Foundations of Psychology, Dordrecht/Boston Mass. 1977; A. Wernet, Einführung in die Interpretationstechnik der Objektiven Hermeneutik, Opladen 2000, Wiesbaden [3]2009; G. H. v. Wright, Explanation and Understanding, London/Ithaca N. Y. 1971 (repr. London etc. 2009), Ithaca N. Y./London 2004 (dt. Erklären und Verstehen, Frankfurt 1974, Hamburg 2008); ders., Handlung, Norm und Intention. Untersuchungen zur deontischen Logik, ed. H. Poser, Berlin/New York 1977; D. Yanow/P. Schwartz-Shea (eds.), Interpretation and Method. Empirical Research Methods and the Interpretive Turn, Armonk N. Y./London 2006; weitere Literatur: ↑Hermeneutik, ↑Interpretation, ↑Methode, historische. R. Wi.

Methode, historische, Bezeichnung für das Organon von mehr oder weniger systematisch aufeinander bezogenen Regeln, die bei der Erforschung, Darstellung und Erklärung von Sachverhalten der kulturellen Vergangenheit des Menschen zur Anwendung kommen. Der mangelnde systematische Zusammenhang der Regeln, ihre relative Unabhängigkeit voneinander legt nahe, von einer Vielheit von Methoden zu sprechen, die die Geschichtswissenschaft verwendet. Die systematische Reflexion auf Status und Zusammenhang dieser Regeln und ihre Begründung durch die Zwecke historischer Forschung und Darstellung erfolgt in der ↑Methodologie (Methodenlehre) der Geschichtswissenschaft, einer nicht-empirischen, normativen Disziplin. Die Abgrenzung der h.n M. von anderen wissenschaftlichen Methoden ist Gegenstand der ↑Wissenschaftstheorie der Geschichtswissenschaft.

Während in Altertum und Mittelalter die narrative Vergegenwärtigung der Vergangenheit in chronologischer Abfolge im Vordergrund steht, wendet sich das historische Interesse zu Beginn der Neuzeit stärker der Erforschung von Ereignis- und Sinnzusammenhängen sowie der Klärung der mit dieser Interessenverlagerung auftauchenden neuen methodologischen Probleme zu (↑Geschichte). Abzulesen ist diese Neuorientierung an der Ablösung der aus dem Mittelalter stammenden Kennzeichnung der Geschichtsschreibung als ›ars‹ durch ›methodus‹, ein von J. Bodin aus dem juristischen Kontext übernommener Terminus, der dort der Charakterisierung einer pädagogisch ausgerichteten Vermittlung juristischer Grundsätze und Problemstellungen diente. Mit der Erweiterung der Forschungsmöglichkeiten des Historikers durch Quellen- und Textkritik, Archäologie und hermeneutische Verfahren wird im 19. Jh. das Bewußtsein für die irreduzible Vielfalt der h.n M.n geschärft. Die Methodologien der Geschichtswissenschaft jener Epoche explizieren die Verfahren der Heuristik oder Quellenkunde, der Kritik des Informationswerts der Quellen (Quellenkritik), der ↑Hermeneutik oder ↑Interpretation, die den Zusammenhang und die Voraussetzungen der erhobenen Tatbestände beleuchtet (↑Methode, hermeneutische), der Historiographie oder Darstellung des Ermittelten, schließlich der Didaktik, bei der es vor allem um die übersichtliche und allgemeinverständliche Aufbereitung der Forschungsergebnisse geht.

Für die wissenschaftstheoretische Diskussion der Geschichtswissenschaft zentral wurde die Herausforderung des wissenschaftlichen Selbstverständnisses der historischen Hermeneutik durch das Gesetzesverständnis der Naturwissenschaften: Die Übernahme dieses Verständnisses würde sie ihre wissenschaftliche Eigenständigkeit kosten, seine Abweisung ihre wissenschaftliche Reputation. Die Entgegensetzung von ›idiographischen‹ und ›nomothetischen‹, ›verstehenden‹ und ›erklärenden‹, ›Natur-‹ und ›Kulturwissenschaften‹ läßt sich jedoch weder methodologisch trennscharf durchführen noch als eine Abhängigkeitsbeziehung der einen von der anderen Methode, noch als ein Überlegenheitsverhältnis des einen wissenschaftlichen ↑Paradigmas über das andere fassen (↑idiographisch/nomothetisch, ↑Erklärung, ↑Verstehen, ↑Naturwissenschaft, ↑Sozialwissenschaft). – Die neueste Erweiterung der h.n M. betrifft, orientiert unter anderem an M. Weber und K. Marx, die Übernahme sozialwissenschaftlicher Methoden und Konzeptionen sowie materialistischer Theorienansätze.

Literatur: R. F. Berkhofer, A Behavioral Approach to Historical Analysis, New York, London 1969, 1971; E. Bernheim, Lehrbuch der h.n M. und der Geschichtsphilosophie. Mit Nachweis der wichtigsten Quellen und Hilfsmittel zum Studium der Geschichte, Leipzig 1889, ⁶1908 (repr. München/Leipzig 1914, New York 1970); H. Best/R. Mann (eds.), Quantitative Methoden in der historisch-sozialwissenschaftlichen Forschung, Stuttgart 1977; ders./H. Thome (eds.), Neue Methoden der Analyse historischer Daten, St. Katharinen 1991; G. Botz/C. Fleck (eds.), ›Qualität und Quantität‹. Zur Praxis der Methoden der historischen Sozialwissenschaft, Frankfurt/New York 1988; H. Butterfield, Man on His Past. The Study of the History of Historical Scholarship, Cambridge 1955, 1969; J. M. Clubb/K. Scheuch (eds.), Historical Social Research. The Use of Historical and Process-Produced Data, Stuttgart 1980; A. C. Danto, Analytical Philosophy of History, Cambridge 1965, erw. [um Kap. XIII–XV] unter dem Titel: Narration and Knowledge (Including the Integral Text of Analytical Philosophy of History), New York 1985, 2007 (dt. Analytische Philosophie der Geschichte, Frankfurt 1974, 1980); W. H. Dray, Laws and Explanation in History, London 1957, Westport Conn. 1979; J. G. Droysen, Historik. Vorlesungen über Enzyklopädie und Methodologie der Geschichte, ed. R. Hübner, München/Berlin 1937, unter dem Titel: Historik. Die Vorlesungen von 1857 (Rekonstruktion der ersten vollständigen Fassung aus den Handschriften), in: ders., Historik. Historisch-kritische Ausgabe I, ed. P. Leyh, Stuttgart-Bad Cannstatt 1977, 1–393; E. Engelberg (ed.), Probleme der Geschichtsmethodologie, Berlin 1972, unter dem Titel: Probleme der marxistischen Geschichtswissenschaft. Beiträge zu ihrer Theorie und Methode, Köln 1972; C. H. Feinstein/M. Thomas, Making History Count. A Primer in Quantitative Methods for Historians, Cambridge etc. 2002; G. Forsythe, Livy and Early Rome. A Study in Historical Method and Judgment, Stuttgart 1999; N. Furrer, Was ist Geschichte? Einführung in die h.M., Zürich 2003, ²2007; J. L. Gaddis, The Landscape of History. How Historians Map the Past, Oxford/New York 2002, 2004; P. Gardiner, The Nature of Historical Explanation, London/Oxford/New York 1952, Westport Conn. 1985; G. J. Garraghan, A Guide to Historical Method, ed. J. Delanglez, New York 1946, ⁴1957, Westport Conn. 1973; D. V. Gawronski, History. Meaning and Method, Iowa City 1967, Glenview Ill. ²1975; L. J. Goldstein, Historical Knowing, Austin Tex./London 1976; D. Groh, Kritische Geschichtswissenschaft in emanzipatorischer Absicht. Überlegungen zur Geschichtswissenschaft als Sozialwissenschaft, Stuttgart etc. 1973; J. A. Hall/J. M. Bryant (eds.), Historical Methods in the Social Sciences, I–IV, London/Thousand Oaks Calif./New Delhi 2005, 2006; F. Hampl/I. Weiler (eds.), Vergleichende Geschichtswissenschaft. Methode, Ertrag und Beitrag zur Universalgeschichte, Darmstadt 1978; H. C. Hockett, The Critical Method in Historical Research and Writing, New York 1955, Westport Conn. 1977; M. Howell/W. Prevenier, From Reliable Sources. An Introduction to Historical Methods, Ithaca N. Y./London 2001 (dt. Werkstatt des Historikers. Eine Einführung in die h.n M.n, ed. T. Kölzer, Köln/Weimar/Wien 2004); S. Kendrick/P. Straw/D. McCrone (eds.), Interpreting the Past, Understanding the Present, Basingstoke/London, New York 1990; V. Kraft, Geschichtsforschung als strenge Wissenschaft, in: E. Topitsch (ed.), Logik der Sozialwissenschaften, Köln/Berlin 1965, 72–82, Königstein ¹²1993, 71–81; R. Landfester, Historia magistra vitae. Untersuchungen zur humanistischen Geschichtstheorie des 14. bis 16. Jahrhunderts, Genf 1972; H. Lübbe, Geschichtsbegriff und Geschichtsinteresse. Analytik und Pragmatik der Historie, Basel/Stuttgart 1977; C. Meier/J. Rüsen (eds.), H. M., München 1988; F. D. Newman, Explanation by Description. An Essay on Historical Methodology, The Hague/Paris 1968; N. Ohler, Quantitative Methoden für Historiker. Eine Einführung, München 1980; M. M. Postan, Fact and Relevance. Essays on Historical Method, Cambridge 1971, 2008; J. Rüsen, Für eine erneuerte Historik. Studien zur Theorie der Geschichtswissenschaft, Stuttgart-Bad Cannstatt 1976; ders./W. Schulze, M., h., Hist. Wb. Ph. V (1980), 1345–1355; T. Schieder (ed.), Methodenprobleme der Geschichtswissenschaft, München 1974 (Hist. Z. NF Beiheft III); M. Schulz, Die Lehre von der h.n M. bei den Geschichtsschreibern des Mittelalters (VI.–XIII. Jahrhundert), Berlin/Leipzig 1909; A. Seifert, Cognitio historica. Die Geschichte als Namengeberin der frühneuzeitlichen Empirie, Berlin 1976; H. Seiffert, Einführung in die Wissenschaftstheorie II (Geisteswissenschaftliche Methoden. Phänomenologie, Hermeneutik und h. M., Dialektik), München 1970, ¹¹2006; F. Stern (ed.), The Varieties of History. From Voltaire to the Present, New York 1956, 1973 (dt. Geschichte und Geschichtsschreibung. Möglichkeiten, Aufgaben, Methoden. Texte von Voltaire bis zur Gegenwart, München 1966, unter dem Titel: Moderne Historiker. Klassische Texte von Voltaire bis zur Gegenwart, ed. F. Stern/J. Osterhammel, München 2011); Z. G. Villada, Metodologia y critica historicas, Barcelona 1921, ²1977; H.-U. Wehler, Geschichte als historische Sozialwissenschaft, Frankfurt 1973, ³1980; R. H. Weingartner, Historical Explanation, Enc. Ph. IV (1967), 7–12.   R. Wi.

Methode, induktive, wissenschaftstheoretischer Begriff, synonym mit ↑›Induktivismus‹, gelegentlich auch mit ↑›Induktion‹; engere, logische Verwendung bei R. Carnap (↑Logik, induktive).   G. W.

Methode, phänomenologische, ↑Phänomenologie.

Methode, scholastische, ↑Scholastik.

Methode, synthetische (griech. σύνθεσις, Synthesis), Bezeichnung für eine ursprünglich wohl in mathematischen, insbes. geometrischen, Beweis- bzw. Konstruktionsverfahren der griechischen Mathematik entwickelte Methode, mit der (1) komplizierte Konstruktionen aus methodisch ausgewiesenen Elementarkonstruktionen schrittweise hergestellt oder (2) Sätze aus bestimmten Grundsätzen, die aus irgendwelchen Gründen für wahr gelten, logisch deduziert werden, ferner (3) Verfahren zur Bildung ›zusammengesetzter‹ Begriffe aus ›Grundbegriffen‹, die aus irgendwelchen Gründen für ›einfach‹ gehalten werden (↑Begriff, einfacher), oder (4) Verfahren zur Verwirklichung von Handlungszielen aus schon verfügbaren Mitteln und Handlungsmöglichkeiten. Die s. M. ist, vor allem in ihrer geometrisch-konstruktiven Auffassung (1), die zuerst von Pappos von Alexandreia diskutiert wurde, Teil eines zweistufigen Verfahrens, in dessen *analytischem* Teil (↑Methode, analytische) ein Weg zur Auffindung der jeweiligen ›Elemente‹ angegeben wird, aus denen dann die jeweilige Konstruktion synthetisiert werden soll. Im Sinne von (2) ist die s. M.

mit der *axiomatischen Methode* (↑Methode, axiomatische) identisch und geht auf die in Euklids »Elementen« für Jahrhunderte exemplarisch (↑more geometrico) vorgeführte mathematische Beweispraxis der Griechen zurück. Eine erste logisch-methodologische Reflexion findet sich in den »Analytica posteriora« des Aristoteles. Im Sinne von (3) entwarf G. W. Leibniz das Projekt seiner ↑ars combinatoria, die eine kombinatorische Konstruktion aller möglichen ›Wahrheiten‹ aus einfachen Begriffen erlauben sollte. Die handlungstheoretische Auffassung (4) der s.n M. geht auf Aristoteles (Eth. Nic. *I*3.1112b20–24) zurück.

Die s. M. in einem allgemeineren Sinne als Denkform der Bildung von Systemen aus irreduziblen (↑irreduzibel/Irreduzibilität), isolierten und in ihren Eigenschaften vorab festgelegten Elementen geht im neuzeitlichen Denken gelegentlich nicht nur ihrer Anwendung im physikalischen Kontext (in I. Newtons Mechanik z.B. isolierte volumen- und massengleiche Partikel mit essentiellen Eigenschaften, aus denen die Welt aufgebaut ist) voraus. Sie leitet etwa auch die antifeudalistische sozialphilosophische Konzeption von T. Hobbes, nach der von Natur aus autarke und gleichberechtigte Individuen einen ↑Gesellschaftsvertrag schließen.

Literatur: ↑Methode, analytische.   G. W.

Methode, transzendentale, unter Berufung auf I. Kant – der den Ausdruck selbst nicht verwendet – vor allem im ↑Neukantianismus der Marburger Schule im Anschluß an H. Cohen gewählter Terminus zur Bezeichnung der für die ›kritische Philosophie‹ charakteristischen Fragestellungen und Argumentationsweisen. Für Cohen – und die Marburger Schule – besteht die t. M. darin, zunächst den theoretischen oder praktischen Wissensstand der Wissenschaften, das ›Faktum der Wissenschaft‹, festzustellen und dann die ›Bedingungen der Möglichkeit‹ für diesen Wissensstand zu suchen: d. s. die »Elemente des erkennenden Bewußtseins«, die die jeweilige Wissensbildung ermöglicht haben und sie als Wissensbildung ausweisen (Kants Theorie der Erfahrung, ²1885, 77–79). Cohen parallelisiert dabei die theoretische und die praktische Wissensbildung und versteht diese Parallelisierung ausdrücklich auch als Kant-Kritik. Wie die Naturwissenschaften das ›Faktum‹ liefern, das nach der t.n M. auf die Prinzipien der theoretischen Wissensbildung hin zu reflektieren ist, so soll die Rechtswissenschaft nach Cohen den praktischen Wissensstand bieten, dessen Möglichkeitsbedingungen eine Ethik (nach der t.n M.) herausarbeitet (Ethik des reinen Willens, ²1907, 226). In der ↑Neuscholastik dient die t. M. der Begründung der Möglichkeit der Erkenntnis in den Wissenschaften und in der Metaphysik sowie der anthropologischen Begründung der Rationalität des Glaubensakts.

Literatur: M. Baum, M., t., Hist. Wb. Ph. V (1980), 1375–1378; A. Brunner, Kant und die Wirklichkeit des Geistigen. Eine Kritik der t.n M., München 1978; H. Cohen, Kants Theorie der Erfahrung, Berlin 1871 (repr. Hildesheim/Zürich/New York 1987 [= Werke I/3]), ²1885, ³1918 (repr. [als 5. Aufl.] Hildesheim/Zürich/New York 1986 [= Werke I/1]); ders., Kants Begründung der Ethik, Berlin 1877, ²1910 (repr. [als 3. Aufl.] Hildesheim/New York 2001 [= Werke II]); ders., Ethik des reinen Willens (System der Philosophie II), Berlin 1904, ²1907 (repr. Hildesheim/New York 1981 [= Werke VII]), ⁴1923; J. Ebbinghaus, Hermann Cohen als Philosoph und Publizist, Arch. Philos. 6 (1956), 109–122; S. Edgar, H. Cohen, SEP 2010, bes. Abschnitt 3 The Transcendental Method; J. B. Lotz, Metaphysica operationis humanae methodo transcendentali explicata, Rom 1958, 1972 (Analecta Gregoriana XCIV); W. Mansch, Die t. M., Wien 1978; O. Muck, Die t. M. in der scholastischen Philosophie der Gegenwart, Innsbruck 1964 (engl. The Transcendental Method, New York 1968); M. Pascher, Einführung in den Neukantianismus. Kontext, Grundpositionen, praktische Philosophie, München 1997, bes. 125–130 (Kap. V/3 Dialektische versus t. M.).   O. S.

Methodenstreit, im weiteren Sinne Bezeichnung für jede Kontroverse über die Methoden einer Wissenschaft, im engeren Sinne für diejenige Form eines ↑Grundlagenstreits, dessen Gegenstand die für eine bestimmte Wissenschaft konstitutiven methodischen Orientierungen sind. Beispiele für einen M. im engeren Sinne sind in den Wirtschaftswissenschaften der so genannte ältere M. zwischen den nationalökonomischen Schulen C. Mengers und G. Schmollers, der so genannte jüngere M. zwischen der Weber-Sombart-Schule und den ›Praktikern‹ unter den Nationalökonomen sowie der so genannte ↑Positivismusstreit zwischen Vertretern der Kritischen Theorie (↑Theorie, kritische), besonders J. Habermas, und des Kritischen Rationalismus (↑Rationalismus, kritischer), besonders H. Albert, in der Mathematik die Kontroverse zwischen Vertretern der axiomatischen Methode (↑Methode, axiomatische), im Anschluß an D. Hilbert, und der konstruktiven Methode (↑Mathematik, konstruktive, ↑Konstruktivismus), im Anschluß an L. E. J. Brouwer (↑Intuitionismus). Sofern, wie besonders im Falle des jüngeren M.s und des Positivismusstreits, Gegenstand der Kontroverse die rationale Begründbarkeit von Normen und Wertungen ist, wird der M. auch als ↑›Werturteilsstreit‹ bezeichnet. Beispiele für einen M. im weiteren Sinne sind im Rahmen der neueren Wissenschaftstheorie die Kontroversen zwischen Vertretern einer falsifikationistischen (↑Falsifikation, ↑Logik der Forschung) und einer konstruktivistischen Methodologie (↑Konstruktivismus, ↑Wissenschaftstheorie, konstruktive) sowie unterschiedlicher Konzeptionen der Wissenschaftsentwicklung (↑Wissenschaftsgeschichte), etwa der Paradigmentheorie T. S. Kuhns (↑Paradigma), der ↑Theoriendynamik J. D. Sneeds und W. Stegmüllers (↑Holismus, ↑Theoriesprache), der Methodologie wissenschaftlicher ↑Forschungsprogramme I. Lakatos' und der anarchistischen Wissenschaftstheorie P. K. Feyerabends (↑Anarchismus, erkenntnistheoretischer).

Literatur: E. Apslons, Das Problem der Letztbegründung und die Rationalität der Philosophie. Kritischer Rationalismus versus Transzendentalpragmatik. Zum Begründungsstreit in der deutschen Philosophie, Diss. Bremen 1995; R. Bachmann, Zum Neueren M. – Rückblick und Ausblick, in: V. Caspari/B. Schefold (eds.), Wohin steuert die ökonomische Wissenschaft? [s. u.], 259–267; J. Backhaus/R. Hansen, M. in der Nationalökonomie, Z. allgem. Wiss.theorie 31 (2000), 307–336; V. Caspari/B. Schefold (eds.), Wohin steuert die ökonomische Wissenschaft? Ein M. in der Volkswirtschaftslehre, Frankfurt/New York 2011; H.-J. Dahms, Positivismusstreit. Die Auseinandersetzungen der Frankfurter Schule mit dem logischen Positivismus, dem amerikanischen Pragmatismus und dem kritischen Rationalismus, Frankfurt 1994, 1998; H. Homann, Gesetz und Wirklichkeit in den Sozialwissenschaften. Vom M. zum Positivismusstreit, Diss. Tübingen 1989; M. Loužek, The Battle of Methods in Economics. The Classical M.. Menger vs. Schmoller, Amer. J. of Economics and Sociology 70 (2011), 439–463, ferner in: F. S. Lee (ed.), Social, Methods, and Microeconomics. Contributions to Doing Economics Better, Chichester/Malden Mass. 2011, 138–162; P. Mancosu, From Brouwer to Hilbert. The Debate on the Foundations of Mathematics in the 1920s, Oxford/New York 1998; G. E. McCarthy, Objectivity and the Silence of Reason. Weber, Habermas, and the Methodological Disputes in German Sociology, New Brunswick N. J./London 2001; C. Möllers, Der M. als politischer Generationenkonflikt. Ein Angebot zur Deutung der Weimarer Staatsrechtslehre, Der Staat 43 (2004), 399–423; G. C. Moore, John Kells Ingram, the Comtean Movement, and the English ›M.‹, Hist. Political Economy 31 (1999), 53–78; U. Neemann, Gegensätze und Syntheseversuche im M. der Neuzeit, I–II, Hildesheim/Zürich/New York 1993/1994; N. Rescher, The Strife of Systems. An Essay on the Grounds and Implications of Philosophical Diversity, Pittsburgh Pa. 1985 (dt. Der Streit der Systeme. Ein Essay über die Gründe und Implikationen philosophischer Vielfalt, Würzburg 1997); H.-J. Romahn, ›Neuer‹ M. und Methodenpluralismus in den Wirtschaftswissenschaften. Alte Argumente in einer aktuellen Debatte?, in: ders./U. Jens (eds.), Methodenpluralismus in den Wirtschaftswissenschaften, Marburg 2010, 325–343; M. Stolleis, Der M. der Weimarer Staatsrechtslehre – ein abgeschlossenes Kapitel der Wissenschaftsgeschichte?, Stuttgart 2001 (Sitz.ber. Wiss. Ges. Johann-Wolfgang-Goethe-Universität Frankfurt 39,1); C. Thiel, Grundlagenkrise und Grundlagenstreit. Studie über das normative Fundament der Wissenschaften am Beispiel von Mathematik und Sozialwissenschaft, Meisenheim am Glan 1972; weitere Literatur: ↑Positivismusstreit. J. M.

Methodologie (von griech. μέθοδος, Weg, [einem Gegenstand] Nachgehen, und λόγος, Lehre; engl. methodology, franz. méthodologie), (1) Bezeichnung für die den Wissenschaften als Teil einer allgemeinen Logik der Wissenschaften vorausgehende *Lehre von den* (*wissenschaftlichen*) ↑*Methoden*, als solche Teil der (allgemeinen) ↑Wissenschaftstheorie, (2) die *Methoden*(*theorien*) innerhalb der Wissenschaften. Entsprechend der Unterscheidung zwischen Methoden der ↑*Forschung* und Methoden der *Darstellung* (↑Darstellung (semiotisch), ↑Entdeckungszusammenhang/Begründungszusammen-

hang) bezieht sich M. im Sinne von (1) und (2) sowohl auf Verfahren der Wissensbildung (z. B. ↑trial and error) als auch auf Verfahren der Sicherung der ↑Geltung wissenschaftlicher Aussagen (z. B. ↑Prinzip der pragmatischen Ordnung). Zu den wesentlichen Teilen der M. im Sinne von (1) gehören – wie in der klassischen ↑Erkenntnistheorie – eine Lehre vom ↑Begriff (↑Definition) und eine Lehre vom ↑Beweis.

Wissenschaftssystematische Bedeutung haben M.n, die über die Auszeichnung bestimmter Methoden die Theorienbildung und damit häufig auch das Selbstverständnis wissenschaftlicher Disziplinen (und deren Abgrenzung gegenüber anderen Disziplinen) maßgeblich beeinflussen. Zu derartigen in M.n normierten Methoden gehören z. B. (im Sinne methodologischer Gegensätze) die analytische und die synthetische Methode (↑Methode, analytische, ↑Methode, synthetische), die deduktive und die induktive Methode (↑Deduktion, ↑Induktion, ↑Induktivismus), die axiomatische und die konstruktive Methode (↑Methode, axiomatische, ↑Konstruktivismus), ferner die Unterscheidung zwischen einer transzendentalen, einer hermeneutischen und einer historischen Methode (↑Methode, transzendentale, ↑Methode, hermeneutische, ↑Methode, historische). Die Auszeichnung derartiger Methoden führt in der Regel auf einer mittleren Ebene zwischen den M.begriffen im Sinne von (1) und (2) von der *allgemeinen* M., d. h. einer Methodenlehre für alle wissenschaftlichen Disziplinen, in die *speziellen* M.n, d. h. Methodenlehren für einzelne wissenschaftliche Disziplinen oder Disziplinengruppen, z. B. die der empirischen und die der nicht-empirischen Wissenschaften. Eine M. empirischer Wissenschaften in diesem Sinne stellt K. R. Poppers ↑Logik der Forschung dar (›Logik‹ hier wie in vielen anderen Fällen, z. B. ›Logik der Geisteswissenschaften‹, synonym mit ›M.‹). Auch der (ältere) Versuch, zwischen ↑Geisteswissenschaften und ↑Naturwissenschaften wissenschaftssystematisch zu unterscheiden, erfolgt über die Auszeichnung spezieller M.n, nämlich über die Ausarbeitung unterschiedlicher M.n des ↑Verstehens und der ↑Erklärung. Kontroversen über unterschiedliche M.n werden z. B. im Rahmen der verschiedenen Formen des ↑Methodenstreits (↑Positivismusstreit, ↑Werturteilsstreit) und des Begründungsstreits (↑Letztbegründung) geführt.

Literatur: J. Baggini/P. S. Fosl, The Philosopher's Toolkit. A Compendium of Philosophical Concepts and Methods, Malden Mass./Oxford/Carlton 2003, ²2010; W. Flach, Grundzüge der Erkenntnislehre. Erkenntniskritik, Logik, M., Würzburg 1994, 355–687 (Kap. 4 Methodenlehre); G. Frey, Philosophie und Wissenschaft. Eine Methodenlehre, Stuttgart etc. 1970; J. Galtung, Essays in Methodology, I–III, Kopenhagen 1977–1988 (I Methodology and Ideology, II Papers in Methodology, III Methodology and Development) (dt. [nur Bd. I] M. und Ideologie. Aufsätze zur M., Frankfurt 1978); L. Geldsetzer, M., Hist. Wb. Ph. V (1980), 1379–1386; B. Gower, Scientific Method. An

Historical and Philosophical Introduction, London/New York 1997; R. Kamitz, Methode/M., Hb. wiss.theoret. Begr. II (1980), 429–433; A. Mehrtens, Methode/M., EP I (1999), 832–840, EP II (²2010), 1594–1602; A. Menne, Einführung in die M.. Elementare allgemeine wissenschaftliche Denkmethoden im Überblick, Darmstadt 1980, ³1992; N. Rescher, Philosophical Reasoning. A Study in the Methodology of Philosophizing, Malden Mass./ Oxford 2001; weitere Literatur: ↑Methode. J. M.

Metrik, in der Mathematik Bezeichnung für die Abstandsfunktion eines metrischen Raumes (M, d) (↑Abstand) und speziell in der ↑Differentialgeometrie für die metrische Fundamentalform einer Fläche oder Mannigfaltigkeit, die deren geometrische Eigenschaften (z.B. ihre Krümmung oder den Abstand zweier Punkte) bestimmt. So spricht man von der ›euklidischen M.‹, wenn diese Fundamentalform vom euklidischen Skalarprodukt eines umgebenden cartesischen Raumes abgeleitet ist. Geht man nicht davon aus, daß die Mannigfaltigkeit in einen solchen Raum eingebettet ist, spricht man von einer ›Riemannschen M.‹ (↑Riemannscher Raum). P. S.

Metrisierung, Bezeichnung für die Einführung einer Skala und damit eines komparativen oder quantitativen Begriffs für eine empirische Struktur. Die Theorie der M. wird in der ↑Meßtheorie behandelt. Zu unterscheiden vom theoretischen Problem der M. ist das praktische Problem der ↑Messung einer Größe. P. S.

Metrodoros von Chios, um 400 v. Chr., griech. Philosoph und Historiker, Schüler des Demokrit (oder des Demokritschülers Nessos), Lehrer des Sophisten Anaxarchos, bedeutendster Vertreter des jüngeren ↑Atomismus. Ihm werden zwei historiographische Werke zugeschrieben: eine Vorgeschichte Trojas (Τρωικά) und eine Geschichte Ioniens (Ιωνικά). Von seinem philosophischen Werk »Über die Natur« (Περὶ φύσεως), in dem er sich auch mit der Erklärung von Naturphänomenen (z.B. Regen, Gewitter, Wolkenbildung) befaßt, ist nur ein Fragment im Wortlaut erhalten; dieses weist ihn als Verfechter eines radikalen erkenntnistheoretischen ↑Skeptizismus bzw. ↑Nihilismus aus: »Niemand von uns weiß irgendetwas, nicht einmal dieses, ob wir etwas wissen oder ob wir nicht etwas wissen ⟨noch wissen wir etwas über das Nichtwissen oder das Wissen (was es ist), noch überhaupt, ob etwas ist oder nicht⟩« (VS 70 B 1). Abgesehen von dieser generellen Erkenntnisskepsis scheint M. ein Wissen über konkrete Einzelgegenstände und Einzelsachverhalte durchaus für möglich gehalten zu haben. In der ↑Kosmologie schließt sich M. Demokrit an und vertritt die These einer unendlichen Anzahl der Welten und einer Bewegungslosigkeit der Welt.

Werke: VS 70; F. Jürss/R. Müller/E. G. Schmidt (eds.), Griechische Atomisten [s. u., Lit.], Leipzig 1973, 409–410, 1977, 1991, 365–366. – Bibl. Praesocratica, 651.

Literatur: I. Bodnár, M., DNP VIII (2000), 133; H. Dörrie, M., KP III (1969), 1280; F. Jürss/R. Müller/E. G. Schmidt (eds.), Griechische Atomisten. Texte und Kommentar zum materialistischen Denken der Antike, Leipzig 1973, 1991; A. Goedekkemeyer, Die Geschichte des griechischen Skeptizismus, Leipzig 1905, New York/London 1987, 2–3; W. Nestle, M., RE XV/2 (1932), 1475–1476; E. Zeller, Die Philosophie der Griechen in ihrer geschichtlichen Entwicklung I/2, Leipzig ⁶1920 (repr. Darmstadt 1963, 2006), 1185–1188. M. G.

Metrodoros von Lampsakos, *Lampsakos 331/330 v. Chr., †278/277 v. Chr., griech. Philosoph, Schüler Epikurs, bildete mit diesem und zwei anderen (Hermarchos und Polyainos) die so genannte Gruppe der ›Meister des Gartens‹ der epikureischen Schule (↑Epikureismus) in Athen. Von den Schriften des M., unter ihnen polemische Auseinandersetzungen mit Platon, sind nur Teile erhalten. In enger Anlehnung an Epikur schrieb er über linguistische (eine Art Kunstsprachenprogramm einschließende), rhetorische (sich mit der ↑Sophistik auseinandersetzende) und ökonomische (Idee eines ›natürlichen Reichtums‹) Themen. Epikur widmete ihm seine Schriften »Eurylochos« und »M.«.

Quellen/Ausgaben: Diog. Laert. X, 22–24; H. H. A. Duening, De Metrodori Epicurei vita et scriptis. Accedunt fragmenta collecta digesta illustrata, Leipzig 1870; A. Körte, Metrodori Epicurei fragmenta [...], Neue Jahrbücher für classische Philologie Suppl. 17 (1890), 529–597, separat Leipzig 1890 (repr. in: L. Tarán [ed.], Greek & Roman Philosophy XVI [Epicureanism. Two Collections of Fragments and Studies], New York/London 1987).

Literatur: A. Blanchard, Épicure, »Sentence Vaticane« 14. Épicure ou Métrodore?, Rev. ét. Grec. 104 (1991), 394–409; T. Dorandi, M. (3), DNP VIII (2000), 133–134; ders., Métrodore de Lampsaque, in: R. Goulet (ed.), Dictionnaire des philosophes antiques IV, Paris 2005, 514–516; M. Erler, Metrodor, in: ders. u. a. (eds.), Die Philosophie der Antike IV/1 (Die hellenistische Philosophie), Basel 1994, 216–222; M. Flashar, M.. Ein Philosophenporträt in der Archäologischen Sammlung der Universität Freiburg, München 1999; W. Kroll, M. v. L., RE XV/2 (1932), 1477–1480; E. Spinelli, Metrodoro contro i dialectici?, Cronache ercolanesi 16 (1986), 29–43; S. Sudhaus, Eine erhaltene Abhandlung des Metrodor, Hermes 41 (1906), 45–58; A. Tepedino Guerra, Il primo libro »Sulla ricchezza« di Filodemo, Cronache ercolanesi 8 (1978), 52–95; dies., Il P. Herc. 200. Metrodoro, sulla ricchezza, in: J. Bingen/G. Nachtergael (eds.), Actes du XVᵉ Congrès international de papyrologie III (Problèmes généraux – Papyrologie littéraire), Brüssel 1979, 191–197; dies., Il contributo di Metrodoro di Lampsaco alla formazione della teoria epicurea del linguaggio, Cronache ercolanesi 20 (1990), 17–25; dies., Metrodoro »Contro i dialettici«, Cronache ercolanesi 22 (1992), 119–122; dies., Il pensiero di Metrodoro di Lampsaco, in: L. Franchi Dell'Orto (ed.), Ercolano 1738–1988. 250 anni di ricerca archeologica. Atti del Convegno internazionale Ravello–Ercolano–Napoli–Pompei, 30 ottobre – 5 novembre 1988, Rom 1993, 313–320; E. Thomas, Über Bruchstücke griechischer Philosophie bei dem Philosophen L. Annaeus Seneca, Arch. Gesch. Philos. 4 (1891), 557–573, bes. 570–573 (IV Das Brieffragment des Metrodor v. L. bei Seneca, Epist. mor. XVI 4 [99]

25). – Métrodore. Un philosophe, une mosaïque. Musée Rolin 6 juillet – 30 septembre 1992, Autun 1992.   J. M.

Meyerson, Emile, *Lyublin (Rußland, heute: Lublin, Polen) 12. Febr. 1859, †Paris 4. Dez. 1933, franz. Erkenntnis- und Wissenschaftstheoretiker. Nach humanistischer Ausbildung in Deutschland Studium der Chemie in Göttingen, Heidelberg und Berlin (unter anderem bei R. W. Bunsen), das er 1882 in Paris fortsetzte. Tätigkeit in der chemischen Industrie und als Journalist. Ab 1898 Direktor der jüdischen Kolonisationsvereinigung für Europa und Kleinasien. Nach dem 1. Weltkrieg wurde M. französischer Staatsbürger. – Ausgehend von wissenschaftshistorischen Studien zur Physik und Chemie kritisierte M. unter dem Einfluß des ↑Neukantianismus die phänomenologischen (↑Phänomenologie) und positivistischen (↑Positivismus (historisch)) Positionen von E. Mach und A. Comte. M. betrachtet das Programm einer objektiven ↑Beschreibung der Natur durch den faktischen Verlauf der Wissenschaftsgeschichte als widerlegt, in der *apriorische ›Leitideen‹* (idées préconçus) und ideale Konstruktionen die Entwicklung beeinflussen. Dabei stellt er (Identité et réalité, 1908) das Identifizieren der Phänomene als allgemeinstes apriorisches Tun heraus, aus dem das Kausalitätsprinzip (↑Kausalität) als Identität von ↑Wirkung und ↑Ursache (›causa aequat effectum‹) abgeleitet werde. Eine apriorische Leitidee sieht M. auch in den Geometrisierungstendenzen des physikalischen Raumes von der Antike über R. Descartes bis zu A. Einsteins Relativitätstheorie (↑Relativitätstheorie, allgemeine, ↑Relativitätstheorie, spezielle). ↑Realität ist nach M. nicht vollständig erklärbar. Hierzu verweist er auf die nach seiner Meinung mechanisch nicht erklärbare Wärmelehre, insbes. auf S. Carnots Ergebnisse über den Arbeitsertrag einer Wärmekraftmaschine (z. B. Dampfmaschine). Gleichungen der statistischen ↑Wahrscheinlichkeit zur Berechnung solcher Prozesse werden als Erklärung nicht akzeptiert. Nach M. haben es die Naturwissenschaften nämlich nicht nur mit dem ›Wie‹, sondern auch mit dem ›Warum‹ von Naturprozessen zu tun. Sie zielen nicht auf deren bloße Beschreibung durch ↑Naturgesetze, sondern auf deren ↑Erklärung durch die Angabe von ↑Ursachen. Aus diesem Grund kritisiert er auch die ↑Kopenhagener Deutung der Quantenmechanik (darin von L. de Broglie unterstützt). M.s Auffassung von apriorischen und metaphysischen Leitideen in der Wissenschaftsentwicklung wurde z. B. von A. Koyré und S. Toulmin aufgegriffen.

Werke: Identité et réalité, Paris 1908, ⁵1951 (dt. Identität und Wirklichkeit, Leipzig 1930; engl. Identity & Reality, London, New York 1930 [repr. London 2002], New York etc. 1989); De l'explication dans les sciences, I–II, Paris 1921, in einem Bd. ²1927, ed. B. Bensaude-Vincent, 1995 (engl. Explanation in the

Sciences, Dordrecht/Boston Mass. 1991 [Boston Stud. Philos. Sci. 128]); La déduction relativiste, Paris 1925 (repr. Sceaux 1992) (engl. The Relativistic Deduction. Epistemological Implications of the Theory of Relativity, Dordrecht/Boston Mass./Lancaster 1985 [Boston Stud. Philos. Sci. 83]); Du cheminement de la pensée, I–III, Paris 1931, in einem Bd., ed. F. Fruteau de Laclos, 2011; Réel et déterminisme dans la physique quantique, Paris 1933; Philosophie de la nature et philosophie de l'intellect, Rev. mét. mor. 41 (1934), 147–181, ferner in: Essais [s. u.], 1936, 59–105, 2008, 77–122 (engl. Philosophy of Nature and Philosophy of Intellect, Philos. Forum 37 [2006], 85–110); Essais, ed. L. Lévy-Bruhl, Paris 1936, ed. B. Besaude-Vincent, o. O. [Dijon] 2008; Mélanges. Petites pièces inédites, ed. E. Telkes-Klein/B. Bensaude-Vincent, Paris 2011. – Correspondance entre H. Høffding et E. M., ed. F. Brandt/H. Høffding/J. Adigard DesGauries, Kopenhagen 1939; Lettres françaises, ed. B. Bensaude-Vincent/E. Telkes-Klein, Paris 2009. – F. Fruteau de Laclos, Publications by E. M., in: ders., E. M.. A Bibliography [s. u., Lit.], 255–257; Œuvres d'É. M., in: Mélanges [s. o.], 237–241.

Literatur: N. Abbagnano, La filosofia di E. M. e la logica dell'identità, Neapel 1929; B. Bensaude-Vincent (ed.), Chemistry in the French Tradition of Philosophy of Science. Duhem, M., Metzger and Bachelard, Stud. Hist. Philos. Sci. Part A 36 (2005), 627–648; dies., M. critique ou héritier de Comte?, Dialogue 47 (New York 2008), 3–23; M. Biaglioli, M.. Science and the ›Irrational‹, Stud. Hist. Philos. Sci. Part A 19 (1988), 5–42 (mit Bibliographie, 37–42); R. Blanché, M., Enc. Ph. V (1967), 307–308; A. E. Blumberg, E. M.'s Critique of Positivism, Monist 42 (1932), 60–79; G. Boas, A Critical Analysis of the Philosophy of E. M., Baltimore Md., London, New York 1930 (repr. New York 1968, Freeport N. Y. 1970); L. Brunschvicg, La philosophie d'É. M., Rev. mét. mor. 33 (1926), 39–63; K. A. Bryson, The Metaphysics of É. M.. A Key to the Epistemological Paradox, Thomist 37 (1973), 119–132; A. Caso, M. y la física moderna, Mexiko 1939; R. S. Cohen, Is the Philosophy of Science Germane to the History of Science? The Work of M. and Needham, in: Actes du dixième congress international d'histoire des sciences/Proceedings of the Tenth International Congress of the History of Science, Ithaca 26 VIII 1962–2 IX 1962, Actes I, Paris 1964, 213–223; M. A. Denti, Scienza e filosofia in M., Florenz 1940; J. C. Dumoncel, M., Enc. philos. universelle III/2 (1992), 2678–2679; A. Einstein, A propos de »La déduction relativiste« de M. É. M., Rev. philos. France étrang. 105 (1928), 161–166 (engl. Review, in: É. M., The Relativistic Deduction [s. o., Werke], 252–256); M. Ferrari, M., in: F. Volpi (ed.), Großes Werklexikon der Philosophie II, Stuttgart 1999, 1037; F. Fruteau de Laclos, E. M. and His Contemporaries. Comments on a Bibliography, Iyyun 52 (2003), 245–254; ders., E. M.. A Bibliography, ebd., 255–266; ders., Le cheminement de la penseé selon É. M., Paris 2009; ders., L'épistémologie d'É. M.. Une anthropologie de la connaissance, Paris 2009; M. Gex, L'épistémologie d'É. M. 1859–1933, Rév. théol. philos., 3. Sér. 9 (1959), 338–356; M. Gillet, La philosophie de m. M.. Étude critique, Paris 1931 (Arch. philos. VIII, 3); A. Gualandi, Le problème de la vérité scientifique dans la philosophie française contemporaine. La rapture et l'événement, Paris, Montreal 1998, 23–58 (Kap. 1 L'ontologie negative de M.); O. N. Hillmann, É. M. on Scientific Explanation, Philos. Sci. 5 (1938), 73–80; H. Höffding, E. M.'s erkenntnistheoretische Arbeiten, Kant-St. 30 (1925), 484–494; T. R. Kelly, Explanation and Reality in the Philosophy of É. M., Princeton N. J., London 1937 (repr. Ann Arbor Mich. 1980); A. Kremer-Marietti, M., DP II (²1993), 2003–2004; A. Lalande,

Philosophie de l'intellect. Les »Essais« d'É. M., Rev. philos. France étrang. 124 (1937), 5–27; J. LaLumia, The Ways of Reason. A Critical Study of the Ideas of E. M., London, New York 1966 (repr. London 2002), London 1967; S. Laugier, Duhem, M. et l'épistémologie américaine postpositiviste, in: M. Bitbol/J. Gayon (eds.), L'épistémologie française, 1830–1970, Paris 2006, 67–91; D. Lévy, É. M., in: M. Bitbol/J. Gayon (eds.), L'épistémologie française, 1830–197 [s. o.], 357–374; C. Manzoni, L'epistemologia di É. M., Rom 1971; S. Marcucci, É. M.. Epistemologia e filosofia, Turin, Florenz 1962; ders., Filosofia, scienza e storia della scienza in É. M., in: ders., Kant in Europa, Lucca 1986, 85–99; R. D. Martin, M., in: S. Brown/D. Collinson/R. Wilkinson (eds.), Biographical Dictionary of Twentieth-Century Philosophers, London/New York 1996, 533–534; A. Metz, Une nouvelle philosophie des sciences. Le causalisme de m. É. M., Paris 1928, unter dem Titel: M.. Une nouvelle philosophie de la connaissance, ²1934, Evreux/Paris ³1934; G. Mourélos, L'épistémologie positive et la critique meyersonienne, Paris 1962; H. W. Paul, M., DSB XV, Suppl. I (1978), 422–425; H. E. Sée, Science et philosophie d'aprés la doctrine de m. E. M., Paris 1932; Y. R. Simon (ed.), The Great Dialogue of Nature and Space, Albany N. Y. 1970, ed. G. J. Dalcourt, South Bend Ind. 2001; E. Telkes-Klein, E. M.. A Great Forgotten Figure, Iyyun 52 (2003), 235–244; dies./E. Yakira (eds.), L'histoire et la philosophie des sciences à la lumière de l'œuvre d'É. M. (1859–1933), Paris 2010; W. A. Wallace, Causality and Scientific Explanation, I–II, Ann Arbor Mich. 1972/1974, Washington D. C. 1981; E. Yakira/C. Bonnet, History, Science, and Reason. On the Philosophy of E. M., Iyyun 52 (2003), 267–289; E. Zahar, Einstein, M. and the Role of Mathematics in Physical Discovery, Brit. J. Philos. Sci. 31 (1980), 1–43. – Arch. philos. 70 (2007), H. 3 (É. M. and les sciences humaines); Bull. Soc. franç. philos. 55 (1961), 51–116 (Commémoration du centenaire de la naissance de deux épistémologues français: É. M. et Gaston Milhaud); Corpus. Rev. philos. 58 (2010) (É. M.). K. M.

Michael Scotus, *vor 1200, †um 1235, scholast. Philosoph und Übersetzer vom Arabischen ins Lateinische. Die wenigen biographischen Informationen deuten auf (Studien-[?])Aufenthalte in Oxford und Paris hin. Um 1217 hält sich M. S. in Toledo, ab etwa 1220 in Italien (1220 in Bologna) auf, zuletzt möglicherweise als Hofastrologe Friedrichs II. (dem er 1232 seine Übersetzung von Avicennas Schrift über die Tiere [Abbreviatio Avicenne de animalibus] gewidmet hat) auf Sizilien. 1225 lehnt M. S. eine Ernennung zum Erzbischof von Cashel (Irland) durch Papst Honorius III. ab. – Die Bedeutung von M. S. für die Entwicklung der mittelalterlichen Philosophie liegt im wesentlichen in seiner (hinsichtlich ihrer Selbständigkeit wiederum im einzelnen umstrittenen) Übersetzertätigkeit. Dies gilt insbes. für Übersetzungen einiger Aristoteles-Kommentare des Averroës ins Lateinische (Kommentare zu »De caelo« und »De anima«; umstritten die Übersetzung des Physik-Kommentars), mit denen der Einfluß der Aristoteles-Kommentierung des Averroës auf die ↑Scholastik (↑Averroismus) beginnt. M. S. übersetzte ferner (vermutlich vor 1220) die biologischen Schriften des Aristoteles (aus

dem Arabischen) und (1217 mit Hilfe von Abuteus Levita in Toledo) das astronomische Hauptwerk des Alpetragius (In astrologia, nach R. Bacon: De motibus celorum circularibus), das gegen das Ptolemaiische System ein modifiziertes Aristotelisches System (ohne Exzenter und Epizykeln) zu erneuern sucht. Als Autor gewann M. S. Einfluß insbes. mit einer Friedrich II. gewidmeten Einleitung in die ›Philosophie‹ in drei (voneinander unabhängigen) Teilen (Liber introductionis, Liber particularis, Physiognomia [De secretis naturae]), einem Kompendium unter anderem der Astronomie (Astrologie), Geographie und Medizin, im wesentlichen zusammengestellt aus arabischen und zeitgenössischen italienischen Quellen. Eine weitere Schrift (De arte alchemie) beschreibt alchimistische Experimente. Zugeschrieben wird M. S. auch ein Kommentar zu J. de Sacroboscos »De sphaera«.

Werke: Liber physiognomiae [Einheitsachtitel], Venedig 1477, Lyon 1478, Basel o. J. [ca. 1485/1486], Köln o. J. [ca. 1485], Reutlingen o. J. [um 1486], Passau o. J. [ca. 1487/1488], o. O. [Venedig] o. J. [1490], Leipzig 1495, Venedig 1505, Köln 1508, Paris o. J. [ca. 1510], unter dem Titel: De secretis naturae in: Albertus Magnus, De secretis mulierum libellus, London 1584, 1598, 238–381, separat Frankfurt 1615, in: Albertus Magnus, De Secretis mulierum libellus, Amsterdam 1740, 204–328, Amsterdam 1760, 189–316; [M. S. zugeschrieben] Mensa philosophica, Heidelberg 1489, Köln 1508, Paris o. J. [um 1510], Venedig 1514, Frankfurt 1602, Leipzig 1603, Frankfurt 1608; [Expositio super auctorem spherae] Eximii atque excellentissimi physicorum motuum cursusque syderei indagatoris Michaelis Scoti super auctorem sperae cum questionibus diligenter emendatis incipit expositio [...], Bologna 1495, unter dem Titel: Michaelis Scotis Questiones, in: J. de Sacrobosco, Sphera mundi, Venedig 1518; Michaelis Scoti expositio brevis et quaestiones in sphaera, in: J. de Sacrobusto, Spherae tractatus, Venedig 1531, fol. 180v–194v, neu ed. in: L. Thorndyke, The »Sphere« of Sacrobosco and Its Commentators [s. u., Lit.], 247–342; Avicenna De animalibus per magistrum Michaelem Scotum de arabico in latinum translatus, Venedig o. J. [um 1500]; Liber luminis luminum, in J. W. Brown, An Enquiry into the Life and Legend of M. Scot [s. u., Lit.], Appendix III, 240–268; S. H. Thomson (ed.), The Texts of M. Scot's Ars alchemie, Osiris 5 (1938), 523–559; Al-Bi rûjî, De motibus celorum [in M. S.' Übersetzung], in: F. J. Carmody (ed.), Al-Bi rûjî, De Motibus Celorum. Critical Edition of the Latin Translation of M. Scot [s. u., Lit.], 71–150; G. M. Edwards (ed.), The »Liber introductorius« of M. Scot, Diss. Univ. of Southern Calif. 1978; A. M. I. van Oppenraaij (ed.), Aristotle, De Animalibus. M. Scot's Arabic-Latin Translation, II–III, Leiden/Boston Mass./Köln 1992/1998 (II Books XI–XIV. Parts of Animals, III Books XV–XIX. Generation of Animals); V. C. Dehmer, Aristoteles Hispanus. Eine altspanische Übersetzung seiner Zoologie aus dem Arabischen und Lateinischen, Tübingen 2007; Liber de signis, in: S. Ackermann, Sternstunden am Kaiserhof. M. S. und sein »Buch von den Bildern und Zeichen des Himmels« [s. u., Lit.], 105–281. – J. Ferguson, Bibliographical Notes on the Works of M. Scot, Records Glasgow Bibliographical Soc. 9 (1931), 72–100.

Literatur: S. Ackermann, Empirie oder Theorie? Der Fixsternkatalog des M. S., in: Federico II e le nuove culture. Atti del

XXXI Convegno storico internazionale, Todi, 9–12 ottobre 1994, Spoleto 1995, 287–302; dies., »Habent sua fata libelli« – M. Scot and the Transmission of Knowledge between the Courts of Europe, in: G. Grebner/J. Fried (eds.), Kulturtransfer und Hofgesellschaft im Mittelalter. Wissenskultur am sizilianischen und kastilischen Hof im 13. Jahrhundert, Berlin 2008, 273–284; dies., Sternstunden am Kaiserhof. M. S. und sein »Buch von den Bildern und Zeichen des Himmels«, Frankfurt etc. 2009 (mit Bibliographie, 577–642); U. Bauer, Der Liber Introductorius des M. S. in der Abschrift Clm 10268 der Bayrischen Staatsbibliothek München. Ein illustrierter astronomisch-astrologischer Codex aus Padua, 14. Jahrhundert, München 1983; D. Blume, Regenten des Himmels. Astrologische Bilder in Mittelalter und Renaissance, Berlin 2000 (Studien aus dem Warburg-Haus III), 52–63 (Kap. VIII Astrologie im Auftrag des Kaisers – Der »Liber introductorius« des M. S.); ders., M. Scot, Giotto and the Construction of New Images of the Planets, in: R. Duits/F. Quiviger (eds.), Images of the Pagan Gods. Papers of a Conference in Memory of Jean Seznec, London, Turin 2009, 129–150; J. W. Brown, An Enquiry into the Life and Legend of M. Scot, Edinburgh 1897; C. Burnett, M. Scot and the Transmission of Scientific Culture from Toledo to Bologna via the Court of Frederick II Hohenstaufen, Micrologus 2 (1994), 101–126 (Themenheft Le scienze alla corte di Federico II/Sciences at the Court of Frederick II); F. J. Carmody (ed.), Al-Biṭrûjî. De motibus celorum. Critical Edition of the Latin Translation of M. Scot, Berkeley Calif./Los Angeles 1952; J. D. Comrie, M. Scot: a Thirteenth-Century Scientist and Physician, Edinburgh Medical J. NS 25 (1920), 50–60; G. M. Edwards, The Two Redactions of M. Scot's »Liber introductorius«, Traditio 41 (1985), 329–340; J. B. Galinsky/J. T. Robinson, Rabbi Jeruham B. Meshullam, M. Scot, and the Development of Jewish Law in Fourteenth-Century Spain, Harvard Theological Rev. 100 (2007), 489–504; N. Givsan, Zur Seelenlehre des M. S. im Kontext der Wissenskultur am Hofe Friedrichs II, in: M. Lutz-Bachmann/A. Fidora/P. Antolic (eds.), Erkenntnis und Wissenschaft. Probleme der Epistemologie in der Philosophie des Mittelalters/Knowledge and Science. Problems of Epistemology in Medieval Philosophy, Berlin 2004, 103–133; M. Grabmann, Kaiser Friedrich II und sein Verhältnis zur aristotelischen und arabischen Philosophie, in: ders., Mittelalterliches Geistesleben II, München 1936 (repr. München 1956, Hildesheim/New York 1975, Hildesheim/New York/Zürich 1984), 103–137, ferner in: G. Wolf (ed.), Stupor mundi. Zur Geschichte Friedrichs II von Hohenstaufen, Darmstadt 1966, 134–177, ²1982, 32–75; G. Grebner, Der »Liber Nemroth«, die Fragen Friedrichs II. an M. S. und die Redaktion des »Liber particularis«, in: dies./J. Fried (eds.), Kulturtransfer und Hofgesellschaft im Mittelalter. Wissenskultur am sizilianischen und kastilischen Hof im 13. Jahrhundert, Berlin 2008, 285–298; dies., Der »Liber Introductorius« des M. S. und die Aristotelesrezeption. Der Hof Friedrichs II. als Drehscheibe des Kulturtransfers, in: M. Fansa/K. Ermete (eds.), Kaiser Friedrich II. (1194–1250). Welt und Kultur des Mittelmeerraums, Mainz 2008, 250–257; C. H. Haskins, M. Scot and Frederic II, Isis 4 (1922), 250–275, rev. unter dem Titel: M. Scot, in: ders., Studies in the History of Mediaeval Science, Cambridge Mass., London 1924, ²1927, New York 1960, 272–298; ders., The »Alchemy« Ascribed to M. Scot, Isis 10 (1928), 350–359, rev. in: ders., Studies in Mediaeval Culture, Oxford 1929, New York 1965, 148–159; C. Hünemörder. Der Text des M. S. um die Mitte des 13. Jahrhunderts und Thomas Cantimpratensis III, in: C. Steel/G. Guldentops/P. Beullens (eds.), Aristotle's Animals in the Middle Ages and Renaissance, Leuven 1999, 238–248; C.

Kann, M. S., BBKL V (1993), 1459–1461; E. Kwakkel, Behind the Scenes of a Revision. M. Scot and the Oldest Manuscript of His »Abbrevatio avicenne«, Viator 40/1 (2009), 107–132; W. Metzger, Im Anfang war das Bild. Die Sternbilder in der Astrologie des M. S., in: S. Dörr/R. Wilhelm (eds.), Transfert des savoirs au Moyen Âge/Wissenstransfer im Mittelalter. Actes de l'Atelier franco-allemand, Heidelberg, 15–18 janvier 2008, Heidelberg 2009, 149–161; L. Minio-Paluello, M. Scot, DSB IX (1974), 361–365; P. Morpurgo, Il »Liber introductorius« di Michele Scoto. Prime indicazioni interpretative, Atti della Accademia Nazionale dei Lincei Ser. 8, Rendiconti. Classe di Scienze morali, storiche e filologiche 34 (1979), 149–161; ders., Il »Sermo suasionis in bono« di Michele Scoto a Federico II, Atti della Accademia Nazionale dei Lincei Ser. 8, Rendiconti. Classe di Scienze morali, storiche e filologiche 38 (1983), 287–300; ders., Le traduzioni di Michele Scoto e la circolazione di manoscritti scientifici in Italia meridionale. La dipendenza della Scuola Medica Salernitana da quella Parigina di Petit Pont, in: La diffusione delle scienze islamiche nel medio evo europeo. Convegno internazionale [...], Roma, 2–4 ottobre 1984, Rom 1987, 167–191; ders., ›Philosophia naturalis‹ at the Court of Frederick II.. From the Theological Method to the ›ratio secundum physicam‹ in M. Scot's »De Anima«, in: W. Tronzo (ed.), Intellectual Life at the Court of Frederick II Hohenstaufen, Washington D. C. 1994, 241–248; J. Muendel, The Manufacture of the Scullcap (›cervelleria‹) in the Florentine Countryside during the Age of Dante and the Problem of Identifying M. Scot as Its Inventor, Early Sci. and Medicine 7 (2002), 93–120; Y. V. O'Neill, M. Scot and Mary of Bologna. A Medieval Gynecological Puzzle, Clio Medica 8 (1973), 87–111, 9 (1974), 125–129; A. M. I. van Oppenraay, M. Scot's Arabic-Latin Translation of Aristotle's »Book on Animals«. Some Remarks Concerning the Relation between the Translation and Its Arabic and Greek Sources, in: C. Steel/G. Guldentops/P. Beullens (eds.), Aristotle's Animals in the Middle Ages and Renaissance, Leuven 1999, 31–43; dies., The Reception of Aristotle's »History of Animals« in the Marginalia of Some Latin Manuscripts of M. Scot's Arabic-Latin Translation, Early Science and Medicine 8 (2003), 387–403; L. Pick, M. Scot in Toledo. ›Natura naturans‹ and the Hierarchy of Being, Traditio 53 (1998), 93–116; A. H. Querfeld, M. Scottus und seine Schrift »De secretis naturae«, Leipzig 1919; J. Read, M. Scot. A Scottish Pioneer of Science, Scientia 32 (1938), 190–197; G. Rudberg, Kleinere Aristoteles-Fragen I. Die Übersetzung des M. S. und die Paraphrase des Albertus Magnus im zehnten Buch der Tiergeschichte, Eranos 7 (1907), 151–160; ders., Kleinere Aristoteles-Fragen II. Die Tiergeschichte des M. S. und ihre mittelbare Quelle. Einige Bemerkungen, Eranos 9 (1909), 92–128; G. Sarton, Introduction to the History of Science II/2, Baltimore Md. 1931, Huntington N. Y. 1975, 579–582; D. W. Singer, M. Scot and Alchemy, Isis 13 (1929), 5–15; W. Stürner, Friedrich II. Teil 2 (Der Kaiser 1220–1250), Darmstadt 2000, ²2003, ³2009, 400–422; S. H. Thomson, Scot, M., Enc. Ph. VII (1967), 343; L. Thorndike, A History of Magic and Experimental Science II, New York/London 1923, 1979, 307–337 (Chap. LI M. Scot); ders., The »Sphere« of Sacrobosco and Its Commentators, Chicago Ill. 1949, 21–23, 247–342 (der M. S. zugeschriebene Sacrobosco-Kommentar); ders., M. Scot, London etc. 1965; H. A. Wolfson, Revised Plan for the Publication of a »Corpus Commentariorum Averrois in Aristotelem«, Speculum 38 (1963), 88–104; J. Ziegler, The Beginning of Medieval Physiognomy. The Case of M. S., in: G. Grebner/J. Fried (eds.), Kulturtransfer und Hofgesellschaft im Mittelalter [s. o.], 299–319.   J. M.

Michelson-Morley-Versuch (häufig auch nur: Michelson-Versuch, oder Michelson-Morley-Miller-Versuch), Bezeichnung für ein von dem amerikanischen Physiker A. A. Michelson (1852–1931) und dem Chemiker (und kongregationalistischen Geistlichen) E. W. Morley (1838–1923) durchgeführtes Experiment, das zur Stützung der Ätherhypothese gedacht war. Zum Ausbau des experimentellen Ansatzes trugen vor allem D. C. Miller und G. Joos bei. Für die Physik des ausgehenden 19. Jhs. war der ↑Äther eine zentrale Annahme, da er – analog der Luft beim Schall – als Träger der (als wellenförmig aufgefaßten) Ausbreitung des Lichts (und anderer elektromagnetischer Phänomene) verstanden wurde. Von besonderer Bedeutung war dabei die Frage nach dem Bewegungszustand des Äthers. Denn für den Fall seines Ruhezustandes in einem ↑Inertialsystem wäre dieses System natürlicherweise als Grundsystem der Physik ausgezeichnet, d. h., alle physikalischen Aussagen würden relativ zu diesem System zu formulieren sein.
Der einer Anregung J. C. Maxwells folgende M.-M.-V. geht davon aus, daß sich – entsprechend der damals weithin akzeptierten Theorie und wichtigen Experimenten wie dem Versuch von A. H. L. Fizeau (1819–1896) – für einen Beobachter auf der Erde, relativ zum ruhenden Äther, das als Welle betrachtete Licht in Bewegungsrichtung der Erde mit der Geschwindigkeit $c - v$ und in Gegenrichtung mit der Geschwindigkeit $c + v$ fortpflanzen müßte (c die Lichtgeschwindigkeit relativ zum ruhenden Äther, v die Geschwindigkeit der Erde). Senkrecht zur Bewegungsrichtung müßte sich das Licht mit der Geschwindigkeit $\sqrt{c^2 - v^2}$ fortpflanzen (Abb.). Diese Werte gelten nach dem Additionsprinzip für Geschwindigkeiten sowie nach dem Satz des Pythagoras.

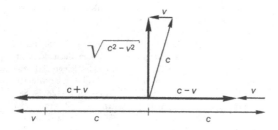

Michelsons Experiment, das dieser (1887) nach Vorarbeiten im Helmholtzschen Laboratorium in Berlin (1881) zusammen mit Morley in Cleveland (Ohio) durchführte und als ›Fehlschlag‹ empfand, ergab jedoch keinerlei Geschwindigkeitsdifferenzen bezüglich der verschiedenen Ausbreitungsrichtungen des Lichts, d. h., die Annahme eines ruhenden Äthers war auf der Basis der geltenden Theorie nicht zu halten. Von den rein logisch sich bietenden Auswegen schied der Verzicht auf die seit Jahrhunderten bestätigte Kopernikanische Annahme der Bewegung der Erde aus. Michelson flüchtete sich zu

nächst in die Hypothese, daß der Äther von der sich bewegenden Erde vollständig mitgeführt werde. Diese Hypothese war auch von H. Hertz vertreten worden, stand jedoch im Widerspruch zu anderen Experimenten. G. F. Fitzgerald (1851–1901) und, in theoretisch elaborierter Weise, H. A. Lorentz (1895) griffen zu einer kühnen ↑ad-hoc-Hypothese: Der Äther ruhe nicht nur in einem Inertialsystem, sondern absolut im Raume, sei also mit dem absoluten Raum (↑Raum, absoluter) im Prinzip identisch. Das Ergebnis des M.-M.-V.s sei so zu verstehen, daß die von der Theorie geforderten Geschwindigkeitsdifferenzen tatsächlich existierten. Diese seien im M.-M.-V. deshalb nicht gemessen worden, weil sich jeder Körper (und damit auch das von Michelson konstruierte Meßgerät [›Interferometer‹]), der sich relativ zum Äther mit der Geschwindigkeit v bewege, in Bewegungsrichtung um die Größe $\sqrt{1 - \dfrac{v^2}{c^2}}$ *kontrahiere.*
In der Lehrbuchtradition der Speziellen Relativitätstheorie (↑Relativitätstheorie, spezielle) wird der M.-M.-V. meistens als ↑experimentum crucis für die Ätherhypothese aufgefaßt. Sein Scheitern sei für A. Einstein der entscheidende Anlaß zur Aufstellung seiner neuen, auf diese Hypothese gänzlich verzichtenden Theorie gewesen. Dies steht jedoch im Widerspruch zum rekonstruierbaren historischen Ablauf und zu Einsteins eigenen Äußerungen, wonach der M.-M.-V. ›keinen bemerkenswerten Einfluß‹ auf seine Arbeit von 1905 gehabt habe. Diese sei vielmehr aus theorieästhetischen Motiven, wie der jegliches Ad-hoc vermeidenden Einfachheit des Theorieaufbaus (↑Lorentz-Invarianz der Elektrodynamik), entstanden. Eine indirekte Beeinflussung hat Einstein später allerdings nicht ausgeschlossen. Ein weiterer Grund für die Überbewertung des M.-M.-V.s im Kontext der Entstehung der Relativitätstheorie ist im *wissenschaftstheoretischen* Bereich die auch an diesem Fall exemplifizierbare Tendenz des Logischen Empirismus (↑Empirismus, logischer) (vor allem H. Reichenbach), dem Experiment, d. h. der Erfahrung, einen entscheidenden Einfluß auf die Theorienbildung einzuräumen. Der M.-M.-V. dient oft als Fallstudie für wissenschaftstheoretische Analysen, z. B. zum Begriff des Ad-hoc und des experimentum crucis.

Literatur: L. Cassani/B. M. Raccanelli, Un dibattito sull'etere. L'esperienza di Michelson-Morley nell'interpretazione di Lorentz, Pavia 1988; T. W. Chalmers, Historic Researches. Chapters in the History of Physical and Chemical Discovery, London 1949, New York 1952; H. Dingle, Was Einstein Aware of the Michelson-Morley-Experiment?, Observatory 93 (1973), 33–34; S. Goldberg/R. H. Stuewer (eds.), The Michelson Era in American Science 1870–1930, Cleveland Ohio 1987, New York 1988 (AIP Conference Proc. 179); A. Grünbaum, The Falsifiability of the Lorentz-Fitzgerald Contraction Hypothesis, Brit. J. Philos. Sci. 10 (1959), 48–50; G. Holton, Einstein, Michelson, and the ›Crucial‹ Experiment, in: ders., Thematic Origins of Scientific

Thought. Kepler to Einstein, Cambridge Mass. 1973, 1974, 261–352, rev. Cambridge Mass./London 1988, 1994, 279–370 (dt. Einstein, Michelson und das ›experimentum crucis‹, in: ders., Thematische Analyse der Wissenschaft. Die Physik Einsteins und seiner Zeit, Frankfurt 1981, 255–371); T. P. Hughes, Science and the Instrument-Maker. Michelson, Sperry, and the Speed of Light, Washington D. C. 1976; B. Jaffe, Michelson and the Speed of Light, Garden City N. Y. 1960 (repr. Westport Conn. 1979), London/Melbourne/Toronto 1961; M. Janssen/J. Stachel, The Optics and Electrodynamics of Moving Bodies, Berlin 2004 (Max Planck Institut f. Wiss.gesch., Preprint 265); R. Laymon, Independent Testability. The Michelson-Morley and Kennedy-Thorndike Experiments, Philos. Sci. 47 (1980), 1–37; H. E. Longino, Evidence and Hypothesis. An Analysis of Evidence Relations, Philos. Sci. 46 (1979), 35–56; D. W. Maguire, The Michelson-Morley Experiment, in: F. N. Magill (ed.), Magill's Survey of Science. Physical Science Papers IV, Pasadena Calif./Englewood Cliffs N. J. 1992, 1387–1393; H. Melcher, Interpretations and Equations of the Michelson Experiment and Its Variations, in: A. Ashtekar u. a. (eds.), Revisiting the Foundations of Relativistic Physics. Festschrift in Honor of John Stachel, Dordrecht/Boston Mass./London 2003 (Boston Stud. Philos. Sci. 234), 13–25; A. A. Michelson, Studies in Optics, Chicago Ill. 1927, New York 1995; ders./E. W. Morley, On the Relative Motion of the Earth and the Luminiferous Ether, Amer. J. Sci., 3rd. Ser. 34 (1887), 333–345; D. C. Miller, The Ether-Drift Experiment and the Determination of the Absolute Motion of the Earth, Rev. Mod. Phys. 5 (1933), 203–242; J. Pfarr, Zur Interpretation des Michelson-Versuchs, in: J. Nitsch/ders./E.-W. Stachow (eds.), Grundlagenprobleme der modernen Physik. Festschrift für Peter Mittelstaedt zum 50. Geburtstag, Mannheim/Wien/Zürich 1981, 189–204; R. S. Shankland, Conversations with Albert Einstein, Amer. J. Phys. 31 (1963), 47–57; ders., Michelson-Morley Experiment, Amer. J. Phys. 32 (1964), 16–35; ders., The Michelson-Morley Experiment, Sci. Amer. 211 (1964), 107–114; ders., Michelson's Role in the Development of Relativity, Appl. Opt. 12 (1973), 2280–2287; ders. u. a., New Analysis of the Interferometer Observations of Dayton C. Miller, Rev. Mod. Phys. 27 (1955), 167–178; L. Sklar, Absolute Space and the Metaphysics of Theories, Noûs 6 (1972), 289–309; L. S. Swenson Jr., The Ethereal Aether. A History of the Michelson-Morley-Miller Aether-Drift Experiments, 1880–1930, Austin Tex./London 1972; ders., Michelson, Albert Abraham, DSB IX (1974), 371–374; H. Törnebohm, Two Studies Concerning the Michelson-Morley Experiment, Found. Phys. 1 (1970), 47–56. – Conference on the Michelson-Morley Experiment. Held at the Mount Wilson Observatory, Pasadena, California, February 4 and 5, 1927, Astrophysical J. 68 (1928), 341–402, Nachdr.: Contributions from the Mount Wilson Observatory Carnegie Institute of Washington Nr. 373 (1928), 1–62.   G. W.

Mikrokosmos, ↑Makrokosmos.

Mikrophysikalismus, Bezeichnung für die metaphysische Auffassung, daß alles Nicht-Mikrophysikalische ausschließlich aus mikrophysikalischen Teilen besteht und durch mikrophysikalische Gesetze gelenkt wird (Pettit 1994, 253). Es lassen sich zwei Teilthesen unterscheiden: (1) Alle Gegenstände und Eigenschaften sind entweder identisch mit oder asymmetrisch (↑asymmetrisch/Asymmetrie) metaphysisch abhängig von physi-

kalischen Gegenständen und Eigenschaften (↑Physikalismus). (2) Makroskopische physikalische Gegenstände sind aus mikrophysikalischen Teilen zusammengesetzt, und ihre Eigenschaften sind asymmetrisch metaphysisch abhängig von den Eigenschaften dieser Teile und den mikrophysikalischen Gesetzen. M. ist also eine Verschärfung des gewöhnlichen Physikalismus. Er läßt sich als moderne Formulierung der Grundintuitionen des antiken ↑Atomismus oder einiger Korpuskularphilosophen der frühen Neuzeit auffassen. – Kontrovers diskutiert wird einerseits das Verhältnis von M. zur These der Humeschen Supervenienz (↑supervenient/Supervenienz), die von D. Lewis formuliert wurde (Oppy 2000). Fraglich ist auch, wie die These der asymmetrischen metaphysischen Abhängigkeit der Eigenschaften makroskopischer physikalischer Gegenstände von den Eigenschaften der Teile und den mikrophysikalischen Gesetzen begründet werden könnte (Hüttemann 2004).

Literatur: T. Crane/D. H. Mellor, There Is No Question of Physicalism, Mind NS 99 (1990), 185–206, ferner in: P. K. Moser/J. D. Trout (eds.), Contemporary Materialism. A Reader, London/New York 1995, 65–85; dies., Postscript zu There Is No Question of Physicalism, in: P. K. Moser/J. D. Trout (eds.), Contemporary Materialism [s. o.], 85–89; A. Hüttemann, What's Wrong with Microphysicalism?, London 2004; ders./D. Papineau, Decomposing Physicalism, Analysis 65 (2005), 33–39; D. Lewis, Introduction, in: ders., Philosophical Papers II, Oxford/New York 1986, ix–xvii; G. Oppy, Humean Supervenience?, Philos. Stud. 101 (2000), 77–105; D. Papineau, Must a Physicalist Be a Microphysicalist?, in: J. Hohwy/J. Kallestrup (eds.), Being Reduced. New Essays on Reduction, Explanation, and Causation, Oxford/New York 2008, 126–148; P. Pettit, A Definition of Physicalism, Analysis 53 (1993), 213–223; ders., Microphysicalism without Contingent Micro-Macro Laws, Analysis 54 (1994), 253–257; ders., Microphysicalism, Dottism and Reduction, Analysis 55 (1995), 141–146.   A. H.

Mikrosoziologie, ↑Makrosoziologie/Mikrosoziologie.

Milhaud, Gaston, *Nîmes 10. Aug. 1858, †Paris 1. Okt. 1918, franz. Wissenschaftshistoriker und Wissenschaftstheoretiker. 1878 Ecole Normale Supérieure, 1881 Aggrégation in Mathematik und Gymnasiallehrer in Le Havre und Montpellier (ab 1891). Dort, nach Pariser philosophischem Doktorat (1894), Philosophieprofessor an der Universität (ab 1895). 1909 wurde für M. an der Pariser Sorbonne der erste französische wissenschaftsphilosophische Lehrstuhl (»Geschichte der Philosophie und ihrer Beziehungen zu den exakten Wissenschaften«) eingerichtet, der als institutioneller Beginn der französischen Wissenschaftsphilosophie betrachtet wird. M. gehört zur Gruppe französischer Gelehrter um die Jahrhundertwende, die (wie É. Boutroux, P. Duhem, H. Poincaré) eine am tatsächlichen Stand der exakten Wissenschaften (und ihrer historischen Entwicklung) orientierte Wissenschaftsphilosophie (↑Wissenschaftstheorie) anstrebten, während sie umgekehrt eine philosophische ↑Wissenschaftsgeschichte betrieben. Auf dieser disziplinären Neuorientierung baute später die von Gelehrten wie G. Bachelard und G. Canguilhem vertretene historische Epistemologie auf, die unter anderem die Geschichtlichkeit der Erkenntnisprozesse von Wissenschaft und Philosophie untersucht.

Gegen den ↑Empirismus F. Bacons und (entgegen seiner Selbsteinschätzung) den Positivismus (↑Positivismus (historisch)) A. Comtes betont M. die Rolle der Kreativität und Spontaneität (↑spontan/Spontaneität) des Geistes, hierbei an I. Kant, Duhem und C. Renouvier anschließend. Dieser Ansatz führt ihn zu einer dem ↑Phänomenalismus ähnlichen Position. Demzufolge liefert nur die reine Mathematik als geistige Konstruktion absolute Gewißheit, während die mathematische Formulierung von ↑Naturgesetzen eine prinzipiell unbeweisbare Fiktion darstellt, deren Wert sich erst in der empirischen Überprüfung ihrer Konsequenzen herausstellt. Mit dieser Auffassung gehört M. zu den Mitbegründern des ↑Konventionalismus. – M. ist einer der ersten Wissenschaftshistoriker, die die Bedeutung philosophischer Komponenten bei der von ihm als kumulierendes Fortschreiten (↑Fortschritt) aufgefaßten wissenschaftlichen Entwicklung hervorheben (↑Wissenschaftsgeschichte). Wissenschaftshistorisch bedeutsam sind vor allem seine Arbeiten zur Entwicklung der griechischen Wissenschaft.

Werke: Leçons sur les origines de la science grecque, Paris 1893; Essai sur les conditions et les limites de la certitude logique, Paris 1894, ⁴1924; Num Cartesii methodus tantum valeat in suo opere illustrando quantum ipse senserit, Montpellier 1894; La science rationnelle, Rev. mét. mor. 4 (1896), 280–302 (engl. Rational Science, trans. M. P. Fisher, Philos. Forum 37 [2006], 29–46); Le rationnel. Études complementaires à »L'Essai sur la certitude logique«, Paris 1898, ²1926, 1939; Les philosophes-géomètres de la Grèce. Platon et ses prédécesseurs, Paris 1900 (repr. New York 1976), ²1934; Le positivisme et le progrès de l'esprit. Études critiques sur Auguste Comte, Paris 1902; Études sur la pensée scientifique chez les Grecs et chez les modernes, Paris 1906; Nouvelles études sur l'histoire de la pensée scientifique, Paris 1911; Descartes savant, Paris 1921 (repr. New York/London 1987); Études sur Cournot, Paris 1927; La philosophie de Charles Renouvier, Paris 1927. – C. Chandelier, Bibliographie des écrits et des enseignements de G. M., in: A. Brenner/A. Petit (eds.), Science, historie & philosophie selon G. M. [s. u., Lit.], 255–265; A. Nadal, Bibliographie, in: ders., G. M. (1858–1918) [s. u., Lit.], 109–110.

Literatur: I. Benrubi, Philosophische Strömungen der Gegenwartsphilosophie in Frankreich, Leipzig 1928, 239–245; A. Brenner, Réconcilier les sciences et les lettres. Le rôle de l'histoire de sciences selon Paul Tannery, G. M. et Abel Rey, Rev. hist. sci. 58 (2005), 433–454; ders./A. Petit (eds.), Science, histoire & philosophie selon G. M.. La constitution d'un champ disciplinaire sous la Troisième République, Paris 2009 (mit Bibliographie, 266–274); A. Bridoux, Souvenirs concernant G. M., Bull. soc. franç. philos. 55 (1961), 109–112; P. Costabel, M., DSB IX (1974), 382–383; E. Goblot, G. M., Isis 3 (1921), 391–395; P. Janet, G. M., Ass. amicale des secours des anciens élèves de l'école norm. sup. 1919, 56–60; A. Nadal, G. M. (1858–1918), Rev. hist. sci. 12 (1959), 97–110; R. Poirer, Philosophes et savants français du XXᵉ siècle II (La philosophie de la science), Paris 1926, 55–80; ders., Meyerson, M. et le problème de l'épistémologie, Bull. soc. franç. philos. 55 (1961), 65–94.   G. W.

Mill, John Stuart, *London 20. Mai 1806, †Avignon 8. Mai 1873, engl. Philosoph, Sozialreformer und Nationalökonom. Erzogen von seinem Vater James Mill (1773–1836), einem schottischen Philosophen, Historiker und Ökonomen, Schüler und Freund J. Benthams und einem der Führer der ›Philosophical Radicals‹; durch ihn wird M. mit dem radikalen Liberalismus (›philosophical radicalism‹) von Bentham und D. Ricardo sowie mit dem Werk von A. Comte und A. Smith bekannt. 1823–1858 Tätigkeit (zuletzt in leitender Stellung) für die East India Company, 1865–1868 Mitglied des Unterhauses. – Philosophisch sind vor allem M.s Beiträge zur ›Logik‹ der naturwissenschaftlichen Forschung und zur Ethik von Interesse. In seinem »System der deduktiven und induktiven Logik« (A System of Logic, Ratiocinative and Inductive, 1843) entwirft er unter anderem eine allgemeine Methodologie der Wissenschaften mit dem Ziel, die ältere Logik so auszubauen, daß sie auch auf Politik und Soziologie anwendbar wird und dort zu ebenso exakten Voraussagen führt, wie sie I. Newtons Theorie für die Physik ermöglichte. Diesem Ziel dient die Entwicklung einer induktiven Logik (↑Logik, induktive), die M. auch als Grundlage der deduktiven Logik ansieht und die damit einer empiristischen, teils sogar psychologistischen Grundlegung der Logik (↑Psychologismus) nahesteht.

Für die experimentelle Suche nach den ↑Ursachen (↑Kausalität) eines Geschehens und den ihm zugrundeliegenden Gesetzmäßigkeiten bringt M. vier Ausschließungsverfahren in Vorschlag: (1) die Methode der Übereinstimmung (›the method of agreement‹), nach der dann, wenn jene Fälle des Vorkommens eines Phänomens nur ein einziges Merkmal gemeinsam haben, dieses Merkmal die Ursache des Phänomens enthält; (2) die Methode des Unterschieds (›the method of difference‹), nach der dann, wenn jene Fälle des Vorkommens eines Phänomens sich von anderen Fällen, in denen es nicht vorkommt, nur in einem einzigen Merkmal unterscheiden, dieses Merkmal die Ursache des Phänomens enthält; (3) die Restmethode (›the method of residues‹), nach der dann, wenn von einem Phänomen alle jene Wirkungen abgezogen werden, von denen bekannt ist, daß sie von bestimmten vorausliegenden Bedingungen verursacht sind, der Rest die Wirkung der verbleibenden Bedingungen darstellt; (4) die Methode der gleichzeitigen Abwandlung (›the method of concomitant variations‹), nach der dann, wenn sich das eine Phänomen nur dann ändert, wenn sich ein anderes ändert, zwischen beiden eine Kausalbeziehung besteht oder beide kausal auf einen dritten Faktor bezogen sind. *Sprachanalytisch* bedeutsam wurde die Einführung der folgenden drei Unterscheidungen durch M.: (1) die Unterscheidung zwischen allgemeinen Ausdrücken (›general terms‹, d. s. ↑Prädikatoren), die auf eine unbegrenzte Anzahl ähnlicher Gegenstände angewandt werden können, und singularen Ausdrücken (›singular terms‹, d. s. ↑Eigennamen und ↑Kennzeichnungen), die auf Einzeldinge Anwendung finden können; (2) die Unterscheidung zwischen konkreten Ausdrücken (›concrete terms‹) wie ›Mensch‹, ›schwarz‹ und abstrakten Ausdrücken (›abstract terms‹) wie ›Menschlichkeit‹ und ›Schwärze‹; (3) die Unterscheidung zwischen der ↑Denotation und der ↑Konnotation von Ausdrücken.

Was M.s *moralphilosophische* Anschauungen betrifft, so modifiziert er (Utilitarianism, 1863) den ↑Utilitarismus seines Vaters und Benthams. Während diese glaubten, die Beträge an Lust oder Unlust, die eine Handlung bewirke, in einer Art ›hedonistischem Kalkül‹ quantifizieren zu können (↑Hedonismus), steht M. diesem Unterfangen skeptisch gegenüber und sucht zudem die Arten von ↑Lust und Glück (↑Glück (Glückseligkeit)) auch qualitativ zu differenzieren, so daß sich für ihn ein Vergleich auf quantitativer Grundlage zwischen qualitativ unterschiedlichen Formen der Lust oder des Glücks verbietet. Außerdem versucht M. zu zeigen, daß der Begriff der moralischen Pflicht mit dem utilitaristischen Prinzip, das größtmögliche Wohlergehen der größtmöglichen Zahl von Menschen (›the greatest happiness of the greatest number‹) zu befördern, nicht in Widerspruch steht. Schließlich unternimmt er einen (mißlungenen) Beweisversuch für dieses Prinzip. M.s *nationalökonomisches* Hauptwerk »Principles of Political Economy« (1848) wiederholt zwar im wesentlichen lediglich die von Smith und anderen formulierten Prinzipien der Warenproduktion und des ↑Marktes, der Abhängigkeit des Gewinns von den Arbeitskosten und des nationalökonomisch notwendigen Ausgleichs von Exporten und Importen; jedoch enthalten seine Überlegungen zum Verhältnis von Ökonomie und sozialem Fortschritt eine Reihe von sozialkritischen, ja sozialistischen Elementen. – M. war ein enthusiastischer Verfechter politischer und persönlicher Freiheit, die er nicht nur als Freiheit von Zwang, sondern als Ermöglichung der Selbstverwirklichung des einzelnen ansah (On Liberty, 1859). Insbes. kämpfte er als einer der ersten für die Emanzipation der Frau zusammen mit Harriet Taylor, die er nach 19jähriger Freundschaft 1851 heiratete (The Subjection of Women, 1869).

Werke: Gesammelte Werke, I–XII, ed. T. Gomperz, Leipzig 1869–1881 (repr. Aalen 1968), II–IV, ²1884–1886, VI, 1884; Collected Works, I–XXXIII [XXXIII = Indexbd.], ed. J. M. Rob-

son, Toronto/Buffalo N. Y., London 1963–1991, Nachdr. der Bde I–V, VII–VIII, X, Indianapolis Ind. 2006. – A System of Logic, Ratiocinative and Inductive. Being a Connected View of the Principles of Evidence and the Methods of Scientific Investigation, I–II, London 1843, ⁸1872, Toronto/Buffalo N. Y., London 1973/1974, Indianapolis Ind. 2006 (= Collected Works VII–VIII) (dt. System der deductiven und inductiven Logik. Eine Darlegung der Principien wissenschaftlicher Forschung, insbesondere der Naturforschung, übers. J. Schiel, Braunschweig 1849, ⁴1877, unter dem Titel: System der deduktiven und induktiven Logik. Eine Darlegung der Grundsätze der Beweislehre und der Methoden wissenschaftlicher Forschung, I–III, übers. T. Gomperz, Leipzig 1872–1873, ²1884–1886 (repr. Aalen 1968) [= Ges. Werke II–IV]); Essays on Some Unsettled Questions of Political Economy, London 1844 (repr. Bristol 1992), ²1874 (repr. New York 1968, Clifton N. J. ²1974), Neudr. in: Collected Works [s. o.] IV, 229–339 (dt. Einige ungelöste Probleme der politischen Ökonomie, ed. H. G. Nutzinger, Frankfurt 1976, Marburg 2008); Principles of Political Economy. With Some of Their Applications to Social Philosophy, I–II, London, Boston Mass., Philadelphia Pa. 1848 (repr. Düsseldorf 1988), Toronto/Buffalo N. Y., London 1965, Indianapolis Ind. 2006 (= Collected Works II–III) (dt. Grundsätze der Politischen Ökonomie nebst einigen Anwendungen derselben auf die Gesellschaftswissenschaft, I–III, übers. A. Soetbeer, Hamburg 1852, Leipzig 1869 [repr. Aalen 1968] [= Ges. Werke V–VII], unter dem Titel: Grundsätze der politischen Ökonomie mit einigen ihrer Anwendungen auf die Sozialphilosophie, I–II, übers. u. ed. H. Waentig, Jena 1913/1921); On Liberty, London 1859, Neudr. in: M. Cohen (ed.), The Philosophy of J. S. M.. Ethical, Political and Religious, New York 1961, 185–319, ferner in: Collected Works [s. o.] XVIII, 213–310, separat ed. E. Rapaport, Indianapolis Ind. 1978, unter dem Titel: J. S. M.. On Liberty, ed. D. Bromwich/G. Kateb, New Haven Conn./London 2003 [mit ausführlichen Einführungen der Eds. und 4 Aufsätzen über »On Liberty«] (dt. Über die Freiheit, übers. E. Pickford, Frankfurt 1860, ed. B. Gräfrath, Stuttgart 2009, ed. H. D. Brandt, Hamburg 2009, ²2011); Thoughts on Parliamentary Reform, London 1859, Neudr. in: Collected Works [s. o.] XIX, 311–339; Dissertations and Discussions. Political, Philosophical, and Historical, I–IV, I–II, London 1859, New York 1973, III–IV, London 1867; Considerations on Representative Government, London 1861, New York 1862, Neudr. in: M. Cohen (ed.), The Philosophy of J. S. M. [s. o.], 399–420 (Auszug), ferner in: Collected Works [s. o.] XIX, 371–577 (dt. Betrachtungen über Repräsentativverfassung, übers. u. ed. F. A. Willer, Zürich 1862, unter dem Titel: Betrachtungen über die Repräsentativ-Regierung, übers. E. Wessel, Leipzig 1873 (repr. Aalen 1968) [= Ges. Werke VIII], unter dem Titel: Betrachtungen über die repräsentative Demokratie, ed. K. L. Shell, Paderborn 1971); Utilitarianism, London 1863, Oxford 1949, Neudr. in: Collected Works [s. o.] X, 203–259, separat ed. G. Sher, Indianapolis Ind. 1979 (dt. Der Utilitarismus [engl./dt.], übers. u. ed. D. Birnbacher, Stuttgart 1976, 2010); Auguste Comte and Positivism, London 1865, Philadelphia Pa. 1866, Neudr. in: Collected Works [s. o.] X, 261–368, separat Ann Arbor Mich. 1961 (dt. Auguste Comte und der Positivismus, übers. E. Gomperz, Leipzig 1874 [repr. Aalen 1968] [= Ges. Werke IX]); An Examination of Sir William Hamilton's Philosophy and of the Principal Philosophical Questions Discussed in His Writings, London 1865, London/New York ⁶1889, Toronto/Buffalo N. Y., London 1979 (= Collected Works IX) (dt. Eine Prüfung der Philosophie Sir William Hamiltons, übers. H. Wilmanns, Halle 1908); The Subjection of Women, London 1869 (repr. Greenwich Conn. 1971), Cambridge Mass./London, New York 1970 (dt. Die Hörigkeit der Frau, in: ders./H. T. Mill/H. Taylor, Die Hörigkeit der Frau und andere Schriften zur Frauenemanzipation, ed. H. Schröder, Frankfurt 1976, 125–278); Autobiography, London, New York 1873, Nachdr. in: Collected Works [s. o.] I, 1–290 (dt. Selbstbiographie, übers. C. Kolb, Stuttgart 1874, unter dem Titel: Autobiographie, ed. u. übers. J.-C. Wolf, Hamburg 2011); Three Essays on Religion, London 1874, Neudr. in: Collected Works [s. o.] X, 369–489 (dt. Über Religion. Natur. Die Nützlichkeit der Religion. Theismus. Drei nachgelassene Essays, übers. E. Lehmann, Berlin 1875, unter dem Titel: Drei Essays über Religion, ed. D. Birnbacher, Stuttgart 1984); Chapters on Socialism, New York 1880, Neudr. in: Collected Works [s. o.] V, 703–753 (dt. Der Socialismus, übers. S. Freud, in: Ges. Werke [s. o.] XII, 160–226); Early Essays, ed. J. W. M. Gibbs, London 1897; James and J. S. M. on Education, ed. F. A. Cavenagh, Cambridge 1931, Westport Conn. 1979; Four Dialogues of Plato, Including the »Apology of Socrates«, ed. R. Borchardt, London 1947 [übers. u. komm. von J. S. M.]; M.'s Ethical Writings, ed. J. B. Schneewind, New York 1965; J. S. M. on Politics and Society, Selected and ed. G. L. Williams, Hassocks (Sussex) 1976.– Lettres inédites de J. S. M. à Auguste Comte, ed. L. Lévy-Bruhl, Paris 1899 (repr. unter dem Titel: Correspondance de J. S. M. et d'Auguste Comte, Paris 2007) (engl. The Correspondance of J. S. M. and August Comte, New Brunswick N. J./London 1995). – N. MacMinn/J. R. Hainds/J. M. McCrimmon (eds.), Bibliography of the Published Writings of J. S. M., Evanston Ill. 1945, London, Bristol 1990; M. Laine, Bibliography of Works on J. S. M., Toronto/Buffalo N. Y./London 1982.

Literatur: R. P. Anschutz, The Philosophy of J. S. M., Oxford/New York 1953, Westport Conn. 1986; F. Arata, La logica di J. S. M. e la problematica etico-sociale, Mailand 1964; A. Bain, J. S. M.. A Criticism with Personal Recollections, New York, London 1882 (repr. Bristol 1993), New York 1969; S. Becher, Erkenntnistheoretische Untersuchungen zu S. M.s Theorie der Kausalität, Halle 1906 (repr. Hildesheim/New York 1980); F. R. Berger, Happiness, Justice, and Freedom. The Moral and Political Philosophy of J. S. M., Berkeley Calif./London 1984; D. Birnbacher, M., in: O. Höffe (ed.), Klassiker der Philosophie II, München 1981, 132–152, 471–474, 517, ³1995, 132–152, 476–478, 527; D. Brink, M.'s Moral and Political Philosophy, SEP 2007; K. Britton, J. S. M.. An Introduction to the Life and Teaching of a Great Pioneer of Modern Social Philosophy and Logic, Melbourne etc. 1953, New York ²1969; W. E. Cooper/K. Nielsen/S. C. Patten (eds.), New Essays on J. S. M. and Utilitarianism, Guelph Ont. 1979; M. Cowling, M. and Liberalism, Cambridge 1963, ²1990; M. Cranston, M., DSB IX (1974), 383–386; R. Crisp, Routledge Philosophy Guidebook to M. on Utilitarianism, London/New York 1997; W. R. De Jong, The Semantics of J. S. M., Dordrecht/Boston Mass./London 1982; W. Donner, The Liberal Self. J. S. M.'s Moral and Political Philosophy, Ithaca N. Y./London 1991; G. Even-Granboulan/M. Terestchenko, M., Enc. philos. universelle III/1 (1992), 1983–1986; F. W. Garforth, J. S. M.'s Theory of Education, New York, Oxford 1979; B. Gräfrath, M., in: F. Volpi (ed.), Großes Werklexikon der Philosophie II, Stuttgart 1999, 1039–1041; E. Halévy, La formation du radicalisme philosophique, I–III, Paris 1901–1904, 1995 (engl. The Growth of Philosophic Radicalism, London/New York 1928, ²1949, London 1972); R. J. Halliday, J. S. M., London, New York 1976, New York/London 2004; J. Hamburger, Intellectuals in Politics.

J. S. M. and the Philosophic Radicals, New Haven Conn./London 1965, 1966; ders., J. S. M. on Liberty and Control, Princeton N. J. 1999, 2001; G. Himmelfarb, On Liberty and Liberalism. The Case of J. S. M., New York 1974, San Francisco Calif. 1990; H. G. Hödl, M., BBKL V (1993), 1515–1527; S. Hollander, The Economics of J. S. M., I–II (I Theory and Method, II Political Economy), Toronto, Oxford 1985; F. L. van Holthoon, The Road to Utopia. A Study of J. S. M.'s Social Thought, Assen 1971; R. Jackson, An Examination of the Deductive Logic of J. S. M., London 1941; H. Jakobs, Rechtsphilosophie und politische Philosophie bei J. S. M., Bonn 1965; O. A. Kubitz, The Development of J. S. M.'s System of Logic, Urbana Ill. 1932; R. Kühn, M., DP II (²1993), 2008–2012; M. Laine (ed.), A Cultivated Mind. Essays on J. S. M. Presented to John M. Robson, Toronto/Buffalo N. Y., London 1991; J. Lipkes, Politics, Religion, and Classical Political Economy in Britain. J. S. M. and His Followers, Basingstoke/New York 1999; M. Ludwig, Die Sozialethik des J. S. M.. Utilitarismus, Zürich 1963; D. Lyons, Rights, Welfare, and M.'s Moral Theory, New York/Oxford 1994; J. L. Mackie, M.'s Methods of Induction, Enc. Ph. V (1967), 324–332; H. J. McCloskey, J. S. M.. A Critical Study, London 1971; G. Morlan, America's Heritage from J. S. M., New York 1936, 1973; M. S. J. Packe, The Life of J. S. M., New York, London 1954, New York 1970; A. Pyle (ed.), Liberty. Contemporary Responses to J. S. M., Bristol 1994; ders. (ed.), The Subjection of Women. Contemporary Responses to J. S. M., Bristol 1995; P. Radcliff (ed.), Limits of Liberty. Studies of M.'s »On Liberty«, Belmont Calif. 1966; F. Restaino, J. S. M. e la cultura filosofica britannica, Florenz 1968; J. Robson, The Improvement of Mankind. The Social and Political Thought of J. S. M., Toronto, London 1968; ders./M. Laine (eds.), James and J. S. M.. Papers of the Centenary Conference, Held at the University of Toronto on 3–5 May 1973, Toronto/Buffalo N. Y. 1976; B. Russell, Lecture on a Master Mind. J. S. M., Proc. Brit. Acad. 41 (1955), 43–59, Nachdr. in: ders., Portraits from Memory and Other Essays, London 1956, 114–134; A. Ryan, J. S. M., New York 1970, unter dem Titel: The Philosophy of J. S. M., London 1970, Basingstoke ²1987, 1998; ders., J. S. M., London/Boston Mass. 1974; S. Saenger, J. S. M.. Sein Leben und Lebenswerk, Stuttgart 1901; G. Scarre, Logic and Reality in the Philosophy of J. S. M., Dordrecht 1989; ders., M. on Liberty. A Reader's Guide, London/New York 2007; J. B. Schneewind, M., Enc. Ph. V (1967), 314–323; ders. (ed.), M.. A Collection of Critical Essays, New York/London/Melbourne, Garden City N. Y. 1968, London, Notre Dame Ind. 1969; J. Skorupski, J. S. M., London/New York 1989, 2002; ders., M., REP VI (1998), 360–375; ders. (ed.), The Cambridge Companion to M., Cambridge/New York 1998; ders., Why Read M. Today?, London/New York 2006, 2007; J. M. Smith/E. Sosa (eds.), M.'s Utilitarianism. Text and Criticism, Belmont Calif. 1969; L. K. Sosoe, Naturalismuskritik und Autonomie der Ethik. Studien zu G. E. Moore und J. S. M., Freiburg/München 1988; L. Stephen, The English Utilitarians III (J. S. M.), London/New York 1900 (repr. Bristol 1950, 1991), Cambridge etc. 2012; C. L. Ten, M. on Liberty, Oxford 1980; ders. (ed.), M.'s »On Liberty«. A Critical Guide, Cambridge/New York 2008; D. F. Thompson, J. S. M. and Representative Government, Princeton N. J. 1976, 1979; H. R. West, M., in: L. C. Becker/C. B. Becker (eds.), Encyclopedia of Ethics II, New York/London 1992, 811–816; ders. (ed.), The Blackwell Guide to M.'s Utilitarianism, Malden Mass./Oxford 2006; F. Wilson, Psychological Analysis and the Philosophy of J. S. M., Toronto/Buffalo N. Y., London 1990; ders., M., SEP 2002, rev. 2007. R. Wi.

Mīmāṃsā (sanskr., Prüfung, Erörterung; von der Wurzel ›man‹, meinen, denken), Bezeichnung für eines der sechs traditionellen orthodoxen, also die Autorität des ↑Veda anerkennenden philosophischen Systeme (↑darśana) innerhalb der indischen Philosophie (↑Philosophie, indische). Alle von den Anhängern der M., den Mīmāṃsakas, verfaßten Texte sind grundsätzlich Kommentare oder Unterkommentare bzw. wiederum diese kommentierende Schriften zum ältesten überlieferten Werk, dem die M. begründenden und Jaimini als Autor zugeschriebenen Mīmāṃsā-sūtra (ca. 3. Jh. v. Chr.). In ihm sind Regeln für die Auslegung des Veda zusammengestellt, die als Kriterien für die richtige Ausführung der praktisch-religiösen Pflichten (↑dharma) dienen sollen. 2. Jh. v. Chr.) niedergelegten theoretisch-theologischen Erörterungen, die richtiges Wissen (↑jñāna) anstreben. Deshalb auch die Bezeichnung ›Karma-M.‹ (auch ›Dharma-M.‹ oder ›Pūrva-M.‹ [= vorhergehende Erörterung]) für die praktisch orientierte M. und ›Brahma-M.‹ (auch ›Jñāna-M.‹ oder ›Uttara-M.‹ [= nachfolgende Erörterung]) für das theoretisch orientierte, unter anderem auf dem Vedānta-sūtra (= Brahma-sūtra) fußende System des ↑Vedānta (die M. wird ihrer Textbezogenheit wegen auch ›Vākya-śāstra‹ [= Theorie der (vedischen) Sprache] genannt). Beide Systeme haben sich grundsätzlich als einander ergänzend verstanden; die ihnen zugrundeliegenden ↑sūtras sind ursprünglich wohl sogar gemeinsam kommentiert worden und wurden erst später, besonders aber unter dem Einfluß des Advaita-Vedānta Śaṃkaras (ca. 700–750), getrennt erörtert. Bei dem Gegner des Monismus Śaṃkaras, dem Vedāntin Bhāskara (ca. 750–800), und im theistischen Viśiṣṭādvaita Rāmānujas (ca. 1055–1137) werden beide M. erneut als Einheit behandelt. Dabei ist der die Philosophie der großen Epen, insbes. die Bhagavadgītā (↑Brahmanismus) beherrschende Gedanke einer durch rechtes Tun erreichbaren Erlösung (↑mokṣa) im Sinne einer Befreiung vom Gesetz der Tatvergeltung (karma) und damit vom leidvollen Kreislauf der Wiedergeburten (↑saṃsāra) der M. ursprünglich fremd: rechtes Tun allein bedeutet schon Befreiung vom Leid (duḥkha) (allerdings unter Umständen bis in ein künftiges Leben hinein verzögert; solange nur als unsichtbare Kraft vorhanden: Lehre vom apūrva [= das noch nicht Dagewesene]); es ist also ein Selbstzweck und kein Mittel für etwas anderes. Entsprechend bedeutet auch im voll ausgebildeten Advaita-Vedānta das rechte Wissen – nämlich die Einsicht in die Ununterschiedenheit von Einzelseele (ātman) und Weltseele (↑brahman) – bereits die Erlösung, darf also ebenfalls nicht bloß als ein Mittel dafür verstanden werden. Im übrigen vertritt die M., ähnlich wie die Systeme des ↑Nyāya und des ↑Vaiśeṣika, einen philosophischen Pluralismus (die Wirklichkeit besteht aus vielen Einzelseelen [ātman] und vielen Dingen [artha]) im Unterschied zum philosophischen Monismus des Advaita-Vedānta (allein brahman ist wirklich). Dies erlaubt es, auch unter Berücksichtigung der Verlagerung des Interesses vom Praktischen zum Theoretischen, das Verhältnis der M. zum Advaita-Vedānta philosophisch grundsätzlich analog dem des ↑Hīnayāna zum ↑Mahāyāna im Buddhismus zu sehen.

Die ältesten Quellen der M., das M.-sūtra und der erste erhaltene Kommentar, das Mīmāṃsāsūtra-bhāṣya des vermutlich in die 2. Hälfte des 5. Jhs. n. Chr. gehörenden Śabara (= Śabarasvāmī), gelten als philosophisch weitgehend unergiebig, weil weder eine eigenständige zusammenhängende Erkenntnistheorie noch Ontologie vertreten wird und auch die der M. eigentümlichen sprachphilosophischen Auffassungen erst in späteren Kommentaren deutlich herausgestellt werden. Gleichwohl darf die bereits im M.-sūtra enthaltene und für die indische philosophische Tradition, insbes. den Vedānta, weitgehend verbindlich gewordene Methodologie der Textinterpretation gegenwärtig großes Interesse beanspruchen. Die durch ›Interpretationsregeln‹ (an Stelle des von der Schule der Grammatiker [↑Pāṇini, ↑Patañjali] dafür übernommenen Terminus ›paribhāṣā‹ wird auch ↑›nyāya‹, allerdings im Sinne von ›Topos‹ und nicht von ›Argumentationsregel‹, verwendet) vorgenommenen Sinnerklärungen durchlaufen fünf Etappen, in die jeder der 890 Abschnitte (adhikaraṇa) des M.-sūtra gegliedert ist: (1) den Gegenstand (viṣaya) der Behauptung feststellen; (2) Zweifel (saṃśaya) vorbringen; (3) gegnerische Ansichten (pūrvapakṣa [= erster Einwand]) zusammenstellen; (4) eigene Ansicht (uttarapakṣa [= Antwort] bzw. siddhānta [= endgültiger Satz]) dagegenstellen und sichern; (5) das gesicherte Ergebnis schrittweise in den Gesamtzusammenhang des Textes einbetten (saṃgatī [= Zusammenhang, Übereinstimmung]). Da sich weiter alle Sinnerklärungen grundsätzlich auf Aufforderungssätze beziehen, weil nach Ansicht der M. im wesentlichen Vorschriften (vidhi) den Textbestand des Veda ausmachen, muß die Normalform eines Satzes stets ein durch nähere Bestimmungen spezifiziertes Verb im Modus des Optativs sein. Der pragmatische Rahmen für die Sprachphilosophie der M., insbes. ihre Semantik, ist damit gesteckt. Auch ist offensichtlich, daß für die Untersuchung der praktisch-religiösen Pflichten allein das Erkenntnismittel zuverlässige Mitteilung bzw. Überlieferung (↑śabda, in der M. auch: śāstra [= Lehrinhalt]) in Frage kommt. Wahrnehmung (↑pratyakṣa) – śabda und pratyakṣa sind die einzigen im M.-sūtra auftretenden Erkenntnismittel – ist nicht geeignet, die erst geforderte (sādhya) statt schon bestehende (siddha) Wirklichkeit zu erkennen. Nimmt man hinzu, daß die M. von Anfang an insbes. gegen den Nyāya die Ewigkeit (nityatā) des Veda vertrat – er hat weder menschliche noch göttliche Verfasser, die M. ist grundsätzlich atheistisch –, so bedurfte es eigener sprachphilosophischer Hilfsmittel, diese These zu begründen. Sie sind von der Schule der Grammatiker übernommen worden. Dazu gehört insbes. die Lehre vom varṇa-↑sphoṭa, dem beständigen Laut(-schema), also dem ↑Phonem, im Unterschied zu seinen flüchtigen Aktualisierungen, dem bloßen Ton (dhvani) oder der bloßen Schreibfigur (rūpa). Als *Lautschemata* sind die Sätze des Veda ewig und auf Grund der ihnen innewohnenden ›Kraft‹ (↑śakti) fest mit ihrer Bedeutung verbunden (zu berücksichtigen ist dabei, daß Wörter grundsätzlich nur innerhalb eines Satzes eine Bedeutung haben). Diese ist bestimmt als die ›allgemeine Form‹ der Individuen eines Gegenstandsbereichs (artha), d.i. die ↑ākṛti (rekonstruiert: die Intension eines ↑Individuativums). Die zusätzliche Lehre der Grammatiker, daß neben den Lautschemata auch eigenständige, aus Lauten zusammengesetzte Wortschemata (pada-sphoṭa), also ↑Morpheme, zu berücksichtigen seien, ist von der M. ihrer durch die Übernahme der Naturphilosophie des Vaiśeṣika ausgelösten realistischen Deutung der Bedeutungen wegen zurückgewiesen worden, und zwar bereits von einem frühen, ›Upavarṣa‹ genannten Kommentator des M.-sūtra. Dessen Auffassungen sind im so genannten ›Vṛttikāragrantha‹ (= vṛttikāra-Kapitel) des Śabarabhāṣya überliefert, d.i. ein von Śabara in seinen Kommentar übernommenes philosophisch bedeutsames Stück eines vermutlich in die 1. Hälfte des 5. Jhs. n. Chr. gehörenden Kommentators (vṛttikāra [= vṛtti-Verfasser]).

Obwohl durch Herausstellen des Schemaaspekts der Sprachhandlungen die M. ihre ›Natur‹-Theorie der Bedeutung gegen die Lehre vom konventionellen Charakter der Sprachlaute im Nyāya verteidigen konnte (↑Logik, indische), ergaben sich argumentative Schwierigkeiten angesichts der Kritik des zur Schule der Grammatiker gehörenden Sprachphilosophen Bhartṛhari (ca. 450–510): wenn schon die Bedeutungen sprachlicher Ausdrücke zutreffend als etwas Allgemeines bestimmt sind, so kann auch die Wirklichkeit des Allgemeinen selbst grundsätzlich nur *sprachlicher* Natur sein und nicht eine der Sprache gegenüberstehende sprachfreie Welt. Der mit dem Nyāya und Vaiśeṣika geteilte Realismus in der Erkenntnistheorie (↑Realismus (erkenntnistheoretisch)) macht es der M. unmöglich, die von Bhartṛhari vertretene und vom Advaita-Vedānta passend abgewandelte Überzeugung, daß die Welt ausschließlich sprachlich erschlossen ist, fruchtbringend in ihren eigenen Aufbau einzubeziehen.

Es war das Verdienst von Kumārila (ca. 620–680) und dem nach der Tradition als sein Schüler geltenden Prabhākara (ca. 650–720), das ursprüngliche, auf die Auslegung des Veda konzentrierte Interesse der M. durch selbständigen Ausbau der sprachphilosophischen Hilfs-

mittel und deren eine systematische Erkenntnistheorie fundierende Rolle zu einem Interesse an einem allseitig zusammenhängenden und von den rivalisierenden darśanas anerkannten philosophischen System erweitert zu haben. Von Kumārilas Werken ist sein dreiteiliger Kommentar zum Śabara-bhāṣya, das Ślokavārttika (= ergänzender Kommentar in Versen) – philosophisch am wichtigsten, weil vor allem den Vṛttikāragrantha kommentierend –, das Tantravārttika und die Ṭupṭīkā, überliefert; ein Alterswerk, die Bṛhaṭṭīkā, wurde in Teilen von E. Frauwallner (Kumārila's Bṛhaṭṭīkā, Wiener Z. Kunde Süd- u. Ostasiens 6 [1962], 78–90) rekonstruiert und in die Zeit nach dem ersten Werk des buddhistischen Logikers Dharmakīrti (ca. 600–660) datiert. Ein großer und ein kleiner Kommentar Prabhākaras zum Śabarabhāṣya, Bṛhatī und Laghvī, stehen hingegen bisher nur bruchstückhaft zur Verfügung; ihr Inhalt ist vor allem aus späteren Folgekommentaren bekannt.

Die Differenz der beiden sich einerseits auf Kumārila, auch ›Bhaṭṭa‹ (der Gelehrte) genannt, andererseits auf Prabhākara, auch ›Guru‹ (der Lehrer) genannt, berufenden Zweige der M., der ›Bhāṭṭas‹ und der ›Prābhākaras‹, besteht im wesentlichen darin, daß die Prābhākaras den pragmatischen Rahmen theoretischer Lehrstücke radikaler durchhalten als die Bhāṭṭas. Das ist einmal daran ablesbar, daß Prabhākara die Bedeutung nominaler Ausdrücke, z.B. ›Kuh‹, konsequent auf verbale, z.B. ›Kuh-bringen‹, zurückführt, und, anders als Kumārila, keine von Handlungen unabhängige Bedeutungen zuläßt. Als Folge dieses konsequenten ↑Pragmatismus haben bei den Prābhākaras die sprachlichen Bestandteile komplexer Sätze keine vom Satzzusammenhang unabhängige ↑kategorematische Bedeutung (Lehre vom anvitābhidhāna [= nachfolgende Benennung]), während für die Bhāṭṭas durchaus selbständige Teilbedeutungen zu einer Gesamtbedeutung zusammengefügt werden können (Lehre vom abhihitānvaya [= hergestellte Verbindung]). Ein weiterer Unterschied findet sich in der Lehre von den Erkenntnismitteln (↑pramāṇa): Kumārila hat zu den zwei ursprünglichen pramāṇas des M.-sūtra, Śabara bzw. dem von diesem zitierten Vṛttikāra folgend, noch Schlußfolgerung (↑anumāna), Vergleich (↑upamāna), Festsetzung (von Selbstverständlichem) (arthāpatti) und Nichterfassen (anupalabdhi, in der M. auch: abhāva [= Abwesenheit]) hinzugefügt (↑Logik, indische). Prabhākara hingegen bestreitet die Berechtigung der Selbständigkeit von Nichterfassen, weil wegen der Unwirklichkeit von etwas Negativem keine eigenständige Erkenntnis der Abwesenheit eines Gegenstandes möglich ist. Auch hier wieder ist die Folge für die in der M. vertretene ›Dreifaktorenlehre‹ (der Erkenntnis) (triputī-vāda) – jede Erkenntnis (jñāna oder buddhi) besteht aus Erkenntnisobjekt (jñeya oder viṣaya-vitti), Erkenntnissubjekt (jñātā oder ahaṃvitti) und dem Wissen von der Erkenntnis (svasaṃvitti) –, daß Prabhākara alle drei Faktoren als gleichzeitig im Erkenntnisakt gegeben ansieht (Selbstbewußtsein und Objektbewußtheit sind korrelativ zueinander). Dabei kann das Erkenntnissubjekt niemals Erkenntnisobjekt sein. Kumārila dagegen hält die Unabhängigkeit der erkannten Welt vom erkennenden Subjekt gegen deren konsequente Einbettung in Handlungszusammenhänge aufrecht, indem er sowohl das (Wissen vom) Erkennen als auch das Erkenntnisobjekt nur als aus der Erkanntheit (jñātatā), einem im Erkenntnisakt verliehenen Prädikat, erschlossen ansieht. Dabei faßt er, ebenfalls gegen Prabhākara, das Erkenntnissubjekt als Objekt, nämlich der Icherkenntnis, d. h. als die Bedeutung von ›ich‹, auf. Dieser Unterschied in der Erkenntnistheorie der beiden M. Zweige führt, wie bereits der Naiyāyika Udayana (11. Jh.) auseinandergesetzt hat, dazu, daß die Prābhākaras sich der Position der Buddhisten im ↑Yogācāra nähern (mit der Folge einer konsequenten Kohärenztheorie der Wahrheit), während die Bhāṭṭas allmählich von den Naiyāyikas ununterscheidbar werden (mit der Folge einer konsequenten Korrespondenztheorie der Wahrheit) (↑Logik, indische, ↑Wahrheitstheorien).

Der zweite große Schüler Kumārilas, Maṇḍana Miśra (ca. 660–720), hat sich von der M. abgewendet, weil er den von ihrer realistischen Erkenntnistheorie implizierten Subjekt-Objekt-Dualismus (↑Subjekt-Objekt-Problem) aus sprachphilosophischen, von Bhartṛhari übernommenen Gründen nicht mehr für verteidigbar hielt. Sein Versuch, stattdessen eine kritisch gereinigte Renaissance des älteren Vedānta einzuleiten, konnte sich allerdings gegen den Advaita-Vedānta seines jüngeren Zeitgenossen Śaṃkara nicht durchsetzen. – Bedeutende M.-Lehrer aus dem Bhāṭṭa-Zweig sind Umveka (1. Hälfte 8. Jh.), Sucarita Miśra (10. Jh.) und Pārthasārathi Miśra (11. Jh.) mit unter anderem je einem Kommentar zum Ślokavārttika (ein selbständiges Handbuch zur M. von Pārthasārathi Miśra, der Śāstradīpikā, ist ebenfalls wichtig) sowie als Anhänger Prabhākaras vor allem Śālikanātha (8. Jh.), dessen Prakaraṇa-pañcikā (= Erläuterung [pañcikā] in Form einer selbständigen Abhandlung [prakaraṇa]) neben dem Kommentar Ṛjuvimalā zu Prabhākaras Bṛhatī die wichtigste Quelle für die selbständig nur in Bruchstücken überlieferten Auffassungen Prabhākaras darstellt. Mit dem Vollzug der schon erwähnten Annäherungen an die Positionen des Yogācāra bzw. des Nyāya endet die selbständige Entwicklung der M., unbeschadet ihrer bis heute andauernden praktischen Bedeutung für die traditionelle Exegese des Veda.

Literatur: ↑Philosophie, indische.   K. L.

Mimesis (griech. μίμησις, Darstellung, Nachahmung, Abbildung; lat. imitatio), Terminus der antiken Philosophie, Kunsttheorie und Rhetorik, ferner der ↑Ontologie, der ↑Anthropologie und der Kulturtheorie. In der griechischen Musiktheorie und Ästhetik (↑ästhetisch/Ästhetik) wird unter ›M.‹ in der Regel nicht *Nachahmung*, sondern Darstellung, und zwar vorwiegend die dramatische Darstellung mit den Mitteln der Musik verstanden. ›M.‹ als kunsttheoretischer Terminus geht zurück auf das kultische Tanzspiel, in dem Text, Gestus, Melodie und Rhythmus seelische Zustände und Vorgänge sinnlich wahrnehmbar zum Ausdruck bringen. Der Mimos (μῖμος), eine vom 5. Jh. vor bis zum 1. Jh. nach Chr. beliebte Form der szenischen Aufführung, eine Art ›Kleinkunsttheater‹ mit stark burlesken Zügen, ist eine ausdrücklich auf Nachahmung festgelegte Kunstform.

Bei Platon, der als Urheber der ästhetisch-kunsttheoretischen Nachahmungskonzeption angesehen werden kann, findet sich eine große Bedeutungsvielfalt von M., und zwar hauptsächlich im Bildungs- und Ausbildungsprogramm seines ›Idealstaates‹ (Pol. II/III): Nach einer Grobeinteilung der Bildungsgegenstände in ›Gymnastik‹ (worunter auch die Körperertüchtigung für den Kriegsdienst fällt) und ›Musenkunst‹ (μουσική), hier verstanden als Gebiet der künstlerischen Ausbildung insgesamt, unterteilt Platon den letztgenannten Bereich in einen eher inhaltlichen und einen eher formalen Aspekt; den ersten bestimmt er durch (1) Rede/Worte (λόγοι), (2) Stil (λέξις), (3) Tonart (ἁρμονία) und (4) Rhythmik/Metrik (ῥυθμός) (Pol. 376e–400b). Ein anderer Wortgebrauch begegnet in der Analyse des formal-stilistischen Aspekts: In einer Charakterisierung möglicher Präsentationsformen von Literatur durch Mythenerzähler und Dichter unterscheidet Platon die Erzählung (διήγησις), d. h. den deskriptiven Bericht des Verfassers, von der M., worunter er die szenische Darstellung des Autors von auf der Bühne agierenden Personen versteht, ohne daß der Dichter seinerseits durch Erläuterungen, erzählende Hinweise und Ähnliches präsent ist. Reine Formen der M. in diesem Sinne sind Tragödie und Komödie. In dieser die Präsentationsform von Texten betreffenden Sichtweise tritt M. als stilistisch-literarische Kategorie auf, nicht zu verstehen als ›Nachahmung‹, sondern als Darstellungs*form*. Die für Platon zentrale ontologische Bedeutung von M. hat ihren Ursprung vermutlich (so Aristoteles, Met. A6.987b11–12) in der Zahlenspekulation einiger ↑Pythagoreer des 5. Jhs., denen das Theorem zugeschrieben wird, das Seiende existiere dadurch, daß es die Zahlen ›nachahme‹. Dies betrifft auch das Verhältnis von Idee (↑Idee (historisch), ↑Ideenlehre) und Gegenstand: Während allein die Ideen im eigentlichen Sinne ›wirklich‹ sind, haben die Einzeldinge nur insofern an der Realität teil (↑Methexis) und sind nur insofern erkennbar, als sie Nachahmungen (↑Abbilder) der Ideen sind. An dieses ontologische M.verständnis schließt sich das ästhetisch-kunsttheoretische unmittelbar an, das in der Quintessenz (597a–598d) mündet, der Künstler stelle lediglich ›Abbilder von Abbildern‹ (›Nachahmungen von Nachahmungen‹) her und stehe somit in der Wertung von Herstellungen an dritter Stelle: (1) Gott schafft das ›wahre Seiende‹, die Ideen, die Urbilder, (2) der Handwerker ahmt diese nach, indem er Artefakte herstellt, (3) der Künstler ahmt (3 a) entweder die Gegenstände der empirischen Welt oder (3 b) die Artefakte der Handwerker nach. Am unteren Ende dieser ontologischen Produktionsskala stehend, verfügt er nicht über eigenes Wissen, sondern setzt nur bloßen Schein in die Welt; von der Wahrheit, den Ideen, ist er drei Stufen entfernt. Hier liegt (neben dem moralischen Verdikt, daß die Dichter das Volk durch falsche Vorstellungen verderben) der Kern der Platonischen Dichterkritik. In einem sprachphilosophischen Zusammenhang bezeichnet Platon (Krat. 422e–424a) die Buchstaben, Silben und Wörter, insbes. die ↑Eigennamen (die er als prädikative Ausdrücke für Individuen rekonstruiert) genau dann als ›Mimema‹ (μίμημα, Abbild), wenn sie das ↑›Wesen‹ (ούσία, ↑Usia) oder den ›Begriff‹ (εἶδος, ↑Eidos) eines Gegenstandes repräsentieren.

Aristoteles (Poet. *A*.1447a20–6.1449b28) schließt sich einerseits dem musiktheoretischen M.verständnis Platons an, wenn er von der M. handelnder Personen (im Drama) spricht und Rhythmus, Wort und Harmonie als Mittel der M. angibt, andererseits schreibt er im Gegensatz zu Platon der M. einen positiven, kulturhistorisch wichtigen Stellenwert zu, wenn er betont, daß die M. und die Freude am Nachgeahmten dem Menschen angeboren, ein ihm allein zukommendes anthropologisches Spezifikum ist. Der bis zum 19. Jh. in der Kunsttheorie vielfach diskutierte Topos, Kunst sei Nachahmung der Natur, ist in seinem Ursprung ebenfalls kulturhistorisch zu verstehen, allerdings vor dem Hintergrund eines konkret-pragmatischen Handlungskontextes. Demokrit, der früheste Bezugspunkt dieser Wortgebrauchstradition, übernimmt das umgangssprachliche M.verständnis (= ›nachmachen‹) in seiner These, die Menschen hätten in den wichtigsten Dingen von der Natur gelernt, und zwar auf dem Wege der Nachahmung (VS 68 B 154). Aristoteles greift diesen Ansatz auf und ergänzt ihn: In seinen Herstellungshandlungen (↑Poiesis) würde der Mensch zwar einerseits die Natur nachahmen, andererseits aber über sie hinausgehen und sie vollenden (Phys. *B*8.199a15–17). Nach Pseudo-Longin (Über das Erhabene, 22) wollen die ›besten Schriftsteller‹ die Natur nachahmen, »denn dann ist Kunst vollkommen, wenn sie Natur zu sein scheint«.

In der nachklassischen Zeit und in den Ästhetiken seit dem 18. Jh. bedeutet ›M.‹ fast ausschließlich Nachahmung (imitatio), vor allem von Natur oder Gesellschaft. Die alte musiktheoretisch-ästhetische Bedeutung gerät

in Vergessenheit, das antike umgangssprachliche, ontologische (Platon), sprachphilosophische und das (zum Teil als Nachahmung der Schöpfertätigkeit Gottes religiös umgedeutete) kulturhistorische Verständnis der M. setzt sich durch, vor allem auf Grund des Einflusses der ↑Rhetorik, in der ›M.‹ Nachahmung beispielhafter Vorbilder bedeutet. In der marxistischen Kunsttheorie und Ästhetik (G. Lukács) gewinnt der Begriff der M. (Nachahmung) im Rahmen der ↑Widerspiegelungstheorie erneut systematische Bedeutung.

Literatur: T. W. Adorno, Ästhetische Theorie, Frankfurt 1970, 2003 (= Ges. Schr. VII), 86–89; E. Auerbach, M.. Dargestellte Wirklichkeit in der abendländischen Literatur, Bern 1946, Tübingen/Basel [10]2001 (engl. M.. The Representation of Reality in Western Literature, Garden City N. Y., Princeton N. J. 1953, Princeton N. J./Oxford 2003 [mit einer Einl. v. E. W. Said, ix–xxxii]; franz. Mimésis. La représentation de la réalité dans la litérature occidentale, Paris 1968, 1998); W. Benjamin, Ges. Schr. II/1, ed. R. Tiedemann/H. Schweppenhäuser, Frankfurt 1977, 204–213; G. Bien, Bemerkungen zu Genesis und ursprünglicher Funktion des Theorems von der Kunst als Nachahmung der Natur, Bogawus. Z. f. Lit., Kunst, Philos. 2 (1964), 26–43; H. Blumenberg, Nachahmung der Natur. Zur Vorgeschichte der Idee des schöpferischen Menschen, Stud. Gen. 10 (1957), 266–283; J. D. Boyd, The Function of M. and Its Decline, New York 1968, [2]1980; L. Costa Lima/M. Fontius, M./Nachahmung, ÄGB IV (2002), 84–121; J. Derrida, Economimesis, in: S. Agacinski u. a. (eds.), M. des articulations, Paris 1975, 55–93; I. Düring, Aristoteles. Darstellung und Interpretation seines Denkens, Heidelberg 1966, 2005, 170–177; G. F. Else, ›Imitation‹ in the Fifth Century, Class. Philol. 53 (1958), 73–90; ders., Plato and Aristotle on Poetry, Chapel Hill N. C./London 1986; M. Erler, Philosophie der Antike II/2 (Platon), ed. H. Flashar, Basel 2007, 493–497; A. Eusterschulte/N. Suthor/D. Guthknecht, M., Hist. Wb. Rhetorik V (2001), 1232–1327; G. Figal, M., RGG V ([4]2002), 1240–1242; J. Früchtl, M.. Konstellation eines Zentralbegriffs bei Adorno, Würzburg 1986; G. Gebauer/C. Wulf, M., in: M. Kelly (ed.), Encyclopedia of Aesthetics III, New York/Oxford 1998, 232–238; dies., M.. Kultur – Kunst – Gesellschaft, Reinbek b. Hamburg 1992, 1998 (engl. M.. Culture – Art – Society, Berkeley Calif./Los Angeles/London 1995; franz. Mimésis. Culture – art – société, Paris 2005); L. Golden, ›M.‹ and ›Katharsis‹, Class. Philol. 64 (1969), 145–153; ders., Aristotle on Tragic and Comic ›M.‹, Atlanta Ga. 1992; H. R. Jauß (ed.), Nachahmung und Illusion. Kolloquium Giessen Juni 1963. Vorlagen und Verhandlungen, München 1964, [2]1969, 1991; M. Kardaun, Der M.begriff in der griechischen Antike. Neubetrachtung eines umstrittenen Begriffes als Ansatz zu einer neuen Interpretation der platonischen Kunstauffassung, Amsterdam etc. 1993; G. B. Kerferd, M., Enc. Ph. V (1967), 335; H. Koller, Die M. in der Antike. Nachahmung, Darstellung, Ausdruck, Bern 1954; ders., M., Hist. Wb. Ph. V (1980), 1396–1399; K. Lorenz/J. Mittelstraß, On Rational Philosophy of Language. The Programme in Plato's »Cratylus« Reconsidered, Mind NS 76 (1967), 1–20; G. Lukàcs, Ästhetik I/1, Neuwied/Berlin 1963 (= Werke XI), 352–835 (Kap. 5–10 Probleme der M. I–VI); S. D. Martinson, On Imitation, Imagination and Beauty. A Critical Reassessment of the Concept of the Literary Artist during the Early German ›Aufklärung‹, Bonn 1977; T. Metscher, M., Bielefeld 2001, [2]2004; ders., M., EP II ([2]2010), 1610–1616; G. W. Most, M., REP VI (1998), 381–382; M. Narcy, M., Enc. philos.

universelle II/2 (1990), 1635; G. Pasternack, Georg Lukács späte Ästhetik und Literaturtheorie, Königstein 1985, Frankfurt ²1986; J. H. Petersen, M. – Imitatio – Nachahmung. Eine Geschichte der europäischen Poetik, München 2000; W. Preisendanz, M. und Poiesis in der deutschen Dichtungstheorie des 18. Jahrhunderts, in: W. Rasch/H. Geulen/K. Haberkamm (eds.), Rezeption und Produktion zwischen 1570 und 1730, Bern/München 1972, 537–552; M. Schrader, M. und Poiesis. Poetologische Studien zum Bildungsroman, Berlin/New York 1975; B. Schweitzer, M. und Phantasia, Philol. 89 (1934), 286–300; G. Sörbom, M. and Art. Studies in the Origin and Early Development of an Aesthetic Vocabulary, Stockholm 1966; W. Tatarkiewicz, M., DHI III (1973), 225–230; J. Tate, Plato and ›Imitation‹, Class. Quart. 26 (1932), 161–169; F. Tomberg, M. der Praxis und abstrakte Kunst. Ein Versuch über die M.theorie, Neuwied/Berlin 1968; W. J. Verdenius, M.. Plato's Doctrine of Artistic Imitation and Its Meaning to Us, Leiden 1949, 1972; B. M. Villanueva, El concepto de ›M.‹ en Platon, Perficit, Segunda Ser. 2 (1969), 181–252; B. Wehrli, Imitatio und M. in der Geschichte der deutschen Erzähltheorie unter besonderer Berücksichtigung des 19. Jahrhunderts, Göppingen 1974; W. Weidlé, Vom Sinn der M., Eranos-Jb. 31 (1962), 249–273; U. Zimbrich, M., DNP VIII (2000), 196–198.   M. G.

mind, ↑philosophy of mind.

Minimalaussage, Ausdruck für Subjekt-Prädikat-Aussagen (lat. simplex propositio) der traditionellen Logik (↑Subjekt, ↑Prädikat, ↑Kopula). Bezogen auf moderne logische Analysen fallen darunter teils ↑Elementaraussagen (z. B. ›Sokrates geht spazieren‹), teils rein quantorenlogisch (↑Quantorenlogik) zusammengesetzte Aussagen (z. B. ›jemand ist krank‹), teils junktorenlogisch (↑Junktorenlogik) und quantorenlogisch zusammengesetzte Aussagen (z. B. ›Eisen dehnt sich bei Erwärmung aus‹), insbes. auch die kategorischen Urteile (↑Urteil, kategorisches) der traditionellen ↑Syllogistik.   K. L./P. S.

Minimalgesetz, unter der Bezeichnung ›minimal covering law‹ (genaue Übersetzung: minimales umfassendes Gesetz) von C. G. Hempel eingeführter Terminus (im Anschluß an den von W. Dray vorgeschlagenen Terminus ›covering law‹ für Gesetze, mit denen singulare Ereignisse erklärt werden), um das schwächste Gesetz zu charakterisieren, das ausreicht, aus gegebenen Antezedensbedingungen (↑Antezedens) ein gegebenes Ereignis zu erklären. Ist eine deduktiv-nomologische ↑Erklärung (DN-Erklärung)

$$(*) \quad \frac{\begin{array}{c} A_1, \ldots, A_k \\ G_1, \ldots, G_n \end{array}}{E}$$

eines durch E beschriebenen Ereignisses mit durch $A_1, \ldots, A_k$ beschriebenen Antezedensbedingungen und Gesetzen $G_1, \ldots, G_n$ gegeben, so besagt das M. G^* dieser Erklärung: immer wenn die durch $A_1, \ldots, A_k$ beschriebenen Bedingungen erfüllt sind, tritt das

durch E beschriebene Ereignis ein. Damit ist G^* eine logische Konsequenz von $G_1 \wedge \ldots \wedge G_n$ (dies ergibt sich daraus, daß (*) als DN-Erklärung eine logische Folgerung ist); ferner ist

$$\frac{\begin{array}{c} A_1, \ldots, A_k \\ G^* \end{array}}{E}$$

selbst wieder eine (dann allerdings triviale) DN-Erklärung. Der Begriff des M.es zeigt, daß dasselbe Ereignis aus denselben Antezedensbedingungen mit Hilfe von Gesetzen unterschiedlichen Allgemeinheitsgrades erklärt werden kann. Leistungsfähig sind DN-Erklärungen jedoch nur dann, wenn sie kein M. verwenden bzw. wenn das verwendete M. in einen umfassenderen theoretischen Zusammenhang eingebettet ist (↑Theoriesprache).

Literatur: W. Dray, Laws and Explanation in History, Oxford, London etc. 1957, Westport Conn. 1979; W. K. Essler, Wissenschaftstheorie IV (Erklärung und Kausalität), Freiburg/München 1979; C. G. Hempel, Aspects of Scientific Explanation, in: ders., Aspects of Scientific Explanation and Other Essays in the Philosophy of Science, New York, London 1965, 1970, 331–496, bes. 345–347 (dt. Übers. des erg. u. bearb. Titelaufsatzes: Aspekte wissenschaftlicher Erklärung, Berlin/New York 1977, bes. 17–19); R. W. Miller, Fact and Method. Explanation, Confirmation and Reality in the Natural und the Social Sciences, Princeton N. J./Oxford 1987, bes. 34–38; C. Roberts, The Logic of Historical Explanation, University Park Pa. 1996, bes. 22–24; G. Schurz (ed.), Erklären und Verstehen in der Wissenschaft, München 1988 [1990]; W. Stegmüller, Probleme und Resultate der Wissenschaftstheorie und Analytischen Philosophie I (Wissenschaftliche Erklärung und Begründung), Berlin/Heidelberg/New York 1969, 1974, bes. 82–85, mit Untertitel: Erklärung, Begründung, Kausalität, ²1983, bes. 120–123; J. Woodward, Making Things Happen. A Theory of Causal Explanation, Oxford/New York 2003.   P. S.

Minimalkalkül, (1) ein unter diesem Namen erstmals von I. Johansson (1937) vorgelegter, wenngleich sachlich bereits auf A. N. Kolmogorov (1924) zurückgehender, die intuitionistische Einschränkung der klassischen Logik (Nichtallgemeingültigkeit des ↑tertium non datur) durch Nichtallgemeingültigkeit des ↑ex falso quodlibet noch verschärfender ↑Logikkalkül. Der Kalkül der *positiven Logik* (↑Logik, positive) von D. Hilbert und P. Bernays wird zu einer ↑Kalkülisierung der *Minimallogik* (d.h. zu einem M.), wenn nach Erweiterung der Ausdrucksbestimmungen durch die ↑Negation das ↑Aussageschema $(A \rightarrow \neg B) \rightarrow (B \rightarrow \neg A)$ – oder: $(A \rightarrow B) \rightarrow ((A \rightarrow \neg B) \rightarrow \neg A)$ – als Anfang hinzugefügt wird, hingegen zu einer Kalkülisierung der *intuitionistischen Logik* (↑Logik, intuitionistische), wenn man außerdem noch $\neg A \rightarrow (A \rightarrow B)$ – es genügt: $\neg A \rightarrow (\neg\neg A \rightarrow A)$ – als Anfang hinzufügt. Man erhält eine Kalkülisierung der *klassischen Logik* (↑Logik, klassische), wenn $(\neg A \rightarrow \neg B) \rightarrow (B \rightarrow A)$

der einzige die Negation enthaltende Anfang ist (alle übrigen Anfänge im Kalkül der positiven Logik bis auf die ersten beiden, also $A \to (B \to A)$ und $(A \to (B \to C)) \to ((A \to B) \to (A \to C))$, sind dann unter Verwendung von Definitionen, z. B. $A \wedge B \leftrightharpoons \neg(A \to \neg B)$ und $A \vee B \leftrightharpoons \neg A \to B$, für ↑Konjunktion und ↑Adjunktion sogar ableitbar). Damit sind im M. nur solche Aussageschemata ableitbar, die nach ↑Ersetzung aller Negationsformeln $\neg A$ durch die Subjunktionsformel $A \to f$ mit einem beliebig gewählten, in A nicht vorkommenden Aussagesymbol f schon im Kalkül der positiven Logik ableitbar sind – z. B. $\neg A \to (A \to \neg B)$, nicht aber das intuitionistisch allgemeingültige $\neg A \to (A \to B)$. Erst wenn $f \to B$ als weiterer Anfang zum M. hinzugefügt wird – das Symbol f wird dann logisch äquivalent mit jeder als ↑Subjunktion $A \to f$ zu definierenden Negation eines ableitbaren ↑Schemas A, übernimmt also die Funktion von ↑falsum ¬, wird aus dem M. ein Kalkül der intuitionistischen Logik. – Die Bezeichnung ›M.‹ ist nicht unproblematisch. Johansson gibt keine genaue Ordnungsrelation an, auf die hin sein M. als ›minimales‹ logisches System interpretierbar ist. Tatsächlich lassen sich noch schwächere Kalküle als der M. angeben, z. B. die positive Logik, erweitert um $(A \to B) \to (\neg B \to \neg A)$ als einzigen die Negation betreffenden Anfang. A. Church hat 1951 versucht, den Begriff der logischen Minimalität zu präzisieren; danach ist ein minimaler Logikkalkül noch schwächer als das System der positiven Logik von Hilbert und Bernays.

(2) Bei F. B. Fitch ist ›M.‹ Bezeichnung für eine Version seiner ›Fundamentallogik‹ (›basic logic‹), eines mit Systemen der kombinatorischen Logik (↑Logik, kombinatorische) verwandten Logiksystems, in dem sich Teile der Arithmetik und Mengenlehre antinomienfrei aufbauen lassen. Fitch gibt eine Liste von Regeln für den M. an und kann zeigen, daß sich jeder Kalkül (im sehr allgemeinen Sinne einer Ausdrucksmenge, die aus einer endlichen Menge mit Hilfe endlich vieler Operationen aufgebaut ist) innerhalb des M.s repräsentieren läßt.

Literatur: A. Church, Minimal Logic, J. Symb. Log. 16 (1951), 239; F. B. Fitch, A Basic Logic, J. Symb. Log. 7 (1942), 105–114; ders., A Minimum Calculus for Logic, J. Symb. Log. 9 (1944), 89–94; ders., Elements of Combinatory Logic, New Haven Conn./London 1974 (mit Bibliographie von Fitchs Arbeiten zur ›Basic Logic‹, 155–158); I. Johansson, Der M., ein reduzierter intuitionistischer Formalismus, Compos. Math. 4 (1937), 119–136; A. N. Kolmogorov, O principe ›tertium non datur‹, Matematičeskij Sbornik 32 (1924/1925), 646–667 (engl. On the Principle of Excluded Middle, in: J. v. Heijenoort [ed.], From Frege to Gödel. A Source Book in Mathematical Logic, 1879–1931, Cambridge Mass., London 1967, 2002, 414–437); D. Prawitz/P.-E. Malmnäs, A Survey of some Connections between Classical, Intuitionistic and Minimal Logic, in: H. A. Schmidt/K. Schütte/H.-J. Thiele (eds.), Contributions to Mathematical Logic. Proceedings of the Logic Colloquium, Hannover 1966, Amsterdam 1968, 215–229; A. S. Troelstra/H. Schwichtenberg, Basic Proof Theory, Cambridge/New York 1996, ²2000, 2003. K. L./P. S.

Minimallogik, ↑Minimalkalkül.

minima naturalia (lat., kleinste natürliche [Teile]), in einer von den Aristoteles-Kommentatoren, insbes. Averroës, und in der scholastischen ↑Naturphilosophie ausgearbeiteten Aristotelischen Konzeption (Phys. A4. 187b13–21, Z10.241a32–b3) Bezeichnung für kleinste Teile eines Stoffes (bei Aristoteles organische Stoffe einschließend), die dessen Teilbarkeit unter Wahrung der jeweiligen substantiellen Form (↑Substanz) eine natürliche Grenze setzen. Nach dieser in der Aristotelischen Physik eher am Rande stehenden Konzeption besitzt jeder Stoff charakteristische quantitative *minima*, die die Eigenschaften der jeweils aus diesem Stoff aufgebauten Makrokörper aufweisen. Im Gegensatz zu den ↑Atomen im antik-mittelalterlichen ↑Atomismus besitzen die m. n. eines jeden Stoffes ferner eine charakteristische Größe; ihre geometrische Form ist nicht festgelegt, und in chemischen Prozessen bilden nebeneinanderliegende *minima* die ›qualitas media‹, die wiederum Grundlage der ›forma mixti‹ eines Stoffes ist, die eine besondere substantielle Form besitzt (nach den Vorstellungen des Atomismus ändert sich in chemischen Prozessen lediglich die Konfiguration in ihrer geometrischen Form festgelegter, qualitätsloser kleinster Teile). Trotz dieser Unterschiede zwischen den Konzeptionen der m. n. und des Atomismus wird der Begriff der m. n. später, z. B. bei D. Sennert, mit dem Begriff des Atoms (in der Tradition des Atomismus Demokrits) identifiziert.

In der scholastischen Naturphilosophie übernehmen z. B. Thomas von Aquin und Siger von Brabant die averroistische Konzeption (↑Averroismus) im wesentlichen unverändert. So betont Siger von Brabant den Charakter der m. n. als ›minima separata‹: m. n. nicht als Teile eines homogenen Stoffes, sondern als untere Grenze der Existenzform eines Stoffes in einem anderen, unterhalb derer sich der Stoff wie ein Tropfen Wein in einer großen Wassermenge auflöst (Beispiel schon bei Aristoteles, de gen. et corr. A10.328a26–28). Nach R. Bacon und Albertus Magnus bilden m. n. in einer durch unbegrenzte Teilbarkeit charakterisierbaren homogenen Materie natürliche Grenzen für deren Vermögen, Wirkungen hervorzurufen. Nach Marsilius von Inghen und Albert von Sachsen bestimmen nicht nur die Art eines Stoffes, sondern die Anordnung bzw. die äußeren Umstände seiner Teile die Größe eines Minimums. Im ↑Skotismus gilt die Konzeption von *minima* nur für individuelle Substanzen (physische Körper), nicht für homogene Stoffe, insofern ein Körper bzw. Körperteil,

z. B. ein Arm, unter Wahrung seiner Funktionsfähigkeit ein bestimmtes Minimum nicht unterschreiten wie auch ein bestimmtes Maximum nicht überschreiten könne. A. Nifo und J. C. Scaliger arbeiten insbes. die averroistischen Vorstellungen über *qualitative minima* weiter aus und wenden sie auf Erklärungen physikalischer Strukturen und chemischer Reaktionen an. In der neuzeitlichen ›Korpuskularphilosophie‹, insbes. bei R. Boyle und J. Dalton, wird im Rahmen einer Definition der Elemente als chemisch unvermischter Körper der Begriff der m. n. zugunsten desjenigen einer heterogenen atomaren Zusammensetzung der Materie (an Stelle der für den Begriff der m. n. konstitutiven Annahme durchgängiger Homogenität) aufgegeben. – Verbunden mit einer Theorie des ↑Kontinuums, die schon von Aristoteles parallel zur m.-n.-Konzeption ausgearbeitet wird, kann der Begriff des *minimum naturale* als Vorstufe zur Begriffsbildung des ↑Differentials aufgefaßt werden (↑Indivisibilien, ↑Infinitesimalrechnung).

Literatur: S. Berryman, Ancient Atomism, SEP 2005, rev. 2011, bes. M. n. in Aristotle; A. Clericuzio, Elements, Principles and Corpuscles. A Study of Atomism and Chemistry in the Seventeenth Century, Dordrecht/Norwell Mass. 2000, bes. 9–33 (Chap. 1 Minima to Atoms. Sennert); E. J. Dijksterhuis, De Mechanisering van het Wereldbeeld, Amsterdam 1950, 2006, 225–229, 477–488 (dt. Die Mechanisierung des Weltbildes, Berlin/Göttingen/Heidelberg 1956 [repr. 1983, 2002], 231–232, 485–496; engl. The Mechanization of the World Picture, Oxford 1961, Princeton N. J. 1986, 205–206, 433–444); P. Duhem, Études sur Léonard de Vinci. Ceux qu'il a lus et ceux qu'l'ont lu II, Paris 1909, 1984, 3–53, 368–407 (Chap. IX Léonard de Vinci et les deux infinis); ders., Le système du monde. Histoire des doctrines cosmologiques de Platon à Copernic VII (La physique parisienne au XIVe siècle), Paris 1956, 1989, 3–157 (engl. Medieval Cosmology. Theories of Infinity, Place, Time, Void, and the Plurality of Worlds, Chicago Ill./London 1985, 1987, 3–131); N. E. Emerton, The Scientific Reinterpretation of Form, Ithaca N. Y./London 1984, 76–125 (Chap. 3 Mixtion and Minima. The Beginning of a Corpuscular Approach to Form, Chap. 4 Minima and Atoms. The Corpuscular Reinterpretation of Form); R. Glasner, Ibn Rushd's Theory of ›m. n.‹, Arabic Sci. and Philos. 11 (2001), 9–26; R. Hooykaas, Het Ontstaan van de Chemische Atoomleer, Tijdschr. Filos. 9 (1947), 63–136; C. Lüthy/J. E. Murdoch/W. R. Newman (eds.), Late Medieval and Early Modern Corpuscular Matter Theories, Leiden/Boston Mass./Köln 2001; A. Maier, Die Vorläufer Galileis im 14. Jahrhundert. Studien zur Naturphilosophie der Spätscholastik, Rom 1949 (repr. 1977), ²1966, 179–196; A. G. M. van Melsen, Van Atomos naar Atoom. De geschiedenis van het begrip Atoom, Amsterdam 1949, unter dem Titel: De geschiedenis van het begrip atoom. Van atomos naar atoom, Utrecht/Antwerpen ²1962 (engl. From Atomos to Atom. The History of the Concept Atom, Pittsburgh Pa. 1952, New York 1960; dt. [erw. um Quellentexte durch H. Dolch] Atom gestern und heute. Die Geschichte des Atombegriffs von der Antike bis zur Gegenwart, Freiburg/München 1957); J. E. Murdoch, The Medieval and Renaissance Tradition of ›m. n.‹, in: C. Lüthy/J. E. Murdoch/W. R. Newman (eds.), Late Medieval and Early Modern Copuscular Matter Theories [s. o.], 91–131; B. Pabst, Atomtheorien des lateinischen Mittelalters, Darmstadt 1994; A. Pyle, Atomism and Its Critics. Problem Areas Associated with the Development of the Atomic Theory of Matter from Democritus to Newton, Bristol 1995, mit Untertitel: From Democritus to Newton, Bristol 1995, 1997, 188–231, bes. 210–231 (Chap. 5.1 Atoms and Natural Minima); V. Subow [Zubov], Zur Geschichte des Kampfes zwischen dem Atomismus und dem Aristotelismus im 17. Jahrhundert (M. n. und Mixtio), in: G. Harig (ed.), Sowjetische Beiträge zur Geschichte der Naturwissenschaft, Berlin (Ost) 1960, 161–191.   J. M.

Minkowski, Hermann, *Alexoten bei Kaunas (heute Kowno-Alexotas) 22. Juni 1864, †Göttingen 12. Jan. 1909, russ.-dt. Mathematiker. Ab 1880 Studium der Mathematik und Physik in Königsberg und Berlin, 1883 Grand Prix der Pariser Académie für die Lösung der Preisaufgabe über die Zerlegung ganzer Zahlen in eine Summe von fünf Quadraten, 1887 Habilitation in Bonn, 1892 a.o. Prof. ebendort, 1895 o. Prof. in Königsberg, 1896 in Zürich, 1902 in Göttingen. – Nach Arbeiten zur Zahlentheorie, die er durch Studien zur Theorie der quadratischen Formen um eine ›Geometrie der Zahlen‹ bereicherte, und Untersuchungen zur Theorie der konvexen Körper wandte sich M. der theoretischen Physik zu. Große Bedeutung erlangte hier seine mathematische Fassung der Speziellen Relativitätstheorie (↑Relativitätstheorie, spezielle) A. Einsteins durch die formale Vereinigung von Raum und Zeit zu einem vierdimensionalen affinen Raum, für den sich auf Grund einer geeigneten Maßbestimmung die Einsteinschen Grundprinzipien erstmals mathematisch adäquat formulieren ließen. M. bezeichnet diesen vierdimensionalen Raum als ›die Welt‹, um auszudrücken, daß als Grundelemente der Wirklichkeit nicht Örter oder Zeitpunkte, sondern Ereignisse anzusehen sind, die dann ›Weltpunkte‹ heißen, während die Bildkurven bewegter Weltpunkte ↑›Weltlinien‹ bilden. Die Trennung von Vergangenheit und Zukunft ergibt sich als durch die Kausalstruktur der Welt bedingt, da sich nach Einsteins Vorstellungen keine Wirkung schneller als mit Licht-

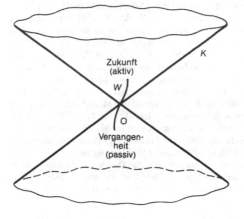

geschwindigkeit fortpflanzen kann. Läßt man zur Darstellung eine der räumlichen Dimensionen der ›M.-Welt‹ weg, so veranschaulicht der Mantel eines Lichtkegels durch einen Punkt einer Weltlinie für diesen die ›Zeitgrenze‹ (›M.-Kegel‹, Abb.).

Werke: Geometrie der Zahlen [1. u. 2. Lieferung], Leipzig/Berlin 1896/1910, ed. [mit Vorwort] D. Hilbert/A. Speiser, Leipzig/Berlin 1910 (repr. New York 1953); Diophantische Approximationen. Eine Einführung in die Zahlentheorie, Leipzig 1907 (repr. New York 1952, Würzburg 1961), Leipzig/Berlin 1927; Raum und Zeit, Jahresber. Dt. Math.ver. 18 (1909), 75–88, Nachdr. mit Untertitel: Vortrag, gehalten auf der 80. Naturforscher-Versammlung zu Köln am 21. September 1908, Leipzig/Berlin 1909, ferner in: Phys. Z. 10 (1909), 104–111, Neudr. in: ders., Ges. Abhandlungen [s. u.] II, 431–444, ferner in: H. A. Lorentz u. a., Das Relativitätsprinzip. Eine Sammlung von Abhandlungen, Leipzig/Berlin 1913, erw. ⁴1922, ⁵1923, Stuttgart, Darmstadt ⁹1990, 54–66 (mit Anmerkungen von A. Sommerfeld, 67–71) (engl. Space and Time, in: H. A. Lorentz u. a., The Principle of Relativity. A Collection of Original Memoirs on the Special and General Theory of Relativity, London 1923, New York 1952, o. J. [1975], 73–91 [mit Anmerkungen von A. Sommerfeld, 92–96], [engl./dt.] in: V. Petkov [ed.], M. Spacetime [s. u., Lit.], xiv–xlii); Zwei Abhandlungen über die Grundgleichungen der Elektrodynamik, Leipzig/Berlin 1910; Gesammelte Abhandlungen, I–II, ed. D. Hilbert, unter Mitwirkung v. A. Speiser u. H. Weyl, Leipzig/Berlin 1911 (repr. in einem Bd., New York 1967); Ausgewählte Arbeiten zur Zahlentheorie und zur Geometrie. Mit D. Hilberts Gedächtnisrede auf H. M., Göttingen 1909, ed. E. Krätzel/B. Weissbach, Leipzig 1989. – Briefe an David Hilbert, ed. L. Rüdenberg/H. Zassenhaus, Berlin/Heidelberg/New York 1973.

Literatur: M. Born, Göttinger Erinnerungen, in: H. Born/M. Born, Der Luxus des Gewissens. Erlebnisse und Einsichten im Atomzeitalter, München 1969, 1982, 12–26; L. Corry, H. M. and the Postulate of Relativity, Arch. Hist. Exact Sci. 51 (1997), 273–314; B. N. Delone, M., Uspechi Matematičeskich Nauk 2 (1936), 32–38; J. Dieudonné, M., DSB IX (1974), 411–414; P. Galison, M.'s Space-Time. From Visual Thinking to the Absolute World, in: L. Kavanaugh (ed.), Chrono-Topologies. Hybrid Spatialities and Multiple Temporalities, Amsterdam/New York 2010, 9–41; H. Hancock, Development of the M. Geometry of Numbers, New York 1939 (repr. in 2 Bdn. 1964); D. Hilbert, H. M. Gedächtnisrede [...], Nachr. Königl. Ges. Wiss. Göttingen, Geschäftl. Mitt. 1909, 72–101, Neudr. in: H. M., Gesammelte Abhandlungen I [s. o., Werke], V–XXXI (repr. in: H. M., Ausgewählte Arbeiten zur Zahlentheorie und zur Geometrie [s. o., Werke], 197–223), ferner in: Math. Ann. 68 (1910), 445–471; F. W. Lanchester, Relativity. An Elementary Explanation of the Space-Time Relations as Established by M., and a Discussion of Gravitational Theory Based thereon, London 1935; V. Petkov (ed.), M. Spacetime. A Hundred Years Later, Dordrecht etc. 2010; L. Pyenson, H. M. and Einstein's Special Theory of Relativity, Arch. Hist. Ex. Sci. 17 (1977), 71–95; W. Scharlau/H. Opolka, Von Fermat bis M.. Eine Vorlesung über Zahlentheorie und ihre Entwicklung, Berlin/Heidelberg/New York 1980, 187–208 (Kap. 9 Von Hermite bis M.) (engl. From Fermat to M.. Lectures on the Theory of Numbers and Its Historical Development, New York etc. 1985, 151–168 [Chap. 9 From Hermite to M.]); J. Schwermer, M., NDB XVII (1994), 537–538. C. T.

Minucius Felix, Marcus, um 170 n. Chr., römischer Rechtsanwalt und lateinischer Kirchenschriftsteller, neben Q. S. F. Tertullian der erste Apologet (↑Apologetik) des Christentums (die Frage der Priorität von M. F. oder Tertullian ist ungeklärt). In seinem (zwischen 170 und 230 verfaßten) Dialog »Octavius« verteidigt M. F. das Christentum gegen den Vorwurf geistiger (philosophischer) Unzulänglichkeit. Dabei verzichtet er weitgehend auf spezifisch christliches Vokabular (Erlösung, Trinität etc.), arbeitet fast ausschließlich mit philosophischen (besonders stoischen, ↑Stoa) Begriffen und Grundsätzen, stellt die humanitären Anliegen des Christentums in den Vordergrund, betont die positive Rolle der Vernunft für die Erkenntnis Gottes und der religiösen Dogmen, enthält sich jeglicher Polemik gegen die Philosophie und vertritt durchgehend die Vereinbarkeit von Vernunfterkenntnis (Philosophie) und Religion. – Der Dialog »Octavius« ist als Streitgespräch zwischen dem ›Heiden‹ Caecilius Natalis und dem Christen Octavius Ianuarius konzipiert, die jeweils in längeren zusammenhängenden Reden ihre Position darlegen; M. F. tritt als Schiedsrichter auf. Am Ende gesteht der ›Heide‹ seine Niederlage ein. In einer Zeit allgemein verbreiteter heftiger Angriffe gegen die Lebensführung, die Religionsausübung und die (unterstellte) theoretische Unbedarftheit der frühen Christen greift M. F. mit diesem Werk ein theoretisch und politisch brisantes Thema auf.

Werke: M. Minucii Felicis Octavius, ed. C. Halm, Paris 1867 (repr. New York 1968), MPL III, 202–375, ed. J. P. Waltzing, Louvain 1903, Leipzig 1926, ed. H. Boenig, Leipzig 1903, ed. J. Martin, Bonn 1930, ed. G. Quispel, Leiden 1949, 1973 (mit Kommentar), ed. M. Pellegrino, Turin 1950, ²1963, 2000 (lat./ital.), ed. J. Beaujeu, Paris 1964 (lat./franz.), ed. B. Kytzler, München 1965 (lat./dt.), Stuttgart 1977, (mit Untertitel: Die Apologie im Grundriß), ed. J. Lindauer, München 1964 (mit Kommentar), ed. H. v. Geisau, I–II (I Text, II Kommentar), Münster 1927/1929, ⁵1978, 1991 (Schulausg.), ed. B. Kytzler, Leipzig 1982, Stuttgart/Leipzig 1992.

Literatur: B. Axelson, Das Prioritätsproblem Tertullian – M. F., Lund 1941; H. J. Baylis, M. F. and His Place among the Early Fathers of the Latin Church, London 1928; C. Becker, Der »Octavius« des M. F.. Heidnische Philosophie und frühchristliche Apologetik, München 1967 (Sitz.ber. Bayer. Akad. Wiss. philos.-hist. Kl. 1967, H. 2); R. Beutler, Philosophie und Apologie bei M. F., Weida 1936; W. den Boer, Clément d'Alexandrie et Minuce Félix, Mnemosyne Ser. 3, 11 (1942/1943), 161–190; K. Büchner, Drei Beobachtungen zu M. F., Hermes 82 (1954), 231–245; E. X. Burger, M. F. und Seneca, München 1904; H. Diller, In Sachen Tertullian – M. F., Philol. 44 (1935), 98–114, 216–239, Neudr. in: ders., Kleine Schriften zur antiken Literatur, ed. H.-J. Newiger/H. Seyffert, München 1971, 566–599; J.-C. Fredouille, M. F., in: R. Goulet (ed.), Dictionnaire des philosophes antiques IV, Paris 2005, 525–528; A. Fürst, M. F., RGG V (⁴2002), 1258; H. v. Geisau, M. F., KP III (1969), 1341–1343; E. Heck, M. F., in: O. Schütze (ed.), Metzler Lexikon antiker Autoren, Stuttgart/Weimar, Darmstadt 1997, 2001, 459–460; ders., M. F., LThK VII (³1998), 275–276; ders., M. F., DNP VIII (2000),

241–242; B. Kytzler, M. F., TRE XXIII (1994), 1–3; G. Lieberg, Die römische Religion bei M. F., Rhein. Mus. Philol. NF 106 (1963), 62–79; L. Mauro, Sapienza filosofica e sapienza rivelata nell' »Octavius« di Minucio Felice, Verifiche 4 (1975), 273–327; P. G. van der Nat, Zu den Voraussetzungen der christlichen lateinischen Literatur. Die Zeugnisse von M. F. und Laktanz, in: M. Fuhrmann (ed.), Christianisme et formes littéraires de l'antiquité tardive en Occident. Huit exposés suivis de discussions, Bern, Genf 1977 (Entretiens sur l'Antiquité classique XXIII, 1976), 191–225 (Discussion, 226–234); W. Speyer, Octavius, der Dialog des M. E.. Fiktion oder historische Wirklichkeit?, Jb. Antike u. Christentum 7 (1964), 45–51; G. Stölting, Probleme der Interpretation des »Octavius« von M. F., Diss. Frankfurt 2006; I. Vecchiotti, La filosofia politica di Minucio Felice. Un altro colpo di sonda nella storia del cristianesimo primitivo, Urbino 1973, 1974; J. P. Waltzing, Studia Minuciana. Études sur M. F., Louvain 1906; ders., Lexicon Minucianum, Liège 1909. M. G.

Misch, Georg, Pseudonym Peter Langen, *Berlin 5. April 1878, †Göttingen 10. Juni 1965, dt. Philosoph und Kulturhistoriker. 1896–1900 Studium der Jurisprudenz und Philosophie in Berlin, 1900 philosophische Promotion bei W. Dilthey in Berlin, 1905 Habilitation und Privatdozent ebendort, 1908–1909 Studienreise nach Japan, China und Indien, 1911–1916 a.o. Prof. der Philosophie in Marburg, 1916–1919 in Göttingen, 1919 o. Prof. der Philosophie in Göttingen (Nachfolge E. Husserls), 1935 auf Grund des »Reichsbürgergesetzes« von den Nationalsozialisten in den Ruhestand versetzt, 1939–1946 Exil in Großbritannien (Cambridge, Halderden/Chester), 1946 Rückkehr nach Göttingen, Rehabilitierung und Wiederübernahme des Lehramtes, im gleichen Jahre Emeritierung aus Altersgründen. – M. gehört zu den wichtigen Nachfolgern seines Lehrers (und Schwiegervaters) Dilthey und dessen Schule, der auch seine geistesgeschichtlichen Arbeiten verpflichtet sind. M. übernahm nicht nur die Methode Diltheys, sondern gab auch dessen Werke heraus und publizierte zahlreiche Arbeiten zu dessen Philosophie. Hervorzuheben sind die ausführliche Einleitung zu Bd. V von Diltheys »Gesammelten Schriften« (1924, ⁸1990, VII–CXVII) und M.s philosophisches Hauptwerk »Lebensphilosophie und Phänomenologie« (1930). In dieser Arbeit sucht M. ↑Lebensphilosophie und ↑Phänomenologie in ihren heterogenen Tendenzen zu vereinigen. In Übereinstimmung mit beiden Schulen stellt er den Wissenschaften die Philosophie gegenüber, die sich nicht nur auf die rational erfaßbare Welt, sondern auch auf die menschliche Praxis, sofern in ihr gedacht, gewollt und gehandelt wird, bezieht. Gegenüber der Phänomenologie und der ↑Existenzphilosophie betont M. jedoch auch das aufklärerische Potential der Philosophie. Hinter der Auseinandersetzung M.s mit M. Heidegger steht das spezielle systematisch wie historisch gerichtete Bemühen um Klarheit »über den mit dem vieldeutigen Wort *Metaphysik* bezeichneten Ursprung

der Philosophie« (Lebensphilosophie und Phänomenologie, ²1931, 327).

M. ist nicht nur durch die Herausgabe von Diltheys »Gesammelten Schriften« und H. Lotzes »Logik« (Leipzig 1912, ²1928) und »Metaphysik« (Leipzig 1912), sondern auch durch die als Standardwerk der Autobiographieforschung geltende enzyklopädische »Geschichte der Autobiographie« (I, 1907, II–IV, 1955–1969) bekannt geworden. Sein Interesse für die literarische Gattung der Autobiographie im Unterschied zur ›Heterographie‹ ist begründet in einer Theorie der Persönlichkeit. In dieser Theorie geht es um ein »Verständnis der menschlichen Individuation« (Geschichte der Autobiographie I, 1907, ⁴1976, VII) und um »Zeugnisse für die Entwicklung des Persönlichkeitsbewußtseins der abendländischen Menschheit« (a. a. O., ³1949, ⁴1976, 5). Dabei hängt die Herausbildung der Persönlichkeit ab von der sozialen Umwelt und der Selbstreflexion. Die Autobiographie dient damit der Selbsterkenntnis des Menschen, weil sie trotz aller Täuschungsmöglichkeiten über ein exklusives Wissen des eigenen Ichs verfügt. In »Der Weg in die Philosophie« (1926) vertritt M. die schon von G. W. F. Hegel formulierte Behauptung, daß die geschichtliche Entfaltung der Philosophie mit ihrer systematischen zusammenfalle. M.s Philosophie kann insofern als dichotomisch bezeichnet werden, als sie zwei unterschiedlichen Wurzeln entspringt, sich in ihrem doppelten Gang entfaltet und in dem zweifachen Ursprung der Persönlichkeit offenbart.

Werke: Zur Entstehung des französischen Positivismus, Diss. Berlin 1900, ferner: Arch. Philos. Abt. I, NF 7 (1901), 1–39, 156–209 (repr. Darmstadt 1969); Geschichte der Autobiographie I, Leipzig/Berlin 1907, in 2 Teilbdn. Frankfurt ³1949/1950, ⁴1976 (engl. A History of Autobiography in Antiquity, I–II, London 1950 [repr. Westport Conn. 1973], II–IV (in 6 Teilbdn.), Frankfurt 1955–1969, II/1–2–III/1, ³1988–1998; Der Weg in die Philosophie. Eine philosophische Fibel, Leipzig 1926, mit Untertitel: Eine Philosophische Fibel I (Der Anfang), Bern, München ²1950 (engl. The Dawn of Philosophy. A Philosophical Primer, London 1950, Cambridge Mass. 1951); Die Idee der Lebensphilosophie in der Theorie der Geisteswissenschaften, Kant-St. 31 (1926), 536–548; Lebensphilosophie und Phänomenologie. Eine Auseinandersetzung der Dilthey'schen Richtung mit Heidegger und Husserl, Bonn 1930, Leipzig/Berlin ²1931, Darmstadt 1975; Vom Lebens- und Gedankenkreis Wilhelm Diltheys, Frankfurt 1947; Studien zur Geschichte der Autobiographie, I–V, Göttingen 1954–1960; Der Aufbau der Logik auf dem Boden der Philosophie des Lebens. Göttinger Vorlesungen über Logik und Einleitung in die Theorie des Wissens, Freiburg/München 1994; Logik und Einführung in die Grundlagen des Wissens. Die Macht der antiken Tradition in der Logik und die gegenwärtige Lage, ed. G. Kühne-Bertram, Sofia 1999 (Studia culturologica Sonderheft). – E. Weniger, Sämtliche Veröffentlichungen von G. M., Arch. Philos. 8 (1958), 172–176; G. Kühne-Bertram, Bibliographie G. M., Dilthey-Jb. 12 (1999/2000), 280–302, bes. 282–296 (Schriften von G. M. nebst zugehörigen Besprechungen).

Literatur: O. Bollnow, Lebensphilosophie und Logik. G. M. und der Göttinger Kreis, Z. philos. Forsch. 34 (1980), 423–440; ders., Studien zur Hermeneutik II (Zur hermeneutischen Logik von G. M. und Hans Lipps), Freiburg/München 1983, bes. 13–193; H. J. Dahms, Aufstieg und Ende der Lebensphilosophie. Das philosophische Seminar der Universität Göttingen unter dem Nationalsozialismus, in: H. Becker (ed.), Die Universität Göttingen unter dem Nationalsozialismus. Das verdrängte Kapitel ihrer 250-jährigen Geschichte, München etc. 1987, 169–199, bes. 173–175, ohne Untertitel ²1998, 287–336, bes. 291–293; H. G. Gadamer, Die Hermeneutik und die Diltheyschule, Philos. Rdsch. 38 (1991), 161–177; M. Jaeger, Autobiographie und Geschichte. Wilhelm Dilthey, G. M., Karl Löwith, Gottfried Benn, Alfred Döblin, Stuttgart/Weimar 1995, bes. 71–132 (Kap. II G. M.s Geschichte der Autobiographie im Kontext der Metaphysikkritik Diltheys); J. König, G. M. als Philosoph, Nachr. Akad. Wiss. Göttingen, philol.-hist. Kl. (1967), 149–243; F. Kümmel, Josef König. Versuch einer Würdigung seines Werkes, Dilthey-Jb. 7 (1990/1991), 166–208, bes. 186–192; M. Mezzanzanica, G. M.. Dalla filosofia della vita alla logica ermeneutia, Mailand 2001; S. Moller, M., in: S. Brown/D. Collinson/R. Wilkinson (eds.), Biographical Dictionary of Twentieth-Century Philosophers, London/New York 1996, 538–539; G. Pflug, M., NDB XVII (1993), 559–560; F. Rodi, Hermeneutische Logik im Umfeld der Phänomenologie: G. M., Hans Lipps, Gustav Špet, in: ders., Erkenntnis des Erkannten. Zur Hermeneutik des 19. und 20. Jahrhunderts, Frankfurt 1990, 147–167, bes. 151–158; M. Weingarten (ed.), Eine ›andere‹ Hermeneutik. G. M. zum 70. Geburtstag. Festschrift aus dem Jahre 1948, Bielefeld 2005; E. Weniger, Bildung und Persönlichkeit. G. M. zum 70. Geburtstag, Sammlung 6 (1951), 216–229. – M., in: B. Jahn, Biographische Enzyklopädie deutschsprachiger Philosophen, München 2001, 288–289. – Sonderhefte: Dilthey-Jb. 11 (1997/1998); Dilthey-Jb. 12 (1999/2000).   A. V.

Mises, Richard Martin, Edler von, *Lemberg (heute Lwów) 19. April 1883, †Boston Mass. 14. Juli 1953, österr. Ingenieur, Mathematiker und Philosoph, Bruder des Ökonomen L. v. Mises (1881–1973). Nach Maschinenbaustudium 1901–1906 in Wien 1906 Assistent bei G. Hamel in Brünn. 1907 Promotion in Wien, 1908 Habilitation und Privatdozent für Mechanik in Brünn, 1909 a.o. Prof. für angewandte Mathematik in Straßburg, 1914–1918 Militärdienst (unter anderem maßgebliche Beteiligung an der Konstruktion des ersten österreichischen Großflugzeugs), 1918 Dozent für Mathematik in Frankfurt, 1919 o. Prof. für Mechanik in Dresden, 1920 für angewandte Mathematik in Berlin, 1933 Prof. für Mathematik in Istanbul, 1939 Dozent an der Harvard University in Cambridge Mass., 1944 Gordon McKay Professor of Aerodynamics and Applied Mathematics ebendort. Als angewandter Mathematiker und Mechaniker wurde M. vor allem durch seine Arbeiten zur Hydrodynamik (unter anderem auf Probleme der Konstruktion von Flugzeugen bezogen) bekannt. Er ist Begründer (und bis 1933 Herausgeber) der »Zeitschrift für angewandte Mathematik und Mechanik«.
Philosophisch und wissenschaftstheoretisch bedeutsam sind vor allem Arbeiten zur Begründung der ↑Wahr-

scheinlichkeitstheorie, beruhend auf den »Grundlagen der Wahrscheinlichkeitsrechnung« (1919). M.' Definition des Wahrscheinlichkeitsbegriffs geht von der Deutung der ↑Wahrscheinlichkeit als ›relativer Häufigkeit auf lange Sicht‹ aus, wonach die Wahrscheinlichkeit eines Ereignisses der Grenzwert der relativen Häufigkeit dieses Ereignisses bei wiederholter Ausführung eines Zufallsexperimentes ist. Den Begriff der Zufallsfolge suchte M. durch seinen Begriff des *Kollektivs* zu explizieren: Ein Kollektiv ist eine unendliche Folge, für die ein ↑Grenzwert (im mathematischen Sinne) der relativen Häufigkeiten des Vorkommens einer Eigenschaft in endlichen Anfangsstücken existiert, der invariant ist für alle Auswahlen von Teilfolgen, die nicht auf die betreffende Eigenschaft Bezug nehmen. M. vertritt damit einen *objektiven* Begriff der *statistischen* Wahrscheinlichkeit im Gegensatz zu subjektiven Begriffen der statistischen Wahrscheinlichkeit (z. B. B. de Finetti) und zum logischen oder induktiven Wahrscheinlichkeitsbegriff (z. B. R. Carnap). Seine Definition der Wahrscheinlichkeit hat die wahrscheinlichkeitstheoretischen Auffassungen von K. Popper (Logik der Forschung, 1935) und H. Reichenbach (Wahrscheinlichkeitslehre, 1935) maßgeblich beeinflußt. Sie ist in neuerer Zeit im Rahmen von algorithmischen Begründungen der Wahrscheinlichkeitstheorie wieder in den Blickpunkt des Interesses getreten. – In seinen philosophischen Anschauungen war M. von E. Mach beeinflußt. Er hatte enge Kontakte zur Berliner »Gesellschaft für empirische [später ›wissenschaftliche‹] Philosophie« und zum ↑Wiener Kreis. In seinem »Kleinen Lehrbuch des Positivismus« (1939) faßte M. seine empiristische Auffassung der Probleme verschiedenster Wissensgebiete zusammen. M. edierte und kommentierte ferner zahlreiche Werke R. M. Rilkes und hinterließ die bisher größte private Rilke-Sammlung.

Werke: Elemente der technischen Hydromechanik I, Leipzig/Berlin 1914; Fluglehre. Vorträge über Theorie und Berechnung der Flugzeuge in elementarer Darstellung, Berlin 1918, bearb. v. K. H. Hohenemser ⁵1936, ⁶1957 (engl. Theory of Flight, Providence R. I. 1942, [erw.] mit W. Prager/G. Kuerti, New York/London 1945, New York 1959); Fundamentalsätze der Wahrscheinlichkeitsrechnung, Math. Z. 4 (1919), 1–97, Neudr. in: Selected Papers [s. u.] II, 35–56; Grundlagen der Wahrscheinlichkeitsrechnung, Math. Z. 5 (1919), 52–99, Neudr. in: Selected Papers [s. u.] II, 57–105; Berichtigung zu meiner Arbeit »Grundlagen der Wahrscheinlichkeitsrechnung«, ebd. 7 (1920), 323, Neudr. in: Selected Papers [s. u.] II, 106; Naturwissenschaft und Technik der Gegenwart. Eine akademische Rede mit Zusätzen, Leipzig/Berlin 1922; Wahrscheinlichkeit, Statistik und Wahrheit, Wien 1928, mit Untertitel: Einführung in die neue Wahrscheinlichkeitslehre und ihre Anwendung, Wien/New York ⁴1972 (engl. Probability, Statistics, and Truth, London 1939, London, New York ²1957, 1981); Vorlesungen aus dem Gebiete der angewandten Mathematik I (Wahrscheinlichkeitsrechnung und ihre Anwendung in der Statistik und theoretischen Physik), Leipzig/Wien 1931, New York 1945; Kleines Lehrbuch des Positivismus. Einführung in die empiristische Wissenschaftsauffassung, Chicago Ill., The Hague 1939, Frankfurt 1990 [Einl. v. F. Stadler, 7–51] (engl. Positivism. A Study in Human Understanding, Cambridge Mass. 1951 [repr. New York 1968], 1956); Mathematical Theory of Compressible Fluid Flow (Completed by H. Geiringer and G. S. S. Ludford), New York 1958, Mineola N. Y. 2004; Selected Papers of R. v. M., I–II, ed. P. Frank u. a., Providence R. I. 1963/1964; Mathematical Theory of Probability and Statistics, ed. und erg. v. H. Geiringer New York/London 1964, 1967. – Bibliography, in: Selected Papers of R. v. M. [s. o.] II, 555–586.

Literatur: H. Bernhardt, Zum Leben und Wirken des Mathematikers R. v. M., Z. Gesch. Naturwiss., Technik u. Medizin 16 (1979), 40–49; A. Eagle, Chance versus Randomness, SEP 2010, rev. 2012; P. Frank, The Work of R. v. M.. 1883–1953, Science 119 (1954), 823–824; S. Goldstein, R. v. M. 1883–1953, in: Selected Papers of R. v. M. [s. o.] I, IX–XIV; N. T. Gridgeman, M., DSB IX (1974), 419–420; P. Martin-Löf, The Literature on v. M.' Kollektivs Revisited, Theoria 35 (1969), 12–37; P. Schroeder-Heister, Wahrscheinlichkeit, in: H. Keuth (ed.), Karl Popper. Logik der Forschung, Berlin 1998, ²2004, 185–213, bes. 194–197, ³2007, 187–215, bes. 196–199; A. Szafarz, R. v. M.. L'échec d'une axiomatique, Dialectica 38 (1984), 311–317. – V. M., in: B. Jahn, Biographische Enzyklopädie deutschsprachiger Philosophen, München 2001, 289.　P. S.

Mitleid (griech. ἔλεος, οἶκτος, später auch συμπάθεια, lat. commiseratio, compassio, misericordia, franz./engl. commiseration, compassion, pitié bzw. pity), Bezeichnung für die empfundene, mit einem Impuls zur Hilfe oder Linderung verbundene Anteilnahme am Leiden anderer, in der Praktischen Philosophie (↑Philosophie, praktische, ↑Ethik) seit der Antike sowohl als Quelle als auch als Maßstab moralischen Handelns diskutiert. Verständnis und Beurteilung des M.s sind dabei über alle Epochen hinweg und bis heute uneinheitlich. Bei allen Abgrenzungsschwierigkeiten im Detail lassen sich jedoch jeweils grob zwei Hauptfraktionen unterscheiden. (1) Dort, wo Ethik im wesentlichen als ein konstruktives Projekt zur Entwicklung rationaler Kriterien verstanden wird, stehen die Autoren dem M. in der Regel gleichgültig oder ablehnend gegenüber. So kommen etwa Platon, Aristoteles, Seneca, B. Spinoza, T. Hobbes und I. Kant darin überein, daß auch die dem Mitleidsimpuls zugeschriebenen Handlungen nicht um dieses Impulses willen als richtig gelten können, sondern eines (nach Maßgabe ihrer jeweiligen ethischen Konzeption) intellektuell anzuwendenden Maßstabes zu ihrer Beurteilung bedürfen. M. beeinträchtigt dabei das an diesen Maßstäben ausgezeichnete richtige Handeln: Es stört die für das entschlossene Handeln nötige Seelenruhe (↑Ataraxie, ↑Stoa), verleitet zu unvernünftigem Handeln, verführt »durch falsche Tränen« (Spinoza, Ethica IV, prop. 50), beeinträchtigt als *perturbatio animi* die rationale Handlungswahl (Hobbes, De hom. 12 § 1) und bringt »ihre überlegte Maximen in Verwirrung« (Kant, KpV A

213, Akad.-Ausg. V, 118). Für F. Nietzsche steht es dem Ideal des Übermenschen entgegen und ist aus diesem Grunde abzulehnen, eine (etwa von B. Mandeville und C. A. Helvétius geteilte) skeptisch-reduktionistische Position sucht M. auf ein Eigeninteresse zurückzuführen. (2) Eine tendenziell positive Einschätzung erfährt das M. hingegen bei Autoren, für die eine Kriterien entwickelnde praktische Vernunft (↑Vernunft, praktische) nicht in erster Linie handlungsbestimmend sein kann oder gar der bloßen Durchsetzung egoistischer (↑Egoismus) ↑Interessen verdächtig ist und die die Erkenntnis des moralisch Richtigen eher als rezeptive Aufgabe verstehen. Dabei wird – je nach den moral-epistemischen Hintergrundannahmen – M. teils eher als ein spontaner, als ↑Widerfahrnis erfahrener Handlungs*impuls*, teils eher als eine mit charakterlichen Eigenschaften des Handelnden in Verbindung gebrachte Handlungs*disposition* beschrieben. Traditionsbildend gewirkt haben hier vor allem A. Augustinus' Unterscheidung zwischen der affektiv geprägten *compassio* und dem anzustrebenden Ideal der *misericordia* (Barmherzigkeit) (Civ. Dei IX 5) sowie die Analyse des Thomas von Aquin, wonach im M.sbegriff das sinnlich motivierte Begehren (*appetitus sensitivus*) und das vernunftgeleitete Streben (*appetitus intellectivus*) zu unterscheiden sind (S. th. II/II, qu. 30, art. 3, ↑appetitus). Bis in die Gegenwart hinein wird in der Folge M. teils als eine den Akteur (durch natürliche oder kulturelle Vorgaben) moralisch bestimmende, ihm selbst aber unverfügbare Gegebenheit gedeutet und klassifikatorisch als ↑Gefühl (D. Hume), ↑Instinkt (F. Hutcheson), ↑Trieb (J.-J. Rousseau) oder Antrieb (A. Schopenhauer) identifiziert. Teils gilt sie als eine durch eigenes Entscheiden und Handeln vom Akteur (mit)bestimmbare, habituelle Größe, die dann als ↑Tugend, ›attitude‹ oder ↑Haltung bezeichnet wird (verbreitet etwa in der christlichen Tradition, im Buddhismus [↑Philosophie, buddhistische] und in der zeitgenössischen Medizinethik [↑Ethik, medizinische] und ↑Tierethik). Wenn das M. dabei von manchen als Proprium/Spezifikum (↑proprium) des Menschen verstanden, von anderen (wie z. B. Rousseau, der gerade dessen ›Natürlichkeit‹ betont) auch Tieren zugeschrieben wird, steht ebenfalls meist diese Unterscheidung im Hintergrund. Zumindest prinzipiell davon unabhängig ist die Frage nach dem Objekt des Mitleids. So ist weitgehend unstrittig, daß, wie auch A. Schopenhauer betont, neben dem Menschen generell auch Tiere Gegenstand und Auslöser von M. sein können. Ob und inwieweit dann aber der moralische Status von Tieren davon abhängig ist, wird wiederum kontrovers zwischen den angeführten Positionen diskutiert.

Literatur: I. U. Dalferth/A. Hunziker (eds.), M.. Konkretion eines strittigen Konzepts, Tübingen 2007; C. Demmerling/H. Landweer, Philosophie der Gefühle. Von Achtung bis Zorn,

Stuttgart/Weimar 2007, 168–185; N. Gülcher/I. von der Lühe (eds.), Ethik und Ästhetik des M.s, Freiburg/Berlin/Wien 2007; O. Hallich, M. und Moral. Schopenhauers Leidensethik und die moderne Moralphilosophie, Würzburg 1998; K. Hamburger, Das M., Stuttgart 1985, ²1996; O. Herwegen, Das M. in der griechischen Philosophie bis auf die Stoa, Bonn 1912; J. Koffler, Mit-Leid. Geschichte und Problematik eines ethischen Grundwortes, Würzburg 2001; M. Koßler, M./Mitleidsethik, EP II (²2010), 1619–1622; M. C. Nussbaum, Upheavals of Thought. The Intelligence of Emotions, Cambridge etc. 2001, 2008, bes. 297–455 (Part II Compassion); R. S. Peters, Reason and Compassion, London/New York 1973; H. Ritter, Nahes und fernes Unglück. Versuch über das M., München 2004, ²2005; L. Samson, M., Hist. Wb. Ph. V (1980), 1410–1416; N. E. Snow, Compassion, Amer. Philos. Quart. 28 (1991), 195–205; C. Tappolet, Pitié, in: M. Canto-Sperber (ed.), Dictionnaire d'éthique et de philosophie morale, Paris ²1997, 1141–1146; S. K. Tudor, Compassion and Remorse. Acknowledging the Suffering Other, Leuven/London 2001.   G. K.

Mitleidsethik (engl. ethics of compassion, franz. éthique de compassion), Bezeichnung für ein ethisches Konzept, das das Handeln zugunsten anderer unter Hinweis auf die Regung des ↑Mitleids zu erklären und/oder zu begründen sucht. Trotz der weitgehend positiven Einschätzung des Mitleids in der christlichen Tradition sind reine M.en in der abendländischen Philosophiegeschichte bis zu A. Schopenhauer nie prominent vertreten worden. Dessen Entwurf, hinter dem sich J.-J. Rousseaus Skepsis gegenüber einer die positiven natürlichen Impulse im Menschen überdeckenden Kultur, D. Humes Vorstellung, daß es zur moralischen Handlung auch eines emotiven Anlasses wie z. B. der Sympathie bedürfe, sowie indische Weisheitslehren als Anknüpfungspunkte ausmachen lassen, hat dann aber in der Folge bis in die gegenwärtigen Debatten der angewandten Ethik (↑Ethik, angewandte) breite Beachtung gefunden. In scharfer Abgrenzung zu I. Kant sucht Schopenhauer die spezifische Handlungsmotivation, die das moralische Handeln vom bloß pflichtgemäßen Handeln unterscheidet, nicht in der Vernunft, sondern in allgemeinmenschlichen emotiven Dispositionen zu begründen: Für den »redlichen und unbefangenen« Urteilenden machten gerade nicht Vernunfterwägungen (z. B. Universalisierbarkeit [↑Universalisierung] der Handlungsmaxime), sondern die Mitleidsdisposition, die zur Unterlassung verletzender Handlungen bestimme, den ›guten Menschen‹ aus. Entsprechend sei auch im Mitleid das ›Fundament der Moral‹ zu sehen (Preisschrift über die Grundlage der Moral, § 19), das sich dadurch auszeichne, daß es quasi reflexhaft Reaktionen auf das Leid des Anderen hervorruft. In einer diesem Fundament entsprechenden Explikation der Goldenen Regel (↑Regel, goldene) bestimmt Schopenhauer ein positives ›Prinzip der Ethik‹, daß darin seine ↑normative Kraft hat, daß der vom Mitleid Bestimmte dem immer schon folgt: »Neminem laede, imo omnes, quantum potes, juva [Verletze niemandem, vielmehr hilf allen, soweit du kannst]« (§ 7).

Gegen die Heranziehung von Mitleid als normatives Prinzip einer Ethik wurden seit der Antike zentrale Argumente wie das der mangelnden ↑Intersubjektivität vorgebracht, von denen weitgehend auch Schopenhauers Konzeption betroffen ist (↑Mitleid): Mitleid empfinden Menschen mit unterschiedlichem und in uneinheitlichem Maße, sie können zudem durch Täuschung zu Mitleidsregungen verleitet werden, wo sie sie sonst nicht empfinden würden. Zudem wird der Schopenhauersche Ansatz in der Kommentarliteratur wegen seiner ↑Unterbestimmtheit kritisiert, da er für viele in einer komplexen Lebenswelt bestehenden Regelungsbedürfnisse keine geeigneten Kriterien bereitstelle – etwa für Situationen, in denen die Vermeidung von Leid (↑Leid(en)) nicht möglich (sozialstaatliche Umverteilungsaufgaben), nicht handlungsbestimmend (Versprechen gegenüber Sterbenden) oder nicht individuell zurechenbar ist (institutionalisiertes Strafwesen). Der schon von Schopenhauer selbst gegebene Hinweis, daß Menschen Mitleid nicht nur gegenüber Menschen, sondern etwa auch gegenüber Tieren empfinden, macht mitleidsethische Ansätze attraktiv für ethische Konzeptionen, die die Forderung nach einer Rücksichtnahme auf tierisches Leiden ethisch zu begründen suchen (↑Tierethik). Nicht zuletzt aufgrund ihrer konzeptionellen Nähe zu christlichen und buddhistischen Moraltraditionen, in denen die Tugend der Barmherzigkeit verehrt wird, wird die M. auch in verschiedenen Ansätzen der Medizinethik (↑Ethik, medizinische) diskutiert.

Literatur: J. Bennett, The Conscience of Huckleberry Finn, Philos. 49 (1974), 123–134; N. Gülcher/I. von der Lühe (eds.), Ethik und Ästhetik des Mitleids, Freiburg/Berlin/Wien 2007; O. Hallich, Mitleid und Moral. Schopenhauers Leidensethik und die moderne Moralphilosophie, Würzburg 1998; E. v. Hartmann, Die Gefühlsmoral, ed. J.-C. Wolf, Hamburg 2006; M. Hauskeller, Vom Jammer des Lebens. Einführung in Schopenhauers Ethik, München 1998; M. Koßler, Mitleid/M., EP II (²2010), 1619–1622; M. C. Nussbaum, Virtue Ethics. A Misleading Category?, J. Ethics 3 (1999), 163–201; dies., Compassion & Terror, Daedalus 132 (2003), 10–26; G. Pickel, Das Mitleid in der Ethik von Kant bis Schopenhauer, Erlangen 1908; T. L. S. Sprigge, Is Pity the Basis of Ethics? Nietzsche versus Schopenhauer, in: W. Sweet (ed.), The Bases of Ethics, Milwaukee Wis. 2000, 103–125; U. Wolf, Das Tier in der Moral, Frankfurt 1990, ²2004.   G. K.

Mitteilungszeichen, Bezeichnung für einen der ↑Metasprache angehörenden Ausdruck, mit dessen Hilfe Aussagen über Ausdrücke der ↑Objektsprache, also ↑Metaaussagen, gebildet werden können, ohne daß eigens ein Bereich von (Eigen-)Namen für die Ausdrücke der Objektsprache, also zur Metasprache gehörige Konstanten (engl. syntactical constants), zur Verfügung gestellt werden müßte. M. können mit einer ↑Metavariablen (engl. syntactical variable) identifiziert werden, wenn man beachtet, daß dann Metaaussagen und Metaaussageformen nicht mehr unterscheidbar sind. Z. B. sind in der Metaaussage »mit einem Eigennamen n und einem einstelligen Prädikator P bildet man die Elementaraussage ›n ε P‹« die Buchstaben ›n‹ und ›P‹ M.. Dabei ist ›n ε P‹ so zu verstehen, daß die ↑Kopula ›ε‹, ein Zeichen der Objektsprache, zwischen ↑Eigennamen und ↑Prädikator und nicht etwa zwischen die entsprechenden M. zu stehen kommt. Zur präzisen Wiedergabe dieser Vereinbarung sind von W. V. O. Quine die *Quasianführungen* (engl. quasi-quotations) eingeführt worden, nämlich ›⌜n ε P⌝‹ als nicht näher spezifizierter Name, also als M., für diejenige ↑Elementaraussage, die entsteht, wenn, wie verlangt, ›ε‹ zwischen den durch ›n‹ mitgeteilten Eigennamen und den durch ›P‹ mitgeteilten Prädikator gesetzt ist. Teilt ›n‹ etwa den Eigennamen ›Europa‹ und ›P‹ den Prädikator ›ein Erdteil‹ mit, so teilt ›⌜n ε P⌝‹ die Elementaraussage ›Europa ε ein Erdteil‹ mit. Von M. sind die *schematischen Buchstaben* oder schematischen Variablen (↑Variable, schematische) zu unterscheiden, mit deren Hilfe das betreffende ↑Schema des mitgeteilten sprachlichen Ausdrucks gebildet wird, um dessen derart hervorgehobene (logische) Form zu markieren, z. B. das Elementaraussageschema ›n ε P‹, hier mit ›n‹ und ›P‹ als schematischen Buchstaben für beliebige Eigennamen bzw. Prädikatoren und nicht etwa für einen so mitgeteilten bestimmten Eigennamen bzw. Prädikator.   K. L.

Mittel (engl. means), Terminus der ↑Ethik und ↑Handlungstheorie. Unter der Bezeichnung ›M.‹ werden eine Reihe von Unterscheidungen im Rahmen von Handlungsstrategien getroffen, die sich als Verfolgung von ↑Zwecken (↑Zielen) verstehen lassen. M. sind dabei zunächst ↑Handlungen oder Handlungsweisen, die geeignet sind, die verfolgten Zwecke herbeizuführen. Oft werden als M. auch ↑Situationen verstanden, die Schritte auf dem Wege zur Erreichung von (letztendlich) bezweckten weiteren Situationen darstellen. Eine besondere Rolle spielen dabei Situationen der Verfügbarkeit über Werkzeuge, Materialien etc.. Mit Bezug auf derartige Verwendungssituationen heißen dann diese ›Gegenstände‹ selbst M. für die ins Auge gefaßten Zwecke. Dabei können M. auch verselbständigt auftreten, d. h. so, daß der Zusammenhang mit den ursprünglichen Zwecken nicht gegenwärtig oder sich im Laufe der historischen Entwicklung einer Praxis sogar völlig verloren hat. – Entsprechend den getroffenen Unterscheidungen spielt die Kategorie des M.s in der teleologischen (↑Teleologie) ↑Deutung von Handlungen eine wesentliche Rolle. Ein besonderes Problem stellen in diesem Zusammenhang Handlungen dar, deren letztendliche Ziele einer vernünftigen Diskussion entzogen sind, so daß ↑Rationali-

tät hier auf die Beurteilung der Qualität von M.n eingeschränkt erscheint. Man spricht in diesem Falle von bloß technischer Rationalität oder instrumenteller Vernunft. Daß gesellschaftliche Systeme oder Subsysteme in ihren Entscheidungen von bloß technischer Rationalität beherrscht werden, ist eines der vorherrschenden Verständnisse von Technokratie.

Literatur: A. Flew, Ends and Means, Enc. Ph. II (1967), 508–511; J. Habermas, Technik und Wissenschaft als ›Ideologie‹, in: ders., Technik und Wissenschaft als ›Ideologie‹, Frankfurt 1968, ⁴1970, 48–103; ders., Die Kritik der instrumentellen Vernunft, in: ders., Theorie des kommunikativen Handelns I, Frankfurt 1981, ³1985, 1995, 489–534; M. Horkheimer/T. W. Adorno, Dialektik der Aufklärung. Philosophische Fragmente, New York 1944, Frankfurt ¹⁹2010, bes. 88–127 (Juliette oder Aufklärung und Moral); C. Hubig, M., Bielefeld 2002; A. Hügli, M., Hist. Wb. Ph. V (1980), 1431–1439; F. Kambartel, Moralisches Argumentieren. Methodische Analysen zur Ethik, in: ders. (ed.), Praktische Philosophie und konstruktive Wissenschaftstheorie, Frankfurt 1974, 1979, 54–72; P. Lorenzen/O. Schwemmer, Konstruktive Logik, Ethik und Wissenschaftstheorie, Mannheim/Wien/Zürich 1973, bes. 107–129, 190–221, erw. ²1975, bes. 148–180, 273–317 (Kap. II Ethik, III/4 Theorie des praktischen Wissens); H. S. Richardson, Practical Reasoning about Final Ends, Cambridge/New York 1994; P. Schulte, Zwecke und M. in einer natürlichen Welt. Instrumentelle Rationalität als Problem für den Naturalismus?, Paderborn 2010; J. Zimmer, Zweck/M., in: H. J. Sandkühler (ed.), Europäische Enzyklopädie zu Philosophie und Wissenschaften IV, Hamburg 1990, 997–1006; ders./A. Regenbogen, Zweck/M., EP III (²2010), 3129–3133.   F. K.

Mittelbegriff (griech. μέσος ὅρος oder τὸ μέσον, lat. terminus medius oder medius, engl. middle term, franz. moyen terme), in der traditionellen Logik (↑Logik, traditionelle), im Unterschied zu den ↑Außenbegriffen, der Begriff, der durch den in *beiden* ↑Prämissen eines Syllogismus (↑Syllogistik) auftretenden ↑Prädikator dargestellt wird. Er stellt den für einen ↑Schluß erforderlichen Zusammenhang der beiden Prämissen her. Der Schluß selbst besteht in der Verknüpfung der beiden übrigen in den Prämissen enthaltenen Prädikatoren unter Elimination des den M. darstellenden Prädikators, der also in der ↑Konklusion nicht mehr auftritt. In dem Beispiel

alle Säugetiere sind Warmblüter

alle Hunde sind Säugetiere

alle Hunde sind Warmblüter

stellt der Prädikator ›Säugetier‹ den M. dar. Falls der in der ersten Prämisse auftretende Prädikator nur scheinbar denselben Begriff darstellt wie der gleichlautende Prädikator in der zweiten Prämisse, zu diesem also ↑äquivok ist, so entsteht ein ↑Trugschluß vom Typ der ↑quaternio terminorum.

Literatur: Aristoteles, An. pr. A5.26b34–27b1, A6.28a10–15, A32.47a35–b14, A35.48a29–39; W. S. Jevons, Elementary Lessons in Logic [...], London 1870, London, New York 1965 (dt.

Leitfaden der Logik, Leipzig 1906, ³1924); G. Patzig, Die Aristotelische Syllogistik. Logisch-philologische Untersuchungen über das Buch A der »Ersten Analytiken«, Göttingen 1959, ³1969, bes. 59, 104–107, 109–112, 115–117, 126–127 (engl. Aristotle's Theory of the Syllogism. A Logico-Philosophical Study of Book A of the Prior Analytics, Dordrecht 1968, bes. 51, 96–99, 101–104, 107–109, 116–118). C. T.

Mittelmaß (Zhong-yong, älter: Chung-yung), ein schmales Werk der klassischen konfuzianischen Schule (↑Konfuzianismus, ↑Philosophie, chinesische), angeblich verfaßt von einem Enkel des Konfuzius; es ist im Li Ji (Buch der Riten) als Kapitel 28 enthalten. Zusammen mit den Analecta des Konfuzius, dem Buch ↑Menzius und der ↑Großen Lehre (da xue) bildet es das klassische Werk »Vier Bücher«. Den Inhalt bilden in typischer Verbindung ethische und kosmologische Überlegungen. Die geistigen Fähigkeiten des Menschen befinden sich ursprünglich in vollkommener Ausgewogenheit; diese wird durch die menschlichen Leidenschaften gestört. Durch Achtsamkeit und richtiges Verhalten muß der Mensch darum versuchen, die rechte Harmonie und Mitte wiederzufinden und zu bewahren. Dies ist schwer; nur der Edle findet den mittleren Weg sogleich. Der Mensch soll nach Vollkommenheit streben; nur so kann er seine Natur voll zur Entfaltung bringen. Das Bewahren der rechten Mitte ist zugleich das dem Kosmos immanente Prinzip, das die physische Welt zusammenhält.

Literatur: R. T. Ames/D. L. Hall, Focusing the Familiar. A Translation and Philosophical Interpretation of the »Zhongyong«, Honolulu Hawaii 2001; Y. An, Zhongyong (Chung yung): The Doctrine of the Mean, Enc. Chinese Philos. (2003), 888–891; C. Chai/W. Chai (eds.), The Humanist Way in Ancient China. Essential Works of Confucianism, New York 1965; E. R. Hughes, The Great Learning & The Mean-In-Action, London 1942, New York 1979; W. Hui, Translating Chinese Classics in a Colonial Context. James Legge and His Two Versions of the Zhongyong, Bern etc. 2008; J. Legge (ed.), The Chinese Classics I (Confucian Analects, The Great Learning, The Doctrine of the Mean) [chin./engl.], London 1861, 246–298, Oxford ²1893, rev. Hong Kong 1960, 1970, 382–434; ders. (ed.), The Sacred Books of China. The Texts of Confucianism: The Lî Kî. A Collection of Treatises on the Rules of Propriety or Ceremonial Usages, III–IV (IV [richtig III] The Lî Kî I–X, IV The Lî Kî XI–XLVI), Oxford 1885 (repr. Delhi/Varanasi/Patna 1964, 1976), unter dem Titel: Li Chi. Book of Rites. An Encyclopedia of Ancient Ceremonial Usages, Religious Creeds, and Social Institutions, ed. C. Chai/W. Chai, I–II, New Hyde Park N. Y. 1967; H. Schleichert, Klassische chinesische Philosophie. Eine Einführung, Frankfurt 1980, 51–56, erw. ²1990, 84–92, mit H. Roetz ³2009, 78–83; W. Tu, Centrality and Commonality. An Essay on Chung-yung, Honolulu Hawaii 1976, mit Untertitel: An Essay on Confucian Religiousness, erw. Albany N. Y. 1989; P. Weber-Schäfer, Der Edle und der Weise. Oikumenische und imperiale Repräsentation der Menschheit im Chung-yung, einer didaktischen Schrift des Frühkonfuzianismus, München 1963; R. Wilhelm, Li Gi. Das Buch der Sitte des älteren und jüngeren Dai. Aufzeichnungen über Kultur und Religion des alten China, Jena 1930, 3–20, mit

Untertitel: Das Buch der Sitte. Über Kultur und Religion des alten China, Düsseldorf/Köln 1958, 27–45, mit Untertitel: Das Buch der Riten, Sitten und Bräuche, Düsseldorf/Köln 1981, München 1997, 27–45. H. S.

Mittelstreß, ↑Kompressor.

Mittelwert, ↑Wahrscheinlichkeitstheorie.

Modalität (nlat. modalitas, engl. modality, franz. modalité), Bezeichnung für einen logischen (d. h. auf Denken bzw. Sprechen bezogenen) ↑Modus, und zwar einen Modus des Wahr- und Falschseins von ↑Aussagen – man spricht dann auch von M.en *de dicto* – im Unterschied etwa zu den ebenfalls logischen Modi des Schließens (↑Syllogistik). Im Falle von ↑Elementaraussagen ›*n ε Q*‹ etwa, mit einem Eigennamen ›*n*‹ für einen *P*-Gegenstand und einem ↑Prädikator ›*Q*‹ in apprädikativer Rolle (↑Apprädikator), z. B. ›[der Mensch] Sokrates ist vernünftig‹, kann die Wahrheit einer solchen Aussage noch daraufhin beurteilt werden, ob es sich schlicht so verhält, sie also im Modus der *Wirklichkeit* (↑wirklich/Wirklichkeit) vorliegt, oder es z. B. so sein ›muß‹, sie also im Modus der *Notwendigkeit* (↑notwendig/Notwendigkeit) vorliegt, nämlich weil es traditionell bereits begrifflich aus dem Menschsein von Sokrates folgt, was bedeutet, daß in der Tradition die Art Mensch durch das ↑Merkmal Vernünftigsein innerhalb der Gattung Lebewesen bestimmt wird. Dieser Sachverhalt läßt sich auch so ausdrücken, daß Sokrates *notwendigerweise* unter den ↑Begriff des Vernünftigseins fällt, was dazu geführt hat, von ›notwendigem Vernünftigsein‹ zu sprechen, also M.en auch als Modi von Eigenschaften anzusehen, obwohl es sich um Modi des Zukommens von Eigenschaften handelt. Zwar ist es üblich, wesentliche ↑Eigenschaften *Q* eines *P*-Gegenstandes auch notwendige Eigenschaften dieses Gegenstandes zu nennen, aber das bedeutet nichts anderes als allein aufgrund der ↑Definition des *P*-Bereichs, geschehe dies begrifflich, axiomatisch oder konstruktiv, nachweisen zu können, daß allen *P*-Gegenständen die Eigenschaft *Q* zukommt.

M.en sind als Modi des Zukommens von Eigenschaften metasprachliche Modi (↑Metasprache), eben Modi des Wahr- und Falschseins. Bei den seit der Antike immer aufs Neue unternommenen Versuchen, M.en gleichwohl auch objektsprachlich (↑Objektsprache) zu deuten, sie als Modi von Prädikatoren in eigenprädikativer Rolle (↑Eigenprädikator), genaugenommen von ↑Artikulatoren, und damit als M.en *de re* zu behandeln, d. h. als gleichsam physische Modi und nicht mehr logische, ist man mit dem Problem konfrontiert, daß sich ein modal modifizierter Eigenprädikator nicht, wie sonst beim Hinzutreten eines ↑Modifikators, denselben Gegenständen zusprechen läßt wie der Eigenprädikator selbst. Z. B.

lassen sich ›laufen‹ und ›schnell laufen‹ von Akten desselben Handlungsschemas LAUFEN aussagen, nicht hingegen ›laufen müssen‹, ›laufen werden‹ oder auch ›laufen
können‹ in seiner doppelten Bedeutung von Handlungs-
kompetenz und Realisierbarkeit einer Handlungskom-
petenz. Die modalisierten Verben lassen sich nur in
apprädikativer Rolle von den Handlungs*subjekten* aussagen, setzen also die Differenzierung von ↑Handlung
und Handlungssubjekt voraus; ›müssen‹, ›werden‹ und
›können‹ artikulieren Beziehungen zwischen Hand-
lungssubjekten und ↑Handlungsschemata und dienen
nicht der Bildung modifizierter Verben. Ganz analog
gehorchen z. B. ›fähiger Präsident‹ und ›möglicher Präsident‹ einer unterschiedlichen logischen Grammatik
(↑Grammatik, logische): Fähige Präsidenten sind Präsidenten mit der Eigenschaft Fähigsein, von ›möglichen‹
Präsidenten‹ hingegen spricht man, wenn es möglich ist
bzw. nichts dagegen spricht, daß die betreffende Person
ein Präsident ist, war oder sein wird. Und nur in diesem
Sinne gilt auch ↑Existenz, nämlich die Existenz eines *P*-
Gegenstandes, das ›Wirklich-wahr-Sein‹ von $\bigvee_x x \varepsilon P$,
schon in der Tradition als ein besonderer Modus und
nicht als Eigenschaft, z. B. bei C. Wolff (»existentia entis
contingentis nonnisi modus ejus est [die Existenz eines
kontingenten Seienden ist nichts als ein Modus von
ihm]«, Philosophia prima sive ontologia, § 316). Noch
G. W. Leibniz hatte versucht – und das wurde später von
I. Kant in seiner Anmerkung »Zur Amphibolie der Re-
flexionsbegriffe« (KrV B 325–349) deutlich kritisiert,
könne doch »in dem bloßen Begriffe eines Dinges (...)
gar kein Charakter seines Daseins angetroffen werden«
(KrV B 272) –, die Existenz eines (konkreten) Gegenstandes wie eine seiner Eigenschaften zu behandeln, weil
sie sich aus seinem vollständigen Begriff (↑Begriff, vollständiger), also der (unendlichen) Menge der miteinander verträglichen (kompossiblen) Bestimmungen, die
ihm zukommen, logisch erschließen lasse, und sich dazu
der Existenz eines notwendig Seienden versichern wollen, von dem sich allerdings nur sagen lasse: »Ens necessarium, si modo possibile est, utique existit. Hoc est
fastigium doctrinae modalis, et transitium facit ab es-
sentiis ad existentias, a veritatibus hypotheticis ad ab-
solutas, ab ideis ad mundum [Wenn das notwendige
Seiende möglich ist, dann existiert es. Dies ist der Gipfel
der Modallehre, und es macht den Übergang von den
Essenzen zu den Existenzen, von den hypothetischen
Wahrheiten zu den absoluten, von den Ideen zur Welt
aus]« (Philos. Schr. VII, 310). Allerdings kann Leibnizens – als bedingter ontologischer ↑Gottesbeweis auftretende – Behauptung ›wenn der Begriff des notwendig
Seienden nicht widersprüchlich ist, so gibt es dieses
Seiende wirklich‹ auch verstanden werden (G. H. R.
Parkinson, Logic and Reality in Leibniz's Metaphysics,
Oxford 1965, New York/London 1985, 189) als ein in

eine modallogische Fassung gebrachter Spezialfall des
principium rationis sufficientis (↑Grund, Satz vom): Bre-
che die Suche nach den begrifflichen Bestimmungen zur
Bildung des (widerspruchsfreien) vollständigen Begriffs
eines Gegenstandes nicht ab, weil dies der letzte Grund
seiner Existenz wäre (lediglich bei abstrakten Gegenständen, die ohnehin allein *in mente* existieren, kann
es sein, daß diese Suche nach endlich vielen Schritten
endet).
Des weiteren sind die M.en in ontische (d.h. reale, auf
Sein bezogene) und deontische (d.h. moralische, auf
Sollen bezogene) unterschieden (↑Modallogik, ↑Logik,
deontische). Dabei werden von den ontischen oft die
epistemischen (d.h. auf Wissen bezogenen), die doxastischen (d.h. auf Glauben im Sinne von Für-wahr-
Halten bezogenen) und die mellontischen (d.h. auf
Werden bezogenen) M.en abgetrennt (↑Logik, epistemische, ↑Logik, temporale); sind präsentische Aussagen als
zukünftig von einer Vergangenheit her gesehen, so heißen ihre Modalisierungen ›pseudomellontisch‹. Im Falle
dieser Abtrennung wird ›ontisch‹ durch ›alethisch‹ ersetzt. Gleichgültig welcher Bereich von M.en betroffen
ist, werden der strukturellen Ähnlichkeiten wegen überall ›notwendig‹ (↑notwendig/Notwendigkeit) und ›möglich‹ (↑möglich/Möglichkeit) als Ausdrücke für die
Grundmodalitäten verwendet und ›alethisch notwendig‹
bzw. ›alethisch möglich‹ durch ›△‹ bzw. ›▽‹ (auch ›□‹
bzw. ›◇‹ sowie ›L‹ bzw. ›M‹), ›deontisch notwendig‹
bzw. ›deontisch möglich‹ durch ›O‹ bzw. ›E‹ (auch
›△!‹ bzw. ›▽!‹) symbolisiert.
In den *natürlichen* Sprachen (↑Sprache, natürliche) steht
für diese Symbolisierungen eine Vielzahl von Ausdrükken und grammatischen Konstruktionen zur Verfügung,
bei deren Untersuchung linguistische und logische Analyse (↑Analyse, logische) sorgfältig auseinandergehalten
werden müssen. Im Deutschen etwa vertreten die *Modalverben* ›können‹ und ›müssen‹ häufig die M.en ›möglich‹ und ›notwendig‹. Für ›deontisch möglich‹ stehen
zusätzlich zur Verfügung: ›dürfen‹ bzw. ›es ist erlaubt,
daß ...‹; für ›deontisch notwendig‹ zusätzlich ›sollen‹
bzw. ›es ist geboten, daß ...‹; für ›mellontisch notwendig‹: ›sein werden‹ (für ›pseudomellontisch notwendig‹
etwa: ›es hatte so kommen müssen, daß ...‹). ›Epistemisch notwendig‹ bzw. ›epistemisch möglich‹ sind hingegen unter anderem durch die Adverbien ›gewiß‹ bzw.
›vielleicht‹ ersetzbar. Im Bereich der alethischen M.en
wird ›möglich‹ häufig gegen ›wirklich‹ (↑wirklich/Wirk-
lichkeit), ›notwendig‹ aber gegen ›zufällig‹ (↑kontingent/
Kontingenz) ausgespielt. Es ist Aufgabe der (alethischen)
Modallogik, den Zusammenhang von ›wirklich‹ (symbolisiert: X) und ›zufällig‹ (symbolisiert: X̄) mit ›möglich‹ und ›notwendig‹ vollständig aufzuklären. Dazu gehört auch die Aufdeckung der Äquivokationen (↑äqui-
vok) im Gebrauch von ›möglich‹ und ›zufällig‹, die in

der Geschichte der M.en seit Aristoteles immer wieder Verwirrung angerichtet haben. Z.B. wurde von den Stoikern (↑Stoa) der (naturphilosophische) ↑Determinismus in dem Lehrsatz ›alles ist notwendig‹ (d.h., Mögliches, Wirkliches und Notwendiges stimmen überein), von den Epikureern (↑Epikureismus) hingegen die (moralphilosophische) ↑Willkür in dem Lehrsatz ›alles ist zufällig‹ (d.h., weder Unmögliches noch Notwendiges existiert‹) vertreten. Dabei wird ›möglich‹ zum einen einfach als ›nicht unmöglich‹ verstanden, zum anderen aber auch enger als ›nicht unmöglich und nicht notwendig‹ (so häufig ›ἐνδεχόμενον‹ bei Aristoteles, erst bei Theophrast konsequent im heute üblichen weiteren Sinne; seit Leibniz steht für den engeren Sinn: ›kontingent‹ [↑kontingent/Kontingenz]). Ebenso wird ›zufällig‹ nicht nur synonym mit ›kontingent‹ gebraucht, sondern auch erweitert im Sinne von ›nicht notwendig‹, also das Unmögliche einschließend. In schematischer Übersicht:

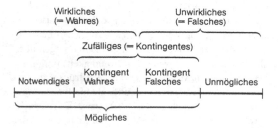

Alle M.en werden grundsätzlich als ↑Operatoren aufgefaßt und deshalb auch ›Modaloperatoren‹ oder ›Modalisatoren‹ genannt. Sie überführen Aussagen bzw. Formeln wieder in Aussagen bzw. Formeln, auch wenn sie eigentlich als Modifikatoren der ↑Metaprädikatoren ›wahr‹ und ›falsch‹ zu gelten haben. Deshalb sind ›wahr‹ und ›falsch‹ selbst, in Übereinstimmung mit der Tradition, ebenfalls zu den M.en zu zählen und heißen dann ›wirklich‹ und ›unwirklich‹. Für Kant trägt die M. der Urteile (problematisch [= möglich], assertorisch [= wirklich] und apodiktisch [= notwendig]) »nichts zum Inhalte des Urtheils« bei, sondern geht »nur den Wert der Copula in Beziehung auf das Denken überhaupt« an (KrV A 74), und weiter: »Die Kategorien der M. haben das Besondere an sich: daß sie den Begriff, dem sie als Prädicate beigefügt werden, als Bestimmung des Objects nicht im mindesten vermehren, sondern nur das Verhältniß zum Erkenntnißvermögen ausdrücken« (KrV A 219, vgl. B 266). Die von der Modallogik untersuchten Geltungsbedingungen für modallogisch zusammengesetzte Aussagen müssen daher aus dieser ursprünglichen, den grundsätzlich *intensionalen* Charakter (↑intensional/Intension) der M.en erklärenden Funktion hergeleitet werden, wobei allerdings iterierten M.en zunächst kein Sinn gegeben werden kann: Die Modalaussage ›notwendigerweise *A*‹ ist wahr genau dann, wenn die Aussage *A* notwendigerweise wahr ist, also wenn *A* logisch aus einer Klasse *Γ* wahrer Aussagen folgt; es handelt sich also um eine Notwendigkeit relativ zu *Γ*, der Bezugsklasse wahrer Aussagen. Entsprechend ist die Modalaussage ›möglicherweise *A*‹ wahr genau dann, wenn die Aussage *A* möglicherweise wahr ist, also wenn die Negation ¬*A* aus einer Klasse wahrer Aussagen nicht logisch folgt.

Diese bei allen M.en zu unterstellende und durch nähere Bestimmungen wie ›kausal notwendig‹, ›logisch möglich‹, ›strafrechtlich verboten‹ usw. auch indizierte Bezugsklasse (in den Beispielen: die Naturgesetze, die Tautologien, die Strafrechtsnormen) wird oft nicht angegeben. In diesem Falle sind in der Regel solche Modalaussagen Gegenstand der Untersuchung, deren Geltung unabhängig von der Wahl der Bezugsklasse ist. Diese Modalaussagen heißen ›modallogisch allgemeingültig‹ (↑allgemeingültig/Allgemeingültigkeit). Allerdings gibt es bisher keine allgemein akzeptierte Bestimmung der modallogischen Allgemeingültigkeit, weil die Unabhängigkeit noch von der Art des vor der Anwendung der M.en zugrundegelegten Aussagebereichs abhängt und iterierte M.en ohnehin einer eigenen Deutung bedürfen. Eine ganze Reihe von ↑Modalkalkülen, die syntaktisch als Erweiterungen von Kalkülen der ↑Junktorenlogik oder der ↑Quantorenlogik auftreten, konkurrieren in der modernen Modallogik um die Auszeichnung, als semantisch adäquat zu gelten. Mit der ↑Kripke-Semantik ist sogar ein seinerseits formales, nämlich modelltheoretisches (↑Modelltheorie), Werkzeug geschaffen worden, eine ganze Reihe von Modalkalkülen jeweils semantisch eineindeutig (↑eindeutig/Eindeutigkeit) zu charakterisieren. Eine solche eineindeutige Charakterisierung für die Modalkalküle T, B, S4 und S5 ist auch mit den spieltheoretischen Mitteln (↑Spieltheorie) der Dialogischen Logik (↑Logik, dialogische) gelungen.

Neben den einstelligen M.en werden in der Modallogik auch mehrstellige M.en untersucht, darunter bereits historisch bedeutsam die *Kompossibilität* (auch: Kompatibilität [↑inkompatibel/Inkompatibilität]) bei Leibniz, definierbar durch die Möglichkeit einer endlichen ↑Konjunktion, also: kompossibel $(A_1, \ldots, A_n) \rightleftharpoons \nabla(A_1 \wedge \ldots \wedge A_n)$, und die *strikte Implikation* ─3 (↑Implikation, strikte) bei C.I. Lewis, definierbar durch die Notwendigkeit einer ↑Subjunktion, also: $A \dashv 3\, B \rightleftharpoons \Delta(A \rightarrow B)$.

Literatur: R. Barcan Marcus, Modalities. Philosophical Essays, New York/Oxford 1993, Oxford etc. 1995; H. Beck, Möglichkeit und Notwendigkeit. Eine Entfaltung der ontologischen M.enlehre im Ausgang von Nicolai Hartmann, Pullach 1961; O. Becker, Zur Logik der M.en, Jb. Philos. phänomen. Forsch. 11 (1930), 497–548; ders., Untersuchungen über den Modalkalkül, Meisenheim am Glan 1952; P. Blackburn, Modal Logic as Dialogical Logic, Synthese 127 (2001), 57–93; J. M. Bocheński, Notes historiques sur les propositions modales, Rev. sci. philos. théol. 26 (1937), 673–692; W. Bröcker, Das M.en-Problem, Z. philos. Forsch. 1 (1946), 35–46; T. Buchheim/C. H. Kneepkens/ K. Lorenz (eds.), Potentialität und Possibilität. Modalaussagen in der Geschichte der Metaphysik, Stuttgart-Bad Cannstatt 2001; R. Carnap, Modalities and Quantification, J. Symb. Log. 11 (1946), 33–64; W. Carnielli/C. Pizzi, Modalities and Multimodalities, o. O. 2008, 2010; J. Divers, Agnosticism about Other Worlds. A New Antirealist Programme in Modality, Philos. Phenom. Res. 69 (2004), 660–685; K. Döhmann, Die sprachliche Darstellung der Modalfunktoren, Log. anal. NS 4 (1961), 55–91, Neudr. in: A. Menne/G. Frey (eds.), Logik und Sprache, Bern/ München 1974 (Exempla logica I), 57–91; S. Dominczak, Les jugements modaux chez Aristote et les scolastiques, Louvain 1923; K. Fine, Essence and Modality, Philos. Perspectives 8 (1994), 1–16; ders., Modality and Tense. Philosophical Papers, Oxford etc. 2005, 2008; G. Forbes, The Metaphysics of Modality, Oxford 1985, 1986; T. S. Gendler/J. Hawthorne (eds.), Conceivability and Possibility, Oxford etc. 2002, 2004; J. Guéron/J. Lecarme (eds.), Time and Modality, o. O. 2008; B. Hale/A. Hoffmann (eds.), Modality. Metaphysics, Logic, and Epistemology, Oxford etc. 2010; N. Hartmann, Möglichkeit und Wirklichkeit, Berlin 1938, [3]1966; J. Hintikka, Models for Modalities. Selected Essays, Dordrecht/Boston Mass. 1969; ders., Time and Necessity. Studies in Aristotle's Theory of Modality, Oxford 1973, 1975; K. Jacobi, Die Modalbegriffe in den logischen Schriften des Wilhelm von Shyreswood und in anderen Kompendien des 12. und 13. Jahrhunderts. Funktionsbestimmung und Gebrauch in der logischen Analyse, Leiden/Köln 1980; H. P. Jochim, Modalkategorien physikalischer Begriffe, Kant-St. 56 (1965), 452–462; B. Juhos, Ein- und zweistellige M.en, Methodos 6 (1954), 69–83; W. Kneale, Modality de dicto und de re, in: E. Nagel/P. Suppes/ A. Tarski (eds.), Logic, Methodology and Philosophy of Science. Proceedings of the 1960 International Congress, Stanford Calif. 1962, 622–633; S. Knuuttila (ed.), Modern Modalities. Studies of the History of Modal Theories from Medieval Nominalism to Logical Positivism, Dordrecht/Boston Mass./London 1988 (Synthese Historical Library XXXIII); ders., Modalities in Medieval Philosophy, London/New York 1993; ders., Medieval Theories of Modality, SEP 1999, rev. 2008; M. Kroy, Mentalism and Modal Logic. A Study in the Relations between Logical and Metaphysical Systems, Wiesbaden 1976; K. Lambert, Impossible Objects, Inquiry 17 (1974), 303–314; C. I. Lewis, Notes on the Logic of Intension, in: P. Henle/H. M. Kallen/S. K. Langer (eds.), Structure, Method and Meaning. Essays in Honor of Henry M. Sheffer, New York 1951, 25–34, Neudr. in: ders., Collected Papers of Clarence Irving Lewis, ed. J. D. Goheen/J. L. Mothershead, Jr., Stanford Calif. 1970, 420–429; C. Lewy, Meaning and Modality, Cambridge/New York 1976, 2009; L. Linsky (ed.), Reference and Modality, London 1971, 1979; M. J. Loux (ed.), The Possible and the Actual. Readings in the Metaphysics of Modality, Ithaca N. Y./London 1979, 1991; F. MacBride (ed.), Identity and Modality, Oxford etc. 2006; P. Mackie, How Things Might Have Been. Individuals, Kinds, and Essential Properties, Oxford etc. 2006, 2009; U. Meixner, M.. Möglichkeit, Notwendigkeit, Essenzialismus, Frankfurt 2008; J. Melia, Modality, Chesham 2003; S. Nichols (ed.), The Architecture of the Imagination. New Essays on Pretence, Possibility, and Fiction, Oxford etc. 2006; I. Pape, Tradition und Transformation der M. I (Möglichkeit – Unmöglichkeit), Hamburg 1966; W. T. Parry, Modalities in the Survey System of Strict Implication, J. Symb. Log. 4 (1939), 137–154; J. Perry, Knowledge, Possibility, and

Consciousness, Cambridge Mass./London 2001; G. Piéraut-le-Bonniec, Le raisonnement modal. Étude génétique, Paris/La Haye 1974; A. Plantinga, Essays in the Metaphysics of Modality, ed. M. Davidson, Oxford etc. 2003; R. Poirier, Sur les logiques de la modalité, in: La modalité du jugement chez Aristote et dans la logique moderne. Colloque. Compte-rendu des travaux. Brașov-Roumanie, 26–31 août 1969, Bukarest 1969, 85–105; J. L. Pollock, Logical Validity in Modal Logic, Monist 51 (1967), 128–135; H. Poser, Zur Theorie der Modalbegriffe bei G. W. Leibniz, Wiesbaden 1969 (Stud. Leibn. Suppl. VI); ders., Die Stufen der M.. Kants System der Modalbegriffe, in: K. Weinke (ed.), Logik, Ethik und Sprache. Festschrift für Rudolf Freundlich, Wien/München 1981, 195–212; A. N. Prior, Modality de dicto and Modality de re, Theoria 18 (1952), 174–180; ders., Diodoran Modalities, Philos. Quart. 5 (1955), 205–213; ders., Time and Modality. Being the John Locke Lectures for 1955–6 Delivered in the University of Oxford, Oxford 1957, Oxford etc. 2003; W. V. O. Quine, Reference and Modality, in: ders., From a Logical Point of View. 9 Logico-Philosophical Essays, Cambridge Mass. 1953, [2]1961, Cambridge Mass./London 2003, 139–159, ferner in: ders., From a Logical Point of View. Three Selected Essays/Von einem logischen Standpunkt aus. Drei ausgewählte Aufsätze, Stuttgart 2011, 128–184 (dt. Referenz und M., in: ders., Von einem logischen Standpunkt. Neun logischphilosophische Essays, Frankfurt/Berlin/Wien 1979, 133–152, ferner in: ders., From a Logical Point of View. Three Selected Essays [s. o.], 129–185); S. Rahman/H. Rückert, Dialogische Modallogik (für T, B, S4 und S5), Log. anal. 42 (1999), 243–282; M. C. Rea (ed.), Metaphysics II–III (II Modality and Modal Structure 1, III Modality and Modal Structure 2), London/New York 2008; N. Rescher, Temporal Modalities in Arabic Logic, Dordrecht 1967; ders. u. a., Studies in Modality, Oxford 1974 (Amer. Philos. Quart., Monograph Ser. VIII); L. Routila, Zur Überwindung der ›klassischen‹ Modalbegriffe bei Leibniz, Stud. Leibn. Suppl. 1 (1968), 241–252; T. J. Runkle Jr., Mediaeval Modal Theory and the Problem of de dicto et de re, Ann Arbor Mich. 1977 [Mikrofilm]; G. Schneeberger, Kants Konzeption der Modalbegriffe, Basel 1952; G. Seel, Die Aristotelische Modaltheorie, Berlin/New York 1982; R. Specht, M., Hist. Wb. Ph. VI (1984), 9–12; P. Thibaud, Un système peircéen des modalités, in: M. Aenishänslin u. a., Systèmes symboliques, sciences et philosophie, Paris 1978 (Travaux du séminaire d'épistémologie comparative d'Aix-en-Provence E.R.A. du C.N.R.S. 650), 61–79; M. Tooley (ed.), Necessity and Possibility. The Metaphysics of Modality, New York/London 1999; A. Vaidya, The Epistemology of Modality, SEP 2007; H. Weyl, The Ghost of Modality, in: M. Farber (ed.), Philosophical Essays in Memory of Edmund Husserl, Cambridge Mass. 1940, New York 1975, 278–303 (repr. in: H. Weyl, Gesammelte Abhandlungen III, ed. K. Chandrasekharan, Berlin/Heidelberg/New York 1968, 684–709); A. R. White, Modal Thinking, Ithaca N. Y., Oxford 1975; G. H. v. Wright, Philosophical Papers of Georg Henrik von Wright III (Truth, Knowledge and Modality), Oxford/New York 1984.   K. L.

Modalkalkül (eng. modal calculus, franz. calcul modal), Bezeichnung für ↑Kalküle der ↑Modallogik zur syntaktischen Charakterisierung aller modallogisch allgemeingültigen (↑allgemeingültig/Allgemeingültigkeit) ↑Aussageschemata bzw. modallogisch gültigen ↑Implikationen. Den historischen Ausgangspunkt bilden die noch heute wichtigen Kalküle der strikten Implikation (↑Implikation, strikte), die C. I. Lewis unter den Bezeichnungen $S1-S5$ zwischen 1912 und 1932 als Alternative zum Kalkül der klassischen ↑Junktorenlogik in den ↑»Principia Mathematica« von A. N. Whitehead und B. Russell entworfen hat (im Anhang II der »Symbolic Logic« von Lewis und C. H. Langford [1932] wird erstmals das – korrigierte – *Survey-System* [1918] als ›S3‹ bezeichnet, ferner werden davon die in Kapitel VI und im Anhang III der »Symbolic Logic« entwickelten schwächeren Systeme $S1$ und $S2$ sowie die stärkeren $S4$ und $S5$ unterschieden). Wegen der seit der Antike diskutierten ↑Paradoxien der (materialen) ↑Implikation, die zum Teil in der logischen ↑Äquivalenz $A \rightarrow B \asymp \neg A \lor B$ begründet sind, ging es Lewis um die Einführung einer wesentlich stärkeren ›wenn-dann‹-Verknüpfung zwischen Aussagen, der er durch die Definition als ›notwendigerweise, wenn-dann‹ den Charakter einer zweistelligen ↑Modalität gab. In allen Lewis-Kalkülen $S1-S5$ ist das strikte ↑›wenn-dann‹ (symbolisiert: —3) mit Hilfe des Notwendigkeitsoperators und umgekehrt ›notwendig‹ mit Hilfe der strikten Implikation definierbar: Es gelten $A \rightarrow3 B \leftrightharpoons \Delta(A \rightarrow B)$ und $\Delta A \leftrightharpoons \neg A \rightarrow3 A$ (Lewis bevorzugt die Definition $A \rightarrow3 B \leftrightharpoons \neg\nabla(A \land \neg B)$, weil er nur ¬, ∧ und ∇ als logische Grundoperatoren benutzt). Hinsichtlich dieser Beziehung von Modalität und strikter Implikation sind die Lewis-Kalküle verkappte M.e und werden auch so behandelt. Ebenfalls in allen Lewis-Kalkülen gelten die schon in der ↑Scholastik diskutierten (teilweise definitorisch gemeinten) *Äquivalenzen* $\Delta A \asymp \neg\nabla\neg A$ (›notwendigerweise A‹ gleichwertig mit ›unmöglich nicht-A‹) bzw. $\nabla A \asymp \neg\Delta\neg A$ (›möglicherweise A‹ gleichwertig mit ›nicht notwendigerweise nicht-A‹) sowie die *Implikationen*

(1) $\Delta A \prec A$

(in der Scholastik: *ab oportere ad esse valet consequentia*) – konvers dazu: $A \prec \nabla A$ (↑ab esse ad posse valet consequentia) – und

(2) $\Delta(A \rightarrow B) \prec \Delta A \rightarrow \Delta B$.

Allerdings sind die Theoreme des Principia-Mathematica-Kalküls der klassischen Junktorenlogik nicht schon in die Lewis-Kalküle eingebaut; es muß erst bewiesen werden, daß jene sämtlich in diesen ableitbar sind. Auf die von K. Gödel (1933) angegebene Fassung des $S4$-Kalküls als modallogischer Erweiterung eines Kalküls der klassischen Junktorenlogik geht der Gedanke zurück, M.e ausdrücklich als *Erweiterung* nicht-modaler (sowohl klassischer als auch intuitionistischer) ↑Logikkalküle und nicht als *Alternative* zu klassischen Logikkalkülen aufzufassen und sie auch so aufzubauen. Seither ist diese

Art des Aufbaus – auch mit der intuitionistischen Junktorenlogik als Basis – üblich und mit der Forderung an M.e verbunden, die *Notwendigkeitsregel* $A \Rightarrow \Delta A$ als zulässig (↑zulässig/Zulässigkeit) zu enthalten. Solche M.e heißen *normal*, wenn außerdem die Implikationen (1) und (2) ableitbar sind und ›notwendig‹ und ›möglich‹ in der angegebenen Weise durch einander ausgedrückt werden können. Hier ist es bei ableitbaren Aussageschemata in ›wenn-dann‹-Form gleichgültig, ob ›→‹ oder ›—3‹ gewählt wird, weil ⊢ $(A \rightarrow3 B)$ genau dann gilt, wenn ⊢ $(A \rightarrow B)$.

Der minimale normale quantorenfreie (↑Quantor) M. ist der von R. Feys (1937) durch Weglassen des für $S4$ charakteristischen Anfangs $\Delta A \rightarrow \Delta\Delta A$ in Gödels Kalkülisierung gewonnene Kalkül T. Dieser enthält über einen (Satz-)Kalkül der klassischen Junktorenlogik hinaus die satzlogischen Fassungen der Implikationen (1) und (2), also $\Delta A \rightarrow A$ und $\Delta(A \rightarrow B) \rightarrow (\Delta A \rightarrow \Delta B)$, als Anfänge und als einzige weitere Regel

(3) $A \Rightarrow \Delta A$

(in den nicht-normalen M.en $S1-S3$ ist Regel (3) nur eingeschränkt zulässig). B. Sobociński (1953) entdeckte, daß T deduktiv äquivalent ist mit dem von G. H. v. Wright (1951) unter der Bezeichnung ›M‹ eingeführten M., der auch zwei zusätzliche Anfänge, $A \rightarrow \nabla A$ und $\nabla(A \lor B) \leftrightarrow (\nabla A \lor \nabla B)$, daneben aber noch zwei zusätzliche Regeln, $A \Rightarrow \Delta A$ und $(A \leftrightarrow B) \Rightarrow (\nabla A \leftrightarrow \nabla B)$, aufweist. (Neben der ebenfalls zu T gleichwertigen Kalkülisierung mit den drei zusätzlichen Anfängen $\Delta A \rightarrow A$, $\Delta(A \rightarrow A)$ und $\Delta A \land \Delta B \rightarrow \Delta (A \land B)$ sowie der zusätzlichen Regel $A \rightarrow B \Rightarrow \Delta A \rightarrow \Delta B$ gibt es eine besonders einfache Kalkülisierung in Gestalt eines ↑Implikationenkalküls mit dem zusätzlichen Anfang $\Delta A \prec A$ und der zusätzlichen Regel $A \land B \prec C \Rightarrow \Delta A \land \Delta B \prec \Delta C$.)
Nur die Lewis-Kalküle $S4$ und $S5$, die als Erweiterungen von T jeweils durch die Anfänge

(4) $\nabla\nabla A \prec \nabla A$

und

(5) $\nabla A \prec \Delta\nabla A$

zustande kommen, und der von O. Becker (1930) eingeführte ↑Brouwerkalkül B, gewonnen durch Erweiterung von T um den *Brouwerschen Anfang*

(6) $A \prec \Delta\nabla A$,

sind ebenfalls normal ($S4$ erweitert um (6) ergibt bereits $S5$; schon $S1$, erweitert um die strikte Fassung von (6), also $\prec A \rightarrow_3 \Delta\nabla A$, ergibt B). Gegenüber T, in dem ebenso wie in $S1$ und $S2$ keinerlei Reduktion iterierter Modalitäten möglich ist, sind $S4$ und $S5$, aber auch $S3$, durch die Existenz von Reduktionssätzen ausgezeichnet: Es gibt in $S4$ nur sechs verschiedene affirmative Basismodalitäten Φ, d. s. Iterationen von Δ und ∇, die sämtlich idempotent (↑idempotent/Idempotenz) sind, für die also $\Phi\Phi \asymp \Phi$ gilt, nämlich Δ, ∇, $\Delta\nabla$, $\nabla\Delta$, $\Delta\nabla\Delta$ und $\nabla\Delta\nabla$, mit den Implikationen

$$\Delta \prec \Delta\nabla\Delta \begin{array}{c} \nearrow \nabla\Delta \searrow \\ \\ \searrow \Delta\nabla \nearrow \end{array} \nabla\Delta\nabla \prec \nabla$$

In $S5$ hingegen sind auch diese Modalitäten noch auf Δ und ∇ reduzierbar ($\nabla\Delta \asymp \Delta$ und $\Delta\nabla \asymp \nabla$), so daß jede Modalaussage in $S5$ mit einer Modalaussage vom Modalgrad 1 äquivalent ist.

Zeichnet man als M. K noch den *homogenen* Teil des M.s T aus, der dadurch charakterisiert ist, daß zu einem Kalkül der klassischen Junktorenlogik nur Implikation (2) als Anfang und (3) als Regel hinzutreten, so gelten die folgenden echten ↑Inklusionen zwischen den genannten M.en:

$$S1 \subset S2 \begin{array}{c} \subset S3 \subset \\ \subset \ \ \ \ \ S4 \\ \subset T \ \ \subset \ \ \subset S5 \\ K \ \subset \ \ \ \subset B \ \subset \end{array}$$

Legt man den modallogischen Erweiterungen einen Kalkül der klassischen ↑Quantorenlogik zugrunde, so erhält man für die normalen M.e einschließlich K die quantorenlogischen Entsprechungen K^*, T^*, $S4^*$, B^* und $S5^*$, die sämtlich eine einheitliche Deutung mit Hilfe der ↑Kripke-Semantik erlauben und in bezug auf diese Semantik jeweils als korrekt und vollständig nachweisbar sind (↑korrekt/Korrektheit, ↑vollständig/Vollständigkeit). Für Untersuchungen dieser Art ebenso wie für die dialogische Behandlung der Modallogik (↑Logik, dialogische) ist es vorteilhaft, zu ↑Gentzentypkalkülen der Quantorenlogik überzugehen – erstmals zusammenfassend dargestellt von J. J. Zeman (1973) –, für T^*_{int} z. B. zu einem ↑Sequenzenkalkül, der als modallogische Erweiterung die beiden Regeln $F(\Delta A), A \| B \Rightarrow F(\Delta A) \| B$ und $A_1, \ldots, A_n \| B \Rightarrow F(\Delta A_1, \ldots, \Delta A_n) \| \Delta B$ enthält (dabei teilt $F(C)$ ein System von Aussageschemata mit, unter denen C vorkommt). – Unter den zahlreichen weiteren M.en ist ein von A. N. Prior aufgestellter, zwischen $S4$ und $S5$ liegender M. deshalb bedeutsam geworden, weil er als adäquat im Sinne einer Zeitlogik (↑Logik, temporale) bei der Deutung der Modalität ›möglich‹ durch ›jetzt oder später ist es der Fall, daß‹ gilt.

Literatur: ↑Modallogik.   K. L.

Modallogik (engl. modal logic), Bezeichnung für einen Zweig der formalen Logik (↑Logik, formale), in dem zur Bildung von ↑Aussagen, den *Modalaussagen*, neben den logischen Partikeln (↑Partikel, logische) auch die ↑Modalitäten herangezogen werden. Allerdings versteht man unter ›M.‹ in der Regel nur die Logik der *alethischen* Modalitäten, insbes. ›notwendig‹ (symbolisiert: Δ, auch $\Box$ oder L) und ›möglich‹ (symbolisiert: ∇, auch $\Diamond$ oder M), unter Abtrennung der mittlerweile von eigenen Disziplinen behandelten epistemischen (↑Logik, epistemische), mellontischen (↑Logik, temporale) und deontischen (↑Logik, deontische) Modalitäten. Neben einer Aussage A sind dann auch ΔA (gelesen: notwendigerweise A) und ∇A (gelesen: möglicherweise A) Aussagen; durch logische Zusammensetzung ($\nabla \wedge \neg\Delta$) erhält man ferner $\mathbb{X} A$ (gelesen: zufälligerweise A), also die Kontingenz ($\mathbb{X} A \leftrightharpoons \nabla A \wedge \neg\Delta A$, ↑kontingent/Kontingenz).

Werden die üblichen Anfänge und Schlußregeln in Kalkülen der ↑Junktorenlogik oder der ↑Quantorenlogik beibehalten (↑Logikkalkül) und gewisse modallogisch zusammengesetzte Aussageschemata A bzw. ↑Implikationen $A_1, \ldots, A_n \prec A$ zusätzlich als modallogisch allgemeingültig (↑allgemeingültig/Allgemeingültigkeit) und damit als Anfänge ausgezeichnet, so ergeben sich nach Hinzufügung geeigneter modallogischer Schlußregeln ↑Modalkalküle, die in der M. näher untersucht werden. Jede *normale* M. soll die folgenden Bedingungen erfüllen:

(1) Die Modalitäten ›notwendig‹ und ›möglich‹ sind durch die folgenden ↑Äquivalenzen verknüpft: $\nabla A \asymp \neg\Delta\neg A$ (gelesen: eine Aussage A ist möglich [möglicherweise wahr] genau dann, wenn ihr Gegenteil [d. i. ihre Negation] nicht notwendig [notwendigerweise wahr] ist) bzw. $\Delta A \asymp \neg\nabla\neg A$ (gelesen: eine Aussage A ist notwendig [notwendigerweise wahr] genau dann, wenn ihr Gegenteil unmöglich [wahr] ist); ∇ kann daher durch Δ definiert werden, und umgekehrt.

(2) Notwendigerweise wahre Aussagen sind auch einfach wahr, aber nicht umgekehrt: $\Delta A \prec A$. Wird ›wahr‹ wie in der aristotelisch-scholastischen Tradition als Modalität ›wirklich‹ mit dem Symbol X notiert, so gelten wegen (1) und der definitorischen Äquivalenz $A \asymp \mathbb{X} A$ die nicht umkehrbaren Implikationen $\Delta A \prec \mathbb{X} A \prec \nabla A$ (gelesen: Notwendiges ist wirklich, und Wirkliches ist möglich).

(3) Von einer Implikation $A_1 \wedge \ldots \wedge A_n \prec A$ darf zur Implikation $\Delta A_1 \wedge \ldots \wedge \Delta A_n \prec \Delta A$ übergegangen werden; die Regel $A_1 \wedge \ldots \wedge A_n \prec A \Rightarrow \Delta A_1 \wedge \ldots \wedge \Delta A_n \prec \Delta A$ überführt also gültige Implikationen wieder in gültige Implikationen (damit gleichwertig ist – unabhängig von Bedingung (2) – die Konjunktion der folgenden Bedingungen: (a) die Notwendigkeitsregel $A \Rightarrow \Delta A$ überführt modallogisch allgemeingültige

↑Aussageschemata in ebensolche, (b) die Implikation $\Delta(A \to B) \prec \Delta A \to \Delta B$ ist gültig).

Alle drei Bedingungen sind bereits von Aristoteles an die Behandlung der Modalitäten gestellt worden. Sie ergeben unter Verzicht auf iterierte Modalitäten und unter Hinzuziehung der von ›kontingent‹ zu unterscheidenden Modalitäten ›kontingent wahr‹ ($\mathbb{X} A \leftrightharpoons \mathbb{X} A \land \neg\Delta A$) und ›kontingent falsch‹ ($\mathbb{X} A \leftrightharpoons \mathbb{X}\neg A \land \neg\Delta\neg A$) die folgenden nicht umkehrbaren Implikationszusammenhänge (dargestellt durch Pfeile):

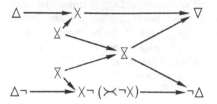

Klassisch-logisch (↑Logik, klassische) gilt dann wegen des ↑tertium non datur $\mathbb{X} \lor \mathbb{X}\neg$ die Äquivalenz $\mathbb{X} \succ\!\!\prec \mathbb{X} \lor \mathbb{X}$ sowie das modallogische ›quartum non datur‹ $\Delta \lor \mathbb{X} \lor \neg\nabla$ (jede Aussage ist entweder notwendig oder zufällig oder unmöglich). Verfährt man hingegen intuitionistisch-logisch (↑Logik, intuitionistische), so sind die beiden Fassungen der Bedingung (1) nicht mehr gleichwertig. Ferner erhält man bereits ohne Berücksichtigung von (2) und unter Zugrundelegen etwa der Definition $\nabla A \leftrightharpoons \neg\Delta\neg A$ durch Kombination von Δ und $\neg$ statt der klassischen vier sogar neun Basismodalitäten (Δ, $\neg\Delta\neg$, $\neg\Delta$, $\Delta\neg$, darüber hinaus $\neg\neg\Delta$, $\Delta\neg\neg$, $\neg\neg\Delta\neg\neg$, $\neg\Delta\neg\neg$, $\neg\neg\Delta\neg$) mit den folgenden nicht umkehrbaren Implikationszusammenhängen:

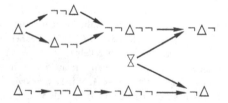

(die Implikation $\Delta\neg A \prec \neg\Delta A$ etwa erhält man aus der intuitionistisch allgemeingültigen Implikation $\neg A \land A \prec \curlywedge$ durch Anwendung der Bedingung (3)).

Umstritten ist die Deutung modallogisch zusammengesetzter Aussagen, d. h., unter welchen Bedingungen Modalaussagen als wahr anzusehen sind. Auch der Versuch, unabhängig von besonderen Deutungen Kriterien für das Zusprechen von ›(modallogisch) allgemeingültig‹ modallogisch zusammengesetzten Aussageschemata gegenüber anzugeben, hat bisher zu keiner Einigung darüber geführt, wie die allein *syntaktisch* vorgehenden Modalkalküle auf ihre *semantische* Adäquatheit hin beurteilt werden sollen. So könnte man etwa den metasprachlichen (↑Metasprache) Ursprung der Modalitäten heranziehen und ΔA als eine Aussage über die Art der Geltung von A ansehen, nämlich logische Folge einer Klasse Σ wahrer Aussagen zu sein – die Notwendigkeit ist dann relativ zu Σ definiert: $\Delta_\Sigma A \leftrightharpoons \Sigma \prec A$. In diesem Falle bleibt die Iteration der Modalitäten zunächst sinnlos, denn die modallogische Allgemeingültigkeit eines Aussageschemas läßt sich durch seine Gültigkeit *unabhängig* von Σ mit dem Resultat definieren, daß alle Bedingungen an eine normale M. erfüllt sind. Man könnte sich ferner auf homogene Modalaussagen bzw. modallogische Implikationen beschränken. Diese erhält man, indem man, ausgehend von Formeln 0. Modalgrades, den modalfreien Formeln, durch bloß einmalige Anwendung einer Modalität die Basis für die auf dem Wege ausschließlich junktoren- und quantorenlogischer Zusammensetzung herstellbaren Formeln 1. Modalgrades gewinnt und in dieser Weise fortfährt. Dabei lassen sich zwar zwanglos Hierarchien Σ von Klassen einführen und die modallogische Allgemeingültigkeit homogener Modalaussagen ganz analog erklären; die Bedingung (2) allerdings bleibt unerfüllt, weil $\Delta A \to A$ inhomogen ist. Erst wenn beliebige, auch inhomogene, Modalaussagen einbezogen werden, kann über eine Verallgemeinerung der Hierarchien Σ zu *Dialogebenen* der Anschluß an die mit modelltheoretischen Mitteln (↑Modelltheorie) formulierte ↑Kripke-Semantik gefunden werden: Jede (nur Δ enthaltende) Modalaussage gehört im Zusammenhang des dialogischen Aufbaus der formalen Logik (↑Logik, dialogische) als Anfangsbehauptung zu einer durch ein endliches Indexsystem dargestellten Dialogebene L, wobei im Verlauf eines Dialogs – der für Aussagen, die nicht mit Δ beginnen, nach den üblichen Regeln unter Beibehaltung der Dialogebene geführt wird – eine Aussage ΔA auf Ebene L durch Angabe einer Ebene L' angegriffen und durch A auf Ebene L' verteidigt wird; das Paar (L, L') muß dabei eine geeignet präzisierte *Zulässigkeitsrelation* R erfüllen. Den Dialogebenen der Dialogischen Logik entsprechen die ›möglichen Welten‹ (↑Welt, mögliche) der Kripke-Semantik; der Zulässigkeitsrelation entspricht die Relation der Erreichbarkeit zwischen möglichen Welten (ΔA ist wahr in der möglichen Welt α aus einer Menge M möglicher Welten, wenn A wahr ist in allen möglichen Welten $\beta \in M$, die von α aus erreichbar sind; die Wahrheit der übrigen logisch zusammengesetzten Aussagen ist, jeweils relativiert auf eine mögliche Welt α als Index, in der üblichen Weise induktiv erklärt; eine Modalaussage ist wahr in M, wenn sie für alle $\alpha \in M$ wahr ist; eine Modalaussage ist [modallogisch] allgemeingültig, wenn sie in allen Mengen möglicher Welten wahr ist). Gegenüber der *modelltheoretisch-semantischen* Definition der modallogischen Allgemeingültigkeit behält allerdings die *spieltheoretisch-*

pragmatische einen Vorteil: Sie kann an Stelle der grundsätzlichen Reduktion des Notwendigkeits- bzw. des Möglichkeitsoperators auf einen All- bzw. einen Manchquantor in der Interpretationssprache, und damit an Stelle der Zurückführung der M. auf die gewöhnliche Quantorenlogik (bei O. Becker im Rückgriff auf G. W. Leibniz als ›statistische Deutung‹ der M. bezeichnet), einen durch Invarianzeigenschaften und damit rein formal charakterisierten Begriff der modallogischen Allgemeingültigkeit, insbes. von Notwendigkeitsaussagen, anbieten, dessen syntaktische Fassung bei der Darstellung der ↑Gewinnstrategien durch Modalkalküle vom Gentzentyp (↑Gentzentypkalkül) die Abschließbarkeit von Tableauxentwicklungen ist (↑Tableau, logisches).

Je nach den Eigenschaften der Zulässigkeits- bzw. Erreichbarkeitsrelation gibt es weitere Differenzierungsmöglichkeiten: Wird keine Bedingung an die jeweilige Relation R gestellt, so erhält man den homogenen Teil der minimalen normalen M., kalkülisierbar durch einen um die Regel $A \wedge B \prec C \Rightarrow \Delta A \wedge \Delta B \prec \Delta C$ ergänzten *Implikationenkalkül* der Junktorenlogik (genannt: K) oder der Quantorenlogik (genannt: K*). Ist R reflexiv (↑reflexiv/Reflexivität), so erhält man die volle minimale normale M., kalkülisierbar durch K bzw. K*, ergänzt um die Implikation $\Delta A \prec A$ als weiteren Anfang (genannt: T bzw. T*); ist R reflexiv und transitiv (↑transitiv/Transitivität) bzw. reflexiv und symmetrisch (↑symmetrisch/Symmetrie (logisch)) bzw. reflexiv, transitiv und symmetrisch (d. i. eine ↑Äquivalenzrelation), so erhält man weitere Systeme einer normalen M., die kalkülisiert als Erweiterungen von T bzw. T* jeweils um die Anfänge $\Rightarrow A \prec \Delta \Delta A$ (S4 bzw. S4*) bzw. $\Rightarrow A \prec \Delta \nabla A$ (B bzw. B*) bzw. $\Rightarrow \nabla \Delta A \prec \Delta A$ (S5 bzw. S5*) darstellbar sind. Die erste M. wurde von Aristoteles entwickelt, der seine assertorische ↑Syllogistik, in der eine vollständige Übersicht über die gültigen Implikationen (d. h. Syllogismen) der Form $S\rho M, M\sigma P \prec S\tau P$ (wobei ρ, σ, τ Variable für die Relationen ↑*a*, ↑*i*, ↑*e*, ↑*o* und ihre Konversen $\bar{a}$, $\bar{o}$ sind; S, M, P sind Variable für ↑Prädikatoren) gelingt, zu einer modalen Syllogistik erweitert: Neben den assertorischen Implikationen sollen auch sämtliche modalen Implikationen der Form $\Phi S\rho M, \Psi M\sigma P \prec \Omega S\tau P$ (mit Φ, Ψ, Ω als Variablen für die fünf affirmativen Modalitäten $\Delta, \times, \nabla, \rtimes, \ltimes$) auf ihre Geltung (d. h. Schlüssigkeit) untersucht werden, was in dieser Form zu genau 567 gültigen aus 27 000 modalen Implikationen insgesamt führt. Allerdings gelingt Aristoteles die Lösung dieser Aufgabe nicht ebenso mustergültig wie die Lösung der entsprechenden Aufgabe in der assertorischen Syllogistik. Bereits Theophrast argumentiert gegen den Aristotelischen Vorschlag, ›alle S sind notwendigerweise P‹ solle wenigstens manchmal als ›alle S sind ΔP‹ ($Sa\Delta P$) verstanden werden, und ersetzt ihn durch den von Aristoteles ebenfalls verwendeten (später von Leibniz wieder aufgegriffenen) konsequenteren Vorschlag ›Δ(alle S sind P)‹ ($\Delta(SaP)$). Gleichwohl hat diese konsequente Korrektur einer Aristotelischen Unklarheit nicht verhindern können, daß die scheinbare Unterscheidung zwischen Modalitäten *de re* (z. B. im Falle $Sa\Delta P$) und Modalitäten *de dicto* (z. B. im Falle $\Delta(SaP)$, ↑Modus) trotz scharfsinniger und ausgedehnter Studien zur M. in der Scholastik (besonders nachhaltig bei W. v. Shyreswood) eine verhängnisvolle Rolle in der philosophischen Tradition gespielt hat und noch heute spielt. – Von modallogischen Formalismen sind Kalküle der ↑Relevanzlogik und der ↑Logik des ›Entailment‹ zu unterscheiden, obgleich sie eine Reihe von Ideen der M. aufnehmen.

Die moderne M. beginnt nach einigen Vorbereitungen bei H. McColl Ende des 19. Jhs. bei C. I. Lewis (1912) im Anschluß an die ↑»Principia Mathematica« (1910–1913) von A. N. Whitehead und B. Russell. Lewis untersucht auf Grund der seit der Antike diskutierten ↑Paradoxien der Implikation (vor allem des ↑ex falso quodlibet und des ↑ex quolibet verum) ein strengeres, modallogisches ›wenn-dann‹, ein ›notwendigerweise, wenn-dann‹, und entwirft eine Reihe von (junktorenlogischen) Modalkalkülen bzw. Kalkülen der ›strict implication‹ (↑Implikation, strikte; symbolisiert: —3), die als S1—S5 bekannt geworden sind, unter denen aber nur S4 und S5 die Bedingung der Normalität im oben angegebenen Sinne erfüllen (in S1—S3 ist die Notwendigkeitsregel $A \Rightarrow \Delta A$ nicht uneingeschränkt zulässig; hingegen gilt stets die Äquivalenz $A —3 B \rtimes \Delta(A \rightarrow B)$). Auf G. H. v. Wright (1951) geht der Modalkalkül M zurück, der mit dem von R. Feys (1937) eingeführten Modalkalkül T gleichwertig ist, also ebenfalls die minimale normale M. kalkülisiert, und sich für den Bereich der Modalaussagen 1. Grades, also solchen ohne Iteration der Modalitäten, von S4 nicht unterscheidet.

Bei der quantorenlogischen Erweiterung dieser Modalkalküle treten neue Probleme auf: Z. B. gibt es in T* homogene Modalaussagen 1. Grades, die bei Beschränkung auf endliche ↑Variabilitätsbereiche trivial allgemeingültig sind, nicht aber im allgemeinen quantorenlogischen Fall. Eine besondere Rolle spielen dabei die nach ihrer Entdeckerin R. Barcan (bzw. Barcan Marcus) benannten ›Barcan-Formeln‹ $\bigwedge_x \Delta A(x) \prec \Delta \bigwedge_x A(x)$ und $\nabla \bigvee_x A(x) \prec \bigvee_x \nabla A(x)$, die nicht in T*, sondern erst im Modalkalkül B* und damit auch in S5* ableitbar sind, im Unterschied zu ihren bereits in T* ableitbaren Konversen. Ebenso sind zwar $\bigvee_x \Delta A(x) \prec \Delta \bigvee_x A(x)$ und $\nabla \bigwedge_x A(x) \prec \bigwedge_x \nabla A(x)$ in T* ableitbar, ihre Konversen aber nicht einmal unter Hinzuziehung der Barcan-Formeln. Die Barcan-Formeln können als Anfänge den Kalkülen T* und S4* adjungiert werden und führen so zu weiteren intensiv studierten quantorenlogischen Modalkalkülen. – Die Systeme S4* und S5* auf der

Grundlage der klassischen Quantorenlogik haben historisch eine wichtige Rolle beim Vergleich von intuitionistischer Logik und klassischer Logik gespielt, weil es eine – unter anderem die Subjunktion unmittelbar durch die strikte Implikation ersetzende – Abbildung gibt, durch die die intuitionistische Logik treu in S4*, die klassische Logik hingegen treu in S5* dargestellt wird; die Kripke-Semantik für S4* induziert dabei eine Semantik für die intuitionistische Logik. Für Begründungszwecke sind diese Darstellungssätze allerdings unbrauchbar, weil umgekehrt erst die Quantorenlogik, intuitionistisch wie klassisch, zur Verfügung stehen muß, ehe eine M. auf ihr aufgebaut werden kann.

Literatur: A. R. Anderson u. a., Proceedings of a Colloquium on Modal and Many-Valued Logics, Helsinki, 23–26 August, 1962, Helsinki 1963 (Acta Philos. Fennica XVI); I. Angelelli, The Aristotelian Modal Syllogistic in Modern Modal Logic, in: K. Lorenz (ed.), Konstruktionen versus Positionen. Beiträge zur Diskussion um die Konstruktive Wissenschaftstheorie I (Spezielle Wissenschaftstheorie), Berlin/New York 1979, 176–215; R. Ballarin, Modern Origins of Modal Logic, SEP 2010; R. C. Barcan (bzw. Barcan Marcus), A Functional Calculus of First Order Based on Strict Implication, J. Symb. Log. 11 (1946), 1–16; dies., Modal Logic, Modal Semantics and Their Applications, in: G. Fløistad (ed.), Contemporary Philosophy. A New Survey I (Philosophy of Language. Philosophical Logic), The Hague/Boston Mass./London 1981, 279–298; A. Bayart, Correction de la logique modale du premier et du second ordre S5, Log. anal. NS 1 (1958), 28–45; R. G. Beasley, Die Logik der Modalbegriffe, Diss. Münster 1984; A. Becker, Die aristotelische Theorie der Möglichkeitsschlüsse. Eine logisch-philologische Untersuchung der Kapitel 13–22 von Aristoteles' »Analytica priora« I, Berlin 1933 (repr. Darmstadt 1968); O. Becker, Zur Logik der Modalitäten, Jb. Philos. phänomen. Forsch. 11 (1930), 497–548; ders., Untersuchungen über den Modalkalkül, Meisenheim am Glan 1952; N. D. Belnap Jr., Modal and Relevance Logics. 1977, in: E. Agazzi (ed.), Modern Logic – A Survey. Historical, Philosophical, and Mathematical Aspects of Modern Logic and Its Applications, Dordrecht/Boston Mass./London 1981, 131–151; J. van Benthem, Modal Logic and Classical Logic, Neapel, Atlantic Highlands N. J. 1983, Neapel 1985; G. Bergmann, The Philosophical Significance of Modal Logic, Mind NS 69 (1960), 466–485; P. Blackburn/M. de Rijke/Y. Venema, Modal Logic, Cambridge etc. 2001, 2008; P. Blackburn/J. van Benthem/F. Wolter (eds.), Handbook of Modal Logic, Amsterdam etc. 2007; A. Bressan, A General Interpreted Modal Calculus, New Haven Conn./London 1972; R. Carnap, Meaning and Necessity. A Study in Semantics and Modal Logic, Chicago Ill./Toronto/London 1947, Chicago Ill./London ²1956, 1988 (dt. Bedeutung und Notwendigkeit. Eine Studie zur Semantik und modalen Logik, Wien/New York 1972); A. Chagrov/M. Zakharyaschev, Modal Logic, Oxford 1997, 2001; B. F. Chellas, Modal Logic. An Introduction, Cambridge etc. 1980, Cambridge/New York/Melbourne 1995; G. Corsi, A Unified Completeness Theorem for Quantified Modal Logics, J. Symb. Log. 67 (2002), 1483–1510; M. J. Cresswell, Modal Logic, in: L. Goble (ed.), The Blackwell Guide to Philosophical Logic, Malden Mass./Oxford 2001, 2002, 136–158; H. B. Curry, The Elimination Theorem when Modality Is Present, J. Symb. Log. 17 (1952), 249–265; M. A. E. Dummett/E. J. Lemmon, Modal Logics between S4 and S5, Z. math.

Logik u. Grundlagen d. Math. 5 (1959), 250–264; R. Feys, Les logiques nouvelles des modalités, Rev. néoscol. philos. 40 (1937), 517–553; ders., Modal Logics, ed. J. Dopp, Louvain, Paris 1965; F. B. Fitch, Symbolic Logic. An Introduction, New York 1952; M. Fitting, Proof Methods for Modal and Intuitionistic Logics, Dordrecht/Boston Mass./Lancaster 1983, 2010; ders./R. L. Mendelsohn, First-Order Modal Logic, Dordrecht/Boston Mass./London 1998, 1999; D. Føllesdal, Referential Opacity and Modal Logic, Oslo 1966, New York/London 2004; D. M. Gabbay, Investigations in Modal and Tense Logics with Applications to Problems in Philosophy and Linguistics, Dordrecht/Boston Mass. 1976; J. W. Garson, Unifying Quantified Modal Logic, J. Philos. Log. 34 (2005), 621–649; ders., Modal Logic for Philosophers, Cambridge etc. 2006, 2008; ders., Modal Logic, SEP 2000, rev. 2009; K. Gödel, Eine Interpretation des intuitionistischen Aussagenkalküls, Ergebnisse eines mathematischen Kolloquiums 4 (1933), 39–40, Neudr. in: ders., Collected Works I (Publications 1929–1936), ed. S. Feferman u. a., Oxford etc. 1986, 2001, 300–301; R. Goldblatt, Mathematics of Modality, Stanford Calif. 1993; A. Gupta, The Logic of Common Nouns. An Investigation in Quantified Modal Logic, New Haven Conn./London 1980; J. Hintikka, Models for Modalities. Selected Essays, Dordrecht/Boston Mass. 1969; ders., Time and Necessity. Studies in Aristotle's Theory of Modality, Oxford 1973, 1975; G. E. Hughes/M. J. Cresswell, An Introduction to Modal Logic, London 1968, London/New York 1978, 1990 (mit Bibliographie der historischen Quellen, 356–371) (dt. Einführung in die M., Berlin/New York 1978 [mit Bibliographie der historischen Quellen, 316–327]); dies., A Companion to Modal Logic, London/New York 1984; dies., A New Introduction to Modal Logic, London/New York 1996, 2007; R. Inhetveen, Ein konstruktiver Weg zur Semantik der ›möglichen Welten‹, in: E. M. Barth/J. L. Martens (eds.), Argumentation. Approaches to Theory Formation. Containing the Contributions to the Groningen Conference on the Theory of Argumentation, October 1978, Amsterdam 1982, 133–141; K. Jacobi, Die Modalbegriffe in den logischen Schriften des Wilhelm von Shyreswood und in anderen Kompendien des 12. und 13. Jahrhunderts. Funktionsbestimmung und Gebrauch in der logischen Analyse, Leiden/Köln 1980; S. Kanger, Provability in Logic, Stockholm 1957, ferner in: ders., Collected Papers of Stig Kanger with Essays on His Life and Work I, ed. G. Holmström-Hintikka/S. Lindström/R. Sliwinski, Dordrecht/Boston Mass./London 2001, 8–41; S. Knuuttila, Modal Logic, in: N. Kretzmann/A. Kenny/J. Pinborg (eds.), The Cambridge History of Later Medieval Philosophy. From the Rediscovery of Aristotle to the Disintegration of Scholasticism 1100–1600, Cambridge etc. 1982, 2000, 342–357; M. Kracht, Tools and Techniques in Modal Logic, Amsterdam etc. 1999, 2006; S. A. Kripke, A Completeness Theorem in Modal Logic, J. Symb. Log. 24 (1959), 1–14; ders., Semantical Analysis of Modal Logic I. Normal Modal Propositional Calculi, Z. math. Logik u. Grundlagen d. Math. 9 (1963), 67–96; ders., Semantical Considerations on Modal Logics, in: Proceedings of a Colloquium on Modal and Many-Valued Logics [s. o.], 83–94 (dt. Semantische Untersuchungen zur Modal-Logik, in: S. Kanngießer/G. Lingrün [eds.], Studien zur Semantik, Kronberg 1974, 44–60); ders., Semantical Analysis of Modal Logic II. Non-Normal Modal Propositional Calculi, in: J. W. Addison/L. Henkin/A. Tarski (eds.), The Theory of Models. Proceedings of the 1963 International Symposium at Berkeley, Amsterdam 1965, 1978, 206–220; M. Kroy, Mentalism and Modal Logic. A Study in the Relations between Logical and Metaphysical Systems, Wiesbaden 1976; S. T. Kuhn, Many-Sorted Modal Logics, I–II, Uppsala 1977; ders., Modal Logic, REP VI (1998), 417–426; H. Leblanc (ed.), Truth, Syntax and Modality. Proceedings of the Temple University Conference on Alternative Semantics, Amsterdam/London 1973; E. J. Lemmon, New Foundations for Lewis Modal Systems, J. Symb. Log. 22 (1957), 176–186; ders., An Introduction to Modal Logic. The ›Lemmon Notes‹, Oxford 1977 (Amer. Philos. Quart. Monograph Series XI); C. I. Lewis, A Survey of Symbolic Logic, Berkeley Calif. 1918 (repr. ohne Chap. V u. VI, New York 1960, Bristol 2001); ders./C. H. Langford, Symbolic Logic, New York/London 1932, New York ²1959 (mit Anhang III); P. Lorenzen, Normative Logic and Ethics, Mannheim/Zürich 1969, Mannheim/Wien/Zürich ²1984; ders., Zur konstruktiven Deutung der semantischen Vollständigkeit klassischer Quantoren- und Modalkalküle, Arch. math. Log. Grundlagenf. 15 (1972), 103–117; J. Łukasiewicz, A System of Modal Logic, J. of Computing Systems 1 (1952–1954), 111–149, Neudr. in: ders., Selected Works, ed. L. Borkowski, Amsterdam/London 1970, 352–390; S. McCall, Aristotle's Modal Syllogisms, Amsterdam 1963; ders., Time and the Physical Modalities, Monist 53 (1969), 426–446; T. J. McKay, Modal Logic, Philosophical Issues in, REP VI (1998), 426–433; J. C. C. McKinsey/A. Tarski, Some Theorems about the Sentential Calculi of Lewis and Heyting, J. Symb. Log. 13 (1948), 1–15; G. Mints, A Short Introduction to Modal Logic, Stanford Calif. 1992; M. Ohnishi/K. Matsumoto, Gentzen Method in Modal Calculi, Osaka Math. J. 9 (1957), 113–130, 11 (1959), 115–120; T. Parsons, Grades of Essentialism in Quantified Modal Logic, Noûs 1 (1967), 181–191; ders., Essentialism and Quantified Modal Logic, Philos. Rev. 78 (1969), 35–52; J. L. Pollock, Basic Modal Logic, J. Symb. Log. 32 (1967), 355–365; S. Popkorn, First Steps in Modal Logic, Cambridge/New York/Melbourne 1994, Cambridge etc. 2008; A. N. Prior, Time and Modality, Oxford 1957, Oxford etc. 2003; ders., Logic, Modal, Enc. Ph. V (1967), 5–12; W. V. O. Quine, Reference and Modality, in: ders., From a Logical Point of View. 9 Logico-Philosophical Essays, Cambridge Mass. 1953, ²1961, Cambridge Mass./London 2003, 139–159, ferner in: ders., From a Logical Point of View. Three Selected Essays/Von einem logischen Standpunkt aus. Drei ausgewählte Aufsätze, Stuttgart 2011, 128–184 (dt. Referenz und Modalität, in: ders., Von einem logischen Standpunkt. Neun logisch-philosophische Essays, Frankfurt/Berlin/Wien 1979, 133–152, ferner in: ders., From a Logical Point of View. Three Selected Essays [s. o.], 129–185); ders., Three Grades of Modal Involvement, in: Proceedings of the XIth International Congress of Philosophy, Brussels, August 20–26, 1953 XIV (Additional Volume and Contributions to the Symposium on Logic), Amsterdam 1953, 65–81, ferner in: ders., The Ways of Paradox and Other Essays, New York 1966, 156–174, Cambridge Mass./London ²1976, 1997, 158–176; W. Rautenberg, Klassische und nichtklassische Aussagenlogik, Braunschweig/Wiesbaden 1979; N. Rescher, Aristotle's Theory of Modal Syllogisms and Its Interpretation, in: M. Bunge (ed.), The Critical Approach to Science and Philosophy. In Honour of Karl R. Popper, London 1964, 152–177; ders., On Modal Renderings of Intuitionistic Propositional Logic, Notre Dame J. Formal Logic 7 (1966), 277–280; ders., A Theory of Possibility. A Constructivistic and Conceptualistic Account of Possible Individuals and Possible Worlds, Oxford, Pittsburgh Pa. 1975; ders./H. Weidemann, M., Hist. Wb. Ph. VI (1984), 16–41; R. Routley, Existence and Identity in Quantified Modal Logics, Notre Dame J. Formal Logic 10 (1969), 113–149; J. Rusza, Modal Logic with Descriptions, The Hague/Boston Mass./London, Budapest 1981; K. Schütte, Vollständige Systeme modaler und intuitionistischer Logik, Berlin/Heidelberg/New York 1968;

G. Seel, Die Aristotelische Modaltheorie, Berlin/New York 1982; K. Segerberg, An Essay in Classical Modal Logic, I–III, Uppsala 1971; A. F. Smullyan, Modality and Description, J. Symb. Log. 13 (1948), 31–37; D. P. Snyder, Modal Logic and Its Applications, New York 1971; B. Sobociński, Note on a Modal System of Feys – von Wright, J. of Computing Systems 1 (1952–1954), 171–178; R. Stuhlmann-Laeisz, Das Sein-Sollen-Problem. Eine modallogische Studie, Stuttgart-Bad Cannstatt 1983; R. H. Thomason, Modal Logic and Metaphysics, in: K. Lambert (ed.), The Logical Way of Doing Things, New Haven Conn./London 1969, 119–146; ders., Some Completeness Results for Modal Predicate Calculi, in: K. Lambert (ed.), Philosophical Problems in Logic. Some Recent Developments, Dordrecht 1970, Dordrecht/Hingham Mass. 1980, 56–76; H. Wansing (ed.), Proof Theory of Modal Logic, Dordrecht/Boston Mass./London 1996; G. H. v. Wright, An Essay in Modal Logic, Amsterdam 1951; J. J. Zeman, Modal Logic. The Lewis-Modal Systems, Oxford 1973. K. L.

Modell (nach dem aus lat. modellus, Maßstab [Diminutiv von Modus, Maß], gebildeten ital. [16. Jh.] modello), in ↑Alltagssprache und ↑Wissenschaftssprache vielfältig verwendeter Begriff, dessen Bedeutung sich allgemein als konkrete, wegen ›idealisierender‹ Reduktion auf relevante Züge faßlichere oder leichter realisierbare Repräsentation unübersichtlicher konkreter oder ›abstrakter‹ Gegenstände oder Sachverhalte umschreiben läßt. Dabei tritt die Repräsentation der objekthaften Bestandteile in vielen Fällen hinter die Repräsentation ihrer relational-funktionalen Beziehungen (Struktur) zurück.

In der formalen Logik (↑Logik, formale), der ↑Semantik und mathematischen Grundlagentheorie ist der M.-begriff von zentraler Bedeutung: Eine Interpretation I eines Ausdrucks (↑Ausdruckskalkül) A einer formalen Sprache (↑Sprache, formale) $\mathfrak{S}$ heißt ein ›M. von A‹ genau dann, wenn A bei dieser Interpretation ein wahrer Satz wird (↑Interpretationssemantik). Diese Definition läßt sich auf eine Menge $\mathfrak{M}$ von Ausdrücken erweitern, indem man definiert, daß I genau dann ein M. von $\mathfrak{M}$ ist, wenn I für jeden Ausdruck A aus $\mathfrak{M}$ ein M. liefert. So ist etwa die übliche Interpretation der als formales System (↑System, formales) oder auch als ↑Struktur aufgefaßten ↑Peano-Axiome, die auf die natürlichen Zahlen führt, ein M. dieses Axiomensystems. Man sagt kurz, wobei die Bezeichnung ›M.‹ von der Abbildung I auf ihr Resultat übergeht: die natürlichen Zahlen bilden ein M. der Peano-Axiome.

Ähnliches gilt für die Hilbertschen Axiome bezüglich der (inhaltlichen) ↑Euklidischen Geometrie. Allgemein läßt sich sagen, daß M.e nicht-sprachliche Entitäten sind, im Unterschied zu den formalen Systemen oder Sprachen, deren M.e sie bilden. Üblicherweise werden M.e im Rahmen einer mengentheoretischen (↑Mengenlehre) Sprache untersucht. Eine abstrakte Struktur heißt ↑›kategorisch‹, wenn je zwei ihrer M.e isomorph (↑isomorph/Isomorphie) sind. Nicht-kategorische Strukturen heißen ›polymorph‹ (↑polymorph/Polymorphie). –

In der klassischen Logik (↑Logik, klassische) wird mit Hilfe des M.begriffs der Begriff der logischen ↑Folgerung definiert. Eine Aussage *A* folgt logisch aus einer Aussagenmenge 𝔄, wenn jedes M. von 𝔄 auch ein M. von *A* ist. Diese Definition der Folgerungsrelation, zu der sich Ansätze bei B. Bolzano finden, geht auf A. Tarski zurück. Die Untersuchung der logischen und mathematischgrundlagentheoretischen Eigenschaften von M.n erfolgt in der ↑Modelltheorie.

Der Sprachgebrauch von ›M.‹ in den Einzelwissenschaften ist uneinheitlich und weicht oft vom mathematischlogischen Sprachgebrauch ab. Historisch wurden bis gegen Ende des 19. Jhs. *mechanische* M.e oft als Widerspiegelung der Wirklichkeit verstanden: Alle Vorgänge sind Bewegungen von Korpuskeln, die sich – scheinbar in völliger Übereinstimmung mit den anschaulichen Gegebenheiten – durch die Grundbegriffe ↑Raum, ↑Zeit, ↑Masse und ↑Kraft beschreiben lassen. Verbunden mit dieser Auffassung ist das *mechanistische Programm* (↑Mechanismus), alle physikalischen und vielfach auch alle sonstigen Vorgänge der Natur auf mechanische M.e zu reduzieren (↑Reduktion, ↑Reduktionismus). Die realistische mechanische M.auffassung scheiterte bereits an der quantitativen Erfassung der Feldkräfte, was zunächst noch durch die zahlreichen Ätherhypothesen (↑Äther) des 18. und 19. Jhs. verdeckt wurde.

Heute spricht man in den Natur- und Sozialwissenschaften unter anderem von M.en: (1) Wenn man aus Gründen der *Vereinfachung* die Untersuchung auf bestimmte jeweils als wesentlich betrachtete Phänomene in einem Bereich beschränkt; Beispiele: wenn die Erde in der Himmelsmechanik als Punktmasse betrachtet wird oder Ökonomen annehmen, daß alle Marktteilnehmer vollkommene Information haben. (2) Wenn man aus Gründen didaktischer *Veranschaulichung* ein auf ›klassischen‹ Vorstellungen beruhendes Bild für anschaulich nicht zugängliche Phänomene angibt (z. B. das Bohrsche ›Planetenmodell‹ des Atoms bezüglich quantenmechanischer Sachverhalte), obwohl man weiß, daß es die Verhältnisse nicht korrekt wiedergibt. (3) Wenn man die Verhältnisse in einem Bereich in ↑Analogie zu bekannteren Verhältnissen in einem anderen Bereich studiert; Beispiel: die Betrachtung des Wirtschaftsprozesses als Kreislaufs. Manche M.e stehen in direktem Bezug zu einer Theorie (›M.e einer Theorie‹); Beispiel: das M. des Pendels wird im Rahmen der Newtonschen Mechanik formuliert. Diese M.e dienen dazu, die betreffende Theorie anzuwenden, zu testen, von ihr zu lernen und Phänomene zu erklären. Andere M.e sind weitgehend unabhängig von Theorien; Beispiel: das Tröpfchenmodell des Atomkerns ist nicht Teil einer bestimmten physikalischen Theorie, sondern berücksichtigt Elemente verschiedener Theorien und steht im Widerspruch zu anderen Elementen dieser Theorien (›phänomenologische M.e‹). Diese M.e vermitteln (engl. ›mediate‹) zwischen Theorien und der Welt (M. S. Morgan/M. Morrison 1999), sofern es eine relevante Theorie gibt. Ansonsten helfen M.e zuweilen auch dabei, eine allgemeinere Theorie zu finden. M.e repräsentieren ihren jeweiligen Bezugsgegenstand (engl. ›target‹), wobei umstritten ist, ob es sich dabei um eine Ähnlichkeitsrelation (↑ähnlich/Ähnlichkeit) oder um eine Isomorphierelation (↑isomorph/Isomorphie) handelt. Ebenfalls umstritten ist die Frage, ob die Praxis der wissenschaftlichen M.bildung eine realistische Position in der ↑Wissenschaftstheorie eher stützt oder widerlegt und ob diese Praxis mit dem Reduktionismus vereinbar ist.

Literatur: D. M. Bailer-Jones, Models, Metaphors and Analogies, in: P. Machamer/M. Silberstein (eds.), The Blackwell Guide to the Philosophy of Science, Malden Mass./Oxford 2002, 2007, 108–127; dies., Scientists' Thoughts on Scientific Models, Perspectives on Sci. 10 (2002), 275–301; dies., Scientific Models in Philosophy of Science, Pittsburgh Pa. 2009; M. Black, Models and Metaphors. Studies in Language and Philosophy, Ithaca N. Y. 1962, 1981; M. Bunge, Method, Model and Matter, Dordrecht/Boston Mass. 1973; N. Cartwright, How the Laws of Physics Lie, Oxford, New York 1983, 2002; N. C. A. da Costa/S. French, Science and Partial Truth. A Unitary Approach to Models and Scientific Reasoning, Oxford/New York 2003; F. Dizadji-Bahmani/R. Frigg/S. Hartmann, Who's Afraid of Nagelian Reduction?, Erkenntnis 73 (2010), 393–412; P. Duhem, La théorie physique. Son objet et sa structure, Paris 1906, erw. mit Untertitel: Son objet – sa structure, ²1914, 1997 (dt. Ziel und Struktur physikalischer Theorien, Leipzig 1908, Hamburg 1998); B. C. van Fraassen, Scientific Representation. Paradoxes of Perspective, Oxford 2008; H. Freudenthal (ed.), Proceedings of the Colloquium »The Concept and the Role of the Model in Mathematics and Natural and Social Sciences« [...] at Utrecht, January 4–8, 1960, Synthese 12 (1960), 123–319, separat Dordrecht 1961; R. Frigg, Scientific Representation and the Semantic View of Theories, Theoria 55 (2006), 49–65; ders., Models and Fiction, Synthese 172 (2010), 251–268; ders./S. Hartmann, Models in Science, SEP 2006, rev. 2009; dies./C. Imbert (eds.), Models and Simulations, Dordrecht 2009 (Synthese 169, H. 3); R. N. Giere, Explaining Science. A Cognitive Approach, Chicago Ill./London 1988, 1997; ders., Scientific Perspectivism, Chicago Ill./London 2006, 2010; P. Godfrey-Smith, The Strategy of Model-Based Science, Biology and Philos. 21 (2006), 725–740; I. Hacking, Representing and Intervening. Introductory Topics in the Philosophy of Natural Science, Cambridge etc. 1983, 2010 (dt. Einführung in die Philosophie der Naturwissenschaften, Stuttgart 1996); S. Hartmann, Models as a Tool for Theory Construction. Some Strategies of Preliminary Physics, in: W. Herfel u. a., Theories and Models in Scientific Processes. Proceedings of AFOS '94 Workshop, August 15–26, Mądralin and IUHPS '94 Conference, August 27–29, Warszawa, Amsterdam/Atlanta Ga. 1995 (Poznań Stud. Philos. Sci. and the Humanities XLIV), 49–67; ders., Models and Stories in Hadron Physics, in: M. S. Morgan/M. Morrison (eds.), Models as Mediators [s. u.], 326–346; ders./C. Hoefer/L. Bovens (eds.), Nancy Cartwright's Philosophy of Science, New York/London 2008; ders./J. Sprenger, Mathematics and Statistics in the Social Sciences, in: I. C. Jarvie/J. Zamora-Bonilla, The SAGE Handbook of the Philosophy of Social Sciences, London etc. 2011, 594–612; R. Hegselmann/U. Mueller/K. G. Troitzsch (eds.), Modelling and Simulation in the Social Sciences from the Philosophy of Science Point of View, Dordrecht/Boston Mass./London 1996; M. B. Hesse, Models and Analogies in Science, London/New York 1963, erw. Notre Dame Ind. 1966, 1970; R. I. G. Hughes, The Theoretical Practices of Physics. Philosophical Essays, Oxford/New York 2010; M. Jammer, Die Entwicklung des M.begriffes in den physikalischen Wissenschaften, Stud. Gen. 18 (1965), 166–173; J. C. C. McKinsey/A. C. Sugar/P. Suppes, Axiomatic Foundations of Classical Particle Mechanics, J. Rat. Mech. and Anal. 2 (1953), 253–272; E. McMullin, Galilean Idealization, Stud. Hist. Philos. Sci. 16 (1985), 247–273; M. S. Morgan/M. Morrison (eds.), Models as Mediators. Perspectives on Natural and Social Science, Cambridge etc. 1999, 2008; M. Morrison, Models, Measurement and Computer Simulation. The Changing Face of Experimentation, Philos. Stud. 143 (2009), 33–57; dies., One Phenomenon, Many Models. Inconsistency and Complementarity, Stud. Hist. Philos. Sci. 42 (2011), 342–351; M. Redhead, Models in Physics, Brit. J. Philos. Sci. 31 (1980), 145–163; M. Suárez, Scientific Representation, Philos. Compass 5 (2010), 91–101; R. Sugden, Credible Worlds. The Status of Theoretical Models in Economics, J. Economic Methodology 7 (2000), 1–31; P. Suppes, A Comparison of the Meaning and Uses of Models in Mathematics and the Empirical Sciences, Synthese 12 (1960), 287–301, ferner in: H. Freudenthal (ed.), Proceedings of the Colloquium [...] [s. o.], Dordrecht 1961, 163–177, ferner in: P. Suppes, Studies in the Methodology and Foundations of Science. Selected Papers from 1951 to 1969, Dordrecht 1969, 10–23; ders., Models of Data, in: E. Nagel/P. Suppes/A. Tarski (eds.), Logic, Methodology and Philosophy of Science. Proceedings of the 1960 International Congress, Stanford Calif. 1962, 1969, 252–261, ferner in: P. Suppes, Studies in the Methodology and Foundations of Science [s. o.], 24–35; ders., Representation and Invariance of Scientific Structures, Stanford Calif. 2002; P. Teller, Twilight of the Perfect Model Model, Erkenntnis 55 (2001), 393–415; M. Weisberg, Who Is a Modeler?, Brit. J. Philos. Sci. 58 (2007), 207–233.   G. W./S. H.

Modellplatonismus, von H. Albert in kritischer Absicht eingeführter wissenschaftstheoretischer Terminus für die in den empirischen Sozialwissenschaften, insbes. in der Ökonomie, verbreitete Praxis der Bildung von ↑Modellen unter Verwendung der ↑ceteris-paribus-Klausel und anderer Einschränkungen des Geltungsbereiches der Modelle. Nach Albert wird der Grad der Falsifizierbarkeit (↑Falsifikation) der Modelle dabei soweit eingeschränkt, daß ihre Stellung als Teil empirischer Wissenschaft fraglich wird. Ihre Aussagen beziehen sich auf eine von der gesellschaftlichen Wirklichkeit verschiedene, im Modell selbst bestimmte, rein-begriffliche (›platonische‹) Realität.

Literatur: H. Albert, M.-P.. Der neoklassische Stil des ökonomischen Denkens in kritischer Beleuchtung, in: ders./F. Karrenberg (eds.), Sozialwissenschaft und Gesellschaftsgestaltung. Festschrift für Gerhard Weisser, Berlin 1963, 45–76, ferner in: E. Topitsch (ed.), Logik der Sozialwissenschaften, Köln/Berlin 1965, 406–434, Frankfurt 1993, 352–380; ders., Marktsoziologie und Entscheidungslogik. Ökonomische Probleme in soziologischer Perspektive, Neuwied/Berlin 1967, mit Untertitel: Zur Kritik der reinen Ökonomik, Tübingen 1998; W. Güth/H.

Kliemt, Experimentelle Ökonomik. M.-P. in neuem Gewande?, Jb. Normative u. institutionelle Grundfragen der Ökonomik 2 (2003), 315–342; F. Kambartel, Zur Überwindung des Szientismus und M. in der Ökonomie (Eine Erwiderung auf Jürgen Backhaus und Gerhard Kirchgäßner), Z. allg. Wiss.theorie 8 (1977), 132–143; J. Kapeller, M.-P. in der Ökonomie. Zur Aktualität einer klassischen epistemologischen Kritik, Frankfurt etc. 2011 [2012]; P. Oberender/C. Christl, Die neue Wachstumstheorie – M. oder gehaltvolle Erklärung wirtschaftlichen Wachstums?, in: M. Erlei/C. Christl (eds.), Beiträge zur angewandten Wirtschaftstheorie. Manfred Borchert zum 60. Geburtstag, Regensburg 1999, 17–34.   G. W.

Modelltheorie, von A. Tarski (Contributions to the Theory of Models, I–II, Indagationes Math. 16 [1954], 572–588) eingeführte Bezeichnung für denjenigen Teil der ↑Metamathematik, der die Beziehung zwischen Aussagenmengen und den Klassen ihrer ↑Modelle zum Gegenstand hat. In diesem Sinne der Untersuchung des Bezugs formaler Sprachen (↑Sprache, formale (1)) zu ihren Interpretationen (↑Interpretationssemantik) läßt sich die M. als wissenschaftliche ↑Semantik auffassen; sie bildet insofern einen Teil der ↑Metalogik. – Der Sache nach beginnt die M. mit dem ↑Löwenheimschen Satz (1915); zwischen etwa 1935 und 1950 hat sie das Stadium einer festumrissenen Theorie mit geklärten Problemstellungen erreicht. Die M. liefert unter anderem grundlegende semantisch-metamathematische Begriffe wie Vollständigkeit (↑vollständig/Vollständigkeit) und Definierbarkeit (↑definierbar/Definierbarkeit) für mathematische Theorien sowie entsprechende Sätze und Verfahren. Wegen der Ähnlichkeit der Methoden (z. B. direkte Produkte, Ultraprodukte, Vervollständigungen) und Inhalte (z. B. Untersuchung von ↑Homomorphismen) sind Resultate der M. auch für die Mathematik selbst, insbes. für die ↑Algebra, von großer Bedeutung. Weitere Anwendungen gibt es z. B. in ↑Topologie und ↑Analysis. Besonders enge Beziehungen bestehen zwischen M. und ↑Mengenlehre.

Ausgangspunkt der M. ist die Erfahrung, daß unterschiedliche mathematische ↑Strukturen wie etwa die rationalen und die reellen ↑Zahlen, jeweils mit Addition und Multiplikation als Verknüpfungen, den gleichen Strukturtyp (hier: die Körperstruktur; ↑Körper (mathematisch)) aufweisen, d. h. (konkrete) ›Modelle‹ der zugehörigen formalen Theorie sind. Dabei wird der Terminus ›Struktur‹ in zwei verschiedenen Weisen verwendet: Einerseits bezeichnet er (als mathematisch präziser Begriff) die zur Interpretation einer formalen Sprache $\mathcal{L}$ geeigneten mathematischen Systeme – ›$\mathcal{L}$-Strukturen‹ (↑gültig/Gültigkeit), sozusagen konkrete Strukturen –, andererseits steht er (als unscharfer, intuitiver Begriff) für strukturelle Eigenschaften bzw. Typen – ›abstrakte Strukturen‹ – solcher Systeme. Eine $\mathcal{L}$-Struktur wird ein *Modell* der $\mathcal{L}$-Aussagenmenge S genannt, wenn sie S

erfüllt, d. h., wenn *S* in ihr gültig ist. Allerdings gibt es nicht für jeden Strukturtyp eine Aussagenmenge, die ihn charakterisiert bzw. ›axiomatisiert‹, die also gerade seine Instanzen als Modelle hat (z. B. gibt es in der ↑Quantorenlogik 1. Stufe keine Aussagenmenge, die genau die Strukturen mit endlichem Individuenbereich als Modelle hätte). Insofern sich die M. auch mit Fragen der Axiomatisierbarkeit (↑System, axiomatisches, ↑endlich-axiomatisierbar) beschäftigt, kann man sagen, daß sie allgemeiner die Beziehung zwischen Aussagenmengen und *Strukturtypen* zum Gegenstand hat.

Viele metamathematische Untersuchungen im Sinne des ↑Hilbertprogramms lassen sich auf Grund einer partiellen Äquivalenz von (syntaktischer) Ableitbarkeit (↑ableitbar/Ableitbarkeit) und (semantischer) Allgemeingültigkeit (↑allgemeingültig/Allgemeingültigkeit) auch modelltheoretisch formulieren. Da ›Allgemeingültigkeit‹ üblicherweise über eine die klassische Logik (↑Logik, klassische) verwendende semantische Wahrheitsdefinition (↑Wahrheitsdefinition, semantische) eingeführt wird, gehen die Voraussetzung der Wahrheitsdefinitheit (↑wahrheitsdefinit/Wahrheitsdefinitheit) von Aussagen und die in der Interpretationssemantik verwendeten mengentheoretischen Hilfsmittel in die M. ein.

Eines der wichtigsten und für die weitere Entwicklung grundlegenden Resultate ist der Löwenheim-Skolem-Satz (↑Löwenheimscher Satz), der vereinfacht besagt, daß jede in der Sprache der Quantorenlogik 1. Stufe formulierte Theorie, die ein Modell mit einem unendlichen Individuenbereich besitzt, Modelle jeder beliebigen unendlichen Mächtigkeit (↑Kardinalzahl) besitzt; so hat z. B. das (erststufig formulierte) ↑Zermelo-Fraenkelsche Axiomensystem für die Mengenlehre (↑Mengenlehre, axiomatische) auch Modelle mit abzählbarem Gegenstandsbereich (↑abzählbar/Abzählbarkeit). Weitere bedeutende Entwicklungsstufen der M. sind der Gödelsche ↑Vollständigkeitssatz, nach dem (in der Quantorenlogik 1. Stufe) die (semantische) Folgerbarkeit eines Satzes aus einer Satzmenge *S* (↑Folgerung) seine (syntaktische) Ableitbarkeit (oder: Beweisbarkeit; ↑beweisbar/Beweisbarkeit) aus *S* impliziert (äquivalent: jede widerspruchsfreie Aussagenmenge ist erfüllbar; ↑widerspruchsfrei/Widerspruchsfreiheit, ↑erfüllbar/Erfüllbarkeit), und der zentrale, auf K. Gödel und A. I. Malcev zurückgehende, rein modelltheoretische ↑Endlichkeitssatz (auch: Kompaktheitssatz, engl. compactness theorem): wenn jede endliche Teilmenge der Satzmenge *S* ein Modell besitzt, so besitzt auch *S* als Ganzes eines. Auf die Quantorenlogik 2. Stufe (mit der Standardsemantik, in der über *alle* Teilmengen des jeweiligen Gegenstandsbereiches quantifiziert wird; ↑Prädikatenlogik) treffen die Aussagen des Löwenheim-Skolem-Satzes, des Vollständigkeitssatzes und des Endlichkeitssatzes nicht zu: Z. B. ist die Peano-Arithmetik 2. Stufe (↑Peano-Axiome) ↑kategorisch,

d. h., alle ihre Modelle sind zueinander isomorph (↑isomorph/Isomorphie) und haben insbes. dieselbe Mächtigkeit; es gibt kein formales System (↑System, axiomatisches), das genau die (semantisch) gültigen ↑Schlüsse der Quantorenlogik 2. Stufe erfassen würde; und es gibt unerfüllbare Aussagenmengen, deren endliche Teilmengen alle erfüllbar sind (z. B. ›es gibt mindestens *n* Objekte‹ für jede natürliche Zahl *n*, zusammen mit der [zweitstufigen] Aussage ›es gibt nur endlich viele Objekte‹). – Weitere wichtige Förderung erhielt die M. durch die Arbeiten von Tarski, der vor allem den metalogischen Begriffsapparat klärte und unter anderem eine Charakterisierung definierbarer Mengen reeller Zahlen lieferte. Am Anfang der M. als eigenständiger Disziplin um 1950 stehen vor allem Arbeiten von A. Robinson, L. Henkin und Tarski.

Die neuere Entwicklung der M. ist insbes. durch die Anwendung modelltheoretischer Methoden in verschiedenen mathematischen Disziplinen sowie durch ihre Erweiterung um neue Arten der Modellbildung (z. B. ↑forcing) gekennzeichnet. Neben so genannten Standard-Modellen werden in der M. auch ›Nichtstandard-Modelle‹ untersucht. Diese lassen sich, in Übereinstimmung mit dem intuitiven Sprachgebrauch, allgemein als bestimmte elementare ↑Erweiterungen der jeweiligen Standard-Modelle kennzeichnen (also als echte Erweiterungen des eigentlich intendierten Modells um zusätzliche Individuen, ohne daß die von den alten Individuen erfüllten Sachverhalte ihre Geltung verlören), die sich z. B. im Falle der Arithmetik mit Hilfe von Ultrafiltern und Ultraprodukten herstellen lassen. Ein erstes Nichtstandard-Modell der Arithmetik stammt von Skolem (Über die Nicht-Charakterisierbarkeit der Zahlenreihe mittels endlich oder abzählbar unendlich vieler Aussagen mit ausschließlich Zahlenvariablen, Fund. Math. 23 [1934], 150–161). Auf Robinson geht die ↑Non-Standard-Analysis zurück, in der der Körper der reellen Zahlen um wohldefinierte ›unendlich große‹ und ›unendlich kleine‹ Elemente (Infinitesimalien) erweitert wird.

Im mathematischen ↑Konstruktivismus und ↑Intuitionismus setzen Strukturuntersuchungen die Existenz konkreter Modelle des untersuchten Strukturtyps voraus. Diese Forderung ist z. B. für Teile der auf der transfiniten Mengenlehre (↑Mengenlehre, transfinite) beruhenden transfiniten Arithmetik (↑Arithmetik, transfinite), soweit sie Fragen der Darstellbarkeit (↑Darstellung (logisch-mengentheoretisch)) der vorkommenden Mengen nicht beachtet, (bislang) nicht erfüllt, wenn man ›Existenz‹ hier im konstruktiven Sinne versteht. Diese methodologische Priorität der Konstruktion konkreter Modelle zeigt sich etwa bei der Begründung der klassischen Analysis, aufgefaßt als axiomatische Theorie der vollständigen, archimedisch angeordneten Körper. Statt von einer vorgegebenen Struktur auszugehen, wird zunächst der konstruktive Aufbau der konkreten Theorie der Analysis in Angriff genommen, für den dann passende Axiomatisierungen angegeben werden können.

Literatur: J. W. Addison/L. Henkin/A. Tarski (eds.), The Theory of Models. Proceedings of the 1963 International Symposium at Berkeley, Amsterdam 1965 (mit Bibliographie, 438–493), Amsterdam/New York/Oxford 1978; A. I. Arruda/N. C. A. da Costa/ R. Chuaqui (eds.), Non-Classical Logics, Model Theory, and Computability. Proceedings of the 3rd Latin-American Symposium on Mathematical Logic, Campinas, Brazil, July 11–17, 1976, Amsterdam/New York/Oxford 1977; C. Badesa, The Birth of Model Theory. Löwenheim's Theorem in the Frame of the Theory of Relatives, Princeton N. J./Oxford 2004; J. T. Baldwin (ed.), Classification Theory. Proceedings of the U. S.-Israel Workshop on Model Theory in Mathematical Logic Held in Chicago, Dec. 15–19, 1985, Berlin etc. 1987; ders./A. Marcja (eds.), A Selection of Papers Presented at the »Stability in Model Theory III« Conference, 17–21 June 1991, Trento, Italy, Ann. Pure Appl. Log. 62 (1993), 81–205; J. Barwise, The Situation in Logic IV (On the Model Theory of Common Knowledge), Stanford Calif. 1988; ders. u. a., Model Theory, in: ders. (ed.), Handbook of Mathematical Logic, Amsterdam/New York/Oxford 1977, Amsterdam etc. 2006, 1–313; ders./S. Feferman (eds.), Model-Theoretic Logics, New York etc. 1985; K. A. Bowen, Model Theory for Modal Logic. Kripke Models for Modal Predicate Calculi, Dordrecht/Boston Mass./London 1979; J. Bridge, Beginning Model Theory. The Completeness Theorem and Some Consequences, Oxford 1977, 1978; J. Buhl, Anwendung und Bedeutung modelltheoretischer Methoden in der Philosophie, Frankfurt/Bern 1981; C. C. Chang, Model Theory 1945–1971, in: L. Henkin u. a. (eds.), Proceedings of the Tarski Symposium. An International Symposium Held to Honor Alfred Tarski on the Occasion of His Seventieth Birthday, Providence R. I. 1974, 1979, 173–186 (mit Bibliographie, 181–186); ders./H. J. Keisler, Continuous Model Theory, Princeton N. J. 1966, 1985; dies., Model Theory, Amsterdam/London, New York 1973 (mit Bibliographie, 523–542), Amsterdam etc. 3 1990, 1998 (mit Bibliographie, 623–640); Z. Chatzidakis u. a. (eds.), Model Theory with Applications to Algebra and Analysis, I–II, Cambridge etc. 2008; G. L. Cherlin, Model Theoretic Algebra. Selected Topics, Berlin/Heidelberg/New York 1976; R. Cori/ D. Lascar, Mathematical Logic. A Course With Exercises II (Recursion Theory, Gödel's Theorems, Set Theory, Model Theory), Oxford/New York 2001; D. van Dalen, Logic and Structure, Berlin/Heidelberg/New York 1980, 4 2004, 2008; K. Doets, Basic Model Theory, Stanford Calif. 1996; H.-D. Ebbinghaus (ed.), Ω-Bibliography of Mathematical Logic III (Model Theory), Berlin etc. 1987; ders./J. Flum, Finite Model Theory, Berlin/New York/ Heidelberg 1995, 2 1999, 2006; dies./W. Thomas, Einführung in die mathematische Logik, Darmstadt 1978, Berlin/Heidelberg 5 2007 (engl. Mathematical Logic, New York etc. 1984, 2 1994, 1996); J. Esparza/C. Michaux/C. Steinhorn (eds.), Finite and Algorithmic Model Theory, Cambridge etc. 2011; J. W. Etchemendy, Tarski, Model Theory, and Logical Truth, Diss. Stanford Calif. 1982; M. C. Fitting, Intuitionistic Logic, Model Theory and Forcing, Amsterdam/London 1969; J. Flum/M. Ziegler, Topological Model Theory, Berlin/Heidelberg/New York 1980; R. Fraïssé, Cours de logique mathématique I (Relation, Formule logique, Compacité, Complétude), Paris, Louvain 1967, stark erw. unter dem Titel: Cours de logique mathématique, I–II (I Relation et Formule logique, II Théorie des modèles), Paris 2 1971/1972 (engl. Course of Mathematical Logic I–II [I Relation and Logical Formula, II Model Theory], Dordrecht/Boston Mass. 1973/1974); R. Gostanian, Lectures on Model Theory I, Aarhus 1974; E. Grädel u. a., Finite Model Theory and Its Applications, Berlin/Heidelberg/New York 2007; W. Guzicki u. a. (eds.), Open Days in Model Theory and Set Theory. Proceedings of a Conference, Held in September 1981 at Jadwisin, near Warsaw, Poland, o. O. [Leeds] o. J. [1984]; G. Hasenjäger/ U. Egli, Modell, M., Hist. Wb. Ph. VI (1984), 50–54; D. Haskell/ A. Pillay/C. Steinhorn (eds.), Model Theory, Algebra, and Geometry, Cambridge etc. 2000; S. Hedman, A First Course in Logic. An Introduction to Model Theory, Proof Theory, Computability, and Complexity, Oxford/New York 2004, 2006; L. Henkin, Systems, Formal, and Models of Formal Systems, Enc. Ph. VIII (1967), 61–74; P. Henrard (ed.), Compte rendu de la semaine d'étude en théorie des modèles. Louvain-la-Neuve – Mars 1975, Log. anal. 18 (1975), 237–527, unter dem Titel: Six Days of Model Theory. Proceedings of a Conference Held at Louvain-la-Neuve in March 1975, Albeuve 1977; J. Hintikka, On the Development of the Model-Theoretic Viewpoint in Logical Theory, Synthese 77 (1988), 1–36; ders., Lingua Universalis vs. Calculus Ratiocinator. An Ultimate Presupposition of Twentieth-Century Philosophy, Dordrecht/Boston Mass./London 1997; W. Hodges, Truth in a Structure, Proc. Arist. Soc. 86 (1985/1986), 135–151; ders., Model Theory, Cambridge etc. 1993, 2008; ders., A Shorter Model Theory, Cambridge etc. 1997, 2002; ders., Model Theory, REP VI (1998), 436–443; ders., Model Theory, SEP 2001, rev. 2009; ders., First-Order Model Theory, SEP 2001, rev. 2009; R. Kopperman, Model Theory and Its Applications, Boston Mass. 1972; G. Kreisel, Modell, Hb. wiss.theoret. Begr. II (1980), 437–440; ders., M., Hb. wiss.theoret. Begr. II (1980), 440–443; ders./J. L. Krivine, Éléments de logique mathématique. Théorie des modèles, Paris 1967 [1966] (engl. Elements of Mathematical Logic. Model Theory, Amsterdam 1967, 1971; dt. [erw.] M.. Eine Einführung in die mathematische Logik und Grundlagentheorie, Berlin/ Heidelberg/New York 1972); D. Lascar, Stabilité en théorie des modèles, Louvain-la-Neuve 1986 (engl. Stability in Model Theory, Burnt Mill/Harlow/Essex, New York 1987); F. W. Lawvere/C. Maure/G. C. Wraith (eds.), Model Theory and Topoi. A Collection of Lectures by Various Authors, Berlin/Heidelberg/New York 1975; L. Libkin, Elements of Finite Model Theory, Berlin/Heidelberg/New York 2004; A. H. Lightstone, Mathematical Logic. An Introduction to Model Theory, ed. H. B. Enderton, New York/London 1978; L. Löwenheim, Über Möglichkeiten im Relativkalkül, Math. Ann. 76 (1915), 447–470; A. Macintyre, Model Theory, in: E. Agazzi (ed.), Modern Logic – A Survey. Historical, Philosophical, and Mathematical Aspects of Modern Logic and Its Applications, Dordrecht/Boston Mass./London 1981, 45–65; J. Malitz, Introduction to Mathematical Logic. Set Theory, Computable Functions, Model Theory, Berlin/Heidelberg/New York 1979, 1987; P. Mangani (ed.), Model Theory and Applications. Bressanone, 20–28 giugno 1975, Rom 1975, mit Untertitel: Bressanone, Italy 1975, Heidelberg etc. 2010; M. Manzano, Teoría de modelos, Madrid 1990 (engl. Model Theory, Oxford/New York 1999); A. Marcja/C. Toffalori, A Guide to Classical and Modern Model Theory, Dordrecht/Boston Mass./ London 2003; R. B. Marcus/G. J. W. Dorn/P. Weingartner (eds.), Logic, Methodology and Philosophy of Science VII. Proceedings of the Seventh International Congress of Logic, Methodology and Philosophy of Science, Salzburg, 1983, Amsterdam etc. 1986; D. Marker, Model Theory. An Introduction, New York/Berlin/Heidelberg 2002; ders./M. Messmer/A. Pillay,

Model Theory of Fields, Berlin etc. 1996, La Jolla Calif., Wellesley Mass. [2]2006; M. D. Morley (ed.), Studies in Model Theory, Washington D. C. 1973; G. H. Müller/M. M. Richter (eds.), Models and Sets. Proceedings of the Logic Colloquium Held in Aachen, July 18–23, 1983 Part I, Berlin etc. 1984; A. Nesin/A. Pillay (eds.), The Model Theory of Groups, Notre Dame Ind./London 1989; B. Poizat, Cours de théorie des modèles. Une introduction à la logique mathématique contemporaine, Villeurbanne, Paris 1985 (engl. A Course in Model Theory. An Introduction to Contemporary Mathematical Logic, New York etc. 2000); K. Potthoff, Einführung in die M. und ihre Anwendungen, Darmstadt 1981; M. Prest, Model Theory and Modules, Cambridge etc. 1988; A. Prestel, Einführung in die mathematische Logik und M., Braunschweig/Wiesbaden 1986, 1992 (engl. mit C. N. Delzell, Mathematical Logic and Model Theory. A Brief Introduction, London etc. 2011); A. Robinson, Introduction to Model Theory and to the Metamathematics of Algebra, Amsterdam 1963, Amsterdam/London, New York [2]1974, Amsterdam etc. 1986; ders., Model Theory, in: H. J. Keisler u. a. (eds.), Selected Papers of Abraham Robinson II (Nonstandard Analysis and Philosophy), New Haven Conn./London 1979, 524–536; P. Rothmaler, Introduction to Model Theory, Amsterdam 2000 (dt. Einführung in die M.. Vorlesungen, Heidelberg/Berlin/Oxford 1995); D. H. Saracino/V. B. Weispfenning (eds.), Model Theory and Algebra. A Memorial Tribute to Abraham Robinson, Berlin/Heidelberg/New York 1975; J. S. Schlipf, Some Hyperelementary Aspects of Model Theory, Diss. Madison Wis. 1975; W. Schwabhäuser, M., I–II, Mannheim/Wien/Zürich 1971/1972; S. Shapiro, Foundations without Foundationalism. A Case for Second-Order Logic, Oxford/New York 1991, 2006; ders., Classical Logic II (Higher-Order Logic), in: L. Goble (ed.), The Blackwell Guide to Philosophical Logic, Malden Mass./Oxford 2001, 2010, 33–54; ders., Logical Consequence, Proof Theory, and Model Theory, in: ders. (ed.), The Oxford Handbook of Philosophy of Mathematics and Logic, Oxford/New York 2005, 2007, 651–670; T. Skolem, Logisch-kombinatorische Untersuchungen über die Erfüllbarkeit und Beweisbarkeit mathematischer Sätze nebst einem Theoreme über dichte Mengen, Videnskapsselskapets skrifter, I. Matematisk-naturvidenskabelig kl., no. 4 (Oslo 1920), 1–36, Neudr. in: ders., Selected Works in Logic, ed. J. E. Fenstad, Oslo/Bergen/Tromsö 1970, 103–136 (engl. Logico-Combinatorial Investigations in the Satisfiability or Provability of Mathematical Propositions [...], in: J. van Heijenoort [ed.], From Frege to Gödel [s. o.], 254–263); ders., Einige Bemerkungen zur axiomatischen Begründung der Mengenlehre, in: Matematikerkongressen i Helsingfors den 4–7 Juli 1922. Den femte skandinaviska matematikerkongressen. Redogörelse/Wissenschaftliche Vorträge gehalten auf dem fünften Kongress der skandinavischen Mathematiker in Helsingfors vom 4. bis 7. Juli 1922 [dt. Parallelausg.], Helsingfors 1923, 217–232, Neudr. in: ders., Selected Works in Logic [s. o.], 137–152 (engl. Some Remarks on Axiomatized Set Theory, in: J. van Heijenoort [ed.], From Frege to Gödel [s. o.], 290–301); H. Stachowiak, Allgemeine M., Wien/New York 1973; B. Taylor, Models, Truth, and Realism, Oxford, Oxford/New York 2006; K. Tent/M. Ziegler, A Course in Model Theory, Cambridge etc. 2012; R. L. Vaught, Model Theory before 1945, in: L. Henkin u. a. (eds.), Proceedings of the Tarski Symposium [s. o.], 153–172 (mit Bibliographie, 168–172). C. B./G. W.

moderni (aus lat. modo, vor kurzem, jetzt eben; die Zeitgenossen), in der mittelalterlichen Logik (↑Logik,

mittelalterliche) des 13. Jhs. Bezeichnung für zeitgenössische Kollegen (so z. B. – häufig in kritischem Kontext – bei Wilhelm von Ockham), gelegentlich auch für Logiker, die im Unterschied zu ihren im wesentlichen auf Aristoteleskommentierung beschränkten Vorgängern (›antiqui‹) eine stärker eigenständige, problemorientierte logische Forschung betreiben (›logica modernorum‹, ↑logica antiqua). In veränderter Bedeutung geht das Begriffspaar antiqui – m. in den ›Wegestreit‹ (↑via antiqua/via moderna) des 15. Jhs. ein, wo es, ohne daß eine exakte Abgrenzung möglich wäre, die Nominalisten (m.) und Realisten (antiqui) und deren unterschiedliche Positionen im ↑Universalienstreit bezeichnet.

Literatur: ↑logica antiqua, ↑via antiqua/via moderna. G. W.

Modifikator (engl. modifier), Terminus der ↑Grammatik für einen sprachlichen Ausdruck, der dazu dient, aus einem anderen Ausdruck einen von ihm in eigens zu bestimmender Weise abhängigen, etwa syntaktisch oder semantisch untergeordneten, Ausdruck herzustellen, z. B. in der deutschen Wortbildung das Suffix ›lich‹ bei Adjektiven zur Bildung semantisch abgeschwächter Adjektive: röt-lich, kränk-lich. – In einer logischen Grammatik (↑Grammatik, logische) bezeichnet ›M.‹ einen ↑Prädikator ›Q‹ in apprädikativer Rolle (↑Apprädikator) als ↑Operator auf Prädikatoren in eigenprädikativer Rolle (↑Eigenprädikator) zur Herstellung eines ↑Klassifikators ›QP‹ auf dem Bereich der P-Gegenstände; jeder M. von ›P‹ führt zu einer Spezialisierung von ›P‹. Z. B. erzeugt der Apprädikator ›rational‹ den Klassifikator ›rationales Lebewesen‹ auf dem Bereich der Lebewesen. In hergebrachter Ausdrucksweise artikuliert ein M. daher den ›artbildenden Unterschied‹ (↑*differentia specifica*) bei der Bestimmung einer ↑Art innerhalb einer ↑Gattung im Rahmen traditioneller ↑Definitionen.

Literatur: W. Croft, Syntactic Categories and Grammatical Relations. The Cognitive Organization of Information, Chicago Ill./London 1991, 1992; K. Lorenz, Dialogischer Konstruktivismus, Berlin/New York 2009; E. J. Rubin, The Structure of Modifiers, Salt Lake City Utah 2002 [Elektronische Ressource]. K. L.

modi significandi, ↑modistae.

modistae (lat., die Modisten, aus lat. modus, Eigenschaft), Bezeichnung einer Gruppe mittelalterlicher Grammatiker, deren auch ›spekulative ↑Grammatik‹ genannte Lehren den Höhepunkt mittelalterlicher Grammatiktheorie darstellen. Nach der in vielen Details bei den einzelnen Autoren differierenden Auffassung der m. besitzen (etwa bei Thomas von Erfurt) die Gegenstände bestimmte kategoriale Eigenschaften (›modi essendi‹, wie Substanz, Handeln, Qualitäten), die vom Verstand mittels der ihm eigentümlichen ›modi intelligendi activi‹ aufgenommen werden. Als nunmehr mentale Entitäten sind die rezipierten Gegenstände ›modi intelligendi passivi‹. Diese wiederum werden von den Worten, insofern sie Bezeichnungs- und Bedeutungscharakter (›modus significandi activus‹) haben, sprachlich repräsentiert. Die in der Sprache repräsentierte Eigenschaft der Sache wird als ›modus significandi passivus‹ bezeichnet. Modi essendi, modi intelligendi passivi und modi significandi passivi sind, als verschiedenen Seinsbereichen angehörig, ›formal‹ verschieden, in ihrem Bezug zu kategorialen Dingeigenschaften jedoch ›material‹ gleich. Diese mit Hilfe des modus-Begriffs (↑Modus) konstruierte, über den Verstand vermittelte Entsprechung von Sprache und Realität gab den m. Anlaß zu der These, daß es nur *eine* Grammatik für alle Sprachen gebe.

Bei den modi significandi ist zu beachten, daß die m. am modus significandi zwischen dem Aspekt der einfachen *Signifikation* (›ratio significandi‹) eines Wortes, die, formal und syntaktisch nicht weiter bestimmt, den Gegenstand (›significatum speciale‹) nur *bezeichnet*, und dem Aspekt seiner *Konsignifkation* (›ratio consignificandi‹), der die kategorialen Eigenschaften des Gegenstandes *bedeutet* (↑Bedeutung), unterscheiden. Während die ratio significandi isoliert nur den Einzelwissenschaftler interessiert, fällt die ratio consignificandi in den Bereich der Grammatik, da die Bezeichnung kategorialer Eigenschaften mentale Operationen wie z. B. Vergleichen erfordert, die sich auf der Ebene der Sprache in grammatischen Funktionen und Relationen darstellen. Vor diesem Hintergrund ist auch die Bezeichnung ›grammatica speculativa‹ zu verstehen: die m. sehen in der Sprache einen Spiegel (›speculum‹) der kategorialen Struktur der Realität. So wird eine als Zeichen (›signum‹) verstandene Äußerung (›vox‹), die bloß bezeichnend als Wort (›dictio‹) einen isolierten Realitätsbezug liefert, im konsignifizierenden Aspekt des modus significandi zur ›bedeutenden‹ grammatischen Basiseinheit ›pars orationis‹ (wörtlich: Redeteil, zumeist mit ›Wortklasse‹ wiedergegeben), die eine syntaktische Funktion übernehmen kann und deren verschiedene grammatische Funktionen (als Verb, Name, Adverb etc.) zu einer weiteren Ausdifferenzierung der modi significandi führten.

Die Grammatiktheorie der m. verknüpft zwei Traditionsstränge miteinander: die platonisch-aristotelisch-stoische Tradition der *logischen* Grammatik und die von der Alexandrinerschule (besonders Dionysios Thrax und Apollonios Dyskolos), von Donatus (um 350 n. Chr.) und von Priscian (um 500 n. Chr.) repräsentierte Tradition der *deskriptiven* Grammatik. Insbes. Priscians »Institutio de arte grammatica« (genauer deren beide letzte [17 und 18] Bücher ›De constructione‹, auch ›Priscianus minor‹ genannt), umfangreichste Zusammenfassung der lateinischen Grammatik und im 13. Jh. grundlegendes Textbuch im Grammatikunterricht der Artistenfakultät (↑ars), liefert den m. die deskripti-

ven grammatischen Kategorien, die nun mit dem Instrumentarium der zeitgenössischen Logik und Semantik analysiert und ausgewiesen werden. Im Unterschied zu den Logikern, deren Bemühung letztlich auf die Wahrheitsbedingungen sprachlicher Gebilde abzielt, geht es den m. um deren innersprachliche Korrektheit (›congruitas‹). So drücken etwa für den Logiker denotativ *synonyme* Ausdrücke für die m., wegen der sich in unterschiedlicher grammatischer Form äußernden modi significandi, *verschiedene* Bedeutungen aus und erfahren zur Herstellung der congruitas unterschiedliche Funktionszuweisungen.

Die Blütezeit der modistischen Grammatik fällt in die Jahre 1270–1350. Zu den m., die fast alle in Beziehung zur Pariser Universität standen, gehören neben Thomas von Erfurt vor allem Radulphus Brito (mit der umfangreichsten modistischen Grammatik), ferner A. M. T. S. Boethius und Martinus von Dacien, Siger von Courtrai, Heinrich von Brüssel und Simon von Faversham. Die literarische Form der Untersuchung ist die ↑quaestio im Zusammenhang mit Kommentaren und ↑Sophismata, aber auch Traktate »De modis significandi«. Die m. nach 1350 scheinen zur Theorie nichts Neues beigetragen zu haben. Gleichzeitig setzt um diese Zeit die nominalistische (↑Nominalismus) Grammatik ein, deren Sprachphilosophie das Interesse an den ›realistischen‹ (↑Realismus (erkenntnistheoretisch)) m. erlahmen ließ. Die modistische Idee einer spekulativen Grammatik wird erst wieder in der Grammatik von Port Royal (↑Port Royal, Schule von) wiederbelebt. Bei allen Unterschieden in der Methode (z. B. formale linguistische statt semantische Kriterien) hat die Grammatik der m. teilweise ähnliche Ziele wie die moderne linguistische (↑Linguistik) Grammatiktheorie, z. B. in der Analyse von ↑Morphemen, ist jedoch in anderen Dingen, z. B. der ausschließlichen Berücksichtigung des semantischen (↑Semantik) Aspekts, von der Realisierung ihres universalen Anspruchs noch weit entfernt.

Neuere Textausgaben: [Pseudo-Albertus Magnus] »Quaestiones Alberti de modis significandi«. A Critical Edition, Translation and Commentary of the British Museum Incunabulum C.21.C.52 and the Cambridge Incunabulum Inc.5J.3.7 [lat./ engl.], ed. L. G. Kelly, Amsterdam 1977; [Pseudo-Grosseteste] »Tractatus de Grammatica«. Eine fälschlich Robert Grosseteste zugeschriebene spekulative Grammatik [lat.], Ed. u. Kommentar K. Reichel, München/Paderborn/Wien 1976; [P. d'Ailly] Modi significandi und ihre Destruktionen. Zwei Texte zur scholastischen Sprachtheorie im 14. Jahrhundert. Nach Inkunabelausgaben in einer vorläufigen Fassung neu zusammengestellt, ed. L. Kaczmarek, Münster 1980; [Bartholomäus von Brügge] Bartholomaeus van Brugge. Vlaams wijsgeer en geneesheer [Biographie, Einl. u. Ed. einer quaestio], ed. A. Pattin, Tijdschr. Filos. 30 (1968), 118–150; Boethius von Dacien, Opera I (Modi significandi sive Quaestiones super Priscianum maiorem), ed. J. Pinborg/H. Roos, Kopenhagen 1969; Gottfried von Fontaines, Godfrey of Fontaine's Abridgement of Boethius of Dacia's »Modi significandi sive Quaestiones super Priscianum maiorem«, Einl., Ed. u. engl. Übers. A. C. S. McDermott, Amsterdam 1980; J. Gerson, De modis significandi, in: ders., Œuvres complètes IX, ed. P. Glorieux, Paris 1973, 625–642; Johannes Stobnicensis, Generalis doctrina de modis significandi grammaticalibus, in: R. Gansiniec (ed.), Metrificale Marka z Opatowca i traktaty gramatyczne XIV i XV wieku, Breslau 1960, 149–154; Johannes von Dacien, Opera, I–II, ed. A. Otto, Kopenhagen 1955; Martinus von Dacien, Opera, ed. H. Roos, Kopenhagen 1961; [Petrus Hispanus] Peter of Spain. Language in Dispute. An English Translation of Peter of Spain's »Tractatus« Called afterwards »Summulae Logicales« on the Basis of the Critical Edition Established by L. M. de Rijk, trans. F. P. Dinneen, S. J., Amsterdam/Philadelphia Pa. 1990; Radulphus Brito, Quaestiones super Priscianum minorem, I–II, ed. u. Einl. H. W. Enders/J. Pinborg, Stuttgart-Bad Cannstatt 1980; Siger von Brabant, Écrits de logique, de morale et de physique, ed. B. Bazán, Louvain, Paris 1974; Siger von Courtrai, Zeger van Kortrijk. Commentator van Perihermeneias, Einl. u. Ed. C. Verhaak, Brüssel 1964 (Verh. Kon. Vlaamse Acad. Wet., Lett., Schone Kunsten, Kl. d. Lett., Belgïe LII); ders., Summa modorum significandi/Sophismata, ed. J. Pinborg. New Editon on the Basis of G. Wallerand's editio prima [...], Amsterdam 1977; Simon von Dacien, Opera, ed. A. Otto, Kopenhagen 1963; Thomas von Erfurt, Grammatica speculativa, Ed., engl. Trans. and Commentary G. L. Bursill-Hall, London 1972; ders., Abhandlung über die bedeutsamen Verhaltensweisen der Sprache (Tractatus de Modis significandi), übers. v. S. Grotz, Amsterdam/Philadelphia Pa. 1998 [mit Einl., vii–li].

Literatur: E. J. Ashworth, The Tradition of Medieval Logic and Speculative Grammar from Anselm to the End of the Seventeenth Century. A Bibliography from 1836 Onwards, Toronto 1978; G. L. Bursill-Hall, Speculative Grammars of the Middle Ages. The Doctrine of »Partes orationis« of the m., The Hague/Paris 1971; M. C. Chiesa, Les ›modistes‹ et les fondements de la grammaire, Rev. mét. mor. 86 (1981), 193–214; M. A. Covington, Syntactic Theory in the High Middle Ages. Modistic Models of Sentence Structure, Cambridge etc. 1984, 2009 (mit Bibliographie, 150–158); S. Ebbesen (ed.), Geschichte der Sprachtheorie III (Sprachtheorien in Spätantike und Mittelalter), Tübingen 1995; ders./J. Pinborg, Studies in the Logical Writings Attributed to Boethius de Dacia, Kopenhagen 1970 (Cah. l'inst. moyen-âge grec et lat. III); H. W. Enders, Sprachlogische Traktate des Mittelalters und der Semantikbegriff. Ein historisch-systematischer Beitrag zur Frage der semantischen Grundlegung formaler Systeme, München/Paderborn/Wien 1975; K. M. Fredborg, Universal Grammar According to Some 12th-Century Grammarians, in: K. Koerner/H.-J. Niderehe/R. H. Robins (eds.), Studies in Medieval Linguistic Thought [s. u.], 69–84; dies., Speculative Grammar, in: P. Dronke (ed.), A History of Twelfth-Century Western Philosophy, Cambridge etc. 1988, 1999, 177–195; M. Grabmann, Thomas von Erfurt und die Sprachlogik des mittelalterlichen Aristotelismus, München 1943 (Sitz.ber. Bayer. Akad. Wiss., philos.-hist. Abt. 1943, 2); ders., Die geschichtliche Entwicklung der mittelalterlichen Sprachphilosophie und Sprachlogik. Ein Überblick, in: ders., Mittelalterliches Geistesleben. Abhandlungen zur Geschichte der Scholastik und Mystik III, München 1956 (repr. Hildesheim/New York 1975, 1984), 243–253; R. W. Hunt, The History of Grammar in the Middle Ages. Collected Papers, ed. G. L. Bursill-Hall, Amsterdam 1980; A. Joly/J. Stefanini (eds.), La grammaire générale. Des modistes aux ideologues, Lille 1977; L. G. Kelly, Grammar and Meaning in the Late Middle Ages I, Historiogr. linguist. 1 (1974), 203–219;

ders., ›Modus significandi‹. A Interdisciplinary Concept, Historiogr. linguist. 6 (1979), 159–180; ders., The Mirror of Grammar. Theology, Philosophy, and the ›M.‹, Amsterdam/Philadelphia Pa. 2002; K. Koerner/H.-J. Niderehe/R. H. Robins (eds.), Studies in Medieval Linguistic Thought. Dedicated to Geoffrey L. Bursill-Hall. On the Occasion of His Sixtieth Birthday on 15 May 1980, Amsterdam 1980 (Historiogr. linguist. VII, 1–2); P. Lehmann, Mitteilungen aus Handschriften VIII (Zu den sprachlogischen Traktaten des Mittelalters), München 1944 (Sitzber. Bayer. Akad. Wiss., philos.-hist. Abt. 1944, 2); E. Lombardi, M.. The Syntax of Nature, in: dies., The Syntax of Desire. Language and Love in Augustine, The M., Dante, Toronto/Buffalo/London 2007, 77–120; B. E. O'Mahony, A Medieval Semantic. The Scholastic »Tractatus de modis significandig«, Laurentianum 5 (1964), 448–486; C. Marmo, Semiotica e linguaggio nella scolastica. Parigi, Bologna, Erfurt 1270–1330. La semiotica dei Modisti, Rom 1994; J. Pinborg, Mittelalterliche Sprachtheorien. Was heißt Modus significandi?, in: Fides quaerens intellectum. Festskrift tilegnet Heinrich Roos S. J., Kopenhagen 1964, 66–84; ders., Die Entwicklung der Sprachtheorie im Mittelalter, Kopenhagen, Münster 1967, Münster ²1985 (Beitr. Gesch. Philos. Theol. MA XLII/2); ders., Logik und Semantik im Mittelalter. Ein Überblick, Stuttgart-Bad Cannstatt 1972; ders., Die Logik der M., Studia Mediewistyczne 16 (1975), 39–97; ders., Speculative Grammar, in: N. Kretzmann/A. Kenny/J. Pinborg (eds.), The Cambridge History of Later Medieval Philosophy. From the Rediscovery of Aristotle to the Disintegration of Scholasticism 1100–1600, Cambridge etc. 1982, 2000, 254–269 (Chap. 13 Speculative Grammar); R. H. Robins, Ancient and Mediaeval Grammatical Theory in Europe. With Particular Reference to Modern Linguistic Doctrine, London 1951 (repr. Port Washington N. Y./London 1971); ders., A Short History of Linguistics, London/Harlow 1967, ⁴1997, 2010 (franz. Brève histoire de la linguistique. De Plato à Chomsky, Paris 1976, 1988); H. Roos, Die Modi significandi des Martinus de Dacia. Forschungen zur Geschichte der Sprachlogik im Mittelalter, Münster, Kopenhagen 1952 (Beitr. Gesch. Philos. Theol. MA XXXVII/2); I. Rosier, La grammaire spéculative des Modistes, Lille 1983; U. Saarnio, Betrachtungen über die scholastische Lehre der Wörter als Zeichen, Acta Acad. Paed. Jyväskyläensis 17 (1959), 215–249; H.-J. Stiker, Une théorie linguistique au moyen-âge: L'école modiste, Rev. sci. philos. théol. 56 (1972), 585–616; G. Wolters, Die Lehre der Modisten, HSK VII/1 (1992), 596–600. – Totok II (1973), 463–464. G. W.

Modus (lat., die Regel, das Maß; engl. mode), Bezeichnung für die Art und Weise, wie ein Gegenstand bestimmt ist; umgangssprachlich meist auf Verfahren als Gegenstände beschränkt: *m. procedendi.* Diese Wendung gehört auch zum speziell juristischen Sprachgebrauch, ebenso wie das gleichfalls umgangssprachlich gebrauchte ›m. vivendi‹ für die Form eines erträglichen, jedoch nicht rechtlich fixierten Zusammenlebens von Rechtssubjekten. – In der philosophischen Tradition gibt es eine allgemeine Verwendung von ›m.‹, z. B. bei M. T. Cicero, für die Art, das Leben maßvoll zu führen (*m. vitae*), während im besonderen mit ›m.‹ auf vielfältige Weise so genannte *Seinsbestimmungen* (*rei determinationes*, engl. modes of being) bezeichnet werden, bei A. Augustinus z. B. speziell die von Gott ausgehende Bestimmung des Menschen, Gut und Böse unterscheiden zu können, ebenso, wie schon bei Cicero, das rechte Maßhalten des Menschen in seinem Tun und Lassen. In der ↑Scholastik sind, ausgehend von einer ausdrücklichen M.-Lehre bei Aegidius Romanus (um 1300) zur Bestimmung der Selbigkeit eines Seienden (*ens*) angesichts seiner sich ständig wandelnden Bestimmungen (*modi*), die Seinsbestimmungen meist in physische Modi und logische (d. h. auf Denken bzw. Sprechen bezogene) Modi geschieden worden. Ein physischer M. kann eine ↑Substanz bestimmen, aber ebenso auch ein ↑Akzidens oder eine Inhärenz (↑inhärent/Inhärenz), er kann sogar – bei J. Duns Scotus – eine *interne* Substanzbestimmung sein, etwa ›laut‹ als *m. intrinsecus* eines Tons im Unterschied zu ›hörbar‹ (dem Unterschied zwischen internen und externen Eigenschaften eines Gegenstands in L. Wittgensteins »Tractatus« entsprechend, ↑intern/extern). Zu den logischen Modi wiederum zählen die Modi des Wahr- und Falschseins von Aussagen, darunter die ↑Modalitäten wie ›notwendig‹ und ›zufällig‹, sowie die Modi des Schließens (griech. τρόποι τῶν σχημάτων, engl. moods), d. s. die in der ↑Syllogistik auf ihre Schlüssigkeit (d. h. Gültigkeit) hin untersuchten syllogistischen ↑Implikationen; dabei heißt eine gültige syllogistische Implikation ein ›Syllogismus‹. Es gehören allerdings nur die kategorischen Syllogismen (↑Syllogismus, kategorischer), deren Modi in der Scholastik durch Merkworte (z. B. ↑›Barbara‹, ↑›Celarent‹) wiedergegeben wurden, der auf Aristoteles zurückgehenden klassischen Syllogistik an, während die schon von A. M. T. S. Boethius so genannten hypothetischen Syllogismen (↑Syllogismus, hypothetischer), deren (gültige) Modi im Falle der gemischt hypothetischen Syllogismen ↑modus ponens und ↑modus tollens sind, zu der erst von der Stoa entwickelten, in Ansätzen aber schon bei Theophrast sich findenden ↑Junktorenlogik gehören. Ebenfalls zur Junktorenlogik gehören die meist als Sonderfall der hypothetischen Syllogismen behandelten (gültigen) Modi der disjunktiven Syllogismen (↑Syllogismus, disjunktiver): $A \rightarrowtail B, A \prec \neg B$ (*m. ponendo tollens*, wörtlich: durch Bejahung [eines Gliedes der (vollständigen) Disjunktion ›entweder A oder B‹ das andere Glied] verneinend) und $A \rightarrowtail B, \neg A \prec B$ (*m. tollendo ponens*, wörtlich: durch Verneinung [eines Gliedes der (vollständigen) Disjunktion ›entweder A oder B‹ das andere Glied] bejahend). In der scholastischen Sprachphilosophie sind die möglichen Verbindungen zwischen physischen und logischen Modi als Hilfsmittel für eine Theorie des Zusammenhangs von Welt und Sprache von der Grammatikerschule der ↑modistae erörtert worden. Diese Erörterungen haben ihren Niederschlag in einer noch immer nicht in allen Details rekonstruierten Lehre von den *modi significandi*, den semiotischen Funktionen der ↑Sprachhandlungen, gefunden.

Eine zentrale und über den sonst in der Tradition (speziell des 17. und 18. Jhs., z. B. bei Suárez und bei den Cartesianern) cum grano salis üblichen, nämlich attributive Gegenstandsbestimmungen (↑Modifikator) bezeichnenden, Gebrauch hinausgehende Rolle spielt der Begriff des M. bei B. de Spinoza. Dieser versteht unter den Modi die Bestimmungen (*affectiones*) der als Summe ihrer unendlichen Attribute (d. h. Eigenschaften) verstandenen göttlichen Substanz, d. s. die Körper, sowie die Bestimmungen dieser Attribute, d. s. für das Attribut Ausdehnung die Modi Ruhe und Bewegung, für das Attribut Denken hingegen die Modi Verstand und Wille. J. Locke hingegen verwendet den Terminus ›M.‹ im wesentlichen traditionell, wenn er mit ihm unter den komplexen Ideen die attributiv verwendeten von den substantiell und den relational verwendeten unterscheidet, wobei er Bestimmungen durch Kombination gleichartiger einfacher Ideen, z. B. die Zahlbestimmung ›ein Dutzend‹, als *einfache* Modi, Bestimmungen durch Kombination verschiedenartiger einfacher Ideen, z. B. die moralische Bestimmung ›Mord‹ oder die ästhetische Bestimmung ›Schönheit‹, als *gemischte* Modi bezeichnet. In der ↑Grammatik gibt der *Satzmodus* an, ob es sich z. B. um einen indikativischen, einen konditionalen oder einen imperativischen Satz handelt, mithin welches der kommunikative Aspekt der mit der Äußerung des Satzes vollzogenen Sprachhandlung (↑Handlung) ist. Der M. wird in der Analyse aufgefaßt als ↑Operator oder auch als ↑Metaprädikator (↑Performator) auf dem so genannten Aussagekern (↑Aussage) eines Satzes, den er *modifiziert*, z. B. ›! (Hans geht)‹ mit dem M.-Zeichen ›!‹ zur Überführung des Aussagekerns ›Hans geht‹ in den Imperativ ›Hans, geh!‹. Damit ist wieder der Anschluß an die Modalitäten erreicht, die gegenwärtig in der logischen Analyse (↑Analyse, logische) ebenfalls grundsätzlich als Operatoren bzw. Metaprädikatoren auf Aussagekernen behandelt werden (Modalität *de dicto*), auch wenn grammatisch dafür häufig eigene Verben, die so genannten *Modalverben* (z. B. ›können‹, ›müssen‹, ›dürfen‹), auftreten und es daher den Anschein hat, als würden mit Modalitäten auch Prädikate modifiziert (Modalität *de re*). Z. B. ist der Satz ›Kaiser Barbarossa muß ein Mann sein‹ als ›notwendigerweise: wenn Barbarossa ein Kaiser ist, so ist er ein Mann‹ und nicht als ›Kaiser Barbarossa ε notwendigerweise ein Mann sein‹ zu analysieren.

Literatur: J. J. Alcorta, La teoría de los modos en Suárez, Madrid 1949; E. Becher, Der Begriff des Attributes bei Spinoza in seiner Entwicklung und seinen Beziehungen zu den Begriffen der Substanz und des M., Halle 1905 (repr. unter dem Titel: Der Begriff des Attributes bei Spinoza, Hildesheim/New York 1980); D. Schlüter, M., Hist. Wb. Ph. VI (1984), 66–68; P. D. Trapp, Aegidii Romani de doctrina modorum, Angelicum 12 (1935), 449–501, separat Rom 1935; weitere Literatur: ↑Modalität.   K. L.

modus ponens (lat., bejahender ↑Modus), in der formalen Logik (↑Logik, formale) seit der ↑Scholastik Terminus für eine wichtige logische Schlußregel, die ↑*Abtrennungsregel*, kraft der von einem ↑Aussageschema A und einem Aussageschema $A \rightarrow B$ zum Aussageschema B übergegangen werden darf: $A, A \rightarrow B \Rightarrow B$ (gilt sowohl eine Aussage der Form A als auch eine Aussage der Form ›wenn A dann B‹, so gelten die Aussagen der Form B). Ursprünglich sind m. p. und ↑modus tollens die beiden (gültigen) Modi der *gemischt hypothetischen Syllogismen* (↑Syllogismus, hypothetischer) in der scholastischen Gestalt der Logik, also die junktorenlogisch (↑Junktorenlogik) gültigen ↑Implikationen $A \rightarrow B, A \prec B$ (modus ponendo ponens, wörtlich: durch Bejahung [des Antezedens A im hypothetischen Urteil ›wenn A dann B‹ das Sukzedens B] bejahen) und $A \rightarrow B, \neg B \prec \neg A$ (modus tollendo tollens, wörtlich: durch Verneinen [des Sukzedens B im hypothetischen Urteil ›wenn A dann B‹ das Antezedens A] verneinen). Diese Implikationen dienen zur Begründung der entsprechenden Schlußregeln. K. L.

modus probandi (lat., Beweisart), in der scholastischen Logik die Bezeichnung für die Art eines ↑Beweises, ob direkt oder indirekt, ob axiomatisch-deduktiv oder konstruktiv etc.. K. L.

modus proponens (lat. proponere = vorschlagen), Bezeichnung für eine deontologische (↑Deontologie) Variante des ↑modus ponens mit der handlungstheoretischen Besonderheit, daß sie es erlaubt, aus einem Vorschlag eine Verpflichtung abzuleiten. Modallogisch (↑Modallogik) gesehen handelt es sich um den einzigartigen Fall eines Übergangs von der Erwägung einer möglichen Handlung zu deren notwendiger Ausführung.
Der m. p. hat sich insbes. als Verfahren bei der Vergabe von Artikeln im Rahmen der Fertigstellung von ↑Enzyklopädien unter Zeitdruck bewährt. Ihm zu Grunde liegt eine Analyse des ↑Sprechakts des Vorschlagens. Dessen wesentliche Regel besagt gemäß Ernsthaftigkeitsbedingung (engl. sincerity rule), daß sich der Vorschlagende an seine eigenen Vorschläge zu halten hat. Im ↑Konstruktivismus gilt ein solches Verständnis im Rahmen des Aufbaus einer ↑Orthosprache insbes. für Wortgebrauchsvorschläge. Der Kern des m. p. ist der Gedanke, daß der Vorschlagende mit seinem Vorschlag eine Verpflichtung eingeht. Dieser Verpflichtungscharakter hat für Vorschläge zur Neuaufnahme von Artikeln zu der folgenden klassischen Formulierung geführt: »Wer vorschlägt, schreibt!« In formaler Darstellung: $\bigwedge_x \bigwedge_y ((x$ ist ein Autor $\wedge$ y ist ein Artikel $\wedge$ x schlägt y zur Aufnahme vor$) \rightarrow\;!\, x$ schreibt y). Logisch betrachtet ist damit nur die (allerdings entscheidende) erste ↑Prä-

misse des m. p. formuliert. Wenn die Bedingung erfüllt (gesetzt, poniert) ist, also ein bestimmter Autor einen bestimmten Artikel zur Aufnahme vorschlägt, so ergibt sich gemäß m. p., daß der Autor diesen Artikel zu schreiben hat.
Die entscheidende Prämisse des m. p. ist kein ↑kategorischer, sondern ein hypothetischer Imperativ (↑Imperativ, kategorischer, ↑Imperativ, hypothetischer) (erkennbar an der Verwendung des ↑Subjunktors). Danach ergibt sich die Verpflichtung, einen Artikel zu schreiben, unter der Bedingung, daß man ihn selbst zur Aufnahme vorgeschlagen hat. Geht der Vorschlag dagegen auf den Herausgeber zurück, so ist der m. p. ersichtlich nicht anwendbar, wenn man von der Selbstanwendung aus guten Gründen absieht. Nun allerdings zu meinen, daß die Verpflichtung, einen Artikel zu übernehmen, nur dann bestehe, wenn man ihn vorgeschlagen hat, liefe darauf hinaus, eine hinreichende Bedingung auch als notwendige Bedingung zu verstehen und damit einen ↑Fehlschluß der folgenden Form zu begehen: $[(p \rightarrow q) \wedge \neg p] \Rightarrow \neg q$. Tatsächlich tritt in Fällen der Nichtanwendbarkeit des m. p. ersatzweise der enzyklopädische Imperativ (↑Imperativ, enzyklopädischer) in Kraft, der als kategorischer Imperativ eine zwingende Kompression (↑Kompressor) ausübt und damit die komplette Verteilung der Nomenklatur einer Enzyklopädie sicherstellt.

Literatur: F. Fuchs, Vom Vorschlag zum Zuschlag, in: J. Mittelstraß (ed.), Neue Beiträge zum normativen Fundament der Sprache, Konstanz 2012, 11–22; G. Gabriel, Modus proponens, in: B. Mitteljensernau (ed.), Enzyklopädie Fisolofie [sic!] und Mittelstraßempirie I, Berlin/Hamburg/München/Flensburg 2011, 114; B. van Morgen, Die Herstellung von Enzyklopädien in den Zeiten erhöhter Kompression, Berlin/Boston Mass. 2000. G. G.

modus tollens (lat., verneinender ↑Modus), in der formalen Logik (↑Logik, formale) seit der ↑Scholastik der Terminus für die logische Schlußregel: $\neg B, A \rightarrow B \Rightarrow \neg A$ (gilt sowohl die ↑Negation einer Aussage der Form B als auch eine Aussage der Form ›wenn A dann B‹, so gelten die Negationen von Aussagen der Form A). Ursprünglich bilden m. t. und ↑modus ponens zusammen die beiden (gültigen) Modi der *gemischt hypothetischen Syllogismen* (↑Syllogismus, hypothetischer) in der scholastischen Gestalt der Logik. K. L.

möglich/Möglichkeit (engl. possible/possibility, franz. possible/possibilité, griech. ἐνδεχόμενον, δυνατόν), Bezeichnung für eine der ↑Modalitäten, in der Scholastik im Anschluß an Aristoteles, neben Wahrheit (↑verum) und Falschheit (↑falsum) selbst, als ↑Modi des Wahr- und des Falschseins von Aussagen aufgefaßt. Werden noch Grade der M. unterschieden, so spricht man von ↑›Wahrscheinlichkeit‹, umgangssprachlich meist in dem

Sinne, daß ›wahrscheinlich‹ als ein hoher M.sgrad gilt. ↑Aussagen bzw. die durch sie dargestellten ↑Sachverhalte heißen m., wenn auf Grund eines bestimmten Bereichs wahrer Aussagen das (kontradiktorische) Gegenteil, also ihre ↑Negation, nicht logisch gefolgert werden kann, sie daher nicht nur logisch, sondern sogar unter Berücksichtigung des zugrundegelegten Bereichs wahrer Aussagen widerspruchsfrei sind (↑widerspruchsfrei/Widerspruchsfreiheit). Insbes. sind wahre Aussagen bzw. die durch sie dargestellten *wirklichen* Sachverhalte (↑wirklich/Wirklichkeit) stets auch m. (↑ab esse ad posse valet consequentia). Sprachlich wird M. meist durch das modale Verb ›können‹ ausgedrückt. Von dieser ›ontisch‹ (d. h. real, auf Sein bezogen) genannten M. ist die *deontische* (d. h. moralische, auf Sollen bezogene) M. zu unterscheiden, die von ↑Handlungen bzw. Handlungsergebnissen ausgesagt und sprachlich durch ›dürfen‹ ausgedrückt wird. Handlungen bzw. Handlungsergebnisse sind deontisch m. oder *erlaubt*, wenn das Gegenteil relativ zu einem bestimmten Korpus von juristischen, moralischen oder anderen Normen (↑Norm (juristisch, sozialwissenschaftlich)) nicht geboten ist. Neben dieser ›schwachen‹ Erlaubnis wird, z. B. bei G. H. v. Wright (1974), eine von der deontischen Notwendigkeit (↑notwendig/Notwendigkeit), dem Gebotensein, logisch unabhängige deontische M., die ›starke‹ Erlaubnis, eingeführt, die durch die Implikationen $E(A \lor B) \succ EA \land EB$, $E(A \land B) \land E(A \land \neg B) \prec EA$ charakterisiert sein soll (A und B sind hier ↑Mitteilungszeichen für Aussagen, die Handlungsergebnisse darstellen). Darüber hinaus muß noch die als Spezialfall der ontischen M. behandelbare *epistemische* M. unterschieden werden, die sich ausdrücklich auf einen gerade vorliegenden Wissensstand bezieht: Eine Aussage ist epistemisch m. (d. h. nicht widerlegt), wenn ihre Negation aus dem zur Verfügung stehenden Wissen nicht logisch gefolgert werden kann.

Die ontische M. ist definiert unter Bezug auf irgendeine Klasse wahrer Aussagen und wird daher auch ›alethische‹ (von griech. $\dot{\alpha}\lambda\dot{\eta}\theta\varepsilon\iota\alpha$, Wahrheit) M. genannt (↑Modallogik), die deontische M. unter Bezug auf die Klasse der in Kraft befindlichen oder der als in Kraft angenommenen Normen (↑Logik, deontische), die epistemische M. hingegen unter Bezug auf die Klasse der als wahr bekannten, d. i. der bewiesenen, Aussagen (↑Logik, epistemische). Ein weiterer Spezialfall der ontischen M. ist die *logische* M., bei der die Bezugsklasse leer ist; sie kann von einer Aussage dann ausgesagt werden, wenn aus ihr allein kein Widerspruch logisch folgt (↑Widerspruch (logisch)).

Im logischen Sprachgebrauch werden zuweilen auch die ↑Quantoren wie Modalitäten behandelt, also der Manchquantor oder die ›logische Existenz‹ (↑Einsquantor, ↑es existiert/es gibt) als M. der dem Quantor folgenden ↑Aussageform bzw. des zugehörigen ↑Prädikators oder ↑Begriffs; z. B. steht ›schwarze Schwäne sind m.‹ an Stelle von ›es gibt schwarze Schwäne‹. Davon muß die M. der Aussage ›es gibt schwarze Schwäne‹ (die schon deswegen gilt, weil ›es gibt schwarze Schwäne‹ wahr, der Sachverhalt also wirklich ist) sorgfältig unterschieden werden. Ähnlich bedeutet z. B. in der Theorie der ↑Kalküle die Aussage ›die Figur n ist ableitbar‹ (oder: ›es ist m., die Figur n abzuleiten‹, ›man *kann* die Figur n ableiten‹) schlicht: ›es gibt eine Ableitung der Figur n‹. (Hierhin gehört als Spezialfall die Behandlung von ›m.‹ im Sinne der Zeitlogik [↑Logik, temporale], etwa ›A ist m.‹ erklärt durch ›es gibt einen Zeitpunkt $t \geq t_0$, zu dem A wahr ist‹ – so schon gegen Aristoteles die Erklärung von ›m.‹ bei Diodoros Kronos in der megarisch-stoischen Schule: Alles, was m. ist, wird einmal wirklich [↑Meisterargument].) Gleichwohl ist dieser zweite Sprachgebrauch einer der Gründe, warum die ↑Modalkalküle statt bloß als Erweiterung von Kalkülen der ↑Junktorenlogik auch auf der Grundlage von quantorenlogischen ↑Logikkalkülen aufgebaut werden. Das hat zur Folge, die Modalitäten nicht nur über Aussagen (Modalität *de dicto* bzw. *de sensu*), sondern auch über Aussageformen, also insbes. über Prädikatoren bzw. ihren Intensionen (↑intensional/Intension), den Begriffen (Modalität *de re*), erklären zu müssen. Z. B. genügt es nicht, ›es ist unmöglich, daß $9 < 7$‹ einzuführen, es muß auch ›9 ist unmöglich kleiner als 7‹ gedeutet werden, wobei zu beachten ist, daß durch Modifikation des Prädikators ›kleiner‹ mit ›unmöglich‹ im allgemeinen nicht wieder ein Prädikator über demselben Gegenstandsbereich gewonnen wird. Es ist nämlich, wie W. V. O. Quine erstmals deutlich gemacht hat, die für alle Prädikatoren bestehende Regel von der ↑Substitutivität der ↑Identität verletzt, weil zwar ›9 ist unmöglich kleiner als 7‹ gilt – das Gegenteil ›7 < 9‹ wird von arithmetisch gültigen Aussagen logisch impliziert –, aber nicht ›die Zahl der Planeten ist unmöglich kleiner als 7‹, obwohl ›9 = Zahl der Planeten‹ wahr, nur eben nicht arithmetisch wahr ist; d. h., ›unmöglich‹ kann nicht ohne weiteres als ein physischer Modus verstanden werden. Wenn gleichwohl bei einer Modalität *de re* ein logischer Modus so behandelt wird, als sei er ein physischer Modus, d. h. eine äußere Seinsbestimmung, so bleibt unbemerkt, daß das Zusprechen etwa der durch ›unmöglich‹ modifizierten Kleiner-Relation einem Gegenstandspaar n, m gegenüber nur als eine façon de parler für das Zusprechen von ›unmöglich‹ der Aussage ›$n < m$‹ gegenüber anzusehen ist, also die Gültigkeit modallogischer Aussagen wegen der Intensionalität der Modaloperatoren grundsätzlich von der Gegebenheitsweise der Gegenstände, über die etwas ausgesagt wird, abhängt.

Außerhalb des engeren logischen Kontextes wird in der philosophischen Tradition auf sehr vielfältige Weise von

M. gesprochen. Am einflußreichsten, speziell in der Philosophie des Mittelalters, insbes. bei Thomas von Aquin (vgl. S. th. I, 3; 41 u. ö.), ist die in der Metaphysik des Aristoteles getroffene Unterscheidung zwischen ↑Dynamis und ↑Energeia (↑Akt und Potenz), d. i. M. im Sinne von Vermögen einerseits und Wirklichkeit andererseits (davon die adjektivischen Bildungen ›potentiell‹ und ›aktual‹), zur Erklärung des Entstehens und Vergehens der Gegenstände sowie ihrer Eigenschaften und Beziehungen: Die Materie ist bloße M., aus ihr wird erst durch Formgebung ein wirklicher Gegenstand (↑Form und Materie). Diese Verwendung von ›M.‹ und ›Wirklichkeit‹ ist im Anschluß an Aristoteles (›die Wirklichkeit des Möglichen nenne ich Bewegung‹, Met. K9.1065b16) mit der Unterscheidung von ↑Schema und ↑Aktualisierung bei einer ↑Handlung rekonstruierbar. Für die Aristotelische Zuschreibung einer m.en Statue einem Stück Holz gegenüber (Met. Θ6.1048a32–33) besagt dies zum einen, daß der Satz ›es ist m., daß dies Stück Holz die Materie einer Statue ist‹ unter Bezug auf das Wissen um die Bearbeitbarkeit des Materials und die künstlerischen Fähigkeiten von Menschen eine gültige modallogische Aussage ist; zum anderen hingegen, daß die Handlung des (Aus-diesem-Holz-)Statueschnitzens nur als Schema, nicht als Aktualisierung zur Verfügung steht: Es besteht die *Fähigkeit*, die Handlung auszuüben. Der Zusammenhang dieser ›ontologisch‹ genannten Verwendung von ›M.‹ mit der ursprünglichen logischen Verwendung ist daher entgegen vielen traditionellen Einwänden (vgl. U. Wolf 1979) zuverlässig herstellbar. I. Kant verändert das der Bestimmung von Wirklichkeit dienende Zusammenspiel von Form und Materie so, daß ↑Begriff und ↑Anschauung zusammentreten müssen, um zur Erfahrung eines Gegenstandes zu führen. Dabei benutzt Kant ›M.‹ und ›Wirklichkeit‹ nicht nur zur Charakterisierung der Unterscheidung von Begriff und Anschauung, wobei die objektive Realität eines Begriffs, seine reale M., von seiner bloß logischen M. dadurch unterschieden wird, daß erstere durch anschaulichen Aufweis seines Erfülltseins, letztere durch Nachweis der begrifflichen Widerspruchsfreiheit belegt wird. Vielmehr rücken ›M.‹ und ›Wirklichkeit‹ auch wieder dem ursprünglichen logischen Kontext näher, und zwar in erkenntnistheoretischer und nicht in ontologischer Absicht: Kant geht von der Wirklichkeit der ↑Erfahrung, dem Bestand an wahren Aussagen der (Natur-)Wissenschaft seiner Zeit, aus und fragt – anders als G. W. Leibniz, der daraus den Erfahrungssatz ›alles, was m. ist, strebt nach Existenz‹ (*omne possibile exigit existere*; Kleine Schriften zur Metaphysik [lat./dt.], ed. H. H. Holz, Frankfurt 1965, 176/177) gewinnt – nach den ↑*Bedingungen ihrer M.* (↑transzendental): Was muß alles gelten, damit die bereits als wahr bekannten Aussagen, wenn man von ihrer Wahrheit absieht, wenigstens m.

sind? Eines der ›↑Postulate des empirischen Denkens überhaupt‹ ist dann in dem Satz formuliert: »Was mit den formalen Bedingungen der Erfahrung (der Anschauung und den Begriffen nach) übereinkommt, ist m.« (KrV B 265).

Die Aristotelische Lehre vom Unendlichen (↑unendlich/Unendlichkeit) als einem bloß potentiell Gegebenen hat angesichts der in G. Cantors ↑Mengenlehre vertretenen Gegenthese von der Existenz verschieden mächtiger aktual unendlicher Mengen im modernen ↑Grundlagenstreit der Mathematik neue Aktualität gewonnen. Leider sind die Erörterungen um den Aristotelischen Begriff der M. als Dynamis immer wieder dadurch verwirrt worden, daß M. in diesem ontologischen Sinne mangels einwandfreier Herstellung des Zusammenhangs mit der M. als einem logischen Modus für eine zweite Art Wirklichkeit gehalten wurde. So z. B. in der ↑Existenzphilosophie, wenn das, was der Mensch ist, durch das, was ihm m. ist, charakterisiert werden soll. Ähnlich in der marxistischen Philosophie (↑Marxismus, ↑Philosophie, marxistische), in der M. als objektive Entwicklungstendenz materieller Systeme begriffen wird, wobei das Wechselspiel und der Zusammenhang von M. und Wirklichkeit den dialektischen Entwicklungsprozeß ausmache.

Literatur: N. Abbagnano, Possibilità e libertà, Turin 1956; G. P. Adams (ed.), Possibility. Lectures Delivered before the Philosophical Union of the University of California 1933, Berkeley Calif. 1934 (repr. New York 1969); H. W. Arndt, Der M.sbegriff bei Christian Wolff und Johann Heinrich Lambert, Diss. Göttingen 1959; B. Aune, Possibility, Enc. Ph. VI (1967), 419–424; D. Baumgardt, Das M.sproblem der Kritik der reinen Vernunft, der modernen Phänomenologie und der Gegenstandstheorie, Berlin 1920 (repr. Vaduz 1978) (Kant-St. Erg.hefte 51); H. Beck, M. und Notwendigkeit. Eine Entfaltung der ontologischen Modalitätenlehre im Ausgang von Nicolai Hartmann, Pullach 1961; A. Becker, Die Aristotelische Theorie der M.sschlüsse. Eine logisch-philologische Untersuchung der Kapitel 13–22 von Aristoteles' Analytica priora I, Berlin 1933 (repr. [als 2. Aufl.] Darmstadt 1968); A. Burri, M., in: P. Kolmer/A. G. Wildfeuer (eds.), Neues Handbuch philosophischer Grundbegriffe II, Freiburg/München 2011, 1541–1552; F. de Buzon, Possible, Enc. philos. universelle II/2 (1990), 2008–2009; C. S. Chihara, The Worlds of Possibility. Modal Realism and the Semantics of Modal Logic, Oxford 1998, 2001; A. Faust, Der M.sgedanke. Systemgeschichtliche Untersuchungen, I–II (I Antike Philosophie, II Christliche Philosophie), Heidelberg 1931/1932 (repr. New York 1987); G. Forbes, The Metaphysics of Modality, Oxford 1985, 1986; G. Funke, Der M.sbegriff in Leibnizens System, Bonn 1938; T. S. Gendler/J. Hawthorne (eds.), Conceivability and Possibility, Oxford/New York 2002, 2004; N. Hartmann, M. und Wirklichkeit, Berlin 1938, ³1966; ders., Der Megarische und der Aristotelische M.sbegriff. Ein Beitrag zur Geschichte des ontologischen Modalitätsproblems, in: ders., Kleinere Schriften II (Abhandlungen zur Philosophie-Geschichte), Berlin 1957, 85–100; H. H. Holz, M., in: H. J. Sandkühler (ed.), Europäische Enzyklopädie zu Philosophie und Wissenschaften III, Hamburg 1990, 432–439; C. Hubig, M., EP

II (^{2}2010), 1642–1649; R. Hüntelmann, Existenz und M., Dettelbach 2002 (Metaphysica Sonderh. 2); K. Jacobi, M., Hb. ph. Grundbegriffe II (1973), 930–947; J. v. Kries, Über den Begriff der objectiven M. und einige Anwendungen desselben, Leipzig 1888; D. Lewis, On the Plurality of Worlds, Oxford/New York 1986, Malden Mass./Oxford 2009; L. Linsky (ed.), Reference and Modality, Oxford/London 1971, 1979; M. J. Loux (ed.), The Possible and the Actual. Readings in the Metaphysics of Modality, Ithaca N. Y./London 1979, 1991; A. Meinong, Über M. und Wahrscheinlichkeit. Beiträge zur Gegenstandstheorie und Erkenntnistheorie, Leipzig 1915, Graz 1972 (= Gesamtausg. VI); U. Meixner, Modalität. M., Notwendigkeit, Essenzialismus, Frankfurt 2008; W. Müller-Lauter, M. und Wirklichkeit bei Martin Heidegger, Berlin 1960; I. Pape, Tradition und Transformation der Modalität I (M., Unmöglichkeit), Hamburg 1966; H. Pichler, M. und Widerspruchslosigkeit, Leipzig 1912; W. V. O. Quine, Reference and Modality, in: ders., From a Logical Point of View. 9 Logico-Philosophical Essays, Cambridge Mass. 1953, ^{2}1961, 1999, 139–159 (dt. Referenz und Modalität, in: ders., Von einem logischen Standpunkt. Neun logisch-philosophische Essays, Frankfurt/Berlin/Wien 1979, 133–152, ferner in: K. Lorenz [ed.], Identität und Individuation II [Systematische Probleme in ontologischer Hinsicht], Stuttgart 1982, 9–29); ders., Intensions Revisited, in: P. A. French/T. E. Uehling/H. K. Wettstein (eds.), Contemporary Perspectives in the Philosophy of Language, Minneapolis Minn. 1977, ^{2}1979, 268–274; A. R. Raggio, Was heißt ›Bedingungen der M.‹?, Kant-St. 60 (1969), 153–165; N. Rescher, A Theory of Possibility. A Constructivistic and Conceptualistic Account of Possible Individuals and Possible Worlds, Oxford, Pittsburgh Pa. 1975; E. Schaper/W. Vossenkuhl (eds.), Bedingungen der M.. ›Transcendental Arguments‹ und transzendentales Denken, Stuttgart 1984; H. Schepers, M. und Kontingenz. Zur Geschichte der philosophischen Terminologie vor Leibniz, Turin 1963; H. Seidl, M., Hist. Wb. Ph. VI (1984), 72–92; A. Stanguennec, Possibilité, Enc. philos. universelle II/2 (1990), 2007; U. Wolf, M. und Notwendigkeit bei Aristoteles und heute, München 1979; G. H. v. Wright, Normenlogik, in: H. Lenk (ed.), Normenlogik. Grundprobleme der deontischen Logik, Pullach 1974, 25–38, Neudr. in: G. H. v. Wright, Handlung, Norm und Intention. Untersuchungen zur deontischen Logik, ed. H. Poser, Berlin/New York 1977, 119–130. K. L.

Mögliche-Welten-Semantik (engl. possible-world[s] semantics), in der Logik und der formalen Semantik (↑Semantik, logische) Bezeichnung für ein Verfahren zur Bewertung und Analyse modaler Ausdrücke und Ausdrucksverbindungen (↑Modallogik). Die Konzeption möglicher Welten (↑Welt, mögliche) findet sich zwar verschiedentlich in der Philosophiegeschichte (so stellt etwa J. Duns Scotus die Beschränkung der Handlungsfreiheit Gottes auf die Schaffung lediglich logisch widerspruchsfreier [↑widerspruchsfrei/Widerspruchsfreiheit] möglicher Welten heraus, und G. W. Leibniz versucht darüber hinausgehend zu zeigen, daß er zwingend die beste aller möglichen Welten [↑Welt, beste] hat schaffen müssen). Die im 20. Jh. von S. Kanger, J. Hintikka und S. A. Kripke (↑Kripke-Semantik) in den M.-W.-S.en systematisch entwickelte Begrifflichkeit ist mit diesen Vorläufern jedoch nur vage verbunden: Angenommen,

die uns umgebende Welt (W) sei durch eine endliche Menge $M = \{A_1, A_2, \ldots, A_n\}$ von ↑Elementaraussagen vollständig beschrieben. Es wäre dann – ein entsprechendes Wahrheitsverständnis vorausgesetzt (↑Wahrheit) – jede Elementaraussage von M wahr. Eine Bewertungsfunktion (↑Bewertung (logisch), ↑Bewertungssemantik), die mit Blick auf das Bestehen oder Nichtbestehen der durch die Aussagen aus M jeweils dargestellten Sachverhalte einen von zwei Werten ›wahr‹ oder ›falsch‹ (analog ›w‹/›f‹, ›erfüllt‹/›nicht-erfüllt‹, ›1‹/›0‹) zuordnen würde, würde entsprechend jeder Aussage denselben Wert ›wahr‹ zuordnen, keiner Aussage den Wert ›falsch‹. Die Bewertung ›A_1: wahr, A_2: wahr, ..., A_n: wahr‹ ist aber nur eine von 2^n möglichen Kombinationen, eine andere wäre etwa ›A_1: falsch, A_2: wahr, ..., A_n: wahr‹. Gemäß dem definitorischen Aufbau der M.-W.-S. stellt jede dieser kombinatorisch möglichen Bewertungen eine (zu W alternative) mögliche Welt dar. Eine mögliche Welt ist damit durch eine spezifische Zuordnung von ↑Wahrheitswerten (in anderen definitorischen Aufbauten auch Wahrheitsbedingungen, Erfülltheitsbedingungen etc.) zu den Aussagen von M vollständig bestimmt. Eine erweiterte, relative Bewertungsfunktion ›wahr in ω‹ bzw. ›falsch in ω‹ (mit ›ω‹ für eine mögliche Welt) würde für jede Aussage A_i einen Wertverlauf durch alle möglichen Welten $W_1, \ldots, W_m$ (das sind alle zu W alternativen Welten plus W selbst; m ist also gerade 2^n) ergeben.

Im Rahmen der so entstehenden intensionalen Semantik (↑Semantik, intensionale) gilt der durch A_i dargestellte Sachverhalt S_i als *notwendig* (↑notwendig/Notwendigkeit), wenn A_i in allen möglichen Welten wahr ist, S_i gilt als *möglich* (↑möglich/Möglichkeit), wenn A_i in wenigstens einer möglichen Welt wahr ist, als *unmöglich*, wenn A_i in allen möglichen Welten falsch ist, und als *kontingent* (↑kontingent/Kontingenz), wenn A_i in wenigstens einer möglichen Welt wahr und in wenigstens einer anderen falsch ist. Ausgehend von so oder ähnlich festgesetzten Grundbestimmungen lassen sich komplexe, durch die Anwendung logischer ↑Operatoren auf Mengen von Aussagen entstehende Aussagen hinsichtlich ihres Wahrheitsstatus mit Bezug auf das Universum möglicher Welten untersuchen.

Bald nach der Entwicklung der M.-W.-S. für alethisch-modale Folgerbarkeitszusammenhänge (↑Modallogik, ↑Kripke-Semantik) werden durch Kanger und wiederum Hintikka analoge Verfahren auch zur Analyse, Vergleichung und Rechtfertigung deontisch-logischer Folgerbarkeitsreglements (↑Logik, deontische) entwickelt. In den vielfältigen seither entstandenen Ansätzen ist das leitende Konzept durchgängig das der deontisch perfekten Welten: Da in ›unserer‹ Welt nicht jedes Gebot befolgt wird, da also nicht stets die Handlung H vollzogen wird, wenn eine deontische Gebotsaussage ›$O(H)$‹

(einem bestimmten Kriterium zufolge) gültig ist, muß für die Bewertung eine Menge möglicher Welten herangezogen werden, die die ›unsere‹ gerade nicht enthält, sondern lediglich solche, für die gilt, daß die gültigen Gebote auch befolgt sind. Solche Welten sind unter dem Titel ›deontisch bessere Welten‹ oder auch ›deontisch perfekte Welten‹ gefaßt. Ist W^* eine solche Welt, dann kann mit Bezug auf W^* für beliebige Welten (und damit auch für ›unsere‹) angegeben werden, welche deontischen Aussagen gültig sind und welche nicht: ›OH‹ ist genau dann gültig, wenn H in W^* stets vollzogen wird. Die Verbotsaussage ›VH‹ ist entsprechend gültig, wenn H in W^* nie vollzogen wird, die Erlaubnisaussage ›EH‹ ist gültig, wenn H wenigstens manchmal vollzogen wird, die Indifferenzfeststellung ›IH‹, wenn H manchmal vollzogen wird und manchmal nicht.

Wie generell mit den in der logischen Semantik entwickelten Verfahren lassen sich auch mit denjenigen vom Typ der M.-W.-S. Vollständigkeits- und Korrektheitsnachweise – und damit insgesamt ›Adäquatheitsnachweise‹ – führen (↑vollständig/Vollständigkeit, ↑widerspruchsfrei/Widerspruchsfreiheit). Inwieweit ihnen jedoch eine rechtfertigende und selektive Kraft in der Gestaltung und Auswahl modaler Folgerungsreglements zukommt, ist umstritten: Versteht man die möglichen Welten als metasprachliche (↑Metasprache) Konstruktion im Ausgang von rein formalen kombinatorischen Erwägungen, dann wären die objektsprachlichen (↑Objektsprache) Folgerbarkeitsverhältnisse nur dann durch die M.-W.-S. zu klären, wenn entsprechende metasprachliche Folgerbarkeitsverhältnisse für die M.-W.-S. bereits geklärt sind. Gerade nur dann etwa, wenn durch die Konstruktionsbedingungen deontisch perfekter Welten festgelegt wird, daß dort die Menge der verbotenen Handlungen gerade das Komplement der Menge der erlaubten Handlungen sein soll, ließe sich für die deontische Objektsprache zeigen, daß die ↑Bisubjunktion ›$P(H) \leftrightarrow \neg F(H)$‹ beweisbar sein soll. Zwar zählt das komplementäre Verhältnis zwischen den verbotenen und erlaubten Handlungen zu den elementarsten Intuitionen praktischer Rede. Soll aber diese Intuition die Konstruktion deontisch perfekter Welten bestimmen, dann könnte sie auch herangezogen werden, um direkt, und ohne den Umweg über eine M.-W.-S. einzuschlagen, die Verhältnisse in der Objektsprache zu rechtfertigen. Daraus, daß die Rechtfertigungsleistung von M.-W.-S.-en fraglich bleibt, solange man mögliche Welten als begriffliche Konstruktionen und die formalen Arrangements als Strukturtheorien von Sprachen versteht, ist verschiedentlich die Konsequenz gezogen worden, die M.-W.-S. als Strukturtheorie eines realen Universums möglicher Welten zu verstehen. So ist insbes. D. Lewis mit einer realistischen Deutung (↑Realismus, semantischer) möglicher Welten hervorgetreten – er erklärt sie

für »respectable entities in their own right« (1973, 85), deren strukturelle Beschaffenheit durchaus geeignet wäre, als Rechtfertigungsbasis für die Gestaltung modaler Logiken zu dienen. Einer solchen Rechtfertigung müßte dann jedoch eine ontologische Beweisführung über die Existenz und die Beschaffenheit des Universums möglicher Welten vorausgehen.

Literatur: D. M. Armstrong, The Nature of Possibility, Can. J. Philos. 16 (1986), 575–594; J. van Benthem, A Manual of Intensional Logic, Stanford Calif. 1985, Stanford Calif., Menlo Park Calif. ²1988; H. Cappelen/J. Hawthorne, Relativism and Monadic Truth, Oxford/New York 2009, 2010; C. S. Chihara, The Worlds of Possibility. Modal Realism and the Semantics of Modal Logic, Oxford/New York 1998, 2004 (mit Bibliographie, 329–336); R. M. Chisholm, Identity through Possible Worlds. Some Questions, Noûs 1 (1967), 1–8; N. B. Cocchiarella/M. A. Freund, Modal Logic. An Introduction to Its Syntax and Semantics, Oxford/New York 2008; M. J. Cresswell, Semantical Essays. Possible Worlds and Their Rivals, Dordrecht/Boston Mass./London 1988; ders., Entities and Indices, Dordrecht/Boston Mass./London 1990; ders., Language in the World. A Philosophical Enquiry, Cambridge etc. 1994, 2007; U. Dirks, Mögliche Welten, EP II (²2010), 1639–1642; J. Divers, Possible Worlds, London/New York 2002; ders., Possible-Worlds Semantics without Possible Worlds. The Agnostic Approach, Mind NS 115 (2006), 187–225; H.-J. Eikmeyer/H. Rieser (eds.), Words, Worlds, and Contexts. New Approaches in Word Semantics, Berlin/New York 1981; F. Feldman, Doing The Best We Can. An Essay in Informal Deontic Logic, Dordrecht etc. 1986; G. Forbes, The Metaphysics of Modality, Oxford 1985, 1986; J. P. Gálvez, Referenz und Theorie der möglichen Welten. Darstellung und Kritik der logisch-semantischen Theorie in der sprachanalytischen Philosophie, Frankfurt etc. 1989 (mit Bibliographie, 297–307); J. L. Garfield/M. Kiteley (eds.), Meaning and Truth. The Essential Readings in Modern Semantics, New York 1991; R. Girle, Modal Logics and Philosophy, Teddington 2000, Durham ²2009; ders., Possible Worlds, Montreal/Kingston Ont./Ithaca N. Y., Chesham 2003; J. Hintikka, Quantifiers in Deontic Logic, Helsinki 1957 (Commentationes humanarum litterarum XXIII, 4); ders., Knowledge and Belief. An Introduction to the Logic of the Two Notions, Ithaca N. Y./London 1962 (repr. London 2005), 1977; G. E. Hughes/M. J. Cresswell, A New Introduction to Modal Logic, London/New York 1996, 2007, bes. 61–79 (Chap. 4 Testing for Validity); P. Hutcheson, Transcendental Phenomenology and Possible Worlds Semantics, Husserl Stud. 4 (1987), 225–242; S. Kanger, Provability in Logic, Stockholm 1957 (Stockholm Stud. Philos. I); ders., The Morning Star Paradox, Theoria 23 (1957), 1–11, ferner in: G. Holmström-Hintikka/S. Lindström/R. Sliwinski (eds.), Collected Papers of Stig Kanger with Essays on His Life and Works I, Dordrecht/Boston Mass./London 2001, 42–51; S. A. Kripke, Naming and Necessity, in: D. Davidson/G. Harman (eds.), Semantics of Natural Language, Dordrecht 1972, Dordrecht/Boston Mass. ²1972, 1977, 253–355, separat Oxford 1998, Malden Mass./Oxford/Carlton 2010; D. K. Lewis, Counterfactuals, Oxford 1973, Malden Mass./Oxford/Carlton 2008; ders., On the Plurality of Worlds, Oxford/New York 1986, Malden Mass./Oxford/Carlton 2009 (franz. De la pluralité des mondes, Paris/Tel-Aviv 2007); C. Menzel, Actualism, Ontological Commitment, and Possible World Semantics, Synthese 85 (1990), 355–389; R. C. Moore, Possible-World Semantics for Autoepistemic Logic, Stanford

Calif. 1985; D. P. Nolan, Topics in the Philosophy of Possible Worlds, New York/London 2002 (mit Bibliographie, 201–205); J. E. Nolt, Informal Logic. Possible Worlds and Imagination, New York etc. 1984; U. Nortmann, Modale Syllogismen, mögliche Welten, Essentialismus. Eine Analyse der aristotelischen Modallogik, Berlin/New York 1996; D. Nute, Essential Formal Semantics, Totowa N. J. 1981; B. H. Partee, Possible Worlds in Model-Theoretic Semantics. A Linguistic Perspective, in: S. Allén (ed.), Possible Worlds in Humanities, Arts and Sciences. Proceedings of Nobel Symposium 65, Berlin/New York 1989, 93–123; D. Pearce/H. Wansing, On the Methodology of Possible Worlds Semantics I. Correspondence Theory, Notre Dame J. Formal Logic 29 (1988), 482–496; A. Plantinga, The Nature of Necessity, Oxford etc. 1974, 2010; ders., Essays in the Metaphysics of Modality, ed. M. Davidson, Oxford/New York 2003; D. Proudfoot, Possible Worlds Semantics and Fiction, J. Philos. Log. 35 (2006), 9–40; N. Rescher/R. Brandom, The Logic of Inconsistency. A Study in Non-Standard Possible-World Semantics and Ontology, Totowa N. J. 1979, Oxford 1980; D. H. Sanford, If P, Then Q. Conditionals and the Foundations of Reasoning, London/New York 1989, ²2003; J. F. Sennett, Modality, Probability, and Rationality. A Critical Examination of Alvin Plantinga's Philosophy, New York etc. 1992; B. Skyrms, Possible Worlds, Physics and Metaphysics, Philos. Stud. 30 (1976), 323–332; R. C. Stalnaker, Ways a World Might Be. Metaphysical and Anti-Metaphysical Essays, Oxford/New York 2003, 2006; J. Woleński, Deontic Logic and Possible Worlds Semantics. A Historical Sketch, Stud. Log. 49 (1990), 273–282.   G. K.

Mohismus (engl. mohism), ↑Mo-Ti.

mokṣa (sanskr., Erlösung, Befreiung), Grundbegriff der gesamten indischen Philosophie (↑Philosophie, indische) und Geistesgeschichte, die (grundsätzlich nur im Tod mögliche) Befreiung vom Kreislauf der Wiedergeburten (↑saṃsāra) und damit die Aufhebung des diesen Kreislauf regierenden Gesetzes (↑karma) bezeichnend (allerdings gibt es auch eine Lehre von der Erlösung bei Lebzeiten, jīvanmukti). Im ↑Brahmanismus ist m. eines der vier Ziele des Menschen (puruṣārtha), neben ↑artha (Wohlstand), ↑dharma (Gerechtigkeit) und kāma (Lust). Es wird von fast allen philosophischen Systemen als oberstes Ziel des Erkenntnisprozesses übernommen, das zu erreichen allerdings auf verschiedenen Wegen möglich ist. Im Buddhismus (↑Philosophie, buddhistische) etwa vollzieht sich m. im Verlöschen (↑nirvāṇa), im Jainismus (↑Philosophie, jainistische) erreicht man m. durch Askese, im ↑Vedānta durch die mit der Beseitigung der Unwissenheit (↑avidyā) vollzogene Einheit von Einzelseele (↑ātman) und Weltseele (↑brahman). Nur im indischen Materialismus, dem ↑Lokāyata, spielt m. überhaupt keine Rolle.

Literatur: S. Betty, Dvaita, Advaita, and Viśiṣṭādvaita. Contrasting Views of M., Asian Philos. 20 (2010), 215–224; A. Bigger u. a. (eds.), Indian Perspectives on Individual Liberation, Bern etc. 2010; C. G. Framarin, Desire and Motivation in Indian Philosophy, London/New York 2009, bes. 41–59 (Chap. 3 The Desire

for M.); M. Hulin, M. ou mukti, Enc. philos. universelle II/2 (1990), 2861–2862; D. H. H. Ingalls, Dharma and M., Philos. East and West 7 (1957), 41–48; L. E. Nelson, Liberation, in: K. A. Jacobsen (ed.), Brill's Encyclopedia of Hinduism II, Leiden/Boston Mass. 2010, 788–792; L. Rocher/R. Rocher, M.. Le concept hindou de la délivrance, in: A. Abel u. a., Religions de salut, Brüssel 1962, 169–202; B. Singh, Ātman and Moksha. Self and Self-Realization, New Delhi 1981.   K. L.

Molekularformel (engl. molecular formula), wohl im Zusammenhang mit dem Logischen Atomismus (↑Atomismus, logischer) entstandene Bezeichnung für die zusammengesetzten Formeln eines ↑Kalküls, d. h. für diejenigen Ausdrücke, die mittels Kalkülregeln aus den ›Atomformeln‹ des Kalküls gebildet werden, die ihrerseits aus den Grundzeichen (›Symbolen‹) des Kalküls bestehen. In ↑Logikkalkülen werden die M.n ›Molekularsätze‹ (*molecular propositions*) genannt. So sind etwa in Kalkülen der ↑Junktorenlogik M.n wie $A \wedge B$ oder $A \wedge B \rightarrow A$ Molekularsätze, die aus den ›Atomsätzen‹ (eigentlich: schematischen Satzbuchstaben; ↑Satzbuchstabe, schematischer) A, B mittels ↑Junktoren gebildet werden. Treten jedoch ↑Quantoren auf, dann spricht man üblicherweise *nicht* von ›Molekularsätzen‹. Statt von ›Atomformeln‹ bzw. ›Atomsätzen‹ spricht man gelegentlich auch von ↑›Primformeln‹ und ↑›Primaussagen‹. Allgemein lassen sich Atomsätze als solche Sätze verstehen, die sich nicht weiter zerlegen lassen, ohne die Eigenschaft, überhaupt Sätze zu sein, zu verlieren. – Einen besonderen Fall von Primaussagen bilden die speziell in ↑Sprachphilosophie und ↑Wissenschaftstheorie behandelten ↑Elementaraussagen.   G. W.

Moleschott, Jacob, *'sHertogenbosch 9. Aug. 1822, †Rom 20. Mai 1893, niederl. Physiologe und Philosoph. 1842–1845 Studium der Medizin in Heidelberg, danach Arzt in Utrecht und Mitbegründer der ersten holländischen Zeitschrift für Anatomie und Physiologie (Holländische Beiträge zu den anatomischen und physiologischen Wissenschaften, 1846–1848). 1847 Privatdozent für Physiologie und Anthropologie in Heidelberg, 1854 Rückzug vom Lehramt (Anlaß war ein öffentlicher Tadel seitens der Heidelberger Universität, weil M. für Kremation und die Rückführung der chemischen Bestandteile menschlicher Gebeine in den ›Kreislauf des Lebens‹ eintrat), 1856 Prof. für Physiologie in Zürich, 1861 in Turin, 1879 in Rom. – M.s Arbeiten sind vornehmlich der Physiologie gewidmet und hatten großen Einfluß auf die Entwicklung der physiologischen Chemie. Deren Ergebnisse waren für M. Grundlage einer materialistischen Weltanschauung (↑Materialismus (systematisch), ↑Materialismus (historisch)), die er, beeinflußt von L. Feuerbach, in seinem Hauptwerk »Der Kreislauf des Lebens« (1852) vorlegte. M. wendet sich hier gegen die Trennung von Philosophie und Wissen-

schaft. Ausgehend von einer ursprünglichen und unauflöslichen Verbindung von Stoff und Kraft (»Kein Stoff
ohne Kraft. Aber auch keine Kraft ohne Stoff«, Der
Kreislauf des Lebens, Mainz [2]1855, 373), verneint M.
sowohl die Existenz ›toter‹ Materie als auch einer vom
Stoff abgelösten ›Lebenskraft‹. Da M.s Materialismus
stark sensualistisch (↑Sensualismus) gefärbt ist, trägt er
in erkenntnistheoretischer Hinsicht bisweilen idealistische Züge: »Wir fassen nichts auf als Eindrücke der
Körper auf unsere Sinne. An sich bestehen die Dinge
nur durch ihre Eigenschaften. Ihre Eigenschaften sind
aber Verhältnisse zu unseren Sinnen« (a. a. O., 404–405).
Materialistisch bleibt diese Philosophie insofern, als die
Bereiche des Lebendigen und Geistigen auf eine stoffliche Basis zurückgeführt werden: ›Leben‹ wird als ›Zustand‹ (a. a. O., 373), ›Geist‹ und ›Bewußtsein‹ als ›Eigenschaft‹ (a. a. O., 404, 425), ›Gedanke‹ als ›Bewegung‹
(a. a. O., 418) des Stoffs erklärt, der selbst durch die
Eigenschaften der Schwere, der Raumerfüllung und der
Bewegungsfähigkeit charakterisiert ist (a. a. O., 415). Berühmt wurde M.s Kernsatz »ohne Phosphor kein Gedanke« (vgl. a. a. O., 378), der noch G. Frege polemisch
daran erinnern ließ, daß wir bei der Frage nach der
Wahrheit der Gedanken nicht des »Phosphorgehaltes
unseres Gehirnes zu gedenken« haben (Grundlagen der
Arithmetik, Breslau 1884, 1934, VI [repr. Darmstadt,
Hildesheim 1961, Hildesheim/Zürich/New York 1990,
XVIII]). Für M. wird die ›Lehre vom Stoffwechsel‹ zur
»Angel, um welche die heutige Weltweisheit sich dreht«
(a. a. O., 374). Dementsprechend vertritt er einen strengen ↑Determinismus, der ihn in der Praktischen Philosophie zu einem utilitaristischen (↑Utilitarismus) ↑He-
donismus und Sozialismus führt.

Werke: Kritische Betrachtung von Liebig's Theorie der Pflanzen-
ernährung [...], Haarlem 1845; De Malpighianis pulmonum
vesiculis. Dissertatio anatomico-physiologica, Diss. Heidelberg
1845; Lehre der Nahrungsmittel. Für das Volk, Erlangen 1850,
[3]1858 (engl. Chemistry of Food, in: Orr's Circle of Sciences. A
Series of Treatises on the Principles of Science. Practical Chemistry, London 1856, 305–394); Die Physiologie der Nahrungsmittel. Ein Handbuch der Diätetik. Friedrich Tiedemann's Lehre
»von dem Nahrungsbedürfniss, dem Nahrungstrieb und den
Nahrungsmitteln des Menschen« nach dem heutigen Standpunkte der physiologischen Chemie völlig umgearbeitet, Darmstadt 1850, unter dem Titel: Physiologie der Nahrungsmittel. Ein
Handbuch der Diätetik, Gießen [2]1859 (niederl. De physiologie
der voedingsmiddelen [...], Amsterdam 1850); Physiologie des
Stoffwechsels in Pflanzen und Thieren. Ein Handbuch für Naturforscher, Landwirthe und Aerzte, Erlangen 1851; Der Kreislauf des Lebens. Physiologische Antworten auf Liebig's Chemische Briefe, Mainz 1852, [4]1863, I–II, I, Mainz, Gießen [5]1875, II
Gießen [5]1887, ferner in: D. Wittich (ed.), Schriften zum kleinbürgerlichen Materialismus in Deutschland I, Berlin 1971,
25–341 [Neudr. d. Ausg. 1852] (franz. La circulation de la vie.
Lettres sur la physiologie en réponse aux Lettres sur la chimie, de
Liebig, I–II, Paris/London/New York 1866); Georg Forster, der
Naturforscher des Volks. Zur Feier des 26. November 1854,

Frankfurt 1854, ohne Untertitel, Berlin, Hamm [2]1862; Licht
und Leben [...], Frankfurt 1856, Gießen [3]1879, ferner in: Sechs
Vorträge [s. u.], ferner in: Kleine Schriften [s. u.]; (ed.) Untersuchungen zur Naturlehre des Menschen und der Thiere 1
(1856)–14 (1892) [mit Beiträgen von J. M. u. a.]; Physiologisches
Skizzenbuch, Gießen 1861, ferner in: Kleine Schriften [s. u.]; Zur
Erforschung des Lebens [...], Gießen 1862, ferner in: Sechs
Vorträge [s. u.], ferner in: Kleine Schriften [s. u.]; Die Grenzen
des Menschen [...], Gießen 1863, ferner in: Sechs Vorträge
[s. u.], ferner in: Kleine Schriften [s. u.]; Eine physiologische
Sendung [...], Gießen 1864, ferner in: Sechs Vorträge [s. u.],
ferner in: Kleine Schriften [s. u.]; Die Einheit des Lebens [...],
Gießen 1864, ferner in: Sechs Vorträge [s. u.], ferner in: Kleine
Schriften [s. u.]; Natur- und Heilkunde [...], Gießen 1865,
ferner in: Sechs Vorträge [s. u.]; Sechs Vorträge, Gießen 1865;
Pathologie und Physiologie [...], Gießen 1866, ferner in: Kleine
Schriften [s. u.]; Ursache und Wirkung in der Lehre vom Leben
[...], Gießen 1867, ferner in: Kleine Schriften [s. u.]; Von der
Selbststeuerung im Leben des Menschen [...], Gießen 1871,
ferner in: Kleine Schriften [s. u.]; Kleine Schriften, Gießen o. J.
[1880]; Hermann Hettner's Morgenroth, Gießen 1883, ferner in:
Kleine Schriften. Neue Folge [s. u.]; Karl Robert Darwin [...],
Gießen 1883, ferner in: Kleine Schriften. Neue Folge [s. u.];
Kleine Schriften. Neue Folge, Gießen o. J. [1887]; Zur Feier der
Wissenschaft [...], Gießen 1888; Für meine Freunde. Lebens-
Erinnerungen, Gießen 1894, [2]1901. – C. Kockerbeck (ed.), Carl
Vogt, J. M., Ludwig Büchner, Ernst Haeckel. Briefwechsel, Marburg 1999 [mit Einl., 13–81]. – G. Colasanti, M.'s wissenschaftliche Publicationen, in: ders., Jac. M., der Begründer der »Untersuchungen zur Naturlehre des Menschen und der Thiere«, Untersuchungen zur Naturlehre des Menschen und der Thiere 15
(1895), 1–20 [als Anhang], 12–20; Bibliografia degli scritti di M.,
in: A. Patriarchi, Jakob M. ed il materialismo dell'Ottocento
[s. u., Lit.], 73–89.

Literatur: S. Büttner, M., NDB XVII (1994), 723–725; G. Cos-
macini, Il medico materialista. Vita e pensiero di Jakob M., Rom
2005; A. M. Geist-Hofmann, M., DSB IX (1974), 456–457; F.
Gregory, Scientific Materialism in Nineteenth Century Germa-
ny, Dordrecht/Boston Mass. 1977, bes. 80–99, 232–237 (Chap.
IV J. M.: »Für das Volk«); U. Hagelgans, J. M. als Physiologe,
Frankfurt etc. 1985; R. Handy, M., Enc. Ph. V (1967), 360–361;
W. Moser, Der Physiologe J. M. (1822–1893) und seine Philo-
sophie, Zürich 1967; A. Negri, Trittico materialistico. Georg
Büchner, Jakob M., Ludwig Büchner, Rom 1981; A. Patriarchi,
Jakob M. ed il materialismo dell'Ottocento, Rom 1997;
R. J. C. V. ter Laage, Jacques M.. Een markante persoonlijkheid
in de negentiende eeuwse fysiologie?, Zeist 1980 (engl. [gekürzt]
Jacques M.. A Striking Figure in Nineteenth Century Physiol-
ogy?, Zeist 1980). – In memoria di Jacopo M., Rom 1894; weitere
Literatur: ↑Materialismus (historisch).   G. G.

Molina, Luis de, *Cuenca Sept. 1535, †Madrid 12. Okt.
1600, span. Philosoph und Theologe, Völkerrechtler und
Wirtschaftsethiker. 1547–1551 Besuch der Lateinschule
in Cuenca, 1551–1552 juristisches Studium in Salamanca, 1552–1553 Studium der Logik in Alcalá, 1553 Eintritt
in den Jesuitenorden, 1553–1555 Noviziat in Coimbra,
1555–1559 Philosophiestudium am Jesuitenkolleg in
Coimbra (Abschluß mit dem M. A.), 1559–1562 Theo-
logiestudium ebendort (Abschluß mit dem Bakkalaureat), 1563–1567 Dozent für Philosophie in Coimbra,

1568–1583 für Theologie in Evora, um 1584 Übersiedlung nach Lissabon, 1591 in seine Heimatstadt Cuenca,
April 1600 Übernahme eines neuen Lehrstuhls für Ethik
am Jesuitenkolleg in Madrid. – Der Kampf um das
Verbot von M.s Hauptwerk, der den so genannten
›Gnadenstreit‹ der folgenden Jahrhunderte zwischen Jesuiten (↑›Molinismus‹) und Dominikanern (›Bañezia-
nismus‹, nach D. Báñez, O. P., 1528–1604) auslösenden
»Liberi arbitrii [...] concordia«, dauerte von seiner Veröffentlichung 1588 bis zur Entscheidung Papst Pauls V.
1607, keine Entscheidung über seine Rechtgläubigkeit zu
fällen und die Prüfung der beiden einander widerstrei-
tenden Positionen weiterer theologischer Diskussion zu
überlassen. M. stellt sich in der aus dem Kommentar
zum ersten Teil der »Summa theologica« des Thomas
von Aquin herausgewachsenen »Concordia« die Aufgabe, menschliche ↑Willensfreiheit (liberum arbitrium)
und göttliches Vorherwissen (praescientia divina) miteinander zu versöhnen. Im Unterschied zur thomistischen Position, vertreten unter anderem vom Domini-
kanerorden, wonach der menschliche Wille *vor*, nicht *in*
seiner Wahl durch göttliches Vorherwissen determiniert
sei (deshalb ›*prae*determinatio [bzw. bei Báñez: *praemotio*] physica‹), frei zu handeln, wodurch aber nach M.
die Freiheit in Wirklichkeit aufgehoben sei, möchte er
die menschliche Willensfreiheit auch *vor* der Wahl gewahrt wissen. Als zentraler Vermittlungsbegriff dient
ihm die Konzeption der ↑scientia media Gottes, eines
göttlichen Wissens bedingter zukünftiger Ereignisse, das
zwischen dem göttlichen Wissen von dem stehe, was
unbedingt, wenn auch kontingent, in Vergangenheit,
Gegenwart oder Zukunft existiert, und dem, dessen
Existenz zwar weder logisch noch ontisch unmöglich
ist, faktisch aber zu keinem Zeitpunkt existiert (↑Futura-
bilien). M. unterscheidet außerdem zwischen dem Wissen Gottes in der scientia media und seinem Wollen:
Gott weiß unfehlbar, wie sich der Mensch unter bestimmten Umständen entscheiden wird, wenn er ihm
seine zur freien Mitwirkung erforderliche Gnade anbie-
tet; aber er erzwingt nicht ihre Annahme. Das wider-
spräche sowohl dem Angebotscharakter der Gnade als
auch der Freiheit der menschlichen Mitwirkung.
M.s Arbeiten zur politischen Philosophie (↑Philosophie,
politische) und zur ↑Ökonomie werden zunehmend gewürdigt. Nach M. überträgt das Volk, das sich selbst als
eine politische Körperschaft konstituiert hat, dessen Gesetze dem ↑Naturrecht unterstehen, seine naturrechtlich
begründete und begrenzte politische Autorität auf den
Herrscher, dessen Herrschaft auf diese Weise zugleich
begründet und begrenzt wird. Deshalb kann das einzelne
Glied einer politischen Körperschaft unter bestimmten
Bedingungen einer illegitimen Herrschaft oder Herrschaftsausübung Widerstand leisten. M. fragt nach den
Voraussetzungen für einen gerechten ↑Krieg und eine

Kriegführung, die moralischen Mindestanforderungen
genügt. Während M. die Sklaverei unter bestimmten
einschränkenden Bedingungen für gerechtfertigt hält –
etwa daß in einem gerechten Krieg die feindliche Bevölkerung zur Wiedergutmachung angerichteten Schadens
versklavt werden darf –, betrachtet er die damalige Praxis der Rekrutierung von Sklaven und des Handels mit
ihnen als moralisch verwerflich. In der Ökonomie behandelt M. unter anderem Probleme der Besteuerung
und der Geldpolitik, des freien ↑Marktes und der Regulierung von Preisen.

Werke: Liberi arbitrii cum gratiae donis, divina praescientia,
providentia, praedestinatione et reprobation, concordia, Lissa-
bon 1588, Antwerpen ²1595, ³1609, ed. J. Rabeneck, Oña/Madrid
1953; Commentaria in primam Divi Thomae partem, I–II,
Cuenca 1592, Lyon ²1593, in einem Bd. 1622; De iustitia et
iure, I–III/1, Cuenca 1593–1600, III/2–VI, Antwerpen 1609,
I–VI, Köln, Venedig 1614, Mainz 1659, in 5 Bdn. Köln 1733;
Neue M.schriften [dt./lat.], als: Geschichte des Molinismus I, ed.
F. Stegmüller, Münster 1935 (Beitr. Gesch. Philos. MA XXXIII);
Los seis libros de la justicia y el derecho, übers. M. Fraga
Iribarne, Madrid 1941 ff. [erschienen: I/1, I/3, II/1, VI/2]; Texto
original de los apuntes del tratado »De bello«, in: M. Fraga
Iribarne, L. de M. y el derecho de la guerra [s. u., Lit.],
177–245; Redacción definitiva del tratado »De bello«, en latín
y castellano, in: M. Fraga Iribarne, L. de M. y el derecho de la
guerra [s. u., Lit.], 246–509; De caritate. Comentario a la 2–2, qq.
23–25, ed. E. Moore, Archivo Teológico Granadino 28 (1965),
199–290; De caritate. Comentario al la 2–2, qq. 26–29, ed. E.
Moore, Archivo Teológico Granadino 29 (1966), 181–248; De
fide. Comentarios a la II.II., q. 1–16, ed. E. Moore, Archivo
Teológico Granadino 39 (1976), 207–259, ed. M. Prados/E.
Moore, 40 (1977), 101–235, 41 (1978), 113–330, 42 (1979),
61–195, 43 (1980), 191–308; La teoría del justo precio, ed. F.
Gómez Camacho, Madrid 1981; On Divine Foreknowledge (Part
IV of the »Concordia«), trans. A. J. Freddoso, Ithaca N. Y./
London 1988, 2004 [mit Einl., 1–81]; Tratado sobre los présta-
mos y la usura, ed. F. Gómez Camacho, Madrid 1989; Tratado
sobre los cambios, ed. F. Gómez Camacho, Madrid 1990, 1991;
Treatise on Money (1597), trans. J. Emery, in: S. J. Grabill (ed.),
Sourcebook in Late-Scholastic Monetary Theory. The Contribu-
tions of Martín de Azpilcueta, L. de M., S. J., and Juan de
Mariana, S. J., Lanham Md. etc. 2007, 109–237; Concordia del
libre arbitrio con los dones de la gracia y con la presciencia,
providencia, predestinación y reprobación divinas, übers. J. A.
Hevia Echevarría, Oviedo 2007.

Literatur: D. Alonso-Lasheras, L. d. M.'s »De iustitia et iure«.
Justice as Virtue in an Economic Context, Leiden/Boston Mass.
2011; A. Azevedo Alves/J. M. Moreira, The Salamanca School,
New York/London 2010; F. B. Costello, The Political Philosophy
of L. de M., S. J. (1535–1600), Rom/Spokane Wash. 1974; W. L.
Craig, L. M., in: ders., The Problem of Divine Foreknowledge
and Future Contingents from Aristotle to Suarez, Leiden etc.
1988, 169–206, 268–275; J. A. Domínguez Asensio, La Eclesio-
logía en los comentarios de M. a la »Secunda secundae«, Archivo
Teológico Granadino 50 (1987), 5–110; F. Edwards, M./Moli-
nismus, TRE XXIII (1994), 199–203; M. Fraga Iribarne, L. de M.
y el derecho de la guerra, Madrid 1947; A. J. Freddoso, M., REP
VI (1998), 461–465; H. Gayraud, Thomisme et Molinisme I
(Critique du Molinisme. Réplique au R. P. Th. de Régnon),

Toulouse 1890; ders., Providence et libre arbitre selon Saint Thomas d'Aquin. Thomisme et Molinisme II (Exposition du thomisme), Toulouse 1892; F. Gómez Camacho, Later Scholastics. Spanish Economic Thought in the XVIth and XVIIth Centuries, in: S. T. Lowry/B. Gordon (eds.), Ancient and Medieval Economic Ideas and Concepts of Social Justice, Leiden/New York/Köln 1998, 503–561; B. Hamilton, Political Thought in Sixteenth-Century Spain. A Study of the Political Ideas of Vitoria, De Soto, Suárez and M., Oxford 1963; C. Jäger, Göttlicher Plan und menschliche Freiheit. Vorsehung und ›Mittleres Wissen‹ bei L. de M., Philos. Jb. 117 (2010), 299–318; J. Kleinhappl, Der Staat bei Ludwig M., Innsbruck 1935; J.-C. Margolin, M., Enc. philos. universelle III/1 (1992), 714; A. C. Pegis, M. and Human Liberty, in: G. Smith (ed.), Jesuit Thinkers of the Renaissance. Essays Presented to John F. McCormick, S. J., by His Students on the Occasion of the Sixty-Fith Anniversary of His Birth, Milwaukee Wis. 1939, 75–131; M. Plathow, M., BBKL VI (1993), 43–44; A. Queralt, Libertad humana en L. de M., Granada 1977; J. Rabeneck, De vita et scriptis Ludovici M., Archivo Historicum Societatis Iesu 19 (1950), 75–145; ders., Antiqua legenda de M. narrata examinatur, Archivo Historicum Societatis Iesu 24 (1955), 295–326; ders., Grundzüge der Prädestinationslehre M.s, Scholastik 31 (1956), 351–369; ders., Das Axiom: Facienti quod est in se Deus non denegat gratiam nach der Erklärung M.s, Scholastik 32 (1957), 27–40; ders., Die Heilslehre Ludwig M.s, Scholastik 33 (1958), 31–62; Y. Roucaute, M., DP II (^{2}1993), 2017–2020; N. Schneider, M., in: F. Volpi (ed.), Großes Werklexikon der Philosophie II, Stuttgart 1999, 1045; G. Smith, Freedom in M., Chicago Ill. 1966; F. Stegmüller, M.s Leben und Werk, in: ders. (ed.), Geschichte des Molinismus I [s. o., Werke], 1*–80*; ders., M., in: Görres-Gesellschaft (ed.), Staatslexikon. Recht, Wirtschaft, Gesellschaft V, Freiburg 1960, 805–809; ders., M., LThK VII (^{2}1962), 526; M. W. F. Stone, L. de M. SJ, in: F. D. Miller/C.-A. Biondi (eds.), A Treatise of Legal Philosophy and General Jurisprudence VI (A History of the Philosophy of Law from the Ancient Greeks to the Scholastics), Dordrecht 2007, 349–355; W. Weber, Wirtschaftsethik am Vorabend des Liberalismus. Höhepunkt und Abschluß der scholastischen Wirtschaftsbetrachtung durch Ludwig M., Münster 1959. R. Wi.

Molinismus, Bezeichnung (1) für die Position L. de Molinas im so genannten ›Gnadenstreit‹, (2) für die vor allem von R. Bellarmin, F. Suárez und G. Vasquez in der Auseinandersetzung mit der Gnadenauffassung des ↑Thomismus und des ↑Augustinismus vorgenommene Präzisierung von Molinas System der Versöhnung von menschlicher Freiheit und göttlichem Vorherwissen bzw. göttlicher Gnadenwahl (↑Prädestination). Während Molina gegen den Thomismus seiner dominikanischen Gegner einen wesentlichen Unterschied zwischen der ›hinreichenden‹ und der ›wirksamen‹ Gnade (gratia sufficiens und gratia efficax) bestreitet, weil das Wirksamwerden der Gnade vom menschlichen Willen abhänge, räumen Bellarmin und Suárez ein, daß die wirksame Gnade den Willen zwar nicht physisch, aber doch moralisch beeinflusse, indem sie ihn zu Akten des Glaubens und der Gottesliebe dadurch motiviere, daß sie ihm diese Akte als in sich und für ihn gut vor Augen stelle, ohne ihn jedoch dazu zu nötigen. Molinas Vermitt-

lungsbegriff eines ›mittleren Wissens‹ Gottes (↑scientia media), wonach Gott jene Bedingungen schafft, unter denen jeder Mensch entsprechend der göttlichen Mitwirkung seine eigenen Entscheidungen frei treffen kann, wird von Suárez dahingehend erläutert, daß der ↑concursus Dei als gratia congrua, als eine den persönlichen Verhältnissen und individuellen Bedingungen ›angemessene Gnade‹, zur Annahme der göttlichen Mitwirkung führe. Diese Lehre wurde als ›Kongruismus‹ bezeichnet. Der General der Gesellschaft Jesu Claudius Aquaviva machte sie 1613 für alle Theologen seines Ordens verbindlich.

Literatur: S. B. Cowan, Molinism, Meticulous Providence, and Luck, Philosophia Christi 11 (2009), 156–169; ders., On Target with »Molinism, Meticulous Providence, and Luck«. A Rejoinder to Scott A. Davison, ebd., 175–180; S. A. Davison, Cowan on Molinism and Luck, ebd., 170–174; W. Decock, Jesuit Freedom of Contract, Tijdschr. Rechtsgeschiedenis 77 (2009), 423–458; ders./J. Hallbeek, Pre-Contractual Duties to Inform in Early Modern Scholasticism, Tijdschr. Rechtsgeschiedenis 78 (2010), 89–133; F. Edwards, Molina/M., TRE XXIII (1994), 199–203; J. M. Fischer, Molinism, Oxford Stud. Philos. Religion 1 (2008), 18–43; T. P. Flint, Divine Providence. The Molinist Account, Ithaca N. Y./London 1998, 2006; A. J. Freddoso, Molinism, REP VII (1998), 465–467; W. Hasker, God, Time, and Knowledge, Ithaca N. Y./London 1989, 1998; W. Hübener, Praedeterminatio physica, Hist. Wb. Ph. VII (1989), 1216–1225; S. K. Knebel, Wille, Würfel und Wahrscheinlichkeit. Das System der moralischen Notwendigkeit in der Jesuitenscholastik 1550–1700, Hamburg 2000; K. Reinhardt, Gnadenstreit, Hist. Wb. Ph. III (1974), 713–714; L. Scheffczyk, Praemotio physica, LThK VIII (^{3}1999), 484–485; R. Specht, M., Hist. Wb. Ph. VI (1984), 95–96; F. Stegmüller, M., LThK VII (^{2}1962), 527–530; J. M. Verweyen, Das Problem der Willensfreiheit in der Scholastik. Auf Grund der Quellen dargestellt und kritisch gewürdigt, Heidelberg 1909; I. Vorner, Füreinander vor Gott eintreten. Eine Untersuchung der molinistisch-neuscholastischen Theologie im Hinblick auf eine Erneuerung der Theologie der Suffragien, Marburg 2006; T. A. Warfield, Ockhamism and Molinism – Foreknowledge and Prophecy, Oxford Stud. Philos. of Religion 2 (2009), 317–332. R. Wi.

Molyneuxsches Problem, das von dem irischen Juristen und Naturwissenschaftler (Dioptrica nova, London 1692, ^{2}1709) W. Molyneux (15.4.1656–11.10.1698) in einem Briefwechsel mit J. Locke im Sinne eines Gedankenexperiments formulierte Problem, ob ein von Geburt Blinder, der haptisch zwischen einem Würfel und einer Kugel zu unterscheiden gelernt hat, diese Unterscheidung auch optisch, ohne Würfel und Kugel erneut in die Hand zu nehmen, richtig träfe, wenn er plötzlich zu sehen vermöchte (Brief vom 2.3.1693 an Locke, in: The Correspondence of John Locke IV, ed. E. S. de Beer, Oxford 1979, 651; die Briefstelle ist von Locke wiedergegeben in der 2. Auflage des »Essay Concerning Human Understanding« [1694], Essay II 9 § 8). Die Frage wird von Molyneux selbst (im Rückgriff auf Lokkes Theorie der Erfahrung) und von Locke, später auch von G. Berkeley (An Essay towards a New Theory of Vision [1709] §§ 132–136, The Works I, ed. A. A. Luce/ T. E. Jessop, London 1948, 225–226), verneint; nach Locke handelt es sich im Sinne seiner Konzeption der ↑Erfahrung als begriffsfreier Basis der Erkenntnis (↑Empirismus) im Falle des optischen Datums um einen absoluten (optischen) Erfahrungsanfang.

Kontroversen um die Lösung des M.n P.s sind durch die alternativen Behauptungen gekennzeichnet, daß (1) hier ein nur empirisch entscheidbares Problem vorliege, (2) schon aus prinzipiellen Gründen auch die Korrelation zwischen einem haptischen und einem optischen Datum bzw. einer haptischen und einer optischen Unterscheidung erst gelernt werden müsse, d.h., daß diese sich nicht unmittelbar von selbst einstelle. Im Falle des Molyneuxschen Beispiels stellt sich ferner die Frage, ob die Rede über optische Homogenität nicht bereits eine Übersetzung aus haptischen Unterscheidungen voraussetzt, d.h. die Frage nach der Möglichkeit eines rein optischen geometrischen Begriffssystems. Der von G. W. Leibniz in diesem Zusammenhang gegen Locke ins Feld geführte Hinweis auf die Konsistenz einer haptischen und einer optischen Geometrie (Nouv. essais II 9 § 8, Akad.-Ausg. 6.6, 137) beantwortet diese Frage noch nicht, und insofern auch nicht das ursprüngliche Problem einer (entweder unmittelbar gegebenen oder über Lern- bzw. Übersetzungsprozesse erst herzustellenden) Verbindung haptischer und optischer Unterscheidungen.

Literatur: M. Atherton, Berkeley's Revolution in Vision, Ithaca N.Y./London 1990; P. Baumann, Molyneux's Questions, in: R. Schumacher (ed.), Perception and Reality. From Descartes to the Present, Paderborn 2003, 168–187; L. Berchielli, Color, Space, and Figure in Locke. An Interpretation of the Molyneux Problem, J. Hist. Philos. 40 (2002), 47–65; H. Blumenberg, Höhlenausgänge, Frankfurt 1989, 2007, 491–507 (Teil 5/V Die Optik der Blindgeborenen); R. Brandt, Historisches zur Genese des dreidimensionalen Sehbildes (Gassendi, Locke, Berkeley), Ratio 17 (1975), 170–182 (engl. Historical Observations on the Genesis of the Three-Dimensional Optical Picture (Gassendi, Locke, Berkeley), Ratio 17 [engl. Ausg., 1975], 176–190); M. Brandt Bolton, The Real Molyneux Question and the Basis of Locke's Answer, in: G. A. J. Rogers (ed.), Locke's Philosophy. Content and Context, Oxford 1994, 1996, 75–99; M. Bruno/E. Mandelbaum, Locke's Answer to Molyneux's Thought Experiment, Hist. Philos. Quart. 27 (2010), 165–180; J. Campbell, Molyneux's Question, Philos. Issues 7 (1996), 301–318; J. W. Davis, The Molyneux Problem, J. Hist. Ideas 21 (1960), 392–408; M. Degenaar, Molyneux's Problem. Three Centuries of Discussion on the Perception of Forms, Dordrecht/Boston Mass./London 1996 (mit Bibliographie, 135–149); dies./G.-J. Lokhorst, Molyneux's Problem, SEP 2005, rev. 2011; dies./ ders., Molyneux Problem, the, in: S. J. Savonius-Wroth/P. Schuurman/J. Walmsley (eds.), The Continuum Companion to Locke, London/New York 2010, 179–183; N. Eilan, Molyneux's Question and the Idea of an External World, in: dies./R. McCarthy/B. Brewer (eds.), Spatial Representation. Problems in

Philosophy and Psychology, Oxford/Cambridge Mass. 1993, Oxford/New York 2004, 236–255; G. Evans, Molyneux's Question, in: ders., Collected Papers, Oxford/New York 1985, 2002, 364–399, ferner in: A. Noë/E. Thompson (eds.), Vision and Mind. Selected Readings in the Philosophy of Perception, Cambridge Mass./London 2002, 319–349; S. Gallagher, How the Body Shapes the Mind, Oxford 2005, 2006, 153–172 (Part II/7 Neurons and Neonates. Reflections on the Molyneux Problem); J. Heil, The Molyneux Question, J. Theory Social Behaviour 17 (1987), 227–241; ders., Molyneux Question, in: R. Audi (ed.), The Cambridge Dictionary of Philosophy, Cambridge ²1999, 2009, 580; R. Hopkins, Thomas Reid on Molyneux's Question, Pacific Philos. Quart. 86 (2005), 340–364; ders., Molyneux's Question, Can. J. Philos. 35 (2005), 441–464; A. C. Jacomuzzi/ P. Kobau/N. Bruno, Molyneux's Question Redux, Phenomenology and the Cognitive Sciences 2 (2003), 255–280; F. Kambartel, Erfahrung und Struktur. Bausteine zu einer Kritik des Empirismus und Formalismus, Frankfurt 1968, ²1976, 15–19; R. H. Kargon, Molyneux, DSB IX (1974), 464–466; J. Levin, Molyneux's Question and the Individuation of Perceptual Concepts, Philos. Stud. 139 (2008), 1–28; W. v. Leyden, Seventeenth-Century Metaphysics. An Examination of Some Main Concepts and Theories, London 1968, 276–277; M. Lievers, The Molyneux Problem, J. Hist. Philos. 30 (1992), 399–416; ders., Molyneux Problem, REP VI (1998), 467–469; C. Macdonald, Mary Meets Molyneux. The Explanatory Gap and the Individuation of Phenomenal Concepts, Noûs 38 (2004), 503–524; A. N. Meltzoff, Molyneux's Babies. Cross-Modal Perception, Imitation and the Mind of the Preverbal Infant, in: N. Eilan/R. McCarthy/B. Brewer (eds.), Spatial Representation. Problems in Philosophy and Psychology, Oxford/Cambridge Mass. 1993, Oxford/New York 2004, 219–235; A. Mentzer, Die Blindheit der Texte. Studien zur literarischen Raumerfahrung, Heidelberg 2001, 70–93 (Aufklärung im Geiste – das Molyneux-Experiment); J. Mittelstraß, Neuzeit und Aufklärung. Studien zur Entstehung der neuzeitlichen Wissenschaft und Philosophie, Berlin/New York 1970, 408–410; M. J. Morgan, Molyneux's Question. Vision, Touch and the Philosophy of Perception, Cambridge etc. 1977; D. Park, Locke and Berkeley on the Molyneux Problem, J. Hist. Ideas 30 (1969), 253–260; W. R. Paulson, Enlightenment, Romanticism, and the Blind in France, Princeton N. J./Guildford 1987, 21–38 (Chap. 1 »Suppose a Man Born Blind . . .«); J. Proust (ed.), Perception et intermodalité. Approches actuelles de la question de Molyneux, Paris 1997; J. Riskin, Science in the Age of Sensibility. The Sentimental Empiricists of the French Enlightenment, Chicago Ill./London 2002, 19–67 (Chap. 2 The Blind and the Mathematically Inclined); B. Sassen, Kant on Molyneux's Problem, Brit. J. Hist. Philos. 12 (2004), 471–485; R. Schumacher, What Are the Direct Objects of Sight? Locke on the Molyneux Question, Locke Stud. 3 (2003), 41–61; J. J. Thomson, Molyneux's Problem, J. Philos. 71 (1974), 637–650; C. M. Turbayne, Berkeley and Molyneux on Retinal Images, J. Hist. Ideas 16 (1955), 339–355; J. Van Cleve, Reid's Answer to Molyneux's Question, Monist 90 (2007), 251–270; G. N. A. Vesey, Berkeley and the Man Born Blind, Proc. Arist. Soc. 61 (1960/ 1961), 189–206; ders., Vision, Enc. Ph. VIII (1967), 252–253; J.- M. Vienne, Locke et l'intentionalité. Le problème de Molyneux, Arch. philos. 55 (1992), 661–684.   J. M.

Monade (von griech. μονάς, die Einheit, das Einfache, Unteilbare), auf pythagoreische Traditionen zurückgehende Begriffsbildung (vgl. Iamblichos, In Nicomachi arithmeticam introductionem liber, ed. H. Pistelli, Leipzig 1894 [repr. Stuttgart 1974], 11 u.ö.). Bei Euklid wird die Zahl als eine aus M.n zusammengesetzte Mannigfaltigkeit definiert (Elem. VII, Def. 2, Elementa, I–V, ed. E. S. Stamatis [post I. L. Heiberg], Leipzig 1969–1977, II, 103), eine M. als das, durch das jeder existierende Gegenstand als *ein* Gegenstand bezeichnet wird (Elem. VII, Def. 1, ebd.). Über Platon (Phileb. 15 b, 56 d), in sachlichem Zusammenhang mit der ↑Ideenlehre (↑Idee (historisch)) und der vom Begriff der ↑Einheit ihren Ausgang nehmenden ↑Ideenzahlenlehre, findet der Ausdruck ›M.‹ Eingang in die philosophische Terminologie (insbes. des ↑Platonismus und des ↑Neuplatonismus) und wird hier in der Regel synonym mit ↑›Substanz‹ verwendet. Im Rahmen der ↑Naturphilosophie der ↑Renaissance, in konzeptioneller Nähe zum ↑Archeus-Begriff, gewinnt der M.nbegriff insbes. bei G. Bruno erneut an Bedeutung (materielle M.n als Elemente der Natur, Gott als M. der M.n; De triplice minimo et mensura [...] libri quinque, Frankfurt 1591, De monade numero et figura [...] liber, Frankfurt 1591).

Systematisches Gewicht erhält der Begriff der M. bei G. W. Leibniz im Zusammenhang mit einer logischen Rekonstruktion des klassischen Substanzbegriffs (Kennzeichnung *individueller Substanzen* über *individuelle Begriffe*, die als *vollständige Begriffe* [↑Begriff, vollständiger] konstruiert werden und die Aristotelischen Bedingungen für spezielle ↑Subjektbegriffe [↑Subjekt] erfüllen). Ausgangspunkt ist dabei die Formulierung eines Kontinuitätsprinzips (↑Kontinuität) im Zusammenhang mit einer einfachen Kontinuitätsbetrachtung (Theoria motus abstracti, 1671) und Arbeiten zu einem Differentialkalkül (Nova methodus pro maximis et minimis [...], Acta Erud. 3 [1684], 467–473), das die Preisgabe des Begriffs des körperlichen ↑Atoms im Sinne des physikalischen ↑Atomismus zu erzwingen scheint (Specimen dynamicum [...] [1695], Math. Schr. VI, 248). In systematischer Nähe zum modernen Begriff des Massenpunktes ordnet Leibniz elementaren physikalischen Einheiten Punkte im geometrischen Raum zu und interpretiert diese Einheiten als Kraftzentren. Dies ist dadurch gerechtfertigt, daß man differentialgeometrisch Punkten auf Raumkurven Beschleunigungsvektoren zuordnen kann, denen physikalische Kräfte entsprechen, wenn man die Kurven als Bahnen bewegter ↑Massen versteht. Entsprechend wird der Ausdruck ›(materielles) Atom‹ durch die Ausdrücke ›substantielles Atom‹, ›formales Atom‹ oder ›metaphysischer Punkt‹ ersetzt (Système nouveau [...] [1695], Philos. Schr. IV, 482), seit 1696 durch den Ausdruck ›M.‹. Dieser stammt, wenn nicht von F. M. van Helmont oder A. Conway direkt übernommen (vgl. Nouv. essais I 1, Akad.-Ausg. 6.6, 72; Brief vom 24.8.1697 an T. Burnett, Philos. Schr. III, 217; ↑Helmont, Franciscus Mercurius van), wohl aus der von C. Knorr von Rosenroth besorgten und Leibniz bekannten »Kabbala denudata« (I–II, Sulzbach 1677/ 1684; vgl. die Einträge von van Helmont, Ad fundamenta Cabbalae [...] Dialogus, I/2, 309–310, und H. More, Fundamenta philosophiae 12, I/2, 294). Im Rahmen der ↑Monadentheorie und im Übergang zur Konzeption eines logischen Atomismus (↑Atomismus, logischer) bezeichnet der Begriff der M. das Programm, elementare Einheiten (auch im dynamischen Bereich) über begriffliche Einheiten, eben die M.n, anzugeben (Système nouveau [...], Philos. Schr. IV, 483).

In seiner Leibnizschen Systematisierung wird der M.nbegriff sowohl von der so genannten ↑Leibniz-Wolffschen Philosophie als auch von I. Kant (in dessen vorkritischer Periode) übernommen (Monadologia Physica, Königsberg 1756). An Kant schließen wiederum z.B. J. F. Herbart, G. T. Fechner, H. Lotze und C. Renouvier (La nouvelle monadologie, Paris 1899) mit monadologischen Konzeptionen an. In einem transzendentalphilosophischen (↑Transzendentalphilosophie) Rahmen findet der Leibnizsche Begriff der M. bei R. Hönigswald (Die Systematik der Philosophie, aus individueller Problemgestaltung entwickelt, I–II, ed. E. Winterhager, Bonn 1976/1977) und E. Husserl (Cartesianische Meditationen [...], ed. S. Strasser, Den Haag 1950 [Husserliana I], §§ 33, 55–56) zur Charakterisierung des Begriffs der transzendentalen Subjektivität (↑Ego, transzendentales) Verwendung.

Literatur: A. Becco, Leibniz et François-Mercure van Helmont. Bagatelle pour des Monades, in: Magia Naturalis und die Entstehung der modernen Naturwissenschaften (Symposion der Leibniz-Gesellschaft Hannover, 14. und 15. November 1975), Wiesbaden 1978 (Stud. Leibn. Sonderheft VII), 119–142; H. Breger, M., RGG V (⁴2002), 1405; R. E. Butts, Leibniz' Monads. A Heritage of Gnosticism and a Source of Rational Science, Can. J. Philos. 10 (1980), 47–62; H. W. Carr, A Theory of Monads. Outlines of the Philosophy of the Principle of Relativity, London 1922; W. Cramer, Die M.. Das philosophische Problem vom Ursprung, Stuttgart 1954; S. Domandl, Der Archeus des Paracelsus und die Leibnizsche M.. Eine Gegenüberstellung, Z. philos. Forsch. 31 (1977), 428–443; D. Garber, Leibniz. Body, Substance, Monad, Oxford/New York 2009, 2011; H. Heimsoeth, Atom, Seele, M.. Historische Ursprünge und Hintergründe von Kants Antinomie der Teilung, Wiesbaden 1960 (Abh. Akad. Wiss. u. Lit. Mainz, geistes- u. sozialwiss. Kl. 1960, H. 3); J. C. Horn, M. und Begriff. Der Weg von Leibniz zu Hegel, Wien/ München 1965, Hamburg ³1982; B. M. D'Ippolito/A. Montano/ F. Piro (eds.), Monadi e monadologie. Il mondo degli individui tra Bruno, Leibniz e Husserl. Atti del Convegno Internazionale di Studi (Salerno, 10–12 giugno 2004), Soveria Manelli 2005; T. Leinkauf, Monas/M./Monadologie, EP I (1999), 870–881, EP II (²2010), 1649–1660; L. E. Loemker, Monad and Monadology, Enc. Ph. V (1967), 361–363; F. Lötzsch/H. Poser/H. Böhringer, M., Monas, Hist. Wb. Ph. VI (1984), 114–125; C. Merchant, The Vitalism of Anne Conway. Its Impact on Leibniz's Concept of the Monad, J. Hist. Philos. 17 (1979), 255–269; dies., The Vitalism of Francis Mercury van Helmont. Its Influence on Leibniz, Ambix 26 (1979), 170–183; J. Mittelstraß, M. und

Begriff. Leibnizens Rekonstruktion des klassischen Substanzbegriffs und der Perzeptionensatz der M.ntheorie, Stud. Leibn. 2 (1970), 171–200, überarb. ohne Untertitel, in: ders., Leibniz und Kant. Erkenntnistheoretische Studien, Berlin/Boston Mass. 2011, 29–58; H.-P. Neumann (ed.), Der M.nbegriff zwischen Spätrenaissance und Aufklärung, Berlin/New York 2009 (mit Bibliographie, 401–427); H. Poser, Zum Begriff der M. bei Leibniz und Wolff, in: Akten des II. Internationalen Leibniz-Kongresses Hannover, 17.–22. Juli 1972, III (Metaphysik – Ethik – Ästhetik – M.nlehre), Wiesbaden 1975 (Stud. Leibn. Suppl. XIV), 383–395; ders., Die Freiheit der M., in: The Leibniz Renaissance. International Workshop (Firenze, 2–5 giugno 1986), Florenz 1989, 235–256; ders., Ens et Unum convertuntur. Zur leibnizschen Einheit der M., in: A. Lamarra/R. Palaia (eds.), Unità e molteplicità nel pensiero filosofico e scientifico di Leibniz. Simposio internazionale, Roma, 3–5 ottobre 1996, Florenz 2000, 271–283; P. F. Strawson, Individuals. An Essay in Descriptive Metaphysics, London 1959, London/New York 2011, 117–134 (Monads) (dt. Einzelding und logisches Subjekt (Individuals). Ein Beitrag zur deskriptiven Metaphysik, Stuttgart 1972, 2003, 150–172 [M.n]; franz. Les individus. Essai de métaphysique descriptive, Paris 1973, 131–150). – Rev. de synthèse 128 (2007), H. 3/4 [Leibniz, Wolff et les monades, science et métaphysique]; weitere Literatur: ↑Leibniz, Gottfried Wilhelm, ↑Monadentheorie.   J. M.

Monadentheorie (auch: Monadenlehre, Monadologie), Bezeichnung für die von G. W. Leibniz im Anschluß an die Erörterung des Problems elementarer physikalischer Einheiten (↑Atomismus) in mehreren Versionen (z. B. Discours de métaphysique, 1686; Système nouveau [...], 1695; Principes de la nature et de la grâce fondés en raison, 1714; die so genannte Monadologie, 1714) ausgearbeitete metaphysische Konzeption. Diese stellt in ihrem methodischen Kern eine systematische Rekonstruktion des klassischen Begriffs der ↑Substanz dar. Ausgehend von (frühen) Überlegungen zum Problem der ↑Individuation (Disputatio metaphysica de principio individui, Leipzig 1663) und im systematischen Anschluß an Begriffsbildungen und Unterscheidungen in dynamischen Zusammenhängen (De primae philosophiae emendatione, et de notione substantiae, Acta Erud. 13 [1694], 110–112) sowie an mathematische Begriffsbildungen (›Labyrinth des ↑Kontinuums‹, Dissertatio exoterica de statu praesenti et incrementis novissimis deque usu geometriae [1675], Math. Schr. VII, 326) wird im Rahmen der M. die Frage nach der Existenz *elementarer* Einheiten (auch im dynamischen Bereich) über die Bestimmung *begrifflicher* Einheiten beantwortet (Système nouveau [...], Philos. Schr. IV, 483). Derartige Einheiten werden als *individuelle Substanzen* (*substances individuelles*), daneben als ›substantielle Formen‹ oder ›erste ↑Entelechien‹, seit 1696 auch als ↑*Monaden* bezeichnet. Die Kennzeichnung individueller Substanzen bzw. Monaden erfolgt dabei über *individuelle Begriffe* (*notions individuelles*, Disc. mét. § 8, Philos. Schr. IV, 432–433), konstruiert als *vollständige Begriffe* (↑Begriff,

vollständiger), d. h. als (unendliche) Konjunktionen aller einem Individuum zukommenden Prädikate (↑Begriff, unendlicher), die ihrerseits die Aristotelischen Bedingungen für spezielle ↑Subjektbegriffe (↑Subjekt) erfüllen.

Dieser *logische* Sinn des Monadenbegriffs, der unter anderem der Rekonstruktion der klassischen Unterscheidung zwischen Substanz und ↑Akzidens dient, wird von Leibniz im Rahmen der M. unter *metaphysischen* Orientierungen systematisch erweitert (↑Leibniz, Gottfried Wilhelm). So werden Monaden charakterisiert als unteilbare und unzerstörbare Elemente der Dinge (vgl. Monadologie §§ 1–5, Philos. Schr. VI, 607), als handlungsbefähigte Wesen (vgl. Nouv. essais, Pref., Akad.-Ausg. 6.6, 53; Princ. nat. grâce § 1, Philos. Schr. VI, 598), als Spiegel des Universums (vgl. Disc. mét. § 14, Philos. Schr. IV, 440) – wobei die Monaden untereinander durch eine prästabilierte Harmonie (↑Harmonie, prästabilierte) in ↑Wechselwirkung stehen –, als ›fensterlos‹ (vgl. Monadologie § 7, Philos. Schr. VI, 607) und dabei konstituiert durch ↑Perzeptionen. Ferner wird zwischen verschiedenen Sorten von Monaden hierarchisch unterschieden (Gott als oberste Monade), desgleichen (unter dem Gesichtspunkt der ↑Selbstorganisation der Monaden) zwischen Perzeption, ↑Apperzeption und Strebung (↑appetitus) sowie zwischen ↑Bewußtsein und ↑Selbstbewußtsein. Verbunden mit Problemen der ↑Theodizee führt der Begriff der prästabilierten Harmonie in Verbindung mit dem Satz vom Grund (↑Grund, Satz vom) und der Formulierung von Naturgesetzen in Form von ↑Extremalprinzipien zur These von der besten aller möglichen Welten (↑Welt, beste).

Auch in derartigen Erweiterungen bleibt die Fundierung der M. in einer logischen Rekonstruktion des klassischen Substanzbegriffes präsent. So beruht etwa (1) die These der *Repräsentation des Universums* in jeder Monade (Monaden ›spiegeln‹ das Universum, vgl. Disc. mét. § 14, Philos. Schr. IV, 440; Monadologie § 56, Philos. Schr. VI, 616) auf der mit der Konstruktion vollständiger Begriffe (damit dem Postulat vollständiger Begriffsnetze) gegebenen Möglichkeit, Aussagen über beliebige Gegenstände als Aussagen über ein und denselben Gegenstand darstellen zu können, (2) die These einer *prästabilierten Harmonie* (vgl. Monadologie § 78, Philos. Schr. VI, 620) auf der Anwendung dieser Möglichkeit auf die problematische Annahme eines durch einen vollständigen Begriff darstellbaren unendlichen Gesamtsystems (der Satz, daß es keine Interaktion zwischen Monaden gebe, jede Monade daher eine Welt für sich sei, ist lediglich die dazu komplementäre Behauptung). Auch die These (3), daß Monaden durch *Perzeptionen* konstituiert werden (*Perzeptionensatz der M.*, vgl. Princ. nat. grâce § 2, Philos. Schr. VI, 598; Nouv. essais, Pref., Akad.-Ausg. 6.6, 55), führt auf eine Theorie vollständiger Begriffe bzw. auf begriffliche Bestimmungen im Sinne der Erläuterungen der Thesen (1) und (2) zurück, d.h., der Perzeptionensatz der M. ist als Satz über vollständige ↑Kennzeichnungen rekonstruierbar. Das kommt bereits in der Parallelität der Wendungen ›Prädikate im vollständigen Begriff einer individuellen Substanz‹ und ›Perzeptionen (in) einer individuellen Substanz‹ zum Ausdruck. Der Theorie vollständiger Begriffe nach tritt auch der Begriff einer Perzeption, diese definiert als ›innere Eigenschaft und Tätigkeit‹ (*qualité et action interne*, vgl. Princ. nat. grâce § 2, Philos. Schr. VI, 598) einer Substanz, im vollständigen Begriff der betreffenden Substanz auf: Alles das, was einer individuellen Substanz (Monade) widerfährt, »ist nur die Folge ihrer Idee oder ihres vollständigen Begriffs, da diese Idee bereits sämtliche Prädikate oder Ereignisse enthält und das Universum insgesamt ausdrückt. In der Tat kann uns nichts außer Gedanken und Perzeptionen begegnen« (Disc. mét. § 14, Philos. Schr. IV, 440). Das heißt: Perzeptionen gehören zu den inneren Bestimmungen einer individuellen Substanz (vgl. Princ. nat. grâce § 4, Philos. Schr. VI, 599–600), nicht zu ihren äußeren. Zwar ist jeder inneren Bestimmung (in einem Leibnizschen Beispiel: ›Meeresrauschen-Hören‹, vgl. Nouv. essais, Pref., Akad.-Ausg. 6.6, 54–55) eine äußere Bestimmung, nämlich als Wahrnehmungsdatum (›ich höre Meeresrauschen‹), zugeordnet, doch treten diese ›wahrgenommenen‹ Perzeptionen in vollständigen Begriffen in Form kennzeichnender Prädikatoren nicht auf. Logisch gesehen gehören äußere Bestimmungen in diesem Sinne nicht zum vollständigen Begriff des prädizierenden Individuums, sondern zum vollständigen Begriff des prädizierten Gegenstandes (Konstitution der ›Außenwelt‹). Mit der M., die in der Philosophiegeschichtsschreibung, unter Hinweis auf Leibnizens Formulierung eines *Kontinuitätsprinzips* (↑Kontinuität) und dessen Anwendung auf die Natur (↑natura non facit saltus), häufig in mißverständlicher Weise als Ausdruck hylozoistischer (↑Hylozoismus) oder vitalistischer (↑Vitalismus) Vorstellungen gedeutet wird, vertritt Leibniz zum ersten Mal einen *logischen Atomismus* (↑Atomismus, logischer), der über die Rekonstruktion des klassischen Substanzbegriffs hinaus auch von allgemeinerer methodischer Bedeutung ist. Mit der ›metaphysischen‹ Annahme, daß es einfache Substanzen geben müsse, weil es zusammengesetzte Substanzen gibt (vgl. Monadologie § 2, Philos. Schr. VI, 607), ist nicht nur eine kosmologische, später logisch rekonstruierte Unterscheidung getroffen, sondern auch die Priorität synthetischer oder konstruktiver Verfahren gegenüber analytischen Verfahren festgestellt: Analyse setzt Synthese voraus (↑Methode, analytische, ↑Methode, synthetische), und Synthese hat als eine begriffliche Konstruktion ihrerseits mit unzerlegbaren Einheiten zu beginnen. Damit ist dann wiederum die systematische

Verbindung der M. zum Programm einer *characteristica universalis* (↑ars characteristica, ↑lingua universalis, ↑Leibnizsche Charakteristik) hergestellt. – Die M. wird insbes. von C. Wolff, A. G. Baumgarten und C. A. Crusius diskutiert, in der Tradition weitgehend als Kernstück der so genannten ↑Leibniz-Wolffschen Philosophie aufgefaßt und noch von I. Kant zur Grundlage eines gegen den physikalischen Atomismus gerichteten Entwurfs über den geometrischen Begriff der (unendlichen) Teilbarkeit und den physikalischen Begriff elementarer (unteilbarer) Einheiten (mathematisches und physikalisches ↑Kontinuum) genommen (Metaphysicae cum Geometria iunctae usus in Philosophia Naturali, cuius Specimen I. continet Monadologiam Physicam, Königsberg 1756). Noch in der »Kritik der reinen Vernunft« bezeichnet Kant die Antithese der zweiten Antinomie als ›dialektischen Grundsatz der Monadologie‹ (B 470).

Literatur: G. Buchdahl, Metaphysics and the Philosophy of Science. The Classical Origins – Descartes to Kant, Oxford, Cambridge Mass. 1969, Lanham Md./London 1988, 388–469; H. Busche (ed.), Gottfried Wilhelm Leibniz. Monadologie, Berlin 2009 (Klassiker auslegen XXXIV); R. E. Butts, Leibniz' Monads. A Heritage of Gnosticism and a Source of Rational Science, Can. J. Philos. 10 (1980), 47–62; M. Casula, A. G. Baumgarten entre G. W. Leibniz et Chr. Wolff, Arch. philos. 42 (1979), 547–574; V. De Risi, Geometry and Monadology. Leibniz's ›Analysis Situs‹ and Philosophy of Space, Basel/Boston Mass./ Berlin 2007; S. Di Bella, The Science of the Individual. Leibniz's Ontology of Individual Substance, Dordrecht 2005; M. Furth, Monadology, Philos. Rev. 76 (1967), 169–200, ferner in: V. Chappell (ed.), Gottfried Wilhelm Leibniz I, New York 1992 (Essays on Early Modern Philosophers XII), 193–224, ferner in: R. S. Woolhouse (ed.), Gottfried Wilhelm Leibniz. Critical Assessments IV, London/New York 1994, 2–27; K. Gloy, Das Verständnis der Natur II (Die Geschichte des ganzheitlichen Denkens), München 1996, 37–70 (II Rationale Konzeption der organizistischen Naturauffassung. Leibniz' Monadologie); A. Gurwitsch, Leibniz. Philosophie des Panlogismus, Berlin/New York 1974; I. Hacking, Individual Substance, in: H. G. Frankfurt (ed.), Leibniz. A Collection of Critical Essays, Garden City N. Y. 1972, Notre Dame Ind./London 1976, 137–153; H. Heimsoeth, Atom, Seele, Monade. Historische Ursprünge und Hintergründe von Kants Antinomie der Teilung, Wiesbaden 1960 (Abh. Akad. Wiss. u. Lit. Mainz, geistes- u. sozialwiss. Kl. 1960, 3); K. E. Kaehler, Wie ist Monadologie möglich?, Pers. Philos. 10 (1984), 249–269; G. Laßner, Die Leibnizsche Monadologie aus der Sicht der modernen Naturwissenschaften, Berlin 1999 (Sitz.-ber. Leibniz-Soz. 30, H. 3); T. Leinkauf, Monas/Monade/Monadologie, EP I (1999), 870–881, EP II (²2010), 1649–1660; L. E. Loemker, Monad and Monadology, Enc. Ph. V (1967), 361–363; K. Lorenz, Die Monadologie als Entwurf einer Hermeneutik, Akten des II. Internationalen Leibniz-Kongresses Hannover, 17.–22. Juli 1972, III (Metaphysik – Ethik – Ästhetik – Monadenlehre), Wiesbaden 1975 (Stud. Leibn. Suppl. XIV), 317–325; ders., Leibnizens Monadenlehre. Versuch einer logischen Rekonstruktion metaphysischer Konstruktionen, in: C. F. v. Weizsäcker/E. Rudolph (eds.), Zeit und Logik bei Leibniz. Studien zu Problemen der Naturphilosophie, Mathematik, Logik und Metaphysik, Stuttgart 1989, 11–31, ferner in: ders., Philosophische Variationen. Gesammelte Aufsätze unter Einschluss gemeinsam mit Jürgen Mittelstraß geschriebener Arbeiten zu Platon und Leibniz, Berlin/New York 2011, 92–108; D. Mahnke, Eine neue Monadologie, Berlin 1917, Würzburg 1971 (Kant-St. Erg.hefte XXXIX); ders., Leibnizens Synthese von Universalmathematik und Individualmetaphysik, Jb. Philos. phänomen. Forsch. 7 (1925), 305–612, separat Halle 1925 (repr. Stuttgart-Bad Cannstatt 1964); G. Martin, Leibniz. Logik und Metaphysik, Köln 1960, Berlin ²1967 (engl. Leibniz. Logic and Metaphysics, Manchester, New York 1964, New York 1985; franz. Leibniz. »Logique« et »Métaphysique«, Paris 1966); J. Mittelstraß, Monade und Begriff. Leibnizens Rekonstruktion des klassischen Substanzbegriffs und der Perzeptionensatz der M., Stud. Leibn. 2 (1970), 171–200, überarb. unter dem Titel: Monade und Begriff, in: ders., Leibniz und Kant. Erkenntnistheoretische Studien, Berlin/Boston Mass. 2011, 29–58; ders., Neuzeit und Aufklärung. Studien zur Entstehung der neuzeitlichen Wissenschaft und Philosophie, Berlin/New York 1970, 425–528; M. Osterheld-Koepke, Der Ursprung der Mathematik aus der Monadologie, Frankfurt 1984; G. H. R. Parkinson, Logic and Reality in Leibniz's Metaphysics, Oxford 1965, New York/London 1985, 123–181 (Chap. 5 Subject and Substance); E. Pasini (ed.), La monadologie de Leibniz. Genèse et contexte. Essais, Paris/Mailand 2005; H. Poser, Phaenomenon bene fundatum. Leibnizens Monadologie als Phänomenologie, in: R. Cristin/K. Sakai (eds.), Phänomenologie und Leibniz, Freiburg/München 2000, 19–41; N. Rescher, The Philosophy of Leibniz, Englewood Cliffs N. J. 1967; ders., G. W. Leibniz's Monadology. An Edition for Students, Pittsburgh Pa. 1991; ders., Leibniz. An Introduction to His Philosophy, Oxford, Totowa N. J. 1979, Aldershot 1993; ders., On Leibniz, Pittsburgh Pa. 2003; O. Ruf, Die Eins und die Einheit bei Leibniz. Eine Untersuchung zur Monadenlehre, Meisenheim am Glan 1973; A. Savile, Routledge Philosophy Guidebook to Leibniz and the »Monadology«, London/New York 2000; K. Vogel, Kant und die Paradoxien der Vielheit. Die Monadenlehre in Kants philosophischer Entwicklung bis zum Antinomenkapitel der Kritik der reinen Vernunft, Meisenheim am Glan 1975, Frankfurt ²1986; weitere Literatur: ↑Leibniz, Gottfried Wilhelm. J. M.

Monismus (von griech. μόνος, einzig, allein), Bezeichnung für jede philosophische oder religiöse Auffassung, die Bestand oder Entstehung der Welt aus einem einzigen Stoff, einer einzigen Substanz oder einem einzigen Prinzip erklärt. Die verschiedenen Arten des M. lassen sich danach unterscheiden, gegen welche Art des Dualismus (oder Pluralismus) sie gerichtet sind, z. B. gegen den ↑Dualismus von Materie und Geist, Leib und Seele (↑Leib-Seele-Problem), Gott und Welt, Religion und Wissenschaft. Monistischen Positionen stehen grundsätzlich zwei Möglichkeiten der Verneinung des Dualismus offen: Sie können sich entweder auf eine Seite des dualistischen Gegensatzes stellen oder den Gegensatz unter einem übergeordneten Gesichtspunkt aufheben. Von der ersten Art sind z. B. Materialismus (↑Materialismus (systematisch), Materie als Substanz) und ↑Spiritualismus (Geist als Substanz), von der zweiten Art der gegen diesen Gegensatz gerichtete neutrale M. (s. u.),

ferner der ↑Pantheismus mit seiner Gleichsetzung von Gott und Welt.

Der Terminus ›M.‹ geht auf C. Wolff zurück, der ›Monisten‹ solche Philosophen nennt, »die nur eine einzige Art der Substanz anerkennen« (›Monistae‹ dicuntur philosophi, qui unum tantummodo substantiae genus ad mittunt, Psychologia rationalis [...], Frankfurt/Leipzig ²1740 [repr. als: ders., Gesammelte Werke II/6, ed. J. École, Hildesheim/New York 1972, 1994], 24). Die Wolffsche Charakterisierung betrifft allerdings nur den *ontologischen* M. (Materialismus und Spiritualismus). Im Unterschied dazu verzichtet der *erkenntnistheoretische* M. auf ontologische Grundunterscheidungen und betont lediglich die Einheitlichkeit der Erscheinungswelt, häufig in ausdrücklicher Ablehnung ontologischer Fragen als ›metaphysisch‹. Nach dieser Auffassung, die z. B. von E. Mach vertreten wird, sollte man die Rede von Materie und Geist ganz aufgeben und stattdessen von ›Elementen‹ sprechen. Die Elemente werden ihrerseits nicht als Substanz dritter Art verstanden, sondern als ontologisch neutrale, lediglich phänomenale Konstituenten der psychischen, physischen und psychisch-physischen Erscheinungswelt, die Gegenstand der verschiedenen empirischen Wissenschaften ist. Dieser so genannte ›neutrale M.‹ (Hauptvertreter neben Mach ist W. James) übte große Wirkung auf Teile des ↑Wiener Kreises und dessen Programm einer ›wissenschaftlichen Weltauffassung‹ aus. Auch B. Russell vertrat nach anfänglicher Ablehnung zumindest zeitweilig den neutralen M.

Vor allem in der angelsächsischen Tradition wird als ›M.‹ auch die holistische Auffassung (↑Holismus) bezeichnet, nach der die Welt nur als zusammenhängendes Ganzes begriffen werden könne. Begründet wird diese Position insbes. im englischen Neuhegelianismus (↑Hegelianismus) damit, daß die Kenntnis eines Einzelgegenstandes die Kenntnis sämtlicher Eigenschaften dieses Gegenstandes und der Relationen, in denen er steht, verlange (↑intern/extern, ↑Relation). Während Materialismus, Spiritualismus und neutraler M. auf die Frage, wie viele Arten von Dingen es gebe, mit der Einzigkeitsthese antworten (und sich in der Auffassung dieser einzigen Art unterscheiden), antwortet der holistische M. mit der Einzigkeitsthese auf die ganz andere Frage, wie viele (selbständige) Dinge es überhaupt gebe. Es ist daher kein Widerspruch, in der einen Frage ein Anhänger und in der anderen ein Gegner des M. zu sein. So konnte z. B. Russell trotz seines neutralen M. den holistischen M. durch seinen pluralistischen Logischen Atomismus (↑Atomismus, logischer) bekämpfen. – Als Weltanschauung stellte der M. in seinen unterschiedlichsten Varianten vor allem um 1900 eine verbreitete philosophische Bewegung dar, die ihren Höhepunkt in Deutschland mit der Gründung des »Monistenbundes«

durch den eher materialistisch gesonnenen E. Haeckel (Jena 1906) erreichte. Insbes. Haeckel und W. Ostwald setzten sich für eine antiklerikale, an den Ergebnissen der Naturwissenschaften, insbes. der ↑Evolutionstheorie, orientierte monistische Weltanschauung als Religionsersatz ein. Wissenschaftliches Organ: Blätter des Deutschen Monistenbundes [mit mehrfach wechselndem Titel, s. u., Lit.].

Literatur: C. Amrhein-Hofmann, M. und Dualismus in den Völkerrechtslehren, Berlin 2003; A. Bächli/K. Petrus (eds.), Monism, Frankfurt/London 2003; V. Brander, Der naturalistische M. der Neuzeit oder Haeckels Weltanschauung. Systematisch dargelegt und kritisch beleuchtet, Paderborn 1907; E. Craig, Monism, REP VI (1998), 474–475; E. Daser, Ostwalds energetischer M., Diss. Konstanz 1980; A. Drews (ed.), Der M.. Dargestellt in Beiträgen seiner Vertreter, I–II (I Systematisches, II Historisches), Jena 1908; ders., Geschichte des M. im Altertum, Heidelberg 1913; R. Eisler, Geschichte des M., Leipzig 1910; J. Figl/H.-P. Schütt/H. Rosenau, M., RGG V (⁴2002), 1446–1450; D. Gasman, Haeckel's Monism and the Birth of Fascist Ideology, New York etc. 1998; C. Gutberlet, Der mechanische M.. Eine Kritik der modernen Weltanschauung, Paderborn etc. 1893; E. Haeckel, Der M. als Band zwischen Religion und Wissenschaft. Glaubensbekenntnis eines Naturforschers. Vorgetragen am 9. Oktober 1892 in Altenburg beim 75jährigen Jubiläum der Naturforschenden Gesellschaft des Osterlandes, Bonn 1892, Leipzig ¹⁷1922 (engl. Monism as Connecting Religion and Science. The Confession of Faith of a Man of Science, London 1894, 1895; franz. Le monisme, lien entre la religion et la science. Profession de foi l'un naturaliste, Paris 1897, erw. unter dem Titel: Le monisme. Profession de foi l'un naturaliste, Paris 1905); ders., Our Monism. The Principle of a Consistent, Unitary World-View, Monist 2 (1892), 481–486; ders., Der Monistenbund. Thesen zur Organisation des M., Frankfurt 1904, 1908; R. Hall, Monism and Pluralism, Enc. Ph. V (1967), 363–365; H. Hillermann, Der vereinsmäßige Zusammenschluß bürgerlich-weltanschaulicher Reformvernunft im Monismusbewegung des 19. Jahrhunderts, Kastellaun 1976 (mit Bibliographie, 253–297), gekürzt [nur Kap. 1] unter dem Titel: Zur Begriffsgeschichte von ›M.‹, Arch. Begriffsgesch. 20 (1976), 214–235; ders./A. Hügli, M., Hist. Wb. Ph. VI (1984), 132–136; G. Hübinger, Monistenbund, RGG V (⁴2002), 1450; F. Klimke, Der M. und seine philosophischen Grundlagen. Beiträge zu einer Kritik moderner Geistesströmungen, Freiburg etc. 1911; A. E. Lenz/V. Mueller (eds.), Darwin, Haeckel und die Folgen. M. in Vergangenheit und Gegenwart, Neustadt 2006; P. Machamer/F. di Poppa, Monism, NDHI IV (2005), 1501–1504; J. Mehlhausen/D. Dunkel, M./Monistenbund, TRE XXIII (1994), 212–219; W. v. Reichenau, Die monistische Philosophie von Spinoza bis auf unsere Tage, Köln/Leipzig 1881, ²1884; H. J. Sandkühler (ed.), Einheit des Wissens. Zur Debatte über M., Dualismus und Pluralismus, Bremen 1996; J. Schaffer, Monism, SEP 2007; A. Stephan, M./Dualismus, EP II (²2010), 1660–1663; M. L. Stern, Philosophischer und naturwissenschaftlicher M.. Ein Beitrag zur Seelenfrage, Leipzig 1885; L. Stubenberg, Neutral Monism, SEP 2005, rev. 2010; S. Uto, Die Theorie des neutralen M. in der Philosophie von Bertrand Russell, Diss. Göttingen 1969; P. Ziche (ed.), Monismus um 1900. Wissenschaftskultur und Weltanschauung, Berlin 2000. – H. Weber, Monistische und antimonistische Weltanschauung. Eine Auswahlbibliographie, Berlin 2000. – Blätter des Deutschen Monistenbundes, Berlin

1906–1907 (1 [1906]–2 [1907]), unter dem Titel: Der Monismus. Zeitschrift für einheitliche Weltanschauung und Kulturpolitik, München 1908–1912 (3 [1908]–7 [1912]), unter dem Titel: Das Monistische Jahrhundert. Zeitschrift für wissenschaftliche Weltanschauung und Kulturpolitik, München 1912/13–1915 (1 [1912/13]–4 [1915]), unter dem Titel: Mitteilungen des Deutschen Monistenbundes, München 1916–1919 (1 [1916]–4 [1919]), unter dem Titel: Monistische Monatshefte. Monatsschrift für wissenschaftliche Weltanschauung und Lebensgestaltung, Hamburg 1920–1931 (5 [1920]–16 [1931]), unter dem Titel: Die Stimme der Vernunft. Monatshefte für wissenschaftliche Weltanschauung und Lebensgestaltung, München 1932–1933 (17 [1932]–18 [1933]), unter dem Titel: Monistische Mitteilungen, München 1947/48–1956 (1 [1947/48]–8 [1956]) [ab 1956 mehrere weitere Titeländerungen]. G. G.

Monod, Jacques Lucien, *Paris 9. Feb. 1910, †Cannes 31. Mai 1976, franz. Molekularbiologe und Wissenschaftsphilosoph. Ab 1928 Studium der Naturwissenschaften an der Sorbonne, ab 1934 Assistent an der Faculté des sciences ebd.; im Zweiten Weltkrieg Mitglied der Resistance. Ab 1945 »Chef de laboratoire« am Institut Pasteur, Paris, ab 1954 Direktor der Abteilung für Zellbiochemie ebd., ab 1971 Institutsdirektor. Daneben Prof. an der Universität Paris (1959–1967) und am Collège de France (1967–1972). – M.s zentrale Leistung in der Biologie besteht in der (gemeinsam mit F. Jacob erreichten) Konzeption des »Lac-Operon-Modells« (1960), für das beide Wissenschaftler (zusammen mit A. Lwoff) 1965 den Nobelpreis für Medizin erhielten. Das Operonmodell erklärt die Regulation der Genexpression, also die wechselnde Aktivität von so genannten induzierbaren ↑Genen. Solche Gene werden in Abhängigkeit von der Konzentration einer spezifischen Substanz (einem Induktor) exprimiert. Das Operon ist ein DNA-Abschnitt, der aus Strukturgenen besteht, die die betreffenden Enzyme codieren, sowie zwei vorangehende DNA-Abschnitte enthält, den Operator und den Promotor. Bei dem von Jacob und Monod untersuchten Lac-Operon von E. coli hebt Lactose die Blockade des Operators auf, woraufhin der Promotor die Strukturgene gleichsam einschaltet, die in der Folge die für die Verwertung von Lactose erforderlichen Enzyme produzieren. Dadurch leitet eine Substanz die für ihre eigene Verarbeitung erforderlichen Schritte selbst ein. Nach dem gleichen Schema kann umgekehrt eine erhöhte Konzentration einer Substanz deren weitere Produktion unterbinden. Durch solche Rückkopplungsprozesse (↑Kybernetik) wird die genetische Synthese von Substanzen bedarfsgerecht gesteuert.

In der Wissenschaftsphilosophie stieß M. durch sein Buch (Le hazard et la nécessité, 1970 [dt. Zufall und Notwendigkeit, 1971]) auf breite Resonanz. M.s Ziel war es, den neueren Erkenntnissen der Biologie stärkeres Gewicht für das Selbstverständnis des Menschen zu verleihen (und in diesem Sinne eine ›wissenschaftliche

Weltauffassung‹ zu stützen). Dafür ist zunächst anzuerkennen, daß der Weltlauf als Ganzes objektiv (↑objektiv/Objektivität) ist und weder Plan noch Absicht kennt. Weiterhin ist der Mensch das Werk von Zufall (↑zufällig/Zufall) und Notwendigkeit (↑notwendig/Notwendigkeit). Die Notwendigkeit tritt bei der genetischen Steuerung zutage, wobei M. die Zentralstellung der DNA für das Leben hervorhebt und dadurch zu einem wichtigen Vertreter des (inzwischen aufgegebenen) so genannten ›zentralen Dogmas der Molekularbiologie‹ wurde. Der Zufall dominiert dagegen bei der evolutionären (↑Evolution) Ausbildung des Genoms. Im Lichte des Darwinschen Mechanismus von ↑Variation und ↑Selektion wird die für alle Lebewesen zentrale DNA-Struktur auf eine Abfolge von konservierten Zufällen zurückgeführt.

Die Wirkung von M.s Buch geht in erster Linie auf eine Reihe von provokanten Formulierungen zurück. So läßt die Wissenschaft den Menschen »seine totale Verlassenheit, [und] seine radikale Fremdheit erkennen. Er weiß nun, daß er seinen Platz wie ein Zigeuner am Rande des Universums hat, das für seine Musik taub ist und gleichgültig gegen seine Hoffnungen, Leiden oder Verbrechen« (1971, 211, vgl. Kap. 9 insgesamt). Mit diesem explizit an A. Camus (↑Existenzphilosophie) anschließenden Denkansatz der Entzweiung des nach Sinn strebenden Menschen mit dem objektiv sinnleeren Universum attackiert M. die auf einen Gleichklang von Mensch und Welt setzenden Vorstellungen von Religion und Metaphysik. – In der Diskussion ist gegen M. die gesetzmäßige Wirkung von Selektionsprozessen geltend gemacht worden. Der Gang der Evolution ist nicht allein auf Störungen und Schwankungen zurückzuführen, sondern zeigt in seinen Anpassungsleistungen Züge von Notwendigkeit.

Werke: (mit F. Jacob/D. Perrin/C. Sanchez) L'opéron. Groupe de gènes à expression coordonnée par un opérateur, Comptes rendus hebdomadaires des séances de l'Académie des sciences 250 (1960), 1727–1729 (repr. mit Vorw. u. engl. Übers., Comptes rendus biologies 328 [2005], 514–520); (mit F. Jacob) Genetic Regulatory Mechanisms in the Synthesis of Proteins, J. Molecular Biol. 3 (1961), 318–356; Le hazard et la nécessité. Essai sur la philosophie naturelle de la biologie moderne, Paris 1970, 1992 (dt. Zufall und Notwendigkeit. Philosophische Fragen der modernen Biologie, München 1971, 1996; engl. Chance and Necessity. An Essay on the Natural Philosophy of Modern Biology, New York 1971, London 1997); (ed., mit E. Borek) Les microbes et la vie/Of Microbes and Life [teilw. franz./engl.], New York/London 1971; From Enzymatic Adaptation to Allosteric Transitions, in: Nobel Lectures. Including Presentation Speeches and Laureates' Biographies. Physiology or Medicine 1963–1970, Amsterdam/London/New York 1972, 188–211; Selected Papers in Molecular Biology by J. M., ed. A. Lwoff/A. Ullmann, New York/San Francisco Calif./London 1978. – Complete Bibliography of Scientific Papers, ed. A. Lwoff, Biographical Mem. Fellows Roy. Soc. 23 (1977), 405–415, Neudr. in: Selected Papers in Molecular Biology [s. o.], 745–753.

Literatur: G. Chapouthier, M., Enc. philos. universelle III/2 (1992), 3568; P. Debré, J. M., Paris 1996 (mit Bibliographie, 343–352); M. Eigen/R. Winkler, Das Spiel. Naturgesetze steuern den Zufall, München/Zürich 1975, Eschborn 2011, 181–198 (engl. Laws of the Game. How the Principles of Nature Govern Chance, New York 1981, Princeton N. J. 1993, 157–172); R. Kühn, M., DP II (1993), 2023–2024; J. Lewis (ed.), Beyond Chance and Necessity. A Critical Inquiry into Professor J. M.'s »Chance and Necessity«, Atlantic Highlands N. J. 1974; A. Lwoff/A. Ullmann (eds.), Origins of Molecular Biology. A Tribute to J. M., New York/San Francisco Calif./London 1979; E. Quagliariello/G. Bernardi/A. Ullmann (eds.), From Enzyme Adaptation to Natural Philosophy: Heritage from J. M.. Proceedings of the Symposium ›J. M. and Molecular Biology, Yesterday and Today‹ Held in Trani, Italy, 13–15 December 1986, Amsterdam/New York/Oxford 1987; J.-P. Soulier, J. M.. Le choix de l'objectivité, Paris 1997; N. Williamson, M., in: B. Narins (ed.), Notable Scientists from 1900 to the Present III, Farmington Hills Mich. 2001, 1561–1563.   M. C.

Monodscher Dämon, ↑Maxwellscher Dämon.

monomorph/Monomorphie (aus griech. *μόνος*, einzig, und *μορφή*, Form, von einziger Form), vor allem in der älteren Literatur gebräuchliche Bezeichnung für die Eigenschaft einer Struktur bzw. einer formalen Theorie (↑Sprache, formale), ↑kategorisch zu sein.   C. T.

Monopsychismus, Bezeichnung für eine von Averroës und im ↑Averroismus vertretene Auffassung, nach der es nur eine einzige (überindividuelle) menschliche Seele gibt; die Unterschiede der Einzelseelen sind danach nicht geistiger Art, sondern leiblich bedingt. Thomas von Aquin bekämpft den M., weil er die christliche Lehre von der Unsterblichkeit der Einzelseele ausschließt.   M. G.

Monotheismus (aus griech. *μόνος*, allein, einzig, und *θεός*, Gott), Bezeichnung für diejenige Form des ↑Theismus (im Unterschied zum ↑Atheismus), theoretisch zu beschreiben als religiös-theologische Position, nach der es (im Unterschied zum ↑Polytheismus) nur einen einzigen, (im Gegensatz zum ↑Pantheismus) von der Welt getrennt existierenden Gott (↑Gott (philosophisch)) gibt (der M. verwendet das Wort ›Gott‹ als ↑Eigennamen, der Polytheismus als ↑Prädikator). Weitere Charakteristika des M. sind unter anderem: Gott ist Person, Schöpfer der Welt (↑Schöpfung), eschatologisches (↑Eschatologie) Ziel der Geschichte und letzte Legitimation ethischen Handelns; er fordert unbedingten Gehorsam und gibt seinen Willen durch prophetische ↑Offenbarung kund. Der Glaube an ein nicht als Person und Schöpfer angesehenes ›höchstes Wesen‹ (Hochgott) und die zeitweilige oder dauernde Verehrung eines Gottes bei gleichzeitiger Anerkennung der Existenz weiterer Götter (Henotheismus oder Monolatrie) gelten nicht als M.. Monotheistisch im engeren Sinne sind das Judentum, das Christentum und der Islam. – Unabhängig davon gibt es religiöse Formen, die neben monotheistischen auch polytheistische Charakteristika aufweisen. So findet sich bei den ↑Vorsokratikern einerseits der (monotheistische) Singular ›der Gott‹ (ὁ θεός) bzw. ›das Göttliche‹ (τὸ θεῖον), und auch Platons ↑Demiurg und Aristoteles' unbewegter Beweger (↑Beweger, unbewegter), sofern religiös gedeutet, tragen unverkennbar monotheistische Züge, obwohl andererseits auch polytheistische Konzeptionen beibehalten werden. In derartigen Fällen spricht man von einem theoretischen M. bei gleichzeitigem kultischen Polytheismus.

Literatur: G. Ahn u. a., M. und Polytheismus, RGG V (⁴2002), 1457–1467; H. Aigner/I. Weiler, M. aus althistorischer Sicht, Zeitgeschichtl. Rdsch. 3 (1985), 3–31; A. Falaturi u. a. (eds.), Drei Wege zu einem Gott. Glaubenserfahrung in den monotheistischen Religionen, Freiburg/Basel/Wien 1976, ²1980; M. Gatzemeier, Theologie als Wissenschaft?, I–II (I Die Sache der Theologie, II Wissenschafts- und Institutionenkritik), Stuttgart-Bad Cannstatt 1974/1975; H. Haas, Der Zug zum M. in den homerischen Epen und in den Dichtungen des Hesiod, Pindar und Aischylus, Arch. Religionswiss. 3 (1900), 52–78, 153–183; R. Hülsewiesche, M., Hist. Wb. Ph. VI (1984), 142–146; O. Keel (ed.), M. im Alten Israel und seiner Umwelt, Fribourg 1980; P. Lapide/J. Moltmann, Jüdischer M., christliche Trinitätslehre. Ein Gespräch, München 1979, ²1982 (engl. Jewish Monotheism and Christian Trinitarian Doctrine. A Dialogue, Philadelphia Pa. 1981, Eugene Or. 2002); G. I. Mavrodes, Monotheism, REP VI (1998), 479–483; G. Mensching, Die Religion. Erscheinungsformen, Strukturtypen und Lebensgesetze, Stuttgart 1959, München 1962; A. Paus u. a., M., LThK VII (³1998), 421–430; R. Pettazzoni, Dio. Formazione e sviluppo del monoteismo nella storia delle religioni I (L'essere celeste nelle credenze dei popoli primitivi), Rom 1922; C. Ramnoux, Sur un monothéisme grec, Rev. philos. Louvain 82 (1984), 175–198; A. Schindler u. a. (eds.), M. als politisches Problem? Erik Peterson und die Kritik der politischen Theologie, Gütersloh 1978; A. V. Ström u. a., M., TRE XXIII (1994), 233–262; R. Texier, Monothéisme, Enc. philos. universelle II/2 (1990), 1682; W. Wainwright, Monotheism, SEP 2005, rev. 2009; E. Zeller, Die Entwicklung des M. bei den Griechen, Stuttgart 1862, ferner in: ders., Vorträge und Abhandlungen geschichtlichen Inhalts I, Leipzig 1865, 1–29, ²1875, 1–32.   M. G.

Montague, Richard, *Stockton Calif. 20. Sept. 1930, †Los Angeles 7. März 1971, amerik. Mathematiker, Logiker und Sprachwissenschaftler. 1948–1957 Studium der Philosophie und der Mathematik, 1957 Promotion, 1959–1963 Assoc. Prof., 1963 bis zu seinem gewaltsamen Tod Prof. an der University of California in Los Angeles. Die meisten Arbeiten M.s sind der mathematischen Logik (↑Logik, mathematische) im engeren Sinne gewidmet, vor allem der axiomatischen Mengenlehre (↑Mengenlehre, axiomatische) und ↑Modelltheorie. Einen außergewöhnlich großen Einfluß auf die Entwicklung der modernen Sprachphilosophie und Sprachwis-

senschaft übte seine Anwendung formallogischer, insbes. modelltheoretischer Methoden auf Ausschnitte der natürlichen Sprache (↑Sprache, natürliche) mit ihrer Einbeziehung pragmatischer Aspekte aus. Das von M. begründete Forschungsprogramm trägt heute die Bezeichnung ↑*Montague-Grammatik.*

Werke: Formal Philosophy. Selected Papers of R. M., ed. R. H. Thomason, New Haven Conn./London 1974, 1979 (mit Bibliographie, 360–364).
Literatur: J. A. G. Groenendijk/M. J. B. Stokhof, M., R. (1931–71), in: R. E. Asher (ed.), The Encyclopedia of Language and Linguistics V, Oxford etc. 1994, 2533–2535; B. H. Partee, M., R. (1931–1971), in: K. Brown (ed.), Encyclopedia of Language and Linguistics VIII, Amsterdam etc. ²2006, 255–257; weitere Literatur: ↑Montague-Grammatik.   P. S.

Montague-Grammatik, Bezeichnung für die von R. Montague entwickelte logische Grammatik (↑Grammatik, logische), insbes. Semantik (↑Semantik, logische), der natürlichen Sprache (↑Sprache, natürliche). Um Ausschnitte der natürlichen Sprache mit Hilfsmitteln der mathematischen Logik (↑Logik, mathematische) formal analysieren zu können, bedient sich Montague der Methode der indirekten Interpretation der Sätze der natürlichen Sprache: Einem Satz A der betrachteten natürlichen Sprache wird ein Satz A' einer geeigneten formalen Sprache zugeordnet; die Deutung, die A' in einer formalen Semantik erhält, induziert dann eine Deutung von A, insofern A im Sinne der Deutung seines formallogischen Äquivalents A' verstanden wird. Die Übersetzung von A in A' setzt dabei natürlich voraus, daß A in desambiguierter (von syntaktischen Mehrdeutigkeiten befreiter) Form gegeben ist. Um Sätze der natürlichen Sprache in differenzierter Weise repräsentieren zu können, entwickelt Montague ein über die übliche ↑Quantorenlogik 1. Stufe weit hinausgehendes formales System einer intensionalen Typenlogik, das auch stärker als die für Zwecke der ↑Formalisierung der Mathematik entwickelten ↑Typentheorien ist. Es erlaubt die Darstellung der in der natürlichen Sprache häufig auftretenden intensionalen (↑intensional/Intension) ↑Operatoren (etwa modaler, epistemischer und intentionaler Ausdrücke) und vereinigt damit die Ausdruckskraft von ↑Modallogik, epistemischer Logik (↑Logik, epistemische) und anderen Systemen intensionaler Logik (↑Logik, intensionale). Die semantische Deutung dieses formalen Systems (und damit indirekt von Fragmenten der natürlichen Sprache) erfolgt im Rahmen eines erweiterten interpretationssemantischen Ansatzes (↑Interpretationssemantik, ↑Modelltheorie), der die auftretenden intensionalen Operatoren im Anschluß an die von S. A. Kripke entwickelte Semantik der Modallogik (↑Kripke-Semantik) als Funktionen mit möglichen Welten (↑Welt, mögliche) als Argumenten interpretiert. Ferner werden Funktionen betrachtet, die außer von möglichen Welten noch von anderen Parametern abhängen. Dies ermöglicht es, pragmatische Aspekte sprachlicher Ausdrücke miteinzubeziehen (z. B. die Abhängigkeit der Bedeutung eines Ausdrucks von der räumlichen oder zeitlichen Situation seiner Äußerung). Diese Möglichkeit, pragmatische Gesichtspunkte einer formalen Behandlung zugänglich zu machen, war ein Grund für die außergewöhnliche Rezeption von Montagues Arbeiten in der theoretischen Linguistik, wo die M.-G. zu einem eigenen Forschungsprogramm geworden ist.

Eine sprachphilosophische Beurteilung der M.-G. setzt unter anderem die Klärung von drei Problemen voraus: (1) Es müssen präzise Kriterien formuliert werden, die es erlauben, die Adäquatheit der Übersetzung eines Satzes der natürlichen Sprache in eine formale Sprache (↑Sprache, formale) zu beurteilen. (2) Es muß eine haltbare philosophische Interpretation des formalen Apparats der verwendeten Modelltheorie gefunden werden, vor allem im Hinblick auf die Frage, ob die Bedeutung sprachlicher Ausdrücke durch Regeln zu deren Gebrauch oder durch Zuordnung von abstrakten Entitäten festgelegt ist. (3) Es muß geprüft werden, inwieweit sich mit Hilfe des von Kripke eingebrachten Begriffs der möglichen Welt (der von Montague nur als technisches Instrument übernommen, nicht jedoch inhaltlich näher expliziert worden ist) ein befriedigendes Verständnis des Intensionsbegriffs (der bei Kripke und Montague in einem extensionalen Bezugsrahmen gedeutet ist; ↑intensional/Intension, ↑extensional/Extension) gewinnen läßt.

Literatur: M. V. Aldridge, Montague Grammar and the Semantics of Natural Language, Trier 1984; ders., The Elements of Mathematical Semantics, Berlin/New York 1992, bes. 61–77; E. M. Barth/R. T. Wiche, Problems, Functions and Semantic Roles. A Pragmatist's Analysis of Montague's Theory of Sentence Meaning, Berlin/New York 1986; J. Barwise/J. Moravcsik, Rezension von: R. Montague, Formal Philosophy [s. u.], J. Symb. Log. 47 (1982), 210–215; K. R. Beesley, Questions in Montague Grammar, Bloomington Ind. 1979; M. Chambreuil, Grammaire de Montague. Langage, traduction, interprétation, Clermont-Ferrand 1989, 1991; ders./J.-C. Pariente, Langue naturelle et logique. La sémantique intensionnelle de Richard Montague, Berne etc. 1990; N. Cocchiarella, Richard Montague and the Logical Analysis of Language, in: G. Fløistad (ed.), Contemporary Philosophy. A New Survey I (Philosophy of Language. Philosophical Logic), The Hague/Boston Mass./London 1981, 113–154; W. S. Cooper, The Logico-Linguistic Evidence Underlying Montague's Language Descriptions, Synthese 38 (1978), 39–71; S. Davis/M. Mithun (eds.), Linguistics, Philosophy, and Montague Grammar, Austin Tex./London 1979; D. R. Dowty, A Guide to Montague's PTQ, Bloomington Ind. 1978; ders., Word Meaning and Montague Grammar. The Semantics of Verbs and Times in Generative Semantics and in Montague's PTQ, Dordrecht/Boston Mass./London 1979, mit neuer Einl. 1991; ders./R. E. Wall/S. Peters, Introduction to Montague Semantics, Dordrecht/Boston Mass./London 1981, Nachdr. Berlin etc. 2010

(mit Bibliographie, 287–293); D. Gallin, Intensional and Higher-Order Modal Logic. With Applications to Montague Semantics, Amsterdam/Oxford, New York 1975; M. Galmiche, Sémantique linguistique et logique. Un exemple: La théorie de R. Montague, Paris 1991; H. Gebauer, M.-G.. Eine Einführung mit Anwendungen auf das Deutsche, Tübingen 1978; P.-K. Halvorsen/W. A. Ladusaw, Montague's »Universal Grammar«. An Introduction for the Linguist, Linguistics and Philos. 3 (1979), 185–223; C. H. Heidrich, Formal Capacity of Montague Grammars, in: L. J. Cohen u. a. (eds.), Logic, Methodology, and Philosophy of Science VI (Proceedings of the Sixth International Congress of Logic, Methodology and Philosophy of Science, Hannover, 1979), Amsterdam etc. 1982, 639–656; T. M. V. Janssen, Foundations and Applications of Montague Grammar, I–II, Amsterdam 1986; ders., Montague Grammar, in: P. V. Lamarque (ed.), Concise Encyclopedia of Philosophy of Language, Oxford/New York/Tokio 1997, 344–355; ders., Montague Semantics, in: K. Brown/A. Barber/J. Stainton (eds.), Concise Encyclopedia of Language and Linguistics, Amsterdam etc. 2010, 485–496; ders., Montague Semantics, SEP 2011; F. v. Kutschera, Sprachphilosophie, München ²1975, 1993, 222–261 (engl. Philosophy of Language, Dordrecht/Boston Mass. 1975, 182–217); G. Link, M.-G.. Die logischen Grundlagen, München 1979; S. Löbner, Einführung in die M.-G., Kronberg 1976; R. Montague, Pragmatics, in: R. Klibansky (ed.), La philosophie contemporaine I (Logique et fondements des mathématiques), Florenz 1968, 102–122, Nachdr. in: ders., Formal Philosophy [s. u.], 95–118; ders., On the Nature of Certain Philosophical Entities, Monist 53 (1969), 159–194, Nachdr. in: ders., Formal Philosophy [s. u.], 148–187; ders., English as a Formal Language, in: Linguaggi nella società e nella tecnica, Mailand 1970, 189–223, Nachdr. in: ders., Formal Philosophy [s. u.], 188–221; ders., Pragmatics and Intensional Logic, Synthese 22 (1970), 68–94, Nachdr. in: ders., Formal Philosophy [s. u.], 119–147; ders., Universal Grammar, Theoria 36 (1970), 373–398, Nachdr. in: ders., Formal Philosophy [s. u.], 222–246 (dt. Universale Grammatik, in: ders./H. Schnelle, Universale Grammatik, Braunschweig 1972, 35–64); ders., The Proper Treatment of Quantification in Ordinary English, in: J. Hintikka/J. M. E. Moravcsik/P. Suppes (eds.), Approaches to Natural Language. Proceedings of the 1970 Stanford Workshop on Grammar and Semantics, Dordrecht/Boston Mass. 1973, 221–242, Nachdr. in: ders., Formal Philosophy [s. u.], 247–270; ders., Formal Philosophy. Selected Papers, ed. R. H. Thomason, New Haven Conn./London 1974 (repr. Ann Arbor Mich. 1995); G. V. Morrill, Type Logical Grammar. Categorial Logic of Signs, Dordrecht/Boston Mass./London 1994; ders., Grammar and Logic, Theoria 62 (1996), 260–293; R. A. Muskens, Meaning and Partiality, Stanford Calif. 1995; ders., Combining Montague Semantics and Discourse Representation, Linguistics and Philos. 19 (1996), 143–186; B. H. Partee, Montague Grammar and Transformational Grammar, Linguistic Inquiry 6 (1975), 203–300; dies. (ed.), Montague Grammar, New York/San Francisco Calif./London 1976; dies., Montague Grammar and the Well-Formedness Constraint, Trier 1977, ferner in: Syntax and Semantics 10 (1979), 275–313; dies., Montague Grammar, Mental Representations, and Reality, in: S. Kanger/S. Öhman (eds.), Philosophy and Grammar. Papers on the Occasion of the Quincentennial of Uppsala University, Dordrecht/Boston Mass./London 1981, 59–78; dies., Montague Grammar, in: P. C. Hogan (ed.), The Cambridge Encyclopedia of the Language Sciences, Cambridge 2011, 511–512; dies./A. ter Meulen/R. E. Wall, Mathematical Methods in Linguistics, Dordrecht/Boston Mass./London 1990, 1993; dies./H. Hendriks, Montague Grammar, in: J. van Benthem/A. ter Meulen (eds.), Handbook of Logic and Language, Amsterdam etc. 1997, 5–91 (mit Bibliographie, 82–91); H. Schnelle, Montagues Grammatiktheorie – Einleitung und Kommentar zu R. Montagues Universaler Grammatik, in: R. Montague/H. Schnelle, Universale Grammatik [s. o.], 1–33; R. Rodman (ed.), Papers in Montague Grammar, Los Angeles 1972; A. v. Stechow, Deutsche Wortstellung und M.-G., Konstanz 1978; R. H. Thomason, Introduction, in: R. Montague, Formal Philosophy [s. o.], 1–69; R. Turner, Montague Semantics, Nominalization and Scott's Domains, Linguistics and Philos. 6 (1983), 259–288; G. Usberti, On the Treatment of Perceptual Verbs in Montague Grammar. Some Philosophical Remarks, J. Philos. Log. 6 (1977), 303–317; W. Zadrozny, From Compositional to Systematic Semantics, Linguistics and Philos. 17 (1994), 329–342; T. E. Zimmermann, Bedeutungspostulate in der M.-G., Conceptus 17 (1983), 19–28; ders., Meaning Postulates and the Model-Theoretic Approach to Natural Language Semantics, Linguistics and Philos. 22 (1999), 529–561. – Amsterdam Papers in Formal Grammar, I–III, Amsterdam 1976–1981 (I Proceedings of the Amsterdam Colloquium on Montague Grammar and Related Topics. January 1976, II, ed. J. Groenendijk/M. Stokhof, Proceedings of the Second Amsterdam Colloquium on Montague Grammar and Related Topics. January 1978, III Morphological Features and Conditions on Rules in Montague Grammar). P. S.

Montaigne, Michel Eyquem de, *Schloß Montaigne (Dordogne) 28. Febr. 1533, †ebd. 13. Sept. 1592, franz. Schriftsteller und Philosoph. Nach lat. Hausunterricht durch einen dt. Lehrer 1539–1546 Besuch des neugegründeten Collège de Guyenne in Bordeaux, ca. 1546– ca. 1554 Studium der Rechte in Toulouse und Bordeaux, 1554–1557 als Nachfolger seines Vaters Ratsherr am Steuergerichtshof von Périgueux, 1557–1570 Ratsherr und Richter am Parlament von Bordeaux; in dieser Funktion mehrmals in Paris, um in den Religionsstreitigkeiten seiner Heimat zu vermitteln. 1570 Verkauf seines Amtes und Rückzug auf sein Schloß; während einer Reise (1580/1581) durch Süddeutschland, die Schweiz und Italien (Journal de voyage [...]) Wahl zum Bürgermeister von Bordeaux, Wiederwahl 1583; während (1581–1585) und nach seiner Amtszeit wiederum vermittelnd tätig in den kriegerischen Auseinandersetzungen zwischen der katholischen Liga und den Hugenotten, unter anderem als Berater von Henri III. und Henri IV..

M. wird erstmals schriftstellerisch tätig anläßlich des plötzlichen Todes seines Richterkollegen und engen Freundes Etienne de la Boëtie 1563, der gegen Sklaverei und für ↑Toleranz gestritten hatte – Anliegen, die M. zeit seines Lebens teilt. M. portraitiert Boëtie in einem längeren Brief, und auch seine späteren Ausführungen über Freundschaft (Essais I 28) sind inspiriert von seinen Erfahrungen mit Boëtie; 1571 veröffentlicht er dessen Werke in Paris. Auf Veranlassung seines Vaters übersetzt M. die »Theologia Naturalis sive Liber Creaturarum«

(ca. 1484) des spanischen Theologen Ramon Sibiuda (Raimundus Sebundus, Raymond Sebond, †1436), der an der Universität von Toulouse unterrichtet hatte und behauptete, fast alle christlichen Dogmen seien vernünftig begründbar, und versieht Sebonds Traktat, den er 1569 publiziert, mit einer ironischen Apologie, die er 1580 im Rahmen seiner Essais (II 12) veröffentlicht. Die Arbeit an den ersten Essais beginnt M. nach seinem (vorübergehenden) Rückzug aus der politischen Öffentlichkeit um 1572. Inspiriert unter anderem von Boëties Duldung einander ausschließender Weltanschauungen und dessen stoischer Haltung seinem eigenen Sterben gegenüber, bestärkt durch das Studium der antiken Skeptiker (Pyrrhon, Sextus Empiricus; ↑Skeptizismus) und der späten Stoiker (Epiktet, Seneca; ↑Stoa) sowie der überlieferten Schriften Epikurs entwickelt M. eine seinem Skeptizismus entsprechende Schreibform, die in der Folge in Europa stilbildend wird: Nicht der systematisch angelegte Traktat, sondern zufällige, aber das eigene Interesse und die persönliche Lebensgestaltung berührende Anlässe bilden Ausgangspunkte für Erörterungen, die ohne argumentative Strenge, eher assoziativ Erfahrungen, Eindrücke, Ereignisse, Lesefrüchte, Gefühle und Stimmungen miteinander verknüpfen. Das Ergebnis beansprucht weder End- noch Allgemeingültigkeit, zumal M. stets betont, daß er von sich selbst und seinen eigenen, im übrigen aber unmaßgeblichen Befindlichkeiten ausgehe, und andeutet, daß sich seine Reflexionen jederzeit bei gegebenem Anlaß fortsetzen ließen. 1580 veröffentlicht M. die ersten beiden Bände seiner »Essais« mit 94 Kapiteln in Bordeaux, zwei weitere Auflagen mit Verbesserungen folgen. 1588 erscheint eine um ein drittes Buch und 600 Ergänzungen erweiterte Ausgabe in Paris. Die von M. um ein zusätzliches Drittel des Textes vermehrte Ausgabe kann allerdings erst nach seinem Tod 1595 erscheinen.

M. gilt als der erste und maßgebende der französischen Moralisten (↑Moralisten, französische). Die Popularität seiner Essais beruht unter anderem darauf, daß M. (als einer der ersten Philosophen in Frankreich) in der Volkssprache schreibt (obwohl er das Lateinische wie seine Muttersprache beherrscht) und das zeitgenössische humanistische Ideal (↑Humanismus) eines an der Antike gebildeten, selbstbestimmten und selbstbewußten, aber auch selbstkritischen Bürgers verkörpert. Die philosophische Bedeutung seiner Essais beruht darauf, daß es M. gelingt, Teile der tradierten scholastischen Fachsprache in ein Französisch zu übersetzen, das auch hinfort lebendiges Philosophieren möglich macht, und daß eine für seine philosophischen Anliegen und Überzeugungen angemessene literarische Form kreiert. Inhaltlich stechen sowohl seine minutiösen Analysen psychologischer Regungen als auch seine Orientierung an den Gegebenheiten der menschlichen und der außermenschlichen Natur hervor, ohne hierfür die metaphysischen Vorstellungen des klassischen ↑Naturrechts zu bemühen. Das führt ihn zu einem gelassenen Umgang mit Vorgegebenheiten, die nicht zu ändern sind, und zu einer Schätzung des Eigenwerts der lebenden Natur. Im Ganzen bezeugen Gestalt und Gehalt von M.s Werk die mit der Spätscholastik und der ↑Renaissance einsetzende neuzeitliche Wendung der Philosophie und der Künste zum Subjekt.

Werke: The Complete Works of M. de M., ed. W. Hazlitt, London 1842, New York 1889; Gesammelte Schriften. Historisch-kritische Ausgabe, I–VIII, ed. O. Flake/W. Weigand, München/Leipzig 1908–1911, München/Berlin 1915; Œuvres complètes, I–XII, ed. A. Armaingaud, Paris 1924–1941; The Complete Works. Essays, Travel Journal, Letters, ed. D. M. Frame, London 1958, New York/London/Toronto 2003; Œuvres complètes, ed. A. Thibaudet/M. Rat, Paris 1962, 2006; Œuvres complètes, ed. R. Barral/P. Michel, Paris 1967, 1992. – Les Essais [Einheitssachtitel], I–II, Bordeaux 1580 (repr. Paris, Genf 1976), ²1582 (repr. Cambridge Mass. 1969, Paris 2005), ³1587, I–III, Paris ⁴1588 (repr. Paris, Genf 1987 [Druck des »Exemplaire de Bordeaux«, überarb. Handexemplar M.s mit handschr. Veränderungen]), in 2 Bdn., ed. M. de Gournay, Paris 1595, in 4 Bdn., ed. J. A. Naigeon, Paris 1802 [ed. nach »Exemplaire de Bordeaux«], in 5 Bdn., ed. F. Strowski/F. Gebelin/P. Villey, Bordeaux 1906–1933 (repr. in 3 Bdn., Hildesheim/New York 1981), in 3 Bdn., ed. P. Villey, Paris 1922/1923, in 1 Bd., ed. P. Villey/V.-L. Saulnier, Paris, Lausanne 1965, in 3 Bdn., ed. A. Tournon, Paris 1998, in 1 Bd., ed. C. Pinganaud, Paris 1992, ed. J. Balsamo u. a., Paris 2007 (engl. The Essays [Einheitssachtitel], I–III, ed. J. Florio, London 1603, 1892/1893 [repr. London 1967], in 1 Bd., ed. D. M. Frame, Stanford Calif. 1958, 1981, ed. M. A. Screech, Harmondsworth 1991, London etc. 2012; dt. Die Essais [Einheitssachtitel], I–III, ed. J. D. Tietz, Leipzig 1753/1754 [repr. Zürich 1992], in 1 Bd., in 7 Bdn., ed. J. J. C. Bode, Berlin 1793–1799, [Ausw.] in 1 Bd., ed. H. Lüthy, Zürich 1953, in 1 Bd., ed. H. Stilett, Frankfurt 1998, rev. 1999, 2008, in 3 Bdn., München 2000, 2011). – Journal de voyage en Italie, I–II, ed. A. Armaingaud, Paris 1928/1929 (= Œuvres complètes VII/VIII), unter dem Titel: Journal de voyage en Italie par la Suisse et l'Allemagne, en 1580 et 1581, in 1 Bd., ed. C. Dédéyan, Paris 1946, ed. M. Rat, Paris 1955, unter dem Titel: Journal de voyage de M. de M., ed. F. Rigolot, Paris 1992 (engl. The Journal of M.'s Travels in Italy by Way of Switzerland and Germany in 1580 and 1581, I–III, ed. W. G. Watters, London 1903, in 1 Bd. unter dem Titel: The Diary of M.'s Journey to Italy in 1580 and 1581, ed. E. J. Trechmann, New York 1929; dt. Reisetagebuch, ed. O. Flake, München/Berlin 1915 [= Ges. Schr. VII], unter dem Titel: Tagebuch einer Reise durch Italien, die Schweiz und Deutschland in den Jahren 1580 und 1581, Frankfurt 1988, Frankfurt/Leipzig 2006, unter dem Titel: Tagebuch der Reise nach Italien über die Schweiz und Deutschland von 1580 bis 1581, ed. H. Stilett, Frankfurt/Berlin 2002, Darmstadt 2004, unter dem Titel: Tagebuch einer Reise nach Italien über die Schweiz und Deutschland, ed. U. Bossier, Wiesbaden 2005, Zürich 2007). – Lettres. Suivies des notes de M. sur les »Ephémérides« de Beuther, Paris 2004. – D. B. Leake/A. E. Leake, Concordance des »Essais« de M., I–II, Genf 1981. – S. A. Tannenbaum, M. E. de M.. A Concise Bibliography, New York 1942; Totok III (1980), 438–447.

Literatur: G. Abel, M., TRE XXIII (1994), 262–270; E. Auerbach, Mimesis. Dargestellte Wirklichkeit in der abendländischen Literatur, Bern 1946, 271–297, ²1959, Tübingen/Basel ¹⁰2001, 271–296 (engl. M.. The Representation of Reality in Western Literature, Garden City N. Y. 1953, 249–273, Princeton N. J. 1953, Princeton N. J./Oxford 2003, 285–311; franz. Mimésis. La représentation de la réalité dans la littérature occidentale, Paris 1968, 1998, 287–313); R. Bady, L'homme et son »Institution« de M. à Bérulle, 1508–1625, Paris 1964; A. Bailly, M., Paris 1942; T. Berns, Violence de la loi à la Renaissance. L'originaire du politique chez Machiavel et M., Paris 2000; A. M. Boase, The Fortune of M.. A History of the »Essays« in France, 1580–1669, London 1935, New York 1970; F. Brahami, Le scepticism de M., Paris 1997; F. S. Brown, Religious and Political Conservatism in the »Essais« of M., Genf 1963; C. B. Brush, M. and Bayle. Variations on the Theme of Skepticism, The Hague 1966; P. Bürger, Das Verschwinden des Subjekts. Eine Geschichte der Subjektivität von M. bis Barthes, Frankfurt 1998; P. Burke, M., Oxford/Melbourne 1981, Oxford/New York 1994, Nachdr. in: J. McConica u. a. (eds.), Renaissance Thinkers, Oxford 1993, 301–385 (dt. M. zur Einführung, Hamburg 1985, ³2004); V. Carraud/J.-L. Marion (eds.), M.. Scepticisme, métaphysique, théologie, Paris 2004; A. Compagnon, Nous, Michel de M., Paris 1980; M. Conche, M. ou la conscience heureuse, Paris 1966, ²2002, 2007; ders., M. et la philosophie, Paris 1987, 2007; ders., M., DP II (²1993), 2028–2035; M.-L. Demonet, M. et la question de l'homme, Paris 1999; dies., ›A Plaisir‹. Sémiotique et scepticisme chez M., Orléans 2002; dies./A. Legros (eds.), L'écriture du scepticisme chez M.. Actes des journées d'étude. 15–16 novembre 2001, Genf 2004; P. Desan (ed.), Dictionnaire de M. de M., Paris 2004, erw. ²2007; H.-H. Ehrlich, M.. La critique et le langage, Paris 1972; C. Fleuret, Rousseau et M., Paris 1980; M. Foglia, M., SEP 2004, rev. 2009; B. Fontana, M.'s Politics. Authority and Governance in the »Essais«, Princeton N. J./Oxford 2008; D. M. Frame, M.'s Discovery of Man. The Humanization of a Humanist, New York 1955, Westport Conn. 1983; ders./M. B. McKinley (eds.), Columbia M. Conference Papers, Lexington Ky. 1981; ders., M.. A Biography, New York, London 1965, San Francisco Calif. 1984; ders., M.'s »Essais«. A Study, Englewood Cliffs N. J. 1969, 1973; H. Friedrich, M., Bern 1949, Tübingen/Basel ³1993 (franz. M., Paris 1968, 2002; engl. M., Berkeley Calif. 1991); M. Greffrath, M.. Ein Panorama, Frankfurt 1992, 1993; A. Hartle, M. de M.. Accidental Philosopher, Cambridge etc. 2003; P. Hendrick, M. et Sebond. L'art de la traduction, Paris, Genf 1996; G. F. Hoffmann, M.'s Career, Oxford 1998, 2001 (franz. La carrière de M., Paris 2009); M. Horkheimer, M. und die Funktion der Skepsis, Z. f. Sozialforsch. 7 (1938), 1–52, Nachdr. in: ders., Anfänge der bürgerlichen Geschichtsphilosophie/Hegel und das Problem der Metaphysik/M. und die Funktion der Skepsis, Frankfurt/Hamburg 1970, 1971, 96–144, ferner in: ders., Ges. Schr. IV, ed. A. Schmidt, Frankfurt 1988, 2009, 236–294; R. Imbach, ›Et toutefois nostre outrecuidance veut faire passer la divinité par nostre est amine‹, in: O. Höffe/R. Imbach, Paradigmes de theologie philosophique. En homage à Marie-Dominique Philippe, O. P., Fribourg 1983, 99–119; F. Jeanson, M. par lui-même, Paris 1951, 1971, unter dem Titel: M., Paris 1985, rev. 1994 (dt. M. de M.. In Selbstzeugnissen und Bilddokumenten, Hamburg 1958); M. Kölsch, Recht und Macht bei M.. Ein Beitrag zur Erforschung der Grundlagen von Staat und Recht, Berlin 1974; U. Kronauer, M., RGG V (⁴2002), 1470; E. Lablénie, Essais sur M., Paris 1967; R. C. La Charité, The Concept of Judgement in M., The Hague 1968; ders. (ed.), O un amy! Essays on M. in Honor of Donald

M. Frame, Lexington Ky. 1977; U. Langer (ed.), The Cambridge Companion to M., Cambridge etc. 2005 (mit Bibliographie, 229–237); M.-L. Launay, M., Enc. philos. universelle III/1 (1992), 714–716; I. Maclean, M. philosophe, Paris 1996 (dt. M. als Philosoph, München 1998); G. Mathieu-Castellani, M.. L'écriture de l'essai, Paris 1988; O. Millet, La première reception des »Essais« de M. (1580–1640), Paris, Genf 1995; G. Nakam, Les »Essais« de M., miroir et proces de leur temps. Témoignage historique et création littéraire, Paris 1984, rev. 2001; G. P. Norton, M. and the Introspective Mind, The Hague 1975; J. O'Brien/M. Quainton/J. J. Supple (eds.), M. et la rhétorique. Actes du Colloque de St Andrews (28–31 mars 1992), Paris, Genf 1995; B. Parmentier, La siècle des moralistes. De M. à La Bruyère, Paris 2000; R. H. Popkin, M., Enc. Ph. V (1967), 366–368; ders., M., REP VI (1998), 485–489; D. Quint, M. and the Quality of Mercy. Ethical and Political Themes in the »Essais«, Princeton N. J./Oxford 1998; R. L. Regosin, The Matter of My Book. M.'s »Essais« as the Book of the Self, Berkeley Calif./Los Angeles/London 1977; B. Roger-Vasselin, M. et l'art de sourire á la renaissance, Saint-Genouph 2003; R. A. Sayce, The Essays of M.. A Critical Exploration, London/Evanston Ill. 1972; D. L. Schaefer, The Political Philosophy of M., Ithaca N. Y./London 1990; C. Schärf, Geschichte des Essays. Von M. bis Adorno, Göttingen 1999, bes. 44–63; M. A. Screech, M. and Melancholy. The Wisdom of the »Essays«, London 1983, London/Lanham Md. 2000 (franz. M. et la mélancolie. La sagesse des »Essais«, Paris 1992); ders., M.'s Annotated Copy of Lucretius. A Transcription and Study of the Manuscript, Notes and Pen-Marks, Genf 1998; J. Starobinski, M. en movement, Paris 1982, rev. 1992, erw. 1993, 2011 (engl. M. in Motion, Chicago Ill./London 1985, Chicago Ill./Bristol 2009; dt. M.. Denken und Existenz, München/Wien, Darmstadt 1986, Frankfurt 2002); J. Supple, Arms versus Letters. The Military and Literary Ideals in the »Essais« of M., Oxford 1984; ders., Les »Essais« de M.. Méthode(s) et methodologies, Paris 2000 (mit Bibliographie, 433–455); A. Tournon, M.. La glose et l'«essai«, Lyon 1983, rev. Paris, Genf 2000; W. E. Traeger, Aufbau und Gedankenführung in M.s »Essays«, Heidelberg 1961; E. Traverso, M. e Aristotele, Florenz 1974; P. Villey, Les sources & l'évolution des »Essais« de M., I–II (I Les sources & la chronologie des »Essais«, II L'évolution des »Essais«), Paris 1908, ²1933, Osnabrück 1976; E. Voizard, Étude sur la langue de M., Paris 1885 (repr. Genf 1969); W. Weigand, M. de M.. Eine Biographie, Zürich 1985, 1992 (= Ges. Schr. VIII); K. Westerwelle, M.. Die Imagination und die Kunst des Essays, München 2002; I. J. Winter, M.'s Self-Portrait and Its Influence in France, 1580–1630, Lexington Ky. 1976. – M. Studies. An Interdisciplinary Forum 1(1989) ff.; S. Zweig, M., ed. K. Beck, Frankfurt 1995, 2011 (franz. M., Paris 1982, 2012).   R. Wi.

Montesquieu, Charles-Louis de Sécondat, Baron de la Brède et de M., *Schloß La Brède (Bordeaux) 18. Jan. 1689, †Paris 10. Febr. 1755, franz. Schriftsteller und Staatstheoretiker. Nach Schulbesuch bei den Oratorianern in Juilly (Paris) 1705–1708 Studium der Rechtswissenschaften in Bordeaux, 1714 Parlamentsrat, 1716 Senatspräsident beim Parlament in Bordeaux, 1726 Verkauf des ererbten Richteramtes und Übersiedlung nach Paris, 1728 Aufnahme in die Académie Française, 1729–1731 Reisen in die Niederlande und die italienischen Stadtrepubliken, nach Süddeutschland und Lon-

don zu vergleichenden Studien über die Funktionsweise staatlicher Institutionen zum Zwecke ihrer Verbesserung.
Die verschiedene literarische Genera repräsentierenden Hauptschriften M.s leitet eine gemeinsame methodische Grundorientierung: der kritische Vergleich unterschiedlicher institutioneller Ordnungen von Gesellschaft, Recht und Politik. In den »Lettres persanes« (1721) tauschen sich die Mitglieder einer persischen Reisegesellschaft über die in Europa gemachten Erfahrungen aus und berichten darüber in ihre Heimat. Je mehr sie über die fremde Kultur in Erfahrung bringen, um so besser lernen sie ihre eigene Kultur kennen. Im Laufe ihrer neunjährigen Reise machen sie sich die Überzeugungen der europäischen Kultur mehr und mehr zu eigen, so daß ihnen die Überzeugungen ihrer Ursprungskultur nicht nur in wachsendem Maße fremd werden, sondern sie zu ihnen auch unvermeidlich in Gegensatz geraten, etwa wenn sie begreifen, daß das europäische Ideal der politischen und der persönlichen ↑Freiheit der politischen und der innerfamiliären patriarchalen Despotie in ihrem Ursprungsland widerspricht und daß Despotie die wechselseitige freie Anerkennung und Wertschätzung von Personen untergräbt.
Die »Considérations sur les causes de la grandeur des Romains et de leur décadence« (1734) variieren diese Erkenntnis der Selbstdestruktion despotischer Gemeinwesen und der Selbstentfremdung ihrer Mitglieder, wenn sie zu zeigen suchen, daß die allmähliche Durchsetzung des gesellschaftlichen und politischen Lebens mit militärischen Strukturen und Usancen im römischen Kaiserreich zu dessen Transformation in das despotische Regime der Spätzeit führte, wenn es die bei der Unterwerfung fremder Städte und Völker angewandten Gewaltmittel in die innenpolitischen Auseinandersetzungen hineintrug und durch die Privilegierung des Militärs die eingesessene Bevölkerung der Ausbeutung und Unterjochung auslieferte. M. nimmt hierzu die Kausalanalysen Bischof Bossuets von 1681 aus dessen »Discours sur l'histoire universelle« und N. Machiavellis von 1531 aus dessen »Discorsi sopra la prima deca di Tito Livio« auf, bestreitet jedoch (gegen Bossuet) die Zusatzrolle der Heilsgeschichte und (gegen Machiavelli) die des Zufalls für die Erklärung politischer Entwicklungen, um in ausschließlich säkularer und empirischer Orientierung die zentrale Bedeutung von Regularitäten und Kausalbeziehungen für das politische Geschehen nachzuweisen, so daß sich Erfolg und Mißerfolg politischen Handelns prognostizieren lassen. M.s gewaltiges Hauptwerk »De l'esprit des lois« (1748) unterscheidet idealtypisch drei Formen politischer Herrschaft: die Monarchie, die durch ein aristokratisches Ethos, die Despotie, die durch Unterdrückung, Schrecken und Furcht, und die Republik, die durch bürgerliche Tu-

genden bestimmt sei. M. hält die Monarchie für die beste Regierungsform, wenn sie, wie seiner Auffassung nach die englische Monarchie, bestimmte Voraussetzungen erfüllt: Teilung der politischen Gewalten in die legislative, die exekutive und die judikative Gewalt und ihre gegenseitige Kontrolle, dadurch Schutz der rechtlichen Freiheit der Bürger, Ausschluß feudaler und klerikaler Privilegien sowie freier Handel, der privaten und öffentlichen Reichtum mehrt. Da die spanische Monarchie seiner Zeit diese Voraussetzungen nicht erfüllte und deshalb eher unter die despotischen Regime zu zählen war, die republikanischen Niederlande sie jedoch erfüllten, wird M.s Kennzeichnung der Monarchie als der besten Regierungsform zu relativieren sein. Diese und andere Inkonsistenzen, wie M.s Verteidigung der Adelsherrschaft in Frankreich, haben bei seinen Zeitgenossen, vor allem bei Voltaire und den ↑Enzyklopädisten, zu einem geteilten Echo geführt: M. als gesellschaftspolitischer Kritiker und Aufklärer einerseits und als Verteidiger des ↑Absolutismus andererseits.

Terminologisch noch nicht scharf unterschieden, treten in »De l'esprit des lois« drei Gesetzesbegriffe auf. Sie entstammen (1) einem empirisch-deskriptiven Ansatz zur Erfassung und Untersuchung positiver Gesetze in ganzheitlich betrachteten Rechtssystemen, (2) einem normativ-ethischen Ansatz zur Analyse positiven ↑Rechts am Maßstab absolut gültiger Normen des ↑Naturrechts, (3) einem rechtssoziologischen Ansatz, der in Übernahme naturwissenschaftlicher Methoden Kausalzusammenhänge zwischen geophysikalischen, ökonomischen und sozialen Rahmenbedingungen einerseits, der historischen Entstehung und der faktischen Geltung von Rechtssystemen andererseits untersucht. Für die Herausbildung politikwissenschaftlicher Verfassungsanalyse bedeutsam ist M.s Versuch, die verfassungstheoretisch unterschiedenen Gewalten jeweils an soziale Kräfte in der Gesellschaft zu binden. Im Gegensatz zu zeitgenössischen Harmonisierungstheorien betont M. die Rolle des institutionell geregelten ↑Konflikts in republikanisch verfaßten politischen Systemen, deren Stabilität er bereits durch einen vorläufigen Interessenausgleich verschiedener sozialer Gruppen gewährleistet sieht, die als ›corps intermédiaires‹ zwischen den formellen Trägern der politischen Herrschaft und der Masse der Beherrschten stehen.

Werke: Œuvres complètes, I–VII, ed. E. Laboulaye, Paris 1875–1879 (repr. Nendeln 1972); Œuvres complètes, I–II, ed. R. Caillois, Paris 1949/1951, 2004/2008; Œuvres complètes, I–III, ed. A. Masson, Paris 1950–1955; Œuvres complètes de M., I–XXII, ed. J. Ehrard u. a., Oxford etc. 1998 ff. [erschienen Bde I–IV, VII–XIII, XVI, XVIII]. – Lettres persanes, I–II, Amsterdam, Köln 1721, in 1 Bd., ed. A. Adam, Genf, Lille 1954, ed. P. Vernière, Paris 1960, ed. J. Starobinski, Paris 1973, 2008 (engl. Persian Letters, ed. J. Ozell, London 1722 [repr. New York 1972], ed. C. J. Betts, Harmondsworth etc. 1973, 1977; dt. Per-

sianische Briefe, Frankfurt/Leipzig 1759, unter dem Titel: Persische Briefe, ed. F. v. Montfort, Wiesbaden 1947, unter dem Titel: Perserbriefe, ed. J. v. Stackelberg, Frankfurt 1988, unter dem Titel: Persische Briefe, ed. P. Schunck, Stuttgart 1991, 2012); Le temple de Gnide, Paris 1725, 1942 (dt. Der Tempel zu Gnid. Prosa-Dichtung in 7 Gesängen, Frankfurt/Leipzig 1748, unter dem Titel: Der Tempel zu Gnidos, Weimar 1804); Réflexions sur la monarchie universelle en Europe, o. O., o. J. [Amsterdam 1734], Genf 2000 (dt. Betrachtungen über die Universalmonarchie in Europa, Leipzig o. J. [1920]); Considérations sur les causes de la grandeur des Romains et de leur décadence, Amsterdam 1734, erw. Paris 1748, ed. J. Charvet, Paris 1876 [mit Kommentar Friedrichs des Großen] (repr. Genf 1971) (engl. Reflexions on the Causes of the Rise and Fall of the Roman Empire, London 1759, unter dem Titel: Considerations on the Causes of the Greatness of the Romans and Their Decline, ed. D. Lowenthal, New York, London 1965, Indianapolis Ind. 2000; dt. Des Herrn von M. Betrachtungen über die Ursachen der Grösse und des Verfalls der Römer, Altenburg 1786, unter dem Titel: Betrachtungen über die Ursachen von Größe und Niedergang der Römer. Mit den Randbemerkungen Friedrichs des Großen, ed. L. Schuckert, Bremen o. J. [1957], rev. unter dem Titel: Größe und Niedergang Roms/Considérations sur les causes de la grandeur des Romains et de leur décadence, Frankfurt 1980); De l'esprit des loix […], I–II, Genf 1748, ed. G. Truc, Paris 1944/1945, in 4 Bdn., ed. J. Brethe de la Gressaye, Paris 1950–1961, in 2 Bdn., ed. V. Goldschmidt, Paris 1979, ed. R. Darathé/D. de Casabianca, Paris 2011 (dt. Vom Geist der Gesetze, I–III, ed. A. W. Hauswald, Görlitz 1804, in 2 Bdn., ed. E. Forsthoff, Tübingen 1951, in 1 Bd., ed. K. Weigand, Stuttgart 1965, rev. 2011; engl. The Spirit of Laws, ed. T. Nugent, New York 1949, ed. D. W. Carrithers, Berkeley Calif./Los Angeles/London 1977, ed. A. M. Cohler/B. C. Miller/H. S. Stone, Cambridge etc. 1989, 2009); Défense de »L'esprit des lois« […], Genf 1750, 1753; J. Starobinski (ed.), M. par lui-même, Paris 1953, 1979. – L. Vian, M.. Bibliographie de ses œuvres, Paris 1872, ²1874; L. Desgraves, Répertoire des ouvrages et des articles sur M., Genf 1988.

Literatur: L. Althusser, M.. La politique et l'histoire, Paris 1959, ⁷1992 (engl. Politics and History, in: ders., Politics and History. M., Rousseau, Hegel and Marx, London 1972, London/New York 2007, 9–109; dt. M.. Politik und Geschichte, in: ders., Machiavelli, M., Rousseau. Zur politischen Philosophie der Neuzeit, Berlin 1987, 31–129); R. Aron, Les étapes de la pensée sociologique. M., Comte, Marx, Tocqueville, Durkheim, Pareto, Weber, Paris 1967, 2010, 25–76 (engl. Main Currents in Sociological Thought I [M., Comte, Marx, Tocqueville. The Sociologists and the Revolution of 1848], London/New York, London 1965, 11–56, Garden City N. Y. 1968, 13–72, Harmondsworth/Ringwood 1968, 1991, 17–62, New Brunswick N. J./London 1998, 2006, 13–72; dt. Hauptströmungen des soziologischen Denkens I [M., Auguste Comte, Karl Marx, Alexis de Tocqueville], Köln 1971, unter dem Titel: Hauptströmungen des klassischen soziologischen Denkens. M., Comte, Marx, Tocqueville, Reinbek b. Hamburg 1979, 23–70); H. Barckhausen, M.. »L'esprit des lois« et les archives de La Brède, Bordeaux 1904 (Genf 1970); ders., M.. Ses idées et ses œuvres d'après les papiers de La Brède, Paris 1907 (repr. Genf 1970); J. A. Baum, M. and Social Theory, Oxford etc. 1979; B. Binoche, Introduction à »De l'esprit des lois« de M., Paris 1998; E. Böhlke, »Esprit de nation«. M.s politische Philosophie, Berlin, Baden-Baden 1999; dies./E. François (eds.), M.. Franzose, Europäer, Weltbürger, Berlin 2005; H. Bok, M., SEP 2003, rev. 2010; N. Campagna, M..

Eine Einführung, Düsseldorf 2001; E. Carcassonne, M. et le problème de la constitution française au XVIIIᵉ siècle, Paris 1927 (repr. Genf 1970, 1978) (mit Bibliographie, 683–726); C.-P. Clostermeyer, Zwei Gesichter der Aufklärung. Spannungslagen in M.s »Esprit des lois«, Berlin 1983; A. M. Cohler, M.'s Comparative Politics and the Spirit of American Constitutionalism, Lawrence Kan. 1988; P. V. Conroy Jr., M. Revisited, New York, Toronto 1992; S. Cotta, M. e la scienza della società, Turin 1953, New York 1979; ders., Il pensiero politico di M., Rom/Bari 1995; I. Cox, M. and the History of French Laws, Oxford 1983; M. Cranston, M., Enc. Ph. V (1967), 368–371; J. Dedieu, M. et la tradition politique anglaise en France. Les sources anglaises de l'«Esprit des lois«, Paris 1909 (repr. New York 1970, Genf 1971); ders., M., Paris 1913 (repr. Genf 1970); ders., M.. L'homme et l'œuvre, Paris 1943, unter dem Titel: M.. Connaissance des Lettres, ²1966, 1968; L. Desgraves, Catalogue de la bibliothèque de M., Genf 1954, (mit C. Volpilhac-Auger) unter dem Titel: Catalogue de la bibliothèque de M. à La Brède, Neapel, Paris, Oxford 1999; ders., M., Paris 1986 (mit Bibliographie, 447–456) (dt. M., Frankfurt 1992 [mit Bibliographie, 427–440]); ders., Chronologie critique de la vie et des oeuvres de M., Paris 1998; A. L. C. Destutt de Tracy, Commentaire sur »L'esprit des lois« de M. [...], Lüttich 1817, Paris 1819 (repr. Genf 1970), 1828 (engl. A Commentary and Review of M.'s »Spirit of Laws« [...], Philadelphia Pa. 1811 [repr. New York 1969]; dt. Charakterzeichnung der Politik aller Staaten der Erde. Kritischer Commentar über M.'s »Geist der Gesetze« [...], I–II, Heidelberg 1820/1821); E. Durkheim, M. et Rousseau, précurseurs de la sociologie, Paris 1953, 1966 (engl. M. and Rousseau. Forerunners of Sociology, Ann Arbor Mich. 1960, 1980); B. Falk, M., in: H. Maier/H. Rausch/H. Denzer (eds.), Klassiker des politischen Denkens II (Von Locke bis Max Weber), München 1968, ⁴1979, 53–74, ed. H. Maier/H.Denzer, gekürzt 2001, 2004, 41–55; P. Gascar, M., Paris 1989; R. Geenens/H. Rosenblatt (eds.), French Liberalism from M. to the Present Day, Cambridge etc. 2012; F. Gentile, L'esprit classique nel pensiero del M., Padua 1965; S. Goyard-Fabre, M., Enc. philos. universelle III/1 (1992), 1351–1355; ders., M., DP II (²1993), 2036–2042; F. Herdmann, M.rezeption in Deutschland im 18. und beginnenden 19. Jahrhundert, Hildesheim/Zürich/New York 1990; M. Hulliung, M. and the Old Regime, Berkeley Calif./Los Angeles/London 1976; ders., M., REP VI (1998), 489–494; R. Kingston, M. and the Parlement of Bordeaux, Genf 1996; V. Klemperer, M., I–II, Heidelberg 1914/1915; P. Kondylēs, M. und der »Geist der Gesetze«, Berlin 1996; W. Kuhfuss, Mäßigung und Politik. Studien zur politischen Sprache und Theorie M.s, München 1975; J. R. Loy, M., New York 1968; M. Richter (ed.), The Political Theory of M., Cambridge etc. 1977, rev. unter dem Titel: M.. Selected Political Writings, Indianapolis Ind. 1990; H. Schlosser, M.. Der aristokratische Geist der Aufklärung. Festvortrag, gehalten am 15. November 1989 im Kammergericht aus Anlass der Feier zur 300. Wiederkehr seines Geburtstages, Berlin/New York 1990; R. Shackleton, M.. A Critical Biography, Oxford/London 1961, 1970 (franz. M.. Une biographie critique, Grenoble 1977); ders., Essays on M. and on the Enlightenment, ed. D. Gilson/M. Smith, Oxford 1988; J. N. Shklar, M., Oxford/New York 1987; C. Spector, M. et l'émergence de l'économie politique, Paris, Genf 2006; dies., M.. Liberté, droit et histoire, Paris 2010; S. S. B. Taylor, M., TRE XXIII (1994), 279–282; C. Volpilhac-Auger, Tacite et M., Oxford 1985; O. Vuia, M. und die Philosophie der Geschichte, ed. R. Reschika, Frankfurt etc. 1998; P.-L.Weinacht (ed.), M., 250 Jahre »Geist der Gesetze«. Beiträge aus politischer Wissenschaft, Jurisprudenz und Ro-

manistik, Baden-Baden 1999; G. Zenkert, M., RGG V (⁴2002), 1477–1478. H. R. G./R. Wi.

Moore, George Edward, *London 4. Nov. 1873, †Cambridge 24. Okt. 1958, engl. Philosoph, mit B. Russell Begründer der Analytischen Philosophie (↑Philosophie, analytische). 1881–1891 Dulwich College, London, 1892–1896 Trinity College, Cambridge, wo M. zunächst klassische Philologie, dann unter dem Einfluß von Russell Philosophie studiert. 1898–1904 Fellow of Trinity College, 1904–1911 Privatgelehrter, 1911–1925 Lektor in Cambridge zunächst für philosophische Psychologie, dann für Metaphysik, 1925–1939 Prof. der Philosophie und Logik ebendort, 1940–1944 Gastvorlesungen in den USA. 1921–1947 Herausgeber von »Mind«. – Ausgenommen die beiden Bücher »Principia Ethica« (1903) und »Ethics« (1912) veröffentlichte M. nur Aufsätze, die jedoch zum Teil großen Einfluß auf die zeitgenössische angelsächsische Philosophie hatten. Zunächst (1897–1902) verschiedene philosophische Positionen rasch wechselnd (Anhänger von F. H. Bradleys Idealismus, von I. Kants ↑Transzendentalphilosophie, schließlich eines absoluten Universalienrealismus) findet M. 1903 mit den »Principia Ethica« und dem Aufsatz »The Refutation of Idealism« einen selbständigen erkenntnistheoretischen und moralphilosophischen Standort und einen eigenen Stil des Philosophierens: detailliertes Beobachten, Beschreiben und Zerlegen sprachlicher und nicht-sprachlicher Gegenstände sowie Klärung verworrener philosophischer Theorien durch Rückgang auf den ↑common sense und durch Analyse von in der ↑Alltagssprache häufig verdeckten, deshalb zu philosophischen Verwirrungen Anlaß gebenden Unterscheidungen (so in seinen Vorlesungen von 1910/1911 in Cambridge, 1953 unter dem Titel »Some Main Problems of Philosophy« publiziert). Dieses Vorgehen führt M. in der Erkenntnistheorie unter anderem zur Unterscheidung von vier Weisen des Wissens bzw. vier Bedeutungen des Verbs ›wissen‹: (1) Wissen durch unmittelbares Wahrnehmen des Gegenstandes (›knowledge by direct apprehension‹ oder ›knowledge by acquaintance‹), (2) Wissen allein auf Grund der Erinnerung an ein unmittelbares Wahrnehmen des Gegenstandes (›knowledge by indirect apprehension‹), (3) Wissen auf Grund unmittelbaren Wahrnehmens und des durch Erfüllung einer zusätzlichen, von M. jedoch nicht weiter explizierten Bedingung gestützten Glaubens an die Wahrheit des den wahrgenommenen Sachverhalt feststellenden Satzes (›knowledge proper‹) und (4) Wissen als Können, auch wenn dieses Können im Augenblick nicht im Vollzug aktualisiert wird, z. B. als Erinnern im Sinne von (2). M. vertritt eine empiristische Erkenntnistheorie (↑Empirismus), insofern für ihn alles Wissen letztlich auf der ↑Wahrnehmung von Gegenständen der ↑Erfahrung gründet. Allerdings schränkt er Erfahrung nicht auf Sinneserfahrung ein, weil auch andere als sinnliche Gegenstände Objekte von Bewußtseinsakten sein können, z. B. moralische Qualitäten.

Obwohl M. die ↑Ethik als eine teils definierende, teils beschreibende, auf Beobachtung und Induktion beruhende Disziplin ansieht, ist seine Moralphilosophie nicht naturalistisch (↑Naturalismus (ethisch)). Dies deswegen, weil das grundlegende Beobachtungsobjekt der Ethik, das Gutsein, eine undefinierbare, irreduzible, unanalysierbare, weil einfache, schließlich eine ›nicht-natürliche‹ (d. h. nicht-zeitliche und nicht sinnlich wahrnehmbare) Qualität oder Entität ist. Bei der Bestimmung dessen, welche Ganzheiten für den Menschen vor allem gut sind, sind allerdings Definitionen und Analysen möglich und nötig. Ob und in welchem Ausmaß sie gut sind, läßt sich jedoch nicht auf Grund der Gutheit ihrer Teile bestimmen, weil sich die Gutheit einer Ganzheit nicht summativ ergibt, sondern nur durch ganzheitliche ›Intuition‹ (↑Intuitionismus (ethisch)). Um das Gutsein einer Ganzheit nicht von der Wahrnehmung der Qualität ihrer Folgen in einem bestimmten Handlungszusammenhang abhängig zu machen, schlägt M. vor, sich den Gegenstand der ethischen Beurteilung als einzigen Gegenstand des Universums vorzustellen und sich dann zu fragen, ob es besser sei, daß er existiere als daß er nicht existiere. Die traditionellen Fragen der Ethik nach der Bedeutung moralischer Ausdrücke wie ›richtig‹, ›tugendhaft‹, nach der Bestimmung moralischer ↑Pflichten und nach der moralischen Beurteilung von ↑Handlungen und Handlungsfolgen beantwortet M., indem er die Definierbarkeit von ›richtig‹ usw. mit Hilfe von ›gut‹ behauptet; wenn man sage, eine bestimmte Handlung sei richtig oder sei moralische Pflicht, dann *meine* man, daß sie das größte Maß an Gutem im Vergleich zu jeder in der fraglichen Situation möglichen Handlungsalternative darstelle oder bewirke. Diese Überlegungen haben M. in die Nähe des ↑Utilitarismus geführt.

Werke: Necessity, Mind NS 9 (1900), 289–304, ferner in: The Early Essays [s. u.], 81–99 (dt. Notwendigkeit, in: Ausgew. Schr. [s. u.] III, 59–75); Experience and Empiricism, Proc. Arist. Soc. NS 3 (1902/1903), 80–95, ferner in: The Early Essays [s. u.], 185–200 (dt. Erfahrung und Empirismus, in: Ausgew. Schr. [s. u.] III, 153–166); Principia Ethica, Cambridge 1903 (repr. Mineola N. Y. 2004), rev. 1922, ed. T. Baldwin, erw. Cambridge etc. 1993, 2002 (dt. Principia Ethica, Stuttgart 1970, erw. 1996; franz. Principia Ethica, Paris 1998); The Refutation of Idealism, Mind NS 12 (1903), 433–453, ferner in: Philosophical Studies [s. u.], 1–30, ferner in: Selected Writings [s. u.], 23–44 (dt. Die Widerlegung des Idealismus, in: ders., Eine Verteidigung des Common Sense. Fünf Aufsätze aus den Jahren 1903–1941, Frankfurt 1969, 49–79, ferner in: Ausgew. Schr. [s. u.] II, 1–25; franz. La réfutation de l'idéalisme, in: G. E. M. et la genèse de la philosophie analytique [s. u.], 65–92); Kant's Idealism, Proc. Arist. Soc. NS 4 (1903/1904), 127–140, ferner in: The Early

Essays [s. u.], 233–246 (Kants Idealismus, in: Ausgew. Schr. [s. u.] III, 195–206); Jahresbericht über ›Philosophy in the United Kingdom for 1902‹, Arch. syst. Philos. 10 (1904), 242–264; The Nature and Reality of Objects of Perception, Proc. Arist. Soc. NS 6 (1905/1906), 68–127, ferner in: Philosophical Studies [s. u.], 31–96 (dt. Wesen und Wirklichkeit der Gegenstände unserer Wahrnehmung, in: Ausgew. Schr. [s. u.] II, 27–80); Professor James' »Pragmatism«, Proc. Arist. Soc. NS 8 (1907/ 1908), 33–77, unter dem Titel: William James' »Pragmatism«, in: Philosophical Studies [s. u.], 97–146 (dt. William James' »Der Pragmatismus«, in: Ausgew. Schr. [s. u.] II, 81–122); Ethics, London, New York 1912, London etc. ²1966, erw. unter dem Titel: Ethics and »The Nature of Moral Philosophy«, ed. W. H. Shaw, Oxford etc. 2005, 2007 (dt. Grundprobleme der Ethik, München 1975); The Status of Sense-Data [Symposium I], Proc. Arist. Soc. NS 14 (1913/1914), 355–380, ferner in: Philosophical Studies [s. u.], 168–196 (dt. Der Status von Sinnesdaten, in: Ausgew. Schr. [s. u.] II, 141–163); The Conception of Reality, Proc. Arist. Soc. NS 18 (1917/1918), 101–120, ferner in: Philosophical Studies [s. u.], 197–219 (dt. Der Begriff der Realität, in: Ausgew. Schr. [s. u.] II, 165–182); Some Judgments of Perception, Proc. Arist. Soc. NS 19 (1918/1919), 1–29, ferner in: Philosophical Studies [s. u.], 220–252 (dt. Über einige Wahrnehmungsurteile, in: Eine Verteidigung des Common Sense [s. o.], 81–112, ferner in: Ausgew. Schr. [s. u.] II, 183–208; franz. Sur quelques jugements de perception, in: G. E. M. et la genèse de la philosophie analytique [s. u.], 112–134); Is there »Knowledge by Acquaintance«? [Symposium II], Proc. Arist. Soc. Suppl. 2 (1919), 179–193; External and Internal Relations, Proc. Arist. Soc. NS 20 (1919/1920), 40–62, rev. in: Philosophical Studies [s. u.], 276–309, ferner in: Selected Writings [s. u.], 79–105 (dt. Externe und interne Beziehungen, in: Ausgew. Schr. [s. u.] II, 227–253); Philosophical Studies, London, New York 1922 (repr. London/New York 2000, 2001), London 1970 (dt. Philosophische Studien, Frankfurt etc. 2007 [= Ausgew. Schr. II]); A Defence of Common Sense, in: J. H. Muirhead (ed.), Contemporary British Philosophy. Personal Statements, Second Series, London, New York 1924, ³1965, 191–223, Neudr. in: Philosophical Papers [s. u.], 32–59, ferner in: Selected Writings [s. u.], 106–133 (dt. Eine Verteidigung des Common Sense, in: Eine Verteidigung des Common Sense [s. o.], 113–151; franz. Apologie du sens commun, in: G. E. M. et la genèse de la philosophie analytique [s. u.], 135–160); Facts and Propositions [Symposium II], Proc. Arist. Soc. Suppl. 7 (1927), 171–206, Neudr. in: ders., Philosophical Papers [s. u.], 60–88; Indirect Knowledge [Symposium I], Proc. Arist. Soc. Suppl. 9 (1929), 19–50; Is Goodness a Quality? [Symposium I], Proc. Arist. Soc. Suppl. 11 (1932), 116–131, Neudr. in: Philosophical Papers [s. u.], 89–101; Is Existence a Predicate? [Symposium II], Proc. Arist. Soc. Suppl. 15 (1936), 175–188, Neudr. in: Philosophical Papers [s. u.], 115–126, ferner in: Selected Writings [s. u.], 134–146; Proof of an External World, Proc. Brit. Acad. 25 (1939), 273–300, Neudr. in: Philosophical Papers [s. u.], 127–150, ferner in: Selected Writings [s. u.], 147–170 (dt. Beweis einer Außenwelt, in: Eine Verteidigung des Common Sense [s. o.], 153–184; franz. Preuve qu'il y a un monde extérieur, in: G. E. M. et la genèse de la philosophie analytique [s. u.], 174–195); An Autobiography, in: P. A. Schilpp (ed.), The Philosophy of G. E. M. [s. u., Lit.], 1–39; A Reply to My Critics, in: P. A. Schilpp (ed.), The Philosophy of G. E. M. [s. u., Lit.] 1942, 533–677, erw. ²1952, 533–687, erw. La Salle Ill., London ³1968, 1992, 533–687n; Russell's ›Theory of Descriptions‹, in: P. A. Schilpp (ed.), The Philosophy of Bertrand Russell, Evanston

Ill./Chicago Ill. 1944, La Salle Ill. ⁵1989, 175–225, Neudr. in: ders., Philosophical Papers [s. u.], 151–195; Some Main Problems of Philosophy, London, New York 1953, 1958 (repr. Abingdon 2002), 1978 (dt. Grundprobleme der Philosophie, Frankfurt etc. 2007 [= Ausgew. Schr. I]); Wittgenstein's Lectures in 1930–33, Mind NS 63 (1954), 1–15, 289–316, 64 (1955), 1–27, Neudr. in: ders., Philosophical Papers [s. u.], 252–324; Philosophical Papers, London, New York 1959, 1963 (repr. London 2002), 1977; Commonplace Book 1919–1953, ed. C. Lewy, London, New York 1962 (repr. Bristol 1993, London 2002); Lectures on Philosophy, ed. C. Lewy, London, New York 1966 (repr. London 2002); G. E. M. et la genèse de la philosophie analytique, ed. F. Armengaud, Paris 1985; The Early Essays, ed. T. Regan, Philadelphia Pa. 1986 (dt. Die frühen Essays, Frankfurt etc. 2008 [= Ausgew. Schr. III]); The Elements of Ethics, ed. T. Regan, Philadelphia Pa. 1991, 2003; Lectures on Metaphysics, 1934–1935. From Notes of Alice Ambrose and Margaret Macdonald, ed. A. Ambrose, New York etc. 1992; Selected Writings, ed. T. Baldwin, London/New York 1993; Ausgewählte Schriften, I–III, Frankfurt etc. 2007–2008. – E. Buchanan/G. E. M., Bibliography of the Writings of G. E. M.. To November, 1942 (With Selected Reviews), in: P. A. Schilpp (ed.), The Philosophy of G. E. M. [s. u., Lit.], 1942, 681–689, erw. mit Untertitel: To July, 1952 (With Selected Reviews), ²1952, 690–699, ³1968, 1992, 690–701.

Literatur: L. Addis/D. Lewis, M. and Ryle. Two Ontologists, Iowa City/The Hague 1965; A. Ambrose/M. Lazerowitz (eds.), G. E. M.. Essays in Retrospect, London 1970 (repr. 2002); F. Armengaud, M., Enc. philos. universelle III/2 (1992), 2687–2689; A. J. Ayer, Russell and M.. The Analytical Heritage, London/Basingstoke, Cambridge Mass. 1971, Basingstoke/New York 2004 (= Writings on Philosophy VI); T. Baldwin, G. E. M., London 1990, 2006; ders., M., REP VI (1998), 494–499; ders., M., SEP 2004; C. D. Broad, G. E. M.'s Latest Published Views on Ethics, Mind NS 70 (1961), 435–457; D. Campanale, Filosofia ed etica scientifica nel pensiero di G. E. M., Bari 1962, ²1971; J. Coates, The Claims of Common Sense. M., Wittgenstein, Keynes and the Social Sciences, Cambridge/New York/Melbourne 1996; A. Coliva, M. e Wittgenstein. Scetticismo, certezza e senso comune, Padua 2003 (engl. [rev. u. erw.] M. and Wittgenstein. Scepticism, Certainty and Common Sense, Basingstoke 2010); R. Daval, M. et la philosophie analytique, Paris 1997; D. P. Gauthier, M.'s Naturalistic Fallacy, Amer. Philos. Quart. 4 (1967), 315–320; A. Granese, G. E. M. e la filosofia analitica inglese, Florenz 1970; M. Green/J. N. Williams (eds.), M.'s Paradox. New Essays on Belief, Rationality, and the First Person, Oxford etc. 2007; R. S. Hartman, The Definition of Good. M.'s Axiomatic of the Science of Ethics, Proc. Arist. Soc. NS 65 (1964/1965), 235–256; S. Hendricks, M., in: S. Brown (ed.), The Dictionary of Twentieth-Century British Philosophers II, Bristol 2005, 693–698; J. Hill, The Ethics of G. E. M.. A New Interpretation, Assen 1976; H. Hochberg, Russell, M. and Wittgenstein. The Revival of Realism, Egelsbach etc. 2001; A. F. Holmes, M.'s Appeal to Common Sense, J. Philos. 58 (1961), 197–207; T. Horgan/M. Timmons (eds.), Metaethics after M., Oxford etc. 2006; T. Hurka, M.'s Moral Philosophy, SEP 2010; B. Hutchinson, G. E. M.'s Ethical Theory. Resistance and Reconciliation, Cambridge etc. 2001; E. D. Klemke, The Epistemology of G. E. M., Evanston Ill. 1969; ders. (ed.), Studies in the Philosophy of G. E. M., Chicago Ill. 1969; ders., A Defense of Realism. Reflections on the Metaphysics of G. E. M., Amherst N. Y. 1999, 2000; M. Lazerowitz, M. and Philosophical Analysis, Philos. 33

(1958), 193–220; P. Levy, G. E. M. and the Cambridge Apostles, London 1979, New York 1980, Oxford 1981, London 1989; K. Lorenz, Elemente der Sprachkritik. Eine Alternative zum Dogmatismus und Skeptizismus in der Analytischen Philosophie, Frankfurt 1970, 1971, bes. 37–63 (Kap. 2 Die Begründer: Bertrand Russell und G. E. M.); N. Malcolm, G. E. M., in: ders., Knowledge and Certainty. Essays and Lectures, Englewood Cliffs N. J. 1963, Ithaca N. Y./London 1975, 163–183; M. Marzano, G. E. M.'s Ethics. Good as Intrinsic Value, Lewiston N. Y./Queenston Ont./Lampeter 2004; T. McClintock, M. and Stevenson on a Certain Form of Ethical Naturalism, Personalist 52 (1971), 432–448; E. Nagel, The Debt We Owe to G. E. M., J. Philos. 57 (1960), 810–816; J. O. Nelson, M., Enc. Ph. V (1967), 372–381; S. Nuccetelli/G. Seay (eds.), Themes from G. E. M.. New Essays in Epistemology and Ethics, Oxford etc. 2007; D. O'Connor, The Metaphysics of G. E. M., Dordrecht/Boston Mass./London 1982; S. J. Odell, On M., Belmont Calif. 2001; J. Passmore, M. and Russell, in: ders., A Hundred Years of Philosophy, London 1957, London, New York ²1966, 203–241, Neudr. Harmondsworth etc. 1968, 1994, 201–239; A. N. Prior, Logic and the Basis of Ethics, Oxford 1949, 1975; R. L. Purtill, M.'s Modal Argument, Amer. Philos. Quart. 3 (1966), 236–243; R. Regan, Bloomsbury's Prophet. G. E. M. and the Development of His Moral Philosophy, Philadelphia Pa. 1986; S. Sarkar, Epistemology and Ethics of G. E. M.. A Critical Evaluation, Atlantic Highlands N. J., New Delhi 1981; P. A. Schilpp (ed.), The Philosophy of G. E. M., Evanston Ill./Chicago Ill. 1942, New York ²1952, La Salle Ill. ³1968, 1992; W. H. Shaw, M. on Right and Wrong. The Normative Ethics of G. E. M., Dordrecht/Boston Mass./London 1995; R. J. Soghoian, The Ethics of G. E. M. and David Hume. The »Treatise« as a Response to M.'s Refutation of Ethical Naturalism, Washington D. C. 1979; L. K. Sosoe, Naturalismuskritik und Autonomie der Ethik. Studien zu G. E. M. und J. S. Mill, Freiburg/München 1988; E. Storheim, The Purpose of Analysis in M.'s »Principia Ethica«, Inquiry 9 (1966), 156–170; A. Stroll, M.'s Proof of an External World, Dialectica 33 (1979), 379–397; ders., M. and Wittgenstein on Certainty, New York/Oxford 1994; R. Suter, M.'s Defense of the Rule ›Do Not Murder‹, Personalist 54 (1973), 361–375; R. F. Tredwell, On M.'s Analysis of Goodness, J. Philos. 59 (1962), 793–802; G. J. Warnock, English Philosophy since 1900, London/New York/Toronto 1958, 12–29, London/Oxford/New York ²1969, 13–24 (dt. Englische Philosophie im 20. Jahrhundert, Stuttgart 1971, 27–43); A. R. White, G. E. M.. A Critical Exposition, Oxford 1958, 1969 (repr. Westport Conn. 1969); ders., M.'s Appeal to Common Sense, Philos. 33 (1958), 221–239; M. White, Memories of G. E. M., J. Philos. 57 (1960), 805–810; M. J. Zimmerman, The Nature of Intrinsic Value, Lanham Md./Oxford 2001. – Sonderhefte: Ethics 113 (2003), H. 3 (Centenary Symposium on G. E. M.'s »Principia Ethica«); J. Value Inquiry 37 (2003), H. 3 (Principles of Ethics 100 Years after Principia Ethica); Southern J. Philos. 41 Suppl. (2003) (Spindel Conference 2002. The Legacy of G. E. M.: 100 Years of Metaethics); Rev. mét. mor. 51 (2006) (Connaissance, nature, sens commun. G. E. M.). R. Wi.

Mooresche Paradoxie (engl. Moore's paradox), Bezeichnung für eine von G. E. Moore 1942 aufgebrachte epistemische ↑Paradoxie, die sich aus einer in der 1. Person geäußerten Kombination einer Tatsachenbehauptung mit einer negativen Glaubensbehauptung ergibt, wie im Fall der Aussage »es regnet, aber ich glaube nicht, daß es regnet«. Die entsprechende Äußerung über eine andere Person ist dagegen unproblematisch: »es regnet, aber Otto glaubt nicht, daß es regnet.« Formal geht es um Aussagen der Form

$$p \wedge \neg Bp,$$

wobei das ›B‹ für den Glaubensoperator der epistemischen Logik steht (↑Logik, epistemische). Die Variante, bei der Negation und Glaubensoperator vertauscht sind,

$$p \wedge B\neg p$$

(›es regnet, aber ich glaube, daß es nicht regnet‹), ist gleichermaßen paradox. Ob sich aus der Paradoxie ein echter Widerspruch ergibt, hängt von den Regeln des zugrundeliegenden Systems der epistemischen Logik ab. Die M. P. ist von L. Wittgenstein diskutiert und damit popularisiert worden; sie stellt zusammen mit anderen epistemischen Paradoxien eine Herausforderung an das logische Verständnis und die philosophische Modellierung von Glaubensaussagen dar. Lösungsversuche beziehen z. B. die ↑Sprechakttheorie, die Theorie der Glaubensrevision (↑Wissensrevision), die Theorie des Selbstwissens und das Verfügen der 1. Person über 1.-Person-Glaubenszustände ein.

Literatur: M. S. Green/J. N. Williams (eds.), Moore's Paradox. New Essays on Belief, Rationality, and the First Person, Oxford/New York 2007; J. Hintikka, Knowledge and Belief. An Introduction to the Logic of the Two Notions, Ithaca N. Y. 1962, Ithaca N. Y./London 1977, London 2005; G. E. Moore, A Reply to My Critics, in: P. A. Schilpp (ed.), The Philosophy of G. E. Moore, Evanston Ill./Chicago Ill. 1942, 533–677, La Salle Ill., London ³1968, 1992, 533–687; R. A. Sorensen, Epistemic Paradoxes, SEP 2006, rev. 2011; L. Wittgenstein, Philosophical Investigations [engl./dt.], Oxford 1953, Malden Mass./Oxford/Chichester ⁴2009, bes. IIx.   P. S.

μ-Operator, ↑Funktion, rekursive.

Moral, im Rahmen der Philosophie und Gesellschaftstheorie in einer deskriptiven (↑deskriptiv/präskriptiv) und einer ↑normativen Bedeutung verwendeter Terminus. Im ersten Sinne wird das Wort ›M.‹, z. B. in soziologischen Beschreibungen, für Handlungsregeln und Ziele verwendet, die in einer Gruppe oder Gesellschaft faktisch handlungsleitend oder verbindlich sind. Diese von lat. *mores* abgeleitete Bedeutung entspricht dem engl. *morals* (auch: morality) und gestattet im Wissenschaftsdeutsch inzwischen auch den Plural ›M.en‹. – Daß moralische Orientierungen faktisch in Geltung sind, bedeutet nicht, daß sie bereits als gerechtfertigt beurteilt werden. Normativ gebraucht, kann ›M.‹ dagegen, etwa in Abhebung zum positiven Recht und Gesetz, auch den Anspruch bedeuten, daß Normen (↑Norm

(handlungstheoretisch, moralphilosophisch), ↑Norm (juristisch, sozialwissenschaftlich), ↑Norm (protophysikalisch)) ›moralisch‹ oder ›vernünftig‹ begründet (↑Begründung) sind. Moralische Rechtfertigung steht dabei insbes. bloß technischer oder zweckrationaler Begründung gegenüber. Daß eine Orientierung als Bestandteil der M. ausgegeben wird, heißt in diesem normativen Verständnis also, daß sie als Anleitung zu einem vernünftigen individuellen oder gemeinsamen Leben (↑Leben, vernünftiges) verstanden wird. In dieser Bedeutung geht der Terminus in der Regel auch in den Gebrauch von ↑›Moralphilosophie‹ ein.

Literatur: ↑ Moralität.   F. K.

Moral, provisorische (engl. provisional morals, franz. morale provisoire, morale par provision), nach R. Descartes, der den Ausdruck in die ↑Ethik eingeführt hat, Bezeichnung für ein Ensemble moralischer ↑Grundsätze, auf die das Handeln vorübergehend ausgerichtet werden soll, solange verläßlich begründete Maßstäbe nicht zur Verfügung stehen. Ebenso wie die vorfindlichen Überzeugungen über die Beschaffenheit der Welt bedürfen nach Descartes auch die überkommenen Moralvorstellungen der wissenschaftlich-systematischen Überprüfung. Maßstäbe des richtigen Handelns müssen sich vor dem methodischen ↑Zweifel (↑Skeptizismus) bewähren und sind allererst vernunftmäßig zu begründen, wenn sie Verbindlichkeit zu beanspruchen suchen. Da aber das Handeln bis zum erfolgreichen Abschluß eines solchen Begründungsprojekts nicht ausgesetzt werden kann, müsse man sich bis dahin mit einer ›p.n M.‹ versehen, gerade so, wie man sich während des Hausumbaus eine provisorische Unterkunft schaffe (Disc. méthode III). Descartes selbst empfiehlt (implizit, indem er lediglich über seine eigenen Entschlüsse berichtet) die Ausrichtung des Handelns auf ›drei oder vier‹ ↑Prinzipien, von denen letztlich nur das erste, das ein zentrales Motiv der Aristotelischen Ethik aufnimmt, die Wahl eines vorläufigen ↑normativen Entscheidungsrahmens zum Gegenstand hat. Neben dem Vorsatz, sich weiter intensiv um die methodische Erkenntnis und gerade auch um das ›rechte Urteil‹ zu bemühen, sind das: (1) die Orientierung an den vorfindlichen Gesetzen und Üblichkeiten, den Forderungen der religiösen Pflichten und Ausrichtung der Entscheidungen auf das Vorbild der Besonnenen, (2) ein entschlossenes Ergreifen der (da Gewißheit fehlt) ›wahrscheinlichsten‹ Option und beharrliches Festhalten an der einmal eingeschlagenen Richtung, (3) die angemessene Verfolgung und Beschränkung der eigenen ↑Bedürfnisse (›desires‹) auf erreichbare Ziele. – In jüngerer Zeit findet das Konzept einer p.n M. vermehrt Aufnahme im Zusammenhang mit der Diskussion über die ethischen Implikationen wissenschaftlich-technischer Entwicklungen. Dabei ist dann allerdings nicht so sehr die (ohnehin nur im Rahmen eines kognitivistischen Ethikverständnisses [↑Kognitivismus] anzunehmende) Unsicherheit hinsichtlich der Richtigkeit moralischer Maßstäbe anlaßgebend. Das Vorläufig-Provisorische der moralischen Erwägungen ergibt sich dort vielmehr aus der Unsicherheit über Art und Ausmaß der moralisch relevanten Folgen solcher Entwicklungen.

Literatur: G. Boros, Mechanik und Moralphilosophie. Überlegungen zu Descartes' p.r M., Z. philos. Forsch. 55 (2001), 325–348; H. Bräuer, P. M., in: W. D. Rehfus (ed.), Handwörterbuch Philosophie, Göttingen 2003, 572; L. Gemmeke, Ethik contra Moral. Ein Vergleich der Affektenlehren Descartes' und Spinozas, Berlin 2003, bes. 244–253 (Kap. IV/1 f Exkurs zur Morale par provision); A. Luckner, Klugheit, Berlin 2005, bes. 141–165 (Kap. 7 P. M.); J. Marshall, Descartes's Moral Theory, Ithaca N. Y./London 1998, bes. 11–33 (Chap. I/1 Descartes's ›Morale par provision‹); U. Nolte, Philosophische Exerzitien bei Descartes. Aufklärung zwischen Privatmysterium und Gesellschaftsentwurf, Würzburg 1995, bes. 161–166 (Teil 3, Kap. I/1 P. M.); D. Perler, René Descartes, München 1998, ²2006, bes. 231–243 (Kap. VI/3 Die p. M.); W. Röd, Geschichte der Philosophie VII (Die Philosophie der Neuzeit 1. Von Francis Bacon bis Spinoza), München 1978, bes. 49–53, erw. ²1999, bes. 57–61 (Kap. III/2 Die p. M. und die Idee einer definitiven Ethik); R. Spaemann, M., p., Hist. Wb. Ph. VI (1984), 172–174. G. K.

Moralismus, in alltäglichen und moralphilosophischen Diskussionen Bezeichnung für Argumente, die eine rigorose, nicht situationsspezifisch und historisch modifizierte Anwendung ethischer Prinzipien und Normen bedeuten (↑Rigorismus). Der M. wird häufig auch als der Vorwurf einer ›starren‹ oder ›absoluten‹ Anwendung (›Verabsolutierung‹) moralischer Regeln formuliert. Es gehört dabei zu den Einsichten der neueren ethischen Diskussion, daß materiale moralische Regeln situationsbezogen reflektiert werden müssen, also nur ceteris paribus (↑ceteris-paribus-Klausel) gelten können. Davon zu unterscheiden ist, daß bereits der Anspruch moralischer Rechtfertigung individueller und gesellschaftlicher Handlungsweisen selbst als M. verächtlich gemacht und demgegenüber eine ›pragmatische‹ oder ›realistische‹ Einstellung gefordert wird. F. K.

Moralisten, französische, auf A. Duval (1820) zurückgehende Sammelbezeichnung für bestimmte, einem gemeinsamen Denkstil verpflichtete philosophische Schriftsteller des 17. und 18. Jhs., die unter dem Einfluß der griechisch-lateinischen Tradition (speziell von ↑Stoizismus und ↑Epikureismus), des ↑Humanismus und besonders der Skepsis (↑Skeptizismus), vor allem in ihrer Ausprägung bei M. E. de Montaigne (1533–1592), als Antirationalisten (↑Rationalismus), Antisystematiker (↑System) und Metaphysikkritiker (↑Metaphysikkritik) auftraten. Es gehören dazu: S.-R. Nicolas, genannt Chamfort (1741–1794), (Abbé) F. Ga-

liani (1728–1787), J. Joubert (1754–1824), T. S. Jouffroy (1796–1842), J. de La Bruyère (1645–1696), J. de La Fontaine (1621–1695), F. de La Rochefoucauld (1613–1680), C. L. de Secondat, Baron de La Brède et de Montesquieu (1689–1755), B. Pascal (1623–1662), A. de Rivarol (1753–1801), C. de Marguetel de Saint Denis, Seigneur de Saint-Évremond (1613–1703), L. de Clapiers, Marquis de Vauvenargues (1715–1747). Das gemeinsame Anliegen der genannten ›M.‹ ist die Erziehung des Menschen, vor allem über seine ↑Gefühle und Leidenschaften, zu ↑Selbsterkenntnis, Weltklugheit und Glück (↑Glück (Glückseligkeit)). Ihr humanistisch-anthropozentrisches Raisonnement richtet sich sowohl gegen die aristotelisch-scholastische Tradition (↑Aristotelismus, ↑Scholastik) und den religiösen ↑Rigorismus des ↑Jansenismus als auch gegen die Überbewertung von ↑Verstand und ↑Vernunft in der zeitgenössischen ↑Aufklärung. Mit Voltaire, D. Diderot und den ↑Enzyklopädisten hatten einige (politisch stärker engagierte) M. jedoch freundschaftlichen Kontakt.

Ein Hauptkennzeichen der gesamten Richtung ist die Bevorzugung von *psychologischen* Einzelbeobachtungen gegenüber den ›metaphysischen Sprachverwirrungen‹ der Philosophie. Neben einer selbstkritisch-toleranten Lebensführung und der Befreiung von ↑Vorurteilen sind auch Gesellschaftsanalyse, Religion, Politik, Ökonomie und ästhetische Probleme bevorzugte Themen dieser mit viel ›esprit‹ philosophierenden Literaten. Im weltmännischen Ideal der ›honnête‹ verbindet sich persönliche ↑Gelassenheit mit dem (unpolitischen) Genuß kultivierter Geselligkeit. Die von den M. (als ›Heilmittel‹ gegen ›Abstraktion‹ und ›System‹) besonders entwickelten literarischen Formen der ↑Kritik und der Vermittlung psychologischer, soziologischer und politischer Einsichten sind Maximen, Essays, Briefe, Dialoge, Portraits (›Charaktere‹), Anekdoten, Fabeln, Sentenzen und Aphorismen, die wegen ihrer ↑Ironie, zum Teil auch süffisanten Paradoxie (↑paradox, ↑Paradoxon) und witzigen Scharfsinnigkeit in den Pariser Salons, dem bevorzugten gesellschaftlichen und geistigen Ambiente der M., Anklang und Nachahmung fanden. Darüber hinaus übten sie starken Einfluß unter anderem auf J. G. Hamann, G. C. Lichtenberg, J. W. v. Goethe, A. Schopenhauer, F. Nietzsche, K. Kraus, P. Valéry, Alain und O. Wilde aus.

Ausgaben: A. Duval (ed.), Collection de Moralistes Français, I–IX, Paris 1820–1822 [I–VI, M. de Montaigne, »Essais«, VII–IX, P. Charon, »De la Sagesse«. Mehr nicht erschienen]; F. Schalk (ed.), Die f.n M., I–II, Leipzig 1938/1940, rev. Bremen 1962/1963, Neudr. München 1973/1974, in einem Bd. Leipzig, Bremen 1980, I, Zürich 1995.

Literatur: H. P. Balmer, Philosophie der menschlichen Dinge. Die europäische Moralistik, Bern/München 1981; ders., Aphoristik, Essayistik, Moralistik, in: H. V. Geppert/H. Zapf (eds.), Theorien der Literatur. Grundlagen und Perspektiven III, Tübingen 2007, 191–211; J. Dagen (ed.), La morale des moralistes,

Paris, Genf 1999; J.-C. Darmon, Moralistes en mouvement. L'amitié entre morale et politique (La Rochefoucauld, Sorbière, Saint-Évremond), in: ders. (ed.), Le moraliste, la politique et l'histoire. De la Rochefoucauld à Derrida, Paris 2007, 31–68; B. Donnellan, Nietzsche and the French Moralists, Bonn 1982; P. Geyer, Zur Dialektik des Paradoxen in der französischen Moralistik. Montaignes ›Essais‹ – La Rochefoucaulds ›Maximes‹ – Diderots ›Neveu de Rameau‹, in: ders./R. Hagenbüchle (eds.), Das Paradox. Eine Herausforderung des abendländischen Denkens, Tübingen 1992, Würzburg ²2002, 385–407; W. Helmich, Der moderne französische Aphorismus. Innovation und Gattungsreflexion, Tübingen 1991; L. K. Horowitz, Love and Language. A Study of the Classical French Moralist Writers, Columbus Ohio 1977; M. Kruse, Beiträge zur französischen Moralistik, ed. J. Küper/A. Kablitz/B. König, Berlin/New York 2003; C. Le Meur, Eine Moralisten français et la politique à la fin du XVIIIᵉ siècle. Le prince de Ligne, Sénac de Meilhan, Chamfort, Rivarol, Joubert, Hérault-Séchelles devant la mort d'un genre et la naissance d'un monde, Paris 2002; A. Levi, French Moralists. The Theory of the Passions 1585–1649, Oxford 1964; B. Parmentier, Le siècle des moralistes. De Montaigne à La Bruyère, Paris 2000; J. Rattner/G. Danzer, Europäische Moralistik in Frankreich von 1600 bis 1950. Philosophie der nächsten Dinge und der alltäglichen Lebenswelt des Menschen, Würzburg 2006; F. Schalk, Einleitungen zu Bd. I und Bd. II, in: ders. (ed.), Die f.n M. [s. o., Ausgabe] I, 1962, VII–LIV, 1973, 7–42, II, 1963, IX–LI, 1974, 7–39 [die Anmerkungen beider Bde enthalten umfangreiche Bibliographien]; F. Spicker, Der Aphorismus. Begriff und Gattung von der Mitte des 18. Jahrhunderts bis 1912, Berlin/New York 1997; J. v. Stackelberg, Französische Moralistik im europäischen Kontext, Darmstadt 1982; C. Strosetzki, Moralistik und gesellschaftliche Norm, in: P. Brockmeier/H. H. Wetzel (eds.), Französische Literatur in Einzeldarstellungen I, Stuttgart 1981, 177–223; R. Zimmer, Die europäischen Moralisten. Zur Einführung, Hamburg 1999. R. W.

Moralität (engl. morality), allgemein Bezeichnung für moralische Orientierungen im Unterschied etwa zur so genannten Religiosität oder bloßen ↑Zweckrationalität. Bei diesem unscharfen Gebrauch können häufig Ausdrücke wie ›Moral‹ und ›Ethik‹, zumal in Titeln philosophischer Bücher und Abhandlungen, an die Stelle des Ausdrucks ›M.‹ treten. Einen terminologischen Gebrauch hat ›M.‹ in der praktischen Philosophie I. Kants. Kant hebt die M. einer Handlung von ihrer bloßen ↑Legalität ab: Legalität besitzt eine Handlung bereits dann, wenn sie mit moralisch gerechtfertigten Normen (Kant: dem ↑›Sittengesetz‹) schlicht, gegebenenfalls zufällig, übereinstimmt, wenn also die Motive dieser Übereinstimmung keine Rolle spielen. M. dagegen kann eine Handlung erst dann beanspruchen, wenn die Erfüllung der moralischen Normen (↑Norm (handlungstheoretisch, moralphilosophisch)) in dem Entschluß zur moralischen Lebensführung selbst (Kant: in der ›Idee der ↑Pflicht‹) gründet (vgl. Met. Sitten, Einl. III, Akad.-Ausg. VI, 219). G. W. F. Hegel stellt der M. im Kantischen Sinne die ↑Sittlichkeit gegenüber, nämlich jene Form des moralischen Lebens, die nicht lediglich auf der Einstellung des Einzelnen (Hegel: in der ›Subjektivi-

tät‹) gegründet ist, sondern an der in die ↑Institutionen, insbes. Familie, Gesellschaft, Recht und Staat, eingelassenen (Hegel: ›objektiven‹) konkreten moralischen Vernunft praktisch teilnimmt (zur Terminologie Hegels vgl. insbes. Rechtsphilos. § 33, Sämtl. Werke VII, 84–87).

Literatur: G. Abrahams, Morality and the Law, London 1971, 1980; E. Alleva/G. B. Matthews, Moral Development, in: L. C. Becker/C. B. Becker (eds.), Encyclopedia of Ethics II, New York/London 1992, 828–835; J. Annas, Ethics and Morality, in: L. C. Becker/C. B. Becker (eds.), Encyclopedia of Ethics I, New York/London 1992, 329–331; A. Anzenbacher, M., RGG V (⁴2002), 1493–1494; S. Auroux, Morale, Enc. philos. universelle II/2 (1990), 1684–1686; K. Baier, The Moral Point of View. A Rational Basis of Ethics, Ithaca N. Y. 1958, 1974 (dt. Der Standpunkt der Moral. Eine rationale Grundlegung der Ethik, Düsseldorf 1974); M. Bertrand, Moral/Ethik, in: H. J. Sandkühler (ed.), Europäische Enzyklopädie zu Philosophie und Wissenschaften III, Hamburg 1990, 459–470; G. Bien, M./Sittlichkeit, Hist. Wb. Ph. VI (1984), 184–192; L. J. Blom-Cooper/G. Drewry (eds.), Law and Morality. A Reader, London 1976; H.-N. Castañeda, The Structure of Morality, Springfield Ill. 1974; F. J. Connell, Morality, Systems of, in: B. L. Marthaler (ed.), New Catholic Encyclopedia IX, Detroit etc. ²2003, 876–880; W. FitzPatrick, Morality and Evolutionary Biology, SEP 2008; B. Gert, The Definition of Morality, SEP 2002, rev. 2011; H. L. A. Hart, Recht und Moral. Drei Aufsätze, ed. N. Hoerster, Göttingen 1971, mit Untertitel: Texte zur Rechtsphilosophie, München 1977, ²1980; E. Herms, Moral, RGG V (⁴2002), 1484–1486; T. J. Higgins/J. Farraher, Morality, in: B. L. Marthaler (ed.), New Catholic Encyclopedia IX, Detroit etc. ²2003, 874–876; W. T. Jones, Morality and Freedom in the Philosophy of Immanuel Kant, London 1940; O. Marquard, Hegel und das Sollen, Philos. Jb. 72 (1964/1965), 103–119, Neudr. in: ders., Schwierigkeiten mit der Geschichtsphilosophie, Frankfurt 1973, ⁴1997, 37–51, 153–167; P. H. Nowell-Smith, Religion and Morality, Enc. Ph. VII (1967), 150–158; M. C. Nussbaum, Morality and Emotions, REP VI (1998), 558–564; M. Riedel, Bürgerliche Gesellschaft und Staat. Grundproblem und Struktur der Hegelschen Rechtsphilosophie, Neuwied 1970; ders. (ed.), Materialien zu Hegels Rechtsphilosophie, I–II, Frankfurt 1975; J. Ritter, Moralität und Sittlichkeit. Zu Hegels Auseinandersetzung mit der kantischen Ethik, in: ders./F. Kaulbach (eds.), Kritik und Metaphysik. Studien, Berlin 1966, 331–351, unter dem Titel: Auseinandersetzung mit der kantischen Ethik (1966), in: ders., Metaphysik und Politik. Studien zu Aristoteles und Hegel, Frankfurt 1977, erw. 2003, 281–309; W. D. Ross, Kant's Ethical Theory. A Commentary on the Grundlegung zur Metaphysik der Sitten, Oxford 1954, Westport Conn. 1978; L. Samson, M./Legalität, Hist. Wb. Ph. VI (1984), 179–184; J. Skorupski, Morality and Ethics, REP VI (1998), 564–571; F. Tönnies, Gemeinschaft und Gesellschaft, Leipzig 1887, rev. u. erw. Berlin ²1912, Darmstadt ⁸2010; G. J. Warnock, The Object of Morality, London 1971, 1976; ders., Morality and Language, Oxford 1983; B. Williams, Morality. An Introduction to Ethics, Cambridge/New York 1972, 2008 (dt. Der Begriff der Moral. Eine Einführung in die Ethik, Stuttgart 1978, 2007); R. P. Wolff, The Autonomy of Reason. A Commentary of Kant's ›Groundwork of the Metaphysic of Morals‹, New York 1973, Gloucester Mass. 1986. F. K.

Moralphilosophie, als Bezeichnung ursprünglich Wiedergabe des durch M. T. Cicero als Übersetzung von ἠθική [ἐπιστήμη] eingeführten Terminus ›philosophia moralis‹. Dieser bezeichnet zunächst (in der römischen Spätantike und in der Frühscholastik [↑Scholastik]) lediglich die Lehre vom angemessenen gesellschaftlichen Verhalten des Menschen, wobei sich die Angemessenheit am ›mos‹ bzw. an den ›mores‹, der ›Sitte‹ oder den ›Sitten‹ einer Gesellschaft oder Gesellschaftsschicht zu orientieren hat. In einer solchen ›Sittenlehre‹ oder ›Ethik‹ wird noch nicht begrifflich scharf zwischen deskriptiven und normativen Aussagen unterschieden (↑deskriptiv/präskriptiv, ↑normativ). Diese Unterscheidung klärt sich erst allmählich, in der Neuzeit vor allem durch die Kritik D. Humes an metaphysischen Positionen (z.B. des ↑Naturrechts) einerseits (↑Humesches Gesetz) und durch die Kritik I. Kants an empiristischen Positionen (z.B. F. Hutchesons und des Earl of Shaftesbury; ↑moral sense, ↑Schottische Schule) andererseits, in der Gegenwart durch die ↑Sprachanalyse (↑Philosophie, analytische) und die Entwicklung deontischer Logiken (↑Logik, deontische). Dadurch gewinnt die M. methodische Eigenständigkeit – sie ist nun keine empirische, aber auch keine metaphysische Unternehmung mehr –, handelt sich dafür aber die Grundlegungs- und die Begründungsproblematik ein: die Frage nach einer methodischen ↑Einführung (↑Methode) der normativ-ethischen Grundbegriffe und Grundsätze (↑Maximen und ↑Prinzipien [↑Moralprinzip]) und die Frage nach deren ↑Rechtfertigung. Diese Präzisierungen und Ausdifferenzierungen haben für den Ausdruck ›M.‹ zur Folge, daß er in einem gewandelten, dazu in einem engeren und in einem weiteren Verständnis Verwendung findet: Im engeren Sinne ist er gleichbedeutend mit (normativer) ↑Ethik, der Beurteilungslehre für menschliches Verhalten und für die es leitenden Grundsätze; im weiteren Sinne umfaßt er auch die so genannte ↑›Metaethik‹, die die Frage behandelt, ob und wie sich die Grundbegriffe und Grundsätze einer (normativen) Ethik methodisch einführen und vernünftig rechtfertigen lassen.

Kants Terminologie kann in diesem Zusammenhang Verwirrung stiften. Wegen ihres nicht-empirischen Charakters nennt Kant seine Ethik ›Metaphysik der Sitten‹ (= Ethik im weiteren Sinne). Sie umfaßt die ›Rechtslehre‹ und die ›Tugendlehre‹ (= Ethik im engeren Sinne). Als metaethische Erörterungen können Teile seiner »Kritik der praktischen Vernunft«, die falsche Ethikverständnisse abwehrt, sowie die »Grundlegung zur Metaphysik der Sitten« angesehen werden, in der Kant es unternimmt, die Grundbegriffe einer rationalen Ethik einzuführen und ihr Grundprinzip (↑Imperativ, kategorischer) zu rechtfertigen.   R. Wi.

Moralprinzip, allgemein Bezeichnung für jedes ↑Prinzip zur Erzeugung, Beurteilung und Rechtfertigung materialer Moralnormen (↑Norm (handlungstheoretisch,

moralphilosophisch)). ›Formal‹ wird ein M. dann genannt, wenn es die moralische Qualität des *Wollens* als solche zu bestimmen unternimmt (z.B. soll nach I. Kants Kategorischem Imperativ [↑Imperativ, kategorischer] allein die *Form* des *Gesetzes* das moralische Wollen bestimmen); ›material‹ wird ein M. dann genannt, wenn es eine bestimmte grundlegende Ausrichtung des (individuellen und/oder des kollektiven) *Verhaltens* moralisch vorschreibt (z.B. soll sich nach J. Bentham das persönliche und das politische Handeln die Verfolgung des ›größtmöglichen Glücks der größtmöglichen Zahl‹ aller Lebewesen zur Aufgabe machen; ↑Utilitarismus). – Neben ↑Ethiken, die nur *ein* grundlegendes M. kennen, gibt es solche (z.B. gewisse ↑Güterethiken, Tugendethiken [↑Tugend] und ↑Wertethiken [↑Wert (moralisch)]), die eine Mehrzahl von gleichrangigen Prinzipien vorschlagen. Hier besteht gegebenenfalls das Problem der Lösung von Konflikten zwischen konkurrierenden Prinzipien. Neben prinzipiengeleiteten Ethiken gibt es solche, denen kein M. zugrunde liegt, sei es, daß sie aus theoretischen Gründen auf ein solches verzichten (so z.B. ↑Situationsethiken), sei es, daß sie faktisch – als lebensweltliche Moralen – eines M.s nicht bedürfen, weil die eine ↑Kultur oder eine kulturelle Formation prägenden moralischen Praxisformen (↑Praxis) und die sie beherrschenden natürlichen und gesellschaftlichen Randbedingungen das Problem weitergehender oder übergreifender moralischer Regelungen nicht aufwerfen.   R. Wi.

moral sense, Bezeichnung eines in der englischen ↑Moralphilosophie des 18. Jhs. angenommenen besonderen Sinnes, der befähigt, unmittelbar zwischen moralisch gut und schlecht, zwischen Recht und Unrecht zu unterscheiden. Moralisch vertretbare, gute oder tugendhafte Handlungen rufen ein Gefühl der Billigung und Einstimmung hervor, Laster ein Gefühl der Mißbilligung bzw. Aversion (↑Gefühl). Der m. s. wird der ↑Sinnlichkeit zugerechnet, gilt aber als eine in sich reflektierte Form der Sinneserfahrung (A. A. C. Earl of Shaftesbury: ›reflected sense‹).

Shaftesbury, Begründer der Philosophie des m. s., bestimmt den m. s. als moralisch-ästhetisches Vermögen. Er beruft sich gegen T. Hobbes' Annahme, moralische Wertungen seien relativ, auf diese Fähigkeit der Unterscheidung von richtig und falsch (sense of right and wrong). Die Unmittelbarkeit und Nichtdiskursivität des m. s. garantiert die Allgemeinheit des moralischen Urteils (jeder kann zutreffende moralische Urteile fällen) und seine Unbestreitbarkeit. Für Shaftesbury gewährleistet der m. s. zugleich die Erfahrung der Einheit des Wahren, Guten und Schönen. F. Hutcheson behandelt die ästhetische Funktion des m. s. getrennt von der moralischen, vom m. s. im engeren Sinne. Der m. s.

gewährleistet die Rezeption von Tugend und Laster sowie von tugend- oder lasterhaften Handlungen Dritter. Ein ›internal sense‹ (↑Sinn, innerer) erschließt darüber hinaus die Harmonie von ↑Tugend und Schönheit (↑Schöne, das). Im Anschluß an Hutchesons Bestimmung des m. s. sehen auch D. Hume, H. Home und A. Ferguson m. s. als Grundlage der ↑Moralität und Voraussetzung des moralischen Handelns an. I. Kant verweist in seinen vorkritischen Schriften im Anschluß an die englische Moralphilosophie auf ein ›unauflösliches Gefühl des Guten‹, das sowohl für das Handeln als auch für die Gottesvorstellung ausschlaggebend ist (Untersuchung über die Deutlichkeit der Grundsätze der natürlichen Theologie und der Moral [1763], Akad.-Ausg. II, 273–301). Die Kritiker der m. s.-Theorie, insbes. R. Price (A Review of the Principal Questions and Difficulties in Morals, 1758), A. Smith (The Theory of Moral Sentiments, 1759), T. Reid (Essays on the Active Powers of Man, Edinburgh, London 1788), aber auch Hume's Mitstreiter H. Home (Essays of the Principles of Morality and Natural Religion, Edinburgh 1751) verknüpfen den m. s. mit einem ihm vorausliegenden rationalen Urteil. In seinen kritischen Schriften schränkt auch Kant die Bedeutung des m. s. ein. Es gibt keinen ›moralischen besonderen Sinn‹, der anstelle der Vernunft das moralische Gesetz bestimmt und als »Bewußtsein der Tugend unmittelbar mit Zufriedenheit und Vergnügen« (KpV A 67, Akad.-Ausg. V, 38), als Bewußtsein des Lasters mit Mißbilligung reagiert. Kant läßt das moralische Gefühl lediglich als Begleitphänomen moralischen Handelns gelten, als Indikator der subjektiven Wirkung des ↑Sittengesetzes, nicht als Indikator objektiver Geltung.

F. Schiller greift die bei Shaftesbury entwickelte moralisch-ästhetische Bedeutung des m. s. wieder auf. Er konstruiert eine Analogie von moralischem und ästhetischem Gefühl, weil beide die Übereinstimmung mit einer Idee anzeigen: nämlich der Idee des Guten und der des Schönen (Über Anmut und Würde [1793], Werke. Nationalausg. XX, 277). Unter der Fragestellung Schillers, wie ein Handeln nach Vernunftprinzipien unter Bedingungen, die die Mündigkeit des Vernunftgebrauchs institutionell ausschließen, möglich sei und vermittelt werden könne, gewinnt die Philosophie des m. s. umfassende Bedeutung. Bei Schiller gilt die Übereinstimmung mit einer Idee im moralischen Gefühl als Grundlage und apriorische Bedingung für die Durchsetzbarkeit des Aufklärungsgedankens, die Unmittelbarkeit der Gegebenheitsweise (Gefühl) als Garantie der allgemeinen Faßlichkeit. In der ›schönen Seele‹, in der ›Geneigtheit‹ zur Tugend, die (noch) nicht philosophisch vermittelt sein muß, sieht Schiller die Möglichkeit, daß eine menschliche Natur vernunftanalog funktioniert. Die Erreichbarkeit einer quasi-natürlichen Mo-

ralität, eine prädiskursive und darum allen zugängliche Vorbereitung der Moralität des Handelns im moralischen Verhalten, wird zur Grundlage der Konzeption der ästhetischen Erziehung. Die hier begründete Analogie von Ästhetik und Praktischer Philosophie (Moralphilosophie bzw. Handlungslehre) wirkt bis in die gegenwärtige Diskussion. Schillers Konzeption des m. s. bestimmt überdies die Grundlagendiskussion der idealistischen Philosophie (F. Hölderlin, G. W. F. Hegel; ↑Idealismus, deutscher) und führt zur Kritik am Formalismus der Praktischen Philosophie Kants. Die platonische Komponente der Philosophie des m. s., die bei Shaftesbury und Schiller mitschwingt, wird zu einer eigenen metaphysischen Konzeption der Erfahrung von Wahrheit durch Schönheit oder Liebe (bzw. Harmonie) ausgeweitet. – In neueren Überlegungen (F. Brentano, E. Husserl, M. Scheler) wiederholt sich die Intention der Kantkritik. Die Bedeutung des m. s. wird aber modifiziert. Die Geltung materialer ethischer Aussagen wird durch die Apriorität (nicht die Sinnlichkeit) des moralischen Gefühls gewährleistet (↑Intuitionismus (ethisch)). A. J. Ayer (Language, Truth and Logic, 1936) modifiziert in seiner emotiven Theorie der Ethik (↑Emotivismus) die Konzeption des m. s. auf der Grundlage einer empiristischen Erkenntnistheorie. Moralische wie auch ästhetische Urteile beschreiben nicht individuelle Gefühle der Billigung oder Mißbilligung, sondern haben lediglich den logischen Charakter von Ausrufen (exclamations).

Literatur: A. J. Ayer, Language, Truth and Logic, London, New York 1936, London ²1946, Basingstoke 2004 (= Writings on Philosophy I); J. Balguy, The Foundation of Moral Goodness, I–II, London 1728/1729 (repr. in 1 Bd., ed. R. Wellek, New York/London 1976), ²1731/1733; J. Bonar, M. S., London/New York 1930 (repr. Bristol 1994), 2002; C. R. Brown, M. S. Theorists, in: L. C. Becker/C. B. Becker (eds.), Encyclopedia of Ethics II, New York/London 1992, 862–868; ders., M. S., NDHI IV (2005), 1504–1506; S. Clarke, A Discourse Concerning the Unchangeable Obligations of Natural Religion and the Truth and Certainty of the Christian Revelation [...], London 1706 (repr. mit ›A Demonstration of the Being and Attributes of God‹ in 1 Bd., Stuttgart-Bad Cannstatt, 1964), ⁶1724; J. Deschamps, Moral (sens), Enc. philos. universelle II/2 (1990), 1684; A. Ferguson, Institutes of Moral Philosophy, Edinburgh 1769 (repr. London/Bristol 1994), erw. ³1785, Basel 1800; B. Gräfrath, M. S. und praktische Vernunft. David Humes Ethik und Rechtsphilosophie, Stuttgart 1991, bes. 5–44 (Kap. 2 Die Metaethik des David Hume); H. Home, Elements of Criticism, I–III, Edinburgh/London 1762 (repr. Hildesheim/New York 1970), ed. P. Jones, Indianapolis Ind. 2005; D. Hume, A Treatise of Human Nature, Being an Attempt to Introduce the Experimental Method of Reasoning into Moral Subjects, I–III, London 1739–1740 (repr. in 1 Bd., ed. L. A. Selby-Bigge, Oxford 1888, 1967), in 1 Bd., Oxford 2007; ders., Enquiries Concerning the Human Understanding and Concerning the Principles of Morals. Reprinted from the Posthumous Edition of 1777, ed. L. A. Selby-Bigge, Oxford 1902, ³1975, 2008; F. Hutcheson, An Inquiry into the

Original of Our Ideas of Beauty and Virtue, in Two Treatises, London 1725 (repr. Hildesheim 1971, 1990 [= Collected Works I]), Indianapolis Ind. 2008; ders., An Essay on the Nature and Conduct of the Passions and Affections. With Illustrations on the M. S., London 1728 (repr. Hildesheim 1971, 1990 [= Collected Works II]), Manchester 1999; ders. (ed.), Letters Concerning the True Foundation of Virtue or Moral Goodness, Wrote in a Correspondence Between Mr. Gilbert Burnet, and Mr. Francis Hutcheson, London 1735, Glasgow 1772 (repr. in: ders., Collected Works VII [Opera Minora], Hildesheim 1971, 1990, 1–95); ders., A System of Moral Philosophy, in Three Books, I–II, London/Glasgow 1755 (repr. Hildesheim 1969, 1990 [= Collected Works V–VI], London 2005); H. Jensen, Motivation and the M. S. in Francis Hutcheson's Ethical Theory, The Hague 1971; I. Kant, Untersuchung über die Deutlichkeit der Grundsätze der natürlichen Theologie und der Moral [1763], Akad.-Ausg. II, 273–301; ders., Grundlegung zur Metaphysik der Sitten [1785], Akad.-Ausg. IV, 385–463; ders., Kritik der praktischen Vernunft [1788], Akad.-Ausg. V, 1–163; D. F. Norton, M. S., TRE XXIII (1994), 284–291; H. Panknin-Schappert, Innerer Sinn und moralisches Gefühl. Zur Bedeutung eines Begriffspaares bei Shaftesbury und Hutcheson sowie in Kants vorkritischen Schriften, Hildesheim/Zürich/New York 2007; C.-G. Park, Das moralische Gefühl in der britischen M.-S.-Schule und bei Kant, Diss. Tübingen 1995; R. Pohlmann, Gefühl, moralisches, Hist. Wb. Ph. III (1974), 96–98; R. Price, A Review of the Principle Questions and Difficulties in Morals, London 1758, unter dem Titel: A Review of the Principle Questions in Morals, ³1787, Oxford 1948, 1974; D. D. Raphael, The M. S., London 1947; ders., M. S., DHI III (1973), 230–235; F. Schiller, Über Anmut und Würde, Neue Thalia NF 3 (1793), 115–230, Nachdr. in: L. Blumenthal/B. v. Wiese (eds.), Schillers Werke. Nationalausgabe XX (Philosophische Schriften 1), Weimar 1962 (repr. 1986), 251–308; W. H. Schrader, Ethik und Anthropologie in der englischen Aufklärung. Der Wandel der M.-S.-Theorie von Shaftesbury bis Hume, Hamburg 1984; A. A. C. Shaftesbury, An Inquiry Concerning Virtue, or Merit [1669], in: ders., Characteristics of Men, Morals, Opinions, Times II, London 1711 (repr. Hildesheim/New York 1978), 5–176, I–II in 1 Bd., ed. L. E. Klein, Cambridge 1999, 2001, 163–230; A. Smith, The Theory of Moral Sentiments, London, Edinburgh 1759, Cambridge etc., New York 2009; E. Sprague, M. S., Enc. Ph. V (1967), 385–287; J. A. Taylor, M. S. Theories, REP VI (1998), 545–548; J. Q. Wilson, The M. S., New York, Toronto 1993, New York 1997 (dt. Das moralische Empfinden. Warum die Natur des Menschen besser ist als ihr Ruf, Hamburg 1994; franz. Le sens moral, Paris 1995). A. G.-S.

More, Henry, *Grantham (Lincolnshire) 12. Okt. 1614, †Cambridge 1. Sept. 1687, engl. Philosoph, neben R. Cudworth der bedeutendste Vertreter der Schule von Cambridge (↑Cambridge, Schule von). 1631 Studium in Christ's College (Cambridge) unter dem Einfluß neuplatonistischer (E. Fowler, J. Worthington) und kabbalistischer (J. Mead, ↑Kabbala) Ideen, B. A. 1636, M. A. 1639, ab 1639 Fellow of Christ's College, 1664 Mitglied der »Royal Society«. Unter seinen Schülern A. Conway (1631–1679), zu deren Kreis später auch F. M. van Helmont gehörte und deren religiöse und kabbalistische Vorstellungen M. stark beeinflußten (auf ihr Drängen

hin schreibt M. die »Conjectura cabbalistica«, 1653). Kirchliche Ämter und Berufungen lehnte er ab (darunter zweimal die angebotene Bischofswürde). – M. wendet sich, ebenso wie Cudworth, gegen T. Hobbes' Materialismus (↑Materialismus (historisch)) und einen puritanischen Dogmatismus. Sein Versuch, die für den Cambridger Platonismus charakteristischen Positionen eines christlichen ↑Platonismus und Lehrmeinungen R. Descartes' miteinander zu verbinden (Briefwechsel mit Descartes 1648–1649), bleibt erfolglos. M. bezeichnet später (The Immortality of the Soul, 1659; Divine Dialogues, 1668; Enchiridion metaphysicum, 1671) ↑Mechanismus und ↑Atheismus als Konsequenzen auch der Cartesischen Philosophie; zugleich wendet er sich mit einer spiritualistischen Konzeption (↑Spiritualismus) gegen deren immanenten ↑Skeptizismus. Auch seine Kontroverse mit R. Boyle, ausgelöst durch seine spiritualistische Interpretation der Boyleschen Experimente im »Enchiridion metaphysicum« (und in der 3. Auflage [1662] von »An Antidote against Atheisme«), betrifft M.s wachsende Opposition gegen mechanistische Reduktionen in der Naturerklärung (↑Weltbild, mechanistisches).

Analog zu Cudworths Konzeption einer ›plastischen Natur‹ (›plastick nature‹) macht für M. die Erklärung natürlicher Phänomene die Annahme immaterieller Substanzen neben der ↑Materie erforderlich. Hinter der Wirksamkeit dieser Substanzen gegenüber den als Aggregate von ↑Monaden bestimmten physikalischen Körpern steht der direkte und andauernde Einfluß Gottes auf seine Schöpfung. Gemeinsame Grundlage von Materie und Geist ist der (leere und unendliche) Raum, in den die (endliche) physische Welt eingebettet ist und der die faktische Wechselwirkung beider Cartesischer Substanzen (↑Dualismus, ↑Leib-Seele-Problem) verständlich macht. Der Raum ist real, wie M. mit unterschiedlichen Argumenten, z. B. bezüglich der Meßbarkeit und Durchdringbarkeit des Raumes, darzulegen sucht, und ebenso wie die physikalische Kraft göttlicher Art (Identifikation des Raumes mit Gott). In seiner Kritik an Descartes' Begriff der Materie bzw. an der Cartesischen Identifikation von Ausdehnung und Materie wird M. zeitweise zum Verbündeten I. Newtons, der seinerseits unter dem Einfluß von M.s Platonismus und dessen mystisch-spiritualistischem ↑Synkretismus gerät (z. B. in der Auffassung des physikalischen Raumes als göttlicher Repräsentanz).

Auf M.s Synkretismus und dessen neuplatonistischen und kabbalistischen Quellen – M. schreibt selbst einen kabbalistischen ›Katechismus‹ und publiziert in der von C. Knorr v. Rosenroth herausgegebenen »Kabbala denudata« (I–II, Sulzbach 1677/1684) – beruht auch seine Vorstellung von der Vernünftigkeit des Christentums bzw. von der Harmonie von Glauben und Wissen. Er schreibt gegen Calvinisten, Katholiken und Atheisten

(An Explanation of the Grand Mystery of Godliness, 1660) sowie gegen religiösen Enthusiasmus (Enthusiasmus triumphatus [...], 1656, 1662); sein Versuch, einen Gottesbeweis zu führen (An Antidote against Atheisme, 1652), besteht in einem ersten Teil aus der Darlegung des ontologischen Arguments (↑Gottesbeweis), in einem zweiten Teil aus Hinweisen auf eine göttliche Ordnung natürlicher Dinge und in einem dritten Teil aus einer eigentümlichen Sammlung von Hexen- und Geistergeschichten als empirischem Nachweis spiritueller Kräfte. Maßgebenden Einfluß auf zeitgenössisches Denken hatte insbes. M.s ethisches Werk, das Aristotelische Konzeptionen auf einer christlichen Grundlage vertritt (Enchiridion ethicum, 1668). Metaphysische Themen sind Gegenstand auch der vom Stil E. Spensers beeinflußten allegorischen Lyrik M.s (Philosophicall Poems, 1647). Seine Edition eines zuerst 1666 erschienenen Werkes von J. Glanvill (unter dem Titel: Saducismus triumphatus, or, Full and Plain Evidence Concerning Witches and Apparitions, London 1681) versah M. mit eigenen Erweiterungen.

Werke: ΨΥΧΩΔΙΑ platonica, or A Platonicall Song of the Soul [...], Cambridge 1642, ferner in: Philosophicall Poems [s.u.], 1647, unter dem Titel: A Platonick Song of the Soul, ed. A. Jacob, Lewisburg Pa., London 1998; Democritus platonissans, or, An Essay upon the Infinity of Worlds out of Platonick Principles [...], Cambridge 1646 (repr. unter dem Titel: Democritus platonissans, Los Angeles 1968); Philosophicall Poems, Cambridge 1647, ²1647 (repr. Menston 1969), unter dem Titel: Philosophical Poems. Comprising Psychozoia and Minor Poems, ed. G. Bullough, Manchester 1931; [unter Pseudonym: Alazonomastix Philalethes] Observations upon Anthroposophia theomagica, and Anima magica abscondita [...], Parrhesia [i.e. London] 1650, ferner in: Enthusiasmus triumphatus [s.u.], [1655], 63–145; The Second Lash of Alazonomastix, Laid on in Mercie Upon that Stubborn Youth Eugenius Philalethes. Or A Sober Reply to a very Uncivill Answer to Certain Observations Upon Anthroposophia Theomagica, and Anima magica abscondita. [Mit zweitem Titelblatt:] The Second Lash of Alazonomastix. Containing a Solid and Serious Reply to a Very Uncivill Answer to Certain Observations upon Anthroposofia theomagica and Anima magica abscondita, o.O. [London] 1651, ferner in: Enthusiasmus triumphatus [s.u.], [1655], 149–287; An Antidote against Atheisme [ab ²1655: Atheism], or An Appeal to the Natural [²1655: Naturall] Faculties of the Minde of Man, whether there be not a God, London 1653, ²1655 (repr. Bristol 1997), ferner in: A Collection of Several Philosophical Writings [s.u.], 2[3]1662, ⁴1712 [nimmt die Erweiterungen der lat. Ausgabe auf] (lat. [erw.] Antidotus adversùs atheismum. Sive Ad naturales mentis humanae facultates provocatio annon sit deus, in: Opera omnia [s.u.] III, 17–143); Conjectura cabbalistica. Or, A Conjectural Essay of Interpreting the Minde of Moses, According to a Threefold Cabbala, Viz. Literal, Viz. Philosophical, Viz. Mystical, or, Divinely Moral, London 1653 (repr. Bristol 1997), in: A Collection of Several Philosophical Writings [s.u.], ²1662, ⁴1712 [i.e. 1713] (lat. Conjectura cabbalistica, sive Mentis Mosaicae in tribus primis captitibus geneseos, secundùm triplicem cabbalam viz. literalem, viz. philosophicam, viz. mysticam sive divino-moralem interpretatio, in: Opera omnia [s.u.] III,

461–494); [unter Pseudonym: Philophilus Parresiastes] Enthusiasmus triumphatus, or, A Discourse of the Nature, Causes, Kinds, and Cure, of Enthusiasme, London 1656 (repr. Bristol 1997), mit Untertitel: A Brief Discourse [...], in: A Collection of Several Philosophical Writings [s.u.], ²1662 (repr. Los Angeles 1966), ⁴1712 (lat. Enthusiasmus triumphatus. Sive De natura, causis, generibus & curatione enthusiasmi brevis dissertatio, in: Opera omnia [s.u.] III, 185–226); The Immortality of the Soul, so farre forth as it is Demonstrable from the Knowledge of Nature and the Light of Reason, London 1659 (repr. Bristol 1997), ferner in: A Collection of Several Philosophical Writings [s.u.], ²1662, ⁴1712 [i.e. 1713], ed. A. Jacob, Dordrecht/Boston Mass./Lancaster 1987 (lat. Immortalitas animae [...], übers. v. T. Standish, in: Opera omnia [s.u.] III, 273–459); An Explanation of the Grand Mystery of Godliness, or, A True and Faithfull Representation of the Everlasting Gospel of Our Lord and Saviour Jesus Christ [...], London 1660 (repr. Bristol 1997) (lat. Magni mysterii pietatis explanatio, sive Vera ac fidelis repraesentatio aeterni evangelii domini ac servatoris nostri Jesu Christi [...], in: Opera omnia [s.u.] I, 49–443), Nachdr. von Buch VII, Kap. XIV–XVII, unter dem Titel: Tetractys antiastrologica, or, The Four Chapters in the Explanation of the Grand Mystery of Godliness, which Contain a Brief but Solid Confutation of Judiciary Astrology [...], London 1681; A Collection of Several Philosophical Writings [...]. As Namly, His Antidote against Atheism, His Appendix to the Said Antidote, His Enthusiasmus triumphatus, His Letters to Des-Cartes & c., His Immortality of the Soul, His Conjectura cabbalistica, London 1662 (repr. New York 1978) [Erstveröffentlichung auch von »Epistola ad V.C.«], ⁴1712[/1713]; A Modest Enquiry into the Mystery of Iniquity, the First Part [...], London 1664 (lat. Modesta inquisitio in mysterium iniquitatis. Pars prior [...], in: Opera omnia [s.u.] I, 445–575); Synopsis Prophetica, or, The Second Part of the Enquiry into the Mystery of Iniquity [...], zusammen mit: A Modest Enquiry [s.o.], London 1664 (lat. Synopsis prophetica. Sive Inquisitionis in mysterium iniquitatis pars posterior [...], in: Opera omnia [s.u.] I, 577–778); Epistola H. Mori ad V.C. quae Apologiam complectitur pro Cartesio, quaeque introductionis loco esse poterit ad universam philosophiam Cartesianam, London 1664, Nachdr. als Anhang in: Enchiridion Ethicum [s.u.] [ab ²1669], ferner in: Opera omnia [s.u.] II, 105–129; Enchiridion ethicum, praecipua moralis philosophiae rudimenta complectens [...], London 1668 [1667], ²1669, ³1679 [= Opera Omnia (s.u.) II, 1–103], Amsterdam 1679, 1695, London ⁴1711 (engl. An Account of Virtue. Or Dr. H. M.'s Abridgement of Morals Put into English, trans. E. Southwell, London 1690 [repr. New York 1930, Bristol 1997], ²1701); [unter Pseudonym: Franciscus Paleopolitanus] Divine Dialogues, Containing Sundry Disquisitions & Instructions Concerning the Attributes of God and His Providence in the World. [Auf zweitem Titelblatt:] The Two Last Dialogues, Treating of the Kingdome of God within and without Us [...], London 1668, zusammen mit: Divine Dialogues [...]. The Three First Dialogues [s.u.], ²1713 (lat. Dialogorum Divinorum postremi duo [...], in: Opera omnia [s.u.] III, 644–749); [unter Pseudonym: F.P.] Divine Dialogues, Containing Sundry Disquisitions & Instructions Concerning the Attributes and Providence of God. The Three First Dialogues, London 1668, unter dem Titel: Divine Dialogues, Containing Sundry Disquisitions & Instructions Concerning the Attributes of God and His Providence in the World, zusammen mit: The Two Last Dialogues [s.o.], ²1713 (lat. Dialogi divini [...]. Tres primi dialogi, in: Opera omnia [s.u.] II, 637–772), Neudr. [nur der ersten drei

Dialoge, ohne Pseudonym], unter dem Titel: Divine Dialogues. Containing Disquisitions Concerning the Attributes and Providence of God, I–III [in einem Bd.], Glasgow 1743; An Exposition of the Seven Epistles to the Seven Churches, together with A Brief Discourse of Idolatry [...], London 1969 (lat. Expositio prophetica septem epistolarum ad septem ecclesias asiaticas [...], in: Opera omnia [s. u.] I, 779–824); Enchiridion metaphysicum. Sive De rebus incorporeis succincta & luculenta dissertatio. Pars prima: De existentia & natura rerum in corporearum in genere [...], London 1671 (repr. Bristol 1997), ferner in: Opera omnia [s. u.] II, 131–334 (engl. H. M.'s Manual of Metaphysics. A Translation of the »Enchiridium metaphysicum« [1679], I–II, Hildesheim/Zürich/New York 1995); A Brief Reply to a Late Answer to Dr. H. M.. His Antidote Against Idiolatry [...], London 1672 [mit Text der Antidote against Idolatry (= überarbeitete Fassung von: A Brief Discourse of Idolatry)]; [Einheitssachtitel] Opera omnia, I–III, London o. J. [1675]–1679 (repr. I–II/2, ed. S. Hutin, Hildesheim 1966) [überarbeitete lat. Neuedition einer Auswahl der bis 1679 einzeln erschienenen Schriften] (I Opera theologica, anglice quidem primitùs scripta, nunc verò per autorem latine reddita [repr. als: Opera omnia I], II Opera omnia, tum quae latine, tum quae anglice scripta sunt. Nunc vero latinate donate [...]. Scriptorum philosophicorum tomus prior [...] [repr. als: Opera omnia II/1], III Scriptorum philosophicorum tomus alter [repr. als: Opera omnia II/2]); Remarks Upon Two Late Ingenious Discourses. The One, An Essay Touching the Gravitation and Non-Gravitation of Fluid Bodies. The Other, Observations Touching the Torricellian Experiment. So far forth as They May Concern any Passages in His »Enchiridium metaphysicum«, London 1676 (lat. Adnotamenta in duas ingeniosas Dissertationes. Alteram, Tentamen de gravitatione et non-gravitatione corporum fluidorum. Alteram, Difficiles Nugas, sive Observationes circa experimentum Torricellianum appellatas [...], in: Opera omnia [s. o.] I, 351–419); Demonstrationis duarum praepositionum, viz. [Ad substantiam quatenus substantia est, necessariam existentiam pertinere, &, unicam in mundo substantiam esse,] quae praecipuae apud Spinozium atheismi sunt columnae, brevis solidaque Confutatio, in: Opera omnia [s. o.] II, 615–635, unter dem Titel: H. M.'s Refutation of Spinoza [lat./engl.], ed. u. trans. A. Jacob, Hildesheim/Zürich/New York 1991; An Answer to a Letter of a Learned Psychopyrist [Joseph Glanvill] Concerning the True Notion of a Spirit Exhibited in the Foregoing Discourse, London 1681, ferner in: J. Glanvill, Saducismus triumphatus. Or, Full and Plain Evidence Concerning Witches and Apparitions, ed. H. More, London ²1682 [mit eigener Seitenzählung], ³1689 (repr. Gainesville Fla. 1966), 189–253, ⁴1726, 105–161; [anonym] A Brief Discourse of the Real Presence of the Body and Blood of Christ in the Celebration of the Holy Eucharist [...], London 1686, ²1686; Discourses on Several Texts of Scripture, ed. J. Worthington, London 1692; A Collection of Aphorisms, London 1704; Divine Hymns. Upon the Nativity, Passion, Resurrection, and Ascension, of Our Lord and Saviour Jesus Christ, London 1706; The Theological Works [...]. According to the Author's Improvements in His Latin Edition, London 1708; The Complete Poems of Dr. H. M. (1614–1687). [...], ed. A. B. Grosart, Edinburgh 1878 (repr. New York 1967, Hildesheim 1969) [basierend auf der 2. Aufl. von: Philosophicall Poems (s. o.)]; Philosophical Writings, ed. F. I. MacKinnon, New York/London 1925 (repr. New York 1969); Philosophical Poems of H. M.. Comprising Psychozoia and Minor Poems, ed. G. Bullough, Manchester 1931. – Epistolae quattuor ad Renatum Des-Cartes, in: A Collection of Several Philosophical Writings [s. o.], ferner

in: Opera omnia [s. u.] III, 227–271; [Briefwechsel mit Descartes] in: R. Descartes, Lettres de Mr. Descartes I, Paris 1657; Letters Philosophical and Moral between the Author and Dr. H. M., in: J. Norris, The Theory and Regulation of Love. A Moral Essay, Oxford 1688 (repr. Bristol 2001), 144–238, London ⁷1723, 129–208; Letters on Several Subjects [...], ed. E. Elys, London 1694; Two Letters Concerning Self-Love [...], with Another to William Penn Esq. about Baptism and the Lord's-Supper, London 1708; A Letter to William Penn, Esq., Concerning Baptism and the Lord's Supper, and some Usages of the Quakers, in: R. Ward, The Life of the Learned [...] [s. u., Lit.], 311–350, separat [mit falscher Schreibung: H. Moore]: Philadelphia Pa. 1819; Select Letters Written upon Several Occasions, in: R. Ward, The Life of the Learned and Pious Dr. H. M. [s. u., Lit.], 243–362; Conway Letters. The Correspondence of Anne, Viscountess Conway, H. M., and Their Friends, 1642–1684, ed. H. M. Nicolson, New Haven Conn., Oxford 1930, unter dem Titel: The Conway Letters [...], rev. ed. S. Hutton, Oxford/New York 1992; [Briefwechsel mit Descartes] in: R. Descartes, Correspondance avec Arnauld et Morus [lat./franz.], ed. G. Lewis, Paris 1953, 94–187; Anne Conway et H. M.. Lettres sur Descartes (1650–1651), ed. A. Gabbey, Arch. philos. 40 (1977), 379–404. – R. Crocker, A Bibliography of H. M., in: S. Hutton (ed.), H. M. [s. u., Lit.], 219–234; ders., Bibliography. 1.2 M.'s Works, in: ders., H. M., 1614–1687 [s. u., Lit.], 207–215; Totok IV (1981), 228–231.

Literatur: P. R. Anderson, Science in Defense of Liberal Religion. A Study of H. M.'s Attempt to Link Seventeenth Century Religion with Science, New York 1933; W. H. Austin, M., DSB IX (1974), 509–510; L. Benitez Grobet, Is Descartes a Materialist? The Descartes-M. Controversy about the Universe as Indefinite, Dialogue. Canadian Philos. Rev. 49 (2010), 517–526; M. Boylan, H. M.'s Space and the Spirit of Nature, J. Hist. Philos. 18 (1980), 395–405; J.-L. Bretau, M., Enc. philos. universelle III/1 (1992), 1355–1356; C. C. Brown, H. M.'s ›Deep Retirement‹. New Material on the Early Years of the Cambridge Platonist, Rev. Engl. Stud. NS 20 (1969), 445–454; ders., The Mere Numbers of H. M.'s Cabbala, Stud. Engl. Lit. 10 (1970), 143–153; E. A. Burtt, The Metaphysical Foundations of Modern Physical Science. A Historical and Critical Essay, London, New York 1925 (repr. London/New York 2001), London ²1932, 127–144, Atlantic Highlands N. J. 1996, 135–150; E. Cassirer, Die Platonische Renaissance in England und die Schule von Cambridge, Leipzig/Berlin 1932, ferner in: ders., Individuum und Kosmos in der Philosophie der Renaissance. Die Platonische Renaissance in England und die Schule von Cambridge, Hamburg 2002, 221–380 (= Ges. Werke XIV) (engl. The Platonic Renaissance in England, Edinburgh/London, Austin Tex. 1953, Neudr. New York 1970); L. D. Cohen, Descartes and H. M. on the Beastmachine. A Translation of Their Correspondence Pertaining to Animal Automatism, Ann. Sci. 1 (1936), 48–61; R. L. Colie, Light and Enlightenment. A Study of the Cambridge Platonists and the Dutch Arminians, Cambridge 1957, 66–116; B. P. Copenhaver, Jewish Theologies of Space in the Scientific Revolution: H. M., Joseph Raphson, Isaac Newton and Their Predecessors, Ann. Sci. 37 (1980), 489–548; A. Coudert, A Cambridge Platonist's Kabbalist Nightmare, J. Hist. Ideas 36 (1975), 633–652; dies., H. M., the Kabbalah, and the Quakers, in: R. Kroll/R. Ashcraft/P. Zagorin (eds.), Philosophy, Science, and Religion in England 1640–1700, Cambridge etc. 1992, 2008, 31–67; G. R. Cragg (ed.), The Cambridge Platonists, London/New York 1968, Lanham Md. o. J. [1985]; P. Cristofolini, Cartesiani e sociniani. Studio su H. M., Urbino 1974; R. Crocker, H. M. and the Preexistence of the Soul, in: ders. (ed.), Religion, Reason and Nature in Early Modern Europe, Dordrecht/Boston Mass./London 2001, 77–96; ders., H. M., 1614–1687. A Biographie of the Cambridge Platonist, Dordrecht/Boston Mass./London 2003 (mit Bibliographie, 205–237); D. C. Fouke, The Enthusiastical Concerns of Dr. H. M.. Religious Meaning and the Psychology of Delusion, Leiden/New York/Köln 1997; A. Gabbey, Philosophia Cartesiana Triumphata. H. M. (1646–1671), in: T. M. Lennon/J. M. Nicholas/J. W. Davis (eds.), Problems of Cartesianism, Toronto 1982, 171–250; ders., Cudworth, M., and the Mechanical Analogy, in: R. Kroll/R. Ashcraft/P. Zagorin (eds.), Philosophy, Science, and Religion in England 1640–1700 [s. o.], 109–127; ders., H. M. lecteur de Descartes. Philosophie naturelle et apologétique, Arch. philos. 58 (1995), 355–369; R. A. Greene, H. M. and Robert Boyle on the Spirit of Nature, J. Hist. Ideas 23 (1962), 451–474; A. R. Hall, H. M.. Magic, Religion and Experiment, Oxford/Cambridge Mass. 1990, unter dem Titel: H. M. and the Scientific Revolution, Cambridge etc. 1997; J. Henry, A Cambridge Platonist's Materialism. H. M. and the Concept of Soul, J. Warburg Courtauld Institutes 49 (1986), 172–195; ders., H. M. and Newton's Gravity, Hist. Sci. 31 (1993), 83–97; ders., M., SEP 2007; J. Hoyles, The Waning of the Renaissance 1640–1740. Studies in the Thought and Poetry of H. M., John Norris and Isaac Watts, The Hague 1971; S. Hutin, L'influence d'H. M. sur la théorie newtonienne de l'espace et du temps, Filosofia 15 (1964), 765–774, Nachdr. in: ders., Trois études sur H. M. [s. u.], 31–40; ders., Trois études sur H. M., Turin 1964; ders., H. M.. Essai sur les doctrines théosophiques chez les Platoniciens de Cambridge, Hildesheim 1966; S. Hutton (ed.), H. M. (1614–1687). Tercentenary Studies, Dordrecht/Boston Mass./London 1990; dies., Anne Conway critique d'H. M.. L'esprit et la matière, Arch. philos. 58 (1995), 371–384; dies., H. M. and Anne Conway on Preexistence and Universal Salvation, in: M. Baldi (ed.), »Mind Senior to the World«. Stoicismo et origenismo nella filosofia platonica del Seicento inglese, Mailand 1996, 113–125; dies., M., in: A. Pyle (ed.), The Dictionary of Seventeenth-Century British Philosophers II, Bristol 2000, 588–593; dies., M., in: P. B. Dematteis/P. S. Fosl (eds.), British Philosophers 1500–1799, Detroit Mich. etc. 2002 (Dictionary of Literary Biography 252), 264–273; A. Jacob, H. M.'s »Psychodia Platonica« and Its Relationship to Ficino's »Theologia Platonica«, J. Hist. Ideas 46 (1985), 503–522; ders., The Metaphysical Systems of H. M. and Isaac Newton, Philos. Nat. 29 (1992), 69–93; M. Jammer, Concepts of Space. The History of Theories of Space in Physics, Cambridge Mass. 1954, [3]1993, 40–50 (dt. Das Problem des Raumes. Die Entwicklung der Raumtheorien, Darmstadt 1960, [2]1980, 41–51); J. E. Jenkins, Arguing about Nothing. H. M. and Robert Boyle and the Theological Implications of the Void, in: M. J. Osler (ed.), Rethinking the Scientific Revolution, Cambridge etc. 2000, 153–179; A. Koyré, From the Closed World to the Infinite Universe, Baltimore Md. 1957, 1991, 110–154 (franz. Du monde clos à l'univers infini, Paris 1962, 109–149, 2009, 139–188; dt. Von der geschlossenen Welt zum unendlichen Universum, Frankfurt 1969, 2008, 105–143); I. Kringler, H. M.s Monadenbegriff in der »Conjectura Cabbalistica«, in: H.-P. Neumann (ed.), Der Monadenbegriff zwischen Spätrenaissance und Aufklärung, Berlin/New York 2009, 65–85; A. Lichtenstein, H. M.. The Rational Theology of a Cambridge Platonist, Cambridge Mass. 1962; S. I. Mintz, The Hunting of Leviathan. Seventeenth-Century Reactions to the Materialism and Moral Philosophy of Thomas Hobbes, Cambridge 1962 (repr. Bristol 1996), 1970, 80–95; M. H. Nicolson, The Breaking of the Circle. Studies in the Effect of the »New Science« upon Seventeenth Century Poetry, Evanston Ill. 1950, rev. New York 1960, 1985; M. J. Osler, Triangulating Divine Will. H. M., Robert Boyle, and René Descartes on God's Relationship to the Creation, in: M. Baldi (ed.), »Mind Senior to the World«. Stoicismo et origenismo nella filosofia platonica del Seicento inglese, Mailand 1996, 75–88; A. Pacchi, H. M. cartesiano, Riv. crit. stor. filos. 26 (1971), 3–19, 115–140; ders., Cartesio in Inghilterra. Da M. a Boyle, Rom/Bari 1973; J. Passmore, M., Enc. Ph. V (1967), 387–389; J. E. Power, H. M. and Isaac Newton on Absolute Space, J. Hist. Ideas 31 (1970), 289–296; F. J. Powicke, The Cambridge Platonists. A Study, London/Toronto 1926 (repr. Hildesheim/New York, Westport Conn. 1970, Mansfield Centre Conn. 2006), Hamden Conn. 1971, 150–173; J. Reid, H. M. on Material and Spiritual Extension, Dialogue. Canadian Philos. Rev. 42 (2003), 531–558; ders., The Evolution of H. M.'s Theory of Divine Absolute Space, J. Hist. Philos. 45 (2007), 79–102; G. A. J. Rogers, Die Cambridger Platoniker. 2. H. M., in: J.-P. Schobinger (ed.), Die Philosophie des 17. Jahrhunderts III/1 (England), Basel 1988, 255–267 (mit Bibliographie, 241–245); ders./J. M. Viene/Y. C. Zarka (eds.), The Cambridge Platonists in Philosophical Context. Politics, Metaphysics and Religion, Dordrecht/Boston Mass./London 1997; H. P. Schütt, Zu H. M.s Widerlegung des Spinozismus, in: K. Cramer/W. G. Jacobs/W. Schmidt-Biggemann (eds.), Spinozas Ethik und ihre frühe Wirkung, Wolfenbüttel 1981 (Wolfenbütteler Forschungen XVI), 19–50; A. Schulze, Der Einfluß der Kabbala auf die Cambridger Platoniker Cudworth und M., Judaica 23 (1967), 75–126, 136–160, 193–240; R. W. Sharples, M. on Plato, Meno 82c2–3, Phronesis 34 (1989), 220–226; E. Sprague, Hume, H. M., and the Design Argument, Hume Stud. 14 (1988), 305–327; C. A. Staudenbaur, Galileo, Ficino, and H. M.'s »Psychatanasia«, J. Hist. Ideas 29 (1968), 565–578; G. Stolwitzer, M., DP II ([2]1993), 2046–2048; J.-M. Vienne, La morale au risque de l'interpretation. L'«Enchiridion Ethicum« d'H. M., Arch. philos. 58 (1995), 385–403; R. Ward, The Life of the Learned and Pious Dr. H. M. [...]. To Which Are Annex'd Divers of His Useful and Excellent Letters, London 1710, ed. M. F. Howard, 1911 (repr. Bristol 1997), unter dem Titel: The Life of H. M.. Parts 1 and 2, ed. S. Hutton u. a., Dordrecht/Norwell Mass. 2000; C. Webster, H. M. and Descartes. Some New Sources, Brit. J. Hist. Sci. 4 (1969), 359–377; F. Wöhrer, M., BBKL VI (1993), 109–111; R. Zimmermann, H. M. und die vierte Dimension des Raumes, Sitz.ber. Kaiserl. Akad. Wiss. [Wien], philos.-hist. Cl. 98 (1881), 403–448.   J. M.

More (latinisiert: Morus), Sir Thomas, *London 7. Febr. 1478, †6. Juli 1535, engl. Staatsmann, Humanist und Schriftsteller. Ab 1492 Studium der klassischen Sprachen in Oxford, 1494–1496 der Rechtswissenschaft in London, anschließend Richtertätigkeit. Studienaufenthalte in Löwen und Paris. Als Mitverfasser verteidigte M. 1523 die »Assertio Septem Sacramentorum« Heinrichs VIII. gegen Angriffe M. Luthers. Im gleichen Jahr Wahl zum Sprecher des Unterhauses, 1529 Lordkanzler, 1532 Rücktritt aus Protest gegen die Heirats- und Kirchenpolitik Heinrichs VIII.. Die Weigerung, den König als Oberhaupt der englischen Kirche anzuerkennen, führt zu einem Hochverratsverfahren, das mit einem Todesurteil endet. 1886 Seligsprechung, 1935 Heiligsprechung durch die Katholische Kirche. – M. ist Vertreter der Renaissance-Philosophie (enge Kontakte zu den Humanisten J. Colet, W. Grocyn und T. Linacre, ↑Renaissance). Lateinisch verfaßte Gedichte und Epigramme sowie eine Übersetzung griechischer Dialoge Lukians ins Lateinische zeigen M. als hervorragenden Latinisten. Die Wiederaufnahme der griechischen Philosophie, die Vorrangstellung der Ethik und der Wunsch nach Reformen im sozialen, politischen, kirchlichen und erzieherischen Bereich kennzeichnen sein Werk. Stark beeinflußt durch seinen Freund Erasmus von Rotterdam, rezipiert M. den ↑Epikureismus, den er aus der Lebensbeschreibung Epikurs von Diogenes Laertios, aus M. T. Ciceros »De finibus« und durch die von Erasmus in »De contemptu mundi« christianisierte Interpretation kennt. Hierher stammt auch der philosophische Gehalt seines berühmten, die literarische Gattung des utopischen Staatsromans (↑Utopie) für die Neuzeit begründenden Hauptwerks »De optimo reipublicae statu deque nova insula utopia« (1516). In engem zeitlichen und – entgegen dem Augenschein – sachlichen Zusammenhang mit N. Machiavellis politischen Schriften setzt sich auch bei M. ein neues, antiaristotelisches Geschichtsbewußtsein durch, das den Menschen zum verantwortlichen Subjekt einer Welt macht, deren soziale Ordnung verstanden und in Grenzen verändert werden kann, um im Leben das im Diesseits mögliche Maximum an Erfüllung als höchstes Gut zu erfahren, ohne die christlichen Voraussetzungen für ein seliges ewiges Leben zu zerstören. Platonisch gebrochen und mit einer christlichen ↑Pflichtethik versehen, entfernt sich der Begriff der ↑Lust bei M. weit von seinem epikureischen Vorbild, mit dem er allerdings eine prinzipielle Lebensbejahung und eine Vorliebe für das einfache Leben teilt. Ausschließlich ›natürliche‹ Lustempfindung ist unter den drei negativen Voraussetzungen zulässig, daß der gewählten Lust kein physischer oder psychischer Schmerz folgt, daß ihre Wahl nicht die einer höheren Lust ausschließt und daß durch sie kein sozialer Schaden eintritt. Auf die in der Rahmenerzählung des ersten Teils der »Utopia« entwickelte und systematisch durchgeführte Kritik der sozialen und politischen Verhältnisse in England ist die Frage bezogen, ob der Philosoph angesichts des unauflöslichen Spannungsverhältnisses zwischen der Veränderung durch kompromißbereite Realpolitik und der zur Schaffung einer idealen Gesellschaft normativ für nötig gehaltenen, aber undurchführbaren radikalen Veränderung der sozioökonomischen Grundlagen überhaupt Regierungsfunktionen übernehmen dürfe. Im zweiten, ›utopischen‹ Teil des Werkes unternimmt M. den Versuch der rationalen Neukonstruktion einer aus allen historischen Bezügen herausgelösten Gesellschaft, die auf der Grundlage des Gemeineigentums (↑Eigentum) und eines reduzierten Bedürfnissystems (↑Bedürf-

nis) die Ausgangsbedingungen eines friedlichen, einfachen und glücklichen Lebens konstant hält.

Werke: The Workes of Sir T. M. Knyght, sometyme Lorde Chauncellour of England, Wrytten by Him in the Englysh Tonge, ed. W. Rastell, London 1557 (repr. in 2 Bdn., London 1978); Opera omnia, Frankfurt/Leipzig 1689 (repr. unter dem Titel: Opera omnia latina, Frankfurt 1963); The Complete Works of St. T. M., I–XV [in 20 Teilbdn.] u. Companion Volume (T. M.'s Prayer Book. A Facsimile Reproduction of the Annotated Pages), ed. R. S. Sylvester u. a., New Haven Conn./London 1963–1997. – De optimo reipublicae statu deque nova insula utopia, Louvain 1516 (repr. unter dem Titel: Utopia [1516], Leeds 1966), unter dem Titel: Utopia, sive de optimo reipublicae statu, in: Opera omnia [s. o.], 187–230, separat Glasgow 1750, unter dem Titel: Utopia [lat./engl.], als: The Complete Works of St. T. M. [s. o.] IV (dt. Von der wunderbarlichen Innsel, Utopia genannt, übers. C. Cantiuncula, Basel 1524 [repr. unter dem Titel: Von der wunderbaren Insel Utopia, Hildesheim 1980], unter dem Titel: Utopia, übers. G. Ritter, Berlin 1922 [repr. Darmstadt 1979], Stuttgart 2011; engl. A Fruteful, and Pleasaunt Worke of the Beste State of a Publyque Weale, and of the Newe Yle Called Utopia, trans. R. Robynson, London 1551 [repr. Amsterdam/New York 1969], unter dem Titel: A Frutefull Pleasaunt & Wittie Worke, of the Beste State of a Publyque Weale, and of the Newe Yle, Called Utopia, ²1556 [repr. unter dem Titel: Utopia, New York 1966], unter dem Titel: A Most Pleasant, Fruitfull, and Wittie Worke [...], ³1597, unter dem Titel: Utopia. A New Translation. Backgrounds and Criticism, trans. A. R. M. Adams, New York/London 1975, rev. Trans. G. M. Logan, ³2011); Epigrammata [Einheitssachtitel], ed. B. Bildius, in: ders./Erasmus v. Rotterdam, De optimuo reip. statu deque nova insula utopia/Epigrammata, Basel 1518, 166–271, separat Basel ²1520, London 1638, unter dem Titel: Poemata [...], in: Opera omnia [s. o.], 231–256 (engl. The Latin Epigrams [lat./engl.], trans. L. Bradner/C. A. Lych, Chicago Ill./London 1953, unter dem Titel: Latin Poems [lat./engl.], als: The Complete Works of St. T. M. [s. o.] III/2; dt. Epigramme, übers. U. Baumann, München 1983 [= Werke II], übers. I. Pape, ed. D. Lederer, Berlin 1985); [unter dem Pseudonym: Ferdinandus Baravellus] Responsio ad Lutherum [Einheitssachtitel], London 1523, [unter dem Pseudonym Guilielmus Rosseus], 1523, ferner in: Opera omnia [s. o.], 35–146, [lat./engl.] als: The Complete Works of St. T. M. [s. o.] V/I (engl. A Translation of Saint T. M.'s »Responsio ad Lutherum« with an Introduction and Notes, trans. G. J. Donnelly, Washington D. C. 1962); A Dyalogue [...] Wheryn be Treatyd Dyuers Maters as of the Veneration & Worshyp of Ymagys & Relyques, Praying to Sayntis & Goynge on Pylgrymage. Wyth Many Other Thyngys Touchyng the Pestylent Secte of Luther & Tyndale by the Tone Bygone in Saxony & by the Tother Laboryd to be Brought in to England, London 1529 (repr. Amsterdam/Norwood N. J. 1975), 1531, unter dem Titel: A Dialogue Concernynge Heresyes & Matters of Religion [...], in: The Workes of Sir T. M. Knyght [s. o.], 104–288 (repr. separat unter dem Titel: The Dialogue Concerning Heresies, ed. W. E. Campbell, London 1927), unter dem Titel: Dialogue Concerning Heresies, als: The Complete Works of St. T. M. [s. o.] VI/1, ed. M. Gottschalk, New York 2006; The Supplication of Souls [Einheitssachtitel], London 1529 (repr. Amsterdam 1971), ferner in: The Workes of Sir T. M. Knyght [s. o.], 288–339, ed. Sister Mary Thecla, Westminster Md. 1950, ferner in: The Complete Works of St. T. M. [s. o.] VII, 107–228; The Confutacyon of Tyndales Answere, I–II, London 1532/1533, ferner in: The Workes of Sir T. M. Knyght [s. o.], 339–832, unter dem Titel: The Confutation of Tyndale's Anwer, als: The Complete Works of St. T. M. [s. o.] VIII/1–2; Letter against Frith [Einheitssachtitel], London 1533 [1532], ferner in: The Workes of Sir T. M. Knyght [s. o.], 833–844, in: The Complete Works of St. T. M. [s. o.] VII, 229–258; The Apologye of Syr T. M. Knyght, London 1533, ferner in: The Workes of Sir T. M. Knyght [s. o.], 845–928, ed. A. I. Taft, London 1930 (repr. Amsterdam, New York 1970, New York 1971), unter dem Titel: The Apology, als: The Complete Works of St. T. M. [s. o.] IX; The Debellacyon of Salem and Bizance, London 1533, ferner in: The Workes of Sir T. M. Knyght [s. o.], 929–1034, unter dem Titel: The Debellation of Salem and Bizance, als: The Complete Works of St. T. M. [s. o.] X; The Answere to the Fyrst Parte of the Poysened Booke whych a Namelesse Heretyke Hath Named the Souper of the Lorde, London 1534 [1533], ferner in: The Workes of Sir T. M. Knyght [s. o.], 1035–1138, unter dem Titel: The Answer to a Poisoned Book, als: The Complete Works of St. T. M. [s. o.] XI; The History of King Richard III [Einheitssachtitel], ed. R. Grafton, in: J. Hardyng, The Chronicle of Ihon Hardyng [...], London 1543, ²1543, rev. in: E. Halle, The Union of the Two Noble and Illustre Famelies of Lancastre & Yorke [...], ed. R. Grafton, London 1548, ²1550 (repr. Menston 1970), ferner in: The Workes of Sir T. M. Knyght [s. o.], 35–71, Neudr., ed. W. Beckett, London 2005, ed. G. M. Logan, Bloomington Ind. 2005 (lat. [übers. u. überarbeitet v. T. M.] Historia Richardi regis angliae, ejus nominis tertii, in: ders., Omnia, quae hucusque ad manus nostras peruenerunt, latina opera [...], Louvain 1565, 44–56, ferner in: Opera omnia [s. o.], 1–26, [lat. nach d. Ausg. 1565/engl. nach d. Ausg. 1557] als: The Complete Works of St. T. M. [s. o.] II, [lat. nach Pariser Manuskript/engl. Übers.] in: The Complete Works of St. T. M. [s. o.] XV, 313–485; dt. Die Geschichte König Richards III, übers. H. P. Heinrich, München 1984 [= Werke III]); Dialogue of Comfort [Einheitssachtitel], London 1553, ferner in: The Workes of Sir T. M. Knyght [s. o.], 1139–1264, Antwerpen 1573 (repr. Menston 1970), ed. L. Miles, Bloomington Ind. 1965, ferner als: The Complete Works of St. T. M. [s. o.] XII, ed. F. Manley, New Haven Conn./London 1977, ed. M. Gottschalk, Princeton N. J. 1998, 2001 (dt. Trost im Trübsal. Zweigespräch, geschrieben im Tower 1534, übers. R. Schnabel, Wien 1950, unter dem Titel: Trost im Leid. Ein Dialog, übers. M. Freundlieb, München 1951, unter dem Titel: Trostgespräch im Leid, übers. J. Beer, Düsseldorf 1988 [= Werke VI]); A Treatyce upon the Last Thynges, in: The Workes of Sir T. M. Knyght [s. o.], 72–102, unter dem Titel: The Four Last Things, ed. D. O'Connor, London 1903, 1935, ferner in: The Complete Works of St. T. M. [s. o.] I, 125–182 (dt. Von der Kunst des gottseligen Sterbens, übers. W. Tholen, Kevelaer 1936, unter dem Titel: Die vier letzten Dinge, übers. F.-K. Unterweg, München 1984 [= Werke IV]); The Tower Works. Devotional Writings, ed. G. E. Haupt, New Haven Conn./London 1980 [enthält: A Treatise upon the Passion; A Treatise to Receive the Blessed Body of Our Lord; The Sadness of Christ; Instructions and Prayers]; Werke, I–VI, ed. H. Schulte Herbrüggen, I–V, München 1983–1985, VI Düsseldorf 1988; Selected Writings, ed. J. F. Thornton/S. B. Varenne, New York 2003. – The Correspondence of Sir T. M., ed. E. F. Rogers, Princeton N. J. 1947 (repr. Freeport N. Y. 1970); Die Briefe des Sir T. M. [Auswahl], übers. B. v. Blarer, Einsiedeln/Köln 1949; Selected Letters, ed. E. F. Rogers, New Haven Conn./London 1961, 1976; Sir T. M., Neue Briefe. Mit einer Einführung in die epistolographische Tradition, ed. H. Schulte Herbrüggen, Münster 1966; T. Morus privat, Dokumente seines Lebens in Briefen, ed. R.

Schirmer/W. F. Schirmer, Köln 1971, unter dem Titel: Lebenszeugnis in Briefen, Heidelberg ²1984; Érasme de Rotterdam et T. M.. Correspondance, übers. G. Marc'hadour/R. Galibois, Sherbrooke Que. 1985; Morus ad Craneveldium. Litterae Balduinianae novae/M. to Cranevelt. New Baudouin Letters [Einl. engl./Text lat.], ed. H. Schulte Herbrüggen, Leuven 1997 (Suppl. Humanistica Lovaniensia XI); Briefe der Freundschaft mit Erasmus, übers. H. Schulte Herbrüggen, München 1985 (= Werke V); Ausgewählte Briefe, ed. F. P. Sonntag, Leipzig 1986; The Last Letters of T. M., ed. A. de Silva, Grand Rapids Mich./Cambridge 2000. – R. W. Gibson/J. M. Patrick, St. T. M.. A Preliminary Bibliography of His Works and of Moreana to the Year 1750, New Haven Conn./London 1961; C. Smith, An Updating of R. W. Gibson's »St. T. M.. A Preliminary Bibliography«, St. Louis Mo. 1981 (Sixteenth Century Bibliography XX).

Literatur: P. Ackroyd, The Life of T. M., London, New York 1998, 1999; R. P. Adams, The Better Part of Valor. M., Erasmus, Colet, and Vives, on Humanism, War, and Peace, 1496–1535, Seattle 1962; R. A. Ames, Citizen T. M. and His Utopia, Princeton N. J. 1949, New York 1969; D. Baker-Smith, T. M.'s »Utopia«, London/New York 1991, Toronto 2000; U. Baumann, Die Antike in den Epigrammen und Briefen Sir T. M.s, Paderborn etc. 1984; ders./H. P. Heinrich, T. Morus. Humanistische Schriften, Darmstadt 1986 (mit Bibliographie, 188–214); F. Caspari, Humanism and the Social Order in Tudor England, Chicago Ill. 1954, New York 1968 (dt. Humanismus und Gesellschaftsordnung im England der Tudors, Bern/Stuttgart 1988); R. W. Chambers, T. M., London 1935 (repr. Ann Arbor Mich. 1958), Brighton 1982 (dt. T. M.. Ein Staatsmann Heinrichs des Achten, München/Kempten 1946, ohne Untertitel, Basel 1947); A. D. Cousins/D. Grace (eds.), A Companion to T. M., Madison N. J./Teaneck N. J. 2009; F. Danksagmüller, M., BBKL VI (1993), 111–114; H. W. Donner, Introduction to Utopia, o. O. [London] 1945 (repr. Freeport N. Y., Folcroft Pa. 1969); J. Dunn/I. Harris (eds.), M., I–II, Cheltenham/Lyme N. H. 1997; A. Fox, T. M.. History and Providence, Oxford 1982, New Haven Conn./London 1983, Oxford 1984; É.-M. Ganne, T. M.. L'homme complet de la Renaissance, Montrouge 2002; B. Garland, M., DP II (²1993), 2048–2051; A. J. Geritz, Recent Studies in M. (1977–1990), Engl. Lit. Renaissance 22 (1992), 112–140; ders., T. M.. An Annotated Bibliography of Criticism, 1935–1997, Westport Conn./London 1998; ders., Recent Studies in M. (1990–2003), Engl. Lit. Renaissance 35 (2005), 123–155; B. Goodwin (ed.), The Philosophy of Utopia, Critical Rev. Int. Social and Political Philos. 3 (2000), H. 2–3, Nachdr. London/New York 2004, 2007; J. A. Guy, The Public Career of Sir T. M., Brighton, New Haven Conn./London 1980; ders., Morus, TRE XXIII (1994), 325–330; ders., T. M., London, New York 2000; ders., A Daughter's Love. Thomas & Margaret More, 2008, 2009, mit Untertitel: T. M. and His Dearest Meg, Boston Mass./New York 2009; H. P. Heinrich, T. Morus. Mit Selbstzeugnissen und Bilddokumenten dargestellt, Reinbek b. Hamburg 1984, 1998; D. Herz, T. Morus zur Einführung, Hamburg 1999; J. H. Hexter, M.'s Utopia. The Biography of an Idea, Princeton N. J. 1952 (repr. Westport Conn. 1976), New York 1965; P. Hogrefe, The Sir T. M. Circle. A Program of Ideas and Their Impact on Secular Drama, Urbana Ill. 1959; J. P. Jones, Recent Studies in M., Engl. Lit. Renaissance 9 (1979), 442–458; A. Kenny, T. M., Oxford/New York 1983, 1992; G. M. Logan, The Meaning of M.'s »Utopia«, Princeton N. J./Guildford 1983; ders., Interpreting »Utopia«. Ten Recent Studies and the Modern Critical Traditions, Moreana 31 (1994), 203–258; ders. (ed.), The Cambridge

Companion to T. M., Cambridge etc. 2011; G. Marc'hadour, L'univers de T. M.. Chronologie critique de M., Erasme et leur époque (1477–1536), Paris 1963; ders., T. M.. Un homme pour toutes les saisons, Paris 1992; J.-C. Margolin, M., Enc. philos. universelle III/1 (1992), 716–717; R. Marius, T. M.. A Biography, New York 1984, London/Melbourne, New York 1985, Cambridge Mass. 1999 (dt. T. M.. Eine Biographie, Zürich 1987); L. L. Martz, T. M.. The Search for the Inner Man, New Haven Conn./London 1990; E. McCutcheon, My Dear Peter. The ›Ars poetica‹ and Hermeneutics for M.'s »Utopia«, Angers 1983; J. Monti, The King's Good Servant but God's First. The Life and Writings of Saint T. M., San Francisco Calif. 1997; C. M. Murphy/H. Gibaud/M. A. Di Cesare (eds.), Miscellanea Moreana. Essays for Germain Marc'hadour, Binghamton N. Y. 1989 (Moreana XXVI/Medieval & Renaissance Texts & Studies LXI); G. Negley/J. M. Patrick (eds.), The Quest for Utopia. An Anthology of Imaginary Societies, New York 1952, Garden City N. Y. 1962, College Park Md. 1971; G. Schmidt, T. M. und die Sprachenfrage. Humanistische Sprachtheorie und die ›translatio studii‹ im England der frühen Tudorzeit, Heidelberg 2009; E. L. Surtz, The Praise of Pleasure. Philosophy, Education, and Communism in M.'s Utopia, Cambridge Mass. 1957, 1967; ders., The Praise of Wisdom. A Commentary on the Religious and Moral Problems and Backgrounds of St. T. M.'s Utopia, Chicago Ill. 1957; ders., M., Enc. Ph. V (1967), 389–392; R. S. Sylvester/G. P. Marc'hadour (eds.), Essential Articles for the Study of T. M., Hamden Conn. 1977; R. S. Sylvester/R. J. Schoeck, M., in: B. L. Marhaler u. a. (eds.), New Catholic Encyclopedia IX, Detroit etc. 2003, 887–893; J. B. Trapp, Erasmus, Colet and M.. The Early Tudor Humanists and Their Books, London 1991; G. B. Wegemer, T. M.. A Portrait of Courage, Princeton N. J. 1995, 1997; ders./S. W. Smith (eds.), A T. M. Source Book, Washington D. C. 2004; D. Wentworth, The Essential Sir T. M.. An Annotated Bibliography of Major Modern Studies, New York etc. 1995; H. Yoran, Between Utopia and Dystopia. Erasmus, T. M., and the Humanist Republic of Letters, Lanham Md. 2010. – Moreana 1 (1963)ff.; Jb. T.-Morus-Ges. (später: T.-Morus-Jb.) 1 (1981) – 16 (1997/1998). H. R. G.

more geometrico (lat., nach Art der Geometrie, Nominativ: mos geometricus), mit Äquivalenten wie ›more mathematico‹, ›ordine geometrico‹, ›methodo scientifica‹ methodologischer Programmbegriff in der beginnenden neuzeitlichen Wissenschaft, Philosophie und auch der Theologie. Deutsche Äquivalente sind Ausdrücke wie ›mathematische Lehrart‹, ›geometrische Methode‹, ›mathematische Methode‹ etc.. Paradigma des Vorgehens m. g. ist der axiomatische Aufbau (↑Methode, axiomatische) der »Elemente« Euklids. Während das Projekt einer ↑mathesis universalis auf den bedeutungsfreien Aufbau allgemein verwendbarer Kalkülsprachen gerichtet ist, bleibt das Vorgehen m. g. an die faktische ↑Gebrauchssprache gebunden und wird als ein Mittel sowohl der (folgerichtigen und begründeten) Darstellung als auch der Gewinnung neuen Wissens betrachtet. Hierin kommt ein Grundzug des als ›synthetische Methode‹ (↑Methode, synthetische) bezeichneten Verfahrens zum Ausdruck. Der wohl berühmteste Versuch der Übertragung des ›mos geometricus‹ auf die Philosophie,

B. de Spinozas »Ethica ordine geometrico demonstrata« (Opera Posthuma, Amsterdam 1677, 1–264), lehnt sich lediglich äußerlich an die Struktur der »Elemente« Euklids (Definitionen, Axiome, Postulate, Theoreme, Probleme, Beweise) an. Insbes. entsprechen die terminologische Genauigkeit und die Auffassung vom ↑Beweis als der sprachlichen Form der ›notwendigen‹ Verknüpfung von ›Ideen‹, die in intellektueller ↑Intuition gegeben ist, nicht dem bereits erreichten methodologischen Niveau der Geometrie. – Gegen die schrankenlose (insbes. theologische) Anwendung des ›mos geometricus‹, etwa bei C. Wolff, der z. B. auch Probleme des Latrinenbaus m. g. erörtert (Anfangsgründe aller mathematischen Wissenschaften I, Frankfurt [7]1750 [repr. Hildesheim 1973, Hildesheim/New York 1999], 480–481), wenden sich Autoren wie J. G. Walch (Philosophisches Lexicon II, Leipzig [4]1775 [repr. Hildesheim 1968], 65–66).

Literatur: H. W. Arndt, Methodo scientifica pertractatum. Mos geometricus und Kalkülbegriff in der philosophischen Theorienbildung des 17. und 18. Jahrhunderts, Berlin/New York 1971; A. Brissoni, Due cunicoli di Spinoza: l'infinito e il more geometrico, Bivongi 2007; E. De Angelis, Il metodo geometrico nella filosofia del Seicento, Pisa, Florenz 1964; W. Risse, Die Logik der Neuzeit II (1640–1780), Stuttgart-Bad Cannstatt 1970; W. Röd, Geometrischer Geist und Naturrecht. Methodengeschichtliche Untersuchungen zur Staatsphilosophie im 17. und 18. Jahrhundert, München 1970; H. Schüling, Die Geschichte der axiomatischen Methode im 16. und beginnenden 17. Jahrhundert. Wandlung der Wissenschaftsauffassung, Hildesheim/New York 1969; G. Tonelli, Der Streit über die mathematische Methode in der Philosophie in der ersten Hälfte des 18. Jahrhunderts und die Entstehung von Kants Schrift über die »Deutlichkeit«, Arch. Philos. 9 (1959), 37–66; H. J. de Vleeschauwer, More seu ordine geometrico demonstratum, Pretoria 1961. G. W.

Morphē (griech. μορφή; Gestalt, ↑Form), neben ↑Hyle (↑Stoff, ↑Materie) grundlegender Terminus der antiken und mittelalterlichen Naturphilosophie und Ontologie (↑Form und Materie), in der Aristotelischen Metaphysik in wechselnden (alternativen) Konzeptionen der Prinzipienlehre das in allen Konzeptionen auftretende Formprinzip (als Ausdruck des ↑Wesens eines Gegenstandes bzw. seines definierenden Begriffs). Es stellt sowohl ein Prinzip des Seienden (das, was ein Gegenstand ist) als auch ein Prinzip des Werdens (das, was aus einem Gegenstand wird) dar, häufig in der Unterscheidung zwischen M. und Hypokeimenon (↑Substrat, ↑materia prima), in der Bedeutung von Materie als Trägerin der Form, wiedergegeben. Sofern zur Definition eines Gegenstandes auch (diesem Gegenstand) nicht-zukommende Bestimmungen herangezogen werden können, wird bei Aristoteles das Prinzip der M. (der Form) durch das Prinzip der ↑Steresis (des *Formmangels*) ergänzt. Diese Ergänzung macht insbes. deutlich, daß im Rahmen der Aristotelischen Metaphysik M. ein aktives, Hyle

(Materie) ein passives Prinzip ist (↑Dynamis, ↑Akt und Potenz). Die Fähigkeit, die M. der Gegenstände, d. h. die Gegenstände in ihrem Wesen, zu erkennen, wird in der mittelalterlichen Philosophie mit dem Terminus ↑›intellectus‹ bezeichnet, die begriffliche Einheit der Prinzipien Form und Materie in den endlichen ↑Substanzen mit dem Terminus ↑›Hylemorphismus‹.

Literatur: D.-H. Cho, Ousia und eidos in der Metaphysik und Biologie des Aristoteles, Stuttgart 2003; I. Düring, Aristoteles. Darstellung und Interpretation seines Denkens, Heidelberg 1966, 2005; D. W. Graham, Aristotle's Two Systems, Oxford 1987, 58, 95–96, 100; H. Happ, Hyle. Studien zum aristotelischen Materiebegriff, Berlin/New York 1971; M.-T. Liske, m./Gestalt, in: O. Höffe (ed.), Aristoteles-Lexikon, Stuttgart 2005, 369–370; C. P. Long, Aristotle's Phenomenology of Form. The Shape of Beings that Become, Epoché 11 (2007), 435–448; E. J. Lowe, Form without Matter, Ratio 11 (1998), 214–234; A. Motte/C. Rutten/P. Somville (eds.), Philosophie de la forme. ›eidos‹, ›idea‹, ›morphè‹ dans la philosophie grecque des origines à Aristote. Actes du colloque interuniversitaire de Liège, 29 et 30 mars 2001, Louvain-la-Neuve/Paris/Dudley Mass. 2003; P. Studtmann, On the Several Senses of ›Form‹ in Aristotle, Apeiron 41 (2008), 1–27; M. Suhr, M., in: P. Prechtl/F.-P. Burkard (eds.), Metzler Philosophie Lexikon. Begriffe und Definitionen, Stuttgart/Weimar 1996, 341, ³2008, 393–394; W. Wieland, Die aristotelische Physik. Untersuchungen über die Grundlegung der Naturwissenschaft und die sprachlichen Bedingungen der Prinzipienforschung bei Aristoteles, Göttingen 1962, ²1970, [um ein Vorwort erw.] ³1992.			J. M.

Morphem (von griech. μορφή, Gestalt), in der modernen ↑Linguistik (seit L. Bloomfield) Bezeichnung für die kleinste eine Bedeutung tragende sprachliche Einheit (bei A. Martinet stattdessen ›Monem‹), logisch also ein ↑Prädikator. Z. B. ist ein Wortstamm wie ›lauf‹ oder die Endung ›t‹ für die 3. Person Singular Präsens ein M., zusammengesetzt aus einem (eventuell sogar keinem) oder mehreren ↑Phonemen bzw. ↑Graphemen, wobei jede lautliche oder schriftliche Verwendung eines M.s als ↑Aktualisierung eines Schemas ein *Morph* genannt wird. Die kontextabhängigen Aktualisierungen des t-M.s für die 3. Person Singular Präsens als ›t‹, ›et‹ oder ›-‹ (vgl. ›lebt‹, ›redet‹ und ›soll‹) heißen dabei seine ›Allomorphe‹. Morphophonematische Regeln regieren die Zusammensetzung von M.en zu größeren Einheiten, z. B. aus ›lauf‹ und ›t [3. Pers. Sing. Präs.]‹ das Schema ›läuft‹. Man unterscheidet ›freie‹ oder ›lexikalische‹ M.e, die insbes. als (unzusammengesetzte) Wörter (↑Wort) vorkommen und einen offenen Bereich bilden, von ›gebundenen‹ oder ›grammatischen‹ M.en, die nur als Teile von Wörtern auftreten (als Suffixe, Präfixe, Infixe, etwa für Kasus, Numerus, Tempus etc. sowie für die Wortbildung) und in einer natürlichen Sprache (↑Sprache, natürliche) zu einem abgeschlossenen Bereich gehören. Man bezeichnet in der Regel freie M.e mit einer selbständigen Bedeutung (↑kategorematisch) als ↑›Lexeme‹.			K. L.

Morphologie (von griech. μορφή und λόγος, Lehre von der Form oder Gestalt), vermutlich von J. W. v. Goethe (Tagebuchaufzeichnung vom 25. 9. 1796, Tagebücher II/1, ed. E. Zehm, Stuttgart/Weimar 2000, 80) gefundener und unabhängig davon von K. F. Burdach (Propädeutik zum Studium der gesammten Heilkunst. Ein Leitfaden akademischer Vorlesungen, Leipzig 1800, 62) erstmals öffentlich verwendeter Terminus zur Bezeichnung der vergleichenden Lehre von den Formen der ↑Organismen (bei Burdach auch der anorganischen Körper), insbes. ihrer *Entwicklung* (›Bildung‹). Während M. zusammen mit ›Physiologie‹ und ›Psychologie‹ bei Burdach die ›Biologie‹ bildet, strebt Goethe eine M. als Universalwissenschaft an, die auch die ›Physiologie‹ (von Goethe im Sinne der vergleichenden Anatomie als *statische* Formenlehre verstanden) einschließt. Die verwandten Konzeptionen einer M. bei Goethe und Burdach dürften aus dem auf beide wirkenden Einfluß F. W. J. Schellings zu erklären sein. Goethe geht, angeregt vor allem durch die menschlichen Schädelformen, davon aus, daß die Formen der existierenden Organismen Abwandlungen (›Metamorphosen‹) von Urbildern oder Bauplänen (Goethe spricht von ↑›Typus‹) der jeweiligen Organismengruppen sind. Der Typus, gewonnen durch ›Abstraktion‹ aus den Formen der einzelnen Organismen, sei keine gedankliche Konstruktion, sondern ein reales Naturprinzip (›Gesetz‹, ›Regel‹), an das sich die Natur bei der Bildung der Organismen halte. Besondere Aufmerksamkeit hat Goethes ›vegetativer Typus‹, die ›Urpflanze‹ erregt. Die Methode zur Erkenntnis des Typus ist die vergleichende ›Anschauung‹. – Goethes Konzeption steht etwa gleichzeitig diejenige A. P. de Candolles gegenüber. Diese hat jedoch einen anderen Ausgangspunkt (Vielfalt der Organismen) und ein anderes Ziel (die natürliche ↑Systematik, für die Candolle den Begriff der Taxonomie prägte). Während in Goethes ›Metamorphosen‹ der Evolutionsbegriff anklingt, lehnt Candolle eine ↑Evolution der Organismen grundsätzlich ab.

Goethes M. übte starken Einfluß auf die romantische Naturphilosophie (↑Naturphilosophie, romantische) sowie auf einige Theorien der Allgemeinen Biologie aus. Hier wurde (z. B. bei W. Troll) Goethes Ansatz mit dem Gedanken der natürlichen Systematik der Organismen in Verbindung gebracht. Dabei wird Ähnlichkeit des Typus als natürliche Verwandtschaft aufgefaßt. Das der M. zugrunde liegende *deskriptiv-strukturelle*, extensive Methodenparadigma, das im Werk A. v. Humboldts seinen letzten Höhepunkt hatte, ist im Laufe der Entwicklung der Biologie zu einer primär *kausalforschend-funktionalen*, intensiven Disziplin stark zurückgedrängt worden. Dies hat zu einem erheblichen Rückgang aktueller Kenntnisse über die Formen der Organismen geführt. – Die im Nationalsozialismus versuchte Wiederbelebung der klassischen M. im Rahmen einer ›Gestaltlehre‹ als einer wegen der Methode der ›Anschauung‹ deutschem Wesen gemäße und deshalb ›Deutschen Wissenschaft‹ hat zu ihrer weiteren Vernachlässigung beigetragen. – Der Sache nach wurde die M. von Theophrast von Eresos (dort auch schon der Begriff des τύπος) in der Tradition seines Lehrers Aristoteles begründet.

Mathematische Methoden der Beschreibung biologischer Formbildung (›Morphogenese‹) als der Herausbildung räumlicher Ordnung auf der Ebene von Zellen, Geweben und Organen wurden durch D'Arcy W. Thompson begründet und vor allem von L. v. Bertalanffy fortgeführt. Neuere Methoden unter Verwendung der ↑Katastrophentheorie gehen auf R. Thom zurück. Logisch-wissenschaftstheoretische Fragen der M. werden häufig im Zusammenhang mit dem Typusbegriff (↑Typus) behandelt. – Als ›Iatromorphologie‹ werden *medizinische* Konzepte bezeichnet, die seit dem 19. Jh. auf der Basis pathologischer Anatomie (›Morphopathologie‹) der morphologischen Struktur von Organen und Prozessen eine maßgebliche Bedeutung für die theoretische und praktische Medizin (Diagnose, Therapie und Prognose) beimessen.

Literatur: M. Bechstedt, ›Gestalthafte Atomlehre‹. Zur ›Deutschen Chemie‹ im NS-Staat, in: H. Mehrtens/S. Richter (eds.), Naturwissenschaft, Technik und NS-Ideologie. Beiträge zur Wissenschaftsgeschichte des Dritten Reichs, Frankfurt 1980, 142–165; L. v. Bertalanffy, Kritische Theorie der Formbildung, Berlin 1928 (engl. Modern Theories of Development. An Introduction to Theoretical Biology, London 1933, New York 1962); A. P. de Candolle, Théorie élémentaire de la botanique [...], Paris 1813, ³1844 (dt. [erw. v. J. J. Römer] Theoretische Anfangsgründe der Botanik [...], I–II/1–3, Zürich 1814–1815 [engl. Elements of the Philosophy of Plants (...), Edinburgh/London 1821 (repr. New York 1978)]); P. Dullemeijer, Some Methodology Problems in a Holistic Approach to Functional Morphology, Acta biotheoretica 18 (1968), 203–214; ders., Explanation in Morphology, Acta biotheoretica 21 (1972), 260–273; J. W. v. Goethe, Morphologische Schriften, ed. W. Troll, Jena 1926, 1932; ders., Morphologische Hefte, Bearb. D. Kuhn, Weimar 1954 (= Schr. zur Naturwiss. I/9) (repr. 1994); ders., Aufsätze, Fragmente, Studien zur M., Bearb. D. Kuhn, Weimar 1964 (= Schr. zur Naturwiss. I/10); K. Mägdefrau, Geschichte der Botanik. Leben und Leistung großer Forscher, Stuttgart 1973, Stuttgart/Jena/New York ²1992; A. Meyer[-Abich], Logik der M. im Rahmen einer Logik der gesamten Biologie, Berlin 1926; ders., The Historico-Philosophical Background of the Modern Evolution-Biology. Nine Lectures [...], Leiden 1964, 32–66; ders., Die Vollendung der M. Goethes durch Alexander von Humboldt. Ein Beitrag zur Naturwissenschaft der Goethezeit, Göttingen 1970; D. Mollenhauer, Betrachtungen über Bau und Leistung der Organismen, I–II, Aufs. u. Reden Senckenb. Naturforsch. Ges. 19 (1970), 1–55, 24 (1973), 63–82; ders., Niedergang der Vergleichenden M. – Verlust für die Botanik, Ber. Wiss.gesch. 4 (1981), 73–87; R. Piepmeier/T. Ballauf/E. Holenstein, M., Hist. Wb. Ph. VI (1984), 200–211; K. E. Rothschuh, Konzepte der Medizin in Vergangenheit und Gegenwart, Stuttgart 1978, 357–384 (Kap. 11 Iatromorphologische Konzepte); J. Sachs,

Geschichte der Botanik [in Deutschland] vom 16. Jahrhundert bis 1860, München 1875 (repr. New York/London, Hildesheim 1965, 1966) (engl. History of Botany (1530–1860), Oxford 1890, New York 1967; franz. Histoire de la botanique du XVIe siècle à 1860, Paris 1892 [repr. Chilly-Mazarin 2010]); G. Schmid, Über die Herkunft der Ausdrücke M. und Biologie. Geschichtliche Zusammenhänge, Nova Acta Leopold. Halle NF 2 (1935), 597–620; ders., Goethe und die Naturwissenschaften. Eine Bibliographie, Halle 1940; W. Troll, Vergleichende M. der höheren Pflanzen, I/1–I/3, Berlin 1937–1943 (repr. [erw. um 1 Reg.bd.] Königstein 1969–1971); ders., Gestalt und Urbild. Gesammelte Aufsätze zu Grundfragen der organischen M., Leipzig 1941, Halle ²1942 (repr. als 3. Aufl. Köln/Wien 1984); ders., Allgemeine Botanik. Ein Lehrbuch auf vergleichend-biologischer Grundlage, Stuttgart 1948, bearb. unter Mitwirkung v. K. Höhn, ⁴1973; ders., Urbild und Ursache in der Biologie, Heidelberg 1948 (Sitz.ber. Heidelberger Akad. Wiss., math.-naturwiss. Kl. 1948, Nr. 6); ders./L. Wolf, Goethes morphologischer Auftrag. Versuch einer naturwissenschaftlichen M., Leipzig 1940, Tübingen ³1950; E. Ungerer, Die Wissenschaft vom Leben. Eine Geschichte der Biologie III (Der Wandel der Problemlage der Biologie in den letzten Jahrzehnten), Freiburg/München 1966, bes. 229–258; W. Zimmermann, Grundfragen der botanischen M., Ber. Dt. Bot. Ges. 62 (1944–1949), 35–42. – Neue Hefte zur M.. Beihefte zur Gesamtausgabe von Goethes Schriften zur Naturwissenschaft, 1 (1954)–4 (1962). G. W.

Morris, Charles William, *Denver Colo. 23. Mai 1901, †Gainesville Fla. 15. Jan. 1979, amerik. Philosoph, einer der Begründer der modernen ↑Semiotik. 1919–1925 Studium der Ingenieurwissenschaften sowie der Biologie, Physiologie, Psychologie und Philosophie an der Universität von Wisconsin in Madison (1918–1920), an der Northwestern University in Evanston (1922 Bachelor of Science) und an der Universität von Chicago bei G. H. Mead; 1925 Promotion bei Mead (Symbolism and Reality. A Study in the Nature of Mind). 1925–1931 Instructor für Philosophie am Rice Institute in Houston Tex., ab 1934 Begegnung mit Vertretern des ↑Wiener Kreises, vor allem mit R. Carnap, O. Neurath und P. Frank. M. ermöglichte zusammen mit W. V. O. Quine die Emigration mehrerer deutscher und österr. Philosophen in die Vereinigten Staaten, so Carnap, der zunächst an der University of Chicago unterrichtete. 1935 auf dem Ersten Kongress für Einheit der Wissenschaft wurde die *International Encyclopedia of Unified Science* beschlossen, deren Herausgeber Carnap, Neurath und M. wurden. 1931–1947 Prof. an der Universität von Chicago, außerdem Lehrtätigkeit an der Harvard University in Cambridge Mass. und an der New School for Social Research in New York. Während seiner Lehrtätigkeit in Chicago gab M. die unveröffentlichten Vorlesungen seines Lehrers Mead heraus (1934 Mind, Self, and Society; 1938 The Philosophy of the Act). Durch L. Moholy-Nagy (1937 an das »Neue Bauhaus« in Chicago berufen) lernt M. die ihre künstlerischen Mittel reflektierende Kunstpraxis des Bauhauses kennen (er unterrichtet danach mehrere Jahre am Neuen Bauhaus); 1958–1971 Research Prof. an der Universität von Florida in Gainesville. Sowohl die Berührung mit der europäischen Kunst als auch die mit der Philosophie des Wiener Kreises prägen die grundlegenden Arbeiten von M. In seinen Forschungen zur Semiotik und ↑Axiologie versucht M. eine Synthese des vor allem von den Vertretern des Wiener Kreises in Amerika verbreiteten Logischen Empirismus (↑Empirismus, logischer) mit Richtungen des ↑Pragmatismus bzw. Sozialbehaviorismus, wie sie von J. Dewey und Mead vertreten wurden. In eine sozialbehavioristisch fundierte Wissenschaft vom zeichenvermittelnden Verhalten und Handeln bezieht M. ferner Ansätze von C. S. Peirce ein. Die in »Foundations of the Theory of Signs« (1938) und »Esthetics and the Theory of Signs« (1939) erörterten theoretischen und praktischen Fragestellungen wurden insbes. in »Signs, Language and Behavior« (1946), ferner in »Signification and Significance« (1964), weiter verfolgt. Dabei dient die Synthese aus Logischem Empirismus, Sozialbehaviorismus und Pragmatismus als Ausgangspunkt für den Versuch, die in Antike und Mittelalter noch zusammengehörenden τέχναι λογικαί (›artes sermonicales‹), nämlich die Disziplinen des Triviums (↑ars), wieder einander anzunähern, um die ursprüngliche Basis für auf Zeichenverwendung beruhender Bildung und Wissenschaft zurückzugewinnen. Dabei versteht M. Semiotik einmal als Einzelwissenschaft von den Zeichen (↑Zeichen (semiotisch)), zum anderen sollte sie als *novum organon* das terminologische Werkzeug der Wissenschaften abgeben. Zugleich gibt M. in seiner dreidimensionalen Semiotik mit den seit seiner Programmschrift geläufigen Termini ›Pragmatik‹, ›Semantik‹ und ›Syntax‹ bereits die drei Hauptgesichtspunkte der sich etablierenden Analytischen Philosophie (↑Philosophie, analytische) an. Teile seiner Untersuchungen haben in die Arbeit der traditionellen zeichenverstehenden Wissenschaften einschließlich Ästhetik (↑ästhetisch/Ästhetik) sowie in theoretische Bemühungen um (Massen-)Kommunikation (Funk, Fernsehen, Film) Eingang gefunden.

Werke: The Concept of the Symbol, I–II, J. Philos. 24 (1927), 253–262, 281–291 (dt. Das Symbolkonzept, in: Zeichen, Wert, Ästhetik [s. u.], 69–101); Six Theories of Mind, Chicago Ill. 1932, Chicago Ill./London 1971; Pragmatism and the Crisis of Democracy, Chicago Ill. 1934 (Public Policy Pamphlet XII); Logical Positivism, Pragmatism, and Scientific Empiricism, Paris 1937 (repr. New York 1979); Foundations of the Theory of Signs, Chicago Ill. 1938 (Int. Enc. Unified Sci. I.2), Nachdr. in: Writings on the General Theory of Signs [s. u.], 13–71, separat Chicago Ill./London 1979 (dt. Grundlagen der Zeichentheorie, in: Grundlagen der Zeichentheorie/Ästhetik und Zeichentheorie, München 1972, ²1975, Frankfurt/Berlin/Wien 1979, Frankfurt 1988, 15–88); Esthetics and the Theory of Signs, Erkenntnis 8 (1939/1940), 131–150, Nachdr. in: Writings on the General Theory of Signs [s. u.], 415–433; Paths of Life. Preface to a World Religion, New York/London 1942, Chicago Ill./London 1973;

Signs, Language, and Behavior, New York 1946, 1955, Nachdr. in: Writings on the General Theory of Signs [s. u.], 73–397 (dt. Zeichen, Sprache und Verhalten, Düsseldorf 1973, Frankfurt/Berlin/Wien 1981); The Open Self, New York 1948 (repr. Ann Arbor Mich. 1978); Varieties of Human Value, Chicago Ill. 1956, 1973; Signification and Significance. A Study of the Relations of Signs and Values, Cambridge Mass. 1964, 1976 (dt. Bezeichnung und Bedeutung. Eine Untersuchung der Relationen von Zeichen und Werten, in: Zeichen, Wert, Ästhetik [s. u.], 193–319); (mit D. J. Hamilton) Aesthetics, Signs and Icons, Philos. Phenom. Res. 25 (1965), 356–364 (dt. Ästhetik, Zeichen und Ikone, in: Zeichen, Wert, Ästhetik [s. u.], 320–333); Writings on the General Theory of Signs, The Hague/Paris 1971; Zeichen, Wert, Ästhetik, ed. A. Eschbach, Frankfurt 1975 (mit Bibliographie, 343–350); Image, New York 1976; Pragmatische Semiotik und Handlungstheorie, ed. A. Eschbach, Frankfurt 1977; Symbolism and Reality. A Study in the Nature of Mind, ed. A. Eschbach, Amsterdam/Philadelphia Pa. 1993 [= Diss. Chicago Ill. 1925] (dt. Symbolik und Realität. Eine Untersuchung der Natur des Geistes, in: Symbolik und Realität, ed. A. Eschbach, Frankfurt 1981, 23–171). – Bibliographie der Publikationen von C. W. M., in: Zeichen, Wert, Ästhetik [s. o.], 334–342; S. Petrilli (ed.), The Correspondence between M. and Rossi-Landi, Semiotica 88 (1992), 1–196. – F. Rossi-Landi, Scritti di M., in: ders., C. M. [s. u., Lit.], 1953, 271–275, erw. 1975, 206–211, unter dem Titel: Writings by C. M., in: ders., Signs about a Master of Signs [s. u., Lit.], 186–193, überarb. v. S. Petrilli, in: dies. (ed.), The Correspondence between M. and Rossi-Landi [s. o.], 183–186.

Literatur: K.-O. Apel, Sprache und Wahrheit in der gegenwärtigen Situation der Philosophie. Eine Betrachtung anläßlich der Vollendung der neopositivistischen Sprachphilosophie in der Semiotik von C. M., Philos. Rdsch. 7 (1959), 161–184, Neudr. in: ders., Transformation der Philosophie I (Sprachanalytik, Semiotik, Hermeneutik), Frankfurt 1973, 2002, 138–166; M. Black, The Semiotic of C. M., in: ders., Language and Philosophy. Studies in Method, Ithaca N. Y. 1949, 1951 (repr. Westport Conn. 1981), 1970, 167–185; C. J. Ducasse, Symbols, Signs, and Signals, J. Symb. Log. 4 (1939), 41–52; ders., Some Comments on C. W. M.'s »Foundations of the Theory of Signs«, Philos. Phenom. Res. 3 (1942/1943), 43–52; K. D. Dutz, Zur Terminologie der Semiotik II (Glossar der semiotischen Terminologie C. W. M.'), Münster 1979; U. Eco, La struttura assente. Introduzione alle ricerca semiotica, Mailand 1968, mit Untertitel: La ricerca semiotica e il metodo strutturale, 1980, ⁷2008 (dt. Einführung in die Semiotik, München 1972, ⁹2002); A. Eschbach (ed.), Zeichen über Zeichen über Zeichen. 15 Studien über C. W. M., Tübingen 1981; R. A. Fiordo, C. M. and the Criticism of Discourse, Bloomington Ind./Lisse 1977; R. League, Psycholinguistic Matrices. Investigation into Osgood and M., The Hague/Paris 1977; G. Mounin, Die Semiotik von C. M., in: A. Eschbach (ed.), Zeichen über Zeichen über Zeichen [s. o.], 133–143; R. Posner, C. M. und die verhaltenstheoretische Grundlegung der Semiotik, Z. Semiotik 1 (1979), 49–79, erw. in: M. Krampen u. a. (eds.), Die Welt als Zeichen. Klassiker der modernen Semiotik, Berlin 1981, 51–97 (engl. C. M. and the Behavioral Foundations of Semiotics, in: M. Krampen u. a. [eds.], Classics of Semiotics, New York/London 1987, 23–57); ders., Research in Pragmatics after M., in: M. Balat/J. Deledalle-Rhodes/G. Deledalle (eds.), Signs of Humanity/L'homme et ses signes. Proceedings of the IVth International Congress/Actes du IVe Congrès Mondial. International Association for Semiotic Studies/Association Internationale de Sémiotique. Barcelona/

Perpignan, March 30–April 6, 1989, Berlin/New York 1992, 1383–1420; ders./D. Münch, M., seine Vorgänger und Nachfolger, in: R. Posner/T. Sebeok/K. Robering (eds.), Semiotik. Ein Handbuch zu den zeichentheoretischen Grundlagen von Natur und Kultur II, Berlin/New York 1998, 2204–2232; J. Riche u. a., M., Enc. philos. universelle III/2 (1992), 2691–2692; E. Rochberg-Halton/K. McMurtrey, The Foundations of Modern Semiotic: Charles Peirce and C. M., Amer. J. Semiotics 2 (1983), 129–156; F. Rossi-Landi, C. M., Rom/Mailand 1953 (mit Bibliographie, 275–287), erw. unter dem Titel: C. M. e la semiotica novecentesca, Mailand 1975 (mit Bibliographie, 211–216); ders., Signs about a Master of Signs, Semiotica 13 (1975), 155–197; T. A. Sebeok, The Image of C. M., in: A. Eschbach (ed.), Zeichen über Zeichen über Zeichen [s. o.], 267–284.   B. P./D. G.

Mostowski, Andrzej, *Lwów (Lemberg) 1. Nov. 1913, †Vancouver (Kanada) 22. Aug. 1975, poln. Mathematiker und Logiker. 1931–1936 Studium in Warschau (unter anderem bei K. Kuratowski, J. Łukasiewicz und A. Tarski), 1936–1937 in Wien (unter anderem bei K. Gödel) und Zürich (unter anderem bei P. Bernays). 1938 Promotion in Warschau (bei Tarski). Während der deutschen Besetzung Arbeit in einem Industriebetrieb, gleichzeitig Lehre an der Warschauer Untergrunduniversität. 1945 Habilitation in Krakau, 1946 Dozent, 1947 Prof. in Warschau, 1951 ebendort o. Prof. für Philosophie der Mathematik, 1953–1969 für Algebra, ab 1969 für Grundlagen der Mathematik. Daneben Tätigkeit in der Polnischen Akademie der Wissenschaften, der M. seit 1963 angehörte. – Hauptarbeitsgebiete M.s waren ↑Algebra, ↑Mengenlehre, ↑Modelltheorie und ↑Rekursionstheorie. In seinen Arbeiten zur Mengenlehre untersuchte M. unter anderem Modelle der axiomatischen Mengenlehre (↑Mengenlehre, axiomatische), speziell des ↑Zermelo-Fraenkelschen Axiomensystems, insbes. im Hinblick auf die Probleme der Widerspruchsfreiheit (↑widerspruchsfrei/Widerspruchsfreiheit) und der Unabhängigkeit (↑unabhängig/Unabhängigkeit (logisch)) von ↑Auswahlaxiom und ↑Kontinuumhypothese. Zentral sind M.s Arbeiten zur Arithmetik, die er sowohl unter formal-syntaktischen als auch unter modelltheoretischen Gesichtspunkten untersuchte; wichtig sind hier seine Untersuchungen zu Modellen der Arithmetik 2. Stufe. Daneben stehen Arbeiten zur Entscheidbarkeit (↑entscheidbar/Entscheidbarkeit) mathematischer Theorien, zur algebraischen Deutung der Logik und zur mehrwertigen Logik (↑Logik, mehrwertige). Zahlreiche Resultate M.s gelten heute als klassisches Lehrbuchwissen. Im engeren Sinne philosophisch interessant ist vor allem die umfassende Darstellung des Gödelschen ↑Unvollständigkeitssatzes (1964) sowie der Überblick über die mathematische Grundlagenforschung von 1930 bis 1964 (1966).

Werke: Foundational Studies. Selected Works, I–II, Amsterdam/New York/Oxford 1979. – Sentences Undecidable in Formalized Arithmetic. An Exposition of the Theory of Kurt Gödel, Am-

sterdam 1952 (repr. Westport Conn. 1982), 1964; (mit K. Kuratowski) Teoria mnogości, Warschau 1952, ³1978 (engl. Set Theory, Amsterdam, Warschau 1967, mit Untertitel: With an Introduction to Descriptive Set Theory, Amsterdam/New York/Oxford, Warschau ²1976); (mit R. M. Robinson/A. Tarski) Undecidability and Essential Undecidability in Arithmetic, in: A. Tarski, Undecidable Theories, Amsterdam 1953, Mineola N. Y. 2010, 37–74; The Present State of Investigations on the Foundations of Mathematics, Warschau 1955; (mit M. Stark) Elementy algebry wyższej, Warschau 1958 (engl. Introduction to Higher Algebra, Oxford etc., Warschau 1964); On Invariant, Dual Invariant and Absolute Formulas, Warschau 1962; Thirty Years of Foundational Studies. Lectures on the Development of Mathematical Logic and the Study of the Foundations of Mathematics in 1930–1964, Helsinki 1965, 1967 (Acta Philos. Fennica XVII); Constructible Sets with Applications, Amsterdam, Warschau 1969; Scientific Thought. Some Underlying Concepts, Methods, and Procedures, Paris/The Hague 1972. – W. Marek, Bibliography of A. M.'s Works, Stud. Log. 36 (1977), 3–8.

Literatur: M. Boffa/E. del Solar Petit/S. Berestovoy, M., Enc. philos. universelle III/2 (1992), 3574–3576; A. Ehrenfeucht/ V. W. Marek/M. Srebrny (eds.), A. M. and Foundational Studies, Amsterdam/Washington D. C. 2008 (mit Bibliographie, 341–371); K. Kuratowski, A Half Century of Polish Mathematics. Remembrances and Reflections, Oxford etc., Warschau 1980; W. Marek/M. Srebrny/A. Zarach (eds.), Set Theory and Hierarchy Theory. A Memorial Tribute to A. M., Berlin/Heidelberg/New York 1976, 1–2 (Curriculum Vitae of A. M.) (mit Bibliographie, 3–11); H. Rasiowa, In Memory of A. M., Stud. Log. 36 (1977), 1–3.   P. S.

Mo-Ti (Mo Di), 5. bis 4. Jh. v. Chr., wichtiger, aber wirkungsloser Opponent des Konfuzius und des Traditionalismus überhaupt. M. vertritt einen nur am Wohlergehen des Volkes orientierten Nützlichkeitsstandpunkt mit teilweise puritanischen Zügen. Er verurteilt den Krieg als organisierten Massenmord, der auch ökonomisch stets mit einem Verlust endet (spätere Nachfolger des M. galten jedoch als Experten im Verteidigungswesen). Verurteilt werden auch die kostspieligen Riten der Konfuzianer, jeder Luxus, sogar die Musik, weil unnütz. Statt dessen lehrt M. das Ideal einer allgemeinen, undifferenzierten Menschenliebe, die nicht zwischen nahen Verwandten und Fremden unterscheidet. – M. glaubt an die Existenz von Geistern aller Art sowie an einen Himmel als höchste Macht. Dieser Himmel liebt die Gerechtigkeit und bestraft Übeltaten; er ist Garant der Moral und dient als Maßstab für Gut und Böse. Gleichzeitig wendet sich M. scharf gegen den ↑Fatalismus, den (angeblich) die Konfuzianer vertreten; dieser führe zu Inaktivität und Schädigung des Staates. – In dem Buch »Mo Ti« finden sich neben den erwähnten Themen auch logisch-dialektische Abschnitte, die so genannten ›Kanons‹ (↑Logik, chinesische) und verteidigungstheoretische Abhandlungen, die einer späteren Mohistengeneration (hou mojia) zugeschrieben werden.

Übersetzungen: Mê Ti, des Sozialethikers und seiner Schüler philosophische Werke, ed. A. Forke, Berlin 1922; Schriften,

I–II (I Solidarität und allgemeine Menschenliebe, II Gegen den Krieg), ed. H. Schmidt-Glintzer, Düsseldorf/Köln 1975, in 1 Bd. unter dem Titel: Von der Liebe des Himmels zu den Menschen, München 1992 [gekürzte Einl.]; Mo Tzu. Basic Writings, ed. B. Watson, New York/London 1963, unter dem Titel: Basic Writings of Mo Tzu, Hsün Tzu, and Han Fei Tzu, New York/London 1964, 1967, unter dem Titel: Mozi. Basic Writings, New York/Chichester 2003; Mozi, ed. P. J. Ivanhoe, in: ders./B. W. van Norden (eds.), Readings in Classical Chinese Philosophy, New York/London 2001, 2003, 55–109, Indianapolis Ind. [2]2005, 2007, 59–113. – Totok I ([2]1997), 92–93.

Literatur: F. Geisser, Mo Ti. Der Künder der allgemeinen Menschenliebe, Bern 1947; A. C. Graham, Later Mohist Logic, Ethics and Science, Hong Kong, London 1978, Hong Kong 2003; ders» Disputers of the Tao. Philosophical Argument in Ancient China, La Salle Ill. 1989, 2003, bes. 33–53, 137–170; C. Hansen, Language and Logic in Ancient China, Ann Arbor Mich. 1983; ders., Mohism: Later (Mo Jia, Mo Chia), Enc. Chinese Philos. (2003), 461–469; S. Lowe, Mo Tzu's Religious Blueprint for a Chinese Utopia. The Will and the Way, Lewiston N. Y. 1992; Y.-P. Mei, Motse. The Neglected Rival of Confucius, London 1934 (repr. Westport Conn. 1973); B. W. van Norden, Virtue Ethics and Consequentialism in Early Chinese Philosophy, Cambridge etc. 2007, bes. 139–198 (Chap. 3 Mozi and Early Mohism); H. Schleichert, Klassische chinesische Philosophie. Eine Einführung, Frankfurt 1980, 58–76, erw. [2]1990, 93–110, mit H. Roetz, [3]2009, 85–104; B. I. Schwartz, The World of Thought in Ancient China, Cambridge Mass. 1985, bes. 135–172 (Chap. 4 Mo-Tzu's Challenge). H. S.

Motiv (von lat. movere, bewegen; Beweggrund, Triebfeder, Zweck), Bezeichnung für eine Vielzahl verschiedenartiger Gründe, durch deren Angabe ein absichtliches oder unabsichtliches menschliches Verhalten eine Erklärung findet. Die zusätzliche Angabe eines M.s für ein intentionales (↑Intention) Verhalten, das als intentionales ein Handeln oder Tätigsein und kein bloßes Verhalten (↑Verhalten (sich verhalten)) ist und das dem Handelnden oder Tätigen in seiner ↑Intentionalität unmittelbar zugänglich und verständlich ist, rückt dieses Verhalten dadurch in einen umfassenden biographischen Kontext, daß sie die einzelne Intention in den Zusammenhang mit anderen neben- oder übergeordneten Intentionen (↑Zwecken und ↑Zielen) und/oder mit Verhaltensdispositionen (z. B. Rachsucht, Ehrgeiz, Dankbarkeit, die Tendenz, eingegangene Verpflichtungen zu erfüllen) stellt. Die Suche nach M.en für eine Handlung oder Tätigkeit über die Feststellung ihrer Intentionalität hinaus ist jedoch nur dann gerechtfertigt, wenn diese Feststellung Verständnisfragen offenläßt oder die Art der Handlung oder Tätigkeit aus dem Rahmen des in vergleichbaren Situationen üblichen und vom Akteur erwartbaren Verhaltens fällt.

Die motivationale Erklärung von ↑Handlungen oder Tätigkeiten eines Menschen macht sie ähnlich verständlich wie Erklärungen mit Hinweis auf seinen Charakter oder seine ↑Gewohnheiten, indem sie seine Handlungen oder Tätigkeiten dadurch zueinander in Beziehung setzt, daß sie jede einzelne aus einem übergreifenden Zusammenhang heraus expliziert. Solche Explikation kann methodisch, d. h. in einer geordneten Schrittfolge, geschehen. Das bedeutet, daß zunächst einzelne Handlungen oder Tätigkeiten in komplexe Handlungen oder Tätigkeiten einbezogen werden (z. B. das Spitzen eines Bleistifts in das Erledigen von Schulaufgaben). Komplexe Handlungen und Tätigkeiten (wie das Schularbeitenmachen und das Sporttreiben) werden dann durch Anführung von M.en, d. h. von noch umfassenderen, dem Akteur nicht notwendig bewußten und von ihm nicht notwendig ins Bewußtsein hebbaren, allgemeineren Zwecksetzungen und/oder Verhaltensdispositionen in größere Abschnitte, unter Umständen in das Ganze einer Lebensgeschichte eingeordnet. Da viele Menschen selbst von kürzeren Sequenzen intentionaler Akte nicht Abstand nehmen können, um ihr Leben als ganzes zu überblicken und die zugrundeliegenden Kontinuitäten, die ihre disparaten Intentionen verknüpfen, zu erfassen, bleiben ihnen ihre tiefsten M.e und ihre grundlegenden Charakterzüge verborgen und in diesem Sinne unbewußt. Deshalb ist es möglich, daß ein Betrachter einen Akteur besser versteht, als dieser sich selbst zu verstehen vermag. Inwieweit die Unbewußtheit von M.en absichtsvollem Tun entspringt, sich ›Verdrängungen‹ verdankt, und wie Selbsttäuschungen über die Art der eigenen M.e zustandekommen, untersucht die ↑Psychoanalyse.

Der Gebrauch der Ausdrücke ›M.‹ und ›Motivation‹ in der Psychologie überschreitet den dargestellten Gebrauch in der ↑Alltagssprache. Die Motivationspsychologie sucht alle Faktoren experimentell zu erforschen, die Verhalten auslösen, lenken und aufrechterhalten, und die ihnen zugrundeliegenden Gesetzmäßigkeiten zu erheben. Auf Grund dieses weiten Verständnisses ist für sie jede Erklärung eines Verhaltens *eo ipso* eine motivationale Erklärung. Dabei gelten als ›primäre M.e‹ angeborene ↑Bedürfnisse (↑Instinkt, ↑Trieb), als ›sekundäre M.e‹ erworbene Bedürfnisse (↑Gewohnheit, ↑Interesse). Die Gefahr eines derart globalen Verständnisses besteht darin, den Unterschied zwischen intentionalem Tun und bloßem Verhalten und damit den Unterschied zwischen intentionalen (rationalen) und kausalen (nomologischen) ↑Erklärungen menschlichen Verhaltens zu verwischen und zu vernachlässigen. – Unter Berücksichtigung der Tatsache, daß das lebende ↑Organismus stets aktiviert ist, ohne dazu von außen angeregt zu sein, beschränkt die Psychologie neuerdings die Rede von ›M.‹ und ›Motivation‹ auf die Ursachen und Gründe für Verhaltensänderungen. Ist das Lebewesen gleichzeitig mit mehreren, miteinander unverträglichen M.en konfrontiert, so besteht für es ein ↑Konflikt.

Literatur: W. P. Alston, Motives and Motivation, Enc. Ph. V (1967), 399–409; G. E. M. Anscombe, Intention, Ithaca N. Y., Oxford 1957, [2]1963, Cambridge Mass./London 2000; H. R. Arkes/J. P. Garske, Psychological Theories of Motivation, Monterey Calif. 1977, 1982; J. W. Atkinson, An Introduction to Motivation, Princeton N. J. etc. 1964, ²1978 (dt. Einführung in die Motivationsforschung, Stuttgart 1975); L. W. Beck, Conscious and Unconscious Motives, Mind NS 75 (1966), 155–179, ferner in: ders., Essays by Lewis White Beck. Five Decades as a Philosopher, ed. P. Cicovacki, Rochester N. Y./Suffolk 1998, 73–99 (dt. Bewußte und unbewußte M.e, in: J. Ritsert [ed.], Gründe und Ursachen gesellschaftlichen Handelns, Frankfurt/New York 1975, 165–195); R. C. Beck, Motivation. Theories and Principles, Englewood Cliffs N. J. 1978, Upper Saddle River N. J. ⁵2004; K. Burke, A Grammar of Motives, New York 1945, Berkeley Calif./ Los Angeles/London 2009; ders., A Rhetoric of Motives, New York 1950, Berkeley Calif./Los Angeles/London 2007; E. L. Deci, Intrinsic Motivation, New York/London 1975, 1976; R. B. Edwards, Is Choice Determined by the ›Strongest Motive‹?, Amer. Philos. Quart. 4 (1967), 72–78; J. Erpenbeck, Motivation. Ihre Psychologie und Philosophie, Berlin 1984; P. Fonk/B. Grom, M., Motivation, LThK VII (1998), 502–505; K. Gottschaldt u. a. (eds.), Handbuch der Psychologie II/2 (Motivation), Göttingen 1965, o. J. [²1970]; C. F. Graumann (ed.), Einführung in die Psychologie I (Motivation), Frankfurt, Bern/Stuttgart 1969, Wiesbaden 1981; B. Harbeck-Pingel/R. M. Puca/H. Schmidt, M., Motivation, RGG V (2002), 1550–1553; J. Heckhausen (ed.), Motivation und Handeln. Lehrbuch der Motivationspsychologie, Berlin/Heidelberg/New York 1980, erw. ²1989, überarb. v. J. Heckhausen ³2006, rev. u. erw. ⁴2010 (engl. Motivation and Action, Berlin etc. 1991, rev. Cambridge etc. 2008, ²2010); H.-G. Heimbrock, Motivation, TRE XXIII (1994), 373–379; B. Herman, Motives, in: L. C. Becker/C. B. Becker (eds.), Encyclopedia of Ethics II, New York/London 1992, 871–874; U. Holzkamp-Osterkamp, Grundlagen der psychologischen Motivationsforschung, I–II, Frankfurt/New York 1975/1976, erw. ²1977/1978, ³1981/1982; J. J. Jenkins, Motive and Intention, Philos. Quart. 15 (1965), 155–164; M. R. Jones (ed.), Human Motivation. A Symposium, Lincoln Neb. 1965; P. Keiler, Wollen und Wert. Versuch der systematischen Grundlegung einer psychologischen Motivationslehre, Berlin 1970; J. A. Keller, Grundlagen der Motivation, München/Wien/Baltimore Md. 1981; A. Kenny, Action, Emotion and Will, London, New York 1963 (repr. Bristol 1994), London/New York ²2003; A. K. Korman, The Psychology of Motivation, Englewood Cliffs N. J. 1974; J. Kuhl/H. Heckhausen (eds.), Motivation, Volition und Handlung, Göttingen etc. 1996 (Enz. Psychologie Themenbereich C, Ser. 4, IV); K. B. Madsen, Theories of Motivation. A Comparative Study of Modern Theories of Motivation, Cleveland Ohio, Kopenhagen 1959, Kent Ohio, Kopenhagen ⁴1968; ders., Modern Theories of Motivation. A Comparative Metascientific Study, New York, Kopenhagen 1974; A. H. Maslow, Motivation and Personality, New York/Evanston Ill./London 1954, ³1987, 1995 (dt. Motivation und Persönlichkeit, Olten/Freiburg 1977, erw. ²1978, Reinbek b. Hamburg 2010); D. C. McClelland, Human Motivation, Glenview Ill. etc. 1985, Cambridge etc. 2009; A. I. Melden, Free Action, London, New York 1961, 1967; S. L. Paulson, Two Types of Motive Explanation, Amer. Philos. Quart. 9 (1972), 193–199; R. S. Peters, The Concept of Motivation, London, New York 1958, ²1960, 1974 (franz. Le concept de motivation, Paris 1973); ders./J. McCracken/J. O. Urmson, Symposium: Motives and Causes, Proc. Arist. Soc. Suppl. 26 (1952), 139–194; R. M. Ryan (ed.), The Oxford Handbook of Human Motivation, Oxford etc. 2012; G. Ryle, The Concept of Mind, London, New York 1949, London/New York 2009 (dt. Der Begriff des Geistes, Stuttgart 1969, 2002); H. Thomae (ed.),

Die Motivation menschlichen Handelns, Köln 1965, ⁹1976; ders. (ed.), Theorien und Formen der Motivation, Göttingen/ Toronto/Zürich 1983 (Enz. Psychologie Themenbereich C, Ser. 4, I); ders. (ed.), Psychologie der M.e, Göttingen/Toronto/Zürich 1983 (Enz. Psychologie Themenbereich C, Ser. 4, II); W. Toman, Dynamik der M.e, Frankfurt/Wien 1954 (repr. als 2. Aufl., Darmstadt 1970); ders., An Introduction to Psychoanalytic Theory of Motivation, Oxford etc. 1960; ders., Einführung in die allgemeine Psychologie II (Affektivität, Motivation, Persönlichkeit, soziale Kontexte), Freiburg 1973; J. Vontobel, Leistungsbedürfnis und soziale Umwelt. Zur sozio-kulturellen Determination der Leistungsmotivation, Bern/Stuttgart/Wien 1970; R. J. Wallace, Moral Motivation, REP VI (1998), 522–528; B. Weiner, Theories of Motivation. From Mechanism to Cognition, Chicago Ill. 1972, 1973 (dt. Theorien der Motivation, Stuttgart 1976); ders. (ed.), Cognitive Views of Human Motivation, New York etc. 1974.   R. Wi.

Multiplikation (logisch), in der Logik Bezeichnung für Operationen, die in Analogie zur mathematischen M. (↑Multiplikation (mathematisch)) erfolgen. Historisch erste Versuche der analogen Verwendung elementarer algebraischer Operationen in der Logik finden sich bei G. W. ↑Leibniz (↑Logikkalkül). Sie erhalten in der ↑Algebra der Logik bei G. Boole einen ersten zureichenden, kalkülmäßigen Abschluß. Die Leibnizschen Kalküle sind in erster Linie intensionale (↑intensional/Intension), d. h. auf Begriffsinhalte zielende, *Begriffskalküle*, in denen die Zusammensetzung von Begriffen aus Teilbegriffen (›Merkmalen‹) dargestellt wird. Diese Methode wird sodann auf Aussagen übertragen. Verwandte Ansätze bei J. H. Lambert und anderen können jedoch wegen ihrer Intensionalität ebensowenig brauchbare Kalküle liefern wie die Versuche von Leibniz. Dies ändert sich erst mit Booles extensionalem (↑extensional/Extension), d. h. auf Begriffsumfänge zielendem, Kalkül (1854), wo die ›M.‹ zweier Klassen x und y (Zeichen: $x \cap y$) diejenige Klasse z ergibt, deren Elemente sowohl zu x als auch zu y gehören. Für diese Art der M. von Mengen oder Klassen ist heute die Bezeichnung ›mengentheoretischer ↑Durchschnitt‹ gebräuchlich. Booles Kalkül wurde insbes. von W. S. Jevons, C. S. Peirce und E. Schröder weiterentwickelt.

Vor allem im angelsächsischen Bereich wird die ↑Konjunktion zweier Aussagen A, B (in Zeichen: $A \wedge B$), die genau dann den ↑Wahrheitswert ›wahr‹ erhält, wenn sowohl A als auch B wahr sind, als ›M.‹ von A und B bezeichnet (in Zeichen gelegentlich: $A \cdot B$). Dies wohl in Analogie zur M. von Klassen in der Algebra der Logik, wo die Klasse $x \cap y$ aus genau denjenigen Elementen besteht, die sowohl zu x als auch zu y gehören, sowie in Entsprechung zur arithmetischen Multiplikation von Wahrheitswerten in der ↑Wahrheitstafel für die Konjunktion: Bezeichnet man in letzterer die Wahrheitswerte ›wahr‹ (↑wahr (das Wahre)) mit ›1‹ und ↑›falsch‹ mit ›0‹, so liefert einzig das Produkt $1 \cdot 1$ den Wahrheitswert

›wahr‹ für die Konjunktion; alle anderen Produkte liefern den Wahrheitswert ›falsch‹. – Die Verknüpfung von zwei Relationen wird als ↑›Relationenmultiplikation‹ bezeichnet. G. W.

Multiplikation (mathematisch), in der Mathematik Bezeichnung für eine in ihrer konkreten Ausführung für den jeweils betrachteten Bereich (z. B. natürliche Zahlen [↑Grundzahl], ↑Kardinalzahlen, ↑Matrizen) eigens zu bestimmende ↑Verknüpfung (Zeichen: · oder ×), die je zwei Elementen des Bereichs ein wohlbestimmtes drittes Element, deren *Produkt*, zuordnet. Meist bildet die M. einen Bestandteil einer Ring- oder Körperstruktur (↑Ring (mathematisch), ↑Körper (mathematisch)), für die dann charakteristische Gesetze gelten (z. B. Assoziativität [↑assoziativ/Assoziativität] und Distributivität [↑distributiv/Distributivität] mit der zugehörigen Addition [↑Addition (mathematisch)]). Die zur M. inverse (↑invers/Inversion) Operation heißt ›Division‹ (↑Division (mathematisch)).

Im axiomatischen Aufbau der Arithmetik (↑Peano-Axiome) etwa der natürlichen Zahlen kann man die M. für natürliche Zahlen a, n rekursiv (↑Definition, rekursive) unter Rückgriff auf die Addition durch die beiden folgenden Gleichungen definieren:

(1) $a \cdot 1 = a,$
(2) $a \cdot (n + 1) = a \cdot n + a.$

Die konstruktive Arithmetik (↑Arithmetik, konstruktive) faßt die M. natürlicher Zahlen als ein *Verfahren* auf, aus zwei Zahlen genau eine dritte zu konstruieren. Dieses Verfahren kann z. B. durch das Regelsystem

(1) $\Rightarrow \; | \cdot n = n,$
(2) $m \cdot n = p, \; p + n = q \Rightarrow m| \cdot n = q$

festgelegt werden, wobei m, n, p, q als Variable für die im ↑Strichkalkül herstellbaren Figuren stehen. G. W.

Multiplikationssatz, allgemeiner, auch: allgemeines Multiplikationsprinzip, Bezeichnung für ein Axiom in Axiomatisierungen des induktiven Schließens (↑System, axiomatisches, ↑Schluß, induktiver). Der a. M. besagt in einer junktorenlogischen (↑Junktorenlogik) Formulierung, daß für Aussagen H, I und E, wobei $H \wedge E$ erfüllbar (↑erfüllbar/Erfüllbarkeit) ist, die folgenden Bedingungen gelten:

$c(H \wedge I, E) = c(H, E) \cdot c(I, H \wedge E),$
$c(H \wedge I, E) = c(I, E) \cdot c(H, E \wedge I).$

Dabei ist c die ↑Bestätigungsfunktion, und $c(H \wedge I, E)$ bedeutet die ↑Wahrscheinlichkeit von $H \wedge I$ auf Grund

des Vorliegens von E bzw. des Wissens von E. Für den Fall, daß das in I ausgedrückte Wissen für den induktiven Schluß von E auf H irrelevant ist, d. h., wenn $c(H, E) = c(H, E \wedge I)$ ist, läßt sich der *spezielle* M. beweisen: $c(H \wedge I, E) = c(I, E) \cdot c(H, E)$. Entsprechend werden für die Wahrscheinlichkeit des Vorliegens von H *oder* I bei Wissen von E Additionssätze (↑Additionssatz, spezieller) herangezogen.

In der ↑*Wahrscheinlichkeitstheorie* besagt der a. M., daß für Ereignisse A, B gilt: $P(A \cap B) = P(A) \cdot P(B|A)$, wobei $P(B|A)$ die bedingte Wahrscheinlichkeit von B relativ zu A ist. Die Ereignisse A und B sind unabhängig (↑unabhängig/Unabhängigkeit (von Ereignissen)) genau dann, wenn die Wahrscheinlichkeit eines Zusammentreffens der beiden Ereignisse gleich dem Produkt der Wahrscheinlichkeit der Einzelereignisse ist, d. h., wenn $P(A \cap B) = P(A)P(B)$ ist. In diesem Falle folgt aus dem a.n M., daß $P(A) = P(A|B)$ und $P(B) = P(B|A)$ ist. Das Zusammentreffen der beiden Ereignisse ist dabei höchstens so wahrscheinlich wie die beiden Einzelereignisse für sich, da die Werte des Wahrscheinlichkeitsmaßes P (und entsprechend in der Theorie des induktiven Schließens die Werte der Bestätigungsfunktion c) zwischen 0 und 1 liegen. Daneben spricht man in der Wahrscheinlichkeitstheorie auch vom M. für Erwartungswerte (oder Mittelwerte) von Zufallsvariablen: Sind X, Y unabhängige Zufallsvariable, so ist $E(X \cdot Y) = E(X) \cdot E(Y)$, d. h., der Erwartungswert des Produkts der Zufallsvariablen ist gleich dem Produkt der Erwartungswerte der einzelnen Zufallsvariablen.

Literatur: R. Strehl, Wahrscheinlichkeitsrechnung und elementare statistische Anwendungen, Freiburg/Basel/Wien 1974; weitere Literatur: ↑Bestätigungsfunktion. G. W.

Münch, Fritz, *Wasselnheim/Elsaß 29. Okt. 1879, †Jena 17. April 1920 (an den Folgen einer Kriegsverletzung), dt. Philosoph und Jurist. Ab 1898 Studium zunächst der Rechts- und Staatswissenschaften in Straßburg, Berlin und München, 1903 Referendarexamen in Straßburg und Wiederaufnahme eines Studiums bei W. Windelband, ab 1911 Studium der Philosophie (bei B. Bauch) in Jena, 1913 Promotion ebendort. 1914–1915 Kriegsdienst, nach schwerer Verwundung bis 1918 Verwaltungstätigkeit beim Militär. Zeitweilig Auseinandersetzung mit der Philosophie G. Freges, der von M. den Ausdruck ›drittes Reich‹ für die Sphäre der ↑abstrakten Gegenstände übernimmt. – M., Vertreter des ↑Neukantianismus, zeichnet in seiner Dissertation und zugleich seinem Hauptwerk »Erlebnis und Geltung« (1913) die anschauliche Welt als das Fundament für die ↑transzendentale Entfaltung der Sinnstruktur der Erfahrungswirklichkeit aus. Die anschauliche Welt ist der vor- und unterwissenschaftliche Ausgangspunkt von Erfahrungswissenschaft und Philosophie, zu der man unter Ausblendung philosophischer Voreingenommenheiten gelangt. Damit besitzt M.s Begriff der anschaulichen Welt charakteristische Gemeinsamkeiten mit E. Husserls Entwurf der ↑Lebenswelt. Die Dissertation bildet die theoretische Grundlage für M.s umfassenderes Projekt, eine Systemphilosophie auf Basis der transzendentalen Logik (↑Logik, transzendentale) zu begründen, die zu erklären vermag, warum die historische Verwirklichung der Sinnstrukturen der Erfahrungswelt, allen voran Vernunft, Kultur, Geschichte, Ethik, Staat und Recht, überhaupt möglich ist. M.s weitere Studien zur Geschichts-, Kultur- und Rechtsphilosophie sowie zum Begriff der Philosophie selbst stehen im Dienst dieser Aufgabe.

Werke: Das Problem der Geschichtsphilosophie. Eine Einführung in den systematischen Zusammenhang ihrer Probleme, Kant-St. 17 (1912), 349–381; Erlebnis und Geltung. Eine systematische Untersuchung zur Transzendentalphilosophie als Weltanschauung, Berlin 1913 (repr. Vaduz 1987); Vom Sinn der Tat. Eine ›subjekttheoretische‹ Analyse, Logos 6 (1916), H. 1, 41–57; Kultur und Recht. Nebst einem Anhang: Rechtsreformbewegung und Kulturphilosophie, Leipzig 1918; Die wissenschaftliche Rechtsphilosophie der Gegenwart in Deutschland (nach ihren allgemein-philosophischen Grundlagen), Beitr. Philos. Dt. Ideal. 1 (1919), H. 3/4, 95–143; Wesen/Aufgabe/Sprache der deutschen Philosophie in ihrem Verhältnis zueinander, Erfurt 1924.

Literatur: S. Schlotter, Die Totalität der Kultur. Philosophisches Denken und politisches Handeln bei Bruno Bauch, Würzburg 2004, bes. 95–98; ders., Frege's Anonymous Opponent in »Die Verneinung«, Hist. and Philos. Log. 27 (2006), 43–58; C. Tilitzki, Die deutsche Universitätsphilosophie in der Weimarer Republik und im Dritten Reich I, Berlin 2002, bes. 495–496; E. Zschimmer, F. M., Kant-St. 25 (1920), 301–303. – E. Ziegenfuß/ G. Jung (eds.), Philosophen-Lexikon. Handwörterbuch der Philosophie nach Personen, Berlin 1950, 181.   M. Wi.

Münchhausen-Trilemma, von H. Albert (1968) eingeführte Bezeichnung zur Charakterisierung der Schwierigkeiten, in die ein deduktiver Begriff der ↑Begründung hinsichtlich der Begründbarkeit aller innerhalb eines Begründungszusammenhanges auftretender Schritte führt. ↑Deduktionen stehen demnach vor drei gleichermaßen problematischen Alternativen: (1) dem unendlichen Begründungsregreß (↑regressus ad infinitum), in dessen Rahmen die Kette der zur Begründung anstehenden Sätze nicht abbricht, (2) dem Begründungszirkel (↑circulus vitiosus), bei dem der unter (1) anlaufende Regreß dadurch ›vermieden‹ wird, daß Sätze als ihre eigene Begründungsbasis (in dem sie stützenden Regreßteil) auftreten, (3) der selbst nicht mehr deduktiv begründeten, insofern *dogmatischen,* Auszeichnung einer Begründungsbasis, d. h. dem Ansatz einer Begründungsbasis, der gegenüber die Verabredung gelten soll, daß sie selbst keiner Begründung bedarf.
Die Formulierungen des M.-T.s weisen insofern über dieses hinaus, als sich das ↑Trilemma in seiner junktorenlogischen Form

$$A \rightarrow (B \lor C \lor D)$$
$$\frac{\neg B \land \neg C \land \neg D}{\neg A}$$

sowohl als Nachweis des notwendigen Scheiterns deduktiv fortschreitender Begründungsbemühungen deuten läßt als auch als Aufforderung, über ein deduktivistisches Schema der Begründung hinauszugehen (↑Letztbegründung). Während Albert und der von ihm vertretene Kritische Rationalismus (↑Rationalismus, kritischer) selbst den ersten Weg gehen, wobei mit der Identifikation von Begründung und Deduktion auch das Ideal der Begründung zugunsten der Ideale der ↑Bewährung und der kritischen Prüfung (↑Prüfung, kritische) preisgegeben wird und Deduktionen in diesem Zusammenhang lediglich noch für die Ableitung von Falsifikationsinstanzen (↑Falsifikation) zur Überprüfung von Hypothesen und Theorien Verwendung finden, geht der ↑Konstruktivismus (↑Wissenschaftstheorie, konstruktive) in der Ausarbeitung auch nicht-deduktivistischer Formen der Begründung den zweiten Weg. Auf diese Alternative trifft die im Kritischen Rationalismus auf das M.-T. Bezug nehmende Unterscheidung zwischen einer certistischen (↑Certismus) bzw. fundamentalistischen (↑Fundamentalphilosophie) und einer fallibilistischen (↑Fallibilismus) Rationalitätskonzeption nicht zu. Das M.-T. und seine alternativen Lösungen ergeben sich im übrigen nur dann, wenn man von einem ›absoluten‹ deduktiven Begründungsbegriff ausgeht, der die Ableitung inhaltlicher Sätze erlauben soll, ohne von ↑Hypothesen Gebrauch zu machen. Für den in den empirischen Wissenschaften meist verwendeten Begriff der Deduktion inhaltlicher Sätze aus Hypothesen stellt sich das Problem nicht, ferner nicht für die Deduktion von formallogischen Sätzen, die ohne Hypothesen regreß-, zirkel- und dogmatismusfrei hergeleitet werden können.
Im Rahmen seiner ↑Logik der Forschung hatte bereits K. R. Popper (1935) auf die Formulierung eines begründungstheoretischen Trilemmas bei J. F. Fries hingewiesen, in dem ebenfalls unendlicher Begründungsregreß und Dogmatismus neben einer psychologischen Begründungsbasis als Argumentationsglieder auftreten.

Literatur: H. Albert, Traktat über kritische Vernunft, Tübingen 1968, 11–15, ³1975, 11–15, 183–210 (Nachwort: Der Kritizismus und seine Kritiker), ⁴1980, 11–15, 183–216 (erw. Nachwort), ⁵1991, 13–18, 219–256, 257–264 (Georg Simmel und das Begründungsproblem. Ein Versuch der Überwindung des M.-T.s), 264–277 (Ein Nachtrag zur Begründungsproblematik); ders., Münchhausen in transzendentaler Maskerade. Über einen neuen Versuch der Letztbegründung praktischer Sätze, Z. allg. Wiss.-theorie 16 (1985), 341–356; ders., Georg Simmel und das Begründungsproblem. Ein Versuch der Überwindung des M.-T.s, in: W. G. Gombocz/H. Rutte/W. Sauer (eds.), Traditionen und Perspektiven der analytischen Philosophie. Festschrift für Rudolf Haller, Wien 1989, 258–264, ferner in: ders., Traktat über kritische Vernunft [s.o.], ⁵1991, 267–264; ders., Kritik des transzendentalen Denkens. Von der Begründung des Wissens zur Analyse der Erkenntnispraxis, Tübingen 2003; J. Friedmann, Bemerkungen zum M.-T., Erkenntnis 20 (1983), 329–340; W. D. Fusfield, Can Jürgen Habermas' ›Begründungsprogramm‹ Escape Hans Albert's ›M.-T.‹?, Rhetorik 8 (1989), 73–82; C. F. Gethmann/R. Hegselmann, Das Problem der Begründung zwischen Dezisionismus und Fundamentalismus, Z. allg. Wiss.theorie 8 (1977), 342–368; J.-S. Gordon, Bemerkungen zum Begründungstrilemma, Berlin/Münster 2007; R. Haller, Über das sogenannte Münchhausentrilemma, Ratio 16 (1974), 113–127 (engl. Concerning the So-Called ›Münchhausen Trilemma‹, Ratio 16 [engl. Ausg., 1974], 125–140); P. Janich/F. Kambartel/J. Mittelstraß, Wissenschaftstheorie als Wissenschaftskritik, Frankfurt 1974, bes. 34–40; U. Lüke, Das M.-T. im Kritischen Rationalismus und die Gottesfrage, Theol. u. Glaube 87 (1997), 423–437; J. Mittelstraß, Die Möglichkeit von Wissenschaft, Frankfurt 1974, 56–83, 221–229 (Kap. 3 Erfahrung und Begründung); ders., Gibt es eine Letztbegründung?, in: P. Janich (ed.), Methodische Philosophie. Beiträge zum Begründungsproblem der exakten Wissenschaften in Auseinandersetzung mit Hugo Dingler, Mannheim/Wien/Zürich 1984, 12–35; K. R. Popper, Logik der Forschung. Zur Erkenntnistheorie der modernen Naturwissenschaft, Wien 1935, Tübingen ⁷1982, ¹¹2005, bes. 60–61; N. Rath, M.-T., Hist. Wb. Ph. VI (1984), 223–224; M. Schmidt-Salomon, Das ›Münchhausentrilemma‹ oder: Ist es möglich, sich am eigenen Schopf aus dem Sumpf zu ziehen?, in: Z. Aufklärung u. Kritik Sonderheft 5 (2001), 42–51; G. Seel, Ist der praktische Begründungsregreß abschließbar?, in: G. Frey/J. Zelger (eds.), Der Mensch und die Wissenschaften vom Menschen. Die Beiträge des XII. Deutschen Kongresses für Philosophie in Innsbruck vom 29. September bis 3. Oktober 1981 II, Innsbruck 1983, 609–619; J. Speller, Ein Argumentationsspiel um das M.-T., Z. allg. Wiss.theorie 19 (1988), 37–61; R. Vaas, Das M.-T. in der Erkenntnistheorie, Kosmologie und Metaphysik, in: E. Hilgendorf (ed.), Wissenschaft, Religion und Recht. Hans Albert zum 85. Geburtstag am 8. Februar 2006, Berlin 2006, 441–474.   J. M.

Musschenbroek, Pieter van, *Leiden 14. März 1692, †ebd. 19. Sept. 1761, niederl. Physiker. Ab 1708 Studium in Leiden (vor allem bei H. Boerhaave), 1715 medizinische Promotion, anschließend medizinische Praxis. 1719, aus Anlaß des Rufes auf eine Mathematik- und Physikprofessur an der Universität Duisburg, Ehrenpromotion in Philosophie in Leiden. In Duisburg ab 1721 auch Extraordinarius für Medizin; 1723–1740 Prof. der Naturphilosophie und Mathematik, ab 1732 auch der Astronomie, in Utrecht, ab 1739 Prof. der Mathematik und Physik in Leiden. – M.s zeitgenössischer Ruhm beruht auf seinen (auch in Übersetzungen) weit verbreiteten Vorlesungen, seinen Experimentalanordnungen (die zugehörigen Instrumente wurden zu einem großen Teil von seinem Bruder Jan gebaut) sowie der ihm (historisch nicht ganz korrekt) zugeschriebenen Erfindung der ›Leidener Flasche‹, des ersten elektrischen Kondensators. Diese gab der Weiterentwicklung der Elektrizitätslehre entscheidende Anstöße. Zu M.s Erfin-

dungen gehört auch das später von J. H. Lambert verbesserte Pyrometer (›Feuermeßgerät‹), das erheblich höhere Temperaturmessungen erlaubte, als bis dahin mit ›konventionellen‹ Instrumenten möglich war. Methodologisch ist M. ein wichtiger Vertreter der in Leiden auch durch Boerhaave und M.s Freund W. J. S. 'sGravesande repräsentierten ↑Experimentalphilosophie, die, vor allem in der Nachfolge I. Newtons, physikalisches Wissen auf sorgfältige Beobachtung und alle denkbaren Umstände beachtendes Experimentieren gründet. M. übte starken Einfluß auf die Verbreitung Newtonscher Lehren in Frankreich aus.

Werke: Disputatio medica inauguralis de aeris praesentia in humoribus animalibus, Leiden 1715, ferner in: A. v. Haller (ed.), Disputationum anatomicarum selectarum IV, Göttingen 1749, 561–618; Oratio de certa methodo philosophiae experimentalis, Utrecht 1723; Epitome elementorum physico-mathematicorum [...], Leiden 1726, Neuausg. unter dem Titel: Elementa physicae [...], Leiden 1734, 1741, Venedig 1745, I–II, Neapel 1745, 1751, Venedig 1752, stark überarb. ³1761, ⁴1774 (niederl. Beginselen der natuurkunde [...], Leiden 1736, unter dem Titel: Beginsels der natuurkunde, I–II, ²1739 [franz. Essai de physique (...), I–II, Leiden 1739, 1751]; engl. The Elements of Natural Philosophy [...], I–II, London 1744; dt. Grundlehren der Naturwissenschaft. Nach der zweiten lateinischen Ausgabe, nebst einigen neuen Zusätzen des Verfassers, übers. v. J. C. Gottsched, Leipzig 1747); Physicae experimentales et geometricae [...] dissertationes [...], Leiden 1729, Wien/Prag/Triest 1756; Oratio de methodo instituendi experimenta physica. Habita Ultrajecti XXVII Martii, Anni MDCCXXX, in: L. Magalotti, Tentamina experimentorum naturalium captorum in Academia del Cimento [s.u.], I–XLVIII; (ed.) L. Magalotti, Tentamina experimentorum naturalium captorum in Academia del Cimento [...], [Übers., Kommentar und eigene Beiträge], Leiden 1731, Wien/Prag/Triest 1756; Oratio inauguralis de mente humana semet ignorante [...], Leiden 1740 (engl. Of the Ignorance of the Human Soul as to Its Own Nature, the Particular Time of Its Beginning to Exist, the Manner of Its Union with the Body, etc. [...], in: Acta Germanica, or The Literary Memoirs of Germany, etc. [...] I, London1743, unter dem Titel: Literary Memoirs of Germany and the North. Being a Choice Collection of Essays [...] I, London 1759, 21–32); Oratio de sapientia divina [...], Leiden, Wien/Prag/Triest 1744; Institutiones logicae, praecipue comprehendentes artem argumentandi [...], Leiden 1748, Venedig 1763; Institutiones physicae [...], Leiden 1748; Introductio ad philosophiam naturalem, I–II, ed. J. Lulofs, Leiden 1762 (franz. Cours de physique expérimantale et mathématique, I–III, Paris 1769), gekürzt unter dem Titel: Compendium physicae experimentalis [...], Leiden 1762.

Literatur: K. van Berkel/A. van Helden/L. Palm (eds.), A History of Science in the Netherlands. Survey, Themes and Reference, Leiden/Boston Mass./Köln 1999, bes. 538–540; F. Boerner, Nachrichten von den vornehmsten Lebensumständen und Schriften jetztlebender berühmter Ärzte und Naturforscher in und um Deutschland I, Wolfenbüttel 1749, 529–541; P. Brunet, Les physiciens hollandais et la méthode expérimentale en France au XVIIIᵉ siècle, Paris 1926, 68–100; ders., L'introduction des théories de Newton en France au XVIIIᵉ siècle, Paris 1931 (repr. Genf 1970); C. A. Crommelin, Physics and the Art of Instrument Making at Leyden in the 17ᵗʰ and 18ᵗʰ Centuries. Lectures [...],

Leiden 1926; C. Dorsman/C. A. Crommelin, The Invention of the Leyden Jar, Janus 46 (1957), 275–280; E. Garin, Antonio Genovesi e la sua introduzione storica agli »Elementa physicae« di Pietro v. M., Physis 11 (Florenz 1969), 211–222; J. L. Heilbron, Electricity in the 17th and 18th Centuries. A Study of Early Modern Physics, Berkeley Calif./Los Angeles/London 1979, Mineola N. Y. 1999; F. A. Meyer, Petrus van M., Werden und Werk und seine Beziehungen zu Daniel Gabriel Fahrenheit. Pinselstriche zum Charakterbild eines großen Duisburger Hochschulprofessors, Duisburger Forsch. 5 (1961), 1–51; C. de Pater, Petrus van M. (1692–1761). A Dutch Newtonian, Janus 64 (Amsterdam 1977), 77–87; ders., Petrus van M. (1692–1761). Een Newtoniaans natuuronderzoeker/Petrus van M. (1692–1761). A Newtonian Natural Philosopher, Diss. Utrecht 1979; ders., M., in: W. van Bunge u. a. (eds.), The Dicitonary of Seventeenth and Eighteenth-Century Dutch Philosophers II, Bristol 2003, 718–726; M. Rooseboom, Bijdrage tot de geschiedenis der instrumentmakerskunst in de Noordlijke Nederlanden tot omstreeks 1840, Leiden 1950; dies., Petrus v. M.'s »Oratio de sapientia divina«, in: P. Smit/ R. J. C. V. ter Laage (eds.), Essays in Biohistory and Other Contributions. Presented by Friends and Colleagues to Frans Verdoorn on the Occasion of His 60th Birthday, Utrecht 1970, 177–194; E. G. Ruestow, Physics at Seventeenth and Eighteenth-Century Leiden. Philosophy and the New Science in the University, The Hague 1973, bes. 113–139 (Chap. VII 's Gravesande and M.. Newtonianism at Leiden); F. Sassen, Geschiedenis van de wijsbegeerte in Nederland tot het Einde der negentiende Eeuw, Amsterdam/Brüssel 1959; P. Schuurman, Ideas, Mental Faculties, and Method. The Logic of Ideas of Descartes and Locke and Its Reception in the Dutch Republic, 1630–1750, Leiden/Boston Mass. 2004, 156–164 (Chap. 9 Petrus van M.. Logic and Natural Science Part Ways [1748]); D. J. Struik, M., DSB IX (1974), 594–597. G. W.

Muster, ↑Paradigma.

Mutation (von lat. mutatio, Veränderung), biologischer Terminus; metaphorische Verwendung in evolutionären Konzeptionen des wissenschaftlichen Fortschritts und der ↑Technologie. In der *Biologie* ist M. neben ↑Selektion Zentralbegriff der ↑Evolutionstheorie und bedeutet eine in unterschiedlicher Form auftretende Veränderung der Erbsubstanz. Diese Veränderung im Genotyp führt zu einer Veränderung in Struktur oder Funktion (Phänotyp) des betreffenden Organismus und wird damit zum Objekt selektiver Mechanismen. Es ist jedoch zu beachten, daß selektionsrelevante Veränderungen auch durch entwicklungsbiologische (›epigenetische‹) Prozesse in der embryonalen ›Umwelt‹ herbeigeführt werden können (›Evo-Devo‹).
M.en sind in der Regel nachteilig für das hochkomplexe Gefüge des ↑Organismus. Sie können ›spontan‹ (ähnlich wie isomere Veränderungen in der Chemie) entstehen, d. h. ohne daß sich bisher eine genaue Ursache hätte angeben lassen, oder durch Umwelteinflüsse wie Strahlung, hohe Temperatur etc.. Anpassungen des Organismus an die Umwelt (↑Lamarckismus) können keine M.en herbeiführen. In evolutionären Konzeptionen der

↑*Theoriendynamik* wie etwa derjenigen K. R. Poppers werden ›M.en‹ als durch mehr oder weniger zufällige, nach der Methode von ↑trial and error entworfene neue ↑Hypothesen aufgefaßt. Die der natürlichen Selektion entsprechende Steuerung dieses Prozesses erfolgt über die Ausmerzung völlig ungeeigneter und durch versuchsweise Abänderung teilweise unbrauchbarer Hypothesen. Freilich bietet in dieser Konzeption einer quasi-naturwüchsigen Entwicklung die Frage nach den die Selektion steuernden Kriterien und damit letztlich die Frage nach der Rationalität wissenschaftlichen ↑Fortschritts doch wieder ein Problem. – *Technologische* Konzeptionen, die optimierende ›Problemlösungsverfahren‹ in der Evolution der Organismen zum Vorbild nehmen, versuchen durch – der genetischen M. analoge – Veränderungen technischer Modelle und Selektion ungeeigneter Varianten, technische Probleme, die sich nicht mathematisch optimieren lassen, optimal zu lösen.

Literatur: J. A. Blachowicz, Systems Theory and Evolutionary Models of the Development of Science, Philos. Sci. 38 (1971), 178–199; I. Brigandt, Jenseits des Neodarwinismus? Neuere Entwicklungen in der Evolutionsbiologie, in: P. Sarasin/M. Sommer (eds.), Evolution. Ein interdisziplinäres Handbuch, Stuttgart/Weimar 2010, 115–126; U. J. Jensen/R. Harré (eds.), The Philosophy of Evolution, Brighton, New York 1981; A. Minelli/G. Fusco (eds.), Evolving Pathways. Key Themes in Evolutionary Developmental Biology, Cambridge etc. 2008; C. Nüsslein-Volhard, Das Werden des Lebens. Wie Gene die Entwicklung steuern, München 2004, 2006 (engl. Coming to Life. How Genes Drive Development, o. O. [Carlsbad Calif.], New Haven Conn./London 2006); M. Pigliucci/G. B. Müller (eds.), Evolution. The Extended Synthesis, Cambridge Mass./London 2010; K. R. Popper, Objective Knowledge. An Evolutionary Approach, Oxford 1972, erw. 1979, 1995 (dt. Objektive Erkenntnis. Ein evolutionärer Entwurf, Hamburg 1973, ⁴1984, 1998); I. Rechenberg, Evolutionsstrategie. Optimierung technischer Systeme nach Prinzipien der biologischen Evolution, Stuttgart-Bad Cannstatt 1973; S. Toulmin, Human Understanding I (The Collective Use and Evolution of Concepts), Princeton N. J. 1972, 1977 (dt. Menschliches Erkennen I [Kritik der kollektiven Vernunft], Frankfurt 1978, 1983). G. W.

Mystik (von griech. μυστικός, zur Geheimlehre gehörend, geheimnisvoll, ›τὰ μυστικά, die Geheimlehren [Thukydides, Historiae VI.28], ἡ μυστική [παράδοσις], die mystische Tradition [Proklos, In [Platonis] Parmenidem Commentarius, ed. G. Stallbaum, Leipzig 1839 [repr. Frankfurt 1976], 779]) (engl. mysticism, franz. mystique, ital. mistica, span. mística), Sammelbezeichnung für introverse Anschauungen, Haltungen und Handlungsanweisungen, die sich auf ein individuell vollziehbares Vereinigungserlebnis mit einem personalen oder impersonalen Göttlichen (unio mystica) beziehen bzw. dessen Herbeiführung anstreben. Dieses Erleben wird in einem nicht-diskursiven Rahmen unter Abschirmung äußerer Erfahrungsgehalte durch meditative (↑Meditation) und kontemplative (↑Kontemplation) Versenkungen vorbereitet, im Extremfall durch längere Askese, die freilich auch dann bloßes Mittel bleibt – wie überhaupt M. und Aszetik viel mehr Trennendes als Gemeinsames haben. Obgleich zumindest die christliche M. auf individueller Glaubenserfahrung gründet, zielt das mystische Erleben auf die Aufhebung jeglicher individueller Orientierung. Entstehung, Kontext und Inhalt der mystischen Haltung sind Gegenstand einer ›Psychologie der M.‹. Mystische Strömungen haben sich im allgemeinen im Rahmen institutionalisierter religiöser Strömungen ausgebildet, wenn es in der historischen Entwicklung einer ↑Religion zu einem Auseinandertreten von objektivem religiösen Anspruch und individueller Glaubenserfahrung kam. Die Entstehung mystischer Bewegungen zeigt daher häufig die Krise von Glaubensgewißheiten an. Die Grundtendenz der M. ist anti-institutionell, wobei nicht ausgeschlossen ist, daß die M. auch institutionell integriert wird. Häufig stellt die mystische Frömmigkeit, zumeist gegen ihre eigenen Intentionen, ein bestimmendes Element für die Entstehung neuer Glaubenssysteme dar.

Von der erlebnisbestimmten M. ist die reflektierende *philosophische* M. zu unterscheiden. Diese strebt, oft in diskursiver (↑diskursiv/Diskursivität) Manier, den Nachweis der Eingeschränktheit begrifflich vermittelter Glaubenssätze an. Sie verweist auf die Erforderlichkeit der Aktivierung aller menschlichen Vermögen, auch des Fühlens und der Phantasie, um die Dignität des Glaubens zu vermitteln. Anders als die philosophische M. bemühen sich *Philosophie der M.* und *Theologie der M.* um die Interpretation der so genannten ›*mystischen Phänomene*‹, körperlicher Begleiterscheinungen der Vorbereitung oder des Eintretens des mystischen Erlebens. Ein Teil dieser bereits in frühesten historischen Zeiten dokumentierten Phänomene trägt traditionell die Bezeichnung ›okkulte Phänomene‹ und ist heute einer der Gegenstände der ↑Parapsychologie, vor deren akademischer Institutionalisierung die historischen Berichte über ›okkulte Erscheinungen‹ im allgemeinen Gegenstand einer Geschichte der Magie, zu einem kleinen Teil auch einer (ebenso umstrittenen) ›Theologie des Wunders‹ waren. Tatsächlich grenzen in der so genannten ›*praktischen M.*‹ angewendete Mittel zur Vorbereitung oder Herbeiführung mystischen Erlebens häufig sehr eng an magische Praktiken oder Techniken; doch unterscheidet sich das mystische Denken durch seine Zielsetzung der unio mystica hinreichend deutlich vom magischen Denken, das auf unmittelbaren Nutzen für das magisch handelnde Individuum gerichtet ist. Dessenungeachtet nehmen, vermehrt seit Ende des 19. Jhs., Sekten und religiöse ›Geheimgesellschaften‹ den Titel ›M.‹ für ihre Lehren in Anspruch, so daß die einschlägige Literatur häufig dieser Terminologie folgt und in der ersten Hälfte des 20. Jhs. unter ›neuerer M.‹

oft Lehrsysteme zur Herbeiführung parapsychischer (›PSI‹-)Phänomene verstanden werden.

In der Allgemeinheit der angeführten Merkmale mystischen Denkens und mystischer Bewegungen lassen sich in bzw. neben allen Hochreligionen mystische Gehalte isolieren. In *asiatischen* Religionen (↑Philosophie, buddhistische, ↑Taoismus, ↑upaniṣad) ist die asketische Versenkung fast durchgängig der ausgezeichnete Weg zur Erlösung. Hier überwiegen impersonale Züge in Hinsicht des Zielobjekts (z. B. ist die M. der Upanishaden [↑upaniṣad] nicht theistisch [↑Theismus] und einige Richtungen der buddhistischen M. sind ausgesprochen agnostisch [↑Agnostizismus]). Zumeist wird die Erlösung (im indischen Kulturbereich fast stets im Sinne der Überwindung des sonst unausweichlichen Kreislaufes der Wiedergeburten [↑karma]) als in gesonderten Stufungen erreichbar gelehrt, so daß sich auch in Asien Formen philosophischer M. finden. Die Befreiung von der Wiedergeburt ist ferner das Ziel der *orphischen* M. (↑Orphik), deren Einfluß, verbunden mit dem die Vereinigung mit dem Göttlichen anstrebenden Dionysos-Kult, für Platons Mythen (Eroslehre) bestimmend wurde. Besonders reich an mystischen Traditionen, die im 20. Jh. wieder eine Erneuerung finden, ist das nichtbiblische *Judentum* (↑Kabbala, Sabbatianismus, Chassidismus). Allerdings überwiegt in der jüdischen M. die Vorstellung eines kollektiv verstandenen Erlösungsweges. Als mystische Richtung innerhalb des *Islam* gilt der ↑Sufismus. Die *christliche* M. unterscheidet sich von den vorgenannten mystischen Strömungen vor allem durch die Auffassung, daß das mystische Erleben durch keinerlei menschliches Bemühen erzwungen werden kann, sondern einen Gnadenakt, also ein persönliches Eingreifen Gottes, darstellt, der dem Mystiker zumeist in der Person Christi gegenübertritt. Urquellen dieser Christusmystik sind die Apostelgeschichte (Bekehrung des Paulus, vgl. Apostelgesch. 9,1 ff.), die Paulusbriefe (z. B. Gal. 2,20) und vor allem die Logos-Spekulationen (↑Logos) des Johannesevangeliums. Starke Impulse für die frühchristliche M. (Clemens Alexandrinus, Origenes, Basilius der Große, Gregor von Nazianz, Pseudo-Dionysios Areopagites) gingen von der philosophisch ausgerichteten ↑Gnosis und vom ↑Neuplatonismus aus. Die philosophische M. kulminiert im Werk des A. Augustinus und bestimmt dessen Epistemologie, Heilsdeutung und Ethik. Auf Augustinus beruft sich die gesamte M. des christlichen Mittelalters. Durch mystische Haltungen ist insbes. die mönchisch-asketische Frömmigkeit des Mittelalters bestimmt, die in der Ostkirche bis ins 19. Jh. ungebrochen fortlebt.

In ihren wesentlichen Traditionen ist die christliche mittelalterliche M. von der Zielbestimmung der mystischen Haltung her *philosophisch-spekulativ* geprägt. Die Bestimmung Gottes als intellectus agens (↑intellectus) beruft sich auf griechische Quellen (Aristoteles). So wird auch das intellektuelle menschliche Vermögen als ausgezeichnete Kraft zur Erkenntnis Gottes tätig (cognitio). Allerdings wird zugleich aus der Mangelhaftigkeit der menschlichen Ausstattung her ein voluntaristisches (↑Voluntarismus) Moment (desiderium) bestimmend, das sich als Sehnsucht und Begierde (affectus) ausdrückt. Da alles rein intellektuelle Bemühen fruchtlos bliebe, wird Gott selbst eine Zuwendung zum mystisch versenkten Individuum zugesprochen, die diesem die unmittelbare Schau (visio esse Dei, ↑visio beatifica dei) ermöglicht. Je nach unterschiedlicher Bewertung der verschiedenen Vermögen, die zur Erkenntnis Gottes aktiviert werden, und nach der Einschätzung der Angewiesenheit auf die göttliche Zuwendung lassen sich verschiedene Strömungen innerhalb der mittelalterlichen M. unterscheiden. Bernhard von Clairvaux in seiner Auseinandersetzung mit der scholastischen Philosophie (↑Scholastik) bezeichnet am ehesten den antiintellektualistischen Grenzpunkt der M. (Versenkung in das Bild des Gekreuzigten). Auf ihn geht vor allem die christusmystisch-erotische Frömmigkeit in den mönchischen Frauenklöstern zurück (Hildegard von Bingen, Mechthild von Magdeburg, Elisabeth von Schönau). Hugo und Richard von St. Viktor geben epistemologisch die Stufenfolge der Annäherung an das Göttliche an (cogitatio, meditatio, contemplatio). Albertus Magnus ist in seinem ↑Aristotelismus am weitesten von der M. entfernt. Während Bonaventura augustinischen Traditionen, vor allem in Form der ↑Lichtmetaphysik, anhängt, vermittelt Thomas von Aquin, der sich ausdrücklich auf den Stufenweg der Beschauung der Viktoriner beruft, neuplatonisch-augustinisches Gedankengut mit dem intellektualisierenden Aristotelismus.

Unter dem Stichwort ›deutsche M.‹ faßt man eine vom 13. bis zum 15. Jh. in den deutschen Städten entstehende volkssprachliche, erbauliche und predigtorientierte mystische Strömung zusammen. Ihre Hauptvertreter sind Bertold von Regensburg, Dietrich von Freiberg, Meister Eckart, J. Tauler und H. Seuse, wobei vor allem Meister Eckarts Lehre pantheistische Züge (↑Pantheismus) trägt. – Mit M. Luther wendet sich der Protestantismus zunächst emphatisch gegen die M. (T. Münzer). Diese findet aber bald Vertreter, die erneut an mittelalterliche Autoren anschließen (C. Schwenckfeldt, M. Hofmann, V. Weigel). Pantheistische Züge gewinnt die *protestantische* M. im 17. Jh. bei J. Böhme, dessen Schriften vor allem auf den Deutschen Idealismus (↑Idealismus, deutscher), hier vor allem auf F. W. J. Schelling, wirken. – Die in der katholischen Kirche noch einmal im Zuge der Gegenreformation vor allem in Spanien (Therese von Avila, Johannes vom Kreuz, M. Molinos) und in Frankreich (Franz von Sales, Fénelon) im 16. und 17. Jh. aktivierte M. (Quietismus) bricht mit der einsetzenden

↑Aufklärung ab. Deren erfolgreiche Profanisierung des Geisteslebens bedeutet zwar den Niedergang zumindest der ›westlichen‹ M., doch ist das mystische Erleben bis in das 20. Jh. hinein als eine Grundform menschlicher Erfahrungssuche (vgl. W. James, The Varieties of Religious Experience. A Study in Human Nature, 1902) und als mögliche Sonderform nicht-diskursiver, ›unaussprechlicher‹ Erkenntnis (vgl. L. Wittgenstein, Tract. 6.44, 6.45, 6.522) ein philosophisches Problem geblieben.

In den beiden letzten Jahrzehnten des 20. Jhs. entwickeln sich zwei Grundsatzpositionen zum Verständnis mystischen Erlebens. Einerseits vertritt eine an Vorarbeiten R. C. Zaehners anknüpfende, vor allem aber auf Vorstellungen des radikalen Konstruktivismus (↑Konstruktivismus, radikaler) gestützte ›konstruktivistische‹ Strömung die Auffassung, mystisches Erleben werde durch kulturell und insbes. sprachlich bedingte Überzeugungen, Erwartungen und Rezeptionshaltungen des Individuums geformt (›konstruiert‹); es trete daher entsprechend dem kulturell-religiösen Hintergrund sowohl synchronisch als auch diachronisch in ganz unterschiedlichen Formen in Erscheinung (S. T. Katz u. a.). Andererseits beharrt eine ›dekontextualistische‹ Richtung auf der fundamentalen Übereinstimmung der wesentlichen Merkmale des durch mystische Versenkung erschlossenen ›reinen Bewußtseins‹. Eine gewisse Synthese beider Auffassungen scheint die Anerkennung eines gemeinsamen, als Transzendieren diskursiven Denkens beschreibbaren Zieles zu versprechen, das von den verschiedenen mystischen Traditionen lediglich auf unterschiedlichen Wegen (und damit in voneinander verschiedenen Formen) zu erreichen versucht wird.

Literatur: J. Abelson, Jewish Mysticism, London 1913, mit Untertitel: An Introduction to the Kabbalah, New York ³1981; C. M. Addison, The Theory and Practice of Mysticism, New York 1918; K. Albert, M. und Philosophie, Sankt Augustin 1986; ders., Einführung in die philosophische M., Darmstadt 1996, 2005; C. Albrecht, Das mystische Erkennen. Gnoseologie und philosophische Relevanz der mystischen Relation, Bremen 1958, Mainz 1982; H. Algar u. a., M., LMA VI (1993), 982–993; M. Aminrazavi, Mysticism in Arabic and Islamic Philosophy, SEP 2009; W. Amthor/H. R. Brittnacher/A. Hallacker (eds.), Profane M.? Andacht und Ekstase in Literatur und Philosophie des 20. Jahrhunderts, Berlin 2002; T. Andræ, I myrtenträdgården. Studier i sufisk mystik, Stockholm 1947 (dt. Islamische Mystiker, Stuttgart 1960, unter dem Titel: Islamische M., Stuttgart 1980; engl. In the Garden of Myrtles. Studies in Early Islamic Mysticism, Albany N. Y. 1987); J. R. Atkinson, The Mystical in Wittgenstein's Early Writings, London/New York 2009, 2011; G. W. Barnard, Exploring Unseen Worlds. William James and the Philosophy of Mysticism, Albany N. Y. 1997; R. Bastide, Les problèmes de la vie mystique, Paris 1931, ²1948, 1996 (engl. The Mystical Life, New York 1935); D. Baumgardt, Great Western Mystics. Their Lasting Significance, New York 1961; ders., M. und Wissenschaft. Ihr Ort im abendländischen Denken, ed. H. Minkowski, Witten 1963; J. Bernhart, Bernhardsche und Eckhartische M. in ihren Beziehungen und Gegensätzen. Eine dogmengeschichtliche Untersuchung, Kempten 1912; ders., Die philosophische M. des Mittelalters, von ihren antiken Ursprüngen bis zur Renaissance, München 1922 (repr. Darmstadt 1967, 1980), mit Untertitel: Mit Schriften und Beiträgen zum Thema aus den Jahren 1912–1969, ed. M. Weitlauff, Weissenhorn 2000; G. G. Blum, Die Geschichte der Begegnung christlich-orientalischer M. mit der M. des Islams, Wiesbaden 2009; D. R. Blumenthal, Philosophic Mysticism. Studies in Rational Religion, Ramat Gan 2006; M. A. Bowman, Western Mysticism. A Guide to the Basic Works, Chicago Ill. 1978; M. v. Brück u. a., M., RGG V (⁴2002), 1651–1682; D. Cupitt, Mysticism after Modernity, Oxford/Malden Mass. 1998; M. B. Dawkins, Mysticism, an Epistemological Problem, New Haven Conn. 1916; P. Dinzelbacher, Wörterbuch der M., Stuttgart 1989, ²1998 (franz. Dictionnaire de la mystique, Turnhout 1993); ders., Mittelalterliche Frauenmystik, Paderborn etc. 1993; ders., Christliche M. im Abendland. Ihre Geschichte von den Anfängen bis zum Ende des Mittelalters, Paderborn etc. 1994; ders. (ed.), M. und Natur. Zur Geschichte ihres Verhältnisses vom Altertum bis zur Gegenwart, Berlin/New York 2009; L. Dupré, Mysticism, ER X (1987), 245–261; A. Faivre/R. C. Zimmermann (eds.), Epochen der Naturmystik. Hermetische Tradition im wissenschaftlichen Fortschritt/Grands moments de la mystique de la nature/Mystical Approaches to Nature, Berlin 1979; N. Ferger [d. i. M. Burkhardt], Magie und M.. Gegensatz und Zusammenhang, Zürich/Leipzig 1935; L. Fine/ E. P. Fishbane/O. N. Rose (eds.), Jewish Mysticism and the Spiritual Life. Classical Texts, Contemporary Reflections, Woodstock Vt. 2011; R. S. Firestone, Unraveling the Mysteries of Mysticism. Six Philosophical Attacks on Mystics' Claims and Responses, Lewiston N. Y./Lampeter 2006; K. Flasch, Meister Eckhart. Die Geburt der ›Deutschen M.‹ aus dem Geist der arabischen Philosophie, München 2006, 2008 (franz. [ohne Kap. I] D'Averroès à Maître Eckhart. Les sources arabes de la ›mystique‹ allemande, Paris 2008); R. K. C. Forman (ed.), The Problem of Pure Consciousness. Mysticism and Philosophy, Oxford/New York 1990, 1997; ders. (ed.), The Innate Capacity. Mysticism, Psychology, and Philosophy, Oxford/New York 1998; ders., Mysticism, Mind, Consciousness, Albany N. Y. 1999; W. Franke (ed.), On What Cannot Be Said. Apophatic Discourses in Philosophy, Religion, Literature, and the Arts, I–II, Notre Dame Ind. 2007; J. Gellman, Mystical Experience of God. A Philosophical Enquiry, Aldershot etc. 2001; ders., Mysticism, SEP 2004, rev. 2010; P. Gerlitz u. a., M., TRE XXIII (1994), 533–592; J.-C. Goddard, Mysticisme et folie. Essai sur la simplicité, Paris 2002; H. Gomperz, Einige Beiträge zum Verständnis der Mystiker, in: ders., Die Lebensauffassung der griechischen Philosophen und das Ideal der inneren Freiheit. Zwölf gemeinverständliche Vorlesungen. Mit Anhang zum Verständnis der Mystiker, Jena/Leipzig 1904, 302–318, Jena ³1927, 311–326, Aalen 1979 (Neudr. d. Ausg. 1904); M. Grabmann, Wesen und Grundlagen der katholischen M., München 1922, ²1923; ders., Mittelalterliches Geistesleben. Abhandlungen zur Geschichte der Scholastik und M., I–III [III, ed. L. Ott], München 1926–1956 (repr. Hildesheim/New York 1975, Hildesheim/ New York/Zürich 1984); J. Greisch, Philosophie et mystique, Enc. philos. universelle I (1989), 26–34; V. Grønbech, Mystikere i Europa og Indien, I–IV, Kopenhagen 1925–1934; H. Grundmann, Religiöse Bewegungen im Mittelalter. Untersuchungen über die geschichtlichen Zusammenhänge zwischen der Ketzerei, den Bettelorden und der religiösen Frauenbewegung im 12. und 13. Jahrhundert und über die geschichtlichen Grundlagen

der deutschen M., Berlin 1935 (repr. Hildesheim 1961, Vaduz 1965, mit Anhang: Neue Beiträge zur Geschichte der religiösen Bewegungen im Mittelalter, Darmstadt 1970, 1977) (engl. Religious Movements in the Middle Ages. The Historical Links between Heresy, the Mendicant Orders, and the Women's Religious Movement in the Twelfth and Thirteenth Century, with the Historical Foundations of German Mysticism, Notre Dame Ind.1995); A. M. Haas, Sermo mysticus. Studien zu Theologie und Sprache der deutschen M., Freiburg 1979, 1989; ders., M. als Aussage. Erfahrungs-, Denk- und Redeformen christlicher M., Frankfurt 1996, Frankfurt/Leipzig 2008; ders., M. im Kontext, München 2004; ders./H. Stirnimann (eds.), Das »einig Ein«. Studien zu Theorie und Sprache der deutschen M., Freiburg 1980; W. Haug/W. Schneider-Lastin, Deutsche M. im abendländischen Zusammenhang. Neu erschlossene Texte, neue methodische Ansätze, neue theoretische Konzepte, Tübingen 2000; P. Heidrich/H.-U. Lessing, M., mystisch, Hist. Wb. Ph. VI (1984), 268–279; R. W. Hepburn, Mysticism, Nature and Assessment of, Enc. Ph. V (1967), 429–434; E. Herman, The Meaning and Value of Mysticism, London 1915, ³1922; W. James, The Varieties of Religious Experience. A Study in Human Nature, New York/London 1902, 2002 (dt. Die Vielfalt religiöser Erfahrung. Eine Studie über die menschliche Natur, Olten/Freiburg 1979, Frankfurt/Leipzig 2005); R. H. Jones, Mysticism Examined. Philosophical Inquiries into Mysticism, Albany N. Y. 1993; B. Kanitscheider, Zur Analyse ›mystischer Sätze‹, Z. philos. Forsch. 20 (1966), 227–243; T. Katsaros/N. Kaplan, The Western Mystical Tradition. An Intellectual History of Western Civilization I [mehr nicht erschienen], New Haven Conn. 1969; S. T. Katz (ed.), Mysticism and Philosophical Analysis, London, New York/Oxford 1978; ders. (ed.), Mysticism and Religious Traditions, Oxford/New York 1983; ders. (ed.), Mysticism and Language, Oxford/New York 1992; ders. (ed.), Mysticism and Sacred Scripture, Oxford/New York 2000; L. Kohn, Early Chinese Mysticism. Philosophy and Soteriology in the Taoist Tradition, Princeton N. J. 1990, 1991; A. Konrad, Das Heilige in östlicher und westlicher M., Frankfurt etc. 2000; P. Koslowski, Gnosis und M. in der Geschichte der Philosophie, Zürich/München, Darmstadt 1988; A. Koyré, Mystiques, spirituels, alchimistes. Schwenckfeld, Séb. Franck, Weigel, Paracelse, Paris 1955, unter dem Titel: Mystiques, spirituels, alchimistes du XVIᵉ siècle allemand., ²1971; J. Kroll/B. Bachrach, The Mystic Mind. The Psychology of Medieval Mystics and Ascetics, London/New York 2005; N. B. Kvastad, Problems of Mysticism, Oslo 1980; J. H. Laenen, Joodse mystiek. Een inleiding, Kampen, Tielt 1998, Kampen 2008 (engl. Jewish Mysticism. An Introduction, Louisville Ky./London 2001); O. Langer, Christliche M. im Mittelalter. M. und Rationalisierung – Stationen eines Konflikts, Darmstadt 2004; V. Leppin, Die christliche M., München 2007; A. Louth, The Origins of the Christian Mystical Tradition from Plato to Denys, Oxford 1981, Oxford/New York 2007; R. Margreiter, Erfahrung und M.. Grenzen der Symbolisierung, Berlin 1997; F. Mauthner, M., in: ders., Wörterbuch der Philosophie. Neue Beiträge zu einer Kritik der Sprache II, München/ Leipzig 1910 (repr. Zürich 1980), 115–134, Leipzig ²1924 (repr. Wien/Köln/Weimar 1997), 362–387; B. McGinn, The Presence of God. A History of Western Christian Mysticism, I–IV, New York 1991–2005 (dt. Die M. im Abendland I–IV, Freiburg/Basel/ Wien 1994–2008, 2010); A. Mercier (ed.), M. und Wissenschaftlichkeit, Bern/Frankfurt 1972; M. Molé, Les mystiques musulmans, Paris 1965, 1982; P. Mommaers, Wat is mystiek?, Nijmegen, Brugge 1977 (dt. Was ist M.?, Frankfurt 1979, 1996); R. Mukerjee, Theory and Art of Mysticism, London/New York

1937, unter dem Titel: The Theory and Art of Mysticism, London/Bombay 1960; E. Müller, History of Jewish Mysticism, Oxford o. J. [1946] (franz. Histoire de la mystique juive, Paris 1950, 1976); M. Nambara, Die Idee des absoluten Nichts in der deutschen M. und seine Entsprechungen im Buddhismus, Arch. Begriffsgesch. 6 (1960), 143–277; S. H. Nasr, Mystical Philosophy in Islam, REP VI (1998), 616–620; L. Nelstrop/K. Magill/B. B. Onishi, Christian Mysticism. An Introduction to Contemporary Theoretical Approaches, Farnham/Burlington Vt. 2009; R. Otto, Oestliche und westliche M., Logos 13 (1924/1925), 1–30; ders., West-östliche M.. Vergleich und Unterscheidung zur Wesensdeutung, Gotha 1926, bearb. G. Mensching, München ³1971, Gütersloh 1979 (engl. Mysticism East and West. A Comparative Analysis of the Nature of Mysticism, New York 1932, Wheaton Ill./London 1987; franz. Mystique d'Orient et mystique d'Occident. Distinction et unité, Paris 1996); A. Paus u. a., M., LThK VII (³1998), 583–597; S. Payne, Mysticism, History of, REP VI (1998), 620–627; ders., Mysticism, Nature of, REP VI (1998), 627–634; E. A. Peers, The Mystics of Spain, London 1951 (dt. Die spanischen Mystiker, Zürich 1956); A. Perovich, Mysticism and the Philosophy of Science, J. Rel. 65 (1985), 63–82; N. Pike, Mystic Union. An Essay in the Phenomenology of Mysticism, Ithaca N. Y./London 1992, 1994; W. Preger, Geschichte der deutschen M. im Mittelalter. Nach Quellen untersucht und dargestellt, I–III, Leipzig 1874–1893 (repr. Aalen 1962); A. Ravier (ed.), La mystique et les mystiques, Paris/Brügge 1965; K. Reinhardt, M. und Pietismus, München 1925; W. Riehle, Englische M. im Mittelalter, München 2011; K. Ruh, Geschichte der abendländischen M., I–IV, München 1990–1999, I, ²2001; G. Ruhbach/J. Sudbrack (eds.), Große Mystiker. Leben und Wirken, München 1984, Zürich 1986; P. Schäfer, Der verborgene und der offenbare Gott. Hauptthemen der frühen jüdischen M., Tübingen 1991 (engl. The Hidden and the Manifest God. Some Major Themes in Early Jewish Mysticism, Albany N. Y. 1992; franz. Le Dieu caché et révélé. Introduction à la mystique juive ancienne, Paris 1993); ders., The Origins of Jewish Mysticism, Tübingen 2009, Princeton N. J. 2011 (dt. Die Ursprünge der jüdischen M., Darmstadt 2011); B.-A. Scharfstein, Mystical Experience, Oxford 1973 [hebr. Original 1972]; A. Schimmel, Mystical Dimensions of Islam, Chapel Hill N. C. 1975 (dt. Mystische Dimensionen des Islam. Die Geschichte des Sufismus, Aalen 1979, Frankfurt/Leipzig 2009; franz. Le soufisme ou les dimensions mystiques de l'islam, Paris 1996); dies., Sufismus. Eine Einführung in die islamische M., München 2000, 2008; E. Schmid Noerr, Der Mystiker. Wesensbeschreibung eines menschlichen Urbildes, München-Pasing 1967; G. Scholem, Major Trends in Jewish Mysticism, Jerusalem/New York 1941, New York ³1954, 1995 (franz. Les grands courants de la mystique juive. La Merkaba, la Gnose, la Kabbale, le Zohar, le Sabbatianisme, le Hassidisme, Paris 1950, ohne Untertitel, Paris 1994; dt. Die jüdische M. in ihren Hauptströmungen, Zürich, Frankfurt 1957, Frankfurt 2004); A. Schweitzer, Die M. des Apostels Paulus, Tübingen 1930, 1981 (engl. The Mysticism of Paul the Apostle, London, New York 1931, Baltimore Md./London 1998; franz. La mystique de l'apôtre Paul, Paris 1962); M. A. Sells, Mystical Languages of Unsaying, Chicago Ill./London 1994, 1996; H. Sérouya, Le mysticisme, Paris 1956, 1961; H. Silberer, Probleme der M. und ihrer Symbolik, Wien/Leipzig 1914 (repr. Darmstadt 1961, 1969), Sinzheim 1997 (engl. Problems of Mysticism and Its Symbolism, New York 1917, 1970, unter dem Titel: Hidden Symbolism of Alchemy and the Occult Arts, New York 1971); E. Sirriyeh, Sufis and Anti-Sufis. The Defence, Rethinking and Rejection of Sufism in the Modern

World, Richmond 1999, London 2003; N. Smart, Mysticism, History of, Enc. Ph. V (1967), 419–429; A. Solignac u. a., Mystique, in: A. Rayez/A. Derville/A. Solignac (eds.), Dictionnaire de spiritualité. Ascétique et mystique. Doctrine et histoire X, Paris 1980, 1889–1984; O. Z. Soltes, Mysticism in Judaism, Christianity, and Islam. Searching for Oneness, Lanham Md./Plymouth 2008; S. Spencer, Mysticism in World Religion, Harmondsworth/Baltimore Md. 1963, Gloucester Mass. 1971; W. T. Stace, Mysticism and Philosophy, London, Philadelphia Pa. 1960, Basingstoke 1989; G. Stamer (ed.), Die Realität des Inneren. Der Einfluß der deutschen M. auf die deutsche Philosophie, Amsterdam/New York 2001; A. J. Steinbock, Phenomenology and Mysticism. The Verticality of Religious Experience, Bloomington Ind. 2007, 2009; U. Stölting, Christliche Frauenmystik im Mittelalter. Historisch-theologische Analyse, Mainz 2005; U. Störmer-Caysa, Entrückte Welten. Einführung in die mittelalterliche M., Leipzig 1998, rev. unter dem Titel: Einführung in die mittelalterliche M., Stuttgart 2004; D. T. Suzuki, Mysticism. Christian and Buddhist, London, New York 1957, London/New York 2002 (dt. Der westliche und der östliche Weg. Essays über christliche und buddhistische M., Frankfurt 1957, Frankfurt/Berlin 1995); C. Temesvári/R. Sanchiño Martínez (eds.), »Wovon man nicht sprechen kann. . .«. Ästhetik und M. im 20. Jahrhundert. Philosophie – Literatur – Visuelle Medien, Bielefeld 2010; H. Thurston, The Physical Phenomena of Mysticism, Chicago Ill., London 1952 (dt. Die körperlichen Begleiterscheinungen der M., Luzern 1956; franz. Les phénomènes physiques du mysticisme, Paris 1961, Monaco 1986); W. J. Wainwright, Mysticism. A Study of Its Nature, Cognitive Value, and Moral Implications, Brighton, Madison Wis. 1981; G. Walther, Zur Phänomenologie der M., Halle 1923, Olten/Freiburg ²1955, ³1976; E. I. Watkin, The Philosophy of Mysticism, London, New York 1920; G. Wehr, Europäische M. zur Einführung, Hamburg 1995, unter dem Titel: Europäische M.. Eine Einführung, Wiesbaden o. J. [2005]; F. W. Wentzlaff-Eggebert, Deutsche M. zwischen Mittelalter und Neuzeit. Einheit und Wandlung ihrer Erscheinungsformen, Berlin 1944 (mit Bibliographie, 272–339), ³1969 (mit Bibliographie, 272–339, 363–397); S. Wollgast, M., EP I (1999), 885–887, erw. EP II (²2010), 1678–1681; R. Woods (ed.), Understanding Mysticism, London, Garden City N. Y. 1980, London 1981; R. C. Zaehner, Mysticism, Sacred and Profane. An Inquiry into Some Varieties of Praeter-Natural Experience, Oxford 1957, Oxford/New York 1969 (dt. M., religiös und profan. Eine Untersuchung über verschiedene Arten von außernatürlicher Erfahrung, Stuttgart o. J. [ca. 1957], o. J. [1960]); J. Zahn, Einführung in die christliche M., Paderborn 1908, erw. ²1918, ⁵1922; E. Zemach, Wittgenstein's Philosophy of the Mystical, Rev. Met. 18 (1964), 38–57, ferner in: I. M. Copi/R. W. Beard (eds.), Essays on Wittgenstein's Tractatus, London 1966, London/New York 2006, 359–375; H. D. Zimmermann (ed.), Rationalität und M., Frankfurt 1981, unter dem Titel: Geheimnisse der Schöpfung. Über M. und Rationalität, Frankfurt/Leipzig 1999.   C. T./S. B.

Mythologie, im ursprünglichen Sinne Bezeichnung für den Vortrag des ↑Mythos in der griechischen Antike, später und bis heute Bezeichnung für (1) die Gesamtheit des Mythenbestandes eines Volkes oder Kulturkreises, (2) die theoretische Bearbeitung des Mythos (durch Forschung, Darstellung, Theoriebildung oder Kritik) wie auch (weitergefaßt) seine künstlerische Verarbeitung. Die Geschichte der M. in ihrer theoretischen Bedeutung beginnt schon mit Xenophanes, der Homer und Hesiod wegen des anthropomorphen Götterbildes der durch sie tradierten Mythen und deren sachliche wie moralische Bedenklichkeit rügt und dem polytheistischen (↑Polytheismus) Volksglauben eine abstrakt monotheistische (↑Monotheismus) Theologie, im Rahmen seiner ↑Naturphilosophie, gegenüberstellt. Damit sind (im naturphilosophischen, anthropomorphen und theologischen Gesichtspunkt dieser frühen Mythenkritik) bereits die wesentlichen Züge späterer Mythentheorie vorgezeichnet.

Das *naturphilosophische* Moment wird fortgesetzt und vereinseitigt in Theorien eines mythologischen ↑Naturalismus, der Mythen als primitive, animistische (↑Animismus) Form der Naturerklärung und damit (insbes. seit der Kopernikanisch-Galileischen Wende der Neuzeit) als naive Vorform der Naturwissenschaft betrachtet und in der ↑Aufklärung vor allem gegen ihre ungebrochene jüdisch-christliche Überlieferung polemisiert; heute vom Kritischen Rationalismus (↑Rationalismus, kritischer) besonders in der Kontroverse um das Verstehen magisch primitiver Kulturen vertreten (z. B. durch A. MacIntyre und I. C. Jarvie). Der *anthropomorphe* Charakter des Mythos gibt einerseits Anlaß zur Theorie des Euhemerismus, der in Mythen Frühphasen der Menschengeschichte in Götterwelten transformiert sieht (so schon innerhalb der Antike seit dem 3. Jh. v. Chr. [im Anschluß an den Spätsokratiker Euhemeros], im Mittelalter und bis ins 18. Jh.), andererseits zu psychologischen und soziologischen Theorien (seit dem 19. Jh.), die in der Gegenwart als mythologischer ↑Funktionalismus in den Vordergrund treten (wo die Frage nach der Wahrheit des Mythos gegebenenfalls ganz durch die nach seiner Wirksamkeit, und sei es im Sinne eines Placebos, abgelöst werden kann). Danach erfüllt der Mythos psychologisch, soziopsychologisch oder soziologisch wichtige Funktionen, z. B. als Ventil, Surrogat, Stabilisator oder Korrektiv im Leben des Einzelnen (so, unter psychoanalytischem [↑Psychoanalyse] Vorzeichen, bei S. Freud und seinem Schüler O. Rank), der Völker (so bei L. Lévy-Bruhl und, auf dem Hintergrund seiner Theorie des ↑Archetypus, bei C. G. Jung) oder für die Struktur von Gesellschaften (so bei E. Durkheim und C. Lévi-Strauss, mit vorwiegend ethnologischer Forschungsrichtung). Das *theologische* Moment der Mythenkritik, das in den traditionellen Theologien der verschiedenen Religionen meist auf Ächtung der fremden und Apologie der eigenen Mythen hinauslief, hat zuletzt, insbes. mit R. Bultmann, eine Wende genommen. Danach werden Mythen durch (auf M. Heidegger zurückgehende) ›existentiale Interpretation‹ entmythisiert (nicht um sie zu destruieren, sondern um sie im Durchstoß zu ihrer eigentlichen Geltung zu retten);

andererseits bleibt in Bultmanns Redeweise vom eschatologischen (↑Eschatologie) ›Tun‹ oder ›Handeln Gottes‹ ein entscheidender mythischer Rest bewahrt. Diese Inkonsistenz suchen andere sprachkritisch (↑Sprachkritik) durch eine durchgängig existentialanthropologische Deutung, auch des mythischen Rests, zu beheben (z. B. W. Kamlah und F. Kambartel).

Weniger beschwert von Argumentationslasten hat die künstlerische Mythenrezeption alle Kritik überdauert und auch den (mit dem Christentum lebenspraktisch erloschenen) antiken Mythos, zumal in der ↑Renaissance und in immer neuen Brechungen bis heute, weiter tradiert und, seit dem 18. und 19. Jh., auch nordische und orientalische Mythen in Europa rezipiert (zum Unterschied von Mythos und Kunst ↑ästhetisch/Asthetik (endeetisch)). Im Gegenzug zur mythenabweisenden Aufklärung hatte daran auch die Philosophie namhaften Anteil: bereits mit G. Vico (dessen präromantische Aufwertung mythischer ›Weisheit‹ und ›Poesie‹ gegenüber der abstrakten Wissenschaft erst verspätet Beachtung fand) und F. W. J. Schelling (der, im Anschluß an F. Schlegel, die romantische Mythenreflexion in seiner »Philosophie der M.« [1842] auf die Spitze treibt, wo die Mythengeschichte zur Theogonie im menschlichen Bewußtsein erhoben wird). Aber auch nach den postromantischen Ernüchterungen der Moderne (zu denen von philosophischer Seite E. Cassirer, besonders im Spätwerk mit kritischer Stoßrichtung gegen politische Mythenverwertung, beitrug) setzen Kunst, Philosophie und einschlägige Fachdisziplinen die Mythenrezeption mit wechselnden Ansätzen und Perspektiven fort und belegen die zwar vielfach gebrochene, aber vehement andauernde Lebendigkeit ihres archaischen Gegenstandes (↑Mythos).

Literatur: ↑Mythos.	F. Ko.

Mythos (griech., Wort, Rede, Erzählung, Fabel; engl. myth, mythology; franz. mythe, mythologie), im engeren (ursprünglichen) Sinne Bezeichnung für Göttergeschichte in der polytheistischen (↑Polytheismus) Antike, im weiteren Sinne jede Art der Überlieferung von Existenz und Wirken numinoser Wesen oder Kräfte (ob als Totemismus, Monotheismus oder Utopismus). Mythen sind nicht privat, sondern integrierendes Moment von Gemeinschaften, in denen sie tradiert werden und deren ↑Lebensform sie prägen. Im wesentlichen suchen Mythen den Widerfahrnissen des Lebens, insbes. dem Leben als solchem und ganzem, einen Sinn zu geben. – Nach Art und Richtung der Sinngebung, insbes. durch ›Bilder‹ von der ›Welt‹ (Weltbild, Weltanschauung), lassen sich (faktisch weitgehend verknüpfte oder vermischte) Typen von Mythen unterscheiden: z. B. mit Sinngebung von einem Weltursprung her (*theogonische, kosmogonische* und *anthropogonische* Mythen) oder auf ein Weltende hin (*eschatologische* Mythen, ↑Eschatologie) oder in bezug auf den Weltverlauf (*Perioden-* und zugehörige *Transformationsmythen*). Letztere erzählen, wie es von ursprünglich glücklichen (›goldenen‹ oder ›paradiesischen‹) Zeitaltern zu schlechteren oder schlimmen gekommen sei und, in *soteriologischen* Mythen, umgekehrt wiederum zu besseren und tendenziell vollkommenen Weltphasen. Mythen geben so ein umfassendes Situationsverständnis vor (z. B. in der jüdisch-christlichen Heilsgeschichte von Schöpfung, Sündenfall, Erlösung und Endzeit), das eine trotz aller Widrigkeit im Grunde positive Einstellung zum Leben im ganzen wie zu seinen konkreten Wechselfällen ermöglichen soll, insbes. im unverfügbaren Bereich des existentiellen Zufalls von der Geburt bis zum Tod.

Der mit Mythen verbundene Welterklärungsgehalt, insbes. in der Form *ätiologischer* Mythen, tangiert die sich (über die antike Naturphilosophie) davon ablösende Naturwissenschaft, die im Namen überlegener, rationaler Erklärungsmodelle den M. als naive, vorwissenschaftliche Weise der Naturerklärung darstellt. Entsprechendes gilt für die Distanzierung des M. durch Geschichtswissenschaft, soweit sie darin frühe Menschengeschichte, zu sich fort- und ausspinnenden Göttersagen verformt, unterstellt und aufspürt. Solche *szientistische* (↑Szientismus) Mythenkritik, sei sie naturwissenschaftlich oder durch andere Fachdisziplinen motiviert, ist aufs Ganze gesehen verfehlt, weil auch begründete fachwissenschaftliche Erklärungen das Sinndefizit, auf das der M. antwortet, nicht betreffen. Mythenkritisch gravierender ist, daß die Sinnintention des M. faktisch nahtlos in die Form oder Funktion von *Legitimationsmythen* übergeht: zugunsten herrschender Institutionen (von der göttergenealogisch hergeleiteten Autorität des Fürstenhauses bis zu subtileren Absolutismen theokratischen, monarchischen oder patriarchalischen Gottesgnadentums) und gesellschaftlicher Normen (vom Verbot des Schweinefleischs oder der Schutzimpfung bis zur Verbrennung oder Ächtung von Witwen, Hexen oder Homosexuellen). Auf diese Weise kann auch das ↑Gewissen (als Instanz selbstverantwortlicher Vernunft) zur internalisierten Inquisitions- und Repressionsinstanz im Dienste herrschender ↑Interessen werden. Doch auch *ideologiekritische* Mythenkritik (↑Ideologie) betrifft nicht den Kern des M. als positiver Antwort auf das Sinndefizit gegenüber dem prinzipiell Unverfügbaren, dem der Mensch, insbes. angesichts der Unaufhebbarkeit des existentiellen Zufalls, selbst in der vollkommensten Gesellschaftsform ausgeliefert bleibt (H. Blumenberg hat in vielen seiner Untersuchungen zur Entstehung und Entwicklung von ↑Aufklärung und Moderne die latente Weiterwirkung mythischer Denkmodelle und Denkbilder analysiert). Andererseits sind Mythen ↑Fiktionen, die zwar in ungebrochen mythischen Lebensformen

für buchstäblich wahr genommen wurden, inzwischen aber kaum noch über ihren fiktionalen Charakter hinwegtäuschen (und im Sinne ihrer neueren Apologeten auch nicht hinwegtäuschen sollen). Die mythenkritisch wesentliche Frage ist also, ob sich Mythen in ihrer Kernintention, als Sinnmythen, aufgeklärt aktualisieren lassen. Das erscheint auf zumindest eine Weise möglich, nämlich in einem Verständnis von Mythen als bildhaft allegorischem Ausdruck (↑Allegorie) einer ↑Lebensform, die sich im Bemühen um Vernunftorientierung als unenttäuschbar gegenüber Unverfügbarem bewährt, weil hier bereits der (vernunftbemühte) Weg als Ziel gilt, das als einziges nicht zu verfehlen ist (unabhängig vom Gelingen oder Scheitern sonstiger Pläne, Ziele und Wünsche). Ob sich eine weitergehende, insbes. transzendente (↑transzendent/Transzendenz), Mythenaktualisierung im Rahmen diskursiver Vernunft vertreten läßt, ist umstritten. – Zur Geschichte der Mythentheorie ↑Mythologie.

Literatur: B. Accardi u. a., Recent Studies in Myth and Literature, 1970–1990. An Annotated Bibliography, New York/Westport Conn./London 1991; E. Angehrn, Die Überwindung des Chaos. Zur Philosophie des M., Frankfurt 1996; K. Armstrong, A Short History of Myth, Edinburgh 2005, 2006 (dt. Eine kurze Geschichte des M., Berlin 2005, München 2007; franz. Une brève histoire des mythes, Paris 2005); A. Assmann/J. Assmann, M., in: H. Cancik/B. Gladigar/K.-H. Kohl (eds.), Handbuch religionswissenschaftlicher Grundbegriffe IV, Stuttgart/Berlin/Köln 1998, 179–200; J.-P. Aygon/C. Bonnet/C. Noacco (eds.), La mythologie de l'Antiquité à la modernité. Appropriation, adaption, détournement, Rennes 2009; J. J. Bachofen, Das Mutterrecht. Eine Untersuchung über die Gynaikokratie der alten Welt nach ihrer religiösen und rechtlichen Natur, Stuttgart 1861, Basel ³1948 (= Ges. Werke II und III), [Auswahl] Frankfurt 2003; R. Barthes, Mythologies, Paris 1957, 2010 (dt. Mythen des Alltags, Frankfurt 1964, 2010; engl. Mythologies, New York, London 1972, 2009); H. Blumenberg, Wirklichkeitsbegriff und Wirklichkeitspotential des M., in: M. Fuhrmann (ed.), Terror und Spiel [s. u.], 11–66; ders., Arbeit am M., Frankfurt 1979, 2009 (engl. Work on Myth, Cambridge Mass./London 1985, 2010); K. H. Bohrer (ed.), M. und Moderne. Begriff und Bild einer Rekonstruktion, Frankfurt 1983, 1996; K. W. Bolle, Myth, ER X (1988), 261–273; R. Brandt/S. Schmidt (eds.), M. und Mythologie, Berlin 2004; L. Brisson, Introduction à la philosophie du mythe I (Sauver les mythes), Paris 1996, 2005 (dt. Einführung in die Philosophie des M. I [Antike, Mittelalter und Renaissance], Darmstadt 1996, 2005; engl. How Philosophers Saved Myths. Allegorical Interpretation and Classical Mythology, Chicago Ill./London 2004); R. Bultmann, Neues Testament und Mythologie. Das Problem der Entmythologisierung der neutestamentlichen Verkündigung, in: H. W. Bartsch (ed.), Kerygma und M.. Ein theologisches Gespräch I, Hamburg 1948, 15–53, ⁵1967, 15–48, separat München 1985, 1988; ders., Zum Problem der Entmythologisierung, in: H. W. Bartsch (ed.), Kerygma und M.. Ein theologisches Gespräch II, Hamburg 1952, ²1965, 179–208; W. Burkert, Homo necans. Interpretationen altgriechischer Opferriten und Mythen, Berlin/New York 1972, ²1997 (engl. Homo necans. The Anthropology of Ancient Greek Sacrificial Ritual and Myth, Berkeley Calif./Los Angeles/London 1983; franz.

Homo necans. Rites sacrificiels et mythes de la Grèce ancienne, Paris 2005); ders., Griechische Religion der archaischen und klassischen Epoche, Stuttgart etc. 1977, ²2011 (Die Religionen der Menschheit XV) (engl. Greek Religion. Archaic and Classical, Malden Mass./Oxford/Carlton 1985, 2006, ohne Untertitel, Cambridge Mass. 1985, 2000; franz. La religion grecque à l'époque archaïque et classique, Paris 2011); ders., Structure and History in Greek Mythology and Ritual, Berkeley Calif./London 1979, 1982); ders./A. Horstmann, M., Mythologie, Hist. Wb. Ph. VI (1984), 281–318; H. Bürkle u. a., M., Mythologie, LThK VII (³1998), 597–606; E. Cassirer, Philosophie der symbolischen Formen II (Das mythische Denken), Berlin 1925, Hamburg 2010; R. A. Champagne, The Structuralists on Myth. An Introduction, New York, London 1992; L. Coupe, Myth, London/New York 1997, ²2009; E. Csapo, Theories of Mythology, Malden Mass./Oxford/Carlton 2005; D. Cürsgen, Die Rationalität des Mythischen. Der philosophische M. bei Platon und seine Exegese im Neuplatonismus, Berlin/New York 2002; S. H. Daniel, Myth and Modern Philosophy, Philadelphia Pa. 1990; M. Detienne, L'invention de la m., Paris 1981, 2005 (engl. The Creation of Mythology, Chicago Ill./London 1986); W. Dupré, M., Hb. ph. Grundbegriffe IV (1973), 948–956; E. Durkheim, Les formes élémentaires de la vie religieuse. Le sytème totémique en Australie, Paris 1912, 2008 (engl. The Elementary Forms of the Religious Life. A Study in Religious Sociology, trans. J. W. Swain, London, New York 1915, ohne Untertitel, Mineola N. Y. 2008, trans. K. F. Fields, New York 1995, [leicht gekürzt] trans. C. Cosman, ed. M. S. Cladis, Oxford/New York, 2001, 2008; dt. die elementaren Formen des religiösen Lebens, Frankfurt 1981, 2005, Frankfurt/Leipzig 2010); P. Ehrenreich, Die allgemeine M. und ihre ethnologischen Grundlagen, Berlin 1910; M. Eliade, Aspects du mythe, Paris 1963, 2009 (engl. Myth and Reality, New York 1963, London 1964, Prospect Heights Ill. 1998; dt. M. und Wirklichkeit, Frankfurt 1988); ders., Myth in the Nineteenth and Twentieth Centuries, DHI III (1973), 307–318; B. Feldman, Myth in the Eighteenth and Early Nineteenth Century, DHI III (1973), 300–307; ders./R. D. Richardson (eds.), The Rise of Modern Mythology, 1680–1860, Bloomington Ind. 1972, 2000 (mit Bibliographie, 528–554); M. Frank, Vorlesungen über die Neue M., I–II (I Der kommende Gott, II Gott im Exil), Frankfurt 1982/1988, I, 2003, II, 2005; J. G. Frazer, The Golden Bough. A Study in Comparative Religion, I–II, London 1890, erw. mit Untertitel: A Study in Magic and Religion, I–III, ²1900, I–XII, ³1911–1915 (repr. New York 1990), in einem Bd. mit Untertitel: Abridged Edition, London/New York 1922, London etc., New York 1996, mit Untertitel: A New Abridgement from the Second and Third Editions, Oxford/New York 1994, 2009; M. Fuhrmann (ed.), Terror und Spiel. Probleme der Mythenrezeption, München 1971, 1990 (Poetik und Hermeneutik IV); F. Gockel, M. und Poesie. Zum M.begriff in Aufklärung und Frühromantik, Frankfurt 1981; H. Gottschalk, Lexikon der Mythologie der europäischen Völker. Götter, Mysterien, Kulte und Symbole, Heroen und Sagengestalten der Mythen, Berlin 1973, unter dem Titel: Lexikon der Mythologie, München 1979, 1996; G. v. Graevenitz, M.. Zur Geschichte einer Denkgewohnheit, Stuttgart 1987; E. Grassi, Kunst und M., Hamburg 1957, rev. u. erw. Frankfurt 1990; O. Gruppe, Geschichte der klassischen M. und Religionsgeschichte während des Mittelalters im Abendland und während der Neuzeit, Leipzig 1921 (repr. Hildesheim 1965, Hildesheim/New York/Zürich 1992); P. Hégy, Myth as Foundation for Society and Values, Lewiston N. Y. 1991; S. H. Hooke (ed.), Myth and Ritual, London etc. 1933; ders., Middle Eastern Mythology. From the Assyrians to the Hebrews, Harmondsworth/Baltimore Md. 1963, ohne Untertitel, Mineola N. Y. 2004; A. Horstmann, Der M.begriff vom frühen Christentum bis zur Gegenwart, Arch. Begriffsgesch. 23 (1979), 7–54, 197–245; K. Hübner, Die Wahrheit des M., München 1985, Freiburg/München 2011; C. Jamme, Einführung in die Philosophie des M. II (Neuzeit und Aufklärung), Darmstadt 1991, 2005 (franz. Introduction à la philosophie du mythe II [Époque moderne et contemporaine], Paris 1995, 2005); ders., M./Mythologie, EP II (²2010), 1681–1685; M. Janka/C. Schäfer (eds.), Platon als Mythologe. Neue Interpretationen zu den Mythen in Platons Dialogen, Darmstadt 2002; C. G. Jung, Ein moderner Mythus. Von Dingen, die am Himmel gesehen werden, Zürich/Stuttgart 1958, ²1964; ders./K. Kerényi, Einführung in das Wesen der Mythologie. Gottkindmythos. Eleusinische Mysterien, Amsterdam/Leipzig, Zürich 1941, Zürich ⁴1951; F. Kambartel, Theo-logisches. Definitorische Vorschläge zu einigen Grundtermini im Zusammenhang christlicher Rede von Gott, Z. Ev. Ethik 15 (1971), 32–35; W. Kamlah, Christentum und Selbstbehauptung. Historische und philosophische Untersuchungen zur Entstehung des Christentums und zu Augustins »Bürgerschaft Gottes«, Frankfurt 1940, unter dem Titel: Christentum und Geschichtlichkeit [...], Stuttgart/Köln ²1951; ders., Philosophische Anthropologie. Sprachkritische Grundlegung und Ethik, Mannheim/Wien/Zürich 1972, 1984; K. Kerényi (ed.), Die Eröffnung des Zugangs zum M.. Ein Lesebuch, Darmstadt 1967, 1996; G. S. Kirk, Myth. Its Meaning and Functions in Ancient and Other Cultures, London, Berkeley Calif./Los Angeles 1970, 1993; ders., The Nature of Greek Myths, Harmondsworth 1974, Woodstock N. Y. 1975, London etc. 1990 (dt. Griechische Mythen. Ihre Bedeutung und Funktion, Berlin 1980, Reinbek b. Hamburg 1987); L. Knatz, M., EP I (1999), 887–894; F. Koppe, Sprache und Bedürfnis. Zur sprachphilosophischen Grundlage der Geisteswissenschaften, Stuttgart-Bad Cannstatt 1977, 146–170 (Kap. 3.6 M.); ders., Hermeneutik der Lebensformen – Hermeneutik als Lebensform. Zur Sozialphilosophie Peter Winchs, in: J. Mittelstraß (ed.), Methodenprobleme der Wissenschaften vom gesellschaftlichen Handeln, Frankfurt 1979, 223–272; G. Lanczkowski/H. Fries/V. H. Elbern, M., Mythologie, LThK VII (1962), 746–754; C. Lévi-Strauss, Anthropologie structurale, Paris 1958, 2010 (dt. Strukturale Anthropologie, Frankfurt 1967, 2008); ders., La pensée sauvage, Paris 1962, 2010 (dt. Das wilde Denken, Frankfurt 1968, 2010); ders., Mythologiques, I–IV, Paris 1964–1971, 2009 (dt. Mythologica, I–IV, Frankfurt 1971–1975, 2008); ders., Myth and Meaning. 5 Talks for Radio, Toronto/Buffalo N. Y., London 1978, ohne Untertitel, London/New York 2001 (dt. M. und Bedeutung. 5 Radiovorträge, Frankfurt 1980, 1996); N. Luhmann, Brauchen wir einen neuen M.?, in: ders., Soziologische Aufklärung IV (Beiträge zur funktionalen Differenzierung der Gesellschaft), Opladen 1987, 254–274, Wiesbaden ⁴2009, 269–290, Nachdr. in: H.-J. Höhn (ed.), Krise der Immanenz. Religion an den Grenzen der Moderne, Frankfurt 1996, 128–153; A. MacIntyre, Myth, Enc. Ph. V (1967), 434–437; P. Maranda (ed.), Mythology. Selected Readings, Harmondsworth etc. 1972, 1973; S. Matuschek/C. Jamme (eds.), Die mythologische Differenz. Studien zur M.theorie, Heidelberg 2009; J. Mohn, M.theorien. Eine religionswissenschaftliche Untersuchung zu M. und Interkulturalität, München 1998; P. Moingeon, Introduction à la mythologie contemporaine, Groslay 2007; K. Morgan, Myth and Philosophy from the Presocratics to Plato, Cambridge etc. 2000; E. Müller, M./mythisch/Mythologie, ÄGB IV (2002), 309–346; W. Nestle, Vom M. zum Logos. Die Selbstentfaltung des griechischen Denkens von Homer bis auf die

Sophistik und Sokrates, Stuttgart 1940, ²1949, 1975; W. F. Otto, Die Gestalt und das Sein. Gesammelte Abhandlungen über den M. und seine Bedeutung für die Menschheit, Darmstadt 1955, 1975; E. O. Pedersen, Die M.philosophie Ernst Cassirers. Zur Bedeutung des M. in der Auseinandersetzung mit der kantischen Erkennstnistheorie und in der Sphäre der modernen Politik, Würzburg 2009; J. Pépin, Mythe et allégorie. Les origines grecques et les contestations judéo-chrétiennes, Paris 1958, rev. und erw. Paris 1976; B. B. Powell, A Short Introduction to Classical Myth, Upper Saddle River N. J. 2002, 2007 (dt. Einführung in die klassische Mythologie, Stuttgart/Weimar 2009); W. Raberger, M., in: P. Eicher (ed.), Neues Handbuch theologischer Grundbegriffe III, München 1985, 163–174, mit Untertitel: Erweiterte Neuausgabe, 1991, 419–430; M. Reinhold, Past and Present. The Continuity of Classical Myths, Toronto 1972; K. Schilbrack (ed.), Thinking Through Myths. Philosophical Perspectives, London/New York 2002; R. Schlesier (ed.), Faszination des M.. Studien zu antiken und modernen Interpretationen, Basel/Frankfurt 1985, 1991; P.-M. Schuhl, Myth in Antiquity, DHI III (1973), 272–275; W. R. Schultz, Cassirer and Langer on Myth. An Introduction, New York/London 2000; R. A. Segal (ed.), Theories of Myth. From Ancient Israel and Greece to Freud, Jung, Campbell, and Lévi-Strauss, I–VI, New York/London 1996; ders., Theorizing about Myth, Amherst Mass. 1999; ders. u. a., M./Mythologie, RGG V (⁴2002), 1682–1704; ders., Myth. A Very Short Introduction, Oxford/New York 2004 (dt. M.. Eine kleine Einführung, Stuttgart 2007); ders., Myth, NDHI IV (2005), 1560–1567; J. Seznec, Myth in the Middle Ages and the Renaissance, DHI III (1973), 286–294; T. J. Sienkewicz, Theories of Myth. An Annotated Bibliography, Lanham Md./London, Pasadena Calif./Englewood Cliffs N. J. 1997; J. Sløk u. a., M. und Mythologie, RGG IV (³1960), 1263–1284; I, Strenski, Four Theories of Myth in Twentieth-Century History. Cassirer, Eliade, Lévi-Strauss, and Malinowski, Iowa City, Basingstoke 1987, 1989; F. Strich, Die Mythologie in der deutschen Literatur von Klopstock bis Wagner, I–II, Halle 1910, Bern/München 1970; M. Tomberg, Der Begriff von M. und Wissenschaft bei Ernst Cassirer und Kurt Hübner, Münster 1996; M. Untersteiner, La fisiologia del mito, Milano 1946, Firenze ²1972, Turin 1991; F. L. Utley, Myth in Biblical Times, DHI III (1973), 275–286; J.-P. Vernant, Mythe et pensée chez les grecs. Études de psychologie historique, Paris 1965, erw. Neuausg. 1985, 1998 (engl. Myth and Thougth among the Greeks, London/Boston Mass./Melbourne 1983, New York 2006); M. Vöhler/B. Seidensticker (ed.), Mythenkorrekturen. Zu einer paradoxalen Form der Mythenrezeption, Berlin/New York 2005; K.-H. Volkmann-Schluck, M. und Logos. Interpretationen zu Schellings Philosophie der Mythologie, Berlin 1969; J. de Vries, Forschungsgeschichte der Mythologie, Freiburg/München 1961. – Le temps de reflexion 1 (1980), 19–141 (I Réflexion. La pensée du mythe); The European Legacy 12 (2007), H. 2 (Special Issue: Philosophy and the Longing for Myth); Mythologica. Düsseldorfer Jahrbuch für interdisziplinäre M.forschung, 1 (1993) – 8 (2002); M. 1 (2004)ff..   F. Ko.

N

Nachfolger (engl. successor, franz. successeur), in der Mathematik Bezeichnung für das jeweils nächste oder ›nächstgrößere‹ Objekt in einer Anordnung, soweit vorhanden. Ein Element y einer durch die Relation $\prec$ geordneten Menge M (↑Ordnung) heißt (erstmals bei Aristoteles als ἐφεξῆς bezeichnet, Phys. E3.226b34) ›N.‹ eines Elementes $x \in M$, wenn $x \prec y$ gilt und kein Zwischenelement, d.h. kein $z \in M$ mit $x \prec z \prec y$, existiert. Z.B. ist in der durch die Kleiner-Relation $<$ geordneten Menge der natürlichen oder Grundzahlen der N. einer Zahl k jeweils die Zahl $k + 1$ (die auch ohne Bezug auf die Addition als Ergebnis einer Anwendung der Regel $n \Rightarrow n|$ des ↑Strichkalküls auf die Zahl k erklärt werden kann). In Anlehnung an den alltäglichen Sprachgebrauch, in dem z.B. alle Personen, die das von einer Person P ausgeübte Amt (an der gleichen ›Stelle‹ derselben Institution) nach ihr – im Sinne von ›später‹ – innehaben, die ›N. von P‹ in diesem Amte heißen, zeichnet man auch in der ↑Relationenlogik den N. von x im oben erklärten Sinne gelegentlich als den *unmittelbaren* N. von x aus, während dann als die N. von x *alle* y mit $x \prec y$ gelten.   C.T.

Nachsichtigkeitsprinzip, ↑charity, principle of.

Naess, Arne Dekke Eide, *Slemdal bei Oslo 27. Jan. 1912, †Oslo 12. Jan 2009, norweg. Philosoph. Studium von Philosophie, Psychologie, Mathematik und Astronomie in Paris (1931), Oslo (1932/1933), Wien (1934/1935, bei O. Neurath, R. Carnap, M. Schlick, F. Waismann) und Berkeley (1938/1939, eigene Forschungen unter C.L. Hull und E.C. Tolman); 1933 M.A., 1936 Promotion in Philosophie an der Universität Oslo, 1939–1970 Prof. der Philosophie ebendort. Begründer und (zeitweise) Herausgeber der Zeitschrift »Inquiry« (Oslo, ab 1958); zahlreiche Gastprofessuren, so mehrfach in Berkeley. Als Bergsteiger leitete N. mehrere Himalaya-Expeditionen. – In seiner Dissertation »Erkenntnis und wissenschaftliches Verhalten« (vollendet 1934/1935 in Wien, veröffentlicht 1936 in Oslo), die Einflüsse des späten ↑Wiener Kreises, des Symbolischen Interaktionismus (↑Interaktionismus, symbolischer) und des ↑Pragmatismus von W. James aufnimmt, und in »Wie fördert man heute die empirische Bewegung?« (verfaßt 1936–1938, veröffentlicht 1956) vertritt N. erkenntnis- und wissenschaftstheoretisch eine empiristische Position (↑Empirismus), ohne jedoch die dogmatisch antimetaphysischen, logizistischen und in bezug auf die Wahrheitsfähigkeit von Normen (↑Norm (handlungstheoretisch, moralphilosophisch)) nicht-kognitivistischen Einstellungen des Logischen Positivismus zu teilen (↑Empirismus, logischer, ↑Kognitivismus (3), ↑Logizismus). N. bezeichnete seine Position vor 1955 als ›radikalen Empirismus‹, als ›Empirismus ohne Dogma‹, die auch im Rahmen der Philosophie empirische Forschung nicht nur gestatte, sondern erfordere. So solle das Spekulieren über die Bedeutung von Wörtern wie z.B. ›wahr‹ durch empirische Forschung, eine ›empirische Semantik‹ – zu der N. selbst mehrere Beiträge leistet –, und die traditionelle, ›subjektivistische‹, introspektive Erkenntnistheorie durch eine rein beobachtende, ›objektive‹, dem ↑Behaviorismus Tolmans verpflichtete Psychologie ersetzt werden. N. hat dieses Programm später (Science as Behavior, 1965) revidiert: auch intentionale (↑Intentionalität) Handlungsbeschreibungen werden jetzt als mit der geforderten Objektivität der Wissenschaft vereinbar angesehen. Wissensbildung begreift N. im Sinne des Pragmatismus als Aktivität und als organischen Entwicklungsvorgang – ein wissenschaftstheoretischer Ansatz, der, auf sich selbst angewandt, N. um 1955 zu ↑Pluralismus und ↑Skeptizismus führt: Sowohl die Wissenschaften als auch die ihr Vorgehen beschreibende ↑Wissenschaftstheorie, von N. als empirische ›Metawissenschaft‹ konzipiert, sind zur kritischen Beurteilung des ihnen zugrundegelegten Rahmens oder Modells unfähig. Die Ausarbeitung seines ›possibilistischen Pluralismus‹ (vor allem in: The Pluralist and Possibilist Aspect of the Scientific Enterprise, 1972) zeigt, daß N. sich vom neopositivistischen (↑Neopositivismus) Ideal einer ↑Einheitswissenschaft fortentwickelt hat. Als solche sah er zunächst die Psychologie, später die im Sinne J. v. Uexkülls soziale ›Umwelten‹ beschreibende Biologie. – In den 1950er und 1960er Jahren wendet sich N. verstärkt Fragen einer normativen Ethik und Politik zu. In Kenntnis buddhistischer Moral, vor allem in Übernahme der Grundsätze M. Gandhis sowie in Anlehnung an B. de Spinozas »Ethik«, entwirft er eine Ethik der Solidarität mit allen Lebewesen und der Gewaltlosigkeit, die er als Ausfluß der Grundnorm, sich selbst vollständig zu verwirklichen, auffaßt. Dieser Ansatz führt N. zu einer ökologischen Gesamtauffassung, die er ›Ökosophie‹ nennt und macht ihn zu einem Parteigänger kämpferischen, aber gewaltlosen Widerstands gegen die Zerstörung der Natur durch den Menschen. Um sich dieser Aufgabe stärker widmen zu können, gab N. 1970 seinen Lehrstuhl für Philosophie auf.

Werke: Erkenntnis und wissenschaftliches Verhalten, Oslo 1936 (Skrifter Norske Videnskaps-Akad. Oslo II [hist.-filos. kl.] 1936, 1); ›Truth‹ as Conceived by Those Who Are Not Professional Philosophers, Oslo 1938 (Skrifter Norske Videnskaps-Akad. Oslo II [hist.-filos. kl.] 1938, 4); Common-Sense and Truth, Theoria 4 (1938), 39–58, rev. in: The Selected Works of A. N. [s. u.] VIII, 3–21; En del elementære logiske emner, Oslo 1941, ¹¹1975, 1994 (engl. Communication and Argument. Elements of Applied Semantics, Oslo, London, Totowa N. J. 1966, rev. u. ed. H. Glasser, Dordrecht 2005 [= The Selected Works of A. N. VII]; dt. Kommunikation und Argumentation. Eine Einführung in die angewandte Semantik, Kronberg 1975); Interpretation and Preciseness. A Contribution to the Theory of Communication, Oslo 1953 (Skrifter Norske Videnskaps-Akad. Oslo II [hist.-filos. kl.] 1953, 1), ed. A. Drengson, Dordrecht 2005 [= The Selected Works of A. N. I]; An Empirical Study of the Expressions ›True‹, ›Perfectly Certain‹ and ›Extremely Probable‹, Oslo 1953 (Skrifter Norske Videnskaps-Akad. Oslo II [hist.-filos. kl.] 1953, 4); Filosofiens historie. En innføring i filosofiske problemer, Oslo 1953, I–II, ³1961/1962, ⁶1980; (mit J. Galtung) Gandhis politiske etikk, Bergen 1955, Oslo ³1994; (mit J. A. Christophersen/K. Kvalø) Democracy, Ideology, and Objectivity. Studies in the Semantics and Cognitive Analysis of Ideological Controversy, Oslo, Oxford 1956; Wie fördert man heute die empirische Bewegung? Eine Auseinandersetzung mit dem Empirismus von Otto Neurath und Rudolph Carnap, Oslo 1956 (engl. How Can the Empirical Movement Be Promoted Today? A Discussion of the Empiricism of Otto Neurath and Rudolph Carnap, in: E. M. Barth/J. Vandormael/F. Vandamme [eds.], From an Empirical Point of View. The Empirical Turn in Logic, Gent 1992, 107–155, Nachdr. in: The Selected Works of A. N. [s. u.] VIII, 163–215); Gandhi og atomalderen, Oslo 1961 (engl. Gandhi and the Nuclear Age, Totowa N. J. 1965); Science as Behavior. Prospects and Limitations of a Behavioral Metascience, in: B. B. Wolman/E. Nagel (eds.), Scientific Psychology. Principles and Approaches, New York/London 1965, 50–67, Nachdr. in: The Selected Works of A. N. [s. u.] IX, 103–121; Moderne filosofer, Stockholm 1965 (engl. Four Modern Philosophers. Carnap, Wittgenstein, Heidegger, Sartre, Chicago Ill./London 1968, 1969); (mit J. Wetlesen) Conation and Cognition in Spinoza's Theory of Affects. A Reconstruction, Oslo 1967; Physics and the Variety of World Pictures, in: P. Weingartner (ed.), Grundfragen der Wissenschaften und ihre Wurzeln in der Metaphysik, Salzburg/München 1967, 181–189; Scepticism, London, New York, Oslo 1968, mit Untertitel: Wonder and Joy of a Wandering Seeker, rev. u. ed. H. Glasser, Dordrecht 2005 (= The Selected Works of A. N. II); Hvilken verden er den virkelige?, Oslo 1969, mit Untertitel: Gir filosofi og kultur svar?, Oslo/ Bergen/Tromsø ²1982 (engl. Which World Is the Real One? Inquiry into Comprehensive Systems, Cultures, and Philosophies, rev. u. ed. H. Glasser, Dordrecht 2005 [= The Selected Works of A. N. III]); Økologi og filosofi I, Oslo 1971, erw. unter dem Titel: Økologi og filosofi. Et økosofisk arbeidsutkast, ³1972, stark überarb. unter dem Titel: Økologi, samfunn og livsstil. Utkast til an ekosofi, Oslo ⁴1974, rev. ⁵1976 1991 (engl. [stark überarb.] Ecology, Community and Lifestyle. Outline of an Ecosophy, trans. D. Rothenberg, Cambridge etc. 1989, 2001); The Pluralist and Possibilist Aspect of the Scientific Enterprise, Oslo, London 1972, mit Untertitel: Rich Descriptions, Abundant Choices, and Open Futures, rev. u. ed. H. Glasser, Dordrecht 2005 (= The Selected Works of A. N. IV); The Shallow and the Deep, Long-Range Ecology Movement. A Summary, Inquiry 16 (1973), 95–100, ferner in: M. J. Smith (ed.), Thinking through the Environment. A Reader, London/New York 1999, 196–200, Nachdr. in: The Selected Works of A. N. [s. u.] X, 7–12 (dt. The Shallow and the Deep. Begründung der Tiefenökologie, Jb. Ökologie [1997], 130–136); (mit P. Ariansen/K. Madsen) Vitenskapsfilosofi. En innføring, Oslo 1974, ³1980; Equivalent Terms and Notions in Spinoza's Ethics, Oslo 1974; Gandhi and Group Conflict. An Exploration of ›Satyagraha‹. Theoretical Background, Oslo 1974, mit Untertitel: Explorations of Nonviolent Resistance, ›Satyāgraha‹, rev. u. ed. H. Glasser, Dordrecht 2005 (= The Selected Works of A. N. V); Anklagene mot vitenskapen, Oslo 1980; Spinoza and the Deep Ecology Movement, Delft 1993, Nachdr. in: The Selected Works of A. N. [s. u.] X, 395–419; (mit D. Rothenberg) Is It Painful to Think? Conversations with A. N., ed. D. Rothenberg, Minneapolis Minn. 1993 (franz. Vers l'écologie profonde, Marseille 2009); (mit P. I. Haukeland) Livsfilosofi. Et personlig bidrag om føleser og fornuft, Oslo 1998, 2005 (engl. Life's Philosophy. Reason and Feeling in a Deeper World, Athens Ga. 2002); Gandhi, Oslo 2000; The Selected Works of A. N., I–X, ed. H. Glasser, Dordrecht 2005; The Ecology of Wisdom. Writings by A. N., ed. A. Drengson/B. Devall, Berkeley Calif. 2008 [mit Einl., 3–41]; (mit Ø. Grøn) Einstein's Theory. A Rigorous Introduction for the Mathematically Untrained, New York etc. 2011. – O. Flo, Bibliografi over A. N.' forfatterskap 1936–70, Bergen/Oslo/Tromsø 1971 (Filosofiske bibliografier IX); ders., A. N.: Selected List of His Philosophical Writings in the English and German Languages. 1936–1970, Synthese 23 (1971/1972), 348–352; H. Glasser/K.-F. Naess, Comprehensive Bibliography of A. N.'s Works in English, in: H. Glasser (ed.), The Selected Works of A. N. [s. o.] X, 651–669; S. Sundbø, A. N.. En kronologisk bibliografi over forfatterskapet 1936–2007, Oslo 2007.

Literatur: S. Chapman, Language and Empiricism. After the Vienna Circle, Basingstoke/New York 2008; R. Gjefsen, A. N.. Et liv, Oslo 2011; F.-T. Gottwald, N., in: J. Nida-Rümelin (ed.), Philosophie der Gegenwart in Einzeldarstellungen, Stuttgart 1991, 416–419, ²1999, 518–520, ed. mit E. Özmen, ³2007, 453–457; I. Gullvåg, N.'s Pluralistic Metaphilosophy, Inquiry 18 (1975), 391–408; ders., N., REP VI (1998), 635–638; ders./J. Wetlesen (eds.), In Sceptical Wonder. Inquiries into the Philosophy of A. N. on the Occasion of His 70ᵗʰ Birthday, Oslo/Bergen/ Tromsø 1982; E. Katz/A. Light/D. Rothenberg, Beneath the Surface. Critical Essays in the Philosophy of Deep Ecology, Cambridge Mass. 2000; P. Reed/D. Rothenberg (eds.), Wisdom in the Open Air. The Norwegian Roots of Deep Ecology, Minneapolis Minn. 1993 [mit Beiträgen von A. N.]; J. Riche/A. Hannay, N., Enc. philos. universelle III/2 (1992), 3586; G. Sessions (ed.), Deep Ecology for the Twenty-First Century, Boston

Mass./London 1995 [mit Beiträgen von A. N.]; G. Skirbekk, N., DP II (²1993), 2085–2086; N. Witoszek/A. Brennan (eds.), Philosophical Dialogues. A. N. and the Progress of Ecophilosophy, Lanham Md. 1999 [mit Beiträgen von A. N.]; A. Wedberg, Filosofins historia III (Från Bolzano till Wittgenstein), Stockholm 1966, 2004, bes. 355–365 (Kap. X Empirisk semantik: A. N. och Osloskolan). – Inquiry 39 (1996), H. 2 (Special Issue: A. N.'s Environmental Thought); Inquiry 54 (2011), H. 1 (Special Issue: A. N.); Norsk filosofisk tidsskrift 27 (2002), H. 1–2 (A. N.. Festskrift til 90-årsdagen 27. 1. 2002).   R. Wi.

Nāgārjuna, ca. 120–200 n. Chr., Sohn einer mittelindischen Brahmanenfamilie (nach der Überlieferung aus Vidarbha, heute: Berār in Mahārāṣtra), führender buddhistischer Philosoph, zusammen mit seinem Schüler Āryadeva (ca. 150–230) Begründer der ↑Mādhyamika-Schule des ↑Mahāyāna-Buddhismus. N. lebte vermutlich den größten Teil seines Lebens im südindischen Āndhra-Reich (zunächst in Amarāvatī am Unterlauf des Flusses Kṛṣṇā, später in oder bei Nāgārjunakoṇḍa), ebendort gestorben. Das Leben dieses neben dem Vedāntin Śaṃkara (ca. 700–750) sowohl inhaltlich als auch der historischen Wirkung nach bedeutendsten indischen Philosophen ist derart von Legenden überwuchert und mit der Überlieferung über das Leben anderer Personen gleichen Namens verschmolzen, daß der historische Kern einschließlich der Echtheit der ihm zugeschriebenen Werke nur im Rahmen erheblicher Unsicherheiten angegeben werden kann. In seinem auch in der Originalsprache Sanskrit, nämlich als Bestandteil des Kommentars Prasannapadā (= Klare Worte) von Candrakīrti (ca. 600–650), erhaltenen Hauptwerk, der aus 27 Kapiteln mit insgesamt 447 Strophen bestehenden Madhyamakakārikā (= Merkverse der mittleren [Lehre]), zugleich der die Mādhyamika-Schule begründenden Schrift, versucht N. die Rückkehr zur ursprünglichen, alle Extreme vermeidenden und deshalb ›mittleren‹ Lehre Buddhas (↑Philosophie, buddhistische).

Unter dem ›mittleren Weg‹, der sowohl den Gegenstand als auch das Verfahren der mittleren Lehre Buddhas ausmacht, versteht N. eine zugleich als Einübung dienende Argumentation gegen jeden Versuch, zu einer entweder positiven Ansicht, daß etwas so oder so sei, oder negativen Ansicht, daß etwas so oder so nicht sei, zu gelangen, man also im Verfahren der nicht mit einer Widerlegung, also einem Mittel zur Rechtfertigung der entgegengesetzten Ansicht, zu verwechselnden Zurückweisung *jeder* Ansicht einen Erkenntnisgewinn sowohl (theoretisch-argumentierend) habe als auch (praktisch-übend) vollziehe, und genau das sei die Rolle der Lehre von den ›vier edlen Wahrheiten‹ und vom zwölfgliedrigen Kausalnexus des ›abhängigen Entstehens‹ (pratītyasamutpāda), durch den der vom Gesetz der Tatvergeltung (↑karma) in Gang gehaltene Kreislauf des Entstehens und Vergehens (↑saṃsāra) begrifflich artikuliert

ist. Die argumentativen Hilfsmittel der Logik (↑Logik, indische) werden so eingesetzt, daß grundsätzlich keine eigene These (pratijñā), sondern nur die innere Widersprüchlichkeit und damit Unhaltbarkeit jeder positiven Behauptung, auch derjenigen in den Schulen des ↑Hīnayāna, mit Hilfe einer ↑reductio ad absurdum (prasaṅga) nachgewiesen wird. Als Beurteilungsprädikate erscheinen dabei unter anderem die passivischen Verbformen ›na yujyate‹[= paßt nicht (zusammen)], wenn logische oder auch nur analytische Widersprüchlichkeit vorliegt, wie im Falle ›Sohn einer unfruchtbaren Frau‹, ›na upapadyate‹ [= ist nicht richtig], wenn physische Unmöglichkeit vorliegt, wie im Falle ›Stadt im Himmel‹, und ›na vidyate‹ [= ist nicht vorhanden], wenn es sich um etwas bloß Ausgedachtes handelt, wie im Falle ›Stachelhaut einer Schildkröte‹. Die Zurückweisung von eigenständigen Behauptungen gelingt nach N. deshalb, weil stets von prädikativ bestimmten Gegenständen die Rede ist, die jedoch genau deshalb keine ›Eigennatur‹ (svabhāvatā) haben können. Mit offensichtlicher Lust an möglichst paradoxen Formulierungen, ohne Rücksicht auf unmittelbare logische Folgerichtigkeit (z. B. muß vom Leser auf unterdrückte Prämissen, auf Sprachebenen- bzw. Gesichtspunktwechsel geachtet werden), benutzt N. den von ihm entwickelten Begriff niḥsvabhāva/asvabhāva [= ›ohne Eigennatur‹, also ›wesenlos‹, d. h. abhängig (von anderem) seiend]. Es handelt sich dabei um eine Verallgemeinerung der im frühen Buddhismus zunächst nur auf Personen bezogenen Bestimmung anātman [= Nicht-Selbstheit, kein Selbst habend], um aus der Tatsache, daß sich zu jeder anwendbaren begrifflichen Bestimmung (vikalpa) auch eine ebenso anwendbare gegensätzliche Bestimmung finden läßt (z. B. Entstehen – Vergehen, Ursache – Wirkung, ich – du, Glück – Leid), die Wesenlosigkeit jeder begrifflichen Bestimmung herzuleiten, und zwar ausschließlich durch Widerlegung vorgebrachter Einwände, auch nicht-buddhistischer Schulen, z. B. von seiten der Naiyāyikas (↑Nyāya) in dem für die Dialektik N.s besonders charakteristischen Werk Vigraha-vyāvartanī (= Die Streitabwehrerin). Insbes. sind alle Erkenntnismittel (↑pramāṇa), befinden sie sich nicht gerade im Einsatz, sondern spielen die Rolle eigenständiger Gegenstände, niḥsvabhāva.

Zur terminologischen Fixierung der Wesenlosigkeit als jenseits der Unterscheidung ›seiend-nichtseiend‹ liegend benutzt N. den Ausdruck ›Leerheit‹ (↑śūnyatā), der immer wieder und schon zu Lebzeiten N.s (nach seinen eigenen Worten deshalb, weil die Ebenen von verhüllter oder konventioneller Wahrheit [saṃvṛti oder vyavahāra satya] und höchster Wahrheit [paramārtha satya] nicht auseinandergehalten werden) zu dem Mißverständnis geführt hat, N. vertrete einen (ontologischen und erkenntnistheoretischen) ↑Nihilismus. Vielmehr macht es gerade erst die Charakterisierung aller (unter anderem von den zum Hīnayāna zählenden Sarvāstivādins fälschlich als letzte Bausteine der Wirklichkeit angesehenen) ›Daseinsfaktoren‹ (↑dharma) als ›leer‹, nämlich weder seiend – es sind keine, d. h. in einer Darstellung zugängliche, universalen Gegenstände – noch nichtseiend – es sind universalisierende Darstellungsmittel, d. h. Zeichen (↑Artikulator) in Ausübung ihrer Darstellungsfunktion –, begrifflich möglich, daß sie dem Kausalnexus des abhängigen Entstehens unterworfen sind. In einer reflexiven Wendung schließlich gilt es, auch den Kausalnexus selbst als wesenlos einzusehen und damit die Leerheit als Ununterschiedenheit des zur konventionellen Wahrheit gehörenden saṃsāra und des die Erlösung ausmachenden, zur höchsten Wahrheit gehörenden ↑nirvāṇa zu begreifen.

Unter den gegenwärtig mehrheitlich als echt anerkannten Werken N.s sind neben der Madhyamakakārikā und der samt Prosakommentar ebenfalls in Sanskrit erhaltenen Vigrahavyāvartanī noch drei weitere, nur tibetisch überlieferte Werke, sowohl mit Erläuterungen des Hauptwerks als auch mit der Zurückweisung vorgebrachter Einwände befaßt, zum einen zwei jeweils aus Versteil (↑kārikā) und Prosakommentar (vṛtti) bestehende Schriften, die Yuktiṣaṣṭikā (= Sechzig [Strophen] über die Vernunftausübung) und die Śūnyatāsaptati (= Siebzig [Strophen] über die Leerheit), zum anderen das Vaidalyaprakaraṇa (= Abhandlung über die Zertrümmerung [gegnerischer Ansichten im Nyāya]). Solcher Erläuterungen, insbes. des Begriffs der Leerheit, bedurfte es angesichts der argumentativen Radikalität von N.s Madhyamakakārikā und der damit einhergehenden Mißverständnisse sowohl bei Buddhisten in den zeitgenössischen Schulen des ↑Hīnayāna – die Sarvāstivādin sind nach N. der ›Es ist‹-Ansicht verfallen wie umgekehrt die Sautrāntika der ›Es ist nicht‹-Ansicht – als auch bei Angehörigen nicht-buddhistischer Schulen, wie sie sich in Angriffen vor allem seitens der Naiyāyikas zeigen, offenbar schon zu N.s Lebzeiten.

Neben weiteren, primär der Lebenspraxis gewidmeten Schriften, unter denen besonders der Suhṛllekha (= Brief an einen Freund) und die Ratnāvalī (= Juwelenkette), Mahnschreiben an seinen königlichen Gönner und Freund aus der im zentralindischen Dekkan herrschenden Sātavāhana-Dynastie, einen breiteren Kontext für die Philosophie N.s zur Verfügung stellen, insbes. die soteriologische Rolle seiner Gnoseologie bekräftigen, wird N. ein (nur in chinesischer Übersetzung erhaltener) Kommentar zu einem Mahāyāna-Sūtra, der aus 25.000 Verszeilen bestehenden Version der Prajñāpāramitā (= Pañcaviṃśatisāhasrikā-prajñāpāramitā), das Mahāprajñāpāramitā-śāstra, zugeschrieben, ein Werk, das im Unterschied zu N.s Hauptwerk und dessen Erläuterungen ausdrücklich Lehrstücke des Mahāyāna gegen solche des

Hīnayāna ausspielt (z. B. die Rolle des im Hīnayāna unbekannten Bodhisattva-Ideals) und positiv verteidigt. Es gilt aus diesen Gründen nicht als ein Werk N.s, wird vielmehr auf Grund textkritischer Indizien von einigen Gelehrten als Werk eines Schülers gleichen oder ähnlichen Namens angesehen (dem dann auch andere unter dem Autorennamen ›N.‹ überlieferte Werke zuzuschreiben wären).

Werke: L. de la Vallée Poussin (ed.), Mūlamadhyamakakārikās (Mādhyamikasūtras) de N. avec la Prasannapadā commentaire de Candrakīrti, Sankt Petersburg 1903 [1913], Osnabrück 1970 (Bibl. Buddhica IV); M. Walleser (ed.), Die buddhistische Philosophie in ihrer geschichtlichen Entwicklung, II–III (II Die Mittlere Lehre [Mādhyamikaśāstra] des N., nach der tibetischen Version übertragen, III Die mittlere Lehre des N., nach der chinesischen Version übertragen), Heidelberg 1911/1912; The Ratnāvalī of N. [engl./tibet.], ed. u. übers. G. Tucci, J. Royal Asiatic Soc. NS 66 (1934), 307–325, NS 68 (1936), 237–252, 423–435; Le Traité de la Grande Vertu de Sagesse Mahāprajñāpāramitāśāstra, ed. É. Lamotte, I–V, Louvain 1944–1980 (repr. Bde I–II, 1981), I 1966, II 1967; [Dt. Übersetzungen mit Kommentaren aus: Madhyamakakārikā, Vigrahavyāvartanī, Ratnāvalī], in: E. Frauwallner, Die Philosophie des Buddhismus, Berlin (Ost) 1956, Berlin ⁴1994, 170–217, ⁵2010, 107–140 (engl. Übersetzungen mit Kommentaren, in: ders., The Philosophy of Buddhism, Delhi 2010, 181–229); Madhyamaka Kārikā. Le stanze del cammino di mezzo […], übers. R. Gnoli, Turin 1961, 1979; Translation of Mūlamadhyamakakārikās: Fundamentals of the Middle Way/Translation of Vigrahavyāvartanī: Averting the Arguments, in: F. J. Streng, Emptiness [s. u., Lit.], 181–227); K. K. Inada, N.. A Translation of His Mūlamadhyamakakārikā with an Introductory Essay [engl./sanskr.], Tokyo 1970, Delhi 1993; The Dialectical Method of N. (Vigrahavyāvartanī) [engl./sanskr.], trans. K. Bhattacharya, ed. E. H. Johnston/A. Kunst, Delhi 1978, erw. ²1986, ⁴1998, 2005; N.'s »Twelve Gate Treatise«, trans. H. Cheng, Dordrecht/Boston Mass./London 1982; The Philosophy of the Middle Way. Mūlamadhyamakakārikā [sanskr./engl.], trans. D. J. Kalupahana, Albany N. Y. 1986, unter dem Titel: Mūlamadhyamakakārikā of N.. The Philosophy of the Middle Way, Delhi 1991, 2006; Hundert Strophen von der Lebensklugheit. N.s Prajñāśataka [tibet./dt.], ed. u. übers. M. Hahn, Bonn 1990; The Fundamental Wisdom of the Middle Way. N.'s Mūlamadhyamakakārikā, trans. J. L. Garfield, New York/Oxford 1995; N.'s Refutation of Logic (Nyāya). Vaidalyaprakaraṇa. Źib mo rnam par ḥthag pa źes bya baḥi rab tu byed pa [tibet./engl.], ed. u. übers. F. Tola/C. Dragonetti, Delhi 1995, 2004; B. Weber-Brosamer/D. M. Back, Die Philosophie der Leere. N.s Mūlamadhyamaka-Kārikās. Übersetzung des buddhistischen Basistextes mit kommentierenden Einführungen, Wiesbaden 1997, ²2005; Buddhist Advice for Living & Liberation, N.'s Precious Garland [engl./tibet.], ed. u. übers. J. Hopkins, Ithaca N. Y. 1998 (dt. N.s Juwelenkette. Buddhistische Lebensführung und der Weg zur Befreiung, übers. E. Liebl, Kreuzlingen/München 2006); N.'s Reason Sixty »Yuktiṣaṣṭikā« with Candrakīrti's Commentary »Yuktiṣaṣṭikāvṛtti« [engl./tibet.], trans. J. Loizzo, ed. R. A. F. Thurman/F. F. Yarnall/P. G. Hackett, New York 2007; The Dispeller of Disputes. N.'s »Vigrahavyāvartanī«, trans. J. Westerhoff, Oxford etc. 2010; N.. Buddhism's Most Important Philosopher. Plain English Translations and Summaries of N.'s Essential Philosophical Works, trans. R. H. Jones, New York 2010, 2011; Die Lehre von der Mitte (Mula-madhyamaka-karika). Zhong Lun [chin./dt.], übers. u. ed. L. Geldsetzer, Hamburg 2010.

Literatur: C. Bartley, N., in: O. Leaman (ed.), Encyclopedia of Asian Philosophy, London/New York 2001, 367–369; G. Burgault, N., DP II (²1993), 2086–2089; D. Burton, Emptiness Appraised. A Critical Study of N.'s Philosophy, Richmond Va. 1999, Delhi 2001, London 2002; V. Fatone, El budismo »nihilista«, La Plata 1941, Buenos Aires 1962, ²1971 (engl. The Philosophy of N., Delhi 1981, 1991); Y. Hoffmann, The Possibility of Knowledge: Kant and N., in: B.-A. Scharfstein u. a., Philosophy East/Philosophy West. A Critical Comparison of Indian, Chinese, Islamic, and European Philosophy, Oxford 1978, 269–290, 329–330; S.-K. Hong, Pratītyasamutpāda bei N.. Eine logische Analyse der Argumentationsstruktur in N.s Madhayamakārīkā, Diss. Saarbrücken 1993; C. W. Huntington, Jr./G. Namgyal Wangchen, The Emptiness of Emptiness. An Introduction to Early Indian Mādhyamika, Honolulu Hawaii 1989, Delhi 2003; K. Jaspers, N., in: ders., Lao-tse, N.. Zwei asiatische Metaphysiker, München 1957, 63–97, ferner in: ders., Die großen Philosophen I, München 1957, München/Zürich ⁶1997, 934–956; V. W. Karambelkar, The Problem of N., J. Indian Hist. 30 (1952), 21–33; C. Lindtner, Nagarjuniana. Studies in the Writings and Philosophy of N., Kopenhagen 1982, Delhi 1990; K. Lorenz, N. (ca. 120–200) und das Madhyamaka. Der akzidentelle Charakter der Welt in ihren Bildern, in: ders., Indische Denker, München 1998, 59–102; J. May, La philosophie bouddhique de la verité, Stud. Philos. 18 (1958), 123–137; ders., Kant et le Mādhyamika. A propos d'un livre récent, Indo-Iranian J. 3 (1959), 102–111; ders., N., Enc. philos. universelle III/2 (1992), 3941–3943; N. McCagney, N. and the Philosophy of Openness, Lanham Md. 1997; S. Miyamoto, The Study of N., Diss. Oxford 1928; T. R. V. Murti, The Central Philosophy of Buddhism. A Study of the Mādhyamika System, London 1955 (repr. London etc. 2008), ²1960, New Delhi 1998; K. S. Murty, N., New Delhi 1971, ²1978; C. Oetke, Rationalismus und Mystik in der Philosophie N.s, Stud. z. Indologie u. Iranistik 15 (1989), 1–39; A. M. Padhye, The Framework of N.'s Philosophy, Delhi 1988; R. Pinheiro Machado, Kant et N.. Vers la fin de la philosophie comme herméneutique, Paris 2008; K. V. Ramanan, N.s Philosophy. As Presented in The Mahā-Prajñāpāramitā-Śāstra, Rutland Vt./Tokio 1966 (repr. Delhi/Patna/Varanasi 1975, 1978); R. H. Robinson, Some Logical Aspects of N.s System, Philos. East and West 6 (1956/1957), 291–308; P. S. Sastri, N. and Āryadeva, Indian Hist. Quart. 31 (1955), 193–202; M. Siderits, The Madhyamaka Critique of Epistemology I, J. Indian Philos. 8 (1980), 307–335; ders., N., REP VI (1998), 638–641; T. Stcherbatsky (F. I. Ščerbatskoj), The Conception of Buddhist Nirvana (With Sanskrit Text of Madhyamaka-Kārikā), Leningrad 1927 (repr. The Hague 1965), mit weiterem Untertitel: (With Comprehensive Analysis & Introduction by J. Singh), Delhi erw. ²1977, 2011 (enthält neben der engl. Übers. von Candrakīrti's Kommentar zur Madhyamaka-Kārikā auch eine engl. Übers. der Kap. I und XXV der Kārikā); F. J. Streng, Emptiness. A Study in Religious Meaning, Nashville Tenn./New York 1967; K. Tamaki, Jaspers' Auffassung über den Buddhismus, J. Indian and Buddhist Stud. 8 (Tokyo 1960), 768–758 [sic!]; A. P. Tuck, Comparative Philosophy and the Philosophy of Scholarship. On the Western Interpretation of N., New York/Oxford 1990; J.-M. Vivenza, N. et la doctrine de la vacuité, Paris 2001, 2009; M. Walleser, The Life of N. from Tibetan and Chinese Sources, Asia major, Hirth Anniversary Volume (1923), 421–455, separat New Delhi/Madras 1979, 1990; J. Walser, N. in Context. Mahāyāna Buddhism and Early Indian Culture, New York 2005, Delhi 2008; A. K. Warder, Is N. a Mahāyānist?, in: M. Sprung (ed.), The Problem of Two Truths in Buddhism and Vedānta, Dordrecht/Boston Mass. 1973, 78–88; J. Westerhoff, N.'s Madhyamaka. A Philosophical Introduction, Oxford etc. 2009; T. E. Wood, Nāgārjunian Disputations. A Philosophical Journey through an Indian Looking-Glass, Honolulu Hawaii 1994, Delhi 1995. K. L.

Nagel, Ernest, *Waagneustädtl (Slowakei, heute: Nové Mesto nad Váhom) 16. Nov. 1901, †New York 20. Sept. 1985, amerik. Philosoph, Logiker und Wissenschaftstheoretiker. 1923–1931 Studium der Mathematik und Philosophie in New York (Columbia University), 1925 M.A. in Mathematik, 1931 Ph.D. in Philosophie, 1931–1937 ›Instructor‹, 1937–1939 Associate Professor, 1939–1946 Full Professor an der Columbia University, 1946–1965 John Dewey Professor für Philosophie, 1965–1970 University Professor. – N.s Werk ist sowohl vom Logischen Empirismus (↑Empirismus, logischer) vor allem des ↑Wiener Kreises, dem N. nahestand, als auch vom englischen und amerikanischen ↑Pragmatismus und ↑Instrumentalismus beeinflußt (über seine Lehrer M. R. Cohen und J. Dewey und die Schriften von C. S. Peirce und B. Russell). Neben grundlagentheoretischen Arbeiten über den Begriff der ↑Wahrscheinlichkeit (Principles of the Theory of Probability, 1939) und den Beweisbegriff formaler Systeme (↑Unvollständigkeitssatz) (Gödel's Proof, 1958) gilt N.s Interesse der Anwendung logischer Methoden (An Introduction to Logic and Scientific Method, 1934). In weiteren Arbeiten (vor allem in: The Structure of Science, 1961) betont N., daß logische ↑Operatoren ihre Bedeutung nicht durch ontologische Deutungen, sondern im Kontext operational zu bewältigender Aufgaben erhalten. Als analytische Prinzipien sind sie notwendige, aber nicht hinreichende Instrumente für die Entdeckung und Begründung von Informationen über die reale Welt.

In diesem Zusammenhang entwickelt N. eine bis heute nachwirkende Konzeption der ↑Reduktion einer Theorie auf eine andere. Für eine solche Theorienreduktion sind die beiden Bedingungen der Verknüpfbarkeit und der Ableitbarkeit zu erfüllen. Danach müssen die Begriffe der reduzierten Theorie mithilfe von ↑Brückenprinzipien den Begriffen der reduzierenden Theorie auf solche Weise zugeordnet werden können (Verknüpfbarkeit), daß die Gesetze der reduzierten Theorie aus den Gesetzen der reduzierenden folgen (Ableitbarkeit). Die Begriffe der reduzierten Theorie werden also auf solche Weise in die Begriffe der reduzierenden Theorie übersetzt, daß die Gesetze der reduzierten Theorie zu übersetzten Gesetzen der reduzierenden Theorie werden. N.s Reduktionstheorie ist nach dem Vorbild der deduktiv-nomologischen ↑Erklärung konzipiert und betrachtet die Reduktion einer Theorie als Erklärung dieser Theorie durch eine andere Theorie. In der neueren Diskussion wird die Forderung nach Verknüpfbarkeit durch Brükkenprinzipien mit dem Hinweis auf multiple Realisierbarkeit (↑Realisierbarkeit, multiple) und die Bedingung der Ableitbarkeit mit dem Verweis auf bloß approximative Beziehungen zwischen Theorien kritisiert. Darüber hinaus gilt N.s Fokussierung auf ↑Naturgesetze (↑Gesetz (exakte Wissenschaften)) als ungeeignet für biologische und mentale Phänomene.

Seine methodologischen Untersuchungen führen N. zu einer naturalistischen Philosophie der Natur und des Menschen (↑Naturalismus). So bestreitet er wie A. Einstein und M. Planck, daß die ↑Quantentheorie zur Revision einer deterministischen Auffassung der Natur zwingt, und kritisiert in diesem Zusammenhang die irreführende Verwendung klassischer Begriffe wie des Begriffs der Partikel im Kontext moderner physikalischer Theorien. Die Reduktion mentaler Phänomene auf physikalische Meßgrößen lehnt N. ab, betont jedoch, daß es sich bei Mentalem um Vorgänge bzw. Eigenschaften handelt, die abhängig von raumzeitlich lokalisierten Körpern sind (↑Leib-Seele-Problem). In diesem Sinne vertritt N. im Rahmen seiner naturalistischen Auffassung eine materialistische Konzeption (↑Materialismus (systematisch)).

Werke: On the Logic of Measurement, Diss. New York 1930; (mit M. R. Cohen) An Introduction to Logic and Scientific Method, New York, London 1934, London 1978, gekürzt unter dem Titel: An Introduction to Logic, ed. J. Corcoran, Indianapolis Ind./Cambridge Mass. 1993; Principles of the Theory of Probability, Chicago Ill. 1939, 1969; The Formation of Modern Conceptions of Formal Logic in the Development of Geometry, Osiris 7 (1939), 142–223; Sovereign Reason and Other Studies in the Philosophy of Science, Glencoe Ill. 1954; Logic without Metaphysics and Other Essays in the Philosophy of Science, Glencoe Ill. 1956; (mit J. R. Newman) Gödel's Proof, New York 1958 (dt. Der Gödelsche Beweis, Wien/München 1964, München 2010; franz. La théorème de Gödel, Paris 1989, 1997); The Structure of Science. Problems in the Logic of Scientific Explanation, New York etc. 1961, Indianapolis Ind./Cambridge Mass. 2003; (ed. mit A. Tarski/P. Suppes) Logic, Methodology and Philosophy of Science, Stanford Calif. 1962, 1969; (mit R. B. Brandt) Meaning and Knowledge. Systematic Readings in Epistemology, New York etc. 1965; (mit S. Bromberger/A. Grünbaum) Observation and Theory in Science, Baltimore Md./London 1971; Teleology Revisited and Other Essays in the Philosophy and History of Science, New York 1979.

Literatur: A. Degange, N., DP II (1993), 2089–2090; F. Dizadji-Bahmani/R. Frigg/S. Hartmann, Who's Afraid of Nagelian Reduction, Erkenntnis 73 (2010), 393–412; E.-M. Engels, Teleologie – eine »Sache der Formulierung« oder eine »Formulierung der Sache«? Überlegungen zu E. N.s reduktionistischer Strategie und Versuch ihrer Widerlegung, Z. allg. Wiss.theorie 9 (1978), 225–235; S. Feferman, Gödel, N., Minds, and Machines, J. Philos. 106 (2009), 201–219; A. Ivanova, Teleology and Life. N.'s Conception on the Meaning of Teleological Statements in Biology, in: Y. B. Raynova/V. Petrov (eds.), Being and Knowledge in Postmetaphysical Context, Wien 2008, 138–144; A.

Juffras, E. N. (16 November 1901 – 20 September 1985), in: P. B. Dematteis/L. B. McHenry (eds.), Dictionary of Literary Biography 279, Detroit Mich. etc. 2003, 176–183; C. Klein, Reduction without Reductionism. A Defense of N. on Connectability, Philos. Quart. 59 (2009), 39–53; I. Levi, N., in: R. Audi (ed.), The Cambridge Dictionary of Philosophy, Cambridge/New York/Melbourne 1995, 517, ²1999, 595; ders., N., REP VI (1998), 641–643; S. Morgenbesser/P. Suppes/M. G. White (eds.), Philosophy, Science and Method. Essays in Honor of E. N., New York 1969; G. Musial, E. N. and Economic Methodology. A New Look, J. Economics & Management 7 (2011), 73–86; L. Nowak, Laws of Science, Theories, Measurement: (Comments on E. N.'s »The Structure of Science«), Philos. Sci. 39 (1972), 533–548; A. Reck, N., in: S. Brown/D. Collinson/R. Wilkinson (eds.), Biographical Dictionary of Twentieth-Century Philosophers, London/New York 1996, 559–561; R. van Riel, Nagelian Reduction beyond the N. Model, Philos. Sci. 78 (2011), 353–375; A. Stoll/R. Beloff, N., EJud XIV (²2007), 728; P. Suppes, N., in: S. Sarkar/J. Pfeifer (eds.), The Philosophy of Science. An Encyclopedia II, New York/London 2006, 491–496; H. S. Thayer, N., Enc. Ph. V (1967), 440–441. K. M./M. C.

Nagel, Thomas, *Belgrad 4. Juli 1937, amerik. Philosoph. 1958–1963 Studium der Philosophie an der Cornell University (Ithaca), in Oxford und Harvard (Promotion 1963). Seit 1980, nach Professuren in Berkeley (1963–1966) und Princeton (1966–1980), Prof. für Philosophie und Rechtsphilosophie an der New York University. In seinen Schriften befaßt sich N., vor allem in »The View from Nowhere« (1986), mit der dialektischen Spannung zwischen individueller Perspektive und transsubjektiver (↑transsubjektiv/Transsubjektivität) Objektivität (↑objektiv/Objektivität), damit auch zwischen einem ›subjektiven‹ und einem ›exzentrischen‹ Blick auf die Welt, wobei es starke systematische Parallelen zu den Überlegungen G. W. F. Hegels und H. Plessners gibt. N. verteidigt in »The Last Word« (1997), mit R. Descartes und G. Frege, die Anerkennung von Objektivität und Vernunft gegen vermeintliche Relativismen – von D. Hume, I. Kant oder L. Wittgenstein bis W. V. O. Quine und R. Rorty. In populärer Weise vertritt N. in »What Does It All Mean?« (1987) die These, daß es unlösbare Fragen der Philosophie gibt, z. B. die, ob und wie einer je etwas wirklich wissen könne, wie man das ↑Leib-Seele-Problem zu lösen habe, wie Wörter zu ihren ↑Bedeutungen kommen, was der freie Wille (↑Willensfreiheit) sei oder ob es ihn gebe. Sollten wir alle Ungleichheiten aus der Welt schaffen? Sollten wir uns vor dem Tod fürchten? Und überhaupt, was ist der Sinn des Lebens? Etwa das, was jeder dafür hält? Offen bleibt – auch auf dem Hintergrund eines Relativismusverdachts gegenüber Wittgensteins Sprach- und Sinnanalyse –, ob sich hinter der These von der Unlösbarkeit derartiger Fragen nicht doch ein mangelndes Verständnis des jeweiligen kontext-relativen und damit hochgradig ›endlichen‹ Status der Fragen angesichts einer gewissen Mehrdeutigkeit oder besser Plastizität des Sinnes der Fragen und des prekären Begriffs des Objektiven bzw. der Vernunft verbergen.

Werke: The Possibility of Altruism, Oxford 1970, Princeton N. J. 1978 (dt. Die Möglichkeit des Altruismus, Bodenheim 1998, Berlin 2005); What Is It Like to Be a Bat?, Philos. Rev. 83 (1974), 435–450, Neudr. in: ders., Mortal Questions [s. u.], 165–180 (dt. Wie ist es, eine Fledermaus zu sein?, in: P. Bieri [ed.], Analytische Philosophie des Geistes, Königstein 1981, 261–275, Neudr. in: T. N., Über das Leben, die Seele und den Tod [s. u.], 185–199, unter dem Titel: Wie fühlt es sich an, eine Fledermaus zu sein?, in: ders., Letzte Fragen [s. u.], 229–249; franz. Quel effet cela fait, d'être une chauve-souris?, in: Questions mortelles [s. u.], 193–209; Mortal Questions, Cambridge etc. 1979, 2010 (franz. Questions mortelles, Paris 1983; dt. Über das Leben, die Seele und den Tod, Königstein 1984, erw. unter dem Titel: Letzte Fragen, Bodenheim, Darmstadt 1996 [erw. um zwei Essays], mit Untertitel: Mortal Questions, Hamburg 2008, Leipzig 2012); The Limits of Objectivity. The Tanner Lecture on Human Values [...], in: S. M. McMurrin (ed.), The Tanner Lectures on Human Values I, Salt Lake City Utah, Cambridge etc. 1980, 75–139 (dt. Die Grenzen der Objektivität. Philosophische Vorlesungen, Stuttgart 1991, 2005); The View from Nowhere, Oxford/New York 1986, 1989 (dt. Der Blick von nirgendwo, Frankfurt 1992, 2012); What Does It All Mean? A Very Short Introduction to Philosophy, Oxford/New York 1987 (dt. Was bedeutet das alles? Eine ganz kurze Einführung in die Philosophie, Stuttgart 1990, 2012; franz. Qu'est-ce que tout cela veut dire?, Combas 1993, 2000); Equality and Partiality, Oxford etc. 1991, 2009 (dt. Eine Abhandlung über Gleichheit und Parteilichkeit und andere Schriften zur politischen Philosophie, ed. M. Gebauer, Paderborn etc. 1994; franz. Égalité et partialité, Paris 1994); Other Minds. Critical Essays 1969–1994, Oxford etc. 1995, 1999; The Last Word, Oxford etc. 1997, 2001 (dt. Das letzte Wort, Stuttgart 1999); Concealment and Exposure. And Other Essays, Oxford etc. 2002, 2006; (mit L. Murphy) The Myth of Ownership. Taxes and Justice, Oxford etc. 2002, 2005; Secular Philosophy and the Religious Temperament. Essays 2002–2008, Oxford etc. 2010; Mind and Cosmos. Why the Materialist Neo-Darwinian Conception of Nature Is Almost Certainly False, Oxford etc. 2012.

Literatur: P. M. S. Hacker, Is There Anything It Is Like to Be a Bat?, Philos. 77 (2002), 157–174; C. McGinn, Critical Notice: »The View from Nowhere«, Mind NS 96 (1987), 263–272; C. Peacocke, No Resting Place. A Critical Notice of »The View from Nowhere«, Philos. Rev. 98 (1989), 65–82; J. Raz, Facing Diversity. The Case of Epistemic Abstinence, Philos. and Public Affairs 19 (1990), 3–46; S. Sedivy, N., REP VI (1998), 643–647; A. Thomas, T. N., Stocksfield 2009 (mit Bibliographie, 253–255). P. S.-W.

Nahwirkung, Begriff zur Charakterisierung der physikalischen Wechselwirkung zweier Körper, demzufolge sich Wirkungen nur in unmittelbarer räumlicher und zeitlicher Nachbarschaft ausbreiten. In der frühen Neuzeit wurde die Wirkungsübertragung durch ›Druck und Stoß‹ als die basale physikalische Wechselwirkung eingestuft (↑Stoßgesetze, ↑Weltbild, mechanistisches). Die von R. Descartes ausgearbeitete Physik und Kosmologie zeichnet die N. als grundlegend aus. Für die von I. Newton eingeführte Kraft der ↑Gravitation ließ sich hingegen kein Mechanismus der N. finden. Diese wurde im Newtonianismus als Fernwirkung (↑actio in distans) betrachtet. In der Cartesischen Tradition halten G. W. Leibniz, C. Huygens u. a. am Primat der N. fest und nehmen zwischen zwei gravitierenden Körpern ein vermittelndes Medium an, dessen Teilchen durch Stoß- und Wirbelbewegungen die Kraftwirkungen übertragen sollen. Ähnlich zählt D. Hume die raum-zeitliche Nachbarschaft von Ursache und Wirkung zu den Bedingungen der Wirkungsübertragung (A Treatise of Human Nature, ed. L. A. Selby-Bigge/P. H. Nidditch, Oxford 1978, 75). Umgekehrt werden in der Newtonschen Tradition Fernkräfte zunehmend akzeptiert und bei R. G. Boscovich und I. Kant sogar zur Grundbedingung von ↑Materie. M. Faraday führt die Wechselwirkungen zwischen elektrischen Körpern und Magneten auf N. zurück, die er durch Kraftlinien darstellt. J. C. Maxwell mathematisiert dieses Modell der N. durch ↑Differentialgleichungen der Elektrodynamik (↑Maxwellsche Gleichungen) und präzisiert damit den Begriff des elektromagnetischen ↑Feldes. In A. Einsteins Allgemeiner Relativitätstheorie (↑Relativitätstheorie, allgemeine) wird die ältere Vorstellung eines ↑Äthers als vermittelnden Mediums eliminiert und die Gravitation auf den Feldbegriff zurückgeführt.

Wissenschaftstheoretisch liegt der N. ein Begriff der ↑Kausalität mit folgenden Eigenschaften zugrunde: (1) Es gibt eine obere Grenze der Ausbreitungsgeschwindigkeit von Wirkungen. Diese Grenze ist nach der Relativitätstheorie durch die Ausbreitungsgeschwindigkeit elektromagnetischer Wellen bzw. die Lichtgeschwindigkeit festgelegt. (2) Wirkungen breiten sich raum-zeitlich stetig aus. Bei noch so kleinem raum-zeitlichen Abstand von Sender (›Ursache‹) und Empfänger eines Signals (›Wirkung‹) kann immer ein Empfänger zwischengeschaltet werden, der ebenfalls die Wirkung registriert. (3) Wirkungen vermindern sich bei wachsendem Abstand. So ist z. B. die Gravitationswirkung nach Newton umgekehrt proportional zum Abstandsquadrat. Die Stetigkeitsforderung der N. ist nicht ontologisch im Sinne der ›lex continuationis‹ von Leibniz (↑Kontinuität, ↑natura non facit saltus‹) gemeint, sondern methodisch: Eine physikalische Theorie zur Beschreibung von N.en verwendet stetige Funktionen, die gewöhnlich auch für die 1. und 2. Ableitung stetig sind, wie z. B. in der klassischen Mechanik und Elektrodynamik. Wegen prinzipieller Unstetigkeiten im atomaren Bereich ist es daher nicht sinnvoll, in der ↑Quantentheorie von N.en zu sprechen.

Literatur: J. Berkovitz, Action at a Distance in Quantum Mechanics, SEP 2007; H. Feigl, Notes on Causality, in: ders./M. Brodbeck (eds.), Readings in the Philosophy of Science, New York 1953, 408–418; M. Hesse, Action at a Distance and Field Theory, Enc. Ph. I (1967), 9–15; F. Hund, Geschichte der physikalischen Begriffe II (Die Wege zum heutigen Naturbild), Mannheim/Wien/Zürich ²1978, 1989, mit Bd. I in 1 Bd., Heidelberg etc. 1996; H. Weyl, Raum, Zeit, Materie. Vorlesungen über allgemeine Relativitätstheorie, Berlin 1918, erw. ⁵1923 (repr. Darmstadt 1961), Berlin/Heidelberg/New York ⁸1993 (engl. Space, Time, Matter, New York 1922, 1990).   K. M.

nāmarūpa (sanskr., Name und Gestalt), in der Philosophie der Upanischaden (↑upaniṣad) und im System des ↑Vedānta der klassischen indischen Philosophie Bezeichnung (grammatischer Dual) der Gegenstände der Wahrnehmung; spielt eine ähnliche Rolle wie die Form-Stoff-Unterscheidung bei Aristoteles (↑Form und Materie). In der buddhistischen Philosophie (↑Philosophie, buddhistische) dient n. zur Bezeichnung der fünf Gruppen (skandha: d. s. Körper [rūpa] und die weiteren vier aus dem mentalen Bereich, nämlich Empfindung [vedanā], Unterscheidungsvermögen [saṃjñā], Begehrung [saṃskāra] und Bewußtsein [vijñāna], zusammengefaßt als ›nāma‹), aus denen speziell ein Mensch zusammengesetzt verstanden wird; daneben für eines der Glieder aus dem zwölfgliedrigen Kausalnexus (pratītyasamutpāda = [Lehrsatz vom] abhängigen Entstehen), durch den der vom Gesetz der Tatvergeltung (↑karma) inganggehaltene Kreislauf des Entstehens und Vergehens (↑saṃsāra) begrifflich artikuliert ist.   K. L.

Name (griech. ὄνομα, lat. nomen, engl. name, franz. nom), ein der Bezeichnung (engl. designation) dienender Ausdruck, also ein ↑Artikulator. Von Haus aus ist ›N.‹ ein grammatischer ↑Terminus, sowohl eine Wortart als auch deren Funktion im Satz, also einen Satzteil, bezeichnend. (1) Als *Wortart* umfaßt N. ursprünglich nur Substantive und substantivisch gebrauchte Wörter, später (seit der stoischen Grammatik) auch die bei Platon und Aristoteles zu den Verben (griech. ῥῆμα) gezählten Adjektive. Daher die traditionell gewordene (grammatische) Einteilung der N.n/Nomina in *nomina substantiva* (engl. noun) und *nomina adjectiva*, gleichzeitig die ebenso traditionell gewordene (logische) Einteilung – teils auf Substantive beschränkt, teils Adjektive einschließend – in *nomina appellativa* (engl. common noun), die Gattungsnamen (↑Gattung) oder (All-)Gemeinnamen, und *nomina propria* (engl. proper name), die ↑Eigennamen, wobei häufig auch noch die *nomina collectiva* (↑Kollektivum), die Sammelnamen, so von den Gattungsnamen abgetrennt werden, daß als Gattungsnamen nur Nomina für in ↑Individuen gegliederte Bereiche übrigbleiben (↑Individuativum). (2) Als *Satzteil* zeigt N. die (syntaktische) Funktion des ↑Subjekts an, ist also ein Subjektausdruck im Unterschied zum Prädikatausdruck, in der strukturalistischen Grammatik durch den Ausdruck ›Nominalphrase‹ (engl. noun phrase) ersetzt, wobei die (semantische) Funktion der ↑Referenz, etwa durch ↑Benennung, die ein Subjektausdruck im

Satz hat, durch zum N.n hinzutretende sprachliche Ausdrücke wie Artikel, ↑Quantoren, Demonstrativpronomina etc. übernommen werden kann. Beispiele: ›Das Buch habe ich gelesen‹ mit durch ↑Kontext und/oder ↑Kotext festgelegter Referenz von ›das Buch‹, d. i. ein partikularer Gegenstand, der unter die Gattung Buch fällt. ›Wasser ist chemisch zerlegbar‹ mit einer ↑Substanz, einem Stoff, dem gesamten Wasser (↑Teil und Ganzes), als der Referenz von ›Wasser‹. ›Alle Menschen sind sterblich‹, d. i. ein Satz, in dem die Referenzfunktion des bedingten Quantors ›alle Menschen‹ von einer bereits von C. S. Peirce genannten, in der Dialogischen Logik (↑Logik, dialogische) dann präzisierten Dialogregel – sie besagt: wer den Beispielsatz äußert, ist bereit, auch jeden Satz mit einem ihm vorgelegten Eigennamen für einen Menschen anstelle von ›alle Menschen‹ zu äußern – wahrgenommen wird, für die ›alle‹ als ↑Index auftritt – der bedingte Quantor ›alle Menschen‹ gehört dabei nicht zu den der Benennung dienenden ↑Nominatoren, weil zu seiner Referenzfunktion neben der Funktion der Benennung die der ↑Quantifikation gehört. Schließlich ›Rot ist eine Farbe‹, d. i. ein Satz mit einer ↑Eigenschaft (von Gegenständen) als der Referenz von ›Rot‹.

In der logischen Grammatik (↑Grammatik, logische) wird ›N.‹ gewöhnlich auf im engeren Sinne von ›Eigenname‹ beschränkt gebraucht, wobei Eigennamen einer natürlichen Sprache (↑Sprache, natürliche) im Unterschied zu Eigennamen im logischen Sinne – also solchen, die nach Vereinbarung genau einen (↑konkreten) Gegenstand sprachlich vertreten – nach dem gegenwärtigen Forschungsstand der Onomastik (d. h. N.nkunde) historisch aus ↑Kennzeichnungen entstanden sind, z. B. ›Husum‹ aus ›(der Ort) bei den Häusern‹; umgekehrt können Eigennamen wieder zu Gattungsnamen werden, z. B. ›Kaiser‹ aus ›Caesar‹. Die anderen grammatischen N.n haben deshalb, weil sie auch als Prädikatausdrücke auftreten können, zusammen mit allen übrigen prädikativen Ausdrücken in logischer Analyse den Status von ↑Prädikatoren, in deren klassifikatorischer Verwendung (↑Klassifikator) also den von sprachlichen Hilfsmitteln des eine ↑Unterscheidung vollziehenden Aussagens. Anders als Nominatoren *benennen* (lat. nominare, appellare u. a., engl. to name, to denote u. a.) Prädikatoren in einer ↑Aussage nicht, sondern *bedeuten* (lat. significare, engl. to signify); in einer von J. S. Mill eingeführten Terminologie: »the name [...] is said to signify the subjects *directly*, the attributes *indirectly*; it *denotes* the subjects, and [...] *connotes* the attributes« (A System of Logic [...] I 2 § 5, in: ders., Collected Works VII, Toronto/London 1973, 32). D. h., ein Prädikator bedeutet ›direkt‹ (d. h. in der Verwendung als ↑Eigenprädikator) eine Klasse (↑Klasse (logisch)) – er denotiert seine Extension (↑extensional/Extension, ↑Denotation) –, er bedeutet ›indirekt‹ (d. h. in der Verwendung als ↑Apprädikator) einen ↑Begriff – er konnotiert seine Intension (↑intensional/Intension, ↑Konnotation). Und nur weil in natürlichen Sprachen die mit der Bezeichnungsfunktion sprachlicher Ausdrücke verbundene Doppelrolle der Sprachzeichen bzw. Sprachzeichenhandlungen, also der Artikulatoren bzw. ↑Artikulationen, sowohl der Kommunikation als auch der Signifikation zu dienen und damit sowohl eine Satzrolle als auch eine Wortrolle zu spielen, fast ausschließlich erst durch die Verwendungssituation für diese Ausdrücke desambiguiert wird (was sich besonders typisch etwa beim prädikativen oder benennenden Gebrauch der Monats- und Wochentagsnamen sowie dem der N.n für Feste und Jahreszeiten zeigt – die seit G. Frege in der logischen Grammatik vorgenommene Unterscheidung grundsätzlich zweier Sorten von Sprachzeichen, der innerhalb von Aussagen eine Benennung anzeigenden Nominatoren [engl. singular terms] und der beim Aussagen das Unterscheiden vollziehenden Prädikatoren [engl. general terms], ist nur ein erster Schritt einer Rekonstruktion der Vielfalt unterschiedlicher ↑Sprachhandlungen), wird gegenwärtig noch immer auch Prädikatoren eine Referenz zugeschrieben und diese mit ihrer Extension, also der Klasse der Gegenstände, denen sie jeweils zukommen, gleichgesetzt. Hier wäre es angemessener, von der Referenz eines Artikulators ›P‹ gerade nicht im Zuge seines prädikativen Gebrauchs als Prädikator ›εP‹ – d. i., genau genommen, eine ↑Aussageform ›_εP‹ – zu sprechen, sondern erst dann, wenn er in ↑Prädikationen oder in ↑Ostensionen als Mittel der Benennung partikularer Gegenstände durch Nominatoren in Gestalt ↑deiktischer Kennzeichnungen, der kontextabhängigen deiktischen Nominatoren, und damit als ein Individuator (↑Individuation) ›ιP‹ (gelesen: ›dies P‹) auftritt, *von* dessen Referenten, einem partikularen *P*-Gegenstand, einen Prädikator ›εQ‹ verwendend, etwas, nämlich die Eigenschaft σ*Q*, ausgesagt wird (ιPεQ) oder aber *an* dessen Referenten, einen logischen ↑Indikator ›δQ‹ verwendend, etwas, nämlich die Substanz κ*Q*, angezeigt wird (δQιP).

Im besonderen Falle einer Eigenaussage ›ιPεP‹ wird die Eigenschaft σ*P*, das *P*-Sein, von einem *P*-Gegenstand ausgesagt, und im besonderen Falle einer Eigenanzeige ›δPιP‹ wird die Substanz κ*P*, das gesamte *P*, an einem *P*-Gegenstand angezeigt: Die Eigenschaft *P*-Sein und die Substanz *P*-Ganzes bilden die intensionale und die extensionale Referenz eines Artikulators ›P‹ (im Unterschied zum intensionalen und extensionalen Sinn von ›P‹ vermöge begrifflicher Bestimmung der Eigenschaft durch ↑Merkmale in ihrem ↑Begriff |P| einerseits und vermöge einer Einteilung der Substanz in partikulare Einheiten als Elemente einer Klasse ∈ P [↑Klasse (logisch)] andererseits). Doch nur in einem erweiterten, nicht mehr zur Sprachhandlung des Benennens zählenden Sinne – Eigenschaften und Substanzen werden ausgesagt bzw. angezeigt, es kann auf sie referiert werden, aber sie werden nicht wie (konkrete) Gegenstände benannt – dürfen ›σP‹ und ›κP‹ als N.n gelten, etwa (nominalisierte) grammatische Adjektive, z. B. ›rot‹ oder ›langweilig‹, als N.n von Eigenschaften oder die ›Stoffnamen‹ der Grammatik (↑Kontinuativum), z. B. ›Wasser‹ oder ›Holz‹, als N.n von Substanzen. Im Unterschied zu diesen beiden ›objektiven‹ N.nbildungen, wie es A. De Morgan genannt hat (On the Syllogism III. And on Logic in General, in: ders., On the Syllogism and Other Logical Writings, ed. P. Heath, London 1966, 74–146, 116ff.), lassen sich Begriffe und Klassen durchaus benennen (De Morgans ›subjektive‹ N.nbildung), weil sie sich als ↑abstrakte Gegenstände (↑Abstraktion) rekonstruieren lassen. Auch in natürlichen Sprachen stehen zahlreiche N.nbildungen für Begriffe und Klassen zur Verfügung, z. B. ›Treue‹ als Begriffsname gebildet aus dem Artikulator ›treu‹, ›Menschheit‹ als N. der Klasse aller Menschen, gebildet aus dem bereits als Individuativum auftretenden Artikulator ›Mensch‹, der im übrigen, wie entsprechend bei den anderen Individuativa, als N. des Gegenstandstyps – einer ›natürlichen Art‹ (engl. natural kind; ↑Art, natürliche) – Mensch mit den einzelnen Menschen als dessen Instanzen gelten kann (↑type and token).

Werden N.n als Bestandteil des benannten Gegenstandes angesehen, nämlich solange die Sprachhandlung Artikulation als symptomatische Umgangsform (↑Handlung) mit den Gegenständen und nicht als deren verselbständigte symbolische Repräsentation auftritt, so spricht man von ›magischem‹ Sprachgebrauch – Bezeichnen ist dann eine Art Beschwören –, bei dem keine begriffliche Trennung von Sprache und Welt vollzogen ist.

Literatur: J. M. Anderson, The Grammar of Names, Oxford etc. 2007, 2008; T. Borsche u. a., N., Hist. Wb. Ph. VI (1984), 364–389; G. Evans, The Varieties of Reference, ed. J. McDowell, Oxford, New York 1982, 2002; S. A. Kripke, Naming and Necessity, in: D. Davidson/G. Harman (eds.), Semantics of Natural Language, Dordrecht 1972, Dordrecht/Boston Mass. ²1972, 253–355 (Addenda 763–769), erw. separat Oxford, Cambridge Mass. 1980, Oxford 2010; F. Recanati, Oratio obliqua, oratio recta. An Essay on Metarepresentation, Cambridge Mass./London 2000; S. Rödl, N., EP I (1999), 894–897, II (²2010), 1693–1696; weitere Literatur: ↑Eigenname. K. L.

Nano (von griech. *νᾶνος*, Zwerg), Bezeichnung für die Größenordnung von 10^{-9} m, gebräuchlich in Zusammenhängen wie ›N.technologie‹ oder ›N.materialien‹. Der Terminus ›N.technologie‹ wurde durch K. E. Drexler (1986) geläufig und bezeichnet seine Vision molekularer Maschinen. Drexler schloß sich dabei an die von R. Feynman 1959 skizzierte Vorstellung einer technischen Handhabung einzelner Atome an. Nach der Festlegung der EU-Kommission von 2011 bestehen N.materialien aus Partikeln, deren Abmessungen in mindestens einer

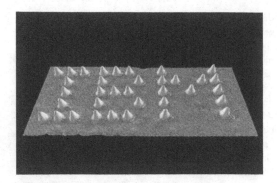

Abb. 1: Eine Ikone der N.technologie: Ein Muster hergestellt aus 35 Xenon-Atomen (1990) (Image originally created by IBM Corporation)

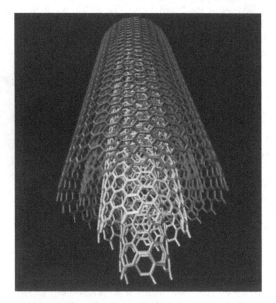

Abb. 2: Nanoröhren (Copyright Alain Rochefort, École Polytechnique de Montréal)

Raumrichtung zwischen einem und hundert N.metern betragen. Dabei handelt es sich um Größenverhältnisse von Atomen, Molekülen oder Molekül-Clustern. Die technische Handhabung ist auf eine kleine Zahl solcher Entitäten gerichtet, so daß eine Abgrenzung zur ↑Chemie entsteht, die mit großformatigen Konstellationen operiert. Hintergrund der Bezeichnung ist, daß Materialien auf dieser Größenskala spezifische Eigenschaften aufweisen. Mit der N.technologie verbunden sind die beiden Visionen der gezielten Manipulation einzelner Moleküle und des Einsatzes von Molekülen als Werkzeuge.

Ziel des Einsatzes von N.materialien ist die Erhöhung der Wirksamkeit bekannter Stoffe und die Erzielung

neuer Wirkungen. Z.B. läßt sich durch N.partikel eine hohe Reaktivität erreichen. Der Grund ist das große Verhältnis von Oberfläche zu Volumen, das eine Folge der geringen Abmessungen ist. Praktisch wird dies durch Einbringen von N.partikeln in andere Materialien erreicht. Daneben treten neuartige Materialeigenschaften als Folge besonderer molekularer Anordnungen. Beispiele sind Kohlenstoffnanoröhren, die ein besonders zugfestes und leichtes Material bilden, oder Fullerene, also kugelähnliche Gebilde aus einer großen Zahl von Kohlenstoffatomen.

Mit der Vision molekularer Werkzeuge ist die Vorstellung winziger Maschinen von molekularen Abmessungen verbunden, die etwa Aufgaben in lebendigen Organismen erfüllen. Entsprechend stellen (künftige) N.-Getriebe (Abb. 4) molekulare Mechanismen der Bewegungsübertragung dar. Der Realisierung näher ist die Idee eines zielgenauen Einsatzes von Wirkstoffen durch N.materialien. Z.B. können N.partikel in molekulare Verpackungen eingebunden und erst im relevanten Bereich freigesetzt werden.

Oftmals ist in der N.wissenschaft die Vorstellung wirksam, daß sich Funktionseinheiten durch ↑Selbstorgani-

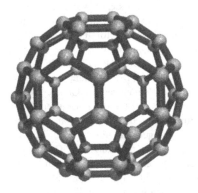

Abb. 3: C_{60} Fulleren (Copyright Paul Kent, Oak Ridge National Laboratory)

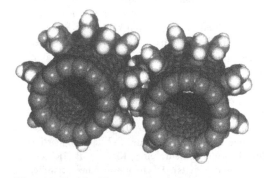

Abb. 4: N.-Getriebe (Computersimulation)

sation oder ›self-assembly‹ aufbauen lassen. Dabei werden technische Bedingungen geschaffen, unter denen sich bestimmte Komponenten von selbst und kraft ihrer physikalischen oder chemischen Eigenschaften zu Ganzheiten verknüpfen. Dadurch wird eine Detailsteuerung durch technische Eingriffe vermieden, die bei den betreffenden Größenverhältnissen oft gar nicht möglich wäre.

Die N.wissenschaft gilt als Musterbeispiel einer Technowissenschaft, bei der die Forschungsgegenstände menschliche Artefakte sind und nicht in der freien Natur vorkommen. Obgleich vom Menschen gemacht, bedürfen solche Objekte der systematischen Untersuchung, um ihre Eigenschaften und Wirkungen abzuschätzen. Kritiker wie A. Nordmann beklagen, daß der N.technologie keine aussagekräftige N.wissenschaft zugrundeliegt, daß also die technische Intervention im Vordergrund steht, nicht das Verstehen. – Die N.technologie ist eines der Gebiete, auf denen eine antizipative ↑Technikfolgenabschätzung und ethische Begleitung angestrebt wird. Dabei hat sich die aussagekräftige Abschätzung der Chancen und Risiken von nicht oder noch nicht existierenden Technologien als schwer durchführbar erwiesen.

Literatur: F. Allhoff u. a. (eds.), N.ethics. The Ethical and Social Implications of N.technology, Hoboken N. J. 2007; V. Balzani/A. Credi/M. Venturi, Molecular Devices and Machines. A Journey into the N. World, Weinheim 2003, mit Untertitel: Concepts and Perspectives for the N.world ²2008; R. Bappert, N.! Nutzen und Visionen einer neuen Technologie. Katalog zur gleichnamigen Sonderausstellung, Mannheim 2010; R. W. Berne, N.ethics, in: C. Mitcham (ed.), Encyclopedia of Science, Technology, and Ethics III, Detroit Mich. etc. 2005, 1259–1262; B. Bhushan (ed.), Springer Handbook of N.technology, Berlin etc. 2004, Heidelberg etc. ³2010; N. Boeing, Alles N.?! Die Technik des 21. Jahrhunderts, Reinbek b. Hamburg 2006; R. Booker/E. Boysen, N.technology for Dummies. The Fun and Easy Way to Explore the Science of Matter's Smallest Particles, Hoboken N. J. 2005 (dt. N.technologie für Dummies. Spannende Entdeckungen aus dem Reich der Zwerge, Weinheim 2006); V. E. Borisenko/S. Ossicini, What Is What in the N.world. A Handbook on N.science and N.technology, Weinheim 2004, ³2012; D. Broderick, The Spike. How Our Lives Are Being Transformed by Rapidly Advancing Technologies, New York 2001 (dt. Die molekulare Manufaktur. Wie N.technologie unsere Zukunft beeinflusst, Reinbek b. Hamburg 2004); R. J. Busch (ed.), N.(bio)-technologie im öffentlichen Diskurs, München 2008; K. E. Drexler, Engines of Creation. The Coming Era of N.technology, New York 1986, London 1996 (franz. Engins de création. L'avènement des n.technologies, Paris 2005); ders., N.systems. Molecular Machinery, Manufacturing and Computation, New York etc. 1992; ders./C. Peterson/G. Pergamit, Unbounding the Future. The N.technology Revolution, New York 1991, London etc. 1992 (dt. Experiment Zukunft. Die n.technologische Revolution, Bonn etc. 1994); S. A. Edwards, The N.tech Pioneers. Where Are They Taking Us?, Weinheim 2006; A. Ferrari/A. Nordmann (eds.), Reconfiguring Responsibility. Lessons for N.ethics (Part 2 of the Report on Deepening Debate on N.tech-

nology), Durham 2009; R. Feynman, There's Plenty of Room at the Bottom. An Invitation to Enter a New Field of Physics [Vortrag 1959], Engineering and Science 23 (1960), 22–36, ferner: Resonance 16 (2011), 890–905 (dt. Viel Spielraum nach unten. Eine Einladung in ein neues Gebiet der Physik, Kultur und Technik 24 [2000], 1–8); A. Gazsó/S. Greßler/F. Schiemer (eds.), N.. Chancen und Risiken aktueller Technologien, Wien/New York 2007; K. Gerbel (ed.), Die Welt von innen – Endo und N./The World from Within – Endo and N., Linz 1992; D. S. Goodsell, Bionanotechnology. Lessons from Nature, Hoboken N. J./New York/Chichester. 2004; M. Grüne, N.technologie. Grundlagen und Anwendungen, Stuttgart 2005; A. Grunwald, Auf dem Weg in eine n.technologische Zukunft. Philosophisch-ethische Fragen, Freiburg/München 2008; U. Hartmann, N.technologie, Heidelberg/München 2006; G. Hodge/D. Bowman/ K. Ludlow (eds.), New Global Frontiers in Regulation. The Age of N.technology, Cheltenham/Northampton Mass. 2007; G. L. Hornyak u. a. (eds.), Fundamentals of N.technology, Boca Raton Fla./London/New York 2009; ders. u. a. (eds.), Introduction to N.science and N.technology, Boca Raton Fla./London/New York 2009; K. Jopp, N.technologie. Aufbruch ins Reich der Zwerge, Wiesbaden 2003, ²2006; S. Karamanolis, Faszination N.technologie, Weinheim 2005, ²2006; K. Köchy/M. Norwig/G. Hofmeister (eds.), N.biotechnologien. Philosophische, anthropologische und ethische Fragen, Freiburg/München 2008; M. Köhler/W. Fritzsche, N.technology. An Introduction to N.structuring Techniques, Weinheim 2004, ²2007; T. Kretschmer/U. Wiemken (eds.), Grundlagen und militärische Anwendungen der N.technologie, Frankfurt/Bonn 2006; S. Luryi/J. Xu/A. Zaslavsky (eds.), Future Trends in Microelectronics. The N. Millennium, Hoboken N. J. 2002; H. S. Nalwa (ed.), Encyclopedia of N.science and N.technology, I–X, Stevenson Ranch Calif. 2004; A. V. Narlikar/Y. Y. Fu (eds.), The Oxford Handbook of N.science and Technology, I–III, Oxford/New York 2010, 2011; C. M. Niemeyer/C. A. Mirkin (eds.), N.biotechnology, I–II, Weinheim 2004/2007; A. Nordmann, Collapse of Distance. Epistemic Strategies of Science and Technoscience, Danish Yearbook of Philosophy 41 (2006), 7–34; ders., Science in the Context of Technology, in: ders./M. Carrier (eds.), Science in the Context of Application, Dordrecht etc. 2011 (Boston. Stud. Philos. Sci. CCLXXIV), 467–482; ders./J. Schummer/A. Schwarz (eds.), N.technologien im Kontext. Philosophische, ethische und gesellschaftliche Perspektiven, Berlin 2006; M. Oesterreicher (ed.), Highlights aus der N.-Welt. Eine Schlüsseltechnologie verändert unsere Gesellschaft, Freiburg/Basel/Wien 2006; M. Pagliaro, N.-Age. How N.technology Changes Our Future, Weinheim 2010; V. Preuss, Neue Materialien durch N.technologie. Dokumentation, Bremen 2000; B. Rogers/S. Pennathur/J. Adams, N.technology. Understanding Small Systems, Boca Raton Fla./London/New York 2008, ²2011; A. Scherzberg/J. H. Wendorff (eds.), N.technologie. Grundlagen, Anwendungen, Risiken, Regulierung, Berlin 2009; F. Schirrmacher (ed.), Die Darwin-AG. Wie N.technologie, Biotechnologie und Computer den neuen Menschen träumen, Köln 2001; G. Schmid u. a. (eds.), N.technology, I–VI, Weinheim 2008–2009; J. Schummer, N.technologie. Spiele mit Grenzen, Frankfurt 2009; T. Shelley, N.technology. New Promises, New Dangers, London etc. 2006 (dt. N.technologie. Neue Möglichkeiten, neue Gefahren, Berlin 2007); M. Wautelet u. a., Les n.technologies, Paris 2003, ²2007 (dt. N.technologie, München 2008); E. L. Wolf, N.physics and N.technology. An Introduction to Modern Concepts in N.science, Weinheim 2004, ²2006. – The Royal Society, N.science and N.technologies. Opportunities and Uncertainties, 2003, http://www.nanotec.org.uk/finalReport.htm (abgerufen am 25. 10. 2012). M. C.

Natorp, Paul, *Düsseldorf 24. Jan. 1854, †Marburg 17. Aug. 1924, dt. Philosoph. 1871–1875 Studium in Berlin, Bonn (unter anderem bei H. Usener) und Straßburg (unter anderem bei E. Laas). 1875 Promotion, 1876 Staatsexamen in Straßburg, dann Referendar in Straßburg und Hauslehrer in Dortmund und Worms. 1880 Anstellung an der Universitätsbibliothek in Marburg, 1881 Habilitation bei H. Cohen in Marburg, 1885 a.o. Prof., von 1892 bis zu seinem Tode o. Prof. der Philosophie und Pädagogik (Nachfolge J. Bergmann) ebendort. Ab 1887 Herausgeber der »Philosophischen Monatshefte«, ab 1895 des »Archivs für systematische Philosophie«. N. gehört neben Cohen, seinem Lehrer, und E. Cassirer zu den bedeutendsten Vertretern der Marburger Schule des ↑Neukantianismus.

Entsprechend dem erkenntnistheoretischen Programm des Marburger Neukantianismus spielen in der Theoretischen Philosophie N.s, stark beeinflußt durch die Vorstellungen Cohens, konstitutionstheoretische Probleme einer Methodologie der Naturwissenschaften in Fortbildung der transzendentalen Logik (↑Logik, transzendentale) I. Kants eine zentrale Rolle (Die logischen Grundlagen der exakten Wissenschaften, 1910). Wie bei anderen Vertretern der Marburger Schule tritt bei N. der Begriff einer funktionalen Beziehung von Erkenntnis und (Erkenntnis-)Gegenstand an die Stelle der dualistischen Vorstellung von Subjekt und Objekt (↑Subjekt-Objekt-Problem) sowie von Anschauung und Verstand (Begriff) in der ursprünglichen Konzeption Kants. Ziel ist eine ›panmethodische‹, in der Einheit von Idee und Gesetz (Idee und Erfahrung) beruhende Grundlegung der Wissenschaften. Diese Vorstellung bestimmt auch N.s (einflußreiche) Platon-Interpretation (Platos Ideenlehre, 1903), wobei sich eine konsequent begriffstheoretische Deutung der ↑Ideenlehre (↑Idee (historisch)) am Gesetzes- und Methodenideal der neuzeitlichen Naturwissenschaften orientiert. Später treten dann gegenüber dem konstitutionstheoretischen Problem objektiven Wissens, in Revision des neukantianischen Programms und zunehmender sachlicher Nachbarschaft zu W. Diltheys psychologischen und E. Husserls phänomenologischen Untersuchungen (↑Phänomenologie), Probleme der Unmittelbarkeit ›subjektiven‹ ↑Erlebens und deren Rekonstruktion in den Vordergrund. N.s Spätphilosophie (etwa seit seiner Bauch-Rezension 1917) ist in Form einer »Rückbesinnung des Geistes auf sich selbst und seinen eigenen Ursprung« (E. Cassirer, 1925, 291) durch Analysen nicht-wissenschaftlicher Objektivationen des Geistes (↑Geist, objektiver) und ein Zurücktreten der Geltungsproblematik zugunsten der Thematisierung von Sinnproblemen (in den Grenzen

einer existenzphilosophische Züge annehmenden transzendentalen Psychologie), ferner durch die Verdeutlichung eines (dem Neukantianismus bisweilen eigentümlichen) ›uneingestandenen Hegelianismus‹ (H.-G. Gadamer, 1958, XVI) charakterisiert.

Systematisch mit den erkenntnistheoretischen Untersuchungen verknüpft sind (wiederum in Übereinstimmung mit dem neukantianischen Programm) N.s Arbeiten zur Praktischen Philosophie (↑Philosophie, praktische). Zahlreiche pädagogische Schriften sowie sein sozialpädagogisches Engagement (für Erwachsenenbildung, bekenntnisfreien Religionsunterricht, Universitätsausbildung der Volksschullehrer etc.) stehen unter dem Einfluß J. H. Pestalozzis und der Idee eines im ›freien Willen‹ fundierten ethischen Sozialismus bei Cohen. In seinen politischen Schriften seit dem Ausbruch des 1. Weltkriegs vertritt N. nationalistische Ideen einer politischen Erneuerungsbewegung und der dabei zur Geltung zu bringenden politisch-kulturellen Rolle Deutschlands, dessen Kultur als ›Weltberuf‹ verstanden wird.

Werke: Quos auctores in ultimis belli Peloponnesiaci annis describendis secuti sint Diodorus Plutarchus Cornelius Iustinus, Straßburg 1867 [N.s Dissertationsschrift]; Untersuchungen über die Erkenntnißtheorie Descartes, Marburg 1881 [N.s Habilitationsschrift (= zwei Kap. aus: Descartes' Erkenntnißtheorie [s. u.])]; Descartes' Erkenntnisstheorie. Eine Studie zur Vorgeschichte des Kriticismus, Marburg 1882 (repr. Hildesheim 1978); Forschungen zur Geschichte des Erkenntnissproblems im Alterthum. Protagoras, Demokrit, Epikur und die Skepsis, Berlin 1884 (repr. unter dem Titel: Forschungen zur Geschichte des Erkenntnisproblems im Altertum, Hildesheim 1965, Hildesheim/New York/Zürich 1989); Einleitung in die Psychologie nach kritischer Methode, Freiburg 1888; Die Ethika des Demokritos. Text und Untersuchung, Marburg 1893 (repr. Hildesheim/New York 1970); Pestalozzis Ideen über Arbeiterbildung und soziale Frage. Eine Rede, Heilbronn 1894; Religion innerhalb der Grenzen der Humanität. Ein Kapitel zur Grundlegung der Sozialpädagogik, Freiburg 1894, Tübingen ²1908; Plato's Staat und die Idee der Sozialpädagogik, Arch. soz. Gesetzgebung u. Statistik 8 (1895), 140–171, separat Berlin 1895; Herbart, Pestalozzi und die heutigen Aufgaben der Erkenntnislehre. Acht Vorträge [...], Stuttgart 1899, ³1922 [= Gesammelte Abhandlungen zur Sozialpädagogik (s. u.) II]; Sozialpädagogik. Theorie der Willenserziehung auf der Grundlage der Gemeinschaft, Stuttgart 1899, ⁶1925, ohne Untertitel, ed. R. Pippert, Paderborn ⁷1974 [Text nach der 6. Aufl.]; Was uns die Griechen sind. Akademische Festrede zur Feier des 200jährigen Bestehens des Königreichs Preußen [...], Marburg 1901; Pädagogische Psychologie in Leitsätzen zu Vorträgen gehalten im Kursus wissenschaftlicher Vorlesungen für Lehrer und Lehrerinnen zu Marburg 1901, Marburg 1901; Philosophische Propädeutik (allgemeine Einleitung in die Philosophie und Anfangsgründe der Logik, Ethik und Psychologie) in Leitsätzen zu akademischen Vorlesungen, Marburg 1903, ³1909, ⁵1927; Platos Ideenlehre. Eine Einführung in den Idealismus, Leipzig 1903, [um einen metakritischen Anhang vermehrt] ²1921, Hamburg 2004 (engl. Plato's Theory of Ideas. An Introduction to Idealism, ed. V. Politis, Sankt Augustin 2004); Zum Gedächtnis Kants († 12. Februar 1804), Die Deutsche Schule 8 (1904), H. 2, 65–85, separat Leipzig 1904; Logik (Grundlegung und logischer Aufbau der Mathematik und mathematischen Naturwissenschaft) in Leitsätzen zu akademischen Vorlesungen, Marburg 1904, ²1910; Allgemeine Psychologie in Leitsätzen zu akademischen Vorlesungen, Marburg 1904, ²1910; Allgemeine Pädagogik in Leitsätzen zu akademischen Vorlesungen, Marburg 1905, ³1927, ferner in: Pädagogik und Philosophie [s. u.], 5–64; Johann Heinrich Pestalozzi, I–III (I Pestalozzis Leben und Wirken, II–III Auswahl aus Pestalozzis Schriften), Langensalza 1905, I, 1910; Pestalozzi und die Frauenbildung, Leipzig 1905; Jemand und Ich. Ein Gespräch über Monismus, Ethik und Christentum, den Metaphysikern des Bremer ›Roland‹ gewidmet, Stuttgart 1906; Gesammelte Abhandlungen zur Sozialpädagogik I, Stuttgart 1907, I–III, ²1922; Philosophie und Pädagogik. Untersuchungen auf ihrem Grenzgebiet, Marburg 1909, ²1923; Pestalozzi. Sein Leben und seine Ideen, Leipzig 1909, Leipzig/Berlin ⁶1931; Die logischen Grundlagen der exakten Wissenschaften, Leipzig/Berlin 1910, ²1921 (repr. Leipzig/Berlin, Wiesbaden 1969, Schaan 1981, Vaduz 2006), ³1923; Philosophie. Ihr Problem und ihre Probleme. Einführung in den kritischen Idealismus, Göttingen 1911, ⁴1929, 2008; Volkskultur und Persönlichkeitskultur. Sechs Vorträge, Leipzig 1911; Allgemeine Psychologie nach kritischer Methode I (Objekt und Methode der Psychologie), Tübingen 1912 (repr. Amsterdam 1965) (franz. Psychologie générale selon la méthode critique. Premier livre, Objet et méthode de la psychologie, trans. E. Dufour/J. Servois, Paris 2007); Kant und die Marburger Schule, Kant-St. 17 (1912), 193–221, separat Berlin 1912; Über Platos Ideenlehre, Berlin 1914, ²1925 (franz. Sur la théorie platonicienne des idées, trans. A. Dewalque, Philosophie 104 [2009], 6–33); Der Tag des Deutschen. Vier Kriegsaufsätze, Hagen 1915, ferner in: Der Tag des Deutschen. Krieg und Friede, Leipzig 2010, 7–78; Krieg und Friede. Drei Reden [...], München o.J. [1915, 1916], ferner in: Der Tag des Deutschen. Krieg und Friede, Leipzig 2010, 79–157; Hermann Cohens philosophische Leistung unter dem Gesichtspunkte des Systems, Berlin 1918; Hermann Cohen als Mensch, Lehrer und Forscher. Gedächtnisrede [...], Marburg 1918; Bruno Bauchs »Immanuel Kant« und die Fortbildung des Systems des Kritischen Idealismus, Kant-St. 22 (1918), 426–459; Deutscher Weltberuf. Geschichtsphilosophische Richtlinien, I–II, Jena 1918, in einem Bd., Leipzig 2011; Der Idealismus Pestalozzis. Eine Neuuntersuchung der philosophischen Grundlagen seiner Erziehungslehre, Leipzig 1919; Sozial-Idealismus. Neue Richtlinien sozialer Erziehung, Berlin 1920, ²1922, Leipzig 2010; Selbstdarstellung, in: R. Schmidt (ed.), Die deutsche Philosophie der Gegenwart in Selbstdarstellungen I, Leipzig 1921, 151–176; Stunden mit Rabindranath Thakur, Jena 1921, ferner in: Die Wiedergeburt des deutschen Volkes aus dem Krieg [s. u.], 217–241; Individuum und Gemeinschaft. Vortrag, gehalten auf der 25. Aarauer Studien-Konferenz am 21. April 1921 [...], Jena 1921; Beethoven und wir, Marburg 1921, ferner in: Die Wiedergeburt des deutschen Volkes aus dem Krieg [s. u.], 193–216; Fjedor Dostojewskis Bedeutung für die gegenwärtige Kulturkrisis, Jena 1923; Kant über Krieg und Frieden. Ein geschichtsphilosophischer Essay, Erlangen 1924, Leipzig 2008; Der Deutsche und sein Staat, Erlangen 1924, Leipzig 2009; Geist und Gewalt in der Erziehung, Berlin 1925, Bad Pyrmont 1947; Vorlesungen über praktische Philosophie, Erlangen 1925, Leipzig 2012; Philosophische Systematik, ed. H. Natorp, Einleitung v. H. Knittermeyer, Hamburg 1958, 2000; Pädagogik und Philosophie. Drei pädagogische Abhandlungen, ed. W. Fischer/J. Ruhloff, Paderborn 1964, 1985 (mit Bibliographie, 247–252); Leib-

niz und der Materialismus [1881], ed. H. Holzhey, Stud. Leibn. 17 (1985), 3–14; Die Wiedergeburt des deutschen Volkes aus dem Krieg. Kriegs- und Friedensaufsätze, Leipzig 2010. – Lettere di Louis Couturat a P. N. (1901–1902), ed. M. Ferrari, Riv. di stor. della filos. 44 (1989), 115–139, separat Mailand 1989.

Literatur: G. Arlt, Subjektivität und Wissenschaft. Zur Psychologie des Subjekts bei N. und Husserl, Würzburg 1985; R. Assued, N., DP II (²1993), 2092–2094; R. Brisart, La logique de Husserl en 1900 à l'épreuve du néokantisme marbourgeois. La recension de N., Phänom. Forsch. 2002, 183–204; N. Bruhn, Vom Kulturkritiker zum ›Kulturkrieger‹. P. N.s Weg in den »Krieg der Geister«, Würzburg 2007; M. Campo, N., Enc. Ph. V (1967), 445–448; E. Cassirer, P. N.. 24. Januar 1854 – 17. August 1924, Kant-St. 30 (1925), 273–298, ferner in: ders., Ges. Werke XVI, Hamburg 2003, 197–226; E. Dufour, P. N.. De la »Psychologie générale« à la »Systématique philosophique«, Paris 2010; M. Egger, Bewußtseinstheorie ohne Ich-Prinzip? Die Auseinandersetzung zwischen Husserl und N. über Bewußtsein und Ich, Hamburg 2006; A. Follak, Der »Aufblick zur Idee«. Eine vergleichende Studie zur Platonischen Pädagogik bei Friedrich Schleiermacher, P. N. und Werner Jaeger, Göttingen 2005; H. G. Gadamer, Die philosophische Bedeutung P. N.s, Kant-St. 46 (1954/1955), 129–134, ferner in: P. Natorp. Philosophische Systematik [s. o., Werke], XI–XVII, ferner in: H. G. Gadamer, Philosophische Lehrjahre. Eine Rückschau, Frankfurt 1977, 1995, 60–68; C.-F. Geyer, N., BBKL VI (1993), 495–497; G. Gigliotti, ›Aventure e disaventure del transcendentale‹. Studio su Cohen e N., Neapel 1989; P. di Giovanni, Il criticismo platonico. N. e la teoria delle idee, Florenz 1975; A. Görland, P. N. als Pädagoge. Zugleich mit einem Beitrag zur Bestimmung des Begriffs der Sozialpädagogik, Die Deutsche Schule 7 (1903), 469–496, 545–564, 614–633, 678–689, separat Leipzig 1904; J. Henseler, Wie das Soziale in die Pädagogik kam. Zur Theoriegeschichte universitärer Sozialpädagogik am Beispiel P. N.s und Hermann Nohls, Weinheim/München 2000; H. Holzhey, Zu N.s Kantauffassung, in: G. Funke (ed.), Akten des 5. Internationalen Kant-Kongresses, Mainz 4.–8. April 1981 I/2, Bonn 1981, 982–995, ferner in: H.-L. Ollig (ed.), Materialien zur Neukantianismus-Diskussion [s. u.], 134–149; ders., Cohen und N., I–II, Basel/Stuttgart 1986; ders., N., NDB XVIII (1997), 752–753; J. Hubbert, Transzendentale und empirische Subjektivität in der Erfahrung bei Kant, Cohen, N. und Cassirer, Frankfurt etc. 1993; E. Hufnagel, Der Wissenschaftscharakter der Pädagogik. Studien zur pädagogischen Grundlehre von Kant, N. und Hönigswald, Würzburg 1990; N. Jegelka, P. N.. Philosophie, Pädagogik, Politik, Würzburg 1992; A. Kim, N., SEP 2003; ders., Plato in Germany. Kant – N. – Heidegger, Sankt Augustin 2010; J. Klein, Die Grundlegung der Ethik in der Philosophie P. N.s. Eine Kritik der Begründung des Sittlichen im methodischen Idealismus, Diss. Bonn 1942, erw. unter dem Titel: Die Grundlegung der Ethik in der Philosophie Hermann Cohens und P. N.s. Eine Kritik des Marburger Neukantianismus, Göttingen 1976; ders., N., RGG IV (³1960), 1321–1322; H. Knittermeyer, Zur Entstehungsgeschichte der »Philosophischen Systematik«, in: P. N., Philosophische Systematik [s. o., Werke], XVIII–XL; I. Krebs, P. N.s Ästhetik. Eine systemtheoretische Untersuchung, Berlin/New York 1976 (Kant-St. Erg.hefte 109); A. Laks, Platon entre Cohen et N.. Aspects de l'interprétation néokantienne des idées platoniciennes, Cahiers philos. polit. juridique 26 (1994), 15–53, ferner in: Historia Philosophica 1 (2003), 15–42 (engl. Plato Between Cohen and N.. Aspects of the Neo-Kantian Interpretation of Platonic Ideas, in: P. N., Plato's

Theory of Ideas. An Introduction to Idealism [s.o., Werke], 453–483); K.-H. Lembeck, Platon in Marburg. Platon-Rezeption und Philosophiegeschichtsphilosophie bei Cohen und N., Würzburg 1994; H. Löns, Transzendentalpsychologie und ›Metaphysik‹ der Kultur. Eine Untersuchung zur theoretischen Philosophie P.N.s, Frankfurt etc. 1994; S. Luft, A Hermeneutic Phenomenology of Subjective and Objective Spirit. Husserl, N., and Cassirer, New Yearbook for Phenomenology and Phenom. Philos. 4 (2004), 209–248; W. Marx, Die philosophische Entwicklung P.N.s im Hinblick auf das System Hermann Cohens, Z. philos. Forsch. 18 (1964), 486–500, ferner in: H.-L. Ollig (ed.), Materialien zur Neukantianismus-Diskussion [s.u.], 66–86; J. Mittelstraß, Die Rettung der Phänomene. Ursprung und Geschichte eines antiken Forschungsprinzips, Berlin 1962, 11–28 (I. Die Marburger Platoninterpretation); G. Mückenhausen, Wissenschaftstheorie und Kulturprogressismus. Studien zur Philosophie P.N.s, Bonn 1986; C. Müller, Die Rechtsphilosophie des Marburger Neukantianismus. Naturrecht und Rechtspositivismus in der Auseinandersetzung zwischen Hermann Cohen, Rudolf Stammler und P.N., Tübingen 1994; C. Niemeyer, Klassiker der Sozialpädagogik. Einführung in die Theoriegeschichte einer Wissenschaft, Weinheim/München 1998, 79–100, ³2010, 88–111 (Kap. 3 P.N. [1854–1924] Der Vergessenste aller Sozialpädagogen); H. L. Ollig, Der Neukantianismus, Stuttgart 1979, bes. 37–44; ders. (ed.), Materialien zur Neukantianismus-Diskussion, Darmstadt 1987; ders., P.N., in: F. Fellmann (ed.), Geschichte der Philosophie im 19. Jahrhundert. Positivismus, Linkshegelianismus, Existenzphilosophie, Neukantianismus, Lebensphilosophie, Reinbek b. Hamburg 1996, 226–239; A. Philonenko, L'École de Marburg. Cohen – N. – Cassirer, Paris 1989; ders./H. Leonardy, N., Enc. philos. universelle III/2 (1992), 2698–2699; U. Renz, Die Rationalität der Kultur. Zur Kulturphilosophie und ihrer transzendentalen Begründung bei Cohen, N. und Cassirer, Hamburg 2002; J. Ruhloff, P.N.s Grundlegung der Pädagogik, Freiburg 1966; J.D. Saltzman, P.N.'s Philosophy of Religion within the Marburg Neo-Kantian Tradition, Hildesheim/New York 1981; L. Schäfer, Grundlegung der Naturwissenschaft und Selbstbegründung der Philosophie bei Kant und N., in: W. Marx (ed.), Zur Selbstbegründung der Philosophie seit Kant, Frankfurt 1987, 51–72; W. de Schmidt, Psychologie und Transzendentalphilosophie. Zur Psychologie-Rezeption bei Hermann Cohen und P.N., Bonn 1976; D. Seron, La critique de la psychologie de N. dans la Vᵉ »Recherche logique« de Husserl, Philosophiques 36 (2009), 533–558; J. Servois, P.N. et la théorie platonicienne des idées, Villeneuve d'Ascq 2004; J. Stolzenberg, Ursprung und System. Das Problem der Begründung systematischer Philosophie im Werk Hermann Cohens, P.N.s und beim frühen Martin Heidegger, Göttingen 1995; A. D. Stone, The Continental Origins of Verificationism. N., Husserl and Carnap on the Object as Infinitely Determinable X, Angelaki. J. Theoretical Humanities 10 (2005), 129–143; F.J. Wetz, Die Überwindung des Marburger Neukantianismus in der Spätphilosophie N.s, Z. philos. Forsch. 47 (1993), 75–92; E. Winterhager, Das Problem des Individuellen. Ein Beitrag zur Entwicklungsgeschichte P.N.s, Meisenheim am Glan 1975; C. v. Wolzogen, Die Autonome Relation. Zum Problem der Beziehung im Spätwerk P.N.s. Ein Beitrag zur Geschichte der Theorien der Relation, Würzburg 1984; ders., ›Es gibt‹. Heidegger und N.s ›Praktische Philosophie‹, in: A. Gethmann-Siefert/O. Pöggeler (eds.), Heidegger und die praktische Philosophie, Frankfurt 1988, 1989, 313–337; D. Zahavi, How to Investigate Subjectivity. N. and Heidegger on Reflection, Continental Philos. Rev. 36 (2003), 155–176.   J. M.

Natur (griech. φύσις, lat. natura, von φύεσθαι bzw. nasci: erzeugt, geboren werden; engl./franz. nature), entsprechend der terminologischen Bedeutung von φύεσθαι als ›von selbst Form gewinnen‹ und φύσις als ›das Werden eines Wachsenden‹ (vgl. Arist. Met. Δ4.1014b16–17) im alltagssprachlichen Sinne Bezeichnung für denjenigen Teil der Welt, dessen Zustandekommen, (›regelmäßige‹ oder ›gesetzmäßige‹) Erscheinungsform und Wirken unabhängig von Eingriffen des Menschen sind bzw. gedacht werden können. Seine jeweils spezifische Bedeutung gewinnt der Begriff der N. durch Unterscheidungen wie N. und ↑Geist, N. und ↑Geschichte, N. und ↑Technik, N. und ↑Kunst. Mit den Begriffspaaren Physis–Nomos und Physis–Technē tritt diese antithetische Verwendung des N.begriffs bereits in der griechischen Philosophie auf. So werden durch den ↑Nomos (νόμος), das Gesetz, *natürliche* Orientierungen und Handlungsweisen eingeschränkt bzw. zu rechtlicher Geltung gebracht (Platons These: die vernünftige Entsprechung von Nomos und menschlicher N.); mit den Mitteln der ↑Technē (τέχνη), der Kunstfertigkeit, werden natürliche Vermögen des Menschen im Sinne handwerklicher Fähigkeiten näher bestimmt. Der insbes. in der ↑Sophistik ausgebildete Gegensatz von Physis und Nomos, wonach gesellschaftliche Normen und politische Institutionen entweder ›durch Vereinbarung‹ (νόμῳ) legitimiert und daher entsprechend veränderbar sind, oder ›von N.‹ (φύσει) und daher unveränderbar gelten, wird von Platon z.B. auf sprachphilosophische Untersuchungen (im »Kratylos«) übertragen. Primär und in der Begriffsgeschichte von ›N.‹ dominant ist jedoch die durch die Geschichte von ↑Naturphilosophie und ↑Naturwissenschaft disziplinenmäßig abgegrenzte Bedeutung.

Maßgebend für die Geschichte des N.begriffs unter Gesichtspunkten einer Wissenschaft von der N. ist der N.begriff der Aristotelischen Physik und Metaphysik. Dieser orientiert sich weniger an einem N.zusammenhang im Ganzen als vielmehr an einer Analyse ›natürlicher Dinge‹, bestimmt durch fundamentale Kategorien wie ↑Dynamis und ↑Energeia. Im Falle der N. wird Energeia zur ↑Entelechie (ἐντελέχεια), zur Bewegung auf ein eingeschlossenes Ziel hin, N. bzw. das natürliche Ding (φύσει ὄν) definiert als dasjenige, was ›einen Ursprung von Bewegung und Stillstand in sich selbst‹ hat (Phys. Bl.192b13–14). Theorie der N., wie sie z.B. die vorsokratische N.philosophie charakterisiert (↑Philosophie, ionische), wird in der Aristotelischen Physikkonzeption zur Theorie des natürlichen Dinges, verbunden mit dem für die griechische ↑Metaphysik zentralen Begriff des ↑Wesens (οὐσία [↑Usia], häufig synonym mit φύσις): im Wissen von den Dingen der N. bildet sich auch ein Wissen von der N. der Dinge. Während der Aufbau der natürlichen Welt, d.h. des ↑Kosmos, damit nach Aristoteles Resultat der Wirkungsweise ›natürlicher (einfacher) Körper‹ und der dabei aus kosmologischen Gründen postulierten Existenz eines ›unbewegten Bewegers‹ (↑Beweger, unbewegter) ist, wird nach Platon dieser Aufbau als das Werk eines ideenorientierten ↑Demiurgen dargestellt. Nicht die Vorstellung eines Zusammenwirkens ›natürlicher Agenten‹, sondern ein technologisches Paradigma bildet die Grundlage der Platonischen N.philosophie (im »Timaios«). Im ↑Neuplatonismus wird dieses Paradigma zur Vorstellung einer ›intelligiblen Welt‹ ($\kappa\acute{o}\sigma\mu o\varsigma$ $vo\eta\tau\acute{o}\varsigma$, vgl. Plotin, Enn. VI 9.5,14 [Ennéades, I–VI, ed. E. Bréhier, Paris 1924–1938, VI/2, 178]) erweitert, deren physische Entsprechung die N. ist. Bei Philon von Alexandreia und A. Augustinus werden aus der intelligiblen Welt die Gedanken eines die physische Welt nach diesen Ideen schaffenden Gottes (↑Idee (historisch)): die Ordnung der N. (*ordo naturae*) ist die Wirkung der andauernden bildenden Kraft (*potentia fabricatoria*) Gottes (vgl. Augustinus, De civitate Dei XII, 26 [CCL 48, 382–383]). Während in der weiteren Entwicklung die Physik aristotelisch bleibt, herrschen in der ›naturphilosophischen‹ Terminologie platonistische Unterscheidungen vor: aus der ›intelligiblen Welt‹, dem Paradigma der physischen Welt, wird die *natura infinita* (Gottes), aus der physischen Welt die *natura finita* (vgl. J. S. Eriugena, De divisione naturae II, 1 [MPL 122, 523D–526C]); die Differenz zwischen dem Platonischen Begriff der Gesamtnatur und dem Aristotelischen Begriff des natürlichen Dinges bzw. des ›von N. Seienden‹ ($\varphi\acute{v}\sigma\varepsilon\iota$ $\check{o}v$) überbrückt die Unterscheidung zwischen einer *natura universalis* und einer *natura particularis*. Auch die scholastische Unterscheidung zwischen einer ↑*natura naturans* (schaffende N.) und einer *natura naturata* (geschaffene N.) stellt sich als eine ›Anpassung‹ Aristotelischer Begriffsbildungen (vgl. Met. Δ4.1014b16–1015a19) an die platonistische Deutung des Verhältnisses Gottes zur geschaffenen N. dar (vgl. Thomas von Aquin, S. th. I–II qu. 85 art. 6). Dabei repräsentiert nach Thomas von Aquin die ›Ordnung der N.‹ (*ordo naturae*) die (auf Gott hin geordnete) Ordnung aller Dinge (S. c. g. III, 26). ›Kosmologischer‹ Ausdruck dieser Ordnung ist neben der sowohl Platonischen als auch Aristotelischen Bezeichnung ›systema mundi‹ (›Weltsystem‹), die sich auf astronomische Modelle bezieht, die bereits bei Lukrez (De rerum natura 5.96) auftretende, später insbes. durch J. de Sacrobosco (Tractatus de sphaera [um 1220] I, IV in fine [in: L. Thorndike, The Sphere of Sacrobosco and Its Commentators, Chicago Ill. 1949, 78, 117]) stabilisierte Bezeichnung ›machina mundi‹ (›Weltmaschine‹), die jedoch (noch) nicht mit der Vorstellung eines ›toten‹ Mechanismus verbunden ist, sondern die einerseits im Aristotelischen Begriff einer ›poietischen‹ N. (↑Poiesis), andererseits im Platonischen Begriff einer ›geschaffenen‹ N. ausgearbeitete strukturelle Identität

von N. und ›Kunst‹ (betont insbes. in der N.philosophie des Nikolaus von Kues) unterstreicht.

Erst in der neuzeitlichen Entwicklung wird die in der Vorstellung einer *machina mundi* ausgedrückte Ordnung der N., nach einer spekulativen Erneuerung des platonistischen N.begriffs in der N.philosophie der ↑Renaissance, zu einer im strengen Sinne *mechanistischen*, d. h. allein durch die ↑Mechanik erklärbaren, Ordnung. Im Rahmen einer sich zur ↑Experimentalphilosophie wandelnden N.philosophie wird der aristotelisch-scholastische N.begriff, und mit ihm die Vorstellung einer ›handelnden‹ N., zugunsten des Begriffs eines ›kosmischen Mechanismus‹ (*mechanismus cosmicus*) aufgegeben (R. Boyle, A Free Inquiry into the Vulgarly Receiv'd Notion of Nature, London 1686, in: ders., Works V, ed. T. Birch, London ^{2}1772, 169, 219). In Form eines mechanistischen Weltbildes (↑Weltbild, mechanistisches), unter anderem charakterisiert durch die Formel ↑›natura non facit saltus‹, erhält die alte naturphilosophische Vorstellung einer ›nach Gesetzen wirkenden und sich verändernden N.‹ ihre neuzeitliche, im Begriff des ↑Naturgesetzes (↑Gesetz (exakte Wissenschaften)) und einer empirisch-hypothetischen Methodologie begründete Fassung, wobei in der weiteren Entwicklung der Versuch, auch die organische N. in mechanischen Modellen zu erklären, bereits aus physikinternen Gründen scheitert (z. B. läßt sich die Elektrodynamik in einem mechanistischen Modell nicht darstellen). Aus Metaphysik der N., als die nunmehr die aristotelisch-scholastische Physik, aber z. B. auch Teile der Philosophie R. Descartes' und G. W. Leibnizens erscheinen, wird Methodologie der N.wissenschaften; als N. erscheint im eingeschränkten Sinne nur noch das, was Gegenstand einer empirischen (Gesetzes-)Wissenschaft ist.

Gegen diese Reduktion finden sich im 19. Jh., zugunsten einer einheitlichen (spekulativen) N.auffassung, erneuerte Formen der ↑Naturphilosophie. Beispiele dafür sind die Konzeption einer N.hermeneutik bei J. W. v. Goethe, die Unterscheidung zwischen N. als schaffendem Subjekt bzw. als ›Produktivität‹ und N. als Erkenntnisobjekt bzw. als ›Produkt‹ bei F. W. J. Schelling (↑Naturphilosophie, romantische) sowie die Bestimmung der N. als ›entäußerten Geistes‹ bei G. W. F. Hegel (Phänom. des Geistes, Sämtl. Werke II, 618). Hier wird gegen den Anspruch der N.wissenschaften, die ganze ›empirische Philosophie‹ (I. Kant, KrV B 868) der N. zu sein, und gegen die sich abzeichnenden Tendenzen einer technischen ›Aneignung‹ der N. (im Rahmen technischer Produktionsprozesse) die (mystische) Einheit von N. und Geist beschworen (vgl. Hegel, Enc. phil. Wiss. II, Sämtl. Werke IX, 50). In ähnlicher, jedoch selbst theoretisch informierter und nicht mehr spekulativer Orientierung wird heute in ökologischen Zusammenhängen (↑Ökologie) versucht, den zerstörerischen Konsequenzen einer solchen ›Aneignung‹ der N. durch den Menschen entgegenzuwirken. Ziel einer ökologischen ›N.philosophie‹ ist, N. nicht mehr allein als Teil der gesellschaftlich verfaßten Wirklichkeit (unter den Bedingungen einer Industriegesellschaft), sondern unter (lebenserhaltenden) Gesichtspunkten einer erneuerten Selbständigkeit der N. zu sehen. In diesem Sinne geht es in ökologischen Orientierungen – vor dem Hintergrund einer Entwicklung des N.begriffs, die von der antiken Vorstellung einer ›handelnden‹ (vom Menschen unabhängigen) N. über die unter empirisch-hypothetischen Methodenidealen stehenden neuzeitlichen N.konstruktionen zur technischen Aneignung der N. (als eines nunmehr selbst technischen Objekts) führte – im wesentlichen um die teilweise Wiederherstellung einer ›Aristotelischen N.‹ (J. Mittelstraß, 1981). In derartigen Entwicklungen wird nicht nur das Verhältnis von N. und Technik (unter den Laborbedingungen moderner naturwissenschaftlicher Forschung als Gegensatz weitgehend aufgehoben), sondern auch das Verhältnis von N. und Kultur (unter den Bedingungen von Industriegesellschaften zugunsten technischer Kulturen entschieden) neu bestimmt werden.

Einem anderen begrifflichen Rahmen, wenn auch terminologisch mit der Geschichte des N.begriffs verbunden, gehören Begriffsbildungen wie ↑*Naturrecht* und ↑*Naturzustand* an. Hier handelt es sich um den Versuch, das System des positiven Rechts über den Rekurs auf höhere Rechtsquellen (Gott oder eine natürliche Ordnung) zu legitimieren oder zu kritisieren, häufig verbunden mit der Fiktion eines ursprünglichen, rechts- und staatslosen Zustands natürlicher Freiheiten. Als ›(metaphysischer) ↑Naturalismus‹ wird die Reduktion von Geltungsansprüchen auf ›natürliche‹ (wissenschaftsgestützte) Tatbestände und Einsichten bezeichnet. Eine wissenschaftstheoretische Konsequenz dieser Vorstellung, die auch innerhalb der Ethik positionsbildend wirkt (↑Naturalismus (ethisch)), ist wiederum die These von der ↑Einheit der Natur.

Literatur: G. Altner/G. Böhme/H. Ott (eds.), N. erkennen und anerkennen. Über ethikrelevante Wissenszugänge zur N., Kusterdingen 2000; G. Bien/T. Gil/J. Wilke (eds.), ›N.‹ im Umbruch. Zur Diskussion des N.begriffs in Philosophie, N.wissenschaft und Kunsttheorie, Stuttgart-Bad Cannstatt 1994; D. Birnbacher, Natürlichkeit, Berlin/New York 2006; H. Blumenberg, »Nachahmung der N.«. Zur Vorgeschichte der Idee des schöpferischen Menschen, Stud. Gen. 10 (1957), 266–283; ders., Die Lesbarkeit der Welt, Frankfurt 1981, 2007 (franz. La lisibilité du monde, Paris 2007); G. Böhme, Natürlich N.. Über N. im Zeitalter ihrer technischen Reproduzierbarkeit, Frankfurt 1992, 1997; H. Böhme, Natürlich/N., ÄGB IV (2002), 432–498; W. Böhme, Was ist das: die N.? Über einen schwierigen Begriff, Karlsruhe 1987; M. Bormann, Begriff der N.. Eine Untersuchung zu Hegels N.begriff und dessen Rezeption, Herbolzheim 2000; O. Breidbach (ed.), N. der Ästhetik – Ästhetik der N., Wien/New York 1997; R. Bubner/B. Gladigow/W. Haug (eds.), Die Tren-

nung von N. und Geist, München 1990; C. Burrichter/R. Inhetveen/R. Kötter (eds.), Zum Wandel des N.verständnisses, Paderborn etc. 1987; P. Coates, Nature. Western Attitudes since Ancient Times, Berkeley Calif./Los Angeles/London, Cambridge 1998, Berkeley Calif./Los Angeles/London 2005; R. G. Collingwood, The Idea of Nature, Oxford 1945 (repr. Westport Conn. 1986), London/New York 1978 (dt. Die Idee der N., Frankfurt 2005); L. Daston/G. Pomata (eds.), The Faces of Nature in Enlightenment Europe, Berlin 2003; S. De Angelis, Von Newton zu Haller. Studien zum N.begriff zwischen Empirismus und deduktiver Methode in der Schweizer Frühaufklärung, Tübingen 2003; K. Deichgräber, Natura varie ludens. Ein Nachtrag zum griechischen N.begriff, Abh. Akad. Wiss. Mainz, geistes- u. soz.wiss. Kl. 1954, Nr. 3, 67–86, separat Mainz 1954 [Nachtrag, a. a. O., 1965, Nr. 4, 205–207] (repr. in: ders., Ausgewählte kleine Schriften, ed. H. Gärtner/E. Heitsch/U. Schindel, Zürich 1984, 265–284 [Nachtrag, 285–287]); E. J. Dijksterhuis, De mechanisering van het wereldbeeld, Amsterdam 1950, 2006 (dt. Die Mechanisierung des Weltbildes, Berlin/Göttingen/Heidelberg 1956 [repr. Berlin/Heidelberg/New York 1983, 2002]; engl. The Mechanization of the World Picture, Oxford 1961, Princeton N. J. 1986); H. Diller, Der griechische N.begriff, Neue Jb.er Antike u. dt. Bildung 2 (1939), 241–257, Nachdr. in: ders., Kleine Schriften zur antiken Literatur, ed. H.-J. Newiger/H. Seyffert, München 1971, 144–161; J. Ehrard, L'idée de nature en France dans la première moitié du XVIIIᵉ siècle, I–II, Paris 1963 (repr. in einem Bd. Genf/Paris 1981), in einem Bd. Paris 1994; ders., L'idée de nature en France à l'aube des lumières, Paris 1970; D. v. Engelhardt, Spiritualisierung der N. und Naturalisierung des Menschen. Perspektiven der romantischen N.forschung, in: F. Rapp (ed.), N.verständnis und N.beherrschung [s. u.], 96–110; N. Evernden, The Social Creation of Nature, Baltimore Md./London 1992, 1995; D. Furley, Cosmic Problems. Essays on Greek and Roman Philosophy of Nature, Cambridge etc. 1989, 2009; K. Gloy, Das Verständnis der N., I–II (I Die Geschichte des wissenschaftlichen Denkens, II Die Geschichte des ganzheitlichen Denkens), München 1995/1996, Köln 2005; dies. (ed.), N.- und Technikbegriffe. Historische und systematische Aspekte. Von der Antike bis zur ökologischen Krise, von der Physik bis zur Ästhetik, Bonn 1996; N. H. Gregersen/M. W. S. Parsons/C. Wassermann (eds.), The Concept of Nature in Science & Theology, I–II, Genf 1997/1998; D. Groh, Schöpfung im Widerspruch. Deutungen der N. und des Menschen von der Genesis bis zur Reformation, Frankfurt 2003; ders./R. Groh, Zur Kulturgeschichte der N. I (Weltbild und N.aneignung), Frankfurt 1991, ²1996; P. Hadot, Le voile d'Isis. Essais sur l'histoire de l'idée de nature, Paris 2004, 2008 (engl. The Veil of Isis. An Essay on the History of the Idea of Nature, Cambridge Mass./London 2006, 2008); F. P. Hager u. a., N., Hist. Wb. Ph. VI (1984), 421–478; A. Harrington u. a., N., RGG VI (⁴2003), 96–103; S. Heiland, N.verständnis. Dimensionen des menschlichen N.bezugs, Darmstadt 1992; G. Heinemann, Technē und Physis. Drei Vorlesungen zum griechischen N.begriff, Kassel 1999; ders., Studien zum griechischen N.begriff I (Philosophische Grundlegung: Der N.begriff und die ›N.‹), Trier 2001; F. Heinimann, Nomos und Physis. Herkunft und Bedeutung einer Antithese im griechischen Denken des 5. Jahrhunderts, Basel 1945 (repr. Darmstadt 1965, 1987); T. S. Hoffmann, Philosophische Physiologie. Eine Systematik des Begriffs der N. im Spiegel der Geschichte der Philosophie, Stuttgart-Bad Cannstatt 2003; L. Honnefelder (ed.), N. als Gegenstand der Wissenschaften, Freiburg/München 1992; P. Janich, Konstruktivismus und N.erkenntnis. Auf dem Weg zum Kulturalismus, Frankfurt 1996; ders., Mensch und N..

Zur Revision eines Verhältnisses im Blick auf die Wissenschaften, Stuttgart 2002; ders./C. Rüchardt (eds.), Natürlich, technisch, chemisch. Verhältnisse der N. am Beispiel der Chemie, Berlin/New York 1996; B. Kanitscheider, Von der mechanistischen Welt zum kreativen Universum. Zu einem neuen philosophischen Verständnis der N., Darmstadt 1993; R. Kather, Die Wiederentdeckung der N.. N.philosophie im Zeichen der ökologischen Krise, Darmstadt 2012; E. Knobloch, Das N.verständnis der Antike, in: F. Rapp (ed.), N.verständnis und N.beherrschung [s. u.], 10–35; P. Kolmer u. a., N., in: dies./A. G. Wildfeuer (eds.), Neues Handbuch philosophischer Grundbegriffe II, Freiburg/München 2011, 1560–1592; H. Kößler (ed.), N.. Fünf Vorträge, Erlangen 1994; T. Leinkauf (ed.), Der N.begriff der frühen Neuzeit. Semantische Perspektiven zwischen 1500 und 1700, Tübingen 2005; R. Lenoble, Esquisse d'une histoire de l'idée de nature, Paris 1968, 1990; T. Link, Mensch und N.. Zum Begriff der N. in den sozialwissenschaftlichen Theorien der Gegenwart, Köln/Weimar/Wien 1992; A. Maier, Studien zur N.philosophie der Spätscholastik IV (Metaphysische Hintergründe der spätscholastischen N.philosophie), Rom 1955 (repr. 1977); dies., Studien zur N.philosophie der Spätscholastik V (Zwischen Philosophie und Mechanik), Rom 1958 (repr. 1977); J. Mittelstraß, Metaphysik der N. in der Methodologie der N.wissenschaften. Zur Rolle phänomenaler (Aristotelischer) und instrumentaler (Galileischer) Erfahrungsbegriffe in der Physik, in: K. Hübner/A. Menne (eds.), N. und Geschichte. X. Deutscher Kongreß für Philosophie, Kiel 8.–12. Oktober 1972, Hamburg 1973, 63–87; ders., Das Wirken der N.. Materialien zur Geschichte des N.begriffs, in: F. Rapp (ed.), N.verständnis und N.beherrschung [s. u.], 36–69; ders., Leben mit der N.. Über die Geschichte der N. in der Geschichte der Philosophie und über die Verantwortung des Menschen gegenüber der N., in: O. Schwemmer (ed.), Über N. [s. u.], 37–62; ders., Der idealistische N.begriff, in: H.-D. Weber (ed.), Vom Wandel des neuzeitlichen N.begriffs [s. u.], 159–175; ders., N. und Geist in Hegels N.philosophie, Hegel-Jb. 1990, 479–491; ders., Kultur-N.. Über die normativen Grundlagen des Umweltbegriffs, Konstanz 1994; R. Mocek, N., EP I (1999), 897–904, II (2010), 1705–1712; J. Müller, Physis und Ethos. Der N.begriff bei Aristoteles und seine Relevanz für die Ethik, Würzburg 2006; W. Neuser, N. und Begriff. Studien zur Theorienkonstitution und Begriffsgeschichte von Newton bis Hegel, Stuttgart/Weimar 1995; H.-G. Nissing (ed.), N. Ein philosophischer Grundbegriff, Darmstadt 2010; H. M. Nobis, Frühneuzeitliche Verständnisweisen der N. und ihr Wandel bis zum 18. Jahrhundert, Arch. Begriffsgesch. 11 (1967), 37–58; ders., Die Umwandlung der mittelalterlichen N.vorstellung. Ihre Ursachen und ihre wissenschaftsgeschichtlichen Folgen, Arch. Begriffsgesch. 13 (1969), 34–57; M. Oelschlaeger, Nature, NDHI IV (2005), 1615–1620; H. Patzer, Physis. Grundlegung zu einer Geschichte des Wortes, Stuttgart 1993 (Sitz.ber. Wiss. Ges. Johann Wolfgang Goethe-Universität Frankfurt am Main XXX, 6); G. Picht, Der Begriff der N. und seine Geschichte, Stuttgart 1989, ⁴1998; F. Rapp (ed.), N.verständnis und N.beherrschung. Philosophiegeschichtliche Entwicklung und gegenwärtiger Kontext, München 1981; H. Rosenau, N., TRE XXIV (1994), 98–107; K. Sallmann, Studien zum philosophischen N.begriff der Römer mit besonderer Berücksichtigung des Lukrez, Arch. Begriffsgesch. 7 (1962), 140–284; W. Schadewaldt, Die Begriffe ›N.‹ und ›Technik‹ bei den Griechen. Drei Rundfunkbeiträge zum Selbstverständnis der Technik unserer Zeit, in: ders., Hellas und Hesperien. Gesammelte Schriften zur Antike und zur neueren Literatur, Zürich/Stuttgart 1960, 907–919, I–II, ²1970, II, 512–524 (engl. The Concept of

Nature and Technique According to the Greeks, Res. Philos. and Technology 2 [1979], 159–171); L. Schäfer/E. Ströker (eds.), N.auffassungen in Philosophie, Wissenschaft und Technik, I–IV, Freiburg/München 1993–1996; G. Schiemann (ed.), Was ist N.? Klassische Texte zur N.philosophie, München 1996; H. Schipperges, N., in: O. Brunner/W. Conze/R. Koselleck (eds.), Geschichtliche Grundbegriffe. Historisches Lexikon zur politisch-sozialen Sprache in Deutschland IV, Stuttgart 1978, 2004, 215–244; J. H. J. Schneider u. a., N., LThK VII (³1998), 662–667; O. Schwemmer (ed.), Über N.. Philosophische Beiträge zum N.verständnis, Frankfurt 1987, ²1991; M. Seel, Eine Ästhetik der N., Frankfurt 1991, 2009; R. Spaemann, N., Hb. ph. Grundbegriffe II (1973), 956–969; W. Theiler, Zur Geschichte der teleologischen N.betrachtung bis auf Aristoteles, Zürich/Leipzig 1925, Berlin ²1965; J. Torrance (ed.), The Concept of Nature. The Herbert Spencer Lectures, Oxford etc. 1992; H.-D. Weber (ed.), Vom Wandel des neuzeitlichen N.begriffs, Konstanz 1989; C. F. v. Weizsäcker, Die Geschichte der N.. Zwölf Vorlesungen, Göttingen, Stuttgart/Zürich 1948, Göttingen ²1954, ⁹1992, Stuttgart 2006 (engl. The History of Nature, London 1951); ders., Die Einheit der N.. Studien, München 1971, ⁸2002; B. Willey, The Eighteenth Century Background. Studies on the Idea of Nature in the Thought of the Period, London 1940, London/New York 1986; F. J. E. Woodbridge, Aristotle's Vision of Nature, ed. J. H. Randall Jr., New York/London 1965 (repr. Westport Conn. 1983), 1966; weitere Literatur: ↑Naturgeschichte, ↑Naturphilosophie, ↑Naturwissenschaft, ↑Ökologie.   J. M.

Naturalismus, Bezeichnung für Positionen, in denen Geltungsansprüche allein auf ›natürliche‹ (wissenschaftlich erfaßte) Tatbestände, auf ›natürliche‹ Genesen oder ›natürliche‹ Einsichten gestützt werden. Im Rahmen des N. bzw. naturalistischer Auffassungen gelten die natürliche Welt (einschließlich des Menschen) und die sie erklärenden Wissenschaften, in paradigmatischer Form die ↑Naturwissenschaften, als alleinige und hinreichende Basis zur Erklärung aller Dinge. N. in diesem Sinne (philosophiehistorisch häufig als ›metaphysischer‹ N. bezeichneten) ist sowohl hinsichtlich der Annahme, daß alles, was ist bzw. geschieht, auf natürliche Weise ist bzw. geschieht (bzw. der ↑›Natur‹ zugeordnet werden kann), als auch hinsichtlich der Annahme einer universellen Erklärungskompetenz der Wissenschaften (↑Szientismus) philosophisch eine Form des ↑Monismus. Historisches Beispiel ist der französische Materialismus (↑Materialismus, französischer) wie überhaupt, im Gegensatz zu den Positionen des ↑Idealismus, jede Form des Materialismus (↑Materialismus (systematisch), ↑Materialismus (historisch)). Auch der ↑Physikalismus ist eine Variante des N.; er schließt einen besonderen Akzent auf die Natürlichkeit mentaler Ereignisse und Prozesse ein. Wissenschaftstheoretisch folgt aus dem (metaphysischen) N. die These von der ↑*Einheit der Natur*, d. h. die Vorstellung, daß entsprechend der Annahme einer einzigen Natur alle ↑Naturgesetze, damit auch alle naturwissenschaftlichen Theorien, in einer einheitlichen Theorie zusammengefaßt werden können und sollen. Zwischen Philosophie in ihren erkenntnis- und wissenschaftstheoretischen Teilen und Wissenschaft in ihren empirischen und analytischen Teilen wird dann hinsichtlich ihrer Programme und Methodologien nicht mehr unterschieden.

Seine historischen Wurzeln hat der N., gestützt auf einen ursprünglich teleologischen Naturbegriff (↑Teleologie, ↑Natur), in religionsphilosophischen Zusammenhängen, nämlich in der Kritik an der Offenbarungs- und Gnadenlehre und deren legitimierendem Rückgriff auf übernatürliche Einsichten (↑Supranaturalismus). Als ↑Deismus und natürliche Religion (↑Religion, natürliche) bestimmt der N. die Religionsphilosophie der ↑Aufklärung in dem sie charakterisierenden Versuch, Theologie und Religion über eine ›vernünftige‹ Begründung praktischer Sätze hinaus insgesamt historisch-genetisch zu erklären (vgl. D. Hume, The Natural History of Religion, London 1757 [Teil I von: Four Dissertations]). In der Ethik werden Positionen als ›naturalistisch‹ bezeichnet, in denen moralische Beurteilungsterme wie ›gut‹ und ›gerecht‹ sowie moralische Urteile auf der Basis einer deskriptiven Sprache (↑deskriptiv/präskriptiv) für deduzierbar gelten bzw. auf deskriptive Terme und Aussagen reduzierbar sein sollen (↑Naturalismus (ethisch)), in Literatur und bildender Kunst besondere, hinsichtlich der verwendeten Darstellungsmittel auf die Reproduktion einer natürlichen Wirklichkeit bedachte Formen des (künstlerischen) Realismus.

Literatur: R. Almeder, Harmless Naturalism. The Limits of Science and the Nature of Philosophy, Chicago Ill./La Salle Ill. 1998; T. Benton, Naturalism in Social Science, REP VI (1998), 717–721; R. Bhaskar, Philosophy and the Human Sciences I (The Possibility of Naturalism. A Philosophical Critique of the Contemporary Human Sciences), Brighton 1979, Abingdon/New York 2005; D. Braddon-Mitchell/R. Nola (eds.), Conceptual Analysis and Philosophical Naturalism, Cambridge Mass./London 2009; W. L. Craig/J. P. Moreland (eds.), Naturalism. A Critical Analysis, London/New York 2000, 2002; A. C. Danto, Naturalism, Enc. Ph. V (1967), 448–450; M. De Caro/D. Macarthur (eds.), Naturalism in Question, Cambridge Mass./London 2004, 2008; W. D. Drees, Religion, Science and Naturalism, Cambridge etc. 1996, 1998; P. A. French/T. E. Uehling, jr./H. K. Wettstein (eds.), Philosophical Naturalism, Notre Dame Ind. 1994; W. Frühwald, N., LThK VII (³1998), 672–674; B. Goebel/A. M. Hauk/G. Kruip (eds.), Probleme des N.. Philosophische Beiträge, Paderborn 2005; B. L. Gordon/W. A. Dembski (eds.), The Nature of Nature. Examining the Role of Naturalism in Science, Wilmington Del. 2011; J. Götschl, N. in der Wissenschaftstheorie, Hb. wiss.theoret. Begr. II (1980), 443–444; S. Hook, The Quest for Being and Other Studies in Naturalism and Humanism, New York, London 1961, Buffalo N. Y. 1991, bes. 172–195 (Naturalism and First Principles); J. P. Hunt, Naturalism, NDHI IV (2005), 1601–1604; P. Janich (ed.), N. und Menschenbild, Hamburg 2008; G. Keil, Kritik des N., Berlin/New York 1993; ders./H. Schnädelbach (eds.), N.. Philosophische Beiträge, Frankfurt 2000; P. Kerszberg/A. Henry, Naturalisme, Enc. philos. universelle II/2 (1990), 1726–1727; D. Koppelberg, N., Pragmatismus, Pluralismus. Grundströmungen in der analytischen Erkenntnis- und Wissenschaftstheorie seit W. V. Quine, in: H. Stachowiak (ed.), Handbuch pragmatischen Denkens V (Pragmatische Tendenzen in der Wissenschaftstheorie), Hamburg 1995, Darmstadt 1997, 144–178; ders., N./Naturalisierung, EP I (1999), 904–914, EP II (²2010), 1712–1722; H. Kornblith, Inductive Inference and Its Natural Ground. An Essay in Naturalistic Epistemology, Cambridge Mass./London 1993, 1995; P. J. Maddy, Naturalism in Mathematics, Oxford 1997, 2002; dies., Second Philosophy. A Naturalistic Method, Oxford etc. 2007; K. M. Meyer-Abich u. a., N., RGG VI (⁴2003), 109–114; E. Nagel, Naturalism Reconsidered, Proc. Amer. Philos. Ass. 28 (1954/1955), 5–17, ferner in: ders., Logic without Metaphysics and Other Essays in the Philosophy of Science, Glencoe Ill. 1956, 3–18; F. A. Olafson, Naturalism and the Human Condition. Against Scientism, London/New York 2001; D. Papineau, Philosophical Naturalism, Oxford/Cambridge Mass. 1993; ders., Naturalism, SEP 2007; M. C. Rea, World without Design. The Ontological Consequences of Naturalism, Oxford 2002, 2004; J. Ritchie, Understanding Naturalism, Stocksfield 2008; J. Rouse, How Scientific Practices Matter. Reclaiming Philosophical Naturalism, Chicago Ill./London 2002; E. Runggaldier, Was sind Handlungen? Eine philosophische Auseinandersetzung mit dem N., Stuttgart/Berlin/Köln 1996 (ital. Che cosa sono le azioni? Un confronto filosofico con il naturalismo, Mailand 2000); M. Ruse, Evolutionary Naturalism. Selected Essays, London/New York 1995; J. Ryder (ed.), American Philosophic Naturalism in the Twentieth Century, Amherst N. Y. 1994; P. Schulte, Zweck und Mittel in einer natürlichen Welt. Instrumentelle Rationalität als Problem für den N.?, Paderborn 2010; ders., Plädoyer für einen physikalischen N., Z. philos. Forsch. 64 (2010), 165–189; A. Shimony, Search for a Naturalistic World View, I–II, Cambridge etc. 1993; J. R. Shook/P. Kurtz (eds.), The Future of Naturalism, Amherst N. Y. 2009; P. F. Strawson, Scepticism and Naturalism. Some Varieties. The Woodbridge Lectures 1983, New York 1985, London/New York 2008; N. L. Sturgeon, Naturalism in Ethics, REP VI (1998), 713–717; T. Sukopp/G. Vollmer (eds.), N.. Positionen, Perspektiven, Probleme, Tübingen 2007; S. J. Wagner/R. Warner (eds.), Naturalism. A Critical Appraisal, Notre Dame Ind. 1993; D. M. Walsh (ed.), Naturalism, Evolution, and Mind, Cambridge etc. 2001; G. P. Weisberg, Naturalism in Art and Literature, NDHI IV (2005), 1604–1607; C. F. v. Weizsäcker, Die Einheit der Natur. Studien, München 1971, München ⁸2002; weitere Literatur: ↑Naturalismus (ethisch). J. M.

Naturalismus (ethisch), Sammelbezeichnung für Positionen der ↑Metaethik, die versuchen, moralische Beurteilungsbegriffe, wie ›gut‹ und ›gerecht‹, als einführbar oder definierbar auf der Basis einer deskriptiven Sprache, sei diese empirisch oder nicht-empirisch, z. B. theologisch, oder moralische *Urteile* als Behauptungen über empirische oder nicht-empirische Sachverhalte, z. B. eines Reichs moralischer Werte (↑Intuitionismus (ethisch), ↑Wert (moralisch)), nachzuweisen (↑Deskriptivismus) oder auf solche Behauptungen zurückzuführen (↑Reduktionismus), aus ihnen abzuleiten (↑Deduktivismus) oder in funktionaler Abhängigkeit von ihnen aufzufassen (↑Funktionalismus). In jedem Falle wird der präskriptive Charakter moralischer Begriffe oder Urteile entweder geleugnet oder für deduzierbar aus bzw. reduzierbar auf deskriptive Terme (↑Prädikatoren) oder Aussagen gehalten (↑deskriptiv/präskriptiv). Je nachdem welcher Wirklichkeits- oder Sprachbereich als Bezugspunkt der naturalistischen Analyse gewählt wird, handelt es sich um theologischen, anthropologischen, biologischen, soziologischen oder psychologischen N.. In diesem Sinne naturalistisch sind z. B. der ↑Rechtspositivismus, gewisse Formen des ↑Naturrechts und der ↑Soziobiologie, bestimmte ↑Güterethiken sowie gewisse Formen des ↑Utilitarismus, sofern sie das Gute (↑Gute, das) und Gerechte als das definieren, was die ↑Neigungen, ↑Bedürfnisse usw. einer größtmöglichen Zahl von Individuen befriedigt.

Vor allem zwei Einwände – seit G. E. Moores irreführender Wortprägung häufig als ›Argumente des naturalistischen Fehlschlusses‹ (naturalistic fallacy arguments) bezeichnet – werden gegen den ethischen N. erhoben: (1) Man verweist auf das so genannte ↑›Humesche Gesetz‹, demgemäß aus deskriptiven Urteilen keine normativen Urteile logisch abgeleitet werden können; andernfalls begehe man einen ›deduktiven Fehlschluß‹ (deductive fallacy). Dieser Einwand kann nur streng deduktivistische Versionen des N. treffen. (2) Gegen den definitorischen Reduktionismus von Moralbegriffen wird Moores ›Argument der offenen Frage‹ (open question argument) ins Feld geführt, wonach eine naturalistische Definition der Art ›die Handlung H ist (moralisch) gut ⇋ H genügt der Beschreibung D (z. B. H befördert das größte Glück der größten Zahl)‹ die Frage offenläßt, ob (und warum) H getan werden *soll*, auch wenn es der Fall ist, daß H der Beschreibung D genügt. Denn da das Definiens lediglich deskriptive Terme enthält, kann auch das Definiendum nicht anders als deskriptiv verstanden werden. Der definitorische N. vermag demnach nicht den zweifellos ↑normativen Charakter von Moralausdrucken und Moralnormen wiederzugeben. – Eine spezielle Form des naturalistischen Fehlschlusses stellt die Gleichsetzung kulturell, vor allem institutionell begründeter Verpflichtungen mit moralischen Verpflichtungen dar. Ob der ›institutionellen Tatsachen‹ (J. R. Searle) eigene Verpflichtungscharakter im ganzen und/oder im einzelnen auch moralisch gerechtfertigt ist, bedarf gegebenenfalls eines eigenen Nachweises.

Literatur: E. M. Adams, Ethical Naturalism and the Modern World-View, Chapel Hill N. C. 1960, Westport Conn. 1973; ders., Naturalism, in: L. C. Becker/C. B. Becker (eds.), Encyclopedia of Ethics, New York/London 1992, 880–883, ²2001, 1212–1215; R. Audi, Ethical Naturalism and the Explanatory Power of Moral Concepts, in: S. J. Wagner/R. Warner (eds.), Naturalism. A Critical Appraisal, Notre Dame Ind. 1993, 95–115; G. P. Baker/P. M. Hacker, Rules, Definitions, and the Naturalistic Fallacy, Amer. Philos. Quart. 3 (1966), 299–305; B. H. Baumrin, Is there a Naturalistic Fallacy?, Amer. Philos. Quart. 5 (1968), 79–89; V. K. Bharadwaja, Naturalistic Ethical

Theory, Delhi 1978; R. B. Brandt, Ethical Theory. The Problems of Normative and Critical Ethics, Englewood Cliffs N. J. 1959; D. O. Brink, Moral Realism and the Foundations of Ethics, Cambridge/New York/Oakleigh 1989, 1996 (repr. Cambridge etc. 2001); W. H. Bruening, The Is-Ought Problem. Its History, Analysis, and Dissolution, Washington D. C. 1978; H. Busche, Ethischer N. ohne Fehlschluss? Die Evolutionäre Ethik von Robert J. Richards, Philos. Nat. 36 (1999), 195–218; R. Campbell/B. Hunter (eds.), Moral Epistemology Naturalized, Calgary 2000; A. Edel, Naturalism and Ethical Theory, in: Y. H. Krikorian (ed.), Naturalism and the Human Spirit, New York/London 1944, 1969, 65–95; ders., Method in Ethical Theory, London, Indianapolis Ind./New York1963, New Brunswick N. J. 1994; ders., In Search of the Ethical. Moral Theory in Twentieth Century America, New Brunswick N. J./London 1993; A. C. Ewing, The Definition of Good, London, New York 1947, London 1966 (repr. Westport Conn. 1987); W. K. Frankena, The Naturalistic Fallacy, Mind NS 48 (1939), 464–477, Neudr. in: K. E. Goodpaster (ed.), Perspectives on Morality. Essays by William K. Frankena, Notre Dame Ind./London 1976, 1–11; ders., Ethical Naturalism Renovated, Rev. Met. 10 (1957), 457–473, Neudr. in: K. E. Goodpaster (ed.), Perspectives on Morality [s. o.], 37–48; R. L. Franklin, Recent Work on Ethical Naturalism, in: N. Rescher (ed.), Studies in Ethics, Oxford 1973 (Amer. Philos. Quart. Monograph Series, Monograph Nr. 7), 55–95; G. Gawlik, N., ethischer, Hist. Wb. Ph. VI (1984), 519–523; B. Goebel/A. M. Hauk/G. Kruip (eds.), Probleme des N.. Philosophische Beiträge, Paderborn 2005; R. Hancock, Twentieth Century Ethics, New York/London 1974; R. Handy, The Genetic Fallacy and Naturalistic Ethics, Inquiry 2 (1959), 25–33; R. M. Hare, Sorting out Ethics, Oxford/New York 1997, bes. 63–81; G. Harman, The Nature of Morality. An Introduction to Ethics, New York/Oxford 1977, o. J. [2007] (dt. Das Wesen der Moral. Eine Einführung in die Ethik, Frankfurt 1981); J. Harrison, Ethical Naturalism, Enc. Ph. III (1967), 69–71; G. F. Hourani, Ethical Value, London, Ann Arbor Mich. 1955, New York 1969; W. D. Hudson (ed.), The Is-Ought Question. A Collection of Papers on the Central Problem in Moral Philosophy, London/Basingstoke 1969, 1983; ders., Modern Moral Philosophy, London etc. 1970, Houndmills/London ²1983, 1991; O. A. Johnson, Moral Knowledge, The Hague 1966; A. Kallhoff, Ethischer N. nach Aristoteles, Paderborn 2010; J. Kemp, Ethical Naturalism. Hobbes and Hume, London etc., New York 1970; D. Koppelberg, N., EP I (1999), 904–914, bes. 912–913 (4.7. N. in der Ethik), rev. EP II (²2010), 1712–1722, bes. 1720–1721 (4.7. N. in der Ethik); F. v. Kutschera, Grundlagen der Ethik, Berlin/New York 1982, ²1999; J. Lenman, Moral Naturalism, SEP 2006; U. Lüke/H. Meisinger/G. Souvignier (eds.), Der Mensch – nichts als Natur? Interdisziplinäre Annäherungen, Darmstadt 2007; C. Lütge/G. Vollmer (eds.), Fakten statt Normen? Zur Rolle einzelwissenschaftlicher Argumente in einer naturalistischen Ethik, Baden-Baden 2004; W. Lütterfelds (ed.), Evolutionäre Ethik zwischen N. und Idealismus. Beiträge zu einer modernen Theorie der Moral, Darmstadt 1993; D. H. Monro, Empiricism and Ethics, Cambridge/London/New York 1967; G. E. Moore, Principia Ethica, Cambridge etc. 1903, Mineola N. Y. 2004 (dt. Principia Ethica, Stuttgart 1970, 1996; franz. Principia Ethica, Paris 1998); G. Nakhnikian, On the Naturalistic Fallacy, in: ders./H.-N. Castañeda (eds.), Morality and the Language of Conduct, Detroit Mich. 1963, 1965, 145–158; K. Nielsen, Ethical Naturalism Once Again, Australas. J. Philos. 40 (1962), 313–317; ders., Ethics, Problems of, Enc. Ph. III (1967), 117–134, bes. 127–130 (Metaethical Theories); F. A.

Olafson, Ethics and Twentieth Century Thought, Englewood Cliffs N. J. 1973; A. N. Prior, Logic and the Basis of Ethics, Oxford 1949, Oxford/New York 2003; V. C. Punzo, Reflective Naturalism. An Introduction to Moral Philosophy, New York/London 1969; W. F. Quillian, The Moral Theory of Evolutionary Naturalism, New Haven Conn., London 1945; D. H. Rohatyn, Naturalism and Deontology. An Essay on the Problems of Ethics, The Hague/Paris 1975; M. E. Ruse, Taking Darwin Seriously. A Naturalistic Approach to Philosophy, Oxford/New York 1986, Amherst N. Y. 1998, bes. 67–102 (Chap. 3 Evolutionary Ethics), 207–272 (Chap. 6 Darwinian Ethics); P. Schaber (ed.), Normativity and Naturalism, Frankfurt/Lancaster 2004; T. M. Schmidt/T. Tarkian (eds.), N. in der Ethik. Perspektiven und Grenzen, Paderborn 2011; J. R. Searle, Speech Acts. An Essay in the Philosophy of Language, Cambridge etc. 1969, 2009; G. Seel, Wie weit kann man den N. in der praktischen Philosophie treiben?, Grazer philos. Stud. 57 (1999), 275–310; P. Simpson, Goodness and Nature. A Defense of Ethical Naturalism, Dordrecht/Boston Mass./Lancaster 1987; R. J. Soghoian, The Ethics of G. E. Moore and David Hume. The Treatise as a Response to Moore's Refutation of Ethical Naturalism, Washington D. C. 1979; L. K. Sosoe, N.kritik und Autonomie der Ethik. Studien zu G. E. Moore und J. S. Mill, Freiburg/München 1988; C. L. Stevenson, Moore's Arguments against Certain Forms of Ethical Naturalism, in: P. A. Schilpp (ed.), The Philosophy of G. E. Moore, Evanston Ill./Chicago Ill. 1942, La Salle Ill., London ³1968, 1992, 69–90; R. Stuhlmann-Laeisz, Das Sein-Sollen-Problem. Eine modallogische Studie, Stuttgart-Bad Cannstatt 1983; N. L. Sturgeon, Naturalism in Ethics, REP VI (1998), 713–717; E. Villanueva, Naturalism and Normativity, Atascadero Calif. 1993; G. J. Warnock, Contemporary Moral Philosophy, London/Melbourne/Toronto, New York 1967, London etc. 1986; C. Wellmann, The Language of Ethics, Cambridge Mass. 1961; ders., Naturalism, in: W. T. Reich (ed.) Encyclopedia of Bioethics, New York/London 1978, 442–447.   R. Wi.

natura naturans (lat., die schaffende ↑Natur), eine auf Aristotelische Unterscheidungen (vgl. Met. Δ4.1014b16–1015a19; Phys. B1.193b12–18; de caelo A1.268a19–20) zurückgehende scholastische Begriffsbildung, die den (wiederum auf Aristotelische Begriffsbildungen bezogenen) Gegensatz von *prima causa* (erste Ursache) und *primum causatum* (erstes Verursachtes), terminologisch als Gegensatz von n. n. und *natura naturata* (geschaffene Natur) gefaßt, auf das Verhältnis Gottes zur geschaffenen Welt überträgt (vgl. Thomas von Aquin, S.th. I–II qu. 85 art. 6; de div. nom. IV, 21 [ed. C. Pera, Turin/Rom 1950, 206 (550)]; Bonaventura, In Sent. Petri Lombardi III dist. 8 dub. 2 [Opera omnia IV, ed. A. C. Peltier, Paris 1865, 183]; Meister Eckart spricht von Gottes ›ungenâtûrter nâtûre‹ und ›genâtûrter nâtûre‹ [Deutsche Mystiker des vierzehnten Jahrhunderts, I–II, ed. F. Pfeiffer, Leipzig 1845/1857 (repr. Aalen 1962), II (Meister Eckhart), 537, 29–32]). Die terminologische Unterscheidung zwischen n. n. und *natura naturata* – gelegentlich auch mit den Unterscheidungen zwischen einer unbegrenzten (ungeschaffenen) Natur (*natura infinita*) und einer begrenzten (geschaffenen) Natur (*natura finita*) (vgl. J. S. Eriugena, De divisione

naturae libri quinque II 1 [MPL 122, 523D–526C]) sowie zwischen einer allgemeinen Natur (*natura universalis*) und einer besonderen Natur (*natura particularis*) (vgl. die angeführten Thomas-Stellen) verbunden – geht hinsichtlich des Ausdrucks ›natura naturata‹ offenbar auf die (lateinischen) Kommentare des Averroës zur Aristotelischen »Physik« und zu »De caelo« zurück (Aristotelis opera cum Averrois commentariis, I–X, Venedig 1562–1574 [repr. Frankfurt 1962], IV, 52–53 [zu Phys. B1.193b12–18], V, 2 [zu de caelo A1.268a19]), hinsichtlich des Ausdrucks ›n. n.‹ möglicherweise auf Michael Scotus (vgl. L. Thorndike, Michael Scot, London etc. 1965, 105). Bereits J. S. Eriugena unterscheidet in gleichem Sinne zwischen einer schaffenden, nicht geschaffenen Natur (*natura creans et non creata*) und einer geschaffenen schaffenden sowie einer geschaffenen, nicht schaffenden Natur (De divisione naturae libri quinque I 1 [MPL 122, 441B–442B]). Dieser Terminologie entsprechend ist bei Aristoteles selbst Natur, aufgefaßt als ein Ensemble natürlicher Dinge (diese definiert als etwas, das einen ›Ursprung von Bewegung und Stillstand in sich selbst hat‹, Phys. B1.192b13–14), primär n. n.; sie stellt darin zugleich als ›poietische‹ Natur das Paradigma allen herstellenden Handelns dar (↑Poiesis).

Während z. B. noch F. Bacon die Unterscheidung zwischen n. n. und *natura naturata* unverändert beibehält (Novum Organum II 1 [The Works, I–XIV, ed. J. Spedding/R. L. Ellis/D. D. Heath, London 1857–1874 (repr. Stuttgart-Bad Cannstatt 1961–1963), I, 227]) und B. Spinoza die n. n. mit Gott identifiziert (↑deus sive natura), wobei die (kontingente) *natura naturata* als die noch nicht vollständig begriffene Natur (in der Bedeutung von n. n.) aufgefaßt wird (Tract. de Deo I 8; Ethica I 29 Scholium), empfiehlt R. Boyle, die Unterscheidung zusammen mit dem aristotelisch-scholastischen Begriff der Natur zugunsten des Begriffs des ›mechanismus cosmicus‹ und damit der Vorstellung eines mechanistischen Weltbildes (↑Weltbild, mechanistisches) aufzugeben (A Free Inquiry into the Vulgarly Receiv'd Notion of Nature, London 1686 [Works, I–VI, ed. T. Birch, London ²1772, V, 219]). Aber noch bei J. W. v. Goethe bildet die Herausarbeitung des ›Urphänomens‹ als des ›allgemeinen Schemas‹, nach dem die n. n. verfährt, das hermeneutische Prinzip einer *genetischen* ↑Naturphilosophie. Bei F. W. J. Schelling wiederum tritt die Unterscheidung zwischen n. n. und *natura naturata* auf zur Charakterisierung des Unterschieds zwischen *Naturphilosophie*, deren Gegenstand die Natur als schaffendes Subjekt bzw. als ›Produktivität‹ ist (↑Naturphilosophie, romantische), und *Naturwissenschaft*, deren Gegenstand Natur als Erkenntnisobjekt bzw. als ›Produkt‹ ist (»Die Natur als bloßes Produkt (natura naturata) nennen wir Natur als Objekt (auf diese allein geht alle Empirie). Die

Natur als Produktivität (n. n.) nennen wir Natur als Subjekt (auf diese allein geht alle Theorie)«, Einleitung zu dem Entwurf eines Systems der Naturphilosophie [...], 1799] § 6 II, Sämtl. Werke II [1927], 284).

Literatur: E. M. Curley, Spinoza's Metaphysics. An Essay in Interpretation, Cambridge Mass. 1969; ders., Reply to Williamson, Australas. J. Philos. 51 (1973), 162–164; FM III (1979), 2308–2309, rev. III (²1994), 2499–2500 (n. n., natura naturata); K. Hedwig, N. n./naturata, Hist. Wb. Ph. VI (1984), 504–510; T. Leinkauf, Der Naturbegriff in der frühen Neuzeit, in: ders. (ed.), Der Naturbegriff in der frühen Neuzeit. Semantische Perspektiven zwischen 1500 und 1700, Tübingen 2005, 1–19; ders., Implikationen des Begriffs ›n. n.‹ in der frühen Neuzeit, in: N. Adamowsky/H. Böhme/R. Felfe (eds.), Ludi naturae. Spiele der Natur in Kunst und Wissenschaft, München 2011, 103–120; H. A. Lucks, N. n. – natura naturata, The New Scholasticism 9 (1935), 1–24; J. Mittelstraß, Das Wirken der Natur. Materialien zur Geschichte des Naturbegriffs, in: F. Rapp (ed.), Naturverständnis und Naturbeherrschung. Philosophiegeschichtliche Entwicklung und gegenwärtiger Kontext, München 1981, 36–69; H. M. Nobis, Die Umwandlung der mittelalterlichen Naturvorstellung. Ihre Ursachen und ihre wissenschaftsgeschichtlichen Folgen, Arch. Begriffsgesch. 13 (1969), 34–57; L. K. Pick, Michael Scot in Toledo. N. n. and the Hierarchy of Being, Traditio 53 (1998), 93–116; L. Schäfer, N. n. – natura naturata, LThK VII (1998), 671; H. Schipperges, Natur, in: O. Brunner/W. Conze/R. Koselleck (eds.), Geschichtliche Grundbegriffe. Historisches Lexikon zur politisch-sozialen Sprache in Deutschland IV, Stuttgart 1978, 2004, 215–244, bes. 222–238; H. Siebeck, Ueber die Entstehung der Termini n. n. und natura naturata, Arch. Gesch. Philos. 3 (1890), 370–378; O. Weijers, Contribution à l'histoire des termes ›n. n.‹ et ›natura naturata‹ jusqu'à Spinoza, Vivarium 16 (1978), 70–80; R. K. Williamson, On Curley's Interpretation of Spinoza, Australas. J. Philos. 51 (1973), 157–161; H. A. Wolfson, The Philosophy of Spinoza. Unfolding the Latent Processes of His Reasoning, I–II, Cambridge Mass. 1934, in einem Bd. Cambridge Mass./London 1962, 1983, bes. I, 15–16, 251–255. J. M.

natura non facit saltus (lat., die Natur macht keine Sprünge), Formel für das von G. W. Leibniz formulierte Prinzip der ↑Kontinuität in seiner Anwendung auf die ↑Natur (vgl. Nouv. essais, Préf., Akad.-Ausg. 6.6, 56). Analog etwa zu den in der Geometrie untersuchten stetigen Eigenschaften projektiver Transformationen von Kegelschnitten besagt dieses Prinzip, daß es entgegen z. B. der Cartesischen Annahme sprunghafter Bewegungsänderungen beim Stoß (↑Stoßgesetze) keine sprunghaften Übergänge zwischen den Bewegungsformen der Natur gibt. In dieser Form stellt das Prinzip eine notwendige Voraussetzung des klassischen Begriffs der ↑Kausalität dar. Gegen seine Allgemeingültigkeit formuliert die ↑Quantentheorie, wiederum in der Terminologie der Leibnizschen Formel, die Vorstellung diskontinuierlicher, sprunghafter Veränderungen atomarer Zustände (›Quantensprünge‹). – Die Formel n. n. f. s., die im allgemeinen als charakteristischer Ausdruck eines mechanistischen Weltbildes (↑Weltbild, mechanistisches)

angesehen wird, tritt bereits vor Leibniz auf (vgl. J. Tissot, Histoire veritable du Geant Theutobocus [...], Paris 1613, 4, unter dem Titel: Discourse veritable de la vie, mort, et des os du Geant Theutobocus [...], in: E. Fournier [ed.], Variétés historiques et littéraires, I–X, Paris 1855–1863, IX, 248 [natura enim in suis operationibus non facit saltum]); später z. B. auch bei C. v. Linné (Philosophia botanica in qua explicantur fundamenta botanica [...], Stockholm, Amsterdam 1751, 27). J. M.

Naturgeschichte (engl. natural history, franz. histoire naturelle), Terminus der Naturforschung und (im Zusammenhang mit geschichtsphilosophischen Auffassungen) der Gesellschaftstheorie, zumeist in Abhebung von Termini wie ›Kulturgeschichte‹ (↑Kultur) und ↑›Ideengeschichte‹. In seinem klassischen Gebrauch im Sinne einer *Geschichte der Natur* schließt der Terminus ›N.‹ (lat. historia naturalis) an den griechischen Ausdruck ›ίστορία‹ (↑Geschichte) an, der sowohl die Kategorie der Geschichtsschreibung im heutigen Sinne als auch die naturkundliche und medizinische Kategorie der (nicht begründenden) bloßen Beschreibung bezeichnet. Im Gegensatz zur (begründend-systematischen) naturwissenschaftlichen Theoriebildung, die sich bis ins 18. Jh. vornehmlich des Ausdrucks ›Philosophie‹ bedient (vgl. I. Newton, Philosophiae naturalis principia mathematica, London 1687; J.-B. de Lamarck, Philosophie zoologique, I–II, Paris 1809), wird unter N. die Naturforschung in ihren sammelnden und ordnenden sowie in Disziplinen wie Botanik, Zoologie, Mineralogie und ›physische Geographie‹ organisierten Aspekten verstanden (↑Experimentalphilosophie). Klassisches Beispiel ist die ›N.‹ von Plinius d. Ä. (Naturalis historiae libri XXXVII [77 A. D.], I–XXXVII, Venedig 1469), eine Sammlung des ›naturgeschichtlichen‹ Wissens der Antike; neuere Beispiele sind die »Histoire naturelle« G.-L. L. Buffons (I–XLIV, Paris 1749–1804) und die »Histoire naturelle des animaux sans vertèbres« Lamarcks (I–VII, Paris 1815–1822). Dabei folgen ↑Systematik und N. im Rahmen der ↑Biologie bis zum 18. Jh. der Aristotelischen Konzeption einer ↑scala naturae, d. h. der Annahme eines kontinuierlichen Zusammenhangs der drei Naturreiche (Minerale, Pflanzen, Tiere).

Begriffliche Differenzierungen, in deren Rahmen zeitliche Ordnungen und damit *entwicklungsgeschichtliche* Gesichtspunkte für den Begriff der N. bestimmend werden, finden sich bei I. Kant. Unter N., die auch als ›Archäologie der Natur‹ (KU § 80, Akad.-Ausg. V, 419) und ›Physiogonie‹ (Über den Gebrauch teleologischer Prinzipien in der Philosophie [1788], Akad.-Ausg. VIII, 163 Anm.) bezeichnet wird, versteht Kant eine ›Naturforschung des Ursprungs‹, die ›in Analogie‹ zu den herrschenden Gesetzmäßigkeiten der Natur die ›Geschichte‹ der Natur, z. B. unseres Planetensystems (All-

gemeine N. und Theorie des Himmels [...], Königsberg/
Leipzig 1755), erklärt (Akad.-Ausg. VIII, 161–163). Im
Unterschied zur *Theorie der Natur* bzw. zur ›theoretischen Naturwissenschaft‹ (KU § 79, Akad.-Ausg. V,
417), die ihren Gegenstand ›nach Prinzipien a priori‹
und ›nach Erfahrungsgesetzen‹ behandelt (Metaphysische Anfangsgründe der Naturwissenschaft [1786], Vorrede, Akad.-Ausg. IV, 468), und zur (klassifizierenden)
Naturbeschreibung (ebd.) oder ›Physiographie‹ (Akad.-
Ausg. VIII, 163 Anm.) ist der Gegenstand der N. die
systematische Darstellung der (Entwicklungs-)Ge-
schichte des Kosmos, des Sonnensystems, der Erde
und des Lebens. N. und Naturbeschreibung zusammen
bilden in diesem terminologischen Zusammenhang gegenüber der Naturwissenschaft im definierten Sinne eine
›historische Naturlehre‹, die »nichts als systematisch
geordnete Facta der Naturdinge enthält« (Metaphysische Anfangsgründe [...], Akad.-Ausg. IV, 468). Beispiel
für eine über die Praxis der Naturforschung hinausgehende Anwendung dieser entwicklungsgeschichtlich gewendeten Bedeutung von ›N.‹, die sich terminologisch
allerdings nicht durchgesetzt hat, ist E. Machs Rekonstruktion der Geschichte der ↑Mechanik. Diese wird als
N. des menschlichen Denkens aufgefaßt. C. F. v. Weizsäcker versteht unter ›N.‹ die tatsächliche *Geschichte* der
Natur. Deren Geschichtlichkeit wird über ihre schlichte
Existenz in der Zeit hinaus durch zwei Gesetzmäßigkeiten näher bestimmt: (1) den 2. Hauptsatz der ↑Thermo-
dynamik, wonach die ↑Entropie eines (geschlossenen)
Systems nur zunehmen kann – die damit bezeichneten
irreversiblen Prozesse geben der Entwicklung der Natur
eine unumkehrbare Richtung –, (2) die Evolution als
ebenfalls gerichteten Naturprozeß.

In *gesellschaftstheoretischen* Zusammenhängen, insbes.
im Werk von K. Marx und im ↑Marxismus, tritt der
Terminus ›N.‹ sowohl zur Kennzeichnung ›naturwüch-
siger‹ gesellschaftlicher Entwicklungen als auch zur
Kennzeichnung der Geschichte (der Menschen) als Teil
einer allgemeinen Geschichte der Natur auf. So spricht
Marx einerseits von ›naturgemäßen Entwicklungspha-
sen‹ des ökonomischen Systems moderner Gesellschaften (Das Kapital. Kritik der politischen Ökonomie I
[1867], MEW XXIII, 15–16), andererseits davon, daß
die Geschichte »ein *wirklicher* Teil der *N.*, des Werdens
der Natur zum Menschen« sei (Ökonomisch-philosophische Manuskripte aus dem Jahre 1844, MEW Erg.-
Bd.: Schriften, Manuskripte, Briefe bis 1844 I, 544). In
der ersten Bedeutung bezeichnet ›N.‹ in sozialer und
ökonomischer Hinsicht die ›Vorgeschichte‹ des Menschen, in der zweiten Bedeutung seine ›wahre‹ Geschichte. In beiden (begrifflich uneinheitlichen und daher unklaren) Bedeutungen wird die N. des Menschen
sowohl als Gegenstand einer gesellschaftlichen Naturwissenschaft (»Die *gesellschaftliche* Wirklichkeit der Na-

tur und die *menschliche* Naturwissenschaft oder die
natürliche Wissenschaft vom Menschen sind identische
Ausdrücke«, ebd.) als auch als Inbegriff der Geschichte
selbst (»Die Geschichte ist die wahre N. des Menschen«,
a. a. O., 579) aufgefaßt. Während die Vorstellung einer
gesellschaftlichen Naturwissenschaft Kategorien des
↑Darwinismus auf gesellschaftliche Entwicklungen überträgt, steht die Vorstellung einer Identität von Geschichte und N. des Menschen in sachlicher Nähe zu
Konzeptionen der romantischen Naturphilosophie
(↑Naturphilosophie, romantische) F. W. J. Schellings,
z. B. hinsichtlich des Postulats einer Aufhebung der N.
der Selbstgewißheit in einer ›absoluten‹ Identität von
Geist und Natur.

Literatur: J. Bleker, Die Bedeutung von ›N.‹ und ›naturhisto-
risch‹ in der 1. Hälfte des 19. Jahrhunderts, in: dies., Die Na-
turhistorische Schule 1825–1845. Ein Beitrag zur Geschichte der
Medizin in Deutschland, Stuttgart 1981, 17–27; G. Böhme,
Geschichte der Natur, Hist. Wb. Ph. III (1974), 399–401; J. U.
Büttner, Le goût de l'Histoire Naturelle. Zum Wandel von
Begriff und Wesen der N. im 18. Jahrhundert, in: E. Schöck-
Quinteros u. a. (eds.), Bürgerliche Gesellschaft – Idee und Wirk-
lichkeit. Festschrift für Manfred Hahn, Berlin 2004, 247–264; K.
Deichgräber, Die griechische Empirikerschule. Sammlung der
Fragmente und Darstellung der Lehre, Berlin 1930 (repr. Berlin/
Zürich 1965), bes. 126–128, 298–301; D. v. Engelhardt, Histo-
risches Bewußtsein in der Naturwissenschaft. Von der Aufklä-
rung bis zum Positivismus, Freiburg/München 1979; P. Farber,
Natural History, NDHI IV (2005), 1598–1601; H. Fleischer,
Marxismus und Geschichte, Frankfurt 1969, 1977 (engl. Mar-
xism and History, London, New York 1973); G. Funke, Ist N. als
Wissenschaft möglich?, Philos. Nat. 18 (1980), 209–224; P.
Janich, N. und Naturgesetz, in: O. Schwemmer (ed.), Über
Natur [s. u.], 105–122; ders./F. Kambartel/J. Mittelstraß, Wissenschaftstheorie als Wissenschaftskritik, Frankfurt 1974,
123–131, bes. 126–128 (28. N. und bewußte Geschichte des
Menschen); F. Kambartel, Erfahrung und Struktur. Bausteine
zu einer Kritik des Empirismus und Formalismus, Frankfurt
1968, ²1976, bes. 61–86; ders., N., Hist. Wb. Ph. VI (1984),
526–528; W. Lepenies, Das Ende der N.. Wandel kultureller
Selbstverständlichkeiten in den Wissenschaften des 18. und
19. Jahrhunderts, München/Wien 1976, Frankfurt 1978; ders.,
N. und Anthropologie im 18. Jahrhundert, Hist. Z. 231 (1980),
21–41, ferner in: B. Fabian/W. Schmidt-Biggemann/R. Vierhaus
(eds.), Deutschlands kulturelle Entfaltung 1763–1786. Die Neubestimmung des Menschen, München 1980 (Studien zum achtzehnten Jahrhundert II/III), 211–226; H. Lübbe, Geschichtsbegriff und Geschichtsinteresse. Analytik und Pragmatik der Historie, Basel/Stuttgart 1977, erw. Basel ²2012; ders., Die Einheit
von N. und Kulturgeschichte. Bemerkungen zum Geschichtsbegriff, Wiesbaden 1981 (Akad. Wiss. u. Lit. Mainz, geistes- u.
sozialwiss. Kl. 1981, 10); E. Mayr, The Growth of Biological
Thought. Diversity, Evolution, and Inheritance, Cambridge
Mass./London 1982, 2003 (dt. Die Entwicklung der biologischen
Gedankenwelt, Berlin etc. 1984, 2002; franz. Histoire de la biologie. Diversité, évolution et hérédité, I–II, Paris 1989, 1995); J.
Mittelstraß, Leben mit der Natur. Über die Geschichte der Natur
in der Geschichte der Philosophie und über die Verantwortung
des Menschen gegenüber der Natur, in: O. Schwemmer (ed.),
Über Natur [s. u.], 37–62; R. Mocek, N., EP I (1999), 915–918;

ders./H. J. Sandkühler, N., EP II (²2010), 1724–1728; H.-J. Rheinberger/P. McLaughlin, N., in: H. Holzhey (ed.), Grundriss der Geschichte der Philosophie. Die Philosophie des 18. Jahrhunderts II/1 (Frankreich), Basel 2008, 380–414, 423–424; A. Schmidt, Der Begriff der Natur in der Lehre von Marx, Frankfurt 1962, ⁴1993 (engl. The Concept of Nature in Marx, London 1971, 1973; franz. Le concept de nature chez Marx, Paris 1994); O. Schwemmer (ed.), Über Natur. Philosophische Beiträge zum Naturverständnis, Frankfurt 1987, ²1991; A. Seifert, Cognitio historica. Die Geschichte als Namengeberin der frühneuzeitlichen Empirie, Berlin 1976; P. R. Sloan, Kant on the History of Nature. The Ambiguous Heritage of the Critical Philosophy for Natural History, Stud. Hist. Phil. Biol. Biomed. Sci. 37 (2006), 627–648; B. Snell, Die Ausdrücke für den Begriff des Wissens in der vorplatonischen Philosophie (σοφία, γνώμη, σύνεσις, ἱστορία, μάθημα, ἐπιστήμη), Berlin 1924 (Philol. Unters. XXIX) (repr. New York 1976, Hildesheim/Zürich 1992), bes. 59–71; C. F. v. Weizsäcker, Die Geschichte der Natur. Zwölf Vorlesungen, Göttingen, Stuttgart/Zürich 1948, Göttingen ²1954, ⁹1992, Stuttgart 2006 (engl. The History of Nature, London 1951).   J. M.

Naturgesetz (engl. law of nature, natural law; franz. loi de la nature, loi naturelle), in Philosophie und (speziell) ↑Naturphilosophie Bezeichnung für die allgemeine Regel, nach der in der Natur jeweils Vorgänge eines bestimmten Typs ablaufen; in der ↑Wissenschaftstheorie wird im Zuge des ›linguistic turn‹ (↑Wende, linguistische) darunter eine nicht analytisch wahre, experimentell gut bestätigte ↑Allaussage einer naturwissenschaftlichen Theorie (↑Naturwissenschaft) verstanden. Hinsichtlich weitergehender Bestimmungen sind die Lehrmeinungen durchgängig kontrovers. Historisch hat die (natur-)philosophische Konzeption einer ›nach Gesetzen wirkenden und sich verändernden Natur‹ ihren Ursprung in der anthropomorphen Übertragung von Handlungsmaximen bzw. in der soziomorphen Übertragung von politisch-sozialen Herrschaftsvorstellungen auf die ↑Natur. Es läßt sich aber auch die umgekehrte Übertragung (etwa in der ↑Stoa und im ↑Naturrecht) nachweisen, wonach moralische Gebote und politisch-soziale Verhältnisse danach beurteilt werden, ob sie mit den ›Gesetzen der Natur‹, der ›natürlichen Ordnung‹ in Einklang stehen. Erst mit R. Descartes werden quantitative, generelle Sätze der Physik und dann auch anderer Naturwissenschaften (↑Gesetz (exakte Wissenschaften)) als N.e bezeichnet. In dem Begriff eines (physikalischen) N.es vereinigen sich drei Traditionen: (1) Aus der aristotelisch-christlichen Tradition, wonach der Weltenschöpfer für die Natur eine gesetzmäßige Ordnung (*lex naturalis*) erlassen hat, wird die Bestimmung der N.e als zwingend und unumstößlich (›der Mensch kann sie nicht außer Kraft setzen, sondern muß ihnen gehorchen‹) übernommen; (2) aus der pythagoreisch-platonischen Tradition (↑Platonismus, ↑Pythagoreismus), nach der mathematische, harmonische Proportionen dem Aufbau der natürlichen Ordnung zugrundeliegen, der

Gesichtspunkt der Einfachheit und des mathematischen Charakters der N.e; (3) aus der Tradition der technischen Regeln der Handwerker und Ingenieure der operative, Technik ermöglichende Status der N.e.

In der Wissenschaftstheorie werfen N.e vor allem drei miteinander zusammenhängende Probleme auf. (1) Was sind hinreichende oder notwendige syntaktische, semantische und epistemologische Bedingungen, die eine Aussage erfüllen muß, um als N. zu gelten? Diskutiert werden folgende Bedingungen: N.e müssen wahr sein, objektiv, also unabhängig von unseren Meinungen und Interessen gelten und entdeckt werden; sie dürfen nicht logisch-begrifflich wahr sein, müssen eine spezifische Notwendigkeit beinhalten und universell gelten; sie müssen ↑kontrafaktische ↑Konditionalsätze rechtfertigen und Erklärungen und erfolgreiche Voraussagen ermöglichen. Die Debatte um hinreichende und notwendige Bedingungen von N.en ist ohne allgemein anerkanntes Ergebnis geblieben. Festzuhalten ist allerdings, daß sich Wissenschaftler und Wissenschaftsphilosophen im Einzelfall durchaus darüber einig sind, ob eine Aussage als N. zu gelten hat oder nicht. So wird niemand dem Energieerhaltungssatz (↑Erhaltungssätze) oder der zeitabhängigen ↑Schrödinger-Gleichung den Status eines N.es streitig machen. Interessant ist in diesem Zusammenhang die Frage, ob es neben den unbestrittenen N.en in der Physik auch in der ↑Chemie, in der Biologie und in der naturwissenschaftlich ausgerichteten ↑Psychologie eigenständige, also nicht auf die Physik reduzierbare (↑Reduktion) N.e gibt. In jedem Falle werden in den Naturwissenschaften außerhalb der Physik nur ganz wenige Kandidaten ernsthaft als mögliche N.e diskutiert, von denen keiner als spezifisch chemisches, biologisches oder psychologisches N. unumstritten ist.

(2) Unter den notwendigen Bedingungen nimmt die Forderung nach einer spezifisch naturgesetzlichen Notwendigkeit (↑notwendig/Notwendigkeit) einen besonderen Platz ein. In welchem Sinne beinhalten N.e eine Notwendigkeit? Vertreter dieser Position halten die Annahme der Notwendigkeit für eine Voraussetzung zur Erklärung der kontrafaktischen Kraft von N.en; bloße Regularitäten können danach keine kontrafaktischen Behauptungen stützen. Die auf D. Armstrong, F. Dretske und M. Tooley zurückgehende Universalientheorie betrachtet N.e als singulare Aussagen über Beziehungen zwischen universellen Eigenschaften. Solche ↑Universalien sind durch multiple Instantiierbarkeit gekennzeichnet. Für Dretske und Tooley drücken N.e selbst eine kontingente Beziehung zwischen Universalien aus, die dann die Beziehung zwischen den zugehörigen Instantiierungen notwendig werden läßt. Armstrong nimmt weitergehend auch auf der Ebene der Universalien selbst eine ›kontingente Notwendigkeit‹ an. – Klarerweise unterscheiden sich naturgesetzliche Zusammenhänge zwi-

schen ↑Sachverhalten und ↑Ereignissen von bloß zufälligen (↑zufällig/Zufall) zeitlichen Aufeinanderfolgen oder Koinzidenzen. Ein N. soll eine Art ›physischen Zwang‹ zwischen physischen Sachverhalten beinhalten. So intuitiv einleuchtend diese Forderung ist, so schwer ist es, diese spezifisch nomologische oder naturgesetzliche Notwendigkeit begrifflich zu explizieren. Entsprechend liegt für die Explikation naturgesetzlicher Notwendigkeit bis heute kein allgemein anerkanntes Ergebnis vor. Die »Mill-Ramsey-Lewis-Theorie« hält N.e dagegen für kontingente Generalisierungen, die in umfassende Theorien integriert sind. Erst durch die Einbindung von Verallgemeinerungen in Theorien werden jene zu N.en. In der Version von D. Lewis sind N.e diejenigen Generalisierungen, die als Axiom oder Theorem in wahren deduktiven Systemen enthalten sind, die die beste Kombination von Einfachheit und Aussagegehalt darstellen (Lewis 1973, 73).

(3) Wie läßt sich für naturgesetzliche Aussagen ein objektiv-realistischer ↑Wahrheitsbegriff (↑Wahrheit) in Anspruch nehmen? Seit D. Hume und I. Kant hat diese nicht zuletzt auch erkenntnistheoretische Problematik die wissenschaftstheoretische Debatte nachhaltig bestimmt und sehr unterschiedliche Lösungsvorschläge hervorgebracht. Da die N.e für eine prinzipiell nicht begrenzbare Anzahl von Einzelfällen gelten, stets aber nur endlich viele Fälle bekannt sind, entsteht das Problem der Rechtfertigung des Schlusses von den endlich vielen beobachteten Fällen auf die allgemeine Gesetzmäßigkeit (↑Induktion). Die Annahme, daß es in der Natur gesetzmäßig zugehe, alle Vorgänge ›gleichförmig‹ ablaufen, bei ›gleichen Ursachen gleiche Wirkungen‹ eintreten (Kausalgesetz, ↑Kausalität), hilft nicht weiter, da sie das Induktionsproblem nur auf eine Art ›oberstes N.‹ (Kausalprinzip) verschiebt. Angesichts dieser fundamentalen erkenntnistheoretischen Schwierigkeit ist vorgeschlagen worden, nicht mehr von der Wahrheit von N.en zu reden, sondern nur von ihrer ↑Bewährung oder ↑Bestätigung aufgrund experimenteller Befunde. Allerdings sind Theorien der Bestätigung in verschiedenen Hinsichten strittig und keine läßt sich problemlos auf die Beziehung zwischen N.en und experimentellen Beobachtungsdaten (↑Beobachtung) anwenden; so ist es etwa ein Theorem der Carnapschen Induktionslogik, daß der Bestätigungsgrad einer generellen Gesetzesaussage relativ zu den singularen Beobachtungsdaten stets Null ist. Der Falsifikationismus (↑Falsifikation) vertritt die Auffassung, daß die Kenntnis der N.e prinzipiell hypothetisch bleiben und jederzeit mit einer möglichen Revision des Wissens von den N.en gerechnet werden muß, wobei in erster Linie nicht an Bestätigungs- und Widerlegungsversuche für einzelne N.e, sondern für ganze Theorien (↑Holismus, ↑Theoriesprache) gedacht wird. Jeder objektiv-realistische Wahrheitsanspruch der

N.e wird sowohl bei E. Mach, für den N.e lediglich denkökonomisch (↑Denkökonomie) übersichtliche Zusammenstellungen der experimentellen Einzelfakten sind, als auch im ↑Konventionalismus H. Poincarés fallengelassen, für den N.e bloße Übereinkünfte sind, die die Fachgelehrten nach ↑Einfachheitskriterien treffen. Die Tatsache, daß viele N.e strenggenommen nur unter idealen Bedingungen gelten, die so in der Natur niemals realisiert sind, stellt ebenfalls für einen objektiven Geltungsanspruch von N.en ein Problem dar und hat bei N. Cartwright zu der These geführt, daß die ›Gesetze der Physik lügen‹.

Die erkenntniskritische Position Kants, der das Problem der N.e mit den Bedingungen der Möglichkeit von ↑Erfahrung (›der Verstand schreibt der Natur seine Gesetze vor‹) in Zusammenhang gebracht hat, ist auf unterschiedliche Weise aufgegriffen worden. C. F. v. Weizsäcker und einige seiner Schüler versuchen eine Grundlegung der Quantenmechanik (↑Quantentheorie) über eine Axiomatik, die nichts als die Bedingungen der Möglichkeit physikalischer Erfahrung expliziert. H. Dingler und die Wissenschaftstheorie des ↑Konstruktivismus (↑Wissenschaftstheorie, konstruktive) suchen den Anschluß an Kant nicht über N.e als ↑Denkgesetze, sondern als Experimentalgesetze. Im ↑Experiment verändert der Experimentator willkürlich so genannte ›unabhängige‹ Meßgrößen $m_1, \ldots, m_n$, worauf sich eine so genannte ›abhängige‹ Meßgröße m auch ändert, und zwar so, daß entweder die Änderung von m nach einem deterministischen Gesetz oder die ↑Wahrscheinlichkeit (relative Häufigkeit in langen Versuchsreihen) einer bestimmten Änderung von m nach einem statistischen Gesetz aus den Werten der Größen $m_1, \ldots, m_n$ berechnet werden kann (↑Meßtheorie). Diese Abhängigkeit beobachtet der Naturwissenschaftler nicht passiv-kontemplativ, sie wird von ihm vielmehr aktiv intervenierend erzwungen, indem er künstliche Bedingungen im Labor selber herstellt. Vorgänge ›draußen in der Natur‹ werden dann über ↑Modelle erklärt, für die die Experimentierapparaturen die Vorbilder liefern. Auf der Grundlage dieser Überlegungen dominiert im Konstruktivismus eine technikwissenschaftliche (↑Technik) Auffassung der physikalischen Gesetze.

Literatur: G. Almeras, Loi (de la nature), Enc. philos. universelle II/1 (1990), 1506–1509; D. M. Armstrong, What Is a Law of Nature, Cambridge etc. 1983, 1999 (dt. Was ist ein N.?, Berlin 2004); J. D. Barrow, The World Within the World, Oxford 1988, Oxford/New York 1991 (dt. Die Natur der Natur. Wissen an den Grenzen von Raum und Zeit, Heidelberg/Berlin/Oxford 1993, Reinbek b. Hamburg 1996); A. Bartels, The Idea which We Call Power. N.e und Dispositionen, Philos. Nat. 37 (2000), 255–268; A. Bird, Nature's Metaphysics. Laws and Properties, Oxford, Oxford/New York 2007, 2009; H. Bräuer, N., in: W. D. Rehfus (ed.), Handwörterbuch Philosophie, Göttingen 2003, 478–480; J. W. Carroll, Laws of Nature, Cambridge etc. 1994; ders. (ed.),

Readings on the Laws of Nature, Pittsburgh Pa. 2004; N. Cartwright, How the Laws of Physics Lie, Oxford, Oxford/New York 1983, 2002; dies., Nature's Capacities and Their Measurement, Oxford 1989, 2002; M. B. Crowe, The Changing Profile of the Natural Law, The Hague 1977; H. Dingler, Der Glaube an die Weltmaschine und seine Überwindung, Stuttgart 1932; F. J. Dretske, Laws of Nature, Philos. Sci. 44 (1977), 248–268; B. Ellis, Scientific Essentialism, Cambridge etc. 2001; R. P. Feynman, The Character of Physical Law, Cambridge Mass. 1965, New York 1994 (dt. Vom Wesen physikalischer Gesetze, München/Zürich 1990, ⁸2007); M. Hampe (ed.), N.e, Paderborn 2005; ders., Eine kleine Geschichte des N.begriffs, Frankfurt 2007; R. Harré, Laws of Nature, London 1993; ders., Laws of Nature, in: W. H. Newton-Smith (ed.), A Companion to the Philosophy of Science, Malden Mass./Oxford 2000, 2001, 213–232; K. Hartbecke/C. Schütte (eds.), N.e. Historisch-systematische Analysen eines wissenschaftlichen Grundbegriffs, Paderborn 2006; N. Herold, Gesetz III, Hist. Wb. Ph. III (1974), 501–514; M. Hesse, Laws and Theories, Enc. Ph. IV (1967), 404–410; C. A. Hooker, Laws, Natural, REP V (1998), 470–475; A. Hüttemann, Laws and Dispositions, Philos. Sci. 65 (1998), 121–135; ders. (ed.), Kausalität und N. in der frühen Neuzeit, Stuttgart 2001; ders., N.e, in: A. Bartels/M. Stöckler (eds.), Wissenschaftstheorie. Ein Studienbuch, Paderborn 2007, ²2009, 135–153; P. Janich, Kleine Philosophie der Naturwissenschaften, München 1997; M. Kistler, Causalité et lois de la nature, Paris 1999 (engl. Causation and Laws of Nature, London/New York 2006, 2010); W. Krohn, Zur Geschichte des Gesetzesbegriffs in Naturphilosophie und Naturwissenschaft, in: M. Hahn/H. J. Sandkühler (eds.), Gesellschaftliche Bewegung und Naturprozeß, Köln 1981, 61–70; M. Lange, Natural Laws in Scientific Practice, Oxford/New York 2000; P. Lipton (ed.), Theory, Evidence and Explanation, Aldershot etc. 1995; K. Lewis, Counterfactuals, Oxford, Cambridge 1973, Malden Mass./Oxford 2001, 2008; P. Lorenzen, Lehrbuch der konstruktiven Wissenschaftstheorie, Mannheim/Wien/Zürich 1987, Stuttgart/Weimar 2000; E. Mach, Die Mechanik in ihrer Entwickelung. Historisch-kritisch dargestellt, Leipzig 1883, ⁹1933 (repr. Darmstadt 1963, 1991), Neudr. [der 7. Aufl. von 1912] Berlin 2012; P. Mittelstaedt/P. A. Weingartner, Laws of Nature, Berlin/Heidelberg/New York 2005; S. Mumford, Laws in Nature, London/New York 2004; R. E. Peierls, The Laws of Nature, London 1955, 1960 (dt. Die N.e. Der Bau der Materie und seine Gesetzmäßigkeit, Wien 1959); S. Psillos, Causation and Explanation, Chesham, Montreal 2002; P. J. Riggs (ed.), Natural Kinds, Laws of Nature and Scientific Methodology, Dordrecht/Boston Mass./London 1996; U. Rudolf, N., RGG VI (⁴2003), 115–116; H. Sankey (ed.), Causation and Laws of Nature, Dordrecht/Boston Mass./London 1999; E. Schrödinger, Was ist ein N.? Beiträge zum naturwissenschaftlichen Weltbild, München/Wien 1962, München ⁶2008; W. Stegmüller, Probleme und Resultate der Wissenschaftstheorie und Analytischen Philosophie, I–II, Berlin/Heidelberg/New York 1969–1973, I–III, ²1983–1986; N. Swartz, The Concept of Physical Law, Cambridge etc. 1985; J. Tabak, Mathematics and the Laws of Nature. Developing the Language of Science, New York 2004, 2011; H. Tetens, N., EP I (1999), 918–922, EP II (²2010), 1728–1733; M. Tooley (ed.), Laws of Nature, Causation, and Supervenience, New York/London 1999; G. Vollmer, Kandidaten für N.e, Philos. Nat. 37 (2000), 193–204; ders., Was sind und warum gelten N.e?, Philos. Nat. 37 (2000), 205–239; F. Weinert (ed.), Laws of Nature. Essays on the Philosophical, Scientific and Historical Dimensions, Berlin/New York 1995; C. F. v. Weizsäcker, Die Einheit der Natur. Studien, München 1971, ⁸2002; E. Zilsel, Die sozialen Ursprünge der neuzeitlichen Wissenschaft, ed. W. Krohn, Frankfurt 1976, ²1985, 66–97 (Die Entstehung des Begriffs des physikalischen Gesetzes) (engl. The Social Origins of Modern Science, ed. D. Raven/W. Krohn/R. S. Cohen, Dordrecht/Boston Mass./London 2000, 2003 [Boston Stud. Philos. Sci. 200], 96–122 [Part I, Chap. 6 The Genesis of the Concept of Physical Law]); weitere Literatur: ↑Gesetz (exakte Wissenschaften). H. T.

Naturphilosophie (lat. philosophia naturalis, engl. natural philosophy, franz. philosophie naturelle), gemäß der aristotelisch-stoischen Einteilung der Philosophie in Logik, Ethik und Physik ursprünglich Bezeichnung derjenigen Disziplin, deren Gegenstand die ↑Natur und die besonderen (empirischen und begrifflichen) Bedingungen sind, unter denen Natur erkannt wird. Dieser doppelten Aufgabenstellung entspricht, daß historisch unter N. sowohl der Aufbau von ↑*Naturwissenschaft*, d. h. naturwissenschaftlicher Theorien, als auch ↑*Metaphysik der Natur* verstanden werden konnte. In der Geschichte der Naturforschung und der Philosophie sind beide Gesichtspunkte, methodisch oft ungeschieden, miteinander verbunden. So gelten in der vorneuzeitlichen Entwicklung von Philosophie und Wissenschaft z. B. die kosmogonischen und kosmologischen Lehren der Milesier (↑Philosophie, ionische) und die antiken atomistischen Theorien über den Aufbau der materiellen Welt (Demokrit, Leukipp, Epikur, Lukrez) ebenso als N. wie die Physik des Aristoteles in Form einer Prinzipienanalyse (↑Form und Materie). In ihrer Aristotelischen Konzeption, speziell der Aristotelischen ↑Kosmologie, gewinnt die antike Naturforschung ihre die weitere Entwicklung bestimmende systematische Einheit. Zu den charakteristischen Elementen dieser Konzeption gehört dabei insbes. die Unterscheidung zwischen ↑›Physik‹ (als einer Theorie ›natürlicher‹ Körper und Bewegungen) und ↑›Mechanik‹ (als einer Theorie ›künstlicher‹ Bewegungen). Die Rezeption der Aristotelischen Physik in der ↑Scholastik und die Entwicklung naturwissenschaftlicher Fachdisziplinen (Astronomie, Statik, Geographie etc.) haben dieser Vorstellung einer einheitlichen N. keinen Abbruch getan, auch wenn faktisch, zumal unter Berücksichtigung insbes. neuplatonischer (↑Neuplatonismus) Entwicklungen (Plotinos, Proklos, A. Augustinus, J. S. Eriugena), häufig ganz unterschiedliche Erkenntnis- und Forschungsinteressen leitend waren. Neuere Darstellungen der Geschichte der Naturwissenschaften und der Philosophie, in denen jeweils verschiedene Teile der Geschichte der N. als Vorgeschichte dieser Disziplinen ausgewiesen werden, machen dies deutlich.

Der doppelten Aufgabenstellung der N., wie sie in Naturwissenschaft und Metaphysik der Natur zum Ausdruck kommt, entspricht in der mittelalterlichen Entwicklung der N. z. B. einerseits die Weiterbildung der Aristotelischen Dynamik in Form der ↑Impetustheorie, andererseits die ↑Alchemie, in deren Rahmen – ausgearbeitet in der Deutung der Natur als eines durchgängigen, durch Philosophie, Astronomie, ↑Astrologie, die Lehre vom ↑Makrokosmos und Mikrokosmos sowie die vom Ursprung und von den Eigenschaften der Stoffe beschriebenen Zusammenhanges – die Aristotelische und neuplatonische N. zur *angewandten* N. werden. Einflüsse des Neuplatonismus, des ↑Epikureismus und der ↑Kabbala verbinden sich in der N. der ↑Renaissance (Paracelsus, G. Cardano, B. Telesio, F. Patrizzi, G. Bruno, R. Fludd, J. B. van Helmont, F. M. van Helmont) mit theosophischen Elementen (↑Theosophie) zu einer den Ideen des ↑Hylozoismus nahestehenden organizistischen (↑Organizismus) Naturauffassung. Um *experimentelle* und damit methodologische Elemente wird der Aristotelische Begriff der N. bereits in der Scholastik ergänzt (etwa bei R. Grosseteste, Petrus Peregrinus und R. Bacon), wobei allerdings, im Sinne der ursprünglichen Aristotelischen Konzeption der ↑Erfahrung, zwischen *experientia* bzw. *scientia experientiae* und *experimentum* bzw. *scientia experimentalis*, auch bei methodischer Auszeichnung einer *via experientiae* in der Naturforschung, nicht unterschieden wird. Dies geschieht erst im Rahmen des *induktiven* (F. Bacon) und des *konstruktiven* (G. Galilei) Erfahrungsbegriffs der sich auf mathematisch beschreibbare Phänomene und deren Experimentbedingungen beschränkenden neuzeitlichen Naturwissenschaft (vgl. R. Boyle, Some Considerations Touching the Usefulnesse of Experimental Naturall Philosophy, I–II, Oxford 1663/1671), wobei mit I. ↑Newtons ↑Empirismus dieser Begriff über die Methodenideale der ↑Beobachtung und des ↑Experiments hinaus zum allgemeinen methodologischen Programm einer empirischen Fundierung wissenschaftlicher/philosophischer Sätze erweitert wird (↑regulae philosophandi).

Die neuzeitliche Form der N. ist damit die ↑*Experimentalphilosophie*, die sowohl die Principia-Literatur (Beispiel: I. Newton, Philosophiae naturalis principia mathematica, London 1687), d. h. die (begründend-systematische) *naturwissenschaftliche Theoriebildung* (I. Kant: ›empirische Philosophie‹, KrV B 868), als auch die Historia-Literatur (Beispiel: R. Boyle, Experiments and Considerations Touching Colours [...]. The Beginning of an Experimental History of Colours, London 1665), d. h. die (sammelnde und ordnende) ↑*Naturgeschichte*, umfaßt. In der Beibehaltung des Ausdrucks ›(Natur-)-Philosophie‹ (Beispiel: J.-B. de Lamarck, Philosophie zoologique, I–II, Paris 1809) dokumentiert sich dabei ebenso wie in der Bezeichnung ›Experimentalphilosophie‹ (*experimental philosophy, philosophie expérimentale*) die bleibende Idee einer Einheit von ↑Philosophie und ↑Wissenschaft. An die Stelle der aristotelisch-scho-

lastischen N. tritt, unter neuen methodologischen Orientierungen, die *empirische* (Natur-)Philosophie als Teil der weiterhin als Einheit aller rationalen Wissensbildung verstandenen *philosophischen* Forschung. Verständlich ist deshalb aber auch, daß es auch innerhalb der neuzeitlichen Bestimmung der N. weiterhin Metaphysik der Natur neben einer (neuen) Methodologie der Naturwissenschaft gibt. Beispiele sind sowohl die dualistische Metaphysik (↑Dualismus) R. Descartes', die sich unter anderem als philosophische Begründung eines mechanistischen Weltbildes (↑Weltbild, mechanistisches) versteht, als auch die Kritik des klassischen Empirismus (J. Locke) an diesem Begründungsversuch mit seiner Auszeichnung einer vermeintlich begriffsfrei (unterscheidungsfrei) gegebenen Basis der Erfahrung und einer auf diese These gestützten induktiven Methodologie (↑Induktion). Metaphysik der Natur wirkt bis in die Theorienbildung hinein, wofür etwa J. ↑Keplers metaphorischer ↑Platonismus und die Kontroverse zwischen Newton (S. ↑Clarke) und G. W. Leibniz um den physikalischen Raumbegriff Beispiele sind. Erst bei Kant erhält die Rede von ›Metaphysik der Natur‹ im Rahmen der Unterscheidung zwischen einer ›Theorie der Natur‹ bzw. einer ›theoretischen Naturwissenschaft‹ (KU § 79, Akad.-Ausg. V, 417) und einer ›historischen Naturlehre‹ (vgl. Metaphysische Anfangsgründe der Naturwissenschaft [1786], Vorrede, Akad.-Ausg. IV, 468) bzw. ›Naturgeschichte‹ wieder einen klaren methodologischen Sinn (↑Naturgeschichte).

Die mit der Entwicklung der Naturwissenschaften spätestens seit dem 18. Jh. faktisch (bei Betonung terminologischer Einheit) einsetzende Verselbständigung der Naturwissenschaften gegenüber der Philosophie führt dazu, daß sich die Systematisierungsbemühungen Kants nicht durchsetzen, die Naturwissenschaften sich in ihrem theoretischen Selbstverständnis im wesentlichen auf Methodologie beschränken und die (Rest-)Philosophie ein damit von den Naturwissenschaften selbst unbearbeitet bleibendes Begründungsprogramm häufig spekulativ mißversteht. Im 19. Jh. löst sich die zu Beginn der neuzeitlichen Entwicklung noch festgehaltene ursprüngliche ›philosophische‹ Einheit von Wissenschaft und Philosophie auch wissenschaftssystematisch auf, ausgedrückt in der Isolierung empirisch-hypothetischer Methodenideale in einer Theorie der ↑Naturwissenschaften und der dazu (historisch und systematisch) komplementären Isolierung hermeneutischer Methodenideale (↑Hermeneutik) in einer Theorie der ↑Geisteswissenschaften. Die Bezeichnung ›N.‹ für die Naturwissenschaften tritt zurück oder wird von philosophischer Seite nunmehr ausdrücklich gegen den Anspruch der Naturwissenschaften, die ganze ›empirische Philosophie‹ der Natur zu sein, geltend gemacht. So unterscheidet z. B. F. W. J. Schelling, im Anschluß an die ältere Unterscheidung zwischen ↑*natura naturans* und *natura naturata*, zwischen N., deren Gegenstand die Natur als schaffendes Subjekt bzw. als ›Produktivität‹ sei, und Naturwissenschaft, deren Gegenstand Natur als Erkenntnisobjekt bzw. als ›Produkt‹ sei (Einleitung zu dem Entwurf eines Systems der N. [..., 1799] § 6 II, Sämtl. Werke II, München 1958, 284). Nach dieser Konzeption führt N. gegenüber den Naturwissenschaften zu einer ›höheren Erkenntnis der Natur‹ (»Mit der N. beginnt, nach der blinden und ideenlosen Art der Naturforschung, die seit dem Verderb der Philosophie durch Bacon, der Physik durch Boyle und Newton allgemein sich festgesetzt hat, eine höhere Erkenntnis der Natur; es bildet sich ein neues Organ der Anschauung und des Begreifens der Natur«, Ideen zu einer Philosophie der Natur als Einleitung in das Studium dieser Wissenschaft [1792, ²1803], Sämtl. Werke I, München 1958, 720). Elemente der sich in einer spekulativen einheitlichen Naturauffassung geltend machenden romantischen N. (↑Naturphilosophie, romantische) Schellings, deren Ziel die Wiederherstellung einer ursprünglichen (mystischen) Einheit von Natur und Geist ist, finden sich auch bei J. G. v. Herder und J. W. v. Goethe (das Naturganze als ein lebendiger Wirkungszusammenhang, beschrieben in einer genetischen N. oder Naturhermeneutik), ferner bei G. W. F. Hegel. Hegels N. soll den Rahmen einer ›Versöhnung des Geistes mit der Natur‹ bilden (»Der Geist, der sich erfaßt hat, will sich auch in der Natur erkennen, den Verlust seiner wieder aufheben«, Enc. phil. Wiss. II, Sämtl. Werke IX, 721), wobei die Natur selbst als eine (stufenlose) Entwicklung zum Geist aufgefaßt wird (»Die denkende Naturbetrachtung muß betrachten, wie die Natur an ihr selbst dieser Prozeß ist, zum Geiste zu werden, ihr Anderssein aufzuheben«, Enc. phil. Wiss. II, Sämtl. Werke IX, 50). Alternative Formen einer derartigen idealistischen (↑Idealismus) N. stellen, zum Teil wieder stärker an die naturwissenschaftliche Wissensbildung anschließend, z.B. die N. des Materialismus (↑Materialismus (historisch), ↑Materialismus (systematisch)), des ↑Monismus und des ↑Vitalismus dar.

Im Rahmen der neueren ↑Wissenschaftstheorie tritt die Bezeichnung ›N.‹ für die Wissenschaftstheorie der Naturwissenschaften bei H. Reichenbach (Ziele und Wege der heutigen N., Leipzig 1931) wieder auf, verbunden mit der wissenschaftstheoretischen Konzeption des Logischen Empirismus (↑Empirismus, logischer). Sie dient ferner zur Bezeichnung einer Philosophie der Naturwissenschaften und der Natur (M. Drieschner, Einführung in die N., Darmstadt 1981). Terminologische Vorschläge dieser Art, die noch einmal an die ursprünglichen Formen einer *philosophia naturalis* erinnern, sind jedoch, nicht zuletzt wegen der philosophiehistorischen Konnotationen, die sich mit dem Terminus ›N.‹ verbinden, als Alternativen zu Bezeichnungen wie ›Wissenschaftstheo-

rie der ...‹ oder ›Grundlagen der ...‹ wenig geeignet. Andererseits könnte, womöglich sogar in kritischer Rekonstruktion z.B. idealistischer Formen der N., der Terminus ›N.‹ zur Bezeichnung einer sich unter dem Eindruck zunehmender Zerstörung der Natur formierenden ökologischen Richtung (↑Ökologie) innerhalb der Philosophie und der Naturwissenschaften dienen. Dies unter anderem auch deshalb, weil ökologische Orientierungen teilweise auf die Wiederherstellung einer ›Aristotelischen ↑Natur‹ (unter den theoretischen Bedingungen moderner Naturwissenschaften) zielen.

Literatur: H. Ambacher, Les philosophies de la nature, Paris 1974; E. v. Aster, N., Berlin 1932; T. Bach/O. Breidbach (eds.), N. nach Schelling, Stuttgart-Bad Cannstatt 2005; J. D. Barrow, The World within the World, Oxford 1988, Oxford/New York 1991 (dt. Die Natur der Natur. Wissen an den Grenzen von Raum und Zeit, Heidelberg/Berlin/Oxford 1993, Reinbek b. Hamburg 1996); A. Bartels, Grundprobleme der modernen N., Paderborn etc. 1996; A. Bird, Nature's Metaphysics. Laws and Properties, Oxford, Oxford/New York 2007, 2009; G. Böhme (ed.), Klassiker der N.. Von den Vorsokratikern bis zur Kopenhagener Schule, München 1989; ders./G. Schiemann (eds.), Phänomenologie der Natur, Frankfurt 1997; L. Boi (ed.), Science et philosophie de la nature. Un nouveau dialogue, Bern etc. 2000; W. Bonsiepen, Die Begründung einer N. bei Kant, Schelling, Fries und Hegel. Mathematische versus spekulative N., Frankfurt 1997; R. Breil (ed.), N., Freiburg/München 2000; M. Clagett, The Science of Mechanics in the Middle Ages, Madison Wis. 1959, 1979; A. C. Crombie, Augustine to Galileo. The History of Science, A. D. 400–1650, London 1952 (repr. unter dem Titel: The History of Science from Augustine to Galileo, New York 1995), ohne Untertitel, I–II, ²1961, in 1 Bd., London, Cambridge Mass. 1979 (dt. Von Augustinus bis Galilei. Die Emanzipation der Naturwissenschaft, Köln/Berlin 1959, ²1965, München 1977); ders., Robert Grosseteste and the Origins of Experimental Science 1100–1700, Oxford 1953 (repr. 1962), 2003; W. Detel, Grundkurs Philosophie II (Metaphysik und N.), Stuttgart 2007, 2010; E. J. Dijksterhuis, De mechanisering van het wereldbeeld, Amsterdam 1950, 2006 (dt. Die Mechanisierung des Weltbildes, Berlin/Göttingen/Heidelberg 1956 [repr. Berlin/Heidelberg/New York 1983, 2002]; engl. The Mechanization of the World Picture, Oxford 1961, Princeton N. J. 1986); H. Dingler, Die Grundlagen der N., Leipzig 1913 (repr. Darmstadt, München 1967); ders., Geschichte der N., Berlin 1932 (repr. Darmstadt, München 1967); M. Drieschner, Einführung in die N., Darmstadt 1981, ²1991; ders., Moderne N.. Eine Einführung, Paderborn 2002; W. Dubislav, N., Berlin 1933; P. Duhem, Le système du monde. Histoire des doctrines cosmologiques de Platon à Copernic, I–X, Paris 1913–1959, Neudr. I–VII, 1979–1989; B. Ellis, The Philosophy of Nature. A Guide to the New Essentialism, Chesham, Montreal etc. 2002; M. Esfeld, Einführung in die N., Darmstadt 2002, ²2011; ders., N. als Metaphysik der Natur, Frankfurt 2008; B. Falkenburg, Die Form der Materie. Zur Metaphysik der Natur bei Kant und Hegel, Frankfurt 1987; dies., Kants Kosmologie. Die wissenschaftliche Revolution der N. im 18. Jahrhundert, Frankfurt 2000; K. Gloy, N., TRE XXIV (1994), 118–132; dies., Das Verständnis der Natur, I–II, München 1995, Köln 2005; E. Grant, A History of Natural Philosophy. From the Ancient World to the Nineteenth Century, Cambridge etc. 2007; I. H. Grant, Philosophies of Nature after Schelling, London/New York 2006, 2008; M. Heidelberger, N., REP VI (1998), 737–743; G. Hennemann, Grundzüge einer Geschichte der N. und ihrer Hauptprobleme, Berlin 1975; R. W. Hepburn, Nature, Philosophical Ideas of, Enc. Ph. V (1967), 454–458; K. Herrmann, Apriori im Wandel. Für und wider eine kritische Metaphysik der Natur, Heidelberg 2012; M.-L. Heuser-Keßler, Die Produktivität der Natur. Schellings N. und das neue Paradigma der Selbstorganisation in den Naturwissenschaften, Berlin 1986; B. Kanitscheider, Von der mechanistischen Welt zum kreativen Universum. Zu einem neuen philosophischen Verständnis der Natur, Darmstadt 1993; R. Kather, Die Wiederentdeckung der Natur. N. im Zeichen der ökologischen Krise, Darmstadt 2012; D. M. Knight/ M. D. Eddy (eds.), Science and Beliefs. From Natural Philosophy to Natural Science, 1700–1900, Aldershot/Burlington Vt. 2005; C. Kummer (ed.), Was ist N. und was kann sie leisten?, Freiburg/ München 2009; S. Lorenz u. a., N., Hist. Wb. Ph. VI (1984), 535–560; A. Maier, Studien zur N. der Spätscholastik, I–V, Rom 1949–1958 (repr. Bde I, III–V 1977); K. Mainzer, Von der N. zur Naturwissenschaft. Zum neuzeitlichen Wandel des Naturbegriffs, in: H.-D. Weber (ed.), Vom Wandel des neuzeitlichen Naturbegriffs, Konstanz 1989, 11–31; U. Meixner/A. Newen (eds.), Schwerpunkt: Geschichte der N./Focus: History of the Philosophy of Nature, Paderborn 2004; J. Mittelstraß, Neuzeit und Aufklärung. Studien zur Entstehung der neuzeitlichen Wissenschaft und Philosophie, Berlin/New York 1970; ders., Metaphysik der Natur in der Methodologie der Naturwissenschaften. Zur Rolle phänomenaler (Aristotelischer) und instrumentaler (Galileischer) Erfahrungsbegriffe in der Physik, in: K. Hübner/A. Menne (eds.), Natur und Geschichte. X. Deutscher Kongreß für Philosophie, Kiel 8.–12. Oktober 1972, Hamburg 1973, 63–87; ders., Leben mit der Natur. Über die Geschichte der Natur in der Geschichte der Philosophie und über die Verantwortung des Menschen gegenüber der Natur, in: O. Schwemmer (ed.), Über Natur [s. u.], 37–62; H. Reichenbach, Ziele und Wege der heutigen N., Leipzig 1931, mit Untertitel: Fünf Aufsätze zur Wissenschaftstheorie, ed. N. Milkov, Hamburg 2011; N. Rescher, Nature and Understanding. The Metaphysics and Method of Science, Oxford/New York 2000, 2003; L. Schäfer, N., LThK VII (1998), 682–683; G. Schiemann, Was ist Natur? Klassische Texte zur N., München 1996; ders./M. Heidelberger, Philosophie IX. N., EP II (1999), 1127–1138, N., EP II (²2010), 1733–1743; O. Schwemmer (ed.), Über Natur. Philosophische Beiträge zum Naturverständnis, Frankfurt 1987, ²1991; E. D. Sylla, Natural Philosophy, Medieval, REP VI (1998), 690–707; C. Truesdell, Six Lectures on Modern Natural Philosophy, Berlin/Heidelberg/ New York 1966; G. Vollmer, Was können wir wissen? II (Die Erkenntnis der Natur. Beiträge zur modernen N.), Stuttgart 1986, ³2003; W. A. Wallace, The Modeling of Nature. Philosophy of Science and Philosophy of Nature in Synthesis, Washington D. C. 1996; D. B. Wilson, Seeking Nature's Logic. Natural Philosophy in the Scottish Enlightenment, University Park Pa. 2009; weitere Literatur: ↑Natur, ↑Naturphilosophie, romantische, ↑Naturwissenschaft. J. M.

Naturphilosophie, romantische, Bezeichnung für die Naturphilosophie F. W. J. Schellings und die an diese anschließende philosophische, naturwissenschaftliche und medizinische Konzeption einer spekulativen, einheitlichen Naturauffassung (↑Natur, ↑Naturphilosophie). Die r. N. will die in den empirischen Phänomenen nur partiell hervortretende oder gar durch sie verdeckte ›wahre‹ Natur verstehen. Letztes Ziel ist es, die ursprüngliche (mystische) Einheit von Geist und Natur wiederherzustellen, indem die Gesetze der Natur als Ausdruck der Gesetze des Geistes begriffen und die gesamte Natur als ein riesiger beseelter (↑Weltseele) ↑Organismus aufgefaßt wird. In der ›absoluten‹ Identität von Geist und Natur kommt die ↑Naturgeschichte der Selbstgewißheit des Menschen an ihr Ende und Ziel in einem neuen, von ›den Fesseln der Natur‹ infolge ihrer ›Konstruktion‹ im Geist befreiten ↑Selbstbewußtsein. Konkret versteht Schelling sein als Reaktion gegen die ↑Aufklärung verstehbares Programm so, daß aus nichtempirischen Prinzipien und Begriffen der ›dynamische‹ Prozeß der Naturentfaltung ›deduziert‹ wird. Dies im Unterschied zu I. Kant nicht in einem formalen, sondern in einem inhaltlichen Sinne, und zwar so, daß die empirischen Phänomene durch Subsumption unter die naturphilosophischen Kategorien überhaupt erst verstehbar werden. – Generell steht die r. N. in einem durch Abhängigkeit und gleichzeitige Distanzierung charakterisierbaren Spannungsverhältnis zur Kantischen Philosophie, insbes. zu deren naturphilosophischen Konzeptionen in der »Kritik der reinen Vernunft« (1781), der »Kritik der Urteilskraft« (1790) und in den »Metaphysischen Anfangsgründen der Naturwissenschaft« (1786). Wie alle Theorien der r. n N. ist auch Schellings Ansatz durch eine auf Ganzheit und Vereinheitlichung setzende Tendenz geprägt, die insbes. durch ihre kühnen Analogiebildungen von hoher Allgemeinheit oft wenig Raum für empirische Tatsachen läßt. Gleichwohl schließt sie, wenn auch manchmal grob mißverstehend, an neueste Theorien ›seriöser‹ zeitgenössischer Wissenschaft an, z. B. an den Dynamismus (↑Dynamismus (physikalisch)) mit seinem einheitlichen Kraftbegriff, den Magnetismus, die Elektrizitätslehre, den ›Galvanismus‹ (d. h. die [unzutreffende] Annahme einer dem Tierkörper eigenen Elektrizität) sowie den Sensibilitäts- und den Irritabilitätsbegriff der Physiologie A. v. Hallers. Aber auch Obskures wie der ↑Mesmerismus oder die auf dem Begriff der Reizbarkeit (excitability) beruhende Krankheitslehre J. Browns bilden einen wichtigen Bestandteil der Schellingschen Darlegungen, ferner J. W. v. Goethes methodische und naturwissenschaftliche Ideen.

Gegen die ›blinde und ideenlose Art der Naturforschung‹ seit dem ›Verderb der Physik‹ durch R. Boyle und I. Newton geht es Schelling um ›eine höhere Erkenntnis der Natur‹, die sich in ihren verschiedenen (Dreier-)›Potenzen‹ auf den unterschiedlichen Stufen ihrer Entfaltung zeigt. Ordnungsschema ist die überall waltende ›Polarität‹, die in einem ›Dritten‹ zum Ausgleich strebt. In diesem Sinne sieht Schelling im nichtorganischen Bereich die Materie als ursprünglich von Attraktion, Repulsion (↑Attraktion/Repulsion) und

↑Gravitation beherrscht. Hieraus entstehen in einem dynamischen Prozeß die ›Potenzen‹ chemische Bindung, Magnetismus und – bereits im Übergang zum organischen Bereich – Galvanismus. Die erste (unterste) Stufe im organischen Bereich ist die bewußtlos wirkende, für die Pflanze und die vegetative Dimension des Tier- und Menschenleibs charakteristische *Reproduktionskraft*, die zweite Stufe die für Bewegung und Kreislauf im animalischen Bereich spezifische (muskuläre) *Irritabilität*, die dritte Stufe die für höhere Sinneswahrnehmungen und das Seelenleben des Menschen verantwortliche *Sensibilität* (der Nerven). Organische und anorganische Natur sind jedoch eng verwandt, weil sie die gleichen (geistigen) Ideen, wenn auch in unterschiedlichem Grad, zur Entfaltung bringen.

Schellings Ansatz hatte, obwohl für ihn selbst die Periode der Naturphilosophie 1806 beendet war, starke Wirkung vor allem auf Ärzte (z.B. D.G. Kieser, A. Röschlaub, I.P.V. Troxler). Bedeutender Einfluß ferner in der Biologie (z.B. K.E. v. ↑Baer, K.F. Burdach, C.G. ↑Carus, A.K.A. Eschenmayer, C.F. Kielmeyer, L. ↑Oken), aber auch in Geologie (H. Steffens) und Physik (H.C. Ørstedt, J.W. ↑Ritter). In einzelnen Fällen dürften die Spekulationen der r.n N. die Herausbildung tragfähiger Theorien in den Wissenschaften gefördert haben. – Die Bezeichnung ›r. N.‹ ist nicht glücklich, da die r. N. als hochspekulative Disziplin zu wichtigen Inhalten der ↑Romantik wie etwa der Betonung des ↑Gefühls in einem (wenigstens vordergründigen) Gegensatz steht und Schellings Ansatz z.B. von Romantikern wie Novalis und F. Schlegel als intellektualistisch abgelehnt wurde. Der Ausdruck ›r. N.‹ sollte daher, jedenfalls für den deutschen Sprachraum, auf Schelling und seine Anhänger beschränkt bleiben, trotz gewisser Affinitäten (vor allem gemeinsame Gegnerschaft zum ↑Mechanismus) mit dem zeitgenössischen ↑Vitalismus (z.B. J.F. Blumenbach). J. Liebig war zwar Vitalist, aber entschiedener Gegner der r.n N.. Der hinter dem Schellingschen Konzept der r.n N. stehende und sie motivierende Gedanke der ↑Einheit der Natur bzw. der Einheit von Natur und Geist hat sich seither in unterschiedlichsten Varianten manifestiert, die von seriösen Reflexionen über leitende Naturbegriffe, wissenschaftsphilosophische Einheitskonzeptionen und Selbstorganisationstheorien über ökophilosophische Ansätze bis hin zu esoterischen Scharlatanerien reichen.

Literatur: R. Ayrault, La genèse du romantisme allemand IV (1797–1804 (II)), Paris 1976; T. Bach/O. Breidbach, Naturphilosophie nach Schelling, Stuttgart-Bad Cannstatt 2005; T. Ballauf, Die Wissenschaft vom Leben. Eine Geschichte der Biologie I (Vom Altertum bis zur Romantik), Freiburg/München 1954, 343–392; M. Baum, Die Anfänge der Schellingschen Naturphilosophie, in: C. Asmuth/A. Denker/M. Vater (eds.), Schelling. Zwischen Fichte und Hegel/Between Fichte and Hegel, Amsterdam/Philadelphia Pa. 2000, 95–112; C. Bernoulli/H. Kern (eds.),

R. N., Jena 1926; M. Blumentritt, Begriff und Metaphorik des Lebendigen. Schellings Metaphysik des Lebens 1792–1809, Würzburg 2007; G. Böhme (ed.), Klassiker der N.. Von den Vorsokratikern bis zur Kopenhagener Schule, München 1989; W. Bonsiepen, Die Begründung einer Naturphilosophie bei Kant, Schelling, Fries und Hegel. Mathematische versus spekulative Naturphilosophie, Frankfurt 1997; O. Breidbach/P. Ziche (eds.), Naturwissenschaften um 1800. Wissenschaftskultur in Jena-Weimar, Weimar 2001; T. Buchheim, Das ›objektive Denken‹ in Schellings Naturphilosophie, Kant-St. 81 (1990), 321–338; K. L. Caneva, Physics and ›Naturphilosphie‹. A Reconnaissance, Hist. Sci. 35 (1997), 35–106 (mit Bibliographie, 78–89); C. A. Culotta, German Biophysics, Objective Knowledge, and Romanticism, Hist. Stud. Phys. Sci. 4 (1974), 3–38; A. Cunningham/N. Jardine, Romanticism and the Sciences, Cambridge etc. 1990; P. Diepgen, Deutsche Medizin vor hundert Jahren. Ein Beitrag zur Geschichte der Romantik. Rede gehalten bei der Jahresfeier der Freiburger Wissenschaftlichen Gesellschaft am 28. Okt. 1922, Freiburg/Leipzig 1923; D. v. Engelhardt, Naturphilosophie im Urteil der »Heidelberger Jahrbücher der Literatur« 1808–1832, Heidelb. Jb. 19 (1975), 53–82; ders., Bibliographie der Sekundärliteratur zur romantischen Naturforschung und Medizin 1950–1975, in: R. Brinkmann (ed.), Romantik in Deutschland. Ein interdisziplinäres Symposion, Stuttgart 1978, 307–330; J. L. Esposito, Schelling's Idealism and Philosophy of Nature, Lewisburg Pa./London 1977; M. Frank, Schelling's Late Return to Kant. On the Difference between Absolute Idealism and Philosophical Romanticism, Int. Jb. Dt. Idealismus 6 (2008), 25–58; K. Gloy/P. Burger (eds.), Die Naturphilosophie im Deutschen Idealismus, Stuttgart-Bad Cannstatt 1993; A. Gode-v. Aesch, Natural Science in German Romanticism, New York 1941 (repr. 1966); B. Gower, Speculation in Physics. The History and Practice of Naturphilosophie, Stud. Hist. Philos. Sci. 3 (1973), 301–356; A. Guilherme, Schelling's ›Naturphilosophie‹ Project. Towards a Spinozian Conception of Nature, South African J. Philos. 29 (2010), 373–390; R. Haym, Die romantische Schule. Ein Beitrag zur Geschichte des Deutschen Geistes, Berlin 1870 (repr. Darmstadt 1961), ⁵1928, 552–660; R. Heckmann/H. Krings/R. W. Meyer (eds.), Natur und Subjektivität. Zur Auseinandersetzung mit der jungen Schelling. Referate, Voten und Protokolle der II. Internationalen Schelling-Tagung Zürich 1983, Stuttgart-Bad Cannstatt 1985; A. Hermann, Schelling und die Naturwissenschaften, Technikgesch. 44 (1977), 47–53; M.-L. Heuser-Keßler, Die Produktivität der Natur. Schellings N. und das neue Paradigma der Selbstorganisation in den Naturwissenschaften, Berlin 1986; dies./W. G. Jacobs (eds.), Schelling und die Selbstorganisation. Neue Forschungsperspektiven, Berlin 1994; K. T. Kanz (ed.), Philosophie des Organischen in der Goethezeit. Studien zu Werk und Wirkung des Naturforschers Carl Friedrich Kielmeyer (1765–1844), Stuttgart 1994; R. Kather, Die Wiederentdeckung der Natur. Naturphilosophie im Zeichen der ökologischen Krise, Darmstadt 2012; C. F. Kielmeyer, Über die Verhältnisse der organischen Kräfte untereinander [...], Stuttgart 1793 (repr. Marburg 1993), Tübingen 1814; H. Knittermeyer, Schelling und die romantische Schule, München 1928, 1929 (repr. Nendeln 1973); W. Leibbrand, Romantische Medizin, Hamburg/Leipzig 1937; ders., Die spekulative Medizin der Romantik, Hamburg 1956; R. Liedtke, Das romantische Paradigma der Chemie. Friedrich von Hardenbergs Naturphilosophie zwischen Empirie und alchemistischer Spekulation, Paderborn 2003; S. Lorenz u.a., Naturphilosophie, Hist. Wb. Ph. VI (1984), 535–560, bes. 550–553; R. Löw, The Progress of Organic Chemistry During the Period of German Romantic Naturphilosophie (1795–1825), Ambix 27 (1980), 1–10; O. Marquard, Transzendentaler Idealismus, r. N., Psychoanalyse, Köln 1987; E. Mende, Der Einfluß von Schellings ›Princip‹ auf Biologie und Physik der Romantik, Philos. Nat. 15 (1974/1975), 461–485; A. Meyer-Abich (ed.), Biologie der Goethezeit. Klassische Abhandlungen […], Stuttgart 1949; D. Nassar, From a Philosophy of Self to a Philosophy of Nature. Goethe and the Development of Schelling's ›Naturphilosophie‹, Arch. Gesch. Philos. 92 (2010), 304–321; D. Oldenburg, R. N. und Arzneimittellehre 1800–1840, Braunschweig 1979; F. Paul, Heinrich Steffens. Naturphilosophie und Universalromantik, München 1973; C. Piché, Fichte et la première philosophie de la nature de Schelling, Dialogue 43 (Cambridge 2004), 211–237; G. B. Risse, Kant, Schelling, and the Early Search for a Philosophical ›Science‹ of Medicine in Germany, J. Hist. Med. Allied Sci. 27 (1972), 145–158; ders., ›Philosophical‹ Medicine in Nineteenth-Century Germany. An Episode in the Relations between Philosophy and Medicine, J. Med. and Philos. 1 (1976), 72–92; K. E. Rothschuh, Konzepte der Medizin in Vergangenheit und Gegenwart, Stuttgart 1978; M. Rudolphi, Produktion und Konstruktion. Zur Genese der Naturphilosophie in Schellings Frühwerk, Stuttgart-Bad Cannstatt 2001; G. Schiemann/M. Heidelberger, Naturphilosophie, EP II (²2010), 1733–1743, bes. 1736–1737; H. A. M. Snelders, Romanticism and Naturphilosophie and the Inorganic Natural Sciences 1797–1840. An Introductory Survey, Stud. Romant. 9 (1970), 193–215; ders., Wetenschap en intuitie. Het Duitse romantisch-speculatief natuuronderzoek rond 1800, Baarn 1994; H. Sohni, Die Medizin der Frühromantik. Novalis' Bedeutung für den Versuch einer Umwertung der ›Romantischen Medizin‹, Freiburg 1973; F. Strack (ed.), Evolution des Geistes. Jena um 1800. Natur und Kunst, Philosophie und Wissenschaft im Spannungsfeld der Geschichte, Stuttgart 1994; T. Steinbüchel (ed.), Romantik. Ein Zyklus Tübinger Vorlesungen, Tübingen/Stuttgart 1948; R. Wahsner, Naturphilosophie im deutschen Idealismus und alternative Konzepte, Philos. Rdsch. 44 (1997), 288–303; A. D. Wilson, Die romantischen Naturphilosophen, in: K. v. Meyenn (ed.), Die großen Physiker I (Von Aristoteles bis Kelvin), München 1997, 319–335.   G. W.

Naturrecht (lat. ius naturae, ius naturale, lex naturae, lex naturalis; engl. natural law, franz. droit naturel), seit der römischen Antike gebräuchliche Bezeichnung für die bestimmte Verständnisse von ↑›Natur‹ und ›Natürlichkeit‹ in Anspruch nehmende Begründungsbasis für moralische, politische und rechtliche Normen (↑Norm (handlungstheoretisch, moralphilosophisch; ↑Norm (juristisch, sozialwissenschaftlich)); darüber hinaus allgemeine Kennzeichnung solcher Lehren und Theorien, die eine derartige ↑normativ rechtfertigende Basis zugrundelegen. N.slehren haben zwei Seiten: Sie können entweder der Rechtfertigung bestehender als auch der Rechtfertigung idealer Normen dienen, die dann kritisch gegenüber bestehenden Normen in Anschlag gebracht werden. Die Berufung auf ein N. bedeutet somit den Rekurs auf eine höher- oder höchstrangige normative Quelle moralischer, politischer und rechtlicher ↑Ordnung, von der aus bestehende Ordnungen als seine gelungenen Konkretisierungen legitimiert oder als ver-

fehlte Realisierungen kritisiert werden (können). Entsprechend nimmt die Berufung auf das N. entweder sozialkonservative oder sozialrevolutionäre Züge an. In extensionaler (↑extensional/Extension) wie intensionaler (↑intensional/Intension) Hinsicht fächert sich der N.sbegriff auf; mindestens drei Dimensionen seiner Bedeutung lassen sich unterscheiden: (1) der jeweils zugrundegelegte Geltungsbereich: N. als Basis für alle normativen Ordnungen der Moral, der Politik und des Rechts insgesamt oder nur für die ein oder andere von ihnen; entsprechend ist von unterschiedlichen Gegenstandsbereichen der N.slehren auszugehen; (2) der jeweils zugrundegelegte Begriff von Natur und Natürlichkeit: (a) ein metaphysisch bestimmter Naturbegriff, z. B. Natur als wohlgeordneter ↑Kosmos in der ↑Stoa, Natur hier als zweckorientiert eingerichtet (↑Teleologie) und hierarchisch aufgebaut verstanden, oder Natur als der jeweiligen Art eines Lebewesens entsprechende Vollendungsgestalt bei Aristoteles, Natur (↑Physis) hier dynamisch begriffen als aus sich heraus tätig (↑Dynamis), die sich auf das ihr eingezeichnete ↑Telos (↑Zweck) hin aktualisiert (↑Energeia, ↑Akt und Potenz) und so ihr ↑Wesen (↑Usia, ↑essentia) erfüllt, oder Natur (des Menschen) als das von Gott gewollte, sich letztlich nur in der Ebenbildlichkeit mit Gott und in dessen Anschauung (↑visio beatifica dei) erfüllende Wesen des Menschen in der christlichen Anthropologie, hier als sich selbst überschreitende Natur verstanden (↑transzendent/Transzendenz, ↑übernatürlich); (b) ein metaphysikfreier, enttheologisierter und entteleologisierter, als Gegenstandsbereich der ↑Naturwissenschaften und/ oder als Gegenbegriff zu ↑Kultur und ↑Technik bestimmter Naturbegriff, so vor allem in Neuzeit und Moderne; (3) der erkenntnis- und geltungstheoretische Rang des in Anspruch genommenen N.s: seine Erkennbarkeit und normative Geltung nur in Abhängigkeit von einer göttlichen gesetzgeberischen Instanz (↑Offenbarung, ↑Theonomie) oder unabhängig davon durch menschliche ↑Erfahrung und ↑Vernunft allein (↑Autonomie). Für ein derart autonomes N. hat sich, um seine spezifische Geltungsbasis herauszustellen und der Vieldeutigkeit des Naturbegriffs zu entgehen (obwohl er auch noch in der Neuzeit, ausgenommen in Ethik- und Rechtstheorien kantischen Zuschnitts, im Hintergrund eine Rolle spielt), die Bezeichnung ›Vernunftrecht‹ eingebürgert.

Drei große Perioden naturrechtlichen Denkens lassen sich unterscheiden: das N. der griechisch-römischen Antike, das des christlichen Mittelalters und das Vernunftrecht der ↑Aufklärung. Die Ausbildung naturrechtlichen Denkens in der griechischen Philosophie knüpft zum einen an den in der ionischen ↑Naturphilosophie (↑Philosophie, ionische, ↑Natur) entwickelten Naturbegriff, zum anderen an einen durch die theoretische Beschäftigung mit den Polisverfassungen entstehenden Gesetzesbegriff an. Damit wird die alte Einheit des mythisch-religiösen Begriffs einer ↑Nomos und ↑Physis ineinssetzenden göttlichen Weltordnung aufgebrochen, die die Vorgeschichte des N.s bildet. Dies führt in der sophistischen N.stheorie (↑Sophistik), die bereits die Krise des Polissinns widerspiegelt, zur Kritik des Geltungsanspruchs gesetzten Rechts, das als egoistische Setzung einzelner Mächtiger oder einer Menge von Schwachen betrachtet wird. In diesem Zusammenhang entsteht die ideologiekritische Lehre vom ↑Gesellschaftsvertrag, die Platon als Folie bei der dialogischen Entwicklung des Begriffs der ↑Gerechtigkeit als Selbstzweck benutzt. Ausgangspunkt der Entstehung und der Rechtfertigung politischer Herrschaft mit ihrer sozialen Gliederung ist für Platon die fehlende ↑Autarkie der zum Überleben und zur Befriedigung ihrer vielfältigen Bedürfnisse auf den Zusammenschluß einer arbeitsteilig organisierten ↑Gesellschaft angewiesenen, von Natur aus ungleichen Individuen (Pol. 369b, 370a–b, 421c, 428e, 453b–454d). Gerechtfertigt ist diese Rechtsordnung dann, wenn sie eine harmonische Zuordnung von natürlichen Anlagen und gesellschaftlichen Funktionen gewährleistet. Ungerecht und darin auch unnatürlich ist eine Zuteilung, nach der Ungleiche Gleiches oder Gleiche Ungleiches erhalten. In Platons Lehre von der Gerechtigkeit fallen Natur und Idee noch einmal ineins. Aristoteles trifft die für die weitere N.sdiskussion wichtige Unterscheidung zwischen *iustitia distributiva* und *iustitia commutativa* (Eth. Nic. *E*6.1131a22, Pol. *El.*1301a25–1302a15). Die Geschichte der Polisentwicklung betrachtet Aristoteles, stärker noch als Platon, als Naturgeschichte des Menschen (Pol. *A*2.1252b30–1253a3), den ein natürliches Schutzbedürfnis in die Gemeinschaft zwingt, die in der Geschlechtsgemeinschaft von Mann und Frau und der daraus entstehenden Familie ihre Urform hat. Die Eigenart der menschlichen ↑Bedürfnisse und die in der Sprachfähigkeit gegebene Möglichkeit, sie in wechselseitiger Abhängigkeit der arbeitsteilig strukturierten Gesellschaft zu befriedigen, führt den Menschen als ›politisches Wesen‹ (ζῷον πολιτικόν) in die Polisgemeinschaft. Der Begriff des N.s tritt dort auf, wo Aristoteles für den Bereich der politischen Gerechtigkeit zwischen einer natürlichen und einer konventionalistischen Gerechtigkeit unterscheidet. Die Geltung des natürlichen Rechts wird jedoch nicht mehr wie bei Platon aus dem Gegensatz zwischen der Welt der Erscheinungen und der Welt der Ideen, sondern (im Zusammenhang mit einer teleologischen Naturgeschichte [↑Teleologie]) durch ihre faktische Wirksamkeit naturprozeßhaft bestimmt. Dadurch ergibt sich die Frage, weshalb das N. nicht, wie Naturgesetze der Physik, überall gleichermaßen auftritt und gilt (Eth. Nic. *E*10.1134b18–1135a16).

Nach dem Zerfall der Polis, ihrer Entpolitisierung und Eingliederung in das römische Weltreich, wird in der ↑Stoa die gesamte Menschheit Adressat des N.s. Ausgangspunkt ist erneut die sich in der Familie zuerst manifestierende natürliche Sozialität, die alle Menschen in einer *civitas mundi*, in der sie sich als Menschen und damit als gleich erkennen, miteinander verbindet. Obwohl diese Erweiterung selbst auf einem natürlichen Trieb der Aneignung (οἰκείωσις) beruht, nimmt die stoische N.slehre mit der Annahme eines zunehmenden Bewußtseins des zunächst bewußtlosen Vorgangs zum ersten Mal ein Willensmoment in sich auf. Terminologisch findet das seinen Ausdruck in der Unterscheidung zwischen einem ersten N., das den natürlichen Trieb des Menschen zur Gemeinschaft, und einem zweiten N., das die Einsicht in die Vernünftigkeit der Gemeinschaft bezeichnet. Das gesamte Universum wird von einem kosmischen Nomos beherrscht, der in der griechischen Stoa als ›Logos‹, in der römischen Stoa als ›lex aeterna‹ bezeichnet wird. Als Teil der Gesamtordnung vermag der Mensch Einsicht in das Weltgesetz zu gewinnen, dessen Widerspiegelung das N. ist. Die Verbindlichkeit der Moral und des positiven Rechts beruht dann auf deren Übereinstimmung mit den Normen des N.s, das in unterschiedlicher Form in den bestehenden Sitten und Rechtsordnungen zum Ausdruck kommt. Aufgabe der Vernunft ist es, den Grad der Übereinstimmung zu erhöhen (↑Orthos logos).

Im christlichen N.sdenken treten an die Stelle des Weltgesetzes der Schöpfergott und sein Schöpfungsplan (↑Schöpfung). Die Paulinische Lehre von der natürlichen Gotteserkenntnis (Röm. 1,19–21) und der auch den Heiden gegebenen Erkenntnis des Gesetzes (Röm. 2, 14–15) ermöglicht den Apologeten (↑Apologetik) und der ↑Patristik die Rezeption der christianisierten stoischen N.slehre. A. Augustinus unterscheidet das Gesetz Gottes (*lex aeterna*), dessen Widerspiegelung im menschlichen Bewußtsein (*lex naturalis*) und das weltliche Recht der politischen Ordnungen (*lex temporalis*, *humana* oder *positiva*). Der Dekalog ist das geoffenbarte (↑Offenbarung) positive Gesetz Gottes, über dessen Einhaltung die Kirche wacht, die gleichzeitig beansprucht, die Realisierung der *lex naturalis* im positiven Recht des Staates zu beaufsichtigen. Aus der Übereinstimmung von N. und positivem Recht ergibt sich dessen Geltung. Trotz der natürlichen Entstehung des Staates im Rahmen der *lex naturalis* bleibt die moralische Bedeutung der Institutionen der *civitas terrestra*, die nur ein Durchgangsstadium ist, für den Christen gering (↑Gottesstaat). Thomas von Aquin übernimmt in einer ersten systematischen Darstellung der N.sdiskussion (S.th. I–II qu. 90–108, II–II qu. 57) die Dreiteilung des Rechts in *lex aeterna*, *lex naturalis* und *lex humana*, stellt sie der *lex divina* der jüdischen und christlichen Offenbarung gegenüber und vereinigt sie in einem umfassenden Ordo-gedanken (↑Ordnung). Die Schöpfungsordnung bildet eine Ganzheit, die in verschiedenen, eigenständigen Formen in Erscheinung tritt. Die im Gegensatz zur stoischen Auffassung nicht als Seinsordnung, sondern ↑normativ gefaßte *lex aeterna* (*ordo Dei*) ist unveränderlich, notwendig und absolut. Als ihre Widerspiegelung bildet auch die *lex naturalis* (*ordo creationis*) die dauerhafte Ordnung des ↑Naturzustandes. Da der Mensch teils Triebwesen, teils Vernunftwesen ist, hat er auch nach dem Sündenfall noch Teil an der göttlichen Vernunft und vermag das N., aus dem ihm moralische, politische und rechtliche Pflichten erwachsen, zu erkennen. Das positive Recht ist die äußere Konkretion der *lex naturalis* und unterscheidet sich von ihr durch den auf Handlungen, nicht auf die Motivation bezogenen Zwangscharakter. Verbindlich ist das positive Recht nur insoweit, als es dem göttlichen N. entspricht. Ein eigener, offener Regelungsbereich ergibt sich für das positive Recht daraus, daß die Konkretion des N.s unter historisch-gesellschaftlichen Bedingungen steht.

Während die Ordnung des thomistisch-aristotelischen N.ssystems objektiv-vernünftigen Charakter hat, betonen J. Duns Scotus und Wilhelm von Ockham den subjektiv-voluntaristischen Charakter des N.s (↑Voluntarismus): Entscheidend für die Frage, was Recht und Unrecht ausmacht, ist allein der freie Wille Gottes. Die teleologische Begründung des N.s ist daher nur noch innerhalb der Theologie möglich. Das N. fällt mit dem göttlichen Recht zusammen, soweit dieses als Imperativ in Erscheinung getreten ist; darüber hinaus bestimmt der Mensch seine Sozialordnung nach seinem Willen. In der Schule von Salamanca (↑Salamanca, Schule von) wird demgegenüber die thomistisch-aristotelische Vernunftlehre fortgesetzt. Eine Vermittlung beider Positionen versucht F. Suárez (Tractatus de legibus ac Deo legislatore, 1612).

M. Luther gibt die traditionelle Dreistufigkeit des Rechts in seiner Zwei-Reiche-Lehre auf; das göttliche Recht ist für den sündig gewordenen Menschen unerreichbar. Damit nähert er das positive Recht des Staates dem weltlichen N. an, das nur der Gesetzgeber erkennt. So löst sich die *lex naturalis* aus der engen Verbindung zur *lex aeterna*, womit Luther, ähnlich auch J. Calvin, die Enttheologisierung des N.sdenkens der Neuzeit vorbereitet, die von T. Hobbes nicht zuerst, aber in schärfster Form vollzogen wird. Die Ersetzung der sich aus dem N. für den Menschen ergebenden Pflichten durch Rechte (Hobbes, Leviathan 14, English Works III, 116–130) stellt einen prinzipiellen Bruch mit der traditionellen N.slehre dar. Im Rahmen des Selbsterhaltungstriebs besitzt das Individuum natürliche Handlungsfreiheiten, die nur faktisch im Hinblick auf seine Durchsetzungsfähigkeit anderen gegenüber begrenzt sind. Aus der Po-

stulierung dieses Freiheitsrechts als Grundnorm des N.s im ↑Naturzustand folgt, daß seine Einschränkung prinzipiell einer Rechtfertigung bedarf, die letztlich ihre Grundlage nur in einer zustimmenden Willenserklärung des Individuums finden kann. Da der Mensch ein gefährliches Triebwesen ist (*homo homini lupus*), muß die ungehemmte Durchsetzung der natürlichen Freiheitsrechte zur Zerstörung des Rechtssubjekts selbst führen: Wo jeder ein Recht auf alles besitzt, genießt niemand Rechtsschutz. Auch der Vertrag, aus dem allein Rechtsverbindlichkeiten entstehen können, setzt das wechselseitige Vertrauen voraus, daß er auch eingehalten werde. Unter diesen Bedingungen läßt sich der Krieg aller gegen alle (↑bellum omnium contra omnes) nur durch den Abschluß eines ↑Gesellschaftsvertrags beenden, der zu einem vollständigen Rechtsverzicht aller Individuen zugunsten eines absoluten Souveräns führt. Dieser schafft in einem mit Sanktionsgewalt ausgestatteten positiven Recht die Bedingungen eines durch seine Autorität garantierten Friedens. J. Lockes ungleich einflußreicherer, wenn auch systematisch unzureichender Versuch einer naturrechtlichen Begründung des Staates folgt Hobbes in wesentlichen Punkten, auch wenn Locke versucht, der Konsequenz einer absoluten Staatsgewalt dadurch zu entgehen, daß er bereits im Naturzustand konkrete subjektive Rechte, die Trias von Leben, Freiheit und Eigentum, entstehen läßt, zu deren Wahrung der Souverän vertraglich verpflichtet wird. Die von Locke begründete Gewaltenteilung wird zum Prinzip des liberalen Verfassungsstaats.

Es ist S. Pufendorfs Leistung, in der Unterscheidung von *entia naturalia* und *entia moralia* die begriffliche Basis einer zwischen Seins- und Sollensaussagen unterscheidenden rationalen Ethik zu schaffen, die aus dem rationalen N. hervorgeht. Wesentlich dafür ist der von Pufendorf aus dem traditionellen Konzept der *socialitas* ausgearbeitete Gedanke der ↑Menschenwürde, der eine bewußte und freiwillige Einschränkung der natürlichen Freiheiten nicht aus der utilitaristischen ›goldenen Regel‹ (↑Utilitarismus, ↑Regel, goldene) eines auf Dauer gestellten ↑Egoismus ableitet, sondern als moralische ↑Pflicht des Menschen begründet, in seinen auf andere gerichteten Handlungen stets den Mitmenschen zu berücksichtigen. Übertragen auf das Staatsrecht wird das so begrenzte Selbstbestimmungsrecht des Menschen in J.-J. Rousseaus ›contrat social‹ zum moralischen Formprinzip einer in der volonté générale herzustellenden Identität von Herrschenden und Beherrschten, das als Maßstab zur Beurteilung der ↑Legitimität empirischer Staatsgewalt dient.

In der Moral- und Rechtsphilosophie I. Kants hat die Natur, selbst wenn sie, wie meist in der Tradition, normativ aufgefaßt wird, keine Begründungsfunktion mehr. Stattdessen stellt die reine praktische Vernunft

(↑Vernunft, praktische) sowohl die Geltungs- als auch die Erkenntnisbasis gerechtfertigter Normen dar. Deren Grundprinzip ist der Kategorische Imperativ (↑Imperativ, kategorischer), der als Prinzip der Moral die Willenssphäre, als Prinzip des Rechts die Handlungssphäre normativ bestimmen soll. Da für Kant der Mensch als ganzer, als Leibwesen (↑Leib) und als sich selbst bestimmendes Vernunftwesen, ↑Selbstzweck und somit ↑Person ist, hat der Kategorische Imperativ neben seiner formalen und prozeduralen auch eine materiale, inhaltliche Seite, so daß Autonomie und Selbstzwecklichkeit als einschränkende Bedingungen jeder politischen Organisation und äußeren Gesetzgebung fungieren (↑Menschenrechte). Demgemäß lautet der kategorische Imperativ des Rechts: »Handle äußerlich so, daß der freie Gebrauch deiner Willkür mit der Freiheit von jedermann nach einem allgemeinen Gesetze zusammen bestehen könne« (Metaphysik der Sitten, Rechtslehre § C). Kant benutzt den Terminus ›N.‹ nur noch beiläufig und gibt ihm den auf seine Begründung des Rechts eingeschränkten Sinn als »das a priori durch jedes Menschen Vernunft erkennbare Recht« bzw. als jenes Recht in einer bürgerlichen Verfassung, »das aus Prinzipien a priori abgeleitet werden kann« (ebd., §§ 36 und 9). Auch J. G. Fichte hat einen auf die Grundlegung des Rechts eingeschränkten Gebrauch des Ausdrucks ›N.‹, das er (wie Kant) als einen ursprünglichen Begriff der reinen Vernunft faßt und deshalb angemessener ›Vernunftrecht‹ heißen sollte (Das System der Rechtslehre, Sämmtl. Werke [I. H. Fichte], X 498) und das er (wie Kant) ausschließlich auf die äußere Freiheit bezieht. In seinen »Grundlagen des N.s nach Prinzipien der Wissenschaftslehre« von 1796 unternimmt Fichte eine Deduktion des Vernunftrechts auf der Grundlage der ersten Fassung seiner Wissenschaftslehre von 1794: Da die freien Tätigkeiten endlicher Vernunftwesen einander behindern, bedarf es zur vernünftigen Wahrung ihrer Freiheit der gegenseitigen Anerkennung, durch die die Freiheit eines jeden auf die Möglichkeit der Freiheit aller anderen eingeschränkt wird. Da diese Selbstbeschränkung aber grundsätzlich prekär ist, bedarf es zu ihrer Durchsetzung (und zur Garantie weiterer Rechte) staatlicher Zwangsgesetze, durch die die Freiheit erst real werden kann. G. W. F. Hegel versucht in seiner Abhandlung »Über die wissenschaftlichen Behandlungsarten des N.s« (1802/1803) zunächst eine Erneuerung des klassischen N.s gegen das von Kant und Fichte favorisierte Vernunftrecht, schließt sich diesem aber später an: Er bricht wie sie mit teleologischen Auffassungen der Natur, läßt das Recht allein auf der Autonomie gegründet sein und begreift das Dasein des gesetzten Rechts wie Fichte als die Verwirklichung der Freiheit. Dieser Auffassung verdankt sich auch Hegels Einschließung der Moral in das Recht: Sie ist als ↑Sittlichkeit der Familie,

der Gesellschaft und des Staates zwar nicht mit den entsprechenden Rechtssphären identisch, bedarf ihrer aber, damit sich die Individuen und deren Vergemeinschaftungen ihrer Freiheit und deren wechselseitiger Anerkennung gewiß und sicher sein können.
Nach dem Zusammenbruch des Deutschen Idealismus (↑Idealismus, deutscher) verliert das N.sdenken zunehmend an Überzeugungskraft. F. C. von Savigny und die Historische Rechtsschule ersetzen die Begründungsfunktion des Natur- und Vernunftrechts durch die Untersuchung der Entstehung und Entwicklung des konkreten positiven Rechts und seiner Abhängigkeit von kulturellen und weltanschaulichen Einflüssen. Während des 19. Jhs. gewinnt der ↑Rechtspositivismus mehr und mehr an Boden und wird zur herrschenden rechtsphilosophischen Doktrin (↑Rechtsphilosophie). Sie geht davon aus, daß die legale Setzung von Recht die Frage nach seiner ↑Legitimität ausreichend beantwortet (↑Legalität); denn das staatlich gesetzte und sanktionierte Recht sei einer weiteren Begründung weder fähig noch bedürftig. Nach der Pervertierung von Moral und Recht durch den Nationalsozialismus fand in den Jahrzehnten nach dem Zweiten Weltkrieg in Deutschland eine kurzzeitige Erneuerung des klassischen N.s statt. Sie geriet dadurch in Verruf, daß weltanschauliche Orientierungen (etwa konfessionelle Vorgaben oder solche des ›gesunden moralischen Volksempfindens‹) in das inhaltliche Verständnis grundlegender Normen des N.s hineingetragen wurden (selbst dem Bundesverfassungsgericht wird vorgehalten, derartige Vorgaben hätten in manche seiner Entscheidungen Einlaß gefunden). Statt eines materialen N.s wird deshalb ein ausschließlich prozedurales Verständnis des N.s gefordert (z. B. I. Maus). – In den USA haben zur Zeit Versuche Konjunktur, im Rückgriff auf eine (gegebenenfalls an Aristoteles und Thomas von Aquin orientierte) Analyse menschlicher Grundgüter, Grundbedürfnisse und Grundfähigkeiten ein so genanntes ›neoklassisches N.‹ zu etablieren (z. B. J. Finnis). Die Überzeugungskraft solcher Versuche hängt unter anderem davon ab, ob metaphysische Voraussetzungen (Gott als Schöpfer der Natur und als ihr Gesetzgeber; die teleologische Verfaßtheit der Natur) eine begründende Rolle spielen.
Ein geläufiger, aber nicht immer gerechtfertigter Vorwurf gegen N.skonzeptionen besteht im Hinweis auf das ↑Humesche Gesetz, wonach der Schluß von deskriptiv bestimmten Sachverhaltsaussagen auf präskriptiv (↑deskriptiv/präskriptiv) bestimmte Sollensaussagen formallogisch inkorrekt sei. Der Vorwurf ist dann unberechtigt, wenn die Ableitungsbasis – hier eine bestimmte Naturauffassung – selbst schon normativ ausgezeichnet ist. Allerdings greift dann gegebenenfalls der Einwand der Zirkularität (↑circulus vitiosus, ↑petitio principii), wenn in den Naturbegriff zuvor das normativ und inhaltlich

hineingelegt wurde, was dann in den materialen Normsätzen abgeleitet und als gerechtfertigt ausgegeben wird. Generell stellt, wie die Geschichte des N.sdenkens zeigt, die sachlich und die ideen- und kulturgeschichtlich bedingte Variabilität des Naturbegriffs ein Grundproblem dieses Denkens dar. Der im Zuge der Entmetaphysizierung und der Empirisierung des Naturbegriffs verschiedentlich versuchte Ausweg einer Abschwächung des Begründungsanspruchs des N.sdenkens scheint in seiner Entleerung bzw. Trivialisierung (›Natur der Sache‹, ›Sachzwang‹, ›Alternativlosigkeit‹, ›Natürlichkeit‹ als ›Normalität‹ oder als ›Durchschnitt‹) zu enden. Um dem zu entgehen und um Mißdeutungen vorzubeugen, liegt es nahe, ethische und rechtliche Begründungsansätze zu erwägen, die keinen Gebrauch mehr von axiomatisch-dogmatisch oder zirkulär eingeführten normativen Naturverständnissen machen und deshalb nicht mehr als Varianten des N.s angesehen werden können, sondern nur noch durch die ihnen eigene Grundbegrifflichkeit charakterisiert und entsprechend terminologisch ausgezeichnet werden sollten, wie in der Neuzeit schon hinsichtlich des Vernunftrechts geschehen. Ein weiterer Kandidat für derartige Ansätze stellt die erwähnte, aber von naturrechtlichen Ingredienzien gereinigte, auf Aristotelische Anregungen zurückgehende, z. B. von M. Nussbaum und A. K. Sen vertretene, anthropologische Konzeption von Grundgütern dar, die für die Erfüllung der menschlichen Grundbedürfnisse und die Aktualisierung der menschlichen Grundfähigkeiten unverzichtbar sind (↑ Güterethik, ↑Menschenrechte).

Literatur: E. Bloch, N. und menschliche Würde, Frankfurt 1961, 1985, [3]1999 (= Werkausg. VI) (franz. Droit naturel et dignité humaine, Paris 1976, 2002; engl. Natural Law and Human Dignity, London/Cambridge Mass. 1986, 1996); F. Böckle/E.-W. Böckenförde (eds.), N. in der Kritik, Mainz 1973; F.-J. Bormann, N., in: P. Kolmer/A. G. Wildfeuer (eds.), Neues Handbuch philosophischer Grundbegriffe II, Freiburg/München 2011, 1592–1611; S. Breuer, Sozialgeschichte des N.s, Opladen 1983; S. Buckle, Natural Law and the Theory of Property. Grotius to Hume, Oxford 1991, 2002; E. Cassirer, Natur- und Völkerrecht im Lichte der Geschichte und der systematischen Philosophie, Berlin 1919 (repr. Aalen 1963); J. Charmont, La renaissance du droit naturel, Montpellier 1910, ed. M. Gaston Morin, Paris [2]1927; H. Coing, Die obersten Grundsätze des Rechts. Ein Versuch zur Neugründung des N.s, Heidelberg 1947, Goldbach 1996; ders., N. als wissenschaftliches Problem, Wiesbaden 1965, [2]1966; R. Dreier, Zum Begriff der ›Natur der Sache‹, Berlin 1965; E. Fechner, Rechtsphilosophie. Soziologie und Metaphysik des Rechts, Tübingen 1956, [2]1962; J. Finnis, Natural Law and Natural Rights, Oxford 1980, Oxford/New York [2]2011; ders. (ed.), Natural Law, I–II, Aldershot etc. 1991; ders., Natural Law, REP VI (1998), 685–690; ders., Natural Law Theories, SEP 2007, rev. 2011; F. Flückinger, Geschichte des N.s I (Altertum und Frühmittelalter), Zürich 1954; R. P. George (ed.), Natural Law Theory. Contemporary Essays, Oxford/New York 1992, 2007; ders. (ed.), Natural Law, Liberalism, and Morality. Contemporary Essays, Oxford, New York etc. 1996, New York etc. 2002; ders., In Defense of Natural Law, Oxford/New York 1999, 2004; W. Goldschmidt/L. Zechlin (eds.), N., Menschenrecht und politische Gerechtigkeit, Hamburg 1994; A. Gómez-Lobo, Morality and the Human Goods. An Introduction to Natural Law Ethics, Washington D. C. 2002; K. Haakonssen, Natural Law, in: L. C. Becker/C. B. Becker (eds.), Encyclopedia of Ethics II, New York/London 1992, 884–890; ders., Natural Law and Moral Philosophy. From Grotius to the Scottish Enlightenment, Cambridge/New York/Melbourne 1996; J. Habermas, N. und Revolution, in: ders., Theorie und Praxis. Sozialphilosophische Studien, Neuwied/Berlin 1963, 52–88, Frankfurt 2000, 89–127; W. Härle/B. Vogel (eds.), »Vom Rechte, das mit uns geboren ist«. Aktuelle Probleme des N.s, Freiburg 2007; M. Heimbach-Steins (ed.), N. im ethischen Diskurs, Münster 1990; K. E. Himma, Natural Law, in: C. Mitcham (ed.), Encyclopedia of Science, Technology and Ethics III, Detroit etc. 2005, 1289–1295; T. J. Hochstrasser, Natural Law, NDHI IV (2005), 1607–1610; K.-H. Ilting, N., in: O. Brunner/W. Conze/R. Koselleck (eds.), Geschichtliche Grundbegriffe. Historisches Lexikon zur politischsozialen Sprache in Deutschland IV, Stuttgart 1978, 1993, 245–313; H. J. Johnson (ed.), The Medieval Tradition of Natural Law. Based on Papers from Sessions Held at the International Congress on Medieval Studies in Kalamazoo, Mich. from 1979 to 1981, Kalamazoo Mich. 1987; A. Kaufmann, N. und Geschichtlichkeit. Ein Vortrag, Tübingen 1957, Tokyo 1968; H. Kelsen, Die philosophischen Grundlagen der N.slehre und des Rechtspositivismus, Charlottenburg 1928; ders., Staat und N.. Aufsätze zur Ideologiekritik, Neuwied/Berlin 1964, München 1989; H. Kipp, N. und moderner Staat, Nürnberg 1950; H. Klenner, Vom Recht der Natur zur Natur des Rechts, Berlin (Ost) 1984; A. Leinweber, Gibt es ein N.? Beiträge zur Grundlagenforschung der Rechtsphilosophie, Hamburg 1965, Berlin/New York [3]1972; A. J. Lisska, Aquinas's Theory of Natural Law. An Analytic Reconstruction, Oxford 1996, 2002; W. Maihofer (ed.), N. oder Rechtspositivismus?, Darmstadt, Bad Homburg 1962, Darmstadt [3]1981; I. Maus, Zur Aufklärung der Demokratietheorie. Rechts- und demokratietheoretische Überlegungen im Anschluß an Kant, Frankfurt 1992, 1994; dies., N., EP II ([2]2010), 1743–1751; J. Messner, Das N.. Handbuch der Gesellschaftsethik, Staatsethik und Wirtschaftsethik, Innsbruck/Wien 1950, Innsbruck/Wien/München [6]1966, Nachdr. Berlin 1984 (engl. Social Ethics. Natural Law in the Western World, St. Louis Mo./London 1952, 1965); G. Müller, N. und Grundgesetz. Zur Rechtsprechung der Gerichte, besonders des Bundesverfassungsgerichts, Würzburg 1967; M. C. Murphy, Natural Law and Practical Rationality, Cambridge etc. 2001; ders., The Natural Law Tradition in Ethics, SEP 2002, rev. 2011; ders., Natural Law in Jurisprudence and Politics, Cambridge etc. 2006; D. S. Oderberg/T. Chappell (eds.), Human Values. New Essays on Ethics and Natural Law, Houndmills etc. 2004, Basingstoke 2007; R. O'Sullivan, Natural Law and Common Law, London 1946; J. Porter, Nature as Reason. A Thomistic Theory of the Natural Law, Grand Rapids Mich./Cambridge 2005; H. Reiner, Grundlagen, Grundsätze und Einzelnormen des N.s, Freiburg/München 1964; M. Rhonheimer, Natur als Grundlage der Moral. Die personale Struktur des Naturgesetzes bei Thomas von Aquin. Eine Auseinandersetzung mit autonomer und teleologischer Ethik, Innsbruck/Wien 1987 (engl. Natural Law and Practical Reason. A Thomist View of Moral Autonomy, New York 2000); F. Ricken/F. Wagner, N., TRE XXIV (1994), 132–185; H. Rommen, Die ewige Wiederkehr des N.s, Leipzig 1936, München [2]1947 (franz. Le droit naturel. Histoire, doctrine, Paris 1945; engl. The Natural Law. A Study in Legal and Social History and Philosophy, St. Louis Mo./London 1947, Indianapolis Ind. 1998); W. Rosenbaum, N. und positives Recht. Rechtssoziologische Untersuchungen zum Einfluß der N.slehre auf die Rechtspraxis in Deutschland seit Beginn des 19. Jahrhunderts, ed. H. Maus/F. Fürstenberg, Neuwied/Darmstadt 1972; J. Sauter, Die philosophischen Grundlagen des N.s. Untersuchungen zur Geschichte der Rechts- und Staatslehre, Wien 1932, Frankfurt 1966; F. M. Schmölz (ed.), Das N. in der politischen Theorie, Wien 1963 (Sonderausg. Österr. Z. f. öffentliches Recht 13 [1963], H. 1–2); P. Schröder, N. und absolutistisches Staatsrecht. Eine vergleichende Studie zu Thomas Hobbes und Christian Thomasius, Berlin 2001; B. Schüller, N. und Naturgesetz, in: W. Ernst (ed.), Grundlagen und Probleme der heutigen Moraltheologie, Würzburg 1989, 61–74; W. Siegfried, Der Rechtsgedanke bei Aristoteles, Zürich 1947; G. Sprenger, N. und Natur der Sache, Berlin 1976; G. Stadtmüller, Das N. im Lichte der geschichtlichen Erfahrung, Recklinghausen 1948; G. Stratenwerth, Die N.slehre des Johannes Duns Scotus, Göttingen 1951; ders., Das rechtstheoretische Problem der »Natur der Sache«, Tübingen 1957; L. Strauss, Natural Right and History, Chicago Ill. 1953, 2005 (dt. N. und Geschichte, Stuttgart 1953, Frankfurt 1977, ²1989); K. Tanner, Der lange Schatten des N.s. Eine fundamentalethische Untersuchung, Stuttgart 1993; H. Wagner, N., in: H. J. Sandkühler (ed.), Europäische Enzyklopädie zu Philosophie und Wissenschaften III, Hamburg 1990, 530–533; H. Welzel, N. und materiale Gerechtigkeit. Prolegomena zu einer Rechtsphilosophie, Göttingen 1951, ohne Untertitel ⁴1962, mit Untertitel ⁴1980, 1990; ders., Die N.slehre Samuel Pufendorfs. Ein Beitrag zur Ideengeschichte des 17. und 18. Jahrhunderts, Berlin/New York 1958, 1986; ders., Wahrheit und Grenze des N.s. Rede zum Antritt des Rektorates der Rheinischen Friedrich-Wilhelms-Universität zu Bonn am 10. November 1962, Bonn 1963 (repr. 1966); F. Wieacker, Zum heutigen Stand der N.sdiskussion, Köln/Opladen 1965; E. Wolf, Das Problem der N.slehre. Versuch einer Orientierung, Karlsruhe 1955, ³1964; ders. u.a., N., Hist. Wb. Ph. VI (1984), 560–623; R. Wollheim, Natural Law, Enc. Ph. V (1967), 450–454. H. R. G./R. Wi.

Naturwissenschaft, Oberbegriff für die empirischen Wissenschaften, die sich mit der Erforschung der ↑Natur, ihren Gesetzen (↑Gesetz (exakte Wissenschaften), ↑Naturgesetz) und den Voraussetzungen technischer Anwendungen (↑Technik) beschäftigen. Historisch entwickelte sich die N. aus vorwissenschaftlicher Technik und Handwerk, ↑Naturphilosophie und der Anwendung mathematischer Methoden (↑Mathematisierung). Während das Wissen über die Natur bei den Babyloniern und Ägyptern nur eine Sammlung von Beobachtungsdaten und Rechenregeln ohne Erklärung und Beweis war, finden sich in der griechischen Naturphilosophie erste Ansätze zu einer rationalen Deutung der Natur. Seit den ↑Pythagoreern werden geometrisch-kinematische Modelle zur Erklärung der Himmelsphänomene verwendet (↑Astronomie). Platon deutet auch die vorsokratische Elementenlehre geometrisch, indem er Feuer, Wasser, Luft und Erde auf reguläre Körper (↑Platonische Körper) zurückführt, deren Drei- und Vierecke sich zu

neuen komplexen Körpern verbinden können. Demgegenüber ist die Mathematik nach Aristoteles reines Gedankengebäude und darf nicht zur Erklärung der Natur herangezogen werden. Im Unterschied zur unveränderlichen Harmonie der Planeten- und Fixsternsphäre ist nämlich nach Aristoteles die Natur der sublunaren Welt durch Bewegungen wie Wachsen und Vergehen, Steigen und Fallen bestimmt, die prinzipiell keiner mathematischen Analyse fähig seien. Die Bewegungen der Natur können jedoch qualitativ durch ›Prinzipien‹ wie ↑Form und Materie, ↑Ursache und ↑Zweck erklärt werden. Daher sind Physik, Botanik und Zoologie nach antiker Auffassung keine exakten N.en, im Unterschied zu den exakten Disziplinen im Rahmen des Quadriviums (↑ars). Die N. beschäftigt sich in diesem Sinne mit dem natürlichen Verhalten der Dinge. Jeder künstliche Eingriff in die organische Einheit des Kosmos gehört nicht zur N., sondern zur ↑›Mechanik‹ und Technik. Daher hat auch das ↑Experiment keinen Platz in der antiken N..

Seit der ↑Renaissance verbinden sich Technik, Handwerk, Mechanik und neuplatonische Naturphilosophie (z. B. bei J. Kepler) zur neuzeitlichen N., die sich auf mathematisch beschreibbare Phänomene und deren Experimentbedingungen konzentriert. Im Zuge dieser Umorientierung wird die Mechanik zu einem Teil der N. und in Form der klassischen Mechanik zu einem Paradigma einer exakten N.. Diese auf I. Newton zurückgehende Bewegungs- und Gravitationstheorie (↑Gravitation) verbindet G. Galileis Erdphysik und Keplers Himmelsphysik. Neben der Mechanik der Himmelskörper und der irdischen Körper werden im 18. Jh. die Gase und im 19. Jh. die Wärme durch die ↑Thermodynamik im Rahmen einer allgemeinen statistischen Mechanik erklärt. Magnetismus und Elektrizität werden zunächst in M. Faradays elektromagnetischer Theorie verbunden und schließlich von J. C. Maxwell, zusammen mit Licht und Farbe als Phänomenen der Optik, in der ↑Elektrodynamik erklärt. Elektrodynamik und klassische Mechanik verbinden sich in A. Einsteins Allgemeiner Relativitätstheorie (↑Relativitätstheorie, allgemeine) zu einer einheitlichen Theorie. Die ↑Quantentheorie liefert eine einheitliche Theorie des Mikrokosmos (↑Makrokosmos), die auch Grundlage der ↑Chemie ist. Von diesen physikalisch und mathematisch erfaßbaren exakten N.en werden häufig die N.en der belebten Natur bzw. biologischen N.en wie Botanik, Zoologie und Physiologie unterschieden. Mit modernen Disziplinen wie Biochemie und Biophysik ist eine strikte Trennung in N.en der unbelebten und der belebten Natur jedoch aufgehoben. Die *Methoden* der N.en waren nach Aristoteles auf Beschreiben, Vergleichen, Ordnen und Abstraktion von Einzelerscheinungen zu allgemeinen Begriffen beschränkt. In den neuzeitlichen N.en treten ↑Messung und ↑Experiment zur Prüfung von ↑Prognosen auf Grund von Gesetzen bzw. Hypothesen hinzu. In der ↑Wissenschaftstheorie der N.en wird diskutiert, ob ausgezeichnete Grundgrößen wie ↑Länge, ↑Zeit und ↑Masse durch operationale ↑Definitionen theoriefrei eingeführt werden können oder ob Meßgrößen Theorie voraussetzen (↑Theoriebeladenheit). Die klassische Auffassung, wonach ↑Beobachtung und Experiment außertheoretische Überprüfungsmittel von Theorien der N.en sind, drückt sich auch in R. Carnaps Trennung von ↑Beobachtungssprache und ↑Theoriesprache aus. Von der ↑Deduktion als logisch-mathematischer Ableitung von Aussagen wird in den N.en die ↑Induktion als Verallgemeinerung von Einzelbeobachtungen unterschieden. Dabei kann Induktion als heuristisches Prinzip (↑Heuristik) zur Auffindung von ↑Hypothesen verstanden werden. Umstritten ist jedoch, ob Induktion als methodischer Übergang von singularen zu generellen Sätzen präzisiert werden kann (↑Bestätigung, ↑Bewährung). *Naturgesetze* wurden klassisch (z.B. nach G.W. Leibniz und I. Kant) durch Kausalprinzipien gerechtfertigt. Seit E. Mach werden sie als funktionale Zusammenhänge von Meßgrößen verstanden, die durch deterministische oder statistische Gleichungen (↑Bewegungsgleichungen) dargestellt werden. Dabei werden Naturkonstanten (↑Konstante) verwendet, die approximativ in Experimenten zu bestimmen sind. Häufig treten auch theoretische Terme auf, die keine unmittelbare empirische Bedeutung besitzen (z.B. Ψ-Funktion der ↑Schrödinger-Gleichung), aber im Kontext der Theorie (z.B. Quantenmechanik) semantisch bestimmt sind. Eine ausgezeichnete Rolle spielen die *Symmetrieprinzipien* (↑symmetrisch/Symmetrie (naturphilosophisch)) der N.en, da sie einerseits die Einheit des naturwissenschaftlichen Wissens zum Ausdruck bringen, andererseits Auskunft über regelmäßige Abläufe und Strukturen der Natur liefern. So geht die moderne ↑Kosmologie mit ihrem Modell eines 4-dimensionalen homogen expandierenden und räumlich isotropen Universums von der Symmetrie der Natur im Großen aus. Symmetrieprinzipien entsprechen nach einem Theorem von E. Noether ↑Erhaltungssätze physikalischer Größen. Ob Symmetriemuster auch die Elementarteilchenphysik charakterisieren, ist nach der Entdeckung der Anisotropie schwacher Kernkräfte (z.B. β-Zerfall des Isotops Kobalt-60) umstritten. Symmetriemuster werden ferner in den molekularen Modellen der Stereochemie und Biochemie herausgestellt. Neben der immer weitergehenden Differenzierung der N.en in Einzeldisziplinen steht also ihre Integration in gemeinsamen Prinzipien und Strukturen. Die *Abgrenzung* der N. gegenüber anderen Wissenschaften ist nicht eindeutig durchführbar. So ist der Mathematisierungsgrad kein eindeutiges Kennzeichen der N., da es sowohl mathematisierte nicht-naturwissenschaft-

liche Disziplinen (z.B. Soziometrie, Ökonometrie) als auch nicht-mathematisierte N.en (z.B. Botanik) gibt. Die Bestimmung der N. als Experimentalwissenschaft führt einerseits zu Überschneidungen mit Teilbereichen der Psychologie (z.B. Wahrnehmungspsychologie), andererseits werden durch sie Disziplinen wie Geologie, Botanik und Astronomie ausgeschlossen, da in diesen keine variablen Versuchsbedingungen hergestellt werden. Auch der Hinweis auf einen gemeinsamen Forschungsgegenstand ›Natur‹ gegenüber den ↑Geisteswissenschaften bleibt unscharf, da der Begriff der Natur selbst kulturhistorischem Wandel unterworfen ist. So reicht die Bedeutungsskala vom organischen Naturbegriff der Antike bis zu den technologisch bestimmten N.en der Gegenwart, deren Forschungsgegenstände, z.B. Elementarteilchen oder Molekülverbindungen, häufig nur durch technisch aufwendige Verfahren künstlich hergestellt werden können. Technik ist also nicht nur Anwendung von naturwissenschaftlichem Wissen, sondern ermöglicht auch N.en. Die organische, nicht-technische Auffassung der Natur in der Tradition des Aristoteles bleibt von dieser Entwicklung unberührt; sie wird in der Neuzeit in J.W. v. Goethes N., F.W.J. Schellings romantischer Naturphilosophie (↑Naturphilosophie, romantische) und gegenwärtigen Ökologiediskussionen (↑Ökologie) wieder aufgegriffen. Eine normative Definition der N. verbindet beide Aspekte, indem sie das technisch-naturwissenschaftliche Wissen als Mittel zur Realisierung humaner Zwecke (z.B. Gesundheit, Umwelt) bestimmt. Insgesamt erweist sich N. heute als pragmatischer Oberbegriff von Disziplinen, die gemeinsame Forschungsgegenstände, Forschungsmethoden und Forschungszwecke haben.

Literatur: I. Asimov, Biographical Encyclopedia of Science and Technology [...], Garden City N.Y., London 1964, Garden City N.Y. ²1982 (dt. Biographische Enzyklopädie der N.en und der Technik [...], Freiburg/Basel/Wien 1973, ²1976); B. Bavink, Ergebnisse und Probleme der N.en. Eine Einführung in die heutige Naturphilosophie, Bern 1914, Zürich ¹⁰1954 (engl. The Natural Sciences. An Introduction to the Scientific Philosophy of To-Day, New York 1932, 1975; franz. Conquêtes et problèmes de la science contemporaine, I–II, Neuchâtel 1949/1953); K. Bayertz (ed.), Weltanschauung, Philosophie und N. im 19. Jahrhundert, I–III, Hamburg 2007; M. Bunge, Scientific Research, I–II, Berlin/Heidelberg/New York 1967, unter dem Titel: Philosophy of Science, I–II, New Brunswick N.J./London ²1998; R. Carnap, Philosophical Foundations of Physics. An Introduction to the Philosophy of Science, ed. M. Gardner, New York/London 1966, unter dem Titel: An Introduction to the Philosophy of Science, New York 1995; A.C. Crombie, Augustine to Galileo. The History of Science, A.D. 400–1650, London 1952 (repr. unter dem Titel: The History of Science from Augustine to Galileo, New York 1995), ohne Untertitel, I–II, ²1961, Cambridge Mass., London 1979 (dt. Von Augustinus bis Galilei. Die Emanzipation der N., Köln/Berlin 1959, ²1965, München 1977); ders., Styles of Scientific Thinking in the European Tradition. The History of Argument and Explanation Especially in the

Mathematical and Biomedical Sciences and Arts, I–III, London 1994; W. C. Dampier, A History of Science and Its Relations with Philosophy and Religion, Cambridge, New York 1929, [4]1948, Cambridge etc. 1989 (dt. Geschichte der N. in ihrer Beziehung zu Philosophie und Weltanschauung, Wien/Stuttgart 1952); P. Dear, The Intelligibility of Nature. How Science Makes Sense of the World, Chicago Ill./London 2006, 2007; E. J. Dijksterhuis, De mechanisering van het wereldbeeld, Amsterdam 1950, 2006 (dt. Die Mechanisierung des Weltbildes, Berlin/Göttingen/Heidelberg 1956 [repr. Berlin/Heidelberg/New York 1983, 2002]; engl. The Mechanization of the World Picture, Oxford 1961 [repr. Princeton N. J. 1986], London etc. 1969); H. Dingler, Geschichte der Naturphilosophie, Berlin 1932 (repr. Darmstadt, München 1967); R. Dugas, Histoire de la mécanique, Neuchâtel, Paris 1950 (repr. Paris 1996) (engl. A History of Mechanics, London 1957, New York 1988); P. Duhem, Le système du monde. Histoire des doctrines cosmologiques de Platon à Copernic, I–X, Paris 1913–1959, Neudr. 1973; M. Eigen/R. Winkler, Das Spiel. Naturgesetze steuern den Zufall, München/Zürich 1975, Eschborn [5]2011 (engl. Laws of the Game. How the Principles of Nature Govern Chance, New York 1981, Princeton N. J. 1991, 1993); M. Esfeld/C. Sachse, Kausale Strukturen. Einheit und Vielfalt in der Natur und den N.en, Berlin 2010; D. Evers u.a., N.en, RGG VI ([4]2003), 139–154; A. Gierer, Die gedachte Natur. Ursprung, Geschichte, Sinn und Grenzen der N., München/Zürich 1991, Reinbek b. Hamburg 1998; E. Grant, A History of Natural Philosophy. From the Ancient World to the Nineteenth Century, Cambridge etc. 2007; ders./J. E. Murdoch (eds.), Mathematics and Its Applications to Science and Natural Philosophy in the Middle Ages. Essays in Honor of Marshall Clagett, Cambridge etc. 1987; A. R. Hall, From Galileo to Newton, 1630–1720, London, New York 1963 (repr. New York 1981), London/Glasgow 1970 (dt. Die Geburt der naturwissenschaftlichen Methode, 1630–1720. Von Galileo bis Newton, Gütersloh, Darmstadt 1965); L. Hardy/L. Embree (eds.), Phenomenology of Natural Science, Dordrecht/Boston Mass./London 1992; R. Hedrich, N.en, EP I (1999), 930–933, EP II ([2]2010), 1757–1761; W. Heisenberg, Wandlungen in den Grundlagen der N.. Zwei Vorträge, Leipzig 1935, erw. mit Untertitel: Zehn Vorträge, Stuttgart [9]1959, [11]1980; C. G. Hempel, Philosophy of Natural Science, Englewood Cliffs N. J. 1966; H. B. Hiller, Die modernen N.en, Stuttgart 1974; J. Horgan, The End of Science. Facing the Limits of Knowledge in the Twilight of the Scientific Age, Reading Mass. etc. 1996, London 1998 (dt. An den Grenzen des Wissens. Siegeszug und Dilemma der N.en, München 1997, Frankfurt [2]2000); J. Hübner, N., III. Ethisch, TRE XXIV (1994), 221–225; A. Isaacs, Introducing Science, Harmondsworth 1963, [2]1972 (dt. Einführung in die N. von heute, Frankfurt/Hamburg 1964); P. Janich, Grenzen der N.. Erkennen als Handeln, München 1992; ders., Konstruktivismus und Naturerkenntnis. Auf dem Weg zum Kulturalismus, Frankfurt 1996; ders., Kleine Philosophie der N.en, München 1997; B. Kanitscheider, Wissenschaftstheorie der N., Berlin/New York 1981; ders., Im Innern der Natur. Philosophie und moderne Physik, Darmstadt 1996, 2010; G. König, N.en, Hist. Wb. Ph. VI (1984), 641–650; P. Krafft, Geschichte der N. I (Die Begründung einer Wissenschaft von der Natur durch die Griechen), Freiburg 1971; P. Lorenzen, Die Entstehung der exakten Wissenschaften, Berlin/Göttingen/Heidelberg 1960; S. F. Mason, A History of the Sciences. Main Currents of Scientific Thought, London, New York 1953, New York 1962 (dt. Geschichte der N.en in der Entwicklung ihrer Denkweisen, Stuttgart 1961, [2]1974, Neudr. Bassum 1997); J. Mittelstraß, Neuzeit und Auf-

klärung. Studien zur Entstehung der neuzeitlichen Wissenschaft und Philosophie, Berlin/New York 1970, bes. 207–374 (II Vernunft und Erfahrung); ders., Zwischen N. und Philosophie. Versuch einer Neuvermessung des wissenschaftlichen Geistes, Konstanz 2000; O. Neugebauer, The Exact Sciences in Antiquity, Kopenhagen, Princeton N. J. 1951, Kopenhagen, Providence R. I. [2]1957, Providence R. I. 1970 (franz. Les sciences exactes dans l'antiquité, Arles 1990); M. J. Nye (ed.), The Cambridge History of Science V (The Modern Physical and Mathematical Sciences), Cambridge etc. 2003; G. Sarton, Introduction to the History of Science, I–III (in 5 Bdn.), Baltimore Md. 1927–1948, Huntington N. Y. 1975; H. Schimank/C. J. Scriba, Exakte Wissenschaften im Wandel. Vier Vorträge zur Chemie, Physik und Mathematik der Neuzeit, Wiesbaden 1980; E. D. Sylla, Natural Philosophy, Medieval, REP VI (1998), 690–707; R. Taton (ed.), Histoire générale des sciences, I–III (in 4 Bdn.), Paris 1957–1964, [2]1966–1983, 1994–1995 (engl. A General History of the Sciences, I–IV, London 1963–1966); L. Thorndike, A History of Magic and Experimental Science During the First Thirteen Centuries of Our Era, I–VIII, New York/London 1923–1958, 1980; C. Wagner, Methoden der naturwissenschaftlichen und technischen Forschung, Mannheim/Wien/Zürich 1974; C. F. v. Weizsäcker, Die Einheit der Natur. Studien, München 1971, [8]2002; H. Weyl, Philosophie der Mathematik und N., München/Berlin 1926, München [7]2000; E. Wölfel, N., I. Wissenschaftsgeschichtlich, II. Systematisch-theologisch, TRE XXIV (1994), 189–221. K. M.

Naturzustand, Bezeichnung einer für die naturrechtlich-rationalistische Staatstheorie der ↑Aufklärung typischen, Momente der hochmittelalterlichen und antiken ↑Staatsphilosophie aufnehmenden Argumentationsfigur zur systematischen Bestimmung und Rechtfertigung des ↑Staates, seines Zwecks und seines Umfangs. In bewußtem Gegensatz zur geschichtlichen Entwicklung konstruiert die Lehre vom ↑Gesellschaftsvertrag die Fiktion oder Hypothese eines jeder Staatsbildung vorausgehenden staats- und gesetzlosen Zustandes, in dem die natürliche Freiheit des Individuums nur durch sein faktisches Durchsetzungsvermögen anderen gegenüber begrenzt ist. Auf dem Hintergrund der Skizze dieses N.s, der entsprechend unterschiedlicher anthropologischer Annahmen stärker gesellige oder ungesellige Züge annimmt, wird die Frage diskutiert, ob der Mensch sich unter diesen Bedingungen existentiell behaupten und seinen Anlagen gemäß sittlich entwickeln könne. Dort, wo der N. auf Grund eines pessimistischen Menschenbildes in einen Krieg aller gegen alle (↑bellum omnium contra omnes) mündet, nimmt die Notwendigkeit, durch gemeinsamen Verzicht auf die ursprünglichen Freiheiten und deren vertragliche Übertragung auf einen Souverän, den Frieden zu suchen, angesichts der Alternative zwischen Untergang und Unterwerfung den Charakter eines sich aus dem Selbsterhaltungstrieb ergebenden Naturgesetzes an. Aber auch dort, wo von einer natürlichen Soziabilität des Menschen ausgegangen wird, stellt sich die Aufgabe der natürlichen ↑Freiheit, die sich als Unfreiheit erweist, als sittliche Pflicht des

Menschen dar, der erkennt, daß die Unterwerfung unter das allgemeine Gesetz des Staates die Bedingung der Möglichkeit wirklicher Freiheit bedeutet. Das Argument der objektiven Vernünftigkeit des Staates wird hier durch das subjektive Moment der Zustimmung ergänzt. Die so konstruierte und gerechtfertigte Staatsgewalt wird zum Formprinzip für die Wirklichkeit des empirischen Staates, den umzugestalten zum Gebot der Vernunft wird.

Literatur: G. Del Vecchio, Lezioni di filosofia del diritto, Città di Castello 1930, 252–258, Mailand ¹³1965, 295–301 (franz. Leçons de philosophie du droit, Paris 1936, 274–281, unter dem Titel: Philosophie du droit, Paris 1953, 2004, 346–352; dt. Lehrbuch der Rechtsphilosophie, Berlin 1937, 346–355, Basel ²1951, 480–489; engl. Philosophy of Law, Washington D.C. 1953, 352–358); M. Diesselhorst, N. und Sozialvertrag bei Hobbes und Kant. Zugleich ein Beitrag zu den Ursprüngen des modernen Systemdenkens, Göttingen 1988; W. Euchner, Naturrecht und Politik bei John Locke, Frankfurt 1969, 1979, 63–95, 192–212; O. v. Gierke, Johannes Althusius und die Entwicklung der naturrechtlichen Staatstheorien. Zugleich ein Beitrag zur Geschichte der Rechtssystematik, Breslau 1880, Leipzig, Aalen ⁷1981 (engl. The Development of Political Theory, New York, London 1939, New York 1966); J. Goldfinger, State of Nature, IESS VIII (²2008), 110–111; J. W. Gough, The Social Contract. A Critical Study of Its Development, Oxford 1936, ²1957 (repr. Oxford 1963, Westport Conn. 1978); R. Harzer, Der N. als Denkfigur moderner praktischer Vernunft. Zugleich ein Beitrag zur Staats- und Rechtsphilosophie von Hobbes und Kant, Frankfurt etc. 1994; H. Hofmann, N., Hist. Wb. Ph. VI (1984), 653–658; G. Klosko, State of Nature, NDHI V (2005), 2257–2259; S. May, Kants Theorie des Staatsrechts zwischen dem Ideal des Hobbes und dem Bürgerbund Rousseaus, Frankfurt etc. 2002; H. Medick, N. und Naturgeschichte der bürgerlichen Gesellschaft. Die Ursprünge der bürgerlichen Sozialtheorie als Geschichtsphilosophie und Sozialwissenschaft bei Samuel Pufendorf, John Locke und Adam Smith, Göttingen 1973; S. Rodeschini, N., EP II (²2010), 1761–1766; H. Schmidt, Seinserkenntnis und Staatsdenken. Der Subjekts- und Erkenntnisbegriff von Hobbes, Locke und Rousseau als Grundlage des Rechtes und der Geschichte, Tübingen 1965, 198–211, 245–251; J. H. Serembus, State of Nature, in: J. K. Roth (ed.), International Encyclopedia of Ethics, London/Chicago Ill. 1995, 834–835; L. Strauss, Natural Right and History, Chicago Ill. 1953, 2008, 81–119 (franz. Droit naturel et histoire, Paris 1954, 97–134; dt. Naturrecht und Geschichte, Stuttgart 1956, Frankfurt 1977, ²1989, 83–123); H. Thornton, State of Nature or Eden? Thomas Hobbes and His Contemporaries on the Natural Condition of Human Beings, Rochester N.Y. 2005; H. Welzel, Naturrecht und materiale Gerechtigkeit. Prolegomena zu einer Rechtsphilosophie, Göttingen 1951, mit Untertitel: Problemgeschichtliche Untersuchungen als Prolegomena zu einer Rechtsphilosophie ²1955, ohne Untertitel ⁴1962, mit Untertitel: Prolegomena zu einer Rechtsphilosophie 1980; G. Zenkert/F. Lohmann, N., RGG VI (⁴2003), 154–155.   H. R. G.

Nausiphanes von Teos, 4. Jh. v. Chr., (vermutlich) Schüler Pyrrhons von Elis, Anhänger der Lehre Demokrits. N. steht zwischen Demokrit, dessen atomistische Vorstellungen (↑Atomismus) er teilt, und Epikur, sei-

nem Schüler (wobei eine Schülerschaft von diesem bestritten wird), weshalb er auch (trotz heftiger epikureischer Kritik an seinen Lehren) als Vermittler zwischen beider Schulen gilt. N. ist Verfasser einer dreiteiligen Schrift mit dem Titel Τρίπους (›Dreifuß‹), die wohl die damals geltende Einteilung der Philosophie in Logik (Dialektik), Naturphilosophie und Ethik wiedergibt. Aus einer entsprechenden Kritik von Philodemos von Gadara in seinem Buch über die Rhetorik (Philodemus volumina rhetorica, I–II, ed. S. Sudhaus, Leipzig 1892/1896 [repr. Amsterdam 1964], II, Col. XIII 4,10–Col. XLVIII 35,15–21) geht die Vorstellung des N. hervor, daß der gebildete Naturphilosoph auch der in Ethik und ↑Rhetorik Kundige sei.

Werke: VS 75 B 1–4.

Literatur: H. v. Arnim, Leben und Werke des Dio von Prusa. Mit einer Einleitung: Sophistik, Rhetorik, Philosophie in ihrem Kampf um die Jugendbildung, Berlin 1898, Hildesheim 2004, 43–63; I. Bodnár/C. Walde, N., DNP VIII (2000), 757–758; N. W. DeWitt, Epicurus and His Philosophy, Minneapolis Minn. 1954, Westport Conn. 1976, 60–66; J.-P. Dumont, Nausiphane, DP II (1993), 2095; K. v. Fritz, N., RE XXXII (1935), 2021–2027; W. Görler, N. aus Teos, in: H. Flashar (ed.), Die Philosophie der Antike IV/2 (Die hellenistische Philosophie), Basel 1994, 768–769, 773; M. F. Hazebroucq, Nausiphane de Téos, Enc. philos. universelle III/1 (1992), 231–232; M. Isnardi Parente, Techne. Momenti del pensiero greco da Platone ad Epicuro, Florenz 1966, 367–392; A. Kamp, Philosophiehistorie als Rezeptionsgeschichte. Die Reaktion auf Aristoteles' De Anima-Noetik. Der frühe Hellenismus, Amsterdam/Philadelphia Pa. 2001, 205–209 [bes. Fußnote 10–11]; F. Longo, Nausifane nei papiri ercolanesi, in: F. Sbordone (ed.), Ricerche sui Papiri Ercolanesi I, Neapel 1969, 7–21; dies. [Longo Auricchio]/A. Tepedino Guerra, Per un riesame della polemica epicurea contro Nausifane, in: F. Romano (ed.), Democrito e l'atomismo antico. Atti del convegno internazionale Catania 18–21 aprile 1979, Catania 1980, 467–477; J. I. Porter, Φυσιολογεῖν. N. of Teos and the Physics of Rhetoric. A Chapter in the History of Greek Atomism, Cronache Ercolanesi 32 (2002), 137–186; J. M. Rist, Epicurus. An Introduction, Cambridge etc. 1972, 1977, 3–6; S. Sudhaus, N., Rhein. Mus. 48 (1893), 321–341; F. Susemihl, Die Demokriteer Metrodoros und N., Philologus 60 (1901), 188–191; J. Warren, Epicurus and Democritean Ethics. An Archeology of ›Ataraxia‹, Cambridge etc. 2002, 160–192 (Chap. 7 N.' Compelling Rhetoric).   J. M.

naya (sanskr., Grundsatz, Aspekt), Grundbegriff der Erkenntnistheorie des Jainismus (↑Philosophie, jainistische), die Erkenntnis eines Gegenstandes in einer bestimmten Hinsicht, also die Erkenntnis einer Relation. Die Erörterung der n.s ergänzt im Jainismus die in den anderen Systemen der klassischen indischen Philosophie (↑Philosophie, indische) allein übliche Erörterung der (nicht auf Standpunkte relativierten) Erkenntnismittel (↑pramāṇa). Zur vollständigen Erkenntnis eines Gegenstandes im jainistischen syādvāda (= Lehre des ›es kann so, aber auch so gesehen werden, je nach Gesichtspunkt‹) gehört die Bestimmung aller n.s, die je nach

Art der Auseinandersetzung des Jainismus mit den übrigen Systemen immer wieder anders klassifiziert wurden (am wichtigsten eine Einteilung in 7 Klassen: 4 arthanaya – d. s. Relationen der Objektstufe, z. B. Relativierungen auf Zeitpunkte – und 3 śabdanaya – d. s. Relationen der Metastufe, z. B. Relativierungen auf die Bezeichnungsweise).   K. L.

Nebenfolge, Bezeichnung für die direkt oder über Wirkungsketten vermittelt eintretende Folge einer ↑Handlung, die in der (Rekonstruktion der) Handlungsplanung nicht als ↑Zweck formuliert ist, aber bei Ergreifung der gewählten bzw. erwogenen Mittel mit verursacht wird. N.n, die über längere Wirkungsketten vermittelt und erst mit größerer zeitlicher Verzögerung eintreten, werden oft auch als ›Fernfolgen‹ bezeichnet. Insofern die N.n seines Handelns für den Akteur mehr oder weniger erwünscht oder unerwünscht sein können, bildet eine Abschätzung möglicher oder wahrscheinlicher N.n (↑Risiko) neben der Beurteilung der Zwecke eine wesentliche Basis für die rationale Wahl zwischen alternativen Handlungsoptionen (↑rational choice, ↑Entscheidungstheorie). Insofern andere Akteure von den N.n betroffen und in der Verfolgung ihrer eigenen Zwecke beeinträchtigt werden können, sind diese potentiell konflikterzeugend und damit auch zentraler Gegenstand ethischer Beratungs- und politischer Regulierungsbemühungen. Für den durch oft besondere Reichweiten und hohe Komplexität der Wirkungsketten ausgezeichneten Bereich des technischen Handelns hat sich eine spezialisierte, meist interdisziplinär betriebene wissenschaftliche ↑Technikfolgenabschätzung herausgebildet.   G. K.

Neid (lat. invidia, engl. envy, franz. envie), Bezeichnung für das (moralisch negativ konnotierte) ↑Gefühl eines Menschen, der bei anderen Menschen (Individuen oder Kollektiven) ein als wertvoll erachtetes und für ihn selbst wünschens- und erstrebenswertes Gut wahrnimmt, das er jedoch selbst entbehrt, unter dieser Entbehrung leidet (Unzufriedenheit mit sich selbst, Minderwertigkeitsgefühl) und das Gut denen, die es besitzen, mißgönnt (es ihnen gegebenenfalls, wenn die Situation es erlaubt, abspenstig macht oder zerstört). Der N. erlischt, wenn das geneidete Gut seinen Träger oder Besitzer verläßt oder wenn der Neider ebenfalls in den Besitz dieses Gutes kommt (mißgönnt jemand einem anderen ein Gut, obwohl er es selbst besitzt, so spricht man nicht von ›N.‹, sondern von ›Mißgunst‹). Der N. hat also neben der gefühlsmäßigen auch eine erkenntnis- und strebensmäßige, gegebenenfalls auch eine willens- und handlungsmäßige Seite. ›Neidisch sein‹ (synonym: ›neiden‹, ›beneiden‹) ist ein dreistelliger ↑Prädikator (↑Relator), der die Beziehungen (↑Relationen) zwischen einem (oder mehreren) personalen Subjekt(en) (= neidendes

Individuum oder Kollektiv), einem (oder mehreren) personalen Objekt(en) (= beneidetes Individuum oder Kollektiv) und einem dem personalen Objekt attribuierten Sachverhalt (= geneidetes Gut) ausdrückt. Als geneidetes Gut kommen neben allen Arten von als wertvoll erachteten und vom Neider begehrten Sachwerten körperliche, künstlerische und intellektuelle (naturgegebene oder erworbene) Vorzüge und Begabungen sowie soziales Ansehen, gesellschaftlicher Status und politisch-gesellschaftliche ↑Macht in Frage. Sowohl als Neider als auch als Besitzer oder Träger geneideter Güter sind nicht nur Individuen, sondern auch gesellschaftliche Gruppierungen und soziale Klassen (↑Klasse (sozialwissenschaftlich)) anzusehen (hier der Einfachheit halber zusammenfassend als ›Kollektive‹ bezeichnet). Da von besonderer gesellschaftlicher und politischer Brisanz, hebt man jenen N., dessen Subjekt oder dessen Objekt ein Kollektiv ist, terminologisch hervor und spricht von ›Sozialneid‹, wobei dieser Ausdruck (wie der Begriff des N.s selbst) häufig in Fällen diffamierend gebraucht wird, in denen vorderhand noch gar nicht ausgemacht ist, ob die fragliche Emotion sich nicht einem (gegebenenfalls gerechtfertigten) Gerechtigkeitsempfinden verdankt (und in diesem Falle auch nicht als ›N.‹ oder als ›Sozialneid‹ bezeichnet werden sollte). Die Möglichkeit zu solcher Diffamierung beruht auf dem im allgemeinen Sprachgebrauch eingelassenen abwertenden Urteil über diese Emotion (in der ↑Patristik und im Mittelalter wurde die *invidia* als eine der sieben Hauptlaster oder Todsünden angesehen). Allerdings gibt es auch sprachliche Wendungen, die diese negative Beurteilung nicht mit sich führen, weil sie nicht den Wunsch beinhalten, der Beneidete möge das geneidete Gut verlieren (›ich beneide dich ob deiner Ausgeglichenheit‹), oder den Wunsch, sich das geneidete Gut anzueignen (›er hat eine beneidenswert schöne Frau‹). Beim Kampf um Anerkennung und Liebe, insbes. bei der Konkurrenz von Liebhabern, spricht man weniger von ›N.‹ als von ›Eifersucht‹, die sich in diesem Falle aber nicht nur auf den in der Konkurrenz siegreichen Liebhaber, sondern auch auf die beiderseits umworbene geliebte Person beziehen kann (für den Fall, daß es keinen Konkurrenten gibt, bezieht die mögliche Eifersucht sich nur auf die geliebte Person).

Die griechische und römische Antike sprach vom ›N. der Götter‹, der sich auf allzusehr vom Schicksal begünstigte oder durch eigene Tüchtigkeit hervorragende Menschen bezog. Diesem N. suchte man sich durch Opfer und Selbstdemütigung zu entziehen (diesem Verständnis von N. fehlt der sonst anklingende Grund für den N., daß dem Neidischen nämlich das geneidete Gut abgeht; es wäre also hier eher von ›Mißgunst‹ oder ›Übelwollen‹ zu sprechen). Gegenüber diesem mythischen Götterverständnis (↑Mythos) betont Platon, daß Gott (Zeus bzw.

der ↑Demiurg) N. oder Mißgunst gegenüber den Menschen nicht kenne (Tim. 29e1–2). Die Tradition macht unterschiedliche Versuche, die negative Bewertung des N.s zu begründen. Im sokratischen (↑Sokratiker), epikureischen (↑Epikureismus) und stoischen (↑Stoa) Konzept der vernunftgeleiteten Lebensführung (↑Leben, vernünftiges) und Sorge um sich selbst wird vor allem die Selbstschädigung des Neiders durch die seiner Emotion eigene negative Gefühlsqualität und sein Haften an Objekten und Sachverhalten durch deren Überschätzung betont, in der christlichen Ära vor allem das Unrecht der im N. waltenden Mißgunst und des Übelwollens, das zu verderblichen Taten verleiten könne, sowie das in Bezug auf die Verfügungen Gottes und seine gütige Vorsorge Abwegige, sich mit anderen (Talentierteren, Begüterten, Herrschenden) zu vergleichen. I. Kant verbindet den individual- und den sozialethischen Aspekt, indem er den N. als »der Pflicht des Menschen gegen sich selbst so wohl, als gegen andere entgegengesetzt« beurteilt (Met. Sitten, Akad.-Ausg. VI, 459). Dem in der Gegenwart geäußerten und empirisch belegten Vorwurf, der besonders in kompetitiven, aber zugleich egalitär ausgerichteten modernen Gesellschaften aufgrund von Status- und Güterungleichheit virulente Sozialneid führe zu gesellschaftlicher Instabilität, begegnen ↑normative Gerechtigkeitstheorien (↑Gerechtigkeit) wie die von R. Nozick und J. Rawls dadurch, daß sie solche Prinzipien der gerechten Verteilung von Chancen und Gütern zu rechtfertigen suchen, die die Selbstachtung der Bürger wahren bzw. wiederherstellen und ihr Selbstwert-, Solidaritäts- und Zugehörigkeitsgefühl stärken.

Literatur: J. D'Arms, Envy, SEP 2002, rev. 2009; F. Decher, Das gelbe Monster. N. als philosophisches Problem, Springe 2005; G. Droesser, N., LThK VII (³1998), 729; J. Fellsches, N., EP II (²2010), 1768–1769; G. Fernández de la Mora, La envidia igualitaria, Barcelona 1984, Madrid 2011 (dt. Der gleichmacherische N., München 1987; engl. Egalitarian Envy. The Political Foundations of Social Justice, New York 1987); G. Foster, The Anatomy of Envy. A Study in Symbolic Behavior, Current Anthropology 13 (1972), 165–202; R. Girard, A Theater of Envy. William Shakespeare, Oxford/New York 1991, South Bend Ind. 2004 (franz. Shakespeare. Les feux de l'envie, Paris 1990; dt. Shakespeare. Theater des N.es, München 2011); P. Hassoun-Lestienne, L'envie et le désir. Les faux frères, Paris 1998; L. H. Hunt, Envy, in: L. C. Becker/C. B. Becker (eds.), Encyclopedia of Ethics I, New York/London 1992, 315–317; D. Konstan/K. Rutter (eds.), Envy, Spite and Jealousy. The Rivalrous Emotions in Ancient Greece, Edinburgh 2003; A. Krebs (ed.), Gleichheit oder Gerechtigkeit. Texte der neuen Egalitarismuskritik, Frankfurt 2000; K. M. Michel/I. Karsunke/T. Spengler (eds.), Die N.gesellschaft, Berlin 2001; E. Milobenski, Der N. in der griechischen Philosophie, Wiesbaden 1964; S. Ngai, Ugly Feelings, Cambridge Mass./London 2005, 2007, 126–173 (Chap. 3 Envy); R. Nozick, Anarchy, State, and Utopia, New York, Oxford 1974, Malden Mass./Oxford/Carlton 2008 (dt. Anarchie, Staat, Utopia, München o.J. [1976], 2011; franz. Anarchie, état et utopie, Paris 1988, 2003); F. Nullmeier, N., in: S. Gosepath/W.

Hinsch/B. Rössler (eds.), Handbuch der Politischen Philosophie und Sozialphilosophie II, Berlin 2008, 894–899; K.-H. Nusser, N., Hist. Wb. Philos. VI (1984), 695–706; ders. N., TRE XXIV (1994), 246–254; S. Ranulf, The Jealousy of the Gods and the Criminal Law at Athens. A Contribution to the Sociology of Moral Indignation, I–II, London, Kopenhagen 1933/1934 (repr. New York 1974); J. Rawls, A Theory of Justice, Cambridge Mass. 1971, 2005; P. Salovey (ed.), The Psychology of Jealousy and Envy, New York/London 1991; M. Schaupp, Invidia. Eine Begriffsuntersuchung, Diss. Freiburg 1962; H. Schoeck, Der N.. Eine Theorie der Gesellschaft, Freiburg/München 1966, unter dem Titel: Der N. und die Gesellschaft, Freiburg/Basel/Wien 1971, ⁵1977, Frankfurt/Berlin 1987 (engl. Envy. A Theory of Social Behaviour, New York, London 1969, Indianapolis Ind. 1987); ders., Der N.. Die Urgeschichte des Bösen, München/Wien 1980, 1982 (franz. L'envie. Une histoire du mal, Paris 1995); G. Schwarz/R. Nef (eds.), N.ökonomie. Wirtschaftspolitische Aspekte eines Lasters, Zürich 2000; R. Sève, Envie, Enc. philos. universelle II/1 (1990), 809; W. Steinlein, *Φθόνος* und verwandte Begriffe in der älteren griechischen Literatur, Diss. Erlangen 1941; P. Walcot, Envy and the Greeks. A Study of Human Behaviour, Warminster 1978. R. Wi.

Negat, ↑Negation.

Negatadjunktion, Bezeichnung für diejenige junktorenlogische Verknüpfung zweier Aussagen A und B, deren Ergebnis das Adjungat (↑Adjunktion) ¬A ∨ ¬B der Negate (↑Negation) von A und B ist und die unter Verwendung eines einfachen ↑Junktors als ›A ⊻ B‹ oder mit Hilfe des so genannten ↑Shefferschen Striches ›|‹ als ›A|B‹ symbolisiert wird. Umgangssprachlich läßt sich ¬A ∨ ¬B als ›nicht A oder nicht B‹ bzw., äquivalent, ›nicht beide, A und B‹ ausdrücken; diese Aussage ist genau dann wahr, wenn mindestens eine der Aussagen A, B falsch ist. Wie C. S. Peirce ca. 1880 (veröffentlicht 1933) und H. M. Sheffer 1913 bemerkten, lassen sich alle klassischen junktorenlogischen Verknüpfungen allein durch die N. definieren (z.B. ¬A ⇋ A ⊻ A, A ∨ B ⇋ ¬A ⊻ ¬B). Statt ›N.‹ sind auch die Bezeichnungen ↑›Disjunktion‹ (W. E. Johnson, J. Łukasiewicz), ↑›Exklusion‹ und im Englischen ›alternate denial‹ gebräuchlich.

Literatur: P. Lorenzen, Formale Logik, Berlin 1958, ⁴1970; C. S. Peirce, A Boolean Algebra with One Constant, in: ders., Collected Papers IV (The Simplest Mathematics), ed. C. Hartshorne/P. Weiss, Cambridge Mass. 1933, 1960, 13–18 (ursprünglich, ca. 1880, Ms. ohne Titel); A. N. Prior, Formal Logic, Oxford 1955, ²1962, 1973; H. M. Sheffer, A Set of Five Independent Postulates for Boolean Algebras, with Application to Logical Constants, Transact. Amer. Math. Soc. 14 (1913), 481–488. C. T.

Negation (von lat. negatio, seit A. M. T. S. Boethius übliche Übersetzung des griech. *ἀπόφασις*), Verneinung, Verwerfung, Gegenteil der ↑Affirmation. Der Ausdruck ›N.‹ wird in der Bildungssprache, in der philosophischen Fachsprache und selbst als Terminus der Logik in verschiedenen, miteinander zusammenhängenden Bedeutungen verwendet. Man kann z.B. auf eine Frage des

Typs, ob etwas der Fall sei (›ist heute schon der Drei-
zehnte?‹), eine *negative Antwort* geben, also die *Frage
verneinen*; man kann auf eine Frage oder auf eine Behauptung, insbes. eine Beschuldigung, hin *leugnen*, daß
etwas der Fall sei (›nein, ich habe nicht mit ihm gesprochen‹); man kann eine Behauptung *bestreiten*, ihr *wider-
sprechen*, kann eine Vermutung oder eine Annahme *verwerfen*, einem Ding oder einer Person eine Eigenschaft
absprechen, und man kann in allen diesen Fällen eine
Aussage der Form ›es ist falsch, daß *A*‹ oder ›es ist nicht
der Fall, daß *A*‹ machen und auf diese Weise ›*A*‹ *negieren*.
In den natürlichen Sprachen geschieht dies durch Ver-
neinungswörter von verschiedenem logischen Status wie
↑›nicht‹, ›nie(-mals)‹, ›niemand‹, ↑›kein‹, ›ohne daß‹
(wenn man eine verneinende Aussage an eine bejahende
anschließen will), ›weder ...‹, noch—‹ (zur gemeinsamen
Verneinung zweier Aussagen), bei abgeschwächter Verneinung durch ›kaum‹, ›selten‹ usw., durch Zusprechen
›negativer Eigenschaften‹ (im Deutschen meist durch
Wörter mit dem Präfix ›un-‹ ausgedrückt, wie ›unteilbar‹,
›unendlich‹, ›unsterblich‹, ›unsinnig‹) etc..
Unter den ↑Vorsokratikern scheinen zuerst die Eleaten
(↑Eleatismus) und hier vor allem Parmenides auf den
Sinn der N. reflektiert und sie als Mittel zum Ausdruck
der Nichtexistenz verstanden zu haben. Die Parmeni-
deische Lehre macht jedoch dieser Interpretation auch
erhebliche Schwierigkeiten, da sich nach ihr nur
über Seiendes etwas sagen läßt, über Nichtseiendes also
nichts. Der vermutlich intendierte Sinn der N. als Bezug
nicht auf Nichtseiendes, sondern auf das Nichtvorhan-
densein von etwas, auf einen ›Mangel im Seienden‹, ist
als vorprädikativer und damit vor Begriff und Urteil
erfaßbarer Sinn in der Gegenwartsphilosophie wieder
aufgenommen worden, z.B. im Logischen Atomismus
(↑Atomismus, logischer), in L. Wittgensteins Diskussion ›negativer Tatsachen‹ (Tract. 2.06; Tagebücher
1914–1916, Frankfurt 1960, Eintrag vom 14.11.1914)
sowie bei E. Husserl (Erfahrung und Urteil [...], Prag
1939) und J.-P. Sartre mit der Frage, ob »das Nichts als
Struktur des Realen der Ursprung und die Grundlage
der Verneinung« sei (»est-ce le néant, comme structure
du réel, qui est l'origine et le fondement de la négation?«,
L'être et le néant, Paris 1943, 2009, 41 [dt. Das Sein und
das Nichts, Hamburg 1952, 43, Reinbek b. Hamburg
¹⁶2010, 55]). Aristoteles erörterte (vor allem de int.
5–11) die N. anhand der Gegenüberstellung von Absprechen (ἀπόφασις) und Zusprechen (κατάφασις), so daß
sich die N. in seiner darauf gegründeten Lehre von den
Gegensatzpaaren als Übergang von einer Aussage zu
der ihr (konträr [↑konträr/Kontrarität] oder kontradiktorisch [↑kontradiktorisch/Kontradiktion]) entgegengesetzten Aussage verstehen läßt (↑Quadrat, logisches).
Dabei trennt Aristoteles beim Begriff des Absprechens
weder zwischen der singularen negativen Aussage

›*x* ε′ *P*‹ (↑Elementaraussage) und der allgemeinen negativen Aussage ›*SeP*‹ (↑e) noch zwischen der Leugnung, daß etwas sei, und der Behauptung, daß etwas
nicht sei. Die traditionelle Philosophie der Logik hat im
Anschluß an und in Auseinandersetzung mit Aristoteles
vor allem vier Kontexte untersucht, in denen die N. eine
zentrale Rolle spielt:
(1) In der Lehre von der *negativen* ↑*Kopula* wird angenommen, daß sich die N. auf die Kopula bezieht, indem
sie von einer Aussage ›*x* ε *P*‹ zu der Aussage ›*x* ε′ *P*‹
und von einer Aussage in Standardform (›*SaP*‹, ›*SeP*‹,
›*SiP*‹, ›*SoP*‹; ↑a, ↑e, ↑i, ↑o) zu der ihr kontradiktorisch
entgegengesetzten führt. Breiten Raum nimmt dann die
Erörterung der Frage ein, ob affirmative Kopula und
negative Kopula gleichberechtigt (›gleich ursprünglich‹)
seien oder nicht. Die Gleichberechtigung vertreten
die meisten scholastischen Logiker, später T. Hobbes,
C. Wolff und I. Kant sowie gegenwärtig hinsichtlich
der Elementaraussagen die innerhalb der Konstruktiven
Wissenschaftstheorie (↑Wissenschaftstheorie, konstruktive) neubegründete logische ↑Propädeutik, für die der
Sinn der Elementaraussagen ›*x* ε *P*‹ und ›*x* ε′ *P*‹ stets
gemeinsam beim Erlernen der elementaren ↑Prädika-
tion mit dem Prädikator ›*P*(...)‹ erfaßt wird (↑zuspre-
chen/absprechen), ungeachtet dessen, daß sich nach der
Einführung einer auch auf zusammengesetzte Aussagen
anwendbaren N. ›*x* ε′ *P*‹ und ¬(*x* ε *P*)‹ als gleichwertig erweisen. Den Primat der affirmativen Kopula bzw.
die Auffassung, daß diese im Grunde die einzige Kopula
sei, vertreten im 19. Jh. W. T. Krug (»eine verneinende
Kopel d.h. eine Kopel, durch die nicht verbunden wird,
ist ein Widerspruch«, System der theoretischen Philosophie I [Denklehre oder Logik], Königsberg 1806, 206,
²1819, ³1825, 162, ⁴1833, 171), C. Sigwart, B. Erdmann
u.a..
(2) Die (die Kontroversen unter (1) vermeidende) Lehre vom *negativen Urteilsakt* (Verneinung, Verwerfung,
Leugnung), der sich ebenso wie sein Gegenstück, der
affirmative Urteilsakt (Bejahung, Anerkennung), auf einen neutralen Urteilsinhalt bezieht (B. Bolzano, F. Brentano), sowie die Lehre G. Freges, nach der die Urteilsinhalte, unter denen affirmative und (durch N. gebildete) negative zu unterscheiden sind, erst durch einen auf
affirmative ebenso wie auf negative Inhalte beziehbaren
Akt des Urteilens oder Behauptens in Aussagen mit
›behauptender Kraft‹ eingehen (Begriffsschrift [...],
Halle 1879; später trennte Frege noch weiter zwischen
dem Urteilen als dem Anerkennen der Wahrheit eines
Gedankens und der Behauptung als der Äußerung dieser Anerkennung). Zur Leugnung von *A* gelangt man
nach dieser Fregeschen Urteilslehre, indem man in
einem ersten Schritt die negative Aussage ›¬*A*‹ bildet
(s.u. (4)) und dann in einem zweiten Schritt diese als
wahr behauptet.

(3) Die Annahme *negativer Eigenschaften* und *negativer Begriffe* als Korrelate von Ausdrücken der Form ›nicht-P‹ (z. B. ›nichtrostend‹, ›Nichtraucher‹). Aristoteles behandelte zwar (de int. 10) auch Ausdrücke wie ›Nichtmensch‹, erkannte aber durch solche Ausdrücke bezeichnete Begriffe nicht als ›bestimmte‹ an, sondern nannte sie ›unbestimmt‹ (*ἀόριστος*), was ins Lateinische meist als ›indefinitus‹, von Boethius aber als ›infinitus‹ übersetzt wurde und so zu der traditionellen Terminologie vom ›unendlichen Urteil‹ (↑Urteil, unendliches) und zur Aufnahme von ›unendlich‹ als dritter Qualität (neben ›bejahend‹ und ›verneinend‹) in Kants ›Urteilstafel‹ geführt hat. Die Bildung von ›nicht-P‹ aus ›P‹ heißt bei Aristoteles ›*στέρησις*‹ (›Beraubung‹, ↑Steresis), was später auf Grund der lateinischen Übersetzung ›privatio‹ den zentralen Terminus ›Privation‹ der ↑Begriffslogik ergab (z. B. ›privative‹ und ›semiprivative‹ Begriffe bei G. W. Leibniz, C. 268). Das Thema Privation verlor im 19. Jh. an Interesse; die Frage wurde nicht ausdiskutiert, zumal die sich jetzt durchsetzende ↑Klassenlogik (›Umfangslogik‹, ↑Logik, extensionale) die ›Privation‹ von *P* als Bildung der Komplementärklasse $\complement P$ (↑Komplement) des Umfangs $\bar{P}$ (↑extensional/Extension) von *P* und damit ›*x* ε nicht-*P*‹ als ›*x* ∈ $\complement \bar{P}$‹ interpretierte.

(4) Die heute in der formalen Logik (↑Logik, formale) akzeptierte Auffassung der N. als Übergang von einer Aussage ›*A*‹ zu ihrem Negat ›nicht-*A*‹, die mit Hilfe des Negationszeichens oder ↑Negators ›¬‹ symbolisiert wird (›¬*A*‹; auch die Schreibungen ›∼*A*‹ und ›*Ā*‹ sind üblich), versteht die N. als junktorenlogische *Aussagenverknüpfung* (↑Junktorenlogik) – im uneigentlichen Sinne, weil der Junktor ›¬‹ nur auf eine einzige Aussage angewandt wird, also keine echte ›Verknüpfung‹ zweier oder mehrerer Aussagen stattfindet. In welchem Sinne eine Aussage und ihr Negat einander entgegengesetzt sind, wird in der klassischen Logik (↑Logik, klassische) und in der Effektiven (auch: konstruktiven) Logik (↑Logik, konstruktive, ↑Logik, intuitionistische) verschieden gedeutet; entsprechend unterschiedlich ist auch das Verständnis des Sinnes der N.. In der klassischen Logik, die voraussetzt, daß jede Aussage entweder wahr oder falsch sei (↑wahrheitsdefinit/Wahrheitsdefinitheit), wird ›¬*A*‹ als diejenige Aussage erklärt, die *genau dann* wahr ist, wenn ›*A*‹ falsch ist. Unter der genannten Voraussetzung kann man dann die N. als einstellige ↑Wahrheitsfunktion durch die ↑Wahrheitstafel

A	¬*A*
wahr	falsch
falsch	wahr

erklären. Beim argumentationstheoretischen Zugang (↑Logik, dialogische) zur Effektiven Logik, die die Voraussetzung der Wahrheitsdefinitheit nicht macht, legt

man den Sinn der N. durch eine Partikelregel fest, die angibt, wie innerhalb einer Argumentation um ein Negat ›¬*A*‹ argumentiert werden soll. Dies geschieht durch die Partikelregel

(Behauptung)	¬*A*
(Zweifel)	?, *A*
(Stützung)	– (d. h. keine Stützung),

die festlegt, daß ›¬*A*‹ unter Behaupten von ›*A*‹ bezweifelt wird und als widerlegt zu gelten hat, falls sich ›*A*‹ begründen läßt, während ›¬*A*‹ als begründet gilt, wenn es eine Strategie gibt, jede Argumentation für ›*A*‹ zu widerlegen. Da es sein kann, daß man weder eine Begründung für noch eine Widerlegungsstrategie gegen ›*A*‹ kennt, sind weder das ↑tertium non datur ›*A* ∨ ¬*A*‹ noch das Prinzip ↑duplex negatio affirmat (›¬¬*A* → *A*‹) effektiv gültig (während ›*A* → ¬¬*A*‹ sowohl effektiv als auch klassisch gilt). Gegenüber der Rede von einem ›unterschiedlichen Verständnis‹ der N. ist allerdings festzuhalten, daß man die Gesetze der klassischen Logik auch bei der erwähnten dialogischen Einführung der N. erhält, wenn man die klassische Gültigkeit (↑gültig/Gültigkeit) als eine Abschwächung der effektiven Gültigkeit definiert (etwa durch Hinzunahme von tertium-non-datur-Hypothesen und in der ↑Quantorenlogik zusätzlich des generalisierten tertium non datur im Dialog).

In der Logik des ↑Intuitionismus wurde ›nicht *A*‹ ursprünglich als ›*A* ist absurd‹ verstanden, doch zeigte A. Heyting 1930, daß in den mathematischen Anwendungen statt dieser Absurdität tatsächlich die Eigenschaft benutzt wurde, daß ›*A*‹ jede Aussage impliziert (↑ex falso quodlibet). Davon macht die operative Deutung der Logik (P. Lorenzen, 1955; ↑Logik, operative) Gebrauch, indem sie zunächst auf einen Kalkül *K* bezogene *λ*-Aussagen als solche Aussagen ›*A*‹ einführt, mit denen für jede Aussage ›*B*‹ des ↑Kalküls ›*A* → *B*‹ zulässig ist (↑zulässig/Zulässigkeit). Dann wird das Negat einer Aussage ›*A*‹ (nach einem Vorschlag von C. S. Peirce) durch

$$\neg A \rightleftharpoons A \rightarrow \lambda$$

definiert, wobei die Verwendung der Konstanten (↑Konstante, logische) ›*λ*‹ für *λ*-Aussagen deshalb genügt, weil sich zeigen läßt, daß in Aussagen über den Kalkül jede *λ*-Aussage durch eine beliebige andere *λ*-Aussage ersetzbar ist.

Einen anderen als den genannten formallogischen Sinn hat die N. als ›Aufhebung‹ (↑aufheben/Aufhebung) in der Dialektischen Logik (↑Logik, dialektische) G. W. F. Hegels (dem im 20. Jh. R. Kroner, W. Flach u. a. gefolgt sind; ↑Hegelsche Logik) und im Dialektischen Materialismus (vgl. WbL [1978], 360–361, [²1983], 352; ↑Materialismus, dialektischer). Dem umgangssprachlichen

Sinn näher steht die Rede von ›Verneinung‹, ›N.‹, ›negieren‹ usw. z. B. bei A. Schopenhauer (›Verneinung‹ des Willens zum Leben; »Alle Befriedigung, oder was man gemeinhin Glück nennt, ist [...] immer nur *negativ*«, Die Welt als Wille und Vorstellung [Leipzig 1819] IV § 58) oder bei T. W. Adorno (↑Dialektik, negative).

Literatur: P. Acquaviva, The Logical Form of N.. A Study of Operator-Variable Structures in Syntax, New York/London 1997; A. J. Ayer, N., J. Philos. 49 (1952), 797–815, Neudr. in: ders., Philosophical Essays, London/New York 1954, Westport Conn. 1980, 36–65; H. Blühdorn, N. im Deutschen. Syntax, Informationsstruktur, Semantik, Tübingen 2012; W. Bonsiepen, Der Begriff der Negativität in den Jenaer Schriften Hegels, Bonn 1977; ders., N., Negativität, Hist. Wb. Ph. VI (1984), 671–686; J. J. Borelius, Über den Satz des Widerspruchs und die Bedeutung der N., Leipzig 1881; E. Brann, The Ways of Naysaying. No, Not, Nothing, and Nonbeing, Lanham Md./Oxford 2001; H. Bräuer, N., in: W. D. Rehfus (ed.), Handwörterbuch Philosophie, Göttingen 2003, 486–487; G. Buchdahl, The Problem of N., Philos. Phenom. Res. 22 (1961/1962), 163–178; W. Burkamp, Logik, Berlin 1932, 91–99 (Kap. 8 Die Verneinung); R. L. Cartwright, Negative Existentials, J. Philos. 57 (1960), 629–639, Neudr. in: C. E. Caton (ed.), Philosophy and Ordinary Language, Urbana Ill./Chicago Ill./London 1963, 1970, 55–66; T. Collmer, Hegels Dialektik der Negativität. Untersuchungen für eine selbst-kritische Theorie der Dialektik: ›selbst‹ als ›absoluter‹ Formausdruck, Identitätskritik, N.slehre, Zeichen und ›Ansichsein‹, Gießen 2002; H. B. Curry, Foundations of Mathematical Logic, New York etc. 1963, New York 1977, 254–310 (Chap. 6 N.); A. C. Das, Negative Fact, N., and Truth, Calcutta 1942; R. Demos, A Discussion of a Certain Type of Negative Proposition, Mind NS 26 (1917), 188–196; D. DeVidi, N.. Philosophical Aspects, in: A. Barber/R. J. Stainton (eds.), Concise Encyclopedia of Philosophy of Language and Linguistics, Amsterdam etc. 2010, 510–513; J. Dölling (ed.), Logische und semantische Aspekte der N., Berlin 1988; A. Drews, Lehrbuch der Logik, Berlin 1928, 290–298; K. Dürr, Die Bedeutung der N.. Grundzüge der empirischen Logik, Erkenntnis 5 (1935), 205–227; G. Englebretsen, Logical N., Assen 1981; G. Falkenberg/G. Leibl/ J. Pafel, Bibliographie zur N. und Verneinung, Trier 1984; W. Flach, N. und Andersheit. Ein Beitrag zur Problematik der Letztimplikation, München/Basel 1959; FM III (1979), 2323–2327 (Negación); G. Frege, Die Verneinung. Eine logische Untersuchung, Beiträge zur Philosophie des Deutschen Idealismus 1 (1918/1919), 143–157, Neudr. in: ders., Logische Untersuchungen, ed. G. Patzig, Göttingen 1966, 54–71, ⁵2003, 63–83; D. M. Gabbay/H. Wansing (eds.), What Is N.?, Dordrecht/Boston Mass./London 1999; R. M. Gale, On What There Isn't, Rev. Met. 25 (1972), 459–488; ders., N. and Non-Being, Oxford 1976; W. Gerber, Note on Ayer's Conception of N., J. Philos. 50 (1953), 556–558; G. F. C. Griss, Negatieloze intuitionistische wiskunde, Versl. Ned. Akad. van Wetensch. 53 (1944), 261–268; ders., Negationless Intuitionistic Mathematics, I–IV, Proc. Kon. Ned. Akad. van Wetensch. 49 (1946), 1127–1133, 53 (1950), 456–463, 54 (1951), 193–199, 452–471 (= Indagationes Math. 8 [1946], 675–681, 12 [1950], 108–115, 13 [1951], 193–199, 452–471); ders., Logique des mathématiques intuitionistes sans negation, Comptes Rendus hebdomadaires des Séances de l'Acad. Sci. 227 (Paris 1948), 946–948; ders., Logic of Negationless Intuitionistic Mathematics, Proc. Kon. Ned. Akad. van Wetensch. 54 (1951), 41–49 (= Indagationes Math. 13 [1951], 41–49); R. Grossmann, The Existence of the World. An Introduction to Ontology, London/New York 1992, 1994 (dt. Die Existenz der Welt. Eine Einführung in die Ontologie, Frankfurt etc. 2002, ²2004); S. Grotz, N.en des Absoluten. Meister Eckhart, Cusanus, Hegel, Hamburg 2009; R. Heiß, Die Philosophie der Logik und der N., Arch. ges. Psychol. 56 (1926), 463–538; A. Hetzel (ed.), Negativität und Unbestimmtheit. Beiträge zu einer Philosophie des Nichtwissens. Festschrift für Gerhard Gamm, Bielefeld 2009; A. Heyting, Die formalen Regeln der intuitionistischen Logik [I.], Sitz.ber. Preuß. Akad. Wiss., phys.-math. Kl. 1930, Berlin 1930, 42–56, Nachdr. in: ders., Collected Papers, Amsterdam 1980, 191–205; ders., G. F. C. Griss and His Negationless Intuitionistic Mathematics, Synthese 9 (1955), 91–96; L. R. Horn, A Natural History of N., Chicago Ill./London 1989, Stanford Calif. 2001; W. Hübener, Die Logik der N. als ontologisches Erkenntnismittel, in: H. Weinrich (ed.), Positionen der Negativität [s. u.], 105–140 (136–140: Zur Geschichte der doppelten N.); U. Jung/H. Küstner, Semantische Mechanismen der N., Berlin 1990; G. Kahl-Furthmann, Das Problem des Nicht. Kritisch-historische und systematische Untersuchungen, Berlin 1934, Meisenheim am Glan ²1968; L. O. Kattsoff, Logic and the Nature of Reality, The Hague 1956, ²1967, 138–149 (Chap. 11 N., Conjunction, and Events); A. Kramer, Kultur der Verneinung. Negatives Denken in Literatur und Philosophie des 19. Jahrhunderts, Frankfurt etc. 2006; R. Kroner, Von Kant bis Hegel, I–II, Tübingen 1921/1924, ⁴2007, II, 342–361 (N. und Gegensatz); P. Larrivée/R. P. Ingham (eds.), The Evolution of N.. Beyond the Jespersen Cycle, Berlin/Boston Mass. 2011; H. Lasnik, On the Semantics of N., in: D. Hockney/W. Harper/B. Freed (eds.), Contemporary Research in Philosophical Logic and Linguistic Semantics. Proceedings of a Conference Held at the University of Western Ontario, London, Canada, Dordrecht/Boston Mass. 1975, 279–311; M. Lazerowitz, Negative Terms, Analysis 12 (1952), 51–66, Neudr. in: M. MacDonald (ed.), Philosophy and Analysis. A Selection of Articles Published in »Analysis« between 1933–40 and 1947–53, Oxford 1954, 1966, 70–87, ferner in: M. Lazerowitz, The Structure of Metaphysics, London 1955, 2000, 181–198; P. Lorenzen, Einführung in die operative Logik und Mathematik, Berlin/Göttingen/Heidelberg 1955, Berlin/Heidelberg/New York ²1969; J. D. Mabbott/G. Ryle/H. H. Price, Symposium: N., Proc. Arist. Soc. Suppl. 9 (1929), 67–111; J. N. Martin, Themes in Neoplatonic and Aristotelian Logic. Order, N. and Abstraction, Aldershot, Hampshire 2004, bes. 25–52 (Chap. 3 Existence, N. and Abstraction in the Neoplatonic Hierarchy); B. K. Matilal, The Navya-Nyaya Doctrine of N.. The Semantics and Ontology of Negative Statements in Navya-Nyaya Philosophy, Cambridge Mass. 1968; A. Menne, Beweis und N., Actes du XIᵉᵐᵉ Congrès International de Philosophie Bruxelles, 20–26 août 1953, V (Logique Analyse Philosophique, Philosophie des Mathématiques), Amsterdam/Louvain 1953, 91–97; F. J. Pelletier, Parmenides, Plato, and the Semantics of Not-Being, Chicago Ill./London 1990; D. Penka, Negative Indefinites, Oxford/New York 2011; N. Petrescu, Die Denkfunktion der Verneinung. Eine kritische Untersuchung, Berlin/Leipzig 1914; H. Pichler, Vom Wesen der Verneinung und dem Unwesen des Nichtseins, Bl. dt. Philos. 8 (1934/1935), 201–216; G. Priest, Doubt Truth to Be a Liar, Oxford/New York 2005, 2008; A. N. Prior, Negative Quantifiers, Australas. J. Philos. 31 (1953), 107–123; ders., N., Enc. Ph. V (1967), 458–463; P. Ramat, N., in: P. V. Lamarque (ed.), Concise Encyclopedia of Philosophy of Language, Oxford/New York/Tokyo, 407–413; A. Reinach, Zur Theorie des negativen Urteils, in: A. Pfänder (ed.),

Münchener Philosophische Abhandlungen. Theodor Lipps zu seinem sechzigsten Geburtstag gewidmet von früheren Schülern, Leipzig 1911, 196–254, Neudr. in: A. Reinach, Sämtliche Werke. Textkritische Ausgabe in 2 Bänden I (Die Werke), München/Hamden Conn./Wien 1989, 95–140 (engl. On the Theory of the Negative Judgment, in: B. Smith [ed.], Parts and Moments. Studies in Logic and Formal Ontology, München/Wien 1982, 315–377 [mit Einf. v. B. Smith: Introduction to Adolf Reinach. On the Theory of the Negative Judgment, 289–313]); T. Rentsch, Negativität und praktische Vernunft, Frankfurt 2000; P. Ricœur, Négativité et affirmation originaire, in: ders. u. a., Aspects de la dialectique, Paris 1956, 101–124; E. Saltus, The Anatomy of N., London 1886, New York 1968; R. van der Sandt, N.. Semantic Aspects, in: A. Barber/R. J. Stainton (eds.), Concise Encyclopedia of Philosophy of Language and Linguistics, Amsterdam etc. 2010, 513–519; J.-P. Sartre, L'être et le néant. Essai d'ontologie phénoménologique, Paris 1943, 37–84, 2009, 37–80 (Teil 1, Kap. 1 L'origine de la négation) (dt. Das Sein und das Nichts. Versuch einer phänomenologischen Ontologie, Hamburg 1952, 53–111, Reinbek b. Hamburg ¹⁶2010, 39–90 [Teil 1, Kap. 1 Der Ursprung der Verneinung]); F. W. Schmidt, Zum Begriff der Negativität bei Schelling und Hegel, Stuttgart 1971; H. Schmidt, Nichts und Zeit. Metaphysica Dialectica – urtümliche Figuren, Hamburg 2007; H. Schöndorf, N., in: ders./W. Brugger (eds.), Philosophisches Wörterbuch, Freiburg/München 2010, 323–324; C. Sigwart, Logik I (Die Lehre vom Urtheil, vom Begriff und vom Schluss), Tübingen 1873, 119–165, ⁵1924, 155–210 (Die Verneinung); S. B. Smith, Meaning and N., The Hague/Paris 1975, 1978; G. Stickel, Untersuchungen zur N. im heutigen Deutsch, Braunschweig 1970; P. F. Strawson, Introduction to Logical Theory, London, New York 1952, Abingdon/New York 2011, 7–9; R. Taylor, Ayer's Analysis of N., Philos. Stud. 4 (1953), 49–55; E. Toms, Being, N., and Logic, Oxford 1962; V. Valpola, Ein System der negationslosen Logik mit ausschliesslich realisierbaren Prädikaten, Helsinki 1955; W. Ver Eecke, Negativity and Subjectivity. A Study about the Function of N. in Freud, Linguistics, Childpsychology and Hegel, Brüssel 1977; ders., Denial, N., and the Forces of the Negative. Freud, Hegel, Lacan, Spitz, and Sophocles, Albany N. Y. 2006; P. Vogelsberger, Hauptprobleme der N. in der logischen Untersuchung der Gegenwart, Borna-Leipzig 1937; H. Wansing (ed.), N.. A Notion in Focus, Berlin/New York 1996; ders., N., EP I (1999), 933–935, EP II (²2010), 1766–1768; H. Weinrich (ed.), Positionen der Negativität, München 1975 (Poetik u. Hermeneutik VI); D. A. White, Logic and Ontology in Heidegger, Columbus Ohio 1985, bes. 44–66 (Chap. 2 The Ontological Structure of N.); G. H. v. Wright, On the Logic of N., Helsinki 1959 (Soc. Scientiarum Fennica. Comment. Phys.-Math. XXII/4); W. Wundt, Logik. Eine Untersuchung der Principien der Erkenntniss und der Methoden wissenschaftlicher Forschung I (Erkenntnisslehre), Stuttgart 1880, 186–199 (Abschn. 3, Kap. 2, 3.V Die verneinenden und problematischen Urtheile), unter dem Titel: Logik. Eine Untersuchung der Prinzipien der Erkenntnis und der Methoden wissenschaftlicher Forschung I (Allgemeine Logik und Erkenntnistheorie), ³1906, ⁵1924, 200–211 (Abschn. 2, Kap. 2, D. I. Verneinung im Urteil); T.-B. Yang, Platon in der philosophischen Geschichte des Problems des Nichts, Würzburg 2005; P. Zeitz, Parametrisierte ET-Logik. Eine Theorie der Erweiterung abstrakter Logiken um die Konzepte Wahrheit, Referenz und klassische N., Berlin 2000; R. Zocher, Die objektive Geltungslogik und der Immanenzgedanke. Eine erkenntnistheoretische Studie zum Problem des Sinnes, Tübingen 1925, 9–23 (Kap. 1 Das geltungslogische Zweisphärentheorem und die Phänomene

der Negativität). – Log. anal. NS 57/58 (1972) [Sonderband zum Thema N.], separat ed. L. Apostel, N., Leuven 1973.   C. T.

Negation der Negation, vor allem von G. W. F. Hegel verwendeter Ausdruck zur Bestimmung der im reflektierenden Gang durch die ↑›Negativität‹ oder ↑›Vermittlung‹ restituierten ↑Unmittelbarkeit. Alle gegenständliche Identifikation ist nach Hegel, der hier an B. de Spinozas Satz »omnis determinatio est negatio« anschließt (Logik I, Sämtl. Werke IV, ed. H. Glockner, 127), wesentlich ↑Negation von anderem Bestimmten, das seinerseits selbst ebenfalls durch Negation bestimmt ist. So aber ist alle Bestimmtheit N. d. N.. Die Subjektivität ist als selbstidentifizierendes, damit sich von ↑Anderem und ↑Anderen sowie von sich selbst unterscheidendes Tun (↑an und für sich) eine immanent bleibende Negativität (›absolute Negativität‹), die positional stets als N. d. N. zu fassen ist (Vorles. Gesch. Philos. I, Sämtl. Werke XVII, ed. H. Glockner, 383–384).

Literatur: F. Fulda, N. d. N., Hist. Wb. Ph. VI (1984), 686–692; K. Hedwig, Negatio negationis. Problemgeschichtliche Aspekte einer Denkstruktur, Arch. Begriffsgesch. 24 (1980), 7–33; A. F. Koch, Die Selbstbeziehung der Negation in Hegels Logik, Z. philos. Forsch. 53 (1999), 1–29; M. J. Suda, ›N. d. N.‹ bei Hegel und der Marxsche Atheismus, in: W. R. Beyer (ed.), Die Logik des Wissens und das Problem der Erziehung. Nürnberger Hegel-Tage 1981, Hamburg 1982, 173–182.   S. B.

negativ (von lat. negare, verneinen, verweigern, sagen, daß nicht), verneinend, insbes. ablehnend, ergebnislos, oft auch mit begleitender Bewertung im Sinne von ›nachteilig‹, ›schlecht‹. In der *Mathematik* häufig im Gegensatz zu ↑›positiv‹ eine Bezeichnung für einen durch grundsätzlich, d. h. bis auf unter Umständen ein Ausnahmeelement, disjunkte Zweiteilung gewonnenen Bereich von Gegenständen, z. B. die n.en ↑Zahlen als die Menge derjenigen ganzen Zahlen x, für die mit einer Grundzahl n gilt: $x + n = 0$ (symbolisch: $\in_x \bigvee_{n \in \mathbb{N}} x + n = 0$); die Grundzahlen heißen dann innerhalb des Bereichs der ganzen Zahlen die ›positiven‹ Zahlen. Andere Beispiele sind n.e ↑Orientierung (geometrischer Räume; in der Ebene durch Drehung im Uhrzeigersinn realisiert), n.e ↑Korrelation zwischen zwei funktional voneinander abhängigen Größen, wenn Ansteigen der einen zu Abnehmen der anderen führt und umgekehrt (z. B. Druck und Volumen von Gasen bei gegebener Temperatur).

In der *Logik* bezeichnet ›n.‹ im Gegensatz zu ›affirmativ‹ die mit Hilfe der n.en ↑Kopula ›ist nicht‹ (Zeichen: ε′) gebildeten ↑Elementaraussagen sowie häufig auch die mit dem ↑Junktor ↑›nicht‹ gebildeten ↑Negationen der Form $\neg A$ (nicht-A), obwohl umgekehrt die n.en Elementaraussagen gerade keine Negationen sind und sämtliche, also die n.en und die affirmativen, Elementaraussagen, zusammen mit ihren negations*freien* logischen

Zusammensetzungen, als positive Aussagen den mindestens einen ↑Negator enthaltenden n.en Aussagen gegenübergestellt und in der *positiven Logik* (↑Logik, positive) untersucht werden. Daneben werden in der ↑Syllogistik die beiden syllogistischen Aussageformen *SeP* (›kein *S* ist *P*‹) und *SoP* (›einige *S* sind nicht *P*‹) als n.e von den beiden übrigen (affirmativen) Aussageformen *SaP* (›alle *S* sind *P*‹) und *SiP* (›einige *S* sind *P*‹) unterschieden. K. L.

negative Dialektik, ↑Dialektik, negative.

Negativität, von G. W. F. Hegel im Kontext seiner ↑Dialektik synonym mit ↑›Vermittlung‹ verwendeter Terminus. N. ist nach Hegel das strukturelle Merkmal aller Subjektivität (↑Subjektivismus). Insofern nach seinem berühmten, gegen F. W. J. Schellings Standpunkt der absoluten Indifferenz (↑Identitätsphilosophie) gerichteten Diktum die ↑Substanz und das ↑Absolute als Subjekt zu fassen sind (Phänom. des Geistes, Sämtl. Werke II, ed. H. Glockner, 22–23), ist auch deren Merkmal die N.. Ausgehend von der gegenständlichen Identifizierungsleistung, die als ein Unterscheiden (Negation) qualifiziert wird (↑Bewußtsein), identifiziert sich das Subjekt selbst in gleichfalls negativer Abgrenzung in einem ersten Schritt als eine leistende ↑Unmittelbarkeit. In der darauf folgenden Thematisierung seines eigenen Tuns wird ihm seine eigene Struktur als gestufte Selbstunterscheidung im Modus der Selbsterfahrung faßbar (↑Selbstbewußtsein). Die Subjektivität ist damit jeweils als aufgehobene (↑aufheben/Aufhebung) negative Beziehung zur je eigenen negierenden Tätigkeit (↑Negation der Negation) bestimmt und in letzter Gestaltung ›unendliche N.‹ oder das ›Absolute‹. Gegen die Fassung aller positionalen Unmittelbarkeit als N. hat vor allem der späte Schelling polemisiert (↑Philosophie, positive). – In seiner Kritik am transzendentalen Ego (↑Ego, transzendentales) als Pol aller Konstitutionsleistungen in E. Husserls Philosophie entsubstantialisiert J.-P. Sartre das Bewußtsein in dessen intentionaler Wesenseigentümlichkeit und kennzeichnet es als N. (»›unpersönliche‹ Spontaneität«) und seine Leistung als »creatio ex nihilo« (Die Transzendenz des Ego [...], in: ders., Die Transzendenz des Ego. Philosophische Essays 1931–1939, Reinbek b. Hamburg 1982, 2010, 86). Das Bewußtsein negiert alle und damit auch die egologisch-konstituierte transzendente Substantialität.

Literatur: W. Bonsiepen, Der Begriff der N. in den Jenaer Schriften Hegels, Bonn 1977; ders., Negation, N., Hist. Wb. Ph. VI (1984), 671–686; P.-J. Labarrière, Négativité, Enc. philos. universelle II/2 (1990), 1742; M. Lutz-Müller, Sartres Theorie der Negation, Frankfurt/Bern 1976; M. Rothhaar, Metaphysik und Negativität. Eine Studie zur Struktur der Hegelschen Dialektik nach der »Wissenschaft der Logik«, Diss. Tübingen

1999; F. W. Schmidt, Zum Begriff der N. bei Schelling und Hegel, Stuttgart 1971. S. B.

Negatkonjunktion (auch: ↑Injunktion, engl. joint denial), Bezeichnung für eine junktorenlogische (↑Junktorenlogik) Verknüpfung zweier Aussagen *A* und *B*, deren Ergebnis das Konjugat (↑Konjunktion) $\neg A \wedge \neg B$ der Negate (↑Negation) von *A* und *B* ist und die unter Verwendung des Junktors $\curlywedge$ (auch: $\curlyvee$, der ↑Peircesche Junktor) als ›$A \curlywedge B$‹ symbolisiert wird. Wie die ↑Negatadjunktion erlaubt auch die N., alle klassischen junktorenlogischen Verknüpfungen allein durch sie zu definieren.

Literatur: P. Lorenzen, Formale Logik, Berlin 1958, ⁴1970 (engl. Formal Logic, Dordrecht 1965). C. T.

Negator, Bezeichnung für den logischen ↑Junktor, der das Ergebnis der ↑Negation einer ↑Aussage (d. h. ihr Negat) symbolisiert. Sieht man von heute nicht mehr verwendeten Systemen wie G. Freges ↑Begriffsschrift oder E. Schröders ↑Algebra der Logik (›¬a‹ bzw. ›a₁‹ für ›nicht-a‹) sowie von der klammerfreien polnischen Notation (›Np‹ für ›nicht-p‹) ab (↑Notation, logische), so lehnen sich die Schreibungen für den N. durchwegs an das arithmetische Minuszeichen (›−a‹, ›~a‹, ›¬a‹) oder an die ältere Notation des mengentheoretischen ↑Komplements (›ā‹) an. Schröder hat die Vorzüge und Nachteile der verschiedenen Notationen für den N. gegeneinander abgewogen (Vorlesungen über die Algebra der Logik (Exakte Logik) I, Leipzig 1890 [repr. New York ²1966], 300–302) und z. B. hervorgehoben, daß die (von Schröder selbst nicht verwandte, aber z. B. von D. Hilbert/W. Ackermann in ›Grundzüge der theoretischen Logik‹ [Berlin 1928] bis zur 3. Auflage [1949] benutzte) Überstreichung den suggestivsten Ausdruck der logischen Dualitätssätze (↑dual/Dualität), insbes. der so genannten ↑De Morganschen Gesetze, erlaube. C. T.

Neigung (lat. inclinatio, engl./franz. inclination), Bezeichnung für eine häufig mit einer bestimmten ↑Lebensform gesetzte Disposition, die Antrieben, Einstellungen, Handlungen, Interessen, Zwecksetzungen die Richtung vorgibt, daher nicht mit diesen identifiziert werden darf. Es ist zu unterscheiden zwischen vernünftigen und unvernünftigen N.en, nämlich solchen N.en, die mit den ›wahren‹ ↑Interessen und ↑Bedürfnissen eines Subjekts und der Gemeinschaft, in der es lebt, übereinstimmen, und solchen, die dies nicht tun. Ähnlich bestimmt I. Kant die N. als ›habituelle Begierde‹ (Met. Sitten Rechtslehre A 3, Akad.-Ausg. VI, 212), als ›die Abhängigkeit des Begehrungsvermögens von Empfindungen‹ (Grundl. Met. Sitten B 38 Anm., Akad.-Ausg. IV, 413) und unterscheidet zwischen N.en, die

dem moralisch Gebotenen, der ↑Pflicht, nicht widerstreiten, und N.en, die dies tun. Zwar betont Kant,
daß die Handlungen eines Menschen nur dann moralischen Wert haben, wenn sie ›nicht aus N., sondern aus
Pflicht‹ erfolgen; doch ist dem seit F. Schiller wiederholt
erhobenen Vorwurf entgegenzutreten (↑Rigorismus),
daß es Kants persönliche Meinung gewesen sei bzw.
sich aus seiner Grundlegung der Ethik als Konsequenz
ergebe, daß der Mensch nur auf dem Wege der Unterdrückung seiner N.en ein moralisch guter Mensch werden könne (vgl. Grundl. Met. Sitten B 9–13, Akad.-Ausg.
IV, 397–399; KpV A 166–167, Akad.-Ausg. V, 93; Met.
Sitten Tugendlehre A 17 f., 39–41, Akad.-Ausg. VI, 388,
401 f.). Allerdings können nach Kant – im Unterschied
zu hedonistischen und utilitaristischen Ethiken (↑Hedo-
nismus, ↑Utilitarismus) – N.en oder das Streben nach
Glück oder ›Glückseligkeit‹ (↑Glück (Glückseligkeit))
nicht als ›Prinzip der Sittlichkeit‹ fungieren.

Literatur: M. Baron, Acting from Duty (GMS, 397–401), in: C.
Horn/D. Schönecker (eds.), Groundwork for the Metaphysics of
Morals, Berlin/New York 2006, 72–92; N. J. H. Dent, Duty and
Inclination, Mind NS 83 (1974), 552–570; O. Höffe, »Gerne dien
ich den Freunden, doch tue ich es leider mit N. …«. Überwindet
Schillers Gedanke der schönen Seele Kants Gegensatz von Pflicht
und N.?, Z. philos. Forsch. 60 (2006), 1–20; F. Kaulbach, Immanuel Kants »Grundlegung zur Metaphysik der Sitten«. Interpretation und Kommentar, Darmstadt 1988, ²1996; C. M. Korsgaard, Kant's Analysis of Obligation. The Argument of ›Groundwork‹ I, in: P. Guyer (ed.), Kant's Groundwork of the Metaphysics of Morals. Critical Essays, Lanham Md. etc. 1998, 51–79;
N. Latham, Causally Irrelevant Reasons and Action Solely from
the Motive of Duty, J. Philos. 91 (1994), 599–618; K.-H. Nusser/
W. Schirmacher, N., Hist. Wb. Ph. VI (1984), 707–712; H. J.
Paton, The Categorical Imperative. A Study in Kant's Moral
Philosophy, London etc. 1947, Philadelphia Pa. 1999 (dt. Der
kategorische Imperativ. Eine Untersuchung über Kants Moralphilosophie, Berlin 1962); A. Regenbogen, N., EP II (²2010),
1769–1772; H. Reiner, Pflicht und N.. Die Grundlagen der
Sittlichkeit. Erörtert und neu bestimmt mit besonderem Bezug
auf Kant und Schiller, Meisenheim am Glan 1951, erw. unter
dem Titel: Die Grundlagen der Sittlichkeit, ²1974 (engl. Duty
and Inclination. The Fundamentals of Morality Discussed and
Redefined with Special Regard to Kant and Schiller, The Hague/
Boston Mass./Lancaster 1983); S. Sedgwick, Kant's Groundwork
of the Metaphysics of Morals. An Introduction, Cambridge etc.
2008, bes. 59–75; T. Shapiro, The Nature of Inclination, Ethics
119 (2009), 229–256; J. Timmermann, Acting From Duty. Inclination, Reason and Moral Truth, in: ders. (ed.), Kant's
Groundwork of the Metaphysics of Morals. A Critical Guide,
Cambridge etc. 2009, 45–62; R. P. Wolff, The Autonomy of
Reason. A Commentary on Kant's »Groundwork of the Metaphysic of Morals«, New York etc. 1973, Gloucester Mass.
1986.   R. Wi.

Nelson, Leonard, *Berlin 11. Juli 1882, †Göttingen
29. Okt. 1927, dt. Philosoph, Begründer der Neufries-
schen Schule (↑Friessche Schule), auch ›Neufriesianis-
mus‹ genannt. 1901–1904 Studium der Mathematik und
Philosophie in Berlin, Heidelberg und Göttingen;

ebendort 1904 Promotion zum Dr. phil. (Jakob Friedrich Fries und seine jüngsten Kritiker, 1904, 1905) und
1909 Habilitation (Untersuchungen über die Entwicklungsgeschichte der Kantischen Erkenntnistheorie,
1909), ab 1919 a.o. Prof. der Philosophie ebendort.
1904–1918 Herausgeber der ›Neuen Folge‹ der »Abhandlungen der Fries'schen Schule« (4 Bde). – Im Anschluß an J. F. Fries sucht N. die kritische Philosophie I.
Kants sowohl in theoretischer als auch in praktischer
Hinsicht weiterzuführen. Philosophie soll Wissenschaft
werden, und sie soll dem Menschen Maßstäbe zur
Orientierung seines Lebens zur Verfügung stellen. Demgemäß behandelt N. Kants »Kritik der reinen Vernunft«
als eine Untersuchung zur philosophischen Methode,
mit deren Hilfe philosophische Begriffe geklärt und un-
gerechtfertigte Ansprüche der Vernunft abgewiesen werden, so z. B. der erkenntnistheoretische Anspruch, Kriterien für die objektive ↑Geltung von Erkenntnis liefern
zu können. Da an ein solches Kriterium die Frage nach
seiner Geltung wiederholt werden kann, ist nach N.
traditionelle Erkenntnistheorie unmöglich. N. sieht die
Geltung von Urteilen stattdessen in vorsprachlichen
äußeren und inneren Wahrnehmungen begründet. Letztere lassen sich durch Selbstbeobachtung (↑Introspek-
tion) zur bewußten Gegebenheit bringen, so daß für N.
subjektive Reflexion philosophische Fundierungsaufga-
ben erfüllt, indem sie statt der transzendentalen eine
subjektive Deduktion der reinen Verstandesbegriffe ermöglicht (↑Deduktion, transzendentale). Damit hält N.
in Übereinstimmung mit Fries die zur Psychologie entwickelte Selbstbeobachtung für die letzte unmittelbare
Erkenntnisquelle, womit er den von ihm ursprünglich
verworfenen ↑Psychologismus wieder in die Erkenntnislehre einführt. N.s Arbeiten über Grundlagenprobleme
der Mathematik und Physik enthalten eine Verteidigung
der Position Kants gegenüber der modernen (relativistischen) Physik und (nicht-euklidischen) Geometrie.
N.s umfassendes System der ↑Ethik (Vorlesungen über
die Grundlagen der Ethik, I–III, Göttingen 1917–1932),
das nicht nur die Grundsätze der Moral und des Rechts
enthält, sondern auch Methoden ihrer Vermittlung und
praktischen Durchsetzung mit Hilfe von Pädagogik und
Politik bedenkt, bleibt dem Geist der Moralphilosophie
Kants in der Übernahme seines Begriffs der ↑Pflicht und
der Ablehnung jeder heteronomen, sich auf hypothetische Imperative (↑Imperativ, hypothetischer) berufenden Ethik treu. Während das Grundgesetz der Moral die
Gleichheit der Würde aller Menschen auf Grund ihres
Personseins verkündet, fordert darauf aufbauend der
Grundsatz des Rechts die wechselseitige Einschränkung
der Beliebigkeit ihres Tuns im Umgang miteinander.
Diese formalen Prinzipien müssen aber im Hinblick
auf gegebene Situationen konkretisiert werden, weshalb
eine genaue Situationskenntnis unabdingbar ist. N. hat

entsprechende Konsequenzen (›die Ethik ist da, um angewandt zu werden‹) auch für sein eigenes Handeln gezogen. So gründete er zunächst mit Schülern den »Internationalen Jugend-Bund«, 1926 den »Internationalen Sozialistischen Kampf-Bund«. Bereits 1924 hatte er das Landerziehungsheim Walkemühle eröffnet, das seine Schülerin M. Specht leitete (1933 von den Nationalsozialisten geschlossen). In ihm wurden Jugendliche und Erwachsene auf politische und pädagogische Tätigkeiten, vor allem in der Arbeiterbewegung, vorbereitet.

Werke: Gesammelte Schriften, I–IX, ed. P. Bernays u. a., Hamburg 1970–1974. – Die kritische Methode und das Verhältnis der Psychologie zur Philosophie. Ein Kapitel aus der Methodenlehre, Abh. d. Fries'schen Schule NF 1 (1904), 1–88, separat Göttingen 1904, ferner in: Ges. Schr. [s. o.] I, 9–78; Jakob Friedrich Fries und seine jüngsten Kritiker, Göttingen 1904, Nachdr., Abh. d. Fries'schen Schule NF 1 (1905), 233–319, ferner in: Ges. Schr. [s. o.] I, 79–150; Bemerkungen über die Nicht-Euklidische Geometrie und den Ursprung der mathematischen Gewißheit, Abh. d. Fries'schen Schule NF 1 (1905), 373–392, 1 (1906), 393–430, ferner in: Beiträge zur Philosophie der Logik und Mathematik [s. u.], 5–54, ferner in: Ges. Schr. [s. o.] III, 3–52; Ist metaphysikfreie Naturwissenschaft möglich?, Abh. d. Fries'schen Schule NF 2 (1908), 241–299, separat Göttingen 1908, ferner in: Ges. Schr. [s. o.] III, 233–281; (mit K. Grelling) Bemerkungen zu den Paradoxieen von Russell und Burali-Forti, Abh. d. Fries'schen Schule NF 2 (1908), 301–334, ferner in: Beiträge zur Philosophie der Logik und Mathematik [s. u.], 55–87, ferner in: Ges. Schr. [s. o.] III, 95–127; Über das sogenannte Erkenntnisproblem, Abh. d. Fries'schen Schule NF 2 (1908), 413–818, separat Göttingen 1908, ²1930, ferner in: Ges. Schr. [s. o.] II, 59–393; Untersuchungen über die Entwicklungsgeschichte der Kantischen Erkenntnistheorie, Göttingen 1909; Die Unmöglichkeit der Erkenntnistheorie. Vortrag gehalten am 11. April 1911 auf dem 4. internationalen Kongreß für Philosophie in Bologna, Göttingen 1911, Nachdr., Abh. d. Fries'schen Schule NF 3 (1912), 583–617, ferner in: Ges. Schr. [s. o.] II, 459–483; Die Theorie des wahren Interesses und ihre rechtliche und politische Bedeutung, Abh. d. Fries'schen Schule NF 4 (1913), 395–425, separat Göttingen 1913, unter dem Titel: Die Theorie des wahren Interesses, Berlin ²1936, ferner in: Ges. Schr. [s. o.] VIII, 3–26; Die kritische Ethik bei Kant, Schiller und Fries. Eine Revision ihrer Prinzipien, Abh. d. Fries'schen Schule NF 4 (1914), 483–691, separat Göttingen 1914, ferner in: Ges. Schr. [s. o.] VIII, 27–192; Die Rechtswissenschaft ohne Recht. Kritische Betrachtungen über die Grundlagen des Staats- und Völkerrechts, insbesondere über die Lehre von der Souveränität, Leipzig 1917 (repr. Hamburg 2011), Göttingen/Hamburg, Hamburg ²1949, ferner in: Ges. Schr. [s. o.] IX, 123–324; Die neue Reformation, I–II (I Die Reformation der Gesinnung durch Erziehung zum Selbstvertrauen, II Die Reformation der Philosophie durch die Kritik der Vernunft), Leipzig 1917/1918, I, erw. ²1922; Vorlesungen über die Grundlagen der Ethik, I–III (I Kritik der praktischen Vernunft, II System der philosophischen Ethik und Pädagogik, III System der philosophischen Rechtslehre und Politik), Göttingen etc. 1917–1932, Nachdr. als: Ges. Schr. [s. o.], IV–VI; Demokratie und Führerschaft [...], Leipzig 1919, Stuttgart erw. ²1927, ³1932, ferner in: Ges. Schr. [s. o.] IX, 385–571 (engl. Democracy and Leadership, in: Politics and Education [s. u.], 23–65); Politics and Education, trans. W. Lansdell, London 1928; Kritische Philosophie und mathemati-

sche Axiomatik, Unterrichtsbl. f. Math. u. Naturwiss. 34 (1928), 108–115, 136–142, separat Berlin 1928, ferner in: Beiträge zur Philosophie der Logik und Mathematik [s. u.], 89–125, ferner in: Ges. Schr. [s. o.] III, 187–220; Die sokratische Methode. Vortrag gehalten am 11. Dezember 1922 in der Pädagogischen Gesellschaft in Göttingen, Abh. d. Fries'schen Schule NF 5 (1929), 21–78, ferner in: Ges. Schr. [s. o.] I, 269–316, ferner in: D. Birnbacher/D. Krohn (eds.), Das sokratische Gespräch, Stuttgart 2002, 2008, 21–72; L. N.. Ein Bild seines Lebens. Aus seinen Werken zusammengefügt und erläutert, ed. W. Eichler/M. Hart, Paris 1938; Beiträge zur Philosophie der Logik und Mathematik, ed. W. Ackermann/P. Bernays/D. Hilbert, Hamburg, Frankfurt 1959, Hamburg 1971; Fortschritte und Rückschritte der Philosophie. Von Hume und Kant bis Hegel und Fries, ed. G. Kraft, Frankfurt 1962, Nachdr. als: Ges. Schr. [s. o.] VII (engl. Progress and Regress in Philosophy. From Hume and Kant to Hegel and Fries, I–II, Oxford 1970/1971); Vom Selbstvertrauen der Vernunft. Schriften zur kritischen Philosophie und ihrer Ethik, ed. G. Henry-Hermann, Hamburg 1975 (franz. Certitudes de la raison, Paris 1982); Ausgewählte Schriften. Studienausgabe, ed. H.-J. Heydorn, Frankfurt 1974, Neudr. 1992; Kritische Naturphilosophie. Mitschriften aus dem Nachlass, ed. K. Herrmann/J. Schroth, Heidelberg 2004; Typische Denkfehler in der Philosophie. Nachschrift der Vorlesung vom Sommersemester 1921, ed. A. Brandt/J. Schroth, Hamburg 2011. – E. Lewinski, Verzeichnis der Schriften L. N.s, in: M. Specht/W. Eichler (eds.), L. N. zum Gedächtnis [s. u., Lit.], 293–301.

Literatur: A. Berger/G. Raupach-Strey/J. Schroth (eds.), L. N. – ein früher Denker der Analytischen Philosophie? Ein Symposion zum 80. Todestag des Göttinger Philosophen, Berlin 2011; A. Brandt, Ethischer Kritizismus. Untersuchungen zu L. N.s »Kritik der praktischen Vernunft« und ihren philosophischen Kontexten, Göttingen 2002; H. Franke, L. N.. Ein biographischer Beitrag unter besonderer Berücksichtigung seiner rechts- und staatsphilosophischen Arbeiten, Ammersbek b. Hamburg 1991, mit Untertitel: Ein biographischer Beitrag unter besonderer Berücksichtigung seiner rechts- und staatspolitischen Arbeiten, erw. ²1997; G. Henry-Hermann, N., Enc. Ph. V (1967), 463–467; dies., Die Überwindung des Zufalls. Kritische Betrachtungen zu L. N.s Begründung der Ethik als Wissenschaft, Hamburg 1985; D. Horster, N., NDB XIX (1999), 60–62; D. Jakowljewitsch, L. N.s Rechtfertigung metaphysischer Grundsätze der theoretischen Realwissenschaft, Frankfurt etc. 1988; U. Kamuf, Die philosophische Pädagogik L. N.s. Ein Beitrag zur Bildungstheorie, Königstein 1985; R. Kleinknecht/B. Neisser (eds.), L. N. in der Diskussion, Frankfurt 1994; S. Knappe/D. Krohn/N. Walter (eds.), Vernunftbegriff und Menschenbild bei L. N., Frankfurt 1996; D. Krohn/B. Neißer/N. Walter (eds.), Zwischen Kant und Hare. Eine Evaluation der Ethik L. N.s, Frankfurt 1998; A. Kronfeld, Zum Gedächtnis L. N.s, Abh. d. Fries'schen Schule NF 5 (1929), XIX–XXVII; R. Kühn, N., Enc. philos. universelle III/2 (1992), 2701; R. Loska, Lehren ohne Belehrung. L. N.s neosokratische Methode der Gesprächsführung, Bad Heilbrunn 1995; T. Meyer, Die Aktualität L. N.s, in: D. Horster/G. Heckmann (eds.), Vernunft, Ethik, Politik. Gustav Heckmann zum 85. Geburtstag, Hannover 1983, 35–53; S. Miller, L. N. und die sozialistische Arbeiterbewegung, in: W. Grab/J. H. Schoeps (eds.), Juden in der Weimarer Republik. Skizzen und Porträts, Stuttgart/Bonn 1986, Darmstadt ²1998, 263–275; V. Peckhaus, Hilbertprogramm und Kritische Philosophie. Das Göttinger Modell interdisziplinärer Zusammenarbeit zwischen Mathematik und Philosophie, Göttingen 1990, bes. 123–195 (Kap. 5 L. N.

und die ›Kritische Mathematik‹); G. Raupach-Strey, Sokratische Didaktik. Die didaktische Bedeutung der Sokratischen Methode in der Tradition von L. N. und Gustav Heckmann, Münster/Hamburg/London 2002; P. Schröder (ed.), Vernunft, Erkenntnis, Sittlichkeit. Internationales philosophisches Symposion Göttingen, vom 27.–29. Oktober 1977 aus Anlaß des 50. Todestages von L. N., Hamburg 1979; M. Specht/W. Eichler (eds.), L. N. zum Gedächtnis, Frankfurt/Göttingen 1953; O. W. v. Tegelen, L. N.s Rechts- und Staatslehre, Bonn 1958; Z. Torbov, Spomeni za L. N.: 1924–1929, Sofia 1996 (dt. Erinnerungen an L. N. 1925–1927, ed. u. übers. N. Milkov, Hildesheim/Zürich/New York 2005); U. Vorholt, Die politische Theorie L. N.s. Eine Fallstudie zum Verhältnis von philosophisch-politischer Theorie und konkret-politischer Praxis, Baden-Baden 1998; C. Westermann, Recht und Pflicht bei L. N.. Kritische Untersuchungen zum Rechtsverzicht und Versuch der Begründung eines Kriteriums für die Unveräußerlichkeit von Rechten, Bonn 1969. – N., in: B. Jahn, Biographische Enzyklopädie deutschsprachiger Philosophen, München 2001, 298–299.   G. H./R. Wi.

Neomarxismus, Bezeichnung für Bemühungen des ›westlichen‹ ↑Marxismus zunächst gegenüber der evolutionistischen Verengung des Marxismus im Kautskyanismus, dann vor allem gegenüber der sich versteinernden Doktrin des ↑Marxismus-Leninismus um eine an K. Marx selbst orientierte Interpretation und Weiterentwicklung seiner Theorie. Ausgangspunkt für die nach dem 1. Weltkrieg einsetzende Kritik des orthodoxen Marxismus war die undialektische Positivität der schon von F. Engels vollzogenen Gleichsetzung von Natur und Geschichte, die vom Standpunkt des N. als Verfälschung der dialektischen Methode (↑Dialektik) betrachtet wurde. G. Lukács (Geschichte und Klassenbewußtsein. Studien über marxistische Dialektik, Berlin 1923) und K. Korsch (Marxismus und Philosophie, Leipzig 1923) versuchen im Anschluß an den jungen Marx eine Wiederherstellung des ursprünglich intendierten Theorie-Praxis-Verhältnisses. Auch E. Bloch knüpft an die revolutionäre Intention der Marxschen Frühschriften an (Das Prinzip Hoffnung, I–III, Berlin [Ost] 1954–1959, Frankfurt 1959); er beschreibt und analysiert die verschiedenen Erscheinungsformen des den Menschen wesentlich bestimmenden utopischen Bewußtseins in der Geschichte der Menschheit. Die für den deutschen Sprachraum wichtigste theoretische Richtung des N. ist die ↑›Frankfurter Schule‹. Hier ist die Marxsche Theorie in ihrer spezifischen Beziehung zur Philosophie G. W. F. Hegels Ausgangspunkt für eine sich sowohl gegen jede Art von Positivismus (↑Positivismus (systematisch)) als auch gegen die orthodoxe Doktrin des Marxismus-Leninismus sowie gegen die behavioristische (↑Behaviorismus) Sozialtechnologie (↑Positivismusstreit) richtende ›Kritische Theorie‹ (↑Theorie, kritische). Vor allem T. W. Adorno, W. Benjamin, F. Borkenau, E. Fromm, M. Horkheimer, H. Marcuse und F. Pollock haben die Marxsche Theorie auf das ganze Spektrum der gesell-

schafts- und kulturwissenschaftlichen Disziplinen angewendet und damit in beiden Richtungen neue Ansätze entwickelt, die innerhalb der ›Frankfurter Schule‹ zu einer Vielzahl differenzierter und subtiler Analysen geführt haben. J. Habermas setzt die Tradition der ›Kritischen Theorie‹ mit einer Theorie des kommunikativen Handelns in einer eigenständigen Entwicklung fort.

Literatur: B. Agger, Western Marxism. An Introduction. Classical and Contemporary Sources, Santa Monica Calif. 1979; Akademie für Gesellschaftswissenschaften beim Zentralkomitee der Sozialistischen Einheitspartei Deuschlands (ed.), Philosophischer Revisionismus. Quellen, Argumente, Funktionen im ideologischen Klassenkampf, Berlin (Ost) 1977; R. Albrecht, Marxismus, bürgerliche Ideologie, Linksradikalismus. Zur Ideologie und Sozialgeschichte des westeuropäischen Linksradikalismus, Frankfurt/Berlin 1975; P. Anderson, Considerations on Western Marxism, London 1976, 1979 (franz. Sur le marxisme occidental, Paris 1977; dt. Über den westlichen Marxismus, Frankfurt 1978); J. P. Árnason, Von Marcuse zu Marx. Prolegomena zu einer dialektischen Anthropologie, Neuwied/Berlin 1971; P. L. Assoun/G. Raulet, Marxisme et théorie critique, Paris 1978; F. Böckelmann, Über Marx und Adorno. Schwierigkeiten der spätmarxistischen Theorie, Frankfurt 1972, Freiburg ²1998; E. Botto, Il neomarxismo, I–II, Rom 1976; C. F. Elliott/C. A. Linden (eds.), Marxism in the Contemporary West, Boulder Colo. 1980; W. Fikentscher, Zur politischen Kritik an Marxismus und N. als ideologischen Grundlagen der Studentenunruhen 1965/69, Tübingen 1971; R. A. Gorman, Neo-Marxism. The Meanings of Modern Radicalism, Westport Conn./London 1982; ders. (ed.), Biographical Dictionary of Neo-Marxism, Westport Conn. 1985; B. Guggenberger, Die Neubestimmung des subjektiven Faktors im N.. Eine Analyse des voluntaristischen Geschichtsverständnisses der Neuen Linken, Freiburg/München 1973; ders., Wem nützt der Staat? Kritik der neomarxistischen Staatstheorie, Stuttgart etc. 1974; ders., Wohin treibt die Protestbewegung?, Freiburg/Basel/Wien 1975; T. Hanak, Die Entwicklung der marxistischen Philosophie, Darmstadt, Basel/Stuttgart 1976; H. H. Holz, Strömungen und Tendenzen im N., München 1972; F. Jameson, Late Marxism. Adorno, or, the Persistence of the Dialectic, London/New York 1990, 2007 (dt. Spätmarxismus. Adorno, oder Die Beharrlichkeit der Dialektik, Hamburg/Berlin 1992; G. S. Jones etc., Western Marxism. A Critical Reader, London 1977; M. Kelpanides, Das Scheitern der Marxschen Theorie und der Aufstieg des westlichen N.. Über die Ursachen einer unzeitgemäßen Renaissance, Bern etc. 1999; K. Kühne, N. und Gemeinwirtschaft, Köln/Frankfurt 1978; W. Kunstmann/E. Sander (eds.), ›Kritische Theorie‹ zwischen Theologie und Evolutionstheorie. Beiträge zur Auseinandersetzung mit der ›Frankfurter Schule‹, München 1981; A. Langner, N., Reformkommunismus und Demokratie. Eine Einführung, Köln 1972; M. Markovic, Democratic Socialism. Theory and Practice, Brighton/Sussex, New York 1982; P. Mattick, Kritik der Neomarxisten und andere Aufsätze, Frankfurt 1974; W. Neumann, Nichts lehrt Denken. Das Ende der kritischen Theorie der Vernunft, Frankfurt 1989; W. Oelmueller (ed.), Weiterentwicklungen des Marxismus, Darmstadt 1977; K. Pentzlin, Marxisten überwinden Marx, Düsseldorf/Wien 1969; G. Rohrmoser, Die Strategie des N., Stuttgart 1975; H. Schack, Marx, Mao, N.. Wandlungen einer Ideologie, Frankfurt 1969, ²1971; H. Schoeck/E. Boettcher/E. Streissler (eds.), Der Spätmarxismus und sein Publikum. Anspruch und Wirklichkeit, Stuttgart

1976; J. Sensat, Habermas and Marxism. An Appraisal, Beverly Hills Calif./London 1979; A. Soellner, Geschichte und Herrschaft. Studien zur materialistischen Sozialwissenschaft. 1929–1942, Frankfurt 1979; M. Spieker, N. und Christentum. Zur Problematik des Dialogs, München/Paderborn/Wien 1974, ²1976; V. Spülbeck, N. und Theologie. Gesellschaftskritik in kritischer Theorie und politischer Theologie, Freiburg/Basel/Wien 1977; R. Strehle, Kapital und Krise. Einführung in die politische Ökonomie, Berlin, Göttingen 1991, ²1993; G. Szczesny, Das sogenannte Gute. Vom Unvermögen der Ideologen, Reinbek b. Hamburg 1971, 1974; M. Theunissen, Gesellschaft und Geschichte. Zur Kritik der kritischen Theorie, Berlin 1969, unter dem Titel: Kritische Theorie der Gesellschaft. Zwei Studien, Berlin/New York ²1981; J.-M. Vincent, La théorie critique de l'école de Francfort, Paris 1976; A. v. Weiss, N.. Die Problemdiskussion im Nachfolgemarxismus der Jahre 1945 bis 1970, Freiburg/München 1970.   H. R. G.

Neopositivismus, Bezeichnung für eine sich in Wien (↑Wiener Kreis) und Berlin (insbes. H. Reichenbach, W. Dubislav, K. Grelling) nach dem 1. Weltkrieg formierende Richtung naturwissenschaftlich orientierter ↑Wissenschaftstheorie, die Grundlagenprobleme des älteren Positivismus (↑Positivismus (historisch)) mit logischen und sprachanalytischen (↑Sprachanalyse) Mitteln zu lösen sucht, ohne die Grundannahmen des ↑Empirismus und eine antimetaphysische Grundhaltung preiszugeben (↑Empirismus, logischer). Besondere Bedeutung für den frühen N. hat die von B. Russell in Zusammenarbeit mit A. N. Whitehead weiterentwickelte mathematische Logik (↑Principia Mathematica). Aber auch andere Konzeptionen Russells wie der Logische Atomismus (↑Atomismus, logischer), nach dem logisch untereinander verbundene ↑Sinnesdaten die Wirklichkeit ausmachen, beeinflussen den N.. Ferner wirkt L. Wittgensteins »Tractatus logico-philosophicus« (1921), der im ›Wiener Kreis‹ ausführlich diskutiert wird, stark auf seine Ausformung, ohne daß Wittgenstein Mitglied des Kreises ist. In »Wissenschaftliche Weltauffassung. Der Wiener Kreis« (Wien 1929) formulieren R. Carnap, H. Hahn und O. Neurath erstmals das Programm des N.. Dieser bildet jedoch keine einheitliche Schule; seine Repräsentanten vertreten erkenntnistheoretisch und methodologisch zum Teil unterschiedliche Standpunkte. Gemeinsame Grundlage sind zunächst der ↑Logizismus, eine hohe Einschätzung der Bedeutung der mathematischen Logik (↑Logik, mathematische) für den Aufbau der ↑Realwissenschaften, die Überzeugung von der durch logisch-mathematische Verfahren gewährleisteten strengen Wissenschaftlichkeit des eigenen Vorgehens, die unbedingte Ablehnung der ↑Metaphysik (↑Metaphysikkritik) und die Zurückweisung synthetisch-apriorischer Aussagen. Durch Berufungen und Emigration bedeutender Vertreter des N. verlagert sich in den 1930er Jahren der Schwerpunkt in den englischen Sprachraum.

Der N. läßt sich in zwei Phasen einteilen: in eine bis in die frühen 1930er Jahre reichende offensive Phase und in eine ihrerseits noch zu unterteilende defensive Phase, in der sowohl interne als auch externe Kritik den N. zwingt, in der ersten Phase vertretene Positionen abzuschwächen oder zurückzunehmen. Der vermeintlich rein ↑analytische Charakter logisch-mathematischer Begriffe und Sätze führt den N. zu der essentialistischen (↑Essentialismus) These, daß zwischen den nichts über die Wirklichkeit aussagenden, analytischen Sätzen der ↑Formalwissenschaften einerseits und den wahren oder falschen empirischen Sätzen der Realwissenschaften andererseits ein Unterschied ›der Natur nach‹ bestehe. Damit meint der N. gegenüber I. Kant die Möglichkeit eines – auf Tatsachenerkenntnis beschränkten – Empirismus wiederhergestellt und gegenüber J. S. Mill die potentielle Widerlegbarkeit mathematisch-logischer Sätze durch die Erfahrung beseitigt zu haben. Aus dem Dualismus von Formal- und Realwissenschaften folgt für den N., daß es für eine wissenschaftliche Philosophie außer der logischen Analyse (↑Analyse, logische) wissenschaftlicher Begriffsbildung (↑Wissenschaftslogik) keinen eigenen ↑Objektbereich und infolgedessen auch keine ↑Objektaussagen geben kann. Formalwissenschaftliche Sätze sind als bloße Umformungsregeln sinnleer; die sich als sinnvoll erweisenden empirischen Sätze gehören zu den Realwissenschaften, die es mit Sachproblemen zu tun haben, während die Philosophie Sprachprobleme behandelt. Grammatikalisch korrekt gebildete Sätze, die weder den analytischen Sätzen zuzuordnen sind noch etwas über die Wirklichkeit aussagen, sind nach Auffassung des N. Scheinsätze (↑Scheinproblem). Zu diesen zählen auch die ↑Werturteile. Wissenschaftspolitisches Ziel ist es, sie als metaphysische Sätze aus der Wissenschaft zu eliminieren. Um die theoretische Sinnlosigkeit metaphysischer Sätze wissenschaftlich zweifelsfrei festzustellen, werden verschiedene Formen eines Sinnkriteriums (↑Sinnkriterium, empiristisches) entwickelt.

Auf Carnap geht der Gedanke eines ↑Konstitutionssystems der Begriffe zurück, das die logische Rückführung aller wissenschaftlichen Begriffe auf das unmittelbar Gegebene (↑Gegebene, das) enthält. Carnap (Der logische Aufbau der Welt, Berlin 1928) skizziert ein solches System mit ›eigenpsychischer‹ Basis, schließt sich jedoch später wegen leichterer Intersubjektivierbarkeit der Neurathschen Konzeption einer physikalistischen Basis an. Das Konzept des Konstitutionssystems wird später von N. Goodman mit einer Basis in den ↑Qualia fortgeführt. Das Programm einer ↑Einheitswissenschaft und einer ansatzweise realisierten wissenschaftlichen ↑Enzyklopädie wird im N. vor allem von Neurath wachgehalten. Zu den frühesten Kritikern des N. gehört K. R. Popper, dessen Auffassung der Rolle der ↑Falsifikation den N. zur Aufgabe des ↑Verifikationsprinzips veranlaßt. Im

Zusammenhang damit werden insbes. das Problem der ↑Protokollsätze (entstanden im Kontext der ↑Universalsprache der Wissenschaft) und das Problem wissenschaftlicher Gesetze (↑Gesetz (exakte Wissenschaften)) behandelt. Die Auseinandersetzung um die Protokollsätze führt zur Aufgabe der in der ersten Phase noch vertretenen empiristischen Grundannahme, Erkenntnis beruhe auf absolut sicheren Sätzen über Elementarerlebnisse. Nachdem sich gezeigt hatte, daß für die in den exakten Wissenschaften unentbehrlichen ↑Dispositionsbegriffe eine Definition durch Rückführung auf Beobachtungssätze (↑Beobachtungssprache) ausschied, wird das Prinzip der Konstituierbarkeit liberalisiert. Beeinflußt durch Poppers Darlegungen, daß wissenschaftliche Aussagen weder durch Erlebnisse (eigenpsychische Elementarsätze) noch durch den Körperzustand von Experimentatoren (physikalistische Protokollsätze), sondern durch das in wiederholten Experimenten beobachtete Verhalten von Körpern überprüft werden, gibt Carnap (Testability and Meaning [1936/1937], New Haven Conn. 1950) auch den ↑Physikalismus zugunsten eines ↑Reismus auf. Infolge dieser Entwicklung läßt sich auch das an die Stelle des ursprünglichen Kriteriums der Verifizierbarkeit getretene Kriterium der Nachprüfbarkeit nicht länger in vollem Umfang halten. Dem ↑›Toleranzprinzip der Syntax‹ entsprechend, nach dem die lediglich auf Zweckmäßigkeitserwägungen gestützte Einführung mehrerer Sprachen zugelassen ist, sofern sie eindeutige syntaktische Festlegungen trifft, führt Carnap für die Realwissenschaften eine ›empirische Sprache‹ ein, die vor der metaphysischen dadurch ausgezeichnet ist, daß alle ihre synthetischen Bestandteile in einem bestimmten Zusammenhang mit der Erfahrung stehen. Als mögliche Präzisierung für den Erfahrungszusammenhang schlägt Carnap das liberale, auf ›induktiver Verallgemeinerung‹ beruhende Kriterium der unvollständigen Bestätigungsfähigkeit vor (↑Bestätigung).

Literatur: V. Ambrus, Vom N. zur nachanalytischen Philosophie. Die Entwicklung von Putnams Erkenntnistheorie, Frankfurt etc. 2002; A. J. Ayer, Language, Truth and Logic, London, New York 1936, ²1946, London 2001; ders., The Foundations of Empirical Knowledge, New York/London 1940, Basingstoke/New York 2004; ders. (ed.), Logical Positivism, Glencoe Ill. 1959 (repr. Westport Conn. 1978), New York 1966; F. Barone, Il neopositivismo logico, Turin 1953, in 2 Bdn. Rom/Bari 1977, 1986; ders., Neopositivismo, Enc. filos. IV (1967), 962–978; F. Belke, Spekulative und wissenschaftliche Philosophie. Zur Explikation des Leitproblems im Wiener Kreis des N., Meisenheim am Glan 1966; H. Bräuer, Neupositivismus, in W. D. Rehfus (ed.), Handwörterbuch Philosophie, Göttingen 2003, 490–491; W. Czapiewski (ed.), Verlust des Subjekts? Zur Kritik neopositivistischer Theorien, Kevelaer 1975; L. Eley, Positivismus/N., TRE XXVII (1997), 73–82; R. Haller, N.. Eine historische Einführung in die Philosophie des Wiener Kreises, Darmstadt 1993, 2005; E. Heintel, Die beiden Labyrinthe der Philosophie. Systemtheoretische Betrachtungen zur Fundamentalphilosophie des abendländischen Denkens I (Einleitung. I. Teil: N. und Diamat [Histomat]), Wien/München 1968; E. Kaila, Der logistische Neupositivismus. Eine kritische Studie, Turku 1930; E. Kaiser, Neopositivistische Philosophie im XX. Jahrhundert. Wolfgang Stegmüller und der bisherige Positivismus, Berlin 1979; R. Kamitz, Positivismus. Befreiung vom Dogma, München/Wien 1973; V. Kraft, Der Wiener Kreis. Der Ursprung des N.. Ein Kapitel der jüngsten Philosophiegeschichte, Wien 1950, Wien/New York ²1986, ohne Untertitel ³1997 (engl. The Vienna Circle. The Origin of Neo-Positivism. A Chapter in the History of Recent Philosophy, New York 1953, 1969); H. Schnädelbach, Erfahrung, Begründung und Reflexion. Versuch über den Positivismus, Frankfurt 1971; T. E. Uebel, N., EP I (1999), 935–939, EP II (²2010), 1772–1776; weitere Literatur: ↑Empirismus, logischer, ↑Wiener Kreis. H. R. G.

Neopragmatismus (engl. neo-pragmatism, franz. néo-pragmatisme), auch linguistic pragmatism, Kennzeichnung von Positionen der Gegenwartsphilosophie, die in ihrem methodologischen Grundverständnis (↑Methodologie) und ihren metaphilosophischen Auffassungen (↑Metaphilosophie) an den klassischen ↑Pragmatismus anknüpfen und dessen Erkenntniskonzeption mit einer betont sprachphilosophischen (↑Sprachphilosophie) Akzentuierung weiterentwickeln. Dabei steht entsprechend der pragmatischen Grundorientierung ein Sprachverständnis im Vordergrund, das die ↑Sprache vor allem in ihrer instrumentellen Funktion als Mittel zur Handlungsorganisation und Handlungskoordination betrachtet. Demgemäß geht ihre Theoriebildung immer von einem gebrauchstheoretischen Verständnis der Bedeutung (↑Gebrauchstheorie (der Bedeutung)) aus. In der ↑Wahrheitstheorie steht damit z. B. die Frage nach der funktionalen Rolle des Wahrheitsbegriffs im Reden über den (möglichen) Erfolg von ↑Begründungen und ↑Rechtfertigungen im Vordergrund, während korrespondistische ↑Wahrheitstheorien zurückgewiesen werden, da sie letztlich nicht die koordinierende Leistung des Sich-Verständigens über Wahrheiten erklären könnten. Die dem N. zugeordneten Schriften zeichnen sich entsprechend vor allem durch ihre grundsätzliche Ablehnung aller derjenigen philosophischen Ansätze aus, die für die Explikation des Erkennens und des Verstehens auf die Rede über mentale Phänomene (↑Mentalismus) oder die Vorstellung einer unabhängig von den Unterscheidungsleistungen des Subjekts gegebenen Außenwelt zurückgreifen (↑Realismus (erkenntnistheoretisch), ↑Realismus, semantischer). Dem entspricht auch eine meist skeptische Haltung gegenüber generellen Geltungsansprüchen und absoluten Begründbarkeitserwartungen (↑Letztbegründung).

Während einige Vertreter stärker die kulturellen Kontingenzen der Gebrauchspraxen betonen, richten andere das Augenmerk gerade auf die kulturinvarianten praktischen Notwendigkeiten gelingenden Sprachgebrauchs. Eine positive, an inhaltlichen Merkmalen orientierte klassifikatorisch scharfe Abgrenzung der Position des N. hat sich in der Literatur noch nicht herausgebildet; die Zuschreibung der Position erfolgt mit entsprechend großer Varianz. Meist werden R. Rorty und (der späte) H. Putnam als Hauptvertreter benannt. Teils wird dabei der N. – auch mit Blick auf Rortys nur lose mit seiner relativistischen Erkenntnisskepsis (↑Relativismus) verbundene und oft mit betonter ↑Ironie vorgetragene Gesellschaftskritik – in die Nähe des ›postmodern movement‹ gerückt (↑Postmoderne), teils wird darin ein pragmatisches Begründungsprogramm gesehen, das sich als konstruktivistische Alternative (und in der praktischen Philosophie als Korrektiv) zu realistischen Ansätzen versteht (↑Konstruktivismus). Andere, weniger verbreitete und vor allem auf wissenschaftstheoretische Themen (↑Wissenschaftstheorie) bezogene Zuschreibungen beziehen Autoren wie W. V. O. Quine, N. Rescher oder R. Brandom mit ein, die aber nur z. T. mit der gegebenen Charakterisierung übereinstimmen. Wohl wegen Rortys häufiger Bezugnahme auf dessen Sprachphilosophie wird oft auch D. Davidson genannt, der aber gerade mit Blick auf das pragmatische Wahrheitsverständnis jede Nähe zum Pragmatismus explizit verneint.

Literatur: B. Allen, Postmodern Pragmatism. Richard Rorty's Transformation of American Philosophy, Philos. Top. 36 (2008), 1–15; J. Avery, Three Types of American Neo-Pragmatism, J. Philos. Res. 18 (1993), 1–13; R. Bosley, On Truth. A Neo-Pragmatist Treatise in Logic, Metaphysics and Epistemology, Washington D. C. 1982; A. Botwinick, A Neo-Pragmatist Defense of Democratic Participation, J. Social Philos. 19 (1988), 63–79; R. B. Brandom (ed.), Rorty and His Critics, Malden Mass. 2000, 2008; ders., Between Saying and Doing. Towards an Analytic Pragmatism, Oxford 2008, 2010; ders., Perspectives on Pragmatism. Classical, Recent, and Contemporary, Cambridge Mass./London 2011; N. Bunnin/J. Yu, Neo-Pragmatism, in: dies., The Blackwell Dictionary of Western Philosophy, Oxford 2004, 467; J. Conant/U. M. Zeglen (eds.), Hilary Putnam. Pragmatism and Realism, London/New York 2002, 2006; M. Dickstein (ed.), The Revival of Pragmatism. New Essays on Social Thought, Law, and Culture, Durham N. C./London 1998, 1999; M. Festenstein, Pragmatism and Political Theory. From Dewey to Rorty, Chicago Ill., Cambridge 1997; R. B. Goodman (ed.), Pragmatism. A Contemporary Reader, New York/London 1995; ders. (ed.), Pragmatism. Critical Concepts in Philosophy, I–IV, London/New York 2005; S. Haack (ed.), Pragmatism, Old and New. Selected Writings, Amherst N. Y. 2006; C. D. Hardwick/D. A. Crosby (eds.), Pragmatism, Neo-Pragmatism, and Religion. Conversations with Richard Rorty, New York 1997; D. L. Hildebrand, Beyond Realism and Anti-Realism. John Dewey and the Neopragmatists, Nashville Tenn. 2003; ders., The Neopragmatist Turn, Southwest Philos. Rev. 19 (2003), 79–88; J. Hroch, American Pragmatism and Neo-Pragmatism in Their Affinities with European Philosophical Hermeneutics, in: J. Ryder/E. Višňovský (eds.), Pragmatism and Values. The Central European Pragmatist Forum I, Amsterdam/New York 2004, 35–44; S. R. Isenberg/G. R. Thursby, A Perennial Philosophy Perspective on Richard Rorty's Neo-Pragma-

tism, Int. J. Philos. of Religion 17 (1985), 41–65; H. J. Koskinen/S. Pihlström, Quine and Pragmatism, Transact. Charles S. Peirce Soc. 42 (2006), 309–346; S. Levine, Rorty, Davidson, and the New Pragmatists, Philos. Top. 36 (2008), 167–192; ders., Rehabilitating Objectivity. Rorty, Brandom, and the New Pragmatism, Can. J. Philos. 40 (2010), 567–589; R. Loeffler, Neo-Pragmatist (Practice-Based) Theories of Meaning, Philos. Compass 4 (2009), 197–218; D. Macarthur, Pragmatism, Metaphysical Quietism and the Problem of Normativity, Philos. Top. 36 (2008), 193–209; J. Margolis, Pragmatism's Advantage. American and European Philosophy at the End of the Twentieth Century, Stanford Calif. 2010; A. Megill, The Identity of American Neo-Pragmatism, or, Why Vico Now?, New Vico Stud. 5 (1987), 99–116; C. Misak, New Pragmatists, Oxford/New York 2007, 2009; K. Miyahara, Neo-Pragmatic Intentionality and Enactive Perception. A Compromise Between Extended and Enactive Minds, Phenomenol. and the Cognitive Sci. 10 (2011), 499–519; C. W. Morris, Neo-Pragmatism and the Ways of Knowing, Monist 38 (1928), 494–510; S. Pihlström, Structuring the World. The Issue of Realism and the Nature of Ontological Problems in Classical and Contemporary Pragmatism, Helsinki 1996 (Acta Philosophica Fennica LIX); ders., Pragmatism and the Ethical Grounds of Metaphysics, Philos. Top. 36 (2008), 211–237; H. Putnam, Reason, Truth, and History, Cambridge/New York 1981, 1998 (dt. Vernunft, Wahrheit und Geschichte, Frankfurt 1982, 2005); ders., The Many Faces of Realism, La Salle Ill. 1987, 1995; ders., Representation and Reality, Cambridge Mass./London 1988, 2001 (dt. Repräsentation und Realität, Frankfurt 1991, 2005); ders., Realism with a Human Face, ed. J. F. Conant, Cambridge Mass./London 1990, 1992; ders., Renewing Philosophy, Cambridge Mass./London 1992, 1998 (dt. Für eine Erneuerung der Philosophie, Stuttgart 1997); ders., Words and Life, ed. J. F. Conant, Cambridge Mass./London 1994, 1996; ders., Pragmatism. An Open Question, Malden Mass./Oxford 1995, 2000; ders., Pragmatism and Realism, in: M. Dickstein (ed.), The Revival of Pragmatism [s.o], 37–53; ders., The Threefold Cord. Mind, Body, and World, New York 1999; ders., Enlightenment and Pragmatism, Assen 2001; ders., The Collapse of the Fact/Value Dichotomy and Other Essays, Cambridge Mass./London 2002, 2004; ders., Ethics without Ontology, Cambridge, Mass./London 2004; B. Ramberg, Naturalizing Idealizations. Pragmatism and the Interpretivist Strategy, Contemporary Pragmatism 1 (2004), 1–66; T. Rockmore, On Classical and Neo-Analytic Forms of Pragmatism, Metaphilos. 36 (2005), 259–271; R. Rorty, Philosophy and the Mirror of Nature, Princeton N. J. 1979, 2009 (dt. Der Spiegel der Natur, Frankfurt 1981, ³1994, Nachdr. d. 1. Aufl., 2003); ders., Consequences of Pragmatism. Essays 1972–1980, Minneapolis Minn. 1982, 2008; ders., Contingency, Irony, and Solidarity, Cambridge 1989, 2009 (dt. Kontingenz, Ironie und Solidarität, Frankfurt 1989, ⁸2007, Nachdr. d. 1. Aufl. 2009); ders., Objectivity, Relativism, and Truth (= Philosophical Papers I), Cambridge etc. 1991, 2008; ders., Essays on Heidegger and Others (= Philosophical Papers II), Cambridge etc. 1991, 2008; ders., Truth and Progress (= Philosophical Papers III), Cambridge etc. 1998, 1999 (dt. Wahrheit und Fortschritt, Frankfurt 2000, 2003); ders., Philosophy and Social Hope, London etc. 1999; ders., Philosophy as Cultural Politics (= Philosophical Papers IV), Cambridge etc. 2007, 2009 (dt. Philosophie als Kulturpolitik, Frankfurt 2008); H. J. Saatkamp, Jr. (ed.), Rorty and Pragmatism. The Philosopher Responds to His Critics, Nashville Tenn. 1995, 1996; H. Stachowiak, Neopragmatismus als zeitgenössische Ausformung eines philosophischen Paradigmas, in: ders. (ed.), Pragmatik. Handbuch pragmatischen Denkens II (Der Aufstieg pragmatischen Denkens im 19. und 20. Jahrhundert), Hamburg 1987, 391–435; J. J. Stuhr, Pragmatism, Postmodernism, and the Future of Philosophy, New York/London 2003; O. Swartz/K. Campbell/C. Pestana, Neo-Pragmatism, Communication, and the Culture of Creative Democracy, New York 2009; T. Szubka, On the Very Idea of Brandom's Pragmatism, Philosophia 40 (2012), 165–174; F. Trifiro, A Neo-Pragmatist Approach to Intercultural Dialogue and Cosmopolitan Democracy, Philos. in the Contemporary World 14 (2007), 127–142; C. B. Wrenn, Pragmatism, Truth, and Inquiry, Contemporary Pragmatism 2 (2005), 95–113.   G. K.

Netz, Bayessches (engl. Bayesian network), von J. Pearl geprägte Bezeichnung für ein mathematisches Modell zur Beschreibung der probabilistischen Abhängigkeiten zwischen einer Vielzahl von Zufallsvariablen (↑Wahrscheinlichkeit). Formal ist ein B. N. ein gerichteter azyklischer ↑Graph, dessen Knoten Zufallsvariable (↑Zufallsfunktion) sind und dessen Kanten bedingte Abhängigkeiten repräsentieren. Diese bedingten Abhängigkeiten werden durch bedingte Wahrscheinlichkeiten beschrieben, die sich nach wahrscheinlichkeitstheoretischen Gesetzen (↑Wahrscheinlichkeitstheorie) im Netz fortpflanzen. Die Berechnung von Aposteriori-Wahrscheinlichkeiten in Bezug auf gegebenes Belegmaterial benutzt dabei das ↑Bayessche Theorem. Allgemeiner kann ein B. N. als ein komplexes System zur Beschreibung kausaler Abhängigkeiten (↑Kausalität) aufgefaßt und zum statistischen Schließen (↑Schluß) von beobachteten auf nicht-beobachtete Variable verwendet werden. Philosophisch kann man die Knoten eines B.n N.es auch als ↑Aussagen (↑Propositionen) verstehen, die Überzeugungen wiedergeben, die in bestimmter Weise voneinander abhängen und sich auf Grund neuer Einsichten (z. B. aus Experimenten oder Beobachtungen) verändern. B. N.e werden vor allem im Bereich der Künstlichen Intelligenz (↑Intelligenz, künstliche) verwendet, z. B. zur Modellierung von Lernproblemen oder der des Schließens unter Unsicherheit, etwa im Rahmen der Risikoeinschätzung oder der Entscheidungsanalyse, zur Analyse großer Datenmengen (›data mining‹), zur statistischen Diagnose (z. B. von Krankheiten) und zu Vorhersagezwecken (z. B. Wettervorhersagen). Ihren Namen hat den B.n N.en die bayesianische Theorie der subjektiven Wahrscheinlichkeit gegeben, auch wenn der formale Apparat und die Anwendung B.r N.e in vielen Fällen unabhängig von dieser philosophischen Grundlage sind.

Literatur: A. Darwiche, Modeling and Reasoning with Bayesian Networks, Cambridge etc. 2009; N. Fenton/M. Neil, Risk Assessment and Decision Analysis with Bayesian Networks, Boca Raton Fla. 2013; F. V. Jensen, An Introduction to Bayesian Networks, London 1996; ders./T. D. Nielsen, Bayesian Networks and Decision Graphs, New York etc. 2001, ²2007, 2010; K. B. Korb/A. E. Nicholson, Bayesian Artificial Intelligence, Boca Raton Fla. 2004, ²2011; T. Koski/J. M. Noble, Bayesian Networks. An Introduction, Chichester 2009; R. Kruse u. a., Computational Intelligence. Eine methodische Einführung in Künstliche Neuronale Netze, Evolutionäre Algorithmen, Fuzzy-Systeme und Bayes-Netze, Wiesbaden 2011; J. Pearl, Probabilistic Reasoning in Intelligent Systems. Networks of Plausible Inference, San Francisco Calif. 1988, 2008.   P. S.

Netzwerk, neuronales, Bezeichnung für mathematische Strukturen zur Nachbildung von Systemen von Nervenzellen (↑Hirnforschung, ↑Neurowissenschaften) mit dem Zweck der Erzeugung oder Simulation mentaler Eigenschaften. N. N.e werden im Rahmen des ↑Konnektionismus als zentraler Baustein der Architektur des Mentalen betrachtet. Diese Annahme bildet einen klaren Gegensatz zur klassischen Kognitionswissenschaft (↑philosophy of mind). Sie steht im Kontrast sowohl zur Symbolverarbeitungshypothese, derzufolge Kognition die Transformation formaler oder syntaktischer Symbolfolgen beinhaltet, als auch zum ›Von-Neumann-Schema‹, das die heutigen Digitalcomputer kennzeichnet (↑philosophy of mind). Dessen wesentliche Elemente sind eine Zentraleinheit, in der alle Verarbeitungsschritte sequentiell ablaufen, und die Existenz eines Programms, also eines explizit codierten Algorithmus, der die Verarbeitungsschritte steuert. N. N.e sind dagegen dezentral organisiert und operieren entsprechend parallel; die Verarbeitung in n.n N.en ergibt sich aus den Eigenschaften ihrer Komponenten und ist nicht durch explizit notierte Regeln gesteuert. Eine bloß syntaktische Ebene der Verarbeitung von Symbolen ist ebenfalls nicht Bestandteil n.r N.e.

Künstliche n. N.e bestehen aus einer Mehrzahl von untereinander verbundenen Neuronen (auch: Knoten), deren Eigenschaften sich an ihrem biologischen Vorbild orientieren. An jedem Neuron kommen Eingangssignale an (entweder von anderen Neuronen oder von außerhalb des n.n N.s). Diese Signale werden durch Gewichte (auch: Synapsenstärken) verstärkt oder gehemmt und (in dieser Gewichtung) aufsummiert. Auf diese Summe wird eine Ausgabefunktion angewendet. Diese kann etwa in der Vorgabe eines Schwellenwertes bestehen, bei dessen Überschreiten das Neuron ein Ausgabesignal sendet (analog zum ›Feuern‹ von Nervenzellen). Auch andere, etwa lineare, Ausgabefunktionen sind gebräuchlich.

Als Vorzug n.r N.e in der Philosophie des Geistes gilt, daß sie die Mechanismen menschlicher Kognition mit größerer Plausibilität erfassen als das ›Von-Neumann-Schema‹ der klassischen Künstlichen Intelligenz (↑Intelligenz, künstliche). Zunächst entsprechen die Komponenten künstlicher n.r N.e den Grundbausteinen des menschlichen Nervensystems und bilden einen auffallenden Gegensatz zu den Bauteilen eines Digitalcomputers. Darüber hinaus harmoniert das Leistungsprofil n.r N.e eher mit dem menschlichen kognitiven Profil, das Schwächen bei der Bewältigung großer Datenmassen, aber Stärken bei der Mustererkennung aufweist. – Lernprozesse werden in n.n N.en durch eine Modifikation der Gewichte dargestellt. Diese ändern sich bei mehrfachem Durchlaufen der gleichen Verarbeitungsschritte und passen sich entsprechend der Erfahrung an. Dabei wird oft die ›Hebbsche Lernregel‹ (D. O. Hebb 1949) angewendet, die einfaches assoziatives Lernen regelt und besagt, daß das Gewicht einer Verknüpfung zwischen zwei Knoten immer dann anwächst, wenn beide zugleich feuern. Wird dem System wiederholt dasselbe Eingabemuster präsentiert, so läßt sich erreichen, daß sich die Gewichte durch die Trainingsläufe so lange anpassen, bis ein stabiles Ausgabemuster erreicht ist. – Das Aktivitätsmuster eines n.n N.es kann als Repräsentation eines äußeren Zustands (bzw. der Eingabedaten) und damit als Speicher aufgefaßt werden. Diese Repräsentation ist über das Netz verteilt und liegt konkret in den Gewichten, also den Beziehungen zwischen den Neuronen. Das Auslesen des Speichers erfolgt durch Aktivierung eines Teils des abzufragenden Musters. Auf Grund der bevorzugten Verknüpfungen mit den übrigen relevanten Knoten werden auch diese aktiv, und das ursprüngliche Muster entsteht von Neuem. – Die Informationsverarbeitung in n.n N.en geschieht ohne zentrale Steuerung und allein nach Maßgabe der Neuronenverknüpfungen, von deren Gewichten und den Ausgabefunktionen. Durch dieses Zusammenwirken separater Elemente wird eine Eingabestruktur in eine Ausgabestruktur transformiert. Die Informationsverarbeitung erfolgt durch Wechselwirkung nächster Nachbarn und läuft entsprechend dezentral und parallel ab.

Allerdings weichen die Eigenschaften künstlicher n.r N.e im Detail von den Eigenschaften biologischer Neuronenverbände ab. Entsprechend werden n. N.e aus biologischer Perspektive als unrealistisch kritisiert. Ein weiterer Einwand gegen die Tragweite n.r N.e für die Erklärung mentaler Eigenschaften stützt sich auf deren prozedurale Undurchschaubarkeit. Im ›Von-Neumann-Schema‹ sind alle relevanten Zustände und die Prinzipien ihrer Transformation explizit repräsentiert. Durch Nachvollzug des Programms versteht der Kundige den Mechanismus, kraft dessen die Maschine eine besondere Leistung erbringt. Bei n.n N.en gelingt dies nur selten. Zwar sind die generellen Verfahren deutlich, die der Informationsverarbeitung zugrundeliegen, aber auf welche Weise es einem n.n N. gelingt, durch Anpassung der Gewichte ein bestimmtes Muster zu erkennen, ist nur selten konkret nachvollziehbar. Die im Einzelfall vom Netz eingesetzten Verfahren bleiben opak. N. N.e stellen nicht allein Modelle biologischer Abläufe dar, sondern werden auch als mathematische Werkzeuge

in einer Vielzahl nicht-biologischer Zusammenhänge genutzt. Die Anpaßbarkeit der freien Parameter künstlicher n.r N.e macht diese zu einem flexiblen Instrument für die Einordnung und Klassifikation von Phänomenen. Der Vorteil ist, daß man die genauen Regeln dieser Klassifikation gar nicht angeben muß (und oft genug auch gar nicht angeben kann). Stattdessen wird ein n.s N. an dem betreffenden Datenbestand trainiert. Z. B. erreichen n. N.e eine bessere Vorhersageleistung bei Verlauf und Intensität von Tropenstürmen als der theoretische Nachvollzug der physikalischen Prozesse in der Atmosphäre.

Literatur: W. Bechtel, Connectionism and the Philosophy of Mind. An Overview, South. J. Philos. Suppl. 26 (1988), 17–41; ders., Philosophy of Mind. An Overview for Cognitive Science, Hillsdale N. J. 1988, New York 2009; ders./A. Abrahamsen, Connectionism and the Mind. An Introduction to Parallel Processing in Networks, Cambridge Mass./Oxford 1991, mit neuem Untertitel: Parallel Processing, Dynamics, and Evolution in Networks, ²2002; A. Clark, Mindware. An Introduction to the Philosophy of Cognitive Science, New York/Oxford 2001; J. Garson, Connectionism, SEP 1997, rev. 2010; D. M. Haybron, The Causal and Explanatory Role of Information Stored in Connectionist Networks, Minds and Machines 10 (2000), 361–380; D. O. Hebb, The Organization of Behaviour. A Neuropsychological Theory, New York 1949, New York/London 2012; G. E. Hinton, How Neural Networks Learn from Experience, Sci. Amer. 267 (1992), H. 3, 145–151 (dt. Wie neuronale Netze aus Erfahrung lernen, Spektrum Wiss. (1992), H. 11, 134–143); T. Horgan/J. L. Tienson (eds.), Connectionism and the Philosophy of Mind, Dordrecht 1991; W. Ramsey/S. P. Stich/ D. E. Rumelhart (eds.), Philosophy and Connectionist Theory, Hillsdale N. J. 1991; D. E. Rumelhart u. a., Parallel Distributed Processing. Explorations in the Microstructure of Cognition, I–II (I Foundations, II Psychological and Biological Models), Cambridge Mass./London 1986, 1999; N. Shea, Content and Its Vehicles in Connectionist Systems, Mind and Language 22 (2007), 246–269; T. R. Shultz/A. C. Bale, Neural Network Simulation of Infant Familiarization to Artificial Sentences. Rule-Like Behavior without Explicit Rules and Variables, Infancy 2 (2001), 501–536; J. L. Tienson, An Introduction to Connectionism, South. J. Philos. Suppl. 26 (1988), 1–16.   M. C.

Neuhegelianismus, ↑Hegelianismus.

Neukantianismus, im Unterschied zu ↑›Kantianismus‹ historische Kennzeichnung für die an I. Kant anschließende philosophische Bewegung zwischen 1870 und 1920. Nachdem zur Zeit des Abklingens von ↑Romantik und spätidealistischer Philosophie (↑Idealismus, deutscher) schon F. E. Beneke (Kant und die philosophische Aufgabe unserer Zeit. Eine Jubeldenkschrift auf die Kritik der reinen Vernunft, Berlin 1832), C. H. Weiße (In welchem Sinn die deutsche Philosophie jetzt wieder an Kant sich zu orientieren hat. Eine akademische Antrittsrede, Leipzig 1847) und R. Haym (Hegel und seine Zeit. Vorlesungen über Entstehung und Entwickelung, Wesen und Werth der Hegel'schen Philosophie, Berlin 1857) die Rückbesinnung auf Kants kritische ↑Transzendentalphilosophie empfohlen hatten, waren es K. Fischer (Geschichte der neuern Philosophie III/IV, Mannheim 1860), E. Zeller (Über Bedeutung und Aufgabe der Erkenntniss-Theorie, Heidelberg 1862), R. H. Lotze (Metaphysik. Drei Bücher der Ontologie, Kosmologie und Psychologie, Leipzig 1879), vor allem aber O. Liebmann (Kant und die Epigonen. Eine kritische Abhandlung, Stuttgart 1865) und F. A. Lange (Geschichte des Materialismus und Kritik seiner Bedeutung in der Gegenwart, Iserlohn 1866), die den N. als ↑Erkenntniskritik (↑Kritizismus) begründeten. Ausgehend von einem Primat der ↑Erkenntnistheorie tritt der N. unter der Losung ›mit Kant und nur strenger noch als er‹ (P. Natorp) als ›methodischer ↑Idealismus‹ (H. Cohen) gegen ↑Hegelianismus, Materialismus (↑Materialismus (historisch)), Positivismus (↑Positivismus (historisch)), ↑Intuitionismus, ↑Empirismus und ↑Psychologismus auf. Er konzentriert sich zunächst auf eine konstitutionstheoretische (↑Konstitution) ↑Methodologie der Naturwissenschaften, die als systematische Weiterbildung der transzendentalen Logik (↑Logik, transzendentale) Kants eine Lehre von den ›Rechtsgründen‹ (↑quid facti/quid iuris) der ↑Geltung von Erkenntnis bereitstellen soll. Diese vom N. als ›Erkenntnislogik‹ bezeichnete transzendentale Methode der wissenschaftlichen Gegenstandskonstitution und ihrer Begründung kann ihrer metatheoretischen (↑Metatheorie) Intention nach als wichtiger Vorläufer der modernen ↑Grundlagenforschung und ↑Wissenschaftstheorie angesehen werden. Nach den Wirkungsorten der Vertreter des N. bildeten sich als Mittelpunkte, zunehmend auch nach Thematik und Behandlungsart voneinander unterschieden, die so genannte ›Marburger Schule‹ und die so genannte ›Südwestdeutsche‹ oder ›Badische Schule‹ (Freiburg, Heidelberg) heraus.

In der *Marburger Schule* (E. Cassirer, Cohen, A. Liebert, Natorp, K. Vorländer) steht eine Bestimmung der Möglichkeitsbedingungen insbes. der naturwissenschaftlichen Erkenntnis allein durch ›das reine Denken‹ in vorrangig mathematischen Begriffen im Mittelpunkt. Dabei sieht sich die Marburger Schule auch in der Tradition von Platon, R. Descartes, I. Newton und G. W. Leibniz. Vor diesem historischen Hintergrund wird eine Überwindung sowohl des ↑Subjekt-Objekt-Problems als auch der Kantischen Dualität von ↑Anschauung und Denken (Begriff) in einem funktionalen Konzept der Relation von Erkenntnis und (Erkenntnis-)Gegenstand angestrebt, wobei die vollständige Determination des Gegenstandes ›unendliche Aufgabe‹ eines durch die ›Kontinuität‹ seiner kategorialen und methodischen Momente gekennzeichneten approximativen Erkenntnisprozesses bleibt. Die ›gesetzmäßige Einheit‹ des Erkenntnisgegenstandes stellt sich über die terminologische und methodische Einheit seiner wissenschaftlichen Konstitution her. Für den N. Marburger Prägung sind die von ihm transzendentallogisch bestimmten Geltungsgründe des Wissens in jeder ›gesetzmäßigen‹ Erkenntnis faktisch immer schon in Funktion; die Philosophie macht die jedem rationalen Erfahrungsprozeß immanenten ↑Denkgesetze lediglich explizit.

Die *Südwestdeutsche Schule* (B. Bauch, J. Cohn, R. Kroner, E. Lask, H. Rickert, A. Riehl, W. Windelband, R. Zocher) erweitert die Geltungslehre des N. zu einer ›transzendentallogischen Kulturphilosophie‹, indem sie sich über die Erkenntnislogik der mathematischen Naturwissenschaften hinaus auch mit der Wert- und Sollensproblematik beschäftigt; der kritizistische ↑Apriorismus umfaßt hier auch die ↑Letztbegründung kultureller Geltungsphänomene. Dementsprechend ist die Badische Schule hinsichtlich der geltungslogischen Probleme einer allgemeinen ↑Urteilstheorie stärker um die wahrheitstheoretische Durchdringung auch der ›idiographischen‹ (↑idiographisch/nomothetisch) Bedingtheit der erkennenden Subjektivität (↑Subjektivismus) bemüht. Ihre Auseinandersetzung mit W. Dilthey und dem ↑Historismus um eine Neubegründung der ↑Geisteswissenschaften wirkt vor allem auf E. Troeltsch und F. Meinecke.

Im weiteren Umkreis zeigen sich Einflüsse des N. auf Psychologie und Sprachphilosophie (R. Hönigswald), auf Soziologie (Syntheseversuche von N. und ↑Lebensphilosophie bei G. Simmel und M. Weber), Religionsphilosophie (A. Görland, G. Mehlis, R. Otto), Rechtsphilosophie (H. Kelsen, R. Stammler, W. Schücking), politische Theorie (E. Bernstein, F. Staudinger) und ↑Phänomenologie (E. Husserl, M. Heidegger), deren Auftreten philosophiehistorisch zugleich das Ende der akademischen Dominanz des N. bedeutet. – In die einflußreichste Zeit des N. fallen 1897 das Erscheinen der »Kant-Studien« (erster Herausgeber: H. Vaihinger) und 1904 die Gründung der »Kant-Gesellschaft«.

Literatur: R. Alexy/L. H. Meyer/S. L. Paulson (eds.), N. und Rechtsphilosophie, Baden-Baden 2002; L. W. Beck, Neo-Kantianism, Enc. Ph. V (1967), 468–473; F. C. Copleston, A History of Philosophy VII, London, Westminster Md. 1963, London ³1968, London/New York 2010, 361–373; H. Dussort, L'école de Marbourg, ed. J. Vuillemin, Paris 1963; W. Flach/H. Holzhey (eds.), Erkenntnistheorie und Logik im N., Hildesheim 1979, 1980 (mit Bibliographien); E. Franz, Das Realitätsproblem in der Erfahrungslehre Kants. Eine kritische Studie mit besonderer Rücksicht auf den N. der Gegenwart, Berlin 1919, Vaduz 1978 (Kant-St. Erg.hefte XLV); H. F. Fulda/C. Krijnen (eds.), Systemphilosophie als Selbsterkenntnis. Hegel und der N., Würzburg 2006; H.-D. Häußer, Transzendentale Reflexion und Erkenntnisgegenstand. Zur transzendentalphilosophischen Erkenntnisbegründung unter besonderer Berücksichtigung objektivistischer Transformation des Kritizismus. Ein Beitrag zur systematischen und historischen Genese des N., Bonn 1989; M. Heinz/C. Krijnen (eds.), Kant im N.. Fortschritt oder Rückschritt?, Würzburg 2007; J. Hessen, Die Religionsphilosophie des N., Freiburg

1919, ²1924; H. Holzhey, N., Hist. Wb. Ph. VI (1984), 747–754; ders., Cohen und Natorp, I–II (I Ursprung und Einheit. Die Geschichte der ›Marburger Schule‹ als Auseinandersetzung um die Logik des Denkens, II Der Marburger N. in Quellen. Zeugnisse kritischer Lektüre, Briefe der Marburger, Dokumente zur Philosophiepolitik der Schule), Basel/Stuttgart 1986; ders. (ed.), Ethischer Sozialismus. Zur politischen Philosophie des N., Frankfurt 1994; ders./U. Renz, N., EP I (1999), 939–944, EP II (²2010), 1776–1781 (mit Bibliographie, 1780–1781); J. Klein, Die Grundlegung der Ethik in der Philosophie Hermann Cohens und Paul Natorps. Eine Kritik des Marburger N., Göttingen 1976; K. C. Köhnke, Entstehung und Aufstieg des N.. Die deutsche Universitätsphilosophie zwischen Idealismus und Positivismus, Frankfurt 1986, 1993 (engl. The Rise of Neo-Kantianism. German Academic Philosophy between Idealism and Positivism, Cambridge etc. 1991); C. Krijnen, Philosophie als System. Prinzipientheoretische Untersuchungen zum Systemgedanken bei Hegel, im N. und in der Gegenwartsphilosophie, Würzburg 2008; ders./E. W. Orth (eds.), Sinn, Geltung, Wert. Neukantianische Motive in der modernen Kulturphilosophie, Würzburg 1998; ders./A. J. Noras (eds.), Marburg versus Südwestdeutschland. Philosophische Differenzen zwischen den beiden Hauptschulen des N., Würzburg 2012; T. Kubalica, Wahrheit, Geltung und Wert. Die Wahrheitstheorie der Badischen Schule des N., Würzburg 2011; G. Lehmann, Kant im Spätidealismus und die Anfänge der Neukantischen Bewegung, Z. philos. Forsch. 17 (1963), 438–456; H. Lübbe, N., RGG IV (³1960), 1421–1425; P. Maerker, Die Ästhetik der südwestdeutschen Schule, Bonn 1973; P.-U. Merz-Benz/U. Renz (eds.), Ethik oder Ästhetik? Zur Aktualität der neukantianischen Kulturphilosophie, Würzburg 2004; C. Müller, Die Rechtsphilosophie des Marburger N.. Naturrecht und Rechtspositivismus in der Auseinandersetzung zwischen Hermann Cohen, Rudolf Stammler und Paul Natorp, Tübingen 1994; T. Nemeth, Neo-Kantianism, Russia, REP IV (1998), 792–797; J. Oelkers/W. K. Schulz/H.-E. Tenorth (eds.), N.. Kulturtheorie, Pädagogik und Philosophie, Weinheim 1989; H.-L. Ollig, Der N., Stuttgart 1979 (mit Bibliographien); ders. (ed.), N.. Texte der Marburger und der Südwestdeutschen Schule, ihrer Vorläufer und Kritiker, Stuttgart 1982; ders. (ed.), Materialien zur N.-Diskussion, Darmstadt 1987; ders., Neo-Kantianism, REP VI (1998), 776–792 (mit Bibliographie, 789–792); E. W. Orth, Von der Erkenntnistheorie zur Kulturphilosophie. Studien zu Ernst Cassirers Philosophie der symbolischen Formen, Würzburg 1996, ²2004; ders./H. Holzhey (eds.), N.. Perspektiven und Probleme, Würzburg 1994; M. Pascher, Einführung in den N.. Kontext, Grundpositionen, praktische Philosophie, München 1997; D. Pätzold/C. Krijnen (eds.), Der N. und das Erbe des deutschen Idealismus. Die philosophische Methode, Würzburg 2002; D. Pukas, Die Logik in der Welt. Ansätze zur Weiterentwicklung des N., Frankfurt 1978; P. Schmid/S. Zurbuchen (eds.), Grenzen der kritischen Vernunft, Basel 1997; H. Schwaetzer (ed.), Texte zum frühen N., I–IV, Hildesheim/Zürich/New York 2001–2006; U. Sieg, Aufstieg und Niedergang des Marburger N.. Die Geschichte einer philosophischen Schulgemeinschaft, Würzburg 1994; C. Siegel, Alois Riehl. Ein Beitrag zur Geschichte des N., Graz 1932; M. Steinmann, N., RGG VI (⁴2003), 223–225; J. Stolzenberg, Ursprung und System. Probleme der Begründung systematischer Philosophie im Werk Hermann Cohens, Paul Natorps und beim frühen Martin Heidegger, Göttingen 1995; C. Strube (ed.), Heidegger und der N., Würzburg 2009; G. Tesak, N., in: W. D. Rehfus (ed.), Handwörterbuch Philosophie, Göttingen 2003, 487–490; B. Tucker, Ereignis. Wege durch die politische Philosophie des Marburger N., Frankfurt/Bern/New York 1984; T. E. Willey, Back to Kant. The Revival of Kantianism in German Social and Historical Thought, 1860–1914, Detroit Mich. 1978 (repr. Ann Arbor Mich. 1998) (mit Bibliographie, 210–223); K. W. Zeidler, Kritische Dialektik und Transzendentalontologie. Der Ausgang des N. und die post-neukantianische Systematik R. Hönigswalds, W. Cramers, B. Bauchs, H. Wagners, R. Reiningers und E. Heintels, Bonn 1995. – N., Ph. Wb. II (¹³1985), 863–865. H.-L. N./R. W.

Neukonfuzianismus, ↑Konfuzianismus.

Neumann, John von (Baron Johann/János von), *Budapest 28. Dez. 1903, †Washington 8. Febr. 1957, amerik. Mathematiker österr.-ung. Herkunft. Nach Studium und Promotion 1926 bei L. Fejér in Budapest 1928 Habilitation in Berlin, Lehrtätigkeit ebendort und in Hamburg, 1929–1930 in Princeton, dort 1930–1933 Prof. für mathematische Physik, anschließend am Institute for Advanced Study; ab 1943 Mitarbeit am Atombombenprojekt in Los Alamos. Vielseitige Forschungstätigkeit im Bereich der Gruppen- und Funktionentheorie, der angewandten Mathematik einschließlich der Entwicklung der ersten großen Elektronenrechner wie der ENIAC, der Grundlagen der Quantenmechanik (einschließlich ↑Quantenlogik; ↑Quantentheorie) und anderer physikalischer Theorien, vor allem aber auf dem Gebiet der mathematischen Grundlagenforschung, wo N. durch eine mengentheoretische Definition der Ordnungszahlen (↑Ordinalzahl) die Formulierung eines ganzen Typs von Axiomensystemen der ↑Mengenlehre beeinflußte (↑Neumann-Bernays-Gödelsche Axiomensysteme). Daneben gilt N. als Mitbegründer der ↑Spieltheorie und der ↑Entscheidungstheorie.

Werke: Collected Works, I–VI, ed. A. H. Taub, Oxford etc. 1961–1963, 1976. – Eine Axiomatisierung der Mengenlehre, J. reine u. angew. Math. 154 (1925), 219–240, Berichtigung: J. reine u. angew. Math. 155 (1926), 128, Nachdr. in: Collected Works [s. o.] I, 35–56, [Errata] 34); Zur Hilbertschen Beweistheorie, Math. Z. 26 (1927), 1–46, Nachdr. in: Collected Works [s. o.] I, 256–300; Zur Theorie der Gesellschaftsspiele, Math. Ann. 100 (1928), 295–320, Nachdr. in: Collected Works [s. o.] VI, 1–26; Die Axiomatisierung der Mengenlehre, Math. Z. 27 (1928), 669–752, Nachdr. in: Collected Works [s. o.] I, 339–422; Die formalistische Grundlegung der Mathematik, Erkenntnis 2 (1931), 116–121, Nachdr. in: Collected Works [s. o.] II, 234–239; Mathematische Grundlagen der Quantenmechanik, Berlin 1932, Berlin/Heidelberg/New York 1968, ²1996 (franz. Les fondements mathématiques de la mécanique quantique, Paris 1946 [repr. Sceaux 1988], 1947; engl. Mathematical Foundations of Quantum Mechanics, Princeton N. J. 1955, 1996); (mit G. Birkhoff) The Logic of Quantum Mechanics, Ann. Math. 2nd Ser. 37 (1936), 823–843, Nachdr. in: Collected Works [s. o.] IV, 105–125 (repr. in: The N. Compendium [s. u.], 103–123); (mit O. Morgenstern) Theory of Games and Economic Behavior, Princeton N. J. 1944 (repr. Düsseldorf 2001), ³1953, 2007 (dt. Spieltheorie und wirtschaftliches Verhalten, ed. F. Sommer, Würzburg 1961, ³1973); Functional Operators, I–II, Princeton

N. J. 1950 (Ann. Math. Stud. XXI/XXII) (repr. New York 1965), 1965; The Computer and the Brain, New Haven Conn./London 1958, ³2012 (dt. Die Rechenmaschine und das Gehirn, München 1960, ⁶1991); Continuous Geometry, Princeton N. J. 1960, 1998; Theory of Self-Reproducing Automata, ed. u. vervollständigt v. A. W. Burks, Urbana Ill./London 1966; Papers of J. v. N. on Computing and Computer Theory, ed. W. Aspray/A. W. Burks, Cambridge Mass./London 1987; The N. Compendium, ed. F. Bródy/T. Vámos, Singapur etc. 1995. – J. v. N.. Selected Letters, ed. M. Rédei, Providence R. I., London 2005. – Bibliography of J. v. N., in: Collected Works [s. o.] VI, 529–536; W. Aspray, Writings of J. v. N., in: ders., J. v. N. and the Origins of Modern Computing [s. u., Lit.], 357–367.

Literatur: W. Aspray, J. v. N. and the Origins of Modern Computing, Cambridge Mass./London 1990, 1992; H. Behnke/H. Hermes, J. v. N., ein großes Mathematikerleben unserer Zeit, Math.-phys. Semesterber. 5 (1957), 186–190; J. R. Brink/C. R. Haden (eds.), The Computer and the Brain. Perspectives on Human and Artificial Intelligence, Amsterdam etc. 1989; J. Dieudonné, v. N., DSB XIV (1976), 88–92; M. Dore/S. Chakravarty/R. Goodwin (eds.), J. v. N. and Modern Economics, Oxford etc. 1989; J. Glimm/J. Impagliazzo/I. Singer (eds.), The Legacy of J. v. N., Providence R. I. 1990; K.-D. Grüske (ed.), Vademecum zu dem Klassiker der Spieltheorie, Düsseldorf 2001; I. Hargittai, The Martians of Science. Five Physicists Who Changed the Twentieth Century, Oxford etc. 2006, 2008; S. J. Heims, J. v. N. and Norbert Wiener. From Mathematics to the Technologies of Life and Death, Cambridge Mass./London 1980, 1987; P. Humphreys, N., in: S. Brown/D. Collins/R. Wilkinson (eds.), Biographical Dictionary of Twentieth-Century Philosophers, London/New York 1996, 566–567; G. Israel/A. Millán Gasca, The World as a Mathematical Game. J. v. N. and Twentieth Century Science, Basel/Boston Mass./Berlin 2009; J. Ladrière, N., Enc. philos. universelle III/2 (1992), 2702–2703; R. Leonard, V. N., Morgenstern, and the Creation of Game Theory. From Chess to Social Science, 1900–1960, Cambridge etc. 2010; N. Macrae, J. v. N., New York 1992, mit Untertitel: The Scientific Genius Who Pioneered the Modern Computer, Game Theory, Nuclear Deterrence, and Much More, Providence R. I. 1999 (dt. J. v. N.. Mathematik und Computerforschung – Facetten eines Genies, Basel/Boston Mass./Berlin 1994); A. Pais, J. v. N., in: ders., The Genius of Science. A Portrait Gallery, Oxford etc. 2000, 184–209; W. Poundstone, Prisoner's Dilemma, New York etc. 1992, Oxford, New York 1993 (franz. Le dilemma du prisonnier. V. N., la théorie des jeux et de la bombe, Paris 2003, 2009); M. Rédei/M. Stöltzner (eds.), J. v. N. and the Foundations of Quantum Physics, Dordrecht/Boston Mass./London 2001 (Vienna Circle Inst. Yearbook VIII); B. Rosmaita, N., REP VI (1998), 810–813; S. Siegmund-Schultze, N., in: D. Hoffmann u. a. (eds.), Lexikon der bedeutenden Naturwissenschaftler III, Heidelberg 2004, 70–71; T. Szentivanyi (ed.), N. János élete és munkássága, Budapest 1979 (dt. [ed. mit T. Legendi] Leben und Werk von J. v. N.. Ein zusammenfassender Überblick, Mannheim/Wien/Zürich 1982); S. Ulam, J. v. N., 1903–1957, Bull. Amer. Math. Soc. 64 (1958), H. 3.2, 1–49 (repr. in: The N. Compendium [s. o., Werke], xi–lix); H. H. Walbesser v. N., J., in: C. Mitcham (ed.), Encyclopedia of Science, Technology and Ethics IV, Detroit Mich. etc. 2005, 2044–2045. – Sonderheft: Bull. Amer. Math. Soc. 64 (1958), H. 3.2 (separat paginiert), 1–129 (mit Beiträgen von S. Ulam, G. Birkhoff, F. J. Murray, R. V. Kadison, P. R. Halmos, L. van Hove, H. W. Kuhn/A. W. Tucker, C. E. Shannon). C. T.

Neumann-Bernays-Gödelsche Axiomensysteme, auf Arbeiten von J. v. Neumann (1925, 1928), P. Bernays (1937, 1941, 1942, 1943, 1948, 1954) und K. Gödel (1940) zurückgehende Axiomatisierungen der Mengenlehre (↑Mengenlehre, axiomatische), oft bezeichnet als ›NBG-Systeme‹. NBG-Systeme unterscheiden im Gegensatz zum ↑Zermelo-Fraenkelschen Axiomensystem ZF zwischen ↑Mengen und Klassen (↑Klasse (logisch)): Grundbegriffe von NBG sind der Begriff der Klasse und die Elementschaftsrelation ∈; *Mengen* sind solche Klassen, die Element einer weiteren Klasse sind, im Unterschied zu ›echten Klassen‹ (engl. proper classes), die nicht Element irgendeiner Klasse sind. Diese Unterscheidung erlaubt es, für die Klassenbildung ein Komprehensionsaxiom (↑Komprehension) in voller Stärke zur Verfügung zu haben, wonach zu jeder Aussageform $A(x)$ die Klasse X aller Mengen x existiert, die $A(x)$ erfüllen:

$$(^{*}) \quad \bigvee_X \bigwedge_x (x \in X \leftrightarrow A(x))$$

(hier ist ›X‹ eine Variable für Klassen, ›x‹ eine für Mengen). Dabei läßt man allerdings in den NBG-Systemen im engeren Sinne nur solche ↑Aussageformen $A(x)$ zu, die höchstens ↑Quantifikationen über Mengen, aber keine Quantifikationen über alle Klassen enthalten. Die ↑Antinomien der Mengenlehre werden in NBG dadurch vermieden, daß die so gebildeten Klassen keine Mengen sein müssen. So ist z. B. die ↑Allklasse, d. h. die Klasse $\{x \mid x = x\}$ aller Mengen, eine echte Klasse, die damit nicht der Klasse aller Mengen, d. h. sich selbst, als Element angehört. Eingeschränkt wird also nicht die Komprehension aus Aussageformen zu Klassen, sondern die Elementschaftsrelation, d. h., es wird festgelegt, welche Klassen selbst Element weiterer Klassen (und damit Mengen) sind. Die Axiome, die dies festlegen, entsprechen den Axiomen von ZF (z. B. Paarmengenaxiom, Vereinigungsmengenaxiom). Allerdings läßt sich NBG im Gegensatz zu ZF so formulieren, daß es nur echte Axiome und keine Axiomenschemata enthält; NBG ist also endlich axiomatisierbar. Läßt man bei $A(x)$ in $(^{*})$ Quantifikationen über alle Klassen zu (das Komprehensionsaxiom wird damit imprädikativ; ↑imprädikativ/Imprädikativität), so erhält man – als ›M‹ oder ›QM‹ bezeichnete – Systeme, wie sie von H. Wang (1949) und A. P. Morse (auf der den Anhang von J. L. Kelley [1955] zurückgeht, vgl. auch Morse 1965) eingeführt wurden (die Form des uneingeschränkten Komprehensionsaxioms geht auf W. V. O. Quine [1940] zurück). QM ist im Gegensatz zu NBG nicht endlich axiomatisierbar und wesentlich stärker als ZF oder NBG; in QM läßt sich die Widerspruchsfreiheit (↑widerspruchsfrei/Widerspruchsfreiheit) von ZF beweisen.

Literatur: P. Bernays, A System of Axiomatic Set Theory, I–VII, J. Symb. Log. 2 (1937), 65–77, 6 (1941), 1–17, 7 (1942), 65–89,

133–145, 8 (1943), 89–106, 13 (1948), 65–79, 19 (1954), 81–96 (repr. in: G. H. Müller [ed.], Sets and Classes. On the Work by Paul Bernays, Amsterdam/New York/Oxford 1976, 1–119); W. Felscher, Naive Mengen und abstrakte Zahlen I, Mannheim/Wien/Zürich 1978, 1989; A. A. Fraenkel/Y. Bar-Hillel/A. Levy, Foundations of Set Theory, Amsterdam/London ²1973, 2001, 119–153 (Chap. II, § 7 The Role of Classes in Set Theory), Neudr. dieses Paragraphen: A. Lévy, The Role of Classes in Set Theory, in: G. H. Müller (ed.), Sets and Classes [s. o.], 173–215; K. Gödel, The Consistency of the Axiom of Choice and of the Generalized Continuum-Hypothesis with the Axioms of Set Theory, Princeton N. J. 1940, 1993; J. L. Kelley, General Topology, Toronto/New York/London 1955, New York/Berlin/Heidelberg 1991, 251–281 (Appendix: Elementary Set Theory); D. Klaua, Allgemeine Mengenlehre. Ein Fundament der Mathematik, Berlin (Ost) 1964, I–II, ²1968/1969; E. Mendelson, An Introduction to Mathematical Logic, Princeton N. J. etc. 1964, Boca Raton Fla./London/New York ⁵2010; A. P. Morse, A Theory of Sets, New York/London 1965, Orlando Fla./London ²1986; A. Mostowski, Constructible Sets with Applications, Amsterdam, Warschau 1969; J. v. Neumann, Eine Axiomatisierung der Mengenlehre, J. reine u. angew. Math. 154 (1925), 219–240 (repr. in: ders., Collected Works I, ed. A. H. Taub, Oxford etc. 1961, 35–56); ders., Die Axiomatisierung der Mengenlehre, Math. Z. 27 (1928), 669–752 (repr. in: ders., Collected Works I [s. o.], 339–422); W. V. O. Quine, Mathematical Logic, New York 1940, Cambridge Mass. ²1951, 1994; ders., Set Theory and Its Logic, Cambridge Mass. 1963, ²1969 (dt. Mengenlehre und ihre Logik, Braunschweig 1973, Frankfurt/Berlin/Wien 1978); J. Schmidt, Mengenlehre (Einführung in die axiomatische Mengenlehre) I (Grundbegriffe), Mannheim 1966, ²1974; H. Wang, On Zermelo's and von Neumann's Axioms for Set Theory, Proc. National Acad. Sci. USA 35 (1949), 150–155; weitere Literatur: ↑Mengenlehre, axiomatische.   P. S.

Neuplatonismus, Bezeichnung einer sich hauptsächlich an der Philosophie Platons orientierenden, andere Philosophenschulen theoretisch weitgehend integrierenden, praktisch aber fast völlig verdrängenden philosophischen Richtung des 3.–6. Jhs. n. Chr., die die christliche Philosophie und Theologie bis zur Renaissance des ↑Aristotelismus im Mittelalter (↑Scholastik) wesentlich beeinflußte. Während man früher alle Platoniker der römischen Kaiserzeit zum N. zählte, läßt man seit etwa 1900 den N. mit Ammonios Sakkas oder dessen Schüler Plotin beginnen und trennt ihn damit schärfer vom früheren *Mittelplatonismus* (etwa 50 v. Chr.–250 n. Chr., ↑Platonismus). Die heute übliche Unterscheidung verschiedener Entwicklungsstadien des Platonismus ist der Antike fremd; alle Platoniker verstehen sich als Wahrer und Fortführer der Lehre Platons, die allerdings nicht historisch-kritisch rekonstruiert, sondern auf Grund selektiver Interpretation und oft subjektiver Einfühlung gedeutet und zu einem umfassenden spekulativen System ausgebaut wird. Platon selbst gilt als göttlicher Weiser, als prophetischer Religionsstifter. Ein ausgeprägter interner Schuldogmatismus hindert den N. nicht, eklektizistisch (↑Eklektizismus) und synkretistisch die Lehren anderer Philosophenschulen zu übernehmen

(z. B. des ↑Epikureismus, der ↑Stoa, der ↑Skepsis, der ↑Pythagoreer und des Aristoteles, der allerdings als Platoniker gesehen wird). Der N. ist ein ›Paradefall‹ des philosophischen ↑Synkretismus. Oberstes Prinzip der Auswahl fremder Theoreme und Kriterium der Schulzugehörigkeit ist die Verträglichkeit mit der Lehre Platons. – Bei aller Verschiedenheit der neuplatonischen Schulen im Einzelnen lassen sich doch die folgenden allgemeinen Lehrstücke und Grundtendenzen des neuplatonischen Philosophierens ausmachen: (1) Die Lehre von den ↑Hypostasen. Diese letztlich wohl auf Xenokrates von Chalkedon (†313) zurückgehende, von Plotin explizit zu einem systematischen Lehrstück ausgearbeitete Theorie besagt, daß alle intelligiblen und alle empirischen Entitäten als Hypostasen durch ↑Emanation aus dem ›Einen‹ hervorgehen. Hiermit wird der spezifisch Platonische Begriff der Idee (↑Idee (historisch)) erweitert in Richtung auf ein allgemeines Verständnis einer Urform, eines ↑Archetypus. Die Annahme der Weltentstehung durch Emanation bildet die Basis des späteren ↑Pantheismus, und im Konstrukt der Hypostasen als Realgrund allen empirischen Seins läßt sich eine starke Tendenz zum späteren Universalienrealismus erkennen (↑Universalien, ↑Universalienstreit). Eine ↑Zweiweltentheorie zeigt sich in dem Postulat, daß allen Erscheinungen der sinnlich wahrnehmbaren Welt eine Entität im intelligiblen Bereich entsprechen muß. Aufgrund unterschiedlicher Emanationsebenen bzw. Emanationsphasen bildet sich eine Differenzierung ontologischer Qualitäten heraus, die zu einem hierarchisch gegliederten Kosmos (↑scala naturae) führt. Bisweilen wird von hier aus eine Parallele zur kirchlichen Hierarchie gezogen, die somit eine metaphysische Legitimation erfährt. (2) Die *Einslehre*. Plotins Konstruktion eines transzendenten einheitlichen Ursprungs allen Seins und aller Hypostasen, die vermutlich auf den ↑Neupythagoreismus zurückgeht, soll die Geschlossenheit und ontologische Verbindung des gesamten Kosmos garantieren, und d. h. vor allem, nicht nur die Gegenstände der Theoretischen (↑Philosophie, theoretische), sondern auch die der Praktischen Philosophie (↑Philosophie, praktische) und die der Ästhetik umfassen. Plotin selbst nennt dieses Ur-Eine auch das Gute oder das Göttliche. Die Identifizierung des Einen mit dem Licht führt unmittelbar zur ↑Lichtmetaphysik und zur Parallelität des göttlichen mit dem menschlichen Erkenntnisvermögen (Verstand bzw. Vernunft; ↑lumen naturale) als Grund und Bedingung für die Erkennbarkeit der Welt und der übernatürlichen Wahrheiten. (3) Die ›*Ideenschau*‹. Hatte Platon noch mit großer Zurückhaltung von der Möglichkeit gesprochen, die Ideen zu erkennen, so geht Plotin in dieser Hinsicht weit über sein Vorbild hinaus: Für ihn gibt es – aufgrund des Theorems der Lichtmetaphysik – einen direkten Zugang zur intelligiblen

Welt, zu den Urbildern und selbst zur Erkenntnis des ›höchsten Einen‹. Dieses Erkennen wird gesehen als spekulative Schau (↑Theoria, ↑Theorie, ↑Theosophie). Sie zu erlangen ist das höchste Ziel (↑Telos) des Menschen (↑visio beatifica, ↑vita contemplativa). Hier wird die Nähe des N. zu ↑Mystik, ↑Kontemplation und Theurgie deutlich.

Der Ursprung des N. wird im allgemeinen auf Plotin zurückgeführt; dabei bleibt die Übereinstimmung Plotins mit seinem Lehrer Ammonios Sakkas, der ebenfalls als Schulgründer angesehen werden kann, von dem jedoch keine Philosopheme überliefert sind, ungeklärt. Porphyrios, wohl der bedeutendste Schüler Plotins, der als einer der Mitbegründer des N. angesehen werden kann, erweiterte die Philosophie Plotins durch die Hereinnahme der ↑Aristotelischen Logik und durch eine besondere Betonung praktischer und religiöser Aspekte. Für die weitere Entwicklung des N. unterscheidet man (nach K. Praechter) zwischen der syrischen, der pergamenischen, der athenischen, der alexandrinischen und der lateinischen Schule.

Als Hauptvertreter des *syrischen* N. gilt der Porphyriosschüler Iamblichos. Theodoros von Asine (der die Metaphysik weiter ausbaute) und Sopatros von Apameia (der eine ↑Theodizee verfaßte) sind seine Schüler. Ferner zählt Dexippos (nicht der Historiker gleichen Namens), der in Dialogform die Aristotelischen »Kategorien« kommentierte, zur syrischen Schule. – In *Pergamon* gründete der Iamblichosschüler Aidesios die praktisch-religiös orientierte Schule des N.. Sie befaßte sich vorwiegend mit der Theurgie, der geheimnisvollen Einwirkung auf die übersinnliche Welt (z. B. Maximos), und suchte das Christentum durch einen ↑Polytheismus zu ersetzen. Sallustios verfaßte ein Kompendium neuplatonischer Grundlehren, Eunapios von Sardes eine Philosophenbiographie und ein Geschichtswerk. – Der *athenische* N. weist mit der Schule Platons weder einen persönlichen noch einen lokalen Zusammenhang auf; der (ältere) Mittelplatonismus endete im 1./2. Jh. n. Chr. in Athen, wo seitdem von einem ↑Platonismus nicht mehr die Rede sein kann. Der athenische N. etablierte sich (erst) gegen Ende des 4. Jhs. als völlige Neugründung; er hielt sich dort bis zur gewaltsamen Schließung (529) in ununterbrochener Sukzession der Schulhäupter. Inhaltlich schloß er sich in der Platonexegese und der Verbindung von Mystik und schulgebundenem Denken eng an die syrische Schule an. Plutarchos von Athen (†431/432), der als Schulgründer dieses N. gilt, und Syrianos von Alexandreia schrieben Kommentare zu Platon und Aristoteles. Syrianos verwarf die im N. übliche Harmonisierung der beiden Philosophen und suchte Platon in Übereinstimmung mit Pythagoras, der ↑Orphik und der chaldäischen Theologie zu bringen. Sein Schüler und Nachfolger Domninos lehnte meta-

physische Spekulationen ab und wandte sich (wie die Alexandriner) fachwissenschaftlichen Studien, vor allem der Mathematik zu. Sein Nachfolger Proklos, der bedeutendste Vertreter des athenischen N., verband die exegetische Methode des Iamblichos mit der triadischen Entwicklungsmetaphysik des Syrianos (Konstruktion eines umfassenden [dialektischen] Systems der Identität, der Nichtidentität und der Überwindung der Nichtidentität). Nach Isidoros folgte Damaskios in der Schulleitung, der im Unterschied zu Proklos und Iamblichos eine strenge Trennung von Intuition und begrifflichem Denken vornahm und die Aussagen über das ›Eine‹ (↑Einheit) (dessen Identität und Verschiedenheit) nur als bildhafte Vorstellungen, nicht als Behauptungen über eine reale Wirklichkeit, gelten ließ. Der Damaskiosschüler Simplikios ist vor allem durch seine Aristoteleskommentare bekannt, in denen er eine völlige sachliche Übereinstimmung zwischen Platon und Aristoteles in allen wesentlichen Punkten behauptet. Die athenische Schule wurde 529 durch Justinian geschlossen, ihr Vermögen eingezogen. Es wird von sieben Neuplatonikern berichtet, die zunächst zum Perserkönig Chosroes ins Exil gingen und dann, nachdem dieser mit Justinian Frieden geschlossen hatte (532), entweder alle oder nur einige nach Harran (im byzantinischen Reich) auswanderten. – Der *alexandrinische* N. (↑Alexandrinische Schule), der seine Existenz gegenüber dem Christentum dadurch bewahren konnte, daß er weitgehend auf eine Metaphysik verzichtete und eine Harmonisierung zwischen Christentum und N. betrieb, widmete sich vor allem der Pflege der Wissenschaften (Mathematik, Astronomie, Naturwissenschaften) und der sachlichen Platon- und Aristoteleskommentierung. Dabei stand die systematische Darlegung der Aristotelischen Philosophie im Vordergrund. Hypatia (370–415), die Platon, Aristoteles und andere Philosophen auslegte und sich mit Mathematik und Astronomie befaßte, wurde 415 von fanatischen Christen getötet. Ihr Schüler Synesios von Kyrene erweiterte die Metaphysik des Iamblichos um die christliche Trinitätslehre. Hierokles (Schüler des Atheners Plutarchos), der seit etwa 420 in Alexandreia lehrte, läßt nur wenig Neuplatonisches erkennen. Mit seiner (christlichen) These, daß der ↑Demiurg die Welt aus dem Nichts (↑creatio ex nihilo) erschaffen habe, widerspricht er dem von der gesamten antiken Philosophie akzeptierten Grundsatz, daß ein Entstehen aus dem Nichts unmöglich sei (↑ex nihilo nihil fit). Sein Schüler Nineias von Gaza (*um 450) bekämpfte den N. auf der Basis christlicher Lehren; Hermeias, Schüler des Atheners Syrianos, schloß sich der Interpretationsmethode des Iamblichos an. Ammonios Hermeiu, seine Schüler J. Philoponos, Asklepios, (der jüngere) Olympiodoros sowie dessen Schüler Elias und David kehrten in zahlreichen Platon-, Aristoteles- und Porphyrioskommentaren

zur nicht-metaphysischen, sachlich-nüchternen Detail-
erläuterung zurück.

Der *lateinische* N. ist nur im weiteren Sinne als N. zu
verstehen: Seine Vertreter (meistens Christen) bildeten
keinen Schulverband; sie führten die Philosophie des N.
nicht weiter aus, sondern widmeten sich überwiegend
der Übersetzung und Kommentierung Platonischer und
Aristotelischer Schriften und der Weitergabe der lateinischen Philosophie. Ihre Bedeutung beruht in der Vermittlung der antiken Philosophie an das christliche Mittelalter. Neben Calcidius, dessen kommentierte Teil-
übersetzung des »Timaios« die wichtigste Quelle der
mittelalterlichen Kenntnis der Kosmologie Platons darstellt, übte insbes. C. M. Victorinus, Grammatiker und
Rhetor des 4. Jhs., als Lehrer des A. Augustinus, als
Erklärer der philosophischen Schriften M. T. Ciceros,
als Verfasser logischer Traktate sowie als Übersetzer
und Kommentator der »Kategorien« des Aristoteles
und der »Isagoge« des Porphyrios großen Einfluß auf
die Philosophie des Mittelalters aus. Vettius Agorius
Praetextatus (ca. 320–384) übersetzte Schriften des Aristoteles und die Paraphrasen des Themistios zu den
Aristotelischen »Analytiken« ins Lateinische. A. T. Macrobius' Kommentar zu Ciceros »Somnium Scipionis«
hat das Mittelalter nachhaltig beeinflußt; Favonius Eu-
logius, ein Schüler des A. Augustinus, schrieb eine py-
thagoreisierende Disputatio zu diesem Werk Ciceros.
Martianus Capellas Abriß der sieben Disziplinen des
Triviums und des Quadriviums (↑ars) bildete die
Grundlage der mittelalterlichen Ausbildung. A. M. T. S.
Boethius war mit seinen Schriften zur Logik, Mathematik und Musik, seinem »Trostbuch der Philosophie«,
seinen Kommentaren zu Ciceros »Topik« und zur »Isagoge« des Porphyrios sowie vor allem mit seiner Übersetzung und Kommentierung des Aristoteles der Vermittler par excellence zwischen Antike und Mittelalter.
Neben diesem, bis auf den lateinischen N. in Schulen
organisierten N. sind die folgenden, nicht als Philosophenschulen auftretenden Erscheinungsformen des N.
zu erwähnen: Der *islamische* N., seit dem 7. Jh. nachweisbar, pflegte den N. vor allem durch Übersetzungen,
Paraphrasen und Kommentare neuplatonischer Schriften. Spätere Denker zeigten sich von der Emanationslehre beeinflußt (↑Philosophie, islamische). Von Avicenna (980–1037) ist die Selbstaussage überliefert, er sei in
seiner Philosophie nur durch Aristoteles und Plotin beeinflußt. – Der *jüdische* N. tritt erstmals bei Isaak (Ben
Salomon) Israeli (ca. 830–940) zutage (↑Philosophie,
jüdische). In seiner Theorie von der Vereinigung der
menschlichen mit der göttlichen Weisheit legte er Wert
auf die Wahrung des Wesensunterschiedes zwischen
Gott und Mensch. Mit Ibn Gabirol (Avicebron: ca.
1020–1050) wird der N. als geschlossenes philosophisches System dem jüdischen Denken assimiliert. Dem

spanischen Philosophen und Übersetzer in Toledo Do-
minicus Gundissalinus (um 1150–1200) kommt das
Verdienst zu, dem Westen den arabischen und den
jüdischen N. vermittelt zu haben. – Daß der N. in der
↑Renaissance eine neue Blüte erlebte, ist zum Teil durch
die Hinwendung des ↑Humanismus zur klassischen Antike, zu einem großen Teil auch durch die vereinigende
Kraft des N. zu erklären, der einerseits die mitunter stark
divergierenden griechischen Philosophien, andererseits
die unterschiedlichen Gebiete der Philosophie zu einer
Einheit zusammenzufassen verstand. Die ›schönen Künste‹ (↑Schöne, das), insbes. Malerei, Architektur und
Literatur, erhielten im N. einen Eigenwert im Gesamt-
konzept menschlicher Leistungspotentiale, und im Kontext einer rationalen Welterklärung erlangte die Verknüpfung von Platonisch-Pythagoreischer Zahlentheorie bzw. Zahlenspekulation, in Verbindung mit musika-
lischer Harmonielehre (↑ars), zentrale Bedeutung. Diese
Zusammenhänge hat Raffael in seiner ›Schule von
Athen‹ (1509/1511) in allegorischer Darstellung sichtbar
vor Augen geführt (vgl. M. Gatzemeier 2009, 43–56).
Mit der Einrichtung der ↑Platonischen Akademie in
Florenz (1459), an dessen Gründung der Neuplatoniker
G. Plethon maßgeblich beteiligt gewesen sein soll, erzielte der N. der Renaissance seinen endgültigen Durch-
bruch. Hier sind vor allem M. Ficino und G. Pico della
Mirandola, der die systematische Vereinbarkeit von Pla-
tonismus und Aristotelismus verfocht, zu nennen. Außerdem verdient der jüdische Philosoph Abravanel (ca.
1460–1530) als bedeutender Protagonist des N. in der
Renaissance Erwähnung.

Literatur: M. Achard/W. Hankey/J.-M. Narbonne (eds.), Perspectives sur le néoplatonisme. International Society of Neoplatonic Studies. Actes du colloque de 2006, Laval Que. 2009; A. H.
Armstrong, Neo-Platonism, DHI III (1973), 371–378; W. Beierwaltes, Platonismus und Idealismus, Frankfurt 1972, ²2004
(franz. Platonisme et idéalisme, Paris 2000); ders., Platonismus
im Christentum, Frankfurt 1998, ²2001; R. Bolton, Person, Soul,
and Identity. A Neoplatonic Account of the Principle of Personality, Washington D. C./London/Montreux 1994, 1995; J. Brun,
Le néoplatonisme, Paris 1988; A. Camus, Métaphysique chrétienne et néoplatonisme [1936], in: ders., Essais, Paris 1965,
2000, 1224–1313 (dt. Christliche Metaphysik und N.. Diplôme
d'études supérieures de philosophie, 1936, ed. M. Lauble, Reinbek b. Hamburg 1978; engl. Métaphysique chrétienne et néoplatonisme, in: J. McBride, Albert Camus. Philosopher and
Littérateur, New York 1992, 93–165); R. Chiaradonna/F. Tra-
battoni (eds.), Physics and Philosophy of Nature in Greek
Neoplatonism. Proceedings of the European Science Foundation Exploratory Workshop. Il Ciocco, Castelvecchio Pascoli,
June 22–24, 2006, Leiden/Boston Mass. 2009; J. A. Coulter, The
Literary Microcosm. Theories of Interpretation of the Later
Neoplatonists, Leiden 1976; D. Cürsgen, Henologie und Ontologie. Die metaphysische Prinzipienlehre des späten N., Würz-
burg 2007; W. Deuse, Untersuchungen zur mittelplatonischen
und neuplatonischen Seelenlehre, Wiesbaden 1983; H. Dörrie,
Porphyrios' »Symmikta zetemata«. Ihre Stellung in System und

Geschichte des N., nebst einem Kommentar zu den Fragmenten, München 1959; ders., Neuplatoniker, KP IV (1972), 84–85; ders., Platonica Minora, München 1976 (mit Bibliographie, 524–548); C. Elsas, Neuplatonische und gnostische Weltablehnung in der Schule Plotins, Berlin/New York 1975; J. Flamant, Macrobe et le néo-platonisme latin, à la fin du IVᵉ siècle, Leiden 1977 (mit Bibliographie, XI–XXXI); G. Fowden, The Platonist Philosopher and His Circle in Late Antiquity, Philosophia 7 (1977), 359–383; M. Gatzemeier, Unser aller Alphabet. Kleine Kulturgeschichte des Alphabets. Mit einem Exkurs über den Raffael-Code. In honorem Christian Stetter, Aachen 2009; S. Gersh/C. Kannengiesser (eds.), Platonism in Late Antiquity, Notre Dame Ind. 1992; L. E. Goodman (ed.), Neoplatonism and Jewish Thought, Albany N. Y. 1992; I. Hadot, Le problème du néoplatonisme alexandrin. Hiéroclès et Simplicius, Paris 1978; F.-P. Hager, N., TRE XXIV (1994), 341–363; J. Halfwassen, Plotin und der N., München 2004; ders./G. Necker/U. Rudolph, N., RGG VI (⁴2003), 233–239; R. B. Harris (ed.), The Significance of Neoplatonism, Norfolk Va. 1976; R. Klibansky, The Continuity of the Platonic Tradition During the Middle Ages. Outlines of a Corpus platonicum medii aevi, London 1939 (repr. Millwood N. Y./London/Nendeln 1982, 1984 [zusammen mit: Plato's Parmenides in the Middle Ages and the Renaissance]), ²1950; T. Kobusch, Studien zur Philosophie des Hierokles von Alexandrien. Untersuchungen zum christlichen N., München 1976; H. J. Krämer, Der Ursprung der Geistmetaphysik. Untersuchungen zur Geschichte des Platonismus zwischen Platon und Plotin, Amsterdam 1964, ²1967; ders., Platonismus und hellenistische Philosophie, Berlin/New York 1971 [1972]; A. C. Lloyd, The Anatomy of Neoplatonism, Oxford 1990, 2005; J. N. Martin, Themes in Neoplatonic and Aristotelian Logic. Order, Negation and Abstraction, Aldershot/Burlington Vt. 2004; H. Meinhardt, N., Hist. Wb. Ph. VI (1984), 754–756; P. Merlan, From Platonism to Neoplatonism, The Hague 1953, ³1968, 1975; ders., Neoplatonism, Enc. Ph. V (1967), 473–476; P. Morewedge (ed.), Neoplatonism and Islamic Thought, Albany N. Y. 1992; V. Olejniczak Lobsien/C. Olk (eds.), N. und Ästhetik. Zur Transformationsgeschichte des Schönen, Berlin/New York 2007; D. J. O'Meara, Platonopolis. Platonic Political Philosophy in Late Antiquity, Oxford 2003, 2007; I. R. Netton, Neoplatonism in Islamic Philosophy, REP VI (1998), 804–808; M. dal Pra (ed.), Storia della filosofia IV (La filosofia ellenistica e la patristica cristiana dal III secolo a. C. al V secolo d. C.), Mailand 1975, Mailand, Padua 1983; S. Rappe, Reading Neoplatonism. Non-Discursive Thinking in the Texts of Plotinus, Proclus, and Damascius, Cambridge/New York 2000, 2007; P. Remes, Neoplatonism, Berkeley Calif., Stocksfield 2008; F. Romano, Il neoplatonismo, Rom 1998; H. D. Saffrey, Recherches sur le néoplatonisme après Plotin, Paris 1990; ders., Le néoplatonisme après Plotin, Paris 2000; P. M. Schuhl/P. Hadot (eds.), Le néoplatonisme. Royaumont 9–13 juin 1969, Paris 1971; F. Schupp, Geschichte der Philosophie im Überblick I (Antike), Hamburg 2003, 409–428; L. Siorvanes, Neoplatonism, REP VI (1998), 798–803; A. Smith, Porphyry's Place in the Neoplatonic Tradition. A Study in Post-Plotinian Neoplatonism, The Hague 1974; ders., Philosophy in Late Antiquity, London/New York 2004; W. Theiler, Die Vorbereitung des N., Berlin 1930, Hildesheim 2001; ders., Forschungen zum N., Berlin 1966; R. Thiel, Aristoteles' Kategorienschrift in ihrer antiken Kommentierung, Tübingen 2004; E. N. Tigerstedt, The Decline and Fall of the Neoplatonic Interpretation of Plato. An Outline and Some Observations, Helsinki 1974; F. Ueberweg/K. Praechter, Grundriss der Geschichte der Philosophie I (Die Philosophie des Altertums), Berlin ¹²1926 (repr. Basel, Darmstadt 1953, Basel/Stuttgart, Darmstadt 1967), 590–655; A. Vanderjagt/D. Pätzold (eds.), The Neoplatonic Tradition. Jewish, Christian and Islamic Themes, Köln 1991; R. T. Wallis, Neoplatonism, London, New York 1972 (mit Bibliographie, 185–196), London, Indianapolis Ind./Cambridge ²1995, 2002 (mit Bibliographie, 185–197); ders./J. Bregman (eds.), Neoplatonism and Gnosticism, Albany N. Y. 1992; L. G. Westerink (ed.), Anonymous Prolegomena to Platonic Philosophy, Amsterdam 1962; H. J. Westra (ed.), From Athens to Chartres. Neoplatonism and Medieval Thought. Studies in Honour of Edouard Jeauneau, Leiden/New York/Köln 1992; T. Whittaker, The Neo-Platonists. A Study in the History of Hellenism, Cambridge 1901, ³1928 (repr. Hildesheim 1961, Hildesheim/Zürich/New York 1987); E. Zeller, Die Philosophie der Griechen in ihrer geschichtlichen Entwicklung III/2 (Die nacharistotelische Philosophie, Zweite Hälfte), Leipzig ⁵1923 (repr. Darmstadt 1963, 2006), 468–931; C. Zintzen (ed.), Die Philosophie des N., Darmstadt 1977; ders., N., LThK VII (³1998), 769–772. – Totok I (1964), 333–353, (²1997), 590–630, II (1973), 547–556; weitere Literatur: ↑Platonismus. M. G.

Neupythagoreismus, neuzeitliche Sammelbezeichnung für eine im 1. Jh. v. Chr. beginnende Erneuerung des ↑Pythagoreismus. Der N. steht nicht im engeren Sinne in einer direkten personellen Pythagorasnachfolge, und in seine Lehre bezieht er stoische Elemente und Gedanken der durch Speusipp und Xenokrates fortgeführten Platonischen Metaphysik ein, die er mit ↑Astrologie, Okkultismus, ↑Mantik, ↑Magie und ↑Zahlenmystik verbindet. Als bedeutendstes Theoriestück des N. gilt die Herleitung einer systematischen Einheit der Mannigfaltigkeit der Welt durch ein spekulatives mathematisch erzeugtes Strukturprinzip des gesamten Kosmos; dieses Lehrelement schließt direkt an Platons »Timaios« (35 b) an, der wiederum eine gewisse Nähe zum alten Pythagoreismus zeigt. In dieser Konstruktion ist vermutlich der Ursprung der Eins- und der Hypostasenlehre Plotins zu sehen (↑Einheit, ↑Hypostase, ↑Neuplatonismus, ↑Ideenzahlenlehre). Der N., der sich zu keiner geschlossenen, dauerhaften Schule entwickelte, übte besonders auf die ↑Gnosis und den Neuplatonismus großen Einfluß aus. Die wichtigsten Vertreter des N. sind: Nigidius Figulus (ca. 100–45), Apollonios von Tyana, Moderatos von Gades (beide 1. Jh. n. Chr.), Kronios, Nikomachos von Gerasa, Numenios von Apameia (alle 2. Jh. n. Chr.).

Texte: ›Ocellus Lucanus‹. Text und Kommentar, ed. R. Harder, Berlin 1926, Dublin/Zürich ²1966; H. Thesleff (ed.), The Pythagorean Texts of the Hellenistic Period, Åbo 1965; Pseudo-Archytas über die Kategorien. Texte zur griechischen Aristoteles-Exegese, ed. T. A. Szlezák, Berlin/New York 1972; Timaeus Locrus, De natura mundi et animae, ed. W. Marg, Leiden 1972; D. Fideler (ed.), The Pythagorean Sourcebook and Library. An Anthology of the Ancient Writings Which Related to Pythagoras and Pythagorean Philosophy, Grand Rapids Mich. 1987; B. Centrone (ed.), Pseudopythagorica ethica. I trattati morali di Archita, Metopo, Teage, Eurifamo, Napoli 1990.

Literatur: F. Bömer, Der lateinische Neuplatonismus und N. und Claudianus Mamertus in Sprache und Philosophie, Leipzig 1936; W. Burkert, Weisheit und Wissenschaft. Studien zu Pythagoras, Philolaos und Platon, Nürnberg 1962 (engl. Lore and Science in Ancient Pythagoreanism, Cambridge Mass. 1972); G. F. Chesnut, The Ruler and the Logos in Neopythagorean, Middle Platonic, and Late Stoic Political Philosophy, in: H. Temporini/W. Haase (eds.), Aufstieg und Niedergang der römischen Welt. Geschichte und Kultur Roms im Spiegel der neueren Forschung, I–II, Berlin/New York 1978, II/16.2, 1310–1332; H. Dörrie, Neupythagoreer, KP IV (1972), 85–86; ders., N., Hist. Wb. Ph. VI (1984), 756–758; M. Frede, N., DNP VIII (2000), 879–880; W. K. C. Guthrie, Pythagoras and Pythagoreanism, Enc. Ph. VII (1967), 37–39; C. Huffmann, Pythagoreanism, SEP 2006, rev. 2010; K. H. Ilting, Zur Philosophie der Pythagoreer, Arch. Begriffsgesch. 9 (1964), 103–131; H. J. Krämer, Der Ursprung der Geistmetaphysik. Untersuchungen zur Geschichte des Platonismus zwischen Platon und Plotin, Amsterdam 1964, ²1967; D. J. O'Meara, Pythagoras Revived. Mathematics and Philosophy in Late Antiquity, Oxford 1989, 1997; J. Pépin, Neopitagonsmo e Neoplatonismo, in: M. dal Pra (ed.), Storia della filosofia IV, Milano 1975, 307–328; H. S. Schibli, Neo-Pythagoreanism, REP VI (1998), 808–809; H. Thesleff, An Introduction to the Pythagorean Writings of the Hellenistic Period, Åbo 1961; C. J. de Vogel, Pythagoras and Early Pythagoreanism. An Interpretation of Neglected Evidence on the Philosopher Pythagoras, Assen 1966, 28–51 (Chap. III The Survival of Pythagoreanism after the Fourth Century B. C.), 207–217 (Chap. VIII/3 The Characteristics of Postplatonic Pythagoreanism. Some Examples); E. Zeller, Die Philosophie der Griechen in ihrer geschichtlichen Entwicklung III/2 (Die nacharistotelische Philosophie, Zweite Hälfte), Leipzig ²1968, 65–201, ⁵1923, 92–254 (repr. Darmstadt 1963, 2006). – Totok I (1964), 321–323, (²1997), 564–567.   M. G.

Neurath, Otto (Karl Wilhelm), *Wien 10. Dez. 1882, †Oxford 22. Dez. 1945, österr. Philosoph, Gesellschaftstheoretiker und Wissenschaftsorganisator, führender Kopf des ↑Wiener Kreises des Logischen Empirismus (↑Empirismus, logischer). 1902–1905 in Wien, später in Berlin Studium zunächst der Mathematik, dann zunehmend der Ökonomie, Geschichte und Philosophie. 1906 in Berlin ökonomiegeschichtliche Dissertation, 1907–1917 ›Hilfslehrer‹ an der »Neuen Wiener Handelsakademie«. Zugleich formiert sich um H. Hahn der so genannte Erste Wiener Kreis, dem auch P. Frank angehörte und der sich bis 1912 regelmäßig traf und neben politischen, historischen und religiösen Fragen insbes. methodologische Probleme im Anschluß an E. Mach, P. Duhem, H. Poincaré und A. Rey diskutierte. Ab 1908 Arbeiten zur Kriegswirtschaftslehre, als deren Begründer N. gilt. Ab 1914 Militärdienst; 1916 in Wien Tätigkeit in der auf N.s Vorschlag eingerichteten kriegswirtschaftlichen Sektion des Kriegsministeriums, gleichzeitig Direktor des Kriegswirtschaftsmuseums Leipzig. 1917 nationalökonomische Habilitation in Heidelberg. In Deutschland (besonders in Sachsen) nach Kriegsende entscheidende Mitarbeit an Sozialisierungsprogrammen. Hier suchte N. sein beim Studium der Kriegswirtschaft gewonnenes Resultat einer ökonomischen Überlegenheit der ›Verwaltungswirtschaft‹ (Planwirtschaft) über die ›Verkehrswirtschaft‹ (Marktwirtschaft) theoretisch und politisch in eine rationale friedenswirtschaftliche Ordnung einzubringen (wesentlicher Gesichtspunkt hierbei: die naturalwirtschaftliche Aufhebung der zentralen Rolle des Geldes). Im März 1919 zunächst im Auftrag der bayerischen Regierung, dann der Räteregierung als Präsident des bayerischen Zentralwirtschaftsamts mit der Vorbereitung der Sozialisierung in Bayern beauftragt. Nach Zerschlagung der Räterepublik (Mai 1919) in einem Prozeß wegen Beihilfe zum Hochverrat zu 1½ Jahren Festungshaft verurteilt, jedoch unter Verlust seiner Privatdozentur sogleich ausgetauscht. In Wien Fortsetzung planwirtschaftlicher Bemühungen im Siedlungs- und Kleingartenverband (Leitung 1921–1925). Aus dieser Tätigkeit ging 1925 das Wiener »Gesellschafts- und Wirtschaftsmuseum« hervor, dessen erster Direktor N. wurde. N., der zunächst Sozialist, später Liberaler war, verstand diese Tätigkeit, die vor allem die Visualisierung politisch-ökonomischer Sachverhalte betraf, als politische Massenaufklärung. Zu diesem Zweck entwickelte er die ›Wiener Methode‹ der ›Bildstatistik‹, die heute unter dem (von seiner späteren Frau Marie Reidemeister geprägten) Namen ISOTYPE (International System of Typographic Picture Education) weltweit verbreitet ist. Unterstützt von dem Graphikdesigner G. Arntz gewann N.s Methode rasch internationale Anerkennung. 1934, nach Errichtung des autoritär-klerikalen Ständestaates, Emigration nach Den Haag und Fortsetzung seiner Arbeiten zur visuellen Kommunikation, die auch eine international verständliche Bildersprache anstrebten. 1940 nach der deutschen Besetzung Flucht nach England, wo N. seine Arbeit in Oxford weiterführte.

N. gilt als entscheidender Organisator des Wiener Kreises und politisch als Exponent seines ›linken‹ Flügels (zu dem noch R. Carnap und H. Hahn zählen). Seiner Praxis der konkreten Utopie einer rational organisierten Gesellschaft, die deutlich technokratische und Züge des ›social engineering‹ zeigt, geht sein Kampf um die Rationalität der Wissenschaft parallel. N. verbindet die Ablehnung jeder ↑Metaphysik mit dem Programm der ↑Einheitswissenschaft. In ihr sollen alle Sätze der Wissenschaften zusammengefaßt werden. Als ↑Wissenschaftssprache sieht N., im Unterschied zum ↑Phänomenalismus des Carnapschen ↑Konstitutionssystems, eine physikalistisch (↑Physikalismus) aufgebaute Sprache vor, die raum-zeitlich fixierbare Eigenschaften von und Relationen zwischen Gegenständen beschreibt und ↑Prognosen zwecks rationaler praktischer Orientierung erlauben soll. Entsprechend ist N.s Auffassung der Soziologie sozialbehavioristisch. Da N. – im Unterschied etwa zu M. Schlick (↑Konstatierung) – auch ↑Protokollsätze für revidierbar hält, ist die Einheitswissenschaft ein prinzipiell unabschließbares Programm (N. plante, mit C. W. Morris als Mitherausgeber, ihre Niederlegung in einer 26bändigen, aus 260 Monographien plus 10 Bildbänden bestehenden »International Encyclopedia for Unified Science«, die jedoch über Anfänge nicht hinausgekommen ist). N. vertritt eine Kohärenztheorie der Wahrheit (↑Wahrheitstheorien), die ihn zum wissenschaftstheoretischen ↑Holismus führt: In scharfer Kritik von K. R. Poppers Theorie der ↑Falsifikation hält N. an der heute häufig als ›Duhem-Quine-These‹ (↑experimentum crucis) bezeichneten Auffassung fest, daß es vernünftig ist, an im Sinne Poppers falsifizierten ↑Hypothesen festzuhalten, wenn diese günstige Entwicklungschancen für die Zukunft aufweisen.

N.s Popperkritik nimmt – allerdings in der Regel ohne systematische Ausarbeitung – eine Reihe von Unterscheidungen, Gesichtspunkten und Konzeptionen vorweg, die die gegenwärtige wissenschaftstheoretische Diskussion kennzeichnen und mit denen N. sich von den Standardauffassungen des Logischen Empirismus deutlich abhebt. Er gilt deshalb manchen als der ›modernste‹ der logischen Empiristen: Sein Begriff der Enzyklopädie eines Wissenschaftlers hat große Ähnlichkeit mit dem Paradigmabegriff T. S. Kuhns bzw. dem Begriff des ↑Forschungsprogramms bei I. Lakatos; seine Unterscheidung von ›Praktikern‹ und ›Angreifern‹ in der Wissenschaft steht der Unterscheidung von ›normaler‹ Wissenschaft (↑Wissenschaft, normale) und wissenschaftlicher Revolution (↑Revolution, wissenschaftliche) nahe. Gegen Popper wendet N. ferner ein, daß es für konkurrierende Hypothesensysteme jeweils kohärente Klassen von Protokollsätzen geben könne (↑Unterbestimmtheit), eine ›interne‹, auf ausschließlich forschungslogischen Kriterien beruhende Theorienselektion also ausgeschlossen sei. N. vertritt damit einen heute in der ↑Theoriendynamik als ›externalistisch‹ (↑intern/extern) bezeichneten Standpunkt, wonach lebenspraktische Gesichtspunkte die Theorienwahl mitbestimmen. Er vertritt ferner die in der heutigen Wissenschaftsphilosophie allgemein akzeptierte Auffassung der ↑Theoriebeladenheit der Beobachtung und entwirft ein Programm der Naturalisierung der Erkenntnistheorie, wie es später von W. V. O. Quine durchgeführt wurde.

Werke: O. N., I–V (I–II Gesammelte philosophische und methodologische Schriften, ed. R. Haller/H. Rutte, III Gesammelte bildpädagogische Schriften, ed. R. Haller/R. Kinross, IV–V Gesammelte ökonomische, soziologische und sozialpolitische Schriften, ed. R. Haller/U. Höfer), Wien 1981–1998. – Antike Wirtschaftsgeschichte, Leipzig 1909, ²1918, ³1926, ferner in: O. N. [s. o.] IV, 137–217; Die Kriegswirtschaft, Wien 1910; Lehrbuch der Volkswirtschaftslehre, Wien 1910, ferner in: O. N. [s. o.] IV, 239–396; (mit A. Schapire-Neurath) Lesebuch der Volkswirtschaftslehre, I–II, Leipzig 1910, ²1913, gekürzt in: O. N. [s. o.] IV, 399–421; Durch die Kriegswirtschaft zur Natu-

ralwirtschaft, München 1919; (mit W. Schumann) Können wir heute sozialisieren? Eine Darstellung der sozialistischen Lebensordnung und ihres Werdens, Leipzig 1919; Anti-Spengler, München 1921, ferner in: O. N. [s. o.] I, 139–196, (engl. Anti-Spengler, in: Empiricism and Sociology [s. u.], 158–213); Wirtschaftsplan und Naturalrechnung. Von der sozialistischen Lebensordnung und vom kommenden Menschen, Berlin 1925; Lebensgestaltung und Klassenkampf, Berlin 1928, ferner in: O. N. [s. o.] I, 227–293 (engl. [gekürzt] Personal Life and Class Struggle, in: Empiricism and Sociology [s. u.], 249–298); (mit H. Hahn u. a.) Wissenschaftliche Weltauffassung. Der Wiener Kreis, Wien 1929, gekürzt [um Geleitwort und Bibliographie] in: H. Schleichert (ed.), Logischer Empirismus – Der Wiener Kreis. Ausgewählte Texte mit einer Einleitung, München 1975, 201–222, gekürzt [um Geleitwort und Bibliographie] in: O. N., Wissenschaftliche Weltauffassung, Sozialismus und Logischer Empirismus [s. u.], 79–80 (engl. Wissenschaftliche Weltauffassung. Der Wiener Kreis [The Scientific Conception of the World. The Vienna Circle], in: Empiricism and Sociology [s. u.], 299–318), ferner in: O. N. [s. o.] I, 299–336; Wege der wissenschaftlichen Weltauffassung, Erkenntnis 1 (1930/1931), 106–125, ferner in: H. Schleichert (ed.), Logischer Empirismus [s. o.], 20–39, ferner in: O. N. [s. o.] I, 371–385; Empirische Soziologie. Der wissenschaftliche Gehalt der Geschichte und Nationalökonomie, Wien 1931, ferner in: O. N. [s. o.] I, 423–527, gekürzt [um Kap. 1–5] in: Wissenschaftliche Weltauffassung, Sozialismus und Logischer Empirismus [s. u.], 145–234 (engl. Empirical Sociology. The Scientific Content of History and Political Economy, in: Empiricism and Sociology [s. u.], 319–421); Bildstatistik nach Wiener Methode in der Schule, Wien/Leipzig 1933, ferner in: O. N. [s. o.] III, 265–336; Le développement du Cercle de Vienne et l'avenir de l'empirisme logique, Paris 1935 (dt. Die Entwicklung des Wiener Kreises und die Zukunft des logischen Empirismus, in: O. N. [s. o.] II, 673–702); International Picture Language. The First Rules of Isotype, London 1936 (repr. unter dem Titel: International Picture Language/Internationale Bildersprache [dt./engl.], Reading 1980) (dt. Internationale Bildersprache, in: O. N. [s. o.] III, 355–398); Basic by Isotype, London 1937, 1948; Modern Man in the Making, New York/London, London 1939 (dt. Auf dem Wege zum modernen Menschen, in: O. N. [s. o.] III, 449–590); Foundations of the Social Sciences, Chicago Ill. 1944, 1966 (Int. Enc. Unif. Sci. II/1) (dt. Grundlagen der Sozialwissenschaften, in: O. N. [s. o.] II, 925–978); Empiricism and Sociology. With a Selection of Biographical and Autobiographical Sketches, ed. M. Neurath/R. S. Cohen, übers. P. Foulkes/M. Neurath, Dordrecht/Boston Mass. 1973; Wissenschaftliche Weltauffassung, Sozialismus und Logischer Empirismus, ed. R. Hegselmann, Frankfurt 1979; Philosophical Papers 1913–1946. With a Bibliography of N. in English, ed. and trans. R. S. Cohen/M. Neurath, Dordrecht/Boston Mass./Lancaster 1983; Wiener Kreis. Texte zur wissenschaftlichen Weltauffassung von Rudolf Carnap, O. N., Moritz Schlick, Philipp Frank, Hans Hahn, Karl Menger, Edgar Zilsel und Gustav Bergmann, ed. M. Stöltzner/T. Uebel, Hamburg 2006, 2009. – M. Neurath, List of Works by O. N., in: Empiricism and Sociology [s. o.], 441–459; Supplementary List of Works by O. N., in: Philosophical Papers 1913–1946 [s. o.], 255–258.

Literatur: N. Cartwright u. a., O. N.. Philosophy Between Science and Politics, Cambridge etc. 1996, 2008; J. Cat/N. Cartwright, N., REP VI (1998), 813–816; K. Fleck, O. N.. Eine biographische und systematische Untersuchung, Diss. Graz 1979; R. Haller,

Studien zur österreichischen Philosophie. Variationen über ein Thema, Amsterdam 1979, 99–106 (Kap. VII Über O. N.); ders. (ed.), Schlick und N. – Ein Symposion. Beiträge zum Internationalen philosophischen Symposion aus Anlaß der 100. Wiederkehr der Geburtstage von Moritz Schlick (14. 4. 1882–22. 6. 1936) und O. N. (10. 12. 1882–22. 12. 1945), Wien, 16.–20. Juni 1982, Amsterdam 1982 (Grazer philos. Stud. XVI/XVII); ders. u. a., Colloque O. N. et la Philosophie Autrichienne, Tunis 1998; F. Hartmann/E. K. Bauer, Bildersprache. O. N., Visualisierungen, Wien 2002, erw. ²2006; F. Hofmann-Grüneberg, Radikal-empiristische Wahrheitstheorie. Eine Studie über O. N., den Wiener Kreis und das Wahrheitsproblem, Wien 1988; N. Leser (ed.), Das geistige Leben Wiens in der Zwischenkriegszeit. Ring-Vorlesung 19. Mai – 20. Juni 1980 im Internationalen Kulturzentrum Wien 1., Annagasse 20, Wien 1981; E. Mohn, Der logische Positivismus. Theorien und politische Praxis seiner Vertreter, Frankfurt/New York 1977, 1978; E. Nemeth, O. N. und der Wiener Kreis. Revolutionäre Wissenschaftlichkeit als politischer Anspruch, Frankfurt/New York 1981; dies./F. Stadler (eds.), Encyclopedia and Utopia. The Life and Work of O. N. (1882–1945), Dordrecht/Boston Mass./London 1996 (Vienna Circle Institute Yearbook IV); dies./R. Heinrich (eds.), O. N.. Rationalität, Planung, Vielfalt, Wien, Berlin 1999; dies./S. W. Schmitz/T. Uebel (eds.), O. N.'s Economics in Context, o. O. [Dordrecht] 2007 (Vienna Circle Institute Yearbook XIII); P. Neurath/E. Nemeth (eds.), O. N.. Oder Die Einheit von Wissenschaft und Gesellschaft, Wien/Köln/Weimar 1994; J. Schulte/B. McGuinness (eds.), Einheitswissenschaft, mit Einl. R. Hegselmann, Frankfurt 1992 (mit Beiträgen von O. N.: Einheitswissenschaft und Psychologie [1933], Was bedeutet rationale Wirtschaftsbetrachtung? [1935], Die neue Enzyklopädie [1938]); A. Soulez/F. Schmitz/J. Sebestik (eds.), O. N., un philosophe entre guerre et science, Paris/Montréal 1997; F. Stadler (ed.), Arbeiterbildung in der Zwischenkriegszeit. O. N. – Gerd Arntz, Wien/München 1982; ders., Vom Positivismus zur »Wissenschaftlichen Weltauffassung«. Am Beispiel der Wirkungsgeschichte von Ernst Mach in Österreich-Ungarn 1895 bis 1934, Wien/München 1982; ders., Studien zum Wiener Kreis. Ursprung, Entwicklung und Wirkung des Logischen Empirismus im Kontext, Frankfurt 1997, bes. 751–770 (engl. The Vienna Circle. Studies in the Origins, Development, and Influence of Logical Empiricism, übers. C. Nielsen, Wien 2001); J. Symons/O. Pombo/J. M. Torres (eds.), O. N. and the Unity of Science, Dordrecht etc. 2011; T. E. Uebel (ed.), Rediscovering the Forgotten Vienna Circle. Austrian Studies on O. N. and the Vienna Circle, Dordrecht/Boston Mass./London 1991 (Boston Stud. Philos. Sci. 133); ders., Overcoming Logical Positivism from Within. The Emergence of N.'s Naturalism in the Vienna Circle's Protocol Sentence Debate, Amsterdam/Atlanta Ga. 1992; ders., Vernunftkritik und Wissenschaft. O. N. und der erste Wiener Kreis, Wien/New York 2000; D. Zolo, Scienza e politica in O. N.. Una prospettiva post-empiristica, Mailand 1986 (engl. Reflexive Epistemology. The Philosophical Legacy of O. N., Dordrecht/Boston Mass./London 1989 [Boston Stud. Philos. Sci. 118]). – N., in: B. Jahn, Biographische Enzyklopädie deutschsprachiger Philosophen, München 2001, 300. G. W.

Neurowissenschaften (engl. Neurosciences), Bezeichnung für Subdisziplinen der ↑Biologie oder ↑Medizin, die sich mit der Struktur und Funktion des Nervensystems (einschließlich des Gehirns, ↑Hirnforschung) befassen. Die systematische Erforschung des Nervensystems und seiner Bausteine und Wirkungsweise begann im späten 19. Jh.. Der frühe Streit zwischen den Retikularisten, die die Nerven als kontinuierliche Strukturen auffaßten, und den Vertretern der Neuronentheorie, die separate Nervenzellen annahmen, wurde zu Beginn des 20. Jhs. durch S. Ramón y Cajal zugunsten der letzteren entschieden. Jede Nervenzelle oder jedes Neuron (von griech. νεῦρον, Sehne) erhält dabei Signale über mehrere Dendriten und leitet diese über das Axon an andere Neuronen weiter. Die Reizleitung erfolgt elektrisch über ein Aktionspotential, das durch Einstrom von Natriumionen in das Neuron ausgelöst wird. Das Aktionspotential nimmt stets denselben Verlauf, hängt also nicht von Art und Stärke des auslösenden Reizes ab (Alles-oder-Nichts-Regel). Im Gegensatz zu dieser diskreten Natur einzelner Impulse (›Feuern‹ oder ›Nicht-Feuern‹) ist die Frequenz des Aktionspotentials variabel und reagiert auf Eigenschaften des Auslösereizes.

Die Verbindung von Neuronen wird durch meist chemische Synapsen (von griech. σύν, zusammen, und ἅπτειν, greifen) hergestellt, in denen die eingehenden elektrischen Signale zur Ausschüttung von Botenstoffen (Neurotransmittern) führen, die den synaptischen Spalt durchwandern und postsynaptisch wieder ein Aktionspotential auslösen. Die Reizverarbeitung an den Synapsen ist variabel oder plastisch: eingehende Signale können verstärkt oder gehemmt werden. Hieran setzt die auf D. O. Hebb zurückgehende Vorstellung an, daß Lernen in der Steigerung der Intensität von Neuronenverknüpfungen besteht, wie sie sich etwa als Folge häufiger gemeinsamer Anregung ausbildet. – Die maximale Frequenz von Aktionspotentialen liegt bei den meisten Typen von Nervenzellen unter 500 Hz, während Taktzeiten von Digitalcomputern im GHz-Bereich liegen. Im Gegenzug operieren Neuronen massiv parallel, also ohne eine Zentraleinheit, die von sämtlichen Verarbeitungsprozessen durchlaufen werden muß. – Seit etwa 1990 lösen die N. zunehmend die Künstliche Intelligenz (↑Intelligenz, künstliche) als wissenschaftliche Grundlage der Philosophie des Geistes (↑philosophy of mind) und als Basis für den ↑Physikalismus (also die Auffassung mentaler Eigenschaften als physikalischer Zustände) ab. Während im klassischen Ansatz der Künstlichen Intelligenz Prozesse der Symbolverarbeitung als Grundlage mentaler Fähigkeiten wie ↑Intelligenz gelten, treten im ↑Konnektionismus zunehmend neuronale Netze (↑Netzwerk, neuronales) in den Vordergrund. Unter den Gründen dieser Umorientierung waren Diskrepanzen in den erkennbaren Funktionsabläufen und Leistungsprofilen zwischen Digitalcomputern und biologischen Systemen, insbes. Menschen.

Der auf P. Churchland zurückgehende eliminative Materialismus (↑Materialismus, eliminativer) verteidigt die Ansicht, daß die herkömmliche, an inhaltlich interpretierten mentalen Zuständen (↑Intentionalität) ansetzende Deutung kognitiver Prozesse grundlegend verfehlt und durch eine neurowissenschaftlich geprägte Sichtweise zu ersetzen ist. An die Stelle der Verarbeitung von ↑Propositionen nach logischen (↑Logik) Regeln tritt die Transformation neuronaler Zustände nach den Gesetzen der N.. Damit einher geht eine Kritik an der traditionellen Betonung sprachlicher Repräsentation; stattdessen werden ikonische Repräsentation, Emotion und die körperliche Einbindung von Kognition hervorgehoben. In neurophilosophischen Denkansätzen dieser Art werden mentale Zustände einheitlich als neuronale Aktivitätsvektoren aufgefaßt, die Aufschluß über das neuronale Erregungsmuster geben. Die philosophische Herausforderung besteht dann darin, in diesem Rahmen spezifische Darstellungen kognitiver Leistungen und Eigenschaften (wie Argumentieren, ↑Bewußtsein, Sinnesqualitäten [↑Qualia]) zu entwickeln.

Einen Schwerpunkt der philosophischen Kontroversen im Bereich der N. bilden Fragen der Neuroethik, bei denen die Beziehung neurowissenschaftlicher Erkenntnisse zu ethisch relevanten Vorstellungen von Freiheit, Rationalität und Personalität im Zentrum stehen. Eine dieser Kontroversen betrifft die Vereinbarkeit von ↑Willensfreiheit mit dem anscheinend deterministischen Verlauf neuronaler Prozesse. Das Argument lautet, daß menschliches Verhalten durch neuronale Verschaltungen eindeutig festgelegt sei und daß kein Raum für einen spontanen Willen bestünde. Gegenpositionen erkennen meist den ↑Determinismus neuronaler Prozesse an, halten aber dagegen, daß auch in diesem Rahmen die Möglichkeit einer von Gründen und Gegengründen bestimmten Willensbildung bestünde (Kompatibilismus). Einen weiteren Streitpunkt der Neuroethik bildet das ›Enhancement‹. Gegenstand ist die Legitimität des nicht-therapeutischen Eingriffs in Persönlichkeitsmerkmale. Dabei werden Medikamente oder neurowissenschaftliche Techniken zu einer als Verbesserung eingestuften Modifikation kognitiver oder emotionaler Fähigkeiten eingesetzt.

Die *Neurophilosophie* strebt die Ausarbeitung der Konsequenzen einer Architektur des Mentalen an, wie sie sich aus der Verschränkung neuronaler und mentaler Eigenschaften ergibt. Sie bindet daher ↑Psychologie und ↑Ethik mit den N. zusammen und ist Teil einer Biologisierung des Menschenbilds, das auch den Menschen als Kulturwesen durch seine biologischen Eigenschaften geprägt sieht.

Literatur: B. J. Baars/N. M. Cage, Cognition, Brain, and Consciousness. Introduction to Cognitive Neuroscience, Amsterdam etc. 2007, ²2010; W. Bechtel, Mental Mechanisms. Philosophical Perspectives on Cognitive Neuroscience, New York/London 2008; ders. u. a. (eds.), Philosophy and the Neurosciences. A Reader, Malden Mass./Oxford 2001; M. R. Bennett/M. S. Hack-

er, Philosophical Foundations of Neuroscience, Malden Mass./Oxford 2003, 2010 (dt. Die philosophischen Grundlagen der N., Darmstadt 2010, ²2012); J. Bickle, Philosophy and Neuroscience. A Ruthlessly Reductive Account, Dordrecht/Boston Mass./London 2003; ders. (ed.), The Oxford Handbook of Philosophy and Neuroscience, Oxford/New York 2009; ders./P. Mandik/A. Landreth, The Philosophy of Neuroscience, SEP 1999, rev. 2010; S. J. Bird, Neuroethics, in: C. Mitcham (ed.), Encyclopedia of Science, Technology, and Ethics III, Detroit Mich. etc. 2005, 1310–1316; A. Brook/K. Akins (eds.), Cognition and the Brain. The Philosophy and Neuroscience Movement, Cambridge etc. 2005; P. M. Churchland, A Neurocomputational Perspective. The Nature of Mind and the Structure of Science, Cambridge Mass./London 1989, 2000; P. S. Churchland, Neurophilosophy. Toward a Unified Science of the Mind/Brain, Cambridge Mass./London 1986, 1998; E.-M. Engels/E. Hildt (eds.), N. und Menschenbild, Paderborn 2005; S. L. Foote, Neuroscience, in: A. E. Kadzin (ed.), Encyclopedia of Psychology V, Oxford/New York 2000, 433–436; T. F. Heatherton/A. C. Krendl, Neuroscience, IESS V (²2008), 484–485; E. R. Kandel/J. H. Schwartz/T. M. Jessell (eds.), Essentials of Neural Science and Behavior, Norwalk Conn. 1995, 2006 (dt. N.. Eine Einführung, Heidelberg/Berlin/Oxford 1996, 2011); P. K. Machamer/R. Grush/P. McLaughlin (eds.), Theory and Method in the Neurosciences, Pittsburgh Pa. 2001; S. K. Nagel, Ethics and the Neurosciences. Ethical and Social Consequences of Neuroscientific Progress, Paderborn 2010; M. Pauen/G. Roth (eds.), N. und Philosophie, München 2001; J. Schröder, Neurophilosophie, EP II (²2010), 1781–1785; M. J. Zigmond u. a. (eds.), Fundamental Neuroscience, San Diego Calif./London 1999, ed. L. R. Squire u. a., Amsterdam etc. ²2003, ⁴2012. · M. C.

Neuscholastik, Bezeichnung für die Wiederaufnahme und Erneuerung der scholastischen Philosophie und Theologie (↑Scholastik) im 19. Jh. als Reaktion auf die Unterbrechung der scholastischen Tradition durch die ↑Aufklärung und den Deutschen Idealismus (↑Idealismus, deutscher); in Deutschland vor allem in der kritischen Auseinandersetzung mit der Theologie der »Tübinger Schule«, besonders in der Polemik gegen G. Hermes und A. Günther, entstanden. Das Lehramt der Katholischen Kirche trat anläßlich der Verurteilung Günthers zum ersten Mal 1857 positiv für die N. ein. Zahlreiche weitere Stellungnahmen der Päpste und der römischen Kirchenbehörden trugen zu einer raschen weltweiten Verbreitung der N. bei, so z. B. die Enzyklika Leos XIII. »Aeterni Patris« (4.8.1879), die Verurteilung des ›Modernismus‹ (1907 durch Pius X. im Dekret »Lamentabili« und der Enzyklika »Pascendi«) und die Empfehlungen des Codex Iuris Canonici (can. 589 und 1366). Obgleich die N. eine einseitige Orientierung an einem der scholastischen Theologen zu vermeiden trachtet, lassen sich Thomas von Aquin (bei den Dominikanern), F. Suárez (bei den Jesuiten) und J. Duns Scotus (bei den Franziskanern) als Schwerpunkte der historischen Forschung und des systematischen Anschlusses ausmachen. Der Aufschwung der N. führte zu zahlreichen kritischen Neuausgaben der Werke der

Scholastik und regte ein verbreitetes Studium der historischen und der ideengeschichtlichen Zusammenhänge des Mittelalters an (z. B. C. Baeumker, P. Boehmer, O. F. M., H. Denifle, O. P., F. Ehrle, S. J., E. Gilson, M. Grabmann, J. Koch, P. Mandonnet, O. O., M. de Wulf). – Im 20. Jh. hat vor allem die auf G. Maréchal zurückgehende ↑Maréchal-Schule die aristotelisch-scholastische Metaphysik durch Rückgriff auf die transzendentale Methode I. Kants und J. G. Fichtes erneuert (↑Methode, transzendentale). Obwohl die verbindliche Verpflichtung auf die Scholastik inzwischen durch die Päpste Paul VI. (1974) und Johannes Paul II. (1998) sowie durch das Vaticanum II zurückgenommen wurde, kann die Vorbildfunktion der N. für die katholische Theologie weiterhin als gegeben angesehen werden.

Forschungs- und Studienzentren der N.: Gregoriana, Angelicum, Lateranense, Propaganda-Kolleg (alle Rom); Institut von Quaracchi (O. F. M.); Collegio Alberoni in Piacenza; Università Cattolica del S. Cuore in Mailand; Aloisianum in Gallarate; Universitäten von Salamanca (O. P.) und Comillas (S. J.; nach Madrid verlegt); Institut Supérieur de Philosophie in Löwen; Katholische Universitäten in Nijmegen, Fribourg und Washington; Institute of Medieval Studies in Toronto.

Publikationsorgane: Freiburger Zeitschrift für Philosophie und Theologie (Freiburg [Schweiz], seit 1954; vorher: Jahrbuch für Philosophie und Spekulative Theologie [1887–1953], 1914–1953 mit dem Obertitel: Divus Thomas); Philosophisches Jahrbuch der Görresgesellschaft (Freiburg/München, seit 1888); Revue thomiste (Paris, seit 1893); Revue philosophique de Louvain (seit 1946; vorher: Revue néoscolastique [1894–1909], Revue néoscolastique de philosophie [1910–1940]); Rivista di filosofia neoscolastica (Mailand, seit 1909); Angelicum (Rom, seit 1924); Antonianum (Rom, seit 1926); Theologie und Philosophie (Freiburg/Basel/Wien, seit 1966; vorher: Scholastik [1926–1965]); American Catholic Philosophical Quarterly (Washington D. C., seit 1990; vorher: The New Scholasticism [1927–1989]); The Thomist (Washington D. C., seit 1939).

Literatur: B. M. Bonansea, Scotism, Enc. Ph. VII (1967), 344–345; E. Coreth/W. M. Neidl/G. Pfligersdorffer (eds.), Christliche Philosophie im katholischen Denken des 19. und 20. Jahrhunderts II (Rückgriff auf scholastisches Erbe), Graz/Wien/Köln 1988; F. Ehrle, Grundsätzliches zur Charakteristik der neueren und neusten Scholastik, Freiburg 1918, erw. unter dem Titel: Die Scholastik und ihre Aufgaben in unserer Zeit. Grundsätzliche Bemerkungen zu ihrer Charakteristik, ed. F. Pelster, Freiburg ²1933; FM III (1979), 2331–2334 (Neoscolástica); L. Foucher, La philosophie catholique en France au XIXᵉ siècle avant la renaissance thomiste et dans son rapport avec elle (1800–1880), Paris 1955; E. H. Gilson, L'esprit de la philosophie médiévale, Paris 1932, ²1944, 1998 (engl. The Spirit of Mediaeval Philosophy, London, New York 1936, Notre Dame Ind./London 1991; dt. Der Geist der mittelalterlichen Philosophie, Wien 1950); W. L. Kelly, Die neuscholastische und die empirische Psychologie, Meisenheim am Glan 1961; J. B. Lotz (ed.), Kant und die Scholastik heute, Pullach 1955; E. Lowyck, Substantiële verandering en hylemorphisme. Een critische studie over de Neo-Scholastiek, Leuven 1948; O. Muck, Die transzendentale Methode in der scholastischen Philosophie der Gegenwart, Innsbruck 1964 (engl. The Transcendental Method, New York 1968); D. Peitz, Die Anfänge der N. in Deutschland und Italien (1818–1870), Bonn 2006 (mit Bibliographie, 502–565); J. L. Perrier, The Revival of Scholastic Philosophy in the Nineteenth Century, New York 1909, New York 1967; S. Pietroforte, La scuola di Milano. Le origini della neoscolastica italiana (1909–1923), Bologna 2005; G. F. Rossi, Le origini del neotomismo nell'ambiente di studio del Collegio Alberoni, Piacenza 1957; A. Sbarra, I problemi della neoscolastica, Neapel 1936; T. Schäfer, Die erkenntnistheoretische Kontroverse Kleutgen-Günther. Ein Beitrag zur Entstehungsgeschichte der N., Paderborn 1961; H. Schöndorf, N., in: W. Brugger/H. Schöndorf (eds.), Philosophisches Wörterbuch, Freiburg/München 2010, 329–330; P. Secretan (ed.), La philosophie chrétienne d'inspiration catholique. Constats et controversies, positions actuelles, Fribourg 2006; G. Söhngen, Philosophische Einübung in die Theologie. Erkennen, Wissen, Glauben, Freiburg/München 1955, ²1964; ders., N., LThK VII (1962), 923–926; H. M. Schmidinger, N., Hist. Wb. Ph. VI (1984), 769–774; P. Walter, N., Neuthomismus, LThK VII (1998), 779–782; O. Weiß, N., RGG VI (2003), 246–248; B. Welte, Zum Strukturwandel der katholischen Theologie im 19. Jahrhundert, in: C. Bauer u. a., Gestaltende Kräfte im 19. Jahrhundert, Freiburg 1954 (Freiburger Dies Universitatis II, 1953/54), 25–55, separat Freiburg 1954; M. de Wulf, Introduction à la philosophie néo-scolastique, Louvain 1904 (engl. Scholasticism Old and New. An Introduction to Scholastic Philosophy, Medieval and Modern, Dublin 1907, unter dem Titel: An Introduction to Scholastic Philosophy, Medieval and Modern, New York 1956).   M. G.

Neustikon/Phrastikon (engl. neustic/phrastic; von griech. *νεύειν*, zustimmend nicken, *φράζειν*, hinweisen, anzeigen), von R. M. Hare in »The Language of Morals« (1952) eingeführte Bezeichnungen für die (oft nicht explizit unterschiedenen, aber immer ↑analytisch unterscheidbaren) Bestandteile eines ↑Satzes, mit denen Sprecher einerseits einen ↑Sachverhalt zum Gegenstand ihrer Rede machen, andererseits die ↑pragmatische Absicht angeben, in der sie das tun. Hare, dem es bei dieser Unterscheidung wesentlich darum geht, die Möglichkeit rationalen Argumentierens (↑Argumentation) in ↑regulativer Rede und logische Folgerungsbeziehungen etwa zwischen Imperativen deutlich zu machen (↑Imperativlogik), markiert Unterschied und Zusammenhang zwischen imperativischer und behauptender Rede: Dasjenige, was in ›du schließt die Tür: Bitte!‹ und ›du schließt die Tür: Ja!‹ gleich bleibe, wird als P. bestimmt, was sich zwischen diesen Sätzen verändere, als N. – die beiden Aussagen seien aber lediglich explizierende Paraphrasen des Imperativs ›schließ die Tür!‹ bzw. der Behauptung ›du schließt die Tür‹. Strukturell entspricht seine Analyse damit der Unterscheidung G. Freges zwischen dem ›beurteilbaren Inhalt‹ auf der einen Seite und dem (durch den ↑Urteilsstrich dargestellten) Vollzug des Urteils auf der anderen. Wie für Frege in der »Begriffs-schrift« bestehen für Hare die logischen Beziehungen lediglich zwischen den inhaltlichen Komponenten (P.) von Sätzen. Ist durch eine Prämissenmenge, die wenigstens einen im Imperativmodus stehenden Satz enthält, eine ↑Konklusion gerechtfertigt, kann diese im Imperativ stehen. Mit dieser Konzeption knüpft Hare an einen Vorschlag J. Jørgensens zur Analyse imperativischer Folgerungszusammenhänge an (↑Jørgensens Dilemma), der analog in imperativischen Äußerungen einen *imperative factor* und einen *indicative factor* unterscheidet. Ähnliche Unterscheidungen finden sich in pragmatischen Bedeutungstheorien (↑Pragmatik, ↑Gebrauchstheorie (der Bedeutung)) und in sprachphilosophischen Rekonstruktionen der ↑Sprechakte diskutiert unter Bezeichnungen wie ›Modus-Indikator‹ oder ›Modalelement‹ versus ›Satzradikal‹; ›performativer Operator‹ oder ↑›Performator‹ versus ↑›Aussage‹; oder – wie vor allem in der systematischen Entfaltung der Sprechakttheorie durch J. R. Searle – als *illocutionary-force indicator* versus *propositional indicator*.

Literatur: R. M. Hare, The Language of Morals, Oxford 1952, 1995 (dt. Sprache der Moral, Frankfurt 1972, ²1997); H. Lenk/H. U. Hoche, Neustik/Phrastik, Hist. Wb. Ph. VI (1984), 774–777. G. K.

Neutextschule, ↑Konfuzianismus.

Neuthomismus, Bezeichnung für eine in der Mitte des 18. Jhs. in Italien beginnende, ihren Höhepunkt im 19. Jh. erreichende theologische und philosophische Richtung der ↑Neuscholastik, die im Thomasverständnis des 19. Jhs. teils Einzelfragen systematisch erörtert, teils die Werke des Thomas von Aquin kommentiert. Im Unterschied zur Neuscholastik orientiert sich der N. ausschließlich an Thomas, dessen Lehren als zeitlos gültiger Bestand an Grundwahrheiten angesehen werden, und verzichtet auf eine Berücksichtigung anderer mittelalterlicher Theologen (↑Thomismus).

Literatur: P. Dezza, Alle origini del neotomusmo, Mailand 1940; T. Fliethmann, Neothomismus, RGG VI (2003), 192; G. Garcia, Tomismo y neo-tomismo, San Luis Potosí 1903; T. Gilby, Thomism, Enc. Ph. VIII (1967), 119–121; FM III (1979), 2341–2344, III (²1994), 2535–2538 (Neotomismo); H. J. John, The Thomist Spectrum, New York 1966; J. F. X. Knasas, Being and Some Twentieth-Century Thomists, New York 2003; L. Malusa, Neotomismo e intransigentismo cattolico, I–II, Mailand 1986/1989; G. A. McCool, From Unity to Pluralism. The Internal Evolution of Thomism, New York 1989, 2002; ders., The Neo-Thomists, Milwaukee Wis. 1994, rev. 2003; F. Picavet, La restauration thomiste au XIXᵉ siècle, in: ders., Esquisse d'une histoire générale et comparée des philosophies médiévales, Paris 1905, 233–313, ²1907 (repr. Frankfurt 1968), 216–288; G. F. Rossi, Le origini del neotomismo nell'ambiente di studio del Collegio Alberoni, Piacenza 1957; G. Saitta, Le origini del neo-tomismo nel secolo XIX, Bari 1912; H. M. Schmidinger,

N., Hist. Wb. Ph. VI (1984), 779–781; P. Walter, Neuscholastik, N., LThK VII (1998), 779–782. M. G.

Newcomb's problem, Bezeichnung für eine von R. Nozick (1969, unter Verweis auf den Physiker W. Newcomb als den eigentlichen Urheber) modellierte paradoxe Entscheidungskonstellation, die Anlaß und Gegenstand einer andauernden breiten Debatte über die Grundlagen der ↑Entscheidungstheorie (und damit auch der ↑Spieltheorie) geworden ist. In der von Nozick vorgetragenen und in dieser Form immer wieder zitierten Modellierung ist ein Entscheider A vor folgende Situation gestellt: (1) A sieht vor sich zwei Schachteln S_1 und S_2 und darf beide Schachteln an sich nehmen oder nur S_2. (2) A weiß, daß S_1 genau 1.000 $ enthält. (3) A weiß, daß S_2 entweder 1.000.000 $ oder 0 $ enthält. (4) A weiß, daß der Inhalt von S_2 zum Zeitpunkt seiner Entscheidung allein davon abhängt, was zuvor ein Interaktionspartner B über A's Verhalten vorhergesagt hat: Hat B vorhergesagt, daß A sich für die Option ›beide Schachteln nehmen‹ (S_1-S_2-N) entscheidet, dann ist die Schachtel S_2 jetzt leer. Hat B vorhergesagt, daß A sich für die Option ›nur S_2 nehmen‹ (S_2-N) entscheidet, liegen jetzt 1.000.000 $ in S_2. (5) A weiß zum Zeitpunkt seiner Entscheidung nicht, welche Vorhersage B getroffen hat und was sich in S_2 befindet. (6) A weiß aber, daß B sein (A's) Verhalten mit hoher Verläßlichkeit vorhersagen kann (B mag ein Wahrsager sein, ein göttliches Wesen oder ein Neurowissenschaftler mit entsprechender technischer Ausstattung). A's Entscheidungsoptionen und die jeweiligen Entscheidungsfolgen unter den jeweils durch B's Vorhersage geschaffenen Bedingungen bilden dann die Zeilen der folgenden Entscheidungsmatrix:

B \ A	Vorhersage von S_1-S_2-N	Vorhersage von S_2-N
S_2-N	0 $	1.000.000 $
S_1-S_2-N	1.000 $ + 0 $	1.000 $ + 1.000.000 $

Dabei kann A in der Entscheidungssituation einerseits davon ausgehen, daß die (in den Spalten notierten) Bedingungen für seine Wahl zuvor bereits festgelegt sind und sich durch sein faktisches Entscheidungsverhalten nicht mehr ändern können – zwar ist der Inhalt der Schachtel durch B's Prognose festgelegt, nicht aber A's Entscheidungsverhalten. A kann also frei entscheiden und muß, wenn er rational wählen und seine Gewinnchancen maximieren will, seine Wahl allein von der Voraussetzung abhängig machen, daß die Schachtel S_2 entweder 1.000.000 \$ enthält oder leer ist. Da er keine Anhaltspunkte hat, die dazu berechtigen, eher das eine als das andere zu vermuten (er sucht ja noch nach seiner Entscheidung), muß er nach dem so genannten Indifferenzprinzip, einem Grundprinzip der Entscheidungstheorie, beide Möglichkeiten als gleich wahrscheinlich ansetzen. In dieser Darstellung der Entscheidungslage erweist sich die Option S_1-S_2-N als dominant gegenüber S_2-N, insofern unter jedem der beiden möglichen Zustände von S_2 die Wahl S_1-S_2-N den höheren Erwartungswert bietet. Andererseits kann A davon ausgehen, daß das, was er in S_2 vorfindet, innerhalb der Grenzen der Prognosegenauigkeit (↑Prognose), also nach Voraussetzung in sehr hohem Maße, davon abhängt, wofür er sich entscheidet. Entsprechend wird mit sehr hoher Wahrscheinlichkeit S_2 leer sein, wenn er sich für S_1-S_2-N entscheidet. Er sollte sich also für S_2-N entscheiden, weil er so 1.000.000 \$ (gegenüber 1.000 \$) gewinnen kann. Da nach der ersten, der ↑normativen Bestimmung von A's Entscheidungssituation S_1-S_2-N und S_2-N als einander ausschließende Optionen bestimmt sind, zugleich aber sowohl die Bevorzugung von S_1-S_2-N gegenüber S_2-N als auch die Bevorzugung von S_2-N gegenüber S_1-S_2-N im Rahmen der anderen Bestimmungen begründbar sind, befindet sich A in einem echten Entscheidungsdilemma (das nicht durch einen Trade-off aufgelöst werden kann). Strukturell entsteht das ↑Dilemma dadurch, daß mit Blick auf die zeitliche Ordnung das Verhalten von A und B unabhängig voneinander betrachtet wird und A in dieser Perspektive (quasi zeilenweise) zwischen zwei Strategien wählt (A entscheidet, nachdem B entschieden und damit den Inhalt von S_2 bestimmt hat); daß mit Blick auf die Art von B's Entscheidung über den Inhalt von S_2 das Verhalten von A und B hingegen abhängig voneinander betrachtet wird und A in dieser Hinsicht (quasi feldweise) nur zwischen zwei Resultaten wählen muß. Die entscheidungstheoretischen Prinzipien sind für beide Perspektiven offen und legen nicht – zumindest nicht ohne weiteres – eine Priorisierung fest. In der breiten und seit seiner ersten Formulierung kontinuierlich anhaltenden Diskussion des Dilemmas hat sich noch keine Standardlösung herausgebildet. Dabei ist zunächst einmal ungewiß, ob eine Entscheidungstheorie ›vollständig‹ sein muß in dem Sinne, daß sie für beliebige dilemmatische Entscheidungskonstellationen eine eindeutige Lösung bereithielte. Auch die Diskussion, ob N. p. belangvoll ist in dem Sinne, daß sich konkrete lebensweltlich relevante Entscheidungslagen

finden, die die strukturellen Merkmale des Dilemmas aufweisen, kann trotz einiger Vorschläge (z. B. Frydman, O'Driscoll und Schotter 1982) als offen gelten. Skeptiker halten N. p. für ein ↑Scheinproblem; der paradoxe Eindruck beruhe lediglich auf bereits paradoxienhaltigen oder ↑kontrafaktischen Voraussetzungen, die sich in realen Entscheidungslagen nicht finden können (insofern eine hinreichend sichere Vorhersage von A's Entscheidung mit der vollständigen Freiheit in A's Entscheidungssituation nicht vereinbar ist; z. B. Mackie 1977), oder sei lediglich in seiner Formulierung ambivalent, so daß die Argumente zugunsten der einen bzw. der anderen Wahl lediglich auf zwei verschieden akzentuierte Lesarten der Problemstellung zurückgehen (z. B. Hubin und Ross 1985).

Andere Autoren (z. B. Kyburg 1980, Nozick 1993) sehen in N. p. einen Defekt der Entscheidungstheorie offengelegt, den sie aber für durch mehr oder weniger konservative Eingriffe in die Grundlagen reparabel halten. Wiederum andere halten den Defekt für irreparabel und bemühen sich mit der so genannten kausalen Entscheidungstheorie um eine Alternative: Nicht die lediglich formal bestimmte bedingte Wahrscheinlichkeit des Eintritts eines Zustands Z in Abhängigkeit von Handlung H (unabhängig davon, welcher Art die Beziehung zwischen H und Z näherhin ist), sondern nur der Nachweis eines kausalen Zusammenhangs zwischen H und Z (so daß das Eintreten von Z durch den Vollzug von H determiniert wird) rechtfertige eine Entscheidung für oder gegen H. In Entscheidungskonstellationen mit den Merkmalen von N. p. ist danach zwar der Zustand der Schachteln vermittels der Vorhersagen auch durch A's Entscheidung mitbedingt. Weil er nicht durch A's Entscheidung kausal bestimmt wird, gilt der kausalen Entscheidungstheorie die Wahl von S_2-N als irrational – wenn sie auch glücklicherweise, aber eben nur glücklicherweise, zu dem für A günstigeren Resultat (1.000.000 \$) führen würde.

Literatur: A. Ahmed, Evidential Decision Theory and Medical Newcomb Problems, Brit. J. Philos. Sci. 56 (2005), 191–198; M. Albert/R. A. Heiner, An Indirect-Evolution Approach to N. P., Homo Oeconomicus 20 (2003), 161–194; K. Bach, N. P.. The \$1,000,000 Solution, Can. J. Philos. 17 (1987), 409–425; M. Bar-Hillel/A. Margalit, Newcomb's Paradox Revisited, Brit. J. Philos. Sci. 23 (1972), 295–304; R. E. Barnes, Rationality, Dispositions, and the Newcomb Paradox, Philos. Stud. 88 (1997), 1–28; T. M. Benditt/D. J. Ross, Newcomb's ›Paradox‹, Brit. J. Philos. Sci. 27 (1976), 161–164; Y. Ben-Menahem, Newcomb's Paradox and Compatibilism, Erkenntnis 25 (1986), 197–220; N. Bostrom, The Meta-Newcomb Problem, Analysis 61 (2001), 309–310; S. J. Brams, N. P. and Prisoners' Dilemma, J. of Conflict Resolution 19 (1975), 596–612; N. Bunnin/J. Yu, N. P., in: dies., The Blackwell Dictionary of Western Philosophy, Malden Mass./Oxford/Carlton 2004, 471; S. Burgess, The Newcomb Problem. An Unqualified Resolution, Synthese 138 (2004), 261–287; ders., N. P. and Its Conditional Evidence. A Common Cause of Confusion, Synthese 184 (2012), 319–339; R. Campbell/L. Sowden (eds.), Paradoxes of Rationality and Cooperation. Prisoner's Dilemma and N. P., Vancouver 1985, bes. 21–24, 107–274; J. Cargile, Newcomb's Paradox, Brit. J. Philos. Sci. 26 (1975), 234–239; E. G. Cavalcanti, Causation, Decision Theory, and Bell's Theorem. A Quantum Analogue of the Newcomb Problem, Brit. J. Philos. Sci. 61 (2010), 569–597; M. Clark/N. Shackel, The Dr. Psycho Paradox and N. P., Erkenntnis 64 (2006), 85–100; J. Collins, N. P., in: N. J. Smelser/P. B. Baltes (eds.), IESBS (2001), 10634–10638; W. L. Craig, Divine Foreknowledge and Newcomb's Paradox, Philosophia 17 (1987), 331–350; R. Dacey u. a., A Cognitivist Solution to N. P., Amer. Philos. Quart. 14 (1977), 79–84; L. H. Davis, Is the Symmetry Argument Valid?, in: R. Campbell/L. Sowden (eds.), Paradoxes of Rationality and Cooperation [s. o.], 255–263; W. Eckhardt, Paradoxes in Probability Theory, Dordrecht etc. 2013, 21–34 (Chap. 5); E. Eells, Newcomb's Many Solutions, Theory and Decision 16 (1984), 59–105; ders., Causality, Decision, and Newcomb's Paradox, in: R. Campbell/L. Sowden (eds.), Paradoxes of Rationality and Cooperation [s. o.], 183–213; R. L. Factor, Newcomb's Paradox and Omniscience, Int. J. f. Philos. of Religion 9 (1978), 30–40; R. Frydman/G. P. O'Driscoll, Jr./A. Schotter, Rational Expectations of Government Policy. An Application of N. P., Southern Economic J. 49 (1982), 311–319; A. Gallois, Locke on Causation, Compatibilism and N. P., Analysis 41 (1981), 42–46; M. Gardner, Free Will Revisited, with a Mind-Bending Prediction Paradox by William Newcomb, Sci. Amer. 229 (1973), 104–109; D. Gauthier, In the Neighbourhood of the Newcomb-Predictor. Reflections on Rationality, Proc. Arist. Soc. 89 (1989), 179–194; A. Gibbard/W. L. Harper, Counterfactuals and Two Kinds of Expected Utility, in: R. Campbell/L. Sowden (eds.), Paradoxes of Rationality and Cooperation [s. o.], 133–158; T. Horgan, Counterfactuals and N. P., J. Philos. 78 (1981), 331–356, ferner in: R. Campbell/L. Sowden (eds.), Paradoxes of Rationality and Cooperation [s. o.], 159–182; ders., N. P.. A Stalemate, in: R. Campbell/L. Sowden (eds.), Paradoxes of Rationality and Cooperation [s. o.], 223–234; J. R. Horne, N. P. as a Theistic Problem, Int. J. for Philos. of Religion 14 (1983), 217–223; P. Horwich, Decision Theory in Light of N. P., Philos. Sci. 52 (1985), 431–450; D. Hubin/G. Ross, Newcomb's Perfect Predictor, Noûs 19 (1985), 439–446; D. Hunter/R. Richter, Counterfactuals and Newcomb's Paradox, Synthese 39 (1978), 249–261; S. L. Hurley, N. P., Prisoners' Dilemma, and Collective Action, Synthese 86 (1991), 173–196; dies., A New Take from Nozick on N. P. and Prisoners' Dilemma, Analysis 54 (1994), 65–72; N. Jacobi, Newcomb's Paradox. A Realist Resolution, Theory and Decision 35 (1993), 1–16; J. M. Joyce, Are Newcomb Problems Really Decisions?, Synthese 156 (2007), 537–562; G. S. Kavka, What Is N. P. About?, Amer. Philos. Quart. 17 (1980), 271–280; H. E. Kyburg, Acts and Conditional Probabilities, Theory and Decision 12 (1980), 149–171; M. Ledwig, N. P., Diss. Konstanz 2000; dies., N. P. and Backwards Causation, in: W. Spohn/M. Ledwig/M. Esfeld (eds.), Current Issues in Causation, Paderborn 2001, 135–149; W. Lenzen, Die Newcomb-Paradoxie – und ihre Lösung, in: ders. (ed.), Das weite Spektrum der analytischen Philosophie. Festschrift für Franz von Kutschera, Berlin/New York 1997, 160–177; I. Levi, Newcomb's Many Problems, Theory and Decision 6 (1975), 161–175; ders., Common Causes, Smoking, and Lung Cancer, in: R. Campbell/L. Sowden (eds.), Paradoxes of Rationality and Cooperation [s. o.], 234–247; D. Lewis, Prisoners' Dilemma Is a Newcomb Problem, Philosophy & Public Affairs 8 (1979), 235–240, ferner in: R. Campbell/L. Sowden (eds.), Paradoxes

of Rationality and Cooperation [s. o.], 251–255; ders., »Why Ain'cha Rich?«, Noûs 15 (1981), 377–380; ders., Causal Decision Theory, Australas. J. Philos. 59 (1981), 5–30; D. Locke, Causation, Compatibilism and N. P., Analysis 39 (1979), 210–211; J. L. Mackie, Newcomb's Paradox and the Direction of Causation, Can. J. Philos. 7 (1977), 213–225, ferner in: ders./P. Mackie (eds.), Logic and Knowledge. Selected Papers I, Oxford etc. 1985, 145–158; S. Maitzen/G. Wilson, Newcomb's Hidden Regress, Theory and Decision 54 (2003), 151–162; P. McKay, N. P.. The Causalists Get Rich, Analysis 64 (2004), 187–189; J. Nida-Rümelin/T. Schmidt, Rationalität in der praktischen Philosophie. Eine Einführung, Berlin 2000, 88–93; R. Nozick, N. P. and Two Principles of Choice, in: N. Rescher (ed.), Essays in Honor of Carl G. Hempel. A Tribute on the Occasion of His Sixty-Fifth Birthday, Dordrecht 1969, 114–146, ferner in: R. Campbell/L. Sowden (eds.), Paradoxes of Rationality and Cooperation [s. o.], 107–133, ferner in: R. Nozick, Socratic Puzzles, Cambridge Mass./London 1997, 15–44; ders., The Nature of Rationality, Princeton N. J. 1993, 1995; D. Olin, N. P.. Further Investigations, Amer. Philos. Quart. 13 (1976), 129–133; dies., Predictions, Intentions and the Prisoner's Dilemma, Philos. Quart. 38 (1988), 111–116; P. Pettit, The Prisoner's Dilemma Is an Unexploitable Newcomb Problem, Synthese 76 (1988), 123–134; J. L. Pollock, A Resource-Bounded Agent Addresses the Newcomb Problem, Synthese 176 (2010), 57–82; R. Richter, Rationality Revisited, Australas. J. Philos. 62 (1984), 392–403; ders., Rationality, Group Choice and Expected Utility, Synthese 63 (1985), 203–232; R. M. Sainsbury, Paradoxes, Cambridge etc. 1988, ³2009, 2010 (dt. Paradoxien, Stuttgart 1993, ⁴2010); G. Schlesinger, The Unpredictability of Free Choices, Brit. J. Philos. Sci. 25 (1974), 209–221; J. H. Schmidt, Newcomb's Paradox Realized with Backward Causation, Brit. J. Philos. Sci. 49 (1998), 67–87; C. Schmidt-Petri, N. P. and Repeated Prisoners' Dilemmas, Philos. Sci. 72 (2005), 1160–1173; B. Skyrms, Causal Decision Theory, J. Philos. 79 (1982), 695–711; P. Slezak, Demons, Deceivers and Liars. Newcomb's ›Malin Génie‹, Theory and Decision 61 (2006), 277–303; P. Snow, The Value of Information in N. P. and the Prisoners' Dilemma, Theory and Decision 18 (1985), 129–133; J. H. Sobel, Not Every Prisoner's Dilemma Is a Newcomb Problem, in: R. Campbell/L. Sowden (eds.), Paradoxes of Rationality and Cooperation [s. o.], 263–274; ders., Non-Dominance, Third Person and Non-Action Newcomb Problems, and Metatickles, Synthese 86 (1991), 143–172; ders., Some Versions of N. P. Are Prisoners' Dilemmas, Synthese 86 (1991), 197–208; R. A. Sorensen, The Iterated Versions of N. P. and the Prisoner's Dilemma, Synthese 63 (1985), 157–166; C. G. Swain, Cutting a Gordian Knot. The Solution to N. P., Philos. Stud. 53 (1988), 391–409; W. J. Talbott, Standard and Non-Standard Newcomb Problems, Synthese 70 (1987), 415–458; P. Weirich, Causal Decision Theory, SEP 2008, rev. 2012; D. H. Wolpert/G. Benford, The Lesson of Newcomb's Paradox, Synthese (2011). G. K.

New Foundations-Axiomensystem, Bezeichnung für die von W. V. O. Quine in »New Foundations for Mathematical Logic« (1937) vorgeschlagene Axiomatisierung der Mengenlehre (↑Mengenlehre, axiomatische), abgekürzt ›NF‹. Das System NF übernimmt typentheoretische Ideen (↑Typentheorien), geht jedoch nicht davon aus, daß seine ↑Variablen von vornherein nach Typen unterschieden sind. Es verlangt lediglich, daß im Komprehensionsaxiom (↑Komprehension), das die Existenz von Mengen zu Formeln ›$A(x)$‹ garantiert:

$$(*) \quad \bigvee_y \bigwedge_x (x \in y \leftrightarrow A(x)),$$

nur solche Formeln ›$A(x)$‹ verwendet werden dürfen, die ›stratifiziert‹ sind. Dabei heißt eine Formel *stratifiziert*, wenn es möglich ist, den in ihr vorkommenden Variablen natürliche Zahlen als Indizes so zuzuordnen, daß die Variable v in einer Teilformel der Gestalt $u \in v$ einen um 1 höheren Index als u und in $u = v$ denselben Index wie u erhält. So ist z. B. $x \in z \wedge y \in z$ stratifiziert (man ordne x, y, z etwa die Zahlen 1, 1, 2 zu); $\neg(x \in x)$ und $x \in y \wedge y \in x$ sind hingegen nicht stratifiziert (wenn im letzten Falle etwa x die Zahl n und y die Zahl m zugeordnet wäre, müßte $m = n + 1$ und $n = m + 1 = n + 2$ sein). Da sich die Bedingung der Stratifikation nur auf die im Komprehensionsaxiom verwendeten Formeln bezieht und keine Typendifferenzierung für die ganze Sprache eingeführt wird, kann NF als Theorie 1. Stufe formuliert werden. NF kombiniert also in gewissem Sinne E. Zermelos Ansatz, die Mengenbildung gemäß dem Komprehensionsaxiom einzuschränken, mit dem typentheoretischen Ansatz, der die Ursache der ↑Antinomien der Mengenlehre in der Nichtbeachtung von Typenunterschieden und einer resultierenden Bildung sinnloser Formeln sieht.

Trotz der Einfachheit seiner Axiomatik – NF besitzt wie Typentheorien außer dem Komprehensionsaxiom keine spezifischen Mengenbildungsaxiome – konnte sich NF gegenüber NBG, QM und ZF (↑Neumann-Bernays-Gödelsche Axiomensysteme, ↑Zermelo-Fraenkelsches Axiomensystem) in der mathematischen Praxis nicht durchsetzen, zum einen auf Grund von einigen kontraintuitiven Resultaten, die NF liefert, zum anderen weil die Bedingung der Stratifikation ein syntaktisch spezifiziertes System voraussetzt, das die (sich in einer nicht-formalisierten ›mathematischen Umgangssprache‹ vollziehende) mathematische Argumentation erschwert. Das gilt auch für das System ML, das von Quine in »Mathematical Logic« (1940) entwickelt wurde (und in der 2. Auflage 1951 verbessert wurde, nachdem J. B. Rosser [1942] einen Widerspruch nachweisen konnte). Hier wird, wie in NBG und QM, zwischen ›Klassen‹ und ›Mengen‹ unterschieden, das Komprehensionsaxiom ($*$) aus NF für Mengenvariablen x, y übernommen, wobei auch die stratifizierte Formel ›$A(x)$‹ nur Mengenvariablen enthalten darf, und ein imprädikatives (↑imprädikativ/Imprädikativität) Komprehensionsaxiom für Klassen (ohne Stratifikationsbedingung) entsprechend dem Komprehensionsaxiom von QM hinzufügt.

Literatur: T. Forster, Quine's New Foundations, SEP 2006; A. A. Fraenkel/Y. Bar-Hillel/A. Levy, Foundations of Set Theory, Amsterdam 1958, Amsterdam/London ²1973, Amsterdam etc. 1984; W. V. O. Quine, New Foundations for Mathematical Logic, Amer. Math. Monthly 44 (1937), 70–80, rev. in: ders., From a Logical Point of View. 9 Logico-Philosophical Essays, Cambridge Mass. 1953, Cambridge Mass., New York ²1961, Cambridge Mass. etc. 2003, 80–101 (dt. Neue Grundlagen der mathematischen Logik, in: ders., Von einem logischen Standpunkt. Neun logisch-philosophische Essays, Frankfurt 1979, 81–98); ders., Mathematical Logic, New York 1940, rev. Cambridge Mass. 1951, Cambridge Mass. etc. 1994; ders., On the Consistency of »New Foundations«, Proc. National Acad. Sci. USA 37 (1951), 538–540; ders., Set Theory and Its Logic, Cambridge Mass. 1963, rev. 1969, 1980; J. B. Rosser, The Burali-Forti Paradox, J. Symb. Log. 7 (1942), 1–17; ders., Logic for Mathematicians, New York/Toronto/London 1953, New York ²1987, Mineola N. Y. 2008. P. S.

Newton, Isaac, *Woolsthorpe (bei Grantham, Lincolnshire) 25. Dez. 1642, †London 20. März 1727, engl. Physiker, Mathematiker und Astronom. 1661 Beginn der Ausbildung im Trinity College, Cambridge, 1665 B.A. (unter anderem Studium von R. Descartes' »Géométrie« [1637] und »Principia philosophiae« [1644], J. Keplers »Dioptrice« [1611], G. Galileis »Dialogo« [1632], J. Wallis' »Arithmetica infinitorum« [1656], R. Hookes »Micrographia« [1665], K. Digbys »Two Treatises« [1644]; ferner Kenntnis der Werke R. Boyles, J. Glanvilles, H. Mores und P. Gassendis). Während einer 18monatigen Schließung der Universität (wegen der Pest) 1665/1666 formuliert N. in Woolsthorpe und Cambridge die Grundlagen seiner Theorien über die Gravitation, die Planetenbewegungen und die Natur des Lichts sowie die Fluxionsrechnung. 1667 Fellow of Trinity College, 1668 M.A., im gleichen Jahr Konstruktion eines Spiegelteleskops, 1669–1701 als Nachfolger seines Lehrers I. Barrow Lucasian Prof. der Mathematik in Cambridge (Vorlesungen über Optik [1670–1672], Arithmetik und Algebra [1673–1683], größere Teile von Buch I der »Principia« [1684–1685], »The System of the World« [1687]). 1672 Mitglied der Royal Society, ab 1703 bis zu seinem Tode deren Präsident. 1688/1689 und 1701/1702 Vertreter der Universität Cambridge im Parlament, 1696 Münzwardein, 1699 Vorsteher der Königlichen Münze in London, 1705 geadelt. – Mit der Formulierung des Gravitationsgesetzes (↑Gravitation) und dreier Axiome der ↑Mechanik, nämlich des Trägheitsgesetzes (↑Trägheit, ↑Inertialsystem), des Kraftgesetzes (↑Kraft) und des Gesetzes über die gegenseitige Einwirkung zweier ↑Körper (↑actio = reactio), begründet N. (unter Einbezug der von Galilei begründeten ↑Kinematik) die klassische ↑Physik. Sein Hauptwerk, die »Philosophiae naturalis principia mathematica« (1687), ist das erste Lehrbuch der theoretischen Physik. Ähnlich große Bedeutung haben N.s Untersuchungen über die Natur des Lichts (z. B. Analyse des weißen Lichts) für die Optik und die Begründung der Fluxionsrechnung (↑Fluxion) für die Mathematik (1705–1724) überlagert von einem der Sache nach unbegründeten Prioritätsstreit mit G. W. ↑Leibniz und dessen Anhängern). Wie N. Kopernikus in der Geschichte der ↑Astronomie, so verkörpert N. in der Geschichte der Physik und der sich am wissenschaftlichen Paradigma der Physik orientierenden (neuzeitlichen) Philosophie das Symbol neuzeitlicher (wissenschaftlicher) Rationalität.

In seinen Notizen aus den Jahren 1665/1666 behandelt N. elastische und unelastische Stöße (↑Stoßgesetze) und korrigiert Descartes' Erhaltungssatz durch zusätzliche Berücksichtigung der Bewegungsrichtung: Anhalten und Inbewegungsetzen eines Körpers erfordern die gleiche Kraft, die nach N. gleich der Änderung $\Delta(m\vec{v})$ der Bewegungsgröße und der Bewegungsrichtung ist. Unter dieser Voraussetzung bestimmt N. die *Zentripetalkraft* bei einer gleichförmigen Kreisbewegung. Dazu betrachtet er zunächst die Bewegung eines Körpers auf dem Umfang eines n-Ecks, das einem Kreis einbeschrieben ist. Die Richtungsänderungen an den Ecken erfordern Stöße, die aufzusummieren sind und im Falle des Grenzübergangs vom n-Eck zum Kreis die Zentripetalkraft einer Kreisbewegung bestimmen. In einem anderen Ansatz aus dieser Zeit berechnet N. die Zentripetalbeschleunigung $b = \dfrac{v^2}{r}$ für die gleichförmige Geschwindigkeit v auf einem Kreis mit Radius r analog zu C. ↑Huygens. Durch Kombination dieses Ausdrucks mit dem 3. Keplerschen Gesetz entdeckt N. das *Gravitationsgesetz*. Behandelt man nämlich die Planetenbahnen idealisierend als Kreise, so gilt für deren Umlaufzeit T nach Kepler $T^2 \sim r^3$. Für die Bahngeschwindigkeit $v = \dfrac{2\pi r}{T}$ folgt $v^2 \sim \dfrac{r^2}{T^2} \sim \dfrac{1}{r}$, also für die Zentripetalbeschleunigung in Richtung Sonne: $b \sim \dfrac{1}{r^2}$.

Erst auf Drängen von R. Hooke (1679) und E. Halley (1684) faßt N. seine Ergebnisse in einer Vorlesungsnachschrift zusammen, aus der 1687 die drei Bücher der »Philosophiae naturalis principia mathematica« entstehen. Im Vorwort wird die Forschungsmethode erläutert, wonach zunächst in den Erscheinungen der Bewegungen die Kräfte der Natur zu bestimmen und dann aus den Gesetzen dieser Kräfte alle Erscheinungen zu deduzieren sind. Es folgen acht Definitionen, in denen die ↑Masse (*quantitas materiae*), die Bewegungsgröße (*quantitas motus*), die Trägheitskraft (*vis insita* bzw. *inertiae*), die eingeprägte Kraft (*vis impressa*) und die Zentripetalkraft (*vis centripeta*), allerdings häufig nicht in eindeutiger Weise, eingeführt werden. Ein Scholium definiert die für die klassische Mechanik grundlegenden Begriffe des absoluten Raumes (↑Raum, absoluter) und der absoluten Zeit (↑Zeit, absolute), die den späteren Begriff des Inertialsystems vorbereiten und – hinsichtlich des Begriffs des absoluten Raumes – von N. im so genannten ↑Eimerversuch begründet werden. Es folgen drei nach N. benannte Bewegungsaxiome (*leges motus*). Das Kraftgesetz läßt die Änderung der Bewegung nach Größe und Richtung einer einwirkenden Kraft entsprechen (›2. N.sches Gesetz‹); es wurde ebenso wie das 3. N.sche Gesetz (*actio = reactio*) über die gegenseitige Einwirkung zweier Körper durch den Stoß elastischer Körper nahegelegt. Die Zusammenwirkung von Kräften nach dem Parallelogrammgesetz (↑Parallelogrammregel) wird aus der Zusammensetzung von Geschwindigkeitsänderungen geschlossen. Die Erhaltung der gesamten Bewegungsgröße (↑Impuls) bei der gegenseitigen Einwirkung zweier Körper ist eine unmittelbare Folge des 2. und 3. Gesetzes.

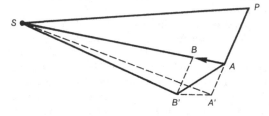

Abb. 1

Das 1. Buch der »Principia« behandelt Körperbewegungen ohne Widerstand eines umgebenden Mediums. Als mathematische Hilfsmittel werden zunächst Sätze über ↑Grenzwerte von Verhältnissen, in der (heutigen) Terminologie nach Leibniz also über Differentialquotienten (↑Infinitesimalrechnung), zusammengestellt. Nach antikem Exaktheitsideal versucht N. unter Vermeidung seiner Fluxionsrechnung eine geometrische Begründung der Grenzwertsätze. Seine infinitesimalen Grundbegriffe, z. B. ›das letzte Verhältnis verschwindender Größen‹, bleiben jedoch dunkel. Zudem führt die Schwerfälligkeit der antiken Beweismethode (↑reductio ad absurdum) dazu, daß N.s mathematische Darstellung bald nach Erscheinen der »Principia« überholt war. Physikalisch beginnt das 1. Buch mit Bewegungen von Massenpunkten unter dem Einfluß von Zentripetalkräften, die auf einen ruhenden oder bewegten Punkt ausgerichtet sind. So wird axiomatisch eine allgemeine Form des Keplerschen Flächensatzes (↑Kepler) für beliebige Punktbewegungen deduziert, deren Radien auf ein ruhendes oder bewegtes Zentrum gerichtet sind (Sect. II, Prop. I, Theorema I): Nach dem 1. Gesetz würde sich ein Körper auf der Geraden PAA' (Abb. 1) mit konstanter Geschwindigkeit bewegen, so daß $PA = AA'$ ist und für die Flächeninhalte der vom Radius SP in gleichen Zeiten Δt überstrichenen Dreiecke $SPA = SAA'$ gilt. Eine gekrümmte Bahn läßt auf eine einwirkende Kraft schließen, die nach dem 2. Gesetz in der Richtung AS wirkt

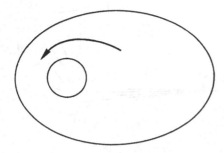

Abb. 2

und von der Größe AB sei. Bewegt sich daher P in der Zeit Δt nach B' anstatt nach A', so gilt wegen $SAB' = SAA'$ immer noch $SPA = SAB'$. Eine Grenzwertbetrachtung führt vom polygonalen Weg zur gekrümmten Bahn. Ein allgemeines Potenzgesetz für die Umlaufzeit $T \sim r^n$ liefert für den Spezialfall $n = \dfrac{3}{2}$ das Kraftgesetz $F \sim \dfrac{1}{r^2}$. Einen Prioritätsstreit mit Hooke über die Entdeckung dieses Gesetzes klärt N. durch einen Hinweis auf C. Wren und Halley. In Sectio III zeigt N., wie man unter Voraussetzung der Bahnkurve und des allgemeinen Flächensatzes die jeweilige Zentripetalkraft berechnen kann, z. B. für einen Kegelschnitt wie im Keplerschen Fall mit Kraftzentrum in einem Brennpunkt. Die besondere Leistung N.s besteht jedoch in der Umkehrung des Problems, nämlich der Ableitung der Bahnkurven (also z. B. der Ellipsenbahn in Keplers 1. Gesetz) aus entsprechenden Kraftgesetzen. Die moderne Deduktion der Bahnkurven aus ↑Differentialgleichungen, die sich aus dem Integralsatz der Äquivalenz von kinetischer und potentieller Energie ergeben, trägt N. rein geometrisch vor. Er wendet schließlich seine Sätze auf mehrere Massenpunkte an, unterscheidet beim Zweikörperproblem Schwerpunkt- und Relativbewegung und entwickelt für das ↑Dreikörperproblem eine Störrechnung. N. zeigt ferner, daß eine Kugel bei kugelsymmetrischer Massenverteilung für die Gravitationswirkung durch ihren Mittelpunkt ersetzt werden kann.

Im 2. Buch der »Principia« behandelt N. Körperbewegungen in bestimmten Medien, z. B. Strömungen von Gasen und Flüssigkeiten, die als Kräfte berücksichtigt werden. So können neue Entdeckungen wie das Boylesche Gasgesetz (↑Boyle) und die barometrische Höhenformel erklärt werden. N.s Untersuchung von Flüssigkeitswirbeln zeigt, daß die Huygenssche Wirbelhypothese (↑Wirbeltheorie) zur Erklärung der Planetenbewegung (↑Huygens) dem 2. Planetengesetz widerspricht: da die Planetenbahnen nicht ganz rotationssymmetrisch sind, erhält die Wirbelflüssigkeit unterschiedli-

chen Querschnitt (Abb. 2). Die Strömungsgeschwindigkeit ist diesem Querschnitt umgekehrt proportional, was dem Keplerschen Flächensatz widerspricht. Das 3. Buch wendet die Sätze des 1. Buches auf die Planetentheorie an; es trägt wegen seiner spektakulären Ergebnisse, weniger wegen seiner mathematischen Darstellung, zur Popularisierung der »Principia« bei. Zunächst werden ›Phänomene‹, d. h. Erfahrungssätze, zusammengestellt: für die Bewegung der Jupitermonde gelten der Flächensatz und das 3. Keplersche Gesetz; Merkur, Venus, Erde, Mars, Jupiter und Saturn laufen um die Sonne und genügen den Keplerschen Gesetzen; der Mond bewegt sich um die Erde und genügt dem Flächensatz. Aus dem 1. Buch folgt: Jupitermonde wie Erdmond werden von einer Kraft $F \sim \dfrac{1}{r^2}$ beeinflußt, die zum Jupiter bzw. zur Erde zeigt. Die Planeten werden jeweils durch eine entsprechende Kraft beeinflußt, die zur Sonne weist und proportional der Planetenmasse ist. Zentral ist N.s Nachweis, daß sowohl Galileis Erdphysik als auch Keplers Himmelsmechanik durch die Gravitationstheorie erklärt werden. Diese seine Behauptung, die endgültig die Aristotelische Unterscheidung von sublunarer und supralunarer Welt aufhebt, erläutert N. zunächst in einem ↑Gedankenexperiment: Körper, die von einem hohen Berg geworfen werden (Abb. 3), kehren nach Galilei auf Grund der Schwere in parabolischen Wurfbahnen zur Erde zurück. Bei immer größer werdender Wurfkraft gehen sie schließlich in eine Erdumlaufbahn über, in der sie durch die Zentripetalkraft gehalten werden. Empirisch überprüft N. die Gleichheit der Zentripetalkraft und der Schwere des Mondes, indem er zunächst aus dem Abstand Mond–Erde sowie der Umlaufzeit und der Bahnlänge des Mondes den Bahnbogen LC (Abb. 4) und daraus den Fallraum LD berechnet, den der Mond allein auf Grund der Zentripetalkraft in Richtung Erde pro Minute zurücklegen würde. Da diese

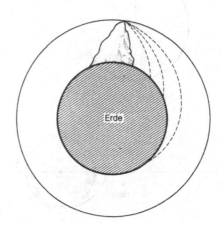

Abb. 3

Kraft bei Annäherung an die Erde nach dem Gravitationsgesetz zunimmt, lassen sich entsprechende Werte von fallenden Körpern an der Erdoberfläche berechnen, die mit Galileis ↑Fallgesetz und den Pendelversuchen von Huygens nachgeprüft werden können. Ergebnis dieses ›Mondtests‹ ist, daß die mit dem Abstandsquadrat zunehmende Zentripetalkraft auf den Mond an der Erdoberfläche gerade die Stärke der irdischen Schwerkraft besitzt. Da nach N.s zweiter ↑›regula philosophandi‹ gleiche Wirkungen gleiche Ursachen haben (↑Kausalität), setzt N. Zentripetalkraft und Schwere gleich. Populär wurde N.s Erklärung von Ebbe und Flut anhand der Mondanziehung. Da die Gravitationswirkung mit wachsender Entfernung abnimmt, wird das Wasser auf der dem Mond zugekehrten Seite stärker als die Erde angezogen, das Wasser auf der abgewandten Seite schwächer (Abb. 5). In Verbindung mit der Erdrotation können so die beiden täglichen Flutwellen in etwa gleichem Abstand erklärt werden.

Am Anfang von N.s Beschäftigung mit der *Optik* steht die Konstruktion von Spiegelfernrohren. In einer 1672 an die Royal Society gesandten Arbeit (A New Theory of Light and Colours) berichtet N. von seinem ↑›experimentum crucis‹ über die Zerlegung weißen Lichtes in Spektralfarben. Eine durch Zerlegung im 1. Prisma (Abb. 6) isolierte Spektralfarbe behält auch im 2. Prisma

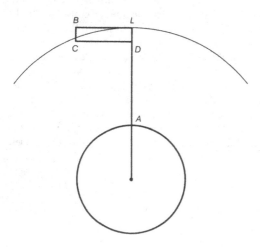

Abb. 4

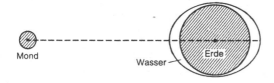

Abb. 5

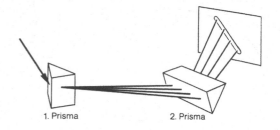

1. Prisma   2. Prisma

Abb. 6

ihre Farbe bei. Farbe und Brechbarkeit hängen zusammen, wobei z.B. Blau stärker gebrochen wird als Rot. Weißes Licht kann durch Synthese aus allen Farben im richtigen Verhältnis wiederhergestellt werden. Die Körperfarben kommen durch unterschiedliche Reflexion des einfallenden Lichts zustande. Die Hookesche Hypothese (↑Hooke), wonach Licht als Erregung des ↑Äthers zu verstehen sei, lehnt N. mit dem Hinweis ab, daß so die geradlinige Lichtausbreitung nicht erklärt werden könne. Demgegenüber kritisiert Huygens an N.s Optik (ebenso wie an dessen Gravitationstheorie) das Fehlen einer physikalischen Erklärung. 1704 faßt N. seine optischen Ergebnisse in den drei Büchern der »Opticks« zusammen (das 1. Buch ist eine Neufassung der Abhandlung von 1672). N. erklärt unter anderem das Brechungsgesetz (wie Descartes durch die Bewegungsgröße von Teilchen) und den Regenbogen. Das 2. Buch ist die Neufassung einer Abhandlung von 1675 über die Farben dünner Schichten. So werden unter anderem die später so genannten N.schen Ringe erklärt. Weiter stellt N. fest, daß die einzelnen Farben nach Durchgang durch eine brechende Fläche periodisch wiederkehrende Dispositionen zur Reflexion und dazwischen Dispositionen zum Durchlaß zeigen. Violettes Licht hat die kürzeste, rotes Licht die längste Periode. Bei verschiedenen Substanzen und gegebener Farbe bleibt das Produkt aus Periodenlänge und Brechungsindex ungeändert. Das 3. Buch behandelt Erscheinungen der Beugung. N. entdeckt bei Lichtstrahlen eine Orientiertheit des Lichtes auf eine (zur Ausbreitungsrichtung senkrechte) Richtung hin, die durch die Stellung eines analysierenden Kristalls definiert ist. Unter Voraussetzung der Korpuskelvorstellung des Lichts erklärt N. diese Erscheinung durch eine zweiseitige Kraft der Lichtkorpuskel, vergleichbar den zwei Polen eines Magneten (woran die Bezeichnung ›Polarisation des Lichts‹ erinnert). Das 3. Buch schließt mit ›Fragen‹ (*queries*), die sich mit der Ätherhypothese, chemischen Reaktionen und physiologischen Problemen der Lichtwahrnehmung befassen, ferner mit methodologischen Grundsätzen.

N.s Beiträge zur *Mathematik* betreffen nicht nur, wie die Fluxionsrechnung, die ↑Analysis, sondern auch ↑Algebra, ↑Zahlentheorie, synthetische und analytische Geometrie (↑Geometrie, analytische) sowie Interpolationsverfahren. So bestimmt N. 1665 die binomische ↑Reihe und integriert mit Potenzreihen. Seine ersten Manuskripte zur Fluxionsrechnung, z. B. »De analysi per aequationes numero terminorum infinitas« (1669) und »Methodus fluxionum et serierum infinitarum« (1671), werden zunächst nicht publiziert, was unter anderem zum Prioritätsstreit mit Leibniz beiträgt. Zentral ist die Behandlung der Quadrierung (›Integration‹) als inverses Problem der Differenzierung algebraischer Funktionen. Die noch heute in der Physik übliche Punktnotation wie $\dot{x}$ für $\frac{dx}{dt}$ und $\ddot{x}$ für $\frac{d^2x}{dt^2}$ verwendet N. erst später (seit ca. 1691). Gilt für die Größen x und y z. B. $\sum a_{mn}x^m y^n = c$ mit konstantem c, so folgt für die Fluxionen $\dot{x}$ und $\dot{y}$:

$$\sum a_{mn}x^m y^n \left(m\frac{\dot{x}}{x} + n\frac{\dot{y}}{y} \right) = 0.$$

N. trennt die Theorie algebraischer und transzendenter Kurven streng von der synthetischen Elementargeometrie. In der »Arithmetica universalis« betont er, daß Rechenausdrücke in der Geometrie keinen Platz haben. Die Theorie höherer Kurven zählt N. daher zur Algebra und nicht zur Geometrie; ihre graphische Erzeugung ist Gegenstand der Kinematik. In »Enumeratio linearum tertii ordinis« (1667 oder 1668 geschrieben, 1704 im Anhang zu den »Opticks« veröffentlicht) werden zum ersten Mal 72 der 78 möglichen Kurven 3. Grades graphisch in zwei Koordinatenachsen aufgezeichnet. Dabei gibt N. die fehlerhafte cartesische Kurvenklassifikation auf zugunsten der modernen nach dem Grad der Gleichung. Er erwähnt eine projektive Charakterisierung dieser Kurven: so wie die Kegelschnitte durch Projektionen des Kreises erzeugt werden, entstehen die Kurven 3. Grades durch Projektion der Kurve $y^2 = ax^3 + bx^2 + cx + d$. In der analytischen Geometrie liefert N. Transformationsformeln für den Übergang zwischen rechtwinkligen (cartesischen) ↑Koordinaten und Polarkoordinaten. Trotz seiner zahlreichen neuartigen Beiträge zur Mathematik fällt N.s Festhalten am geometrischen Exaktheitsideal der Antike auf. Historisch hat N. die Entwicklung der Mathematik in England bis ins 18. Jh. beeinflußt.

Schwer beurteilbar hinsichtlich ihrer sachlichen Bedeutung für N.s wissenschaftliches Werk, aber auch hinsichtlich ihres historischen und textgeschichtlichen Hintergrundes, sind N.s umfangreiche, größtenteils noch unedierte *alchimistische* (↑Alchemie) und *hermetische* (↑hermetisch/Hermetik) Schriften, ferner seine Studien zur *prophetischen* Literatur (Observations Upon the Prophecies of Daniel and the Apocalypse of St. John, 1733). Einerseits besitzen N.s Bemühungen in diesen Bereichen häufig einen rein exegetischen Charakter. So ist die Prophetieabhandlung vor allem durch hermeneutische Probleme der ›Entzifferung‹ einer esoterischen, bildlichen Sprache und deren ›Übersetzung‹ in eine exoterische Sprache bestimmt. Ungefähr das gleiche gilt für alchimistische Texte, sofern diese nicht lediglich Exzerpte und Zusammenfassungen alchimistischer Literatur darstellen. Andererseits benutzt N. in derartigen Texten selbst alchimistische Darstellungsformen und (auch in seinen publizierten Schriften) eine alchimistische Terminologie (vgl. Opticks Qu. 30, ^{4}1730, 374: »Nature [...] seems delighted with Transmutations«). Hermetische Traditionen besitzen für N. faktische Geltung. So nimmt er an, daß das Gravitationsgesetz bereits pythagoreischen und chaldäischen Traditionen bekannt war (zeitweilig beabsichtigt N., Hinweise auf derartige Traditionen nachträglich in Form eines Scholiums zu Beginn des 3. Buches in die »Principia« einzufügen; vgl. I. B. Cohen 1964, J. E. McGuire/P. M. Rattansi 1966). Explizite Stellungnahmen zur ›hermetischen Philosophie‹ lassen teils Zustimmung, teils kritische Distanz erkennen (vgl. Brief vom 26. 4. 1676 an H. Oldenburg, The Correspondence II, 1–2). Ein direkter Einfluß von Alchemie und Hermetik auf N.s physikalisches, astronomisches und optisches Werk ist, abgesehen von einigen terminologischen Bezügen in N.s Theorie der Materie und seinen chemischen Untersuchungen, nicht erkennbar (vgl. Cohen, N., DSB X [1974], 81–83). Seine *chronologischen* Studien (The Chronology of Ancient Kingdoms Amended [...], 1728) verfolgen vor allem den Zweck, astronomische Mittel für historische Datierungen, wo diese quellenmäßig auf Schwierigkeiten stoßen, nutzbar zu machen.

Auf einer anderen Ebene liegen *theologische* Elemente in N.s Werk. Abgesehen von umfangreichen theologischen Texten, die einerseits N.s antitrinitarische Vorstellungen zum Ausdruck bringen, andererseits, wie die Prophetieabhandlung, exegetische Bemühungen dokumentieren, dienen theologische Begriffsbildungen und Argumentationen im publizierten wissenschaftlichen Werk, wie etwa bei Galilei, Kepler und Leibniz, sowohl konzeptionellen als auch erläuternden Zwecken. So postuliert N. z. B., da er im Gegensatz zu Huygens und Leibniz keinen allgemeinen ↑Erhaltungssatz der Bewegungsenergie akzeptiert, ein hypothetisches Eingreifen Gottes in die Natur, dazu dienend, den Verlust an Energie im Weltall (etwa durch Reibung und Stöße) auszugleichen. Die Gleichsetzung des absoluten Raumes mit der Allgegenwart Gottes (vgl. Opticks Qu. 28, 31, ^{4}1730, 370, 403) dient dagegen eher dem erläuternden Anschluß an zeitgenössische Vorstellungen (in diesem Falle beeinflußt durch die neuplatonistischen [↑Neuplatonismus] und kabbalistischen [↑Kabbala] Spekulationen ↑Mores). Darüber hinaus sind N.s Bemerkungen über die Präsenz und Herrschaft Gottes in der Natur im »Scholium generale« (Principia ²1713, 482–483, ³1726, 528–529) sowohl Ausdruck eines ihm eigentümlichen religiösen Enthusiasmus als auch Mittel zur Abwehr eines von G. Berkeley (hinsichtlich der Begriffe des absoluten Raumes und der absoluten Zeit) und Leibniz (hinsichtlich des Begriffs der Gravitation) gegenüber N. geltend gemachten Atheismusverdachts. Hier handelt es sich wiederum um Nachträge zu einem systematisch bereits abgeschlossenen Werk.

Im gleichen Maße, in dem die Mechanik N.s das Paradigma der neuzeitlichen Physik und ihres mechanistischen Weltbildes (↑Weltbild, mechanistisches) darstellt, werden N.s *methodologische* Stellungnahmen zum *wissenschaftstheoretischen* Paradigma der neuzeitlichen Naturwissenschaft. Ihren formelhaften Ausdruck findet N.s Methodologie in der Ablehnung eines hypothetischen Vorgehens (↑Hypothese): »hypotheses non fingo« (Principia, ²1713, 484) – gemeint ist: das ›Erdichten‹ von Hypothesen (»feigning hypotheses«, Opticks Qu. 28, ⁴1730, 369). Mit derartigen Formulierungen wendet sich N. sowohl gegen die Leibnizsche Kritik an seinem Begriff der Gravitation ([später publizierter] Brief vom 6. 2. 1711 an H. Hartsoeker, Philos. Schr. III, 519) als auch z. B. gegen die Wirbelhypothese von Huygens. N. lehnt es dabei ab, das Phänomen der Gravitation (›hypothetisch‹) zu erklären und beschränkt sich auf quantitative Angaben. Terminologisch dürfte das Hypothesenverdikt durch die Terminologie des Gegners, in diesem Falle der cartesischen Methodologie, bestimmt sein, seinem Motiv nach durch die Absicht, sich von der sich in der zeitgenössischen Diskussion abzeichnenden Bevormundung durch die Philosophie J. Lockes zu lösen und die methodologische und erkenntnistheoretische Auseinandersetzung selbst zu führen.

Ausdruck dieser neuen Orientierung ist N.s Versuch, seiner Mechanik nachträglich eine Interpretation zu geben, die sie als die Erfüllung des Programms darstellt, physikalische Sätze induktiv aus Erfahrungssätzen herzuleiten (vgl. Opticks Qu. 31, ⁴1730, 401). Das soll auch für die axiomatischen Teile der »Principia« gelten, wodurch N. mit seiner Methodologie in Widerspruch zum faktischen methodischen Aufbau seiner Mechanik gerät, der dem *synthetischen* Methodenideal (↑Methode, synthetische) folgt. Nach dieser Wendung tritt, methodologisch durch eine Ergänzung der ↑›regulae philosophandi‹ um eine vierte Regel zum Ausdruck gebracht, das *induktive* Methodenideal (↑Induktion) an die Stelle des synthetischen. Begrifflich geschieht dies durch eine synthetische und analytische Elemente methodisch miteinander verbindende Umdeutung des *analytischen* Methodenideals (↑Methode, analytische), das sich bei N. in Richtung auf eine Methodologie von Ursache und Wirkung verschiebt: als ›Analysis‹ tritt bei N. die Angabe

von Ursachen für beobachtete Wirkungen auf, als ›Synthesis‹ der Schluß von beobachteten Ursachen auf Wirkungen (Opticks Qu. 31, ⁴1730, 404–405). Damit unterliegt im Gegensatz zu früheren methodologischen Konzeptionen, die unter ›Analysis‹ die apriorische Klärung von Grundbegriffen und Grundsätzen verstanden, nunmehr auch die Analysis einer empirischen Kontrolle. N.s Methodologie stellt insofern wissenschaftstheoretisch betrachtet den ersten konsequenten Versuch einer empiristischen (↑Empirismus) Grundlegung der Physik dar.

Werke: Philosophiae naturalis principia mathematica, London 1687 (repr. London 1960, Brüssel 1965), Cambridge ²1713, Amsterdam 1714, 1723, London ³1726 (repr. unter dem Titel: I. N.'s Philosophiae naturalis principia mathematica. The Third Edition [1726]. With Variant Readings, I–II, ed. A. Koyré/B. Cohen/A. Whitman, Cambridge Mass. 1972) (engl. The Mathematical Principles of Natural Philosophy, I–II, trans. A. Motte, London 1729, in einem Bd. unter dem Titel: Mathematical Principles of Natural Philosophy and His System of the World, ed. F. Cajori, Berkeley Calif., London/Cambridge 1934, I–II, Berkeley Calif./Los Angeles/London 1962, New York 1969, in einem Bd. unter dem Titel: The Principia. Mathematical Principles of Natural Philosophy, New Trans. I. B. Cohen/A. Whitman/J. Budenz, Berkeley Calif. 1999; franz. Principes mathématiques de la philosophie naturelle, I–II, ed. G.-E. du Châtelet, Paris 1756 [repr. Paris 1966], 1759 [mit Vorwort von Voltaire, v–xiii] [repr. Paris 1990], unter dem Titel: De Philosophiae naturalis principia mathematica/Les principes mathématiques de la philosophie naturelle, neu übers. M.-F. Biarnais, Paris 1985, unter dem Titel: Les principes mathématiques de la philosophie naturelle. 1687, übers. C. Scotta, Basse-Goulaine 1991, unter dem Titel: Principia. Principes mathématiques de la philosophie naturelle, Paris 2005, 2011 [Neudr. der Ausg. von G.-E. du Châtelet, 1759]; dt. Mathematische Principien der Naturlehre, ed. J. P. Wolfers, Berlin 1872 [repr. Darmstadt 1963, Frankfurt 1992], Leipzig o. J. [1932], unter dem Titel: Die mathematischen Prinzipien der Physik, übers. u. ed. V. Schüller, Berlin/New York 1999); A New and most Accurate Theory of the Moon's Motion. Whereby all Her Irregularities May Be Solved [...], London 1702 (repr. unter dem Titel: I. N.'s »Theory of the Moon's Motion« (1702), ed. I. B. Cohen, Folkstone 1975); Opticks. Or, A Treatise of the Reflexions, Refractions, Inflexions and Colours of Light [...], London 1704 (repr. Brüssel 1966), erw. ²1717, 1718, ³1721, ⁴1730 (repr., introd. E. Whittaker, London 1931, ed. I. B. Cohen/D. H. D. Roller, New York 1952, 1979) (lat. [erw. um Qu. XVII–XXIII] Optice, sive de reflexionibus, refractionibus, inflexionibus & coloribus lucis libri tres, London 1706, ²1719 [1718], Lausanne/Genf 1740; franz. Traité d'optique sur les reflexions, refractions, inflexions, et couleurs de la lumière, I–II, trans. P. Coste, Amsterdam 1720, unter dem Titel: Traité d'optique sur les reflexions, refractions, inflexions, et les couleurs de la lumière, ²1722 [repr., ed. M. Solovine, Paris 1955], unter dem Titel: Optique, übers. J.-P. Marat, Paris 1989; dt. Sir I. N.'s Optik oder Abhandlung über Spiegelungen, Brechungen, Beugungen und Farben des Lichts (1704), I–II, übers. u. ed. W. Abendroth, Leipzig 1898 [Ostwald's Klassiker d. exakt. Wiss. 96/97] [repr. in einem Bd., Braunschweig/Wiesbaden 1983, Thun/Frankfurt 2001]); Arithmetica universalis [...], ed. W. Whiston, Cambridge 1707, London ²1722, Leiden 1732,

Amsterdam 1761 (engl. Universal Arithmetick [...], London 1720, [2]1728, 1769; franz. Arithmétique universelle de N., I–II, ed. N. Beaudeux, Paris 1802 [repr. Paris 2008]); A Treatise of the System of the World [frühe Version von Buch III der »Principia«], London 1728, [2]1731 (repr., ed. I. B. Cohen, London 1969, Mineola N. Y. 2004), [3]1737 (lat. De mundi systemate liber, London 1728, 1731); The Chronology of Ancient Kingdoms Amended [...], London 1728 (repr. London 1988), 1770 (franz. La chronologie des anciens royaumes corrigée [...], Paris 1728; dt. [gekürzt] Kurtzer Auszug aus des weltberühmten I. N.s Chronologie derer alten Königreiche, Meiningen 1741, 1745); Lectiones opticae, London 1729 (engl. [erster Teil] Optical Lectures [...], London 1728, neu nach den Manuskripten ed. unter dem Titel: The Optical Papers of I. N. I (The Optical Lectures, 1670–1672), ed. A. E. Shapiro, Cambridge etc. 1984; Observations Upon the Prophecies of Daniel and the Apocalypse of St. John, London, Dublin 1733 (repr. Zürich 1985, Cave Junction Oreg. 1991), Dublin 1738, crit. ed. S. J. Barnett, Lewiston N. Y./Lampeter 1999 (lat. Ad Danielis profetae vaticinia nec non sancti Joannis Apocalypsin observationes, Amsterdam 1737 [dt. Beobachtungen zu den Weißagungen des Propheten Daniels (...), I–II, Leipzig/Liegnitz 1765]); Opuscula mathematica, philosophica et philologica, I–III, ed. J. Castillon, Lausanne/Genf 1744; Opera quae extant omnia, I–V, ed. S. Horsley, London 1779–1785 (repr. Stuttgart-Bad Cannstatt 1964); Theological Manuscripts, ed. H. McLachlan, Liverpool 1950; I. N.'s Papers & Letters on Natural Philosophy and Related Documents, ed. I. B. Cohen/R. E. Schofield, Cambridge Mass. 1958, [2]1978; Unpublished Scientific Papers of I. N.. A Selection from the Portsmouth Collection in the University Library, Cambridge, ed. A. R. Hall/M. Boas Hall, Cambridge 1962, 1978; De gravitatione et aequipondio fluidorum, in: A. R. Hall/M. Boas Hall, Unpublished Scientific Papers of I. N. [s. o.], 89–156, unter dem Titel: De la gravitation ou les fondements de la mécanique classique [lat./franz.], ed. M.-F. Biarnais, Paris 1985, unter dem Titel: Über die Gravitation [...]. Texte zu den philosophischen Grundlagen der klassischen Mechanik [lat./dt.], ed. G. Böhme, Frankfurt 1988 [mit Faksimile des MS. Add. 4003]; The Mathematical Works of I. N. [Repr. früher Übersetzungen mathematischer Arbeiten], I–II, ed. D. T. Whiteside, New York/London 1964/1967; The Mathematical Papers of I. N., I–VIII, ed. D. T. Whiteside, Cambridge 1967–1981, Cambridge etc. 2008; The Unpublished First Version of I. N.'s Cambridge Lectures on Optics 1670–1672. A Facsimile of the Autograph, now Cambridge University Library Ms. Add. 4022, ed. D. T. Whiteside, Cambridge 1973; Certain Philosophical Questions. N.'s Trinity Notebook, ed. J. E. McGuire/M. Tamny, Cambridge etc. 1983, 2002; The Preliminary Manuscripts for I. N.'s 1687 Principia. 1684–1685. Facsimiles of the Original Autographs, now in Cambridge University Library, ed. D. T. Whiteside, Cambridge etc. 1989; De la gravitation. Suivi de Du movement des corps, ed. F. de Gandt, übers. ders./M.-F. Biarnais; Écrits sur la religion, ed. J.-F. Baillon, Paris 1996; N.. Philosophical Writings, ed. A. Janiak, Cambridge etc. 2004, 2009. – Correspondence of Sir I. N. and Professor Cotes, Including Letters of Other Eminent Men [...], ed. J. Edleston, London 1850 (repr. London 1969); The Correspondence of I. N., I–VII, I–III, ed. H. W. Turnbull, IV, ed. J. F. Scott, V–VII, ed. A. R. Hall/L. Tilling, Cambridge etc. 1959–1977 (repr. 2008). – I. B. Cohen, N. in the Light of Recent Scholarship, Isis 51 (1960), 489–514; G. J. Gray, A Bibliography of the Works of Sir I. N., Together with a List of Books Illustrating His Works, Cambridge 1888, [2]1907 (repr. London 1966); J. E. Hofmann, Neue Newtoniana, Stud. Leibn. 2 (1970),

140–145; C. Pighetti, Cinquant'anni di studi newtoniani (1908–1959), Riv. crit. stor. filos. 15 (1960), 181–203, 295–318; W. B. Todd, A Bibliography of the »Principia«, in: I. N.'s Philosophia naturalis principia mathematica, ed. A. Koyré/I. B. Cohen/A. Whitman [s. o.] II, 851–883; P. Wallis/R. Wallis, N. and Newtoniana, 1672–1975. A Bibliography, Folkestone 1977; D. T. Whiteside, The Expanding World of Newtonian Research, Hist. Sci. 1 (1962), 16–29; ders., The Latest on N. [...], Notes and Records Royal Soc. London 44 (1990), 111–117; M. Whitrow (ed.), ISIS Cumulative Bibliography [...] 1913–1965, II, London 1971, 221–232; A. P. Youschkevitch, Soviet Literature on N., DSB X (1974), 101–103; H. Zeitlinger, A N. Bibliography, in: W. J. Greenstreet (ed.), I. N., 1642–1727 [s. u., Lit.], 148–170; Totok IV (1981), 531–548. – A Catalogue of the Portsmouth Collection of Books and Papers Written by or Belonging to Sir I. N. [...], Cambridge 1888; Catalogue of the N. Papers [...] Which Will Be Sold by Auction by Messrs. Sotheby and Co. London [...], London 1936; A Descriptive Catalogue of the Grace K. Babson Collection of the Works of Sir I. N. [...], New York 1950, A Supplement [...], ed. H. P. Macomber, Babson Park Mass. 1955.

Literatur: P. Ackroyd, I. N., London, New York 2006, London 2007; E. J. Aiton, The Inverse Problem of Central Forces, Ann. Sci. 20 (1964), 81–99; ders., N.'s Aether-Stream Hypothesis and the Inverse Square Law of Gravitation, Ann. Sci. 25 (1969), 255–260; ders., The Vortex Theory of Planetary Motions, London, New York 1972, 90–124 (Chap. 5 Attraction Theories. N. and His Precursors); ders., N.'s Principia, Hist. Sci. 11 (1973), 217–230 [Besprechung der Principia-Ausgabe, ed. A. Koyré/I. B. Cohen/A. Whitman (s. o., Werke)]; E. N. da C. Andrade, Sir I. N.. His Life and Work, London, Garden City N. Y. 1954, Westport Conn. 1979; P. Anstey, The Methodological Origins of N.'s Queries, Stud. Hist. Philos. Sci. 35 (2004), 247–269; H. D. Anthony, Sir I. N., London/New York/Toronto 1960; R. Arthur, Space and Relativity in N. and Leibniz, Brit. J. Philos. Sci. 45 (1994), 219–240; ders., N.'s Fluxions and Equably Flowing Time, Stud. Hist. Philos. Sci. 26 (1995), 323–351; J.-P. Auffray, N. ou le triomphe de l'alchemie, Paris 2000; P. Aughton, N.'s Apple. I. N. and the English Scientific Renaissance, London 2003; W. Balzer, Die epistemologische Rolle des zweiten N.schen Axioms, Philos. Nat. 17 (1979), 131–149; J. S. Bardi, The Calculus Wars. N., Leibniz, and the Greatest Mathematical Clash of All Time, London, New York 2006, 2007; M. E. Baron, The Origins of the Infinitesimal Calculus, Oxford/London/New York 1969 (repr. New York 1987, Mineola N. Y. 2003); G. Barthélémy, N. mécanicien du cosmos, Paris 1992; Z. Bechler, N.'s Search for a Mechanistic Model of Colour Dispersion. A Suggested Interpretation, Arch. Hist. Ex. Sci. 11 (1973), 1–37; ders., N.'s Law of Forces which Are Inversely as the Mass. A Suggested Interpretation of His Later Efforts to Normalise a Mechanistic Model of Optical Dispersion, Centaurus 18 (1974), 184–222; ders., N.'s 1672 Optical Controversies. A Study in the Grammar of Scientific Dissent, in: Y. Elkana (ed.), The Interaction between Science and Philosophy, Atlantic Highlands N. J. 1974, 115–142; ders. (ed.), Contemporary Newtonian Research, Dordrecht/Boston Mass./London 1982 (Beiträge von I. B. Cohen, R. W. Home, J. E. McGuire, G. A. J. Rogers, R. S. Westfall, D. I. Whiteside); ders., N.'s Physics and the Conceptual Structure of the Scientific Revolution, Dordrecht/Boston Mass./London 1991 (Boston Stud. Philos. Sci. 127); O. Belkind, N.'s Conceptual Argument for Absolute Space, Int. Stud. Philos. Sci. 21 (2007), 271–293; M. Ben-Chaim, Experimental Philosophy and the Birth of Empirical Science. Boyle, Locke, and N., Aldershot/Burlington Vt. 2004; D. Bertoloni Meli, Equivalence and Priority. N. versus Leibniz. Including Leibniz's Unpublished Manuscripts on the »Principia«, Oxford 1993, 1996; M. Blay, La conceptualisation newtonienne des phénomènes de la couleur, Paris 1983; M. Boas Hall, N.'s Voyage in the Strange Seas of Alchemy, in: M. L. Righini Bonelli/W. R. Shea (eds.), Reason, Experiment, and Mysticism in the Scientific Revolution, New York 1975, 239–246; V. Boss, N. and Russia. The Early Influence, 1698–1796, Cambridge Mass. 1972; C. B. Boyer, The Concepts of the Calculus. A Critical and Historical Discussion of the Derivative and the Integral, New York 1939, 1949, unter dem Titel: The History of the Calculus and Its Conceptual Development (The Concepts of the Calculus), New York 1949, 1959, 187–223 (Chap. V N. and Leibniz); ders., From N. to Euler, Scr. Math. 16 (1950), 141–151, 221–258, ferner in: ders., History of Analytic Geometry, New York 1956, Mineola N. Y. 2004, 138–191; J. B. Brackenridge, The Key to N.'s Dynamics. The Kepler Problem and the »Principia«. Containing an English Translation of Section 1, 2 and 3 of Book One from the First (1687) Edition of N.'s »Mathematical Principles of Natural Philosophy«, Berkeley Calif. 1995; D. Brewster, Memoirs of the Life, Writings, and Discoveries of Sir I. N., I–II, Edinburgh 1855 (repr., ed. R. S. Westfall, New York/London 1965, 1976), [2]1860 (dt. Sir Isaak N.'s Leben. Nebst einer Darstellung seiner Entdeckungen, übers. B. M. Goldberg, Leipzig 1833); P. Bricker/R. I. G. Hughes (eds.), Philosophical Perspectives on Newtonian Science, Cambridge Mass. 1990; P. Brunet, L'introduction des théories de N. en France au XVIIIe siècle I (Avant 1738), Paris 1931 (repr. Genf 1970); G. Buchdahl, Science and Logic. Some Thoughts on N.'s Second Law of Motion in Classical Mechanics, Brit. J. Philos. Sci. 2 (1951), 217–235; ders., The Image of N. and Locke in the Age of Reason, London/New York 1961; ders., Gravity and Intelligibility: N. to Kant, in: R. E. Butts/J. W. Davis (eds.), The Methodological Heritage of N. [s. u.], 74–102; J. Z. Buchwald/I. B. Cohen (eds.), I. N.'s Natural Philosophy, Cambridge Mass./London 2001; E. A. Burtt, The Metaphysical Foundations of Modern Physical Science. A Historical and Critical Essay, London, New York 1925, London [2]1932, Mineola N. Y. 2003; R. E. Butts/J. W. Davis (eds.), The Methodological Heritage of N., Toronto, Oxford 1970 (Beiträge von G. Buchdahl, R. E. Butts, J. W. Davis, P. K. Feyerabend, N. R. Hanson, L. L. Laudan, F. E. L. Priestley); P. Casini, L'universo-macchina. Origini della filosofia newtoniana, Bari 1969; D. Castillejo, The Expanding Force in N.'s Cosmos as Shown in His Unpublished Papers, Madrid 1981; G. E. Christianson, In the Presence of the Creator. I. N. and His Times, New York 1984; ders., I. N. and the Scientific Revolution, Oxford/New York 1996; ders., I. N., Oxford/New York 2005; I. B. Cohen, Franklin and N.. An Inquiry into Speculative Newtonian Experimental Science and Franklin's Work in Electricity as an Example Thereof, Philadelphia Pa. 1956, Cambridge Mass. 1966 (mit Bibliographie, 603–650); ders., The First English Version of N.'s ›Hypotheses non fingo‹, Isis 53 (1962), 379–388; ders., ›Quantum in se est‹. N.'s Concept of Inertia in Relation to Descartes and Lucretius, Notes and Records Royal Soc. London 19 (1964), 131–155; ders., Hypotheses in N.'s Philosophy, Physis 8 (1966), 163–184; ders., N.'s Second Law and the Concept of Force in the »Principia«, in: R. Palter (ed.), The Annus Mirabilis of Sir I. N., 1666–1966 [s. u.], 143–185; ders., Introduction to N.'s »Principia«, Cambridge Mass. 1971, 1978; ders., N., DSB X (1974), 42–101 (mit Bibliographie, 93–101); ders., N.'s Theory vs. Kepler's Theory and Galileo's Theory. An Example of a Difference between a

Philosophical and a Historical Analysis of Science, in: Y. Elkana (ed.), The Interaction between Science and Philosophy [s. o.], 299–338; ders., The Newtonian Revolution. With Illustrations of the Transformation of Scientific Ideas, Cambridge Mass. 1980, Norwalk Conn. 1987; ders., The »Principia«, the Newtonian Style, and the Newtonian Revolution in Science, in: P. Theerman/A. F. Seeff (eds.), Action and Reaction [s. u.], 61–104; ders./R. S. Westfall (eds.), N.. Texts, Backgrounds, and Commentaries, New York/London 1995; ders./G. E. Smith (eds.), The Cambridge Companion to N., Cambridge etc. 2002; J. Craig, N. at the Mint, Cambridge 1946; A. C. Crombie, N.'s Conception of Scientific Method, Bull. Inst. Phys. 8 (1957), 350–362; D. Densmore, Newton's »Principia«. The Central Argument. Translation, Notes, and Expanded Proofs, Santa Fe N. M. 1996, rev. [3]2003; E. J. Dijksterhuis, De mechanisering van het wereldbeeld, Amsterdam 1950, 2006, 509–539 (dt. Die Mechanisierung des Weltbildes, Berlin/Göttingen/Heidelberg 1956 [repr. 1983, 2002], 519–549; engl. The Mechanization of the World Picture, Oxford 1961, Princeton N. J. 1986, 463–491); B. J. T. Dobbs, The Foundations of N.'s Alchemy or »The Hunting of the Greene Lyon«, Cambridge/New York 1975, 1983 (franz. Les fondements de l'alchemie de N. ou »La chasse au lion vert«, Paris 1981, 2007); dies., The Janus Faces of Genius. The Role of Alchemy in N.'s Thought, Cambridge etc. 1991, 2002; dies./M. C. Jacob, N. and the Culture of Newtonianism, New Jersey N. J. 1995, Amherst N. Y. 2010; S. Ducheyne, J. B. Van Helmont's De Tempore as an Influence on I. N.'s Doctrine of Absolute Time, Arch. Gesch. Philos. 90 (2008), 216–228; ders., »The Main Business of Natural Philosophy«. I. N.'s Natural-Philosophical Methodology, Dordrecht etc. 2012; R. Dugas, La mécanique au XVIIe siècle (Des antécédents scolastiques à la pensée classique), Neuchâtel 1954, 342–441 (Chap. XII N.) (engl. Mechanics in the Seventeenth Century [From the Scholastic Antecedents to Classical Thought], Neuchâtel 1958, 338–434 [Chap. XII N.]); J. Earman, World Enough and Space-Time. Absolute versus Relational Theories of Space and Time, Cambridge Mass./London 1989; ders./M. Friedman, The Meaning and Status of N.'s Law of Inertia and the Nature of Gravitational Forces, Philos. Sci. 40 (1973), 329–359; P. A. Fanning, I. N. and the Transmutation of Alchemy. An Alternate View of the Scientific Revolution, Berkeley Calif. 2009; P. Fara, N.. The Making of a Genius, London, New York 2002, London 2003; J. Fauvel u. a. (eds.), Let N. Be!, Oxford/New York 1988, mit Untertitel: A New Perspective on His Life and Works, 1994 (dt. N.s Werk. Die Begründung der modernen Naturwissenschaft, Basel etc. 1993); M. Feingold, The Newtonian Moment. I. N. and the Making of Modern Culture, Oxford/New York 2004; M. Fierz, I. N. als Mathematiker, Zürich 1972; K. Figala, N. as Alchemist, Hist. Sci. 15 (1977), 102–137; dies., Die exakte Alchemie des I. N.. Seine ›gesetzmäßige‹ Interpretation der Alchemie, Verhandl. Naturforsch. Ges. Basel 94 (1984), 157–227; J. E. Force/R. H. Popkin (eds.), Essays on the Context, Nature, and Influence of I. N.'s Theology, Dordrecht/Boston Mass./London 1990; dies. (eds.), N. and Religion. Context, Nature, and Influence, Dordrecht/Boston Mass./London 1999, o. J. [2011]; J. E. Force/S. Hutton (eds.), N. and Newtonianism. New Studies, Dordrecht/Boston Mass./London 2004; G. Freudenthal, Atom und Individuum im Zeitalter N.s. Zur Genese der mechanistischen Natur- und Sozialphilosophie, Frankfurt 1982, 1989 (engl. Atom and Individual in the Age of N.. On the Genesis of the Mechanistic World View, Dordrecht/Boston Mass. 1986); A. Gabbey, Force and Inertia in Seventeenth-Century Dynamics, Stud. Hist. Philos. Sci. 2 (1971), 1–67; O. Gal, Meanest Foundations and Nobler Superstructures. Hooke, N. and the »Compounding of the Celestiall Motions of the Planetts«, Dordrecht/Boston Mass. 2002 (Boston Stud. Philos. Sci. 229); M. Galuzzi, N.'s Attempt to Construct a Unitary View of Mathematics, Hist. Math. 37 (2010), 535–562; F. De Gandt, Force et géométrie. Mouvement et mathématique chez N., Lille 1988 (engl. Force and Geometry in N.'s Principia, Princeton N. J. 1995); D. Gjertsen, The N. Handbook, London/New York 1986; J. Gleick, I. N., New York, London 2003, 2004 (dt. I. N.. Die Geburt des modernen Denkens, Düsseldorf/Zürich, Darmstadt 2004, mit Untertitel: Die Biographie, Düsseldorf 2009; franz. I. N.. Un destin fabuleux, Paris 2005, 2008); M. Goldish, Judaism in the Theology of I. N., Dordrecht/Boston Mass./London 1998; H. Guerlac, N. on the Continent, Ithaca N. Y./London 1981; N. Guicciardini, Reading the »Principia«. The Debate on N.'s Mathematical Methods for Natural Philosophy from 1687 to 1736, Cambridge etc. 1999, 2003; ders., I. N. on Mathematical Certainty and Method, Cambridge Mass./London 2009, 2011; ders., N., Rom 2011, 2012; A. R. Hall, From Galileo to N., 1630–1720, London 1963, New York 1981 (dt. Die Geburt der naturwissenschaftlichen Methode, 1630–1720. Von Galilei bis N., Darmstadt, Gütersloh 1965); ders., Philosophers at War. The Quarrel between N. and Leibniz, Cambridge 1980, Cambridge etc. 2002; ders., I. N.. Adventurer in Thought, Oxford/Cambridge Mass. 1992, Cambridge etc. 1996, 2000; ders., N., His Friends and His Foes, Aldershot/Brookfield Vt. 1993; ders., And All Was Light. An Introduction to N.'s Opticks, Oxford 1993, 1995; ders., I. N.. Eighteenth-Century Perspectives, Oxford/New York 1999; ders./M. Boas [Hall], N.'s Chemical Experiments, Arch. int. hist. sci. 11 (1958), 113–152; ders./M. Boas Hall, N.'s Theory of Matter, Isis 51 (1960), 131–144; ders./D. G. King-Hele (eds.), N.'s »Principia« and Its Legacy, Notes and Records Royal Soc. London 42 (1988), H. 1, separat London 1988; T. L. Hankins, The Reception of N.'s Second Law of Motion in the Eighteenth Century, Arch. int. hist. sci. 20 (1967), 43–65; N. R. Hanson, Waves, Particles, and N.'s ›Fits‹, J. Hist. Ideas 21 (1960), 370–391; ders., Hypotheses fingo, in: R. E. Butts/J. W. Davis (eds.), The Methodological Heritage of N. [s. o.], 14–33; P. M. Harman/A. Shapiro (eds.), The Investigation of Difficult Things. Essays on Newton and the History of Exact Sciences in Honour of D. T. Whiteside, Cambridge etc. 1992; W. L. Harper, I. N.'s Scientific Method. Turning Data into Evidence about Gravity and Cosmology, Oxford/New York 2011; ders./G. E. Smith, N., REP VI (1998), 823–828; J. Harrison, The Library of I. N., Cambridge 1978; P. M. Heimann, »Nature Is a Perpetual Worker«. N.'s Aether and Eighteenth-Century Natural Philosophy, Ambix 20 (1973), 1–25; ders./J. E. McGuire, Newtonian Forces and Lockean Powers. Concepts of Matter in Eighteenth-Century Thought, Hist. Stud. Phys. Sci. 3 (1971), 233–306; J. Herivel, The Background to N.'s »Principia«. A Study of N.'s Dynamical Researches in the Years 1664–84, Oxford 1965; M. B. Hesse, Forces and Fields. The Concept of Action at a Distance in the History of Physics, London etc. 1961, Westport Conn. 1970, Mineola N. Y. 2005, 126–156 (Chap. VI The Theory of Gravitation); H. Heuser, Der Physiker Gottes. I. N. oder Die Revolution des Denkens, Freiburg/Basel/Wien 2005; R. Higgitt, Recreating N.. Newtonian Biography and the Making of Nineteenth-Century History of Science, London 2007; J. E. Hofmann, Der junge N. als Mathematiker (1665–1675) [...], Math.-phys. Semesterber. 2 (1951), 45–70; R. Iliffe, N.. A Very Short Introduction, Oxford/New York 2007; ders./M. Keynes/R. Higgitt (eds.), Early Biographies of I. N., I–II, London 2006; M. C. Jacob, The Newtonians and the English Revolution, 1689–1720, Hassocks 1976,

New York etc. 1990; dies./L. Stewart, Practical Matter. N.'s Science in the Service of Industry and Empire, 1687–1851, Cambridge Mass./London 2004; M. Jammer, Concepts of Space. The History of Theories of Space in Physics, Cambridge Mass. 1954, bes. 93–114, ²1969, New York ³1993, bes. 95–116 (dt. Das Problem des Raumes. Die Entwicklung der Raumtheorien, Darmstadt 1960, ²1980, bes. 102–126); ders., Concepts of Force. A Study in the Foundations of Dynamics, Cambridge Mass. 1957, Mineola N. Y. 1999, 116–157; A. Janiak, N.'s Philosophy, SEP 2006; ders., N. as Philosopher, Cambridge etc. 2008; ders./E. Schliesser (eds.), Interpreting N.. Critical Essays, Cambridge etc. 2012; R. Kargon, Atomism in England from Hariot to N., Oxford 1966; P. Kitcher, Fluxions, Limits and Infinite Littleness. A Study of N.'s Presentation of the Calculus, Isis 64 (1973), 33–49; N. Kollerstrom, N.'s Forgotten Lunar Theory. His Contribution to the Quest for Longitude, Santa Fe N. M. 2000; A. Koyré, From the Closed World to the Infinite Universe, Baltimore Md. 1957, 1994, 206–220 (Chap. IX God and the World. Space, Matter, Ether and Spirit. I. N.) (franz. Du monde clos à l'univers infini, Paris 1962, 197–211, 2005, 247–264 [Chap. IX Dieu et le monde. Espace, matière, éther et esprit. I. N.]; dt. Von der geschlossenen Welt zum unendlichen Universum, Frankfurt 1969, 186–198 [Kap. IX Gott und die Welt. Raum, Materie, Äther und Geist. I. N.]); ders., Newtonian Studies, London, Cambridge Mass. 1965, Chicago Ill. 1968 (franz. Études newtoniennes, Paris 1968, 1991); W. Kutschmann, Die N.sche Kraft. Metamorphose eines wissenschaftlichen Begriffs, Wiesbaden 1983 (Stud. Leibn. Sonderheft XII); H. M. Lacey, The Scientific Intelligibility of Absolute Space. A Study of Newtonian Argument, Brit. J. Philos. Sci. 21 (1970), 317–342; R. Laemmel, I. N., Zürich 1957; W. Lefèvre (ed.), Between Leibniz, N., and Kant. Philosophy and Science in the Eighteen Century, Dordrecht/Boston Mass./London 2001, 2002 (Boston Stud. Philos. Sci. 220); A. Leshem, N. on Mathematics and Spiritual Purity, Dordrecht/Boston Mass./London 2003; F. Linhard, N.s ›spirits‹ und der Leibnizsche Raum, Hildesheim/New York/Zürich 2008; J. A. Lohne, Hooke versus N.. An Analysis of the Documents in the Case on Free Fall and Planetary Motion, Centaurus 7 (1960), 6–52; ders., Experimentum crucis, Notes and Records Royal Soc. London 23 (1968), 169–199; ders., N.'s Table of Refractive Powers. Origins, Accuracy and Influence, Sudh. Arch. 61 (1977), 229–247; ders./B. Sticker, N.s Theorie der Prismenfarben. Mit Übersetzung und Erläuterung der Abhandlung von 1672, München 1969; P. Lorenzen, Die allgemeine Relativitätstheorie als eine Revision der N.schen Gravitationstheorie, Philos. Nat. 17 (1979), 1–9; M. Mamiani, I. N. filosofo della natura. Le lezioni giovanili di ottica e la genesi del metodo newtoniano, Florenz 1976; ders., Il prisma di N.. I meccanismi dell'invenzione scientifica, Rom/Bari 1986; F. E. Manuel, I. N., Historian, Cambridge Mass. 1963; ders., A Portrait of I. N., Cambridge Mass. 1968, New York 1990; ders., The Religion of I. N., Oxford 1974; D. Marchant/N. Guthrie, Sir I. N.. 1642–1727, Grantham 1987; J. F. McDonald, Properties and Causes. An Approach to the Problem of Hypothesis in the Scientific Methodology of Sir I. N., Ann. Sci. 28 (1972), 217–233; J. E. McGuire, Body and Void and N.'s »De mundi systemate«. Some New Sources, Arch. Hist. Ex. Sci. 3 (1966/1967), 206–248, ferner in: ders., Tradition and Innovation [s. u.], 103–150; ders., Transmutation and Immutability. N.'s Doctrine of Physical Qualities, Ambix 14 (1967), 69–95, ferner in: ders., Tradition and Innovation [s. u.], 262–286; ders., The Origin of N.'s Doctrine of Essential Qualities, Centaurus 12 (1968), 233–260, ferner in: ders., Tradition and Innovation [s. u.], 239–261; ders., Force, Active Principles, and N.'s Invisible Realm, Ambix 15 (1968), 154–208, ferner in: ders., Tradition and Innovation [s. u.], 190–238; ders., Atoms and the »Analogy of Nature«. N.'s Third Rule of Philosophizing, Stud. Hist. Philos. Sci. 1 (1970), 3–58, ferner in: ders., Tradition and Innovation [s. u.], 52–102; ders., Neoplatonism and Active Principles. N. and the »Corpus Hermeticum«, in: ders./R. S. Westman, Hermeticism and the Scientific Revolution. Papers Read at a Clark Library Seminar, March 9, 1974, Los Angeles 1977, 93–142; ders., Existence, Actuality and Necessity. N. on Space and Time, Ann. Sci. 35 (1978), 463–508, ferner in: ders., Tradition and Innovation [s. u.], 1–51; ders., N. on Place, Time, and God. An Unpublished Source, Brit. J. Hist. Sci. 11 (1978), 114–129; ders., Space, Geometrical Objects and Infinity. N. and Descartes on Extension, in: W. R. Shea (ed.), Nature Mathematized. Historical and Philosophical Case Studies in Classical Modern Natural Philosophy [. . .], Dordrecht/Boston Mass. 1983, 69–112, ferner in: ders., Tradition and Innovation [s. u.], 151–189; ders., Tradition and Innovation. N.'s Metaphysics of Nature, Dordrecht/Boston Mass./London 1995 [Sammlung seiner Aufsätze zu N.]; ders./P. M. Rattansi, N. and the ›Pipes of Pan‹, Notes and Records Royal Soc. London 21 (1966), 108–143; ders./M. Tamny, N.'s Astronomical Apprenticeship. Notes of 1664/5, Isis 76 (1985), 349–365; E. McMullin, N. on Matter and Activity, Notre Dame Ind./London 1978; J. Mittelstraß, Neuzeit und Aufklärung. Studien zur Entstehung der neuzeitlichen Wissenschaft und Philosophie, Berlin/New York 1970, bes. 287–306, 312–319; ders., N.s acht Principia, Sudh. Arch. 58 (1974), 187–195 (zu I. B. Cohen, Introduction to N.'s Principia [s. o.], und der Principia-Edition 1972 [s. o., Werke]); L. T. More, I. N.. A Biography, London/New York 1934, New York 1962; G. Nerlich, Can Parts of Space Move? On Paragraph Six of N.'s Scholium, Erkenntnis 62 (2005), 119–135; M. H. Nicolson, N. Demands the Muse. N.'s »Opticks« and the Eighteenth Century Poets, Princeton N. J. 1946, 1966; J. D. North, I. N., London 1967; A. Pala, I. N., scienza e filosofia, Turin 1969; R. Palter (ed.), The ›Annus Mirabilis‹ of Sir I. N., 1666–1966, Cambridge Mass., London 1970; M. Panza, N., Paris 2003; ders., N. et les origins de l'analyse. 1664–1666, Paris 2005; M. J. Petry, N., TRE XXIV (1994), 422–429; J. H. Randall Jr., The Career of Philosophy. From the Middle Ages to the Enlightenment I, New York/London 1962, 1966, 563–594; P. M. Rattansi, I. N. and Gravity, London 1974; V. Ronchi, Storia della luce, Bologna 1939, ²1952, 151–206 (franz. Histoire de la lumière, Paris 1956 [repr. 1996], 157–213; engl. The Nature of Light. An Historical Survey, London 1970, 159–208); L. Rosenfeld, N. and the Law of Gravitation, Arch. Hist. Ex. Sci. 2 (1962–1966), 365–386; A. Ruffner, I. N.'s »Historia cometarum« and the Quest for Elliptical Orbits, J. Hist. Astron. 41 (2010), 425–451; R. Rynasiewicz, By Their Properties, Causes and Effects. N.'s Scholium on Time, Space, Place and Motion I. The Text, Stud. Hist. Philos. Sci. 26 (1995), 133–153; ders., By Their Properties, Causes and Effects. N.'s Scholium on Time, Space, Place and Motion II. The Context, Stud. Hist. Philos. Sci. 26 (1995), 295–321; ders., N.'s Views on Space, Time, and Motion, SEP 2004, rev. 2011; A. I. Sabra, Theories of Light from Descartes to N., London 1967, Cambridge etc. 1981, 231–342; P. B. Scheurer/G. Debrock (eds.), N.'s Scientific and Philosophical Legacy, Dordrecht/Boston Mass./London 1988; I. Schneider, I. N., München 1988; R. E. Schofield, Mechanism and Materialism. British Natural Philosophy in an Age of Reason, Princeton N. J. 1970; J. F. Scott, A History of Mathematics. From Antiquity to the Beginning of the Nineteenth Century, London 1958, ²1960, 1975, 144–153, 163–175 (Chap. XI The Binomial Theorem, and the »Principia Philo-

sophiae«); D. L. Sepper, Goethe contra N.. Polemics and the Project for a New Science of Color, Cambridge etc. 1988, 2002; ders., N.'s Optical Writings. A Guided Study, New Brunswick N. J. 1994; D. Shapere, N., Enc. Ph. V (1967), 489–491; A. E. Shapiro, Fits, Passions, and Paroxysms. Physics, Method, and Chemistry and N.'s Theories of Colored Bodies and Fits of Easy Reflection, Cambridge etc. 1993; ders., N.'s »Experimental Philosophy«, Early Sci. and Medicine 9 (2004), 185–217; ders., Twenty-Nine Years in the Making. N.'s »Opticks«, Pers. Sci. 16 (2008), 417–438; E. Slowik, N.'s Metaphysics of Space. A ›Tertium Quid‹ betwixt Substantivalism and Relationism, or Merely a ›God of the (Rational Mechanical) Gaps‹?, Pers. Sci. 17 (2009), 429–456; G. E. Smith, From the Phenomenon of the Ellipse to an Inverse-Square Force. Why Not?, in: D. B. Malament (ed.), Reading Natural Philosophy. Essays in the History and Philosophy of Science and Mathematics, Chicago Ill./La Salle Ill. 2002, 31–70; ders., I. N., SEP 2007; ders., N.'s »Philosophiae Naturalis Principia Mathematica«, SEP 2007; ders./W. Newman, N., NDHI V (2008), 268–277; H. J. Steffens, The Development of Newtonian Optics in England, New York 1977; F. Steinle, N.s Entwurf »Über die Gravitation . . .«. Ein Stück Entwicklungsgeschichte seiner Mechanik, Stuttgart 1991; P. Strathern, The Big Idea. N. & Gravity, London 1997, mit Untertitel: N. and Gravity, New York 1998 (dt. N. & die Schwerkraft, Frankfurt 1998, 2000; franz. N. et la gravitation, je connais!, Paris 1998); E. W. Strong, N.'s »Mathematical Way«, J. Hist. Ideas 12 (1951), 90–110, Neudr. in: P. P. Wiener/A. Noland (eds.), Roots of Scientific Thought. A Cultural Perspective, New York 1957, 1960, 412–432; A. Thackray, Atoms and Powers. An Essay in Newtonian Matter-Theory and the Development of Chemistry, Cambridge Mass., London 1970; P. Theerman/A. F. Seeff (eds.), Action and Reaction. Proceedings of a Symposium to Commemorate the Tercentenary of N.'s »Principia«, Newark N. J., London/Toronto 1993; S. Toulmin, Criticism in the History of Science. N. on Absolute Space, Time, and Motion, Philos. Rev. 68 (1959), 1–29, 203–227; C. Truesdell, A Program toward Rediscovering the Rational Mechanics of the Age of Reason, Arch. Hist. Ex. Sci. 1 (1960–1962), 3–36; H. W. Turnbull, The Mathematical Discoveries of N., London/Glasgow 1945; J. Ulrich, N., BBKL XVI (1999), 1130–1138; L. Verlet, La malle de N., Paris 1993; C. K. Webster, From Paracelsus to N.. Magic and the Making of Modern Science, Cambridge etc. 1982, Mineola N. Y. 2005; R. S. Westfall, Science and Religion in Seventeenth-Century England, New Haven Conn. 1958, Ann Arbor Mich. 1973, bes. 193–220 (Chap. 8 I. N.. A Summation); ders., The Development of N.'s Theory of Color, Isis 53 (1962), 339–358; ders., Force in N.'s Physics. The Science of Dynamics in the Seventeenth Century, London/New York 1971; ders., The Role of Alchemy in N.'s Career, in: M. L. Righini Bonelli/W. R. Shea (eds.), Reason, Experiment, and Mysticism in the Scientific Revolution, New York 1975, 189–232; ders., Never at Rest. A Biography of I. N., Cambridge Mass. 1980, Cambridge etc. 2008; ders., The Life of I. N., Cambridge etc. 1993, 1999 (franz. N., Paris 1994; dt. I. N.. Eine Biographie, Heidelberg/Berlin/Oxford 1996); ders., N., in: H. C. G. Matthew/B. Harrison (eds.), Oxford Dictionary of National Biography XL, Oxford/New York 2004, 705–724; M. White, I. N.. The Last Sorcerer, London 1997, 1998; D. T. Whiteside, N.'s Early Thoughts on Planetary Motion. A Fresh Look, Brit. J. Hist. Sci. 2 (1964), 117–137; ders., N.'s Marvellous Year. 1666 and All That, Notes and Records Royal Soc. London 21 (1966), 32–41; ders., The Mathematical Principles Underlying N.'s »Principia Mathematica«, Glasgow 1970, ferner in: J. Hist. Astron. 1 (1970), 116–138; ders., Before the

»Principia«. The Maturing of N.'s Thoughts on Dynamical Astronomy, 1664–1684, J. Hist. Astron. 1 (1970), 5–19; ders., The Prehistory of the »Principia« from 1664–1686, Notes and Records Royal Soc. London 45 (1991), 11–61; J. Wickert, I. N.. Ansichten eines universalen Geistes, München/Zürich 1983, ^{2}1985; ders., I. N., Reinbek b. Hamburg 1995, ^{3}2006; C. A. Wilson, From Kepler's Laws, So-Called, to Universal Gravitation. Empirical Factors, Arch. Hist. Ex. Sci. 6 (1969/1970), 89–170; ders., The Newtonian Achievement in Astronomy, in: R. Taton/C. Wilson (eds.), The General History of Astronomy II.A (Planetary Astronomy from the Renaissance to the Rise of Astrophysics. Part A: Tycho Brahe to N.), Cambridge etc. 1989, 2003, 233–274. – Sir I. N., 1727–1927. A Bicentenary Evaluation of His Work [...], London, Baltimore Md. 1928; N. Tercentenary Celebrations, 15–19 July 1946, ed. Royal Society, Cambridge 1947. – Stud. Hist. Philos. Sci. 35 (2004), H. 3 [Special Issue N. and Newtonianism]; Early Sci. and Medicine 9 (2004), H. 3 [Newtonianism. Mathematical and ›Experimental‹].   J. M./K. M.

nicht (engl. not, franz. non, lat. non), *grammatisch* ein der Verneinung dienendes Adverb des Deutschen, ursprünglich als Substantiv verwendet, seit dem 14. Jh. in Konkurrenz zu seinem als Nominativ-Akkusativ auftretenden Genitiv ↑›Nichts‹, in der Bedeutung von ›n. irgend etwas‹. In *logischer* Analyse (↑Analyse, logische) ist die Verneinungspartikel ›n.‹ sprachlicher Ausdruck vielfältiger Sprachhandlungen, darunter insbes. der ↑Negation von ↑Aussagen und der Bezeichnung der ↑Unterlassung von ↑Handlungen. Im ersten Falle kann ›n.‹ als logische Partikel (Zeichen ¬; ↑Junktor, ↑Partikel, logische) sowohl klassisch-logisch (↑Logik, klassische) den kontradiktorischen ↑Gegensatz (↑kontradiktorisch/Kontradiktion) einer Aussage darstellen, als auch intuitionistisch-logisch (↑Logik, intuitionistische) darstellen, daß eine Aussage etwas Falsches (↑falsum) impliziert, was sich durch die ↑Definition $\neg A \leftrightharpoons A \rightarrow \lambda$ ausdrükken läßt. Im zweiten Falle dient ›n.‹ als ↑Operator zur Herstellung des sprachlichen Ausdrucks einer Unterlassungshandlung, z. B. in der Aufforderung ›gehe n.‹ als Gebot, die Handlung Gehen zu unterlassen (d. i. das Verbot, die Handlung Gehen auszuführen; ↑Logik, deontische). Es ist umstritten, ob dabei die Deutung als Spezialfall der negativen ↑Kopula angemessen ist, ob also etwa im Beispiel ›gehe n.‹ die Aufforderung nur so verstanden werden sollte, es solle eine Situation hergestellt bzw. aufrechterhalten werden, in der die negative ↑Elementaraussage ›du ε' gehen‹ gilt. Denn natürlich stellt umgekehrt nicht jede negative Elementaraussage mit einem Handlungsprädikator ›P‹ das Resultat einer Unterlassungshandlung n.-P dar. Unumstritten allerdings ist, daß ›n.‹ als Bestandteil der negativen Kopula ›ist n.‹ (Zeichen: ε') zur Darstellung des Absprechens eines Prädikators einem oder mehreren Gegenständen gegenüber (↑zusprechen/absprechen) nicht mit dem Junktor ›n.‹, also seiner Rolle als ↑Negator, ver-

wechselt werden darf. Daher sind insbes. das ↑Zweiwertigkeitsprinzip für Elementaraussagen ›jede Elementaraussage ist entweder wahr oder falsch‹ (d. h. bei einem Gegenstand n und einem einstelligen ↑Prädikator ›P‹, daß entweder ›n ε P‹ oder ›n ε' P‹ gilt; ↑principium exclusi tertii) und das daraufhin bei geeigneter Einführung der Junktoren in der ↑Junktorenlogik gültige ↑tertium non datur »die Aussage ›$A \lor \neg A$‹ (in Worten: A oder n.-A) ist logisch wahr« begrifflich sorgfältig voneinander zu unterscheiden.   K. L.

nicht-euklidische Geometrie, Sammelbezeichnung für geometrische Theorien, in denen bestimmte Eigenschaften der ↑Euklidischen Geometrie verneint bzw. verändert werden. Der bekannteste Ansatz für eine n. G. geht auf Versuche zum Beweis des Euklidischen ↑Parallelenaxioms zurück, die zur Formulierung äquivalenter Annahmen führten. So genügt es zu zeigen, daß es zu einer Geraden durch einen außerhalb ihrer liegenden Punkt genau eine Parallele gibt oder daß die Winkelsumme im Dreieck gleich zwei Rechten (= 180°) ist. Man versuchte, das Parallelenaxiom indirekt zu beweisen, d. h. aus seiner Negation und den übrigen Axiomen und Sätzen der Geometrie einen Widerspruch (↑Widerspruch (logisch)) abzuleiten. Erst C. F. Gauß, J. Bolyai und N. I. Lobatschewski erkannten in diesen ›Widersprüchen‹ die Sätze einer unabhängigen n.n G., in der die Negation des Parallelenaxioms gilt. So ist die elliptische Geometrie (↑Geometrie, elliptische) eine Theorie, in der die Winkelsumme im Dreieck größer als zwei Rechte ist bzw. in der keine Parallelen durch einen Punkt zu einer vorgegebenen Geraden existieren, während in der hyperbolischen Geometrie (↑Geometrie, hyperbolische) die Winkelsumme im Dreieck kleiner als zwei Rechte ist bzw. unendlich viele Parallelen zu einer vorgegebenen Geraden durch einen nicht auf dieser Geraden liegenden Punkt existieren.

Nach ↑Modellen der sphärischen und hyperbolischen Trigonometrie, die im Prinzip schon J. H. Lambert entwickelt hatte, lieferte im Falle der hyperbolischen Geometrie E. Beltrami 1868 Flächenmodelle mit konstanter Krümmung (↑Differentialgeometrie), schließlich F. Klein und H. Poincaré Euklidische Modelle mit projektiver bzw. Euklidischer Winkelmessung (↑Geometrie, hyperbolische). Diese Modelle widerlegten die philosophische Auffassung, wonach nur Euklidische Verhältnisse anschaulich vorstellbar seien. Insbes. H. v. Helmholtz und H. Reichenbach rekonstruierten Wahrnehmungsprozesse unter den veränderten metrischen Verhältnissen der n.n G.. Mathematisch ausgezeichnet ist die Euklidische Geometrie jedoch durch ihre *konstruktive Formenlehre*, unter deren Voraussetzung die Kongruenzeigenschaften der Längenmessung (↑Länge) und das Parallelenaxiom (↑Euklidizität) beweisbar sind.

Demgegenüber geht die absolute Geometrie (↑Geometrie, absolute) von einer gemeinsamen Teiltheorie der Euklidischen Geometrie und der n.n G. aus, in der nach Helmholtz die freie Beweglichkeit eines starren Meßkörpers bzw. mathematisch nach S. Lie eine stetige Bewegungsgruppe (↑Gruppe (mathematisch)) vorausgesetzt sind, um dann z.B. durch Entscheidung der Parallelenfrage entweder die Euklidische Geometrie oder eine n. G. zu erhalten. In der Gauß-Riemannschen ↑Differentialgeometrie erhält man die klassischen n.n G.n durch die Forderung konstanter Krümmung zwei- bzw. dreidimensionaler Mannigfaltigkeiten.

Weitere Ansätze für n. G.n ergeben sich aus dem Nachweis der Unabhängigkeit (↑unabhängig/Unabhängigkeit (logisch)) anderer Axiome als des Parallelenaxioms (z.B. in der Hilbertschen Axiomatisierung der Euklidischen Geometrie). So läßt sich zeigen, daß sich keines der Hilbertschen Kongruenzaxiome aus den Axiomen der Verknüpfung (Inzidenz), Anordnung, Stetigkeit (↑Stetigkeitsaxiome) und den übrigen Kongruenzaxiomen ableiten läßt. Negiert man das ↑Archimedische Axiom, erhält man die nicht-archimedische Geometrie (↑Geometrie, nicht-archimedische). Sie läßt unendlich kleine Größen zu, die in der antiken ↑Proportionenlehre des Eudoxos ausgeschlossen waren und wegen der mit dieser verbundenen atomistischen (↑Atomismus) Auffassung des ↑Kontinuums von Aristoteles bekämpft wurden. Geometrisch wurden sie jedoch bereits in der antiken und mittelalterlichen Lehre der hornförmigen Winkel verwendet und spielten insbes. für die mathematische ↑Heuristik von Körperberechnungen seit Archimedes eine große Rolle. Ebenso sind die ↑Differentiale der Leibnizschen Infinitesimalgeometrie nicht-archimedische Größen, die neuerdings mit modelltheoretischen Methoden (↑Modelltheorie) der ↑Non-Standard-Analysis rekonstruiert werden können. In heutigen Untersuchungen zu den Grundlagen der Geometrie werden auch Theorien berücksichtigt, deren Größen die Axiome für nicht-kommutative und nicht-assoziative *Körper* (↑Körper (mathematisch)) erfüllen. Während Euklid nur (mit Zirkel und Lineal) konstruierbare Formen als Gegenstände seiner Geometrie betrachtete, werden in der Hilbertschen Axiomatisierung durch das Vollständigkeitsaxiom beliebige (überabzählbar viele; ↑überabzählbar/Überabzählbarkeit) Punkte (im Umfang des reellen Kontinuums) zugelassen. Im strengen Euklidischen Sinne müßten daher auch Sätze über nicht-konstruktive Objekte als nicht-euklidisch bezeichnet werden.

Literatur: F. Bachmann, Aufbau der Geometrie aus dem Spiegelungsbegriff. Eine Vorlesung, Berlin/Göttingen/Heidelberg 1959, erw. ohne Untertitel, Berlin/Heidelberg/New York ²1973; R. Baldus, Nichteuklidische G.. Hyperbolische Geometrie der Ebene, Berlin/Leipzig 1927, ed. F. Lobell, Berlin ⁴1964; H. Behnke u. a. (eds.), Grundzüge der Mathematik für Lehrer an Gymnasien sowie für Mathematiker in Industrie und Wirtschaft, II/1–II/2, Göttingen ²1967/1971 (engl. [in 1 Bd.] Fundamentals of Mathematics II [Geometry], Cambridge Mass./London 1974); R. Bonola, La geometria non-euclidea. Esposizione storico-critica del suo sviluppo, Bologna 1906 (dt. Die nichteuklidische G., historisch-kritische Darstellung ihrer Entwicklung, Leipzig/Berlin 1908, ³1921; engl. Non-Euclidean Geometry. A Critical and Historical Study of Its Development, Chicago Ill. 1912, New York 1955); L. Heffter, Grundlagen und analytischer Aufbau der projektiven, euklidischen, nichteuklidischen G., Leipzig/Berlin 1940, Stuttgart ³1958; G. Hessenberg, Ebene und sphärische Trigonometrie, Leipzig 1899, ed. H. Kneser, Berlin ⁵1957; ders., Grundlagen der Geometrie, ed. W. Schwan, Berlin 1930, bearb. v. J. Diller, Berlin ²1967; D. Hilbert, Grundlagen der Geometrie, Leipzig 1899, ed. mit Suppl. v. P. Bernays u. Anhang v. M. Toepell, Stuttgart ¹⁴1999; F. Klein, Vorlesungen über n. G., bearb. v. V. Rosemann, Berlin 1928 (repr. Saarbrücken 2006), Berlin/Heidelberg/New York 1968; W. Klingenberg, Grundlagen der Geometrie, Mannheim/Wien/Zürich 1971; H. Lenz, Nichteuklidische G., Mannheim 1967; R. Lingenberg, Grundlagen der Geometrie I, Mannheim 1969, Mannheim/Wien/Zürich ³1978; N. I. Lobatschewski, Zwei geometrische Abhandlungen, I–II, Leipzig 1898/1899 (repr. [in 1 Bd.] New York/London 1972) [Übers. nicht mehr zugänglicher Ausgaben v. F. Engel]; K. Mainzer, Geschichte der Geometrie, Mannheim/Wien/Zürich 1980; H. Meschkowski, Nichteuklidische G., Braunschweig/Berlin/Stuttgart 1954, Braunschweig ⁴1971; O. Perron, Nichteuklidische Elementargeometrie der Ebene, Stuttgart 1962; L. Rédei, Begründung der euklidischen und nichteuklidischen G.n nach F. Klein, Budapest, Leipzig 1965 (engl. Foundation of Euclidean and Non-Euclidean Geometries According to F. Klein, Oxford etc. 1968); P. Stäckel/F. Engel (eds.), Die Theorie der Parallellinien von Euklid bis auf Gauß. Eine Urkundensammlung zur Vorgeschichte der nichteuklidischen G., Leipzig 1895 (repr. New York/London 1968); R. Torretti, Philosophy of Geometry from Riemann to Poincaré, Dordrecht/Boston Mass./London 1978, 1984; G. Veronese, Fondamenti di geometria a più dimensioni e a più specie di unità rettilinee, esposti in forma elementare, Padua 1891 (dt. Grundzüge der Geometrie von mehreren Dimensionen und mehreren Arten gradliniger Einheiten in elementarer Form entwickelt, Leipzig 1894). K. M.

Nicht-Handeln (wu-wei), Zentralbegriff des ↑Taoismus (↑Tao-te ching, ↑Zhuang-Tse). Die Lehre vom N.-H. besteht in der häufig wiederholten und durch Gleichnisse illustrierten Warnung vor jedem Übermaß an Aktivität und jedem Eingriff in den natürlichen Ablauf der Ereignisse; sie gilt insbes. für das Handeln des Weisen und des Herrschers. Der Herrscher soll demnach nichts (Überflüssiges) unternehmen, d.h. ›das Nicht-Tun tun‹; so werden alle Dinge (im Staat) von selbst in Ordnung kommen. Je mehr der Herrscher unternimmt, desto komplizierter und verworrener werden hingegen die Zustände. Auch der ↑Konfuzianismus hat die These vom N.-H. in seine Ideologie für den Herrscher übernommen: Der ideale Herrscher tut nichts, er bewirkt aber durch das Beispiel seines moralischen, ehrfurchtgebietenden Wesens, daß alle Untertanen ebenfalls sittlich leben. Die konkret-politische Umsetzung dieser Lehre ist naturgemäß problematisch. ↑Han Fei Tzu interpretiert sie dahin, daß der Herrscher alle Aktivitäten (samt den dabei auftretenden Gefahren des Mißlingens) seinen Ministern überlassen soll, während er selber die Minister unter Kontrolle hält. – Aus der Perspektive der europäischen Rationalität enthält die Lehre vom N.-H. einen Hinweis auf die Möglichkeit, im Seinlassen dessen, was ohnehin, ohne Zutun des Menschen, geschieht, sich von selbstgesetzten Zwecken zu lösen (↑Gelassenheit). Gegenüber dem Tunkönnen ist das Lassenkönnen ein paradoxes Können, gewissermaßen ein ›nicht-könnendes Können‹, das nicht wie anderes Können lernend und übend erworben wird.

Literatur: R. T. Ames, Wu-wei (Nonaction/Doing Nothing/Acting Naturally), in: ders., The Art of Rulership. A Study in Ancient Chinese Political Thought, Honolulu Hawaii 1983, Albany N. Y. 1994, 28–64; H. G. Creel, On the Origin of Wu-wei, in: Symposium in Honor of Dr. Li Chi on His Seventieth Birthday I, Taipei 1965, 105–137, ferner in: ders., What Is Taoism? And Other Studies in Chinese Cultural History, Chicago Ill./London 1970, 1982, 48–78; J. J. L. Duyvendak, The Philosophy of Wu Wei, Asiat. Stud. 1 (1947), 81–102; ders., Wuwei (Wu-wei): Taking No Action, Enc. Chinese Philos. 2003, 784–786; K. L. Lai, An Introduction to Chinese Philosophy, Cambridge etc. 2008, 2009, 97–110; I. Robinet, Wuwei (non-agir), Enc. philos. universelle II/2 (1990), 2990–2991; E. G. Slingerland, Effortless Action. Wu-Wei as Conceptual Metaphor and Spiritual Ideal in Early China, Oxford etc. 2003.   H. S.

Nicht-Ich, in der Wissenschaftslehre J. G. Fichtes Begriff zur Bezeichnung des Objektcharakters der Erkenntnisgegenstände. Da alle Unterscheidungen für die Erkenntnis von Gegenständen Ergebnisse menschlichen Handelns sind, dürfen diese Gegenstände nicht schon als in sich selbst, d. h. unabhängig vom handelnden und redenden Umgang mit ihnen, strukturiert angesehen werden. Strukturiert, d. h. nach bestimmten ↑Merkmalen unterscheidbar, sind sie nur durch das ↑Ich, nämlich eine erkennende und normierbare Leistung. Für sich selbst sind die Gegenstände zunächst nur ein unbestimmtes N.-I. – Die Grundunterscheidung von Ich und N.-I. stellt den Versuch dar, die Berufung auf eine in sich geordnete Natur bei Begründungsbemühungen sowohl für Normen als auch für Behauptungen als unsinnig zu erweisen und dafür die Begründungspflicht der Erkenntnis, die ein N.-I. erst zu einem bestimmten Gegenstand macht, nicht nur (zirkulär) als mit den Tatsachen übereinstimmend, sondern als vernünftig aufzuzeigen.

Literatur: ↑Fichte, Johann Gottlieb.   O. S.

Nichtkreativität (engl. non-creativity), in der Definitionstheorie (↑Definition) Bezeichnung eines Kriteriums für die Adäquatheit (↑adäquat/Adäquatheit) von expliziten Definitionen. Danach soll die Klasse der ein bestimmtes Zeichen nicht enthaltenden gültigen Sätze (↑gültig/Gültigkeit) bei Hinzunahme der Definition die-

ses Zeichens zur jeweiligen Theorie unverändert bleiben; die Definition eines ›neuen‹ Zeichens soll keine zusätzlichen gültigen Sätze mit ›alten‹ Zeichen erzeugen. Genauer: eine Formel D (z. B. eine intendierte explizite Definition), die ein deskriptives (d. h. nicht-logisches) Zeichen σ enthält, ist bezüglich σ relativ zu einer Menge M von deskriptiven Zeichen nicht-kreativ, wenn für beliebige Aussagen A, B, in denen an deskriptiven Zeichen nur solche aus M vorkommen, nicht jedoch σ, gilt: D und A implizieren logisch B, nur wenn schon A allein B logisch impliziert. Eine entsprechende Definition läßt sich auch für formale, speziell axiomatische, Systeme geben (↑System, formales, ↑System, axiomatisches); hier bezieht man sich dann auf Ableitungsbeziehungen (↑Ableitung) statt auf gültige Implikationen. Sie läßt sich auf *logische* Zeichen (↑Konstante, logische) übertragen. Das Kriterium der N. ist z. B. für den ↑Sequenzenkalkül erfüllt, in dem eine ableitbare ↑Sequenz $\Gamma \parallel \Sigma$ (↑ableitbar/Ableitbarkeit) immer auch ableitbar ist *ohne* Zuhilfenahme von Ableitungsregeln für in Γ, Σ *nicht* vorkommende logische Zeichen. Regeln für ein logisches Zeichen sind in diesem Sinne also nicht-kreativ relativ zu den anderen logischen Zeichen (man sagt auch: die ↑Kalküle, die sich durch Hinzufügung der Regeln für ein logisches Zeichen ergeben, sind *konservative Erweiterungen* der Kalküle, die nur Regeln für die übrigen logischen Zeichen besitzen). Unter der Bezeichnung ›Konservativität‹ wird N. als Adäquatheitskriterium für die regellogische Charakterisierung logischer Zeichen in der beweistheoretischen Semantik (↑Semantik, beweistheoretische) diskutiert.

Das Kriterium der N. zeichnet explizite Definitionen nicht aus (es ist lediglich notwendig, nicht hinreichend für das Vorliegen einer expliziten Definition), wie das Beispiel der Sequenzenregeln für logische Zeichen zeigt (die keine expliziten Definitionen sind). Bei expliziten Definitionen fordert man vielmehr noch die *Eliminierbarkeit* (↑Elimination), wonach jede ↑Formel, die das definierte Zeichen enthält, logisch gleichwertig ist mit einer Formel, die es nicht enthält. Aus der Eliminierbarkeit ergibt sich die N., nicht aber umgekehrt. Zum Begriff der N. komplementär ist in gewisser Weise der Begriff der Eindeutigkeit (↑eindeutig/Eindeutigkeit): Aus der Tatsache, daß ein logisches oder nicht-logisches Zeichen eindeutig durch Axiome oder Regeln charakterisiert ist, kann man unter bestimmten Bedingungen (wie sie etwa im Bethschen Definierbarkeitssatz formuliert sind) auf seine explizite Definierbarkeit und damit gegebenenfalls Eliminierbarkeit schließen (↑definierbar/Definierbarkeit).

Literatur: W. K. Essler, Wissenschaftstheorie I (Definition und Reduktion), Freiburg/München 1970, bes. 71–74, ²1982, bes. 82–86; A. Gupta, Definitions, SEP 2008; P. Hinst, Logische Propädeutik. Eine Einführung in die deduktive Methode und logische Sprachenanalyse, München 1974, bes. 355–366; R. Kleinknecht, Grundlagen der modernen Definitionstheorie, Königstein 1979, bes. 164–166, 206–210; P. Schroeder-Heister, Conservativeness and Uniqueness, Theoria 51 (1985), 159–173; ders./K. Došen, Uniqueness, Definability and Interpolation, J. Symb. Log. 53 (1988), 554–570. P. S.

Nichts (griech. οὐδέν, lat. nihil, nihilum, engl. nothing, nothingness, franz. néant, rien), ein in der abendländischen philosophischen Tradition unterschiedlich verwendeter Terminus. Bei Parmenides bezeichnet er den eigentlich unausdrückbaren, weil undenkbaren Gegensatz zum ewigen, vollkommenen Sein (erster Teil seines Lehrgedichts »Über die Natur«), dessen Einheit und Ganzheit sich, gemäß der Offenbarung der Göttin gegenüber Parmenides, in der Vielheit und spannungsvollen Verschiedenheit der Phänomene der Welt bekundet (zweiter Teil des Lehrgedichts): Nur das Sein *ist* und ist denkbar, das Nichtsein ist *nicht* und ist undenkbar. Demgegenüber versteht Demokrit das N. als die Leere des Raumes, in dem die ↑Atome sich bewegen und durch immer neue Konstellationen die Vielheit und Vielfalt der Dinge und ihr Werden und Vergehen bewirken. Platon und die philosophische Tradition, soweit sie ihm folgt, deuten Parmenides' Lehrgedicht so, daß sich der Gegensatz von Sein und N. in der Zweiteilung des Gedichts spiegle: Die wahre Welt sei die des ↑Seins, die erscheinende Welt die des ↑Scheins, die eigentlich ein N. sei. Demgegenüber betont Platon das Neben- und Ineinander sowohl von Sein als auch von Nichtsein in der Endlichkeit und Vergänglichkeit der Dinge dieser Welt und stellt sie der Ewigkeit und Unwandelbarkeit der Ideen (↑Idee (historisch), ↑Ideenlehre) gegenüber. Aristoteles hebt die logische und die ontologische Ebene von ↑›nicht‹ hervor: (1) ›Nicht‹ dient dazu, einem kategorial sowie generisch und spezifisch bestimmten Gegenstand (↑Kategorie, ↑differentia specifica) das Dasein (›Sein‹ im Sinne von ↑›Existenz‹) oder eine bestimmte ↑Eigenschaft abzusprechen. Der Vielfalt der Kategorien und der Eigenschaften entsprechend läßt sich dann nicht nur von der Vielfalt der Arten des Seienden, sondern auch von der Vielfalt der Arten des Nichtseienden sprechen. (2) Das Nichtseiende (↑Seiende, das) ist entweder das, was sein kann, aber aktual nicht ist (das physisch oder das metaphysisch oder das logisch Mögliche, aber nicht Wirkliche; ↑Akt und Potenz), oder das, was nicht sein kann (das im physischen oder im metaphysischen oder im logischen Sinne Unmögliche, das im jeweiligen Sinne traditionell dann auch ›N.‹ heißen kann: das physische N. wird dann als ›relatives N.‹, das metaphysische und das logische N. als ›absolutes N.‹ genauer spezifiziert). Im ↑Neuplatonismus dagegen wird das absolute Sein (↑Gott (philosophisch)) selbst als ›N.‹ bezeichnet, weil von ihm jede eingrenzende Bestimmung, sei es die einer Kategorie, sei es die einer bestimmten Seinsweise,

fernzuhalten ist. Während die christliche Theologie von der ↑›creatio ex nihilo‹ (Schöpfung aus dem N.) spricht, um die Voraussetzungslosigkeit des göttlichen Schöpfungsaktes deutlich zu machen, nimmt die christliche ↑Mystik den neuplatonischen Sprachgebrauch von Gott als ›dem N.‹ auf (Pseudo-Dionysios Areopagites, M. Eckhart, Johannes vom Kreuz). Thomas von Aquin nimmt nicht nur diese theologischen Bedeutungen von ›N.‹, sondern auch Aristoteles' logische Analysen bejahender und verneinender Aussagen und seine ontologischen Analysen von Weisen und Stufen des Seins auf, denen aufgrund sowohl ihrer begrenzten Potenzialität als auch ihrer begrenzten Aktualität stets Nichtsein – synonym: N. – ›beigemischt‹ ist (↑analogia entis).
I. Kant trifft unter teilweiser Aufnahme von in der Hoch- und Spätscholastik (↑Scholastik) entwickelten und ihm über C. Wolff und seine Schule vermittelten Termini am Schluß der »Transzendentalen Analytik« (↑Analytik, transzendentale) der »Kritik der reinen Vernunft« folgende Unterscheidungen: Das N. läßt sich (als Gegenbegriff zu Etwas) bestimmen 1. als leerer Begriff ohne Gegenstand (↑ens rationis; Beispiel: die ↑Noumena), 2. als leerer Gegenstand eines Begriffs (ens privativum; Beispiel: die Kälte als Fehlen von Wärme [↑Steresis]), 3. als leere ↑Anschauung ohne Gegenstand (ens imaginarium; Beispiel: die bloße Form der Anschauung wie reiner ↑Raum und reine ↑Zeit) und 4. als leerer Gegenstand ohne Begriff (nihil negativum: »Der Gegenstand eines Begriffs, der sich selbst widerspricht, ist nichts, weil der Begriff nichts ist, das Unmögliche, wie etwa die geradlinige Figur von zwei Seiten«) (KrV A 291/ B 348). – In der durch S. Kierkegaard und F. Nietzsche angeregten ↑Existenzphilosophie des 20. Jhs. gewinnt der Begriff des N. durch M. Heideggers ↑Daseinsanalyse existentielle Bedeutung: Der Mensch ist in der gegenstandslosen ↑Stimmung der ↑Angst vor das N. gestellt und kann aus der Alltäglichkeit des ↑Man nur so in die ↑Eigentlichkeit seines ↑In-der-Welt-seins gelangen, daß er im Vorlauf auf den ↑Tod sein Dasein, das ein Sein zum Tode ist, übernimmt. Auch J.-P. Sartre sieht das Sein des Menschen durch das N. bestimmt, das ihn zur Freiheit verurteilt, nämlich sich der Nichtigkeit seines Daseins zu stellen. R. Carnap hat aus sprachanalytischer Sicht (↑Sprachanalyse) an der Nominalisierung und Substantivierung der Verneinungspartikel ›nicht‹ Anstoß genommen und vor allem Heideggers Wendungen von der Angst, die das Dasein ›vor das N.‹ bringt, oder von der ›Nichtung des Daseins durch das N.‹ kritisiert. Über den Existentialismus hinaus hat der Begriff des N. dann vor allem im ↑Nihilismus Karriere gemacht.

Literatur: R. Berlinger, Das N. und der Tod, Frankfurt o.J. [1954], Dettelbach ³1996; R. Carnap, Überwindung der Metaphysik durch logische Analyse der Sprache, Erkenntnis 2 (1931), 219–241 (repr. in: H. Schleichert [ed.], Logischer Empirismus –

Der Wiener Kreis. Ausgewählte Texte mit einer Einleitung, München 1975, 149–171), Neudr. in: E. Hilgendorf (ed.), Wissenschaftlicher Humanismus. Texte zur Moral- und Rechtsphilosophie des frühen logischen Empirismus, Freiburg/Berlin/München 1998, 72–102; K. Gloy, Die paradoxale Verfassung des N., Kant-St. 74 (1983), 133–160; U. Guzzoni, N.. Bilder und Beispiele, Düsseldorf 1999; P. L. Heath, Nothing, Enc. Ph. V (1967), 524–525; K. Hedwig, N., II. Philosophisch, LThK VII (³1998), 812–813; M. Heidegger, Was ist Metaphysik?, Bonn 1929, Frankfurt ¹⁶2007; K. Joisten, Das N., in: P. Kolmer/A. G. Wildfeuer (eds.), Neues Handbuch philosophischer Grundbegriffe II, Freiburg/München 2011, 1615–1627; G. Kahl-Furthmann, Das Problem des Nicht. Kritisch-historische und systematische Untersuchungen, Berlin 1934, Meisenheim am Glan ²1968; T. Kobusch, N., Nichtseiendes, Hist. Wb. Ph. VI (1984), 805–836; L. Kolakowski, Metaphysical Horror, Oxford 1988, Chicago Ill. 2001 (franz. Horreur métaphysique, Paris 1989; dt. Horror metaphysicus. Das Sein und das N., München/Zürich 1989, unter dem Titel: Der metaphysische Horror, München 2002); H. Kuhn, Encounter with Nothingness. An Essay on Existentialism, Hinsdale Ill. 1949 (repr. Westport Conn. 1976), London 1951 (dt. Begegnung mit dem N.. Ein Versuch über die Existenzphilosophie, Tübingen 1950); J. Laube, N., I. Religionswissenschaftlich, LThK VII (³1998), 811–812; J. Laurent/C. Romano (eds.), Le Neant. Contribution à l'histoire du non-être dans la philosophie occidentale, Paris 2006; L. Lütkehaus, N.. Abschied vom Sein, Ende der Angst, Zürich 1999, rev. Frankfurt/Affoltern/Wien 2010; P. Magnard, Néant, Enc. philos. universelle II/2 (1990), 1737–1738; G. May, Schöpfung aus dem N.. Die Entstehung der Lehre von der creatio ex nihilo, Berlin/New York 1978 (engl. Creatio ex nihilo. The Doctrine of ›Creation out of Nothing‹ in Early Christian Thought, Edinburgh 1994, London/New York 2004); E. Mayz Vallenilla, El problema de la nada en Kant, Madrid 1965, Caracas 1992 (dt. Die Frage nach dem N. bei Kant. Analyse des Kantschen Entwurfs und eine neue Problem-Grundlegung, Pfullingen 1974; franz. Le problème du néant chez Kant, Paris 2000); M. Nambara, Die Idee des absoluten N. in der deutschen Mystik und seine Entsprechungen im Buddhismus, Arch. Begriffsgesch. 6 (1960), 143–277; W. G. Neumann, Die Philosophie des N. in der Moderne. Sein und N. bei Hegel, Marx, Heidegger und Sartre, Essen 1989; R. Regvald, Heidegger et le problème du néant, Dordrecht/Boston Mass./Lancester 1987; H. Rickert, Sein und N., in: ders., Die Logik des Prädikats und das Problem der Ontologie, Heidelberg 1930, 198–236; K. Riesenhuber, N., Hb. ph. Grundbegriffe II (1973), 991–1008; J.-P. Sartre, L'être et le néant. Essai d'ontologie phénoménologique, Paris 1943, 2009; H. Schmidt, N. und Zeit. Metaphysica Dialectica – urtümliche Figuren, Hamburg 2007; E. Severino, Nulla, Enc. filos. IV (1967), 1073–1077; R. Sorensen, Nothingness, SEP 2003, rev. 2009; M. Steinmann, N., das, RGG VI (⁴2003), 286–288; W. Strolz (ed.), Sein und N. in der abendländischen Mystik, Freiburg/Basel/Wien 1984; E. Tugendhat, Das Sein und das N., in: V. Klostermann (ed.), Durchblicke. Martin Heidegger zum 80. Geburtstag, Frankfurt 1970, 132–161; B. Weissmahr, N., in: W. Brugger/H. Schöndorf (eds.), Philosophisches Wörterbuch, Freiburg/München 2010, 331–332; B. Welte, Gott und das N.. Entdeckungen an den Grenzen des Denkens, Frankfurt 2000; T.-B. Yang, Platon in der philosophischen Geschichte des Problems des N., Würzburg 2005.   R. Wi.

Nicodsche Funktion, ↑Peircescher Junktor.

Nicolai, (Christoph) Friedrich, *Berlin 18. März 1733, †ebd. 8. Jan. 1811, dt. Philosoph und Schriftsteller. Nach Buchhandelslehre 1749–1752 in Frankfurt (Oder) 1752 Eintritt in die 1713 gegründete väterliche Verlagsbuchhandlung in Berlin. 1758 Übernahme der Verlagsbuchhandlung, 1765–1806 Herausgeber der »Allgemeinen Deutschen Bibliothek«, des einflußreichsten Organs der deutschen ↑Aufklärung, sowie, mit den befreundeten M. Mendelssohn und G. E. Lessing, der »Bibliothek der schönen Wissenschaften und der freyen Künste« (1757–1758) und der »Briefe, die neueste Literatur betreffend« (1759–1765). – Als Vertreter der ↑Popularphilosophie schaltet sich N. in die literarischen und ästhetischen Kontroversen (Briefe über den itzigen Zustand der schönen Wissenschaften in Deutschland, 1755 [gegen J. C. Gottsched]), ab ca. 1770 auch in die philosophischen und theologischen Kontroversen seiner Zeit ein. Gegen Orthodoxie und ↑Pietismus, aber auch gegen die Ideale der Empfindsamkeit und der Genialität sowie gegen den philosophischen Irrationalismus (↑irrational/Irrationalismus), hält N., mit zunehmendem Unverständnis für neuere literarische und philosophische Entwicklungen, an schlichten aufklärerischen Doktrinen fest, in theologischen Zusammenhängen mit Vorstellungen von einem vernünftigen Christentum und einer religiös fundierten Moral an Positionen der (rationalistischen) Neologie in der evangelischen Dogmatik (unter anderem in dem Roman »Das Leben und die Meinungen des Herrn Magister Sebaldus Nothanker, 1773–1776). In satirisch-parodistischer Form schreibt N. z.B. gegen J. G. v. Herder und G. A. Bürger (Eyn feyner kleyner Almanach [...], 1777/1778), J. W. v. Goethe (Die Freuden des jungen Werthers [...], 1775), I. Kant (Geschichte eines dicken Mannes [...], 1794; Leben und Meinungen Sempronius Gundibert's, eines deutschen Philosophen, 1798) und die ↑Romantik (Vertraute Briefe [...], 1799). Sein eigenes Bild in der Geschichte der Aufklärung wird wiederum wesentlich durch die vernichtende Kritik seiner literarischen Gegner, neben Goethe auch F. Schiller und J. G. Fichte (F. N.s Leben und sonderbare Meinungen [...], 1801), bestimmt. Bedeutende Beispiele historisch-topographischer Literatur und Kulturgeschichtsschreibung sind seine »Beschreibung der Königlichen Residenzstädte Berlin und Potsdam« (1769) und seine »Beschreibung einer Reise durch Deutschland und die Schweiz, im Jahre 1781« (1783–1796).

Werke: Gesammelte Werke, I–XX (in 21 Bdn. und 3 Erg.bde), ed. B. Fabian/M.-L. Spieckermann, Hildesheim/New York/Zürich 1985–2006 [Reprints der zeitgenössischen Ausgaben der Werke N.s]; Sämtliche Werke, Briefe, Dokumente, Kritische Ausgabe mit Kommentar, ed. P. M. Mitchell/H.-G. Roloff/E. Weidl, Bern etc. 1991–1997 (erschienen Bde III–IV, VI/1–VI/2, VIII/1–VIII/2), ed. K. Kniesant/H. G. Roloff/I. Gombocz, Stuttgart 2013 ff.

[geplant sind 34 Bde]. – [anonym] Untersuchung ob Milton sein Verlohrnes Paradies aus neuern lateinischen Schriftstellern ausgeschrieben habe. Nebst einigen Anmerkungen über eine Recension des Lauderischen Buchs, von Miltons Nachahmung der neuern Schriftstellern, Frankfurt/Leipzig 1753 (repr. Hildesheim/New York/Zürich 1997 [= Ges. Werke I/1]); [anonym] Briefe über den itzigen Zustand der schönen Wissenschaften in Deutschland, [...], Berlin 1755 (repr., ed. G. Ellinger, Berlin 1894, Hildesheim/New York/Zürich 1997 [= Ges. Werke I/1]); Beschreibung der Königlichen Residenzstädte Berlin und Potsdam und aller daselbst befindlicher Merkwürdigkeiten [...], Berlin 1769 (repr. Hildesheim/New York/Zürich 1988 [= Ges. Werke (s. o.) II]), I–II, ²1779, unter dem Titel: Beschreibung [...] Merkwürdigkeiten, und der umliegenden Gegend, I–III, ³1786 (repr. in einem Bd., Berlin 1980), I–III Neudr. Berlin 1968 (franz. Description des villes de Berlin et de Potsdam et de tout ce qu'elles contiennent de plus remarquable, Berlin 1769); [anonym] Das Leben und die Meinungen des Herrn Magister Sebaldus Nothanker, I–III, Berlin/Stettin 1773–1776 (repr. in einem Bd., Hildesheim/New York/Zürich 1988 [= Ges. Werke III]), I, ²1774, ³1776, I–III, ⁴1799, krit. Ausg., ed. B. Witte, Stuttgart 1991 (engl. The Life and Opinion of Sebaldus Nothanker, I–III, trans. T. Dutton, London 1798, ferner in: M. A. V. Thümmel, Wilhelmine and F. N., The Life and Opinions of Master Sebaldus Nothanker, trans. J. R. Russell, Columbia S. C. 1998, 39–157); [anonym] Die Freuden des jungen Werthers. Leiden und Freuden Werthers des Mannes. Voran und zuletzt ein Gespräch, Berlin, [Arnstadt, Schaffhausen, Freystadt = Raubdrucke] 1775 (repr. München 1922, 1972, Hildesheim/New York/Zürich 1995 [= Ges. Werke (s. o.) XII]); [unter Pseudonym: Daniel Seuberlich] Eyn feyner kleyner Almanach vol schönerr echterr liblicherr Volckslieder [...], I–II, Berlin/Stettin 1777/1778 (repr. unter dem Titel: F. N.'s kleyner feyner Almanach, Berlin 1888, unter dem Titel: F. N.s Volkslieder-Almanach, 1918, unter dem Titel: Ein kleiner feiner Almanach, Hildesheim/New York/Zürich 1985 [= Ges. Werke IV]); Versuch über die Beschuldigungen welche dem Tempelherrenorden gemacht worden, und über dessen Geheimniß. Nebst einem Anhang über das Entstehen der Freymaurergesellschaft, I–II, Berlin/Stettin 1782 (repr. Hildesheim/New York/Zürich 1988 [= Ges. Werke V]); Beschreibung einer Reise durch Deutschland und die Schweiz, im Jahre 1781. Nebst Bemerkungen über Gelehrsamkeit, Industrie, Religion und Sitten, I–XII, Berlin/Stettin 1783–1796 (repr. in 6 Bdn., Hildesheim/New York/Zürich 1994 [= Ges. Werke XV–XX]), I–II, ²1783, ³1788; Nachricht von den Baumeistern, Bildhauern, Kupferstechern, Malern, Stukkaturern, und andern Künstlern welche vom dreyzehnten Jahrhundert bis jetzt in und um Berlin sich aufgehalten haben und deren Kunstwerke zum Theil daselbst noch vorhanden sind, Berlin 1786 (repr. Hildesheim/New York/Zürich 1987 [= Ges. Werke VI]); (ed.) Anekdoten von König Friedrich II. von Preussen und von einigen Personen, die um Ihn waren, I–VI, Berlin/Stettin 1788–1792 (repr. Hildesheim/New York/Zürich 1985 [= Ges. Werke VII]), I, ²1790; Öffentliche Erklärung über seine geheime Verbindung mit dem Illuminatenorden. Nebst beyläufigen Digression betreffend Hrn. Johann August Stark und Hrn. Johann Kaspar Lavater [...], Berlin/Stettin 1788 (repr. Hildesheim/New York/Zürich 1995 [= Ges. Werke XII]); Wegweiser für Fremde und Einheimische durch die Königl. Residenzstädte Berlin und Potsdam und die umliegende Gegend, enthaltend eine kurze Nachricht von allen daselbst befindlichen Merkwürdigkeiten [...], Berlin 1793 (repr. Hildesheim/New York/Zürich 1987 [= Ges. Werke VI]), ⁶1827, 1833, Nachdr. 1980 (franz.

Guide de Berlin, de Potsdam et des environs ou description abrégé des choses remarquables qui s'y trouvent [...], Berlin 1793, ³1813); [anonym] Geschichte eines dicken Mannes, worin drey Heurathen und drey Körbe nebst viel Liebe, I–II, Berlin/Stettin 1794 (repr. Frankfurt 1970, Hildesheim/New York/Zürich 1987 [= Ges. Werke IX]), unter dem Titel: Geschichte eines dicken Mannes, worin drei Heiraten und drei Körbe nebst viel Liebe, ed. F. Berger, Weimar 1972; [anonym, F. N. zugeschrieben] Jeremias Reibedanz. Eine Geschichte zur Unterhaltung für Leser, welche ohne Ritter und Gespenster fertig werden können, Berlin/Stettin 1796; Anhang zu Schillers Musen-Almanach für das Jahr 1797, Berlin/Stettin 1797 (repr. Hildesheim/New York/Zürich 1985 [= Ges. Werke IV]); Leben Justus Mösers, Berlin/Stettin 1797 (repr. [erw. um Erläuterungen, Materialien und Nachw.], ed. H. Buck, Osnabrück 1994, Hildesheim/New York/Zürich 1995 [= Ges. Werke X]), ferner in: J. Möser, Sämmtliche Werke VII (Vermischte Schriften I), ed. F. N., Berlin/Stettin 1797 [1798], 1–111, unter dem Titel: Leben Justus Möser's, in: Justus Möser's sämmtliche Werke X, ed. B. R. Abeken, Berlin 1843, 1858, 1–85; [anonym] Leben und Meinungen Sempronius Gundiberts eines deutschen Philosophen. Nebst zwey Urkunden der neuesten deutschen Philosophie, Berlin, [Frankenthal = Raubdruck] 1798 (repr. Hildesheim/New York/Zürich 1987 [= Ges. Werke X]), Berlin 1814; Ueber meine gelehrte Bildung, über meine Kenntniß der kritischen Philosophie und meine Schriften dieselbe betreffend, und über die Herren Kant, J. B. Erhard, und Fichte, Berlin/Stettin 1799 (repr. Brüssel 1968, Hildesheim/New York/Zürich 1997 [= Ges. Werke I/2]); [anonym] Vertraute Briefe von Adelheid B** an ihre Freundinn Julie S**, Berlin/Stettin 1799 (repr. Hildesheim/New York/Zürich 1987 [= Ges. Werke X], ed. G. de Bruyn, Frankfurt 1983; [anonym] Correspondenz zwischen dem dicken Manne, Sempronius Gundibert und F. N., d. W. D., Berlin/Stettin 1799; Ueber den Gebrauch der falschen Haare und Perrucken in alten und neuern Zeiten. Eine Historische Untersuchung, Berlin/Stettin 1801 (repr. Hildesheim/New York/Zürich 1995 [= Ges. Werke XIV]); Ueber die Art wie vermittelst des transcendentalen Idealismus ein wirklich existirendes Wesen aus Principien construirt werden kann [...], Berlin/Stettin 1801 (repr. Hildesheim/New York/Zürich 1995 [= Ges. Werke XIV]); Christ. F. N.'s Bildniss und Selbstbiographie, ed. M. S. Lowe, Berlin, Leipzig 1806 (repr. Hildesheim/New York/Zürich 1995 [= Ges. Werke XIV]); Einige Bemerkungen über den Ursprung und die Geschichte der Rosenkreuzer und Freymaurer, veranlaßt durch die sogenannte historisch-kritische Untersuchung des Herrn Hofraths Buhle über diesen Gegenstand, Berlin/Stettin 1806 (repr. Hildesheim/New York/Zürich 1988 [= Ges. Werke V]); Philosophische Abhandlungen [...], I–II, Berlin 1808 (repr. in einem Bd., Hildesheim/New York/Zürich 1991 [= Ges. Werke XI]); »Kritik ist überall, zumal in Deutschland, nötig«. Satiren und Schriften zur Literatur, ed. W. Albrecht, München, Leipzig/Weimar 1987. – Herder's Briefwechsel mit N., ed. O. Hoffmann, Berlin 1887; Aus dem Josephinischen Wien. Geblers und N.s Briefwechsel während der Jahre 1771–1786, ed. R. M. Werner, Berlin 1888; Lessings Briefwechsel mit Mendelssohn und N. über das Trauerspiel. Nebst verwandten Schriften N.s und Mendelssohns, ed. R. Pertsch, Leipzig 1910 (repr. Darmstadt 1967), unter dem Titel: Gotthold Ephraim Lessing, Moses Mendelssohn, F. N.. Briefwechsel über das Trauerspiel, ed. J. Schulte-Sasse, München 1972; Verlegerbriefe, ed. B. Fabian/M.-L Spieckermann, Berlin 1988; Die beiden Nicolai. Briefwechsel zwischen Ludwig Heinrich Nicolay in St. Petersburg und F. N. in Berlin (1776–1811). Ergänzt um weitere Briefe

[...], ed. H. Ischreyt, Lüneburg 1989; Der Briefwechsel zwischen F. N. und Carl August Böttiger, ed. B. Maurach, Bern etc. 1996; Profile der Aufklärung. F. N. – Isaak Iselin Briefwechsel (1767–1782). Edition, Analyse, Kommentar, ed. H. Jacob-Friesen, Bern/Stuttgart/Wien 1997; »Leben und wirken Sie noch lange für Wahrheit, Wissenschaft und Geschmack!«. Briefe des Oldenburger Arztes und Schriftstellers Gerhard Anton Gramberg an den Berliner Buchhändler und Schriftsteller F. N. aus der Zeit zwischen 1789 und 1808, ed. G. Crusius, Oldenburg 2001; F. N. (1733–1811) in Korrespondenz mit Johann Georg Zimmermann (1728–1795) und Christian Friedrich von Blanckenburg (1744–1796). Edition und Kommentar, ed. S. Habersaat, Würzburg 2001 (= dies., Verteidigung der Aufklärung. F. N. in religiösen und politischen Debatten [s. u., Lit.] II); Die Korrespondenz von Johann Gottwerth Müller (1743–1828) und F. N. (1733–1811). Edition und Kommentar, ed. A. Antoine, Würzburg 2001 (= dies., Literarische Unternehmungen der Spätaufklärung. Der Verleger F. N., die ›Straußfedern‹ und ihre Autoren [s. u., Lit.] II); Adolph Freiherr Knigge – F. N.. Briefwechsel 1779–1795. Mit einer Auswahl und dem Verzeichnis der Rezensionen Knigges in der »Allgemeinen deutschen Bibliothek«, ed. M. Raabe/P. Raabe, Göttingen 2004. – F. N. 1733–1811. Die Verlagswerke eines preußischen Buchhändlers der Aufklärung 1759–1811, ed. P. Raabe, Wolfenbüttel 1983, Weinheim 1986. – M.-L. Spieckermann, Verzeichnis der Schriften F. N.s 1752–1811, in: B. Fabian (ed.), F. N. [s. u., Lit.], 257–304, rev. in: Ges. Werke [s. o.] I/1, 19–98.

Literatur: W. Albrecht, Ein Leben im Dienst der Aufklärung, in: F. N., »Kritik ist überall, zumal in Deutschland, nötig« [s. o., Werke], 477–516; ders., F. N.s Kontroverse mit den Klassikern und Frühromantikern (1796–1802), in: H.-D. Dahnke/B. Leistner (eds.), Debatten und Kontroversen. Literarische Auseinandersetzungen in Deutschland am Ende des 18. Jahrhunderts II, Berlin/Weimar 1989, 9–71; A. Antoine, Literarische Unternehmungen der Spätaufklärung. Der Verleger F. N., die »Straußfedern« und ihre Autoren, I–II, Würzburg 2001; P. J. Becker/T. Brandis/I. Stolzenberg (eds.), F. N.. Leben und Werk. Ausstellung zum 250. Geburtstag [...], Berlin 1983; A. Beutel, N., RGG VI (2003), 290–291; A. Bürgi, Weltvermesser. Die Wandlung des Reiseberichts in der Spätaufklärung, Bonn 1989, bes. 43–77 (Kap. 2 F. N.s »Beschreibung einer Reise durch Deutschland und die Schweiz im Jahre 1781«); B. Fabian (ed.), F. N., 1733–1811. Essays zum 250. Geburtstag, Berlin 1983; R. Falk/A. Košenina (eds.), F. N. und die Berliner Aufklärung, Hannover 2008; K. F. Gille, Die undialektische Aufklärung. Bemerkungen zu F. N.s »Vertrauten Briefen von Adelheid B**«, Weimarer Beiträge 36 (1990), 777–792, ferner in: ders., Konstellationen, Berlin 2002, 111–132; S. Habersaat, Verteidigung der Aufklärung. F. N. in religiösen und politischen Debatten, I–II, Würzburg 2001; R. Lassahn, N., BBKL VI (1993), 659–664; P. K. Mollenhauer, F. N.s Satiren. Ein Beitrag zur Kulturgeschichte des 18. Jahrhunderts, Amsterdam 1977; H. Möller, Aufklärung in Preußen. Der Verleger, Publizist und Geschichtsschreiber F. N., Berlin 1974; ders., N., NDB IX (1999), 201–203; F. Muncker, N., ADB XXIII (1886), 580–590; M. Reich-Ranicki, F. N.. Der Gründer unseres literarischen Lebens, in: ders., Die Anwälte der Literatur, Stuttgart 1994, München 1996, 1999, 32–52; H. Reinicke, F. N., der Agitator der Aufklärung, Börsenblatt dt. Buchhandel 20 (Frankfurt 1964), 2469–2483; U. Schneider, F. N.s »Allgemeine Deutsche Bibliothek« als Integrationsmedium der Gelehrtenrepublik, Wiesbaden 1995; P. A. Selwyn, Everyday Life in the German Book Trade. F. N. as Bookseller and Publisher in the Age of Enlightenment, 1750–1810, University Park Pa. 2000; G. Sichelschmidt, F. N.. Geschichte seines Lebens, Herford 1971; S. Stockhorst/K. Kiesant/H.-G. Roloff (eds.), F. N. (1733–1811), Berlin 2011; H. Stolpe, F. N.s »Leben und Meinungen des Herrn Magister Sebaldus Nothanker«, in: ders., Aufklärung, Fortschritt, Humanität. Studien und Kritiken, ed. H.-G. Thalheim, Berlin/Weimar 1989, 104–147; G. Tonelli, N., Enc. Ph. V (1967), 498–499; S. Wollgast, Aspekte der Philosophie F. N.s, in: S. Stockhorst/K. Kiesant/H.-G. Roloff (eds.), F. N. (1733–1811) [s. o.], 181–210. J. M.

Nicole, Pierre, *Chartres 13. (oder 19.) Okt. 1625, †Paris 16. Nov. 1695, franz. Theologe und Philosoph, Jansenist. Ab 1642 Studium der Theologie in Paris, 1649 Baccalaureat, 1650–1655 Lehrer in Port-Royal-des-Champs (↑Port Royal, Schule von). N. war an der Abfassung der den ↑Jansenismus verteidigenden »Lettres à un provincial« (1656/1657) von B. Pascal beteiligt, die er auch, ergänzt um seine eigene Auffassung der Gnade, ins Lateinische übersetzte. Als Freund von A. Arnauld war N. Mitverfasser von dessen Werken, vor allem der einflußreichen, zunächst anonym erschienenen so genannten ›Logik von Port-Royal‹. Deren Besonderheit besteht darin, Elemente der Aristotelischen (scholastischen) Logik (↑Aristotelische Logik, ↑Scholastik) mit neuzeitlichen Auffassungen, insbes. mit der Methodenlehre R. Descartes', zu verbinden. Die theologische Bedeutung der Logik sieht N. darin, daß ihre Sicherheit angesichts einer durchgängig kontingenten Welt auf die ↑Allmacht Gottes hinweist und der Skepsis entzogen ist. Sein gemäßigter Jansenismus lehrt eine allgemeine, für das Heil jedes Menschen ursprünglich ausreichende Gnade (*grâce générale*). – N.s kontroverstheologische Werke erarbeiten eine quellenkritische ↑Hermeneutik (Einfluß auf P. Bayle). Im Zentrum seiner Moraltheologie steht die Spannung von Selbstliebe (*amour propre*) und Selbsterkenntnis. Die Begrenztheit menschlichen Erkennens wird als Folge des Sündenfalls hervorgehoben. Dieser Grundgedanke führt J. Locke bei seiner Übersetzung von Schriften N.s zur Disposition des »Essay Concerning Human Understanding« (1690). Konsequenzen der Rezeption der Augustinischen Lehre von der Unerkennbarkeit des Gnadenstandes sind bei N. die Ablehnung eines abstrakten Theozentrismus und der ↑Mystik, ferner ein christlicher ↑Humanismus und eine Erkenntnistheorie des ↑Unbewußten, die als Vorgestalt der ↑Psychoanalyse S. Freuds angesehen wird (E. D. James). N.s von A. Augustinus und T. Hobbes beeinflußte Gesellschaftstheorie gelangt trotz radikal negativer anthropologischer Prämissen zu einer Philosophie sozialer Ordnung (N. Luhmann).

Werke: Œuvres, I–XXV, Paris 1733–1771 (repr. als: Essais de morale, I–IV, Genf 1971) (zur Editionsgeschichte vgl. E. D. James, P. N., Jansenist and Humanist [s. u., Lit.], 182). – (mit A. Arnauld) Propositiones theologicae duae de quibus hodie maxime disputatur clarissime demonstratae, o. O. 1656; Tractatus de distinctione juris et facti in causa janseniana, o. O., o. J. [1661]; (mit A. Arnauld) La logique, ou l'art de penser [...], Paris 1662 (repr. unter dem Titel: L'art de penser. La logique de Port-Royal, I–III, ed. B. v. Freytag Löringhoff/H. E. Brekle, Stuttgart-Bad Cannstatt 1965–1967 [I repr. d. Ausg. 1662, II–III Textvarianten d. Ausg. 1662–1683 mit Kommentar], unter ursprünglichem Titel, Hildesheim/New York 1970], Amsterdam [9]1718, ed. P. Clair/F. Girbal, Paris 1965, rev. 1993, ed. D. Descotes, Paris, Genf 2011 (engl. Logic or the Art of Thinking [...], trans. J. Ozell, London 1685, ed. u. trans. J. V. Buroker, Cambridge etc. [5]1996; dt. Die Logik oder die Kunst des Denkens, Darmstadt 1972, [3]2005); (mit A. Arnauld unter dem Pseudonym: Barthélemy) Perpétuité de la foi de l'Église catholique touchant l'Eucharistie, avec la réfutation de l'écrit d'un ministre contre ce traité, divisée en trois parties, Paris 1664; (mit A. Arnauld/C. de Sainte-Marthe) Apologie pour les religieuses de Port-Royal du Saint Sacrement contre les injustices et les violences du procédé dont on a usé envers ce monastère, I–IV, o. O. 1665; [unter dem Pseudonym: Sr de Damvilliers] Lettres sur l'hérésie imaginaire [Einheitssachtitel], I–II (I unter dem Titel: Les Imaginaires, ou Lettres sur l'hérésie imaginaire, II unter dem Titel: Les visionnaires, ou Seconde partie des lettres sur l'hérésie imaginaire), Lüttich 1667, 1693; De la comédie, in: ders., Les visionnaires, ou Seconde partie des lettres sur l'hérésie imaginaire [s. o.], 452–495, unter dem Titel: Traité de la comédie, ed. G. Couton, Paris 1961, ferner in: Traité de la comédie. Et autres pièces d'un procès du théâtre, ed. L. Thirouin, Paris, Genf 1998, 32–111; (mit A. Arnauld) Défense de la traduction du Nouveau Testament, imprimé à Mons, contre les sermons du P. Maimbourg, jésuite, o. O. 1667, Köln 1669; Préjugez légitimes contre les calvinistes, Paris 1671, erw. Paris, Brüssel [3]1683, Rouen 1725; Essais de morale, contenus en divers traittez sur plusieurs devoirs importans, I–IV, Paris 1671–1678, I–VIII [VII–VIII unter dem Titel: Essais de morale, ou lettres ecrites, VIII/2 unter dem Titel: Lettres de feu M. N.. Pour server de continuation aux deux volumes de ses lettres], 1733– 1743 (repr. in: Essais de morale [s. o.], Genf 1971, I–II, 7–305), Paris 1755 (dt. Nicols moralische Versuche, welche verschiedene Abhandlungen über mancherley wichtige Pflichten in sich halten, I–V, Bamberg/Würzburg 1776, I–VI, Wien 1787–1788); Traité de l'oraison, divisé en sept livres, Paris 1679, unter dem Titel: Traité de la priere. Divisé en sept livres, I–II, Paris 1695, 1740 (repr. in: Essais de morale [s. o.], Genf 1971, IV, 499–695), 1768 (dt. Abhandlung vom Gebethe, in sieben Büchern eingetheilt, I–II, Bamberg/Würzburg 1783/ 1784); Les prétendus reformez convaincus de schisme, pour servir de réponse à un écrit intitulé Considérations sur les lettres circulaires de l'assemblée du clergé de France de l'année 1682, Paris 1684, Brüssel [2]1684, Rouen 1723, I–II, Paris 1723; Continuation des Essais de morale. Réflexions morales sur les épîtres et les évangiles de tout l'année, I–II (in 4 Teilbdn.), Paris 1687–1688, als Bde IX–XIV/1–2 der Essais de morale [s. o.], IX–XIII, Paris 1751, XIV/1–2, Luxembourg 1732 (repr. in: Essais de morale [s. o.], Genf 1971, III, 306–714, IV, 7–391), Paris 1767; Instructions théologiques et morales sur les sacremens, I–II, Paris 1700, 1741 (repr. in: Essais de morale [s. o.], Genf 1971, III, 491–594), 1776; Instructions théologiques et morales sur le symbole, I–II, Paris 1706, 1740 (repr. in: Essais de morale [s. o.], Genf 1971, IV, 7–246), 1781; Instructions théologieques et morales sur l'oraison dominicale, la salutation angélique, la sainte messe, et les autres prières de l'Église, Paris 1706, 1740 (repr. in: Essais de morale [s. o.], Genf 1971, III, 595–684), 1773 (dt. Theologisch- und sittlicher Unterricht vom Gebethe des Herrn,

dem englischen Grusse, der Heiligen Messe, und den übrigen Gebethen der Kirche, Bamberg/Würzburg 1778); Instructions théologiques et morales sur le premier commandement du Décalogue, où il est traité de la Foi, de l'Espérance & de la Charité, I–II, Paris 1709, 1741 (repr. in: Essais de morale [s. o.], Genf 1971, IV, 247–498), 1769 (dt. Theologische und sittliche Unterrichte über das erste Gebot des Dekalogus. Worinn von dem Glauben, von der Hoffnung und von der Liebe gehandelt wird, Bamberg/Würzburg 1783); Traité de la grâce générale, I–II, o. O. 1715; L'Esprit de N., ou Instructions sur les Vérités de la Religion, tirées des Ouvrages de ce Grand Théologien, tant sur les Dogmes de la Foi & les Mysteres, que sur la Morale; & distribuées selon l'ordre des matieres de la Doctrine Chrétienne, Paris 1765, [2]1771 (repr. in: Essais de morale [s. o.], Genf 1971, IV, 696–861) (dt. Der Geist des Herrn N., oder Unterricht in den Religionswahrheiten, der Glaubens- und Sittenlehre, etc., Bamberg/Würzburg 1774, 1788); Œuvres philosophiques et morales de N.. Comprenant un choix de ses essais, ed., Anm. u. Einf. C. M. G. B. Jourdain, Paris 1845 (repr. Hildesheim/New York 1970); P. N., ed. É. Thouverez, Paris 1926; La vraie beauté et son fantôme. Et autres textes d'esthétique, ed. B. Guion, Paris, Genf 1996; Essais de morale. Choix d'essais introduits et annotés, ed. L. Thirouin, Paris 1999. – Huit Lettres de P. N. fort importantes pour le temps des grandes contestations, ed. B. Chedozeau, Chroniques de Port-Royal 30 (1981), 3–37. – A. Cioranescu, Bibliographie de la literature française du dix-septième siècle III, Paris 1966, 1521–1525.

Literatur: S. Auroux, L'illuminismo francese e la tradizione logica di Port-Royal, Bologna 1982; H. M. Bracken, N., Enc. Ph. V (1967), 502; H. E. Brekle/H. J. Höller/B. Asbach-Schnitker, Der Jansenismus und das Kloster Port-Royal, in: J.-P. Schobinger (ed.), Grundriss der Geschichte der Philosophie. Die Philosophie des 17. Jahrhunderts II (Frankreich und Niederlande), Basel 1993, 475–528, 571–583, bes. 500–504, 578; B. Chédozeau, N., in: M. Viller u. a. (eds.), Dictionnaire de spiritualité. Ascétique et mystique, doctrine et histoire XI, Paris 1982, 309–318; B. Guion, P. N.. Moraliste, Paris 2002; dies., N., moraliste augustien, Institut d'histoire de la reformation, Bull. annuel 25 (2003/ 2004), 33–50; E. D. James, P. N., Jansenist and Humanist. A Study of His Thought, The Hague 1972 (mit Bibliographie, 179–187); J.-M. Lachaud, N., DP II ([2]1993), 2113–2114; H. Le Breton Grandmaison, P. N. ou la civilité chrétienne, Paris 1945; J. Leclercq, Jansénisme et doctrine de la prière chez P. N., Louvain 1951; G. Lewis, Le problème de l'inconscient et le cartésianisme, Paris 1950, [2]1985; W. v. Leyden, Locke and N.. Their Proofs of the Existence of God and Their Attitude towards Descartes, Sophia. Rassegna critica di filosofia e storia della filosofia 16 (Neapel 1948), 41–55; N. Luhmann, Gesellschaftsstruktur und Semantik. Studien zur Wissenssoziologie der modernen Gesellschaft I, Frankfurt 1980, 2010, bes. 109–119; L. Marin, La critique du discours. Sur la »Logique de Port-Royal« et les »Pensées« de Pascal, Paris 1975, 1991; L. Pichard, N., in: G. Grente (ed.), Dictionnaire des lettres françaises. Le dix-septième siècle, Paris 1954, 753–758, rev. v. D. Descotes, ders: P. Dandrey (ed.), Dictionnaire des lettres françaises. Le XVIIe siècle, Paris 1996, 932–939; A. Raffelt, N., BBKL VI (1993), 701–704; ders., N., LThK VII ([3]1998), 816–817; D. Reguig-Naya, Le corps des idées. Pensées et poétiques du langage dans L'augustinisme de Port-Royal. Arnauld, N., Pascal, Mme de La Fayette, Racine, Paris 2007; R. Schenk, Die Verstandes- und Urteilsbildung in ihrer Bedeutung für die Erziehung bei N., Malebranche, Claude Fleury und Locke, Leipzig 1908; R. Sorel/A. Cantillon/C. Porset,

N., Enc. philos. universelle II/1 (1992), 1369–1371; D. Van Kley, P. N., Jansenism, and the Morality of Enlightened Self-Interest, in: A. C. Kors/P. J. Korshin (eds.), Anticipations of the Enlightenment in England, France, and Germany, Philadelphia Pa. 1987, 69–85; M. Witlauff, N., RGG VI (2003), 292–293. – Sonderheft: Chroniques de Port-Royal 45 (1996) [P. N. (1625–1695)].   G. G./T. R.

Nietzsche, Friedrich (Wilhelm), *Röcken (bei Lützen) 15. Okt. 1844, †Weimar 25. Aug. 1900, dt. Philosoph und klassischer Philologe, aus pietistischem Pfarrhaus stammend. Nach dem Tode des Vaters (1849) siedelte die Mutter mit ihm und seiner Schwester nach Naumburg über. 1854 Eintritt in das dortige Domgymnasium; ausgeprägte literarische und musikalische Interessen. Auf Grund ausgezeichneter schulischer Leistungen erhielt N. 1858–1864 eine Freistelle im Internat Schulpforta, wo ihm eine fundierte klassisch-philologische Ausbildung zuteilwurde; erste literarische und musikalische Versuche. 1864–1865 zunächst Studium der Theologie, dann der Altphilologie in Bonn, ab 1865 in Leipzig; Schüler F. W. Ritschls, der ebenfalls 1865 von Bonn nach Leipzig wechselte; Mitglied des von Ritschls Schülern gegründeten Philologischen Vereins, in dem N. seine ersten philologischen Arbeiten vorlegt; Universitätspreis für eine Untersuchung über Diogenes Laertios. 1868 Militärdienst; erste Begegnung mit R. Wagner. Auf Grund seiner bereits vor Abschluß des Studiums umfänglicheren philologischen Veröffentlichungen wird N. 1869 auf Betreiben Ritschls auf den Lehrstuhl für griechische Sprache und Literatur an der Universität Basel berufen; Erteilung des Doktorgrades ohne Prüfung durch die Universität Leipzig. In Basel nähere Beziehungen zu J. Burckhardt sowie zu Wagner und Cosima von Bülow, die bis zu ihrer Übersiedlung nach Bayreuth (1872) in Triebschen bei Luzern wohnten. Im Zusammenhang mit der fast einhelligen Ablehnung seiner ersten größeren Abhandlung über »Die Geburt der Tragödie aus dem Geiste der Musik« (Leipzig 1872) durch die wissenschaftliche Altphilologie (Ritschl, U. v. Wilamowitz-Moellendorf) endgültige Wendung N.s zur Philosophie. 1872 Ablehnung einer Berufung nach Greifswald; 1876 Bruch mit Wagner; 1879 wegen zunehmender Kopf- und Augenbeschwerden Aufgabe der Professur; zunehmende Isolation von seinen Freunden (C. v. Gersdorff, H. Koselitz [alias P. Gast], F. C. Overbeck, P. Rée, E. Rohde); Pläne einer Heirat mit Lou Salomé scheitern; Aufenthalte in Venedig, Genua, Rapallo, Nizza, Sils Maria, Sizilien, Mentone; am 3.1.1889 psychischer Zusammenbruch (progressive Paralyse) in Turin. In den folgenden Jahren lebt N. unter der Vormundschaft seiner Mutter in Jena und Naumburg, ab 1897 unter der Obhut seiner Schwester in Weimar. – Die N.rezeption wurde durch die verfälschende Einflußnahme von N.s Schwester E. Förster-Nietzsche, die 1894 das

N.archiv gründete (seit 1896 in Weimar), auf die Herausgabe vor allem des Spätwerks und des biographischen Materials bestimmt. Besonders die dem Werk N.s unterschobene Rassenideologie, der ↑Biologismus und der Nationalismus waren für die Vereinnahmung N.s durch den Nationalsozialismus entscheidend.

N.s Philosophie ist durch das Werk A. Schopenhauers, dessen Rezeption bis in das Jahr 1865 zurückreicht, geprägt. Schopenhauers Überzeugung, daß die Intelligibilität des freien ↑Willens (↑Willensfreiheit) durch die in die Welt hineinreichende Handlung sich in deterministischen Zwängen (›Satz vom Grunde‹) verliert, hat auch für N., wenn auch in anderer Form, Geltung. Alle auf weltliches Handeln zielenden Sinngebungen sind unausweichlich mit dem Verlust an Selbstverfügung verbunden und haben unter dem Aspekt der Freiheit keinerlei Anspruch auf objektive Geltung. Insofern der ›Mensch‹ in Handlungskontexte eingebunden ist, ist er zu ›überwinden‹; und da diese Leistung von ihm selbst zu vollbringen ist, sind seine so auf den ›Übermenschen‹ zielenden Taten Akte der ›Selbstüberwindung‹. Kennzeichnend ist für N. dementsprechend die Aufhebung der bis zu G. W. F. Hegels »Grundlinien der Philosophie des Rechts« (Berlin 1821) reichenden unbefragten Identifizierung des Freiheitsprinzips mit dem Vernunftprinzip und dem ↑Sittengesetz. Konsequent wirft N. I. Kant vor, die allgemeine Gültigkeit des Sittengesetzes nicht selbst noch einmal in Frage gestellt zu haben. – Unter dem Freiheitsprinzip sind alle moralischen Wertvorstellungen der Kritik unterworfen. Die Moralkritik, im Spätwerk N.s dann die Kritik aller Werte (↑Wert (moralisch)), ist das Vehikel der sich negativ abgrenzenden Selbstverständigung des Menschen (Freigeist) auf dem Wege der Selbstüberwindung. Während jedoch Schopenhauer in der Enthaltung von aller Willensbekundung die Möglichkeit der Ablösung von jeder Determiniertheit und die Einsetzung bzw. Bewahrung intelligibler Freiheit erblickt, geht N. einen praktisch-dialektischen Weg der permanenten Wertkritik und Wertsetzung, die ihn im Spätwerk zum Entwurf einer Weltperspektiven in den Blick nehmenden und tätig vollziehenden ›Experimentalphilosophie‹ veranlaßt. Die im Horizont der Sinnlosigkeit aller Orientierung vollzogene Tat und deren permanente Negation ist sinnstiftend. Der Sinn des Lebens liegt im Prozeß der Sinnstiftung, nicht in deren Resultat. Allerdings ist in N.s Spätwerk auch eine Zuwendung zu kontemplativ-asketischen Idealen Schopenhauerscher Prägung unübersehbar.

In »Die Geburt der Tragödie aus dem Geiste der Musik« sieht N. im Künstler und in der Kunst eine Existenzweise, die die nihilisierende Grunderfahrung des ›dionysischen‹ Rausches und die nihilistischen Konsequenzen der einseitigen ›apollinischen‹ Intellektualisierung, wie sie sich in der an Sokrates orientierenden Philosophie zeigt, aufhebt (↑apollinisch/dionysisch). »Vorstellungen (…), mit denen sich leben lässt« (Die Geburt der Tragödie, Werke. Krit. Gesamtausg. III/1, 53; Werke [Schlechta] I, 49), werden allein in der Vermittlung des musikalisch sich ausströmenden allgemeinen Lebens mit der formgebenden individuierenden apollinischen Geistigkeit produziert; nur in der Produktion von ›Schein‹ und »als *aesthetisches Phänomen* ist das Dasein und die Welt ewig *gerechtfertigt*« (Werke. Krit. Gesamtausg. III/I, 43; Werke [Schlechta] I, 40). So sind die attische Tragödie und in der Moderne das Musikdrama Wagners Ausdruck dieser gelungenen sinnstiftenden Vermittlung zweier in ihrer Einseitigkeit lebenzerstörender Kräfte. Dionysos ist in N.s späteren Schriften nicht mehr der Repräsentant des Rausches und der elementaren Musik, sondern die, eine apollinische Fesselung bereits einbegreifende, normative Instanz. Die Nichtberücksichtigung dieser Verschiebung hat dazu geführt, daß die N.interpretation häufig das dionysische Moment des Frühwerks mit N.s eigener späterer Position identifiziert.

Noch unter dem bestimmenden Einfluß Wagners stehen die kulturkritischen »Unzeitgemäßen Betrachtungen« (I–II, Leipzig 1873/1874, III–IV, Schloss Chemnitz 1874/1876), in denen sich N. affirmierend auch außerästhetischen Werten zuwendet. In der zweiten Betrachtung »Vom Nutzen und Nachteil der Historie für das Leben« (1874) wird bei gleichzeitiger Anerkennung der Historie für die Kultivierung des Menschen das historische Übermaß kritisiert, das zum Handeln unfähig macht. Im ›überhistorischen‹ Standpunkt wird ein über Handeln und Werden stehender Geltungsanspruch realisiert (allein in den großen überzeitlichen Gestalten von Philosophie und besonders Kunst und Religion [Unzeitgemäße Betrachtungen, Werke. Krit. Gesamtausg. III/1, 326; Werke (Schlechta) I, 281] wird an der ›Vollendung der Natur‹ gearbeitet, wobei dieses Ziel nicht am Ende der Geschichte liegt, sondern jeweils in höchsten Exemplaren zu jeder Zeit erreicht werden kann). Gültige kulturschöpferische Sinngebungen, apollinische Fesselungen des Chaos, sind Leistungen, die invariant zur Historie und Antihistorie vollbracht werden. Die Historisierung von Geltungsansprüchen, wie sie sich im aufklärerischen Denken und im ↑Darwinismus zeigt, vermag den den sich als Vollender der Natur verstehenden Kulturmenschen nicht zu erreichen. Die politisch-moralischen Werte dagegen unterliegen der Zeitbestimmung und verfallen der Kritik.

«Menschliches, Allzumenschliches. Ein Buch für freie Geister« (I–II, Chemnitz 1878/1880) vollzieht den Bruch mit Wagner. N. begründet ihn damit, daß Wagner seine eigenen ursprünglichen Interessen zugunsten seiner Bayreuther Intentionen aufgegeben habe und daß das künstlerische Dasein für ihn zunehmend nicht mehr die paradigmatische Lebensform darstelle. Der nun fast durchgängig aphoristischen Form seiner Darlegungen entspricht die Beziehung der noch weitgehend psychologisierenden Wertanalysen auf ein einziges Prinzip: den ↑›Willen zur Macht‹. Zunächst beiläufig, und zwar den nur negativen Wertungen konformistischer Lebenshaltungen verwandt (Morgenröthe. Gedanken über die moralischen Vorurtheile, Chemnitz 1881; Die fröhliche Wissenschaft, Chemnitz 1882), wird der ›Wille zur Macht‹ im Spätwerk demgegenüber zum allgemeinen Seinsprinzip stilisiert. In N.s berühmtestem Werk »Also sprach Zarathustra. Ein Buch für Alle und Keinen« (I–IV, Chemnitz [Bd. IV Leipzig] 1883–1885) ist der ›Wille zur Macht‹ die bestimmende Instanz aller Lebens- und Kulturentwicklung. Seine höchste Realisierung gewinnt dieses Prinzip in der überhistorisch zu vollziehenden ›Selbst-Überwindung‹ (Also sprach Zarathustra, Werke. Krit. Gesamtausg. VI/1, 142–145; Werke [Schlechta] II, 369–372). Da sich in allem Lebendigen der ›Wille zur Macht‹ dokumentiert, wird er im gestuften Programm der Selbstüberwindung zum Movens einer Kritik und ↑Umwertung aller Werte, und insofern auch so wieder Werte produziert werden, zum Prinzip einer tätigen Selbstkritik. – Im Vordergrund der nun folgenden Schriften steht denn auch die Kritik vor allem der traditionellen jüdisch-christlichen Werte (Mitleid, Nächstenliebe usw.) mit der ihnen eigenen ›Selbstentäusserungs-Moral‹ (Jenseits von Gut und Böse. Vorspiel einer Philosophie der Zukunft, Leipzig 1886; Zur Genealogie der Moral. Eine Streitschrift, Leipzig 1887). Sie sind Ausdruck einer Lebenshaltung, die Schwäche zu überdecken und zu rationalisieren sucht, die sich aber letztlich dem Machtprinzip verdankt. Im besonderen diskutiert N. diese Thematik unter den Titeln ›Ressentiment‹ und ›Décadence-Moral‹. Das letzte von N. noch selbst vor dem Zusammenbruch fertiggestellte und herausgegebene Werk erschien unter dem Titel »Götzen-Dämmerung oder Wie man mit dem Hammer philosophirt« (Leipzig 1889).

Dem ›Willen zur Macht‹ liegt ein den in die Natur- und Kulturgeschichte eingebundenen Menschen prinzipiell transzendierendes Menschenbild zugrunde – die Konzeption des ›Übermenschen‹. Der ↑Übermensch ist der ›Überwinder‹ des endlichen, in seinen ↑Interessen befangenen Menschen, der die ›ewige Wiederkunft des Gleichen‹ will. Dabei sollte man diese Vorstellung einer ↑Wiederkehr des Gleichen weniger als eine kosmologische Aussage über tatsächliche Geschehnisabläufe verstehen (obwohl sich bei N. auch solche Überlegungen finden), sondern als die konsequenteste und »extremste Form des ↑Nihilismus« (Aus dem Nachlass der Achtzigerjahre, Werke. Krit. Gesamtausg. VIII/1, 217; Werke [Schlechta] III, 853). Der Übermensch bejaht diesen sinnlosen Kreislauf (↑amor fati), weil sich die höchste

Gestalt des ›Willens zur Macht‹ in der Überwindung radikalster Sinnlosigkeit betätigt, bewährt und genießt. Experimentierend sucht der konsequent seine Macht ausübende Wille im Schaffen sich zu finden (Werke. Krit. Gesamtausg. VIII/2, 121; Werke [Schlechta] III, 834). – In den zumeist nach dem Zusammenbruch, teilweise im Rahmen von Gesamtausgaben (Der Fall Wagner, Leipzig 1888; N. contra Wagner. Aktenstücke eines Psychologen, Leipzig 1889; Dionysos-Dithyramben, Leipzig 1891; Der Antichrist. Versuch einer Kritik des Christentums, Leipzig 1895; Ecce homo. Wie man wird was man ist, Leipzig 1908) erschienenen Schriften, die teilweise schon Spuren der ausbrechenden Krankheit tragen, überwiegen polemische Angriffe auf das Christentum und Wagner. Die unter dem Titel »Der Wille zur Macht« 1901 und 1906 veröffentlichten Texte sind Kompilationen, die auf Veranlassung der Schwester N.s zustandekamen. Wirkungsgeschichtlich relevant wurde N.s Werk zunächst vor allem für die ↑Existenzphilosophie (K. Jaspers, J.-P. Sartre) und die ↑Lebensphilosophie, weltanschaulich-politisch für die so genannte ›konservative Revolution‹ (T. Mann) und in tendenziöser Umdeutung für den Nationalsozialismus. Bedeutend war der Einfluß auf die Literatur (z.B. G. Benn, S. George, A. Gide, K. Hamsun, T. Mann, R.M. Rilke, G.B. Shaw, A. Strindberg), die Musik (z.B. G. Mahler, R. Strauss) und die Psychologie (z.B. S. Freud, L. Klages). Eine weltanschauungsfreie Deutung und Würdigung N.s, die ihn in den kulturgeschichtlichen Horizont und in die philosophiegeschichtliche Tradition einordnet, findet in wesentlicher Form erst seit dem Ende des 2. Weltkrieges statt. Vorbereitet durch K. Löwith (1941) wird der sachliche Zugang befördert durch die Arbeiten von W. Kaufmann (1950), Arthur C. Danto (1965) und W. Müller-Lauter (1971).
Die philosophische Wirkung N.s im 20. Jh. wird durch M. Heideggers Interpretation von N.s ↑Metaphysikkritik im Kontext seines eigenen seinsgeschichtlichen Denkens (↑Seinsgeschichte) beeinflußt. N. überwindet nach Heidegger die ↑Metaphysik nicht, sondern setzt sie wider Willen fort, so durch seine Begriffe des Übermenschen und der ewigen Wiederkehr. Die ↑Frankfurter Schule nimmt N.s Hegel-Kritik auf, kritisiert die ideologischen Aspekte seines Denkens (T. W. Adorno, M. Horkheimer), hebt aber auch dessen emanzipatorische Potentiale (↑Emanzipation) einer Befreiung der menschlichen Sinnlichkeit (H. Marcuse) hervor. – Von besonderer Bedeutung ist die französische N.-Rezeption während der 1960er bis 1980er Jahre. G. Deleuze rekonstruiert N.s Dialektikkritik und seine Konzeption des Tragischen. J. Derrida greift Heideggers Interpretation auf und nutzt N.s metaphysische Metaphysikkritik zur Grundlegung seiner Kritik des Logozentrismus und seiner Philosophie der Dekonstruktion (↑Dekonstruktion (Dekonstrukti-

vismus)). Auch für das Werk von M. Foucault ist N. durch seine Analysen zur Genealogie der Moral vorbildlich; er wendet dessen genealogisch-depotenzierende Denkweise auf alle Formen der gesellschaftlichen Geltungskonstitution an. Wie bereits in der ↑Psychoanalyse und im Existentialismus (↑Existenzphilosophie) werden so N.s sozialkritische Thesen zum ›Willen zur Macht‹ und der mit ihnen verbundene erkenntniskritische ↑Perspektivismus bis zur Gegenwart systematisch aufgenommen und diskutiert.

Werke: N. Werke. Kritische Gesamtausgabe [KGW], ed. G. Colli/ M. Montinari, weitergeführt v. W. Müller-Lauter/K. Pestalozzi, Berlin (heute: Berlin/New York) 1967 ff. (erschienen Bde [Abt. I]: I/1–I/5; [Abt. II]: II/1–II/5; [Abt. III]: III/1–III/4, III/5.1–III/ 5.2; [Abt. IV]: IV/1–IV/4; [Abt. V]: V/1–V/3; [Abt. VI]: VI/1–VI/ 4; [Abt. VII]: VII/1–VII/3, VII/4.1–VII/4.2; [Abt. VIII]: VIII/ 1–VIII/3; [Abt. IX]: IX/1–IX/9); Sämtliche Werke. Kritische Studienausgabe [KSA], I–XV, ed. G. Colli/M. Montinari, Berlin/New York, München 1980 [im Vergleich zur KGW (s.o.) gekürzter wiss. Apparat], ²1988, 2009. – Werke [Großoktavausgabe (GA)], I–XX, Leipzig 1899–1926 [Bde IX–XII als 2. Aufl. geführt, XX = Sachreg.]; The Complete Works of F. N., I–XVIII, ed. O. Levy, Edinburgh/London, New York, 1909–1913, ed. E. Behler/B. Magnus, Stanford Calif. 1994 ff. (erschienen Bde II, III, V, XI [geplant: 20 Bde]); Gesammelte Werke [Musarionausgabe, ed. R. Oehler/M. Oehler/F. C. Würzbach], I–XXIII, München 1920–1929; Werke und Briefe. Historisch-kritische Gesamtausgabe, [Schriften] I/l–I/5, [Briefe] II/1–II/4, München 1933–1942 (repr. I/1–I/5 unter dem Titel: Frühe Schriften, München 1994); Werke, I–III, ed. K. Schlechta, München 1954–1956, ⁶1969, Stuttgart/Hamburg o.J. [1970] [nur Bde I u. II], in 6 Bdn. München/Wien 1980 [gekürzt um Briefauswahl], I–III, ⁹1981/ 1982, 1999; K. Schlechta, N.-Index zu den Werken in drei Bänden, München 1965, ⁴1984, Darmstadt 1997. – Die Geburt der Tragödie aus dem Geiste der Musik, Leipzig 1872, ²1874, Frankfurt 2000 (franz. L'origine de la tragédie ou hellénisme et pessimism, Paris 1901, 1994; engl. The Birth of Tragedy out of the Spirit of Music, ed. M. Tanner, Harmondsworth etc. 1993, New York 1995); Unzeitgemäße Betrachtungen, I–IV (I David Strauss der Bekenner und der Schriftsteller, II Vom Nutzen und Nachtheil der Historie für das Leben, III Schopenhauer als Erzieher, VI Richard Wagner in Bayreuth), I–II, Leipzig 1873/ 1874, III–IV, Schloss Chemnitz 1874/1876, in 2 Bdn., ed. P. Gast, Leipzig ²1893, in einem Bd. Frankfurt/Leipzig 2000 (engl. Untimely Meditations, Cambridge etc. 1983, 1992, ed. D. Breazeale, Cambridge etc. 1997, 2007; franz. Considérations inactuelles, I–II, Paris 1990, 1992); Menschliches, Allzumenschliches. Ein Buch für freie Geister [...], Chemnitz 1878, [erw. um »Anhang: Vermischte Meinungen und Sprüche« (1879) u. »Der Wanderer und sein Schatten« (1880)], I–II, Leipzig 1886 [erste zusammengeführte Fassung], in einem Bd., ed. G. Colli/M. Montinari, München 2009 (= Krit. Studienausg. II) (engl. Human, all too Human. A Book for Free Spirits, Chicago Ill. 1908, ed. R. J. Hollingdale/R. Schacht, Cambridge etc. 1996, 2009; franz. Humain, trop humain. Un livre pour esprits libres, I–II, Paris 1981, ohne Untertitel in einem Bd., ed. A.-M. Desrousseaux/H. Albert, Paris 1988, 2007); Morgenröthe. Gedanken über die moralischen Vorurteile, Chemnitz 1881, Leipzig 1887 [um eine Vorrede erw.], mit Untertitel: Gedanken über die moralischen Vorurteile, Frankfurt 1983, 1995 (franz. Aurore. Réflexions sur les préjugés moraux, ed. H. Albert, Paris 1901, ed. E. Blondel/O.

Hansen-Løve/T. Leydenbach, Paris 2012; engl. Daybreak. Thoughts on the Prejudices of Morality, ed. M. Tanner, Cambridge etc. 1982, ed. M. Clark/B. Leiter, Cambridge etc. 1997, 2003); Die fröhliche Wissenschaft, Chemnitz 1882, erw. mit Untertitel: (»la gaya scienza«) Leipzig 1887, Stuttgart 2000 (engl. The Joyful Science »la gaya scienza«), Edinburgh/London 1910, unter dem Titel: The Gay Science. With a Prelude in German Rhymes and an Appendix of Songs, ed. B. Williams, Cambridge etc. 2001, 2008; franz. Le gai savoir, Paris 1939, ed. P. Wotling, Paris 1997, 2007); Also sprach Zarathustra. Ein Buch für Alle und Keinen, I–IV, I–III, Chemnitz 1883–1884, IV, Leipzig 1885, in einem Bd. Leipzig ²1893, Hamburg, Berlin 2011 (franz. Ainsi parlait Zarathoustra. Un livre pour tout le monde et personne, Paris 1898, ohne Untertitel, Paris 2012; engl. Thus Spake Zarathustra. A Book for All and None, I–III, Edinburgh 1906–1909, in einem Bd. unter dem Titel: Thus Spoke Zarathustra. A Book for Everyone and Nobody, ed. G. Parkes, Oxford etc. 2008); Jenseits von Gut und Böse. Vorspiel einer Philosophie der Zukunft, Leipzig 1886, Stuttgart 1988, 2010 (franz. Par delà le bien et le mal, Paris 1898, mit Untertitel: Prélude à une philosophie de l'avenir, ed. M. Sautet, Paris 1991, 2000; engl. Beyond Good and Evil. Prelude to a Philosophy of the Future, London/Edinburgh, New York 1907, ed. R.-P. Horstmann/J. Norman, Cambridge etc. 2002, 2010); Zur Genealogie der Moral. Eine Streitschrift, Leipzig 1887, ³1894, Stuttgart 1988, 2009 (franz. La généalogie de la morale, Paris 1913, Paris 1996, 2010; engl. On the Genealogy of Morality, Cambridge/ New York 1994, 2007); Der Fall Wagner. Ein Musikanten-Problem. Leipzig 1888, ²1892, ferner in: Kritische Studienaus. VI [s.o.], München 2009, 9–53 (engl. The Case of Wagner. A Musician's Problem, New York 1911, in: The Complete Works of F. N. [s.o.] VIII, 16–55; franz. Le cas Wagner. Suivi de »N. contre Wagner«, Paris 1914, mit Untertitel: Un problem pour musiciens, Paris 2007); Götzen-Dämmerung. Oder wie man mit dem Hammer philosophirt, Leipzig 1889, Frankfurt 1985, 2009 (franz. Crépuscule des idols. Ou comment philosopher à coups de marteau, Paris 1977, gekürzt u. ohne Untertitel, ed. E. Blondel, Paris 1983, 1996; engl. The Twilight of the Idols. Or How to Philosophize with the Hammer, Indianapolis Ind./Cambridge 1997); Der Antichrist. Versuch einer Kritik des Christentums, Leipzig 1895, Frankfurt 1986, 2008 (engl. The Antichrist, New York 1920, Radford Va. 2008; franz. L'antéchrist. Essai d'une critique du christianisme, Paris 1967, ed. E. Blondel, Paris 1994, 1998); Ecce homo. Wie man wird was man ist, Leipzig 1908, München 2005, 2009 (engl. Ecce homo, Portland Me. 1911, mit Untertitel: How to Become what You Are, ed. D. Large, Oxford etc. 2007; franz. Ecce homo, Paris 1931, unter dem Titel: Ecce homo. Comment on devient ce que l'on est/Ecce homo. Wie man wird, was man ist [dt./franz.], ed. D. Astor, Paris 2012); F. N., »The Anti-Christ«, »Ecce Homo«, »Twilight of the Idols«, and Other Writings, ed. A. Ridley/J. Norman, Cambridge etc. 2005, 2010, 153–230). – M.-L. Haase/J. Salaquarda, Konkordanz. Der Wille zur Macht: Nachlass in chronologischer Ordnung der kritischen Gesamtausgabe, Nietzsche-Stud. 9 (1980), 446–490. – F. N.s gesammelte Briefe, I–V (in 7 Bdn.), ed. P. Gast/ A. Seidl, Berlin/Leipzig 1900–1909; N. Briefwechsel. Kritische Gesamtausg. [KGB], 25 Bde in 3 Abt. u. 1 Reg.bd. (Abt. I [Briefe 1850–1869]: I/1–I/4; Abt. II [Briefe 1869–1879]: II/1–II/5, II/ 6.1–II/6.2, II/7.1–II/7.2, II/7.3.1–II/7.3.2; Abt. III [Briefe 1880–1889]: III/1–III/6, III/7.1–III/7.2, III/7.3.1–III/7.3.2), ed. G. Colli/M. Montinari, weitergeführt v. N. Miller/A. Pieper, Berlin/New York 1975–2004; Rosenthal/P. A. Bloch/D. M. Hoffmann (eds.), F. N.. Handschriften, Erstausgaben und Wid-

mungsexemplare. Die Sammlung Rosenthal-Levy im N.-Haus in Sils Maria, Basel 2009. – N. Source. Association HyperNietzsche (École normale supérieure, Paris) siehe www.nietzsche-source.org [umfaßt Kritische Gesamtausgabe (KGW) u. Digitale Faksimile Gesamtausg.]. – H. W. Reichert/K. Schlechta, International N. Bibliography, Chapel Hill N. C. 1960, ²1968; H. W. Reichert, International N. Bibliography 1968 through 1971, N.-Stud. 2 (1973), 320–339; ders., International N. Bibliography 1972–1973, N.-Stud. 4 (1975), 351–373; R. F. Krummel, N. und der deutsche Geist, I–II (I Ausbreitung und Wirkung des N.schen Werkes im deutschen Sprachraum bis zum Todesjahr des Philosophen. Ein Schrifttumsverzeichnis der Jahre 1867–1900, II Ausbreitung und Wirkung des N.schen Werkes im deutschen Sprachraum vom Todesjahr bis zum Ende des Weltkrieges. Ein Schrifttumsverzeichnis der Jahre 1901–1918), Berlin/New York 1974/1983; W. H. Schaberg, The N. Canon. A Publication History and Bibliography, Chicago Ill./London 1995 (dt. N.s Werke. Eine Publikationsgeschichte und kommentierte Bibliographie, Basel 2002); S. Jung u.a. (eds.), Weimarer N.-Bibliographie (WNB), I–V, Stuttgart/Weimar 2000–2002; T. Lindken/R. Rehn, Die Antike in N.s Denken. Eine Bibliographie, Trier 2006.

Literatur: G. Abel, N.. Die Dynamik der Willen zur Macht und die ewige Wiederkehr, Berlin/New York 1984, 1998; C. P. T. Andler, N.. Sa vie et sa pensée, I–VI, Paris 1920–1931, in 3 Bdn. 1958; L. Andreas-Salomé, F. N. in seinen Werken [...], Wien 1894, Dresden ³1924 (engl. N., Redding Ridge Conn. 1988); dies., Lebensrückblick. Grundriß einiger Lebenserinnerungen [...], ed. E. Pfeiffer, Zürich, Wiesbaden 1951, Frankfurt ²1968, 1983; K. Ansell-Pearson (ed.), N. and Modern German Thought, London/New York 1991, 2002; S. E. Aschheim, The N. Legacy in Germany. 1890–1990, Berkeley Calif./Los Angeles/ Oxford 1992, 1994 (dt. N. und die Deutschen. Karriere eines Kults, Stuttgart/Weimar 1996, 2000); A. Baeumler, N., der Philosoph und Politiker, Leipzig 1931, ³1937; F. Balke (ed.), Für Alle und Keinen. Lektüre, Schrift und Leben bei N. und Kafka, Zürich/Berlin 2008; S. Barbera (ed.), F. N., Rezeption und Kultus, Pisa 2004; R. Barros, Kunst und Wissenschaft bei N.. Von »Menschliches, Allzumenschliches« bis »Also sprach Zarathustra«, Berlin 2007; G. Bataille, Sur N.. Volonté de chance, Paris 1945, 1967 (engl. On N., New York, London 1992, New York 1994; dt. N. und der Wille zur Chance, Berlin 2005); ders., Wiedergutmachung an N.. Das N.-Memorandum und andere Texte, ed. G. Bergfleth, München 1999; C. Benne, N. und die historisch-kritische Philologie, Berlin/New York 2005; B. E. Benson, Pious N.. Decadence and Dionysian Faith, Bloomington Ind. 2008; P. Berkowitz, N.. The Ethics of an Immoralist, Cambridge Mass./London 1995, 1998; C. A. Bernoulli, Franz Overbeck und F. N.. Eine Freundschaft [...], I–II, Jena 1908; M.-A. Berr, Entscheidungen. Vernunft, Gefühl und Glaube bei Pascal und N., Wien 2006; E. Bertram, N.. Versuch einer Mythologie, Berlin 1918, erw. 1929, 1965 [um ein Nachwort erw.], Bonn 1989 (franz. N. Essai de mythologie, Paris 1932, 2007; engl. N.. Attempt at a Mythology, Urbana Ill./Chicago Ill. 2009); R. Binion, Frau Lou. N.'s Wayward Disciple, Princeton N. J. 1968, 1974; E. Biser, N.. Zerstörer oder Erneuerer des Christentums?, Darmstadt 2002, 2008; P. Bishop/R. H. Stephenson, F. N. and Weimar Classicism, Rochester N. Y./Woodbridge 2005; R. Blunck, F. N.. Kindheit und Jugend, München/Basel 1953 (franz. Frédéric N.. Enfance et jeunesse, Paris 1955); D. Borchmeyer, N., Cosima, Wagner. Porträt einer Freundschaft, Frankfurt/Leipzig 2008; T. Børsche (ed.), ›Centauren-Geburten‹. Wissenschaft,

Kunst und Philosophie beim jungen N., Berlin/New York 1994; S. Burke, The Ethics of Writing. Authorship and Legacy in Plato and N., Edinburgh 2008, 2010; D. Burnham, Reading N.. An Analysis of »Beyond Good and Evil«, Montreal/Kingston/Ithaca N. Y., Stocksfield 2007; H. Cancik/H. Cancik-Lindemaier, Philolog und Kultfigur. F. N. und seine Antike in Deutschland, Stuttgart/Weimar 1999; P. Champromis/J.-F. Mattéi, N., Enc. philos. universelle III/1 (1992), 2003–2010; M. Clark, N., REP VI (1998), 844–861; G. Colli, Dopo N., Mailand 1974, 1996 (dt. Nach N., Hamburg 1980, 1993; franz. Après N., Montpellier 1987, Paris 2000); ders., Scritti su N., Mailand 1980, 2008 (dt. Distanz und Pathos. Einleitungen zu N.s Werken, Frankfurt 1982, Hamburg 1993; franz. Ecrits sur N., Paris 1996); C. Colli Staude, N. filologo tra inattualità e vita. ›Il confronto con i Greci‹, Pisa 2009 (Nietzscheana XI); J. Constâncio/M. J. Mayer Branco (eds.), Nietzsche on Instinct and Language, Berlin/Boston Mass. 2011; D. W. Conway/R. Rehn (eds.), N. und die antike Philosophie, Trier 1992; P.-L. Coriando, Individuation und Einzelnsein. N., Leibniz, Aristoteles, Frankfurt 2003; C. Cox, N.. Naturalism and Interpretation, Berkeley Calif./Los Angeles/London 1999; A. Csongár, Den gefangenen N. befreien, Cuxhaven/Dartford 2000 (Nietzscheana XIII); A. C. Danto, N. as Philosopher, New York/London 1965, erw. 2005 (dt. N. als Philosoph, München 1998); ders., F. N., in: N. Hoerster (ed.), Klassiker des philosophischen Denkens II, München 1982, 230–273; G. Deleuze, N. et la philosophie, Paris 1962, 2010 (dt. N. und die Philosophie, München 1976, Hamburg 2008; engl. N. and Philosophy, London 1983, 2006); W. Del Negro, Die Rolle der Fiktionen in der Erkenntnistheorie F. N.s, München 1923; J. Derrida, Éperons. Les styles de N., Paris 1978, 2010 (engl. Spurs. N.'s Styles, Chicago Ill./London 1979, 1996); ders., Otobiographies. L'enseignement de N. et la politique du nom propre, Paris 1984 (dt. Otobiographien. Die Lehre N.s und die Politik des Eigennamens, in: ders./F. Kittler, N. – Politik des Eigennamens. Wie man abschafft, wovon man spricht, Berlin 2000, 8–63); R. Detsch, Rilke's Connections to N., Lanham Md./New York/Oxford 2003; P. Deussen, Erinnerungen an F. N., Leipzig 1901 (franz. Souvenirs sur F. N., Paris 2002); M. Djurić/J. Simon (eds.), N. und Hegel, Würzburg 1992; B. Donnellan, N. and the French Moralists, Bonn 1982; M. Dries (ed.), N. on Time and History, Berlin/New York 2008; R. Eisler, N.s Erkenntnistheorie und Metaphysik. Darstellung und Kritik, Leipzig 1902; C. J. Emden, N. on Language, Consciousness, and the Body, Urbana Ill./Chicago Ill. 2005; ders., F. N. and the Politics of History, Cambridge etc. 2008, 2010; M. Ferrari Zumbini, Untergänge und Morgenröten. N., Spengler, Antisemitismus, Würzburg 1999; G. Figal, N.. Eine philosophische Einführung, Stuttgart 1999, 2001; J. Figl, Interpretation als philosophisches Prinzip. F. N.s universale Theorie der Auslegung im späten Nachlaß, Berlin/New York 1982; ders. (ed.), Von N. zu Freud. Übereinstimmungen und Differenzen von Denkmotiven, Wien 1996; ders., N. und die Religionen. Transkulturelle Perspektiven seines Bildungs- und Denkweges, Berlin/New York 2007; G. Figul, N., RGG VI (⁴2003), 310–314; E. Fink, N.s Philosophie, Stuttgart 1960, Stuttgart/Berlin/Köln ⁶1992 (franz. La philosophie de N., Paris 1965, 1995; engl. N.'s Philosophy, London/New York 2003); M. Fleischer, Der »Sinn der Erde« und die Entzauberung des Übermenschen. Eine Auseinandersetzung mit N., Darmstadt 1993; dies., N., TRE XXIV (1994), 506–525; E. Förster-Nietzsche, Das Leben F. N.'s, I–II (in 3 Bdn.), Leipzig 1895–1904; dies., Der junge N., Leipzig 1912, 1925 (engl. The Young N., London 1912); dies., Der einsame N., Leipzig 1914, 1925 (engl. The Lonely N., London 1915); dies., F. N. und die

Frauen seiner Zeit, München 1935 (franz. F. N. & les femmes de son temps, Paris 2007); I. Frenzel, F. N.. In Selbstzeugnissen und Bilddokumenten, Reinbek b. Hamburg 1966, 1983, mit Untertitel: Mit Selbstzeugnissen und Bilddokumenten, 1991, 2000; S. Friedlaender, F. N.. Eine intellektuale Biographie, Leipzig 1911, ed. D. Thiel, Herrsching 2009; H.-H. Gander (ed.), »Verwechselt mich vor allem nicht!«. Heidegger und N., Frankfurt 1994; V. Gerhardt, F. N., München 1992, ⁴2006; ders. (ed.), F. N.. »Also sprach Zarathustra«, Berlin 2000, ²2012; ders., N., in: B. Jahn (ed.), Biographische Enzyklopädie deutschsprachiger Philosophen, München 2001, 301–303; ders., F. N., in: O. Höffe (ed.), Klassiker der Philosophie II (Von Immanuel Kant bis John Rawls), München 2008, 143–156; ders./R. Reschke (eds.), Ästhetik und Ethik nach N., Berlin 2003 (N.forschung X); dies. (eds.), Antike und Romantik bei N., Berlin 2004 (N.forschung XI); dies. (eds.), F. N., zwischen Musik, Philosophie und Ressentiment, Berlin 2006; G. Gödde, Traditionslinien des ›Unbewußten‹. Schopenhauer, N., Freud, Tübingen 1999; R. M. Gold, Auf der Suche nach dem verlorenen Gott. Ein Essay über N., Wien 2011; J. Golomb, N. and Zion, Ithaca N. Y./London 2004; R. Görner, Wenn Götzen dämmern. Formen ästhetischen Denkens bei N., Göttingen 2008; ders./D. Large (eds.), Ecce Opus. N.-Revisionen im 20. Jahrhundert, Göttingen 2003; R. H. Grimm, N.'s Theory of Knowledge, Berlin/New York 1977; K. Gründer (ed.), Der Streit um N.s »Geburt der Tragödie«. Die Schriften von E. Rohde, R. Wagner, U. v. Wilamowitz-Möllendorff, Hildesheim 1969, 1989; F. F. Günther, Rhythmus beim frühen N., Berlin/New York 2008; A. Guzzoni (ed.), 90 Jahre philosophische N.-Rezeption, Königstein 1979, erw. unter dem Titel: 100 Jahre philosophische N.-Rezeption, Frankfurt 1991; G. Haberkamp, Triebgeschehen und Wille zur Macht. N. – zwischen Philosophie und Psychologie, Würzburg 2000; G. Harders, Der gerade Kreis. N. und die Geschichte der ewigen Wiederkehr. Eine wissenssoziologische Untersuchung zu zyklischen Zeitvorstellungen, Berlin 2007; R. Häußling, N. und die Soziologie. Zum Konstrukt des Übermenschen, zu dessen anti-soziologischen Implikationen und zur soziologischen Reaktion auf N.s Denken, Würzburg 2000; C. Hayes, N., IESBS V (²2008), 502–503; M. Heidegger, N.s Wort »Gott ist tot«, in: ders., Holzwege, Frankfurt 1950, ⁷2003, 205–263; ders., Wer ist N.s Zarathustra?, in: ders., Vorträge und Aufsätze, Pfullingen 1954, ¹⁰2004, 101–126; ders., N., I–II, Pfullingen 1961, Stuttgart ⁸2008; E. Heinrich, Religionskritik in der Neuzeit. Hume, Feuerbach, N., Freiburg/München 2001; E. Heller, The Importance of N.. Ten Essays, Chicago Ill./London 1988, 1990 (dt. Die Bedeutung F. N.s. Zehn Essays, Hamburg/Zürich 1992); P. Heller, Von den ersten und letzten Dingen. Studien und Kommentar zu einer Aphorismenreihe von F. N., Berlin/New York 1972; K. Hildebrandt, N.s Wettkampf mit Sokrates und Plato, Dresden 1922, Celle 1926; ders., Wagner und N.. Ihr Kampf gegen das Neunzehnte Jahrhundert, Breslau 1924; B. Hillebrand (ed.), N. und die deutsche Literatur, I–II, Tübingen, München 1978; ders., N.. Wie ihn die Dichter sahen, Göttingen 2000; ders., N. – der Dichter, in: R. Reschke (ed.), N.. Radikalaufklärer oder radikaler Gegenaufklärer? [s. u.], 133–142, separat: Mainz/Stuttgart 2006; O. Höffe (ed.), F. N.. »Zur Genealogie der Moral«, Berlin 2004; R. J. Hollingdale, N.. The Man and His Philosophy, Baton Rouge La., London 1965, Cambridge etc. 2001; R. Jackson, N. and Islam, London/New York 2007; C. P. Janz, Die Briefe F. N.s. Textprobleme und ihre Bedeutung für Biographie und Doxographie, Zürich 1972; ders., F. N., I–III, München/Wien 1978–1979, Frankfurt 1999; K. Jaspers, N.. Einführung in das Verständnis seines Philosophierens, Berlin/Leipzig 1936, Berlin/New York ⁴1974, 1981; ders., N. und das Christentum, Hameln 1946, Düsseldorf 2011; K. Joel, N. und die Romantik, Jena/Leipzig 1905, ²1923; C. Junge, Das intellektuelle Gewissen bei N., Essen 2000; W. Kaufmann, N.. Philosopher, Psychologist, Antichrist, Princeton N. J. 1950, ⁴1974 (dt. N.. Philosoph, Psychologe, Antichrist, Darmstadt 1982, ²1988); ders., N., Enc. Ph. V (1967), 504–514; ders., Tragedy and Philosophy, Garden City N. Y. 1968, Princeton N. J. 1992 (dt. Tragödie und Philosophie, Tübingen 1980); F. Kaulbach, N.s Idee einer Experimentalphilosophie, Köln/Wien 1980; B. Kettern, N., BBKL VI (1993), 774–804; E. Kiss/U. Nussbaumer-Benz (eds.), N., Postmoderne – und danach?/N., Postmodernity and After [teilw. dt./teilw. engl.], Cuxhaven/Dartford 2000 (Nietzscheana XIV); J. Kjaer, F. N.. Die Zerstörung der Humanität durch ›Mutterliebe‹, Opladen 1990; B. Klaas Meilier, Hochsaison in Sils-Maria. Meta von Salis und F. N.. Zur Geschichte ihrer Begegnung, Basel 2005; L. Klages, Die psychologischen Errungenschaften N.s, Leipzig 1926, Bonn ⁵1989; A. H. J. Knight, Some Aspects of the Life and Work of N., and Particularly of His Connection with Greek Literature and Thought, Cambridge 1933, New York 1967; J. Köhler, F. N. und Cosima Wagner. Die Schule der Unterwerfung, Berlin 1996, Reinbek b. Hamburg 2002 (engl. N. and Wagner. A Lesson in Subjugation, New Haven Conn./London 1998); S. Körnig, Perspektivität und Unbestimmtheit in N.s Lehre vom Willen zur Macht. Eine vergleichende Studie zu Hegel, N. und Luhmann, Tübingen/Basel 1999; P. Kouba, Die Welt nach N.. Eine philosophische Interpretation, München 2001; R. Kreis, N., Wagner und die Juden, Würzburg 1995; A. Kroker, The Will to Technology and the Culture of Nihilism. Heidegger, N. and Marx, Toronto/Buffalo N. Y./London 2004; C. Langbehn, Metaphysik der Erfahrung. Zur Grundlegung einer Philosophie der Rechfertigung beim frühen N., Würzburg 2005; D. Langer, Wie man wird, was man schreibt. Sprache, Subjekt und Autobiographie bei N. und Barthes, München/Paderborn 2005; F. A. Lea, The Tragic Philosopher. A Study of F. N., New York, London 1957, London/Atlantic Highlands N. J. 1993; J. Lefranc, N., DP II (1993), 2116–2123; G. K. Lehmann, Der Übermensch. F. N. und das Scheitern der Utopie, Berlin etc. 1993; B. Leiter, Routledge Philosophy Guidebook to N. on Morality, London/New York 2002, 2007; ders./N. Sinhababu (eds.), N. and Morality, Oxford 2007, 2009; J. Le Rider, N. in Frankreich, München 1997; ders., N. en France. De la fin du XIXᵉ siècle au temps présent, Paris 1999; P. Levine, N. and the Modern Crisis of the Humanities, Albany N. Y. 1995; K. P. Liessmann, Philosophie des verbotenen Wissens. F. N. und die schwarzen Seiten des Denkens, Wien 2000, Hamburg 2009; F. Lisson, F. N., München 2004, Bonn ²2012; F. R. Love, Young N. and the Wagnerian Experience, Chapel Hill N. C. 1963, New York 1966; ders., N.'s Saint Peter. Genesis and Cultivation of an Illusion, Berlin/New York 1981; K. Löwith, Kierkegaard und N.. Oder philosophische und theologische Überwindung des Nihilismus, Frankfurt 1933; ders., N.s Philosophie der ewigen Wiederkunft des Gleichen, Berlin 1935, erw. unter dem Titel: N.s Philosophie der ewigen Wiederkehr des Gleichen, Stuttgart ²1956, Hamburg ⁴1986; ders., Von Hegel bis N., Zürich/New York 1941, unter dem Titel: Von Hegel zu N.. Der revolutionäre Bruch im Denken des neunzehnten Jahrhunderts. Marx und Kierkegaard, Zürich/Wien, Stuttgart ²1950, Stuttgart ⁵1964, mit Untertitel: Der revolutionäre Bruch im Denken des neunzehnten Jahrhunderts, Frankfurt ⁶1969, ⁹1986, 1995; B. Lypp, N.: Ein Literaturbericht, Philos. Rdsch. 28 (1981), 161–188, 29 (1982), 1–38; B. Magnus, N.'s Existential Imperative, Bloomington Ind./London 1978; T. Meyer, N.. Kunstauffassung und Lebensbegriff, Tübingen 1991; ders., N.

und die Kunst, Tübingen/Basel 1993; K. Michalski, Płomień wieczności. Eseje o myślach Fryderyka Nietzschego, Krakau 2007 (engl. The Flame of Eternity. An Interpretation of N.'s Thought, Princeton N. J./Oxford 2012); T. Mittmann, F. N.. Judengegner und Antisemitenfeind, Erfurt 2001; M. Montinari, Che cosa ha ›veramente‹ detto N., Rom 1975 (dt. F. N.. Eine Einführung, Berlin/New York 1991); ders., N. lesen, Berlin/New York 1982 (engl. Reading N., Urbana Ill./Chicago Ill. 2003); G. Moore, N., Biology and Metaphor, Cambridge etc. 2002; ders./T. H. Brobjer (eds.), N. and Science, Aldershot/Burlington Vt. 2004; D. Mourkojannis/R. Schmidt-Grépály (eds.), N. im Christentum. Theologische Perspektiven nach N.s Proklamation des Todes Gottes, Basel 2004; W. Müller-Lauter, N.. Seine Philosophie der Gegensätze und die Gegensätze seiner Philosophie, Berlin/New York 1971 (engl. N.. His Philosophy of Contradictions and the Contradictions of His Philosophy, Urbana Ill./Chicago Ill. 1999); ders., N.-Interpretationen, I–III, Berlin/New York 1999–2000; T. Murphy, N., Metaphor, Religion, Albany N. Y. 2001; E. Naake, N. und Weimar. Werk und Wirkung im 20. Jahrhundert, Köln/Weimar/Wien 2000; A. Nehamas, N.. Life as Literature, Cambridge Mass./London 1985 (dt. N.. Leben als Literatur, Göttingen 1991, 2012; franz. N.. La vie comme littérature, Paris 1994); B. Neymeyr/A. U. Sommer (eds.), N. als Philosoph der Moderne, Heidelberg 2012; C. Niemeyer (ed.), N.-Lexikon, Darmstadt 2009, erw. ²2011; R. Okochi, Wie man wird, was man ist. Gedanken zu N. aus östlicher Sicht, Darmstadt 1995; I. Okonta, N.. The Politics of Power, New York etc. 1992; E. Oldemeyer, Leben und Technik. Lebensphilosophische Positionen von N. zu Plessner, Paderborn/München 2007; F. N. Oppel, N. on Gender. Beyond Man and Woman, Charlottesville Va./London 2005; H. Ottmann, Philosophie und Politik bei N., Berlin/New York 1987, erw. ²1999; ders. (ed.), N.-Handbuch. Leben, Werk, Wirkung, Stuttgart/Weimar 2000, 2011; F. Overbeck, Erinnerungen an F. N.. Mit Briefen an Heinrich Köselitz, Berlin 2011; D. Owen, N., Politics and Modernity. A Critique of Liberal Reason, London/Thousand Oaks Calif./New Delhi 1995; V. Pădurean, Spiel, Kunst, Schein. N. als ursprünglicher Denker, Stuttgart 2008; G. Parkes (ed.), N. and Asian Thought, Chicago Ill./London 1991, 1996; G. Penzo, Il superamento di Zarathustra. N. e il nazionalsocialismo, Rom 1987 (dt. Der Mythos vom Übermenschen. N. und der Nationalsozialismus, Frankfurt etc. 1992); E. Pfeiffer (ed.), F. N., Paul Rée, Lou von Salomé. Die Dokumente ihrer Begegnung, Frankfurt 1970 (franz. F. N., Paul Rée, Lou von Salomé. Corrispondence, Paris 1979, 2001); S. Pfeuffer, Die Entgrenzung der Verantwortung: N., Dostojewskij, Levinas, Berlin/New York 2008; C. Pletsch, Young N.. Becoming a Genius, New York, New York etc. 1991, 1992; E. F. Podach, N.s Zusammenbruch. Beiträge zu einer Biographie auf Grund unveröffentlichter Dokumente, Heidelberg 1930 (franz. L'effondrement de N., Paris 1931, 1978); ders., Gestalten um N.. Mit unveröffentlichten Dokumenten zur Geschichte seines Lebens und seines Werks, Weimar 1932; ders., F. N. und Lou Salomé. Ihre Begegnung 1882, Zürich/Leipzig o.J. [1938]; P. Poellner, N. and Metaphysics, Oxford 1995, Oxford/New York 2000; O. Ponton, N.. Philosophie de la légèreté, Berlin/New York 2007; C. Pornschlegel/M. Stingelin (eds.), N. und Frankreich [teilw. dt./teilw. franz.], Berlin/New York 2009; J. I. Porter, N. and the Philology of the Future, Stanford Calif. 2000; T. G. Pszczólkowski, Zur Methodologie der Interpretation des Politischen bei F. N., Frankfurt etc. 1996; M. Pütz (ed.), N. in American Literature and Thought, Columbia S. C. 1995; N. Rath, Jenseits der ersten Natur. Kulturtheorie nach N. und Freud, Heidelberg 1994; J. Rattner, N.. Leben, Werk, Wirkung, Würzburg 2000;

H. Reich, N.-Zeitgenossenlexikon. Verwandte und Vorfahren, Freunde und Feinde, Verehrer und Kritiker von F. N., Basel 2004; G. Remmert, Leiberleben als Ursprung der Kunst. Zur Ästhetik F. N.s, München 1978; R. Reschke, Denkumbrüche mit N.. Zur anspornenden Verachtung der Zeit, Berlin 2000; dies. (ed.), Zeitenwende – Wertewende. Internationaler Kongreß der N.-Gesellschaft zum 100. Todestag F. N.s vom 24.–27. August 2000 in Naumburg, Berlin 2001 (N.forschung Sonderband I); dies. (ed.), Radikalaufklärer oder radikaler Gegenaufklärer? Internationale Tagung der Nietzsche-Gesellschaft in Zusammenarbeit mit der Kant-Forschungsstelle Mainz und der Stiftung Weimarer Klassik und Kunstsammlungen vom 15.–17. Mai 2003 in Weimar, Berlin 2004 (N.forschung Sonderband II); M. Riccardi, »Der faule Fleck des Kantischen Kriticismus«. Erscheinung und Ding an sich bei N., Basel 2009; L. A. Rickels (ed.), Looking after N., Albany N. Y. 1990; A. Ridley, Routledge Philosophy Guidebook to N. on Art, London/New York 2007; M. Riedel, N. in Weimar. Ein deutsches Drama, Leipzig 1997, 2000; ders., Im Zwiegespräch mit N. und Goethe. Weimarische Klassik und klassische Moderne, Tübingen 2009; B. G. Rosenthal (ed.), N. and Soviet Culture. Ally and Adversary, Cambridge etc. 1994; W. Ross, Der ängstliche Adler. F. N.s Leben, Stuttgart 1980, München 1999; H. Röttges, N. und die Dialektik der Aufklärung, Berlin/New York 1972; M. Saar, Genealogie als Kritik. Geschichte und Theorie des Subjekts nach N. und Foucault, Frankfurt/New York 2007; R. Safranski (ed.), N.. Ausgewählt und vorgestellt von Rüdiger Safranski, München 1997; ders., N.. Biographie seines Denkens, München/Wien 2000, Frankfurt 2008 (franz. N.. Biographie d'une pensée, Arles 2000; engl. N.. A Philosophical Biography, London 2002, New York 2003); J. Salaquarda (ed.), N., Darmstadt 1980 (mit Bibliographie, 351–361), ²1996 (mit Bibliographie, 351–374); E. Salin, Jakob Burckhardt und N., Basel 1938, erw. ²1948, rev. unter dem Titel: Vom deutschen Verhängnis. Gespräch an der Zeitenwende: Burckhardt – N., Reinbek b. Hamburg 1959; R. Schacht (ed.), N., Genealogy, Morality. Essays on N.'s »Genealogy of Morals«, Berkeley Calif./Los Angeles/London 1994; G. Schank, ›Rasse‹ und ›Züchtung‹ bei N., Berlin/New York 2000; M. Scheler, Das Ressentiment im Aufbau der Moralen, in: ders., Vom Umsturz der Werte. Abhandlungen und Aufsätze I, Leipzig 1915, ²1919, 43–236, ³1923, 47–233, ⁴1955 (= Ges. Werke III), ⁶2007, 33–147, separat, ed. M. S. Frings, Frankfurt 1978, ²2004; A. Schirmer/R. Schmidt (eds.), Widersprüche. Zur frühen N.-Rezeption, Weimar 2000; K. Schlechta, Der Fall N.. Aufsätze und Vorträge, München 1958, ²1959 (franz. Le cas N., Paris 1960, 1997); ders., N.-Chronik. Daten zu Leben und Werk, München/Wien 1975, München 1984; H. Schlüpmann, F. N.s ästhetische Opposition. Der Zusammenhang von Sprache, Natur und Kultur in seinen Schriften 1869–1876, Stuttgart 1977; R. Schmidt-Grépály/S. Dietzsch (eds.), N. im Exil. Übergänge in gegenwärtiges Denken, Weimar 2001; G. Schmitt, Zyklus und Kompensation. Zur Denkfigur bei N. und Jung, Frankfurt etc. 1998; J.-P. Schobinger, Miszellen zu N.. Versuche von operationalen Auslegungen, Basel 1992; H.-M. Schönherr-Mann, F. N., Paderborn 2008; G. Schulte, »Ich impfe euch mit dem Wahnsinn«. N.s Philosophie der verdrängten Weiblichkeit des Mannes, Frankfurt/Paris 1982, Köln 1989; ders., Ecce N.. Eine Werkinterpretation, Frankfurt/New York 1995; J. Scott (ed.), N. and Politics. Spindel Conference 1998, Memphis Tenn. 1999; P. R. Sedgwick (ed.), N.. A Critical Reader, Oxford/Cambridge Mass. 1995; ders., N.'s Economy. Modernity, Normativity and Futurity, Basingstoke/New York 2007; ders., N.. The Key Concepts, London/New York 2009; K. Seelmann (ed.), N. und das Recht.

Vorträge der Tagung der Schweizer Sektion der Internationalen Vereinigung für Rechts- und Sozialphilosophie, 9.–12. April 1999 in Basel [teilw. dt./teilw. franz.], Stuttgart 2001; H. Seubert, Zwischen erstem und anderem Anfang. Heideggers Auseinandersetzung mit N. und die Sache seines Denkens, Köln/Weimar/Wien 2000; H. Siemens/V. Roodt (ed.), N., Power and Politics, Rethinking N.'s Legacy for Political Thought, Berlin/New York 2008; U. Sigismund, Denken im Zwiespalt. Das N.-Archiv in Selbstzeugnissen 1897–1945, Münster/Hamburg/London 2001; G. Simmel, Schopenhauer und N.. Ein Vortragszyklus, Leipzig 1907 (repr. Paderborn 2011), Bremen 2010; ders., Schopenhauer und N.. Tendenzen im deutschen Leben und Denken seit 1870, Hamburg 1990; J. Simon, F. N., in: O. Höffe (ed.), Klassiker der Philosophie II (Von Immanuel Kant bis Jean-Paul Sartre), München 1981, ³1995, 203–224; P. Sloterdijk, Über die Verbesserung der guten Nachricht. N. fünftes ›Evangelium‹. Rede zum 100. Todestag von F. N., gehalten in Weimar am 25. August 2000, Frankfurt 2001 (franz. La compétition des bonnes nouvelles. N. évangéliste, o. O. [Paris] 2002); R. Small, N. and Rée. A Star Friendship, Oxford 2005, 2007; F. zu Solms-Laubach, N. and Early German and Austrian Sociology, Berlin/New York 2007; R. C. Solomon, Living with N.. What the Great ›Immoralist‹ Has to Teach Us, Oxford etc. 2003, 2006; A. U. Sommer (ed.), N. – Philosoph der Kultur(en)? [teilw. dt./teilw. engl.], Berlin/New York 2008; S. L. Sorgner, Menschenwürde nach N.. Die Geschichte eines Begriffs, Darmstadt 2010; L. Spinks, F. N., London/New York 2003, 2004; J. Stambaugh, N.'s Thought of Eternal Return, Baltimore Md./London 1972, Lanham Md./London, Washington D. C. 1988; R. Steiner, F. N.. Ein Kämpfer gegen seine Zeit, Weimar 1895, erw. Dornach ⁴2000; J. P. Stern, A Study of N., Cambridge etc. 1979, 1981 (dt. N.. Die Moralität der äußersten Anstrengung, Köln 1982); B. H. F. Taureck, N.-ABC, Leipzig 1999; H. Thüring, Geschichte des Gedächtnisses. F. N. und das 19. Jahrhundert, München 2001; P. van Tongeren u. a. (eds.), N. Wörterbuch, Berlin/New York 2004 ff. [bisher erschienen: Bd. I]; H. Vaihinger, N. als Philosoph, Berlin 1902, Langensalza ⁵1930, mit Untertitel: Eine Einführung in die Philosophie F. N.s, ed. G. Bleick, Porta Westfalica 2002; T. Valk (ed.), F. N. und die Literatur der klassischen Moderne, Berlin/New York 2009; K. Vieweg/R. T. Gray (eds.), Hegel und N.. Eine literarisch-philosophische Begegnung, Weimar 2007; E. Voegelin, Das jüngste Gericht. F. N., ed. P. J. Opitz, Berlin 2007; R. Wicks, N., SEP 2011; J. T. Wilcox, Truth and Value in N.. A Study of His Metaethics and Epistemology, Ann Arbor Mich. 1974, Washington D. C. 1982; J. E. Wilson, Schelling und N.. Zur Auslegung der frühen Werke F. N.s, Berlin/New York 1996; J. J. Winchester, N.'s Aesthetic Turn. Reading N. after Heidegger, Deleuze, Derrida, Albany N. Y. 1994; E. V. Wolfenstein, Inside/Outside N.. Psychoanalytic Explorations, Ithaca N. Y. 2000; R.-R. Wuthenow, N. als Leser. Drei Essays, Hamburg 1994; J. Young, F. N.. A Philosophical Biography, Cambridge etc. 2011; I. M. Zeitlin, N.. A Re-Examination, Oxford/Cambridge 1994; R. L. Zimmerman, The Kantianism of Hegel and N.. Renovation in 19th-Century German Philosophy, Lewiston N. Y./Queenston Ont./Lampeter 2005; C. Zittel, Selbstaufhebungsfiguren bei N., Würzburg 1995.– N.-Studien. Internationales Jahrbuch für die N.-Forschung, 1 (1972) ff.; J. of N. Stud., 1 (1991) ff.; N.-Forschung. Jahrbuch der Nietzsche-Gesellschaft, 1 (1994) ff.. S. B.

Nieuwentijt (Nieuwentyt, Nieuwentyd, Nieuwentijdt), Bernard, *Westgraftdijk 10. Aug. 1654, †Purmerend

30. Mai 1718, niederl. Philosoph und Mathematiker. 1675–1676 Studium der Medizin und Rechtswissenschaft in Leiden und Utrecht, danach Arzt in und später Bürgermeister von Purmerend. In zwei umfangreichen, im 18. Jh. außerordentlich einflußreichen Werken sucht N. das naturwissenschaftliche und mathematische Wissen seiner Zeit, mit dem er sich auf eindrucksvolle Weise als Autodidakt vertraut gemacht hat, für einen teleologischen ↑Gottesbeweis einzusetzen (Het regt gebruik der werelt beschouwingen [...], 1715) und wissenschaftsbezogene methodologische Argumente gegen den ↑Rationalismus und ↑Spinozismus geltend zu machen (Gronden van zekerheid [...], 1720). Sein ↑Empirismus, in dessen Rahmen auch ↑Naturgesetze nur kontingente Geltung haben, unterscheidet zwischen ›idealen‹ Wahrheiten, die stets hypothetisch bzw. voraussetzungsabhängig sind (›ideale Mathematik‹), und Tatsachenwahrheiten, die erfahrungsabhängig sind (›Tatsachenmathematik‹). In eigenen Arbeiten zur ↑Infinitesimalrechnung (Considerationes circa analyseos, 1694; Analysis infinitorum, 1695) kritisiert N. die Verwendung des Begriffs der unendlich kleinen Größen bei I. Newton und die Einführung von ↑Differentialen höherer Ordnung bei G. W. Leibniz. Den Begriff der unendlich kleinen Größe ersetzt N. dabei durch den (nicht weniger problematischen) Begriff der Größe, die ›kleiner als jede gegebene Größe‹ ist (Analysis infinitorum, 1). Die von N. im Anschluß an Leibniz (De geometria recondita et analysi indivisibilium atque infinitorum, Acta Eruditorum 5 [1686], 292–300) gewählte Bezeichnung ›analysis infinitorum‹ gewinnt durch L. Euler (Introductio in analysin infinitorum, I–II, Lausanne 1748) disziplinenbildende Bedeutung.

Werke: Disputatio medica inauguralis de obstructionibus, Utrecht 1676; Considerationes circa analyseos ad quantitates infinitè parvas applicatae principia, & calculi differentialis usum in resolvendis problematibus geometricis, Amsterdam 1694; Analysis infinitorum, seu curvilineorum proprietates ex polygonorum natura deductae, Amsterdam 1695; Considerationes secundae circa calculi differentialis principia, et responsio ad virum nobilissimum C. G. Leibnitium, Amsterdam 1696; Nouvel usage des tables des sinus. Ou moyen de s'en servir sans qu'il soit nécessaire de multiplier et de diviser, Journal litéraire 5 (La Haye 1714), 166–174; Het regt gebruik der werelt beschouwingen, ter overtuiginge van ongodisten en ongelovigen angetoont, [...], Amsterdam 1715, ²1717, ⁶1740, ⁷1759 (engl. The Religious Philosopher, or the Right Use of Contemplating the Works of the Creator [...], I–III, trans. J. Chamberlayne, London 1718–1719, ²1719–1721, 1721, I–II, ³1724, II–III, I–III, ⁵1745; franz. L'existence de Dieu démontrée par les merveilles de la nature, en trois parties [...], Paris 1725, Amsterdam 1727, Amsterdam/Leipzig 1760; dt. Die Erkänntnüß der Weißheit, Macht und Güte des Göttlichen Wesens, aus dem rechten Gebrauch derer Betrachtungen aller irrdischen Dinge dieser Welt [...], übers. v. W. C. Baumann Frankfurt/Leipzig 1732 [Vorrede C. Wolff], unter dem Titel: Rechter Gebrauch der Welt-Betrachtung zur Erkenntnis der Macht, Weisheit und Güte Gottes, auch Überzeu-

gung der Atheisten und Ungläubigen, frei übers. v. J. A. Segner, Jena 1747); Gronden van zekerheid, of de regte betoogwyse der wiskundigen so in het denkbeeldige, als in het zakelyke. Ter wederlegging van Spinozaas denkbeeldig samenstel, en ter aanleiding van eene sekere sakelyke wysbegeerte, [...], Amsterdam 1720, ²1728, ³1739, 1754. – A. J. J. Vandevelde [Van de Velde], Bijdrage tot de Bio-bibliographie van B. Nieuwentyt (1654 †1718), Verslagen en Mededeelingen der Koninklijke Vlaamse Academie voor Taal- en Letterkunde 1926, 709–718.

Literatur: E. W. Beth, Nieuwentyt's Significance for the Philosophy of Science, Synthese 9 (1955), 447–453; C. B. Boyer, The Concepts of the Calculus. A Critical and Historical Discussion of the Derivative and the Integral, New York 1939, 1949, unter dem Titel: The History of the Calculus and Its Conceptual Development (The Concepts of the Calculus), New York 1959, 213–215; N. Cronk, Voltaire (non)lecteur de N.. Le problème des causes finales dans la pensée voltairienne, Revue Voltaire 7 (2007), 169–181; S. Ducheyne, »Ignorance Is Bliss«. On B. N.'s ›Docta Ignorantia‹ and His Insight in Scientific Idealisation, Riv. stor. filos. 62 (2007), 699–710; H. Freudenthal, N. und der teleologische Gottesbeweis, Synthese 9 (1955), 454–464; ders., N., DSB X (1974), 120–121; H. A. Krop, Physikotheologie, in: H. Holzhey/V. Murdoch (eds.), Die Philosophie des 18. Jahrhunderts I (Großbritannien und Nordamerika. Niederlande), Basel 2004, 1159–1169, bes. 1164–1167 (2 B. Nieuwentyt); R. Kühn, N., Enc. philos. universelle III/1 (1992), 1371; F. Nagel, N., Leibniz, and Jacob Hermann on Infinitesimals, in: U. Goldenbaum/D. Jesseph (eds.), Infinitesimal Differences. Controversies between Leibniz and His Contemporaries, Berlin/New York 2008, 199–214; J. Petitot, Les infinitésimales comme éléments nilpotents. Actualité du débat N./Leibniz, in: D. Berlioz/F. Nef (eds.), L'actualité de Leibniz. Les deux labyrinthes, Stuttgart 1999 (Stud. Leibn. Suppl. XXXIV), 567–575; W. Philipp, Metaphysik und Glaube. Die Grundgedanken der Physikotheologie B. Nieuwentyts (1654–1718), Neue Z. systemat. Theol. Religionsphilos. 2 (1960), 90–122; C. Thiel, Grundlagenkrise und Grundlagenstreit. Studie über das normative Fundament der Wissenschaften am Beispiel von Mathematik und Sozialwissenschaft, Meisenheim am Glan 1972, 11–12; J. Vercruysse, La fortune de B. Nieuwentydt en France au XVIIIᵉ siècle et les notes marginales de Voltaire, Stud. Voltaire 18ᵗʰ Cent. 30 (1964), 223–246; ders., Frans onthaal voor een Nederlandse apologeet: B. Nieuwentyt (1654–1718), Tijdschr. van de Vrije Universiteit te Brussel 11 (1968/1969), 97–120; B. P. Vermeulen, N.s controverse met Leibniz, Algemeen Nederlands tijdschr. voor Wijsbegeerte 75 (1983), 88–94; ders., Berkeley and N. on Infinitesimals, Berkeley Newsletter 8 (1985), 1–5; ders., The Metaphysical Presuppositions of N.'s Criticism of Leibniz's Higher-Order Differentials, in: A. Heinekamp (ed.), 300 Jahre »Nova Methodus« von G. W. Leibniz (1684–1984). Symposion der Leibniz-Gesellschaft im Kongreßzentrum »Leewenhorst« in Noordwijkerhout (Niederlande), 28. bis 30. August 1984, Stuttgart 1986 (Stud. Leibn. Sonderheft XIV), 178–184; R. H. Vermij, Inleiding, in: ders. (ed.), B. N.. Een zekere, zakelijke wijsbegeerte, Baarn 1988, 13–39; ders., B. N. als experimentator, Tijdschr. voor de Geschiedenis der Geneeskunde, Natuurwetenschappen, Wiskunde en Techniek 10 (1987), 81–89; ders., B. N. and the Leibnizian Calculus, Stud. Leibn. 21 (1989), 69–86; ders., Secularisering en natuurwetenschap in de zeventiende en achttiende eeuw. B. N., Amsterdam 1991; ders., N., in: W. van Bunge u. a. (eds.), The Dictionary of Seventeenth- and Eighteenth-Century Dutch Philosophers II, Bristol 2003, 733–736.   J. M.

Nifo (Niphus), Agostino (Augustinus), *Sessa Aurunca 1473 (oder 1469 oder 1470), †Salerno 18. Jan. 1546 (oder 1538 oder 1545), ital. Philosoph und Mediziner, bedeutender Vertreter der so genannten Schule von Padua (↑Padua, Schule von). N. lehrte ca. 1492–1499 in Padua (nach Studium bei N. Vernia ebendort), anschließend vermutlich in Neapel und Salerno. 1514 Prof. der Philosophie in Rom (auf Betreiben von Leo X., der ihn 1520 zum Conte palatino ernennt), 1519–1522 in Pisa, 1522–1535 in Salerno (1531/1532 in Neapel). Nach Ablehnung von Rufen nach Pisa (1525) und Rom (1535) Bürgermeister von Sessa. – In seinen Kommentaren zu nahezu allen Aristotelischen Schriften ist N. in besonderem Maße um die quellenmäßige Authentizität des Textes und die Herstellung eigener Übersetzungen bemüht; seine Kommentierung ist durch Averroës, später in stärkerem Maße durch die griechischen Kommentatoren beeinflußt. In seinen psychologischen Schriften vertritt N. auf dem Boden eines averroistischen ↑Aristotelismus (↑Averroismus), wie Cajetan von Thiene und A. Achillini, gegen P. Pomponazzi die Annahme einer von den (sterblichen) Einzelseelen getrennten (überindividuellen) Gesamtseele und deren Unsterblichkeit (De immortalitate anime libellus, 1518), in seinen logischen Schriften unter anderem wieder den Dialektikbegriff (↑Dialektik) der Aristotelischen ↑Topik (Topica inventio [...] exposita, 1535). Kern der Logik ist nach N. die Wissenschaftslehre der Aristotelischen »Zweiten Analytiken« (Comentaria in libris Posteriorum Aristotelis, 1523). N. betont, auf dem Hintergrund der Methodendiskussion im Paduaner Aristotelismus, die Vorstellung eines lediglich hypothetischen Wissens von den Ursachen und Gründen (Recognitiones, 1540). Entsprechend ist die *demonstratio propter quid* in den (empirischen) Naturwissenschaften keine *demonstratio a priori*, sondern eine *demonstratio coniecturalis*, in der Mathematik hingegen eine *demonstratio simpliciter*, die wiederum im Sinne der klassischen beweistheoretischen Unterscheidungen (↑demonstratio propter quid/demonstratio quia) einer *demonstratio a priori* entspricht. In der Physik (Aristotelis Physicarum acroasum hoc est naturalium auscultationum liber, 1508) sucht N. sachlich zwischen der (averroistischen) Aristotelischen Physik und der ↑Impetustheorie zu vermitteln (die *vis impressa* als eine sowohl dem bewegten Körper als auch dem ihn umgebenden Medium mitgeteilte bewegende Kraft, In quattuor libros De celo et mundo et Aristote[lis] et Averro[is] expositio, 1517). In der aristotelisch-scholastischen Lehre von den ↑minima naturalia arbeitet N. die (averroistische) Vorstellung über qualitative *minima* weiter aus und wendet sie auf Erklärungen physikalischer Strukturen und chemischer Reaktionen an.

Werke: Destructiones destructionum Averroys cum Augustini Niphi de Suessa expositione [...], Venedig 1497, unter dem

Titel: In librum Destructio destructionum Averroys [Averrois] commentationes [...], Venedig 1508, 1517, Pavia 1521, Lyon 1529, 1542; De sensu agente, zusammen mit: Destructiones destructionum [s. o.], Venedig 1497; Super tres libros de anima, Venedig 1503, rev. u. erw. unter dem Titel: Suessa super lib[ros] de Anima. Augustini Niphi [...] Collectanea ac commentaria in libros de anima [...], 1522, mit Zusatz: [...] in libros Aristo[-telis] de Anima, 1523, 1544, unter dem Titel: Expositio subtilissima collectanea commentariaque in tres libros Aristotelis de anima [...], 1552, 1553, 1554, unter dem Titel: Expositio subtilissima necnon et collectanea commentariaque in tres libros Aristotelis de anima, 1559; Liber de intellectu, Venedig 1503 [enthält ebenfalls De demonibus libri tres], unter dem Titel: De intellectu libri sex. Eiusdem de demonibus libri tres, 1527, unter dem Titel: In via Aristotelis De intellectu libri sex. Eiusdem de demonibus libri tres [...], 1553, 1554, unter dem Titel: De intellectu, ed. L. Spruit, Leiden/Boston Mass. 2011; De diebus criticis seu decretoriis aureus liber [...], Venedig 1504, 1519; De primi motoris infinitate liber, o. O. [Venedig], o. J. [1504], ferner in: In duo decimum μετὰ τὰ φισικά seu metaphysices Aristotelis et Averrois volumen [...], Venedig 1505, ferner beigefügt zu den Kommentaren zu Aristoteles De generatione et corruptione ab 1526 [s. u.]; Averroys de mixtione defensio [...], Venedig 1505; In duo decimum μετὰ τὰ φισικά seu metaphysices Aristotelis et Averrois volumen [...], Venedig 1505, unter dem Titel: In duodecimum metaphysices Aristotelis & Averrois volumen [...], 1518, 1526, unter dem Titel: Expositiones in Aristotelis libros metaphysices [...], 1547, 1559 (repr. Frankfurt 1967); De nostrarum calamitatum causis liber [...], Venedig 1505; Aristotelis De generatione et corruptione liber Augustino Nipho philosopho suessano interprete et expositore, Venedig 1506, unter dem Titel: Suessanus de gene. et corru. Eutychi Augustini Niphi [...] interpretationes atque commentaria librorum Aristotelis de generatione & corruptione 1526 [ab 1526 mit Recognitiones und Quaestio de infinitate primi motoris], unter dem Titel: In libros Aristotelis de generatione & corruptione interpretationes & commentaria [...], 1543, 1550, 1557, 1577; Aristotelis Perihermenias hoc est de interpretatione liber [...], Venedig 1507, Paris 1551, Venedig 1555, unter dem Titel: Super libros Aristotelis peri hermenias. De interpretatione accuratissima commentaria [...], 1559, 1560; Aristotelis Physicarum acroasum hoc est naturalium auscultationum liber interprete atque expositore Eutyco Augustino Nypho phylotheo suessano [...], Venedig 1508, 1519, unter dem Titel: Aristotelis philosophorum principis περι ακροασεωσ τησ Φυσικησ hoc est de auscultatio ne naturali libri octo [...], Leipzig 1519, unter dem Titel: Physicarum auscultationum Aristotelis libri duo interprete atque expositore [...] [mit Recognitiones], 1540, unter dem Titel: Commentationes in librum Averrois de substantia orbis [...], 1546, 1559; In Averroys [Averrois] de animae beatitudine [...], Venedig 1508, 1524; Metaphysicarum disputationum dilucidarium, Neapel 1511, unter dem Titel: Metaphysica Suessani. [...] Metaphysicarum disputationum dilucidarium, Venedig 1521, unter dem Titel: Dilucidarium Augustini Niphi [...] metaphysicarum disputationum, in Aristotelis decem & quatuor libros metaphysicorum, ex Arist. et Averrois [...], 1559 (repr. zusammen mit: Expositiones in Aristotelis libros metaphysices, Frankfurt 1967), 1569; Ad Apotelesmata Ptolemaei eruditiones, Neapel 1513; In quattuor libros De celo et mundo et Aristote. et Avero. expositio, Neapel 1517, 1549, unter dem Titel: In Aristotelis libros de coelo et [&] mundo commentaria [...], Venedig 1553, 1567; De immortalitate anime libellus, Venedig 1518, 1521 (ital. L'immortalità dell'-

anima. Contro Pomponazzi, ed. J. M. García Valverde, trad. F. P. Raimondi, Savigliano 2009); De falsa diluvii prognosticatione, quae ex conventu omnium planetarum qui in piscibus continget anno 1524 divulgata est. Libri tres [...], Neapel 1519, Venedig 1521, unter dem Titel: De liberatione a metu futuri diluvii contra nonnullos iuniores [...], Neapel 1523; Dialectica ludicra tyrunculis atque veteranis utillima peripateticis consona [...], Florenz 1520, Venedig 1521; Epitomata rhetorica ludicra [...], Venedig 1521, unter dem Titel: Expositio atque interpretatio lucida in libros artis rhetorice Aristotelis [...], Venedig 1537 [1538]; Libellus de his. Quae ab optimis principibus agenda sunt [...], Florenz 1521; De regnandi peritia [...], Neapel 1523, unter dem Titel: Une réécriture du »Prince« de Machiavel. Le »De regnandi peritia« de A. N.. Édition bilingue [lat./franz.], ed. S. Pernet-Beau, Paris 1987; Parva naturalia Augustini Niphi Medices philosophi Suessani [...], Venedig 1523, 1550 [1551]; Comentaria in libris Posteriorum Aristotelis [...], Neapel 1523, unter dem Titel: In Aristotelis libros Posteriorum Analyticorum subtilissima commentaria, 1553, 1565; De figuris stellarum helionoricis, Neapel 1526; De armorum literarumque comparatione commentariolus [...]. Eiusdem de inimicitiarum lucro [...]. Eiusdem apologia Socratis & Aristotelis, Neapel 1526; Libellus. De rege et tyranno, Neapel 1526; Prioristica cometaria [...], Neapel 1526, unter dem Titel: Super libros priorum Aristotelis commentaria [...], 1553, 1569; De pulchro liber, Rom 1529, 1531, unter dem Titel: De pulchro et amore/Du beau et de l'amour [lat./franz.], I–II, ed. L. Boulègue, Paris 2003/2011; De auguriis libri duo, Bologna 1531, [mit De diebus criticis liber I] Marburg 1614 (franz. Des Augures, ou divinations, übers. A. du Moulin Masconnois, Lyon 1546); Suessanus in libros Metheororum. Augustini Niphi [...] in libris Aristotelis Meteorologicis commentaria. Eiusdem Commentaria in libro de mistis [...], Venedig 1531, unter dem Titel: Subtilissima commentaria in libros meteorologicorum, & in librum de mistis [...], 1559, 1560; De re aulica ad Phausinam libri duo, Neapel·1534 (ital. Il cortegiano del Sessa, Genua 1560); Expositiones [...] in libros de Sophisticis elenchis Aristotelis [...], Venedig 1534, Paris 1540, unter dem Titel: In Lib. Elenchorum Aristotelis expositio [...], Venedig 1567; Prima Pars Opusculorum Magni Augustini Niphi [...] in quinque libros divisa, secundum varietatem tractandorum [...], Venedig 1535 [enthält: De vera vivendi libertate libri duo, De divitiis libellus, De ijs, qui apte possunt in solitudine vivere liber, De sanctitate, atque prophanitate libellus, De misericordia liber]; Aristotelis Stagirit[a]e Topica inventio in octo secta libros, a magno Augustino Nipho [...] interpretata atque exposita [...], Venedig 1535, Paris 1540, unter dem Titel: Aristotelis Stagiritae Topicorum liber octo cum Augustini Niphi [...] commentariis, 1555 [1556], 1569; Magni Augustini Niphi medicis philosophi suessani, de verissimis temporum signis commentariolus, Venedig 1540; Expositiones in omnes Aristotelis libros De historia animalium. Lib. IX, De partibus animalium & earum causis. Lib. IIII, ac De generatione animalium. Lib. V [...], Venedig 1546; De ratione medendi libri quatuor [...], Neapel 1551; I ragionamenti di M. A. da Sessa [...] sopra la filosofia morale d'Aristotele [...], Venedig 1554, unter dem Titel: I ragionamenti [...] sopra l'etica d'Arist. [...], Parma 1562; Opuscula moralia et politica. Cum G. Naudaei de eodem auctore iudicio, Paris 1645. – C. H. Lohr, Latin Aristotle Commentaries II (Renaissance Authors), Florenz 1988, 282–287 [Verzeichnis der Aristoteles-Kommentare N.s]; E. De Bellis, Bibliografia di A. N., Florenz 2005 [auch mit Bibliographie der Sekundärlit. zu N., 253–285].

Literatur: E. J. Ashworth, A. N.'s Reinterpretation of Medieval Logic, Riv. crit. stor. filos. 31 (1976), 355–374; A. Crescini, Le origini del metodo analitico. Il Cinquecento, Udine 1965, 141–144; E. De Bellis, Il pensiero logico di A. N., Galatina 1997; ders., Nicoletto Vernia e A. N.. Aspetti storiografici e metodologici, Galatina 2003; P. Duhem, Études sur Léonard de Vinci. Ceux qu'il a lus et ceux qui l'ont lu III, Paris 1913 (repr. 1984), 1955, 115–120; E. Garin, La cultura filosofica del Rinascimento italiano. Ricerche e documenti, Florenz 1961, Mailand 2001, 114–118, 295–303; H. C. Kuhn, Die Verwandlung der Zerstörung der Zerstörung. Bemerkungen zu Augustinus Niphus' Kommentar zu »Destructio destructionum« des Averroes, in: F. Niewöhner/L. Sturlese (eds.), Averroismus im Mittelalter und in der Renaissance, Zürich 1994, 291–308; J. Madey, Niphus (N.), Augustinus, BBKL XVI (1999), 1154–1155; E. P. Mahoney, The Early Psychology of A. N., Diss. Columbia Univ. New York 1966; ders., Nicoletto Vernia and A. N. on Alexander of Aphrodisias. An Unnoticed Dispute, Riv. crit. stor. filos. 23 (1968), 268–296; ders., A. N.'s Early Views on Immortality, J. Hist. Philos. 8 (1970), 451–460 (repr. in: ders., Two Aristotelians of the Italian Renaissance [s. u.]); ders., Pier Nicola Castellani and A. N. on Averroes' Doctrine of the Agent Intellect, Riv. crit. stor. filos. 25 (1970), 387–409 (repr. in: ders., Two Aristotelians of the Italian Renaissance [s. u.]); ders., A. N.'s »De sensu agente«, Arch. Gesch. Philos. 53 (1971), 119–142 (repr. in: ders., Two Aristotelians of the Italian Renaissance [s. u.]); ders., A Note on A. N., Philol. Quart. 50 (1971), 125–132; ders., N., DSB X (1974), 122–124; ders., A. N. and St. Thomas Aquinas, Memorie Domenicane NS 7 (1976), 195–226 (repr. in: ders., Two Aristotelians of the Italian Renaissance [s. u.]); ders., Philosophy and Science in Nicoletto Vernia and A. N., in: A. Poppi (ed.), Scienza e filosofia all'Università di Padova nel Quattrocento, Padua/Triest 1983, 135–203 (repr. in: ders., Two Aristotelians of the Italian Renaissance [s. u.]); ders., John of Jandun and A. N. on Human Felicity (»status«), in: C. Wenin (ed.), L'homme et son univers au moyen âge. Actes du septième congrès international de philosophie médiévale (30 août – 4 septembre 1982) I, Louvain-la-Neuve 1986, 465–477 (repr. in: ders., Two Aristotelians of the Italian Renaissance [s. u.]); ders., Plato and Aristotle in the Thought of A. N. (ca. 1470–1538), in: G. Roccaro (ed.), Platonismo e aristotelismo nel mezzogiorno d'Italia (secc. XIV–XVI), Palermo 1989, 79–101 (repr. in: ders., Two Aristotelians of the Italian Renaissance [s. u.]); ders., Pico, Plato, and Albert the Great. The Testimony and Evaluation of A. N., Mediev. Philos. Theol. 2 (1992), 165–192; ders., A. N. and Neoplatonism, in: P. Prini (ed.), Il Neoplatonismo nel Rinascimento, Rom 1993, 205–231 (repr. in: ders., Two Aristotelians of the Italian Renaissance [s. u.]); ders., N., REP VI (1998), 857–872; ders., Two Aristotelians of the Italian Renaissance. Nicoletto Vernia and A. N., Aldershot etc. 2000; A. G. M. van Melsen, Van Atomos naar Atoom. De geschiedenis van het begrip Atoom, Amsterdam 1949, 59–68, Antwerpen 1962, 89–98 (engl. From Atomos to Atom. The History of the Concept Atom, Pittsburgh Pa. 1952, New York 1960, Mineola N. Y. 2004, 64–73; dt. [rev.] Atom gestern und heute. Die Geschichte des Atombegriffs von der Antike bis zur Gegenwart, Freiburg/München 1957, 94–104); G. Monarca, A. N. (vita ed opere, traccia per una riscoperta), Scauri 1975; A. Pattin, Un grand commentateur d'Aristote. A. N., in: B. Mojsisch/O. Pluta (eds.), Historia philosophiae Medii Aevi. Studien zur Geschichte der Philosophie des Mittelalters. Festschrift für Kurt Flasch zu seinem 60. Geburtstag II, Amsterdam/Philadelphia Pa. 1991, 787–803; S. Perfetti, Aristotle's Zoology and Its Renaissance Commentators

(1521–1601), Leuven 2000, 85–120 (Chap. I.3 A. N); M. Pine, Pietro Pomponazzi. Radical Philosopher of the Renaissance, Padua 1986, 153–162; A. Poppi, Causalità e infinità nella scuola padovana dal 1480 al 1513, Padua 1966, 222–236; ders., Saggi sul pensiero inedito di Pietro Pomponazzi, Padua 1970, 97–101, 121–137, 141–144; J. H. Randall Jr., The School of Padua and the Emergence of Modern Science, Padua 1961, 42–47, 57–58; W. Risse, Die Logik der Neuzeit I (1500–1640), Stuttgart-Bad Cannstatt 1964, 218–229; L. Spruit, A. N.'s De intellectu. Sources and Issues, Bruniana & Campanelliana 13 (2007), 625–639; L. Thorndike, A History of Magic and Experimental Science V, New York/London 1941, 1966, 69–93 (Chap. V N. and Demons), 162–164, 182–188; W. A. Wallace, Causality and Scientific Explanation I (Medieval and Early Classical Science), Ann Arbor Mich. 1972, Washington D. C. 1981, 139–153; P. Zambelli, I problemi metodologici del necromante A. N., Medioevo 1 (1975), 129–171; C. Zwierlein, Politik als Experimentalwissenschaft, 1521–1526. A. N.s politische Schriften als Synthese von Aristotelismus und machiavellischem »Discorso«, Philos. Jb. 113 (2006), 30–62.   J. M.

nihil est in intellectu quod non prius fuerit in sensu (lat., nichts ist im Verstand, was nicht vorher im Sinn [in den Sinnen, d. h. sinnlich wahrgenommen] ist), Grundformel des klassischen ↑Sensualismus und ↑Empirismus. Systematisch besagt diese Formel, die – der Sache nach weit älter (vgl. M. T. Cicero, de fin. I 19,64: »quicquid [...] animo cernimus, id omne oritur a sensibus« [›Satz des Epikur‹]) – zuerst in der ↑Scholastik belegt ist (vgl. Thomas von Aquin, De verit. qu. 2 art. 3.19), die Annahme einer begriffsfreien (unterscheidungsfreien) Basis der Erkenntnis in der (als rein Gegebenes gedachten) ↑Erfahrung (↑tabula rasa). Mit der Ergänzung dieser Formel durch ›excipe: nisi ipse intellectus [ausgenommen: der Verstand selbst]‹ wendet sich G. W. Leibniz (Nouv. essais II 1 § 2, Akad.-Ausg. 6.6, 111) gegen die alternativen Radikalisierungen des ↑Anfangs der Erkenntnis entweder im reinen Bewußtsein oder in der reinen sinnlichen Erfahrung zugunsten einer kooperativen Auffassung gegenüber begrifflichen und empirischen Hilfsmitteln.   J. M.

Nihilismus (engl. nihilism, franz. nihilisme, ital. nichilismo, span. nihilismo, abgeleitet von lat. nihil oder nihilum [nichts; ↑Nichts]), bildungssprachlicher Ausdruck (↑Bildungssprache), der in einer *philosophischen* Bedeutung prominent erstmals in der Auseinandersetzung F. H. Jacobis mit J. G. Fichte (Sendschreiben an Fichte, 1799) hervortritt. Jacobi kritisiert, daß die ↑Transzendentalphilosophie I. Kants und Fichtes das Gegebene in vom Ich Gesetztes verwandle und ihm so seine Wirklichkeit nehme. Fichte nimmt diesen Einwand mehrmals auf (Die Bestimmung des Menschen, 1800; Wissenschaftslehre, 1812), wendet ihn aber positiv: Zwar destruiere die ↑Reflexion die naiv gegebene Wirklichkeit, aber an ihrem Grunde finde sie die reine Wirklichkeit selbst und eigne sich das Ganze der konkreten Wirklichkeit in einem Akt des Glaubens wieder an. In dieser Debatte, an der sich G. W. F. Hegel (Glaube und Wissen, 1802) und eine Reihe von Schriftstellern beteiligen (C. Brentano, Jean Paul, A. Klingemann) und die teilweise vom zeitgleichen ↑Atheismusstreit überlagert wird, wird der Ausdruck ›N.‹ stets auch wertend verwendet: negativ-polemisch von einer realistischen (Jacobi; ↑Realismus (erkenntnistheoretisch)), positiv und konstruktiv von einer idealistischen Position aus (Fichte; ↑Idealismus, ↑Idealismus, deutscher). Entsprechend bezieht sich die Parallelisierung von Idealismus und N. auf den Vorwurf oder den Anspruch, den (wirklichen oder bloß vermeinten) Gegenstand alltäglicher Erfahrung durch die Reflexion auf seine Konstitution (d. h. auf seine Erzeugung durch das erkennende Subjekt) zu ›vernichten‹. N. wird dabei sowohl im Sinne einer Befreiung von (falschen) Voraussetzungen bzw. von Voraussetzungen überhaupt (›absoluter N.‹) als auch im Sinne der (irregeleiteten) Zerstörung von Ausgangsevidenzen verstanden. So kann sowohl um den ›wahren N.‹ gestritten als auch der Idealismus im ganzen als ›N.‹ gebrandmarkt werden.

Eine *literarisch-politische*, durch die Verbindung mit dem politischen ↑Anarchismus brisante Bedeutung gewinnt die Berufung auf den ›N.‹ in der russischen Literatur. Das prominenteste (wenn auch nicht erste) Beispiel findet sich in I. Turgenjews Novelle »Väter und Söhne« (1862), wo der ›Nihilist‹ jemand ist, »der sich keiner Autorität beugt« und »kein Prinzip auf Treu und Glauben hinnimmt, mag es auch noch so viel Geltung haben« (Väter und Söhne, in: ders., Vorabend/Väter und Söhne, Berlin/Weimar 1973, ²1983, 238). D. h., der egalitäre Weg (natur-)wissenschaftlicher Erkenntnis gibt Orientierungen für Lebens- und Gesellschaftsformen, die die despotisch-hierarchischen Strukturen der patriarchalischen Gutsbesitzerwelt aufsprengen sollen. In diesem Sinne übernehmen auch die sozialkritischen russischen Anarchisten für sich den Titel des N.. In der russischen Literatur wird aber auch die Verbindung von N. und ↑Atheismus in kritisch-polemischer Absicht gegen den N. thematisiert (F. M. Dostojewski).

Eine *theoretische* Reflexion auf den N. findet sich bei F. Nietzsche, vor allem in den Schriften des Nachlasses der Achtziger Jahre: »Ein Nihilist ist der Mensch, welcher von der Welt, wie sie ist, urteilt, sie sollte *nicht* sein und von der Welt, wie sie sein sollte, urteilt, sie existirt *nicht*« (Werke. Kritische Gesamtausg. VIII/2, 30). Ein derartiges Urteil kann sich jedoch nicht auf ein Kriterium oder einen (›wahren‹) Wert berufen, insofern dieser Weltabkehr keine Ziel- oder Wertvorstellung – ohne Täuschung oder Heuchelei – zugrundeliegt. Nietzsche sieht im N. die noch unreflektierte, aber notwendige Folge der christlich moralischen Lebensverneinung: »Der Untergang der *moral⟨ischen⟩* Weltauslegung die keine *Sanktion* mehr hat, nachdem sie versucht hat, sich in eine Jenseitigkeit zu flüchten: endet in N.« (Werke. Kritische Gesamtausg. VIII/1, 124). Da der N. aber selbst noch zu keiner ›Weltauslegung‹ gefunden hat, sondern nur die konsequente (und dabei auch diese negierende) Fortführung der Lebensverneinung ist, muß er selbst noch einmal in der Schaffung eines neuen Menschen überwunden werden.

M. Heidegger knüpft kritisch an die Analysen Nietzsches an. Er bestreitet, daß Nietzsche das Wesen des N. erkannt und in seinen Lehren vom ↑Willen zur Macht und vom ↑Übermenschen überwunden habe; vielmehr seien diese Lehren das folgerichtige Ergebnis der Geschichte der abendländischen Metaphysik selbst, deren Grundzug nihilistisch sei, weil sie das Sein ›vergessen‹ habe. In der Neuzeit habe diese ↑Seinsvergessenheit die Gestalt einer fortschreitenden wissenschaftlich-technischen Bemächtigung alles Seienden angenommen. In späteren Äußerungen läßt Heidegger die Seinsvergessenheit in einer vorgängigen Seinsverlassenheit gründen: »daß das Seyn das Seiende verläßt, dieses ihm selbst sich überläßt« (Gesamtausg. LXV, 111). So gehört der Entzug des Seins selbst zur Geschichte des Seins (↑Seinsgeschichte): »Das Wesen des N. ist die Geschichte, in der es mit dem Sein selbst nichts ist« (Nietzsche II, 304).

Im 20. Jh. wird der N. zu einem zeitweise vorherrschenden *Lebensgefühl* (›Absurdität‹ des Daseins; ↑absurd/das Absurde), ausgelöst von Nietzsches Diagnose der ›Entwertung aller Werte‹ durch die wissenschaftlich-technische ›Entzauberung der Welt‹ (M. Weber) sowie die als sinnvernichtend wahrgenommenen materialistischen (↑Materialismus (historisch)) und positivistischen (↑Positivismus (historisch)) Bewegungen des ausgehenden 19. Jhs. und verstärkt durch die Erfahrung zweier Weltkriege, des Faschismus und Nationalsozialismus sowie der wachsenden Technisierung aller Lebensbereiche. Seine philosophische und literarische Artikulation findet dieses Lebensgefühl vor allem in Frankreich (A. Camus, J.-P. Sartre; S. Beckett, E. Ionesco).

Literatur: D. Arendt (ed.), N.. Die Anfänge von Jacobi bis Nietzsche, Köln 1970; ders., Der ›poetische N.‹ in der Romantik. Studien zum Verhältnis von Dichtung und Wirklichkeit in der Frühromantik, I–II, Tübingen 1972; ders. (ed.), Der N. als Phänomen der Geistesgeschichte in der wissenschaftlichen Diskussion unseres Jahrhunderts, Darmstadt 1974; H.-D. Balser, Das Problem des N. im Werke Gottfried Benns, Bonn 1965, erw. [2]1970; E. Benz, Westlicher und östlicher N. in christlicher Sicht, Stuttgart 1948; R. Berlinger, Das Nichts und der Tod, Frankfurt 1954, erw. Dettelbach [3]1996; D. A. Crosby, N., REP VII (1998), 1–5; I. Fuchs, Die Herausforderung des N.. Philosophische Analysen zu F. M. Dostojewskijs Werk »Die Dämonen«, München 1987; C. Gentili/C. Nielsen (eds.), Der Tod Gottes und die Wissenschaft. Zur Wissenschaftskritik Nietzsches, Berlin/New York 2010; H.-M. Gerlach, N., EP II ([2]2010), 1788–1793; H. L. Goldschmidt, Der N. im Licht einer kritischen Philosophie, Thayngen/Schaffhausen, Frankfurt 1941; M. Großheim, N.,

RGG VI (2003), 320–322; M. Heidegger, Nietzsche II, Pfullingen 1961, ed. G. Neske, Stuttgart [7]2008; B. Hillebrand, Ästhetik des N.. Von der Romantik zum Modernismus, Stuttgart 1991; B. Himmelmann, N., in: S. Gosepath/W. Hinsch/B. Rössler (eds.), Handbuch der politischen Philosophie und Sozialphilosophie II, Berlin 2008, 909–913; W. Hofer, Existenz und N. bei Nietzsche und drei verwandten Denkern (F. H. Jacobi, Sartre und Heidegger), Bern 1960; W. Janke, Die Sinnkrise des gegenwärtigen Zeitalters. Wege und Wahrheit, Welt und Gott, Würzburg 2011; M. Köhler, Das unheimliche Jahrhundert. Aspekte einer politischen Philosophie im Zeitalter des N., Marburg 2000; A. Kroker, The Will to Technology and the Culture of Nihilism. Heidegger, Nietzsche, and Marx, Toronto/Buffalo N. Y./London 2004; H. Kuhn, Encounter with Nothingness. An Essay on Existentialism, Hinsdale Ill. 1949 (repr. Westport Conn. 1976), London [3]1976 (dt. Begegnung mit dem Nichts. Ein Versuch über die Existenzphilosophie, Tübingen 1950); H. Lange, Positiver N.. Meine Auseinandersetzung mit Heidegger, Berlin 2012; F. Leist, Existenz im Nichts. Versuch einer Analyse des N., München 1961; H. Lilje, N., Tübingen 1947; S. Lovell, N., Russian, REP VII (1998), 5–8; A. v. Martin, Der heroische N. und seine Überwindung. Ernst Jüngers Weg durch die Krise, Krefeld 1948; G. T. Martin, From Nietzsche to Wittgenstein. The Problem of Truth and Nihilism in the Modern World, New York etc. 1989; W. Müller-Lauter/W. Goerdt, N., Hist. Wb. Ph. VI (1984), 846–854; K. Nishigami, Nietzsches Amor ›Fati‹. Der Versuch einer Überwindung des europäischen N., Frankfurt etc. 1993; R. G. Olson, Nihilism, Enc. Ph. V (1967), 514–517; A. Pieper, N., LThK VII (1998), 836–837; P. C. Pozefsky, The Nihilist Imagination. Dmitrii Pisarev and the Cultural Origins of Russian Radicalism (1860–1886), New York etc. 2003; H. Rausching, Die Revolution des N.. Kulisse und Wirklichkeit im Dritten Reich, Zürich/New York 1938, erw. [5]1938 (engl. The Revolution of Nihilism. Warning to the West, New York 1939; franz. La révolution du nihilisme, Paris 1939, [2]1980), ohne Untertitel, ed. G. Mann, Zürich 1964; ders., Masken und Metamorphosen des N.. Der N. des XX. Jahrhunderts, Frankfurt/Wien 1954; M. Riedel, N., in: O. Brunner/W. Conze/R. Koselleck (eds.), Geschichtliche Grundbegriffe. Historisches Lexikon zur politisch-sozialen Sprache in Deutschland IV, Stuttgart 1978, 1993, 371–411; S. Rosen, Nihilism. A Philosophical Essay, New Haven Conn./London 1969, South Bend Ind. 2000; W. Schröder, Moralischer N.. Typen radikaler Moralkritik von den Sophisten bis Nietzsche, Stuttgart-Bad Cannstatt 2002, unter dem Titel: Moralischer N.. Radikale Moralkritik von den Sophisten bis Nietzsche, Stuttgart 2005; W. Slocombe, Nihilism and the Sublime Postmodern. The (Hi)Story of a Difficult Relationship from Romanticism to Postmodernism, New York/London 2006; C. Strube, N., TRE XXIV (1994), 524–535; H. Thielicke, Der N.. Entstehung, Wesen und Überwindung, Tübingen 1950, Pfullingen [2]1951; G. Vattimo, La fine della modernità, Mailand 1985, [3]1999 (engl. The End of Modernity. Nihilism and Hermeneutics in Post-Modern Culture, Cambridge/Oxford 1988, Cambridge 2002; dt. Das Ende der Moderne, Stuttgart 1990, 2003); A. Weber, Abschied von der bisherigen Geschichte. Überwindung des N.?, Hamburg 1946, ferner in: ders., Gesamtausg. III, ed. R. Bräu u. a., Marburg 1997, 29–251 (engl. Farewell to European History. Or The Conquest of Nihilism, New Haven Conn./London 1947, London/New York 1998); W. Weier, N.. Geschichte, System, Kritik, Paderborn etc. 1980. O. S./R. Wi.

Nikolaus von Autrecourt (Nicolaus de Ultricuria oder Altricuria), *Autrecourt-Villers (Ardennes) um 1300,

†Metz 1369, mittelalterlicher Philosoph und Theologe. Studium in Paris (zwischen 1320 und 1327 als Socius des Kollegs der Sorbonne nachweisbar), Magister Artium und theologisches Baccalaureat, ab 1350 Domdekan in Metz. Nach den von ihm erhaltenen Schriften (zwei Briefe an Bernhard von Arezzo, ein Brief an einen Aegidius, das Hauptwerk »Exigit ordo executionis«) vertrat N. v. A. einen nominalistischen Empirismus (↑Nominalismus), der ihm den Titel eines ›mittelalterlichen Hume‹ (H. Rashdall) eingebracht hat. Gewisse Erkenntnis liefern lediglich Ableitungen aus dem Nichtwiderspruchsprinzip und die innere Erfahrung, diese aber nur von den Akten des Bewußtseins, nicht von deren Inhalt oder von einem ihnen zugrundeliegenden Vermögen. Alle übrigen Erkenntnisse sind auf äußere Erfahrung angewiesen: Insbes. lassen sich keine Kausalzusammenhänge (↑Kausalität) erschließen und läßt sich die Existenz von ↑Substanzen nicht beweisen. Erkenntnisse über nicht sinnlich wahrnehmbare Wirkvermögen in den Dingen sind unmöglich, gegeben sind lediglich Beobachtungen über die geordnete Aufeinanderfolge von Sachverhalten, die zu Kausalitätsbehauptungen generalisiert werden. Wie Kausalzusammenhänge lassen sich auch Finalbeziehungen nicht erschließen, weshalb auch die klassischen ↑Gottesbeweise nicht geführt werden können. – 1340 wird N. v. A. wegen seiner Thesen von Benedikt XII. zur Verantwortung gezogen, 1346 werden über 60 Thesen verurteilt, 1347 muß er sein Hauptwerk und die Briefe an Bernhard von Arezzo in Paris öffentlich verbrennen. Die Tatsache, daß N. v. A. 1350 zum Domdekan ernannt und ihm in seinem Prozeß Gelegenheit gegeben wurde, sich vor dem Papst selbst zu verteidigen, zeigt die begrenzte Bedeutung dieser Verurteilung. Nach dem ähnlich denkenden und (1411) zum Kardinal erhobenen Pierre d'Ailly wurde N. v. A. im wesentlichen aus Neid verurteilt; seine Thesen wurden später in den Schulen öffentlich vertreten.

Werke: J. Lappe, Nicolaus v. A. [s. u., Lit.], 2*–48*; Exigit ordo executionis (Tractatus universalis magistri Nicholai de Ultricuria ad videndum an sermones peripateticorum fuerint demonstrativi), ed. J. R. O'Donnell, Med. Stud. 1 (1939), 179–280; The Universal Treatise of Nicholas of A., Trans. A. Kennedy/R. E. Arnold/A. E. Millward, Milwaukee Wis. 1971. – The Fifth Letter of Nicholas of A. to Bernard of Arezzo, ed. J. R. Weinberg, J. Hist. Ideas 3 (1942), 220–227; Briefe [lat./dt.], ed. R. Imbach/D. Perler, übers. D. Perler, Hamburg 1988; Nicholas of A.. His Correspondence with Master Giles and Bernard of Arezzo. A Critical Edition from the Two Parisian Manuscripts [...] [lat./engl.], ed. u. übers. L.-M. De Rijk, Leiden 1994; Correspondance. Articles condamnés [franz.]. Texte latin établi par L. M. de Rijk. Introduction, traduction et notes par C. Grellard, Paris 2001.

Literatur: S. Caroti/C. Grellard (eds.), Nicolas d'A. et la faculté des arts de Paris (1317–1340), Cesena 2006; M. Dal Pra, Nicola di A., Mailand 1951; B. D. Dutton, Nicholas of A. and William of Ockham on Atomism, Nominalism, and the Ontology of Mo-

tion, Med. Philos. Theol. 5 (1996), 63–85; C. Grellard, Croire et savoir. Les principes de la connaissance selon Nicolas d'A., Paris 2005; R. Imbach, N. v. A., LThK VII (1998), 847; Z. Kaluza, Nicolas d'A., Enc. philos. universelle III/1 (1992), 730–731; ders., Nicolas d'A., DP II (²1993), 2104–2105; ders., Nicolas d'A.. Ami de la vérité, Histoire littéraire de la France 42 (1995), 1–232; W. Klein, Die erkenntnistheoretische Kontroverse zwischen N. v. A. und Bernhard von Arezzo, Diss. Freiburg 1921; J. Lappe, Nicolaus v. A.. Sein Leben, seine Philosophie, seine Schriften, Münster 1908 (Beitr. Gesch. Philos. MA VI/2); E. A. Moody, Ockham, Buridan and Nicholas of A.. The Parisian Statutes of 1339 and 1340, Franciscan Stud. 7 (1947), 113–146; J. R. O'Donnell, The Philosophy of Nicholas of A. and His Appraisal of Aristotle, Med. Stud. 4 (1942), 97–125; ders., Nicholas of A., in: B. L. Marthaler u. a. (eds.), New Catholic Encyclopedia X, Detroit etc. ²2003, 370–371; R. Paqué, Das Pariser Nominalistenstatut. Zur Entstehung des Realitätsbegriffs der neuzeitlichen Naturwissenschaft, Berlin 1970 (franz. Le statut parisien des Nominalistes. Recherches sur la formation du concept de réalité de la science moderne de la nature, Paris 1985); D. Perler, Nicholas of A., REP VI (1998), 829–832; ders., Zweifel und Gewissheit. Skeptische Debatten im Mittelalter, Frankfurt 2006, bes. 309–401 (Kap. IV Zweifel am demonstrativen Wissen. N. v. A. und Johannes Buridan); H. Rashdall, Nicholas de Ultricuria. A Medieval Hume, Proc. Arist. Soc. NS 7 (1906/1907), 1–27; R. Schöneberger, N. v. A., in: F. Volpi (ed.), Großes Werklexikon der Philosophie II, Stuttgart 1999, 1090; T. K. Scott, Nicholas of A., Buridan and Ockhamism, J. Hist. Philos. 9 (1971), 15–41; K. H. Tachau, Vision and Certitude in the Age of Ockham. Optics, Epistemology and the Foundations of Semantics 1250–1345, Leiden 1988, bes. 313–382 (Part 4 The Introduction of English Theories of Knowledge to Paris); J. M. M. H. Thijssen, The ›Semantic‹ Articles of Autrecourt's Condemnation. New Proposals for an Interpretation of the Articles 1, 30, 31, 35, 57 and 58, Archives d'histoire doctrinale et littéraire du moyen âge 57 (1990), 155–175; ders., Censure and Heresy at the University of Paris 1200–1400, Philadelphia Pa. 1998; ders., Nicholas of A., SEP 2001, rev. 2007; P. Vignaux, Nicolas d'A., in: A. Vacant/E. Mangenot/É. Amann (eds.), Dictionnaire de théologie catholique XI/1, Paris 1931, 561–587; J. R. Weinberg, Nicholas of A.. A Study in 14ᵗʰ Century Thought, Princeton N. J. 1948 (repr. New York 1969); ders., Nicolas of A., Enc. Ph. V (1967), 499–502.   O. S.

Nikolaus von Kues, eigentlich Nikolaus Cryfftz oder Khryppfs (= Krebs), davon latinisiert Nicolaus Cancer, auch: Nicolaus Cusanus, N. de Cusa, N. Trevirensis, *Kues (Mosel) 1401, †Todi (Umbrien) 11. Aug. 1464, humanistischer Philosoph und Theologe, Kirchenrechtler und Kirchenpolitiker im Übergang vom Mittelalter zur ↑Renaissance. 1416/1417 Studium der Freien Künste (↑ars) in Heidelberg, 1417–1423 des Kirchenrechts, ferner der Philosophie und der Mathematik in Padua, ab 1425 als Doctor des kanonischen Rechts in Köln. Vielbeachtete rechtsgeschichtliche Arbeiten, unter anderem Nachweis der Unechtheit der so genannten Konstantinischen Schenkung. In Köln Studium der platonisierenden Scholastik des Albertus Magnus, des ↑Pseudo-Dionysios Areopagites sowie der gleichermaßen logisch wie symbolisch-mystisch ausgerichteten Philosophie des R. Lullus. Als Bevollmächtigter des Trierer Erzbischofs auf dem Basler Konzil (ab 1432) unterstützte N., zunächst Anhänger eines kirchenpolitischen Konsensprinzips, die Konzilspartei, wandte sich jedoch, als diese die Unionsverhandlungen mit der griechischen Kirche erschwerte, der päpstlichen Seite (Eugen IV.) zu. Seine Bemühungen, im Auftrag des Papstes (ab 1438) die noch neutralen deutschen Fürsten gegen das Basler Konzil und dessen (Gegen-)Papst auf die päpstliche Seite zu bringen, endeten nach mehreren erfolglosen Reichstagen mit dem Wiener Konkordat und der Ernennung von N. zum Kardinal (1448). 1450 päpstliche Ernennung zum Bischof des Bistums Brixen, das N. jedoch gegen Widerstände des Landesherrn (Herzog Sigismund von Tirol) erst 1452 übernehmen konnte. In der Zwischenzeit Versuch, als päpstlicher Legat eine Reform des deutschen Klerus und der Klöster herbeizuführen. 1458 verließ N. auf Druck Sigismunds Brixen und begann in Rom als Generalvikar und päpstlicher Legat (1459) eine Reform des Klerus, die Auftakt einer allgemeinen Kirchenreform werden sollte. N. starb während der Vorbereitungen zu einem (nicht durchgeführten) Kreuzzug gegen die Osmanen (›Türkenkreuzzug‹), der nach dem Fall von Konstantinopel (1453) geplant wurde, und ist in seiner römischen Titelkirche S. Pietro in Vincoli bestattet; sein Herz wurde nach Kues überführt. Dort besteht bis heute das von N. gestiftete St. Nikolaus Hospital, dem er auch seine bedeutende Bibliothek vermachte.

N. sucht seine gesamte, gegen die aristotelisierende ↑Scholastik gerichtete Lehre wie auch sein politisches Wirken unter das von ihm formulierte, zunächst methodische, in seiner Durchführung aber auch inhaltliche Prinzip des ›Zusammenfalls der Gegensätze‹ (↑coincidentia oppositorum) zu stellen. Mit Hilfe dieses dialektischen Prinzips gelingt es ihm, die vier ›Regionen‹ Gott, Engel, Welt und Mensch in ein spekulatives philosophisch-theologisches System einzuordnen. Dabei kommt einerseits die spekulativ-mystische neuplatonische Tradition (insbes. Proklos, Pseudo-Dionysios Areopagites, J. S. Eriugena und Meister Eckart), andererseits der die Bedeutung der Erfahrung betonende ↑Nominalismus zur Geltung. Im Kontext des ↑Humanismus – N. gilt als einer seiner frühen Vertreter – ist seine Entdeckung der Bücher I–VI der »Annalen« des Tacitus und von Komödien des Plautus zu sehen. Diese heterogenen Einflüsse machen N. zu einem Denker, der ältere Traditionen aufgreift, sie jedoch in einer Weise selbständig vermittelt, die ihn als einen der universalen und tiefsinnigsten mittelalterlichen Philosophen ausweist. Darüber hinaus formuliert er bereits Anschauungen von Gott, Welt und Mensch, die dem neuzeitlichen Denken, das freilich meist andere Intentionen als N. verfolgt, unausgesprochen zugrundeliegen: Gott ist für N. – in

Anschluß unter anderem an Eckart – die absolute aktual unendliche (↑unendlich/Unendlichkeit) Einheit, deren positives Begreifen für den menschlichen Verstand unerreichbar ist. Entgegen der Meinung der Hochscholastik (insbes. Thomas von Aquin), die eine positive Gotteserkenntnis unter Verweis auf die ↑analogia entis für möglich gehalten hatte, gibt es für N. nur die als ›belehrte Unwissenheit‹ (↑docta ignorantia) verstandene, begriffliche oder symbolische Formulierung des Nichtwissens (Negative Theologie). Prinzipiell statuiert N. eine Differenz von Denken (Wissen) und Sein, die durch den Erkenntnisakt unaufhebbar bedingt ist, insofern Seiendes nur als erkanntes Seiendes zugänglich sei. Vor allem die Mathematik (N. gehört zu den bedeutenderen Mathematikern seiner Zeit) liefert Stoff zu symbolischer Spekulation über Gott und ↑Schöpfung und ist so, obwohl N. ihre Eigenständigkeit nicht leugnet, für ihn doch eher eine Hilfswissenschaft. Die Welt sieht N. unter dem Bild der Ausfaltung (*explicatio*) des Wesens Gottes, in dem alle Dinge eingefaltet sind (*complicatio*). Die so betonte Immanenz (↑immanent/Immanenz) Gottes gehört zu den Grundlagen des pantheistischen (↑Pantheismus) Weltgefühls der Renaissance und beeinflußt vor allem G. Bruno. Der Mensch ist in der so verstandenen Welt das Bindeglied ihrer Teile (*copula universi*) und ein eigener Mikrokosmos (↑Makrokosmos), dessen schöpferisches Tun dem Gottes ähnlich ist. In seinem dreiteiligen erkenntnistheoretischen Hauptwerk, dessen Titel »Idiota« (Der Laie) bereits den Gegensatz zur scholastischen Schulphilosophie betont, entwickelt N. in Dialogform eine Erkenntnislehre, die einerseits dem spekulativen Grundzug seines Systems entspricht, andererseits im Gegensatz zur scholastischen Naturphilosophie darauf verweist, daß menschliches Wissen im Vergleichen (*comparatio*) und Messen (*mensura*) besteht. Das gesamte Werk von N. durchziehen sprachphilosophische Erörterungen, die vor allem mit seinem Begriff der symbolischen Erkenntnis zu tun haben.

Trotz seines umfangreichen politischen, philosophischen, theologischen und geistlichen Wirkens (ca. 300 Predigtentwürfe sind erhalten) wurde N. nahezu völlig vergessen (eine Ausnahme: Bruno), vor allem wohl deswegen, weil sein Werk zwar die scholastische Lehrtradition der Kirche sprengte, die spekulative Anlage seiner Philosophie jedoch dem zumeist auf die Begründung von Wissenschaft gerichteten Denken der beginnenden Neuzeit fremd war. Seine Werke wurden erst von der ↑Romantik wiederentdeckt. – Seit 1932 textkritische Edition der Schriften durch die Heidelberger Akademie der Wissenschaften. Seit 1960 besteht eine »Cusanus-Gesellschaft« mit Sitz in Bernkastel-Kues, die »Mitteilungen und Forschungsbeiträge der Cusanus-Gesellschaft« (ab 1961) herausgibt (mit Bibliographien in Bd. I, III, VI, X). Ferner existieren eine »Buch-

reihe der Cusanus-Gesellschaft« (1964ff.) und »Cusa-
nus-Studien« (1930ff.).

Werke: Opera, I–II, o.O., o.J. [Straßburg 1488], Neudr. unter
dem Titel: Werke. Neuausgabe des Straßburger Druckes von
1488, I–II, ed. P. Wilpert, Berlin/New York 1967; Opera, I–II
(in 1 Bd.), ed. R. Pallavacius [R. Pallavicini], Cortemaggiore o.J.
[1502]; Opera, I–III, ed. I. Faber Stapulensis, Paris 1514 (repr.
Frankfurt 1962), Nachdr. Basel 1565; Cusanus-Texte, ed. Heidelberger Akademie der Wissenschaften, Heidelberg 1929 ff. (erschienen Abt. 1 [Predigten]: I, II–V [in 1 Bd.], VI–VII; Abt. 2
[Traktate]: II/1–II/2; Abt. 3 [Marginalien]: I, II/1–II/2, III–V;
Abt. 4 [Briefwechsel]: I–IV; Abt. 5 [Brixener Dokumente]: I);
Opera omnia [lat.], I–XX, ed. Heidelberger Akademie der Wissenschaften, Leipzig 1932–1944, Hamburg 1959–2010; Acta Cu-
sana. Quellen zur Lebensgeschichte des N. v. K. [in 3 Abt.], ed.
Heidelberger Akademie der Wissenschaften, Hamburg 1976 ff.
(erschienen Bde I/1–I/4 [I/3 in 2 Bdn.], II/1). – Des Cardinals
und Bischofs Nicolaus von Cusa wichtigste Schriften in deutscher Übersetzung, ed. F. A. Scharpff, Freiburg 1862 (repr.
Frankfurt 1966); Schriften des N. v. K. in deutscher Übersetzung,
ed. Heidelberger Akademie der Wissenschaften, Leipzig
1936–1948, Hamburg 1949 ff. (erschienen Hefte 1–24); Idiota
de sapientia/Der Laie über die Weisheit [Idiota I/II] [lat./dt.],
ed. E. Bohnenstädt, Leipzig 1936, ed. R. Steiger, Hamburg 1988;
De beryllo/Über den Beryll [lat./dt.], ed. K. Bormann, Leipzig
1938, Hamburg ²1977; Idiota de staticis experimentis/Der Laie
über Versuche mit der Waage [Idiota IV] [lat./dt.], ed. H.
Menzel-Rogner, Leipzig 1942, ²1944; Sichtung des Alkorans,
I–II, ed. P. Naumann/G. Hölscher, Leipzig 1946/1948, unter
dem Titel: Cribratio Alkorani/Sichtung des Korans [lat./dt.],
I–III, ed. L. Hagemann/R. Glei, Hamburg 1989–1993; Idiota
de mente/Der Laie über den Geist [Idiota III] [lat./dt.], ed. M.
Honecker, Hamburg 1949, ed. R. Steiger, Hamburg 1995; Die
mathematischen Schriften, ed. J. E. Hofmann, Hamburg 1952,
²1979; De li non aliud/Vom Nichtanderen [lat./dt.], ed. P.
Wilpert, Hamburg 1952, ³1987, unter dem Titel: De non
aliud/Nichts anderes, ed. K. Reinhardt/J. M. Machetta/H.
Schwaetzer, Münster 2011; Of Learned Ignorance, ed. D. J. B.
Hawkins, London 1954, New York 1979; Unity and Reform.
Selected Writings of Nicholas de Cusa, ed. J. P. Dolan, Notre
Dame Ind. 1962; Philosophisch-theologische Schriften. Studien-
und Jubiläumsausgabe [lat./dt.], I–III, ed. L. Gabriel, Wien
1964–1967, 1982; De docta ignorantia/Die belehrte Unwissenheit [lat./dt.], I–II, ed. P. Wilpert, III, ed. H. G. Senger, Hamburg
1964–1977, I, ed. P. Wilpert/H. G. Senger ⁴1994, II, ed. P.
Wilpert/H. G. Senger ³1999, III, ed. H. G. Senger ²1999; Com-
pendium/Kompendium. Kurze Darstellung der philosophisch-
theologischen Lehren [lat./dt.], ed. B. Decker/K. Bormann,
Hamburg 1970, ²1982; De coniecturis/Mutmaßungen [lat./dt.],
ed. J. Koch/W. Happ, Hamburg 1971, ³2002; Trialogus de
possest/Dreiergespräch über das Können-Ist [lat./dt.], ed. R.
Steiger, Hamburg 1973, ³1991; Nicholas of Cusa on God as
Not-Other. A Translation and an Appraisal of »De li non aliud«,
Minneapolis Minn. 1979, ³1987; De apice theoriae/Die höchste
Stufe der Betrachtung [lat./dt.], ed. H. G. Senger, Hamburg
1986; The Layman on Wisdom and the Mind [Idiota I–III],
ed. L. M. Führer, Ottawa 1989; »De pace fidei« and »Cribratio
alkorani«. Translation and Analysis, ed. J Hopkins, Minneapolis
Minn. 1990, ²1994; Dialogus de ludo globi/Gespräch über das
Globusspiel [lat./dt.], ed. G. v. Bredow, Hamburg 1999, 2000; Tu
quis es (De principio)/Über den Ursprung [lat./dt.], ed. K.

Bormann, Hamburg 2001; Nicholas of Cusa's Early Sermons,
1430–1441, ed. J. Hopkins, Loveland Colo. 2003.

Literatur: W. Beierwaltes, Identität und Differenz. Zum Prinzip
cusanischen Denkens, Opladen 1977, Nachdr. in: ders., Identität
und Differenz, Frankfurt 1980, ²2011, 105–143; ders., Visio
absoluta. Reflexion als Grundzug des göttlichen Prinzips bei
Nicolaus Cusanus. Vorgetragen am 5.11.1977, Heidelberg
1978 (Sitz.ber. Heidelberger Akad. Wiss., philos.-hist. Kl. 1978,
1]); ders./H. G. Senger (eds.), Nicolai de Cusa Opera Omnia.
Symposium zum Abschluß der Heidelberger Akademie-Ausga-
be, Heidelberg, 11. und 12. Februar 2005, Heidelberg 2006; H.
Benz, Individualität und Subjektivität. Interpretationstendenzen
in der Cusanus-Forschung und das Selbstverständnis des N. v.
K., Münster 1999; E. Bidese/A. Fidora/P. Renner (eds.), Ramon
Llull und N. v. K.: Eine Begegnung im Zeichen der Toleranz/
Raimondo Lullo e Niccolò Cusano: Un incontro nel segno della
tolleranza. Akten des internationalen Kongresses zu Ramon Llull
und N. v. K. (Brixen und Bozen, 25.–27. November 2004)/Atti
del Congresso internazionale su Raimondo Lullo e Niccolò
Cusano (Bressanone e Bolzano, 25–27 novembre 2004), Turnhout 2005; J. E. Biechler, The Religious Language of Nicholas of
Cusa, Missoula Mont. 1975; H. Blumenberg, Cusaner und Nolaner. Aspekte der Epochenschwelle, in: ders., Die Legitimität
der Neuzeit, Frankfurt 1966, 433–585, ²1988, 2010, 529–700,
separat unter dem Titel: Aspekte der Epochenschwelle. Cusaner
und Nolaner, Frankfurt 1976, ³1985; I. Bocken (ed.), Conflict
and Reconciliation. Perspectives on Nicholas of Cusa, Leiden/
Boston Mass. 2004; M. Bodewig/J. Schmitz/R. Weier (eds.), Das
Menschenbild des N. v. K. und der christliche Humanismus. Die
Referate des Symposions in Trier vom 6.–8. Oktober 1977 und
weitere Beiträge. Festgabe für Rudolf Haubst zum 65. Geburtstag
dargebracht von Freunden, Mitarbeitern und Schülern, Mainz
1978; M. Böhlandt, Verborgene Zahl – verborgener Gott. Mathematik und Naturwissen im Denken des Nicolaus Cusanus
(1401–1464), Stuttgart 2009; A. Bonetti, La ricerca metafisica nel
pensiero di Nicolò Cusano, Brescia 1973; D. Bormann-Kranz,
Untersuchungen zu N. v. K. »De theologicis complementis«,
Stuttgart/Leipzig 1994; G. v. Bredow, Im Gespräch mit N. v.
K.. Gesammelte Aufsätze 1948–1993, ed. H. Schnarr, Münster
1995; A. Brüntrup, Können und Sein. Der Zusammenhang der
Spätschriften des N. v. K., München/Salzburg 1973; G. Bufo,
Nicolas de Cues ou la métaphysique de la finitude, Paris 1964;
F. H. Burgevin, Cribratio alchorani. Nicholas Cusanus's Criti-
cism of the Koran in the Light of His Philosophy of Religion,
New York 1969; F. N. Caminiti, Nicholas of Cusa: Docta igno-
rantia, a Philosophy of Infinity, Diss. New York 1968; P. J.
Casarella (ed.), Cusanus. The Legacy of Learned Ignorance,
Washington D. C. 2006; L. L. Cassidy, The Infinite Consciousness of Man According to Nicholas of Cusa, Diss. New York
1968; E. Colomer, De la edad media al renacimiento. Ramón
Llull, Nicolás de Cusa, Juan Pico della Mirandola, Barcelona
1975, 2012; J.-M. Counet/S. Mercier (eds.), Nicolas de Cues. Les
méthodes d'une pensée. Actes du Colloque de Louvain-la-Neuve
30 novembre et 1ᵉʳ décembre 2001, Louvain-la-Neuve 2005; F. E.
Cranz, Nicholas of Cusa and the Renaissance, Aldershot etc.
2000; A. Dahm, Die Soteriologie des N. v. K.. Ihre Entwicklung
von seinen frühen Predigten bis zum Jahr 1445, Münster 1997; S.
Dangelmayr, Gotteserkenntnis und Gottesbegriff in den philosophischen Schriften des N. v. K., Meisenheim am Glan 1969; M.
Dreyer, Nicolaus Cusanus (1401–1464), in: O. Höffe (ed.),
Klassiker der Philosophie I (Von den Vorsokratikern bis David
Hume), München 2008, 225–240; D. F. Duclow, Masters of

Learned Ignorance. Eriugena, Eckhart, Cusanus, Aldershot/Burlington Vt. 2006, bes. 229–325; P. Duhem, Le système du monde. Histoire des doctrines cosmologiques de Platon à Copernic X (La cosmologie du XVᵉ siècle écoles et universities au XVᵉ siècle), Paris 1959, 247–347; A. Eisenkopf, Zahl und Erkenntnis bei N. v. K., Regensburg 2007; R. Falckenberg, Grundzüge der Philosophie des Nicolaus Cusanus. Mit besonderer Berücksichtigung der Lehre vom Erkennen, Breslau 1880 (repr. Frankfurt 1968); K. Flasch, Die Metaphysik des Einen bei N. v. K.. Problemgeschichtliche Stellung und systematische Bedeutung, Leiden 1973; ders., N. v. K.. Geschichte einer Entwicklung. Vorlesungen zur Einführung in seine Philosophie, Frankfurt 1998, ³2008; ders. Nicolaus Cusanus, München 2001, ³2007; ders., N. v. K. in seiner Zeit. Ein Essay, Stuttgart 2004, 2012 (franz. Initiation à Nicolas de Cues, Fribourg, Paris 2008); ders., N. v. K. gegen Johannes Weck, in: ders., Kampfplätze der Philosophie. Große Kontroversen von Augustin bis Voltaire, Frankfurt, Darmstadt 2008, Frankfurt 2011, 227–241 (Kap. XV Wissen oder Wissen des Nicht-Wissens); E. Fräntzki, N. v. K. und das Problem der absoluten Subjektivität, Meisenheim am Glan 1972; M. de Gandillac, Nicolas de Cues, DP II (1993), 2105–2112; G. Gawlick, Neue Texte und Deutungen zu N. v. K., Philos. Rdsch. 8 (1960), 171–202, 10 (1962), 90–120; A. Gierer, Al-Kindī, N. v. K.. Protagonisten einer wissenschaftsfreundlichen Wende im philosophischen und theologischen Denken, Leipzig 1999, Stuttgart 2004; ders., Cusanus. Philosophie im Vorfeld moderner Naturwissenschaft, Würzburg 2002; S. Grotz, Negation des Absoluten. Meister Eckhart, Cusanus, Hegel, Hamburg 2009; H. Grunewald, Die Religionsphilosophie des Nikolaus Cusanus und die Konzeption einer Religionsphilosophie bei Giordano Bruno, Marburg 1970, Hildesheim ²1977; H. Hallauer, N. v. K. als Bischof und Landesfürst in Brixen, Trier 2000; R. Haubst, Studien zu N. v. K. und Johannes Wenck. Aus Handschriften der vatikanischen Bibliothek, Münster 1955; ders., N. v. K. und die moderne Wissenschaft, Trier 1963; ders. (ed.), N. v. K. als Promotor der Ökumene. Akten des Symposions in Bernkastel-Kues vom 22. bis 24. September 1970, Mainz 1971; ders. (ed.), N. v. K. in der Geschichte des Erkenntnisproblems. Akten des Symposions in Trier vom 18. bis 20. Oktober 1973, Mainz 1975; ders. (ed.), Der Friede unter den Religionen nach N. v. K.. Akten des Symposions in Trier vom 13. bis 15. Oktober 1982, Mainz 1984; ders., Streifzüge in die cusanische Theologie, Münster 1991; J. Heinz-Mohr, N. v. K. und die Konzilsbewegung, Trier 1963; B. H. Helander, Die ›visio intellectualis‹ als Erkenntnisweg und -ziel des Nicolaus Cusanus, Uppsala 1988; N. Henke, Der Abbildbegriff in der Erkenntnislehre des N. v. K., Münster 1969; N. Herold, Menschliche Perspektive und Wahrheit. Zur Deutung der Subjektivität in den philosophischen Schriften des N. v. K., Münster 1975; J. Hirschberger, Die Stellung des N. v. K. in der Entwicklung der deutschen Philosophie, Wiesbaden 1978; J. Hoff, Kontingenz, Berührung, Überschreitung. Zur philosophischen Propädeutik christlicher Mystik nach N. v. K., Freiburg/München 2007; J. Hopkins, A Concise Introduction to the Philosophy of Nicholas of Cusa, Minneapolis Minn. 1978, ³1986; ders., Nicholas of Cusa, REP VI (1998), 832–838; W. J. Hoye, Die mystische Theologie des Nicolaus Cusanus, Freiburg/Basel/Wien 2004; K. Jacobi, Die Methode der cusanischen Philosophie, Freiburg/München 1969; ders. (ed.), N. v. K.. Einführung in sein philosophisches Denken, Freiburg/München 1979; K. Jaspers, Nikolaus Cusanus, München 1964, München/Zürich 1987; K.-H. Kandler, N. v. K.. Denker zwischen Mittelalter und Neuzeit, Göttingen 1995, ²1997; ders., N. v. K., RGG VI (⁴2003), 332–334; J. Koch, Die Ars coniecturalis des N. v. K., Köln/Op-

laden 1956; K. Kremer/K. Reinhardt (eds.), Unsterblichkeit und Eschatologie im Denken des N. v. K.. Akten des Symposions in Trier vom 19. bis 21. Oktober 1995, Trier 1996; T. Leinkauf, Nicolaus Cusanus. Eine Einführung, Münster 2006 (mit Bibliographie, 213–223); A. Lübke, N. v. K.. Kirchenfürst zwischen Mittelalter und Neuzeit, München 1968; C. Lücking-Michel, Konkordanz und Konsens. Zur Gesellschaftstheorie in der Schrift »De concordantia catholica« des Nicolaus von Cues, Würzburg 1994; I. Mandrella, ›Viva imago‹. Die praktische Philosophie des Nicolaus Cusanus, Münster 2012 (mit Bibliographie, 289–310); J.-C. Margolin/H. Pasqua, Nicolas de Cues, Enc. philos. universelle III/1 (1992), 731–733; A. A. Maurer, Nicholas of Cusa, Enc. Ph. V (1967), 496–498; E. Meuthen, Die letzten Jahre des N. v. K.. Biographische Untersuchungen nach neuen Quellen, Köln/Opladen 1958; ders., Das Trierer Schisma von 1430 auf dem Basler Konzil. Zur Lebensgeschichte des N. v. K., Münster 1964; ders., N. v. K. 1401–1464. Skizze einer Biographie, Münster 1964, ⁷1992 (engl. Nicholas of Cusa. A Sketch for a Biography, Washington D. C. 2010); C. L. Miller, Reading Cusanus. Metaphor and Dialectic in a Conjectural Universe, Washington D. C. 2003; ders., Cusanus, Nicolaus (Nicolas of Cusa), SEP 2009; A. Moritz, Explizite Komplikationen. Der radikale Holismus des N. v. K., Münster 2006; T. Müller, »Ut reiecto paschali errore veritati insistamus«. N. v. K. und seine Konzilsschrift »De reparatione kalendarii«, Münster 2010; ders., Perspektivität und Unendlichkeit. Mathematik und ihre Anwendung in der Frührenaissance am Beispiel von Alberti und Cusanus, Regensburg 2010; P. J. Nellivilathekkathil Theruvathu, ›Ineffabilis‹ in the Thought of Nicolas of Cusa, Münster 2010; M. M. Oberrauch, Aspekte der Operationalität. Untersuchungen zur Struktur des Cusanischen Denkens, Frankfurt 1993; S. Otto, N. v. K. (1401–1464), in: O. Höffe (ed.), Klassiker der Philosophie I (Von den Vorsokratikern bis David Hume), München 1981, ³1994, 245–261 (mit Bibliographie, 486–488, ³1994, 490–492); D. Pätzold, Einheit und Andersheit. Die Bedeutung kategorialer Neubildungen in der Philosophie des Nicolaus Cusanus, Köln 1981; G. Pick, N. v. K.. Vom Moseljungen zum Kardinal und Philosophen, Frankfurt 1992, ³1996, unter dem Titel: Das Herz des Philosophen. Leben und Denken des Kardinals N. v. K., Frankfurt ⁴2001; K. Reinhardt/H. Schwaetzer (eds.), N. v. K.. Vordenker moderner Naturwissenschaft?, Regensburg 2003; dies. (eds.), N. K. als Prediger, Regensburg 2004; dies. (eds.), N. v. K. in der Geschichte des Platonismus, Regensburg 2007; dies. (eds.), Universalität der Vernunft und Pluralität der Erkenntnis bei Nicolaus Cusanus, Regensburg 2008; M. Riedenauer, Pluralität und Rationalität. Die Herausforderung der Vernunft durch religiöse und kulturelle Vielfalt nach Nikolaus Cusanus, Stuttgart 2007; J. Ritter, Die Stellung des Nicolaus von Cues in der Philosophiegeschichte. Grundsätzliche Probleme der neueren Cusanus-Forschung, Bl. dt. Philos. 13 (1939/1940), 111–155; U. Roth, Suchende Vernunft. Der Glaubensbegriff des Nicolaus Cusanus, Münster 2000; G. Saitta, Nicolò Cusano e l'umanesimo italiano. Con altri saggi sul rinascimento italiano, Bologna 1957; P. Sàndor, Nicolaus Cusanus, Budapest 1965 (dt. Nicolaus Cusanus, Budapest, Berlin [Ost] 1971); G. Santinello, Introduzione a Niccolò Cusano, Bari 1971; J. Schaber, N. v. K., BBKL VI (1993), 889–909; R. Schultz, Die Staatsphilosophie des N. v. K., Meisenheim am Glan 1948; W. Schulz, Der Gott der neuzeitlichen Metaphysik, Pfullingen 1957, ⁹2004, 11–30; W. Schulze, Zahl, Proportion, Analogie. Eine Untersuchung zur Metaphysik und Wissenschaftshaltung des N. v. K., Münster 1978; F. Schupp, N. v. K., in: ders., Geschichte der Philosophie im Überblick II (Christliche Antike, Mittelalter), Hamburg 2003, 2005, 513–528; H. Schwaetzer, Aequalitas. Erkenntnistheoretische und soziale Implikationen eines christologischen Begriffs bei N. v. K.. Eine Studie zu seiner Schrift »De aequalitate«, Hildesheim/Zürich/New York 2000, ²2004; ders./K. Zeyer (eds.), Das europäische Erbe im Denken des N. v. K.. Geistesgeschichte als Geistesgegenwart, Münster 2008; ders./M.-A. Vannier (eds.), Zum Subjektbegriff bei Meister Eckhart und N. v. K., Münster 2011; W. Schwarz, Das Problem der Seinsvermittlung bei N. v. K., Leiden 1970; H. G. Senger, Die Philosophie des N. v. K. vor dem Jahre 1440. Untersuchungen zur Entwicklung einer Philosophie in der Frühzeit des N. (1430–1440), Münster 1971; ders., N. v. K., TRE XXIV (1994), 554–564; ders., Ludus sapientiae. Studien zum Werk und zur Wirkungsgeschichte des N. v. K., Leiden/Boston Mass./Köln 2002; W. Senz, Christliche Philosophie und Theologie im Lichte der Platonischen Dialektik und Lehre vom Ich, Frankfurt etc. 2002; M. Thiemel, Coincidentia. Begriff, Ideengeschichte und Funktion bei N. v. K., Aachen 2000; M. Thomas, Der Teilhabegedanke in den Schriften und Predigten des N. v. K. (1430–1450), Münster 1996; M. Thurner, Nicolaus Cusanus zwischen Deutschland und Italien. Beiträge eines deutsch-italienischen Symposiums in der Villa Vigoni, Berlin 2002; T. van Velthoven, Gottesschau und menschliche Kreativität. Studien zur Erkenntnislehre des N. v. K., Leiden 1977; H. Wackerzapp, Der Einfluß Meister Eckharts auf die ersten philosophischen Schriften des N. v. K. (1440–1450), ed. J. Koch, Münster 1962; M. Watanabe, The Political Ideas of Nicholas of Cusa with Special Reference to His »De concordantia catholica«, Genf, Paris 1963; ders., Concord and Reform. Nicholas of Cusa and Legal and Political Thought in the Fifteenth Century, ed. T. M. Izbicki/G. Christianson, Aldershot etc. 2001; ders., Nicholas of Cusa. A Companion to His Life and His Times, ed. G. Christianson/T. M. Izbicki, Farnham/Burlington Vt. 2011; P. M. Watts, Nicolaus Cusanus. A Fifteenth-Century Vision of Man, Leiden 1982. – E. Zellinger, Cusanus-Konkordanz. Unter Zugrundelegung der philosophischen und der bedeutendsten theologischen Werke, München 1960. – N. v. K., Wissenschaftliche Konferenz des Plenums der Deutschen Akademie der Wissenschaften zu Berlin [...], Berlin (Ost) 1965; Nicolò Cusano agli inizi del mondo moderno. Atti del Congresso internazionale in occasione del V centenario della morte di Nicolò Cusano. Bressanone, 6–10 settembre 1964, Florenz 1970. – Totok II (1973), 601–612. G. W.

Nikolaus von Oresme, ↑Oresme, Nikolaus von.

Nikomachos von Gerasa, 1. Hälfte des 2. Jhs. n. Chr., platonisierender neupythagoreischer Philosoph, Mathematiker und Musiktheoretiker. In Wiederaufnahme und Fortführung der vom früheren Platoniker Krantor (340/335–275) begonnenen mathematisch-figürlichen Interpretationshilfen zum Platonischen »Timaios« entwickelt N. in seiner »Einführung in die Arithmetik« ein grundlegendes und umfassendes zahlentheoretisches System, das vor allem als Anleitung zum Verständnis neupythagoreischer (↑Neupythagoreismus) und später Platonischer Schriften zu verstehen ist: In die Erörterung der Zahlen und Zahlenkombinationen integriert er einerseits Spekulationen mit metaphysisch verstandenen Eigenschaften von Zahlen (gerade, ungerade, vollkom-

mene, Polygonalzahlen etc.), andererseits figürliche Darstellungen von Polygonalzahlen (Abb.).

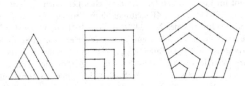

Dreieck- $(1, 1 + 2 = 3, 1 + 2 + 3 = 6, ...)$, Viereck- $(1, 1 + 3 = 4, 1 + 3 + 5 = 9, ...)$ und Fünfeckzahlen $(1, 1 + 4 = 5, 1 + 4 + 7 = 12, ...)$; aus: M. Folkerts, N., DNP VIII (2000), 926.

Die »Theologie der Arithmetik« enthält eine Deutung von Götternamen in Beziehung auf Eigenschaften von Zahlen. Von seiner pythagoreischen Musiktheorie sind nur ein »Handbüchlein« (Encheiridion harmonikon) und Exzerpte einer größeren Darstellung erhalten. Seine Pythagorasbiographie läßt sich aus Porphyrios und Iamblichos (In Nicomachi arithmeticam introductionem liber, ed. H. Pistelli, Leipzig 1894, Stuttgart 1975) rekonstruieren. Die Schriften des N. wurden vom ↑Neuplatonismus zum Teil als Schulbücher benutzt und kommentiert (z. B. von Iamblichos und J. Philoponos); die »Einführung in die Arithmetik« wurde ins Lateinische (durch L. Apuleius und A. M. T. S. Boethius) und ins Arabische übersetzt.

Werke: ΑΡΙΘΜΗΤΙΚΗ ΕΙΣΑΓΩΓΗ – Nicomachi Geraseni Pythagorei Introductionis arithmeticae libri II. Accedunt codicis Cizensis problemata arithmetica [griech.], ed. R. Hoche, Leipzig 1866; Introduction to Arithmetic. With Studies in Greek Arithmetic by F. E. Robbins and L. C. Karpinski, trans. M. L. D'Ooge, New York/London 1926 (repr. New York 1972), ohne Untertitel, Ann Arbor Mich. 1946; Introduction arithmétique. Introduction, traduction, notes et index, übers. J. Bertier, Paris 1978. – *ΠΥΘΑΓΟΡΕΙΟΥ ΓΕΡΑΣΗΝΟΥ* (Encheiridion harmonikon), in: Musici scriptores Graeci. Aristoteles, Euclides, Nicomachus, Bacchius, Gaudentius, Alypius et melodiarum veterum quidquid exstat, ed. K. v. Jan, Leipzig 1895 (repr. Hildesheim 1962), Stuttgart 1995, 235–265; The »Enchiridion« [engl.], in: A. Barker (ed.), Greek Musical Writings II (Harmonic and Acoustic Theory), Cambridge etc. 1989, 2004, 247–269; F. R. Levin, The Manual of Harmonics of Nicomachus the Pythagorean. Translation and Commentary, Grand Rapids Mich. 1994.

Literatur: O. Becker, Das mathematische Denken der Antike, Göttingen 1957, ²1966; C. Bower, Boethius and Nicomachus. An Essay Concerning the Sources of »De institutione musica«, Vivarium 16 (1978), 1–45; S. Brentjes, Untersuchungen zum Nicomachus Arabus, Centaurus 30 (1987), 212–239; M. Folkerts, N., DNP VIII (2000), 925–927; G. Freudenthal, Nicomaque de Gérasa, in: R. Goulet (ed.), Dictionnaire des philosophes antiques IV, Paris 2005, 686–694; W. Haase, Untersuchungen zu N. v. G., Diss. Tübingen 1982; T. L. Heath, A History of Greek Mathematics I (From Thales to Euclid), Oxford 1921 (repr. Oxford 1960, New York 1981), bes. 97–112; F. R. Levin, The Harmonics of Nicomachus and the Pythagorean Tradition, University Park Pa. 1975; J. Mau, N. 7, KP IV (1972),

113–115; O. Neugebauer, The Exact Sciences in Antiquity, Kopenhagen 1951, Providence R. I. ²1957, 1970 (franz. Les sciences exactes dans l'antiquité, Arles 1990); G. Radke, Die Theorie der Zahl im Platonismus. Ein systematisches Lehrbuch, Tübingen/Basel 2003, bes. 6–8 (Einleitung: Zum Problem des Aufbaus der ›Arithmetik‹ des N.), 242–261 (Teil II/II Die Gegenstände der mathematischen Wissenschaften. Die Herleitung des ›Quadriviums‹ bei N.); L. Tarán (ed.), Asclepius of Tralles. Commentary to Nicomachus' Introduction to Arithmetic, Transact. Amer. Philos. Soc. NS 59 (1969), H. 4, 5–89; ders., Nicomachus of G., DSB X (1974), 112–114; B. L. van der Waerden, Die Pythagoreer. Religiöse Bruderschaft und Schule der Wissenschaft, Zürich/München 1979, bes. 294–320 (Kap. XIII N. v. G.); E. Zeller, Die Philosophie der Griechen in ihrer geschichtlichen Entwicklung III/2 (Die nacharistotelische Philosophie, Zweite Hälfte), Leipzig ⁵1923 (repr. Darmstadt 1963, 2006), bes. 92–254.   M. G.

nimitta (sanskr., Zeichen, Grund, Ziel, Omen, Veranlassung; schließlich: bewirkende Ursache [= karaṇa oder n.↑kāraṇa]), Grundbegriff der indischen Philosophie (↑Philosophie, indische); generell ein raum-zeitlich bestimmter Gegenstand der Wahrnehmung (↑pratyakṣa), wenn er als ein Zeichen in kommunikativer Rolle (prajñapti), also als ein ↑Artikulator in prädikativer Funktion begriffen wird, so daß neben z. B. Farben oder Lauten auch die ohnehin nur als Zeichen wirklichen inneren Bilder oder mentalen Repräsentationen (ākāra, ↑Yogācāra) zu den n. zählen. Daher führt in der indischen Logik (↑Logik, indische) z. B. das n. Geruch von Rauch als Zeichen für das Vorhandensein von Rauch [an einem Ort] dazu, auch die durch das n. erlangte Erkenntnis des Rauchs [an diesem Ort], also den Grund (↑hetu) Rauch, die bewirkende Ursache (n. kāraṇa oder kurz n., der ↑causa cognoscendi des Aristoteles entsprechend [Met. Δ1.1013a14–19]) für die Erkenntnis der Folge (sādhya) Feuer [an diesem Ort] zu nennen, falls der Grund-Folge-Zusammenhang, also die Implikation (↑vyāpti) ›wo immer Rauch, da ist Feuer‹ gilt.

Stets tritt n. als eine (mentale) Veranlassung, also ›Motivation‹, für das Handeln auf, so daß auch im klassischen Beispiel des Töpfers als bewirkende Ursache eines Topfes im Unterschied zum Ton als der stofflichen Ursache (upādāna kāraṇa) des Topfes es, genau genommen, das beim Töpfer auftretende innere Bild des Topfes ist, das als n. zu gelten hat: n. ist, aristotelisch gesprochen, die in Tateinheit mit der Zweckursache (causa finalis) auftretende Formursache (causa formalis), die die Rolle der Wirkursache (causa efficiens) spielt.

Speziell in der buddhistischen Philosophie (↑Philosophie, buddhistische) ist n. zudem das begriffliche Hilfsmittel, den Zusammenhang der fünf Gruppen (skandha, ↑nāmarūpa), aus denen jeder Mensch besteht, insbes. den Zusammenhang des nāma-kāya (= mentaler Körper) mit dem rūpa-kāya (= stofflicher Körper), zu artikulieren (A. K. Warder, Indian Buddhism, Delhi/Patna/Varanasi

1970, ²1980, 107–156, ³2000, 2004, 105–152 [Chap. V Causation]): Ohne eine Artikulation des stofflichen Körpers vermöge n.s gäbe es kein Begreifen seines Widerstands (pratigha), d. h. seiner passiven Rolle, gegenüber dem mentalen Körper, und ohne eine Artikulation des mentalen Körpers vermöge n.s gäbe es kein Begreifen der Verbindung der Benennung (adhivacana) mit dem (benannten) stofflichen Körper, d. h. ein Erfassen der aktiven Rolle des mentalen Körpers gegenüber dem stofflichen Körper durch dessen Artikulation.   K. L.

nirvāṇa (sanskr., pāli: nibbāṇa, Verlöschen [einer Flamme]), Grundbegriff der indischen Philosophie (↑Philosophie, indische), insbes. des Buddhismus (↑Philosophie, buddhistische), die Weise der Erlösung (↑mokṣa) bezeichnend, daher der einzige nicht dem Entstehen und Vergehen unterworfene ›Daseinsfaktor‹ (↑dharma). Die Erlösung wird im ↑Hīnayāna in der einen Heiligen (arhant) auszeichnenden Erleuchtung (↑bodhi) wirklich, die das Ende des ›edlen achtgliedrigen Wegs‹ zur Aufhebung des Leides (↑duḥkha) bildet (dabei heißt ein Heiliger aus eigener Kraft, der nicht durch Unterweisung dorthin gelangt ist, ein ›Buddha‹). Vom derart bereits zu Lebzeiten möglichen n. (der jīvanmukti, der Erlösung bei Lebzeiten, in den Systemen des ↑Vedānta und des ↑Sāṃkhya entsprechend) muß das völlige Verlöschen im nach-todlichen n., das parinirvāṇa, unterschieden werden, in dem über die Freiheit von Leidenschaften hinaus (die Nicht-Selbstheit [anātmatva, ↑ātman] ist durch Beseitigung von Unwissenheit [↑avidyā], [Daseins-]Durst [tṛṣṇā] und [Wunsch-]Befriedigung [upādāna] geistig vollzogen) auch die sinnliche Existenz aufgehoben ist (die Nicht-Selbstheit ist auch körperlich durch den Zerfall der eine Person ausmachenden dharma-Kombination aus den fünf Gruppen [skandha] vollzogen). Im ↑Mahāyāna wird auch noch das Auffassen des Unterschieds von Leid und Aufhebung des Leids als leidvoll, nämlich unwirklich wie jede begriffliche Bestimmung, angesehen, so daß die Erleuchtung im Wissen (↑prajñā) von der Leerheit (↑śūnyatā), nämlich der Ununterschiedenheit des (leidvollen) Kreislaufs des Entstehens und Vergehens (↑saṃsāra) vom (leidfreien) n., besteht. Wer dieses Wissen erlangt hat, ist ein Bodhisattva oder Buddhaanwärter, der auf das völlige Verlöschen (an-upādhi-śeṣa n., d. h. n. ohne übriggebliebene Bedingungen, im Mahāyāna als ›pratiṣṭhita‹ [= stillstehendes] n. bezeichnet) verzichtet, bis alle anderen Wesen, denen er aus Mitleid hilft, dieses Wissen auch zu erlangen, ebenfalls erlöst sind.

Literatur: S. Collins, N. and Other Buddhist Felicities. Utopias of the Pali Imaginaire, Cambridge/New York 1998, 2003; ders., N.. Concept, Imagery, Narrative, Cambridge etc. 2010; L. S. Cousins, N., REP VII (1998), 8–12; P. J. Griffiths, On Being Mindless. Buddhist Meditation and the Mind-Body Problem, La Salle

Ill. 1986; P. Harvey, The Selfless Mind. Personality, Consciousness and N. in Early Buddhism, Richmond 1995 (repr. London 2004); R. E. A. Johansson, The Psychology of N., London 1969, mit Untertitel: A Comparative Study of the Natural Goal of Buddhism and the Aims of Modern Western Psychology, Garden City N. Y. 1970; S. Kumoi, Der N.-Begriff in den kanonischen Texten des Frühbuddhismus, in: G. Oberhammer (ed.), Beiträge zur Geistesgeschichte Indiens. Festschrift für Erich Frauwallner, Wien 1968 (Wiener Z. f. d. Kunde Süd- u. Ostasiens u. Arch. f. indische Philos. 12–13 [1968/1969]), 205–213; S. Miyamoto, Freedom, Independence, and Peace in Buddhism, Philos. East and West 1 (1951), H. 4, 30–40, 2 (1952), 208–225; F. O. Schrader, On the Problem of N., J. of the Pali Text Society (1904/1905), 157–170; L. Schmithausen, N., Hist. Wb. Ph. VI (1984), 854–857; R. L. Slater, Paradox and N.. A Study of Religious Ultimates with Special Reference to Burmese Buddhism, Chicago Ill. 1951; N. Smart, N., Enc. Ph. V (1967), 517–518; T. Stcherbatsky (F. I. Ščerbatskoj), The Conception of Buddhist N., Leningrad 1927 (repr. The Hague 1965), rev. mit Untertitel: With Saṅskṛta Text of Madhyamaka-kārikā, Varanasi 1968, erw. mit weiterem Untertitel: With Comprehensive Analysis & Introduction by J. Singh, Delhi ²1977, 2011; E. J. Thomas, N. and Parinirvāṇa, in: India Antiqua. A Volume of Oriental Studies Presented by His Friends and Pupils to Jean Philipp Vogel, C. I. E., on the Occasion of the Fiftieth Anniversary of His Doctorate, Leiden 1947, 294–295; L. de la Vallée-Poussin, The Way to N.. Six Lectures on Ancient Buddhism as a Discipline of Salvation, Cambridge 1917 (repr. Delhi 1982); ders., N., Paris 1925; G. R. Welbon, The Buddhist N. and Its Western Interpreters, Chicago Ill./London 1968.   K. L.

Nizolius (Nizzoli, Nizolio), Marius (Mario), *Brescello (Provinz Reggio nell'Emilia) 1498, †Sabbioneta (Provinz Mantua) 1576, ital. Humanist und Philosoph. 1522 – ca. 1541 Lehrer im Hause des Grafen J.-F. Gambara, 1549–1558, nach vergeblicher Bemühung um eine Professur in Mailand 1541, Prof. in Parma, 1562–1564 Leitung der Akademie für alte Sprachen in Sabbioneta. – Nach N. ist es eine Leistung der Sprache, die Welt als ›diskretes Ganzes‹ (*totum discretum*) zu erfassen. Dabei versteht N. das ↑Allgemeine im traditionellen Sinne (↑Universalien) als ›Menge‹ (*multitudo*), die Kopula ›est‹ etwa in ›homo est animal‹ entsprechend als Inklusionsverhältnis (↑Inklusion) von Mengen, womit im modernen Sinne die Begriffe der ↑Menge und des ↑Teils (↑Teil und Ganzes), in Fortführung der traditionellen Lehre ›über das Ganze‹ (*de totis*), Gegenstand der rhetorischen Analyse sind (De veris principiis et vera ratione philosophandi [. . .], 1553 – von G. W. Leibniz in seiner Edition [1670] übersehen). Auf der Basis derartiger Analysen und einer mit ihnen verbundenen (polemisch überzogenen, unter anderem diè auch von L. Valla und J. L. Vives vertretene These von der Unechtheit der meisten Aristotelischen Schriften zur Begründung anführenden) Kritik der scholastischen Tradition (↑Scholastik) der Philosophie stellt für N. die ↑Rhetorik die eigentliche ›Logik der Wirklichkeit‹ und damit die philosophische Fundamentaldisziplin dar. Der philosophie-

historisch häufig irreführend so bezeichnete ›Empirismus‹ der Philosophie des N. besteht in der in dieser ›Logik der Wirklichkeit‹ erfolgenden Auszeichnung des Individuellen bzw. eines aus Individuellem (als seinen Teilen) gebildeten Ganzen. In im engeren Sinne rhetorischer Hinsicht vertritt N. die Position des Ciceronianismus (Observationes in M. Tullium Ciceronem, 1535). Als ›Prinzipien der Wahrheitsfindung und des richtigen Philosophierens‹ werden genannt (De veris principiis et vera ratione philosophandi [. . .], 1553): gründliche Kenntnis und Beherrschung (1) der griechischen und lateinischen Sprache, (2) der grammatischen und rhetorischen Regeln und (3) der jeweiligen Volkssprache sowie (4) Freiheit und Unvoreingenommenheit des Denkens und (5) Klarheit der Begriffsbildung.

Werke: Observationes in M. T. Ciceronem, Pralboino 1535, I–II, Venedig 1535, in einem Bd., Basel 1536, Venedig 1538, Basel 1544, 1548 [1548 auch unter dem Titel: Thesaurus Ciceronianus (. . .)], 1551, Lyon 1552, Venedig 1555, unter dem Titel: Thesaurus Ciceronianus [. . .], Basel 1559, unter dem Titel: Observationes [. . .], Venedig 1561, Lyon 1562, unter dem Titel: Thesaurus [. . .], Basel 1563, Venedig 1566, Basel 1568, Venedig 1570, Basel 1572, Venedig 1574, Basel, Venedig 1576, Lyon 1580, 1581, 1582, Basel 1583, Lyon 1584, Venedig, Lyon 1587, Lyon 1588, Venedig 1591, Basel 1595, Venedig 1596, 1601, 1606, 1607, 1610, Frankfurt 1613, unter dem Titel: Latinae linguae thesaurus bipartitus [. . .], Basel 1613, unter dem Titel: Lexicon Ciceronianum [. . .], Padua 1734, I–III in einem Bd., London 1820; De veris principiis et vera ratione philosophandi contra pseudophilosophos libri IIII, Parma 1553, unter dem Titel: De veris Principiis [. . .], libris IV, ed. G. W. Leibniz, Frankfurt 1670, unter dem Titel: Anti-barbarus philosophicus, sive philosophia scholasticorum impugnata libris IV. De veris principiis et vera ratione philosophandi contra pseudophilosophos inscriptis, ed. G. W. Leibniz, Frankfurt 1674, unter dem Titel: Il »De principiis« di Mario Nizolio, ed. P. Rossi, in: E. Garin/P. Rossi/C. Vasoli (eds.), Testi umanistici su la retorica. Testi editi e inediti su retorica e dialettica di Mario Nizoli, Francesco Patrizi e Pietro Ramo, Rom/Mailand 1953 (Archivio di filosofia 1953, 3), 57–92, I–II, ed. Q. Breen, Rom 1956 (dt. Vier Bücher über die wahren Prinzipien und die wahre philosophische Methode. Gegen die Pseudophilosophen, München 1980); Defensiones locorum aliquot Ciceronis contra disquisitiones Coelii Calcagnini, in: M. T. Cicero, De officiis libri III [tres] [. . .], Venedig 1554, 1557, 1568, 1572, 1579, 1584. – Totok III (1980), 148–149.

Literatur: I. Angelelli, Leibniz's Misunderstanding of N.' Notion of ›multitudo‹, Notre Dame J. Formal Logic 6 (1965), 319–322; R. Battistella, Mario Nizolio, umanista e filosofo (1488–1566), Treviso 1904; Q. Breen, The »Observationes in M. T. Ciceronem« of M. N., Stud. Renaissance 1 (1954), 49–58; ders., M. N.. Ciceronian Lexicographer and Philosopher, Arch. Reformationsgesch. 46 (1955), 69–87; A. Corsano, Per la storia del pensiero del tardo Rinascimento XI. Il Nizzoli e la matematica, Giornale critico della filosofia italiana 42 (1963), 488–494; A. Crescini, Le origini del metodo analitico. Il Cinquecento, Udine 1965, 121–133 (Kap. V Mario Nizolio); V. Del Nero, Valla, Vives e Nizolio. Filosofia e linguaggio, Rinascimento 34 (1994), 293–304; K. S. Feldman, Per canales troporum. On Tropes and Performativity in Leibniz's »Preface to N.«, J. Hist. Ideas 65

(2004), 39–51; E. Garin, Storia della filosofia italiana, Turin 1966, ³1978, 741–744 (engl. History of Italian Philosophy I, Amsterdam/New York 2008, 513–516); E. Hidalgo-Serna/G. Pinton, Metaphorical Language, Rhetoric, and ›Comprehensio‹. J. L. Vives and M. Nizolio, Philos. & Rhetoric 23 (1990), 1–11; C. Leduc, Le commentaire leibnizien du »De veris principiis« de N., Stud. Leibn. 38/39 (2006/2007), 89–108; C. Marras/G. Variani, I dibattiti rinascimentali su retorica e dialettica nella »Prefazione al Nizolio« di Leibniz, Studi filosofici 27 (2004), 183–216; S. Matton, Nizzoli, Mario, Enc. philos. universelle III/1 (1992), 739; L. Nauta, Anti-Essentialism and the Rhetoricization of Knowledge. Mario Nizolio's Humanist Attack on Universals, Renaissance Quart. 65 (2012), 31–66; A. Nizzoli, Mario Nizzoli e il rinnovamento scientifico moderno (1488–1566), Como 1970; G. Pagani, Mario Nizzoli e il suo lessico ciceroniano, Rendiconti della Reale Accademia dei Lincei, Classe di scienze morali, storiche e filologiche, ser. 5,2 (Roma 1893), 554–575; ders., Le polemiche letterarie di Mario Nizzoli, ebd. 630–660; ders., Mario Nizzoli filosofo, ebd. 716–741; ders., Operosità letteraria di Mario Nizzoli, ebd. 819–826; ders., Gli ultimi anni di Mario Nizzoli, ebd. 897–922; W. Risse, Die Logik der Neuzeit I (1500–1640), Stuttgart-Bad Cannstatt 1964, 51–53; P. Rossi, La celebrazione della retorica e la polemica antimetafisica nel »De principiis« di Mario Nizolio, in: A. Banfi (ed.), La crisi dell'uso dogmatico nella ragione, Rom/Mailand 1953, 99–121; G. Saitta, Il pensiero italiano nell'Umanesimo e nel Rinascimento II (Il Rinascimento), Bologna 1950, 479–496, Florenz ²1961, 493–509; K.-D. Thieme, N.' Auseinandersetzung mit dem Wissenschaftsbegriff der Scholastik, in: M. N., Vier Bücher über die wahren Prinzipien und die wahre philosophische Methode [s. o., Werke], 7–20; M. Turchi, La passione e la ricerca del metodo nel pensiero di Mario Nizolio, Aurea Parma 46 (1962), 216–228; C. Vasoli, La logica ›oratoria‹ di M. Nizolio e l'estrema polemica umanistica contro i fondamenti metafisici della logica classica, in: ders., La dialettica e la retorica dell'Umanesimo. ›Invenzione‹ e ›Metodo‹ nella cultura del XV e XVI secolo, Mailand 1968, 603–632, Neapel 2007, 837–875; M. Wesseler, Die Einheit von Wort und Sache. Der Entwurf einer rhetorischen Philosophie bei M. N., München 1974.   J. M.

Noema (griech. *νόημα*), der Gegenstand des Denkens, der Gedanke, im Unterschied zum Gegenstand der Wahrnehmung, in der ↑Phänomenologie E. Husserls Bezeichnung für das neben der ↑Noesis entscheidende Moment des intentionalen Erlebnisses (↑Intentionalität), nämlich des inhaltlichen Korrelats der Bewußtseinsvollzüge (z. B. das Wahrgenommene gegenüber der Wahrnehmung, das Gedachte gegenüber dem Denken, das Schöne gegenüber dem Gefallen). Aufgabe der noematischen Beschreibung ist die Explikation der Wesensmomente des Wahrgenommenen als solchem usw.. Der noematische Gegenstand ist nicht ein bewußtseinsimmanenter Gegenstand im Gegensatz zum realen, sondern der reale Gegenstand selbst mit der methodischen Einschränkung, daß der im Vollzug des noematischen Gehalts mitgesetzte Objektivitätsanspruch – da kritisch zu prüfen – eingeklammert wird (z. B. Ideen I, § 90).

Literatur: R. Bernet/D. Welton/G. Zavota (eds.), Edmund Husserl. Critical Assessments of Leading Philosophers IV (The Web of Meaning. Language, N. and Subjectivity and Intersubjectivity), London/New York 2005, bes. 135–302 (Part 8 The Theory of N.); H. L. Dreyfus/H. Hall (eds.), Husserl, Intentionality and Cognitive Science, Cambridge Mass./London 1982, 1987; J. J. Drummond, Husserlian Intentionality and Non-Foundational Realism. N. and Object, Dordrecht/Boston Mass./London 1990; ders., N., in: L. Embree etc. (eds.), Encyclopedia of Phenomenology, Dordrecht/Boston Mass./London 1997, 494–499; ders./L. Embree (eds.), The Phenomenology of the N., Dordrecht/Boston Mass./London 1992 (mit Bibliographie, 227–248); D. Føllesdal, Husserl's Notion of N., J. Philos. 66 (1969), 680–687, Neudr. in: H. L. Dreyfus/H. Hall (eds.), Husserl, Intentionality and Cognitive Science [s. o.], 73–80, Neudr. in: R. Bernet/D. Welton/G. Zavota (eds.), Edmund Husserl [s. o.], 161–168; B. Grünewald, Noesis/N., LThK VII (1998), 890; E. Husserl, Ideen zu einer reinen Phänomenologie und phänomenologischen Philosophie I (Allgemeine Einführung in die reine Phänomenologie), ed. K. Schuhmann, Den Haag 1976 (= Husserliana III/1), bes. §§ 87–96, 128–135; P. Janssen, N., Hist. Wb. Phil. VI (1984), 869–870; M. J. Larrabee, The N. in Husserl's Phenomenology, Husserl Stud. 3 (1986), 209–230; R. McIntyre/D. W. Smith, Husserl's Identification of Meaning and N., Monist 59 (1975), 115–132, Neudr. in: R. Bernet/D. Welton/G. Zavota (eds.), Edmund Husserl [s. o.], 221–237; R. C. Salomon, Husserl's Concept of the N., in: F. A. Elliston/P. Mc Cormick [McCormick] (eds.), Husserl. Expositions and Appraisals, Notre Dame Ind./London 1977, 168–181; E. Ströker, N./Noesis, EP I (1999), 951–953, dies./L. Pastore, EP II (²2010), 1793–1798; A. Süßbauer, Intentionalität, Sachverhalt, N.. Eine Studie zu Edmund Husserl, Freiburg/München 1995 (mit Bibliographie, 499–510); T. Vongehr, Die Vorstellung des Sinns im kategorialen Vollzug des Aktes. Husserl und das N., München 1995. – Totok VI (1990), 213–214.   C. F. G.

Noesis (griech. *νόησις*), das Denken, die geistige Tätigkeit, im Unterschied zur Wahrnehmung (*αἴσθησις*), zum moralischen Handeln (*πρᾶξις*) und zu Herstellungshandlungen (*ποίησις*), in der ↑Phänomenologie E. Husserls Bezeichnung für das neben dem ↑Noema entscheidende Moment des intentionalen Erlebnisses (↑Intentionalität). Dabei sollen alle Bewußtseinsvollzüge, also nicht nur das Denken, sondern auch Wahrnehmen, Erinnern, Urteilen, Gefallen usw. bezüglich ihrer noetischen Modifikationen untersucht werden; solche sind z. B. Blickrichtung, Erfassung, Festhalten, Explizieren, Beziehen der noematischen Gehalte (Ideen I, 218 ff.).

Literatur: B. Grünewald, N./Noema, LThK VII (1998), 890; E. Husserl, Ideen zu einer reinen Phänomenologie und phänomenologischen Philosophie I (Allgemeine Einführung in die reine Phänomenologie), ed. K. Schuhmann, Den Haag 1976 (= Husserliana III/1), §§ 87–127; P. Janssen, N., Hist. Wb. Phil. VI (1984), 870; E. Ströker, Noema/N., EP I (1999), 951–953, dies./L. Pastore, EP II (²2010), 1793–1798; weitere Literatur: ↑Noema.   M. G.

Noether, Amalie Emmy, *Erlangen 23. März 1882, †Bryn Mawr (Pennsylvania, USA) 14. April 1935, dt. Mathematikerin, Mitbegründerin der modernen abstrakten ↑Algebra. Nach Lehrerinnenexamen (franz. u. engl.) 1900 Gasthörerin an der Universität Erlangen, nach Abitur 1903 Gastsemester an der Universität Göttingen, danach (nach Zulassung der Immatrikulation von Frauen in Bayern) Studium an der Universität Erlangen, 1907 dort Promotion in Mathematik. Seit 1907 wissenschaftliche Hilfstätigkeiten am Mathematischen Institut der Universität Erlangen, 1909 Aufnahme in die Deutsche Mathematiker-Vereinigung. 1915 Wechsel nach Göttingen, dort vor allem Kooperation mit F. Klein und D. Hilbert; Habilitation und Venia legendi 1919; seit 1915 unbezahlte Lehrtätigkeit an der Universität Göttingen, 1922 dort a.o. Prof. (ohne Vergütung). Im Winter 1928/29 Forschungsaufenthalt in Moskau (Zusammenarbeit mit P. S. Alexandrow), im April 1933 zwangsweise beurlaubt, im September 1933 entlassen. Emigration in die USA, Anstellung am Frauencollege von Bryn Mawr (Pennsylvania), ab Februar 1934 zugleich regelmäßige Seminare am Institute for Advanced Study in Princeton (New Jersey).

Für die Physik bedeutsam ist das heute so genannte ›N.-Theorem‹, das Zusammenhänge zwischen algebraischen Symmetrieeigenschaften (↑symmetrisch/Symmetrie (naturphilosophisch), ↑symmetrisch/Symmetrie (geometrisch)) und ↑Erhaltungssätzen in der Allgemeinen Relativitätstheorie (↑Relativitätstheorie, allgemeine) herstellt. Für die moderne Mathematik wurden N.s algebraische Arbeiten grundlegend. Hierzu gehören vor allem Resultate zur Ideal- und Ringtheorie (↑Ring (mathematisch)) und zur nicht-kommutativen Algebra. Von besonderer mathematischer und wissenschaftstheoretischer Bedeutung ist N.s strukturelle Konzeption mathematischer, insbes. algebraischer, Theorien, die sie in ihrer Idealtheorie entwickelte und mit der sie die abstrakte Algebra prägte. N. hat maßgeblich die Algebraisierung und die moderne Gestalt der Mathematik mitbegründet. N.s Konzeption von Algebra und ihrer Rolle in der Mathematik wirken bis in den algebraischen Hintergrund der heutigen ↑Informatik hinein, z. B. in die Theorie der Termersetzungssysteme.

Nach E. N., die von ihren Zeitgenossen (z. B. von A. Einstein oder H. Weyl) einhellig als die bedeutendste historisch bekannte Mathematikerin angesehen und gewürdigt wurde, sind heute Auszeichnungen, Preise und Stipendienprogramme vor allem in Deutschland, aber auch in den USA, benannt, die sich vor allem an Wissenschaftlerinnen richten.

Werke: Gesammelte Abhandlungen/Collected Papers, ed. N. Jacobsen, Berlin etc. 1983.

Literatur: J. W. Brewer/M. K. Smith (eds.), E. N.. A Tribute to Her Life and Work, New York/Basel 1981; A. Dick, E. N., 1882–1935, Basel 1970 (engl. [erw.] E. N., 1882–1935, Boston Mass./Basel 1981); R. Fritsch, N., NDB XIX (1999), 320–321; M. Koreuber, E. N., die N.-Schule und die ›Moderne Algebra‹. Vom begrifflichen Denken zur strukturellen Mathematik, in: H. Götschel/H. Daduna (eds.), Perspektivenwechsel. Frauen- und Geschlechterforschung zu Mathematik und Naturwissenschaften, Mössingen-Talheim 2001, 54–74; dies., N., in: D. Hoffmann u. a. (eds.), Lexikon der bedeutenden Naturwissenschaftler III, München 2004, 83–88; dies./R. Tobies, E. N.. Begründerin einer mathematischen Schule, Mitt. Dt. Math.-Ver. 3 (2002), 8–21; E. E. Kramer, N., DSB X (1974), 137–139; J. Morrow, E. N. (1882–1935), in: C. Morrow/T. Perl (eds.), Notable Women in Mathematics. A Biographical Dictionary, Westport Conn./London 1998, 152–157; G. E. Noether, E. N. (1882–1935), in: L. S. Grinstein/P. J. Campbell (eds.), Women of Mathematics. A Bibliographical Sourcebook, New York/Westport Conn./London 1987, 165–170; L. M. Osen, E. (Amalie) N., in: dies., Women in Mathematics, Cambridge Mass./London 1974, 141–152; B. Srinivasan/J. Sally (eds.), E. N. in Bryn Mawr. Proceedings of a Symposium Sponsored by the Association for Women in Mathematics in Honor of E. N.'s 100th Birthday, New York etc. 1983; M. Teicher (ed.), The Heritage of E. N.. Israel Mathematical Conference Proceedings, Ramat-Gan 1999; B. L. van der Waerden, Nachruf auf E. N., Math. Ann. 111 (1935), 469–476, ferner in: A. Dick, E. N., 1882–1935 [s.o.], 47–52 (engl. Obituary of E. N., in: A. Dick, E. N., 1882–1935 [s.o.], 100–111, ferner in: J. W. Brewer/M. K. Smith (eds.), E. N. [s.o.], 93–98); ders., A History of Algebra. From al-Khwārizmī to E. N., Berlin etc. 1985; H. Weyl, E. N., Scripta Mathematica 3 (1935), H. 3, 201–220, ferner in: A. Dick, E. N., 1882–1935 [s.o.], 53–72 (engl. [erw.] E. N., in: A. Dick, E. N., 1882–1935 [s.o.], 112–152). #– B. Narins (ed.), Notable Scientists from 1900 to the Present IV, Farmington Hills Mich. 2001, 1647–1649.   P. S.

Noetik (von griech. *νόησις*, das Denken), in der ↑Phänomenologie E. Husserls Bezeichnung für die Phänomenologie der ↑Vernunft, verstanden als Vermögen, ausweisbare Einsichten (↑Evidenz) zu gewinnen (↑Noema, ↑Noesis). E. F. Friedrich versteht unter N. allgemein die ›Theorie der Denkthätigkeit‹ – im Unterschied zur ›Theletik‹ als ›Lehre vom Wollen‹.

Literatur: C. Braig, Vom Erkennen. Abriss der N., Freiburg 1897; E. F. Friedrich, Beiträge zur Förderung der Logik, N. und Wissenschaftslehre, Leipzig 1864; G. Hagemann, Logik und N.. Ein Leitfaden für akademische Vorlesungen sowie zum Selbstunterricht, Münster 1868, Freiburg 1924; E. Husserl, Ideen zu einer reinen Phänomenologie und phänomenologischen Philosophie I (Allgemeine Einführung in die reine Phänomenologie), Halle 1913, Hamburg 2009, § 145; L. Krader, Noetics. The Science of Thinking and Knowing, New York etc. 2010; weitere Literatur: ↑Noema.   M. G.

Nominaldefinition, ↑Definition.

Nominalismus (von lat. nomen, Name, Wort), Bezeichnung für eine Klasse von Positionen im ↑Universalienstreit, denen die Ablehnung der platonistischen und realistischen (↑Platonismus (wissenschaftstheoretisch), ↑Realismus (ontologisch)) Annahme der ›Existenz‹ von Begriffen, Eigenschaften, Klassen und anderen ↑Universalien‹ und demgegenüber die ausschließliche Annahme individueller Gegenstände gemeinsam ist. Alle

Positionen dieser Theoriefamilie teilen aber mit dem Platonismus/Realismus die bedeutungstheoretische Unterstellung, daß die Bedeutung von Ausdrücken durch die Angabe eines Referenzobjektes etabliert wird (Referenztheorie der ↑Bedeutung). Unter dieser Voraussetzung heißt eine Sprache, Theorie etc. ›nominalistisch‹, wenn unter ihren Gegenstandsvariablen (↑Objektvariable) nur solche für individuelle Gegenstände zugelassen sind. Während der Platonist/Realist in diesem Rahmen das Verhältnis zwischen Einzelding und Begriff als Element-Klassen-Relation (↑Elementrelation) interpretiert, spielt für den Nominalisten die Teil-Ganzes-Relation (↑Teil und Ganzes, ↑Mereologie) die entsprechend grundlegende Rolle. Dies hindert den Nominalisten allerdings nicht, auch ↑Prädikatoren (neben den ↑Nominatoren) eine Bedeutung zu geben: ihre Denotate sind jedoch nicht (wie für den Platonisten/Realisten) Klassen (↑Klasse (logisch)), ↑Eigenschaften oder sonstige ›allgemeine‹ Gegenstände, sondern ebenfalls ↑Individuen. Der Nominalist meint also im Unterschied zum Platonisten/Realisten, daß Prädikatoren in gleicher Weise Bedeutung zukommt wie Nominatoren (daher die Bezeichnung ›N.‹), nämlich durch ↑Referenz auf einen singularen Gegenstand. Dies hat zur Folge, daß in vielen nominalistischen Konzeptionen nicht nur singulare raum-zeitliche Dinge, sondern auch konkrete Ganzheiten als Individuen angesehen werden. Demgemäß ist der Satz ›dieses Ding ist weiß‹ nach nominalistischer Rekonstruktion im Sinne von ›dieses Ding ist Teil der Ganzheit aller weißen Dinge (d. h. eines riesigen Weiß-Dings)‹ zu verstehen, nicht (wie der Platonist/Realist meint) im Sinne von ›dieses Ding ist Element der Klasse der weißen Dinge‹. Allerdings geben derartige Unterscheidungen noch keine intuitiven Anhaltspunkte für oder wider den N. oder Platonismus/Realismus. Der N. gewinnt seine scheinbare Suggestivität daher, daß er die ↑Aporien und ↑Paradoxien, die sich aus der platonistischen/realistischen Auffassung von Klassen und Eigenschaften zusammen mit der Referenztheorie der Bedeutung ergeben, vermeiden kann: die Frage der Bestimmung der Existenzweise des ›Allgemeinen‹ gegenüber den Individuen, die angeblich nicht kontrollierbare Vermehrung von Entitäten durch die Bildung von Klassen von Klassen usw., die daraus folgenden ↑Antinomien der Mengenlehre und der Aufwand ihrer Vermeidung durch Finitismus (↑finit/Finitismus), ↑Typentheorien etc.. Die strenge Kontrolle der Vergrößerung anzunehmender Gegenstandsbereiche ist für den N. ein dominantes Motiv (↑Ockham's razor).

Eine Beurteilung des N. kann jedoch nach Auffassung seiner Kritiker nicht allein dadurch erfolgen, daß man die Schwierigkeiten betrachtet, die durch ihn vermieden werden. Vielmehr sei auf der anderen Seite zu prüfen, ob nominalistische Sprachen hinreichend ausdrucksstark sind, um allen (legitimen) theoretischen Bedürfnissen gerecht zu werden. Diese Prüfung kann allerdings nicht direkt erfolgen. Zum einen sind im Laufe der neueren Diskussion immer ausdrucksstärkere nominalistische Sprachen geschaffen worden, zum anderen steht nicht fest, welche Ausdrucksstärke von einer Sprache verlangt werden soll (z. B. scheitert der N. an der Forderung, die transfinite Mengenlehre [↑Mengenlehre, transfinite] in nominalistischer Sprache auszudrücken; er bestreitet wiederum gerade deshalb, daß es sich hierbei um sinnvolle Sprachformen handelt). Diese Situation erweckt den Eindruck, daß die Argumente für N. bzw. Platonismus/Realismus jeweils zirkulär (↑zirkulär/Zirkularität) sind. Heuristisch (↑Heuristik) nimmt der N. daher zu seinen Gunsten vor allem den Sachverhalt in Anspruch, daß seine Gegenstandsunterstellungen (›ontological commitments‹, W. V. O. Quine) in denjenigen der Platonisten/Realisten enthalten sind (während das Umgekehrte nicht gilt) und es sich empfehle, soweit wie möglich mit den ›sparsameren‹ ontologischen Unterstellungen auszukommen. Auf der anderen Seite sind nominalistische Sprachen sehr ausdrucksarm, wenn man unter einem singularen Gegenstand allein raumzeitliche Dinge in unmittelbarer Gegebenheitsweise versteht. Allerdings ist der intuitive Gegenstandsbegriff (↑Gegenstand) unscharf, weshalb zunächst nichts gegen die nominalistische Strategie spricht, den Ausdrucksreichtum durch einen sehr weiten Gegenstandsbegriff zu vergrößern. Um jedoch ein methodologisches Pendant zum platonistischen/realistischen Umgang mit Prädikatoren- bzw. Klassenvariablen zu schaffen, wird in manchen modernen nominalistischen Systemen die Rede über ›Riesenindividuen‹ (›konkreten Ganzheiten‹) als Denotate von Prädikatoren zugelassen. Während die Deutung der weißen Gegenstände als Teile des großen Weiß-Dings keine besonderen Schwierigkeiten macht (es sei denn, man ist Platonist oder Realist), treten erhebliche Plausibilitätsprobleme auf, wenn man das ↑Quantifizieren über Prädikatorenvariablen bzw. Klassen nominalistisch rekonstruieren will. Die Ausarbeitung formaler nominalistischer Systeme (↑Logik, nominalistische), die in der modernen Logik weit fortgeschritten ist, verlangt auf diese Weise einen erheblichen Aufwand, der demjenigen platonistisch konzipierter Sprachen ähnlich ist. Für die prima-facie-Gegenintuitivität der ›ontologischen‹ Unterstellungen ausdrucksstarker nominalistischer Sprachen ist allerdings in Rechnung zu stellen, daß der in der traditionellen Philosophie dominante metaphysische Platonismus und der oft (wenn auch nicht zwingend) mit der klassischen Logik (↑Logik, klassische), Mengenlehre und Mathematik sowie mit der modernen formalen Semantik verbundene Platonismus/Realismus im Anschluß an G. Frege, A. Tarski und S. A. Kripke eine hartnäckige Vorurteilslage geschaffen haben. Der Universalienstreit dürfte daher insgesamt vor allem aufgrund der starken theoretischen Investitionen wie die Referenztheorie der Bedeutung die Möglichkeiten intuitiver Kritik durch den normalen Sprachverwender übersteigen.

Auf dem Hintergrund der von Porphyrios und A. M. T. S. Boethius aufgeworfenen Fragen nach der Existenzweise des Allgemeinen (↑Allgemeine, das, ↑Universalien) wurde ein extremer N. erstmalig im frühen Mittelalter von Roscelin von Compiègne vertreten. Die prädikationstheoretischen Probleme seiner Lehre wurden bereits von P. Abaelard erkannt, der den N. mit einer Theorie der Ähnlichkeit verband. Als Klassiker des N. gilt Wilhelm von Ockham, bei dem fast alle Argumente gegen den Platonismus und Realismus behandelt werden; seine eigene Position dürfte jedoch eher dem ↑Konzeptualismus als dem N. zuzurechnen sein. Unklarheiten zwischen Konzeptualismus und N. bestimmen weithin auch die neuzeitliche Philosophie. Als erster hat wohl G. Berkeley in der Kritik an J. Locke erkannt, daß der Konzeptualismus keine Lösung des Universalienproblems ist, in bestimmter Lesart sogar zum Platonismus/Realismus zurückführt. Berkeley war daher vermutlich der erste Nominalist im Sinne der modernen Definition. Im 20. Jh. sind vor allem N. Goodman und Quine (in der ersten Phase seines Denkens) mit einer strikten nominalistischen Konzeption hervorgetreten. Der moderne N. ist dabei vor allem durch die Probleme bestimmt, die der Platonismus von Cantorscher Mengenlehre und klassischer Logik aufgeworfen hat. Die Diskussion um den N. konzentriert sich seitdem auf Möglichkeit und Leistungsfähigkeit nominalistischer Sprachen (↑Universalienstreit, moderner).

In der Geschichte des Universalienstreits sind die Bezeichnungen für die universalientheoretischen Positionen in vielfacher Bedeutung verwendet worden, wobei die Wahl der Bezeichnungen von der vertretenen Position abhängt. Aus der Sicht des Nominalisten sind alle Positionen, die in ihrem Gegenstandsbereich andere als individuelle Gegenstände zulassen, Varianten des Platonismus. Varianten des N. ergeben sich andererseits unter anderem durch die ontologische Charakterisierung des Begriffs des ↑Individuums bzw. singularen Gegenstandes. Für den Nominalisten macht es daher auch keinen prinzipiellen Unterschied, ob der Platonist z. B. Klassen als real existierende Entitäten eigener Art (Hyperrealismus; Platonismus im engeren Sinne), als allgemeine Eigenschaften singularer Dinge (↑Realismus (ontologisch)), als mentale Phänomene (↑Konzeptualismus) oder als Konstrukte abstraktiven Handelns (↑abstrakt, ↑Abstraktion, ↑Konstruktivismus) ansieht. Demgegenüber bezeichnen Platonisten häufig alle Positionen, die die ›Realität des Allgemeinen‹ leugnen, unterschiedslos als ›N.‹. Systematische Verwirrung hat in der Geschichte des Universalienstreits vor allem die Tatsache gestiftet, daß der Konzeptualismus von den Nominalisten als ›Platonismus‹ (z. B. Locke von Berkeley), von den Platonisten als ›N.‹ bezeichnet wird (z. B. Ockham von den Thomisten). Ferner gibt auch die seit dem Mittelalter gebräuchliche Einteilung von ›universale ante rem‹ (für den Platonismus), ›in re‹ (für den Realismus) und ›post rem‹ (für den angeblichen N.) eher die platonistische bzw. realistische Sicht der Dinge wieder, weil für den N. das universale nicht ›post rem‹ existiert (wie z. B. für den Konzeptualisten), sondern überhaupt nicht.

Weiter ist zu beachten, daß N. nicht mit Anti-Essentialismus (z. B. dem ↑Konventionalismus) gleichgesetzt werden darf, weil der Nominalist durchaus essentialistische Aussagen zulassen kann, solange die ›Wesenheiten‹ nicht als eine Art von nicht-individuellen Gegenständen betrachtet werden (↑Essentialismus). Z. B. kann der Nominalist den Satz ›alle weißen Dinge sind notwendig farbige Dinge‹ verstehen im Sinne von ›alle Teile des Weiß-Dings sind notwendig Teile des Farb-Dings‹ (was impliziert, daß das Weiß-Ding selbst ein Teil des Farb-Dings ist) oder im Sinne von ›allen Dingen, denen die Inschrift ›weiß‹ zugesprochen wird, wird notwendig auch die Inschrift ›farbig‹ zugesprochen‹. Auf der anderen Seite ist der Platonist/Realist nicht zwangsläufig Essentialist, denn er könnte der Meinung sein, daß Klassen ihre Elemente nur auf kontingente (↑kontingent/Kontingenz) Weise enthalten. Allerdings ist in der Geschichte des Universalienproblems der Platonismus de facto mit dem Essentialismus verbunden gewesen (was ihre irrtümliche Gleichsetzung veranlaßt hat). Für den nicht-essentialistischen N. besteht das in der Geschichte des N. immer wieder vorgebrachte Problem der Erklärung der ↑Prädikation. Dabei stellt sich die Frage, was der Grund dafür ist, für zwei Tische den gemeinsamen Prädikator ›... ist ein Tisch‹ zu verwenden, wenn Prädikatoren nicht auf Universalien referieren. In der Geschichte des N. hat man auf diese Frage mit unterschiedlichen Konzeptionen der Ähnlichkeit (↑ähnlich/Ähnlichkeit) geantwortet (Locke, D. Hume, B. Russell, L. Wittgenstein). Der essentialistische N. steht auf der anderen Seite vor dem Problem, eine nicht-platonistische bzw. realistische Explikation des Begriffs der Notwendigkeit (↑notwendig/Notwendigkeit) anzugeben, die über die logische Notwendigkeit hinausgeht.

Ebenso wie die Unterscheidung von Essentialismus und Anti-Essentialismus sind die erkenntnistheoretischen Positionsbezeichnungen wie ↑›Idealismus‹, ↑›Realismus‹ (erkenntnistheoretisch), ↑›Phänomenalismus‹ und ↑›Empirismus‹ gegenüber der Unterscheidung von N. und Platonismus invariant. – Gibt man die generelle Prämisse der Referenztheorie der Bedeutung auf, stellen sich die sprachtheoretischen Verhältnisse anders dar, als es die traditionellen Auseinandersetzungen zwischen

Platonismus, Realismus und N. nahelegen. Für die Unterscheidung von N. und Konstruktivismus ist dabei zu beachten, daß der Konstruktivismus die Kritik des N. an manchen theoretischen Konsequenzen des Platonismus und Realismus teilt (z. B. im Rahmen seiner Kritik an imprädikativer Begriffsbildung [↑imprädikativ/Imprädikativität], am Begriff des Aktual-Unendlichen [↑unendlich/Unendlichkeit] der klassischen Mengenlehre, an der Verwendung des ↑tertium non datur bzw. des Bivalenzprinzips [↑Zweiwertigkeitsprinzip] im transfiniten Bereich). Allerdings ist der Nominalist bezüglich der ›Sanierung‹ des platonistischen Fehlers radikaler. Während der Konstruktivist Klassen zulassen kann, wenn ihre Konstruktivität (↑konstruktiv/Konstruktivität) durch Angabe einer Erzeugungsregel gesichert ist oder sie durch ↑Abstraktion (↑abstrakt) bezüglich einer ↑Äquivalenzrelation gebildet werden können, lehnt der Nominalist die Verwendung des Klassenbegriffs und der Klasse-Element-Beziehung überhaupt ab. Ferner ist der Konstruktivist nicht darauf angewiesen, die Bedeutung von elementaren Prädikatoren im Sinne der Referenz auf konkrete Ganzheiten zu erklären, weil er einer ↑Gebrauchstheorie der Bedeutung folgt. Die Konzeption des Konstruktivismus zeigt insofern, daß N. und Platonismus/Realismus nur unter der Voraussetzung einer Referenztheorie der ↑Bedeutung strenge Alternativen sind.

Unbeschadet aller universalientheoretischen Differenzen herrscht in der modernen Sprachphilosophie und Logik Einigkeit darüber, daß nominalistisch aufgebaute Sprachsysteme ein interessanter Untersuchungsgegenstand sind, der sich auch im Rahmen ontologisch weiterer Systeme auszeichnen läßt (↑Universalienstreit, moderner). Bezüglich derartiger Untersuchungen hat W. Stegmüller die Unterscheidung zwischen dem N.-Forscher und dem Nominalisten eingeführt (Das Universalienproblem, 8); ferner unterscheidet Stegmüller zwischen dem echten Nominalisten, der die platonistischen Positionen für sinnvoll, aber falsch hält (demnach ist es z. B. falsch, über Klassen zu quantifizieren), und dem radikalen Nominalisten, der die Aussagen des Platonisten für sinnlos hält, da in ihnen bedeutungslose Ausdrücke vorkommen. – Nach Goodman gehört zum N. nicht zwangsläufig die ontologische Unterstellung, daß die Welt letztlich aus konkreten Einzeldingen besteht (Partikularismus). Vielmehr ist auch die von Goodman vertretene Position denkbar, daß die Grundobjekte qualitative Einheiten (↑Qualia) sind (Goodman: Realismus). Die von Goodman vorgeschlagene nominalistische Sprache enthält im Sinne des Realismus als Individuen Qualia und nicht konkrete Einzeldinge.

Literatur: D. M. Armstrong, Universals and Scientific Realism, I–II (I Nominalism and Realism, II A Theory of Universals), Cambridge 1978, 1995; J. Azzouni, Deflating Existential Conse-

quence. A Case for Nominalism, Oxford/New York 2004; C. S. Barach, Zur Geschichte des N. vor Roscellin. Nach bisher unbenutzten Quellen der Kaiserlichen Hofbibliothek, Wien 1866, 1878; R. B. Brandt, The Languages of Realism and Nominalism, Philos. Phenom. Res. 17 (1956/1957), 516–535; H. Bräuer, N., in: W. D. Rehfus (ed.), Handwörterbuch Philosophie, Göttingen 2003, 495–498; J. P. Burgess/G. Rosen, A Subject with No Object. Strategies for Nominalist Interpretation of Mathematics, Oxford 1997, 1999; A. Carlini, Nominalismo, Enc. Filos IV (1967), 1053–1057; R. Carls, N., in: W. Brugger/H. Schöndorf (eds.), Philosophisches Wörterbuch, Freiburg/München 2010, 332–333; R. Carnap, Empiricism, Semantics, and Ontology, Rev. int. philos. 4 (1950), 20–40, Nachdr. in: H. Feigl/W. Sellars/K. Lehrer (eds.), New Readings in Philosophical Analysis, New York 1972, 585–596 (dt. Empirismus, Semantik und Ontologie, in: W. Stegmüller [ed.], Das Universalien-Problem [s. u.], 338–361); M. H. Carré, Realists and Nominalists, London/New York 1946, London/Oxford 1967; M. Dummett, Nominalism, Philos. Rev. 65 (1956), 491–505 (dt. N., in: W. Stegmüller [ed.], Das Universalien-Problem [s. u.], 264–279); R. A. Eberle, Nominalistic Systems, Dordrecht 1970; C. Z. Elgin (ed.), Nominalism, Constructivism, and Relativism in the Work of Nelson Goodman, New York/London 1997; H. H. Field, Science without Numbers. A Defence of Nominalism, Princton N. J., Oxford 1980; P. Forster, Peirce and the Threat of Nominalism, Cambridge etc. 2011; P. Gochet, Esquisse d'une théorie nominaliste de la proposition. Essai sur la philosophie de la logique, Paris 1972; ders., Nominalisme, Enc. philos. universelle II/1 (1990), 1762–1764; J. Goldstein, N. und Moderne. Zur Konstitution neuzeitlicher Subjektivität bei Hans Blumenberg und Wilhelm von Ockham, Freiburg/München 1998; N. Goodman, The Structure of Appearance, Cambridge Mass. 1951, Dordrecht ³1977; ders., A World of Individuals, in: L. M. Bocheński/A. Church/N. Goodman, The Problem of Universals, Notre Dame Ind. 1956, 13–31, Neudr. in: ders., Problems and Projects, Indianapolis Ind./New York 1972, 155–172, und in: C. Landesman (ed.), The Problem of Universals, New York/London 1971, 293–305 (dt. Eine Welt von Individuen, in: W. Stegmüller [ed.], Das Universalien-Problem [s. u.], 226–247); ders./W. V. O. Quine, Steps toward a Constructive Nominalism, J. Symb. Log. 12 (1947), 105–122, Nachdr. in: ders., Problems and Projects [s. o.], 173–198; M. Gosselin, Nominalism and Contemporary Nominalism. Ontological and Epistemological Implications of the Work of W. V. O. Quine and of N. Goodman, Dordrecht/Boston Mass./London 1990; D. P. Henry, Medieval Logic and Metaphysics. A Modern Introduction, London 1972; H. Hintze, N.. Primat der ersten Substanz versus Ontologie der Prädikation, Freiburg/München 1998; H. Hochberg, Logic, Ontology, and Language, München/Wien 1984; T. Hofweber, N., EP I (1999), 953–955, EP II (²2010), 1798–1801; S. Hottinger, Nelson Goodmans N. und Methodologie, Bern/Stuttgart 1988; Z. Kaluza, Les querelles doctrinales à Paris. Nominalistes et realistes aux confins du XIVe et du XVe siècles, Bergamo 1988; T. Kobusch, N., TRE XXIV (1994), 589–604; J. Kohne, Drei Variationen über Ähnlichkeit. Eine systematische Einführung in die Eigenschaftsontologie, Hildesheim/Zürich/New York 2005; J. Kreuzer, N., RGG VI (⁴2003), 356–359; G. Küng, Ontologie und logistische Analyse der Sprache. Eine Untersuchung zur zeitgenössischen Universaliendiskussion, Wien 1963; S. Lalla, Secundum viam modernam. Ontologischer N. bei Bartholomäus Arnoldi von Usingen, Würzburg 2003; J. Largeault, Enquête sur le nominalisme, Louvain/Paris 1971; H. S. Leonard, Singular Terms, Diss. Harvard 1930; ders./N. Goodman, The

Calculus of Individuals and Its Uses, J. Symb. Log. 5 (1940), 45–55; M. J. Loux, Nominalism, REP VII (1998), 17–23; R. M. Martin, A Note on Nominalistic Syntax, J. Symb. Log. 14 (1950), 226–227; C. Michon, Nominalisme. La théorie de la signification d'Occam, Paris 1994; J. P. Moreland, Universals, Chesham, Montreal etc. 2001; H. A. Oberman, The Harvest of Medieval Theology. Gabriel Biel and Late Medieval Nominalism, Cambridge Mass. 1963, Durham N. C. ³1983 (dt. Spätscholastik und Reformation I [Der Herbst der mittelalterlichen Theologie], Zürich 1965); R. Paqué, Das Pariser Nominalistenstatut. Zur Entstehung des Realitätsbegriffs der neuzeitlichen Naturwissenschaft (Occam, Buridan und Petrus Hispanus, Nicolaus von Autrecourt und Gregor von Rimini), Berlin 1970 (franz. Le Statut parisien des nominalistes. Recherches sur la formation du concept de réalité de la science moderne de la nature [Guillaume d'Occam, Jean Buridan et Pierre d'Espagne, Nicolas d'Autrecourt et Grégoire de Rimini], Paris 1985); T. Penner, The Ascent from Nominalism. Some Existence Arguments in Plato's Middle Dialogues, Dordrecht/Boston Mass./Lancester 1987; W. V. O. Quine, Notes on Existence and Necessity, J. Philos. 40 (1943), 113–127; ders., On Universals, J. Symb. Log. 12 (1947), 74–84; ders., On Carnap's Views on Ontology, Philos. Stud. 2 (1951), 65–72, Neudr. in: H. Feigl/W. Sellars/K. Lehrer (eds.), New Readings in Philosophical Analysis, New York 1972, 597–601; ders., From a Logical Point of View. 9 Logico-Philosophical Essays, Cambridge Mass. 1953, ²1961, Cambridge Mass./London 2003 (dt. Von einem logischen Standpunkt. Neun logisch-philosophische Essays, Frankfurt/Berlin/Wien 1979); ders., Whitehead and the Rise of Modern Logic, in: ders., Selected Logic Papers, New York 1966, Cambridge Mass./London 1995, 3–36; J. Reiners, Der N. in der Frühscholastik. Ein Beitrag zur Geschichte der Universalienfrage im Mittelalter. Nebst einer neuen Textausgabe des Briefes Roscelins an Abälard, Münster 1910; G. Rodríguez-Pereyra, Resemblance Nominalism. A Solution to the Problem of Universals, Oxford/New York 2002; ders., Nominalism in Metaphysics, SEP 2008, rev. 2011; U. Saarnio, Untersuchungen zur symbolischen Logik I (Kritik des N. und Grundlegung der logistischen Zeichentheorie (Symbologie)), Helsinki 1935 (Acta Philos. Fennica I); H. J. Schneider, N., Hist. Wb. Ph. VI (1984), 874–888; J. Seibt, Properties as Processes. A Synoptic Study of Wilfrid Sellars' Nominalism, Atascerado Calif. 1990; D. Sepkoski, Nominalism and Constructivism in Seventeenth-Century Mathematical Philosophy, London/New York 2007; D. Shottenkirk, Nominalism and Its Aftermath. The Philosophy of Nelson Goodman, Dordrecht etc. 2009; W. Stegmüller, Das Universalienproblem einst und jetzt, Arch. Philos. 6 (1956), 192–225, 7 (1957), 45–81 (repr. in: ders., Glauben, Wissen und Erkennen. Das Universalienproblem einst und jetzt, Darmstadt 1965, ³1974, 48–118); ders. (ed.), Das Universalienproblem, Darmstadt 1978; P. F. Strawson, Individuals. An Essay in Descriptive Metaphysics, London 1959, London/New York 2006; C. Svennerlind, Moderate Nominalism and Moderate Realism, Göteborg 2008; M. Tooley (ed.), The Nature of Properties. Nominalism, Realism, and Trope Theory, New York/London 1999; H. Veatch, Realism and Nominalism Revisited, Milwaukee Wis. 1954, 1970; P. Vignaux, Nominalisme, in: A. Vacant/E. Mangenot/É. Amann (eds.), Dictionnaire de théologie catholique XI/1, Paris 1931, 717–784; H. Wang, What Is an Individual?, Philos. Rev. 62 (1953), 413–420 (dt. Was ist ein Individuum?, in: W. Stegmüller [ed.], Das Universalien-Problem [s. o.], 280–290); L. Wittgenstein, Philosophical Investigations, Oxford 1953, Malden Mass./Oxford/Chichester ⁴2009; ders., Preliminary Studies for the ›Philosophical Investigations‹ Generally Known as The Blue and Brown Books, Oxford 1958, ²1969, Malden Mass./Oxford 2007; A. D. Woozley, Universals, Enc. Ph. VIII (1967), 194–206.   C. F. G.

Nominator (von lat. nominare, benennen; engl. singular term), ein *benennender* sprachlicher Ausdruck im Unterschied zu einem *unterscheidenden* sprachlichen Ausdruck, einem ↑Prädikator; beide zusammen bilden, abgesehen von der ↑Kopula, die beiden Bestandteile einer (einstelligen) ↑Elementaraussage ›*n* ε *P*‹ (z. B. ›unsere Sonne ist ein Fixstern‹). Für eine ↑Rekonstruktion der zur logischen Grammatik (↑Grammatik, logische) gehörenden Unterscheidung zwischen den ↑Sprachhandlungen Benennen (↑Benennung) und dem eine Unterscheidung vollziehenden Aussagen (↑Aussage) – in der der Mathematik entlehnten Terminologie G. Freges benennen allerdings nicht nur die vor der Kopula einer Elementaraussage stehenden ›Argumentausdrücke‹, sondern auch sowohl die dem Aussagen dienenden und daher unter Hinzufügung der Kopula als ↑Aussageformen aufzufassenden Prädikatoren, also die ›Funktionsausdrücke‹, als auch die Aussagen selbst, d. s. die Ausdrücke für die als Funktionswerte auftretenden beiden ↑Wahrheitswerte – muß auf die doppelte Funktion eines ↑Artikulators zurückgegangen werden. Ein Artikulator ist das Ergebnis der grundlegenden, Sprache und Welt vermittelnden Sprachhandlung ↑Artikulation, wobei im sprachlogischen Zusammenhang Artikulation in der Regel auf verbale Artikulation eingeschränkt verstanden wird, also unter Ausschluß von z. B. gestischer oder bildnerischer Artikulation. In der Regel liegt die noch weitergehende Einschränkung auf symbolische (verbale) Artikulation vor, bei der eine durch Sprachregeln fixierte Austauschbarkeit mit anderen (verbalen) Artikulatoren vereinbart ist, was deren semiotische Gleichwertigkeit – ›dasselbe‹ ›mit anderen Worten‹ wiedergeben – nach sich zieht. In der Tradition und oft auch umgangssprachlich tritt eine derart ›die welterschließende Kraft der Sprache‹ verkörpernde Artikulation außer im Falle grundsätzlich sinnfreier ↑Eigennamen auch als (z. B. mythische) *Namengebung* auf.

Symbolische Artikulation hat teil an der dialogischen Polarität von singularem Handlungsvollzug, auch: Ausführung oder Performation, und universalem Handlungserleben, auch: Anführung oder Kognition (↑kognitiv), die jede ↑Handlung im Verständnis eines Mittels der Aneignung und Distanzierung von Gegenständen auszeichnet, und zwar im Falle einer Artikulation gleich zweifach: ↑pragmatisch als bloße Handlung, dem Sprechen/Schreiben und dem Hören/Lesen, und semiotisch (↑Semiotik) als Zeichen(handlung), der ↑Bezeichnung (engl. designation) eines Gegenstands(bereichs), auf den man derart referiert (↑Referenz), im sinnvollen Sprechen, also ›Reden‹, und im sinnerfassenden Hören, also ›Verstehen‹, wobei in der Regel wiederum erst dessen Bezeugung dem Sprecher (oder, virtuell, dem Verfasser eines Textes) gegenüber in Gestalt einer Artikulation eben dieses ›Verstehens‹ wissenschaftssprachlich als ↑Verstehen bezeichnet wird. Auf der Vollzugsseite der Artikulation als Zeichenhandlung, dem Reden (↑Äußerung), hat ein Artikulator ›P‹ eine *kommunikative*, seinen Personenbezug ausmachende Funktion, auf der Erlebnisseite der Artikulation, dem Verstehen, hingegen eine *signifikative*, seinen Sachbezug ausmachende Funktion. Bei bloßer symbolischer Artikulation ist ein mit ›P‹, traditionell einem (nicht mit einem Eigennamen oder einem andersartigen N. zu verwechselnden) ↑Namen, bezeichneter Gegenstand *P* ein nicht-individuierter Gegenstandsbereich, z.B. Wasser, Tisch, Rot, Laufen, ..., der im aneignenden und distanzierenden Umgang mit ihm, wie er durch den Vollzug und das Erleben des ›P‹-Äußerns grundsätzlich vertreten wird, sowohl ↑singular, im ihn indizierenden Tun, als auch ↑universal, im ihn symbolisierenden ↑Denken, und damit in Gestalt von Aktualisierungen δ*P* (z.B. dies Wasser, dies Tisch[feature], ...) eines ↑Schemas σ*P* (z.B. Wasser-Sein, Tisch-Sein, ...) (genauer: von Indizes solcher Aktualisierungen, eben ›δ*P*‹, und einem Symbol des Schemas, ›σ*P*‹) zur Verfügung steht. Erst wenn beide Funktionen eines Artikulators ›P‹ ihrerseits artikuliert sind, so daß man auf kommunikative Handlungen, also das Mit-›P‹-(Aus-)Sagen, und auf signifikative Handlungen, also das Mit-›P‹-(An-)Zeigen, eigenständig Bezug nehmen kann, werden auch Aussagen und Anzeigen in Gestalt von ↑Prädikationen und ↑Ostensionen getrennt voneinander verfügbar.

Diese Trennung geschieht mit Hilfe von ↑Operatoren, die jeweils eine der beiden Funktionen von ›P‹ abblenden: Mit der Kopula ›ε‹, dem ›Attributor‹, wird die signifikative Funktion von ›P‹ abgeblendet, der Artikulator in einen allein dem Aussagen (↑Aussage) in einer Prädikation dienenden ↑Prädikator ›ε*P*‹ überführt. Mit dem ↑Demonstrator ›δ‹ wiederum wird die kommunikative Funktion von ›P‹ abgeblendet und ›P‹ in einen logischen ↑Indikator ›δ*P*‹, also einen bloßen ↑Index, überführt, der allein dem Anzeigen in einer Ostension dient und nicht benennt (↑indexical), weil von einem Benennen erst dann gesprochen werden kann, wenn grundsätzlich feststeht, ob bei wiederholtem *P*-Zeigen derselbe oder ein verschiedener *P*-Gegenstand gezeigt wird. Auch dann erst läßt sich angeben, wovon ›etwas‹, nämlich die Eigenschaft σ*P*, mit ›ε*P*‹ ausgesagt und woran ›etwas‹, nämlich die Substanz κ*P*, mit ›δ*P*‹ angezeigt wird: von bzw. an einzelnen Gegenständen nämlich, die in den Prädikationen und Ostensionen, also den dann als Aussageformen ›_ε*P*‹ auftretenden Prädikatoren und ebenso den dann als Anzeigeformen ›δ*P*_‹ auftretenden logischen Indikatoren, durch N.en an den Leerstellen vertreten werden. Zu diesem Zweck muß eine ↑Individuation des Gegenstands(bereichs) *P* – und ebenso der übrigen bereits artikulierten Gegenstandsbereiche – vorgenommen werden, nämlich seine (nicht notwendig disjunkte) Gliederung in *P*-Partikularia, darunter unter Umständen auch ↑Individuen im engeren Sinne, als Instanzen eines Gegenstandstyps τ*P* (↑type and token), in den sich das Gegenstandsschema σ*P* bei der Hinzufügung von ↑Zwischenschemata im Zuge der Individuation von *P* überführen läßt (z.B. das Wasserschema Wasser-Sein in einen Wassertyp, gebildet von allen Wassertropfen als seinen Instanzen, die jedoch anders als beim Tischtyp mit den Einzeltischen als individuellen Instanzen keine Individuen im engeren Sinne sind; ↑Individuativum, engl. ›term with divided reference‹, und ↑Kontinuativum, engl. ›mass term‹). Jede Instanz eines *P*-Typs ist dann die jeweils kraft Identifizierung aller Aktualisierungen eines Zwischenschemas (Formbildung) zu einer ↑partikularen Einheit zusammengefaßte Summierung aller dieser Aktualisierungen (Stoffbildung). Dazu gehört auch der nur theoretisch, auf der Zeichenebene, und nicht praktisch, auf der Gegenstandsebene, verfügbare Grenzfall der Überführung von σ*P* selbst in den obersten Typ τ₀*P* mit dem zu einer Ganzheit (↑Teil und Ganzes) zusammengefaßten gesamten *P* als seiner einzigen Instanz, einem Partikulare also, dessen Stoff von der Substanz κ*P* gebildet wird und das die Eigenschaft σ*P* als seine Form trägt.

Mit *Individuatoren* (↑Individuation) ›ı*P*‹ (wie im Falle der umgangssprachlich davon nicht unterschiedenen logischen Indikatoren ›δ*P*‹ ebenfalls gelesen: dies *P*) werden zunächst die Zwischenschemata artikuliert und daraufhin die durch Summierung und Identifizierung gewonnenen Einheiten – immer bezogen auf eine Sprechsituation – benannt, was die Individuatoren zu rein ↑deiktischen ↑Kennzeichnungen (↑indexical) macht und damit zu streng an den ↑Kontext ihrer Verwendung gebundene und ohne begleitende ↑Zeigehandlung ihrer sie ausmachenden Funktion beraubte N.en. Sie stellen die sowohl umgangssprachlich als auch formalsprachlich primäre ↑Gegebenheitsweise der Gegenstände dar, über die man redet.

In einer Aussage ›ı*P*ε*P*‹, einer ›Eigenaussage‹, wird die Benennung des ı*P*-Partikulare – genau genommen nur seines Stoffes κ(ı*P*) – mit ›ı*P*‹ durch eben ›ı*P*‹ angezeigt (weil die Benennung ja nicht im Zuge des Aussagens vorgenommen, sondern bereits vorausgesetzt ist) und mit ›ε*P*‹ von ı*P* die Eigenschaft σ*P*, nämlich *P*-Sein, ausgesagt. Entsprechend wird bei der Aussage ›ı*Q*ε*P*‹ mit ›ε*P*‹ von ı*Q* als Ganzem ausgesagt, daß ihm die Eigenschaft σ*P* zukomme, was dann der Fall ist, wenn ein Teil von ı*Q* *seinem Stoff nach* zugleich der Stoff eines partikularen Gegenstandes ı*P* ist, wenn also die fraglichen Aktualisierungen δ*Q* mit Aktualisierungen δ*P* des

Schemas σP koinzidieren. In einer Eigenanzeige ›δPιP‹ wiederum, bei der mit ›δP‹ an ιP die Substanz κP angezeigt ist, wird mit ›ιP‹ keine Benennung des Stoffes von ιP angezeigt, vielmehr ist ›ιP‹ hier ein Anzeichen für die Aussage der – trivialerweise bestehenden – Teilhabe an der Form des ιP-Partikulare. Entsprechend wird bei der Anzeige ›δPιQ‹ mit ›δP‹ an ιQ als Ganzem die Substanz κP angezeigt, und zwar in diesem Falle dann, wenn ein Teil von ιQ *seiner Form nach* zugleich die Form eines ιP ist, wenn also die Form dieses ιQ-Teils teilhat an der Form σ(ιP) – ganz im Sinne der Platonischen ↑Methexis, wenn es um die Beziehungen der Ideen untereinander (↑Idee (historisch)) geht. Die häufig direkt mit einer Benennung (↑Denotation) gleichgesetzte Referenz auf ein Partikulare ιP sollte daher in begrifflich verfeinerter Analyse sowohl die Benennung seines Stoffes κ(ιP), einer konkreten Ganzheit, d. h. seine *extensionale Referenz*, als auch die Teilhabe an seiner Form σ(ιP), einer abstrakten Invarianten, d. h. seine *intensionale Referenz* einschließen, auch wenn im Zuge des Etwas-Aussagens von einem Partikulare ιP man weiterhin der Einfachheit halber sagen kann, daß der N. ›ιP‹ das vollständige Partikulare, die Einheit aus Stoff und Form, benennt. Auf jeden Fall wird beides, die Benennung und die Teilhabe, mit N.en ›ιP‹ im Zuge ihrer ausschließlich im Etwas-Aussagen von ιP einerseits und im Etwas-Anzeigen an ιP andererseits vorkommenden Verwendung angezeigt.

Mit Verfahren, bei der Benennung schrittweise die Abhängigkeit vom Redekontext zu eliminieren, werden deiktische Kennzeichnungen, zu denen in natürlichen Sprachen auch die ↑*Indikatoren* (Personalpronomina, Zeit- und Ortsadverbien etc.) zählen, in die für ↑Wissenschaftssprachen allein geeigneten *eigentlichen Kennzeichnungen* (engl. proper definite descriptions) ›ι$_x$P(x)‹ (gelesen: ›derjenige Gegenstand, der ›P(x)‹ erfüllt‹ oder ›der/die/das P‹) überführt. Bei diesen fällt die Aussageform ›P(x)‹, insbes. ›_εP‹, *charakterisierend* aus und enthält darüber hinaus keine in ihrer Referenz kontextabhängigen N.en als Bausteine. D. h., für genau ein Individuum ιP des ↑Variabilitätsbereichs gilt ›P(x)‹; ferner ist es erstens gleichgültig, in welcher Situation, wann, wo und von wem ›ιP‹ – hier kommt die Lesart als deiktische Kennzeichnung ›dies P‹ nicht infrage, ausschließlich die als eigentliche Kennzeichnung ›der/die/das P‹ – verwendet wird, zweitens muß es sich bei den in jeder Verwendungssituation eindeutig charakterisierten Individuen stets um dasselbe Individuum handeln. Z. B. ist der N. ›mein Vater‹, weil charakterisierend, eine eigentliche Kennzeichnung, in seiner Referenz, dem benannten Gegenstand, hingegen sprecherabhängig. Der N. ›der König von Frankreich‹ ist sogar nur während bestimmter Zeiten seiner Äußerung eine eigentliche Kennzeichnung, auch wenn von Gegenständen, die nur unter Eindeutig-

keitspräsupposition, aber ohne Existenzpräsupposition gekennzeichnet sind, also nur mögliche, aber keine wirklichen Gegenstände darstellen, sinnvolle Aussagen gemacht und begründet werden können, z. B. ›der König von Frankreich ist verpflichtet, …‹. Dagegen bildet der N. ›der natürliche Satellit der Erde‹ eine eigentliche Kennzeichnung, bei der auch keine in ihrer Referenz kontextabhängigen N.en als Bausteine verwendet sind.

Schließlich gehören die nach Vereinbarung in ihrer Referenz kontextunabhängigen und – gegebenenfalls abgesehen von einem ↑Index für den Gegenstandsbereich, etwa Personen, Städte usw. – von weiteren prädikativen Bestandteilen freien ↑*Eigennamen* (im logischen Sinne, da als Bestandteil einer natürlichen Sprache [↑Sprache, natürliche] alle Eigennamen historisch auf Kennzeichnungen zurückführbar sind) zu den N.en. Insbes. also auch die Konstanten (↑Konstante, logische) als Eigennamensymbole/Eigennamen in formalen Systemen (↑System, formales)/formalen Sprachen (↑Sprache, formale) – die Wahl der Buchstaben bzw. Wörter fungiert dabei als Index für den auch den entsprechenden Variablen zugehörigen Objektbereich, z. B. ›zwei‹ bzw. ›2‹ als Eigenname einer Grundzahl –; ebenso die noch Variable enthaltenden Konstantenformen, also sämtliche ↑*Terme* bzw. Termschemata; in Wissenschaftssprachen insbes. die häufig als Basis behandelten ↑Koordinaten für die Raum-Zeit-Stellen. Die von Schreibzeichen als Gegenstandstypen mögliche Eigennamenbildung mit Hilfe von ↑Anführungszeichen unter Verwendung des Gegenstandes benötigt nicht einmal mehr den Index für einen zugehörigen Gegenstandsbereich; wohl aber ist das bei der Bildung von Eigennamen abstrakter Gegenstände der Fall, weil hier spezielle ↑Operatoren verwendet werden – die Abstraktoren (↑abstrakt, ↑Abstraktion) in bezug auf die Ausdrücke, denen gegenüber das Abstraktionsverfahren angewendet wird, z. B. bei den Namen von Klassen (↑Klasse (logisch)) und ↑Funktionen.

Es gehört zu den Aufgaben der ↑Sprachphilosophie, über eine Rekonstruktion der Genese von N.en in ihrer Referenz auf konkrete und abstrakte Partikularia hinaus sich sowohl eine Übersicht über deren Vielfalt und Funktionsweise zu verschaffen als auch den Zusammenhang der N.en mit anderen Elementen einer logischen Grammatik aufzuklären. Dabei treten N.en konkreter Partikularia als Bestandteil natürlicher Sprachen bei deren logischer Analyse (↑Analyse, logische) vor allem in Gestalt von Kennzeichnungen auf, während für die Bildung von N.en abstrakter Partikularia verschiedener Sprachstufen die natürlichen Sprachen regelmäßig ein reichhaltiges Repertoire von Abstraktoren, vor allem in Bezug auf die als Artikulatoren rekonstruierbaren Namen, bereitstellen.

Literatur: J. Anderson, The Grammar of Names, Oxford etc. 2007, 2008; M. Devitt, Designation, New York 1981; G. Evans,

The Varieties of Reference, ed. J. McDowell, Oxford, New York 1982, Oxford etc. 2002; F. Gil, La logique du nom, Paris 1971; B. Loar, The Semantics of Singular Terms, Philos. Stud. 30 (1976), 353–377; J. Molino (ed.), Le nom propre, Paris 1982 (Langages LXVI); J. C. Pariente, Le langage et l'individuel, Paris 1973; F. Recanati, Direct Reference. From Language to Thought, Oxford/Cambridge Mass. 1993, 1997; D. S. Schwarz, Naming and Referring. The Semantics and Pragmatics of Singular Terms, Berlin/New York 1979; U. Wolf (ed.), Eigennamen. Dokumentation einer Kontroverse, Frankfurt 1985, 1993; ferner ↑Eigenname. K. L.

Nomos (griech. *νόμος*, von *νέμειν*, zuteilen; 1. Weideplatz, Wohnbereich, Region, daher Bezeichnung der Gaue, Verwaltungsbezirke des Landes; 2. in der Musik meist eine besondere Form des kitharodischen Sologesangs zu Ehren Apolls; 3. Brauch, Sitte, Gewohnheit; 4. die als allgemeingültig und bleibend gedachte Rechtsordnung, das Gesetz [auch Gesetzessammlungen] im Unterschied zu den änderbaren Volksbeschlüssen [Psephismata]). In der antiken Philosophie (↑Philosophie, antike) bedeutet N. in der Regel *Gesetz*, und zwar sowohl auf die natürliche als auch auf die ethisch-politische Welt bezogen: Heraklit und die ↑Stoa verstehen unter N. das unveränderliche, den Menschen (die politische Ordnung) und die Natur umfassende allgemeine ›Weltgesetz‹, Peripatetiker und Epikureer gelegentlich spezielle ›Naturgesetze‹. Als gesetzmäßige Ordnung der Welt bzw. ihrer Teile verstanden, wird ›N.‹ partiell synonym mit ↑›Kosmos‹ bzw. ↑›Physis‹ verwendet. In Ethik und politischer Theorie tritt seit dem 5. Jh. (vor allem bei den Sophisten) N. als Gegenbegriff zu Physis (↑Natur) auf: Die *N.-Physis-Antithese* besagt, daß Gesetze, Bräuche, gesellschaftliche Normen und politische Institutionen entweder durch Vereinbarung (*νόμῳ*) legitimiert sind und daher durch neue Vereinbarungen geändert bzw. aufgehoben werden können oder von Natur (*φύσει*) gelten und daher als unabänderlich angesehen werden müssen. Der Rekurs auf die Natur führt einerseits zu einem den gesellschaftlichen Wandel und den Erkenntnisfortschritt außer acht lassenden konservativen Dogmatismus, andererseits bildet er (z. B. in der Lehre vom ↑Naturrecht) mit der Konzeption eines allgemeinen (natürlichen) Vernunftrechts eine kritische Gegeninstanz zu den jeweils herrschenden Gesetzen, Normen und Institutionen. Die N.-Position bedeutet einerseits (wenn man von der Beliebigkeit von Konventionen ausgeht) unreflektierte Anpassung an die herrschenden Gegebenheiten und damit Dogmatisierung des status quo, andererseits löst gerade die Annahme der Veränderungsfähigkeit von Normen und Institutionen die Frage nach deren rationaler Legitimation aus.

Literatur: A. Dihle, Der Begriff des N. in der griechischen Philosophie, in: O. Behrends/W. Sellert (eds.), N. und Gesetz. Ursprünge und Wirkungen des griechischen Gesetzesdenkens. 6.

Symposion der Kommission »Die Funktion des Gesetzes in Geschichte und Gegenwart«, Göttingen 1995 (Abh. Akad. Wiss. Göttingen, philol.-hist. Kl. 3. F. 209), 117–134; F. Gschnitzer/O. Gigon, N., LAW (1965), 2097–2098; W. K. C. Guthrie, A History of Greek Philosophy III (The Fifth-Century Enlightenment), Cambridge 1969, 55–134 (Chap. IV The ›N.‹ – ›Physis‹ Antithesis in Morals and Politics); F. Heinimann, N. und Physis. Herkunft und Bedeutung einer Antithese im griechischen Denken des 5. Jahrhunderts, Basel 1945 (repr. Darmstadt 1965, 1987); R. Hepp, N., Hist. Wb. Ph. VI (1984), 893–895; A. Hobbs, Physis and N., REP VII (1998), 381–382; G. B. Kerferd, Physis and N., Enc. Ph. VI (1967), 305; ders., The Sophistic Movement, Cambridge 1981, 111–130 (Chap 10 The n. – physis Controversy); W. Kullmann, Antike Vorstufen des modernen Begriffs des Naturgesetzes, in: O. Behrends/W. Sellert (eds.), N. und Gesetz [s. o.], 36–111; F. L. Lisi, Einheit und Vielheit des platonischen N.begriffes. Eine Untersuchung zur Beziehung von Philosophie und Politik bei Platon, Königstein 1985; R. D. McKirahan, Philosophy before Socrates, Indianapolis Ind. 1994, 390–413 (Chap. 19 The N. – Physis Debate); M. Ostwald, N. and the Beginnings of the Athenian Democracy, Oxford 1969 (repr. Westport Conn. 1979); K. Reich, Der historische Ursprung des Naturgesetzbegriffs, in: Festschrift Ernst Kapp. Zum 70. Geburtstag am 21. Januar 1958 von Freunden und Schülern überreicht, Hamburg 1958, 121–134; C. Schmitt, Der N. der Erde im Völkerrecht des Jus Publicum Europaeum, Köln 1950, Berlin ²1974, ⁵2011 (franz. Le n. de la terre. Dans le droit des gens du ›Jus publicum Europaeum‹, Paris 2001, ²2012; engl. The ›N.‹ of the Earth in the International Law of the ›Jus Publicum Europaeum‹, New York 2003); P. Siewert, N. [1], DNP VIII (2000), 982–985; C. Starck, N. und Physis, in: M. Just u. a. (eds.), Recht und Rechtsbesinnung. Gedächtnisschrift für Günther Küchenhoff (1907–1983), Berlin 1987, 149–161; E. Wolf, Griechisches Rechtsdenken, I–III, Frankfurt 1950–1956. M. G.

nomothetisch, ↑idiographisch/nomothetisch.

non causa pro causa (auch: fallacia propter non causam ut causam; lat., [Fehlschluß aus der Annahme einer] Nicht-Ursache als Ursache), Bezeichnung für einen ↑Fehlschluß, der bei der ↑reductio ad absurdum auftreten kann; erstmals analysiert von Aristoteles (Soph. El. 5.167b21 ff. [*μὴ αἴτιον ὡς αἴτιον*]). Dieser Fehlschluß liegt dann vor, wenn aus der Falschheit (oder gar Widersprüchlichkeit [↑Widerspruch (logisch)]) der ↑Konklusion eines ↑Beweises vorschnell auf die Falschheit einer bestimmten in den Beweis eingehenden ↑Annahme geschlossen wird, obwohl diese tatsächlich wahr ist. Der Fehlschluß beruht entweder darauf, daß eine oder mehrere andere in den Beweis eingehende Annahmen nicht als solche erkannt, oder darauf, daß alle übrigen Annahmen vorschnell als wahr betrachtet wurden. G. W.

Non-Standard-Analysis, Bezeichnung der Theorie der Non-Standard-Zahlen und Non-Standard-Funktionen, die mathematisch durch Erweiterungen des Körpers der reellen Zahlen (↑Körper (mathematisch), ↑Zahl, ↑Zahlensystem) um unendlich kleine (infinitesimale) und unendlich große Zahlen eingeführt werden. Obwohl infinitesimale Größen in der ↑Euklidischen Geometrie durch das ↑Archimedische Axiom ausgeschlossen waren und von Aristoteles wegen der damit verbundenen atomaren Auffassung des ↑Kontinuums bekämpft wurden, spielten sie für die mathematisch-physikalische ↑Heuristik seit der Antike eine große Rolle. So entdeckte Archimedes die Volumenformel geometrischer Körper (z. B. Kugel), indem er sie sich in unendlich viele infinitesimal dünne Scheiben zerlegt vorstellte und ihre ›Summe‹ nach dem Hebelgesetz bestimmte. Die so erratenen Gesetze sind jedoch nach Archimedes durch finite Widerspruchsbeweise (↑reductio ad absurdum) auf der Grundlage der stetigen Größenlehre der Euklidischen Geometrie zu begründen. In der Neuzeit entwickelten Mathematiker und Physiker wie J. Kepler, G. Galilei und B. F. Cavalieri infinitesimale Verfahren zur approximativen Bestimmung von Flächen und Körpern oder – wie P. de Fermat – von Kurventangenten. I. Newton sprach in der Fluxionsrechnung (↑Fluxion) von unendlich kleinen Geschwindigkeitsmomenten, deren Ergebnisse er jedoch im Sinne des griechischen Exaktheitsideals durch geometrische Beweise nachträglich rechtfertigte. Erst G. W. Leibniz gab in seiner ↑Infinitesimalrechnung einen allgemeinen Kalkül an, um mit infinitesimalen Größen wie den ↑Differentialen analog wie mit endlichen (reellen) Größen rechnen zu können. Wegen ihrer häufig unklaren Bedeutung verbannte die Grundlagenkritik des 19. Jhs. die unendlich kleinen Größen aus der Analysis und präzisierte ↑Stetigkeit, Differenzierbarkeit und Integrierbarkeit (↑Infinitesimalrechnung) mit Hilfe des Begriffs des ↑Grenzwerts.

Unabhängig von dieser Standardentwicklung der Analysis schlug B. Bolzano in seiner Größenlehre eine arithmetische (geometriefreie) Präzisierung unendlich kleiner Größen vor, während im Rahmen ↑nicht-euklidischer Geometrien T. Levi-Cività und G. Veronese nicht-archimedische Theorien (↑Geometrie, nicht-archimedische) untersuchten. Die Entwicklung der modernen N.-S.-A. hängt wesentlich von Methoden der mathematischen Logik (↑Logik, mathematische), speziell der ↑Modelltheorie, ab. T. A. Skolem (1933) wies erstmals für ein in der ↑Quantorenlogik 1. Stufe formalisiertes Peanosches Axiomensystem (↑Peano-Axiome) die Existenz eines ↑Modells (↑gültig/Gültigkeit) nach, das mehr Elemente enthält als das Standardmodell der natürlichen Zahlen, aber analoge Eigenschaften besitzt. A. Robinson wandte diese Methode 1960 auf den Körper der reellen Zahlen an und erhielt einen Oberkörper, dessen zusätzliche Elemente er ›Non-Standard-Zahlen‹ und dessen Anwendung in der Analysis er ›N.-S.-A.‹ nannte.

Um zusätzlich zu den Standardzahlen unendlich große und unendlich kleine Zahlen zu erhalten, verwendet man, grob gesagt, statt der reellen Standardzahlen *Folgen* von solchen (↑Folge (mathematisch)), führt auf

diesen in geeigneter Weise Addition (↑Addition (mathematisch)), Multiplikation (↑Multiplikation (mathematisch)) sowie eine ↑Ordnung ein und identifiziert schließlich Standardzahlen $a \in \mathbb{R}$ mit konstanten (↑Konstanz) Folgen $(a, a, a, \ldots)$. Addition und Multiplikation für Folgen (a_i) und (b_i) von reellen Zahlen werden komponentenweise definiert:

$$(a_i) + (b_i) \leftrightharpoons (a_i + b_i), \quad (a_i) \cdot (b_i) \leftrightharpoons (a_i \cdot b_i),$$

d. h., die Summe (bzw. das Produkt) zweier Folgen soll gerade die Folge der Summen (bzw. Produkte) ihrer Glieder sein. Mit diesen ↑Verknüpfungen bildet die Menge $\mathcal{R}$ der Folgen in $\mathbb{R}$ einen kommutativen Ring (↑Ring (mathematisch), ↑kommutativ/Kommutativität). Eine (partielle) Ordnung auf $\mathcal{R}$ wird festgelegt, indem man definiert, daß (a_i) genau dann kleiner als (b_i) sein soll, wenn für ›fast alle‹ $i \in \mathbb{N}$ gilt: $a_i < b_i$. Diese Ordnung hängt jedoch davon ab, wie man die Redeweise ›fast alle‹ präzisiert. Üblicherweise wird dies verstanden als ›alle bis auf endlich viele‹ (↑endlich/Endlichkeit (mathematisch)), entsprechend der Definition

$$(a_i) < (b_i) \leftrightharpoons \bigvee_{n \in \mathbb{N}} \bigwedge_{i \geq n} a_i < b_i.$$

Die so definierte Ordnungsrelation ist allerdings noch nicht ↑konnex bzw. ↑total; z. B. sind die beiden Folgen $(0, 0, 0, \ldots)$ und $(0, 1, 0, 1, \ldots)$, obschon verschieden, bezüglich $<$ nicht vergleichbar. Allgemeiner kann man einen ↑Filter $\mathcal{F}$ auf $\mathbb{N}$ wählen, dessen Elemente als die ›hinreichend großen‹ Teilmengen von $\mathbb{N}$ behandelt werden, und dann ›fast alle i‹ auffassen als ›alle $i \in I$‹ für irgendein Element I von $\mathcal{F}$:

$$(a_i) < (b_i) \leftrightharpoons \bigvee_{I \in \mathcal{F}} \bigwedge_{i \in I} a_i < b_i.$$

(Im vorhergehenden Beispiel ist $\mathcal{F}$ die Menge $\mathcal{F}_k$ der ›koendlichen‹ Teilmengen von $\mathbb{N}$, d. h. derjenigen Mengen, deren ↑Komplement endlich ist.) Auf Grundlage von $\mathcal{F}$ kann man eine ↑Äquivalenzrelation $\sim$ auf $\mathcal{R}$ einführen:

$$(a_i) \sim (b_i) \leftrightharpoons \bigvee_{I \in \mathcal{F}} \bigwedge_{i \in I} a_i = b_i,$$

d. h., zwei Folgen sind $\sim$-äquivalent, wenn sie auf einer ›hinreichend großen‹ Menge I übereinstimmen. Identifiziert man $\sim$-äquivalente Folgen, d. h., bildet man die Quotientenmenge $\mathcal{R}/\sim$ (↑Äquivalenzrelation), so lassen sich die Definitionen von $+$, $\cdot$ und $<$ leicht auf deren Elemente, die $\sim$-Äquivalenzklassen von $\mathcal{R}$, übertragen:

$$[(a_i)]_\sim + [(b_i)]_\sim \leftrightharpoons [(a_i) + (b_i)]_\sim,$$
$$[(a_i)]_\sim \cdot [(b_i)]_\sim \leftrightharpoons [(a_i) \cdot (b_i)]_\sim,$$
$$[(a_i)]_\sim < [(b_i)]_\sim \leftrightharpoons (a_i) < (b_i)$$

(diese Definitionen sind unabhängig von den jeweils zur Darstellung der Äquivalenzklassen verwendeten Repräsentanten $(a_i), (b_i)$). Ist $\mathcal{F}$ sogar ein $\mathcal{F}_k$ umfassender Ultrafilter auf $\mathbb{N}$ (d.h. ein Filter auf $\mathbb{N}$, der für jede Teilmenge M von $\mathbb{N}$ entweder M selbst oder dessen Komplement als Element enthält; die Existenz eines solchen Ultrafilters wird vom ↑Zornschen Lemma bzw. vom ↑Auswahlaxiom garantiert), so gilt für alle Folgen $(a_i), (b_i) \in \mathcal{R}$ entweder $(a_i) < (b_i)$ oder $(a_i) \sim (b_i)$ oder $(a_i) > (b_i)$ (denn entweder ist die Menge der i mit $a_i < b_i$ in $\mathcal{F}$, oder die der i mit $a_i = b_i$, oder die der i mit $a_i > b_i$), d.h., die auf $\mathcal{R}/\sim$ induzierte Ordnung $<$ ist total. Weiter ist in diesem Falle $\mathcal{R}/\sim$ ein (angeordneter) Körper: Für eine beliebige Folge $(a_i) \in \mathcal{R}$ ist stets entweder die Menge der i mit $a_i = 0$ in $\mathcal{F}$ (dann ist $(a_i) \sim (0, 0, \ldots)$, d.h., $[(a_i)]_\sim = [(0,0,\ldots)]_\sim$, das Nullelement von $\mathcal{R}/\sim$) oder die der i mit $a_i \neq 0$, dann hat $[(a_i)]_\sim$ ein multiplikatives Inverses (↑invers/Inversion), nämlich die Äquivalenzklasse $[(b_i)]_\sim$ der Folge (b_i) mit

$$b_i \coloneqq \begin{cases} a_i^{-1}, & \text{falls } a_i \neq 0, \\ 0, & \text{falls } a_i = 0. \end{cases}$$

Setzt man die ↑Kontinuumhypothese voraus, so ist $^*\mathbb{R} \coloneqq \mathcal{R}/\sim$ unabhängig von der Wahl des Ultrafilters $\mathcal{F}$ eindeutig bestimmt bis auf Isomorphie (↑isomorph/Isomorphie). In diesem Körper kann man nun den angeordneten Körper $\mathbb{R}$ der Standardzahlen ›einbetten‹ mittels der umkehrbar eindeutigen (↑eindeutig/Eindeutigkeit) ↑Zuordnung $a \mapsto [(a, a, \ldots)]_\sim$, die ein Körper- und Ordnungshomomorphismus ist (↑Homomorphismus). Man kann daher die reellen (Standard-)Zahlen a identifizieren mit ihren Bildern, den $\sim$-Äquivalenzklassen konstanter Folgen $(a, a, \ldots)$ in $\mathcal{R}$; diejenigen Elemente von $^*\mathbb{R}$, die keine (Bilder von) reellen Zahlen sind, heißen (reelle) Non-Standard-Zahlen. So ist $[(1/i)]_\sim = [(1, \tfrac{1}{2}, \tfrac{1}{3}, \ldots)]_\sim$ (wir nehmen hier an, daß $0 \notin \mathbb{N} = \{1, 2, 3, \ldots\}$) eine infinitesimale positive Zahl, denn es gibt für jede noch so kleine Standardzahl $\varepsilon > 0$ ein $n \in \mathbb{N}$, so daß für alle $i \geq n$ gilt: $0 < 1/i < \varepsilon$; insbes. sind die Menge der i mit $0 < 1/i$ und die der i mit $1/i < \varepsilon$ in $\mathcal{F}$, d.h., $[(0, 0, \ldots)]_\sim < [(1/i)]_\sim < [(\varepsilon, \varepsilon, \ldots)]_\sim$. Die Non-Standard-Zahl $\omega \coloneqq [(i)]_\sim = [(1, 2, 3, \ldots)]_\sim$ hingegen ist unendlich groß, weil es für jede Standardzahl a ein $n \in \mathbb{N}$ gibt (z.B. die zu a nächstgrößere natürliche Zahl), so daß $i > a$ ist für alle $i \geq n$.
Nach dem *Übertragungsprinzip* von Robinson sind über $\mathbb{R}$ und $^*\mathbb{R}$ dieselben Aussagen der 1. Stufe wahr, und umgekehrt. Demgegenüber gelten Aussagen 2. Stufe mit Quantifikationen über alle Teilmengen von $\mathbb{R}$ bei Interpretationen über $^*\mathbb{R}$ nicht mehr für alle Teilmengen von $^*\mathbb{R}$. So ist die Aussage ›jede Teilmenge, die 0 und mit x auch $x + 1$ enthält, überschreitet jedes Element‹ wahr

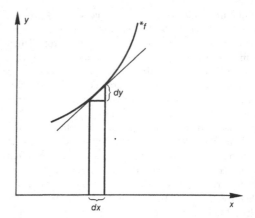

Abb. 1

über $\mathbb{R}$, aber falsch über $^*\mathbb{R}$, da die Menge der natürlichen Zahlen $\mathbb{N} \subset \,^*\mathbb{R}$ die Voraussetzung erfüllt, aber nicht z.B. $\omega \in \,^*\mathbb{R}$ überschreitet. Nach Robinson hat man sich daher bei der Übertragung von Quantifikationen über Teilmengen auf so genannte interne Teilmengen von $^*\mathbb{R}$ zu beschränken. Im Körper $^*\mathbb{R}$ heißen zwei Elemente x und y ›benachbart‹, falls ihr Abstand auf der Zahlengeraden infinitesimal ist, d.h., $|x - y| < \varepsilon$ für alle Standardzahlen $\varepsilon > 0$. Nachbarschaft ist eine Äquivalenzrelation auf $^*\mathbb{R}$. Die Äquivalenzklasse $\mu(0)$ der zu 0 benachbarten Größen enthält gerade die 0 und die infinitesimalen Größen aus $^*\mathbb{R}$; sie wurde von Robinson mit Blick auf Leibniz als ›Monade‹ bezeichnet. Ist $x \in \,^*\mathbb{R}$ endlich, d.h., $|x| \leq a$ für ein $a \in \mathbb{R}$, so gibt es genau ein $b \in \mathbb{R}$, so daß x zu b benachbart ist; b heißt der ›Standardteil‹ von x.
Im Körper $^*\mathbb{R}$ lassen sich einige geometrisch-anschauliche Begriffe der Leibnizschen Infinitesimalmathematik präzisieren. Funktionen f von $\mathbb{R}^m$ in $\mathbb{R}$ können kanonisch zu Funktionen $^*f$ von $^*\mathbb{R}^m$ in $^*\mathbb{R}$ fortgesetzt werden. Im einstelligen Fall etwa setzt man

$$^*f([(a_i)]_\sim) \coloneqq [(f(a_i))]_\sim \qquad \text{für alle } (a_i) \in \mathcal{R},$$

d.h., der Funktionswert von $^*f$ an der Stelle $[(a_i)]_\sim$ ist die $\sim$-Äquivalenzklasse der Folge der Werte von f an den Stellen $a_1, a_2, \ldots$ (wiederum ist die Definition unabhängig von den Repräsentanten (a_i)). Dann ist die reelle Funktion f *stetig* in $a \in \mathbb{R}$, falls $^*f(a + d) - \,^*f(a)$ infinitesimal ist für alle infinitesimalen d (oft schreibt man hier ›dx‹ statt ›d‹, wenn für Argumente von f die Variable ›x‹ verwendet wird, und nennt dx ein ›Differential‹; in diesem Falle schreibt man auch ›$df(x)$‹ für die Funktion $^*f(x + d) - \,^*f(x)$). Die Funktion f ist *differenzierbar* in $a \in \mathbb{R}$, wenn die ›Differentialquotienten‹ $(^*f(a + d) - \,^*f(a))/d$ für alle infinitesimalen d endlich und benachbart sind; die ↑Ableitung $f'(a)$ von f – d.h. die Steigung der Kurventangenten – an der Stelle a (Abb. 1) ist dann

gerade der gemeinsame Standardteil dieser Differentialquotienten. Ableitung und Differentialquotienten sind
also benachbart, aber im allgemeinen nicht identisch.
Daher entfällt G. Berkeleys Kritik am Gebrauch infinitesimaler Größen, die im 17. und 18. Jh. bei der Ableitung gleich Null, beim Differentialquotienten aber ungleich Null gesetzt wurden.

Um die Non-Standard-Version der *Integration* zu verstehen, nehme man an, man wollte das reelle Intervall
$[a, b]$ (wo $a < b$), über dem die (stetige) Funktion f zu
integrieren ist, in Teilintervalle der Breite h unterteilen,
wobei immer kleinere Standardzahlen $h > 0$ gewählt
werden. Es sei $n(h)$ die Funktion von $\mathbb{R}$ nach $\mathbb{N}$, die
positiven $h \leq b - a$ jeweils diejenige natürliche Zahl n
zuordnet, für die $nh \leq b - a < (n + 1)h$ ist, und die
ansonsten 0 ist. Dann liefert die Summe

$$S_{ab}(h) \;\rightleftharpoons\; \sum_{i=0}^{n(h)-1} f(a + ih)h \;+$$

$$f(a + n(h)h)(b - (a + n(h)h))$$

für den Flächeninhalt unter der Kurve, die f über dem
Intervall $[a, b]$ beschreibt, eine grobe Abschätzung
(Abb. 2), die im allgemeinen um so besser ist, je kleiner
h ist. Mit f kann man nun auch $n(h)$ auf $^*\mathbb{R}$ fortsetzen;
die Funktion $^*n(h)$ nimmt für infinitesimale h unendlich
große ›natürliche‹ Zahlen als Werte an, entsprechend
unendlich vielen Teilintervallen infinitesimaler Breite
h. Schließlich kann man $S_{ab}(h)$ auf $^*\mathbb{R}$ fortsetzen; die
Werte von $^*S_{ab}(h)$ sind für infinitesimales h alle benachbart, und ihr Standardteil ist gerade das bestimmte Integral $\displaystyle\int_a^b f(x)dx$.

Da sich die N.-S.-A. durch Anschaulichkeit und eine
erhebliche Reduzierung der Anzahl der ↑Quantoren
bei der Präzisierung analytischer Grundbegriffe auszeichnet, liegen bereits Lehrbücher der Differential-
und Integralrechnung vor, die auf Non-Standard-Be-
griffen basieren. An die Stelle modelltheoretischer Konstruktionen tritt dann jedoch eine Axiomatik der N.-S.-
A.. *Physikalisch* findet die N.-S.-A. Anwendung z. B. bei

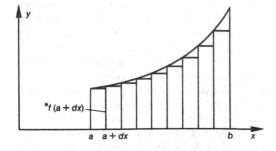

Abb. 2

Dichtefunktionen für in einem Punkt konzentrierte
Massen oder Ladungen, die im 3-dimensionalen Non-
Standard-Raum $^*\mathbb{R}^3$ durch eine Diracsche Deltafunk-
tion beschrieben werden können, die in einer infinitesimalen Umgebung eines Punktes von Null verschieden ist
und dort infinite Werte annimmt.

Literatur: B. Bolzano, Reine Zahlenlehre, ed. I. Berg, Stuttgart-
Bad Cannstatt 1976 (= Gesamtausg. Reihe 2, A/VIII); H. J. M.
Bos, Differentials, Higher-Order Differentials and the Derivative
in the Leibnizian Calculus, Arch. Hist. Ex. Sci. 14 (1974), 1–90;
M. Davis, Applied Nonstandard Analysis, New York 1977, Mi-
neola N. Y. 2005; C. H. Edwards, Jr., The Historical Develop-
ment of the Calculus, New York/Heidelberg/Berlin 1979, 1994;
W. Felscher, Naive Mengen und abstrakte Zahlen II (Algebrai-
sche und reelle Zahlen), Mannheim/Wien/Zürich 1978; A.
Hurd/P. Loeb (eds.), Victoria Symposium on Nonstandard
Analysis, University of Victoria 1972, Berlin/Heidelberg/New
York 1974; H. J. Keisler, Elementary Calculus. An Approach
Using Infinitesimals (Experimental Version), Tarrytown-on-
Hudson N. Y. 1971, ohne Untertitel, Boston Mass. 1976, mit
neuem Untertitel: An Infinitesimal Approach, Boston Mass.
^{2}1986; D. Laugwitz, Infinitesimalkalkül, Kontinuum und Zahlen. Eine elementare Einführung in die Nichtstandard-Analysis,
Mannheim/Wien/Zürich 1978; T. Levi-Cività, Sugli infiniti ed
infinitesimi attuali quali elementi analitici, Atti Istituto Veneto,
ser. 7, 4 (1893), 1765–1815; A. H. Lightstone/A. Robinson, Non-
archimedean Fields and Asymptotic Expansions, Amsterdam/
Oxford/New York 1975; W. A. J. Luxemburg, Nonstandard Analysis. Lectures on A. Robinson's Theory of Infinitesimals and
Infinitely Large Numbers, Pasadena Calif. 1962, ^{2}1964; ders./
K. D. Stroyan, Lecture Notes on Nonstandard Analysis, Pasadena Calif. 1972; K. Mainzer, Grundlagenprobleme in der Geschichte der exakten Wissenschaften, Konstanz 1981; E. Nelson,
Internal Set Theory. A New Approach to Nonstandard Analysis,
Bull. Amer. Math. Soc. 83 (1977), 1165–1198; K. Potthoff, Einführung in die Modelltheorie und ihre Anwendungen, Darmstadt 1981; A. Prestel, N.-S. A., in: H.-D. Ebbinghaus u. a. (eds.),
Zahlen, Berlin/Heidelberg/New York 1983, ^{3}1992, 255–274
(engl. Nonstandard Analysis, in: H.-D. Ebbinghaus u. a. [eds.],
Numbers, New York/Heidelberg/Berlin 1990, 1995, 305–328);
ders., Einführung in die Mathematische Logik und Modelltheorie, Braunschweig/Wiesbaden 1986, 1992, bes. 137–149 (Abschn.
2.6 Ultraprodukte) (engl., mit C. N. Delzell, Mathematical Logic
and Model Theory. A Brief Introduction, London etc. 2011, bes.
88–96 [Sec. 2.6 Ultraproducts]); A. Robinson, Non-Standard
Analysis, Amsterdam 1966, Amsterdam, New York ^{2}1974, Princeton N. J. 1996; C. Schmieden/D. Laugwitz, Eine Erweiterung
der Infinitesimalrechnung, Math. Z. 69 (1958), 1–39; T. Skolem,
Über die Nicht-Charakterisierbarkeit der Zahlenreihe mittels
endlich oder abzählbar unendlich vieler Aussagen mit ausschließlich Zahlenvariablen, Fund. Math. 23 (1934), 150–161;
K. D. Stroyan/W. A. J. Luxemburg, Introduction to the Theory
of Infinitesimals, New York 1976, 1979; G. Veronese, Fondamenti di geometria a più dimensioni e a più specie di unità
rettilinee, esposti in forma elementare, Padua 1891 (dt. Grundzüge der Geometrie von mehreren Dimensionen und mehreren
Arten gradliniger Einheiten in elementarer Form entwickelt,
Leipzig 1894). C. B./K. M.

non-statement-view, von W. Stegmüller vorgeschlage-
ner Begriff für die strukturalistische (↑Strukturalismus

(philosophisch, wissenschaftstheoretisch)) Wissenschaftsauffassung J. D. Sneeds. Nach dem n.-s.-v. sind wissenschaftliche Theorien nicht als Aussagensysteme (›statement-view‹), sondern als ↑Modelle von Axiomensystemen (↑System, axiomatisches) zu verstehen. Diese Konzeption führte insbes. zu einer neuartigen (und bis heute kontrovers diskutierten) modelltheoretischen Fassung des Begriffs der ↑Theoriesprache, womit eine theorierelative Vorstellung der Funktion theoretischer Begriffe (↑Begriffe, theoretische) einhergeht, die sich von der traditionellen, durch R. Carnap geprägten Tradition unterscheidet. P. S.

Norm (handlungstheoretisch, moralphilosophisch) (von lat. norma), ursprünglich Winkelmaß, in der römischen Jurisprudenz schon früh im übertragenen Sinne von ›Maßstab‹, ›Regel‹ und ›Vorschrift‹ verwendet. In diesen Bedeutungen tritt das Wort seit dem 19. Jh. in der Bildungssprache wieder auf. In seiner begrifflichen Bedeutung gehört ›N.‹ zu den besonders vieldeutig verwendeten Kerntermini der Handlungswissenschaften und der Moralphilosophie. Dabei lassen sich vor allem eine regulative (1), eine deskriptive (2) und eine moraltheoretische Bedeutung (3) unterscheiden.

(1) *Regulativ* wird ›N.‹ als Terminus für Aufforderungen (Präskriptionen) im Sinne allgemeiner Handlungsorientierungen verwendet (↑deskriptiv/präskriptiv). Unter den regulativen N.en lassen sich wiederum (a) Handlungsregeln, (b) Zielsetzungen und (c) Regeln unterscheiden, die Institutionen konstituieren. (a) *Handlungsregeln* (↑Handlung, ↑Handlungstheorie) im engeren Sinne (allgemeine Handlungsanweisungen) sind Aufforderungen, in Situationen einer bestimmten Art *s* Handlungen einer bestimmten Art *h* auszuführen (Beispiele: bei Frost heizen, oder: bei konjunkturellen Depressionen die öffentlichen Ausgaben steigern). Derartige Handlungsregeln haben die Form bedingter Vorschriften (Gebote): ›wenn (die Situationsbeschreibung) *s* zutrifft, dann handle so, daß dein Handeln (der Handlungsbeschreibung) *h* genügt‹. Hat *h* die Form ›nicht *h'*‹, so ist auch von einem Verbot die Rede, das dann die Unterlassung eines bestimmten (durch *h'* beschriebenen) Handelns fordert. Bei vollständiger Notierung verlangen Handlungsregeln außerdem die Angabe des Adressaten, an den sie sich richten. Bezogen auf ein System *H* von Handlungsregeln können schließlich Aussagen der Art begründet werden, daß (durch *H*) eine bestimmte Handlung nicht untersagt und damit zulässig (erlaubt) bzw. weder vorgeschrieben noch untersagt und damit freigestellt ist (↑Logik, deontische). Auch diese Urteile werden häufig zu den Handlungsregeln oder (mit diesen) zu den N.en gezählt. (b) Oft werden als N.en nicht bereits Handlungsregeln der unter (a) er-

läuterten Art, sondern erst (in der Regel allgemeine) bedingte oder unbedingte *Zielsetzungen* verstanden. Z.B. formuliert der Verfassungsgrundsatz der Freiheit von Forschung und Lehre eine Zielsetzung. Dabei heißen ›Zielsetzungen‹ Aufforderungen, auf das Eintreten oder Weiterbestehen einer bestimmten Situation *s* handelnd hinzuarbeiten (unbedingter Fall) oder dies in Situationen zu tun, auf die die Beschreibung *s'* zutrifft (bedingter Fall). Ein auf allgemeine Zielsetzungen eingeschränkter regulativ verstandener Gebrauch des Wortes ›N.‹ wird z.B. von P. Lorenzen und O. Schwemmer vorgeschlagen. Auch für Systeme von Zielsetzungen *Z* lassen sich die Termini ›relativ zu *Z* vorgeschrieben (geboten)‹, ›relativ zu *Z* untersagt (verboten)‹, ›relativ zu *Z* zugelassen (erlaubt)‹ und ›relativ zu *Z* freigestellt‹ ähnlich wie bei Handlungsregeln einführen. Die entsprechenden Aussagen können nicht nur auf Zielsetzungen, sondern auch auf Handlungen (und Handlungsweisen [siehe (2)]) bezogen werden, weil sowohl bei Handlungen oder Handlungsweisen als auch bei Zielorientierungen sinnvoll erörtert werden kann, ob sie die Erreichung von (anderen) Zielsetzungen fördern oder behindern. (c) Handlungsregeln der unter (a) erläuterten Art vermögen die *Konstruktion von* ↑*Institutionen* nicht zu leisten. Dies liegt daran, daß Institutionen nicht den Vollzug bereits gegebener Handlungsmöglichkeiten beschränken, sondern neue Handlungen konstituieren. Das geschieht z.B. so, daß Handlungen, im Regelfall sprachliche Handlungen, mit bestimmten ↑pragmatischen (also wiederum in einem Handeln oder seiner Orientierung bestehenden) Konsequenzen künstlich, durch Vereinbarung, verbunden werden. Eine alltägliche Institution in diesem Sinne ist das Versprechen. Rechtliche Institutionen sind etwa die Vertragsnormen des Bürgerlichen Gesetzbuchs. Auch ↑Spielregeln, die ein Spiel konstituieren, haben in diesem Sinne institutionellen Charakter.

(2) Handlungsregeln, Zielsetzungen und institutionelle Regeln im engeren Sinne können auch als ↑Fiktionen oder Vorschläge Gegenstand der Erörterung sein. Davon zu unterscheiden ist der Fall, daß solche Regeln im faktischen Handlungszusammenhang einer Person, Gruppe oder Gesellschaft leitend geworden oder etabliert sind. Es sind dann die Regeln zum Inhalt von (realen) Handlungsweisen geworden. In einem *deskriptiven* Sinne steht der Terminus ›N.‹, zumal in auf faktische Gesellschaften bezogenen soziologischen Analysen, häufig für derartige Handlungsweisen, geht also in beschreibende Aussagen vom Typ ›*n* ist eine N. in (der Gesellschaft) *G*‹ ein. Dieser Sprachgebrauch liegt vor allem dort vor, wo gewisse grundsätzliche Bestandteile des positiven ↑Rechts als ›juristische N.en‹ bezeichnet werden. Zum deskriptiven Gebrauch außerdem ↑Norm (juristisch, sozialwissenschaftlich).

(3) Das rein ↑regulative oder deskriptive Verständnis der Rede von N.en schließt keinerlei moralische Wertungen ein. Häufig bildet allerdings dieser *moralische* Sinn die Kernintention des mit dem Wort ›N.‹ Gemeinten. Dann heißen ›N.en‹ nicht beliebige ↑Regeln oder etablierte Handlungsweisen, sondern lediglich solche Orientierungen, für die ein moralischer Rechtfertigungsanspruch erhoben wird. Die Aussage, daß eine Regel oder Zielsetzung eine N. sei, macht dann etwa eine moralische Argumentation notwendig; ›N.‹ wird so synonym mit ›(moralisches) Werturteil‹, häufig wiederum unter Einschränkung auf den Fall prinzipieller oder allgemeiner Orientierungen. Der moralische Anspruch im Gebrauch von ›N.‹ geht vor allem auch in den Terminus ↑›normativ‹ ein, wo dieser etwa gegen ›normiert‹ abgegrenzt gebraucht wird.

Literatur: K. Adomeit, N.logik, Methodenlehre, Rechtspolitologie. Gesammelte Beiträge zur Rechtstheorie 1970–1985, Berlin 1986; C. E. Alchourrón/E. Bulygin, Normative Systems, Wien/New York 1971 (dt. Normative Systeme, Freiburg/München 1994); R. Alexy, N./N.en, in: W. Korff/L. Beck/P. Mikat (eds.), Lexikon der Bioethik II, Gütersloh 1998, 770–779; L. Åquist, Introduction to Deontic Logic and the Theory of Normative Systems, Neapel 1987; A. Auer/J. Sauer (eds.), N.en im Konflikt. Grundfragen einer erneuerten Ethik, Freiburg/Basel/Wien 1977; Z. Bańkowski, Norms, Legal, REP VII (1998), 38–41; S. Battisti, Sinn und N., Frankfurt etc. 1994; M. Baurmann u.a. (eds.), Norms and Values. The Role of Social Norms as Instruments of Value Realisation, Baden-Baden 2010; P. L. Berger/T. Luckmann, The Social Construction of Reality. A Treatise in the Sociology of Knowledge, Garden City N. Y. 1966, London 1991 (dt. Die gesellschaftliche Konstruktion der Wirklichkeit. Eine Theorie der Wissenssoziologie, Frankfurt 1969, ²⁴2012; franz. La construction sociale de la réalité, Paris 1986, 2006); G. di Bernardo (ed.), Normative Structures of the Social World, Amsterdam 1988; C. Bicchieri/R. Muldoon, Social Norms, SEP 2011; K. Binding, Die N.en und ihre Übertretung. Eine Untersuchung über die rechtmässige Handlung und die Arten des Delikts, I–IV (in 5 Bdn.), Leipzig 1872–1877, ⁴1914–1922 (repr. verschiedener Aufl. Aalen 1965, 1991); J. Brkić, N. and Order. An Investigation into Logic, Semantics, and the Theory of Law and Morals, New York 1970; A. J. Bucher, Warum sollen wir gut sein? Zur Möglichkeit einer vernünftigen Letztbegründung sittlicher N.en, München 1984; F. Chazel, Norme (sociale), Enc. philos. universelle II/2 (1990), 1768–1769; D. Copp, Morality, Normativity and Society, Oxford/New York 1995, 2001; R. Dahrendorf, Homo sociologicus. Ein Versuch zur Geschichte, Bedeutung und Kritik der Kategorie der sozialen Rolle, Köln/Opladen 1959, Wiesbaden ¹⁷2010; E. Durkheim, Les règles de la méthode sociologique, Paris 1895, 2009; L. H. Eckensberger (ed.), Ethische N. und empirische Hypothese, Franfurt 1993; K. Eichner, Die Entstehung sozialer N.en, Opladen 1981; H. G. Fackeldey, N. und Begründung. Zur Logik normativen Argumentierens, Bern etc. 1992; R. Forst/K. Günther (eds.), Die Herausbildung normativer Ordnungen. Interdisziplinäre Perspektiven, Frankfurt/New York 2011; P. Freund, Die Entwicklung des N.begriffs von Kant bis Windelband, Diss. Berlin 1933; A. Gehlen, Der Mensch. Seine Natur und seine Stellung in der Welt, Berlin 1940, Wiebelsheim ¹⁵2009; ders., Urmensch und Spätkultur. Philosophische Ergebnisse und Aussagen, Bonn

1956, Frankfurt ⁶2004; C. Gill (ed.), Virtue, Norms, and Objectivity. Issues in Ancient and Modern Ethics, Oxford 2005; R. Ginters, Werte und N.en. Einführung in die philosophische und theologische Ethik, Göttingen/Düsseldorf 1982; H. Haferkamp, Herrschaft und Strafrecht. Theorien der N.enentstehung und Strafrechtsetzung. Inhalts- und pfadanalytische Untersuchung veröffentlichter Strafrechtsforderungen in der Bundesrepublik Deutschland, Opladen 1980; S. O. Hansson, The Structure of Values and Norms, Cambridge etc. 2001; M. Hechter/K.-D. Opp (eds.), Social Norms, New York 2001, 2005; C. Heidemann, Die N. als Tatsache. Zur N.entheorie Hans Kelsens, Baden-Baden 1997; W. Heistermann, Das Problem der N., Z. philos. Forsch. 20 (1966), 197–209; S. Hetcher, Norms, in: L. C. Becker/C. B. Becker (eds.), Encyclopedia of Ethics II, New York/London 1992, 909–912; R. Hilpinen (ed.), New Studies in Deontic Logic. Norms, Actions, and the Foundations of Ethics, Dordrecht/Boston Mass./London 1981; H. Hofmann u.a., N., Hist. Wb. Ph. VI (1984), 906–920; G. C. Homans, Social Behavior. Its Elementary Forms, New York/Burlingame, London/Burlingame 1961, rev. New York etc. 1974 (dt. Elementarformen sozialen Verhaltens, Köln/Opladen 1968, ²1971); A. Ibrahim, Norme, Enc. philos. universelle II/2 (1990), 1767–1768; G. Jakobs, N., Person, Gesellschaft. Vorüberlegungen zu einer Rechtsphilosophie, Berlin 1997, ³2008; W. Kellerwessel, N.enbegründung in der Analytischen Ethik, Würzburg 2003; H. Kelsen, Reine Rechtslehre. Einleitung in die rechtswissenschaftliche Problematik, Leipzig/Wien 1934 (engl. Pure Theory of Law, Berkely Calif. 1967 [repr. Gloucester Mass. 1989, Clark N. J. 2009]), mit Untertitel: Mit einem Anhang: Das Problem der Gerechtigkeit, erw. Wien ²1960 (engl. Introduction to the Problems of Legal Theory, Oxford 1992, 1996), mit Untertitel: Einleitung in die rechtswissenschaftliche Problematik, Nachdr. d. 1. Aufl. als Studienausg., Tübingen 2008; ders., Allgemeine Theorie der N.en, ed. K. Ringhofer/R. Walter, Wien 1979, 1990 (engl. General Theory of Norms, Oxford, Oxford/New York 1991; franz. Théorie générale des normes, Paris 1996); W. Kerber (ed.), Sittliche N.en. Zum Problem ihrer allgemeinen und unwandelbaren Geltung, Düsseldorf 1982; H. Keuth, Der N.begriff in der sozialwissenschaftlichen Theoriebildung, Kölner Z. Soziol. u. Sozialpsychol. 30 (1978), 680–700; M. Kober, Gewißheit als N.. Wittgensteins erkenntnistheoretische Untersuchungen in »Über Gewißheit«, Berlin/New York 1993; P. Koller, N., in: S. Gosepath/W. Hinsch/B. Rössler (eds.), Handbuch der politischen Philosophie und Sozialphilosophie II, Berlin 2008, 913–918; ders., Formen sozialen Handelns und die Funktion sozialer N.en, in: A. Aarnio u.a. (eds.), Rechtsnorm und Rechtswirklichkeit. Festschrift für Werner Krawietz zum 60. Geburtstag, Berlin 1993, 265–293; M. Konrad, Werte versus N.en als Handlungsgründe, Bern etc. 2000; W. Korff, N. und Sittlichkeit. Untersuchungen zur Logik der normativen Vernunft, Mainz 1973, Freiburg/München ²1985; W. Krawietz u.a. (eds.), Theorie der N.en. Festgabe für Ota Weinberger zum 65. Geburtstag, Berlin 1984; H. Krings/A. Hollerbach, N., in: Görres-Gesellschaft (ed.), Staatslexikon IV, Freiburg/Basel/Wien 1988, 61–69; F. v. Kutschera, Einführung in die Logik der N.en, Werte und Entscheidungen, Freiburg/München 1973; F. Lachmayer, Grundzüge einer N.entheorie. Zur Struktur der N.en dargestellt am Beispiel des Rechtes, Berlin 1977; R. Lautmann, Wert und N.. Begriffsanalysen für die Soziologie, Köln/Opladen 1969, Opladen ²1971; H. Lenk (ed.), N.enlogik. Grundprobleme der deontischen Logik, Pullach b. München 1974; P. Lorenzen/O. Schwemmer, Konstruktive Logik, Ethik und Wissenschaftstheorie, Mannheim/Wien/Zürich 1973, 107–129, ²1975, 148–180 (II Ethik); M.-S. Lotter (ed.),

N.enbegründung und N.enentwicklung in Gesellschaft und Recht, Baden-Baden 1999; M. Mahlmann, Rationalismus in der praktischen Theorie. N.entheorie und praktische Kompetenz, Baden-Baden 1999, [2]2009; M. E. Mayer, Rechtsnormen und Kulturnormen, Breslau 1903 (repr. Darmstadt 1965); R. H. McAdams, The Origin, Development, and Regulation of Norms, Michigan Law Review 96 (1997), 338–433; G. Meggle (ed.), Actions, Norms, Values. Discussions with Georg Henrik von Wright, Berlin/New York 1999; T. Meleghy u. a. (eds.), N.en und soziologische Erklärung, Innsbruck/Wien 1987; A. Michaels/R. Alexy/E. Herms, N.en, RGG VI ([4]2003), 386–390; E. Morscher, N.enlogik. Grundlagen, Systeme, Anwendungen, Paderborn 2012; F. Müller, N.struktur und Normativität. Zum Verhältnis von Recht und Wirklichkeit in der juristischen Hermeneutik, entwickelt an Fragen der Verfassungsinterpretation, Berlin 1966; H.-P. Müller/M. Schmid (eds.), N., Herrschaft und Vertrauen. Beiträge zu James S. Colemans Grundlagen der Sozialtheorie, Opladen/Wiesbaden 1998; C. Negro, Norma, Enc. filos. IV (1967), 1061–1064; W. Oelmüller (ed.), Materialien zur N.endiskussion, I–III, Paderborn etc. 1978–1979; O. O'Neill (ed.), The Sources of Normativity, Cambridge etc. 1996, 2010; K.-D. Opp, Die Entstehung sozialer N.en. Ein Integrationsversuch soziologischer, sozialpsychologischer und ökonomischer Erklärungen, Tübingen 1983; T. Parsons, The Structure of Social Action. A Study in Social Theory with Special Reference to a Group of Recent European Writers, I–II, New York/London 1937, New York, London 1968; ders., The Social System, New York, London, Glencoe Ill. 1951, London etc. 2001; ders./E. A. Shils (eds.), Toward a General Theory of Action, Cambridge Mass. 1951, New Brunswick N. J./London 2001; G. Patzig, Tatsachen, N.en, Sätze. Aufsätze und Vorträge. Mit einer autobiographischen Einleitung, Stuttgart 1980, 1988; H. Pauer-Studer (ed.), Norms, Values, and Society, Dordrecht/Boston Mass./London 1994; H.-M. Pawlowski, Gesetz und Freiheit, Frankfurt 1969; ders., Methodenlehre für Juristen. Theorie der N. und des Gesetzes. Ein Lehrbuch, Heidelberg 1981, [3]1999; P. Pettit, Rules, Reasons, and Norms. Selected Essays, Oxford/New York 2002; A. Pieper, N., Hb. ph. Grundbegriffe II (1973), 1009–1021; H. Popitz, Über die Präventivwirkung des Nichtwissens. Dunkelziffer, N. und Strafe, Tübingen 1968 (repr. [mit einer Einf. von F. Sack u. H. Treiber] Berlin 2003); ders., Die normative Konstruktion von Gesellschaft, Tübingen 1980; A. Portmann/R. Ritsema (eds.), N.en im Wandel der Zeit, Leiden 1977; E. Posner, Law and Social Norms, Cambridge Mass./London 2000, 2002; ders. (ed.), Social Norms, Nonlegal Sanctions, and the Law, Cheltenham/Northampton Mass. 2007; P. Railton, Facts, Values, and Norms. Essays toward a Morality of Consequence, Cambridge etc. 2003; O. Rauprich, Natur und N.. Eine Auseinandersetzung mit der evolutionären Ethik, Münster 2004; J. Raz, Practical Reason and Norms, London 1975, Oxford/New York 2002 (dt. Praktische Gründe und N.en, Frankfurt 2006); A. Regenbogen, N.en, EP II (1999), 961–964, EP II ([2]2010), 1809–1813; M. Riedel, N. und Werturteil. Grundprobleme der Ethik, Stuttgart 1979; P. Rohs, Die Zeit des Handelns. Eine Untersuchung zur Handlungs- und N.entheorie, Königstein 1980; A. Ross, Directives and Norms, London, New York 1968, Clark N. J. 2009; H. Schelsky (ed.), Zur Theorie der Institution, Düsseldorf 1970, [2]1973; H. Schmitz, Das Reich der N.en, Freiburg/München 2012; W. H. Schrader/W. Korff/H. Kreß, N.en, TRE XXIV (1994), 620–643; D. Sciulli (ed.), Normative Social Action, Greenwich Conn./London 1996; J. F. Scott, Internalization of Norms. A Sociological Theory of Moral Comitment, Englewood Cliffs N. J. 1971; R. Shiner, N. and Nature. The Movements of Legal

Thought, Oxford 1992; L. Siep u. a. (eds.), Von der religiösen zur säkularen Begründung staatlicher N.en. Zum Verhältnis von Religion und Politik in der Philosophie der Neuzeit und in rechtssystematischen Fragen der Gegenwart, Tübingen 2012; L. Simon, Theorie der N.en – N.entheorien. Eine kritische Untersuchung von N.enbegründungen angesichts des Bedeutungsverlusts des metaphysischen Naturrechts, Frankfurt etc. 1987; G. Spittler, N. und Sanktion. Untersuchungen zum Sanktionsmechanismus, Olten/Freiburg 1967; K. Steigleder, Die Begründung des moralischen Sollens. Studien zur Möglichkeit einer normativen Ethik, Tübingen 1992; ders., N., in: P. Kolmer/A. G. Wildfeuer (eds.), Neues Handbuch philosophischer Grundbegriffe II, Freiburg/München 2011, 1627–1638; P. Stemmer, Normativität. Eine ontologische Untersuchung, Berlin/New York 2008; P. W. Taylor, Normative Discourse, Englewood Cliffs N. J. 1961 (repr. Westport Conn. 1973, 1975); E. Ullmann-Margalit, The Emergence of Norms, Oxford 1977; K. Veddeler, Rechtsnorm und Rechtssystem in René Königs N.en- und Kulturtheorie, Berlin 1999; P. Velten, N.kenntnis und N.verständnis, Baden-Baden 2002; H. Wagner, N., in: H. J. Sandkühler (ed.), Europäische Enzyklopädie zu Philosophie und Wissenschaften III, Hamburg 1990, 573–584; O. Weinberger, N.entheorie als Grundlage der Jurisprudenz und Ethik. Eine Auseinandersetzung mit Hans Kelsens Theorie der N.en, Berlin 1981; dies., N. und Institution, Wien 1988; dies., Alternative Handlungstheorie. Gleichzeitig eine Auseinandersetzung mit Georg Henrik von Wrights praktischer Philosophie, Wien/Köln/Weimar 1996 (engl. Alternative Action Theory. Simultaneously a Critique of Georg Henrik von Wright's Practical Philosophy, Dordrecht/Boston Mass. 1998); P. Weingartner, Logisch-philosophische Untersuchungen zu Werten und N.en. Werte und N.en in Wissenschaft und Forschung, Frankfurt etc. 1996; S. Wesche, Gegenseitigkeit und Recht. Eine Studie zur Entstehung von N.en, Berlin 2001; K. R. Westphal (ed.), Pragmatism, Reason, and Norms. A Realistic Assessment, New York 1998; W. Windelband, N.en und Naturgesetze, in: ders., Präludien. Aufsätze und Reden zur Einleitung in die Philosophie II, Freiburg/Tübingen 1884, 211–246, mit Untertitel: Aufsätze und Reden zur Philosophie und ihrer Geschichte, Tübingen [5]1915, [8]1921 (repr. [als 9. Aufl.] Tübingen 1924), 59–98; G. H. v. Wright, N. and Action. A Logical Enquiry, London, New York 1963, 1977; ders., Handlung, N. und Intention. Untersuchungen zur deontischen Logik, Berlin/New York 1977; ders., N.en, Werte und Handlungen, Frankfurt 1994; H.-P. Zedler, Zur Logik von Legitimationsproblemen. Möglichkeiten der Begründung von N.en, München 1976. F. K.

Norm (juristisch, sozialwissenschaftlich), *juristisch* in deskriptiver Bedeutung ohne Rücksicht auf Entstehung, Form und Inhalt meist synonym mit Gesetz (↑Gesetz (historisch und sozialwissenschaftlich)) verwendeter Begriff. N.en in diesem Sinne können Sätze eines Gewohnheitsrechts oder Sätze des durch eine als rechtmäßig angesehene Instanz gesetzten, so genannten ›positiven‹ ↑Rechts sein. Das Unterscheidungskriterium zwischen N.en des Rechts und allgemeinen, gesellschaftlichen Handlungsregeln und damit zwischen Recht, Sitte und Sittlichkeit ist die durch staatliche Organisations- und Zwangsgewalt verwirklichte Verbindlichkeit der in Rechtssätzen postulierten Handlungsregeln. Auf früheren Stufen gesellschaftlicher Entwicklung durch Gerichtsgebrauch und Aufzeichnung, im modernen Staat durch Setzung wird ein wesentlicher Teil der in einer Gesellschaft ausgebildeten Sitte ausgesondert und mit Sanktionen versehen zum Recht. Die Sanktionierung einer N. bedeutet, daß sich das Individuum im Falle ihrer Übertretung eine bestimmte Rechtsfolge zurechnen lassen muß (↑Zurechnung), die entweder in der N. selbst ausgedrückt oder in Verbindung mit anderen N.en abzuleiten ist. Die typische Grundform des Rechtssatzes ist das schon im Kodex Hammurapi (1728–1686 v. Chr.) auftretende hypothetische Urteil (↑Urteil, hypothetisches), das ein angenommenes, einen N.verstoß darstellendes Handeln für den Fall seines Eintritts mit einer Strafsanktion belegt. Das unmittelbar an den Bürger adressierte Gebot (z. B. ›du sollst nicht stehlen!‹) nimmt als Rechtssatz, dessen Adressat das erkennende Gericht ist, die Form einer ausführlichen Bestimmung des Tatbestands an, der sanktioniert wird (z. B. ›wer eine fremde bewegliche Sache einem anderen in der Absicht wegnimmt, dieselbe sich rechtswidrig zuzueignen, wird mit Freiheitsentzug … oder mit Geldstrafe … belegt‹). Der Zusammenhang zwischen Sitte und Recht wird deutlich, wo das Strafrecht die Gesetzeskenntnis nicht zur Voraussetzung für die Strafbarkeit macht, sondern den Schuldvorwurf aus einer zumutbaren Parallelwertung in der Laiensphäre begründet. Im Zivil- und Handelsrecht erhalten die Verkehrssitte, die Handelssitte, der Grundsatz von Treu und Glauben rechtliche Bedeutung, wo der Gesetzgeber Privatautonomie bei der Regelung vertraglicher Rechtsbeziehungen zuläßt.

Als *soziale* N.en in deskriptivem Sinne bezeichnet die empirische Sozialwissenschaft Sinnstrukturen, die den im Zusammenleben von Menschen auftretenden Regelmäßigkeiten des Handelns zugrundeliegen. Im Unterschied zu bloß reaktiven oder ereignishaften Verhaltensregelmäßigkeiten und Verhaltenswiederholungen wird das auf soziale N.en bezogene Handeln durch ebendiese Bezogenheit näher bestimmt. Den Kern der Reziprozität bildet dabei die Unterstellung einer gewissen Berechenbarkeit des Handelns des jeweils Anderen als Bedingung der Möglichkeit von Zusammenleben. Soziale N.en sind demnach die im Bewußtsein und im Handeln einer Gesellschaft oder ihrer verschiedenen Teilgruppen verfestigten Handlungsregeln für sozial typische Situationen, denen erwartungsgemäß weitgehend nachgelebt wird. Die Wirksamkeit sozialer N.en beruht unter anderem auf den positiven und negativen Sanktionen, mit denen die Gesellschaft auf normenkonformes bzw. abweichendes Handeln ihrer Mitglieder reagiert. Dabei ist der Grad der Konformität bzw. der Abweichung ein Maß für die Wirksamkeit solcher N.en. Von ihrer Wirksamkeit im Sinne ihrer faktischen ↑Geltung ist ihre ↑Legitimität zu unterscheiden. Diese ist nach dem Grad der

Angemessenheit sozialer N.en in Bezug auf bestimmte (faktische oder ↑kontrafaktische) gesellschaftsbezogene Wertvorstellungen und Zwecksetzungen zu beurteilen. Derartige ↑normative Beurteilungen fallen durchaus noch in die Kompetenz der empirischen Sozialwissenschaften, wenn und soweit sie in der Lage sind, begründete Aussagen über die Möglichkeiten der (z. B. rechtlichen) Durchsetzung eines N.gehalts in eine bestimmte gesellschaftliche und politische Lage zu machen. Allerdings steht die sozialwissenschaftliche Betrachtung von sozialen N.en in der Gefahr, deren Normativität mit ihrer sozialen Geltung und Wirksamkeit zu identifizieren. Demgegenüber ist zu beachten, daß soziale N.en auch im oben bezeichneten deskriptiven Sinne präskriptive Bedeutungselemente enthalten (↑deskriptiv/präskriptiv), die in einer genauen begrifflichen Analyse erhoben werden können (↑Sprachanalyse) und insbes. in Situationen ans Licht treten, in denen der Gehalt einer sozialen N. kontrafaktisch zur Geltung gebracht wird.

Literatur: ↑Norm (handlungstheoretisch, moralphilosophisch).   H. R. G./R. Wi.

Norm (protophysikalisch), Bezeichnung für normative Sätze der in der ↑*Protophysik* erfolgenden Grundlegung von Längen-, Zeit- und Massenmessung für die messenden Naturwissenschaften. Die Protophysik besteht aus einem System präskriptiver Sätze (↑deskriptiv/präskriptiv), die in einem von den Zwecken einer wissenschaftlichen Meßkunst her methodisch geordneten Aufbau schrittweise die Herstellung von (dann per definitionem in den erzeugten Eigenschaften ungestörten) ↑Meßgeräten vorschreiben. Auf der untersten Stufe werden Auswahlnormen (z. B. für ›harte‹, zur Meßgeräteherstellung geeignete Materialien) als ›N.en‹ formuliert, die einen explizit definierten Sachverhalt herbeizuführen auffordern, ohne in Handlungsanweisungen dafür bestimmte Handlungen zu nennen. Auf der nächsten Stufe, dem eigentlich operativen Teil der Protophysik, werden Herstellungsanweisungen formuliert, z. B. für die protophysikalische Geometrie das paarweise Abschleifen dreier Platten bis zur Passung (↑Dreiplattenverfahren). Solche Handlungsanweisungen müssen beweisbar zu den die Meßkunst definierenden Zwecken in Form von Meßgeräteeigenschaften (z. B. dem Sachverhalt, daß Maßgleichheit für alle Maßgrößen eine ↑Äquivalenzrelation sein muß) führen. Handlungsanweisungen stellen hier also die Angabe eines Realisierungsverfahrens (und zugleich dessen Existenzbeweis, ↑Realisation) dar, um die ihrerseits wieder als N.en formulierten Herstellungsziele des Meßgerätebaus und Meßgerätegebrauchs zu erfüllen. Auf dieser dritten Stufe der N.en werden ideativ Formen – aus Gründen der methodischen Zirkelfreiheit genauer: homogene räumliche, zeitliche und stoffliche Formen (↑Homogenitätsprinzip) –

bestimmt, wobei die ↑Ideation in logischen Verfahren der Beschränkung von Aussagen auf diese N.en und ihre logischen Implikate besteht. Für die Zulässigkeit dieser Beschränkung ist jeweils ein Eindeutigkeitsbeweis (↑eindeutig/Eindeutigkeit) für eine Homogenitätsnorm erforderlich, damit die Invarianz der normierten Geräteeigenschaften bezüglich der individuellen Herstellungsgeschichte begründet angenommen und im eventuell beobachteten Störfalle empirische ↑Hypothesen über Störursachen aufgestellt werden können. Der ↑normative Charakter der Protophysik sichert die ↑Reproduzierbarkeit der relevanten Meßgeräteeigenschaften durch deren explizite sprachliche Beschreibung, die in Herstellungs- und Verwendungszusammenhängen regulativ wird und in der Unterscheidung von künstlich herbeigeführten und natürlich vorhandenen, eventuell störenden Geräteeigenschaften die Objektivität von ↑Messungen sichert.

Literatur: P. Janich, Die Protophysik der Zeit, Mannheim/Wien/Zürich 1969, mit Untertitel: Konstruktive Begründung und Geschichte der Zeitmessung, erw. Frankfurt 1980; ders., Das Maß der Dinge. Protophysik von Raum, Zeit und Materie, Frankfurt 1997. P. J.

Normalform, Bezeichnung einer besonderen, für bestimmte Zwecke dienlichen Gestalt, die die Elemente einer bestimmten ↑Menge von Ausdrücken (↑Ausdruck (logisch)) haben können, derart daß (1) Ausdrücke von abweichender Gestalt stets in gewissem Sinne mit einem Ausdruck in N. gleichwertig sind bzw. (2) Objekte aus einem bestimmten Bereich stets durch Ausdrücke in N. darstellbar sind (↑Darstellung (logisch-mengentheoretisch)). Die zu einem Ausdruck bzw. Objekt gehörigen Ausdrücke in N. können eindeutig bestimmt sein, müssen es jedoch nicht. Meistens gibt es Verfahren, vorgegebene Ausdrücke bzw. Darstellungen von Objekten in Ausdrücke in N. umzuformen. Solche Verfahren spielen eine zentrale Rolle im Bereich der Beweissuche (↑Beweis) und damit beim automatischen Beweisen, das in der ↑Informatik vor allem für die Software- und Hardwareverifikation von Bedeutung ist. N.en der Art (1) sind z. B. die folgenden:

(1a) In der ↑Junktorenlogik adjunktive und konjunktive N.en. Eine junktorenlogisch zusammengesetzte ↑Formel ist in *adjunktiver* N., wenn sie eine ↑Adjunktion $K_1 \vee \ldots \vee K_n$ von ↑Basiskonjunktionen K_i (d. s. Formeln der Gestalt $b_1 \wedge \ldots \wedge b_m$, wobei die b_j Basisformeln sind, d. h. ↑Primformeln oder Negate [↑Negation] von Primformeln) ist. Sie ist in *konjunktiver* N., wenn sie eine ↑Konjunktion $A_1 \wedge \ldots \wedge A_n$ von Basisadjunktionen A_i (d. s. Formeln der Gestalt $b_1 \vee \ldots \vee b_m$ mit Basisformeln b_j) ist. Jede junktorenlogisch zusammengesetzte Formel läßt sich in eine Formel in adjunktiver N. und in eine Formel in konjunktiver N. umformen

(↑Umformung), die mit ihr klassisch logisch äquivalent ist (↑Äquivalenz). Z. B. ist $(p \to q) \to \neg(\neg r \to s)$ äquivalent mit $(p \wedge \neg q) \vee (\neg r \wedge \neg s)$ (adjunktive N.) und mit $(p \vee \neg r) \wedge (p \vee \neg s) \wedge (\neg q \vee \neg r) \wedge (\neg q \vee \neg s)$ (konjunktive N.).

(1b) In der ↑Quantorenlogik pränexe und Skolem-N.en. Eine quantorenlogisch zusammengesetzte Formel ist in *pränexer* N., wenn sie die Form $Q_{1x_1} \ldots Q_{nx_n} A$ (mit $n \geq 0$) hat, wobei die Q_i Quantoren $\wedge$ oder $\vee$ sind und A eine nur junktorenlogisch zusammengesetzte (also quantorenfreie) Formel ist. Sie ist darüber hinaus in Skolem-N., wenn die Existenzquantoren allen Allquantoren vorangehen, wenn sie also die Form

$$\bigvee_{x_1} \ldots \bigvee_{x_m} \bigwedge_{x_{m+1}} \ldots \bigwedge_{x_n} A$$

hat. Jede quantorenlogisch zusammengesetzte Formel läßt sich in eine Formel in pränexer N. überführen, die mit ihr klassisch logisch äquivalent ist. Ferner läßt sie sich in eine Formel in Skolem-N. umformen, die im allgemeinen nicht mit ihr logisch äquivalent ist, die aber genau dann klassisch allgemeingültig ist (↑allgemeingültig/Allgemeingültigkeit), wenn die Ausgangsformel klassisch allgemeingültig ist (›Allgemeingültigkeitsgleichheit‹). Z. B. ist

$$\bigwedge_x (\neg \bigvee_y Pxy \to \bigwedge_z Qxz)$$

äquivalent mit

$$\bigwedge_x \bigvee_y \bigwedge_z (\neg Pxy \to Qxz)$$

(pränexe N.) und allgemeingültigkeitsgleich mit

$$\bigvee_x \bigvee_y \bigwedge_z \bigwedge_u (((\neg Pxy \to Qxz) \to Rx) \to Ru)$$

(Skolem-N.). Man spricht auch von Skolem-N. bei einer Formel der Gestalt

$$\bigwedge_{x_1} \ldots \bigwedge_{x_m} \bigvee_{x_{m+1}} \ldots \bigvee_{x_n} A$$

mit quantorenfreiem Kern A, wenn also die ↑Allquantoren allen Existenzquantoren (↑Einsquantor) vorangehen. Zu einer quantorenlogisch zusammengesetzten Formel kann man stets eine Skolem-N. im letzteren Sinne finden, die genau dann klassisch erfüllbar ist (↑erfüllbar/Erfüllbarkeit), wenn die Ausgangsformel klassisch erfüllbar ist (›Erfüllbarkeitsgleichheit‹). Skolem-N.en sind wichtig für die Behandlung des ↑Entscheidungsproblems.

(1c) In der ↑Beweistheorie N.en von ↑Ableitungen. Jede Ableitung einer Formel A aus einer Menge von Formeln M im ↑Kalkül des natürlichen Schließens läßt sich nach bestimmten Reduktionsregeln in eine Ableitung von A

aus M umformen, die keine ›Umwege‹ (d. h. Einführung von Quantoren, die anschließend wieder beseitigt werden) macht. Entsprechend läßt sich jede Ableitung einer ↑Sequenz $\Gamma \| A$ im ↑Sequenzenkalkül in eine Ableitung von $\Gamma \| A$ umformen, die keine Anwendung der ↑Schnittregel enthält (↑Gentzenscher Hauptsatz, engl. auch ›normal form theorem‹). Die jeweils erhaltenen Ableitungen sind insofern gleichwertig mit der Ausgangsableitung, als die Ableitbarkeitsbehauptungen, die sie begründen ($M \vdash A$ bzw. $\vdash \Gamma \| A$), dieselben bleiben.

(1d) Im ↑Lambda-Kalkül N.en von λ-Termen. Z. B. läßt sich jeder ↑Term des getypten Lambda-Kalküls durch Reduktion nach der Regel der λ-Konversion eindeutig auf einen irreduziblen λ-Term zurückführen.

N.en der Art (2) treten auf z. B. (2a) in der *Theorie rekursiver Funktionen* (↑Funktion, rekursive) hinsichtlich deren Darstellbarkeit mit Hilfe bestimmter Standardfunktionen. So konnte S. C. Kleene 1936 zeigen, daß für gewisse rekursive Standardfunktionen U und T_n jede n-stellige allgemein-rekursive Funktion $f(x_1, \ldots, x_n)$ dargestellt werden kann als

$$f(x_1, \ldots, x_n) = U(\mu_y T_n(e, x_1, \ldots, x_n, y))$$

mit einer geeigneten natürlichen Zahl e. Die Funktion f ist durch die Zahl e und die Stellenzahl n eindeutig charakterisiert (›normal form theorem‹). – (2b) In der *induktiven Logik* (↑Logik, induktive) hinsichtlich deren Darstellbarkeit adäquater induktiver Methoden $c(H, E)$ durch einen Ausdruck, der neben Termen, die durch beobachtbare Größen und die benutzte formale Sprache bestimmt sind, nur von einer reellen Zahl λ abhängt. – (2c) In der *Ordinalzahltheorie* hinsichtlich deren Darstellbarkeit von Null verschiedener ↑Ordinalzahlen α in der Form $\alpha = \omega^{\alpha_1} + \ldots + \omega^{\alpha_n}$ mit Ordinalzahlen $\alpha_1 \geq \ldots \geq \alpha_n$ (Cantorsche N.). Zahlreiche weitere N.en werden in verschiedensten Gebieten von Mathematik und Informatik behandelt.

Literatur: G. S. Boolos/R. C. Jeffrey, Computability and Logic, London 1974, mit J. P. Burgess, Cambridge etc. [4]2002, [5]2007; R. Cori/D. Lascar, Mathematical Logic. A Course with Exercises I (Propositional Calculus, Boolean Algebras, Predicate Calculus), Oxford/New York 2000; H. Hermes, Einführung in die mathematische Logik. Klassische Prädikatenlogik, Stuttgart 1963, [4]1976, 1991; D. Hilbert/P. Bernays, Grundlagen der Mathematik I, Berlin 1934, Berlin/Heidelberg/New York [2]1968; H. Scholz/G. Hasenjaeger, Grundzüge der mathematischen Logik, Berlin/ Göttingen/Heidelberg 1961; weitere Literatur: alle Lehrbücher der ↑Logik sowie die Literatur bei den Stichwörtern, auf die im Text verwiesen wird.   P. S.

Normalverteilung (engl. normal distribution), in der ↑Wahrscheinlichkeitstheorie Bezeichnung für die Verteilung F einer Zufallsvariablen (↑Zufallsfunktion) mit Erwartungswert μ und Standardabweichung σ nach der Gleichung

$$F(x) = \frac{1}{\sigma\sqrt{2\pi}} \int_{-\infty}^{x} e^{-\frac{1}{2}\left(\frac{u-\mu}{\sigma}\right)^2} du.$$

Der ↑Graph der zugehörigen Dichtefunktion

$$f(x) = \frac{1}{\sigma\sqrt{2\pi}} e^{-\frac{1}{2}\frac{(x-\mu)^2}{\sigma}}$$

wird durch die *Gaußsche Glockenkurve* dargestellt, die im Falle $\mu = 0$ und $\sigma = 1$ (Standardnormalverteilung) folgende Gestalt hat:

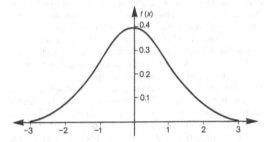

Die N., von C. F. Gauß im Zusammenhang mit Untersuchungen zur Verteilung von Meßfehlern entdeckt, hat eine herausragende Bedeutung auf Grund von Grenzwertsätzen der Wahrscheinlichkeitstheorie. So besagt der *zentrale Grenzwertsatz*, daß für Folgen unabhängiger Zufallsvariablen, deren Verteilungen bestimmten Bedingungen genügen (die insbes. dann erfüllt sind, wenn die Verteilungen identisch sind), die Verteilungen der Summen dieser Variablen gegen die N. konvergieren. Daraus ergibt sich für die ↑Statistik, daß die Mittelwerte von Zufallsstichproben immer normalverteilt sind, da man sie als Summe von unabhängigen identisch verteilten Zufallsvariablen auffassen kann. Dies erlaubt es, das Vertrauen in Schätzungen für Parameter der Grundgesamtheit (etwa den Mittelwert) zu bewerten.

Literatur: H. H. Andersen u. a., Linear and Graphical Models. For the Multivariate Complex Normal Distribution, New York etc. 1995; W. Bryc, The Normal Distribution. Characterizations with Applications, New York etc. 1995; H. Dehling/B. Haupt, Einführung in die Wahrscheinlichkeitstheorie und Statistik, Berlin/Heidelberg 2003, [2]2004; T. Deutler, Schätz- und Testverfahren bei N. mit bekanntem Variationskoeffizienten, Berlin/Heidelberg/New York 1981; R. Durrett, Probability. Theory and Examples, Pacific Grove Calif., Belmont Calif. 1991, [2]1996, Belmont Calif. etc. [3]2005, Cambridge etc. 2010; ders., Elementary Probability for Applications, Cambridge etc. 2009; L. Forsberg, On the Normal Inverse Gaussian Distribution in Modeling Volatility in the Financial Markets, Uppsala 2002; J. Groß, A Normal Distribution Course, Frankfurt etc. 2004; C. Hesse, Angewandte Wahrscheinlichkeitstheorie. Eine fundierte Einführung mit über 500 realitätsnahen Beispielen und Aufgaben, Braunschweig/Wiesbaden 2003, unter dem Titel: Wahrscheinlichkeitstheorie. Eine Einführung mit Beispielen und Anwendungen, Wiesbaden [2]2009; H. Holland/K. Scharnbacher, Grundlagen statistischer Wahrscheinlichkeiten. Kombinationen, Wahrscheinlichkeiten, Binomial- und N., Konfidenzintervalle, Hypothesentests, Wiesbaden 2004; J. Jacod/P. E. Protter, Probability Essentials, Berlin/Heidelberg 2000, [2]2003, 2004; B. Jørgensen, Statistical Properties of the Generalized Inverse Gaussian Distribution, Aarhus 1980, New York/Heidelberg/Berlin 1982; A. Klenke, Wahrscheinlichkeitstheorie, Berlin/Heidelberg 2006, [2]2008 (engl. Probability Theory. A Comprehensive Course, London 2008); L. M. Laudanski, Between Certainty and Uncertainty. Statistics and Probability in Five Units with Notes on Historical Origins and Illustrative Numerical Examples, Berlin/Heidelberg 2013; W. Navidi/B. Monk, Elementary Statistics, New York 2013; J. K. Patel/C. B. Read, Handbook of the Normal Distribution, New York/Basel 1982, [2]1996; Y. V. Prokhorov, Normal Distribution, in: M. Hazewinkel (ed.), Encyclopaedia of Mathematics, Dordrecht/Boston Mass./London 1990, 466–468; P. N. Rathie, Normal Distribution, Univariate, in: M. Lovric (ed.), International Encyclopedia of Statistical Science, Heidelberg etc. 2011, 995–999; C. B. Read, Normal Distribution, in: S. Kotz u. a. (eds.), Encyclopedia of Statistical Sciences VI, New York etc. 1985, 347–359, VIII, Hoboken N. J. [2]2006, 5652–5663; V. Seshadri, The Inverse Gaussian Distribution. A Case Study in Exponential Families, Oxford etc. 1993; C. Thode, Jr., Testing for Normality, New York/Basel 2002; Y. L. Tong, The Multivariate Normal Distribution, New York etc. 1990; J. Wengenroth, Wahrscheinlichkeitstheorie, Berlin/New York 2008.   P. S.

normativ, konträr zu ›deskriptiv‹ (↑deskriptiv/präskriptiv) oder zu ›faktisch‹ verwendeter Terminus. In einem ersten Sinne heißen ›n.‹ auf ↑Handlungen, Handlungsweisen oder Handlungsorientierungen bezogene *Beurteilungen*, insbes. solche, die den Anspruch erheben, sich moralisch rechtfertigen zu lassen (dies im Unterschied zu bloßen *Beschreibungen* bestehender Zustände). N.e Urteile dieser Art müssen vor allem von Aussagen, daß ein Handeln durch bestimmte Regeln (etwa technisch) normiert ist (↑Normierung), abgehoben werden. Mißverständlich werden häufig außerdem beliebige Aussagen, die sich auf Normen (↑Norm (juristisch, sozialwissenschaftlich)) beziehen, als ›n.‹ bezeichnet, so etwa, wenn die Rechtswissenschaft bereits deswegen als eine n.e Wissenschaft charakterisiert wird, weil sie Folgerungen aus positiven Rechtsnormen zieht. – Auch das Gegensatzpaar ›n.‹-›faktisch‹ dient weitgehend dazu, Orientierungsvorschläge von bestehenden Zuständen abzuheben. Da bedingte Handlungsregeln und Zielsetzungen auf das Vorliegen bestimmter Zustände abheben (↑Norm (handlungstheoretisch, moralphilosophisch)) und ferner die Verfolgung von ↑Zielen die Verfügbarkeit geeigneter ↑Mittel voraussetzt, hat auch das Bestehen bestimmter Zustände häufig eine Orientierungsfunktion. Dies wird mit der Formel von der ›Normativität des Faktischen‹ zum Ausdruck gebracht. Eingeschränkter verstanden kann diese Formel dann insbes. auf solche Zustände abstellen, die mit der faktischen Geltung bestimmter Handlungsregeln, der Existenz bestimmter ↑Institutionen oder als Ergebnis bestimmter Handlun-

gen eingetreten sind. Ob Fakten *Normativität* (n.e Konsequenzen) haben, die nicht bereits über ↑regulativ oder moralisch verstandene Normen vermittelt ist, bildet einen wesentlichen Gegenstand der Sein/Sollen-Diskussion (↑Naturalismus (ethisch)).

Literatur: H. Albert, Im Rücken des Positivismus? Dialektische Umwege in kritischer Beleuchtung, in: T. W. Adorno u. a., Der Positivismusstreit in der deutschen Soziologie, Neuwied/Berlin 1969, 267–305; R. M. Hare, The Language of Morals, Oxford 1952, 1972, bes. 111–126 (Chap. 7 Description and Evaluation) (dt. Die Sprache der Moral, Frankfurt 1972, [2]1997, bes. 144–161 [Kap. 7 Beschreiben und Werten]); P. Janich, Eindeutigkeit, Konsistenz und methodische Ordnung. N.e versus deskriptive Wissenschaftstheorie zur Physik, in: F. Kambartel/J. Mittelstraß (eds.), Zum n.en Fundament der Wissenschaft, Frankfurt 1973, 131–158; A. A. Johanson, A Proof of Hume's Separation Thesis Based on a Formal System for Descriptive and Normative Statements, Theory and Decision 3 (1972/1973), 339–350; C. Lumer, N./deskriptiv/faktisch, EP I (1999), 957–961, EP II ([2]2010), 1805–1809; A. MacIntyre, Hume on »Is« and »Ought«, in: ders., Against the Self-Images of the Age. Essays on Ideology and Philosophy, New York, London 1971, 109–124; J. Mittelstraß, Das praktische Fundament der Wissenschaft und die Aufgabe der Philosophie, Konstanz 1972, ferner in: F. Kambartel/J. Mittelstraß (eds.), Zum n.en Fundament der Wissenschaft [s. o.], 1–69; L. E. Rothstein, What about the Fact-Value Dichotomy. A Belated Reply, J. Value Inqu. 9 (1975), 307–311; W. Vossenkuhl, N./deskriptiv, Hist. Wb. Ph. VI (1984), 931–932.   F. K.

Normierung, in Philosophie und Wissenschaftstheorie Bezeichnung für Vereinbarungen oder Regulierungsvorschläge, die einen vorhandenen wissenschaftlichen, philosophischen, politischen oder alltäglichen Sprachgebrauch ganz oder für bestimmte Zwecke einschränken oder ersetzen sollen. In diesem Sinne ist von N. vor allem im ↑Konstruktivismus (↑Wissenschaftstheorie, konstruktive) die Rede, und zwar in Abhebung etwa von expliziten Substitutionsdefinitionen oder einer Symbolisierung, die lediglich eine künstliche (im guten Falle: besonders übersichtliche) ↑Notation bereits eingeführter sprachlicher Ausdrücke bedeutet. So gelten z. B. Festlegungen für Terminologien oder Dialogregeln für die logischen Worte der Sprache als N.en. Für P. Lorenzen ist insbes. die Vorstellung leitend, die Sprachnormierung bis zur Konstruktion wissenschaftlicher Modell- oder ↑Orthosprachen auszubauen, die neben den logischen Partikeln (↑Partikel, logische) auch abstrakte Ausdrücke (wie ›Begriff‹, ›Zahl‹) umfassen. Damit wird unter anderem der Gedanke einer materialen Idealsprache (↑Sprache, ideale), wie er bereits in L. Wittgensteins »Tractatus logico-philosophicus« (Tract. 3.32 ff., bes. 3.325) auftritt, fortgeführt. – Ein wesentliches Problem der Sprachnormierung stellt die Frage nach ihrer Reichweite dar.

Wie die Analysen des späten Wittgenstein zeigen (Philos. Unters. I 98 ff.), kann eine N. des Sprachgebrauchs im allgemeinen nicht situations- und probleminvariant vorgenommen werden. Soweit Ideal- oder Orthosprachen über begrenzte, etwa bestimmte wissenschaftliche Zwecksetzungen hinaus eine Sprachnormierung durch universell verwendbare Regelsysteme beanspruchen, laufen sie daher häufig auf eine Verarmung der Ausdrucksmöglichkeiten und eine entsprechende Verzerrung der Situationsverständnisse hinaus.

Literatur: J. Friedmann, Kritik konstruktivistischer Vernunft. Zum Anfangs- und Begründungsproblem bei der Erlanger Schule, München 1981; W. Kamlah/P. Lorenzen, Logische Propädeutik. Vorschule des vernünftigen Redens, Mannheim ²1973, 1990, 34–39 (Kap. I, § 4 Die Elementaraussage und ihre Form); P. Lorenzen, Semantisch normierte Orthosprachen, in: F. Kambartel/J. Mittelstraß (eds.), Zum normativen Fundament der Wissenschaft, Frankfurt 1973, 231–249; ders./O. Schwemmer, Konstruktive Logik, Ethik und Wissenschaftstheorie, Mannheim/Wien/Zürich 1973, 151–179, erw. ²1975, 210–255 (Kap. III.2 Theorie des technischen Wissens); E. v. Savigny, Das normative Fundament der Sprache. Ja und Aber, Grazer philos. Stud. 2 (1976), 141–158.   F. K.

Norris, John, *Collingbourne-Kingston (Wiltshire) 2. Jan. 1657, †Bemerton (bei Salisbury) 5. Febr. 1711, engl. Theologe und Philosoph (›der englische Malebranche‹). 1676 Ausbildung im Exeter College, Oxford, 1680 B. A. und Fellow of All Souls, Oxford. 1684 M. A. und Priesterweihe, 1689 Pfarrer in Newton St. Loe, Somerset, 1692 bis zu seinem Tode in Bemerton. – In seinen platonistischen und anti-calvinistischen Auffassungen (Tractatus adversus reprobationis absolutae decretum, 1683) steht N. Positionen der Cambridger Platonisten (↑Cambridge, Schule von) R. Cudworth und H. More nahe (ab 1684 Korrespondenz mit More und Damaris Cudworth, der Tochter von Cudworth und späteren Lady Masham). In systematischer, insbes. in erkenntnistheoretischer Hinsicht vertritt N. das philosophische System N. Malebranches (An Essay Towards the Theory of the Ideal or Intelligible World, I–II, 1701/1704) gegen die erkenntnistheoretische Position J. Lockes (zuerst in: Cursory Reflections [...], 1690); N.' ursprünglich freundschaftliche Beziehung zu Locke bricht 1692 nach einem Streit ab. In der für sein (in England außerordentlich populäres) Werk charakteristischen Verbindung von Cartesischem ↑Rationalismus und platonistischer ↑Mystik (alles Wissen bezieht sich auf die ›ewigen Ideen‹ und insofern auf Gott; Gott als Gegenstand unmittelbarer Erkenntnis) sucht N. die systematische Einheit der philosophischen Auffassungen Platons, A. Augustinus', Thomas von Aquins und F. Suárez' mit denjenigen Malebranches nachzuweisen. Weitere Arbeiten dienen dem Nachweis der Harmonie von Vernunft und Glauben, in denen N. lediglich graduell voneinander verschiedene Erkenntnisweisen sieht, und der Auseinandersetzung mit

dem ↑Deismus J. Tolands (An Account of Reason and Faith [...], 1697).

Werke: Ἀποδοκιμασίας Ἀποδοκιμασία sive Tractatus adversus reprobationis absolutae decretum [...], London 1683; An Idea of Happiness, in a Letter to a Friend, Enquiring Wherein the Greatest Happiness Attainable by Man in this Life Does Consist, London 1683, ²1684; A Murnival of Knaves, or, Whiggism Plainly Display'd, and, (if not Grown Shameless) Burlesqu't out of Countenance, London 1683; Poems and Discourses Occasionally Written, London 1684 (enthält auch 2. Aufl. von: An Idea of Happiness [...]); A Sermon Preach'd before the University of Oxford at St. Peters Church in the East on Mid-Lent Sunday, March 29, 1685, Oxford 1685; A Discourse Concerning the Pretended Religious Assembling in Private Conventicles [...], London 1685; A Collection of Miscellanies. Consisting of Poems, Essays, Discourses, and Letters [...], Oxford 1687 (repr. New York/London 1978, [Auswahl] unter dem Titel: The Prose Part from A Collection of Miscellanies, ed. R. Acworth, Bristol 2001 [= Philosophical and Theological Writings I]), London ²1692, ⁹1740; The Theory and Regulation of Love. A Moral Essay. In Two Parts. To which Are Added Letters Philosophical and Moral Between the Author and Dr. Henry More, Oxford 1688 (repr. Bristol 2001 [= Philosophical and Theological Writings II]), London ²1694, mit Untertitel: A Moral Essay, in Two Parts. With some Motives to the Study and Practice of Regular Love, by Way of Consideration [...], London ⁷1723; Reason and Religion. Or, the Grounds and Measures of Devotion, Consider'd from the Nature of God, and the Nature of Man. In Several Contemplations [...], London 1689, ²1693 (repr. Bristol 2001 [= Philosophical and Theological Writings IV]), ⁷1724; Reflections upon the Conduct of Human Life. With Reference to the Study of Learning and Knowledge [...], London 1690 (repr. Bristol 2001 [= Philosophical and Theological Writings III]), ²1691, ⁵1724, [Auszüge], ed. J. Wesley, o.O. [London] 1734, London ²1741, ⁵1798; Christian Blessedness. Or, Discourses upon the Beatitudes of Our Lord and Saviour Jesus Christ. To which Are Added, Reflections upon a Late Essay Concerning Human Understanding, London 1690 (repr. New York 1978), ²1692, unter dem Titel: Practical Discourses upon the Beatitudes of Our Lord and Saviour Jesus Christ I, ³1694, ⁴1699, unter dem Titel: Practical Discourses upon the Beatitudes I, ⁵1707, ⁶1713, unter dem Titel: Christian Blessedness. Or, Practical Discourses upon the Beatitudes [...]. With Three Other Volumes of Practical Discourses I, ¹⁰1724, unter dem Titel: Practical Discourses upon the Beatitudes of Our Lord and Saviour Jesus Christ [...]. With Three Other Volumes of Practical Discourses upon Several Divine Subjects I, ¹⁵1728; Cursory Reflections upon a Book Call'd, An Essay Concerning Human Understanding, zusammen mit: Christian Blessedness [s. o.], London 1690 (repr., ed. G. D. McEwen, Los Angeles 1961, Millwood N. Y. 1975), ²1692 (repr. Bristol 2001 [= Philosophical and Theological Writings I]), zusammen mit: Practical Discourses upon the Beatitudes of Our Lord and Saviour Jesus Christ I [s. o., Christian Blessedness], ³1694, ⁴1699, zusammen mit: Practical Discourses upon the Beatitudes I [s. o., Christian Blessedness], ⁵1707, ⁶1713, zusammen mit: Christian Blessedness [...] [s. o.], ¹⁰1724, zusammen mit: Practical Discourses upon the Beatitudes of Our Lord and Saviour Jesus Christ [...]. With Three Other Volumes of Practical Discourses upon Several Divine Subjects I [s. o., Christian Blessedness], ¹⁵1728; The Charge of Schism Continued. Being a Justification of the Author of »Christian Blessedness« for His Charging the Separatists with Schism, Notwithstanding the Toleration. In a Letter to a City-Friend, London 1691, ²1703, ferner in: Treatises upon Several Subjects [s. u.], 283–346; Practical Discourses upon Several Divine Subjects, London 1691, mit Untertitel: Vol. II, ²1693, ³1697, unter dem Titel: Practical Discourses upon the Beatitudes of Our Lord and Saviour Jesus Christ II, ⁴1699, unter dem Titel: Practical Discourses upon the Beatitudes II, ⁵1707, ⁶1713, unter dem Titel: Practical Discourses upon the Beatitudes of Our Lord and Saviour Jesus Christ [...] With Three Other Volumes of Practical Discourses upon Several Divine Subjects II, ¹⁵1728 (Fortsetzung von: Christian Blessedness [...]); Practical Discourses upon Several Divine Subjects, III–IV, London 1693/1698, ²1701/1707, in einem Bd., ³1707, III unter dem Titel: Discourses upon Several Divine Subjects, ³1711, ⁸1722, III–IV unter dem Titel: Practical Discourses upon the Beatitudes of Our Lord and Saviour Jesus Christ [...] With Three Other Volumes of Practical Discourses upon Several Divine Subjects, ¹⁵1728; Two Treatises Concerning the Divine Light [...], London 1692, ferner in: Treatises upon Several Subjects [s. u.], 345–428 [Auseinandersetzung mit dem Quäkertum]; Spiritual Counsel, or, The Father's Advice to His Children, London 1694, 1708, ferner in: Treatises upon Several Subjects [s. u.], 455–506 (franz. Conseil spirituel, ou avis d'un pere a ses enfans, London 1698); [mit M. Astell] Letters Concerning the Love of God, Between the Author of the Proposal to the Ladies and Mr. J. N. [...], London 1695, ²1705, ³1730, ed. E. D. Taylor/M. New, Aldershot/Burlington Vt. 2005; An Account of Reason & [and] Faith. In Relation to the Mysteries of Christianity, London 1697 (repr. Bristol 2001 [= Philosophical and Theological Writings V]), ¹²1724, ¹³1728, 1740, ¹⁴1790; Treatises upon Several Subjects, formerly Printed Singly, now Collected into One Volume, London 1697, ohne Untertitel: 1698 (repr. New York 1978), mit Untertitel: Formerly Printed Singly, now Collected in Two Volumes, I–II, 1723, in einem Bd. unter dem Titel: Treatises upon Several Curious Subjects [...], 1730; An Essay Towards the Theory of the Ideal or Intelligible World, I–II, London 1701/1704 (repr., in einem Bd., Hildesheim/New York 1974, I–II, New York 1978, Bristol 2001 [= Philosophical and Theological Writings VI/1–2]), ³1722; Of Religious Discourse in Common Conversation, Dublin 1702, London ¹⁰1735 [Einzeldruck des zuerst in Practical Discourses upon Several Divine Subjects IV (s. o.) 1698, 1–76, veröffentlichten Werkes]; A Practical Treatise Concerning Humility [...], London 1707, ⁶1730; A Philosophical Discourse Concerning the Natural Immortality of the Soul. Wherein the Great Question of the Soul's Immortality Is Endeavour'd to Be Rightly Stated, and Fully Clear'd [...], London 1708 (repr. Bristol 2001 [= Philosophical and Theological Writings VIII]), ⁵1732; A Letter to Mr. Dodwell, Concerning the Immortality of the Soul of Man [...], London 1709 (repr. Bristol 2001 [= Philosophical and Theological Writings VIII]), ⁵1732; A Treatise Concerning Christian Prudence. Or the Principles of Practical Wisdom, Fitted to the Use of Human Life, and Design'd for the Better Regulation of It, London 1710, ⁷1722, [Auszüge], ed. J. Wesley, London ²1742, Bristol ³1749, London ⁴1784, ⁵1797; An Effectual Remedy Against the Fear of Death, London 1733; The Poems of J. N. of Bemerton. For the First Time Collected and Edited after the Original Texts, in: A. B. Grosart (ed.), Miscellanies of the Fuller Worthies' Library III, Blackburn 1871 [1872] (repr. New York 1970), 147–348; Where's My Memorial? The Religious, Philosophical and Metaphysical Poetry of J. N. of Bemerton, ed. P. D. White, o. O. [Sidmouth] 1991; Philosophical and Theological Writings, I–VIII, ed. R. Acworth, Bristol 2001 [Reprints ausgewählter Werke mit Einl. v. R. Acworth].

Literatur: R. Acworth, La philosophie de J. N., 1657–1712, I–II, Diss. Paris 1970, Lille 1975 (engl. The Philosophy of J. N. of Bemerton [1657–1712], Hildesheim/New York 1979 [mit Bibliographie, 370–389]); ders., N., in: H. C. C. Matthew/B. Harrison (eds.), Oxford Dictionary of National Biography XLI, Oxford/New York 2004, 56–58; M. Baldi, Platonismo e ›filosofia delle scuole‹ nella teoria del mondo intelligibile di J. N. of Bemerton, Riv. stor. filos. 52 (1997), 457–494; G. Brykman, N., Enc. philos. universelle III/1 (1992), 1372–1373; dies., N., DP II (²1993), 2133–2135; J. C. English, John Wesley's Indebtedness to J. N., Church History 60 (1991), 55–69; J. Hoyles, The Waning of the Renaissance, 1640–1740. Studies in the Thought and Poetry of Henry More, J. N. and Isaac Watts, The Hague 1971; S. Hutton, N., REP VII (1998), 41–43; C. Johnston, Locke's »Examination of Malebranche« and J. N., J. Hist. Ideas 19 (1958), 551–558; F. I. MacKinnon, The Philosophy of J. N. of Bemerton, Baltimore Md. 1910; W. J. Mander, The Philosophy of J. N., Oxford/NewYork 2008 (mit Bibliographie, 207–213); C. J. McCracken, Malebranche and British Philosophy, Oxford 1983, bes. 156–179; M. New, The Odd Couple. Laurence Sterne and J. N. of Bemerton, Philol. Quart. 75 (1996), 361–385; ders., J. N. (2 February 1657 – ?3 February 1712), in: P. B. Dematteis/P. S. Fosl (eds.), British Philosophers, 1500–1799, Detroit Mich. etc. 2002, 291–298 (Dictionary of Literary Biography 252); J. Passmore, N., Enc. Ph. V (1967), 522–524; J. K. Ryan, J. N.. A Seventeenth Century English Thomist, New Scholasticism 14 (1940), 109–145; [E.] D. Taylor, Clarissa Harlowe, Mary Astell, and Elizabeth Carter. J. N. of Bemerton's Female ›Descendants‹, Eighteenth-Century Fiction 12 (1999), 19–38; ders., Reason and Religion in »Clarissa«. Samuel Richardson and »the Famous Mr. N., of Bemerton«, Farnham/Burlington Vt. 2009; B. N. Willis, 17ᵗʰ Century Platonisms. J. N. on Descartes and Eternal Truth, Heythrop J. 49 (2008), 964–979; J. Yang, N., SEP 2007; J. W. Yolton, N., in: ders./J. V. Price/J. Stephens (eds.), The Dictionary of Eighteenth-Century British Philosophers II, Bristol 1999, 657–660, ferner in: dies. (eds.), The Dictionary of Seventeenth-Century British Philosophers II, Bristol 2000, 611–613.   J. M.

nota notae rei est nota rei ipsius, ↑Merkmal.

Notation (von lat. notatio, Bezeichnung), Terminus für das in der ↑Semiotik behandelte Verfahren, Gegenstände mit Hilfe von ↑Symbolen eines Symbolsystems eineindeutig (↑eindeutig/Eindeutigkeit) zu identifizieren, z. B. die Phoneme einer natürlichen Sprache (↑Sprache, natürliche) mit Hilfe der internationalen Lautschrift, die musikalischen Werke durch ihre Partitur, ein Bauwerk durch den Plan des Architekten, eine Substanz in der Chemie durch ihre Formel bzw. einen sprachlichen Ausdruck in der internationalen chemischen Nomenklatur, den logischen Aufbau eines sprachlichen Ausdrucks mit Hilfe der von der formalen Logik (↑Logik, formale) bereitgestellten Symbolisierung (↑Notation, logische). Zu diesem Zweck muß nach N. Goodman jedes *Notationssystem* neben zwei syntaktischen noch drei semantische Bedingungen erfüllen. Die *syntaktischen* Bedingungen sind: (1) Je zwei Symbole sind *syntaktisch disjunkt*, d. h. Symbole sind ↑Schemata, deren ↑Aktualisierungen

(↑type and token) in bezug auf das dargestellte Symbol als ununterschieden gelten, also einander vertreten können, z. B. ›a‹ und ›a‹. (2) Jedes Symbol ist *syntaktisch artikuliert*, d. h., zwei Aktualisierungen verschiedener Symbole sind auf Grund ihrer *endlichen* Differenziertheit grundsätzlich voneinander unterscheidbar, es gibt also keine stetigen Übergänge. Die *semantischen* Bedingungen sind: (1) Die ↑Referenz eines Symbols ist *eindeutig*, d. h. invariant (↑invariant/Invarianz) gegenüber den verschiedenen Aktualisierungen eines Symbols. (2) Je zwei Symbole sind *semantisch disjunkt*, d. h., die Referenzen zweier Symbole überschneiden sich nicht. (3) Jedes Symbol ist *semantisch artikuliert*, d. h., es gibt keine stetigen Übergänge zwischen den Referenzen von je zwei verschiedenen Symbolen. Eine natürliche Sprache kann daher kein N.ssystem sein, weil zwar im allgemeinen die syntaktischen, nicht aber die semantischen Bedingungen erfüllt sind; wohl aber z. B. die internationale Lautschrift, oder auch die für Diagramme von elektrischen Schaltungen verwendeten Elemente. Landkarten hingegen bedienen sich teilweise einer N. – entsprechen darin einer Partitur –, teilweise bildlicher oder wortsprachlicher Darstellungen, die keinem N.ssystem angehören.

Die Theorie der N. ist zu einem wichtigen wissenschaftstheoretischen Werkzeug insbes. in der Kunsttheorie geworden, etwa wenn *Kopie* und *Beschreibung* eines Gegenstandes sich begrifflich so unterscheiden lassen, daß es Kopien nur von solchen Gegenständen gibt, für die keine N. möglich ist, Beschreibungen (einschließlich Skizzen, Reproduktionen etc.) hingegen stets auf ein N.ssystem für den beschriebenen Gegenstand bezogen werden können (deshalb der Unterschied zwischen Kopieren eines [singulären] Gemäldes und [technischem] Reproduzieren [gewisser universaler Schemata] eines Gemäldes).

Literatur: N. Goodman, Languages of Art. An Approach to a Theory of Symbols, Indianapolis Ind. 1968, ²1976, 1997 (dt. Sprachen der Kunst. Ein Ansatz zu einer Symboltheorie, Frankfurt 1973, mit Untertitel: Entwurf einer Symboltheorie, Frankfurt 1995, ⁶2010); ders., Wege der Referenz, Z. Semiotik 3 (1981), 11–22. K. L.

Notation, logische, Bezeichnung für die Gesamtheit der Konventionen, die es erlauben, die logische Struktur sprachlicher Gebilde graphisch darzustellen. Zu diesen Konventionen gehört die Angabe von logischen und nicht-logischen *Grundzeichen* (↑Konstante, logische) sowie der *Regeln*, aus diesen Grundzeichen wohlgeformte Ausdrücke (↑well-formed formula) zu bilden. L. N.en werden von allen Logikern der Neuzeit (und in rudimentärer Form schon in der antiken und mittelalterlichen Logik; ↑Logik, mittelalterliche, ↑Syllogistik) verwendet. Im folgenden sind nur solche Konventionen berücksichtigt, die heute noch in Gebrauch sind, nicht

also die Notationen z. B. von G. W. Leibniz, G. Boole oder G. Frege (↑Leibnizsche Charakteristik, ↑Algebra der Logik, ↑Begriffsschrift).

Die logischen Grundzeichen der ↑Junktorenlogik und ↑Quantorenlogik sind die ↑Junktoren und ↑Quantoren. Für die wichtigsten unter ihnen sind die in der Tabelle auf der folgenden Seite angegebenen Schreibweisen geläufig (dabei stehen ›α‹ und ›β‹ in den ersten fünf Zeilen für ↑Formeln; in den beiden übrigen Zeilen steht ›β‹ für eine Formel, ›α‹ hingegen für eine ↑Variable).

(1)–(4) sind die in wichtigen Standardwerken der Logik verwendeten l.n N.en. Dabei ist (1) die Notation der ↑Principia Mathematica, (2) die von D. Hilbert/P. Bernays (Grundlagen der Mathematik, I–II, Berlin 1934/1939, Berlin/Heidelberg/New York ²1968/1970), (3) die von S. C. Kleene (Introduction to Metamathematics, Amsterdam, Groningen, New York 1952, New York/Tokyo 2009), (4) die von H. Hermes (Einführung in die mathematische Logik. Klassische Prädikatenlogik, Stuttgart 1963, bearb. u. erw. ³1972, ⁵1991) verwendete, (5) die auf J. Łukasiewicz zurückgehende *Łukasiewicz-* oder *polnische Notation*, die – daher die Bezeichnung – besonders von Autoren der polnischen Logikerschule häufig verwendet wird. (6) führt einige weitere Notationen einzelner ↑Operatoren auf. Andere Notationen verwenden Kombinationen der unter (1)–(4) und (6) angeführten Schreibweisen. Hinzu kommen gegebenenfalls Zeichen für die 0-stelligen Junktoren ↑verum (⊤ oder Ƴ) und ↑falsum (⊥ oder ⋏), Zeichen für andere Arten der ↑Subjunktion, z. B. ─3 für die strikte Implikation (↑Implikation, strikte), sowie in der ↑Modallogik die Zeichen für Notwendigkeit (□, seltener N, Λ, Δ; ↑notwendig/Notwendigkeit) und Möglichkeit (◇, seltener M, ∇; ↑möglich/Möglichkeit).

Die polnische Notation (5) ist die einzige, die durchgängig die Argumente (↑Argument (logisch)) eines logischen Operators hinter diesem notiert. So kommt sie ohne Markierung des Wirkungsbereichs eines Operators aus (ist also insbes. klammerfrei). Durch die Stellenzahl von Operatoren ist bei verschachtelten Formeln eindeutig bestimmt, was Argument welchen Operators ist. So entspricht z. B. einer Formel der Gestalt $CC\beta\gamma CA\alpha\beta A\alpha\gamma$ (Łukasiewicz-Notation) die Formel $(\beta \supset \gamma) \supset ((\alpha \vee \beta) \supset (\alpha \vee \gamma))$ (Kleene-Notation). Manche ↑Programmiersprachen verlangen im Anschluß an die polnische Notation, Operatoren grundsätzlich vor (z. B. LISP) oder grundsätzlich hinter (›umgekehrte polnische Notation‹, z. B. bei manchen Taschenrechnern) ihren Argumenten zu notieren. Alle anderen l.n N.en benötigen ↑Klammern und/oder *Punkte*, um den Wirkungsbereich eines Operators abzugrenzen. So lautet die oben angeführte Formel in der Notation der Principia Mathematica $\beta \supset \gamma . \supset : \alpha \vee \beta . \supset . \alpha \vee \gamma$ (ein Punkt ›schwächt‹ sozusagen die Bindung zwischen

Zeichen für die	①	②	③	④	⑤	⑥
↑Negation von α	$\sim\alpha$	$\bar{\alpha}$	$\neg\,\alpha$	$\neg\,\alpha$	$N\alpha$	$-\alpha$
↑Konjunktion von α und β	$\alpha.\beta$	$\alpha\,\&\,\beta$	$\alpha\,\&\,\beta$	$\alpha\wedge\beta$	$K\alpha\beta$	$\alpha\beta$
↑Adjunktion von α und β	$\alpha\vee\beta$	$\alpha\vee\beta$	$\alpha\vee\beta$	$\alpha\vee\beta$	$A\alpha\beta$	
↑Subjunktion von α und β	$\alpha\supset\beta$	$\alpha\rightarrow\beta$	$\alpha\supset\beta$	$\alpha\rightarrow\beta$	$C\alpha\beta$	
↑Bisubjunktion von α und β	$\alpha\equiv\beta$	$\alpha\sim\beta$	$\alpha\sim\beta$	$\alpha\leftrightarrow\beta$	$E\alpha\beta$	
All-↑Quantifikation von β in bezug auf α	$(\alpha)\beta$	$(\alpha)\beta$	$\forall\alpha\beta$	$\bigwedge\alpha\beta$	$\Pi\alpha\beta$	$\bigwedge_{\alpha}\beta\ \ \bigwedge_{\alpha}\beta$
Es-gibt-Quantifikation von β in bezug auf α	$(\exists\alpha)\beta$	$(E\alpha)\beta$	$\exists\alpha\beta$	$\bigvee\alpha\beta$	$\Sigma\alpha\beta$	$\bigvee_{\alpha}\beta\ \ \bigvee_{\alpha}\beta$

dem auf einer Seite stehenden Operator und der auf der anderen Seite stehenden Formel; ein Doppelpunkt tut dies in noch stärkerem Maße). Um Klammern und/oder Punkte zu sparen, vereinbart man oft, daß bestimmte Operatoren ›stärker binden‹ als andere, z.B. in dieser Enzyklopädie, daß $\wedge$ und $\vee$ schwächer als einstellige Operatoren, aber stärker als $\rightarrow$, $\leftrightarrow$ binden. Damit kann die angeführte Formel als $(\beta\rightarrow\gamma)\rightarrow(\alpha\vee\beta\rightarrow\alpha\vee\gamma)$ notiert werden: Weil $\vee$ stärker bindet als $\rightarrow$, gehört das zweite Vorkommen von β zum links davon stehenden $\vee$ und nicht etwa zum rechts davon stehenden $\rightarrow$. Ferner legt man in der Regel fest, daß wegen der Gültigkeit der ↑Assoziativgesetze für $\wedge$ und $\vee$ bei iterierten ↑Konjunktionen und ↑Adjunktionen Klammern wegfallen dürfen (z.B. $\alpha\wedge\beta\wedge\gamma\wedge\delta$ statt $((\alpha\wedge\beta)\wedge\gamma)\wedge\delta$ oder $(\alpha\wedge\beta)\wedge(\gamma\wedge\delta)$). Manchmal wird vereinbart, daß Formeln mit mehreren gleichstark bindenden Operatoren ohne Klammern im Sinne von Linksklammerung bzw. Rechtsklammerung aufzufassen sind, daß also z.B. $\alpha\rightarrow\beta\rightarrow\gamma\leftrightarrow\delta$ im Sinne von $((\alpha\rightarrow\beta)\rightarrow\gamma)\leftrightarrow\delta$ (Linksklammerung) bzw. von $\alpha\rightarrow(\beta\rightarrow(\gamma\leftrightarrow\delta))$ (Rechtsklammerung) zu verstehen ist.

An nicht-logischen Grundzeichen, die keine *Hilfszeichen* (wie Klammern und Punkte) sind, benutzt man in der Junktorenlogik ↑Aussagenvariablen, in der Quantorenlogik 1. Stufe ↑Individuenvariablen und n-stellige ↑Prädikatvariablen, gelegentlich auch ↑Individuenkonstanten. Atomare quantorenlogische Formeln, aufgebaut aus einer n-stelligen Prädikatvariablen ϕ und Individuenvariablen oder Individuenkonstanten $\alpha_1,\ldots,\alpha_n$, notiert man meist als $\phi(\alpha_1,\ldots,\alpha_n)$ oder $\phi\alpha_1\ldots\alpha_n$, gelegentlich auch als $\alpha_1,\ldots,\alpha_n\,\varepsilon\,\phi$ oder (im zweistelligen Fall) $\alpha_1\,\phi\,\alpha_2$. Ferner gehören zur quantorenlogischen Notation die Regelungen über *gebundene* und *freie* Vorkommen (↑Variable) von Individuenvariablen, was insbes. für die Definition der Substitutionsoperation (↑Substitution) wichtig ist. In Quantorenlogiken höherer Stufe und ↑Typentheorien kommen Variablen und eventuell Konstante höherer Stufe bzw. komplexeren Typs

hinzu, in der verzweigten Typentheorie noch weitere Unterscheidungen. Um auf solche Differenzierungen verzichten zu können, hat P. Lorenzen indefinite Quantoren ($\bigwedge$, $\bigvee$ oder $⋀$, $⋁$; ↑indefinit/Indefinitheit) eingeführt, deren Variabilitätsbereich durch feste Verfahren nicht ausschöpfbar ist. – Die wichtigsten variablenbindenden logischen Operatoren, die nicht Aussagen, sondern ↑Terme oder ↑Prädikatoren bilden, sind der ↑Kennzeichnungsoperator, meist notiert als $(\iota\alpha)\beta$ oder $\iota_\alpha\beta$ (mit einer Individuenvariablen α und einer Formel β), und der ↑Lambda-Operator, meist notiert als $\lambda\alpha.\beta$ (mit einer Variablen α und einem λ-Term β). Jede Variablenbindung kann auf die Variablenbindung mit Hilfe des λ-Operators zurückgeführt werden. So kann man etwa $\forall(\lambda\alpha.\beta)$ statt $\forall\alpha\beta$ schreiben und damit den Allquantor statt als variablenbindenden Operator, der auf ↑Aussageformen angewendet wird, als Operator ohne Variablenbindung, der auf λ-Terme angewendet wird, auffassen. Ganz ohne Variablenbindung kommen Systeme der kombinatorischen Logik (↑Logik, kombinatorische) aus. Es hängt davon ab, wo die Grenzen der Logik gezogen werden, welche sonstigen Operatoren man als zur l.en N. gehörig ansieht. Zu solchen Grenzfällen gehören die ↑Identität ($=$), der Hilbertsche ε-Operator ($\varepsilon_\alpha\beta$: ›ein α, so daß β‹), der Klassenbildungsoperator (z.B. notiert als $\hat{\alpha}\beta$: ›die ↑Menge derjenigen α, so daß β‹) sowie der λ-Operator aufgefaßt als Funktionsbildungsoperator ($\lambda\alpha.\beta$: ›diejenige ↑Funktion, die der in der Formel β als Argument vorkommenden Individuenvariablen α den Wert β zuordnet‹). Der ↑Logizismus setzt in seiner Zurückführung von Arithmetik auf Logik voraus, daß der Klassenbildungsoperator zusammen mit dem Abstraktionsprinzip (wonach $\hat{\alpha}\beta(\alpha)$ genau dann gleich $\hat{\alpha}\gamma(\alpha)$ ist, wenn für alle Individuen α gilt: $\beta(\alpha\leftrightarrow\gamma(\alpha))$ zur Logik im engeren Sinne gehört. Zur Logik im weiteren Sinne, die auch inhaltliche Operatoren umfaßt, gehören die Grundzeichen der deontischen, epistemischen, temporalen und topologischen Logik (↑Logik, deontische, ↑Logik, epistemische, ↑Logik, temporale, ↑Logik, topologische).

Zur Notation *logischer* ↑*Regeln* sind im wesentlichen zwei Wege üblich: Einmal läßt sich eine eigene Schreibweise für Regeln verwenden, etwa unter Verwendung eines ›Regelpfeils‹, z. B. ⇒, oder eines Strichs |: Der Ausdruck $\alpha, \beta \Rightarrow \alpha \wedge \beta$ oder $\alpha, \beta \mid \alpha \wedge \beta$ bedeutet dann z. B.: ›von α und β darf man zu $\alpha \wedge \beta$ übergehen‹. Ferner lassen sich Regeln durch Angabe des ↑Schemas ihrer Anwendung in einer ↑Ableitung notieren, z. B.

$$\frac{\alpha \quad \beta}{\alpha \wedge \beta}$$

als Schema der Anwendung der ∧-Einführungsregel in einem ↑Kalkül des natürlichen Schließens. Dementsprechend gibt es für die Notation von Ableitungen zwei Wege: Einmal lassen sich Ableitungen als (meist senkrechte) Aufeinanderfolge von Zeichenreihen notieren, die durch Anwendung von Regeln auf schon gewonnene Zeichenreihen erzeugt sind (wobei diese Aufeinanderfolge noch in Subderivationen gegliedert sein kann wie bei Ableitungen in Kalkülen des natürlichen Schließens vom Jaśkowski- oder Fitch-Typ). Die andere Möglichkeit besteht in der baumförmigen (↑Baum (logisch-mathematisch)) graphischen Anordnung von Formeln entsprechend der Anwendung von schematisch beschriebenen Regeln wie in Kalkülen des natürlichen Schließens vom Gentzen-Typ (↑Gentzentypkalkül). – Die grundlegenden logischen Eigenschaften von bzw. Beziehungen zwischen Formeln – Beweisbarkeit bzw. Ableitbarkeit (↑beweisbar/Beweisbarkeit, ↑ableitbar/Ableitbarkeit) und logische Gültigkeit (↑gültig/Gültigkeit) bzw. logische ↑Folgerung oder ↑Implikation – notiert man meist mit ›⊢‹ und ›⊩‹, ›⊨‹, ›≺‹.

Um *über* eine l. N. zu reden, insbes. um ein Logiksystem zu erläutern, benötigt man eine geeignete *metasprachliche* Notation (↑Metasprache). Dazu gehören (1) metasprachliche Variablen (Syntaxvariablen; im vorliegenden Artikel griechische Buchstaben; ↑Metavariable), (2) Namen für die Zeichen der l.n N., insbes. für die logischen Konstanten, (3) eine Schreibweise für die ↑Verkettung von objektsprachlichen Zeichen (↑Objektsprache) zu neuen objektsprachlichen Zeichen. Da die Verwendung von Anführungsnamen (↑use and mention) für (2) recht aufwendig ist, verwendet man die Zeichen der l.n N. oft ↑autonym, d. h. als Namen für sich selbst (so auch in diesem Artikel); ›∨‹ z. B. ist dann sowohl ein metasprachliches als auch ein objektsprachliches Zeichen, das (als metasprachliches Zeichen) sich selbst (als objektsprachliches Zeichen) bezeichnet. Eine andere Möglichkeit besteht etwa darin, objektsprachliche Zeichen halbfett zu drucken und als deren Namen typengleiche, aber normal geschriebene Zeichen zu verwenden (›∨‹ ist dann der metasprachliche Name für ›**∨**‹). Für die Verkettung (3) von objektsprachlichen Zeichen verwendet man häufig (wie in diesem Artikel) die Konvention, daß eine Aufeinanderfolge von metasprachlichen Variablen für objektsprachliche Zeichen und Namen von objektsprachlichen Zeichen für jeden Wert der Variablen die Verkettung der entsprechenden objektsprachlichen Zeichen bezeichnet. So bezeichnet in einer Notation, die normal geschriebene Ausdrücke als metasprachliche Namen von typengleichen halbfetten Ausdrücken auffaßt, ›$\lambda \alpha.\beta$‹ für die Werte ›**x**‹ und ›**A(x)**‹ der Variablen ›α‹ und ›β‹ das objektsprachliche Zeichen ›**λx.A(x)**‹, das durch Verkettung der objektsprachlichen Zeichen ›**λ**‹, ›**x**‹, ›**.**‹, ›**A**‹, ›**(**‹, ›**x**‹, ›**)**‹ (d. h. von λ, x, ., A, (, x,)) entsteht. Eine andere Möglichkeit ist die von W. V. O. Quine entwickelte Methode der *Quasianführung* (↑Mitteilungszeichen), wonach eine Aufeinanderfolge von Syntaxvariablen und objektsprachlichen Zeichen, eingeschlossen in die Quasianführungszeichen ›⌐‹ und ›¬‹, für jeden Wert der Variablen die Verkettung der entsprechenden objektsprachlichen Ausdrücke bezeichnet, z. B. ›⌐$\lambda \alpha.\beta$¬‹ für dieselben Werte von ›α‹ und ›β‹ denselben objektsprachlichen Ausdruck wie oben.

Im Zusammenhang mit der Entwicklung substruktureller Logiken (↑Logik, substrukturelle), insbes. der linearen Logik (↑Logik, lineare), sind zahlreiche weitere logische Zeichen und damit zusammenhängende Notationen vorgeschlagen worden, und diese haben die in diesem Artikel behandelten Standardnotationen ergänzt. Hinzu kommen erweiterte Beweisstrukturen, die keine Baumform mehr haben (z. B. so genannte Beweisnetze). Für die Entstehung der modernen l.n N. ist die zweidimensionale Notation in G. Freges ↑Begriffsschrift von zentraler Bedeutung. Sie ist wie die oben beschriebene polnische Notation klammerfrei, aber aufgrund ihrer Zweidimensionalität wesentlich besser lesbar. Trotz ihrer systematischen Vorzüge bei der Behandlung der Implikation, die Ideen des ↑Sequenzenkalküls vorwegnimmt, konnte sie sich nicht gegenüber der Notation etwa der Principia Mathematica durchsetzen, vor allem wegen der mit der Zweidimensionalität einhergehenden typographischen Probleme.

Literatur: R. Feys/F. B. Fitch, Dictionary of Symbols of Mathematical Logic, Amsterdam 1969, 1973; B. Linsky, The Notation in »Principia Mathematica«, SEP 2004, rev. 2011; G. Rosen, Abstract Objects, SEP 2012; P. Schroeder-Heister, Gentzen-Style Features in Frege, in: Abstracts of the 11th International Congress of Logic, Methodology and Philosophy of Science, Cracow, Poland (August 1999), Krakau 1999, 449.   P. S.

Notwehr, rechtlicher und ethischer Terminus, der die Selbst- und die Fremdverteidigung gegen einen ungerechtfertigten Angriff bezeichnet (die Fremdverteidigung wird als ›Nothilfe‹ von der N. im engeren Sinne abgehoben). Im deutschen Recht wird die N. – die Nothilfe einschließend – definiert als jene »Verteidigung, die erforderlich ist, um einen gegenwärtigen Angriff von sich oder einem anderen abzuwenden« (StGB § 32; BGB § 227). Das bedeutet, daß in einer N.lage (bzw. Nothilfelage) das Verbot, einen anderen zu verletzen, für den Verteidiger in Bezug auf den Angreifer aufgehoben ist; die N.handlung (bzw. die Nothilfehandlung) ist nicht rechtswidrig und somit nicht strafbar; auch eine Pflicht, den eventuell entstandenen Schaden zu ersetzen, besteht nicht.

Im deutschen Recht gelten folgende Voraussetzungen für die Rechtmäßigkeit der N.: (1) Der Angriff ist rechtswidrig und damit notwehrfähig in folgendem Sinne: Er richtet sich gegen ein Individualrecht bzw. Individualrechtsgut wie Leib, Leben, Eigentum, Schutz der Intimsphäre, das dem Verteidigenden (oder im Fall der Nothilfe einem Dritten) zusteht (die Verteidigung der staatlichen Ordnung oder der öffentlichen Sicherheit fällt nicht unter die Begriffe der N. oder der Nothilfe). (2) Es handelt sich um eine N.lage, d. h. um einen gegenwärtigen Angriff: Er muß unmittelbar bevorstehen oder noch andauern (eine künftige Bedrohung oder eine nachträgliche Bestrafung oder Vergeltung [Rache] fällt nicht unter den Begriff der N.lage und daher auch nicht unter den der N.). (3) Die N.handlung ist erforderlich, d. h., sie ist nach Art und Stärke notwendig, um diesen konkreten Angriff abzuwehren oder zu beenden, und eine Abwehr des Angriffs durch staatliche Organe (Polizei) findet in dieser konkreten Situation nicht statt (N. ist grundsätzlich subsidiär gegenüber staatlichem Handeln). Das deutsche Strafrecht gewährt der N. einen weiten Raum. Sein weitgehender Verzicht auf Vorschriften zu ihrer Begrenzung wird durch ethische Leitlinien der Rechtsprechung kompensiert, z. B. zur Beachtung der Verhältnismäßigkeit von N.maßnahmen (sowie ihrer mutmaßlichen Folgen) und dem zu schützenden Rechtsgut. Auch der Grundsatz, daß das Recht nicht dem Unrecht zu weichen brauche, wird eingeschränkt, wenn es sich beim Angreifer z. B. um ein Kind oder einen Geisteskranken handelt. Allerdings betrifft das Verbot der Menschenrechtskonvention (Art. 2 Abs. 2 a), Menschen zur Verteidigung von Sachwerten zu töten, nach herrschender juristischer Auffassung nicht die Rechte der Staatsbürger untereinander; die Verteidigung individuellen Eigentums schließt äußerstenfalls auch die Tötung des Angreifers ein. – Wenn der Angegriffene in Angst oder Schrecken über die Grenzen der erlaubten N. hinausgeht, liegt ein N.exzess vor; die N.handlung ist dann zwar nicht rechtmäßig, jedoch entschuldbar. Eine Putativnotwehr liegt vor, wenn der Verteidiger eine N.lage annimmt, die nicht besteht. N.exzess und Putativnotwehr können Schuldausschließungsgründe darstellen, die Straffreiheit zur Folge haben, wenn sich der Irrtum bezüglich N.handlung bzw. N.lage im konkreten Fall nicht vermeiden ließ.

Im vorneuzeitlichen Recht sind nicht nur individuelle, sondern auch soziale Rechtsgüter notwehrfähig, und als Angreifer sowie als Verteidiger solcher Güter treten nicht nur Individuen auf, sondern auch Kollektive (Clans, Sippen, Städte, Stände etc.). Mit der Etablierung des staatlichen Gewaltmonopols wird die eigenmächtige individuelle und kollektive Ausübung von ↑Gewalt zur Durchsetzung von Rechtsansprüchen unterbunden. Die N. wird auf jene Situationen beschränkt, in denen der Schutz individueller Rechtsgüter nicht durch staatliche Organe gewährleistet wird. – In neueren Debatten wird der Gebrauch von ›N.‹ wieder erweitert, wenn die völkerrechtliche Legitimität der Nothilfe durch die Staatengemeinschaft in Fällen massiver, staatlich geduldeter oder von staatlichen Organen begangener Menschenrechtsverletzungen an der eigenen Bevölkerung (z. B. durch ethnische Säuberungen) thematisiert wird. – In Teilen der katholischen Morallehre ist bei individueller und staatlicher N.lage die Schädigung des Angreifers bis hin zu seiner Tötung nur dann moralisch erlaubt, wenn diese Schädigung außer dem Kriterium der Erforderlichkeit auch dem Prinzip der Doppelwirkung (*principium duplicis effectus*) genügt, d. h. wenn der Verteidiger unmittelbar (*intentione directa*) nur die Wahrung der naturrechtlich (↑Naturrecht) oder schöpfungstheologisch gerechtfertigten Güter und die Abwehr des ungerechtfertigten Angriffs beabsichtigt, die Schädigung und eventuelle Tötung des Angreifers jedoch (*intentione obliqua*) lediglich in Kauf nimmt. – Vom Neuen Testament her (Jesu Beispiel der Duldung von Unrecht, seine Gebote der Feindesliebe und des Verzichts auf Gegengewalt) legt sich als Ideal allerdings der Verzicht auf N. nahe (radikaler Pazifismus), während Nothilfe als Befolgung des Gebots der Nächstenliebe gelten kann. – Zu den unterschiedlichen Ansätzen der philosophischen Begründung der N. vgl. Renzikowski (Lit.).

Literatur: R. Bittner, Ist N. erlaubt?, in: B. Bleisch/J.-D. Strub (eds.), Pazifismus. Ideengeschichte, Theorie und Praxis, Bern/Stuttgart/Wien 2006, 265–275; A. Engländer, Grund und Grenzen der Nothilfe, Tübingen 2008; I. Fasten, Die Grenzen der N. im Wandel der Zeit, Hamburg 2011; F. Fechner, Grenzen polizeilicher N., Frankfurt etc. 1991; G. P. Fletcher, A Crime of Self-Defense. Bernhard Goetz and the Law on Trial, Chicago Ill., New York, London 1988, 1990 (dt. N. als Verbrechen. Der U-Bahn-Fall Goetz, Frankfurt 1993); H. Frister, Die N. im System der Notrechte, Goltdammer's Archiv f. Strafrecht 135 (1988), 291–316; H. Fuchs, Grundfragen der N., Wien 1986; M. A. M. Genoni, Die N. im Völkerrecht, Zürich 1987; J. Hruschka, Die N. im Zusammenhang von Kants Rechtslehre, Z. f. d. gesamte Strafrechtswiss. 115 (2003), 201–223; W. Kargl, Die intersubjektive Begründung und Begrenzung der N., Z. f. d. gesamte Strafrechtswiss. 110 (1998), 38–68; E. Kaufmann, N., in: ders./A. Erler (eds.), Handwörterbuch zur deutschen Rechtsgeschichte [HRG] III, Berlin 1984, 1096–1101; D. Kioupis, N. und Einwilligung. Eine individualistische Begründung, Baden-Baden 1992; F. Loos/H. Kreß, N., RGG VI (⁴2003), 405–407; D. Ludwig, ›Gegenwärtiger Angriff‹, ›drohende‹ und ›gegenwärtige Gefahr‹ im N.- und Notstandsrecht. Eine Studie zu den temporalen Erfordernissen der Notrechte unter vergleichender Einbeziehung der Gefahrerfordernisse des Polizeirechts, Frankfurt etc. 1991; K. Marxen, Die ›sozialethischen‹ Grenzen der N., Frankfurt 1979; R. Merkel, Folter und N., in: M. Pawlik/R. Zaczyk (eds.), Festschrift für Günther Jakobs. Zum 70. Geburtstag am 26. Juli 2007, Köln/Berlin/München 2007, 375–403; A. Montenbruck, Thesen zur N., Heidelberg 1983; M. Pawlik, Die N. nach Kant und Hegel, Z. f. d. gesamte Strafrechtswiss. 114 (2002), 259–299; D. von der Pfordten, Zu den Prinzipien der N., in: K. Amelung u. a. (eds.), Strafrecht, Biorecht, Rechtsphilosophie. Festschrift für Hans-Ludwig Schreiber zum 70. Geburtstag am 10. Mai 2003, Heidelberg 2003, 359–373; J. Renzikowski, Notstand und N., Berlin 1994; ders., Intra- und extrasystematische Rechtfertigungsgründe, in: B. S. Byrd/J. C. Joerden (eds.), Philosophia Practica Universalis. Festschrift für Joachim Hruschka zum 70. Geburtstag, Berlin 2005, 643–668; ders., N., EP II (²2010), 1813–1818; R. van Rienen, Die ›sozialethischen‹ Einschränkungen des N.rechts. Die Grenzen privater Rechtsverteidigung und das staatliche Gewaltmonopol, Baden-Baden, Zürich/St. Gallen 2009; B. Sangero, Self-Defence in Criminal Law, Oxford/Portland Or. 2006; C.-F. v. Scherenberg, Die sozialethischen Einschränkungen der N., Frankfurt etc. 2009; M. Schmidl, The Changing Nature of Self-Defence in International Law, Baden-Baden, Wien 2009; R. F. Schopp, Justification Defenses and Just Convictions, Cambridge etc. 1998; R. Sengbusch, Die Subsidiarität der N.. Zum Verhältnis von eigenhändiger Verteidigung und der Abwehr eines Angriffs durch staatliche oder private Helfer, Berlin 2008; S. Uniacke, Permissible Killing. The Self-Defence Justification of Homicide, Cambridge etc. 1994, 1996; H. Wagner, Individualistische und überindividualistische N.begründung, Berlin 1984.   R. Wi.

notwendig/Notwendigkeit (engl. necessary/necessity, franz. nécessaire/nécessité, griech. *ἀναγκαῖον*), eine der ↑Modalitäten, in der ↑Scholastik im Anschluß an Aristoteles, neben Wahrheit (↑verum) und Falschheit (↑falsum) selbst, als ↑Modus des Wahr- und Falschseins von ↑Aussagen aufgefaßt. Aussagen bzw. die durch sie dargestellten ↑Sachverhalte heißen n., wenn sie nicht bloß *zufällig* (d.h. kontingent; ↑kontingent/Kontingenz) gelten bzw. bestehen, wenn es also zwingende Gründe gibt, warum sie so und nicht anders sind. Sprachlich wird N. meist durch das modale Verb ›müssen‹ ausgedrückt. Soll N. mehr als bloß emphatische Wahrheit sein – z.B., wenn man sagt: ›es kann nicht anders sein, es muß so sein‹ –, so muß eine Klasse Σ wahrer Aussagen angegeben werden, relativ zu der eine Aussage A als n. behauptet wird: notwendigerweise A genau dann, wenn A aus Σ logisch folgt ($\Sigma \prec A$, bei Aristoteles: *ἀναγκαῖον ἐξ ὑποθέσεως*, vgl. De gen. et corr. *B*11 und Phys. *B*9, oft ›relative‹ oder ›bedingte N.‹ genannt). Repräsentiert Σ dabei einen vorliegenden Wissensstand, so liegt speziell epistemische N. vor: eine Aussage heißt bezüglich Σ *epistemisch* n. (d.h. bewiesen), wenn sie aus Σ logisch folgt. Handelt es sich bei Σ ausschließlich um logisch wahre Aussagen, so ist die N. von A gleichwertig mit der

logischen Wahrheit von A, und Σ kann als leer angenommen werden; man spricht dann von der *logischen* N. von A. In diesem Falle ist die Annahme, A sei falsch (die ↑Negation von A also wahr), bereits logisch widersprüchlich, also logisch unmöglich (die Negation von A ist inkonsistent; bei Aristoteles: *ἀναγκαῖον ἁπλῶς*, oft ›absolute N.‹ genannt, z.B.: »n. ist das [. . .], was nicht anders sein kann, sondern nur auf eine einzige Weise«, Met. *Λ*7.1072b11–14). Gehören zu Σ alle in Kraft befindlichen Sprachregelungen, so bedeutet ›notwendigerweise A‹ soviel wie ›A ist ↑analytisch wahr‹ (z.B. ›rot ist notwendigerweise nicht grün‹, ›auf den Tag folgt notwendigerweise die Nacht‹, ›die Wirkung folgt notwendigerweise der Ursache‹) und A heißt *analytisch* n.. Dies wird oft ebenfalls unter den Begriff der logischen N. gefaßt, obwohl die Annahme $\neg A$ (nicht-A) keineswegs bereits logisch widersprüchlich ist. Erweitert man Σ noch weiter, etwa um den Bereich der so genannten ↑Naturgesetze, so wird ein Satz wie ›wenn ich den Stein hochhebe und loslasse, so fällt er zu Boden‹ *kausal* n.. Es ist hingegen problematisch, wie als erster D. Hume in einer Analyse der ↑Kausalität gezeigt hat, den als Beispiel gewählten Wenn-dann-Satz selbst als Ausdruck einer kausal n.en Beziehung zwischen ↑Ursache und ↑Wirkung aufzufassen.

Bei den angeführten N.en handelt es sich – sofern die logische N. nicht als eigener Fall angesehen wird – um Formen von *ontischer* (d.h. realer, auf Sein bezogener) N., von der die *deontische* (d.h. moralische, auf Sollen bezogene) N., die allein von ↑Handlungen bzw. ihren Ergebnissen ausgesagt und sprachlich statt durch ›müssen‹ besser durch ›sollen‹ ausgedrückt wird, streng zu unterscheiden ist. Dies hat erstmals G. W. Leibniz begrifflich klar herausgestellt, mit der zusätzlichen Pointe, die kausale N. auf die moralische N. Gottes zu gründen – Gott wählt die ›vollkommenste Ordnung‹, d.i. diejenige, die »die einfachste den Hypothesen nach, aber die reichste den Erscheinungen nach ist« (vgl. Disc. mét. § 6, Philos. Schr. IV, 431). Eine Handlung bzw. ein Handlungsergebnis ist deontisch n. oder *geboten*, wenn die Aufforderung, die Handlung auszuführen bzw. das Handlungsergebnis zu verwirklichen, aus einer Klasse anerkannter Normen (↑Norm (handlungstheoretisch, moralphilosophisch)) logisch folgt. Spricht man gleichwohl auch bei Handlungen noch von einem Müssen, so ist entweder die reale N., die Unentbehrlichkeit eines ↑Mittels zu einem bereits als akzeptiert unterstellten ↑Zweck, gemeint oder es hat physischer Zwang die Stelle moralischer N. eingenommen. Als Ursachen für den Verlust der Wahlfreiheit durch physischen Zwang kommen die Anwendung von ↑Gewalt oder die Wirksamkeit von Naturgesetzen in Frage. So erklärt etwa Aristoteles unter Berufung auf Sophokles’ »Elektra«: »Gewalt (*βία*) ist eine Art N. [eine Handlung auszuüben]« (Met.

*Δ*5.1015a30–31); sie ›nötigt‹. Aber schon die ↑Vorsokra-
tiker sprechen von der N. (*ἀνάγκη*) des Ablaufs der
Ereignisse, und zwar unter Einschluß der menschlichen
Handlungsabläufe, auf Grund des als ein Gesetz (bei
Parmenides auch ›*δίκη*‹, VS 28 A 32, vgl. A 37; bei
Heraklit auch ›*λόγος*‹, VS 22 A 8, vgl. A 5) aufgefaßten
↑Schicksals (*εἱμαρμένη*), was erst Platon im »Timaios«
(47e–48a) trennt in eine (freilich vom ↑Nus durch dessen Streben nach dem Besten – wie wieder bei Leibniz –
moralisch gelenkte) Naturnotwendigkeit der Ereignisab-
läufe und eine Vernunftnotwendigkeit der Erkenntnis
durch beweisende Gründe. Besonders greifbar wird der
Unterschied zwischen ontischer und deontischer N.,
wenn man beachtet, daß es weder auf der Handlungsebene eine Entsprechung zur ›Wirklichkeit‹ auf der
Sachverhaltsebene gibt, noch ›wirklich‹ selbst auf beiden
Ebenen dieselbe Rolle spielt: ›real n.‹ impliziert ›wirklich‹, hingegen folgt aus dem Gebotensein einer Handlung keineswegs ihre tatsächliche Ausführung, noch ihre
Güte in dem Sinne, daß ›gut‹ (↑Gute, das) für Handlungen dieselbe Rolle spielte wie ›wirklich‹ für Sachverhalte. Nur ein moralischer ↑Rigorismus würde von jeder
Handlung fordern, daß entweder ihre Ausführung oder
ihre Unterlassung gut bzw. schlecht sei.

Es ist Aufgabe der ↑Modallogik, eine Übersicht über
diejenigen modallogischen Aussagen zu geben, die unabhängig von der speziellen Wahl einer konsistenten
Aussageklasse *Σ* gelten und in diesem Sinne modallogisch allgemeingültig (↑allgemeingültig/Allgemeingül-
tigkeit) sind, also insbes. die ›n.en Wahrheiten‹, die damit *unter allen Umständen* (›in allen möglichen Welten‹;
↑Welt, mögliche) wahr sind. Die Allgemeingültigkeit
von ›notwendigerweise *A*‹, also die Geltung der N.saus-
sage *ΔA* relativ zu einem beliebigen konsistenten *Σ*, ist
mit der logischen N. von *A*, also der logischen (eventuell
auch der analytischen) Wahrheit von *A*, gleichwertig.
Deshalb werden sowohl die *Notwendigkeitsregel A* ⇒
ΔA als auch die *Wahrheitsregel ΔA* ⇒ *A* (von der
ebenfalls modallogisch allgemeingültigen Implikation
ΔA ≺ *A* – Notwendiges ist wirklich – zu unterscheiden) in den (üblichen) ↑Kalkülisierungen der Modallogik, den ↑Modalkalkülen, als zulässig akzeptiert. Dagegen gilt die ↑Implikation *A* ≺ *ΔA* natürlich nicht für
ein beliebiges *Σ*, sondern nur relativ zu einem solchen,
das *A* einschließt. Bereits Aristoteles unterscheidet ausdrücklich die modallogisch gültige Implikation ›was ist,
ist notwendigerweise, wenn es ist‹ von der ungültigen
›was ist, ist notwendigerweise‹ (de int. 9.19a25–26). I.
Kant beschränkt sich hierbei, zur Bewahrung der ↑Frei-
heit (↑Freiheit (handlungstheoretisch)) im Reich der
Sitten, auf Aussagen *A* über die ↑Natur: »Unter Natur
(im empirischen Verstande) verstehen wir den Zusammenhang der Erscheinungen ihrem Dasein nach, nach
n.en Regeln, d. i. nach Gesetzen« (KrV B 263). Und unter

Berufung auf ›empirische Gesetze der ↑Kausalität‹ als
Bestandteil von *Σ*, die es erlauben, *A* aus *Σ* logisch zu
folgern, verschärft er die genannte Aristotelische Implikation zum ›Grundsatz‹: »Alles, was geschieht, ist hypothetisch n.« (KrV B 280). Auch an anderen Stellen der
philosophischen Tradition, z. B. im Historischen und
Dialektischen Materialismus (↑Materialismus, historischer, ↑Materialismus, dialektischer), verweist die Rede
vom n.en Gang der Geschichte (↑Geschichtsphiloso-
phie) und der Natur auf die Annahme der Existenz eines
umfassenden Bereichs von Gesetzen, relativ zu dem jede
Einzelaussage n. ist, in dem also weder physische Unbestimmtheit (↑zufällig/Zufall) noch psychische Unbestimmtheit (Freiheit; ↑Willensfreiheit) vorkommt.

Daneben spielt im Zusammenhang der ↑Gottesbeweise
die Anwendung von ›N.‹ gegenüber der Existenz eine
wichtige Rolle, also *Δ*⋁$_x$ *x* ε *P* (in Worten: notwendigerweise existiert ein Gegenstand der Art *P*), meist im
Sinne logischer oder analytischer N.. Z. B. heißt es bei B.
de Spinoza: »dasjenige existiert n., wovon es keinen
Grund und keine Ursache gibt, die es hinderte, daß es
existiert«, und zwar im Rahmen eines kosmologischen
Beweises der in Pars I, Prop. XI der »Ethica« (Opera II,
ed. K. Blumenstock, Darmstadt 1967, 100/101 [lat./dt.])
behaupteten Existenz Gottes (Deus, sive substantia con-
stans infinitis attributis [...] necessario existit – Gott
oder die aus unendlichen Attributen bestehende Substanz [...] existiert n.). Jede ↑Substanz existiert nämlich
ihrer Natur nach (Prop. VII, a. a. O., 92/93), d. h., bei
Verwendung eines ↑Eigenprädikators ›*P*‹ ist das Ganze
(↑Teil und Ganzes, ↑Klasse (logisch)) aus den Instanzen
des in einen Typ von *P*-Gegenständen verwandelten
Schemas *σP* (↑type and token) die zugehörige, stets
präsupponierte (↑Präsupposition), also existierende
Substanz *κP*, und diese existiert logisch n. genau dann,
wenn an Stelle von ›*P*‹ der unendlich viele ↑Prädikatoren
vertretende uneigentliche Prädikator ↑›Gegenstand‹ als
Eigenprädikator gesetzt wird (später erklärt Spinoza alle
Prädikatoren zu ↑Apprädikatoren, nämlich zu Ausdrükken eines ↑Modus, auf der göttlichen als der einzigen
übrigbleibenden Substanz). Ähnlich liegen die begrifflichen Verhältnisse bei Leibniz, wenn dieser der überlieferten Bestimmung von Gott als dem *ens necessarium*,
dem n. Seienden, die Deutung der obersten ↑Monade,
also des ↑Individualbegriffs der Welt im Ganzen,
gibt (vgl. Princ. nat. grâce §§ 7–10, Philos. Schr. VI,
602–603).

Im logischen Sprachgebrauch werden zuweilen auch die
↑Quantoren wie Modalitäten behandelt: der ↑Allquantor
als N. der dem Quantor folgenden ↑Aussageform bzw.
des zugehörigen Prädikators oder Begriffs; z. B. steht
›Menschen sind n. sterblich‹ anstelle von ›alle Menschen
sind sterblich‹. Davon sorgfältig unterschieden werden
muß die N. der Aussage ›alle Menschen sind sterblich‹,

die sicher nicht logisch, allenfalls kausal, weil aus anerkannten biologischen Gesetzen deduzierbar, besteht. Gleichwohl ist schon bei Aristoteles die Aussage ›Menschen sind n. sterblich‹ auch so verstanden worden, daß sich ›n.‹ nur auf ›sterblich‹ bezieht, daß also unter den Eigenschaften von Menschen einige n. oder *wesentlich* bestehen, andere hingegen nur *zufällig* (d.h. möglich, aber nicht n.): ›Sokrates ist n. sterblich‹, aber ›Sokrates hat zufällig eine krumme Nase‹. Die Modalitäten müssen dann nicht nur über Aussagen (Modalität *de dicto*), sondern über Aussageformen (Modalität *de re*), insbes. über Prädikatoren bzw. ihren Intensionen (↑intensional/ Intension), den Begriffen, erklärt werden, wobei zu beachten ist, daß durch Modifikation eines Prädikators mit ›n.‹ im allgemeinen nicht wieder ein Prädikator über demselben Gegenstandsbereich gewonnen wird. Es ist nämlich (worauf W. V. O. Quine hingewiesen hat) die für alle Prädikatoren bestehende Regel von der Substitutivität der ↑Identität verletzt. Z.B. gilt ›7 ist n. kleiner 9‹, da ›7 < 9‹ von arithmetisch gültigen Aussagen logisch impliziert wird. Es gilt aber nicht ›7 ist n. kleiner als die Zahl der Planeten‹, obwohl ›9 = die Zahl der Planeten‹ wahr, aber eben nicht arithmetisch wahr ist, d.h., ›n.‹ kann grundsätzlich nicht als ein physischer Modus, d.h. als eine äußere Seinsbestimmung, verstanden werden. Wenn gleichwohl bei einer Modalität *de re* ein logischer Modus so behandelt wird, als sei er ein physischer Modus, bleibt unbemerkt, daß das Zusprechen (↑zusprechen/absprechen) etwa der durch ›n.‹ modifizierten Kleiner-Relation einem Gegenstandspaar *n, m* gegenüber nur als eine façon de parler für das Zusprechen von ›n.‹ der Aussage ›*n < m*‹ gegenüber anzusehen ist, die Gültigkeit modallogischer Aussagen wegen der Intensionalität der Modaloperatoren grundsätzlich von der Gegebenheitsweise der Gegenstände, über die ausgesagt wird, abhängt. Auch die Auszeichnung einer bestimmten ↑Gegebenheitsweise durch *rigid designation*, wie in der Sprachphilosophie S. A. Kripkes, ändert daran nichts; wohl aber verdeutlicht sie die Möglichkeit, die Spezifizierung der N. je nach Art der Bezugsklasse zu einer modernen Rekonstruktion der Unterscheidung wesentlicher von zufälligen ↑Eigenschaften von Gegenständen einer Art als einer relativen Unterscheidung zu nutzen: z.B. ist über dem Bereich der natürlichen Zahlen ›*n < n + 1*‹ *arithmetisch* n., aber nicht *logisch* n., d.h., die Kleiner-Relation besteht zwischen natürlichen Zahlen, wenn sie besteht, arithmetisch wesentlich, hingegen logisch zufällig. Problematisch bleibt der Versuch, eine nicht-relativierte ›wesentlich‹-›zufällig‹-Unterscheidung wiederaufzunehmen, wie etwa im *Prädikationsprinzip* (*principle of predication*) von G. H. v. Wright (1951, 27): »If a property can be significantly predicated of the individuals of a certain Universe of Discourse, then either the property is necessarily present in some or all individuals and necessarily absent in the rest, or else the property is possibly but not necessarily (i.e. contingently) present in some or all individuals and possibly but not necessarily (i.e. contingently) absent in the rest.«

Bei dem Versuch, die Allgemeingültigkeit modallogischer Aussagen mit Hilfe von Modalkalkülen syntaktisch zu charakterisieren, hat die als Verallgemeinerung der logischen ↑Folgerung verstandene *n.e Folgerung* besonderes Interesse gefunden. Sie hat zur Einführung einer Aussagenverknüpfung mit dem modallogischen ↑Junktor ›notwendigerweise wenn-dann‹ (↑Implikation, strikte) geführt, der durch ›notwendigerweise (wenn *A*, dann *B*)‹ mit dem üblichen junktorenlogischen ›wenn-dann‹ erklärt ist. – In Erinnerung an Aristoteles' Erklärung im Rahmen seiner Übersicht über die Verwendungsweisen von ›n.‹ in Met. *Δ*5, daß ein Sachverhalt *B* n. ist für einen anderen Sachverhalt *A*, wenn ohne ihn dieser Sachverhalt nicht besteht ($\neg B \prec \neg A$) – sein Beispiel für diese bedingte N. ist: ›Weil Lebewesen Nahrung brauchen, ist Nahrung n. zum Leben‹ (Met. *Δ*5.1015a20–21) –, spricht man in der Mathematik von *n.en* ↑*Bedingungen* einer Aussage *A* und meint damit alle Aussagen *B*, die n. relativ zu *A* sind, also von *A* (logisch, eventuell auch nur arithmetisch) impliziert werden ($A \prec B$). Davon zu unterscheiden sind die *hinreichenden Bedingungen* für *A*, nämlich Aussagen *C*, aus denen sich *A* (logisch, eventuell auch nur arithmetisch) erschließen läßt ($C \prec A$). Eine eigene *Logik der* (hinreichenden und n.en) *Bedingungen* ist von v. Wright 1971 als ein Ausschnitt der (alethischen) Modallogik aufgebaut worden, um auch die von ihm ihrerseits auf dieser Logik der Bedingungen aufgebaute deontische Logik (↑Logik, deontische) in die Modallogik einbetten zu können.

Literatur: H. Beck, Möglichkeit und N.. Eine Entfaltung der ontologischen Modalitätenlehre im Ausgang von Nicolai Hartmann, Pullach 1961; D. Braine, Varieties of Necessity I, Proc. Arist. Soc. Suppl. 46 (1972), 139–170; A. Burri, N., in: P. Kolmer/A. G. Wildfeuer (eds.), Neues Handbuch philosophischer Grundbegriffe II, Freiburg/München 2011, 1639–1650; J. Chevalier, La notion du nécéssaire chez Aristote et chez ses prédécesseurs, particulièrement chez Platon [...], Paris 1915 (repr. New York/London 1987); M. Davies, Meaning, Quantification, Necessity. Themes in Philosophical Logic, London/New York 1981; C. J. Ducasse, Causation and the Types of Necessity, Seattle 1924, New York 1969; K. Fine, The Varieties of Necessity, in: ders., Modality and Tense. Philosophical Papers, Oxford etc. 2005, 2008, 235–260; M. Fisk, Nature and Necessity. An Essay in Physical Ontology, Bloomington Ind. 1973; D. Frede, Omne quod est quando est necesse est esse, Arch. Gesch. Philos. 54 (1972), 153–167; B. Hale, The Source of Necessity, Philos. Perspectives 16 (2002), 299–319; M. J. F. M. Hoenen, N., EP I (1999), 964–967, EP II (²2010), 1818–1821; A. Hofstadter, Six Necessities, J. Philos. 54 (1957), 597–613; G. Jalbert, Nécessité et contingence chez Saint Thomas d'Aquin et chez ses prédécesseurs, Ottawa 1961; S. A. Kripke, Naming and Necessity, in: D. Davidson/G. Harman (eds.), Semantics of Natural Language, Dordrecht/Boston Mass. 1972, ²1972, 1977, 253–355 (Addenda, 763–769), erw. separat Oxford, Cambridge Mass. 1980, Oxford 2010 (dt. Name und N., Frankfurt 1981, 2005); ders., Identity and Necessity, in: J. Kim/E. Sosa (eds.), Metaphysics. An Anthology, Malden Mass./Oxford 1999, 2006, 72–89; J. Laporte, L'idée de nécessité, Paris 1941; J. Monod, Le hasard et la nécessité. Essai sur la philosophie naturelle de la biologie moderne, Paris 1970, 1992 (dt. Zufall und N.. Philosophische Fragen der modernen Biologie, München 1970, ⁹1991, 1996; engl. Chance and Necessity. An Essay on the Natural Philosophy of Modern Biology, New York 1971, London 1997); A. Pap, Semantics and Necessary Truth. An Inquiry into the Foundations of Analytic Philosophy, New Haven Conn./London 1958, 1969; A. Plantinga, The Nature of Necessity, Oxford 1974, 2006; H. Putnam, Possibility and Necessity, in: ders., Realism and Reason, Cambridge/New York 1983, 1996 (= Philosophical Papers III), 46–68; H. Schreckenberg, Ananke. Untersuchungen zur Geschichte des Wortgebrauchs, München 1964; B. Skyrms, Causal Necessity. A Pragmatic Investigation of the Necessity of Laws, New Haven Conn./London 1980; T. Smiley (ed.), Mathematics and Necessity. Essays in the History of Philosophy, Oxford etc. 2000; R. Stalnaker, Reference and Necessity, in: B. Hale/C. Wright (eds.), A Companion to the Philosophy of Language, Oxford etc. 1997, 2005, 534–554; G. Stammler, N. in Natur- und Kulturwissenschaft, Halle 1926; A. Stanguennec, Nécessité, Enc. philos. universelle II/2 (1990), 1739–1740; U. Wolf, Möglichkeit und N. bei Aristoteles und heute, München 1979; dies./W. Kühn/D. Wandschneider, N., Hist. Wb. Ph. VI (1984), 946–986; G. H. v. Wright, An Essay in Modal Logic, Amsterdam 1951; ders., Deontic Logic and the Theory of Conditions, in: R. Hilpinen (ed.), Deontic Logic. Introductory and Systematic Readings, Dordrecht 1971, 1981, 159–177 (dt. Deontische Logik und die Theorie der Bedingungen, in: G. H. v. Wright, Handlung, Norm und Intention. Untersuchungen zur deontischen Logik, ed. H. Poser, Berlin/New York 1977, 19–39).   K. L.

Noumenon (griech. *νοούμενον*), in der Platonischen und neuplatonischen Philosophie (↑Neuplatonismus) Bezeichnung für nur dem Denken, nicht der sinnlichen Wahrnehmung zugängliche Gegenstände (vgl. Pol. 508cff.). Im Anschluß daran nennt I. Kant Noumena, in Abhebung von den Phaenomena (↑Phaenomenon, ↑Erscheinung), Gegenstände, die nicht in der sinnlichen Anschauung und der in den Naturwissenschaften organisierten Erfahrung konstituiert und vorgewiesen werden können. Er unterscheidet dabei einen ›negativen‹ und einen ›positiven‹ Gebrauch des Begriffes: »Wenn wir unter N. ein Ding verstehen, *so fern es nicht Object unserer sinnlichen Anschauung ist,* indem wir von unserer Anschauungsart desselben abstrahieren, so ist dieses ein N. im *negativen* Verstande. Verstehen wir aber darunter ein *Object einer nichtsinnlichen Anschauung,* so nehmen wir eine besondere Anschauungsart an, nämlich die intellectuelle, die aber nicht die unsrige ist, von welcher wir auch die Möglichkeit nicht einsehen können, und das wäre das N. in *positiver* Bedeutung« (KrV B 307). Gegen die Bezugnahme der klassischen Metaphysik auf eine intellektuelle Anschauung (↑Anschauung, intellektuelle) wendet Kant ein, daß die Prinzipien, nach denen die Gegenstände der empirischen Wissenschaften untersucht werden, nicht sinnvoll auf eine nicht-sinnliche Anschauung angewendet werden können und damit Noumena ›in *positiver* Bedeutung‹ unmöglich sind: »Die Eintheilung der Gegenstände in Phaenomena und Noumena und der Welt in eine Sinnen- und Verstandeswelt kann daher *in positiver Bedeutung* gar nicht zugelassen werden, obgleich Begriffe allerdings die Eintheilung in sinnliche und intellectuelle zulassen« (KrV B 311). Mit dieser Einsicht ist nach Kants Analysen jedoch verträglich, daß eine noumenale Sphäre methodisch außerhalb des Kategorien- und Prinzipiensystems der Naturerfahrung in Ansatz gebracht wird. Insbes. der als *moralisches* Wesen verstandene Mensch ist nach Kant nicht lediglich Phaenomenon. Als handelndes Vernunftwesen betrachtet, muß er vielmehr als Urheber von Erscheinungen, der der für die naturwissenschaftliche Empirie konstitutiven Naturkausalität (↑Kausalität) nicht unterworfen ist, und damit als N. unterstellt werden.

Literatur: A. H. Armstrong, The Architecture of the Intelligible Universe in the Philosophy of Plotinus. An Analytical and Historical Study, Cambridge 1940 (repr. Amsterdam 1967); M. Baum, Phaenomena/Noumena, EP II (1999), 1011–1013, EP II (²2010), 1941–1943; H. Herring/Red., N./Phaenomenon, Hist. Wb. Ph. VI (1984), 986–987; G. D. Hicks, Die Begriffe Phänomenon und N. in ihrem Verhältniss zu einander bei Kant. Ein Beitrag zur Auslegung und Kritik der Transcendentalphilosophie, Leipzig 1897; G. Martin, Platons Ideenlehre, Berlin/New York 1973; J. Mittelstraß, Ding als Erscheinung und Ding an sich. Zur Kritik einer spekulativen Unterscheidung, in: J. Mittelstraß/M. Riedel (eds.), Vernünftiges Denken. Studien zur praktischen Philosophie und Wissenschaftstheorie, Berlin/New York 1978, 107–123, ferner, überarb. ohne Untertitel, in: ders., Leibniz und Kant. Erkenntnistheoretische Studien, Berlin/Boston Mass. 2011, 187–203; P. Natorp, Platos Ideenlehre. Eine Einführung in den Idealismus, Leipzig 1903, erw. ²1921, Hamburg 2004; T. I. Oizerman, I. Kant's Doctrine of the ›Things in Themselves‹ and Noumena, Philos. Phenom. Res. 41 (1981), 333–350; G. Prauss, Kant und das Problem der Dinge an sich, Bonn 1974, ³1989; N. Rescher, Kant's Theory of Knowledge and Reality. A Group of Essays, Washington D. C. 1983, bes. 1–16, 21–22; E. C. Sandberg, The Ground of the Distinction of All Objects in General into Phaenomena and Noumena, in: G. Funke (ed.), Akten des 5. Internationalen Kant-Kongresses Mainz 4.–8. April 1981, I/1, Bonn 1981, 448–455; K.-H. Volkmann-Schluck, Plotin als Interpret der Ontologie Platos, Frankfurt 1941, erw. ³1966; R. Wimmer, Homo n.. Kants praktisch-moralische Anthropologie, in: N. Fischer (ed.), Kants Metaphysik und Religionsphilosophie, Hamburg 2004, 347–390.   F. K.

Novalis (eigentlich Georg Philipp Friedrich von Hardenberg), *Oberwiederstedt (bei Mansfeld) 2. Mai 1772, †Weißenfels 25. März 1801, dt. Dichter und Denker. Nach Besuch des Gymnasiums in Eisleben 1790–1791 Studium der Jurisprudenz und Philosophie (bei K. L.

Reinhold und F. Schiller) in Jena, 1791–1792 in Leipzig (Freundschaft mit F. Schlegel), 1793–1794 in Wittenberg. Zunächst als Aktuarius in Tennstedt, 1796–1797 bei der Salinendirektion in Weißenfels tätig (Begegnungen mit J. G. Fichte, F. Hölderlin und F. W. J. Schelling); ab Dezember 1797 Studium (unter anderen bei A. G. Werner) an der Bergakademie zu Freiberg (1798 Begegnungen mit A. W. Schlegel, Jean Paul und J. W. v. Goethe), 1799 Salinen-Assessor in Freiberg (Begegnungen mit L. Tieck und J. G. v. Herder), 1800 Ernennung zum Supernumerar-Amtshauptmann (Landrat) in Thüringen. – N., der literarisch vor allem als Mitbegründer der Jenaer Frühromantik (↑Romantik) bekannt wurde und mit der ›blauen Blume‹ das Sinnbild romantischer ↑Innerlichkeit schuf, stand philosophisch unter anderem unter dem Einfluß von F. X. v. Baader, J. Böhme, Fichte, R. Fludd, J. B. van Helmont, F. Hemsterhuis, Herder, I. Kant, J. H. Lambert, S. Maimon, Schelling, Schlegel und F. D. E. Schleiermacher. Sein großenteils in der spezifisch romantischen Kunstform des Fragments überliefertes Werk strebt die Synthese von ↑Idealismus, christlicher ↑Mystik und ↑Naturphilosophie in einem ›*magischen Idealismus*‹ an, der die moralische Humanisierung der (pantheistisch aufgefaßten, ↑Pantheismus) Natur und die Überwindung der ↑Endlichkeit durch ›Steigerung‹ der menschlichen Existenz zum Ziel hat. An die Stelle des Fichteschen Vernunft-Ich (↑Subjekt, transzendentales) tritt die ↑Einbildungskraft bzw. das ↑Gemüt. Eine an Goethe orientierte ›Poetisierung‹ aller Wissenschaften einerseits und die Theologisierung der Poesie (und des Dichterberufs) andererseits sollen eine transrationale ›Potenzierung‹ des Wissens in der dialektischen (↑Dialektik) ›Konstruktionslehre des schaffenden Geistes‹ ermöglichen, deren letzte Erkenntnisstufe die absolute ›Poetisierung der Welt‹ und damit den Anbruch eines neuen ›goldenen Zeitalters‹ bedeutet. Dieses romantische Programm einer ›transzendentalen Universalpoesie‹ entwickelt N. teilweise in der Begrifflichkeit einer ›göttlichen Universal-Mathematik‹, in der Vorstellungen der ↑Zahlenmystik zum Tragen kommen. Sein Konzept einer Symbiose aller Wissenschaften in einer zugleich ›universalmathematischen‹ und ›poetischen‹ ›Totalwissenschaft‹ suchte N. zeitweilig auch in Form einer ↑Enzyklopädie zu verwirklichen, zu der nur einige Vorarbeiten überliefert sind. N. verstarb an Tuberkulose oder Mukoviszidose noch vor seinem 30. Geburtstag.

Werke: Sämtliche Werke, I–IV, ed. E. Kamnitzer, München 1923–1924; Schriften, I–IV, ed. P. Kluckhohn/R. Samuel, Leipzig 1929, mit Untertitel: Die Werke Friedrich von Hardenbergs, I–IV, ed. R. Samuel/H.-J. Mähl/G. Schulz, Stuttgart ²1960–1975, erw. ³1977 ff. (erschienen Bde I–VI/3); Werke, Briefe, Dokumente, I–IV, ed. E. Wasmuth, Heidelberg 1953–1957; Werke, ed. G. Schulz, München 1969, ⁴2001; Werke, Tagebücher und Briefe Friedrich von Hardenbergs, I–III, ed. H.-J. Mähl/R. Samuel, München/Wien 1978–1987, Darmstadt 1999. – Hein-

rich von Ofterdingen. Ein nachgelassener Roman, I–II, ed. F. v. Schlegel/L. Tieck, Berlin 1802, in einem Bd., ed. J. Schmidt, Leipzig 1876, ed. K. v. Hollander, Weimar 1917, ed. P. Kluckhohn, Stuttgart 1949, ed. A. Henkel, Frankfurt 1963, ed. W. Frühwald, Stuttgart 1965, rev. 1987, ed. J. Kiermeier-Debre, München 1997, ed. W. Frühwald, Stuttgart 2010 (engl. Henry Ofterdingen, Cambridge Mass. 1842, ²1848, übers. P. Hilty, New York 1964, Long Grove Ill. 1990; franz. Henri d'Ofterdingen, übers. G. Polti/P. Morisse, Paris 1908, [dt./franz.] übers. M. Camus, 1942, übers. A. Guerne, 1997, 2011); Gedichte, ed. W. Beyschlag, Halle 1869, Leipzig ²1877, ³1886; Hymns and Thoughts on Religion by N.. With a Biographical Sketch, trans. u. ed. W. Hastie, London 1878, Edinburgh 1888; Die Gedichte des N., ed. F. Blei, Leipzig o.J. [1898]; The Novices of Sais, trans. R. Manheim, New York 1949 [mit Illustrationen v. P. Klee], Brooklyn N. Y. 2005; Die Lehrlinge zu Sais, Gedichte und Fragmente, ed. M. Kiessing, Stuttgart 1960, 1978; Dichtungen und Prosa, ed. C. Träger/H. Ruddigkeit, Leipzig 1975, unter dem Titel: Dichtungen und Fragmente, ed. C. Träger, ²1989; N., ed. H.-J. Mähl, Passau 1976 (Dichter über ihre Dichtungen XV); Hymnen an die Nacht. Kommentierte Studien-Ausgabe, ed. B. Ekmann, Kopenhagen 1983; Fragmente und Studien. Die Christenheit oder Europa, ed. C. Paschek, Stuttgart 1984, 2010; Gedichte, Die Lehrlinge zu Sais, ed. J. Mahr, Stuttgart 1984, 2009; Gedichte, Die Lehrlinge zu Sais, Dialogen und Monolog, ed. J. Hörisch, Frankfurt 1987, 2006; Gedichte, Romane, ed. E. Staiger, Zürich 1988, 1994; Hymnes à la nuit suivi de cantiques spirituels [dt./franz.], ed. R. Voyat, Paris 1990, unter dem Titel: Hymnes à la nuit et cantiques spirituels [dt./franz.], ²1996; Aphorismen, ed. M. Brucker, Frankfurt/Leipzig 1992; Das Allgemeine Brouillon. Materialien zur Enzyklopädistik 1798/99, ed. H.-J. Mähl, Hamburg 1993 (franz. Le brouillon général, übers. O. Schefer, Paris 2000 [= Œuvres philosophiques IV]; engl. Notes for a Romantic Encyclopaedia. Das Allgemeine Brouillon, trans. D. W. Wood, Albany N. Y. 2007); Philosophical Writings, ed. M. Mahony Stoljar, Albany N. Y. 1997; Œuvres philosophiques, Paris 2000 ff. (erschienen Bde II, IV); Gedichte und Prosa, ed. H. Uerlings, Düsseldorf/Zürich 2001; Über die Liebe, ed. G. Schulz, Frankfurt/Leipzig 2001, 2005; Fichte Studies, ed. J. Kneller, Cambridge/New York 2003; Semences, übers. O. Schefer, Paris 2004 (= Œuvres philosophiques II); The Birth of N.. Friedrich von Hardenberg's Journal of 1797, with Selected Letters and Documents, ed. B. Donehower, Albany N. Y. 2007. – N.' Briefwechsel mit Friedrich und August Wilhelm Charlotte und Caroline Schlegel, ed. J. M. Raich, Mainz 1880 (franz. Lettres de la vie et de la mort: 1793–1800, übers. C. Perret, Monaco 1993); Friedrich Schlegel und N.. Biographie einer Romantikerfreundschaft in ihren Briefen, ed. M. Preitz, Darmstadt 1957; – N.-Bibliographie (http://www.uni-trier.de/fileadmin/fb2/GER/pdf_dateien/ndl_uerlings_inb.pdf).

Literatur: A. Blödorn u. a., N., in: H. L. Arnold (ed.), Kindlers Literatur Lexikon XII, Stuttgart/Weimar ³2009, 195–203; J. Daiber, Experimentalphysik des Geistes. N. und das romantische Experiment, Göttingen 2001; M. Dyck, N. and Mathematics. A Study of Friedrich von Hardenberg's Fragments on Mathematics and Its Relation to Magic, Music, Religion, Philosophy, Language, and Literature, Chapel Hill N. C. 1960, New York 1969; E. Friedell, N. als Philosoph, München 1904; U. Gaier, Krumme Regel. N.' ›Konstruktionslehre des schaffenden Geistes‹ und ihre Tradition, Tübingen 1970; K. Geppert, Die Theorie der Bildung im Werk des N., Frankfurt/Bern/Las Vegas 1977; K. Gjesdal, Georg Friedrich Philipp von Hardenberg (N.), SEP 2009; K.

Grützmacher u. a., N., in: R. Radler (ed.), Kindlers Literatur Lexikon XII, München 1991, 526–537; W. Hädecke, N.. Biographie, München, Darmstadt 2011; T. Haering, N. als Philosoph, Stuttgart 1954; K. Hamburger, Philosophie der Dichter. N., Schiller, Rilke, Stuttgart etc. 1966, 11–82 (N. und die Mathematik); S. v. Hardenberg, Friedrich von Hardenberg, genannt N.. Eine Nachlese aus den Quellen des Familienarchivs, Gotha 1873, ²1883, ed. U. Taschow, Leipzig 2010, ²2011; W. Hartmann, Der Gedanke der Menschwerdung bei N.. Eine religionsphilosophische Untersuchung der Fragmente und Studienaufzeichnungen, Freiburg/Basel/Wien 1992; E. Heftrich, N.. Vom Logos der Poesie, Frankfurt 1969; H. W. Kuhn, Der Apokalyptiker und die Politik. Studien zur Staatsphilosophie des N., Freiburg 1961; H. Kurzke, N., München 1988, rev. ²2001; R. Liedtke, Das romantische Paradigma der Chemie. Friedrich von Hardenbergs Naturphilosophie zwischen Empirie und alchemistischer Spekulation, Paderborn 2003; B. Loheide, Fichte und N.. Transzendentalphilosophisches Denken im romantischen Diskurs, Amsterdam/Atlanta Ga. 2000 (Fichte-Stud. Suppl. XIII); H.-J. Mähl, Die Idee des goldenen Zeitalters im Werk des N.. Studien zur Wesensbestimmung der frühromantischen Utopie und zu ihren ideengeschichtlichen Voraussetzungen, Heidelberg 1965, Tübingen ²1994; ders., G. F. P. v. Hardenberg (N.), NDB VII (1966), 652–658; D. F. Mahoney, Friedrich von Hardenberg (N.), Stuttgart/Weimar 2001; G. v. Molnár, Romantic Vision, Ethical Context. N. and Artistic Autonomy, Minneapolis Minn. 1987; J. Neubauer, Bifocal Vision. N.' Philosophy of Nature and Disease, Chapel Hill N. C. 1971; W. A. O'Brien, N.. Signs of Revolution, Durham/London 1995; F. Roder, N.. Die Verwandlung des Menschen. Leben und Werk Friedrich von Hardenbergs, Stuttgart 1992, 2000; ders., Menschwerdung des Menschen. Der magische Idealismus im Werk des N., Stuttgart/Berlin 1997; R. Samuel, Die poetische Staats- und Geschichtsauffassung Friedrich von Hardenbergs (N.). Studien zur romantischen Geschichtsphilosophie, Frankfurt 1925 (repr. Hildesheim 1975); O. Schefer, N., Paris 2011; H. Schipperges, Lehrjahre der Lebenskunst bei N.. Von der Lebensnaturlehre über die Lebenskunstlehre zur Lebensordnungslehre, Oberwiederstedt 2002; G. Schulz, N. in Selbstzeugnissen und Bilddokumenten, Reinbek b. Hamburg 1969 (mit Bibliographie, 177–186), ¹⁶2005 (mit Bibliographie, 177–189); ders., N.. Leben und Werk Friedrich von Hardenbergs, München 2011 (mit Bibliographie, 289–299); F. Strack, Im Schatten der Neugier. Christliche Tradition und kritische Philosophie im Werk Friedrichs von Hardenberg, Tübingen 1982; H. Uerlings, Friedrich von Hardenberg, genannt N.. Werk und Forschung, Stuttgart 1991 (mit Bibliographie, 627–698); ders. (ed.), N. und die Wissenschaften, Tübingen 1997; ders., N. (Friedrich von Hardenberg), Stuttgart 1998; ders., »Blüthenstaub«. Rezeption und Wirkung des Werkes von N., Tübingen 2000; ders. (ed.), N.. Poesie und Poetik, Tübingen 2004. – Mitteilungen d. Int. N.-Ges. 1 (1996)ff.. R. W.

Nozick, Robert, amerik. Philosoph, *Brooklyn 16. Nov. 1938, †Cambridge Mass. 23. Jan. 2002, nach B. A. vom Columbia College 1959 Studium der Philosophie in Princeton, M. A. 1961, Ph.D. 1963, seit 1969 in Harvard, mit breitem Themenspektrum und subtilen Argumentationen, etwa zum Newcomb-Problem (↑Newcomb's problem) in der ↑Entscheidungstheorie (The Nature of Rationality, 41–50) und zum Gettier-Paradox (↑Gettier-Problem) der Wissensdefinition in der Erkenntnistheo-

rie. N.s bekanntestes Werk ist »Anarchy, State, and Utopia« (1974), eine Art Bibel des ↑Libertarianismus. Im Rahmen des (ohne Argument) vorausgesetzten metaphysischen Individualismus, nach dem der Einzelne schon außerhalb von Gesellschaft und Staat ›naturrechtliche Abwehrrechte‹ (↑Naturrecht) wie ein ›rein negatives‹ Verteidigungsrecht des Lebens, der Freiheit und, wie bei J. Locke, des ↑Eigentums haben soll, spielt N., wie schon T. Hobbes, in einer Art ↑Gedankenexperiment die logische Möglichkeit der Genealogie zunächst eines Ultra-Minimal-, dann eines Minimal- oder Nachtwächterstaates durch. Am Anfang stehen freie Verträge mit zunächst privaten Sicherheitsdiensten. Es folgt die Etablierung eines Straf- und damit Gewaltmonopols zur Verminderung von Willkürurteilen der privaten Schutzorganisationen. Kritiker wie T. Nagel bezweifeln erstens die Prämissen, zweitens, ob sich der von dem Argument angesprochene ↑Anarchismus, die politikphilosophische Variante des solipsistischen [↑Solipsismus] ↑Skeptizismus, von den scharfsinnigen Überlegungen überzeugen läßt, da aus der bloß logischen Möglichkeit einer in allen Schritten allseits anerkannten Genealogie eines Minimalstaates nicht folgt, daß ein realer Staat je eine solche Entstehung haben und die entsprechende Anerkennung behalten kann. Im 2. bzw. 3. Teil des Buches wird eine libertär-liberalistische Theorie der ökonomischen Gerechtigkeit bzw. ↑Utopie der Gesellschaft vorgetragen, wobei N.s Argumente gegen angebliches Unrecht in einer Politik der Gleichheit (↑Gleichheit (sozial)) über steuerfinanzierte Umverteilungen von Eigentum im modernen Sozialstaat aber nicht überzeugen, so daß sich N. später, etwa in »The Examined Life« (1989), einem im ganzen mit Recht populären, aber im Detail nicht immer stil- und argumentsicheren Buch über den Sinn des Lebens, von seiner libertären Phase distanziert.

Werke: Newcomb's Problem and Two Principles of Choice, in: N. Rescher (ed.), Essays in Honor of Carl G. Hempel. A Tribute on the Occasion of his Sixty-Fifth Birthday, Dordrecht 1969, 114–146, ferner in: R. N., Socratic Puzzles [s. u.], 45–73; Coercion, in: S. Morgenbesser/P. Suppes/M. White (eds.), Philosophy, Science, and Method. Essays in Honor of Ernest Nagel, New York 1969, 440–472, ferner in: R. N., Socratic Puzzles [s. u.], 15–44; Anarchy, State, and Utopia, o. O. [New York] 1974, 2008 (dt. Anarchie, Staat, Utopia, München 1974, 2011; franz. Anarchie, Etat et utopie, Paris 1988, 2003); Philosophical Explanations, Oxford 1981, 1984; The Examined Life. Philosophical Meditations, New York etc. 1989, 2006 (dt. Vom richtigen, guten und glücklichen Leben, München/Wien 1991, 1993; franz. Méditations sur la vie, Paris 1995); The Normative Theory of Individual Choice, New York/London 1990; The Nature of Rationality, Princeton N. J. 1993, 1995; Socratic Puzzles, Cambridge Mass./London 1997; Invariances. The Structure of the Objective World, Cambridge Mass./London 2001.

Literatur: R. M. Bader/J. Meadowcroft, The Cambridge Companion to N.'s »Anarchy, State, and Utopia«, Cambridge etc. 2011;

A. Boyer, N., DP II (²1993), 2142–2144; J. A. Corlett (ed.),
Equality and Liberty. Analyzing Rawls and N., Basingstoke/
London 1991, 1996; M. D. Friedman, N.'s Libertarian Project.
An Elaboration and Defense, London/New York 2011; S. A.
Hailwood, Exploring N.. Beyond »Anarchy, State and Utopia«,
Aldershot etc. 1996; C. R. Hoffmann-Negulescu, Anarchie, Mi-
nimalstaat, Weltstaat. Kritik der libertären Rechts- und Staats-
theorie R. N.s, Marburg 2001; B. Knoll, Minimalstaat. Eine Aus-
einandersetzung mit R. N.s Argumenten, Tübingen 2008; A. R.
Lacey, N., in: S. Brown/D. Collinson/R. Wilkinson (eds.), Bio-
graphical Dictionary of Twentieth-Century Philosophers, Lon-
don/New York 1996, 578–579; ders., R. N., Chesham, Princeton
N. J. 2001; S. Luper-Foy (ed.), The Possibility of Knowledge. N.
and His Critics, Totowa N. J. 1987; K. Nielsen, Equality and
Liberty. A Defense of Radical Egalitarianism, Totowa N. J. 1985;
J. Paul (ed.), Reading N.. Essays on »Anarchy, State, and Utopia«, Totowa N. J. 1981, Oxford 1982; D. Schmidtz (ed.), R. N.,
Cambridge 2002; J. Wolff, R. N.. Property, Justice and the Mini-
mal State, Stanford Calif., Cambridge/Oxford 1991, Cambridge/
Oxford 1996.   P. S.-W.

n-stellig/n-Stelligkeit (engl. *n*-ary, *n*-place), Bezeichnung für die Eigenschaft eines ↑Prädikators oder ↑Funk-
tors, *n* Argumente zu haben (↑Argument (logisch)). Daneben heißen auch ↑Aussageformen oder ↑Terme mit *n*
freien ↑Variablen *n*-s.. Bei *n* = 1 spricht man von ›Ein-
stelligkeit‹, bei *n* = 2 von ›Zweistelligkeit‹, bei *n* ≥ 2 von
›Mehrstelligkeit‹ (↑einstellig/Einstelligkeit, ↑zweistellig/
Zweistelligkeit, ↑mehrstellig/Mehrstelligkeit). Gelegentlich läßt man als Grenzfall *n* = 0 zu. Ein 0-stelliger Prädikator ist dabei eine ↑Aussage, ein 0-stelliger Funktor
ein ↑Nominator.   P. S.

Nullfolge, Bezeichnung für eine Folge (↑Folge (mathematisch)), die gegen Null bzw. ein Null entsprechendes
Element ihres Bildbereiches konvergiert (↑konvergent/
Konvergenz). Eine Folge x_* ist also eine N., wenn es für
jedes (noch so kleine) $\varepsilon > 0$ eine natürliche Zahl n_0 gibt,
so daß für alle Glieder x_n der Folge x_* mit $n > n_0$ gilt:
$x_n < \varepsilon$. N.n spielen eine wichtige Rolle z. B. bei ↑Inter-
vallschachtelungen. Mit Hilfe des Begriffs der N. läßt
sich der ↑Grenzwert einer Folge definieren.   G. W.

Nullmenge (engl. null set), in der ↑Mengenlehre veral-
tete Bezeichnung für die leere Menge (↑Menge, leere), in
der Maß- und ↑Wahrscheinlichkeitstheorie Bezeichnung
für eine Menge vom ↑Maß 0.   P. S.

Nullsummenspiel (engl. zero-sum game), Bezeichnung
für einen Typ von Spiel in strikt kompetitiven (ant-
agonistischen) Situationen. Paradigmatisch für N.e im
Sinne der ↑Spieltheorie sind endliche Zwei-Personen-
N.e $\langle \Sigma_1, \Sigma_2, N_1, N_2 \rangle$, wobei Σ_i Strategienmengen und N_i
Nutzenfunktionen für die Spieler i = 1, 2 sind und die
Summe $N_1 + N_2$ für alle Spielausgänge konstant gleich 0
ist. Ein Beispiel ist in Abb. 1 gegeben. In diesem Spiel hat
jeder Spieler zwei Strategien zur Auswahl; die Felder

der Tabelle enthalten jeweils das Paar $(N_1(\sigma_1^i, \sigma_2^j),$
$N_2(\sigma_1^i, \sigma_2^j))$ der Werte der Nutzenfunktionen für die
gewählten Strategien σ_1^i und σ_2^j. Das Strategienpaar
$\langle \sigma_1^2, \sigma_2^2 \rangle$ ist ein ›Gleichgewichtspunkt‹ oder ›Sattelpunkt‹
des Spiels.

		Spieler 2	
		σ_2^1	σ_2^2
Spieler 1	σ_1^1	(2, −2)	(−1, 1)
	σ_1^2	(1, −1)	(0, 0)

Abb. 1

Endliche Zwei-Personen-N.e werden auch ›Matrix-
spiele‹ genannt, weil die Nutzenwerte sämtlicher Spielausgänge für beide Spieler durch eine einzige ↑Ma-
trix angebbar sind. Wenn ein Zwei-Personen-N. einen Gleichgewichtspunkt besitzt, kann dieser gefunden
werden, indem jeder Spieler die so genannte Maxi-
min-Strategie verfolgt (J. v. Neumann 1928; ↑Spiel-
theorie). *Konstantsummenspiele* sind Spiele, bei denen
$N_1 + N_2$ für alle Spielausgänge einen konstanten Wert
annimmt. Sie sind den N.en in allen relevanten Hinsichten äquivalent.

Man geht üblicherweise davon aus, daß (1) ein inter-
personeller Vergleich von Nutzenwerten nicht sinnvoll
möglich ist und (2) intrapersonell sowohl der Nullpunkt
als auch die Meßeinheit der Nutzenfunktion arbiträr ist,
d. h., daß individuelle Nutzenwerte auf einer Intervallskala gemessen werden (↑Nutzen, ↑Meßtheorie). Demnach sind Nutzenfunktionen, die durch positiv lineare
Transformationen auseinander hervorgehen, gleichwertige Repräsentationen der Präferenzen eines Spielers. In
dieser Interpretation können auch Spiele, die prima facie
nicht wie N.e aussehen, als solche erwiesen werden. So
ist z. B. das in Abb. 2 gegebene Spiel (mit Nutzenfunktionen N_1', N_2') durch die Festlegung $N_2(\sigma_1^i, \sigma_2^j) =$
$1/2\, N_2'(\sigma_1^i, \sigma_2^j) - 2$ in das N. von Abb. 1 transformierbar.
Obgleich bei dem in Abb. 2 dargestellten Spiel die Sum-
me der Nutzen für Spieler 1 und Spieler 2 nicht konstant, geschweige denn stets gleich 0 ist, kann es somit als
›getarntes N.‹ (C. Rieck) bezeichnet werden.

		Spieler 2	
		σ_2^1	σ_2^2
Spieler 1	σ_1^1	(2, 0)	(−1, 6)
	σ_1^2	(1, 2)	(0, 4)

Abb. 2

Endliche Zwei-Personen-N.e besitzen eine ›Lösung‹ in
dem Sinne, daß das bei bestem Spiel beider Spieler sich
ergebende Resultat von vornherein feststeht. In der Praxis ist die Berechnung, um welches Resultat es sich

handelt, meist sehr schwierig. Zwar gelang es J. Schaeffer und Mitarbeitern 2007, das Dame-Spiel, bei welchem es etwa $5 \cdot 10^{20}$ mögliche Stellungen gibt, vollständig zu lösen und nachzuweisen, daß es bei fehlerfreiem Spiel beider Spieler unentschieden endet. Diese Lösung erforderte 18 Jahre Rechenzeit von mehr als 50 Computern. Komplexere Spiele aber, wie etwa Schach mit geschätzt 10^{43} bis 10^{47} möglichen Stellungen, sind aus praktischen Gründen nicht vollständig lösbar.

V. Neumann und O. Morgenstern verfolgten ein Forschungsprogramm, das die Theorie der Zwei-Personen-N.e erweitern und über n-Personen-N.e hin zu n-Personen-Nicht-N.en die Spieltheorie entwickeln sollte, indem Koalitionen, ›Strohmänner‹ (unwichtige Spieler, engl. dummy players) und fiktive Spieler betrachtet werden. Die Fixierung auf N.e wurde inzwischen aufgegeben. Sie waren lange Zeit die paradigmatischen Anwendungen spieltheoretischer Forschung, auf den Gebieten des Alltagslebens, der Politik und der Wirtschaft finden sich jedoch in Wirklichkeit nur wenige Beispiele strikt antagonistischer Interaktionen.

Literatur: J. v. Neumann, Zur Theorie der Gesellschaftsspiele, Math. Ann. 100 (1928), 295–320; ders./O. Morgenstern, Theory of Games and Economic Behavior, Princeton N. J. 1944 (repr. Düsseldorf 2001), ³1953, Princeton N. J./Oxford 2007 (dt. Spieltheorie und wirtschaftliches Verhalten, Würzburg 1961, ³1973); C. Rieck, Spieltheorie. Einführung für Wirtschafts- und Sozialwissenschaftler, Wiesbaden 1993, erw. mit Untertitel: Eine Einführung, Eschborn ¹¹2012; J. Schaeffer u. a., Checkers Is Solved, Science 317 (2007), 1518–1522; C. E. Shannon, Programming a Computer for Playing Chess, Philos. Mag. 41 (1950), 256–275; P. D. Straffin, Game Theory and Strategy, Washington D. C. 1993, 2010. H. R.

Numenios von Apameia (in Syrien), 2. Hälfte des 2. Jhs. n. Chr., griech. Philosoph, suchte alle bisherigen Philosophien und Weisheitslehren zu einem universalistischen System zusammenzufassen. Pythagoras ist für N. der größte Philosoph, Platon ein ↑Pythagoreer und ›attisch redender Moses‹ (*Μουσῆς ἀττικίζων*) zugleich. Der anti-rationalistischen Tendenz seiner Zeit entsprechend hielt N. Offenbarungsglauben, Orakel, ↑Magie, ↑Mystik und ↑Theosophie für die wichtigsten Quellen der Weisheit. Wegen seines ↑Eklektizismus ist die philosophiehistorische Zuordnung des N. umstritten: er wird teils zu den Pythagoreern, teils zu den Platonikern gezählt. Sieben Schriftentitel sind überliefert, von den Werken sind nur Fragmente erhalten. Auf Grund seiner Lehre, die sich weitgehend auf Platon stützt, und seiner Wirkung als bedeutender Wegbereiter des ↑Neuplatonismus ist N. am ehesten dem Mittleren ↑Platonismus zuzurechnen. – Die in einer Deutung des Platonischen »Timaios« entwickelte Dreigötterlehre des N. stellt eine Vorstufe der ↑Hypostasen- und Emanationslehre (↑Emanation) Plotins dar (der sich in dieser Sache des

Plagiatvorwurfs zu erwehren hatte): Der erste, oberste Gott ist das Gute selbst, das Prinzip des Seienden und (wie bei Aristoteles) reines Denken ohne Tätigkeit; der ↑Demiurg als zweiter Gott hat teil am Guten, ist Prinzip des Werdens und bildet nach den ewigen Ideen (↑Idee (historisch)) aus der ungeformten Materie (↑materia prima) die Welt (den dritten Gott). In der Psychologie unterscheidet N. eine vernünftige und eine vernunftlose Seele (nicht Seelenteile). Die Einkörperung ist ein Übel für die Vernunftseele, das sie als Strafe für ihre Verbindung mit der Materie (dem Prinzip und der Ursache des Bösen) erleiden muß; nach einer Reihe von Seelenwanderungen kann sich die vernünftige Seele schließlich mit dem obersten Gott vereinigen. Analog zum ↑Dualismus der Menschenseele unterscheidet N. eine gute und eine böse ↑Weltseele.

Werke: De Numenio philosopho Platonico, ed. F. Thedinga, Bonn 1875; E.-A. Leemans, Studie over den wijsgeer Numenius van Apamea met uitgave der fragmenten, Brüssel 1937; Fragments, ed. E. des Places, Paris 1973, 2003; R. D. Petty, The Fragments of Numenius. Text, Translation, and Commentary, Diss. Santa Barbara 1993 (repr. Ann Arbor Mich. 1997).

Literatur: M. Baltes, N. v. Apamea und der platonische Timaios, Vigiliae Christianae 29 (1975), 241–270; R. Beutler, N. 9, RE Suppl. VII (1940), 664–678; J. Dillon, The Middle Platonists. 80 B. C. to A. D. 220, Ithaca N. Y. 1977, 361–379 (Numenius of Apamea); E. R. Dodds, Numenius and Ammonius, in: ders. u. a., Les sources de Plotin. Dix exposés et discussions, Genf 1960, 1–32 (dt. N. und Ammonios, in: C. Zintzen [ed.], Der Mittelplatonismus, Darmstadt 1981, 488–517); H. Dörrie, N. v. Apamea, KP IV (1972), 192–194; M. Frede, Numenius, in: W. Haase (ed.), Aufstieg und Niedergang der römischen Welt (ANRW). Geschichte und Kultur Roms im Spiegel der neueren Forschung II/36,2, Berlin/New York 1987, 1034–1075; ders., N. v. A., DNP VIII (2000), 1050–1052; H. J. Krämer, Der Ursprung der Geistmetaphysik. Untersuchungen zur Geschichte des Platonismus zwischen Platon und Plotin, Amsterdam 1964, 1967; G. Martano, Numenio di Apamea. Un precursore del neo-platonismo, Rom 1941, Neapel 1960; D. J. O'Meara, Being in Numenius and Plotinus. Some Points of Comparison, Phronesis 21 (1976), 120–129; E. des Places, Numénius et Eusèbe de Césarée, in: E. A. Livingstone (ed.), Studia Patristica XIII. Papers Presented to the Sixth International Conference on Patristic Studies Held in Oxford 1971 II (Classica et Hellenica, Theologica, Liturgica, Ascetica), Berlin 1975, 19–28; H. C. Puech, Numénius d'Apamée et les théologies orientales au second siècle, Annuaire de l'Institut de Philologie et d'histoire Orientales 2 (1934), 745–778 (dt. N. v. A. und die orientalischen Theologien im 2. Jh. n. Chr., in: C. Zintzen [ed.], Der Mittelplatonismus [s. o.], 451–487); R. M. Wilson, Numenius of Apamea, Enc. Ph. V (1967), 530–531; E. Zeller, Die Philosophie der Griechen in ihrer geschichtlichen Entwicklung III/2 (Die nacharistotelische Philosophie), Leipzig ⁵1923 (repr. Darmstadt 1963, 2006), 234–241. M. G.

Nus (griech. *νοῦς*, lat. intellectus, [denkender] Geist, Vernunft), in der antiken ↑Metaphysik Bezeichnung sowohl für ein den ↑Kosmos ordnendes Prinzip (kosmische Vernunft, ↑Anaxagoras; vgl. Platon, Phileb. 28d/e)

und die (reine) Seinsweise Gottes (Xenophanes, Aristoteles) als auch für den ›höchsten‹ Teil der menschlichen ↑Seele (›denkende Seele‹), insbes. bei Platon und Aristoteles. Bei Aristoteles dienen die Unterscheidungen zwischen einer vegetativen, einer sensitiven und einer rationalen Seele, eben dem N. (vgl. de an. A5.411a24 ff., B1.413a1 ff.), als Gliederungsprinzip der Wirklichkeit im Bereich des Lebendigen (↑Leben), zugleich wird zwischen einem ›rezeptiven‹ N. (νοῦς παθητικός) und einem ›spontan-tätigen‹ N. (νοῦς ποιητικός) unterschieden (de an. Γ4.429a10–5.430a25). Der ›rezeptive‹ N., der ›zu allem wird‹ (de an. Γ5.430a14–15), wird von den Gegenständen, die er denkt, ›affiziert‹; er ist (mit dem Körper) sterblich. Der ›spontan-tätige‹ N., der ›alles macht‹ (de an. Γ5.430a15) und sich zu seinen Gegenständen wie die Kunst zu ihrem Material verhält (de an. Γ5.430a12–13), steht in keiner physiologischen Verbindung mit dem Körper; er ist ›leidensunfähig‹ (ἀπαθές) und (als überindividuelle Fähigkeit) unsterblich. In wissenschaftstheoretischen Zusammenhängen leistet der N. nach Aristoteles, in sachlicher Nachbarschaft zum Begriff der ↑Intuition in dessen erkenntnistheoretischer Bedeutung, durch das Verfahren der ↑Epagoge eine Begründung methodischer Anfänge in einem sonst deduktiv aufgebauten Begründungszusammenhang. – In der weiteren Entwicklung bildet der N.begriff einen zentralen Teil der Logosspekulation der antiken Philosophie. So stellt bei Plotin im Rahmen einer ontologischen Differenzierung des Seienden der N. die zweite ↑Hypostase nach dem Einen dar (↑Idee (historisch), ↑Neuplatonismus).

Literatur: H. A. Armstrong, The Architecture of the Intelligible Universe in the Philosophy of Plotinus. An Analytical and Historical Study, Cambridge 1940 (repr. Amsterdam 1967), 49–81 (Section II *NOYΣ*); A. Böhlig, Zum griechischen Hintergrund der manichäischen N.-Metaphysik, in: ders./C. Markschies, Gnosis und Manichäismus. Forschungen und Studien zu Texten von Valentin und Mani sowie zu den Bibliotheken von Nag Hammadi und Medinet Madi, Berlin/New York 1994, 243–264; T. Buchheim, Die Vorsokratiker. Ein philosophisches Portrait, München 1994, 108–126, 205–220; I. Düring, Aristoteles. Darstellung und Interpretation seines Denkens, Heidelberg 1966, ²2005, 578–583; T. Engberg-Pedersen, More on Aristotelian Epagoge, Phronesis 24 (1979), 301–319; M. Frede, La théorie aristotélicienne de l'intellect agent, in: G. Romeyer Dherbey (ed.), Corps et âme. Sur le »De anima« d'Aristote, Paris 1996, 377–390; K. v. Fritz, *NOYΣ, NOEIN*, and Their Derivatives in Pre-Socratic Philosophy (Excluding Anaxagoras), I–II, Class. Philol. 40 (1945), 223–242, 41 (1946), 12–34, Nachdr. in: A. P. D. Mourelatos (ed.), The Pre-Socratics. A Collection of Critical Essays, Garden City N. Y. 1974, rev. Princeton N. J. 1993, 23–85 (dt. Die Rolle des *NOYΣ. NOYΣ, NOEIN*, und ihre Ableitungen in der vorsokratischen Philosophie (mit Ausschluss des Anaxagoras), in: H.-G. Gadamer [ed.], Um die Begriffswelt der Vorsokratiker, Darmstadt 1968, ³1989, 277–359 [mit Nachtrag 1967, 359–363]); ders., Der *NOYΣ* des Anaxagoras, Arch. Begriffsgesch. 9 (1964), 87–102, Neudr. in:

ders., Grundprobleme der Geschichte der antiken Wissenschaft, Berlin/New York 1971, 576–593; J. Halfwassen, Hegel und der spätantike Neuplatonismus. Untersuchungen zur Metaphysik des Einen und des Nous in Hegels spekulativer und geschichtlicher Deutung, Bonn 1999 (Hegel-Stud. Beiheft XL); O. Hamelin, La théorie de l'intellect d'après Aristote et ses commentateurs, Paris 1953 (repr. 1981); A. Hilt, Ousia – Psyche – Nous. Aristoteles' Philosophie der Lebendigkeit, Freiburg/München 2005, 315–418 (Kap. 4 »Der ›nous‹ unserer Seele« (Met. 993b10) – Die Offenheit des Lebens); G. Jäger, ›N.‹ in Platons Dialogen, Göttingen 1967; G. B. Kerferd, Nous, Enc. Ph. V (1967), 525; H. J. Kramer, Der Ursprung der Geistmetaphysik. Untersuchungen zur Geschichte des Platonismus zwischen Platon und Plotin, Amsterdam 1964, ²1967; N. Kubota, Nous/ Intellekt, Verstand, Vernunft, in: O. Höffe (ed.), Aristoteles-Lexikon, Stuttgart 2005, 381–385; J. H. Lesher, The Meaning of ›NOYΣ‹ in the Posterior Analytics, Phronesis 18 (1973), 44–68, Nachdr. in: L. P. Gerson (ed.), Aristotle. Critical Assessments I, London/New York 1999, 118–139; J. H. M. M. Loenen, De ›Nous‹ in het systeem van Plato's Philosophie [...], Amsterdam 1951; A. A. Long, Nous, REP VII (1998), 43–44; M. Marcinkowska-Rosół, Die Konzeption des ›noein‹ bei Parmenides von Elea, Berlin/New York 2010, bes. 17–44 (Kap. 2 Die Diskussion um die Begriffe ›noos, noein, noēma‹ bei Parmenides); D. Papadis, Aristotle's Theory of Nous. A New Interpretation of Chapters 4 and 5 of the Third Book of *De anima*, Philos. Inquiry 15 (1993), 99–111; C. Rapp/C. Horn, Vernunft; Verstand II (Antike), Hist. Wb. Ph. XI (2001), 749–764; R. Schottländer, N. als Terminus, Hermes 64 (1929), 228–242; H. Seidl, Der Begriff des Intellekts (νοῦς) bei Aristoteles im philosophischen Zusammenhang seiner Hauptschriften, Meisenheim am Glan 1971; T. A. Szlezák, Platon und Aristoteles in der N.lehre Plotins, Basel/Stuttgart 1979; T. V. Upton, A Note on Aristotelian epagōgē, Phronesis 26 (1981), 172–176; M. V. Wedin, Tracking Aristotle's ›Noûs‹, in: A. Donagan/A. Perovich Jr./M. V. Wedin (eds.), Human Nature and Knowledge. Essays Presented to Marjorie Grene on the Occasion of Her 75th Birthday, Dordrecht etc. 1986 (Boston Stud. Philos. Sci. LXXXIX), 167–197, Nachdr. in: M. Durrant (ed.), Aristotle's »De anima« in Focus, London/ New York 1993, 128–161. – Bibliographie, Bibl. Praesocratica (2001), 370–371, 538, 584–585.   J. M.

Nutzen (engl. utility), Bezeichnung für die beurteilende Charakterisierung von Dingen, Ereignissen, Situationen etc., insofern sie bestimmten ↑Zwecken dienen oder ganz allgemein der Realisierung bestimmter Handlungsorientierungen förderlich sind. In diesem Sinne bestimmt bereits Aristoteles das Nützliche (χρήσιμον) als relativ (nämlich in bezug auf etwas anderes) gut (Eth. Nic. A4.1096a26). Später stellt A. Augustinus (vgl. De doctr. christ. I/IV, 4; I/XXII, 20), im Anschluß an die stoische Ethik und M. T. Varro, die bloße Nutzung (*uti*) einer Sache, die sie eines anderen wegen (*propter aliud*) erstrebenswert sein läßt, ihrem ›Genuß‹ (*frui*) gegenüber. Dabei wird dem Gegenstand der *fruitio* ein ›absoluter‹, nicht von sonst verfolgten Intentionen abhängiger Wert zuerkannt; man erfreut sich an ihm um seiner selbst willen (*propter se*). Der Genuß einer Sache ist für Augustinus allerdings stets auch ein Fall ihres Gebrauchs. Zur beherrschenden Kategorie normativer Urteile wird N. im ↑Utilitarismus (J. Bentham, J. S. Mill, H. Sidgwick) und in den mit ihm verwandten ökonomischen Theorien, insbes. der so genannten ›neoklassischen Schule‹ (begründet von L. Walras, C. Menger, J. S. Jevons, A. Marshall, V. Pareto). Die praktische Grundsituation und Grundaufgabe des Menschen wie des Gemeinwesens erscheint hier als rationale Wahl zwischen Alternativen, für die generell N.bewertungen möglich sind. Dabei wird in der Regel die Existenz einer N.skala (N.funktion) unterstellt, auf der sich die N.einschätzungen einer Person kardinal (als bestimmte Zahlengrößen) oder ordinal (nach dem größeren bzw. kleineren N. gereiht) anordnen lassen. Als ein wesentliches, von ↑Paradoxien umlagertes Problem stellt sich dann die Aufgabe, eine gesamtgesellschaftliche N.funktion (Wohlfahrtsfunktion) aus den individuellen Bewertungen zu gewinnen.

Basis der N.bestimmung ist häufig die Befriedigung, die Situationen oder Gegenstände erwartbar bereiten. So entwirft Bentham einen hedonistischen Lustkalkül (hedonic calculus, ↑Hedonismus), in dem der N. einer Handlungsalternative nach deren angenehmen oder unangenehmen Folgen (pleasure or pain) berechnet werden soll. Dabei geht es Bentham weniger um den individuellen N. als um den Gesamtnutzen im Sinne der Wohlfahrt des Gemeinwesens. Gleichzeitig tritt in der klassischen politischen Ökonomie (A. Smith, D. Ricardo; ↑Ökonomie, politische), wie bei Augustinus, der auf den Gebrauch bezogene N. eines Gutes als sein ↑Gebrauchswert (value in use) auf, dem der ↑Tauschwert (value in exchange) gegenübersteht. In der ökonomischen Neoklassik setzen sich dann N.verständnisse durch, die nicht ›objektiv‹ auf den (allgemeinen) Gebrauchswert eines ökonomischen Gutes abstellen, sondern auf den ihm von einem bestimmten Individuum in einer bestimmten Situation zugeschriebenen N., der den ›subjektiven‹ Wert bestimmt (↑Grenznutzen). Während dabei in der so genannten ›Österreichischen Schule‹ (C. Menger, E. v. Böhm-Bawerk, F. v. Wieser) zunächst noch deutlich zwischen dem N. eines Gutes und dem (darauf gegründeten) Wert unterschieden wird, verwischt sich diese Differenzierung in den von Jevons und Walras ausgearbeiteten mathematischen Analysen so genannter ›N.funktionen‹ (die den Gesamtnutzen oder andererseits den Grenznutzen in Abhängigkeit von der verfügbaren Gütermenge notieren sollen) weitgehend, so daß nun die N.größen praktisch als Wertindikatoren auftreten. Dabei kann jede (nicht nur die subjektive) Bewertung der Verwendungsmöglichkeiten eines Gutes in die Rede von N. und N.funktionen eingehen. – Pareto schließlich schlägt vor, auf die Vorstellung (isolierter) subjektiver Werte ganz zu verzichten und statt dessen relationale, nämlich Präferenz- (und Indifferenz-)Strukturen als Basis der N.abwägung zu betrachten. Der Ansatz, N.funktionen lediglich die Rolle der (kardinalen oder ordinalen) Repräsentation von Präferenzen zu geben, hat sich auch in der fortgeschrittenen Axiomatisierung des neoklassischen Theoriekerns (G. Debreu) durchgesetzt. Zu den problematischen Vorstellungen, die diese Entwicklungen leiten, gehört die naive Annahme, die Vielfalt des sinnvollen alltäglichen Gebrauchs von ›N.‹ und ›vorziehen‹ habe einen axiomatisierbaren allgemeinen Kern. So läßt es die normale logische Grammatik (↑Grammatik, logische) abweichend vom Rahmen der ökonomischen Neoklassik zu, daß man es ›vorzieht‹, z.B. aus moralischen Erwägungen, ›nicht auf den N. zu sehen‹. Auch sind Präferenzen nicht eine allgemeine, wenn auch strukturierte Basisgegebenheit, sie können vielmehr situationsbezogen und argumentationszugänglich vertreten und geändert werden.

Literatur: G. Biller/R Meyer, Genuß, Hist. Wb. Ph. III (1974), 316–322; A. Davies, Utility, Subjective, IESS VIII (²2008), 558–560; G. Debreu, Theory of Value. An Axiomatic Analysis of Economic Equilibrium, New York/London/Sydney 1959, New Haven Conn. 1987 (franz. Théorie de la valeur. Analyse axiomatique de l'équilibre économique, Paris 1966, ³2001; dt. Werttheorie. Eine axiomatische Analyse des ökonomischen Gleichgewichtes, Berlin/Heidelberg/New York 1976); R. B. Ekelund Jr./R. F. Hebert, A History of Economic Theory and Method, New York 1975, ²1983, 80–142; C. Fehige/U. Wessels (eds.), Preferences, Berlin/New York 1998; U. Gähde, Zum Wandel des N.begriffes im klassischen Utilitarismus, in: ders./W. H. Schrader (eds.), Der klassische Utilitarismus. Einflüsse, Entwicklungen, Folgen, Berlin 1992, 83–110; B. Gesang, N., Nützlichkeit, in: P. Kolmer/A. G. Wildfeuer (eds.), Neues Handbuch philosophischer Grundbegriffe II, Freiburg/München 2011, 1650–1662; O. Höffe (ed.), Einführung in die utilitaristische Ethik. Klassische und zeitgenössische Texte, München 1975, überarb. u. aktual. Tübingen/Basel ²1992, erw. ⁴2008; N. Hoerster, Utilitaristische Ethik und Verallgemeinerung, Freiburg/München 1971, ²1977; G. Jüssen/O. Höffe, N., Nützlichkeit, Hist. Wb. Ph. VI (1984), 992–1008; F. Kambartel, Ist rationale Ökonomie als empirisch-quantitative Wissenschaft möglich?, in: H. Steinmann (ed.), Betriebswirtschaftslehre als normative Handlungswissenschaft. Zur Bedeutung der Konstruktiven Wissenschaftstheorie für die Betriebswirtschaftslehre, Wiesbaden 1978 (Schriftenreihe der Z. f. Betriebswirtschaft 9), 57–70, erw. in: J. Mittelstraß (ed.), Methodenprobleme der Wissenschaften vom gesellschaftlichen Handeln, Frankfurt 1979, 299–319; M. Lagueux, Utilité (écon.), Enc. philos. universelle II/2 (1990), 2685–2686; R. Lorenz, Die Herkunft des augustinischen FRUI DEO, Z. Kirchengesch. 64 (1952/1953), 34–60; G. Patzig, Ein Plädoyer für utilitaristische Grundsätze in der Ethik, Neue Sammlung 13 (1973), 488–500, Nachdr. in: ders., Ethik ohne Metaphysik, Göttingen ²1983, 127–147, ferner in: ders., Gesammelte Schriften I (Grundlagen der Ethik), Göttingen 1994, 99–117; E. Schneider, Einführung in die Wirtschaftstheorie IV/1 (Ausgewählte Kapitel der Geschichte der Wirtschaftstheorie), Tübingen 1962, bes. 145–283 (Kap. III Die Geburt der Marginalanalyse [J. H. v. Thünen], IV Frühe Anfänge der Grenznutzenanalyse [J. Dupuit und H. Gossen], V Die Neuorientierung der Preistheorie durch die subjektive Wertlehre [C. Menger, W. St. Jevons, L. Walras]); J. Schumann, N., Grenznutzen, Hist. Wb. Ph. VI (1984), 1008–1011; G. J. Stigler, The Development of Utility Theory, I–II, J. Political Economy 58 (1950), 307–327, 373–396, ferner in: J. J. Spengler/W. R. Allen (eds.), Essays in Economic Thought. Aristotle to Marshall, Chicago Ill. 1960, 606–655; R. Trapp, N., EP II (²2010), 1821–1829; P. Weirich, Utility, Objective, IESS VIII (²2008), 557–558; R. Wimmer, Universalisierung in der Ethik. Analyse, Kritik und Rekonstruktion ethischer Rationalitätsansprüche, Frankfurt 1980, bes. 324–332 (Kap. 3.2.6 Probleme utilitaristischer Prinzipien).   F. K.

Nützlichkeitsprinzip, ↑Utilitarismus.

Nyāya (sanskr., Regel, Argument, Argumentation), zentraler Terminus der indischen Logik (↑Logik, indische), gewöhnlich gleichwertig mit ↑tarka (= Annahme [in einer kontrafaktischen Argumentation]), gelegentlich auch synonym zu ›vākya‹ (= Satz[-Zusammenhang]). Im ↑Mahāyāna-Buddhismus sind (rechte) Argumentation und (rechte) Meditation (↑dhyāna) gemeinsam die Mittel zur Erlösung (↑mokṣa) durch Weisheit (↑prajñā). ›N.‹ ist zugleich Bezeichnung für eines der sechs traditionellen orthodoxen, also die Autorität des ↑Veda anerkennenden, philosophischen Systeme (↑darśana) innerhalb der indischen Philosophie (↑Philosophie, indische), und zwar desjenigen, das sich hauptsächlich mit Logik und Erkenntnistheorie befaßt. Alle von den Anhängern des N., den Naiyāyikas, verfaßten Texte sind grundsätzlich Kommentare oder Unterkommentare bzw. wiederum diese kommentierende Schriften zum ältesten überlieferten Werk, dem aus fünf Kapiteln (adhyāya) zu je zwei Abschnitten (āhnika) mit einer Anzahl von Aphorismen (↑sūtra) bestehenden N.sūtra eines sagenhaften Gründers Gautama Akṣapāda (›Gautama‹ ist Familienname bzw. Geschlechtsname [gotra]). Im N.-sūtra ist eine ältere Debattenlehre (vāda-vidyā) mit naturphilosophischen Überlieferungen aus der Zeit der großen Epen, die ihrerseits den Ausgangspunkt für das Zwillingssystem (samāna-tantra, d.i. übereinstimmende Lehre) ↑Vaiśeṣika bilden, nur lose zu einem Ganzen zusammengefaßt. Seine Redaktion erstreckt sich über mehrere Jahrhunderte: wegen offensichtlicher gegenseitiger Kritik gleichzeitig mit dem zum ↑Mādhyamika gehörenden Buddhisten Nāgārjuna gehört die Niederschrift der dialektischen Teile ins 2. Jh. n. Chr.; die noch lange selbständig tradierten naturphilosophischen Teile sind erst im Laufe des 4. Jhs. eingegliedert worden. Im ersten erhaltenen Kommentar, dem N.-bhāṣya des Vātsyāyana Pakṣilasvāmī (ca. 350–425), wird die den N. charakterisierende Argumentationstheorie (n.-vidyā) ausdrücklich mit der bereits im Arthaśāstra des Kauṭilya (ca. 350–280 v. Chr.) als vierte Wissenschaft genannten ānvīkṣikī identifiziert (die anderen sind die Wissenschaft von den drei Vedas [trayī-vidyā], von der Wirtschaft

[vārttā-vidyā] und von der Regierung [daṇḍanītividyā]). Da aber zum Bereich der ānvīkṣikī nicht nur personbezogene Argumentationen, also Verfahren der Logik, sondern auch die Untersuchung sachbezogener Begründungsverfahren, also Lehrstücke der Erkenntnistheorie (pramāṇa-śāstra) gehören – beides findet sich, vor der Ausbildung des N., in den philosophischen Systemen des ↑Sāṃkhya einschließlich ↑Yoga und des ↑Lokāyata und wurde von dort, vermutlich auf dem Umweg über das Vaiśeṣika, in den N. aufgenommen –, ist durch Vātsyāyana der N. erstmals (er definiert ›n.‹ ausdrücklich als ›Untersuchung eines Gegenstandes mit Erkenntnismitteln‹ [pramāṇair artha-parīkṣaṇam]) als ein voll ausgebildetes philosophisches System verstanden und erläutert worden: Die Logik ist Bestandteil der Untersuchung der Erkenntnismittel (↑pramāṇa), und in Hinsicht auf den Zweck dieser Untersuchung, nämlich zur Erlösung zu führen, gehört auch die Untersuchung der Erkenntnisgegenstände (prameya) dazu, insbes. diejenige des Selbst (↑ātman). Der N. ist daher wie die (gewöhnlich zur trayī-vidyā gezählte) Philosophie der Upanischaden (↑upaniṣad) auch eine ›Wissenschaft vom Selbst‹ (ātma-vidyā), aber eben nicht ausschließlich und nicht einmal hauptsächlich, wie die nicht nur praktisch, sondern auch theoretisch in der Tradition des Veda stehenden Systeme des Sāṃkhya und Yoga sowie der ↑Mīmāṃsā und des ↑Vedānta.

Erkenntnismittel (pramāṇa) und Erkenntnisgegenstand (prameya) sind im N.-sūtra die ersten beiden von 16 (dialektischen) Kategorien, deren einwandfreie Kenntnis (tattvajñāna) schließlich zur Aufhebung des Leids (↑duḥkha) und damit zum ›höchsten Guten‹ (niḥśreyasa) als der Erlösung führt. Nach Vātsyāyana lassen sich alle übrigen Kategorien, d.s. saṃśaya (Zweifel [als Anlaß einer Debatte]), prayojana (Zweck [einer Debatte]), dṛṣṭānta (Beispiel [als zugestandener Beleg für die These]), siddhānta (Lehrsatz [der anerkannt ist]), avayava (Glieder [eines Schlusses]), tarka ([den Gegner widerlegende] Argumentation), nirṇaya (Entscheidung [zwischen Für und Wider]), vāda (Disputation), jalpa (Streit), vitaṇḍā (destruktive Argumentation), hetvābhāsa ([die fünf] Scheingründe), chala ([die drei Arten] Verdrehungen), jāti (irreführende Einwände) und nigrahasthāna ([die 22] Tadelstellen [die zum Verlust einer Debatte führen]), den ersten beiden unterordnen. Sie seien nur deshalb im N.-sūtra unabhängig aufgeführt, um die Eigenständigkeit der Debattenlehre neben Erkenntnistheorie und Ontologie und damit die Unabhängigkeit des N. von der Philosophie der Upanischaden sichtbar zu machen. Im übrigen diene das erste Kapitel dazu – und das ist Bestandteil einer methodologischen Reflexion über die Aufgabe eines ›Lehrbuchs‹ (↑śāstra) –, zunächst die Aufstellung (uddeśa), dann die Definition (↑lakṣaṇa) der Termini vorzunehmen, während die übrigen vier Kapitel ihrer Prüfung (parīkṣā) gewidmet seien. Mit der gleichzeitigen Unterordnung der sechs (ontologischen) Kategorien (↑padārtha) des klassischen Vaiśeṣika unter die N.-Kategorie prameya wird von Vātsyāyana darüber hinaus eine für den Rest des ersten Jahrtausends wirksame grundsätzliche Arbeitsteilung vorbereitet: dem N. verbleiben Logik und Erkenntnistheorie, dem Vaiśeṣika hingegen Ontologie und Naturphilosophie als primäre Tätigkeitsbereiche. Dies führt schließlich zu dem von Udayana (ca. 975–1050) vollzogenen Zusammenschluß beider Systeme als *Navya-Nyāya* (= Neuer N.) oder *N.-Vaiśeṣika*.

Die zentrale Stellung der Erkenntnistheorie im N. wird durch die sorgfältige argumentative Verankerung der Lehre von den vier Erkenntnismitteln (Wahrnehmung [↑pratyakṣa], Schlußfolgerung [↑anumāna], Vergleich [↑upamāna] und zuverlässige Mitteilung oder Überlieferung [↑śabda]) unterstrichen: Schon Vātsyāyana wehrt sich gegen die Mādhyamika-Kritik (in Nāgārjunas Vigrahavyāvartanī [= Die Streitabwehrerin] überliefert), daß die pramāṇas, werden sie selbst als *Gegenstand* einer Erkenntnisbemühung und nicht mehr bloß als ihr *Mittel* angesehen, dieselbe nur relative Berechtigung behalten wie jeder für sich allein als in sich widersprüchlich kritisierbare Standpunkt (dṛṣṭi). Mit dem für den N. eigenen (vom Vaiśeṣika übernommenen) erkenntnistheoretischen Realismus ist das Wirkliche (↑tattva, d. i. das Seiende [sat] als seiend und das Nichtseiende [asat] als nichtseiend begriffen) erst durch das Quadrupel pramāṇa (= Mittel, durch das der Erkennende seinen Gegenstand richtig erkennt), prameya (= richtig erkannter Gegenstand), pramātṛ (= der richtig Erkennende) und pramiti (= die richtige Erkenntnis) vollständig bestimmt. Andererseits gelingt es Vātsyāyana nicht, die im N.-sūtra aufgeführten Lehrstücke zum Erkenntnismittel Schlußfolgerung – es findet sich dort unter dem Titel ›n.‹ erstmals der für die indische Gestalt der Logik charakteristische fünfgliedrige Syllogismus (↑Syllogistik), zugleich auch deren auf die Logik des Sāṃkhya zurückgehende Einteilung in pūrvavat-, śeṣavat- und sāmānyato-dṛṣṭam-Schlüsse (↑Logik, indische) – befriedigend zu erklären. Deshalb wird sein Kommentar Gegenstand heftiger Kritik durch den zum logischen Zweig der ↑Yogācāra-Schule gehörenden Buddhisten Dignāga (ca. 460–540). Es war die große Leistung Dignāgas, die in der Auseinandersetzung des N. mit den buddhistischen Systemen aufgetretenen vielen verschiedenen Gesichtspunkte erkenntnistheoretischer, sprachphilosophischer und argumentationstheoretischer Art zu einer einheitlichen Theorie zusammengefaßt zu haben – seine umfangreiche N.-parīkṣā (= Untersuchung des N.) ist nicht erhalten –, die den N. zwang, sich seinerseits neu zu orientieren. Dazu gehört die klare Herausstellung des für die Schlüssigkeit wichtigen *allgemeinen* Zusammen-

hangs von Grund und Folge, der später (von Trilocana, ca. 870–930) als ↑vyāpti bezeichneten Begriffsimplikation; dieser war auch schon bei dem Zeitgenossen Dignāgas, dem Vaiśeṣika-Lehrer Praśastapāda (1. Hälfte des 6. Jhs.) – möglicherweise unter dem Einfluß Dignāgas –, explizit vermerkt, aber nicht weiter entwickelt worden. Der Mīmāṃsaka Kumārila (ca. 620–680) war im übrigen der erste, der die logischen Neuerungen Dignāgas in eines der nicht-buddhistischen Systeme übernommen und unter Anpassung an die Auffassungen des Mīmāṃsā vertieft hatte.

Die Neuorientierung des N. wird von Bhāradvāja Uddyotakara (ca. 550–620), einem Angehörigen der altśivaitischen Pāśupata-Sekte, der den von Vātsyāyana nur beiläufig vertretenen Theismus im N. fest verankert, eingeleitet, und zwar in seinem sich gegen Dignāga verteidigenden und sich deshalb auf Logik und Erkenntnistheorie konzentrierenden N.-vārttika (= ergänzender Kommentar des N.). Mit dieser Neuorientierung tritt auch der zwischen dem N. und der Mīmāṃsā durchgehend geführte Streit über den Status der Beziehung zwischen Wort (śabda) und Gegenstand (↑artha) in den Hintergrund (↑Logik, indische). Zur Neuorientierung gehört ebenfalls eine neue Begründung für die N.-These, daß sich Sinnesorgan (dazu gehört neben den üblichen fünf Sinnen auch das Denkorgan, ↑manas) und Wahrnehmungsobjekt bei gelungener Wahrnehmung in gegenseitigem Kontakt befinden. Die sechste Vaiśeṣika-Kategorie Inhärenz (↑samavāya) bekommt zu diesem Zweck den Status eines ihrerseits wahrnehmbaren Gegenstandes (im Vaiśeṣika – und das ist eine der wenigen Differenzen zum N. – ist Inhärenz ein nur erschlossener Gegenstand). Sie bezeichnet sowohl die Beziehung zwischen einer Substanz (↑dravya) und jeder ihrer Qualitäten (↑guṇa) als auch diejenige zwischen den Teilen (avayava) eines Ganzen (avayavin) und dem Ganzen.

Damit wird die Verteidigung des Realismus in Erkenntnistheorie und Ontologie (↑Realismus (erkenntnistheoretisch), ↑Realismus (ontologisch)) gegen den strengen ↑Nominalismus von Dignāga und seiner Schule (den kṣaṇikavāda, d. i. die Lehre des ›es gibt nur Momente [kṣaṇa]‹) zu einer die 2. Hälfte des 1. Jahrtausends beherrschenden Aufgabe: nicht nur gelten ↑Universalien jeder Art als real, auch die Realität raumzeitlich ausgedehnter Gegenstände sowie die durchgehende reale Unterschiedenheit von ↑Substanz und ↑Eigenschaft müssen gegen die buddhistischen Logiker verteidigt werden. Wenn dabei in der Betonung der Unterschiedenheit auch von Ursache (↑kāraṇa) und Wirkung (asatkāryavāda, d. i. die Lehre vom Nichtsein der Wirkung [in der Ursache]) der N. scheinbar mit der buddhistischen Position übereinstimmt und beide sich gegen den satkāryavāda (= Lehre vom Sein der Wirkung [in der Ursache]) im klassischen System des Sāṃkhya wenden, so bleibt doch der Unterschied, daß im N. (und darin mit dem Sāṃkhya übereinstimmend) der Ursache-Wirkung-Zusammenhang zwischen raumzeitlich ausgedehnten Gegenständen, insbes. *Dingen*, bei den buddhistischen Logikern jedoch ausschließlich zwischen *Momenten* besteht, deren Synthesis zu prädikativ bestimmten Gegenständen mentale Konstruktionen und damit etwas bloß fiktiv Erschlossenes bleiben (im diskutierten Standardbeispiel von Fäden und daraus gewebtem Tuch gelten die Fäden für den N. als ›Inhärenzursache‹ [samavāyikāraṇa], weil das Tuch als Wirkung den Fäden inhäriert, für das Sāṃkhya hingegen als ›Stoffursache‹ [upādānakāraṇa], weil stofflich und damit ›der Möglichkeit nach‹ bereits die Wirkung darstellend).

Während ca. 300 Jahren nach Uddyotakara sind keine zusammenhängend überlieferten Texte des N. bekannt, obwohl buddhistische Quellen eine lebhafte Diskussion bezeugen. Von selbständiger, an Texten überprüfbarer Bedeutung ist erst wieder Jayanta Bhaṭṭa (ca. 840–900), ein orthodoxer Brahmane bengalischer Abstammung aus Kaśmīr, dessen N.-mañjarī (= Blütenrispe des N.) vor allem der Auseinandersetzung mit dem buddhistischen Logiker Dharmakīrti (ca. 600–660) und dem Mīmāṃsaka Kumārila sowie deren jeweiligen Anhängern gewidmet ist und als beste systematische Darstellung des älteren N. gilt. Ebenfalls aus Kaśmīr stammt Bhāsarvajña (ca. 860–940), ein Naiyāyika, dessen unorthodoxe Neuerungen – z. B. Unterordnung des Erkenntnismittels upamāna (= Vergleich) unter śabda (= zuverlässige Mitteilung), der dritten Vaiśeṣika-Kategorie ↑karma (= Bewegung) unter die zweite Kategorie guṇa (= Eigenschaft) – in seinem bis vor kurzem als verloren geglaubten Selbstkommentar N.-bhūṣaṇa (= Schmuck des N.) vermutlich die von Raghunātha (ca. 1475–1550) getragene Reformbewegung im Navya-N. inspiriert hat. Ein Zeitgenosse Bhāsarvajñas ist der aus Mithilā/Bihar stammende, inhaltlich seinem Lehrer Trilocana folgende Vācaspati Miśra (ca. 900–980); sein zeitgenössischer Ruhm bestand darin, als ›Meister aller Systeme‹ (sarvatantra-svatantra) zu gelten. Er schrieb verteidigende Kommentare zu allen fünf orthodoxen Systemen (das Vaiśeṣika zum N. zählend), wobei diejenigen zum Vedānta und zum N. als bedeutendste gelten, insbes. sein Kommentar Nyāya-vārttika-tātparyaṭīkā (= Unterkommentar zur Intention des N.-vārttika) zu Uddyotakara, in dem er diesen gegen Dignāga, Dharmakīrti und Kumārila, vor allem aber gegen den buddhistischen Logiker Dharmottara (ca. 750–810) verteidigt. Die bei ihm aufgearbeitete Unterscheidung von begrifflich bestimmter (savikalpaka) und begrifflich unbestimmter (nirvikalpaka) Wahrnehmung war die Antwort auf die strenge Trennung der (prädikativ nicht bestimmten) Gegenstände der Wahrnehmung von denjenigen der Schluß-

folgerung in der Dignāga-Schule; zugleich eine Vermittlung zwischen dem auch im Advaita-Vedānta vertretenen Extrem, daß nur begrifflich unbestimmte Wahrnehmung Geltung mit sich führe, und der unter anderem in der ↑Bhartṛhari-Schule vertretenen gegensätzlichen These, daß es keine andere als begrifflich bestimmte Wahrnehmung geben könne. In der These, daß es gültige unbestimmte wie gültige bestimmte Wahrnehmung gebe, stimmt der N. mit der Mīmāṃsā überein.

Mit dem letzten großen Philosophen des alten N., Udayana aus Mithilā, ist zugleich die Verschmelzung von N. und Vaiśeṣika vollständig vollzogen und das Navya-N. in einer auch vom späteren Klassiker des Navya-N., Gaṅgeśa (ca. 1300–1360), in vielen Punkten nicht mehr überbotenen Genauigkeit der Darstellung begründet. Udayanas N.-kusumāñjali (= Blumenopfer des N.), das einzige seiner Werke, das derzeit zumindest teilweise in eine westliche Sprache übersetzt vorliegt, gilt als *das* klassische Werk indischer ↑Gottesbeweise: neben einem kosmologisch-teleologischen Beweistyp von der Welt als Wirkung auf Gott als intentional handelnde Ursache gibt es einen sprachlogischen Beweistyp von der Existenz von Sprechen und Denken (im Veda) auf denjenigen, der spricht und denkt, und einen auf Udayana selbst zurückgehenden dialektischen Beweistyp durch Widerlegung aller für die Nichtexistenz Gottes vorgebrachten Argumente. Da in der Zeit nach Udayana die Buddhisten als philosophische Gegner fehlen, wird ihre Stelle in den späten N.-Texten von den in ihren Auffassungen sich den Buddhisten nähernden Anhängern des Mīmāṃsaka Prabhākara (ca. 650–720) eingenommen.

Sowohl in der Mithilā-Schule des Navya-N., fest verankert durch Vardhamāna, den Sohn Gaṅgeśas, und einflußreich über deren Höhepunkt unter Yajñapati und dessen Schüler Jayadeva im 15. Jh. hinaus, als auch in der bengalischen Navadvīpa-Schule, zu Ruhm gekommen durch den ebenso scharfsinnigen wie von Traditionen unabhängig denkenden Logiker Raghunātha Śiromaṇi werden logische und erkenntnistheoretische Studien vor allem als Kommentar zu Gaṅgeśas Hauptwerk, dem in vier Teilen die pramāṇas des N. (mit Akzent auf der Schlußfolgerung) behandelnden Tattvacintāmaṇi (= Wunschstein der Wahrheit), betrieben, bis in die Zeit nach der erfolgreichen Popularisierung sowohl von Gaṅgeśas als auch von Raghunāthas Arbeiten durch Mathurānātha (ca. 1600–1675) – in seinem Werk Tattvacintāmaṇirahasyam – und auch, allerdings eher beschränkt auf Kenner, durch Jagadīśa (um 1600) eine eigenständige Fortbildung des N. zum Stillstand kommt.

Literatur: ↑Philosophie, indische.   K. L.

Printed in the United States
by Baker & Taylor Publisher Services